AREN TEIL DER ERDE

					5 Bor B	6 Kohlenstoff C	7 Stickstoff N	8 Sauerstoff O	9 Fluor F	10 Neon Ne
					13 Aluminium Al	14 Silicium Si	15 Phosphor P	16 Schwefel S	17 Chlor Cl	18 Argon Ar
26 Eisen Fe	27 Cobalt Co	28 Nickel Ni	29 Kupfer Cu	30 Zink Zn	31 Gallium Ga	32 Germanium Ge	33 Arsen As	34 Selen Se	35 Brom Br	36 Krypton Kr
44 Ruthenium Ru	45 Rhodium Rh	46 Palladium Pd	47 Silber Ag	48 Cadmium Cd	49 Indium In	50 Zinn Sn	51 Antimon Sb	52 Tellur Te	53 Iod I	54 Xenon Xe
76 Osmium Os	77 Iridium Ir	78 Platin Pt	79 Gold Au	80 Quecksilber Hg	81 Thallium Tl	82 Blei Pb	83 Bismut Bi	84 Polonium Po*	85 Astat At*	86 Radon Rn*

Radioaktive Isotope sind durch (*) gekennzeichnet.

RGANISMUS: IM MENSCHEN

					5 Bor B	6 Kohlenstoff C	7 Stickstoff N	8 Sauerstoff O	9 Fluor F	10 Neon Ne
					13 Aluminium Al	14 Silicium Si	15 Phosphor P	16 Schwefel S	17 Chlor Cl	18 Argon Ar
26 Eisen Fe	27 Cobalt Co	28 Nickel Ni	29 Kupfer Cu	30 Zink Zn	31 Gallium Ga	32 Germanium Ge	33 Arsen As	34 Selen Se	35 Brom Br	36 Krypton Kr
44 Ruthenium Ru	45 Rhodium Rh	46 Palladium Pd	47 Silber Ag	48 Cadmium Cd	49 Indium In	50 Zinn Sn	51 Antimon Sb	52 Tellur Te	53 Iod I	54 Xenon Xe
76 Osmium Os	77 Iridium Ir	78 Platin Pt	79 Gold Au	80 Quecksilber Hg	81 Thallium Tl	82 Blei Pb	83 Bismut Bi	84 Polonium Po*	85 Astat At*	86 Radon Rn*

Radioaktive Isotope sind durch (*) gekennzeichnet.

Dickerson/Geis

CHEMIE

– eine lebendige und
anschauliche Einführung

Vertrieb:
VCH Verlagsgesellschaft, Postfach 12 60/12 80, D-6940 Weinheim (Federal Republic of Germany)
in USA und Canada: VCH Publishers, 303 N.W. 12th Avenue, Deerfield Beach FL 33442-1705 (USA)

ISBN 3-527-25867-1

Richard E. Dickerson/Irving Geis

CHEMIE

– eine lebendige und anschauliche Einführung

Übersetzt von
Barbara Schröder und Joachim Rudolph

This volume is a German translation of
Chemistry, Matter and the Universe,
by Richard E. Dickerson and Irving Geis
published and sold throughout the world by permission of The Benjamin/Cummings Publishing Company, Inc., Menlo Park, Calif. U.S.A., the owner of all rights to publish and sell the same.

1. Auflage 1981
1., berichtigter Nachdruck 1983
2., berichtigter Nachdruck 1986

Verlagsredaktion: Dr. Gerd Giesler
Herstellerische Betreuung: Peter J. Biel

Dieses Buch enthält 776 Abbildungen und 29 Tabellen

CIP-Kurztitelaufnahme der Deutschen Bibliothek

Dickerson, Richard E.:
Chemie – eine lebendige und anschauliche Einführung / Richard E. Dickerson ; Irving Geis.
Übers. von Barbara Schröder u. Joachim Rudolph. –
1. Aufl., 2. bericht. Nachdr. – Weinheim ;
Deerfield Beach, Florida : VCH, 1986.
Einheitssacht.: Chemistry, matter, and the universe ⟨dt.⟩
Früher mit d. Verlagsangabe: Verl. Chemie, Weinheim, Deerfield Beach, Florida, Basel
ISBN 3-527-25867-1

NE: Geis, Irving:

Satz, Druck und Bindung: Passavia GmbH, D-8390 Passau 2
Einbandgestaltung: Dorothea Flügel, D-6905 Schriesheim
Printed in the Federal Republic of Germany

Vorwort

In seinen „Stimmen der Stille" charakterisiert André Malraux moderne Bücher mit Reproduktionen von Kunstwerken als „Museen ohne Wände", die den Betrachter über die Grenzen jedes Museums hinausheben und ihm die ganze Welt der Kunst zeigen. In demselben Sinne hat das vorliegende Buch die Absicht, durch die Kombination von Text und Illustrationen die Chemie aus dem Laboratorium zu befreien, eine „Chemie ohne Wände" zu präsentieren. Der angemessene Rahmen für die Beschäftigung mit Chemie ist das gesamte materielle Universum, das lebendige und das nichtlebendige, und aus dieser Motivation heraus ist dieses Buch geschrieben worden.

Chemie wird manchmal als reine Laborwissenschaft gelehrt, in der ein Fachmann eine Substanz zu einer anderen gibt, eine dritte Substanz ausfällt und diese dann analysiert oder zu irgendetwas benutzt. Chemie wird auf diese Weise sehr eng als intellektuelle Übung gefaßt, der sich Menschen unterziehen. Dies ist ohne Zweifel ein Aspekt dessen, wovon die Rede sein soll, aber er steht zur Chemie dieses Buches in der gleichen Beziehung wie eine Trainingsstunde auf einem home-trainer zu einem Fahrradausflug. Alles ist Chemie. Wann immer eine Veränderung in unserer materiellen Welt stattfindet, handelt es sich dabei um chemische Vorgänge. Als ein Extrem können nukleare Reaktionen mit chemischen Begriffen beschrieben werden, wenn die wechselseitige Umwandlung von Masse in Energie berücksichtigt wird. Das andere Extrem: Die Grundlage lebender Organismen sind chemische Vorgänge. Eines der aufregendsten Forschungsgebiete der Zukunft wird sein, daß man genauer untersucht, wie chemische Reaktionen das Verhalten lebender Organismen determinieren und wie diese komplizierten lebenden Organismen sich auf unserem Planeten (und vielleicht auf anderen) entwickelt haben.

Ein wesentlicher Zug der modernen Chemie ist ihre Bildhaftigkeit. Den meisten Erfolg beim Versuch, den Ablauf chemischer Reaktionen zu erklären, beziehen wir aus unserer Vorstellung von der dreidimensionalen Molekülstruktur und von der Anordnung der Elektronen darin. Die Berechnungen der modernen theoretischen Chemie basieren zu allererst auf *Modellen* von Molekülen und Reaktionen, auch wenn sie noch so kompliziert sind. Der Chemiker kombiniert Informationen aus vielen Quellen und benutzt seine Vorstellungskraft, Moleküle „zu sehen", die für das Auflösungsvermögen des besten Mikroskops bei weitem zu klein sind.

Eine einzeilige chemische Gleichung kann im Geiste eines erfahrenen Chemikers Bilder sich bewegender und zusammenstoßender Moleküle heraufbeschwören, aber für einen Anfänger kann sie mehr verstecken als offenbaren. Ein einführendes Lehrbuch der Chemie sollte bis ins Detail veranschaulichen, was diese kurzschriftartigen Gleichungen wirklich bedeuten. Das Leitmotiv einer Einführung für Anfänger sollte sein: Im Zweifelsfalle eine Zeichnung! Demzufolge sollte man idealerweise als Autoren kombinieren: einen Chemiker, der Sinn für die Kunst der graphischen Darstellung hat, und einen Graphiker, der Sinn für Chemie hat. Diese Kombination zustandezubringen, haben wir in diesem Buch versucht.

Die Aufmachung von „Chemie – eine lebendige und anschauliche Einführung" ist ungewöhnlich. Jedes wichtige chemische Konzept ist durch Bilder veranschaulicht – im Mittel durch mehr als eine Abbildung je Seite –, aber trotzdem ist das Buch ganz und gar nicht „illustriert" im herkömmlichen Sinn. Textautor und Graphiker konzipierten von Anfang an das Buch gemeinsam als Coautoren. Jedes Layout zweier gegenüberliegender Seiten wurde – bevor es überhaupt Text oder Illustrationen gab – auf der Grundlage der Disposition für ein Kapitel ausführlich diskutiert: Was sind die Grundgedanken jedes Kapitels und wie können sie bildlich ausgedrückt werden? Jede Illustration erfüllt eine pädagogische Funktion, selbst die ausgefallenste Karikatur. Bild und Aussage wurden zusammen entworfen, um ein organisches Ganzes zu bilden – deshalb gibt es auch keine Abbildungsnummern. Wenn die Worte eine Idee beschreiben, soll die graphische Realisation dieser Idee dem Leser als Bekräftigung vor Augen stehen. All das hat zu einer mühevollen Herstellung des Buches geführt, aber dadurch ist das fertige Produkt ein besseres Lehrmittel geworden.

„Chemie – eine lebendige und anschauliche Einführung" ist in erster Linie für Einführungsvorlesungen an Hochschulen gedacht, doch ist das Buch so konzipiert, daß es bei Bedarf auch für kürzere Kurse, z. B. Leistungskurse der Sekundarstufe II, eingesetzt werden kann. Jedes Kapitel im Buch baut auf den früheren auf. Es ist deshalb nicht einfach, von einem Kapitel zum anderen zu springen, aber es ist leicht, stetig nach dem Buch vorzugehen und an einer von mehreren möglichen Stellen haltzumachen. Die ersten zehn Kapitel sind einer qualitativen und beschreibenden Betrachtung der chemischen Elemente, dem Periodensystem, der Molekülstruktur und der chemischen Bindung sowie der chemischen Natur unserer Welt gewidmet. Diese Kapitel bieten Material, das z. B. für eine zehn- oder zwölfwöchige Einführungsvorlesung geeignet ist. Diese Kapitel sollten dem Leser wenigstens ein gewisses Verständnis für die chemische Natur unseres Universums vermitteln. Kapitel 11 bis 17 führen die Chemie als quantitative Wissenschaft ein, und es werden Masse, Energie, Entropie, chemisches Gleichgewicht sowie Reaktionsgeschwindigkeiten und -mechanismen diskutiert. Die 17 Kapitel zusammen können für eine einsemestrige Vorlesung für Studenten mit Chemie als Nebenfach benutzt werden.

Im Kapitel 18 ändert sich die Perspektive: Die letzten acht Kapitel führen den Leser in die Welt der Kohlenstoff-Verbindungen, der Makromoleküle und der lebenden Organismen ein. Blaise Pascal beschrieb das Universum als sich erstreckend zwischen zwei Unendlichkeiten: dem unendlich Großen und dem unendlich Kleinen – oder in der Sprache der Wissenschaft: von Galaxien zu Atomkernen. Zu diesen Grenzen fügte Teilhard de Chardin eine dritte: das unendlich Komplexe. Leben wäre unmöglich ohne komplizierte Netzwerke von Reaktionen, an denen Makromoleküle beteiligt sind, und von allen bekannten Elementen scheint nur der Kohlenstoff solche Moleküle aufbauen zu können. Chemische Systeme, die komplex genug sind, um die Eigenschaften des Lebendigen zu zeigen, müssen in Raum und Zeit organisiert sein; sie müssen sowohl Struktur als auch Stoffwechsel besitzen. Die Untersuchung des auf Kohlenstoff basierenden Lebens sowie die Frage, ob dies die einzig mögliche Form des Lebens ist, sind Themen, die unsere jüngsten Fortschritte in der Erforschung des Weltraums von der Philosophie an die experimentelle Chemie übergeben haben.

„Chemie – eine lebendige und anschauliche Einführung“ schließt mit dem, was die Autoren für die größte Herausforderung halten, mit der die Chemie zu tun hat: das Problem des Lebens.

In traditioneller Nomenklatur würden Kapitel 1 bis 10 als Anorganische Chemie, Kapitel 11 bis 17 als Physikalische Chemie, Kapitel 18 bis 21 als Organische Chemie und Kapitel 22 bis 26 als Biochemie bezeichnet werden. Obgleich das im Prinzip richtig ist, versuchen wir zu zeigen, daß diese Kategorien überlappen, daß sie mehr aus pädagogischen Gründen eingeführt wurden, als daß sie real sind. Chemie sollte als einheitliches Ganzes gelehrt werden und im allgemeinsten Sinne als Gedankengebäude zur Erklärung der Welt, in der wir leben und aus der wir entstanden sind.

Richard E. Dickerson
Irving Geis

Vorbemerkung der Übersetzer

An Schule oder Hochschule tätige Übersetzer hätten es möglicherweise für nötig befunden, diesen „Dickerson/Geis“ – nach „Struktur und Funktion der Proteine“ das zweite Buch dieses Autorengespanns in deutscher Sprache – durch Bearbeitung in das Prokrustesbett deutscher Lehrpläne zu zwingen. Die in Wirklichkeit ausschließlich literarisch tätigen Übersetzer haben dieser Versuchung leicht widerstanden und zunächst lediglich alle Zahlenwerte in SI-Einheiten umgerechnet.

Inzwischen ist durch DIN 32625 und weitere Ergänzungen und Erweiterungen der chemischen Terminologie im Zusammenhang mit dem internationalen Einheitensystem eine Reihe „klassischer“ Begriffe der Chemie wie das Mol, das Val, der Molenbruch etc. neu definiert, neu benannt oder ausgemerzt worden (vgl. dazu z. B. W. Kullbach: „Mengenberechnungen in der Chemie – Grundlagen und Praxis“. Verlag Chemie, Weinheim 1980). Solange noch nicht klar ist, wie weit diese Änderungen von der Praxis übernommen werden, wollten es die Übersetzer mit einer vorsichtigen Angleichung bewenden lassen, auch um die Kompatibilität des vorliegenden „Lesebuchs“ mit älteren einführenden Texten nicht zu gefährden.

Frau Irmgard Dörsam hat das gesamte Manuskript der deutschen Übersetzung geschrieben, wofür wir auch an dieser Stelle herzlich danken. J. R. / B. S.

Inhalt

4. Kapitel

Atome teilen sich Elektronen: kovalente Bindungen 45

5. Kapitel

Gewinn und Verlust von Elektronen; Ionen und Metalle 69

6. Kapitel

Periodische Eigenschaften: von Natrium bis Argon 97

7. Kapitel

Teilchen, Wellen und Paradoxa 129

8. Kapitel

Ein Blick hinter die Kulissen des Periodensystems 147

9. Kapitel

Molekülorbitale und Molekülstruktur 171

10. Kapitel

Spiel mit allen Karten: das Periodensystem 203

11. Kapitel

Von nichts kommt nichts – oder die Erhaltung von Masse, Ladung und Energie 241

12. Kapitel

Wärme, Energie und chemische Bindungen 265

13. Kapitel

Wie man Unordnung mißt 289

14. Kapitel

Das chemische Gleichgewicht 319

15. Kapitel

Die Geschwindigkeit chemischer Reaktionen 349

CHEMIE

– eine lebendige und
anschauliche Einführung

◀ *Die Spiralgalaxie M 51 in den Jagdhunden, eine von Milliarden Galaxien des Universums (Photo: The Hale Observatories)*

1. Kapitel

Ansicht von einem fernen Universum aus

Man kann viele Gründe angeben, sich mit Chemie zu beschäftigen. Sie reichen von „es ist ein intellektuelles Abenteuer" bis „man kann gut davon leben" oder sogar „man braucht's für die Prüfung". Aber die triftigste Antwort ist einfach. Gegenstand der Chemie ist das Verhalten der Materie. Wir haben nur eine Welt, in der wir leben können. Wenn wir wissen wollen, wie wir sie verändern können und was wir nicht zu ändern vermögen, oder wenn wir einfach beurteilen wollen, was wir schon haben, dann müssen wir wissen, wie diese Welt funktioniert. Chemie ist das Fach, das uns die Antwort gibt. Die Physik kann uns vielleicht fundamentale Tatsachen über Elementarteilchen beibringen, über Materie und Energie, aber sie hört gerade da auf, wo Aussagen darüber zu machen sind, wie die verschiedenen Arten von Materie um uns herum sich verändern und reagieren. Die Biologie beschreibt im Großen das Verhalten von Organismen, die ihrem Wesen nach hochentwickelte chemische Systeme sind. Einige der fruchtbarsten Fortschritte der Biologie in den letzten 20 Jahren waren das Ergebnis rein chemischer Ansätze. Wenn wir den Rahmen der Chemie über unseren gegenwärtigen begrenzten und unangemessenen Kenntnisstand hinaus erweitern können, dann ist die Biologie im Grunde die höchste Form der angewandten Chemie. Wenn die Chemie untersucht, wie sich Materie verhält, dürfen wir nicht vergessen, daß wir selbst ein integraler Teil der materiellen Welt sind.

Wenn wir die Welt um uns herum mit den Augen eines Neulings betrachten, scheint sie uns erschreckend kompliziert. Alles Materielle ist chemischer Natur, alles reagiert – auf dieser oder jener Zeitskala. Wie können wir nur einen Überblick bekommen, was um uns vorgeht, oder gar die zugrundeliegenden Prinzipien erkennen? Die chemischen Reaktionen, die in der Welt ablaufen, sind enger miteinander gekoppelt, als uns noch vor wenigen Jahren bewußt war. Wie können wir diese Reaktionen zu unserem eigenen Vorteil handhaben und wie können wir sicher sein, daß wir nicht durch Veränderung der Dinge an einer Stelle unvorhergesehene Störungen irgendwo anders hervorrufen? Dies sind reale Probleme, und da die Bevölkerung dieses Planeten wächst und man erkannt hat, daß die verfügbaren Ressourcen begrenzt sind, begann eine Menge Leute, sich mit solchen Problemen zu befassen. Die Chemie, einmal betrachtet als die Technik, einen kleinen Planeten zu

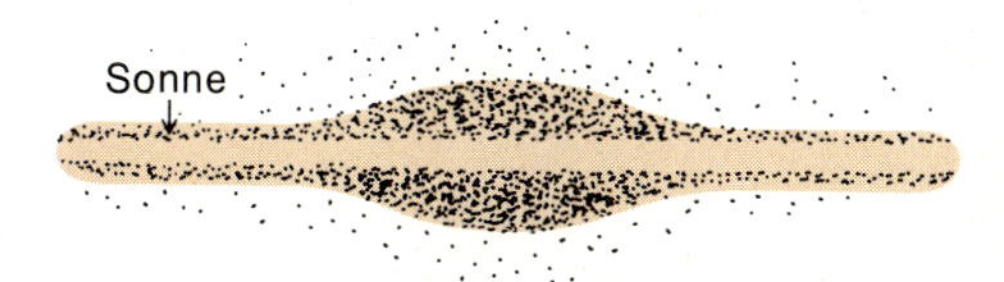

Seitenansicht unseres eigenen Milchstraßensystems, das ungefähr 200 Milliarden Sterne enthält. Einer dieser Sterne, 30 000 Lichtjahre vom Zentrum entfernt, ist unsere Sonne.

managen, erscheint heute viel mächtiger als vor ein paar Jahren, als sie nur angesehen wurde als die Methode, Plastik und Treibstoff zu machen. Wenn man etwas über die heutige Chemie lernen möchte – wo fängt man an?

Der leichteste Zugang ist ein Schritt ein paar Millionen Lichtjahre zurück, um einen unbefangeneren Blick auf das materielle Universum zu werfen. Viele Komplikationen werden ausgeräumt, und die Szene wird einfacher. Wir sehen viele glühende Körper: Sterne, organisiert in Sternenhaufen, Galaxien und Haufen von Galaxien, die sich in die äußersten Weiten des Universums erstrecken. Soweit das Auge reicht, sind 999 von 1000 Atomen solche eines der beiden leichtesten Elemente – Wasserstoff oder Helium –, nur ein einsames einziges unter tausend ist ein schwereres Atom (links). All die Elemente, Verbindungen und Substanzen, die auf unserem Planeten so wichtig erscheinen, sind nicht mehr als geringe Verunreinigungen im Universum als Ganzem. Die Staubwolken zwischen den Sternen bestehen überwiegend aus Wasserstoff, wenn auch die sorgfältige Untersuchung wenige andere einfache Moleküle zutage fördert. Die schwereren Elemente finden sich verstreut in diesen Staubwolken, in den Sternzentren und in kalten Satelliten wie der Erde, die kaum wahrnehmbar um einige der Sterne herumwandern. In diesem Maßstab betrachtet, ist das materielle Universum eine Welt aus Wasserstoff und Helium.

Von 1000 Atomen des Universums sind 999 entweder Wasserstoff (helle Punkte) oder Helium (dunkle Punkte). Nur eines von tausend ist das Atom eines schweren Elements (weißer Punkt).

Eine einfache Welt

In einer solchen Welt sind die Dinge einfacher. Die gleichen Bausteine, die alle Atome aufbauen – Protonen, Neutronen und Elektronen –, sind auch Bausteine von Wasserstoff und Helium, aber sie sind hier in besonders einfacher Weise zusammengefügt. Im nächsten Kapitel wollen wir die Beschäftigung mit der Atomstruktur mit einer detaillierten Diskussion von Wasserstoff und Helium beginnen. Es gibt nur wenige und einfache Reaktionen, an denen diese Elemente allein beteiligt sind. Vier Wasserstoff-Atome können sich vereinigen, um ein Helium-Atom zu bilden; die Sterne werden mit der Energie, die aus dieser Reaktion stammt, „geheizt“. Wenn die Temperatur im Inneren eines Sterns hoch genug ist, können der Wasserstoff-Fusion eine Fusion des Heliums folgen sowie Folgereaktionen, welche die schwereren Elemente produzieren. Die allerschwersten dieser Elemente neigen dazu, wieder spontan auseinanderzubrechen – im Vorgang der Atomspaltung.

Bei diesen Beispielen handelt es sich immer um *Kernreaktionen,* bei denen ein Element durch Änderung seiner Kernstruktur in ein anderes Element umgewandelt wird. Kernreaktionen werden gewöhnlich als Bestandteil des Reichs der Physik, nicht der Chemie, betrachtet. Bei weit niedrigeren Temperaturen – näher denen, die auf unserem Planeten herrschen – können die ersten wirklich chemischen Reaktionen in Gang kommen, bei denen Atome zusammenkommen, sich trennen und sich mit anderen Atomen vereinigen, ohne ihre Kernstruktur und ihre eigene Identität zu ändern. Wenn zwei Wasserstoff-Atome bei mäßiger Temperatur zusammengebracht werden, werden sie sich aneinanderbinden und ein H–H- oder H_2-Molekül bilden. Helium-Atome verhalten sich nicht so. Wenn sie zusammenstoßen, prallen sie unverändert voneinander ab und zeigen wenig Neigung zu assoziieren. Das Konzept der *chemischen Bindung,* die Atome des Wasserstoffs zusammenhält, nicht aber die des Heliums, ist die wichtigste Grundidee in der Chemie. Wann bilden sich Bindungen zwischen Atomen, warum und in welcher Richtung? Auf welche Weise bestimmen diese Bindungen, wie sich die entstehenden chemischen Substanzen benehmen?

Die Zustände der Materie

Bei Temperaturen ähnlich denen, wie sie auf unserem Planeten herrschen, bewegen sich Helium-Atome (He) und Wasserstoff-Moleküle (H_2) für sich in der Gegend herum. Jedes Atom oder Molekül in einem *Gas* bewegt sich unabhängig mit einer Geschwindigkeit, die von seiner Bewegungsenergie abhängt. Je höher die Temperatur, um so schneller bewegen sich die Atome oder Moleküle eines Gases; die Temperatur ist tatsächlich ein direktes Maß für die mittlere Energie der Moleküle eines Gases.

Gase sind nicht die einzige Form der Materie im Universum. Es gibt auch Flüssigkeiten und Feststoffe; sie treten vor allem auf, wenn es sich um größere Moleküle handelt, und bei tiefen Temperaturen. Jedes Atom oder Molekül hat eine schwache Anziehungskraft auf andere Atome und Moleküle, eine Art „Klebrigkeit" beim Zusammentreffen: die bekannte van-der-Waals-Anziehung. Wenn die Temperatur niedrig ist und die Bewegungsenergie einer Ansammlung von Molekülen gering genug ist, hält die van-der-Waals-Anziehung die Moleküle in einer *Flüssigkeit* zusammen. Die Moleküle halten Kontakt, gleiten aber ungehindert aneinander vorbei. Bei noch niedrigeren Temperaturen und Energien der Moleküle ist die Bewegungsfreiheit weiter herabgesetzt, und die Moleküle werden festgehalten in der eingefrorenen Geometrie eines *Feststoffs*.

Sehr kleine Teilchen wie He und H_2 müssen auf extrem tiefe Temperaturen abgekühlt werden, bis sie zu einer Flüssigkeit kondensieren oder zu einem Feststoff erstarren. Größere Moleküle mit ausgedehnter Oberfläche haben größere van-der-Waals-„Klebrigkeit" und bilden bei Raumtemperatur Flüssigkeiten oder Feststoffe.

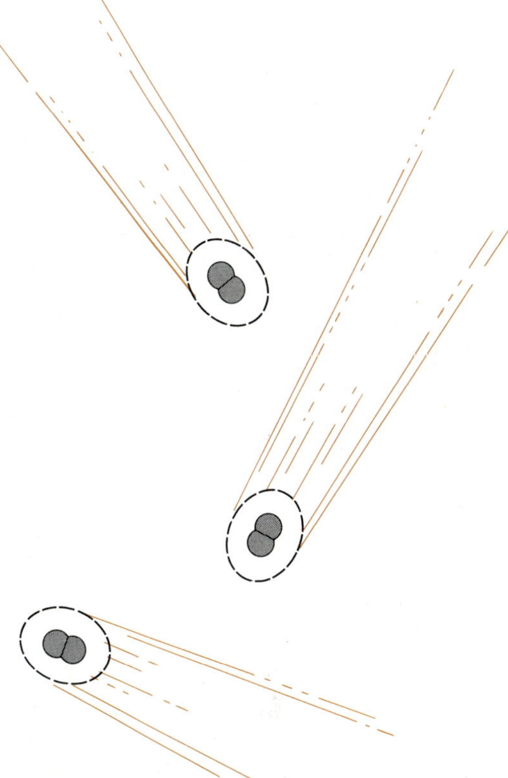

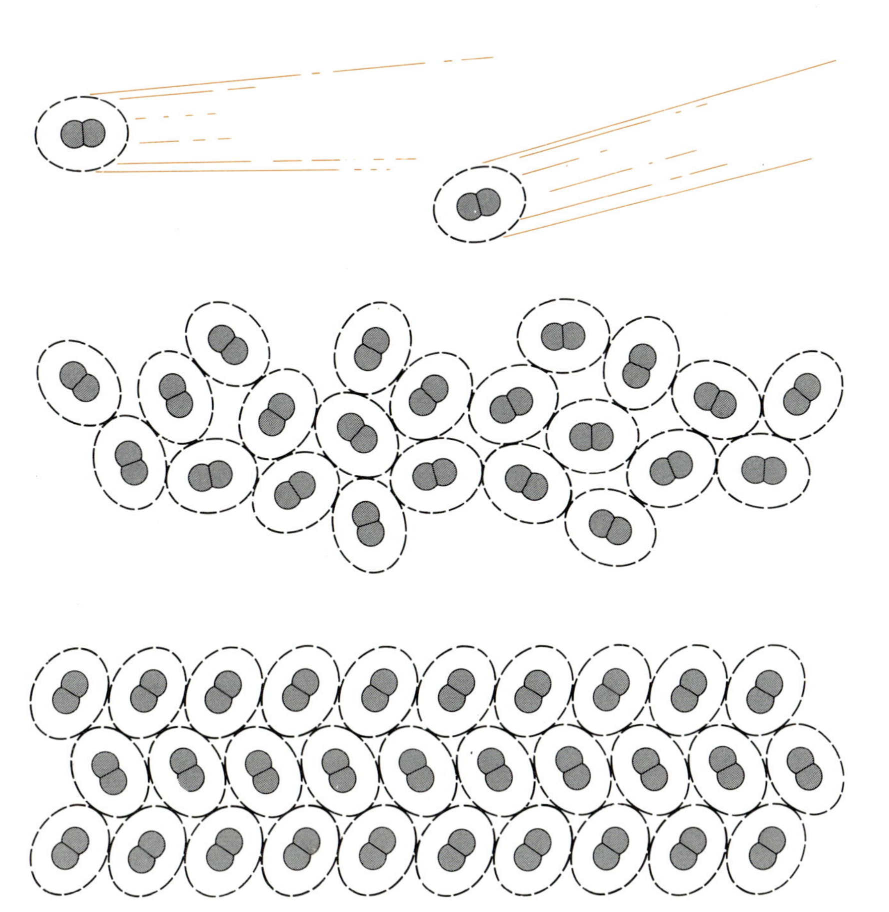

GAS: In einem Gas bewegen sich die individuellen Moleküle frei durch den Raum. Sie berühren sich nicht, außer wenn sie zusammenstoßen (wobei sie sofort zurückprallen). Ein Gas hat weder eine starre Form noch ein bestimmtes Volumen: Es nimmt die Form seines Behälters an; es kann sich ausdehnen oder komprimiert werden.

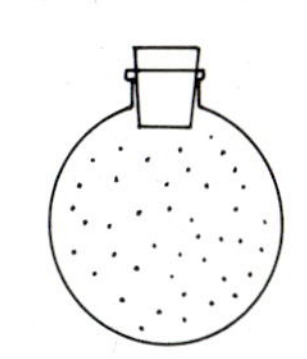

FLÜSSIGKEIT: Die Moleküle einer Flüssigkeit sind miteinander in Kontakt, aber sie haben noch genug Energie, um aneinander vorbeizugleiten und ihre Positionen zu verändern. Eine Flüssigkeit hat daher ein ziemlich definiertes Volumen, aber keine definierte Gestalt.

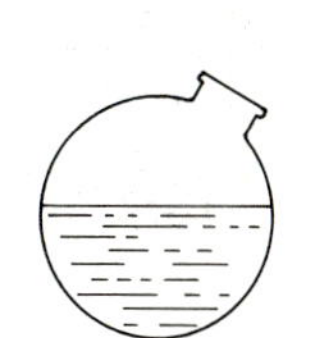

FESTKÖRPER: In einem kristallinen Festkörper sind die Moleküle nach einem regelmäßigen Muster aneinander gepackt; ihre Energie reicht nicht aus, um aus dieser Ordnung auszubrechen und von einer Position in eine andere zu wechseln. Volumen und Gestalt eines Kristalls sind definiert, und um ihn zu deformieren oder zu zerbrechen, muß Arbeit geleistet werden.

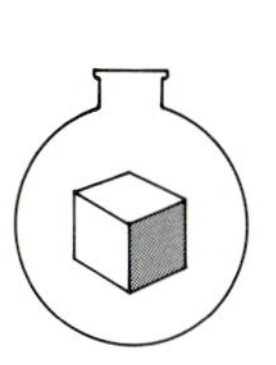

Der Conusnebel NGC 2264 im Einhorn. Der dunkle Trichter ist eine Gaswolke, hauptsächlich Wasserstoff, die das Licht dahinter liegender hellerer Sterne verdunkelt. Materie aus solchen dunklen Gaswolken verdichtet sich zu neuen Sternen. (Photo: The Hale Observatories)

Manche Atome können Elektronen zugewinnen oder verlieren und werden dann zu elektrisch geladenen *Ionen.* Solche Ionen werden in den als Salze bekannten Festkörpern durch elektrostatische Anziehung zwischen Ionen entgegengesetzter Ladung zusammengehalten. Neben der Untersuchung von Reaktionen, bei denen in Molekülen Bindungen gebildet und gelöst werden, ist eine der wichtigsten Aufgaben der Chemie, Verhalten und Eigenschaften von Stoffen auf der Grundlage der Wechselwirkungen zwischen den Molekülen zu erklären, aus denen sie aufgebaut sind.

Lebenslauf eines Universums

Das Universum ist weit davon entfernt, chemisch einheitlich zu sein; dies ergibt sich aus seiner Entwicklungsgeschichte. Die frühesten Sterne kondensierten vor vielleicht 13 Milliarden Jahren aus dünnem Wasserstoff-Gas. Wenn ein Stern kondensierte, setzte die Wärme, die dabei in seinem Inneren entstand, den Prozeß der Wasserstoff-Fusion in Gang: Vier Wasserstoffkerne verschmelzen zu einem Heliumkern, wobei eine große Energiemenge freigesetzt wird. Der Stern war „angeschaltet". Bei Sternen, die groß genug waren, um ausreichend Wärme zurückzuhalten, führten höhere Temperaturen im Sterninneren zu fortgesetzter Verstärkung der Helium-Fusion und weiter zu Reaktionen, in denen schwerere Elemente gebildet wurden. Die Sterne waren die „Schmelztiegel", in denen die schweren Elemente entstanden. Supernova-Explosionen schleuderten diese Elemente überall in den Kosmos, als Schutt, aus dem im Laufe der Zeit die Sonnen der zweiten Generation – wie die unsere – sich aufbauten.

Unser Sonnensystem war demnach von seinen ersten Anfängen an mit schweren Elementen angereichert. Wie die Sonne im Zentrum einer Wolke aus diffuser Materie sich verdichtete, so geschah es auch mit den äußeren Planeten. Die großen Planeten, wie Jupiter und Saturn, die durch ihre mächtige Gravitation all ihre ursprüngliche Materie zusammenhalten konnten, behielten insgesamt eine der Sonne ähnliche Zusammensetzung. Der Erde und den anderen sonnennahen Planeten wurden durch Sonnenhitze und wegen ihrer eigenen schwachen Anziehungskraft die flüchtigen Elemente ausgetrieben. Nur die nichtflüchtigen Substanzen blieben zurück, und so wurde die Erde zu einem kahlen Felsenball. Deshalb ist unser Planet heute so reich an Silicium-Sauerstoff-Mineralien: Diese Substanzen konnten nicht wegdampfen.

Unsere Erde hat nur deswegen heute eine Atmosphäre, weil Gase aus dem Inneren nachströmten, hauptsächlich durch Vulkane, nachdem die Temperatur der Erdoberfläche gefallen war. Die ausgestoßenen Gase waren nicht die, welche im ursprünglichen Material des Sonnensystems die häufigsten waren, sondern solche, die durch chemische Verbindung mit Mineralien eingefangen werden konnten: Wasserdampf, Ammoniak, Schwefelwasserstoff, Kohlendioxid und andere kleine, kohlenstoff- und stickstoffhaltige Moleküle. Das ursprünglich vorhandene Helium ging verloren, denn es reagierte chemisch nicht und konnte nicht in nichtflüchtiger Form festgehalten werden.

Unsere gegenwärtige Atmosphäre, die im wesentlichen zu 80% aus Stickstoff und zu 20% aus Sauerstoff besteht, ist von der ursprünglich aus dem Planeteninneren freigesetzten Atmosphäre ziemlich verschieden. Die primitive Atmosphäre enthielt viele Bestandteile, die leicht mit Sauerstoff reagieren, aber sie enthielten keinen freien Sauerstoff. Die sauerstoffreiche Atmosphäre unserer Zeit hat in langer Arbeit das bemerkenswerteste Phänomen hervorgebracht, das aus dem Universum entsprungen ist: das Leben. Aus diesem Pool von Kohlenstoff-, Sauerstoff-, Stickstoff- und Wasserstoffverbindungen auf der Oberfläche einer Kugel aus Silicatgestein entwickelten sich die kompliziertesten und raffiniertesten chemischen Systeme, welche das Universum je gekannt hat: die lebenden Organismen. Die Geschichte, wie sich lebende Organismen entwickelten und wie sie unseren Planeten veränderten, ist faszinierend – aber es ist eine Geschichte, die warten muß, bis wir die chemischen Grundlagen für ihr Verständnis gelegt haben. In den letzten Kapiteln dieses Buches werden wir zu diesem Thema zurückkehren – und dies wird ein Versuch sein, alles miteinander zu verbinden. Leben war der Endzustand der Selektion bestimmter Elemente aus vielen anderen, die letzte einer Reihe von Fraktionierungen der chemischen Elemente aus einem alles umfassenden Vorrat, der aus Wasserstoff und Helium mit einigen geringfügigen Verunreinigungen bestand. Wir sind das Resultat dieser Verunreinigungen –, und ein zentrales Thema dieses Buches ist der Versuch, so gut wir es können zu erklären, wie es soweit gekommen ist.

Fragen

1. Warum haben Flüssigkeiten und Festkörper ein vergleichsweise unveränderliches Volumen – durch Temperaturveränderungen dehnen sie sich nur geringfügig aus oder ziehen sich zusammen –, während das Volumen von Gasen so viel veränderlicher ist?
2. Warum haben kristalline Festkörper eine bestimmte Gestalt, während Flüssigkeiten und Gase die Form ihres Behältnisses annehmen?
3. Worin besteht der Unterschied in der Art und Weise, wie Flüssigkeiten und Gase sich an ihre Behälter anpassen?
4. Was hält die Moleküle von molekularen Flüssigkeiten oder Festkörpern zusammen? Warum gilt das gleiche Prinzip nicht für Gase?
5. Welche waren die beiden frühesten chemischen Elemente?
6. Warum sind diese beiden Elemente auf der Erde so viel seltener als im Universum insgesamt?

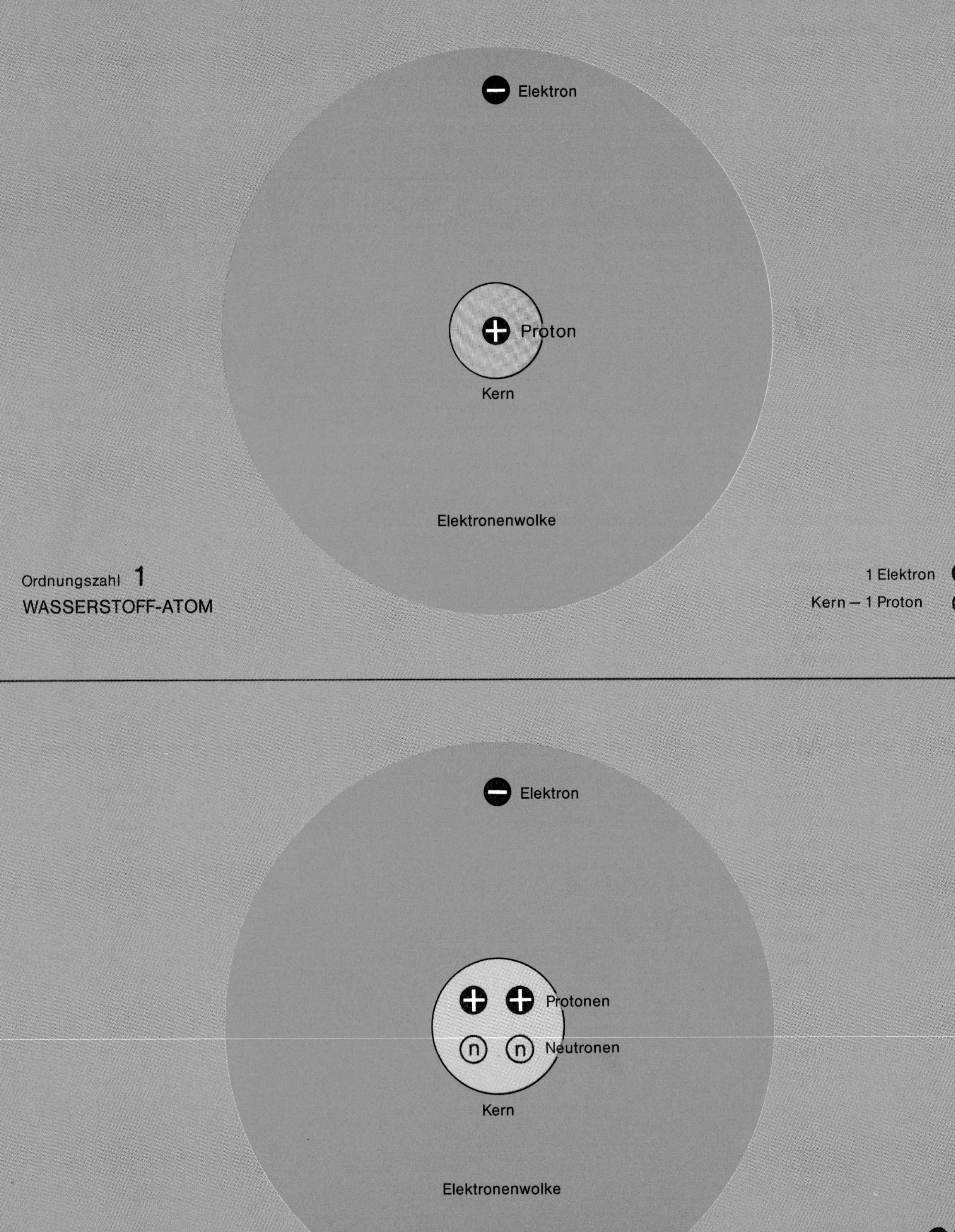

Elektron

2 Elektronen

Ordnungszahl 2

HELIUM-ATOM

Kern { 2 Protonen, 2 Neutronen

◀ *Elementarteilchen (Elektronen, Protonen und Neutronen), die Wasserstoff- und Helium-Atome aufbauen*

2. Kapitel

Atome, Moleküle und Mole

Wasserstoff und Helium nehmen eine Sonderstellung im Reich der Chemie ein, weil aus diesen Elementen alle anderen Elemente entstanden sind. Es gibt noch einen anderen Aspekt, der sie im Augenblick für uns nützlich macht: Sie sind von allen Atomen die einfachsten. Alle Vorstellungen über die einfache Atomstruktur, die sich am Wasserstoff und am Helium illustrieren lassen, leiten nahtlos zu den Untersuchungen der schwereren Atome über.

Elektronen, Atomkerne und Ordnungszahl

Ein Atom setzt sich zusammen aus einem sehr kleinen, aber schweren Kern im Zentrum mit einer positiven Ladung, umgeben von einer negativ geladenen Elektronenwolke. Da Atome so klein sind, ist es nutzlos, die vertrauten Maßeinheiten Meter oder Zentimeter für sie zu benutzen. Eine gebräuchlichere Längeneinheit ist das Ångström mit dem Symbol Å. Hundert Millionen oder 10^8 Ångström ergeben einen Zentimeter, oder, um es anders auszudrücken, $1\ \text{Å} = 1/10^8\ \text{cm} = 10^{-8}\ \text{cm} = 0.00\,000\,001\ \text{cm}$. Die meisten Atome haben einen Durchmesser in der Größenordnung von 1.0 bis 2.4 Å. Deshalb ist die Maßeinheit Ångström so bequem*).

Der Kern eines Atoms ist noch viel kleiner. Gewöhnlich hat er einen Durchmesser von 10^{-13} cm oder 10^{-3} pm. Wenn ein Atom so groß wie ein Fußballstadion wäre, hätte der Kern die Größe eines kleinen Marienkäfers, der über die Hundertmeterbahn krabbelt. Trotz dieses Größenunterschieds ist praktisch die gesamte Atommasse im Kern konzentriert. Ein Elektron, das eine negative Ladung trägt,

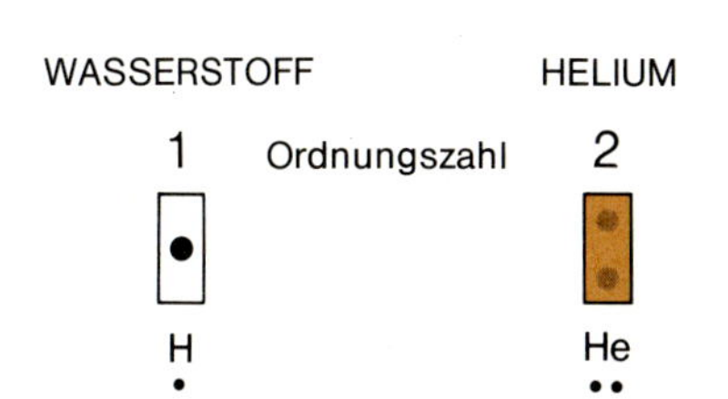

Die Elektronenschalen von Wasserstoff und Helium werden durch Rechtecke symbolisiert. Wenn die Schale aufgefüllt ist (wie beim Helium), ist das Rechteck farbig.

*) Anmerkung der Übersetzer: Die Einführung des Internationalen Systems der Einheiten – SI-System – hat diesen Passus seiner Überzeugungskraft beraubt, da Ångström-Einheiten im SI-System nicht vorgesehen sind. Um Ångström-Einheiten in die SI-gemäßen Picometer umzurechnen, muß man mit 100 multiplizieren, denn 1 Picometer = $1\ \text{pm} = 10^{-12}\ \text{m} = 10^{-10}\ \text{cm}$. Atome haben dementsprechend einen Durchmesser in der Größenordnung von 100 bis 240 pm. Diese Umrechnung wurde überall in der deutschen Übersetzung vollzogen.

wiegt nur $^1/_{1836}$ mal so viel wie der leichteste aller Kerne, der des Wasserstoff-Atoms (Proton).

Elementarteilchen der Materie

Teilchen	Ladung	Masse
Proton	+1	1.00728 u
Neutron	0	1.00867 u
Elektron	−1	0.000549 u

Ein Atomkern besteht aus zwei Arten von Teilchen: Protonen und Neutronen. Ein Proton trägt eine positive Ladungseinheit, die die negative Ladung eines Elektrons ausgleicht. Das Neutron ist ungeladen. Die Standardeinheit zur Messung von Atommassen ist die *atomare Masseneinheit (u),* die so definiert ist, daß die am häufigsten vorkommende Sorte von Kohlenstoffatomen exakt 12 atomare Masseneinheiten wiegt. Auf dieser Skala hat das Proton eine Masse von 1.00728 u und ist etwas leichter als ein Neutron, das eine Masse von 1.00867 u hat. Gewöhnlich geht man davon aus, daß die Masse von Proton und Neutron gleich 1 u ist, es sei denn, man befaßt sich mit exakten Berechnungen. In dieser Skala wiegt ein Elektron nur 0.00055 u. Die Ladungen und Massen dieser drei Elementarteilchen sind in der Tabelle links zusammengestellt.

Die beiden einfachsten Atomsorten sind Wasserstoff (H) und Helium (He) (s. Zeichnung auf Seite 6). Wasserstoff hat ein Proton in seinem Kern und ein Elektron außen herum. Helium hat zwei Protonen im Kern und muß daher auch zwei Elektronen haben, da die Anzahl von positiven und negativen Ladungen in einem neutralen Atom gleich sein muß. Da Elektronen ein Atom umgeben und der Kern klein ist und tief im Innern vergraben, ist der äußere Teil einer Elektronenwolke alles, was ein anderes Atom „sieht". Es ist die Elektronenwolke, die den chemischen Charakter eines Atoms bestimmt. Bei Reaktionen, bei denen chemische Bindungen entstehen, werden Elektronen gewonnen, verloren oder zwischen Atomen geteilt, wie wir in den folgenden Kapiteln sehen werden. Da die Zahl der Elektronen in einem neutralen Atom gleich sein muß der Zahl der Protonen in seinem Kern, bestimmt die Protonenzahl indirekt das chemische Verhalten des Atoms. Alle Atome mit derselben Anzahl von Protonen sind als dasselbe *chemische Element* definiert und die Anzahl der Protonen entspricht seiner *Ordnungszahl.* Die Ordnungszahl wird gewöhnlich als Index vor das Elementsymbol geschrieben, wie in $_1H$ und $_2He$. Das ist bequem, aber überflüssig, da z.B. jedes Atom mit der Ordnungszahl 2 definitionsgemäß Helium heißt und durch das Symbol He dargestellt wird.

Jedes Hinzufügen eines Protons zu einem Kern führt zu einem neuen chemischen Element. Die auf das Helium folgenden Elemente sind:

$_3Li$ = Lithium, ein weiches, reaktives Metall
$_4Be$ = Beryllium, ein härteres Metall
$_5B$ = Bor, ein Element an der Grenze zu den Nichtmetallen
$_6C$ = Kohlenstoff, ein Nichtmetall und das wichtigste Element in lebenden Organismen
$_7N$ = Stickstoff, ein Nichtmetall, verbreitet in lebenden Organismen und der Hauptbestandteil unserer heutigen Erdatmosphäre
$_8O$ = Sauerstoff, ein Nichtmetall und der zweite Hauptbestandteil der Atmosphäre sowie das wesentliche Element bei der Verbrennung von Materie
$_9F$ = Fluor, ein relativ seltenes, nichtmetallisches Element, das sich aber noch heftiger mit anderen Substanzen verbindet als Sauerstoff
$_{10}Ne$ = Neon, ein Edelgas, das dem Helium sehr ähnlich ist
$_{11}Na$ = Natrium, ein weiches, reaktives Metall ähnlich wie Lithium

Wie die Elektronen um einen Kern angeordnet sind und welchen Einfluß das auf ihr chemisches Verhalten hat, ist Thema des nächsten Kapitels. Im Augenblick sei nur auf den Trend von Metallen über Nichtmetalle zu einem Edelgas hingewiesen und die beginnende Wiederholung der Eigenschaften beim Übergang vom Edelgas Neon zu dem weichen Metall Natrium. Chemische Eigenschaften sind *periodische* Funktionen der Ordnungszahl – in einer Auflistung der Elemente nach steigender Ordnungszahl kehren ähnliche Eigenschaften in regelmäßigen Abständen immer wieder. Das ist eine der wichtigsten Verallgemeinerungen in der Chemie.

Die Isotope des Wasserstoffs

Bisher haben wir nichts über Neutronen gesagt. Die häufigste Wasserstoffart hat keine Neutronen im Kern. Andere Arten von Wasserstoff-Atomen, wie sie rechts gezeichnet sind, besitzen außer dem Proton, das ihren chemischen Charakter bestimmt, entweder ein oder zwei Neutronen. Atome wie diese drei mit derselben Ordnungszahl, aber mit unterschiedlicher Anzahl von Neutronen im Kern, werden *Isotope* desselben chemischen Elements genannt. Die Summe der Anzahl von Protonen und Neutronen ist die ***Massenzahl;*** sie wird als hochgestellte Ziffer vor das Elementsymbol geschrieben: ${}^1_1H$, ${}^2_1H$, ${}^3_1H$.

Die drei Isotope des Wasserstoffs haben ganz verschiedene Massen: ungefähr eine, zwei und drei atomare Masseneinheiten. Aber da die Anzahl der Protonen dieselbe ist, haben sie dieselbe Anzahl von Elektronen um den Kern. Für ein sich näherndes Atom sehen alle Wasserstoff-Atome ziemlich gleich aus und verhalten sich chemisch auch praktisch gleich. Die Unterschiede werden erst bei Eigenschaften wie Reaktionsgeschwindigkeiten oder Diffusionsgeschwindigkeiten der Moleküle deutlich, für welche die Masse eines Atoms und seine Geschwindigkeit entscheidend sind. Bei schwereren Elementen beeinflußt das Hinzufügen eines oder zweier Neutronen die Eigenschaften weniger; für Isotope gibt es deshalb im allgemeinen keine eigenen Namen. Nur beim Wasserstoff, bei dem zusätzliche Neutronen die Atommasse verdoppeln oder verdreifachen, wurden spezielle Namen und Symbole eingeführt:

${}^1_1H = H$ = leichter Wasserstoff oder „gewöhnlicher Wasserstoff" mit einem Proton und keinen Neutronen im Kern

${}^2_1H = D$ = Deuterium (von „deuteron" = das Zweite) mit einem Proton und einem Neutron im Kern

${}^3_1H = T$ = Tritium (von „tri" für drei) mit einem Proton und zwei Neutronen im Kern

Normales Wasser hat die chemische Formel H_2O. Schweres Wasser ist bekannt geworden als Moderator oder Neutronenabsorber in bestimmten Typen von Kernreaktoren. Auf unserem Planeten sind etwa 150 von einer Million Wasserstoff-Atomen Deuterium-Atome. Tritium ist radioaktiv und muß künstlich hergestellt werden.

Wenn die Masse eines Protons und eines Neutrons jeweils exakt einer Masseneinheit entspräche und es bei der Bildung des Kerns keine Massenänderung gäbe, dann wäre die Massenzahl eines Isotops oder seine Atommasse gleich der Summe der Massen der Protonen und Neutronen gemessen in atomaren Masseneinheiten. Das ist aber streng genommen nicht richtig. Nicht nur, daß Protonen und Neutronen etwas schwerer sind als eine Masseneinheit, es gibt auch einen kleinen Massenverlust, wenn sie sich zu einem Kern vereinen. Diese fehlende Masse wird bei dem Kernbildungsprozeß in Energie verwandelt und geht dem Atom verloren. Der Kern kann nicht auseinandergenommen werden, ohne daß die verlorene Energie wieder aufgebracht wird, so daß die vollständige Masse, d. h. die ursprüngliche Masse der Protonen und Neutronen wieder vorhanden ist. Diese fehlende Energie ist die *Bindungsenergie* des Kerns oder die Energie, die den Kern zusammenhält. Trotzdem können wir für Näherungsrechnungen davon ausgehen, daß die Atommasse eines Isotops gleich der Summe seiner Protonen und Neutronen, d. h. seiner Massenzahl ist.

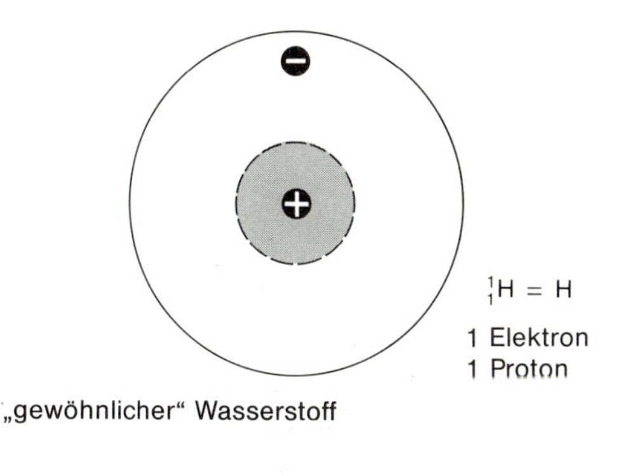

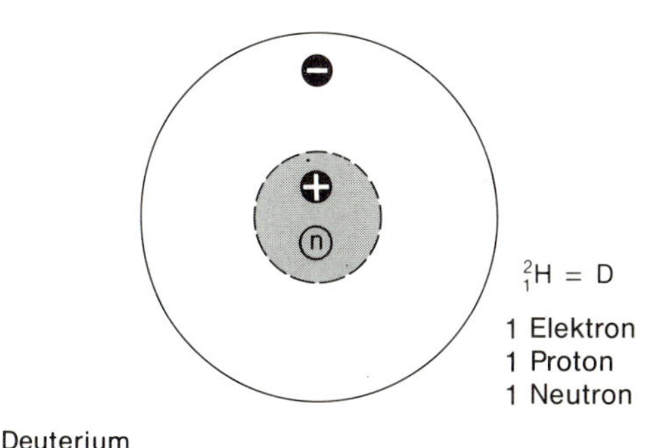

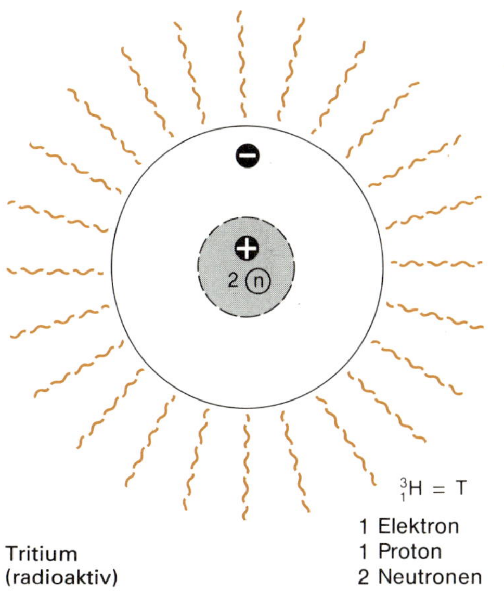

Die drei Isotope des Wasserstoffs – normaler Wasserstoff, Deuterium und Tritium – unterscheiden sich nur durch die Anzahl der Neutronen im Kern. Tritium-Atome sind instabil und radioaktiv, weil sie gemessen an ihrer Protonenzahl zu viele Neutronen besitzen. 99,98% des auf der Erde vorkommenden Wasserstoffs ist normaler Wasserstoff, 0,02% ist Deuterium; Tritium kommt in der Natur nicht vor.

Die Isotope des Heliums

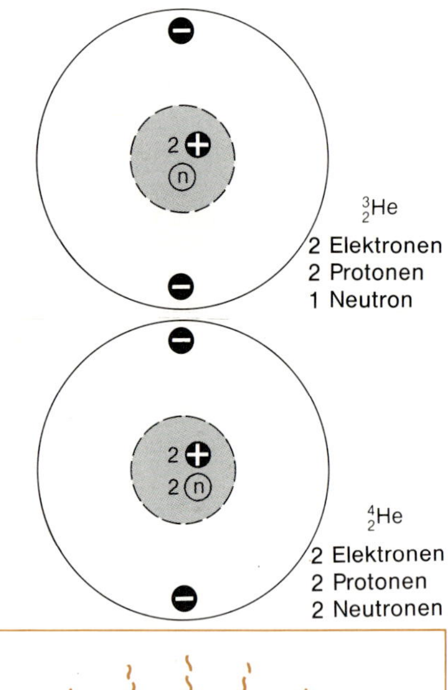

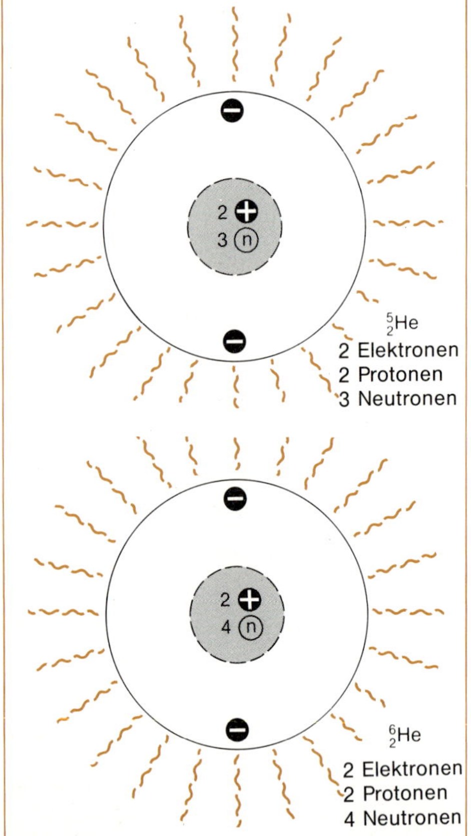

Von Helium gibt es vier Isotope; jedes hat zwei Protonen, aber die Zahl der Neutronen steigt von eins bis vier. Nur 0,00013% des natürlichen Heliums ist Helium-3 mit einem Neutron und der Rest ist Helium-4 mit zwei Neutronen. Helium-5 und Helium-6 (die radioaktiv sind) kommen in der Natur nicht vor.

Auch Helium hat Isotope. Sie sind links dargestellt. Die Differenz zwischen der hochgestellten und der tiefgestellten Zahl gibt die Anzahl der Neutronen im Kern an. Sie kann 1, 2, 3 oder 4 betragen. Ein Atom ^m_nHe hat m Kernteilchen, n Protonen und $m-n$ Neutronen. Die Isotope des Heliums und der schwereren Elemente werden nicht durch spezielle Namen unterschieden, sondern dadurch, daß man ihren Namen und ihre Massenzahl angibt, z.B. Helium-3 für $^3_2$He. Abgesehen von einem winzigen Bruchteil sind alle Helium-Atome auf der Erde Helium-4. Nur ein Atom pro Millionen ist Helium-3, und Helium-5 und -6 existieren überhaupt nicht in der Natur.

Einige Isotope eines Elements sind stabil und zeigen keine Neigung zu zerfallen; andere zerfallen spontan und sind daher *radioaktiv*. Leichter Wasserstoff und Deuterium sind stabil, doch Tritium ist radioaktiv. Der $^3_1$H- oder T-Kern hat offensichtlich zu viele Neutronen im Verhältnis zu den Protonen. Mit der Zeit zerfällt er spontan, wobei im Effekt eines der Neutronen in ein Proton und ein Elektron verwandelt wird:

$$^1_0\text{n} \longrightarrow {}^1_1\text{p} + {}^{\;\,0}_{-1}\text{e}$$

Diese Reaktion ist in der vorher eingeführten ^m_nHe-Notation geschrieben, wobei die tiefgestellte Zahl jetzt die Ladung eines Teilchens (und nicht die Anzahl der Protonen im Kern) und die hochgestellte Ziffer die Massenzahl oder ungefähre Masse in Masseneinheiten wiedergeben. Ein Proton, das die Ladung +1 und die Massenzahl 1 hat, wird geschrieben als $^1_1$p; ein Neutron, das keine Ladung hat und die Masse 1, hat das Symbol $^1_0$n; und ein Elektron, das die Ladung −1 und auf dieser groben Abzählskala eine vernachlässigbare Masse hat, schreibt man $^{\;\,0}_{-1}$e. Wenn eine Kernreaktion so wie diese richtig aufgeschrieben ist, dann muß die gesamte Ladung (tiefgestellte Zahl) und die Gesamtmassenzahl (hochgestellte Zahl) auf der linken Seite gleich der gesamten Ladung und Masse auf der rechten Seite der Gleichung sein.

Wenn eines der beiden Neutronen im Tritiumkern in ein Proton und eine Elektron zerfällt, dann wird ein Wasserstoffkern aus einem Proton und zwei Neutronen in einen *Helium*kern aus zwei Protonen und einem Neutron verwandelt:

$$^3_1\text{H} \longrightarrow {}^3_2\text{He} + {}^{\;\,0}_{-1}\text{e}$$

Diese Reaktion ist unten dargestellt. Ein Element wird in ein anderes verwandelt, und das Elektron wird von dem Kern als Beta-Strahlung ausgesandt. Wir werden uns mit dem radioaktiven Zerfall und instabilen Isotopen nicht befassen, doch sollten wir wenigstens festhalten, daß Atomkerne stabil sind, wenn ihr Verhältnis von Neutronen zu Protonen in einem bestimmten Bereich liegt, nämlich bei 1 oder etwas darüber (kleiner Neutronenüberschuß). Mit zu vielen Neutronen oder zu vielen Protonen wird ein Kern instabil und zerfällt spontan in ein stabileres Isotop

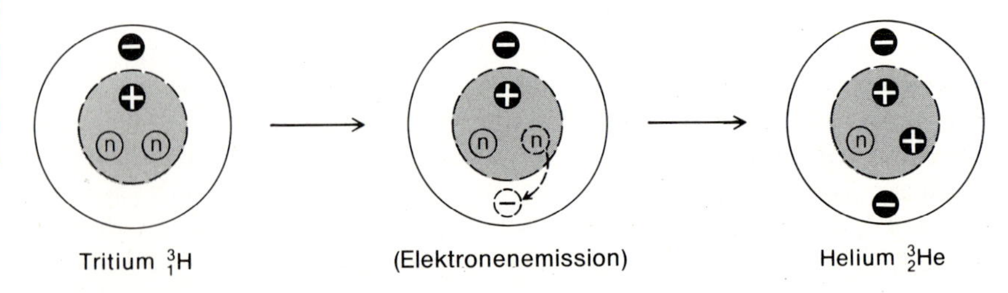

Tritium ist ein radioaktives Isotop des Wasserstoffs und zerfällt unter Ausstrahlung von Elektronen aus dem Kern in Helium-3.

eines Elements mit einer Ordnungszahl, die in der Nähe derjenigen des Ausgangselements liegt.

Isotope und gemessene relative Atommassen (Atomgewichte)

Die meisten der in der Natur vorkommenden Elemente sind Gemische aus mehreren Isotopen. Von dem Kohlenstoff auf unserer Erde sind 98.9 Prozent Kohlenstoff-12 oder ^{12}C, der sechs Protonen und sechs Neutronen hat. (Die atomare Massenskala ist so definiert, daß ein Atom Kohlenstoff-12 exakt 12 u wiegt.) 1.1 Prozent ist Kohlenstoff-13 mit einem zusätzlichen Neutron. Diese beiden Atome sind stabil, doch Kohlenstoff-14 ist radioaktiv; er kommt in winzigen Mengen nur deshalb vor, weil er in der oberen Atmosphäre durch Bombardierung von Stickstoff mit kosmischer Strahlung ständig produziert wird. Kohlenstoff-14 ist die Basis für die Radiokohlenstoff-Datierung. Solange ein Baum oder ein anderer Organismus leben, nehmen sie ständig Kohlenstoff aus ihrer Umgebung auf, und das Verhältnis von ^{14}C zu ^{12}C ist das gleiche wie das in der gesamten Atmosphäre. Radioaktiver Zerfall und Nachlieferung aus der Atmosphäre stehen im Gleichgewicht. Wenn der Baum stirbt, wird diese Aufnahme gestoppt, und die sehr geringe Menge Kohlenstoff-14 in ihm beginnt zu verschwinden. Durch Messung des Verhältnisses von ^{14}C zu ^{12}C in einem Holz oder einem anderen kohlenstoffhaltigen Gegenstand aus einer archäologischen Fundstelle können die Wissenschaftler berechnen, zu welchem Zeitpunkt in der Vergangenheit die Probe aufgehört hat, zu leben und Kohlenstoff-14 mit der Umgebung auszutauschen. Beispiele dafür werden wir in Kapitel 11 kennenlernen.

Die relative Atommasse eines natürlichen Elements (bislang auch *Atomgewicht* genannt) ist das aufgrund der Häufigkeit gewichtete Mittel der relativen Atommassen seiner in der Natur vorkommenden Isotope – relativ, da die Masse auf den 12. Teil von Kohlenstoff-12 mit genau 12 u bezogen wird. (Als Massenverhältnis hat die relative Atommasse die Einheit u/u oder 1.) Bor ist ein gutes Beispiel, denn seine beiden stabilen Isotope treten in beträchtlichen Mengen auf.

Isotop	relat. Atommasse	Häufigkeit
$^{10}_{5}B$	10.013	19.8%
$^{11}_{5}B$	11.009	80.2%

Bor-10: 19.8% · 10.013	=	1.983
Bor-11: 80.2% · 11.009	=	8.829
Mittlere relat. Atommasse	=	10.812

Das ist der Wert, der in der Tabelle am Ende des Buches aufgeführt ist. Natürlich vorkommendes Bor hat eine relative Atommasse von 10.8, weil es ein 8:2-Gemisch aus den Isotopen Bor-11 und Bor-10 ist.

Weil Isotope desselben Elements so ähnliche chemische Eigenschaften haben, wird das Isotopenverhältnis bei chemischen Reaktionen gewöhnlich nicht verändert. Wenn man bestimmte Isotope haben will, muß man sie durch eine Technik wie Diffusion oder Massenspektrometrie, die auf kleine Massenunterschiede anspricht, trennen. Für den Chemiker reagieren alle Isotope eines Elementes im wesentlichen gleich. Was für die chemischen Eigenschaften wichtig ist, ist nicht die Anzahl der Neutronen in einem Atom, sondern die Anzahl der Protonen, weil sie die Anzahl der Elektronen bestimmt, die für alle wesentlichen chemischen Eigenschaften der Elemente verantwortlich sind.

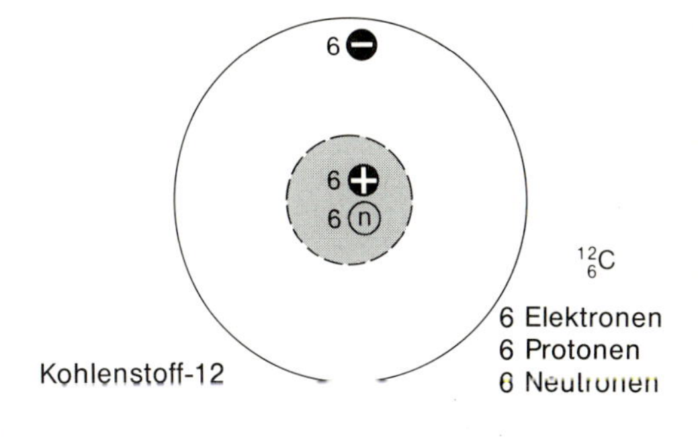

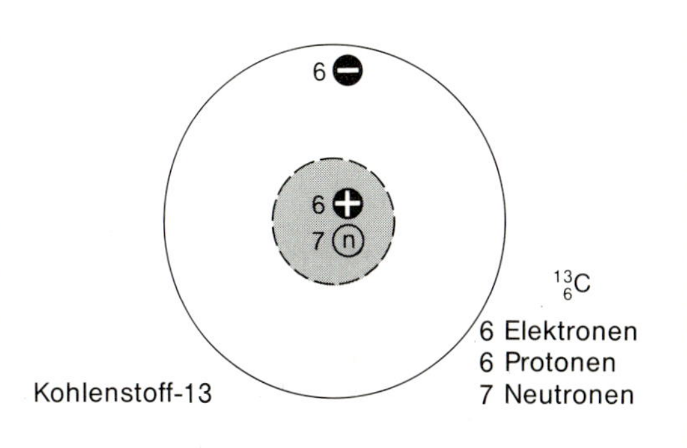

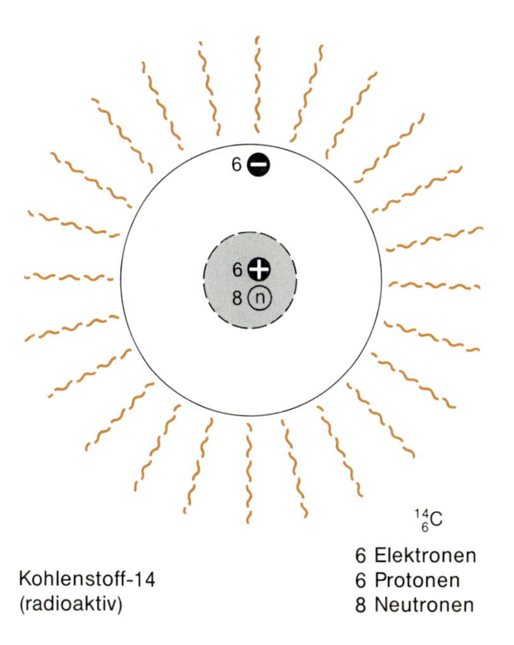

Von Kohlenstoff gibt es drei Isotope, zwei stabile (Kohlenstoff-12 und Kohlenstoff-13) und ein radioaktives (Kohlenstoff-14). Radioaktiver Kohlenstoff-14 dient zur archäologischen Datierung von Holz oder Holzgegenständen, die bis zu 20000 Jahre alt sind.

Bindungen zwischen Atomen

WASSERSTOFF- UND HELIUM-GAS

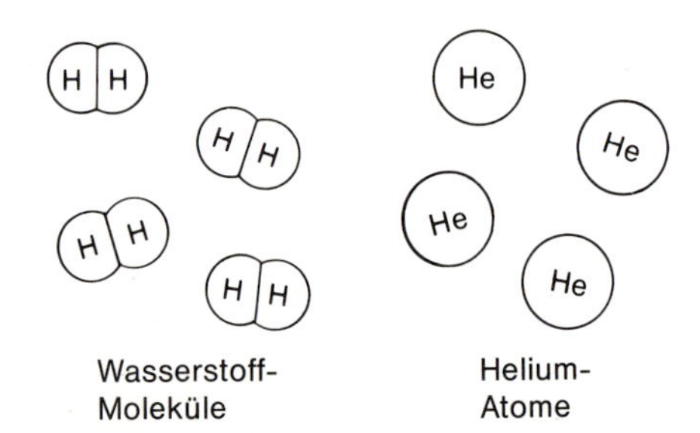

Wasserstoff-Gas besteht aus zweiatomigen Molekülen, H_2, Helium dagegen aus isolierten He-Atomen.

WASSERSTOFF-MOLEKÜL

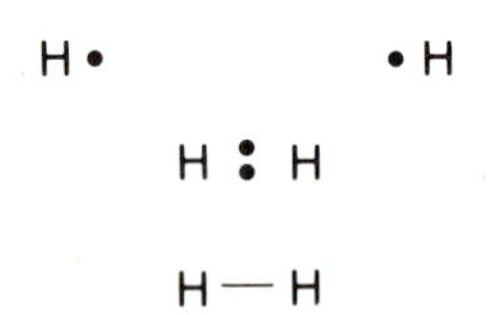

Jedes Wasserstoff-Atom hat ein Elektron. Das Elektronenpaar wird in der H_2-Bindung von den Atomen geteilt. Diese Bindung kann auch als Strich zwischen den Atomen dargestellt werden.

BINDUNGSKRÄFTE

Anziehung

Abstoßung

Die Bindungskräfte im H_2-Molekül stellen ein Gleichgewicht zwischen Kern-Kern- und Elektron-Elektron-Abstoßung aufgrund der gleichnamigen Ladungen sowie den vier möglichen Kern-Elektron-Anziehungen zwischen den ungleichnamigen Ladungen dar.

Bei normaler Temperatur und Normaldruck sind sowohl Wasserstoff als auch Helium Gase (links oben). Die einzelnen Teilchen sind frei beweglich, im Durchschnitt weit voneinander entfernt und – außer wenn sie zusammenstoßen – unabhängig voneinander. Ihre Bewegungsenergie ist im Vergleich zur van-der-Waals-Anziehung so groß, daß sie beim Zusammenstoß voneinander abprallen und nicht aneinander hängenbleiben. Sowohl Wasserstoff- als auch Helium-Gas bestehen im wesentlichen aus frei beweglichen Partikeln. Allerdings gibt es einen entscheidenden Unterschied, der in den Zeichnungen links illustriert ist. Im Helium-Gas bestehen die Partikel aus einzelnen Helium-Atomen, während die Teilchen im Wasserstoff-Gas zweiatomige Moleküle, H_2, sind. Woher kommt dieser Unterschied?

Atome vereinen sich zu Molekülen, weil sie dadurch einen energieärmeren Zustand erreichen. Wenn wir aus Atomen Moleküle machen, bewegen wir uns „bergab", und wenn wir Moleküle wieder in Atome zerlegen, brauchen wir Energie, um auf den Energieberg wieder hinaufzugelangen. Gewöhnlich können wir uns Moleküle so vorstellen, daß in ihnen Atompaare durch Bindungen verknüpft sind. Eine Schlüsselfrage der Chemie ist: Welche Atome verbinden sich miteinander, auf welche Weise und warum? Zu Beginn dieses Jahrhunderts war die chemische Bindung immer noch ein Rätsel. Einer der Triumphe der Quantenmechanik – einer zwischen 1900 und 1926 entwickelten unorthodoxen Theorie – war die erfolgreiche Erklärung nicht nur der Atomstruktur, sondern auch der Bindung zwischen Atomen in Molekülen. Wir wollen uns einiger anschaulicher Schlußfolgerungen der Quantenmechanik bedienen und sie zur Voraussage des Verhaltens von Atomen in Molekülen nutzen, ohne uns um die Mathematik zu kümmern. Das geschieht in den Kapiteln 7 bis 9.

Eine einfache Erklärung für eine chemische Bindung stammt von G. N. Lewis aus dem Jahre 1914: Zwischen zwei Atomen entsteht eine Bindung, wenn diese Atome zwei Elektronen miteinander teilen. Das ist die Elektronenpaar- oder kovalente Bindung, die das Thema von Kapitel 4 sein wird. Zwei Wasserstoff-Atome, jedes mit einem einzelnen Elektron, können ihre Elektronen teilen und eine kovalente Bindung bilden, wie links in der Mitte gezeigt ist. Wenn wir eine quantenmechanische Rechnung ausführten, um zu erfahren, wie die Elektronen in einer H–H-Bindung verteilt sind, wäre das Ergebnis, daß sie sich die meiste Zeit zwischen den beiden Wasserstoffkernen aufhalten. Der eine Kern zieht die beiden Elektronen an, die ihrerseits den anderen Kern anziehen. Gleichzeitig schirmen die beiden Elektronen die Kerne voneinander ab und verringern die Abstoßung zwischen ihren positiven Ladungen. Die negativ geladenen Elektronen sind der „Leim", der die positiven Kerne zusammenhält. Die Energie der beiden Wasserstoff-Atome läßt sich in einem Diagramm wie dem auf Seite 13 darstellen. Auf der waagerechten Achse ist der Abstand zwischen den Atomen aufgetragen und auf der senkrechten Achse die Energie, wobei Zustände niedrigerer Energie, d. h. höherer Stabilität, unten liegen. Als Energie-Nullpunkt wurde der Zustand gewählt, in dem die beiden Atome unendlich weit voneinander entfernt sind und keine Wechselwirkung zwischen ihnen besteht.

Zwei unendlich weit voneinander entfernte Wasserstoff-Atome stehen nicht miteinander in Wechselwirkung; es gibt also keine Bindung zwischen ihnen (Punkt 1 im Diagramm rechts). Wenn sich die Atome einander nähern, geschieht wenig, bis ihr Abstand in den Picometerbereich kommt (Punkt 2). Jetzt beginnt der Kern des einen Atoms das Elektron des anderen „zu sehen". Jedes Elektron wird von dem jeweils fremden Kern angezogen; die Elektronen konzentrieren sich zwischen den Kernen, und eine Bindung beginnt sich zu bilden. Die Energie der beiden Atome sinkt, wenn die Anziehung der Kerne für die anderen Elektronen merklich wird. Sie

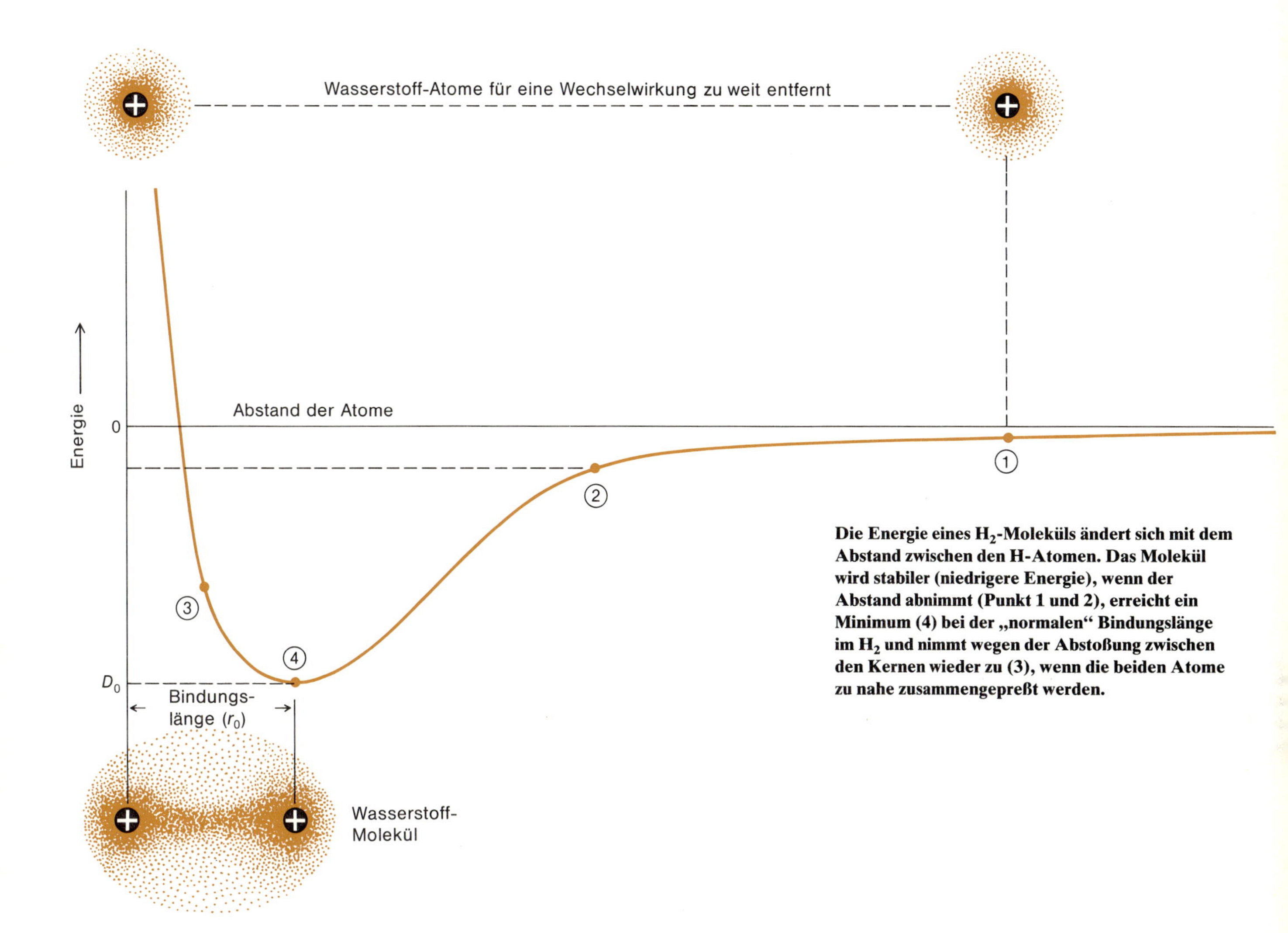

Die Energie eines H_2-Moleküls ändert sich mit dem Abstand zwischen den H-Atomen. Das Molekül wird stabiler (niedrigere Energie), wenn der Abstand abnimmt (Punkt 1 und 2), erreicht ein Minimum (4) bei der „normalen" Bindungslänge im H_2 und nimmt wegen der Abstoßung zwischen den Kernen wieder zu (3), wenn die beiden Atome zu nahe zusammengepreßt werden.

sinkt immer weiter ab, wenn sich die Atome näherkommen; gleichzeitig nimmt die Abschirmung der Kernladungen durch die Elektronen zu. Wenn dieser Prozeß allerdings zu weit geht, werden die Elektronen aus dem Raum zwischen den Kernen „herausgequetscht", und die Kerne kommen sich jetzt so nahe, daß die Abstoßung zwischen ihren positiven Ladungen recht stark wird. Das Molekül ist jetzt weniger stabil (Punkt 3).

Irgendwo zwischen Punkt 2 und 3 werden sich die Elektronenabschirmung und die Abstoßung der Kerne gerade die Waage halten: Das H–H-Molekül hat dann die geringste Energie und ist am stabilsten (Punkt 4). Wenn die Kerne weiter zusammengedrückt werden, zwingt sie die Kernabstoßung wieder auseinander; wenn sie auseinandergezogen werden, geht die Elektronenabschirmung verloren. Der Abstand r_0 im energieärmsten Zustand ist die *Bindungslänge* der H–H-Bindung, und die Energie, die aufgebracht werden muß, um das Molekül wieder in isolierte Atome zu zerlegen, ist die Bindungsdissoziationsenergie oder *Bindungsenergie.* Die Atome in einem Molekül oszillieren um diese Position minimaler Energie, r_0 ist also die mittlere Bindungslänge. Im H–H- oder H_2-Molekül mißt dieser Abstand 74 pm.

G.N. Lewis symbolisierte die beiden Elektronen einer Elektronenpaar-Bindung durch zwei Punkte. Heute ist es üblicher, die Bindung durch eine einfache Linie zwischen zwei Atomen darzustellen, doch sollte man beachten, daß jede dieser Bindungen aus einem Elektronenpaar besteht.

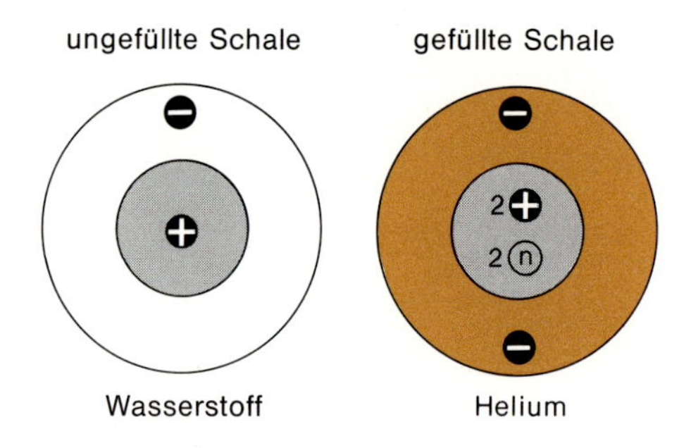

Elektronenschalen

Wir haben noch nicht die Frage beantwortet, warum Wasserstoff-Atome Moleküle bilden, aber Helium-Atome nicht. Aus dem, was bisher gesagt wurde, könnte man erwarten, daß Helium-Atome zwei Elektronenpaare teilen und so ein He_2-Molekül mit Doppelbindung bilden oder vielleicht lange −He−He−He−He-Ketten oder Ringe aus Helium-Atomen. Warum passiert das nicht? Um diese Frage zu beantworten, müssen wir ein anderes Konzept aus der Quantenmechanik einführen: das der *Elektronenschalen.* Elektronen in Atomen benehmen sich so, als ob sie in verschiedenen Ebenen oder Schalen gruppiert wären, wobei alle Elektronen in einer Schale ungefähr die gleiche Energie haben, zwischen den Schalen jedoch große Energieunterschiede bestehen. Jede Schale kann nur eine bestimmte maximale Anzahl von Elektronen aufnehmen. Wenn eine Schale gefüllt ist, muß ein neu eintretendes Elektron in eine weniger stabile Schale höherer Energie aufgenommen werden, und dieses Elektron wird bei chemischen Reaktionen leicht abgegeben. Wenn umgekehrt einem Atom nur ein oder zwei Elektronen zur Vollendung einer Schale fehlen, hat das Atom eine starke Anziehungskraft für Elektronen und kann sie der vorher erwähnten Atomart entreißen. Eine vollständig gefüllte Elektronenschale ohne Leerstellen und ohne überzählige Elektronen außerhalb ist ein besonders stabiler Zustand für ein Atom. Atome können nicht nur Elektronen aufnehmen oder abgeben, sie können sie auch in kovalenten Bindungen teilen. Wenn sie es tun, tragen diese Elektronen zur Auffüllung der äußeren Elektronenschale jedes Atoms bei.

Die innerste Schale jedes beliebigen Atoms kann nur höchstens zwei Elektronen aufnehmen und die zweite Schale acht. Wir werden die Begründung dafür bis zu Kapitel 8 aufschieben, können die Schlußfolgerungen daraus aber bereits jetzt anwenden. Jedem Wasserstoff-Atom fehlt ein Elektron zum Auffüllen der inneren Schale. Wenn sich also zwei Atome zu einem H_2-Molekül vereinen, gewinnt jedes Atom ein Elektron und behebt seinen Mangel. Helium-Atome verbinden sich nicht, weil ihre Schalen bereits mit zwei Elektronen gefüllt sind. Wenn zwei Helium-Atome gezwungen würden, sich miteinander zu verbinden, hätten sie vier Elektronen in der Nachbarschaft ihrer Kerne (links). Zwei davon wären zwischen den Kernen lokalisiert und würden die Atome wie in H_2 zusammenhalten. Die anderen beiden müßten sich weit entfernt von den ersten beiden an der Außenseite des He_2-Moleküls aufhalten. Sie lieferten nicht nur keinen Beitrag zur Abschirmung und Bindung, sondern sie übten auch eine Anziehung auf die Kerne aus und zögen sie auseinander. Mit zwei Elektronen, die die Kerne zusammenziehen, und zwei, die sie auseinanderziehen, gäbe es insgesamt keinen Bindungseffekt, und die beiden Helium-Atome würden sich trennen. Die beiden Elektronen, die die Neigung haben, das Molekül zusammenzuhalten, werden *bindende* Elektronen genannt, und die

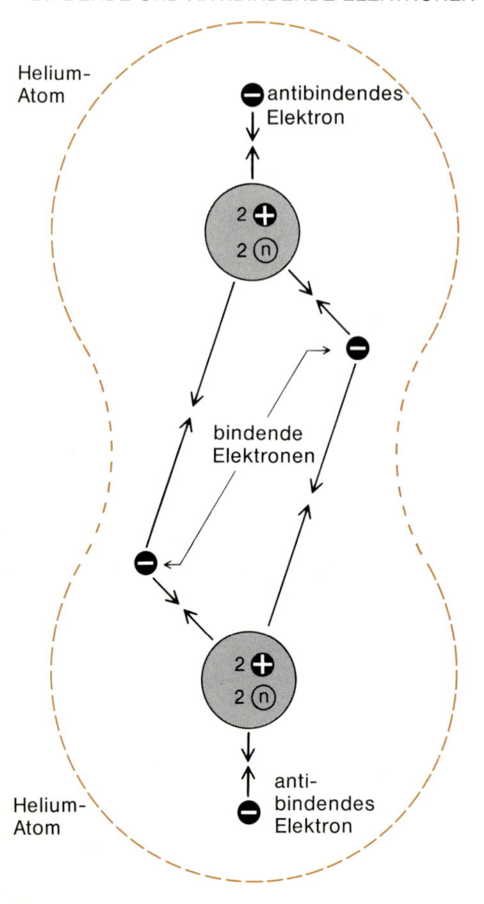

Die beiden Elektronen im H_2-Molekül befinden sich hauptsächlich zwischen den Kernen, wo sie dazu beitragen, das Molekül zusammenzuhalten. Wenn das He_2-Molekül existierte, würden sich zwei Elektronen ebenfalls zwischen den Kernen befinden. Die anderen beiden Elektronen des He_2 müßten außen im Molekül bleiben, von wo sie die beiden He-Kerne auseinanderziehen würden. H_2 mit zwei Elektronen ist stabil, He_2 mit vier Elektronen existiert dagegen nicht.

beiden, die die Neigung haben, die Kerne auseinanderzuziehen und das Molekül zu zerreißen, heißen *antibindende* Elektronen.

Moleküle, relative Molekülmasse (Molekulargewicht) und Mol

Ein Molekül ist eine Ansammlung von Atomen, die durch kovalente Bindungen zusammengehalten werden. In unserem einfachen Universum aus Wasserstoff und Helium ist als einziges Molekül H_2 möglich; doch in der realen Atmosphäre ist jedes tausendste ein schwereres Atom, und diese sind die Grundlage für ein riesiges Aufgebot komplexerer Moleküle. Der Meister unter den molekülbildenden Atomen ist Kohlenstoff aus Gründen, die deutlich werden, wenn wir mehr über die Atomstruktur gelernt haben. Die Chemie der Kohlenstoff-Verbindungen ist so vielfältig, daß sie einen besonderen Namen bekommen hat: Organische Chemie. Der Ausdruck „organisch" erinnert daran, daß Kohlenstoff-Verbindungen die Grundlage sind für das komplexeste chemische Phänomen überhaupt: das Leben.

Die *relative Molekülmasse* eines Moleküls (bislang auch *Molekulargewicht* genannt) ist die Summe der relativen Atommassen aller seiner Atome. Da die relative Atommasse eines Wasserstoff-Atoms 1.008 ist (relativ zu Kohlenstoff-12 mit genau 12 u), ist die relative Molekülmasse des H_2-Moleküls das Doppelte dieses Werts oder 2.016. Die mittlere relative Molekülmasse des in der Natur vorkommenden Gemischs aus ^{12}C, ^{13}C und ^{14}C ist 12.011, also ist die relative Molekülmasse von Methan, CH_4,

$$\begin{aligned} \text{C: } 1 \cdot 12.011 &= 12.011 \\ \text{H: } 4 \cdot 1.008 &= 4.032 \\ \hline \text{relat. Molekülmasse} &= 16.043 \end{aligned}$$

Die relative Molekülmasse von Wasser, H_2O, ist

$$\begin{aligned} \text{H: } 2 \cdot 1.008 &= 2.016 \\ \text{O: } 1 \cdot 15.999 &= 15.999 \\ \hline \text{relat. Molekülmasse} &= 18.015 \end{aligned}$$

Große biologische Moleküle können relative Molekülmassen von mehreren Millionen haben.

Chemiker sprechen von Reaktionen zwischen Molekülen, doch kann niemand, außer unter bestimmten, außergewöhnlichen experimentellen Bedingungen, ein Molekül sehen. Es gibt keine einfache Methode, die gleiche Anzahl verschiedener

RELATIVE ATOMMASSE

^{12}C = exakt 12 u ist das Bezugsisotop zur Festlegung der relativen Atommassen.

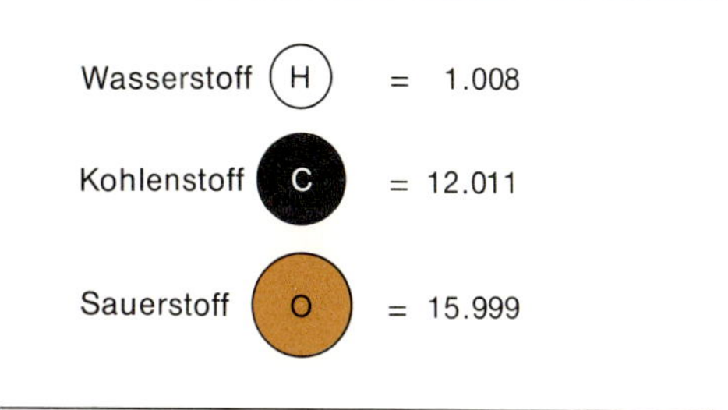

RELATIVE MOLEKÜLMASSE

Die Summe der relativen Atommassen der Atome eines Moleküls ergibt die relative Molekülmasse.

Wasserstoff-Molekül (H_2) = 2 X 1.008 = 2.016

Methan-Molekül (CH_4) = 12.011 + 4(1.008) = 16.043

Wasser-Molekül (H_2O) = 15.999 + 2(1.008) = 18.015

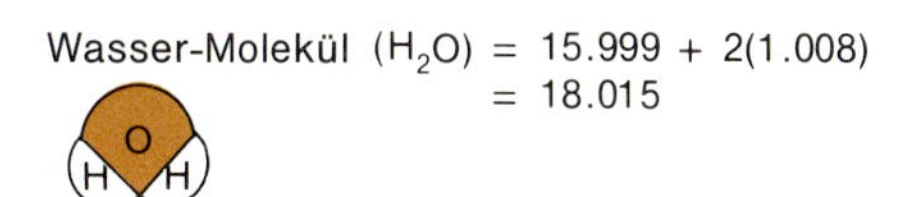

DAS MOL

Die relative Molekülmasse einer Substanz in Gramm entspricht der Menge ein *Mol* – z. B. von Wasserstoff, Methan oder Wasser.

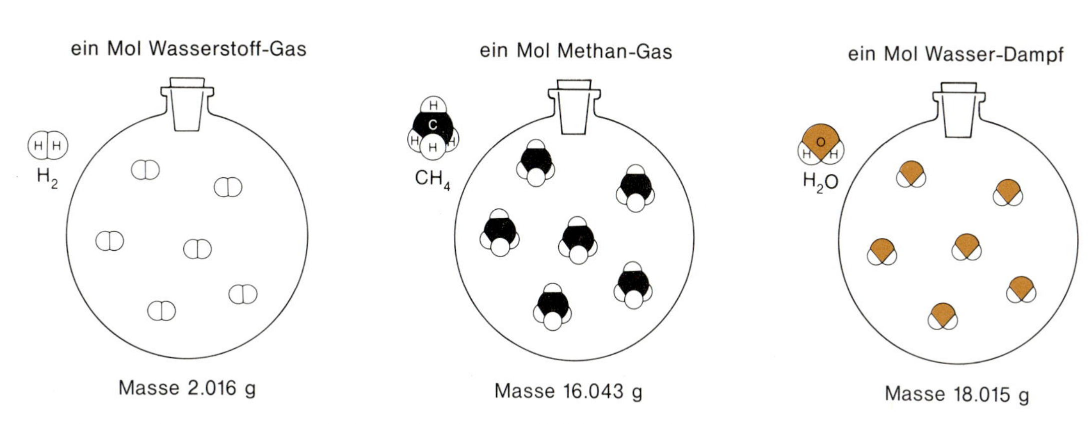

Gleiche Gasvolumina enthalten *die gleiche* Anzahl von Molekülen, doch ist ihre *Masse verschieden.*

AVOGADROSCHE ZAHL (N)
$N = 6.022 \cdot 10^{23}$ Moleküle pro Mol

Gleiche Volumina eines Gases enthalten die gleiche Anzahl von Molekülen.
1 Gramm = $6.022 \cdot 10^{23}$ u

Wasserstoff-Gas (H_2)

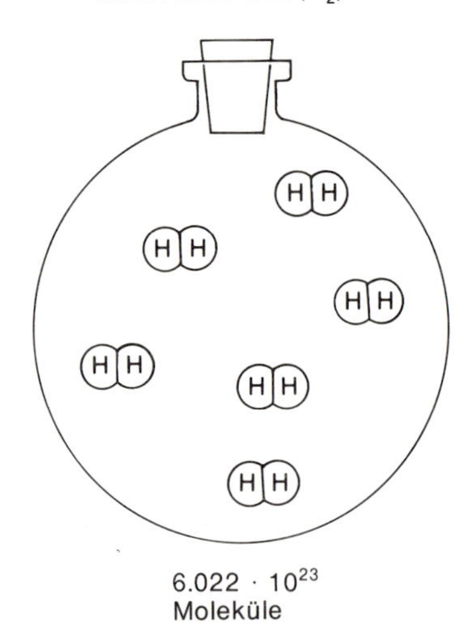

$6.022 \cdot 10^{23}$ Moleküle

Ein Molekül Wasserstoff wiegt 2.016 u. Ein *Mol* Wasserstoffgas enthält $6.022 \cdot 10^{23}$ Moleküle und wiegt daher 2.016 g.

Sauerstoff-Gas (O_2)

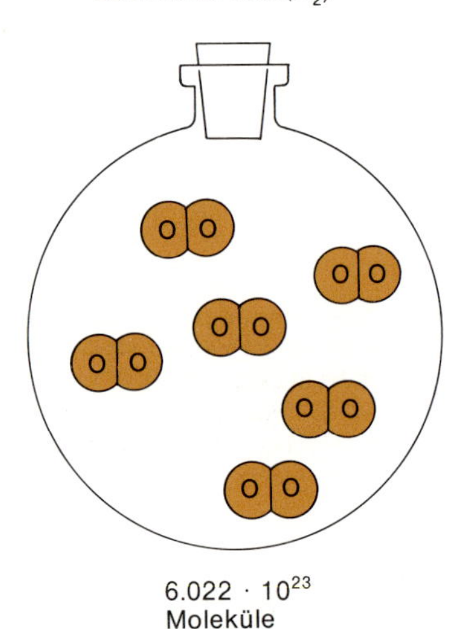

$6.022 \cdot 10^{23}$ Moleküle

Ein Molekül Sauerstoff (O_2) wiegt 32.000 u. Ein *Mol* Sauerstoffgas enthält $6.022 \cdot 10^{23}$ Moleküle und wiegt daher 32.000 g.

Eine der Avogadroschen Zahl entsprechende Anzahl von Molekülen nimmt bei Standardtemperatur und -druck (1.013 bar, 0°C) ein Volumen von 22.4 Liter ein und würde eine Kugel mit einem Durchmesser von ca. 35 cm füllen.

Moleküle bei der Vorbereitung einer chemischen Reaktion abzumessen. Doch gibt es ein einfaches Verfahren, verschiedene Mengen unterschiedlicher Moleküle so abzu*wiegen*, daß *jede dieser Mengen die gleiche Anzahl von Molekülen enthält.* Da die Molekülmassen von Wasserstoff-Gas, Methan und Wasser 2.016 u, 16.043 u bzw. 18.015 u (und die relativen Molekülmassen 2.016, 16.043 bzw. 18.015) sind, können wir sicher sein, daß 2.016 t Wasserstoffgas, 16.043 t Methan und 18.015 t Wasser die *gleiche Anzahl* von Molekülen enthalten, auch wenn wir keine Vorstellung davon haben, wie groß diese Anzahl ist. Nach dem gleichen Prinzip könnten wir auch bei Nüssen vorgehen: Wenn wir wissen, daß Walnüsse doppelt soviel wiegen wie Erdnüsse, können wir sicher sein, daß zwei Pfund Walnüsse und ein Pfund Erdnüsse die gleiche Anzahl von Nüssen enthalten, ohne sie zu zählen oder genau zu wissen, wie viele es sind. Wenn es unser einziges Ziel ist, Walnüsse und Erdnüsse oder Moleküle in chemischen Reaktionen in Paaren anzuordnen, dann reicht diese begrenzte Information aus.

Beispiel. Ein Verkäufer in einem Metallwarengeschäft soll für einen Kunden ein Pfund Schrauben abwiegen und ungefähr die gleiche Anzahl passender Muttern. Er findet heraus, daß eine Mutter 0.40 mal soviel wie eine Schraube des verlangten Typs wiegt. Wie viele Muttern muß er für diesen Auftrag abwiegen?

Antwort. Er sollte 0.40 mal ein Pfund = 0.40 Pfund Muttern für diesen Auftrag abwiegen.

Ein solches Verfahren würde für die meisten Fälle der Praxis ausreichen und wäre viel einfacher und schneller, als sich hinzusetzen und die einzelnen Exemplare zu zählen. Genauso macht es ein Chemiker mit Molekülen.

Beispiel. Ein Chemiker will so viel Methan, CH_4, wie möglich aus 100 g Kohlenstoff machen. Wieviel Wasserstoff braucht er dazu?

Lösung. Die relative Atommasse von Wasserstoff ist 1.008, und die von Kohlenstoff 12.011. Es werden vier Wasserstoff-Atome pro Kohlenstoff-Atom gebraucht, also $4 \cdot 1.008 = 4.032$ Wasserstoff werden für 12.011 Kohlenstoff gebraucht. Der Chemiker braucht also 4.032 Gewichtseinheiten Wasserstoff und 12.011 Gewichtseinheiten Kohlenstoff, welche Gewichtseinheiten er auch wählen mag. Das Problem war in Gramm gestellt. Also werden

$$100\text{ g Kohlenstoff} \cdot \frac{4.032\text{ g Wasserstoff}}{12.011\text{ g Kohlenstoff}} = 33.6\text{ g Wasserstoff}$$

gebraucht. Wie der Verkäufer in dem Metallwarengeschäft kann der Chemiker 100 g Kohlenstoff und 33.6 g Wasserstoff abwiegen und davon ausgehen, daß er die richtige relative Anzahl von Atomen hat, ohne sie zu zählen.

In der Chemie bestimmt man meistens Substanzmengen, indem man deren Masse in Gramm wiegt. Eine Menge einer Substanz, deren Masse in Gramm gleich ihrer relativen Atom- oder Molekülmasse ist, wurde als *ein Mol* dieser Substanz definiert.[1)] Nach dieser Definition wiegen ein Mol Wasserstoff 2.016 g, ein Mol Methan 16.043 g und ein Mol Wasser 18.015 g. Wir können jede Gewichtsangabe in Gramm

1) Von lat. „moles", was eine Menge oder ein Haufen von Material bedeutet. Ein „Molekül" ist also ein „kleiner Haufen" von Materie. Die Internationale Union für Reine und Angewandte Chemie (IUPAC) definiert das Mol nicht mehr als eine individuelle Masseneinheit, sondern als Einheit der als Stoffmenge bezeichneten Basisgröße des SI-Systems. Danach ist ein Mol die Menge einer Substanz, die genauso viele Elementareinheiten (Atome, Moleküle, Ionen, Elektronen ...) enthält (etwa $6.022 \cdot 10^{23}$) wie 0.012 kg (genau 12 g) Kohlenstoff-12. Das ist eine pragmatische Arbeitsdefinition für ein Mol, doch ist es wichtig zu wissen, daß diese merkwürdige Zahl gewählt wurde, weil sie zu einer Substanzmenge mit der Masse in Gramm führt, die numerisch der relativen Atom- oder Molekülmasse gleich ist. Es haben daher gleiche Zahlenwerte die Atommasse in der Einheit u, die relative Atommasse und die molare Masse (s. o.) in der Einheit $g \cdot mol^{-1}$.

einer chemischen Substanz in Mol umwandeln, indem wir sie durch die sogenannte molare Masse in $g \cdot mol^{-1}$, die zahlengleich mit der relativen Atom- oder Molekülmasse ist, teilen. Wenn wir das getan haben, wissen wir, daß die gleiche Anzahl Mol aller Substanzen die gleiche Anzahl von Molekülen enthalten muß. Ein Mol Wasserstoff, Wasser, Methan oder jeder anderen Substanz enthält dieselbe Anzahl von Molekülen. Das ist sehr nützlich, denn damit können wir die richtigen Mengen Ausgangsmaterial für chemische Reaktionen abmessen und aus dem Ergebnis der Reaktion erkennen, wie viele Moleküle Produkt pro Molekül des Reaktanden gebildet wurden.

Beispiel. Wieviel Mol enthalten 100 g Kohlenstoff? Wieviel Mol Wasserstoff-Atome braucht man, um sie mit dieser Kohlenstoffmenge zu verbinden? Wieviel Gramm Wasserstoff sind das?

Lösung. Die Anzahl Mol Kohlenstoff ist

$$\frac{100\text{ g Kohlenstoff}}{12.011\text{ g} \cdot \text{mol}^{-1}} = 8.33\text{ mol Kohlenstoff}^{2)}$$

Um Methan zu machen, braucht man viermal so viel Wasserstoff-Atome wie Kohlenstoff-Atome, also auch viermal so viele Mol:

$$\frac{4\text{ mol Wasserstoff}}{1\text{ mol Kohlenstoff}} \cdot 8.33\text{ mol Kohlenstoff} = 33.3\text{ mol Wasserstoff}$$

Da die molare Masse von Wasserstoff $1.008\text{ g} \cdot \text{mol}^{-1}$ ist, folgt

$$33.3\text{ mol Wasserstoff} \cdot 1.008\text{ g} \cdot \text{mol}^{-1} = 33.6\text{ g Wasserstoff}$$

Das ist dasselbe Ergebnis, das wir vorher erhalten haben, doch dieses Mal haben wir Molangaben benutzt und nicht nur das Verhältnis der Atommassen.

Das Mol führt von der atomaren Masseneinheit über die relative Molekülmasse zur Einheit Gramm. Statt Moleküle zu zählen, was unmöglich ist, können wir die Molzahl bestimmen. Wie viele Moleküle sind in einem Mol einer Substanz? Wir brauchen das nicht zu wissen, um das Mol zur Lösung chemischer Probleme anzuwenden, genausowenig wie der Verkäufer im Metallwarengeschäft wissen muß, wie viele Schrauben ein Pfund wiegen. Aber es gibt Situationen, in denen diese Kenntnis nützlich ist. Die Anzahl der Moleküle einer Substanz pro Mol wird *Avogadrosche Zahl* (früher auch Loschmidtsche Zahl) genannt und mit dem Symbol N bezeichnet. (Weil das Mol definiert ist als Menge einer Substanz mit der Masse in Gramm, die numerisch ihrer relativen Molekülmasse entspricht, ist die Avogadrosche Zahl auch die Anzahl der atomaren Masseneinheiten pro Gramm.) Diese Zahl kann nach mehreren voneinander unabhängigen Verfahren an Gasen, Flüssigkeiten und Kristallen experimentell bestimmt werden; man fand den Wert

$$N = 602\,209\,430\,000\,000\,000\,000\,000 \simeq 6.022 \cdot 10^{23}\text{ Moleküle} \cdot \text{mol}^{-1}$$

Zur Illustration, wie viele Moleküle in einem Mol sind: Wenn jedes Molekül durch eine gewöhnliche Murmel repräsentiert würde und diese Murmeln so dicht wie möglich gepackt wären, würde ein Mol Murmeln die gesamte Fläche der Vereinigten Staaten mit einer mehr als 110 km dicken Schicht bedecken. Alle diese Mole-

2) In diesem Buch werden wir für eine Maßeinheit im Nenner eines Bruchs den negativen Exponenten benutzen. Die Einheit $g \cdot mol^{-1}$ könnte man auch schreiben als g/mol; sie wird gelesen als „Gramm pro Mol". Genauso könnte man Geschwindigkeit ausdrücken in $m \cdot s^{-1}$, gelesen als „Meter pro Sekunde" und Druck als $g \cdot cm^{-2}$ oder „Gramm pro Quadratzentimeter".

WIE GROSS IST EIN MOL?

Ein Mol oder 602 209 430 000 000 000 000 000 Moleküle H_2, H_2O und NaCl (Kochsalz) nehmen den unten dargestellten Raum ein.

Wenn jedes Molekül die Größe einer Murmel hätte, würde ein Mol Substanz die USA mit einer mehr als 110 km dicken Schicht bedecken.

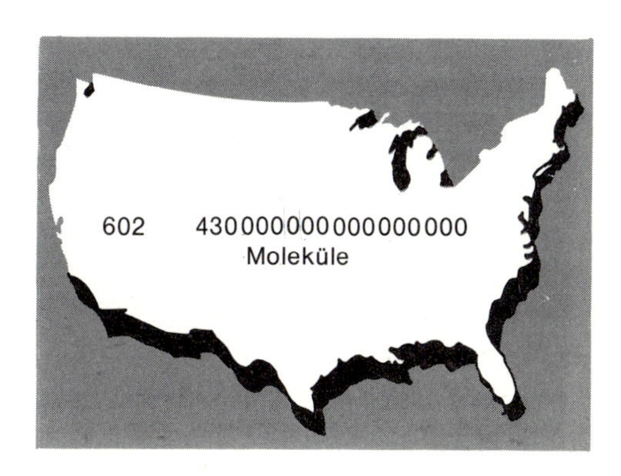

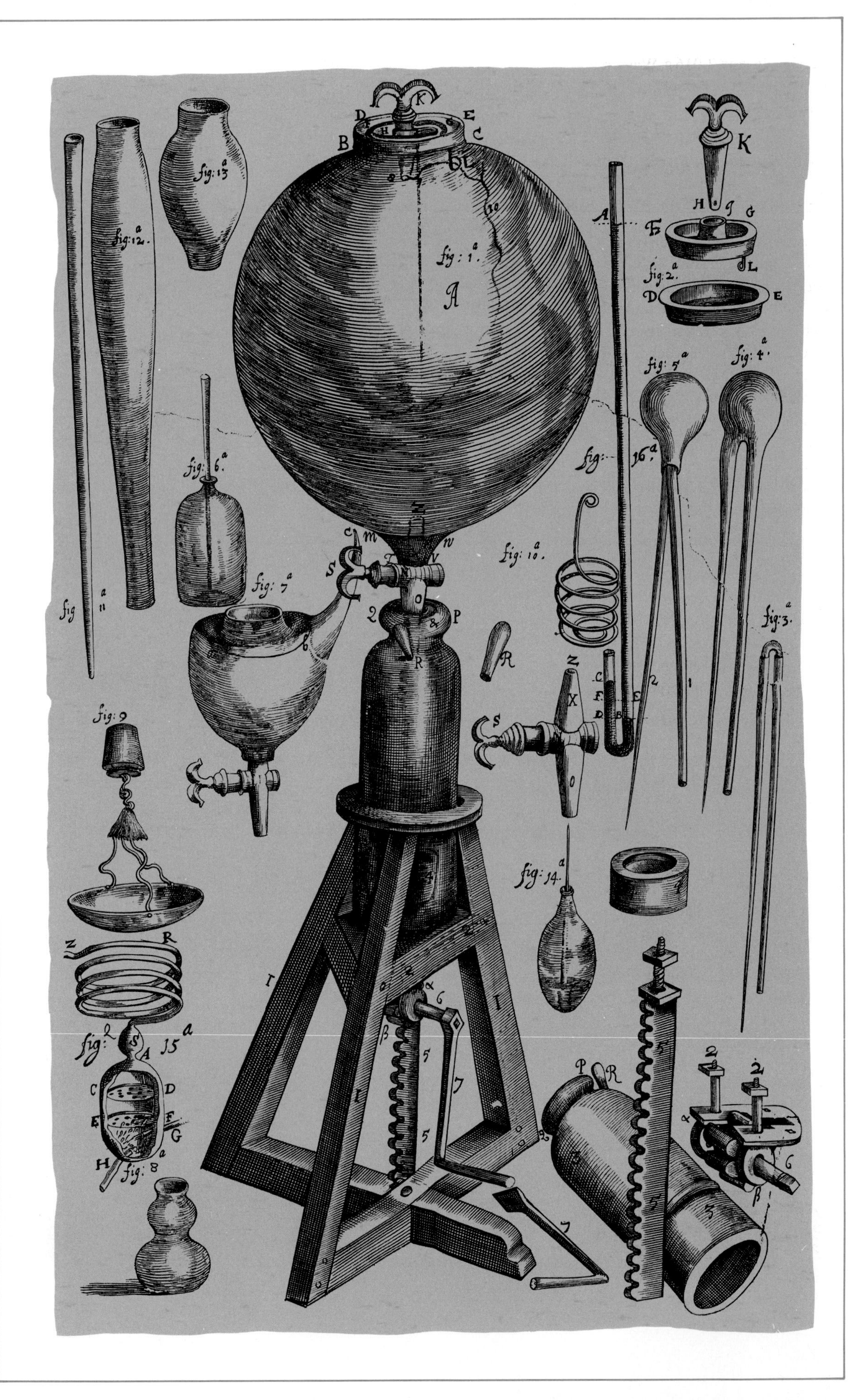

fig: 1
fig: 2
fig: 3
fig: 4
fig: 5
fig: 6
fig: 7
fig: 8
fig: 9
fig: 10
fig 11
fig: 12
fig: 13
fig: 14
fig: 15
fig: 16

küle sind in nur 2.016 g Wasserstoff-Gas (ein Ballon mit einem Durchmesser von 35 cm), 18.015 g Wasser (etwa ein Schnapsglas voll) oder einem 3 cm hohen Salzwürfel enthalten.

Das Messen von Substanzmengen in Mol; die Gasgesetze

Wenn man es mit Gasen zu tun hat, gibt es eine einfachere Art, die Anzahl Mol zu messen. In einer ersten, sehr guten Näherung sind die Moleküle eines Gases Teilchen, die sich unabhängig voneinander bewegen, die Massen haben, deren Volumen aber vernachlässigbar ist und die außer beim Zusammenstoß nicht miteinander in Wechselwirkung treten. In dem Maß, in dem diese Bedingungen erfüllt sind, sind alle Gasmoleküle abgesehen von der Masse einander gleich. *Bei gleichem Druck und gleicher Temperatur enthalten gleiche Volumina jedes beliebigen Gases die gleiche Anzahl Mol und die gleiche Anzahl von Molekülen.* Dies wird als *Avogadrosche Regel* bezeichnet nach dem Mann, der es 1811 zuerst formulierte. Es besagt, daß wir Gase, die an einer Reaktion teilnehmen, nicht wiegen müssen. Wir müssen sie nur auf die gleiche Temperatur und den gleichen Druck bringen und ihre Volumina messen. Wenn zwei Moleküle Wasserstoff-Gas mit einem Molekül Sauerstoff-Gas reagieren sollen,

$$2H_2 + O_2 \longrightarrow 2H_2O$$

dann müssen wir, damit das Verhältnis der Reaktionspartner korrekt ist, von zwei Volumenteilen Wasserstoff und einem Volumenteil Sauerstoff ausgehen (rechts). Da bei der Reaktion zwei Moleküle Wasser entstehen, können wir voraussagen, daß, falls das Produkt in Form von Wasserdampf vorliegt, zwei Volumenteile Dampf entstehen werden. Die Reaktion, durch die Ammoniak, NH_3, aus Stickstoff- und Wasserstoff-Gas hergestellt wird, ist:

$$N_2 + 3H_2 \longrightarrow 2NH_3$$

Die Avogadrosche Regel sagt uns, daß wir bei gleichem Druck und gleicher Temperatur von dem dreifachen *Volumen* an Wasserstoff verglichen mit Stickstoff ausgehen müssen, wenn wir erreichen wollen, daß alles Gas in Ammoniak überführt wird. Das Volumen des entstehenden Ammoniaks ist doppelt so groß wie das des Stickstoffs, von dem wir ausgehen, oder halb so groß wie die gesamte Gasmischung zu Beginn der Reaktion. Bei Gasen enthalten gleiche Volumina bei der gleichen Temperatur und dem gleichen Druck die gleiche Anzahl Mol.

Wir können es sogar noch besser machen. Wenn Druck und Temperatur gegeben sind, können wir das Volumen berechnen, das ein Mol Gas einnimmt, und bestimmen, wie sich das Volumen ändert, wenn das Gas erhitzt oder gekühlt wird. Die Beziehung zwischen Druck (P), Volumen (V), Temperatur (T) und der Anzahl Mol (n) ist durch das *ideale Gasgesetz* gegeben:

$$PV = nRT$$

R ist eine Konstante. Doch um zu verstehen, was dieses Gasgesetz bedeutet und wie man es anwendet, müssen wir noch ein oder zwei Schritte einschieben.

◀ **Geräte für „New experiments touching the spring of the air; made for the most part in a new pneumatical engine." Aus einem Buch von Robert Boyle, erschienen 1660 in Oxford. (Mit Genehmigung der Burndy Library, Norwalk, Connecticut)**

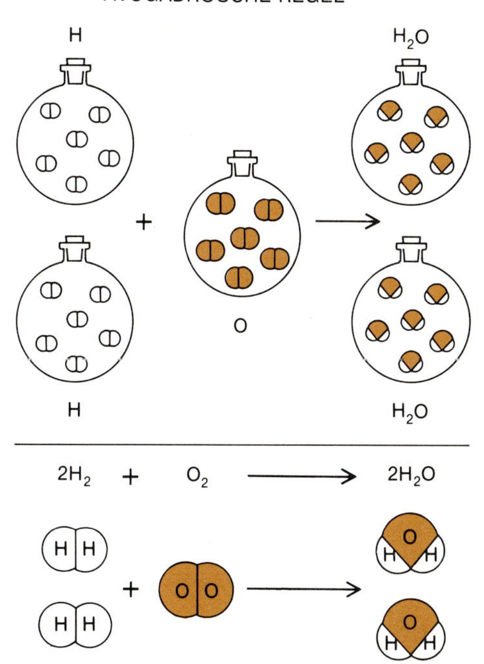

Zwei Moleküle Wasserstoff vereinen sich mit einem Molekül Sauerstoff zu zwei Molekülen Wasser. Nach Avogadros Regel enthalten gleiche Volumina verschiedener Gase bei bestimmter Temperatur und bestimmtem Druck die gleiche Anzahl Moleküle. Folglich vereinen sich zwei Volumenteile H_2-Gas mit einem Volumenteil O_2-Gas zu zwei Volumenteilen Wasserdampf.

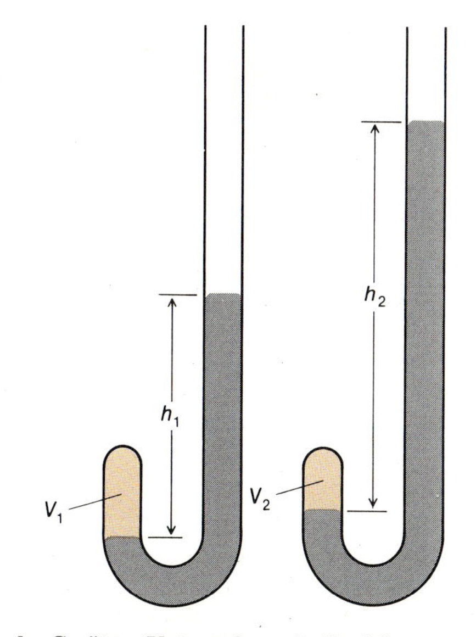

Boyles Gerät zur Untersuchung der Beziehung zwischen Druck und Volumen eines Gases. Eine Vergrößerung der Höhe der Quecksilbersäule (*h*) hat eine Abnahme des Luftvolumens (*V*) zur Folge.

Druck P bar	Volumen V l	$P \cdot V$ l · bar
1	20	20
2	10	20
4	5	20
10	2	20
0.5	40	20

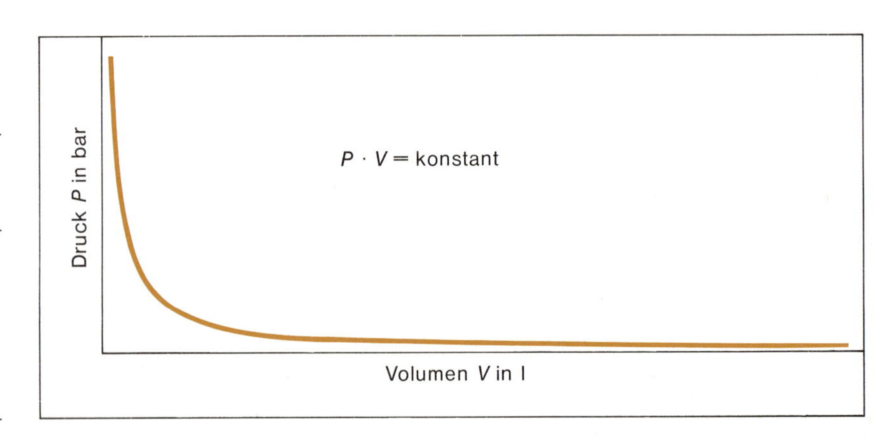

Druck, Volumen und Produkt *pV* für eine typische experimentelle Überprüfung des Boyleschen Gesetzes. Die Zahlenwerte der Tabelle oben sind rechts graphisch dargestellt. Das Produkt aus Druck und Volumen ist für alle Punkte auf der Kurve konstant.

1660 publizierte Robert Boyle ein Buch mit dem Titel „New Experiments Physico-Mechanical, Touching the Spring of the Air". In ihm liefert er die Befunde für das, was wir heute als *Boylesches Gesetz* bezeichnen. Luft ist „elastisch". Wenn man sie komprimiert, leistet sie Widerstand. Wenn man seine Fingerspitze in einen aufblasbaren Kunststoffstuhl bohrt, kann man leicht eine große Delle erzeugen, die verschwindet, wenn man den Finger wieder wegnimmt. Doch wenn man sich auf einen solchen Stuhl setzt, leistet die Luft in ihm genug Widerstand, um das Körpergewicht zu tragen.

Wenn man eine eingeschlossene Gasmenge auf die Hälfte ihres Volumens zusammendrückt und dabei die Temperatur konstant hält, wird sich ihr Druck verdoppeln. Wenn man weiter komprimiert, bis das Volumen ein Viertel des Ausgangsvolumens ist, steigt der Druck auf das Vierfache. Wenn wir umgekehrt den Druck auf ein Gas verringern und ihm gestatten, sich auf das Doppelte seines Anfangsvolumens auszudehnen, halbiert sich der Gasdruck, wenn die Temperatur konstant gehalten wird. Dieses Verhalten ist in der Tabelle und dem *PV*-Diagramm oben illustriert, die ein hypothetisches Experiment beschreiben, bei dem man von 20 l Gas bei einem Druck von einem bar ausgeht. (Bisher wurde der Druck gewöhnlich in Atmosphären oder Millimeter Quecksilber (mm Hg) gemessen; heute ist die SI-Einheit für den Druck das Pascal, das Bar oder das Millibar, wobei 1 atm = 760 mm Hg = $1.013 \cdot 10^5$ Pa = 1.013 bar.) Man erkennt, daß während des gesamten Experiments das Volumen umgekehrt proportional zum Druck ist; oder, um es anders auszudrücken, das Produkt aus Druck und Volumen ändert sich nicht. Das kann man schreiben als

$$PV = k \qquad \text{Boylesches Gesetz,}$$

in dem k eine Konstante ist, die bei einer bestimmten Temperatur aus einem Wertepaar von Druck und Volumen bestimmt werden kann. In der Tabelle oben auf der Seite ist die Konstante k gleich 20 Liter · bar.

Wenn wir zwei experimentelle Wertepaare für Druck und Volumen bei konstanter Temperatur miteinander vergleichen wollen, die durch die Indices 1 und 2 gekennzeichnet sind, dann läßt sich das Boylesche Gesetz schreiben als

$$P_1 V_1 = P_2 V_2$$

Beide Formen des Boyleschen Gesetzes lassen sich für praktische Probleme anwenden.

Beispiel. Ein Wetterballon mit einem Durchmesser von 2.50 m wird auf Meereshöhe, wo der Druck ungefähr 1 bar ist, mit 7600 l Wasserstoff-Gas gefüllt. Wie groß ist das Volumen des Ballons, wenn er eine Höhe erreicht hat, in der der Druck nur noch 0.70 bar ist?

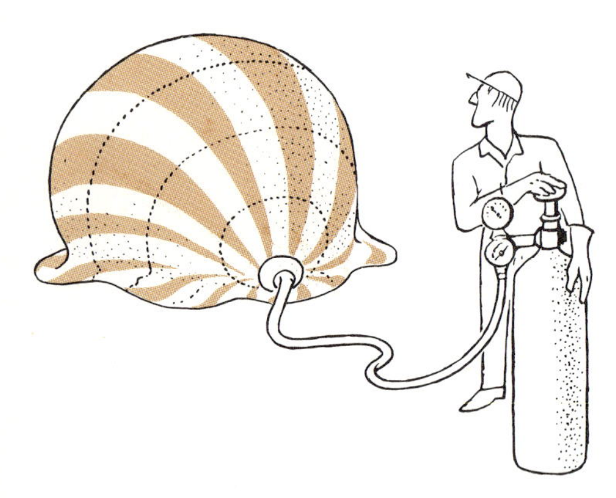

Eine gebräuchliche Druckeinheit (nach SI nicht mehr erlaubt) ist die Atmosphäre (1 atm = 1.013 bar). Das Wasserstoff-Gas, das bei 100 bar in einer 100-Liter-Stahlflasche gespeichert ist, reicht aus, um einen Wetterballon mit einem Durchmesser von 2.70 m bei Atmosphärendruck (1 bar) zu füllen. (Wie läßt sich das mit dem Boyleschen Gesetz überprüfen?)

Lösung 1. Wir benutzen das Boylesche Gesetz in der Form $PV = k$ und bestimmen k. Auf Meereshöhe ist

$P = 1$ bar und $V = 7600$ l; es gilt also
$k = PV = (1 \text{ bar})(7600 \text{ l}) = 7600 \text{ l bar}$

Diese Konstante gilt auch für jeden anderen Wert von P und V, *solange die Temperatur unverändert bleibt.* (Das ist ein schwacher Punkt in unserem Beispiel. Die Temperatur würde sich in Wirklichkeit mit der Höhe verändern.) Wir können schreiben

$$(0.70 \text{ bar})\ V = 7600 \text{ l bar}$$

$$V = \frac{7600 \text{ l bar}}{0.70 \text{ bar}} = 10900 \text{ l}$$

Lösung 2. Wir wenden das Boylesche Gesetz an in der Form $P_1 V_1 = P_2 V_2$, wobei die Bedingungen (1) auf Meereshöhe herrschen und die Bedingungen (2) in größerer Höhe:

$$(1 \text{ bar})(7600 \text{ l}) = (0.70 \text{ bar})\ V_2$$

$$V_2 = \frac{(1 \text{ bar})(7600 \text{ l})}{(0.70 \text{ bar})} = 10900 \text{ l}$$

Durch das Absinken des Druckes auf 0.70 bar hat sich das Gas in dem Ballon ausgedehnt.

Die Erklärung für das Boylesche Gesetz auf molekularer Ebene ist einfach: Der Druck, den ein Gas auf die Wände eines Behälters ausübt, rührt daher, daß die Gasmoleküle auf die Wände treffen und zurückprallen (unten). Wie groß der Druck ist, hängt davon ab, wie schnell sich die Moleküle bewegen und wie oft sie von den Wänden des Behälters abprallen. Die Geschwindigkeit der Moleküle hängt von der Temperatur ab und beeinflußt das Boylesche Gesetz nicht, das nur bei konstanter Temperatur gilt. Doch wenn wir ein Gas auf die Hälfte seines Anfangsvolumens zusammendrücken, dann enthält jeder Kubikzentimeter des Gases doppelt so viele Moleküle (unten rechts). Zusammenstöße mit den Wänden kommen doppelt so häufig vor, also ist der Druck doppelt so hoch. Das Boylesche Gesetz gibt einfach wieder, wie oft die Gasmoleküle an den Wänden des Behälters abprallen.

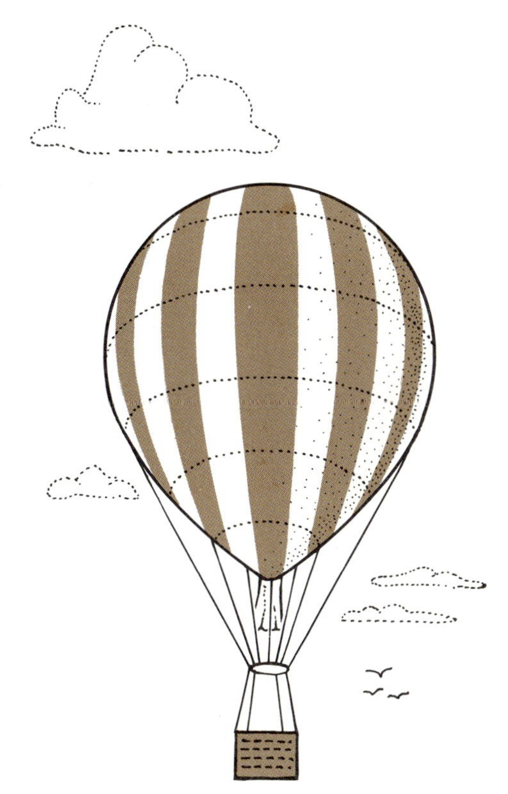

Wenn der Ballon in größere Höhe aufsteigt, nimmt der Luftdruck ab, das Gas im Ballon dehnt sich nach dem Boyleschen Gesetz aus. Es dehnt sich allerdings nicht ganz so stark aus, wie erwartet, da auch die Temperatur in großer Höhe abnimmt. Der Temperatureffekt wird durch Charles' Gesetz beschrieben (nächste Seite).

BOYLESCHES GESETZ

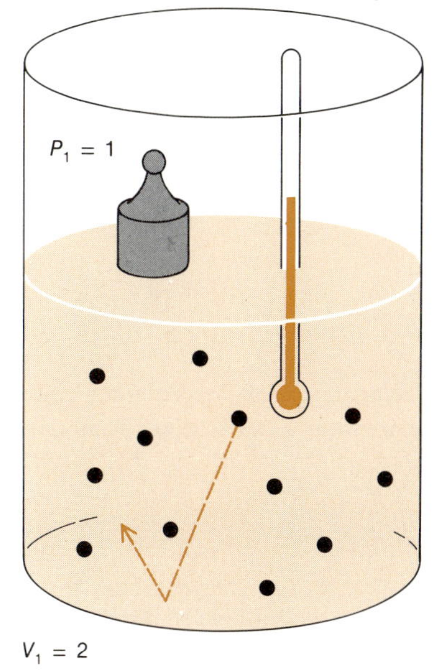

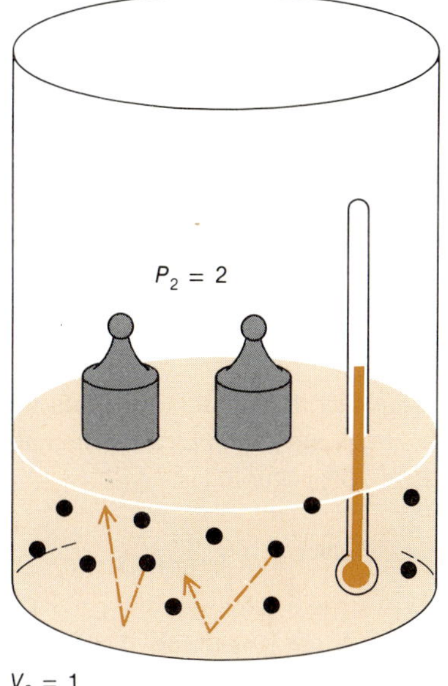

Der Druck entsteht durch Zusammenstöße der Moleküle mit den Gefäßwänden. Wenn das Volumen halbiert wird, treffen die Moleküle doppelt so oft auf die Wände, weil ihnen weniger Raum für ihre Bewegungen zur Verfügung steht, so daß sich auch der Druck verdoppelt. Links: $P_1 = 1$, $V_1 = 2$ und $P_1 V_1 = 1 \cdot 2 = 2$. Rechts: $P_2 = 2$, $V_2 = 1$ und $P_2 V_2 = 2 \cdot 1 = 2$.

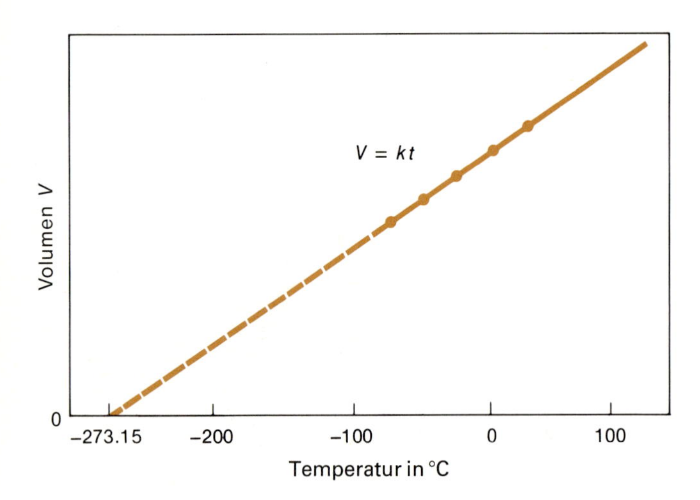

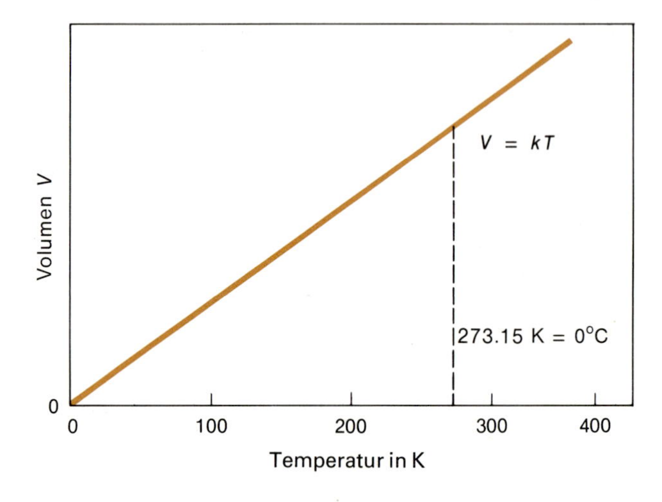

Die Volumen-Temperatur-Kurve, von den experimentell beobachteten Punkten auf das Volumen null extrapoliert, schneidet die Temperaturachse bei −273.15 °C (links), was als Nullpunkt für eine absolute Temperaturskala benutzt werden kann (rechts).

Gasmoleküle und der absolute Nullpunkt

Boyles Experimente wurden bei konstanter Temperatur ausgeführt. Ein Jahrhundert später untersuchte Jacques Charles in Frankreich, was mit dem Volumen eines Gases passiert, wenn die Temperatur verändert und der äußere Druck konstant gehalten werden. Das ist das Problem, das auftaucht, wenn man einen Luftballon erhitzt oder abkühlt, wobei die Umgebung einen konstanten Außendruck auf den Ballon ausübt. Bei jedem Gas, das er untersuchte, beobachtete Charles eine stetige Volumenzunahme mit steigender Temperatur. Übersetzt in moderne Maßeinheiten, ergaben seine Versuche: Für jedes Grad Temperaturanstieg nimmt das Gasvolumen um $^1/_{273}$ seines Volumens bei 0 °C zu. Das läßt sich leichter an dem Volumen-Temperatur-Diagramm oben verstehen. Innerhalb des beobachteten Temperaturbereichs ergibt sich eine Gerade. Wenn wir diese Gerade bis zum Volumen V = 0 verlängern, schneidet sie die Temperaturachse bei −273.15 °C. (Der Einfachheit halber werden wir in der folgenden Diskussion oft den Wert −273 °C benutzen.)

Aus Charles' Daten folgt: Das Volumen eines Gases, das sich bei tiefen Temperaturen genauso verhält wie bei Raumtemperatur, würde bei −273 °C auf den Wert 0 schrumpfen. Das ist der Punkt, an dem im Prinzip alle Moleküle zur Ruhe kommen und Gase aufhören sollten, einen Druck auszuüben oder ein Volumen einzunehmen. Diese theoretisch denkbare, aber experimentell nicht erreichbare Temperatur wird als *absoluter Nullpunkt* bezeichnet. Wir können eine absolute Temperaturskala definieren (die nach dem britischen Thermodynamiker Lord Kelvin auch als Kelvin-Skala bezeichnet wird), in der die Temperatur (T) in absoluten Grad oder Kelvin (K) mit der Temperatur in °C (t) durch den Ausdruck

$$T(\mathrm{K}) = t(^\circ\mathrm{C}) + 273.15\ \mathrm{K}$$

verknüpft ist. Die Untersuchungen von Charles zeigen uns, daß das Volumen eines Gases bei konstantem Druck seiner absoluten Temperatur T (*nicht* seiner Temperatur in °C) proportional ist:

$$V = k'T \qquad \text{Charles' Gesetz}$$

Hier ist k' eine Konstante, die V und T miteinander verknüpft; sie ist die Steigung der Geraden in den Diagrammen oben auf dieser Seite.

Wir können Charles' Gesetz auch schreiben als

$$\frac{V}{T} = \text{konstant}$$

Wenn zwei Wertepaare 1 und 2 für Volumen und Temperatur bei dem gleichen Druck miteinander verglichen werden, läßt sich Charles' Gesetz schreiben als

$$\frac{V_1}{T_1} = \frac{V_2}{T_2}$$

Es ist wichtig, daran zu denken, daß diese Gleichung *nur bei konstantem Druck* gilt.

Beispiel. Ein Heißluftballon, der mit einem Propanbrenner erhitzt wird, hat ein Volumen von 500 000 l, wenn die Luft in ihm auf 75 °C erhitzt wird. Wie groß ist das Volumen, wenn sich die Luft auf 25 °C abgekühlt hat und der Druck konstant geblieben ist?

Lösung. Im ersten Schritt wird die Temperatur von °C in K umgerechnet:

$$T_1 = 75\,°\text{C} + 273\,°\text{C} = 348\ \text{K}$$
$$T_2 = 25\,°\text{C} + 273\,°\text{C} = 298\ \text{K}$$

Dann können wir Charles' Gesetz anwenden:

$$\frac{500\,000\ \text{l}}{348\ \text{K}} = \frac{V_2}{298\ \text{K}}$$

$$V_2 = \frac{298}{348} \cdot 500\,000\ \text{l} = 428\,000\ \text{l}$$

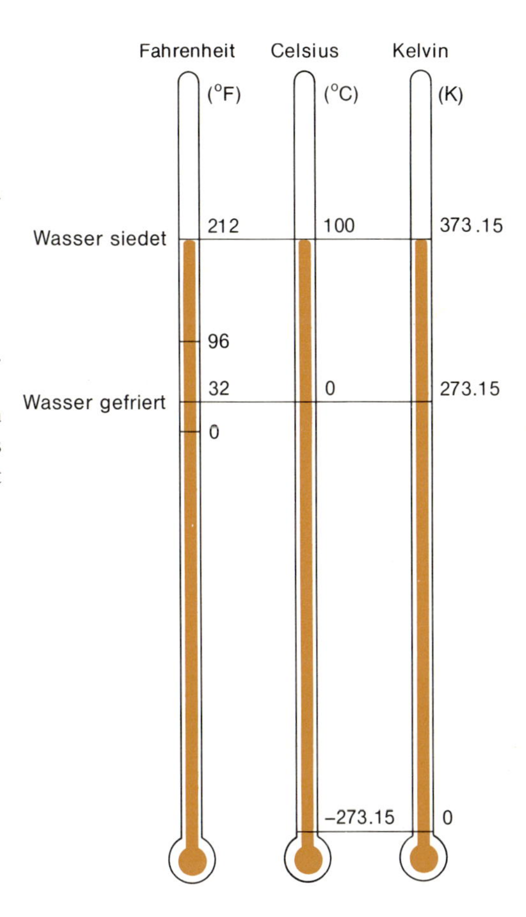

Drei Temperaturskalen werden allgemein verwendet. Gabriel Fahrenheit schlug 1714 vor, den Bereich zwischen der kältesten Temperatur, die man mit einem Eis-Salz-Bad erreichen kann, und der Temperatur des menschlichen Körpers in 96 gleiche Teile einzuteilen; das wurde die Fahrenheit-Skala (links). Bei der Celsius-Skala in °C (Mitte) wird die Spanne zwischen Schmelzpunkt und Siedepunkt des Wassers in 100 Grade eingeteilt. Die absolute oder Kelvin-Skala in K (rechts) ergibt sich durch Anpassung der Celsius-Skala an den absoluten Nullpunkt.

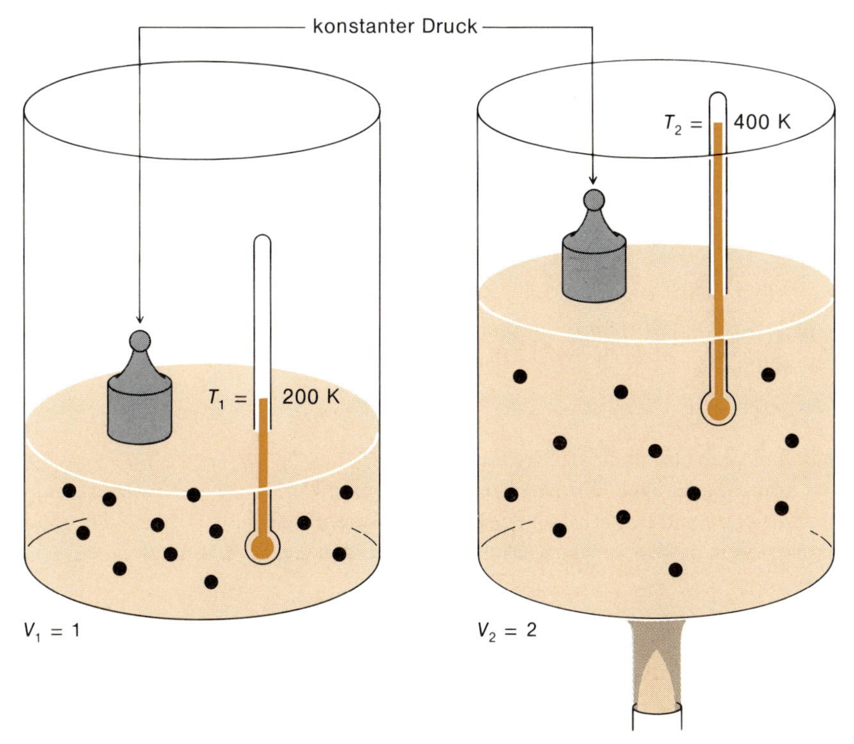

Wenn die Gasmoleküle erhitzt werden und sich schneller bewegen, kollidieren sie häufiger mit den Wänden und erhöhen den Druck. Den sich schnell bewegenden Molekülen muß mehr Raum gegeben werden, damit der Druck seinen ursprünglichen Wert wieder annehmen kann.
Links:
$T_1 = 200$ **K,** $V_1 = 1$ **und** $V_1/T_1 = 1/200$
Rechts:
$T_2 = 400$ **K,** $V_2 = 2$ **und** $V_2/T_2 = 2/400 = 1/200$

Das ideale Gasgesetz

Boyles Gesetz beschreibt die Beziehung zwischen Druck und Volumen, wenn die Temperatur festgehalten wird; Charles' Gesetz gibt die Beziehung zwischen Volumen und Temperatur an, wenn der Druck konstant ist. Wir können diese beiden Gesetze zum *idealen Gasgesetz* verbinden – ideal heißt es, weil es von keinem realen Gas strikt befolgt wird, doch gilt es um so genauer, je niedriger der Druck und je höher die Temperatur sind. Für n mol eines idealen Gases gilt:

$$PV = nRT$$

Die Gaskonstante R hat einen festen Wert, der unabhängig von Druck, Volumen, Temperatur und Gasmenge ist. Wenn der Druck in bar, das Volumen in Liter und die Temperatur in Kelvin gemessen werden, dann hat R den Wert

$$R = 0.0831 \text{ l bar K}^{-1} \text{mol}^{-1}$$

Das ideale Gasgesetz hat eine viel größere Bedeutung als die Gesetze von Boyle oder Charles. Wir können jetzt berechnen, wieviel Mol Wasserstoff-Gas in unserem Wetterballon waren, wenn wir eine Temperatur von 25 °C annehmen.

Beispiel. Ein Wetterballon mit einem Durchmesser von 2.50 m ist bei einem Druck von 1 bar und 25 °C mit 7600 l H_2 gefüllt. Wie viele Mol Wasserstoff-Gas enthält er?

Lösung. $P = 1$ bar, $V = 7600$ l, $T = 25\,°\text{C} = 298$ K.

$$n = \frac{PV}{RT} = \frac{(1 \text{ bar})\,(7600 \text{ l})}{(0.0831 \text{ l bar} \cdot \text{K}^{-1} \text{mol}^{-1})\,(298 \text{ K})}$$

$$= 307 \text{ mol}$$

Als interessanten Nebenaspekt können wir auch die Tragfähigkeit des Ballons berechnen.

Lösung. 307 mol H_2 wiegen $307 \text{ mol} \cdot 2.016 \text{ g} \cdot \text{mol}^{-1} = 619 \text{ g}$. Die Auftriebskraft des Ballons ist der Unterschied zwischen diesem Wert und dem Gewicht der Luft, die vom Ballon verdrängt wird. Das gleiche Volumen Luft würde ebenfalls 307 mol enthalten (Avogadrosche Regel); Luft ist ein Gemisch aus 80% Stickstoff-Gas und 20% Sauerstoff-Gas. Die *mittlere* molare Masse der Luft ist also

$$80\% \cdot 28.013 \text{ g} \cdot \text{mol}^{-1} + 20\% \cdot 32.000 \text{ g} \cdot \text{mol}^{-1} = 28.81 \text{ g} \cdot \text{mol}^{-1}$$

Das Gewicht der verdrängten Luft ist

$$307 \text{ mol} \cdot 28.81 \text{ g} \cdot \text{mol}^{-1} = 8845 \text{ g}$$

Die Tragfähigkeit des Ballons ist die Differenz zwischen dem Gewicht der Luft und des Wasserstoffs:

$$8845 \text{ g} - 619 \text{ g} = 8226 \text{ g}$$

Der Ballon kann also mehr als 8 kg Last heben.

Wir können jetzt auch eine gleichzeitige Änderung von Druck und Temperatur in Betracht ziehen und den schwachen Punkt in unserem Beispiel mit dem Wetterballon korrigieren, das wir zur Illustration des Boyleschen Gesetzes benutzt haben.

Beispiel. Ein Wetterballon mit einem Durchmesser von 2.50 m ist bei einem Druck von 1 bar und einer Temperatur von 25 °C mit 7600 l Wasserstoff-Gas gefüllt. Während der Ballon auf eine Höhe steigt, in welcher der Druck nur noch 0.70 bar beträgt, fällt die Temperatur auf −20 °C. Wie groß ist jetzt das Volumen des Ballons?

Lösung. Wir wollen die Bedingungen auf Meereshöhe mit dem Index 1 und die Bedingungen in der größten Höhe mit dem Index 2 bezeichnen. Die Anzahl Mol an Gas ändert sich nicht. Also können wir das ideale Gasgesetz in der Form

$$\frac{PV}{T} = nR = \text{konstant}$$

benutzen. Oder

$$\frac{P_1 V_1}{T_1} = \frac{P_2 V_2}{T_2}$$

$$\frac{(1\ \text{bar})\ (7600\ \text{l})}{(298\ \text{K})} = \frac{(0.70\ \text{bar}) \cdot V_2}{(253\ \text{K})}$$

$$V_2 = \frac{253}{298} \cdot \frac{1.00}{0.70} \cdot 7600\ \text{l} = 9218\ \text{l}$$

Die Druckabnahme auf 0.70 bar verursacht eine Volumenzunahme um den Faktor 1.00/0.70, dagegen verursacht der gleichzeitige Temperaturabfall eine Volumenkontraktion um den Faktor 253/298. Der Ballon dehnt sich nicht so stark aus, wie er es getan hätte, wenn die Temperatur konstant geblieben wäre.

Zu Beginn des Abschnitts über die Gasgesetze haben wir gesagt, daß alle Gase bei konstantem Druck und konstanter Temperatur das gleiche Volumen pro Mol haben. Wir können jetzt berechnen, wie groß dieses *Molvolumen* ist. Wissenschaftler bezeichnen 1 atm (= 1.013 bar) Druck und 0 °C (273.15 K) als „Standardbedingungen". Unter Standardbedingungen ist das Volumen pro Mol Gas

$$\frac{V}{n} = \frac{RT}{P} = \frac{(0.0831\ \text{l} \cdot \text{bar} \cdot \text{K}^{-1} \cdot \text{mol}^{-1})\ (273\ \text{K})}{(1.013\ \text{bar})} = 22.4\ \text{l} \cdot \text{mol}^{-1} = 22\,400\ \text{cm}^3 \cdot \text{mol}^{-1}$$

Eine Kugel von 22.4 l Inhalt hat einen Durchmesser von 35 cm, und die Berechnung oben ergibt den vorher in diesem Kapitel zitierten Zahlenwert. Ein Mol jedes Gases füllt unter Standardbedingungen einen Ballon mit einem Durchmesser von 35 cm (rechts).

Das ideale Gasgesetz beschreibt das Verhalten eines fiktiven Gases. Reale Gase verhalten sich bei Raumtemperatur so, *als ob* sie beim absoluten Nullpunkt zu Nichts zusammenschrumpften, während sie in Wirklichkeit vorher kondensieren. Bevor sie den absoluten Nullpunkt erreichen, verflüssigen oder verfestigen sich alle realen Gase, ein Verhalten, das durch das ideale Gasgesetz nicht beschrieben wird. Kein Gas gehorcht den Bedingungen $PV = nRT$ ganz genau, doch alle Gase kommen diesem Verhalten bei Raumtemperatur und niedrigen Drücken nahe. Das ist der Grund dafür, daß wir das Gasgesetz auf jedes Gas anwenden können, also auch auf das Gemisch aus N_2 und O_2 der Luft, ohne uns um die Zusammensetzung der Mischung kümmern zu müssen. In einem idealen Gas verhält sich ein Molekül genauso wie jedes andere. Das ideale Gasgesetz setzt voraus, daß die Anziehungskräfte zwischen Molekülen gegenüber ihren Bewegungsenergien vernachlässigbar sind, und auch, daß die wirklichen Volumina der einzelnen Gasmoleküle gegenüber dem Gesamtvolumen, welches das Gas einnimmt, keine Rolle spielen. Bei Raumtemperatur und 1 bar Druck ist das beinahe richtig. Bei niedrigeren Temperaturen und geringeren Molekülgeschwindigkeiten können die Anziehungskräfte zwischen

Bei Standardtemperatur und -druck, 273 K und 1.013 bar, nimmt die der Avogadroschen Zahl entsprechende Anzahl Moleküle ($6.022 \cdot 10^{23}$) eine Kugel mit einem Durchmesser von ca. 35 cm ein.

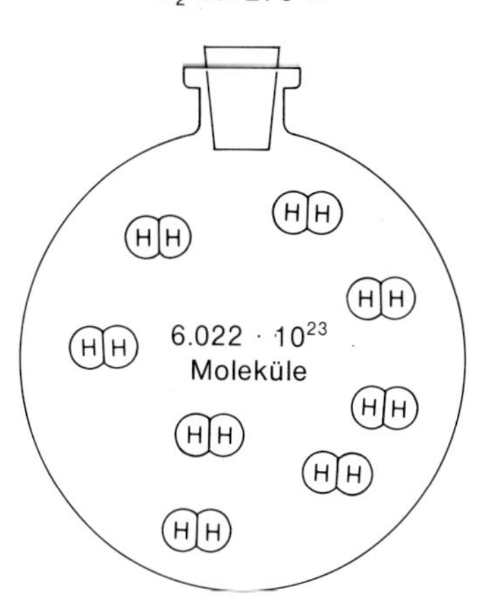

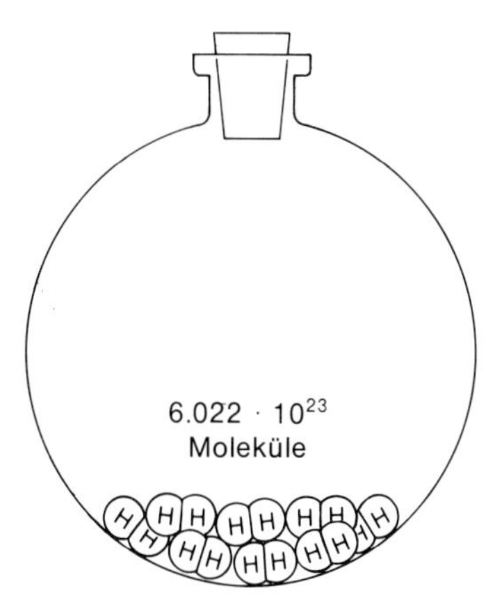

Bei 20 K klebt die gleiche Anzahl von Wasserstoff-Molekülen als Flüssigkeit aneinander und nimmt nur noch 0.065 Liter und nicht mehr 22.4 Liter ein.

den Molekülen nicht mehr vernachlässigt werden. Bei höheren Drücken, bei denen die Moleküle näher beieinander sind, ist das Eigenvolumen der Moleküle ein beträchtlicher Teil des vom Gas eingenommenen Volumens. Hier beginnt das ideale Gasgesetz eklatant zu versagen. Doch unter normalen Bedingungen beschreibt die Beziehung $PV = nRT$ das Verhalten eines realen Gases überraschend gut.

Eine chemische Welt en miniature: Zusammenfassung

Wir begannen die ersten beiden Kapitel mit der Feststellung, daß unser Universum hauptsächlich aus Wasserstoff und Helium besteht, die gleichzeitig die einfachsten und die ältesten Elemente sind. Diese beiden Elemente illustrieren im kleinen die meisten chemischen Prinzipien, die wir auch bei den schwereren Elementen finden werden.

Auch die anderen Elemente bestehen wie Wasserstoff und Helium aus positiv geladenen Kernen, die Protonen und Neutronen enthalten und von so viel negativ geladenen Elektronen umgeben sind, daß die positive Ladung der Protonen neutralisiert wird. Die Anzahl der Protonen oder die *Ordnungszahl* bestimmt das chemische Verhalten eines Atoms, denn sie bestimmt die Anzahl der Elektronen, die den Kern umgeben; Gewinn, Verlust oder Teilen von Elektronen sind verantwortlich für die chemischen Eigenschaften eines Atoms. Die Zahl der Neutronen ist gewöhnlich gleich oder etwas größer als die Zahl der Protonen. Neutronen haben wenig Einfluß auf die chemischen Eigenschaften eines Atoms mit Ausnahme derjenigen Eigenschaften, die von der Masse abhängen. Atome mit der gleichen Ordnungszahl, aber unterschiedlicher Anzahl von Neutronen werden *Isotope* genannt. Die Gesamtzahl der Neutronen und Protonen im Kern entspricht der *Massenzahl* eines Atoms; die Atommasse wird in atomaren Masseneinheiten (u) gemessen – 1 u ist definiert als der 12. Teil der Masse von Kohlenstoff-12 mit genau 12 u. Experimentell bestimmte relative Atommassen (Atomgewichte) sind gewöhnlich Mittelwerte der Atommassen der verschiedenen natürlich vorkommenden Isotope; sie heißen relativ, da die Massen auf den 12. Teil der Masse von Kohlenstoff-12 bezogen ist.

Elektronen in Atomen umgeben den Kern in einer Serie von Schalen, wobei die Elektronen in einer Schale ähnliche Energien, in verschiedenen Schalen dagegen unterschiedliche Energien haben. Die innerste Schale kann zwei Elektronen aufnehmen und die nächste acht. Eine vollständig gefüllte Schale ist eine besonders stabile Anordnung für ein Atom. Helium-Atome verbinden sich nicht miteinander, denn jedes He hat schon die beiden Elektronen, die notwendig sind, um die innere Elektronenschale zu füllen. Wasserstoff-Atomen fehlt ein Elektron zur vollständig gefüllten Schale, und zwei H-Atome können ein Elektronenpaar teilen und so ein H_2-Molekül bilden. Auf diese Weise hat jedes Atom im Molekül zwei Elektronen in seiner unmittelbaren Nähe und erreicht dadurch eine Struktur mit abgeschlossener Schale. Die Bindung im H–H-Molekül kann als der Prototyp der Elektronenpaar- oder *kovalenten Bindung* in größeren Molekülen angesehen werden.

Die Menge irgendeiner Verbindung mit der Masse in Gramm, die zahlenmäßig ihrer relativen Atom- oder Molekülmasse entspricht, ist ein *Mol* dieser Substanz. Das Mol-Konzept erlaubt uns, die gleiche Anzahl von Atomen oder Molekülen verschiedener Substanzen abzumessen, auch dann, wenn wir nicht wissen, wie viele Moleküle vorhanden sind. Die tatsächliche Anzahl von Molekülen in einem Mol, die *Avogadrosche Zahl,* wurde zu $N = 6.022 \cdot 10^{23}$ bestimmt. Aus der Definition des Mol folgt, daß dieser Wert gleichzeitig der Umrechnungsfaktor zwischen den Masseneinheiten u und g ist: $1\,g = 6.022 \cdot 10^{23}$ u. Ein Mol H_2-Moleküle hat die Masse 2.016 g und ein Mol He-Atome die Masse 4.003 g.

EINE CHEMISCHE WELT EN MINIATURE

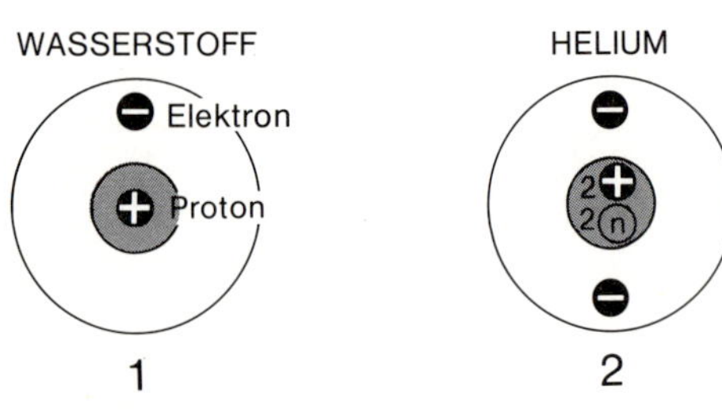

Ordnungszahl = Protonen im Kern

Isotope des Wasserstoffs

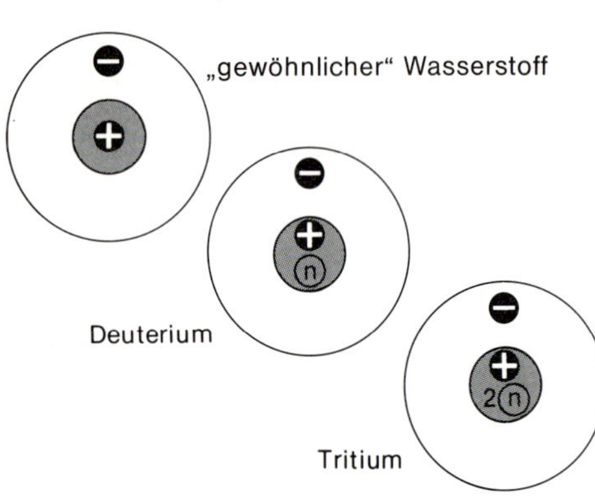

Elektronenschalen

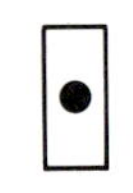

Wasserstoff Helium

Kovalente Bindung

H• •H

Wasserstoff-Atome

H:H

oder

H—H

Wasserstoff-Molekül

Wasserstoff-Moleküle kondensieren bei −253 °C oder 20 K zu einer Flüssigkeit; Helium-Atome, die kleiner als Wasserstoff-Moleküle sind, müssen weiter auf 4 K abgekühlt werden, bis van-der-Waals-Anziehungskräfte zu ihrer Verflüssigung führen.

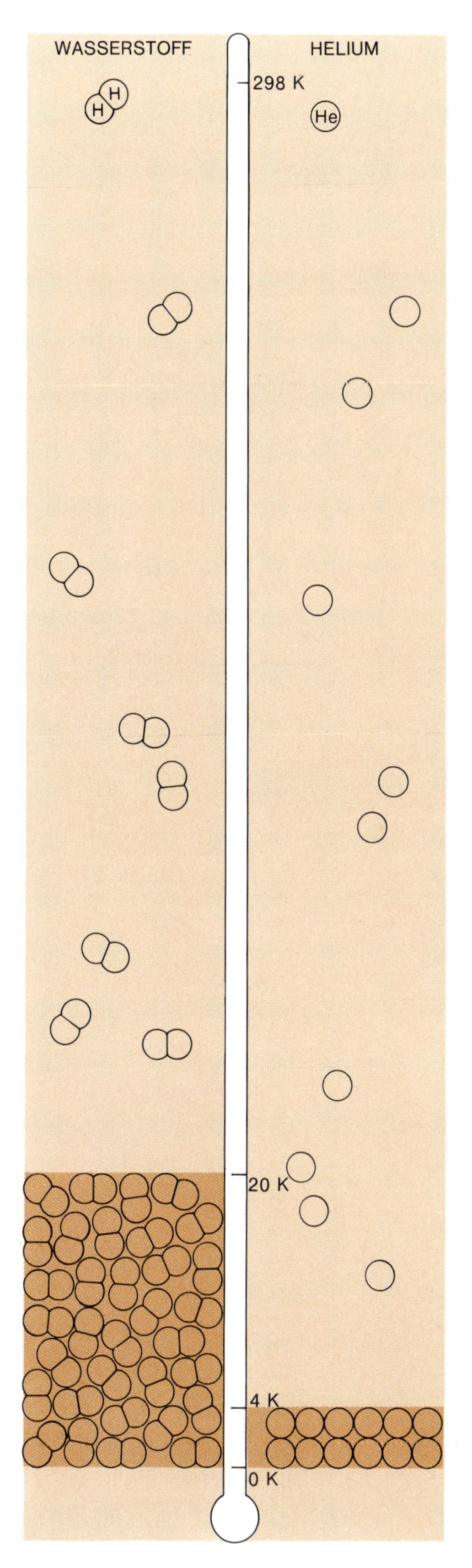

Alle Atome und Moleküle üben eine sehr schwache Anziehungskraft geringer Reichweite aufeinander aus, die als *van-der-Waals-Anziehung* bezeichnet wird. Außerdem haben sie endliche, wenn auch winzige Volumina. Bei normalen Temperaturen, bei denen die Moleküle eines Gases sich rasch bewegen, und bei mäßigen Drücken, bei denen sie im Durchschnitt weit voneinander entfernt sind, können sowohl van-der-Waals-Anziehung als auch Molekülvolumen vernachlässigt werden; unter diesen Bedingungen können die Moleküle als frei bewegliche, punktförmige Partikel, die keine Anziehung aufeinander ausüben, behandelt werden. In diesen Fällen wird das Verhalten aller Gase durch das *ideale Gasgesetz*, $PV = nRT$, beschrieben, in dem T die absolute Temperatur ist; man erhält sie durch Addition von 273.15° zum Temperaturwert in °C. Die Geschwindigkeit, mit der sich Moleküle in einem Gas bewegen, hängt von seiner Temperatur ab; wenn das ideale Gasgesetz bis herab zum absoluten Nullpunkt gültig wäre, sollte im Prinzip jede Molekülbewegung an diesem Punkt zur Ruhe kommen und sowohl Druck als auch Volumen sollten auf den Wert Null abfallen.

In Wirklichkeit werden die van-der-Waals-Anziehung und die Molekülvolumina aber, bevor dieser Punkt erreicht wird, so bedeutend, daß sie nicht mehr vernachlässigt werden können, und die Gase weichen vom idealen Verhalten ab. Die auffälligste Abweichung wird beobachtet, wenn sich langsam bewegende Moleküle aneinander „kleben“ bleiben und ein Gas zu einer Flüssigkeit kondensiert. Bei noch tieferen Temperaturen gefriert die Flüssigkeit zu einem kristallinen Festkörper. Der Siedepunkt einer Flüssigkeit ist ein sinnvolles Maß für die Stärke der van-der-Waals-Kräfte zwischen den Molekülen; denn je kleiner die Moleküle und je schwächer diese Kräfte sind, bei desto niedrigerer Temperatur bleiben die Gasmoleküle aneinander „kleben“ und kondensieren zu einer Flüssigkeit. Von den beiden Elementen unseres einfachen Universums müssen die H_2-Moleküle bis auf −253 °C oder 20 K abgekühlt werden, bevor sie kondensieren. Das ist der Siedepunkt von flüssigem Wasserstoff unter einem Druck von einer Atmosphäre (1.013 bar). Die einzelnen Atome des Helium-Gases sind kleiner und haben eine geringere Oberfläche als Wasserstoff-Atome. Sie müssen auf 4 K abgekühlt werden, bevor die Anziehungskräfte zwischen ihnen zur Kondensation führen.

An Wasserstoff und Helium lassen sich viele chemische Eigenschaften illustrieren, doch diese Elemente selbst stecken in einer Sackgasse. Sie besitzen nicht die große Variationsfähigkeit, die wir bei der Chemie der schwereren Elemente finden. Wenn die Elementsynthese in den Sternen nur bis zur Wasserstoff-Fusion gekommen wäre, wäre das Universum eine Totgeburt. Um weiterzukommen, müssen wir uns den Elementen zuwenden, die schwerer sind als Helium; das wird das Thema der nächsten Kapitel sein.

Fragen

1. Für einen normalen Molekülbausatz wurde der Maßstab 2 cm pro 100 pm gewählt. Um welchen Faktor wurden die tatsächlichen Atomabmessungen vergrößert? Ungefähr wie groß wären Atome in diesen Modellen? Wenn auch Kerne dargestellt würden, wie groß wären sie im gleichen Maßstab?
2. Was ist schwerer, ein Neutron oder ein Elektron? Welches von ihnen trägt die höhere Ladung? Was kompensiert die Ladung der Protonen in einem neutralen Atom? Wo ist die Protonenladung in einem Atom lokalisiert und wo befindet sich die sie kompensierende Ladung?
3. Welcher Unterschied besteht zwischen den Kernen von Wasserstoff- und Helium-Atomen? Wie wird dadurch die Anzahl der Elektronen in jedem Atom beeinflußt?
4. Welcher Unterschied besteht zwischen den verschiedenen Arten von Wasserstoff-Atomen? Wie werden solche Variationen desselben Atom-Typs genannt?
5. Wenn man weiß, daß ein Atom ein Kohlenstoff-Atom ist, was kann man dann über die Anzahl von Elektronen, Neutronen und Protonen aussagen? Welche neue Information erhält man, wenn man erfährt, daß es sich um Kohlenstoff-13 handelt?
6. Was beeinflußt das chemische Verhalten eines Atoms stärker, die Anzahl der Neutronen oder die Anzahl der Protonen? Warum?
7. Was hält zwei Wasserstoff-Atome in einem Molekül zusammen? Warum bilden Helium-Atome kein stabiles Molekül?
8. Warum werden zwei Wasserstoff-Atome stabiler, wenn sie sich näherkommen, aber weniger stabil, wenn sie sich zu nahekommen?
9. In welcher Beziehung steht die relative Molekülmasse eines Moleküls zur relativen Atommasse seiner Atome?
10. Was ist ein Mol einer chemischen Substanz? Warum ist das Molkonzept in der Chemie so nützlich?
11. Wie viele Moleküle enthält ein Mol Wasserdampf? Ein Mol flüssiges Wasser? Ein Mol Ethylalkohol?
12. Wie läßt sich das Phänomen Druck auf der Ebene der Moleküle erklären?

Probleme

1. Natürliches Lithium besteht aus 92.58% Lithium-7 mit einer relativen Atommasse von 7.016 und aus 7.42% Lithium-6 mit einer relativen Atommasse von 6.015. Welches ist die experimentell bestimmte relative Atommasse des in der Natur vorkommenden Lithiums?
2. Die experimentell bestimmte relative Atommasse von natürlichem Chlor ist 35.453; 75.53% davon ist Chlor-35 mit einer relativen Atommasse von 34.97. Wenn es nur noch ein anderes Chlor-Isotop gibt, welches ist seine ungefähre relative Atommasse?
3. Die Formel für Methylalkohol ist CH_3OH. Welche relative Molekülmasse hat er?
4. Was wiegt bei 120 °C mehr, ein Mol Wasserdampf oder ein Mol Methylalkohol (bei dieser Temperatur ebenfalls gasförmig)? Welcher Stoff nimmt ein größeres Volumen ein? Man berechne Gewicht und Volumen für beide Stoffe. Wie viele Moleküle enthält jede dieser Substanzen?
5. Wie viele Sauerstoff-Atome enthält ein Mol O_2-Moleküle? Wieviel Mol Sauerstoff-Atome enthält ein Mol O_2-Moleküle?

6. Wieviel Gramm Sauerstoff sind mit 50 Gramm Kohlenstoff in Methylalkohol verbunden? Wieviel Mol Sauerstoff-*Atome* entsprechen dieser Masse?
7. Was ist die relative Molekülmasse von Ethylalkohol (Ethanol), C_2H_5OH? Wie hoch ist der Anteil Ethanol in einem äquimolaren Ethanol-Wasser-Gemisch in Gewichtsprozent?
8. Nach der alten Definition ist 100-proof-Alkohol das verdünnteste Alkohol-Wasser-Gemisch, das mit einem Streichholz entzündet werden kann, wenn man es über Schießpulver gießt. Nach einer neueren Definition enthält 100-proof-Alkohol 49.28 Gewichtsprozent Ethanol. Wie groß ist das Verhältnis der Molzahlen von Ethanol und Wasser in 100-proof Gin? (Die anderen Komponenten des Getränks werden vernachlässigt.)
9. Die „Hindenburg“ und die „Graf Zeppelin II“, die beiden letzten deutschen Zeppeline, waren ursprünglich für Helium und nicht für Wasserstoff konzipiert, und nur das amerikanische Export-Embargo für Helium aus den texanischen Ölgebieten zwang zur Benutzung von Wasserstoff. Das Ergebnis waren der tragische Absturz und das Feuer 1936 in New Jersey, was das Ende der kommerziellen Luftschiffahrt bedeutete. Das Gesamtvolumen der Gasbehälter der Hindenburg betrug 200 000 m^3. Wieviel Mol Wasserstoff-Gas brauchte man bei 25 °C und einem Druck von 1 atm (1.013 bar), um sie zu füllen? Wie schwer wäre dieser Wasserstoff?
10. Wie schwer wäre ein äquivalentes Volumen Luft (s. Problem 9)? Welche Last konnte die Hindenburg heben (einschließlich des Gewichts des Luftschiffs selbst)?
11. Wenn die Regierung der USA den Export von Helium erlaubt hätte, wieviel Mol Helium wären notwendig gewesen, um die Hindenburg zu füllen? Welches Gewicht hätte das Luftschiff heben können, wenn Helium anstelle von Wasserstoff benutzt worden wäre?
12. Warum sind H_2 und He die einzigen Gase, die für ein Luftschiff verwendet werden können?
13. Wenn die Gasbehälter an einem heißen Tag bei 30 °C gefüllt worden wären, um wieviel Prozent wären sie geschrumpft, wenn die Temperatur auf 15 °C abgefallen wäre?
14. Wenn sich H_2, N_2 und O_2 alle wie ideale Gase verhielten, würde sich dann das Hubverhältnis eines Ballons (die Zahl, die angibt, welches Vielfache seines Eigengewichts an Gas er tragen kann) mit der Temperatur ändern? Warum oder warum nicht?
15. Wenn ein Gramm einer unbekannten Flüssigkeit bei 80 °C und einem Druck von 1 bar verdampft wird, nimmt der Dampf ein Volumen von 0.622 l ein. Wieviel Mol der Flüssigkeit waren vorhanden?
16. Wie groß ist die relative Molekülmasse der Flüssigkeit in Aufgabe 15?
17. Wenn die Moleküle der Flüssigkeit in Aufgabe 15 zu 34.7 Gewichtsprozent aus Sauerstoff bestehen und nur Kohlenstoff, Wasserstoff und Sauerstoff enthalten, um welche Flüssigkeit könnte es sich handeln? (Wir sind dieser Substanz vor kurzem bei diesen Aufgaben begegnet.)

DAS NEUTRALE ATOM

Die Zahl der positiven Ladungen (⊕), die von den Protonen herrühren, wird exakt ausgeglichen durch die Zahl der negativ geladenen Elektronen (⊖), die den Kern umgeben.

ELEKTRONENSCHALEN

Die innere Schale kann zwei Elektronen aufnehmen, die äußere acht. Unvollständig gefüllte Schalen sind weiß unterlegt. Von links nach rechts wird von Element zu Element jeweils ein Elektron mehr aufgenommen, bis die Schale voll ist. Vollständig gefüllte Elektronenschalen sind farbig unterlegt.

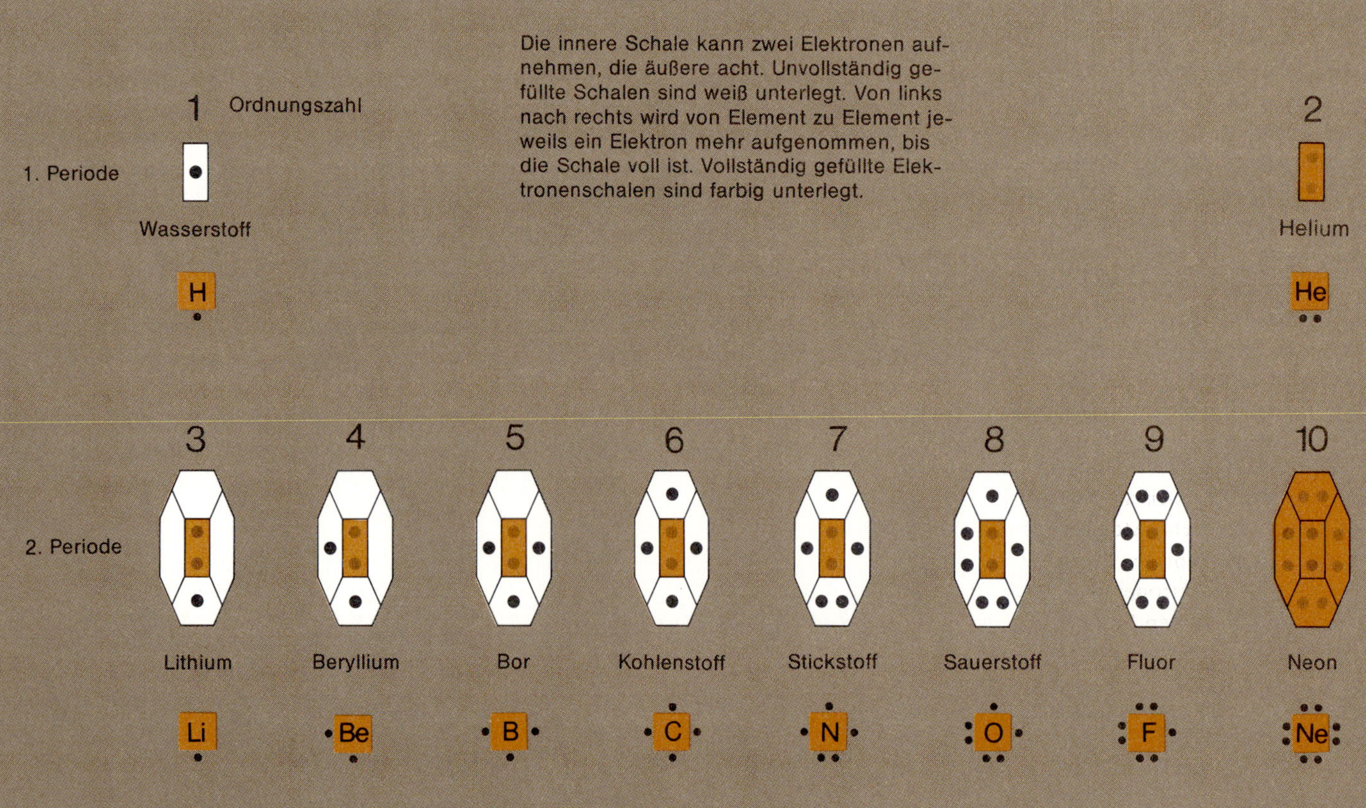

◀ *Die Atomstruktur der ersten zehn Elemente. Die äußersten Elektronen sind für die chemischen Eigenschaften am wichtigsten.*

3. Kapitel

Acht-Elektronen-Chemie: Lithium bis Neon

Ein Blick in unsere Umgebung genügt, um festzustellen, daß unsere Welt keine Welt aus Wasserstoff und Helium ist. Die in den ersten beiden Kapiteln behandelte Chemie ist kaum geeignet, um unseren Winkel des Universums zu verstehen. Dazu müssen wir vielmehr die schwereren Elemente kennenlernen, die mehr Protonen in ihren Kernen und mehr Elektronen um sie herum haben. Wie wir im 2. Kapitel gesehen haben, kann die innerste Schale jedes Atoms maximal zwei Elektronen aufnehmen, und in der zweiten Schale haben acht Elektronen Platz. Wir können eine Reihe von zehn Atomen mit zunehmender Zahl von Elektronen aufbauen, bevor uns der Platz in den ersten beiden Elektronenschalen ausgeht. Die nächsten drei Kapitel sind diesen zehn einfachsten Atomen gewidmet. Mit ihnen können wir die Chemie unserer Welt im Umriß darstellen, wenn wir auch die schwereren Atome brauchen, um die Details auszufüllen. Diese zehn Elemente sind die Atome des Lebens; aus ihnen bestehen 99.35 Prozent der Substanz jedes lebenden Organismus.

Der Aufbau der Elemente

Ein heliumähnliches Arrangement mit zwei Elektronen, welche die erste Schale um den Kern füllen, ist, wie wir sahen, eine besonders bevorzugte Situation. Nun stellen wir uns vor, daß eine Serie von Atomen in der Weise konstruiert wird, daß dem Helium Elektronen, eines nach dem anderen, in die *zweite* Elektronenschale zugefügt werden, während eine entsprechende Zahl Protonen dem Kern zugeteilt wird, um die elektrische Neutralität der Atome zu gewährleisten. Die Atomstrukturen der ersten zehn Atome sind im oberen Teil der gegenüberliegenden Seite dargestellt. Die Anzahl der Protonen ist innerhalb jedes Kerns gezeigt (grau), und die Anzahl der Elektronen ist außerhalb der Kerne gekennzeichnet. Die Diagramme links unten betonen besonders die beiden inneren Elektronenschalen und zeigen, wie diese von Wasserstoff bis Neon schrittweise gefüllt werden. Elektronen sind durch Punkte dargestellt: maximal zwei in der innersten Schale, maximal acht in der zweiten. Teilweise gefüllte Schalen sind weiß, vollständig gefüllte farbig.

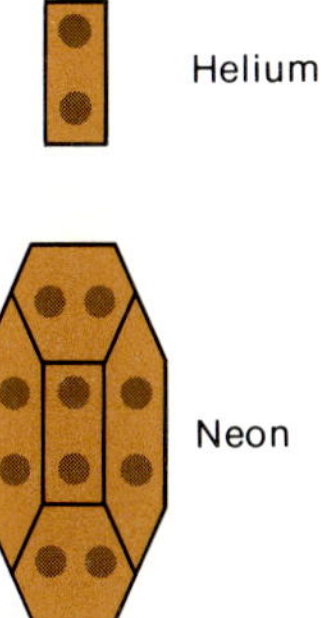

Helium und Neon, deren äußere Schale jeweils vollständig gefüllt ist, haben ähnliche Eigenschaften. Beide sind bei Raumtemperatur inerte, d.h. reaktionsträge, einatomige Gase. Andere Elemente haben die Tendenz, Elektronen hinzuzugewinnen oder abzugeben, um dieses stabile Arrangement mit abgeschlossenen Schalen zu erreichen.

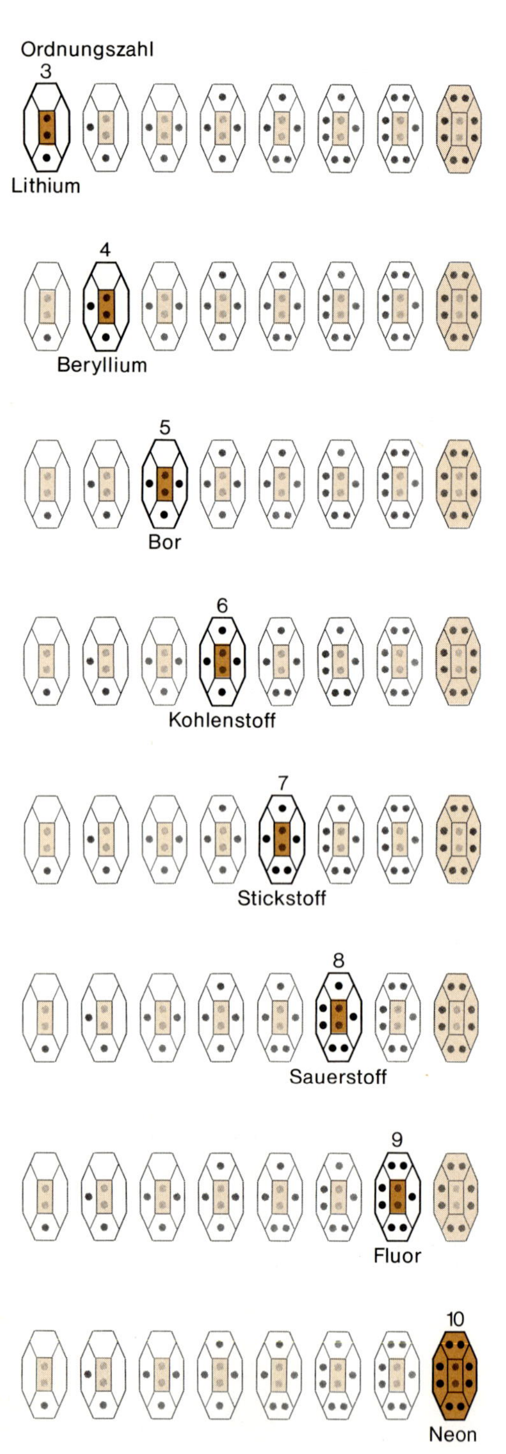

Elektronenschalen der Elemente der zweiten Periode. Die Periode ist achtmal untereinander gezeichnet, um für jedes Element die Beziehung zu jedem seiner Nachbarn deutlich zu machen.

Lithium (Symbol Li) hat ein Elektron außerhalb des zentralen Heliumrumpfes mit den beiden inneren Elektronen. Im Kern hat Lithium drei Protonen, so daß eine Elektronenanordnung entsteht, die durch „Li 2,1" wiedergegeben werden kann. In den Elektronendiagrammen am Anfang des Kapitels und auf dem linken Seitenrand hat Li einen Punkt in der weißen Zone, was die unvollständige zweite Schale andeutet. Der Mann, der die Idee von den Elektronenpaar-Bindungen entwickelte, der Chemiker G. N. Lewis von der Universität von Californien, zeichnete die Elektronen in den äußeren Schalen der Atome als Punkte um das Atomsymbol herum, wie es ganz rechts auf Seite 33 gezeigt ist. Lithium ist ein weiches, silberglänzendes Metall, das extrem leicht mit anderen Substanzen chemisch reagiert, wobei es sein äußeres Elektron verliert.

Beryllium (Be) hat zwei Elektronen in seiner zweiten Schale, was durch Be 2,2 symbolisiert wird oder durch die Punktstruktur nach Lewis (rechts). Es ist ein härteres und weniger reaktives Metall als Lithium. *Bor* – mit drei äußeren Elektronen (B 2,3) – ist grau, spröde und nur noch schwach metallisch.

Kohlenstoff (C 2,4) und die folgenden Elemente sind alles Nichtmetalle. Reiner Kohlenstoff kommt als schwach metallischer, schwarzer Graphit vor sowie als durchsichtiger, extrem harter, nichtmetallischer Diamant. Kohlenstoff ist aber viel bekannter in den Myriaden Verbindungen, die er mit anderen Elementen bildet. Kohlenstoff-Verbindungen sind die Basis des Lebens. Wir können die Augen auf unserem Planeten nicht aufmachen, ohne Kohlenstoff-Verbindungen zu sehen – von der entferntesten Baumreihe bis zu unserer eigenen Nasenspitze.

Stickstoff (N 2,5) hat fünf äußere Elektronen. Er verbindet sich bereitwillig mit Kohlenstoff und bildet mit ihm Verbindungen in lebenden Organismen. Stickstoff selbst kommt als zweiatomiges Molekül, N_2, vor (vgl. die H_2-Moleküle des Wasserstoffs). „Distickstoff"-Gas ist mit fast 80 Prozent Hauptbestandteil der Erdatmosphäre. Das Elektronenschalen-Diagramm für Stickstoff (links) und die Punktstruktur nach Lewis (ganz rechts) deuten beide an, daß zwei der fünf äußeren Elektronen irgendwie gepaart sind, und so ist es tatsächlich. Das Auftreten von Elektronenpaaren an einem Atom ist ebenso bestimmend für dessen chemische Eigenschaften wie es die Bildung von Elektronenpaaren bei der chemischen Bindung zwischen Atomen ist. Ein einsames Stickstoff-Atom hat in seiner äußeren Schale ein Elektronenpaar und drei ungepaarte Elektronen zur Verfügung, um chemische Bindungen auszubilden. Ist die äußere Elektronenschale voll, so befinden sich darin acht Elektronen, angeordnet in vier Elektronenpaaren.

Sauerstoff (O 2,6) hat sechs äußere Elektronen, die – wie das Elektronendiagramm andeutet – als zwei Elektronenpaare und zwei ungepaarte Elektronen vorliegen. Aus zweiatomigem O_2 bestehen die restlichen 20 Prozent der Atmosphäre unseres Planeten; andere Gase sind nur in sehr kleinen Mengen vorhanden. Sauerstoff vereinigt sich leicht mit Kohlenstoff-Verbindungen, und bei diesem Vorgang werden große Wärmemengen freigesetzt. Aus diesem Grund wurde während der Evolution Sauerstoff als wichtigste Energiequelle für die lebenden Organismen selektiert. Dennoch trügt der Schein, daß Sauerstoff hauptsächlich als atmosphärisches Gas vorkommt, das zum Atmen wichtig ist. Fast die Hälfte aller Atome auf unserem Planeten sind Sauerstoff-Atome. Sie sind durch Bindung an Metall- und Silicium-Atome in den Silicatmineralien unter unseren Füßen festgehalten.

Fluor (F 2,7) hat sieben äußere Elektronen, die in drei Elektronenpaaren und einem einsamen Elektron angeordnet sind. F_2 ist ein gelbgrünes Gas; es reagiert viel lebhafter und unter Freisetzung von viel mehr Wärme mit Kohlenstoff-Verbindungen, als der Sauerstoff dies tut. Aber die Evolution setzte auf O statt auf F für die energieliefernde Chemie – vielleicht weil Fluor auf der Erde selten ist und nur schwer gewonnen werden kann. *Neon* mit seinen acht äußeren Elektronen (Ne 2,8)

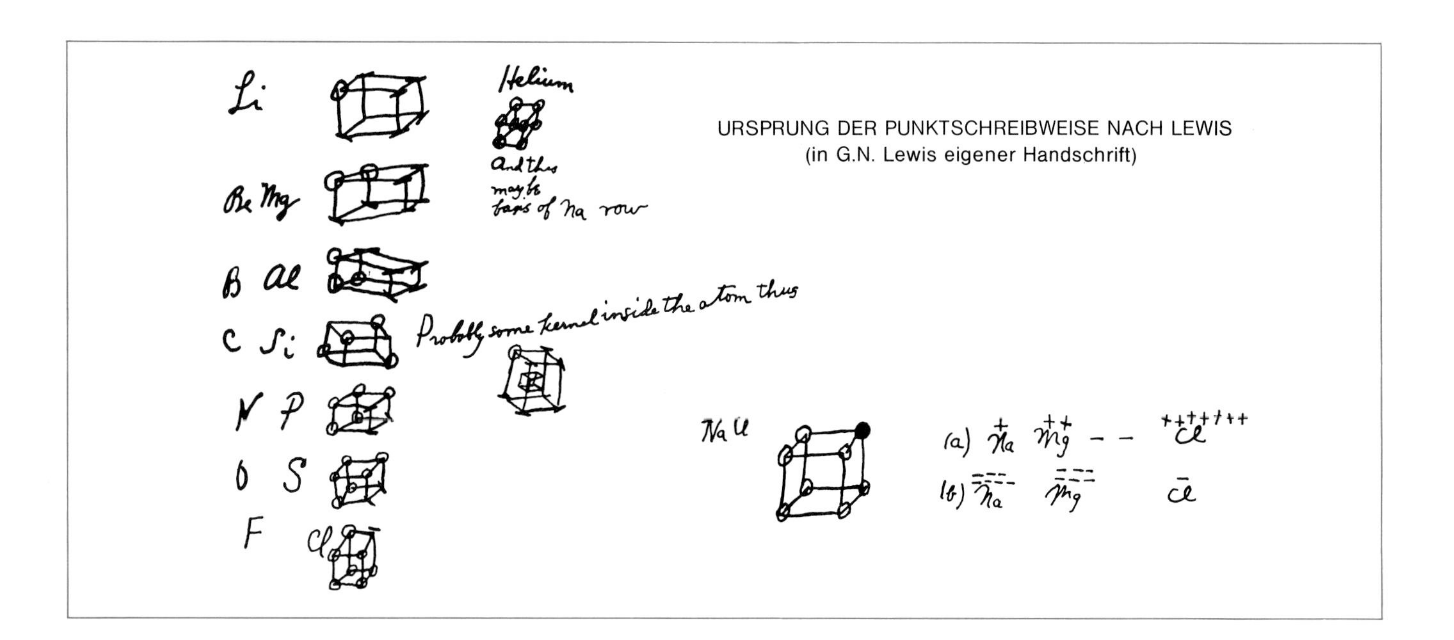

in vier Elektronenpaaren schließt die Reihe, es ist ein dem Helium ähnliches „Edelgas"[1]. Neon verbindet sich wie Helium mit nichts; wie jenes existiert es deshalb als einatomiges Gas.

Eine Seite aus einem Notizbuch von G.N. Lewis aus dem Jahre 1902. Sie zeigt, wie Lewis schrittweise zu der Vorstellung kam, daß acht Elektronen für die chemische Bindung etwas Wichtiges sind. (Aus dem Dover-Reprint *Valence* von G.N. Lewis)

Damit sind wir an dem Punkt angekommen, wo es mit den ersten beiden Elektronenschalen nicht mehr weitergeht. Das Hinzufügen weiterer Elektronen ist erst möglich, wenn man mit einer dritten Schale anfängt (die wieder acht Elektronen aufnehmen kann). Wir werden darauf im 6. Kapitel zurückkommen, nachdem wir das Verhalten der Elemente der zweiten Schale näher in Augenschein genommen haben.

Wie kommen die Atome dazu, äußere Elektronenschalen zu haben, in denen Platz für acht Elektronen ist? G.N. Lewis stellte um die Jahrhundertwende als erster diese „Oktett-Regel" auf und malte in der ersten Version die Elektronen so hin, als ob sie die Ecken eines Würfels besetzten, in dessen Zentrum sich das Atom befindet. Ein paar Skizzen, die sich auf einer Seite eines Notizbuches aus dem Jahre 1902 fanden, sind oben reproduziert. Lewis wurde sich bald klar, daß die acht Elektronen in vier Elektronenpaaren angeordnet sind, so wie an den chemischen Bindungen Elektronenpaare beteiligt sind. Zunächst war keine brauchbare Erklärung für diese vier Elektronenpaare pro Schale zur Hand, bis die Physiker in den zwanziger Jahren begannen, ihre Quantenmechanik auf die Chemie anzuwenden. Im 7. und 8. Kapitel werden wir ihre Ergebnisse benutzen, ohne uns dabei mit der Mathematik herumzuschlagen, die sie zu ihren Schlüssen geführt hat. Vorerst prägen wir uns nur ein, daß in der zweiten Elektronenschale vier verschiedene „Orbitale" existieren – d.h. Möglichkeiten, Elektronen im Raum um den Atomkern zu arrangieren – und daß jedes Orbital zwei Elektronen aufnehmen kann. Im 9. Kapitel werden wir sehen, daß die berechnete Anordnung dieser Orbitale im Raum zu einer zutreffenden Voraussage der beobachteten Molekül*gestalten* führt, was überzeugend zeigt, daß die quantenmechanische Behandlung des Problems korrekt ist.

Li• •Be• •B• •C• •N• :O• :F• :Ne:

Die Atome der zweiten Schale in der Punktschreibweise nach Lewis. Jeder Punkt bedeutet ein Elektron der äußeren Schale.

1) Der Name Edelgase für die Elemente Helium, Neon, Argon, Krypton und Xenon sollte in Analogie zu den Edelmetallen die Reaktionsträgheit und Seltenheit dieser Elemente andeuten. Heute weiß man, daß mindestens Helium nicht besonders selten ist und daß Krypton und Xenon chemische Verbindungen bilden. Der Name ist trotzdem geblieben.

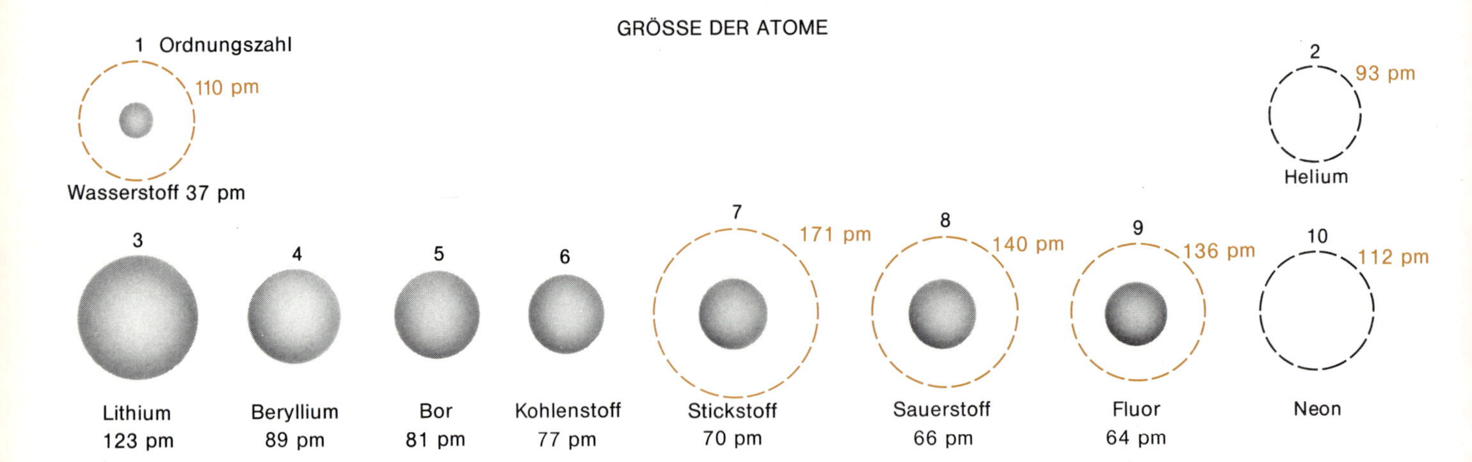

Bindungs- und Packungsradien der ersten zehn Elemente. Die grauen Kugeln stellen die effektiven Radien der Atome dar, wenn diese an einer metallischen oder kovalenten (d.h. Elektronenpaar-) Einfachbindung beteiligt sind. Farbige gestrichelte Kreise bedeuten die Packungsradien von nicht gebundenen Atomen.

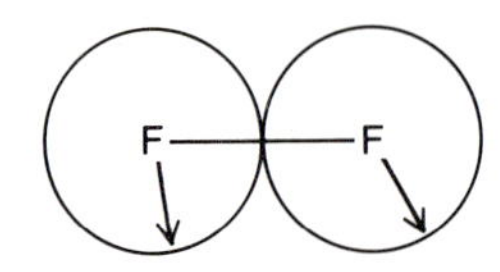

Der kovalente Radius des Fluors im F_2-Molekül entspricht dem halben Abstand zwischen den Zentren der beiden aneinander *gebundenen* Atome.

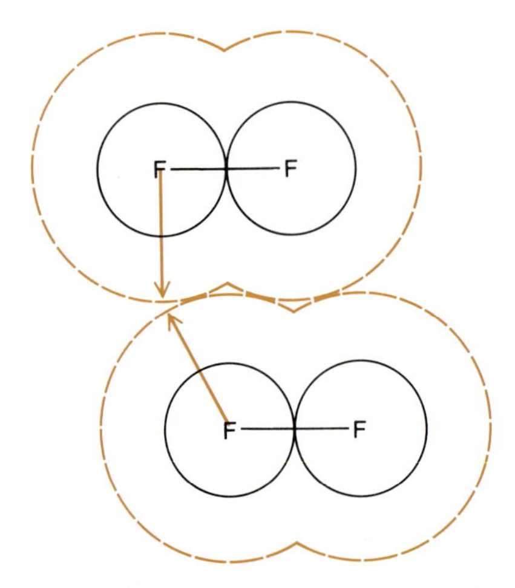

Der Packungsradius des Fluors im F_2-Molekül entspricht dem halben Abstand, auf den sich die Zentren *nichtgebundener* Atome (die also verschiedenen Molekülen angehören) annähern können. Der Packungsradius ist ungefähr doppelt so groß wie der kovalente Radius, denn Atome, die sich in einer chemischen Bindung Elektronen teilen, können einander viel näher kommen.

Wie groß ist ein Atom?

Für Demokrit, Newton und Dalton waren die Atome eine philosophische Idee, und alle drei kümmerten sich nicht um die tatsächliche Größe eines solchen Materieteilchens. Sie hätten auch nicht gewußt, wie sie es hätten anfangen sollen, die Größe des Atoms zu berechnen. Uns genügt jedoch ein Zettel Papier, um grob abzuschätzen, wie groß ein typisches Atom ist. Die Dichte von Lithium-Metall wurde zu $0.534\,g \cdot cm^{-3}$ bestimmt, aber für unsere grobe Rechnung genügen uns zwei Stellen hinter dem Komma. Da $1\,cm = 10^{10}$ Picometer (pm), können wir die Dichte ϱ von Lithium in Gramm pro Kubikpicometer aufschreiben:

$$\varrho = 0.53 \cdot 10^{-30}\,g \cdot pm^{-3}$$

Wir können diesen Wert in Mol pro pm^3 umwandeln, indem wir durch die molare Masse von Lithium ($7.0\,g \cdot mol^{-1}$) dividieren, und anschließend können wir in Atome pro Picometer umrechnen, indem wir mit der Avogadroschen Zahl ($6.0 \cdot 10^{23}$ Atome $\cdot\, mol^{-1}$) multiplizieren:

$$\varrho = 0.53 \cdot 10^{-30}\,\frac{g}{pm^3} \cdot \frac{1\,mol}{7.0\,g} \cdot \frac{6.0 \cdot 10^{23}\,\text{Atome}}{1\,mol}$$

$$\varrho = \frac{0.53 \cdot 6.0}{7.0} \cdot 10^{-7}\,\text{Atome} \cdot pm^{-3} = 0.045 \cdot 10^{-6}\,\text{Atome} \cdot pm^{-3}$$

Der Kehrwert davon ist das Volumen eines Atoms: $v = 22 \cdot 10^6\,pm^3 \cdot \text{Atom}^{-1}$. D.h. jedes Atom in einem Stück Lithium-Metall nimmt einen Raum von ungefähr 22 Millionen pm^3 ein. Ohne daß wir auf die Geometrie, in der die kugelförmigen Atome zusammengepackt sind, Rücksicht nehmen, können wir die Kubikwurzel aus diesem Volumen ziehen und kommen so zu einem Durchmesser von ca. 280 pm (oder einem Radius von 140 pm) für ein Lithium-Atom.

Der wirkliche Radius eines kugelförmigen Atoms kann definiert werden als die halbe Distanz von seinem Mittelpunkt zum Mittelpunkt eines anderen Atoms der gleichen Sorte, welches das erste Atom berührt. Wie auf dem linken Seitenrand gezeigt, kommen sich zwei Atome, die sich in einer chemischen Bindung ein Elektronenpaar teilen, näher als zwei Atome, die lediglich aneinander gepackt sind, ohne gebunden zu sein. Also müssen wir zwei Ausdrücke für die Größe eines Atoms definieren: Bindungsradius und Packungsradius, wobei der zweite normalerweise ungefähr zweimal so groß ist wie der erste. Bindungs- und Packungsradien für die Atome der ersten und zweiten Schale sind oben angegeben. Die Werte von 37 pm und 110 pm für Wasserstoff bedeuten, daß die Zentren zweier gebundener Atome in einem H_2-Molekül $2 \cdot 37\,pm = 74\,pm$ voneinander entfernt sind, daß aber die

Zentren von Wasserstoffatomen in verschiedenen H_2-Molekülen in dicht gepacktem festen Wasserstoff (bei sehr tiefen Temperaturen) einen Abstand von $2 \cdot 110\,pm = 220\,pm$ haben. Für die Edelgase Helium und Neon sind keine Bindungsradien angegeben, weil ihre Atome keine chemischen Bindungen eingehen.

Ein Helium-Atom ist kleiner als ein Wasserstoff-Atom, obwohl Helium ein Elektron mehr besitzt. Es hat jedoch auch eine zusätzliche positive Ladung im Kern, welche die beiden Elektronen näher an den Kern heranzieht. Atome der Elemente der zweiten Schale – Lithium bis Neon – sind größer als Wasserstoff und Helium, denn die zweite Elektronenschale ist weiter vom Kern entfernt. Ferner bemerken wir, daß die Atomgröße von Lithium bis Neon allmählich *abnimmt.* Die beiden inneren Elektronen schirmen den Kern ab, so daß die äußeren Elektronen vom Atomzentrum nur von einer Nettoladung angezogen werden, die um *zwei* Ladungseinheiten *geringer* ist als die wirkliche Ordnungszahl. Das eine äußere Elektron in Li spürt eine Nettoladung von $+3 - 2 = +1$. Die vier äußeren Elektronen in Kohlenstoff erfahren eine Anziehung durch $+6 - 2 = +4$ Ladungseinheiten, und die sieben Elektronen in der äußeren Schale des Fluors spüren eine Nettoladung von $+7$. In dem Maße, wie die zentrale Ladung mit der Ordnungszahl von Lithium bis Neon zunimmt, werden die äußeren Elektronen durch elektrostatische Anziehung näher zum Kern herangezogen, so daß die Atome nach und nach kleiner werden. Diese Tatsache hat großen Einfluß auf das chemische Verhalten der Elemente.

NEUTRALES ATOM | ION

Li | Li^+

Lithium gibt sein einsames Außenelektron ab und wird zum Lithium-Ion, Li^+.

Gewinn und Verlust von Elektronen; Ionisierungsenergie

Um chemische Bindungen in Molekülen zu bilden, treten Atome miteinander in Wechselwirkung, indem sie Elektronen aufnehmen, abgeben oder sich Elektronen miteinander teilen. Eine Schlüsselerkenntnis der Chemie ist die große Stabilität von gefüllten Elektronenschalen um die Atome herum. Da Lithium nur ein Elektron außerhalb eines gefüllten Heliumrumpfs hat, kann es dieses Elektron leicht abgeben und damit zum positiv geladenen Ion werden:

$$\underset{\text{Lithium-Atom}}{\text{Li}} \longrightarrow \underset{\text{Lithium-Ion}}{\text{Li}^+} + e^-$$

Diese *Ionisierung* ist oben rechts schematisch dargestellt. Um Elektronen aus der ersten (inneren) Schale zu entfernen, müßte viel mehr Energie aufgewendet werden, und deshalb kommt das normalerweise bei chemischen Reaktionen nicht vor. Ein Beryllium-Atom mit zwei Elektronen außerhalb der geschlossenen Helium-Schale kann zwei Elektronen verlieren und wird dann zum zweifach geladenen Ion, wie es rechts gezeichnet ist:

$$\underset{\text{Beryllium-Atom}}{\text{Be}} \longrightarrow \underset{\text{Beryllium-Ion}}{\text{Be}^{2+}} + 2e^-$$

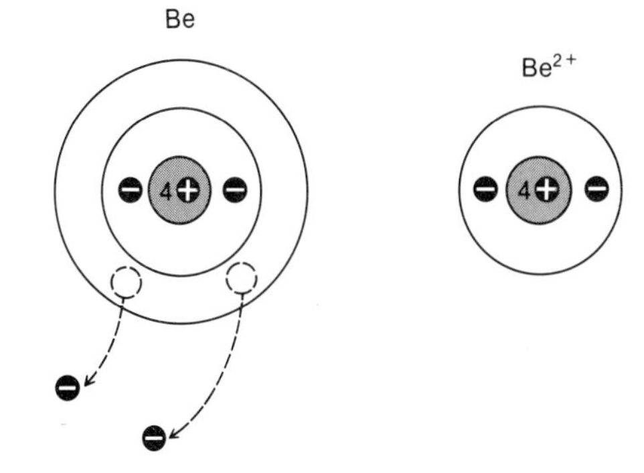

Beryllium gibt seine beiden äußeren Elektronen ab und wird zum Beryllium-Ion, Be^{2+}.

Am anderen Ende der Elemente der zweiten Schale ist Neon stabil und unreaktiv, weil es bereits eine voll gefüllte, äußere Schale von acht Elektronen hat. Fluor mit seinen sieben äußeren Elektronen kann die „Neon-Konfiguration" erreichen, indem es sich ein Elektron von einem anderen Atom holt und so zu einem negativen Ion wird:

$$\underset{\text{Fluor-Atom}}{\text{F}} + e^- \longrightarrow \underset{\text{Fluorid-Ion}}{\text{F}^-}$$

Die Struktur eines Fluorid-Ions mit gefüllter Schale ist rechts unten dargestellt.

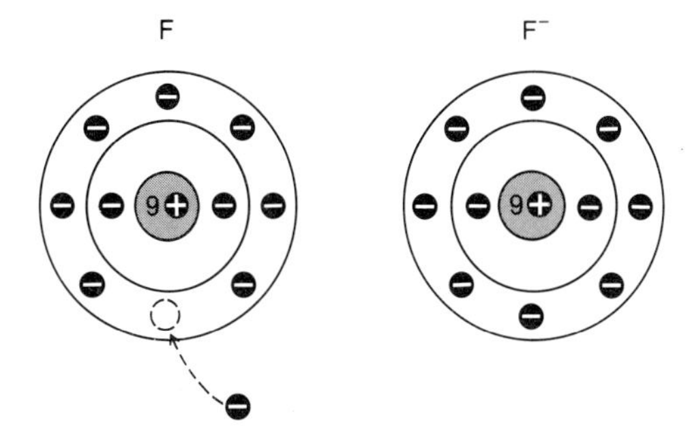

Fluor nimmt ein Elektron auf, vervollständigt damit seine äußere Schale und wird zum Fluorid-Ion, F^-.

ERSTE IONISIERUNGSENERGIE DES LITHIUMS

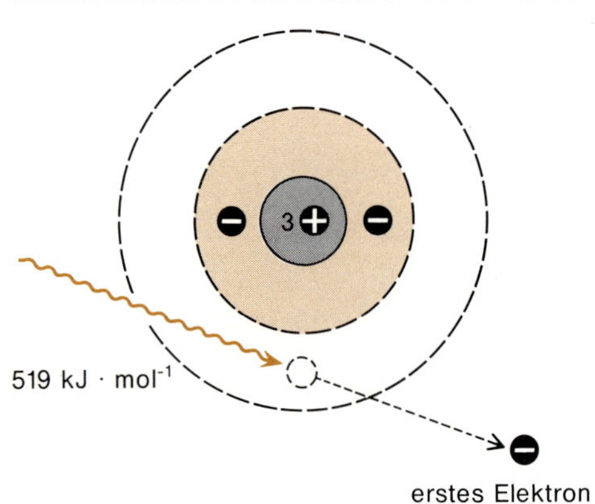

Das äußere Elektron wird entfernt.

ZWEITE IONISIERUNGSENERGIE

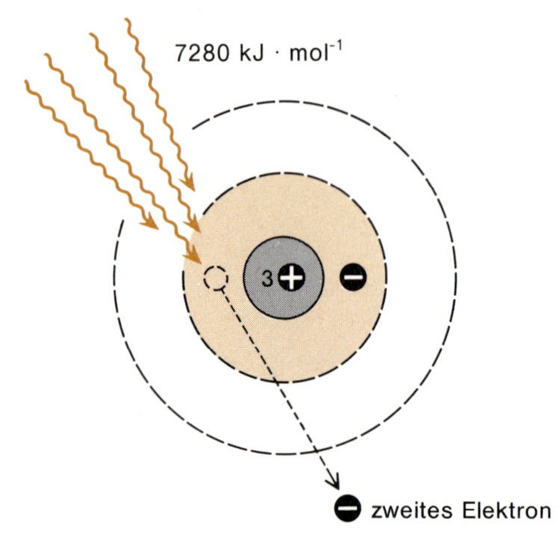

Eines der Elektronen der inneren Schale wird entfernt.

DRITTE IONISIERUNGSENERGIE

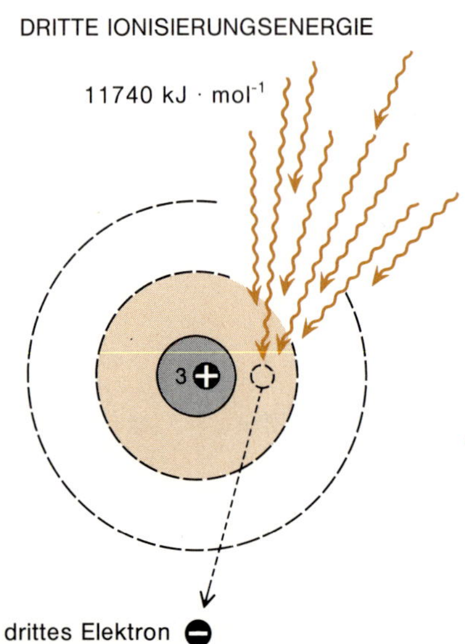

Das zweite und letzte Elektron der inneren Schale wird entfernt.

Kohlenstoff in der Mitte der Reihe hat schon vier der acht Elektronen, die nötig wären, um die zweite Schale zu füllen. Man könnte sich vorstellen, daß er sich vier weitere Elektronen aneignet und somit zum vierfach negativ geladenen Ion wird:

$$C + 4e^- \xrightarrow{?} C^{4-}$$

Dann hätte Kohlenstoff eine Elektronenbesetzung wie Neon. Die Alternative wäre, daß er vier Elektronen verliert und so die Elektronenanordnung des Heliums erreicht:

$$C \xrightarrow{?} C^{4+} + 4e^-$$

Weder der eine noch der andere Prozeß finden bei chemischen Reaktionen statt. Es wäre zuviel Energie nötig, einem winzigen Kohlenstoff-Atom vier positive oder vier negative Ladungen aufzubürden. Stattdessen *teilt* sich der Kohlenstoff seine vier äußeren Elektronen mit anderen Atomen in Elektronenpaar-Bindungen und gelangt so zu acht Elektronen um seinen Heliumrumpf herum.

Die Energie, die benötigt wird, *ein* Elektron von einem neutralen Atom (im Gaszustand) zu entfernen und es in ein positiv geladenes Ion umzuwandeln, nennt man seine *erste Ionisierungsenergie* (abgekürzt IE). Weitere Energiebeträge, die zur Entfernung mehrerer Elektronen aus dem positiven Ion aufgewendet werden müssen, heißen zweite, dritte usw. Ionisierungsenergie. Wie andere Energiebeträge, die beim Umgang mit Molekülen in der Chemie eine Rolle spielen, werden die Ionisierungsenergien gewöhnlich in Kilojoule pro Mol Moleküle oder Atome gemessen[2)].

Die Ionisierungsenergien eines Lithium-Atoms geben uns Auskunft über die Struktur seiner Elektronenhülle. Es ist relativ leicht, das einsame, äußere Elektron in der zweiten Schale zu entfernen (links oben), weil dies Elektron sich fern vom Kern aufhält und lediglich einer Netto-Kernladung von +1 ausgesetzt ist, denn die inneren Elektronen schirmen die restliche Kernladung ab:

$$Li \longrightarrow Li^+ + e^- \qquad 1.\ IE = 519\ kJ \cdot mol^{-1}$$

Die zweite Ionisierungsenergie ist viel höher und geht weit über das hinaus, was bei einer chemischen Reaktion an Energie umgesetzt werden kann:

$$Li^+ \longrightarrow Li^{2+} + e^- \qquad 2.\ IE = 7280\ kJ \cdot mol^{-1}$$

Mehr Energie ist deshalb nötig, um dieses Elektron zu entfernen, weil eine negative Ladung von einem Teilchen abgetrennt werden soll, das bereits positiv geladen ist. Außerdem – und das wiegt noch schwerer – stammt dieses Elektron aus der inneren Elektronenschale, die durch kein dazwischenliegendes Elektronenpaar abgeschirmt ist und deshalb die Anziehung der vollen Kernladung +3 zu spüren bekommt. Die noch höhere dritte Ionisierungsenergie

$$Li^{2+} \longrightarrow Li^{3+} + e^- \qquad 3.\ IE = 11\,800\ kJ \cdot mol^{-1}$$

---

2) Das Kilojoule (kJ) hat zur Messung von Wärme, Arbeit und Energie mit der Einführung der SI-Einheiten die alte Kilocalorie abgelöst. Letztere hatte jedoch den Vorzug, anschaulich definiert gewesen zu sein als die Wärmemenge, die zur Erhitzung von 1 l Wasser um 1°C (genau von 14.5°C auf 15.5°C) nötig ist. Der Umrechnungsfaktor von Kilocalorie in Kilojoule beträgt 4.184. Viele Wissenschaftler rechnen auch heute noch mit Kilocalorien (kcal), und auch in der gesamten wissenschaftlichen Literatur vor Mitte der siebziger Jahre ist sie das einzige gebräuchliche Energiemaß für chemische Vorgänge. Ein 70-Kilo-Mann, der die Treppe ein Stockwerk hinaufsteigt, leistet ungefähr eine halbe Kilocalorie oder gut zwei Kilojoule Arbeit gegen die Schwerkraft. Kilojoule (oder Kilocalorie) werden auch verwendet, um in der Ernährungslehre die täglich aufzunehmende Energiemenge zu berechnen. Ein normaler Mensch muß täglich 6000 bis 10000 Kilojoule oder 1500 bis 2500 Kilocalorien in Form von Nahrung zu sich nehmen. Zum Auftrennen einer chemischen Bindung sind typischerweise 300 bis 650 kJ pro Mol Bindung nötig.

kommt zustande, weil nun eine negative Ladung von einem dreifach positiv geladenen Kern getrennt werden muß. Eine vierte Ionisierungsenergie gibt es bei Lithium nicht, weil es bloß drei Elektronen besitzt.

Ebenso würde man bei den vier Ionisierungsenergien des Beryllium-Atoms feststellen, daß die ersten beiden relativ klein sind, während die dritte und vierte, welche die Entfernung von Elektronen der inneren Schale beschreiben, weit höher liegen. Ganz allgemein ist viel mehr Energie nötig, um Elektronen aus einer abgeschlossenen inneren Schale zu entfernen, als Elektronen aus einer teilweise gefüllten, äußeren Elektronenschale herauszulösen.

Die ersten Ionisierungsenergien sind ein Merkmal dafür, wie fest verschiedene Atome ihre Elektronen in der äußersten Schale gebunden haben. Die Werte für die Elemente Wasserstoff bis Helium sind aus der graphischen Darstellung am Fuße der Seite abzulesen. Die ersten Ionisierungsenergien für H und He liegen besonders hoch, weil sich die Elektronen in der Nähe des Kerns in der inneren Schale aufhalten, und der Wert für He ist doppelt so groß wie der für H, weil jenes eine doppelt so hohe Kernladung hat. Die ersten Ionisierungsenergien für die Atome der zweiten Schale sind niedriger, denn die Elektronen sind weiter vom Kern entfernt und werden von diesem durch das innere Elektronenpaar abgeschirmt. Im übrigen steigen die Ionisierungsenergien mit der Ordnungszahl, weil die Kernladung zunimmt. Was die Elemente ganz rechts in der Graphik angeht, so ist es fast so mühsam, ein Elektron von einem Neon-Atom mit seiner abgeschlossenen Acht-Elektronen-Schale abzulösen, wie ein Elektron aus einem Helium-Atom mit seiner abgeschlossenen Zwei-Elektronen-Schale.

Was hat die Ionisierungsenergie mit dem chemischen Verhalten zu tun? Die niedrige IE von Lithium ist charakteristisch für *Metalle* und die Ursache dafür, daß Lithium Salze und andere Verbindungen bildet, in denen es als positiv geladenes Li^+-Ion vorliegt. Lithium gibt sein äußeres Elektron leicht ab:

$$\underset{\text{Lithium-Atom}}{Li} \longrightarrow \underset{\text{Lithium-Ion}}{Li^+} + e^-$$

Kommen Lithium-Ionen und negativ geladene Fluorid-Ionen (F^-) zusammen, ziehen die entgegengesetzten elektrischen Ladungen einander an. Die Ionen können zu einem dreidimensionalen „Gitter" zusammengesetzt werden, wie es rechts skizziert ist; sie bilden dann einen Festkörper, der ein *Salz* genannt wird. Gewöhnliches Kochsalz ist Natriumchlorid, in welchem Natrium-Ionen (Na^+) und Chlorid-Ionen (Cl^-) in derselben Weise angeordnet sind wie rechts für die Li^+- und F^--Ionen dargestellt.

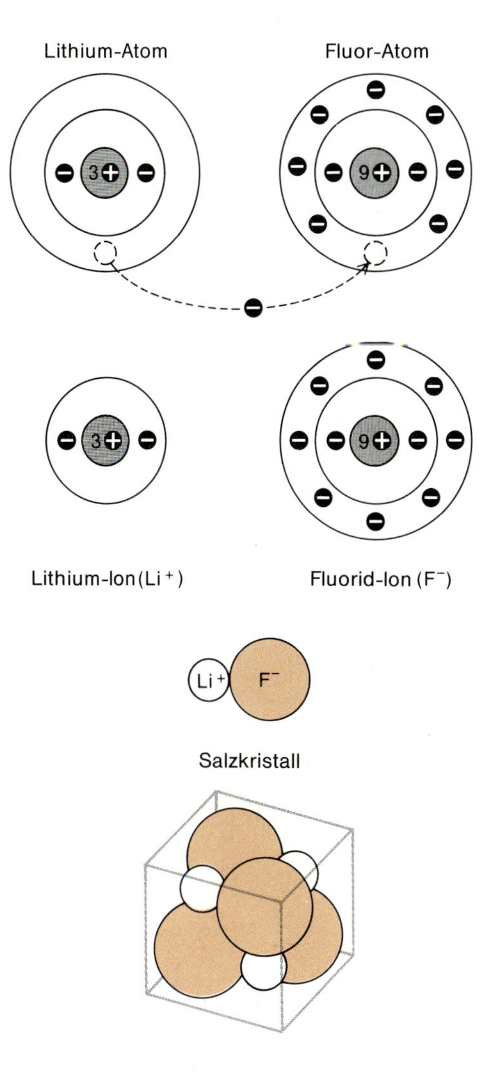

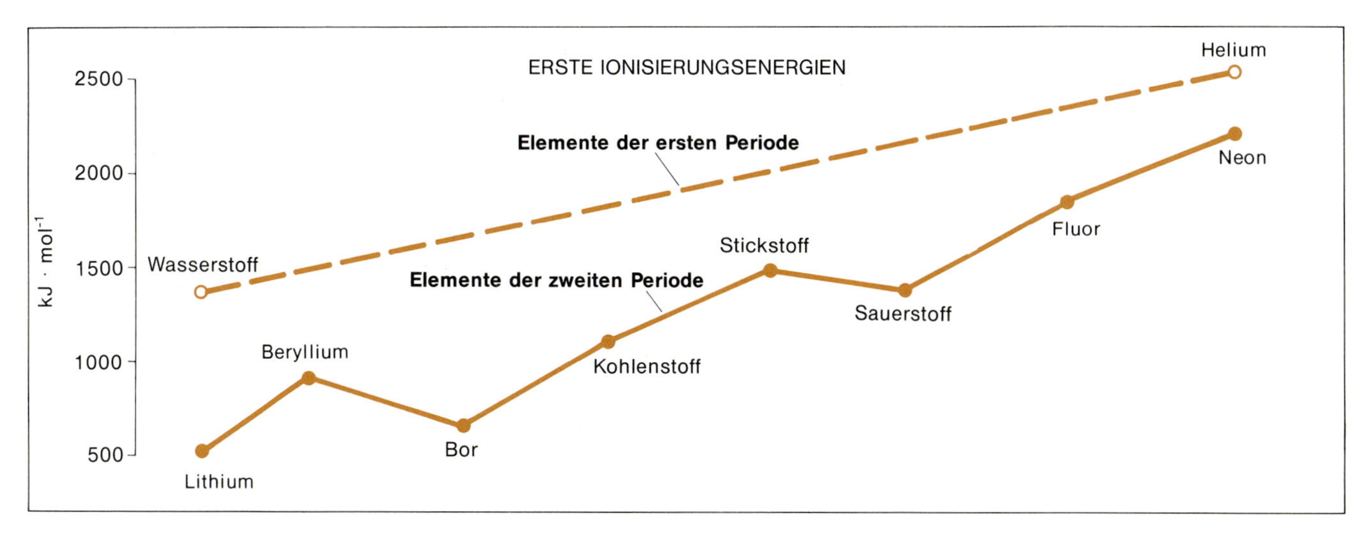

BILDUNG EINES METALLS

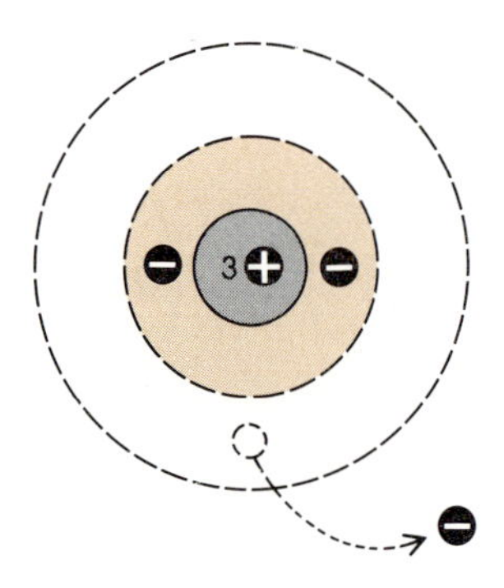

Lithium gibt ein Elektron ab, es entsteht das positive Li^+-Ion.

Wenn viele Lithium-Atome zu einem Feststoff zusammengesetzt werden, können ihre Elektronen unter dem Einfluß äußerer elektrischer Kräfte frei durch den ganzen Metallblock wandern. Man kann sich ein Metall als eine eng gepackte Ansammlung von Ionen vorstellen, die durch einen „Kitt" von beweglichen Elektronen zusammengehalten werden (links). Diese beweglichen Elektronen sind für die physikalischen Eigenschaften, die wir als typisch für ein Metall empfinden, verantwortlich: Leitfähigkeit für Elektrizität und Wärme, metallischer Glanz und Verformbarkeit. Wir kommen auf die Metalle im 5. Kapitel genauer zurück.

Lithium ist ein verhältnismäßig weiches Metall, denn es kann für jedes positive Ion nur ein Elektron zu dem „Kitt" beisteuern, der das Metall zusammenhält. Beryllium hingegen hat zwei Elektronen außerhalb der gefüllten Heliumschale. Beryllium-Metall hat doppelt so viele Elektronen pro Ion, und es ist deshalb härter als Lithium. Beim Bor ist die zum Ablösen aller drei äußeren Elektronen notwendige Energie zu groß. Bor-Atome geben nicht drei Elektronen ab, um Bor-Ionen (B^{3+}) zu bilden. Statt dessen teilen sie sich Elektronen mit benachbarten Atomen in kovalenten Elektronenpaar-Bindungen. Lithium und Beryllium sind Metalle; Bor liegt an der Grenze zwischen diesen metallischen Elementen und den Nichtmetallen Kohlenstoff, Stickstoff, Sauerstoff und Fluor.

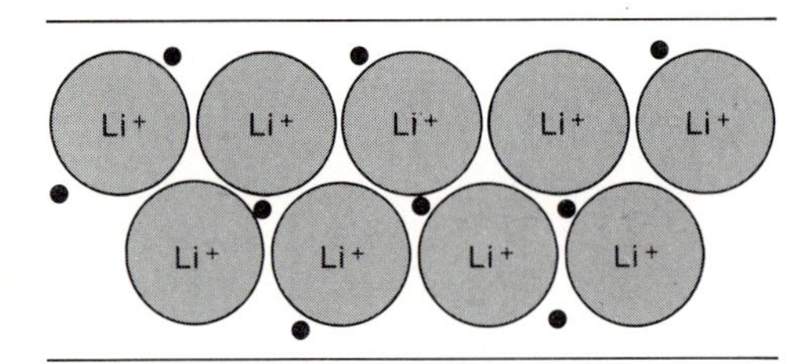

Lithium-Metall besteht aus dichtgepackten Li^+-Ionen, die durch einen „Kitt" aus beweglichen Elektronen zusammengehalten werden.

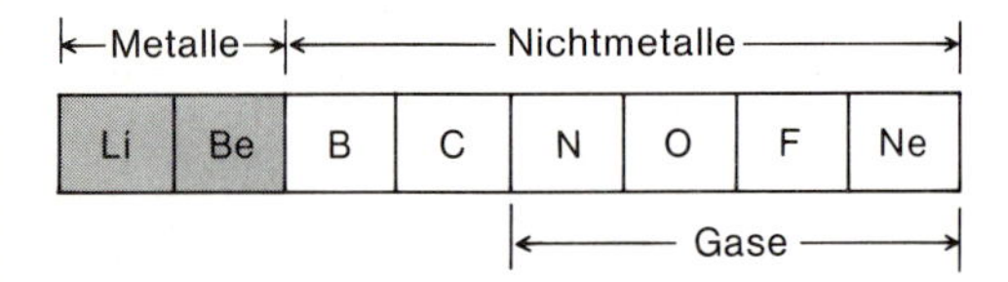

Elektronenaffinität

Jedes der sieben äußeren Elektronen in einem Fluor-Atom „spürt" eine effektive Kernladung von $+9 - 2 = +7$. Es ist noch Platz für ein Elektron mehr in der zweiten Schale, und wenn ein Elektron dem F-Atom nahekommt, wird es ebenfalls von einer siebenfach positiven Ladung angezogen. Wenn das F-Atom und ein Elektron sich vereinigen, wobei das stabilere F^--Ion gebildet wird, wird Energie abgegeben:

$F + e^- \longrightarrow F^-$ (Energie wird freigesetzt)
F = Fluor-Atom, F^- = Fluorid-Ion

Der gleiche Energiebetrag muß wieder zugeführt werden, um das Elektron zu entfernen:

$F^- \longrightarrow F + e^-$ (Energie muß zugeführt werden)
F^- = Fluorid-Ion, F = Fluor-Atom

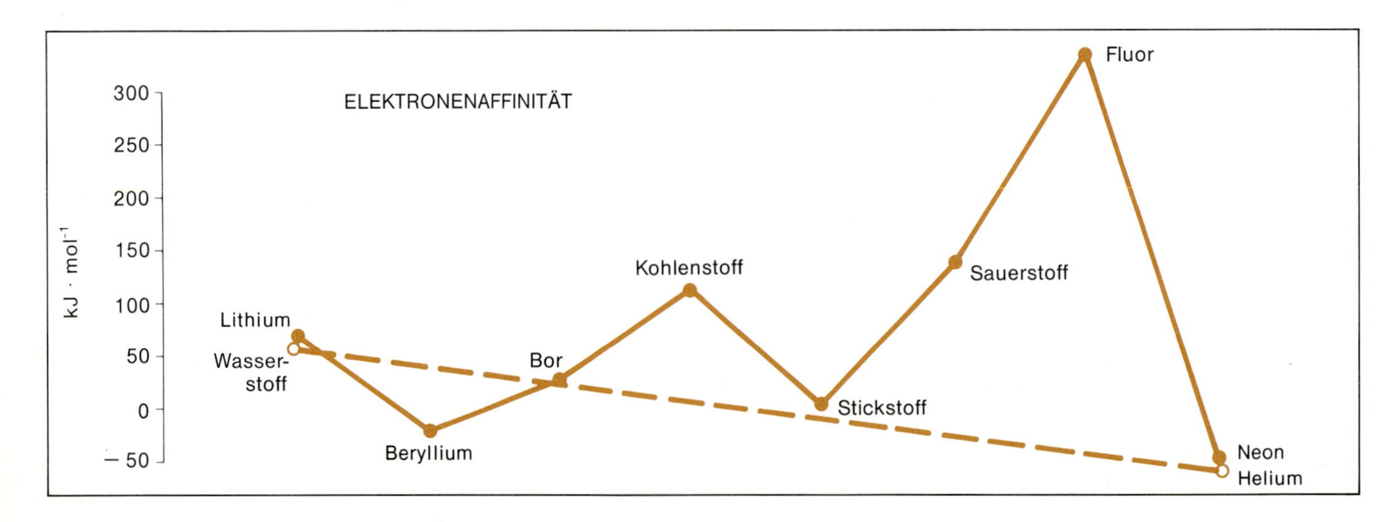

Die Energie, die abgegeben wird, wenn ein Elektron zu einem neutralen Atom hinzugefügt wird, nennt man die *Elektronenaffinität* des Atoms.

Die Elektronenaffinitäten der zehn einfachsten Elemente sind unten auf der gegenüberliegenden Seite aufgetragen. (Elektronenaffinitäten sind schwieriger zu messen als Ionisierungsenergien, und deshalb handelt es sich nur um Näherungswerte.) Neon hat keine Elektronenaffinität, weil es schon seine volle Besetzung mit acht äußeren Elektronen hat. Beim Fluor finden wir die größte Elektronenaffinität von 349.4 kJ · mol^{-1}, weshalb das Fluorid-Ion besonders leicht gebildet wird. Sauerstoff hat eine geringere Elektronenaffinität, weil die Nettoladung, die Anziehung auf die äußeren Elektronen ausübt, nur +6 statt +7 beträgt. Die Affinitäten anderer neutraler Atome der zweiten Schale für zusätzliche Elektronen sind noch kleiner.

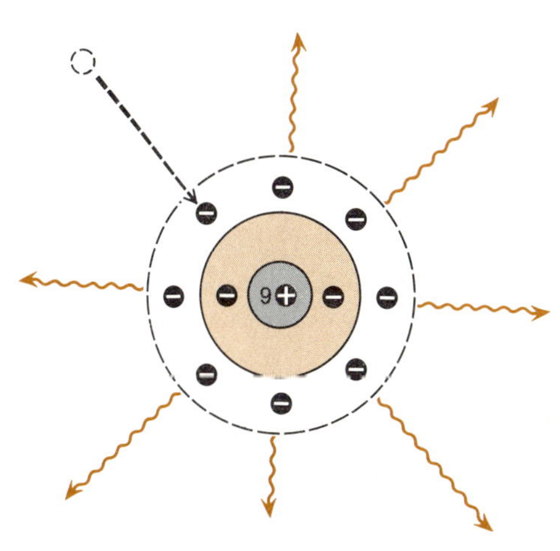

Die Elektronenaffinität ist die Energie, die abgegeben wird, wenn ein Elektron an ein neutrales Atom angelagert wird.

Elektronegativität

Die Ionisierungsenergie sagt aus, wie ungern ein Atom ein Elektron verliert, und die Elektronenaffinität beschreibt, wie stark ein neutrales Atom darauf aus ist, sich noch ein Elektron einzuverleiben. Beide Werte sagen etwas über die Anziehung eines Atoms für ein Elektron unter speziellen Bedingen aus. Die *Elektronegativität* ist ein allgemeineres Maß der Anziehung eines Atoms für ein Elektron unter solchen Umständen, unter denen chemische Bindungen entstehen. Elektronegativitäten können aus Ionisierungsenergien und Elektronenaffinitäten berechnet werden, aber praktisch erhält man sie aus Messungen der Stärke verschiedener Bindungstypen in Molekülen.

Linus Pauling und Robert Mulliken entwickelten unabhängig voneinander das Elektronegativitätskonzept. In Paulings Elektronegativitäts-Skala wird dem elektronenabgebenden Lithium-Atom die Elektronegativität (EN) 1.0 zugeschrieben, dem Fluor mit seiner Tendenz, Elektronen an sich zu reißen, wird die EN von 4.0 gegeben, und den anderen Atomen werden, wie unten gezeigt, dazwischenliegende Werte zugewiesen. In einer Bindung zwischen zwei Atomen werden die Elektronen stärker zu dem Atom mit größerer Elektronegativität hingezogen. Die Elektronegativitäten von Kohlenstoff und Wasserstoff sind ähnlich: 2.5 und 2.1. Deshalb wird in einem Molekül mit Kohlenstoff und Wasserstoff als Bindungspartnern das Elektronenpaar in einer kovalenten Bindung fast gleichmäßig zwischen ihnen geteilt. Im Gegensatz dazu haben Li und F radikal verschiedene Elektronegativitäten: 1.0 und 4.0. In der Verbindung LiF werden die Elektronen fast vollständig von den F-

Die Elektronegativitäten der ersten zehn Elemente sind hier durch verschiedene Farbschattierungen wiedergegeben; die Elektronegativitätswerte nach Pauling sind in die Farbflächen eingedruckt. Für Helium und Neon sind keine Elektronegativitätswerte angegeben, denn diese Elemente nehmen, wenn sie in Wechselwirkung mit anderen Atomen treten, weder Elektronen auf, noch geben sie welche ab.

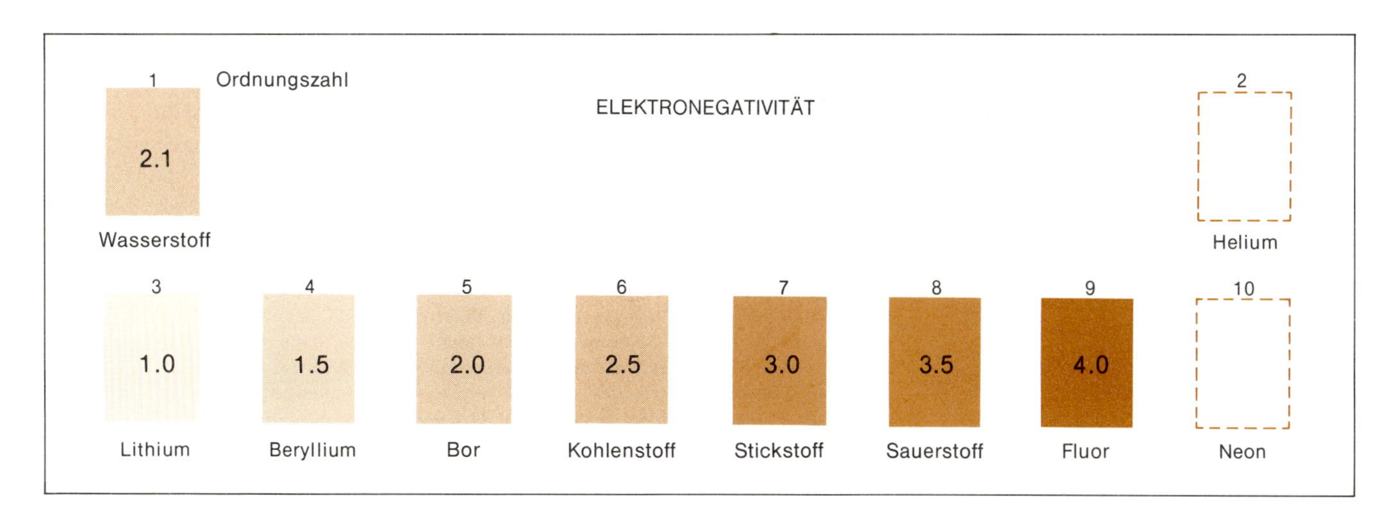

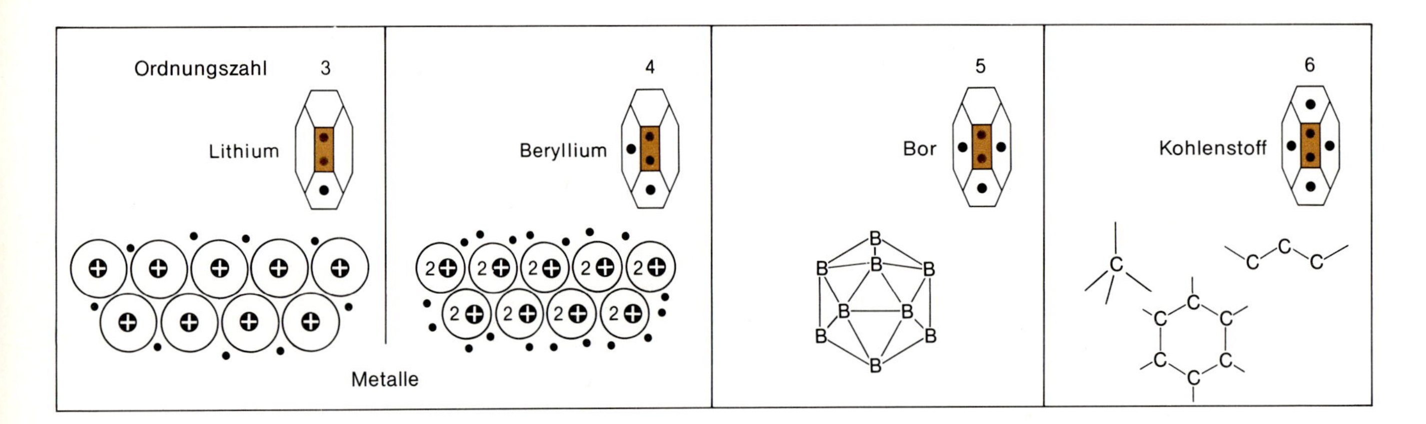

Lithium und Beryllium teilen sich im Metall ihre Außenelektronen mit vielen anderen Atomen; Bor und Kohlenstoff bilden in Festkörpern Elektronenpaar-Einfachbindungen zu mehreren Nachbaratomen aus; Stickstoff, Sauerstoff und Fluor teilen sich in einem zweiatomigen Gasmolekül Elektronen mit jeweils nur einem Partner. Neon bleibt allein und bildet ein einatomiges Gas.

Atomen beansprucht, und es bilden sich, wie schon beschrieben, Li^+- und F^--Ionen in einem Salz. Man sagt, LiF werde durch *ionische* Bindungen zusammengehalten. Rein ionische und rein kovalente Bindungen sind Extremtypen; die meisten wirklichen Bindungen liegen irgendwo dazwischen. Der sich zwischen zwei Atomen ausbildende Bindungstyp hängt ganz von ihren relativen Elektronegativitäten ab, d.h. ihrem Vermögen, Elektronen an sich zu ziehen. Die HF-Bindung links ist ein Beispiel. Aus diesem Grund ist die Elektronegativität das wichtigste Einzelkonzept zur Voraussage der Natur chemischer Bindungen.

Abgeschlossene Schalen und die Achterregel: eine Zusammenfassung

Thema dieses Kapitels war die besondere Stabilität einer abgeschlossenen inneren Schale aus zwei Elektronen sowie einer abgeschlossenen zweiten Schale aus acht Elektronen. Atome wie Lithium, die nur wenige Elektronen außerhalb der inneren Schale besitzen, können diese leicht abgeben; sie sind durch niedrige Elektronegativität gekennzeichnet. Im Gegensatz dazu ziehen Sauerstoff und Fluor, denen nur ein oder zwei Elektronen zur kompletten zweiten Schale fehlen, Elektronen an; sie sind stark elektronegativ. Die relativen Werte der Elektronegativität beschreiben, wie aneinander gebundene Atome um die Elektronen konkurrieren.

Kovalente und ionische Bindungen sind Extremfälle; die meisten realen Bindungen liegen mit ihren Eigenschaften dazwischen. Ob eine Bindung als im wesentlichen kovalent oder als im wesentlichen ionisch beschrieben werden kann, hängt davon ab, ob das Elektronenpaar mehr oder weniger gleichmäßig zwischen den Atomen geteilt wird oder ob es deutlich zu einem Atom hingezogen ist. Ob im Falle der Bindung zwischen gleichen Atomen die Bindung – wie beim Lithium diskutiert – unlokalisiert und metallisch oder ob sie zwischen bestimmten Atomen lokalisiert ist, die sich ein Elektronenpaar teilen, hängt davon ab, wie stark die Atome normalerweise ihre Elektronen festhalten. Die Bindungsverhältnisse in den reinen Elementen der zweiten Schale sind in der Tabelle über diesen beiden gegenüberliegenden Seiten wiedergegeben. Das nächste Kapitel befaßt sich mit kovalenten Bindun-

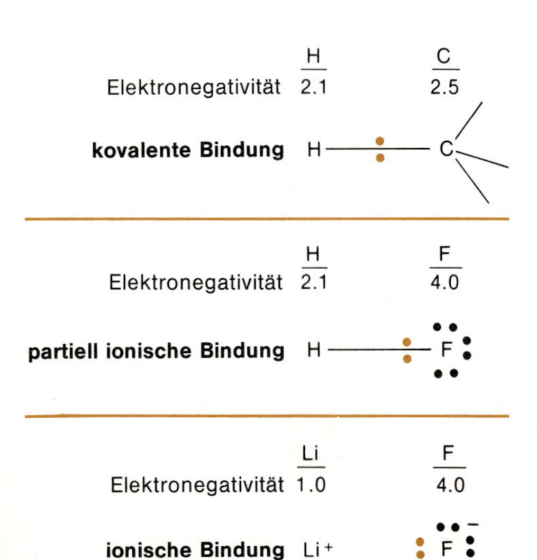

Wasserstoff und Kohlenstoff haben ähnliche Elektronegativitäten und bilden miteinander eine Elektronenpaar-Bindung, in der sie sich die Elektronen gleichmäßig teilen. Im Fluorwasserstoff sind die Elektronegativitäten stärker verschieden; das Elektronenpaar der Bindung wird zum stärker elektronegativen Fluor-Atom hingezogen. Eine solche Bindung wird *polar* genannt. Die Elektronegativitäten von Lithium und Fluor sind so verschieden, daß ein Fluor-Atom ein Elektron von einem Lithium-Atom wegnimmt, so daß die Ionen Li^+ und F^- gebildet werden.

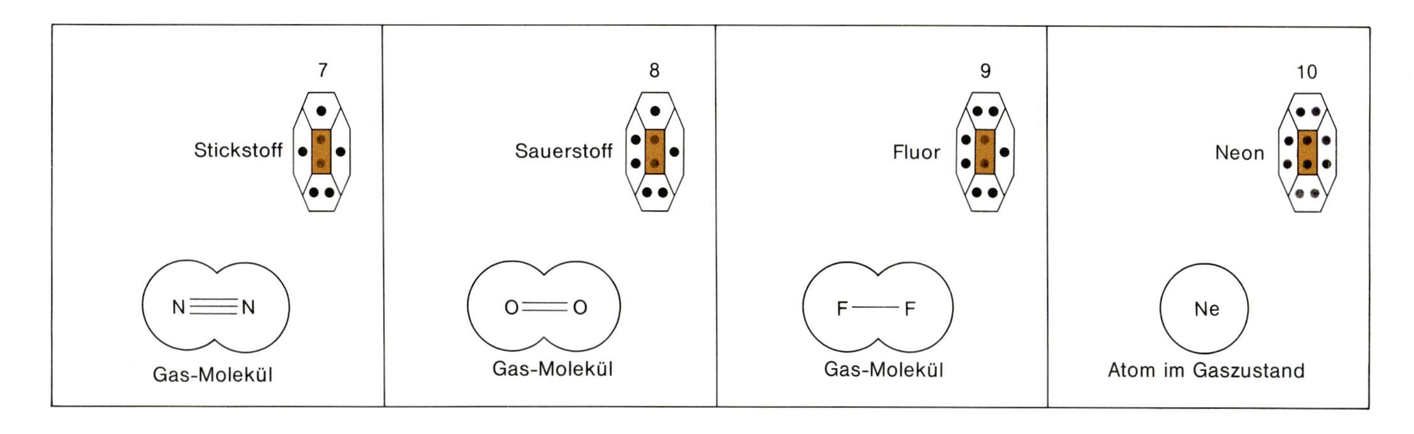

gen zwischen Atomen ähnlicher Elektronegativität. Das 5. Kapitel wird ionischen Bindungen zwischen Atomen deutlich verschiedener Elektronegativität gewidmet sein.

Mit der zweiten Elektronenschale ist nicht das Ende der Möglichkeiten erreicht, Atome aufzubauen. Im 6. Kapitel werden wir eine dritte Elektronenschale kennenlernen, die wiederum acht äußere Elektronen aufnehmen kann. Die Elemente der Ordnungszahl 11 bis 18 haben sehr ähnliche Eigenschaften wie die Elemente 3 bis 10 mit der entsprechenden Zahl von äußeren Elektronen, denn nur die äußeren Elektronen reagieren mit anderen Elementen und sind deshalb für die charakteristischen chemischen Eigenschaften eines Atoms verantwortlich. Daß die chemischen Eigenschaften jedesmal wieder auftreten, wenn die gleiche Elektronenanordnung in der jeweils äußersten Schale erreicht wird, nennt man die Periodizität des chemischen Verhaltens, und am leichtesten erkennt man sie mit Hilfe einer die Perioden zeigenden Tabelle, die das „*Periodensystem*" heißt. Der Anfang dieses Systems ist unten dargestellt, wobei jede waagerechte Reihe von Elementen eine Elektronenschale repräsentiert. Im 7. und 8. Kapitel werden wir schließlich mit den theoretischen Gründen vertraut werden, die verantwortlich sind für den Schalenaufbau, für das periodische Wiederauftreten der chemischen Eigenschaften und für die Struktur des Periodensystems. Auch wenn sich die volle Wahrheit als komplizierter herausstellen wird, so ist doch 8 eine „magische Zahl" für diese einfachen Atome, und der Grund dafür liegt in ihren Elektronenstrukturen.

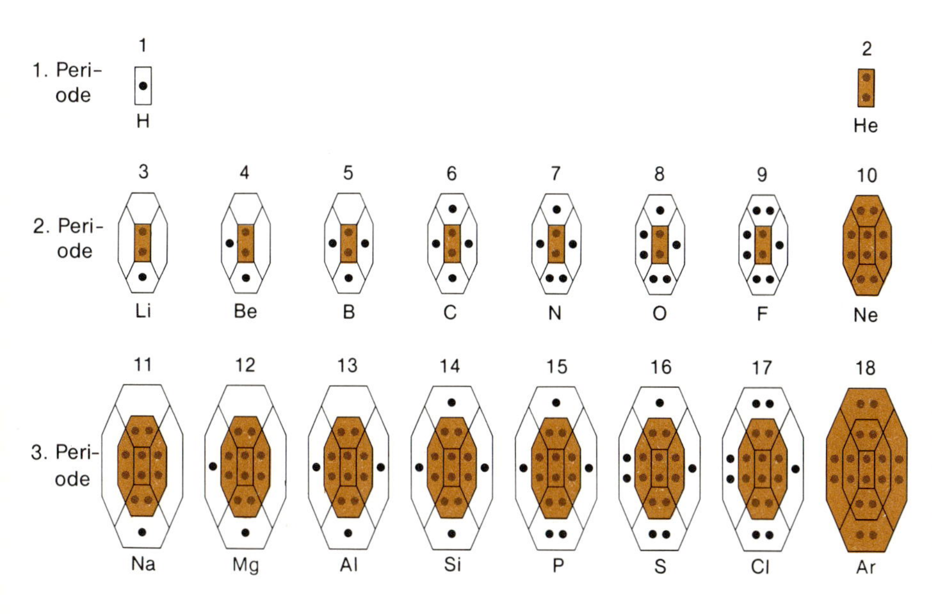

PERIODIZITÄT IM VERHALTEN DER ELEMENTE. Die beiden Elemente H und He, die nur in der inneren Schale Elektronen besitzen, bilden zusammen die erste Periode des *Periodensystems* der Elemente. Die acht Elemente der zweiten Schale bilden eine zweite Periode, und aus acht Elementen der dritten Schale, die im 6. Kapitel besprochen werden, wird die dritte Periode des Systems aufgebaut. Elemente in der gleichen senkrechten Spalte haben die gleiche Zahl von Elektronen in ihrer äußersten Schale und zeigen deshalb ähnliche chemische Eigenschaften. Die äußeren Schalen, die gerade aufgefüllt werden, sind weiß, die voll besetzten inneren Schalen der 1., 2. und 3. Periode sind farbig gekennzeichnet.

Fragen

1. Wie werden die Elemente der zweiten Schale von Lithium bis Neon eines nach dem anderen aufgebaut?
2. Warum sind die Atome der zweiten Schale größer als Wasserstoff und Helium?
3. Warum werden die Atome der zweiten Schale von Lithium bis Neon kleiner?
4. Welche Elemente der zweiten Schale sind Metalle, welche Nichtmetalle? Haben die Metalle eine weitgehend leere oder eine fast volle zweite Schale?
5. Wie viele Elektronen kann die zweite Schale beherbergen? Bei welchem Element ist diese Schale vollständig aufgefüllt? Welchem Element der ersten Schale gleicht es in seinen chemischen Eigenschaften? Welches chemische Verhalten ist charakteristisch für diese beiden Elemente?
6. Welche Elemente der zweiten Schale sind bei Raumtemperatur Festkörper, welche sind Flüssigkeiten und welche Gase?
7. Welche von den gasförmigen Elementen der zweiten Schale sind zweiatomig wie H_2, welche sind einatomig wie He?
8. Welcher Unterschied besteht zwischen dem kovalenten Radius eines Atoms und seinem Packungsradius?
9. Was versteht man unter der „Ionisierung" eines Atoms? Wie viele Elektronen kann ein Lithium-Atom leicht abgeben? Wie viele geben Beryllium und Bor bei der Ionisierung ab? Was sagen diese Zahlen über die Elektronenschalen-Struktur aus?
10. Warum wird Kohlenstoff in gewöhnlichen chemischen Reaktionen nicht ionisiert? Wenn er jedoch ionisiert würde: Welche Ladung hätte – entsprechend den in Frage 9 angesprochenen Prinzipien – das entstehende Ion? Was tut Kohlenstoff, anstatt zu ionisieren?
11. Gibt Fluor bei der Ionisierung Elektronen ab oder nimmt es welche auf? Warum? Wie viele Elektronen werden abgegeben oder aufgenommen, wenn aus einem Sauerstoff-Atom ein Oxid-Ion entsteht? Welches neutrale Atom hat die gleiche Elektronenzahl wie dieses Ion?
12. Welcher Unterschied besteht zwischen Ionisierungsenergie und Elektronenaffinität? Könnte man die erste Ionisierungsenergie des Lithium-Atoms als Elektronenaffinität des Li^+-Ions bezeichnen? Wird Energie absorbiert oder abgegeben, wenn Li ein Elektron aufnimmt? Und wenn Li^+ ein Elektron aufnimmt?
13. Was ist eine Kalorie, was ein Joule? Was mißt man damit? Was ist ein Kilojoule?
14. Ein Durchschnittsmensch nimmt pro Tag vernünftigerweise 8000 Kilojoule auf. Wenn wir uns vorstellen, daß ein 80-Kilo-Mann praktisch aus Wasser besteht – das ist als erste Näherung gar nicht schlecht – und daß er seine pro Tag aufgenommene Nahrung vollständig in Wärme umsetzt, um wieviel Grad würde seine Temperatur steigen?
15. Warum ist die Ionisierungsenergie für die Elemente der ersten Schale (H und He) höher als für die der zweiten Schale?
16. Warum steigt allgemein die Ionisierungsenergie von Lithium bis Neon?
17. Müßte man zwischen der vierten und der fünften Ionisierungsenergie des Kohlenstoffs einen plötzlichen, dramatischen Anstieg erwarten, und warum? Würde eine solche Beobachtung etwas über die Realität des Schalenmodells der Atome aussagen?
18. Wodurch unterscheidet sich die Bindung in einem Metall von der Bindung zwischen den Atomen in einem Wasser-Molekül?
19. Warum erreichen Kohlenstoff-Atome weder die Elektronenkonfiguration der Helium-Schale, indem sie ihre vier äußeren Elektronen abgeben, noch die der Neon-Schale, indem sie vier zusätzliche Elektronen aufnehmen? In welcher

Weise sind die Elektronen des Kohlenstoffs üblicherweise an chemischen Bindungen beteiligt?

20. Warum ist Lithium-Metall weicher als Beryllium-Metall?
21. Aus welchem Grund nimmt die Elektronegativität von Lithium bis Fluor zu? Warum schreibt man dem Neon keine Elektronegativität zu?
22. Wie werden chemische Bindungen durch die Elektronegativität beeinflußt? Welche Art von Bindung muß man zwischen Kohlenstoff und Stickstoff erwarten, und welche Art zwischen Lithium und Sauerstoff?

Probleme

1. Wenn die kovalenten Bindungsradien additiv sind, wie groß müßte dann der Abstand zwischen den Mittelpunkten von Kohlenstoff- und Wasserstoff-Atomen in Methan, CH_4, sein? Diesen Abstand nennt man die Bindungslänge einer Kohlenstoff-Wasserstoff-Einfachbindung.
2. Wie groß müßten die Kohlenstoff-Sauerstoff- und Sauerstoff-Wasserstoff-Bindungslängen in Methanol (Methylalkohol) sein, das folgende Bindungsstruktur hat:

```
     H
     |
 H - C - O - H
     |
     H
```

3. Lithium-Atome sind in Lithium-Metall so zusammengepackt, daß sie 68 Prozent des verfügbaren Volumens einnehmen; der Rest ist leerer Raum zwischen den Atomen. Ein Atom mit dem Volumen $V = 4/3\ \pi r^3$, wobei r den Atomradius bedeutet, würde also $V' = V/0.68$ zum Kristallvolumen pro Atom beisteuern. Aus dem Kristallvolumen pro Lithium-Atom, das im Text berechnet wurde, ist der wirkliche Radius eines Atoms in Lithium-Metall zu berechnen. Was ergibt der Vergleich mit dem groben Wert, zu dem wir im Text gekommen sind, und mit dem in der Tabelle im Text angegebenen Wert für den Atomradius in Lithium-Metall?

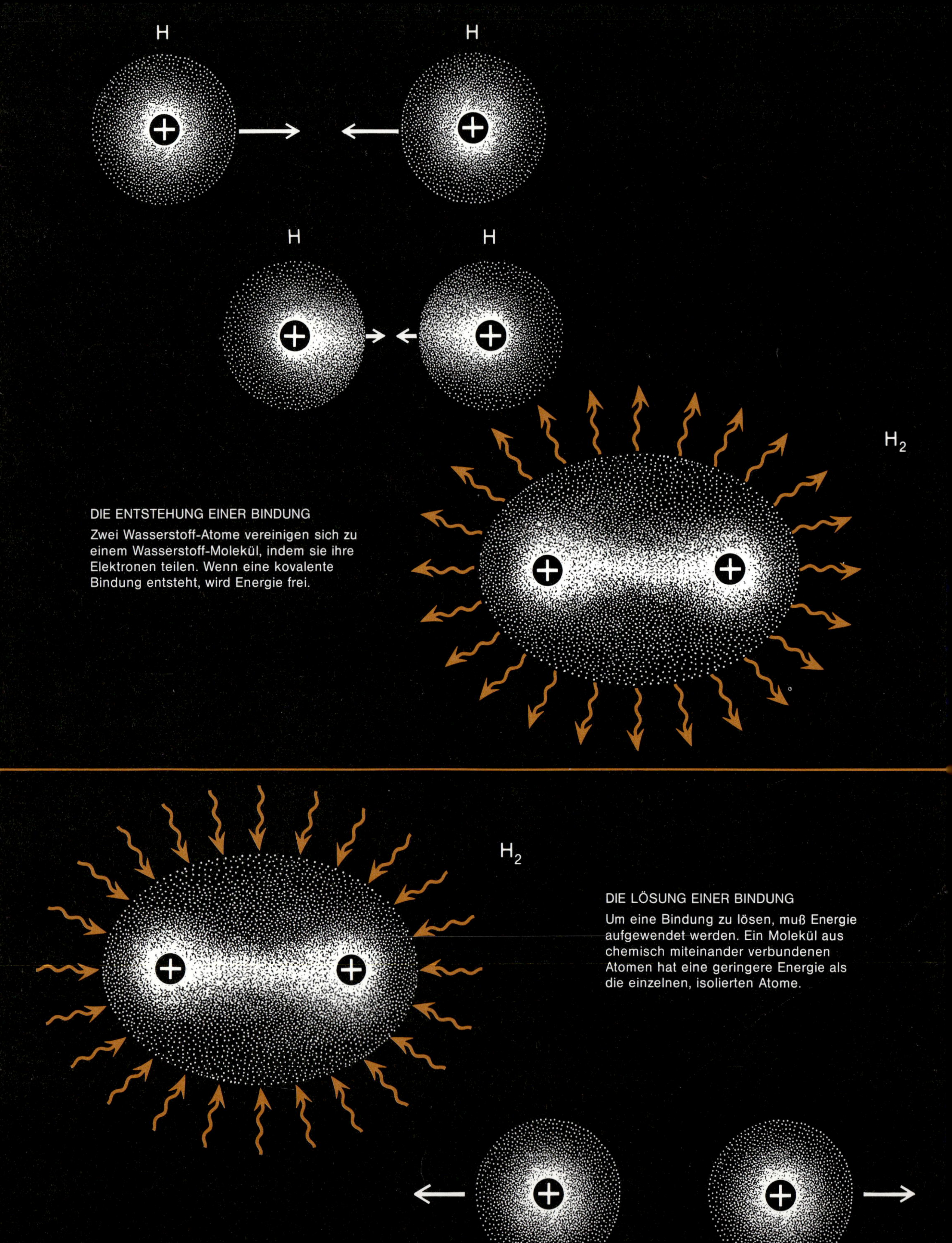

DIE ENTSTEHUNG EINER BINDUNG
Zwei Wasserstoff-Atome vereinigen sich zu einem Wasserstoff-Molekül, indem sie ihre Elektronen teilen. Wenn eine kovalente Bindung entsteht, wird Energie frei.

DIE LÖSUNG EINER BINDUNG
Um eine Bindung zu lösen, muß Energie aufgewendet werden. Ein Molekül aus chemisch miteinander verbundenen Atomen hat eine geringere Energie als die einzelnen, isolierten Atome.

4. Kapitel

Atome teilen sich Elektronen: kovalente Bindungen

Was ist eine kovalente chemische Bindung? In einem einfachen Holzmodell sind zwei Kugeln, die Atome darstellen, durch einen Stab, der eine Bindung symbolisiert, miteinander verbunden. Was ist dieser „Stab", der die Atome in einem realen Molekül zusammenhält? Wie hindert ein Elektronenpaar zwei Atome daran auseinanderzufliegen? Ebenso wichtig: Wie viele Bindungen kann eine bestimmte Atomart mit anderen Atomen bilden, und in welche Richtungen des Raumes weisen sie? Erst wenn wir diese Fragen beantworten können, werden wir verstehen, wie Moleküle gebaut sind und wie sie sich verhalten.

Wie wir beim H_2-Molekül im zweiten Kapitel gesehen haben, wird eine Bindung zwischen zwei Atomen dadurch gebildet, daß diese Atome ein Elektronenpaar miteinander teilen. Das ist auf der gegenüberliegenden Seite illustriert. Das bindende Elektronenpaar verbringt die meiste Zeit zwischen den beiden Atomkernen, schirmt dadurch ihre positiven Ladungen gegeneinander ab und erlaubt den Kernen, einander näherzukommen, als wenn das Elektronenpaar nicht da wäre. Die negative Ladung des Elektronenpaars zieht beide Kerne an und hält sie durch eine Bindung zusammen.

Ebenso wie das Wasserstoff-Atom durch die Lewis-Formel H· dargestellt werden kann, die aus dem Atomsymbol und einem Punkt für das Elektron besteht, kann das H_2-Molekül durch zwei Atomsymbole repräsentiert werden, wobei ein Doppelpunkt zwischen den Symbolen die bindenden Elektronen darstellen soll, H:H (rechts). Üblicher ist es, die Punkte durch eine gerade Linie zwischen den Atomen zu ersetzen, H–H, aber man sollte immer daran denken, daß die Linie für ein bindendes Elektronenpaar steht.

Wenn wir sagen, daß zwei Atome chemisch verbunden sind, meinen wir vom Standpunkt der Energie aus, daß die beiden nahe beieinander liegenden Atome weniger Energie haben und daher stabiler sind, als wenn sie voneinander getrennt wären. Wenn Atome eine Bindung bilden, wird Energie abgegeben; dagegen muß Energie aufgewendet werden, um die Atome wieder voneinander zu trennen:

H + H Wasserstoff- Atome	⟶ H_2 Wasserstoff- Molekül	(Energie wird abgegeben)
H_2 ⟶ H + H		(Energie muß zugeführt werden)

H : H

H —— H

(H)—(H)

(H|H)

Vier Darstellungen der kovalenten Bindung im Wasserstoff-Molekül

Um ein Mol H_2-Moleküle in zwei Mol H-Atome zu zerlegen, muß man eine Energie von 431.96 kJ aufbringen; man sagt, die Bindungsenergie der H–H-Bindung beträgt 431.96 kJ · mol^{-1}. Wir können H_2-Moleküle und H-Atome in einem Energiediagramm wie unten auf dieser Seite darstellen, in dem die senkrechte Richtung zunehmender Energie (abnehmender Stabilität) entspricht. Wenn wir H_2-Moleküle auseinanderreißen, speichern wir Energie in den Atomen auf die gleiche Weise, wie wir potentielle Energie in einem Felsblock speichern, wenn wir ihn bergauf rollen. Diese Energie wird freigesetzt, wenn die Atome eine Bindung bilden oder wenn der Felsblock den Berg wieder hinunterrollt.

Wie viele Bindungen pro Atom?

Im allgemeinen bilden die nichtmetallischen Atome der zweiten Schale C, N, O und F kovalente Bindungen, indem sie Elektronenpaare mit anderen Atomen ähnlicher Elektronegativität teilen. Wie man aufgrund der Elektronegativitätswerte erwartet, sind C–H-Bindungen fast rein kovalente oder Elektronenpaar-Bindungen; das andere Extrem sind H–F-Bindungen mit stark ionischem Charakter, wobei die Elektronen zum F-Atom hingezogen werden. Wenn jedes der beiden Atome ein Elektron zu einer kovalenten Bindung beisteuert, dann tragen beide Elektronen zum Auffüllen der äußeren Schale jedes Atoms bei, denn die miteinander verbundenen Atome kommen sich sehr nahe. Ein Atom kann mehrere kovalente Bindungen bilden; in solchen Fällen gewinnt es für jede Bindung, die es bildet, ein neues äußeres Elektron.

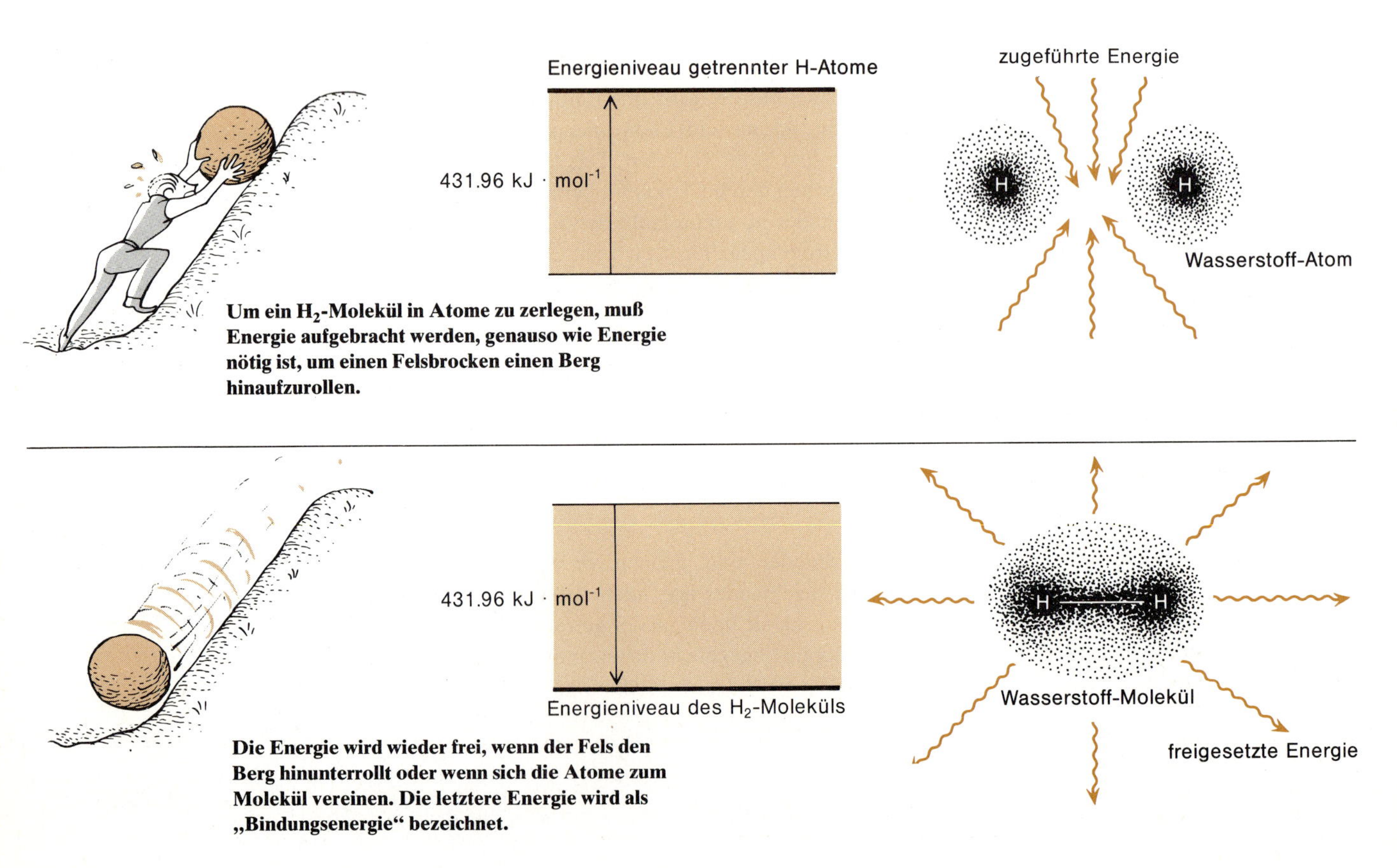

Um ein H_2-Molekül in Atome zu zerlegen, muß Energie aufgebracht werden, genauso wie Energie nötig ist, um einen Felsbrocken einen Berg hinaufzurollen.

Die Energie wird wieder frei, wenn der Fels den Berg hinunterrollt oder wenn sich die Atome zum Molekül vereinen. Die letztere Energie wird als „Bindungsenergie" bezeichnet.

Normalerweise bildet ein Atom so viele kovalente Bindungen, wie es Elektronen zum Auffüllen seiner äußeren Achterschale braucht. Bei den Atomen C, N, O und F heißt das vier, drei, zwei bzw. ein Elektron. Wenn sich diese Elemente mit Wasserstoff verbinden, erhalten wir, wie erwartet, CH_4 (Methan), NH_3 (Ammoniak), H_2O (Wasser) und HF (Fluorwasserstoff). Man kann auch sagen, daß jedes *ungepaarte* Elektron in C, N, O und F zur Paarung in einer kovalenten Bindung zur Verfügung steht. Das äußere Elektronenpaar im N-Atom, die beiden äußeren Elektronenpaare im O-Atom und die drei im F-Atom brauchen keine Elektronen zur Paarung zu finden, da sie bereits gepaart *sind.* Sie werden *einsame Elektronenpaare* genannt, um sie von den Elektronenpaaren einer chemischen Bindung zu unterscheiden, die man *bindende Elektronenpaare* nennt. Diese einsamen und bindenden Elektronenpaare sind für die bisher erwähnten einfachen Moleküle in der Tabelle unten dargestellt.

Manchmal ist es möglich, alle äußeren Elektronen eines Atoms der zweiten Schale zu entkoppeln und für Bindungen zu verwenden. Zum Beispiel müssen wir beim Salpetersäure-Molekül, das wir im nächsten Kapitel diskutieren werden, annehmen, daß der Stickstoff fünf Elektronen mit Sauerstoff-Atomen teilt und nicht nur drei. Dieses Entkoppeln von Elektronenpaaren gelingt leichter bei Atomen der dritten Schale, bei denen die Elektronen weiter vom Kern entfernt sind, so daß sie von ihm nicht so festgehalten werden, und die größer sind, so daß sich mehrere Atome nahe genug kommen können, um eine Bindung zu bilden. Im Augenblick allerdings wollen wir nur den Stickstoff betrachten, der ein einsames Elektronenpaar und drei ungepaarte Bindungselektronen besitzt.

Um diese Vorstellungen von der Elektronenpaar-Bindung zu illustrieren und das Konzept der Molekülgestalt sowie der Doppel- und Dreifachbindung einzuführen, wollen wir die einfachsten kovalenten Moleküle von C, N, O und F betrachten.

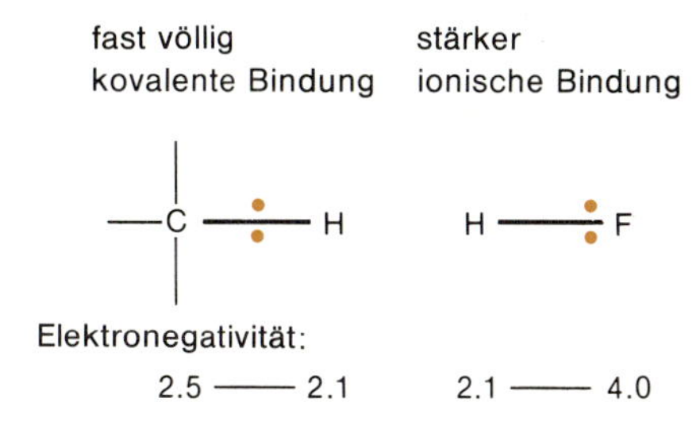

Je größer der Elektronegativitätsunterschied zwischen zwei miteinander verbundenen Atomen ist, um so stärker ist der Ionencharakter der Bindung zwischen ihnen.

Die Nichtmetalle der zweiten Periode bilden eine ausreichend große Anzahl von kovalenten Bindungen mit Wasserstoff-Atomen, um ihre äußere Schale mit acht Elektronen aufzufüllen.

	Kohlenstoff	Stickstoff	Sauerstoff	Fluor	Neon
Elektronen der Außenschale	C	N	O	F	Ne
ungepaarte Elektronen (farbig)	4 C	3 N	2 O	1 F	0 Ne
Bindungen	H H—C—H H	H H—N—H	H O—H	H—F	keine Bindung
Molekül	Methan CH_4	Ammoniak NH_3	Wasser H_2O	Fluorwasserstoff HF	kein Molekül

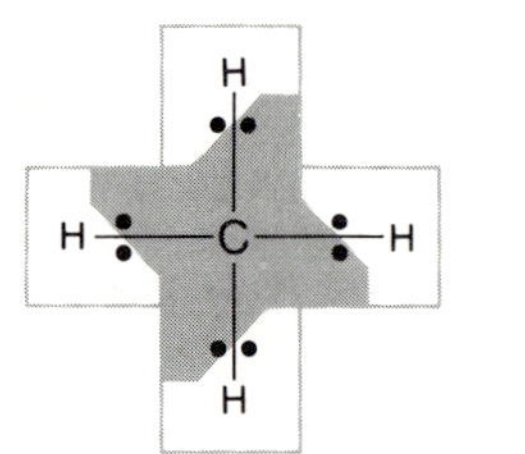

Methan, CH_4, dessen Elektronen als Lewis-Punkte dargestellt sind

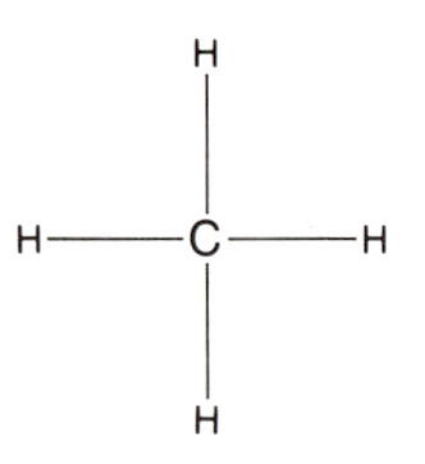

Darstellung des Methans mit Bindungsstrichen

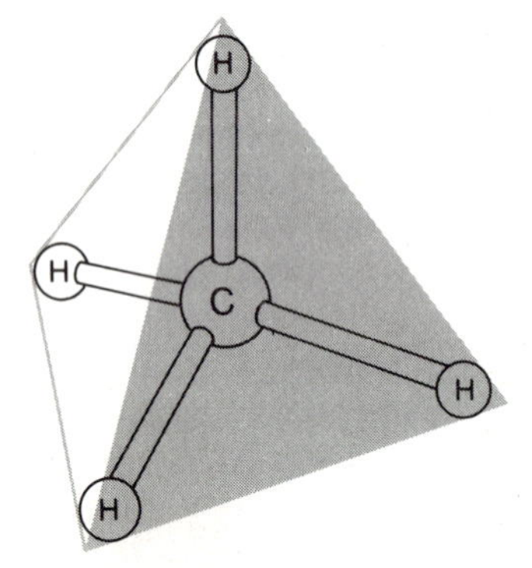

Darstellung des Methans als dreidimensionales Tetraeder

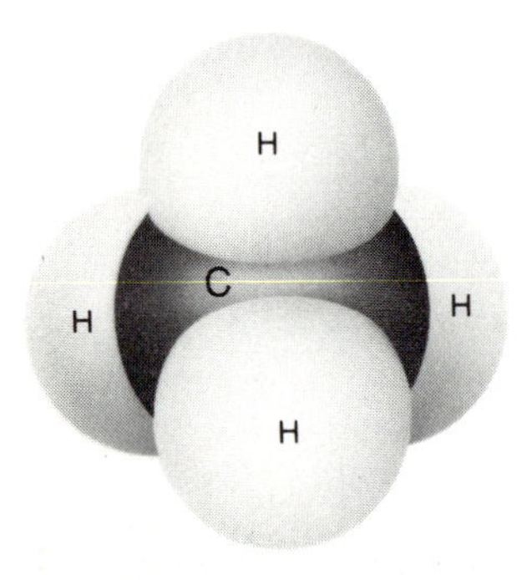

Darstellung des Methans mit vier raumfüllenden Wasserstoff-Atomen, die an ein zentrales Kohlenstoff-Atom gebunden sind. Wenn wir ein Methan-Molekül sehen könnten, sähe es wahrscheinlich so aus.

Kohlenstoff-Verbindungen

Kohlenstoff hat vier äußere Elektronen und kann also seine „Neon"-Achterschale durch Teilen von Elektronen in vier kovalenten Bindungen auffüllen. Die einfachste Kohlenstoff-Verbindung ist Methan, CH_4. Das Methan-Molekül ist links gezeichnet, zuerst mit Lewis-Elektronenpaaren, dann mit Bindungsstrichen und schließlich in der tatsächlichen tetraedrischen Molekülgestalt.

Die vier Wasserstoff-Atome in Methan sitzen an den vier Ecken eines Tetraeders, in dessen Zentrum sich das Kohlenstoff-Atom befindet. Alle Atome sind bei gegebenem CH-Abstand so weit wie möglich voneinander entfernt. Das ist ein allgemeines Prinzip: Die vier Elektronenpaare um ein Zentralatom wie das Kohlenstoff-Atom stoßen sich wie alle negativen Ladungen gegenseitig ab, und der Zustand niedrigster Energie ist derjenige, in dem die vier Bindungen von dem Zentralatom aus in die Ecken eines Tetraeders weisen. Jede andere Anordnung der CH-Bindungen in Methan würde zwei bindende Elektronenpaare näher zusammenbringen, und die elektrostatische Abstoßung würde sie wieder auseinanderdrücken. Diese sehr einfache, aber nützliche Art, die Gestalt von Molekülen vorauszusagen, erhielt den grandiosen Namen *Valenz-Schalen-Elektronenpaar-Abstoßungstheorie* oder abgekürzt VSEPR-Theorie (von engl.: valence-shell electron-pair repulsion theory). Aber im wesentlichen handelt es sich hier nur um gesunden Menschenverstand. Wir werden die einfache VSEPR-Theorie entwickeln, so weit wir sie brauchen, und werden sehen, daß diese Theorie fast alle Molekülgeometrien erklären kann.

Kohlenstoff und Wasserstoff haben fast die gleiche Elektronegativität; die Werte sind 2.5 bzw. 2.1. Die Elektronen in CH-Bindungen werden also fast gleichermaßen von den beiden Atomen beansprucht und haben nur geringe Neigung, sich zum C

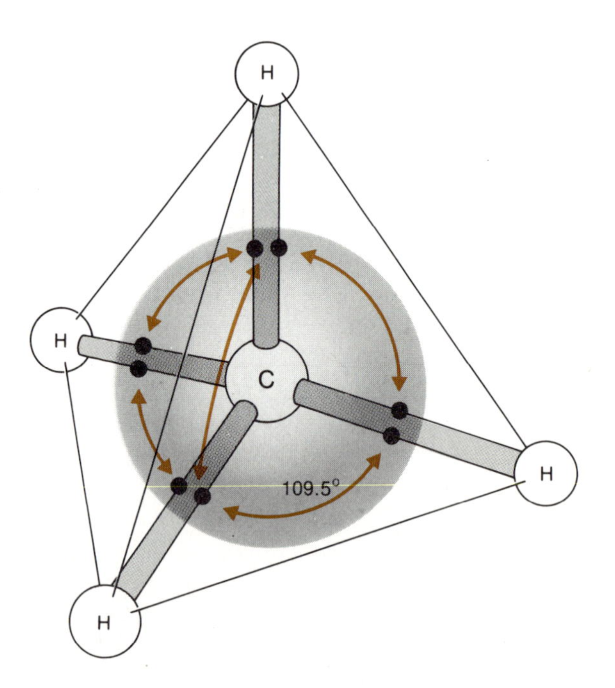

Nach der Valenz-Schalen-Elektronen-Abstoßungstheorie (VSEPR) stoßen sich die vier Elektronenpaare im Methan gleichmäßig ab, so daß die Wasserstoff-Atome die Ecken eines Tetraeders besetzen.

oder zum H hin zu verschieben. Man sagt, die Bindungen sind *nicht-polar,* weil sich keine positive Ladung am einen Ende und keine negative Ladung am anderen Ende anhäuft, wie es bei einer Verschiebung des bindenden Elektronenpaares zu einem Atom hin der Fall wäre. Im Gegensatz dazu ist die H−F-Bindung polar, weil die hohe Elektronegativität des Fluors das bindende Elektronenpaar zum F hinzieht, so daß das Molekül eine positive Ladung am H-Atom und eine negative Ladung am F-Atom trägt.

Die meisten Kräfte zwischen Molekülen sind elektrostatischer Natur und werden durch Anziehungen zwischen positiven und negativen Ladungen in verschiedenen Teilen des Moleküls verursacht. Methan hat keine solchen Ladungen, und seine Moleküle zeigen nur eine geringe Tendenz, aneinander zu haften. Die einzigen Anziehungskräfte zwischen den Methan-Molekülen sind die schwachen van-der-Waals-Kräfte, die bereits beim H_2 und He erwähnt wurden. Die Anziehung kommt zustande, weil zu einem bestimmten Zeitpunkt die Elektronen um den Kern nicht symmetrisch angeordnet zu sein brauchen, auch wenn das Atom in dem Molekül im Mittel über eine endliche Zeitspanne elektrisch unpolar ist. Das ist rechts an drei Atomen illustriert. Die erste Zeichnung zeigt das zeitliche Mittel mit einer symmetrischen Verteilung der Elektronen um jeden Kern. Die folgenden drei Zeichnungen zeigen „Schnappschüsse" der Atome zu drei Zeitpunkten, in denen durch die ungeordnete Bewegung der Elektronen eine kurzzeitige Anziehung zwischen den Atomen A und B, B und C sowie A und C zustande kommt. Diese Anziehungen mögen klein scheinen, aber sie sind signifikant. Solcher Art sind die Kräfte zwischen den Atomen in benachbarten Methan-Molekülen, die dazu führen, daß Methan schließlich bei −164 °C zu einer Flüssigkeit kondensiert. Die Stärke der van-der-Waals-Kräfte hängt vor allem von der Größe der Oberfläche der Moleküle ab. So müssen gasförmige H_2-Moleküle, die kleiner sind als CH_4-Moleküle, auf −253 °C abgekühlt werden, damit ihre Bewegungen so langsam werden, daß sie aufgrund der van-der-Waals-Anziehungskräfte aneinander hängenbleiben und eine Flüssigkeit bilden.

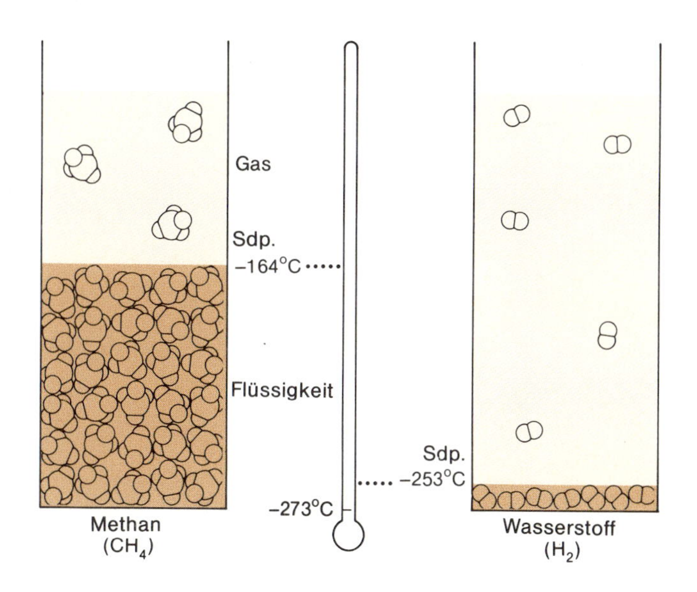

Die Siedepunkte von Methan und Wasserstoff hängen mit den Molekülgrößen zusammen. Methan ist mit seiner größeren Oberfläche „klebriger" und kondensiert bei höherer Temperatur zu einer Flüssigkeit.

VAN-DER-WAALS-KRÄFTE

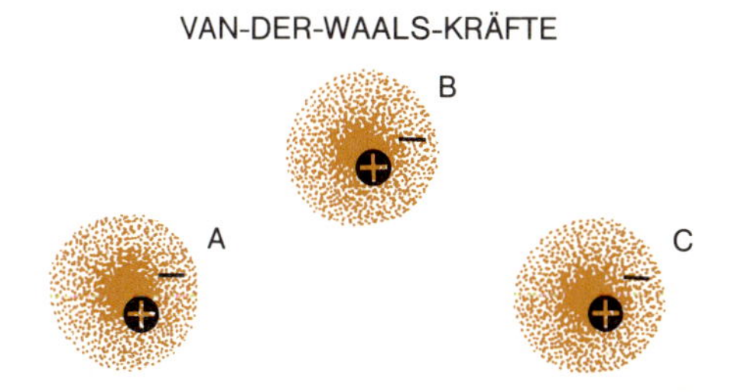

Drei nicht miteinander verbundene Atome A, B und C. Die Konzentration der negativen Ladung in jedem Moment ist durch die Dichte der Punktierung angedeutet.

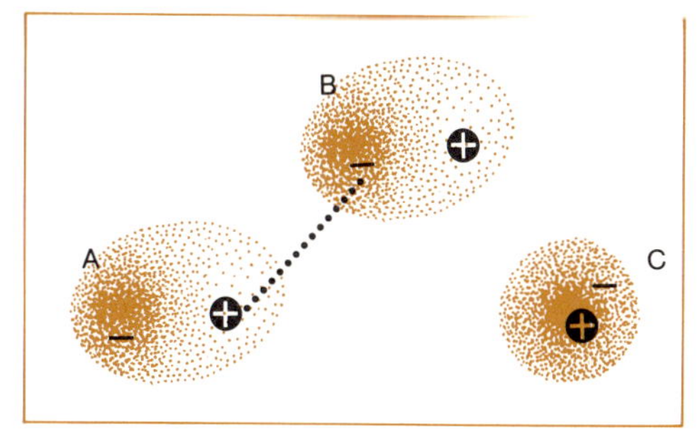

1. Momentaufnahme: A und B ziehen sich wegen der Fluktuation der Elektronenverteilung um sie herum kurzzeitig gegenseitig an. (Man beachte die dezentrierte Elektronendichteverteilung.)

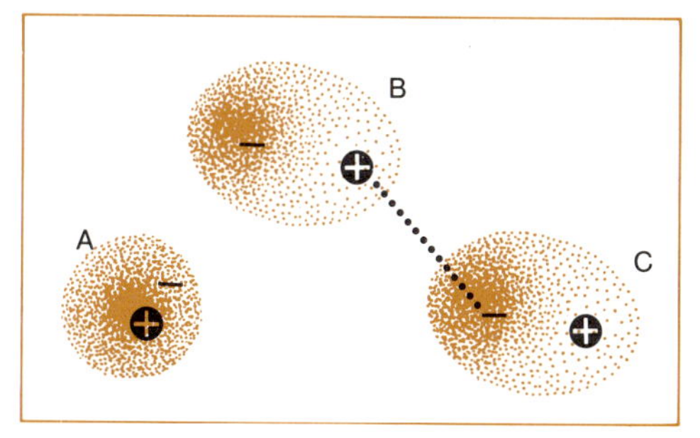

2. Momentaufnahme: B und C ziehen einander kurzzeitig an.

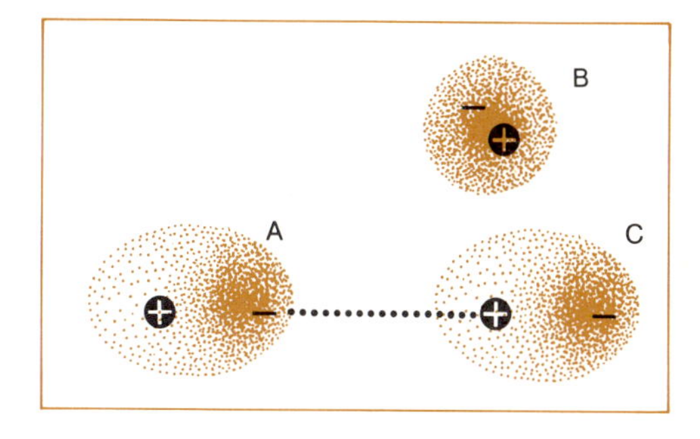

3. Momentaufnahme: A und C ziehen einander kurzzeitig an.

Die fluktuierenden Anziehungskräfte summieren sich zur links dargestellten physikalischen Wirklichkeit.

Methan

KOHLENWASSERSTOFFE

Kohlenwasserstoffe sind gerad- oder verzweigtkettige Polymere aus C und H. Die leichteren Moleküle sind bei Raumtemperatur Gase; die schwereren Benzine oder Öle sind Flüssigkeiten und die Paraffinwachse Festkörper. Die Anziehungskräfte zwischen Kohlenwasserstoff-Molekülen sind van-der-Waals-Kräfte.

GASE

Methan, Ethan, Propan, Butan und Pentan mit einem bis fünf Kohlenstoff-Atomen.

Propan

FLÜSSIGKEITEN

Benzin besteht aus Kohlenwasserstoffen mit sechs bis neun Kohlenstoff-Atomen, Kerosin hat zehn bis sechzehn Kohlenstoff-Atome, und Schmieröle haben bis zu neunzehn oder zwanzig.

Octan (im Benzin)

Isooctan (im Benzin)
(verzweigte Kette)

FESTKÖRPER

Ketten aus zwanzig und mehr Kohlenstoff-Atomen sind Paraffinwachse.

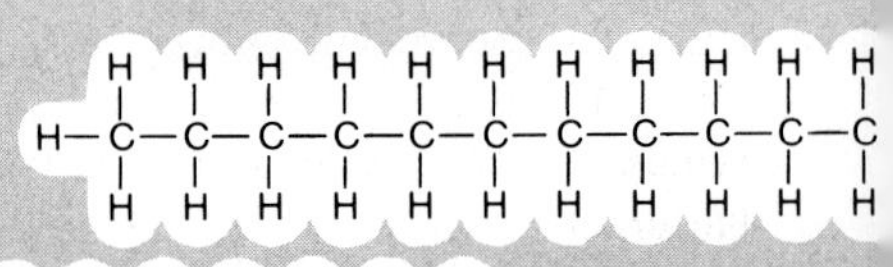

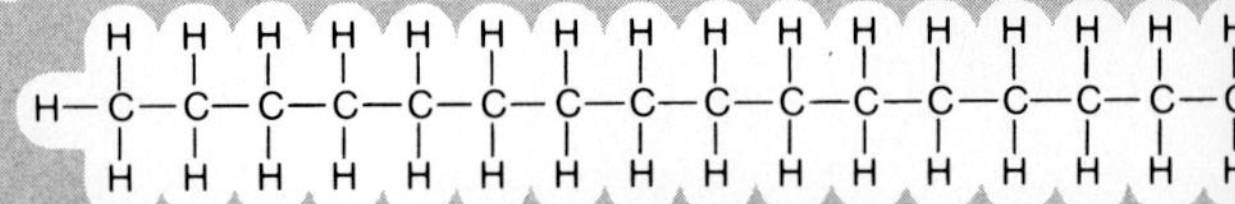

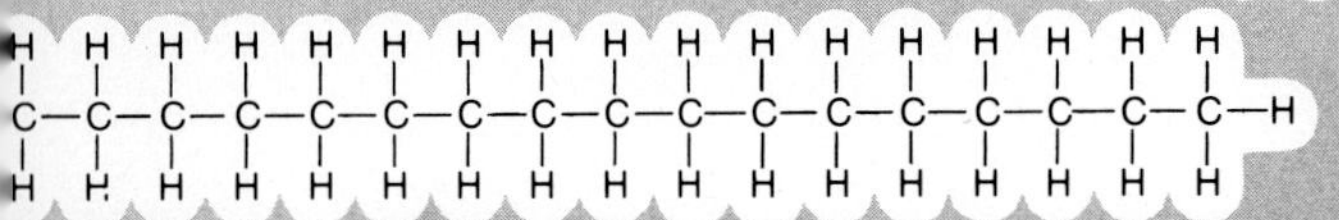

Eine der wichtigsten Eigenschaften des Kohlenstoffs ist seine Fähigkeit, starke Elektronenpaar-Bindungen mit anderen Kohlenstoff-Atomen zu bilden. Eine C–C-Bindung ist fast so stark wie eine C–H-Bindung ($347\,kJ \cdot mol^{-1}$ gegenüber $414\,kJ \cdot mol^{-1}$). Auf diese Weise sind praktisch endlose, auch verzweigte Kohlenstoff-Ketten möglich, so wie sie links gezeichnet sind. Verbindungen aus C und H mit geraden oder verzweigten Ketten heißen *Kohlenwasserstoffe;* vertraute Beispiele für solche Verbindungen sind Propangas, Benzin, Motorenöl, Paraffin und der Kunststoff Polyethylen. Die Kapitel 19 bis 21 werden sich ausschließlich mit Kohlenstoff-Verbindungen befassen; sie werden die Brücke schlagen zur Chemie der lebenden Organismen. Die einfachen Kohlenwasserstoffe sind aus Ketten miteinander verknüpfter Kohlenstoff-Tetraeder aufgebaut; sie haben die allgemeine Formel $CH_3-CH_2-CH_2-\cdots-CH_2-CH_3$. Bei den kleineren Kohlenwasserstoffen, wie beim Propan, $CH_3-CH_2-CH_3$, sind die van-der-Waals-Kräfte zwischen den Molekülen so gering, daß die Verbindungen bei Raumtemperatur gasförmig sind. Die Kohlenwasserstoffe des Benzins mit sechs bis neun Kohlenstoff-Atomen in einer Kette haben genügend große Oberflächen und damit genügend starke intermolekulare van-der-Waals-Anziehungskräfte, daß sie bei Raumtemperatur flüssig sind. Die Kohlenwasserstoffe des Paraffinwachses mit 20 oder mehr Kohlenstoff-Atomen pro Kette sind unter diesen Bedingungen Festkörper; am äußersten Ende dieser Reihe steht mit mehreren tausend Kohlenstoff-Atomen pro Kette der zähe und chemisch wenig reaktive Kunststoff Polyethylen, den wir von den Plastiktüten, den leichten Kunststoff-Flaschen für Wanderer und den säureresistenten Bechergläsern im Labor her kennen.

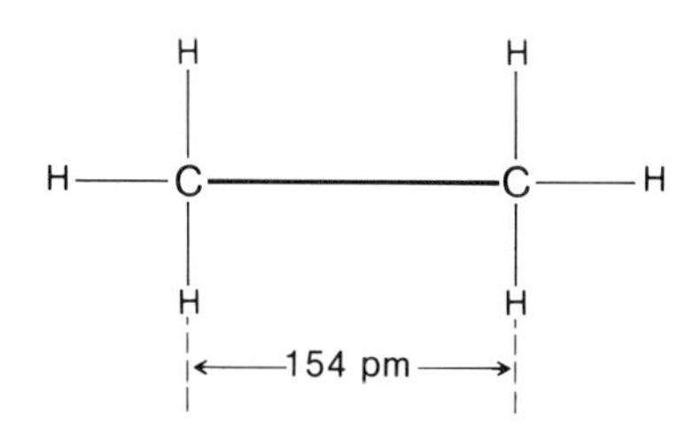

Ethan hat zwischen den Kohlenstoff-Atomen eine Einfachbindung mit einer Bindungslänge von 154 pm.

Doppel- und Dreifachbindungen

Kohlenstoff und die anderen Nichtmetalle der zweiten Schale außer Fluor haben noch eine andere sehr charakteristische Eigenschaft: Sie können mehr als ein Elektronenpaar mit einem Nachbaratom teilen; dadurch entstehen Doppel- und Dreifachbindungen. Ethan (oben rechts) ist eine Verbindung mit zwei Kohlenstoff-Atomen, in der es nur einfache Elektronenpaar-Bindungen gibt: H_3C-CH_3. Ethylen, $H_2C=CH_2$, hat ebenfalls zwei Kohlenstoff-Atome, die jedoch durch eine Doppelbindung verbunden sind (rechts Mitte). Jedes Kohlenstoff-Atom teilt nach wie vor vier Elektronenpaare, aber in Ethylen nur noch mit drei Nachbarn und nicht mehr mit vier wie im Ethan. In Acetylen, $H-C\equiv C-H$, sind die beiden Kohlenstoff-Atome durch drei Elektronenpaare, d.h. durch eine Dreifachbindung verbunden (unten rechts). Aus Gründen, die im 9. Kapitel einsichtig werden, können die beiden Kohlenstoff-Atome nicht durch vier Elektronenpaare mit einer Vierfachbindung aneinander gebunden sein.

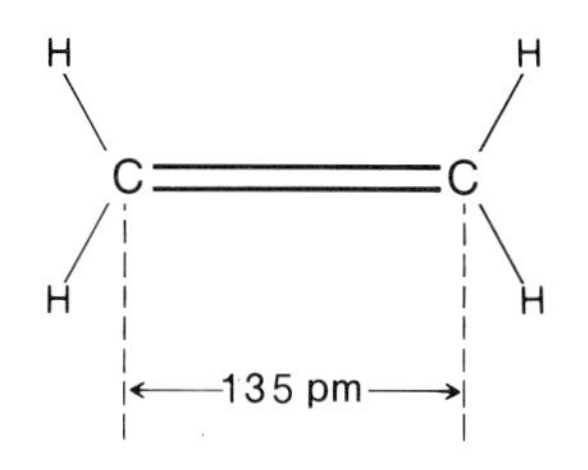

Ethylen hat eine Doppelbindung zwischen den Kohlenstoff-Atomen mit einer Länge von 135 pm.

Um das zweite Elektronenpaar teilen zu können, müssen sich zwei Atome näherkommen als zur Teilung des ersten Elektronenpaars. Einfach gebundene Kohlenstoff-Atome sind 154 pm voneinander entfernt, unabhängig davon, in welcher Verbindung sie vorkommen. Die Kohlenstoff-Atome einer Doppelbindung sind nur noch 135 pm auseinander. Die Grenze wird bei der Dreifachbindung erreicht, bei der drei Elektronenpaare von zwei Kohlenstoff-Atomen geteilt werden, die nur noch 121 pm voneinander getrennt sind. Auch die Nichtmetalle N und O haben die Fähigkeit, Mehrfachbindungen auszubilden, und wie wir in den späteren Kapiteln dieses Buchs sehen werden, bestimmen Doppelbindungen bei den biologischen Schlüsselverbindungen die Geometrie und die Fähigkeit, Energie zu speichern. Außer unter besonderen Umständen können die größeren Atome der dritten Schale, die wir im 6. Kapitel diskutieren werden, einander nicht nahe genug kommen, um Mehrfachbindungen auszubilden. Dieser Mangel alleine reicht aus, daß sie als Kandidaten für die Chemie des Lebens ausscheiden.

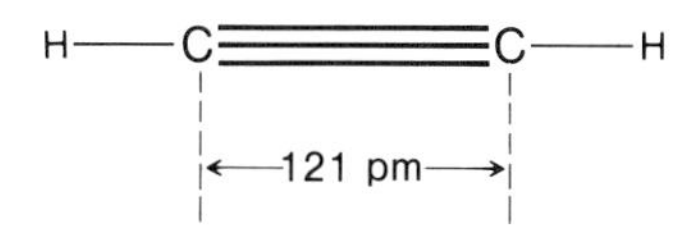

Im Acetylen sind die Kohlenstoff-Atome durch eine 121 pm lange Dreifachbindung verbunden. Die Bindungslänge nimmt ab, wenn die Stärke der Bindung zunimmt.

Eine besondere Mehrfachbindungsart, von der wir später erfahren werden, daß sie entscheidend für energiespeichernde Moleküle wie Chlorophyll ist, soll am Benzol, C_6H_6, demonstriert werden. Wie unten gezeigt ist, sind die sechs Kohlenstoff-Atome im Benzol miteinander zu einem Sechseck verknüpft, in dem jedes Kohlenstoff-Atom mit zwei anderen Kohlenstoff-Atomen und einem Wasserstoff-Atom verbunden ist. Dabei bleibt an jedem der sechs Kohlenstoff-Atome ein Elektron übrig, und diese sechs Elektronen bilden drei weitere Elektronenpaar-Bindungen. Eine Art, sich diese Bindungen vorzustellen, wäre ein Alternieren von Einfach- und Doppelbindungen um den Sechsring herum, wie links dargestellt ist. Das würde bedeuten, daß die C–C-Bindungen des Rings abwechselnd lang und kurz sind, doch weist jede physikalische Messung, die wir am Benzol machen können, darauf hin, daß alle C–C-Bindungen gleichartig sind.

Die sechs verbleibenden Kohlenstoff-Elektronen im Benzol-Ring sind also nicht in drei Doppelbindungen fixiert. Vielmehr sind alle sechs Elektronen vollständig über den Kohlenstoff-Ring verteilt oder *delokalisiert*. Jede C–C-Bindung ist ungefähr eine „Eineinhalbfachbindung", worauf auch die Bindungslänge von 139 pm hinweist, die zwischen der Einfachbindungslänge, 154 pm, und der Doppelbindungslänge, 135 pm, liegt. Eine Folge dieser Delokalisierung oder „Verschmierung" der sechs verbleibenden Elektronen ist, daß das Benzol-Molekül um 167 $kJ \cdot mol^{-1}$ energieärmer oder stabiler ist, als Berechnungen an dem Modell mit alternierenden Bindungen (oben links) aus bekannten CC-Einfach- und CC-Doppelbindungsenergien ergeben. Dies ist ein wichtiges allgemeines Prinzip: Immer wenn Elektronen in einem Molekül delokalisiert sind, wird das Molekül stabiler. Delokalisierung ist immer dann möglich, wenn Einfach- und Doppelbindungen entlang einer Kette miteinander abwechseln:

$$-C=C-C=C-C=C-C=C-C=C-C=C-$$

Dabei ist es gleichgültig, ob die Kette linear oder, wie im Benzol, zu einem Ring geschlossen ist. Solche Moleküle mit alternierenden Bindungen werden *konjugierte* Moleküle genannt, und einige Ringe mit alternierenden Einfach- und Doppelbin-

BENZOL

Zwei Anordnungen für alternierende Einfach- und Doppelbindungen um den Benzol-Ring. Man bezeichnet sie als Kekulé-Strukturen nach dem Chemiker, der diese Strukturen 1865 zum ersten Mal postulierte.

Länge der Einfachbindung
C——C
154 pm

Länge der Doppelbindung
C══C
135 pm

im Benzol beobachtete Bindungslänge

139 pm

Die tatsächliche Molekülstruktur des Benzols, in der alle C–C-Bindungen dieselbe Länge haben und sechs Elektronen über den ganzen Ring delokalisiert sind

Kalottenmodell des Benzol-Moleküls, wie es aussähe, wenn man es tatsächlich sehen könnte

dungen, wie z.B. Benzol, sind *aromatische* Moleküle. (Ursprünglich bezog sich dieser Name auf ihren Geruch, doch heute bezeichnet er ihre elektronischen Eigenschaften.) Wie wir im 19. Kapitel sehen werden, benutzt die Natur konjugierte Moleküle wie Chlorophyll und Carotin zur Speicherung von Lichtenergie in Pflanzen und als Photorezeptoren im Auge. Sogar die Stabilität der H−H-Bindung in einem H_2-Molekül können wir uns in gewissem Sinne durch Delokalisierung verursacht vorstellen: Zwei Elektronen, von denen jedes auf die Nähe eines Wasserstoffkerns in den Atomen beschränkt wäre, werden delokalisiert und verteilen sich über zwei Kerne in dem H_2-Molekül, wobei die Elektronen allerdings zwischen den Kernen konzentriert sind. Die zusätzliche Stabilität durch diese Delokalisierung macht zum Teil die Stärke der H−H-Bindung aus.

DIAMANTSTRUKTUR

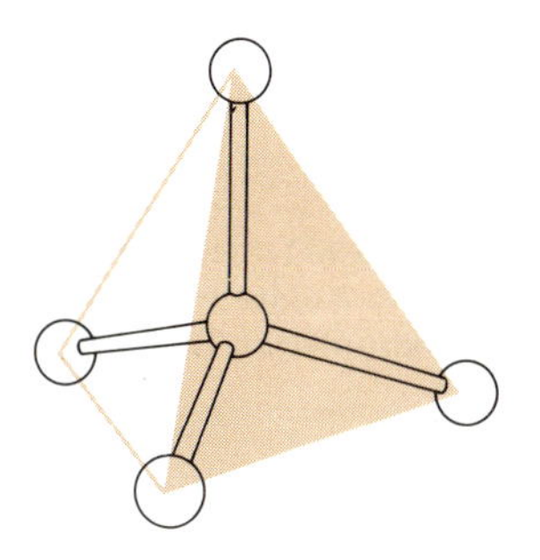

Im Diamant ist jedes Kohlenstoff-Atom kovalent an vier andere gebunden, die ein Tetraeder bilden.

Diamant und Graphit

In den einfachen, bereits diskutierten Kohlenwasserstoffen mit Einfachbindungen sind einige der vier um jedes Kohlenstoff-Atom tetraedrisch angeordneten Atome Wasserstoff-Atome, und einige sind Kohlenstoff-Atome. Man kann sich ein dreidimensionales, tetraedrisches Netzwerk vorstellen, in dem alle Atome Kohlenstoff-Atome sind, und keine Wasserstoff-Atome vorliegen. Das Ergebnis wäre die unten gezeigte tetraedrische Struktur, in der jedes Kohlenstoff-Atom mit vier anderen Kohlenstoff-Atomen durch einfache Elektronenpaar-Bindungen verbunden ist. Dies ist die Struktur des *Diamanten.* Diamant ist sehr hart und starr, da zum Aufbrechen oder Verformen eines Teils der Diamantstruktur starke Elektronenpaar-Bindungen gebrochen oder gedehnt werden müssen. Im Gegensatz dazu besteht Paraffinwachs aus linearen Kohlenstoff-Ketten, wobei nur schwache van-der-Waals-Kräfte die Moleküle zusammenhalten. Wenn sie von außen beansprucht werden, gleiten die Moleküle aneinander vorbei in neue Positionen. Wachs ist weich, weil die van-der-Waals-Kräfte schwach sind; Diamant ist hart, weil die Elektronenpaar-Bindungen in seinem dreidimensionalen Netzwerk stark sind.

Diamant kann aus Kohlenstoff-Atomen nur unter besonderen Bedingungen bei hoher Temperatur und hohem Druck hergestellt werden. Das Herstellen von künst-

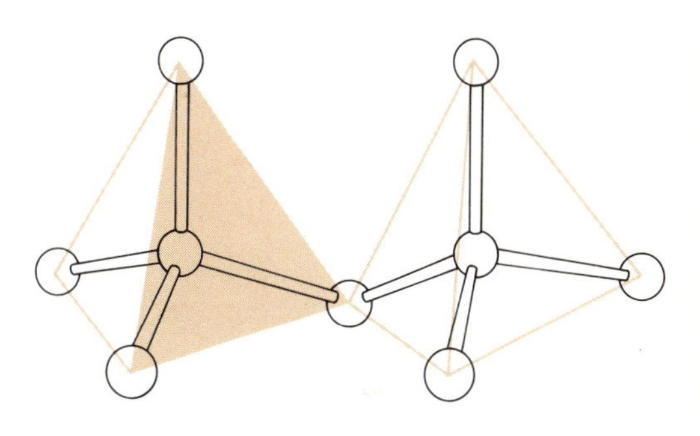

Die Tetraeder sind über gemeinsame Kohlenstoff-Atome an den Ecken miteinander verknüpft ...

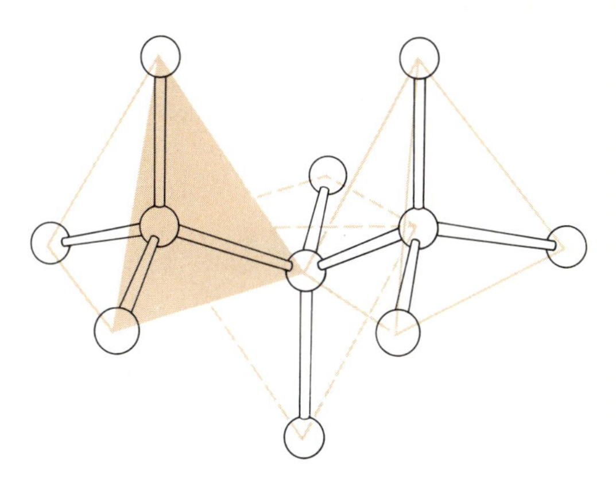

... und zu dem harten reinen Kohlenstoffkristall, den wir als Diamant kennen, verschachtelt.

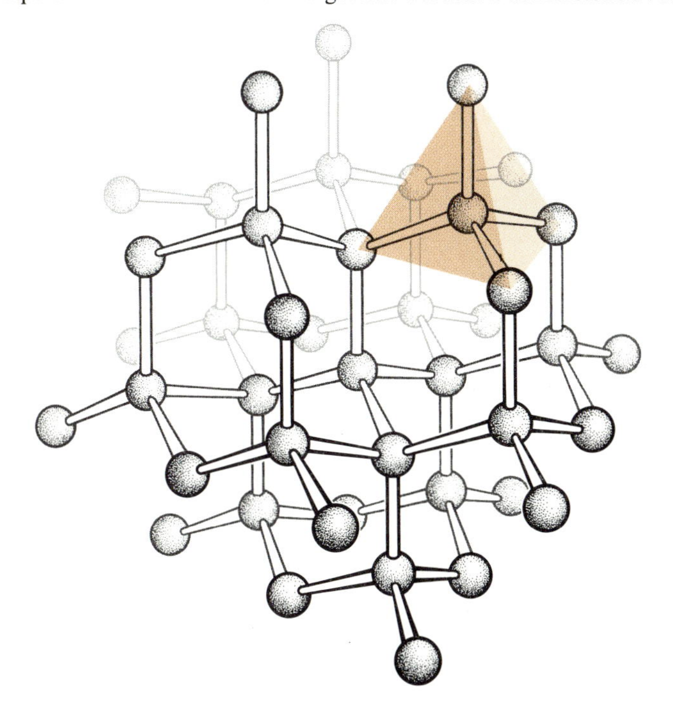

In gewissem Sinne ist ein Diamant-Kristall in Wirklichkeit ein großes, fast unendliches Molekül aus Kohlenstoff mit der links dargestellten Struktur. Die Tetraedereinheit ist farbig gezeichnet.

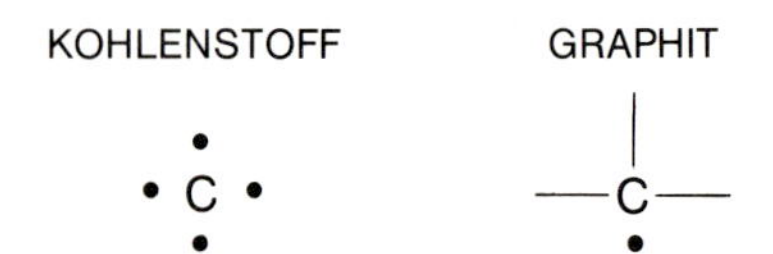

Im Graphit bildet jedes Kohlenstoff-Atom drei Einfachbindungen mit anderen Kohlenstoff-Atomen, so daß jeweils ein Elektron wie im Benzol-Ring frei bleibt (unten).

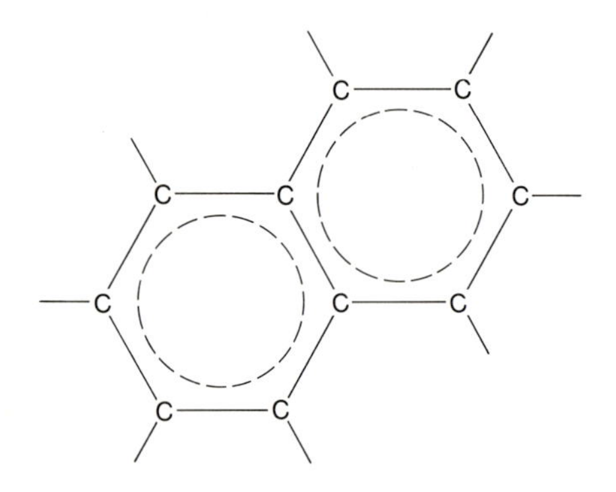

Diese zusätzlichen Elektronen können sich in der gesamten Ebene der Sechsecke frei bewegen. Graphit ist eine ausgedehnte Variante des planaren Benzols (unten) in dem selben Sinn, in dem Diamant eine ausgedehnte Variante des tetraedrischen Methans oder Ethans ist. Die einzelnen Graphitebenen werden nur durch van-der-Waals-Kräfte zusammengehalten und können leicht aneinander vorbeigleiten. Deshalb ist Graphit ein gutes Schmiermittel.

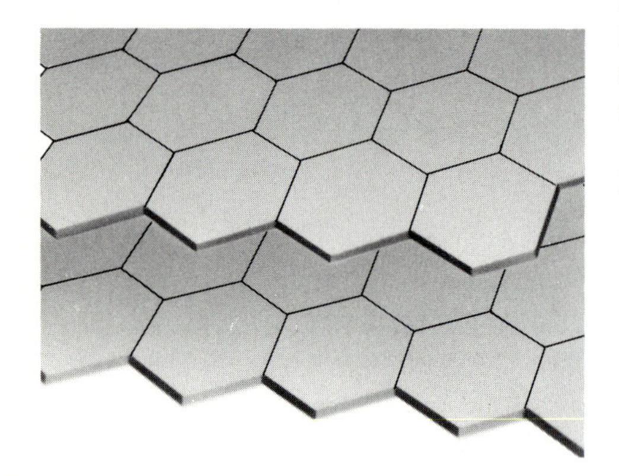

lichen Diamanten im Laboratorium ist noch eine junge Kunst und den natürlichen, unterirdischen Prozessen bisher unterlegen. Eine leichter herzustellende Form des reinen Kohlenstoffs ist der *Graphit,* der die links gezeigte Struktur hat. Im Graphit sind die Kohlenstoff-Atome in Schichten aus miteinander verknüpften Sechsecken angeordnet, wobei jedes Atom mit drei anderen verbunden ist. Jedes Kohlenstoff-Atom hat noch ein Elektron übrig, wie im Benzol. Diese Elektronen sind delokalisiert und innerhalb einer Atomschicht frei beweglich. Das macht den Graphit stabiler. Es hat außerdem zur Folge, daß Graphit den elektrischen Strom leitet, doch nur entlang der voneinander getrennten Sechseckschichten. Die Elektronen können nicht von einer Schicht zur anderen springen. Im Prinzip ist Graphit also ein „zweidimensionales Metall". Die Schichten selbst werden nur durch van-der-Waals-Kräfte zusammengehalten und können relativ leicht aneinander vorbeigleiten, deshalb ist Graphitstaub ein gutes Schmiermittel.

Stickstoff und Ammoniak

Stickstoff hat fünf Elektronen in seiner äußeren Schale: ein einsames Elektronenpaar und drei ungepaarte Elektronen, die sich an Bindungen beteiligen können. Seine Lewis-Struktur ist unten gezeichnet. In der einfachsten Stickstoff-Verbindung, Ammoniak (NH_3), ist jedes dieser drei Bindungselektronen mit einem Elektron eines Wasserstoff-Atoms gepaart. Wie im Methan ist das Zentralatom im Ammoniak-Molekül von vier Elektronenpaaren mit ungefähr tetraedrischer Orientierung umgeben. Es gibt jedoch einen entscheidenden Unterschied, der uns zu einer Verbesserung der VSEPR-Theorie führen wird. Jedes der drei Bindungspaare wird von zwei Atomen geteilt und folglich sowohl vom H- als auch vom N-Atom angezogen. Im Gegensatz dazu wird das einsame Elektronenpaar des Stickstoffs nur vom N-Atom festgehalten. Das einsame Elektronenpaar ist dem N näher als die bindenden Elektronenpaare und stößt daher die Bindungspaare stärker ab, als es ein viertes Bindungspaar täte. Diese zusätzliche Abstoßung durch das einsame Elektronenpaar zwingt die drei NH-Bindungen näher zusammen. In einem perfekten Tetraeder wären die H–N–H-Winkel wie im Methan 109.5°. Im Ammoniak-Molekül betragen die drei H–N–H-Winkel aber nur 107°. Das Ammoniak-Molekül hat die Gestalt einer Pyramide mit dem einsamen Elektronenpaar an der Spitze; außerdem ist die Pyramide etwas steiler, als sie sein sollte, wenn das einsame Elektronenpaar nicht so nahe am Stickstoff-Atom wäre.

Die Elektronegativitäten von H und N sind deutlich verschieden: 2.1 bzw. 3.0. Die drei H–N-Bindungen sind daher teilweise ionisch oder polar, wobei die Elek-

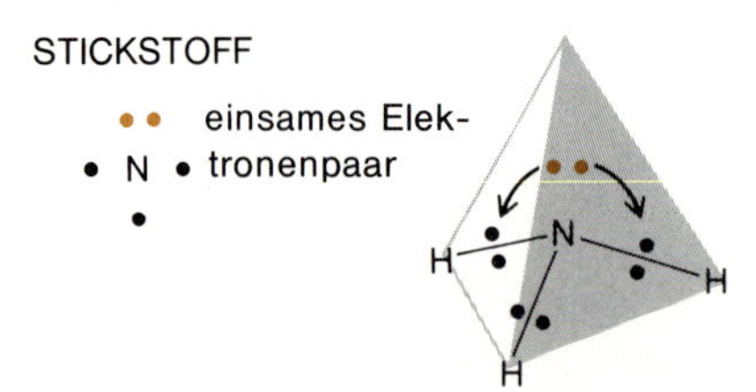

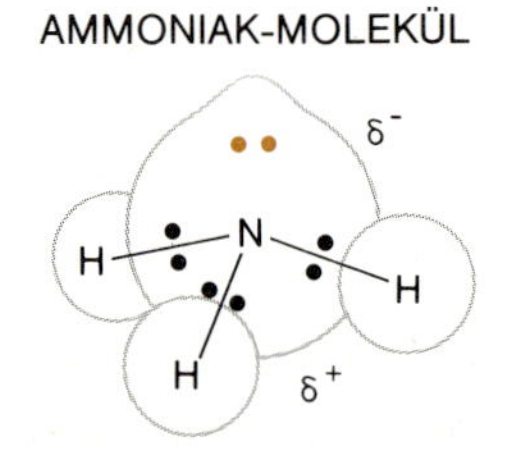

Stickstoff hat drei Bindungselektronen und ein einsames Elektronenpaar. Im Ammoniak-Molekül drängt das einsame Elektronenpaar (Mitte) die drei N–H-Bindungen näher zusammen als in der idealen Tetraederstruktur. Ammoniak ist ein Dipol-Molekül mit einem leichten Überschuß an negativer Ladung (δ^-) am einsamen Elektronenpaar und an positiver Ladung (δ^+) an den Wasserstoff-Atomen (rechts).

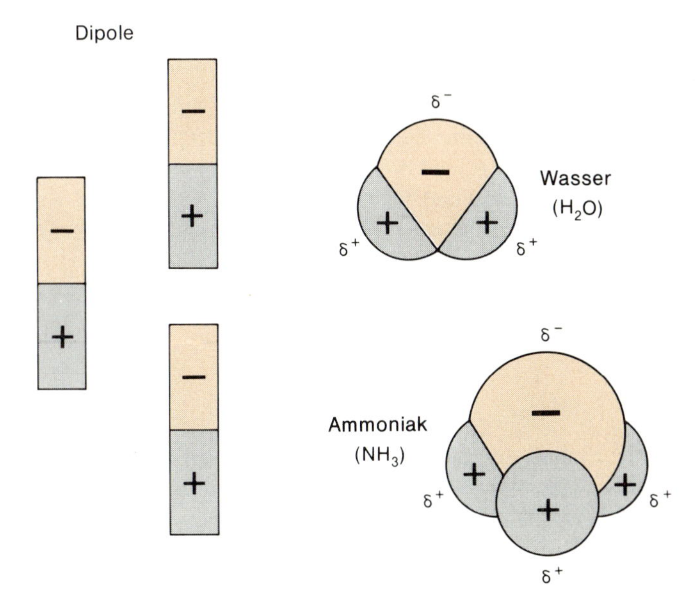

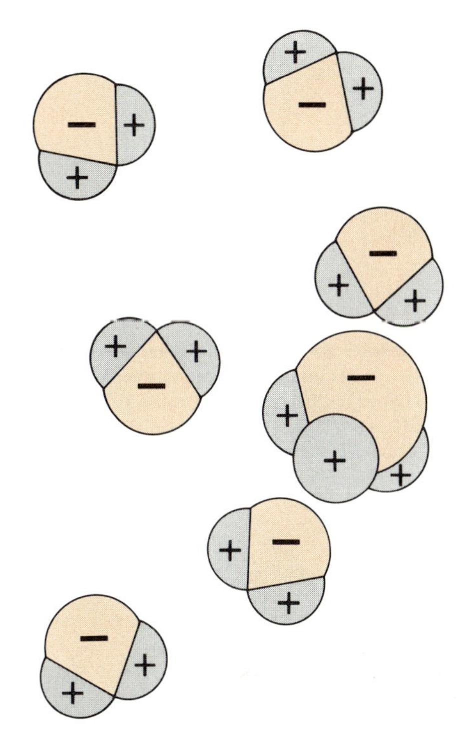

Sowohl Wasser- als auch Ammoniak-Moleküle sind Dipole und ziehen einander an.

tronen stärker vom N als vom H angezogen werden. Auch die Ladung in dem Molekül ist wegen des zusätzlichen Elektronenpaars an der Spitze der Pyramide und den drei H-Atomen mit einem Elektronendefizit an der Basis asymmetrisch verteilt. Das bedeutet, daß es in dem Molekül eine geringfügige Ladungstrennung gibt: Die Spitze ist schwach negativ und die Basis schwach positiv. Man sagt, das Molekül ist ein winziger *Dipol.*

Ein Dipol ist jedes Objekt, in dem elektrische Ladungen getrennt sind, positiv am einen Ende und negativ am anderen (unten rechts). Es ist das elektrische Äquivalent zu einem Magneten; und wie bei den Magneten ziehen die entgegengesetzten Enden der Dipole einander an. Wasser ist bei Raumtemperatur eine Flüssigkeit, und Ammoniak läßt sich bei −33 °C leicht verflüssigen, weil die Moleküle in beiden Fällen Dipole sind und sich gegenseitig anziehen. Dem Methan fehlen diese Dipol-Anziehungen, und deshalb muß es bis auf −164 °C abgekühlt werden, bis es sich aufgrund der van-der-Waals-Kräfte verflüssigt. Wasser ist ein gutes Lösungsmittel für andere Moleküle mit Dipolmomenten und für ionische Salze, weil die Ladungen an den Enden der Wasser-Moleküle mit entgegengesetzten Ladungen der gelösten Moleküle oder Ionen in Wechselwirkung treten können.

Die Anziehungskraft eines Dipol-Moleküls auf ein anderes Molekül oder Ion hängt davon ab, wie groß und wie weit voneinander entfernt die getrennten Ladungen sind. Die Stärke eines Dipols wird durch sein *Dipolmoment* μ gemessen. Wenn zwei gleichgroße und entgegengesetzte Ladungen $+q$ und $-q$ durch einen Abstand r getrennt sind, dann wird das Dipolmoment definiert als

$$\mu = q \cdot r$$

Sowohl die Verdoppelung der Ladungen als auch die Verdoppelung ihres Abstandes führt zu einer Verdoppelung der Kraft, mit der das Molekül seine Nachbar-Moleküle anzieht. Das Dipolmoment eines Moleküls ist eine leicht meßbare Größe und liefert einen nützlichen Hinweis auf das chemische und physikalische Verhalten des Moleküls.

Als Einheit zur Messung von Dipolmomenten wurde früher das Debye (abgekürzt D) benutzt. Danach hatten ein Proton und ein Elektron, die 1 Å (= 100 pm) voneinander entfernt waren, ein Dipolmoment von 4.8 D. (Der Faktor 4.8 hatte keine tiefe Bedeutung, sondern stammt von der Ladung des Elektrons.) Nach Ein-

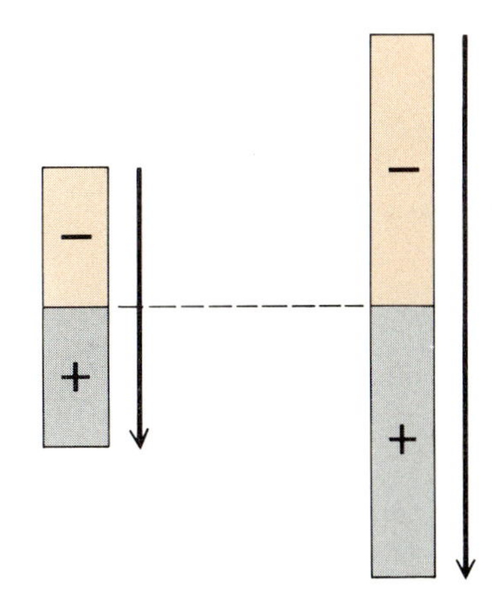

Eine Verdoppelung der Ladungen oder des Abstands zwischen den Ladungen verdoppelt die Anziehungskraft eines Dipols für andere geladene oder polare Objekte.

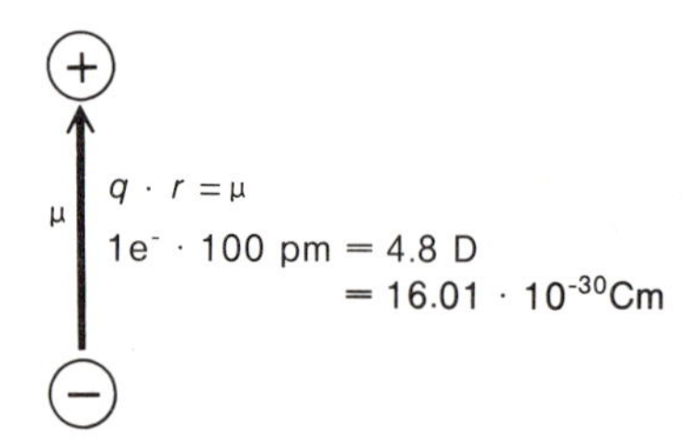

Eine einfache positive (+1) und eine einfache negative (−1) Ladung in einem Abstand von 100 pm (1 Å) haben ein Dipolmoment von 4.8 Debye (D) = $16.01 \cdot 10^{-30}$ Cm. Das Dipolmoment nimmt mit der Größe der getrennten Ladungen und dem Abstand zwischen ihnen zu.

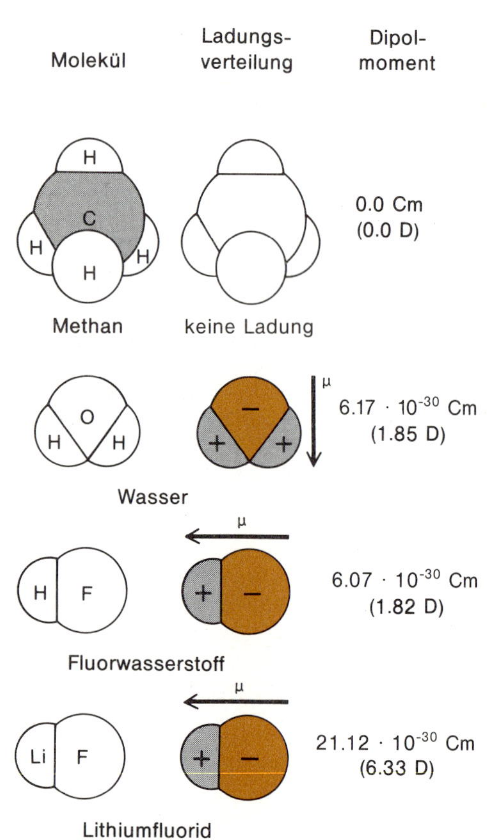

Das gemessene Dipolmoment eines Moleküls läßt sich in den prozentualen Ionencharakter der Bindungen in dem Molekül umrechnen (rechts). Der prozentuale Ionencharakter nimmt von N−H über O−H und H−F bis Li−F zu, weil auch die Elektronegativitätsunterschiede zwischen den verbundenen Atomen zunehmen, wodurch das Elektronenpaar mehr zu einem Atom hingezogen wird.

führung der SI-Einheiten mißt man heute das Dipolmoment in Coulomb (C) · Meter (m); 1 Debye (D) = $3.336 \cdot 10^{-30}$ Cm. Methan hat kein Dipolmoment; Ammoniak hat ein Dipolmoment von $4.90 \cdot 10^{-30}$ Cm (1.47 D). Wasser ist etwas polarer und hat ein Dipolmoment von $6.17 \cdot 10^{-30}$ Cm (1.85 D). Wenn das Salz Lithiumfluorid bei Temperaturen über 1676 °C verdampft wird, haben die gasförmigen LiF-Moleküle das ziemlich große Dipolmoment von $21.12 \cdot 10^{-30}$ Cm (6.33 D). Im vorigen Kapitel haben wir gesagt, daß die meisten Bindungen zwischen den Extremen einer vollständig kovalenten und vollständig ionischen Bindung liegen. Mit den gemessenen Dipolmomenten können wir den ionischen und kovalenten Anteil einer Bindung in Prozent berechnen. Da zwei Ladungen +1 und −1, die 100 pm ($=10^{-10}$ m) voneinander entfernt sind, ein Dipolmoment von 4.8 D = $16.01 \cdot 10^{-30}$ Cm haben, gilt

$$\mu = q \cdot r$$
$$= 16.01 \cdot 10^{-30} \text{ Cm}$$

wobei q in der Einheit der Elektronenladung (Coulomb C) und r in Meter (m) gemessen werden. Die Atome in einem H−F-Molekül sind $92 \cdot 10^{-12}$ m (92 pm) voneinander entfernt. Das gemessene Dipolmoment ist $6.07 \cdot 10^{-30}$ Cm (1.82 D). Daraus folgt:

$$6.07 \cdot 10^{-30} = q \cdot 0.92 \cdot 10^{-10}$$

$q = 0.66 \cdot 10^{-19} \triangleq 0.41$ Elektronenladungen (da ein Elektron die Ladung $q_e = 1.60 \cdot 10^{-19}$ C hat)

Das gemessene Dipolmoment des HF-Moleküls sollte man also erwarten, wenn 41% einer vollen Elektronenladung über eine Entfernung, die dem tatsächlichen H−F-Abstand von 92 pm entspricht, vom H-Atom weg zum F-Atom hin verschoben wären (s. unten). Bei einer rein kovalenten Bindung werden die Bindungselektronen von den beteiligten Atomen gleichmäßig geteilt, und die Bindung hat kein Dipolmoment; bei einer rein ionischen Bindung wird das Elektron vollständig von einem Atom zum anderen verschoben. Wir können also sagen, daß die H−F-Bindung in diesem Beispiel 41% Ionencharakter und 59% kovalenten Charakter hat.

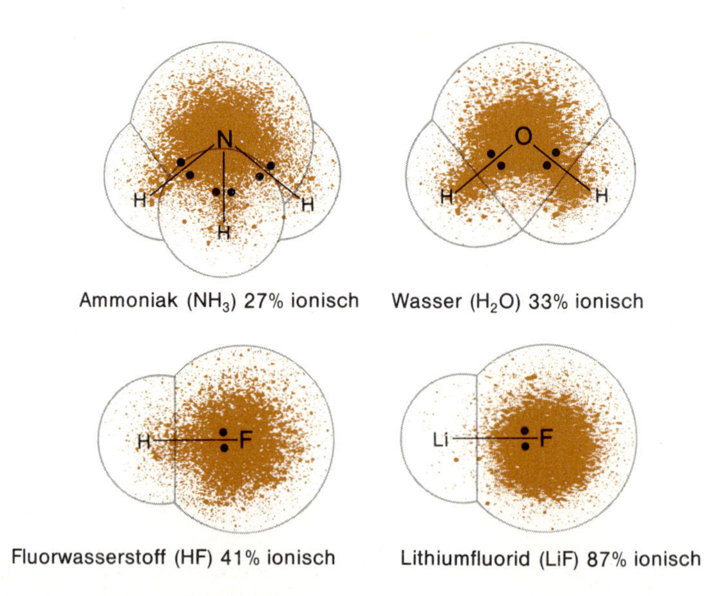

Die Bindung in gasförmigem Lithiumfluorid ist oberhalb 1676 °C zu 87% ionisch und zu 13% kovalent. Bei Raumtemperatur ist in dem Salz die Elektronenverschiebung vollständig, das Salz ist zu 100% ionisch.

Die gleiche Berechnung liefert uns für LiF-Moleküle im Gaszustand, die aus dem Salz LiF bei hohen Temperaturen entstehen, ein anderes Bild. Der Abstand zwischen Li- und F-Atomen ist 152 pm; das gemessene Dipolmoment beträgt $\mu = 21.12 \cdot 10^{-30}$ Cm (6.33 D). Daraus läßt sich die Größe der Ladung berechnen:

$$21.12 \cdot 10^{-30} = q \cdot 1.52 \cdot 10^{-10}$$

$$q = 1.39 \cdot 10^{-19} \triangleq 0.87 \text{ Elektronenladungen}$$

Die Bindung in LiF ist also zu 87% ionisch und nur zu 13% kovalent.

Ähnliche Berechnungen lassen sich für H_2O und NH_3 ausführen, doch werden sie dadurch kompliziert, daß die beiden bzw. die drei polaren Bindungen unterschiedliche Richtungen haben. Was für das gesamte Molekül gemessen wird, ist die Vektorsumme der Einzeldipolmomente. Um das Dipolmoment eines ganzen Moleküls zu berechnen, kann man die Einzel-Dipolmomente der polaren Bindungen so addieren, als ob es sich um kleine Vektoren handelte, deren Länge proportional zum Dipolmoment ist und deren Richtung vom negativen zum positiven Ende der Bindung verläuft, wie rechts gezeigt ist. Wenn man die Molekülgeometrie berücksichtigt, kommt man zu dem Schluß, daß die H–F-Bindung in HF zu 41% ionisch, die O–H-Bindung in Wasser zu 33% ionisch und die N–H-Bindung in Ammoniak zu 27% ionisch ist. Das stimmt mit der Erwartung überein, denn die Elektronegativitäten nehmen vom F über O zum N ab. Dipolmomente liefern uns keine Information über die Polarität der C–H-Bindung in einem Methan-Molekül, denn die vier tetraedrisch angeordneten C–H-Bindungen würden sich auch dann zu einem Molekül-Dipolmoment von Null addieren, wenn die einzelnen Bindungen ein großes Dipolmoment hätten.

Stickstoff kann aus zwei Gründen keine langen Ketten wie Kohlenstoff bilden. Die einsamen Elektronenpaare an benachbarten Stickstoff-Atomen in einer –N–N–N–N-Kette stoßen einander stärker ab als die Bindungspaare in den C–H-Bindungen eines Kohlenwasserstoffs. Das schwächt die N–N-Bindung und macht sie nur halb so stark wie eine C–C-Bindung. Der zweite Faktor ist die hohe Stabilität der aus einer Stickstoff-Kette entstehenden Bruchstücke, der N_2-Moleküle. Stickstoff hat für seine Bindungen drei ungepaarte Elektronen zur Verfügung, und es kann alle drei mit einem Nachbaratom teilen und so ein N≡N-Molekül bilden, wie es unten rechts dargestellt ist. Reiner Stickstoff ist deshalb ein zweiatomiges Gas, N_2, ähnlich wie H_2. Da die Dreifachbindung ziemlich stark ist, ist N_2 ein stabiles und relativ wenig reaktives Molekül. Wenn „Vierfachbindungen" möglich wären, in denen vier Elektronenpaare von zwei Atomen geteilt würden, dann wäre Kohlenstoff vielleicht auch ein zweiatomiges Gas, C_2. Doch das ist nicht möglich, so daß sich Kohlenstoff mit mehr als einem Nachbarn verbindet und die dreidimensionalen Strukturen des Graphits und des Diamants bildet. Der abrupte Übergang vom festen Diamant zum gasförmigen Stickstoff ist einer der dramatischsten Wechsel in den Eigenschaften beim Übergang von einem Element zu seinem Nachbarn. Die Schwäche langer –N–N–N–N-Ketten und die Stabilität der N_2-Dreifachbindung machen langkettige Stickstoff-Verbindungen instabil und explosiv. Einige Verbindungen mit kürzeren Stickstoff-Ketten wurden synthetisiert. Hydrazin, $H_2N{-}NH_2$, ist ein guter Raketentreibstoff, doch die längerkettigen Verbindungen sind zu gefährlich, um damit umzugehen.

Wenn Stickstoff-Atome durch Kohlenstoff-Atome in den Ketten getrennt werden, dann stoßen sich die einsamen Elektronenpaare des Stickstoffs nicht mehr merklich ab, und die Kette ist stabil. Viele wichtige organische und biologische Moleküle bestehen aus Ketten von Kohlenstoff- und Stickstoff-Atomen. Proteine z.B. haben das Rückgrat:

–C–C–N–C–C–N–C–C–N–C–C–N–

(a) $\mu_M = \mu_B = 6.07 \cdot 10^{-30}$ Cm (1.82 D)

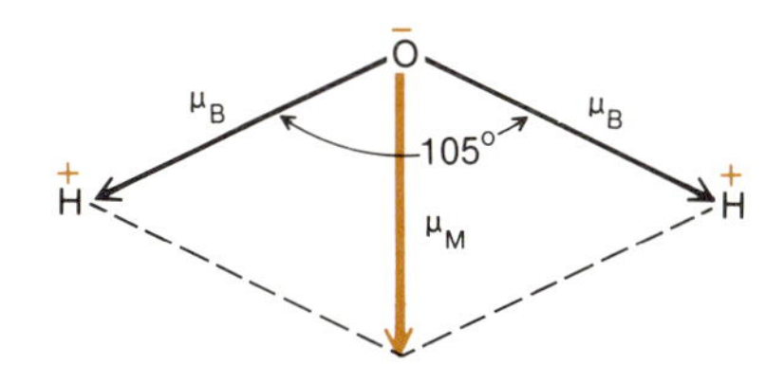

(b) $\mu_M = 2\mu_B \cos\left(\frac{105°}{2}\right)$

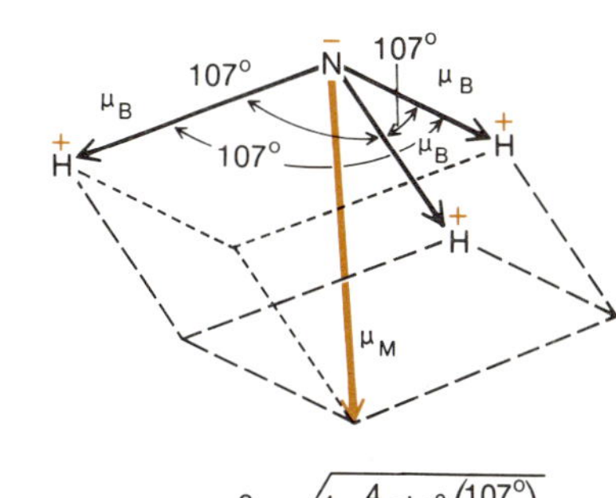

(c) $\mu_M = 3\mu_B\sqrt{1-\frac{4}{3}\sin^2\left(\frac{107°}{2}\right)}$

Das molekulare Dipolmoment ist die Summe der einzelnen Bindungsdipolmomente, die unter Berücksichtigung ihrer Richtung und ihrer Größe, d.h. als Vektoren, addiert werden. (a) HF, (b) H_2O und (c) NH_3. Bei HF sind molekulares Dipolmoment μ_M und Bindungsdipolmoment μ_B identisch; im H_2O ist ihre Beziehung leicht zu erkennen. Wie läßt sich mit Hilfe der Geometrie die Beziehung zwischen μ_B und μ_M beim NH_3 herstellen?

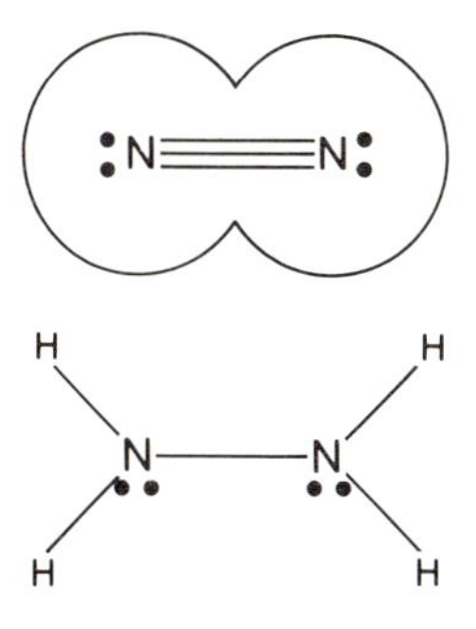

Das N_2-Molekül ist wegen der Dreifachbindung zwischen den Atomen ungewöhnlich stabil. Ketten von Stickstoff-Atomen wie im Hydrazin, $H_2N{-}NH_2$, sind ziemlich instabil und deshalb gute Raketentreibstoffe.

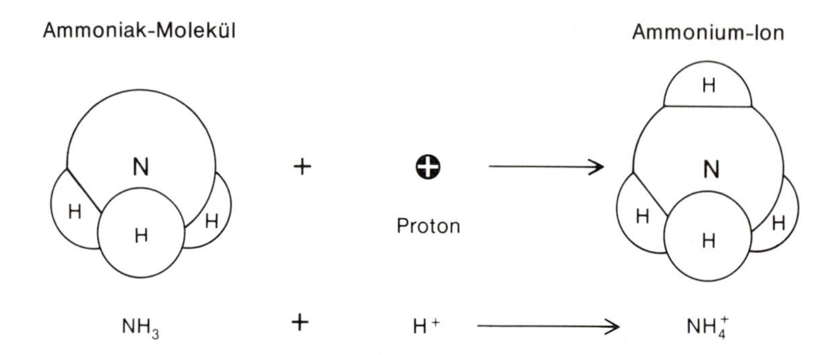

Das einsame Elektronenpaar des Ammoniaks kann beide Elektronen für eine kovalente Bindung mit einem Proton, das keine Elektronen hat, zur Verfügung stellen. Es entsteht das Ammonium-Ion NH_4^+. Alle vier N–H-Bindungen in Ammonium-Ion sind identisch.

Stickstoff-Atome bilden auch bereitwillig mit Kohlenstoff und Sauerstoff Doppelbindungen.

Mit seinem einsamen Elektronenpaar kann der Stickstoff auch kovalente Bindungen bilden, indem er beide Elektronen zur Verfügung stellt. Ein Ammoniak-Molekül kann noch ein Proton (H^+) binden und zum Ammonium-Ion werden, NH_4^+ (s. oben). Das positiv geladene H^+-Ion oder Proton wird von dem einsamen Elektronenpaar am negativen Ende des Ammoniak-Dipols angezogen. Die entstehende kovalente Bindung läßt sich dann von den anderen drei N–H-Bindungen des Moleküls nicht mehr unterscheiden. Das Ammonium-Ion ist ein regelmäßiges Tetraeder mit H–N–H-Winkeln von 109.5° ringsherum. In ihm sind also Atomzentren und Elektronen genauso angeordnet wie im Methan-Molekül. Wenn es durch irgendeinen Zaubertrick möglich wäre, in den Stickstoffkern eines NH_4^+-Ions hineinzulangen und die Ladung eines Protons „abzustellen", so wäre das Resultat ein Methan-Molekül. Der einzige, aber entscheidende Unterschied ist, daß das Ammonium-Ion ein Proton mehr im Kern des Zentralatoms hat und folglich eine Gesamtladung von +1. Wir werden auf die chemische Bedeutung dieser Tatsache zurückkommen, nachdem wir Sauerstoff und seine Wasserstoff-Verbindung, Wasser, diskutiert haben.

Das Methan-Molekül und das Ammonium-Ion sind bis auf die Ladung ihrer Kerne identisch. Anzahl und Anordnung der Elektronen, welche die Atome in derselben tetraedrischen Geometrie zusammenhalten, sind dieselben. Das Methan-Molekül ist elektrisch neutral, doch das Ammonium-Ion hat eine einfache positive Ladung (+1); darauf beruht das sehr unterschiedliche chemische Verhalten.

Methan

6+ Kohlenstoffkern

Ammonium-Ion

7+ Stickstoffkern

ISOELEKTRONISCHE MOLEKÜLE

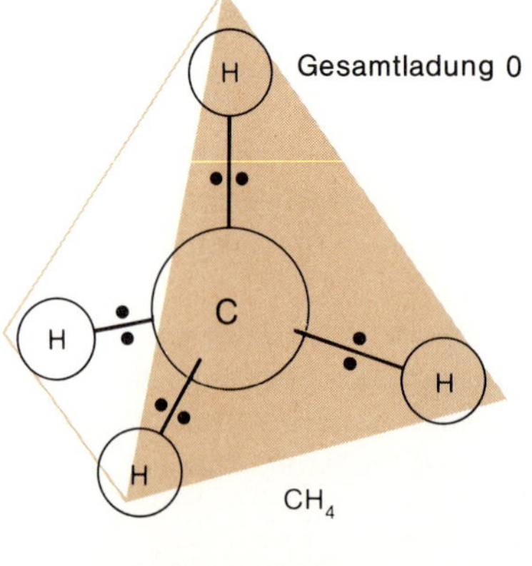

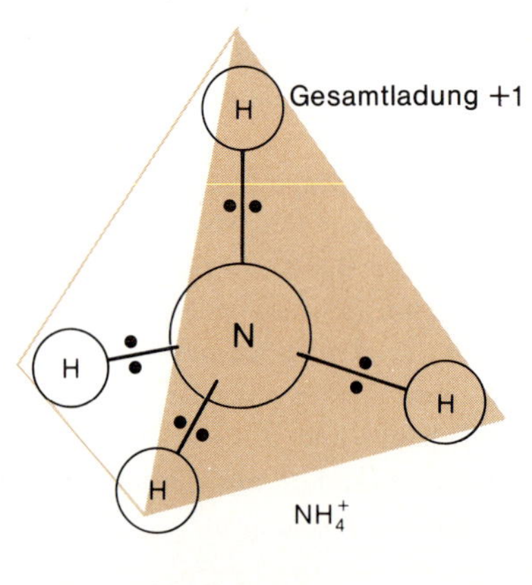

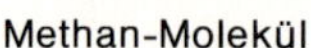
Methan-Molekül

Ammonium-Ion

Sauerstoff und Wasser

Die Erdrinde besteht zu 60% (Atomprozent) aus Sauerstoff in Kombination mit Silicium und verschiedenen Metallen der dritten und höheren Schalen. Das bedeutet eine enorme lokale Sauerstoffanreicherung, denn das gesamte Universum enthält nur 0.05% Sauerstoff. Lebende Organismen enthalten 26% Sauerstoff, hauptsächlich in Kombination mit H, C und N.

Sauerstoff hat sechs Außenelektronen, zwei einsame Elektronenpaare und zwei ungepaarte Elektronen, die leicht Bindungen eingehen. Wenn Sauerstoff wie in Wasser, H_2O, zwei kovalente Bindungen eingeht, ist er von vier Elektronenpaaren umgeben, zwei bindenden und zwei einsamen Elektronenpaaren in ungefähr tetraedischer Anordnung (s. rechts). Diese Beschränkung auf vier Elektronenpaare um ein Atom, die wir beim Stickstoff und Kohlenstoff schon angetroffen haben, ist hauptsächlich eine Folge der geringen Größe der Atome. Ein Sauerstoff-Atom teilt nur die Elektronen seiner Außenschale mit anderen Atomen, weil es in seiner Umgebung keinen Platz für mehr als vier Nachbaratome gibt. In größeren Atomen mit der gleichen Elektronenstruktur wie Sauerstoff, wie im Schwefel (dritte Schale), im Selen und im Tellur, können alle sechs Elektronen geteilt werden, so daß sechs Elektronenpaare um das Zentralatom angeordnet sind. Doch bei den kleinen Atomen der zweiten Reihe sind vier Elektronenpaare das Maximum, und die Achterschale ist aufgefüllt.

Ein Sauerstoff-Atom kann sein ganzes Bedürfnis nach Elektronenpaarung dadurch stillen, daß es beide ungepaarte Elektronen in einer Doppelbindung mit einem anderen Sauerstoff-Atom teilt, wie unten dargestellt ist. Sauerstoff kommt daher als zweiatomiges Gas, O=O oder O_2, vor, ähnlich wie das Gas N_2, aber völlig verschieden von der unendlichen Struktur des festen Kohlenstoffs im Diamant oder Graphit. Festes Bor und fester Kohlenstoff werden durch kovalente Bindungen in einem dreidimensionalen Netzwerk zusammengehalten; sie schmelzen erst bei sehr hohen Temperaturen: Bor bei 2037 °C und Graphit bei 3500 °C. Die Moleküle von festem N_2 und O_2 werden nur durch van-der-Waals-Kräfte zusammengehalten und schmelzen daher bereits bei −210 °C bzw. −219 °C.

Die Bildung eines Wasser-Moleküls, H−O−H oder H_2O, ist rechts dargestellt. Die beiden einsamen Elektronenpaare stoßen einander ab, und jedes stößt die bindenden Elektronenpaare stärker ab, als es diese Paare untereinander tun. Der H−O−H-Winkel wird also vom idealen Tetraeder-Winkel von 109.5° auf 105° zusammengepreßt. Sauerstoff ist elektronegativer als Stickstoff; so hat jede O−H-Bindung 33% Ionencharakter, während die N−H-Bindung in Ammoniak nur 27% Ionencharakter hat. Das und die Gegenwart der beiden einsamen Elektronenpaare am O erhöhen das Dipolmoment des Gesamtmoleküls auf $6.17 \cdot 10^{-30}$ C m (1.85 D), im Vergleich zu $4.90 \cdot 10^{-30}$ C m (1.47 D) für Ammoniak. Jedes Wasser-

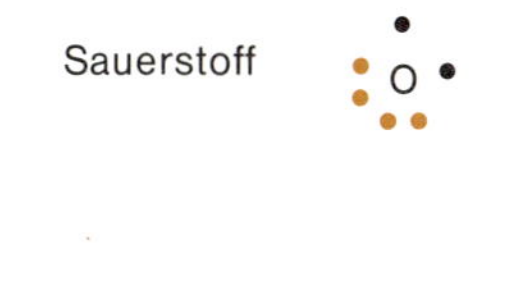

Lewis-Strukturen des Sauerstoff-Atoms und des Wasser-Moleküls.

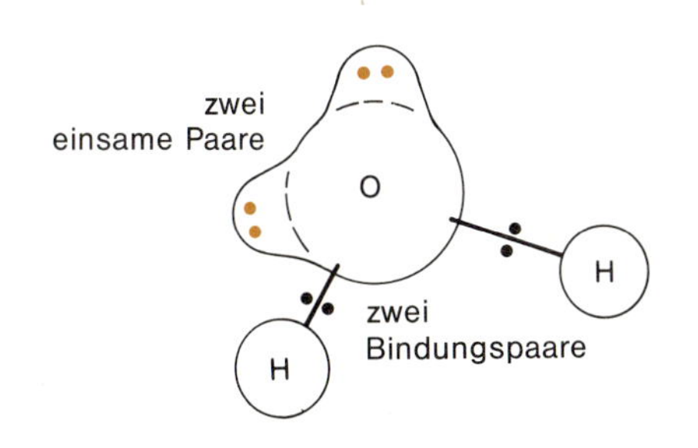

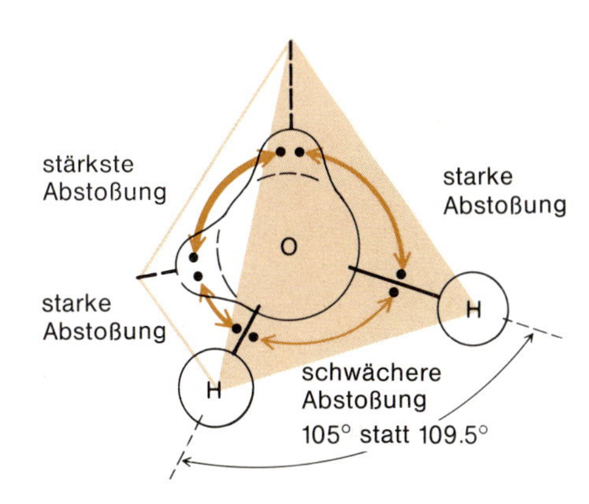

Stärkere Abstoßung durch die einsamen Elektronenpaare, die näher am O als die Bindungselektronenpaare sind, drängt die O−H-Bindungen näher zusammen als dem Tetraederwinkel von 109.5° entspricht.

Zwei Sauerstoff-Atome stellen je zwei Elektronen für eine Doppelbindung zur Verfügung, welche die Atome im O_2-Molekül zusammenhält.

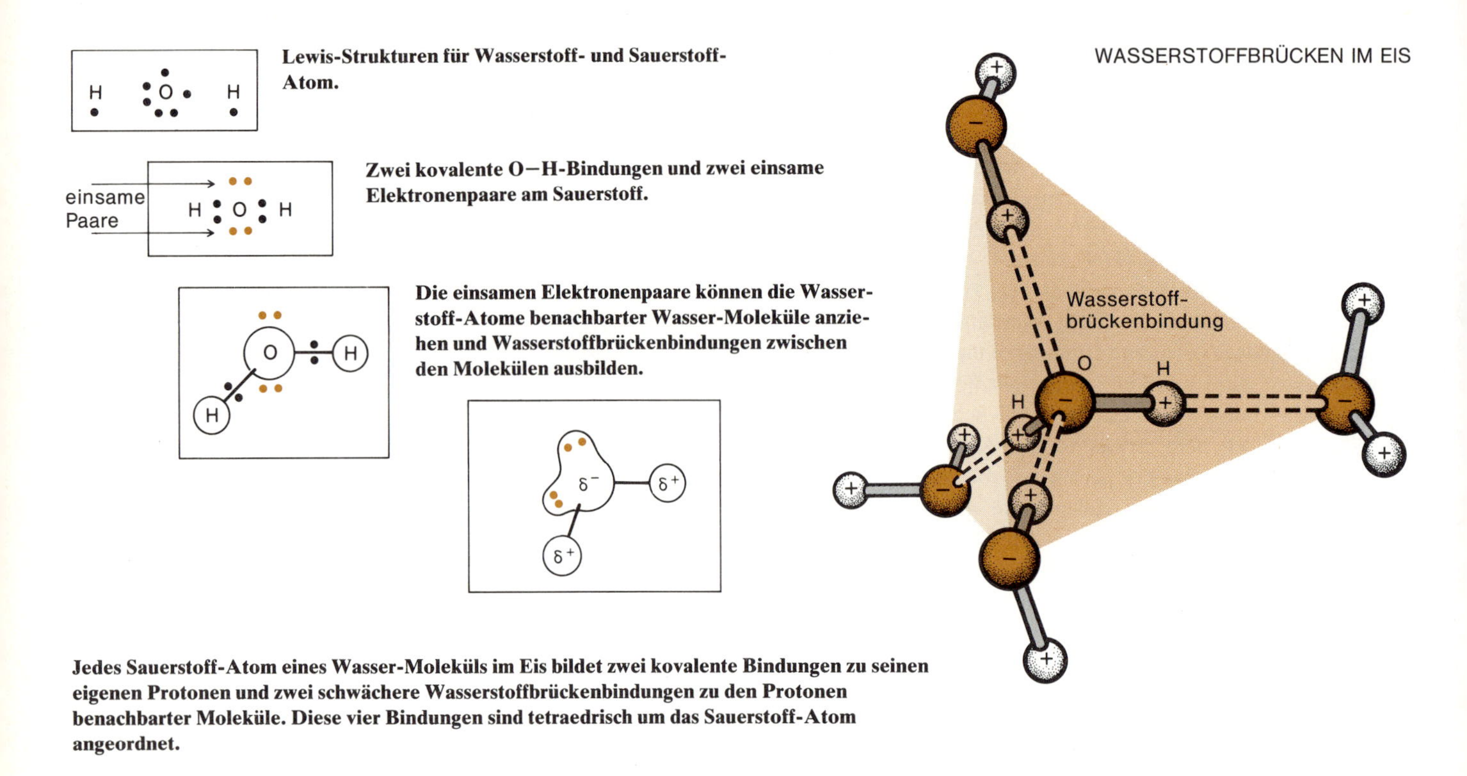

Lewis-Strukturen für Wasserstoff- und Sauerstoff-Atom.

Zwei kovalente O–H-Bindungen und zwei einsame Elektronenpaare am Sauerstoff.

Die einsamen Elektronenpaare können die Wasserstoff-Atome benachbarter Wasser-Moleküle anziehen und Wasserstoffbrückenbindungen zwischen den Molekülen ausbilden.

Jedes Sauerstoff-Atom eines Wasser-Moleküls im Eis bildet zwei kovalente Bindungen zu seinen eigenen Protonen und zwei schwächere Wasserstoffbrückenbindungen zu den Protonen benachbarter Moleküle. Diese vier Bindungen sind tetraedrisch um das Sauerstoff-Atom angeordnet.

stoff-Atom im Wasser hat eine partielle positive Ladung, und das Sauerstoff-Atom hat eine partielle negative Ladung. Ein H_2O-Molekül ist ein Miniatur-Dipol.

Allerdings sind die gegenseitigen Anziehungskräfte zwischen Wasser-Molekülen stärker als nur die Anziehungskräfte zwischen winzigen Dipolen. Jedes Wasserstoff-Atom mit seiner partiellen positiven Ladung wird von einem der einsamen Elektronenpaare am Sauerstoff eines Nachbar-Moleküls durch eine schwache Ionen-Anziehung, die sogenannte *Wasserstoffbrückenbindung* (oben), angezogen. Wasserstoffbrückenbindungen können sich immer dann ausbilden, wenn sich ein Wasserstoff-Atom mit einer partiellen positiven Ladung in der Nähe eines kleinen N-, O- oder F-Atoms, das eine überschüssige negative Ladung trägt, aufhält. Solche wenn auch nur schwachen Bindungen sind wichtig für den Molekül-Zusammenhalt z.B. bei Proteinen, da es dort sehr viele von ihnen gibt. Wir werden das Vorkommen von Wasserstoffbrückenbindungen in lebenden Organismen im 22. Kapitel diskutieren. So hängt z.B. die Codierung der genetischen Information in DNA-Molekülen, der zentrale Prozeß in allen lebenden Organismen, von Wasserstoffbrückenbindungen ab, die für die Erhaltung der Botschaft sorgen.

Die Struktur des festen Wassers oder Eises ist oben auf diesen beiden Seiten dargestellt. Jedes Sauerstoff-Atom ist tetraedisch von Sauerstoff-Atomen der Nachbar-Moleküle umgeben. Von jedem Sauerstoff-Atom gehen zwei O–H-Bindungen aus; sie sind auf zwei dieser Nachbarn gerichtet und mit ihnen durch Wasserstoffbrücken verbunden. Umgekehrt erhält jedes Sauerstoff-Atom zwei Wasserstoffbrücken von zwei anderen Nachbarn. In einer Form des Eises sind die Sauerstoff-Atome so angeordnet wie die Kohlenstoff-Atome im Diamant. Die hier gezeigte häufigere Eisstruktur ist ein Beispiel dafür, wie Atome noch auf andere Weise durch tetraedrische Bindungen verknüpft sein können. Ganz allgemein kann man sich die Eisstruktur so vorstellen, daß in ihr Lagen aus Tetraedern, durch Wasserstoffbrükken verknüpft, übereinander gestapelt sind. Die hier dargestellte und die diamantartige Struktur unterscheiden sich dann nur durch die Art der Stapelung dieser Lagen.

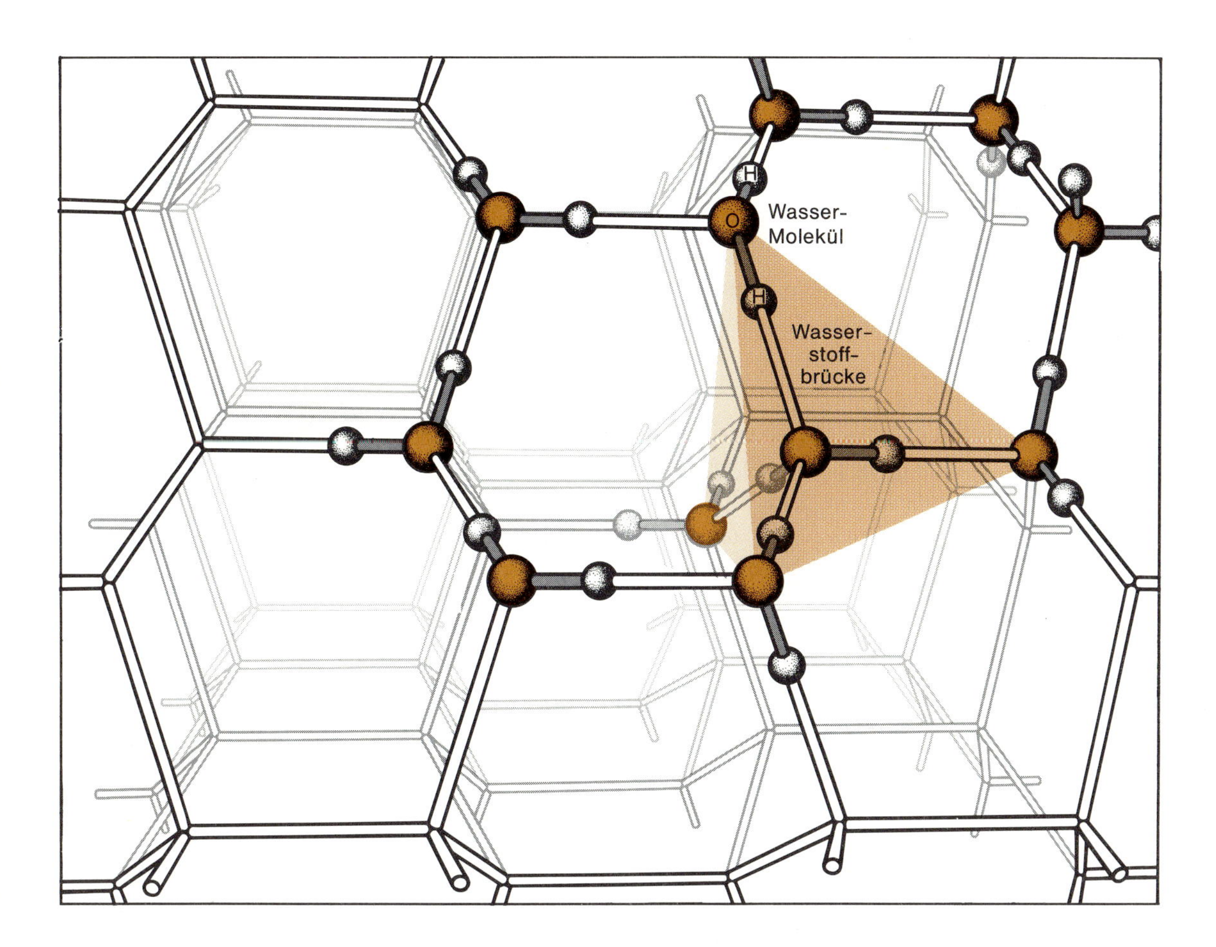

In der oben gezeigten normalen Eisform laufen offene käfigartige Kanäle durch die Struktur. Eis hat in der Tat eine offene Gerüststruktur, und die Wasser-Moleküle können einander näherkommen, wenn sie dieses Gerüst zerbrechen und sich in der weniger geordneten Struktur der Flüssigkeit zusammenlagern. Das ist der Grund dafür, warum Eis weniger dicht als flüssiges Wasser ist und auf der Oberfläche eines Sees schwimmt. Mit Ausnahme einiger Bismut-Cadmium-Legierungen, die zur Herstellung von Drucktypen verwendet werden, dehnt sich keine andere Flüssigkeit beim Gefrieren aus, und kein anderer Festkörper schwimmt auf seiner eigenen Flüssigkeit. Für das Leben auf der Erde ist das eine wichtige Eigenschaft des Wassers, denn wenn Eis nach unten sänke, wären die Tiefen der Ozeane ständig gefroren, wobei die Eis-Wasser-Grenze im Winter nach oben stiege und im Sommer wieder nach unten abfiele. Der Boden der Ozeane wäre mit einer ewigen Eisschicht bedeckt. Da das kälteste Wasser unten in der Nähe der Eisoberfläche wäre, gäbe es keine Konvektionsströme und keinen Stoffaustausch im Ozean. Man kann diesen Gedankengang noch weiter verfolgen und vorhersagen, daß sich in einer solchen Welt wahrscheinlich kein Leben hätte entwickeln können. Es liegt nahe zu spekulieren, daß allein wegen dieser Zusammenhänge Leben, wo immer es im Universum gefunden wird, nur auf Planeten vorkommt, auf denen es Wasser gibt.

Eis hat eine offene Käfigstruktur aus Sauerstoff-Atomen, die durch O—H···O-Wasserstoffbrücken verbunden sind (oben). Mit nur 90% der Dichte des flüssigen Wassers, in dem die Käfigstruktur zum Teil kollabiert ist, schwimmt Eis auf der Oberfläche von Ozeanen und Seen.

Wenn das Eis schmilzt, brechen nicht alle Wasserstoffbrückenbindungen auf einmal zusammen. Das käfigartige Gerüst zerfällt stückweise, und noch bei Raumtemperatur gibt es im flüssigen Wasser Molekülverbände (Cluster) aus mehreren hundert Wasser-Molekülen, die ähnlich wie im Eis durch Wasserstoffbrückenbindungen miteinander verknüpft sind. Wenn die Temperatur steigt, zerbrechen diese eisartigen Bereiche mehr und mehr, so daß dieselbe Menge Wasser weniger Raum einnimmt. Gleichzeitig dehnt sich die gesamte Lösung aus, während die Temperatur

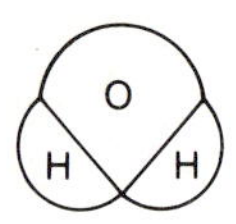
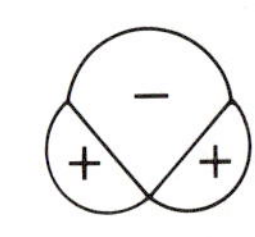

Wasser ist ein polares Molekül. Die Partialladungen auf den H- und O-Atomen sind in den raumfüllenden Skizzen des H_2O-Moleküls durch + und − gekennzeichnet.

ansteigt. Diese beiden Effekte konkurrieren miteinander. Am Anfang, wenn das Eis schmilzt, überwiegt das Zerbrechen der Gerüststruktur, und das Wasser zieht sich zusammen. Das setzt sich fort, wenn die Temperatur von 0 °C auf 4 °C ansteigt, und immer mehr eisartige Strukturen brechen auseinander. Erst wenn die Temperatur höher als 4 °C ist, gewinnt die normale thermische Expansion die Oberhand über das Aufbrechen der durch Wasserstoffbrücken zusammengehaltenen Käfige. Wasser hat sein kleinstes Volumen und seine größte Dichte bei 4 °C; erst oberhalb dieser Temperatur beginnt es, sich wie jede andere Flüssigkeit beim Erwärmen auszudehnen.

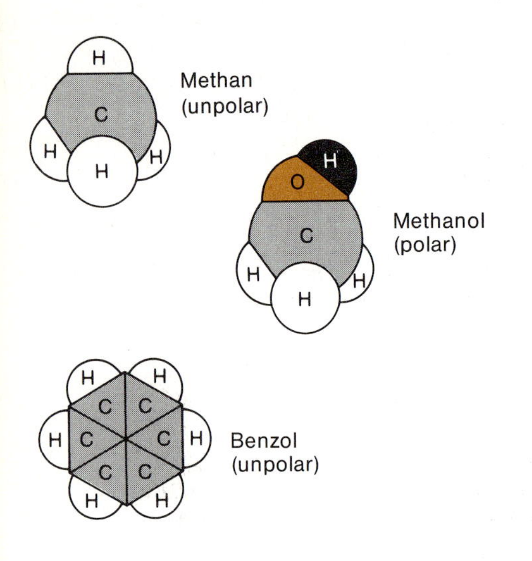

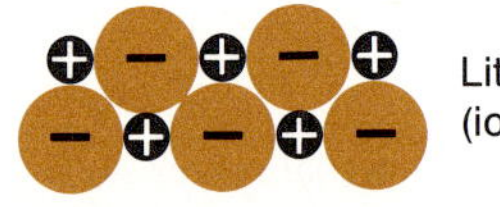

Wechselwirkungsarten zwischen Wasser und: einer nichtpolaren Flüssigkeit, Benzol (unten links); einer polaren Flüssigkeit, Methanol (Mitte) und einem ionischen Salz, LiF (rechts). Wasser und Benzol trennen sich in zwei Schichten; Wasser und Methanol mischen sich, durch Dipolkräfte angezogen, und Wasser-Moleküle umgeben (hydratisieren) die Li^+- und F^--Ionen. Wasser ist ein gutes Lösungsmittel für Methanol und LiF, aber nicht für Benzol.

Die Wechselwirkung zwischen Ammoniak und Wasser; Basen

Polare Moleküle wie Wasser und Ammoniak ziehen nicht nur einander, sondern auch andere Moleküle ihrer Art an. Der positive Bereich eines Moleküls wird vom negativen Bereich eines Nachbarn angezogen, wie unten dargestellt ist. Die Moleküle des Methans, CH_4, sind nicht polar. Wenn ein H-Atom im Methan durch eine O−H-Gruppe ersetzt wird, entsteht Methylalkohol, CH_3-OH. Das ist ein polares Molekül mit einer kleinen negativen Ladung auf dem O und einer kleinen positiven Ladung auf dem H. Methylalkohol- und Wasser-Moleküle treten miteinander in Wechselwirkung und mischen sich also in Lösung gut. Jedes von ihnen ist ein gutes Lösungsmittel für das andere.

Im Gegensatz dazu sind Benzol-Moleküle (C_6H_6) nicht polar und treten mit den Dipolen der Wasser-Moleküle nicht in Wechselwirkung. Schlimmer noch, sie sind der gegenseitigen Wechselwirkung der Wasser-Moleküle im Wege. Eine Mischung aus Benzol und Wasser ist stabiler, wenn sie sich in eine Benzolschicht, die durch van-der-Waals-Kräfte zusammengehalten wird, und eine wäßrige Schicht mit Dipol-Wechselwirkungen und Wasserstoffbrückenbindungen trennt.

Ein Salz besteht aus positiven und negativen Ionen. Wenn sich ein Salz in Wasser löst, umgibt sich jedes positive Ion mit Wasser-Molekülen, deren negative Sauerstoff-Atome dem Ion zugekehrt sind. Auch jedes negative Ion ist von Wasser-Molekülen umgeben; hier sind die positiven Wasserstoff-Atome dem Ion zugewandt. Man sagt, die Ionen sind *hydratisiert,* und wir werden im nächsten Kapitel

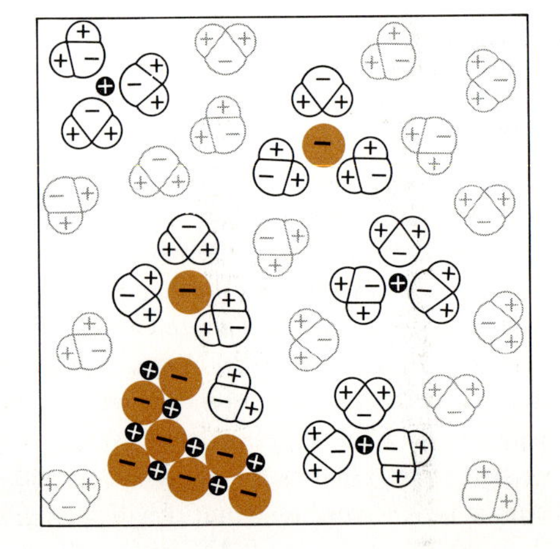

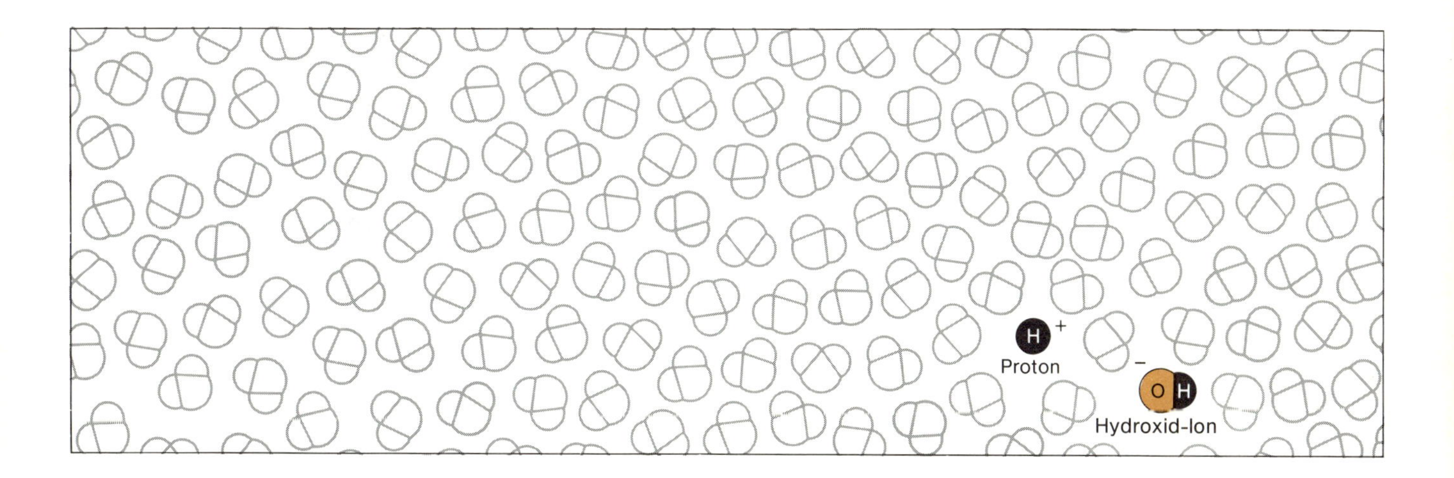

Reines Wasser dissoziiert in geringem Maß in Protonen (H^+) und Hydroxid-Ionen (OH^-).

sehen, daß die Hydratation eine wichtige Eigenschaft von Ionen ist. Wasser bricht feste Salzkristalle auf, indem es starke polare Wechselwirkungen mit den Salz-Ionen ausbildet.

Die Anziehung zwischen Ammoniak und Wasser ist noch erstaunlicher. Wasser-Moleküle dissoziieren bis zu einem gewissen Grad spontan in Protonen und Hydroxid-Ionen:

$$\underset{\text{Wasser-Molekül}}{H_2O} \longrightarrow \underset{\text{Proton}}{H^+} + \underset{\text{Hydroxid-Ion}}{OH^-}$$

Wenn sich Ammoniak in Wasser löst, konkurriert es mit dem Wasser um dessen eigene Wasserstoff-Ionen, und einige der bei der Dissoziation des Wassers frei werdenden Protonen werden von Ammoniak-Molekülen aufgenommen:

$$\underset{\text{Ammoniak-Molekül}}{NH_3} + \underset{\text{Proton}}{H^+} \longrightarrow \underset{\text{Ammonium-Ion}}{NH_4^+}$$

Die Gesamtreaktion, die rechts gezeichnet ist, ist nichts anderes als eine Konkurrenz zwischen einem Ammoniak-Molekül und einem Hydroxid-Ion um ein Proton:

$$NH_3 + H_2O \rightleftharpoons NH_4^+ + OH^-$$

Der Doppelpfeil deutet an, daß der Prozeß in Wirklichkeit nicht nach dem Alles-oder-nichts-Prinzip abläuft, sondern eine Konkurrenz oder ein Gleichgewicht zwischen der Hin- und der Rückreaktion darstellt.

Eine Substanz, die in wäßriger Lösung Hydroxid-Ionen produziert, wird *Base* genannt. Lithiumhydroxid, LiOH, ist eine Base, denn es dissoziiert im Wasser in Lithium-Ionen und Hydroxid-Ionen:

$$LiOH \longrightarrow Li^+ + OH^-$$

Nach dem gleichen Kriterium ist auch Ammoniak eine Base, obwohl die Hydroxid-Ionen hier aus den Lösungsmittel-Molekülen Wasser stammen und nicht vom Ammoniak. Hydroxid-Ionen sind reaktiv und greifen andere polare Moleküle an Stellen an, an denen positive Ladungen lokalisiert sind. (Aus diesem Grund werden viele chemische Reaktionen, die in neutraler wäßriger Lösung nur langsam ablaufen, in Gegenwart einer Base beschleunigt.) Basen fühlen sich glitschig an, weil die Hydroxid-Ionen die Fette der Haut angreifen und sie in Seife verwandeln. Ammoniak macht das gleiche mit Fetten und fettigem Schmutz, weshalb eine verdünnte Ammoniaklösung ein nützliches Reinigungsmittel im Haushalt ist. Basen färben rotes Lackmuspapier (einen viel verwendeten Säure-Base-Indikator) blau.

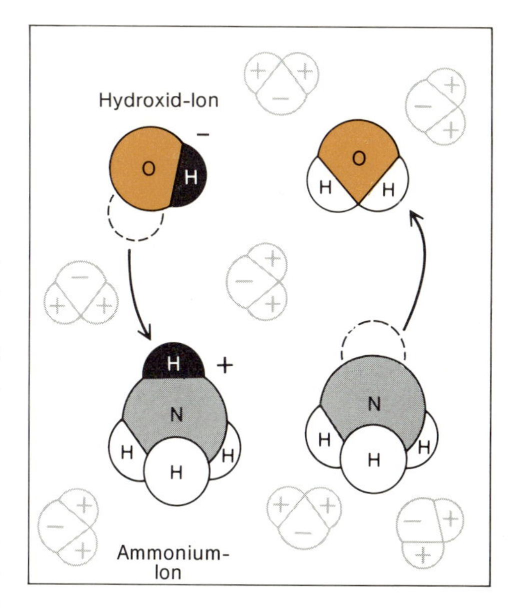

Das Ammoniak-Molekül (NH_3) und das Hydroxid-Ion (OH^-) konkurrieren um Protonen. Für jedes Ammoniak-Molekül, das ein Proton einfängt und zu einem Ammonium-Ion (NH_4^+) wird, muß ein Wasser-Molekül dissoziieren, und ein Hydroxid-Ion bleibt zurück. Das macht eine Ammoniak-Lösung basisch.

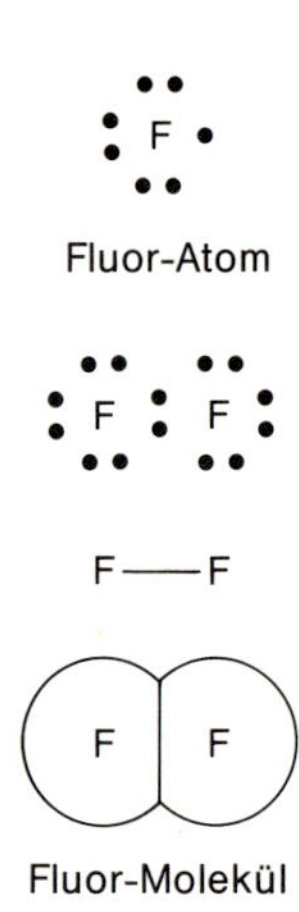

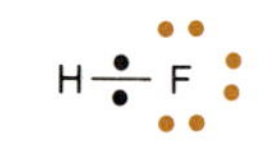

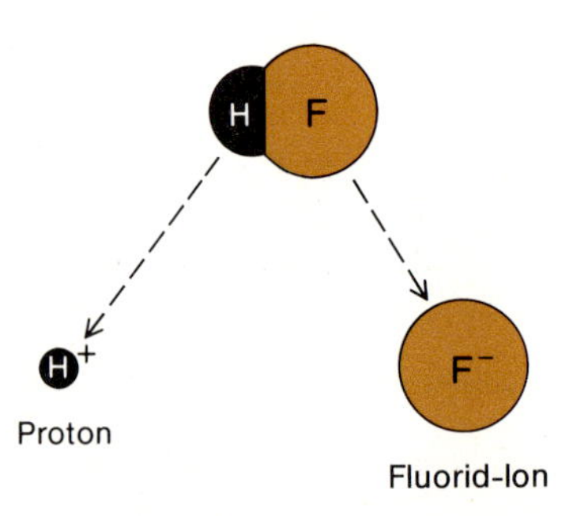

Fluorwasserstoff dissoziiert in Wasser teilweise und liefert ein Proton (H^+) und ein Fluorid-Ion (F^-). Die Protonen und Fluorid-Ionen werden von Wasser-Molekülen umgeben, d.h. hydratisiert (rechts), genauso wie Li^+ und F^- hydratisiert werden, wenn sich Lithiumfluorid auflöst. Im Gegensatz zu LiF dissoziiert nicht jedes HF-Molekül.

Fluor und Fluorwasserstoffsäure

Fluor ist das einzige Element, das elektronegativer als Sauerstoff ist. Es ist die einzige Substanz, die in Verbindungen mit Sauerstoff das bindende Elektronenpaar vom Sauerstoff weg zu sich selbst herüberzieht. Es hat sieben Elektronen in seiner äußeren Schale und braucht nur noch eins, um das stabile Oktett zu vervollständigen. Fluor-Gas besteht aus F_2-Molekülen mit einer F–F-Einfachbindung zwischen den Atomen. Seine Wasserstoffverbindung ist Fluorwasserstoff, HF, in dem das F-Atom von drei einsamen Elektronenpaaren und einem bindenden Paar umgeben ist (s. links). Die H–F-Bindung ist polarer als die H–O-Bindung. Sie hat 41% ionischen Charakter verglichen mit den 33% der O–H-Bindung. Doch weil HF nur eine polare Bindung und nicht wie H_2O zwei hat, ist sein Gesamt-Dipolmoment kleiner, nämlich $6.07 \cdot 10^{-30}$ C m (1.82 D), verglichen mit $6.17 \cdot 10^{-30}$ C m (1.85 D) beim Wasser. Mit nur einem Proton kann HF nur eine Wasserstoffbrückenbindung zu einem anderen Molekül ausbilden, so daß die Moleküle in flüssigem HF nicht so eng miteinander „verwoben" sind wie im Wasser. Deshalb siedet HF bei 19°C und nicht wie Wasser bei 100°C (beide Werte bei einem Druck von 1.013 bar). Weder Ammoniak noch HF können die komplizierten offenen Käfigstrukturen des Eises ausbilden. Ammoniak kann es nicht, weil es nur ein einsames Elektronenpaar hat, mit dem es eine Wasserstoffbrückenbindung empfangen kann, und HF kann es nicht, weil es nur ein Proton hat, mit dem es eine Wasserstoffbrückenbindung ausbilden kann. Im Wasser-Molekül liegt die günstige Kombination von zwei Protonen, die für Wasserstoffbrückenbindungen geeignet sind, und zwei einsamen Elektronenpaaren, die solche Bindungen von Nachbarmolekülen empfangen können, vor. Das Ergebnis ist die dreidimensionale Gerüststruktur des Eises.

Die Elektronen des H–F-Moleküls werden stark zum Fluor-Atom hingezogen. Wenn sich HF in Wasser löst, unterstützen die polaren Wasserstoff-Moleküle diesen Prozeß und ziehen viele der H–F-Moleküle zu Ionen auseinander:

$$\underset{\text{Fluorwasserstoff}}{HF} \longrightarrow \underset{\text{Proton}}{H^+} + \underset{\text{Fluorid-Ion}}{F^-}$$

Genau wie bei der Auflösung eines Salzkristalls wird jedes Ion hydratisiert, indem es sich mit drei oder vier Wasser-Molekülen umgibt. Jedes Proton ist von Wasser-Molekülen umgeben, deren negativ geladene Sauerstoff-Atome ihm zugewandt

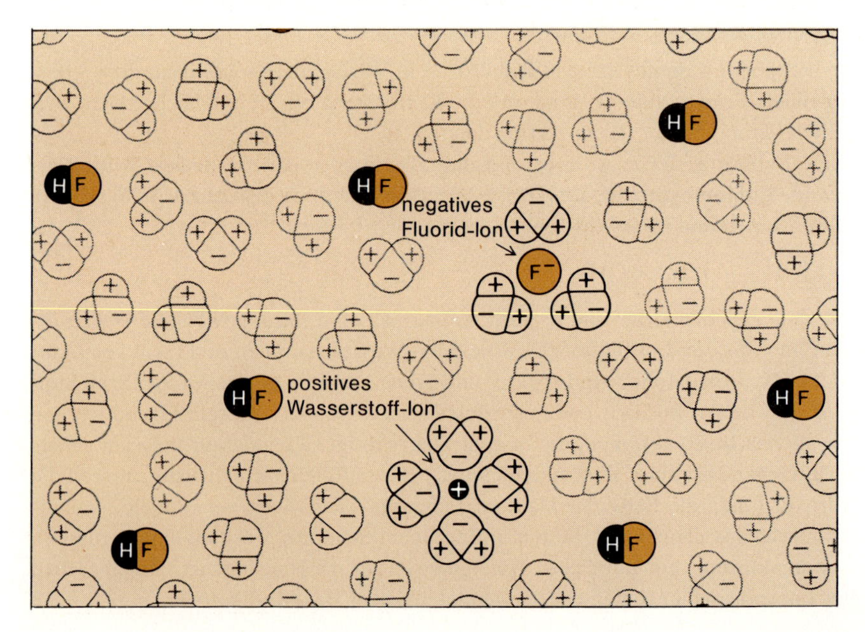

sind, und jedes Fluorid-Ion ist von anderen Wasser-Molekülen umgeben, die ihm ihre Wasserstoff-Atome zukehren (s. linke Seite unten). Da Wasser-Moleküle an dem Auseinanderziehen oder der Dissoziation von HF beteiligt sind, muß die vorige Gleichung eigentlich geschrieben werden:

$$HF + (n+m)\,H_2O \longrightarrow H^+(H_2O)_n + F^-(H_2O)_m$$

Die Indices n und m geben die Anzahl der Wasser-Moleküle an, die um jedes Ion herum untergebracht werden können. Bei diesen kleinen Ionen sind es drei oder vier, doch bei größeren Ionen können n und m den Wert sechs oder sogar noch höher annehmen. Das ist ein weiteres Beispiel dafür, wie polare Flüssigkeiten, z. B. Wasser, gute Lösungsmittel für andere polare Substanzen oder für Salze mit geladenen Ionen sein können. Ist das Lösungsmittel eine andere Flüssigkeit als Wasser, z. B. flüssiges Ammoniak, dann ersetzt man den Ausdruck Hydratation durch den allgemeineren *Solvatation*.

Wenn sich Fluorwasserstoff in Wasser löst, nimmt die Menge der Wasserstoff-Ionen in der Lösung zu. Jede Substanz, welche die H^+-Konzentration einer wäßrigen Lösung erhöht, wird *Säure* genannt. Eine wäßrige Lösung von H–F-Molekülen wird als Fluorwasserstoffsäure (oder Flußsäure) bezeichnet. Ebenso wie Hydroxid-Ionen chemische Reaktionen durch Angriff von Molekülen an Stellen mit einem leichten Überschuß an positiver Ladung unterstützen können, können Wasserstoff-Ionen negative Molekülbereiche angreifen. Säuren und Basen können Reaktionen beschleunigen, die in neutraler Lösung nur sehr langsam oder überhaupt nicht ablaufen. Säuren schmecken scharf. Bekannt ist der Geschmack von Essigsäure in Essig und von Zitronensäure in Zitronen. Man sollte unter *keinen* Umständen Laborchemikalien wie Fluorwasserstoffsäure, Salzsäure oder Schwefelsäure mit der Zunge untersuchen, denn sie sind so aggressiv, daß das gefährlich werden könnte. Der im Labor gebräuchlichste Säure-Base-Indikator, Lackmuspapier, wird von Säuren rot gefärbt.

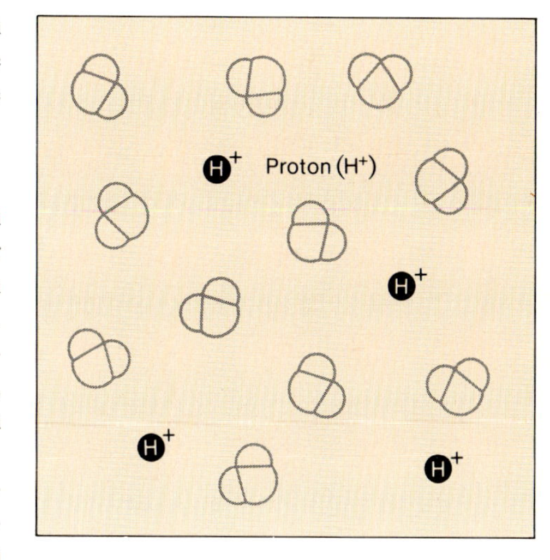

Eine Säure (oben) ist jede Substanz, welche die Anzahl (Konzentration) der Protonen einer wäßrigen Lösung, zu der sie gegeben wird, erhöht. Die saure Lösung ist durch den Farbton gekennzeichnet.

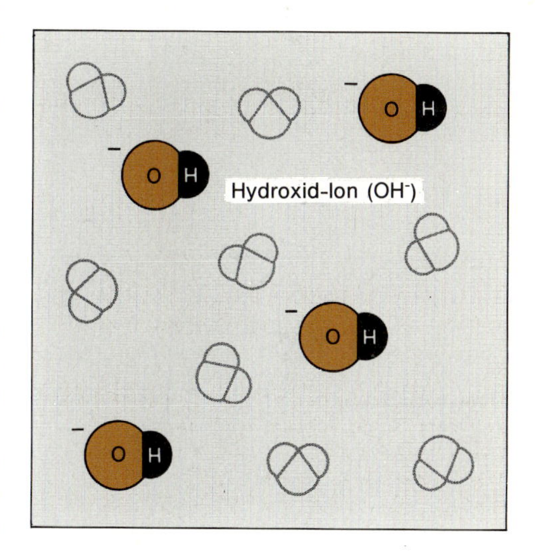

Eine Base (oben) ist jede Substanz, welche die Wasserstoffionen-Konzentration einer wäßrigen Lösung, zu der sie gegeben wird, herabsetzt und die Hydroxidionen-Konzentration erhöht. Die basische Lösung ist grau gekennzeichnet.

Atome teilen sich Elektronen: eine Zusammenfassung

Dieses Kapitel war den chemischen Bindungen gewidmet, die durch das Teilen von Elektronen zustandekommen. Wir haben gesehen, daß die Elektronen zwischen den miteinander verbundenen Atomen nie gleichmäßig geteilt werden, es sei denn, die Atome haben genau die gleiche Elektronegativität. Bei den meisten Bindungen treten Ladungsverschiebungen auf, d. h. sie haben einen gewissen ionischen Charakter, der aus den Dipolmomenten der Moleküle berechnet werden kann. In der Reihe der Bindungen der Elemente C, N, O und F zu Wasserstoff finden wir den Anstieg des prozentualen Ionencharakters, den wir aufgrund der Elektronegativitäten dieser Atome erwarten sollten (s. die Tabelle unten).

In diesem Kapitel haben wir gesehen, daß Ionen entstehen, wenn sich die Elektronegativitäten miteinander verbundener Atome stark voneinander unterscheiden. Das nächste Kapitel wird sich mit den Eigenschaften von Ionen befassen, wie wir sie in Salzen, Lösungen und Metallen beobachten.

Bindung	H–C	H–N	H–O	H–F	Li–F
Differenz der Elektronegativitäten	0.4	0.9	1.4	1.9	3.0
Prozent Ionencharakter	gering	27%	33%	41%	87%

Fragen

1. In welchem Zustand haben zwei F-Atome die niedrigere Energie: wenn sie als weit voneinander entfernte, isolierte Atome vorliegen oder wenn sie in einem F_2-Molekül nahe beieinander sind? Wird Energie aufgenommen oder abgegeben, wenn sich zwei F-Atome zu einem F_2-Molekül verbinden?
2. Wie erklärt die VSEPR-Theorie die beobachtete Geometrie des Methan-, Ammoniak- und Wasser-Moleküls?
3. Warum verringert sich der H-X-H-Bindungswinkel von 109.5° in Methan über 107° in Ammoniak auf 105° in Wasser? (X soll das Zentralatom darstellen.)
4. Welche Anziehungskräfte führen dazu, daß gasförmiges Methan bei tiefen Temperaturen zur Flüssigkeit kondensiert? Warum muß die Temperatur zur Kondensation von Methan nicht so stark herabgesetzt werden wie zur Kondensation von Wasserstoff?
5. Welche Atome der zweiten Periode können Doppel- und Dreifachbindungen ausbilden? Wie ändern sich die Bindungslängen von Einfach-, Doppel- und Dreifachbindungen zwischen gleichen Atomen? Welche Änderung der Bindungsenergien sollte man erwarten?
6. Welche Bindungsarten findet man zwischen den Kohlenstoff-Atomen im Benzol?
7. In welcher Hinsicht ähnelt die Molekülstruktur des Benzols derjenigen des Graphits?
8. Was hält die Benzol-Moleküle in flüssigem Benzol zusammen? Was hält die Kohlenstoffschichten im Graphit zusammen? Wie erklärt das die Verwendungsmöglichkeit von Graphit als Schmiermittel? Inwiefern lassen sich die Schmiereigenschaften von Kohlenwasserstoffen mit 15 bis 20 Kohlenstoff-Atomen auf ähnliche Weise erklären?
9. Auf welche Weise ähnelt die Struktur von geradkettigen und verzweigtkettigen Kohlenwasserstoffen derjenigen des Diamanten?
10. Warum ist Diamant so hart und Graphit so weich, wenn doch beide aus reinem Kohlenstoff bestehen?
11. Warum nimmt der prozentuale Ionencharakter der Bindungen zum Zentralatom in der Molekülreihe Methan, Ammoniak, Wasser zu? Welchen Einfluß hat das auf das gemessene Dipolmoment jedes Moleküls?
12. Warum hätte das Methan-Molekül auch dann kein meßbares Dipolmoment, wenn die einzelnen C–H-Bindungen stark polar wären?
13. Wie unterscheiden sich konjugierte Moleküle von anderen Molekülen mit Doppelbindungen? Wie bezeichnet man konjugierte Ringverbindungen wie Benzol?
14. Warum leitet Graphit den elektrischen Strom und Diamant nicht?
15. Warum ist das N_2-Molekül stabiler als das F_2-Molekül?
16. Welche Kräfte halten die H_2O-Moleküle im Eis zusammen?
17. Warum schwimmt Eis auf dem Wasser, wo doch praktisch kein anderer Festkörper auf seiner eigenen Schmelze schwimmt? Warum schwimmen festes Ammoniak und fester Fluorwasserstoff nicht wie festes Wasser auf ihrer eigenen Flüssigkeit?
18. Welche Anziehungskräfte existieren zwischen Wasser und Benzol? Wasser und Methanol? Wasser und LiF?
19. Warum ist Wasser ein gutes Lösungsmittel für Ethanol (Ethylalkohol), aber nicht für Ethan? Sollte man erwarten, daß Wasser ein besseres oder schlechteres Lösungsmittel für Octanol,
   $CH_3{-}CH_2{-}CH_2{-}CH_2{-}CH_2{-}CH_2{-}CH_2{-}CH_2{-}OH$, als für Ethanol ist?
20. Was versteht man unter der Hydratation eines Moleküls oder Ions?
21. Warum erhöht sich die Konzentration der Hydroxid-Ionen, wenn Ammoniak in Wasser gelöst wird? Wie nennt man eine Substanz, die sich so verhält?

22. Warum erhöht sich die Konzentration der Wasserstoff-Ionen, wenn Fluorwasserstoff in Wasser gelöst wird? Wie nennt man eine solche Substanz?
23. Wie unterscheidet sich das Verhalten von HF und LiF, wenn jede der Substanzen in Wasser gelöst wird?
24. Warum sind einige OH^--Ionen in Wasser vorhanden, selbst wenn keine Base hinzugefügt wird? Wie verhält sich die Konzentration der OH^--Ionen zur Konzentration der H^+-Ionen in seinem Wasser?
25. Welchen Effekt haben Säuren und Basen auf Lackmuspapier? Wie nennt man solche Farbstoffe?

Probleme

1. Wenn die Bindungslänge im H–F-Molekül 92 pm wäre und die Bindung 75% Ionencharakter (statt 41%) hätte, welches Dipolmoment würde man beim HF beobachten?
2. Am HCl-Molekül wird ein Dipolmoment von $3.57 \cdot 10^{-30}$ C m (1.07 D) gemessen, und der Abstand zwischen den Atomen ist 127 pm. Wieviel Prozent Ionencharakter hat die H–Cl-Bindung? Ist sie mehr oder weniger ionisch als die H–F-Bindung? Chlor ist das dem Fluor analoge Element in der dritten Periode des Periodensystems (s. Ende des dritten Kapitels). Was sagen diese Berechnungen über die relativen Elektronegativitäten von F und Cl aus?
3. Wenn jede der O–H-Bindungen in Wasser zu 33% ionisch ist, wie im Text angegeben wurde, welches *Bindungs-Dipolmoment* ergibt sich dann für jede der O–H-Bindungen? (Die O–H-Bindung hat eine Länge von 96 pm.)
4. Wie ergibt sich aus den Ergebnissen des Problems 3, daß das Dipolmoment des gesamten Wasser-Moleküls $6.17 \cdot 10^{-30}$ Cm (1.85 D) ist, wie vorher im Text behauptet wurde? Anders gefragt: Wenn das Bindungsmoment im vorhergehenden Problem als μ_b bezeichnet wird, wie groß ist dann die Vektorsumme der beiden Vektoren mit der Länge μ_b, die einen Winkel von 105° miteinander bilden?
5. Wenn die N–H-Bindung in Ammoniak zu 27% ionisch ist und die Bindungslänge 101 pm beträgt, wie groß ist dann das Bindungsmoment jeder N–H-Bindung?
6. Man zeige mit dem in Problem 5 berechneten Wert, daß das Dipolmoment des Ammoniaks $4.90 \cdot 10^{-30}$ Cm (1.47 D) betragen sollte: Welches ist die Vektorsumme von drei Vektoren mit der Länge μ_b, die einen Winkel von 107° miteinander bilden? (Dieses Problem hat mehr mit Geometrie als mit Chemie zu tun.)

Neutrale Atome von Lithium (Li) und Fluor (F). Die Ladungen an den Protonen (+) und an den Elektronen (–) halten einander exakt die Waage.

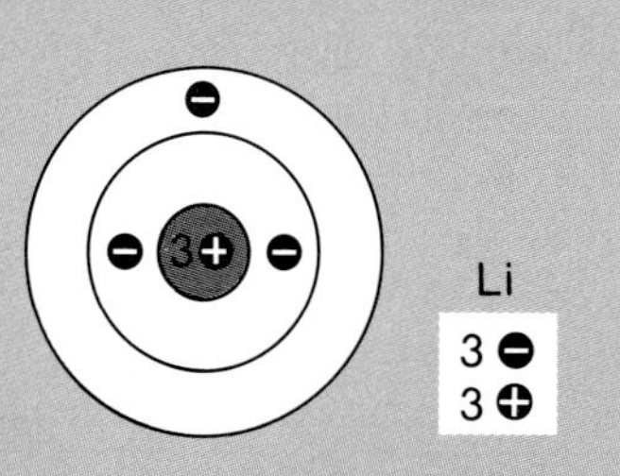

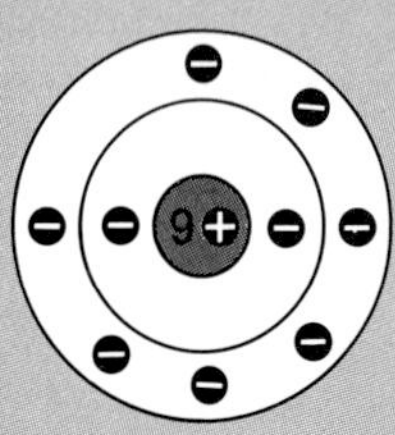

Ein Lithium-Atom verliert ein Elektron, ein Fluor-Atom gewinnt eines hinzu. Li hat jetzt zwei Elektronen, F hat zehn.

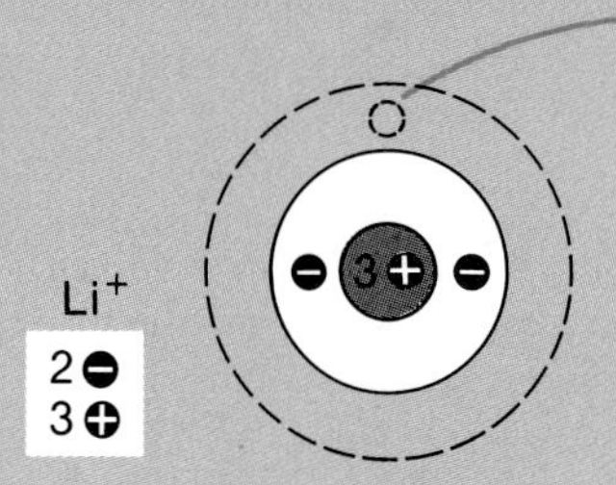

9

F^-

10

9

Mit drei Protonen und nur zwei Elektronen ist Li^+ ein positives Ion.
Andererseits ist mit neun Protonen und zehn Elektronen F^- ein negatives Ion.
Das Lithium-Ion schrumpft gegenüber dem Lithium-Atom, wenn die äußere Schale geleert wird; das Fluorid-Ion, bei dem die äußere Schale gefüllt ist, ist dabei größer geworden.

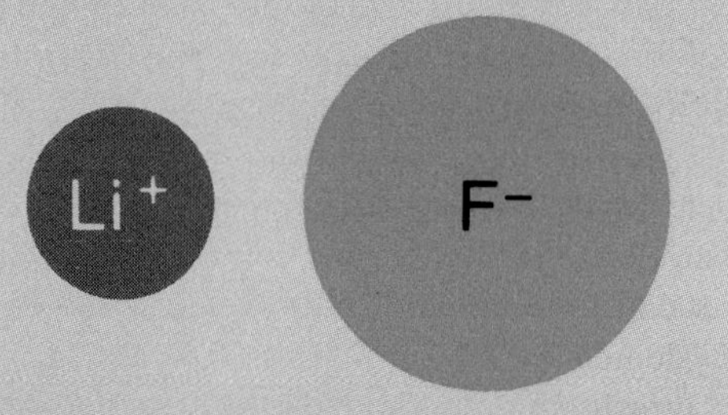

Li^+- und F^--Ionen ziehen sich in der unten dargestellten Salzstruktur gegenseitig an und neutralisieren einander.

Li^+-Ion

F^--Ion

◀ *Aus neutralen Atomen werden Ionen gebildet, die aufgrund der elektrostatischen Anziehung geordnete Salzkristalle aufbauen.*

5. Kapitel

Gewinn und Verlust von Elektronen; Ionen und Metalle

Im 4. Kapitel haben wir Beispiele dafür kennengelernt, wie Elektronen in einer Bindung zwischen zwei Atomen gleichmäßig aufgeteilt werden (C–H-Bindung in Methan), wie sie ungleich aufgeteilt werden (Ammoniak, Wasser, HF) und wie sie ganz oder teilweise von einem Atom auf das andere übertragen werden, so daß Ionen entstehen (HF und LiF in Wasser). Ionen und Salze wurden hauptsächlich als Gegenbeispiele zur kovalenten Elektronenpaar-Bindung zitiert. Jetzt wollen wir das Verhalten von Ionen betrachten, wie wir ihnen in Salzen, Lösungen und Metallen begegnen. Säuren und Basen wurden im 4. Kapitel jeweils mit Beispielen vorgestellt: die Säure HF und die Basen NH_3 und LiOH. Einige der bekanntesten und nützlichsten Säuren und Basen sind Verbindungen des Sauerstoffs. Im vorliegenden Kapitel werden wir einige Verbindungen des Sauerstoffs mit anderen Elementen der zweiten Schale daraufhin betrachten, wie aufgrund von Elektronegativitätsunterschieden manche davon Säuren, andere Basen sind. Warum benimmt sich beispielsweise Lithiumhydroxid (LiOH) so völlig anders als Salpetersäure (HNO_3)? Und warum finden wir bei den spröden Salzen und den geschmeidigen Metallen, obwohl beide doch aus Ionen aufgebaut sind, so gegensätzliches Verhalten, wie es Festkörper nur haben können? Die Zeichnungen auf der gegenüberliegenden Seite zeigen das Wesen der Salzstruktur: Positiv und negativ geladene Ionen, die einander anziehen, lagern sich in einer regelmäßigen geometrischen Struktur derart zusammen, daß positive mit negativen Ladungen abwechseln. Dagegen sind in einem Metall alle Ionen positiv geladen; sie werden zusammengehalten durch ein „Meer“ von beweglichen Elektronen. Wir werden sehen, wie die Anordnung der Ionen und Elektronen jeweils das Verhalten der beiden Arten von Festkörpern bestimmt.

Die Prinzipien der Periodizität des chemischen Verhaltens und eines „Periodensystems“, dessen Zeilen (Perioden) den Elektronenschalen entsprechen, wurden am Schluß des 3. Kapitels eingeführt. Die Elemente der zweiten Schale (oder der zweiten Periode), Lithium bis Neon, sind ein Mikrokosmos des ganzen Periodensystems, denn die Regeln und Verhaltensweisen, die wir in diesem Kapitel kennenlernen, werden uns bei den schweren Elementen wiederbegegnen. Wir erfahren nicht nur etwas über die Elemente der zweiten Schale, sondern gleichzeitig einiges über die Grundprinzipien, die auf das chemische Verhalten aller Atome anwendbar sind. Diese Prinzipien werden bei den Atomen der zweiten Schale in besonders einfacher Weise sichtbar.

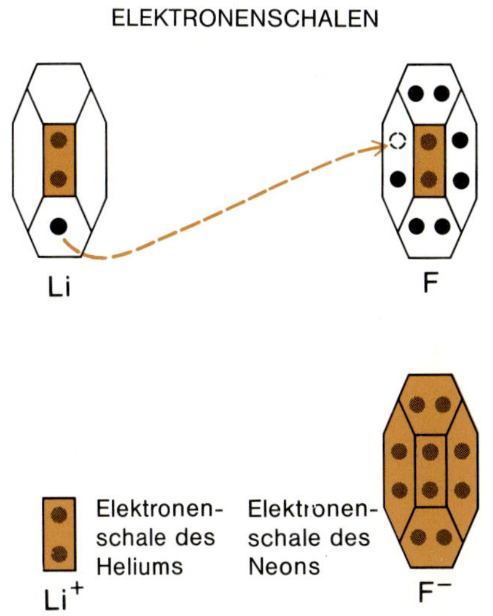

Gibt Lithium ein Elektron ab, so erreicht es die Elektronenkonfiguration des Heliums. Nimmt andererseits Fluor ein Elektron auf, so erreicht es die Elektronenkonfiguration des Neons. Beide Ionen haben jetzt voll besetzte Außenschalen.

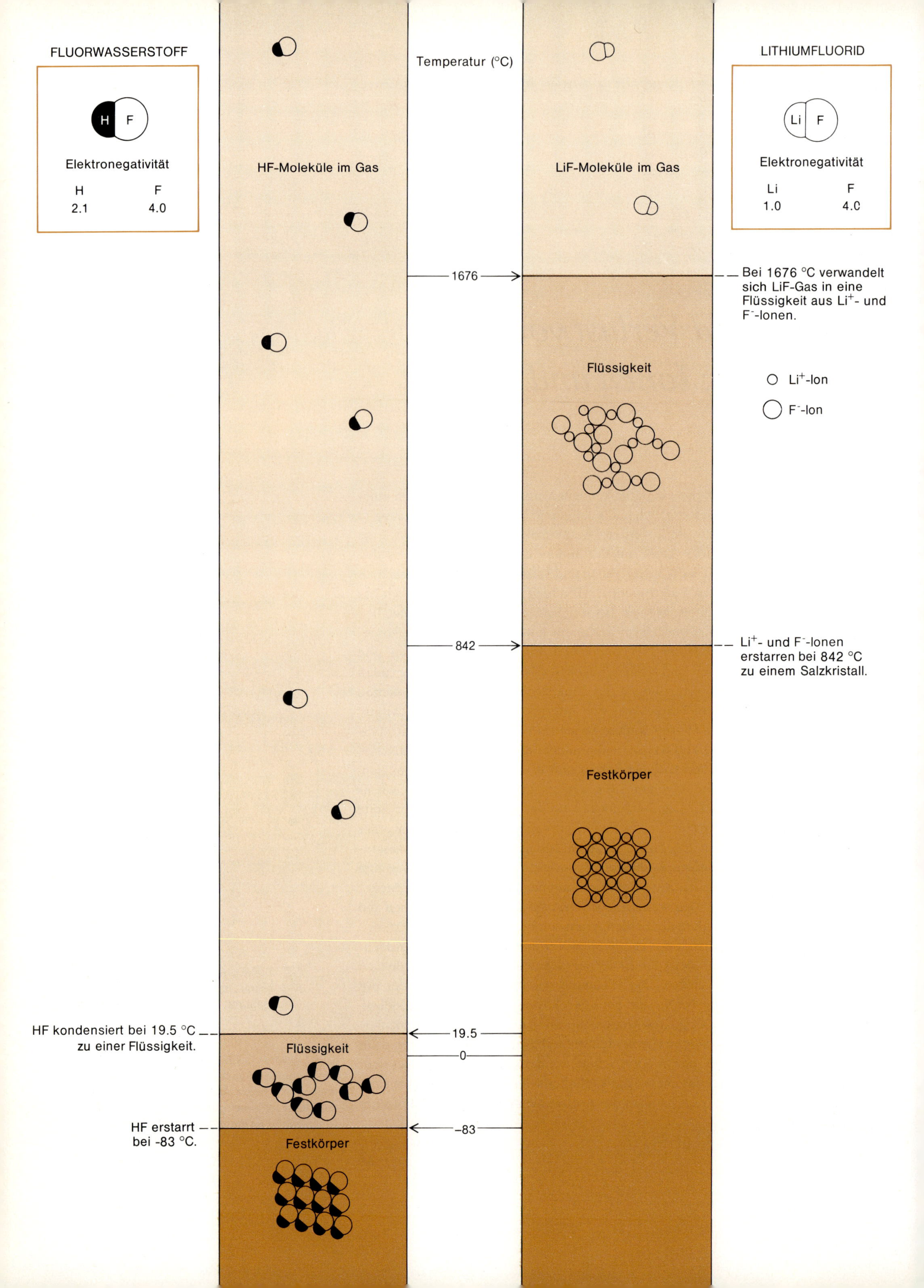
FLUORWASSERSTOFF
H
F
Elektronegativität
H
F
2.1
4.0
HF-Moleküle im Gas
Temperatur (°C)
LiF-Moleküle im Gas
LITHIUMFLUORID
Li
F
Elektronegativität
Li
F
1.0
4.0
1676
Bei 1676 °C verwandelt sich LiF-Gas in eine Flüssigkeit aus Li⁺- und F⁻-Ionen.
Flüssigkeit
Li⁺-Ion
F⁻-Ion
842
Li⁺- und F⁻-Ionen erstarren bei 842 °C zu einem Salzkristall.
Festkörper
HF kondensiert bei 19.5 °C zu einer Flüssigkeit.
19.5
0
Flüssigkeit
HF erstarrt bei -83 °C.
-83
Festkörper

Ionen und Salze

Bei sehr hoher Temperatur, etwa bei 1700 °C, liegen sowohl Fluorwasserstoff als auch Lithiumfluorid in der Gasphase als zweiatomige Moleküle vor (linke Seite). Die Elektronegativitäten von Li und F (1.0 und 4.0) unterscheiden sich stärker als jene von H und F (2.1 und 4.0). Deshalb ist das LiF-Molekül stärker polar als das HF-Molekül. Dieser Unterschied spiegelt sich in den gemessenen Dipolmomenten wieder: $21.12 \cdot 10^{-30}$ Cm (6.33 D) bei LiF gegenüber nur $6.07 \cdot 10^{-30}$ Cm (1.82 D) bei HF. Aus diesen Werten und den beobachteten Bindungslängen kann man ausrechnen, daß die LiF-Bindung im zweiatomigen, gasförmigen Molekül zu 87% ionischen Charakter hat, während die Bindung in HF nur zu 41% ionisch ist. Beim Lithium ist die Tendenz, sein äußeres Elektron an Fluor abzugeben und ein einfach positives Ion zu bilden, weitaus stärker als beim Wasserstoff.

Regelrecht sehen können wir diese Elektronegativitätsdifferenz, wenn wir die HF- und LiF-Moleküle, die sich im Gaszustand befinden, allmählich abkühlen. Mit HF passiert überhaupt nichts, bis die Temperatur auf 19.5 °C gesunken ist. An diesem Punkt bewegen sich die Moleküle des Gases so langsam, daß sie durch Kräfte, die zwischen den Molekülen wirken, eingefangen werden können und zu einer Flüssigkeit kondensieren. Die individuellen Moleküle bleiben in der Flüssigkeit erhalten, und die Anziehungskräfte zwischen ihnen setzen sich zusammen aus van-der-Waals-Wechselwirkungen und Wasserstoffbrücken über ein H-Atom zum Fluor eines Nachbarmoleküls. Bei −83 °C wird die Bewegung der Moleküle so langsam, daß jene Kräfte die HF-Moleküle zu einem kristallinen Feststoff einfrieren. Aber selbst im Festkörper bleiben individuelle HF-Moleküle erhalten, die durch zwischenmolekulare Kräfte zusammengehalten werden.

LiF verhält sich völlig anders. Der Unterschied der Elektronegativität zwischen den beiden Atomen ist so groß, daß ein zweiatomiges LiF-Molekül einen ausgesprochen ungünstigen Zustand darstellt. Die Tendenz, daß das Elektronenpaar ganz auf das F-Atom übertragen wird, ist so stark, daß das Molekül in zwei Ionen umgewandelt wird:

$$\mathrm{Li{-}\ddot{\underset{\cdot\cdot}{F}}:} \longrightarrow \mathrm{Li^+} + \mathrm{:\ddot{\underset{\cdot\cdot}{F}}:^-}$$

zweiatomiges Molekül — Lithium-Ion — Fluorid-Ion

(Die Punkte stehen für Elektronen der äußeren Schale, und der Bindungsstrich zwischen den Atomen repräsentiert ein Elektronenpaar.) Nach dieser Trennung in Ionen zieht jedes Li^+-Ion alle vorhandenen F^--Ionen an und jedes F^--Ion alle Li^+-Ionen. Das Gas aus isolierten LiF-Molekülen kondensiert zu einer Flüssigkeit aus Li^+- und F^--Ionen (linke Seite), sobald die Temperatur unter 1676 °C fällt. Nur oberhalb dieser Temperatur hat LiF so viel Energie, daß das Elektronenpaar wieder zum Li^+-Ion hin verschoben wird und aus den getrennten Ionen LiF-Moleküle werden.

Geschmolzenes LiF ist eine ziemlich ungewöhnliche Flüssigkeit, wenn man sie mit Benzol oder Wasser vergleicht. Bei den Wechselwirkungen zwischen den Teilchen handelt es sich nicht um schwache van-der-Waals-Kräfte wie beim Benzol oder um mäßig starke Dipol-Anziehungskräfte und Wasserstoffbrücken wie beim Wasser, sondern um äußerst starke elektrostatische Anziehungen zwischen Ionen entgegengesetzter Ladung und um die ebenso starken Abstoßungskräfte zwischen gleichgeladenen Ionen. Ionen können in der Flüssigkeit aneinander vorbeiwandern, aber jede Ionensorte umgibt sich gerne mit Ionen der entgegengesetzten Ladung.

Wenn geschmolzenes LiF auf 842 °C abgekühlt wird, verlangsamt sich die Bewegung der Moleküle so stark, daß sie in einer regelmäßigen Anordnung erstarren, in der positive mit negativen Ladungen abwechseln. So werden gleichgeladene Ionen voneinander abgeschirmt, und auf diese Weise kommt die Struktur des LiF-Salzkri-

DER Li^+F^--KRISTALL

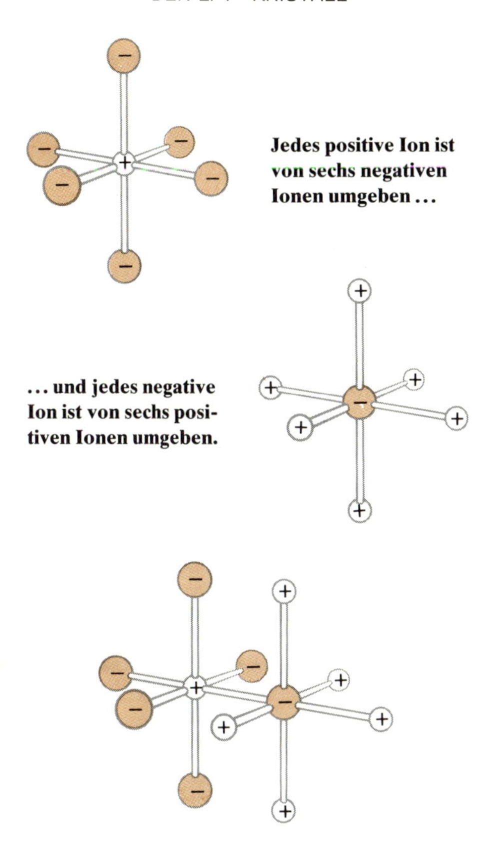

Jedes positive Ion ist von sechs negativen Ionen umgeben ...

... und jedes negative Ion ist von sechs positiven Ionen umgeben.

Zusammengesetzt bilden diese Strukturelemente das Gerüst ...

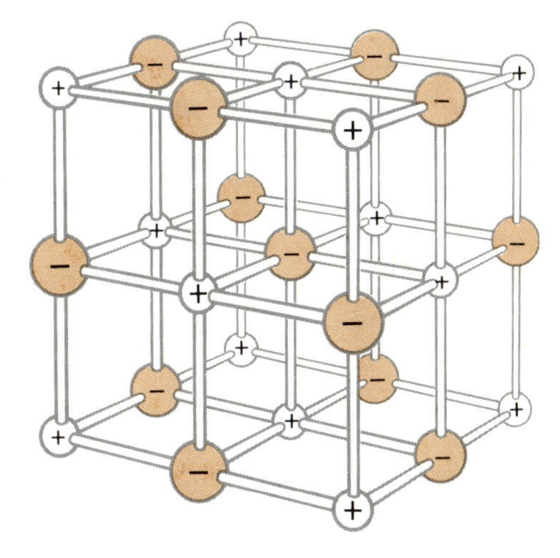

... eines Kristallgitters. Hier ist es ein kubischer Salzkristall.

stalls zustande, die im 4. Kapitel vorgestellt und auf dem Rand der letzten Seite gezeigt wurde. Auch im Festkörper bleiben – ganz anders als im HF – die individuellen Li^+- und F^--Ionen erhalten. Der Schlüssel zu diesem für uns neuen Verhalten liegt im Elektronegativitätsunterschied der Atome.

Atome oder Ionen in irgendeinem Feststoff sitzen nicht wirklich fest auf ihren Plätzen. Wegen ihrer thermischen Energie schwingen sie um in der Kristallstruktur festgelegte Positionen. Je höher die Temperatur, um so mehr Energie besitzen die Atome in einem Festkörper und um so heftiger schwingen sie. Der Schmelzpunkt von LiF-Salzkristallen (842 °C) ist diejenige Temperatur, bei der die Ionen genug Schwingungsenergie haben, um sich aus der Kristallstruktur zu befreien und sich in einer Flüssigkeit umeinander herum zu bewegen. Der Siedepunkt des geschmolzenen LiF (1676 °C) ist die Temperatur, bei der die Partikel aus der Schmelze ausbrechen und in die Gasphase übergehen können. Dazu müssen sie sich wieder zu Li–F-Molekülen paaren. Ein isoliertes Ion – positiv oder negativ – ist existenzfähig, wenn es im Kristall von Ionen der entgegengesetzten Ladung umgeben ist, aber die Existenz isolierter Li^+- und F^--Ionen in der Gasphase erfordert viel mehr Energie. Die Ladungstrennung wird durch die Bildung zweiatomiger LiF-Moleküle vermieden.

Damit sich solche LiF-Moleküle bilden, obwohl die Bindung so stark polar ist, muß das F^--Ion einen Teil des Elektronenpaars, das es sich angeeignet hatte, an das Li^+-Ion zurückgeben. Der hohe Siedepunkt des Salzes zeugt davon, daß dies ein schwieriges Unterfangen ist. Das Li^+-Ion mag die Elektronen gar nicht und nimmt sie erst bei hoher Temperatur (hoher Energie) auf. Im Gegensatz zu flüssigem LiF, einem geschmolzenen, ionischen Salz, liegt HF schon in Molekülform vor, so daß zu seiner Verdampfung aus dem flüssigen in den Gaszustand nur van-der-Waals-Kräfte und Wasserstoffbrücken überwunden werden müssen. Dazu reichen Temperaturen oberhalb 19.5 °C aus.

LiF ist wasserlöslich, denn die polaren Wasser-Moleküle greifen die Ionen an und „hydratisieren" sie, wie es unten dargestellt ist. Das Salz ist jedoch nicht in unpolaren Flüssigkeiten löslich, weil unpolare Moleküle keine Anziehungskraft auf die Ionen ausüben und nichts dazu beitragen, die Kristallstruktur zu zerlegen. Viele Salze sind in Wasser löslich, aber fast keine in unpolaren Flüssigkeiten wie Benzol, Benzin (Petrolether) oder Tetrachlorkohlenstoff (CCl_4). Man kann ein paar Körnchen Kochsalz, NaCl, in ein Glas Wasser bringen: Die Kristalle lösen sich auf und sind bald nicht mehr zu sehen. Aber man kann die Salzkristalle so fein zerstoßen wie man will: Wenn man sie mit (unpolarem) Olivenöl verrührt, bleiben sie ein weißes, unlösliches Pulver.

Metalle leiten den elektrischen Strom, weil die äußeren Elektronen ihrer Atome beweglich sind. Wenn ein Metallstück mit den Anschlüssen einer Batterie verbunden wird, treten Elektronen in das eine Ende des Metallblocks ein, fließen durch das

Wasser-Molekül (H_2O)

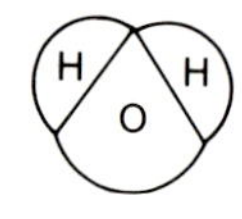

Ladungsverteilung im polaren Wasser-Molekül

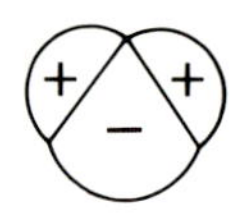

Lithium-Ion (Li^+) 

Fluorid-Ion (F^-) 

Lithiumfluorid-Kristall ($Li^+ F^-$)

1. Ein Salzkristall wird in Wasser geworfen.

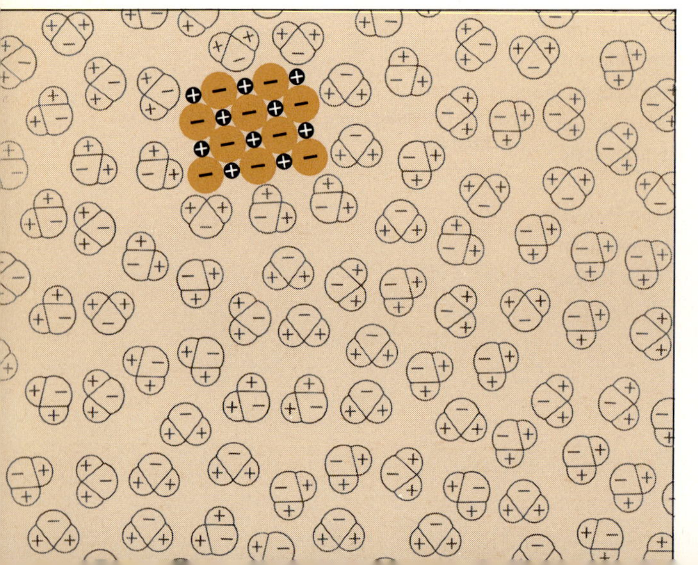

2. Wasser-Moleküle greifen den Kristall an und setzen Ionen frei.

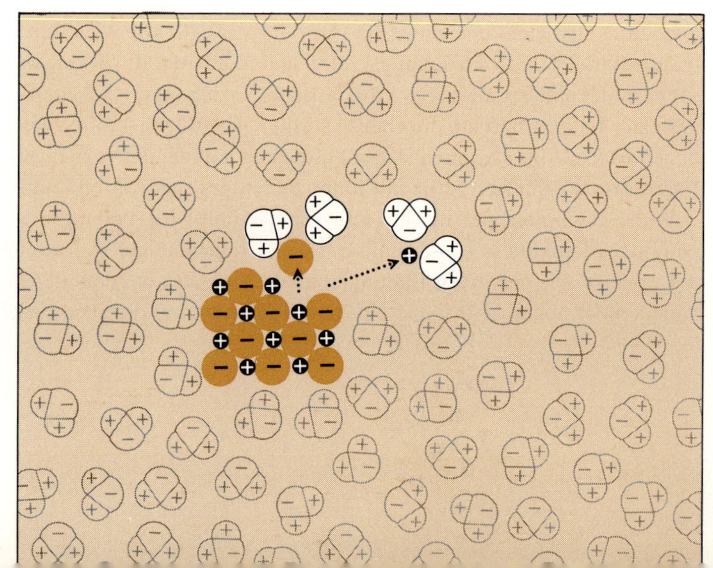

Metall hindurch und verlassen den Block am anderen Ende, zurück zur Batterie (rechts oben). Dabei bewegen sich nur die Elektronen, die Metall-Ionen bleiben auf ihren Plätzen.

Geschmolzene Salze sowie Lösungen von Salzen leiten den Strom ebenfalls, aber auf andere Weise. Wenn man zwei Elektroden in geschmolzenes LiF taucht und sie dann mit den Polen einer Batterie verbindet, fließen an der einen Elektrode die Elektronen in die Schmelze, an der anderen Elektrode fließen sie wieder heraus und zurück zur Batterie (Mitte rechts). Innerhalb der Flüssigkeit aber wird der Strom nicht von Elektronen befördert, sondern von wandernden Ionen. Die positiv geladenen Li^+-Ionen wandern zu derjenigen Elektrode – *Kathode* genannt –, an der die Elektronen in die Schmelze fließen, und die negativ geladenen F^--Ionen wandern zur anderen Elektrode – *Anode* genannt –, an der die Elektronen zur Batterie zurückfließen. An jeder Elektrode findet eine chemische Reaktion statt, wenn der Stromträger wechselt: von den Ionen in der Schmelze zu den Elektronen in den Verbindungsdrähten. An der Kathode nehmen Li^+-Ionen Elektronen aus dem äußeren Stromkreis auf und werden zu Lithium-Atomen, die einen metallischen Überzug auf der Oberfläche der Elektrode bilden:

$$Li^+ + e^- \longrightarrow Li$$

Lithium-Ion → Lithium-Atom

An der Anode geben F^--Ionen Elektronen an den äußeren Stromkreis ab und vereinigen sich zu neutralen F_2-Molekülen, die in Form von Gasblasen entweichen:

$$2F^- \longrightarrow F_2 + 2e^-$$

Fluorid-Ionen → Fluor-Molekül

Man nennt eine solche Anordnung, in der Strom durch ein geschmolzenes Salz geschickt wird, eine *Elektrolyse-Zelle* (Elektro-lyse bedeutet: Zersetzung mit Hilfe von Elektrizität). Die Elektrolyse ist eine der besten Methoden, reine Metalle zu gewinnen. So wird z. B. Aluminium kommerziell durch Elektrolyse einer Schmelze hergestellt, die Aluminiumoxid enthält. Für unsere Diskussion sind allerdings im Augenblick Elektrolyse-Zellen weniger wichtig als die zugrundeliegende Vorstellung, daß in einer Salzschmelze elektrischer Strom durch die Wanderung positiver und negativer Ionen transportiert wird. In der gleichen Weise wird Strom in einer Lösung von LiF (oder von jedem anderen Salz) in Wasser transportiert: Die hydratisierten, positiven und negativen Ionen bewegen sich in entgegengesetzte Richtungen. Salzkristalle jedoch, in denen die Ionen in einem Kristallgitter fixiert sind und sich nicht über längere Strecken bewegen können, leiten den elektrischen Strom nicht.

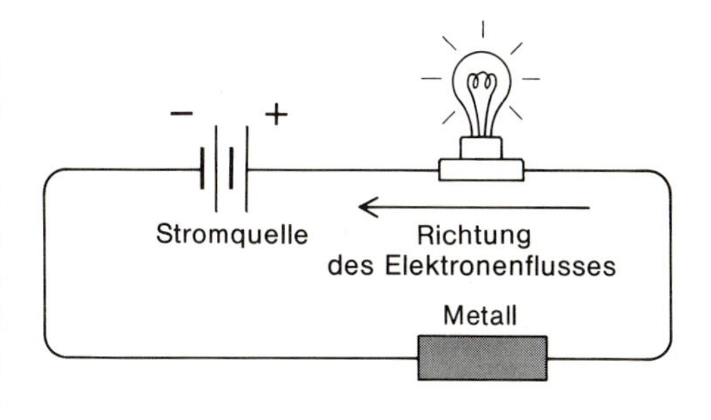

Oben: Leitung von elektrischem Strom durch ein Metall. Unten: Leitung von elektrischem Strom durch ein geschmolzenes Salz.

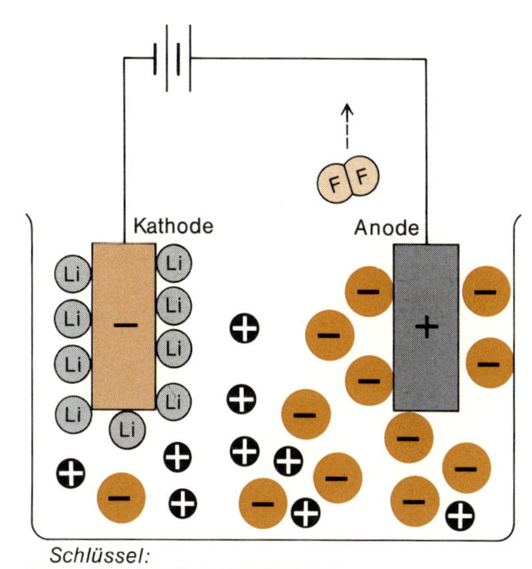

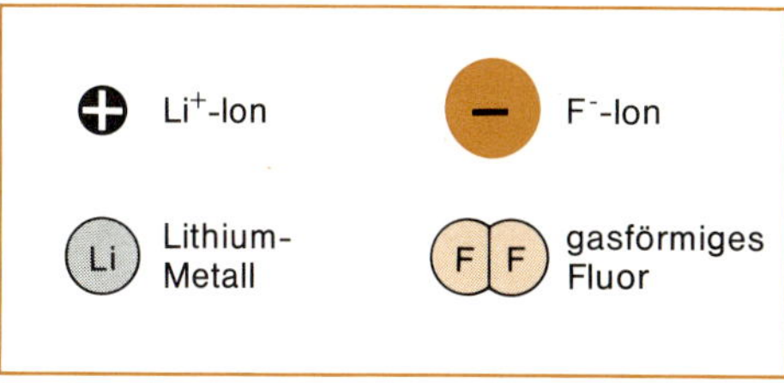

3. Die freien Ionen werden hydratisiert und in der Lösung verteilt.

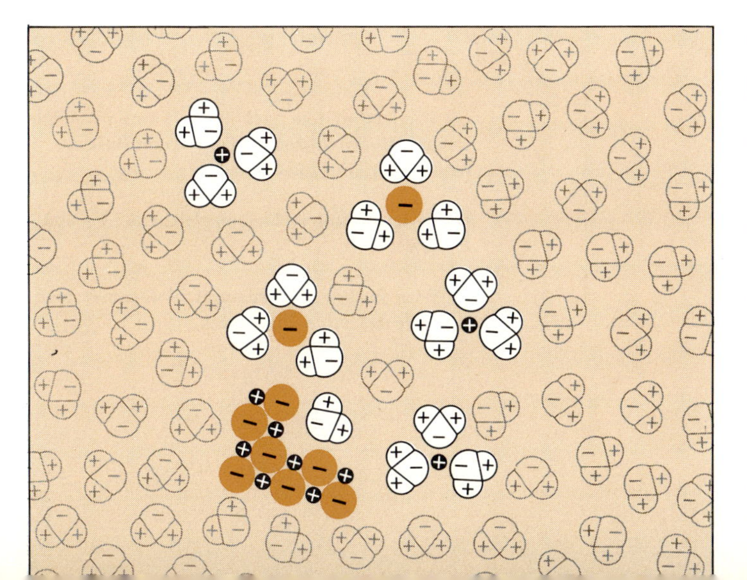

4. Der Kristall hat sich aufgelöst, alle Ionen sind von Wasser-Molekülen umgeben.

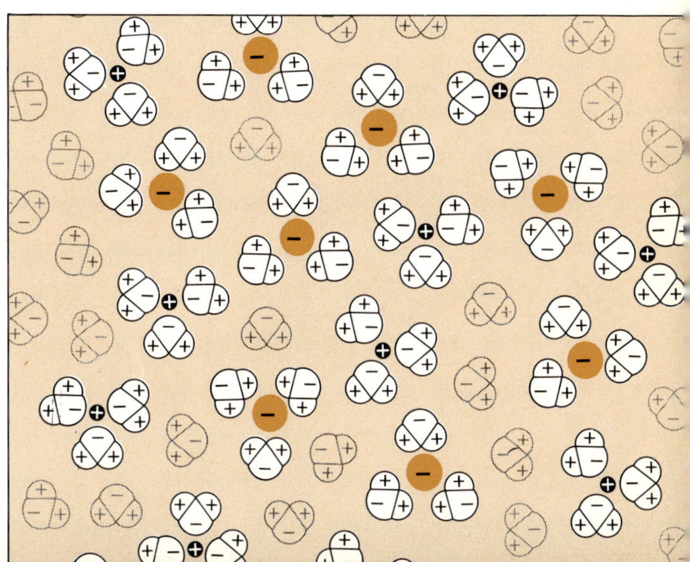

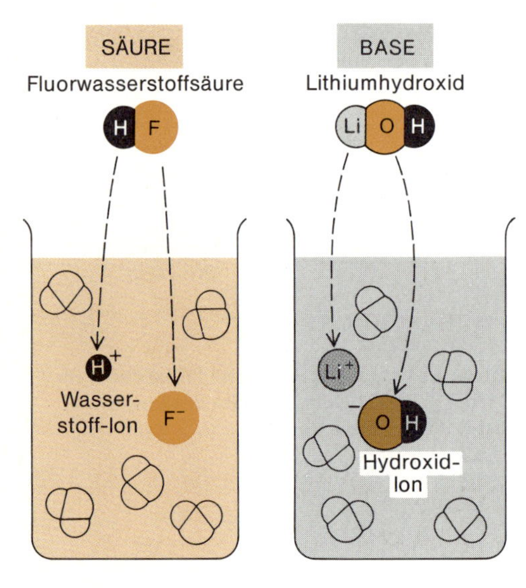

Wenn Fluorwasserstoffsäure (HF) in Wasser gelöst wird, werden Wasserstoff-Ionen (H^+) freigesetzt, so daß eine saure Lösung entsteht. Wird Lithiumhydroxid (LiOH) in Wasser gelöst, werden freie Hydroxid-Ionen gebildet, und es entsteht eine basische Lösung.

Säuren und Basen, Neutralisierung, Salze

Wir können ein Salz als Ergebnis der Neutralisierung einer Säure mit einer Base betrachten. Wird eine Säure in Wasser gelöst, gibt sie Wasserstoff-Ionen ab:

$$HF \longrightarrow H^+ + F^-.$$

Wird dagegen eine Base in Wasser gelöst, entstehen Hydroxid-Ionen:

$$NH_3 + H_2O \longrightarrow NH_4^+ + OH^-$$
$$LiOH \longrightarrow Li^+ + OH^-$$

(Dabei sollte nicht vergessen werden, daß alle Ionen in wäßriger Lösung hydratisiert, d.h. von Wasser-Molekülen umhüllt sind, auch wenn dies normalerweise nicht explizit formuliert wird.) Wenn wir eine Säure und eine Base zusammengeben, reagieren H^+- und OH^--Ionen miteinander zu Wasser-Molekülen:

$$H^+ + F^- + Li^+ + OH^- \longrightarrow H_2O + Li^+ + F^-$$

(Allerdings dissoziiert nur ein kleiner Teil der H–F-Moleküle von vornherein in der Lösung zu H^+- und F^--Ionen; HF wird deshalb als schwache Säure bezeichnet. Im Verlauf der gerade erwähnten Reaktion dissoziiert jedoch weiteres HF.) Die eigentliche Reaktion ist die Kombination von Wasserstoff- und Hydroxid-Ionen; die anderen Ionen spielen nur eine Nebenrolle:

$$H^+ + OH^- \longrightarrow H_2O$$

Wenn gleich viel H^+- und OH^--Ionen da sind, ist die Lösung am Schluß neutral. Die Reaktion einer Säure mit einer Base wird allgemein *„Neutralisierung“* genannt. Dabei werden die sauren und basischen Eigenschaften der ursprünglichen Lösungen durch Eliminierung der H^+- und OH^--Ionen aufgehoben.

Die neutralisierte Lösung (unten) ist nichts anderes als eine wäßrige Lösung gleicher Mengen von Li^+- und F^--Ionen. Wenn die Lösung zur Trockne eingedampft wird, bleiben Salzkristalle von LiF zurück. Das Ergebnis der Neutralisierung einer Säure und einer Base sind Wasser und ein Salz. Im Prinzip könnte ein fanatischer Chemiker sein Beefsteak dadurch würzen, daß er gleiche Mengen von Natronlauge (NaOH) und Salzsäure (HCl) darüber schüttet. Das Resultat der Neutralisierungsreaktion wäre hier normales Kochsalz, NaCl. Wenn der Chemiker es mit den Quantitäten sehr genau nähme und sie sehr gründlich mischte, könnte er mit der Prozedur Glück haben, sie ist aber trotzdem nicht empfehlenswert.

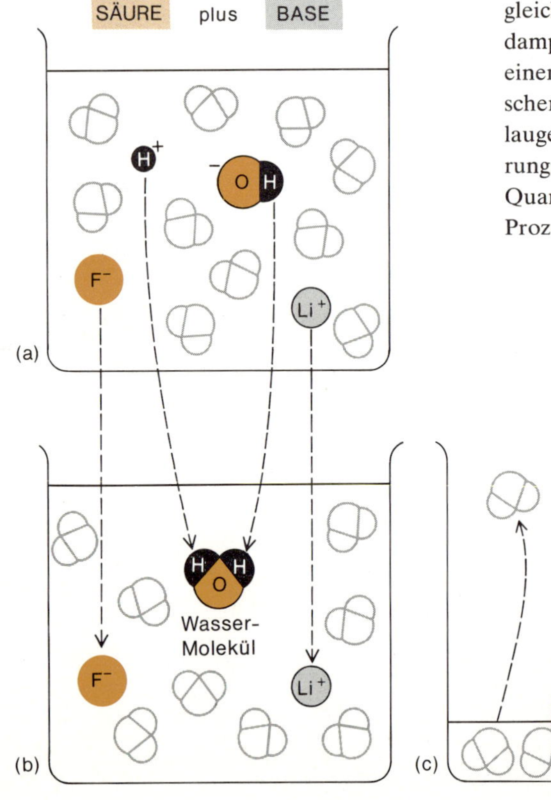

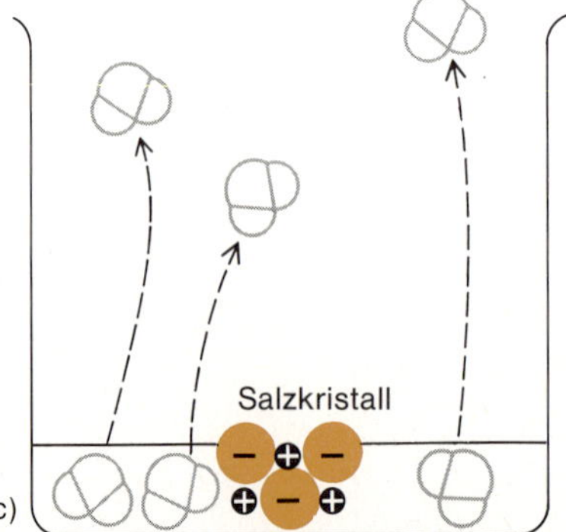

(a) Wasserstoff-Ionen (H^+) einer Säure vereinigen sich mit Hydroxid-Ionen (OH^-) einer Base zu neutralen H_2O-Molekülen.

(b) In der Lösung verbleiben gleichviel Li^+- und F^--Ionen.

(c) Wird das Wasser verdampft, bleiben nur noch Kristalle des Salzes LiF zurück.

Sauerstoff-Verbindungen: Säuren oder Basen?

Ungefähr 60% der Erdrinde, 20% der Luft, die wir atmen, und 26% aller lebenden Materie sind aus Sauerstoff-Atomen aufgebaut. Wie die verschiedenen Elemente reagieren, wenn sie mit Sauerstoff zusammengebracht werden, ist ein wichtiger Aspekt ihres chemischen Verhaltens. Als Medium, durch das Sauerstoff-Atome mit anderen Substanzen zusammengebracht werden können, kann man sich Wasser vorstellen, das Medium, in dem das Leben entstand. Alle Elemente, die wir bisher diskutiert haben, mit Ausnahme von Helium und Neon, bilden Verbindungen mit Sauerstoff, die man *Oxide* nennt. Oxide von Metallen sind Basen, solche von Nichtmetallen Säuren. Der Grund für dieses unterschiedliche Verhalten liegt in den Elektronegativitäten der an den Sauerstoff gebundenen Atome.

Die Elektronegativitätsskala der Elemente der zweiten Schale reicht von 1.0 (Li) bis 4.0 (F). Wenn die Oxide dieser Elemente in Wasser gelöst werden, bilden sich Bindungen des allgemeinen Typs

$$X-\ddot{\underset{..}{O}}-H,$$

wobei X ein Element der zweiten Schale bedeutet. (Die Elektronenpaare der äußeren Schale des Sauerstoffs sollen in der folgenden Diskussion explizit dargestellt werden; Bindungsstriche wie in X–O repräsentieren ja ebenfalls Elektronenpaare.) Ob eine Verbindung, die eine solche X–O–H-Gruppe enthält, eine Säure oder eine Base ist, hängt davon ab, ob die X–O- oder die O–H-Bindung stärker ist, wie es rechts dargestellt ist. Wenn X ein Element niedriger Elektronegativität ist, z. B. Li, dann zieht der Sauerstoff die Elektronen der X–O-Bindung an sich, und in wäßriger Lösung dissoziiert die Substanz folgendermaßen:

$$X-\ddot{\underset{..}{O}}-H \longrightarrow \underset{\text{positives Ion}}{X^+} + \underset{\text{Hydroxid-Ion}}{{}^-:\ddot{\underset{..}{O}}-H}$$

Weil Hydroxid-Ionen gebildet werden, ist die Substanz eine Base, wie z. B. Lithiumhydroxid, LiOH.

Wenn im Gegensatz dazu X ein Atom höherer Elektronegativität ist, z. B. Stickstoff, dann teilen sich X und O die Elektronen. Die Elektronegativität des Sauerstoffs lockert dann die O–H-Bindung, indem sie deren Elektronen in Richtung Sauerstoff zieht. In wäßriger Lösung bewirken die Wasser-Moleküle, daß die Substanz anders als oben dissoziiert:

$$X-\ddot{\underset{..}{O}}-H \longrightarrow \underset{\text{negatives Ion}}{X-\ddot{\underset{..}{O}}:^-} + \underset{\text{Wasserstoff-Ion}}{H^+}$$

(Beide Ionen sind natürlich hydratisiert.) Die Lösung ist sauer, denn es werden Wasserstoff-Ionen gebildet. Wie wir gleich sehen werden, verhält sich Salpetersäure so, die folgendermaßen dissoziiert:

$$(:\ddot{O})_2N-\ddot{\underset{..}{O}}-H \longrightarrow (:\ddot{O})_2N-\ddot{\underset{..}{O}}:^- + H^+$$

Salpetersäure-Molekül — Nitrat-Ion — Wasserstoff-Ion

Man kann sich das Verhalten der Sauerstoffverbindungen der Elemente der zweiten Schale erklären, indem man sich vorstellt, was geschähe, wenn man die positiven Ionen Li^+, Be^{2+} usw. bis F^{7+} in Wasser brächte. Dies ist freilich ein fiktives Experiment, denn Ionen wie B^{3+}, C^{4+}, N^{5+} und F^{7+}, die ihrer ganzen zweiten Elektronen-

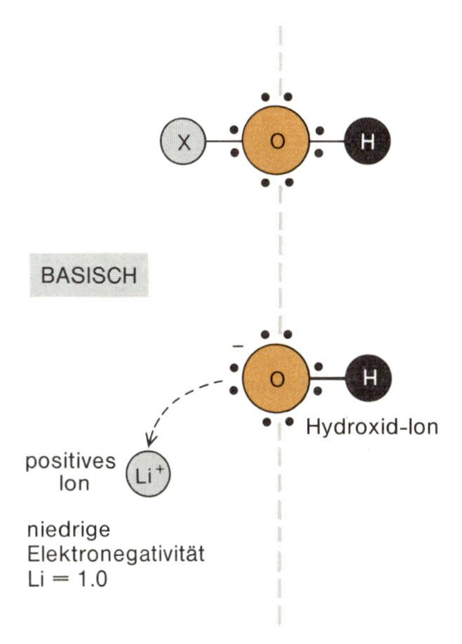

Ist X ein Atom niedriger Elektronegativität, z. B. Li, wird die Li-O-Bindung gespalten, und es bilden sich Hydroxid-Ionen.

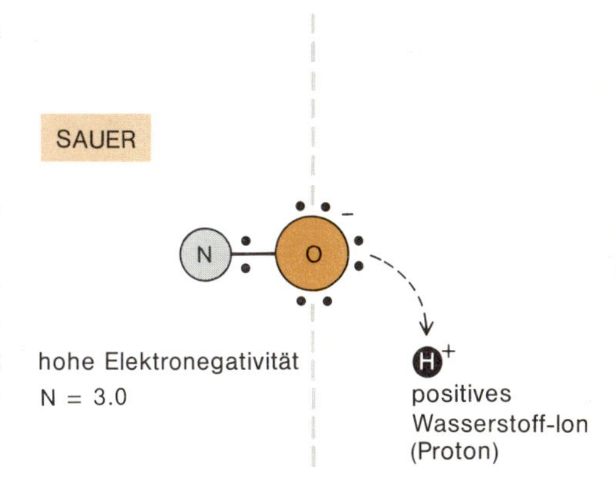

Ist X ein Atom hoher Elektronegativität, z. B. N, wird die O-H-Bindung gespalten, und es entstehen positive Wasserstoff-Ionen (Protonen).

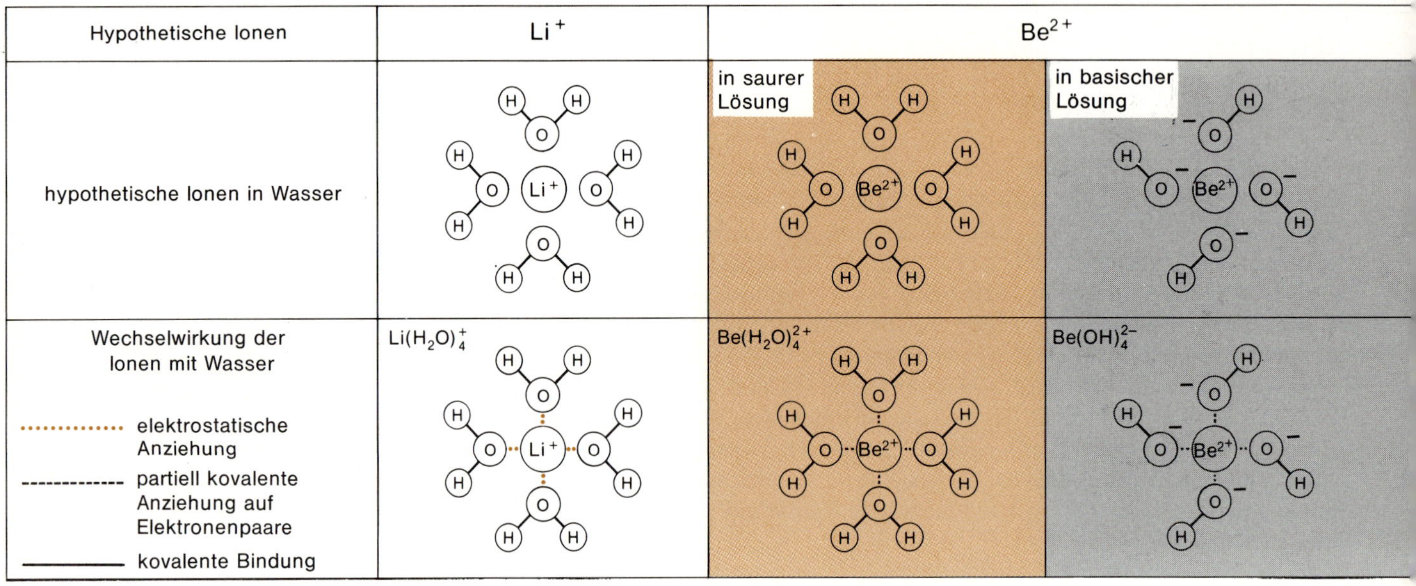

Hypothetische Ionen	Li^+	Be^{2+}	
hypothetische Ionen in Wasser		in saurer Lösung	in basischer Lösung
Wechselwirkung der Ionen mit Wasser elektrostatische Anziehung partiell kovalente Anziehung auf Elektronenpaare kovalente Bindung	$Li(H_2O)_4^+$	$Be(H_2O)_4^{2+}$	$Be(OH)_4^{2-}$

Die Anziehung zwischen Li^+ und den Sauerstoff-Atomen ist rein elektrostatisch, die zwischen Be^{2+} und den Sauerstoff-Atomen teils elektrostatisch, teils kovalent.

schale beraubt sind, wären zu reaktiv, als daß sie in Lösung existieren könnten. Nichtsdestoweniger sind es genau die Produkte, welche bei der Reaktion dieser Ionen mit Wasser entstünden, die man tatsächlich in der Lösung findet, wenn die Oxide dieser Elemente in Wasser gelöst werden.

Ein Li^+-Ion umgibt sich in wäßriger Lösung mit vier Wasser-Molekülen und existiert friedlich als $Li(H_2O)_4^+$-Ion (oben links). Beryllium tritt in saurer Lösung (Protonenüberschuß) ebenfalls als $Be(H_2O)_4^{2+}$-Ion auf (oben). Es ist stärker elektronegativ als Lithium, und das Beryllium-Ion ist höher geladen. Es zerrt daher stärker an den Elektronenpaaren der H_2O-Sauerstoff-Atome als Lithium. Die Bindung zwischen Li^+ und dem Sauerstoff-Atom eines Wasser-Moleküls ist in der Hauptsache elektrostatisch, während die Bindung zwischen Be^{2+} und Wasser partiell kovalent ist. In dem Maße, wie Be^{2+} das einsame Elektronenpaar des Wassers an sich zieht, lockert es die O–H-Bindungen der Wasser-Moleküle. In saurer Lösung umhüllt sich Be^{2+} einfach mit seinen vier hydratisierenden Molekülen (farbiges Feld oben). In basischer Lösung (graues Feld), wenn die Protonen knapp werden, können die um Be^{2+} gruppierten Wasser-Moleküle, deren O–H-Bindungen, wie wir sahen, gelockert sind, je ein Proton verlieren. Das hydratisierte Ion in basischer Lösung ist also als $Be(OH)_4^{2-}$ zu formulieren anstatt als $Be(H_2O)_4^{2+}$, denn jedes Be^{2+}-Ion ist nicht mehr von vier neutralen Wasser-Molekülen umgeben, sondern von vier negativ geladenen Hydroxid-Ionen. Das „Komplex-Ion" oder der „Cluster" ist insgesamt negativ geladen. Wenn die Lösung nicht so stark basisch ist, können auch nur ein, zwei oder drei H_2O-Moleküle ein Proton abgeben.

Ein Bor-Ion, B^{3+}, würde noch stärker an den einsamen Elektronenpaaren der Wasser-Moleküle zerren, die das Ion umgeben – siehe die Zeichnung links oben auf der gegenüberliegenden Seite. Die Anziehung würde so stark werden, daß sich kovalente Elektronenpaar-Bindungen zwischen Bor und Sauerstoff ausbilden und daß als Folge davon eine O–H-Bindung in jedem der Wasser-Moleküle so gelokkert wird, daß ein Proton sich davon macht. Das Ergebnis wäre ein Borat-Ion, $B(OH)_4^-$. Was dem Beryllium nur in basischer Lösung widerfährt, passiert dem Bor schon in neutraler Lösung. Das B^{3+}-Ion in Lösung ist nur ein hypothetisches Teilchen, denn es wird augenblicklich in das Borat-Ion verwandelt.

Noch weniger verträglich mit einer wäßrigen Lösung wäre ein C^{4+}-Ion. Der Zug auf die einsamen Elektronenpaare der Wasser-Moleküle, die das Ion umgeben, wäre so stark, daß *beide* Protonen von den Wasser-Molekülen abgelöst würden.

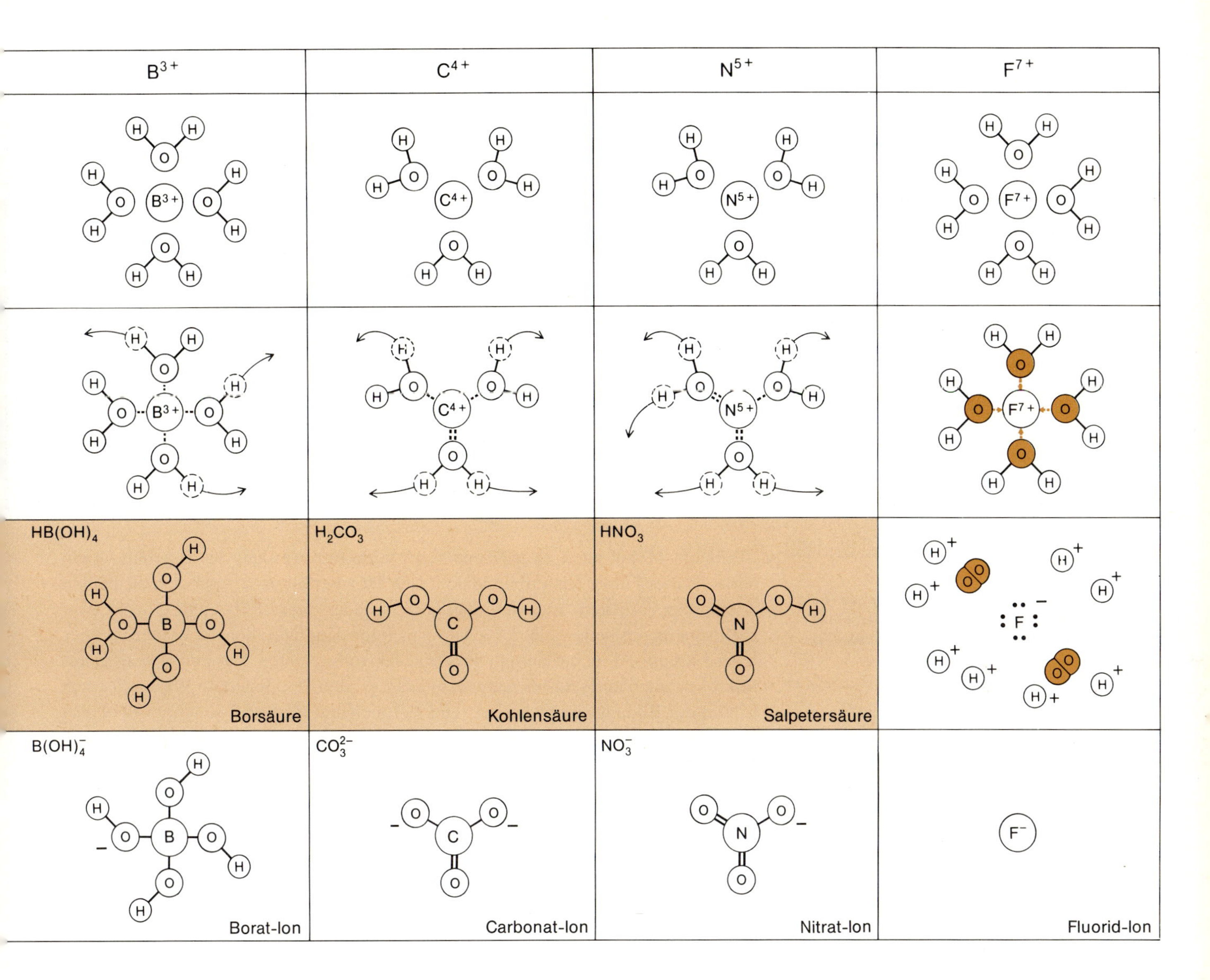

Weil außerdem die Atomradien von Lithium zu Fluor allmählich schrumpfen, haben nur noch drei Wasser-Moleküle bzw. Sauerstoff-Atome um ein Kohlenstoff-Atom herum Platz, so daß schließlich der Kohlenstoff, nachdem er die Sauerstoff-Atome von drei ihn einhüllenden Wasser-Molekülen an sich gerissen hat, in Form des Carbonat-Ions, CO_3^{2-}, vorliegt (oben). Wir werden auf die Art der Bindung zwischen C und O später zurückkommen.

Die gleiche Situation finden wir beim Stickstoff vor. Wenn ein N^{5+}-Ion mit Wasser zusammengebracht würde, zöge es augenblicklich die einsamen Elektronenpaare an den Sauerstoff-Atomen der Wasser-Moleküle an sich, und zwar so stark, daß die Protonen des Wassers freigegeben würden und Nitrat-Ionen, NO_3^-, zurückblieben. Diese Ionen sind oben dargestellt.

Ein F^{7+}-Ion wäre nicht damit zufriedengestellt, wenn es Elektronenpaare aus H_2O-Sauerstoffen in kovalenten Bindungen nur *teilen* müßte. Fluor ist so stark elektronegativ, daß es die einsamen Elektronenpaare den Wasser-Molekülen vollständig entreißen und durch Aufnahme von vier solchen Elektronenpaaren in F^--Ionen übergehen würde (oben rechts). Die Trümmer der Wasser-Moleküle würden als O_2-Moleküle und H^+-Ionen auftauchen:

$$F^{7+} + 4H_2O \longrightarrow F^- + 2O_2 + 8H^+$$

Bei B^{3+}, C^{4+} und N^{5+} (alle drei sind als Ionen in Lösung nur hypothetisch) zwingt das Zentral-Ion die Elektronen des Sauerstoffs in kovalente Bindungen. Bei F^{7+} zieht das Zentralatom die Elektronen vollständig von den Sauerstoff-Atomen ab und wird dadurch zu einem F^--Ion.

F^{7+} ist natürlich ein imaginäres Ion, aber etwas ähnliches wie diese Reaktion passiert tatsächlich, wenn die Verbindung OF_2 mit Wasser zusammengegeben wird, wie wir später in diesem Kapitel erfahren werden.

All dies waren hypothetische Experimente (wenn man von Li^+ und Be^{2+} absieht), aber die Produkte sind real. Die in wäßriger Lösung stabilsten Erscheinungsformen der üblichen Oxide der Elemente der zweiten Schale sind:

$Li(H_2O)_4^+$	$Be(H_2O)_4^{2+}$ (in saurer Lsg.)	$B(OH)_3(H_2O)$	HCO_3^-		
	oder	oder	oder		
	$Be(OH)_4^{2-}$ (in basischer Lsg.)	$B(OH)_4^-$	CO_3^{2-}	NO_3^-	F^-

LITHIUMOXID IN WASSER

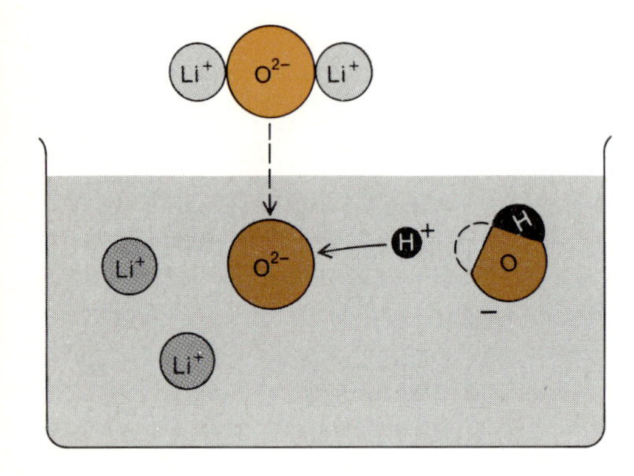

Lithiumoxid besteht aus zwei Lithium-Ionen (Li^+) und einem Oxid-Ion (O^{2-}). Wird Lithiumoxid in Wasser gelöst, holt sich das Oxid-Ion ein Proton (H^+) aus einem Wasser-Molekül ...

basische Lösung

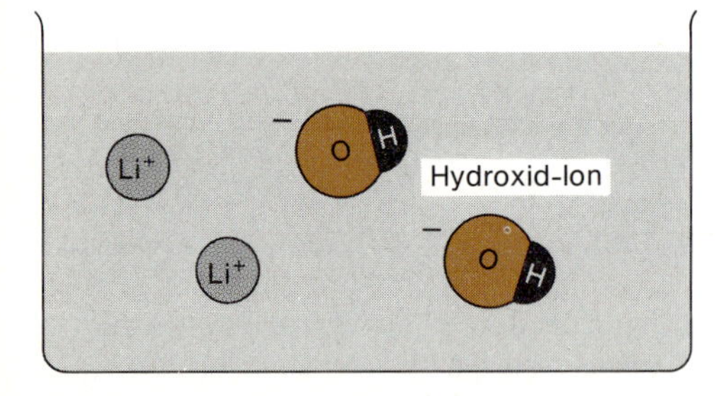

... und das Ergebnis sind zwei Hydroxid-Ionen (OH^-) in einer nun basischen Lösung.

Diese Gedankenexperimente hatten den Sinn, mit den Begriffen der Elektronegativität und der Anziehungskraft für Elektronen plausibel zu machen, warum die angeführten Ionen die in Lösung jeweils stabilsten sind. Damit können wir uns dem sauren oder basischen Verhalten der Oxide zuwenden.

Basische Oxide: Li_2O

Lithium-Metall kann an trockener Luft verbrannt werden; das Ergebnis ist ein feines weißes Pulver aus Lithiumoxid, Li_2O. Das Verhältnis 2 : 1, in dem die beiden Atomarten vorliegen, ist zwangsläufig, denn jedes Sauerstoff-Atom braucht zwei Elektronen, um seine äußere Schale zur Neon-Konfiguration zu ergänzen, aber jedes Lithium-Atom hat nur ein äußeres Elektron zu bieten. Das Pulver besteht aus Mikrokristallen eines Salzes, aufgebaut aus Li^+- und O^{2-}-Ionen. In Wasser löst sich Li_2O unter Bildung von hydratisierten Li^+-Ionen und Hydroxid-Ionen; Li_2O ist also ein basisches Oxid:

$$Li_2O + H_2O \longrightarrow 2Li^+ + 2OH^-$$

Der für diese Reaktion wichtigste Teilnehmer ist das Oxid-Ion, O^{2-} (links). Es zieht Protonen dermaßen stark an, daß es aus einem Wasser-Molekül eines wegnimmt, wobei zwei Hydroxid-Ionen entstehen:

$$\underset{\text{Oxid-Ion}}{O^{2-}} + \underset{\text{Wasser-Molekül}}{H{-}O{-}H} \longrightarrow \underset{\text{Hydroxid-Ionen}}{OH^- + OH^-}$$

Diese Reaktion erinnert an die Art, wie Hydroxid-Ionen durch Ammoniak-Moleküle produziert werden, indem diese nämlich Wasser-Moleküle zerlegen:

$$\underset{\text{Ammoniak-Molekül}}{NH_3} + \underset{\text{Wasser-Molekül}}{H{-}O{-}H} \longrightarrow \underset{\text{Ammonium-Ion}}{NH_4^+} + \underset{\text{Hydroxid-Ion}}{OH^-}$$

Die Lithium-Ionen in Li_2O spielen eine passive Rolle; sie tun nichts anderes, als die negativen Ladungen der O^{2-}-Ionen im Kristall oder jene der OH^--Ionen in basischer Lösung auszugleichen (unten links). Li^+-Ionen sind – wie oben erwähnt – durch vier Wasser-Moleküle hydratisiert. Wenn wir die aus Lithiumoxid und Wasser entstehende, basische Lösung zur Trockne verdampfen, erhalten wir Kristalle von Lithiumhydroxid (LiOH), die aus Li^+ und OH^--Ionen aufgebaut sind. Erst beim weiteren Erhitzen in wasserfreier Umgebung werden Wasser-Moleküle wieder verjagt, so daß die Lithiumhydroxid-Kristalle in Lithiumoxid zurückverwandelt werden:

$$2LiOH \longrightarrow Li_2O + H_2O$$

Solches Verhalten, wie wir es für Lithium und seine basischen Oxide kennengelernt haben, ist für Metalle typisch. Zwar steht Lithium bei den Elementen der zweiten Schale mit seinen basischen Eigenschaften allein, doch sind unter den schwereren Elementen Metalle und Metallhydroxide von größter Bedeutung.

Sauer und basisch zugleich: BeO

Beim Verbrennen von Beryllium-Metall in trockener Luft entsteht Berylliumoxid, BeO. Es ist ein Salz aus Be^{2+}- und O^{2-}-Ionen im Kristallgitter, doch hat die Anziehung zwischen Be^{2+} und O^{2-} durchaus auch kovalenten Charakter. Da jedes Be-Atom zwei Elektronen loswerden kann und jedes Sauerstoff-Atom zwei Elektronen braucht, vereinigen sich die Atome im Verhältnis 1 : 1. Zwischen BeO und Li_2O gibt es einen wichtigen Unterschied: Weil Beryllium stärker elektronegativ ist als Lithium, ist die Be–O-Bindung nicht rein ionisch, sondern sie wird weitgehend von einer Teilung der Elektronen geprägt: Die Elektronen in der Umgebung des O^{2-}-Ions, die dessen Elektronen zur Neon-Schale vervollständigen, teilt es sich in Wirklichkeit bis zu einem gewissen Grad mit dem Beryllium-Atomkern. BeO ist zwar kein vollkommen kovalent gebundener Festkörper wie Diamant, aber es wird doch so weit durch kovalente Bindungen zusammengehalten, daß es schwieriger als Li_2O zerstört werden kann.

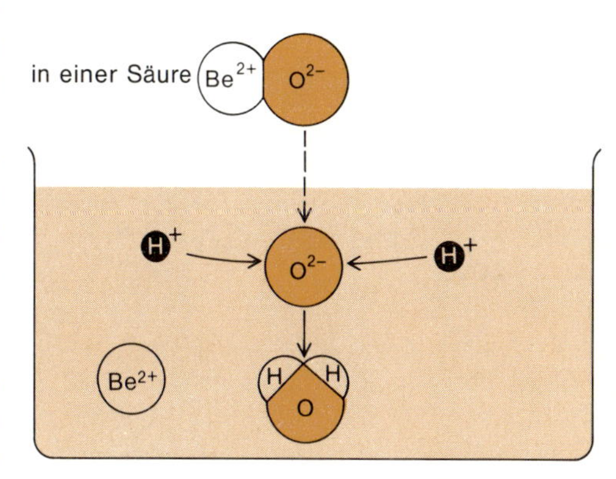

Berylliumoxid löst sich in Säure, aber nicht in Wasser. Die Protonen der Säure greifen die O^{2-}-Ionen an, wobei Wasser-Moleküle gebildet werden.

Berylliumoxid kann von reinem Wasser nicht aufgelöst werden: Die H_2O-Moleküle sind nicht polar genug, um mit dem kovalenten Bindungsanteil fertig zu werden und die Kristalle in Be^{2+}- und O^{2-}-Ionen zu zerlegen. In Säuren löst sich BeO jedoch auf (oben rechts). Die Protonen der Säure greifen die O^{2-}-Ionen an und helfen bei der Demontage des Kristallgitters:

$$BeO + 2H^+ \longrightarrow Be^{2+} + H_2O$$

oder einfacher:

$$O^{2-} \text{ (aus dem Kristall)} + 2H^+ \longrightarrow H_2O$$

Das Beryllium-Ion ist, wie schon erwähnt, in saurer Lösung mit vier Wasser-Molekülen hydratisiert.

BeO löst sich auch in basischer Lösung (rechts unten). Die Hydroxid-Ionen zerstören den BeO-Kristall, denn sie greifen Be^{2+}-Ionen heftiger an, als dies Wasser-Moleküle können:

$$Be^{2+} + 4OH^- \longrightarrow Be(OH)_4^{2-}$$

Die freigesetzten Oxid-Ionen können mit Wasser-Molekülen reagieren:

$$O^{2-} + H_2O \longrightarrow 2OH^-$$

Die Gesamtreaktion ergibt sich als Summe der beiden Teilreaktionen:

$$BeO + 2OH^- + H_2O \longrightarrow Be(OH)_4^{2-}$$

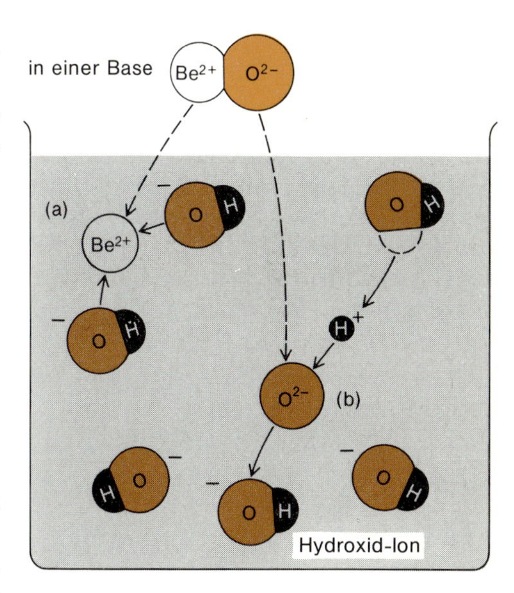

(a) In basischer Lösung greifen Hydroxid-Ionen die Be^{2+}-Ionen des Kristalls an. (b) Die Oxid-Ionen können nun mit Wasser-Molekülen reagieren, wobei weitere Hydroxid-Ionen gebildet werden.

Das Produkt dieser Reaktion ist also diejenige Spezies, die oben als stabilste in basischer Lösung (d. h. wenn Mangel an H^+-Ionen herrscht) genannt wurde.

Die Auflösung von BeO ist ein Beispiel dafür, wie Säuren und Basen helfen können, Reaktionen in Gang zu setzen, die sonst in neutraler Lösung nur unter Schwierigkeiten oder gar nicht ablaufen. Weil BeO in reinem Wasser unlöslich ist, aber ebenso mit einer Säure reagiert (als ob es eine Base wäre) wie mit einer Base (als ob es eine Säure wäre), nennen wir BeO *„amphoter"*, nach einem griechischen Wort, das bedeutet: „nach beiden Seiten hin". BeO liegt auf der Grenze zwischen Basen und Säuren, und die Erklärung für sein amphoteres Verhalten liegt darin, daß Be stärker elektronegativ ist als Li und daß die Be–O-Bindung teilweise kovalenten Charakter hat. Auch die Oxide von anderen, schwereren Metallen, wie Aluminium, die ebenfalls im Grenzgebiet zwischen metallischem und nichtmetallischem Verhalten liegen, sind amphoter und haben gleichzeitig basische und saure Eigenschaften.

Das erste eindeutig saure Oxid: B_2O_3

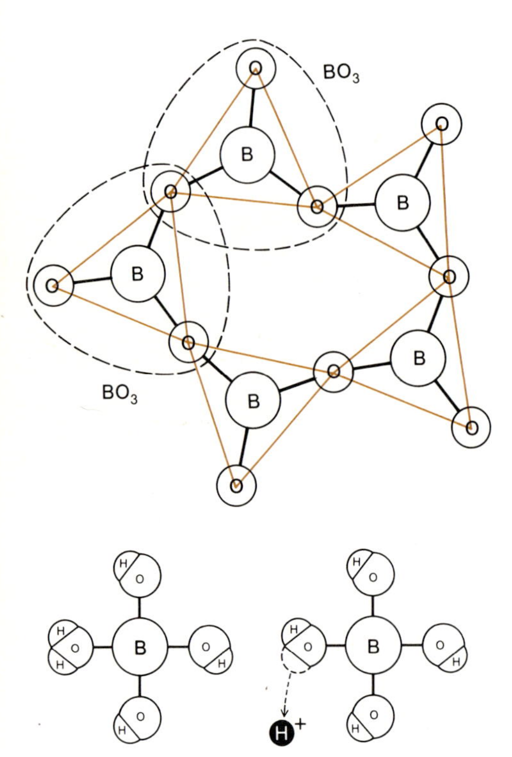

Die Sauerstoff-Verbindung des Bors ist kovalent gebunden, d.h. zwischen B und O gibt es Elektronenpaar-Bindungen. Da jedes Bor-Atom aus seiner äußeren Schale drei Elektronen zur Verfügung stellen kann, jedes Sauerstoff-Atom aber als Partner einer Elektronenpaar-Bindung zwei Elektronen braucht, muß das Verhältnis von B- zu O-Atomen im Boroxid 2:3 betragen – gerade als ob die beteiligten Spezies die Ionen B^{3+} und O^{2-} wären. Obwohl nun die Zusammensetzung der Verbindung durch B_2O_3 wiedergegeben wird, gibt es keine isolierten B_2O_3-Moleküle. Jedes Bor-Atom ist vielmehr von drei Sauerstoff-Atomen so umgeben, daß der Winkel zwischen den B–O-Bindungen 120° beträgt, und die BO_3-Dreiecke sind durch gemeinsame Sauerstoffecken miteinander verknüpft (links oben). Die Struktur ist kein streng regelmäßiges Kristallgitter, sondern sie ist ungeordnet. Die strenge Ordnung in einem Festkörper entspricht einem Kristall, Unordnung in einem Festkörper ist kennzeichnend für ein *Glas*. Boratgläser werden durchaus genutzt, aber sie sind nicht so gebräuchlich wie Silicatgläser, in denen SiO_4^{4-}-Tetraeder über ihre Ecken verknüpft und ähnlich wie die BO_3-Dreiecke ungeordnet fixiert sind. Gewöhnliches Fensterglas ist Silicatglas; es wird aus Quarzsand und Metalloxiden hergestellt. Weil Gläser aus ungeordneten Knäueln von Atomketten aufgebaut sind und nicht aus streng ausgerichteten Atomreihen wie in einem Kristallgitter, haben sie keinen definierten Schmelzpunkt. Wenn die Temperatur steigt, wird die Glasstruktur weiter aufgelockert, das Glas erweicht, beginnt zu fließen und bleibt über einen größeren Temperaturbereich fließend. Wir werden im 6. Kapitel die Silicatgläser im einzelnen besprechen.

Boroxid löst sich in Wasser unter Bildung von Borsäure. Dabei bildet es, wie schon gezeigt wurde, vier starke, kovalente Bindungen zu den Sauerstoff-Atomen aus, und es entstehen Borat-Ionen:

$$B_2O_3 + 5H_2O \longrightarrow 2B(OH)_4^- + 2H^+$$

Boroxid — Borat-Ionen

Es werden also Wasserstoff-Ionen produziert, und deshalb ist B_2O_3 ein saures Oxid. Borsäure sollte am besten durch „$HB(OH)_4$" wiedergegeben werden, damit das Proton hervorgehoben wird, das in Wasser dissoziiert (links Mitte):

$$HB(OH)_4 \longrightarrow H^+ + B(OH)_4^-$$

Borsäure — Borat-Ion

Unglücklicherweise hat es sich eingebürgert, ein Wasser-Molekül wegzulassen und Borsäure nur als $B(OH)_3$ zu schreiben. Dadurch entsteht der falsche Eindruck, daß es sich um eine Hydroxid-Verbindung und demnach eine Base handelt. Borsäure ist eine sehr schwache Säure (links unten). In wäßriger Lösung trifft man den größten Teil der Substanz in Form von undissoziierten Borsäure-Molekülen an und nur wenig in Form von Borat-Ionen. Borsäure enthält deshalb nur wenig Wasserstoff-Ionen, und verdünnte Borsäurelösung ist so mild, daß man sie zum Auswaschen der Augen benutzt. Man sollte sich jedoch Lösungen für diesen Zweck nicht selbst herstellen; das Ergebnis könnte immer noch gefährlich sein!

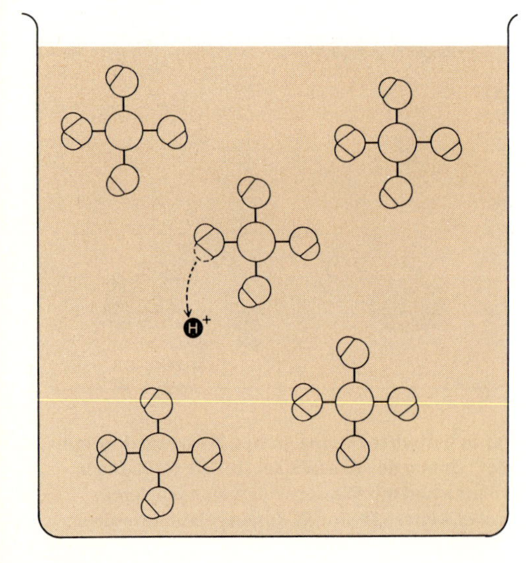

Borsäure ist eine schwache Säure, weil von den Borsäure-Molekülen nur wenige Protonen abdissoziieren.

Kohlenstoff und Kohlensäure

Von Bor ab sind alle Oxide der Elemente der zweiten Schale Säuren. Im 4. Kapitel hatten wir einen dramatischen Wechsel in den Eigenschaften von Kohlenstoff zu Stickstoff registriert. Kohlenstoff ist ein harter Feststoff mit – im Diamantgitter – vier Einfachbindungen von jedem Atom zu vier Nachbaratomen. Stickstoff ist ein zweiatomiges Gas mit einer Dreifachbindung zwischen zwei Atomen. Bei den Oxiden finden wir eine ähnlich abrupte Änderung der Eigenschaften beim Übergang von Bor zu Kohlenstoff. Lithium- und Berylliumoxid sind geordnete Kristalle, Boroxid ist ein ungeordnetes Glas. Von Kohlenstoff gibt es zwei Oxide, und beide bilden kleine Moleküle eines Gases.

Werden Kohlenstoff oder Kohlenstoff-Verbindungen in überschüssigem Sauerstoff verbrannt, so ist eines der Reaktionsprodukte Kohlenstoffdioxid (oder „Kohlendioxid"), CO_2. In diesem Molekül knüpft der Kohlenstoff zu jedem der beiden Sauerstoff-Atome eine Doppelbindung (oben rechts). Jeder Sauerstoff hat also zwei einsame Elektronenpaare, und jedes der drei Atome hat acht Elektronen in seiner äußeren Schale. Das CO_2-Molekül ist „linear", d.h. die drei Atome O=C=O liegen auf einer geraden Linie. Eine einfache Erklärung dafür gibt die Theorie der Elektronenpaar-Abstoßung oder VSEPR-Theorie. Am Kohlenstoff-Atom befinden sich zwei Gruppen aus jeweils vier bindenden Elektronenpaaren, jede dieser Gruppen ist auf ein Sauerstoff-Atom gerichtet. Die stabilste Formation zweier einander abstoßender Gruppen um ein kugelförmiges Atom herum ist die an entgegengesetzten Polen der Kugel.

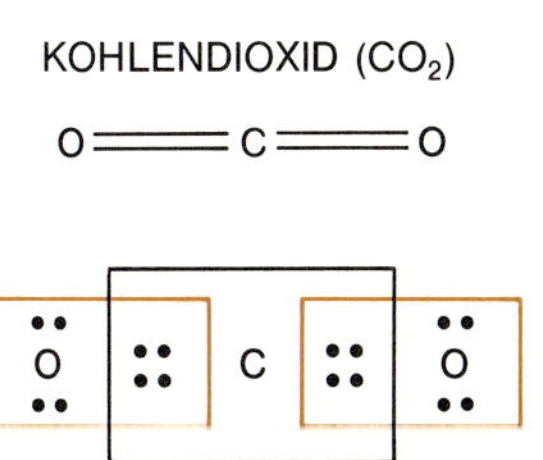

Elektronenaufteilung im CO_2-Molekül

Das andere Oxid des Kohlenstoffs ist Kohlenstoffmonoxid (oder „Kohlenmonoxid"), CO. Es ist das Ergebnis der unvollständigen Verbrennung von Kohlenstoff oder Kohlenstoffverbindungen bei Sauerstoffmangel. CO ist isoelektronisch mit dem N_2-Molekül: Wenn wir durch irgendeinen Zaubertrick ein Proton aus dem Sauerstoffkern des CO herausreißen und dem Kohlenstoffkern einverleiben könnten, käme dabei N_2 heraus.

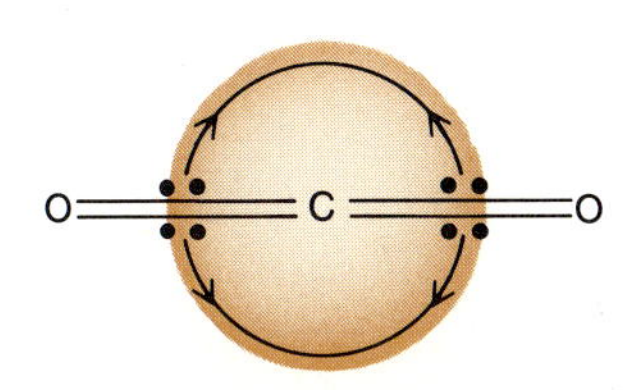

Die gegenseitige Abstoßung der Elektronen hält die beiden Gruppen von vier Elektronen an gegenüberliegenden Polen einer Kugel; O=C=O ist deshalb ein lineares Molekül.

Wie N_2 hat auch CO eine Dreifachbindung zwischen den Atomen und ein einsames Elektronenpaar an jedem Atom:

$$:N{\equiv}N: \qquad :C{\equiv}O:$$

In CO muß das Elektronenpaar für die dritte Bindung ganz vom O-Atom gestellt werden, weil es sechs Elektronen in der äußeren Schale hat, das C-Atom aber nur vier.

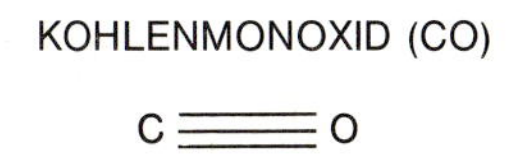

Das Kohlenmonoxid-Molekül mit einer Dreifachbindung wie in N_2

Weil CO_2 und CO kleine Moleküle sind, zwischen denen nur schwache van-der-Waals-Kräfte wirken, liegen sie bei gewöhnlichen Temperaturen ebenso wie N_2 und O_2 im Gaszustand vor. Man kann in CO_2-Atmosphäre wegen Mangels an Sauerstoff ersticken, aber eigentlich giftig ist Kohlendioxid nicht. Anders verhält es sich mit Kohlenmonoxid. In der Lunge wird Sauerstoff vom Hämoglobin, einem Protein im Blut, aufgenommen und zu den Geweben transportiert, wo immer er gebraucht wird. Ein Hämoglobin-Molekül bindet normalerweise O_2, aber es kann durch Kohlenmonoxid ausgetrickst werden, das von Hämoglobin noch stärker gebunden wird als Sauerstoff. Zum Schaden der Person, die CO einatmet, ist ein Hämoglobin-Molekül, dem dies widerfährt, lahmgelegt und unbrauchbar als Transportmittel für O_2. Kohlenmonoxid ist deshalb – im Gegensatz zu Kohlendioxid – im strengen Sinn giftig.

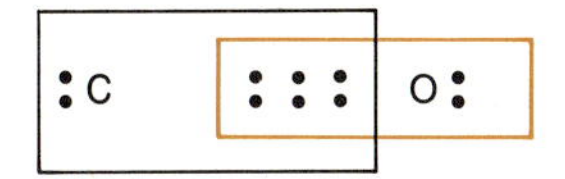

Elektronenaufteilung im CO-Molekül

Kohlenmonoxid ist wie der isoelektronische Stickstoff, N_2, kaum in Wasser löslich. Kohlendioxid löst sich leicht in Wasser, teilweise unter Bildung von Kohlensäure:

$$\underset{\text{Kohlendioxid}}{CO_2} + H_2O \longrightarrow \underset{\text{Kohlensäure}}{H_2CO_3}$$

Kohlensäure ist eine schwache Säure von stechendem Geschmack, der uns von kohlensäurehaltigen Getränken vertraut ist. Die Blasen in einem solchen Getränk sind ungelöstes CO_2-Gas. Wenn CO_2 in Wasser gelöst wird, zieht das Kohlenstoff-Atom ein einsames Elektronenpaar eines H_2O-Sauerstoffs an sich, und es bildet sich Kohlensäure, welche die auf der nächsten Seite dargestellte Struktur hat. Das Kohlenstoff-Atom ist an ein Sauerstoff-Atom doppelt und an jede der beiden OH-Gruppen einfach gebunden.

KOHLENDIOXID (CO_2)

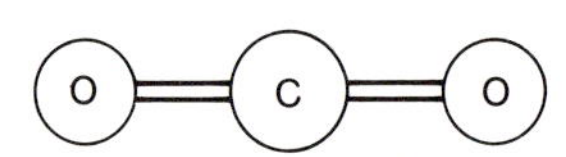

Kohlendioxid verbindet sich mit H_2O in geringem Maße zu Kohlensäure.

KOHLENSÄURE (H_2CO_3)

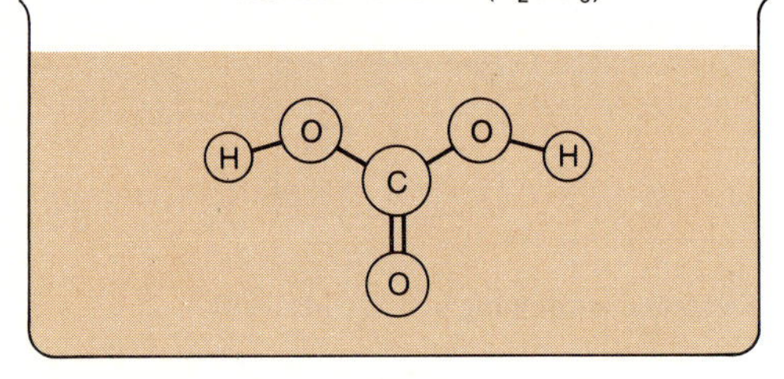

Das Kohlensäure-Molekül kann in wäßriger Lösung seine Protonen in zwei Schritten abgeben:

HYDROGENCARBONAT-ION (HCO_3^-)

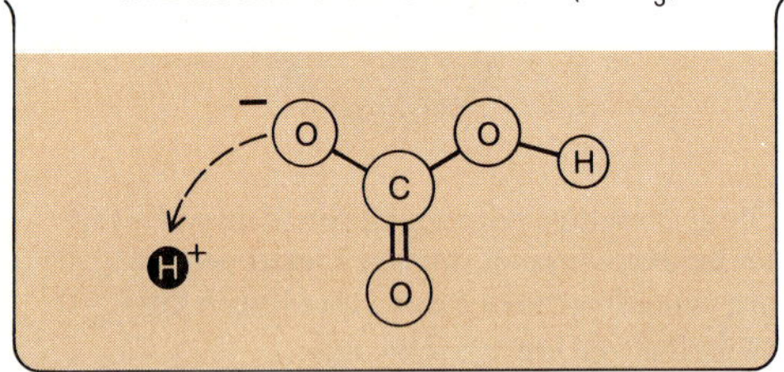

(1) Kohlensäure ist stärker als Borsäure, aber immer noch dissoziiert in Wasser nur die Hälfte der Kohlensäure-Moleküle.

CARBONAT-ION (CO_3^{2-})

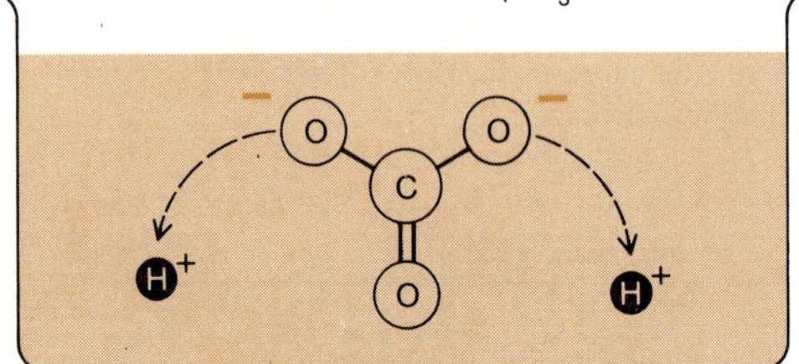

(2) Nur ein sehr kleiner Teil der Kohlensäure-Moleküle verliert in wäßriger Lösung alle beiden Protonen.

Weil Kohlenstoff nur mäßig elektronegativ ist und die CO-Bindung in der C–O–H-Gruppierung stärker ist als die O–H-Bindung, dissoziiert das Kohlensäure-Molekül in Wasser, indem es ein Proton verliert; es handelt sich also um eine Säure. Die Dissoziation findet in zwei Schritten statt:

$$H_2CO_3 \longrightarrow H^+ + HCO_3^- \longrightarrow 2H^+ + CO_3^{2-}$$

Kohlensäure — Hydrogencarbonat-Ion — Carbonat-Ion

Das Carbonat-Ion ist durch ein simples Modell wie das von Lewis, in dem die Elektronen durch Punkte repräsentiert werden, nicht darzustellen. Man kann viele mögliche Strukturen aufzeichnen, z. B. die rechts außen abgedruckten. Drei davon erwecken den Eindruck, als sei das Kohlenstoff-Atom an ein Sauerstoff-Atom doppelt und an die beiden anderen Sauerstoffe, von denen die Protonen abgespalten werden, einfach gebunden. Die Strukturen unterscheiden sich nur darin, welches Sauerstoff-Atom als Partner der Doppelbindung ausgewählt wurde. Keine einzige Struktur ist korrekt, denn Untersuchungen von kristallisierten Carbonat-Verbindungen mit Hilfe von Röntgenstrahlen haben ergeben, daß alle drei C–O-Bindungen im Carbonat-Ion identisch sind und daß die Sauerstoff-Atome auf den Ecken eines gleichseitigen Dreiecks um das Kohlenstoff-Atom herum angeordnet sind. Wir können ein solches symmetrisches Modell für das Carbonat-Ion aufzeichnen, aber es befriedigt nicht sehr, denn es schreibt jedem Sauerstoff-Atom eine negative Ladung zu und dem Kohlenstoff-Atom eine positive (siehe die vierte Struktur ganz rechts).

Damit treffen wir auf das gleiche Dilemma wie im 4. Kapitel beim Benzol-Molekül. Das „wirkliche" Carbonat-Ion kann man nicht durch schlichte Elektronenpaar-Einfach- und Doppelbindungen beschreiben. Die beiden negativen Ladungen, die nach der Dissoziation am Carbonat-Ion zurückbleiben, sind in Wirklichkeit *delokalisiert* oder über das ganze Ion verschmiert. Jede C–O-Bindung ist ein Mittelding zwischen einer Einfach- und einer Doppelbindung. Man kann sich das „wahre" Carbonat-Ion als Kombination der vier Strukturen vorstellen, die am rechten Seitenrand versuchsweise aufgezeichnet wurden, ohne daß irgendeine mit der Wirklichkeit in Einklang steht. Halbwegs adäquate Darstellungen des Ions (nächste Seite, unten) benutzen entweder partielle Doppelbindungen oder zeigen eine Wolke von delokalisierten Elektronen.

Röntgenstrukturanalysen an Kristallen von Carbonat-Verbindungen haben ergeben, daß jede C–O-Bindung 136 pm lang ist. C–O-Einfachbindungen in anderen Verbindungen sind 143 pm, C=O-Doppelbindungen 123 pm lang. Allein aus diesen Werten kann man abschätzen, daß jede C–O-Bindung im Carbonat-Ion ungefähr ein Drittel Doppelbindungscharakter hat – als ob das tatsächliche Ion aus den drei auf der nächsten Seite gezeigten Modellen mit zwei Einfach- und einer Doppelbindung gemittelt wäre.

Die Delokalisierung der Elektronen trägt dazu bei, daß Kohlensäure eine stärkere Säure als Borsäure ist. Beim Benzol fanden wir, daß die Delokalisierung der Elektronen das Molekül um 167 kJ stabiler machte, als es sonst wäre. Das Carbonat-Ion mit seinen beiden delokalisierten Elektronen ist ebenfalls stabiler, als es sein würde, wenn die Elektronen auf die beiden Sauerstoff-Atome beschränkt wären, die bei der Dissoziation die Protonen abgeben. Dissoziation und Assoziation sind reversible Prozesse, die immer gleichzeitig ablaufen:

$$H_2CO_3 \underset{\text{Assoziation}}{\overset{\text{Dissoziation}}{\rightleftharpoons}} 2H^+ + CO_3^{2-}$$

Die tatsächlich in der Lösung vorliegenden Anteile von Kohlensäure und Carbonat-Ion sind das Resultat eines Gleichgewichts zwischen der Reaktion vorwärts und derjenigen zurück. Die Delokalisierung fördert durch Stabilisierung des Carbonat-Ions die Dissoziation und drängt die Assoziation zurück, denn wenn die Protonen wieder an das Carbonat-Ion gebunden werden, wird die Delokalisierung aufgehoben, indem die Elektronen wieder in den O–H-Bindungen fixiert werden. Deshalb ist das Gleichgewicht auf die rechte Seite der Gleichung verschoben, mehr H^+-Ionen werden gebildet, und Kohlensäure ist eine stärkere Säure, als ohne Delokalisierung zu erwarten wäre.

Den gleichen Sachverhalt können wir auch folgendermaßen betrachten: Die beiden negativen Ladungen am Carbonat-Ion hätten dann die stärkste Anziehungskraft für Protonen, wenn sie auf bestimmte Sauerstoff-Atome im äußeren Bereich des Ions festgelegt wären. Wenn die negativen Ladungen über das ganze Ion verschmiert sind, ist auch die Anziehung des Ions für Protonen beeinträchtigt. Die Assoziation wird erschwert, und mehr Protonen schwimmen frei in der Lösung herum, als wenn es keine Delokalisierung gäbe.

Wenn mehrere Atome kovalent in einem Ion miteinander verbunden sind, wie beim CO_3^{2-}, so durchläuft das Ion viele chemische Reaktionen als Einheit; es verhält sich wie ein einatomiges Ion der gleichen Ladung. Carbonat-Ionen können ebenso wie Fluorid-Ionen Salze mit Li^+ oder anderen positiven Ionen bilden. Li_2CO_3 ist Lithiumcarbonat, und wie beim Li_2O kommen im Kristall dieses Salzes zwei Ionen der Ladung +1 (Li^+) auf ein Ion der Ladung −2 (CO_3^{2-}). $LiHCO_3$, das ein positives Li^+- und ein positives H^+-Ion hat, heißt Lithiumhydrogencarbonat (oder nach der älteren Nomenklatur: Lithium*bi*carbonat, weil es zweimal so viel Carbonat pro Lithium-Atom enthält wie Li_2CO_3). Viele negative Ionen – oder *Anionen* – sind aus mehreren kovalent gebundenen Atomen aufgebaut; ein Beispiel ist das Carbonat-Ion. Positive Ionen – oder *Kationen* – aus mehreren Atomen sind weniger verbreitet, verglichen mit einatomigen Metall-Ionen wie Li^+ oder Be^{2+}. Eine Ausnahme ist uns schon im NH_4^+-Ion begegnet, dem Ammonium-Ion, in dem vier H-Atome kovalent an ein zentrales Stickstoff-Atom gebunden sind.

STRUKTUR DES CARBONAT-IONS

drei symmetrische Einfachbindungen

Vier denkbare – aber unzutreffende – Strukturen des Carbonat-Ions. Die korrekte Struktur ist unten links dargestellt.

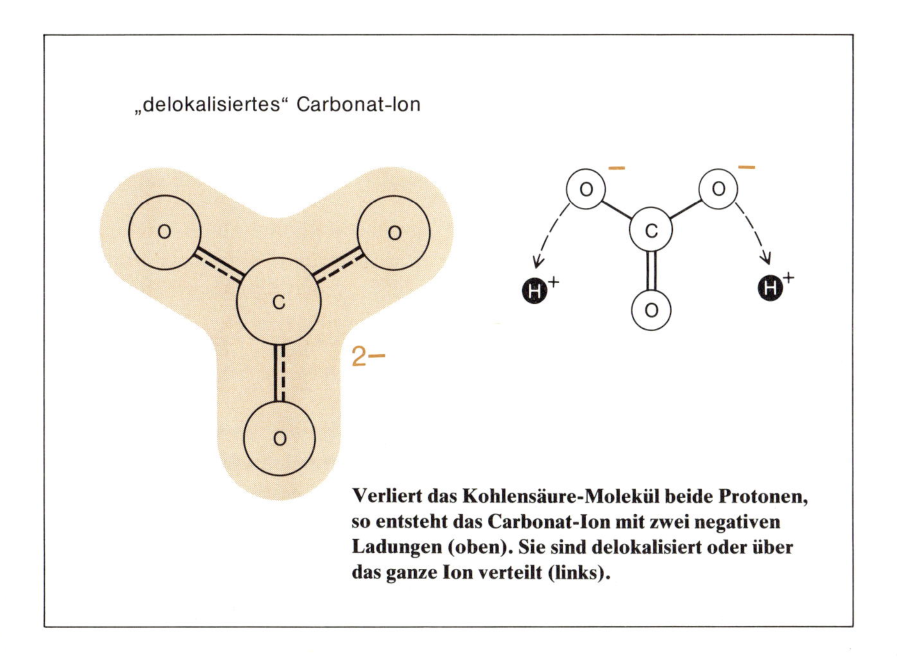

Verliert das Kohlensäure-Molekül beide Protonen, so entsteht das Carbonat-Ion mit zwei negativen Ladungen (oben). Sie sind delokalisiert oder über das ganze Ion verteilt (links).

Kohlensäure wäre schon deshalb stärker als Borsäure, weil Kohlenstoff im Vergleich zu Bor stärker elektronegativ ist, aber die Delokalisierung erhöht die Säurestärke noch ein wenig darüber hinaus. Im Borat-Ion, $B(OH)_4^-$, gibt es keine Delokalisierung, denn jedes Elektron ist entweder in einem bestimmten Elektronenpaar zwischen den Atomen festgelegt, oder es wird von einem einsamen Elektronenpaar beansprucht. Trotz Delokalisierung ist Kohlensäure noch so schwach, daß man sie in Selterswasser usw. trinken kann. Entscheidender Faktor für die Erhöhung der Acidität aber ist die Delokalisierung beim nächsten Molekül, das wir diskutieren wollen: Salpetersäure.

MOLEKÜL DER SALPETERSÄURE (HNO_3)

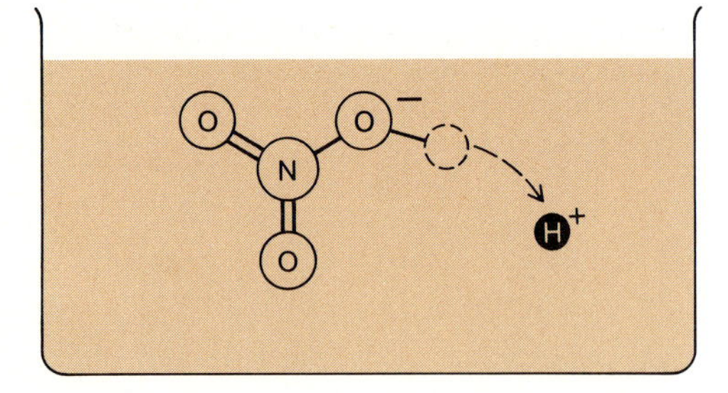

Das Molekül der Salpetersäure verliert in Wasser sein einziges Proton.

SALPETERSÄURE-LÖSUNG

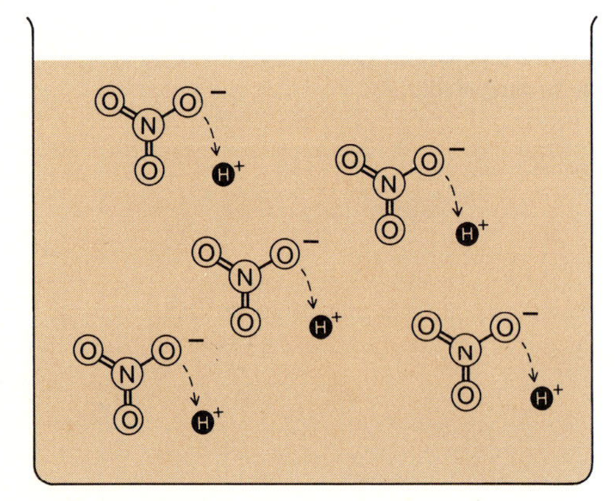

Alle Salpetersäure-Moleküle verlieren in Wasser ihre Protonen; deshalb ist HNO_3 eine starke Säure. Man vergleiche dieses Verhalten mit dem von Kohlen- und Borsäure.

Stickstoff und Salpetersäure

Von Stickstoff gibt es viele Oxide, in denen die Elektronen des Stickstoffs unterschiedlich beansprucht werden. Es gibt darunter so verschiedenartige Stoffe wie farblose Gase (N_2O und NO), ein braunes Gas (NO_2) oder einen explosiven, farblosen Feststoff (N_2O_5). Wenn dies alles ionische Verbindungen und keine kovalenten Moleküle wären, und wenn jedes Sauerstoff-Atom von einem Stickstoff-Atom zwei Elektronen aufnähme, um seine Neonschale zu vervollständigen, dann müßte man aus den genannten Formeln schließen, daß Stickstoff im N_2O ein Elektron abgegeben hätte (vgl. Li_2O), in NO zwei Elektronen, in NO_2 vier und in N_2O_5 alle fünf. Dies entspricht jedoch nicht der Wirklichkeit; vielmehr werden die Elektronen in diesen Verbindungen zwischen den Atomen aufgeteilt und nicht vollständig abgegeben. Aber dieses formale Abzählschema führt uns auf eine ausgesprochen nützliche Größe: die *Oxidationszahl* (oder Oxidationsstufe) von Stickstoff, welche in diesen Oxiden von +1 bis +5 variiert. Die Oxidationszahl entspricht der Ladung, die das Stickstoff-Atom trüge, wenn jedes Elektronenpaar einer kovalenten Bindung ganz an das stärker elektronegative Sauerstoff-Atom abgegeben würde. Wir werden auf die wichtigen Konzepte der Oxidation und der Oxidationszahl im 6. Kapitel zurückkommen.

Das Oxid, welches uns im Augenblick am meisten interessiert, ist das mit Stickstoff in der höchsten Oxidationszahl, N_2O_5. Wenn man diese Substanz in Wasser gibt, entsteht Salpetersäure, eines der Standardreagenzien des chemischen Laboratoriums:

$$N_2O_5 + H_2O \longrightarrow 2HNO_3$$

Distickstoff-pentoxid → Salpeter-säure

(In der Industrie gibt es übrigens weniger gefährliche Methoden zur Herstellung von Salpetersäure.) Salpetersäure ist viel stärker als Kohlensäure. Sie dissoziiert in Wasser vollständig in Protonen und Nitrat-Ionen:

$$HNO_3 \longrightarrow H^+ + NO_3^-$$

Salpeter-säure → Nitrat-Ion

Dagegen ist Kohlensäure nur partiell dissoziiert, und Borsäure fast gar nicht. Es ist schwierig, für Salpetersäure ein Modell in der Elektronenschreibweise nach Lewis oder eine einfache Bindungsstruktur aufzuzeichnen. Drei solcher Strukturen, von denen für sich keine korrekt ist, sind rechts oben am Rand der nächsten Seite dargestellt. Darunter stehen vier mögliche Strukturen für das Nitrat-Ion, für das aber noch mehr konstruiert werden könnten. Wie beim Carbonat-Ion sind in Wirklichkeit alle drei N–O-Bindungen in NO_3^- gleich lang. Die negative Ladung, die am Sauerstoff zurückbleibt, wenn er vom Proton verlassen wird, ist über das ganze Ion delokalisiert (Struktur rechts unten). Die Delokalisierung stabilisiert das Nitrat-Ion, begünstigt die Dissoziation von HNO_3 und macht deshalb Salpetersäure zu einer stärkeren Säure, als wenn es keine Delokalisierung gäbe.

Das Nitrat-Ion ist isoelektronisch mit dem Carbonat-Ion. Könnte man in den Kern des Nitrat-Stickstoffs hineinlangen und ein Proton „ausschalten", käme CO_3^{2-} mit demselben Arrangement von Atomzentren und Elektronen heraus. Die zusätzliche Kernladung am Stickstoff hat zur Folge, daß das delokalisierte Elektron fester gebunden ist und weniger leicht unter Bildung des undissoziierten Säure-Moleküls ein Proton bindet. Das Nitrat-Ion zieht das Proton schwächer an als das Carbonat-Ion, so daß Salpetersäure stärker ist als Kohlensäure.

Die Landefähre bei den Apollo-Unternehmungen benutzte ein anderes Stickstoffoxid als Teil seines Treibstoffs. Der Brennstoff war eine Mischung von Hydrazin ($H_2N{-}NH_2$) und Methylhydrazin ($H_3C{-}NH{-}NH_2$), das Oxidationsmittel war Distickstofftetroxid (N_2O_4), ein flüssiges Dimeres des gasförmigen NO_2. Bei der Verbrennungsreaktion entstehen hauptsächlich Stickstoff und Wasser, daneben noch einige andere Oxide des Stickstoffs:

$$2N_2H_4 + N_2O_4 \longrightarrow 3N_2 + 4H_2O + \text{Energie}$$

Ein großer Vorteil für den Gebrauch in Raketen ist, daß diese beiden Flüssigkeiten *hypergol* sind, d.h. sich spontan entzünden, wenn sie in der Verbrennungskammer gemischt werden, so daß kein Zündsystem für den Raketenmotor gebraucht wird.

STRUKTUREN DER SALPETERSÄURE

Bindungsmodelle, die für Salpetersäure, HNO_3, denkbar sind. Läßt man nur einfache Elektronenpaar-Bindungen zu, muß man sich entweder mit einer Ladungstrennung oder mit einer Bindung zuviel am Stickstoff abfinden.

STRUKTUREN DES NITRAT-IONS

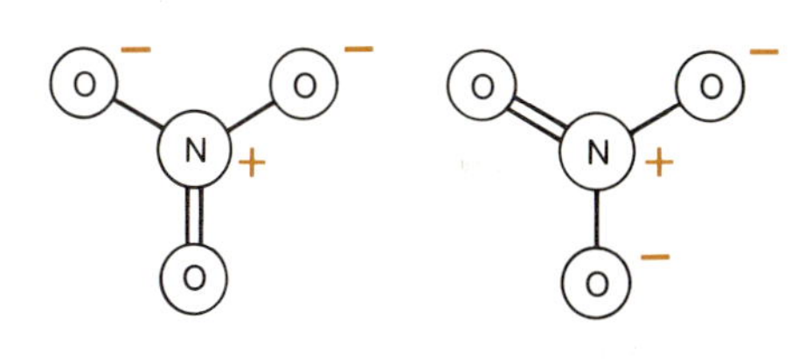

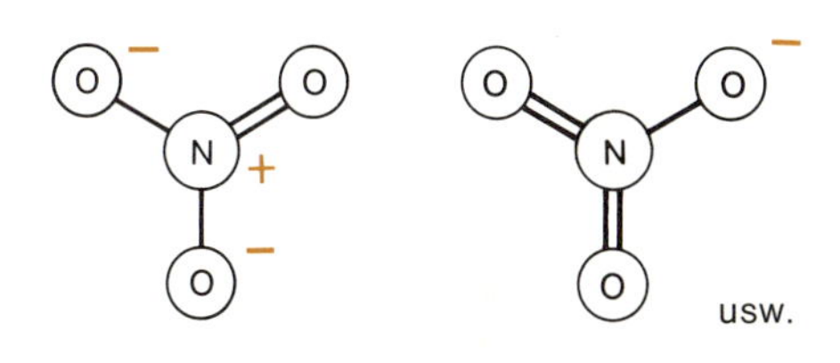

Vier Bindungsmodelle, wie sie für das Nitrat-Ion, NO_3^-, denkbar sind. Wieder steht man vor dem Dilemma, daß man entweder eine exzessive Ladungstrennung oder eine Bindung zuviel am Stickstoff akzeptieren muß.

Fluor, der Elektronenräuber

Bei Fluor-Sauerstoff-Verbindungen spielen die Sauerstoff-Atome die umgekehrte Rolle wie bisher. Alle Atome bis Stickstoff waren weniger elektronegativ als Sauerstoff, mit dem Ergebnis, daß die Elektronenpaare in Richtung Sauerstoff verschoben oder ganz auf ihn übertragen wurden. Im Gegensatz dazu ist Fluor stärker elektronegativ, und es zieht Elektronen an sich, selbst wenn es mit Sauerstoff verbunden ist. Von Fluor gibt es mehrere Sauerstoff-Verbindungen, und zwar sind es Kettenmoleküle des Typs F–O–F, F–O–O–F, F–O–O–O–F usw. Diese Verbindungen sind selten und nicht sehr wichtig, und es entstehen beim Zusammengeben mit Wasser keine Sauerstoffsäuren wie Bor-, Kohlen- oder Salpetersäure. Fluor ist so elektronegativ, daß es bei der Koordination mit Sauerstoff-Atomen des Wassers keine kovalenten Bindungen mit diesen macht, sondern von ihnen Elektronen raubt, um stattdessen Fluorid-Ionen zu bilden. So zerlegt OF_2 Wasser-Moleküle und setzt, während es Fluorid-Ionen produziert, O_2-Moleküle frei:

$$\underset{\text{Sauerstoff-difluorid}}{OF_2} + H_2O \longrightarrow \underset{\text{Fluorid-Ionen}}{2F^-} + 2H^+ + O_2$$

Wenn man die Formeln binärer Verbindungen schreibt, wird das stärker elektronegative Element an die zweite Stelle gesetzt. So sind die Schreibweise OF_2 statt F_2O und die Benennung der Verbindung als Sauerstoffdifluorid (und nicht als Difluoroxid) Gedächtnisstützen dafür, daß hier Fluor das stärker elektronegative der beiden Elemente ist.

„delokalisiertes" Nitrat-Ion

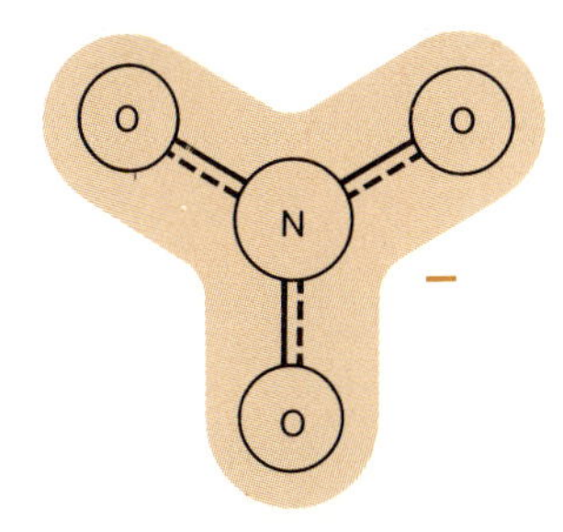

Wie beim Carbonat-Ion ist die negative Ladung, die nach Abgabe des Protons am Nitrat-Ion verbleibt, über das ganze Ion delokalisiert.

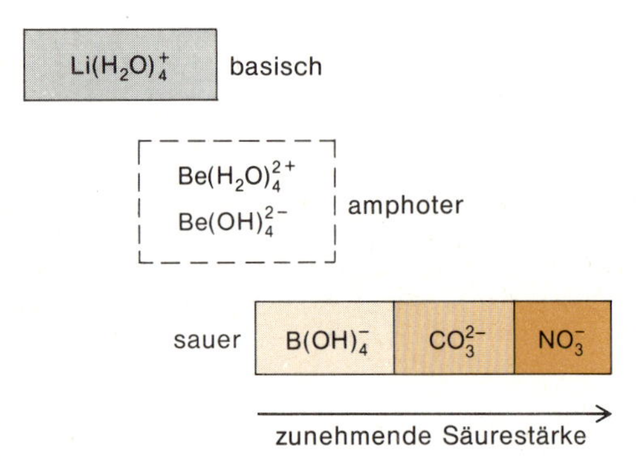

Trends bei den Eigenschaften der Oxide

Die Gesetzmäßigkeiten, die wir bei den Eigenschaften der Elemente der zweiten Reihe und ihrer Oxide gefunden haben, lassen sich für schwerere Elemente verallgemeinern. Atome mit wenigen äußeren Elektronen sind Metall-Atome, und ihre Oxide sind basisch (links). In Lösung umgeben sich die Metall-Ionen mit einer Hydrathülle aus Wasser-Molekülen, die von den Ionen nur durch elektrostatische Kräfte festgehalten werden. Etwas stärker elektronegative Atome bilden die Grenze zwischen Metallen und Nichtmetallen. Ihre Oxide sind gleichzeitig sauer und basisch und werden amphoter genannt.

Noch stärker elektronegative Atome sind eindeutige Nichtmetalle. Sie füllen ihre äußere Elektronenschale entweder durch Teilhabe an bindenden Elektronenpaaren auf, oder sie nehmen die fehlenden Elektronen, sofern es nicht mehr als ein oder zwei sind, aus ihrer Umgebung auf und werden zu Ionen. Ihr Oxide haben saure Eigenschaften. Die Anziehungskraft für Sauerstoff ist in Lösung so groß, daß sie sich mit einer Hülle von kovalent gebundenen O-Atomen umgeben. Das Ergebnis sind Oxyanionen wie Carbonat, CO_3^{2-}, und Nitrat, NO_3^-. Die Acidität solcher Verbindungen wird dadurch erhöht, daß die Ionen durch Delokalisierung der Elektronen stabilisiert werden.

Wenn schließlich die Elektronegativität der Atome diejenige von Sauerstoff übertrifft, was nur beim Fluor der Fall ist, werden die Elektronen nicht zwischen Zentralatom und Sauerstoff in kovalenten Bindungen geteilt, sondern von den Sauerstoff-Atomen ganz abgezogen. Es entsteht anstelle eines Oxyanions das simple F^--Ion. Dieses Verhalten tritt bei schwereren Elementen nicht auf, weil keines davon stärker elektronegativ ist als Sauerstoff.

Ionen und Metalle

Schwach elektronegative Atome, die eine starke Neigung haben, ein, zwei oder drei Elektronen abzugeben und zu positiven Ionen zu werden, können sich zu einer speziellen Sorte von Festkörpern zusammenlagern, ohne daß negative Ionen beteiligt wären. Wir haben es mit Metallen zu tun. Ein Metall ist eine kristalline, regelmäßige Anordnung von positiven Ionen, deren jedes Elektronen aus seiner äußersten, unvollständig gefüllten Elektronenschale abgegeben hat (nächste Seite oben). Diese Elektronen sind beweglich und können frei von einem Ende des Metalls zum anderen wandern. Die Elektronen umschließen die positiven Ionen und halten das Metall zusammen. Ohne sie würde die ganze Gewalt der elektrostatischen Abstoßung zwischen den positiven Ionen das Metall auseinanderfliegen lassen. Mit den Elektronen können die positiven Ionen zusammengepackt werden wie Murmeln in einer Schachtel. Die Strukturen der meisten Metalle sind tatsächlich so einfach: Sie repräsentieren die Möglichkeiten, möglichst viele Kugeln auf begrenztem Raum unterzubringen.

Lithium-Metall wird durch ein Elektron je positives Ion zusammengehalten, Beryllium durch doppelt so viele Elektronen. Die zusätzlichen Elektronen bewirken, daß die positiven Ionen fester zusammengehalten werden und daß dadurch Beryllium ein härteres Metall als Lithium ist. Der Aufenthalt dieser Elektronen ist nicht wie bei einem Gas auf ein Atom begrenzt, sondern die Elektronen sind vollständig delokalisiert. Wie wir schon beim Benzol sowie bei Kohlen- und Salpetersäure gesehen haben, erhöht Delokalisierung die Stabilität. Die Kräfte, die ein Metall zusammenhalten, beruhen zum Teil auf Delokalisierung.

Die meisten physikalischen Eigenschaften, die wir mit Metallen assoziieren, können anhand dieses Modells eng gepackter, positiver Ionen erklärt werden, die durch

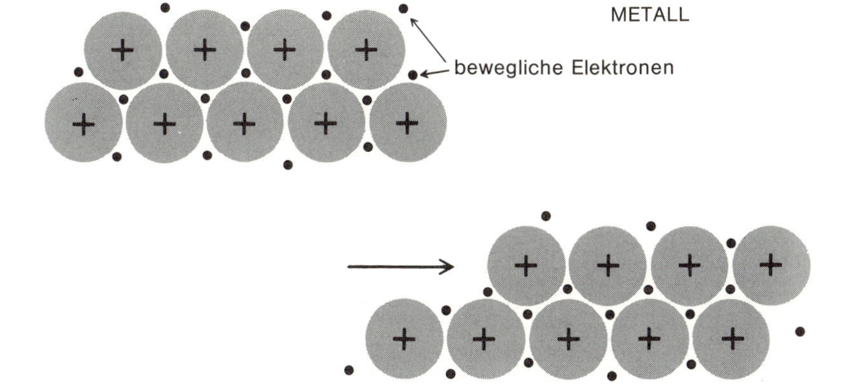

Positive Ionen in einem Metall können aneinander vorbeigeschoben werden, ohne auseinanderzufliegen, weil sie von einem »See« negativer Elektronen zusammengehalten werden.

delokalisierte Elektronen zusammengehalten werden. Wenn an das Metall Druck angelegt wird, können die positiven Ionen ohne großen Widerstand aneinander vorbeirollen, wie Murmeln in Öl: Die delokalisierten Elektronen „schmieren" dieses Fließen, indem sie jedes positive Ion von der Ladung seiner Nachbarn abschirmen. Atomschichten können gebogen oder aus der Form gebracht werden, oder sie können in die Form einer dünnen Säule gezwungen werden, ohne daß der Zusammenhalt zwischen den Atomen verlorenginge. Deshalb sind Metalle biegsam, zäh (man kann sie durch Hämmern in neue Formen bringen) und duktil (man kann sie zu dünnen Drähten ziehen). Wenn ein fremder Gegenstand, wie z.B. eine Messerklinge, zwischen die Atomschichten eines weichen Metalls wie Kupfer eingeführt wird, bleibt die Bindung der Metallatome auf jeder Seite des Messerschnitts intakt. Angesichts der Rolle, welche die Elektronen für den Zusammenhalt der Metalle spielen, ist ein besserer Vergleich als „Murmeln in Öl" für die Metallstruktur vielleicht „Murmeln in Sirup".

Ganz anders reagieren Salzkristalle auf mechanische Beanspruchung. Statt ihr nachzugeben, leisten sie zuerst Widerstand und spalten dann entweder sauber entlang von Schichten, oder sie springen und splittern. Das rührt daher, daß positive und negative Ladungen im Kristallgitter eines Salzes abwechseln. In einem intakten Salzkristall greifen diese Ladungen stabil ineinander. Aber wenn eine Schicht Atome über die andere geschoben wird, werden gleichnamige Ladungen in beiden Schichten aneinander genähert (s. Zeichnung unten auf dieser Seite). Die starke elektrostatische Abstoßung zwischen gleichnamigen Ladungen sprengt die Atomschichten auseinander, und der Kristall zerspringt.

Schmelz- und Siedepunkte von Metallen variieren in einem weiten Bereich, aber im allgemeinen sind sie niedriger als die von Salzen. Für das Schmelzen eines Metalls ist es lediglich nötig, daß auf die positiven Ionen genug thermische Energie übertragen wird, damit sie sich von ihren Plätzen in der dichten Packung losreißen und in der Schmelze aneinander vorbeigleiten können. Salzkristalle stellen ein ausgewogenes Gleichgewicht von positiven und negativen Ladungen dar. Jede Störung,

Werden die Schichten eines Salzkristalls aneinander vorbeigeschoben, drängt die Abstoßung übereinander geratender, gleichnamiger Ladungen die Schichten auseinander, und der Kristall zerbricht.

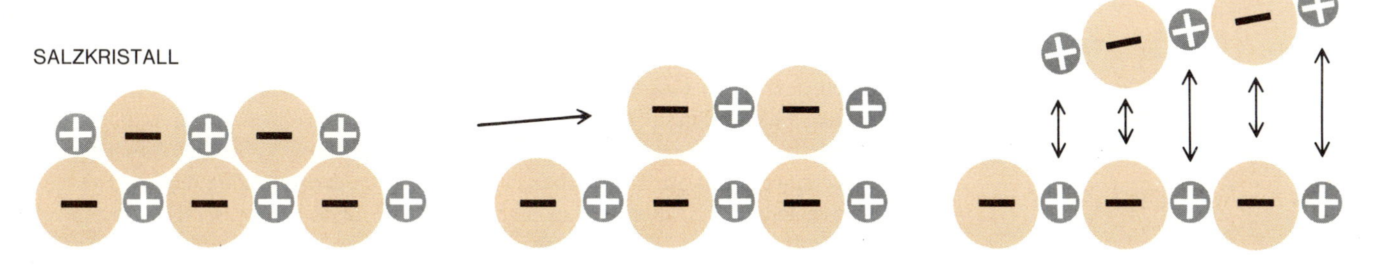

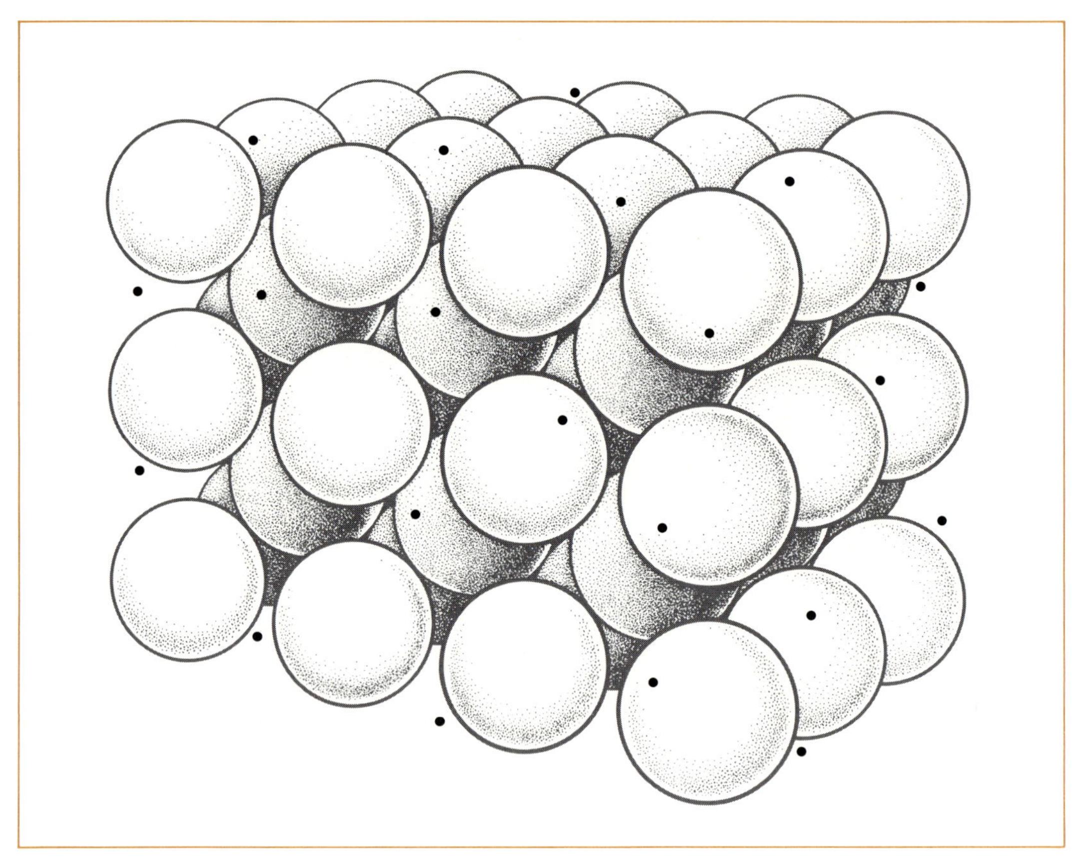

STRUKTUR VON METALLISCHEM LITHIUM

Lithium-Metall und andere Metalle mit einem beweglichen Elektron pro Metall-Atom (wie Natrium oder Kalium) lagern sich in einer kubischen Struktur zusammen, bei der die Ionen die Ecken und den Mittelpunkt eines Würfels besetzen. Diese Struktur heißt „kubisch-raumzentriert".

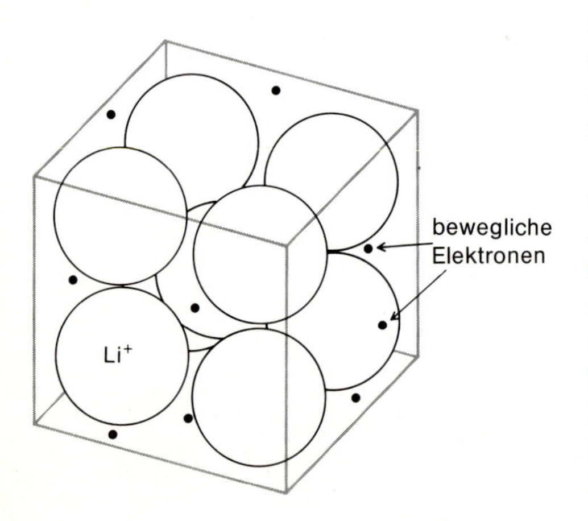

wie das Schmelzen des Kristalls, bringt gleichnamige Ladungen einander näher, und dazu ist Energie nötig. Bei der Verdampfung eines Metalls muß jedes positive Ion nur die Elektronen seiner äußeren Schale wieder aus dem gemeinsamen See von Elektronen einfangen, während beim Verdampfen eines Salzes Elektronen von den negativen Ionen zu den positiven zurückgezwungen werden müssen, damit neutrale Gas-Moleküle entstehen.

Die mobilen Elektronen können in einem Metallblock von einem Ende zum anderen wandern und so den elektrischen Strom leiten. Salze im kristallinen Zustand leiten den Strom nicht, denn die Ionen sitzen fest auf ihren Plätzen. Wird aber ein Salz geschmolzen oder in Wasser gelöst, kann es den elektrischen Strom ebenfalls leiten – jedoch durch die Wanderung ganzer Ionen, nicht von Elektronen.

Wärme ist einfach Bewegung von Atomen oder Molekülen. Bringt man ein Streichholz an ein Ende eines Festkörpers, beginnen die Moleküle oder Atome an dieser Stelle schneller zu schwingen, und weil jedes heftig schwingende Atom seinen ruhigeren Nachbarn veranlaßt, ebenfalls schneller zu schwingen, fließt Wärme durch den festen Gegenstand. Die beweglichen Elektronen in einem Metall sind ebenso ausgezeichnete Träger für Wärme wie für elektrischen Strom. Metalle fühlen sich bei der Berührung kalt an, weil sie die Wärme so schnell von unseren Fingerspitzen fortleiten. In Salzen wird jedes Ion durch den Zug der entgegengesetzt geladenen Nachbar-Ionen an seiner Stelle festgehalten, so daß ein starres Ionengitter entsteht. Die Schwingungen der Ionen werden rasch durch die Anzie-

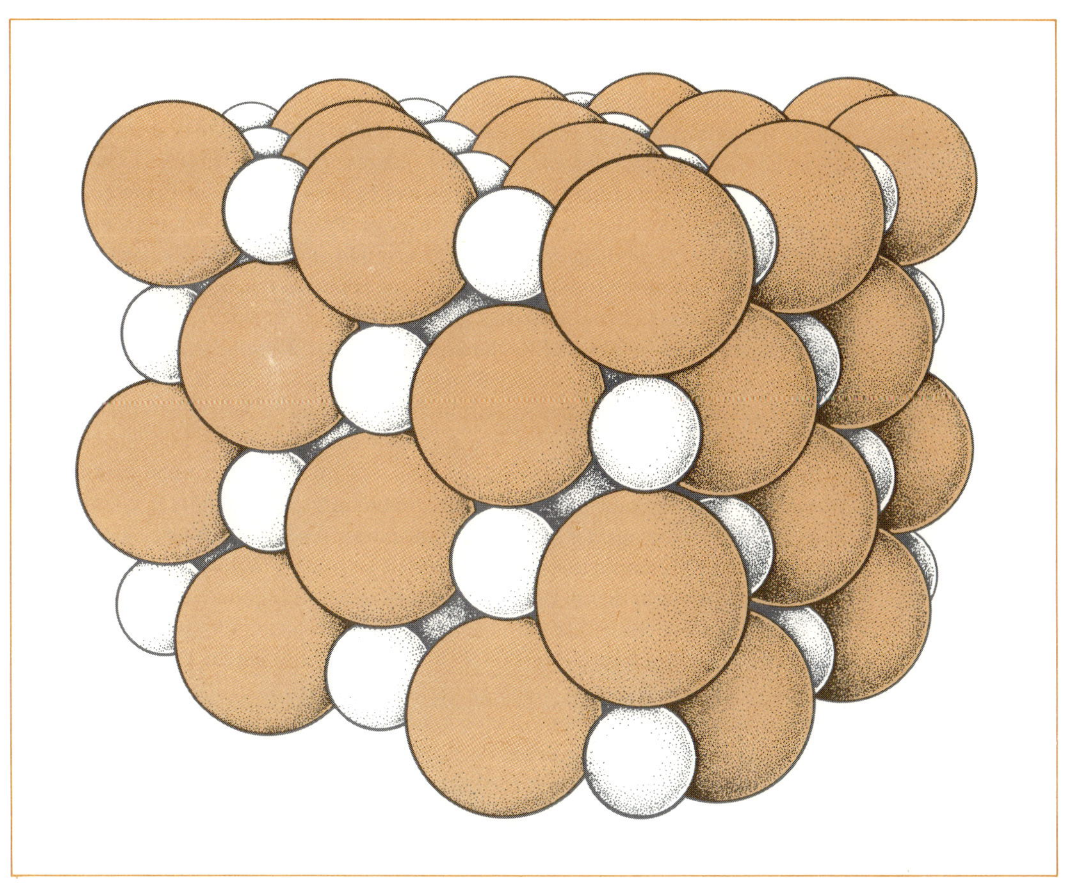

EINE TYPISCHE SALZSTRUKTUR

hungskräfte der Nachbar-Ionen gedämpft, und die Schwingungen pflanzen sich im Kristallgitter nur schlecht fort. Salze sind deshalb schlechte Wärmeleiter.

Sogar der metallische Glanz läßt sich aus der Struktur der Metalle erklären. Die Glasoberfläche oder ein Spiegel erscheinen hell, denn das darauffallende Licht wird weitgehend reflektiert. Spiegel sind einfach Glas mit einer dünnen Metallschicht als Hintergrund. Wenn Licht auf Metall fällt, wird es absorbiert, und die Lichtenergie hebt die Elektronen in angeregte (höhere) Energiezustände. Wegen der vielen beweglichen Elektronen in einem Metall gibt es viele eng beieinanderliegende Energiezustände. Die angeregten Elektronen können sich von der Stelle bewegen und auf ihre ursprünglichen Zustände niedriger Energie zurückfallen; dabei geben sie die absorbierte Energie in Form von Photonen (Licht) wieder ab. Nichtmetallen fehlen diese eng beieinanderliegenden elektronischen Energiezustände, und Licht, das einmal absorbiert ist, hat wenig Chancen, wieder emittiert zu werden.

Schmelzpunkte sind ein brauchbares Maß für die Kräfte zwischen Molekülen oder Ionen. Molekulare Festkörper, in denen kovalent gebundene Moleküle zusammengepackt sind, zwischen denen nur van-der-Waals-Kräfte herrschen, schmelzen bei niedrigen Temperaturen. Festes O_2 beispielsweise hat einen Schmelzpunkt von −218 °C. Lithium-Metall, das durch bewegliche Elektronen zusammengehalten wird, schmilzt bei 179 °C, und LiF, ein typisches Salz, schmilzt viel höher bei 842 °C. Festkörper, die in einem dreidimensionalen Netzwerk durchgehend durch kovalente Bindungen zusammengehalten werden, sind am festesten verknüpft, und Kohlenstoff in der Erscheinungsform des Diamants hat einen Schmelzpunkt von über 3600 °C.

Lithiumfluorid, Natriumchlorid und viele andere Salze besitzen die hier gezeigte Struktur: Positive und negative Ionen alternieren in allen drei Richtungen des kubischen Gitters.

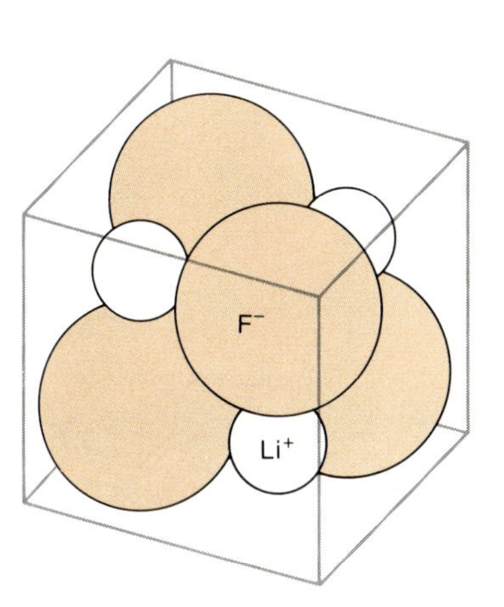

Postskriptum: die Elemente des Lebens

Die Grundlage allen Lebens auf diesem Planeten sind die vier Elemente C, N, O und H. Wohin wir blicken, reagieren untereinander ähnliche Moleküle miteinander auf so ähnliche Weise, daß wir schließen müssen, daß alles irdische Leben einen gemeinsamen Ursprung hat. Das Gewebe des Lebens auf diesem Planeten ist universell und bruchlos. Bevor wir die schwierige Frage stellen können, ob Leben anderswo auf der Grundlage einer anderen Chemie oder anderer Elemente entstanden sein kann, müssen wir die einfachere Frage beantworten, inwiefern C, N, O und H als Elemente des Lebens besonders geeignet sind.

Man kann keine effektiven Rechenmaschinen aus Zahnrädern, Übersetzungen und Flaschenzügen bauen, wie der Computer-Pionier Charles Babbage vor einem Jahrhundert zu seinem Leidwesen erfuhr[1]. Für raffinierte Maschinen braucht man raffinierte Bauelemente. Man kann sich schwer eine biologische Maschine vorstellen, die komplex genug ist, um als *lebendig* klassifiziert zu werden, und die aus einfachen anorganischen Molekülen und Ionen aufgebaut ist. Unter allen chemischen Elementen ist nur der Kohlenstoff imstande, scheinbar endlose, geradkettige und verzweigte Moleküle unendlicher Vielfalt zu bilden. Wir wollen dieses Thema in den Schlußkapiteln dieses Buches ausführen. Stickstoff konnte niemals so vielfältige und komplexe Moleküle aufbauen, wie sie für lebende Organismen vonnöten sind, denn lange Stickstoffketten (−N−N−N−N−) sind bis zur Explosivität instabil. Auch Bor ist ungeeignet, denn es besitzt zu wenig Elektronen, um zusammenhängende Ketten auszubilden. Metalle konnten die Basis des Lebens nicht werden, weil elektrostatische Kräfte keine bestimmte Richtung haben und die Strukturen in Salzen und Metallen nur auf der Packung der Ionen beruhen. Nur Kohlenstoff, der sich mit seinen vier Elektronen pro Atom an vier Elektronenpaar-Bindungen beteiligen kann, ist in der Lage, das Gerüst für hochentwickelte Moleküle aufzubauen.

Viele Atome der zweiten Schale haben die Eigenart, daß sie klein genug sind, einander sehr nahe zu kommen und sich in Doppelbindungen mehr als ein Elektronenpaar zu teilen. Wie wir später sehen werden, ist dies für die Architektur der Moleküle und ihre Lichtabsorption entscheidend. Doppelbindungen verleihen großen Molekülen eine starre Struktur. In Ringen und Ketten aus Kohlenstoff, in denen es delokalisierte Elektronen gibt, treten elektronische Energiezustände auf, die nahe genug beieinander liegen, so daß sichtbares Licht absorbiert und eingefangen werden kann. Chlorophyll, das Schlüsselmolekül bei der Photosynthese, ist ein großes Molekül mit vielen delokalisierten Elektronen. Licht einfangen zu können, ist eine wichtige Fähigkeit, denn die am reichsten fließende Energiequelle für das Leben auf jedem Planet ist die Strahlung von seinem Zentralgestirn. Die Elemente der zweiten Reihe sind klein genug, um Doppelbindungen zu knüpfen, während die größeren Atome, die wir in den beiden nächsten Kapiteln kennenlernen werden, dies nur unter Schwierigkeiten oder gar nicht können. Schon aus diesem Grund ist ein Leben, das die Elemente der dritten Schale oder noch schwerere Elemente als Grundlage hat, unwahrscheinlich. Die Elemente der dritten Schale sind zu groß und

---

1) Charles Babbage (1792–1871) ist der interessante Fall eines Mannes, der ein Jahrhundert zu früh geboren wurde. Er war ein englischer Mathematiker, der 1822 das Konzept eines Digitalcomputers mit intern gespeichertem und veränderbarem Programm entwarf. Er verbrachte den Rest seines Lebens mit erfolglosen Anstrengungen, einen solchen Computer mit der vorelektronischen Technik seines Zeitalters zu bauen, wobei er beträchtliche Summen seines eigenen Geldes sowie Zuwendungen der Regierung verbrauchte. Seine große Rechenmaschine war ein Fehlschlag, aber seine Prinzipien wurden in den vierziger Jahren unseres Jahrhunderts von John von Neumann und anderen wieder aufgegriffen, als sie den elektronischen Digitalcomputer erfanden. Babbages Rechenmaschine war im Prinzip einwandfrei, aber – wie Leonardo da Vincis Helikopter – technisch unreif.

die der ersten Schale, H und He, sind für sich allein zu simpel. *Leben scheint eine Eigenschaft der Atome der zweiten Schale zu sein!*

Die Energie für das Leben kommt letztlich von der Sonne, aber sie wird gespeichert in Verbindungen aus Kohlenstoff, Wasserstoff und Sauerstoff, und sie wird freigesetzt, indem diese Moleküle mit Sauerstoff kombinieren. Sauerstoff ist fast einzigartig in seiner chemischen Reaktivität und in seiner Fähigkeit, Energie abzugeben, wenn er sich mit anderen Atomen verbindet. Der Grund dafür ist seine hohe Affinität für Elektronen oder seine Elektronegativität. Nur Fluor ist reaktiver, aber es ist tausendmal seltener in der Erdrinde als Sauerstoff und wurde deshalb als Reaktand für die energieliefernde Maschinerie übergangen.

Reaktionen in Lösung sind so viel schneller als Festkörper-Prozesse, daß man sich kaum vorstellen kann, daß sich Leben auf einem Planeten entwickeln konnte, auf dem es nicht große Mengen einer Flüssigkeit gibt, die für andere chemische Substanzen ein gutes Lösungsmittel ist. Auf der Erde ist eine der am weitesten verbreiteten Sauerstoff-Verbindungen das Wasser. Weil seine Moleküle polar sind, ist Wasser ein ausgezeichnetes Lösungsmittel für Salze und für Moleküle mit polaren Bindungen. Es löst Kohlendioxid, wobei Protonen frei werden, und es löst Ammoniak, wobei Hydroxid-Ionen entstehen. Die Protonen und Hydroxid-Ionen ihrerseits katalysieren (d.h. beschleunigen) Reaktionen, die ohne sie nur sehr langsam ablaufen. Viele andere Verbindungen reagieren in wäßriger Lösung als Säuren oder Basen. Flüssiges Ammoniak hat ähnliche Eigenschaften als Lösungsmittel wie Wasser, und man hat vermutet, es könnte ein Medium für extraterrestrisches Leben auf einem kalten Planeten sein. Ammoniak hat aber einen Nachteil, der seine Brauchbarkeit als Lösungsmittel, in dem Leben entstehen könnte, einschränkt: Eis schwimmt auf Wasser, während festes Ammoniak in flüssigem Ammoniak untergeht.

Es gibt noch einen weiteren Grund, warum gerade H, C, N und O zur Entwicklung des Lebens gedient haben: Wie der Mount Everest waren sie einfach vorhanden. Die primäre Atmosphäre der Erde in der Zeit, als sie durch Zusammenballung von Materie aus der Staubwolke um die junge Sonne herum entstand, enthielt hauptsächlich Wasserstoff, Helium und einige andere Edelgase. Mit der Zeit entzogen sich diese leichten Atome dem schwachen Gravitationsfeld der Erde, und diese wurde zu einem Felsball ohne Gashülle. Die sekundäre Atmosphäre, in der sich das Leben entwickelte, entstand später, indem Gase aus dem Inneren des Planeten ausströmten. Diese Atmosphäre bestand hauptsächlich aus einer Mischung von Wasserstoff sowie Methan, Ammoniak und Wasser, also den Wasserstoff-Verbindungen der Nichtmetalle in der zweiten Periode. Nur diese kleinen, kovalent gebundenen Moleküle waren Gase und wurden deshalb in die sekundäre Atmosphäre abgesondert. Die schwereren Elemente sowie jene, die bevorzugt ionische Verbindungen bilden, blieben in den Mineralien der Erdkruste fixiert. Wenn Leben sich auf einem Planeten entwickelt, macht es naturgemäß Gebrauch von Stoffen, die leicht zugänglich sind.

Wir wollen die Geschichte in Kurzfassung zu Ende erzählen: Alle Anzeichen sprechen dafür, daß elektrische Entladungen in Form von Blitzen, ultraviolette Strahlung, Hitze aus den Vulkanen und Energie aus dem radioaktiven Zerfall die Moleküle der primitiven Atmosphäre veranlaßten zu reagieren und zu kondensieren (polymerisieren). Dabei entstanden Formaldehyd, Aminosäuren und andere einfache, organische Verbindungen, die durch den Regen in die Ozeane gespült wurden. Diese dünne „organische Suppe" bildete nun das Medium, in dem allmählich chemische Systeme entstanden, die sich selbst perpetuierten und die genügend komplex waren, „lebendig" genannt zu werden. Unser Planet „beschloß" nicht vor 4.5 Milliarden Jahren, Leben hervorzubringen. Die Erde hatte vielmehr das Glück, daß sie die Auswahl an chemischen Elementen im Überfluß hatte, welche jene Typen von Verbindungen bilden konnten, die die Grundlage für die reaktiven Sy-

steme lebender Organismen waren. Wenn auf einem jungen Planeten die richtigen Bedingungen herrschen, ist möglicherweise die Entstehung des Lebens ebenso unvermeidlich wie die Entstehung von Kristallen, wenn Salzwasser verdampft. Leben ist ein Produkt physikalischer Kräfte und chemischer Reaktionen. Wir können jene „richtigen Bedingungen“ noch nicht mit Sicherheit definieren, und der Hauptgrund für die unbemannten Flüge zu Venus und Mars war die Suche nach etwaigen anderen Formen des Lebens und nach weiteren Daten über die Grenzen, innerhalb derer sich Leben entwickeln kann. Mit der Venus haben wir offenbar kein Glück, denn ihre Oberflächentemperatur ist ungefähr die von geschmolzenem Blei. Merkur ist eine unbelebte, von der Sonne geröstete Felskugel. Mars bleibt unsere größte Hoffnung als Heimat für extraterrestrisches Leben, obwohl er anscheinend ein dürrer, kalter und ziemlich unwirtlicher Planet ist. Man kann sich vorstellen, daß Leben (selbst menschliches) unter den Bedingungen, wie sie heute auf dem Mars herrschen, *bestehen* kann, aber es ist schwer, sich vorzustellen, daß unter diesen Bedingungen Leben *entstehen* kann. Vielleicht war Mars in seiner früheren Geschichte ein völlig anderer Planet.

Jupiter ist reich an Wasserstoff, weniger reich an Ammoniak und Methan, und es ist keineswegs lächerlich, sich dort flüssiges Ammoniak anstelle von Wasser als Lebensmedium vorzustellen. Aber wir haben weder Meßdaten noch Erfahrungen, daß dies mehr als reine Spekulation sein könnte. Aber selbst dies wäre Leben „der zweiten Schale“, das die gleiche Gruppe von chemischen Elementen benutzte wie auf der Erde. Über Jupiter hinaus ist wegen der tiefen Temperaturen und der damit verbundenen Verlangsamung der chemischen Reaktionen Leben kaum vorstellbar. Alles, was wir sagen können ist, daß vermutlich jedes Leben, wo immer es zu finden wäre, auf der Grundlage der Elemente der ersten und zweiten Schale – Wasserstoff bis Fluor – existierte. Ob es in diesem Rahmen mehr als ein Muster von Reaktionen oder mehr als eine Auswahl von Elementen für das Leben gibt – darüber können wir nichts sagen.

Mars

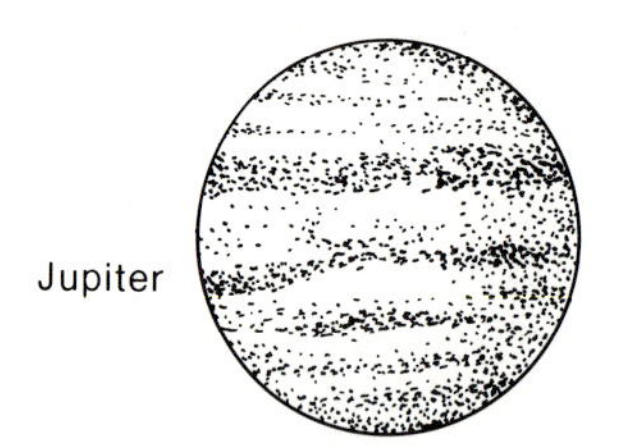

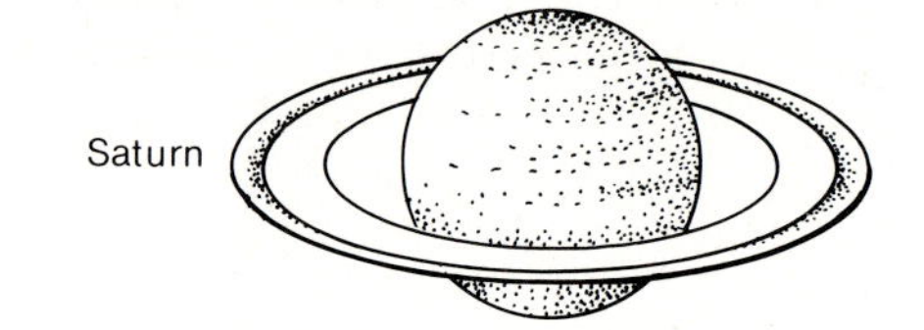

Fragen

1. Wie unterscheiden sich die Kräfte zwischen den Atomen in gasförmigem HF und gasförmigem LiF?
2. Welche Kräfte halten bei flüssigem HF die Flüssigkeit zusammen? Und bei geschmolzenem LiF?
3. Warum hat LiF einen so viel höheren Siedepunkt als HF?
4. Warum hat LiF einen so viel höheren Schmelzpunkt als HF?
5. Welche Flüssigkeit, HF oder LiF, gleicht eher flüssigem Benzol? Warum?
6. In welcher der drei Phasen – fest, flüssig oder gasförmig – findet man diskrete HF-Moleküle? Gilt das gleiche für LiF?
7. Wie nennt man Substanzen, die sich wie LiF verhalten?
8. Leitet LiF im festen Zustand den elektrischen Strom? In der Schmelze? Welches sind die Träger des elektrischen Stroms? Was ergibt der Vergleich mit der Elektrizitätsleitung durch Metalle?
9. Welche Rolle spielen die Wasser-Moleküle, wenn LiF in Wasser gelöst wird? Leitet in Wasser gelöstes LiF den Strom? Wenn ja, wer ist Träger des elektrischen Stroms?
10. Wer vereinigt sich mit wem beim Vorgang der Neutralisierung? In welchem Sinne bedeutet Neutralisierung die „Annullierung“ einer Säure und einer Base?
11. Was passiert mit den Natrium-Ionen, wenn Natriumhydroxid (NaOH) durch Salzsäure (HCl) neutralisiert wird? Was bleibt zurück, wenn die neutralisierte Lösung zur Trockne eingedampft wird?
12. Was meint man, wenn man Salpetersäure als starke Säure bezeichnet, Kohlensäure als schwache und Borsäure als extrem schwache Säure?
13. Was tragen die relativen Elektronegativitäten der Atome zu der in Frage 12 geschilderten Situation bei?
14. Warum wird Berylliumoxid als „amphoter“ bezeichnet? Durch welche Art von Bindungen wird kristallines Berylliumoxid zusammengehalten?
15. Auf welche Weise schafft es eine Säure, BeO aufzulösen? Wie erreicht eine Base den gleichen Effekt?
16. Durch welche Formel wird das Beryllium-Ion in saurer Lösung beschrieben? Und in basischer Lösung? Was passiert mit dem Ion, wenn man eine saure Lösung von Beryllium-Ionen allmählich basisch macht?
17. Warum gibt es vom Fluor kein Oxy-Ion wie NO_3^- oder CO_3^{2-}?
18. Welcher Unterschied besteht zwischen einem kristallinen Festkörper und einem Glas? Welche Oxide der Elemente der zweiten Periode bilden Gläser? Wie unterscheiden sich die Schmelzpunkte von Kristallen und Gläsern?
19. Warum ist das Kohlendioxid-Molekül linear, das Wasser-Molekül aber mit einem Winkel von 105° geknickt?
20. Welches Dipolmoment hat das Kohlendioxid-Molekül?
21. Welche Bindungsmodelle sind für das Carbonat-Ion möglich (mindestens drei aufzeichnen!)? Welche Voraussage machen diese Modelle über die drei Kohlenstoff-Sauerstoff-Bindungen? Was ergibt der Vergleich mit den Kohlenstoff-Sauerstoff-Bindungslängen im realen Carbonat-Ion?
22. Bei Ethylen, $H_2C{=}CH_2$, liegen alle sechs Atome in einer Ebene. Gilt das auch für Hydrazin, $H_2N{-}NH_2$? Man entwerfe mit Hilfe der VSEPR-Theorie ein Bild des Hydrazin-Moleküls!
23. Bei Ethylen ist der H–C–H-Bindungswinkel an jedem Molekülende 120°. Wie groß sollte, grob geschätzt, der entsprechende H–N–H-Winkel beim Hydrazin sein?
24. Was hält die Ionen in einem Salz zusammen? Was hält sie in einem Metall zusammen?

25. Warum biegen sich Metalle, wenn man sie belastet, während Salze normalerweise zerspringen? Welche Rolle spielen dabei die ionischen Kräfte?
26. Was ist der Grund für die gute elektrische Leitfähigkeit der meisten Metalle? Warum leiten sie Wärme so gut? Woher rührt ihr typisch metallischer Glanz? Wie kann man den metallisch-schwarzen Schimmer von Graphit erklären? Warum zeigt Diamant ein anderes Erscheinungsbild?
27. Warum hat flüssiges Ammoniak (Siedepunkt $-33\,°C$) als Lösungsmittel ähnliche Eigenschaften wie Wasser? Was passiert, wenn Natriumchlorid in flüssigem Ammoniak gelöst wird (Zeichnung!). Wie sieht es mit Methylalkohol in flüssigem Ammoniak aus?
28. Wenn wir im Sonnensystem nach Leben forschen wollten, das sich in flüssigem Ammoniak entwickelte, wie auf der Erde in flüssigem Wasser: Müßten wir auf Planeten näher oder ferner der Sonne beginnen?
29. Welche letztlich einmalige physikalische Eigenschaft hat Wasser im Gegensatz zu flüssigem Ammoniak? Wie würde dieses unterschiedliche Verhalten die Temperaturverteilung in verschiedenen Tiefen von Ozeanen aus flüssigem Ammoniak einerseits und Wasser andererseits beeinflussen?

Probleme

1. Welche relative Molekülmasse haben Lithiumhydroxid und Fluorwasserstoff?
2. Wieviel Mol HF braucht man zur Neutralisation einer Lithiumhydroxid-Lösung mit einer Lösung von Fluorwasserstoffsäure pro Mol LiOH?
3. Wieviel Mol HF braucht man, um 100 g LiOH zu neutralisieren? Wieviel Gramm HF sind das?
4. Wieviel Mol kristallines Lithiumfluorid bleiben zurück, wenn die neutralisierte Lösung aus Problem Nr. 3 zur Trockne eingedampft wird? Wieviel Gramm LiF sind das?
5. Wieviel Wasser wird bei der Neutralisierung von 100 g LiOH gebildet? Um wieviel Gramm wiegen die Ausgangsstoffe Lithiumhydroxid plus Fluorwasserstoff mehr oder weniger als die Produkte Wasser plus LiF am Ende des Experiments?
6. Wie lautet die Reaktionsgleichung für die Reaktion im Antriebssystem der Mondlandefähre, wenn ein Molekül N_2O_4 mit zwei Molekülen Hydrazin reagiert und dabei drei Moleküle N_2 und vier Moleküle H_2O entstehen? (Zur Kontrolle vgl. die im Text angegebene Gleichung!) Ergibt das Abzählen der Atome N, H und O links und rechts des Reaktionspfeils für jede Atomsorte die gleiche Anzahl? (Wenn dem so ist, nennt man die Reaktionsgleichung „stöchiometrisch ausgeglichen".)
7. Die relativen Molekülmassen von N_2O_4 und Hydrazin sollen berechnet werden. Wieviel Mol Hydrazin sind für die Reaktion mit einem Mol Distickstofftetroxid nötig?
8. Wieviel Mol Hydrazin sind für die Reaktion mit 500 g N_2O_4 nötig? Wieviel Gramm Hydrazin sind das? Wieviel Gramm N_2 und Wasser strömen dabei aus der Raketendüse aus? Welcher Massenunterschied besteht im Vergleich zu den Ausgangsstoffen Hydrazin und Distickstofftetroxid?
9. In metallischem Eisen sind die Atome in derselben raumzentrierten, kubischen Struktur angeordnet, wie es oben in diesem Kapitel für metallisches Lithium gezeigt wurde; die Kanten des Würfels, an dessen Ecken und in dessen Zentrum die Eisen-Atome sitzen, sind 286.6 pm lang. Welches Volumen hat dieser Einheitswürfel, und wieviel Eisen-Atome enthält das entsprechende Einheitsvolumen? (Vorsicht: Wenn sich vier Einheitsvolumina in ein Eisen-Atom teilen, darf man für jedes Volumen nur ein Viertel des Atoms zählen. Was bedeutet

das für die Atome an den Ecken des Würfels, und was für die Atome im Zentrum des Würfels?)

10. Wie groß ist das Atomvolumen des Eisens in pm^3? Welchen Betrag hat die atomare Dichte in Atomen pro pm^3? Wie viele Atome befinden sich in einem Eisenwürfel mit 1 cm Kantenlänge?
11. Die Dichte von Eisen wurde zu $7.86\ g \cdot cm^{-3}$ bestimmt. Wie viele Mol Eisen sind in einem Kubikzentimeter, wenn die Atommasse von Eisen 55.85 beträgt?
12. Welcher experimentelle Wert ergibt sich aus den Lösungen von Problem 10 und 11 für die Avogadrosche Zahl? Wie fällt ein Vergleich dieses Wertes mit dem aus, den wir bisher benutzt haben?
13. Die Struktur von kristallinem Natriumchlorid kann man sich aus Würfeln aufgebaut denken, deren Ecken abwechselnd von Na^+- und Cl^--Ionen besetzt sind, wie dies die Zeichnungen am Anfang dieses Kapitels zeigen. Der Abstand zwischen den Mittelpunkten der Na^+- und Cl^--Ionen entlang einer Würfelkante beträgt 282.0 pm. (Diese Gitterabstände lassen sich mit Röntgenbeugungsexperimenten ermitteln.) Wie viele NaCl-Einheiten treffen auf jeden dieser Würfel mit 282.0 pm Seitenlänge? (Man beachte, daß sich mehrere aneinander grenzende Würfel Ionen teilen können. Herauskommen sollte: $^1/_2$ NaCl pro Würfel mit 282.0 pm Kantenlänge.) Wie hoch ist die Dichte von Natriumchlorid ausgedrückt in NaCl-Ionenpaaren pro pm^3? Wie hoch ist die Dichte in NaCl-Ionenpaaren pro cm^3?
14. Für Steinsalz wurde die Dichte von $2.165\ g \cdot cm^{-3}$ gemessen. Man berechne die relative Molekülmasse von NaCl aus den auf der Innenseite des Buchdeckels angegebenen relativen Atommassen sowie die Dichte von NaCl in $mol \cdot cm^{-3}$.
15. Welcher Wert für die Avogadrosche Zahl ergibt sich aus den Lösungen von Problem 13 und 14? Man vergleiche ihn mit dem bisher benutzten Wert.

ELEKTRONENSCHALEN

Elektronen in vollständig gefüllten Schalen sind als graue Punkte auf farbigem Hintergrund dargestellt. Elektronen in den äußeren Schalen sind schwarze Punkte auf weißem Hintergrund. In den Lewis-Strukturen unter jedem Atom bezeichnet jede der vier „Himmelsrichtungen" eine Position für eines der vier möglichen Elektronenpaare.

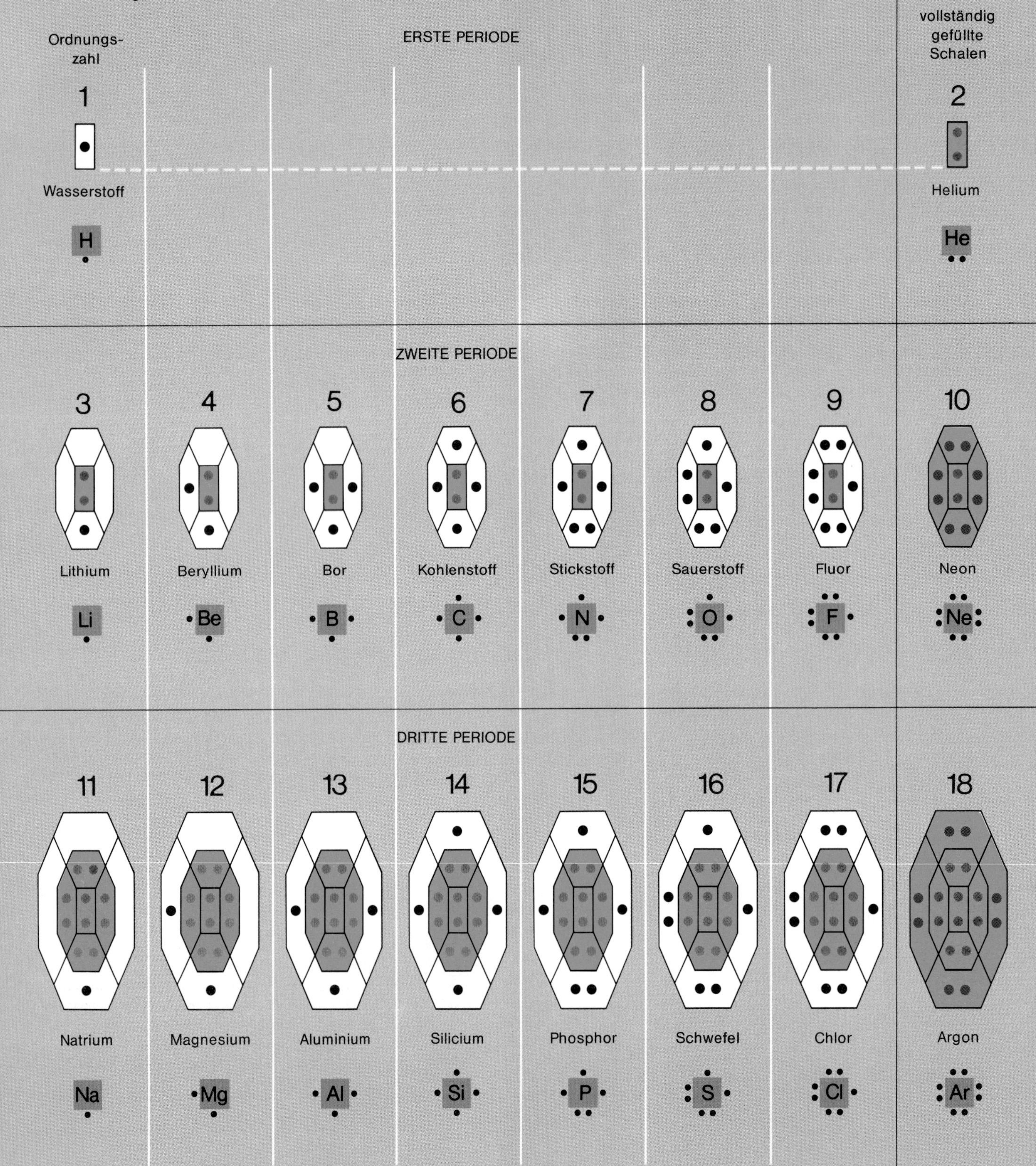

◀ *Elektronenschalen-Diagramme für die Elemente der ersten, zweiten und dritten Periode*

6. Kapitel

Periodische Eigenschaften: von Natrium bis Argon

Die vorangegangenen drei Kapitel waren so etwas wie eine kurze Chemiefibel mit den wichtigsten Konzepten, die zur Erklärung des atomaren Verhaltens notwendig sind: Elektronegativität; Ionen und Atome; Metalle und Nichtmetalle; ionische und kovalente Bindungen; Gase, Flüssigkeiten und Festkörper; Säuren und Basen; Salze und Molekülverbindungen. Das Ermutigende an der Chemie ist die Tatsache, daß man eine sehr gute Vorstellung davon bekommt, wie die schwereren Elemente reagieren, wenn man erst einmal das Verhalten dieser ersten zehn Elemente verstanden hat. In diesem Kapitel werden wir mit den Elementen der dritten Schale in Wirklichkeit kein Neuland betreten, sondern lediglich die im 3. und 5. Kapitel erarbeiteten Vorstellungen miteinander verknüpfen und zeigen, wie sie auf Atome mit mehr Elektronen angewendet werden können.

Im 3. Kapitel haben wir uns einen Prozeß vorgestellt, mit dem wir immer schwerere Atome dadurch aufbauen können, daß wir die Ladung des Kerns (durch Hinzufügen von Protonen) erhöhen und entsprechend mehr Elektronen um den Kern anordnen, um das Atom elektrisch neutral zu halten. Bei den Elementen Wasserstoff und Helium wurden die ersten beiden Elektronen in die innere Elektronenschale aufgenommen. Die nächsten acht Elektronen wurden eines nach dem anderen bei der Bildung der Elemente Lithium bis Neon in der zweiten Elektronenschale untergebracht. Wenn wir jetzt noch mehr Elektronen hinzufügen, können die nächsten acht in eine dritte Schale aufgenommen werden, so daß auf diese Weise die Elemente mit den Ordnungszahlen 11 bis 18 entstehen. Das 19. Elektron muß in einer vierten Elektronenschale untergebracht werden, weil die dritte Schale an dieser Stelle des Periodensystems nur acht Elektronen aufnehmen kann. Es ist also logisch, die Elemente 11 bis 18 als eine Einheit zu betrachten.

Die Elektronenstrukturen der ersten 18 Elemente sind auf der gegenüberliegenden Seite dargestellt; sie füllen drei Reihen des Periodensystems, das am Ende des 3. Kapitels eingeführt wurde. Es handelt sich in unserer Darstellung nicht um Bilder von Atomen, sondern um schematische Darstellungen der Struktur der Elektronenschale. Elektronen werden durch schwarze Punkte symbolisiert. Jede Schale ist weiß gezeichnet, solange sie noch aufgefüllt wird, und hat einen farbigen Hintergrund, wenn sie vollständig gefüllt ist, so daß sich die Aufmerksamkeit immer auf die

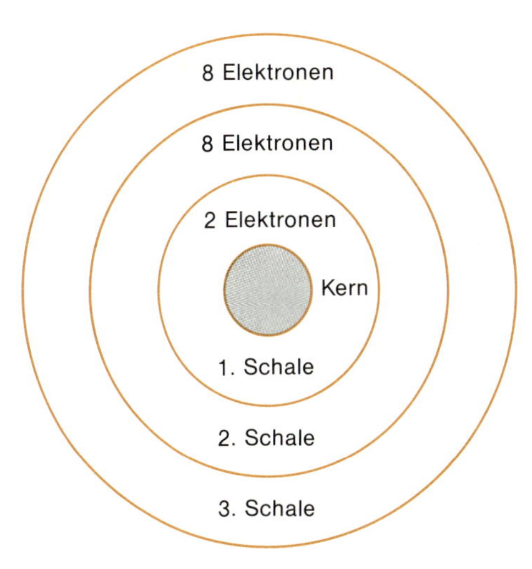

Schalendiagramm eines neutralen Atoms. Der positiv geladene Kern ist von negativ geladenen Elektronenwolken umgeben, die in aufeinanderfolgenden Schalen angeordnet sind. Die erste (innerste) Schale nimmt maximal zwei Elektronen auf; die zweite und dritte Schale können je acht Elektronen aufnehmen.

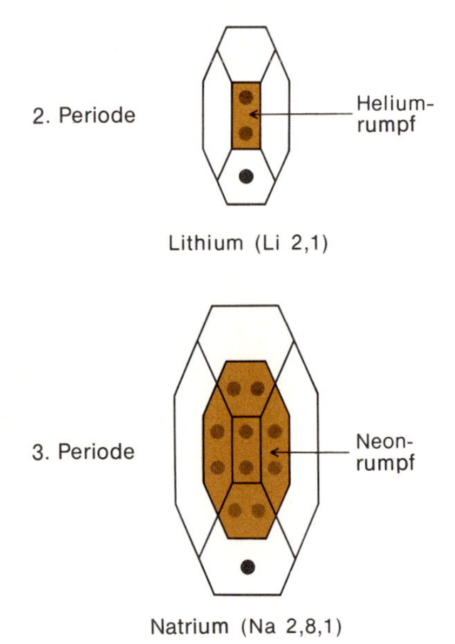

Sowohl Lithium als auch Natrium haben ein einzelnes äußeres Elektron um einen aufgefüllten inneren Rumpf; doch besteht dieser Rumpf beim Lithium aus zwei Elektronen und beim Natrium aus zehn. Ganz ähnlich findet man bei Kohlenstoff und Silicium dieselbe äußere Elektronenstruktur, ebenso bei Fluor und Chlor sowie bei Neon und Argon (unten).

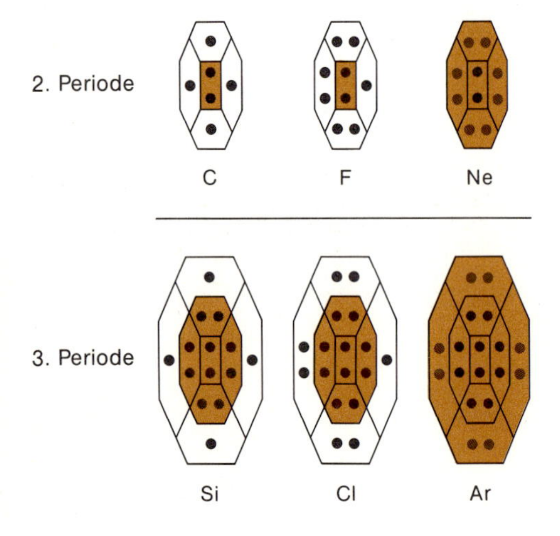

Schale richtet, die gerade aufgefüllt wird. Die zweite und die dritte Schale sind in je vier Kästchen eingeteilt, was daran erinnern soll, daß die acht Elektronen einer aufgefüllten Schale in vier Elektronenpaaren vorkommen. Unter jedem Diagramm einer Elektronenschale ist eine Lewis-Struktur des Atoms angegeben, der wir in bezug auf die äußere Elektronenschale dieselbe Information entnehmen können. Jede der vier Himmelsrichtungen um das Atomsymbol in der Lewis-Struktur stellt eine der vier möglichen Positionen für ein Elektronenpaar dar.

Die Atome der zweiten und dritten Schale, die gleichviel äußere Elektronen haben, sind in der Zeichnung zu Beginn des Kapitels in derselben senkrechten Spalte untergebracht. Lithium und Natrium haben ein äußeres Elektron um einen abgeschlossenen inneren Rumpf. Beim Lithium besteht dieser Rumpf aus zwei Elektronen in der ersten Schale und beim Natrium aus zehn Elektronen in der ersten und zweiten Schale (links). Lithium hat ein Elektron außerhalb eines „Helium-Rumpfes", und seine Elektronenstruktur läßt sich schreiben als Li 2,1. Natrium hat ein Elektron außerhalb eines abgeschlossenen „Neon-Rumpfes" und wird dargestellt als Na 2,8,1. Kohlenstoff hat vier Elektronen außerhalb eines Helium-Rumpfes und Silicum vier Elektronen außerhalb eines Neon-Rumpfes. Beim Fluor und Chlor umgeben jeweils sieben Elektronen einen Zwei-Elektronen- bzw. einen Zehn-Elektronen-Rumpf. Am Ende der beiden Reihen ist beim Neon die zweite Schale mit acht Elektronen und beim Argon die dritte Schale mit acht Elektronen aufgefüllt. Die Elektronen des Argons dienen dann als Rumpf für die schwereren Elemente der vierten Schale. Atome mit der gleichen Struktur der äußeren Schale haben ähnliche chemische Eigenschaften. Diese äußeren Elektronen sind das Entscheidende, was ein Nachbar-Atom „sieht". Natrium verhält sich wie Lithium, Silicum und Kohlenstoff haben gemeinsame Eigenschaften, und Chlor und Fluor sind einander sehr ähnlich. Das ist die wichtigste Aussage in diesem Kapitel, und wir wollen dieses Thema jetzt im einzelnen diskutieren.

Nachdem wir diese Behauptung aufgestellt haben, müssen wir die Dinge etwas differenzieren und sagen, daß es wichtige Unterschiede im chemischen Verhalten der Elemente der zweiten und dritten Schale gibt, die davon herrühren, daß die Atome der dritten Schale größer sind und ihre äußeren Elektronen weniger festhalten. Jedes Atom der dritten Schale hat eine niedrigere erste Ionisierungsenergie als das entsprechende Atom in der Reihe über ihm. Das führt dazu, daß jedes Element der dritten Schale *weniger* elektronegativ ist als sein Partner in der zweiten Schale und auch metallischer. Das ist der Schlüssel zur Chemie der Elemente der dritten Schale.

Die drei Reihen in der Darstellung zu Beginn des Kapitels, welche die ersten drei Elektronenschalen repräsentieren, sind der Anfang eines sehr wichtigen Klassifizierungssystems für die chemischen Eigenschaften der Atome: *des Periodensystems.* Das Periodensystem ist so organisiert, daß das schrittweise Hinzufügen von Elektronen zur gleichen Schale von links nach rechts in den waagerechten Reihen (oder Perioden) geschieht und Strukturen mit ähnlicher Außenschale und ähnlichen chemischen Eigenschaften in den senkrechten Spalten (oder Gruppen) auftauchen. In diesem und den beiden folgenden Kapiteln werden wir sehen, wie sich das vollständige Periodensystem für alle 106 chemischen Elemente allmählich entwickelt. Das Periodensystem wurde vor 100 Jahren als Gedächtnishilfe aufgestellt, um die Vielfalt der Chemie verständlicher zu machen. Es wurde schließlich zur umfassenden Bestandsaufnahme der chemischen Realität, an der jede Theorie der Atomstruktur und der Atomeigenschaften getestet werden mußte. Die Vorhersagen der erfolgreichsten Theorie heute, der Quantenmechanik, werden in den nächsten beiden Kapiteln am Periodensystem getestet.

Die Elemente der zweiten Schale sind die Elemente der lebenden Organismen, und die Elemente der dritten Schale bauen das Gerüst unseres Planeten auf. Die Erdrinde besteht zu 60 Atomprozent aus Sauerstoff. Die verbleibenden 40% teilen

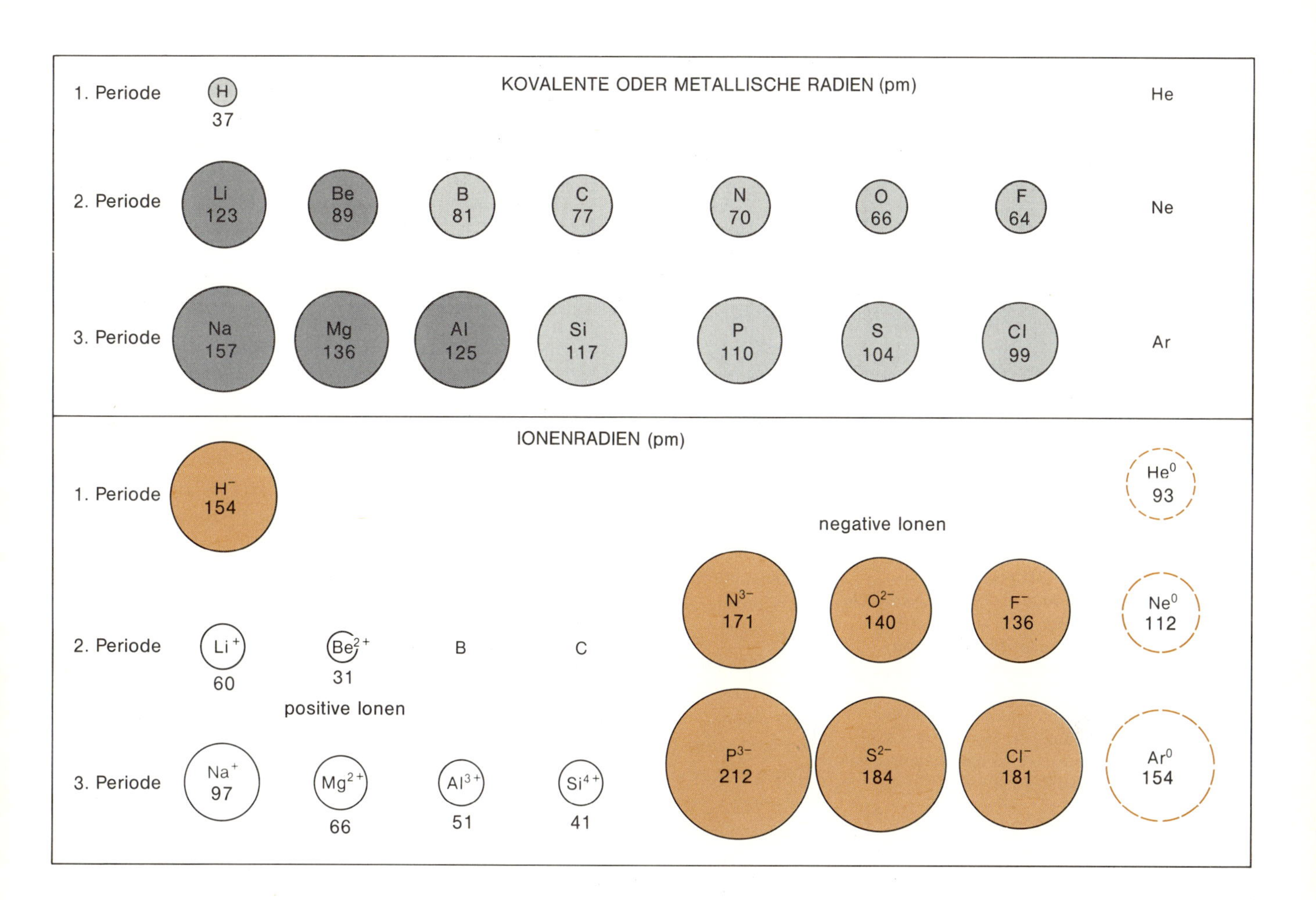

sich Silicium (21%), Wasserstoff (3%) und Metall der dritten und vierten Schale (zusammen 16%): Natrium, Magnesium und Aluminium in der dritten Schale; Kalium, Calcium und Eisen in der vierten. Alle restlichen Elemente zusammen bilden weniger als ein halbes Prozent der Erdrinde. Die eben erwähnten sechs Metalle kommen in Verbindung mit Sauerstoff als Silicatmineralien, Wasser und in Form der verschiedenen Metalloxide, Carbonate und Nitrate vor. Die Elemente der dritten Schale sind die Bühne, auf der sich die Chemie des Lebens abspielt.

Metallischer Radius in Natrium-Metall

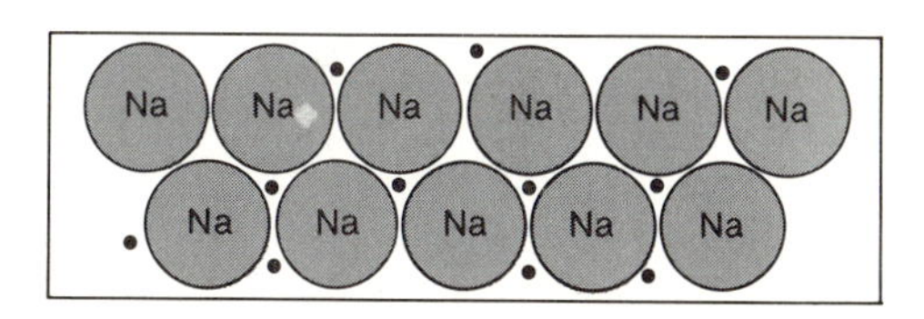

Kovalenter Radius im Chlor-Gas

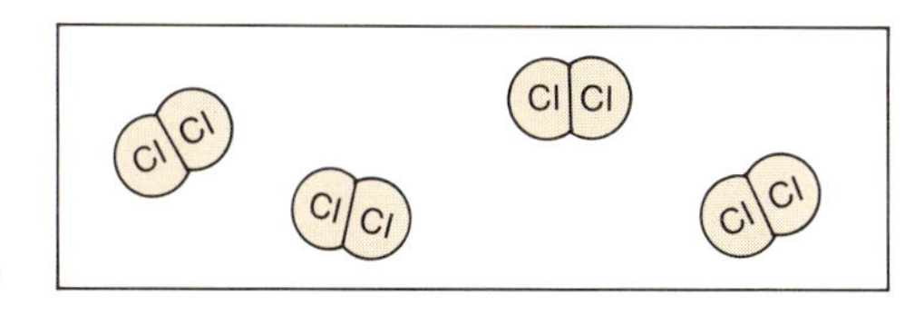

Der ionische Radius von Na^+ in Salzen ist kleiner als der metallische Na-Radius; der ionische Radius von Cl^- ist größer als der kovalente Radius von Cl.

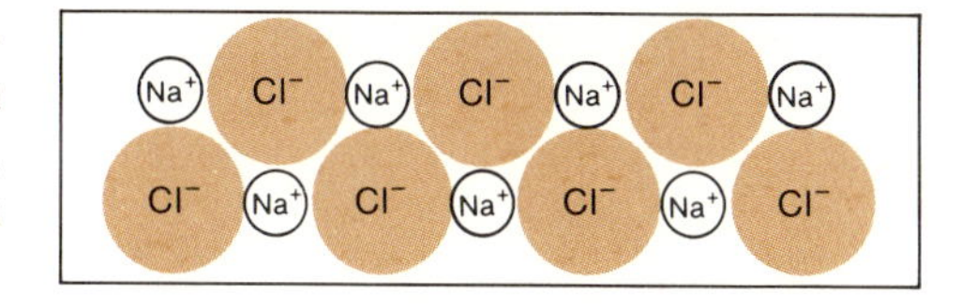

Elektronenstruktur und chemische Eigenschaften

Alles, was wir in den vorigen drei Kapiteln über die Eigenschaften von Elementen gelernt haben, gilt auch für die schwereren Atome – mit einem wichtigen Unterschied: Die Atome der dritten Reihe sind größer und ihre äußeren Elektronen sind weiter vom Kern entfernt. Die Abbildung ganz oben auf dieser Seite zeigt die relativen Größen von Atomen, wenn sie an metallischen oder kovalenten Bindungen beteiligt sind. Wir haben diese Radien für die ersten zehn Elemente im 3. Kapitel kennengelernt. Die Ionenradien in der Abbildung darunter stellen die Größen der Ionen mit der abgeschlossenen Elektronenschale des nächsten Edelgases dar, positive Ionen bei Metallen und negative Ionen bei Nichtmetallen. Diese Radien beziehen sich auf die Größen der Ionen in Salzen.

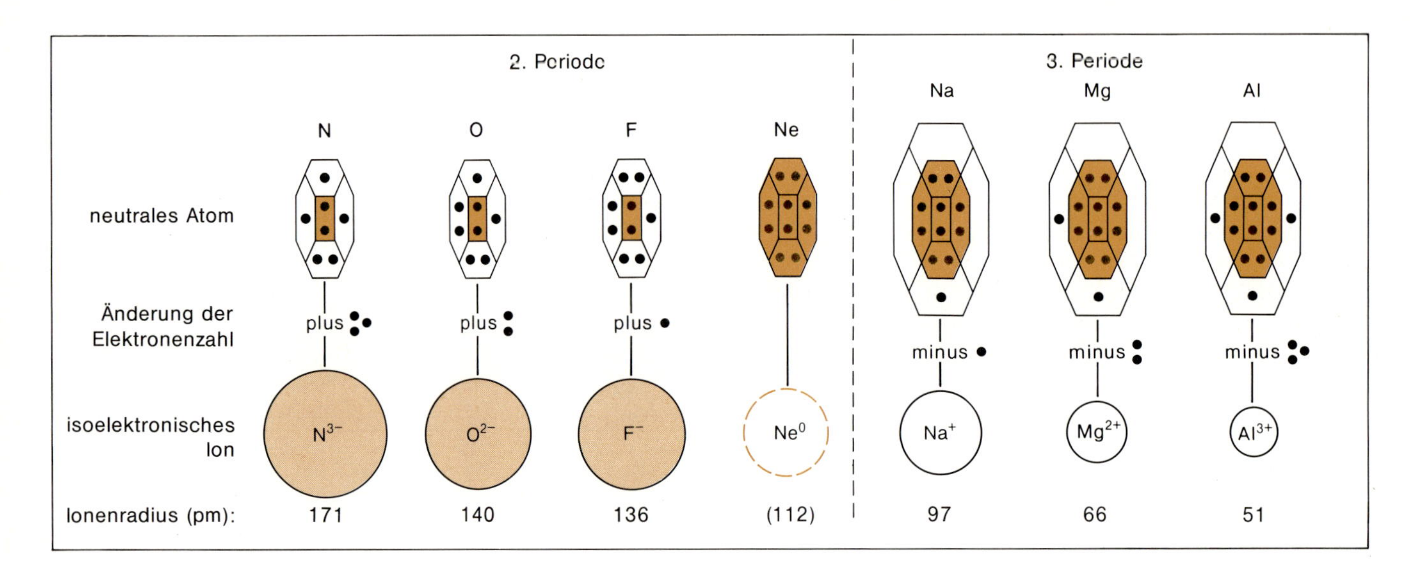

ISOELEKTRONISCHE IONEN
Alle oben aufgeführten Ionen haben wie Neon zehn Elektronen. Die Elemente N, O und F in der zweiten Periode haben genug Elektronen zur Auffüllung ihrer zweiten Schale aufgenommen. Na, Mg und Al in der dritten Periode haben ihre Elektronen aus der dritten Schale verloren. Die stetig zunehmende Ladung der Kerne von N^{3-} bis Al^{3+} zieht die Elektronen weiter nach innen, so daß die Ionen immer kleiner werden.

Die metallischen Bindungsradien für Metalle und die kovalenten Bindungsradien für Nichtmetalle bilden eine kontinuierliche Reihe, weil bei beiden Bindungsarten Elektronen geteilt werden: zwischen Atompaaren bei kovalenten Bindungen und im gesamten Metallblock bei der metallischen Bindung. Die metallischen Radien sind größer als die Ionenradien für die entsprechenden positiven Ionen in Salzen. Zum Beispiel ist beim Natrium der effektive Radius größer, wenn einander abstoßende positive Ionen in einem Metall zusammengepackt und durch einen „Kitt" aus Elektronen zusammengehalten werden, als wenn ein Ion, das sein äußeres Elektron vollständig verloren hat, in einen NaCl-Salzkristall in Nachbarschaft zu Ionen mit entgegengesetzter Ladung gepackt wird. So ist der metallische Radius für Natrium im Metall 157 pm, während sein Ionenradius in NaCl nur 97 pm beträgt.

Kovalente Radien von Nichtmetallen sind kleiner als ihre entsprechenden Ionenradien, sowohl weil die Ionen ein oder mehrere Elektronen zum Auffüllen ihrer äußeren Schale aufgenommen haben, als auch weil Atome in kovalenten Bindungen einander näherkommen können. Zum Beispiel sind F und Cl (kovalente Radien) kleiner als F^- und Cl^- (ionische Radien). Der Unterschied zwischen Atom- und Ionenradien ist für Na und Cl unten auf Seite 99 illustriert.

Das Wasserstoff-Atom hat praktisch überhaupt keine Ausdehnung mehr, wenn es

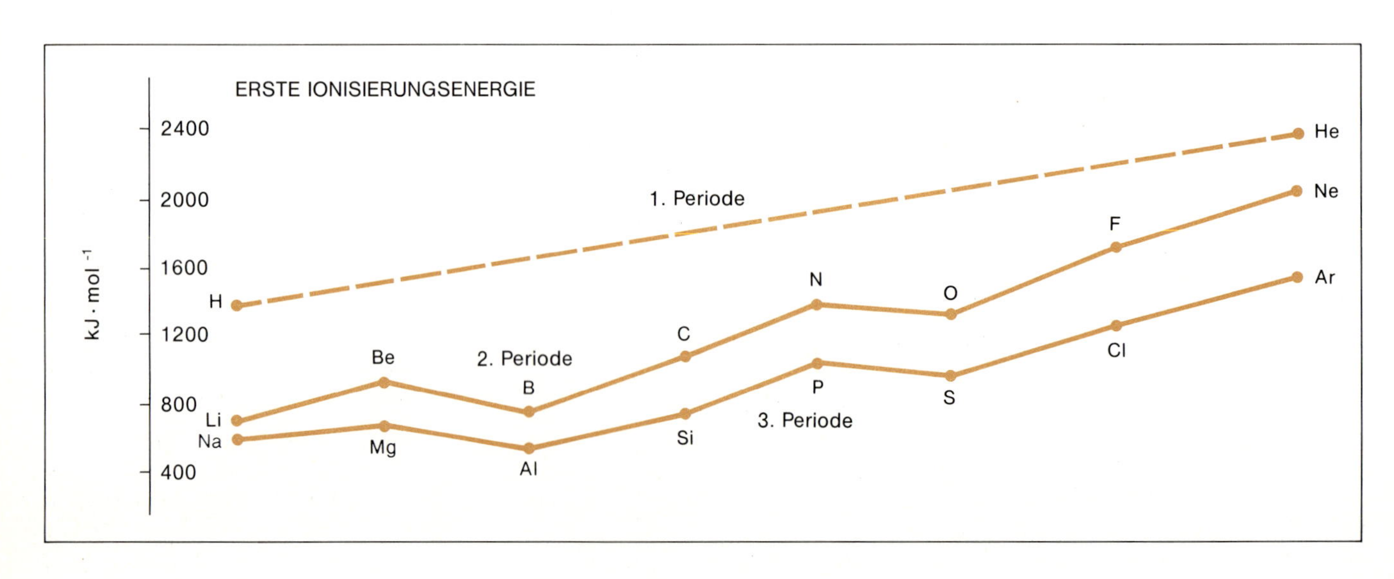

ein Elektron verliert und zum nackten Wasserstoffkern oder H^+-Ion wird. Dagegen ist in kovalenten Verbindungen des Wasserstoffs, wie z. B. im Methan, der Wasserstoff-Atomradius 37 pm. In LiH gibt das *weniger* elektronegative Lithium sein Elektron an Wasserstoff ab, und das H^--Ion mit einer aufgefüllten ersten Elektronenschale hat einen Ionenradius von 154 pm.

Jedes Atom vom Natrium bis zum Argon ist wegen der zusätzlichen Elektronenschale in seinem Rumpf größer als sein Partner in der zweiten Periode. Innerhalb einer Periode werden die Atome wegen der Ladungszunahme im Kern mit zunehmender Ordnungszahl kleiner. Das wird gut durch die Ionen in der folgenden Reihe illustriert:

N^{3-} O^{2-} F^- Ne^0 Na^+ Mg^{2+} Al^{3+}

die sich über das Ende der zweiten Periode hinweg bis zum Anfang der dritten Periode erstreckt. Die Ionen und Neon sind isoelektronisch, weil sie alle die identische 2,8-Elektronenstruktur haben. Der einzige Unterschied zwischen ihnen ist die Ladung des Kerns: +7 bei Stickstoff bis +13 bei Aluminium. Diese zunehmende Ladung führt dazu, daß die Ionen stetig zusammenschrumpfen, wie auf der gegenüberliegenden Seite oben gezeigt ist. Der „Ionenradius" von Neon wurde gleich seinem van-der-Waals-Radius gesetzt, denn Neon kann mit seiner 2,8-Elektronenstruktur als Ion mit der Ladung 0 betrachtet werden. Mit der gleichen Argumentation sind die aufgeführten Ionenradien für Helium und Argon gleich den van-der-Waals-Radien. Es gibt keine kovalenten Radien für diese Atome, da sie keine kovalenten Bindungen bilden.

Da die Elektronen bei den Elementen der dritten Periode weiter vom Kern entfernt sind, sind sie auch nur schwächer an ihn gebunden. Die erste Ionisierungsenergie, die auf der gegenüberliegenden Seite unten aufgetragen ist, demonstriert das. Innerhalb jeder Schale nimmt die erste Ionisierungsenergie mit der Ordnungszahl zu, weil die Ladung des Kerns zunimmt, doch hat jedes Element der dritten Periode eine niedrigere erste Ionisierungsenergie als sein Partner in der zweiten Schale.

Auch die Elektronegativitätswerte folgen diesem Trend (s. unten). Bei den Atomen der zweiten Periode liegen sie im Bereich von 1.0 bei Lithium bis 4.0 bei Fluor. Bei den Elementen der dritten Schale reicht diese Spanne nur von 0.9 bei Natrium bis 3.0 bei Chlor. Jedes Element der dritten Periode ist weniger elektronegativ als sein Partner über ihm im Periodensystem und deshalb metallischer. Zum

Die Elektronegativitäten nach der Pauling-Skala, in welcher der Wert für Lithium gleich eins und der für Fluor gleich vier festgelegt wurden

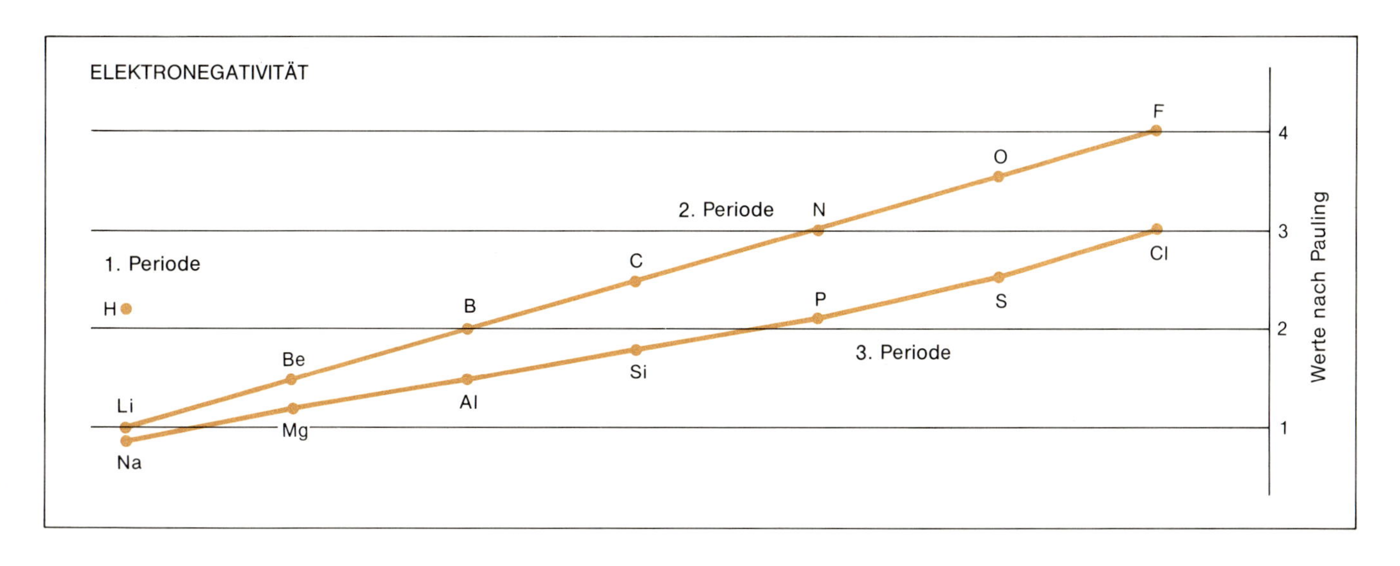

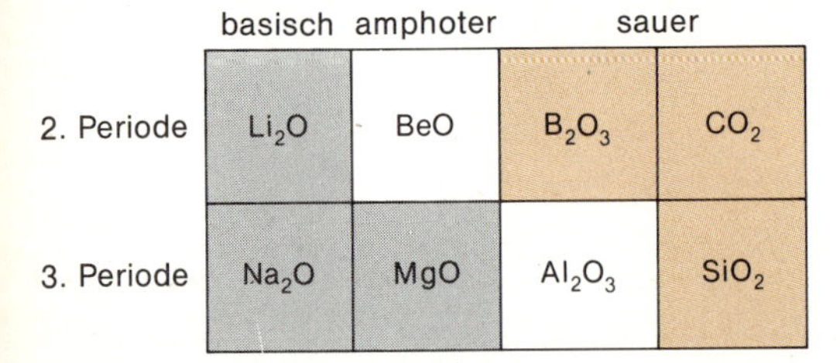

Jedes Oxid der Elemente in der dritten Periode gleicht dem Oxid des Elements links über ihm.

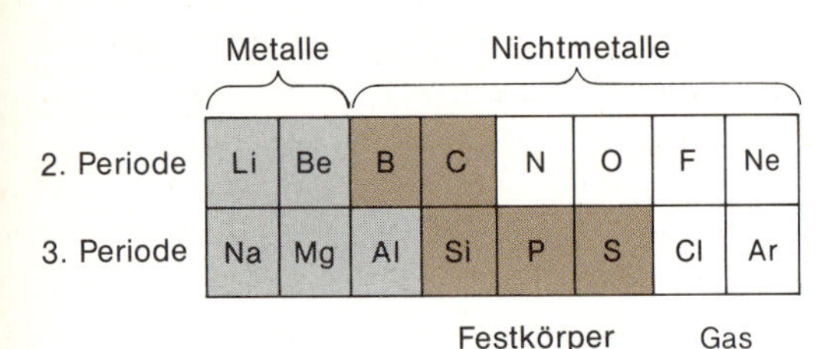

Schrägbeziehungen findet man auch beim Metall- und Nichtmetall-Charakter der Elemente.

Beispiel ist Natrium ein reaktiveres Metall als Lithium. Lithium reagiert mit Wasser mäßig schnell:

$$Li + H_2O \longrightarrow Li^+ + OH^- + \tfrac{1}{2}H_2 \quad \text{(etwas Wärme wird frei)}$$

Die analoge Reaktion mit Natrium ist so heftig, und es wird so viel Wärme dabei frei, daß sich der entstehende Wasserstoff explosionsartig entzündet:

$$Na + H_2O \longrightarrow Na^+ + OH^- + \tfrac{1}{2}H_2 \text{ (viel Wärme wird frei)}$$

$$H_2 + \tfrac{1}{2}O_2 \longrightarrow H_2O \text{ (schnelle, explosionsartige Verbrennung)}$$

Magnesium(Mg)-Metall wird pro Atom durch zwei Elektronen zusammengehalten ebenso wie Beryllium-Metall, doch gibt Magnesium diese beiden Elektronen leichter ab und ist deshalb metallischer. Magnesium ähnelt Lithium in vielen Aspekten mehr als dem Beryllium. Bei den Atomen mit drei Elektronen in der äußeren Schale ist Bor nicht metallisch, doch Aluminium (Al) in der nächsten Periode ist ein Metall. In der zweiten Periode ist BeO ein amphoteres Oxid auf der Grenze zwischen Basen und Säuren, und Boroxid ist sauer. In der dritten Periode ist MgO noch basisch, und die Grenze zum amphoteren Verhalten wird erst beim Aluminiumoxid, Al_2O_3, erreicht (s. oben links).

Atome werden mit zunehmender Ordnungszahl innerhalb einer Schale elektronegativer, aber weniger elektronegativ von einer Schale zur nächsten. Von den Elementen in der Zeichnung zu Beginn dieses Kapitels ähnelt jedes demjenigen rechts unter ihm mehr als demjenigen direkt unter ihm.

Elektronegativitäten

Zweite Periode:	Li	Be	B	C	N	O	F
	1.0	1.5	2.0	2.5	3.0	3.5	4.0
Dritte Periode:	Na	Mg	Al	Si	P	S	Cl
	0.9	1.2	1.5	1.8	2.1	2.5	3.0

Die Elemente zeigen also bei vielen chemischen Eigenschaften eine „Schrägbeziehung" (links). Lithium ist wie Magnesium ein mäßig reaktives Metall, doch nicht so reaktiv wie Natrium. Beryllium bildet ein amphoteres Oxid wie Aluminium und kein basisches wie Magnesium. Bor ist ein Nichtmetall wie Silicium schräg rechts unter ihm, während Aluminium direkt unter ihm ein Metall ist. Diese Schrägbeziehung ist wichtig, und wir werden ihr noch oft begegnen.

Bei den Nichtmetallen ist die zunehmende Atomgröße die Ursache dafür, daß mehr Sauerstoff-Atome um das Zentralatom untergebracht werden können. Nur drei Sauerstoff-Atome passen um das Kohlenstoff-Atom im Carbonat-Ion, CO_3^{2-}, oder um das Stickstoff-Atom im Nitrat-Ion, NO_3^-. Die größeren Atome der dritten Periode haben Platz für vier Sauerstoff-Atome im Silicat-Ion, SiO_4^{4-}, Phosphat-Ion,

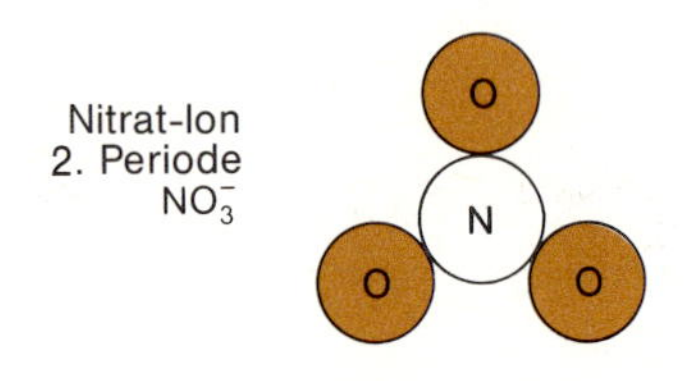

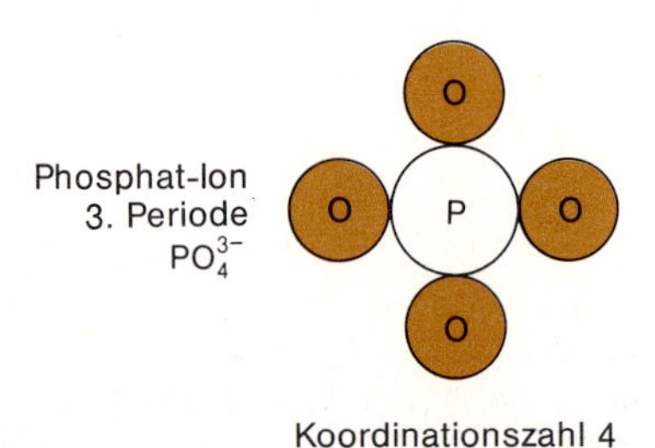

Mit der Zunahme der Atomgröße beim Übergang von der zweiten Periode zur dritten nimmt auch die Koordinationszahl zu.

PO_4^{3-}, und im Sulfat-Ion, SO_4^{2-}. Wie wir im vorigen Kapitel erwähnt haben, ist Fluor so elektronegativ, daß es Elektronen vom Sauerstoff wegzieht und F^--Ionen bildet, statt seine Elektronen mit dem Sauerstoff in einem Oxysäure-Ion vom oben erwähnten Typ zu teilen. Chlor ist nicht so stark negativ und begnügt sich damit, seine Bindungen mit Sauerstoff zu teilen, z. B. im Perchlorat-Ion, ClO_4^-.

Die Anzahl von Atomen, die ein Zentralatom in einem bestimmten Molekül oder Ion um sich versammelt, wird als *Koordinationszahl* bezeichnet (linke Seite unten). Bei den Elementen der zweiten Schale von Li bis B ist die maximale Koordinationszahl mit Sauerstoff vier; die kleineren Atome Kohlenstoff und Stickstoff haben dagegen nur noch Platz für drei Sauerstoff-Atome. In der dritten Periode haben die Atome von Silicium bis Chlor eine maximale Koordinationszahl mit Sauerstoff von vier. Die größeren Atome Na, Mg und Al dagegen am Anfang der Periode haben eine maximale Koordinationszahl von sechs. So hat das Natrium-Ion in Lösung sechs Wasser-Moleküle in oktaedrischer Koordination um sich versammelt (also wie die sechs Cl^--Ionen um ein Na^+-Ion in einem Salzkristall – je ein Ion an den vier Ecken eines Quadrats sowie eines darüber und eines darunter). Wenn amphoteres Aluminiumhydroxid von einer ausreichend starken Base gelöst wird, so ist das Al^{3+} im entstehenden $Al(OH)_6^{3-}$ von einem Oktaeder aus sechs Hydroxid-Ionen umgeben und nicht von vier Hydroxid-Ionen wie Beryllium in der Verbindung $Be(OH)_4^{2-}$. Der Unterschied in der Koordinationszahl beruht auf den relativen Größen der Ionen.

2. Periode

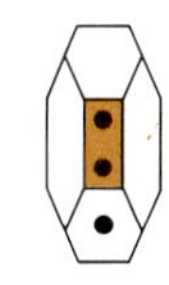

Lithium
(Li 2,1)

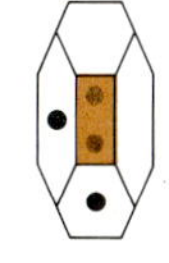

Beryllium
(Be 2,2)

3. Periode

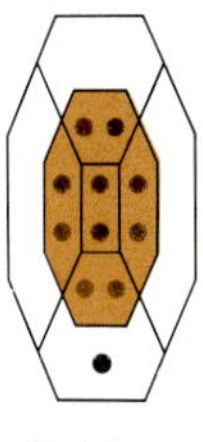

Natrium
(Na 2,8,1)

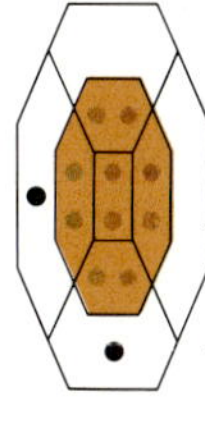

Magnesium
(Mg 2,8,2)

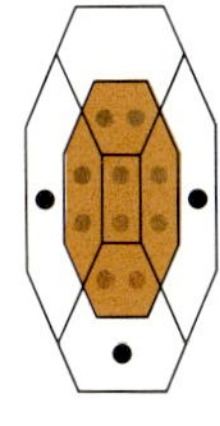

Aluminium
(Al 2,8,3)

Die Atome der Metalle in der dritten Periode sind größer und reaktiver als die entsprechenden Elemente der zweiten Periode.

Die Metalle der dritten Periode: Na, Mg und Al

Von den Elementen der zweiten Periode sind nur Lithium und Beryllium Metalle. Die Grenzlinie Metall–Nichtmetall wandert diagonal um eine Spalte nach rechts, wenn man von der zweiten zur dritten Periode übergeht; dort sind also die drei ersten Elemente Metalle: Na, Mg und Al (rechts). Natrium (Elektronenstruktur Na 2,8,1) ist ein silbrig glänzendes Metall, das dem Lithium (Li 2,1) ähnelt, aber es ist noch weicher als Li, weil die Atome größer sind und von den beweglichen Elektronen nicht so stark zusammengehalten werden können. Ein Stück Lithium-Metall kann man auch mit einem scharfen Stahlmesser nur mit Mühe schneiden, doch Natrium hat die Konsistenz von Kiefernholz oder einem harten Cheddar-Käse. Die schwächeren Bindungen zwischen den Atomen im Natrium manifestieren sich auch im Schmelzpunkt: 181 °C für Li, aber nur 98 °C für Na. Derselbe Trend (s. rechts) wird beim Beryllium (Be 2,2) und Magnesium (Mg 2,8,2) beobachtet. Beide sind härter und schmelzen höher als Li und Na, denn sie haben pro Ion doppelt so viele bindende Elektronen, doch Mg ist wegen seiner größeren Atome und den schwächer gebundenen Elektronen weicher als Be. Auch die Schmelzpunkte fügen sich in den Trend: 1278 °C für Be und nur 650 °C für Mg.

Bor (B 2,3) hält seine drei äußeren Elektronen sehr fest, denn das B^{3+}-Ion ist klein, und die Elektronen kommen der zentralen positiven Ladung sehr nahe. Daher ist Bor ein Nichtmetall. Aluminium (Al 2,8,3) unter Bor in der dritten Periode ist größer. Seine Anziehungskraft für die drei äußeren Elektronen ist so schwach, daß die Elektronen leicht abgegeben werden können, also ist das Element ein Metall. Festes Aluminium hat die für ein Metall typische Struktur einer dichten Packung kugelförmiger Ionen und schmilzt bei 660 °C fast so niedrig wie Magnesium.

Im allgemeinen werden Metalle reaktiver, wenn die Zahl der Elektronenschalen zunimmt, denn ihre äußeren Elektronen werden weniger fest gebunden und deshalb leichter abgegeben. Die zunehmende Reaktivität gegenüber Wasser vom Li zum Na

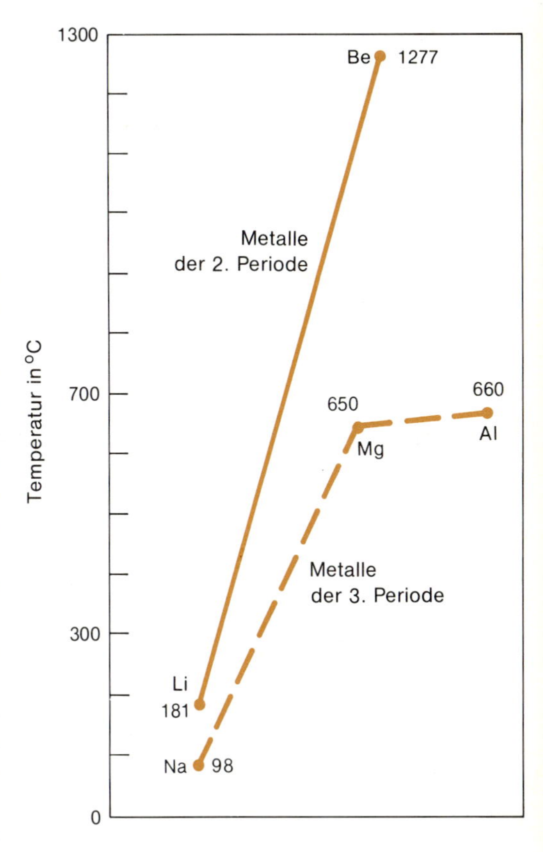

Schmelzpunkte der Metalle in der zweiten und dritten Periode

DIE ENTSTEHUNG EINER LAUGE (NaOH)

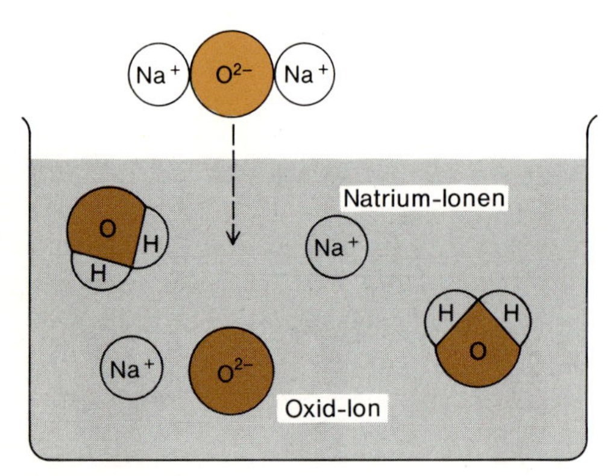

Natriumoxid-Kristalle zerfallen in Wasser in Na^+- und O^{2-}-Ionen.

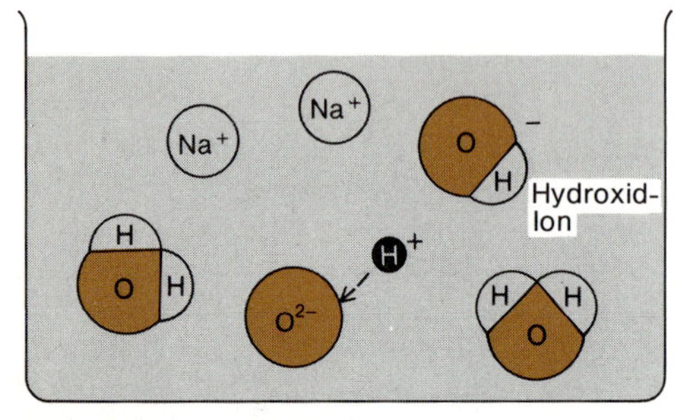

Die Oxid-Ionen (O^{2-}) ziehen die Protonen von Wasser-Molekülen zu sich herüber, so daß Hydroxid-Ionen zurückbleiben.

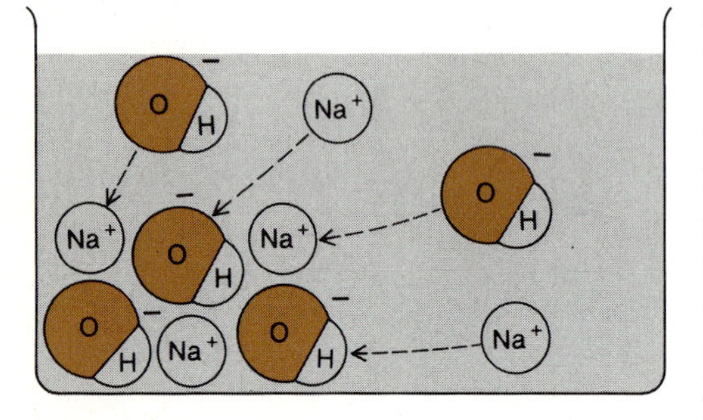

Beim Trocknen vereinen sich Natrium-Ionen mit Hydroxid-Ionen zu kristallinem Natriumhydroxid (Ätznatron).

wurde bereits erwähnt. Innerhalb einer Periode werden Metalle weniger reaktiv, wenn die Ordnungszahl zunimmt. Natrium brennt an der Luft mit einer intensiven gelben Flammenfärbung, die man auch bei den Natriumdampflampen beobachtet. Magnesium brennt leicht genug, daß es für Photoblitze und Leuchtkugeln verwendet werden kann; beim Flugzeugbau muß es mit Vorsicht gehandhabt werden. Dagegen ist Aluminium relativ inert, zum Teil weil es von vornherein weniger reaktiv ist als Natrium, aber hauptsächlich, weil sein Oxid, Al_2O_3, fest auf der Metalloberfläche haftet und sie vor weiterer Korrosion schützt. (Ein Fluch des Eisens ist es, daß sein Oxid, Fe_2O_3, *nicht* auf der Metalloberfläche haftet. Es blättert als Rost ab und gibt immer wieder frisches Metall dem Angriff des Sauerstoffs preis.) In gewisser Hinsicht ist Magnesium das ideale Metall für Flugzeuge. Es ist weniger reaktiv als Li und Na, ausreichend fest (dank seiner zwei Elektronen pro Atom), duktiler und leichter zu bearbeiten als das ultraleichte, aber teilweise kovalente Be und leichter als fast jedes andere Metall. Aluminium folgt dicht an zweiter Stelle mit dem großen Vorteil, weniger brennbar oder reaktiv gegenüber Sauerstoff zu sein, da es eine Schutzschicht aus Al_2O_3 trägt. Weder Magnesium noch Aluminium sind reaktiv genug, um bei Raumtemperatur mit Wasser zu reagieren und es zu zersetzen, wenn auch jeder Versuch, ein Magnesiumfeuer oder eine Brandbombe mit Wasser zu löschen, zu einer Reaktion von Magnesium mit Dampf und zur Entwicklung von Wasserstoff führt, der dann explodiert.

Das Oxid Na_2O ist – wie Li_2O – stark basisch. Es bildet Ionenkristalle mit zwei Na^+ pro O^{2-}-Ion und der gleichen Struktur wie Li_2O-Kristalle. Da Na_2O sehr hygroskopisch ist (das bedeutet, daß es Wasser aus der Luft aufnimmt), ist es ein gutes Trockenmittel. Es löst sich in Wasser zu einer stark basischen Lösung aus Na^+- und OH^--Ionen; nach dem Trocknen entsteht daraus kristallines Natriumhydroxid (links):

$$\underset{\text{Natrium-oxid}}{Na_2O} + H_2O \longrightarrow \underset{\text{Natrium-Ionen}}{2Na^+} + 2OH^- \xrightarrow{\text{Trocknen}} \underset{\text{Natrium-hydroxid}}{2NaOH}$$

Natriumhydroxid, allgemein bekannt als kaustische Soda, Ätznatron oder (in wäßriger Lösung) Natronlauge, ist im Labor und in der Technik die am häufigsten verwendete Quelle für Hydroxid-Ionen.

Das Oxid des Elements Beryllium in der zweiten Periode, BeO, ist amphoter, während MgO basisch ist. Die Bindungen zwischen den Mg^{2+}- und O^{2-}-Ionen im Kristall sind fast völlig ionisch. Kristallines Magnesiumoxid besteht aus dicht gepackten Oxid-Ionen, die durch die gleiche Anzahl von winzigen Mg^{2+}-Ionen zusammengehalten werden; diese schlüpfen in die Lücken zwischen den Schichten aus Oxid-Ionen. Die Löslichkeit eines ionischen Salzes ist Ausdruck für die Konkurrenz der Anziehung der Ionen untereinander und der Anziehung der polaren Wasser-Moleküle auf die Ionen. Die Salze des Magnesiums sind im allgemeinen weniger löslich als die entsprechenden Natriumsalze, weil die geringere Größe und die doppelte Ladung der Mg^{2+}-Ionen den Kristall stärker zusammenhalten. MgO ist fast unlöslich in Wasser, aber löslich in Säure:

$$\underset{\text{Magnesium-oxid}}{MgO} + 2H^+ \longrightarrow \underset{\text{Magnesium-Ion}}{Mg^{2+}} + 2H_2O$$

Die Grenze zwischen sauren und basischen Oxiden liegt bei den Elementen der dritten Periode beim Aluminium: Al_2O_3 und $Al(OH)_3$ sind amphoter. Aluminiumhydroxid ist unlöslich in reinem Wasser, doch löst es sich sowohl in Säure als auch in Base:

$Al(OH)_3$ +	$3H^+ + 3H_2O \longrightarrow$	$Al(H_2O)_6^{3+}$
festes Aluminiumhydroxid	Säure	hydratisiertes Aluminium-Ion
$Al(OH)_3$ +	$3OH^- \longrightarrow$	$Al(OH)_6^{3-}$
festes Aluminiumhydroxid	Base	Aluminiumhexahydroxo-Komplex-Ion

In basischer Lösung sind sechs Hydroxid-Ionen um das zentrale Al^{3+}-Ion koordiniert. Die VSEPR-Theorie sagt voraus, daß sechs sich gegenseitig abstoßende, gleichartige Ladungen in definiertem Abstand um ein Zentral-Ion dann am stabilsten sind, wenn sie am Nord- und am Südpol sitzen sowie auf dem Äquator mit jeweils 90° Abstand, wie rechts gezeigt ist. Da dies vom Zentralatom aus gesehen die sechs Richtungen zu den Ecken eines regulären Oktaeders sind, bezeichnet man diese Anordnung als *oktaedrische Koordination.* Wenn es keinen besonderen Hinderungsgrund gibt, ist jede sechsfache Koordination von Atomen, Ionen oder Molekülen um ein Zentralatom oktaedrisch, da sich auf diese Weise benachbarte Gruppen am wenigsten im Wege sind.

Die Anziehungskräfte zwischen den Hydrat-Wassermolekülen und dem Zentral-Ion sind beim Na^+ und Mg^{2+} wie beim Li^+ hauptsächlich elektrostatischer Natur. Beim Al^{3+} haben die Metall-Sauerstoff-Bindungen wie beim Be^{2+} in der zweiten Periode mehr kovalenten Charakter, was zu einer Schwächung der O–H-Bindungen in den Hydrat-Wasser-Molekülen führt. Elektrostatische Abstoßungen zwischen Ionen spielen eine große Rolle, um $Al(H_2O)_6^{3+}$- oder $Al(OH)_6^{3-}$-Ionen in Lösung zu halten. Wenn wir von hydratisierten Al^{3+}-Ionen in saurer Lösung ausgehen und den Säuregrad oder die Konzentration der H^+-Ionen schrittweise verringern, werden einige der an das Aluminium koordinierten Wasser-Moleküle ein Proton abgeben und Hydroxid-Ionen – an das Metall gebunden – zurückgelassen. Die Ladung des Komplex-Ions nimmt dabei jedesmal, wenn ein Proton frei wird, um eine Einheit ab:

$$Al(H_2O)_6^{3+} \xrightarrow{-H^+} Al(H_2O)_5(OH)^{2+} \xrightarrow{-H^+}$$

$$Al(H_2O)_4(OH)_2^{+} \xrightarrow{-H^+} Al(H_2O)_3(OH)_3^{0}$$

Aluminiumhydroxid

Da jetzt keine elektrostatische Abstoßung mehr die Ionen in Lösung voneinander entfernt hält, fällt Aluminiumhydroxid aus der Lösung als gallertartiger, wasserhaltiger Niederschlag aus. Der gleiche Vorgang tritt ein, wenn eine basische Lösung von $Al(OH)_6^{3-}$-Ionen schrittweise angesäuert wird. Einige der hinzugefügten Protonen verbinden sich mit Hydroxid-Ionen und verwandeln sie in Wasser-Moleküle. Die Ladung auf den Ionen wird schrittweise verringert, und wieder fällt hydratisiertes $Al(OH)_3$ als Gel aus. Ein ähnliches Verhalten haben wir bereits beim Beryllium im 5. Kapitel kennengelernt. $Be(H_2O)_4^{2+}$-Ionen sind in Säure löslich: $Be(OH)_4^{2-}$ ist eine Base; aber Berylliumoxid ist in reinem Wasser unlöslich. Um das Beryllium sind nur vier Gruppen koordiniert und nicht sechs, denn Be^{2+} ist kleiner als Al^{3+}. Sowohl Beryllium- als auch Aluminiumoxid sind amphoter, und beide stehen in ihren Perioden an der Grenze zwischen basischen und sauren Oxiden.

DAS AMPHOTERE ALUMINIUM-ION

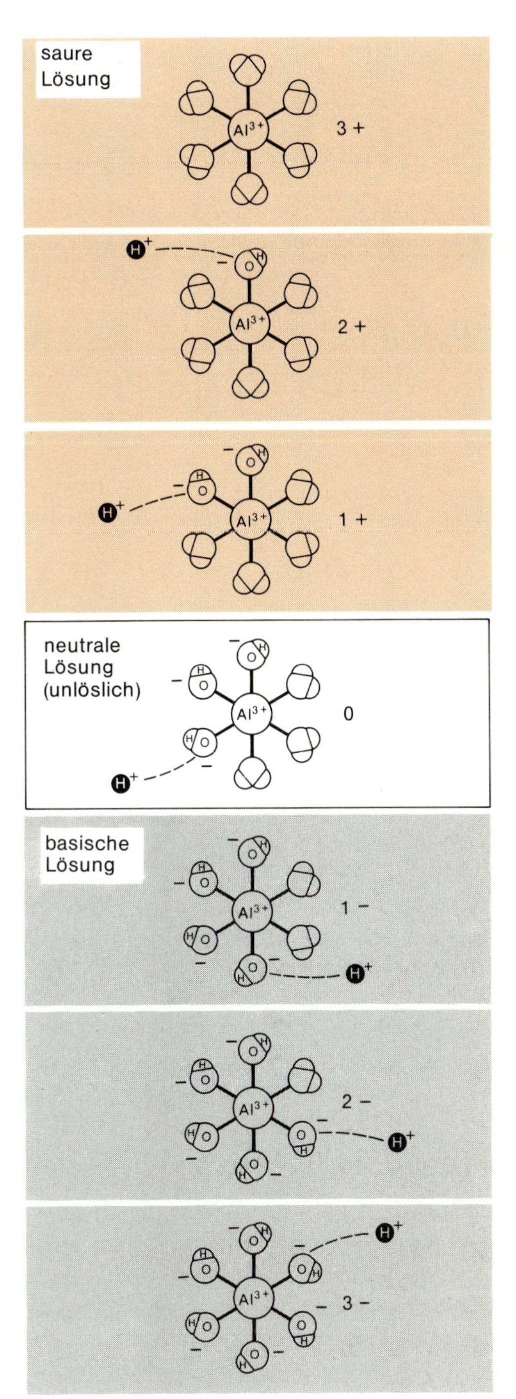

Al^{3+} ist so groß, daß es sechs H_2O-Moleküle oder OH^--Ionen in seiner direkten Umgebung unterbringen kann. Ausgehend von $Al(H_2O)_6^{3+}$ in starker Säure verliert ein H_2O nach dem andern ein Proton, wenn man die Lösung immer alkalischer macht. In neutraler Lösung fällt $Al(OH)_3(H_2O)_3$ aus, weil die Moleküle einander nicht mehr durch gleiche Ladungen abstoßen, doch in Base löst es sich wieder.

Metallsalze

Alle Metalle der zweiten und dritten Periode kommen in Form von Silicaten (die im nächsten Abschnitt diskutiert werden), Carbonaten, Oxiden und Nitraten in der Erdrinde vor. Natriumcarbonat, Na_2CO_3, ist das Salz einer starken Base, NaOH, und einer schwachen Säure, H_2CO_3 (links). Kohlensäure ist schwach, weil das Carbonat-Ion eine fast so starke Affinität für Protonen hat wie Wasser. Etwa die Hälfte der Kohlensäure bleibt in wäßriger Lösung undissoziiert, die Hälfte existiert als Hydrogencarbonat-Ion, HCO_3^-, und sehr wenig liegt als CO_3^{2-} vor.

$$2NaOH + H_2CO_3 \longrightarrow Na_2CO_3 + 2H_2O$$

Natrium-hydroxid, Kohlen-säure, Natrium-carbonat

Wenn Natriumcarbonat in Wasser gelöst wird, nehmen die dabei entstehenden Carbonat-Ionen den Wasser-Molekülen Protonen weg, und es entstehen Hydrogencarbonat- und Hydroxid-Ionen (links). Das wird als *Hydrolyse,* d.h. „Spaltung mit Wasser" bezeichnet, wegen der ursprünglichen, aber falschen Auffassung, daß Wasser Natriumcarbonat einfach spaltet; es ist jedoch das Carbonat-Ion, welches das Wasser-Molekül auseinandernimmt. Eine Lösung von Natriumcarbonat oder jedes Salzes einer starken Base und einer schwachen Säure ist schwach basisch. Na_2CO_3 oder Soda wird als harmlose Quelle für Hydroxid-Ionen im Haushalt und in der Technik verwendet. Es löst Fette und Öle, indem es sie in Seifen verwandelt, die abgewaschen werden können, doch wirkt es auf die Haut und auf die Gegenstände nicht so korrosiv wie Natriumhydroxid. Natriumhydrogencarbonat, $NaHCO_3$, früher auch Natriumbicarbonat genannt, ist eine noch schwächere Base, da bei ihm nur die zweite Hydrolyse (Reaktion 3, links) möglich ist:

(1) $$Na_2CO_3 \longrightarrow 2Na^+ + CO_3^{2-}$$

(2) $$CO_3^{2-} + H_2O \longrightarrow HCO_3^- + OH^-$$

Carbonat-Ion, Hydrogencarbonat-Ion

(fast vollständig)

(3) $$HCO_3^- + H_2O \longrightarrow H_2CO_3 + OH^-$$

Hydrogencarbonat-Ion, Kohlensäure

(liegt etwa in der Mitte)

$$Na^+ + HCO_3^- + H_2O \longrightarrow Na^+ + H_2CO_3 + OH^-$$

Natriumhydrogencarbonat ist eine so schwache Base, daß es zum Binden der Magensäure eingenommen werden kann. Es ist nützlich zum Backen, da schon die schwache Essig- und Weinsäure aus ihm CO_2-Gas freisetzen können, so daß der Teig aufgeht:

$$H^+ + HCO_3^- \longrightarrow H_2CO_3 \longrightarrow H_2O + CO_2$$

Der Schaum, der entsteht, wenn Essig auf Hydrogencarbonat gegossen wird, beruht auf der CO_2-Entwicklung. Ein mit Hydrogencarbonat und Säure gefüllter Feuerlöscher ist ein einfaches Gerät zur Erzeugung eines Kohlendioxid-Stroms; dabei ergießt sich die Säure über das Carbonat, wenn der Behälter auf den Kopf gestellt wird.

Natriumnitrat, $NaNO_3$, ist sehr leicht löslich. In der Natur kommt es nur dort vor, wo es niemals regnet, wie z.B. in Höhlen oder in Teilen der chilenischen Wüste. Es ist eine wichtige Nitrat-Quelle sowohl für Düngemittel als auch für Sprengstoffe. Die Alliierten hätten den Ersten Weltkrieg beinahe sehr schnell beendet, als ihre Schiffsblockade Deutschlands Munitionsfabriken vom Chile-Salpeter abschnitt. Hier sprang die Chemie ein (eine zweifelhafte Ehre), als der deutsche Chemiker Fritz Haber eine Methode fand, Ammoniak aus dem Stickstoff der Atmosphäre herzustellen („Stickstoff-Fixierung") und so die Nitrateinfuhr überflüssig machte.

Die ergiebigste Quelle für Natrium ist das NaCl des Meerwassers. Das jahrhundertelange Auswaschen von Natrium aus verwitterten Mineralien und dem Erdboden führte zum Anstieg des Natriumionen-Gehalts der Ozeane auf drei Promille. Unsere eigene Körperflüssigkeit hat ungefähr den gleichen Salzgehalt wie Meerwasser, was möglicherweise auf den ozeanischen Ursprung des Lebens hinweist. Der zweite Hauptbestandteil des Meersalzes ist Magnesiumchlorid, $MgCl_2$, das zu etwa einem Drittel Promille vorkommt.

Das Gerüst unseres Planeten: Silicate

Im Zentrum der dritten Periode sitzt Silicium (Si 2,8,4) mit vier Außenelektronen wie Kohlenstoff (C 2,4). Die Felsen unseres Planeten leiten sich vom Siliciumdioxid, SiO_2, ab; sie sind von einer Atmosphäre umgeben, die zum Teil aus Kohlendioxid-Gas, CO_2, besteht. Das scheint nichts Besonders zu sein, bis uns bewußt wird, daß Silicium und Kohlenstoff mit der gleichen äußeren Elektronenstruktur ähnliche chemische Eigenschaften haben sollten. Warum unterscheiden sich die Eigenschaften ihrer Oxide so krass?

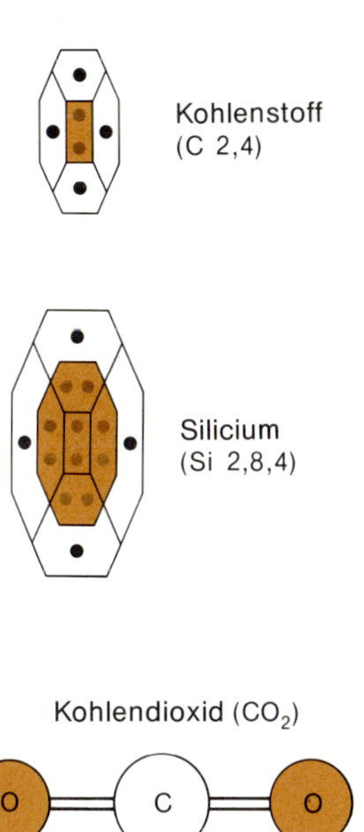

Die unterschiedlichen Eigenschaften beruhen auf der unterschiedlichen Größe der Atome; das Silicium-Atom ist größer als das Kohlenstoff-Atom. Um zwei Elektronenpaare mit einem anderen Atom in einer Doppelbindung teilen zu können, müssen sich die beiden Atome näherkommen als bei einer Einfachbindung. Beim Silicium, das im Inneren zehn Elektronen hat, ist eine solche Annäherung unmöglich. Kohlenstoff hat nur zwei innere Elektronen, ist kleiner und kann C=O-Bindungen bilden. Zwei solche Doppelbindungen bauen ein CO_2-Molekül, O=C=O, auf. Statt Doppelbindungen zu zwei Sauerstoff-Atomen zu bilden, ist es für Silicium leichter, Einfachbindungen zu vier Sauerstoff-Atomen herzustellen, die um das Silicium-Atom in den Ecken eines Tetraeders angeordnet sind (unten). Jedes dieser Sauerstoff-Atome kann eine Brücke zwischen zwei Silicium-Atomen bilden, und es entsteht ein endloses, dreidimensionales Gitter aus Silicat-Tetraedern wie z.B. im Quarz (unten). Wenn Silicium kleiner wäre und mit Sauerstoff Doppelbindungen ausbilden könnte, gäbe es keinen Grund, warum es nicht diskrete O=Si=O-Moleküle geben sollte. Quarz wäre ein Gas und kein sehr hartes Mineral, und die Geschichte unseres Planeten wäre völlig anders verlaufen[1]. Es gibt noch einen anderen Faktor: die geringere Elektronegativität des Siliciums im Vergleich mit Sauerstoff, d.h. 1.8 gegenüber 3.5. Die Si–O-Bindung hat beträchtlichen Ionencharakter; die Elektronen der Si–O-Bindung werden vom Si weg zum O hin gezogen. Die ionischen Bindungsradien mit großen O^{2-}- und kleinen Si^{4+}-Ionen (O^{2-}, 140 pm; Si^{4+}, 41 pm) liefern ein besseres Bild der Silicatstrukturen als die kovalenten Radien, bei denen die relativen Größen umgekehrt sind (O, 66 pm; Si, 117 pm).

Reiner Quarz mit der Gesamtzusammensetzung SiO_2 ist ein endloses Gerüst aus Si- und O-Atomen. Jedes Si wird von vier O-Atomen, die in den Ecken eines

1) Der amerikanische Maler James McNeill Whistler hatte eine lange Reihe von Vorfahren, die beim Militär waren; doch als er aus der Militärakademie Westpoint hinausflog, wandte er sich der Kunst zu. In späteren Jahren bemerkte er: „Wenn Silicium ein Gas wäre, wäre ich General geworden."

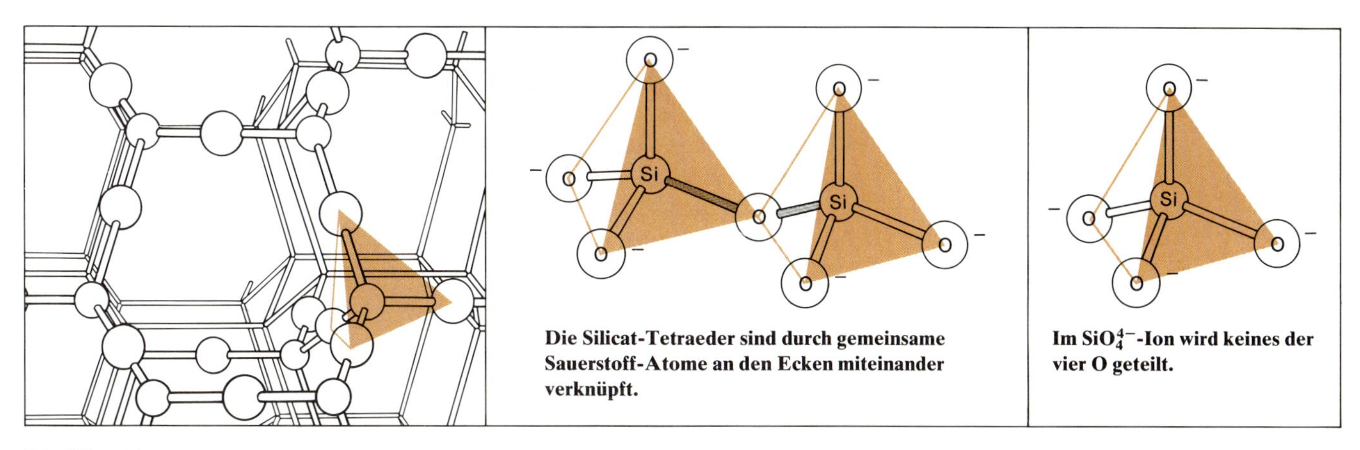

Die Silicat-Tetraeder sind durch gemeinsame Sauerstoff-Atome an den Ecken miteinander verknüpft.

Im SiO_4^{4-}-Ion wird keines der vier O geteilt.

Die Silicat-Tetraeder in Tridymit, einer Quarzmodifikation

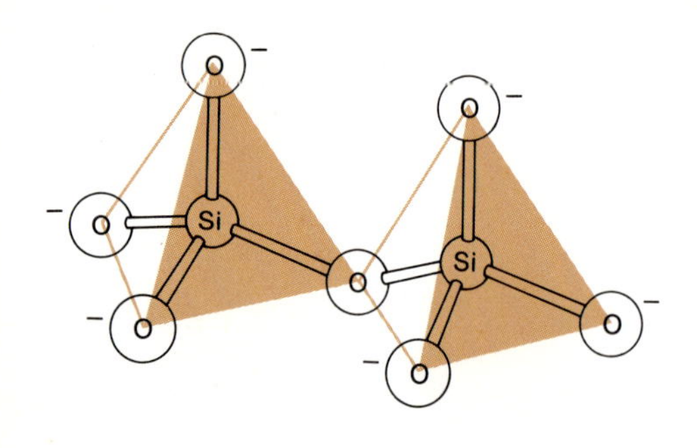

Die miteinander verknüpften Silicat-Tetraeder sind das Strukturprinzip für das Gerüst unseres Planeten.

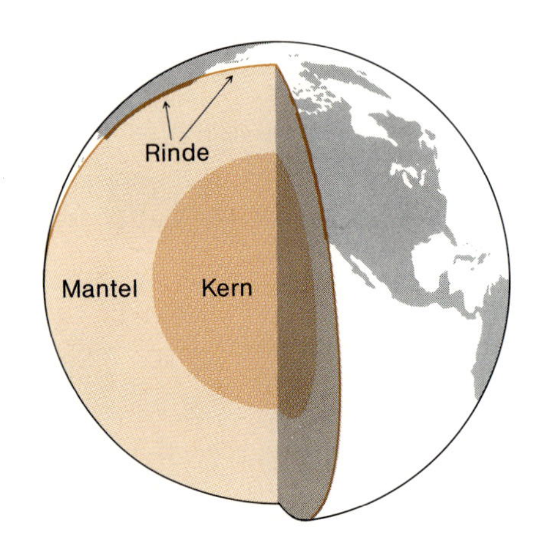

Zusammensetzung der Erde in Atomprozent

Periode	Element	gesamte Erde	äußere Rinde
1	H	0.1	2.9
2	O	48.9	60.1
3	Na	0.6	2.2
	Mg	12.5	2.0
	Al	1.3	6.3
	Si	14.0	20.8
	P	0.1	0.1
	S	1.4	–
4	K	0.1	1.1
	Ca	0.5	2.1
	Fe	18.9	2.1
	Ni	1.4	–
		99.8%	99.7%

Tetraeders sitzen, umgeben, und jedes O-Atom wird von zwei benachbarten Tetraedern geteilt (links). Jedes Silicium-Atom hat halben Anteil an den vier Sauerstoff-Atomen, die es umgeben. So ergibt sich die Anzahl von O-Atomen pro Si-Atom zu $^1/_2 + {}^1/_2 + {}^1/_2 + {}^1/_2 = 2$, was die Gesamtzusammensetzung von SiO_2 erklärt. In anderen Silicat-Typen kann es vorkommen, daß ein oder mehrere der Sauerstoff-Atome um das Silicium nicht von anderen Silicium-Atomen geteilt werden und jedes ungeteilte Sauerstoff-Atom eine negative Ladung trägt.

Die kleinste selbständige Einheit aus Silicium und Sauerstoff ist das Silicat-Ion, SiO_4^{4-}, in dem keines der vier Sauerstoff-Atome geteilt wird und daher jedes von ihnen negativ geladen ist. Diese Silicat-Tetraeder können durch Sauerstoffbrücken miteinander zu eindimensionalen Ketten, zweidimensionalen Doppelketten (oder Leitern) und Schichten oder dreidimensionalen Gerüstsystemen wie im Quarz verknüpft sein. Diese ein-, zwei- oder dreidimensionalen Strukturen bilden die Grundlage aller Silicatmineralien. Jede negative Ladung an einem ungeteilten Sauerstoff-Atom wird durch positive Metall-Ionen ausgeglichen, die längs der Ketten oder zwischen den Schichten eingebaut werden.

Unser Planet ist eine Silicatkugel mit drei Schichten (links). Er durchlief bald nach seiner Entstehung ein Stadium mit einem geschmolzenen Inneren, und die schwerste Materie sank ins Zentrum und baute dort einen Eisen-Nickel-*Kern* mit einem Radius von 3500 km auf. Um diesen Kern schichteten sich die verschiedenen Metall-Silicate nach ihrer Dichte. Der fast 3000 km dicke *Erdmantel* besteht hauptsächlich aus einem dichten, kristallinen Aggregat von Olivin, einem Eisen-Magnesium-Silicat. Olivin hat die Formel X_2SiO_4, wobei $X = Mg^{2+}$ oder Fe^{2+} in jedem beliebigen Verhältnis sein kann. Im Olivin sind die SiO_4^{4-}-Tetraeder auf die kompakteste Weise zusammengepackt; dieses Mineral ist also sehr dicht. Die Kombination von hohem Druck und hoher Temperatur führt auch heute noch dazu, daß das Material des Mantels halbflüssig ist; Konvektionsströme im Mantel sind die hauptsächlichen Kräfte bei der Kontinentbildung. Weniger dichte Silicatmineralien entstehen, wenn die SiO_4^{4-}-Tetraeder zu langen Ketten verknüpft sind. Jedes Silicium teilt dann zwei seiner O-Atome mit zwei anderen Si-Atomen; jedem gehören also $1 + 1 + {}^1/_2 + {}^1/_2 = 3$ Sauerstoff-Atome; die beiden ungeteilten Sauerstoff-Atome tragen zwei negative Ladungen. Die (empirische) Gesamtzusammensetzung dieser Kettensilicate ist SiO_3^{2-} (gegenüberliegende Seite, oben). Diese Ketten haben pro Silicium-Atom nur die Hälfte der negativen Ladung des Olivins und brauchen daher weniger Metall-Ionen, um die Ladung auszugleichen. Aus diesem Grund und auch wegen der offenen Struktur der Ketten im Mineral sind die Kettensilicate weniger dicht als Olivin. Viele von ihnen stiegen an die Oberfläche des Mantels und beteiligten sich am Aufbau der *Erdrinde,* der äußeren Schicht unseres Planeten, die unter den Kontinenten etwa 33 km dick ist, unter den Ozeanbecken aber nur 5 km. Pyroxene enthalten einzelne Silicatketten, die durch positive Ionen zusammengehalten werden. Amphibole sind Doppelketten oder Leiterstrukturen (gegenüberliegende Seite). Die Mineralien lassen sich leicht entlang der Kettenrichtung spalten, aber die kovalenten Si–O-Bindungen innerhalb einer Kette sind sehr fest. Deshalb bildet Asbest (ein Amphibol) lange Fasern.

Silicat-Tetraeder können auch zu endlosen Schichten verknüpft sein, wobei drei der vier Sauerstoff-Atome geteilt werden und nur ein Sauerstoff-Atom pro Si mit einer negativen Ladung übrigbleibt (unten rechts). Dieses negative O gehört nur zu

Die atomare Zusammensetzung des gesamten Planeten Erde ist derjenigen von Olivin, $FeMgSiO_4$, sehr ähnlich, wenn man von zusätzlichem Eisen und Nickel im Kern absieht. Die Rinde enthält weniger Eisen und entsprechend mehr Metalle der dritten Periode. Alle Elemente der zweiten Periode außer Sauerstoff sind selten, doch hat sich das Leben vor allem auf der Basis von C, N und O entwickelt.

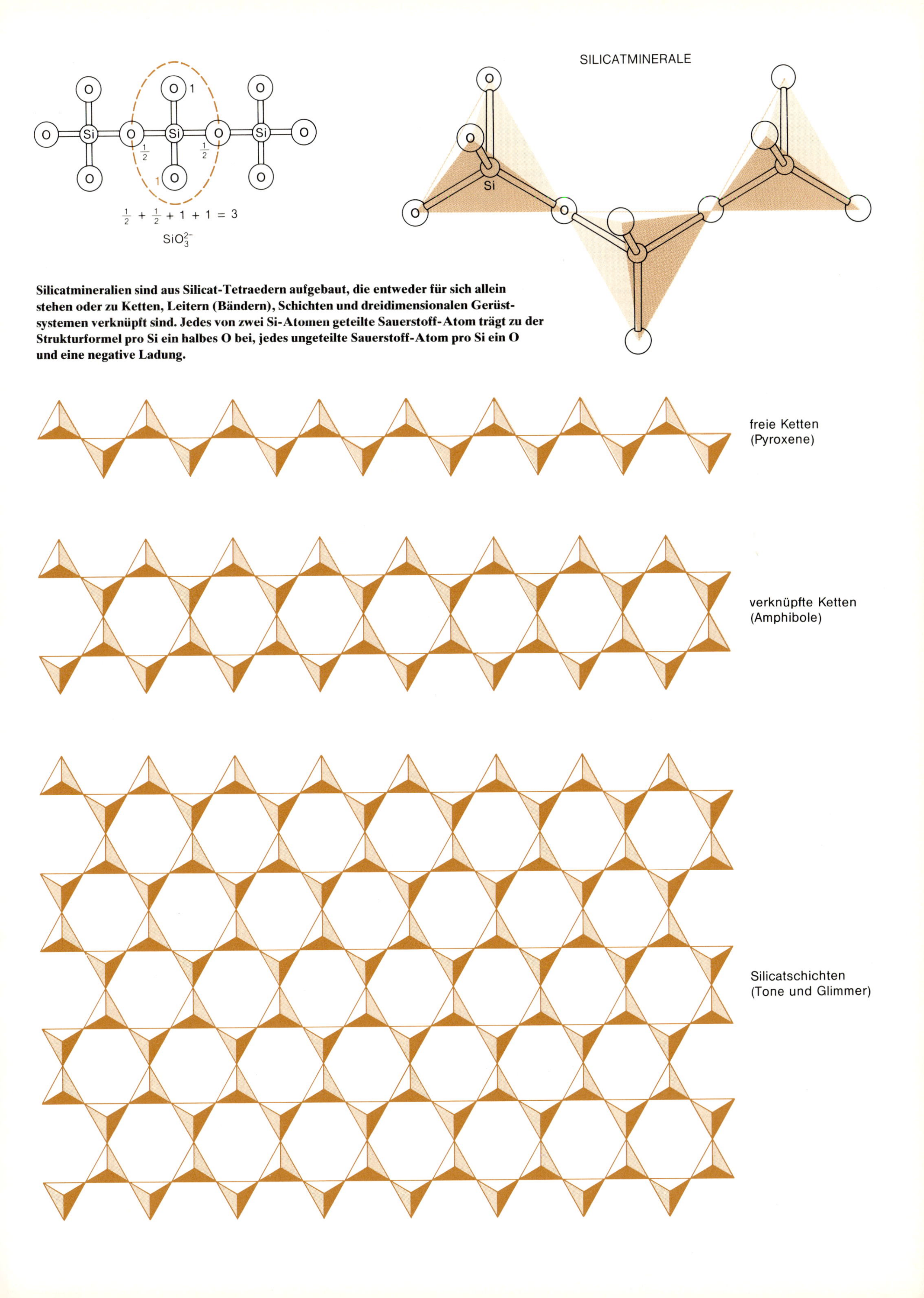

Silicatmineralien sind aus Silicat-Tetraedern aufgebaut, die entweder für sich allein stehen oder zu Ketten, Leitern (Bändern), Schichten und dreidimensionalen Gerüstsystemen verknüpft sind. Jedes von zwei Si-Atomen geteilte Sauerstoff-Atom trägt zu der Strukturformel pro Si ein halbes O bei, jedes ungeteilte Sauerstoff-Atom pro Si ein O und eine negative Ladung.

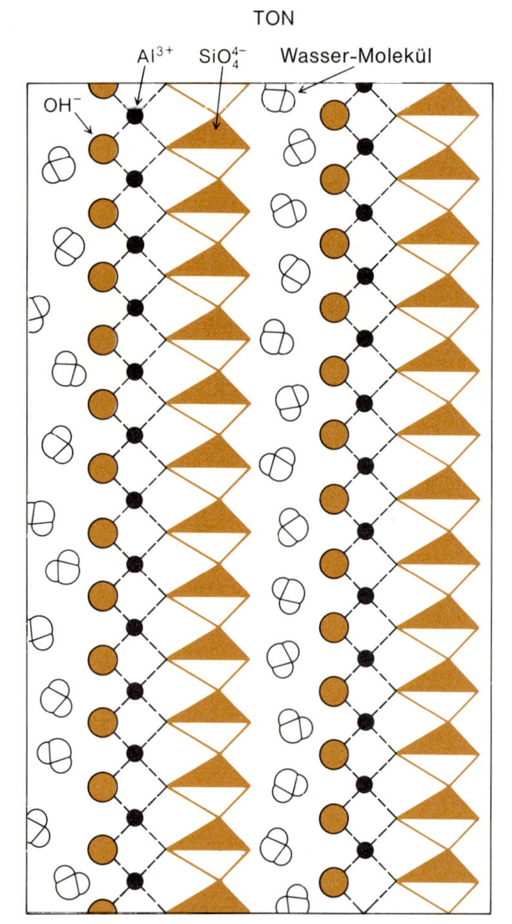

Kaolinit ist ein Ton mit besonders regelmäßiger Struktur. Zweidimensionale Schichten aus Silicat-Tetraedern (hier in Seitenansicht dargestellt) enthalten pro Si ein ungeteiltes O und eine negative Ladung. Mit jedem Tetraeder sind ein Al^{3+} und zwei OH^- zum Ausgleich der Ladung assoziiert. Wasser-Moleküle trennen die Schichten voneinander. In anderen Ton- und Glimmerarten sind die Schichten anders angeordnet, aber im Prinzip sind die Strukturen ähnlich.

einem Si, während die anderen drei geteilt werden; deshalb ist das Gesamtverhältnis von O zu Si $1 + {}^1/_2 + {}^1/_2 + {}^1/_2 = 2{}^1/_2 : 1$. Die Silicatschicht hat die Zusammensetzung $SiO^-_{2^1/_2}$ oder $Si_2O_5^{2-}$. Jetzt sind noch weniger Metall-Ionen als in den Olivinen oder Pyroxenen notwendig, um die negativen Ladungen auszugleichen. Deshalb sind Glimmer und Tone mit Schichtstrukturen noch leichter. Man nimmt an, daß sie nur in der Erdrinde vorkommen. Glimmer läßt sich mühelos in Blättchen spalten, weil es leicht ist, die Silicatschichten voneinander zu trennen, aber viel schwerer, die Bindungen innerhalb der Schichten zu brechen. (Wir erinnern an das ähnliche Verhalten des Graphits.)

Kaolinit (links dargestellt) ist ein typisches Tonmineral. In ihm ist ein Al^{3+} mit der negativen Ladung jedes Silicat-Tetraeders in der Schicht assoziiert, und zwei OH^--Ionen gleichen die beiden anderen Ladungen am Al^{3+} aus. Es hat eine Schichtstruktur, wobei die negativ geladenen Sauerstoff-Ionen alle nach einer Seite der Tetraederschicht weisen und mit Aluminium-Ionen koordiniert sind; auf der anderen Seite des Al^{3+} sitzen Hydroxid-Ionen. Dieser Sandwich aus Silicat, Al^{3+} und OH^- ist zu Schichten gestapelt, welche die dreidimensionale Struktur aufbauen. Wasser und andere kleine Moleküle können zwischen die Schichten des Kaolinits eindringen. Da die Schichten leicht aneinander vorbeigleiten können, ist nasser Ton geschmeidig und schlüpfrig. Beim Backen oder Brennen des Tons in einem Brennofen wird das Wasser ausgetrieben, und die Schichten verfestigen sich zu einer starren Struktur. Ein einfacher Töpfer ist ein wirklicher Technologe in dem Sinn, daß er ein für seine Zwecke ungeeignetes, natürliches Material nimmt, es in einem Ofen brennt und in ein Material verwandelt, das ganz neue physikalische Eigenschaften hat. Die Töpferei gehört wie die Braukunst zu den ältesten chemischen Techniken der Menschheit.

Viele der interessantesten chemischen Eigenschaften der Tone beruhen auf ihrer sehr großen inneren Oberfläche. Da beide Seiten jeder Schicht dem Wasser und anderen kleinen Molekülen zugänglich sind, ist die effektive Oberfläche eines Tonminerals gewaltig. Ein Würfel mit einer Kantenlänge von 1 cm hat die Oberfläche von 6 cm^2. Wenn er zu einem feinem Pulver aus Teilchen mit einem Radius von 0.01 mm gemahlen wird, wächst die Gesamtoberfläche dieser Partikel auf 3000 cm^2. Doch ein Kaolinit-Würfel mit einer Kantenlänge von 1 cm, dessen Schichten 710 pm voneinander entfernt sind, hat eine Gesamtschichtoberfläche von 28000000 cm^2, das entspricht etwa zwei Dritteln der Größe eines Fußballfeldes! Das bedeutet, daß überall dort, wo große Oberflächen gebraucht werden, Tonmineralien nützlich sind. Sie können organische Moleküle absorbieren und zur Extraktion von Verunreinigungen aus der Luft und zum Entfernen von Fett und Flecken aus Textilien verwendet werden. Getrocknetes Tonpulver („Bleicherde“) ist die Grundlage einiger Fleckenentferner. Wenn sie auf Stoff gerieben werden, entfernen sie Fettflecken, indem sie die Fett-Moleküle auf den Silicatschichten absorbieren. Diese Methode wird in großem Ausmaß in der Textilindustrie zum Entfernen unerwünschter Öle aus neuer Wolle verwendet.

Tonmineralien sind nützliche Komponenten des Erdbodens, da sie Wasser, Ionen und organische Materie binden können, die für das Pflanzenwachstum notwendig sind. Bestimmte Typen von Tonmineralien können als Ionenaustauscher verwendet werden. Wenn eine Lösung durch ein Glasrohr läuft, das mit dem Material gefüllt ist, dann können Ionen aus der Lösung Ionen im Tonmineral ersetzen. In der petrochemischen Industrie nutzt man die große Oberfläche des Kaolinits aus, indem man ihn als Bett oder Trägermaterial für die Metallkatalysatoren verwendet, die bei der Erdölraffinerie eingesetzt werden. Der große britische Biochemiker J. D. Bernal stellte die Hypothese auf, daß Tonmineralien die katalytischen Oberflächen bereitstellten, an denen die ersten Reaktionen, die schließlich zur Entwicklung des Le-

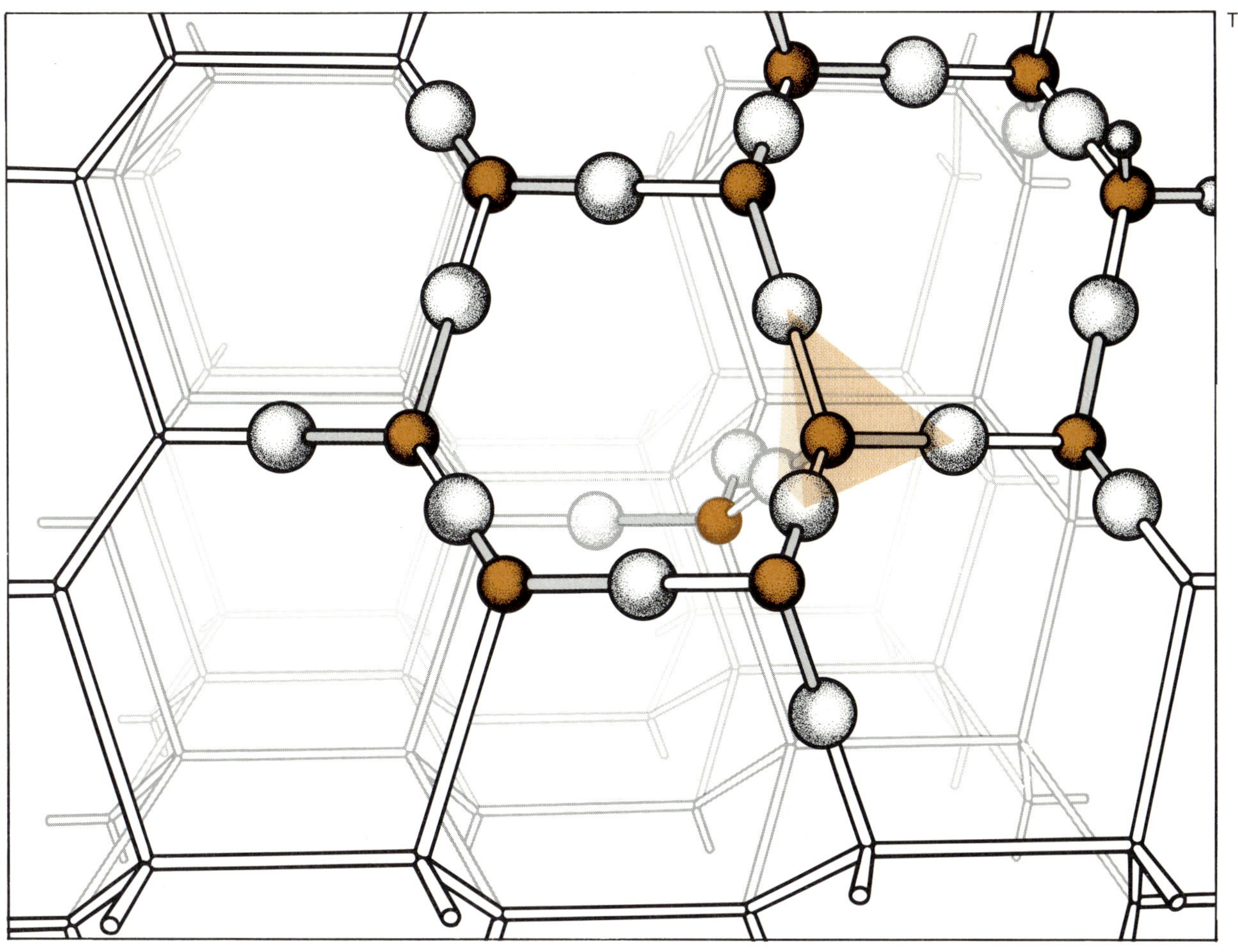

Tridymit ist eine Form von SiO_2, in der die Silicium-Atome die Positionen einnehmen, die im Eis von Sauerstoff-Atomen besetzt sind; die Sauerstoff-Atome liegen zwischen den Silicium-Atomen, analog den O—H—O-Brücken im Eis. Cristobalit, eine andere Form des SiO_2, hat eine dem Diamant ähnliche Struktur. Das allen diesen Substanzen – SiO_2, Eis und Diamant – zugrundeliegende Strukturelement ist das Tetraeder.

bens führten, stattfanden. Unter diesem Aspekt sind wir wirklich aus dem „Staub der Erde" entstanden, wenn auch aus Staub in stark hydratisierter Form.

Die häufigsten Stoffe in der Erdrinde sind die Gerüstsilicate: Quarz und Feldspate. In ihnen sind alle vier Ecken jedes Silicat-Tetraeders in das dreidimensionale Gerüst eingebaut. Im normalen hexagonalen Quarz sind die Tetraeder zu einer sechszähligen Helix (Schraube), einer Wendeltreppe mit sechs Silicatstufen pro Windung, verknüpft. Diese Helices sind parallel zueinander in den Quarzkristall eingebaut und durch gemeinsame Sauerstoff-Atome der Silicat-Tetraeder verknüpft. Quarz wird also vollständig durch kovalente Si—O-Bindungen zusammengehalten und ist ein hartes Mineral. Es gibt linkshändige und rechtshändige Quarzkristalle, je nach der Richtung oder „Händigkeit" der Helices. Eine andere Form von SiO_2, Tridymit, hat eine Struktur, der wir bereits beim Eis begegnet sind, wobei wir uns die Sauerstoff-Atome des Eises durch Silicium-Atome und jede O—H···O-Bindung durch Si—O—Si-Bindungen ersetzt denken müssen. Tridymit ist oben dargestellt.

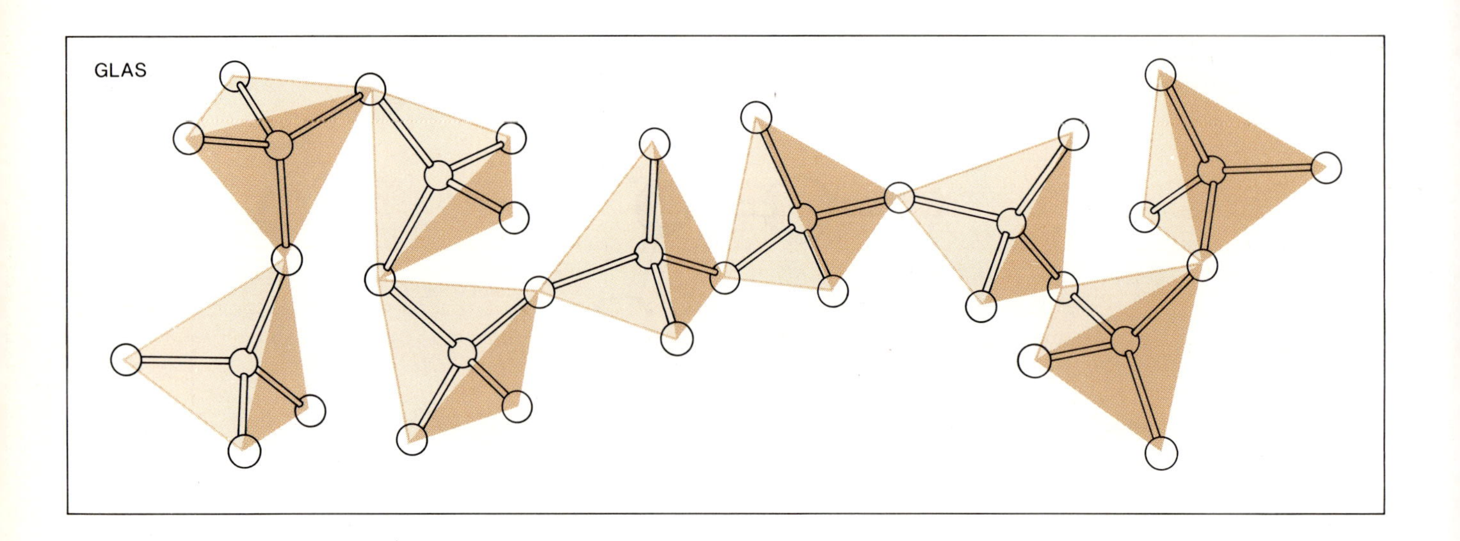

In Glas sind die Silicat-Tetraeder nicht regelmäßig miteinander verknüpft. Gläser sind nicht so hart wie Quarz und schmelzen langsam innerhalb eines breiten Temperaturbereichs, weil die thermische Energie die Ketten schrittweise entwirrt.

Wenn Quarz über seinen Schmelzpunkt von 1610 °C erhitzt und dann rasch abgekühlt wird, haben die Silicat-Ketten keine Zeit, in eine perfekte Kristallordnung zurückzukehren. Stattdessen erhärten sie zu einem ungeordneten Silicat*glas* (oben). Glas ist in Wirklichkeit eine Flüssigkeit, wenn auch eine hochviskose. Wenn man ihm genug Zeit läßt, fließt Glas, wie sich an den Fensterscheiben in sehr alten Häusern zeigt, die sich unten verdickt haben. Spezielle Glassorten werden mit den Oxiden von Blei, Bor, Aluminium, Natrium und Calcium hergestellt, die mit dem SiO_2 aus Sand gemischt werden. Im allgemeinen führen die weniger elektronegativen Elemente Natrium und Calcium, die mit dem Sauerstoff des Silicats ionische Bindungen bilden, zu einem weicheren und niedriger schmelzenden Glas. Pyrex-Glas enthält Oxide von Bor und Aluminium und mehr kovalente Bindungen zum Sauerstoff. Das macht Pyrex-Glas fast so stark und hitzebeständig wie reines Silicat-Glas, d. h. geschmolzenen Quarz.

Die Feldspate sind Silicate, in denen ein Viertel bis zur Hälfte der Si^{4+}-Ionen in den Tetraedern durch Al^{3+} ersetzt sind, so daß eine zusätzliche positive Ladung für jede dieser Substitutionen nötig ist. Da Feldspate offene, dreidimensionale Käfigstrukturen haben, sind sie leichter als die Pyroxene und Olivin. Beim ursprünglichen Aufbau der Schichten unseres Planeten trieben die Feldspate an die Oberfläche; sie machen heute 60 Gewichtsprozent der Erdrinde aus. Auf Quarz, der ebenfalls leicht ist, entfallen weitere 12%. Glimmer und Tone tragen 5%, die schwereren Pyroxene 12% und der dichte Olivin nur 3% zur Rinde bei; die restlichen 8% sind Eisenoxide und verschiedene andere Mineralien. Granit, vielleicht das bekannteste aller Gesteine, ist ein Gemenge aus feinen Kristallen von Quarz, Feldspat und Glimmer.

Man muß sich den interessanten Aspekt klar machen, daß diese gesamte Silicat-Geologie deshalb entstehen konnte, weil Silicium keine Doppelbindung mit Sauerstoff ausbildet. Wenn durch irgendeinen kosmischen Einfluß die Größe eines Silicium-Atoms um 25% schrumpfen sollte, dann wäre eine solche Doppelbindung möglich. Alle Silicate unseres Planeten würden dann in Wolken von SiO_2-Gas verdampfen und nur einen Metallkern zurücklassen, der den halben Durchmesser unserer Erde hätte und mit einer Schlacke aus Metalloxiden bedeckt wäre. Man erkennt leicht, warum die „Tauglichkeit der Welt" von den Theologen des vergangenen Jahrhunderts als ein wissenschaftlicher Beweis für die Existenz eines Gestalters im Universum angesehen wurde. Die „Tauglichkeit" von Kohlenstoff und Silicium für die unterschiedlichen Rollen, die sie auf unserem Planeten spielen, ist schon ein wenig unheimlich.

Die sauren Nichtmetalle: P, S und Cl

Beim Vergleich von Kohlenstoff in der zweiten Periode mit Silicium in der dritten haben wir ein gemeinsames Thema mit überraschenden Variationen betrachtet. Diese ergaben sich dadurch, daß Silicium größer ist und weniger bereit als Kohlenstoff, Mehrfachbindungen mit ähnlichen Nachbaratomen zu bilden. Einen solchen Trend erkennt man auch beim Vergleich von Stickstoff (N 2,5) mit Phosphor (P 2,8,5), von Sauerstoff (O 2,6) mit Schwefel (S 2,8,6) sowie von Fluor (F 2,7) mit Chlor (Cl 2,8,7). Stickstoffgas, N_2, hat eine Dreifachbindung zwischen den beiden Atomen und ein einsames Elektronenpaar an jedem Atom. Phosphor-Atome sind zu groß, um Dreifachbindungen auszubilden, und so ist jedes Phosphor-Atom in P_4-Molekülen, die man in gasförmigem, in flüssigem und in einer Form von festem Phosphor findet, durch je eine Einfachbindung mit drei anderen Phosphor-Atomen verbunden, die an den Ecken eines Tetraeders sitzen (unten). Ähnlich hat gasförmiger Sauerstoff eine Doppelbindung in den O_2-Molekülen, aber fester Schwefel besteht aus achtgliedrigen Ringen, S_8, in denen jedes S-Atom mit zwei anderen im Ring durch Einfachbindungen verknüpft ist. Die Chlor-Atome in gasförmigen Cl_2-Molekülen sind durch Einfachbindungen verknüpft, ebenso wie die Fluor-Atome in F_2.

Wie wir im vorigen Kapitel gesehen haben, ist Kohlensäure eine schwache Säure. Kohlenstoff hat um sich herum nur für drei Sauerstoff-Atome Platz, wie im Carbonat-Ion, CO_3^{2-}. Das größere Silicium-Atom kann in Kieselsäure, H_4SiO_4, und den Silicaten vier Sauerstoff-Atome in seiner Umgebung unterbringen. In wäßriger Lösung ist Kieselsäure extrem schwach und kaum ionisiert. Das liegt daran, daß Silicium weniger elektronegativ ist als Kohlenstoff und die vier negativen Ladungen im Silicat-Ion nur schwach an sich heranzieht. Die negativen Ladungen bleiben hauptsächlich auf den Sauerstoff-Atomen des SiO_4^{4-}-Ions, wo sie leicht Protonen anziehen können und undissoziierte Kieselsäure-Moleküle bilden. Außerdem ist SiO_4^{4-} nicht durch Elektronendelokalisierung stabilisiert. Jedes der Elektronenpaare in dem Ion liegt entweder als einsames Elektronenpaar an Sauerstoff oder als Bindungselektronenpaar in der Si–O-Einfachbindung fest.

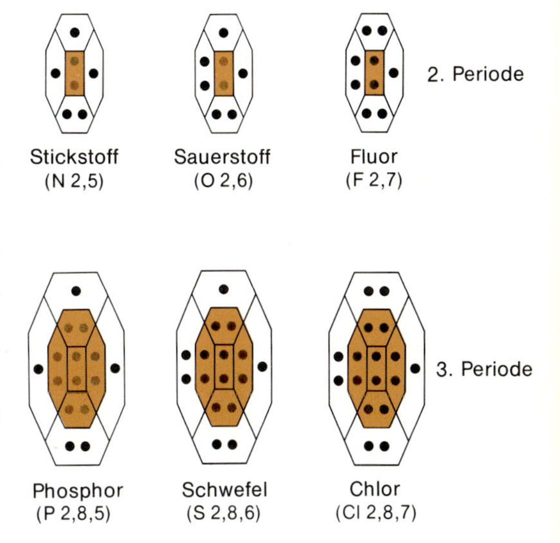

Phosphor, Schwefel und Chlor haben die gleiche äußere Elektronenstruktur wie Stickstoff, Sauerstoff bzw. Fluor in der zweiten Periode, doch sind es größere Atome, die ihre äußeren Elektronen weniger festhalten. Viele ihrer chemischen Eigenschaften sind eine Folge dieses Tatbestands.

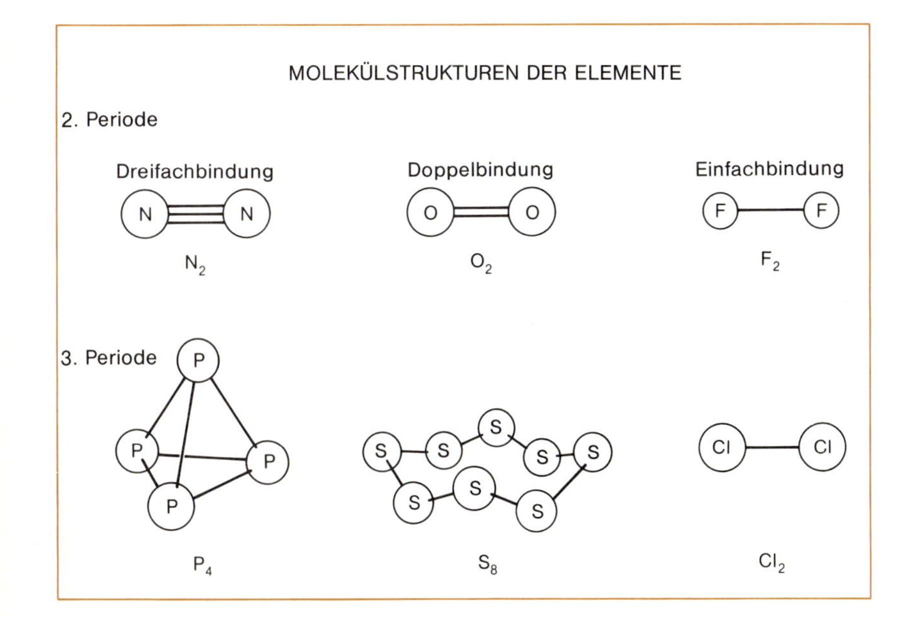

Sowohl N als auch P bilden drei Bindungen zu ihren Nachbarn aus, O und S dagegen nur zwei. Die Atome der Elemente in der zweiten Periode sind aber auch so klein, daß sie Mehrfachbindungen zu einem einzigen Nachbarn knüpfen können, während die größeren Atome der Elemente in der dritten Periode Einfachbindungen zu mehreren anderen Atomen ausbilden müssen.

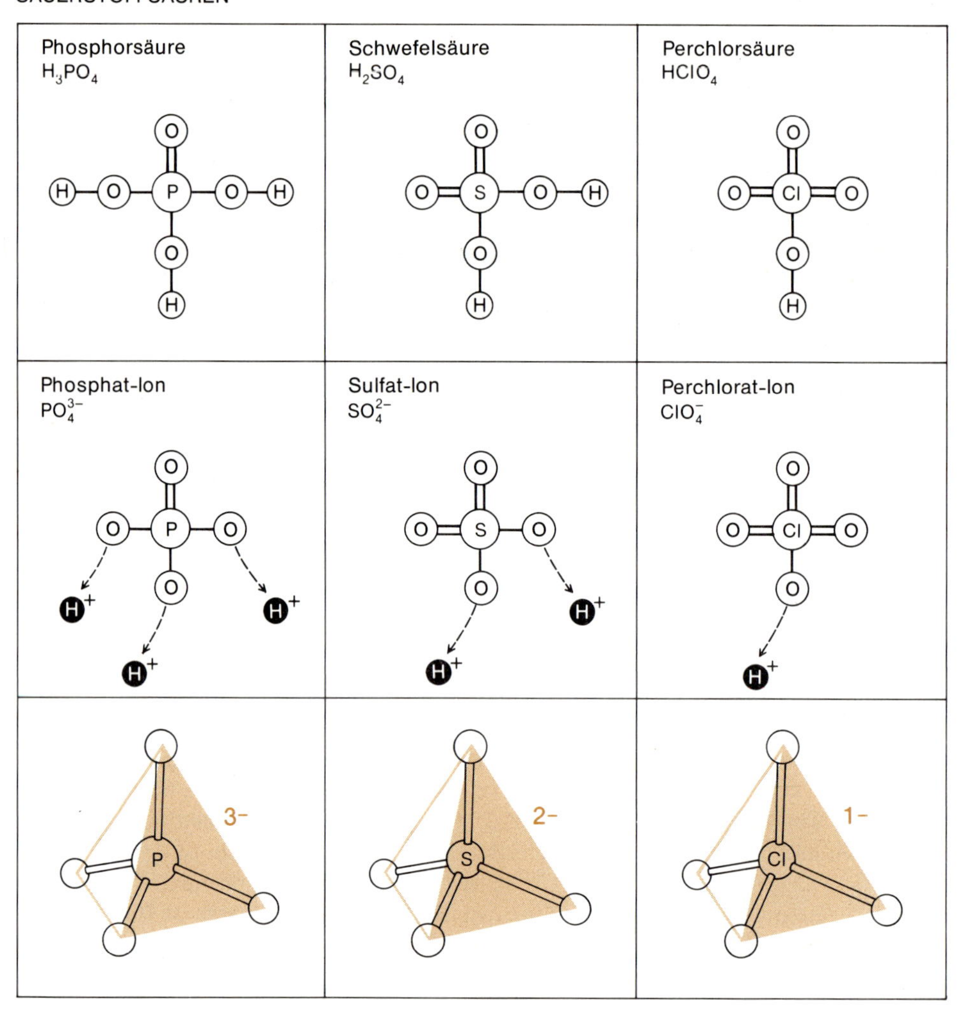

Phosphor, Schwefel und Chlor bilden Sauerstoffsäuren, deren Strukturen man mit einer, zwei bzw. drei Doppelbindungen zu den Sauerstoff-Atomen und drei, zwei bzw. einer Einfachbindung zu den OH-Gruppen formulieren kann. Das H jeder OH-Gruppe dissoziiert, wobei Ionen mit der maximalen Ladung −3, −2 bzw. −1 entstehen. In allen drei Fällen sind die Sauerstoff-Atome tetraedrisch um das Zentralatom angeordnet.

Außer daß sie den Beginn eines Trends illustriert, ist Kieselsäure wenig bedeutend. Dagegen bilden die Elemente P, S und Cl wichtige Sauerstoffsäuren, in denen jeweils vier Sauerstoff-Atome um das Zentralatom angeordnet sind. Diese Säuren sind Phosphorsäure, H_3PO_4, Schwefelsäure, H_2SO_4, und Perchlorsäure, $HClO_4$. Jede von ihnen kann alle ihre Protonen abgeben und die entsprechenden oben dargestellten Ionen bilden: Phosphat, PO_4^{3-}, Sulfat, SO_4^{2-}, und Perchlorat, ClO_4^-. Wie das Carbonat und das Nitrat-Ion können wir diese Ionen nicht befriedigend durch einfache Einfach- und Doppelbindungsstrukturen wiedergeben. Zwar lassen sich Strukturen mit Einfach- oder mit Doppelbindungen zum Sauerstoff zeichnen, da es bei diesen größeren Atomen möglich ist, mehr als vier Elektronenpaare um das Zentralatom unterzubringen. Doch sollte man bei solchen Strukturen erwarten, daß nicht alle Bindungen zu den Sauerstoff-Atomen die gleiche Länge haben, was mit den experimentellen Ergebnissen nicht übereinstimmt. Um diese Schwierigkeit zu vermeiden, kann man Strukturen mit Einfachbindungen zu jedem

Sauerstoff-Atom zeichnen. Dann erscheinen an den Zentral-Ionen aber positive Ladungen, was ein ungünstiger Zustand ist (s. rechts). Am besten beschreibt man die Realität, wenn man sagt, daß die negative Ladung über die gesamten Ionen delokalisiert ist, wobei die X–O-Bindungen angenähert $1^1/_4$-Bindungen im Phosphat, $1^1/_2$-Bindungen im Sulfat und $1^3/_4$-Bindungen im Perchlorat sind. Alle drei Ionen sind durch Delokalisierung stabilisiert, was sie zu stärkeren Säuren macht, als wir erwarten sollten. Kieselsäure, bei der diese Delokalisierung fehlt, ist extrem schwach.

Die Säurestärke nimmt in der Reihe vom P über S zum Cl zu, weil die Elektronegativität des Zentralatoms zunimmt. In wäßrigen Lösungen der beiden stärksten Säuren Perchlorsäure und Schwefelsäure ist ein Proton vollständig dissoziiert:

$$HClO_4 \longrightarrow H^+ + ClO_4^-$$
Perchlorsäure — Perchlorat-Ion

$$H_2SO_4 \longrightarrow H^+ + HSO_4^-$$
Schwefelsäure — Hydrogensulfat-Ion

Das Hydrogensulfat-Ion (Bisulfat-Ion) kann noch einmal dissoziieren, doch das geschieht nur in geringerem Ausmaß, weil dabei eine positive Ladung von einem Teilchen, das bereits eine negative Ladung trägt, abgetrennt werden muß:

$$HSO_4^- \longrightarrow H^+ + SO_4^{2-}$$
Hydrogensulfat-Ion — Sulfat-Ion

Die schwächere Phosphorsäure verliert ihr erstes Proton ungefähr so ungern wie die Schwefelsäure ihr *zweites* Proton:

$$H_3PO_4 \longrightarrow H^+ + H_2PO_4^-$$
Phosphorsäure — Dihydrogenphosphat-Ion

Die zweite und dritte Dissoziation der Phosphorsäure ist noch geringer. Wie Kohlensäure ist Phosphorsäure so schwach, daß sie in Getränken verwendet werden kann. Früher wurden mit jedem Trinkbrunnen „Phosphate" angeboten, denn man setzte der Kohlensäure in ihnen eine geringe Menge Phosphorsäure zu, um dem Wasser eine gewisse Schärfe zu geben. „Orangenphosphate" gehören zu den bedauerlichen Errungenschaften des Fortschritts.

Bei den Sauerstoffsäuren der Elemente in der zweiten und dritten Periode findet man wieder eine Schrägbeziehung der chemischen Eigenschaften, d. h. jede Säure in der zweiten Periode ist der rechts unter ihr stehenden am ähnlichsten:

Sauerstoffsäuren

$HB(OH)_4$ Borsäure	H_2CO_3 Kohlensäure	HNO_3 Salpetersäure		
	H_4SO_4 Kieselsäure	H_3PO_4 Phosphorsäure	H_2SO_4 Schwefelsäure	$HClO_4$ Perchlorsäure

Die Ionen der Borsäure und der Kieselsäure sind nicht durch Elektronendelokalisierung stabilisiert, so daß die undissoziierten Verbindungen so schwache Säuren sind, daß sie kaum als solche angesehen werden. Kohlensäure und Phosphorsäure sind so schwach, daß nur die Dissoziation des ersten Protons eine Rolle spielt; beide

DELOKALISIERUNG IN DER SCHWEFELSÄURE

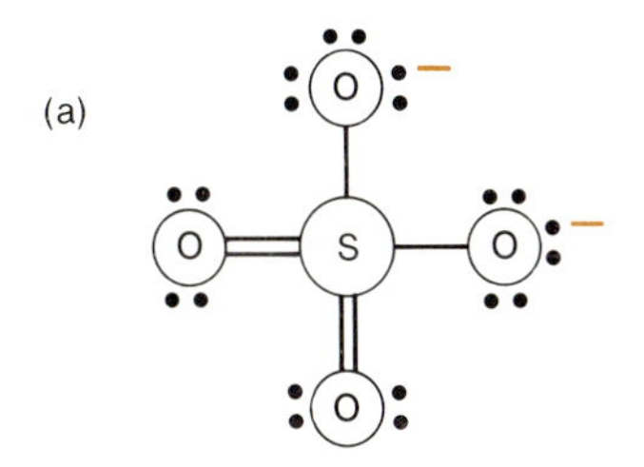

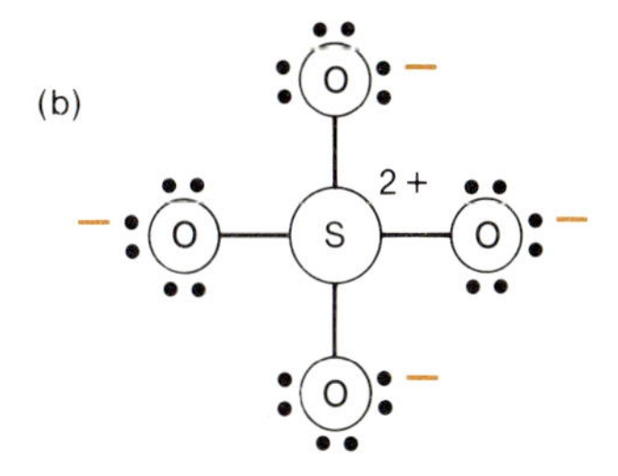

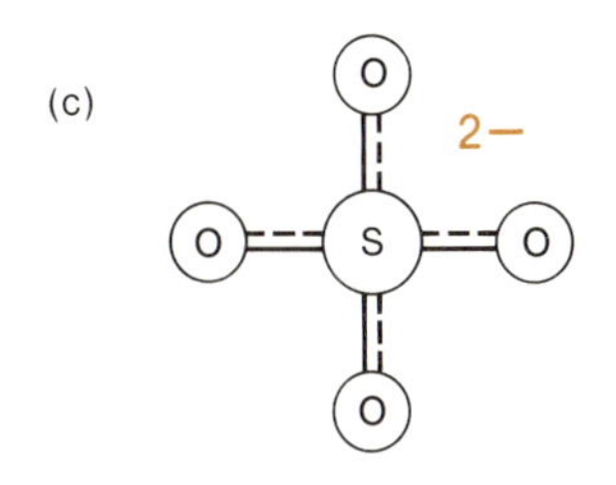

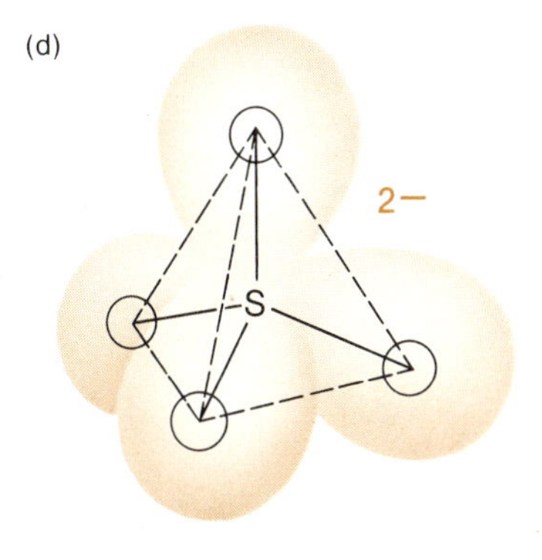

Wie bei Kohlensäure und Salpetersäure trägt die Elektronendelokalisierung bei Schwefelsäure dazu bei, daß sie eine stärkere Säure ist, als man sonst erwarten sollte. (a, b) Zwei einfache Bindungsmodelle mit Einfach- und Doppelbindungen. (c) Ein Bindungsmodell mit Eineinhalbfach-Bindungen, das besser zu den gemessenen S-O-Bindungslängen und der Tatsache, daß alle vier Bindungen gleich lang sind, paßt. (d) Tetraedermodell des SO_4^{2-}, bei dem die Elektronen über das ganze Ion delokalisiert sind.

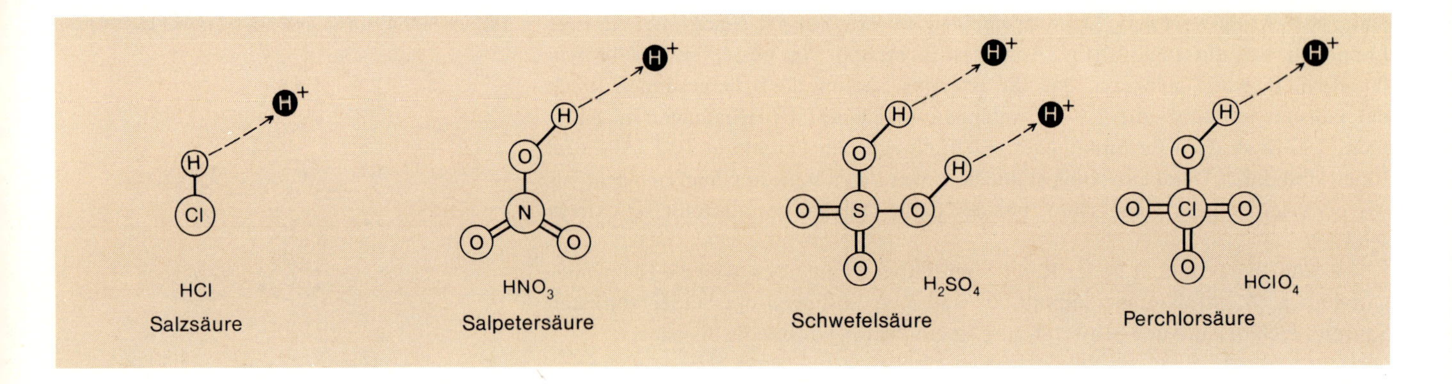

Die vier im Laboratorium am häufigsten verwendeten starken Säuren

sind schwach genug, daß sie Getränken zugesetzt werden können. Salpetersäure und Schwefelsäure sind sehr stark; sie sind die beiden am häufigsten verwendeten Säuren im Laboratorium. Perchlorsäure ist die stärkste Säure von allen (oben).

Von den Elementen N, P, S und Cl, die starke Sauerstoffsäuren bilden, leiten sich auch schwächere Säuren mit weniger Sauerstoff-Atomen im Molekül ab. Salpetrige Säure, HNO_2, ist schwächer als Salpetersäure, HNO_3, und Phosphorige Säure, H_3PO_3, ist schwächer als Phosphorsäure, H_3PO_4. Schweflige Säure, H_2SO_3, ist nicht so stark wie H_2SO_4. Chlor bildet eine ganze Reihe von Sauerstoffsäuren mit abnehmendem Sauerstoffgehalt und abnehmender Säurestärke:

$HClO_4$ oder $H-O-ClO_3$	Perchlorsäure
$HClO_3$ oder $H-O-ClO_2$	Chlorsäure
$HClO_2$ oder $H-O-ClO$	Chlorige Säure
$HClO$ oder $H-O-Cl$	Hypochlorige Säure

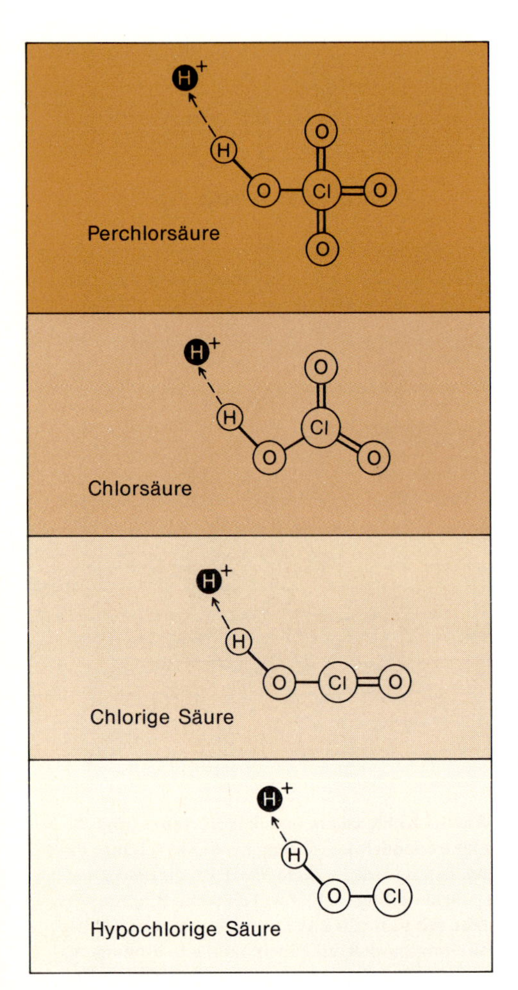

Die vier Sauerstoffsäuren des Chlors; oben: die starke Perchlorsäure, unten: die schwache Hypochlorige Säure

Bei jeder dieser Säuren, die links dargestellt sind, ist das dissoziierende Proton an ein Sauerstoff-Atom gebunden; deshalb gibt jeweils die zweite der oben angegebenen Formeln das Molekül genauer wieder. Je größer die Anzahl der mit dem Cl verbundenen Sauerstoff-Atome ist, um so größer ist die Anziehung, die der Molekülrest auf die Elektronen der $H-O$-Bindung ausübt, und um so leichter wird das Säure-Molekül in ein H^+-Ion und ein sauerstoffhaltiges Anion dissoziieren. Perchlorsäure ist die stärkste der allgemein bekannten anorganischen Säuren, dagegen ist Hypochlorige Säure sehr schwach.

Die Nichtmetalle der dritten Periode bilden außer den Sauerstoffsäuren auch noch andere Säuren, in denen die Protonen direkt mit dem Zentralatom verbunden sind, so wie in HF. Salzsäure, HCl, ist eine starke Säure und bildet mit HNO_3 und H_2SO_4 das Säuretrio, dem wir am häufigsten im Laboratorium begegnen. Schwefel ist weniger elektronegativ als Chlor. Deshalb ist Schwefelwasserstoff, H_2S, eine viel schwächere Säure. Trotzdem ist er eine stärkere Säure als sein Analogon in der zweiten Periode, H_2O. Das Schwefel-Atom ist nämlich so groß, daß die Protonen nicht nahe an die Ladung im Zentrum des Schwefel-Atoms herankommen und die Anziehung zwischen S und H nur schwach ist. Aus demselben Grund ist HCl stärker als HF, obwohl Fluor elektronegativer ist und die Elektronen mehr an sich heranzieht als Cl. H_2S, der aus dem Schwefel sich zersetzender Proteine entsteht, verursacht den üblen Geruch faulender Eier. HCl ist die wichtigste Säure in unserem Verdauungssystem; sie bricht die Bindungen zwischen den Aminosäureeinheiten in den Proteinen, die wir essen, auf.

Oxidationszustände und Oxidationszahlen

Eines der wichtigsten Konzepte der Chemie ist das der Elektronegativität, das wir bereits häufig benutzt haben. Wenn zwei Atome um dieselben Elektronen konkurrieren, sagt uns ihre relative Elektronegativität, welches gewinnen wird. Das Endergebnis läßt sich als Oxidation und Reduktion beschreiben. Wenn Atome Elektronen verlieren und positive Ionen bilden, werden sie *oxidiert.* Der Ausdruck kommt von ihrer Vereinigung mit Sauerstoff, was für alle Elemente außer Fluor heißt, daß die Elektronen zum elektronegativeren Sauerstoff-Atom verschoben werden. (Wenn Fluor so häufig wie Sauerstoff auf unserem Planeten wäre, würden wir vielleicht den Verlust von Elektronen Fluoridation und nicht Oxidation nennen.) Wenn eine Substanz Elektronen aufnimmt, wird sie *reduziert.* Auch diese Bezeichnung hat historische Wurzeln. Sie leitet sich ab von dem Prozeß der Reduktion von Erzen zu reinen Metallen, bei dem Sauerstoff aus dem Erz entfernt wird, die Metall-Ionen Elektronen aufnehmen und in neutrale Atome übergehen. Die Begriffe wurden über ihre ursprüngliche Bedeutung hinaus verallgemeinert, und heute wird jeder Verlust von Elektronen *Oxidation* genannt, und jeder Elektronengewinn ist eine *Reduktion,* auch dann, wenn Sauerstoff gar nicht beteiligt ist. Da Elektronen bei chemischen Reaktionen weder entstehen können noch vernichtet werden, muß immer dann, wenn eine Substanz oxidiert wird, eine andere reduziert werden. Bei der Reaktion von metallischem Natrium mit Chlor-Gas werden Natrium oxidiert und Chlor reduziert:

$$Na + \tfrac{1}{2}Cl_2 \longrightarrow Na^+ + Cl^-$$

Ein Elektron wird vom Natrium auf das Chlor übertragen (rechts oben).

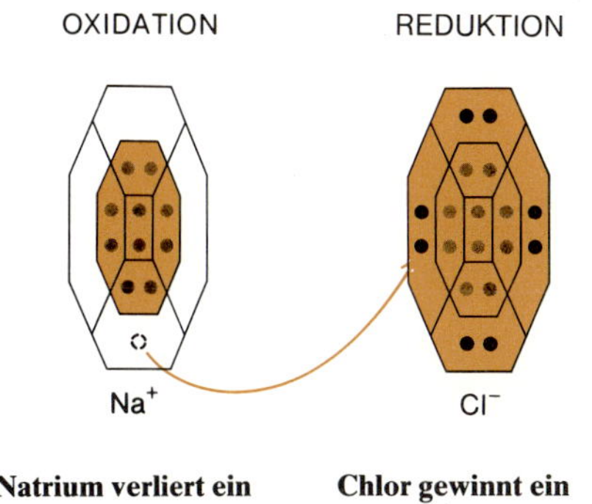

Natrium verliert ein Elektron und wird zu Na^+ *oxidiert.*

Chlor gewinnt ein Elektron und wird zu Cl^- *reduziert.*

Oxidation und Reduktion sind so nützliche Konzepte, daß sie von Fällen mit echtem Elektronengewinn oder -verlust auf Reaktionen ausgedehnt wurden, bei denen Elektronen nur in unterschiedlichem Ausmaß geteilt werden. Wenn oxidisches Kupfererz durch Rösten mit Kohle zu metallischem Kupfer reduziert wird (unten), werden Kupfer-Ionen reduziert und Kohlenstoff oxidiert:

$$2Cu_2O + C \longrightarrow 4Cu + CO_2$$

Die Reduktion des Kupfers ist offensichtlich: Jedes Cu^+-Ion nimmt ein Elektron auf und wird ein Kupfer-Atom. Aber in welchem Sinne wird Kohlenstoff oxidiert? Er gibt seine äußeren Elektronen nicht ab und bildet im CO_2 kein C^{4+}-Ion.

Ursprünglich hat jedes Kohlenstoff-Atom im Koks seine vier Elektronen gleichmäßig mit anderen Kohlenstoff-Atomen geteilt. Auch im CO_2 teilt es Elektronenpaare mit Sauerstoff, aber *ungleichmäßig.* Die Bindungselektronen im CO_2 werden

Elektronen werden vom Sauerstoff an die Cu^+-Ionen abgegeben und *reduzieren* sie zu reinem metallischem Kupfer (Cu).

WIE KUPFEROXIDERZ REDUZIERT WIRD

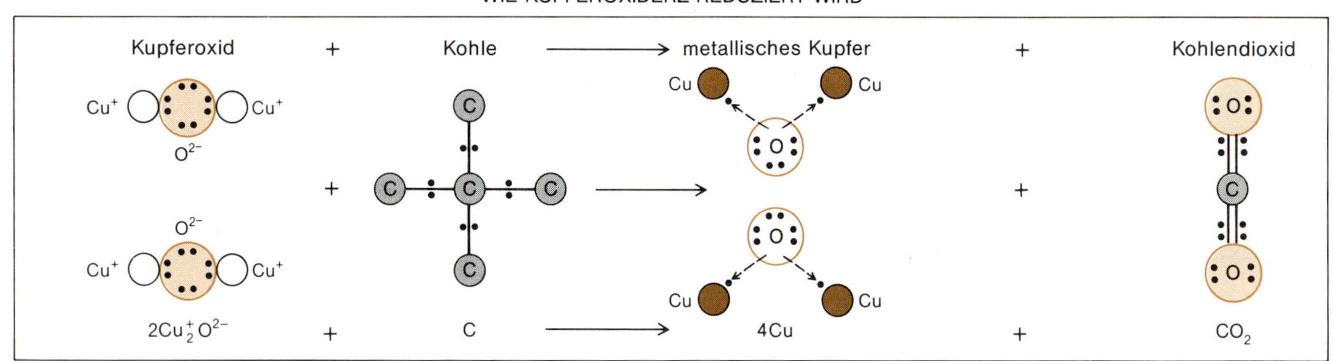

GLEICHES UND UNGLEICHES AUFTEILEN VON ELEKTRONEN

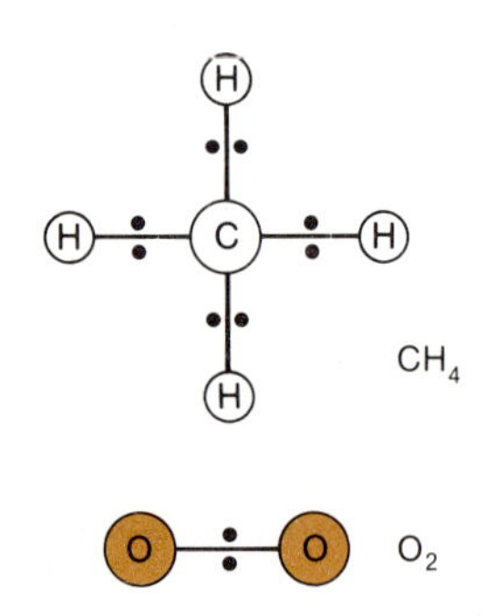

Gleichmäßige Aufteilung der Elektronen in Methan und Sauerstoff

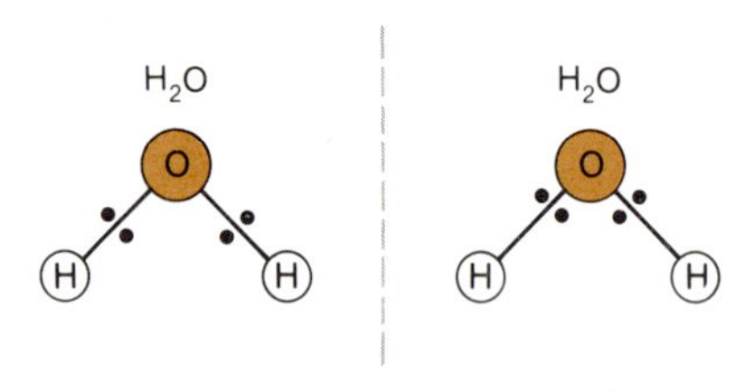

Im Wasser-Molekül werden die Bindungselektronen (links) in Wirklichkeit stärker vom Sauerstoff-Atom angezogen (rechts).

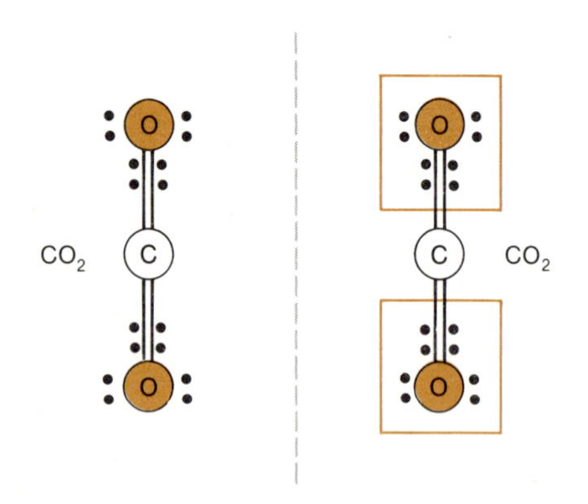

Im Kohlendioxid werden jeweils vier Elektronen in den Doppelbindungen von C und O geteilt. Alle diese Elektronen werden in Wirklichkeit näher zu den stärker elektronegativen Sauerstoff-Atomen herangezogen.

PSEUDO-IONEN UND OXIDATIONSZAHL

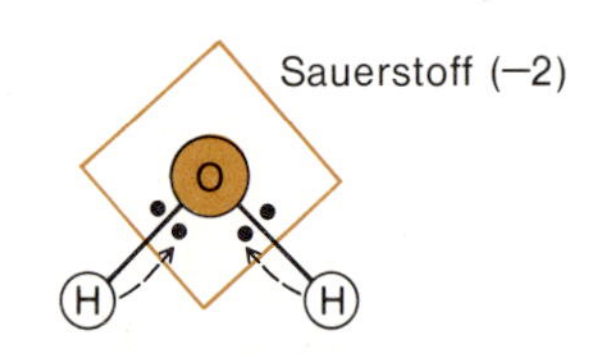

stärker vom O angezogen, da es elektronegativer ist als C. Obgleich der Kohlenstoff seine Elektronen nicht völlig abgibt, gibt er sie doch zu einem gewissen Grade frei, wenn sie zu den elektronegativeren Sauerstoff-Atomen hinüber verschoben werden. Wenn ein Atom eine Umgebung aufgibt, in dem es seine Elektronenpaare mit einem Nachbarn gleichmäßig geteilt hat und eine neue Bindung mit einem elektronegativeren Atom bildet, in der das Elektronenpaar fester an den neuen Nachbarn gebunden ist, dann bezeichnen wir das ursprüngliche Atom als oxidiert, auch wenn es seine Elektronen nicht tatsächlich verloren hat. Bei der Verbrennung von Methan verbinden sich C- und H-Atome mit Sauerstoff zu CO_2 und H_2O:

$$CH_4 + 2O_2 \longrightarrow CO_2 + 2H_2O$$

Anfänglich sind die Elektronenpaare der vier Bindungen im Methan gleichmäßig zwischen den fast gleich elektronegativen C- und H-Atomen verteilt (links). Selbstverständlich teilen sich auch die Atome des O_2-Moleküls die Elektronen gleichmäßig, da die beiden Atome identisch sind. Nach der Reaktion sind Kohlenstoff und Wasserstoff mit dem elektronegativeren Sauerstoff verbunden. Alle Bindungs-Elektronenpaare der Einfach- und Doppelbindungen von H−O−H und O=C=O sind vom H oder C weg und näher zum O hin verschoben. Auch wenn nur die *Tendenz* zur Elektronenabgabe und keine wirkliche Abgabe vorliegt, sind C und H oxidiert worden. Zu jedem O-Atom hin wurden Elektronen verschoben, und daher wurde es reduziert. Eine Substanz wie Sauerstoff, die selbst leicht reduziert wird, ist ein gutes *Oxidationsmittel* für andere Substanzen; andererseits ist eine Substanz, die leicht oxidiert wird, ein gutes *Reduktionsmittel.*

Welche Menge einer Substanz kann durch eine gegebene Menge einer reduzierbaren Substanz oxidiert werden? Wie viele Methan-Moleküle kann z.B. ein Sauerstoff-Molekül oxidieren? Bei einem einfachen Beispiel wie diesem kann man die Antwort dadurch finden, daß man die Reaktionsgleichung aufstellt und dafür sorgt, daß die gleiche Anzahl von C-, H- und O-Atomen auf der linken wie auf der rechten Seite auftauchen. Doch für kompliziertere Reaktionen ist es nützlich, das Konzept der *Oxidationszahl* zu benutzen.

Für ein einatomiges Ion entspricht die Oxidationszahl einfach der positiven oder negativen Ladung des Ions. So hat Na^+ eine Oxidationszahl von +1 und Cl^- eine von −1. Ein Atom in einem Metall wie Magnesium hat die Oxidationszahl 0. Für die Berechnung der Oxidationszahlen wird jedes bewegliche Elektron in dem Metall dem ursprünglichen Ion „zurückgegeben", da alle Ionen in dem Metall die gleiche Anziehung für Elektronen haben. Wenn Magnesium zu Mg^{2+} oxidiert wird, nimmt es die Oxidationszahl +2 an. Oxidationszahlen sind nur ein Hilfsmittel, um Oxidations-Reduktions-Prozesse leichter verfolgen zu können.

Die Berechnung der Oxidationszahlen von Atomen in Molekülen mit kovalenten Bindungen ist nur ein wenig komplizierter. In solchen Fällen nimmt man an, daß die kovalenten Verbindungen vollständig ionisiert sind, *wobei jedes Elektronenpaar einer Bindung vollständig dem elektronegativeren der beiden Atome zugeordnet wird.* So ist im Wasser-Molekül Sauerstoff elektronegativer (Elektronegativität = 3.5) als Wasserstoff (Elektronegativität = 2.1), und zur Berechnung der Oxidationszahlen betrachtet man das kovalente Molekül H−O−H als $H^+O^{2-}H^+$ (links). Die Oxidationszahl jedes Atoms ist die Ladung auf jedem dieser Pseudo-Ionen. Sauerstoff in Wasser hat also die Oxidationszahl −2 und jedes der Wasserstoff-Atome die Oxidationszahl +1. Die Summe der Oxidationszahlen aller Atome in einem neutralen Molekül ist 0.

Wasserstoff ist weniger elektronegativ als Chlor, also wird das Bindungselektronenpaar in HCl vollständig dem Chlor zugeteilt, und man erhält das pseudo-ionische Molekül H^+Cl^- (rechts). Wasserstoff hat in HCl die Oxidationszahl +1 und Chlor die Oxidationszahl −1. Dieser pseudo-ionische Zustand wird Wirklichkeit, wenn HCl in Wasser gelöst wird und das Molekül dissoziiert. Die Oxidationszahlen gelten jedoch genausogut für gasförmiges HCl, das aus nicht ionisierten H−Cl-Molekülen besteht.

Wenn zwei Atome mit identischer Elektronegativität durch eine Bindung verknüpft sind wie O−O in Wasserstoffperoxid, H−O−O−H, oder in einem zweiatomigen Gas, F−F, dann wird das Elektronenpaar zur Berechnung der Oxidationszahlen zwischen diesen Atomen geteilt (Mitte rechts). Jedem Sauerstoff in Wasserstoffperoxid, H_2O_2, werden die beiden Elektronen der H−O-Bindung zugeteilt und eines der beiden Elektronen der O−O-Bindung. Die dem Wasserstoffperoxid entsprechenden Pseudo-Ionen sind $H^{+1}O^{-1}O^{-1}H^{+1}$. Folglich hat H die Oxidationszahl +1, Sauerstoff die Oxidationszahl −1, und die Summe der Oxidationszahlen aller Atome im Molekül ist 0. Wenn man jedem Atom in molekularem Wasserstoff, H−H, eines der Elektronen zuteilt, erhält man zwei neutrale Atome, H^0H^0; also ist die Oxidationszahl jedes Atoms 0. Das gilt auch für andere zweiatomige Gase, wie Cl_2, N_2 und O_2, und tatsächlich für jedes reine Element. In einem reinen Element, in dem jedes Atom die gleiche Anziehung auf Elektronen ausübt, hat jedes Atom die Oxidationszahl 0.

Ein Element kann in verschiedenen Verbindungen mehrere unterschiedliche Oxidationszahlen oder Oxidationszustände annehmen. Stickstoff hat in N_2-Gas die Oxidationszahl 0 und in Ammoniak, NH_3, die Oxidationszahl −3. Welche Oxidationszahl hat es im Nitrat-Ion? Ein Diagramm für das NO_3^--Ion mit lokalisierten Bindungen ist rechts unten gezeichnet. Sauerstoff ist elektronegativer als Stickstoff, und wenn alle Bindungselektronen dem Sauerstoff zugeteilt werden, erhält jedes Sauerstoff-Atom eine Pseudo-Ionenladung von −2, und das zentrale Stickstoff-Atom eine Pseudo-Ionenladung von +5. Das ist die Ladung, die jedes Atom erhalten würde, wenn Salpetersäure eine rein ionische Verbindung wäre und kein kovalent gebundenes Molekül. Die Delokalisierung der Elektronen macht keinen Unterschied. Wenn man von irgendeinem der Bindungsmodelle der Salpetersäure, die im 4. Kapitel diskutiert wurden, ausgeht und alle Bindungselektronen dem elektronegativeren der beiden miteinander verbundenen Atome zuteilt, erhält man immer dasselbe Ergebnis. Sauerstoff hat im Nitrat-Ion die Oxidationszahl −2 und Stickstoff die Oxidationszahl +5. Die Summe der Oxidationszahlen der Atome ist −2 −2 −2 +5 = −1, was der Gesamtladung des Nitrat-Ions entspricht. Wenn wir ein Proton mit der Oxidationszahl +1 hinzufügen, erhalten wir ein neutrales HNO_3-Molekül, in dem die Summe der Oxidationszahlen 0 ist.

Drei Regeln können beim Ausrechnen der Oxidationszahlen eine Menge Arbeit sparen:

1. Immer wenn Sauerstoff nur mit Atomen verbunden ist, die weniger elektronegativ als er selbst sind (was nur O−F und O−O-Bindungen ausklammert), hat Sauerstoff die Oxidationszahl −2.
2. Wasserstoff hat immer die Oxidationszahl +1, außer wenn es mit Metallen in Metallhydriden oder mit sich selbst in H_2 verbunden ist.
3. Die Summe der Oxidationszahlen aller Atome in einem neutralen Molekül ist 0, und die Summe der Oxidationszahlen aller Atome in einem Ion entspricht der Ladung dieses Ions.

Die letzte Regel folgt aus der Tatsache, daß die Oxidationszahlen das Abstoßen und Anziehen von Elektronen zwischen Atomen wiedergeben und daß die Gesamtzahl der Elektronen, wie bei jedem chemischen Prozeß so auch beim Aufbau eines Moleküls aus seinen Atomen, konstant bleiben muß.

BERECHNUNG VON OXIDATIONSZAHLEN

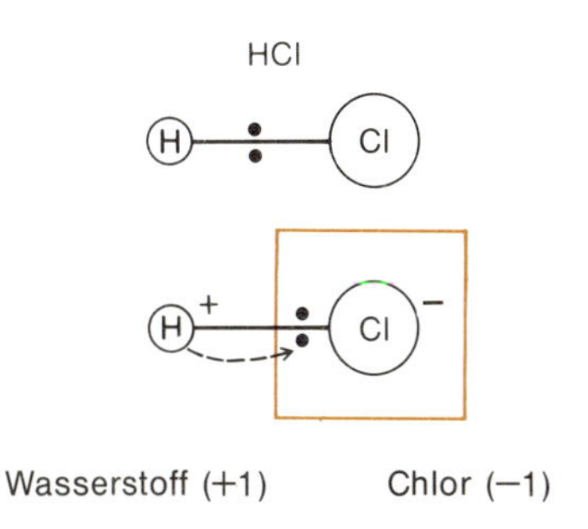

Das Bindungselektronenpaar im HCl wird dem elektronegativeren Cl zugeordnet, so daß das pseudo-ionische Molekül H^+Cl^- entsteht, in dem H die Oxidationszahl +1 und Cl die Oxidationszahl −1 haben. Die Pseudo-Ionen dieses Moleküls werden zu wirklichen Ionen, wenn man HCl in Wasser löst.

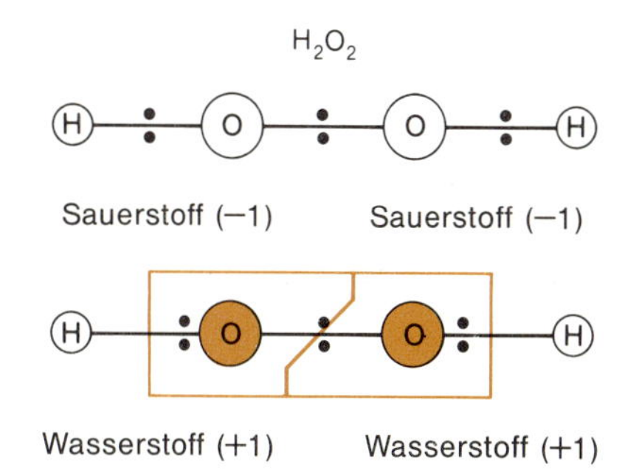

Die gemeinsamen Elektronen der beiden gleich elektronegativen Sauerstoff-Atome im Wasserstoffperoxid werden gleichmäßig auf die O-Atome verteilt.

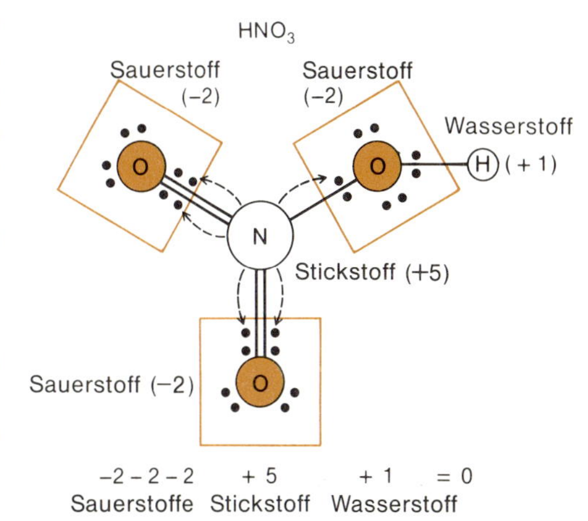

Alle Elektronen der N−O- und der beiden N=O-Bindungen werden den O-Atomen zugeordnet, weil sie elektronegativer als N sind. Dadurch erhält N die fiktive Ladung +5; das ist seine Oxidationszahl. Die Summe aller Oxidationszahlen der Atome im Salpetersäure-Molekül ist null, da das Molekül keine Ladung trägt.

Mit diesen drei Verkürzungen kann man schnell erkennen, wie Chlor seine Oxidationszahl in seinen Säuren ändert:

Molekül	Oxidationszahl des Cl	Überprüfung der Summe der Oxidationszahlen H	Cl	O	Summe
HCl	−1	(+1) +	(−1)		= 0
Cl_2	0	(0) +	(0)		= 0
HClO	+1	(+1) +	(+1) +	(−2)	= 0
$HClO_2$	+3	(+1) +	(+3) +	2(−2)	= 0
$HClO_3$	+5	(+1) +	(+5) +	3(−2)	= 0
$HClO_4$	+7	(+1) +	(+7) +	4(−2)	= 0

Physikalisch bedeuten diese Oxidationszahlen, daß in der Reihe von HCl bis $HClO_4$ das Chlor-Atom mehr und mehr die Macht über die Elektronen verliert, die es mit den anderen Atomen teilt. In HCl dominiert es leicht über das schwach elektronegative Proton, doch in $HClO_4$ gelingt es ihm nicht, mit der stärkeren Elektronenanziehungskraft der Sauerstoff-Atome zu konkurrieren. Beim Übergang von Cl_2 zu $HClO_4$ wird Chlor mehr und mehr oxidiert, wenn die Veränderung auch nur auf einer Verschiebung der Elektronen vom Chlor weg und nicht auf ihrer

Das neutrale Chlor-Atom hat sieben Außenelektronen. Wenn eines „verloren" wird, trägt das Cl die Ladung +1, wenn alle „verloren" werden, die Ladung +7.

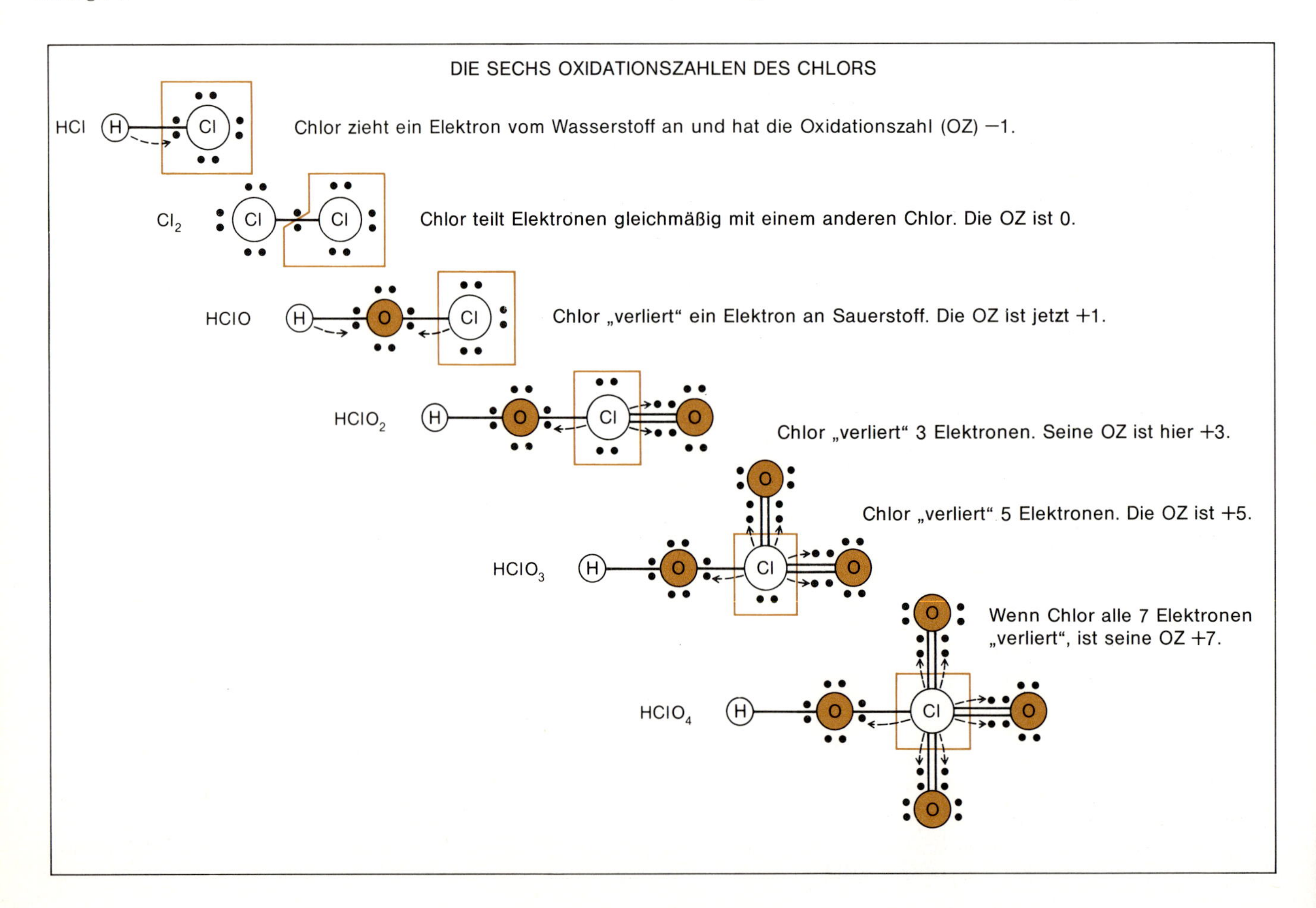

vollständigen Entfernung beruht. Immer wenn ein Atom oxidiert wird, nimmt seine Oxidationszahl zu, und wenn es reduziert wird, nimmt seine Oxidationszahl ab. Chemiker sprechen oft vom *Oxidationszustand* eines Atoms und meinen damit seine Oxidationszahl in einer bestimmten Verbindung.

Die häufigsten Oxidationszustände für Nichtmetalle sind in der Tabelle unten gemeinsam mit Beispielen zusammengestellt. Der höchste positive Oxidationszustand für ein Atom ist die Ladung, die es annehmen würde, wenn es alle Elektronen seiner äußeren, unvollständig gefüllten Elektronenschale abgäbe. So haben Kohlenstoff und Silicium die maximale Oxidationszahl +4, weil beide vier Elektronen verlieren können. Stickstoff und Phosphor haben die maximale Oxidationszahl +5, wie in HNO_3 und in H_3PO_4. Schwefel kann die maximale Oxidationszahl +6 annehmen, wie in H_2SO_4. Man könnte annehmen, daß sich Sauerstoff genauso verhält, aber Sauerstoff ist zu klein und hält seine äußeren Elektronen zu fest. (Vergleiche die ersten Ionisierungsenergien von O und F auf Seite 100.) Man kennt keine Sauerstoff-Verbindung, in der der Sauerstoff die Oxidationszahl +6 hat. Der beim Sauerstoff beobachtete Größeneffekt wirkt sich noch stärker beim Fluor aus. Chlor hat in $HClO_4$ die Oxidationszahl +7, also seine maximale Oxidationszahl; das kleinere Fluor-Atom dagegen hält seine Elektronen sehr fest, und man kennt von ihm keine Verbindungen, in denen das Fluor positive Oxidationszustände annimmt.

Der niedrigste Oxidationszustand für ein Atom ist die Ladung, die das Ion annehmen würde, wenn es genug Elektronen aufnähme, um seine äußere Schale vollständig zu füllen und die Elektronenkonfiguration des nächstschwereren Edelgases anzunehmen. Für F und Cl ist also die minimale Oxidationszahl −1, wie in HF und HCl; für O und S −2, wie in H_2O und H_2S, für N und P −3, wie in NH_3 und PH_3; und für C und Si −4, wie in CH_4 und SiH_4. Diese maximalen und minimalen Werte sind neben der Oxidationszahl 0 die häufigsten Oxidationszustände bei den Elementen, die wir bis jetzt diskutiert haben. Zwischenzustände sind weniger häufig und unterscheiden sich in ihren Oxidationszahlen gewöhnlich durch den Wert 2, was auf eine Verschiebung von Elektronenpaaren hinweist. So nimmt Schwefel gewöhnlich die Oxidationszustände −2, 0, +4 und +6 an; und Chlor erscheint in den Zuständen −1, 0, +1, +3, +5 und +7.

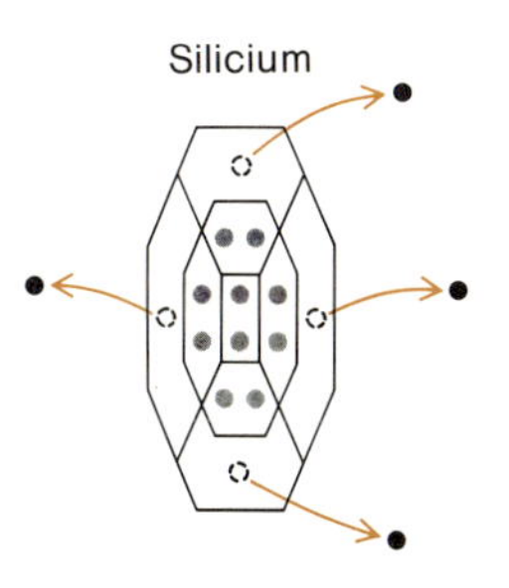

Die höchste positive Oxidationszahl nimmt ein Atom dann an, wenn es seine äußere, unvollständig gefüllte Elektronenschale ganz leert. Bei Silicium ist es +4.

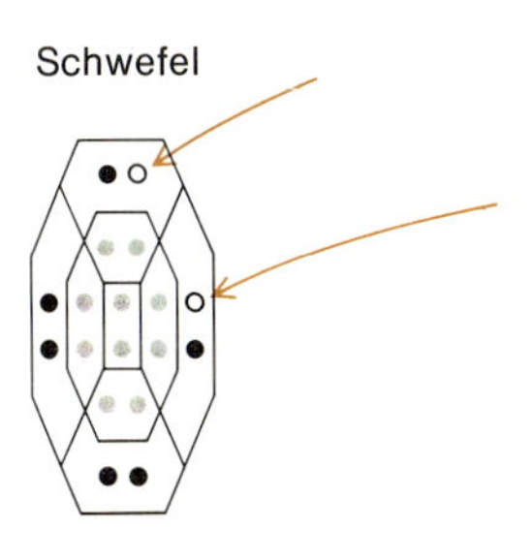

Die niedrigste negative Oxidationszahl ist die Ladung, die ein Atom trägt, wenn es seine äußere Elektronenschale vollkommen füllt. Bei Schwefel ist es die Oxidationszahl −2.

Oxidationszustände bei Nichtmetallen mit Beispielen

	zweite Periode				dritte Periode			
	C	N	O	F	Si	P	S	Cl
+7			keine positiven Oxidationszustände	keine positiven Oxidationszustände				**ClO_4^-**
+6							**SO_4^{2-}**	
+5		**NO_3^-**				**PO_4^{3-}**		ClO_3^-
+4	**CO_3^{2-}**	(NO_2)			**SiO_4^{4-}**		SO_3^{2-}	
+3		NO_2^-				PCl_3		ClO_2^-
+2	CO	(NO)			(SiF_2)			
+1		N_2O						ClO^-
0	**C**	**N_2**	**O_2**	**F_2**	**Si**	**P_4**	**S_8**	**Cl_2**
−1		NH_2OH	H_2O_2	**HF**				**HCl**
−2		(N_2H_4)	**H_2O**				**H_2S**	
−3		**NH_3**				**PH_3**		
−4	**CH_4**							

fetter Druck: häufigste Oxidationszustände
magerer Druck: weniger häufige Oxidationszustände
in Klammern: seltene Oxidationszustände

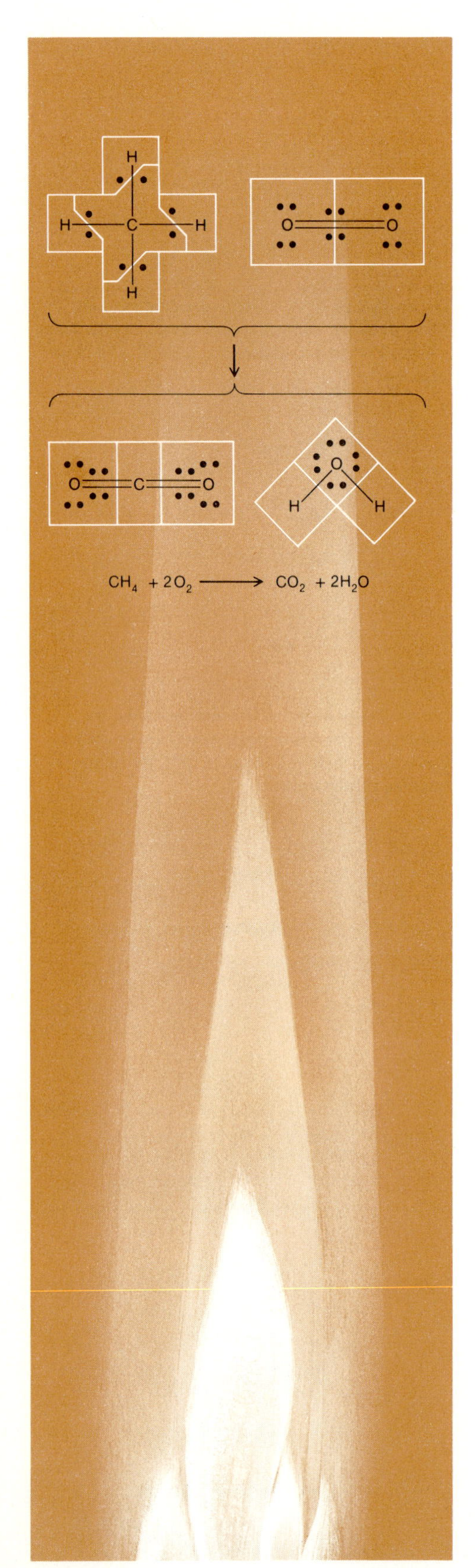

Warum ist Feuer heiß?

Wir können diese Vorstellungen über die Oxidationszahl miteinander verknüpfen und gleichzeitig eine scheinbar einfältige Frage beantworten: Warum ist Feuer heiß? Die Verbrennung ist ein Oxidationsprozeß; tatsächlich stammt der Begriff, der jetzt für jede Abgabe und jedes Wegschieben von Elektronen benutzt wird, von der Verbrennung oder der Kombination mit Sauerstoff (latein.: oxygenium). Während die C-, H- und N-Atome einer brennenden Substanz oxidiert werden, werden die Sauerstoff-Atome von O_2 durch Kombinationen mit den ursprünglichen Atomen, z.B. zu CO_2, H_2O und NO_2, reduziert.

Wir können die ursprüngliche Frage nüchterner (aber nicht sinnvoller) umformulieren: Warum wird bei Oxidationen mit O_2 Energie abgegeben und bei Reduktionen Energie aufgenommen? Das ist nicht nur für Freudenfeuer und Dampfmaschinen wichtig. Alle energieliefernden Prozesse in lebenden Organismen sind Oxidationen; die Energie wird durch Synthese reduzierter Moleküle wie Fette und Zucker gespeichert. Die Atmung ist die Oxidation dieser gespeicherten Brennstoffe mit Sauerstoff; bei der Photosynthese wird die Energie des Sonnenlichts zur Produktion der reduzierten Zucker-Moleküle benutzt.

Die Frage, warum bei der Oxidation Energie frei wird, ist gleichbedeutend mit der Frage, warum oxidierte Verbindungen eine geringere Energie haben als reduzierte Verbindungen, aus denen sie entstanden sind; denn jede abgegebene Energie repräsentiert einen Energieverlust beim Übergang von den Reaktanden zu den Produkten. Bei der Verbrennung von Methangas

$$CH_4 + 2\,O_2 \longrightarrow CO_2 + 2\,H_2O + \text{Wärme}$$

wird Energie abgegeben, weil ein Kohlendioxid-Molekül und zwei Wasser-Moleküle weniger Energie haben als ein Molekül Methan und zwei Moleküle O_2. Warum ist das so?

Im 12. Kapitel können wir eine genauere Antwort darauf geben, wenn die quantitativen Maßzahlen für die Reaktionswärmen eingeführt worden sind; doch in Umrissen können wir auch jetzt schon eine Antwort geben. Im Methan-Molekül haben Kohlenstoff und Wasserstoff ungefähr die gleiche Elektronegativität (2.5 für C, 2.1 für H). Wenn auch nach einer strengen Anwendung der früher angegebenen Regeln Kohlenstoff die formale Oxidationszahl −4 und jedes Wasserstoff-Atom die Oxidationszahl +1 haben sollte, sind die Elektronen in den C−H-Bindungen in Wirklichkeit fast gleich zwischen den Atomen verteilt. Ebenso werden die Elektronen in der O=O-Doppelbindung gleichmäßig von den Atomen geteilt. In den Produkt-Molekülen, O=C=O und H−O−H, sind Kohlenstoff und Wasserstoff mit dem viel elektronegativeren Sauerstoff (Elektronegativität = 3.5) verknüpft. Sowohl in den C=O- als auch in den H−O-Bindungen werden die Elektronen zu den Sauerstoff-Atomen hingezogen. Vom energetischen Standpunkt aus sind die Elektronen „den Berg hinabgerollt" in eine stabilere Lage näher an den Sauerstoff-Atomen. Man muß Energie aufwenden, um sie wieder von den Sauerstoff-Atomen wegzuziehen und gleichmäßig zwischen zwei Atomen (C und H) zu verteilen, die sie nicht besonders gerne haben wollen. Die während der Verbrennung als Wärme freigesetzte Energie stammt hauptsächlich aus der starken Anziehung der Elektronen durch Sauerstoff. Bei der Photosynthese, bei der Zucker aus CO_2 und Wasser entstehen,

Bei der Verbrennung von Methan-Gas reagieren Methan- und Sauerstoff-Moleküle, in denen die miteinander verbundenen Atome die Bindungselektronen gleichmäßig teilen, zu Wasser und Kohlendioxid, in denen die Bindungselektronen zu den Sauerstoff-Atomen hin und von den C- und H-Atomen weggezogen werden. Während die Elektronen zu den Atomen, die sie stark anziehen, „herunterfallen", wird die dabei freigesetzte Energie als Hitze der Flamme abgegeben.

werden diese Elektronen noch weiter von den Sauerstoff-Atomen weggezogen. Die Energie dazu stammt aus dem Sonnenlicht und kann später über die Verbrennung (Oxidation) für nützliche Zwecke wieder freigesetzt werden. Oxidationszahlen und Oxidationszustände wurden also nicht von Chemikern erfunden, um Anfänger zu quälen. Sie sagen uns, was bei chemischen Reaktionen passiert und sind eng mit einigen der wichtigsten Energieprozesse in lebenden Organismen verknüpft.

Fragen

1. In welcher Hinsicht sind die Elemente der dritten Periode ähnlich den entsprechenden Elementen der zweiten Periode? In welcher Hinsicht sind sie verschieden?
2. Warum ist Aluminium metallischer als Bor, obwohl ihre äußeren Elektronenschalen die gleiche Struktur haben?
3. Ist der metallische Radius von Magnesium größer oder kleiner als sein Ionenradius? Warum?
4. Ist der kovalente Bindungsradius von Schwefel größer oder kleiner als sein Ionenradius? Warum?
5. Warum ist die Elektronegativität des Bors derjenigen des Siliciums ähnlicher als der des Aluminiums? Welches Element der dritten Periode hat die gleiche Elektronegativität wie Kohlenstoff? Wie nennt man diese Gesetzmäßigkeit?
6. Wenn F^- und Na^+ isoelektronisch sind und die gleiche Elektronenanordnung haben, warum ist dann Na^+ kleiner?
7. Warum ist Natrium-Metall weicher als Lithium? Warum ist Natrium weicher als Magnesium?
8. Warum ist die maximale Koordinationszahl des Natriums für Sauerstoff 6, während die von Phosphor in der gleichen Periode nur 4 ist? Haben irgendwelche Elemente der zweiten Periode eine maximale Koordinationszahl von 4 für Sauerstoff?
9. Wodurch wird Aluminium besonders reaktionsträge? Hat Eisen den gleichen Vorteil?
10. In welcher Hinsicht ähnelt MgO mehr Li_2O als BeO? Welches Oxid der dritten Periode ähnelt dem BeO am meisten?
11. Welche Anordnung um das Zentral-Ion sagt die VSEPR-Theorie für vier Elektronenpaare – entweder einsame Elektronenpaare oder Bindungselektronenpaare – voraus? Welche Anordnung wird für sechs Elektronenpaare vorausgesagt? Man nenne ein Beispiel für eine Verbindung eines Elements der dritten Periode mit dieser Geometrie.
12. Welche Aluminium-Sauerstoff-Ionen findet man in stark sauren Lösungen? Welche liegen in starken Basen vor? Warum ist Aluminiumoxid in reinem Wasser unlöslich? Welches Element der zweiten Periode verhält sich ähnlich, und wie nennt man das Verhalten?
13. Warum ist eine Lösung von Natriumcarbonat basisch? Wie nennt man diesen Prozeß der Entstehung von OH^--Ionen?
14. Warum ist Natriumhydrogencarbonat weniger basisch als Natriumcarbonat?
15. In welchen Mengenverhältnissen liegen H_2CO_3, HCO_3^- und CO_3^{2-} vor, wenn Kohlendioxid in Wasser gelöst wird.
16. Was sollte man erwarten: Entsteht eine basische, saure oder fast neutrale Lösung, wenn Natriumnitrat in Wasser gelöst wird? Warum? (Zur Erinnerung: Warum ist eine Natriumcarbonat-Lösung basisch und welche Unterschiede zwischen dem Verhalten von Carbonat-Ionen und Nitrat-Ionen wurden im 5. Kapitel erwähnt?)

17. Warum ist SiO_2 ein harter Festkörper, während CO_2, das Oxid des direkt über Silicium in der zweiten Periode stehenden Elements, ein Gas ist?
18. Warum ist die empirische Summenformel für Quarz SiO_2, wenn doch jedes Silicium-Atom von vier Sauerstoff-Atomen umgeben ist?
19. Wie unterscheiden sich die Silicatgerüste in Quarz und Olivin? Welche anderen Arten von Silicatgerüsten gibt es?
20. Wodurch werden die negativen Ladungen des Silicatgerüsts ausgeglichen?
21. Welcher Unterschied besteht zwischen den Silicat-Typen, die man im Erdmantel und in der Erdrinde findet? Warum gibt es diesen Unterschied?
22. Welches Silicatgerüst hat Asbest? Glimmer? Quarz? Wie spiegeln sich diese Strukturen in den physikalischen Eigenschaften der drei Minerale wider?
23. Warum sind Tone für Katalysen nützlich?
24. Warum macht die Molekülstruktur der Tone sie zu nützlichen Keramikmaterialien? Was passiert, wenn Tongefäße gebrannt werden?
25. Warum adsorbieren Tone Fette und andere Substanzen gut?
26. Wie unterscheiden sich die Atomanordnungen in Quarz und in Silicatglas? Warum ist Quarz härter?
27. Warum sind Feldspate typische Bestandteile der Erdrinde, während Olivin charakteristischer für den Erdmantel ist? (*Schlüssel:* Warum schwimmt Eis?)
28. Warum bilden Phosphor und Schwefel die vielatomigen Moleküle P_4 und S_8, während Stickstoff und Sauerstoff in der zweiten Periode zweiatomige Moleküle bilden?
29. Wie fällt ein Vergleich der Sauerstoffsäuren von P, S und Cl mit denen der Elemente der zweiten Periode in bezug auf ihre Koordinationszahl und ihre Acidität aus? Warum ist Phosphorsäure schwächer als Salpetersäure? Welche Sauerstoffsäure eines Elements der dritten ist der Salpetersäure in bezug auf Stärke ähnlicher?
30. Welche Sauerstoffsäure eines Elements der dritten Periode ist der Kohlensäure am ähnlichsten? In welcher Hinsicht?
31. Was bedeutet die Schrägbeziehung der chemischen Eigenschaften im Periodensystem? Welche Beispiele gibt es für Metalle, amphoteres Verhalten und Eigenschaften von Sauerstoffsäuren?
32. Warum nimmt die Stärke der Chlor-Sauerstoff-Säuren in der Reihe Hypochlorige Säure, Chlorige Säure, Chlorsäure und Perchlorsäure zu?
33. Warum ist HCl eine stärkere Säure als HF, obwohl Fluor elektronegativer als Chlor ist und das Bindungselektronenpaar stärker vom Proton wegziehen sollte?
34. Welches ist die stärkere Säure, H_2S oder H_2O? Warum? Welche ist stärker, H_2S oder HCl? Warum?
35. Was wird bei der Reaktion von Natrium-Metall mit Chlor-Gas oxidiert und was reduziert? Was bedeuten die Ausdrücke Oxidation und Reduktion in dieser Reaktion?
36. Wenn man ein Stück metallisches Natrium in Wasser wirft, wird in einem ersten Reaktionsschritt Wasserstoff-Gas freigesetzt. Welche Substanz wird bei diesem Schritt oxidiert und welche reduziert?
37. Im nächsten und gefährlicheren Schritt nach dem Einwerfen von Natrium in Wasser wird Wärme frei, die das Wasserstoff-Gas entzündet, das dann explodieren kann. Was wird in diesem zweiten Schritt oxidiert und was reduziert?
38. Bei der Reaktion von Wasserstoff mit Sauerstoff entstehen im Gegensatz zu der Reaktion von Natrium mit Chlor keine Ionen, und das einzige Produkt sind kovalent gebundene Wasser-Moleküle. Wieso kann man trotzdem sagen, daß eine Oxidation und eine Reduktion stattgefunden haben?
39. Wenn Benzin brennt, werden Kohlenstoff und Wasserstoff oxidiert. Oxidation

und Reduktion müssen immer zusammen stattfinden. Welche Substanz wird also reduziert, wenn Benzin verbrennt?

40. Welche Oxidationszahl hat Lithium in Lithium-Metall? In Lithiumchlorid? In Lithiumhydroxid? In Lithiumoxid?
41. Welche Oxidationszahl hat Fluor in F_2? In HF? In LiF?
42. Welche Oxidationszahl hat Wasserstoff in H_2? In HF? In LiH (Lithiumhydrid)?
43. Wie groß ist die Summe der Oxidationszahlen aller Atome in einem neutralen Molekül? In einem Ion mit der Ladung -3?
44. Ist ein gutes Oxidationsmittel eine Substanz, die leicht oxidiert oder leicht reduziert wird? Ist O_2 ein gutes Oxidationsmittel oder ein gutes Reduktionsmittel?
45. Was versteht man unter der Pseudo-Ionen-Methode zur Berechnung von Oxidationszahlen der Atome in einem Molekül? Was macht man mit den Bindungselektronenpaaren zwischen Atomen ungleicher Elektronegativität? Zwischen Atomen gleicher Elektronegativität?
46. Welche Oxidationszahlen hat Cl in HCl und den vier Sauerstoffsäuren des Chlors?
47. Welche Oxidationszahlen hat O in O_2, Wasser und Wasserstoffperoxid, H_2O_2? Welches ist die höchste Oxidationszahl von Sauerstoff in diesen Verbindungen? Welches ist die niedrigste Oxidationszahl?
48. In welchem Zusammenhang stehen die maximalen und minimalen Oxidationszahlen eines Elements mit seiner Elektronenstruktur? Welches sind die häufigsten Oxidationszahlen für ein Element?
49. Warum beobachtet man bei O und F nicht die gleichen maximalen Oxidationszahlen wie bei S und Cl in der dritten Periode? Wie läßt sich dieser Sachverhalt mit den Atomeigenschaften erklären?
50. Welche Oxidationszahlen hat Stickstoff in den verschiedenen Stickstoffoxiden, die im 5. Kapitel auf Seite 84 erwähnt werden? In welcher bekannten Stickstoff-Verbindung hat N die Oxidationszahl -3?
51. Wenn Hydrazin in Sauerstoff verbrannt wird, wird dann Stickstoff oxidiert oder reduziert? (Unter der Annahme, daß die Produkte Stickstoff-Gas und Wasser sind. Welche Substanz wird zur gleichen Zeit reduziert oder oxidiert?)
52. Wenn geschmolzenes LiF elektrolysiert wird (siehe 5. Kapitel), wird dann Lithium oxidiert oder reduziert? Was geschieht mit Fluor?

Probleme

1. Die Formel für ein isoliertes Silicat-Tetraeder, wie es in Mineralien wie Olivin vorkommt, ist SiO_4^{4-}. Man zeichne die Lewis-Struktur mit Elektronenpunkten für dieses Ion und erkläre, warum jedes Sauerstoff-Atom eine negative Ladung hat.
2. Man berechne mit den in diesem Kapitel angegebenen Atomradien die Si–O-Bindungslänge unter der Voraussetzung, (a) daß eine kovalente Bindung zwischen Si- und O-Atom und (b) daß eine ionische Bindung zwischen Si^{4+}- und O^{2-}-Ion besteht. Wie unterschiedlich sind diese beiden Si–O-Abstände? (Bindungslängen können mit Hilfe der Röntgenkristallographie und durch spektroskopische Methoden gemessen werden, doch ist es oft schwer zu entscheiden, wieviel der beobachteten Bindungslänge zu jedem der Atome, die sie verknüpft, „gehört". Dazu muß man viele Bindungen zwischen einem gegebenen Atom und vielen anderen verschiedenen Atomarten betrachten und daraus einen Satz in sich konsistenter Bindungsradien ableiten, mit dem alle beobachteten Bindungslängen mit ausreichender Genauigkeit berechnet werden können.)
3. Zirkon ist ein Halbedelstein, der manchmal zur Imitation von Diamant benutzt wird. Er besteht aus isolierten Silicat-Tetraedern wie Olivin, doch werden deren

Ladungen durch Zirconium-Ionen (ein Übergangsmetall, von denen wir später noch andere kennenlernen werden) ausgeglichen und nicht durch Eisen- oder Magnesium-Ionen. Die empirische Formel für Zirkon ist $Zr(SiO_4)$. Welche Oxidationszahl hat das Element Zirconium im Mineral Zirkon?

4. Das Mineral Melilith besteht aus Silicat-Einheiten, in denen zwei Tetraeder miteinander verbunden sind. Wenn die Formel für ein Silicat-Tetraeder SiO_4^{4-} ist, warum hat dann die Melilith-Einheit die Formel $Si_2O_7^{6-}$ und nicht $Si_2O_8^{8-}$? Eine der folgenden Formeln ist für einen Melilith-Typ akzeptabel: $NaCaAl(Si_2O_7)$ oder $MgCaAl(Si_2O_7)$ Welche von ihnen ist unmöglich? Warum?
5. Eines der beiden Minerale, die gewöhnlich als der Halbedelstein Jade klassifiziert werden, ist Jadeit, ein Pyroxen, das aus unendlich langen Ketten von Silicat-Tetraedern besteht. Wie kann man zeigen, daß die empirische Formel für diese Ketten $Si_nO_{3n}^{2n-}$ ist, wobei *n* die Anzahl der Tetraeder in der Kette oder einfacher die Anzahl der SiO_3^{2-}-Einheiten ist. Die empirische Formel für Jadeit ist $NaAlSi_2O_6$. Warum schreibt man sie mit Si_2O_6 und nicht mit SiO_3? (Reiner Jadeit mit dieser Zusammensetzung ist milchig weiß. Die grüne Farbe des Jadeits stammt wie beim Smaragd von Chromspuren.)
6. Das andere Mineral, das traditionell als Jade bezeichnet wird, ist Nephrit, ein doppelkettiger Amphibol. Welches ist die empirische Formel für die Amphibolkette? Wie viele positive Ladungen sind pro Silicium-Atom notwendig, um die negative Ladung der Doppelkette auszugleichen? Reiner Nephrit enthält als Gegen-Ionen Calcium- und Magnesium-Ionen in einem Verhältnis von Calcium zu Magnesium = 1:2. Wie heißt die einfachste Summenformel für Nephrit? (Reiner Nephrit ist farblos; die grüne Farbe von Nephrit-Jade stammt von Eisenspuren und nicht von Chrom.)
7. Warum sollte man aufgrund der Molekülstrukturen annehmen, daß die verschiedenen Jade-Formen zur Herstellung von Skulpturen geeignetere Materialien sind als Quarz?
8. Welche Oxidationszahlen haben H und C in Methan, CH_4?
9. Welche Oxidationszahl hat Beryllium im Metall und in BeO?
10. Welche Oxidationszahl hat Kohlenstoff in folgenden Substanzen: Diamant, Graphit, Kohlenmonoxid, Kohlendioxid und Schwefelkohlenstoff (Kohlenstoffdisulfid, CS_2)? (Das letztere ist ein etwas spezieller Fall.)
11. Welche Oxidationszahl hat Kohlenstoff im Hydrogencarbonat-Ion? Was sind die Oxidationszahlen von O und H? Wie verhält sich die Summe der Oxidationszahlen aller Atome im Hydrogencarbonat-Ion zur Ladung des Ions?
12. Welche Oxidationszahl hat Silicium in Olivin? Was sind die Oxidationszahlen von O, Mg und Fe? Was ist die Summe der Oxidationszahlen aller Atome in dem Mineral? Was ist die Summe der Oxidationszahlen für die Atome im Silicat-Tetraeder? Wie verhält sie sich zur Ladung eines Tetraeders?
13. Welche Ionen entstehen, wenn Aluminiumoxid in einer starken Base gelöst wird? Welche Oxidationszahl hat jedes Atom in diesen Ionen? Was ist die Gesamtoxidationszahl und in welchem Verhältnis steht sie zur Ladung des Ions?
14. Man vergleiche die Oxidationszahlen: von N in Salpetriger und in Salpetersäure; von P in Phosphoriger und Phosphorsäure; von S in Schwefliger und Schwefelsäure; von Cl in den vier Sauerstoffsäuren des Chlors. Was kann man allgemein über die Stärke der Sauerstoffsäuren und den Oxidationszustand des Zentralatoms sagen? Wie läßt sich der Zusammenhang mit Hilfe der Elektronenanziehung und der Anziehung der Säure-Anionen auf Protonen in der Lösung erklären?
15. Welche Oxidationszahl hat Stickstoff in Hydrazin und in Distickstofftetroxid? (Unter der Annahme, daß die Oxidationszahlen in diesen Molekülen für H =

+1 und für O = −2 sind.) Wie ändert sich die Oxidationszahl der Hydrazin-Stickstoffatome während der Reaktion

$$2\,N_2H_4 + N_2O_4 \longrightarrow 3\,N_2 + 4\,H_2O,$$

die zum Antrieb der Mondfähre diente? Wie ändert sich die Oxidationszahl der Stickstoff-Atome im Distickstofftetroxid während der Reaktion? Wie ergibt sich daraus, daß für jedes Distickstofftetroxid-Molekül zwei Hydrazin-Moleküle verbraucht werden? Zur korrekten Beantwortung dieser Frage bedient man sich eines Erhaltungsprinzips, nämlich der Vorstellung, daß Elektronen einer chemischen Reaktion weder erzeugt noch zerstört werden und daß alle Elektronen, die von einer Substanz aufgenommen werden (Reduktion), von einer anderen Substanz zur Verfügung gestellt werden müssen (Oxidation). Wir werden auf das *Ausgleichen* von Redoxgleichungen im 11. Kapitel zurückkommen.

$n = 5$ stabile Elektronenbahn

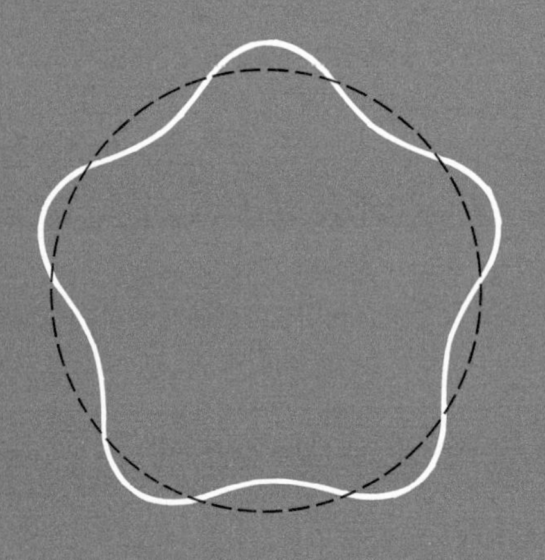
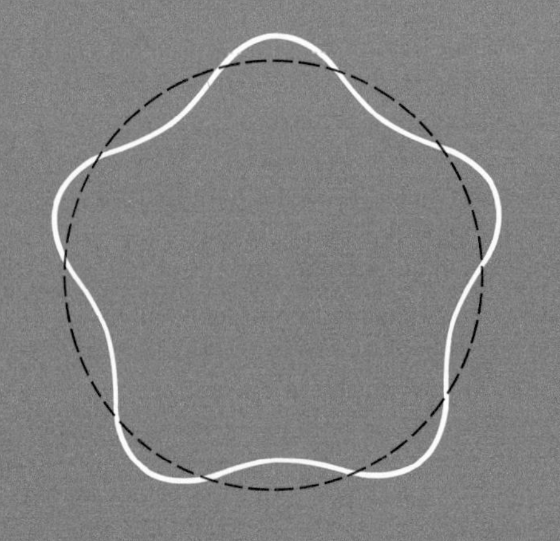
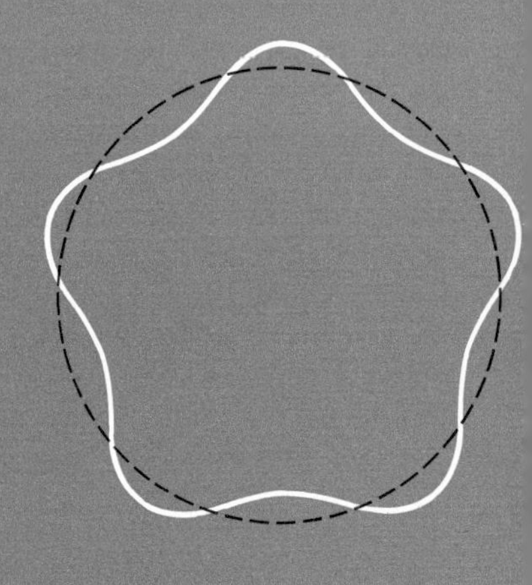

$n = 5\frac{1}{3}$ instabile Elektronenbahn

$n = 6$ stabile Elektronenbahn

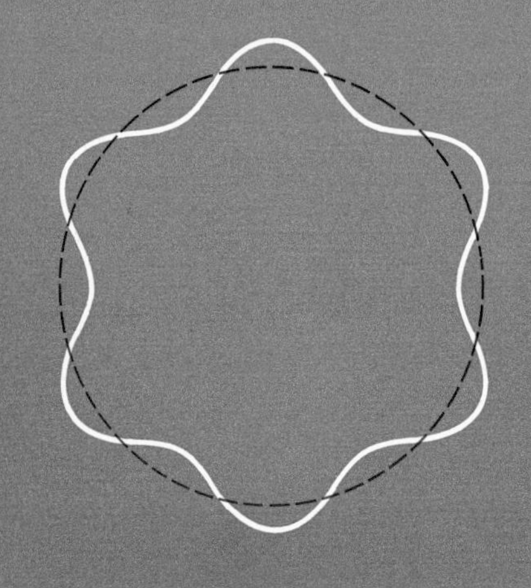
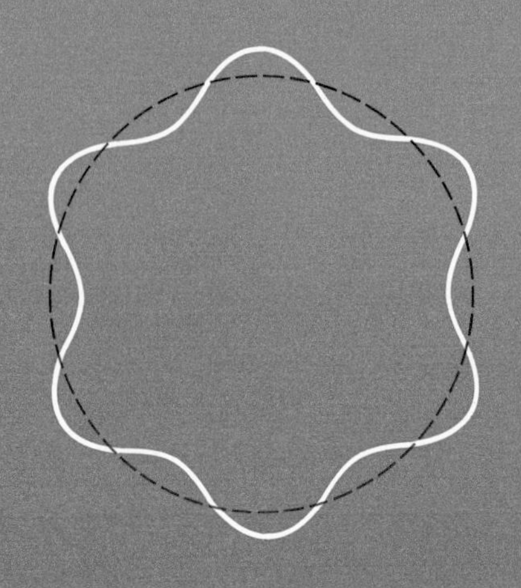
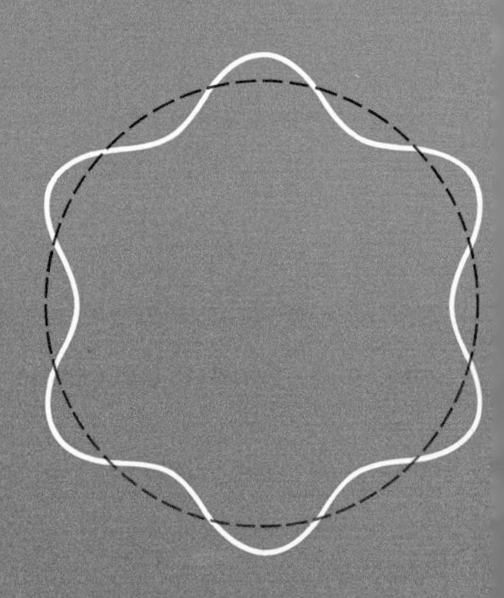

◀ *Wenn genau fünf oder genau sechs Elektronenwellen auf einer Elektronenbahn Platz haben, so ist – nach der Bohrschen Theorie – diese Elektronenbahn stabil – im Gegensatz zu einer, die Raum für, beispielsweise, 5 1/3 Wellen Platz bietet: Hier zerstört sich die Welle selbst, und die Umlaufbahn ist instabil.*

7. Kapitel

Teilchen, Wellen und Paradoxa

Zu Anfang unseres Jahrhunderts war die Chemie in keinem guten Zustand. Der Großteil der chemischen Einzeltatsachen, die in den ersten sechs Kapiteln behandelt wurden, war bekannt, aber es gab keine zugrundeliegenden Modelle, diese Tatsachen in Beziehung zueinander zu setzen. Der Nutzen der Vorstellungen von Atomen, Molekülen und Molen war anerkannt, aber es gab immer noch angesehene Chemiker, die im Zweifel waren, ob Atome wirklich existieren, oder ob sie nur abstrakte Modellbegriffe zur Deutung von Beobachtungen waren. Das Periodensystem ordnete chemische Eigenschaften in sinnvoller Weise und hatte zur erfolgreichen Vorhersage der Eigenschaften neuer Elemente geführt, aber niemand wußte, warum das System die Struktur hatte, die man nun einmal gefunden hatte. Die Vorstellungen über die Gestalt von Molekülen befanden sich in den Kinderschuhen. Van't Hoff schloß aus der Anzahl des synthetisierbaren, verschieden substituierten Methan-Verbindungen auf die tetraedrische Geometrie der Bindungen rund um ein Kohlenstoff-Atom, aber es gab keine Theorie der chemischen Bindung, die erklären konnte, warum dies in der Tat so sein sollte. Kekulés Geistesblitz, daß Benzol und andere aromatische Moleküle die Struktur eines ebenen Ringes haben sollten, war ebenso ein Wendepunkt der Organischen Chemie, wie es Daltons Atomhypothese ein Jahrhundert früher für die ganze Chemie war. Die Organische Chemie als die Kunst herauszufinden, welche nutzbringenden Farbstoffe oder Arzneimittel aus natürlichen Quellen oder synthetisch gewonnen werden können, florierte in Deutschland, aber grundsätzlich verharrte die Chemie im Zustand empirischer Erkenntnisfindung. Sie war zugleich Handwerk und Wissenschaft.

Der englische Wissenschaftler Lord Rutherford drückte die Verachtung des Physikers für derart empirische Wissenschaften dadurch aus, daß er arroganterweise alle Wissenschaften in zwei Disziplinen teilte: Physik und Briefmarkensammeln. Um die Jahrhundertwende war die Chemie eine große, lose Briefmarkensammlung ohne Album.

Rutherford hatte wenig Anlaß zur Arroganz, denn die Physik war in nicht minder schlechtem Zustand. Um 1890 hatte es ein paar Jahre lang ausgesehen, als wäre sie ein abgeschlossenes und fertiges Gebiet, insofern sich Atome brav wie Billardbälle nach Newtons Gesetzen bewegten. Das Dilemma, ob Licht Wellen- oder Teilchen-

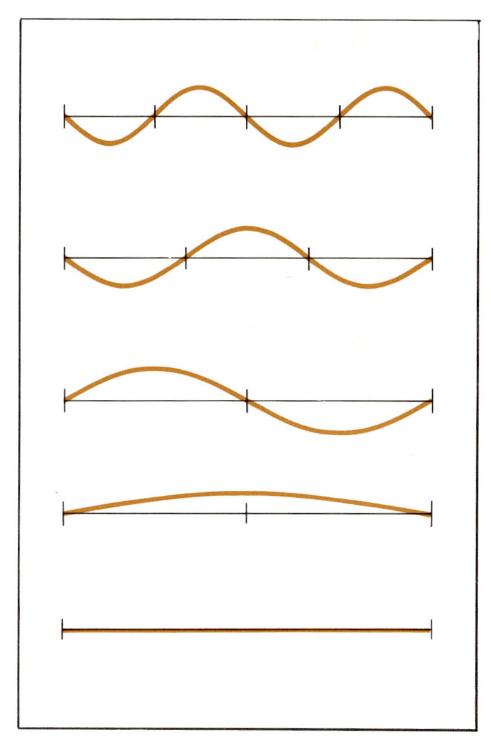

Eine an beiden Enden fest eingespannte Violinsaite kann nur mit bestimmten Frequenzen schwingen, nämlich mit jenen, denen 0, 1, 2, 3 ... Halbwellen über die Saitenlänge entsprechen. Alle anderen Schwingungsformen sind verboten, denn sie widersprechen der physikalischen Vorbedingung, daß die beiden Enden der Saite fest eingespannt sind. Violinsaiten sind wie Atome Beispiele für das Phänomen der Quantelung in der Natur.

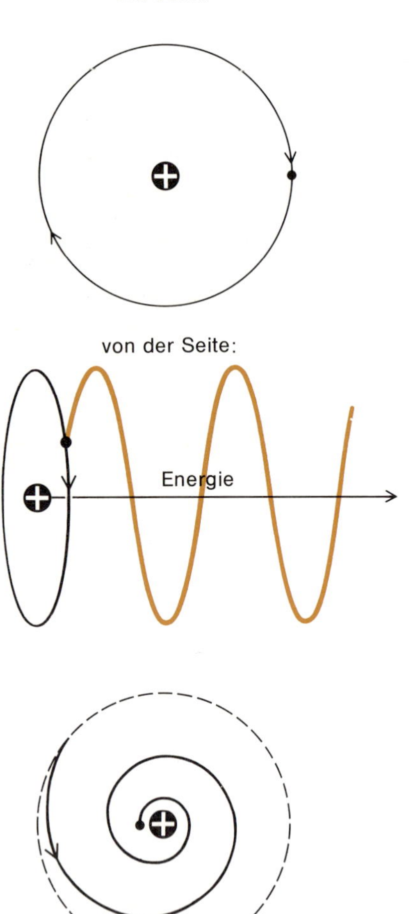

Ein Elektron, das sich in einer kreisförmigen Bahn (oben) um den Kern herum bewegt, sollte Energie abstrahlen, denn es bildet mit dem Kern zusammen einen oszillierenden Dipol im Sinne der klassischen Physik, wie es in der Mitte durch die Darstellung in Seitenansicht deutlich wird. In dem Maße, wie es Energie verliert, sollte sich das Elektron spiralig in Richtung des Kerns bewegen (unten), und das Atom sollte auf diese Weise gewissermaßen Selbstmord begehen. Stabile Atome, in denen Elektronen einen Kern umgeben, verletzen die Gesetze der klassischen Physik; erst die Quantenphysik konnte sie erklären.

charakter habe, war ein Rätsel, aber offensichtlich kein sehr wichtiges. Dann aber platzte im Laufe weniger Jahre die Physik aus den Nähten. Die Curies entdeckten, daß Atome nicht unveränderlich waren. Max Planck und Einstein bewiesen, daß sich Wellen wie Teilchen verhalten und daß scheinbar solide Teilchen Welleneigenschaften haben. Der Unterschied zwischen Masse und Energie begann sich zu verwischen und das so deutliche Bild vom Atom sich in Luft aufzulösen wie die Cheshire-Katze aus „Alice in Wonderland".

Die Theorie, welche die Physik „rettete", war die Quantenmechanik, aus der sich im ersten Viertel unseres Jahrhunderts ein ganz neues Bild von der Natur der Atome und der Materie entwickelte. In der Quantenmechanik wurde aus der Materie nur eine spezielle, kondensierte Form der Energie. Aus den kompakten, billardähnlichen Atomen wurden stehende Wellen, vergleichbar den Wellenbewegungen einer schwingenden Violinsaite. Die Frage, ob Atome *wirklich* Partikel oder *wirklich* Wellen seien, wurde dadurch aufgehoben, daß der Sinn der Frage auf atomarer Ebene überhaupt verneint wurde. Dieser Wechsel war für die meisten Wissenschaftler eine totale philosophische Kehrtwendung. Doch obwohl die wirklich guten Physiker die Quantenmechanik akzeptierten, weil sie viele Dinge erklärte, welche die klassische Mechanik nicht erklären konnte, glaubte der Durchschnittsmensch, der nicht Naturwissenschaftler war, nicht an die Quantenphysik. Er dachte nicht einmal darüber nach, bis 1945 über Japan die Atombombe explodierte. Wenn in der zwielichtigen Welt der Wellen, die nur zur Hälfte Wellen sind, aus Partikeln, die nur zur Hälfte Partikel sind, eine so erschreckende Erscheinung wie die Atombombe entstehen konnte, mußten jene Wellen, die doch nicht Wellen sind, *wirklich* sein – und nicht nur eine elegante mathematische Theorie, wie sie Physiker benutzen, um ihre Meßergebnisse in irgendeinen Zusammenhang zu bringen.

Diese Zone des Zwielichts wollen wir in den nächsten Kapiteln erforschen, denn die Quantentheorie, auf die Atome angewandt, hat die Chemie ebenso verwandelt wie die Physik. Erwin Schrödinger hat gegen 1926 angefangen, die Quantentheorie auf die Chemie anzuwenden, und bald stellte sich heraus, daß die neue Theorie eine passende Erklärung für all die chemischen Phänomene lieferte, die wir bisher behandelt haben, und darüber hinaus für viele andere: Struktur der Elektronenschalen, chemische Eigenschaften von Atomen, Struktur des Periodensystems, chemische Bindung, Molekülgestalt, chemische Reaktivität. Im vorliegenden Kapitel sollen die Grundlagen der neuen Theorie dargelegt werden, im 8. Kapitel sollen diese Grundlagen auf Atomstruktur und Periodensystem angewandt werden, und das 9. Kapitel soll die erste befriedigende Erklärung für die Molekülstruktur und die Bindung in Molekülen geben.

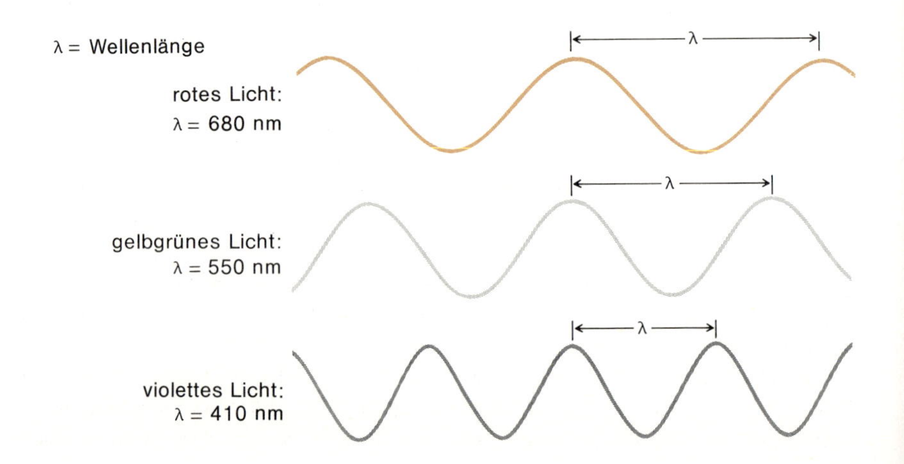

Rotes Licht hat eine größere Wellenlänge als grünes Licht, und grünes Licht eine größere als violettes. Die sichtbaren Wellenlängen und die Farben, die wir ihnen zuordnen, sind auf der gegenüberliegenden Seite dargestellt. Die Wellenlänge ist hier in *linearem* Maßstab aufgetragen.

Das unmögliche Atom

Gegen 1910 zeichnete sich das Bild eines Atoms etwa folgendermaßen ab: Die Masse des Atoms ist in einem winzigen Kern konzentriert. Er trägt die positive Ladung und ist von einem Schwarm von Elektronen umgeben, die genau entsprechend viel negative Ladung tragen, so daß das Atom elektrisch neutral ist. Es gab nur ein einziges Problem: Was machen diese Elektronen? Wenn sie sich nicht bewegten, müßte wegen der elektrostatischen Anziehung zwischen positivem Kern und negativen Elektronen das Atom zusammenfallen, was offensichtlich nicht der Fall ist.

Die Elektronen könnten sich auch auf kreisförmigen Bahnen derart bewegen, daß die dabei auftretende Zentrifugalkraft gerade der Anziehungskraft des Kerns die Waage hält – so wie sich Planeten um die Sonne bewegen (links oben). Dies war die Grundlage einer Atomtheorie, die der dänische Physiker Niels Bohr 1913 vorstellte. Jedoch auch diese Theorie hatte ein fatales Manko: Ein positiver Kern mit einem darum kreisenden Elektron würde, in der Ebene der Bahn betrachtet, wie ein oszillierender elektrischer Dipol erscheinen, wie es in der mittleren Zeichnung links dargestellt ist. Nach allen Gesetzen der klassischen Physik und der elektromagnetischen Theorie sollte ein oszillierender elektrischer Dipol elektromagnetische Energie ausstrahlen. Wenn es nicht so wäre, müßte die ganze Theorie, die zur drahtlosen Telegraphie und zum Radio geführt hatte, falsch sein. *Wenn* aber das Atom Energie abstrahlte, fiele das Elektron auf eine dem Kern nähere Umlaufbahn niedriger Energie. Es müßte weiter Energie abstrahlen, und der Vorgang wäre erst zu Ende, wenn das Elektron ganz hinunter gewirbelt und mit dem Kern zusammengestoßen wäre (unterste Zeichnung am linken Seitenrand). Nach der klassischen Theorie sollte jedes Atom im Universum längst kollabiert sein, weil seine Elektronen sich in den Kern hineingeschraubt hätten. Ob also mit ruhenden oder bewegten Elektronen: Atome durften nicht existieren. Was war faul an der klassischen Physik?

Lichtteilchen

Es gab noch unerfreulichere Dilemmas, denen sich die Physiker in den ersten Jahren unseres Jahrhunderts gegenübersahen. Das Licht selbst schien sich falsch zu benehmen. Die Frage, ob Licht aus Wellen oder aus Teilchen bestünde, war in mehreren hundert Jahren mal so, mal so beantwortet worden. Isaac Newton, der 1672 entdeckt hatte, daß man Licht mit einem Prisma in viele Farben zerlegen kann, propagierte eine Partikeltheorie des Lichts. Andere Wissenschaftler vor und nach Newton bevorzugten eine Wellentheorie, um die Ablenkung des Lichts durch Linsen, die Interferenz von Licht, das durch eng benachbarte, schmale Öffnungen geschickt wurde, und die Beugung des Lichts durch Gitter zu erklären. Gegen Ende des 19. Jahrhunderts hatte kaum noch jemand Zweifel an der Wellennatur des Lichtes und aller anderen Formen elektromagnetischer Strahlung. James Maxwell entwickelte eine elegante Theorie, die solche Strahlung mit schwingenden elektrischen und magnetischen Feldern im Raum erklärte. Sichtbares Licht wurde als gerade der Ausschnitt aus den Wellenlängen der elektromagnetischen Strahlung angesehen, für den das Auge empfindlich ist. Strahlung längerer oder kürzerer Wellenlänge gibt es, sie ist aber unsichtbar.

Drei typische Schwingungen (Wellen) zeigt das linke Diagramm. Die *Wellenlänge* ist der Abstand – in Zentimetern, Nanometern oder irgendeiner anderen Längeneinheit – von einem Wellenkamm zum nächsten; sie wird mit dem griechischen

DAS SICHTBARE SPEKTRUM

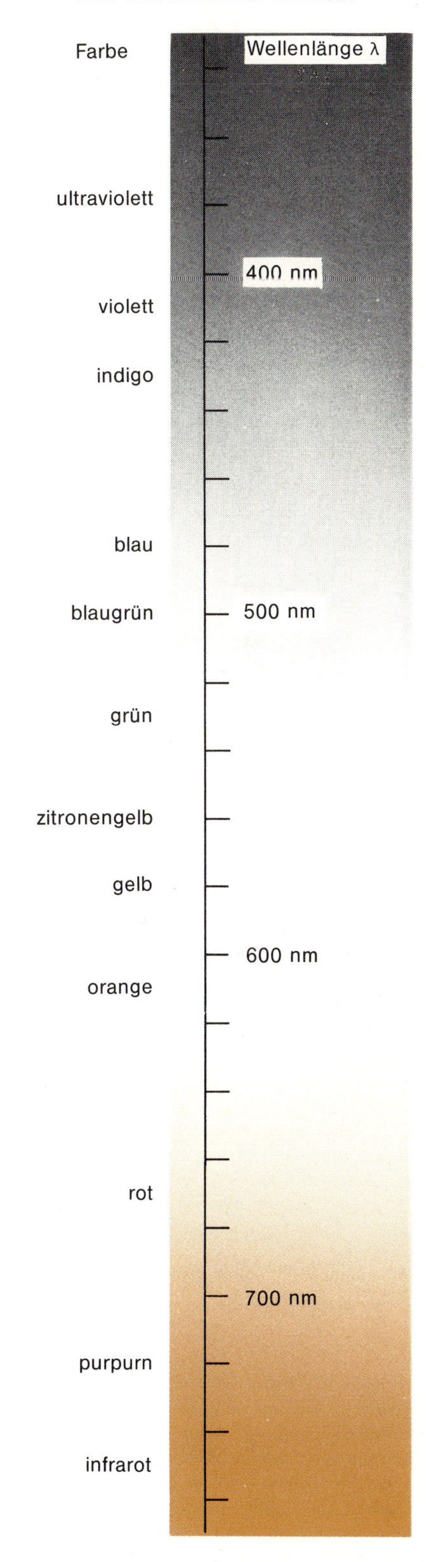

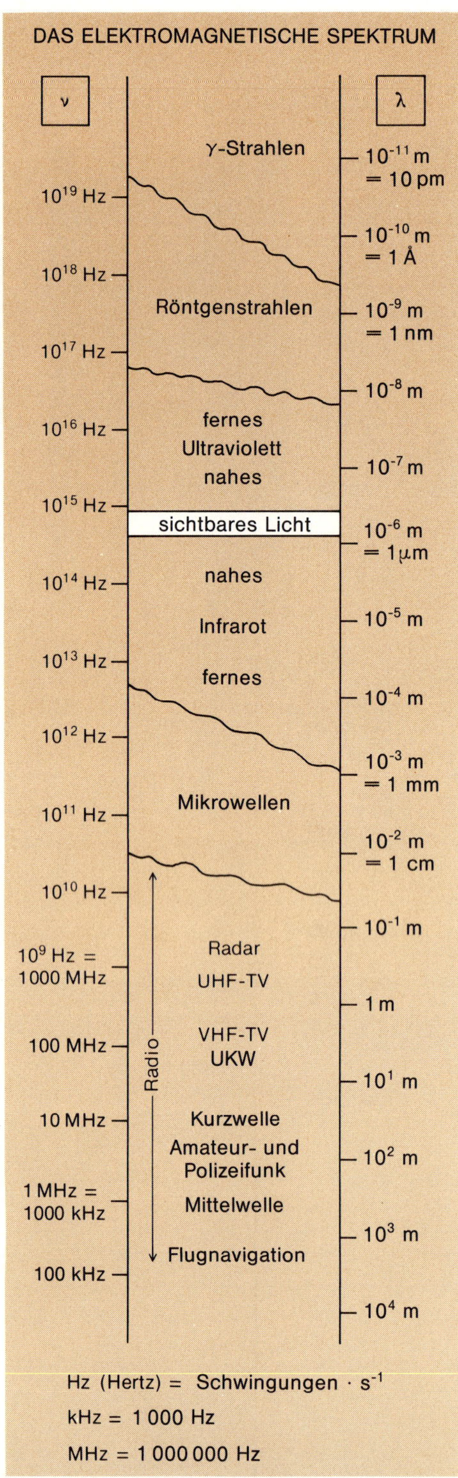

Das gesamte Spektrum elektromagnetischer Strahlung – von den Radiowellen (niedrige Frequenzen, große Wellenlängen) bis zu den Gamma-Strahlen (hohe Frequenzen, kleine Wellenlängen). Das ganze, auf der vorigen Seite ausgebreitete sichtbare Spektrum ist hier zu einem schmalen Band zusammengedrängt. Frequenz und Wellenlänge sind jetzt in *logarithmischem* Maßstab aufgetragen.

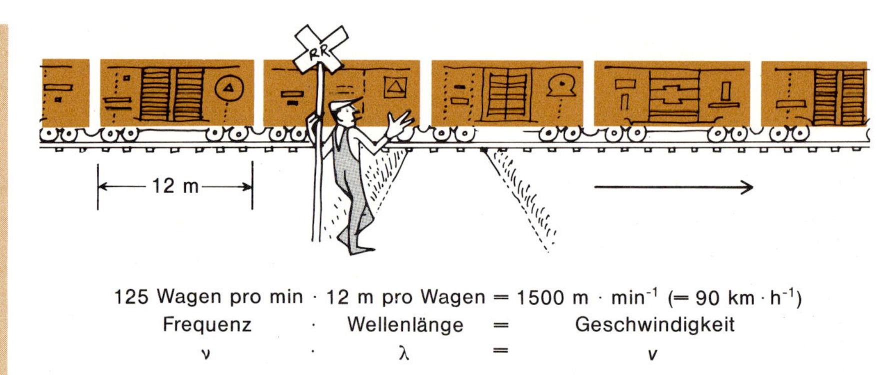

125 Wagen pro min · 12 m pro Wagen = 1500 m · min^{-1} (= 90 km · h^{-1})
Frequenz · Wellenlänge = Geschwindigkeit
ν · λ = v

Geschwindigkeit ist gleich Frequenz mal periodisch wiederkehrende Einheitslänge (Wagenlänge oder Wellenlänge orangefarbenen Lichts)

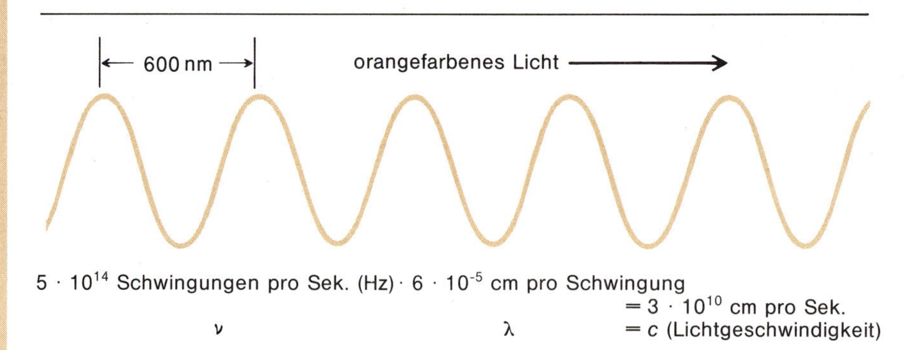

5 · 10^{14} Schwingungen pro Sek. (Hz) · 6 · 10^{-5} cm pro Schwingung = 3 · 10^{10} cm pro Sek.
ν λ = *c* (Lichtgeschwindigkeit)

Buchstaben lambda (λ) bezeichnet. Rotes Licht ist elektromagnetische Strahlung einer Wellenlänge von etwa 680 nm (1 nm = 1 Nanometer = 10^{-9} m). Geht man durch das sichtbare Spektrum von Rot über Orange, Gelb, Grün, Blau bis Violett, werden die Wellen kürzer. Violettes Licht hat Wellenlängen um 410 nm. Kürzerwellige Strahlung als diese kann das Auge nicht wahrnehmen, es gehört zum *ultravioletten* Bereich. Auch Wellenlängen über 700 nm sind unsichtbar, sie werden als *infrarote* Strahlung bezeichnet. Das gesamte sichtbare Spektrum mit den Wellenlängen, die den verschiedenen Farben entsprechen, ist auf dem Rand der vorigen Seite wiedergegeben.

Der sichtbare Bereich ist nur ein verschwindender Teil des ganzen elektromagnetischen Spektrums, welches links dargestellt ist. Wegen des ausgedehnten Umfangs der Wellenlängen wurde eine logarithmische Skala (d. h. eine Skala in Zehnerpotenzen) statt einer linearen Skala gewählt: Der erste Abschnitt der Skala repräsentiert den Bereich von 1 cm bis 10 cm, der zweite, gleichgroße Abschnitt den Bereich von 10 cm bis 100 cm, der nächste 100 cm bis 1000 cm. Jeder Sprung von einem Abschnitt zum nächsten entspricht einer Zunahme der Wellenlänge um das Zehnfache.

Jenseits des Violett reicht das ultraviolette Gebiet bis etwa 10 nm, wo eine schlecht definierte Grenze den ultravioletten vom Röntgenbereich abgrenzt. Strahlung mit Wellenlängen der Größe, wie sie Atome haben ($\approx$100 pm) heißt Röntgenstrahlung oder – wenn solche oder noch kürzerwellige Strahlung bei Reaktionen von Atomkernen entsteht – Gamma (γ)-Strahlung. Auf der anderen Seite des Spektrums macht das ferne Infrarot erst den Mikrowellen und dann den Radiowellen Platz, von denen einige der bekannteren Arten im Spektrum eingezeichnet sind. Die Wellenlänge der kürzesten Strahlen im dargestellten Spektrum entspricht wenigen Hundertstel der Größe eines Atoms, während die längsten eingezeichneten Radiowellen über 10 Kilometer lang sind.

Laufende Wellen können ebenso gut durch ihre *Frequenz* (= Zahl der Schwingungen pro Sekunde) wie durch ihre Wellenlänge charakterisiert werden. Wenn an einem ruhenden Beobachter in der Sekunde ν Wellen (ν = griech. Buchstabe nü) eines Wellenzuges vorbeiziehen, d. h. die Frequenz des Wellenzuges ν Wellen pro Sekunde beträgt, und wenn jede Welle λ Zentimeter lang ist, muß sich die Welle mit einer Geschwindigkeit von $\nu \cdot \lambda = v$ Zentimetern pro Sekunde fortbewegen. Mit Güterwagen und mit orangefarbenem Licht als Beispiele ist dies auf der Seite gegenüber veranschaulicht. Es war eine äußerst wichtige Entdeckung, daß sich jede elektromagnetische Strahlung, von Radiowellen bis Gammastrahlen, mit der gleichen universellen Geschwindigkeit bewegt: mit der Lichtgeschwindigkeit $c = 3 \cdot 10^{10}$ oder 30000000000 Zentimeter pro Sekunde. Für jede derartige Strahlung können wir schreiben $\nu \cdot \lambda = c = 3 \cdot 10^{10}\,\text{cm} \cdot \text{s}^{-1}$. Weil die Lichtgeschwindigkeit konstant ist, können wir bei Kenntnis entweder der Frequenz oder der Wellenlänge einer elektromagnetischen Strahlung die jeweils andere Größe ausrechnen. Die Frequenzen sind links am elektromagnetischen Spektrum auf der gegenüberliegenden Seite aufgetragen. Sie reichen von wenigen hunderttausend Hertz (Hz = Schwingungen pro Sekunde) bis zehn Trillionen Hertz.

Beispiel: Das orangefarbene Licht in der Zeichnung links gibt ein Beispiel dafür, wie man eine Wellenlänge berechnet. Ein anderes Beispiel: Wie groß ist die Wellenlänge der UKW-Station Heidelberg-Königsstuhl III, die mit einer Frequenz von 99.9 MHz (MHz = 10^6 Hz = $10^6\,\text{s}^{-1}$) ausstrahlt?

Lösung:

$$\nu = 99.9\ \text{MHz oder } 99.9 \cdot 10^6\ \text{Hz}$$

$$\lambda = \frac{c}{\nu} = \frac{3.00 \cdot 10^{10}\ \text{cm} \cdot \text{s}^{-1}}{99.9 \cdot 10^6\ \text{s}^{-1}} = 300\ \text{cm}$$

Heidelberg-Königsstuhl III hat eine Sendewellenlänge von 3 Meter.

Diese ganze Diskussion ist konsequent und in Übereinstimmung mit der klassischen Physik. Sie geht davon aus, daß Licht und andere Arten der elektromagnetischen Strahlung *Wellen* sind. Es war daher sehr verwirrend, als um die Jahrhundertwende Phänomene entdeckt wurden, die deutlich erkennen ließen, daß Licht aus *Teilchen* besteht. Eines dieser Phänomene war der lichtelektrische Effekt. Man wußte, daß beim Auftreffen eines Lichtstrahls auf die saubere Oberfläche eines Metalls niedriger Elektronegativität Elektronen aus dem Metall herausgeschlagen werden. Uns ist das heute vertraut von Photozellen und Fernsehkameras, in denen Cäsium-Metall verwendet wird (rechtes Bild). Die durch das Licht aus dem Metall freigesetzten Elektronen dienen in solchen Instrumenten dazu, Signale zu verstärken oder Fernsehbilder aufzuzeichnen.

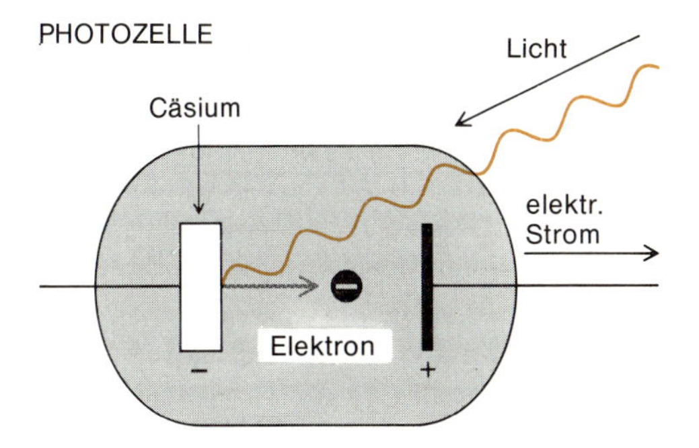

Wenn Licht auf metallisches Cäsium auftrifft, werden Elektronen aus der Metall-Oberfläche herausgeschlagen. Die Energie des Lichtes dient zum Teil dazu, die Elektronen aus dem Metall zu entfernen, die restliche Energie wird als kinetische Energie auf die Elektronen übertragen. Der auf diese Weise in Gang gesetzte Stromfluß kann in elektronischen Schaltkreisen nutzbar gemacht werden.

Was passiert, wenn Licht Elektronen aus einer Metall-Oberfläche herausschlägt? Der Vorgang ist auf dem Rand der nächsten Seite dargestellt. Ein Teil der Lichtenergie dient dazu, Elektronen aus dem Metall abzulösen (dies ist in der Tat eine Methode, die Ionisierungsenergie eines Metall-Atoms zu messen). Hätte der Lichtstrahl nicht mindestens diese Energie, wäre es unmöglich, Elektronen überhaupt aus der Metall-Oberfläche zu entfernen. Hat der Lichtstrahl mehr als die benötigte Mindestenergie, dann wird diese Überschußenergie auf das herausgeschleuderte Elektron als Energie der Bewegung (kinetische Energie) übertragen. Man mußte also erwarten, daß die emittierten Elektronen sich um so schneller bewegten, je mehr Energie der Lichtstrahl enthielt.

Man nahm an, daß die Energie eines Lichtstrahls um so höher ist, je größer seine Intensität ist. Deshalb war es zutiefst verwirrend, als man 1900 entdeckte, daß ein Lichtstrahl größerer Intensität *nicht* zur Folge hatte, daß die emittierten Elektronen

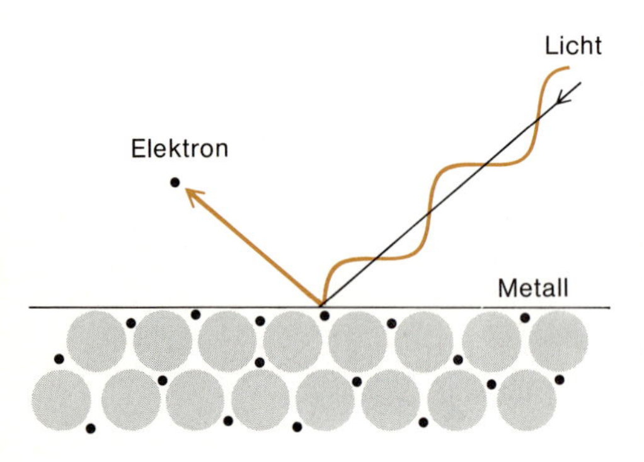

Licht, das auf eine Metalloberfläche trifft, schlägt Elektronen aus dem Metall heraus. Je höher die Energie des Lichtes, desto schneller fliegen die Elektronen davon.

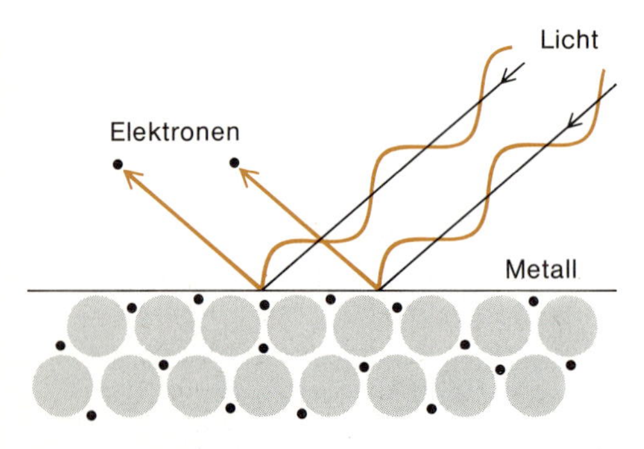

Ist der Lichtstrahl intensiver, so heißt das nicht, daß sich die herausgeschlagenen Elektronen schneller bewegen. Sie fliegen mit der gleichen Geschwindigkeit davon; nur ihre Anzahl ist größer.

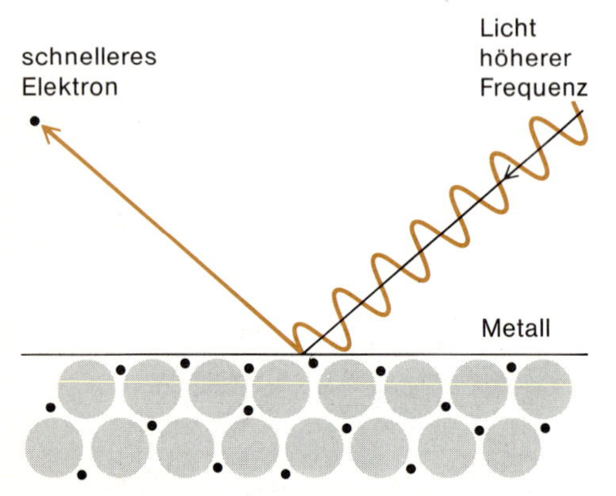

Schnellere Elektronen werden vielmehr dann erzeugt, wenn das auftreffende Licht höhere Frequenz (d.h. kürzere Wellenlänge) hat.

sich schneller bewegten; es wurden lediglich mehr davon emittiert (links Mitte). Das Licht verhielt sich so, als ob es aus einzelnen Teilchen, alle mit der gleichen Energie, bestünde, und jedes herausgeschlagene Elektron schien das Ergebnis des Zusammenstoßes zwischen einer Lichtpartikel und einem Elektron im Metall zu sein. Größere Lichtintensität bedeutete nur, daß pro Sekunde mehr Lichtpartikel auf das Metall trafen, nicht aber, daß jede Partikel mehr Energie hatte.

Wie konnte dann die Energie jeder auftreffenden Lichtpartikel so erhöht werden, daß die durch Stoß emittierten Elektronen höhere kinetische Energie bekamen? Die Antwort war, daß die Geschwindigkeit der austretenden Elektronen von der *Frequenz* des verwendeten Lichts abhängt. Je höher die Frequenz, desto schneller bewegen sich die Elektronen (links unten). Die herausgeschlagenen Elektronen verhalten sich so, als ob die Energie E der auftreffenden Lichtpartikel direkt proportional der Frequenz des Lichtes wäre: $E \sim \nu$ oder $E = h \cdot \nu$, wobei h eine Konstante ist.

Max Planck schlug diese Beziehung zwischen Energie und Frequenz zuerst 1900 vor, als er untersuchte, welche Strahlung Festkörper bei höheren Temperaturen abgeben. Die Konstante h wird ihm zu Ehren *Plancksche Konstante* (oder Plancksches Wirkungsquantum) genannt. Albert Einstein gelang später die Erklärung des photoelektrischen Effekts. Er zeigte, daß die Plancksche Konstante auch darauf angewendet werden konnte und offensichtlich eine universelle Konstante ist, die das Verhältnis von Energie und Frequenz einer Strahlung beschreibt.

Damit war das Paradoxon da. Wie konnte Licht gleichzeitig eine Welle mit der Frequenz ν und eine Ansammlung von Teilchen mit individuellen Energien E sein? Wie konnte eine Welle sich verhalten, wie Teilchen dies tun, oder wie konnten Teilchen eine Welle simulieren? War Licht wirklich eine Welle, oder war es ein Strom von Teilchen? Es bedurfte einiger philosophischer Verrenkungen, bis man sich bewußt wurde, daß diese Fragen nicht beantwortet werden konnten, da es die falschen Fragen waren. „Welle" und „Teilchen" sind Bezeichnungen für Dinge, die im makroskopischen Maßstab gewisse Verhaltensmuster zeigen. Was wir „Welle" nennen, hat in der uns vertrauten Welt keine Partikeleigenschaften, und was wir „Teilchen" nennen, benimmt sich nicht, wie Wellen es tun. Dies ist aber nur eine Frage des Maßstabs. Auf der Ebene atomarer Dimensionen können wir nicht sagen: „Dies ist eine Welle und dies ein Teilchen." Dieselbe „Sache" kann unter entsprechenden Umständen beide Verhaltensweisen zeigen, und just dies tut das Licht. Im Englischen wurde für dieses zweideutige Phänomen gelegentlich der Ausdruck „wavicle" geprägt (aus „wave" und „particle"), aber normalerweise nennt man die Licht-„Partikel" entweder *Photonen* oder Licht-*Quanten*.

Materiewellen

Wenn man durch ein Fliegengitter auf eine weit entfernte Straßenlaterne blickt, sieht man den Lichtpunkt aufgelöst in ein gekreuztes Muster von Flecken. Den gleichen Effekt kann man mit einem feinen Drahtsieb, wie es die Geologen benutzen, sowie einer punktförmigen Lichtquelle dahinter erzielen, wie das Photo rechts oben auf der nächsten Seite zeigt. Es handelt sich um das Phänomen der Beugung. Die Drähte des feinen Geflechts streuen die Lichtwellen. Die gestreuten Wellen verstärken einander in bestimmten Richtungen und erzeugen dort helle Lichtflecken, in anderen Richtungen löschen sie einander aus, so daß dort durch „Interferenz" dunkle Stellen entstehen. Aus dem Muster von hellen und dunklen Stellen im Beugungsmuster kann man mit Hilfe von Physik die Abstände der Drähte im Gitter berechnen. In gleicher Weise erzeugen Röntgenstrahlen, die durch einen Kristall –

einen „Einkristall", im Gegensatz zu einem Konglomerat vieler kleiner Kristalle – geschickt werden, ein Beugungsmuster aus Punktreihen. Eine Metallfolie erzeugt bei diesem Experiment einen Satz von Beugungsringen (rechts Mitte), denn das Metall ist aus vielen winzigen Kristallen aufgebaut, die regellos in alle Richtungen orientiert sind. Die Abstände zwischen den Ringen verraten uns, wie eng die Atome in dem Metall zusammengepackt sind. Die Beugung von Röntgenstrahlen durch kristalline Festkörper ist derzeit die genaueste Methode zur Bestimmung von Molekülstrukturen.

So verhalten sich Wellen, doch wir wissen inzwischen, daß Licht und Röntgenstrahlen auch die Eigenschaften von Teilchen haben. Die Natur ist oft symmetrisch, und im nachhinein scheint es keine große Erleuchtung der Physiker gewesen zu sein, daß sie sich fragten: Wenn Wellen Eigenschaften von Teilchen haben, müssen dann nicht auch Wesen wie Elektronen Welleneigenschaften haben? Davisson und Germer prüften 1927 diese Idee, indem sie einen schmalen Strahl von schnellen Elektronen durch eine Metallfolie schickten. Das Ergebnis dieses Versuchs (rechts unten) war offenkundig ein Beugungsmuster: Irgendeine Art von Wellen war an den Metall-Atomen gebeugt worden. Bei Beugungsversuchen mit Röntgenstrahlen kann ein Physiker die Radien der durch Beugung der Strahlen entstandenen Ringe messen und – sofern er die Wellenlänge der verwendeten Röntgenstrahlen kennt – aus einem Beugungsmuster, wie rechts in der Mitte gezeigt ist, die Atomabstände im Metall berechnen. Mit dieser Information kann er rückwärts aus den Radien der entsprechenden Ringe im Elektronen-Beugungsmuster (rechts unten) die effektive Wellenlänge des Elektronenstrahls berechnen. Dabei stellt sich heraus, daß die Wellenlänge eines Elektronenstrahls von der Geschwindigkeit der Elektronen abhängt. Je schneller die Elektronen, desto geringer ihre Wellenlänge. Elektronen, die in einem Potential von 40000 Volt beschleunigt wurden, die also eine kinetische Energie von 40000 Elektronenvolt (eV) besitzen, haben eine Wellenlänge von 6 Picometern.

Die Beziehung zwischen Masse m, Geschwindigkeit v und Wellenlinie λ ist nach Louis de Broglie benannt, dem Mann, der sie aus theoretischen Gründen drei Jahre vor dem Davisson-Germer-Versuch postulierte. Die Beziehung lautet $\lambda = h/mv$, wobei h die Plancksche Konstante bedeutet, also dieselbe Konstante, der wir oben beim photoelektrischen Effekt begegnet sind. Da sowohl Masse als auch Geschwindigkeit im Nenner der Formel stehen, ergibt sich, daß schwere Teilchen oder solche, die sich schnell bewegen, eine kurze Wellenlänge haben.

Die Wellenlängenbeziehung von de Broglie betrifft nicht nur Elektronen. Sie ist für jedes Teilchen im Universum gültig, aber die einzigen Teilchen, deren Masse klein genug und deren Wellenlänge deshalb groß genug ist, daß man sie messen kann, sind Elektronen, Protonen und Neutronen. Die Neutronenbeugung ist heute neben der Röntgen- und der Elektronenbeugung eine der Standardmethoden zur Aufklärung von Molekülstrukturen. Elektronen und Neutronenstrahlen haben experimentell nutzbare Wellenlängen von ca. 100 pm bis hinunter zu einigen Picometern. Im Gegensatz dazu hat ein Baseball, der mit einer Geschwindigkeit von 30 Metern pro Sekunde fliegt, eine de-Broglie-Wellenlänge von 10^{-22} pm. Das ist weniger als ein Trillionstel des Durchmessers eines Atomkerns, und es ist kein Experiment vorstellbar, das die Welleneigenschaften eines Stroms von Basebällen offenbaren könnte. Erst in subatomaren Dimensionen treten die Welleneigenschaften von Partikeln in Erscheinung.

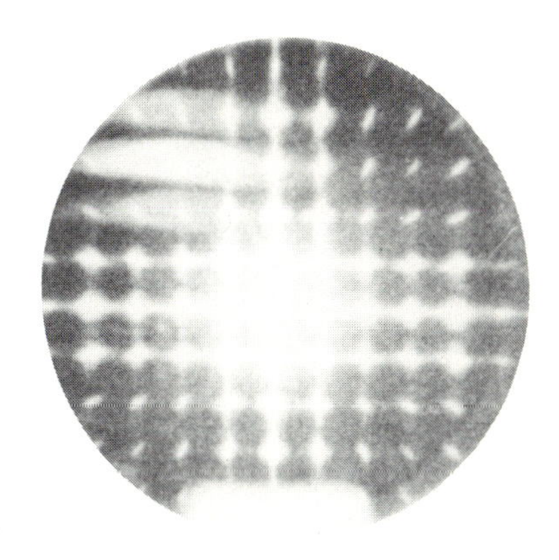

Die Beugung von Licht an einem feinmaschigen Drahtnetz entspricht der Beugung von Röntgenstrahlen durch einen Einkristall.

Beugung von Röntgenstrahlen an einer dünnen Aluminium-Folie, in der kristalline Bereiche in alle möglichen Richtungen orientiert sind. Jeder Beugungsfleck, der bei der Beugung am Einkristall entstünde, ist zu einem Beugungsring verschmiert.

Beugung eines Elektronenstrahls an der gleichen, dünnen Aluminium-Folie. Das Ringmuster bleibt erhalten, nur die Abstände zwischen den Ringen haben sich verändert, weil Röntgenstrahlen und Elektronen verschiedene Wellenlängen haben. Im übrigen hat jedoch der Elektronenstrahl ebenso Welleneigenschaften wie der Röntgenstrahl. (Photo: Education Development Center, Newton, Massachusetts/USA)

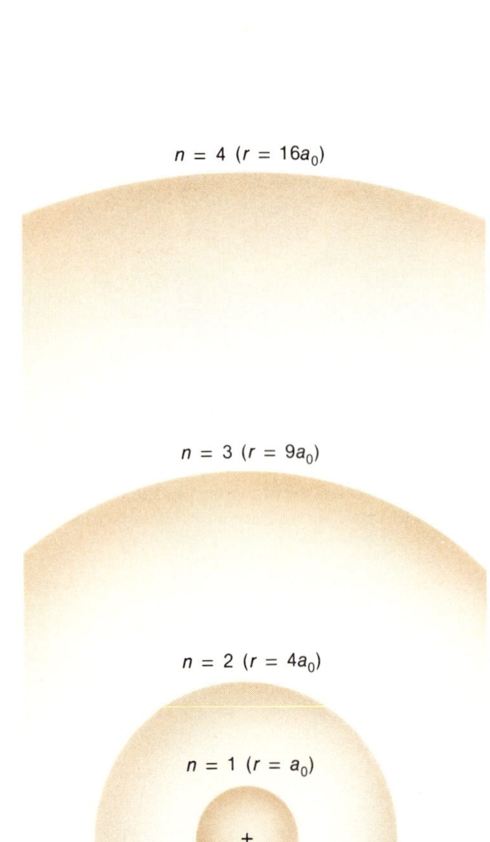

Die Radien der erlaubten Elektronenbahnen im Bohrschen Modell des Wasserstoff-Atoms, berechnet nach $r_n = n^2 a_0$.

Dennoch behält das Prinzip seine Gültigkeit: Alle Dinge unseres Universums sind Wellen und Partikel zugleich, und es kommt ihnen sowohl eine Wellenlänge als auch eine Energie pro Teilchen zu. In der Größenordnung der Dinge des täglichen Lebens dominiert entweder die eine oder die andere Eigenschaft, so daß der Welle-Teilchen-Dualismus bis in unser Jahrhundert übersehen worden war. Aber auf atomarer und subatomarer Ebene können unter geeigneten Bedingungen Wellen- und Teilchenverhalten beobachtet werden. Der Dualismus ist real. Es ist nicht so, daß Elektronen dann und wann Wellenverhalten wie eine Verkleidung annehmen; Elektronen *sind* Wellen genauso wie sie Teilchen sind. Dies ist für die erste moderne Theorie der Atomstruktur von Bedeutung: für das Bohrsche Modell des Wasserstoff-Atoms.

Das diskontinuierliche Atom

Im Jahr 1913 entwickelte Niels Bohr ein Modell für das Wasserstoff-Atom, in dem das Elektron sich in kreisförmiger Bahn um den Kern derart bewegte, daß die Zentrifugalkraft des Elektrons in der Umlaufbahn durch die elektrostatische Anziehung des Kerns gerade ausgeglichen wurde. Auf die Frage „Warum strahlt das Elektron nicht, wie es die elektromagnetische Theorie fordert, Energie ab und fällt in den Kern hinein?" gab Bohr die schlichte Antwort: „Es fällt eben nicht." Die Theorie oszillierender und deshalb strahlender Dipole mochte, so nahm er an, auf Radioantennen anwendbar sein, aber nicht auf Dinge atomarer Größe; gerade so wie Welle und Partikel als separate Kategorien auf dieser Ebene nicht zutrafen. Als eine der tragenden Säule seiner Theorie postulierte Bohr, daß stabile Atome mit Elektronen in kreisförmigen Umlaufbahnen existieren konnten.

Nach Bohr waren allerdings nicht alle Umlaufbahnen möglich, sondern nur solche, bei denen bestimmte Bedingungen erfüllt waren. Wenn auch die ursprünglich formulierten Bedingungen komplizierter waren, postulierte er im wesentlichen, daß die einzigen stabilen Umlaufbahnen der Elektronen diejenigen wären, die *stehenden* (oder *stationären*) *Elektronenwellen entlang der Bahn* entsprächen, wobei eine ganze Zahl ganzer Wellenlängen auf jede Bahn entfiele (vgl. die Zeichnung am Anfang des Kapitels). Die Bahn geringsten Durchmessers und niedrigster Energie sollte entlang ihres Umfangs eine ganze Wellenlänge enthalten; die nächste erlaubte Umlaufbahn enthielte zwei ganze Wellenlängen, die nächste drei, vier und so fort. In einer dazwischen liegenden Umlaufbahn mit vielleicht $2^1/_4$ oder $5^1/_3$ Wellen pro Umfang würden Interferenzen zwischen Wellen aufeinanderfolgender Umläufe die Sache zerstören, wie zu Beginn des Kapitels dargestellt. Erlaubt wären nur solche Umlaufbahnen, deren Umfang eine ganze Zahl *n* von Wellenlängen mißt:

$$\text{Umfang} = 2\pi r = n \cdot \lambda = n \frac{h}{m \cdot v} \qquad n = 1, 2, 3, 4 \ldots$$

Jede dieser erlaubten Bahnen (oder Zustände) wurde ein *Quantenzustand* genannt, charakterisiert durch eine *Quantenzahl n,* die eine positive, ganze Zahl sein mußte.

Wenn man die in dieser Gleichung enthaltenen Einschränkungen hinsichtlich Radius, Masse und Geschwindigkeit berücksichtigt, lassen sich aus den Formeln, die das Gleichgewicht zwischen elektrostatischer Anziehung und Zentrifugalkraft beschreiben, Ausdrücke für die Radien der erlaubten Quantenbahnen (r) und für die Energien E der sich darin bewegenden Elektronen ableiten. Für die Radien der erlaubten Bahnen gilt:

$$r_n = n^2 a_0$$

Dabei ist r_n der Radius der n-ten erlaubten Bahn und a_0 eine Zusammenfassung von physikalischen Konstanten, die für das Wasserstoff-Atom den numerischen Wert

53 pm hat. Der Betrag des Radius wächst mit dem *Quadrat* der Quantenzahl. So hat die kleinste (und energieärmste) Umlaufbahn einen Radius von 53 pm, die nächste von 212 pm und so fort. Diese Bahnen sind links außen dargestellt.

Für die dem n-ten Quantenzustand entsprechende Energie gilt:

$$E_n = -\frac{E_0}{n^2}$$

E_0 ist wieder eine (andere) Zusammenfassung physikalischer Konstanten; für Wasserstoff hat sie den Wert von 1310 kJ · mol^{-1}. Die erlaubten Energiezustände für Wasserstoff sind rechts aufgetragen. Vereinbarungsgemäß entspricht der Nullpunkt der Energie dem Zustand eines Atoms mit unendlich weit entferntem Elektron in Ruhe. Die Energie eines Atoms mit daran gebundenem Elektron muß weniger als Null, also negativ sein. Positive Energie bedeutet die kinetische Energie, die das vom Atom abgelöste, durch die Gegend fliegende Elektron hat.

Beim Wasserstoff-Atom hat der Zustand niedrigster Energie, dem ein Radius der Umlaufbahn von 53 pm entspricht, eine Energie E_1 von -1310 kJ · mol^{-1}. Wasserstoff-Atome in diesem Zustand sind um 1310 kJ · mol^{-1} stabiler als ionisierte Wasserstoff-Atome. Diese 1310 kJ · mol^{-1} sind also die Ionisierungsenergie des atomaren Wasserstoffs. Obwohl der numerische Wert dieser Energie aus den einfachsten Grundprinzipien der Bohrschen Theorie berechnet wurde, wobei nur Zahlenwerte wie die Plancksche Konstante oder die Werte von Masse und Ladung des Elektrons benutzt wurden, stimmt er exakt mit dem im 3. Kapitel angegebenen, gemessenen Wert der Ionisierungsenergie für Wasserstoff überein. Aus Übereinstimmungen dieser Qualität wächst Vertrauen in jede Theorie.

Im Quantenzustand mit $n = 2$ hat das Wasserstoff-Atom eine Energie von

$$E_2 = -\frac{1310 \text{ kJ} \cdot \text{mol}^{-1}}{2^2} = -327 \text{ kJ} \cdot \text{mol}^{-1}$$

Das ist eine höhere (d.h. weniger negative) Energie als die des Zustands mit $n = 1$. In diesem Zustand ist das Atom nur um 327 kJ · mol^{-1} stabiler als das H^+-Ion. Je höher die Quantenzahl n, desto näher kommt die Energie derjenigen des ionisierten Atoms. Ionisierung, d.h. die Entfernung des Elektrons, kann auch als die Versetzung des Elektrons in den Quantenzustand mit $n = \infty$ betrachtet werden. Dieser Zustand, in dem das Elektron vom Kern unendlich weit entfernt ist, hat die Energie

$$E_\infty = -\frac{E_0}{\infty} = 0.$$

Das Bohrsche Atommodell kann in einer Reihe von Postulaten zusammengefaßt werden.

1. Das Elektron bewegt sich in einer Serie von kreisförmigen Umlaufbahnen um den Kern, wobei Zentrifugalkraft und Kernanziehung einander exakt die Waage halten.
2. Ein Elektron in einer dieser Umlaufbahnen hat eine Wellenlänge, wie sie durch die de-Broglie-Beziehung $\lambda = h/m \cdot v$ gegeben ist. Nur solche Bahnen sind stabil, die stehenden Wellen entsprechen, d.h. auf dem Umfang der Bahn muß gerade eine ganze Zahl n von Wellen Platz haben.
3. Diese Bahnen mit stationären Wellen sind wirklich stabil. Die Atome fallen nicht unter Ausstrahlung von Energie in sich zusammen, wie es die klassische Physik voraussagte.

Von diesen Annahmen aus gelangt man zu folgenden Aussagen über die Größe der Umlaufbahnen und die Energie der Atome:

4. Der Radius der n-ten Umlaufbahn ergibt sich zu $r_n = n^2 a_0$.

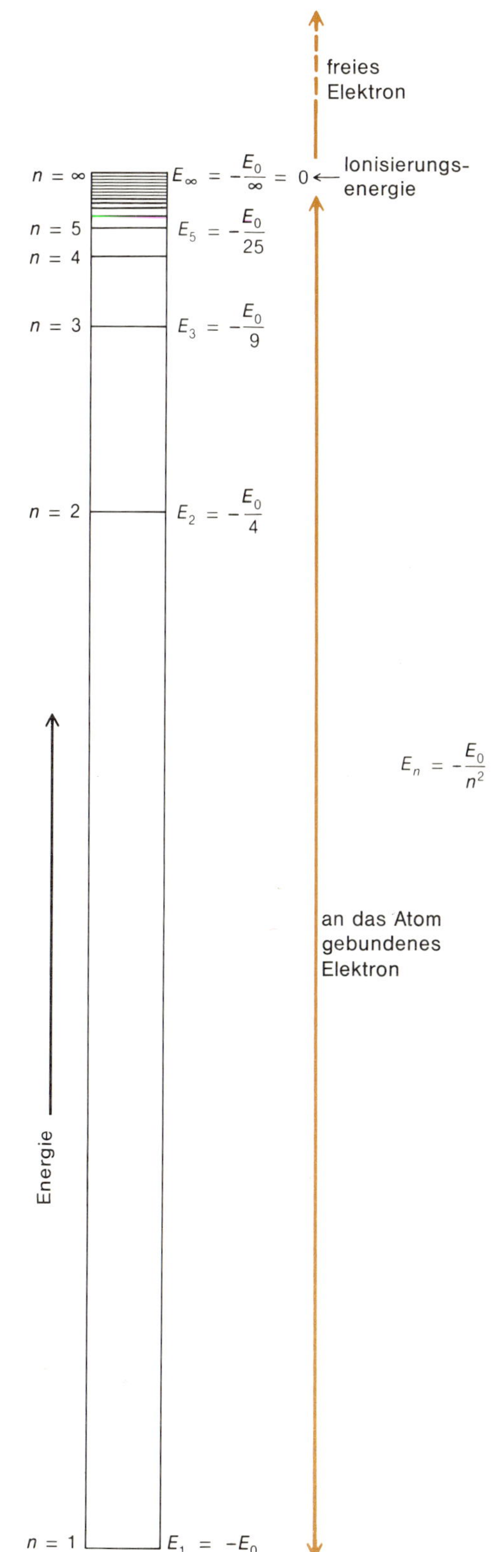

Die den erlaubten Elektronenbahnen im Bohrschen Modell des Wasserstoff-Atoms entsprechenden Energieniveaus, berechnet nach

$$E_n = -\frac{E_0}{n^2}.$$

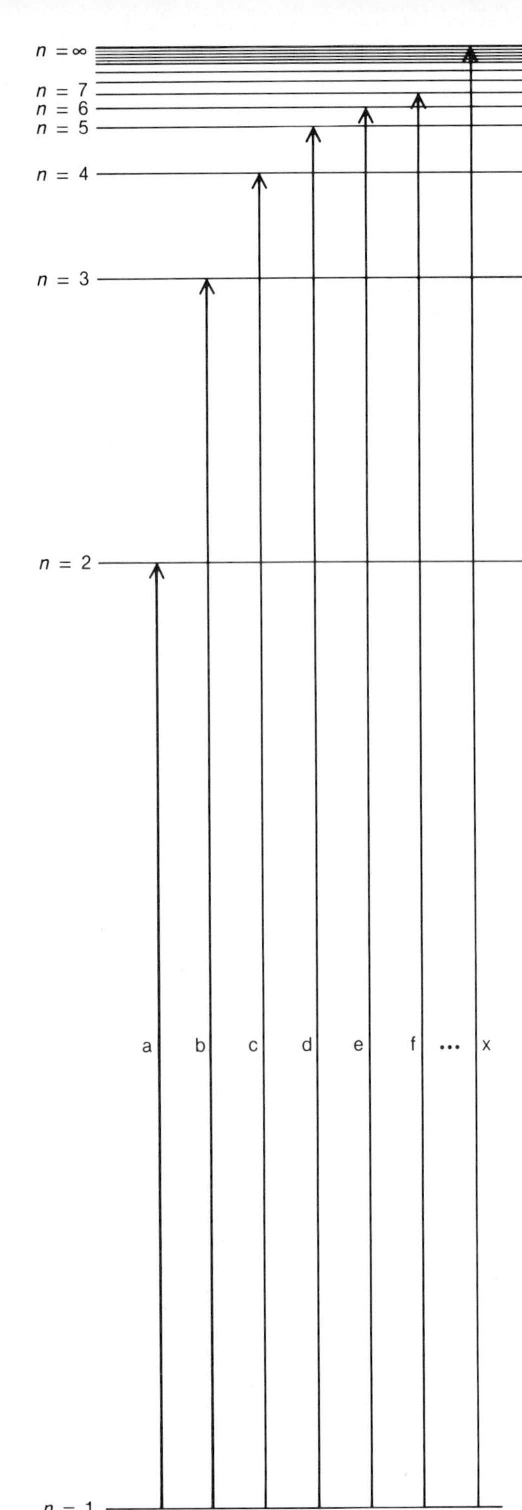

Energieniveau-Diagramm des Wasserstoff-Atoms. Es zeigt alle erlaubten, durch Absorption von Energie verursachten Sprünge von niedrigeren zu höheren Energieniveaus. Die Frequenzen der absorbierten Strahlungsenergie sind proportional den Energiedifferenzen zwischen dem Energieniveau, von dem ein Übergang ausgeht, und demjenigen, auf dem dieser Übergang landet. Die Buchstaben neben den Pfeilen, welche die Übergänge repräsentieren, entsprechen jenen im Wasserstoff-Spektrum auf Seite 140.

5. Die Energie eines Atoms, dessen Elektronen sich in der n-ten Bahn befinden, ist gegeben durch

$$E_n = -\frac{E_0}{n^2}$$

Sowohl a_0 als auch E_0 können im Rahmen der Bohrschen Theorie aus der Planckschen Konstante und aus Ladung und Masse der Elektronen berechnet werden. Die Werte können durch Vergleich mit experimentellen Werten geprüft werden. Die wichtigste neue Idee im Bohrschen Atommodell ist die Erkenntnis, daß nicht jede Energie für jedes Atom möglich ist. Die möglichen Energien sind durch Gesetz festgelegt, die Energie ist *gequantelt.* Diese Quantelung der Energie ergibt sich aus Postulat Nr. 2 – d.h. stehende Wellen entlang des Umfangs einer Elektronenbahn. Sie entspricht genau dem Auftreten von Obertönen bei einer schwingenden Violinsaite, die durch deren Länge festgelegt sind: Entlang der Saite müssen stehende Wellen möglich sein.

Atome, Energie, Strahlung

Für Physiker war es eine Bewährungsprobe für das Bohrsche Modell vom Wasserstoff-Atom, ob es exakt erklären konnte, wie Atome Energie absorbieren und emittieren, oder anders ausgedrückt, ob es die Atomspektren erklären konnte. Wenn wir eine Substanz soweit erhitzen, bis ihre Moleküle zu Atomen im Gaszustand zerfallen, und wenn wir dann elektromagnetische Strahlung vieler Frequenzen hindurchschicken, passieren die meisten Frequenzen das Gas ungehindert, und nur ein bestimmtes Muster von Strahlungsfrequenzen wird absorbiert. Wenn wir umgekehrt den Atomen Energie zuführen, indem wir sie noch weiter erhitzen, emittieren sie Strahlung nach demselben charakteristischen Frequenzmuster. (Die gleichen Aussagen gelten übrigens für Moleküle bei niedrigeren Temperaturen, aber Molekülspektren sind komplizierter als Atomspektren.) Wir wissen inzwischen, daß die verschiedenen, von Atomen absorbierten oder emittierten Strahlenfrequenzen Sprüngen zwischen verschiedenen Energiezuständen entsprechen, in denen sich Elektronen aufhalten können (oben). Nicht selten müssen sich Physiker mit ungenauen Messungen abfinden, aber diese spektralen Frequenzen gehören zu den Größen, die am genauesten gemessen werden können. Atomspektren sind vor der Entwicklung der Quantenmechanik im Detail beobachtet, gemessen und katalogisiert worden, aber ihre Ursachen waren vollkommen unverständlich.

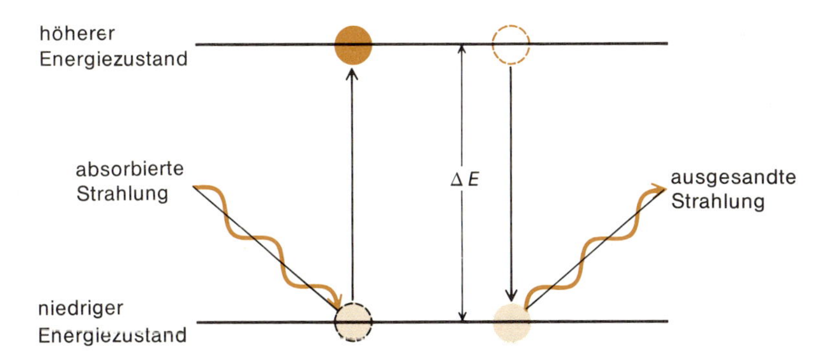

Ein Elektron kann von einem niedrigeren zu einem höheren Energiezustand, zwischen denen die Energiedifferenz ΔE besteht, dann springen, wenn das Atom ein Strahlungsquant (Photon) absorbiert, dem eine Strahlung der Frequenz ν entspricht: $\Delta E = h \cdot \nu$. Das Elektron kann dann auf das niedrigere Energieniveau zurückfallen und absorbiert dabei ein Photon derselben Frequenz.

Bohr postulierte, daß Atome Strahlung *nur* solcher Frequenz ν absorbieren können, die der Energiedifferenz ΔE zwischen zwei erlaubten Quantenzuständen entspricht:

$$\Delta E = h\nu$$

Dies ist oben dargestellt. Ein Elektron kann nicht von einem niedrigeren zu einem höheren Energiezustand springen, wenn ihm nicht der exakte Energiebetrag zugeführt wird. Und wenn umgekehrt ein Atom von einem höheren Zustand in einen niedrigeren übergeht, wird die abgegebene Strahlungsfrequenz von der gerade formulierten Energiebeziehung diktiert.

Im Energiediagramm eines Wasserstoff-Atoms (links außen) stellen die senkrechten, mit a, b, c ... bezeichneten Linien Übergänge vom niedrigsten Energiezustand ($n = 1$) zu verschiedenen höheren Zuständen dar. Je nach Temperatur befindet sich ein Bruchteil von Atomen bereits im ersten angeregten Zustand ($n = 2$), und diese Atome können solche Strahlung absorbieren, wie sie durch die senkrechten Linien g, h, i ... repräsentiert wird. Die wenigen Atome, die bereits im Zustand $n = 3$ sind, können die den Linien l, m, n ... entsprechende Strahlung absorbieren. Diese Reihe läßt sich fortsetzen. Jede dieser Serien von Absorptionen, deren jede von einem anderen Quantenzustand ausgeht, hat eine obere Grenze: die Energie, die zur Ionisierung des Atoms aus dem jeweiligen Quantenzustand nötig ist. Im Diagramm bedeuten die Linien x, y und z die Absorptionen aus den Zuständen mit $n = 1, 2$ und 3 in den ionisierten Zustand mit $n = \infty$.

Zur Messung von Atomabsorptionsspektren wird ein Bündel von Strahlen aller Frequenzen durch die Probe aus heißem Gas geschickt und anschließend durch ein Prisma oder ein Beugungsgitter zerlegt (s. unten). Die aufgefächerten Frequenzen werden auf einem photographischen Film aufgenommen, auf dem sich Absorptionen durch Linien bemerkbar machen, entlang derer kein Licht auf die photographi-

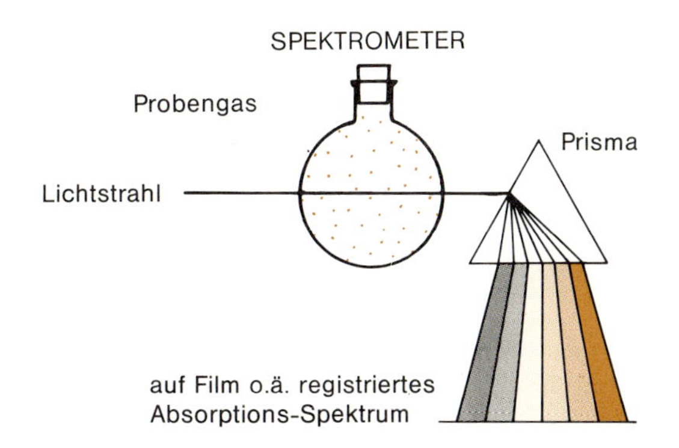

Absorptionsspektroskopie: Ein Lichtstrahl, der viele Frequenzen enthält, wird durch die Probe geschickt, und das nicht absorbierte Licht wird durch ein Prisma zerlegt. Auf diese Weise können die absorbierten Frequenzen gemessen werden.

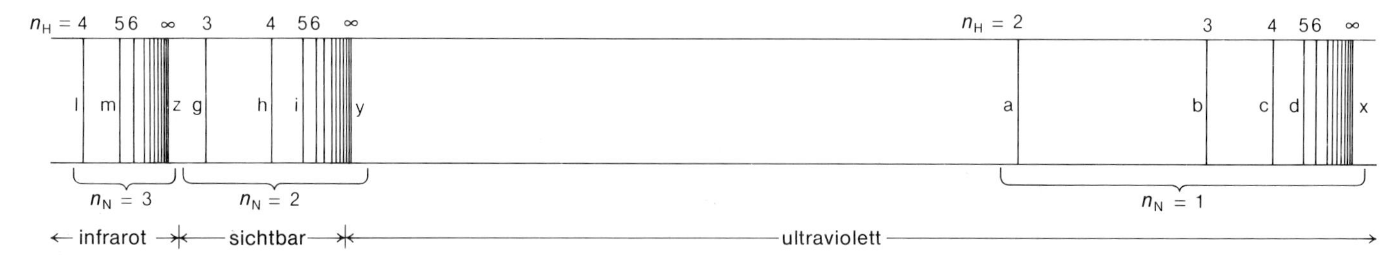

Absorptionsspektrum des Wasserstoff-Atoms. Jede Absorptionslinie entspricht einem der senkrechten Übergänge im Energieniveau-Diagramm auf Seite 138. Für jede Linie sind die Quantenzahlen des jeweils unteren Energiezustands (n_N) unter dem Spektrum, die des jeweils höheren Energiezustands (n_H) über dem Spektrum angeben.

sche Emulsion gelangte, weil die Strahlung entsprechender Frequenz durch das Gas absorbiert wurde. Das vollständige Absorptionsspektrum von Wasserstoff-Atomen, das auf den Übergängen zwischen den auf Seite 138 gezeigten Energieniveaus beruht, ist oben schematisch dargestellt. Jede Linie in diesem Diagramm des Spektrums stellt eine Absorption dar, d.h. einen Übergang von unten nach oben zwischen Quantenzuständen, und die Buchstaben an einigen Linien entsprechen den Buchstaben, mit denen die senkrechten Linien für Übergänge im Energieniveau-Diagramm bezeichnet wurden.

Wenn die Indices N und H den niedrigeren und höheren Quantenzustand markieren, zwischen denen ein Übergang stattfindet, dann ist die Energiedifferenz gegeben durch:

$$\Delta E = E_H - E_N = -E_0\left(\frac{1}{n_H^2} - \frac{1}{n_N^2}\right) = h \cdot \nu$$

Absorptionen oder Emissionen, an denen der gleiche niedrigere Quantenzustand beteiligt ist, gehören zur gleichen *Serie,* und die zugehörigen Spektrallinien liegen nahe beieinander. Die Abstände zwischen den Quantenzuständen des Wasserstoff-Atoms sind so groß, daß alle Linien der Serie $n_N = 1$ in das ultraviolette Gebiet hoher Energie fallen. Die meisten Absorptionslinien der Serie $n_N = 2$ liegen im sichtbaren Bereich, und die Linien der vom Zustand $n_N = 3$ ausgehenden Übergänge liegen im nahen Infrarot. Eine echte Aufnahme des Wasserstoffspektrums im sichtbaren Bereich findet sich unten auf dieser Seite. Daß dieses Spektrum und jenes, das von der Bohrschen Theorie vorhergesagt wurde, exakt übereinstimmten und daß es zu jener Zeit keine andere Deutungsmöglichkeit für Atomspektren gab, machte auf überzeugende Weise deutlich, daß Bohr auf der richtigen Spur war.

Der schlimmste Makel der Bohrschen Theorie, welche das Wasserstoff-Atom so perfekt erklärte, war, daß sie nichts anderes erklärte. Alle Anstrengungen, die Theorie für Atome mit mehr als einem Elektron zu erweitern, schlugen fehl, bis Schrödinger ein Jahrzehnt später die Wellenmechanik entwickelte. Doch die sich aus der Bohrschen Theorie ergebenden Grundprinzipien, welche die Physiker seiner Zeit so verwirrt hatten, blieben auch in der späteren Theorie gültig: die Wellennatur des Elektrons, die Quantelung der Energie in den Atomen, die Quantenzahlen zur Beschreibung bestimmter Energiezustände eines Atoms und schließlich die Absorption und Emission von Energie als Folge von Sprüngen von einem Quantenzustand zu einem anderen.

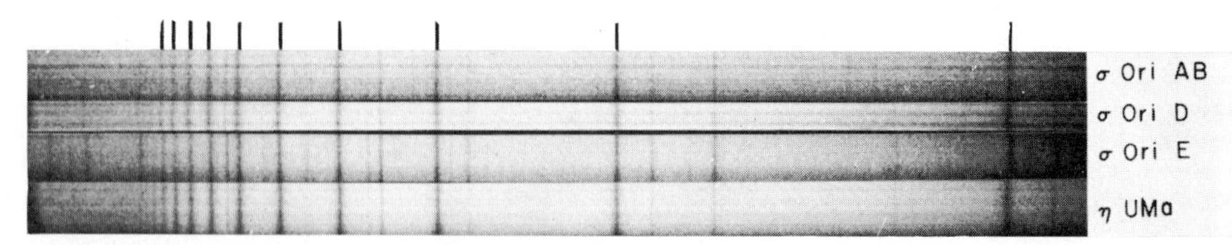

Photographische Aufnahmen des sichtbaren Teils ($n_N = 2$) des Wasserstoff-Absorptionsspektrums. Die Spektren stammen von vier Sternen unseres Milchstraßensystems. Die Wasserstoff-Linien sind markiert, die anderen Linien gehören hauptsächlich zu Helium. (Photo: John Oke, California Institute of Technology)

Atomspektren und auseinanderstrebende Galaxien

Was hier über das Atomspektrum des Wasserstoffs gesagt wurde, ist ebenso für andere Elemente gültig. Jedes zu einem leuchtenden Gas erhitzte Element emittiert Strahlung mit einem ganz bestimmten Muster von Frequenzen, das für das Element ebenso charakteristisch ist wie ein Fingerabdruck für einen Menschen. Wir sprechen vom Atom-*Emissionsspektrum* eines Elements. Wenn umgekehrt Strahlung, die alle Wellenlängen enthält, durch ein etwas kälteres Gas aus Atomen des Elements hindurchtritt, kann das Gas Strahlung desselben Frequenzmusters absorbieren, d. h. aus dem Spektrum der eingestrahlten Strahlung entfernen, und dadurch ein Atom-*Absorptionsspektrum* erzeugen. Diese Frequenzen, die auf Übergängen zwischen Quantenzuständen des Atoms beruhen, können zur Konstruktion eines Energieniveau-Diagramms der entsprechenden Atomart dienen.

Wenn die „weiße" – d. h. alle Wellenlängen umfassende – Strahlung, die im heißen Inneren eines Sterns emittiert wird, die etwas kälteren äußeren Schichten des Sterns passiert, absorbieren diese Schichten bestimmte Frequenzen, wie es ihrer elementaren Zusammensetzung entspricht. Deshalb treten im Spektrum eines Sterns dunkle Linien auf, welche die Summe der Atomspektren der Elemente darstellen, die in den äußeren Bereichen des Sterns enthalten sind. Ob im Laboratorium oder im Licht eines entfernten Sterns beobachtet, ist das Spektrum eines Elements stets dasselbe. Wir brauchen nicht zu einem Stern zu kommen, um seine Zusammensetzung zu bestimmen; er sendet seine Analyse zu uns. Auf diese Weise können wir so überzeugt davon sprechen, aus welchen Atomen ein Stern zusammengesetzt ist. Ebenso wird die allgemein akzeptierte, wenn auch auf direktem Wege unbeweisbare Aussage evident, daß die Grundgesetze der Physik überall im Universum die gleichen sind.

Es gibt eine wichtige Ausnahme von der Feststellung, daß die Atomspektren unveränderlich sind: In den Spektren sehr weit entfernter Galaxien treten Linien auf, die offensichtlich Wasserstoff, Helium und anderen identifizierbaren Elementen zuzuordnen sind, die aber zu niedrigeren Frequenzen, d. h. in Richtung des roten Endes des sichtbaren Spektrums, verschoben sind (rechts). Der amerikanische Astronom Edwin Hubble interpretierte die Frequenzerniedrigung als kosmischen Doppler-Effekt: eine „Rotverschiebung", die davon herrührt, daß die Galaxien sich von uns weg bewegen – so wie sich der Ton der Pfeife eines sich schnell entfernenden Eisenbahnzugs erniedrigt. Aus der Rotverschiebung der Galaxien konnten die Astronomen berechnen, wie weit jede Galaxie von unserer eigenen entfernt ist. Je weiter eine Galaxie von uns weg ist, um so schneller entfernt sie sich von uns und um so stärker sind ihre Atomspektren nach Rot, d. h. zu längeren Wellenlängen, verschoben.

Wenn man die Geschichte des expandierenden Universums rückwärts in der Zeit aufzeichnet, treffen sich die Galaxien vor ungefähr 15 Milliarden Jahren an einem gemeinsamen Schauplatz. Darauf beruht die Theorie des Urknalls („big bang") des Universums, nach der alles vor 15 Milliarden Jahren mit einer kosmischen Explosion begann und die Galaxien, inselartige Universen von Sternen, die auseinanderstrebenden Trümmer dieses ersten kosmischen Ereignisses sind. Und all dies gründet sich auf Frequenzverschiebungen in den Atomspektren!

ZUSAMMENHANG ZWISCHEN ROTVERSCHIEBUNG UND ENTFERNUNG VON STERNSYSTEMEN AUSSERHALB UNSERER MILCHSTRASSE

Lage und Entfernung (in Lichtjahren) des Sternsystems	Geschwindigkeit der Entfernung von unserer Galaxis

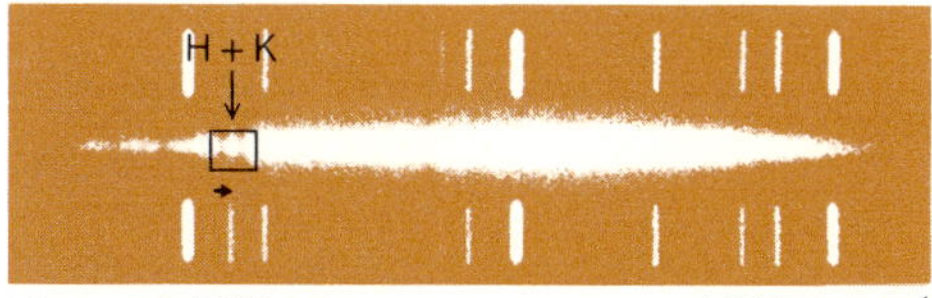

Virgo: 78 Millionen — 1 200 km s^{-1}

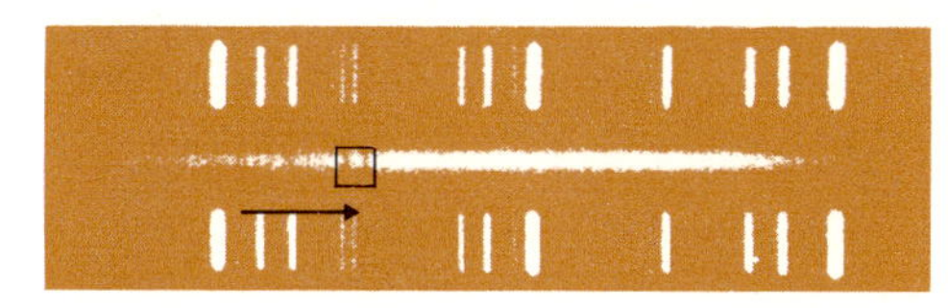

Ursa major: 1 Milliarde — 15 000 km s^{-1}

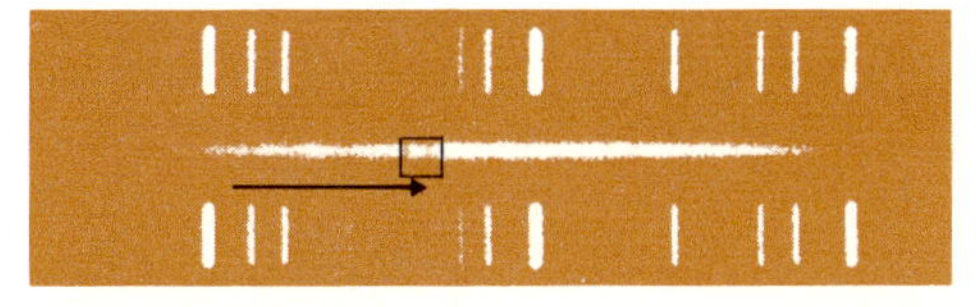

Corona borealis: 1.4 Milliarden — 22 000 km s^{-1}

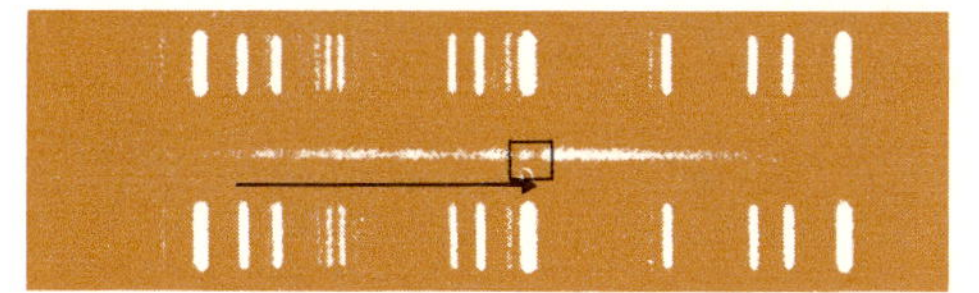

Bootes: 2.5 Milliarden — 39 000 km s^{-1}

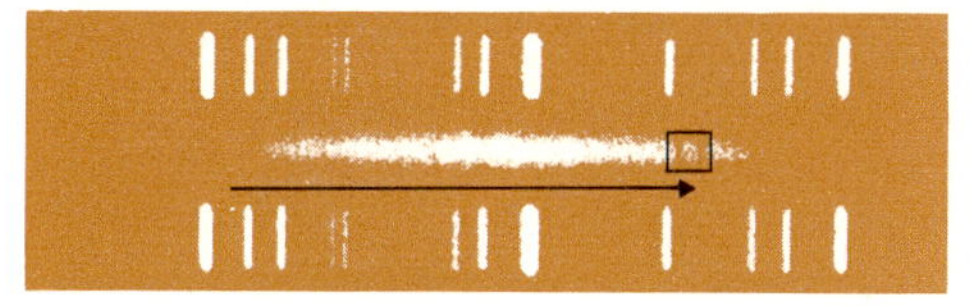

Hydra: 3.96 Milliarden — 61 000 km s^{-1}

Rotverschiebung der H- und K-Linien aus dem Calcium-Spektrum von fünf verschiedenen Milchstraßensystemen, die von unserem eigenen immer größeren Abstand haben. Jedem galaktischen Absorptionsspektrum ist zur Kalibrierung oben und unten ein im Laboratorium aufgenommenes Eisen-Emissionsspektrum beigegeben. Die waagerechten Pfeile unter jedem galaktischen Spektrum zeigen an, wie sich die beiden Calcium-Absorptionslinien von ihrer normalen Lage relativ zu den Eisen-Linien verschoben haben. (Quelle: The Hale Observatories.)

Das gequantelte Atom: eine Zusammenfassung

In diesem Kapitel ging es um Vorstellungen, die sehr fremdartig wirkten, als sie zuerst auftauchten: Lichtwellen, die in Paketen auftreten, Elektronenstrahlen, die zugleich Wellen sind, Atome, die keine Strahlung aussenden, wie sie es nach der klassischen Theorie tun sollten, und Elektronen, die diskontinuierlich von einem Energiezustand in einen anderen springen, während Energien dazwischen verboten sind. Die Pakete der Lichtenergie wurden *Licht-Quanten* genannt: Atome, die nur in bestimmten Energiezuständen existieren können und die von einem Zustand in den anderen springen, indem sie Quanten elektromagnetischer Energie absorbieren oder emittieren, heißen *quantisierte* (oder „gequantelte") Atome, und die neue Mechanik, die auf diesen Ideen aufbaut, ist die *Quantenmechanik.*

In diesem Kapitel wurde die einfachste Quantentheorie, die von Niels Bohr stammt, betrachtet. Seine Theorie erklärte perfekt das Wasserstoff-Atom – aber das war alles, was sie erklärte. Alle Atome oder Ionen mit mehr als einem Elektron waren für die Bohrsche Theorie zu kompliziert, und alle Mühen, die Theorie zu flicken, schlugen fehl. Um 1926 tat Schrödinger den nächsten Schritt mit seiner verbesserten Quantentheorie, der *Wellenmechanik.* Sie war der fehlende Schlüssel zur Atomstruktur. Die Wellenmechanik brachte eine Erklärung für Struktur und Eigenschaften aller Atome – und darüber hinaus für die Bindung zwischen Atomen in Molekülen. Das ist das Thema des nächsten Kapitels.

Fragen

1. Warum verletzt das Modell eines Elektrons, das sich in einer kreisförmigen Bahn mit dem positiv geladenen Kern als Zentrum bewegt, die Gesetze der klassischen Physik? Was müßte mit einem solchen Atom passieren?
2. Was müßte geschehen, wenn das Elektron sich nicht bewegte, sondern in Ruhe verharrte?
3. Was versteht man unter der Wellenlänge einer Welle (Diagramm!)? Was versteht man unter der Frequenz einer Welle, und in welcher Einheit wird sie angegeben? In welcher Beziehung stehen diese beiden Größen zu der Geschwindigkeit, mit der Wellen sich fortpflanzen?
4. Wie groß ist die typische Wellenlänge von Licht, das wir als rot wahrnehmen? Wie groß ist die Frequenz dieses Lichts? Welche Farbe hat Licht, dessen Wellenlänge zwei Drittel so groß ist? In welchem Zahlenverhältnis steht die Frequenz dieses Lichts zu dem von rotem Licht?
5. Welches in Frage 4 zitierte Licht hat mehr Energie pro Photon? In welchem Zahlenverhältnis stehen die Photonenenergien der beiden Wellenlängen?
6. Inwiefern sind die Bezeichnungen VHF und UHF für Fernseh-Sendefrequenzen (VHF = very-high frequency, UHF = ultra-high frequency) angemessen gewählt? Relativ wozu sind Radio-Kurzwellen kurz?
7. Was läßt sich über die relativen gesundheitlichen Gefahren von Lichtstrahlen, ultravioletten Strahlen und Röntgenstrahlen aus dem Verhältnis ihrer Energie pro Photon aussagen?
8. Muß man aus der Tatsache, daß Cäsium-Metall in photoelektrischen Bauelementen verwendet wird, schließen, daß es eine größere oder kleinere erste Ionisierungsenergie hat als Lithium oder Aluminium?
9. Eine automatische Türöffnungs-Anlage enthält einen Stromkreis mit einer Cäsiummetall-Photozelle. Was passiert mit den Elektronen, die aus dem Cäsium-Metall herausgeschlagen werden? Woher bekommt das Cäsium seine Elektronen letztlich zurück?

10. Die Ausgangsspannung einer Photozelle ist proportional der Energie der Elektronen, die aus der von Photonen bombardierten Metall-Oberfläche austreten. Dagegen ist der Ausgangsstrom proportional der Anzahl der Elektronen, die von der Metall-Oberfläche emittiert werden. Wie ändert sich die Spannung der Photozelle, wenn die Intensität des auffallenden Lichtes verdoppelt wird? Wie ändert sich der Strom?
11. Wie ändern sich Spannung oder Strom der Photozelle, wenn Licht kürzerer Wellenlänge, aber der gleichen Intensität benutzt wird?
12. Inwiefern geben die Antworten auf die beiden letzten Fragen einen Hinweis auf die Teilcheneigenschaften des Lichts?
13. Welche Beweise gibt es für die Wellennatur des Lichts?
14. Wie nennt man die fundamentalen Einheiten des Lichts? Ist Licht eine Welle oder besteht es aus Teilchen?
15. In der Formel, welche die Energie mit der Frequenz in Beziehung setzt, kommt eine Konstante h vor. Worum handelt es sich?
16. Welche Beweise gibt es dafür, daß sich Materie wie eine Welle verhält?
17. Was passiert mit der Wellenlänge eines Elektronenstrahls, wenn seine Geschwindigkeit verdoppelt wird?
18. Zusätzlich zur Röntgenbeugung und zur Beugung von Elektronenstrahlen kann sich der Strukturchemiker einer dritten verwandten Methode, der Neutronenbeugung, bedienen. Wenn sich ein Elektronenstrahl und ein Neutronenstrahl mit der gleichen Geschwindigkeit fortpflanzen: Welcher Strahl hat die größere Wellenlänge, und um etwa welchen Faktor ist sie größer?
19. In der Bohrschen Theorie des Wasserstoff-Atoms wandert ein Elektron in einer kreisförmigen Umlaufbahn um den Kern. Welche Antwort hatte Bohr auf den Einwand, daß ein solches Atom seine ganze Energie abstrahlen und in sich zusammenfallen müßte?
20. Welche Einschränkungen hat Niels Bohr den erlaubten Umlaufbahnen der Elektronen um den Kern auferlegt? Welche Folgen hatten diese Einschränkungen für die Energie, die ein Wasserstoff-Atom besitzen kann?
21. Warum hat die Energie des Wasserstoff-Atoms im Grundzustand einen negativen Wert?
22. Was klappt nicht bei einer Bohrschen Bahn mit $n = 3^1/_2$?
23. Inwiefern ist Bohrs Wasserstoff-Atom „gequantelt"? Inwiefern ist die schwingende Saite einer Geige „gequantelt"? Wie benutzt ein Geiger die Finger seiner linken Hand, um sich über diese Quantelung hinwegzusetzen?
24. Was passiert mit dem Elektron, wenn ein Wasserstoff-Atom Strahlung absorbiert? Wie nennt man das Spektrum, das die selektive Entfernung bestimmter Frequenzen aus dem ursprünglichen Strahl wiedergibt?
25. Was geht vor, wenn Wasserstoff-Atome Strahlung emittieren? In welcher Beziehung steht die Strahlungsfrequenz zu den Energieniveaus im Atom?
26. In welchem Teil des Spektrums erscheinen die Linien, die Übergängen zwischen dem Energiezustand mit $n = 1$ und höheren Zuständen entsprechen? Und wo im Spektrum erscheinen die Linien für Übergänge von $n = 2$ zu höheren Niveaus? Wo finden sich die Absorptionen oder Emissionen, die Übergängen vom Zustand $n = 3$ aus entsprechen?
27. Was beobachtet man im Spektrum einer Galaxie, die sich rasch auf uns zu bewegt? Was passiert, wenn sich die Galaxie von uns fortbewegt? Welche dieser Erscheinungen ist eine Rotverschiebung? Warum?
28. Hubble entdeckte, daß die Geschwindigkeit, mit der sich eine Galaxie von uns wegbewegt, proportional ihrem Abstand von uns ist. Inwiefern läßt dies darauf schließen, daß das expandierende Universum seinen Ursprung in einem räumlich verhältnismäßig begrenzten Gebiet hat?

Probleme

1. Im Mittelwesten Amerikas sind die Landstraßen in einem Netz von Quadraten angelegt, deren Seitenlänge eine Meile (1 amerik. Meile = 1.61 km) beträgt. Ein Passagier eines in West-Ost-Richtung fliegenden Flugzeugs lehnt seinen Kopf gegen den Fensterrahmen und stellt fest, daß alle sechs Sekunden eine Straße dieses Gitters die Fensterecke passiert. Mit welcher Geschwindigkeit bewegt sich das Flugzeug relativ zum Boden?
2. Im ersten Problem wurde die Formel $v = \lambda \cdot \nu$ benutzt. Wenn die „Wellenlänge" des periodischen Straßennetzes 1 Meile ist: Wie groß ist die Frequenz in Straßen pro Sekunde? Wieso ergibt $v = \lambda \cdot \nu$ die Lösung von Problem Nr. 1?
3. Chlorophyll, der Farbstoff der grünen Pflanzen, absorbiert besonders gut Licht einer Wellenlänge von ungefähr 660 Nanometer. Welche Farbe hat dieses Licht? Welche Frequenz hat es?
4. Welche Energie (in $J \cdot Photon^{-1}$) hat ein Photon von Licht einer Wellenlänge von 660 nm? (Die Plancksche Konstante beträgt $h = 6.6262 \cdot 10^{-34}$ J · s.) Welche Energie hat ein Mol solcher Photonen?
5. Wenn die Energie eines Photons durch $E = h\nu$ gegeben ist, dann ist die Energie von einem Mol Photonen – eine für chemische Zwecke nützliche Größe – gegeben durch $E = Nh\nu$, wenn N die Avogadrosche Zahl ist. Wie groß ist Nh in kJ · s? Aus diesem Wert und der Frequenz von Licht der Wellenlänge 660 nm soll direkt die Energie pro Mol Photonen ausgerechnet werden.
6. Leichter läßt sich die Wellenlänge in Energie pro Mol Photonen umrechnen, wenn man in der Formel

$$E = Nh\nu = \frac{Nh \cdot c}{\lambda}$$

   alle Konstanten in einer einzigen zusammenfaßt. Wie groß ist die Konstante Nhc in Einheiten $J \cdot m \cdot mol^{-1}$? Daraus soll noch einmal die Energie in $kJ \cdot mol^{-1}$ der 660-nm-Photonen berechnet werden.
7. Kohlenstoff-Kohlenstoff-Einfachbindungen in organischen und biologischen Molekülen haben Energien von rund 350 $kJ \cdot mol^{-1}$. Kann man aus den Lösungen der Probleme 5 und 6 schließen, daß orangerotes Licht C–C-Bindungen spalten und Moleküle zerschlagen kann?
8. Welche Energie haben Photonen von ultraviolettem Licht einer Wellenlänge von 240 nm? Wäre diese Strahlung in der Lage, organische Moleküle aufzuspalten? Warum werden UV-Lampen zur Sterilisation (Abtötung von Keimen) benutzt?
9. Wenn Licht der Frequenz ν auf eine Photozelle fällt, wird auf ein einzelnes Elektron in der Metall-Oberfläche beim Zusammenstoß die Energie $E = h\nu$ übertragen. Wenn das Elektron davonfliegt, hat es eine kinetische Energie $E_{kin} = h\nu - \varphi$, wobei φ die „Austrittsarbeit" des Metalls ist, d.h. die Energie, die man braucht, um ein Elektron aus der Metalloberfläche herauszulösen. Die Austrittsarbeit ist verwandt mit der ersten Ionisierungsenergie, aber sie bezieht sich auf die Entfernung eines Elektrons aus einem Metallblock, nicht aus einem isolierten Atom im Gaszustand. Die auftreffenden Photonen müssen mindestens die Energie φ besitzen, andernfalls können sie überhaupt kein Elektron herausschlagen. Heißt das, daß es eine maximale oder eine minimale Wellenlänge gibt, die zur Photoemission von Elektronen aus einer Metall-Oberfläche nötig ist?
10. Die Austrittsarbeit (vgl. Problem 9) für Lithium-Metall beträgt 233 $kJ \cdot mol^{-1}$. Wie verhält sich dieser Wert zur 1. Ionisierungsenergie von Lithium-Atomen im Gaszustand? Welches ist das längstwellige Licht, mit dem eine Lithium-Photozelle funktioniert?

11. Kupfer hat eine Austrittsarbeit von 386 kJ · mol^{-1}. Kann sichtbares Licht Elektronen aus einer Kupfer-Oberfläche herausschlagen? Wenn nicht: Welche Art von Strahlung könnte dies?
12. Die maximale Wellenlänge, die bei einer Cäsium-Photozelle zur Emission von Elektronen führt, ist 620 nm. Wie hoch ist die Austrittsarbeit von Cäsium-Metall?
13. Wie groß ist der Radius der Elektronenbahn mit der Quantenzahl 2 im Bohrschen Atommodell? Welche Energie hat dieser Quantenzustand? Welche Energie hat der Quantenzustand $n = 3$?
14. Welche Energiedifferenz besteht zwischen den Quantenzuständen $n = 2$ und $n = 3$ des Wasserstoff-Atoms? Welche Wellenlänge wird absorbiert, wenn das Wasserstoff-Atom vom Zustand $n = 2$ in den Zustand $n = 3$ übergeht? In welchem Teil des elektromagnetischen Spektrums tauchen die entsprechenden Absorptionen auf?
15. Die Wellenlängen der Übergänge des Wasserstoff-Atoms aus dem Zustand $n = 2$ in die Zustände $n = 3, 4, 5, 6, 7$ und ∞ (unendlich) sollen berechnet und die Ergebnisse gegen eine Wellenlängenskala aufgetragen werden. (Die Linien rücken immer enger zusammen, wenn die höhere Quantenzahl n zunimmt!)
16. Wenn unsere Milchstraße oder irgendeine der anderen Galaxien, deren Spektren oben gezeigt wurden, sofort nach dem „big bang", dem Urknall, mit dem die Entwicklung unseres Universums anfing, mit der Geschwindigkeit v davonzurasen begann, dann hatte sie nach einer Zeit t eine Entfernung d erreicht, wobei $d = v \cdot t$. Aus der Entfernung d und der relativen Geschwindigkeit v irgendeiner der aufgeführten Galaxien soll das Alter (t) des Universums berechnet werden (1 Lichtjahr = $9.46 \cdot 10^{12}$ km, 1 Jahr = $3.15 \cdot 10^{7}$ s).

QUANTENZAHLEN

ORBITALE

n

Die Hauptquantenzahl ist immer eine positive ganze Zahl, also $n = 1, 2, 3, 4, 5 \cdots$

Die Hauptquantenzahl n bestimmt die Größe der Orbitale und ist ein ungefährer Anhaltspunkt für ihre Energie.

$l = 0$

Die Nebenquantenzahl l bestimmt die Gestalt und die magnetische Quantenzahl m die Orientierung im Raum. Bei $l = 0$ kann m nur 0 sein. Ein Orbital mit $l = 0$ ist ein s-Orbital und immer kugelförmig.

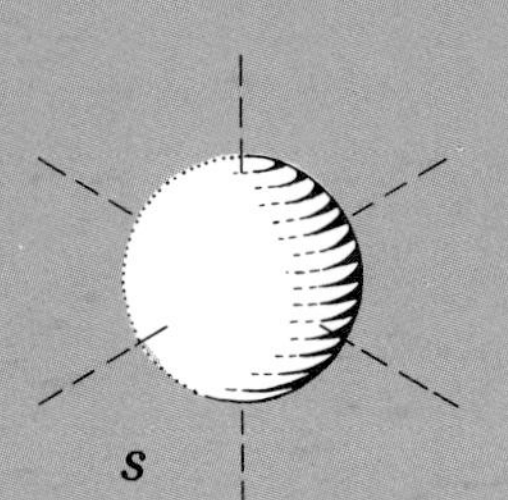

allgemeine Bezeichnung

***s*-Orbital**

$l = 1$

Bei $l = 1$ (p-Orbitale) kann m die Werte −1, 0 oder +1 annehmen. Die drei p-Orbitale haben die gleiche Form, doch sind sie in drei aufeinander senkrecht stehenden Richtungen orientiert.

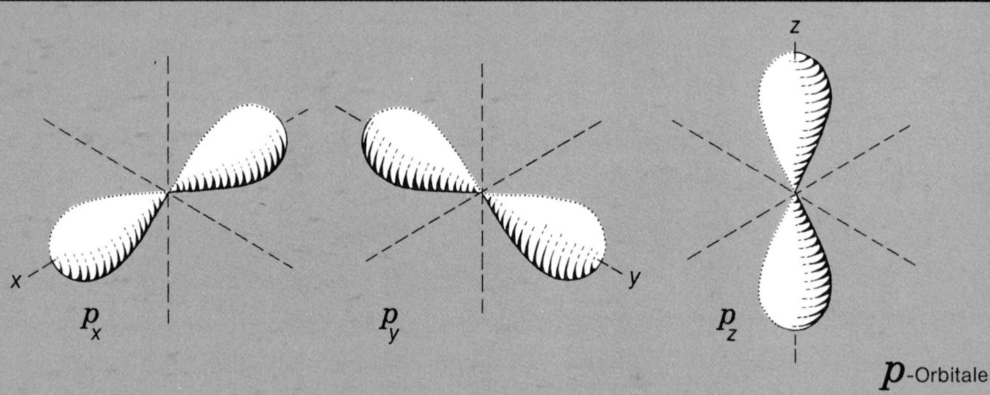

***p*-Orbitale**

$l = 2$

Bei $l = 2$ (d-Orbitale) kann m fünf verschiedene Werte annehmen: −2, −1, 0, +1, +2. Die fünf verschiedenen d-Orbitale sind rechts dargestellt.

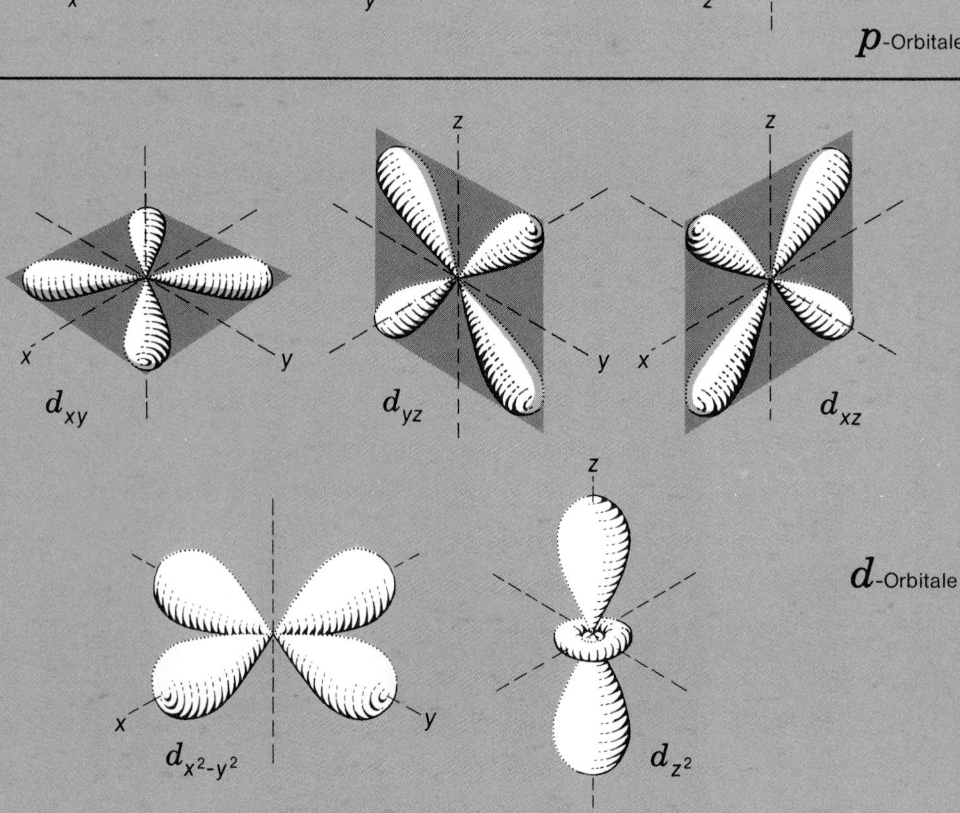

***d*-Orbitale**

8. Kapitel

Ein Blick hinter die Kulissen des Periodensystems

Wissenschaftliche Theorien sind ein Mittel zur Arbeitsersparnis. Wenn man zwanzig Fakten durch fünf Regeln und fünf Regeln durch eine gute Theorie ersetzen kann, dann hat man das Leben offensichtlich einfacher gemacht. Mark Twain hat einmal gesagt: „Es hat einen großen Vorteil, die Wahrheit zu sagen: Man braucht kein so gutes Gedächtnis.“ Dasselbe kann man über die Aufstellung von Theorien sagen.

Die größte Einzelleistung in der Chemie war nach der Entdeckung der Atome die Aufstellung des Periodensystems durch Mendelejew in Rußland 1869 und unabhängig davon durch Lothar Meyer in Deutschland etwas später im gleichen Jahr. Beide Wissenschaftler stellten fest, daß ähnliche chemische Eigenschaften periodisch wiederkehren, wenn man die Elemente mit zunehmendem Atomgewicht (in Wirklichkeit: Ordnungszahl) untereinanderschreibt. Beide stellten das gleiche System auf, in dem die Elemente so angeordnet sind, daß die gemeinsamen chemischen Eigenschaften zutagetreten. Die Chemiker brauchten jetzt nicht mehr alle Eigenschaften jedes einzelnen Elements zu behalten. Die „zwanzig Fakten“ in unserer Einleitung wurden durch wenige einfache Regeln ersetzt. Doch welche Theorie konnte diese Regeln und die ziemlich seltsame Struktur des Periodensystems erklären? Auf die einheitliche Theorie mußte man noch fast ein weiteres Jahrhundert warten, bis die Physiker anfingen, die neue Quantenmechanik auf die Chemie anzuwenden. Trotzdem wurde mit der Aufstellung des Periodensystems der erste große Schritt getan, die Chemie auf eine rationale Grundlage zu stellen.

Die bessere Theorie: Wellenmechanik

Eine neue und bessere Quantentheorie wurde in den zwanziger Jahren dieses Jahrhunderts von einem österreichischen und einem deutschen Physiker, Erwin Schrödinger und Werner Heisenberg, entwickelt. Ihre *Wellenmechanik* ist mathematisch furchteinflößend und scheint die Welt fast nur als einen Satz Lösungen von Differentialgleichungen zu betrachten. Es gelang ihr, die Struktur von Atomen mit vielen Elektronen, die Struktur des Periodensystems und die Bindung zwischen

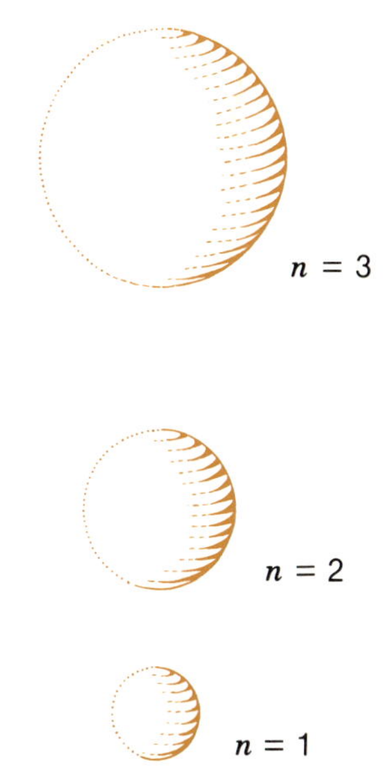

Wenn die Hauptquantenzahl *n* zunimmt, nehmen auch Größe und Energie des Orbitals zu, doch bleibt seine Gestalt im wesentlichen gleich.

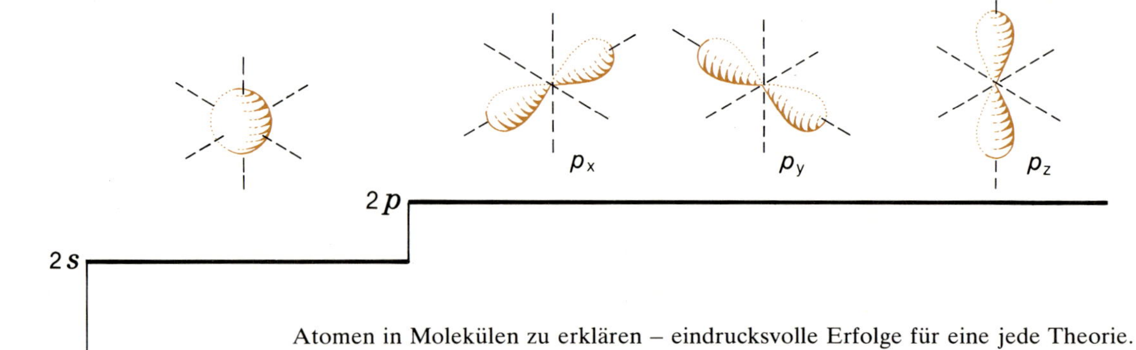

Das 2s-Niveau liegt wesentlich höher als das 1s-Niveau, und die drei 2p-Niveaus liegen etwas höher als das 2s-Niveau.

Atomen in Molekülen zu erklären – eindrucksvolle Erfolge für eine jede Theorie. Das Bild der Atome und Moleküle, das sich ergab, ist im wesentlichen dasjenige, das wir heute benutzen. Wir werden die Ergebnisse der Wellenmechanik – Energieniveaus und Atomstruktur – benutzen, ohne die Mathematik zu entwickeln, die zu diesen Ergebnissen führte.

Wie in der einfacheren Bohrschen Theorie nimmt die Energie eines Elektrons in einem Atom nur bestimmte Werte an, sie ist gequantelt. Zur Beschreibung eines Elektrons werden aber jetzt anstelle einer drei Quantenzahlen benötigt; sie werden mit n, l und m bezeichnet. Der mittlere Abstand eines Elektrons vom Kern hängt hauptsächlich von n ab, das *Hauptquantenzahl* genannt wird. Die Bindungsgeometrie um das Atom hängt vor allem von der Quantenzahl l, der sogenannten *Nebenquantenzahl* ab. Die Energie eines Elektrons in einem Atom ist eine Funktion von n und in geringerem Ausmaß von l. Die *magnetische Quantenzahl* m beschreibt, wie die Elektronenbahn im Raum relativ zu einem externen Standard, z.B. einem Magnetfeld oder einem elektrischen Feld, orientiert ist. Ohne ein solches Feld haben alle Zustände m für gegebenes n und l die gleiche Energie.

Es gibt bestimmte Begrenzungen für die Werte von n, l und m, die ein Elektron in einem Atom annehmen kann. Wie in der Bohrschen Theorie für das Wasserstoff-Atom kann n nur eine positive ganze Zahl sein:

$$n = 1, 2, 3, 4, 5, 6, 7 \ldots$$

Die Quantenzahl l kann null sein oder jede positive ganze Zahl *kleiner* als n. Zustände mit $l = 0, 1, 2, 3, 4, 5, 6 \ldots$ werden mit den kleinen Buchstaben s, p, d, f, g, h, i ... bezeichnet. Ein Zustand mit $n = 3$ und $l = 2$ wird 3d-Zustand genannt. Die möglichen Kombinationen von n und l mit $n = 1$ bis 4 sind in der Tabelle auf der nächsten Seite oben zusammengestellt.

Die magnetische Quantenzahl m kann jeden ganzzahligen Wert zwischen $-l$ und $+l$ einschließlich 0 annehmen. Diese Werte sind im Moment weniger wichtig als die Anzahl der m-Zustände, die existieren. Für jeden Wert l gibt es $(2l+1)$ verschiedene m-Zustände:

Art des l-Zustands	Wert für l	Werte für m	Anzahl der m-Zustände
s	0	0	1
p	1	$-1, 0, +1$	3
d	2	$-2, -1, 0, +1, +2$	5
f	3	$-3, -2, -1, 0, +1, +2, +3$	7

Die Quantenzahlen beschreiben Elektronenzustände verschiedener Energie und Geometrie. Ein radikaler Unterschied zwischen der neuen Quantentheorie und der Bohrschen Theorie ist, daß wir endgültig alle Hoffnung aufgeben müssen, den exak-

Quantenzustände der Elektronen in einem Atom

Hauptquantenzahl n	Nebenquantenzahl l	allg. Bezeichn.	Anzahl der m-Zustände	Gesamtzahl der Zustände für n
1	0	1s	1	1
2	0	2s	1	4
2	1	2p	3	
3	0	3s	1	9
3	1	3p	3	
3	2	3d	5	
4	0	4s	1	16
4	1	4p	3	
4	2	4d	5	
4	3	4f	7	
5	0	5s	1	25
5	1	5p	3	
5	2	5d	5	
5	3	5f	7	
5	4	5g	9	

ten Weg eines Elektrons um den Kern kennenzulernen. Nach der klassischen Mechanik konnten wir glauben, daß wir die Position des Elektrons in jedem Augenblick kennen und seine präzise Bahn beschreiben könnten, wenn wir nur geschickt genug wären. In der Bohrschen Theorie wurde das kugelförmige Elektron durch eine stehende Welle um eine kreisförmige Bahn ersetzt, doch war es immer noch möglich, einen genauen Zahlenwert für den Radius dieser Bahn anzugeben. Die Wellenmechanik hat uns auch noch das weggenommen. Statt der Position eines Elektrons kennen wir jetzt nur noch die *Wahrscheinlichkeit,* daß ein Elektron an einem bestimmten Punkt im Raum zu finden ist. Die Lösung der mathematischen Wellengleichungen für ein Elektron in einem bestimmten Quantenzustand (n, l, m) um ein Atom liefert eine Wellenfunktion $\Psi(x, y, z)$, die sich von einem Punkt (x, y, z) im Raum zu einem anderen ändert. Die Wellenfunktion Ψ hat keine direkte physikalische Bedeutung, doch das *Quadrat* der Wellenfunktion, Ψ^2, ist der Wahrscheinlichkeit, das Elektron am Punkt (x, y, z) zu finden, proportional. Wenn man das Ergebnis zeichnet, erhält man für jeden Quantenzustand (n, l, m) eine unscharfe Wolke der Aufenthaltswahrscheinlichkeit für die Elektronen um den Kern. Die Dichte der Wahrscheinlichkeitswolke an jedem Punkt des Raumes entspricht der Wahrscheinlichkeit, daß das Elektron dort und nicht an anderer Stelle gefunden wird.

Diese Aufenthaltswahrscheinlichkeitswolken Ψ^2 sind rechts für $l = 0$, 1 und 2 (s-, p- und d-Zustände) gezeichnet. Die den verschiedenen n-Werten entsprechenden l-Zustände sind einander sehr ähnlich, nur daß sie immer größer werden, wenn n zunimmt. Da wir die genaue Bahn des Elektrons nicht kennen können, sollte man diese Aufenthaltswahrscheinlichkeitswolken der Elektronen nicht Bahnen nennen, doch wird die Analogie mit der älteren Theorie dadurch aufrechterhalten, daß man sie *Orbitale* nennt. Jede erlaubte Kombination von n, l und m beschreibt ein Atomorbital bestimmter Gestalt und Energie.

Alle s- (oder $l = 0$) Orbitale – 1s, 2s, 3s, 4s usw. – sind kugelförmig (oben rechts). In einem solchen Orbital ist die Wahrscheinlichkeit, das Elektron zu finden, für jede Richtung vom Kern aus gleich. Dagegen liegen bei den drei p-Orbitalen ($l = 1$), die sich nur in der magnetischen Quantenzahl m unterscheiden, die maximalen Elektro-

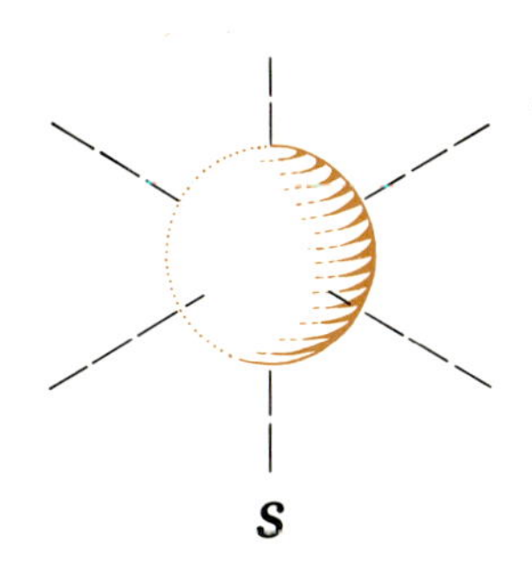

s-Orbitale sind immer kugelförmig.

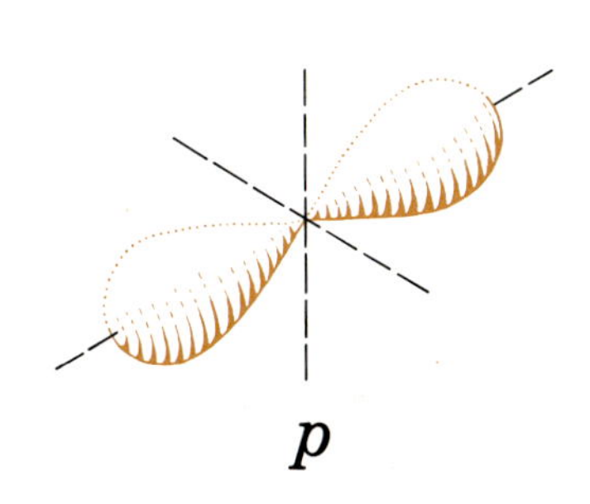

p-Orbitale liegen in einer Linie und erstrecken sich in entgegengesetzte Richtungen.

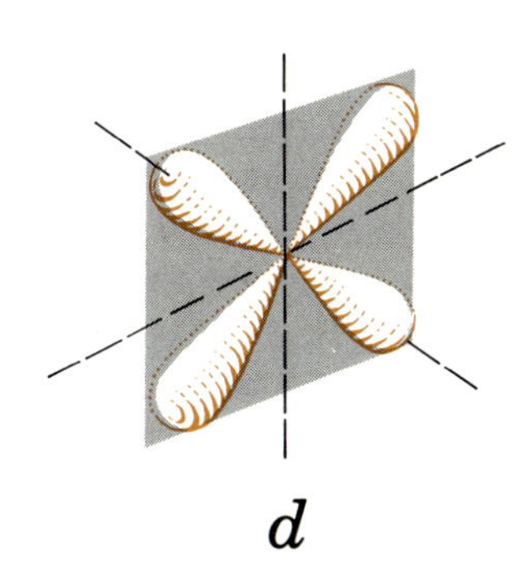

Die d-Orbitallappen weisen in verschiedene Richtungen.

Die Abbildung zu Beginn dieses Kapitels zeigt die detaillierte Gestalt der Orbitale.

HYPOTHETISCHE ENERGIENIVEAUS

7s 7p 7d 7f
6s 6p 6d 6f
5s 5p 5d 5f
4s 4p 4d 4f
3d liegt niedriger als 4s
3s 3p
2s 2p
1s

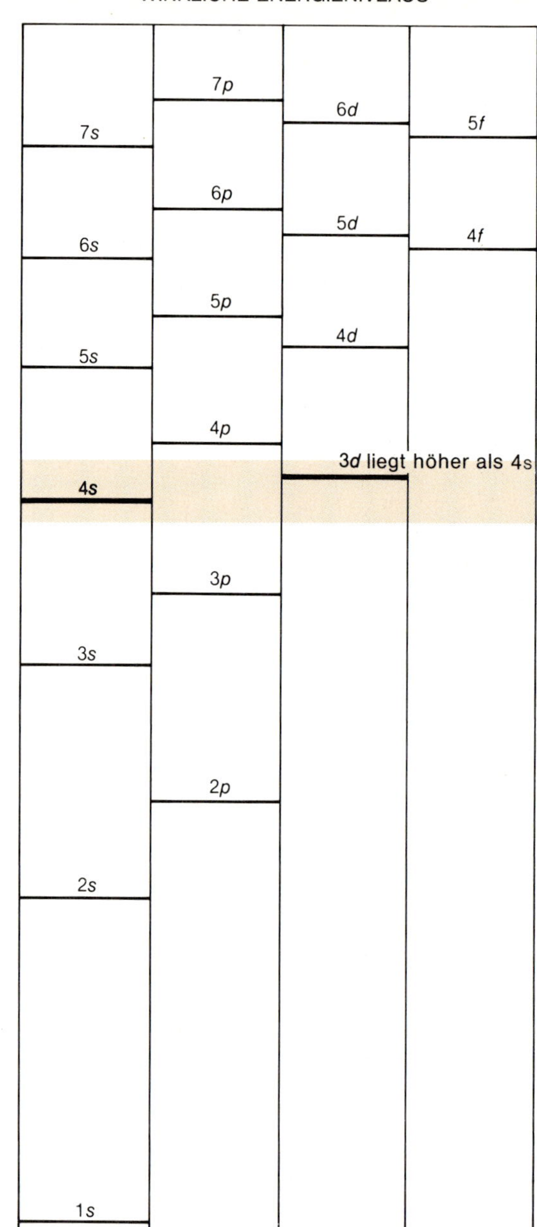

Hypothetisches Energieniveauschema (links), in dem die Niveaus mit derselben Hauptquantenzahl *n* dicht beieinander liegen. Wirkliche Reihenfolge der Niveaus (rechts), bei der es zu einer Überlappung der Energien von Niveaus mit unterschiedlicher Hauptquantenzahl kommt.

nenaufenthaltswahrscheinlichkeiten in den drei aufeinander senkrecht stehenden Richtungen, die wir als *x*-, *y*- und *z*-Achse bezeichnen können. Alle drei sind am Anfang dieses Kapitels dargestellt. Es hat keinen Sinn, den einzelnen Orbitalen die *m*-Werte -1, 0 und $+1$ zuzuordnen, weil alle drei ohne ein äußeres Magnetfeld dieselbe Energie haben. Wichtig ist nicht der Zahlenwert von *m*, sondern die Gestalt und Orientierung der Orbitale.

Die fünf Orbitale für $l = 2$ oder d-Orbitale sind komplizierter. Wenn wir einen Satz von aufeinander senkrecht stehenden Koordinaten *x*, *y* und *z* festlegen, dann liegen bei drei dieser Orbitale, d_{xy}, d_{yz} und d_{xz}, die Elektronenaufenthaltswahrscheinlichkeitsräume kleeblattförmig in der *xy*-, *yz*- bzw. *xz*-Ebene, wie zu Beginn dieses Kapitels dargestellt ist. Beim $d_{x^2-y^2}$-Orbital liegt die höchste Aufenthaltswahrscheinlichkeit längs der *x*- und *y*-Achse und beim d_{z^2}-Orbital längs der *z*-Achse. Die f- und höheren Orbitale sind noch komplizierter, doch ist es in der Praxis nicht notwendig, sich ihre Gestalt vorzustellen. Für unsere Zwecke reicht es aus, die Gestalt der s-, p- und d-Orbitale im Gedächtnis zu behalten.

Die Zeichnungen am Anfang dieses Kapitels stellen Elektronenaufenthaltswahrscheinlichkeiten oder Werte für das Quadrat der Wellenfunktion, Ψ^2, dar. Diese Werte sind immer positiv, während die ursprüngliche Wellenfunktion positiv oder negativ sein kann. Ob das Vorzeichen in den verschiedenen Orbitallappen positiv oder negativ ist, hat keine Bedeutung, aber der Vorzeichen*wechsel* von einem Orbitallappen zum nächsten ist wichtig. Die Vorzeichen der Wellenfunktionen müssen dann beobachtet werden, wenn wir anfangen, Atome zu Molekülen zu kombinieren, wie wir im nächsten Kapitel sehen werden.

Bisher haben wir sehr wenig über die Energien dieser Quantenzustände eines Atoms gesagt. Die Energie hängt hauptsächlich von der Hauptquantenzahl n ab und in geringerem Ausmaß von der Quantenzahl l für die Orbitalgestalt. Bei Atomen mit mehr als einem Elektron entspricht innerhalb eines bestimmten n-Zustandes ein höherer l-Wert einer höheren Energie.

Man kann sich vorstellen, daß durch diese Abhängigkeit von l eine Aufspaltung der Hauptquantenniveaus zustandekommt. Wenn die Aufspaltung null wäre, würde sich die Wellenmechanik auf die alte Bohrsche Theorie reduzieren, und man würde den gleichen Zusammenhang zwischen der Energie E und der Hauptquantenzahl n beobachten. (In Wirklichkeit gilt das nur für Wasserstoff.) Wenn die Aufspaltung klein ist, so daß die oberen Zustände eines n-Niveaus nicht mit den unteren Zuständen des nächsten überlappen, dann sehen die Energieniveaus so aus, wie ganz links gezeichnet ist. Die Reihenfolge der Niveaus mit zunehmender Energie ist dann sehr regelmäßig: 1s; 2s, 2p; 3s, 3p, 3d; 4s, 4p, 4d, 4f; 5s, ...

In Wirklichkeit ist die Aufspaltung der n-Niveaus größer als ganz links gezeichnet (s. nebenstehende Zeichnung). Von $n = 3$ an überlappt jedes n-Niveau mit dem folgenden, und die Reihenfolge der Orbitale mit zunehmender Energie ist nicht mehr so eindeutig: 3s, 3p; 4s, 3d, 4p, ... Das ist nicht so kompliziert, wie es zuerst scheint. Wenn man die Orbitale wie unten in einer Dreiecksanordnung aufschreibt, läßt sich die Reihenfolge der Niveaus mit zunehmender Energie durch die farbigen Diagonalpfeile einzeichnen. Wie wir im nächsten Kapitel sehen werden, liefert diese Reihenfolge der Energieniveaus eines Atomes die vollständige Erklärung für die beobachtete Struktur des Periodensystems. Die qualitative Behandlung der Wellenmechanik in diesem Abschnitt hat drei wesentliche Informationen über Elektronen in Atomen geliefert: 1. die Quantenzahlen (n, l, m) und ihre Beziehungen zueinander, 2. die Elektronenaufenthaltswahrscheinlichkeitswolken für jedes (n, l, m)-Orbital und 3. die Energieniveaus, die den verschiedenen (n, l, m)-Orbitalen entsprechen.

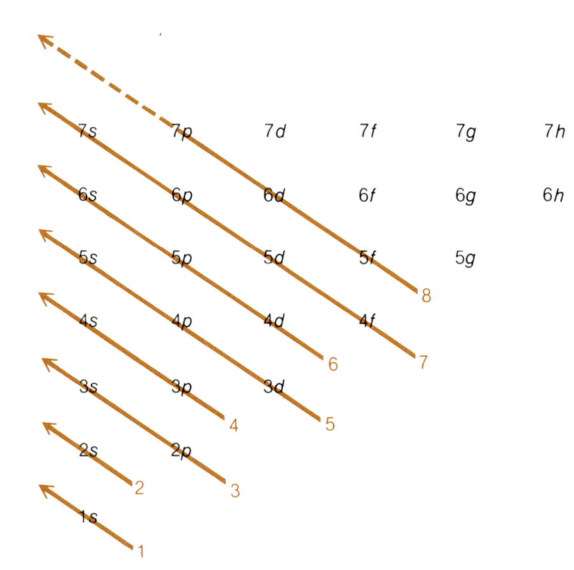

Die auf der gegenüberliegenden Seite rechts dargestellte Reihenfolge der Energieniveaus mit zunehmender Energie erhält man, wenn man den farbigen diagonal laufenden Pfeilen folgt: 1s, 2s, 2p, 3s, 3p, 4s, 3d, 4p, 5s, 4d, 5p, 6s, 4f, 5d, 6p, 7s, 5f, 6d und 7p. Wenn es auch keine tiefe theoretische Bedeutung hat, ist dieses Diagramm doch eine nützliche Gedächtnisstütze. Die Struktur des gesamten Periodensystems der Elemente ergibt sich aus dieser Reihenfolge der Niveaus.

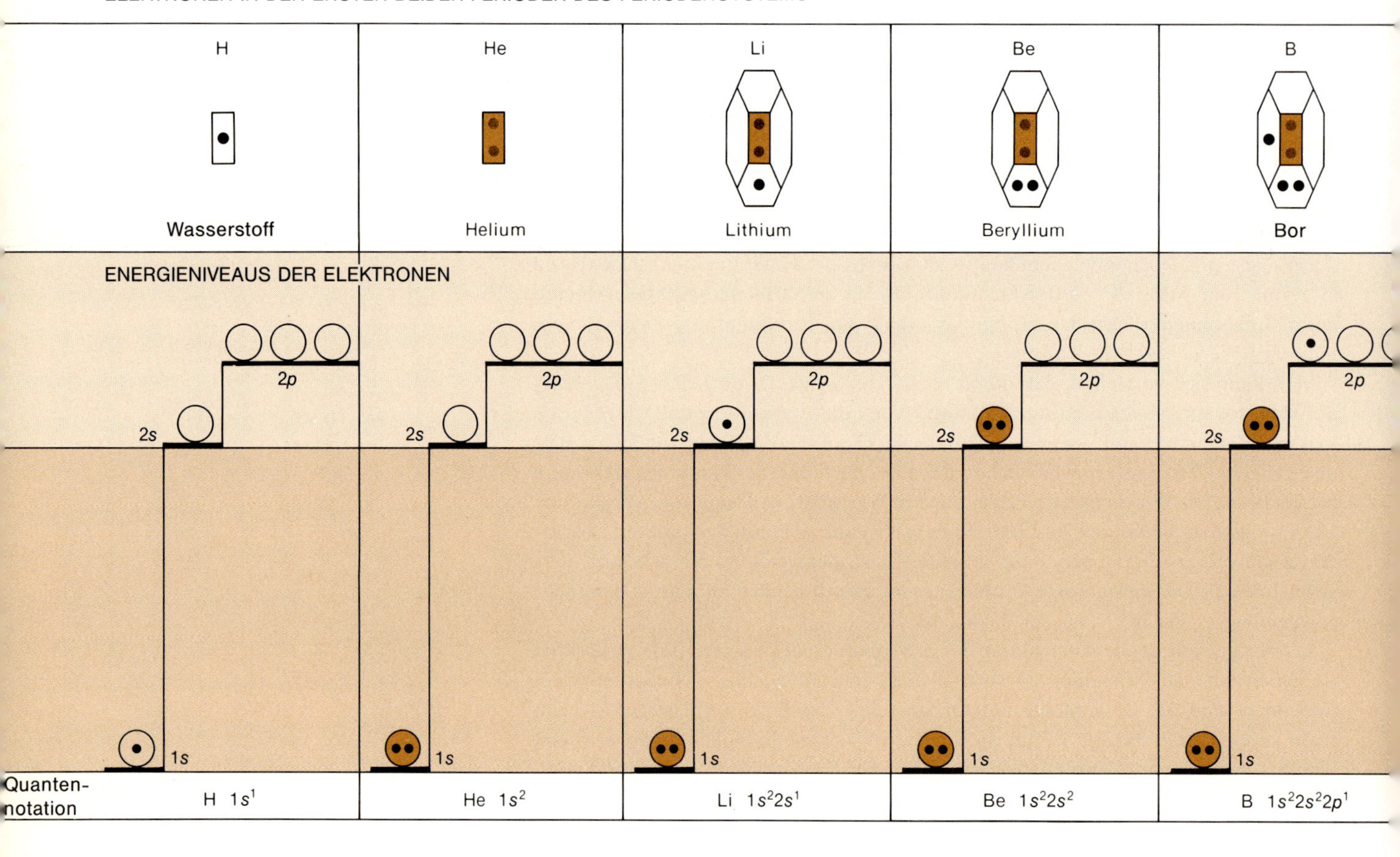

Die Atome werden eines nach dem anderen aufgebaut, indem die Kernladung schrittweise erhöht wird und Elektronen in die niedrigsten freien Orbitale plaziert werden, bis die Kernladung ausgeglichen ist. Jedes Orbital kann maximal zwei Elektronen mit entgegengesetztem Spin aufnehmen.

Quantenniveaus und Atomaufbau

Wir können nun zu den Schalenmodellen, die in den ersten sechs Kapiteln diskutiert wurden, zurückkehren und sie mit Hilfe der Quantenniveaus im Atom neu interpretieren. Ganz oben auf diesen beiden Seiten sind die ersten zehn Elemente dargestellt. Das Wasserstoff-Atom hat nur ein einzelnes Elektron, und in seinem niedrigsten Energiezustand oder *Grundzustand* besetzt das Elektron das 1s-Niveau.

Das Helium-Atom hat zwei Elektronen, und beide besetzen im Grundzustand des Atoms, wie dargestellt, das 1s-Orbital. Elektronen haben noch eine Eigenschaft, die bisher nicht erwähnt wurde, den *Spin*. Elektronen verhalten sich magnetisch so, als ob sie winzige, negativ geladene, rotierende Kugeln seien, bei denen der Nordpol entweder nach oben oder nach unten weist. Zwei Elektronen können nur dann dasselbe Orbital besetzen, wenn sie entgegengesetzte Spinrichtungen haben. Wir können also sagen, daß das 1s-Orbital in Helium von einem Elektronenpaar mit entgegengesetztem Spin vollständig besetzt ist.

Die nächsten acht Elemente, die hier dargestellt sind, werden schrittweise durch Hinzufügen weiterer Elektronen aufgebaut, die man jeweils in dem Orbital niedrigster Energie, das noch nicht vollständig gefüllt ist, unterbringt. Das 2s-Orbital liegt energetisch etwas unter dem 2p-Orbital und wird daher mit zwei Elektronen besetzt (Be), bevor beim Bor das dritte Elektron das erste der drei 2p-Orbitale besetzt. Da die Unterbringung zweier Elektronen in demselben Orbital bedeutet, daß man sie räumlich nahe zueinander bringt, tritt dabei eine Elektronen-Elektronen-Absto-

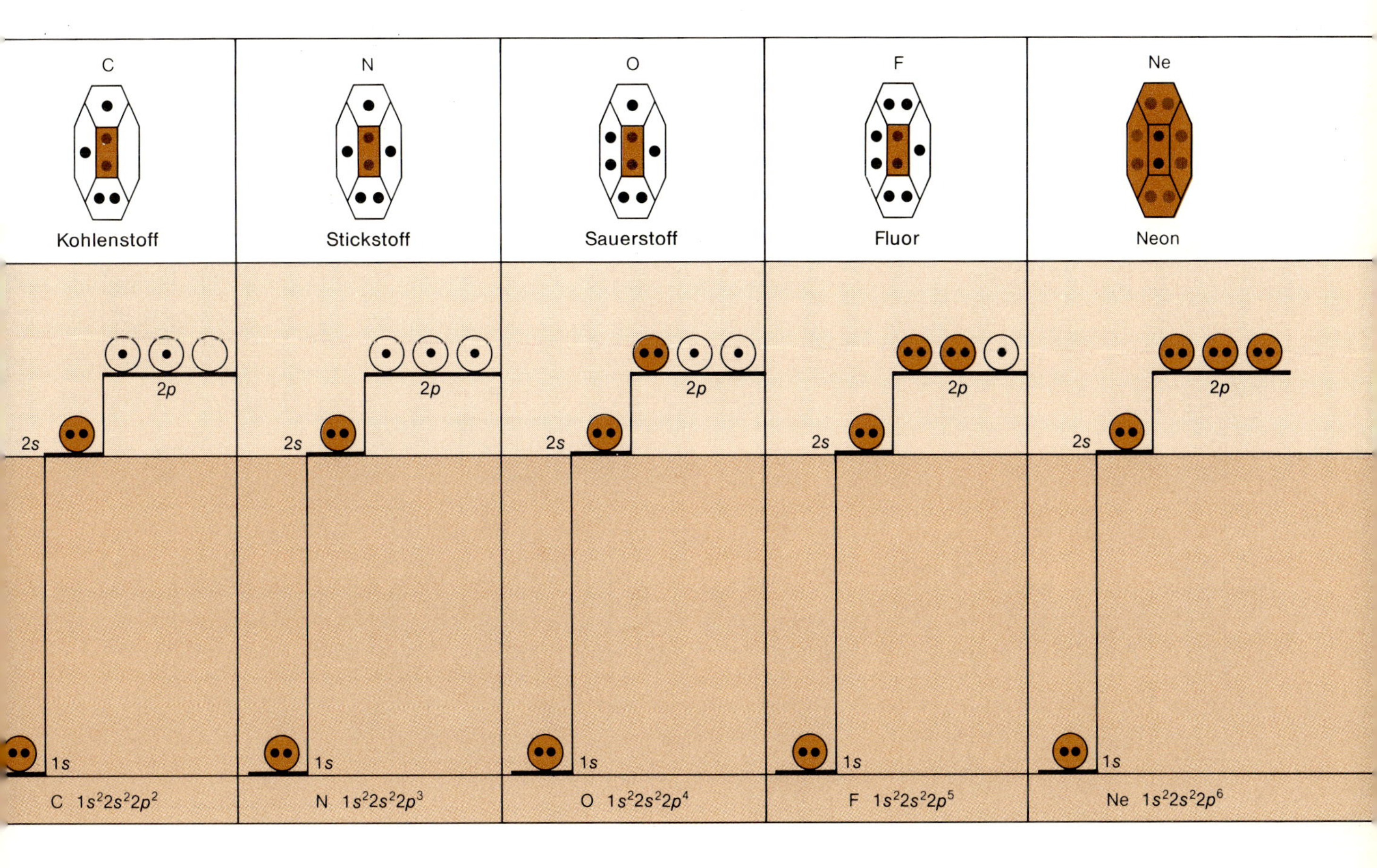

ßung auf. Das heißt, daß die ersten drei Elektronen in den 2p-Orbitalen (B bis N) drei verschiedene 2p-Orbitale besetzen, bevor aus Mangel an weiteren leeren Orbitalen derselben Energie die Aufnahme eines Elektronenpaares in ein Orbital erzwungen wird (beim O-Atom).

Die Elektronenkonfiguration erhält man durch Aufschreiben der Orbitale mit zunehmenden *n*- und *l*-Werten und Angabe der Elektronenzahlen in jedem Orbital durch eine hochgestellte Zahl. So hat Wasserstoff die Elektronenkonfiguration $1s^1$, Helium $1s^2$ und Lithium $1s^22s^1$. Die anderen Elektronenkonfigurationen entwickeln sich systematisch und sind in der letzten Zeile der Zeichnung auf diesen beiden Seiten dargestellt. Im Neon sind sowohl das Orbital mit $n = 1$ als auch die Orbitale mit $n = 2$ vollständig besetzt, und die Elektronenkonfiguration ist $1s^22s^22p^6$. Das ist eine genauere (und informativere) Version der im 3. Kapitel nur mit Ne 2,8 angegebenen Konfiguration.

Es gibt einen Unterschied zwischen der Zeichnung auf diesen Seiten und früheren Zeichnungen. Kohlenstoff z. B. wurde früher mit vier ungepaarten Elektronen dargestellt und nicht als $2s^22p^2$ wie oben. Da der Energieunterschied zwischen s- und p-Orbitalen klein ist und da sich zwei Elektronen in demselben s-Orbital gegenseitig abstoßen, ist die tatsächliche Energiedifferenz zwischen den beiden Elektronenanordnungen klein. Isolierte Kohlenstoff-Atome in der Gasphase haben die gepaarte Konfiguration $2s^22p^2$, doch kann man sich vorstellen, daß Kohlenstoff-Atome, die an tetraedrischen Bindungen beteiligt sind, vor der Bindungsbildung den ungepaarten Zustand $2s^12p^3$ annehmen. Der geringe Energieaufwand wird durch die zusätzliche Stabilität der Bindungen überkompensiert.

Um eines der beiden 2s-Elektronen des Kohlenstoffs in ein leeres 2p-Orbital anzuheben, ist nur wenig Energie nötig, da die Energiedifferenz zwischen den 2s- und 2p-Niveaus gering ist und außerdem die elektrostatische Abstoßung zwischen zwei Elektronen in demselben Orbital durch das Anheben eines 2s-Elektrons aufgehoben wird.

LANGFORM DES PERIODENSYSTEMS DER ELEMENTE

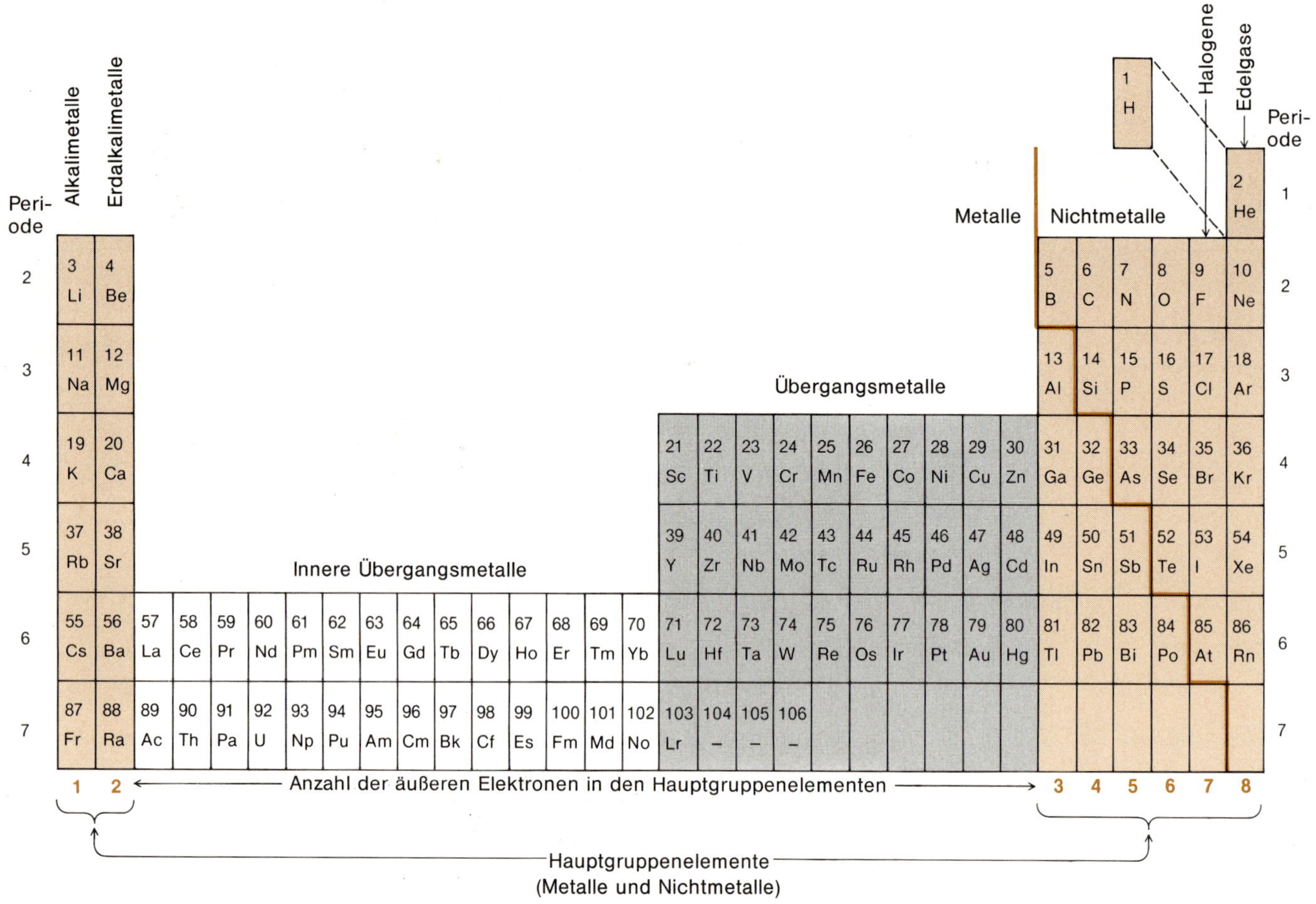

Alkalimetalle · Erdalkalimetalle · Innere Übergangsmetalle · Übergangsmetalle · Metalle · Nichtmetalle · Halogene · Edelgase

Periode	1	2																									3	4	5	6	7	8	Periode
1																															1 H	2 He	1
2	3 Li	4 Be																									5 B	6 C	7 N	8 O	9 F	10 Ne	2
3	11 Na	12 Mg																									13 Al	14 Si	15 P	16 S	17 Cl	18 Ar	3
4	19 K	20 Ca															21 Sc	22 Ti	23 V	24 Cr	25 Mn	26 Fe	27 Co	28 Ni	29 Cu	30 Zn	31 Ga	32 Ge	33 As	34 Se	35 Br	36 Kr	4
5	37 Rb	38 Sr															39 Y	40 Zr	41 Nb	42 Mo	43 Tc	44 Ru	45 Rh	46 Pd	47 Ag	48 Cd	49 In	50 Sn	51 Sb	52 Te	53 I	54 Xe	5
6	55 Cs	56 Ba	57 La	58 Ce	59 Pr	60 Nd	61 Pm	62 Sm	63 Eu	64 Gd	65 Tb	66 Dy	67 Ho	68 Er	69 Tm	70 Yb	71 Lu	72 Hf	73 Ta	74 W	75 Re	76 Os	77 Ir	78 Pt	79 Au	80 Hg	81 Tl	82 Pb	83 Bi	84 Po	85 At	86 Rn	6
7	87 Fr	88 Ra	89 Ac	90 Th	91 Pa	92 U	93 Np	94 Pu	95 Am	96 Cm	97 Bk	98 Cf	99 Es	100 Fm	101 Md	102 No	103 Lr	104 –	105 –	106 –													7

1 2 ← Anzahl der äußeren Elektronen in den Hauptgruppenelementen → 3 4 5 6 7 8

Hauptgruppenelemente
(Metalle und Nichtmetalle)

Vollständiges Periodensystem, so wie es aus den beobachteten Eigenschaften der Elemente abgeleitet wurde. Die Achterperioden der *Hauptgruppenelemente* (farbig) werden in der 4. und 5. Periode durch zehn *Übergangsmetalle* und in der 6. und 7. Periode durch vierzehn *innere Übergangsmetalle* und zehn *Übergangsmetalle* unterbrochen. Die inneren Übergangsmetalle werden nach dem ersten Vertreter jeder Reihe Lanthanoide und Actinoide genannt. Die Lanthanoide bezeichnet man auch als Seltene Erden.

Atomaufbau und Periodensystem

Oben ist das Periodensystem der Elemente in seiner vollständigsten Form, so wie es seit Mendelejews Zeit entwickelt wurde, dargestellt. Es faßt die beobachteten chemischen Eigenschaften der Atome zusammen. Im wesentlichen besteht es aus einer Serie von Zeilen mit acht Elementen, die den Schalen, die ein bis acht Elektronen aufnehmen, entsprechen. Bis hierhin ist das Modell der Achterschalen aus den vorigen Kapiteln korrekt. Die erste Reihe enthält nur zwei Elemente, Wasserstoff und Helium. Die zweite und die dritte Reihe enthalten jeweils acht Elemente. Die vierte Reihe wird nach dem zweiten Element unterbrochen und eine Reihe von zehn zusätzlichen Metallen eingeschoben, die *Übergangsmetalle* Scandium (Sc) bis Zink (Zn). Ganz ähnlich wird die fünfte Reihe durch zehn weitere Übergangsmetalle, Yttrium (Y) bis Cadmium (Cd), unterbrochen. Die sechste Reihe wird zweimal unterbrochen: durch vierzehn *innere Übergangsmetalle* (auch Lanthanoide oder Seltene Erden genannt) und zehn weitere Übergangsmetalle. Die siebte und letzte Reihe hat wieder vierzehn innere Übergangsmetalle, und in ihr beginnt die letzte Serie von Übergangsmetallen. Bisher konnten von dieser Serie nur die ersten vier Mitglieder künstlich hergestellt werden. Keines von ihnen existiert in der Natur.

ORBITALAUFFÜLLSCHEMA DES PERIODENSYSTEMS

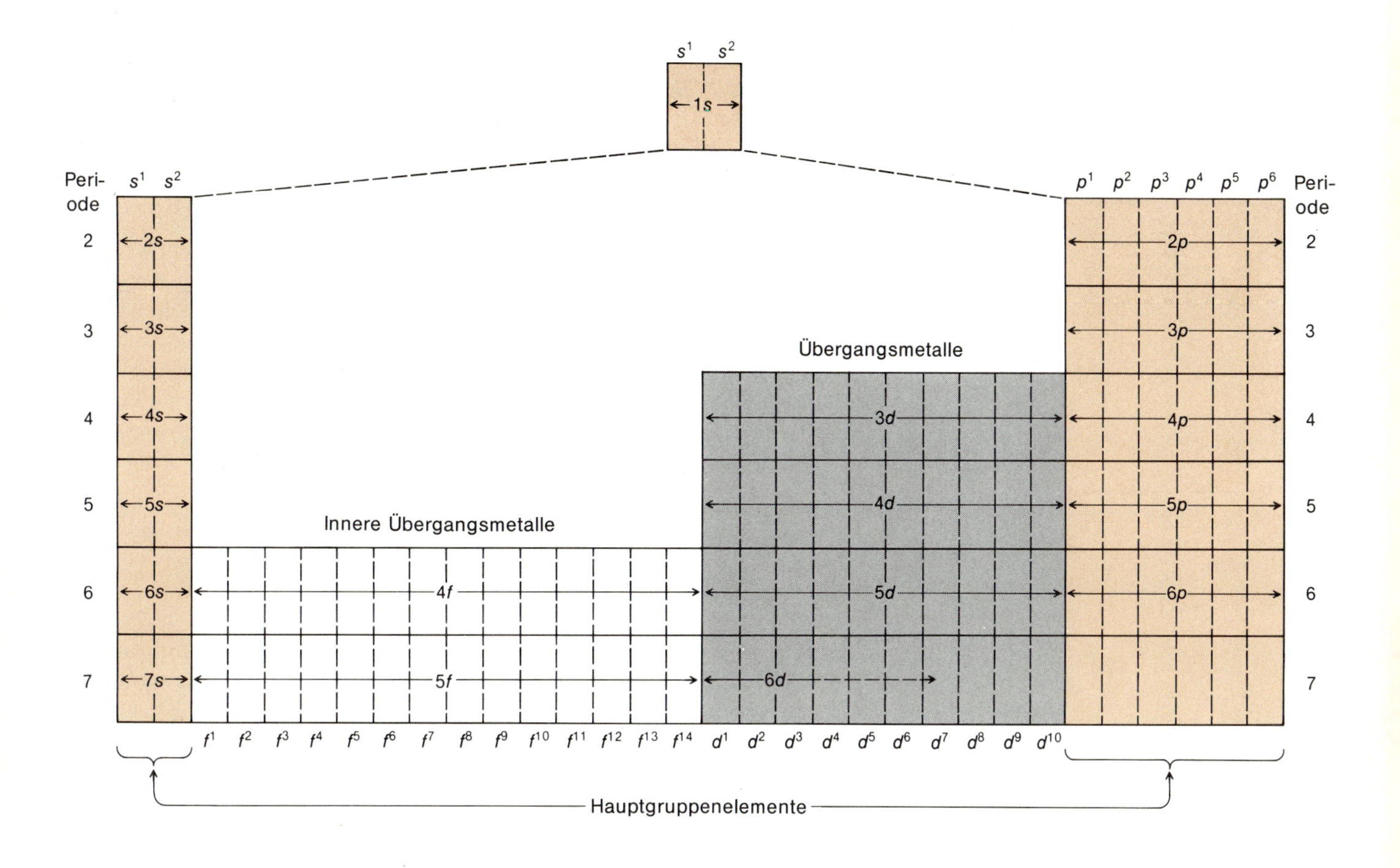

Die experimentell gefundene Struktur des Periodensystems auf der gegenüberliegenden Seite ergibt sich von selbst durch schrittweises Auffüllen der Orbitale von der niedrigsten bis zur höchsten Energie in der Reihenfolge, wie sie die Wellenmechanik liefert: 1s, 2s, 2p, 3s, 3p, 4s, 3d, 4p, 5s, 4d, 5p, 6s, 4f, 5d, 6p, 7s, 5f und 6d. Die Achterperioden werden beim Auffüllen der relativ versteckten d- und f-Orbitale durch die Übergangs- und inneren Übergangsmetalle unterbrochen.

Bei den Elementen der „Achterschalen“ – d.h. bei allen Elementen außer den Übergangs- und inneren Übergangsmetallen – beobachtet man die größte Vielfalt chemischer Eigenschaften. Sie reichen von Metallen zu Nichtmetallen, und die Grenze zwischen diesen Elementklassen verläuft diagonal von oben links nach unten rechts im Periodensystem.

Obgleich die Übergangsmetalle leicht voneinander unterschieden werden können, sind sie einander in ihrem Verhalten viel ähnlicher. Alle sind Metalle und haben die Tendenz, bei chemischen Reaktionen leicht ein bis drei Elektronen zu verlieren. Eisen (Fe), Kupfer (Cu), Wolfram (W) und Gold (Au) sind zwar nicht schwer voneinander zu unterscheiden, doch sind sie auch wieder nicht so verschieden wie z.B. Wasserstoff, Lithium, Chlor und Kohlenstoff. Die inneren Übergangsmetalle oder Seltenen Erden sind einander so ähnlich, daß sie nur mit großer Mühe voneinander getrennt werden können. Ein 1885 entdecktes Seltenerdmetall, „Didym“, wurde später als ein Gemisch aus zwei Elementen identifiziert, die Neodym (Nd) und Praseodym (Pm) genannt wurden.

Die Elemente in derselben vertikalen Reihe im Periodensystem haben ähnliche chemische Eigenschaften und, zumindest bei den Hauptgruppenelementen, dieselbe äußere Elektronenkonfiguration. Diese systematische Elementanordnung, wie sie auf der gegenüberliegenden Seite oben gezeigt ist, ist das Periodensystem, das vor

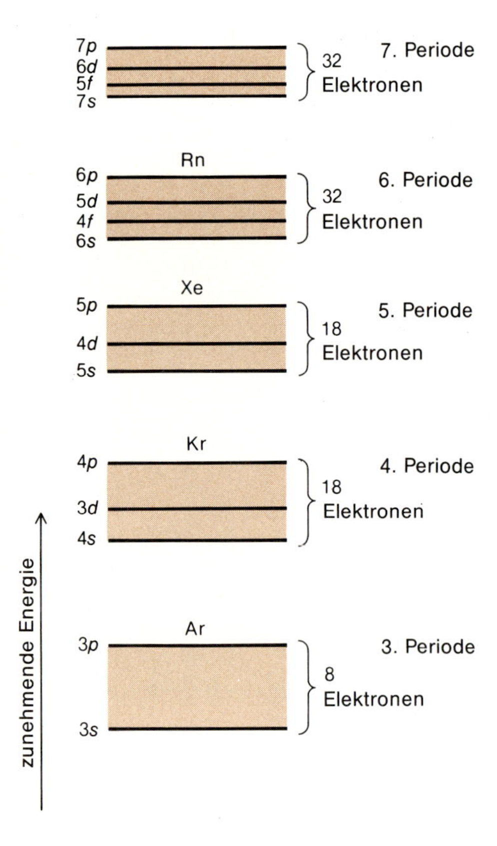

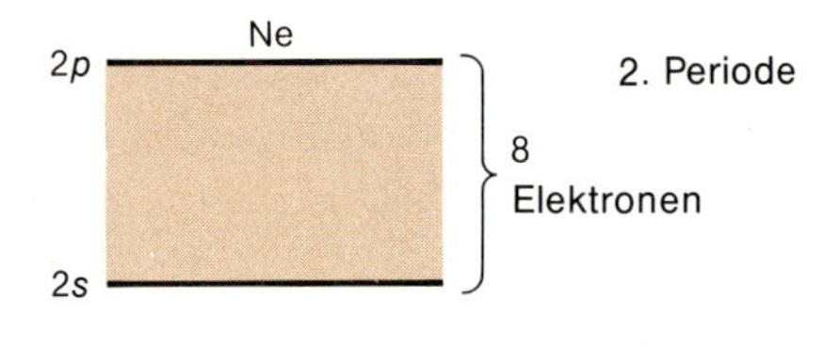

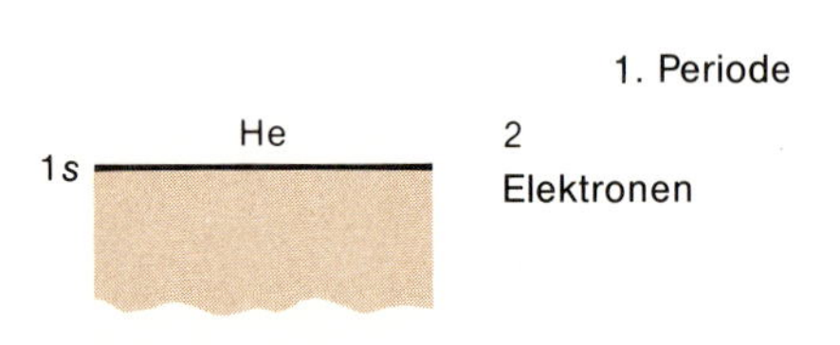

Energieniveaus, die sich – wie im Text erläutert – aus der Wellenmechanik ergeben, hier auf einer einzigen senkrechten Energieskala dargestellt, um ihre Energiesequenz deutlich hervorzuheben.

allem auf chemischer Erfahrung und nicht auf Theorie basiert und das von jeder ernstzunehmenden Atomtheorie befriedigend erklärt werden muß.

Die im vorigen Abschnitt diskutierte Wellenmechanik liefert diese Erklärung. Das Energiediagramm von Seite 150, das links noch einmal wiederholt ist, beschreibt die verschiedenen Energiezustände, die einem Atom zur Verfügung stehen. Bei Zunahme der Ordnungszahl und der positiven Ladung des Kerns wird die Energie dieser Niveaus gesenkt, weil der Kern die Elektronen stärker anzieht. Trotzdem bleibt die relative Reihenfolge der Niveaus im wesentlichen gleich. Mit geringfügigen Abweichungen gilt diese Reihenfolge der Niveaus für alle Atome.

Wir können uns den Aufbau eines Atoms so vorstellen, daß zuerst der Kern die richtige positive Ladung erhält und dann die Elektronen eines nach dem anderen um den Kern plaziert werden, bis genug Elektronen vorhanden sind, um die positive Ladung auszugleichen. Im Grundzustand oder dem Zustand des Atoms mit der geringsten Energie besetzt jedes neu hinzukommende Elektron das niedrigste zur Verfügung stehende Energieniveau. Auf diese Weise wird die Elektronenstruktur jedes Atoms durch das sukzessive Auffüllen der Energieniveaus vom niedrigsten an aufwärts bestimmt. Wir haben dieses Verfahren bereits benutzt, um den Aufbau der ersten zehn Elemente zu demonstrieren.

Wie viele Elektronen kann jedes Energieniveau aufnehmen? Das ist die letzte Aussage, die wir brauchen, um das Periodensystem vollständig erklären zu können. Jedes Orbital oder jeder Quantenzustand, der durch eine bestimmte Kombination von *n*-, *l*- und *m*-Werten charakterisiert ist, kann zwei Elektronen mit entgegengesetztem Spin aufnehmen. Das 1s-Orbital hat Platz für zwei Elektronen, das 2s-Orbital kann zwei weitere aufnehmen, die drei 2p-Orbitale können zusammen sechs aufnehmen usw. Die fünf 3d-Orbitale bieten zehn Elektronen Platz und die sieben 4f-Orbitale vierzehn Elektronen. Wenn mehrere Orbitale die gleiche Energie, aber unterschiedliche Orientierungen im Raum haben, wie die p_x-, p_y- und p_z-Orbitale, dann wird jedes von ihnen zunächst von einem Einzelelektron besetzt, bevor eines mit zwei Elektronen aufgefüllt wird. Das erlaubt den Elektronen, sich so weit wie möglich voneinander aufzuhalten, und macht die Abstoßung zwischen ihren negativen Ladungen so klein wie möglich.

Wenn man bei den zehn Elektronen der d-Orbitale an die zehn Übergangsmetalle denkt und bei den vierzehn Elektronen der f-Orbitale an die inneren Übergangsmetalle, dann ist man auf der richtigen Spur. Durch Besetzen der links gezeichneten Energieniveaus von unten nach oben mit jeweils zwei Elektronen pro Orbital erhält man das Periodensystem so, wie es auf den beiden vorigen Seiten dargestellt ist. Man erkennt den Zusammenhang leichter an einem Auffüllschema des Periodensystems, in dem eingetragen ist, welche Orbitale in den verschiedenen Regionen der Tabelle aufgefüllt werden (s. vorige Seite).

Wie wir früher bereits gesehen haben, entstehen Wasserstoff und Helium durch Auffüllen des 1s-Orbitals. Lithium und Beryllium erhält man, wenn das dritte und vierte Elektron in das 2s-Orbital aufgenommen werden, und bei den Elementen Bor bis Neon füllen sechs weitere Elektronen die drei 2p-Orbitale auf. Damit ist die zweite Periode abgeschlossen. Die nächstniedrigen Orbitale sind das 3s- und die 3p-Orbitale, und durch Auffüllen dieser Orbitale entsteht die dritte Periode. Es ist üblich, die Elektronenstruktur eines Atoms so anzugeben, daß man die Orbitale in der Reihenfolge mit zunehmenden *n*- und *l*-Werten aufschreibt und die Anzahl der Elektronen in jedem Zustand durch eine hochgestellte Zahl angibt. Wie wir bereits gesehen haben, ergibt das für Wasserstoff die Anordnung $1s^1$ und für Helium $1s^2$. Lithium ist $1s^2 2s^1$, Stickstoff $1s^2 2s^2 2p^3$ und Phosphor direkt unter Stickstoff in der dritten Periode $1s^2 2s^2 2p^6 3s^2 3p^3$ mit derselben äußeren Elektronenkonfiguration s^2p^3. Die Elektronenstruktur für die Elemente in den ersten vier Perioden sind rechts aufgeschrieben. Die Orbitale, die aufgefüllt werden, sind auf weißem Hintergrund geschrieben, und die vollständig gefüllten Orbitale sind farbig. Eine äußere Elektronenanordnung s^2p^6 mit vollständig besetzten s- und p-Orbitalen ist das Markenzeichen eines Edelgases:

He: $\underline{1s^2}$

Ne: $1s^2\underline{2s^22p^6}$

Ar: $1s^22s^22p^6\underline{3s^23p^6}$

Kr: $1s^22s^22p^63s^23p^63d^{10}\underline{4s^24p^6}$

Xe: $1s^22s^22p^63s^23p^63d^{10}4s^24p^64d^{10}\underline{5s^25p^6}$

Der Energiesprung von einem p-Niveau zum nächst höheren s-Niveau ist jeweils größer als der Energiesprung zwischen anderen benachbarten Niveaus. Das erkennt man, wenn die Energieniveaus vertikal untereinandergeschrieben werden, so wie auf der gegenüberliegenden Seite links. Ungewöhnlich viel Energie muß aufgebracht werden, um einem Atom mit bereits vollständig gefüllten s- und p-Orbitalen (s^2p^6) ein weiteres Elektron hinzuzufügen; das ist einer der Gründe, warum Edelgase so wenig reaktiv sind. Jedes p-Niveau in dem Energiediagramm links ist durch das Symbol des Edelgases gekennzeichnet, das entsteht, wenn dieses Energieniveau aufgefüllt ist. Sowohl die Existenz der Edelgase als auch der natürliche Einschnitt zwischen den Reihen des Periodensystems beruhen auf diesen großen Energieabständen zwischen p- und s-Niveaus.

Die Unterbrechungen zur Einschiebung der zehn Übergangsmetalle in der vierten und fünften Periode beruhen darauf, daß die 3d-Niveaus zwischen dem 4s- und den 4p-Niveaus (s. links) und die 4d-Niveaus zwischen dem 5s- und den 5p-Niveaus liegen. In der sechsten und siebten Periode tauchen die inneren Übergangsmetalle auf, weil die sieben f-Orbitale mit vierzehn Elektronen aufgefüllt werden. Die Energieniveaus in der sechsten Periode werden in der Reihenfolge 6s, 4f, 5d, 6p aufgefüllt und in der siebten Periode in der Reihenfolge 7s, 5f, 6d, 7p.

Daß die Übergangsmetalle sehr ähnliche und die inneren Übergangsmetalle fast identische chemische Eigenschaften haben, kann mit Hilfe der Orbitalstruktur erklärt werden. Das chemische Verhalten eines Atoms wird hauptsächlich durch seine äußersten Elektronen bestimmt, denn sie sind es, die das Nachbaratom „sieht" und mit denen es reagieren kann. Obwohl die 3d-Orbitale eine etwas höhere Energie als das 4s-Orbital haben und daher nach ihm aufgefüllt werden, sind sie doch nicht so weit vom Kern entfernt, wie das 4s-Orbital. Vom Standpunkt eines Nachbaratoms aus ist der Unterschied zwischen Eisen und Cobalt (bei denen das 3d-Orbital aufgefüllt wird) geringer als zwischen Kalium und Calcium (die das 4s-Orbital auffüllen), weil die Orbitale, an denen etwas verändert wird, weniger exponiert sind. Folglich unterscheiden sich auch zwei horizontal benachbarte Übergangsmetalle in ihren chemischen Eigenschaften weniger als zwei benachbarte Hauptgruppenelemente. Die f-Orbitale sind noch mehr im Atom verborgen, und benachbarte innere Übergangsmetalle unterscheiden sich fast überhaupt nicht mehr in ihrem chemischen Verhalten.

Die Elektronenkonfiguration jedes Atoms und die Struktur des Periodensystems sind Konsequenzen des Energiediagramms, das mit Hilfe der Spektroskopie und der Wellenmechanik aufgestellt werden kann. Die idealisierte Elektronenstruktur für jedes Atom kann aus seinem Platz im Periodensystem abgeleitet werden.

1. Beispiel. Zinn (Sn) befindet sich in der p^2-Spalte der Hauptgruppenelemente in der fünften Periode. Welche Elektronenkonfiguration hat es?

ELEKTRONENSTRUKTUREN
DER ELEMENTE 1-36

(1. bis 4. Periode)

vollständig gefüllte Elektronenschalen sind auf farbigen Grund gedruckt

Ordnungszahl		Elektronenstruktur	
1	H	$1s^1$	
2	He	$1s^2$	Helium
3	Li	$1s^2\ 2s^1$	
4	Be	$1s^2\ 2s^2$	
5	B	$1s^2\ 2s^2\ 2p^1$	
6	C	$1s^2\ 2s^2\ 2p^2$	
7	N	$1s^2\ 2s^2\ 2p^3$	
8	O	$1s^2\ 2s^2\ 2p^4$	
9	F	$1s^2\ 2s^2\ 2p^5$	
10	Ne	$1s^2\ 2s^2\ 2p^6$	Neon
		←Neonrumpf→	
11	Na	$1s^2\ 2s^2\ 2p^6\ 3s^1$	
12	Mg	$1s^2\ 2s^2\ 2p^6\ 3s^2$	
13	Al	$1s^2\ 2s^2\ 2p^6\ 3s^2\ 3p^1$	
14	Si	$1s^2\ 2s^2\ 2p^6\ 3s^2\ 3p^2$	
15	P	$1s^2\ 2s^2\ 2p^6\ 3s^2\ 3p^3$	
16	S	$1s^2\ 2s^2\ 2p^6\ 3s^2\ 3p^4$	
17	Cl	$1s^2\ 2s^2\ 2p^6\ 3s^2\ 3p^5$	
18	Ar	$1s^2\ 2s^2\ 2p^6\ 3s^2\ 3p^6$	Argon
		←Argonrumpf→	
19	K	$1s^2\ 2s^2\ 2p^6\ 3s^2\ 3p^6\ 4s^1$	
20	Ca	$1s^2\ 2s^2\ 2p^6\ 3s^2\ 3p^6\ 4s^2$	
21	Sc	$1s^2\ 2s^2\ 2p^6\ 3s^2\ 3p^6\ 3d^1\ 4s^2$	Übergangsmetalle (4. Periode)
22	Ti	$1s^2\ 2s^2\ 2p^6\ 3s^2\ 3p^6\ 3d^2\ 4s^2$	
23	V	$1s^2\ 2s^2\ 2p^6\ 3s^2\ 3p^6\ 3d^3\ 4s^2$	
24	Cr	$1s^2\ 2s^2\ 2p^6\ 3s^2\ 3p^6\ 3d^5\ 4s^1$	
25	Mn	$1s^2\ 2s^2\ 2p^6\ 3s^2\ 3p^6\ 3d^5\ 4s^2$	
26	Fe	$1s^2\ 2s^2\ 2p^6\ 3s^2\ 3p^6\ 3d^6\ 4s^2$	
27	Co	$1s^2\ 2s^2\ 2p^6\ 3s^2\ 3p^6\ 3d^7\ 4s^2$	
28	Ni	$1s^2\ 2s^2\ 2p^6\ 3s^2\ 3p^6\ 3d^8\ 4s^2$	
29	Cu	$1s^2\ 2s^2\ 2p^6\ 3s^2\ 3p^6\ 3d^{10}\ 4s^1$	
30	Zn	$1s^2\ 2s^2\ 2p^6\ 3s^2\ 3p^6\ 3d^{10}\ 4s^2$	
31	Ga	$1s^2\ 2s^2\ 2p^6\ 3s^2\ 3p^6\ 3d^{10}\ 4s^2\ 4p^1$	
32	Ge	$1s^2\ 2s^2\ 2p^6\ 3s^2\ 3p^6\ 3d^{10}\ 4s^2\ 4p^2$	
33	As	$1s^2\ 2s^2\ 2p^6\ 3s^2\ 3p^6\ 3d^{10}\ 4s^2\ 4p^3$	
34	Se	$1s^2\ 2s^2\ 2p^6\ 3s^2\ 3p^6\ 3d^{10}\ 4s^2\ 4p^4$	
35	Br	$1s^2\ 2s^2\ 2p^6\ 3s^2\ 3p^6\ 3d^{10}\ 4s^2\ 4p^5$	
36	Kr	$1s^2\ 2s^2\ 2p^6\ 3s^2\ 3p^6\ 3d^{10}\ 4s^2\ 4p^6$	Krypton

ELEKTRONENSTRUKTUREN DER ELEMENTE 37-86

(5. und 6. Periode)

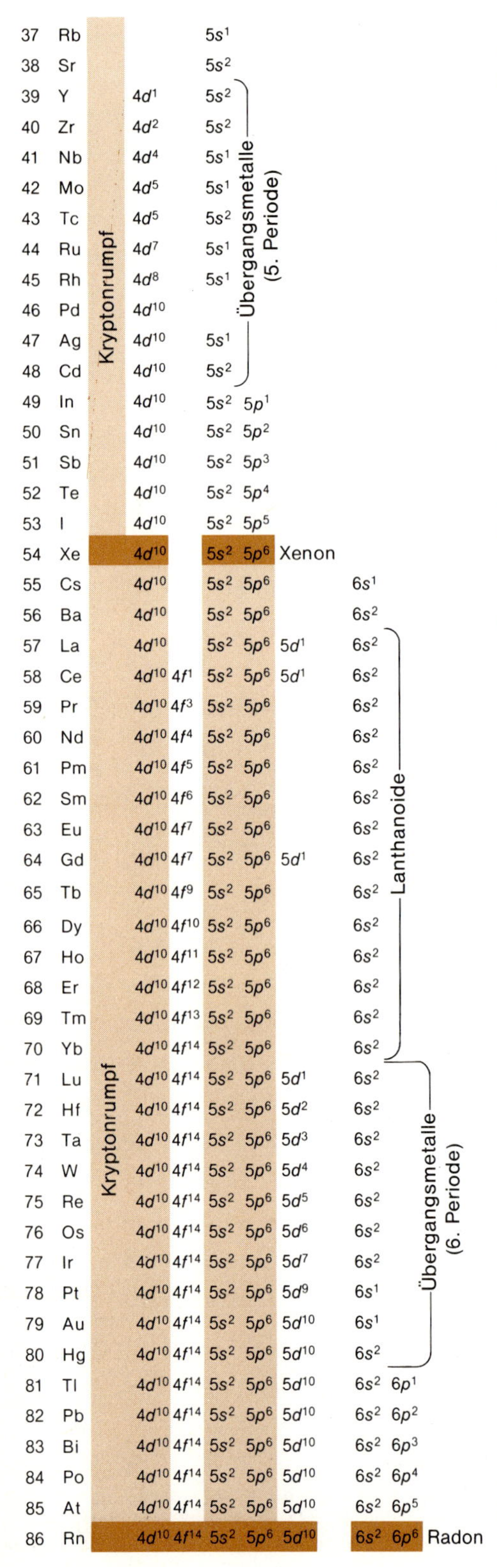

Z	Element	Rumpf	4d	4f	5s	5p	5d	6s	6p		Gruppe
37	Rb	Kryptonrumpf			$5s^1$						
38	Sr				$5s^2$						
39	Y		$4d^1$		$5s^2$						Übergangsmetalle (5. Periode)
40	Zr		$4d^2$		$5s^2$						
41	Nb		$4d^4$		$5s^1$						
42	Mo		$4d^5$		$5s^1$						
43	Tc		$4d^5$		$5s^2$						
44	Ru		$4d^7$		$5s^1$						
45	Rh		$4d^8$		$5s^1$						
46	Pd		$4d^{10}$								
47	Ag		$4d^{10}$		$5s^1$						
48	Cd		$4d^{10}$		$5s^2$						
49	In		$4d^{10}$		$5s^2$	$5p^1$					
50	Sn		$4d^{10}$		$5s^2$	$5p^2$					
51	Sb		$4d^{10}$		$5s^2$	$5p^3$					
52	Te		$4d^{10}$		$5s^2$	$5p^4$					
53	I		$4d^{10}$		$5s^2$	$5p^5$					
54	Xe		$4d^{10}$		$5s^2$	$5p^6$				Xenon	
55	Cs		$4d^{10}$		$5s^2$	$5p^6$		$6s^1$			
56	Ba		$4d^{10}$		$5s^2$	$5p^6$		$6s^2$			
57	La		$4d^{10}$		$5s^2$	$5p^6$	$5d^1$	$6s^2$			Lanthanoide
58	Ce		$4d^{10}$	$4f^1$	$5s^2$	$5p^6$	$5d^1$	$6s^2$			
59	Pr		$4d^{10}$	$4f^3$	$5s^2$	$5p^6$		$6s^2$			
60	Nd		$4d^{10}$	$4f^4$	$5s^2$	$5p^6$		$6s^2$			
61	Pm		$4d^{10}$	$4f^5$	$5s^2$	$5p^6$		$6s^2$			
62	Sm		$4d^{10}$	$4f^6$	$5s^2$	$5p^6$		$6s^2$			
63	Eu		$4d^{10}$	$4f^7$	$5s^2$	$5p^6$		$6s^2$			
64	Gd		$4d^{10}$	$4f^7$	$5s^2$	$5p^6$	$5d^1$	$6s^2$			
65	Tb		$4d^{10}$	$4f^9$	$5s^2$	$5p^6$		$6s^2$			
66	Dy		$4d^{10}$	$4f^{10}$	$5s^2$	$5p^6$		$6s^2$			
67	Ho		$4d^{10}$	$4f^{11}$	$5s^2$	$5p^6$		$6s^2$			
68	Er		$4d^{10}$	$4f^{12}$	$5s^2$	$5p^6$		$6s^2$			
69	Tm		$4d^{10}$	$4f^{13}$	$5s^2$	$5p^6$		$6s^2$			
70	Yb		$4d^{10}$	$4f^{14}$	$5s^2$	$5p^6$		$6s^2$			
71	Lu	Kryptonrumpf	$4d^{10}$	$4f^{14}$	$5s^2$	$5p^6$	$5d^1$	$6s^2$			Übergangsmetalle (6. Periode)
72	Hf		$4d^{10}$	$4f^{14}$	$5s^2$	$5p^6$	$5d^2$	$6s^2$			
73	Ta		$4d^{10}$	$4f^{14}$	$5s^2$	$5p^6$	$5d^3$	$6s^2$			
74	W		$4d^{10}$	$4f^{14}$	$5s^2$	$5p^6$	$5d^4$	$6s^2$			
75	Re		$4d^{10}$	$4f^{14}$	$5s^2$	$5p^6$	$5d^5$	$6s^2$			
76	Os		$4d^{10}$	$4f^{14}$	$5s^2$	$5p^6$	$5d^6$	$6s^2$			
77	Ir		$4d^{10}$	$4f^{14}$	$5s^2$	$5p^6$	$5d^7$	$6s^2$			
78	Pt		$4d^{10}$	$4f^{14}$	$5s^2$	$5p^6$	$5d^9$	$6s^1$			
79	Au		$4d^{10}$	$4f^{14}$	$5s^2$	$5p^6$	$5d^{10}$	$6s^1$			
80	Hg		$4d^{10}$	$4f^{14}$	$5s^2$	$5p^6$	$5d^{10}$	$6s^2$			
81	Tl		$4d^{10}$	$4f^{14}$	$5s^2$	$5p^6$	$5d^{10}$	$6s^2$	$6p^1$		
82	Pb		$4d^{10}$	$4f^{14}$	$5s^2$	$5p^6$	$5d^{10}$	$6s^2$	$6p^2$		
83	Bi		$4d^{10}$	$4f^{14}$	$5s^2$	$5p^6$	$5d^{10}$	$6s^2$	$6p^3$		
84	Po		$4d^{10}$	$4f^{14}$	$5s^2$	$5p^6$	$5d^{10}$	$6s^2$	$6p^4$		
85	At		$4d^{10}$	$4f^{14}$	$5s^2$	$5p^6$	$5d^{10}$	$6s^2$	$6p^5$		
86	Rn		$4d^{10}$	$4f^{14}$	$5s^2$	$5p^6$	$5d^{10}$	$6s^2$	$6p^6$	Radon	

Lösung. Wenn wir das Atom aufbauen, indem wir das Orbitaldiagramm auf Seite 155 bis zum Niveau $5p^2$ auffüllen, dann erkennen wir, daß die Elektronenstruktur des Zinn-Atoms

$$\text{Sn:}\quad 1s^2 2s^2 2p^6 3s^2 3p^6 3d^{10} 4s^2 4p^6 4d^{10} 5s^2 5p^2$$

sein muß. Das läßt sich vereinfachen, indem man das Symbol Kr zur Darstellung der Elektronenstruktur des Edelgases Krypton verwendet:

$$\text{Kr:}\quad 1s^2 2s^2 2p^6 3s^2 3p^6 3d^{10} 4s^2 4p^6$$

Die Konfiguration des Zinns ist dann $[Kr]4d^{10}5s^25p^2$. [Anmerkung: Normalerweise werden Elektronenkonfigurationen so angegeben, daß man die Orbitalreihenfolge mit zunehmenden n- und l-Werten aufschreibt (links). 3d würde also vor 4s kommen, und 4d (und 4f, wenn es vorkommt) vor jedem Orbital mit $n = 5$. Das entspricht dem durchschnittlichen Abstand der Elektronen in den Orbitalen vom Kern und macht deutlich, daß die 3d-, 4d- und 4f-Orbitale tief im Atom vergraben sind, auch wenn sie erst spät aufgefüllt werden.]

2. Beispiel. Welche Elektronenanordnung und Ordnungszahl hat Brom, das Element unter Chlor im Periodensystem?

Lösung. Die äußere Elektronenstruktur des Chlors ist $3s^23p^5$, so daß Brom die Elektronenstruktur $4s^24p^5$ haben sollte. Wir können also schreiben

$$\text{Br:}\quad 1s^2 2s^2 2p^6 3s^2 3p^6 3d^{10} 4s^2 4p^5$$

Durch Abzählen der Elektronen erhält man die Ordnungszahl 35.

3. Beispiel. Eisen (Fe) ist das sechste Übergangsmetall von links in der vierten Periode. Welche Elektronenstruktur hat es?

Lösung. Das nächste vor ihm stehende Edelgas ist Argon (Ar) am Ende der dritten Periode. Seine Elektronenstruktur bleibt in allen Atomen der vierten Periode unverändert erhalten:

$$\text{Ar:}\quad 1s^2 2s^2 2p^6 3s^2 3p^6$$

Das Auffüllschema ergibt, daß Eisen über diesen Elektronenkern hinaus noch zwei Elektronen im 4s-Orbital und sechs Elektronen in den 3d-Orbitalen hat:

$$\text{Fe:}\quad [Ar]\,3d^6 4s^2$$

Die Übergangsmetalle und inneren Übergangsmetalle weichen manchmal von diesem idealen Auffüllschema ab, indem sie ein Elektron aus dem äußeren s-Orbital in die nahegelegenen d-Orbitale verschieben oder von den äußersten d-Orbitalen in ein f-Orbital. Das kommt daher, weil halbgefüllte Schalen, d^5 und f^7, bei denen jedes Orbital mit einem Elektron besetzt ist, ebenso wie vollständig gefüllte d^{10}- und f^{14}-Schalen besonders stabil sind. Wenn einem Atom gerade ein Elektron zu einem dieser Zustände fehlt, d.h. in den Zuständen d^4, f^6, d^9 oder f^{13}, kann es ein Elektron aus einem nahegelegenen Niveau „stehlen" und mit ihm die stabilere Anordnung erreichen. Das ist nur möglich, weil die s-, d- und f-Orbitale energetisch sehr nahe beieinanderliegen, besonders in den höheren Perioden. So hat Chrom (Cr) die Struktur $[Ar]3d^54s^1$ und nicht $[Ar]3d^44s^2$, wie man nach seiner Position im Periodensystem erwarten sollte, und Gold (Au) hat die Struktur $[Xe]4f^{14}5d^{10}6s^1$ und nicht $[Xe]4f^{14}5d^96s^2$. Die Kenntnis dieser kleineren Unregelmäßigkeiten ist bei weitem nicht so wichtig wie das Verstehen des allgemeinen Elektronenauffüllschemas und wie man es aus dem Periodensystem ableiten kann. Für die Hauptgruppenelemente erhält man aus dem Periodensystem immer die richtige Antwort.

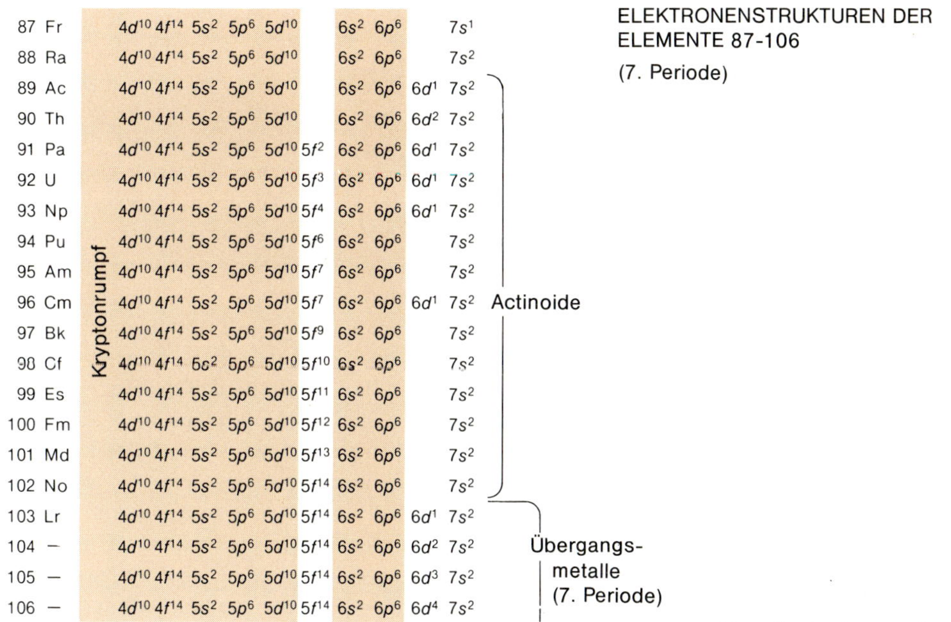

Element	Kryptonrumpf										
87 Fr	$4d^{10}$	$4f^{14}$	$5s^2$	$5p^6$	$5d^{10}$		$6s^2$	$6p^6$		$7s^1$	
88 Ra	$4d^{10}$	$4f^{14}$	$5s^2$	$5p^6$	$5d^{10}$		$6s^2$	$6p^6$		$7s^2$	
89 Ac	$4d^{10}$	$4f^{14}$	$5s^2$	$5p^6$	$5d^{10}$		$6s^2$	$6p^6$	$6d^1$	$7s^2$	Actinoide
90 Th	$4d^{10}$	$4f^{14}$	$5s^2$	$5p^6$	$5d^{10}$		$6s^2$	$6p^6$	$6d^2$	$7s^2$	Actinoide
91 Pa	$4d^{10}$	$4f^{14}$	$5s^2$	$5p^6$	$5d^{10}$	$5f^2$	$6s^2$	$6p^6$	$6d^1$	$7s^2$	Actinoide
92 U	$4d^{10}$	$4f^{14}$	$5s^2$	$5p^6$	$5d^{10}$	$5f^3$	$6s^2$	$6p^6$	$6d^1$	$7s^2$	Actinoide
93 Np	$4d^{10}$	$4f^{14}$	$5s^2$	$5p^6$	$5d^{10}$	$5f^4$	$6s^2$	$6p^6$	$6d^1$	$7s^2$	Actinoide
94 Pu	$4d^{10}$	$4f^{14}$	$5s^2$	$5p^6$	$5d^{10}$	$5f^6$	$6s^2$	$6p^6$		$7s^2$	Actinoide
95 Am	$4d^{10}$	$4f^{14}$	$5s^2$	$5p^6$	$5d^{10}$	$5f^7$	$6s^2$	$6p^6$		$7s^2$	Actinoide
96 Cm	$4d^{10}$	$4f^{14}$	$5s^2$	$5p^6$	$5d^{10}$	$5f^7$	$6s^2$	$6p^6$	$6d^1$	$7s^2$	Actinoide
97 Bk	$4d^{10}$	$4f^{14}$	$5s^2$	$5p^6$	$5d^{10}$	$5f^9$	$6s^2$	$6p^6$		$7s^2$	Actinoide
98 Cf	$4d^{10}$	$4f^{14}$	$5s^2$	$5p^6$	$5d^{10}$	$5f^{10}$	$6s^2$	$6p^6$		$7s^2$	Actinoide
99 Es	$4d^{10}$	$4f^{14}$	$5s^2$	$5p^6$	$5d^{10}$	$5f^{11}$	$6s^2$	$6p^6$		$7s^2$	Actinoide
100 Fm	$4d^{10}$	$4f^{14}$	$5s^2$	$5p^6$	$5d^{10}$	$5f^{12}$	$6s^2$	$6p^6$		$7s^2$	Actinoide
101 Md	$4d^{10}$	$4f^{14}$	$5s^2$	$5p^6$	$5d^{10}$	$5f^{13}$	$6s^2$	$6p^6$		$7s^2$	Actinoide
102 No	$4d^{10}$	$4f^{14}$	$5s^2$	$5p^6$	$5d^{10}$	$5f^{14}$	$6s^2$	$6p^6$		$7s^2$	Actinoide
103 Lr	$4d^{10}$	$4f^{14}$	$5s^2$	$5p^6$	$5d^{10}$	$5f^{14}$	$6s^2$	$6p^6$	$6d^1$	$7s^2$	Übergangsmetalle (7. Periode)
104 –	$4d^{10}$	$4f^{14}$	$5s^2$	$5p^6$	$5d^{10}$	$5f^{14}$	$6s^2$	$6p^6$	$6d^2$	$7s^2$	Übergangsmetalle (7. Periode)
105 –	$4d^{10}$	$4f^{14}$	$5s^2$	$5p^6$	$5d^{10}$	$5f^{14}$	$6s^2$	$6p^6$	$6d^3$	$7s^2$	Übergangsmetalle (7. Periode)
106 –	$4d^{10}$	$4f^{14}$	$5s^2$	$5p^6$	$5d^{10}$	$5f^{14}$	$6s^2$	$6p^6$	$6d^4$	$7s^2$	Übergangsmetalle (7. Periode)

ELEKTRONENSTRUKTUREN DER ELEMENTE 87-106

(7. Periode)

Altmodisches Drama, das sich jede Nacht im [Kr]$4d^{10}$ abspielt. Es läßt sich mit Hilfe des Periodensystems (s. innerer hinterer Umschlagdeckel) lösen[1]. Doch wenn man nicht länger [Ne]$3s^2 3p^4$ will[2], ziehe man die Elektronenstrukturen auf Seite 157–159 zu Rate.

1) Leider nur in Englisch!
2) Sulfur ~ suffer

Postskriptum: die Entstehung des Universums

Nachdem wir nun die gesamte Kollektion der chemischen Elemente vorgeführt haben, stellt sich die vernünftige Frage, woher sie alle kommen. Sind sie alle auf einmal aufgetaucht, als das Universum entstand, oder haben sie sich erst allmählich gebildet? Dieses Problem liegt zwar etwas abseits der allgemeinen Chemie, ist aber so interessant, daß wir es nicht einfach übergehen wollen.

Es gibt zwei miteinander rivalisierende Theorien für den Ursprung des Universums: Die Theorie des Urknalls (big bang) und die Steady-State-Theorie (steady state = stationärer Zustand). Beide stimmen darin überein, daß die Rotverschiebung der Atomspektren darauf hinweist, daß sich das Universum rasch ausdehnt und daß die ursprüngliche Materie des Universums aus Wasserstoff-Gas bestand. Nach der Urknall-Theorie begann unser heutiges Universum seine Odyssee vor ungefähr 15 Milliarden Jahren in dem Feuerball einer gewaltigen Explosion, bei der Temperaturen von einer Milliarde Grad auftraten. Im Gegensatz dazu soll nach der Steady-State-Theorie im interstellaren Raum kontinuierlich neuer Wasserstoff entstehen, um die Lücken in einem sich ausdehnenden, aber unendlich alten Universum zu füllen. Obwohl die Streitfrage noch nicht vollständig geklärt ist, scheint sich doch allmählich abzuzeichnen, daß die Urknalltheorie korrekt ist. Zum Beispiel haben die Radioastronomen gefunden, daß unser Universum von elektromagnetischer Strahlung mit einer Wellenlänge von etwa 1 mm durchsetzt ist, möglicherweise den letzten Spuren der großen Urexplosion. Über den Zustand des Universums vor diesem umwälzenden Ereignis kann nichts ausgesagt werden. Es könnte mit dem Urknall begonnen haben oder nach dem Modell des „pulsierenden Universums" bereits durch eine unbekannte Reihe früherer Expansionen und Kontraktionen hindurchgegangen sein.

Wenn das ursprüngliche Universum nur aus Wasserstoff bestand, wo kamen dann Helium und die schwereren Elemente her? Wir wissen, daß die primäre Energiequelle unserer Sonne ein Fusionsprozeß ist, bei dem vier Wasserstoffkerne zu einem Heliumkern verschmelzen und eine große Energiemenge frei wird:

$$4\,{}^{1}H \longrightarrow {}^{4}He + \text{Energie}$$

(Es sei daran erinnert, daß die hochgestellte Zahl der Atommasse oder der gesamten Anzahl von Protonen und Neutronen im Kern entspricht.) Dieser Fusionsprozeß beginnt bei Temperaturen von etwa 10 bis 20 Millionen Grad.

Wie sind die schwereren Elemente entstanden? Die Wasserstoff-Fusion ist ein Prozeß, der in eine Sackgasse führt. Helium vereinigt sich nicht mit Wasserstoff zu Lithium, noch vereinigt sich Lithium mit Wasserstoff zu Beryllium. Wenn die bei der Wasserstoff-Fusion entstehende Wärme teilweise im Innern eines großen Sterns eingeschlossen bleibt und die Temperatur auf 100 bis 200 Millionen Grad ansteigt, dann beginnt ein zweiter Prozeß. Drei Heliumkerne können miteinander verschmelzen und einen Kohlenstoffkern bilden, wobei mehr Energie frei wird:

$$3\,{}^{4}He \longrightarrow {}^{12}C + \text{Energie}$$

Im gleichen Temperaturbereich kann der Kohlenstoffkern mit Helium zu Sauerstoff verschmelzen:

$${}^{12}C + {}^{4}He \longrightarrow {}^{16}O + \text{Energie}$$

Bei noch höheren Temperaturen, die in unserer Sonne nicht mehr erreicht werden, sind weitere Aufbaureaktionen möglich. Kohlenstoff und Sauerstoff beginnen bei 500 bis 1000 Millionen Grad zu verschmelzen:

$2\,^{12}C \longrightarrow \,^{20}Ne + \,^{4}He + \text{Energie}$ (Neon)
$2\,^{12}C \longrightarrow \,^{24}Mg + \text{Energie}$ (Magnesium)
$2\,^{16}O \longrightarrow \,^{28}Si + \,^{4}He + \text{Energie}$ (Silicium)
$2\,^{16}O \longrightarrow \,^{32}S + \text{Energie}$ (Schwefel)

Eines der Hauptprodukte der Kohlenstoff-Sauerstoff-Fusion ist Silicium-28, das einen besonderen stabilen Kern hat. Wenn die Temperaturen bis auf 2000 Millionen Grad und darüber ansteigen, beginnt Silicium selbst in komplizierten Fusionsprozessen zu reagieren:

$^{28}Si + x\,^{4}He \longrightarrow$ schwere Elemente bis ^{56}Fe + Energie

Nur wenn ein Stern groß genug ist, um diese Hitze in seinem Innern einzufangen und diese enormen Temperaturen zu erzeugen, können diese Reaktionen ablaufen.

Die Energie bei diesen Reaktionen stammt aus einem Masseverlust während des Fusionsprozesses. Ein Heliumkern ist leichter als vier Wasserstoffkerne, und ein Sauerstoffkern ist leichter als die Summe eines Kohlenstoffkerns und eines Heliumkerns. Die fehlende Masse wird nach der Einsteinschen Formel $E = mc^2$ in Energie verwandelt.

Der Aufbau der schweren Atome durch diese Reaktionen kann nicht unbegrenzt ablaufen. Der Prozeß endet beim Eisen, ^{56}Fe. Der Eisenkern ist der stabilste von allen. Energie wird immer dann frei, wenn Kerne, die leichter als Eisen sind, zu Elementen in der Nähe des Eisens *verschmelzen* oder wenn schwere Kerne wie Uran, leichtere Elemente in der Nähe des Eisens durch *Spaltung* produzieren. Bei dem Prozeß

$^{56}Fe + \,^{4}He \longrightarrow \,^{60}Ni$

wird keine Energie frei, sondern Energie absorbiert. Bei uns wie in den Sternen funktioniert die Fusion als Energiequelle nur mit Elementen, die leichter als Eisen sind. Die Synthese der Elemente jenseits von ^{56}Fe war wahrscheinlich ein langsamerer Reaktionsprozeß, bei dem Neutronen eingefangen wurden.

Wir kennen also jetzt eine Reihe von Primärreaktionen, bei denen zumindest die Elemente bis Eisen entstehen können. Doch wie liefen diese Reaktionen während der Entwicklung des Universums ab? Diese Elemente werden im Innern der Sterne synthetisiert. Die erste Generation von Sternen begann als Wasserstoff und erzeugte Helium und die schwereren Elemente in ihren Fusionsprozessen. Unsere eigene Sonne ist ein Stern der zweiten Generation; sie ist aus den Trümmern zerplatzter früherer Sterne entstanden. Folglich sind in ihr und in ihren Planeten die schweren Elemente angereichert.

Die wahrscheinliche Lebensgeschichte eines Sterns – betrachtet als Elementfabrik – ist auf der nächsten Seite dargestellt. Je nach seiner Größe kann ein Stern nacheinander mehrere der oben beschriebenen elementproduzierenden Reaktionen durchlaufen. Bei jeder Reaktion beginnt der Prozeß im Zentrum des Sterns und breitet sich langsam zur Oberfläche hin aus, wenn der Brennstoff im Kern verbraucht ist. Wenn der Stern massiv genug ist, kann die bei einer Reaktion erzeugte Hitze ausreichen, um die nächste Reaktion auszulösen. Die minimale Größe zur Verbrennung von Helium scheint 0.7 Sonnenmassen zu sein und für die Verbrennung von Kohlenstoff und Sauerstoff 5 Sonnenmassen. Ein Stern mit 30 Sonnenmassen kann die gesamte elementproduzierende Stufenleiter von Wasserstoff bis Eisen durchlaufen.

DIE ELEMENTFABRIK

1. **Ein Stern der ersten Generation entsteht aus Wasserstoff-Gas. Während er sich zusammenzieht, heizt er sich durch die freiwerdende Gravitationsenergie auf.**
2. **Die bei der Kontraktion entstehende Hitze zündet im Innern des Sterns die während seiner stabilen Periode ablaufende Wasserstoff-Fusionsreaktion:**

   $4\,{}^{1}H \rightarrow {}^{4}He$ + Energie
3. **Der Brennstoff Wasserstoff im Zentrum ist verbraucht, und die Fusionsreaktion dringt in die äußeren Schichten vor. Der Stern expandiert zu einem roten Riesen und die gesamte Energieabgabe nimmt zu.**
4. **Wenn der Wasserstoff verbraucht ist, kollabiert der Stern und stirbt entweder ab oder löst die Helium-Fusion (Heliumblitz) aus:**

   $3\,{}^{4}He \rightarrow {}^{12}C$ + Energie

   Die Heliumverbrennung breitet sich vom Zentrum in die äußeren Schichten aus, Kohlenstoff-, Sauerstoff- und Silicium-Reaktion werden nacheinander im Innern gezündet, und sie breiten sich nach außen aus, wenn der Brennstoffvorrat im Innern erschöpft ist. Der Stern entwickelt eine Schichtstruktur, bei der sich letzten Endes, wenn der Stern groß genug ist, Eisen im Innern ansammelt.
5. **Der Prozeß im Zentrum des Sterns wird mit der Produktion von ${}^{56}Fe$ beendet, da Eisen-Fusionsreaktionen Energie verbrauchen und nicht liefern. Das Zentrum des Sterns kühlt sich ab, und er kollabiert (implodiert) sehr heftig.**
6. **Die bei dem Kollaps frei werdende Gravitationsenergie führt dazu, daß der Stern zu einer Supernova explodiert. Die Sternmaterie wird im interstellaren Raum verstreut.**
7. **Verstreute Materie, die schwerere Elemente enthält, findet sich allmählich zu einem Stern der zweiten Generation zusammen.**
8. **Die Planeten dieses Sterns der zweiten Generation sind mit den schweren Elementen bis Eisen angereichert.**

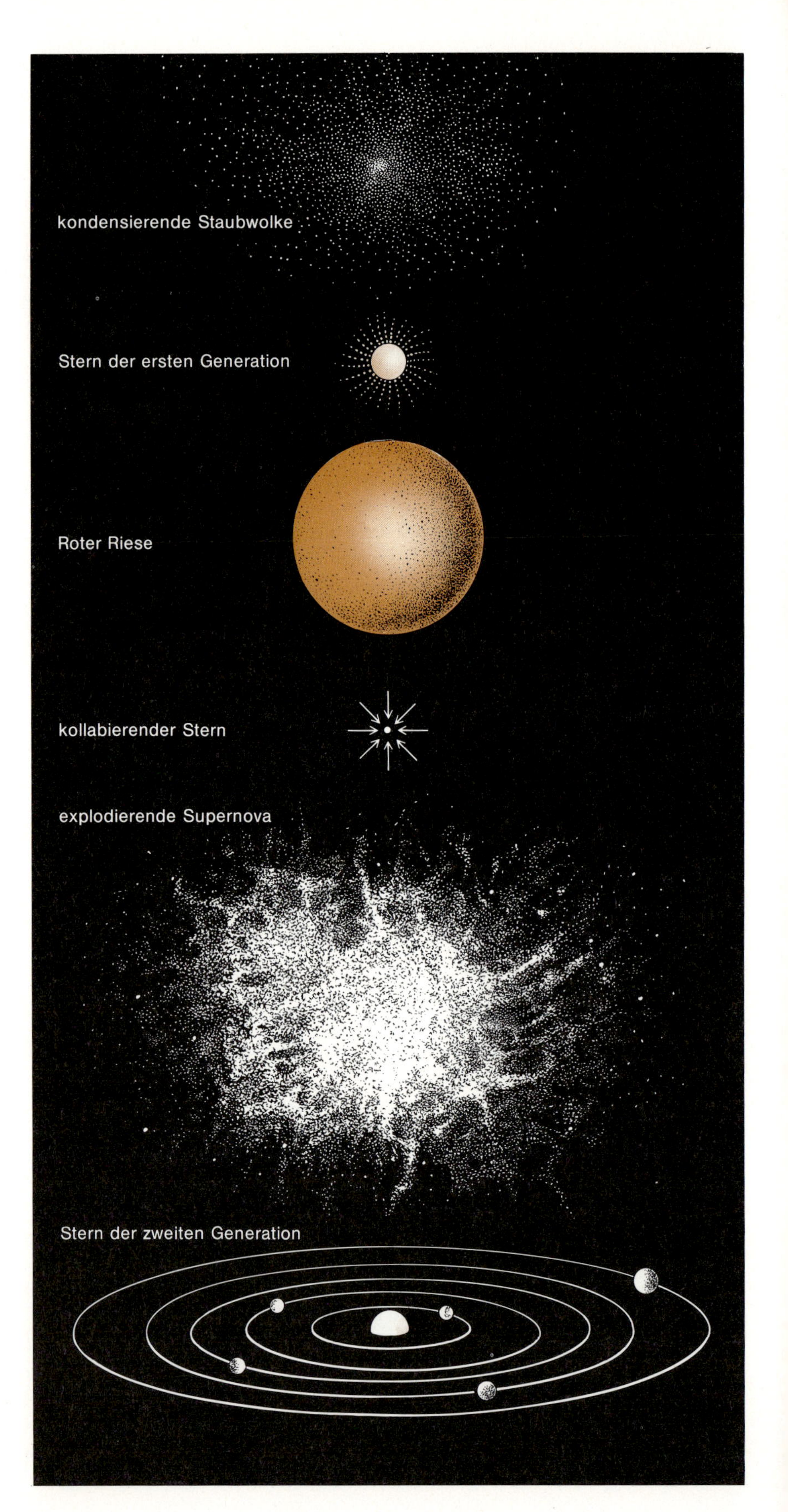

Wenn die nächste Reaktion in der Serie nicht ausgelöst werden kann, dann wird der Stern zu einem weißen Zwerg – zu stellarer Schlacke. Unsere Sonne ist ungefähr 4.5 Milliarden Jahre alt. In weiteren fünf Milliarden Jahren wird sie zu einem roten Riesen anschwellen, das Leben auf der Erde auslöschen und dann schrumpfen und die „Heliumbombe" auslösen – das Verbrennen von Helium zu Kohlenstoff. Die Sonne ist zu klein, um die Kohlenstoff-Reaktion zu zünden, wenn das Helium im Kern verbraucht ist. Sie wird also in den kurzen 30 Millionen Jahren nach der Zündung der Helium-Fusion erneut anschwellen und die Bahn des Mars verschlingen, Materie ausstoßen, dann schrumpfen und als weißer Zwerg absterben.

Wenn ein Stern massiv genug ist, um die Synthese schwerer Elemente bis zum Eisen fortsetzen zu können, passiert etwas Radikales und fundamental Wichtiges für die Verteilung der Elemente im Universum. Da die Fusion, an der Eisen beteiligt ist, Energie verbraucht und nicht freisetzt, geht das „Feuer" aus. Jetzt stehen keine Fusionsreaktionen mehr als Energiequellen zur Verfügung. Das heißt paradoxerweise aber nicht, daß der Stern zu einem Zwerg abkühlt, sondern daß er als Supernova explodiert. Wenn der Brennstoff im Kern endgültig und vollständig verbraucht ist, kühlt sich das Zentrum ab. Etwas von dem Eisen im Zentrum kann wieder zu Helium zerfallen und durch Energieabsorption den Abkühlungsprozeß noch beschleunigen:

$$^{56}\text{Fe} + \text{große Energiemengen} \longrightarrow 14\,^{4}\text{He}$$

Innerhalb von *Sekunden* (himmelweit entfernt von der Millionen- und Milliarden-Jahr-Zeitskala, die wir bisher benutzt haben) kollabiert der Stern, und eine riesige Gravitationsenergie wird frei. (Es ist nichts Geheimnisvolles an dieser Gravitationsenergie. Wenn ein Bleigeschoß aus der Höhe auf eine Stahlplatte fällt und das Metall sich beim Aufprall erwärmt, dann ist das nichts anderes als die Umwandlung von potentieller Gravitationsenergie in Wärme. In einem viel größeren Maßstab ist es die Gravitationsenergie, die das Innere eines jungen Sterns erhitzt und den Prozeß der Wasserstoff-Fusion auslöst.) Die enorme Hitze, die in diesem letzten Kollaps erzeugt wird, zündet weitere Kernreaktionen in den äußeren Schichten des Sterns und läßt ihn buchstäblich in einer Supernova auseinanderplatzen. Die Materie des ehemaligen Sterns wird im interstellaren Raum weit verstreut, wobei schwere Elemente sowohl aus dem Inneren des Sterns als auch aus der Supernova-Explosion selbst stammen.

Sterne der ersten Generation verwandeln also Wasserstoff in schwerere Elemente. Nach einer Supernova-Explosion werden diese Elemente mit dem ursprünglichen Wasserstoff des interstellaren Raums gemischt und stehen als Rohmaterial für Sterne einer neuen Generation wie unsere Sonne bereit. Wenn diese Sterne der zweiten Generation kollabieren, können sie Planeten um sich bilden, die dann mit den schwereren Elementen angereichert sind. Zum Beispiel nimmt man an, daß das Innere der Erde aus metallischem Eisen besteht.

Eines der erstaunlichsten Objekte am Himmel ist der Krebsnebel im Sternbild Stier, der auf der nächsten Seite gezeigt ist. Es handelt sich um eine Supernova in unserer Galaxie, also die Überreste einer besonders heftigen Sternexplosion, die sich im Sommer 1054 v. Chr. ereignete. Westeuropa war damals zu primitiv, um ein solches Ereignis zu bemerken, wenn es auch überraschend ist, daß es den arabischen Astronomen entging. Doch die Japaner und die kaiserlichen Astronomen der Sung-Dynastie in China registrierten es. In geschichtlicher Zeit wurden in unserer Galaxie drei dieser heftigen Supernovae beobachtet, und zwar in den Jahren 1054, 1572 und 1604, doch die jahrelange Suche am Palomar-Observatorium nach Supernovae in anderen Galaxien ergab, daß sich in einer typischen Galaxie alle dreißig Jahre eine Supernova ereignen kann. Der Krebsnebel ist ein Brutkessel in Aufruhr, der Radiowellen, Röntgenstrahlen und Licht ausstrahlt und in dessen Zentrum ein Pulsar sitzt. Die Theoretiker unter den Astronomen haben keine Mühe zu erklären, warum

Der Krebsnebel im Sternbild Stier, Reste einer Supernova-Explosion, die im Jahre 1054 von chinesischen Astronomen registriert wurde. Im Zentrum dieser Ansammlung kosmischer Trümmer befindet sich ein Pulsar, ein winziger Stern mit einem Durchmesser von wenigen tausend Kilometern, der pro Sekunde 30 Pulse aus Röntgenstrahlen, Licht und Radiowellen aussendet. Die bei einer solchen Supernova-Explosion entstehenden Elemente sind das Rohmaterial für den Aufbau zukünftiger Sterne. (Photo: The Hale Observatories)

辛未司天監言、自至和元年五月客星晨出東方、守天關、至是沒。

Die Annalen des *Sung-shih* (Abhandlung über chinesische Astronomie) berichten von einem bemerkenswerten „Gast-Stern", der in der Zeit vom 4. Juli 1054 bis zum 17. April 1056 am östlichen Himmel sichtbar war.

Sterne zu Supernovae werden. Das Problem ist eher zu erklären, warum solche Katastrophen nicht häufiger zu beobachten sind.

Die Zusammensetzung des Universums spiegelt seine Entwicklung wider, wie die Tabelle auf der gegenüberliegenden Seite zeigt. Das Universum besteht zu 93% aus Wasserstoff und zu 7% aus Helium, während alle anderen Elemente nur etwa 0,10% ausmachen. Bei der natürlichen Häufigkeit gibt es eine Lücke zwischen Helium und Kohlenstoff, die den Sprung in der Synthese widerspiegelt:

$$3\,^{4}\mathrm{He} \longrightarrow {}^{12}\mathrm{C}$$

Lithium, Beryllium und Bor werden später in Sekundärreaktionen gebildet, bei denen größere Kerne gespalten werden. Sie sind also im Vergleich zu den Elementen aus der direkten Syntheselinie selten. Jenseits vom Kohlenstoff findet man alternierende Häufigkeiten, wobei Atome mit geraden Ordnungszahlen häufiger sind als diejenigen mit ungeraden; das zeigt das Diagramm unten rechts. Darin spiegelt sich die Synthese der Elemente mit gerader Ordnungszahl durch Anlagerung von α-Teilchen, ^{4}He, wider. Die Elemente mit ungerader Ordnungszahl müssen so wie Lithium, Beryllium und Bor durch Nebenreaktionen entstehen und sind also nicht so häufig. Das ist der Hauptgrund, warum Sauerstoff von den Lebensformen auf der Erde für energieliefernde Reaktionen benutzt wird, obwohl Fluor elektronegativer ist: Fluor ist einfach zu selten für ein biologisches Oxidationsmittel. Wenn das nicht so wäre, würden wir vielleicht unsere Nahrung mit F_2 und nicht mit O_2 verbrennen und den Prozeß als Fluoridation und nicht als Oxidation bezeichnen.

Das Universum begann als ungleiche Mischung aus Elementen: Es enthielt wenige Atome mit hohen Ordnungszahlen, noch weniger mit ungeraden Ordnungszahlen und fast kein Lithium, Beryllium oder Bor. Es durchlief dann in mehreren Stufen weitere Fraktionierungen, wie in den letzten vier Spalten der Tabelle rechts angedeutet ist. Die Sterntrümmer, aus denen die Sterne der zweiten Generation, wie unsere Sonne, entstanden, waren bereits an schwereren Elementen angereichert. Während die Erde aus Staub, Felsbrocken und Trümmern zusammenwuchs, sammelte auch sie ungewöhnlich viel Eisen und andere schwere Elemente an. Die Energie aus den Zusammenstößen der zusammenwachsenden Partikel und aus dem radioaktiven Zerfall reichte aus, um das Innere der frühen Erde zu schmelzen und die Oberfläche hoch aufzuheizen. Bei diesen Temperaturen reichte das Gravitationsfeld eines so kleinen Planeten nicht aus, um seine ursprüngliche Gasatmosphäre festzuhalten. Deshalb ist die Erde so arm an den Edelgasen Helium, Neon, Argon und Xenon, obwohl diese Elemente im gesamten Universum nicht besonders selten sind. Da sie keine festen und hochschmelzenden Verbindungen bilden können, drangen sie in dieser Zeit der hohen Temperatur in den interplanetaren Raum ein. Sauerstoff wurde in großer Menge zurückgehalten, da er ein reaktives Element ist und viele feste Verbindungen, Oxide, Carbonate, Phosphate und Silicate, bildet. Stickstoff, der weniger reaktiv ist und weniger feste Verbindungen bildet, ging zum großen Teil verloren. Wie man der Tabelle rechts entnehmen kann, ist das Verhältnis von Sauerstoff zu Stickstoff im Gesamtuniversum nur 3:1, aber auf der Erde 160000:1! Die Tatsache, daß 80% unserer heutigen Atmosphäre aus Stickstoffgas besteht, täuscht: Der meiste Sauerstoff unseres Planeten ist in festen Verbindungen unter unseren Füßen festgehalten und kommt nicht als O_2-Gas in der Atmosphäre vor.

Die letzte Differenzierung und Anreicherung fand in dem jungen flüssigen Planeten statt. Das war die Gliederung in Kern, Mantel und Rinde, die im 6. Kapitel erwähnt wurde. Der Planet insgesamt hat eine Zusammensetzung, die ungefähr einem Eisenkern + $FeMg(SiO_4)$ (Olivin) entspricht. Dagegen sind in der Rinde die in den Feldspaten vorkommenden Kationen von Natrium, Aluminium, Kalium und Calcium angereichert, während sie an Magnesium und Eisen verarmt ist. Zwei Ele-

Die Häufigkeit der Elemente

	Zusammensetzung in Atomen pro 100000				
	gesamtes Universum	ganze Erde	Erdrinde	Meerwasser	menschl. Körper
1. Periode					
H	92760	120	2880	66200	60560
He	7140	–[1]	–[1]	–[1]	–[1]
2. Periode					
Li	–[1]	–	–	–	–
Be	–	–	–	–	–
B	–	–	–	–	–
C	8	99	34	1.4	10680
N	15	0.3	3	–	2440
O	49	48880	60110	33100	25670
F	–	3.8	68	–	–
Ne	20	–	–	–	–
3. Periode					
Na	0.1	640	2160	290	75
Mg	2.1	12500	1960	34	11
Al	0.2	1300	6300	–	–
Si	2.3	14000	20800	–	0.9
P	–	140	70	–	130
S	0.9	1400	17	17	130
Cl	–	45	8	340	33
Ar	0.4	–	–	–	–
schwerere Elemente					
K	–	56	1100	6	37
Ca	0.1	460	2100	6	230
Ti	–	28	250	–	–
Mn	–	56	35	–	–
Fe	1.4	18870	2100	–	0.4
Ni	–	1400	3	–	–
	99999.5	99998.1	99998	99994.4	99997.3

1) weniger als 0.1 Atom pro hunderttausend

Das gesamte Universum besteht hauptsächlich aus Wasserstoff und Helium. Elemente mit gerader Ordnungszahl sind im Universum häufiger als solche mit ungerader Ordnungszahl (unten), was mit dem Weg, auf dem die Elemente entstehen, zusammenhängt. Die Erde hat die meisten ihrer flüchtigen Substanzen verloren und den Eisenkern und die Elemente in den Silicatmineralien mit hohen Schmelz- und Siedepunkten zurückgehalten. Die Rinde ist besonders reich an Metallen, die man in Pyroxenen, Amphibolen und Feldspaten findet. Meerwasser ist im wesentlichen eine verdünnte Lösung aus NaCl und $MgCl_2$; der menschliche Körper ist grob gesehen eine wäßrige Lösung von Kohlenstoff- und Stickstoff-Verbindungen.

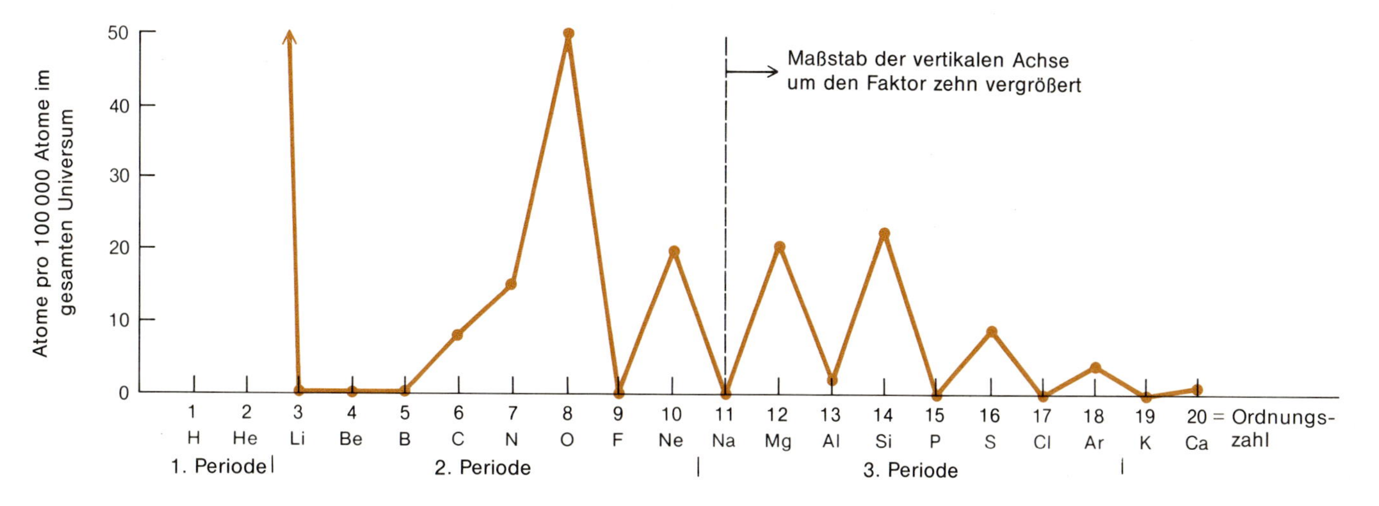

mente, Sauerstoff und Silicium, bilden 81% der Rinde einschließlich Ozeane, Atmosphäre und aller Lebewesen. Mit Wasserstoff und den Metallen der dritten Periode steigt dieser Wert auf 94%, mit Kalium, Calcium und Eisen in der vierten Periode auf 99.5%. Von 100000 Atomen unserer Erde bestehen nur zwei nicht aus den 18 Elementen, für die Werte in der Tabelle auf Seite 165 angegeben sind. Man beachte, daß die Tabelle jenseits der dritten Periode keine Hauptgruppenelemente mehr enthält, außer den Leichtmetallen Kalium und Calcium, daß nur die leichtesten Übergangsmetalle häufig vorkommen und daß die inneren Übergangsmetalle nicht zu den häufigen Elementen der Erdrinde gehören. Zwar sollte ein Chemiebuch nicht auf der „Popularitätsskala" der Elemente basieren, doch da die Rinde der einzige Teil der Erde ist, über den wir umfangreiche chemische Kenntnisse besitzen, und sich auf dieser Bühne alle chemischen Reaktionen in lebenden Organismen entwickelt haben, ist es nur natürlich, daß wir unsere Aufmerksamkeit auf die Elemente richten, die um uns herum Interessantes zu vollbringen scheinen.

Fragen

1. Wodurch ersetzt die Wellenmechanik die kreisförmigen Bahnen der Bohrschen Theorie?
2. Was meint man damit, wenn man ein Bild eines Orbitals als „Elektronen-Aufenthaltswahrscheinlichkeitswolke" beschreibt?
3. Welche Quantenzahlen sind notwendig, um den Zustand eines Elektrons in der Wellenmechanik zu beschreiben?
4. Wie hängen die möglichen Werte der Quantenzahl l von n ab?
5. Wie hängen mögliche Werte der Quantenzahl m von l ab?
6. Welche Quantenzahl ist am engsten mit der Größe eines Orbitals assoziiert?
7. Welche Quantenzahl ist am engsten mit der Gestalt eines Orbitals verknüpft?
8. Welche Eigenschaft hängt mit der Quantenzahl m zusammen?
9. Wie unterscheiden sich die p_x-, p_y- und p_z-Orbitale voneinander? (Zeichnung!)
10. Wie unterscheiden sich die d_{xy}-, d_{yz}- und d_{xz}-Orbitale voneinander? Wie unterscheiden sie sich von den $d_{x^2-y^2}$- und d_{z^2}-Orbitalen? Man zeichne alle fünf d-Orbitale.
11. Wie verhalten sich die Energien der drei p-Orbitale mit dem gleichen n-Wert in einem isolierten Atom zueinander? Wie verhalten sich die Energien der fünf d-Orbitale mit dem gleichen n-Wert zueinander?
12. Wie verhalten sich die Energien von s-, p-, d- und f-Orbitalen bei gleichem n-Wert zueinander?
13. Wie hängt die Gesamtzahl der Orbitale für einen gegebenen n-Wert von n ab?
14. Man schreibe die Orbitale (n- und l-Werte) geordnet nach zunehmender Energie auf. Wie hängt diese Reihenfolge mit der Struktur des Periodensystems zusammen?
15. Wie viele Elektronen kann jedes Atomorbital aufnehmen? Welche Eigenschaft der Elektronen hat entgegengesetzte Werte, wenn die Elektronen in einem Orbital gepaart sind?
16. Ziehen sich zwei Elektronen in demselben Atomorbital an, stoßen sie sich ab oder haben sie keine Wirkung aufeinander?
17. Wie ergibt sich aus dem Bild der Elektronenaufenthaltswolke, daß zwei Elektronen in einem p_x-Orbital nahe zueinander gezwungen werden, während ein Elektron in einem p_x- und eines in einem p_y-Orbital weiter voneinander entfernt sind? Wieso führt das zu der Vorhersage, daß zuerst alle drei p-Orbitale mit einem Elektron besetzt werden, bevor eines von ihnen ein zweites Elektron aufnimmt?
18. Welche Orbitale werden beim Aufbau der Hauptgruppenelemente des Periodensystems aufgefüllt? Welche Orbitale sind mit den Übergangsmetallen assoziiert? Welche mit den inneren Übergangsmetallen?
19. Welches sind die beiden alternativen Bezeichnungen für die erste Reihe der inneren Übergangsmetalle? Welche Bezeichnung gibt es noch für die zweite Serie der inneren Übergangsmetalle?
20. Warum haben Elemente in der gleichen senkrechten Spalte des Periodensystems aufgrund ihrer Elektronenkonfigurationen ähnliche chemische Eigenschaften?
21. Was ist das Gemeinsame an der Elektronenstruktur aller Edelgase? Wie hängt das mit ihren chemischen Eigenschaften zusammen?
22. Was ist die Urknall-Theorie der Entstehung des Universums und wie unterscheidet sie sich von der Steady-State-Theorie? Welche von ihnen ist nach unseren heutigen Kenntnissen eher korrekt?
23. Warum wird bei der Wasserstoff-Fusion Energie frei? Woher kommt diese Energie? Welche Kerne entstehen dabei?

24. Wo werden am meisten Helium und schwerere Elemente synthetisiert?
25. Wie entstehen Lithium, Beryllium, Bor und Kohlenstoff durch natürliche Synthese? Wie erklärt die Antwort auf diese Frage die Seltenheit der ersten drei Elemente im Universum und die relative Häufigkeit des Kohlenstoffs?
26. Durch welche Reaktionen entstehen die Elemente von Sauerstoff bis Silicium? Wie entstehen die schwereren Elemente bis Eisen? Inwieweit bestimmt die Temperatur, wie weit dieser Prozeß geht?
27. Warum hört die Elementsynthese beim Eisen auf? Was passiert, wenn Eisen mit anderen Kernen zu schwereren Elementen verschmilzt?
28. Entstehen *alle* Elemente zwischen Kohlenstoff und Eisen durch die Reaktionen, die in der Antwort auf Frage 26 aufgezählt wurden? Wenn nicht, welcher Elementtyp wurde systematisch in diesem Schema ausgelassen? Wie entstehen diese Elemente?
29. Auf welche Weise bestimmt die Größe eines Sterns, wie weit die Reaktionsfolge bei der stellaren Elementsynthese in Frage 26 ablaufen wird? Was passiert letzten Endes mit dem Stern, wenn er zu wenig Eisen synthetisiert? Was passiert schließlich, wenn er Eisen in seinem Inneren synthetisiert?
30. Wie weit wird unsere Sonne bei den stellaren Synthesereaktionen kommen?
31. Woher kommen die schweren Elemente unseres Planeten (und des Sonnensystems)? Sind sie im Inneren unserer Sonne entstanden?
32. Warum ist Helium auf der Erde so selten, obwohl es im Gesamtuniversum häufig vorkommt?
33. Warum ist der Stickstoffgehalt der Erde geringer als der des gesamten Universums, während der Sauerstoffgehalt tausendmal größer ist?
34. Warum enthält ein lebender Organismus viel Kohlenstoff und Stickstoff im Vergleich zu den anderen Elementen?

Probleme

1. Welche Elektronenkonfiguration haben Fluor und das Fluorid-Ion?
2. Welches Element der dritten Periode ist das Analogon zu Sauerstoff? Welches sind die entsprechenden Elemente in der vierten und fünften Periode? Welche Elektronenkonfigurationen haben diese vier Elemente und auf welchen Gemeinsamkeiten beruhen ihre ähnlichen chemischen Eigenschaften? Welche Ordnungszahlen haben diese Elemente? Werden diese Elemente mit zunehmender Ordnungszahl mehr oder weniger metallisch? Warum?
3. Welche Elektronenkonfigurationen haben die folgenden Teilchen: P, K^+, Mg^{2+}? Welche Elektronenkonfiguration hätte jedes von ihnen im ersten angeregten Zustand (das heißt, wenn ein Elektron durch die kleinstmögliche Energiezufuhr in ein unbesetztes Orbital angehoben ist)?
4. Welche zwei positiven Ionen, welches negative Ion und welches Atom sind isoelektronisch mit Cl^-? Welche Elektronenkonfiguration haben sie? Welche Konfiguration haben die den Ionen entsprechenden Neutralatome?
5. Welche der folgenden Elektronenkonfigurationen stellen einen Grundzustand eines Atoms, welche einen angeregten Zustand und welche einen unmöglichen Zustand dar?
   (a) $1s^2, 2s^2, 2p^6, 3s^2, 3p^5$
   (b) $1s^2, 2s^2, 2p^6, 3s^3, 3p^6$
   (c) $1s^2, 2s^2, 2p^5, 3s^1$
   (d) $1s^2, 2s^2, 2p^6, 3s^1$
   Unter der Voraussetzung, daß alle von ihnen neutrale Atome repräsentieren und keine Ionen, identifiziere man die Atome (außer natürlich für die unmöglichen Kombinationen).

6. Unten sind zehn Elemente mit ihren Elektronenkonfigurationen zusammengestellt. Man entscheide in jedem Fall, ob ein neutrales Atom oder ein positives oder negatives Ion dargestellt sind. Außerdem entscheide man, ob der Elektronenzustand ein Grundzustand, ein angeregter Zustand oder ein unmöglicher Zustand ist.
   (a) Li: $1s^2 2p^1$
   (b) H: $1s^2$
   (c) S: $1s^2 2s^2 2p^6 3s^2 3p^4$
   (d) C: $1s^2 2s^2 2p^1 2d^1$
   (e) Ne: $1s^2 2s^1 2p^7$
   (f) N: $1s^2 2s^1 2p^3$
   (g) F: $1s^2 2s^2 2p^5 3s^1$
   (h) He: $1p^1$
   (i) Sc: $1s^2 2s^2 2p^6 3s^2 3p^6 3d^1 4s^2$
   (j) O: $1s^2 2s^2 2p^3$
   Man erkläre, was an jedem der unmöglichen Zustände falsch ist.
7. Wenn die Elektronenschalen ganz regelmäßig aufgefüllt würden, so wie es nach der Struktur des Periodensystems zu erwarten ist, welche Elektronenkonfiguration hätte dann Chrom (Cr, Ordnungszahl 24)? Welche Elektronenkonfiguration hat Chrom tatsächlich? Woher kommt der Unterschied?

Das s- und die drei p-Orbitale sind das „Ausgangsmaterial" für die Bindungen im Methan.

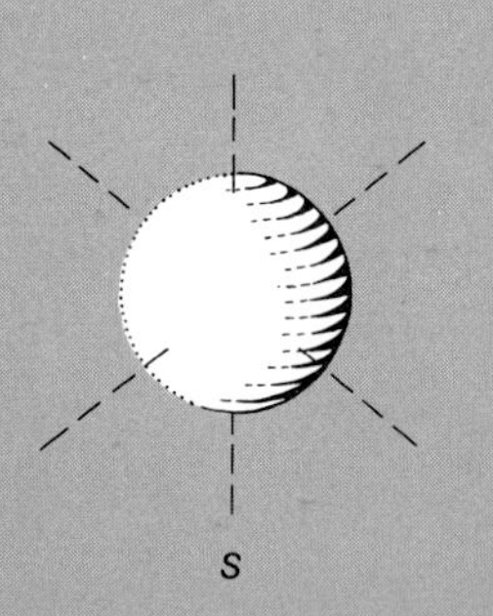

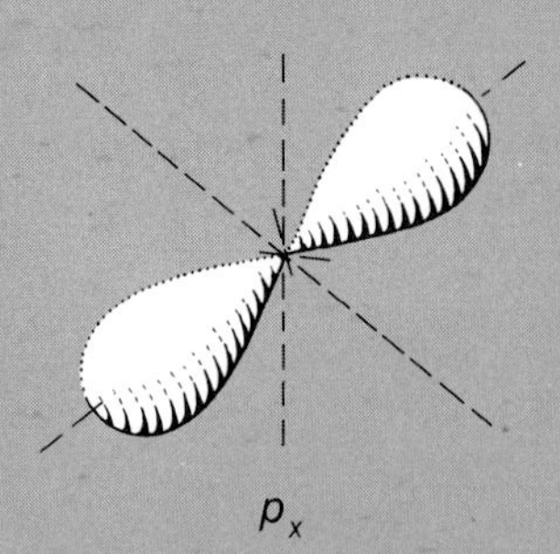

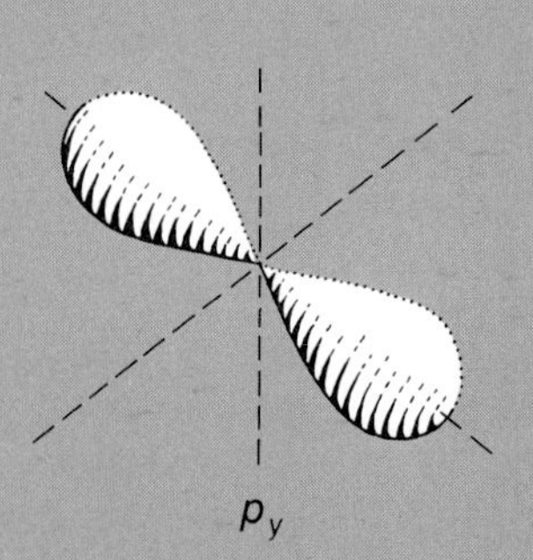

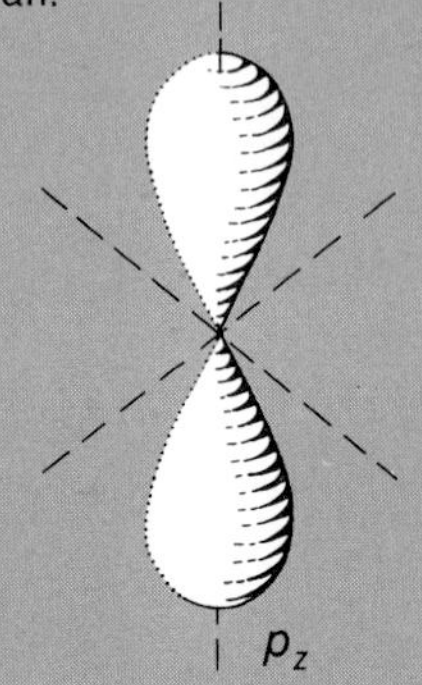

Diese Orbitale werden hybridisiert (oder „gemischt"), so daß vier äquivalente sp^3-Atomorbitale entstehen, die in die Ecken eines Tetraeders gerichtet sind.

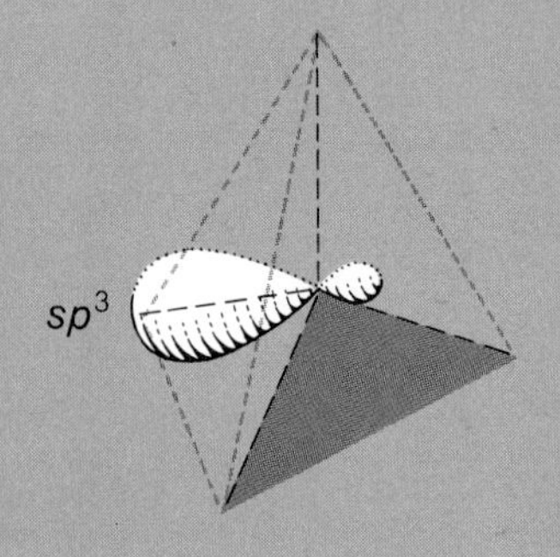

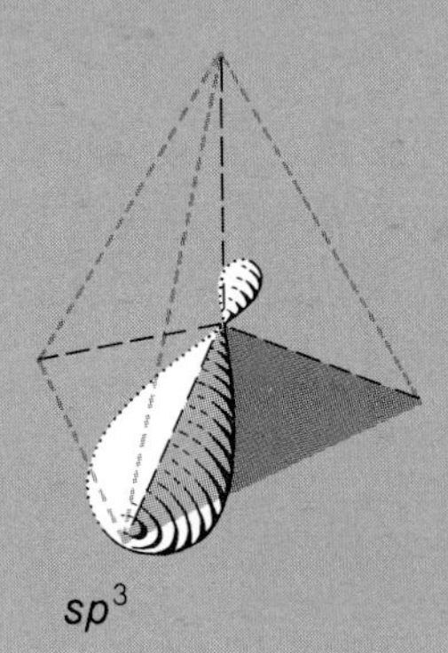

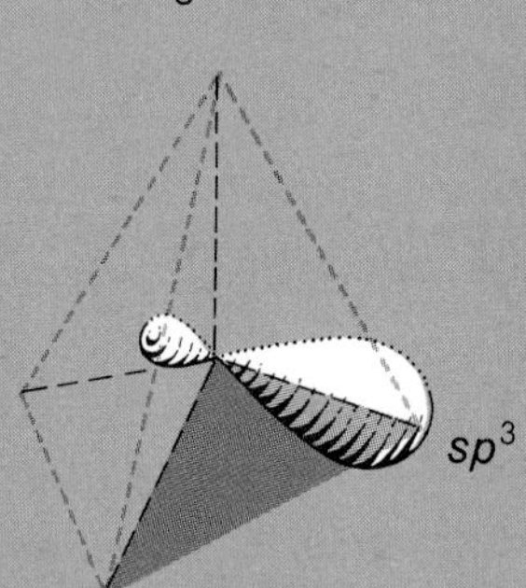

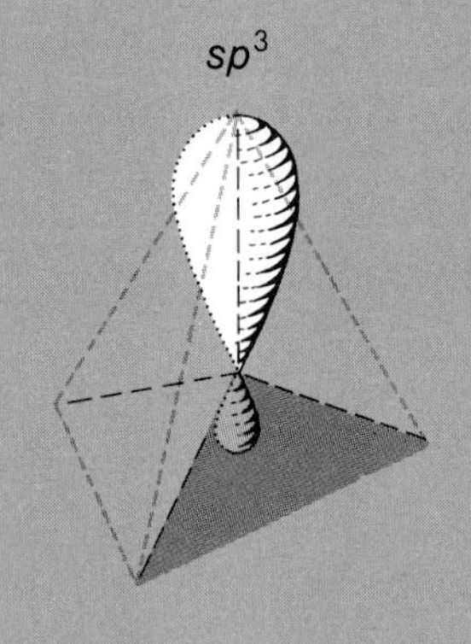

MOLEKÜLORBITALE IN METHAN

Die vier sp^3-Orbitale sind auf vier Wasserstoff-Atome gerichtet, von denen jedes ein Elektron in einem 1s-Orbital hat.

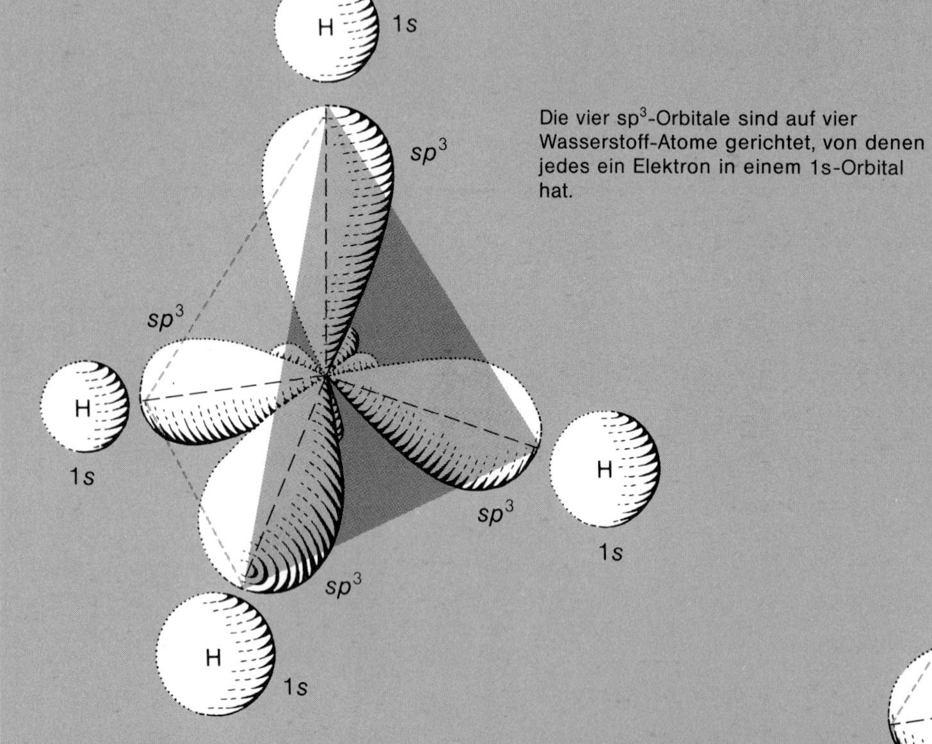

Jedes sp^3-Orbital wird mit einem Wasserstoff-1s-Orbital kombiniert, wobei ein bindendes Molekülorbital entsteht; jedes dieser bindenden Orbitale wird mit zwei Elektronen besetzt, von denen eines vom H, das andere vom C stammt. Auf diese Weise werden vier tetraedrisch orientierte Elektronenpaar-Bindungen gebildet.

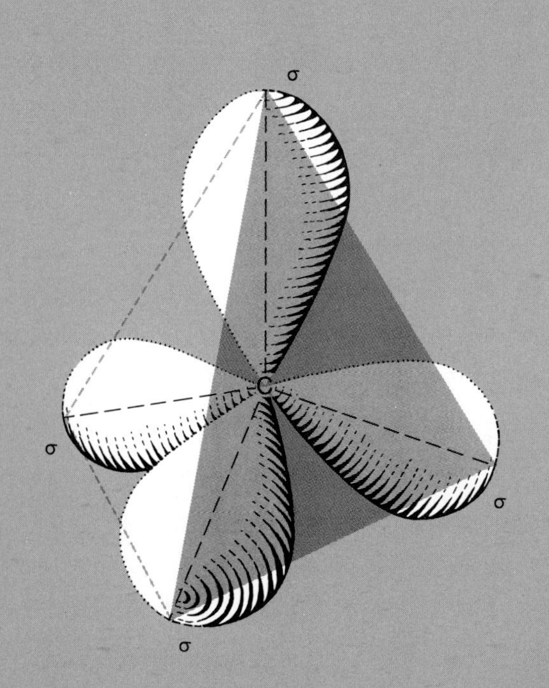

◀ *Bindende Orbitale im Methan-Molekül*

9. *Kapitel*

Molekülorbitale und Molekülstruktur

Wir haben bis jetzt zwei Modelle für die chemische Bindung und für die molekulare Geometrie benutzt: die Elektronenpaare nach Lewis, um zu erklären, wie Atome zusammengehalten werden, und die VSEPR-Theorie, um die Geometrie der Bindungen zu erklären. Beides sind ziemlich schlichte Vorstellungen, und wir haben sie so weit strapaziert, wie es möglich war. Dann fingen Risse und Sprünge an, in der Bindungstheorie durchzuscheinen – daß delokalisierte Elektronen eingeführt werden mußten, ist ein Beispiel dafür –, und bevor wir versuchen, diese Sprünge zu kitten, scheint es vernünftiger, eine bessere Bindungstheorie zu entwickeln, welche die alten Vorstellungen einschließt und gleichzeitig erlaubt, über sie hinauszugehen. Aus dem 8. Kapitel können wir inzwischen über Atomorbitale verfügen, und wir können sie benutzen, eine Theorie der Molekülorbitale zu entwickeln, die besser geeignet ist, Struktur und Eigenschaften von Molekülen zu erklären.

Der Molekülorbital-Theorie (oder „MO-Theorie") liegt der Gedanke zugrunde, daß man die Atomorbitale (oder AOs) aller Atome in einem Molekül zu einer gleich großen Zahl von Molekülorbitalen zusammenfassen kann. Dieser Vorgang ist auf der linken Seite für Methan gezeigt. Wie die Atomorbitale des letzten Kapitels unterscheiden sich die Molekülorbitale in Form, Größe und Energie. Im nächsten Schritt werden alle aus den Atomen verfügbaren Elektronen nacheinander in diese Molekülorbitale eingefüllt, und zwar pro Orbital maximal zwei Elektronen. Man beginnt mit dem Orbital niedrigster Energie und macht nach oben hin weiter. Dieser Aufbau des Moleküls durch Auffüllen der Molekülorbitale ist genau analog dem im letzten Kapitel geschilderten Aufbau des Atoms durch Auffüllen der Atomorbitale. Praktisch ist das Hauptproblem in dieser Theorie die Entscheidung, wie die MOs aus den verfügbaren AOs konstruiert werden und welche Energie sie besitzen. Denn eine grundsätzliche Schwierigkeit der MO-Theorie besteht darin, daß es zu kompliziert wird, die Orbitale von Molekülen mit mehr als einer sehr kleinen Zahl von Atomen zu berechnen, selbst wenn ein schneller Digitalcomputer hilft. Statt allerdings das ganze Molekül auf einmal anzugehen, kann man sich glücklicherweise oft auf das leichtere Problem zurückziehen, die Bindung zwischen je zwei Atomen zu behandeln. Dann spricht man von der *Theorie lokalisierter Molekülorbitale,* die den Vorzug hat, mathematisch einfacher zu sein. Sie ist sehr anschaulich, so daß

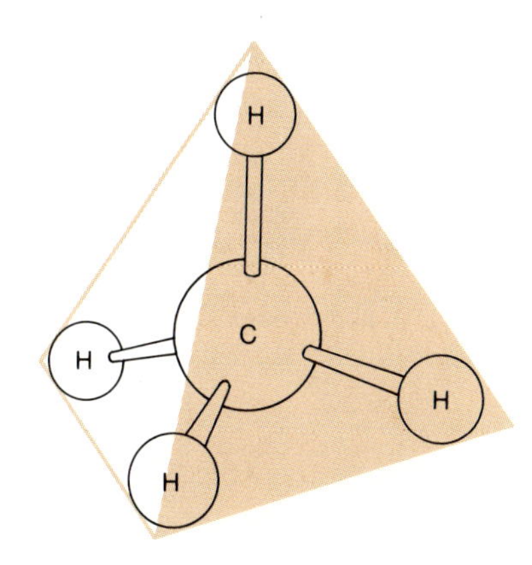

Kugel-Stab-Modell des Methan-Moleküls; es zeigt die tetraedrische Geometrie.

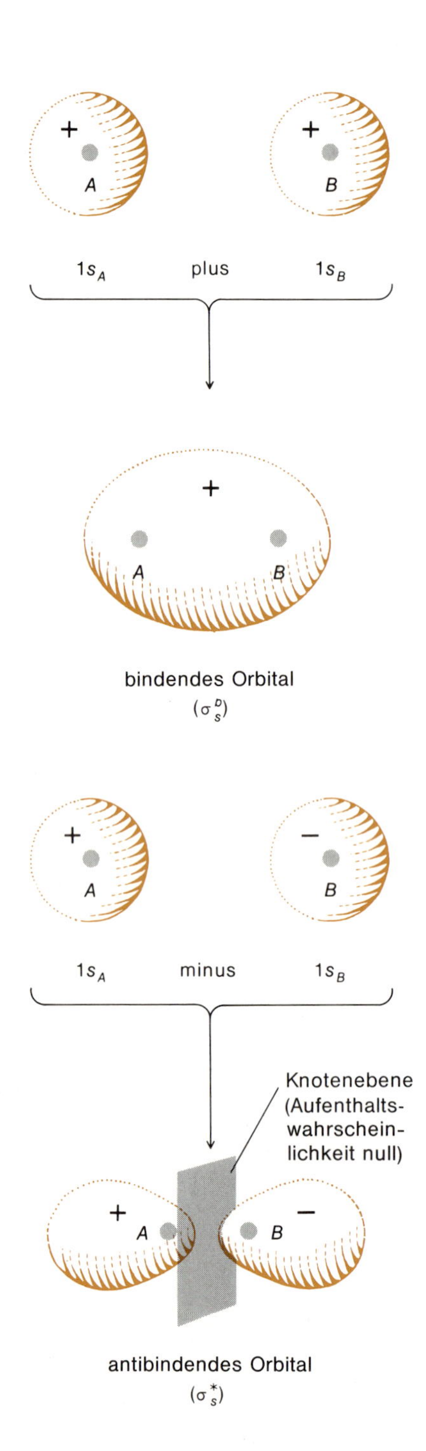

man, wie wir es tun werden, auf Mathematik ganz verzichten kann; sie ist im Ansatz vernünftig, und ihre Ergebnisse sind recht genau. Wir werden die vollständige MO-Theorie auf einige einfache zweiatomige Moleküle wie H_2, O_2 und HF anwenden und dann zeigen, was die Theorie lokalisierter MOs für größere Moleküle leistet und warum sie bei Molekülen mit delokalisierten Elektronen versagt.

Wasserstoffähnliche Moleküle

Die einfachsten Moleküle, die man sich vorstellen kann, bestehen aus zwei Atomkernen, die von einem, zwei, drei oder vier Elektronen umgeben sind, welche ursprünglich aus den atomaren 1s-Orbitalen stammen. Solche Moleküle werden wir zuerst behandeln. Was wir dabei über die Kombination von 1s-Orbitalen lernen werden, wird uns weiter zu einem Verständnis führen, wie andere Orbitale miteinander kombinieren, wenn kompliziertere Moleküle entstehen.

Das bekannteste Beispiel für ein Molekül, das aus 1s-Atomorbitalen konstruiert wird, ist Wasserstoff, H_2, mit zwei Elektronen. Auch das Molekül-Ion des Wasserstoffs, H_2^+, dessen Kerne von nur einem Elektron zusammengehalten werden, gibt es. Die Bindung ist schwach, und das Molekül-Ion ist so hyperreaktiv, daß es bei erster Gelegenheit ein Elektron an sich reißt und wieder in ein neutrales Wasserstoff-Molekül übergeht. Ein anderes, kurzlebiges, aber experimentell nachweisbares Molekül-Ion ist He_2^+, das zwei Kerne und drei Elektronen besitzt. Wie wir gleich sehen werden, tragen zwei der Elektronen dazu bei, die Kerne aneinanderzubinden, das dritte Elektron lockert die Bindung. Ein Molekül He_2 mit vier Elektronen gibt es nur auf dem Papier, denn weil zwei Elektronen die Kerne binden und zwei sie trennen wollen, zerfällt He_2 in zwei Helium-Atome. In diesen vier Molekülen – eines stabil, zwei weniger stabil, das vierte nicht existent – haben wir einen einfachen Test der MO-Theorie, denn alle machen Gebrauch von den gleichen Orbitalen und Energiezuständen.

Wie können wir die 1s-Atomorbitale zweier Atome zu zwei Molekülorbitalen kombinieren? Wir erinnern uns, daß die Wolken der Elektronendichte oder der Aufenthaltswahrscheinlichkeit, wie wir sie benutzt haben, den *Quadraten* der Wellenfunktionen entsprechen, die sich aus der Quantentheorie ergeben. Diese Wellenfunktionen, nicht die Aufenthaltswahrscheinlichkeiten selbst, werden zu Molekülorbitalen kombiniert. Die Aufenthaltswahrscheinlichkeiten sind immer positiv – die Wahrscheinlichkeit für irgend etwas kann nur positiv oder null sein –, aber verschiedene Bereiche der Wellenfunktionen können positives oder negatives Vorzeichen haben. Diese Vorzeichen sind deshalb so wichtig, weil es von ihnen abhängt, ob und auf welche Weise ein bestimmtes Paar von AOs kombiniert werden kann.

1s-Atomorbitale können in den wasserstoffähnlichen Molekülen auf zweierlei Weise kombiniert werden: einmal mit gleichem Vorzeichen beider Wellenfunktionen, das andere Mal mit entgegengesetztem Vorzeichen. Das Ergebnis ist die Addition oder die Subtraktion der beiden Wellenfunktionen, welche zu den links dargestellten Elektronendichten führen. Wenn die Wellenfunktionen addiert werden, resultiert für das entsprechende Molekülorbital eine Anhäufung von Elektronendichte zwischen den Kernen. Wird ein Elektronenpaar in dieses Orbital gebracht, zieht die negative Ladung der Elektronen beide Kerne an und schirmt jeden Kern von der Abstoßung durch den anderen ab. Hier haben wir die im 4. Kapitel eingeführte Elektronenpaar-Bindung. Das $(1s_A + 1s_B)$-Orbital heißt *bindendes Orbital,* denn Elektronen, die sich darin befinden, halten die Kerne zusammen. Zwei Elektronen in einem solchen bindenden Orbital sind stabiler – sie repräsentieren einen Zustand niedrigerer Energie – als je ein Elektron in jedem der beiden isolierten Atomorbitale.

Elektronen können ein Molekül aber auch auseinanderziehen, und das läßt sich mit der alten Lewis-Theorie nicht erklären. Wenn man die 1s-Wellenfunktionen anders, nämlich mit entgegengesetzten Vorzeichen kombiniert, ergibt sich ein MO mit der größten Elektronendichte an der Außenseite der Kerne, nicht auf ihrer Verbindungslinie. In einem solchen MO ist die Wahrscheinlichkeit null, ein Elektron in der Mittelebene zwischen den Kernen anzutreffen (s. die Zeichnung links unten auf der Seite gegenüber). Elektronen in diesem ($1s_A - 1s_B$)-Orbital tragen nicht nur nichts bei, die Kerne voneinander abzuschirmen, sie ziehen sogar aktiv von beiden Enden das Molekül auseinander. Ein solches MO heißt *antibindendes Orbital,* denn es ist weniger stabil – es repräsentiert einen Zustand höherer Energie – als die Orbitale in den getrennten Atomen.

Wir müssen an dieser Stelle etwas Terminologie einführen, damit die anschließende Diskussion leichter wird. Wenn ein Molekülorbital vollkommen symmetrisch um die Verbindungslinie der beiden Kerne ist, bezeichnet man es mit dem griechischen Buchstaben „sigma" als σ-MO. Bindende Orbitale werden außerdem mit einem kleinen, hochgestellten b gekennzeichnet, antibindende Orbitale mit einem kleinen Stern. (Man kann diesen Stern als Gedächtnisstütze benutzen: eine Miniexplosion, die Instabilität signalisiert.) Aus welchen AOs die MOs entstanden sind, wird durch tiefgestellte Buchstaben markiert. Die beiden Molekülorbitale können wir also folgendermaßen formulieren:

$$\sigma_s^b = 1s_A + 1s_B \qquad \text{(I)} \qquad\qquad \sigma_s^* = 1s_A - 1s_B \qquad \text{(II)}$$

(Diese Ausdrücke stellen die Wellenfunktionen dar; die Elektronendichten in den beiden MOs ergeben sich durch Quadrieren.) Die beiden knappen Gleichungen können folgendermaßen in Worte übersetzt werden:

I: Ein bindendes sigma-MO aus s-Atomorbitalen ergibt sich durch Addition von 1s-AOs der Atome A und B.

II: Ein antibindendes sigma-MO aus s-Atomorbitalen ergibt sich durch Subtraktion der 1s-Orbitale, d. h. durch Kombination der Wellenfunktionen mit entgegengesetzten Vorzeichen.

Diese Orbitale sind links außen dargestellt. Zusammen können sie maximal vier Elektronen aufnehmen. Wenn wir nacheinander je ein Elektron zufügen, können wir die vier Moleküle oder Molekül-Ionen aufbauen, von denen vorhin die Rede war.

Die Energieniveaus der beiden MOs sind unten schematisch dargestellt. Das bindende MO ist stabiler als das ursprüngliche 1s-Atomorbital, das antibindende MO ist weniger stabil. Letztlich wird also das ursprüngliche Energieniveau des 1s-AOs in zwei Niveaus, ein höheres und ein niedrigeres, aufgespalten. Diese Ener-

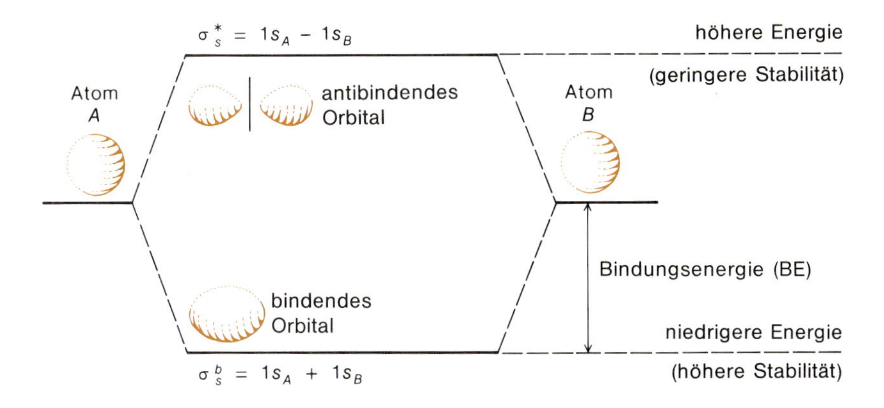

Zwei Atomorbitale kombinieren miteinander; sie bilden dabei ein bindendes Orbital niedrigerer Energie und ein antibindendes Orbital höherer Energie. Ein Elektronenpaar im bindenden Orbital konstituiert eine Bindung, und die gegenüber den ursprünglichen Atomorbitalen gewonnene Stabilität des bindenden Orbitals ist die Bindungsenergie.

	H_2^+	H_2	He_2^+	He_2
antibindend (σ_s^*)	—	—	—●—	—●●—
bindend (σ_s^b)	—●—	—●●—	—●●—	—●●—

	H_2^+	H_2	He_2^+	He_2
antibindende Elektronen	0	0	1	2
bindende Elektronen	1	2	2	2
Überschuß an bind. Elektronen	1	2	1	0
Bindungstyp	Halb	Einfach	Halb	—

	H_2^+	H_2	He_2^+	He_2
Bindungslänge (pm)	106	74	108	—
Bindungsenergie (kJ · mol^{-1})	255	431	251	—

giezustände können nun von so vielen Elektronen besetzt werden, wie in einem Molekül zur Verfügung stehen, genauso, wie die atomaren Energieniveaus des 8. Kapitels besetzt wurden. Dieser Aufbau der Moleküle ist oben tabellarisch zusammengefaßt. Das H_2^+-Molekül-Ion hat nur ein Elektron, welches für sich das bindende σ_s^b-Orbital besetzt. Dieses Elektron verbringt seine Zeit hauptsächlich zwischen den Kernen, schirmt einen vom anderen ab und hält sie zusammen: eine „halbe“ Elektronenpaar-Bindung à la Lewis. Zwei Elektronen gibt es in H_2, und damit ist das bindende MO vollständig aufgefüllt. Hier handelt es sich um eine normale Elektronenpaar-Bindung, wie sie im 4. Kapitel besprochen wurde. He_2^+ hat drei Elektronen, und weil zwei davon das σ_s^b-MO füllen, muß das dritte in das antibindende σ_s^*-Orbital. In diesem Molekül halten zwei Elektronen die Kerne zusammen, eines zieht sie auseinander, so daß unter dem Strich ein bindendes Elektron herauskommt. Das antibindende Elektron lockert die Bindung im Molekül. He_2 hätte zwei Elektronen im bindenden und zwei im antibindenden Orbital. Die Kräfte, mit denen die Elektronen die Kerne zueinander hin und voneinander wegziehen, heben einander auf, und es bleibt im Ergebnis keine Bindung im He_2-Molekül, welches deshalb nicht existiert.

Die Arithmetik von bindend und antibindend ist unter dem Auffüllschema oben auf dieser Seite zusammengefaßt. Wir können die Zahl der Elektronenpaar-Bindungen berechnen, indem wir die *Netto*anzahl von bindenden Elektronen abzählen und durch zwei dividieren. Wenn wir eine Elektronenpaar-Bindung als „Einfachbindung“ bezeichnen, dann hat H_2 eine Einfachbindung, H_2^+ und He_2^+ haben je eine halbe Bindung, und He_2 hat überhaupt keine Bindung. Die Zahl der Bindungen zwischen zwei Atomen nennt man *Bindungsordnung:* H_2^+ und He_2^+ haben die Bindungsordnung $1/2$, H_2 hat die Bindungsordnung 1, und die C=C-Doppelbindung in Ethylen hat die Bindungsordnung 2. Zwischen der Bindungsordnung, der Bindungslänge und der Bindungsenergie gibt es eine Beziehung. Die experimentell gemessenen Bindungslängen (r) und Bindungsenergien (BE) sind in den letzten Zeilen der Tabelle oben auf dieser Seite angegeben. Die Einfachbindung in H_2 ist 74 pm lang, und zum Aufbrechen der Bindungen und damit zur Überführung eines Mols von H_2-Molekülen in H-Atome sind 431 kJ nötig. Zum Aufspalten der halben Bindungen in den beiden Molekül-Ionen ist ungefähr halb so viel Energie nötig; sie sind so schwach, daß die Bindungslänge von 74 pm auf gut 100 pm aufgeweitet wird. Die einfache MO-Theorie sagt den Gang der Bindungslängen und Bindungsenergien bei diesen kleinen Molekülen richtig voraus, und das gibt uns das Vertrauen, daß dieser Ansatz, die chemische Bindung zu verstehen, im Grundsatz korrekt ist.

Größere zweiatomige Moleküle

Wie geht es weiter? Wie kombinieren wir 1s-, 2s- und die verschiedenen 2p-Atomorbitale zu MOs in größeren Molekülen? Die Prinzipien bleiben die gleichen:

1. Man kombiniert die verfügbaren AOs in geeigneter Weise, so daß die gleiche Zahl von MOs verschiedener Energie herauskommt, von denen einige bindend, andere antibindend sind.
2. Man füllt in die MOs, angefangen beim energieärmsten, alle verfügbaren Elektronen ein, und zwar pro Orbital zwei.

Dabei taucht sofort das Problem auf, was beim ersten Schritt die Worte „in geeigneter Weise" bedeuten. Wie werden Atomorbitale miteinander kombiniert?

Man kann in der MO-Theorie ziemlich weit mit dem gesunden Menschenverstand sowie mit drei Kombinationsregeln kommen:

1. Zwei AOs müssen sich räumlich soweit nähern, daß sie nennenswert überlappen, bevor sie zu einem MO kombiniert werden können.
2. Die miteinander kombinierten MOs müssen ähnliche Energie haben.
3. Die Orbitale müssen bezüglich der Bindungsachse die gleiche Symmetrie haben.

Die erste Regel leuchtet ein. Atome können nicht miteinander kombinieren, wenn sie zu weit voneinander entfernt sind. Es gibt aber noch einen anderen, höchst praktischen Aspekt. Ein 2s-Orbital ist größer als ein 1s-Orbital, und wenn zwei Atome einander so nahe gebracht wurden, daß die 2s-Orbitale überlappen, sind die 1s-Orbitale noch zu weit entfernt, als daß sie nennenswert überlappen. Wir können sie als getrennte Atomorbitale sich selbst überlassen – jedes mit seinem Elektronenpaar, das den Atomkern umgibt. Dies ist nichts anderes als eine neue Version der Aussage, daß die gefüllten inneren Schalen nicht teilhaben und vergessen werden können, wenn die äußeren Elektronenschalen eines Atoms an Bindungen beteiligt sind. Für jedes Atom in irgendeiner Periode können die Elektronen des Edelgases, das die vorangehende Periode abschließt, als unveränderlicher Atomrumpf betrachtet und bei Bindungen vernachlässigt werden. Das macht uns das Leben leichter.

Die Regel von den ähnlichen Energien schließt Kombinationen zwischen 1s- und 2s- oder 2p-Orbitalen der gleichen Atomsorte aus. Sie bringt uns sogar noch einen Schritt weiter, indem sie uns sagt, daß wir uns auf dieser einfachsten Stufe nicht um Kombinationen zwischen 2s- und 2p-Orbitalen von verschiedenen Atomen der gleichen Art kümmern müssen; die Energiedifferenz zwischen s- und p-Orbitalen reicht aus, um ihre Kombination unwahrscheinlich zu machen.

Die strengste und gleichzeitig hilfreichste Regel ist die dritte, welche die gleiche Symmetrie der Orbitale bezüglich der Bindungsachse fordert, d.h. bezüglich der Verbindungslinie zwischen den beiden beteiligten Atomen. Welche Logik dahintersteckt, ist rechts dargestellt. Zwei atomare s-Orbitale sind totalsymmetrisch bezüglich der Bindungsachse, und sie können zu einem σ-MO kombiniert werden, wie unter (a) gezeigt. Zwei p-Orbitale, die gemäß (b) orientiert sind, haben sogenannte π-Symmetrie (griech. „pi") bezüglich der Bindungsachse. Wenn man sie um 180° um diese Achse dreht, wird die Elektronendichte nicht anders als vorher aussehen, aber die *Vorzeichen* der Wellenfunktionen in allen Elektronendichte-„Lappen" kehren sich um. Jedes atomare p-Orbital hat einen positiven und einen negativen Lappen, und in der Mitte zwischen ihnen ist eine Ebene, in der die Wahrscheinlichkeit, ein Elektron anzutreffen, auf null fällt. Eine solche Ebene der Wahrscheinlichkeit null in einer Wellenfunktion wird als *Knotenfläche* bezeichnet. Das sich daraus ergebende π-MO hat ebenfalls einen positiven und einen negativen Lappen und eine Knotenebene dazwischen, in der die Wahrscheinlichkeit, ein Elektron anzutreffen, null ist.

SYMMETRIE UND DIE KOMBINATION VON ORBITALEN

(a)

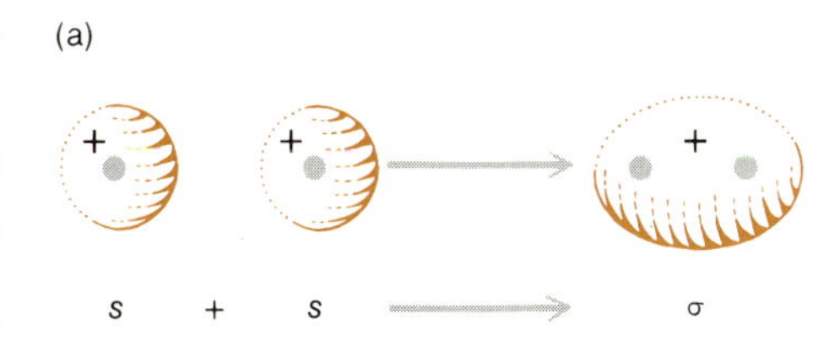

Sigma(σ)-Symmetrie: Bei einer Drehung um die Bindungsachse bleibt das System immer vollständig identisch.

(b)

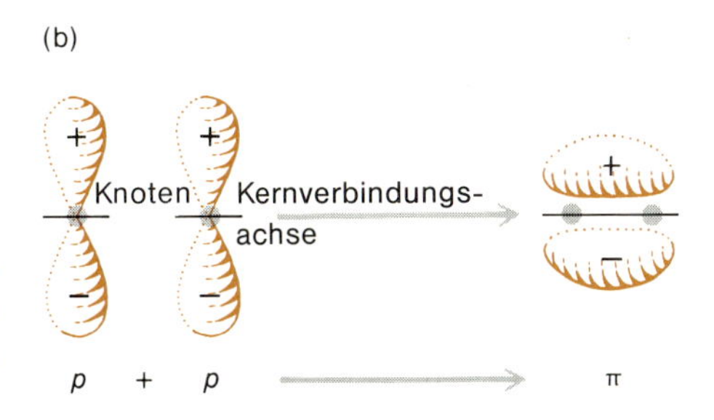

Pi(π)-Symmetrie: Die Wellenfunktion wechselt bei einer Drehung um die Bindungsachse das Vorzeichen.

(c)

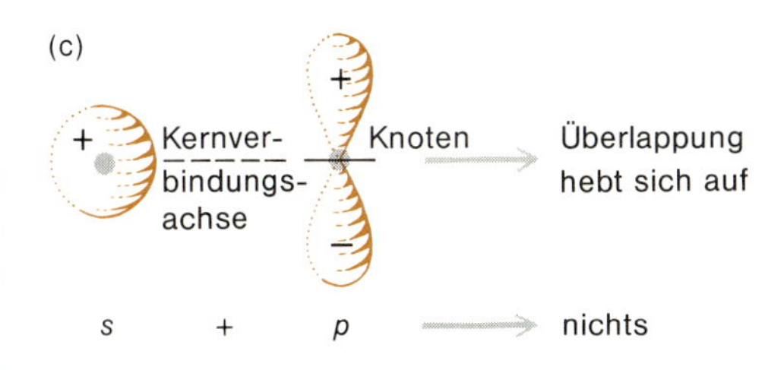

Die Atomorbitale haben unterschiedliche Symmetrie; eine Kombination ist nicht möglich.

(d)

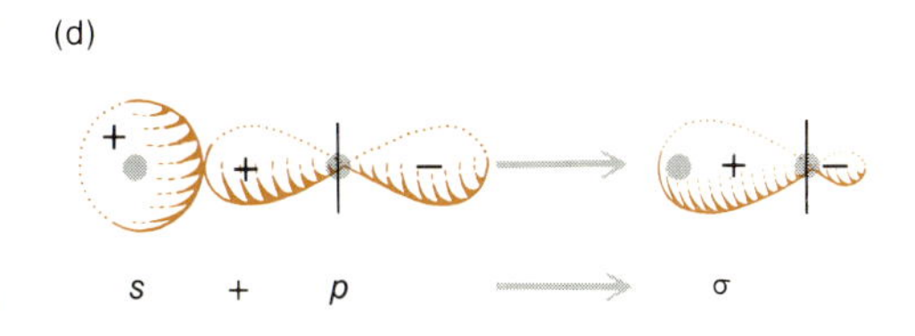

Wenn zwei Orbitale an sich verschiedener Symmetrie so zueinander orientiert werden, daß sie bezüglich einer potentiellen Bindungsachse die gleiche Symmetrie haben, wird die Kombination zu einem Molekülorbital, wie es hier dargestellt ist, doch möglich.

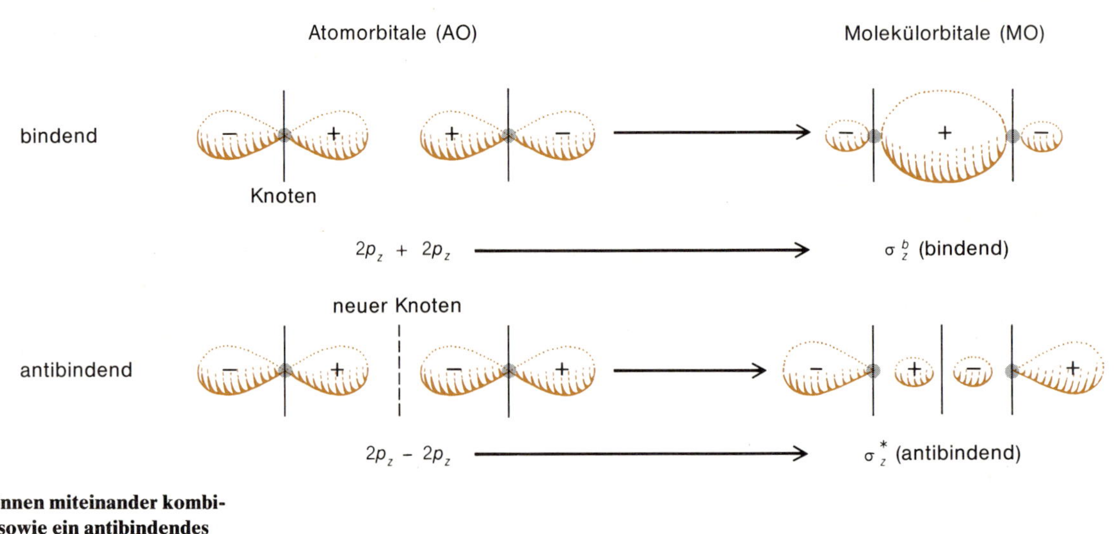

Die beiden p_z-Orbitale können miteinander kombinieren und ein bindendes sowie ein antibindendes Molekülorbital bilden. Beide Molekülorbitale haben bezüglich der Bindungsachse σ-Symmetrie.

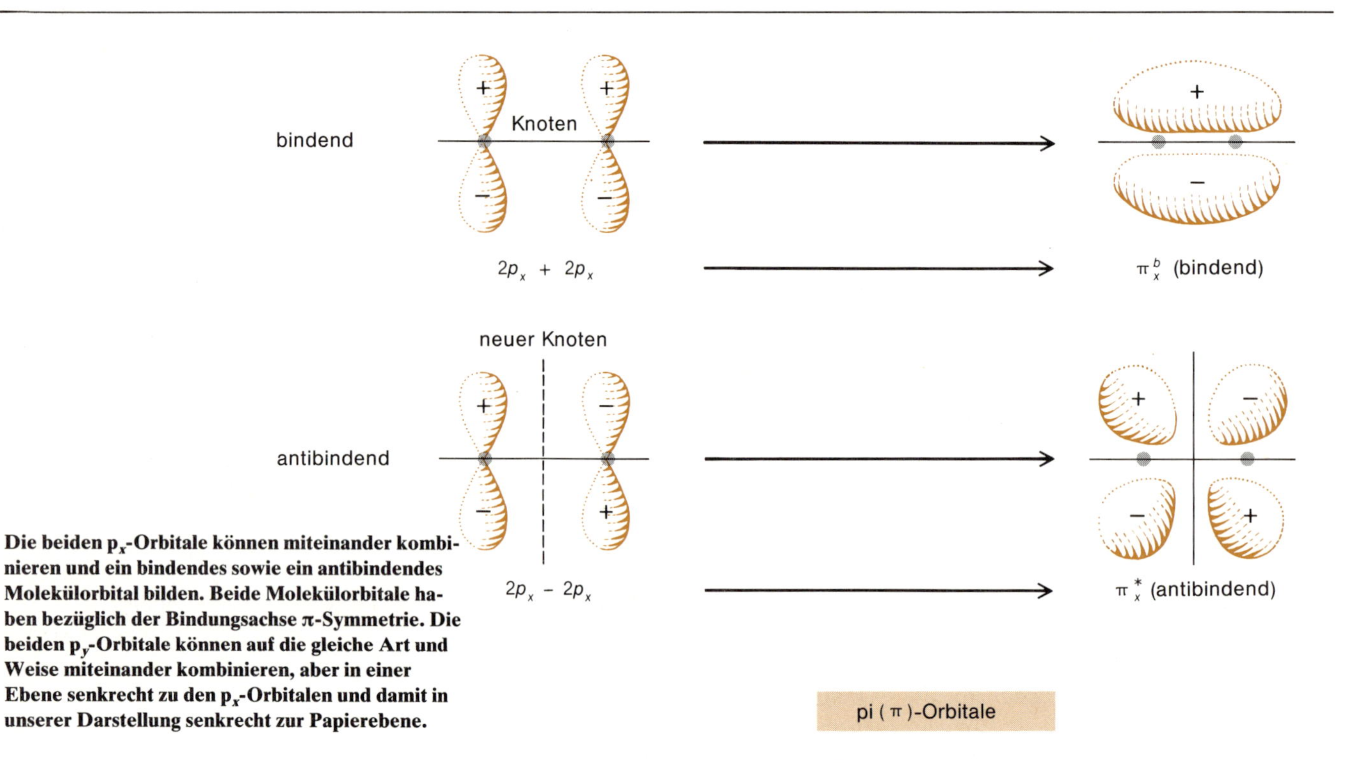

Die beiden p_x-Orbitale können miteinander kombinieren und ein bindendes sowie ein antibindendes Molekülorbital bilden. Beide Molekülorbitale haben bezüglich der Bindungsachse π-Symmetrie. Die beiden p_y-Orbitale können auf die gleiche Art und Weise miteinander kombinieren, aber in einer Ebene senkrecht zu den p_x-Orbitalen und damit in unserer Darstellung senkrecht zur Papierebene.

Ein s- und ein p-Orbital, die wie unter (c) zueinander orientiert sind, können nicht kombiniert werden, denn sie haben andere Symmetrien bezüglich der Bindungsachse. Jede positive Überlappung zwischen dem s-Orbital und dem oberen Teil des p-Orbitals wird exakt aufgehoben durch ihre „negative Überlappung" zwischen dem s-Orbital und dem unteren p-Lappen; es kommt also nichts dabei heraus. Wenn das p-Orbital um 90° gedreht wird, so daß ein Orbitallappen gemäß (d) entlang der Bindungsachse gegen das s-Orbital gerichtet ist, dann haben beide Orbitale in Richtung der Bindungsachse σ-Symmetrie. Sie können – vorausgesetzt, daß die Forderung nach ähnlicher Energie der Orbitale erfüllt ist – miteinander kombinieren, ohne daß irgendeine Wirkung sich aufhöbe.

Mit diesen drei Regeln sind wir gerüstet, MOs aus den 2s-, $2p_x$-, $2p_y$- und $2p_z$-Atomorbitalen der beiden Atome zu konstruieren. Die beiden 2s-Orbitale können addiert oder subtrahiert werden, und es kommen bindende und antibindende MOs heraus, wie wir es oben beim H_2 gesehen haben:

$$\sigma_s^b = 2s + 2s \qquad \sigma_s^* = 2s - 2s$$

Diese MOs ähneln völlig etwas größeren Ausgaben der H_2-Orbitale, und es erübrigt sich, sie aufzuzeichnen. Wenn als Bindungsachse die *z*-Achse festgelegt wird, dann können, wie es links dargestellt ist, die $2p_z$-Orbitale derart kombiniert werden, daß ein bindendes σ_z^b- und ein antibindendes σ_z^*-Orbital resultieren. Beide MOs sind σ-MOs, denn sie sind beide symmetrisch bezüglich der Bindungsachse. Jedes der ursprünglichen p-Orbitale hatte eine Knotenebene, in der die Wahrscheinlichkeit, ein Elektron anzutreffen, gleich null war, und diese Knoten bleiben im entstehenden bindenden MO erhalten. Bringen wir die Elektronendichtelappen mit verschiedenen Vorzeichen zusammen und erzeugen damit das antibindende Orbital, dann wird eine zusätzliche Vorzeichenänderung eingeführt, und das antibindende Orbital hat, wie man auf der Zeichnung sieht, drei Knotenflächen. Das bindende σ_z^b-Orbital gleicht dem σ_s^b-Orbital: Die größte Aufenthaltswahrscheinlichkeit für die Elektronen ist zwischen den Kernen und hält diese zusammen. Das antibindende Orbital σ_z^* gleicht dem Orbital σ_s^*: Die höchste Elektronendichte befindet sich außerhalb der Kerne und zieht diese auseinander.

Die $2p_x$- und $2p_y$-Atomorbitale stehen im rechten Winkel zur Bindungsachse und können so zu bindenden und antibindenden MOs gepaart werden, wie es im unteren Bild auf der vorangegangenen Seite dargestellt ist. Es sind nur p_x-Orbitale gezeichnet; die p_y-Orbitale sehen genauso aus, sind aber um 90° aus der Papierebene gedreht. Aus diesen AOs entstehen π-MOs, bei denen bei einer Drehung um 180° um die Bindungsachse das Vorzeichen wechselt. Bei den bindenden π_x^b- und π_y^b-Orbitalen bleibt die Knotenebene der ursprünglichen p_x- und p_y-Orbitale erhalten, während bei den antibindenden Orbitalen π_x^* und π_y^* eine zusätzliche Knotenfläche dazukommt, die dadurch entsteht, daß die p-Orbitale mit entgegengesetztem Vorzeichen kombiniert werden.

Damit haben wir die Molekülorbitale oder die Wolken der Elektronenaufenthaltswahrscheinlichkeit abgehandelt, die bei einem einfachen zweiatomigen Molekül möglich sind. Können wir etwas über ihre Energie sagen, was darüber hinausgeht, daß die Hälfte der MOs bindend, die andere Hälfte antibindend sind? Diese Energien können auf der Basis der Molekülorbital-Theorie berechnet werden. Wir können aber den gleichen Zweck, den die numerischen Werte haben, in unserem mathematikfreien Vorgehen erreichen, wenn wir die Aussagekraft der *Knotenflächen* in den Wellenfunktionen zur Kenntnis nehmen: Wenn sonst alles gleich ist, dann ist bei jeder Welle die Energie um so höher, je größer die Zahl der Knoten ist. Dieses Prinzip ist uns oben schon begegnet, aber wir haben es uns nicht explizit klar gemacht. Hochfrequente Lichtwellen haben mehr Knoten pro Längeneinheit (die Welle geht öfter auf null zurück) als niederfrequente Lichtwellen (s. oben rechts). Nach der Beziehung $E = h \cdot \nu$ bedeutet höhere Frequenz höhere Energie. Dieses Prinzip gilt auch für Atomorbitale (rechts): Ein s-Orbital ist kugelsymmetrisch, ein p-Orbital hat eine Knotenebene, ein d-Orbital hat zwei: Innerhalb eines Zustands der Quantenzahl *n* erhöht sich die Energie von s über p nach d.

Dieses Prinzip kann auch benutzt werden, um ein Energieniveau-Diagramm für Molekülorbitale zu entwerfen. Zuerst müssen wir die relativen Energien der AOs betrachten, aus denen die MOs aufgebaut werden. Die Reihenfolge der MOs, die aus AOs der gleichen Energie aufgebaut werden, wird dann durch die steigende Zahl von Knoten bestimmt. Die bindenden und antibindenden MOs aus den 2s-AOs haben jedoch niedrigere Energie als irgendeines der aus 2p-AOs abgeleiteten MOs, aber bei den letzteren ist die Knoten-Abzählregel für die Bestimmung

ANZAHL DER KNOTEN UND ENERGIE IN WELLEN UND ORBITALEN

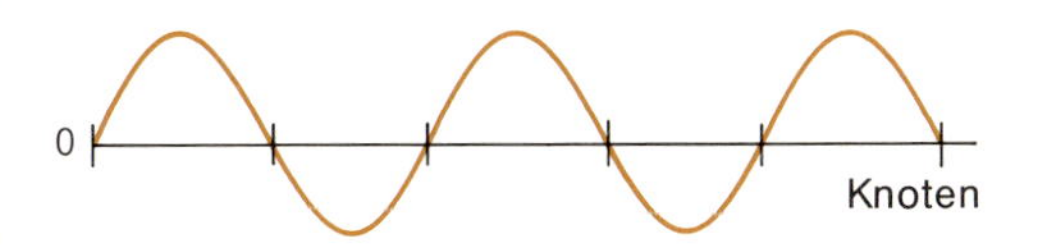

Eine Welle niedriger Frequenz hat wenig Knoten (d.h. Orte, an denen die Schwingung durch den Nullpunkt geht) und – nach der Beziehung $E = h\nu$ – geringere Energie.

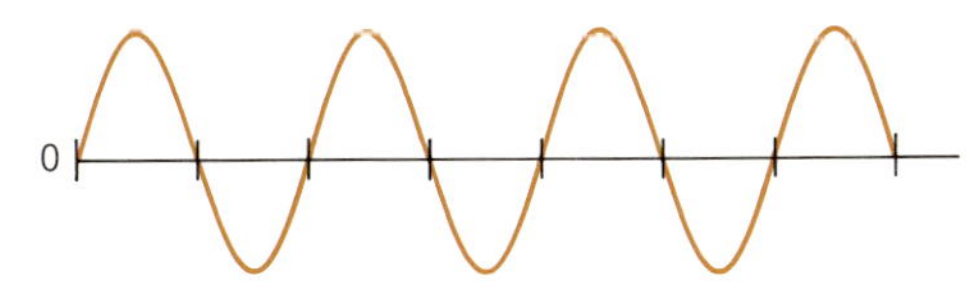

Eine Welle höherer Frequenz hat mehr Knoten und höhere Energie.

Atomare Wellenfunktionen zeigen ähnliche Eigenschaften:

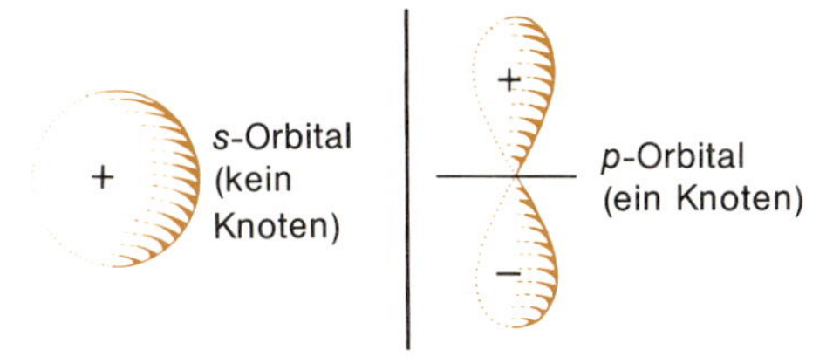

Bei gegebenem Wert für die Hauptquantenzahl *n* hat das zugehörige s-Orbital, das energetisch am niedrigsten liegt, keine Knotenfläche; ein p-Orbital hat eine Knotenebene, in der die Aufenthaltswahrscheinlichkeit der Elektronen null ist; demzufolge hat es etwas höhere Energie.

Ein d-Orbital hat zwei Knotenflächen und noch höhere Energie.

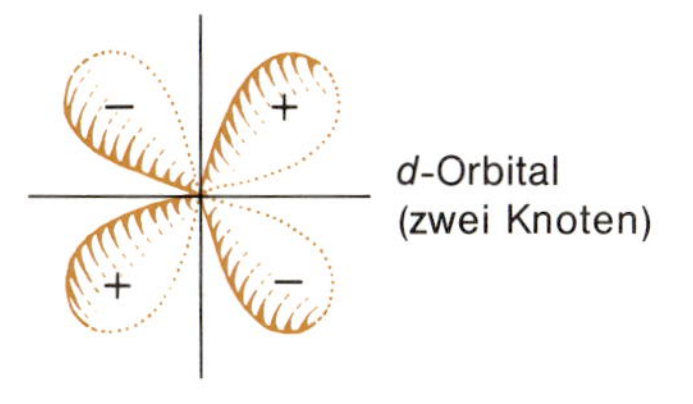

Energieniveaus für s-, p- und d-Orbitale.

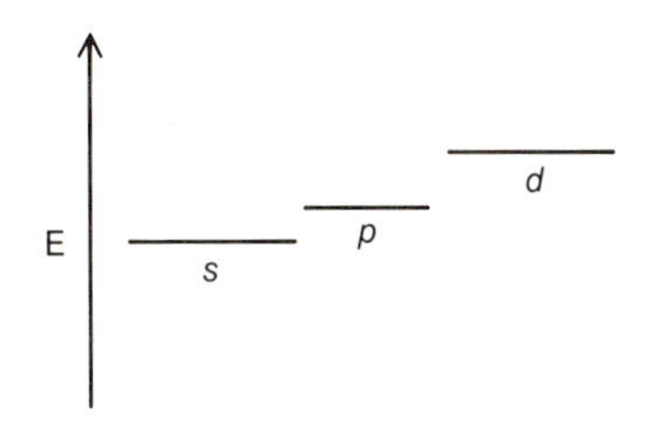

Energieniveaus

ENERGIENIVEAUS BEI EINFACHEN ZWEIATOMIGEN MOLEKÜLEN

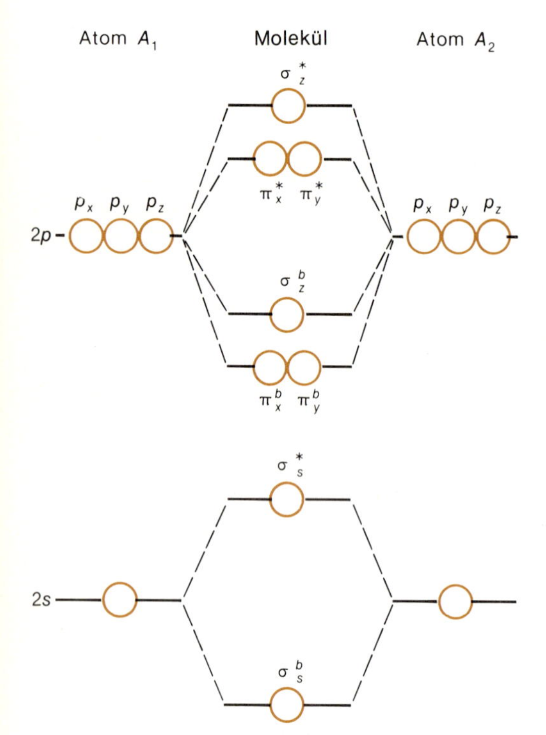

Werden zwei gleiche Atome, A_1 und A_2, miteinander zu einem Molekül kombiniert, werden die Energieniveaus der ursprünglichen Atomorbitale (links und rechts) in die neuen Energieniveaus der bindenden und antibindenden Molekülorbitale (Mitte) aufgespalten. Im Grundzustand des Moleküls sind diese Orbitale, vom stabilsten aus aufwärts, mit so viel Elektronen aufgefüllt, wie ursprünglich in den s- und p-Orbitalen der Atome vorlagen.

relativer Energien sehr brauchbar. Die bindenden Orbitale π_x^b und π_y^b haben nur einen Knoten und somit die niedrigste Energie. Dann kommt das σ_z^b-Orbital mit zwei Knoten. Diese Orbitale sind durchwegs stabiler als die 2p-AOs, aus denen sie entstanden sind. Von den antibindenden Orbitalen sind die nächsten die Orbitale π_x^* und π_y^* mit je zwei Knoten, und von allen die höchste Energie hat das σ_z^*-Orbital mit drei Knoten.

Diese Energien sind im Diagramm links aufgetragen. Jedes zwei Elektronen fassende Orbital wird durch einen farbigen Kreis symbolisiert. Es sollte betont werden, daß die Ausdrücke „bindend" und „antibindend" nur beinhalten, daß das MO mehr oder weniger stabil ist als die AOs, aus denen es entstanden ist; es wird also nichts über energiereich oder energiearm auf absoluter Basis ausgesagt. Das antibindende σ_s^*-Orbital ist energieärmer als die bindenden Orbitale, die aus 2p-AOs entstehen, aber es ist trotzdem antibindend, weil die Elektronen in die energetisch niedriger liegenden 2s-Atomorbitale fallen, wenn die Atome getrennt werden.

Dieser Satz von Molekülorbitalen und das zugehörige Energieniveau-Diagramm gelten für alle zweiatomigen Moleküle aus den Atomen der zweiten Periode – von Li_2 über CO bis zum F_2 und dem nicht existierenden Ne_2. CO enthält zwar zwei verschiedene Atome; die Energieniveaus dieser Atome sind aber so ähnlich, daß wir das Molekül wie N_2 behandeln können. Wie diese Energiezustände mit Elektronen gefüllt werden, zeigen für die meisten dieser Moleküle die Diagramme auf der Seite gegenüber. Li_2 hat zwei bindende Elektronen, die das energieärmste σ_s^b-Molekülorbital besetzen. Be_2 hat zwei Elektronen mehr, die das antibindende σ_s^*-Orbital füllen, die von den ersten beiden Elektronen herrührende Bindung aufheben und so zum Zerfall des Moleküls führen. B_2 hat wieder zwei Elektronen mehr, die in die bindenden Orbitale π_x^b und π_y^b kommen. Wegen der Abstoßung zwischen den Elektronen rückt je eines in jedes Orbital, so daß B_2 zwei ungepaarte Elektronen bekommt. Die beiden Zustände werden in C_2 aufgefüllt, und alle bindenden Orbitale sind schließlich in N_2 sowie in CO vollständig gefüllt. Bei O_2 kommt je ein Elektron in jeden der beiden antibindenden Zustände π_x^* und π_y^*; in F_2 sind diese Zustände gefüllt, und das letzte antibindende MO ist in Ne_2 voll.

Wie bei H_2, H_2^+ und He_2^+ können wir die Zahl der Bindungen in diesen Molekülen herausfinden, indem wir die Netto-Anzahl der bindenden Elektronen feststellen und diese Zahl durch 2 dividieren; denn wir haben uns angewöhnt, zwei bindende Elektronen als eine „Bindung" zu bezeichnen. In Li_2, das in verdampftem Lithium-Metall nachgewiesen werden kann, liegt eine Einfachbindung vor. Be_2 hat aus dem gleichen Grund, warum es in He_2 keine Bindung gibt, per saldo keine Bindung, und Be im Dampfzustand besteht deshalb aus einzelnen Atomen. B_2 enthält eine Einfachbindung, C_2 eine Doppelbindung, N_2 und CO enthalten Dreifachbindungen. In O_2 finden wir wegen des Effekts der antibindenden π_x^*- und π_y^*-Elektronen nur eine Doppelbindung, F_2 hat nur eine Einfachbindung, und in Ne_2 gibt es, wie in He_2 und Be_2, überhaupt keine Bindung.

Diese Voraussagen, welche die MO-Theorie über die Bindungsordnungen macht, stimmen sehr gut mit den beobachteten Bindungslängen und Bindungsenergien überein, die in der Tabelle auf Seite 179 zusammengefaßt sind. Die Bindungslängen nehmen ab, und die Bindungsenergien nehmen zu, wenn die Bindungsordnung von B zu N zunimmt. Dann kehrt sich der Trend um, wenn die Bindungsordnung von N zu Ne abnimmt. N_2 und CO mit der gleichen Bindungsstruktur haben ähnliche Bindungslängen und Bindungsenergien. Die Sequenz einfach–doppelt–dreifach–doppelt–einfach der Bindungsordnungen von B_2 bis F_2 ist ausschließlich die Konsequenz der Reihenfolge der MO-Energien, wie sie links im Diagramm dargestellt sind. Wenn die Folge der Energieniveaus anders aussähe – wenn z. B. alle bindenden MOs oberhalb der antibindenden lägen –, wären die Voraussagen für die Bindungen in zweiatomigen Molekülen, die eine solche MO-Theorie lieferte, völlig falsch.

DIE ORBITAL-ENERGIENIVEAUS IN EINEM ZWEIATOMIGEN MOLEKÜL WERDEN AUFGEFÜLLT

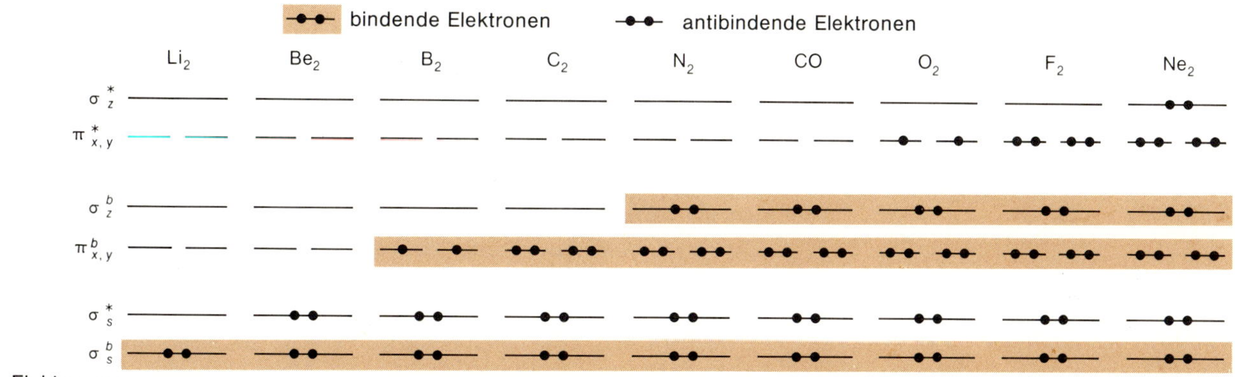

(••) bindende Elektronen — •• antibindende Elektronen

	Li_2	Be_2	B_2	C_2	N_2	CO	O_2	F_2	Ne_2
σ_z^*									••
$\pi_{x,y}^*$							• •	•• ••	•• ••
σ_z^b					••	••	••	••	••
$\pi_{x,y}^b$			• •	•• ••	•• ••	•• ••	•• ••	•• ••	•• ••
σ_s^*		••	••	••	••	••	••	••	••
σ_s^b	••	••	••	••	••	••	••	••	••
Elektronen:									
bindende	2	2	4	6	8	8	8	8	8
antibindende	0	2	2	2	2	2	4	6	8
Überschuß bindende	2	0	2	4	6	6	4	2	0
Bindung	Einfach	keine	Einfach	Doppel	Dreifach	Dreifach	Doppel	Einfach	keine
r(pm)	267	—	159	124	110	113	121	142	—
Bindungsenergie ($kJ \cdot mol^{-1}$)	109	—	276	603	941	1071	494	138	—
ungepaarte Elektronen	0	—	2	0	0	0	2	0	—
Lewis-Schreibweise	Li—Li	—	:B—B:	:C=C:	:N≡N:	:C≡O:	:O=O:	:F—F:	—

Wir wollen jetzt das MO-Bild dieser Moleküle mit dem alten Modell der Elektronenpunkte von Lewis vergleichen. Das Ergebnis ist in der letzten Zeile der Tabelle oben zusammengestellt. Die Zahl der vorausgesagten Bindungen ist in beiden Theorien gleich, aber wie sich die Elektronen verhalten, das beschreiben beide Theorien einigermaßen unterschiedlich. Ab B_2 hat jedes Molekül nach dem Lewis-Modell an jedem Atom mindestens ein freies Elektronenpaar. Je Atom ein einsames Elektronenpaar, das nichts zu Bindung beiträgt – das entspricht den einander aufhebenden bindenden und antibindenden Beiträgen der σ_s^b- und σ_s^*-Orbitale in der MO-Theorie. Beide Theorien sagen aus, daß zwei Elektronenpaare keinen Beitrag zur Bindung liefern, aber das Lewis-Modell teilt jedem Atom ein Elektronenpaar zu, während nach der MO-Theorie beide Elektronenpaare über das ganze Molekül verteilt sind. Die Summe von σ_s^b und σ_s^* ergibt ein Elektronenpaar pro Atom, und so erweisen sich die beiden Theorien als weniger verschieden, als man auf den ersten Blick meinen könnte.

In einem Punkt sind die Voraussagen der beiden Theorien jedoch völlig verschieden: die Paarung der Elektronen. Im Lewis-Modell sind alle Elektronen gepaart, während nach der MO-Theorie in B_2 und O_2 *zwei* ungepaarte Elektronen π-Orbitale gleicher Energie besetzen. Magnetische Messungen an diesen Molekülen beweisen, daß das richtig ist: B_2 und O_2 haben ungepaarte Elektronen. Die experimentellen Befunde stehen im Einklang mit der MO-Theorie, können aber nicht mit den einfachen Modellen nach Lewis erklärt werden. In dieser Beziehung und immer dann, wenn es um quantitative Berechnungen von Energien geht, ist die MO-Theorie einfacheren Vorstellungen von Elektronenpaar-Bindungen weit überlegen.

Wie wir bereits bei den wasserstoffähnlichen Molekülen gesehen haben, können maximal zwei Elektronen ein bindendes oder antibindendes Orbital besetzen. Die Gesamtzahl der Bindungen (die Bindungsordnung) erhält man durch Division der Zahl der bindenden Elektronen durch 2. N_2 und CO sind die stabilsten Moleküle; sie werden durch Dreifachbindungen zusammengehalten. Man beachte den Zusammenhang zwischen der berechneten Bindungsordnung und den gemessenen Bindungslängen und Bindungsenergien. Das einfache Lewis-Modell kann das Auftreten von ungepaarten Elektronen in B_2 und O_2 nicht erklären; durch die MO-Theorie werden sie einfach verschiedenen Orbitalen gleicher Energie zugewiesen.

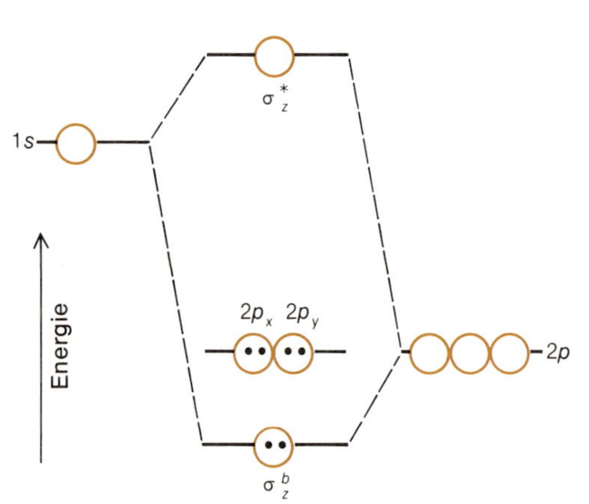

Atomare und molekulare Energieniveaus bei der Kombination von H und F zu HF. Die $2p_x$- und $2p_y$-Orbitale des Fluors können nicht mit dem 1s-Orbital des Wasserstoffs kombinieren, denn sie haben die falsche Symmetrie bezüglich der Bindungsachse.

Das $2p_z$-Orbital von F und das 1s-Orbital von H haben die gleiche Symmetrie bezüglich der Bindungsachse; sie können miteinander kombinieren und so bindende und antibindende Molekül-Orbitale bilden.

Bindungen zwischen verschiedenen Atomarten

Wie müssen wir Atomorbitale kombinieren, um Molekülorbitale zweiatomiger Moleküle wie HF zu erhalten? Treten die 2s-Orbitale von Wasserstoff in Wechselwirkung mit den 2s-Orbitalen von Fluor und die 2p-Orbitale von Wasserstoff mit den 2p-Orbitalen von Fluor? Nein – denn die Orbitale gleicher Quantenzahl haben bei Wasserstoff und Fluor stark verschiedene Energie. Die höhere Kernladung von +9 bei Fluor gegenüber +1 bei Wasserstoff wirkt auf die Elektronen in allen Quantenzuständen des Fluors und stabilisiert sie, d.h. sie haben niedrigeren Energieinhalt. Bei Fluor liegt das 1s-Orbital energetisch so viel niedriger als bei Wasserstoff, daß diese Orbitale unmöglich in Wechselwirkung treten können.

Dagegen sind die äußeren besetzten Orbitale des Fluors und das 1s-Orbital des Wasserstoffs von vergleichbarer Energie. Die erste Ionisierungsenergie jeder Atomsorte ist diejenige Energie, die zur Entfernung eines Elektrons aus einem äußeren Orbital nötig ist: aus dem 1s-Orbital beim Wasserstoff, aus dem 2p-Orbital beim Fluor. Die erste Ionisierungsenergie beträgt beim Wasserstoff 1310 $kJ \cdot mol^{-1}$ und beim Fluor 1683 $kJ \cdot mol^{-1}$. Die 2p-Orbitale des Fluors sind also um etwa 372 $kJ \cdot mol^{-1}$ energieärmer als die 1s-Orbitale des Wasserstoffs. Die Energien dieser Orbitale sind für eine Kombination ähnlich genug; die relativen Energien sind links und rechts vom Energieniveau-Diagramm am linken Rand dieser Seite aufgetragen. Das 2s-Orbital des Fluors liegt außerhalb der erfaßten Energieskala unter dem Diagramm, und das 1s-Orbital von Fluor liegt noch niedriger. Wenn man das 1s-Orbital von H mit dem 2p-Orbital von F kombiniert, erhält man die Molekülorbitale von HF.

Die Symmetriebedingung macht die Dinge noch einfacher. Wenn wir die H−F-Verbindungslinie als z-Achse wählen, dann haben p_x- und p_y-Orbitale falsche Symmetrie und können nicht mit dem 1s-Orbital des Wasserstoffs kombinieren. Die Elektronen in diesen beiden Orbitalen verbleiben als einsame Elektronenpaare an den Fluor-Atomen. Nur das $2p_z$-Orbital hat die richtige Symmetrie und kombiniert mit dem 1s-Orbital des Wasserstoffs zu einem bindenden und einem antibindenden MO mit σ-Symmetrie: dem σ_z^b und dem σ_z^*-Orbital. Diese beiden Orbitale sind unten dargestellt. Das bindende MO ist energieärmer als sowohl das 1s-Orbital von H wie das $2p_z$-Orbital von F, und das antibindende Orbital ist energiereicher als jedes dieser ursprünglichen Orbitale. Diese bindenden und antibindenden MOs sind in der Mitte des Energieniveau-Diagramms links auf dieser Seite aufgetragen.

Für das HF-Molekül stehen zehn Elektronen zur Verfügung: neun vom Fluor, eines vom Wasserstoff. Von diesen zehn Elektronen besetzen zwei das 1s-Atomorbital des Fluors, zwei das 2s-Orbital; beide Niveaus sind in unserem Diagramm nicht dargestellt. Die nächsten beiden Elektronen besetzen das bindende σ_z^b-MO und sorgen für die Anziehung, die das Molekül zusammenhält. Die verbleibenden vier Elektronen besetzen als einsame Elektronenpaare das $2p_x$- und das $2p_y$-Orbital des Fluors. In diesem Fall trifft das simple Lewis-Schema des Moleküls zu:

$$\mathrm{H-\ddot{\underset{..}{F}}:}$$

MOLEKÜLORBITALE BEIM FLUORWASSERSTOFF (HF)

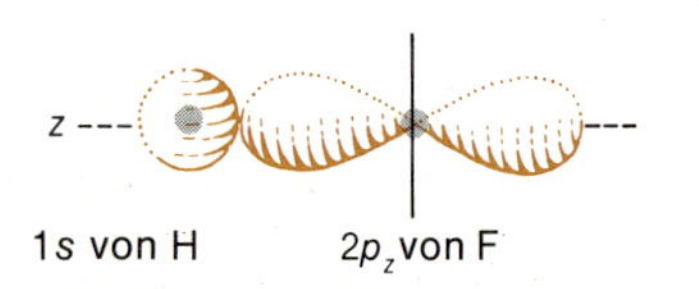

1s von H $2p_z$ von F

Atomorbitale

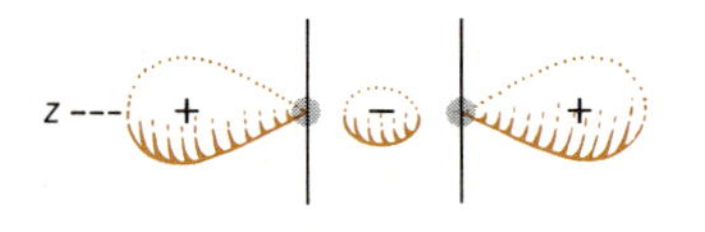

antibindend, σ_z^*

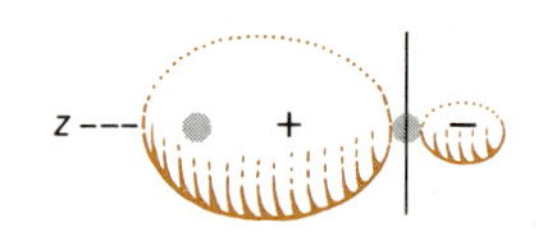

bindend, σ_z^b

Molekülorbitale

Der Bindungsstrich stellt die Elektronen des bindenden σ_z^b-Orbitals dar, und die drei einsamen Elektronenpaare rund um das F sind diejenigen in den 2s-, $2p_x$- und $2p_y$-Orbitalen.

Diese Beschreibung von HF zeigt, wie verschiedene Quantenzustände verschiedener Atome kombiniert werden können, wenn sie vergleichbare Energieinhalte haben. Sie zeigt ferner, wie der Unterschied in der Elektronegativität den Charakter der chemischen Bindung beeinflußt. Das bindende MO des HF liegt energetisch näher beim $2p_z$-AO des Fluors, aus dem es entstanden ist, als bei dem 1s-AO des Wasserstoffs. Dagegen liegt das antibindende MO näher dem 1s-Orbital des Wasserstoffs. Eine mathematische Behandlung der Kombination von AOs zu MOs ergäbe einen größeren Beitrag des Fluor-$2p_z$-Orbitals zum bindenden σ_z^b-MO, und das antibindende MO ist mehr vom 1s-Orbital des Wasserstoffs geprägt. In H_2 sind natürlich die beiden Atome gleich, und beide tragen zum bindenden und zum antibindenden MO gleich viel bei.

Die im Vergleich zum 1s-Niveau des Wasserstoffs niedrigere Energie des 2p-AOs des Fluors spiegelt die Tatsache wieder, daß F stärker elektronegativ ist als H und seine äußeren Elektronen fester gebunden hat. Allgemein gleichen bei der Kombination zweier Atome verschiedener Elektronegativität die bindenden MOs in Form und Energie eher den AOs des elektronegativeren Elements, und die antibindenden MOs sind den AOs des weniger elektronegativen Elements ähnlicher. Für H_2 und HF – und übertrieben für LiF – ist diese Tendenz rechts auf dieser Seite illustriert. Wenn das bindende MO wegen der größeren Elektronegativität des Fluors stärker von diesem geprägt wird, dann heißt das, daß das Elektronenpaar, mit dem dieses Orbital gefüllt wird, mehr dem Fluor als dem anderen Element zugeordnet wird. Das bindende Elektronenpaar ist nicht gleich verteilt; die Bindung hat zum Teil ionischen Charakter. Je größer die Energiespanne zwischen den Orbitalen der ursprünglichen Atome, um so ähnlicher ist das bindende Orbital dem AO des elektronegativeren Atoms und um so deutlicher ionisch ist die Bindung. H–H ist vollkommen kovalent, die Teilung der Elektronen ist ganz gleichmäßig. H–F ist teilweise ionisch; das bindende Elektronenpaar ist bis zu einem gewissen Grade zum F hin verschoben. Bei LiF ist der Energieunterschied so groß, daß das bindende σ_z^b-Orbital vom 2p-Orbital des Fluors kaum zu unterscheiden ist. Das bindende Elektronenpaar wird nahezu vollständig zum F-Atom hin verschoben und fungiert dort als einsames Elektronenpaar. In der MO-Theorie gelten kovalente und ionische Bindungen als Extremfälle kontinuierlich ineinander übergehender Bindungstypen – eher eine Frage der Quantität als der Qualität. Letztlich wird der kovalente oder ionische Charakter einer Bindung durch den Energieunterschied zwischen den miteinander kombinierten Atomorbitalen bestimmt – und damit wiederum von den relativen Elektronegativitäten der beteiligten Atome.

EINFLUSS DER ELEKTRONEGATIVITÄTS-DIFFERENZ AUF MOLEKÜLORBITALE

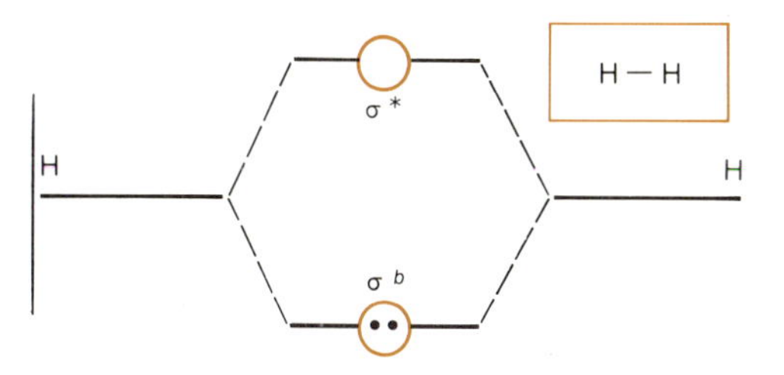

Gleiche Elektronegativität: Beide Atome tragen in gleichem Maße zu den bindenden und antibindenden MOs bei; die Bindung ist rein kovalent.

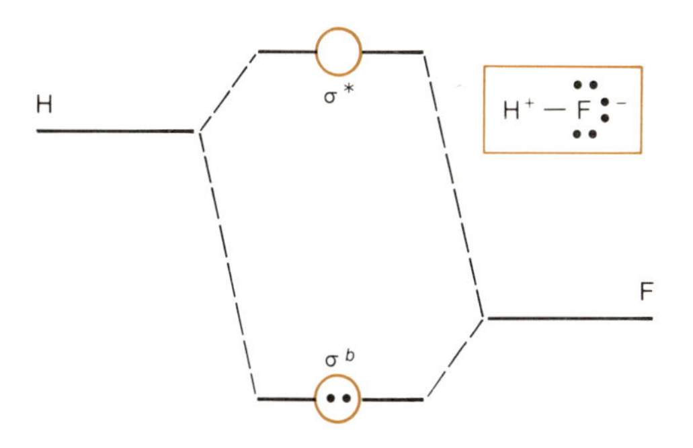

F ist stärker elektronegativ als H: Das bindende MO gleicht mehr dem Fluor-AO, und das antibindende MO gleicht mehr dem Wasserstoff-AO; die Bindung ist polar oder partiell ionisch.

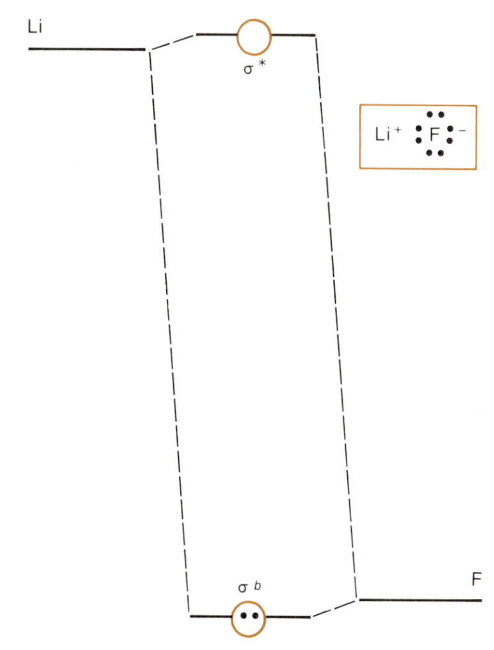

F ist sehr viel stärker elektronegativ als Li: Das bindende MO ist praktisch identisch mit dem AO des Fluors und das bindende Elektronenpaar praktisch vollständig dem Fluor zugeteilt; die Bindung ist praktisch vollständig ionischer Natur.

Lokalisierte Molekülorbitale

Im Prinzip könnten wir die Molekülorbital-Theorie durch Anwendung der bisher benutzten Verfahren auch auf größere Moleküle erweitern, indem wir nämlich die Atomorbitale aller Atome im Molekül zu einer gleichen Zahl MOs kombinieren, die sich über das ganze Molekül erstrecken, und diese MOs, angefangen beim energieärmsten, mit so viel Elektronen füllen, wie uns zur Verfügung stehen. Tatsächlich überschreitet dieses Vorgehen sehr schnell die Möglichkeiten selbst der besten Computer, und man muß zu Kompromissen und Näherungsverfahren Zuflucht nehmen. Die wichtigste dieser Näherungen ist die der lokalisierten Molekül-

EIN ALLZU EINFACHES BILD DER BINDUNGSVERHÄLTNISSE IM WASSER-MOLEKÜL

Das $2p_x$- und das $2p_y$-Orbital des Sauerstoffs werden für Bindungen zu den beiden Wasserstoff-Atomen verwendet. 2s- und $2p_z$-Orbitale sind an der Bindung nicht beteiligt; sie werden von den beiden einsamen Elektronen des Sauerstoffs besetzt.

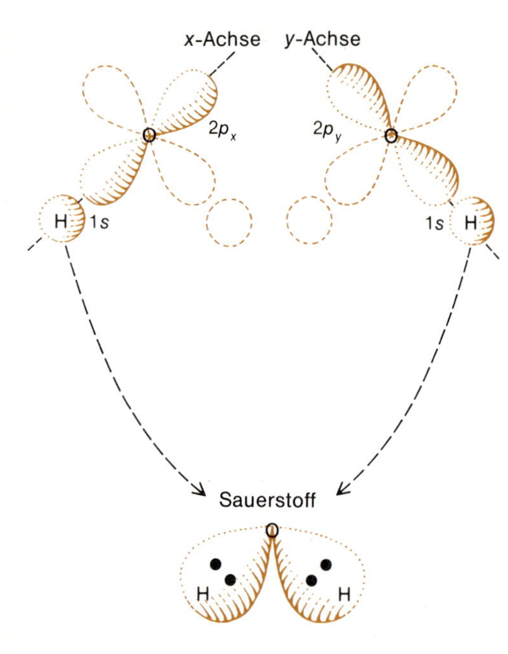

Die bindenden MOs des Wasser-Moleküls; die Elektronenpaare sind durch schwarze Punkte symbolisiert.

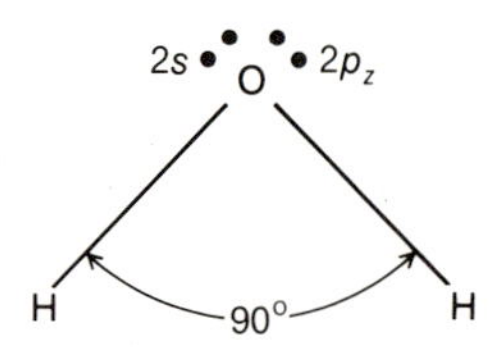

Wären an den Bindungen im Wasser-Molekül nur die p-Orbitale des Sauerstoffs beteiligt, müßte man einen Bindungswinkel von 90° erwarten. In Wirklichkeit beobachtet man einen Winkel von 105° – das Modell gibt also nicht die ganze Wahrheit wieder.

orbitale, die uns von ganzen Molekülen wieder zurückführt zu Bindungen zwischen Atompaaren.

Im Modell der lokalisierten MOs wird angenommen, daß wir je ein AO von jedem der beiden aneinander gebundenen Atome so miteinander kombinieren können, daß bindende und antibindende MOs herauskommen, die so lokalisiert sind, daß sie sich nur über die beiden gebundenen Atome erstrecken. Wenn das bindende MO mit einem Elektronenpaar gefüllt wird, entsteht eine Bindung zwischen den Atomen. Man nimmt an, daß die anderen Atome im Molekül und sogar die anderen Atomorbitale, die an den beiden direkt aneinander gebundenen Atomen beteiligt sind, gerade mit dieser speziellen Bindung nichts zu tun haben. So hat das Wasser-Molekül beispielsweise vom Sauerstoff her fünf Atomorbitale (1s, 2s, $2p_x$, $2p_y$, $2p_z$) und je ein 1s-Orbital von jedem der beiden Wasserstoff-Atome. Ebenso stehen für das Wasser-Molekül zehn Elektronen zur Verfügung: acht vom Sauerstoff und je eines von jedem Wasserstoff. In Analogie zum HF können wir annehmen, daß die 1s- und 2s-Orbitale des Sauerstoffs mit Elektronenpaaren besetzt sind und nicht an irgendwelchen Bindungen teilnehmen. Bei den drei 2p-Orbitalen nehmen wir an, daß zwei davon je mit einem 1s-Orbital des Wasserstoffs in Wechselwirkung treten, wie es für $2p_x$ und $2p_y$ links dargestellt ist. Aus jeder dieser Wechselwirkungen resultiert ein bindendes und ein antibindendes lokalisiertes MO – und wenn das bindende MO mit einem Elektronenpaar besetzt wird, entsteht eine Bindung zwischen dem O- und dem jeweiligen H-Atom. Das $2p_z$-Orbital bleibt für eine Bindung ungenutzt: Es hat die falsche Orientierung und die falsche Symmetrie und kann mit den 1s-Orbitalen der Wasserstoff-Atome nicht kombinieren.

Wir wollen zusammenfassen, wie die zehn Elektronen in der Reihenfolge zunehmender Energie in die MOs eingebaut werden:

1. Zwei in das 1s-Orbital des Sauerstoffs; es resultiert ein Elektronenpaar in der abgeschlossenen inneren Schale;
2. zwei in das 2s-Orbital des Sauerstoffs, ebenfalls als einsames Elektronenpaar;
3. je zwei in beide bindenden Orbitale zwischen Wasserstoff und Sauerstoff;
4. zwei in das $2p_z$-Orbital des Sauerstoffs; sie sind das zweite einsame Elektronenpaar.

Die Darstellung des Moleküls im Rahmen der Lewis-Theorie trifft die Sache immer noch, aber in der MO-Theorie werden die beiden einsamen Elektronenpaare am Sauerstoff explizit mit den 2s- und $2p_z$-Orbitalen in Zusammenhang gebracht. Soweit, so gut, aber irgend etwas stimmt ganz und gar nicht mit der simplen Theorie der lokalisierten MOs, wie sie hier vorgestellt wurde, denn bis jetzt sagte sie voraus, daß als Folge der Orientierung der p_x- und p_y-Orbitale der Winkel H–O–H 90° betragen sollte. Beim H_2S-Molekül, bei dem ein Winkel von 92° gemessen wurde, scheint die Theorie vernünftig, aber beim H_2O, bei dem ein H–O–H-Winkel von 105° gemessen wurde, liegt die Theorie völlig daneben. Man könnte hier die Näherung der lokalisierten Bindungen aufgeben und zu einer Behandlung des H_2O-Moleküls als ganzes zurückkehren. Leichter aber ist es, ein Konzept einzuführen, das für Kohlenstoff-Verbindungen unentbehrlich ist: Hybrid-Orbitale.

sp^3-Hybrid-Orbitale

In den meisten Verbindungen der Nichtmetalle der ersten und zweiten Periode finden wir am Zentralatom tetraedrische oder nahezu tetraedrische Geometrie. Wir haben bereits das Methan, CH_4, diskutiert – bei dem die H–C–H-Winkel ideale Tetraederwinkel von 109.5° sind –, ferner Ammoniak, NH_3, mit H–N–H-Winkeln von 107° und Wasser mit einem H–O–H-Winkel von 105°. Man be-

Unten: **Ein sp^3-Hybrid-Atomorbital**

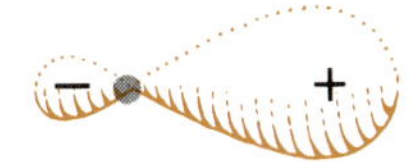

Rechts: Tetraedrische Anordnung von vier sp^3-Hybrid-Atomorbitalen, entstanden aus den s-, p_x-, p_y- und p_z-Orbitalen

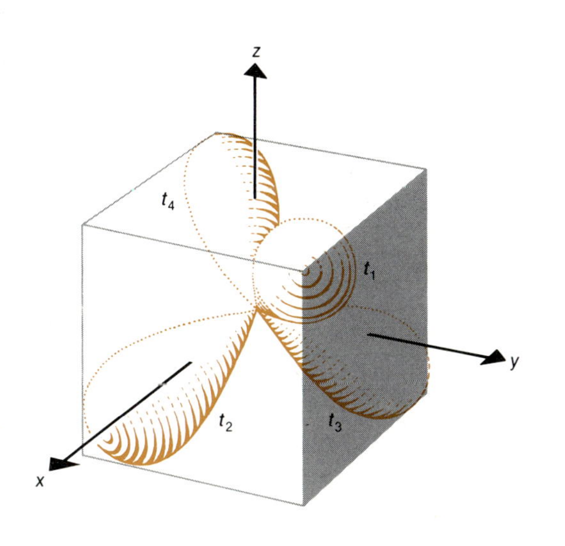

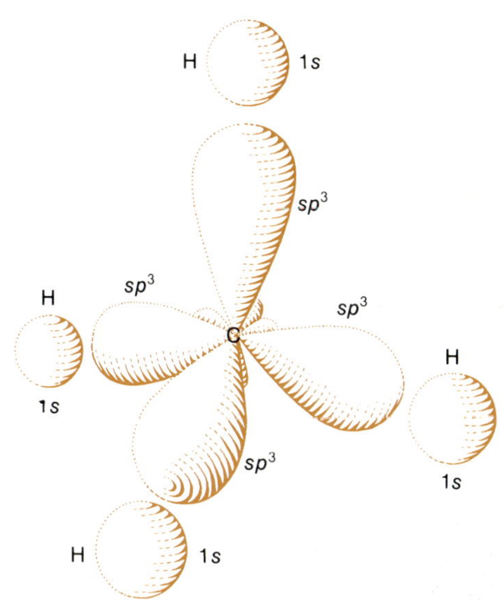

Die sp^3-Atom-Orbitale des Kohlenstoffs und das 1s-Atomorbital des Wasserstoffs vor der Bindung

kommt tetraedrische Geometrie der Bindungen, wenn man ein s- und drei p-Orbitale des Zentralatoms kombiniert, bevor andere Atome hinzutreten. Es wird dabei ein Satz von vier neuen Orbitalen gebildet, die man *Hybrid-Orbitale* des Atoms nennt und die rechts gezeichnet sind. Diese Hybrid-Orbitale werden mit t_1, t_2, t_3 und t_4 gekennzeichnet und kommen formal wie folgt zustande:

$$t_1 = s + p_x + p_y + p_z$$
$$t_2 = s + p_x - p_y - p_z$$
$$t_3 = s - p_x + p_y - p_z$$
$$t_4 = s - p_x - p_y + p_z$$

Zu allen vier Hybrid-Orbitalen trägt also das kugelsymmetrische s-Orbital in gleichem Maße bei, doch wegen der unterschiedlichen Beiträge von p_x, p_y und p_z zeigen die Hybrid-Orbitale in verschiedene Richtungen. Sie erstrecken sich nämlich in Richtung der vier Ecken eines Tetraeders oder in die Richtung von vier nicht benachbarten Ecken eines Würfels. Die Vorzeichen der p-Terme in dem System der vier Gleichungen bedeuten letztlich die Koordinaten der einzelnen Orbitale. So liegt z. B. beim t_3-Orbital die größte Elektronenaufenthaltswahrscheinlichkeit in der durch die Koordinaten $-x$, $+y$ und $-z$ beschriebenen Richtung (s. die Zeichnung oben). Diese vier tetraedrischen atomaren Hybrid-Orbitale sind weniger stabil als die s- und p-Orbitale, von denen sie abgeleitet wurden, denn ein kleiner Energiebetrag ist nötig, um das s-Orbital energetisch auf die Höhe der p-Orbitale zu bringen, bevor die Orbitale hybridisiert werden können. Ein Mehrfaches dieser Energie wird zurückgewonnen, wenn Bindungen aus diesen Hybrid-Orbitalen und Orbitalen anderer Atome gebildet werden – sonst wäre die „Mischung" der Orbitale gar nicht möglich. Die vier tetraedrischen Orbitale nennt man die *sp^3-Hybrid-Atomorbitale.*

Die Bindung in Methan ist in den Zeichnungen rechts veranschaulicht. Jedes der vier sp^3-Hybrid-Orbitale kann mit dem 1s-Atomorbital eines Wasserstoffs kombinieren, wobei ein lokalisiertes Paar aus einem bindenden und einem antibindenden MO entsteht. Die antibindenden MOs sind für Methan bedeutungslos, denn sie werden nie besetzt. Aber wenn eines der bindenden Orbitale mit einem Elektronenpaar gefüllt wird, gibt es eine Bindung zwischen C und H. Die sp^3-Hybridisierung erklärt die beobachtete Bindungsgeometrie mit Bindungswinkeln von 109.5°. Bei der Bildung von vier solchen Bindungen werden alle 1s-Orbitale der vier Wasserstoff-Atome beansprucht sowie die s-, p_x-, p_y- und p_z-Orbitale des Kohlenstoffs. Um diese bindenden Orbitale zu füllen, werden alle vier Elektronen der Wasserstoff-

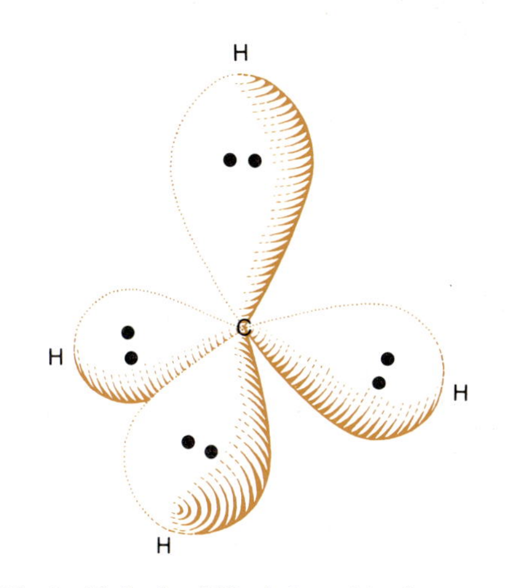

Die vier bindenden MOs, jedes entstanden aus einem Kohlenstoff-sp^3- und einem Wasserstoff-1s-Orbital und jedes mit einem bindenden Elektronenpaar besetzt. Die vier antibindenden MOs sind nicht gezeichnet; sie sind nicht mit Elektronen besetzt.

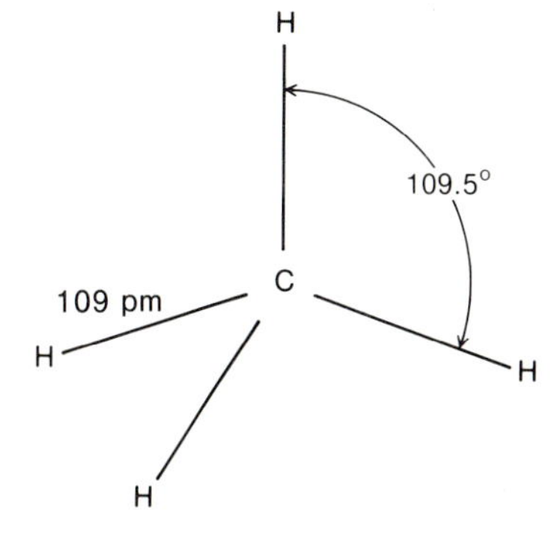

Die tetraedrische Geometrie des Methan-Moleküls

BINDUNG IM ETHAN, H_3C-CH_3
(C – C-Einfachbindung)

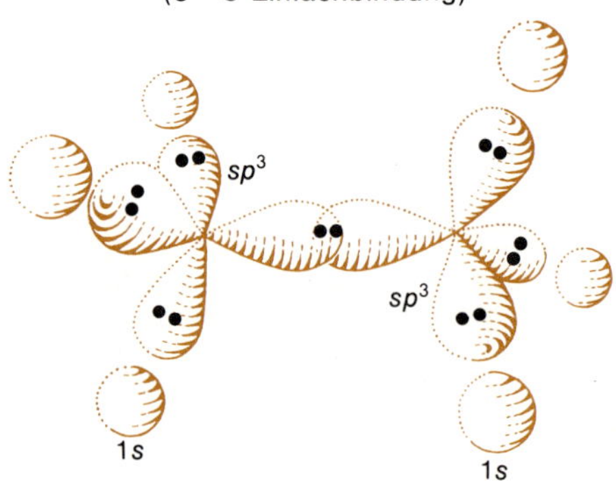

1s-AOs von sechs Wasserstoff-Atomen und sp^3-Hybrid-Orbitale von zwei Kohlenstoff-Atomen, so angeordnet, wie sie zur Kombination in sechs C–H- und eine C–C-Elektronenpaar-Bindung benötigt werden.

H H H H H H C C
154 pm
109 pm
109.5°

Die tetraedrische Geometrie rund um die Kohlenstoff-Atome im Ethan-Molekül

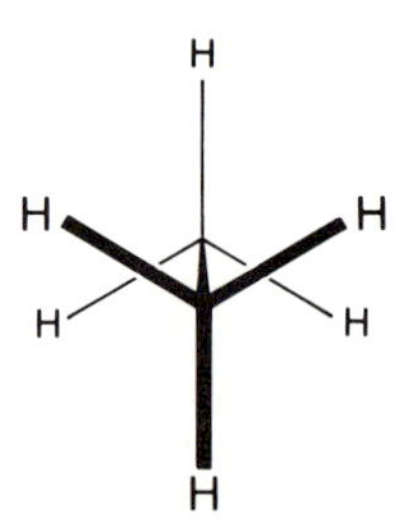

„Rückansicht" des Ethan-Moleküls. Man erkennt die stabilste „gestaffelte" Anordnung der Wasserstoff-Atome an den einander gegenüberliegenden Kohlenstoff-Atomen: Die Wasserstoff-Atome sind soweit wie möglich voneinander entfernt.

Atome sowie vom Kohlenstoff-Atom alle vier Elektronen der zweiten Schale benötigt. Das 1s-Orbital des Kohlenstoffs und sein Elektronenpaar sind am Vorgang der Bindungsbildung nicht beteiligt.

In diesem Bild von den lokalisierten Hybrid-Orbitalen steckt die große Vereinfachung, daß an jeder C–H-Bindung nur ein Hybrid-Orbital des Kohlenstoffs beteiligt ist und daß es ohne Bedeutung ist, was die anderen drei sp^3-Orbitale tun. Jede Bindung kann für sich betrachtet werden, und es ist nicht nötig, alle fünf Atome in einen gemeinsamen mathematischen Topf zu werfen. Infolgedessen werden die Berechnungen von Elektronendichte und Energie sehr einfach.

Die gleiche sp^3-Hybridisierung kann auf Ethan, H_3C-CH_3, und auf eine Menge anderer Kohlenstoff-Verbindungen angewendet werden. Beim Ethan, das links dargestellt ist, werden drei der vier sp^3-Hybrid-Orbitale an jedem Kohlenstoff-Atom wie beim Methan mit Atomorbitalen von Wasserstoff-Atomen kombiniert, das vierte aber mit dem entsprechenden sp^3-Orbital des anderen Kohlenstoff-Atoms. Die sp^3-Hybrid-Orbitale erstrecken sich weiter vom Kern nach außen als die Wasserstoff-1s-Orbitale, und deshalb ist eine C–C-Bindung länger als eine C–H-Bindung: 154 pm gegenüber 109 pm. Die Bindungswinkel haben überall im Molekül noch die Größe des Tetraederwinkels von 109.5°. Die beiden Hälften des Moleküls können sich frei um die C–C-Bindung drehen, aber die stabilste Anordnung der Wasserstoff-Atome – um einen geringeren Energiebetrag günstiger als andere Konfigurationen – ist links unten skizziert. Die Wasserstoff-Atome sind „gestaffelt" (engl. „staggered"), so daß die Wasserstoff-Atome an dem einen Kohlenstoff-Atom soweit wie möglich von den Wasserstoff-Atomen am anderen Kohlenstoff entfernt sind.

Das Modell der sp^3-Hybridisierung kann auch auf Moleküle angewendet werden, die Stickstoff oder Sauerstoff enthalten; dann werden einige der sp^3-Orbitale von einsamen Elektronenpaaren besetzt. So werden in einer verbesserten Beschreibung des Wasser-Moleküls (unten) zwei sp^3-Orbitale für Bindungen mit Wasserstoff verwendet, die anderen beiden für einsame Elektronenpaare am Sauerstoff. Dieses sp^3-Modell sagt einen H–O–H-Bindungswinkel von 109.5° voraus. Gemessen wird ein Wert von 105°, was damit erklärt werden kann, daß sich die einsamen Elektronenpaare näher am Sauerstoff-Atom befinden und einander stärker als die bindenden Elektronenpaare abstoßen.

BINDUNGSMODELL FÜR DAS WASSER-MOLEKÜL
MIT sp^3-HYBRIDISIERUNG

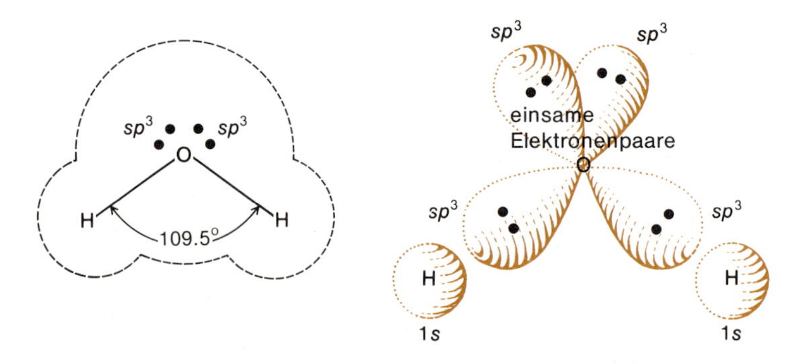

Zwei der vier sp^3-Hybrid-AOs werden zur Bindung der H-Atome verwendet, die anderen beiden sind mit einsamen Elektronenpaaren besetzt. Dieses Modell sagt voraus, daß der H–O–H-Bindungswinkel dem Tetraederwinkel von 109.5° entspricht, was dem tatsächlichen Winkel von 105° recht nahe kommt. Eine gegenseitige Abstoßung der einsamen Elektronenpaare kann die leichte Verengung des Tetraederwinkels um 4.5° erklären.

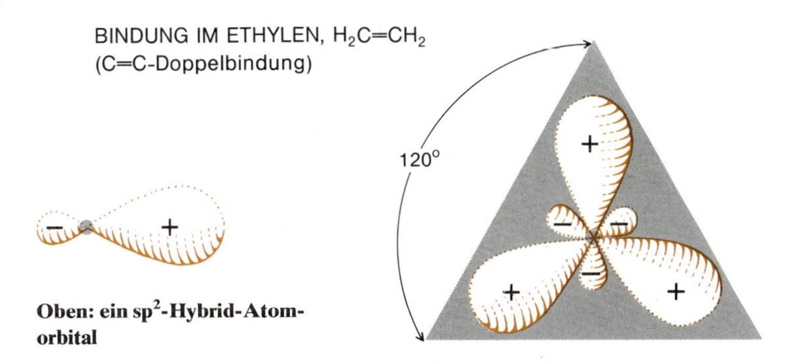

Oben: ein sp^2-Hybrid-Atomorbital

Die trigonale Anordnung dreier sp^2-Hybrid-Atomorbitale, um 120° in einer Ebene gegeneinander versetzt. Das letzte, nicht verwendete p-Orbital, das im rechten Winkel zur Papierebene steht, ist nicht eingezeichnet.

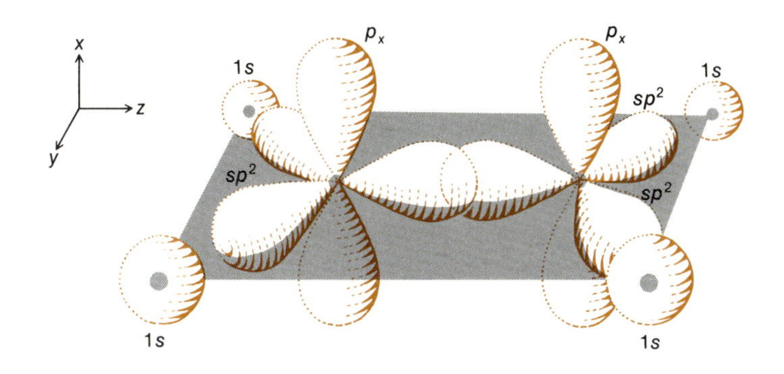

Die Atomorbitale des Ethylens, so angeordnet, wie sie später zu vier C–H-Einfachbindungen, einer C–C-Bindung mit σ-Symmetrie und einer C–C-Bindung mit π-Symmetrie kombinieren werden. Dieses Bindungsmodell sagt einen H–C–H-Bindungswinkel von 120° voraus, was fast genau mit den beobachteten 117° übereinstimmt.

Doppelbindungen und sp^2-Hybridisierung

Ethylen, $H_2C{=}CH_2$, ist ein typischer Vertreter der Kohlenstoff-Verbindungen mit Doppelbindungen zwischen den Atomen. Die Kohlenstoff-Kohlenstoff-Bindung in Ethylen ist 134 pm lang – in Ethan beträgt die Bindungslänge 154 pm –, und die Bindungsenergie, d. h. die Energie, die nötig ist, um die Kohlenstoff-Atome auseinanderzureißen, beträgt 615 $kJ \cdot mol^{-1}$ – beim Ethan sind es 347 $kJ \cdot mol^{-1}$. Ferner ist die Kohlenstoff-Kohlenstoff-Doppelbindung starr. Um die Bindung ist keine Drehung möglich; die zwei Kohlenstoff- und vier Wasserstoff-Atome sind fest in einer Ebene eingespannt. Der H–C–H-Bindungswinkel beträgt an jedem Molekülende 117°. Kann die MO-Theorie diese charakteristischen Befunde am Ethylen-Molekül erklären? Beim Ethylen sind 12 Atomorbitale aus äußeren Schalen an Bindungen beteiligt: ein s- und drei p-Orbitale von jedem Kohlenstoff sowie ein 1s-Orbital von jedem der vier Wasserstoffe. Ethylen hat ferner 12 Elektronen aus äußeren Schalen zur Verfügung, um die MOs zu füllen: je vier von jedem Kohlenstoff und je eines von den Wasserstoffen. Die 1s-Orbitale der Kohlenstoff-Atome sind mit je einem Elektronenpaar voll besetzt, überlappen nicht merklich und spielen für Bindungen keine Rolle. Eine Lösung des Bindungsproblems könnte mit sp^3-Hybrid-Orbitalen an den Kohlenstoffen beginnen: Man könnte annehmen, daß sich jedes Kohlenstoff-Atom zwei solche tetraedrischen Orbitale mit dem anderen teilt, wie es rechts unten dargestellt ist. Doch dies ist wegen der stark gebogenen Bindungen, die zwischen den Kohlenstoff-Atomen entstünden, unwahrscheinlich. Diese Lösung ist auch deshalb falsch, weil sie einen H–C–H-Bindungswinkel von 109.5° statt der beobachteten 117° vorhersagt.

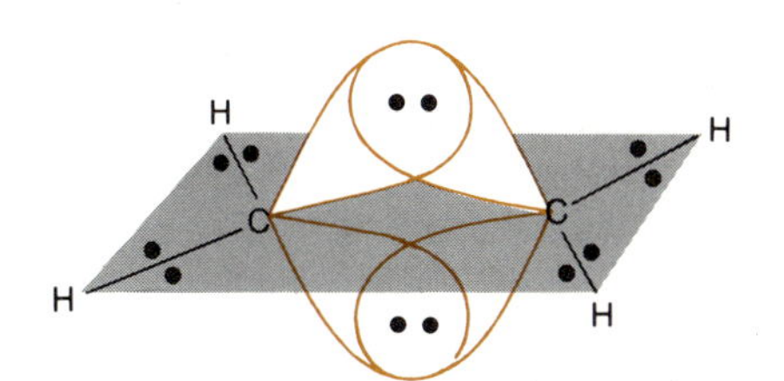

Versuch, die Doppelbindung des Ethylens unter Verwendung von Kohlenstoff-sp^3-Orbitalen zu erklären. Dieses Modell sagt einen zu kleinen H–C–H-Bindungswinkel von 109.5° voraus.

Bindungswinkel um 120° deuten auf drei gleiche Orbitale hin, die in einer Ebene liegen. Zu dieser Geometrie kann man gelangen, wenn man das s-Orbital und zwei der drei p-Orbitale jedes Kohlenstoffs zu einem Satz von drei *sp^2-Hybrid-Orbitalen* kombiniert, wie es ganz oben auf dieser Seite dargestellt ist. Das dritte, nicht hybri-

DAS π-MO DES ETHYLENS

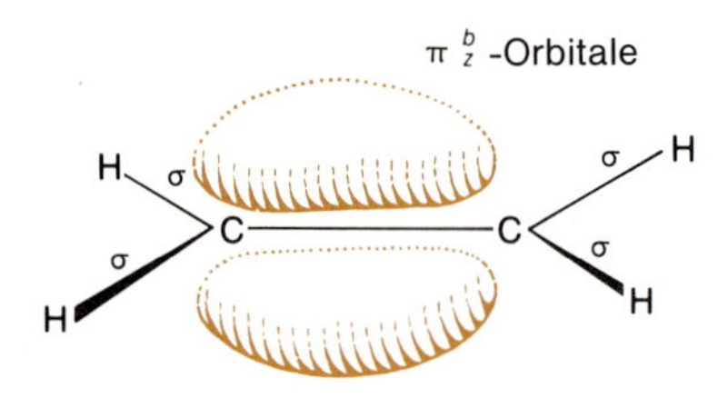

Alle σ-Bindungen sind durch gerade Striche wiedergegeben.

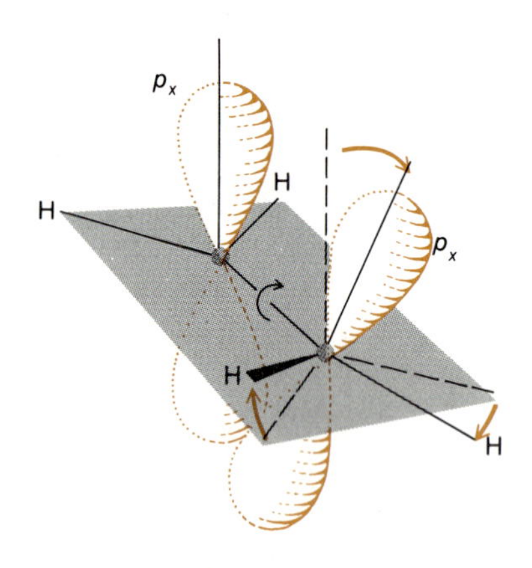

Verdreht man die beiden Hälften des Ethylen-Moleküls um die C−C-Achse gegeneinander, so tut das der σ-Bindung nichts, aber die π-Bindung wird gelöst. Die Doppelbindung wird auf eine Einfachbindung reduziert, und das Molekül ist nicht mehr planar.

disierte p-Orbital erstreckt sich senkrecht oberhalb und unterhalb der Papierebene. Bei Ethylen sind zwei der drei sp^2-Orbitale an jedem Kohlenstoff-Atom mit 1s-Orbitalen der Wasserstoff-Atome kombiniert, das dritte ist an der Bindung zum anderen Kohlenstoff beteiligt. Alle Bindungen sind σ-Bindungen, denn sie sind bezüglich ihrer jeweiligen Bindungsachse symmetrisch. Dieses σ-Gerüst des Ethylen-Moleküls beansprucht zehn der zwölf verfügbaren Bindungselektronen sowie alle Atomorbitale aus äußeren Schalen – mit Ausnahme je eines nicht hybridisierten $2p_z$-Orbitals an jedem Kohlenstoff-Atom.

Die zweite Hälfte der Ethylen-Doppelbindung beruht auf einer Kombination dieser beiden letzten p-Orbitale zu einem π_z^b-Molekülorbital mit Elektronendichte-Lappen entgegengesetzter Ladung oberhalb und unterhalb der Molekülebene. Die Doppelbindung ist kürzer als eine Einfachbindung, denn die $2p_z$-Orbitale müssen näher zusammenkommen, bis sie für eine Bindung genug überlappen können. Das π_z^b-Orbital ist es auch, welches die Atome des Moleküls in eine Ebene zwingt. Die Verdrehung um eine Bindungsachse tut einer Bindung mit σ-Symmetrie nicht weh, zerstört aber eine π-Bindung, indem sie die p-Orbitale aus der Fluchtlinie drängt (links). Um die eine Hälfte des Ethylen-Moleküls um 90° relativ zur anderen zu verdrehen, muß man so viel Energie aufbringen, wie der Differenz zwischen den Bindungsenergien einer C=C-Doppel- und einer C−C-Einfachbindung entspricht, das sind $615 - 347 = 268\ kJ \cdot mol^{-1}$. Der ideale H−C−H-Bindungswinkel von 120° an beiden Enden des Ethylen-Moleküls ist wegen der Elektronenpaar-Abstoßung zwischen der Doppelbindung und den beiden C−H-Einfachbindungen auf 117° verkleinert.

In biologischen Molekülen sind Doppelbindungen von besonderer Bedeutung, weil sie einerseits Proteinen und anderen Molekülen Starrheit verleihen und weil sie andererseits eine einmalige Fähigkeit haben, Licht zu absorbieren. Auf den Aspekt der strukturellen Starrheit werden wir im Kapitel über Proteine zurückkommen, auf die Eigenschaft der Lichtabsorption im Postskriptum zu diesem Kapitel.

Dreifachbindungen und sp-Hybridisierung

In relativ wenigen Verbindungen ist Kohlenstoff mit einem anderen Element durch eine Dreifachbindung verknüpft, an der drei Elektronenpaare beteiligt sind. Dieser Bindungstyp kann aus *sp-Hybrid-Orbitalen* aufgebaut werden, an denen ein s- und ein p-Orbital eines Kohlenstoff-Atoms beteiligt sind, wie es am Fuß dieser Seite veranschaulicht ist. Zwei sp-Hybrid-Atomorbitale weisen vom Atom aus in um 180° entgegengesetzte Richtungen; die beiden anderen, nicht hybridisierten p-Orbitale stehen in rechten Winkeln zu den Hybrid-Orbitalen und zueinander.

BINDUNG IM ACETYLEN, HC≡CH (C≡C-Dreifachbindung)

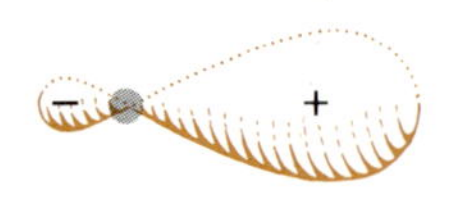

Ein sp-Hybrid-Atomorbital

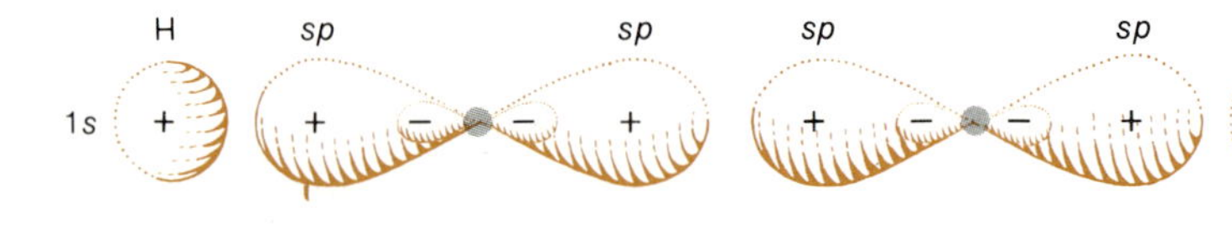

Die Atomorbitale, die an den σ-Molekülorbitalen des Acetylens beteiligt sind. Sie bilden zusammen zwei C−H- und eine C−C-Einfachbindung. Die beiden nicht hybridisierten p-Atomorbitale an jedem Kohlenstoff-Atom sind nicht gezeichnet.

Beim Acetylen, H–C≡C–H, verwendet jedes der beiden Kohlenstoff-Atome ein sp-Hybrid-Orbital für eine C–H-Bindung, das andere für die Bindung zwischen den Kohlenstoffen. Um dieses σ-gebundene Gerüst zusammenzuhalten, werden drei Elektronenpaare beansprucht.

Für die verbleibenden zwei Drittel der Dreifachbindung werden die p-Orbitale benutzt. Wenn die Richtung der C–C-Bindung als z-Achse gewählt wird, dann kombinieren die beiden p_x-Orbitale am Kohlenstoff zu einem π^b-MO und die beiden p_y-Orbitale zu einem zweiten. Das bedeutet, daß die Kohlenstoff-Atome durch drei Elektronenpaare zusammengehalten werden, wovon eines eine σ-Bindung macht, die anderen beiden zwei π-Bindungen. Aus π_x^b- und π_y^b-MOs zusammen resultiert eine symmetrische Elektronendichteverteilung etwa in Tonnenform um die Kohlenstoff-Kohlenstoff-Bindung.

Das Acetylen-Molekül ist linear; alle vier Atome liegen auf einer geraden Linie. Die C–H-Bindungslängen unterscheiden sich wenig von jenen in anderen Molekülen, aber die drei Elektronenpaare ziehen die Kohlenstoff-Atome bis auf einen Abstand von 121 pm zusammen – bei einer Doppelbindung sind es 134 pm, bei einer Einfachbindung 154 pm. Wenn ein Kohlenstoff durch Stickstoff ersetzt wird, ist ebenfalls eine Dreifachbindung möglich, aber die C–H-Gruppe mit einer Elektronenpaar-Bindung wird durch N: mit einem einsamen Elektronenpaar ersetzt. Was herauskommt ist HCN (oder Cyanwasserstoff), der ebenfalls rechts dargestellt ist. Wird auch das andere Kohlenstoff-Atom durch N ersetzt, entsteht das dreifach gebundene N_2-Molekül.

Mit der Dreifachbindung sind für die meisten Moleküle die Möglichkeiten, Bindungen zu bilden, ausgeschöpft. Vierfachbindungen, die aus s- und p-Orbitalen entstehen, sind geometrisch unmöglich, denn damit eine Bindung entstehen kann, ist es absolut notwendig, daß AOs der beiden Atome überlappen. Wenn die Bindungsordnung von der Einfach- zur Dreifachbindung ansteigt, müssen die Atome näher aneinandergepreßt werden, damit diese Überlappung zustandekommt. Wie auch immer das s- und die drei p-Orbitale hybridisiert werden: Der einzige Weg, daß alle vier Orbitale eines Atoms mit den entsprechenden Orbitalen eines anderen überlappen, wäre, daß die Atome so weit zusammenrückten, bis ihre Kerne zusammenfielen, und das ist unmöglich. Vierfach gebundene C_2-Moleküle im Gaszustand, bei denen jedes C-Atom alle vier Bindungselektronen mit einem zweiten „nackten" C-Atom teilt, gibt es deshalb nicht. Dies ist ein Grund für den dramatischen Unterschied in den Eigenschaften der reinen Elemente, den man zwischen dem festen Diamant und den gasförmigen Elementen N_2, O_2 und F_2 findet. Die Existenz von C_2-Molekülen ist nicht unmöglich, aber die gemeinsame Teilnahme an den Elektronen kann dabei nicht perfekt und vollständig sein. Aus diesem Grund ist C_2 sehr reaktiv und nur bei hohen Temperaturen stabil.

BINDUNGSLÄNGEN UND BINDUNGSWINKEL

Einfachbindung im Ethan

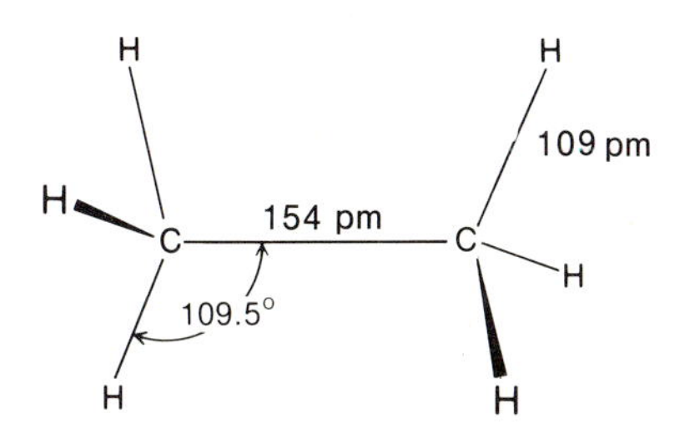

Doppelbindung im Ethylen

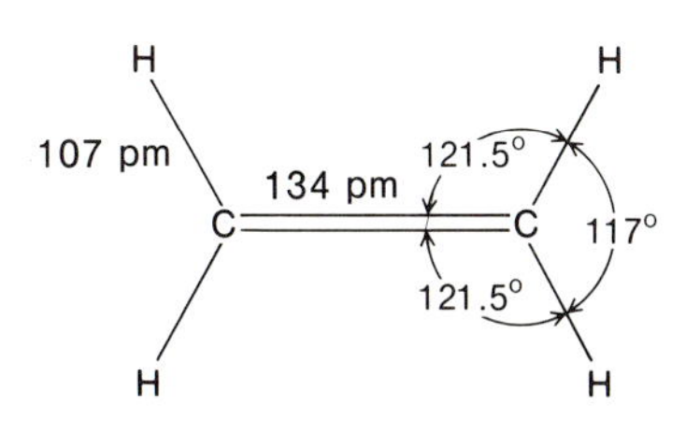

Dreifachbindung im Acetylen

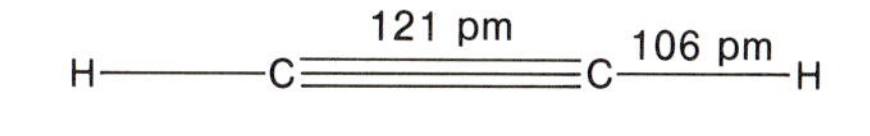

H–C≡N

Cyanwasserstoff (Blausäure)

:N≡N:

Stickstoff

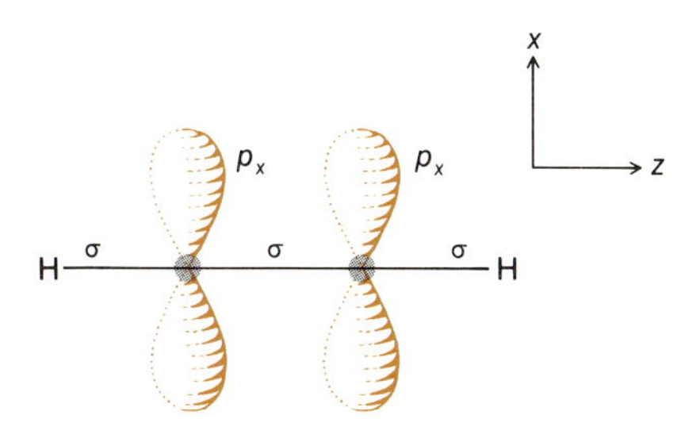

Zwei p_x-Atomorbitale, welche im Acetylen-Molekül zu einer zweiten C–C-Bindung miteinander kombinieren, einer π_x-Bindung. Die beiden, zur Papierebene senkrechten p_y-Orbitale bilden die dritte, die π_y-Bindung.

$\pi_{x,y}$

H–C–C–H

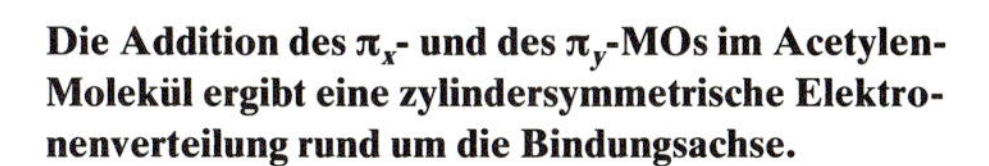
Die Addition des π_x- und des π_y-MOs im Acetylen-Molekül ergibt eine zylindersymmetrische Elektronenverteilung rund um die Bindungsachse.

Aromatizität: Delokalisierung und Resonanz

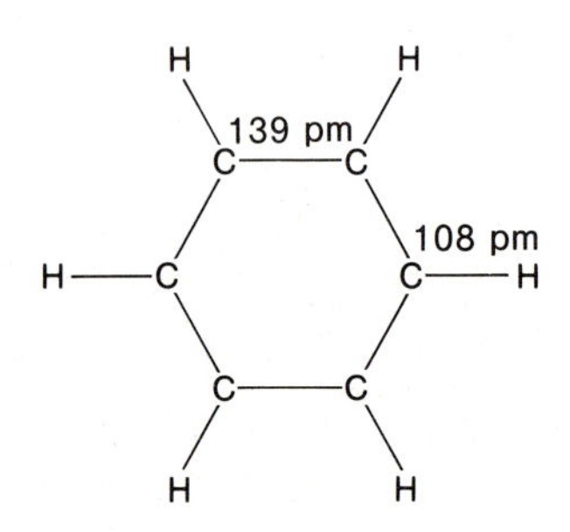

Das hexagonale Molekülgerüst und die Bindungslängen im Benzol-Molekül, C_6H_6

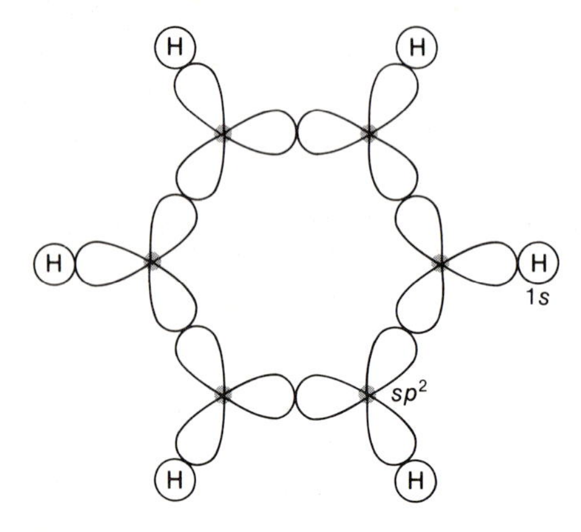

Die Kohlenstoff-sp²- und die Wasserstoff-1s-Atomorbitale, die an den σ-Bindungen des Benzol-Moleküls beteiligt sind

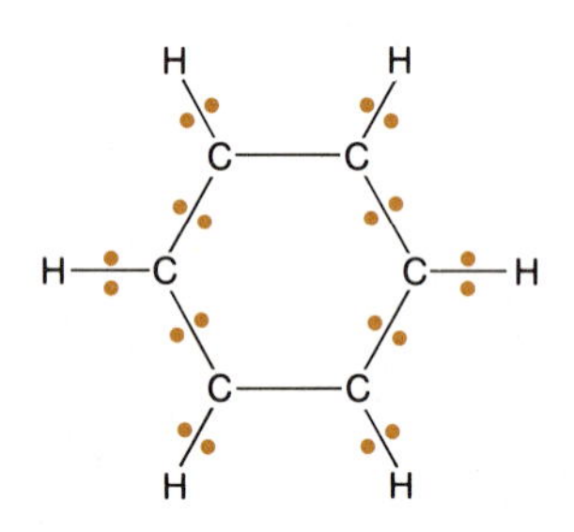

Die für die σ-Bindungen des Benzols verwendeten Elektronenpaare

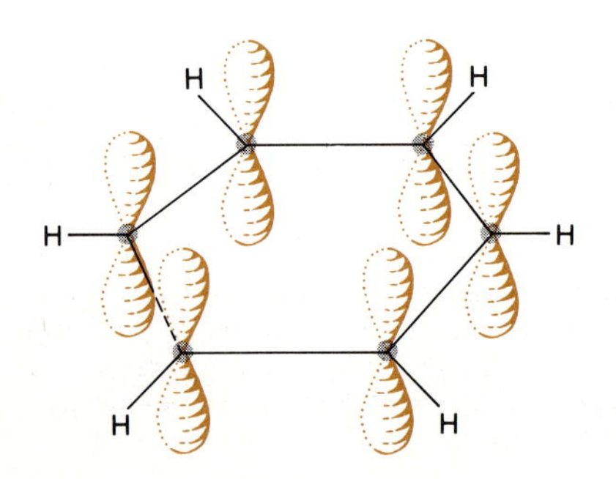

Links: Sechs weitere Elektronen und sechs zur Ringebene senkrechte Kohlenstoff-p-Orbitale werden für das Gerüst der σ-Bindungen im Benzol-Molekül nicht gebraucht. Diese Elektronen reichten für drei weitere, lokalisierte Kohlenstoff-Kohlenstoff-Bindungen aus.

Wir haben gerade die Umrisse einer sehr erfolgreichen Theorie der Molekülstruktur und der Bindung in Molekülen nachgezeichnet. Ausgelassen haben wir dabei quantitative Berechnungen der Gestalten und Energien von Molekülorbitalen, welche die MO-Theorie noch attraktiver machen. Zuerst haben wir das Konzept einer „Bindung" über Bord geworfen, indem wir das ganze Molekül auf einen Blick betrachtet haben. Bei größeren Molekülen werden die entsprechenden Berechnungen aberwitzig aufwendig, und zum Glück können an ihrer Stelle die Näherung der lokalisierten Molekülorbitale und damit Bindungen zwischen zwei Atomen eingeführt werden. Nimmt man noch die Modelle der Hybridisierung und von Einfach-, Doppel- und Dreifachbindungen dazu, so hat man das Gerüst einer Theorie, welche die meisten Moleküle erklären kann.

Eine wichtige Kategorie von Molekülen, die mit Bindungen zwischen zwei Atomen nicht erklärt werden kann, sind die im 4. Kapitel schon kurz erwähnten *aromatischen* Moleküle. Ihr bekanntester Vertreter ist das Benzol, C_6H_6. Es enthält sechs Kohlenstoff-Atome, die ringförmig in einem regulären Sechseck angeordnet sind. Alle Kohlenstoff–Kohlenstoff-Bindungen sind 139 pm lang; diese Bindungslänge liegt zwischen der einer Einfach- und einer Doppelbindung. Von jedem Kohlenstoff geht eine C–H-Bindung normaler Länge aus. Das Atomgerüst des Benzols ist ganz oben links dargestellt.

Sobald wir versuchen, ein Modell des Benzols im Sinne lokalisierter MOs zu entwerfen, kommen wir in Schwierigkeiten. Wegen der planaren, hexagonalen Geometrie des Moleküls mit Bindungswinkeln von 120° drängt sich sp^2-Hybridisierung an den Kohlenstoffen auf, wobei ein sp^2-Orbital an jedem C zu einem H gerichtet ist, die anderen beiden Hybrid-Orbitale zeigen auf die benachbarten Kohlenstoff-Atome im Ring. Für dieses Gerüst von σ-Bindungen wären 24 von 30 Bindungselektronen – 6 mal 4 von den Kohlenstoffen, 6 mal 1 von den Wasserstoffen – verbraucht sowie sämtliche äußeren Orbitale mit Ausnahme der sechs p-Orbitale, die senkrecht zur Ebene des Sechsecks stehen. Dieses Gerüst von σ-Bindungen ist auf dem linken Seitenrand in der Mitte skizziert.

Was tun mit den sechs bisher nicht benutzten Elektronen und den sechs verbleibenden Orbitalen? Letztere sind links unten perspektivisch dargestellt. Man könnte rund um den Ring benachbarte p-Orbitale paarweise kombinieren und so aus jeder zweiten Kohlenstoff–Kohlenstoff-Bindung eine Doppelbindung machen. Dafür gibt es zwei Möglichkeiten, die am Fuß der Seite schematisch dargestellt sind. Die beiden Möglichkeiten sind als Kekulé-Strukturen bekannt (nach dem Chemiker, der sie zuerst formulierte), aber richtig können sie nicht sein, denn wir wissen, daß alle Kohlenstoff–Kohlenstoff-Bindungen gleich lang sind. – Eine andere, schon etwas weniger plausible Möglichkeit, die p-Orbitale paarweise zusammenzufassen, besteht darin, je zwei quer über den Ring und je zwei der restlichen vier links und rechts davon an der Seite zu verbinden. So entstehen drei „Dewar-Strukturen", die unter den Kekulé-Ringen gezeichnet sind.

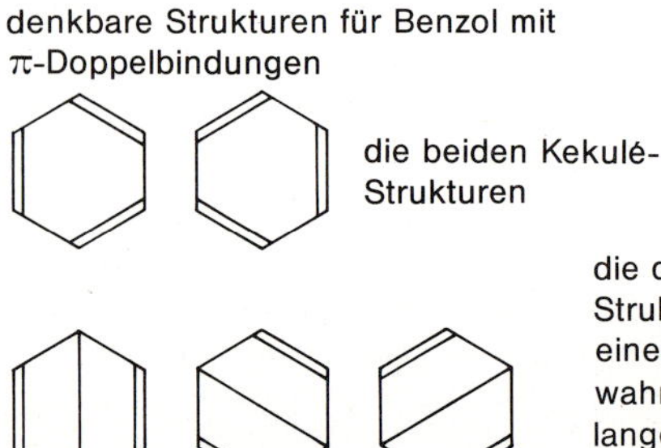

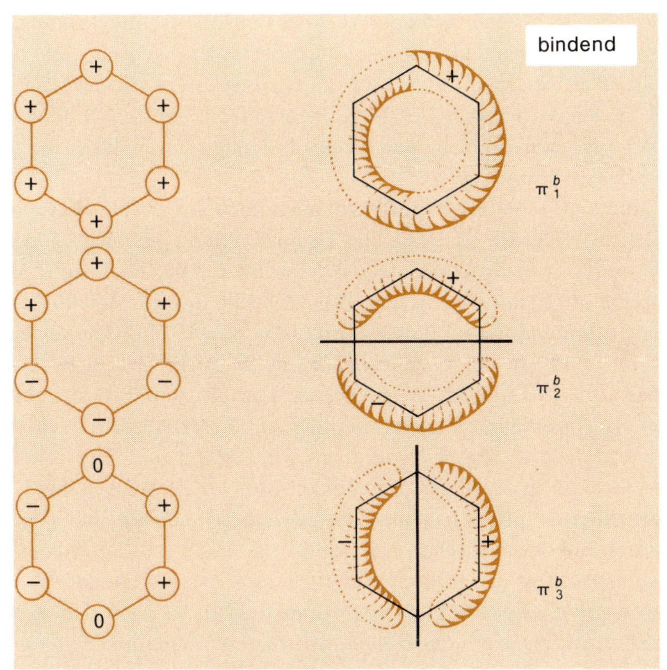

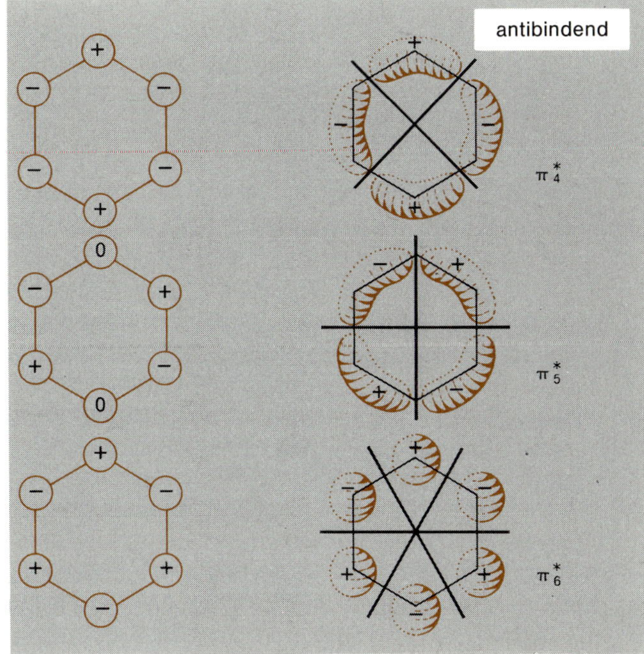

Alle fünf Kekulé- und Dewar-Strukturen sind, für sich betrachtet, falsch. Es gibt keine Möglichkeit, die korrekte Benzolstruktur als Kombination von Einfach- und Doppelbindungen hinzuschreiben. Damit versagt die Näherung der lokalisierten Bindungen, die sich beim Methan und bei anderen vielatomigen Molekülen als so leistungsfähig erwiesen hat. Wir müssen, wenigstens soweit p-Elektronen im Spiel sind, von den lokalisierten Bindungen ein Stück zu dem Ansatz zurückgehen, der das Molekül als Ganzes betrachtet.

Wir können die sechs p-Orbitale um den Benzol-Ring gemäß den Regeln der MO-Theorie kombinieren, wobei die sechs den ganzen Ring umfassenden MOs entstehen, die oben dargestellt sind. Im Orbital niedrigster Energie, π_1^b, werden alle sechs p-AOs mit dem gleichen Vorzeichen kombiniert; es entstehen zwei ringförmige Bereiche von Elektronendichte oberhalb und unterhalb der Ebene des Benzol-Skeletts. In dieser Ebene ist die Aufenthaltswahrscheinlichkeit der Elektronen null, denn sie ist dort auch in den ursprünglichen p-Orbitalen null. Wie die Elektronendichte-Lappen der p-Orbitale, aus denen sie entstanden sind, haben auch die beiden ringförmigen Schläuche der Aufenthaltswahrscheinlichkeit (die aussehen wie die „doughnuts" genannte Version der Krapfen) des π_1^b-MOs entgegengesetztes Vorzeichen der Wellenfunktion.

Die nächststabilen MOs, π_2^b und π_3^b, haben gleiche Energie und gleiche Gestalt: Beide haben eine Ebene der Aufenthaltswahrscheinlichkeit null senkrecht zur Ebene des Benzol-Skeletts; diese Ebenen sind um 90° gegeneinander verdreht. Zwei energiegleiche antibindende Orbitale, π_4^* und π_5^*, haben je zwei solcher Knotenflächen, die aufeinander senkrecht stehen, während das letzte antibindende Orbital, π_6^*, drei Knotenebenen hat.

Das Energieniveau-Diagramm für diese sechs MOs ist rechts aufgetragen. Was wir übereinstimmend bei anderen AOs und MOs festgestellt haben, bestätigt sich hier als allgemeines Prinzip: Wenn sonst alles gleich ist, dann ist die Energie eines Orbitals um so höher, je größer die Zahl der Knotenflächen ist. Sechs p-Atomorbitale werden zu sechs Molekülorbitalen – drei bindenden und drei antibindenden – kombiniert. Die sechs Elektronen, die beim Benzol für das Gerüst der σ-Elektronen

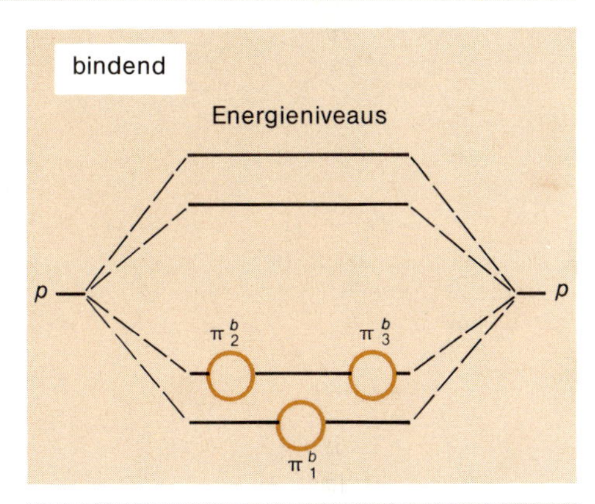

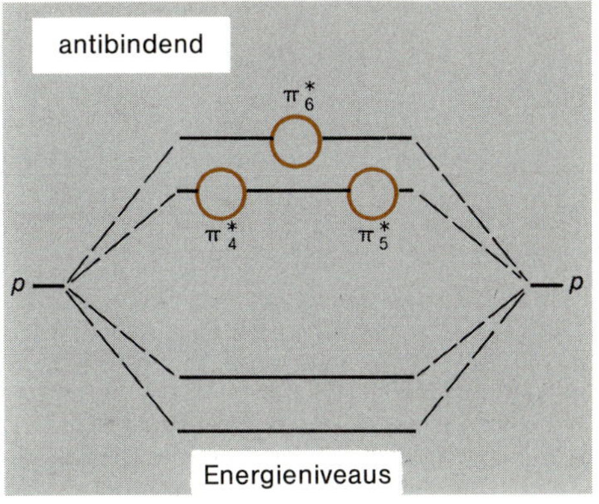

Die sechs Kohlenstoff-p-Orbitale werden zu drei bindenden und drei antibindenden MOs kombiniert. Mit den sechs übriggebliebenen Elektronen werden die drei bindenden Orbitale aufgefüllt, so daß drei zusätzliche Elektronenpaar-Bindungen gebildet werden.

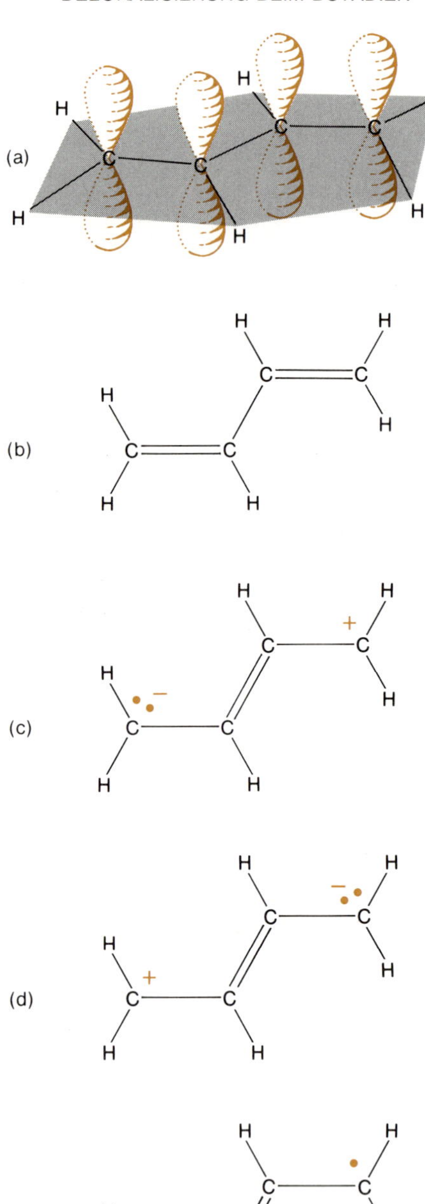

(a) Skelett der σ-Bindungen und die vier nicht benutzten p-Orbitale des Butadiens; ebenso werden vier Elektronen nicht für die σ-Bindungen gebraucht. (b) bis (e) Vier Modelle der Bindungsresonanz im Butadien: (b) Je zwei Elektronen befinden sich in zwei π-Bindungen, so daß zwei Doppelbindungen vorliegen. (c) und (d) Eine zentrale Doppelbindung, ein einsames Elektron an einem Ende, entsprechender Elektronenmangel am anderen Ende. (e) Eine zentrale Doppelbindung und je ein ungepaartes Elektron an jedem endständigen Kohlenstoff-Atom.

nicht gebraucht wurden, werden in die drei bindenden MOs eingefüllt; die antibindenden Orbitale werden nicht berücksichtigt. So hat der Benzol-Ring drei Bindungen zusätzlich zu seinem σ-gebundenen Gerüst, aber diese drei Bindungen sind über den ganzen Ring verteilt, nicht zwischen Kohlenstoff-Paaren lokalisiert, wie die Modelle nach Kekulé und Dewar voraussagen. Alle Kohlenstoff–Kohlenstoff-Bindungen liegen im Charakter zwischen Einfach- und Doppelbindungen, was durch die gemessenen Bindungslängen bestätigt wird.

Man kann die Bindungsverhältnisse im Benzol auch noch auf andere Weise beschreiben und dabei die Begriffe Einfach- und Doppelbindung beibehalten. Man sagt, alle Kekulé- und Dewar-Strukturen seien teilweise richtig, aber keine von ihnen allein beschreibe die Realität gut genug. Das wirkliche Benzol-Molekül sei in gewisser Weise eine Kombination all dieser Strukturen, so wie ein Maultier eine Kombination aus Pferd und Esel sei. Unglücklicherweise hat sich für diese Betrachtungsweise der Ausdruck „Resonanz" eingebürgert, und die zum Teil korrekten Strukturen werden als *„Resonanzstrukturen"* bezeichnet. Dieser Ausdruck führt zu der völlig falschen Vorstellung, als ob da so etwas wie ein Hin- und Herspringen zwischen mehreren Strukturen stattfände. Das Benzol-Molekül zeigt Züge aller fünf Resonanzstrukturen, aber es springt genauso wenig zwischen ihnen hin und her, wie ein Maultier vor unseren Augen zwischen Pferd und Esel „oszilliert". Allerdings ist der Ausdruck Resonanz so fest in der Sprache der Chemiker verankert, daß wir ihn ebenfalls benutzen werden. Die $167.5\,kJ \cdot mol^{-1}$, um welche das Benzol-Molekül stabiler ist als ein Molekül mit einer der Kekulé-Strukturen, nennt man *Resonanz-Energie.*

Resonanzstrukturen sind praktisch, um abzuschätzen, wie weit die Elektronen in einem Molekül delokalisiert sind. In jedem Satz von Resonanzstrukturen für ein Molekül müssen die Atomkerne die gleichen Positionen einnehmen; nur die Anordnung der Elektronen und daher der Bindungen und Ladungen dürfen sich unterscheiden. Wenn alle möglichen Resonanzstrukturen für ein Molekül aufgeschrieben sind, das durch gewöhnliche Einfach- und Doppelbindungen nicht adäquat beschrieben werden kann, dann sind alle Atome, die in mindestens einer der Resonanzstrukturen durch Doppelbindungen gebunden sind, am System der delokalisierten Elektronen beteiligt. Beim Benzol sind das die sechs Kohlenstoff-Atome; die Wasserstoffe spielen für die Delokalisierung keine Rolle. An der Delokalisierung in Kohlenstoff-Verbindungen ist fast immer die Kombination einer Reihe von p-Orbitalen beteiligt, die senkrecht zur Ebene des durch σ-Bindungen verknüpften Molekülskeletts stehen.

Für die Delokalisierung ist es nicht nötig, daß die Doppelbindungen in einem geschlossenen Ring alternieren. Im links dargestellten Butadien-Molekül sind vier Kohlenstoff-Atome unter Beteiligung von zwei Doppelbindungen kettenförmig miteinander verknüpft. Normalerweise denkt man an Struktur (b), wenn von Butadien die Rede ist, aber diese Struktur kann nicht die volle Wahrheit wiedergeben, denn alle zehn Atome im realen Molekül liegen in einer Ebene, was nicht der Fall sein dürfte, wenn die zentrale Kohlenstoff–Kohlenstoff-Bindung eine Einfachbindung wäre.

Wenn aus sp^2-hybridisierten Kohlenstoff-Atomen das σ-gebundene Gerüst des Butadiens aufgebaut ist, bleiben je vier ungenutzte Elektronen und p-Orbitale übrig; die p-Orbitale sind so angeordnet, wie es oben links in der perspektivischen Zeichnung (a) dargestellt ist. Wie bei Benzol, können diese p-Orbitale in unterschiedlicher Weise kombiniert werden, wobei verschiedene Resonanzstrukturen des Moleküls entstehen. Vier davon sind in den Figuren (b) bis (e) links wiedergegeben. Alle vier Kohlenstoff-Atome sind durch das delokalisierte Elektronensystem verknüpft. Moleküle, in denen Einfach-und Doppelbindungen abwechseln, so daß Delokalisierung der p-Elektronen möglich wird, nennt man *konjugierte* Moleküle. Sowohl offenkettige als auch ringförmige konjugierte Moleküle haben – sofern sie etwas größer als Butadien oder Benzol sind – die nützliche Eigenschaft, sichtbares Licht zu absorbieren, worauf wir im Postskriptum zu diesem Kapitel näher eingehen wollen. Linear konjugierte Moleküle spielen eine Rolle in den Lichtrezeptoren des Auges; linear konjugierte und cyclisch-aromatische Moleküle zusammen übernehmen bei der Photosynthese die Aufgabe, das Licht einzufangen.

Schon mehrfach ist uns in den letzten Kapiteln die Delokalisierung begegnet, aber erst jetzt können wir sie mit den Begriffen der MO-Theorie interpretieren. Das Benzol-Molekül wurde im 4. Kapitel eingeführt, Carbonat- und Nitrat-Ion im 5. Kapitel. Die verschiedenen Modelle in der Elektronen-Punktschreibweise nach Lewis für CO_3^{2-}, in denen den drei C–O-Bindungen Einfach- oder Doppelbindungscharakter in verschiedener Kombination zugeschrieben wurde, waren Resonanzstrukturen des Carbonat-Ions, die sich nur in der Anordnung der Elektronen zwischen den Atomen unterschieden. Auch Phosphat-, Sulfat- und Perchlorat-Ion, die im 6. Kapitel behandelt wurden, waren Beispiele für die Delokalisierung von Elektronen. In allen Fällen erhielt das Ion durch die Delokalisierung zusätzliche Stabilität, und eine nützliche Regel für den Hausgebrauch lautet: Je mehr Resonanzstrukturen man für ein delokalisiertes Ion oder Molekül aufschreiben kann, um so mehr trägt die Delokalisierung zur Stabilität bei.

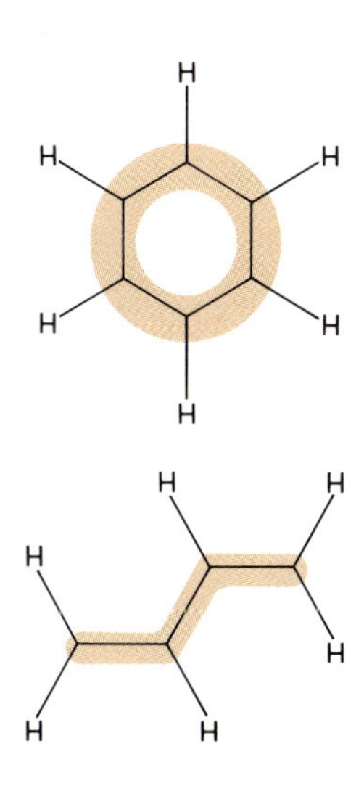

Die unterschiedliche Ausdehnung der Bereiche, über welche die Elektronen im Benzol (oben) und im Butadien (unten) delokalisiert sind. Keine der Resonanzstrukturen des Butadiens, die auf der gegenüberliegenden Seite gezeigt sind, ist korrekt; die vier Elektronen, die für die σ-Bindungen nicht gebraucht werden, sind über das ganze Skelett der vier Kohlenstoff-Atome delokalisiert.

Das Molekülorbital-Modell für Bindungen: eine Zusammenfassung

Nach der MO-Theorie entsteht eine chemische Bindung dann, wenn Atomorbitale vergleichbarer Energie und Symmetrie derart miteinander kombiniert werden, daß mindestens ein Molekülorbital niedrigerer Energie als die ursprünglichen isolierten AOs entsteht. Dieses bindende MO muß dann natürlich mit einem Elektronenpaar besetzt werden. Im Prinzip erstrecken sich alle Bindungen über das ganze Molekül, aber in der Praxis ist es möglich und üblich, nur je zwei Atome auf einmal zu betrachten und so zu tun, als ob die Bindung zwischen diesen Atomen unabhängig von allen anderen Bindungen im Molekül wäre. Dieses Bild der lokalisierten Bindungen versagt manchmal, vor allem dann, wenn p-Orbitale an der Delokalisierung über Ketten oder Ringe von Kohlenstoff-Atomen beteiligt sind. Wenn dies der Fall ist, kann man das Molekülskelett als eine Gruppe von σ-Bindungen betrachten, und die p-Orbitale können unabhängig davon behandelt werden.

Die voll besetzten inneren Schalen der Atome können für die Bindungen ignoriert werden; nur die äußeren Orbitale und die Elektronen der äußeren Schale sind in Betracht zu ziehen. Für lokalisierte Bindungen zwischen zwei Atomen sind das s- und die drei p-Orbitale gewöhnlich nicht die beste Ausgangssituation für die Bindungsbildung. Bevor sie mit Orbitalen anderer Atome kombiniert werden, können alle vier Orbitale hybridisiert werden; dabei erhält man einen Satz von vier identischen sp^3-Hybrid-Orbitalen, die in die Richtung der Ecken eines Tetraeders gerichtet sind. Es können auch nur das s- und zwei p-Orbitale zu drei sp^2-Orbitalen hybridisiert werden, die um 120° gegeneinander versetzt in einer Ebene liegen. Eine dritte Möglichkeit ist die Hybridisierung des s- und eines p-Orbitals zu zwei sp-Orbitalen, die vom Atomkern weg in entgegengesetzte Richtung weisen. Welche Hybridisierung am zweckmäßigsten benutzt wird, hängt von der jeweiligen Geometrie des Moleküls ab sowie davon, ob es Doppel- oder Dreifachbindungen enthält.

In bindenden Orbitalen ist nach der MO-Theorie immer ein Überschuß an Elektronendichte zwischen den gebundenen Atomen konzentriert; in dieser Hinsicht unterscheidet sich die MO-Theorie nicht von den früheren qualitativen Vorstellungen von Elektronenpaar-Bindungen. Aber nur aus der MO-Theorie geht hervor, daß Elektronenpaare ein Molekül auch trennen können, wenn sie nämlich antibindende Orbitale besetzen. Worauf es letztlich ankommt, ist der Netto-*Überschuß* von bindenden über antibindende Elektronen. Wenn bindende und antibindende Elektronen einander gerade die Waage halten, kommt es nicht zur Bildung eines Moleküls, wie wir bei He_2, Be_2 und Ne_2 gesehen haben.

Keine Aussage der MO-Theorie widerspricht der einfacheren Elektronenpaar-Theorie; andernfalls müßten wir stark an ihrer Gültigkeit zweifeln. Darüber hinaus erklärt die MO-Theorie aber Moleküleigenschaften, über die die einfache Theorie gar nichts aussagen kann – z. B. die magnetischen Eigenschaften des O_2-Moleküls mit seinen beiden ungepaarten Elektronen oder die Planarität von Molekülen mit Doppelbindungen. Wenn auch dieses Kapitel nur eine anschauliche und qualitative Einführung in die Molekülorbital-Theorie war, so hat diese doch auch eine mathematisch-quantitative Seite: Man kann Energiezustände und Ionisierungsenergien, Spektren und Reaktivitäten von Molekülen mit ihr tatsächlich berechnen.

Postskriptum: Delokalisierung und Farbe

Charakteristisch für aromatische Verbindungen sind Moleküle mit einem Kohlenstoffgerüst, dessen ebene Ringe durch σ-Bindungen zusammengehalten werden; die p-Orbitale der Kohlenstoff-Atome, die senkrecht zu den Ringen stehen, sind an ausgedehnten delokalisierten Elektronensystemen beteiligt. Das einfachste dieser Moleküle ist das Benzol-Molekül. Es können jedoch viele Ringe zu größeren Molekülen miteinander verknüpft werden. Bei Naphthalin, $C_{10}H_8$, sind zwei Ringe miteinander verbunden; bei Anthracen drei usw.: Es gibt viele noch größere Moleküle (s. unten). Die Wasserstoff-Atome an der Peripherie der Ringe können durch andere chemische Gruppen ersetzt werden, und die so entstehenden Verbindungen bilden einen üppigen und vielfältigen Zweig der Organischen Chemie, zu dem biologisch wichtige Moleküle gehören: Aroma- und Farbstoffe, Rezeptoren für Licht, aber auch carcinogene (d. h. krebserzeugende) Wirkstoffe.

DELOKALISIERUNG UND FARBE

Molekül	delokalisiertes System	Absorptionsbereich	absorbierte Farbe	beobachtete Farbe
Benzol		255 nm	UV	—
Naphthalin		315 nm	UV	—
Anthracen		380 nm	UV	—
Naphthacen		480 nm	blau	orange
Pentacen		580 nm	gelb	indigo

Je größer das Ausmaß der Delokalisierung, um so kleiner ist der Abstand zwischen den Energieniveaus und um so größer ist die Wellenlänge der vom Molekül absorbierten Strahlung. Die von menschlichen Auge wahrgenommene Farbe rührt vom Licht der übrigbleibenden, nicht absorbierten Wellenlängen her.

Allen aromatischen Molekülen gemeinsam ist ihre Fähigkeit, elektromagnetische Strahlung im nahen Ultraviolett oder sogar im sichtbaren Bereich zu absorbieren, so daß diese Verbindungen leuchtend gefärbt sind. Werden p-Orbitale des Benzols zu einem Satz delokalisierter MOs kombiniert, so wird das Energienniveau der isolierten p-Orbitale in vier nahe beieinander liegende Energienniveaus aufgespalten, die auf Seite 189 dargestellt sind. Die drei bindenden Orbitale des Benzols sind voll besetzt, die antibindenden Orbitale sind leer. Wenn Licht mit der richtigen Frequenz eingestrahlt wird, kann es vom Benzol-Molekül absorbiert werden, wobei ein oder mehrere Elektronen von bindenden in antibindende Orbitale gehoben werden. Der Abstand zwischen den Energieniveaus ist ein Maß für die Energie, die nötig ist, einen Übergang vom Grundzustand (d.h. Zustand niedrigster Energie) in einen angeregten elektronischen Zustand herbeizuführen. Ein angeregtes Molekül kann später die aufgenommene Energie in Form eines Strahlungsphotons emittieren und fällt dabei in den Grundzustand zurück.

Auch nicht-aromatische Moleküle können elektronisch angeregt werden, doch sind dazu größere Energiebeträge nötig. Das bedeutet, daß Absorption und Emission im ferneren Ultraviolett stattfinden. Wird genug Energie zugeführt, können die σ-Bindungen aufgebrochen und die Moleküle zerstört werden. Aromatische Moleküle haben die besondere Eigenschaft, daß die Energieniveaus ihrer π-Orbitale nahe übereinander liegen, so daß sie Licht niedrigerer Energie, d.h. größerer Wellenlänge, absorbieren können.

Durch Delokalisierung werden die Energieniveaus nach unten verschoben, und der Abstand zwischen ihnen wird verkleinert. Je größer das delokalisierte System, um so größer sind auch diese Effekte. Dies wird in der Serie aromatischer Moleküle deutlich, die am Fuß der Seite gegenüber zum Vergleich zusammengestellt sind. Das delokalisierte π-Elektronensystem des Benzols umfaßt sechs Atome. Die Abstände zwischen den Energieniveaus der π-Orbitale sind so groß, daß Benzol eine Anzahl von Wellenlängen im ultravioletten Bereich absorbiert, deren Zentrum etwa bei 255 nm liegt. Die Wellenlängen des sichtbaren Lichtes durchdringen das Molekül unbeeinflußt, so daß Benzol für unsere Augen farblos erscheint. Das gleiche trifft für Naphthalin und Anthracen zu, an deren delokalisierten Systemen 10 bzw. 14 Atome beteiligt sind; allerdings wird wegen der zunehmenden Ringgröße die Absorption zu längeren Wellenlängen, d.h. niedrigeren Energien, verschoben: 315 und 380 nm. Beim Naphthacen dagegen sind die Elektronen über einen so weiten Bereich delokalisiert, daß die π-Energieniveaus nahe genug aneinandergerückt sind, so daß blaues Licht von etwa 480 nm Wellenlänge absorbiert wird. Wenn nun blaues Licht absorbiert wird, lassen die nicht absorbierten Wellenlängen des sichtbaren Lichts Naphthacen für uns orange erscheinen, denn Orange ist die Komplementärfarbe von Blau. Zu noch niedrigeren Energien ist die Lichtabsorption des Pentacens mit seinen fünf Ringen verschoben. Pentacen verschluckt Licht von etwa 580 nm Wellenlänge und hat deshalb die Farbe des Indigos.

Diese „Spektroskopie mit dem Auge" vermittelt uns überraschend viele Informationen über das Verhalten aromatischer Moleküle. Rechts ist das sichtbare Spektrum dargestellt; die Farben sind als Funktion der Wellenlänge vom Ultravioletten bis zum Infraroten aufgetragen. Wenn eine dieser Wellenlängen von einem Molekül absorbiert wird, geben die übrigen Wellenlängen dem Molekül die Komplementärfarbe. Wird grün entfernt – d.h. Wellenlängen um 530 nm – sieht die Substanz, die aus solchen Molekülen besteht, purpurfarben aus. Wenn das Molekül rotes Licht, d.h. Wellenlängen von ca. 680 nm absorbiert, sehen wir die Farbe Blaugrün. Wir können aus der Farbe, die nach der Lichtabsorption durch eine Substanz aus dem sichtbaren Spektrum übrigbleibt, abschätzen, welche Wellenlänge des sichtbaren Lichts die Verbindung absorbiert.

Wenn durch irgendwelche an den Ringen hängende Seitengruppen die Zahl der Atome im delokalisierten System vergrößert wird, dann wird die elektronische Ab-

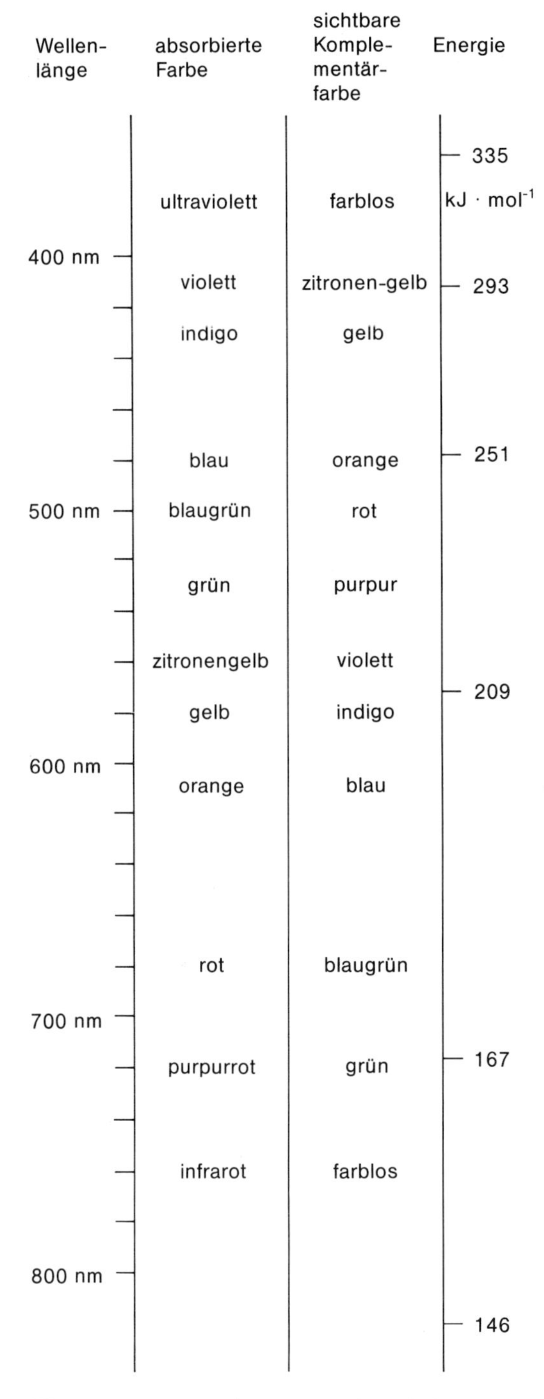

Nimmt der Abstand zwischen den elektronischen Energieniveaus ab, rückt die absorbierte Strahlung vom Ultraviolett über Violett, Blau, Grün, Orange, Rot schließlich bis ins unsichtbare Infrarot. Die Farben, die wir wahrnehmen, sind die Komplementärfarben der absorbierten Farben. Die Energie eines Mols Photonen ist auf der rechten Skala für die sichtbaren Wellenlängen angegeben. (Vgl. die Probleme 4 bis 9 im 7. Kapitel.)

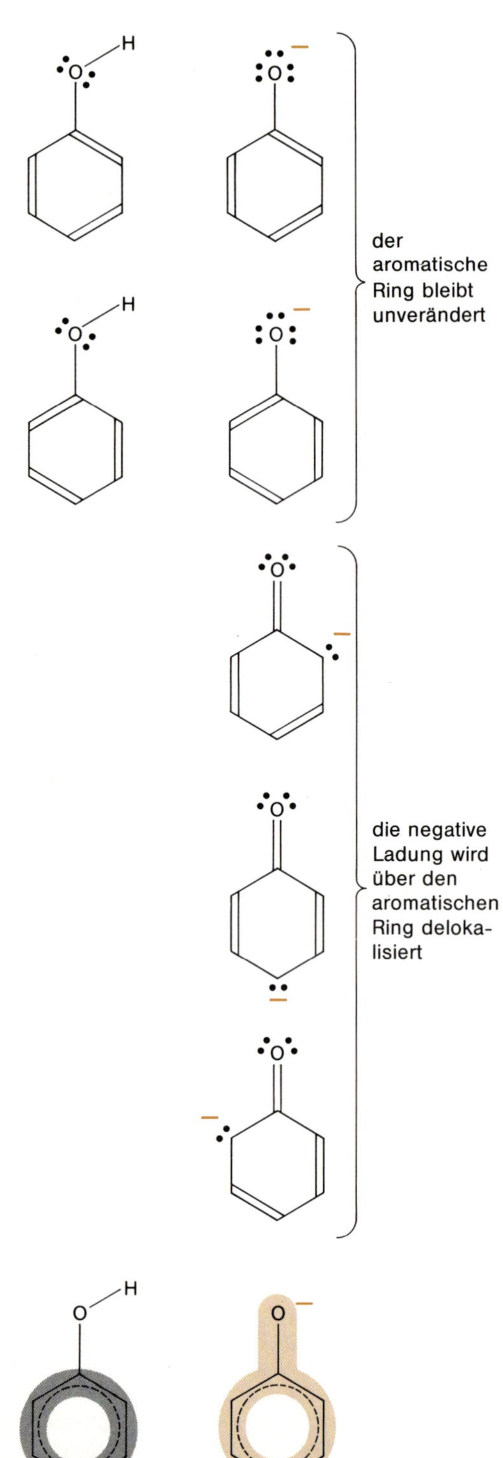

sorption zu niedrigeren Energien, d. h. größeren Wellenlängen verschoben. Bevor die Beziehungen zwischen Farbe, Frequenz und Energie bekannt waren, wußten die Chemiker aus der Frühzeit der Farbenindustrie aus Erfahrung, daß bestimmte Gruppen, wie $-OH$ oder $-NH_2$, die Farben der aromatischen Verbindungen in der Reihenfolge Gelb–Orange–Rot–Purpur–Blau–Grün verschieben – den Komplementärfarben der aus dem sichtbaren Spektrum absorbierten Bereiche Violett–Blau–Grün–Gelb–Orange–Rot. Wird an das Benzol-Molekül eine OH-Gruppe gebunden, wobei Phenol, C_6H_5OH, entsteht, dann wird der Schwerpunkt der Absorption geringfügig von 255 zu 270 nm verschoben, weil der Sauerstoff der OH-Gruppe elektronenreich ist. Phenol ist eine Säure, es kann durch Dissoziation das Proton der OH-Gruppe verlieren und das Phenolat-Ion bilden:

$$\underset{\text{Phenol}}{C_6H_5-OH} \longrightarrow \underset{\text{Phenolat-Ion}}{C_6H_5-O^-} + H^+$$

Im Phenolat-Ion wird nun der Sauerstoff Teil des delokalisierten Systems, das dadurch von sechs auf sieben Atome erweitert wird. Dies wird aus dem Vergleich der Resonanzstrukturen von Phenol und dem Phenolat-Ion deutlich, die links dargestellt sind. Für Phenol sind nur benzolähnliche Resonanzstrukturen möglich, denn die OH-Gruppe ist praktisch nicht am delokalisierten System beteiligt. Für das Phenolat-Ion lassen sich Resonanzstrukturen formulieren, in denen der Sauerstoff drei einsame Elektronenpaare sowie eine negative Ladung trägt und durch eine Einfachbindung mit dem Ring verbunden ist. Es können aber auch andere Resonanzstrukturen aufgeschrieben werden, bei denen eines der drei einsamen Elektronenpaare in eine C=O-Doppelbindung verschoben ist; die negative Ladung taucht nun an verschiedenen Positionen des Rings auf. Diese Resonanzstrukturen sagen aus, daß im Phenolat-Ion der Sauerstoff Teil des siebenatomigen delokalisierten Systems ist. Wenn sich nun die Delokalisierung weiter ausdehnt, vermindern sich die Abstände zwischen den Energieniveaus der π-Orbitale, und die elektronische Absorptionsbande wird von 270 nm zu 287 nm verschoben. Zwar können wir diese Verschiebung nicht sehen, denn unsere Augen sind für Ultraviolett nicht empfindlich. Wenn aber alle Wellenlängen verdoppelt würden, wäre Benzol rot, Phenol purpurn und das Phenolat-Ion blauviolett. Phenol wäre dann ein *Säure-Base-Indikator,* der die Acidität des Mediums, in dem er sich befände, durch seine Farbe anzeigte. Wenn man eine kleine Menge Phenol zu einer Lösung gäbe, sähe es in saurer Lösung purpurn aus, weil seine eigene Dissoziation durch den Überschuß an H^+-Ionen unterdrückt wäre, und es sähe in basischer Lösung blauviolett aus, denn der größte Teil der Phenol-Moleküle wäre zu Phenolat-Ionen dissoziiert.

Phenol ist deshalb als Säure-Base-Indikator nicht zu gebrauchen, weil es im falschen Bereich des Spektrums absorbiert. Genauso läßt sich aber erklären, warum etwas größere aromatische Moleküle Basis für gute Indikatoren sind. Alizarin, auf der nächsten Seite oben dargestellt, ist ein Derivat des Anthracens. Die beiden doppelt gebundenen Sauerstoffe am Ring in der Mitte vergrößern das delokalisierte System von 14 auf 16 Atome und verschieben den Schwerpunkt der Absorption von 380 nm (im ultravioletten Bereich) zu 430 nm (im Bereich der Indigofarbe des sichtbaren Spektrums). Die nicht-absorbierten Wellenlängen lassen Alizarin gelb aussehen.

Die beiden OH-Gruppen am äußeren Ring sind so lange nicht Teil des delokalisierten Systems, wie sie nicht dissoziiert sind. Dies tritt erst in basischer Lösung ein, wo H^+-Ionen knapp sind. Wenn dies der Fall ist, werden die beiden Hydroxyl-Sauerstoffe ebenso Teil des delokalisierten Systems wie die ursprünglich doppelt gebundenen Sauerstoffe. Man kann sich das klarmachen, indem man neue Reso-

Elektronendelokalisierung im Phenol-Molekül in saurer Lösung (grau) und im Phenolat-Ion in basischer Lösung (farbig)

ALIZARIN, EIN SÄURE-BASE-INDIKATOR

	Absorptionsbereich	absorbierte Farbe	sichtbare Farbe
Alizarin (in saurer Lösung)	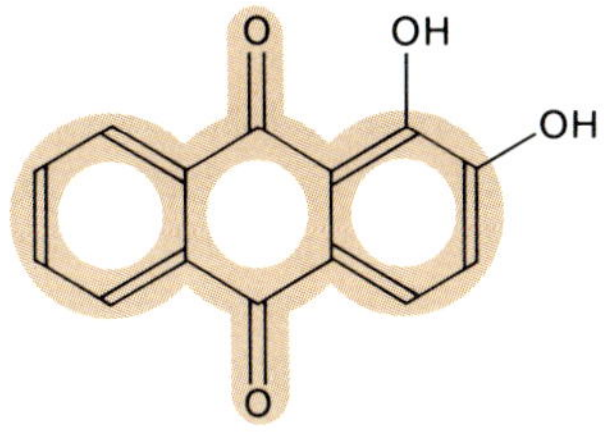 430 nm	indigo	gelb
Alizarin-Ion (in basischer Lösung)	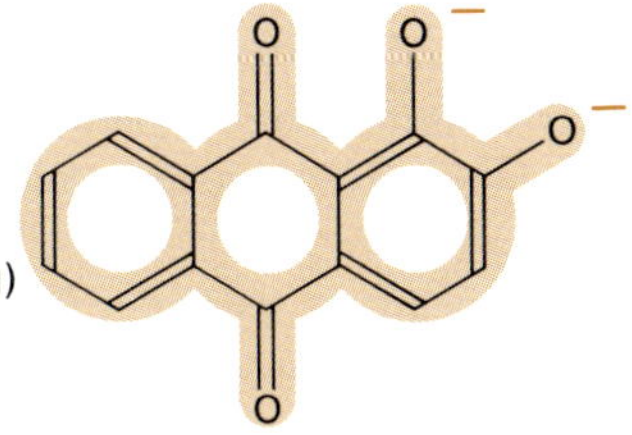 480 nm	blau	orange

Ähnlich wie Phenol und sein Ion verhalten sich Alizarin und sein Ion: Durch die ausgedehntere Delokalisierung im Ion wird die Absorption zu längeren Wellenlängen verschoben. Anders als beim Phenol absorbiert Alizarin jedoch im sichtbaren Bereich des Spektrums, und deshalb kann Alizarin als Säure-Base-Indikator dienen, der je nach Ionisierungszustand seine Farbe wechselt.

nanzstrukturen aufzeichnet, in denen die Hydroxyl-Sauerstoffe doppelt gebunden sind. Diese Erweiterung des delokalisierten Systems verschiebt den Schwerpunkt der Absorption ungefähr zu 480 nm in den blauen Bereich des sichtbaren Spektrums, und die Lösung der Ionen erscheint orange. Alizarin ist ein Standard-Säure-Base-Indikator, der in saurer Lösung nach Gelb, in basischer Lösung nach Orange umschlägt. Andere Beispiele für aromatische Säure-Base-Indikatoren sind Phenolphthalein, das im Sauren farblos und im Basischen tiefrot ist, und Methylviolett, welches in saurer Lösung gelb und in basischer Lösung violett erscheint.

Lineare konjugierte Moleküle mit alternierenden Einfach- und Doppelbindungen absorbieren ebenfalls Licht, sofern sie lang genug sind. Carotinoide, die man als „Super-Butadiene" auffassen kann, in denen 22 Atome abwechselnd durch Einfach- und Doppelbindungen miteinander verknüpft sind, werden von grünen Pflanzen als Antennen benutzt, die das Licht auffangen und dessen Energie auf Chlorophyll übertragen, bis sie schließlich für chemische Synthesen verwendet werden kann. Carotinoide sind hellgelb bis orange; sie wurden in den letzten $3\frac{1}{2}$ Milliarden Jahren entwickelt, um Licht der Wellenlänge von etwa 500 nm (blaugrün) zu absorbieren – in dieser Gegend liegt der intensivste Teil der Sonnenstrahlung.

Aromatische und geradkettige konjugierte Moleküle dienen den lebenden Organismen dazu, Lichtenergie einzufangen und diese Energie von einem Molekül auf andere zu übertragen. Oder die Organismen können mit Hilfe solcher Moleküle überhaupt Licht wahrnehmen, ihm entgegenwachsen und sich ihm zuwenden, oder auch mit seiner Hilfe durch den Gesichtssinn Informationen aufnehmen. Die Strahlung, welche auf die Oberfläche unseres Planeten trifft, umspannt einen relativ engen Spektralbereich. In den oberen Schichten der Atmosphäre absorbiert Ozon, O_3, fast alle Wellenlängen unterhalb 290 nm, während Wasserdampf einen großen Teil des Infraroten absorbiert. Bis das Licht die Erdoberfläche erreicht, bleibt kaum Strahlung mit Wellenlängen oberhalb 1300 nm (1.3 μm) übrig, und nur fünf Meter unter der Oberfläche der Meere ist alle Strahlung oberhalb 800 nm absorbiert. Am intensivsten ist die Sonnenstrahlung im blaugrünen Bereich, in der Gegend von 500 nm – und das ist genau das Gebiet, für dessen Absorption die Carotinoide im Laufe der Evolution ausgewählt worden sind.

Der Verlust der infraroten Strahlung hat keine Folgen, denn diesen Wellenlängen entspricht so wenig Energie pro Photon, daß sie keine besonders guten Energiequellen sind. Aus dem Spektrum auf Seite 193 erkennt man, daß Infrarot-Strahlung von 800 nm nur 146.5 kJ · mol^{-1} Energie enthält. Was das kurzwellige Ende des Sonnenspektrums betrifft, so ist es für uns ein glücklicher Umstand, daß alles, was kürzerwellig als 290 nm ist, von der Ozonschicht abgeschnitten wird, denn die Photonen des „harten Ultraviolett" haben genug Energie, um die C–C- und C–N-Einfachbindungen zu brechen, die Protein- und andere biologische Makromoleküle zusammenhalten. Die Bindungsenergie einer C–C-Einfachbindung beträgt 348 kJ · mol^{-1}, was einer Wellenlänge von ca. 350 nm entspricht. Solche und kürzere Wellenlängen sind potentiell tödlich – nicht umsonst werden Ultraviolett-Lampen benutzt, um Bakterien und andere Mikroorganismen zu töten.

Das Leben entstand in den Ozeanen, die durch ein „Fenster" der elektromagnetischen Strahlung beleuchtet wurden, das – bei einem Strahlungsmaximum in der Gegend von 500 nm – ungefähr von 290 bis 800 nm reicht. Es ist kein Zufall, daß die Lebewesen im Laufe der Entwicklung Mittel fanden, gerade diese Strahlung als Energiequelle zu nutzen, aber auch als ein Medium, ihre Umgebung durch den Gesichtssinn zu erkennen. Die Moleküle, die in diesem Wellenlängenbereich absorbieren, sind die aromatischen und linear konjugierten Moleküle mit delokalisierten Doppelbindungen. In späteren Kapiteln werden wir sehen, wie in der Photosynthese die Chlorophylle und Carotinoide sowie beim Sehvorgang das Retinal sich der lichtabsorbierenden Eigenschaften delokalisierter π-Molekülorbitale bedienen.

Fragen

1. Wenn Atomorbitale zu Molekülorbitalen kombiniert werden: Wieviel MOs entstehen aus einer bestimmten Anzahl von Ausgangs-AOs?
2. Welches Näherungsverfahren benutzen wir, wenn wir bei einem vielatomigen Molekül Atomorbitale von je zwei Atomen kombinieren und Bindungen zwischen Atompaaren bilden? Inwiefern ist diese Näherung nützlich? Man nenne je ein Beispiel für ein Molekül, bei dem diese Näherung gültig ist, und für eines, bei dem sie versagt.
3. Wodurch unterscheiden sich bindende und antibindende MOs? Wie ist es möglich, daß Moleküle wie N_2 und F_2 antibindende Orbitale besitzen, deren Energie niedriger ist als die einiger bindender Orbitale?
4. Wie viele Elektronen kann jedes MO aufnehmen? Wie stehen die Spins von Elektronen zueinander, die das gleiche MO besetzen? Gelten die gleichen Antworten auch für die Besetzung von AOs isolierter Atome mit Elektronen?
5. Warum tragen in den wasserstoffähnlichen, zweiatomigen Molekülen H_2^+, H_2, He_2^+ und He_2 die ersten beiden Elektronen zur Bindung bei, während das dritte und vierte sie lockern? Wie groß ist in jedem dieser Moleküle oder Molekül-Ionen die Bindungsordnung?
6. Man vergleiche die theoretischen Voraussagen in Frage 5 mit den beobachteten Bindungslängen und Bindungsenergien. Wird die Bindungslänge mit zunehmender Bindungsordnung größer oder kleiner? Warum?
7. Auf welche Weise sind voll besetzte bindende MOs bestrebt, die zwei gebundenen Atomkerne beieinanderzuhalten? Auf welche Weise sind voll besetzte antibindende MOs bestrebt, die Kerne zu trennen? (Zur Erklärung sollte die Verteilung der Elektronen-Aufenthaltswahrscheinlichkeit benutzt werden.)
8. Welche Bedingungen hinsichtlich Geometrie, Energie und Symmetrie müssen erfüllt sein, wenn zwei Atomorbitale zu Molekülorbitalen kombiniert werden sollen?
9. Was versteht man unter σ- und π-Symmetrie von Molekülorbitalen? Inwiefern ist diese Nomenklatur offensichtlich eine Erweiterung der Kennzeichnung s und p für Atomorbitale? (Zur Erklärung sollten das Verhalten bei Drehung um 180° und die Vorzeichen der Wellenfunktionen benutzt werden.)

10. In welcher Beziehung steht die Bindungsenergie einer Elektronenpaar-Bindung zu den relativen Energien des bindenden und des antibindenden MOs sowie der AOs, aus denen diese abgeleitet wurden (Diagramm!)? Wenn die Energiedifferenz zwischen den AOs und dem bindenden MO in H_2 x kJ · mol^{-1} beträgt, wie groß ist dann die Bindungsenergie von H_2?
11. In welcher Reihenfolge zunehmender Energie müssen die sechs MOs angeordnet werden, die aus den sechs äußeren p-AOs der beiden Atome eines zweiatomigen Moleküls abgeleitet werden? Wie erklärt diese Sequenz der Energieniveaus die beobachteten Bindungsordnungen in den zweiatomigen Molekülen aus den Elementen der zweiten Periode?
12. Von welchen der Elemente der zweiten Periode gibt es keine zweiatomigen Moleküle? Wie läßt sich das aus der MO-Theorie begründen? Gibt es Elemente, von denen zweiatomige Moleküle nur bei hohen Temperaturen auftreten? In welchem Zustand liegen die Elemente der zweiten Periode bei 298 K vor, und warum? Für welche dieser Elemente ist bei Raumtemperatur das zweiatomige Molekül die stabilste Form?
13. Welche zweiatomigen Moleküle aus Elementen der zweiten Periode enthalten ungepaarte Elektronen? Wie viele jeweils? Warum sind diese Elektronen nicht im gleichen Orbital gepaart? Kann die Punktschreibweise der Elektronen nach Lewis diese ungepaarten Elektronen erklären?
14. Inwiefern entsprechen die beobachteten Bindungslängen und Bindungsenergien der zweiatomigen Moleküle aus Elementen der zweiten Periode den vorhergesagten Bindungsordnungen?
15. Wenn AOs verschiedener Atomarten zu MOs kombiniert werden sollen: Welches wichtige Energiekriterium gibt Entscheidungshilfe, welche AOs der beiden Atome in Wechselwirkung treten? Welche Symmetriebetrachtungen sind wichtig? (Die Frage soll am Beispiel des HF-Moleküls beantwortet werden.)
16. In der Punktschreibweise für Elektronen nach Lewis wird das HF-Molekül derart wiedergegeben, daß zwischen F-Atom und H-Atom eine Elektronenpaar-Bindung besteht und das F-Atom zusätzlich drei einsame Elektronenpaare hat. Wenn wir zur MO-Theorie übergehen: Welche Orbitale werden von diesen drei Elektronenpaaren besetzt? Welches AO des Fluors ist an der H–F-Bindung beteiligt?
17. Zu welchem MO im H–F-Molekül leistet das 2p-AO des Fluors den größten Beitrag: zum bindenden oder zum antibindenden MO? Was folgt daraus für die Lage des bindenden Elektrons und für die Polarität der Bindung? In welcher Beziehung stehen diese zur relativen Elektronegativität von H und F?
18. In welchem Zusammenhang stehen das 1s-Orbital von Wasserstoff und das 2p-Orbital von Fluor mit den ersten Ionisierungsenergien von H und F? (Die Korrelation ist nicht exakt, aber nützlich!)
19. Wenn wir uns auf die vollkommen ionische Bindung zwischen zwei Atomen beschränken, wovon eines sehr hohe, das andere sehr niedrige Elektronegativität hat: Wie sieht das bindende MO aus, verglichen mit den AOs der beiden Atome? Was folgt daraus für die Lage des bindenden Elektronenpaars? (Die Antwort soll an NaCl veranschaulicht werden!)
20. Man skizziere, in welcher Weise AOs für die Bindungen im Wasser-Molekül verwendet werden, und zwar unter der Annahme, daß s- und p-Orbitale nicht hybridisiert sind. Welche Voraussage macht dieses Modell über den H–O–H-Bindungswinkel?
21. Man skizziere ferner, in welcher Weise AOs für die Bindungen im Wasser-Molekül verwendet werden, diesmal unter der Voraussetzung, daß sp^3-Hybrid-Orbitale am Sauerstoff-Atom als Ausgangsbasis gewählt werden. Welche Voraussage erhalten wir jetzt für den H–O–H-Bindungswinkel? Wie groß ist der

experimentell beobachtete Bindungswinkel, und was lernen wir beim Vergleich der Bindungsmodelle dieser und der letzten Frage über deren Nutzen?

22. Welche physikalische Begründung kann man dafür angeben, daß der H–O–H-Bindungswinkel im Wasser-Molekül kleiner ist als der ideale Tetraederwinkel? Welche Begründung gibt demgegenüber das VSEPR-Modell?
23. Wenn ein sp^3-Hybrid-Orbital des Kohlenstoffs mit dem 1s-Orbital von Wasserstoff in Wechselwirkung tritt: Welche Symmetrie hat das sich ergebende MO? Warum werden antibindende MOs, die aus einer solchen Kombination entstehen, normalerweise vernachlässigt?
24. Im Prinzip finden wir beim Ethan freie Drehbarkeit um die Kohlenstoff–Kohlenstoff-Bindung, doch ist die „gestaffelte" Konformation, in der die Wasserstoff-Atome an dem einen Kohlenstoff-Atom um 60° gegenüber denen am anderen Kohlenstoff-Atom verdreht sind, um 12.6 $kJ \cdot mol^{-1}$ stabiler als die „ekliptische" Konformation, bei der die Wasserstoff-Atome an den beiden einander gegenüberliegenden Kohlenstoff-Atomen in der Fluchtlinie entlang der Kohlenstoff–Kohlenstoff-Bindungsachse liegen. Wie kommt diese Energiedifferenz, so klein sie ist, zustande?
25. Man skizziere die Bindungen im Ethylen-Molekül unter der Annahme, daß an den Kohlenstoff-Atomen sp^3-Hybridisierung vorliegt. Inwiefern wäre die Bindung zwischen den Kohlenstoffen eine Doppelbindung? Welchen H–C–H-Bindungswinkel an jedem Molekülende würde dieses Modell voraussagen?
26. Nun sollen die Bindungen im Ethylen-Molekül unter der Annahme skizziert werden, daß sp^2-Hybridisierung an den Kohlenstoff-Atomen vorliegt. Woher kommt die Doppelbindung in diesem Modell? Welcher Wert würde jetzt für den H–C–H-Bindungswinkel vorausgesagt? Welcher Wert wird experimentell beobachtet, und welches Hybridisierungsmodell wird durch den experimentellen Wert gestützt? Zwischen dem Winkel, der sich aus dem besten Modell ergibt, und dem experimentell beobachteten Winkel besteht noch ein kleiner Unterschied. Wie kann er erklärt werden?
27. Was sagt das sp^3-Modell und was das sp^2-Modell darüber aus, was mit der Doppelbindung passiert, wenn die beiden Enden des Ethylen-Moleküls gegeneinander verdreht werden? Wie verhält sich das reale Molekül? Welches Modell entspricht der Wirklichkeit am besten?
28. Man skizziere das Skelett der σ-Bindungen im Ethylen-Molekül und zeichne das π-MO der zweiten Bindung ein. Wie verteilt sich die Aufenthaltswahrscheinlichkeit der Elektronen in diesem π-MO über alle sechs Atome im Ethylen-Molekül? Wo muß die Knotenfläche dieses Orbitals eingezeichnet werden?
29. Man zeichne in das Skelett der σ-Bindungen im Acetylen-Molekül die π-MOs der zweiten und dritten Bindung zwischen den Kohlenstoff-Atomen ein.
30. Wie verändert sich die Länge der Kohlenstoff–Kohlenstoff-Bindung vom Ethan über Ethylen zum Acetylen? Welche Änderung der Bindungsenergien muß man erwarten?
31. Wie sieht das Skelett der σ-Bindungen im Benzol-Molekül aus? Wie viele AOs und wie viele bindende Elektronen werden für dieses σ-Skelett verbraucht? Welche Art der Hybridisierung an den Kohlenstoff-Atomen liegt vor?
32. Wie viele bindende Elektronen, wie viele und welche AOs bleiben übrig, nachdem das Skelett der σ-Bindungen des Benzols aufgebaut ist? In welcher Weise werden diese Elektronen und AOs für weitere Bindungen im Benzol-Molekül verwendet? Gibt es dabei Ähnlichkeiten zur Bindungssituation in Ethylen und Acetylen? Worin bestehen fundamentale Unterschiede?
33. Wie werden die Elektronen und AOs, die nicht am Skelett der σ-Bindungen beteiligt sind, im Kekulé-Modell der Bindungen im Benzol-Molekül verwendet? Wie sähen nach diesem Modell in einer perspektivischen Ansicht des hexagonalen C_6-Rings die bindenden π-MOs aus?

34. Wie sehen die Antworten auf Frage 33 für eines der Dewar-Modelle des Benzol-Moleküls aus?
35. Nun soll in eine solche perspektivische Darstellung des Benzol-Rings das π_1^b-MO mit den „Schläuchen" der Elektronen-Aufenthaltswahrscheinlichkeit oberhalb und unterhalb der Ebenen des C_6-Rings eingezeichnet werden.
36. Welche Aufenthaltswahrscheinlichkeit für die Elektronen ergibt sich aus allen π-MOs an den Kohlenstoff- und Wasserstoff-Atomen des Benzols? Man vergleiche das Ergebnis mit der Elektronendichte an den C- und H-Atomen, die sich aus dem π-MO in Ethylen ergibt (vgl. Frage 28).
37. Inwiefern ist diese Betrachtung der Bindungen im Benzol-Molekül ein Schritt vom Modell der Atompaar-Bindungen zurück zur Betrachtung von MOs des ganzen Moleküls? Wie nennt man diese Betrachtungsweise? Was passiert mit den Energieniveaus eines Moleküls, das auf diese Weise beschrieben werden kann? Gibt es unter den anorganischen Sauerstoff-Verbindungen Beispiele, die das gleiche Verhalten zeigen?
38. Inwiefern kann man die „wirklichen" Bindungsverhältnisse im Benzol-Molekül auffassen als eine „Mischung" von Kekulé- und Dewar-Strukturen? Wie nennt man diese Strukturen? Wechseln diese Strukturen in irgendeiner Weise hin und her?
39. In welcher Weise können sich die Resonanzstrukturen eines Moleküls voneinander unterscheiden, und in welcher Beziehung müssen sie gleich sein? In welcher Beziehung steht in etwa die Anzahl der Resonanzstrukturen, die für ein bestimmtes Molekül aufgezeichnet werden können, zur Energie dieses Moleküls?
40. Man zeichne das Skelett der σ-Bindungen des Butadien-Moleküls. Wie viele Elektronen und AOs werden für dieses Gerüst verbraucht? Welche Form der Hybridisierung an den Kohlenstoff-Atomen wird zugrunde gelegt?
41. Wie viele bindende Elektronen, wie viele und welche AOs bleiben beim Butadien nach der Konstruktion des σ-Skeletts übrig? Wie werden diese Elektronen und AOs für weitere Bindungen im Butadien-Molekül verwendet? Über welche Atome des Moleküls erstreckt sich die Delokalisierung?
42. Man zeichne einige Resonanzstrukturen des Butadiens. Wie sind in jeder dieser Strukturen die vier Elektronen verteilt, die nicht an σ-Bindungen zwischen den vier Kohlenstoff-Atomen teilnehmen?
43. Wie ändern sich die Energieniveaus eines aromatischen Moleküls, wenn das Ausmaß der Delokalisierung vergrößert wird? Wie äußert sich dies in den Wellenlängen der absorbierten Strahlung?
44. In welcher Beziehung steht die Farbe einer chemischen Verbindung zur Energie der Strahlung, die sie absorbiert? Wenn ein Molekül Wellenlängen im blauen Bereich absorbiert: Warum erscheint sie für unsere Augen orange und nicht blau?
45. Warum verschiebt sich die Absorption zu längeren Wellenlängen, wenn das Phenol-Molekül zum Phenolat-Ion dissoziiert? Warum ist Phenol als Säure-Base-Indikator nicht zu gebrauchen?
46. Warum ist – im Gegensatz zu Phenol – Alizarin ein guter Säure-Base-Indikator?
47. Wieso ist die Fähigkeit, sichtbares Licht zu absorbieren, für lebende Wesen nützlich? Auf welche Weise (oder auf welche verschiedenen Weisen) nutzen speziell Pflanzen diese Möglichkeit? Auf welche andere Weise wird sie von Tieren genutzt?
48. Ein Einwand gegen Überschall-Verkehrsflugzeuge (supersonic transport = SST) besteht darin, daß als Abfallprodukt emittierte Oxide des Stickstoffs in großer Höhe mit Ozon reagieren und auf diese Weise langsam die Ozonschicht um unseren Planeten zerstören könnten. Modellrechnungen aus jüngster Zeit

deuten darauf hin, daß ein Krieg mit thermonuklearen Waffen die Ozonschicht praktisch vernichten würde. Warum wäre die Zerstörung der Ozonschicht – zusätzlich zu den unmittelbaren Gefahren eines Atomkriegs – so lebensgefährlich?

49. Über welchen Wellenlängenbereich erstreckt sich ungefähr die Strahlung, welche gegenwärtig die Erdoberfläche erreicht? Wovon werden längere oder kürzere Wellenlängen absorbiert und somit daran gehindert, die Oberfläche der Erde zu erreichen?

Probleme

1. Sofern die Kombination überhaupt möglich ist, soll die ursprüngliche Anordnung der AOs und die der resultierenden bindenden und antibindenden MOs für die folgenden Kombinationen von AOs zu MOs skizziert werden:
   (a) Zwei s-AOs zu zwei σ-MOs,
   (b) zwei p-AOs zu zwei π-MOs,
   (c) zwei s-AOs zu zwei π-MOs,
   (d) zwei p-AOs zu zwei σ-MOs,
   (e) ein s- und ein p-AO zu zwei σ-MOs,
   (f) ein s- und ein p-AO zu zwei π-MOs.
   Bei Kombinationen, die nicht möglich sind, soll erklärt werden, warum das so ist.
2. In die Skizzen von Problem 1 sollen die Knotenflächen, d. h. die Ebenen der Elektronenaufenthaltswahrscheinlichkeit null, eingezeichnet werden. Welcher Zusammenhang besteht zwischen der Anzahl der Knoten in dem bindenden und dem antibindenden Orbital, die aus den gleichen beiden AOs entstehen? Inwiefern hängt die Zahl der Knotenflächen davon ab, auf welche Weise die AOs kombiniert werden? Welche Korrelation besteht zwischen der Zahl der Knotenflächen und der relativen Energie?
3. Wenn ϑ die Winkelkoordinate um die Molekülachse des Acetylen-Moleküls, H−C≡C−H, ist, dann ist die Winkelabhängigkeit für die p_x-Wellenfunktionen (nicht die Orbitale) durch $\psi(\vartheta) = \sin\vartheta$ und für die p_y-Wellenfunktion durch $\psi(\vartheta) = \cos\vartheta$ gegeben. Wie lauten dann die Ausdrücke für die Winkelabhängigkeit der p_x- und p_y-Atomorbitale? Man zeichne die beiden Wellenfunktionen und die beiden Atomorbitale getrennt in Polarkoordinaten-Darstellung und vergleiche sie.
4. Läßt sich aus den in Problem 3 erhaltenen Winkelfunktionen die oben im Text gemachte Aussage verifizieren, daß die kombinierten π_x- und π_y-MOs in Acetylen eine symmetrische, tonnenförmige Elektronendichteverteilung ergeben, die in allen Richtungen um die Molekülachse den gleichen Wert hat?
5. Die Bindungsenergien für typische Kohlenstoff–Kohlenstoff-Einfach- und -Doppelbindungen betragen 347 bzw. 615 kJ · mol^{-1}. Welchen der folgenden Werte muß man für die Bindungsenergie der Dreifachbindung erwarten: 444, 628 oder 812 kJ · mol^{-1}?
6. Die Bindungsenergien der Dreifachbindungen in Acetylen, Cyanwasserstoff und Distickstoff betragen 812, 891 bzw. 946 kJ · mol^{-1}. Die drei Moleküle sollen so gezeichnet werden, daß die Lage aller Bindungen und aller einsamen Elektronenpaare erkennbar ist. Warum entspricht die beobachtete Steigerung der Bindungsenergien der Erwartung? Für einfach gebundene −N−N−N−N-Ketten haben wir früher festgestellt, daß sie wegen der Abstoßung der einsamen Elektronenpaare des Stickstoffs verglichen mit −C−C−C−C-Ketten instabil sind. Warum spielt dieser Faktor beim Vergleich von HC≡CH, HC≡N und

N≡N keine so dominierende Rolle? In welcher Position befinden sich die einsamen Elektronenpaare im N_2-Molekül?

7. Vereinbarungsgemäß werden die Atome eines Kohlenstoff-Skeletts aus drei sechsgliedrigen Ringen (wie das des Alizarins) wie folgt numeriert:

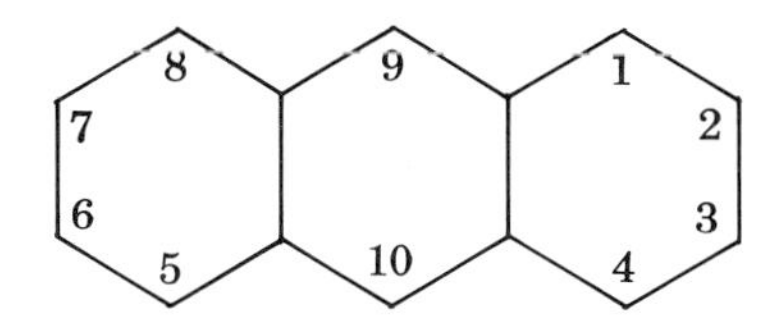

Man kann also sagen, daß das in diesem Kapitel behandelte Alizarin-Molekül Carbonyl(C=O)-Gruppen in den Positionen 9 und 10 sowie OH-Gruppen in den Positionen 1 und 2 hat. Das Resonanz-Modell für das Alizarin-Ion, das oben im Text vorgestellt wurde, enthält in den Positionen 1 und 2 O^--Gruppen. Kann man eine andere Resonanzstruktur mit O^--Gruppen in den Positionen 9 und 10 und Carbonylgruppen in den Positionen 1 und 2 zeichnen? Welche Elektronenverschiebungen von und zu den verschiedenen Sauerstoff-Atomen sind nötig?

8. Wir wollen die in Problem Nr. 7 begonnene Suche nach Resonanzstrukturen für das Alizarin-Ion fortsetzen: Gibt es eine Struktur mit Carbonylgruppen in den Positionen 9 und 2 und mit O^--Gruppen in den Positionen 1 und 10? Wie sieht es mit Carbonylgruppen in Position 9 und 1 und mit O^--Gruppen in Position 2 und 10 aus? Gibt es noch mehr, und wenn ja, wie viele Resonanzstrukturen, die sich dadurch unterscheiden, daß die negativen Ladungen verschiedenen Sauerstoff-Paaren zugeordnet sind?
9. Wie viele Resonanzstrukturen für das Alizarin-Ion kann man aufzeichnen, in denen die negativen Ladungen an Kohlenstoff-Atomen statt an Sauerstoff-Atomen lokalisiert sind?
10. Beim Ausprobieren verschiedener Resonanz-Modelle für das Alizarin-Ion wird man auf die empirische Regel stoßen, daß nur solche Strukturen möglich sind, bei denen die Kohlenstoff-Atome, die negative Ladungen tragen (entweder direkt oder über eine daranhängende $-O^-$-Gruppe), durch eine gerade Anzahl (0, 2, 4 ...) weiterer Kohlenstoff-Atome voneinander getrennt sind. Wie kann man dies mit dem Muster der Einfach- und Doppelbindungen zwischen Kohlenstoff-Atomen in den drei Ringen erklären?

DAS PERIODENSYSTEM

(A) HAUPTGRUPPENELEMENTE

	Gruppe IA	IIA	IIIA	IVA	VA	VIA	VIIA	Gruppe 0	vollständig gefüllte äußere Elektronenschale
1. Periode	1 **H** Wasserstoff							2 **He** Helium	$1s^2$
2. Periode	3 **Li** Lithium	4 **Be** Beryllium	5 **B** Bor	6 **C** Kohlenstoff	7 **N** Stickstoff	8 **O** Sauerstoff	9 **F** Fluor	10 **Ne** Neon	$2s^22p^6$
3. Periode	11 **Na** Natrium	12 **Mg** Magnesium	13 **Al** Aluminium	14 **Si** Silicium	15 **P** Phosphor	16 **S** Schwefel	17 **Cl** Chlor	18 **Ar** Argon	$3s^23p^6$
4. Periode	19 **K** Kalium	20 **Ca** Calcium	31 **Ga** Gallium	32 **Ge** Germanium	33 **As** Arsen	34 **Se** Selen	35 **Br** Brom	36 **Kr** Krypton	$4s^24p^6$
5. Periode	37 **Rb** Rubidium	38 **Sr** Strontium	49 **In** Indium	50 **Sn** Zinn	51 **Sb** Antimon	52 **Te** Tellur	53 **I** Iod	54 **Xe** Xenon	$5s^25p^6$
6. Periode	55 **Cs** Cäsium	56 **Ba** Barium	81 **Tl** Thallium	82 **Pb** Blei	83 **Bi** Bismut	84 **Po** Polonium	85 **At** Astat	86 **Rn** Radon	$6s^26p^6$
7. Periode	87 **Fr** Francium	88 **Ra** Radium							

Metalle

Grenzlinie

Nichtmetalle: fest, flüssig, gasförmig

(B) ÜBERGANGSMETALLE

	Gruppe IIIB	IVB	VB	VIB	VIIB	VIIIB	VIIIB	VIIIB	IB	IIB	vollständig gefüllte innere S
4. Periode	21 **Sc** Scandium	22 **Ti** Titan	23 **V** Vanadium	24 **Cr** Chrom	25 **Mn** Mangan	26 **Fe** Eisen	27 **Co** Cobalt	28 **Ni** Nickel	29 **Cu** Kupfer	30 **Zn** Zink	$3d^{10}$
5. Periode	39 **Y** Yttrium	40 **Zr** Zirconium	41 **Nb** Niob	42 **Mo** Molybdän	43 **Tc** Technetium	44 **Ru** Ruthenium	45 **Rh** Rhodium	46 **Pd** Palladium	47 **Ag** Silber	48 **Cd** Cadmium	$4d^{10}$
6. Periode	71 **Lu** Lutetium	72 **Hf** Hafnium	73 **Ta** Tantal	74 **W** Wolfram	75 **Re** Rhenium	76 **Os** Osmium	77 **Ir** Iridium	78 **Pt** Platin	79 **Au** Gold	80 **Hg** Quecksilber	$5d^{10}$
7. Periode	103 **Lr** Lawrencium	104	105	106							

(C) INNERE ÜBERGANGSMETALLE

															vollständ gefüllte innere S
6. Periode	57 La	58 Ce	59 Pr	60 Nd	61 Pm	62 Sm	63 Eu	64 Gd	65 Tb	66 Dy	67 Ho	68 Er	69 Tm	70 Yb	$4f^{14}$
7. Periode	89 Ac	90 Th	91 Pa	92 U	93 Np	94 Pu	95 Am	96 Cm	97 Bk	98 Cf	99 Es	100 Fm	101 Md	102 No	$5f^{14}$

◄ *Einteilung des Periodensystems in drei Blöcke: (A) Hauptgruppenelemente, (B) Übergangsmetalle und (C) innere Übergangsmetalle*

10. Kapitel

Spiel mit allen Karten: das Periodensystem

Einer der Triumphe der Quantenmechanik war die erfolgreiche Erklärung der Elektronenanordnung in den Atomen und der Struktur des Periodensystems. Da wir jetzt wissen (8. Kapitel), wie sich das System auf der Elektronenstruktur aufbaut, können wir einen Überblick über die chemischen Elemente, die unser Universum zusammensetzen, geben. Das ist der vollständige Satz Karten, mit dem das Spiel Chemie gespielt wird. In diesem Kapitel werden wir die in den ersten neun Kapiteln präsentierten Konzepte noch einmal Revue passieren lassen.

Die Reihen oder *Perioden* unterschiedlicher Länge im Periodensystem spiegeln das Auffüllen verschiedener Orbitale wider: s-Orbitale in der ersten Periode; s- und p-Orbitale in der zweiten und dritten; s-, d- und p-Orbitale in der vierten und fünften sowie s-, f-, d- und p-Orbitale in der sechsten und siebten. Das im 8. Kapitel vollständig entwickelte System ist auf dem rechten Rand dargestellt, wobei die Hauptgruppenelemente (Auffüllen der s- und p-Orbitale), die Übergangsmetalle (d-Orbitale) und inneren Übergangsmetalle (f-Orbitale) durch unterschiedliche Farben gekennzeichnet sind. Jede Periode beginnt mit der Besetzung eines neuen s-Orbitals und endet (nach der ersten Periode) mit einem Edelgas mit abgeschlossener s- und p-Schale. Die Hauptgruppenelemente sind in acht senkrechte *Gruppen* eingeteilt, die mit I a bis VII a bezeichnet werden, wobei die Edelgase als 0. Gruppe gelten. Die römische Zahl der Gruppe gibt die Zahl der s- und p-Elektronen in der äußeren Schale an.

Die Übergangsmetalle sind zwischen die Gruppen II a und III a eingeschoben und beginnen in der vierten Periode. Ihre Gruppennummern sind eine Fortsetzung der Numerierung der Hauptgruppenelemente, doch werden die einzelnen Nummern mit B und nicht mit A bezeichnet. Gruppe III B folgt auf Gruppe II A in der vierten Periode. Dann folgen die Gruppen IV B bis VIII B und darauf I B und II B; dann werden die Hauptgruppenelemente in Gruppe III A fortgesetzt. Diese Numerierung ist in dem System links angegeben. Die inneren Übergangsmetalle sind im Vergleich zu den anderen Elementen so unwichtig, daß sie überhaupt keine Gruppennummern erhielten. In diesem Kapitel werden wir zum letzten Mal die Hauptgruppenelemente gemeinsam betrachten, die Übergangsmetalle einführen und sehr wenig über die inneren Übergangsmetalle sagen.

DAS PERIODENSYSTEM

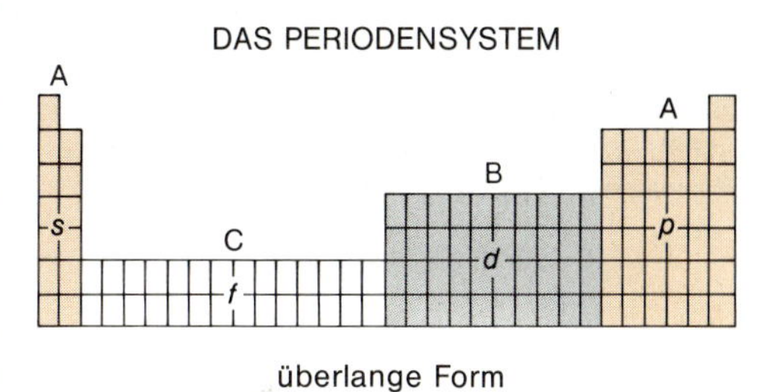

überlange Form

A A B s d p C f

Langform

Bei den Hauptgruppenelementen werden s- und p-Orbitale, bei den Übergangsmetallen d-Orbitale und bei den inneren Übergangsmetallen f-Orbitale aufgefüllt. Die überlange Form des Periodensystems (ganz oben) zeigt die Auffüllung der Orbitale in ihrer richtigen Reihenfolge, doch ist sie breit und unhandlich. Bei der normalen Langform darunter werden die inneren Übergangsmetalle weggelassen und in einem Extrablock untergebracht; bei der Kurzform auf der gegenüberliegenden Seite werden auch noch die Übergangsmetalle abgetrennt.

Atomgröße und Elektronegativität

Zwei Schlüsselfaktoren für die Chemie eines Atoms sind seine Größe und die Ladung seines Rumpfs (Kern + Elektronen des vorausgehenden Edelgases). Der Abstand der Elektronen in der äußersten Schale vom Kern und die Ladung des Rumpfs bestimmen gemeinsam die Anziehungskraft, denen diese Elektronen ausgesetzt sind, und damit die Elektronegativität des Atoms oder seine Fähigkeit, Elektronen festzuhalten.

Im dritten und sechsten Kapitel haben wir verschiedene Maßzahlen für die Atomgröße eingeführt: metallische und kovalente Radien, Ionenradien und van-der-Waals-Radien. Die metallischen und kovalenten Radien bilden eine gleichmäßige und kontinuierliche Serie quer durch das Periodensystem, weil sie sich beide auf Atome beziehen, die durch gemeinsame Elektronen zusammengehalten werden. In Metallen werden die Elektronen von vielen Atomen geteilt, und es ist natürlich, sich Metall-Ionen und metallische Bindungselektronen getrennt vorzustellen. Dagegen stellt man sich ein O_2-Molekül nur selten als zwei O^{2-}-Ionen vor, die durch vier Bindungselektronen zusammengehalten werden; doch ist die Unterscheidung eher konventionell als real.

Ionenradien sind für negative Ionen, die mehr Elektronen aufgenommen haben, größer als kovalente und metallische Radien und für positive Ionen, die Elektronen verloren haben, kleiner. Die van-der-Waals-Radien spielen vor allem bei Nichtmetallen eine Rolle; sie sind groß, da sie sich auf dichtgepackte Atome ohne gemeinsame Elektronen beziehen.

Die metallischen und kovalenten Radien für alle Hauptgruppenelemente, die Bindungen bilden, sind unten auf dieser Seite zusammengestellt. Zwei Trends sind offensichtlich: Eine Abnahme der Radien von links nach rechts in jeder Periode wegen der zunehmenden Anziehung der steigenden Kernladung und eine Zunahme

Metallische und kovalente Radien sind die effektiven Radien der Atome, wenn sie Bindungselektronen mit Nachbaratomen teilen – und zwar mit vielen Atomen in einem Metall oder mit einer begrenzten Zahl von Atomen in Elektronenpaar-Bindungen. Die Größe nimmt mit der Anzahl der gefüllten Elektronenschalen zu und innerhalb jeder Periode mit steigender Kernladung ab.

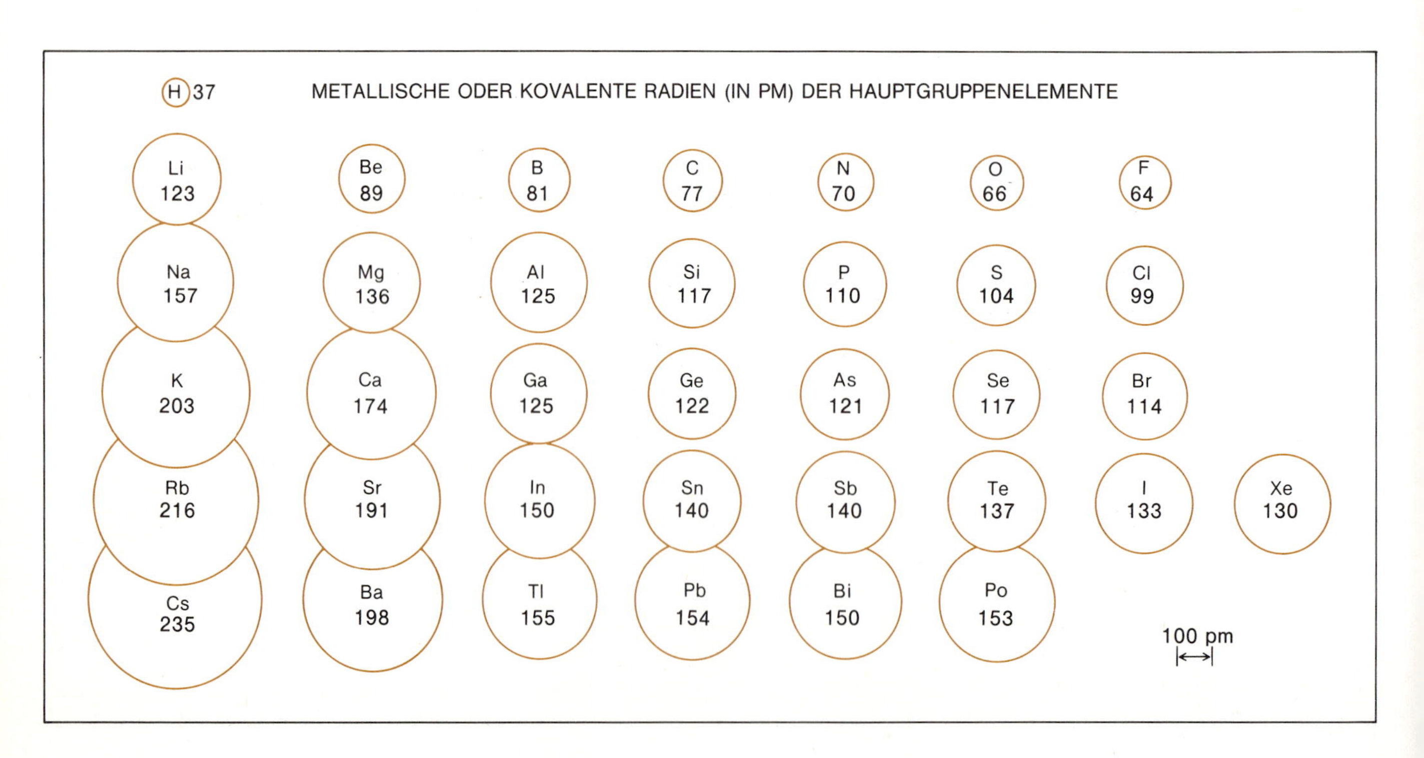

der Radien von oben nach unten wegen der höheren Quantenzahl der äußersten Elektronenschale, die aufgefüllt wird. Die Übergangsmetalle tragen wenig zu dem Trend bei und können hier weggelassen werden; doch ihre Abwesenheit gibt sich durch die vergleichsweise hohe Zunahme der Radien zwischen Gruppe II A und III A zu erkennen: zwischen Ca und Ga, Sr und In, Ba und Tl.

Die Größe korreliert sehr gut mit der Elektronegativität. Je größer das Atom, um so weniger hält es die Elektronen in seiner Schale fest und um so leichter ist es für ein anderes Atom, sie wegzunehmen. Die Elektronegativitätswerte der Hauptgruppenelemente sind unten farbig dargestellt. Sie reichen von 0.7 für Cäsium unten links bis 4.0 für Fluor oben rechts. Wir sind Cäsium im 7. Kapitel im Zusammenhang mit dem photoelektrischen Effekt als dem elektronenabgebenden Metall begegnet, das für Photozellen benutzt wird. Wir haben soeben erwähnt, daß das Auslassen der Übergangsmetalle zwischen Gruppe II A und III A an einer plötzlichen Abnahme der metallischen Radien erkennbar ist, wie die Tabelle auf der linken Seite unten zeigt. Ihr Fehlen ist auch für die ungewöhnliche Zunahme der Elektronegativitätswerte (unten) von 1.0 für Ca auf 1.6 für Ga und von 1.0 für Sr auf 1.7 für In verantwortlich.

Linien, die Elemente gleicher Elektronegativität miteinander verbinden, erstrekken sich von links oben nach rechts unten diagonal durch die Tabelle. Da vor allem die Elektronegativität das chemische Verhalten bestimmt, ergeben sich auch bei den chemischen Eigenschaften der Elemente Schrägbeziehungen, wie wir bereits gesehen haben. Die Elemente mit amphoteren Oxiden liegen auf der Diagonalen, die quer durch das Periodensystem von Be über Al und Ge bis Sb läuft. B, Si, As und Te bilden schwache, kaum saure Sauerstoffsäuren, während sich die im Labor vielverwendeten starken Sauerstoffsäuren von N und S ableiten. Diese Diagonalbeziehung gilt auch für die Grenze zwischen Metallen und Nichtmetallen und bei den Nichtmetallen für die Grenze zwischen Festkörpern und Gasen, wie man im Periodensystem zu Beginn des Kapitels erkennt. Die Elemente werden in jeder Gruppe von oben nach unten und in jeder Periode von rechts nach links metallischer.

Die Elektronegativitäten verhalten sich umgekehrt wie die Atomradien. Kleine Atome, deren äußere Elektronen in der Nähe des Kerns sind, halten diese Elektronen sehr fest; sie sind also sehr elektronegativ. (Je dunkler die Farbe, um so höher ist der Wert der Elektronegativität.) Große Atome mit locker gebundenen Außenelektronen haben niedrige Elektronegativitätswerte.

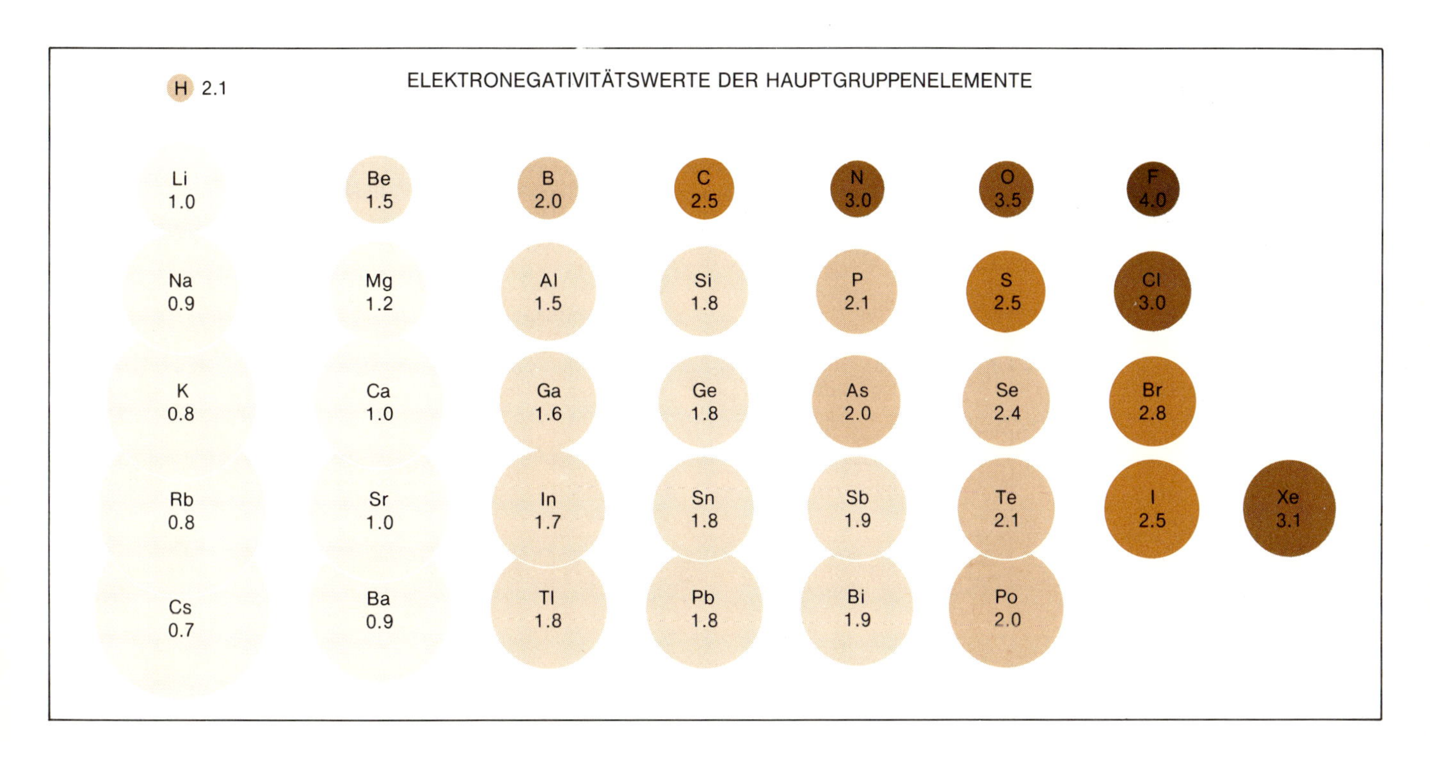

Alkalimetalle IA	Erdalkalimetalle IIA	IIIA	Festkörper IVA	Gas VA	VIA	Halogene VIIA	Edelgase 0
				1 H			2 He
3 Li	4 Be	5 B	6 C	7 N	8 O	9 F	10 Ne
11 Na	12 Mg	13 Al	14 Si	15 P	16 S	17 Cl	18 Ar
19 K	20 Ca	31 Ga Irr	32 Ge	33 As	34 Se	35 Br (flüssig)	36 Kr
37 Rb	38 Sr	49 In	50 Sn	51 Sb	52 Te	53 I	54 Xe
55 Cs	56 Ba	81 Tl	82 Pb	83 Bi	84 Po	85 At	86 Rn

Die Bindung in Metallen erstreckt sich über den gesamten Metallblock, und die Struktur wird durch die Packung der kugelförmigen positiven Ionen bestimmt. Bei den kovalent gebundenen Festkörpern in der Mitte der Tabelle ist jedes Atom mit zwei, drei oder vier Nachbarn durch Elektronenpaar-Bindungen verknüpft. Elemente, die nur Einfachbindungen bilden, oder kleine Elemente, die auch Doppel- oder Dreifachbindungen bilden können, kommen als zweiatomige Gase vor. Die Edelgase rechts sind einatomig. Elemente auf der Grenzlinie Metall-Nichtmetall können zwei alternative oder allotrope Kristallformen bilden, eine davon ist metallischer als die andere.

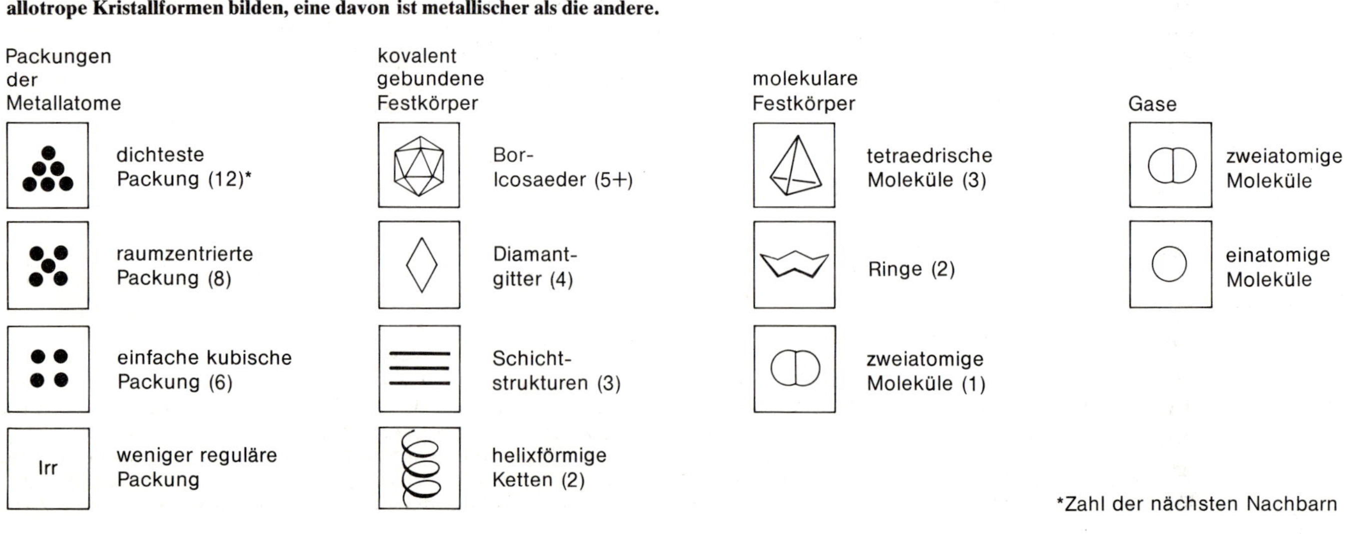

Die Struktur der Elemente

Wir können die Strukturen der Elemente dazu benutzen, einen Gesamtüberblick über das Periodensystem zu geben. Auf der linken Seite sind die Strukturen der Hauptgruppenelemente dargestellt; die Übergangsmetalle sind den aufgeführten Metallen ähnlich.

Die Metalle bestehen aus Kugelpackungen positiver Ionen, die durch bewegliche Elektronen zusammengehalten werden. In der dichtesten Kugelpackung hat jedes Atom zwölf nächste Nachbarn, die es berühren; 74% des Metallvolumens werden von den Atomen eingenommen. (Es gibt zwei Arten von dichtesten Kugelpackungen, die kubische und die hexagonale, die sich nur in der Art unterscheiden, in der die dichtgepackten Atomlagen übereinandergestapelt sind.) In der etwas weniger dichten raumzentrierten Packung hat jedes Atom in den Richtungen auf die Ecken eines Würfels Kontakt zu acht Nachbarn, und die Atome nehmen nur 68% des Gesamtvolumens ein. Metalle mit kleinen Atomen und vielen Elektronen, die sie zusammenhalten, bevorzugen die dichteste Kugelpackung; raumzentrierte Packungen findet man bei Metallen mit größeren Atomen und weniger Elektronen, die sie zusammenhalten. Es ist für ein Metall nicht ungewöhnlich, bei tiefen Temperaturen eine dichteste Kugelpackung zu bilden, und bei höheren Temperaturen, bei denen die Atome freier schwingen, in eine raumzentrierte Struktur überzugehen. Alle Alkalimetalle der Gruppe I A haben bei Raumtemperatur raumzentrierte Strukturen; doch die kleinsten von ihnen, Li und Na, gehen unterhalb −200 °C in dichteste Kugelpackungen über. Von den Erdalkalimetallen (Gruppe II A), die durch zwei Elektronen pro Atom zusammengehalten werden, bilden die beiden kleinsten, Be und Mg, immer dichteste Kugelpackungen. Die nächsten beiden, Ca und Sr, haben bei Raumtemperatur dichteste Kugelpackungen, doch gehen sie oberhalb 600 °C in raumzentrierte Strukturen über; das größte Erdkalimetall, Ba, hat immer die offenere raumzentrierte Struktur. Die Metalle der Gruppe III A und IV A bilden mehr oder weniger verzerrte dichteste Kugelpackungen, denn die Bindungen zwischen ihren Atomen haben mehr kovalenten Charakter als die Bindungen zwischen den Atomen der Metalle in der Gruppe I A und II A. Die Grenze zu den Nichtmetallen ist nicht mehr weit weg.

Das erste Nichtmetall in der zweiten Periode, Bor, ist das erste Element der Gruppe III A. Es bildet eine komplexe, dreidimensionale, kovalente Käfigstruktur. Besonders viel tut sich im Niemandsland zwischen Metallen und Nichtmetallen in den Gruppen IV A, V A und VI A, wobei die leichteren Elemente Nichtmetalle sind, die schwereren Elemente unten im Periodensystem Metalle und beide Bereiche durch eine Übergangszone getrennt werden. Ein Element in dieser Zone bildet oft zwei verschiedene Kristallformen oder *Allotrope,* eine metallisch, die andere nichtmetallisch. Das nichtmetallische Allotrop wird durch kovalente Bindungen zusammengehalten, wobei alle Elektronen lokalisiert sind, während die metallische Form gewöhnlich die tiefe Farbe und den metallischen Glanz zeigt, die ein Hinweis auf bewegliche Elektronen sind.

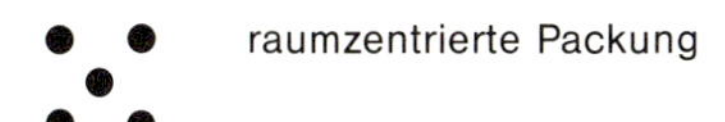

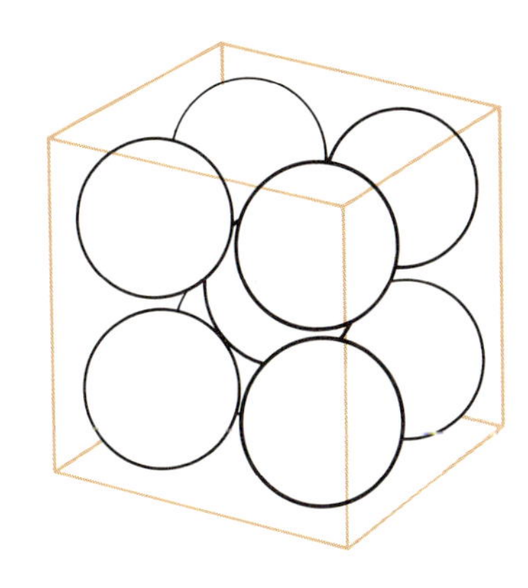

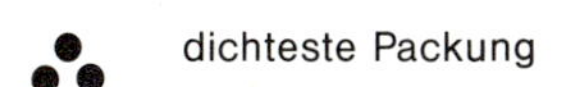

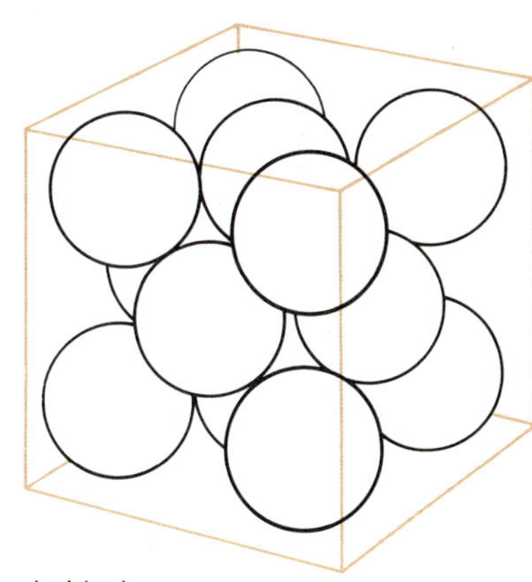

(a) kubisch

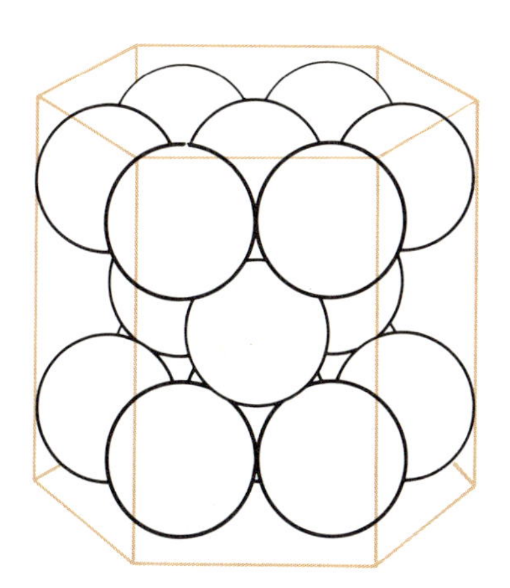

(b) hexagonal

In der raumzentrierten Struktur besetzen die Atome die Ecken und das Zentrum eines Würfels. Wenn perfekte Kugeln auf diese Weise gepackt werden, sind nur 68 Prozent des Volumens von Kugeln erfüllt, 32 Prozent bleiben leer. In der dichtesten Kugelpackung sind die Kugeln in Schichten dicht gepackt und die Schichten dann so ökonomisch wie möglich gestapelt, so daß die Kugeln 74 Prozent des zur Verfügung stehenden Raums einnehmen. Kubisch und hexagonal dichteste Packung unterscheiden sich nur darin, wie die dicht gepackten Schichten gestapelt sind.

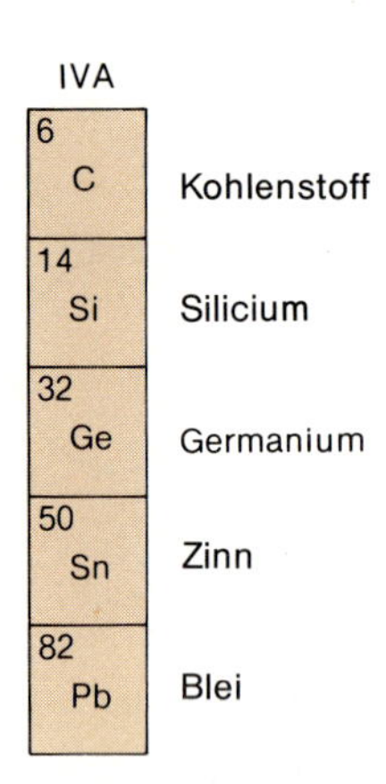

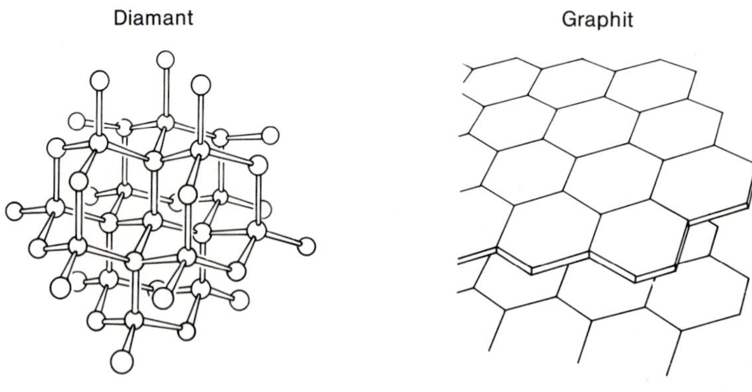

Die Strukturen von Diamant und Graphit (oben rechts), denen wir zuerst im 4. Kapitel begegnet sind, lassen sich mit Hilfe von Orbitalen und Bindungen verstehen. Jedes Kohlenstoff-Atom im Diamant bedient sich der sp^3-Hybridisierung, um vier Bindungen zu Nachbarn ausbilden zu können, und alle Bindungselektronen sind lokalisiert. Im Graphit sind drei Elektronen pro Kohlenstoff-Atom in Bindungen aus sp^2-Hybridorbitalen in einer Schicht lokalisiert. Das vierte Elektron ist über die ganze Schicht wie in einem „zweidimensionalen Metall“ delokalisiert.

Diamant und Graphit illustrieren dieses Verhalten beim Kohlenstoff: Diamant ist die nichtmetallische Form, und Graphit hat einige metallische Eigenschaften (s. oben). Beim Diamanten weist das Fehlen der Farbe darauf hin, daß keine dicht beieinanderliegenden elektronischen Energieniveaus vorhanden sind, die sichtbares Licht absorbieren können; alle seine Elektronen sind in kovalenten Bindungen festgelegt. Im Graphit sind die Elektronen innerhalb der Schichten aus Kohlenstoff-Atomen delokalisiert und frei beweglich. Die schwarze Farbe und der metallische Glanz des Graphits werden durch die Absorption und Wiederausstrahlung vieler Wellenlängen des Lichts durch diese beweglichen Elektronen verursacht[1)].

Silicium, Germanium und Zinn unter Kohlenstoff in Gruppe IVA bilden alle Diamantstrukturen, doch wird ihre Farbe zunehmend grau, und sie nehmen Metallglanz an. Auch Zinn bildet eine zweite metallische Struktur. Graues Zinn, das die nichtmetallische Diamantstruktur hat, ist unterhalb 13 °C stabil; metallisches, weißes Zinn ist oberhalb dieser Temperatur stabiler, wenn auch die Umwandlungsgeschwindigkeit von einer in die andere Form sehr gering ist. Diese Allotropen haben den mittelalterlichen Metallurgen viel Kummer gemacht, die immer wieder feststellen mußten, daß Zinngegenstände, die draußen in der Kälte gelassen wurden, an einzelnen Punkten anfingen zu zerfallen und sich in ein nichtmetallisches, graues Pulver aufzulösen. Sie dachten, es sei eine Krankheit des Metalls und nannten es „Zinnpest“. In Wirklichkeit war es nur die langsame Umwandlung von weißem Zinn in graues Zinn bei niedrigen Temperaturen. Da die Umwandlung so langsam ist, wird sie normalerweise nicht beobachtet; das Zinn bleibt in der metallischen Form metastabil. Blei am Ende der Gruppe IVA bildet nur noch eine metallische dichteste Kugelpackung.

Eine ähnliche Grenze wird bei den Elementen der Gruppe VA überquert. Mit ihren drei ungepaarten äußeren Elektronen haben diese Elemente die Tendenz, drei Bindungen zu anderen ähnlichen Atomen zu bilden. Stickstoff ist so klein, daß ein Atom eine Dreifachbindung zu einem anderen Atom ausbilden kann, so daß die

1) Der Zusammenhang zwischen delokalisierten Elektronen und metallischem Glanz läßt sich auf einfache Weise illustrieren, indem man eine Serie linear konjugierter Moleküle des im 9. Kapitel beschriebenen Typs betrachtet:

$$\text{Ph}-(\text{CH}=\text{CH})_n-\text{Ph} \qquad \text{mit } n = 1, 2, 3, 4, \ldots$$

Die höchsten absorbierten Wellenlängen und die bei dieser Molekülserie beobachteten Farben sind in der Tabelle links für Moleküle mit Kettenlängen von $n = 1$ bis 8 zusammengestellt. Mit zunehmender Länge der delokalisierten Kette verschiebt sich die Strahlungsabsorption vom Ultravioletten ins Sichtbare; beobachtet wird die zur absorbierten Strahlung komplementäre Farbe und von $n = 7$ oder 8 ab metallischer Glanz. Verbindungen mit noch längeren Molekülen in dieser Serie sind glänzend schwarz wie Graphit, weil der Absorptionsbereich so breit ist, daß er praktisch das gesamte sichtbare Spektrum umfaßt. Die endlosen hexagonalen Schichten des Graphits können als unendlich ausgedehnte aromatische Moleküle wie Benzol oder Naphthalin betrachtet werden.

Bewegliche Elektronen, Farbe und Metallglanz

$$\text{Ph}-(\text{CH}=\text{CH})_n-\text{Ph}$$

n	λ nm	Farbe
1	319	keine
2	352	blaßgelb
3	377	grünlich-gelb
4	404	gelb-orange
5	424	orange
6	445	braun-orange
7	465	Kupfer-Bronzeglanz
8	484	bläulicher Kupferglanz

N_2-Moleküle des gasförmigen Stickstoffs entstehen können. Phosphor ist für Dreifachbindungen zu groß; deshalb bildet er Einfachbindungen zu drei anderen Phosphor-Atomen aus, die an den Ecken eines tetraedrischen P_4-Moleküls sitzen (rechts). Diese P_4-Tetraeder liegen im gasförmigen, flüssigen und festen weißen Phosphor vor. Auch im schwarzen Phosphor ist jedes Atom mit drei Nachbarn verbunden, aber sie bilden die Schichten einer gewellten Graphitstruktur. Die schwarze Farbe ist ein Hinweis auf bewegliche Elektronen in jeder der gestapelten Schichten, und diese allotrope Form ist metallischer. Roter Phosphor ist eine dritte allotrope Form mit noch unbekannter Struktur, möglicherweise besteht er aus einem amorphen Gemisch. Auch Arsen und Antimon bilden zwei allotrope Formen, eine sehr instabile gelbe, nichtmetallische Form mit isolierten As_4- bzw. Sb_4-Tetraedern und metallische Allotrope mit übereinandergestapelten Schichten wie beim schwarzen Phosphor. Die Farbe dieser metallischen Formen ändert sich von Schwarz beim Phosphor über Grau beim Arsen bis bläulich schimmernd beim Antimon. Bismut am Ende dieser Gruppe bildet nur noch eine Schichtstruktur mit weißmetallischem Glanz.

Die Elemente der Gruppe VIA haben zwei ungepaarte Elektronen und bilden zwei Bindungen zu ihren Nachbarn aus. Sauerstoff ist klein genug, um eine Doppelbindung mit einem einzelnen Nachbaratom im O_2-Molekül ausbilden zu können, doch Schwefel ist bereits zu groß dafür und bildet Ringe aus acht Atomen, in denen jedes mit zwei Nachbarn verbunden ist (unten rechts). Das ist die Molekülstruktur im gelben, kristallinen Schwefel. Im dunkleren, amorphen Schwefel brechen diese S_8-Ringe auf und vereinen sich zu schraubenförmigen Ketten. Diese Strukturen liegen auch in den beiden kristallinen allotropen Formen des Selens vor: Rotes nichtmetallisches Se bildet achtgliedrige Ringe und metallisches Se endlose, schraubenförmige Ketten. In diesen Se-Schrauben ist die Delokalisierung der Elektronen auf eine Kette begrenzt, und in der Tat ist Selen ein „eindimensionales Metall". Tellur bildet nur die metallische Kettenform, in der die Ketten dichter gepackt sind. In Polonium sind die Atome noch kompakter in einer einfachen kubischen Struktur angeordnet, dem einzigen bekannten Beispiel für eine solche Struktur. (Die Radioaktivität des Poloniums macht es schwierig, die Kristallstruktur zu untersuchen, weil die α-Teilchen, die während des radioaktiven Zerfalls ausgestrahlt werden, den Kristall erhitzen und zerstören.)

Allotropie und Grenze zwischen Metall und Nichtmetall verschwinden in der Gruppe VIIA. (Astat liegt möglicherweise auf einer Grenze, aber es ist aus dem gleichen Grund wie Polonium schwierig zu untersuchen.) Alle Halogene bilden einfache, zweiatomige Moleküle und sind, je nach ihrer Größe, bei Raumtemperatur Gase (F_2, Cl_2), Flüssigkeiten (Br_2) oder Festkörper (I_2 und At_2). Iod-Kristalle haben metallischen Glanz, was darauf hinweist, daß die Elektronen von den Kernen weniger festgehalten werden als die der leichteren Halogene. Die Edelgase der Gruppe 0 sind alle einatomig.

Wenn man die Tabelle mit den Strukturen der Hauptgruppenelemente (Seite 206) noch einmal betrachtet, erkennt man die allmählichen Eigenschaftsänderungen entlang der Diagonalen von unten links nach oben rechts: Metalle mit raumzentrierter und dichtester Kugelpackung, eine intermediäre Zone aus metallischen und nichtmetallischen allotropen Formen und schließlich die kovalent gebunden isolierten Moleküle der Nichtmetalle. So wie sich die Anzahl der Bindungen zwischen gleichen Atomen in den Gruppen IVA bis VIA von vier über drei nach zwei ändert, so ändern sich die metallischen Strukturen der allotropen Formen von dichtgepackten Atomen über gestapelte Schichten zu schraubenförmigen Ketten. Die Strukturen der nichtmetallischen allotropen Formen ändern sich vom dreidimensionalen Diamantgitter über X_4-Tetraeder zu Ringen aus acht Atomen. Nur die kleinsten Atome können zweiatomige Gase mit Mehrfachbindungen bilden; bei den Halogenen in der Gruppe VIIA sind einfach gebundene, zweiatomige Moleküle die Regel.

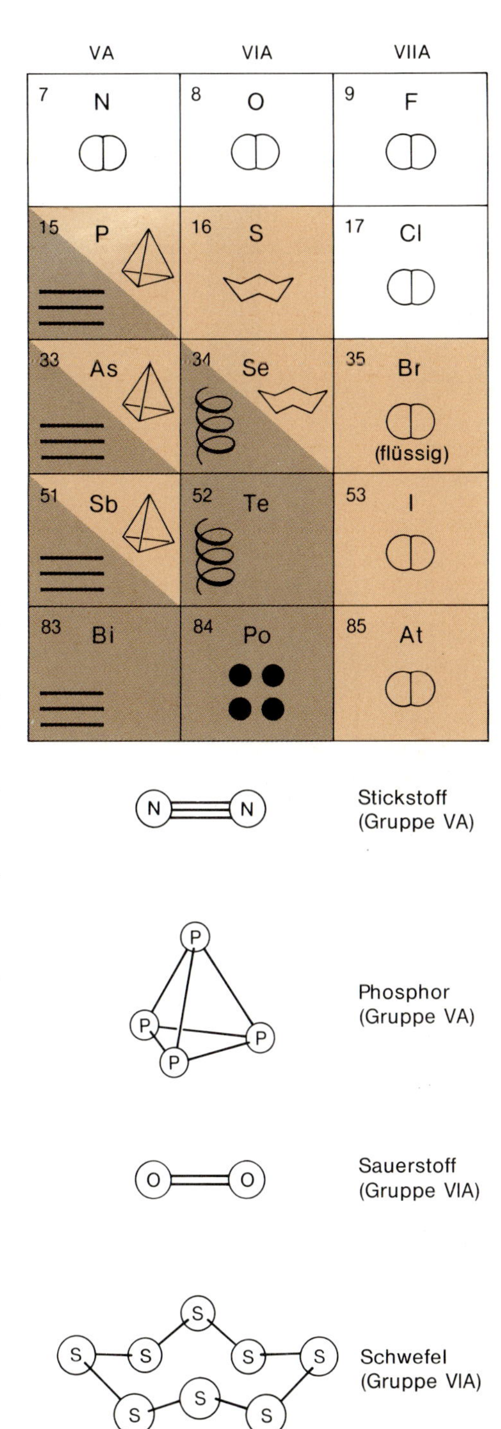

Stickstoff-Atome sind so klein, daß sie mit einem einzelnen Nachbaratom Dreifachbindungen ausbilden können. Doch das größere Phosphor-Atom muß zu drei anderen Nachbarn Einfachbindungen bilden. Analog verbindet den Sauerstoff eine Doppelbindung mit einem Nachbarn, während Schwefel stattdessen zwei Einfachbindungen ausbilden muß.

SCHMELZPUNKT DER HAUPTGRUPPENELEMENTE

Wie wir bereits gesehen haben, ist der Schmelzpunkt oder die Temperatur, die nötig ist, um einen Festkörper in eine Flüssigkeit aus einzelnen Atomen oder Molekülen zu zerlegen, ein geeignetes Maß für die Kräfte zwischen diesen Atomen oder Molekülen. Auf dieser Seite sind die Schmelzpunkte der Hauptgruppenelemente in einem dreidimensionalen Diagramm dargestellt, das auf dem Periodensystem basiert und bei dem die Temperatur auf der senkrechten Achse aufgetragen ist. An der linken Kante stehen die Alkalimetalle der Gruppe I A mit einem Elektron pro Atom und offenen raumzentrierten Strukturen; sie sind weich und schmelzen bei niedriger Temperatur. Die Härte des Metalls und sein Schmelzpunkt nehmen in der Gruppe II A zu, in der doppelt so viele Elektronen zur Verfügung stehen. Al, Ga und In schmelzen wieder niedriger wegen ihrer wenig geordneten und offenen Metallstrukturen. Innerhalb einer Gruppe sind die schwereren Metalle weicher und schmelzen niedriger, weil ihre Atome weiter voneinander entfernt sind.

Die Schmelzpunkte steigen von Li über Be und B zu C steil an wegen des zunehmend kovalenten Charakters der Kräfte zwischen den Atomen. Diamant ist das härteste Element mit dem höchsten Schmelzpunkt. Auf der Diagonalen durch das Zentrum der Tabelle von B über Si und As zu Te liegen die Elemente mit drei-, zwei- und eindimensional kovalent gebundenen Strukturen (Gerüststrukturen, Schichten, Ketten); sie sind härter und haben höhere Schmelzpunkte, da kovalente Bindungen bei der Zerstörung des Festkörpers aufgebrochen werden müssen. Ganz rechts stehen die Molekülverbindungen P_4, S_8, N_2, O_2 und die Halogene; sie haben ebenfalls niedrige Schmelzpunkte, weil zwar die Atome in den Molekülen kovalent aneinander gebunden sind, die Moleküle aber nur durch schwache van-der-Waals-Kräfte im Festkörper zusammengehalten werden.

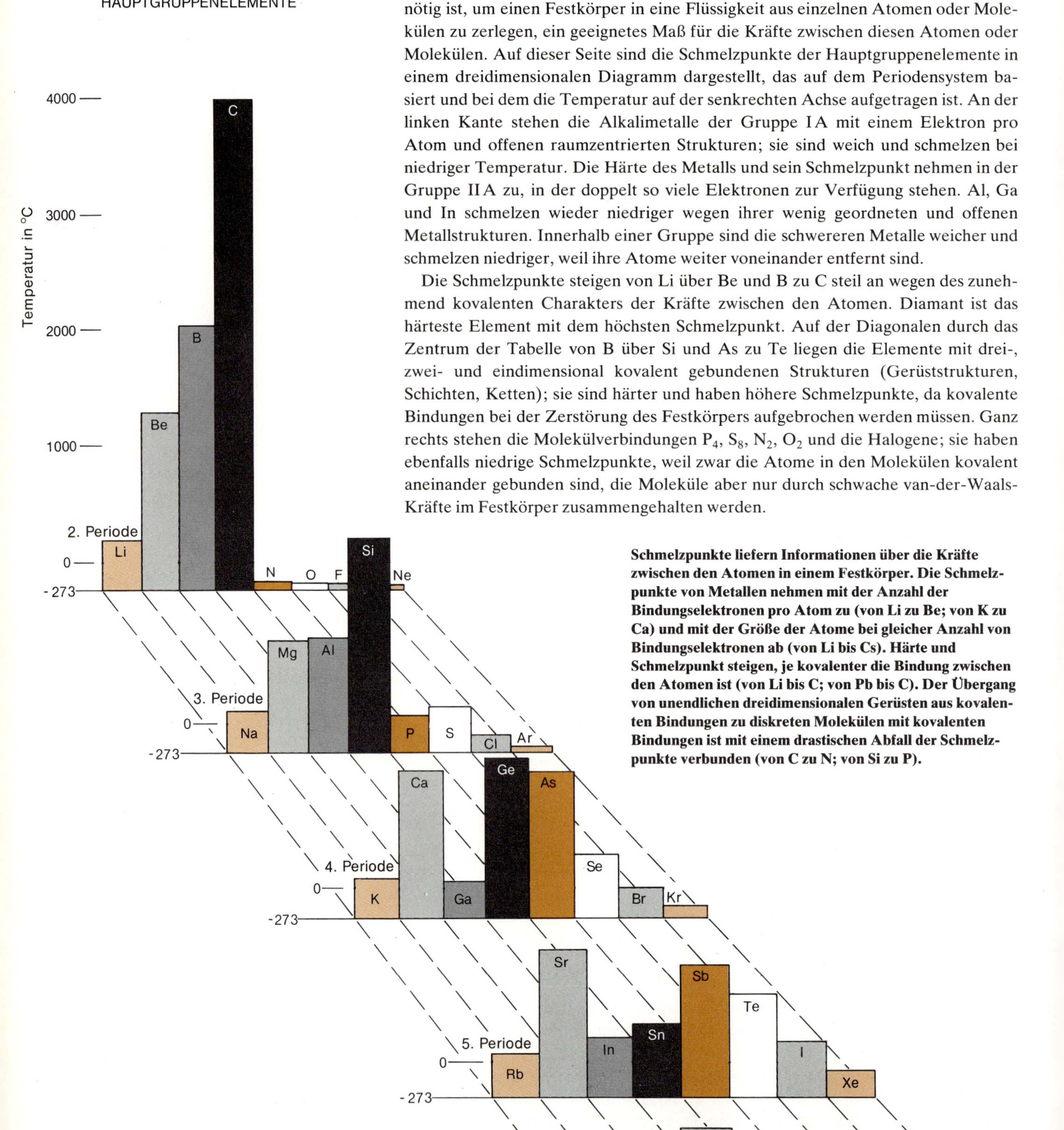

Schmelzpunkte liefern Informationen über die Kräfte zwischen den Atomen in einem Festkörper. Die Schmelzpunkte von Metallen nehmen mit der Anzahl der Bindungselektronen pro Atom zu (von Li zu Be; von K zu Ca) und mit der Größe der Atome bei gleicher Anzahl von Bindungselektronen ab (von Li bis Cs). Härte und Schmelzpunkt steigen, je kovalenter die Bindung zwischen den Atomen ist (von Li bis C; von Pb bis C). Der Übergang von unendlichen dreidimensionalen Gerüsten aus kovalenten Bindungen zu diskreten Molekülen mit kovalenten Bindungen ist mit einem drastischen Abfall der Schmelzpunkte verbunden (von C zu N; von Si zu P).

Chemische Eigenschaften; die Alkalimetalle

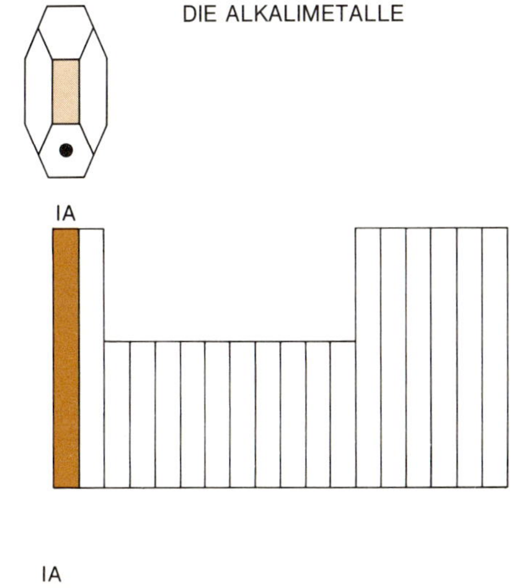

Die Alkalimetalle in der Gruppe IA links im Periodensystem haben alle ein einzelnes Elektron außerhalb einer vollständig gefüllten Edelgasschale. Sie haben niedrige Ionisierungsenergien und folglich eine starke Neigung, das äußere Elektron zu verlieren und zum +1-Zustand oxidiert zu werden. Diese Tendenz ist so stark (sie ist stärker für die größeren Atome unten in der Gruppe), daß die Alkalimetalle in der Natur immer als einfach positiv geladene Ionen vorkommen und nie als reine Metalle. Man findet sie im Meerwasser und in Salzquellen, in Ablagerungen löslicher Salze, z.B. als NaCl und $NaNO_3$, und als Kationen in vielen weniger löslichen oder unlöslichen Mineralien wie den Silicaten. Na^+ und K^+ machen etwas mehr als 3% der Atome in der Erdrinde aus. Die schwereren Alkalimetalle Rubidium und Cäsium sind seltener; man findet sie in geringen Mengen in KCl- und NaCl-Ablagerungen.

Wegen ihrer starken Neigung, in Ionen überzugehen, sind die Alkalimetalle extrem starke Reduktionsmittel, zum Beispiel:

$$K\,(\text{Metall}) \longrightarrow K^+ + e^-$$

Die Metalle lassen sich aus ihren Salzen nicht durch rein chemische Methoden herstellen; das einzige praktische Verfahren ist die Elektrolyse, die im fünften Kapitel eingeführt wurde und bei der ein elektrischer Strom durch eine geeignete Salzschmelze geleitet wird (s. unten rechts). Elektronen des äußeren Stromkreises verbinden sich mit den Kationen an der Kathode und reduzieren sie zu reinem Metall. An der Anode geben die Anionen Elektronen an den äußeren Stromkreis ab. Für Kaliumchlorid sind die Reaktionen:

$$\text{Kathode:}\quad K^+ + e^- \longrightarrow K$$
$$\text{Anode:}\quad Cl^- \longrightarrow \tfrac{1}{2}Cl_2\,(\text{Gas}) + e^-$$

Positive und negative Ionen wandern zwischen den Elektroden in der Salzschmelze. Die Energie, die zur Reduktion der Kalium-Ionen und Oxidation der Chlorid-Ionen notwendig ist, wird vom äußeren Stromkreis geliefert.

Wenn man sie als reine Metalle gewonnen hat, lassen sich die Alkalimetalle als Reduktionsmittel für andere Reaktionen verwenden. In der Industrie wählt man gewöhnlich Natrium, weil es leicht zugänglich ist. Alle Alkalimetalle müssen wegen ihrer starken Neigung, in den Oxidationszustand +1 zurückzukehren, vor Luft und Wasser geschützt werden. Zum Aufbewahren müssen sie mit Petroleum oder einer anderen organischen Flüssigkeit bedeckt werden. Für Cäsium und Rubidium gibt es nur wenige Anwendungen. Am wichtigsten ist ihr Einsatz als elektronenliefernde Metall-Oberfläche in photoelektrischen Zellen.

Natrium- und Kalium-Ionen spielen eine wichtige Rolle in lebenden Organismen. Ihr Beitrag zur Zusammensetzung des menschlichen Körpers ist in dem Periodensystem auf der vorderen inneren Umschlagseite angegeben. Na^+ und K^+ helfen, das Ionengleichgewicht innerhalb und außerhalb der Zellen aufrechtzuerhalten, so daß Zellen nicht schrumpfen oder schwellen, wenn sich in ihrer Umgebung die Salzkonzentration ändert. Sie sind auch an der Auslösung eines Nervenreizes entlang eines Axons einer Nervenzelle und daher entscheidend am Kommunikationssystem des Körpers beteiligt. Das wichtigste positive Ion in den Zellen ist K^+; Na^+ herrscht im Blut und den Körperflüssigkeiten außerhalb der Zellen vor. Die ionische Zusammensetzung dieser Körperflüssigkeiten ist derjenigen des Meerwassers sehr ähnlich,

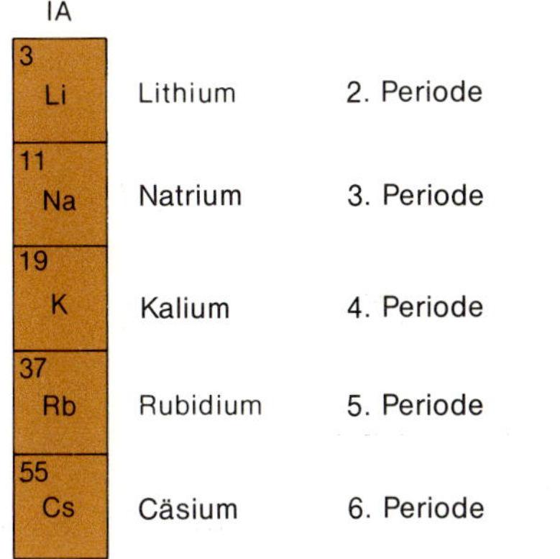

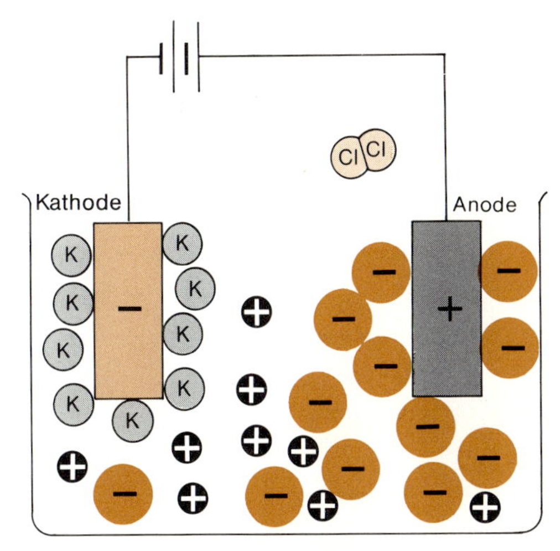

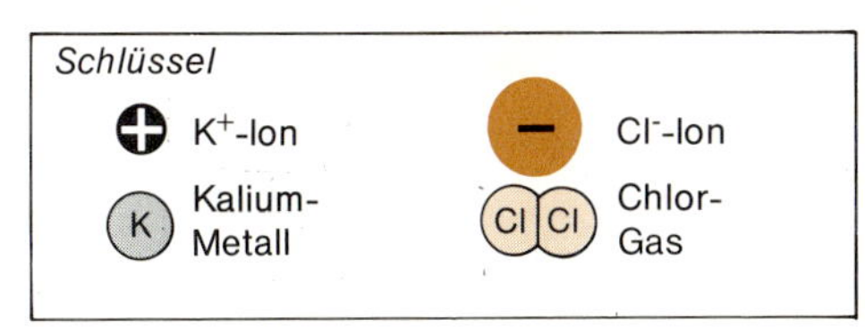

Elektrolyse von geschmolzenem Kaliumchlorid zu Kalium-Metall und Chlor-Gas.

das mit drei Volumenteilen reinen Wassers verdünnt ist. Das ist nicht überraschend, wenn man sich daran erinnert, daß sich das Leben in den Ozeanen entwickelt hat[2]. In gewissem Sinn haben unsere Zellen einen Weg gefunden, etwas von dem Ozean mit sich herumzutragen, lange nachdem unsere Vorfahren ihn verlassen haben.

Das wichtigste Alkalimetall-Ion in Pflanzen ist K^+ und nicht Na^+. Ein altes Verfahren, Kaliumhydroxid, KOH, zu gewinnen, ist das Auslaugen oder Extrahieren von Holzasche mit Wasser. Der englische Name für das Element „Potassium" stammt von dem alten englischen Ausdruck „Pot Ash" oder „Kochasche" für Kaliumcarbonat (das früher im Deutschen ebenfalls als Pottasche bezeichnet wurde). „Alkali" hat dieselbe Bedeutung im Arabischen: „al Kali" bedeutet „die Aschen". Das arabische Wort leitet sich letztlich von dem griechischen Wort für verbrennen ab, das sich über das lateinische „caleo" (ich verbrenne) in anderer Richtung entwickelte und uns in „Kalorie" wiederbegegnet.

DIE ERDALKALIELEMENTE

IIA

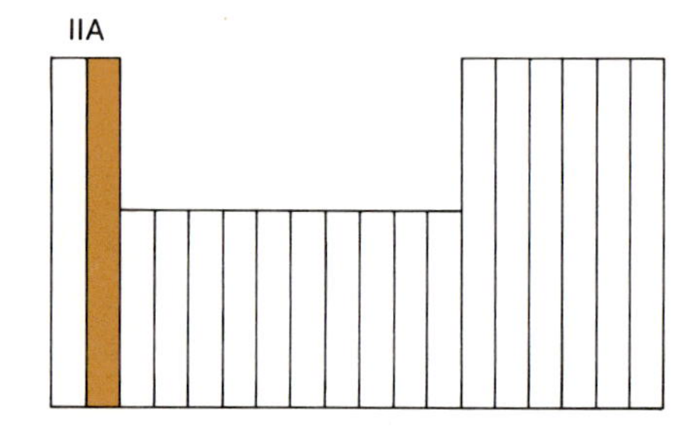

IIA

4 Be	Beryllium	2. Periode
12 Mg	Magnesium	3. Periode
20 Ca	Calcium	4. Periode
38 Sr	Strontium	5. Periode
56 Ba	Barium	6. Periode

Gruppe II A: die Erdalkalimetalle

Die Erdalkalimetalle sind den Alkalimetallen ähnlich, aber sie wirken weniger stark reduzierend. Sie kommen nur im Oxidationszustand 0 oder +2 vor und in der Natur nur als zweifach positiv geladene Ionen. Man findet sie als lösliche Chloride im Meerwasser und in Mineralien wie Sulfaten, Carbonaten, Phosphaten und Silicaten. Calcit, Kreide, Kalkstein und Marmor sind alles Formen von Calciumcarbonat, $CaCO_3$. Dolomit und einige Marmorarten sind Mischungen aus $CaCO_3$ und Magnesiumcarbonat, $MgCO_3$. Gips ist ein Calciumsulfat. Ungefähr 4% der Erdrinde bestehen aus Calcium- und Magnesium-Ionen. Beryllium, Strontium und Barium sind viel seltener; die häufigste Quelle für Be sind Smaragde und seltenere Formen des Berylls, einem Beryllium-Aluminium-Silicat.

Magnesium und Calcium werden gewöhnlich durch Elektrolyse geschmolzener Salze wie $MgCl_2$ hergestellt; doch lassen sich diese Salze auch mit metallischem Na oder K reduzieren:

$$2Na + Mg^{2+} + 2Cl^- \longrightarrow 2Na^+ + Mg + 2Cl^-$$

Die Chlorid-Ionen spielen bei dieser Reaktion nur eine passive Rolle; im wesentlichen handelt es sich um eine Elektronenübertragung vom Natrium- zum Magnesium-Ion.

Das geringe Gewicht des Magnesiums macht es zu einem geeigneten Material für den Flugzeugbau; für die anderen Metalle der Gruppe II A gibt es nur wenige Anwendungen. Die wichtigste Anwendung für Strontium und Barium ist die Erzeugung leuchtend roter und grüner Flammen für Signalfeuer und Feuerwerkskörper. Bariumsulfat, $BaSO_4$, ist für Röntgenstrahlen sehr wenig durchlässig und gleichzeitig relativ harmlos, da es vom Körper nicht aufgenommen wird; es wird als Kontrastmittel für Röntgenaufnahmen des Magen- und Darmtrakts verwendet.

Calcium und Magnesium kommen doppelt so häufig in lebenden Organismen wie Natrium und Kalium vor, doch selten als lösliche Ionen. Calciumphosphat ist der Hauptbestandteil der Knochen und Zähne bei den Wirbeltieren. Aus Calciumcarbonat sind die Schalen der Schalentiere. Ca^{2+}- und Mg^{2+}-Ionen findet man in vielen Enzymen; Mg^{2+}, eingebettet in einen aromatischen Ring (einen Porphyrin-Ring), ist der Teil des Chlorophylls, von dem das Licht eingefangen wird.

2) Man hat sogar den Gedanken geäußert, daß diese 3 : 1-Verdünnung den geringeren Salzgehalt der frühen Ozeane zu der Zeit, als sich das Leben vor 3.5 bis 4 Milliarden Jahren entwickelte, widerspiegelt.

Die Übergangsmetalle

Die Elemente mit d-Elektronen haben charakteristische physikalische Eigenschaften, die sie zu nützlichen Werkstoffen und Katalysatoren machen, und besondere elektronische Eigenschaften, die von den Molekülen der lebenden Organismen ausgenutzt werden. Die physikalischen Eigenschaften werden in diesem Abschnitt diskutiert und die elektronischen Eigenschaften im nächsten.

Die vier Serien von Übergangsmetallen und der Prozeß der Orbitalauffüllung für die erste von ihnen sind unten dargestellt. Gewöhnlich hat jedes neue Übergangsmetall einer Periode zwei Elektronen im äußeren s-Orbital und eine zunehmende Anzahl von Elektronen im verborgenen d-Orbital, das zur vorausgehenden Hauptquantenzahl gehört. In der vierten Periode sind Chrom (Cr) und Kupfer (Cu) Ausnahmen von dieser Regel: Sie benutzen eines der beiden s-Elektronen, um ihr d-Orbital halb bzw. ganz aufzufüllen. Doch das sind unwesentliche Ausnahmen, wichtig ist das Prinzip des Auffüllens.

Bei chemischen Reaktionen der Übergangsmetalle werden die s-Elektronen am leichtesten abgegeben, und die Oxidationszustände +1 und +2 sind üblich. Bei Atomen mit d-Elektronen sind aber auch höhere Oxidationszustände möglich; im Prinzip würde der höchste Oxidationszustand dem Verlust aller äußeren s- und d-Elektronen entsprechen: +3 bei Scandium, +4 bei Titan und +7 bei Mangan. Daß die Elektronen sich paaren, kompliziert die Angelegenheit vom Eisen an, wie wir sehen werden.

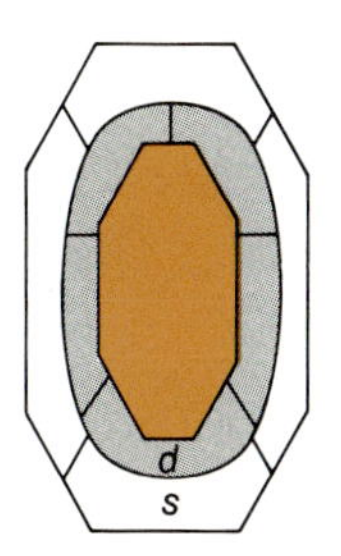

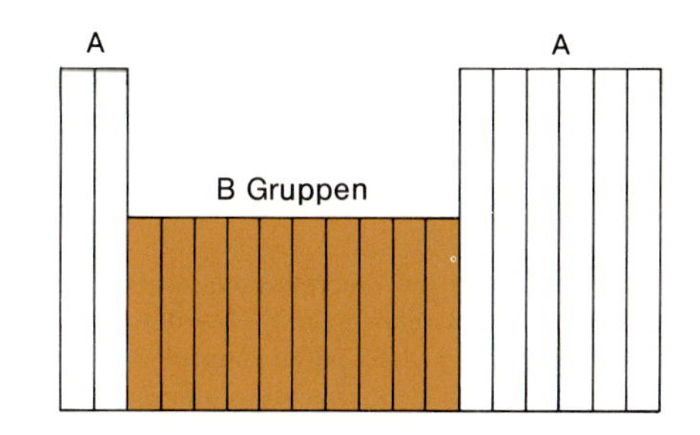

Elektronenschalen-Diagramm der Übergangsmetalle. Das s-Orbital ist die äußere Schale; die d-Orbitale der vorherigen Hauptquantenzahl sind weiter im Innern vergraben. (In der Tabelle unten ist die vierte Periode dargestellt.)

Die Hauptgruppenelemente werden im Periodensystem zur Unterbringung der Übergangsmetalle unterbrochen.

Unten: Die vier Übergangsmetall-Serien in der vierten bis siebten Periode. In der oberen Reihe sind die Elektronenschalen-Diagramme der ersten Übergangsmetall-Serie angegeben. Der allen diesen Elementen gemeinsame Argonrumpf ist durch das farbige Feld im Zentrum dargestellt.

ÜBERGANGSMETALLE

	IIIB	IVB	VB	VIB	VIIB	VIIIB			IB	IIB
	Sc	Ti	V	Cr	Mn	Fe	Co	Ni	Cu	Zn
Elektronen in der äußeren Schale	3	4	5	6	7	8	9	10	11	12
4. Periode	21 Sc Scandium	22 Ti Titan	23 V Vanadium	24 Cr Chrom	25 Mn Mangan	26 Fe Eisen	27 Co Cobalt	28 Ni Nickel	29 Cu Kupfer	30 Zn Zink
5. Periode	39 Y Yttrium	40 Zr Zirconium	41 Nb Niob	42 Mo Molybdän	43 Tc Technetium	44 Ru Ruthenium	45 Rh Rhodium	46 Pd Palladium	47 Ag Silber	48 Cd Cadmium
6. Periode	71 Lu Lutetium	72 Hf Hafnium	73 Ta Tantal	74 W Wolfram	75 Re Rhenium	76 Os Osmium	77 Ir Iridium	78 Pt Platin	79 Au Gold	80 Hg Quecksilber
7. Periode	103 Lr Lawrencium	104	105	106						

Aufgrund ihrer Entstehung (vgl. Postskriptum im 8. Kapitel) sind die Elemente der ersten Serie der Übergangsmetalle viel häufiger als die der späteren Serien und folglich bekannter. Alle diese Elemente sind bei Raumtemperatur metallische Festkörper mit Ausnahme von Quecksilber, das eine Flüssigkeit mit einem Schmelzpunkt von −39 °C ist.

Die Übergangsmetalle sind normalerweise hart und spröde und haben hohe Schmelzpunkte. Härte und Schmelzpunkt korrelieren gut mit der Anzahl der ungepaarten d-Elektronen, wie man an der Schmelzpunktkurve unten erkennt. Diese Korrelation beruht darauf, daß die Bindungen zwischen den Atomen dieser Metalle partiell kovalent sind. Kalium und Calcium am Anfang der vierten Periode verlieren alle äußeren Elektronen und werden zu Ionen mit einfach oder doppelt positiver Ladung im Metall. Diese Elektronen können sich im Festkörper frei bewegen. Auch das erste Übergangsmetall Scandium verliert alle drei äußeren Elektronen, doch wenn die Anzahl der Elektronen in den d-Orbitalen bei den folgenden Elementen zunimmt, wird eine vollständige Abgabe der Elektronen schwieriger. Chrom geht im Metall nicht vollständig in Cr^{6+}-Ionen über, sondern behält einen Teil der Elektronen in seinem äußeren Orbital und teilt sie in gewissem Ausmaß mit Nachbar-Ionen. Wenn wir die Elektronen in einem Chromblock beobachten könnten, würden wir sie durch das Metall wandern sehen, wobei sie sich ungewöhnlich lange in Positionen aufhielten, die kovalenten Bindungen zwischen benachbarten Chrom-Atomen entsprechen. Dieses partiell kovalente Verhalten führt zu stärkeren Anziehungen zwischen den Atomen im Chrom und macht das Metall härter, zäher und

Die Schmelzpunkte der Übergangsmetalle steigen, wenn die Zahl der ungepaarten Elektronen in den d-Orbitalen zunimmt, und fallen dann wieder, wenn die ungepaarten Elektronen mit hinzukommenden Elektronen gepaart werden, so daß sie für die metallische Bindung nicht mehr zur Verfügung stehen.

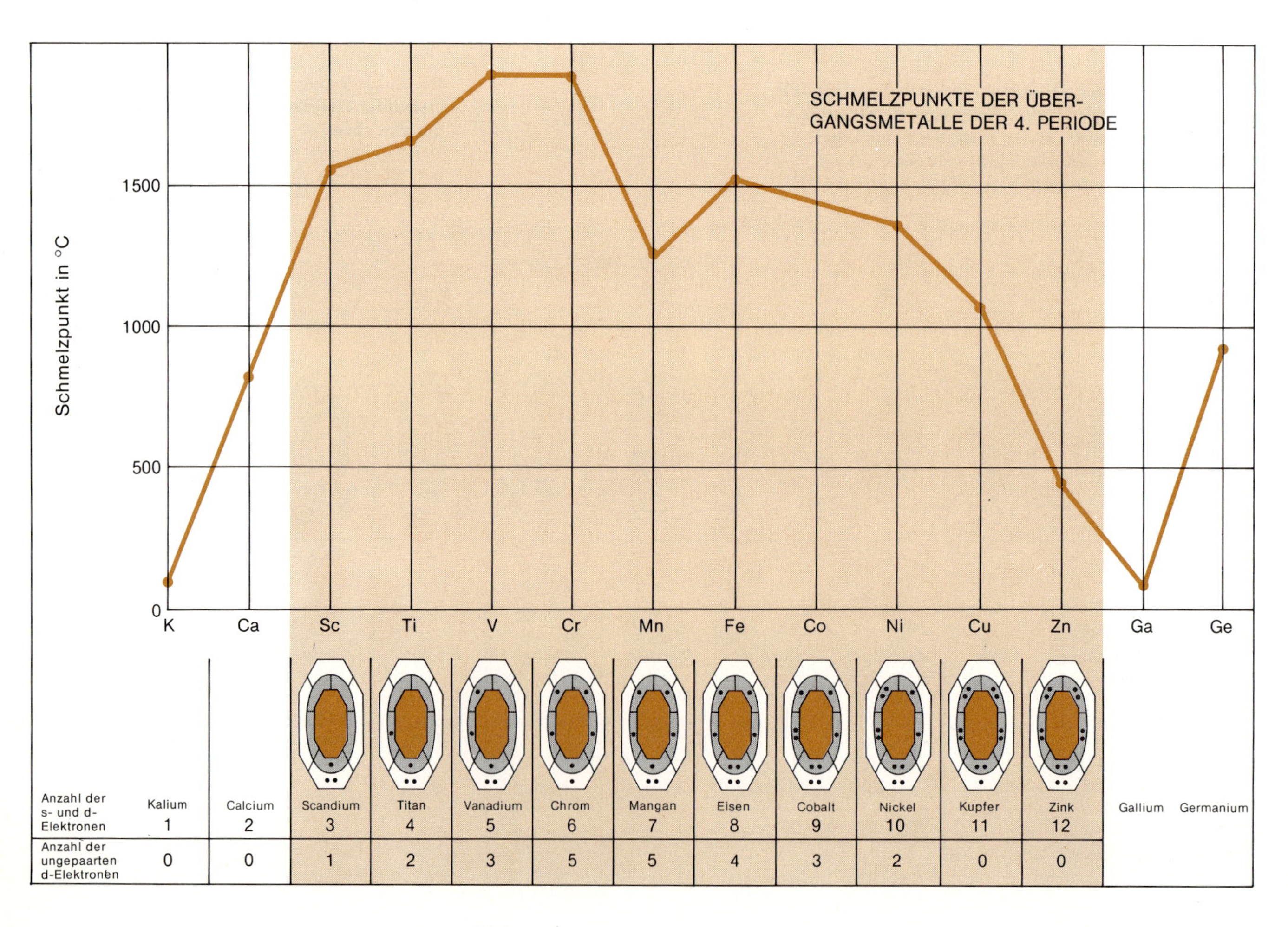

Anzahl der s- und d-Elektronen	Kalium 1	Calcium 2	Scandium 3	Titan 4	Vanadium 5	Chrom 6	Mangan 7	Eisen 8	Cobalt 9	Nickel 10	Kupfer 11	Zink 12	Gallium	Germanium
Anzahl der ungepaarten d-Elektronen	0	0	1	2	3	5	5	4	3	2	0	0		

OXIDATIONSZUSTÄNDE DER ÜBERGANGSMETALLE DER 4. PERIODE

IIIB	IVB	VB	VIB	VIIB	VIIIB			IB	IIB	Gruppennummer
Sc	Ti	V	Cr	Mn	Fe	Co	Ni	Cu	Zn	Element (4. Periode)
3	4	5	6	7	8	9	10	11	12	Anzahl der s- und d-Elektronen

Sc	Ti	V	Cr	Mn	Fe	Co	Ni	Cu	Zn	Oxidationszustände
–	–	–	–	–	–	–	–		–	+1
										+2
								–		+3
							–			+4
				–	–	–				+5
										+6
										+7

Die häufigsten Oxidationszustände sind durch Volltonfarbe gekennzeichnet. Andere häufige Zustände sind durch den mittleren Farbton und relativ seltene Oxidationszustände durch die hellste Farbe gekennzeichnet. Metalle, bei denen alle d-Elektronen ungepaart sind, bevorzugen Oxidationszustände, an denen alle äußeren s- und d-Elektronen beteiligt sind. Jenseits von Mangan (Mn) ist die Elektronenpaarung in den d-Orbitalen ein Hindernis für die Verwendung dieser Elektronen, und es werden niedrigere Oxidationszustände bevorzugt.

verleiht ihm einen höheren Schmelzpunkt als Kalium oder Calcium. Trotz dieser Neigung zur Kovalenz sind die Übergangsmetalle gute Leiter für den elektrischen Strom, weil die Elektronen der äußeren Schale immer noch beweglich sind und es pro Atom viele von ihnen gibt.

Die Übergangsmetalle kommen in vielen verschiedenen Oxidationszuständen vor, in mehr als jede andere Elementklasse. Aus Gründen, die wir im nächsten Abschnitt kennenlernen werden, sind die Ionen in vielen dieser Zustände leuchtend gefärbt, was auf eine elektronische Energieabsorption im sichtbaren Spektrum hinweist. Der Name „Chrom" kommt von griechisch „chroma" = Farbe. Im Prinzip ist die maximale Oxidationszahl eines Übergangsmetalls die Summe aus seinen äußeren s- und d-Elektronen, und dieses Maximum wird tatsächlich auch von Scandium (Sc) bis Mangan (Mn) mit drei bis sieben äußeren Elektronen gefunden (oben). Bei diesen Elementen kann jedes d-Elektron ein eigenes Orbital besetzen. Eine Paarung zweier Elektronen mit entgegengesetztem Spin in demselben Orbital ist also nicht notwendig. Das Auffüllen der d-Orbitale unter Elektronenpaarung beginnt erst beim Eisen (Fe); die beiden gepaarten Elektronen stehen dann für Bindungen nicht mehr zur Verfügung. Die maximale Oxidationszahl nimmt beim Fortschreiten vom Eisen zum Zink (Zn) am Ende der ersten Übergangsmetallserie ab. Die Oxidationszustände +2 und +3 sind für diese letzteren Übergangsmetalle die häufigsten.

Die Übergangsmetalle in der vierten Periode bevorzugen niedrigere Oxidationszahlen, weil die Atome kleiner sind und ihre Elektronen fester halten. Bei den Elementen der fünften und sechsten Periode findet man häufiger die höheren Oxidationszustände, weil ihre größeren Atome die äußeren d- und s-Elektronen nicht mehr so fest halten. Zum Beispiel tritt Fe gewöhnlich im Oxidationszustand +2 oder +3 auf. Osmium, zwei Reihen unter ihm, kann Oxidationszustände bis herauf zum höchsten, +8, wie im Osmiumtetroxid, annehmen. Die Elemente sind in ihren niedrigeren Oxidationszuständen mehr metallisch und ihre Verbindungen mehr ionisch. Die Verbindungen in höheren Oxidationszuständen sind kovalenter, wobei die Elektronen eher geteilt als ganz abgegeben werden. Osmiumetroxid, OsO_4, ist ein kovalentes, flüchtiges tetraedrisches Molekül. (Osmium ist in diesem hohen Oxidationszustand so instabil, daß schon schwach reduzierende organische Moleküle es zu einem schwarzen Niederschlag reduzieren, der aus niederwertigen Osmium-Verbindungen und dem Metall besteht. Dieser Sachverhalt und die Flüchtig-

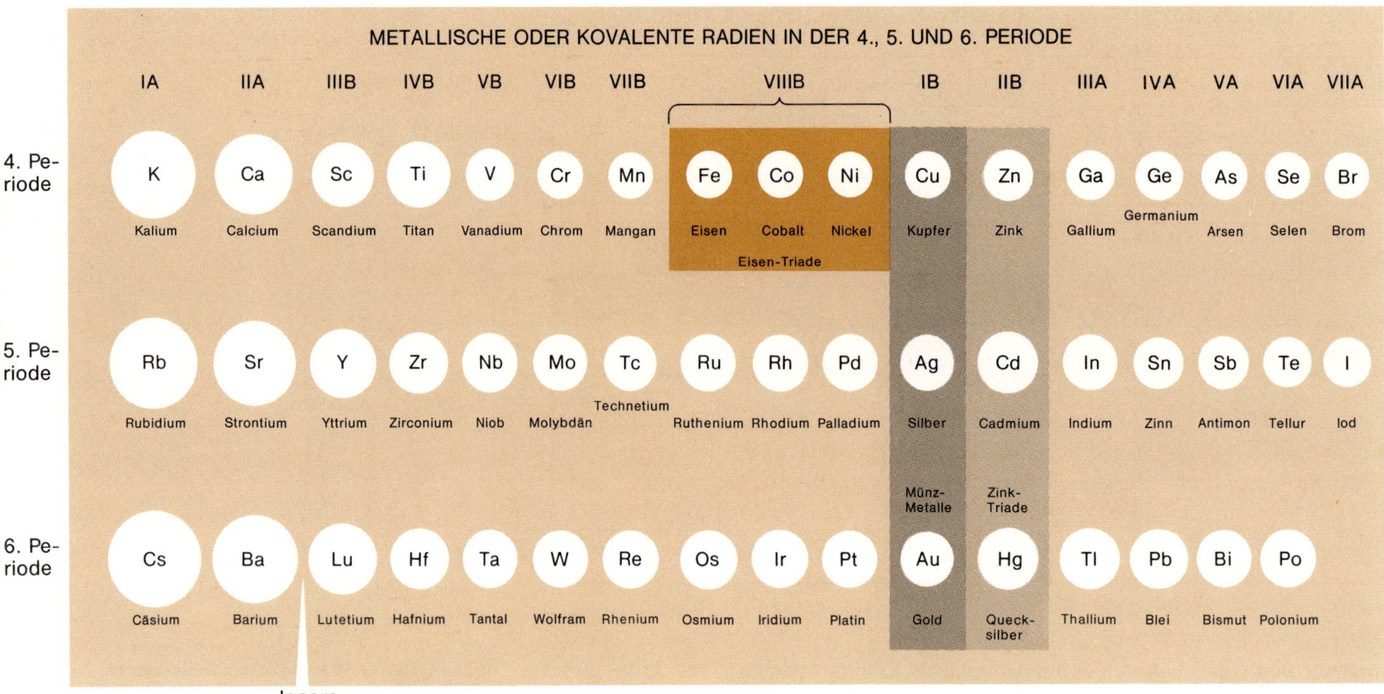

Das Ansteigen der Kernladung führt von der Gruppe IA bis zur Gruppe VIIB zur Abnahme der Atomradien; anschließend verursacht die Ladungsabstoßung zwischen den in d-Orbitalen gepaarten Elektronen bis zur Gruppe IIIA eine leichte Zunahme der Radien. Jenseits der Übergangsmetalle überwiegt dann wieder die zunehmende Kernladung.

keit des OsO_4 machen es bei der Elektronenmikroskopie zu einem nützlichen Anfärbemittel für Gewebe. Der Dampf ist gefährlich, da er auch menschliches Gewebe gut anfärbt, besonders die Augen.)

Die metallischen und kovalenten Radien der Elemente in den Perioden 4 bis 6 sind oben zusammengestellt. Wenn man die Übergangsmetalle aus diesem Diagramm herausnähme und Calcium (Ca) und Gallium (Ga) zusammenschöbe, würde das Größenprofil nicht viel anders aussehen als das in den Perioden 2 und 3; nichts anderes haben wir in den Zeichnungen der Radien zu Beginn dieses Kapitels gemacht. Innerhalb der Übergangsmetalle nehmen die Radien vom Sc zum Mn ungewöhnlich rasch ab; das sind die Elemente, bei denen die Elektronen leere d-Orbitale besetzen und keine Elektronenpaarung eintritt. Die Anziehungskraft des Kerns nimmt bei diesen Elementen stetig zu, doch besetzen die neu eintretenden Elektronen halbverdeckte d-Orbitale, in denen sie wenig zur Vergrößerung des Atoms beitragen, so daß dieser Kompensationseffekt gering ist. Erst wenn die Elektronen bei Fe bis Zn gepaart werden müssen, führt die Abstoßung zwischen den Elektronen in gefüllten Orbitalen wieder zu einer Vergrößerung der Atome, so daß die Übergangsmetallradien beim Ga und In wieder zum allgemeinen Trend zurückkehren.

Die Übergangsmetalle der fünften Periode sind größer als die der vierten, wie man aufgrund ihrer zusätzlichen Elektronenschale erwarten sollte. Die Übergangselemente in der sechsten Periode dagegen haben fast die gleiche Größe wie die entsprechenden Elemente in der fünften, obwohl bei ihnen Orbitale mit einer höheren Hauptquantenzahl aufgefüllt werden. Dieses Phänomen wird nach Lanthan, dem ersten Metall in dieser Serie, als *Lanthanoiden-Kontraktion* bezeichnet. Die Einschiebung der 14 Elemente mit f-Elektronen führt bis zum Hafnium (Ordnungszahl 72) zu einer Zunahme der Kernladung um +14, wodurch die Elektronen stärker nach innen gezogen werden. In der Gruppe IVB hat Molybdän (Mo) eine um +18 größere Kernladung als Chrom (Cr), doch Wolfram (W) unter Molybdän hat eine um +32 größere Kernladung als Molybdän. Entsprechend sind die Atomradien Cr 118 pm, Mo 130 pm und W 130 pm.

Die fast gleichen Atomgrößen in der zweiten und dritten Übergangsmetallserie führen dazu, daß diese Elemente ähnliche chemische Eigenschaften haben, die sich oft deutlich von denen der Metalle über ihnen in der ersten Übergangsmetallserie unterscheiden. Niob (Nb) und Tantal (Ta) verhalten sich fast identisch[3)] und anders als Vanadium (V). Ruthenium (Ru) und Osmium (Os) sind einander ähnlich, aber ziemlich verschieden von Eisen (Fe). Eisen, Cobalt (Co) und Nickel (Ni) in der ersten Übergangsmetallserie haben mehr Eigenschaften untereinander gemeinsam als mit den sechs Metallen unter ihnen.

Die Erdrinde besteht zu fast 2.5% aus Titan (Ti), Mangan, Eisen und Nickel; die anderen Übergangsmetalle sind seltener. Alle Übergangsmetalle der vierten Periode außer Sc, Ti und Ni sind für lebende Organismen lebensnotwendig; das gleiche gilt nur für ein Metall aus den späteren Perioden, nämlich für Molybdän (Mo) (s. vordere Innenseite des Buchdeckels). Eisen wird in Verbindung mit einem delokalisierten aromatischen Ring im Hämoglobin zur Sauerstoffbindung benutzt und als Elektronenüberträger in den Cytochromen, in denen es ein Elektron aufnimmt und wieder abgibt und zwischen den Oxidationszuständen +2 und +3 hin- und herpendelt. Auch Kupfer findet man in Redox-Proteinen; es wechselt dort zwischen den Oxidationszuständen +1 und +2. Die sechs anderen lebensnotwendigen Übergangsmetalle (V, Cr, Mn, Co, Zn und Mo) sind gewöhnlich im Oxidationszustand +2 an Enzyme gebunden, wo sie bei der Katalyse Elektronen von anderen Molekülen aufnehmen oder an sie abgeben.

Die häufigsten Übergangsmetalle lassen sich in vier Klassen einteilen: Die Vor-Eisen-Elemente in den Gruppen IIIB bis VIIB, die Eisentriade Fe, Co, Ni und die Elemente unter ihnen in Gruppe VIIIB, die Münzmetalle (Cu, Ag, Au) sowie schließlich die Zinktriade in der Gruppe IIB (Zn, Cd, Hg). Die Vor-Eisen-Metalle sind zäh, hart und hochschmelzend. Sie werden in der Technik hauptsächlich als Katalysatoren für chemische Reaktionen und als Zusätze zum Eisen bei der Herstellung besonders harter, elastischer, hochtemperaturfester und korrosionsbeständiger Stähle benutzt. Die Elemente der Eisentriade haben eine ungewöhnliche Eigenschaft gemeinsam: Sie sind magnetisch. An dieser Stelle beginnen auch Schmelzpunkt und Härte abzunehmen sowie die Atomgröße durch die Paarung der Elektronen in den d-Orbitalen zuzunehmen. Diese Tendenz setzt sich bei den weichen und in der Kälte bearbeitbaren Münzmetallen fort.

Die Münzmetalle sind ungewöhnlich gute Stromleiter, da sie die Elektronenkonfiguration $d^{10}s^1$ haben und nicht die nach dem Periodensystem zu erwartende Konfiguration d^9s^2. Bereits im achten Kapitel haben wir die besondere Stabilität der Elektronenkonfiguration vollständig gefüllter d-Orbitale (d^{10}) diskutiert. Dieser Energievorteil ist so groß, daß Kupfer eines seiner beiden äußeren s-Elektronen zum Auffüllen des letzten d-Orbitals benutzt. Dadurch sind die s-Orbitale halb leer und erleichtern die Bewegung der s-Elektronen durch das feste Metall. (Weil die d-Orbitale weiter innen im Atom liegen, sind die Elektronen dieser Orbitale nicht so frei beweglich wie die der s-Orbitale.) Die gleiche Beweglichkeit der s-Elektro-

ELEKTRONENSCHALEN-DIAGRAMM DER MÜNZMETALLE

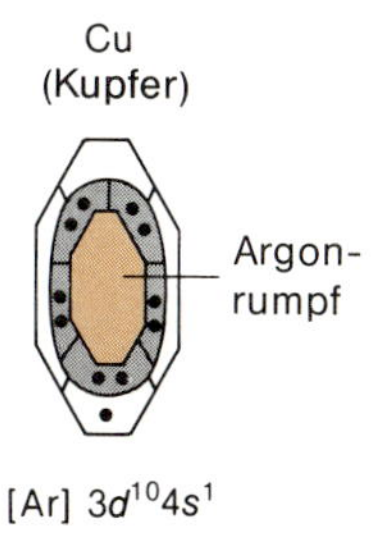

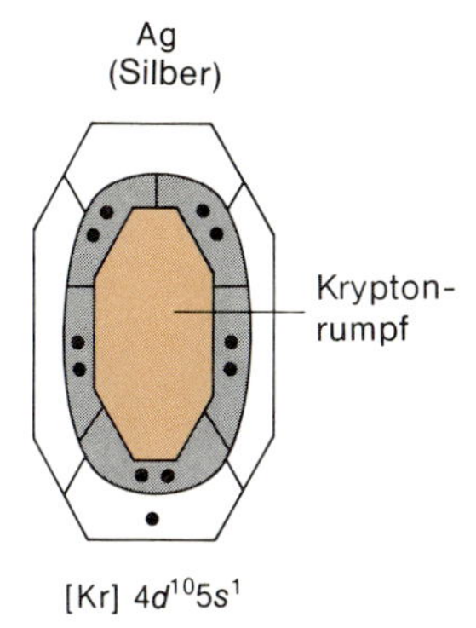

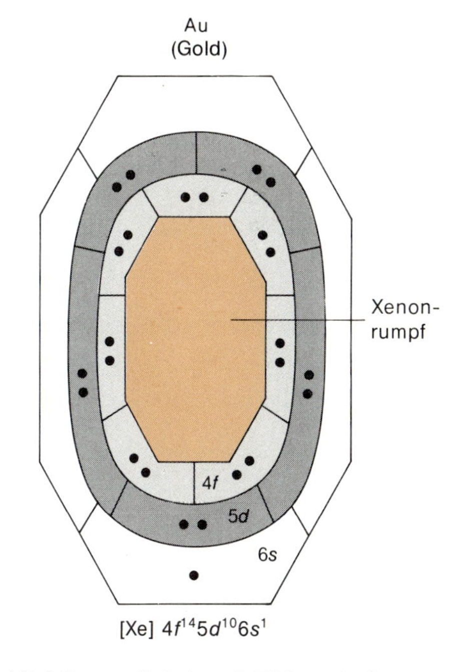

Alle Münzmetalle haben ein Elektron in der äußeren s-Schale und eine vollständig gefüllte d-Schale. Gold hat außerdem eine volle f-Schale. Alle diese Metalle sind wegen der Beweglichkeit ihrer äußeren Elektronen Leiter für Wärme und elektrischen Strom.

3) Die Namen Niob und Tantal spiegeln die Frustration der Chemiker wieder, die diese Elemente zu trennen versuchten. Sie wurden 1802 entdeckt, doch hielt man sie damals noch für ein Element, bis 1844 Methoden zu ihrer Unterscheidung entwickelt wurden. In der griechischen Mythologie wurde Tantalos für seine Sünden dadurch bestraft, daß er in der Hölle an einen Baum gekettet wurde und bis zum Hals im Wasser stehen mußte. Immer wenn er zu trinken versuchte, sank der Wasserspiegel und entzog sich ihm; immer wenn er versuchte, die Früchte des Baumes zu essen, blies ein Wind die Zweige aus seiner Reichweite. Niobe war die Tochter des Tantalos.

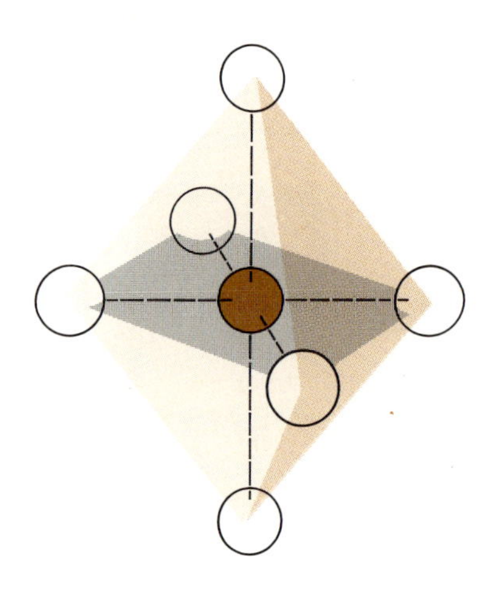

Sechs Chlorid-Ionen im $CoCl_6^{3-}$ oktaedrisch um ein Cobalt-Ion koordiniert

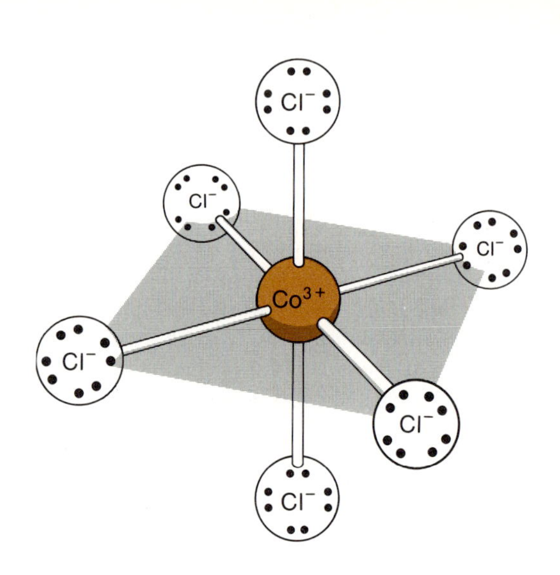

nen macht Cu, Ag und Au zu guten Lichtreflektoren (Absorption und unmittelbar darauffolgende Wiederausstrahlung bei der gleichen Wellenlänge) und Wärmeleitern. Deshalb werden Kupfer und Silber als Leiter in elektrischen Stromkreisen angewandt und künstliche Satelliten manchmal außen mit Gold verkleidet, um das Sonnenlicht zu reflektieren und die Temperatur niedrig zu halten. Bei Zn, Cd und Hg sind alle s- und d-Orbitale gefüllt, so daß die Beweglichkeit der Elektronen zwischen den Atomen reduziert und die elektrische und thermische Leitfähigkeit der Metalle herabgesetzt sind. Da alle äußeren Elektronen gepaart sind, wird die Wechselwirkung zwischen den Atomen geringer, was zu weichen und niedrigschmelzenden Festkörpern führt. Quecksilber, das Übergangsmetall mit den größten Atomen, ist oberhalb −39 °C flüssig, doch ist diese Eigenschaft nicht einzigartig, denn an einem warmen Sommertag sind auch Cäsium und Gallium flüssig.

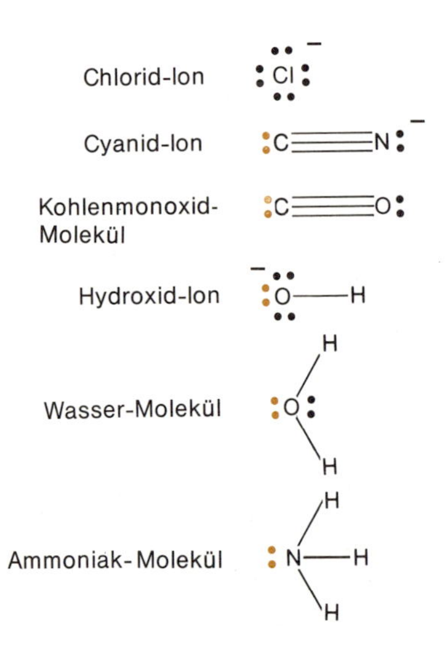

Bei diesen in Übergangsmetall-Komplexen häufigen Liganden ist das von dem Liganden zur Bindung an das Metall-Ion bereitgestellte Elektronenpaar farbig gekennzeichnet.

Bindungen mit d-Orbitalen

Bei den Übergangsmetallen beginnt die Verwendung von d-Orbitalen und d-Elektronen für chemische Bindungen. Es gibt eine große Anzahl Verbindungen, die als *Übergangsmetall-Komplexe* bezeichnet werden. Es sind Moleküle oder Ionen, in denen chemische Gruppen ihre einsamen Elektronenpaare mit einem zentralen Metallatom teilen. Das oben dargestellte Cobalthexachlorid-Ion, $CoCl_6^{3-}$, ist ein Beispiel. Es besteht aus einem Cobalt-Ion, Co^{3+}, das von sechs Chlorid-Ionen, Cl^-, umgeben ist, welche die Ecken eines Oktaeders besetzen (links oben). Jedes der Chlorid-Ionen wird als *Ligand* bezeichnet und bildet eine Elektronenpaar-Bindung mit dem Cobalt, bei der beide Elektronen vom Liganden stammen. Diese oktaedrische Geometrie ist bei Übergangsmetallen am häufigsten, aber es gibt auch einige Verbindungen mit Ni^{2+}, Pt^{2+} und Au^{3+} mit planar-quadratischer Geometrie, und auch die tetraedrische Koordination kommt bei vielen Ionen vor, z.B. beim Co^{2+}. Wir werden uns in diesem Abschnitt aber nur mit der oktaedrischen Koordination befassen.

Tiefrotes Kaliumhexacyanoferrat(III), $K_3Fe(CN)_6$, und gelbes Kaliumhexacyanoferrat(II), $K_4Fe(CN)_6$, sind normale Laborreagenzien. Sie sind bemerkenswert, weil der gemischte Komplex, $KFeFe(CN)_6$ mit einem Fe^{2+} und einem Fe^{3+}, das sehr

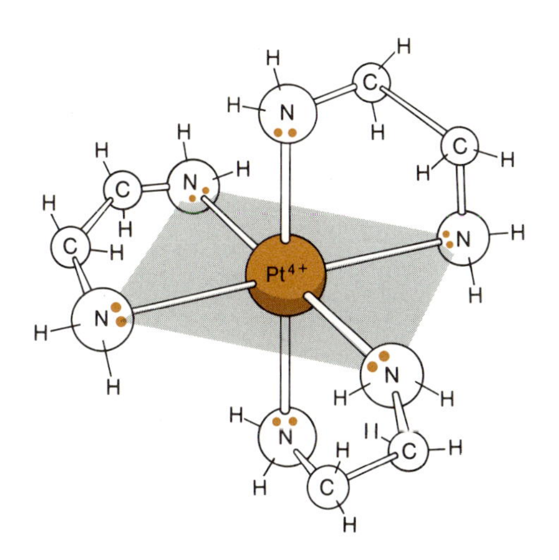

Die drei in $Pt(en)_3^{4+}$ oktaedrisch an ein Platin-Ion koordinierten Ethylendiamin-Moleküle

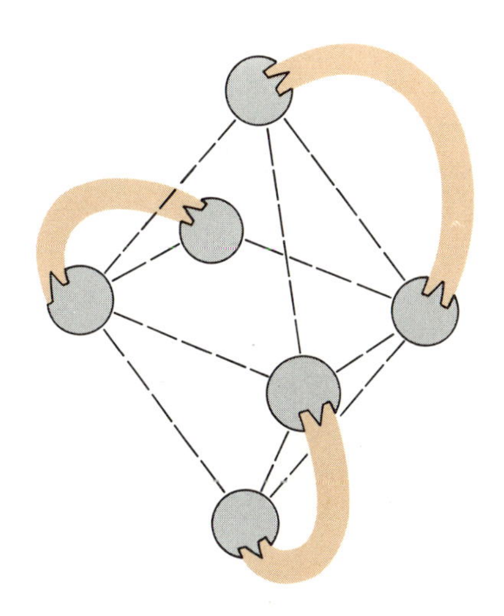

Anordnung zweizähniger Liganden. Jeder Ligand hat zwei „Zähne".

intensiv farbige Pigment Berliner Blau bildet, das für Blaupausen verwendet wird. Das Hexacyanoferrat(III)-Ion, $Fe(CN)_6^{3-}$, und das Hexacyanoferrat(II)-Ion, $Fe(CN)_6^{4-}$, sind beides oktaedrische Komplexe, in denen Fe^{3+} bzw. Fe^{2+} von sechs Cyanid-Ionen, $C{\equiv}N^-$, umgeben sind. Andere häufige Liganden in Übergangsmetall-Komplexen sind das Hydroxid- und das Carbonat-Ion sowie die ungeladenen Moleküle Kohlenmonoxid, Wasser und Ammoniak. Entscheidend für einen Liganden ist, daß er ein Elektronenpaar für die Bindung zum Metall zur Verfügung stellen kann.

Ein Ligand-Molekül oder -Ion kann auch mehr als eines der sechs Elektronenpaare bereitstellen. So stellt jedes Carbonat-Ion in dem Komplex $Co(CO_3)_3^{3-}$ zwei Elektronenpaare zur Verfügung und jedes Molekül Ethylendiamin, $H_2N-CH_2-CH_2-NH_2$, tut das gleiche in dem Komplex $Pt(en)_3^{4+}$ („en" ist die Standardabkürzung für Ethylendiamin). Diese und andere zweizähnige und dreizähnige Liganden sind rechts zusammengestellt. In dem oben gezeichneten Komplex $Pt(en)_3^{4+}$ krümmt sich jedes Ethylendiamin-Molekül so, daß es zwei der sechs Oktaederpositonen besetzen kann. Das kann auf zwei Arten geschehen, wobei entweder ein linkshändiger oder ein rechtshändiger Komplex entstehen. Nur zwei Moleküle Diethylentriamin sind notwendig, um ein Übergangsmetall vollständig einzuschließen, und ein Ethylendiamintetraacetat-Ion (EDTA) (s. nächste Seite) stellt sogar alle sechs Bindungselektronenpaare zur Verfügung. EDTA umhüllt ein Metall-Ion vollständig in einem Molekülkokon; seine Anziehung auf Metall-Ionen ist so stark, daß es diese vielen Enzym-Molekülen entzieht. Deshalb benutzt man EDTA als ein Mittel, um bei analytischen oder biochemischen Experimenten letzte Metallspuren aus Lösungen, in denen ihre Gegenwart störend oder schädlich wäre, zu entfernen.

Das Antibioticum Valinomycin und mehrere andere Antibiotica wirken auf die gleiche Weise wie EDTA. Von Valinomycin weiß man, daß es den Kalium-Ionen die Passage durch biologische Membranen erleichtert, und die Röntgenkristallographen haben auch herausgefunden warum, als sie vor einigen Jahren die Struktur des Kaliumsalzes des Antibioticums aufklärten. Das Valinomycin ist ein geschlossener Ring aus 36 Atomen mit zwölf Carbonylgruppen (C=O). Es wickelt sich so um das Kalium-Ion, daß sechs der Carbonylsauerstoff-Atome die Oktaederpositionen besetzen. Dadurch erhält das Ion einen organischen Überzug. Das so umhüllte Ion kann leichter durch eine Membran schlüpfen, weil seine Ladung verkleidet ist. Man glaubt, daß die Giftigkeit dieses Antibioticums für Mikroorganismen zum Teil darauf beruht, daß es das natürliche Kaliumgleichgewicht in den Zellmembranen stört.

Carbonat-Ion

Oxalat-Ion

$H_2N-CH_2-CH_2-NH_2$

Ethylendiamin (en)

$H_2N-CH_2-CH_2-N(H)-CH_2-CH_2-NH_2$

Diethylentriamin (dien)

Oben sind drei zweizähnige Moleküle dargestellt, von denen jedes zwei Elektronenpaare für Ligand-Metall-Bindungen zur Verfügung stellen kann, sowie ein dreizähniger Ligand mit drei zur Bindung bereitstehenden Elektronenpaaren.

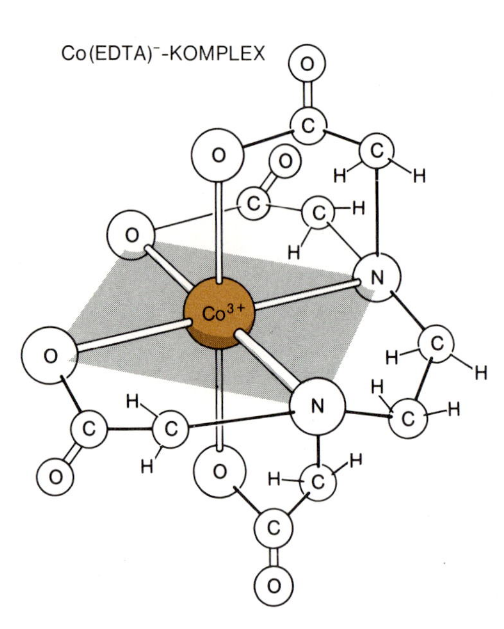

EDTA (Ethylendiamintetraacetat) oben schematisch und links dreidimensional dargestellt. Jedes EDTA-Ion kann sechs Elektronenpaare mit einem Metall-Ion in einem oktaedrischen Komplex teilen.

DIE HÄM-GRUPPE IN CYTOCHROM C

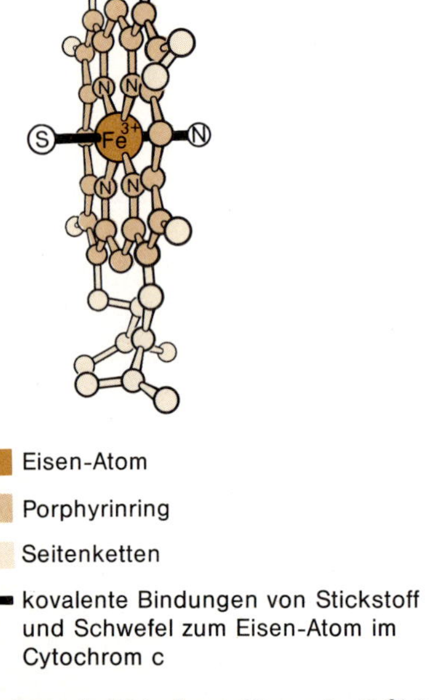

Vier der sechs Oktaederpositionen des Fe^{3+} für Liganden sind von vier einsamen Elektronenpaaren des Stickstoffs im ebenen Porphyrin-Ring besetzt; die fünfte und sechste Position werden von anderen chemischen Gruppen eingenommen. Die Elektronen der Doppelbindungen im Porphyrin-Ring sind in Wirklichkeit über das ganze Ringsystem delokalisiert.

Das Eisen-Atom in dem Redoxprotein Cytochrom c ist oktaedrisch koordiniert, wobei vier der sechs Liganden von einem großen planaren Porphyrin-Molekül stammen (links unten). Dieser Eisen-Porphyrin-Komplex wird *Hämgruppe* genannt. Im Cytochrom c sind der fünfte und der sechste Oktaeder-Ligand oberhalb und unterhalb der Ebene der Hämgruppe ein Stickstoff und ein Schwefel-Atom des Proteins, das die Hämgruppe umhüllt. Die delokalisierten Elektronen des Porphyrin-Rings werden mit dem Eisen geteilt, wodurch sich sein Redoxverhalten verändert. Hämoglobin ist eine andere Kombination aus Hämgruppen und Protein, in der der fünfte Oktaederligand ein Stickstoff aus dem Protein ist; die sechste Position bleibt frei zur Bindung des O_2-Moleküls, das jedes Hämoglobin-Molekül im Blutstrom trägt.

Eine auffallende Eigenschaft aller Übergangsmetall-Komplexe ist ihre Farbenvielfalt, ein Zeichen dafür, daß die Elektronen des Komplexes sichtbares Licht absorbieren. Das geschieht, weil die sechs Oktaederliganden die Energien der d-Orbitale des Metalls ungleichmäßig beeinflussen, und die daraus resultierenden Energiedifferenzen zwischen den d-Niveaus sind so gering, daß sie in den sichtbaren Bereich fallen. In Abwesenheit von Liganden haben alle fünf d-Orbitale eines Übergangsmetalls die gleiche Energie. Jetzt stelle man sich vor, daß sich sechs negative Ladungen (die Elektronenpaare der Liganden) dem Ion aus unendlicher Entfernung längs der Oktaederrichtungen $\pm x$, $\pm y$ und $\pm z$ nähern (s. gegenüberliegende Seite). Die negativen Ladungen treffen dabei direkt auf die Orbitallappen der d_{z^2}- und $d_{x^2-y^2}$-Orbitale. Wenn diese Orbitale mit Elektronen besetzt sind, werden deren Energien wegen der Abstoßung durch die eintretenden Liganden angehoben. Dagegen schieben sich die Liganden zwischen die Lappen der d_{xy}-, d_{yz}- und d_{xz}-Orbitale, so daß die Energie der Elektronen in diesen Orbitalen weniger beeinflußt wird. Das ursprüngliche d-Orbital-Niveau wird in zwei Niveaus mit einem Energieabstand Δ aufgespalten, die rechts gezeigt sind. Diese Niveaus nennt man aus Gründen, die für unsere Diskussion uninteressant sind, *t*- und *e*-Niveaus, doch kann man sich die Zuordnung merken, wenn man bei diesen Buchstaben an die englischen Bezeichnungen „three-orbital" und „excited" (angeregt) denkt.

Auf welche Weise die äußeren Elektronen eines Übergangsmetall-Ions diese Niveaus auffüllen, hängt von der Energiedifferenz zwischen den *t*- und *e*-Niveaus ab; sie wird als *Kristallfeldaufspaltungsenergie* Δ bezeichnet. Das Cr^{3+}-Ion hat drei äußere Elektronen, und im Grundzustand des Ions besetzt jedes Elektron eines der drei d_{xy}-, d_{yz}- und d_{xz}-Orbitale im *t*-Niveau (rechts). Fe^{3+} hat fünf äußere Elektronen, und wenn die Liganden um das Eisen herum nur eine geringe Kristallfeldauf-

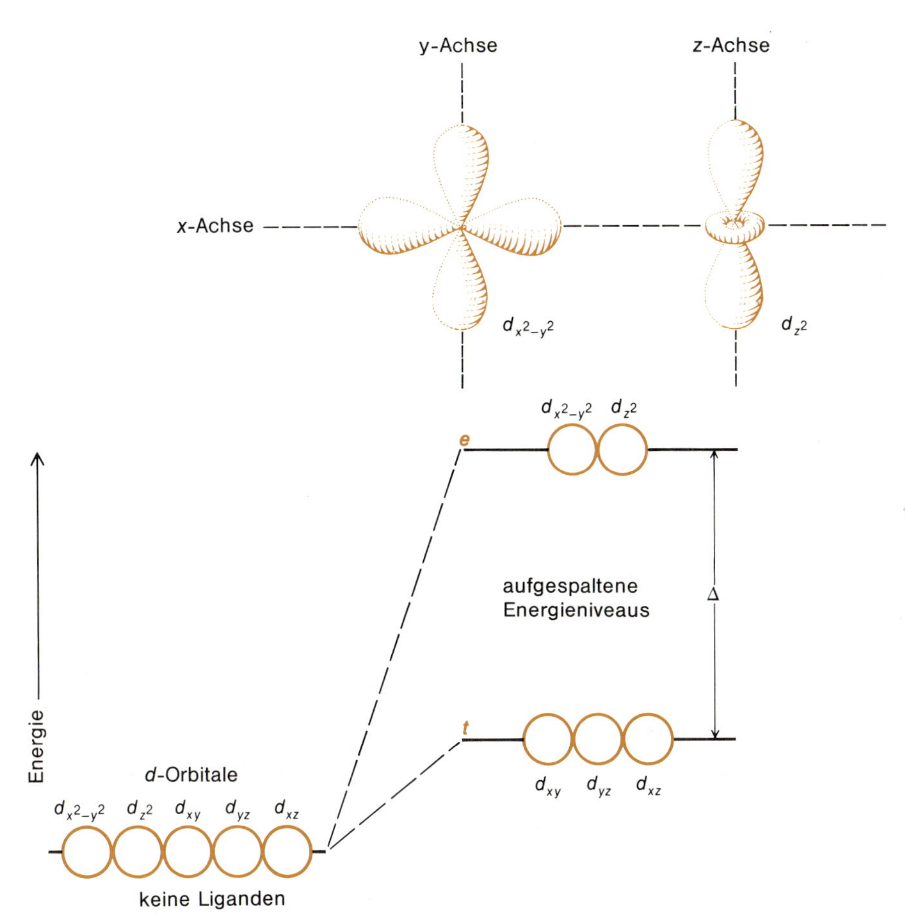

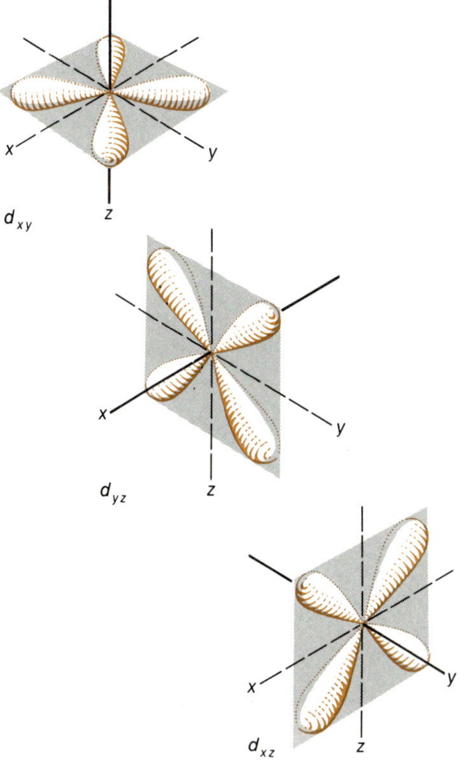

Wenn sich Liganden aus den Oktaederrichtungen (± *x*, ± *y*, ± *z*) einem Metall-Ion nähern, werden die Elektronen in den d-Orbitalen des Metalls abgestoßen. Die Abstoßung ist stärker für das $d_{x^2-y^2}$- und das d_{z^2}-Orbital (die beiden *e*-Orbitale), die direkt in der Richtung der Elektronenpaare des sich nähernden Liganden liegen, und schwächer für das d_{xy}-, d_{yz}- und das d_{xz}-Orbital (die drei *t*-Orbitale), die um 45° aus dieser Richtung weggedreht sind. Der Energieunterschied zwischen den *t*- und den *e*-Niveaus in Gegenwart der Liganden wird Kristallfeldaufspaltungsenergie Δ genannt. Ob die Elektronen die *e*-Orbitale besetzen, bevor sie sich in *t*-Orbitalen paaren, hängt von der relativen Stärke der Elektron-Elektron-Abstoßung und von der Kristallfeldaufspaltungsenergie ab.

Aufspaltung des Energieniveaus in Cr^{3+}- und Fe^{3+}-Ionen

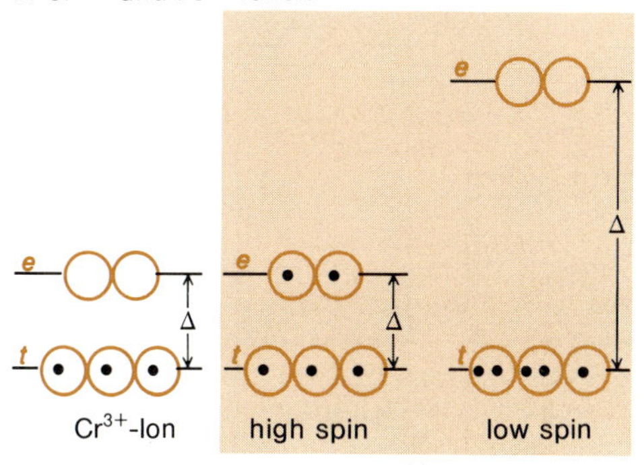

spaltung Δ verursachen, dann sorgt die elektrostatische Abstoßung zwischen den im gleichen Orbital gepaarten Elektronen dafür, daß jedes Elektron ein d-Orbital besetzt: drei besetzten das *t*-Niveau und zwei das *e*-Niveau. Man bezeichnet dies als einen *High-spin-Komplex,* weil die Elektronen-Spins in den Orbitalen nicht gepaart sind. Diese Spins können durch magnetische Messungen beobachtet werden. Wenn die Liganden dagegen eine große Energieaufspaltung verursachen, kann es weniger Energie erfordern, Elektronen in den *t*-Orbitalen zu paaren, als zwei Elektronen in höherliegenden *e*-Orbitalen ($d_{x^2-y^2}$ und d_{z^2}) unterzubringen, wo sie in die Nähe der Ligandenelektronen kommen. In einem solchen Fall werden vier Elektronen in den niedrigeren Orbitalen gepaart, so daß nur ein Elektron ungepaart übrigbleibt und ein *Low-spin-Komplex* entsteht (s. rechts).

„Spektroskopie“ von Cobalt-Komplexen durch den Augenschein

Co^{3+}-Komplex	absorbierte Wellenlänge (nm)	absorbierte Farbe	beobachtete Farbe
$[CoF_6]^{3-}$	700	rot	grün
$[Co(CO_3)_3]^{3-}$	640	rot-orange	grünlich-blau
$[Co(H_2O)_6]^{3+}$	600	orange	blau
$[Co(NH_3)_5Cl]^{2+}$	535	gelb	purpur
$[Co(NH_3)_5OH]^{2+}$	500	blaugrün	himbeerrot
$[Co(NH_3)_6]^{3+}$	475	blau	gelb-orange
$[Co(en)_3]^{3+}$	470	blau	gelb-orange
$[Co(CN)_5Br]^{3-}$	415	violett	zitronengelb
$[Co(CN)_6]^{3-}$	310	ultraviolett	blaßgelb (Absorptionsschwanz im sichtbaren Bereich)

Stärkere Liganden, also eine stärkere Kristallfeldaufspaltung, führen zu einer Strahlungsabsorption bei kürzeren Wellenlängen und einer Verschiebung der absorbierten Farbe und der sichtbaren Farbe.

Sowohl in den High-spin- als auch in den Low-spin-Komplexen können die Elektronen im *t*-Niveau Photonen absorbieren und in das höhere *e*-Niveau übergehen. Wir können die Aufspaltungsenergie Δ mit Hilfe des Absorptionsspektrums eines Komplexes messen, oder wir können die relativen Aufspaltungen aus der Farbe des Komplexes grob abschätzen. In der Tabelle oben sind mehrere oktaedrische Komplexe des Co^{3+} zusammengestellt, gemeinsam mit ihren Hauptabsorptionswellenlängen und ihren Farben. Da wir die Beziehung zwischen Farbe und Energie in diesen und ähnlichen Komplexen kennen, können wir die verschiedenen Liganden nach ihrer Effektivität, die d-Energieniveaus aufzuspalten, ordnen:

$$CN^- > en > NH_3 > OH^-, H_2O, CO_3^{2-} > F^- > Cl^- > Br^-$$

Diese Reihenfolge variiert etwas von einem Übergangsmetall zum anderen, aber es gilt allgemein, daß ein kräftiges, konzentriertes negatives Ladungspaket auf einem Liganden eine größere Kristallfeldaufspaltung verursacht als eine große, diffuse, negative Ladungswolke. Zum Beispiel ist ein lokalisiertes einsames Elektronenpaar am Stickstoff-Atom in Ethylendiamin oder Ammoniak effektiver als die diffuse negative Ladung eines Bromid-Ions.

Fluorid-Ionen als Liganden am Co^{3+} verursachen eine so kleine Aufspaltung, daß sich die sechs Außenelektronen des Co^{3+} auf beide Niveaus verteilen können, so daß ein High-spin-Komplex mit vier ungepaarten Elektronen entsteht (links). CoF_6^{3-} absorbiert Strahlung niedriger Energie im roten Wellenlängenbereich und ist daher grün. Ammoniak ist ein stärkerer Ligand und verursacht eine so große Aufspaltung, daß alle sechs Co^{3+}-Elektronen als Paare die d_{xy}-, d_{yz}- und d_{xz}-Orbitale besetzen, deren Richtungen von denen der einsamen Elektronenpaare des Stickstoffs im Ammoniak wegweisen. Wenn die Elektronen im $Co(NH_3)_6^{3+}$ zum höheren *e*-Niveau angehoben werden, wird blaues Licht absorbiert, so daß die Lösung des Komplexes eine gelb-orange Farbe annimmt. Da das Cyanid-Ion, CN^-, ein starker Ligand ist, der eine große Aufspaltung verursacht, absorbiert $Co(CN)_6^{3-}$ im Ultravioletten. Der kleine Absorptionsschwanz, der in den violetten Bereich hineinreicht, verleiht $Co(CN)_6^{3-}$-Lösungen eine blaßgelbe Färbung.

Die gleichen Überlegungen gelten für Eisenkomplexe in biologischen Systemen. Blut ist rot, weil der Eisen-Porphyrin-Komplex im Hämoglobin grünes Licht absor-

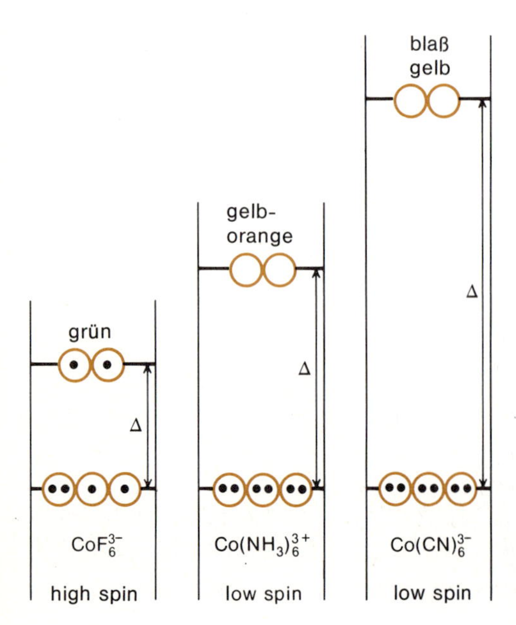

CoF_6^{3-} absorbiert rotes Licht und erscheint daher grün. $Co(NH_3)_6^{3+}$, mit stärkeren Liganden, absorbiert blaues Licht und erscheint gelb-orange. Das Absorptionsmaximum des $Co(CN)_6^{3-}$ liegt im ultravioletten Bereich.

biert. Chlorophyll ist grün, weil der Magnesium-Porphyrin-Komplex Licht am blauen und roten Ende des Spektrums absorbiert, aber nicht in der Mitte (unten). Dieses recht paradoxe Verhalten des wichtigsten Photosynthese-Pigments in der Natur, *kein* Licht der Wellenlänge zu absorbieren, die in der Sonnenstrahlung am häufigsten ist (500 nm), wird durch Carotin und ähnliche Moleküle in der Nachbarschaft ausgeglichen, die diese häufigeren Wellenlängen auffangen und die elektronische Energie an Chlorophyll zur Nutzung für Synthesen weitergeben. In früheren Kapiteln haben wir die beiden wichtigsten Molekülklassen mit nahe benachbarten elektronischen Energieniveaus kennengelernt – delokalisierte aromatische Ringe und Übergangsmetall-Komplexe –, die aufgrund dieser Elektronenstruktur sichtbares Licht absorbieren. Im Häm und im Chlorophyll sind diese beiden Strukturprinzipien in einem einzigen Molekül vereint.

Man wundert sich vielleicht, daß dieser Abschnitt den Titel trägt „Bindungen mit d-Orbitalen", da wir bisher noch nicht von kovalenten Bindungen zwischen Metall-Ion und Liganden gesprochen haben. Die einfache *Kristallfeldtheorie,* die wir benutzt haben, um die Aufspaltung der Energieniveaus zu erklären, ist tatsächlich eine rein elektrostatische Theorie, bei der man annimmt, daß das Metall als Ion vorliegt und die einsamen Elektronenpaare bei den Liganden bleiben. Bei der realistischeren Molekülorbital-Behandlung werden sechs Orbitale des Metall-Ions, ein s-, drei p- und die beiden d-Orbitale, die auf die Liganden hin ausgerichtet sind, mit den sechs Liganden-Orbitalen zu zwölf Molekülorbitalen kombiniert, von denen sechs bindend und sechs antibindend sind. Die von den Liganden stammenden sechs Elektronenpaare werden benutzt, um die bindenden Orbitale zu besetzen und kovalente Bindungen vom Metall zu den Liganden auszubilden. Die d_{xy}-, d_{yz}- und d_{xz}-Metallorbitale nehmen an diesem Kombinationsprozeß nicht teil, weil sie aus Symmetriegründen nicht mit den σ-Orbitalen der Liganden kombinieren können. Das Endergebnis ist das gleiche wie bei der Kristallfeldtheorie. Nachdem sechs kovalente Bindungen zwischen Metall und Liganden gebildet sind, verbleiben die drei unbesetzten d-Orbitale und alle äußeren Elektronen am Metall-Ion, die sich dann auf die gleiche Weise behandeln lassen, wie wir es in der Kristallfeld-Theorie getan haben. Das ungestörte Energieniveau dieser drei Orbitale entspricht dem *t*-Niveau, und das *e*-Niveau entspricht den beiden niedrigsten der sechs antibindenden Molekülorbitale. Die Kristallfeldtheorie nimmt an, daß die Bindungen zwischen Metall und Liganden ionisch sind, und die Molekülorbital-Theorie betrachtet diese Bindungen als kovalent. Wie gewöhnlich liegt die Wahrheit irgendwo in der Mitte.

Das Chlorophyll-Molekül absorbiert blaues und rotes Licht (a), aber nicht die Wellenlängen dazwischen. Da die absorbierten Wellenlängen fehlen (b), erhält Chlorophyll durch die verbleibende Strahlung eine gelb-grüne Farbe.

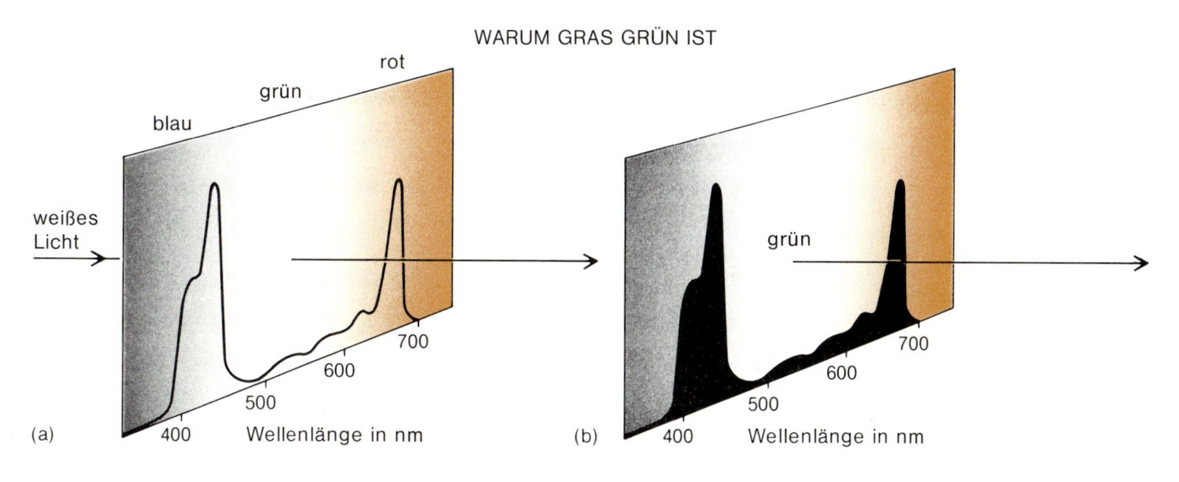

Die Gruppe III A: B, Al, Ga, In, Tl

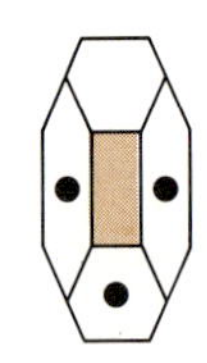

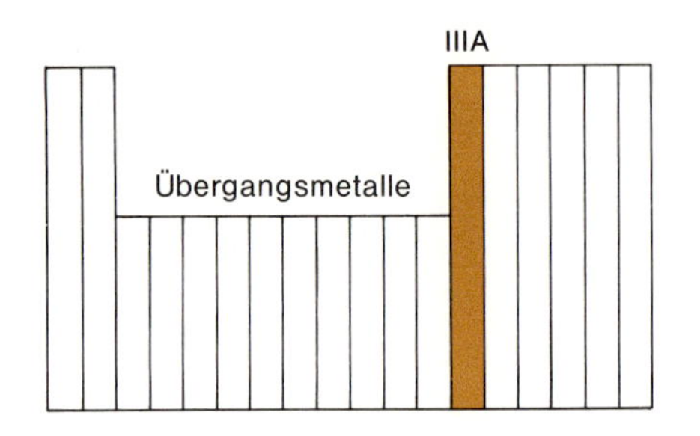

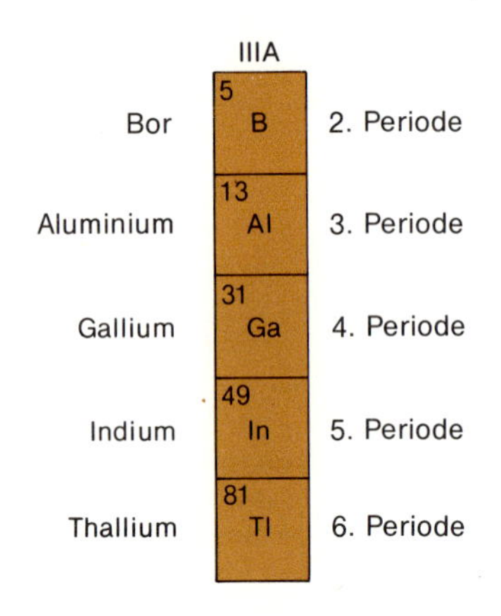

BORNITRID

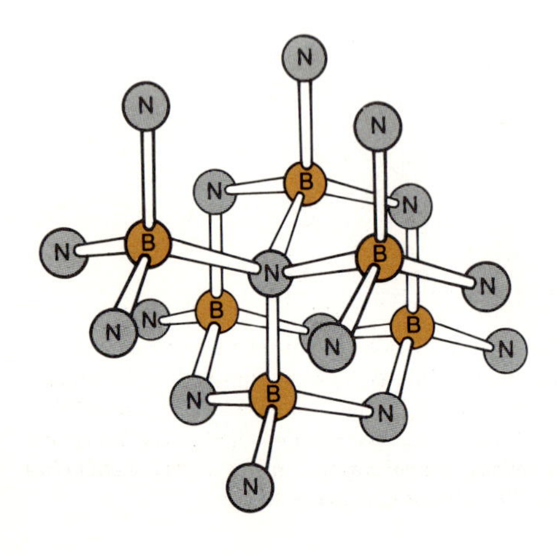

In der Gruppe III A treffen wir zum erstenmal auf die Grenze zwischen Metallen und Nichtmetallen; Bor an der Spitze der Gruppe ist nichtmetallisch. Im kristallinen Bor besetzen die Atome die zwölf Ecken eines Ikosaeders. Die verschiedenen Borhydride mit den Formeln B_2H_6, B_4H_{10}, B_5H_{11}, B_9H_{15} usw. haben jeweils ein Ikosaeder-Fragment als Borgerüst. Ihre Verbrennungswärmen pro Gewichtseinheit mit Sauerstoff sind hoch, und deshalb wurden sie zeitweise ernsthaft als Raketentreibstoffe in Betracht gezogen.

Bor bildet mit C und N im Kristall sehr starke kovalente Bindungen. Borcarbid, B_4C, und Bornitrid, BN, sind fast so hart und fast so gute Schleifmittel wie Diamant. Bornitrid hat Diamantstruktur (unten links) und ist mit Diamant isoelektronisch. Jedes Bor-Atom hat ein Elektron weniger als Kohlenstoff, doch jedes Stickstoff-Atom hat eines mehr. Auf diese Weise sind gerade genug Elektronen vorhanden, um die diamantähnliche Struktur zusammenzuhalten. Boroxid, B_2O_3, wird aus natürlichem Borax, $Na_2B_4O_7 \cdot 10H_2O$, gewonnen. Ein berühmter Fundort für Borax ist das Death Valley in Amerika, aus dem es früher mit Maultieren herauftransportiert wurde.

Aluminium ist ein festes, leichtes Metall, das wegen seiner fest anhaftenden Oxidhaut aus Al_2O_3 besonders korrosionsbeständig ist. Wenn Aluminium-Metall diesen Oxidfilm nicht hätte, wäre es so reaktiv, daß es wie Magnesium mit warmem Wasser reagierte:

$$Al + 3H_2O \longrightarrow Al^{3+} + 3OH^- + \tfrac{3}{2}H_2 \longrightarrow Al(OH)_3 + \tfrac{3}{2}H_2$$

Kristallines Aluminiumoxid oder Korund, Al_2O_3, wird als Schleifmittel benutzt. Rubine sind Al_2O_3-Kristalle, in denen einige Al^{3+}-Ionen durch das Übergangsmetall-Ion Cr^{3+} ersetzt sind; dadurch erhalten Rubine eine tiefrote Farbe. Blaue Saphire enthalten stattdessen eine geringe Menge Ti^{3+}-Ionen. Heute stellt man Rubine künstlich her und benutzt sie als Lager in Uhren und anderen Präzisionsinstrumenten. Reines Aluminium wird durch Elektrolyse von $Al(OH)_3$, gewonnen aus Bauxit, einem Hydrat des Al_2O_3, hergestellt. (Hydrate enthalten eine definierte Wassermenge als Teil der Kristallstruktur, wie der oben erwähnte natürliche Borax.)

Von den Elementen der Gruppe III A ist nur Aluminium ein nennenswerter Bestandteil der Erdrinde (6%); keines dieser Elemente ist für Organismen lebensnotwendig. Gallium, Indium und Thallium sind selten und relativ unwichtig. Gallium wird manchmal für Thermometer verwendet, weil es in einem weiten Temperaturbereich flüssig ist; es schmilzt bei 30 °C, doch siedet es erst oberhalb von 2500 °C. Der Siedepunkt ist normal verglichen mit dem der Nachbarelemente im Periodensystem; nur der Schmelzpunkt ist ungewöhnlich niedrig. Das kommt wahrscheinlich daher, daß Gallium eine offene, unregelmäßige Kristallstruktur hat, die leicht zerstört wird. Der Schmelzpunkt des Indiums liegt ebenfalls zu tief, aber nicht so tief wie der des Galliums. Da sich Gallium beim Festwerden ausdehnt (auch ein Hinweis auf die schwache Assoziation der Atome im Festkörper), wird es in begrenztem Maße für Zahnlegierungen und Letternmetalle verwendet. Sowohl die Zahnfüllung als auch die Drucktype müssen sich beim Festwerden ausdehnen, um die Formen exakt auszufüllen. Indium wird in manchen Legierungen eingesetzt, und Thalliumsalze werden hauptsächlich als geschmack- und geruchloses Rattengift verwendet.

Bornitrid hat Diamantstruktur, wobei jedes B-Atom von vier N umgeben ist und jedes N von vier B. Jedes Kohlenstoff-Atom in Diamant hat vier Bindungselektronen. Das Defizit von einem Elektron an jedem B-Atom wird durch ein überschüssiges Elektron an jedem N kompensiert.

Die Gruppe IVA: Isolatoren und Halbleiter

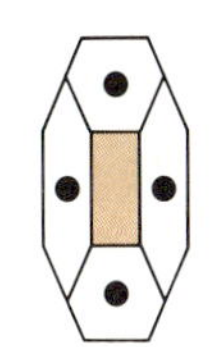

Zwischen Bor und Kohlenstoff kommt es zu einem abrupten Wechsel in den Eigenschaften; in den späteren Perioden ist die Diskontinuität zwischen der Gruppe IIIA und der Gruppe IVA geringer. Kohlenstoff ist ein Nichtmetall mit genau der gleichen Anzahl von Außenelektronen und Orbitalen, was die Bildung der maximalen Anzahl von Bindungen zu anderen Atomen erleichtert. Wir werden die Kohlenstoff-Verbindungen genauer in den Kapiteln 18 bis 21 diskutieren. Silicium ist metallischer als Kohlenstoff, und wir haben bereits die Carbonate und die Silicate in früheren Kapiteln miteinander verglichen. Germanium liegt auf der Grenze zwischen Nichtmetallen und Metallen; Zinn und Blei sind beides Metalle. Bei allen Elementen der Gruppe IVA sind die normalen Oxidationszustände +2 und +4, was entweder dem Verlust oder dem Teilen der Hälfte oder aller Außenelektronen entspricht. Wenn die Metalle am Ende der Gruppe Elektronen *verlieren,* dann sind es bevorzugt nur zwei unter Bildung des Oxidationszustands +2, während die Nichtmetalle am Anfang der Gruppe, die Elektronen nur *teilen,* häufiger im Oxidationszustand +4 vorliegen.

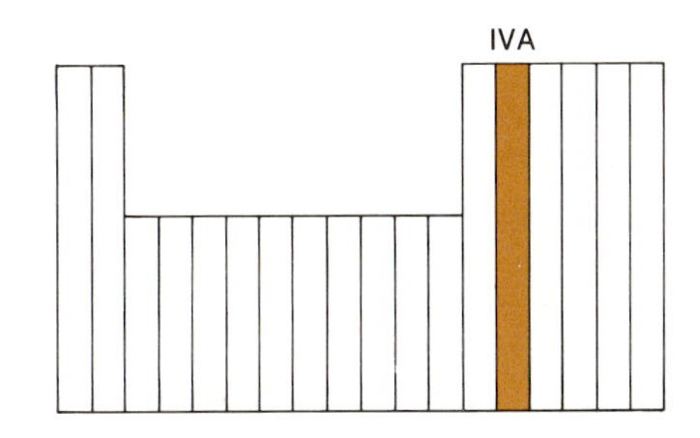

Etwa 21% der Atome in der Erdrinde sind Silicium; Kohlenstoff macht nur 0.03% aus, und weniger als ein Atom von einer Million ist Germanium, Zinn oder Blei. Dagegen ist das Kohlenstoff-Silicium-Verhältnis in lebenden Organismen gerade umgekehrt: 11% des Körpergewichts bestehen normalerweise aus Kohlenstoff, und Si und Sn werden nur in Spurenmengen gebraucht; Ge und Pb sind unnötig. Blei ist wie die meisten anderen Schwermetalle giftig.

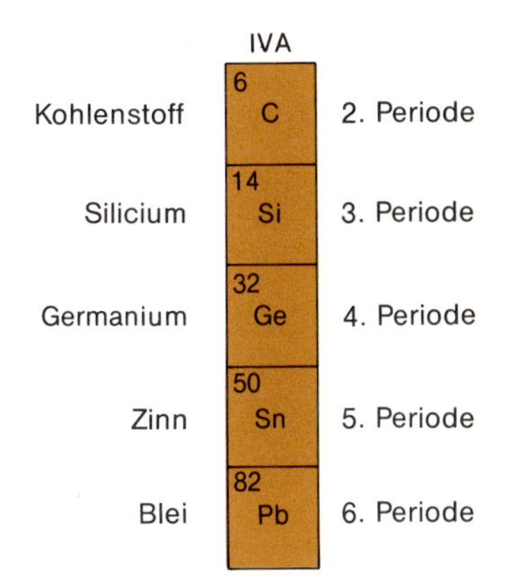

Silicium und Germanium sind die Eckpfeiler der Transistortechnik und der Mikroelektronik. Reines Silicium und Germanium leiten den elektrischen Strom schlecht, da ihre Außenelektronen in den kovalenten Bindungen der Diamantstruktur festliegen. Diamant ist ein *Isolator,* da es viel Energie erfordert, um die Elektronen aus den kovalenten Bindungen herauszulösen, so daß sie den Strom durch den Kristall leiten können. Zur Freisetzung der Elektronen in Silicium ist nicht so viel Energie und in Germanium noch weniger Energie nötig. Diese Atome sind größer und halten ihre Elektronen nicht so fest. Sie sind keine Leiter im Sinne der Metalle, sondern *Halbleiter.* Bei niedriger Spannung sind es Isolatoren, doch wenn die Spannung hoch genug ist, beginnen sie, den Strom zu leiten. Mit zunehmender Temperatur nimmt die elektrische Leitfähigkeit in Metallen ab, da die Schwingungen der Atome die Passage der Elektronen behindert. In Halbleitern wird dieser Effekt durch das „Losschütteln" einer größeren Anzahl von Elektronen aus den Bindungen bei höheren Temperaturen überkompensiert, daher werden Halbleiter mit steigender Temperatur bessere Stromleiter.

Eine bessere Methode, die elektrische Leitfähigkeit dieser Halbleiter zu erhöhen, ist es, sie so gut wie möglich zu reinigen und sie dann mit geringen Mengen von Al- oder P-Atomen zu dotieren, die einige der Si-Atome ersetzen. (Ge in der vierten Reihe läßt sich durch Ga und As ersetzen.) Mit jedem Aluminium-Atom wird eine Elektronenlücke in das Diamantgitter eingeführt, und jedes Phosphor-Atom bringt ein überschüssiges Elektron mit. Diese beiden kontrolliert eingeführten Verunreinigungen erhöhen die elektrische Leitfähigkeit des Siliciums. Das zusätzliche Elektron des Phosphors paßt in keine der kovalenten Bindungen des Diamantgitters und kann zum Stromtransport benutzt werden. Mit Aluminium im Gitter wandern Elektronen in die Leerstelle am Aluminium. Dabei entsteht das, was die Physiker als Elektronenloch bezeichnen. Dieses wandert dem Elektronenstrom entgegen und nicht mit ihm, doch führt das insgesamt ebenfalls zum Stromtransport. Phosphor-dotiertes Silicium ist n-Silicium (negative Elektronen), und aluminium-dotiertes Silicium ist p-Silicium (positive Löcher). Wenn die beiden Typen zusammengebracht werden, entsteht ein p-n-Übergang. Der elektrische Strom kann nur in einer

MOBILE ELEKTRONEN UND „LÖCHER" IN „DOTIERTEM" SILICIUM

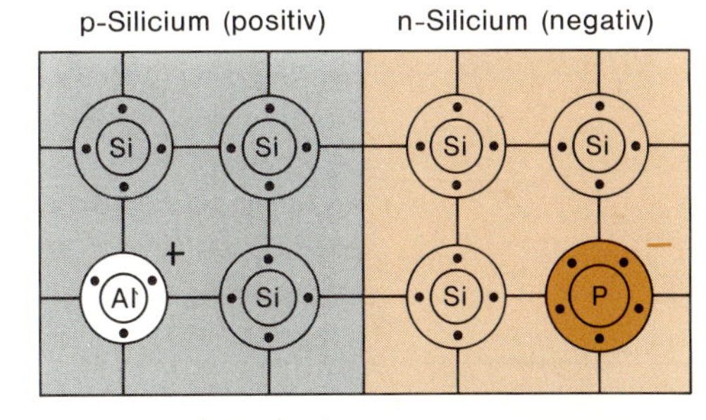

Jedes Phosphor-Atom (rechts) liefert ein überschüssiges Elektron, das frei durch das Siliciumgitter wandern kann. Jedes Aluminium-Atom (links) trägt eine Elektronenlücke bei, die man sich als ein positives „Loch" vorstellen kann, das ebenfalls frei im Siliciumgitter umherwandert.

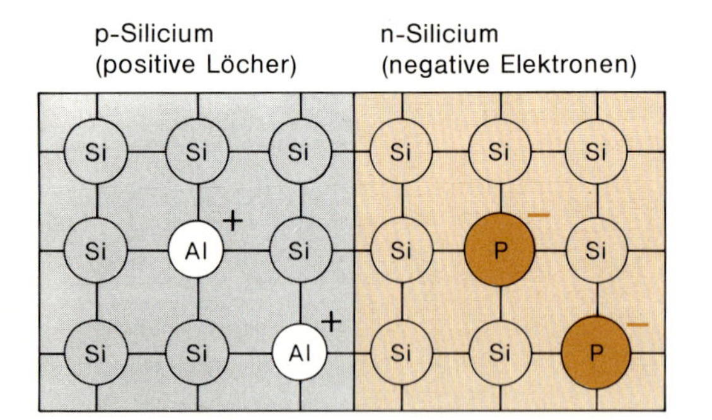

P-N-HALBLEITERÜBERGANG ALS GLEICHRICHTER

Links: In p-Silicium sind einige Silicium-Atome durch Aluminium-Atome ersetzt; es enthält Elektronen-Leerstellen oder Löcher, die beweglich sind. n-Silicium enthält Phosphor-Atome, die zusätzliche Elektronen mitbringen.

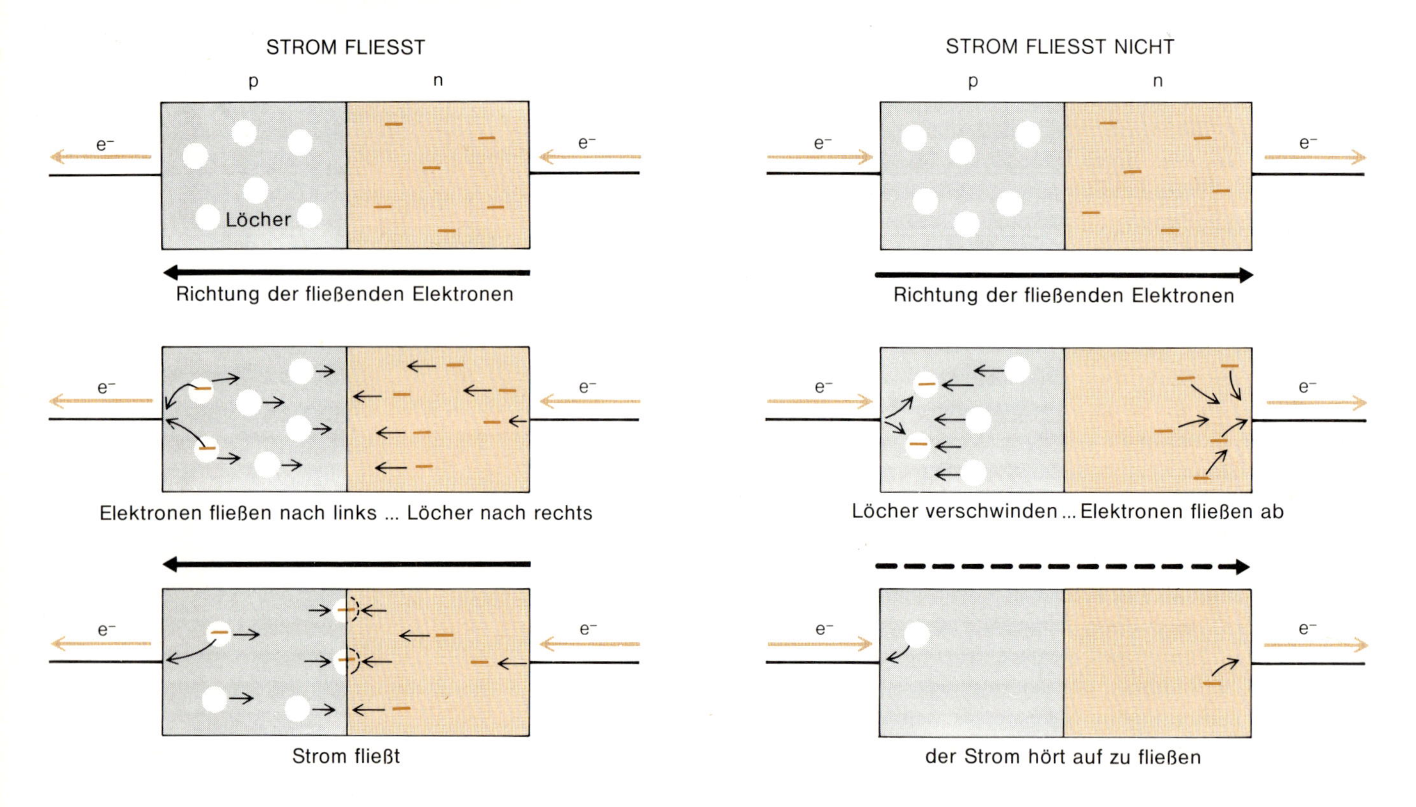

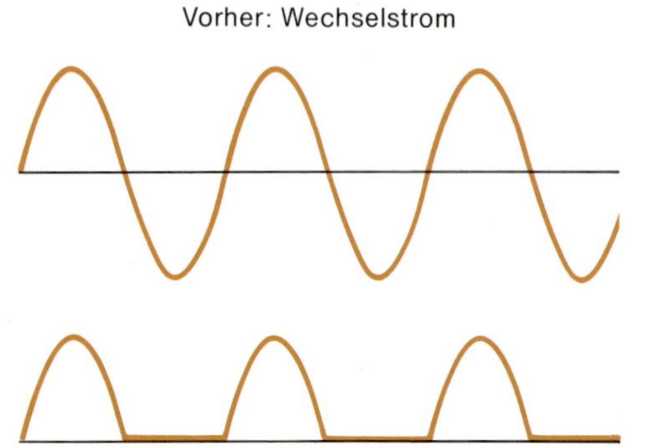

Aus dem Draht rechts wandern mehr Elektronen in das Silicium; links werden mehr Löcher erzeugt, wenn die Elektronen aus dem p-Silicium in den Draht des äußeren Stromkreises abwandern. Ein kontinuierlicher Stromfluß von rechts nach links ist möglich.

Wenn Löcher und Überschußelektronen eliminiert sind, ist kein Stromfluß mehr möglich, weil es nichts mehr gibt, was den Strom durch das Silicium transportiert, das damit zum Isolator wird. Ein kontinuierlicher Stromfluß von links nach rechts ist nicht möglich.

Ein Transistor mit p-n-Übergang kann als Gleichrichter dienen, der Wechselstrom in Gleichstrom umwandelt, indem er eine Richtung für den Strom sperrt.

Richtung über diesen p-n-Übergang transportiert werden, wie im Diagramm oben dargestellt ist. Diese Kombination ist ein Gleichrichter, der Wechselstrom in Gleichstrompulse verwandeln kann. Es wurden auch noch andere Halbleiter-Elemente mit p- und n-Silicium entwickelt, mit denen die meisten alten Vakuumröhren durch winzige und robuste Transistoren ersetzt werden können, die nur mit einem winzigen Bruchteil der Energie arbeiten.

Die Gruppe VA: der Stickstoffkreislauf

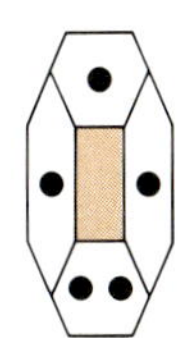

Wir haben in früheren Kapiteln elementaren Stickstoff, Ammoniak und Salpetersäure sowie Phosphor und die Phosphate diskutiert. Achtzig Prozent unserer Atmosphäre bestehen aus N_2-Gas. Obwohl diese Menge nur einen winzigen Bruchteil des gesamten Planeten ausmacht, ist sie wichtig, da sie an der Oberfläche, wo sich das Leben entwickelte, konzentriert ist. Stickstoff und Phosphor sind für Organismen lebensnotwendig; Arsen, Antimon und Bismut nicht.

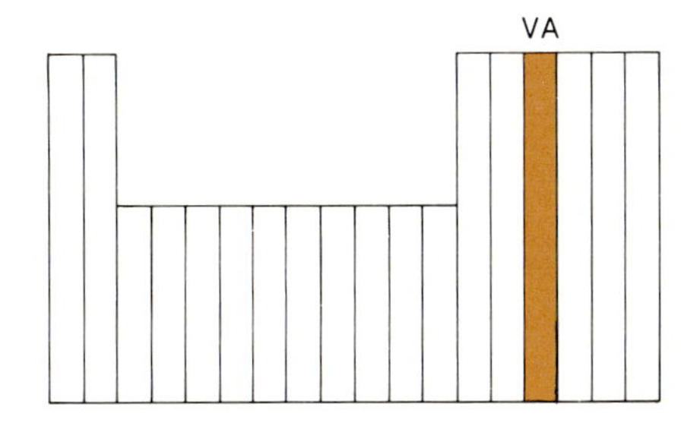

Stickstoff kann mit Kohlenstoff kovalente Verbindungen bilden und ist in vielen biologischen Molekülen ein essentielles Element. Proteine sind langkettige Polymere aus Aminosäuren, in denen die Kettenstruktur

$$-N-C-C-N-C-C-N-C-C-N-C-C-$$

vorliegt.

Ammoniak ist eine Base, da das Stickstoff-Atom ein einsames Elektronenpaar hat, das ein Proton binden kann:

$$NH_3 + H^+ \longrightarrow NH_4^+$$

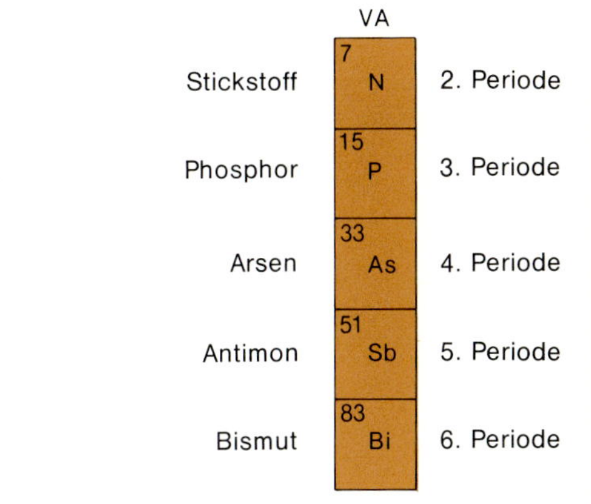

Das einsame Elektronenpaar am Stickstoff-Atom macht aus vielen organischen Verbindungen wie Pyridin (rechts unten) Basen. Stickstoffhaltige organische Basen sind die zentralen Leiterstufen in der doppelsträngigen DNA der Gene, in denen mit Hilfe der Basen genetische Information gespeichert ist. Im Porphyrin-Ring (s. Seite 220) sind Stickstoff-Atome mit ihren einsamen Elektronenpaaren Liganden am zentralen Eisen-Atom. Viele andere stickstoffhaltige Ringverbindungen werden an Enzyme gebunden oder als Überträger chemischer Energie benutzt.

In allen diesen biologischen, stickstoffhaltigen Molekülen liegt der Stickstoff im reduzierten Zustand mit der Oxidationszahl −3 wie im Ammoniak vor. Die lebenden Organismen müssen einen Vorrat an reduziertem Stickstoff enthalten, um diese Moleküle synthetisieren zu können. Doch die meisten von ihnen können ihn nicht aus atmosphärischem N_2 gewinnen. Glücklicherweise gibt es Bakterien, die Stickstoff „fixieren" können, indem sie N_2 in NH_3 umwandeln. Dazu ist Energie notwendig, doch lohnt sich dieser Energieaufwand für das Bakterium, weil ihm damit eine Quelle für reduzierten Stickstoff zu Synthesezwecken zur Verfügung steht. Wenn Organismen absterben, bleibt der meiste reduzierte Stickstoff in den Proteinen und anderen Verbindungen in der reduzierten Form und wird von anderen Organismen wieder verwendet. Doch lassen sich bei diesem Prozeß Verluste nicht vermeiden, und neuer reduzierter Stickstoff wird notwendig. Die gesamte lebende Welt bedient sich der Leistungen der stickstoff-fixierenden Bakterien, um das System in Gang zu halten. Viele dieser Bakterien leben in Wurzelknöllchen von Leguminosen wie der Sojabohne, weshalb man gelegentlich Ackerland düngt, indem man auf ihm Leguminosen anbaut und die Pflanzen, wenn sie voll entwickelt sind, unterpflügt. Wenn man Pflanzen Nitrate (Oxidationszahl des Stickstoffs +5) anstelle von Ammoniak (Oxidationszahl des Stickstoffs −3) zuführt, dann können sie diese reduzieren und in Proteine einbauen. Der kritische Faktor ist nicht der Oxidationszustand des Stickstoffs, sondern die Reaktionsträgheit des gasförmigen N_2 und die Unfähigkeit von Pflanzen und Tieren, irgend etwas mit ihm anzufangen. Die Dreifachbindung im N_2-Molekül ist so stabil und so widerstandsfähig gegen chemischen Angriff, daß Reaktionen mit N_2-Oxidationen oder Reduktionen hoffnungslos langsam verlaufen. Von allen lebenden Organismen haben nur die stickstoff-fixierenden Bakterien Enzyme, die diese Reaktionen beschleunigen.

PYRIDIN

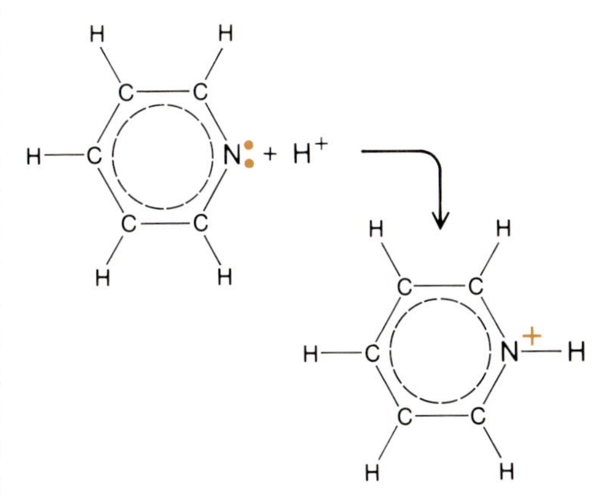

Ein einsames Elektronenpaar an einem Stickstoff-Atom in einer organischen Ringverbindung kann ein Proton binden so wie beim Übergang von NH_3 in NH_4^+. Pyridin und andere derartige organische Stickstoff-Verbindungen sind wie Ammoniak Basen.

Eine begrenzte Menge von N_2 wird jedes Jahr in der Atmosphäre durch elektrische Entladungen in Blitzen fixiert; durch die Energie der Blitzentladung wird die relative Reaktionsträgheit des N_2 überwunden. Zu den dabei entstehenden Produkten gehören saure Oxide des Stickstoffs, so daß Gewitterregen in Wirklichkeit eine sehr verdünnte Salpetersäure-Lösung ist. Wichtiger als Konkurrenz für die bakteriellen Prozesse ist die industrielle Stickstoff-Fixierung mit Hilfe eines katalytischen Verfahrens bei hohen Drücken, das während des ersten Weltkrieges von Fritz Haber in Deutschland entwickelt wurde:

$$N_2 + 3H_2 \longrightarrow 2NH_3$$

Wenn der Stickstoff als Ammoniak fixiert ist, kann er direkt zum Düngen der Felder benutzt oder zu Nitraten für Sprengstoffe oxidiert werden, um die Ernte in die Luft zu jagen.

Abgesehen von einer Verbrennung in Fluor gewinnt man die meiste Energie aus organischen Molekülen, wenn man sie in Sauerstoff verbrennt. Bei diesem Verbrennungsprozeß, der schnell im Feuer, doch langsam und kontrolliert im biologischen Stoffwechsel abläuft, wird Sauerstoff mit der Oxidationszahl 0 zu H_2O und CO_2 reduziert, in denen er die Oxidationszahl -2 hat, während Wasserstoff und Kohlenstoff in den Brennstoff-Molekülen von der Oxidationszahl 0 zu der Oxidationszahl $+1$ bzw. $+4$ oxidiert werden. *Denitrifizierende Bakterien* (nicht zu verwechseln mit den stickstoff-fixierenden Bakterien) können ihre Nahrung mit Nitrat anstelle von O_2 oxidieren. Wenn Sauerstoff im Boden rar wird, können diese Bakterien Nitrat zu N_2 reduzieren, wobei der Stickstoff vom Oxidationszustand $+5$ in den Oxidationszustand 0 übergeht. Sie gewinnen bei diesem Prozeß nur 90% der Energie, weil Nitrat kein ganz so gutes Oxidationsmittel ist wie O_2-Gas. Doch gehen die anderen 10% nicht verloren, denn jeder winzige Energiebetrag wird auf unserem Planeten für das eng ineinander greifende Netzwerk des Lebens ausgenutzt. Nachdem die *stickstoff-fixierenden Bakterien* N_2 zu NH_3 reduziert haben, kann eine dritte Klasse von Bakterien, die *nitrifizierenden Bakterien,* den fixierten Stickstoff des Ammoniaks oder der Amine als Nahrung benutzen, wodurch sie mit O_2 wieder zurück zu Nitraten oxidiert werden. Auf diese Weise werden die Nitrate wieder zurückgewonnen, und das Gesamtergebnis der Aktivitäten dieser drei Bakterienarten ist die Oxidation der Nahrung der denitrifizierenden Bakterien mit O_2.

Alle diese Beziehungen sind im Diagramm des Stickstoffkreislaufs auf der nächsten Seite zusammengefaßt. Der Teilkreis (a) stellt das Oxidations-Reduktions-Karussell dar, das wir gerade diskutiert haben, der Teilkreis (b) repräsentiert den Austausch von Stickstoff auf der Oxidationsstufe -3 während Wachstum und Zerfall und der Teilkreis (c) schließlich die Anreicherung von Stickstoff auf der Oxidationsstufe -3 in Pflanzen. Unser Energiehaushalt hängt nicht von Stickstoff-Reaktionen ab, auch nicht derjenige der höheren Pflanzen und Tiere. Vom rein menschlichen Standpunkt aus könnte man meinen, der Teilkreis (b) wäre ausreichend und die anderen Stufen des Stickstoffkreislaufs überflüssig. Doch das stimmt nicht. Pflanzen können entweder Ammoniak oder Nitrat-Ionen als Stickstoff-Quelle für ihre Proteinsynthese verwenden, doch Ammoniak hat Nachteile. In Form des Ammonium-Ions, wie es im Boden vorkommt, ist es ein dem Na^+ und K^+ sehr ähnliches Kation. Es wird sehr leicht zwischen den Silicatschichten der Tonminerale festgehalten und wandert nicht sehr schnell zu den Wurzeln der Pflanzen, die es nähren könnte. Das negativ geladene Nitrat-Ion wandert leichter im Boden. In dieser Hinsicht sind Nitrate bessere Düngemittel als gelöstes Ammoniak. Nitrifizierende Bakterien sind also nützlich, indem sie Ammoniak in die leichter wandernden Nitrat-Ionen umwandeln.

Doch wenn dem so ist, sind dann die denitrifizierenden Bakterien nicht gefährliche Parasiten, die das nützliche Nitrat in nutzlosen molekularen Stickstoff verwandeln? Um die Jahrhundertwende, als die denitrifizierenden Bakterien entdeckt wur-

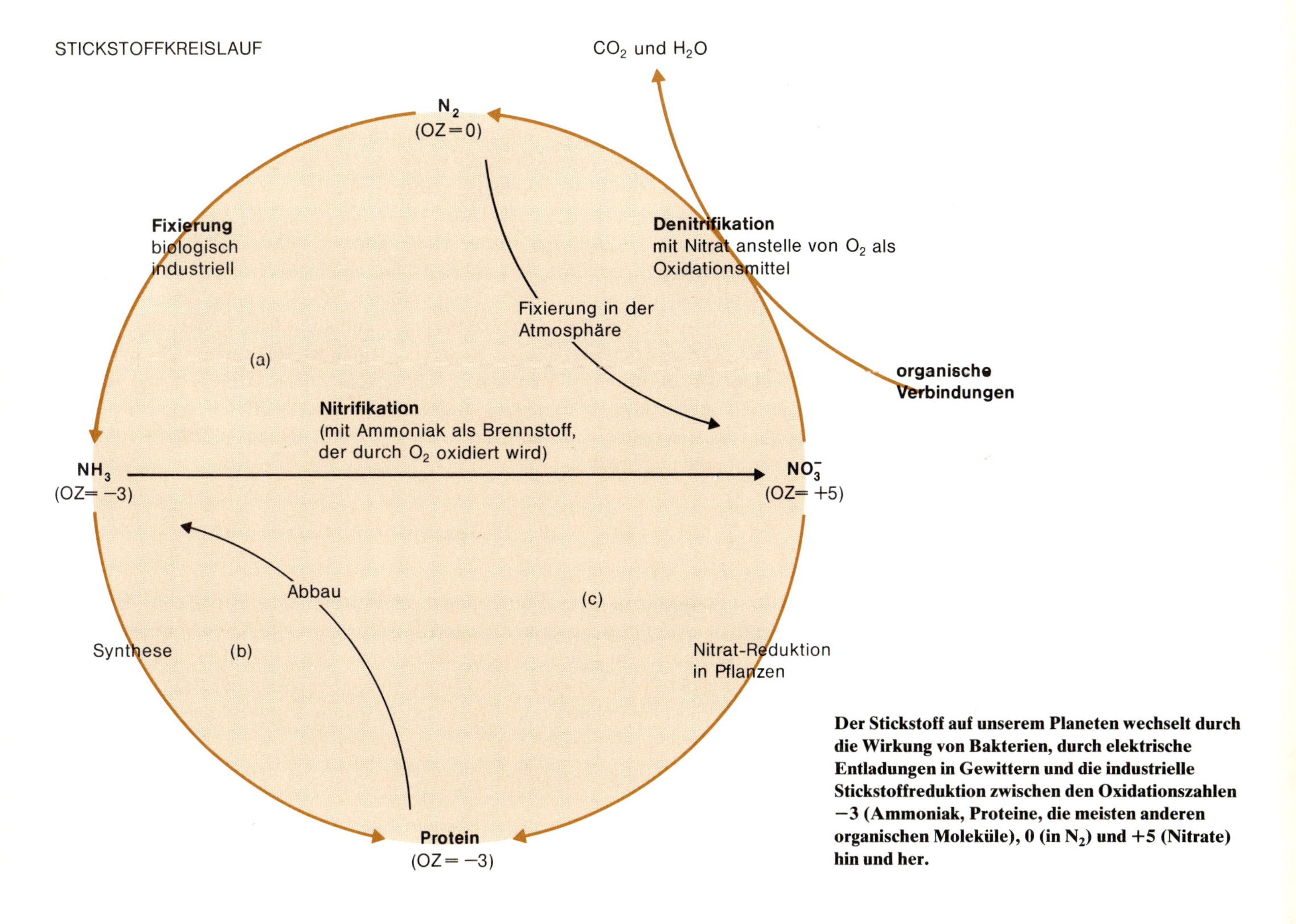

Der Stickstoff auf unserem Planeten wechselt durch die Wirkung von Bakterien, durch elektrische Entladungen in Gewittern und die industrielle Stickstoffreduktion zwischen den Oxidationszahlen −3 (Ammoniak, Proteine, die meisten anderen organischen Moleküle), 0 (in N_2) und +5 (Nitrate) hin und her.

den, war man dieser Ansicht. Ein prominenter britischer Biochemiker malte ein schwarzes Bild von der verhungernden Weltbevölkerung, wenn nicht schnell ein industrieller Prozeß zum Fixieren atmosphärischen Stickstoffs gefunden würde. Gott sei Dank war der Wettlauf ums Überleben zwischen uns und *Pseudomonas denitrificans* nur ein Scheinrennen. Die denitrifizierenden Bakterien sind für andere Lebensformen nützlich, da sie verhindern, daß der gesamte Stickstoff unserer Erde langsam in Form von Nitrat-Mineral-Ablagerungen blockiert wird. Sie sorgen dafür, daß der Stickstoff ständig zirkuliert. Das Stickstoff-Gas, das sie produzieren, wird letzten Endes von anderen Bakterien, in Blitzentladungen und durch die chemische Industrie wieder fixiert und schließlich in den biologischen Kreislauf zurückgeführt.

P. denitrificans ist kein Übeltäter, aber *wir* können dazu werden, wenn wir den natürlichen Stickstoffkreislauf durch riesige Mengen industriell fixiertes Ammoniak und Nitrat durcheinanderbringen. Wenn Nährstoffe zu reichlich werden, dann „explodiert" das Wachstum der Algen und anderer Lebensformen bis zu einem Punkt, an dem der Sauerstoffvorrat erschöpft ist und alles abstirbt. Dieser Prozeß wird Eutrophierung genannt, und seine üblen Auswirkungen kann man bereits in Seen beobachten, die sowohl durch die Industrie als auch durch landwirtschaftliche Abwässer verunreinigt werden. Am Ende des Prozesses steht ein See, der an Algen erstickt, frei von Sauerstoff und angefüllt mit toten Fischen ist. Im Gleichgewicht der Natur kann zu viel genauso verhängnisvoll sein wie zu wenig.

ADENOSINTRIPHOSPHAT (ATP)

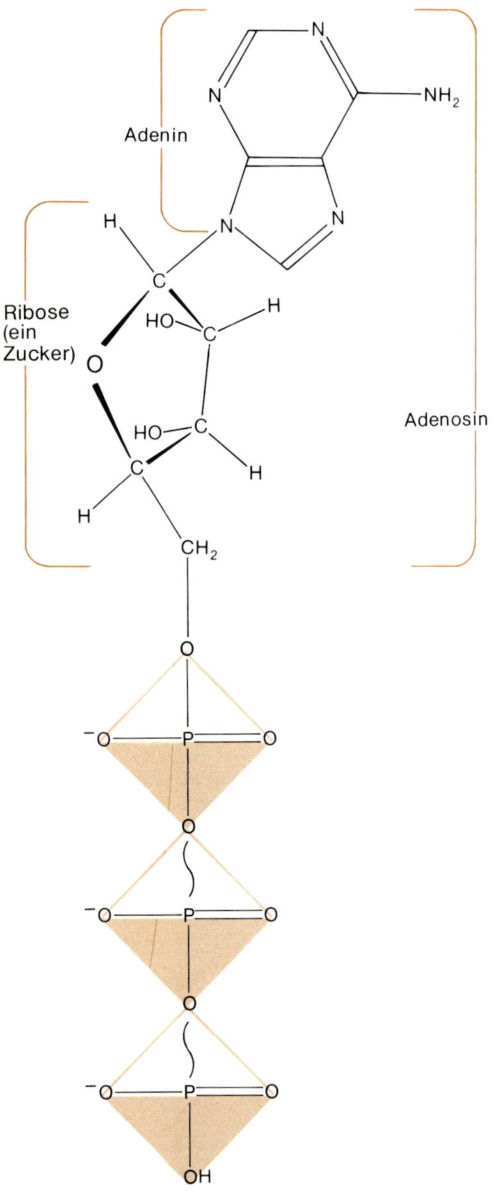

Adenin, eine organische Base, ist in Adenosin kovalent an Ribose, einen Zucker mit fünf C-Atomen, gebunden. Adenosin ist seinerseits in Adenosinmonophosphat (AMP), -disphosphat (ADP) oder -triphosphat (ATP) mit einem, zwei oder drei Phosphaten verbunden. Der ungewöhnlich hohe Energiebetrag, der frei wird, wenn ein oder zwei Phosphate vom ATP abgespalten werden, ist durch gewellte Bindungsstriche angedeutet.

Phosphor und Energiespeicherung

Phosphor ist genauso wesentlich für das Leben wie Stickstoff, doch aus einem anderen Grund. Er kommt nicht in Proteinen vor, aber im Rückgrat von Nucleinsäure-Ketten wie DNA. Noch wichtiger aber ist das Vorkommen von Phosphor in dem zentralen Energiespeicher-Molekül *Adenosintriphosphat* (ATP), das links dargestellt ist. So wie Silicate Polysilicate bilden können, indem sie in den Ecken der Silicat-Tetraeder befindliche Sauerstoff-Atome miteinander teilen, so kann PO_4^{3-} zu Polyphosphaten polymerisieren. Zwei miteinander verbundene Tetraeder bilden ein Pyrophosphat-Ion, $P_2O_7^{4-}$. Metaphosphate enthalten Ringe oder lange Ketten aus PO_4-Tetraedern. ATP besteht aus drei miteinander verknüpften Phosphat-Tetraedern, wobei an einem Ende noch Ribose (ein Zucker-Molekül) und Adenin (eine stickstoffhaltige Base) hängen. Bemerkenswert für ATP ist der hohe Energiebetrag, der freigesetzt wird, wenn eine der Phosphat-Gruppen durch Wasser hydrolytisch abgespalten wird:

$$\text{ATP} + \text{H}_2\text{O} \longrightarrow \text{ADP} + \text{Phosphat} + 30.5\ \text{kJ Energie pro Mol}$$

ADP ist die Abkürzung für Adenosindiphosphat, das ein Phosphat-Tetraeder weniger enthält als ATP. Bei den meisten anderen Hydrolyse-Reaktionen werden nur 8 bis 12 $\text{kJ} \cdot \text{mol}^{-1}$ Energie freigesetzt. Bei der Synthese von ATP aus ADP und anorganischem Phosphat wird ein ungewöhnlich hoher Energiebetrag in der endständigen Phosphatbindung gespeichert, der für spätere Verwendung bereitsteht:

$$\text{ADP} + \text{Phosphat} + 30.5\ \text{kJ Energie} \longrightarrow \text{ATP} + \text{H}_2\text{O}$$

ATP ist das zentrale und universale Energiespeicher-Molekül in allen lebenden Organismen. Wenn Energie aus Nährstoffen freigesetzt und in Form von Fetten und Zuckern gespeichert wird, wird diese Energie zuerst dazu benutzt, um ATP-Moleküle aufzubauen, mit deren Hilfe dann andere Energiespeicher-Moleküle synthetisiert werden können. Genauso wie „Geld kein Gedächtnis hat", sind ATP-Moleküle innerhalb eines Organismus frei austauschbar, und die durch verschiedenartige Prozesse aus ihnen freigesetzte Energie ist in keiner Weise an den speziellen Ursprung gebunden.

Die Biochemiker schreiben ATP manchmal als A–P~P~P, wobei A für Adenin plus Ribose oder Adenosin steht, jedes P eine Phosphat-Gruppe darstellt und die gewellten Linien Bindungen repräsentieren, bei deren Hydrolyse ungewöhnlich viel Energie freigesetzt wird. Obwohl auch die mittlere gewellte Bindung eine „energiereiche Bindung" ist, deren Hydrolyse ebenfalls 30.5 $\text{kJ} \cdot \text{mol}^{-1}$ liefert, ist diese Bindung biologisch unbedeutend.

Welche chemische Grundlage hat die abnorm hohe Hydrolyse-Energie dieser Phosphatbindungen? Warum ist ATP verglichen mit ADP und Phosphat so instabil? Die Ursache dafür sind die Ladungen auf der Polyphosphat-Kette. Die Triphosphat-Gruppe trägt drei bis vier Ladungen und die gegenseitige Abstoßung dieser Ladungen macht das ATP-Molekül weniger stabil als erwartet. Die links dargestellte Struktur der Phosphate mit Einfach- und Doppelbindungen ist nur schematisch. In Wirklichkeit sind die Doppelbindungselektronen über die gesamte Triphosphat-Gruppe verteilt, wodurch jede P–O-Bindung partiellen Doppelbindungscharakter erhält. Die negativen Ladungen sind auch über die gesamte Kette delokalisiert. Die Zeichnungen auf der gegenüberliegenden Seite oben sind ein Versuch, eine dynamische und ständig wechselnde Situation durch eine einzelne Struktur mit Einfach- und Doppelbindungen darzustellen, und sind nur ungefähr richtig. Zum

ATP

A—O—P(=O)(O⁻)—O~P(=O)(O⁻)—O~P(=O)(O⁻)—OH

Adenosintriphosphat

ADP

A—O—P(=O)(O⁻)—O~P(=O)(O⁻)—OH + HO—P(=O)(O⁻)—OH

Adenosindiphosphat

Phosphat-Anion

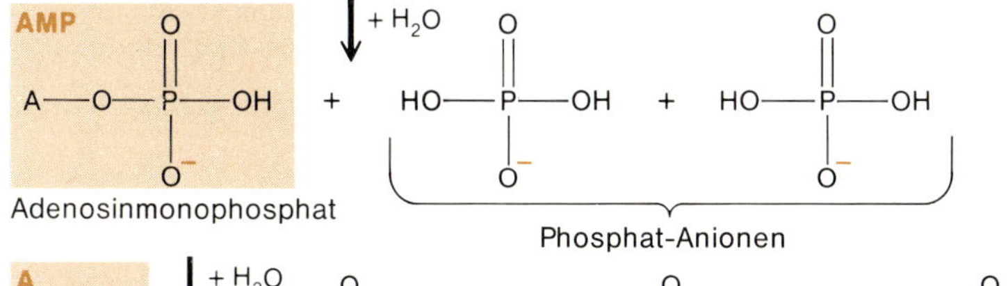

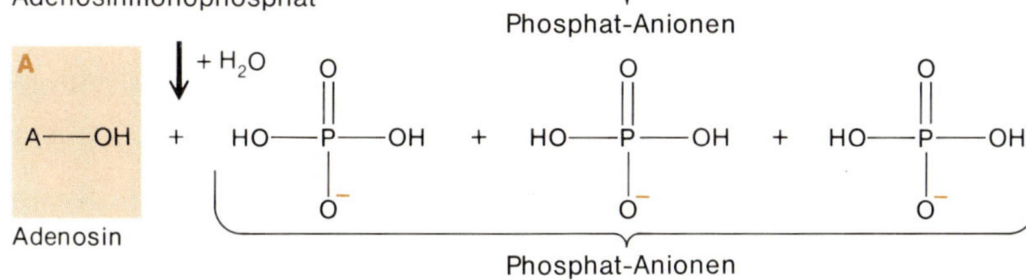

Die beiden Wellenlinien symbolisieren die Bindungen, bei deren Hydrolyse, d. h. Spaltung durch Wasser, ungewöhnlich viel Energie frei wird. Bei der Spaltung der ersten Bindung beim Übergang von ATP in ADP wird eine Energie von 30.5 kJ · mol^{-1} frei.

ADP hat noch eine energiereiche Bindung, die bei der Hydrolyse zu AMP weitere 30.5 kJ · mol^{-1} liefert.

Die verbleibende Bindung zwischen Adenosin und Phosphat in AMP liefert bei der Hydrolyse den normalen Energiebetrag von 14.2 kJ · mol^{-1}.

Beispiel liegt unter den angenähert neutralen Bedingungen in einer Zelle die Hälfte der Phosphat-Gruppen als HPO_4^{2-}- und die andere Hälfte als $H_2PO_4^-$-Ionen wie oben gezeichnet vor. Die dargestellten Strukturen für ATP, ADP und AMP sind für ungefähr 50% der Moleküle korrekt; die anderen haben jeweils ein H^+ weniger. Doch auch diese hier gezeichneten Moleküle illustrieren die Ladungsabstoßung und die Energieverhältnisse im ATP.

Wenn ATP hydrolisiert und eine Phosphat-Gruppe durch Wasser abgespalten wird, werden die Ladungen der ATP-Gruppe voneinander getrennt, wie oben in der Mitte der Reaktionssequenz gezeigt ist. Auf dem ADP bleibt weniger Ladung zurück, und die beiden Ionen stoßen einander ab. Es wird also zusätzliche Energie frei – und zwar die Energie, die ursprünglich aufgewandt werden mußte, um einen negativ geladenen Phosphatrest an das bereits negativ geladene ADP heranzubringen und sie aneinanderzubinden. Es wird weitere Stabilität gewonnen, wenn die Abstoßung der verbleibenden negativen Ladungen auf dem ADP durch seine Spaltung in AMP und Phosphat aufgehoben wird. Die Hydrolyse-Energie der zweiten Phosphatbindung ist gleichfalls entsprechend hoch:

$$\text{ADP} + H_2O \longrightarrow \text{AMP} + \text{Phosphat} + 30.5\ \text{kJ} \cdot \text{mol}^{-1}$$

Bei der Abspaltung der letzten Phosphat-Gruppe vom Adenosin werden keine Ladungen mehr getrennt, diese Hydrolyse-Energie ist also normal:

$$\text{AMP} + H_2O \longrightarrow \text{Adenosin} + \text{Phosphat} + 14.2\ \text{kJ} \cdot \text{mol}^{-1}$$

Der Schlüssel zur kurzfristigen Energiespeicherung in jedem lebenden Organismus auf unserer Erde liegt also bei den Ladungsabstoßungen in den kleinen Polyphosphat-Ionen des ATP. Wegen dieser Universalität von ATP wurde postuliert, daß die ATP-Hydrolyse eine der ältesten chemischen Reaktionen der lebenden

Organismen ist. Nach dieser Hypothese wäre einer der ersten Schritte bei der Entstehung des Lebens gewesen, die Energie für synthetische oder Stoffwechselzwecke durch den Abbau des natürlich vorkommenden ATP oder anderer Polyphosphate im umgebenden Ozean zu beschaffen. (Auch heute noch speichern einige Bakterien Energie in Form von kleinen Polyphosphat-Einschlüssen in ihrer Zellflüssigkeit.) Alle anderen Teile des Energiefreisetzungs- und Energiespeicherungsapparats hätten sich dann später entwickelt, um diese ATP-verbrauchenden Reaktionen angesichts des Mangels an natürlichem ATP in Gang zu halten.

Im Vergleich zu Stickstoff und Phosphor sind die anderen Elemente der Gruppe V A – Arsen, Antimon und Bismut – weniger wichtig. Einer der Gründe für die Giftigkeit vieler Arsen-Verbindungen ist, daß Arsen fast, aber nicht ganz das chemische Verhalten von Phosphor nachahmen kann. Es kann Phosphor in bestimmten Verbindungen ersetzen, ist dann aber nicht in der Lage, wie Phosphor zu reagieren, was tödliche Konsequenzen hat. Arsen liegt auf der Grenze zwischen Nichtmetallen und Metallen. Antimon und Bismut sind beides Metalle mit relativ geringem Nutzen außer für einige Legierungen, aus denen man Metallettern macht, da sie sich beim Verfestigen ausdehnen.

Gruppe VI A: die Sauerstoff-Familie

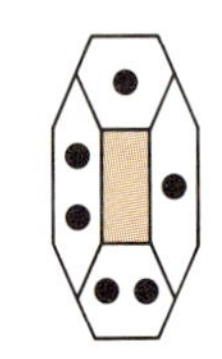

Wir haben unaufhörlich vom Sauerstoff gesprochen, so daß es überflüssig scheint, ihn hier im Detail zu diskutieren. Wenn wir uns Sauerstoff auch hauptsächlich als Gas der Atmosphäre vorstellen, so befindet sich doch nur eines von 600 000 Sauerstoff-Atomen auf unserem Planeten in der Atmosphäre. Der Rest ist in den Silicaten und anderen Mineralien der Erdrinde und des Erdmantels festgelegt. Wenn man annimmt, daß die primitive Erde ihre ursprüngliche Atmosphäre während einer Hochtemperaturperiode in ihrer frühen Geschichte verloren hat, dann sollte die zweite Atmosphäre, die durch Entgasung des Planeteninneren zustandekam, wenig oder gar keinen freien O_2 enthalten haben. Diese reduzierende Atmosphäre, in der sich das Leben wahrscheinlich entwickelt hat, hätte hauptsächlich aus Wasserstoff und seinen Verbindungen mit den Nichtmetallen der zweiten Periode bestanden – nämlich aus CH_4, NH_3 und H_2O – mit geringeren Mengen von H_2S. Die besten Hinweise, die wir heute haben, deuten darauf hin, daß unsere gegenwärtige sauerstoffreiche Atmosphäre ein Nebenprodukt des Lebens selbst ist, entstanden aus der Wasserspaltung bei der Photosynthese:

$$\text{Kohlenstoff-Quelle} + H_2O \xrightarrow[\text{energie}]{\text{Licht-}} \text{reduzierte organische Moleküle} + O_2$$

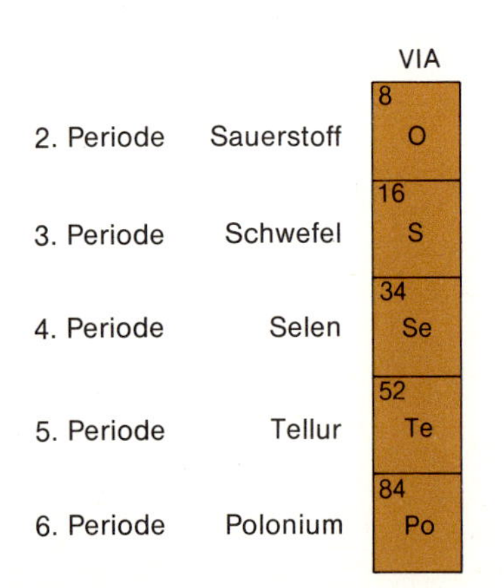

Wenn wir bedenken, wieviel Sauerstoff die Atmosphäre heute enthält und wie wichtig er für uns ist, dann erscheint die Umwandlung der reduzierenden Atmosphäre in eine oxidierende eine gewaltige Veränderung. Wenn wir sie aber lediglich als Freisetzung von weniger als zwei ppm aus mineralischem Sauerstoff betrachten, dann erscheint die Veränderung weniger revolutionär, und doch ist diese Änderung von 2 ppm die Basis für alles Leben mit Sauerstoffatmung.

Die häufigsten Schwefel-Verbindungen sind H_2S sowie verschiedene Sulfate, SO_4^{2-}, und Sulfite, SO_3^{2-}. Schwefel kommt in lebenden Organismen hauptsächlich als Disulfidbrücken, $-S-S-$, zwischen Proteinketten vor. Bei der Photosynthese der Blaualgen und höheren Pflanzen wird Wasser als Wasserstoff-Quelle für Synthesen benutzt und dabei Sauerstoff freigesetzt. Bei der Photosynthese in Purpur- und grünen Schwefelbakterien wird dafür H_2S benutzt, und es entstehen Sulfat-Ionen als Nebenprodukt. Wieder andere Bakterien, *Desulfovibrio,* benutzen Sulfat anstelle von Nitrat oder Sauerstoff, um ihre Nährstoffe zu oxidieren. Grüne Pflanzen und Tiere sind gemeinsam an einem Sauerstoffcyclus beteiligt, in dem durch Photosynthese bei der Speicherung von Energie in Zucker-Molekülen H_2O zu O_2 oxidiert wird und die Atmung O_2 wieder zu H_2O reduziert, wenn die Energie aus den organischen Molekülen gewonnen wird. In ähnlicher Weise sind Schwefelbakterien und *Desulfovibrio* an einem Schwefelcyclus beteiligt, in dem durch bakterielle Photosynthese H_2S zu SO_4^{2-} oxidiert und durch bakterielle Atmung SO_4^{2-} wieder zu H_2S reduziert wird. In beiden Fällen stammt die Energie für diesen Kreislauf aus der Strahlung, die aus dem Sonnenlicht absorbiert wird. Der Schwefelcyclus entstand wahrscheinlich bereits früh in der Erdgeschichte und ist ein Prozeß, der nicht in gleicher Weise wie die wasserverbrauchende Photosynthese oder die Sauerstoffatmung universell wurde. Wir werden auf diese Energiekreisläufe und die Entwicklung der Stoffwechselprozesse im 23. und 26. Kapitel zurückkommen. Die Nitratatmung in manchen Bakterien ist immer eine Alternative zur Sauerstoffatmung, die die Bakterien vorziehen, wenn Sauerstoff zur Verfügung steht. Außer molekularem Sauerstoff, Nitrat und Sulfat scheint keine andere chemische Substanz zur Oxidation von Nährstoffen in lebenden Organismen benutzt worden zu sein, zumindest nicht mit solchem Erfolg, daß die Abkömmlinge derartiger Organismen bis heute überlebt hätten.

Die Grenze zwischen Metall und Nichtmetall liegt in der Gruppe VI A beim Selen. Es existiert als metallisches, kettenartiges Allotrop und in Form von Se_8-Ringen. Selen ist ein „eindimensionaler Halbleiter" und kein „eindimensionales Metall", da die Elektronen längs der Kette nur schwer beweglich sind. Sichtbares Licht, das auf metallisches Selen fällt, liefert genug Energie, um die Elektronen in Bewegung zu setzen; die elektrische Leitfähigkeit des Selens wird also stark erhöht, wenn man es belichtet. Darauf beruht der „Xerox"-Prozeß. Ein mit Selen beschichteter Zylinder wird im Dunkeln gleichmäßig aufgeladen; dann wird das Bild einer gedruckten Seite oder einer Zeichnung auf ihn geworfen. An den Stellen, an denen keine Schrift oder keine Zeichnungen sind, fällt Licht auf den Selen-Zylinder, und die Oberflächenladung fließt ab. Nur in den Dunkelbereichen, welche die Druckseite oder Zeichnung des Originals darstellen, bleibt die Ladung erhalten. Dann wird ein schwarzes schmelzbares Pulver über den Zylinder gestäubt, das nur auf den geladenen Bereichen haften bleibt. Die Trommel wird gegen ein Blatt Papier gerollt, wobei das Pulver übertragen und dann durch Hitze an das Papier gebunden wird. Das Ergebnis ist ein Bild aus geschmolzenem schwarzem Pulver auf den dunklen Bereichen des Originals.

ELEKTROSTATISCHES KOPIEREN

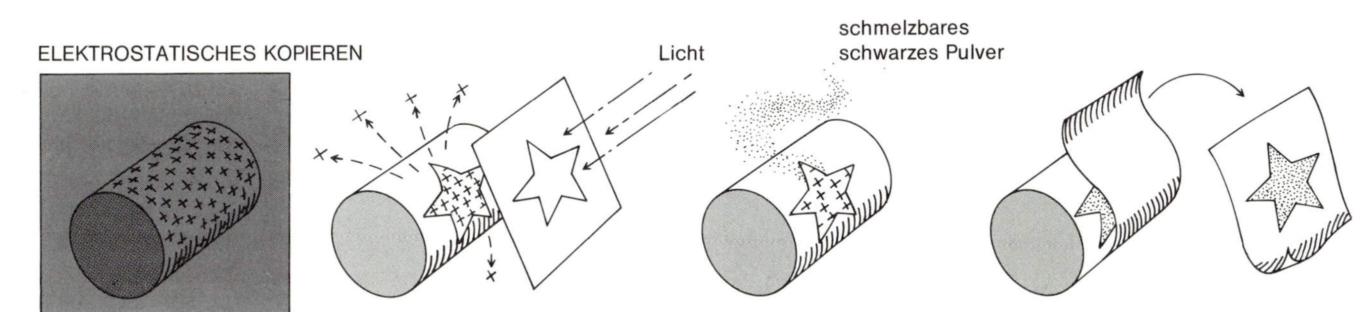

1. Eine mit Selen beschichtete Trommel wird im Dunkeln elektrostatisch aufgeladen.

2. Licht wirft ein Bild auf die aufgeladene Trommel. Wo das Licht auf die Selenoberfläche trifft, fließt die Ladung ab.

3. Die Ladung wird nur in den Bereichen aufrechterhalten, die den dunklen Teilen des Bildes entsprechen. Schwarzes Puder wird über die Trommel gestäubt und bleibt an den geladenen Bereichen haften.

4. Das Puder wird auf Papier übertragen und durch Wärme fixiert. Die ursprüngliche Schwarzweiß-Zeichnung ist reproduziert.

Die Gruppe VII A: die Halogene

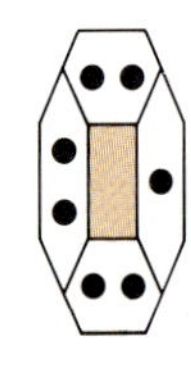

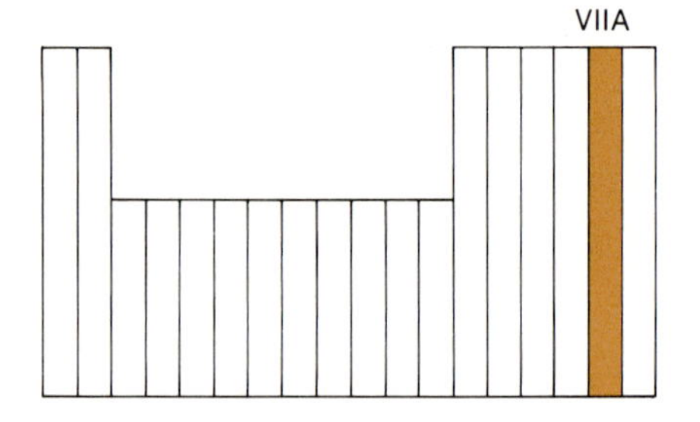

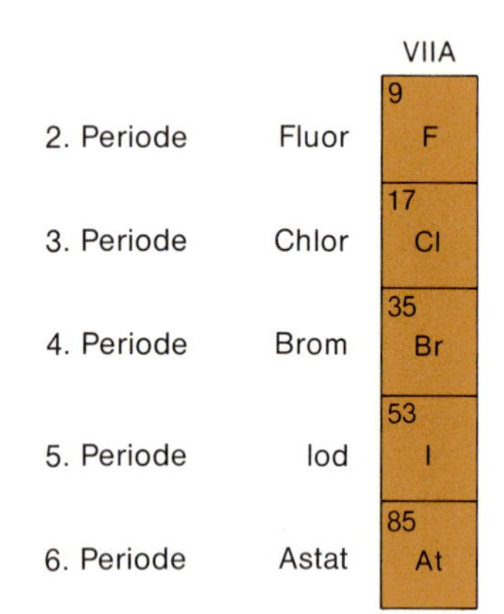

Nachdem wir mehrere Gruppen des Periodensystems betrachtet haben, in denen sowohl Metalle als auch Nichtmetalle vorkommen, kehren wir schließlich wieder zu einer homogenen Gruppe zurück. Alle Halogene sind Nichtmetalle, wenn auch der leicht metallische Glanz des Iods darauf hinweist, daß seine Elektronen im Kristall eine gewisse Beweglichkeit haben. Das radioaktive Astat wäre vermutlich noch metallischer, wenn es mehr wäre als ein vergängliches Element, das für kurze Zeit mit Hilfe von Cyclotron-Strahlung erzeugt werden kann. (Man hat geschätzt, daß die gesamte Masse Astat in der Erdrinde, die durch radioaktiven Zerfall anderer Elemente entsteht, in jedem Augenblick ungefähr 30 g beträgt.)

Alle Halogene nehmen den Oxidationszustand -1 durch Aufnahme eines Elektrons pro Atom zur Vervollständigung ihrer äußeren Elektronenschale an. Cl, Br und I kommen auch in positiven Oxidationszuständen vor wie in der Perchlorsäure, $HClO_4$, doch Fluor ist dafür zu elektronegativ. Die häufigsten Halogen-Verbindungen sind Salze mit Metall-Kationen; der Name Halogen bedeutet „Salzbildner". Die Stärke der Wasserstoffsäuren HF, HCl, HBr und HI nehmen mit zunehmender Größe des Halogen-Atoms zu; ihre Protonen sind also immer weniger fest gebunden. Alle außer HF sind in Wasser vollständig dissoziiert.

Fluor ist das einzige Element, das elektronegativer als Sauerstoff ist. Holz und Gummi entzünden sich in F_2-Gas von selbst, und sogar Asbest wird glühend. Kupfer und Stahl werden von Fluor angegriffen, doch schützt sie dann schnell ein Überzug aus CuF_2 bzw. FeF_3, ähnlich wie die Al_2O_3-Schutzschicht auf Aluminium. Alle Halogene sind zu reaktiv, als daß sie in der Natur in elementarem Zustand existieren könnten; gewöhnlich findet man sie als Salze in dem Oxidationszustand -1. Sie bilden Verbindungen mit jedem Element außer mit den Edelgasen.

Doch auch die Edelgase sind nicht vollständig immun gegen den Angriff von Fluor. Das elektronegativste aller Elemente, Fluor, kann kovalente Bindungen mit dem am wenigsten elektronegativen Edelgas, Xenon, bilden, wobei einige der acht Außenelektronen des Xenons mit Fluor geteilt werden. Zwei F-Atome können ein einsames Elektronenpaar des Xenons trennen und untereinander aufteilen, so daß die Verbindung XeF_2 entsteht, in der das zentrale Xenon zehn Außenelektronen hat: zwei bindende Elektronenpaare zu den F-Atomen und drei einsame Elektronenpaare. Nach der VSEPR-Theorie sollte dieses Molekül die lineare Struktur F−Xe−F haben, die auf der nächsten Seite oben gezeichnet ist, in der die sich stark abstoßenden einsamen Elektronenpaare 120° voneinander entfernt in einer Ebene senkrecht zur Molekülachse liegen. Auch zwei weitere F-Atome können ein zweites einsames Elektronenpaar des Xenons teilen, wobei XeF_4 entsteht, in dem das Xenon-Atom von vier Bindungs- und zwei einsamen Elektronenpaaren umgeben ist. Nach der VSEPR-Theorie sollte dieses Molekül dann am stabilsten sein, wenn die sich stark abstoßenden einsamen Elektronenpaare soweit wie möglich voneinander entfernt sind, also einander gegenüberliegende Ecken eines Oktaeders besetzen, in dem die vier F-Atome in der äquatorialen Ebene liegen, wie auf der gegenüberliegenden Seite dargestellt ist. Auch das dritte einsame Elektronenpaar eines Xenons kann von zwei weiteren F-Atomen geteilt werden, dann entsteht XeF_6, in dem das Xenon-Atom von sieben Elektronenpaaren in einem verzerrten Oktaeder umgeben ist. Es sind auch einige wenige Xenon- und Krypton-Verbindungen mit dem stark elektronegativen Sauerstoff-Atom bekannt.

Mit Ausnahme der Verbindungen mit Ag^+, Cu^+, Hg_2^{2+} und Pb^{2+} sind die meisten Halogensalze wasserlöslich. Das Meerwasser ist im wesentlichen eine verdünnte Lösung von NaCl, $MgCl_2$, KCl und $CaCl_2$ im Verhältnis 50:6:1:1 mit geringen Mengen anderer Salze.

XENONFLUORIDE

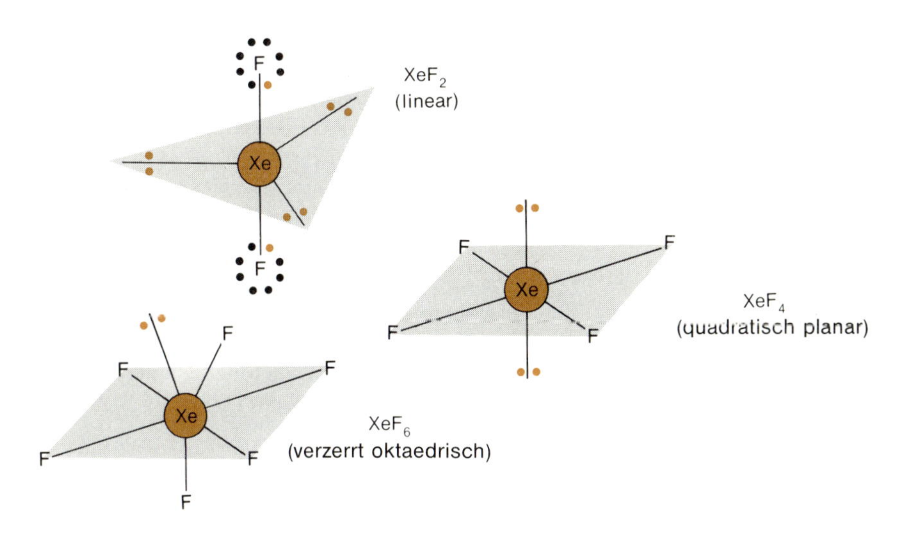

Ausnahmen von der Regel, daß Edelgase keine chemischen Bindungen bilden. Das am wenigsten elektronegative Edelgas (Xe) und die elektronegativsten Atome (F und O) *können* kovalente Bindungen bilden.

DIE EDELGASE
(aufgefüllte äußere Elektronenschalen)

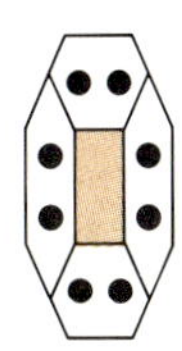

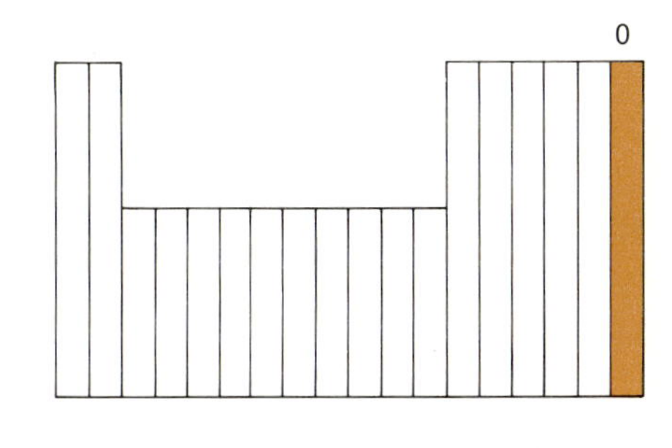

		0
1. Periode	Helium	2 He
2. Periode	Neon	10 Ne
3. Periode	Argon	18 Ar
4. Periode	Krypton	36 Kr
5. Periode	Xenon	54 Xe
6. Periode	Radon	86 Rn

Das chemische Universum: eine Zusammenfassung

Um bei der Kartenspiel-Metapher in der Kapitelüberschrift zu bleiben: Wir haben das Spiel geprüft und die wertvollsten Karten für zukünftige Spiele aussortiert. Bis heute gibt es insgesamt 106 Elemente, und einige künstlich hergestellte werden wohl noch am Ende des Periodensystems hinzukommen. Diese Elemente mit den höchsten Ordnungszahlen sind allerdings nur Laborkuriositäten; die für den Planeten und das Leben wirklich wichtigen Elemente sind alle bekannt. Nur achtzehn der 106 Elemente bilden 99.98% der Erdrinde, alle stehen in den ersten vier Perioden. Nur elf dieser 106 Elemente bilden 99.99% der lebenden Organismen, wieder stehen sie alle in den ersten vier Perioden. Weitere dreizehn Elemente werden von den lebenden Organismen in Spurenmengen gebraucht, und die anderen sind, soweit wir wissen, nicht an den Lebensprozessen beteiligt. Die Auswahl dieser Elemente nach ihren chemischen Eigenschaften hat sich früheren Selektionen nach den chemischen und physikalischen Eigenschaften überlagert, die stattfanden, als die Erdschichten entstanden, als sich das Sonnensystem bildete und ganz am Anfang, als die Elemente in den Sternen synthetisiert wurden.

Wir haben uns auf die Elemente konzentriert, die für uns und unsere Umgebung wichtig sind und die Chemie der ungewöhnlichen Elemente vernachlässigt. Aus diesem Grund haben wir die schwereren Elemente und alle inneren Übergangsmetalle beiseite gelassen. Diese ersten zehn Kapitel waren der Materie und einer Einführung in die chemischen Elemente gewidmet. In den nächsten sieben Kapiteln wird es um Energie und Reaktivität gehen. In diesen Kapiteln wird die bisher nur beschreibende Chemie um quantitative Aspekte und die Dimension der Zeit erweitert. Sie werden uns auch die notwendigen Grundlagen für den letzten Teil des Buches liefern, nämlich die Kohlenstoff-Verbindungen und die Chemie der lebenden Organismen.

Fragen

1. Warum sind die Übergangsmetalle, wenn man die Elektronenstruktur betrachtet, einander ähnlicher als die Hauptgruppenelemente? Warum sind die inneren Übergangsmetalle einander noch ähnlicher?
2. Welche Beziehung besteht bei den Hauptgruppenelementen zwischen der Gruppennummer und der Elektronenstruktur? Welche Beziehung besteht bei den Gruppen IIIB bis VIIB zwischen der Gruppennummer und der Elektronenstruktur?
3. In welcher Hinsicht sind metallische und kovalente Radien ähnlich – in der Tat so ähnlich, daß sie in einer Periode eine kontinuierliche Serie bilden?
4. Was ist der Unterschied zwischen metallischen oder kovalenten Radien und van-der-Waals-Radien? Wie unterscheiden sich diese von Ionen-Radien?
5. Warum nehmen die metallischen und kovalenten Radien innerhalb einer Periode von links nach rechts gewöhnlich ab?
6. Warum nehmen metallische und kovalente Radien in jeder Gruppe von oben nach unten zu?
7. Welche Beziehung besteht zwischen der Elektronegativität und der Atomgröße? Wie hängt sie mit der Kernladung zusammen? Wie kann man die früher in diesem Kapitel erwähnte umgekehrte Proportionalität von Atomradien und Elektronegativitäten erklären?
8. Wie zeigt sich die Existenz der Übergangsmetalle an den Atomradien und Elektronegativitäten der Hauptgruppenelemente in der Zusammenstellung zu Beginn des Kapitels?
9. Welche Schrägbeziehungen erkennt man bei den Atomradien und bei den Elektronegativitäten?
10. Was ist der Unterschied zwischen raumzentrierter Packung und dichtester Kugelpackung? Welche Packung ist kompakter?
11. Wie viele nächste Nachbarn hat ein Atom in einer raumzentrierten Struktur? In einer dichtesten Kugelpackung?
12. Wenn sich ein Metall bei einer bestimmten Temperatur von einer dichtesten Kugelpackung in eine raumzentrierte Struktur umwandelt, welches sollte dann die Hochtemperatur-Form sein, die dichteste Kugelpackung oder die raumzentrierte Struktur? Warum?
13. Welcher Packungstyp sollte bevorzugt werden, wenn die Anzahl der Bindungselektronen pro Metall-Atom zunimmt, die dichteste Kugelpackung oder die raumzentrierte Struktur? Warum?
14. Wenn alle anderen Faktoren gleich sind, sollte dann die Zunahme des Atomradius die dichteste Kugelpackung oder die raumzentrierte Struktur begünstigen? Warum?
15. Was ist eine allotrope Modifikation? Welche Elemente haben die Neigung, allotrope Modifikationen zu bilden, und warum? Wie hängt das mit ihrer Position im Periodensystem zusammen? Worin unterscheiden sich zwei allotrope Modifikationen solcher Elemente?
16. Wie unterscheiden sich die Strukturen der beiden allotropen Modifikationen des Kohlenstoffs? Welche ist metallischer und warum? Welche ist härter und warum?
17. Welches sind die beiden allotropen Modifikationen des Zinns? Welche Struktur ist metallischer? Wo trifft man die nichtmetallische Struktur des Zinns bei anderen Elementen wieder?
18. Wie erfüllen Stickstoff und Phosphor auf unterschiedliche Weise die Bedingung, drei Bindungen zu Nachbaratomen ausbilden zu müssen? Wie hängt das mit der relativen Größe der Atome zusammen?

19. Wieso sind Sauerstoff und Schwefel ein anderes Beispiel für die in der vorhergehenden Frage angesprochene Situation?
20. Wie unterscheiden sich die beiden allotropen Modifikationen des Selens, und warum sollte man für die eine metallische Eigenschaften erwarten und für die andere nicht? Welche Struktur findet man beim Tellur?
21. Welcher Zusammenhang besteht zwischen dem Ausmaß der Delokalisierung in einem Molekül und den relativen Abständen der Energieniveaus, der Wellenlänge der absorbierten Strahlung und der Farbe?
22. Wieso sagen Schmelzpunkte etwas über die Bindungen in einem Festkörper aus? Warum sollten molekulare Festkörper wie Schwefel niedrigere Schmelzpunkte haben als Strukturen wie der Diamant?
23. Warum sind für die Metalle der Gruppe II A höhere Schmelzpunkte zu erwarten als für die Metalle der Gruppe I A?
24. Warum nehmen die Schmelzpunkte im allgemeinen in der Gruppe I A und II A von oben nach unten ab?
25. Warum beobachtet man ein abruptes Absinken der Schmelzpunkte in der Mitte der zweiten Periode, aber nicht in der fünften und sechsten Periode?
26. Warum haben die Edelgase so niedrige Schmelzpunkte? Welche Kräfte halten ihre Atome im Festkörper zusammen?
27. Warum hat ein Metall der Gruppe II A eine höhere erste Ionisierungsenergie als das Metall in der Gruppe I A derselben Periode?
28. Warum sind von den Metallen der Gruppe I A Natrium und Kalium häufiger als Rubidium und Cäsium? Warum sind sie häufiger als Lithium?
29. Warum findet man die Elemente der Gruppe I A nicht als freie Metalle in der Natur? Wo und in welcher Form findet man sie? Wie werden die freien Metalle hergestellt?
30. Was ist Elektrolyse? Was passiert, wenn geschmolzenes KCl elektrolysiert wird? Welche Substanz wird bei diesem Prozeß oxidiert und welche reduziert?
31. Wo kommen die Elemente der Gruppe II A in der Natur vor und in welcher Form? Wie erhält man ihre Metalle?
32. Welche Oxidationszustände sind am häufigsten in der ersten Serie von Übergangsmetallen vom Sc zum Mn? Welches sind die häufigsten Oxidationszustände von Fe bis Zn? Welcher Zusammenhang besteht zwischen diesen Zuständen und der Elektronenstruktur?
33. Welche Trends bei den häufigsten Oxidationszahlen beobachtet man beim Übergang von der ersten Serie der Übergangsmetalle zu den späteren Serien? Wie läßt sich das mit anderen Eigenschaften der Atome erklären?
34. Bildet ein gegebenes Übergangsmetall eher in den niederen oder in den höheren Oxidationszuständen kovalente Bindungen aus? Warum? Läßt sich das mit dem chemischen Verhalten der Hauptgruppenelemente in der zweiten Periode in Zusammenhang bringen?
35. Warum durchlaufen die Atomradien in einer Periode mit Übergangsmetallen ein Minimum und nehmen dann wieder zu, bevor sie bei den Hauptgruppenelementen erneut abnehmen?
36. Was ist die Lanthanoiden-Kontraktion? Wie beeinflußt sie chemische Eigenschaften, und warum tritt sie auf?
37. Was versteht man unter einem Liganden eines Metall-Ions? Welche Bindungsart verknüpft ein Ion mit einem Liganden? Wo stammen die Bindungselektronen her?
38. Wie viele Cl^--Ionen können um ein Co^{3+}-Ion untergebracht werden? Wie nennt man diese *Zahl* und welchen Wert hat sie in diesem Beispiel? Wie nennt man die geometrische Anordnung der Cl^--Ionen um das Co^{3+}?
39. Welche Eigenschaft haben alle anderen potentiellen Liganden, die in diesem Kapitel erwähnt wurden, gemeinsam, die sie zu Liganden macht?

40. Wieso ist Ethylendiamintetraacetat ein *sechszähniger* Ligand? Was passiert, wenn es sich mit einem Metall-Ion assoziiert?
41. Auf welche Weise ist eine Komplexbildung mit einem Metall an der Aktivität eines Antibioticums wie Valinomycin beteiligt?
42. Was verursacht die Aufspaltung zwischen *t*- und *e*-Niveaus bei der oktaedrischen Koordination um ein Metall-Ion? Welche d-Orbitale haben die höhere Energie und – wenn man ihre Gestalt betrachtet – warum?
43. Was ist der Unterschied zwischen High-spin- und Low-spin-Komplexen des Fe^{3+}? Welche Faktoren bestimmen, ob ein gegebener Komplex high-spin oder low-spin ist?
44. Welche Faktoren beeinflussen das Ausmaß der Kristallfeldaufspaltung, das ein Ligand verursacht? Welcher Ligand verursacht normalerweise eine größere Aufspaltung, Cl^- oder CN^-? Cl^- oder NH_3?
45. Wie beeinflußt die Größe der Kristallfeldaufspaltung in einem Übergangskomplex die Farbe des Komplexes?
46. Ist die Wirkung auf die Farbe, die beim Austausch von Cl^- gegen CN^- als Metall-Ligand eintritt, ähnlich derjenigen, die man erhält, wenn man das Ausmaß der Delokalisierung in einem aromatischen Ringsystem vergrößert oder verkleinert?
47. Welche biologisch wichtige, chemische Substanz, die in diesem Kapitel diskutiert wurde, vereint die Elektronenenergie-Effekte der Übergangsmetallkomplex-Bildung mit denen der delokalisierten aromatischen Ringe?
48. In welcher Hinsicht sind Bornitrid und Diamant ähnlich? Könnte man sich ein Bor-Stickstoff-Analogon des Benzols, C_6H_6, vorstellen? (Wer es nicht kann, schlage *Borazol* in einem chemischen Handbuch nach.)
49. Was ist ein Halbleiter?
50. Wieso macht der Ersatz winziger Mengen Si-Atome durch P-Atome Silicium zu einem besseren Stromleiter?
51. Warum ist ein mit Aluminium dotiertes Silicium ein besserer Leiter als reines Silicium, wenn doch mit jedem Aluminium-Atom eine Elektronenlücke eingeführt wird? Wer transportiert den Strom in einem solchen Silicium?
52. Wie unterscheidet sich der Temperatureinfluß auf die Leitfähigkeit von metallische Leitern und von Halbleitern? Warum?
53. Was ist ein p-n-Übergang? Wie unterscheidet sich das Silicium auf den beiden Seiten des Übergangs?
54. Wie funktioniert ein p-n-Übergang als Wechselstromgleichrichter?
55. Welche der beiden folgenden Basen ist organischen Basen ähnlicher: LiOH oder NH_3? Warum?
56. Welche Oxidationszahl hat N in den meisten organischen Verbindungen in lebenden Organismen?
57. Wie ändert sich die Oxidationszahl von N, wenn Stickstoff in Blitzentladungen eines Gewitters „fixiert" wird?
58. Wie ändert sich die Oxidationszahl von Stickstoff, wenn Stickstoff-Verbindungen anstelle von O_2 von denitrifizierenden Bakterien als Oxidationsmittel benutzt werden?
59. Wie verändern stickstoff-fixierende Bakterien die Oxidationszahl von Stickstoff?
60. Wie verwenden nitrifizierende Bakterien Stickstoff-Verbindungen? Mit was kombinieren sie diese Verbindungen? Wird bei dem Prozeß vom Bakterium Energie gewonnen oder verloren? Wie ändert sich die Oxidationszahl von Stickstoff in dem Prozeß?
61. Wie hängt es mit der Struktur der Tonmineralien zusammen, daß Nitrate bessere Düngemittel sind als Ammonium-Ionen?
62. Was ist Eutrophierung, und warum ist sie potentiell schädlich?

63. Was ist ATP, und warum ist es besonders als Energiespeicher-Molekül geeignet?
64. Warum ist die Hydrolyse-Energie zweier Phosphatbindungen im ATP ungewöhnlich hoch, und warum ist die der dritten Bindung normal?
65. Welches andere Element ahmt Arsen in manchen seiner Giftwirkungen nach, und warum wird es dadurch giftig?
66. Warum soll sich ein Metall, das als Form für Drucktypen benutzt wird, beim Festwerden ausdehnen? Welche weitverbreitete nichtmetallische Verbindung hat die gleiche Eigenschaft?
67. Welche Substanzen außer O_2 werden als Oxidationsmittel bei der Atmung in lebenden Organismen benutzt? Welche Arten von Organismen benutzen diese Oxidationsmittel?
68. Welche Substanzen außer Wasser werden als Quelle für reduzierenden Wasserstoff bei der Photosynthese benutzt? Welche Organismen benutzen diese Substanzen?
69. Wie wird der Sauerstoff zurückgewonnen, den Tiere und grüne Pflanzen aus der Atmosphäre für die Atmung benutzen?
70. Wenn in einer Raumstation grüne Algen gezüchtet werden, was liefern sie an die Umgebung außer Nahrungsmittel für die Astronauten?
71. Wie läßt sich mit Hilfe der Molekülstruktur erklären, daß Licht Selen in einen Leiter verwandelt und elektrische Ladung auf die Xerox-Walze übertragen wird?
72. Wie entsteht das Bild auf Papier in einem Xerox-Kopiergerät?
73. Wenn ein Edelgas mit *irgendeinem* anderen Element eine Verbindung bildet, warum sollte man dann erwarten, daß das Edelgas Xenon ist und die reagierenden Atome entweder O oder F?

ERHALTUNG DER ATOMZAHL

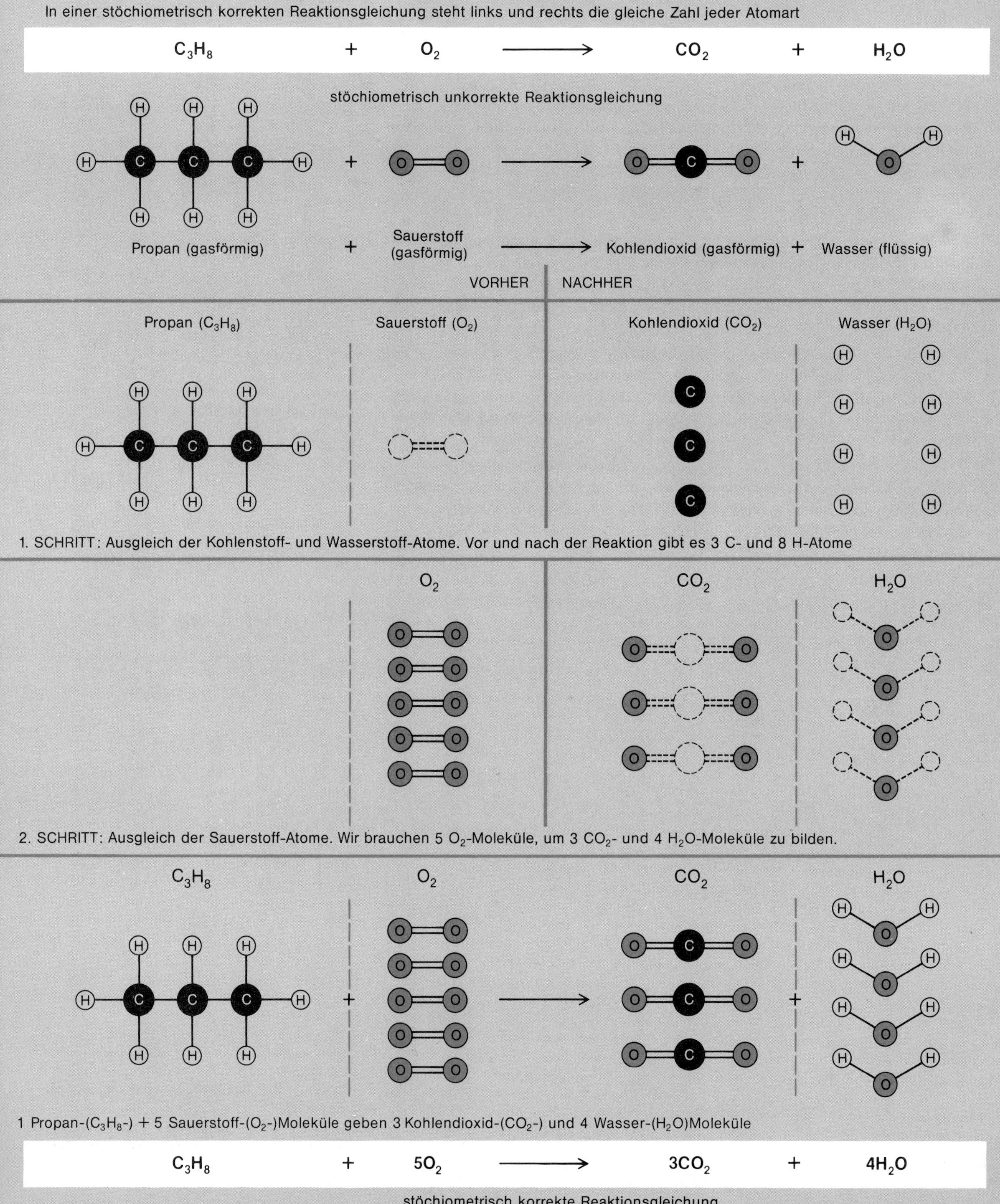

◀ *Auf jeder Seite einer stöchiometrischen chemischen Gleichung stehen exakt die gleichen Zahlen von Atomen.*

11. Kapitel

Von nichts kommt nichts – oder die Erhaltung von Masse, Ladung und Energie

Die ersten zehn Kapitel dieses Buches waren hauptsächlich deskriptiv. Wir haben ein Portrait des materiellen Universums gezeichnet, wie es einem Beobachter erschiene, der sein Blickfeld wahlweise so einstellen könnte, daß es ganze Galaxien oder einzelne Atome umfaßte. Auf der untersten Stufe haben wir gesehen, wie in den Atomen die Elektronen um die Kerne angeordnet sein können und wie aus den möglichen Anordnungen folgt, welche verschiedenen Sorten von Atomen existieren können. Auf etwas höherem Organisationsniveau haben wir gesehen, wie Elektronen Atomgruppen zusammenhalten – in Molekülen definierter Form und Größe – und wie die Eigenschaften der Stoffe mit ihrer Molekülstruktur zusammenhängen. Die Erklärung der Materie mit molekularen Begriffen macht das Wesen der Chemie aus.

Wie jeder andere Wissenschaftszweig wird die Chemie zuletzt trivial, wenn sie deskriptiv bleibt. Das letzte Ziel der Wissenschaft ist die Beherrschung der Materie dergestalt, daß Wissenschaft das Verhalten der Materie erfolgreich voraussagt. Voraussagen ohne Messungen aber sind Schall und Rauch. Früher oder später müssen wir uns den Standpunkt eines Pioniers der Thermodynamik und Elektrizitätslehre zu eigen machen: William Thomson (Lord Kelvin), der 1891 sagte:

> „Wenn wir das, wovon wir sprechen, messen und in Zahlen fassen können, können wir etwas darüber aussagen; doch wenn wir es nicht messen können, es nicht in Zahlen ausdrücken können, dann sind unsere Kenntnisse dürftig und unzureichend. Mögen diese auch der Keim des Wissens sein, so sind wir in unserem Denken noch kaum zum Stadium der Wissenschaft vorgedrungen."

Die nächsten sieben Kapitel werden dem Gebrauch von Zahlen in der Chemie gewidmet sein und der Aufgabe, diese zur exakten Wissenschaft voranzubringen. Wir werden dann verstehen können, warum Substanzen reagieren, warum sie offensichtlich bis zu einem bestimmten Punkt und nicht weiter reagieren, und warum sie es schnell oder langsam tun. Ein sehr praktischer Triumph der Chemie ist, daß man gelernt hat, Geschwindigkeit und Richtung chemischer Prozesse zu beherrschen, um nutzbare Substanzen herzustellen oder Energie zu erzeugen. Die Vorteile der industriellen Synthese sind offenkundig; doch die Vorteile der Biosynthese sind nicht minder wichtig.

NICHTERHALTUNG DES VOLUMENS

$$C_3H_8 + 5\,O_2 \rightarrow 3\,CO_2 + 4\,H_2O$$

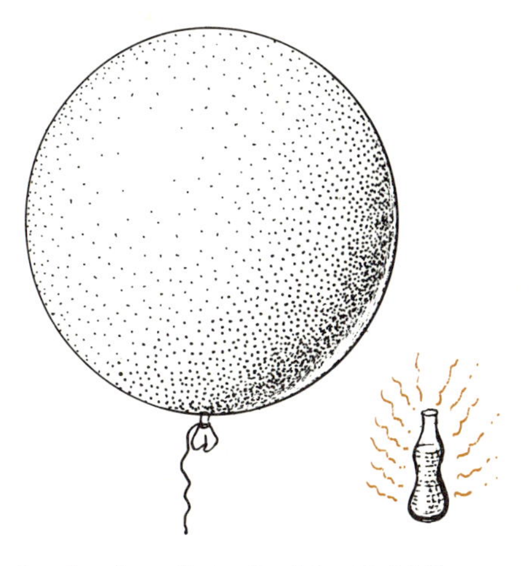

In der oben formulierten Reaktion bleibt die Anzahl der Atome jeder Sorte erhalten, aber Form und Volumen der umgesetzten Materie ändern sich dramatisch. Aus einer Mischung von Propan und Sauerstoff, die einen Ballon füllt, wird nach der Verbrennung warmes, kohlensäurehaltiges Wasser (CO_2 und H_2O), das gerade eine kleine Limonadenflasche füllt.

Nach der üblichen Einteilung der Chemie können die ersten zehn Kapitel dieses Buches als eine Einführung in die Anorganische Chemie angesehen werden. Die nächsten sieben Kapitel sind eine Einführung in einige Aspekte der Physikalischen Chemie (wobei die Quantenchemie wie üblich der Physikalischen Chemie zugerechnet wird). Die Kapitel 18 bis 21 führen in die Organische Chemie ein, und in den Kapiteln 22 bis 28 schließlich begegnen wir der Biochemie und der Evolution des Lebens. Man sollte jedoch diese Kategorien nicht zu ernst nehmen, denn die aktivste Forschung findet heute in den Grenzgebieten statt, die nicht ohne weiteres einer bestimmten Kategorie zuzuordnen sind. Gerade die umfassende Betrachtung der Chemie als Einheit ist heute wichtig.

Erhaltungssätze

Überall in der Wissenschaft treffen wir auf Erhaltungssätze: die Erhaltung der Masse, die Erhaltung der Energie, der Ladung, der Symmetrie, der „Parität“ und so fort. All diese Prinzipien sagen aus, daß bei physikalischen oder chemischen Veränderungen gewisse Eigenschaften sich eben nicht ändern. Im ganzen ersten Teil dieses Buches haben wir, ohne es explizit auszusprechen, bereits von einem Erhaltungssatz Gebrauch gemacht: Bei chemischen Reaktionen wird innerhalb der Grenzen unserer Meßgenauigkeit *Materie* weder geschaffen noch zerstört. Die Menge an Materie, die aus irgendeinem chemischen Prozeß herauskommt, ist nicht größer noch geringer als diejenige, die man hineingesteckt hat, auch wenn sich die Erscheinungsform der Materie völlig verändert hat. Auf der Bildtafel am Anfang dieses Kapitels reagieren Propan-Gas und Sauerstoff-Gas zu einem anderen Gas und einer Flüssigkeit. Die gebildeten Substanzen sehen anders aus und verhalten sich anders, aber die Gesamtzahl der Atome jeder Sorte bleibt im Verlauf der Reaktion unverändert.

Ebenso bleibt bei chemischen Reaktionen in den Grenzen der Meßgenauigkeit die *Energie* erhalten. Der Energievorrat des Universums vor und nach der Propan-Reaktion ist derselbe. Wenn bei einem Vorgang Energie abgegeben wird – wie bei der gezeigten Propan-Reaktion –, dann müssen die Produktmoleküle um den abgegebenen Betrag weniger Energie enthalten als die Moleküle der Reaktanden.

Noch eine dritte, weniger offensichtliche Quantität bleibt bei der Verbrennung von Propan erhalten: die *Oxidationszahl.* Sie ist ein Ausdruck für die Lokalisierung der Elektronen. Kohlenstoff und Wasserstoff werden oxidiert: Im Ausgangszustand teilen sie die Bindungselektronen gleichmäßig mit Nachbaratomen, während sie im Endzustand der Reaktion in C–O- und H–O-Bindungen vorliegen, in denen der Sauerstoff den stärkeren Zug auf die Elektronen ausübt. Demgegenüber werden die Sauerstoff-Atome reduziert, denn zu Beginn teilen sie sich in O=O-Molekülen die Elektronen gleichmäßig, am Ende haben sie in den Bindungen mit C und H die Elektronen weitgehend an sich gerissen. Die Summe aller Veränderungen der Oxidationszahlen aller Atome während der Verbrennung von Propan ist null, denn jedes Atom, das ein Elektron los wird, muß ein anderes Atom als Partner haben, das dieses Elektron aufnimmt. In diesem Kapitel befassen wir uns mit der Erhaltung von Masse und Oxidationszahl; die folgenden Kapitel werden der Energie gewidmet sein.

Wenn wir Masse und Energie genau genug betrachten, stellt es sich heraus, daß die Sätze von ihrer individuellen Erhaltung nur annähernd richtig sind. In Wirklichkeit sind Masse und Energie ineinander überführbar, sie sind verschiedene Erscheinungsformen derselben Sache. Wir können sie bei chemischen Reaktionen nur deshalb unabhängig voneinander betrachten, weil die bei chemischen Prozessen umgesetzten Energiemengen nur infinitesimalen Beträgen der Masse entsprechen. In den weitaus mächtigeren Kernreaktionen hingegen müssen die individuellen Erhaltungssätze von Masse und Energie zusammengefaßt werden zum Prinzip der Erhaltung von Masse plus Energie *insgesamt.* Masse kann in Energie, Energie in Masse umgewandelt werden, und dabei gilt die Einstein-Gleichung, $E = m \cdot c^2$, in der E die Energie, m die Masse und c die Lichtgeschwindigkeit bedeuten. In der zweiten Hälfte dieses Kapitels werden wir Kernreaktionen diskutieren, für die die Masse-Energie-Konversion bedeutungsvoll ist. Die Umwandlung von Masse in Energie ist das zentrale Phänomen sowohl der Kernspaltung als auch der Kernverschmelzung, ebenso auf unserem Planeten wie auf der Sonne.

Im Prinzip müssen bei einer Reaktion, bei der Energie abgegeben wird, die gebildeten Produkte niedrigere Energie besitzen und *leichter sein* als die Reaktanden. Aber eine bei einer typischen chemischen Reaktion freigesetzte Energie von etwa 400 $kJ \cdot mol^{-1}$ entspricht gemäß der Einstein-Beziehung einem Masseverlust von nur $5 \cdot 10^{-9}$ u pro Molekül, d.h. ein Hunderttausendstel der Elektronenmasse. Das sind nur $5 \cdot 10^{-9}$ Gramm pro Mol, was weit jenseits des Meßbaren liegt. Und aus diesem Grunde können wir sagen, daß bei chemischen Reaktionen Masse und Energie jede für sich erhalten bleiben.

Gewicht und Masse

Viele Eigenschaften bleiben, anders als die Masse, bei chemischen Reaktionen nicht erhalten: Volumen, Dichte, Form, Wärmeleitfähigkeit, Härte, Farbe usw. Der große französische Chemiker Antoine Lavoisier, der – bevor er 1794 auf der Guillotine starb – eine Revolution in der Chemie eingeleitet hatte, war es, der erkannte, daß die *Masse* etwas Fundamentaleres ist als irgendeine der anderen Eigenschaften. Wenn man in der Chemie fragt: „Wieviel?", so fragt man im Grunde immer: „Welche Masse?"

Strenggenommen wird die Masse bezogen auf die Trägheit eines bewegten Objekts und die Kraft, die aufgewendet werden muß, um es zum Stillstand zu bringen. Wenn zwei Astronauten, die auf dem Mond nur ein Sechstel so viel wie auf der Erde wiegen, auf dem Erdtrabanten zu boxen anfingen, würden dennoch die Schläge ebenso hart treffen und ebenso stark verletzen wie auf der Erde, denn die Masse, die hinter den Treffern sitzt, ist auf dem Mond die gleiche wie auf der Erde. Das Gewicht dagegen ist die Kraft, mit der ein Planet eine gegebene Masse anzieht. Wenn m die Masse in Gramm ist und g die Gravitationsbeschleunigung in Zentimeter pro Sekunde, dann ist das Gewicht w des Objekts in $g \cdot cm \cdot s^{-2}$ oder dyn ($= 10^{-5}$ Newton) gegeben durch $w = m \cdot g$.

Wir machen gewöhnlich keinen Unterschied zwischen Gewicht und Masse. Wenn wir sagen, daß ein Gegenstand „ein Gramm wiegt", dann meinen wir in Wirklichkeit: „Er wiegt so viel, wie eine Masse von 1 Gramm auf der Erde wöge." Die Gravitationskonstante g beträgt auf dem Mond ein Sechstel derjenigen auf der Erde, so daß die gleiche Masse auf dem Mond nur ein Sechstel ihres Gewichtes auf der Erde wiegt. Wenn wir sagen, daß ein Gegenstand von 1 Gramm „auf dem Mond nur $^1/_6$ Gramm wiegt", dann heißt das, daß er vom Mond mit derselben Kraft angezogen wird, welche die Erde auf eine Masse von $^1/_6$ Gramm ausübt. Solange wir nur Vergleiche im Bereich der Erde anstellen, entsteht keine Konfusion zwischen Gewicht und Masse, und man gebraucht im Wissenschaftleralltag die Ausdrücke „Atomgewicht" und „Atommasse" austauschbar nebeneinander.

Erhaltung der Masse bei chemischen Reaktionen

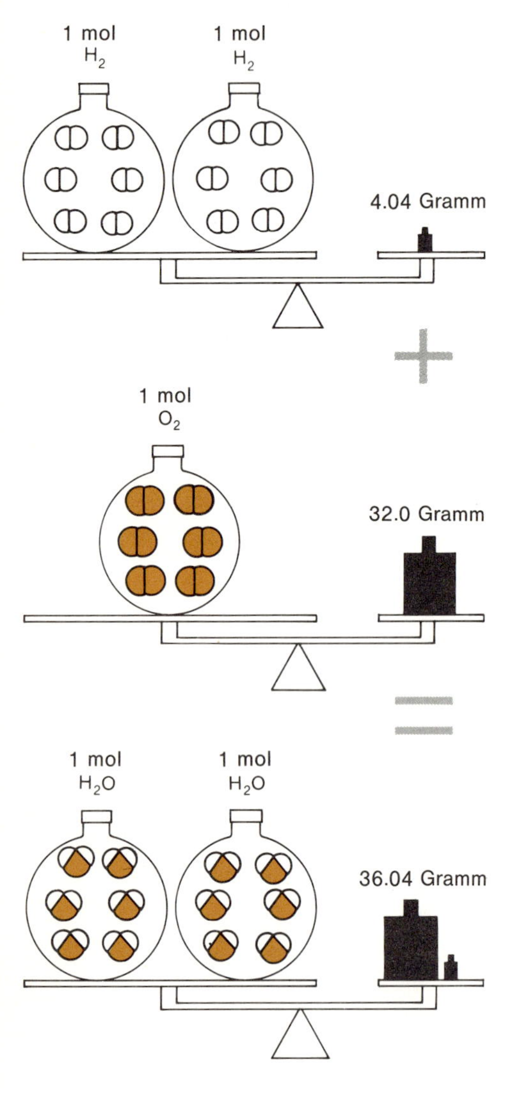

Das Gesamtgewicht der Reaktanden (H_2 und O_2) ist gleich dem Gewicht des Produkts (H_2O). Die Masse bleibt erhalten.

Bei chemischen Prozessen ist die wichtigste Größe, die erhalten bleibt, die Anzahl der Atome, die von jeder Sorte vorhanden ist. Anders als bei nuklearen Prozessen werden bei chemischen Reaktionen Atome weder neu gebildet noch vernichtet, noch wird eine Atomart in eine andere umgewandelt. Chemische Reaktionen ordnen nur die Atome, die am Anfang da waren, in andere molekulare Kombinationen um. Es wäre schön, wenn wir die Anzahl jeder Atomart vor und nach einer Reaktion zählen könnten, um uns zu versichern, daß keine Atome hinzugefügt worden oder verlorengegangen sind.

Das direkte Zählen von Atomen ist praktisch nicht möglich. Weil aber bei chemischen Reaktionen die Masse-Energie-Konversion vernachlässigbar ist, bedeutet die Erhaltung der Anzahl der Atome effektiv die Erhaltung der Masse. Aus der Behandlung des Mols und der Avogadroschen Zahl im 2. Kapitel wissen wir, daß wir durch Division der Masse einer Substanz durch ihre relative Atom- oder Molekülmasse die Menge der Substanz in Mol erhalten und daß ein Mol jeder chemischen Substanz die gleiche Zahl von Teilchen enthält. Diese Zahl ist die Avogadrosche Zahl N, ihr Wert ist $6.022 \cdot 10^{23}$ Teilchen pro Mol. Indem wir also die Anzahl Mol einer Substanz wiegen, können wir tatsächlich Atome mit einer Laborwaage abwiegen.

Die Symbole einer korrekt ausgeglichenen *(stöchiometrischen)* chemischen Gleichung sagen viel mehr aus als nur die Art der Reaktand- und Produktmoleküle. Der Gleichung

$$2H_2 + O_2 \longrightarrow 2H_2O$$

entnehmen wir zunächst, daß aus Wasserstoff- und Sauerstoff-Molekülen Wasser-Moleküle gemacht werden können. Darüber hinaus sagt die Gleichung, daß zur Bildung von zwei Mol Wasser zwei Mol Wasserstoff und ein Mol Sauerstoff nötig sind. Und als Ausdruck für die Erhaltung der Atome gibt die Gleichung an, daß aus je vier Wasserstoff-Atomen und zwei Sauerstoff-Atomen (die in H_2- und O_2-Molekülen vorliegen) nur zwei Wasser-Moleküle entstehen können, welche die gleiche Summe von vier H- und zwei O-Atomen enthalten.

Man kann aus der Gleichung ferner Auskunft erhalten über die relativen Mengen der beteiligten Reaktanden und Produkte. Die relativen Molekülmassen von H_2, O_2 und H_2O sind 2.02, 32.00 bzw. 18.02. Somit reagieren $2 \cdot 2.02$ g Wasserstoff mit $1 \cdot 32.00$ g Sauerstoff zu $2 \cdot 18.02$ g Wasser:

$$\begin{aligned} 2(2.02)\,\text{g} + 32.00\,\text{g} &= 2(18.02)\,\text{g} \\ 36.04\,\text{g} &= 36.04\,\text{g} \end{aligned}$$

Das Gesamtgewicht der Reaktanden vor der Reaktion ist gleich dem Gewicht der Produkte nach der Reaktion: Die Masse ist erhalten geblieben.

Beispiel. Propan, C_3H_8, ist ein als „sauberer“ Brennstoff geeignetes Gas, das in gebräuchlichen Automotoren ohne große konstruktive Veränderungen verbrannt werden könnte. Wieviel Mol O_2 sind zur Verbrennung von 1 Mol Propan nötig, und wieviel Gramm O_2 braucht man zur Verbrennung von 1 kg Propan?

Lösung. Die nicht-stöchiometrische Reaktionsgleichung, aus der nur Reaktanden und Produkte erkenntlich sind, lautet:

$$C_3H_8 + O_2 \longrightarrow CO_2 + H_2O,$$

denn wir wissen, daß die Verbrennungsprodukte Kohlendioxid und Wasser sind.

Der Vorgang, wie linke und rechte Seite ausgeglichen werden, um die stöchiometrische Gleichung zu erhalten, ist auf dem Schaubild am Anfang dieses Kapitels dargestellt. Kurz wiederholt: Wenn aus den drei Kohlenstoff-Atomen eines Propan-Moleküls drei CO_2-Moleküle gebildet werden, dann sind dazu sechs Sauerstoff-Atome oder drei O_2-Moleküle nötig. Außerdem müssen die acht Wasserstoff-Atome des Propans vier Wasser-Moleküle ergeben, so daß zwei O_2-Moleküle zusätzlich nötig sind. Die stöchiometrische Reaktionsgleichung lautet:

$$C_3H_8 + 5O_2 \longrightarrow 3CO_2 + 4H_2O$$

Die relativen Molekülmassen von Reaktanden und Produkten sind:

$$\begin{aligned} C_3H_8&: 3 \cdot 12.01 + 8 \cdot 1.01 = 44.11 \\ O_2&: 2 \cdot 16.00 = 32.00 \\ CO_2&: 1 \cdot 12.01 + 2 \cdot 16.00 = 44.01 \\ H_2O&: 2 \cdot \ 1.01 + 1 \cdot 16.00 = 18.02 \end{aligned}$$

Aus der stöchiometrischen Reaktionsgleichung und diesen Molekülmassen können wir nachvollziehen, daß im Verlauf dieser Reaktion die Masse erhalten bleibt:

$$44.11\ \mathrm{g}\ C_3H_8 + 5\,(32.00)\ \mathrm{g}\ O_2 = 3\,(44.01)\ \mathrm{g}\ CO_2 + 4\,(18.02)\ \mathrm{g}\ H_2O$$
$$204.11\ \mathrm{g} = 204.11\ \mathrm{g}$$

Die stöchiometrische Reaktionsgleichung gibt an, daß zur Verbrennung von einem Mol Propan fünf Mol Sauerstoff verbraucht werden. Wir hatten nach 1000 g Propan gefragt, das sind in mol:

$$\frac{1000\ \mathrm{g\ Propan}}{44.11\ \mathrm{g \cdot mol^{-1}}} = 22.67\ \mathrm{mol\ Propan}$$

Pro Mol Propan sind fünf Mol Sauerstoff nötig:

$$22.67\ \mathrm{mol\ Propan} \cdot \frac{5\ \mathrm{mol\ Sauerstoff}}{1\ \mathrm{mol\ Propan}} = 113.4\ \mathrm{mol\ Sauerstoff}$$

Die Menge 113.4 Mol Sauerstoff wiegt:

$$113.4\ \mathrm{mol}\ O_2 \cdot 32.00\ \mathrm{g \cdot mol^{-1}} = 3629\ \mathrm{g}\ O_2$$

Die ganze Rechnung hätte in einem Schritt aufgestellt werden können:

$$\frac{1000\ \mathrm{g\ Propan}}{44.11\ \mathrm{g \cdot mol^{-1}\ Propan}} \cdot \frac{5\ \mathrm{mol}\ O_2}{1\ \mathrm{mol\ Propan}} \cdot 32.00\ \mathrm{g \cdot mol^{-1}}\ O_2 = 3627\ \mathrm{g}\ O_2$$

Wir wollen die fünf Schritte festhalten, in denen wir vorgegangen sind:

1. Zuerst wird eine nicht-stöchiometrische Reaktionsgleichung aufgeschrieben, welche die richtigen Reaktanden und Produkte enthält.
2. Man erhält die stöchiometrische Gleichung, indem das korrekte Molverhältnis Reaktanden zu Produkten ermittelt wird.
3. Die relativen Molekülmassen der Reaktanden und der interessierenden Produkte werden berechnet und
4. daraus mit Hilfe des Molverhältnisses aus Schritt 2 die Molzahl der Produkte.
5. Aus der relativen Molekülmasse des Produkts wird das Gewicht in Gramm berechnet.

Beispiel. Glucose ist ein Zucker mit der chemischen Formel $C_6H_{12}O_6$ und eine wichtige Energiequelle für lebende Organismen. Wieviel Mol Sauerstoff werden benötigt, um ein Mol Glucose zu verbrennen, und wieviel Gramm O_2 sind für die Verbrennung von einem Kilogramm Glucose notwendig?

Lösung.

1. Nicht-stöchiometrische Reaktionsgleichung mit korrekten Reaktanden und Produkten:

$$C_6H_{12}O_6 + O_2 \longrightarrow CO_2 + H_2O$$

2. Stöchiometrische Reaktionsgleichung: Aus 6 C der Glucose werden 6 CO_2 gebildet. Die 12 H der Glucose ergeben 6 H_2O. Zwischenlösung:

$$C_6H_{12}O_6 + O_2 \longrightarrow 6O_2 + 6H_2O$$

Jetzt haben wir 18 Sauerstoff-Atome rechts und nur acht links, also brauchen wir links noch zehn O oder 5 O_2. So lautet die stöchiometrische Reaktionsgleichung:

$$C_6H_{12}O_6 + 6O_2 \longrightarrow 6CO_2 + 6H_2O$$

Daraus können wir ablesen, daß zur Verbrennung von einem Mol Glucose sechs Mol Sauerstoff gebraucht werden.

3. Relative Molekülmassen:

$C_6H_{12}O_6$: 180.18
O_2: 32.00

Die Molekülmassen der anderen Reaktanden und Produkte brauchen wir nicht.

4. Mol Sauerstoff:

$$\frac{1000 \text{ g Glucose}}{180.18 \text{ g} \cdot \text{mol}^{-1} \text{ Glucose}} \cdot \frac{6 \text{ mol Sauerstoff}}{1 \text{ mol Glucose}} = 33.30 \text{ mol Sauerstoff}$$

5. Gramm Sauerstoff:

$$33.30 \text{ mol Sauerstoff} \cdot 32.00 \text{ g} \cdot \text{mol}^{-1} = 1066 \text{ g Sauerstoff}$$

Nebenbei sehen wir, daß zur Verbrennung eines Kilogramms Glucose nur 1066 Gramm Sauerstoff nötig sind, während zur Verbrennung des gleichen Gewichts Propan 3627 Gramm Sauerstoff verbraucht werden. Der Grund dafür ist, daß Glucose bereits partiell oxidiert ist. Es wird also nicht überraschen, wenn wir später ausrechnen, daß die Verbrennung von Glucose nur halb so viel Wärme pro Gramm erzeugt wie die Verbrennung von Propan. Glucose ist – auf das Gewicht bezogen – ein weniger ergiebiger Brennstoff als Propan. Im 21. Kapitel werden wir auf die Frage zurückkommen, warum die Pflanzen Glucose (in Form von pflanzlicher Stärke) als Energiespeicher selektierten, während Tiere die Fette als eine Art „festes Propan" entwickelten.

Erhaltung der Elektronen

Die Masse ist nicht das einzige, was bei chemischen Reaktionen erhalten bleibt. Im 6. Kapitel haben wir gelernt, daß Oxidation und Reduktion nichts anderes bedeuten, als daß Elektronen von einem Atom weggenommen oder einem Atom hinzugefügt werden, und daß jedesmal, wenn etwas oxidiert wird, etwas anderes reduziert werden muß. Wird in einer chemischen Reaktion einem Atom ein Elektron entzogen, heißt das, daß es auf ein anderes Atom übertragen wird. In jeder chemischen Reaktion, die aus einer Oxidation und einer Reduktion besteht, ist also die *Netto*-Änderung der Oxidationszahlen aller betroffenen Atome null. Die Gesamt-Oxidationszahl bleibt erhalten. Dies ist im wesentlichen die indirekte Aussage, daß während der Reaktion Elektronen weder erzeugt noch vernichtet werden.

Ein Beispiel: Die Verbrennung der Nährstoffe bei der Atmung aller sauerstoffverbrauchenden Lebensformen ist verbunden mit der Oxidation von Kohlenstoff- und Wasserstoff-Verbindungen. Den Wasserstoff-Atomen in diesen Verbindungen wird die Oxidationszahl (OZ) null zugeschrieben, denn jedes Wasserstoff-Atom teilt sich Elektronen gleichmäßig mit dem Atom, an das es gebunden ist. Solche Wasserstoffe im Oxidationszustand null werden oft symbolisch in eckigen Klammern als [H] geschrieben, ohne daß auf die spezielle Verbindung, aus der sie stammen, Bezug genommen würde. Die energieliefernde Oxidationsreaktion, die bei der Atmung stattfindet, kann in nicht-stöchiometrischer Form folgendermaßen geschrieben werden:

	$[H] + O_2 \longrightarrow H_2O$		
OZ von H	0		+1
OZ von O		0	−2

Diese Oxidationszahlen von H und O in H_2O kommen dadurch zustande, daß O stärker elektronegativ ist als H, so daß man beide Elektronen jeder O–H-Bindung dem O zuteilt. Wer über dieses Verfahren im Zweifel ist, kann im 6. Kapitel nachlesen. Es handelt sich um eine so einfache chemische Reaktion, daß sie auf Anhieb ausgeglichen werden kann – man muß dafür sorgen, daß auf jeder Seite der Gleichung die gleiche Zahl H- und O-Atome steht. Dann lautet die stöchiometrische Gleichung:

$$2[H] + \tfrac{1}{2}O_2 \longrightarrow H_2O \quad \text{oder} \quad 4[H] + O_2 \longrightarrow 2H_2O$$

Wir hätten die Reaktionsgleichung auch dadurch ausgleichen können, daß wir dafür gesorgt hätten, daß die Gesamtänderung der Oxidationszahlen aller Substanzen null ist. Wenn die Oxidationszahl eines Sauerstoff-Atoms um zwei abnimmt, muß die Oxidationszahl zweier Wasserstoff-Atome um eins zunehmen. Physikalisch ausgedrückt: Wenn ein Sauerstoff-Atom zwei Elektronen an sich zieht, dann müssen zwei Wasserstoff-Atome je ein Elektron abgeben. Die Veränderungen der Oxidationszahlen kann man so formulieren:

	2H		O	
Veränderung der OZ:	2(+1)	+	(−2)	= 0

Dies war ein triviales Beispiel; das nächste ist nicht ganz so trivial. Bei Sauerstoffmangel können manche Bakterien „atmen", indem sie Nitrate anstelle von Sauerstoff als Oxidationsmittel verwenden. Statt Sauerstoff zu Wasser reduzieren diese Bakterien Nitrate zu NO_2^-, NO oder N_2. Wir wollen eine stöchiometrisch korrekte Reaktionsgleichung für die Oxidation von Nährstoffen durch Nitrat formulieren, wobei NO das Abfallprodukt sein soll.

Die nicht-stöchiometrische Reaktionsgleichung lautet:

$$H + NO_3^- \longrightarrow NO + H_2O$$

Es scheint verlockend, die Reaktionsgleichung ohne weiteres auszugleichen, so daß die Anzahl jeder Atomsorte links und rechts gleich ist:

$$2H + NO_3^- \longrightarrow NO + H_2O + \tfrac{1}{2}O_2$$

Die Methode der Oxidationszahl zum Aufstellen von stöchiometrischen Redox-Gleichungen

Es soll für die Oxidation des Sulfit-Ions zum Sulfat-Ion durch das Dichromat-Ion die stöchiometrisch korrekte Oxidations-Reduktions-Gleichung aufgestellt werden:

1. Zuerst wird die nicht-stöchiometrische Reaktionsgleichung mit korrekten Reaktanden und Produkten formuliert:

$$Cr_2O_7^{2-} + SO_3^{2-} \longrightarrow Cr^{2+} + SO_4^{2-}$$

2. Den Atomen, die oxidiert oder reduziert werden, werden Oxidationszahlen zugeordnet, und die Änderungen des Oxidationszustandes für jedes dieser Atome werden berechnet:

$$\text{Cr:} \quad +6 \longrightarrow +2 \quad (\text{Änderung} = -4)$$
$$\text{S:} \quad +4 \longrightarrow +6 \quad (\text{Änderung} = +2)$$

3. So viel Oxidations- oder Reduktionsmittel wird hinzugefügt, daß sich die Änderungen der Oxidationszahlen gegenseitig aufheben. In unserem Beispiel heißt das: Wir brauchen doppelt so viele S-Atome wie Cr-Atome:

$$Cr_2O_7^{2-} + 4SO_3^{2-} \longrightarrow 2Cr^{2+} + 4SO_4^{2-}$$

4. Diese Reaktionsgleichung wird in der üblichen Weise so ausgeglichen, daß links und rechts die gleiche Anzahl jeder Atomart steht:

$$Cr_2O_7^{2-} + 4SO_3^{2-} + 6H^+ \longrightarrow 2Cr^{2+} + 4SO_4^{2-} + 3H_2O$$

5. Zur Kontrolle des Ergebnisses wird geprüft, ob tatsächlich links und rechts die gleiche Nettoladung steht:

$$(-2) + 4(-2) + 6(+1) \stackrel{?}{=} 2(+2) + 4(-2)$$
$$-4 = -4$$

Aber dabei bleibt ein Elektron der linken Seite auf der rechten Seite unberücksichtigt. Praktisch narrensicher ist dagegen die Methode der Oxidationszahlen, und sie macht gleichzeitig klar, was passiert. In Nitraten hat Stickstoff die Oxidationszahl +5 (warum?). In NO ist die Oxidationszahl von Stickstoff +2, also drei weniger. Wasserstoff, wie gehabt, wechselt um eine Einheit von 0 nach +1.

	$[H] + NO_3^- \longrightarrow H_2O + NO$	
OZ von H:	0 $\qquad$ +1	(Änderung = +1)
OZ von N:	+5 $\qquad$ +2	(Änderung = −3)

Zum korrekten Ausgleich der Elektronenzahlen müssen für jedes reduzierte Mol NO_3^- drei Mol H oxidiert werden:

$$3(+1) + (-3) = 0$$

Somit kann die Gleichung zunächst folgendermaßen geschrieben werden:

$$3[H] + NO_3^- \longrightarrow NO + ?$$

Bei jeder Reaktion in wäßriger Lösung ist man darin frei, so viele H_2O-Moleküle sowie H^+- oder OH^--Ionen einzuführen, wie zum Ausgleich nötig sind. Für saure Lösungen nimmt man H_2O und H^+, für basische Lösungen H_2O und OH^-. Soweit es den Redox-Vorgang (Redox = Reduktion-Oxidation) betrifft, ist damit der Ausgleich erledigt; es bleibt das Abzählen der O- und H-Atome. Eine mögliche Lösung lautet:

$$3[H] + NO_3^- \longrightarrow NO + H_2O + OH^-$$

Jetzt sind sowohl die drei Wasserstoffe als auch die drei negativen Ladungen berücksichtigt. In der Tat trifft die Gleichung in dieser Form für eine basische Lösung zu, die also OH^--Ionen enthält. Für eine saure Lösung kann man die entsprechende Gleichung erhalten, indem man auf jeder Seite so viele Wasserstoff-Ionen ergänzt, daß die Hydroxid-Ionen eliminiert werden:

$$3[H] + NO_3^- + H^+ \longrightarrow NO + H_2O + OH^- + H^+$$

oder

$$3[H] + NO_3^- + H^+ \longrightarrow NO + 2H_2O$$

Die Methode der Halbreaktionen zum Aufstellen von stöchiometrischen Redox-Gleichungen

1. Die Schicksale des Oxidationsmittels und des Reduktionsmittels werden separat als Halbreaktionen formuliert:

$Cr_2O_7^{2-} \longrightarrow Cr^{2+}$ (Reduktion)
$SO_3^{2-} \longrightarrow SO_4^{2-}$ (Oxidation)

2. Jede Halbreaktion wird hinsichtlich der Anzahl der Atome ausgeglichen, ohne daß an dieser Stelle Ladungen berücksichtigt würden:

$Cr_2O_7^{2-} + 14H^+ \longrightarrow 2Cr^{2+} + 7H_2O$
$SO_3^{2-} + H_2O \longrightarrow SO_4^{2-} + 2H^+$

3. Auf der linken oder rechten Seite – je nach Bedarf – jeder Halbreaktion werden so viel Elektronen hinzugefügt, daß die Ladungen auf beiden Seiten ausgeglichen sind:

$Cr_2O_7^{2-} + 14H^+ + 8e^- \longrightarrow 2Cr^{2+} + 7H_2O$
$SO_3^{2-} + H_2O \longrightarrow SO_4^{2-} + 2H^+ + 2e^-$

4. Beide Halbreaktionen werden im Sinne des kleinsten gemeinsamen Vielfachen mit je einem Faktor multipliziert, so daß sich bei Addition der Halbreaktionen die freien Elektronen aufheben; anschließend werden die Halbreaktionen addiert:

$$Cr_2O_7 + 14H^+ + 4SO_3^{2-} + 4H_2O \longrightarrow 2Cr^{2+} + 4SO_4^{2-} + 8H^+ + 7H_2O$$

5. Substanzen, die überflüssigerweise auf beiden Seiten der Gleichung auftauchen, werden eliminiert:

$$Cr_2O_7^{2-} + 4SO_3^{2-} + 6H^+ \longrightarrow 2Cr^{2+} + 4SO_4^{2-} + 3H_2O$$

Beispiel. Kaliumpermanganat, $KMnO_4$, wird häufig als anorganisches Oxidationsmittel benutzt; es wird in saurer Lösung zu Mangan-Ionen Mn^{2+} reduziert. Wie lautet die stöchiometrische Reaktionsgleichung für die Reaktion, bei der Permanganat das Eisen(II)-Ion, Fe^{2+}, zum Eisen(III)-Ion, Fe^{3+}, oxidiert*)?

Lösung: Die nicht-stöchiometrische Reaktionsgleichung sieht so aus:

$$MnO_4^- + Fe^{2+} \longrightarrow Mn^{2+} + Fe^{3+}$$

Mangan im Permanganat-Ion hat die Oxidationszahl +7, die beim Übergang zum Mn^{2+}-Ion auf +2 abnimmt, das bedeutet eine Veränderung um −5. Die Oxidationszahl des Eisens nimmt um eine Einheit zu:

	MnO_4^-	$+ Fe^{2+}$	$\longrightarrow$	Mn^{2+}	$+ Fe^{3+}$	
OZ von Mn:	+7			+2		(Änderung: −5)
OZ von Fe:		+2			+3	(Änderung: +1)

Offensichtlich werden für jedes Mangan-Ion fünf Eisen-Atome gebraucht, damit sich die Änderungen der Oxidationszahlen aufheben:

$$MnO_4^- + 5Fe^{2+} \longrightarrow Mn^{2+} + Fe^{3+}$$

Um die vier Sauerstoff-Atome auf der linken Seite zu binden, sind acht Wasserstoff-Atome nötig; dabei kommen rechts vier Wasser-Moleküle heraus:

$$MnO_4^- + 5Fe^{2+} + 8H^+ \longrightarrow Mn^{2+} + 5Fe^{3+} + 4H_2O$$

Dadurch, daß wir ein Verhältnis von 1:5 für Mn:Fe festgelegt haben, können wir sicher sein, daß die Summe der Oxidationszahlen erhalten bleibt. Indem wir die Wasserstoff-Ionen hinzugefügt haben, haben wir die Anzahl der Atome jeder Sorte links und rechts ausgeglichen. Als letzte Kontrolle kann der Vergleich der Nettoladungen auf der linken und der rechten Seite der Gleichung dienen: Man findet jeweils +17. Somit ist die Oxidations-Reduktions-Gleichung hinsichtlich *Elektronen, Atomen* und *Ladung* ausgeglichen!

*) *Anm. der Übers.:* Im Original steht „ferrous ion" für Fe^{2+} und „ferric ion" für Fe^{3+}. Das entspricht den alten deutschsprachigen Bezeichnungen Ferri-Ion für Fe^{3+} und Ferro-Ion für Fe^{2+}. Heute schreibt man, wenn man Verbindungen mit Metallen benennen muß, die in verschiedenen Oxidationsstufen auftreten, im ausformulierten Namen die Oxidationszahl als römische Ziffer in Klammern hinter den Namen des Metalls.

Es gibt noch ein weiteres brauchbares Verfahren zum Ausgleich von Redox-Gleichungen: die Methode der Halbreaktionen. Dabei wird für jede Substanz, deren Oxidationszahl sich ändert, in einer Halbreaktion der Ausgleich mit Hilfe von explizit ausgeschriebenen Elektronen herbeigeführt. Die beiden ausgeglichenen Halbreaktionen werden dann derart kombiniert, daß bei Aufstellung der endgültigen Reaktionsgleichung die Elektronen einander kompensieren.

Beispiel. Die Reaktion zwischen Eisen(II)-Ionen und Permanganat-Ionen soll nach der Methode der Halbreaktionen stöchiometrisch korrekt formuliert werden.

Lösung. Die unausgeglichene Permanganat-Halbreaktion lautet:

$$\underset{+7}{MnO_4^-} + 5e^- \longrightarrow \underset{+2}{Mn^{2+}}$$

Es sind fünf Elektronen nötig, denn Mangan wechselt vom Oxidationszustand +7 zum Oxidationszustand +2. Auf der rechten Seite werden Wasser-Moleküle hinzugefügt, um die Sauerstoffe des Permanganat-Ions auszugleichen; entsprechend müssen auf der linken Seite Protonen hinzugefügt werden:

$$MnO_4^- + 8H^+ + 5e^- \longrightarrow Mn^{2+} + 4H_2O$$

Damit ist diese Halbreaktion hinsichtlich Anzahl der Atome und Gesamtladung (auf jeder Seite +2) ausgeglichen.
Die Halbreaktion des Eisens ist einfach:

$$Fe^{2+} \longrightarrow Fe^{3+} + e^-$$

Im letzten Schritt werden diese beiden, jede für sich ausgeglichenen Halbreaktionen addiert, so daß man eine Gesamtreaktion erhält, in der Elektronen nicht mehr explizit auftreten. Dazu muß jede Reaktion mit einem entsprechenden Faktor multipliziert werden: die Mangan-Halbreaktion mit 1, die Eisen-Halbreaktion mit 5. So erhält man zum Schluß das gleiche Ergebnis wie bei der Methode der Oxidationszahlen:

$$MnO_4^- + 8H^+ + 5Fe^{2+} \longrightarrow Mn^{2+} + 4H_2O + 5Fe^{3+}$$

Diese Gesamtreaktion ist ausgeglichen hinsichtlich Ladung und Anzahl der Atome, weil die Halbreaktionen schon ausgeglichen waren, aber auch hinsichtlich der Oxidationszahlen, weil durch die Wahl der korrekten Vielfachen der Halbreaktionen die Elektronen einander kompensieren.

Übung. Zum Training sollen für die folgenden Reaktionen sowohl nach der Oxidationszahl-Methode als auch nach der Methode der Halbreaktionen die stöchiometrischen Gleichungen aufgestellt werden:

$NH_3 + OCl^- \longrightarrow N_2H_4 + Cl^-$ (in basischer Lösung)
$NO_3^- + Zn \longrightarrow NH_4^+ + Zn^{2+}$ (in saurer Lösung)
$H_3PO_4 + CO_3^{2-} \longrightarrow PO_4^{3-} + CO_2 + H_2O$ (in neutraler Lösung)

Zwar sind Halbreaktionen an dieser Stelle nur als Hilfsmittel eingeführt worden, um stöchiometrische Gesamtreaktionen zu erhalten, doch können sie auch unabhängig davon einen physikalischen Sinn haben. Wenn es gelingt, die Oxidation des Eisens und die Reduktion des Permanganats in getrennten Reaktionsgefäßen ablaufen zu lassen, und wenn diese Reaktionsgefäße elektrisch in geeigneter Weise verbunden werden, können wir die bei der Reaktion freigesetzte Energie nutzbar machen: Die Elektronen fließen durch einen Draht vom Reaktionsgefäß der Eisen-Halbreaktion in das der Permanganat-Halbreaktion. Dies ist das Prinzip der elektrochemischen Zelle oder Batterie. In einer gewöhnlichen Taschenlampenbatterie wird Mangan reduziert und die Zinkumhüllung der Batterie oxidiert. Wir werden auf elektrochemische Zellen und die Erzeugung von Energie im 17. Kapitel zurückkommen.

Masse und Energie; Kernreaktionen

Bei Kernreaktionen sind die umgesetzten Energien so groß, daß die Massenänderungen leicht gemessen werden können. Die Annahme, daß Masse und Energie jede für sich erhalten werden, ist nicht länger haltbar, sondern man muß die gegenseitige Umwandlung gemäß der Einstein-Beziehung, $E = m \cdot c^2$, in Rechnung setzen. Wird die Masse in Gramm ausgedrückt und die Lichtgeschwindigkeit mit $3 \cdot 10^{10}$ cm · s^{-1} angesetzt, dann ergibt sich die Energie in Einheiten von g · $cm^2 \cdot s^{-2}$ oder erg(= 10^{-7}N). Man kann auch direkt von atomaren Masseneinheiten in MeV (= Millionen Elektronenvolt) umrechnen:

$$1\,u = 931.4\,MeV \approx 1.5 \cdot 10^{-10}\,J$$

Wodurch wird ein Kern zusammengehalten? Wenn wir versuchten, zwei Protonen und zwei Neutronen einander zu nähern, um einen Heliumkern daraus zu bilden, müßten wir vernünftigerweise erwarten, daß sich die positiv geladenen Protonen gegenseitig heftig abstoßen. Was also hält sie in einem ${}^4_2$He-Kern zusammen? Die Antwort, die wir schon im 2. Kapitel erwähnt hatten, lautet: Ein Helium-Atom ist *leichter* als die Summe zweier Protonen, zweier Neutronen und zweier Elektronen. Ein Teil der Masse der getrennten Teilchen ist bei der Bildung des Kerns in Energie umgewandelt und in die Umgebung abgegeben worden. Bevor der Heliumkern wieder in die Teilchen, aus denen er besteht, zerlegt werden kann, muß die abgegebene Energie wieder zur Verfügung gestellt und in Masse zurückverwandelt werden. Diese Energie nennt man die *Bindungsenergie* des ${}^4_2$He-Kerns.

Der Masseverlust ist nicht groß, aber meßbar:

Masse von zwei Protonen	2(1.0073) u =	2.0146 u
Masse von zwei Neutronen	2(1.0087) u =	2.0174 u
Masse von zwei Elektronen	2(0.00055) u =	0.0011 u
Gesamtmasse aller Teilchen		4.0331 u
minus Masse des ${}^4_2$He-Atoms		−4.0026 u
Masseverlust im ${}^4_2$He-Atom		0.0305 u

Ein Teil der Masse wird in Energie umgewandelt und geht verloren, wenn Protonen, Neutronen und Elektronen sich zu einem Helium-Atom vereinigen. Der Kern kann nur wieder in seine Einzelteile zerlegt werden, wenn die abgegebene Energie von außen wieder zugeführt wird, so daß der Masseverlust wettgemacht wird. In diesem Sinne sind die 28.4 MeV eine „Bindungsenergie". Nicht *Energie* hält einen Atomkern zusammen, sondern *Energiemangel.*

MASSEVERLUST UND BINDUNGSENERGIE

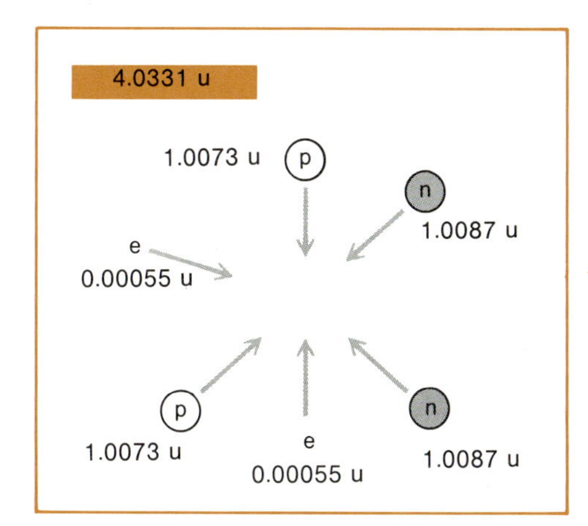

2p, 2n und 2e haben zusammen eine Masse von 4.0331 u

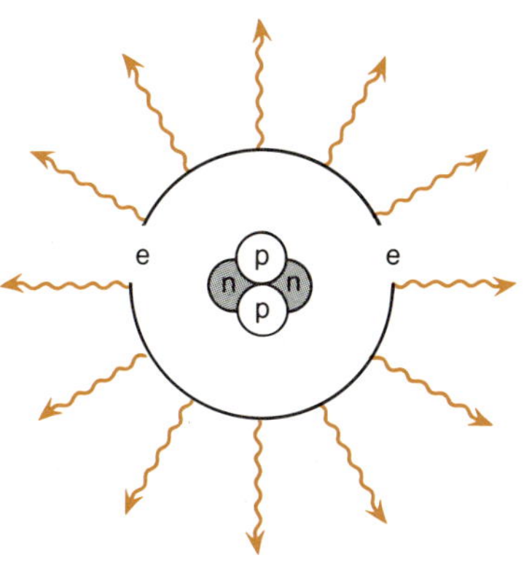

28.4 MeV Energie werden abgegeben

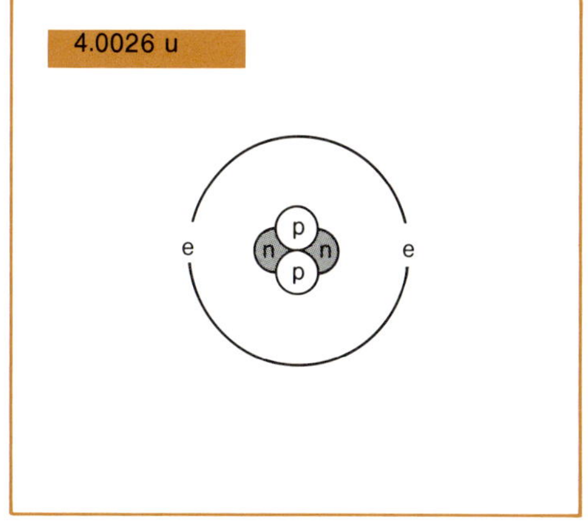

Das ${}^4_2$ He-Atom ist um 0.0305 u leichter als seine Bestandteile

(Bei dieser Rechnung mußten die Elektronen mitberücksichtigt werden, denn 4.0026 u ist die Masse des Helium-Atoms, nicht des Heliumkerns.) Der Masseverlust entspricht einer Energie von $0.0305 \cdot 931.4 = 28.4$ MeV. Wenn wir ein Helium-Atom direkt aus zwei Neutronen, zwei Protonen und zwei Elektronen zusammensetzen könnten, dann würde für jedes gebildete Atom eine Energie von 28.4 MeV freigesetzt werden:

$$2p + 2n + 2e^- \longrightarrow {}^4_2He + 28.4\ MeV$$

Verglichen mit normalen chemischen Reaktionen ist dies ein enormer Energiebetrag. Da 1 Elektronenvolt äquivalent ist 96.5 $kJ \cdot mol^{-1}$, beträgt die Bindungsenergie:

$$28.4 \cdot 10^6\ eV\ atom^{-1} \cdot \frac{96.5\ kJ \cdot mol^{-1}}{1\ eV\ atom^{-1}} = 2740 \cdot 10^6\ kJ \cdot mol^{-1}$$

(Die Energie, die zur Trennung einer Kohlenstoff–Kohlenstoff-Bindung in einer chemischen Reaktion nötig ist, beträgt demgegenüber ca. 350 $kJ \cdot mol^{-1}$.)

Protonen und Neutronen zusammen nennt man Kernbausteine oder *Nukleonen.* Die Anzahl der Nukleonen im Kern ist die Summe der Protonen und Neutronen und heißt, wie wir das schon aus dem 2. Kapitel wissen, die *Massenzahl* des Kerns. Jeder Atomkern ist leichter als die Summe der Massen der Nukleonen, aus denen er aufgebaut ist; dieser Masseverlust (oder Massendefekt) entspricht der Bindungsenergie des Kerns. Die relative Stabilität zweier Kerne mit unterschiedlicher Nukleonenzahl kann anhand des *Massendefekts pro Nukleon* verglichen werden.

Beispiel. Wie groß ist der Massendefekt pro Nukleon beim ${}^4_2He$-Atom?

Lösung. Der Massendefekt insgesamt beträgt 0.0305 u. Da der Kern vier Nukleonen enthält, ist der Massendefekt pro Nukleon 0.00763 u.

Beispiel. Wie groß ist der Massendefekt pro Nukleon beim ${}^{56}_{26}Fe$-Atom, bezogen auf die Massen der getrennten Protonen, Neutronen und Elektronen?

Lösung. Das ${}^{56}_{26}Fe$-Atom enthält 26 Protonen, 26 Elektronen und 30 Neutronen, so daß die Massenbilanz wie folgt aussieht:

26 Protonen:	26(1.0073) u =	26.190 u
26 Elektronen:	26(0.00055) u =	0.014 u
30 Neutronen:	30(1.0087) u =	30.261 u
Gesamtmasse aller Teilchen:		56.465 u
minus Masse des ${}^{56}_{26}Fe$-Atoms:		−55.935 u
Masseverlust insgesamt:		0.530 u

Massendefekt pro Nukleon: 0.530 u/56 = 0.00946 u

Der Massendefekt pro Nukleon und damit die Bindungsenergie pro Nukleon ist also für Eisen größer als für Helium. Das bedeutet, daß der Eisenkern, bezogen auf getrennte Protonen und Neutronen, stabiler ist als der Heliumkern. Wenn eine Ansammlung von Heliumkernen dazu veranlaßt werden könnte, einen Eisenkern zu bilden, würde entsprechend der höheren Stabilität pro Kernbaustein beim Produktkern Energie freigesetzt werden.

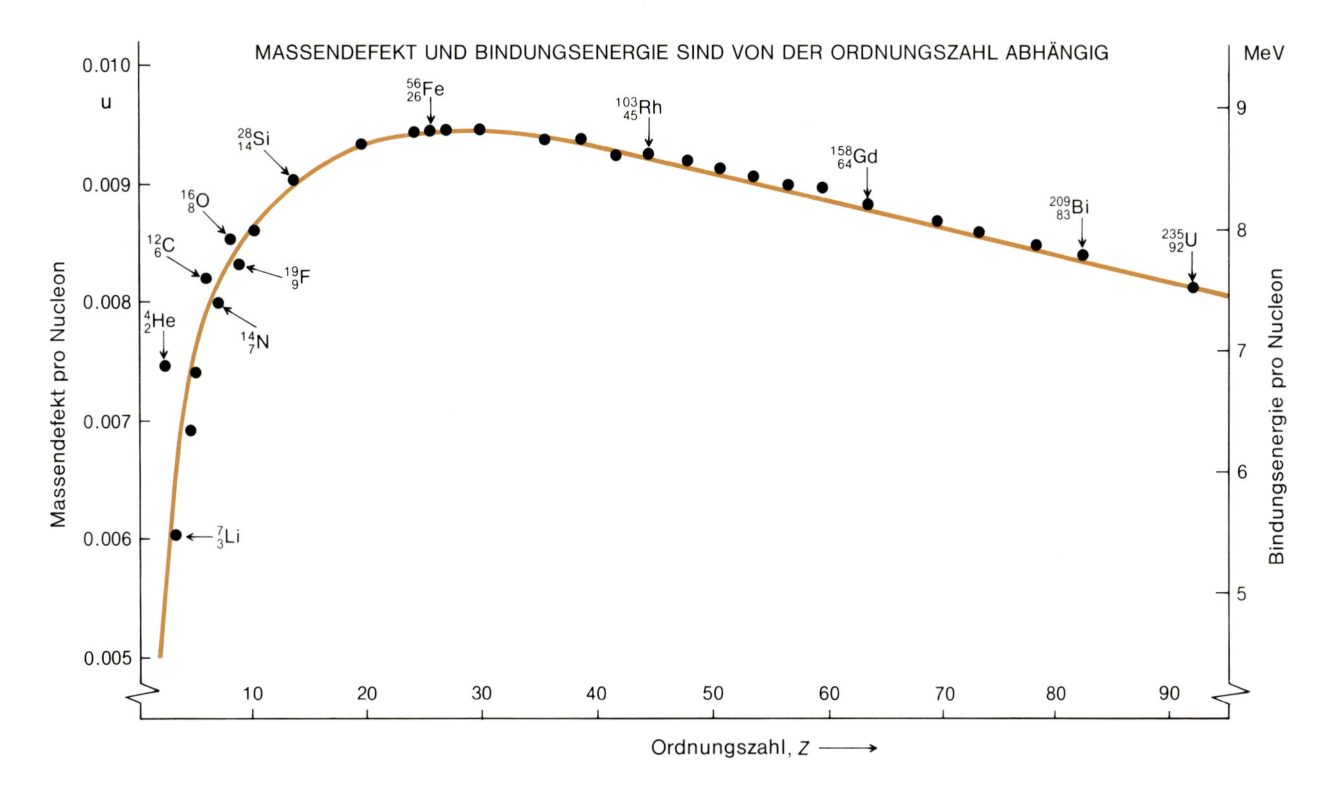

Der Massendefekt oder die Bindungsenergie pro Kernbaustein (Proton oder Neutron) erreicht rasch ein Maximum beim Eisen, nimmt dann aber wieder ab. Eisen ist der stabilste Kern überhaupt.

Die Massendefekte oder Bindungsenergien pro Nukleon sind oben für alle Kerne von Wasserstoff bis Uran aufgetragen. Nach einigen geringfügigen Unregelmäßigkeiten am Anfang bei den Elementen der 1. und 2. Periode liegen die Werte auf einer glatten Kurve, die beim Eisen ein Maximum erreicht und dann langsam bis zum Uran und darüber hinaus abfällt. Diese Kurve enthält die Information, die wir im 8. Kapitel bei der Diskussion der Elementsynthese in den Sternen benutzt haben. Eisen ist der stabilste Atomkern überhaupt. Bei Elementen mit niedrigeren Ordnungszahlen als Eisen wird bei der Verschmelzung der Kerne zu solchen höherer Elemente Energie freigesetzt, denn bezogen auf die getrennten Kernbausteine sind die Produkte leichter und stabiler als die Reaktanden. Jenseits von Eisen dagegen wird bei der Fusion von Kernen Energie verbraucht, denn bezogen auf die getrennten Nukleonen sind die Produkte schwerer. Im Bereich jenseits der Ordnungszahl 26 wird Energie nicht bei der Kernverschmelzung, sondern bei der Kernspaltung freigesetzt. Im Kurvenbereich ganz links kann man ablesen, daß bei der Wasserstoff-*Fusion* in Sternen Energie frei wird:

$$4\,^{1}_{1}\mathrm{H} + 2\,^{0}_{-1}\mathrm{e} \longrightarrow \,^{4}_{2}\mathrm{He} + \text{Energie}$$

Ganz rechts zeigt die Kurve, daß bei der Uran-*Spaltung* in Atom-Reaktoren ebenfalls Energie frei wird:

$$^{235}_{92}\mathrm{U} + \,^{1}_{0}\mathrm{n} \longrightarrow \,^{144}_{56}\mathrm{Ba} + \,^{89}_{36}\mathrm{Kr} + 3\,^{1}_{0}\mathrm{n} + \text{Energie}$$

(Dies ist nur eine von mehreren Möglichkeiten, wie der ^{235}U-Kern zerfallen kann.)

Das Stabilitätsmaximum beim Eisen ist der Grund dafür, daß der Prozeß des Aufbaus der Elemente durch sukzessive Fusionsreaktionen, wie er im 8. Kapitel skizziert wurde, bei Eisen haltmacht. Jenseits dieses Elements wird bei Kernfusionen Energie verbraucht statt freigesetzt. Die schwereren Elemente werden durch weniger direkte Prozesse aufgebaut, die durch das Einfangen von Elektronen gekennzeichnet sind.

Ungeachtet dessen, daß bei Kernreaktionen die Masse nicht erhalten bleibt, gelten doch Erhaltungssätze für die *Gesamtzahl* der schweren Partikel (Protonen und Neutronen) sowie für die Gesamtladung. In den Gleichungen der beiden oben angegebenen Kernreaktionen sind diese Erhaltungsprinzipien enthalten. In der Fusionsreaktion sind ${}^{1}_{1}H$ und ${}^{4}_{2}He$ als Atomkerne zu verstehen, deren Massenzahl (Zahl der Protonen plus Zahl der Neutronen) als hochgestellte Ziffern notiert sind. Ein Elektron mit der Massenzahl null (und daher nicht als Nukleon mitgezählt) und der Ladung -1 wird durch ${}^{0}_{-1}e$ wiedergegeben. In der Gleichung für die Wasserstoff-Fusion vereinigen sich vier Wasserstoffkerne (nicht Atome) mit zwei der vier zugehörigen Elektronen zu einem Heliumkern. Die restlichen beiden Elektronen, die in der Gleichung nicht auftreten, lagern sich an den Kern an, so daß ein neutrales Helium-Atom entsteht.

In dieser Schreibweise wird ein Proton durch ${}^{1}_{1}p$, ein Neutron durch ${}^{1}_{0}n$ symbolisiert. Die Reaktionsgleichung für die Uranspaltung sagt aus, daß ein Urankern, der von Neutronen bombardiert wird, in je einen Barium- und Kryptonkern zerfällt, wobei drei neue Neutronen freigesetzt werden. Es handelt sich also um eine Kettenreaktion, bei der mehr Neutronen frei werden als verbraucht wurden. Diese Neutronen können auf ${}^{235}U$-Kerne in der Umgebung treffen und weitere Kernspaltungen auslösen.

Massenzahl (hochgestellte Zahl) und Ladung (tiefgestellte Zahl) bleiben in Kernreaktionen dieses Typs erhalten, ebenso wie die Anzahl der Atome jeder Atomsorte bei chemischen Reaktionen erhalten bleibt. Man kann leicht nachprüfen, daß die Summe aller hochgestellten Ziffern und die Summe aller tiefgestellten Ziffern jeweils auf beiden Seiten der Gleichung gleich sind.

Stabilität und Zerfall von Atomkernen

Wodurch wird bestimmt, wie viele Neutronen in einem Atomkern in Gemeinschaft mit einer gegebenen Protonenzahl existieren können? Es gibt eine Reihe von unbegrenzt stabilen Kombinationen, einige Kombinationen wurden nie beobachtet, und dazwischen gibt es Verhältnisse von Neutronen zu Protonen, die instabilen Kernen entsprechen: Sie zerfallen auf verschiedene Weise in andere Kerne. Nur wenn sie ebenso viele oder mehr Neutronen als Protonen enthalten, sind Kerne stabil; der einzige Kern mit Protonenüberschuß ist ${}^{1}_{1}H$. Der Bereich stabiler Protonen-Neutronen-Kombinationen ist in der Graphik auf der nächsten Seite dargestellt. Die großen farbigen Punkte bedeuten stabile Kerne, schwarze Punkte oder Kreuze zeigen instabile Kerne an, die zerfallen.

Bei Kernen mit zu vielen Neutronen – unterhalb oder rechts des Gebietes stabiler Kerne – wird ein Neutron in ein Proton umgewandelt, wobei ein Elektron, das hier auch β^--Teilchen genannt wird, vom Kern emittiert wird. Dieser Vorgang heißt *beta-Zerfall:*

$${}^{6}_{2}He \longrightarrow {}^{6}_{3}Li + {}^{0}_{-1}e$$
$${}^{14}_{6}C \longrightarrow {}^{14}_{7}N + {}^{0}_{-1}e$$
$${}^{66}_{28}Ni \longrightarrow {}^{66}_{29}Cu + {}^{0}_{-1}e \longrightarrow {}^{66}_{30}Zn + 2\,{}^{0}_{-1}e$$

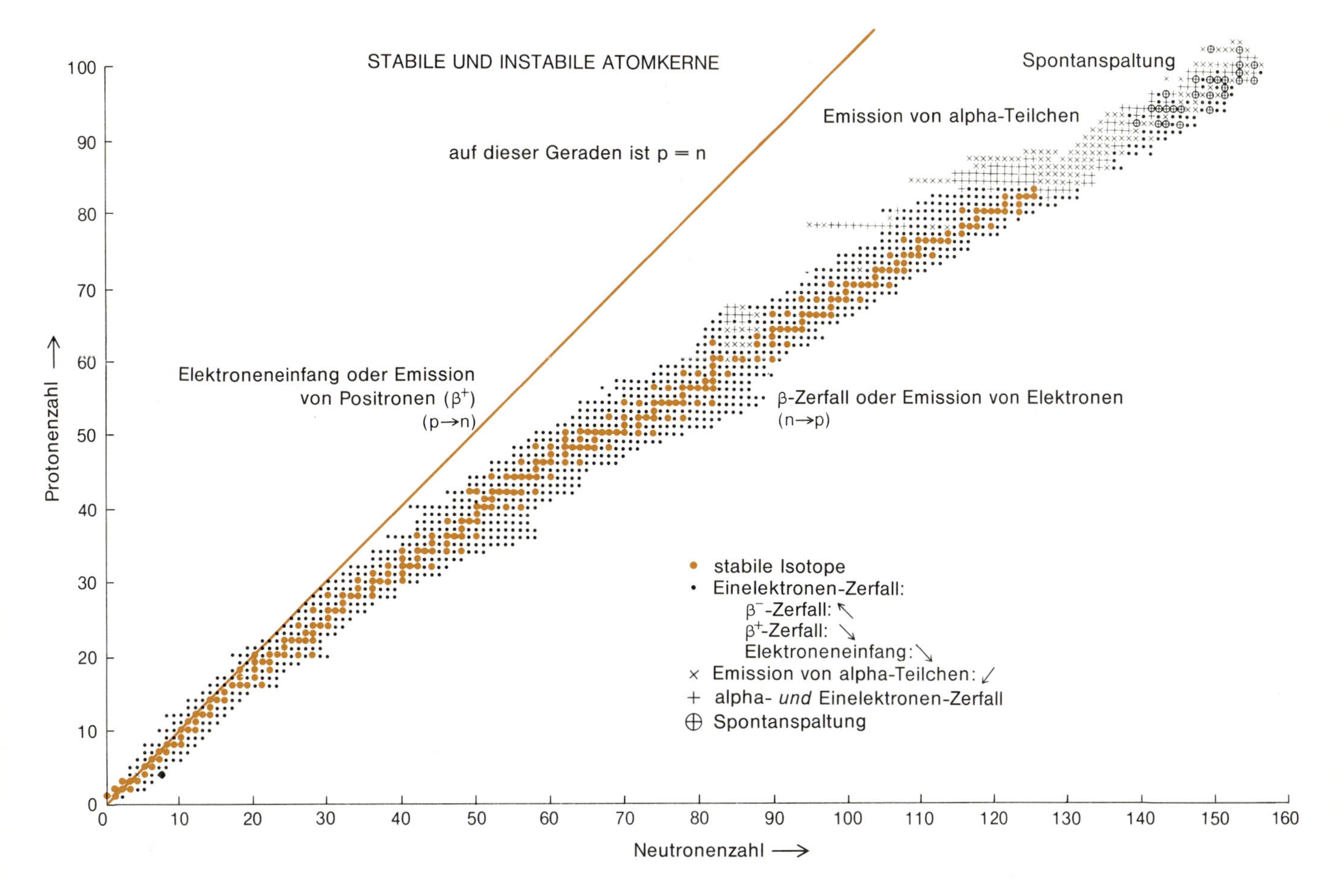

Die stabilen Kerne finden sich in einem Diagramm, in dem die Zahl der Protonen gegen die Zahl der Neutronen aufgetragen ist (p-n-Diagramm), durchweg in einer Zone, die einem mäßigen Neutronenüberschuß entspricht. Instabile Kerne am Rande dieser Zone zerfallen derart, daß die Zerfallsprodukte in der stabilen Region liegen.

Im letzten Beispiel sendet ein Nickel-Atom, das 28 Protonen und 38 Neutronen besitzt, ein beta-Teilchen (d.h. ein Elektron) aus und wird zu einem Kupfer-Atom mit 29 Protonen und 37 Neutronen. Doch in diesem Kern ist das Verhältnis Neutronen:Protonen immer noch zu hoch, so daß der Kupferkern ein weiteres Elektron emittiert und zu einem stabilen Zinkkern mit 30 Protonen und 36 Neutronen wird. Jeder beta-Zerfall ist ein Schritt in der Diagonalen: ein Feld nach oben, ein Feld nach links im Stabilitätsdiagramm – und damit ein Schritt näher in den Bereich stabiler Neutronen/Protonen-Verhältnisse.

Kerne mit zu vielen Protonen – oberhalb und links der stabilen Zone im Diagramm – können auf zwei Wegen zerfallen, die jedoch zur gleichen Position im Diagramm führen. Manchmal wird ein Positron vom Kern ausgesandt, und ein Proton verwandelt sich in ein Neutron. Ein Positron ist ein Teilchen mit Elektronenmasse aber der Ladung +1; es wird geschrieben ${}^{0}_{+1}e$ oder manchmal β^+. Beispiele für β^+-Zerfall oder *Positron-Emission* sind:

$$
\begin{aligned}
{}^{8}_{5}\mathrm{B} &\longrightarrow {}^{8}_{4}\mathrm{Be} + {}^{0}_{+1}e \\
{}^{15}_{8}\mathrm{O} &\longrightarrow {}^{15}_{7}\mathrm{N} + {}^{0}_{+1}e \\
{}^{58}_{29}\mathrm{Cu} &\longrightarrow {}^{58}_{28}\mathrm{Ni} + {}^{0}_{+1}e
\end{aligned}
$$

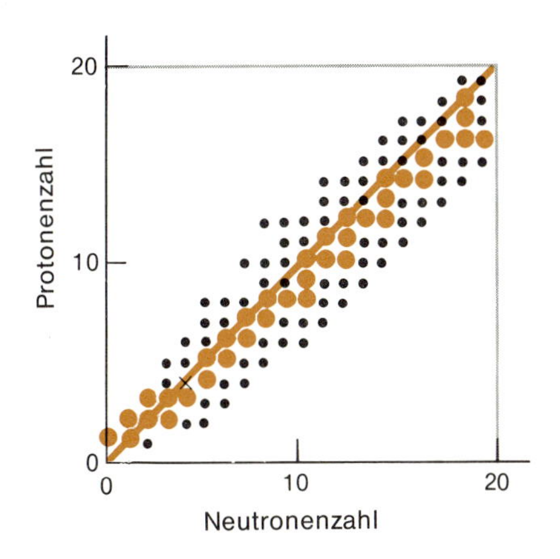

Vergrößerter Ausschnitt (Protonen- und Neutronenzahl 0 bis 20) aus dem oben reproduzierten Diagramm

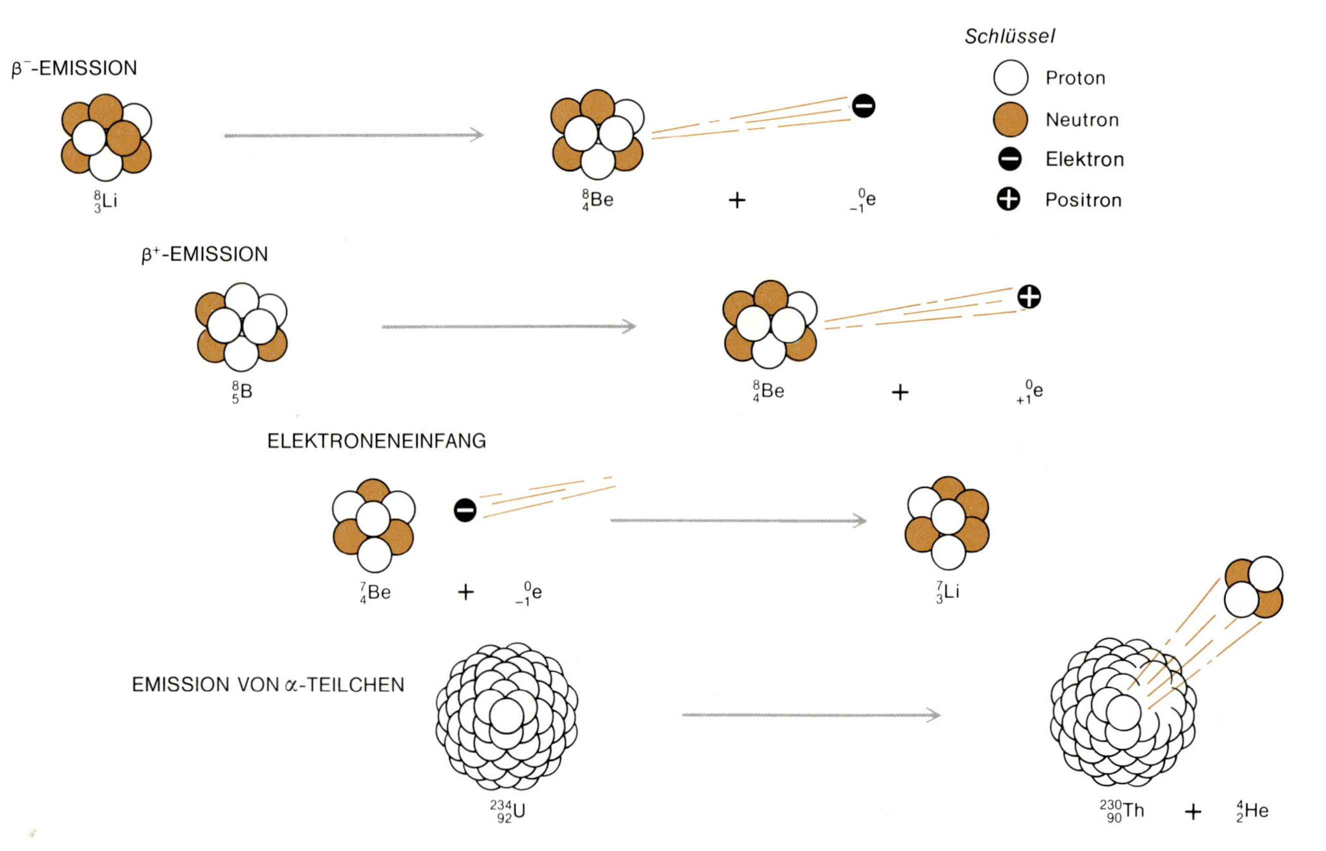

Instabile Kerne können durch Aussendung von Elektronen oder Positronen zerfallen, aber auch durch Einfang von Elektronen aus den Orbitalen der Elektronenhülle oder durch Emission von Helium-4-Kernen. Die Art des Zerfalls hängt vom jeweiligen Protonen/Neutronen-Verhältnis ab.

Andere Kerne können das gleiche Ergebnis erreichen, indem sie ein Elektron aus ihrer Elektronenhülle einfangen und es benutzen, ein Proton in ein Neutron umzuwandeln. Man spricht von *Elektroneneinfang:*

$$^{7}_{4}Be + ^{0}_{-1}e \longrightarrow ^{7}_{3}Li$$

$$^{59}_{28}Ni + ^{0}_{-1}e \longrightarrow ^{59}_{27}Co$$

Durch Protonenemission oder Elektroneneinfang können viele Kerne zerfallen. In jedem Falle handelt es sich um eine Verschiebung um einem Schritt nach unten und nach rechts im Stabilitäts-Diagramm, wobei wieder der Kern näher an die stabile Zone rückt. Im übrigen sieht man, daß bei allen bisher behandelten Reaktionen – β^--Emission, β^+-Emission und Elektroneneinfang – Massenzahl und Gesamtladung erhalten bleiben.

Bei schweren Kernen, die zu viele Protonen *und* zu viele Neutronen enthalten, tritt eine vierte Art des Kernzerfalls auf. Es handelt sich um Kerne am oberen rechten Ende des Stabilitätsdiagramms; sie zerfallen durch Aussendung eines alpha-Teilchens oder Heliumkerns ($^{4}_{2}He$). Ein Beispiel:

$$^{232}_{90}Th \longrightarrow ^{228}_{88}Ra + ^{4}_{2}He$$

Aus einem Thoriumkern wird durch Aussendung eines alpha-Teilchens ein Radiumkern. Dabei nimmt die Massenzahl um vier Einheiten ab, die Ordnungszahl um zwei Einheiten.

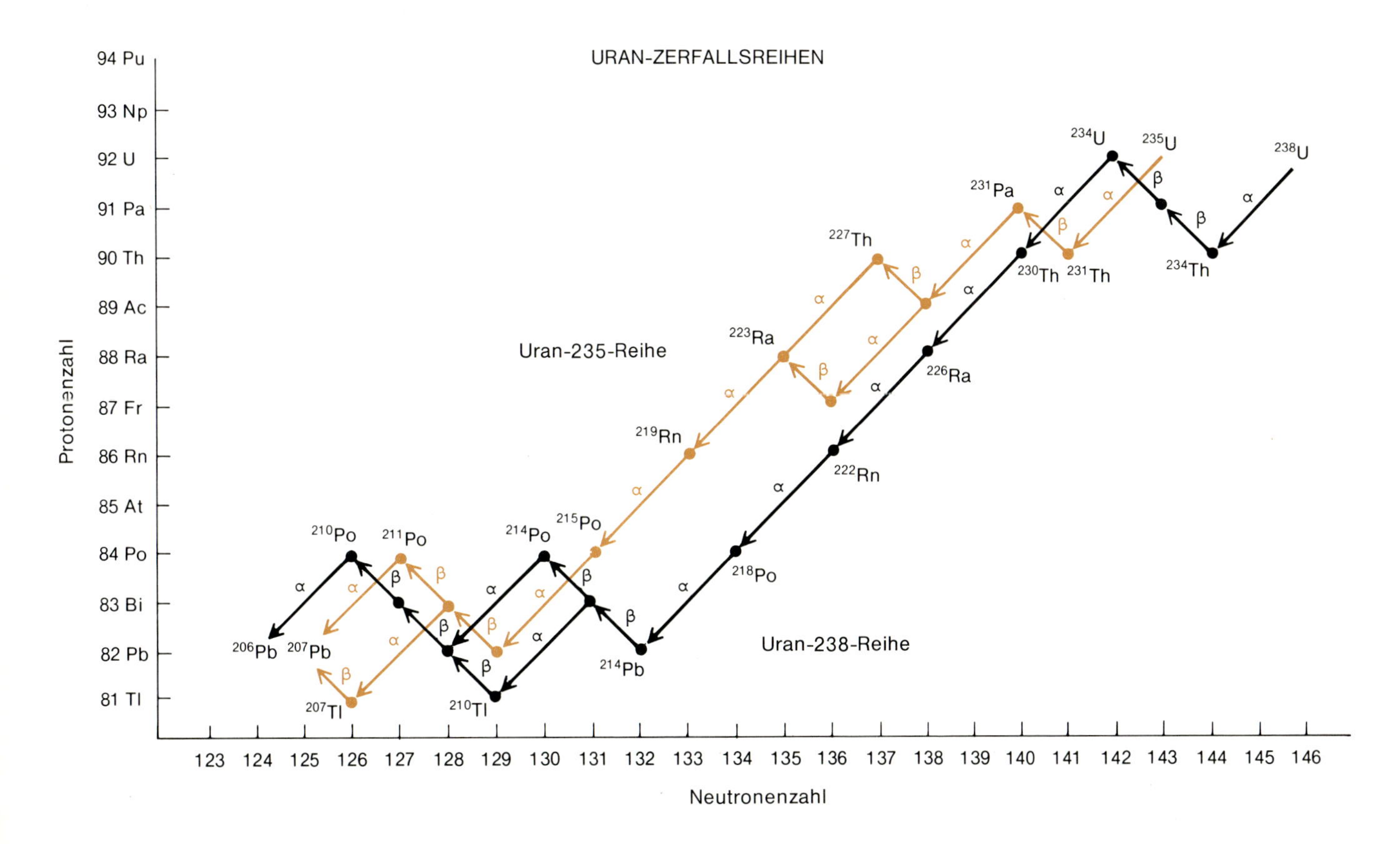

Uran-235 und Uran-238 zerfallen beide in einer Folge von α- und β-Emissionen letztlich zu stabilen Isotopen des Bleis. Ähnliche vielstufige Zerfallsketten gibt es von Thorium-232 und Plutonium-241.

Auch der entstehende Kern kann instabil sein. Wenn dem so ist, kann ein zweiter oder dritter Zerfallsschritt auftreten. So beginnt beim Uran-238 eine vielstufige Zerfallskette, die schließlich bei einem stabilen Blei-Isotop ihr Ende findet:

$$^{238}_{92}U \xrightarrow{\alpha} {}^{234}_{90}Th \xrightarrow{\beta} {}^{234}_{91}Pa \xrightarrow{\beta} {}^{234}_{92}U \xrightarrow{\alpha} {}^{230}_{90}Th \xrightarrow{\alpha} {}^{226}_{88}Ra \xrightarrow{\alpha}$$
$$^{222}_{86}Rn \xrightarrow{\alpha} {}^{218}_{84}Po \xrightarrow{\alpha} {}^{214}_{82}Pb \xrightarrow{\beta} {}^{214}_{83}Bi \xrightarrow{\beta} {}^{214}_{84}Po \xrightarrow{\alpha}$$
$$^{210}_{82}Pb \xrightarrow{\beta} {}^{210}_{83}Bi \xrightarrow{\beta} {}^{210}_{84}Po \xrightarrow{\alpha} {}^{206}_{82}Pb \text{ (stabil)}$$

Bei diesen Elementumwandlungen bedeutet „α" die Emission eines alpha-Teilchens, „β" markiert beta-Zerfall. Man kann einige der Einzelschritte ausformulieren, um die Erhaltung der Massenzahlen und der Ladung zu kontrollieren. Die Serie der Kernzerfälle beginnt mit der Emission eines alpha-Teilchens durch Uran, aus dem dabei ein instabiles Isotop des Thoriums wird. Durch β-Zerfall entsteht daraus Protactinium und danach ein anderes Uran-Isotop. In einer Folge von α-Zerfällen folgt ein Abstieg über Thorium, Radium, Radon und Polonium zu einem instabilen Blei-Isotop – und das Ganze findet seinen Abschluß, wenn ein stabiles Isotop des Bleis erreicht ist. Die ganze ^{238}U-Zerfallsreihe, dargestellt in einem p-n-Stabilitätsdiagramm, findet sich oben auf dieser Seite. Eine andere Zerfallsreihe – farbig eingezeichnet – führt von ^{235}U zu ^{207}Pb, und eine dritte Reihe, die in unser Diagramm nicht eingezeichnet ist, fängt mit ^{232}Th an und endet bei ^{208}Pb. Blei repräsentiert eben das oberste Ende des stabilen Bereiches (s. Seite 255), und die schwereren Elemente rechts über ihm zerfallen spontan, wobei wieder Blei entsteht.

Isotope und Halbwertszeiten

Die Anzahl der Protonen in einem Kern bestimmt, um welches Element es sich handelt; verschiedene Neutronenzahlen dagegen sind die Ursache für verschiedene Isotope desselben Elements. Wir sind in den beiden oben skizzierten Zerfallsschemata des Urans verschiedenen Isotopen des Urans, Bismuts und Bleis begegnet. Ein weiteres Beispiel: Von Kohlenstoff kennt man sieben Isotope, die entweder in der Natur oder als Produkte von Kernreaktionen beobachtet wurden:

Kohlenstoff-Isotope

Symbol	Protonen	Neutronen	relat. Atommasse	natürl. Häufigkeit in Prozent	Halbwertszeit	Zerfallsmodus
$^{10}_{6}C$	6	4	~10	–	19.45 s	β^+
$^{11}_{6}C$	6	5	~11	–	20.3 min	β^+ oder Elektroneneinfang
$^{12}_{6}C$	6	6	12.00000	98.89	stabiles Isotop	–
$^{13}_{6}C$	6	7	13.00335	1.11	stabiles Isotop	–
$^{14}_{6}C$	6	8	~14	–	5570 Jahre	β^-
$^{15}_{6}C$	6	9	~15	–	2.4 s	β^-
$^{16}_{6}C$	6	10	~16	–	0.74 s	β^-

Nur zwei der sieben Kohlenstoff-Isotope sind stabil; die anderen zerfallen spontan mit unterschiedlicher Geschwindigkeit. Die instabilen, protonenreichen Kerne Kohlenstoff-10 und Kohlenstoff-11 zerfallen durch Elektroneneinfang oder Positron-Emission. Die Kerne mit Neutronenüberschuß, Kohlenstoff-14, -15 und -16 senden jeweils ein Elektron aus.

Die *Halbwertszeit* ist die Zeit, in der die Hälfte einer gegebenen Menge eines Elements zu einem anderen Element zerfallen ist. Wenn wir zum Beispiel von einem Gramm Kohlenstoff-10 ausgehen, so ist 20 Sekunden später nur noch die Hälfte übrig, nach 40 Sekunden ist noch ein Viertel da, nach 60 Sekunden gibt es nur noch $^1/_8$ Gramm, nach 80 Sekunden $^1/_{16}$ Gramm, und wenn 100 Sekunden seit Beginn des Experiments verstrichen sind, ist nur noch $^1/_{32}$ der ursprünglichen Menge Kohlenstoff-10 übrig (links). Wegen dieses raschen Zerfalls kommt Kohlenstoff-10 in der Natur nicht vor, doch kann es als Produkt gewisser Kernreaktionen nachgewiesen werden.

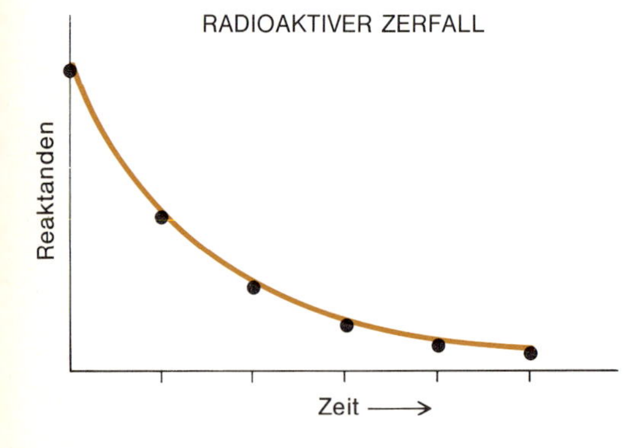

Da jeder einzelne Kern eines instabilen Isotops mit der gleichen Wahrscheinlichkeit zerfällt, ist die Anzahl solcher Zerfälle in einem gegebenen Zeitabschnitt proportional der Zahl der Kerne, die noch übrig sind und noch zerfallen können. Die Hälfte des noch übrigen Ausgangsmaterials zerfällt nun während der sogenannten *Halbwertszeit* des Zerfalls. Beträgt die Halbwertszeit eine Sekunde, wird nach 1 s noch die Hälfte des Ausgangsmaterials übrig sein, nach 2 s noch ein Viertel, nach 3 s ein Achtel, nach 4 s ein Sechzehntel usw.

Die Halbwertszeiten der fünf instabilen Kohlenstoff-Isotope sind sehr verschieden. Während von Kohlenstoff-16 die Hälfte jeder beliebigen Ausgangsmenge in einer dreiviertel Sekunde zu Stickstoff-16 zerfällt, dauert die gleiche Reaktion beim Kohlenstoff-14, der zu Stickstoff-14 zerfällt, fast 6000 Jahre. Dennoch ist Kohlenstoff-14 kein stabiles Isotop; es verschwindet mit der Zeit. Dieser langsame Zerfall von Kohlenstoff-14 ist Grundlage einer weit verbreiteten Methode, das Alter archäologischer Materialien zu bestimmen. Solange irgendein Organismus lebt, werden seine Kohlenstoff-Atome kontinuierlich mit denen der Atmosphäre ausgetauscht. Pflanzen und Tiere geben ja bei der Atmung CO_2 ab; andererseits verbrauchen grüne Pflanzen CO_2 bei der Photosynthese, um daraus Kohlenhydrate zu synthetisieren, und Tiere nehmen diese Kohlenstoff-Atome auf, wenn sie die Pflanzen verspeisen. In der Atmosphäre wird ein konstantes Verhältnis von Kohlenstoff-14 zum stabilen Kohlenstoff-12 aufrechterhalten, denn neuer Kohlenstoff-14 wird unter Mitwirkung energiereicher Neutronen ständig in der oberen Atmosphäre produziert:

$$^{14}_{7}N + ^{1}_{0}n \longrightarrow ^{14}_{6}C + ^{1}_{1}H$$

In erster Näherung ist in der Atmosphäre und in allen lebenden Organismen das Verhältnis der Kohlenstoff-Isotope unveränderlich.

Solange ein Organismus lebt, wird also in seiner organischen Substanz dasselbe Kohlenstoff-14/Kohlenstoff-12-Verhältnis aufrechterhalten. Doch in dem Moment, da dies Lebewesen stirbt, hört der Austausch mit der Atmosphäre auf. Wegen des langsamen Zerfalls des Kohlenstoff 14 wird das Isotopenverhältnis jetzt alle 5570 Jahre halbiert. Es ist nun im Prinzip einfach (nur das Ausschalten von Verunreinigungen bedarf einiger Sorgfalt), das gegenwärtige Verhältnis der Kohlenstoff-Isotopen in irgendeinem alten Stück Holz oder in anderem konserviertem organischem Material zu bestimmen und aus dem Ergebnis zu berechnen, vor wie langer Zeit die Pflanze oder das Tier starb, aus denen die Probe stammte. Auf diese Weise können überraschend genaue Zeittafeln für die letzten 10000 Jahre aufgestellt werden. Die „Radiokohlenstoff-Datierung" ist eines der wichtigsten Werkzeuge der Archäologie geworden.

Ähnliche Datierungsmethoden können auch für geologische Zeiträume benutzt werden, wenn man Isotope mit längeren Halbwertszeiten wählt. Kalium-40 zerfällt mit einer Halbwertszeit von 1.3 Milliarden Jahren zu Argon-40. Uran-238 zerfällt in einer Reihe von aufeinanderfolgenden Schritten zu Blei-206, wobei der langsamste dieser Zerfälle eine Halbwertszeit von 4.5 Milliarden Jahren hat. Rubidium-87 schließlich zerfällt mit einer Halbwertszeit von 500 Milliarden Jahren zu Strontium-87. Die Datierung von Felsproben von Erde und Mond sowie von Meteoritenfragmenten mit Hilfe der Kalium/Argon-, Uran/Blei- und Rubidium/Strontium-Methode war und ist ein wichtiges Hilfsmittel für die Erforschung unseres Sonnensystems.

Teilchenzahl und Ladung: eine Zusammenfassung

In Kern- und in chemischen Reaktionen bleiben zwei physikalischen Größen erhalten: die Anzahl der beteiligten Teilchen und die Gesamtladung. Bei Kernreaktionen bedeutet jedoch eine konstante Teilchenzahl nicht, daß auch die Masse erhalten bliebe. Sowohl drei ^{4}He-Kerne zusammen als auch ein ^{12}C-Kerne enthalten zwölf Nukleonen (d.h. Protonen und Neutronen), doch die drei Heliumkerne haben eine Masse von 12.0078 u, während die Masse des Kohlenstoffkerns nur 12.000 u beträgt. Die Differenz beruht auf der Umwandlung eines Teils der Masse in Energie. Dagegen sind die bei gewöhnlichen chemischen Reaktionen umgesetzten Energien so klein, daß die Masse/Energie-Konversion vernachlässigt werden kann. Somit bedeutet die Tatsache, daß vor und nach Ablauf einer Reaktion gleich viele Teilchen jeder Art vorhanden sind, auch, daß die Masse erhalten bleibt.

Erhaltung der Ladung bei chemischen Reaktionen heißt, daß keine überzählige positive oder negative Ladung im Lauf der Reaktion neu entsteht. Wenn an irgendeiner Stelle eine positive Ladung entsteht, muß entweder anderswo eine positive Ladung verschwinden, oder eine negative Ladung muß auftreten, um die überzählige positive auszugleichen. Bei chemischen Reaktionen ist die Erhaltung der Ladung Ausdruck dafür, daß Elektronen in Molekülen weder entstehen noch verschwinden können. Immer wenn im Laufe einer Oxidation ein Elektron von einem

Atom entfernt wird, muß es von einem anderen aufgenommen werden, das demzufolge reduziert wird. Die Erhaltung der Oxidationszahl bei chemischen Reaktionen ist analog der Erhaltung der Teilchenzahl bei Kernreaktionen.

Wir haben in diesem Kapitel zwei Quantitäten kennengelernt, die bei chemischen Reaktionen immer erhalten bleiben: Masse und Oxidationszahl. Im nächsten Kapitel werden wir uns mit einem dritten und sehr wichtigen Erhaltungssatz befassen: der Erhaltung der Energie.

Fragen

1. Was ist ein Erhaltungssatz? Inwiefern ist so etwas für die Chemie nützlich?
2. Welche der folgenden Eigenschaften von Reaktanden und Produkten bleiben bei einer chemischen Reaktion immer erhalten?
   (a) Farbe
   (b) Temperatur
   (c) Anzahl der Atome
   (d) Anzahl der Bindungen
   (e) Art der Bindungen (kovalent, ionisch usw.)
   (f) Energie
   (g) Molekülgestalt
   (h) Masse
   (i) elektrische Leitfähigkeit
   (j) Dipolmoment
   (k) Oxidationszahl
   (l) Masse und Energie insgesamt
3. Inwiefern spiegelt die Nettoänderung null der Oxidationszahlen aller Teilnehmer einer chemischen Reaktion die Tatsache wider, daß die Anzahl der Elektronen erhalten bleibt?
4. Welche unausgesprochene Annahme machen wir, wenn wir die Erhaltung der Masse als äquivalent betrachten der Erhaltung der Anzahl jeder Art von Atomen?
5. Worin besteht der Unterschied zwischen Gewicht und Masse? Welches von beiden änderte sich, welches bliebe gleich, wenn wir uns von der Erde auf den Mond begäben? Wäre die Größe, die sich änderte, auf dem Mond größer oder kleiner?
6. Wie können wir durch Wägung feststellen, wie viele Atome in einer Substanzprobe vorhanden sind, obwohl das direkte Zählen von Atomen nicht möglich ist?
7. Von welchem Erhaltungssatz machen wir Gebrauch, wenn wir eine chemische Gleichung dadurch stöchiometrisch ausgleichen, indem wir dafür sorgen, daß die Anzahl der Atome jeder Sorte auf beiden Seiten gleich ist?
8. Wird bei der Reaktion von Sauerstoff, O_2, mit Kohlenstoff zu CO_2 der Sauerstoff oxidiert oder reduziert? Wenn Chlor-Gas mit Kohlenstoff zu CCl_4 reagiert: Wird das Chlor oxidiert oder reduziert? Welches Element wird bei der Reaktion von O_2 mit Cl_2 zu gasförmigem Cl_2O oxidiert, welches reduziert?
9. Welche Oxidationszahlen haben alle Atome der Moleküle H_2O, CO_2, CCl_4 und Cl_2O?
10. Welche Oxidationszahlen für C und H in Methan, CH_4, ergeben sich bei der strengen Anwendung der Regeln zur Berechnung von Oxidationszahlen, wie sie im 6. Kapitel aufgestellt wurden? Warum sagen wir dann in diesem 11. Kapitel bei der Diskussion der Verbrennungsreaktion, daß die Oxidationszahlen dieser Atome in Methan *effektiv* null sind?
11. Welche Oxidationszahlen haben die Atome in NaBr und ClBr? Werden Elektronen von einem Atom auf das andere übertragen, wenn sich diese Verbindungen aus den reinen Elementen bilden? Wenn ein Elektronenübergang stattfindet: Welches Atom nimmt das Elektron auf? Sind beide Verbindungen Salze mit Ionenbindungen? Wenn nicht: Was bedeuten die unterschiedlichen Oxidationszahlen der Atome in derjenigen Verbindung, die kein Salz ist?

12. Welche Oxidationszahlen haben die verschiedenen Atome in Kaliumpermanganat, $KMnO_4$, in Mangandioxid, MnO_2, und in Mangansulfat, $MnSO_4$? Wird das Mangan oxidiert oder reduziert, wenn man vom Mangandioxid zu Kaliumpermanganat übergeht?
13. Welche Oxidationszahlen haben die Metall-Atome in Kaliumchromat, K_2CrO_4, in Kaliumdichromat, $K_2Cr_2O_7$, und in Chromdichlorid, $CrCl_2$? Wird das Chrom-Atom oxidiert oder reduziert, wenn man vom Dichromat zu Chromdichlorid übergeht?
14. Welcher Unterschied besteht zwischen der Methode der Oxidationszahlen und der Methode der Halbreaktionen beim Ausgleich von Oxidations-Reduktions-Gleichungen?
15. Welche drei Größen müssen berücksichtigt werden, wenn für eine Oxidations-Reduktions-Reaktion mit Erfolg die stöchiometrische Gleichung aufgestellt werden soll? Welche Größe wird bei der Methode der Halbreaktionen *zuletzt,* bei der anderen Methode aber *zuerst* ausgeglichen?
16. Inwiefern versagen die Erhaltungssätze von Masse und Energie, wenn wir von chemischen Reaktionen zu Kernreaktionen übergehen? Warum? Welcher neue Erhaltungssatz kann an ihre Stelle treten?
17. Man vergleiche die Energien, die bei einer typischen chemischen Reaktion und bei einer typischen Kernreaktion umgesetzt werden!
18. In welchem Sinne kann der Masseverlust, der bei der Bildung eines Atomkerns aus subnuklearen Partikeln beobachtet wird, als Bindungsenergie des Kerns betrachtet werden? Wo ist die fehlende Masse geblieben?
19. In welcher Weise ändert sich der Massendefekt pro Nukleon mit der Ordnungszahl? Bei welchem Element ist der Massendefekt pro Nukleon am größten? Ist deswegen dieses Element besonders stabil oder instabil?
20. Ist bei Elementen mit niedrigerer Ordnungszahl als bei dem in Frage 19 gesuchten Element Kernspaltung oder Kernverschmelzung der energieliefernde Prozeß? Dies soll anhand der Bindungsenergien und Massendefekte diskutiert werden. Welches ist bei Elementen höherer Ordnungszahl der energieliefernde Prozeß?
21. Welche wichtigen Größen müssen berücksichtigt werden, wenn die Gleichung einer Kernreaktion ausgeglichen werden soll? Wie werden diese Größen in den Symbolen von Atomkernen notiert?
22. Was versteht man unter der „Zone der Stabilität" im Diagramm, in dem Protonen- gegen Neutronenzahlen (p-n-Diagramm) aufgetragen sind?
23. Auf welche Weise zerfallen Kerne mit Protonenüberschuß normalerweise? Was passiert mit Kernladung und mit Massenzahl bei diesem Vorgang? Wie äußert sich dieser Zerfallsprozeß in dem p-n-Diagramm von Frage 22?
24. Auf welche Weise zerfallen Kerne mit Neutronenüberschuß normalerweise? Wie ändern sich dabei Kernladung und Massenzahl, und wie verschiebt sich dabei die Position des Kerns im p-n-Diagramm?
25. Wie zerfallen Kerne mit zuviel Neutronen und zuviel Protonen gewöhnlich? Wie lassen sich die Änderungen von Kernladung und Massenzahl im p-n-Diagramm darstellen?
26. Was passiert, wenn ein instabiler Kern zu einem anderen Kern zerfällt, der seinerseits instabil ist?
27. Was versteht man unter der Halbwertszeit eines instabilen Elements? Wie viele Halbwertszeiten dauert es, bis eine gegebene Menge eines instabilen Elements bis auf weniger als 10 Prozent ihres ursprünglichen Wertes zerfallen ist? Wie viele Halbwertszeiten dauert es, bis irgendeine Menge eines solchen Elements vollständig verschwunden ist?
28. Auf welche Weise gibt uns das Verhältnis der Kohlenstoff-Isotope in der organischen Substanz eines Gegenstands Auskunft über sein Alter?

Probleme

1. Die folgenden chemischen Gleichungen sollen stöchiometrisch korrekt formuliert werden. Welche Erhaltungssätze sind zuständig?
   (a) $NaOH + CO_2 \longrightarrow Na_2CO_3 + H_2O$
   (b) $NH_3 + Fe_2(SO_4)_3 \longrightarrow (NH_4)_2SO_4 + Fe(OH)_3$
   (c) $Mg(OH)_2 + HCl \longrightarrow MgCl_2 + H_2O$
   (d) $Mg(OH)_2 + H_2SO_4 \longrightarrow MgSO_4 + H_2O$
   (e) $NaHCO_3 \longrightarrow Na_2CO_3 + H_2CO_3$
   (f) $Ca_3(PO_4)_2 + H_2SO_4 \longrightarrow CaSO_4 + H_3PO_4$
2. Wenn Kaliumchlorat-Kristalle erhitzt werden, schmelzen sie zuerst und zersetzen sich dann zu Sauerstoff-Gas und Kaliumchlorid. (a) Wie sieht die stöchiometrische Reaktionsgleichung für die Zersetzungsreaktion aus? (b) Wieviel Mol Kaliumchlorat werden gebraucht, um drei Mol Sauerstoff zu erhalten? (c) Wieviel Mol Kaliumchlorat werden gebraucht, um 100 Mol Sauerstoff zu erhalten? (d) Wieviel Mol und wieviel Gramm Sauerstoff erhält man bei der Zersetzung von 100 g Kaliumchlorat?
3. Wenn Sauerstoff im Überschuß zur Verfügung steht, verbrennt Eisen zu schwarzem Fe_3O_4. (a) Wie lautet die stöchiometrische Reaktionsgleichung für diesen Vorgang? (b) Wieviel Mol O_2 sind zur Verbrennung von einem Mol Eisen nötig? (c) Wieviel Gramm O_2 sind zur Verbrennung von einem Mol Eisen nötig? (d) Ist es möglich, daß ein 5.6 g schweres Stück Eisen vollständig in einem Kolben verbrennt, der 0.05 mol O_2 enthält?
4. Jedem Atom in den folgenden Verbindungen soll die Oxidationszahl zugeschrieben werden:
   (a) Salpetersäure
   (b) Kaliumhydroxid
   (c) Kaliumoxid
   (d) Ammoniak
   (e) Kaliumpermanganat
   (f) Permanganat-Ion, MnO_4^-
   (g) Kupferoxid, Cu_2O
   (h) Kupferoxid, CuO
   (i) Magnetit Fe_3O_4
   (j) Pyrit, FeS_2
5. Welche Oxidationszahlen haben die Atome in:
   (a) Topas, $Al_2SiO_4F_2$
   (b) Bleisulfid, PbS
   (c) Schwefel, S_8
   (d) Borax, $Na_2B_4O_7 \cdot 10H_2O$
   (e) Ammoniumnitrit, NH_4NO_2
   (f) Quarz, SiO_2
   (g) Granat, $Ca_3Al_2Si_3O_{12}$
   (h) Fluorwasserstoff, HF
   (i) Lithiumhydrid, LiH
   (j) Sauerstoffdifluorid, OF_2
6. Die folgenden chemischen Gleichungen sollen nach der Methode der Oxidationszahl stöchiometrisch korrekt formuliert werden. Welche Substanz wird jeweils oxidiert, welche reduziert?
   (a) $MnO_2 + Cl^- \longrightarrow Mn^{2+} + Cl_2$ (in saurer Lösung)
   (b) $NaCl + SO_3 \longrightarrow Cl_2 + SO_2 + Na_2S_2O_7$
   (c) $KBrO_3 + KI + H_2SO_4 \longrightarrow KBr + K_2SO_4 + I_2$
   (d) $Sb_2S_3 + HNO_3 \longrightarrow Sb_2O_5 + H_2SO_4 + NO_2$
   (e) $KI + H_2SO_4 \longrightarrow I_2 + K_2SO_4 + SO_2$
   (f) $Na_2CrO_2 + NaClO + NaOH \longrightarrow Na_2CrO_4 + NaCl$
   (g) $N_2O_4 + BrO_3^- \longrightarrow NO_3^- + Br^-$ (in saurer Lösung)
   (h) $S_2O_4^{2-} + Ag_2O \longrightarrow Ag + SO_3^{2-}$
   (i) $NaBiO_3 + MnO_2 + H_2SO_4 \longrightarrow Bi_2(SO_4)_3 + NaMnO_4 + Na_2SO_4$
   (j) $SnSO_4 + K_2Cr_2O_7 + H_2SO_4 \longrightarrow Sn(SO_4)_2 + Cr_2(SO_4)_3 + K_2SO_4$
   (k) $H_2O_2 + KMnO_4 + H_2SO_4 \longrightarrow O_2 + MnSO_4 + H_2SO_4$
   (l) $As_2S_5 + KClO_3 \longrightarrow H_3AsO_4 + KCl + H_2SO_4$
   (m) $NaIO_3 + Na_2SO_3 + NaHSO_3 \longrightarrow Na_2SO_4 + I_2$
7. Nun sollen die gleichen chemischen Gleichungen aus Problem 6 nach der Methode der Halbreaktionen stöchiometrisch korrekt formuliert werden.

8. Die folgenden Reaktionsgleichungen sollen nach irgendeiner geeigneten Methode stöchiometrisch korrekt formuliert werden:
   (a) $C_7H_{16} + O_2 \longrightarrow CO_2 + H_2O$ (vollständige Verbrennung)
   (b) $C_7H_{16} + O_2 \longrightarrow CO + H_2O$ (unvollständige Verbrennung)
   (c) $C_7H_{16} + O_2 \longrightarrow C_7H_{12} + H_2O$
9. Die Masse des $^{16}_{8}O$-Atoms beträgt 15.9949 u. Wie groß ist der Massendefekt pro Nukleon und die Bindungsenergie pro Nukleon? Man vergleiche diese Werte mit den entsprechenden für Eisen-56.
10. Wie sieht die ausgeglichene Gleichung für die Fusion von drei Helium-4-Kernen zu einem Kohlenstoff-12-Kern aus? Welche Größen müssen beim Ausgleichen erhalten bleiben?
11. Wenn drei Helium-4-Atome zu einem Kohlenstoff-12-Atom verschmelzen, wird dann Masse gewonnen, oder geht Masse verloren? Wieviel? (Zur Erinnerung: Kohlenstoff-12 ist der Bezugskern der u-Skala; er hat exakt die Masse 12.000 u.)
12. Um welchen Betrag nimmt die Masse ab und welche Energie wird freigesetzt, wenn im Inneren sehr schwerer Sterne zwei Atome Sauerstoff-16 zu einem Atom Schwefel-32 verschmelzen? (Masse von Schwefel-32 = 31.9721 u; von Sauerstoff-16 = 15.9949 u).
13. Wie ändert sich die Masse, wenn ein Atom Nickel-60 und ein Atom Helium-4 zu Zink-64 verschmelzen? Wird Energie abgegeben oder aufgenommen? Wieviel?
14. Mit Thorium-232 beginnt eine Reihe des radioaktiven Zerfalls, ähnlich den beiden Uran-Zerfallsreihen. Dabei werden sechs alpha-Teilchen und vier beta-Teilchen emittiert, bis ein stabiles Isotop erreicht ist. Um welches stabile Element handelt es sich, wie groß ist seine Massenzahl?
15. Mit Plutonium-241 beginnt eine Zerfallsreihe, bei der acht alpha- und fünf beta-Teilchen ausgesandt werden. Bei welchem stabilen Element endet die Reihe; wie groß ist dessen Massenzahl?

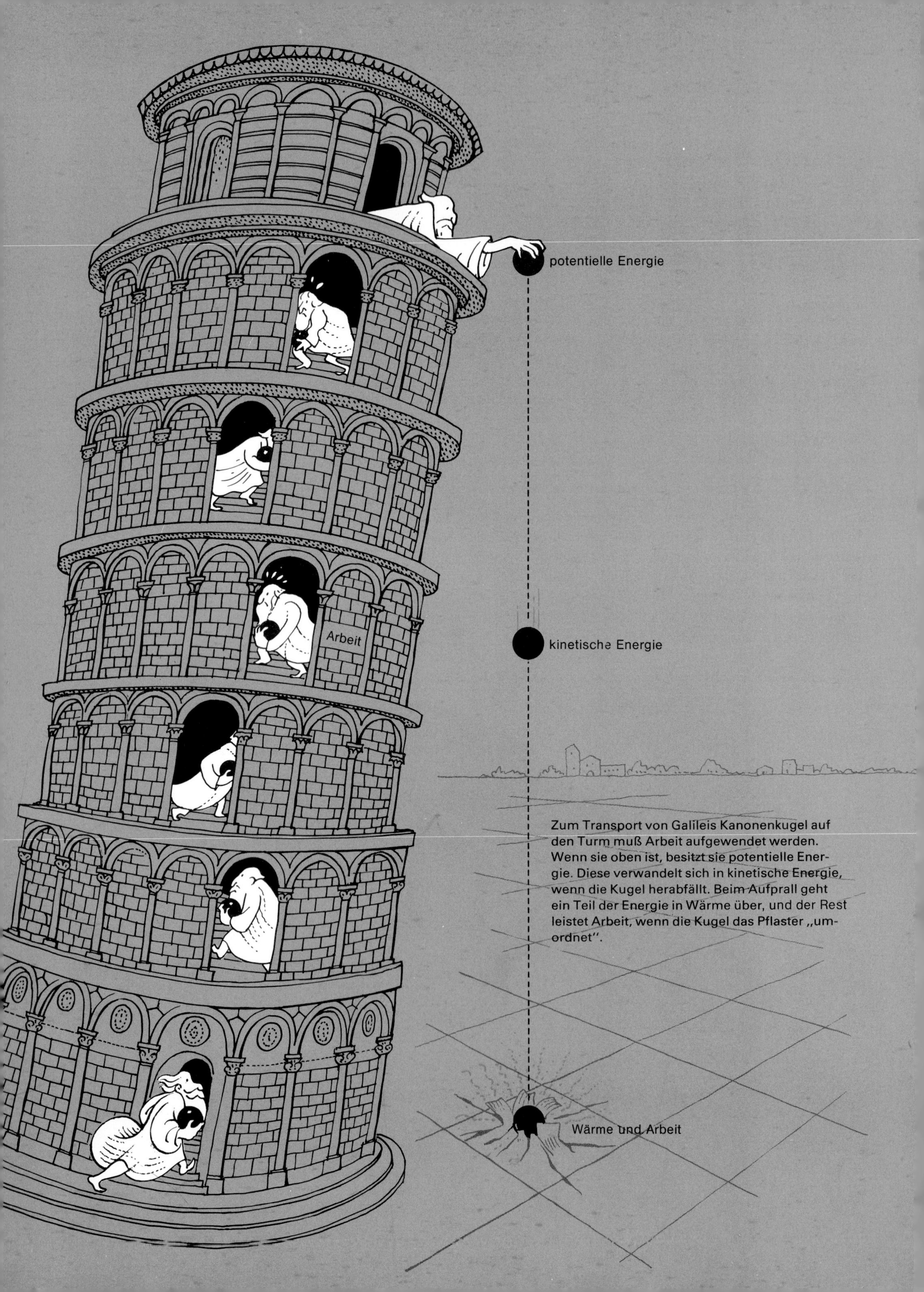
potentielle Energie
Arbeit
kinetische Energie
Zum Transport von Galileis Kanonenkugel auf den Turm muß Arbeit aufgewendet werden. Wenn sie oben ist, besitzt sie potentielle Energie. Diese verwandelt sich in kinetische Energie, wenn die Kugel herabfällt. Beim Aufprall geht ein Teil der Energie in Wärme über, und der Rest leistet Arbeit, wenn die Kugel das Pflaster „umordnet".
Wärme und Arbeit

◄ *Arbeit, potentielle Energie, kinetische Energie und Wärme sind verschiedene, ineinander umwandelbare Energieformen.*

12. Kapitel

Wärme, Energie und chemische Bindungen

Im 11. Kapitel haben wir zwei Beispiele für Erhaltungssätze kennengelernt, die sich auf die Masse und die Ladung bei chemischen Reaktionen bezogen. Während einer chemischen Umwandlung verändern sich weder die Gesamtmasse noch die Gesamtoxidationszahl der Reaktanden und Produkte. Masse und Oxidationszahl sind fundamentalere Eigenschaften von Substanzen als Volumen, Farbe, Konsistenz, Dichte oder elektrische Leitfähigkeit. Eine dritte wichtige Eigenschaft, die erhalten bleibt, ist die Energie. Bei Verbrennungen und vielen anderen Reaktionen wird Energie in Form von Wärme abgegeben; dadurch sind diese Prozesse für uns nützlich. Doch wenn wir einen imaginären Kasten um die reagierenden Substanzen bauen, der groß genug ist, um die Substanzen und alles, womit sie in Wechselwirkung treten, einzuschließen, dann wird sich die Gesamtenergie in diesem Kasten während der Reaktion nicht ändern. (Das ist eine der Formulierungen des ersten Hauptsatzes der Thermodynamik.) Wenn bei einer Reaktion Wärmeenergie abgegeben wird, dann müssen die Produkte weniger Energie haben als die Reaktanden, denn diese Energiedifferenz ist die einzige Wärmequelle. Wenn die Produkte umgekehrt mehr Energie haben als die Reaktanden, dann muß diese zusätzliche Energie von außen zugeführt werden.

Energie kann betrachtet werden als die Fähigkeit, Arbeit zu leisten. *Potentielle Energie* ist die Energie, die ein ruhendes Objekt aufgrund seiner Lage besitzt. Ein Felsbrocken, der in großer Höhe balanciert, hat potentielle Gravitationsenergie, da er beim Fallen Arbeit leisten kann, wenn er in eine geeignete Apparatur eingebaut ist. Galileis Kanonenkugel hatte beträchtliche potentielle Energie, bevor er sie fallen ließ (s. gegenüberliegende Seite). Zwei voneinander getrennte positive und negative Ladungen haben potentielle elektrostatische Energie, denn sie können elektrische Arbeit leisten, wenn sie sich wieder vereinen. Ein Magnetstab, der senkrecht zu einem Magnetfeld steht, hat potentielle magnetische Energie. Arbeit muß aufgewendet werden, um den Magnet aus den Feldlinien herauszudrehen, und diese Arbeit kann wiedergewonnen werden, wenn sich der Magnet wieder in Feldrichtung ausrichtet.

Kinetische Energie ist diejenige Energie, die ein Objekt aufgrund seiner Bewegung hat. Anfangs ist Arbeit notwendig, um ein Objekt in Bewegung zu setzen, und

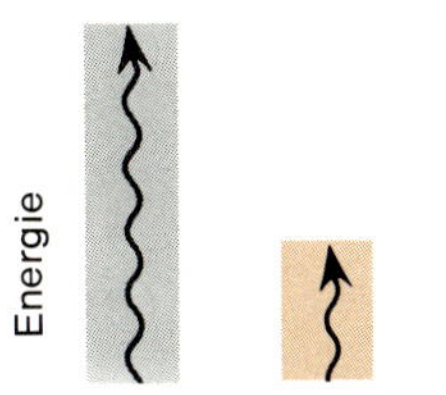

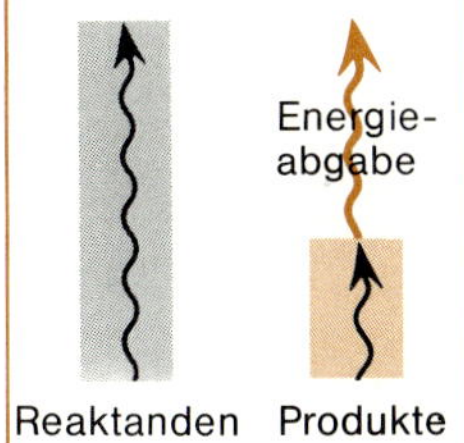

EINE EXOTHERME REAKTION gibt Wärme ab. Die Reaktanden haben eine *höhere* Energie als die Produkte. Der Energieunterschied zwischen Reaktanden und Produkten entspricht der frei werdenden Energie.

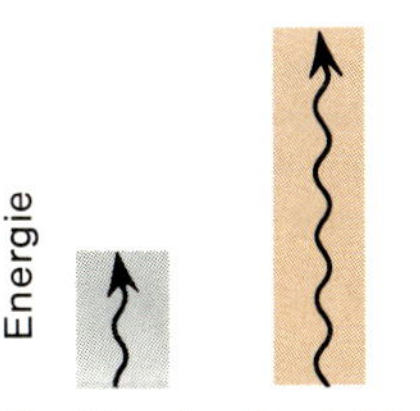

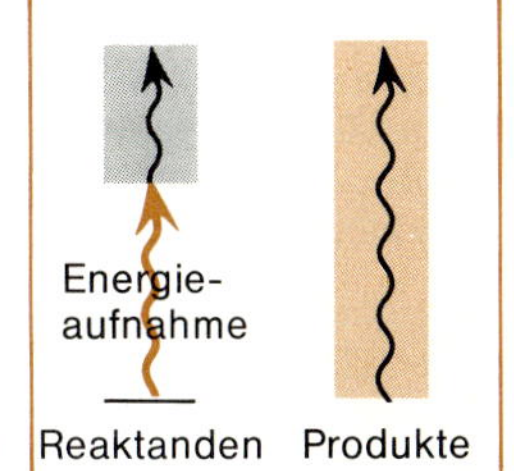

EINE ENDOTHERME REAKTION verbraucht Wärme. Die Reaktanden haben eine *geringere* Energie als die Produkte. Der Energieunterschied muß der Reaktion von einer äußeren Energiequelle geliefert werden.

diese Arbeit kann wiedergewonnen werden, wenn das Projektil mit einem anderen Objekt kollidiert und zur Ruhe kommt. Wenn das sich bewegende Objekt die Masse m hat und sich mit einer Geschwindigkeit v bewegt, ist die kinetische Energie der Bewegung

$$E = \frac{1}{2} mv^2$$

Galileis Kanonenkugel in der Zeichnung am Anfang dieses Kapitels verwandelt potentielle Energie in kinetische Energie, während sie schneller und schneller fällt.

Auch *Wärme* ist eine Form von Energie, aber in einer wertloseren Form. Auf der Molekülebene ist Wärme die unkoordinierte Schwingung oder Bewegung der Moleküle. Es ist leicht, Arbeit oder andere Energiearten in Wärme zu verwandeln. Wenn man an einem kalten Tag eine Hand gegen die andere reibt, dann ist die erzeugte Reibungswärme eben die Umwandlung der aufgewendeten Arbeit in Wärme. Wenn Galileis Kanonenkugel auf dem Pflaster aufschlägt, wird die potentielle Energie, die zuerst beim Fall in kinetische Energie der Bewegung umgewandelt wurde, bei der Kollision wieder in Wärme verwandelt. Die umgekehrte Transformation von Wärme in Bewegung, wie in einem Automotor, läßt sich nur mit Schwierigkeit bewerkstelligen; nicht die gesamte Wärme kann umgewandelt werden. Wir werden auf diesen Punkt zurückkommen, wenn wir im nächsten Kapitel über Ordnung und Unordnung reden werden. Im Augenblick ist wichtig, daß potentielle Energie, kinetische Energie, Wärme und Arbeit verschiedene Energieformen sind und daß sie innerhalb gewisser Grenzen ineinander umgewandelt werden können.

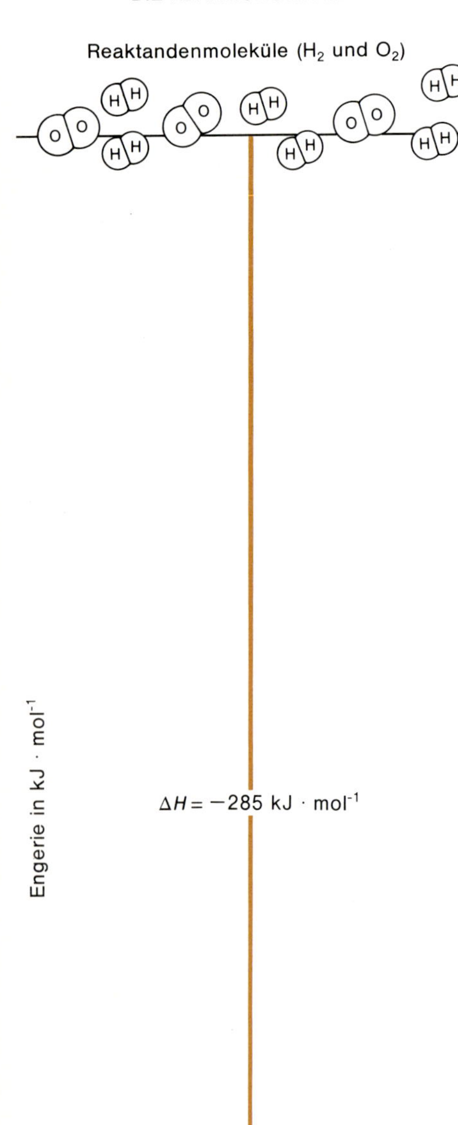

Ein Mol Wasser-Moleküle hat 284.5 kJ weniger Energie als die H_2- und O_2-Moleküle, aus denen sie entstehen. Die *Änderung* der Wärmeenergie ist negativ, $\Delta H = -284.5$ kJ, weil die Wärme von den Molekülen an die Umgebung abgegeben wird.

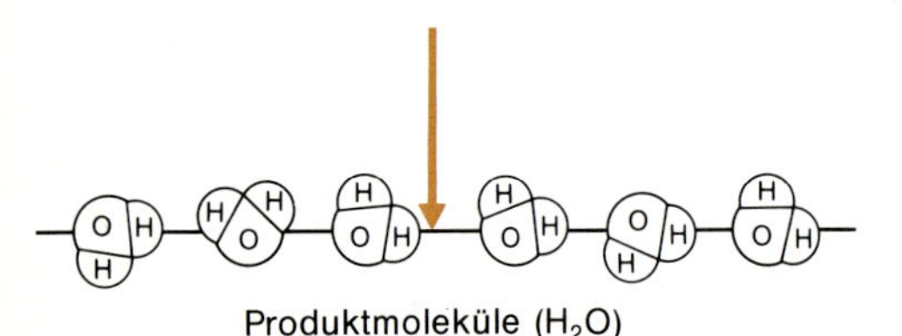

Wärme und chemische Reaktionen

Man kann sich eine chemische Reaktion so vorstellen, daß die reagierenden Moleküle vollständig in Atome zerlegt werden und diese isolierten Atome sich wieder auf neue Art zusammenfinden, um die Produktmoleküle zu bilden. Die Differenz zwischen der Bindungsenergie der Produkte und der Bindungsenergie der Reaktanden, ΔE, ist im wesentlichen die Reaktionsenergie:

$$\Delta E = E_{\text{Produkte}} - E_{\text{Reaktanden}}$$

Wenn die Energie der Produkte geringer ist als die der Ausgangsmoleküle, nimmt die molekulare Energie ab. Die Energieänderung der Moleküle und Atome während der Reaktion ist negativ und Wärme wird abgegeben:

$$\Delta E = (E_{\text{Produkte}} - E_{\text{Reaktanden}}) < 0$$

Wenn umgekehrt die Produktmoleküle mehr Energie haben als das Ausgangsmaterial, wird Wärme absorbiert, und die gesamte Energie der Moleküle nimmt zu: ΔE ist positiv.

Wenn bei einer chemischen Reaktion Gase entstehen, muß Arbeit aufgewendet werden, um gegen den Druck der Atmosphäre Raum für sie zu schaffen. Wenn umgekehrt während einer Reaktion Gase verschwinden oder zu Flüssigkeiten oder Festkörpern kondensieren, wird von außen *an* den reagierenden Substanzen Arbeit geleistet. Wenn wir für jede Arbeit, die Gase bei ihrer Entstehung in einer Reaktion gegen die Atmosphäre leisten, eine kleine Korrektur einführen, dann erhalten wir eine modifizierte Energie, die *Enthalpie H*. Formal ist die Enthalpie definiert als $H = E + PV$, wobei PV das Produkt aus Druck und Volumen ist. Wenn eine Reaktion bei konstantem Außendruck stattfindet, was für alle Reaktionen, die offen auf der

Erdoberfläche (z.B. einem Labortisch) ausgeführt werden, gilt, dann ist die Reaktionswärme ein Maß für die Enthalpieänderung, $\Delta H = H_{\text{Produkte}} - H_{\text{Reaktanden}}$. Der Unterschied zwischen Energie und Enthalpie beträgt nur wenige Prozent, und man sollte sich Enthalpie als eine „korrigierte Energie“ vorstellen, bei der der Atmosphärendruck berücksichtigt wird. Immer wenn wir von jetzt ab von Reaktionswärmen sprechen, werden das Enthalpien und streng genommen nicht molare Energien sein. Man kann sich H als „Wärme“ der Reaktionen vorstellen, die bei konstantem Außendruck ausgeführt werden.

Zum Beispiel: Wenn ein Mol Wasserstoff-Gas und ein halbes Mol Sauerstoff-Gas zu einem Mol oder 18 g flüssigem Wasser reagieren, werden 285 kJ Wärme abgegeben (linker Außenrand). Wenn diese Energie als Wärme frei wird, nimmt die gesamte molare Enthalpie um 285 kJ ab:

$$H_2(g) + \tfrac{1}{2}O_2(g) \longrightarrow H_2O(fl) + 285\ \text{kJ}$$

Normalerweise schreibt man eine Reaktionsgleichung mit Reaktionswärme folgendermaßen:

$$H_2(g) + \tfrac{1}{2}O_2(g) \longrightarrow H_2O(fl) \qquad \Delta H = -285\ \text{kJ} \cdot \text{mol}^{-1}\ H_2O$$

ΔH ist negativ, weil die Enthalpie *der an der Reaktion beteiligten Substanzen* abnimmt. Da Wärme frei wird, wird diese Reaktion als *exotherm* bezeichnet. Eine Reaktion, bei der Wärme aufgenommen wird, ist *endotherm*. Wenn wir Wasserstoff-Gas mit der relativen Molekülmasse 2 als Brennstoff betrachten, dann ist die Energieausbeute, dieser Reaktion 285 : 2 = 142.5 kJ pro g Brennstoff. Das ist der höchste Wert für einen mit Sauerstoff verbrannten chemischen Brennstoff. Wenn man Wasserstoff leichter speichern und handhaben könnte, würden wir ihn wahrscheinlich anstelle der gebräuchlicheren Kohlenwasserstoffbrennstoffe verwenden.

Wenn Wasser bei der Verbrennung als Gas und nicht als Flüssigkeit entstünde, dann würde weniger Wärme abgegeben (rechter Rand):

$$H_2(g) + \tfrac{1}{2}O_2(g) \longrightarrow H_2O(g) \qquad \Delta H = -243\ \text{kJ} \cdot \text{mol}^{-1}\ H_2O$$

Der Unterschied ist die Verdampfungsenthalpie oder -wärme des Wassers:

$$H_2O(fl) \longrightarrow H_2O(g) \qquad \Delta H = +42\text{kJ} \cdot \text{mol}^{-1}$$

Bei der Verdampfung bei 25 °C nehmen die Wasser-Moleküle 42 kJ Wärmeenergie pro Mol auf; ihre Enthalpie nimmt also zu. Das gilt für alle Flüssigkeiten, denn

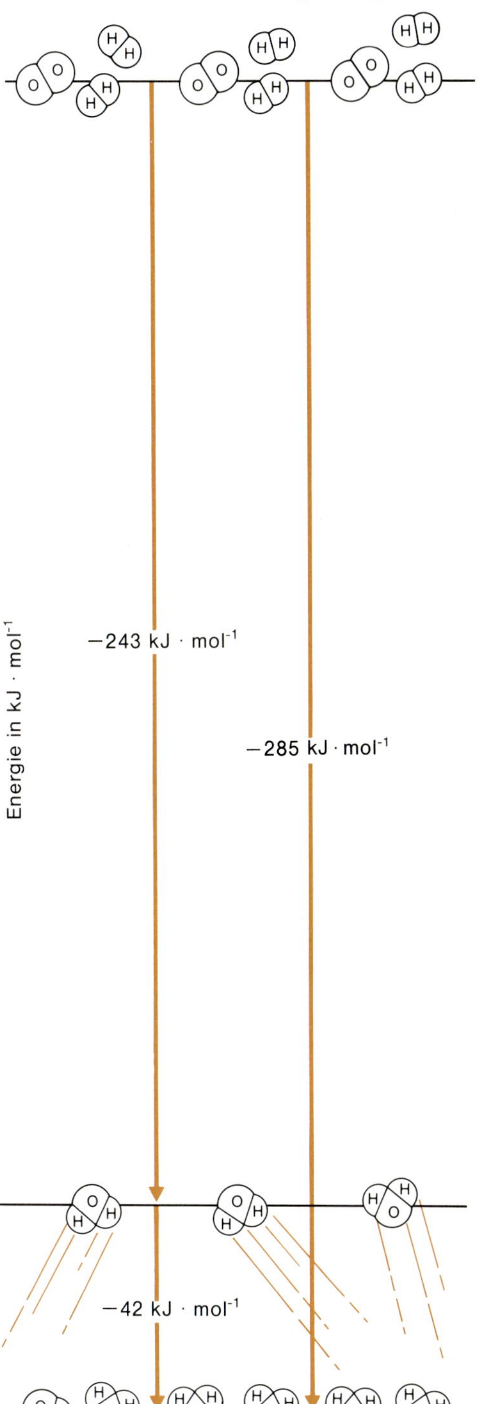

Die Moleküle des Wasserdampfs sind pro Mol um 242.7 kJ energieärmer als die H_2- und O_2-Moleküle, aus denen sie entstanden sind.

Flüssiges Wasser ist um 41.5 kJ · mol^{-1} energieärmer als Wasserdampf oder um 284.5 kJ · mol^{-1} stabiler als die Reaktanden H_2- und O_2-Moleküle.

Gasmoleküle bewegen sich schneller und haben mehr Energie (und Enthalpie) als Moleküle in einer Flüssigkeit. Dieselbe Wärmeenergie wird wieder frei, wenn Wasserdampf kondensiert:

$$H_2O(g) \longrightarrow H_2O(fl) \qquad \Delta H = -42\ \mathrm{kJ \cdot mol^{-1}}$$

Wasser hat von allen bekannten Flüssigkeiten die höchste Verdampfungswärme *pro Gramm.* In der Tabelle unten wird Wasser mit einigen anderen Flüssigkeiten verglichen. Die Ursache für den besonders hohen Wert beim Wasser ist das Netzwerk aus Wasserstoffbrückenbindungen, das die Wasser-Moleküle auch im flüssigen Zustand noch zusammenhält. In dem „Eisberg"- oder Cluster-Modell der Struktur des flüssigen Wassers (das im 4. Kapitel, Seite 61, erwähnt wurde), werden kleine Cluster aus Wasser-Molekülen durch Wasserstoffbrückenbindungen in einer mehr oder weniger eisartigen Struktur zusammengehalten (links). Dabei werden ständig Bindungen hergestellt und gebrochen, und ein bestimmtes Molekül kann in einem Augenblick an andere gebunden sein und im anderen wieder frei umherschwimmen. In der ganzen Flüssigkeit wird in einem bestimmten Moment ein gewisser Prozentsatz der möglichen Wasserstoffbindungen geschlossen sein. Diese Bindungen müssen aufgebrochen werden, wenn die Flüssigkeit verdampft wird, und dazu ist Energie notwendig. Das führt zu einer höheren Verdampfungswärme als bei Flüssigkeiten ohne Wasserstoffbrückenbindungen. In der Reihe O, S, Se, Te von oben nach unten in der Gruppe VIA des Periodensystems werden Wasserstoffbindungen immer unwichtiger, da die Atome S, Se und Te zu groß und ihre negativen Ladungen zu diffus werden, um ein Proton eines Nachbarmoleküls stark anziehen zu können. Daher haben H_2S, H_2Se und H_2Te „normale" Siedepunkte und Verdampfungswärmen (rechter Außenrand).

Diese anomal hohe Verdampfungswärme des Wassers hat wichtige Konsequenzen für das Leben auf diesem Planeten. Die Verdampfung des Meerwassers in den Tropen verhindert, daß die Äquatorgegenden immer heißer werden; die dabei entzogene Wärme erwärmt die polaren Gebiete, wenn der Wasserdampf kondensiert. Flüssiges Wasser wirkt also als Wärmespeicher, der die extremen Temperaturen sowohl am Äquator als auch an den Polen mäßigt. Pro Jahr wird am Äquator eine 2.3 m dicke Meerwasserschicht verdampft, das entspricht einem Entzug von 5.4 Billionen (5400000000000) kJ Wärme pro Quadratkilometer Oberfläche! Um

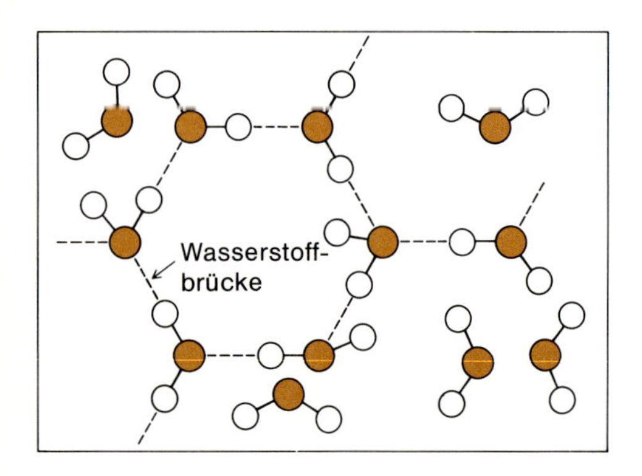

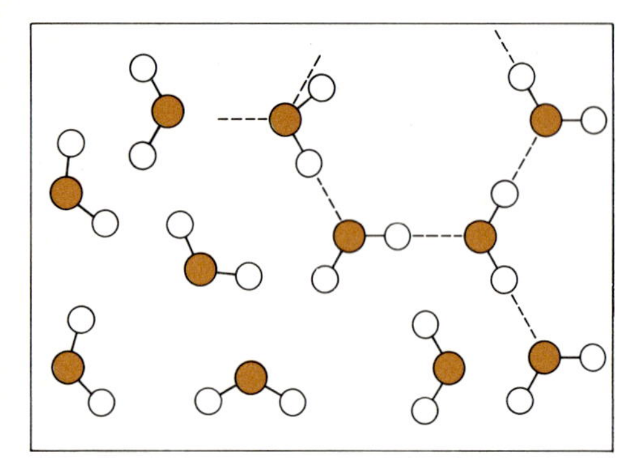

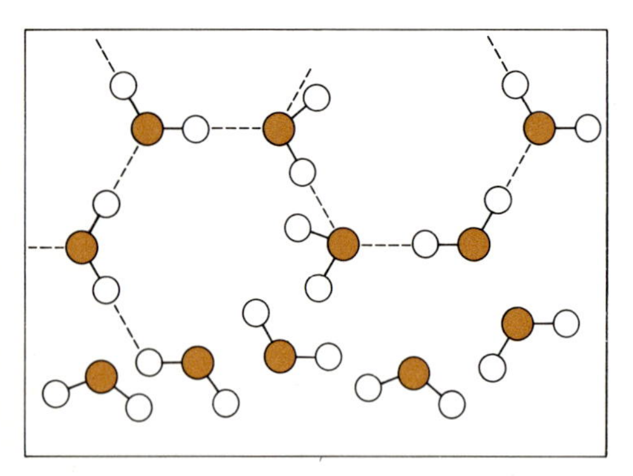

Drei „Schnappschüsse" von Wasser-Molekülen, die das Cluster-Modell des flüssigen Wassers illustrieren. Wasserstoffbrückenbindungen zwischen O- und H-Atomen in verschiedenen Molekülen werden zeitweise geschlossen und wieder gebrochen. Im Durchschnitt bleibt der Prozentsatz der an Wasserstoffbrückenbindungen beteiligten H-Atome konstant, doch die einzelnen Bindungen ändern sich dauernd. Eine Molekülgruppe bildet vielleicht in einem Augenblick einen eisartigen Cluster mit Wasserstoffbrückenbindungen, und einen Moment später ist eine andere Molekülgruppe zu einem Cluster verbunden.

Verdampfungswärmen einiger flüssiger Verbindungen beim Siedepunkt (in Kilojoule pro Gramm und pro Mol)

Verbindung	Siedepunkt °C	ΔH_{verd} $\mathrm{kJ \cdot g^{-1}}$	ΔH_{verd} $\mathrm{kJ \cdot mol^{-1}}$
H_2O	+100	2.26	40.7
H_2S	−60.4	0.55	18.7
H_2Se	−41.5	0.24	19.7
H_2Te	−4	0.15	19.2
HF	+19	1.51	28.6
NH_3	−33	1.37	23.3
CH_3OH	+65	1.10	35.2
HCN	+26	0.88	23.7
CH_4	−162	0.51	8.2
C_6H_6	+80	0.39	30.7

Je polarer die Moleküle der Flüssigkeit sind, um so größer ist die Verdampfungswärme pro Gramm.

diese riesige Zahl in einen begreifbaren Zusammenhang zu bringen: Eine Person, die keine schwere Arbeit leistet, braucht pro Tag normalerweise das Äquivalent von 8400 kJ Energie an Nahrung. Die Energie, die jährlich durch Verdampfung jedem Quadratkilometer tropischer Meeresoberfläche entzogen wird, entspricht einer Energie, die ca. zwei Millionen Menschen ein Jahr lang ernähren könnte.

Zu beachten ist, daß wir zwei der oben erwähnten Reaktionen addieren können und auf diese Weise die dritte erhalten:

$$H_2(g) + \tfrac{1}{2}O_2(g) \longrightarrow H_2O(g) \qquad \Delta H = -243\ \text{kJ} \cdot \text{mol}^{-1}\ H_2O$$
$$H_2O(g) \longrightarrow H_2O(fl) \qquad \Delta H = -\ \ 42\ \text{kJ} \cdot \text{mol}^{-1}\ H_2O$$

$$H_2(g) + \tfrac{1}{2}O_2(g) \longrightarrow H_2O(fl) \qquad \Delta H = -285\ \text{kJ} \cdot \text{mol}^{-1}\ H_2O$$

Auch die Reaktionswärmen lassen sich auf diese Weise addieren. Allgemein gilt: Wenn wir zwei Reaktionen addieren oder voneinander subtrahieren können und auf diese Weise eine dritte erhalten, dann können wir auch die Reaktionswärme dieser dritten Reaktion erhalten, indem wir die Reaktionswärmen der ersten beiden addieren bzw. subtrahieren. Für diejenigen, die Dinge gern dadurch erledigen, daß sie ihnen Namen geben: Man bezeichnet diesen Zusammenhang als den *Heßschen Wärmesatz*. In Wirklichkeit handelt es sich dabei um eine natürliche Konsequenz aus dem ersten Hauptsatz der Thermodynamik[1].

Dabei müssen wir sorgfältig darauf achten, daß die beiden addierten Reaktionen wirklich die dritte liefern und daß die benutzten Reaktionswärmen tatsächlich diejenigen der formulierten Reaktionen sind. Zum Beispiel können wir die Wasserstoff-Verbrennungsreaktion mit zwei multiplizieren, um den Bruch vor dem Sauerstoff loszuwerden, aber dann müssen wir auch die Reaktionswärme verdoppeln:

$$2H_2(g) + O_2(g) \longrightarrow 2H_2O(g) \qquad \Delta H = -486\ \text{kJ}$$

Die abgegebene Reaktionswärme von 486 kJ bezieht sich auf die hier formulierte Reaktion, d.h. auf zwei Mol Wasserstoff-Gas und ein Mol Sauerstoff-Gas, die miteinander zu zwei Mol Wasserdampf reagieren. Wenn wir, ohne nachzudenken, zu dieser Reaktion die Reaktion

$$H_2O(g) \longrightarrow H_2O(fl) \qquad \Delta H = -42\ \text{kJ} \cdot \text{mol}^{-1}$$

addieren, dann erhielten wir keinesfalls die Reaktion, die wir wünschten:

$$2H_2(g) + O_2(g) \longrightarrow H_2O(g) + H_2O(fl) \qquad \Delta H = -528\ \text{kJ}$$

Obwohl diese Gleichung richtig ist, ist sie nicht besonders nützlich. Man muß auf die korrekte Stöchiometrie (die relative Anzahl der Moleküle des Ausgangsstoffes und der Endprodukte) achten, damit die Reaktionswärmen sinnvoll sind.

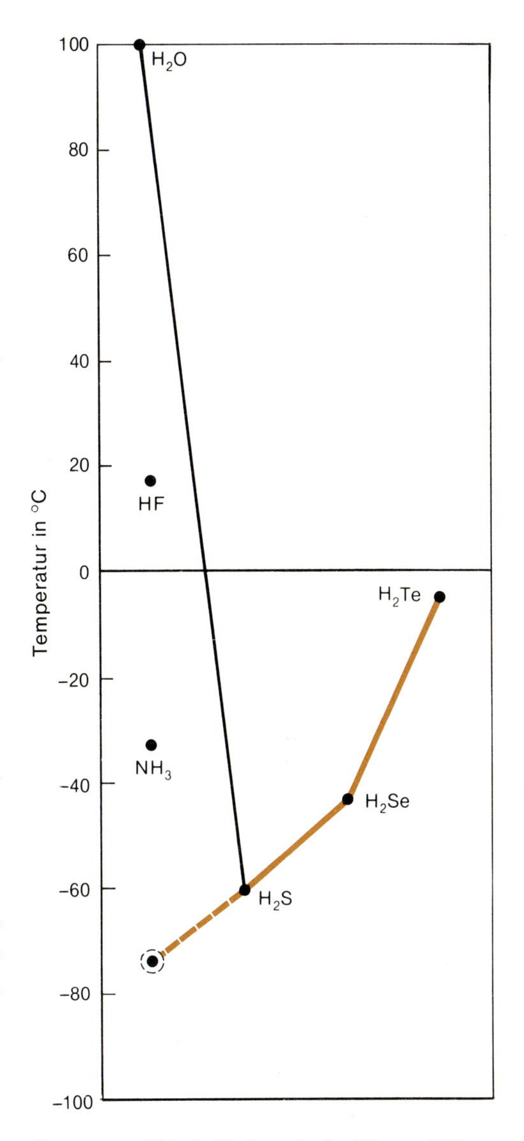

Der „anomal" hohe Siedepunkt des Wassers läßt sich mit dem Energieaufwand erklären, der zum Aufbrechen des Netzwerkes aus Wasserstoffbrückenbindungen notwendig ist. Wenn es im Wasser keine Wasserstoffbrückenbindungen gäbe und sich der bei den Elementen der Gruppe VIA in H_2Te, H_2Se und H_2S beobachtete Trend der Siedepunkte fortsetzte, sollte man für Wasser einen Siedepunkt von −75°C erwarten; statt dessen siedet es bei +100°C.

---

1) Wenn wir uns hier auch nicht mit formaler Thermodynamik befassen, so wollen wir doch den ersten Hauptsatz in seiner thermochemischen Formulierung einführen. Die innere Energie E eines reagierenden Systems ist so definiert, daß die Energieänderung während eines Prozesses gleich der Differenz ist zwischen der Wärme q, die in das System hineingesteckt wird, und der Arbeit w, die das System an seiner Umgebung leistet, d.h. $\Delta E = q - w$. Der erste Hauptsatz besagt also, daß die Änderung der inneren Energie ΔE nur von den Anfangs- und Endbedingungen abhängt und nicht davon, wie die Reaktion ausgeführt wird. Aufgrund der Definition für die Enthalpie gilt das gleiche auch für ΔH. In dem Beispiel oben muß die Reaktion von Wasserstoff- und Sauerstoff-Gas zu Wasserdampf, auf die in einem zweiten Schritt die Kondensation des Dampfes folgt, zu genau derselben Energieänderung führen, wie die Reaktion von Wasserstoff- und Sauerstoff-Gas direkt zu flüssigem Wasser. Die Reaktionswärmen der ersten beiden Reaktionen müssen sich also zur Reaktionswärme des direkten Prozesses addieren.

Brennstoffe, Verbrennung und Energie

Stärkekörner in der Pflanzenzelle

Wir haben bereits erwähnt, daß Wasserstoff-Gas der wirksamste Brennstoff ist, wenn man die pro Gramm Brennstoff freiwerdende Wärme betrachtet. Benzin ist um fast den Faktor drei weniger wirksam, wie die Tabelle rechts zeigt. Wasserstoff-Gas gibt bei der Verbrennung in Luft 142 kJ pro Gramm ab; Benzin liefert weniger als 50 kJ pro Gramm. Fett, das Hauptenergiespeichersystem in Tieren, liefert 40 kJ pro Gramm beim Verbrennen und ist als Energiespeicher fast so wirksam wie Benzin. Stärke, das Hauptenergiespeichermolekül in Pflanzen, ist ein langkettiges Polymeres aus Glucose. Glucose kann nur 15.6 kJ pro Gramm speichern; Stärke ist also, bezogen auf das Gewicht, ein weniger geeignetes Material zur Energiespeicherung. Warum ist Stärke trotzdem die Grundlage für den gesamten Photosynthese- und Energiespeicherapparat der grünen Pflanzen?

Die Antwort ist, daß die Gewichtsfrage für eine festgewachsene Pflanze weniger wichtig ist. Ein leichter Brennstoff ist für einen Organismus, der sich nicht fortbewegt, kein Vorteil. Dagegen ist die Chemie des Aufbaus der Stärkeketten aus Glucose und der Wiedergewinnung der Glucose daraus besonders einfach, im Gegensatz zum komplizierteren Stoffwechsel der Fette und Fettsäuren. Pflanzen speichern Energie in Stärke, weil es besonders einfach ist, die Energie hinein- und wieder herauszubekommen. Für Tiere, die sich bewegen und ihren Brennstoffvorrat mit sich tragen, ist die geringe Energieausbeute pro Gramm Stärke nachteilig. Sie benutzen die kompliziertere Chemie der Fette, um eine Energiespeicherkapazität zu haben, die nur wenig geringer ist als die des Benzins. Ein großer Vorteil der Fette gegenüber Benzin ist, daß Fette Festkörper sind. Es wäre für uns fast genauso nachteilig, flüssiges Benzin als Energiereserve mit uns herumzuschleppen, wie uns mit riesigen Gasbehältern für Wasserstoff zu belasten. (Ein Organismus, der Wasserstoffbehälter als Energiespeicher benutzte, würde vielleicht das Bewegungsproblem lösen können. Doch Gewitter mit Blitzen würden einer solchen Kreatur hart zusetzen.)

Doch auch Tiere können nicht ohne den rasch zugänglichen Energiespeicher Stärke auskommen. Tiere haben in ihrem Blutstrom als schnell zur Verfügung stehende Energiequelle Glykogen, das als Puffer zwischen dem unmittelbaren Energiebedarf des Organismus und der langsamen Energieproduktion aus Fetten dient. Glykogen oder „tierische Stärke" ist ein verzweigtkettiges Polymeres aus Glucose-Molekülen, das der Pflanzenstärke sehr ähnlich ist.

Die Tabelle der Verbrennungswärmen rechts zeigt auch, daß wir besseres tun könnten, als unsere Brennstoffe mit Sauerstoff zu verbrennen. Bei der Verbrennung von Methan in O_2 entstehen nur 56 kJ pro Gramm Methan, während bei der Verbrennung in F_2 105 kJ frei werden, also fast das Doppelte. Chlor-Gas ist als Oxidationsmittel weniger günstig. Es liefert nur 27 kJ pro Gramm Methan. Diese Unterschiede beruhen allein auf den unterschiedlichen Elektronegativitäten von F, O und Cl, d.h. der Stärke, mit der jedes Atom Elektronen anzieht. Nach der Verbrennung werden die Elektronen, die sich Kohlenstoff und Wasserstoff im Methan ursprünglich gleichmäßig teilten, zu den Cl-Atomen hingezogen, wenn Cl_2 das Verbrennungsmedium ist, stärker zu den O-Atomen und am stärksten zu den F-Atomen, wenn man in F_2 verbrennt. Je fester die Elektronen nach der Verbrennung gebunden sind, um so stabiler sind die Produktmoleküle und um so mehr Verbrennungsenergie wird frei.

Pflanzen speichern aus dem Sonnenlicht gewonnene Energie in Form von Stärkekörnern. Tiere speichern ihre überschüssige Energie in Form von Fetten und nicht als Stärke.

STÄRKE

Stärke ist ein langkettiges Molekül, das aus sich wiederholenden Einheiten von Glucose, einem Zucker, besteht.

GLUCOSE

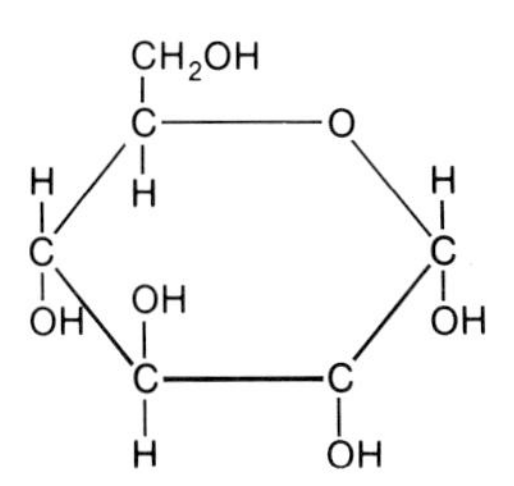

Die Kette wird beim Verdauungsvorgang leicht zerlegt. Beim weiteren Abbau der einzelnen Glucose-Moleküle wird Energie gewonnen (s. 23. Kapitel).

Verbrennung verschiedener Substanzen in O_2, F_2 und Cl_2.

	Verbrennungswärme $kJ \cdot mol^{-1}$	relative Molekülmasse	Verbrennungswärme $kJ \cdot g^{-1}$
Wasserstoff[1]:			
$H_2 + \frac{1}{2}O_2 \longrightarrow H_2O(fl)$	−284.5	2	−142.3
Methan:			
$CH_4 + 2O_2 \longrightarrow CO_2 + 2H_2O(fl)$	−891.2	16	−55.7
Benzin (Octan):			
$C_8H_{18}(fl) + 12\frac{1}{2}O_2 \longrightarrow 8CO_2 + 9H_2O(fl)$	−5451.8	114	−47.8
Stearinsäure (in tier. Fetten):			
$C_{18}H_{36}O_2(f) + 26O_2 \longrightarrow 18CO_2 + 18H_2O(fl)$	−11347.0	284	−40.0
Ethylalkohol:			
$C_2H_5OH(fl) + 3O_2 \longrightarrow 2CO_2 + 3H_2O(fl)$	−1368.2	46	−29.7
Glucose:			
$C_6H_{12}O_6(f) + 6O_2 \longrightarrow 6CO_2 + 6H_2O(fl)$	−2815.8	180	−15.6
Magnesium-Metall:			
$Mg(f) + \frac{1}{2}O_2 \longrightarrow MgO(f)$	−602.5	24.3	−24.8
Wasserstoff in F_2:			
$H_2 + F_2 \longrightarrow 2HF$	−535.6	2	−267.8
Methan in F_2:			
$CH_4 + 4F_2 \longrightarrow CF_4 + 4HF$	−1677.8	16	−104.9
Methan in Cl_2:			
$CH_4 + Cl_2 \longrightarrow CCl_4 + 4HCl$	−435.1	16	−27.2

1) Alle Reaktanden sind, wenn nicht anders angegeben, Gase. Die drei Spalten rechts geben die relativen Molekülmassen der verbrannten Substanzen an sowie die Verbrennungswärmen in Joule pro Mol und pro Gramm der gleichen Substanzen.

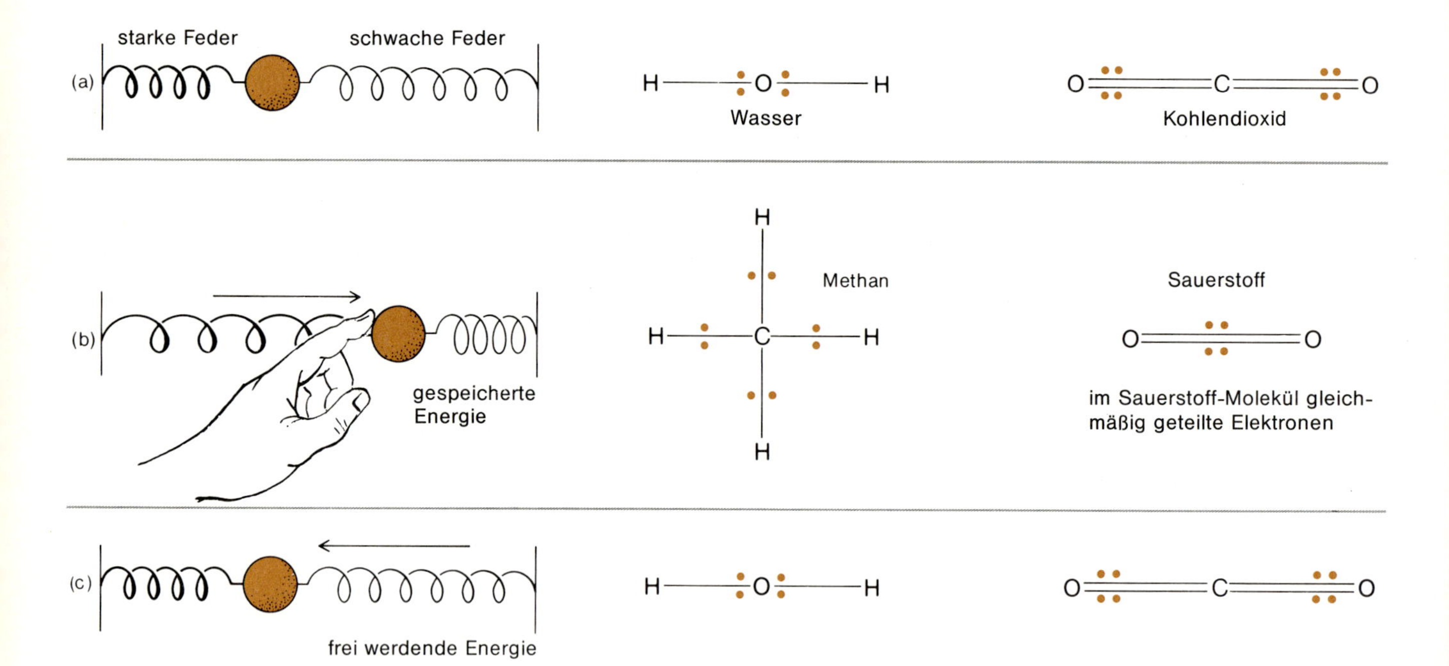

Die starke Schraubenfeder symbolisiert Sauerstoff, der eine starke Anziehungskraft für Elektronen (durch die Kugel symbolisiert) hat. Die schwache Schraubenfeder repräsentiert die geringere Anziehungskraft von Wasserstoff und Kohlenstoff auf Elektronen. In (a) sind die Elektronen nahe beim Sauerstoff: eine stabile Anordnung. In (b) werden sie von den Sauerstoff-Atomen weggezogen und speichern auf diese Weise Energie. Während der Verbrennung (c) werden die Elektronen wieder zum Sauerstoff zurückgezogen, wobei die gespeicherte Energie freigesetzt und als Wärme ausgestrahlt wird. (*Anmerkung:* Obwohl Bindungsstriche gewöhnlich Elektronenpaare repräsentieren, verwenden wir hier auch Punkte, um hervorzuheben, wo sich die Elektronen zwischen den Atomen aufhalten.)

Mit einer Schraubenfeder (oben) läßt sich illustrieren, warum Verbrennungen in einem stark elektronegativen Medium exotherm sind und Wärme dabei frei wird. Die Kugel in der Mitte soll die Elektronen symbolisieren, die entweder zum Sauerstoff links oder zum Kohlenstoff und Wasserstoff rechts hingezogen werden. Die stärkere Feder links repräsentiert die größere Elektronegativität des Sauerstoffs und die schwache Feder rechts die geringeren Elektronegativitäten von Kohlenstoff und Wasserstoff. Wenn Wasser und CO_2 zu Methan und O_2 reagierten, dann müßten sich die Elektronen entgegen der natürlichen Elektronegativität vom Sauerstoff wegbewegen. Das entspricht dem Vorgang, daß man Energie aufwenden muß, um die Kugel nach rechts zu drücken und dabei die starke Feder zu strecken. Diese Energie wird in der Feder (oder in den Methan-Molekülen) als potentielle oder latente Energie gespeichert. Wenn sich Methan später mit einem stark elektronegativen Element, z. B. Sauerstoff, verbindet und sich die Elektronen wieder zum elektronegativeren Atom hinbewegen können, wird die gespeicherte Energie frei. In unserem Modell mit der Schraubenfeder entspricht die Verbrennung dem Loslassen der Kugel, so daß sie von der starken Feder zurückgezogen werden kann. In diesem Modell ist die Feder für F stärker als für O, so daß die Energie, die bei der Verbrennung in Fluor frei wird, größer ist. Ein Grund, warum das Leben auf diesem Planeten nur das zweitbeste Oxidationsmittel benutzt, ist die Seltenheit des Fluors, die bis auf die Elementsynthese zurückgeht und damit zusammenhängt, daß Fluor eine ungerade Ordnungszahl hat.

Bildungswärmen

Die Werte der Reaktionswärmen werden jeweils *pro Mol* eines Reaktanden oder Produkts angegeben. Bei der Ethanolverbrennung in der Tabelle auf der vorhergehenden Seite

$$C_2H_5OH(fl) + 3O_2(g) \longrightarrow 2CO_2(g) + 3H_2O(fl)$$

läßt sich die Enthalpieänderung oder Reaktionswärme ΔH auf drei einander äquivalente Arten angeben:

$\Delta H = -1368$ kJ pro Mol verbrauchtes Ethanol
$\Delta H = -686$ kJ pro Mol entstehendes CO_2
$\Delta H = -456$ kJ pro Mol verbrauchtes O_2 oder entstehendes flüssiges Wasser, da die Anzahl Mol dieselbe ist.

Außerdem hätte jede der oben angegebenen Enthalpieänderungen einen anderen Wert, wenn einer der Reaktanden oder Produkte in einem anderen physikalischen Zustand vorläge: Ethanoldampf, Wasserdampf, Eis, festes CO_2 usw. Die umgekehrte Reaktion, nämlich die Synthese von Ethanol aus Kohlendioxid und Wasser, hätte die gleiche Reaktionswärme, aber mit umgekehrten Vorzeichen: +1368 kJ pro Mol entstehendes Ethanol.

Reaktionswärmen sind in der gleichen Weise additiv wie die Reaktionen, zu denen sie gehören. Mit den Verbrennungswärmen in der Tabelle auf Seite 271 können wir berechnen, wieviel Wärme bei der Verbrennung eines Mol Wasser in Fluor-Gas frei wird, auch wenn diese Reaktion in der Tabelle gar nicht auftaucht:

1. $H_2(g) + F_2(g) \longrightarrow 2HF(g)$ $\Delta H = -535.6$ kJ
2. $H_2O(fl) \longrightarrow H_2(g) + \frac{1}{2}O_2(g)$ $\Delta H = +284.5$ kJ

---

3. $H_2O(fl) + F_2(g) \longrightarrow 2HF(g) + \frac{1}{2}O_2(g)$ $\Delta H = -251.1$ kJ

Dieser Berechnung entnehmen wir, daß 251 kJ *mehr* frei werden beim Verbrennen von Wasserstoff in F_2 (Reaktion 1) als in O_2 (umgekehrte Reaktion 2). Sogar der „Abfall" der O_2-Verbrennung (H_2O) ist noch ein Brennstoff für die F_2-Verbrennung (Reaktion 3), da F elektronegativer ist als O.

Diese Additivität der Reaktionswärmen ist eine enorme Arbeitsersparnis. Man könnte meinen, daß es notwendig ist, die Reaktionswärmen aller nur denkbaren chemischen Umsetzungen zu messen, um eine vollständige Tabelle der Reaktionswärmen zu erhalten. Das ist aber nicht der Fall. Man braucht nur die Reaktionswärmen einer Mindestzahl von Umsetzungen zu kennen, aus denen alle anderen Reaktionen durch geeignete Kombinationen erhalten werden können. Es gibt mehrere Möglichkeiten, wie man dabei vorgeht; ein Beispiel ist die tabellarische Zusammenstellung der Verbrennungsreaktionen aller chemischen Verbindungen in O_2. Man hat sich aber darauf geeinigt, die *Bildungswärmen* jeder Substanz aus ihren Elementen unter Standardbedingungen in Tabellen zusammenzustellen. Der *Standardzustand* eines Elements – fest, flüssig oder gasförmig – ist der Zustand, in dem es gewöhnlich bei Raumtemperatur (298 K) und unter Normaldruck (1.013 bar) vorliegt. Die Bildungswärme eines *Elements* in seinem Standardzustand ist also definitionsgemäß gleich Null. Wenn wir die Bildungswärmen für alle chemischen Verbindungen kennen, lassen sich alle anderen Reaktionen zwischen Verbindungen durch eine geeignete Kombination der Bildungsreaktionen zusammensetzen; die Reaktionswärmen erhält man auf die gleiche Weise.

Beispiel. Man berechne die Verbrennungswärme des Ethylalkohols (Ethanol) aus den Bildungswärmen der Ausgangsstoffe und Endprodukte.

Lösung. Die stöchiometrische Gleichung für die Verbrennung des Ethanols lautet:

$$C_2H_5OH(fl) + 3O_2(g) \longrightarrow 2CO_2(g) + 3H_2O(fl)$$

Bildungswärmen einiger Verbindungen bei 298 K aus den Elementen in ihren Standardzuständen[1].

Verbindung	ΔH^0_{298} kJ · mol^{-1}
H^+(aq), Proton	0.0
Na^+(aq), Natrium-Ion	−239.7
NaF(f), Natriumfluorid	−589.0
NaCl(f), Natriumchlorid	−411.0
NaBr(f), Natriumbromid	−360.0
NaI(f), Natriumiodid	−288.0
C(f), Diamant	1.89
CO_2(g), Kohlendioxid	−393.5
CH_4(g), Methan	−74.9
C_2H_6(g), Ethan	−84.7
C_3H_8(g), Propan	−103.8
n-C_4H_{10}(g), n-Butan	−124.7
C_6H_6(g), Benzol	82.9
CH_3OH(g), Methanol	−201.3
C_2H_5OH(g), Ethanol	−235.4
C_2H_5OH(fl), Ethanol	−277.6
NH_3(g), Ammoniak	−46.2
NH_3(aq), Ammoniak	−80.8
NH_4^+(aq), Ammonium-Ion	−132.8
NH_4Cl(f), Ammoniumchlorid	−315.4
OH^-(aq), Hydroxid-Ion	−230.0
H_2O(g), Wasser	−241.8
H_2O(fl), Wasser	−285.9
F^-(aq), Fluorid-Ion	−329.1
HF(g), Fluorwasserstoff	−268.6
Cl^-(aq), Chlorid-Ion	−167.4
HCl(g), Chlorwasserstoff	−92.3
HCl(aq), Salzsäure	−167.4
Br^-(aq), Bromid-Ion	−120.9
I^-(aq), Iodid-Ion	55.9

1) Weitere Bildungswärmen sind im Anhang 2 zusammengestellt.

Die einzelnen Bildungsreaktionen, für die am Verbrennungsprozeß beteiligten Substanzen und ihre molaren Bildungswärmen, ΔH^0_{298}, sind:

1. $2C(f) + 3H_2(g) + \frac{1}{2}O_2(g) \longrightarrow C_2H_5OH(fl)$ −277.8 kJ
2. $O_2(g) \longrightarrow O_2(g)$ (bereits im Standardzustand) 0
3. $C(f) + O_2(g) \longrightarrow CO_2(g)$ −393.7 kJ
4. $H_2(g) + \frac{1}{2}O_2(g) \longrightarrow H_2O(fl)$ −285.8 kJ

Der Standardzustand für Kohlenstoff ist fester Graphit; alle anderen Elemente auf der linken Seite der Gleichungen sind unter Normaldruck gasförmig. Die hochgestellte 0 am ΔH deutet auf den Standardzustand der Ausgangsstoffe und Produkte hin, und die tiefgestellte 298 (die auch oft weggelassen wird) zeigt an, daß sich die Reaktionswärmen auf Reaktionen beziehen, die bei 298 K beginnen, und deren Endprodukte beim Abschluß der Reaktion wieder auf diese Ausgangstemperatur zurückgebracht werden. Die Reaktionswärmen werden hier, wie heute allgemein üblich in Kilojoule *pro Mol gebildete Verbindung* angegeben; in älteren Tabellen findet man anstelle des Kilojoule häufig noch die Kilocalorie. Links sind die Werte für einige repräsentative Substanzen zusammengestellt.

Wie können wir die Verbrennungswärme des Ethanols aus diesen Daten berechnen? Man erkennt, daß man die Verbrennungsreaktion durch folgende Kombination der Bildungsreaktionen 1 (R_1) bis 4 (R_4) erhält:

$$\text{Verbrennungsreaktion} = (\text{Produkte}) - (\text{Reaktanden})$$
$$\text{Verbrennung} = 2(R_3) + 3(R_4) - (R_1) - 3(R_2)$$

Aus dem Additivitätsprinzip folgt, daß man die Verbrennungswärme des Ethanols durch die entsprechende Kombination der Bildungswärmen erhält:

$$\text{Reaktionswärme} = 2(-393.7) + 3(-285.8) - (-277.8) - 3(0) = -1367 \text{ kJ}$$

Zu beachten ist, daß sich diese Bildungswärmen so handhaben lassen, *als ob* sie absolute Enthalpien der Moleküle wären und nicht Enthalpien der Bildung der Moleküle aus den Elementen. Alles, was zu den Elementen, aus denen sie entstehen, gehört, hebt sich auf beiden Seiten der Gleichung auf. Die Reaktionswärme einer allgemeinen Gleichung des Typs $A + 4B \longrightarrow 3C + 2D$, in der A, B, C und D chemische Substanzen sind, läßt sich berechnen nach $\Delta H^0 = 3 \cdot \Delta H^0_C + 2\Delta H^0_D - \Delta H^0_A - 4\Delta H^0_B$, in der ΔH^0_C die Bildungswärme der Verbindung aus ihren Elementen im Standardzustand ist. Wenn es sich z.B. bei der Reaktion um die Oxidation von Glucose durch Nitrat handelt, wie sie in manchen Bakterien abläuft

$$5C_6H_{12}O_6 + 24KNO_3 \longrightarrow 6CO_2 + 24KHCO_3 + 12N_2 + 18H_2O$$

dann erhält man die Reaktionswärme durch folgende Kombination der Bildungswärmen der Produkte und Reaktanden:

$$\Delta H^0 = \underbrace{6\Delta H^0_{CO_2} + 24\Delta H^0_{KHCO_3} + 12\Delta H^0_{N_2} + 18\Delta H^0_{H_2O}}_{\text{Produkte}} - \underbrace{5\Delta H^0_{C_6H_{12}O_6} - 24\Delta H^0_{KNO_3}}_{\text{Reaktanden}}$$

Tabellen der Standardbildungswärmen findet man in chemischen Handbüchern und im Anhang 2. Mit diesen Tabellen können die Reaktionswärmen aller Reaktionen, an denen die betreffenden Verbindungen beteiligt sind, berechnet werden, einschließlich der Reaktionen, die niemals ausgeführt wurden oder die aus irgendwelchen Gründen im Labor nicht so leicht ausgeführt werden können.

ENERGIE BEIM AUFLÖSEN EINES SALZES

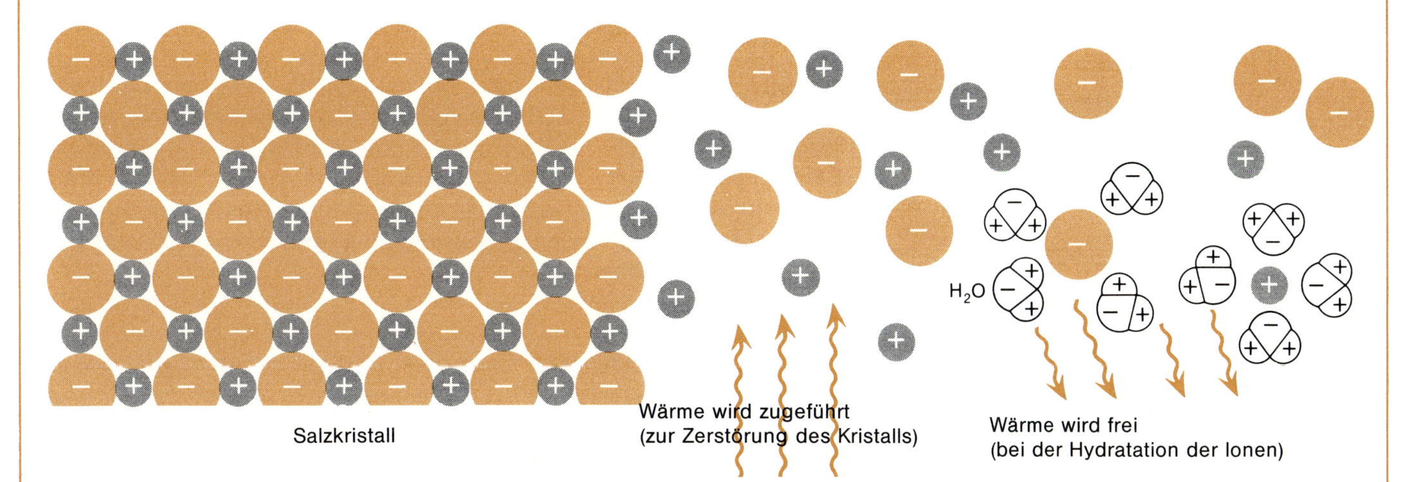

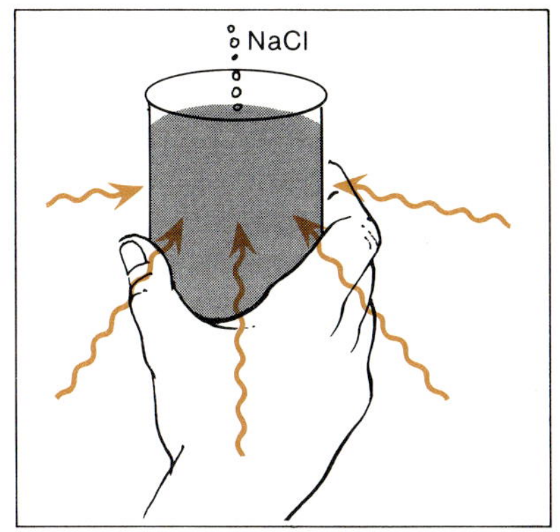

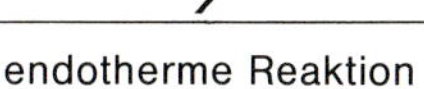

endotherme Reaktion

exotherme Reaktion

Ob diese Reaktion endotherm oder exotherm ist, hängt von dem delikaten Gleichgewicht ab zwischen der Energie, die nötig ist, den Kristall zu zerlegen, und der Energie, die gewonnen wird, wenn Ionen hydratisiert (von Wasser-Molekülen umgeben) werden.

Es hängt vom Zusammenspiel mehrerer Faktoren ab, ob ein Salzkristall beim Auflösen in Wasser Wärme aufnimmt oder abgibt. Es muß Energie aufgewandt werden, um die entgegengesetzt geladenen Ionen im Kristall voneinander zu trennen; diese wird als Gitterenergie, ΔH_{git}, bezeichnet. Dagegen wird Energie frei, wenn die voneinander getrennten Ionen um sich herum polare Wasser-Moleküle anlagern; es handelt sich um die Hydratationsenergie, ΔH_{hyd}. Der beim Lösen beobachtete Temperatureffekt hängt davon ab, welcher Faktor dominiert. Typische Beispiele sind

Salz	ΔH_{git} kJ · mol^{-1}	−	ΔH_{hyd} kJ · mol^{-1}	=	ΔH_{sol} kJ · mol^{-1}
NaCl	778		774		+44
NaOH	736		778		−42
NH_4Cl	638		623		+15

Vorhersagen der Lösungswärmen (H_{sol}) sind heikel, da ein Fehler von 5% bei der Berechnung der Gitter- und Hydratationsenergie dazu führen kann, daß genau das Umgekehrte vorhergesagt wird. Nach der Tabelle sieht es so aus, als ob die H_{sol}-Werte aus H_{git} und H_{hyd} bestimmt würden. In Wirklichkeit werden die Lösungswärmen experimentell gemessen, und nur mit diesen gemessenen Werten können wir die Hydratationswärmen vernünftig abschätzen. Die Gitterenergien haben eine etwas sicherere theoretische Basis.

Diese „kleinen“ Lösungswärmen sind immerhin so groß, daß sie offensichtlich physikalische Konsequenzen haben. Die Abkühlung beim Auflösen von gewöhnlichem Kochsalz in Wasser ist klein, doch kann man sie spüren, wenn man eine konzentrierte Lösung herstellt und einen Aluminiumbecher benutzt. Ammoniumchlorid absorbiert beim Auflösen so viel Wärme, daß sich außen am Becherglas Reif bilden kann. Dagegen erzeugt Natriumhydroxid so viel Wärme, daß das Gefäß zu heiß für die Hände wird.

Wir können den in der Tabelle erkennbaren Trend der Lösungswärmen bis zu einem gewissen Grad erklären. Ammoniumchlorid hat eine geringere Gitterenergie als NaCl, weil das NH_4^+-Ion größer als Na^+ ist und die Bindungskräfte im Kristall kleiner sind. Leider nimmt auch die Hydratationswärme mit zunehmender Ionengröße ab, und es ist schwer vorherzusagen, ob sich Gitterenergie oder Hydratationsenergie bei größeren Ionen stärker verändern. Die Hydratationswärmen von Cl^- und OH^- sind einander ähnlich; also beruht der dominierende Effekt beim Vergleich von NaOH mit NaCl auf den geringeren Kristallkräften im NaOH. Die Kristallstruktur des NaOH ist tatsächlich eine übel verzerrte NaCl-Struktur, wobei die Verzerrung wahrscheinlich darauf beruht, daß die OH^--Ionen nicht kugelförmig sind. Es ist möglich, daß diese Verzerrung dazu führt, daß das NaOH-Gitter leichter zerstört werden kann.

Bindungsenergien

Zu Beginn dieses Kapitels sprachen wir vom Knüpfen und Lösen chemischer Bindungen, haben dann aber bald angefangen, so über Reaktionswärmen zu sprechen, als ob sie nichts weiter als experimentell bestimmbare Zahlen wären, die sich zu allerlei nützlichen Zwecken verwenden lassen. Woher kommen diese Wärmen? Man muß sich eine lange Zeit mit chemischen Reaktionen befassen, bis man sie so gut versteht, daß man bei Reaktionswärmen sofort an die einzelnen Bindungsenergien in den Molekülen denkt.

Das Wasser-Molekül, H–O–H, hat zwei O–H-Bindungen. Wieviel Energie ist nötig, um diese Bindungen zu lösen und isolierte H- und O-Atome zu bilden? Dieser Prozeß ist in der Bildfolge unten schematisch dargestellt. Wir können die Standardreaktionswärme experimentell bestimmen:

$$H_2O(g) \longrightarrow H_2(g) + \tfrac{1}{2}O_2(g) \qquad \Delta H = +241.8\ \mathrm{kJ \cdot mol^{-1}}\ H_2O$$

Doch das ist nicht ganz genau das, was wir haben wollen. Nachdem das Wasser-Molekül in H- und O-Atome zerlegt wurde, wird die Situation durch die Bildung

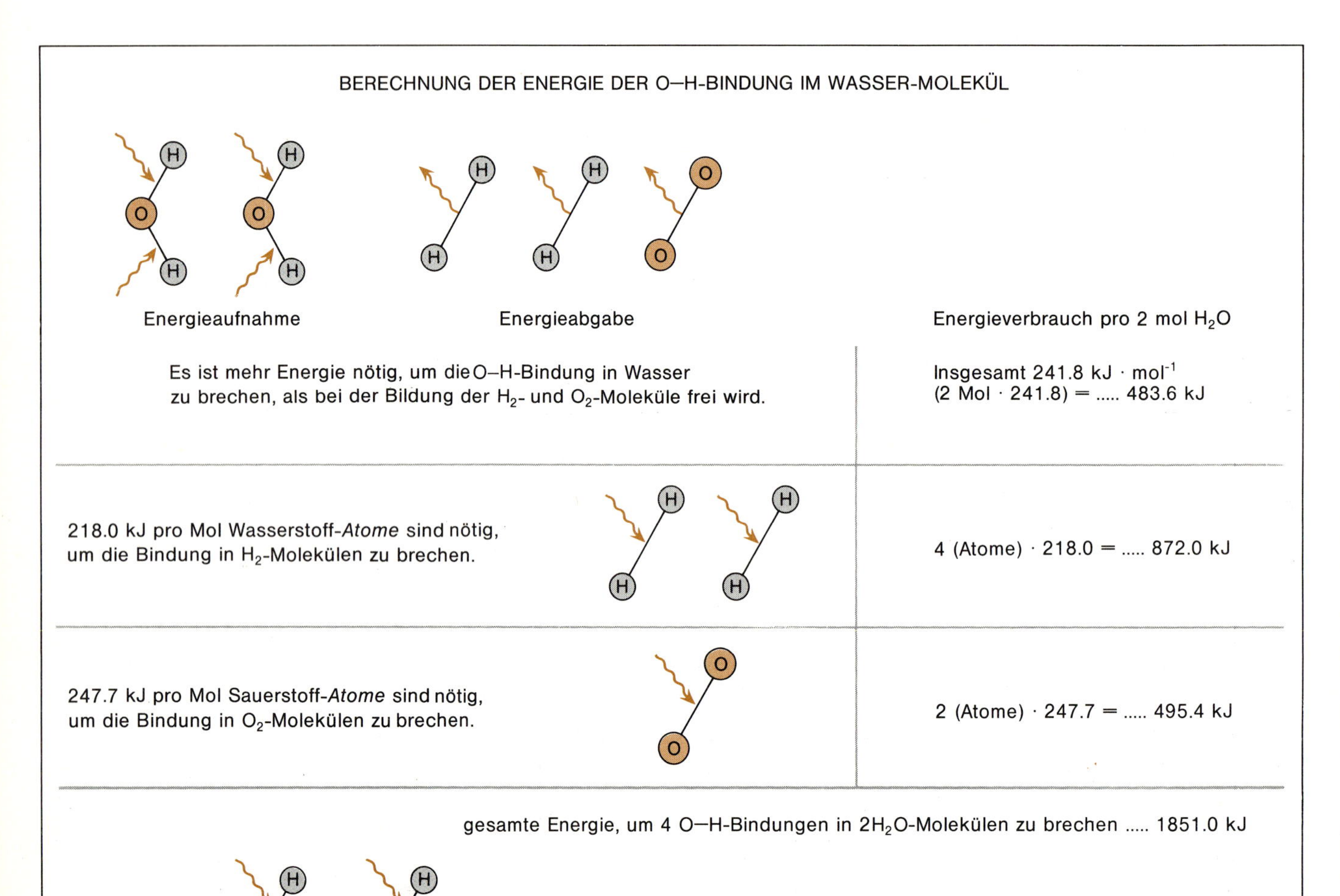

A. Energien zur Überführung der Elemente in die Atome (kJ pro Mol isolierte Atome)

H	C	N	O	F	P	S	Cl
217.9	718.4	472.7	247.5	76.6	314.6	222.8	121.4

B. Ungefähre Bindungsenergien bei 298 K (kJ pro Mol Bindungen)[1)]

	C	N	O	F	Si	P	S	Cl	Br	I
H–	413.4	390.8	462.8	563.2	294.6	319.6	339.3	431.8	366.1	298.7
C–	347.7	291.6	351.5	441.0	290.0		259.1	328.4	275.7	240.2
C=	615.0	615.0	728.0[2)]				477.0			
C≡	811.7	891.2								
N–	291.6	160.7		269.9				199.6		
N=	615.0	418.4								
N≡	891.2	945.6								
O–	351.5		138.9	184.9	369.0			202.9		
O=	728.0		495.0							

1) Aus L. Pauling: The Nature of the Chemical Bond. 3. Aufl., Cornell University Press, Ithaca NY, 1960; deutsch: Die Natur der chemischen Bindung. Verlag Chemie, Weinheim 1968. (Dort sind die Werte in kcal und nicht in kJ angegeben.); s. auch T. L. Cottrell: The Strengths of Chemical Bonds. 2. Aufl., Butterworths, London 1958.
2) Die Energie der C=O-Bindung in CO_2 ist wegen der Resonanzstabilisierung oder Elektronendelokalisierung 803.3 kJ. Erklärung im Text.

von H–H- und O=O-Bindungen kompliziert. Wir müssen die Energie berücksichtigen, die notwendig ist, um diese zweiatomigen Moleküle zu zerlegen:

$$H_2(g) \longrightarrow 2H(g, \text{Atome}) \qquad \Delta H = +218.0 \text{ kJ pro Mol H-}\textit{Atome}$$
$$O_2(g) \longrightarrow 2O(g, \text{Atome}) \qquad \Delta H = +247.7 \text{ kJ pro Mol O-}\textit{Atome}$$

Aus den bisher angegebenen Gleichungen läßt sich ΔH des gewünschten Prozesses berechnen:

$$H_2O(g) \longrightarrow H_2(g) + \tfrac{1}{2}O_2(g) \qquad +241.8 \text{ kJ}$$
$$H_2(g) \longrightarrow 2H(g) \qquad +436.0 \text{ kJ}$$
$$\tfrac{1}{2}O_2(g) \longrightarrow O(g) \qquad +247.7 \text{ kJ}$$

$$H_2O(g) \longrightarrow 2H(g) + O(g) \qquad \Delta H = +925.5 \text{ kJ}$$

Das ist es, was wir haben wollten: die Energie, die notwendig ist, um ein Wasser-Molekül zu zerlegen, nicht in die Elemente in ihrem Standardzustand, sondern in isolierte Atome. Die Hälfte dieser Gesamtenergie kann dann jeder Bindung zugeordnet werden, womit man eine O–H-*Bindungsenergie* von 462.8 kJ pro Mol Bindung erhält.

Aus Berechnungen wie dieser erhält man die oben angegebene Tabelle der Bindungsenergien. Diese Bindungsenergien sind nicht für jedes Molekül perfekt, doch sind es die besten Durchschnittswerte für eine große Anzahl von Molekülen mit gleichartigen Bindungen. Bei den Energien, die zur Zerlegung von Elementen in Atome notwendig sind, handelt es sich um Dissoziationswärmen zweiatomiger Gasmoleküle, wie H_2, N_2, O_2 oder F_2, oder um Verdampfungswärmen von Feststoffen, wie Graphit oder Schwefel, zu Atomen. Da Schwefel unter Standardbedingungen als Festkörper vorliegt, der aus zusammengepackten S_8-Ringen besteht, müssen bei der Zerlegung in Atome zuerst die van-der-Waals-Kräfte gebrochen und die S_8-Moleküle verdampft und diese dann in isolierte Schwefel-Atome zerlegt werden.

Man beachte, daß die Atomisierungsenergien der Anzahl der Bindungen, die jedes Atom bildet, ungefähr parallel gehen: vier Bindungen beim Graphit, eine Dreifachbindung (N≡N) beim N_2, eine Doppelbindung (O=O) beim O_2 und eine Einfachbindung (F−F) beim F_2. Die Einfachbindung in H−H ist fast so stark wie die Doppelbindung in O=O, weil die H-Atome klein sind und einander sehr nahekommen können. Die C=C-Bindung ist nicht ganz doppelt so stark wie eine C−C-Einfachbindung, weil das zweite Bindungselektronenpaar nicht die gleiche günstige Geometrie hat wie das erste. Aus dem gleichen Grund ist eine Dreifachbindung nicht dreimal so stark wie eine Einfachbindung. Kohlenstoff bindet Wasserstoff fester als ein anderes Kohlenstoff-Atom wegen der geringen Größe des Wasserstoffs und des geringen Abstands der Atomzentren.

Reaktionswärmen aus Bindungsenergien

Wie gut sind diese ungefähren Werte für Bindungsenergien? Wie gut lassen sich damit experimentell bestimmte Reaktionswärmen reproduzieren? Als Beispiel wollen wir die Bildungswärme von Ethanoldampf berechnen:

$$2C\,(\text{Graphit}) + 3H_2(g) + \tfrac{1}{2}O_2(g) \longrightarrow CH_3CH_2OH(g)$$

Das Ethanol-Molekül läßt sich zerlegen in:

```
   H  H
   |  |
H—C—C—O—H
   |  |
   H  H
```

1 C−C-Bindung:	1 × 347.7 kJ =	347.7 kJ
1 C−O-Bindung:	1 × 351.5 kJ =	351.5 kJ
1 O−H-Bindung:	1 × 462.8 kJ =	462.8 kJ
5 C−H-Bindungen:	5 × 413.4 kJ =	2066.5 kJ
		3228.5 kJ

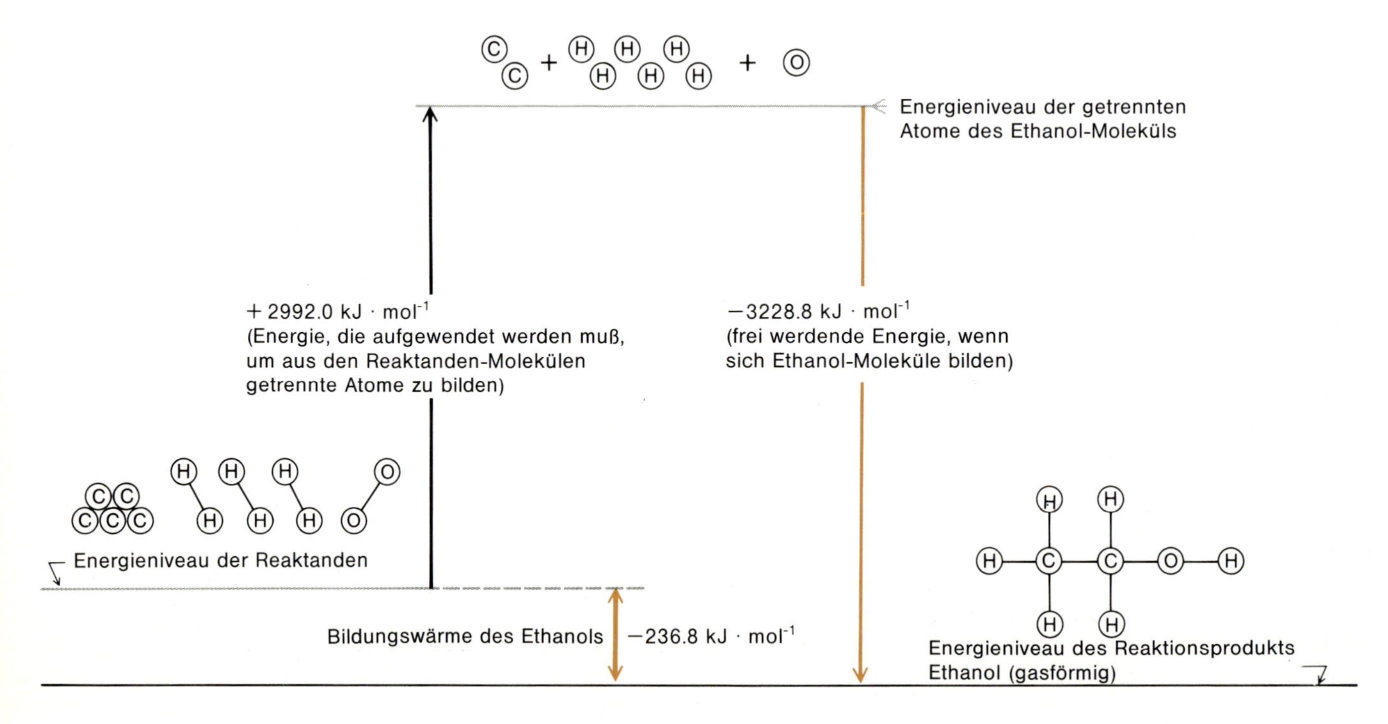

Die einzelnen C-, H- und O-Atome sind um 3228.5 kJ · mol^{-1} energiereicher als die aus ihnen zusammengesetzten Ethanol-Moleküle. Dieselben Atome sind um 2992.5 kJ · mol^{-1} energiereicher als Kohlenstoff in Graphit, H_2- und O_2-Gas. Die Differenz zwischen 3228.5 und 2992.5 kJ ist die Bildungswärme des Ethanols aus Graphit, H_2- und O_2-Gas.

Das ist die Reaktionswärme der hypothetischen Reaktion:

$$CH_3CH_2OH(g) \longrightarrow 2C(g) + 6H(g) + O(g)$$
$$\Delta H = +3228.5 \text{ kJ} \cdot \text{mol}^{-1} \text{ Ethanol}$$

Dazu müssen wir die Energie addieren, die notwendig ist, um festen Graphit und H_2- und O_2-Gas in Atome zu zerlegen:

2 C-Atome:	2 × 718.4 kJ =	1436.8 kJ
6 H-Atome:	6 × 218.0 kJ =	1308.0 kJ
1 O-Atom:	1 × 247.7 kJ =	247.7 kJ
		2992.5 kJ

Diese Summe ist die Reaktionswärme der Reaktion

$$2C(f) + 3H_2(g) + \tfrac{1}{2}O_2(g) \longrightarrow 2C(g) + 6H(g) + O(g)$$
$$\Delta H = +2992.5 \text{ kJ}$$

Wir können die gesuchte Bildungsreaktion erhalten, indem wir die erste Reaktion von dieser subtrahieren:

$$2C(f) + 3H_2(g) + \tfrac{1}{2}O_2(g) \longrightarrow CH_3CH_2OH(g)$$
$$\Delta H = (+2992.5) - (+3228.5) = -236.0 \text{ kJ pro Mol Ethanol}$$

Man vergleiche diesen Wert mit dem der gemessenen Bildungswärme von -235.4 $\text{kJ} \cdot \text{mol}^{-1}$ in der Tabelle auf Seite 274. Eine Genauigkeit von wenigen Kilojoule wird als recht gut betrachtet.

Was physikalisch vor sich geht, können wir uns mit Hilfe des Energie-Diagramms auf der gegenüberliegenden Seite unten klarmachen. Die isolierten C-, H- und O-Atome sind um 2992.5 kJ energiereicher als Graphitkristalle und H_2- und O_2-Gas, weil 2992.5 kJ notwendig sind, um die isolierten Atome herzustellen. Da auf der anderen Seite die Berechnung aus den Bindungsenergien zeigte, daß 3228.5 kJ notwendig sind, um ein Mol Ethanol-Moleküle zu zerlegen, müssen die intakten Moleküle um 3228.5 kJ energieärmer sein als die separierten Atome. Die experimentell bestimmbare Bindungswärme der Ethanol-Moleküle aus den Elementen (nicht Atomen) ist leider eine kleine Zahl, die sich als Differenz zweier großer Zahlen ergibt:

$$\Delta H = +2992.5 - 3228.5 = -236 \text{ kJ} \cdot \text{mol}^{-1}$$

Das ist ein Grund für die relative Ungenauigkeit der Bindungsenergie-Berechnungen. Ein geringer Fehler bei einer Zahl von der Größe 3000 ergibt einen prozentual viel größeren Fehler bei der Differenz 236.

Benzol und Resonanz

Man kann für Hunderte von Molekülen die Bildungswärmen aus den Bindungsenergien berechnen, wobei der Fehler nie größer als zehn Kilojoule ist. In den Fällen allerdings, in denen die Abweichung groß ist, lernt man etwas Neues über die Art der chemischen Bindung. Benzol ist dafür ein gutes Beispiel. Wir wollen versuchen, die Standardbildungswärme des Benzols, C_6H_6, zu berechnen. Wie wir im 9. Kapitel gesehen haben, gehört Benzol zu den Molekülen, für die das einfache Einfach- und Doppelbindungskonzept ungeeignet ist und Strukturen falsch sind, die auf ihm basieren, wie die Kekulé-Strukturen rechts. Benzol hat sechs über den Ring delokalisierte Elektronen. Wie schlecht ist, vom Standpunkt der Bindungsenergie aus gesehen, das lokalisierte Kekulé-Modell?

BENZOL

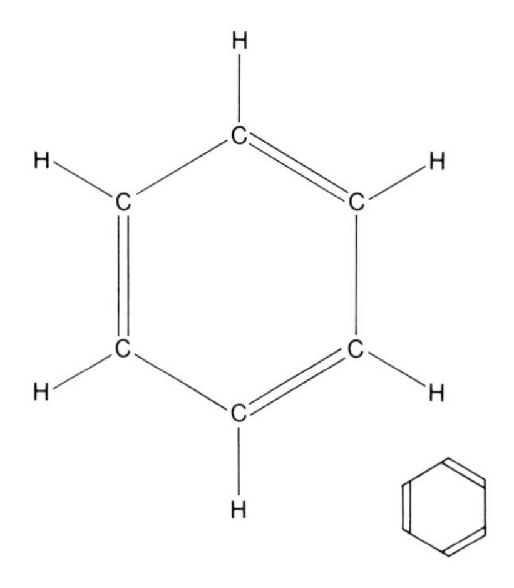

Die beiden Kekulé-Strukturen des Benzols mit alternierenden Einfach- und Doppelbindungen zwischen den Kohlenstoff-Atomen. Verkürzte Schreibweisen für diese Strukturen sind rechts angegeben.

Wenn wir die Kekulé-Strukturen vorläufig akzeptieren, dann hat Benzol drei C–C-Einfachbindungen, drei C=C-Doppelbindungen und sechs C–H-Einfachbindungen. Die Energie, die notwendig ist, um ein Mol Benzol-Moleküle in Atome zu zerlegen, errechnet sich so:

$$\begin{array}{lrl} 3\,C{-}C: & 3 \times 347.7 = & 1043.1\ \text{kJ} \\ 3\,C{=}C: & 3 \times 615.0 = & 1845.0\ \text{kJ} \\ 6\,C{-}H: & 6 \times 413.4 = & 2480.4\ \text{kJ} \\ \hline & & 5368.5\ \text{kJ} \end{array}$$

Die Energie, die notwendig ist, um die gleiche Anzahl isolierter Atome aus Graphit und H_2-Gas herzustellen, ist:

$$\begin{array}{lrl} 6\,C: & 6 \times 718.4 = & 4310.4\ \text{kJ} \\ 6\,H: & 6 \times 218.0 = & 1308.0\ \text{kJ} \\ \hline & & 5618.4\ \text{kJ} \end{array}$$

Die Differenz zwischen diesen beiden Zahlen sollte die Bildungswärme sein, wie unten gezeigt ist:

$$\Delta H^0 = 5618 - 5368 = 250\ \text{kJ} \cdot \text{mol}^{-1}\ \text{Benzol}$$

Nach dieser Berechnung wird Energie verbraucht und nicht freigesetzt, wenn Benzol aus seinen Elementen entsteht.

Wenn Benzol aus H_2-Gas und Graphit entsteht, wird Wärme *aufgenommen.* Nach Berechnungen mit Hilfe der Bindungsenergien sollte man auf der Basis einer Kekulé-Struktur erwarten, daß bei der Bildung von einem Mol Benzoldampf 250 kJ aus der Umgebung absorbiert werden. In Wirklichkeit werden aber nur 83.5 kJ aufgenommen (rechts außen). Der Unterschied beruht auf der zusätzlichen Stabilisierung von 167 kJ · mol^{-1} der Benzol-Moleküle aufgrund der Elektronendelokalisierung.

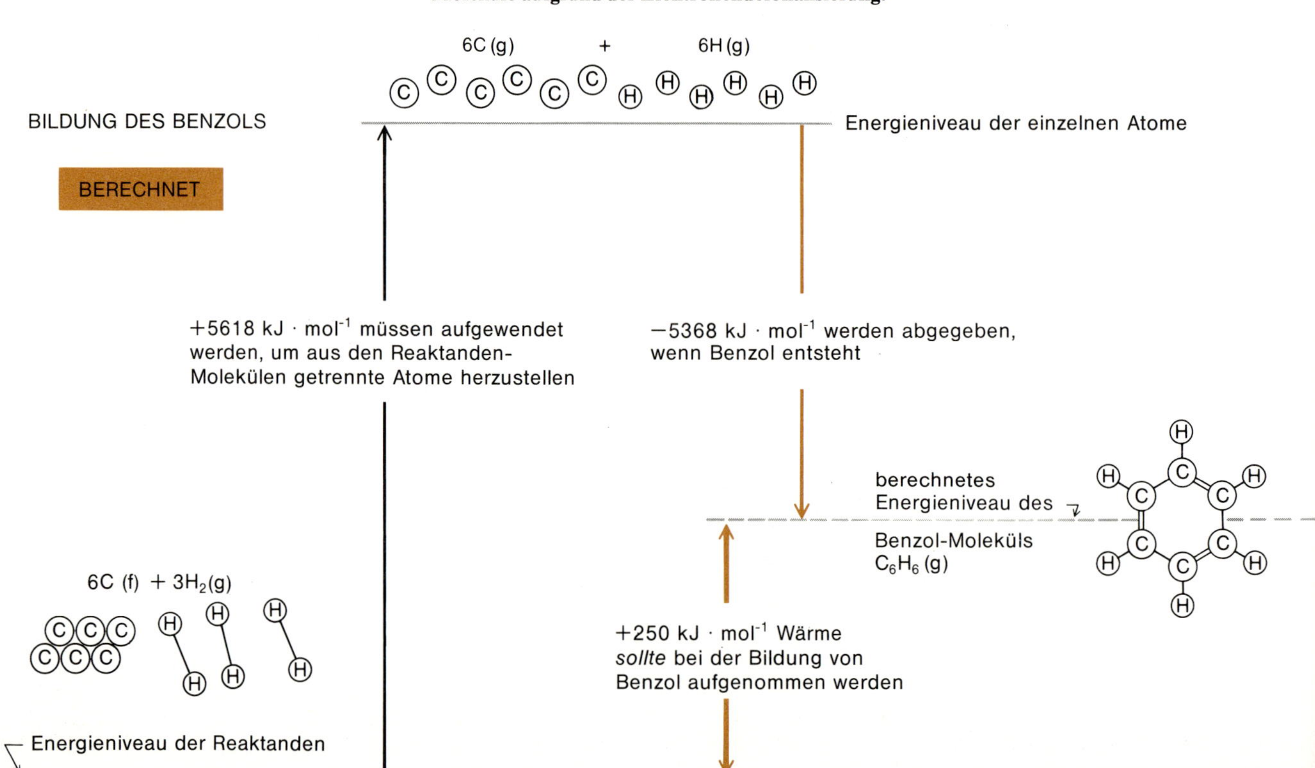

Wenn wir diesen berechneten Wert von +250 kJ · mol^{-1} mit der Realität vergleichen, geraten wir in Schwierigkeiten. Zwar stimmt es, daß Energie verbraucht wird, wenn Benzol aus Kohlenstoff und Wasserstoff entsteht, doch sind es nur 83.5 kJ · mol^{-1} und nicht 250. Wie das Energiediagramm unten zeigt, ist das „wirkliche" Benzol-Molekül um 167 kJ · mol^{-1} stabiler als die Kekulé-Struktur vorhersagt. Wir haben den Grund dafür bereits im 9. Kapitel erfahren: Im Benzol-Molekül sind sechs Elektronen über den Ring delokalisiert (rechts) und alle sechs C–C-Bindungen haben die gleiche Länge, die zwischen der einer Einfach- und der einer Doppelbindung liegt. Jede Bindung hat partiellen Doppelbindungs-Charakter, und das gesamte Molekül gewinnt 167 kJ · mol^{-1} zusätzliche Stabilität.

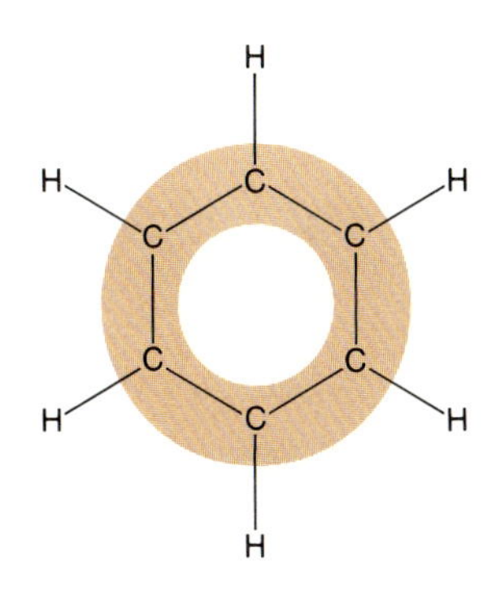

In einem Modell des Benzol-Moleküls, das realistischer als die Kekulé-Strukturen ist, sind alle Kohlenstoff-Kohlenstoff-Bindungen gleich lang; die Länge liegt zwischen der einer Einfach- und der einer Doppelbindung. Sechs Elektronen sind über den ganzen Ring aus sechs Kohlenstoff-Atomen delokalisiert.

Warum ist Feuer heiß? – Eine quantitative Antwort

Wir können alles bisher in diesem Kapitel Gesagte zusammenfassen und zu einem Abschluß bringen, indem wir noch einmal die Frage aufgreifen, die bereits im 6. Kapitel gestellt wurde und dann wieder zu Beginn dieses Kapitels: Warum ist Feuer heiß? Die bisher gegebene Antwort war, daß bei Oxidationen Wärme frei wird, weil die Elektronen in den Produktmolekülen zu den elektronegativen Atomen O und F hingezogen werden, was die Moleküle stabiler macht. Mit Hilfe der Bindungsenergien können wir jetzt die qualitative Betrachtung aufgeben und unsere Argumente mit Zahlen untermauern.

Die Werte für die Bindungsenergien in der Tabelle auf Seite 277 stützen die Behauptung, daß eine Bindung um so stabiler ist, je mehr die Elektronen der

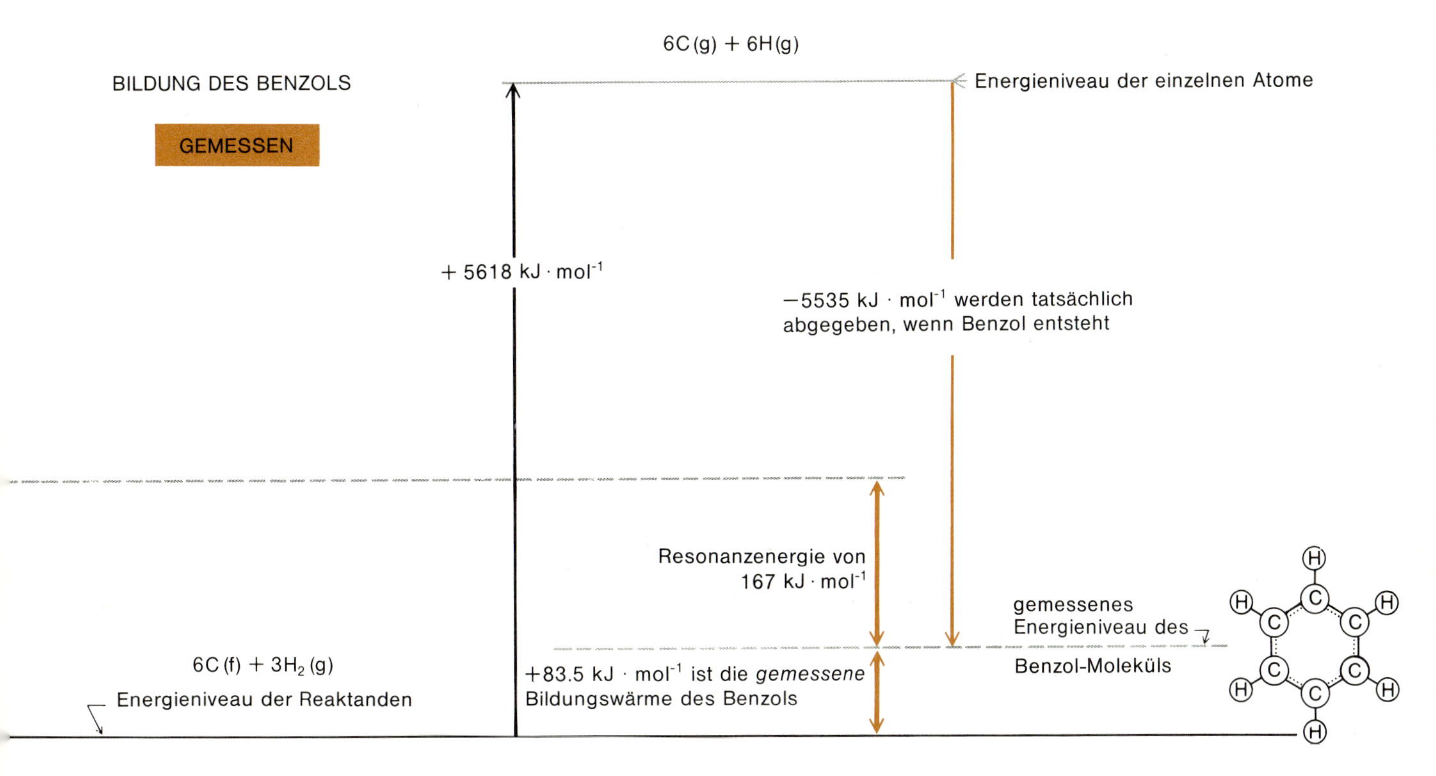

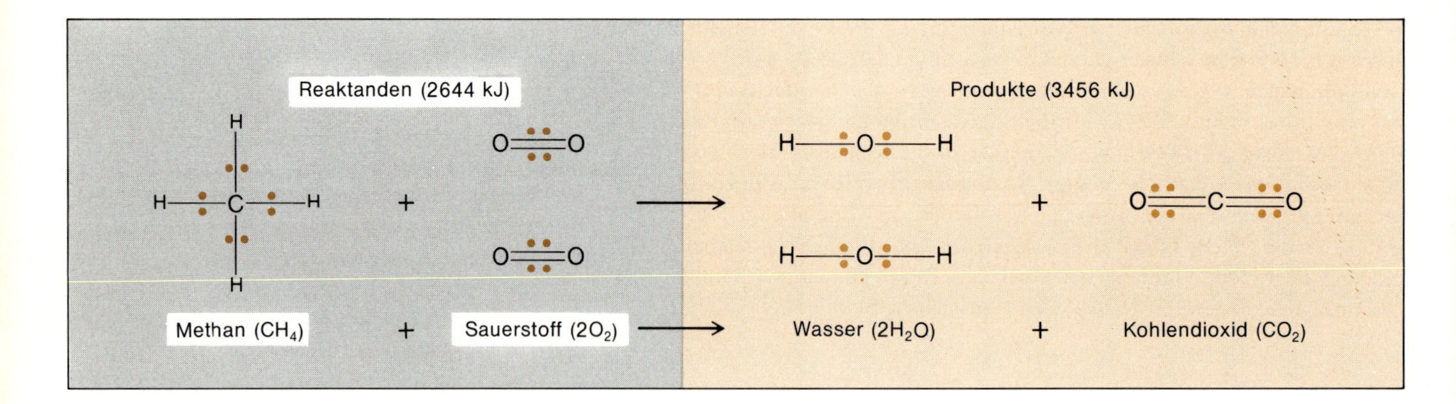

Bei der Verbrennung von Methan wird wegen der höheren Stabilität der Bindungen in den Produktmolekülen Wärme erzeugt. Die farbigen Punkte sollen die jeweiligen Positionen der gemeinsamen Bindungselektronen hervorheben.

Bindung zu einem elektronegativen Atom hingezogen werden. Die Einfachbindungs-Energien zwischen H und einigen anderen Elementen sind:

Bindung:	H−C	H−O	H−F
Bindungstyp:	unpolar	intermediär	polar
Bindungsenergie in $kJ \cdot mol^{-1}$:	413.4	462.8	563.2

Der gleiche Trend erscheint bei Bindungen zwischen Kohlenstoff und anderen Atomen:

Bindung:	C−C	C−O	C−F
Bindungsenergie in $kJ \cdot mol^{-1}$:	347.7	351.5	441.0

Soweit scheint das Federmodell vernünftig zu sein.

Auch bei der Berechnung der Verbrennungsenergie des Methans aus Bindungsenergien erleben wir keine Überraschung:

$$CH_4(g) + 2O_2(g) \longrightarrow CO_2(g) + 2H_2O(g) \quad \Delta H = ?$$

A. Bindungsenergien der Produktmoleküle:

$$2\,C{=}O: \quad 2 \times 803.3 = 1606.6\ kJ$$
$$4\,O{-}H: \quad 4 \times 462.8 = 1851.2\ kJ$$
$$3457.8\ kJ$$

B. Bindungsenergien der Reaktanden:

$$4\,C{-}H: \quad 4 \times 413.4 = 1653.6\ kJ$$
$$4\,O(g): \quad 4 \times 247.7 = 990.8\ kJ$$
$$2644.4\ kJ$$

C. Netto-Verbrennungswärme:

$$\Delta H = +2644.4 - 3457.8 = -813.4\ kJ \cdot mol^{-1}$$

Die beobachtete Verbrennungswärme läßt sich aus den Bildungswärmen in der Tabelle auf Seite 274 berechnen:

$$\Delta H^0_{beob} = \Delta H^0_{CO_2} + 2\Delta H^0_{H_2O} - \Delta H^0_{CH_4} - 2\Delta H^0_{O_2}$$
$$\Delta H^0_{beob} = +(-393.5) + 2(-241.8) - (-74.9) - 2(0)$$
$$= -802.2\ kJ \cdot mol^{-1}$$

Elektronegativitäten		Bindungsenergien $kJ \cdot mol^{-1}$
2.1	2.5	
H	C	413.4
2.1	3.5	
H	O	462.8
2.1	4.0	
H	F	563.2

Je größer der Elektronegativitätsunterschied zwischen miteinander verbundenen Atomen ist, um so stabiler ist die Bindung (wenn alle anderen Faktoren unverändert bleiben) und um so mehr Energie muß aufgewendet werden, um die Bindung zu brechen.

Die Übereinstimmung mit dem Experiment ist so gut, wie man sie für Berechnungen mit Hilfe von Bindungsenergien erwarten kann.

Bisher haben wir nur mit Zahlen manipuliert. Wir wollen diese Zahlen etwas näher betrachten und sehen, was sie uns über das Verschieben von Elektronen und über die Energie aussagen; dabei wollen wir das Lösen von Bindungen in den Reaktanden und die Wiederbildung von Bindungen in den Produktmolekülen miteinander vergleichen.

D. Einfachbindungen:

Gebrochen werden 4 C−H:	+1653.6 kJ (Wärme wird aufgenommen)
Gebildet werden 4 O−H:	−1851.2 kJ (Wärme wird abgegeben)
Nettogewinn:	− 197.6 kJ werden als Wärme abgegeben

E. Doppelbindungen:

Gebrochen werden 2 O=O:	+ 990.8 kJ
Gebildet werden 2 C=O:	−1606.6 kJ
Nettogewinn:	− 615.8 kJ werden als Energie abgegeben

Die Stabilität der C=O-Bindungen in CO_2 beruht zum Teil auf Resonanzstabilisierung, an der Strukturen vom Typ

$$\overset{-}{:\ddot{\underset{..}{O}}}-C\equiv\overset{+}{O}: \qquad :\overset{+}{O}\equiv C-\overset{-}{\ddot{\underset{..}{O}}}: \qquad \ddot{\underset{..}{O}}=C=\ddot{\underset{..}{O}}$$

beteiligt sind. Gäbe es im CO_2 keine Resonanz oder Delokalisierung, hätten die C=O-Bindungen die Stärke 728.0 kJ · mol^{-1} wie in anderen nicht delokalisierten Molekülen und nicht 803.3 kJ · mol^{-1} wie im CO_2. Ohne Delokalisierung wäre die Berechnung im Teil E:

F. Doppelbindungen:

Gebrochen werden 2 O=O:	+ 990.8 kJ
Gebildet werden 2 C=O:	−1456.0 kJ
Nettogewinn:	− 465.2 kJ

Wir können jetzt die drei Komponenten der molaren Verbrennungswärme des Methans zusammenfassen:

C−H gegen O−H	stabilere Einfachbindungen:	−197 kJ
O=O gegen O=C	stabilere Doppelbindungen:	−464 kJ
CO_2-Resonanzformen	Resonanzstabilisierung:	−151 kJ
Gesamt-Verbrennungswärme:		−812 kJ

81% der Verbrennungswärme des Methans stammen von der Elektronegativität des Sauerstoffs und 19% von der besonderen Stabilität der Produktmoleküle CO_2, die auf der Delokalisierung der Elektronen beruht.

Verbrennungen aller Art mit Sauerstoff sind stark exotherm, weil Sauerstoff ziemlich elektronegativ ist und die Elektronen an sich zieht (eine Eigenschaft, die er mit Fluor gemeinsam hat); das Oxid des Kohlenstoffs erhält durch Delokalisierung zusätzliche Stabilität (wird beim F nicht beobachtet). Die besonderen elektronischen Eigenschaften des CO_2 kompensieren zum Teil die Tatsache, daß wir uns mit dem zweitbesten Oxidationsmittel unseres Planeten begnügen müssen. Voltaires Dr. Pangloss hatte recht: Diese ist fast die beste aller denkbaren Welten!

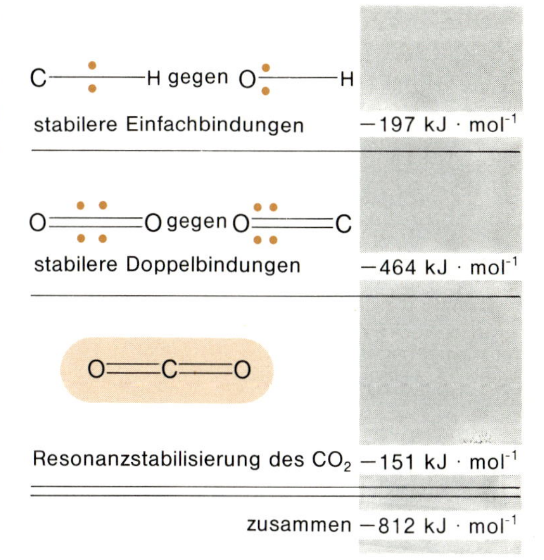

Drei Faktoren tragen zur gesamten Verbrennungswärme des Methans bei: die stabileren Einfachbindungen, die stabileren Doppelbindungen und die zusätzliche Stabilisierung durch Delokalisierung in einem Produktmolekül.

Fragen

1. Wie läßt sich potentielle Energie in kinetische Energie umwandeln? Man nenne ein Beispiel für den umgekehrten Prozeß, die Umwandlung von kinetischer Energie in potentielle Energie.
2. Wie läßt sich Arbeit umwandeln in potentielle Energie? Wie benutzt eine Wassermühle potentielle Energie und in was wandelt sie diese um? Warum verwandelt eine Wassermühle einen Teil ihrer Energie in Wärme, und wo erscheint diese Wärme?
3. Man nenne ein Beispiel für die Umwandlung von Wärme in Arbeit, von Arbeit in Wärme.
4. Wenn der Verbrennungsprozeß tatsächlich Wärme liefert, warum sagen dann die Chemiker, daß die Reaktionswärme *negativ* ist?
5. Warum sind Energie E und Enthalpie H nicht das gleiche? Welche Größe gibt die Reaktionswärme an, wenn die Reaktion bei konstantem Druck, z. B. offen in einem Laboratorium, ausgeführt wird?
6. Wie müßte man ein Experiment ausführen, daß die Energie E und nicht H die Reaktionswärme angibt?
7. Was ist die Standardbildungswärme einer Substanz?
8. Warum ist die Standardbildungswärme einer Flüssigkeit immer stärker negativ als die des entsprechenden Gases? Man illustriere den Zusammenhang mit einem Energiediagramm.
9. Warum hat flüssiges Wasser eine ungewöhnlich hohe Verdampfungswärme und einen ungewöhnlich hohen Siedepunkt? Warum sind diese Effekte beim H_2Se weniger ausgeprägt? (Se steht zwei Perioden unter Sauerstoff in der Gruppe VIA des Periodensystems.)
10. Was ist der Heßsche Wärmesatz und wie vereinfacht er uns das Leben? In welchem Zusammenhang steht er mit dem ersten Hauptsatz der Thermodynamik?
11. Warum eignen sich Fette besser zur Energiespeicherung in Tieren als Stärke? Warum gilt das für Pflanzen nur in zweiter Linie?
12. Warum benutzen die lebenden Organismen auf der Erde zur Verbrennung ihrer Nahrung nur das zweitbeste Oxidationsmittel? Welches Molekül ist ein besseres Oxidationsmittel als O_2?
13. Warum haben Moleküle, in denen C- und H-Atome mit Sauerstoff-Atomen verbunden sind, eine geringere Energie als Moleküle mit direkten C–H-Bindungen? Wieso wird dadurch die Verbrennung exotherm?
14. Wenn wir die Bildungswärmen aller Reaktanden und Produktmoleküle einer Reaktion kennen, wie können wir dann die Reaktionswärme der fraglichen Umsetzung berechnen? Welches Prinzip wenden wir dabei an?
15. Welche Energiefaktoren beeinflussen das Auflösen eines Salzes? Welcher Faktor wirkt in die Richtung, das Salz leicht löslich zu machen, und welcher, es unlöslich zu machen?
16. Warum ist eine Vorhersage über die Löslichkeit eines Salzes so schwierig, wenn die beiden entsprechenden Energiebeträge in Frage 15 groß sind?
17. Was ist Bindungsenergie? Warum ist die Standardbildungswärme eines Moleküls nicht dasselbe wie die Summe der Bindungsenergien aller Bindungen in dem Molekül? Welche Komponente fehlt?
18. Warum versagt beim Benzol eine einfache Berechnung der Bindungsenergie?
19. Wieso gibt es eine Beziehung zwischen der Antwort auf Frage 18 und der Verbrennungswärme von kohlenstoffhaltigen Substanzen?

Probleme

1. Die Standardbildungswärme für flüssiges Wasser beträgt $-285.9\ kJ \cdot mol^{-1}$. (a) Man formuliere die Reaktionsgleichung. Wird Wärme aufgenommen oder abgegeben? (b) Wie groß ist die Verbrennungswärme pro Mol Wasserstoff-Gas?
2. Die Reaktionswärme bei der Verbrennung von flüssigem Acetaldehyd, CH_3CHO, zu Kohlendioxid und flüssigem Wasser ist $-1166.5\ kJ \cdot mol^{-1}$. (a) Man formuliere die Reaktionsgleichung für die Verbrennungsreaktion. (b) Wieviel Wärme wird pro Mol verbranntem Acetaldehyd frei? Pro Mol Wasserdampf? Pro Mol verbrauchtem Sauerstoff? (c) Wieviel Wärme wird frei, wenn 1 g Acetaldehyd verbrannt wird?
3. Wenn auf die Stadt New York $2^1/_2$ cm Niederschlag niedergehen, entspricht das einer Wassermenge von $19.8 \cdot 10^9$ l auf die Fläche von 777 km^2 der Stadt. (a) Wenn die Dichte des flüssigen Wassers $1.00\ g \cdot cm^{-3}$ ist, wieviel Wärme wird dann frei, wenn diese Wassermenge aus Dampf in den Regenwolken kondensiert? (Man betrachte die Kondensation als chemische Reaktion, $H_2O(g) \longrightarrow H_2O(fl)$, und verwende die thermodynamischen Daten in Anhang 2.) (b) Eine Tonne TNT (Trinitrotoluol) setzt ungefähr $4 \cdot 10^6$ kJ Energie frei. Wie viele Megatonnen TNT (eine Megatonne = 10^6 Tonnen) wären für eine Explosion notwendig, bei der genausoviel Energie frei wird wie bei der Kondensation der Niederschlagsmenge in Teil (a) dieser Frage?
4. Die Reaktionswärme der Verbrennung von festem Harnstoff $(NH_2)_2CO$, zu CO_2 und flüssigem Wasser ist $-632\ kJ \cdot mol^{-1}$. (a) Man formuliere die Reaktionsgleichung. (b) Wieviel Wärme wird pro Mol verbrauchtem Sauerstoff frei? (c) Mit diesen Daten und den Daten für CO_2 und Wasser aus Anhang 2 berechne man die Standardbildungswärme für Harnstoff. Man vergleiche den gefundenen Wert mit dem in Anhang 2 angegebenen.
5. Man benutze die folgenden Reaktionswärmen, um die Bildungswärme von NO zu berechnen und vergleiche die Antwort mit der in Anhang 2 angegebenen.

$$4NH_3 + 5O_2 \longrightarrow 4NO + 6H_2O(fl) \qquad \Delta H = -1169\ kJ$$
$$4NH_3 + 3O_2 \longrightarrow 2N_2 + 6H_2O(fl) \qquad \Delta H = -1530.5\ kJ$$

6. Mit den Werten in Anhang 2 berechne man die Wärme, die frei wird, wenn sich Kalkstein in Säure löst:

$$CaCO_3(f) + 2H^+(aq) \longrightarrow Ca^{2+}(aq) + CO_2(g) + H_2O(fl)$$

7. (a) Wie lautet die Reaktionsgleichung für die Verbrennung von flüssigem Methanol, CH_3OH, mit reichlich Sauerstoff zu flüssigem Wasser. (b) Mit den Werten im Anhang 2 berechne man die Wärme, die bei dieser Reaktion frei wird.
8. (a) Wieviel Wärme wird frei, wenn ein Mol Benzin, C_8H_{18}, in offener Luft verbrannt wird? Wie lautet die Gleichung für die Reaktion zu flüssigem Wasser? (b) Wieviel Wärme wird frei, wenn Benzin mit einer begrenzten Sauerstoffmenge verbrannt wird, so daß CO anstelle von CO_2 entsteht? (c) Wieviel Wärme wird frei, wenn jetzt CO zu CO_2 oxidiert wird? Man vergleiche die Antworten auf die Teile (b) und (c) mit der Antwort auf Teil (a). Um welches Prinzip handelt es sich hier?
9. (a) Man berechne die Verbrennungswärme von Ethanol

$$CH_3CH_2OH(fl) + \tfrac{1}{2}O_2 \longrightarrow 2CO_2 + 3H_2O(fl) \text{ und}$$

(b) für Glucose, $C_6H_{12}O_6$. (c) Was ergibt ein Vergleich der Verbrennungswärmen von Ethanol und Glucose, bezogen auf ein Gramm des Reaktanden? Welches ist nach dieser Berechnung die bessere Energiequelle, Gin oder Süßigkeiten? (Dabei wird angenommen, daß Gin zu 45 Gewichtsprozent aus Ethanol besteht.) (d) Viele Mikroorganismen – unter ihnen die Hefe – gewinnen ihre Energie durch Vergärung von Glucose zu Ethanol, das sie als Abfallprodukt ausscheiden:

$$C_6H_{12}O_6(f) \longrightarrow 2C_2H_5OH(fl) + 2CO_2(g)$$

Wir machen uns dieses Ethanol im Wein zunutze und sogar das Kohlendioxid in Champagner oder Schaumwein. Wieviel Energie gewinnt die Hefe pro Mol Glucose? Was ergeben diese Berechnung und die unter (b) ausgeführte über die Vorteile der Verbrennung von Glucose mit O_2 gegenüber einer einfachen Vergärung ohne O_2?

10. (a) Man berechne aus den unten angegebenen Daten die Bildungswärme von flüssigem Hydrazin, N_2H_4. (b) Wie lautet die Reaktionsgleichung für die Verbrennung von N_2H_4 in O_2 zu N_2 und flüssigem Wasser? Welche Verbrennungswärme hat Hydrazin?

$$2NH_3 + 3N_2O \longrightarrow 4N_2 + 3H_2O(fl) \qquad \Delta H = -1009.8\text{ kJ}$$
$$N_2O + 3H_2 \longrightarrow N_2H_4(fl) + H_2O(fl) \qquad \Delta H = -\ 317.0\text{ kJ}$$
$$2NH_3 + \tfrac{1}{2}O_2 \longrightarrow N_2H_4(fl) + H_2O(fl) \qquad \Delta H = -\ 143.0\text{ kJ}$$
$$H_2 + \tfrac{1}{2}O_2 \longrightarrow H_2O(fl) \qquad \Delta H = -\ 285.9\text{ kJ}$$

11. (a) In Flüssigkeitsraketen, wie sie teilweise beim Apollo-Mondprogramm benutzt wurden, ist der Brennstoff flüssiges Hydrazin, N_2H_4, und das Oxidationsmittel N_2O_4. Wie lautet die Reaktionsgleichung für die Reaktion dieser beiden Substanzen zu flüssigem Wasser und N_2-Gas? (b) Wieviel Wärme wird bei dieser Reaktion pro Mol Hydrazin frei? (c) Würde mehr oder weniger Wärme abgegeben, wenn das Oxidationsmittel O_2 anstelle von Dickstickstofftetroxid wäre? Wieviel?

12. Bei der Herstellung von Wasser-Gas, einem technischen Heizgas, wird Wasserdampf durch heißen Koks geleitet, und dabei läuft folgende Reaktion ab:

$$C + H_2O(g) \longrightarrow CO + H_2$$

(a) Welche Standardenthalpie hat diese Reaktion pro Mol Kohlenstoff im Koks? Wieviel Wärme ist pro Mol Kohlenstoff gespeichert? (b) Wie lauten die Reaktionsgleichungen für die Verbrennung von Wasser-Gas in Luft? Wieviel Energie wird frei, wenn Wasser-Gas, das ein Mol CO und ein Mol H_2 enthält, zu CO_2 und flüssigem Wasser verbrennt? (c) Wieviel Wärme wird frei, wenn hundert Liter Wasser-Gas (gemessen bei Normaldruck und 298 K) verbrannt werden?

13. Die Herstellung von Generator-Gas ist ein anderes Verfahren, um Koks in ein brennbares Gas zu überführen; dabei wird trockene Luft (20 Volumen- oder Molprozent O_2 und 80 Volumen- oder Molprozent N_2) durch heißen Koks geleitet, wobei die folgende Reaktion abläuft:

$$C + \tfrac{1}{2}O_2 \longrightarrow CO$$

(a) Wieviel Liter O_2 werden verbraucht, wenn 100 Liter Luft durch den Ofen geleitet werden? Wieviel Liter CO entstehen? Wieviel Liter N_2 gehen unverändert durch den Ofen hindurch? Welches Volumen Generator-Gas erhält man aus 100 Liter Luft? (b) Wieviel Wärme wird frei, wenn 100 Liter Generator-Gas (unter Normaldruck und bei 298 K) verbrannt werden?

14. Unten sind einige Gasreaktionen aufgeführt, die in unserer Atmosphäre ablaufen. Mit den Bindungsenergien soll für jede Reaktion die Enthalpie berechnet werden.

(a) $N + O_2 \longrightarrow NO + O$ (c) $N + N \longrightarrow N_2$
(b) $NO_2 + O \longrightarrow NO + O_2$ (d) $O + O_3 \longrightarrow 2O_2$

15. Die Verbrennungswärme für gasförmigen Dimethylether, CH_3-O-CH_3, zu Kohlendioxid und flüssigem Wasser ist $-1456.0\ kJ \cdot mol^{-1}$ Ether. Man berechne die Standardbildungswärme für Dimethylether und vergleiche den Wert mit dem in Anhang 2 angegebenen.
16. (a) Mit den Werten in Anhang 2 berechne man die Isomerisierungswärme von flüssigem Ethanol zu Dimethylether:

$$CH_3-CH_2-OH(fl) \longrightarrow CH_3-O-CH_3(g)$$

(b) Welche Isomerisierungswärme ergibt sich, wenn man von Ethanoldampf ausgeht? Warum unterscheidet sich dieser Wert von dem unter (a) berechneten? (c) Man berechne die Reaktionswärme für Teil (b) mit den Werten für die Bindungsenergien in der Tabelle in diesem Kapitel. Wie stark unterscheiden sich der mit den Bindungsenergien errechnete und der thermodynamische Wert? (d) Was ergibt die Analyse der Isomerisierungswärme von Ethanol-Dampf mit Hilfe der Bindungen in jedem Molekül der Reaktion.
17. Man berechne mit Hilfe der Bindungsenergien die Reaktionswärme der Bildung von Acetaldehyd-Dampf bei 25 °C aus Graphit, O_2 und H_2. Die Rechnung soll durch ein Energiediagramm, wie es für Ethanol und Benzol in diesem Kapitel angegeben wurde, veranschaulicht werden. Man vergleiche den erhaltenen Wert mit dem thermodynamischen Wert in Anhang 2. Wie gut ist nach diesem Vergleich die Bindungsenergie-Methode?
18. (a) Man berechne mit Hilfe der Bindungsenergien die Standardbildungswärme Für ein Mol gasförmiges Cyclopropan aus Graphit und Wasserstoff-Gas. Die Berechnung soll mit einem Energiediagramm veranschaulicht werden. (b) Der experimentelle Wert für die Bildungswärme des Cyclopropans ist in Anhang 2 angegeben. Wo liegt sein Niveau im Energiediagramm? Wie läßt sich der große Unterschied zwischen berechnetem und beobachtetem Wert erklären?
19. Man wiederhole die Berechnungen in Problem 18 mit Cyclobutan, Cyclopentan und Cyclohexan und vergleiche die Werte mit den experimentellen Werten in Anhang 2. Welcher Trend läßt sich bei der Übereinstimmung zwischen berechneter und gemessener Bildungswärme beobachten und wie kann man ihn erklären?
20. (a) Angenommen, die Bindungsstruktur für Kohlenmonoxid ist C=O und die für Kohlendioxid O=C=O. Man berechne die Standardenthalpie der folgenden Reaktion aus den Bindungsenergien: $CO(g) + \frac{1}{2}O_2(g) \longrightarrow CO_2(g)$ und vergleiche den erhaltenen Wert mit dem experimentellen Wert. Wie groß ist der Fehler und wie gut scheint die Annahme über die Bindungsstruktur dieser beiden Moleküle zu sein? (b) Man wähle zwei andere chemische Reaktionen aus den Werten in Anhang 2, wobei an der einen CO, aber nicht CO_2 beteiligt sein soll, und an der anderen gerade das Umgekehrte. Man berechne die Enthalpien dieser beiden Reaktionen aus den Bindungsenergien, vergleiche sie mit den thermodynamischen Werten und entscheide, welche Bindungsannahme in Teil (a) schlechter ist, die für CO oder die für CO_2.

Acetaldehyd

Cyclopropan

Cyclobutan

Cyclopentan

Cyclohexan

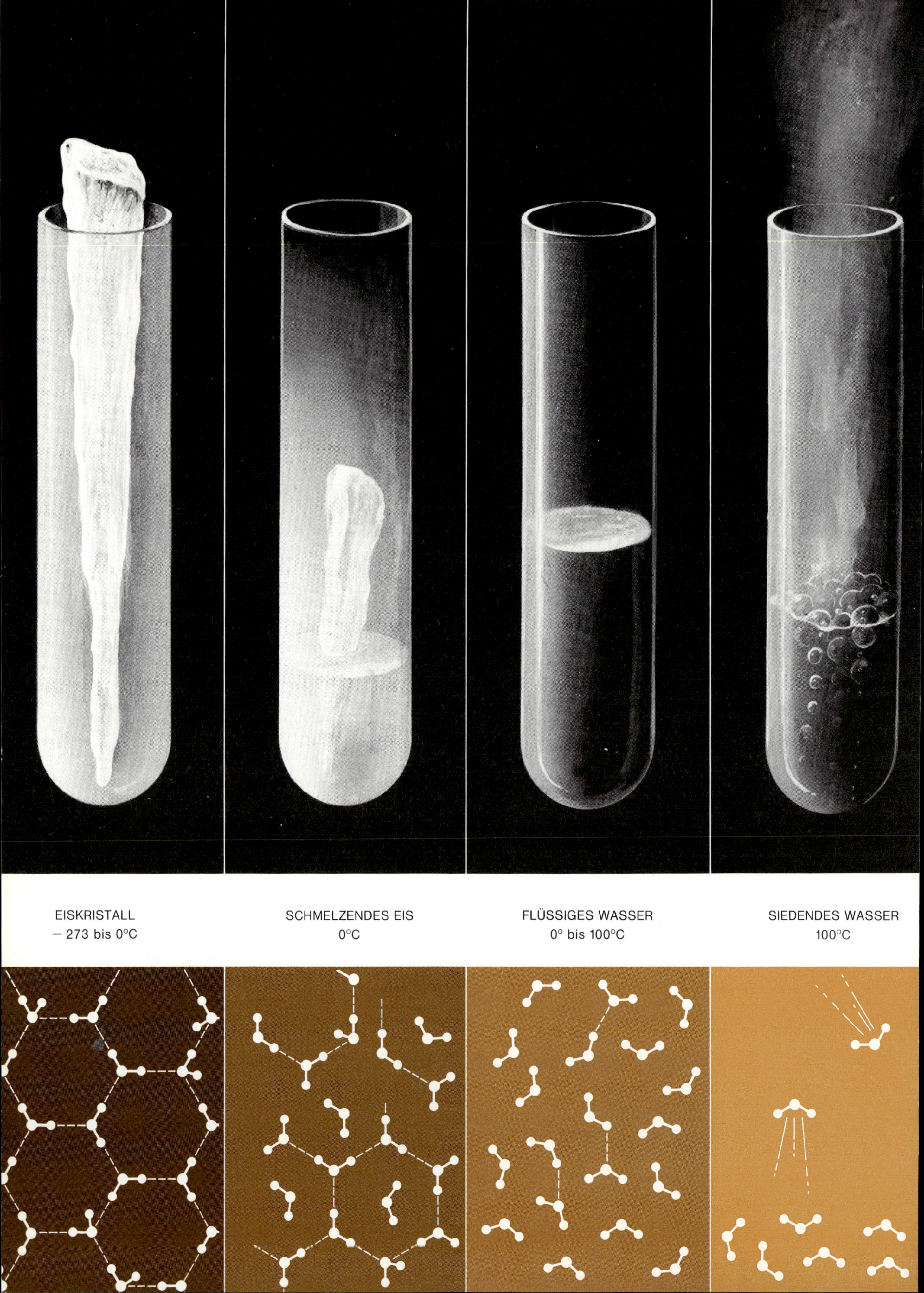
EISKRISTALL
– 273 bis 0°C
SCHMELZENDES EIS
0°C
FLÜSSIGES WASSER
0° bis 100°C
SIEDENDES WASSER
100°C

◀ *Die molekulare Unordnung nimmt jeweils zu, wenn Eis zu Wasser wird und Wasser zu Dampf.*

13. Kapitel

Wie man Unordnung mißt

Im Zweiten Weltkrieg tauchte unter Ingenieuren – nicht nur unter amerikanischen – der extravagante Spruch auf: „Unmögliches wird sofort erledigt, Wunder dauern etwas länger." Die Einteilung leicht – schwierig – unmöglich wollen wir jetzt auf chemische Reaktionen anwenden. Manche chemische Reaktionen laufen sehr schnell ab; andere finden irgendwann statt, wenn man Zeit zu warten hat. Und eine dritte Art von chemischen Reaktionen läuft ohne äußere Hilfe nie in die gewünschte Richtung, selbst wenn man ewig wartet. Wenn man möchte, daß eine bestimmte Reaktion abläuft, ist es natürlich gut zu wissen, zu welcher der drei Kategorien sie gehört. In den nächsten beiden Kapiteln werden wir die Bedingungen kennenlernen, welche die *Geschwindigkeit* einer Reaktion bestimmen. Und in diesem 13. Kapitel werden wir uns mit der einfacheren Frage befassen, ob eine bestimmte Reaktion *überhaupt* stattfindet – ganz gleich, welche Zeit sie braucht. Dabei müssen wir vor allem lernen, wie man die Ordnung oder Unordnung mißt, die bei der Wechselwirkung von Molekülen entstehen, d. h. die *Entropie* einer Reaktion.

Ob eine Reaktion überhaupt von selbst abläuft, hängt von zwei Größen ab, die manchmal in die gleiche Richtung, öfter aber gegeneinander wirken: Wärme, d. h. Energie, und Unordnung, d. h. Entropie. Dieses Kapitel dreht sich um das Thema, daß sowohl eine Abnahme der Energie als auch eine Zunahme der Unordnung Änderungen sind, die spontan eintreten. Auf der Seite gegenüber ist das Schmelzen eines Eiszapfens gezeigt. Wasser kann Wärme abgeben und beim Gefrieren in einen Zustand niedriger Energie übergehen, doch auf Kosten zunehmender Ordnung im Eiskristall. Umgekehrt kann ein gefrorener Eiszapfen beim Schmelzen in einen weniger geordneten Zustand übergehen, aber nur dann, wenn genug Wärme zugeführt wird, um die Wasserstoffbrücken des Eiskristalls aufzubrechen. Der Faktor Energie sagt: „Gefrieren!", doch der Faktor Entropie widerspricht mit: „Schmelzen!" Wir werden in diesem Kapitel die Gründe erkennen, warum bei niedriger Temperatur die Energie die größere Rolle spielt, bei höherer Temperatur aber die Entropie, d. h. die Unordnung, den größeren Einfluß hat. Die Temperatur, bei der sich diese gegenläufigen Tendenzen gerade die Waage halten, ist in unserem Beispiel der Schmelzpunkt von Eis.

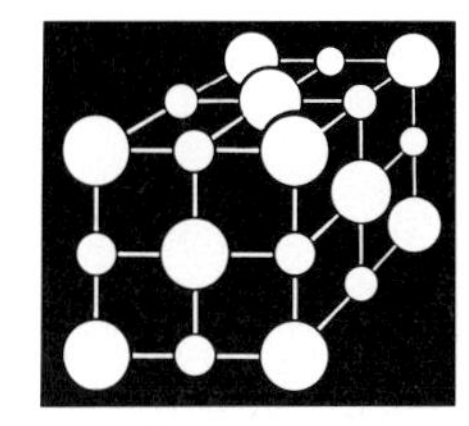

Das höchstgeordnete Objekt des Universums ist ein perfekter Kristall mit bewegungslosen Atomen beim absoluten Nullpunkt (−273 °C).

Spontane Reaktionen

POTENTIELLE ENERGIE TRITT IN VERSCHIEDENER FORM AUF

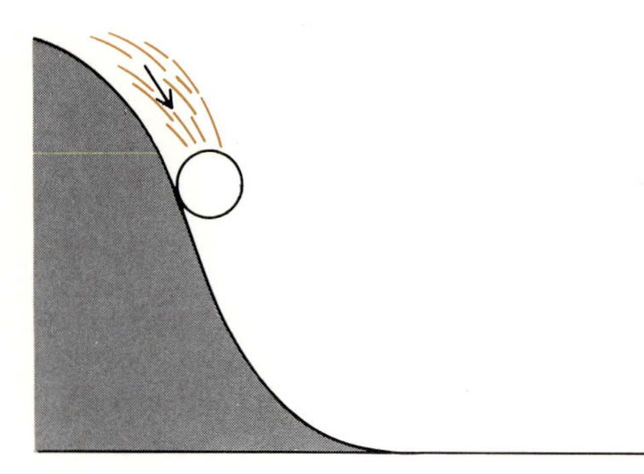

Gravitationsenergie

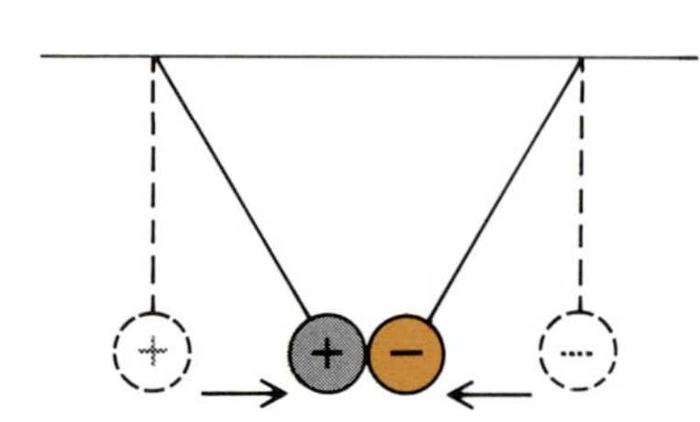

elektrostatische Energie

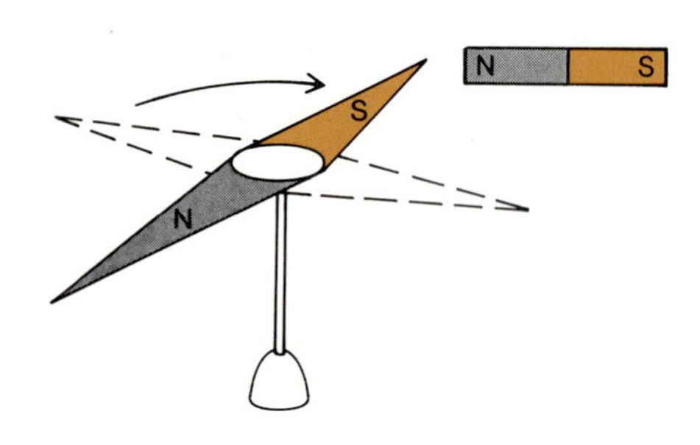

magnetische Energie

Bei jedem der oben dargestellten spontanen Prozesse geht die Bewegung in Richtung niedriger Energie, d. h. entlang einem Potentialgefälle.

Spontane Reaktionen nennen wir solche, die von selbst ablaufen, wenn man ihnen nur genug Zeit läßt. Sie müssen durchaus nicht schnell ablaufen: Die Geschwindigkeit einer Reaktion spielt für ihre Freiwilligkeit keine Rolle. Zwar sind Explosionen und viele andere spontane Reaktionen schnelle Vorgänge, aber andere freiwillige Vorgänge, wie die Ausfällung von Calciumcarbonat in den Stalaktiten einer urzeitlichen Höhle, dauern Tausende von Jahren. Daß die Zeit für die Definition von Spontaneität keine Bedeutung hat, wird uns klar, wenn wir an „von selbst" verbrennende Materialien denken: Zeitungspapier verbrennt spontan, und trotzdem brauchen wir keine Angst zu haben, daß unsere Morgenzeitung bei der Lektüre in Flammen aufgeht. Bei 25 °C läuft die Oxidation von Zeitungspapier extrem langsam ab, doch das langsame Vergilben von alten Zeitungen in den Aktenordnern der Bibliotheken ist ein Zeichen dafür, daß wir es trotzdem mit einem spontanen Vorgang zu tun haben. Bei der Temperatur eines brennenden Streichholzes ist die gleiche Reaktion spontan und läuft schnell ab. Durch Temperaturerhöhung haben wir den Ablauf dieser chemischen Reaktion beschleunigt, aber die Triebkraft der Reaktion war vorher da – schon bei Raumtemperatur. Wenn wir von der Spontaneität einer Reaktion sprechen, meinen wir diese *Triebkraft,* und sie möchten wir gern vorhersagen.

Dafür gibt es einen guten Grund. Wenn eine Reaktion an sich spontan ist, aber langsam, könnte es möglich sein, sie durch Änderung der experimentellen Bedingungen zu beschleunigen. Speziell bei Oxidationen ist eine Änderung der Temperatur eine wirksame Methode dafür. Eine andere Methode ist, einen guten Katalysator zu finden. Wenn eine Reaktion nicht von vornherein spontan ist, dann bedeutet die Suche nach einem Katalysator verlorene Zeit. Und so möchte dieses Kapitel letztlich die grundsätzliche Frage beantworten, wie man von einer Reaktion, die nie ausprobiert worden ist, im voraus sagen kann, ob es eine spontane Reaktion ist oder nicht.

Energie und Spontaneität

Wenn wir auf einem Hang einen Ball loslassen, rollt er von selbst bergab (links). Wenn ein Gegenstand eine positive Ladung trägt, wird er spontan von einem zweiten Gegenstand mit negativer Ladung angezogen. Nähert man den Nordpol eines Stabmagneten einer Kompaß-Nadel, dann dreht sich diese spontan so, daß ihr Südpol zum Magneten zeigt. Alle drei spontan, d. h. von selbst stattfindenden Vorgänge gehen in Richtung niedrigerer Energie: niedrigere Gravitationsenergie beim Ball auf geneigter Fläche, niedrigere elektrostatische Energie bei den beiden elektrisch geladenen Objekten, niedrigere magnetische Energie für Kompaß und Magnet. Der gesunde Menschenverstand scheint zu sagen, daß spontane Vorgänge irgendwie immer mit einer Abnahme der Energie verbunden sind. Wir wären in der Tat überrascht, sähen wir plötzlich Steine von selbst bergauf rollen. Es gibt eine Geschichte aus dem Bereich des Jägerlateins, daß ein zäher Stamm von Enten am Versteck des Schützen immer mit dem Bauch nach oben vorbeifliegt – so daß ein getroffener Vogel nach *oben* fällt. Wir finden das komisch, weil uns der gesunde Menschenverstand beibringt, daß alles, was spontan passiert, in Richtung niedriger, nicht höherer Energie läuft. Doch täuscht sich der „gesunde Menschenverstand" oft, wenn er chemische Reaktionen voraussagen soll.

Tatsächlich nimmt bei den meisten spontanen chemischen Reaktionen die Energie (oder Enthalpie) ab. Die Energie, welche die chemischen Substanzen bei der Reaktion verlieren, wird als Wärme freigesetzt. Anders ausgedrückt: Die *meisten* spontanen chemischen Prozesse sind exotherm. Bei der Verbrennung von Benzin wird, wie bei allen Verbrennungen, Wärme frei, denn dabei entstehen Kohlendioxid und Wasser, die einen niedrigeren Energieinhalt haben als Benzin und Sauerstoff, aus denen sie entstanden sind. Gilt demnach das Gesetz allgemein, daß *alle* spontanen Reaktionen in Richtung niedrigerer Energie ablaufen, daß also alle spontanen Reaktionen exotherm sind?

Die Schwierigkeit bei allen allgemeingültigen Gesetzen ist, daß sie so schwer zu beweisen und so leicht zu widerlegen sind. Wenn wir die Behauptung „Alle Iren haben rote Haare" beweisen wollen, so reichen Millionen rothaariger Iren nicht aus, das Gesetz über jeden Zweifel erhaben zu machen; sie machen seine Allgemeingültigkeit nur wahrscheinlicher. Aber ein einziger blonder Ire hebt die Behauptung total auf. (Womit nicht alles verloren wäre. Wenn man der Ursache für die blonden Haare nachforscht, kann man einiges über die Menschen lernen.)

Die Analogie ist kein Witz. Mit beliebig vielen spontanen Reaktionen, bei denen Wärme frei wird, läßt sich der Satz „Bei allen spontanen Reaktionen wird die Energie minimalisiert" nicht streng beweisen. Eine einzige spontane Reaktion, die Energie verbraucht, hebt die Regel auf. Wir wollen genauer betrachten, warum manche energieverbrauchenden Reaktionen spontan ablaufen, und dabei ein neues Grundprinzip für chemische Reaktionen kennenlernen.

Es macht keine Schwierigkeiten, Ausnahmen von der Regel zu finden, daß bei allen spontanen Reaktionen Wärme frei wird. Das Stickstoffoxid N_2O_5 ist dasjenige mit der höchsten Oxidationszahl des Stickstoffs, nämlich +5. Die feste Verbindung löst sich in Wasser, wobei HNO_3 gebildet wird:

$$N_2O_5(f) + H_2O(fl) \longrightarrow 2HNO_3(aq) \quad \Delta H^0 = -85.8 \text{ kJ pro Mol } N_2O_5$$

Kristallines N_2O_5 ist instabil; es explodiert von selbst:

$$N_2O_5(f) \longrightarrow 2NO_2(g) + \tfrac{1}{2}O_2(g) \quad \Delta H^0 = +109.6 \text{ kJ pro Mol } N_2O_5$$

Das Bemerkenswerte dabei ist, daß N_2O_5 beim Zerfall pro Mol rund 110 kJ an Energie *aufnimmt!* Wir haben also eine spontane und schnell ablaufende Reaktion vor uns, die offensichtlich zu einem höheren Energiezustand führt.

Noch ein Beispiel: Wird ein Salz wie z.B. Ammoniumchlorid in Wasser gelöst (rechts), dann kühlt sich die Lösung ab:

$$NH_4Cl(fl) \xrightarrow{H_2O} NH_4^+(aq) + Cl^-(aq) \quad \Delta H^0 = +15.1 \text{ kJ pro Mol } NH_4Cl$$

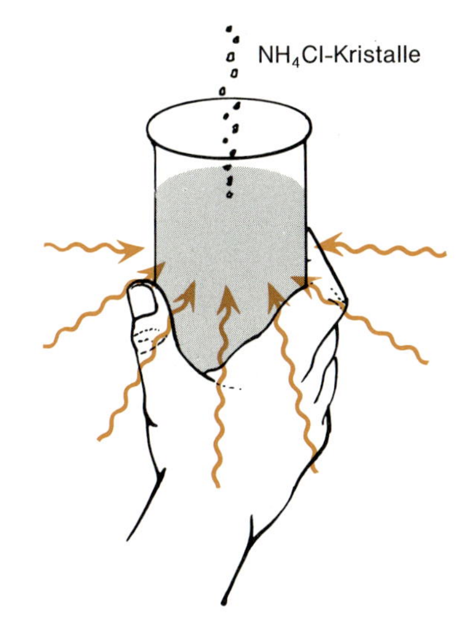

Werden Ammoniumchlorid-Kristalle in Wasser geschüttet, so *absorbieren* sie beim Auflösen Wärme aus ihrer Umgebung. Das Becherglas oben fühlt sich kalt an.

Es wird so viel Energie aufgenommen, daß sich die Umgebung abkühlt, und trotzdem würden wir nicht erwarten, daß sich eine Ammoniumchlorid-Lösung spontan in Salzkristalle und reines Wasser trennt, bloß weil die Reaktion in dieser Richtung Wärme freisetzt.

Ein noch einfacheres Beispiel ist die Verdampfung von Wasser. Bei Raumtemperatur beträgt die Verdampfungswärme $\Delta H^0 = +44 \text{ kJ} \cdot \text{mol}^{-1}$. Die Verdampfungswärmen für alle Flüssigkeiten sind positiv, denn es ist Energie nötig, um die Anziehungskräfte zwischen den Molekülen der Flüssigkeiten zu überwinden, damit ein Gas entsteht. Trotzdem findet Verdampfung häufig spontan statt. Wenn nur Vorgänge, bei denen Wärme entsteht, spontan wären, müßten alle Gase im Universum zu Flüssigkeiten kondensieren, alle Flüssigkeiten müßten zu kristallinen Festkörpern gefrieren, und die Welt bestünde nur aus Fels und Eis. Offenbar ist dies nicht der Fall, und so kann offenbar die Energie nicht der einzige Faktor sein, der bestimmt, ob eine chemische Reaktion spontan abläuft.

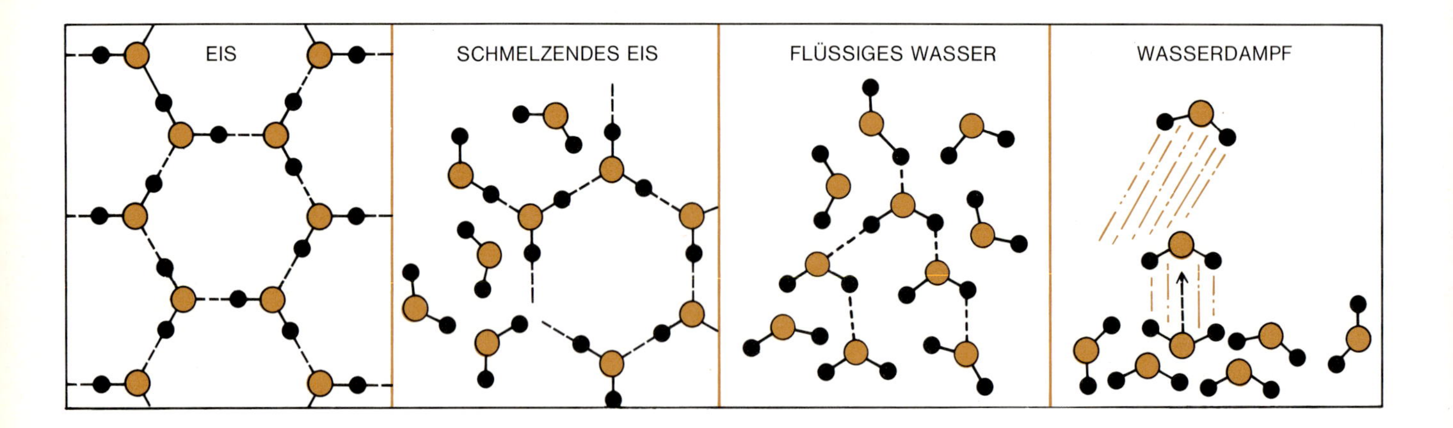

Von Eis über flüssiges Wasser bis Wasserdampf nimmt die Unordnung zu: Mehr Wasserstoff-Brückenbindungen werden gelöst, und Wasser-Moleküle fangen an, frei aneinander vorbeizugleiten.

Welchen Faktor brauchen wir noch? Was haben die N_2O_5-Zersetzung, die Auflösung von NH_4Cl und die Verdampfung von Wasser mit den meisten exothermen Reaktionen gemeinsam, so daß sie spontan ablaufen, obwohl die zitierten Reaktionen endotherm sind? Die Antwort auf diese Frage lautet: All diese Reaktionen erzeugen Unordnung. Die Moleküle in NO_2- und O_2-Gas sind weniger geordnet als die Kristalle von N_2O_5. Hydratisierte Ammonium- und Chlorid-Ionen sind in Lösung weniger geordnet als in der regelmäßigen Anordnung im NH_4Cl-Kristall. H_2O-Moleküle, die sich im Wasserdampf praktisch frei bewegen, sind dadurch weniger geordnet als die dicht gepackten Moleküle der Flüssigkeit oder die im festen Zustand eingefrorenen Moleküle (oben). Die zerstörerische Wirkung der meisten Explosionen beruht genau darauf, daß dabei feste Stoffe oder Flüssigkeiten in Gase verwandelt werden, die alles, was sie umgibt, auseinandersprengen. (Die Expansion der durch die Reaktion erhitzten Gase ist ein weiterer Grund für die Wucht der Zerstörung.) Die Abnahme der Energie oder Enthalpie trägt sicher viel dazu bei, ob eine Reaktion spontan ist oder nicht, aber hinzu kommt, ob durch diese Reaktion Unordnung entsteht.

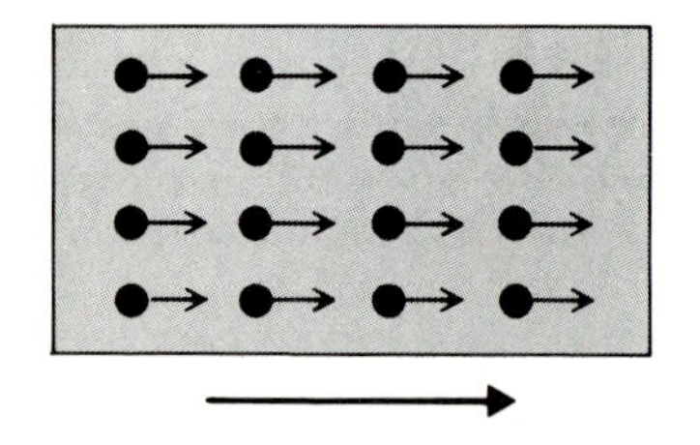

Die kinetische Energie eines festen Gegenstands entspricht der koordinierten Bewegung aller Moleküle in der gleichen Richtung.

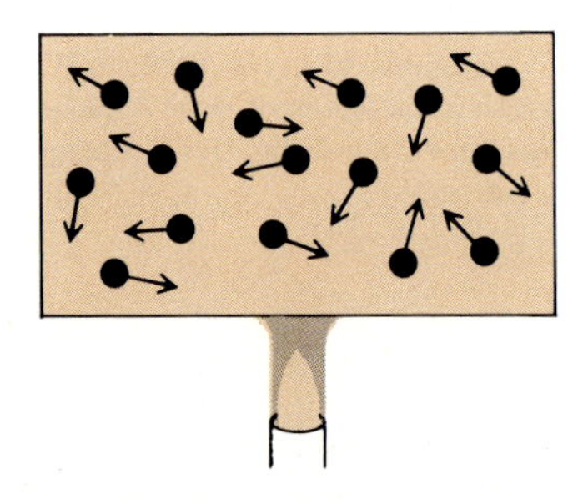

Die Wärme eines Festkörpers entspricht der regellosen Bewegung der einzelnen Moleküle um mittlere Positionen in der Kristallstruktur.

Unordnung und Spontaneität

Wie mißt man Unordnung? Die dazu geeigneten Methoden lieferte ursprünglich die Physik, nicht die Chemie. Um die Mitte des letzten Jahrhunderts interessierten sich die Physiker für die Natur der Wärme sowie dafür, wie Wärme manipuliert werden kann (ein verständliches Interesse im Zeitalter der Dampfmaschine). James Joule, Julius Robert Mayer und andere Forscher kamen nach sorgfältigen experimentellen Untersuchungen zu dem Schluß, daß Wärme, Arbeit und Energie nichts anderes sind als verschiedene Aspekte der gleichen Sache.

William Thomson – der spätere Lord Kelvin, nach dem die Kelvin-Skala der absoluten Temperatur benannt ist – und Rudolf Clausius waren von der Tatsache verstört, daß der Weg zwischen Wärme und Arbeit eine Einbahnstraße ist. Es ist nicht schwer, die Energie mechanischer Arbeit vollständig in Wärme zu verwandeln, aber die Umwandlung in die andere Richtung ist niemals vollständig. Thomsons Version des zweiten Hauptsatzes der Thermodynamik sagt aus, daß es unmöglich ist, in irgendeinem cyclischen, wiederholbaren Prozeß irgendeine Wärmemenge vollständig in Arbeit umzuwandeln, ohne einen Teil der Wärme an einen Speicher niedrigerer Temperatur abzugeben. Es kann keine Dampfmaschinen ohne Kondensationszylinder geben, und ein Teil der verfügbaren Wärme wird immer an den Kondensator abgegeben statt in nutzbare Arbeit umgewandelt. In jeder seiner Formulierungen degradiert der zweite Hauptsatz die Wärme zur niedrigsten Erscheinungsform der Energie: Der Weg dahin ist leicht, aber der Weg anders herum, die Rückwandlung von Wärme, ist schwer.

Wir wissen heute, was Thomson und Clausius ein Jahrhundert zuvor nicht wissen konnten. Auf molekularer Ebene ist die kinetische Energie eines Festkörpers die koordinierte Bewegung aller seiner Moleküle in der gleichen Richtung (linke Seite außen). Wärme in einem festen Körper ist die unabhängige Bewegung der individuellen Moleküle um ihre Gleichgewichtslagen herum. Kinetische Energie ist organisierte, kohärente Bewegung, Wärme dagegen ist ziellose, inkohärente Bewegung. Es ist nicht schwer, koordinierte Bewegung in vom Zufall bestimmte Bewegung zu verwandeln, aber es ist unmöglich, unkoordinierte Schwingungen vollständig in gleichgerichtete Bewegung zu konvertieren. Wenn wir eine Dose Suppe heiß machen, bewegen sich alle Moleküle schneller, aber ungeordnet in alle Richtungen. Wie groß ist die Wahrscheinlichkeit, daß alle Moleküle in der Suppe anfangen, sich – rein durch Zufall – *in derselben Richtung* schneller zu bewegen und dabei Topf und Küchenwand mitzunehmen?

Jeder Kenner der statistischen Physik und jeder Koch können uns versichern, daß die Wahrscheinlichkeit eines solchen Ereignisses schlicht null ist. Wenn jedes der n Moleküle sich mit gleicher Wahrscheinlichkeit in der Suppe aufwärts oder abwärts bewegt, d. h. wenn die Wahrscheinlichkeit, daß es sich in einem bestimmten Augenblick aufwärts bewegt, 50 Prozent ist, dann ist die Wahrscheinlichkeit, daß sich in diesem Augenblick alle n Moleküle unisono aufwärts bewegen, durch $(\frac{1}{2})^n$ gegeben. Bei $n = 1.7 \cdot 10^{25}$ Molekülen in einem halben Liter Suppe ist dies eine unvorstellbar kleine Zahl.

Arthur Eddington veranschaulichte 1928 solche Wahrscheinlichkeiten sehr lebendig in seinem Buch *„The Nature of the Physical World"*. Bei der Behandlung des mathematisch identischen Problems, wie groß die Wahrscheinlichkeit ist, alle Moleküle eines Gases zur gleichen Zeit in der gleichen Hälfte ihres Behälters anzutreffen, formulierte er:

> „Warum wir die Chance für einen solchen Tatbestand vergessen können, kann auf ganz klassische Weise illustriert werden. Wenn meine Finger ziellos über die Tasten einer Schreibmaschine wandern, *könnte* es geschehen, daß mein Elaborat einen vernünftigen Satz enthält. Wenn alle Affen einer Affenhorde auf Schreibmaschinen herumhacken, *könnten* sie alle Bücher im British Museum schreiben. Die Wahrscheinlichkeit, daß sie dies fertigbringen, ist noch entschieden größer als die Wahrscheinlichkeit, daß sich alle Moleküle gleichzeitig in eine Hälfte ihres Behältnisses begeben."

Mit 44 Schreibmaschinentasten sollte ein Affe im Durchschnitt jede Minute ein „d" durch Zufall treffen.

Drei Affen könnten alle elf Wochen ein Wort mit vier Buchstaben wie das englische „dear" zustande bringen.

10 000 Affen träfen im Durchschnitt alle 500 Jahre die Anrede „dear sir". Drei Millionen Affen hätten, seit *Homo sapiens* vor zehn Millionen Jahren seine eigenen Wege ging, gerade Zeit gehabt, einmal ein fehlerloses „so long, Adam" zu tippen.

dear sir

Sicher ist es richtig, daß die unwahrscheinlichsten Ereignisse durch Zufall eintreten könnten, wenn man nur lange genug wartet. Ordnung könnte spontan aus molekularer Unordnung entstehen, und eine Armee von Affen könnte durch Zufall alle Bücher – beispielsweise – der Bibliothek des British Museum in die Maschine tippen. Weder auf das eine noch das andere lohnt es sich zu warten. (Das Affenbeispiel stammt aus *How To Take a Chance,* von Darrel Huff. © 1959 W. W. Norton & Company, Inc.)

In der Szenenfolge oben wird spontan Unordnung erzeugt, und intuitiv empfindet jedermann diesen Ablauf der Ereignisse als möglich. Gegen die Szenenfolge unten dagegen, in der nach einer Katastrophe spontan Ordnung wiederhergestellt wird, sträubt sich der gesunde Menschenverstand, denn alle Erfahrung spricht dagegen.

Wir erkennen instinktiv, daß in der realen Welt die Erzeugung von Unordnung der naturgemäße Weg für spontane Ereignisse ist. In der Bildergeschichte oben trifft ein Motorradfahrer, der sich zunächst mit hoher kinetischer Energie bewegt, auf eine Ziegelmauer. Die kinetische Energie, d. h. die Energie der Bewegung, wird umgewandelt in die Energie, die zum Auseinanderbrechen der Ziegel nötig ist, außerdem in eine beträchtliche Zunahme der Unordnung sowie schließlich in die zufällige molekulare Bewegung der Metallteile des Wracks seines Motorrades, die sich inzwischen warm anfühlen. Dies ist die normale, d. h. erwartungsgemäße Folge der Ereignisse. In den Zeichnungen unten auf dieser Seite wird die kinetische Energie ebenfalls umgewandelt in Arbeit, um die Mauer zu durchbrechen, in Unordnung und in Wärme, die das Wrack aufheizt. Im dritten Feld jedoch wurden Arbeit, Unordnung und Wärme wieder zusammengeführt und rückverwandelt in kinetische Energie des diesmal unversehrten Motorradfahrers, der seiner Wege braust. Wir erkennen instinktiv, daß lächerlich ist, was da vor sich geht. Unordnung entsteht in unserem Universum spontan aus Ordnung, aber Ordnung kann nicht spontan aus Unordnung entstehen. Zufällige Bewegung (Wärme) hat die Tendenz, vom Zufall bestimmt zu bleiben. Wir können uns anstrengen, die Bewegung in weniger zufällige, geordnete Bahnen zu lenken. Dafür müssen wir einen Preis zahlen: Energie. Wir können mit entsprechendem Energieaufwand die Ziegelmauer wieder aufbauen, aber die Ziegel rücken nicht – wie in der Szene unten – von selbst wieder auf ihre Plätze.

Damit kennen wir einen zweiten Faktor, den wir bei spontanen Prozessen in Rechnung stellen müssen: Unordnung. Spontane Reaktionen haben die Neigung, in Richtung niedrigerer Energie abzulaufen, aber sie haben ebenso die Neigung, in Richtung größerer Unordnung abzulaufen. Manchmal können sich diese beiden Tendenzen gegenseitig verstärken; in anderen Fällen resultiert der Endzustand daraus, welcher von zwei entgegengesetzten Trends sich durchsetzt.

Wie man Unordnung mißt: Entropie

Eine der Konsequenzen des zweiten Hauptsatzes und der Untersuchungen von Wissenschaftlern wie Kelvin und Clausius war die Entdeckung einer neuen und nützlichen Funktion, der Entropie S. Nach der ursprünglichen Definition war die Entropie im strengen Sinne eine Funktion der Wärme und der Temperatur. Hat man genug experimentellen Einfallsreichtum und Geduld, dann kann die Entropie irgendeiner Substanz bei gegebener Temperatur aus den Ergebnissen kalorimetrischer Messungen berechnet werden. Wegen des dritten Hauptsatzes der Thermodynamik, der aussagt, daß die Entropie jeder reinen, kristallinen Substanz am absoluten Nullpunkt den Wert null hat, nennt man diese aus kalorimetrischen Messungen berechneten Entropiewerte manchmal „Entropien nach dem dritten Hauptsatz"; gebräuchlicher ist jedoch der Begriff „molare Standardentropie". Im Anhang 2 (und in jedem üblichen Tabellenwerk) sind diese Entropien als S^0_{298}-Werte für Elemente und Verbindungen unter Normalbedingungen bei 298 K gemeinsam mit den Bildungswärmen tabellarisch zusammengefaßt.

Die Entropie der Thermodynamik hat einige interessante Eigenschaften. Bei jeder realen, spontanen Reaktion, überhaupt bei jedem spontanen Prozeß in einem isolierten System (d.h. einem System, bei dem weder Wärme noch Energie noch Materie nach innen oder nach außen fließen), nimmt die Gesamtentropie immer zu. Ein System vom Rest des Universums zu isolieren, heißt: Keinen Austausch von Energie während der Reaktion zulassen. Wenn wir Energiebetrachtungen einmal beiseite lassen, heißt das alles, daß spontane Reaktionen solche sind, die in Richtung größerer Entropie ablaufen. Das ganze materielle Universum ist, per definitionem, ein isoliertes thermodynamisches System, und so gilt alles, was wir gerade an einem kleinen Reaktionssystem konstatiert haben, auch für das Universum als Ganzes. Von Clausius stammt eine berühmte Version des ersten und zweiten Hauptsatzes der Thermodynamik:

Erster Hauptsatz:	Die Gesamtenergie des Universums ist konstant.
Zweiter Hauptsatz:	Die Gesamtentropie des Universums nimmt stets zu.

Diese Schlußfolgerungen aus der klassischen Thermodynamik sind allgemein gültig. Nach unserer Kenntnis gibt es keine experimentelle Beobachtung, die dagegen spricht (vorausgesetzt, daß man die aufgrund der Masse-Energie-Konversion notwendige Korrektur berücksichtigt). Trotzdem helfen uns diese Schlußfolgerungen nicht viel weiter, denn wir wissen nicht, was Entropie wirklich ist oder was sie bedeutet.

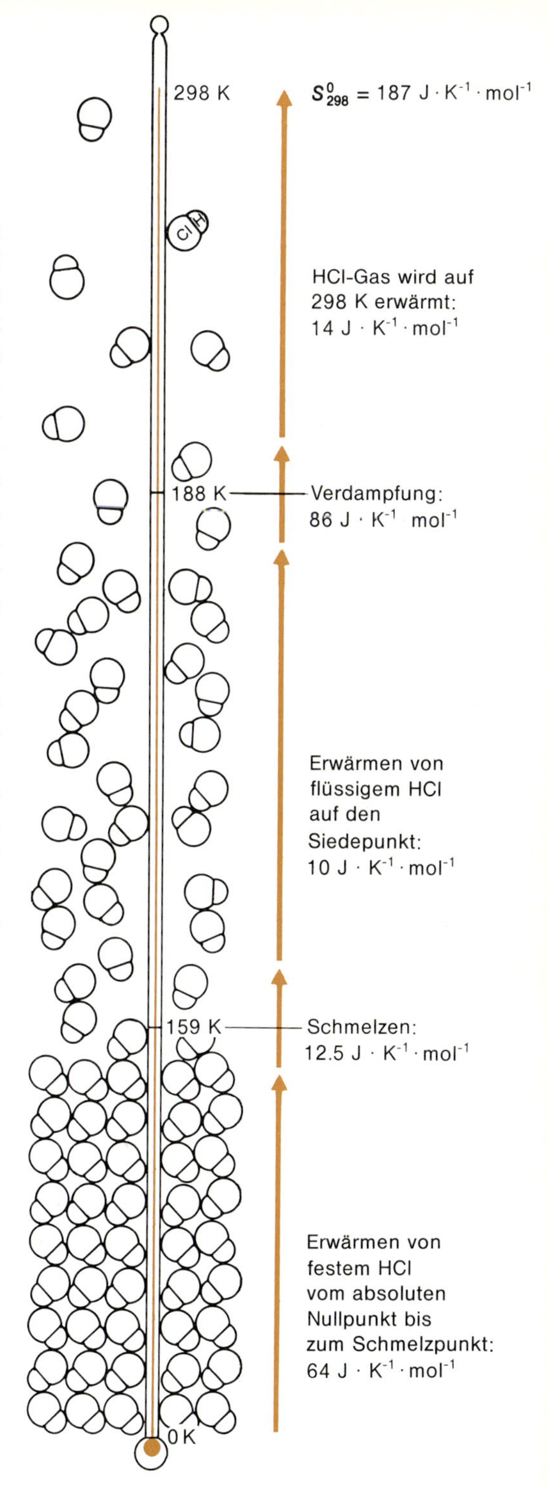

Am absoluten Nullpunkt (0 K) hat festes, kristallines HCl keinerlei Unordnung und die Entropie null. Bei Raumtemperatur (25 °C oder 298 K) ist die Entropie von gasförmigem HCl 187 J · K^{-1} · mol^{-1} (die Einheit der Entropie, siehe Seite 300). Diese Unordnung rührt her von der Erwärmung des Feststoffs vom absoluten Nullpunkt auf den Schmelzpunkt, so daß die Substanz schmilzt, vom weiteren Erwärmen der Flüssigkeit auf den Siedepunkt, so daß die Flüssigkeit verdampft, und schließlich vom Erwärmen des HCl-Gases auf Raumtemperatur.

Die statistische Bedeutung der Entropie

Ludwig Boltzmann interpretierte Entropie auf molekularer Basis. Boltzmann, ein Mathematiker und Physiker der zweiten Hälfte des 19. Jahrhunderts, entwickelte als erster die Vorstellung, daß die Entropie ein Maß für die Unordnung ist, und er gab dieser Vorstellung eine konkrete Form. Boltzmann schlug vor, daß eine Beziehung bestünde zwischen der Entropie S und den verschiedenen Möglichkeiten, auf mikroskopischer Ebene eine makroskopisch definierte und beobachtbare Situation zu erzeugen. Bezeichnen wir die Zahl der Möglichkeiten, zu einer bestimmten Situation zu gelangen, mit W, dann ist die Entropie proportional dem Logarithmus von W:

$$S = k \cdot \ln W$$

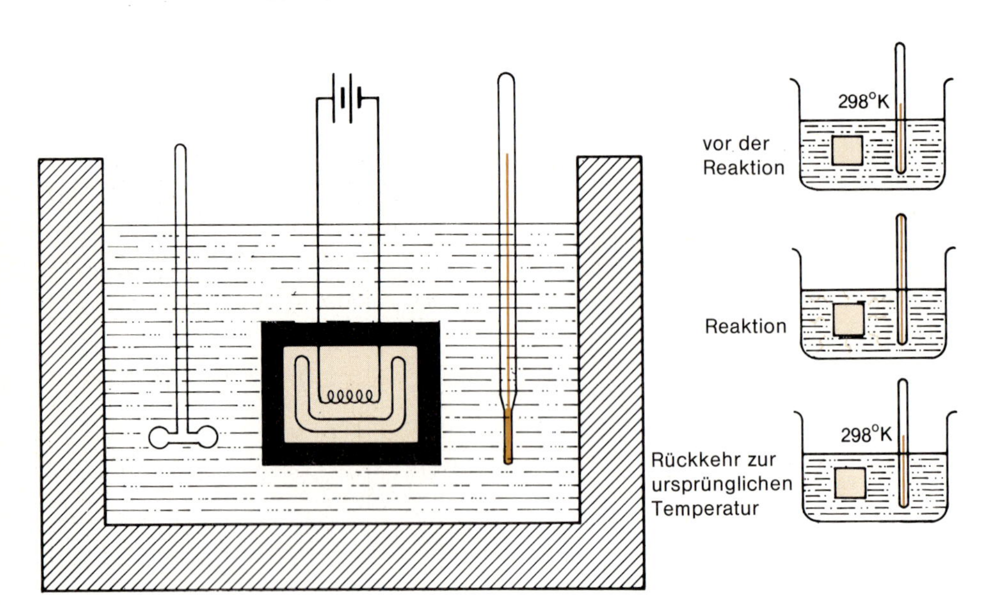

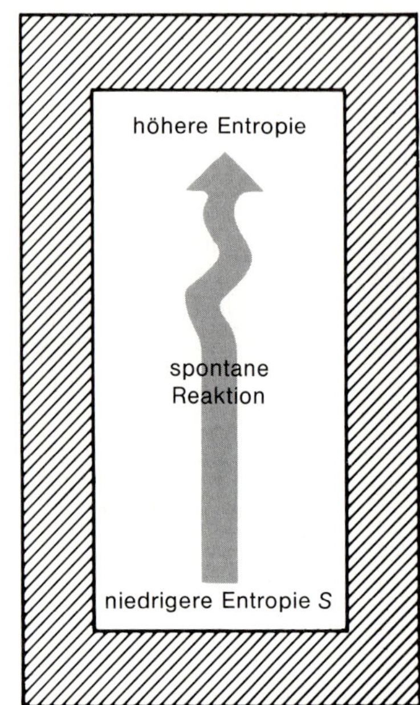

Die Entropie, die eine Substanz bei 298 K hat, kann allein aus thermodynamischen und kalorimetrischen Meßdaten errechnet werden, nämlich aus Schmelz- oder Verdampfungswärme des Feststoffs bzw. der Flüssigkeit, aus der Wärmemenge, die zur Erwärmung der Substanz von einer Temperatur auf eine höhere nötig ist – so wie es auf der vorigen Seite für HCl vorgeführt wurde. In diese Berechnung eines Zahlenwertes für die Entropie fließen keinerlei Annahmen über Ordnung oder Unordnung ein. Bei einem spontanen Vorgang in einem abgeschlossenen System nimmt die Entropie immer zu.

Die Proportionalitätskonstante k ist die Gaskonstante (vgl. 2. Kapitel) *pro Molekül,* also

$$k = \frac{R}{N},$$

wobei R die Gaskonstante und N die Avogadrosche Zahl bedeuten. Die Konstante k wurde von Boltzmann so gewählt, daß seine statistische Entropie die gleiche Einheit und die gleichen Zahlenwerte erhielt wie die thermodynamische Entropie. Es war nur recht und billig, diese Konstante Boltzmann-Konstante zu nennen.

Die wichtige physikalische Größe W in der Gleichung bedeutet die Zahl der Möglichkeiten, wie ein bestimmter (makroskopischer) Zustand erreicht werden kann. Es gibt nur eine Möglichkeit, einen perfekten Kristall zusammenzusetzen, vorausgesetzt, daß die Moleküle voneinander ununterscheidbar sind (siehe Zeichnung ganz rechts auf dem Seitenrand). Für einen perfekten Kristall, dessen Moleküle beim absoluten Nullpunkt ohne Bewegung sind, ist $W = 1$ und daher $S = k \cdot \ln 1 = 0$. Im Gegensatz dazu fände ein Molekül-Architekt, daß es viele Möglichkeiten gibt, einen Liter Gas bei gegebener Temperatur und gegebenem Druck so zusammenzusetzen, daß alle Möglichkeiten für einen Beobachter von außen identisch aussähen (rechts außen, oberes Bild). So müssen z. B. weder die individuellen Positionen der Moleküle eines Gases festgelegt sein noch ihre individuellen Geschwindigkeiten. Alles was man wissen muß, ist die Gesamtzahl der Moleküle jeder Sorte und die Gesamtenergie pro Mol: Alle Gase, für die diese beiden Größen gleich sind, erscheinen einem makroskopischen Beobachter gleich. Die Zahl der

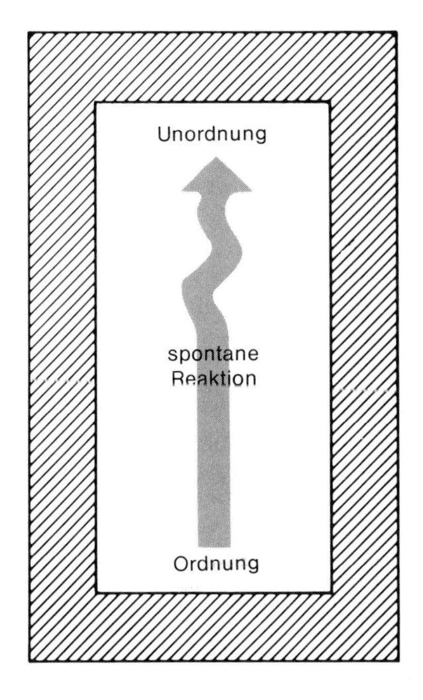

Bei der statistischen Interpretation der Entropie wird diese als Grad der Unordnung in einem System definiert. Bei einem spontanen Vorgang in einem abgeschlossenen System nimmt die Unordnung immer zu.

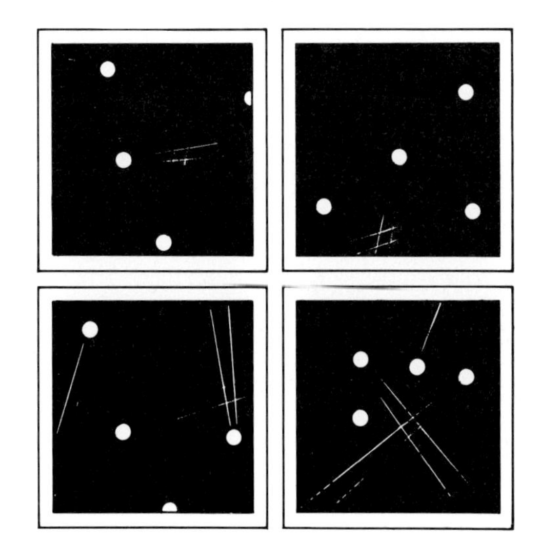

Die Entropie eines chemischen Systems hängt damit zusammen, auf wieviel äquivalenten Wegen das System aus seinen Molekülen „hergestellt" werden kann. In den oben gezeigten vier „Momentaufnahmen" eines Gases haben alle Moleküle jeweils unterschiedliche Positionen, aber makroskopisch erscheinen alle vier Situationen dem Beobachter identisch.

Möglichkeiten, ein Mol eines Gases aufzubauen, ist größer als bei einem Kristall; W hat einen großen Wert, ln W ist daher eine positive Zahl und $S = k \cdot \ln W$ ist größer als null.

Boltzmann stellte die entscheidende Verbindung zwischen thermodynamischer Entropie und Unordnung her. Jede Situation, zu deren Herstellung es nur eine oder wenige Möglichkeiten gibt, wird von unseren Sinnen als *geordnet* empfunden. Jede Situation, die auf tausenderlei oder millionenfache, aber äquivalente Weise reproduziert werden kann, ist *ungeordnet.* Das Boltzmannsche Gesetz sagt, daß das am perfektesten geordnete Objekt, das im Universum denkbar ist, ein perfekter Kristall beim absoluten Nullpunkt ist. Alles andere – ein Kristall bei irgendeiner Temperatur oberhalb 0 K, eine Flüssigkeit, ein Gas, ein Gemenge von Substanzen – ist weniger geordnet und hat eine positive Entropie. Je höher die Entropie, um so niedriger ist die Ordnung.

Wenn wir Boltzmanns Vorstellungen mit der Thermodynamik verbinden, gelangen wir zu einem der wichtigsten Grundsätze der Naturwissenschaften: Bei jedem realen, spontanen Vorgang, einschließlich chemischer Reaktionen, nimmt die Unordnung des Universums immer zu. In jedem isolierten System, in dem die Gesamtenergie sich nicht ändert, sind nur solche Reaktionen spontan, bei denen die Entropie (d. h. die Unordnung) zunimmt. Kein Prozeß, der Ordnung erzeugt, d. h. die Entropie erniedrigt, kann ohne äußere Hilfe ablaufen. Wenn wir genug Energie zuführen, können wir eine Reaktion erzwingen, auch wenn die Entropie bei diesem Vorgang abnimmt. Wenn wir nicht genug Energie zuführen, dann findet keine Reaktion statt, bei der eine höhere Ordnung erreicht wird.

Die beiden Aspekte der Entropie – der thermodynamische und der statistische – sind oben auf diesen beiden Seiten einander gegenübergestellt. Der Thermodynamiker mißt den Wärmeumsatz seiner Prozesse und berechnet daraus einen numerischen Wert für die molare Standardentropie, S^0_{298}, seiner Substanz. Der Theoretiker kann aus dem Grad der Unordnung einer Substanz ausrechnen, wie groß die Entropie ist. Wenn er die Unordnung zutreffend abgeschätzt hat und seine Rechnungen stimmen, wird er schließlich zu einem Zahlenwert gelangen, der mit dem aus Wärmemessungen gewonnenen Wert übereinstimmt.

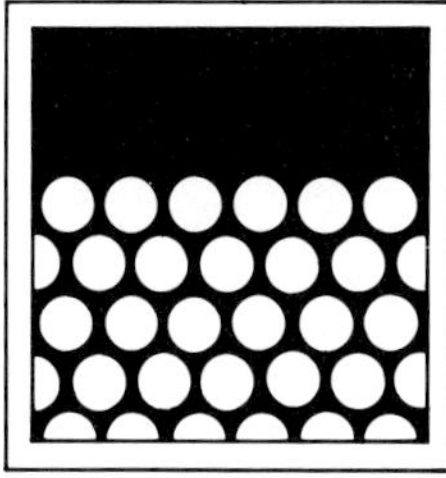

In diesen beiden „Momentaufnahmen" eines Kristalls ist von einem momentanen Zustand zum nächsten kein Unterschied wahrnehmbar. Es gibt nur einen Weg, die Situation eines perfekten Kristalls beim absoluten Nullpunkt (wenn alle molekularen Bewegungen eingefroren sind) wiederzugeben.

Leben in einer Welt aus neun Punkten

das „Universum"

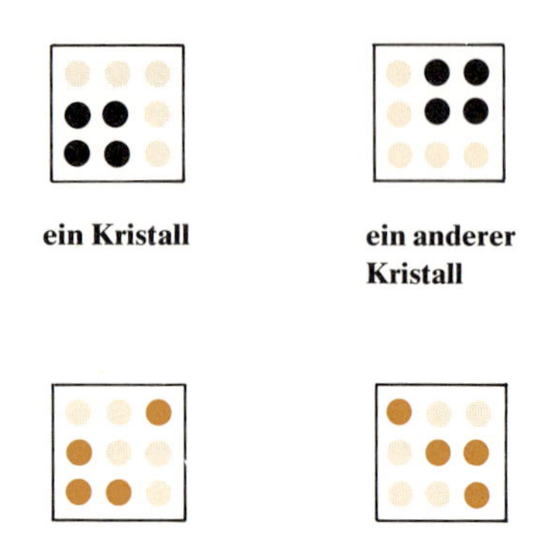

ein Kristall

ein anderer Kristall

zwei verschiedene Atomanordnungen, die beide einem „Gas" entsprechen

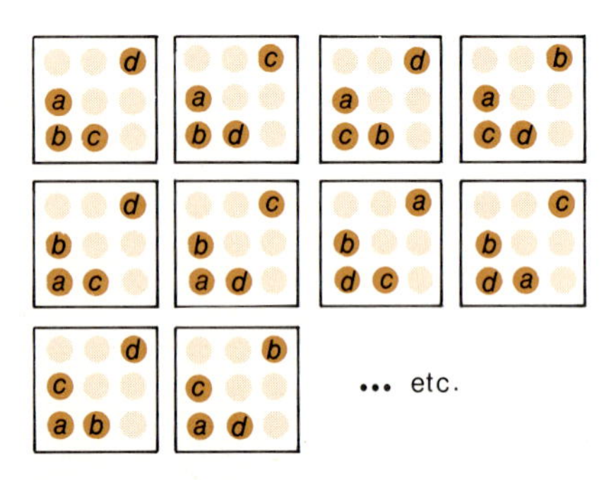

Trügen die Atome Etiketten, wären all diese (und noch eine Reihe weiterer) Atomanordnungen voneinander verschieden.

Weil aber die Atome keine sie unterscheidenden Namen oder Markierungen tragen, sondern alle einander gleich sind, entsprechen alle in der vorigen Zeichnung aneinandergereihten Bilder diesem einzigen Arrangement: Atome befinden sich in den Positionen 3, 4, 7 und 8.

Wir wollen uns noch einmal überlegen, was es heißt, daß die Entropie S nach der Formel $S = k \cdot \ln W$ berechnet werden kann, in der W die Zahl der äquivalenten Möglichkeiten bedeutet, Moleküle so zu arrangieren, daß das makroskopisch beobachtete Ergebnis gleich ist. Warum hat ein Gas zwangsläufig eine höhere Entropie als ein Kristall der gleichen Substanz? Diese Fragen sind in unserer normalen Welt schwer zu beantworten, will man nicht tief in die Mathematik einsteigen. Die Beantwortung dieser Fragen ist jedoch viel leichter, wenn man sich auf eine imaginäre Welt zurückzieht, die nur vier Atome enthält und nur neun Positionen, auf denen sich diese Atome befinden können.

Wir stellen uns vor, daß die neun Positionen in unserem Mini-Universum in dem links oben dargestellten 3×3-Punkte-Gitter angeordnet sind. Immer wenn vier Atome in einem dichtgepackten Quadrat angeordnet sind, sprechen wir von einem „Kristall" in unserem imaginären Raum; jede andere Anordnung der vier Atome nennen wir ein „Gas". Beispiele für Kristalle und Gase in diesem Sinne finden sich am Rande der Seite. Wir untersuchen jetzt alle in unserer Neun-Punkte-Welt möglichen Anordnungen von vier Atomen. Wie viele davon entsprechen Kristallen, wie viele Gasen?

Wir beginnen damit, uns zu überlegen, wie viele Anordnungen es insgesamt gibt, also „Kristall"-Arrangements und „Gas"-Arrangements *zusammen*. Das erste Atom kann jeden der neun Plätze besetzen. Das zweite Atom hat noch die Auswahl zwischen acht offenen Positionen, das dritte zwischen sieben, und das vierte und letzte Atom kann zwischen sechs unbesetzten Plätzen wählen. Die Gesamtzahl der Möglichkeiten, vier Atome auf die neun Plätze zu verteilen, ist also $9 \cdot 8 \cdot 7 \cdot 6 = 3024$.

Dies ist jedoch nicht ganz korrekt, denn wir haben zuviel gezählt. Die Lösung 3024 wäre richtig, wenn die Atome Namen oder sonstige Unterscheidungsmerkmale („Etiketten") hätten und wenn somit Anordnungen, wie sie in der unteren Mitte der linken Seite aufgezeichnet sind, tatsächlich verschieden wären. Aber Atome tragen keine Etiketten. Könnten wir mit irgendeiner wunderbaren Methode die Atome in irgendeinem bestimmten Augenblick photographieren und untersuchen, dann könnten wir einen Unterschied zwischen den vier Anordnungen, die in der oberen Mitte dargestellt sind, insofern feststellen, als die Atome tatsächlich verschiedene Plätze besetzen. Wir könnten jedoch absolut keinen Unterschied zwischen den 12 Anordnungen links in der Mitte sehen, denn jedes Atom sieht gerade so aus wie jedes andere Atom der gleichen Art. Wir können nicht mehr sagen, als daß in den Positionen 3, 4, 7 und 8 unserer Mini-Welt Atome sitzen.

Wie können wir das zu hohe Ergebnis korrigieren? Wie können wir „die Etiketten von den Atomen entfernen"? Wir hätten einen Korrekturfaktor, wenn wir wüßten, wie viele Möglichkeiten es gibt, die „Etiketten" auf jede der Anordnungen der vier Atome zu verteilen. Das Etikett „a" könnte jedem der vier Atome zugeteilt werden, das Etikett „b" jedem der verbleibenden drei, das Etikett „c" noch zwei und das Etikett „d" nur noch dem letzten Atom. Demnach gibt es in jedem wirklich verschiedenen Arrangement der Atome $4 \cdot 3 \cdot 2 \cdot 1 = 24$ bedeutungslose Permutationen der Etiketten. Unser erstes Ergebnis ist also um den Faktor 24 zu hoch.

Also müssen wir die 3024 Möglichkeiten, die vier Atome auf die neun Plätze zu verteilen, durch 24 dividieren, um der Ununterscheidbarkeit der Atome Rechnung zu tragen. Die Zahl der Möglichkeiten, vier *nicht unterscheidbare* Atome auf neun Plätzen unterzubringen, ist also

$$W = \frac{9 \cdot 8 \cdot 7 \cdot 6}{4 \cdot 3 \cdot 2 \cdot 1} = \frac{3024}{24} = 126$$

Für diejenigen, die von der Logik der eben vorgeführten Ableitung nicht überzeugt sind, haben wir unten alle 126 Arrangements aufgezeichnet. Von diesen 126 möglichen Anordnungen sind nur vier „Kristalle", die anderen 122 Anordnungen entsprechen „Gasen". Schon in solch winziger und beschränkter Welt ist also ein Gas als Ergebnis einer zufallsbestimmten Anordnung von Atomen viel wahrscheinlicher als ein Kristall, denn die Spezifikation für einen Kristall ist viel enger:

Kristall: vier direkt benachbarte Atome in quadratischer Anordnung;
Gas: vier Atome in irgendeiner Anordnung, *ausgenommen* solche, die Kristallen entsprechen.

Die Größe W für Kristalle ist $W_k = 4$ und für Gase $W_g = 122$; d. h. ein Gas tritt mit mehr als 30mal höherer Wahrscheinlichkeit auf.

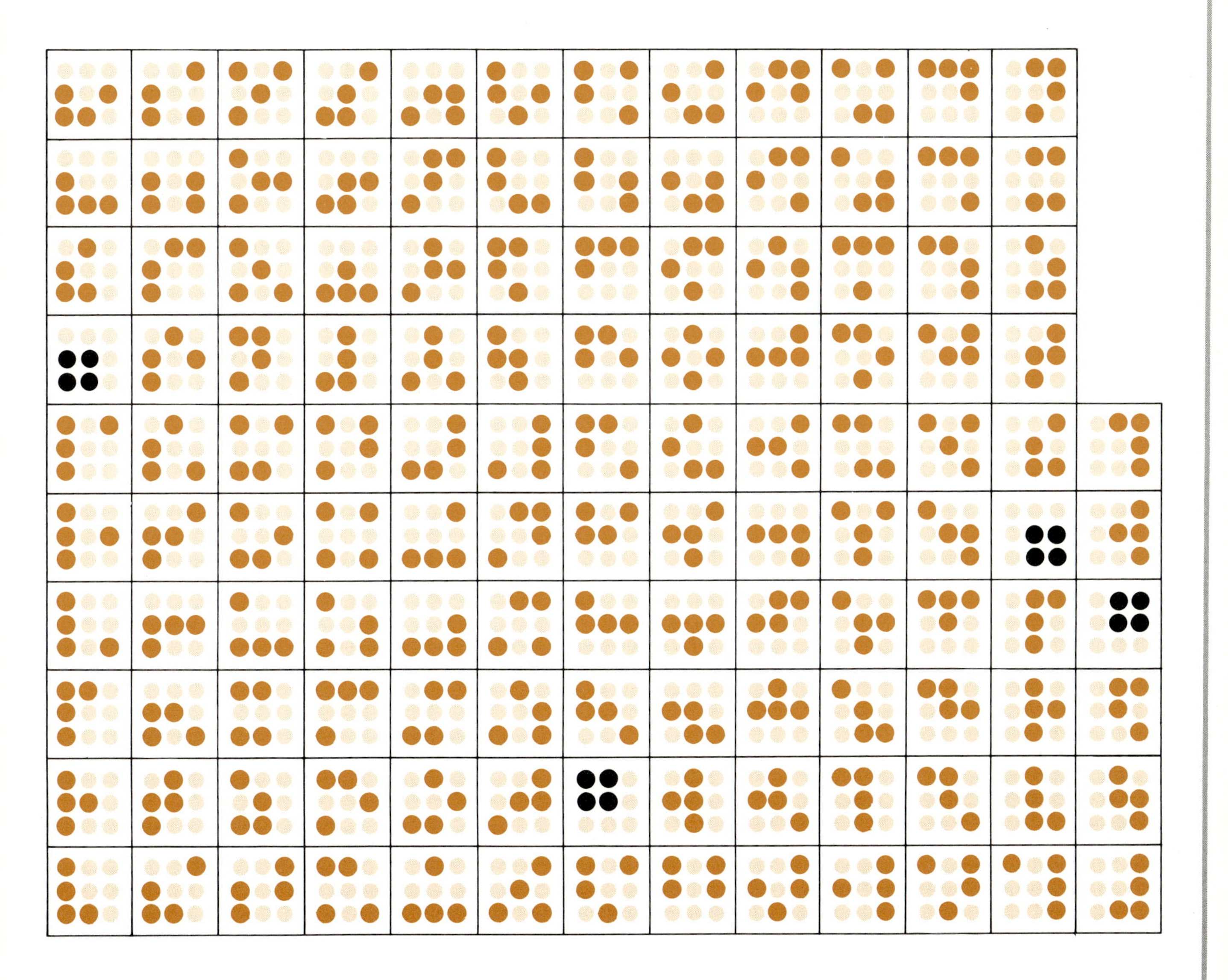

Von den 126 möglichen Atomanordnungen sind nur die vier farblich hervorgehobenen „Kristalle". Die anderen 122 Möglichkeiten entsprechen „Gasen".

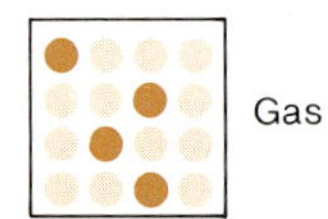

Vier Atome in einer Welt aus 16 Punkten. Nur neun der 1820 möglichen Atomanordnungen sind „Kristalle", die anderen 1811 „Gase".

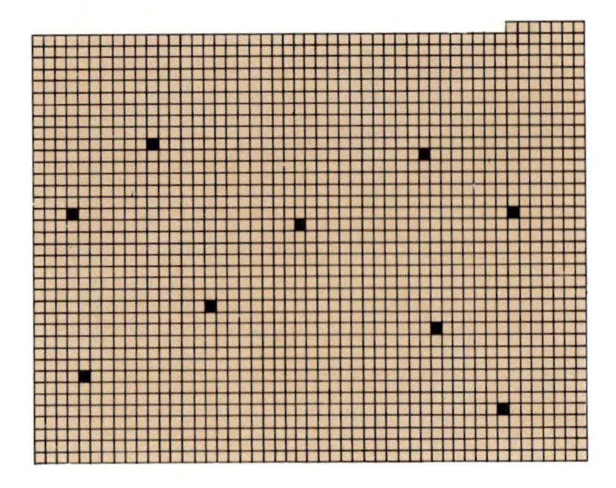

LEBEN IN EINER WELT AUS NEUN PUNKTEN (Fortsetzung)

Wenn wir das Experiment mit vier Atomen in einer 4 × 4-Punkte-„Welt" wiederholen, finden wir als Zahl der insgesamt möglichen Anordnungen:

$$W = \frac{16 \cdot 15 \cdot 14 \cdot 13}{4 \cdot 3 \cdot 2 \cdot 1} = 1820$$

Neun davon entsprechen Kristallen, die restlichen 1811 Gasen (links). In dieser „Welt" wäre ein Gas 200mal wahrscheinlicher als ein Kristall. Wenn wir jetzt zur realen Welt übergehen, die ein Vielfaches der Avogadroschen Zahl an Atomen enthält und viele, viele Plätze, auf denen sich Atome aufhalten können, dann bekommt W einen astronomischen Wert. Bequemer ist eine logarithmische Darstellung, in der 10, 10000000 und 100000000000000 (d.h. 10^1, 10^7 und 10^{14}) auf die handlicheren Zahlen 1, 7 und 14 zurückgeführt werden. Die Entropie S ist einfach die Anzahl der (mikroskopisch unterscheidbaren) Möglichkeiten, einen bestimmten makroskopischen Zustand der Materie zu erreichen, jedoch nicht linear, sondern logarithmisch ausgedrückt:

$$S = k \cdot \ln W = 2.303\, k \cdot \log_{10} W$$

Entropie und gesunder Menschenverstand

Wie schon erwähnt, wurden die Werte der molaren Standardentropien, S^0_{298}, die in Anhang 2 tabellarisch neben den Bildungswärmen zusammengestellt sind, ausschließlich aus den Ergebnissen kalorimetrischer Messungen, d.h. Wärmemessungen, berechnet; sie verdanken ihre Existenz nicht irgendeiner Theorie über Entropie oder Zufallsordnung. Dennoch können wir dank der genialen Leistung Boltzmanns diese relativen Entropiewerte zwanglos mit dem Konzept der Unordnung erklären sowie damit, was wir über Struktur und physikalische Eigenschaften der Stoffe wissen. Wenn es Boltzmann nicht gegeben hätte, müßte man ihn erfinden.

Wir wollen die Materie mit Boltzmanns Augen betrachten und die experimentell gemessenen Entropien mit den Begriffen Ordnung und Unordnung interpretieren. Wir können ein paar eindeutige Trends erkennen, die uns sofort einleuchten, wenn wir das Wort „Entropie" durch „Unordnung" ersetzen.

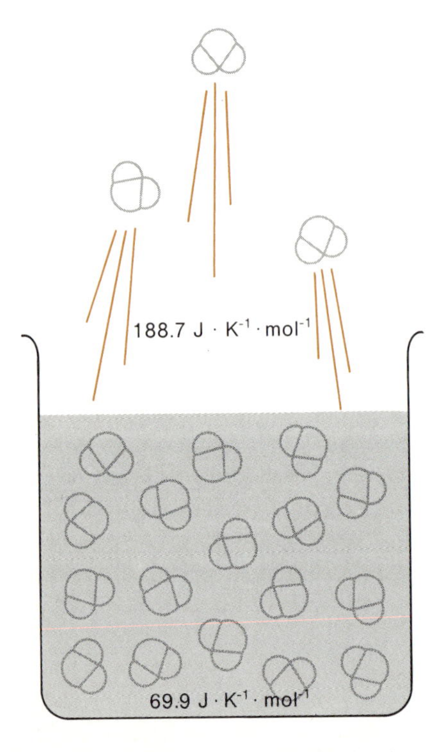

Die Entropie nimmt zu, wenn eine Flüssigkeit oder ein Feststoff verdampft. Flüssiges Wasser verdampft bei 298 K mit einer Entropiezunahme von 118.8 J · K^{-1} · mol^{-1}.

A. Die Entropie (oder Unordnung) nimmt immer dann zu, wenn eine Flüssigkeit oder ein Festkörper in ein Gas verwandelt werden (links). Natrium-Metall, flüssiges Brom und Wasser liefern uns Beispiele.

Substanz:	Na(f)	Br_2(fl)	H_2O(fl)
S^0 (fest oder flüssig)	51.1	152.3	69.9
S^0 (Gasphase)	153.7	245.2	188.8

Die Entropiewerte werden angegeben in Joule pro Kelvingrad und Mol, d.h. J · K^{-1} · mol^{-1}. Die molaren Entropien (S^0) von Natrium, Brom und Wasser nehmen alle zu, wenn die Substanzen verdampft werden, denn in den Gasen ist die Unordnung größer als in den kondensierten Phasen.

B. Die Entropie nimmt zu, wenn ein Festkörper oder eine Flüssigkeit in Wasser gelöst werden (rechts). Das kann am flüssigen Methanol und am kristallinen Ammoniumchlorid illustriert werden.

Substanz:	CH_3OH (fl)	NH_4Cl (f)
S^0 vor Auflösung:	126.8	94.6
S^0 nach Auflösung:	132.2	112.9 + 55.2 = 168.1 (NH_4^+) (Cl^-)

Die Entropie von Ammoniumchlorid in Lösung ist die Summe der Entropien der hydratisierten Ionen; denn vereinbarungsgemäß wird dem hydratisierten H^+-Ion die Entropie null zugeteilt. Aus der durch die Auflösung hervorgerufenen Entropieänderung muß man schließen, daß die Unordnung der Ammoniumchlorid-Lösung weit größer ist als die von kristallinem NH_4Cl, während der Unterschied der Unordnung zwischen flüssigem Methanol und Methanol in wäßriger Lösung klein ist. Das läßt sich dadurch erklären, daß beim Auflösen von NH_4Cl die regelmäßige Anordnung von NH_4^+- und Cl^--Ionen im Kristallgitter zusammenbricht, während flüssiges Methanol keine solche regelmäßige Struktur hat.

C. Die Entropie nimmt ab, wenn ein Gas in Wasser gelöst wird (unten). In Methanol und Chlorwasserstoff haben wir je ein Beispiel für ein nicht-ionisierendes und ein ionisierendes Gas.

Substanz:	CH_3OH (g)	HCl (g)
S^0 vor Auflösung:	237.7	186.6
S^0 nach Auflösung:	132.2	0 + 55.2 = 55.2 (H^+) (Cl^-)

Wie oben ist die Entropie von ionisiertem HCl die Summe der Entropien der individuellen Ionen. Wir wollen Methanol-Dampf noch mit dem im vorigen Beispiel behandelten flüssigen Methanol vergleichen. Die molekularen Mischungen von Stoffen, die wir Lösungen nennen, sind weniger geordnet als reine Kristalle oder Flüssigkeiten, aber andererseits sind sie weniger ungeordnet als Gase. Wenn Methanol-Dampf in Wasser gelöst wird, nimmt also die Entropie fast auf den gleichen Wert ab, der bei reinem, flüssigem Methanol gefunden wird.

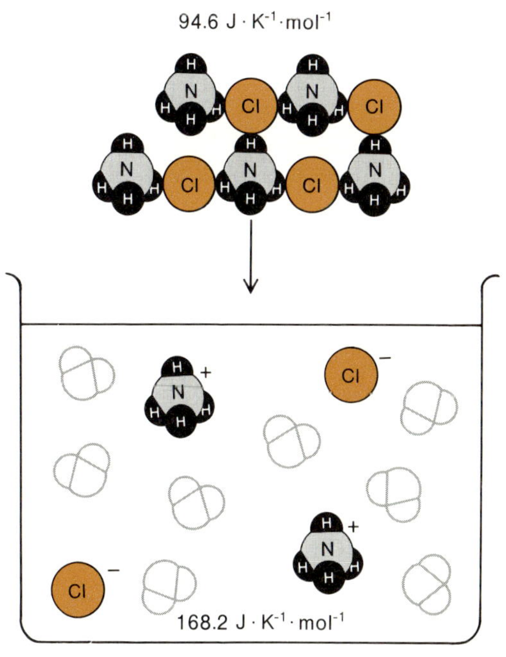

Die Entropie nimmt zu, wenn eine Flüssigkeit oder ein Feststoff in einer anderen Flüssigkeit gelöst werden. Löst man kristallines NH_4Cl in Wasser auf, nimmt die Entropie um 73.5 J · K^{-1} · mol^{-1} zu.

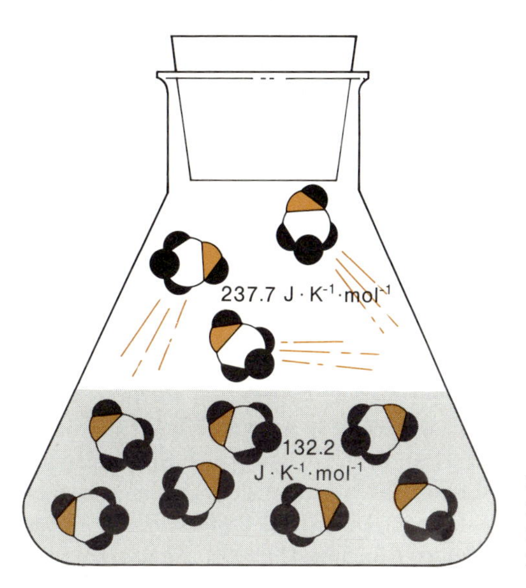

Die Entropie nimmt ab, wenn ein Gas in einer Flüssigkeit gelöst wird. Löst man Methanol-Dampf in Wasser, nimmt die Entropie um 105.5 J · K^{-1} · mol^{-1} ab.

Vier Moleküle nehmen zusammen sechs Energieeinheiten auf.

leichtes Molekül; weit auseinander liegende Energieniveaus; $W = 2$

schwereres Molekül; näher beieinander liegende Energieniveaus; $W = 8$

Die Entropie nimmt mit der Masse zu. Ein schwereres Molekül hat enger beieinanderliegende Energieniveaus, und es gibt mehr Möglichkeiten für ein Mol solcher Moleküle, zusammen eine gegebene Energiemenge aufzunehmen. In unserem Beispiel sollen vier Moleküle sechs Energieeinheiten unterbringen, und wir können den Energieinhalt jedes Moleküls dadurch darstellen, daß wir es in ein Diagramm der möglichen Energiezustände einordnen. Für die leichten Moleküle mit weit auseinanderliegenden Energieniveaus sind nur zwei Verteilungen mit der geforderten Gesamtenergie möglich, während es für die schwereren Moleküle acht verschiedene Verteilungen gibt. Nach $S = k \cdot \ln W$ haben daher die schwereren Moleküle die höhere Entropie.

D. Die Entropie nimmt – wenn sonst alles gleich ist – mit zunehmender Masse zu. Dies zeigt sich beim Vergleich der Entropien der zweiatomigen Halogen-Moleküle:

Substanz:	F_2(g)	Cl_2(g)	Br_2(g)	I_2(g)
S^0:	203.4	223.0	245.2	260.7

Ein anderes Beispiel ist folgende Serie von Molekülen mit zunehmender Anzahl von Atomen:

Substanz:	K(g)	Cl_2(g)	P_4(g)	As_4(g)
S^0:	160.3	223.0	280.0	288.7

Dieses wichtige Prinzip ist ohne Quantenmechanik kaum zu verstehen. Die einfache Quantentheorie lehrt, daß mit zunehmender Größe und Masse eines Atoms oder Moleküls die Abstände zwischen den Energieniveaus schmaler werden. Wir haben diese Regel bei der Diskussion von delokalisierten Elektronen in Molekülen ständig benutzt. Ein großes und massereiches Teilchen mit einer bestimmten Gesamtenergie hat mehr Quantenzustände zur Verfügung, um diese Energie in verschiedener Weise unterzubringen; W ist also größer und damit auch der Wert für $S = k \cdot \ln W$. Wir wollen auch eine Erklärung für diejenigen geben, die mit Quantenmechanik nichts im Sinn haben: Ein Elefant im Porzellanladen schafft mehr Unordnung als eine Maus.

DIAMANT $2.4\ \mathrm{J \cdot K^{-1} \cdot mol^{-1}}$

GRAPHIT $5.7\ \mathrm{J \cdot K^{-1} \cdot mol^{-1}}$

Ein kovalent gebundener Festkörper hat niedrigere Entropie als einer mit Schichtstruktur.

E. In kovalent gebundenen Festkörpern ist die Entropie niedriger als in Festkörpern mit partiell metallischem Charakter (links).

C (Diamant): $S^0 = 2.43$ Sn (grau, Diamantstruktur): $S^0 = 44.8$
C (Graphit): $S^0 = 5.7$ Sn (weiß, dicht gepackte Metallstruktur): $S^0 = 51.5$

Die Entropie ist in Festkörpern mit starrem Gerüst, wie Diamant und grauem Zinn, niedriger, denn die kovalenten Bindungen halten die Atome in strenger geordneter Struktur fest als die ungerichteten Anziehungskräfte in Metallen. Aus genau den gleichen Gründen sind Festkörper mit einem dreidimensionalen Netzwerk aus kovalenten Bindungen härter und gegen Deformation widerstandsfähiger.

F. Die Entropie in ausgedehnten Schichtstrukturen ist niedriger als in Molekülkristallen (rechts).

P (schwarz, halbmetallische Schichten): $S^0 = 29.3$
P (weiß, diskrete P_4-Moleküle im Kristall): $S^0 = 44.4$

Wiederum sind die kovalent gebundenen, unendlichen Schichten stärker geordnet als die P_4-Moleküle, die untereinander im Festkörper nur durch schwache van-der-Waals-Kräfte zusammengehalten werden.

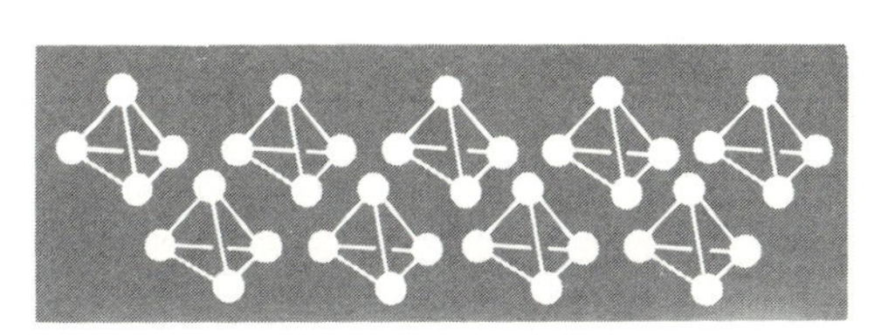

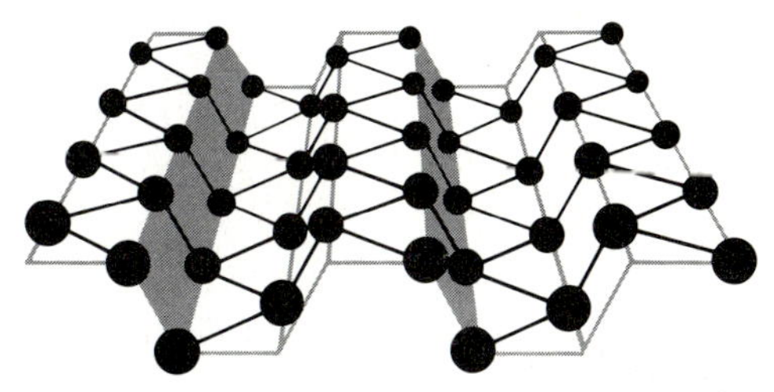

Die Entropie von ausgedehnten Atomschichten ist niedriger als die von isolierten Molekülen.

G. Die Entropie nimmt im allgemeinen mit abnehmender Stärke und Starrheit der Bindungen zwischen Atomen zu (illustriert am Fuße dieser Seite):

Substanz:	C(f)	Be(f)	SiO_2(f)	Pb(f)	Hg(fl)	Hg(g)
Erscheinungsform:	Diamant	hartes Metall	Quarz	weiches Metall	Flüssigkeit	Dampf
S^0:	2.43	9.6	41.8	64.9	77.5	175.0

Dies ist genau genommen eine Verallgemeinerung der spezielleren Regeln E und F. Zunehmende Unordnung (Entropie) und Nachgiebigkeit haben die gleiche Ursache, nämlich das Fehlen starker, gerichteter Bindungen, welche die Atome zusammenhalten.

H. Die Entropie nimmt mit wachsender chemischer Komplexität zu. Diese Regel gilt:
für ionische Salzkristalle mit zunehmender Anzahl von Ionen pro Mol:

	NaCl(f)	$MgCl_2$(f)	$AlCl_3$(f)
S^0:	72.4	89.6	167.3

für Kristalle mit zunehmender Anzahl von Wasser-Molekülen im Kristall:

	$CuSO_4$(f)	$CuSO_4 \cdot H_2O$(f)
S^0:	113.4	150.0
	$CuSO_4 \cdot 3H_2O$(f)	$CuSO_4 \cdot 5H_2O$(f)
S^0:	225.1	305.5

und für organische Verbindungen mit zunehmender Größe des Kohlenstoff-Skeletts:

	CH_4(g)	C_2H_6(g)	C_3H_8(g)	C_4H_{10}(g)
S^0:	184.1	229.7	270.0	310.0

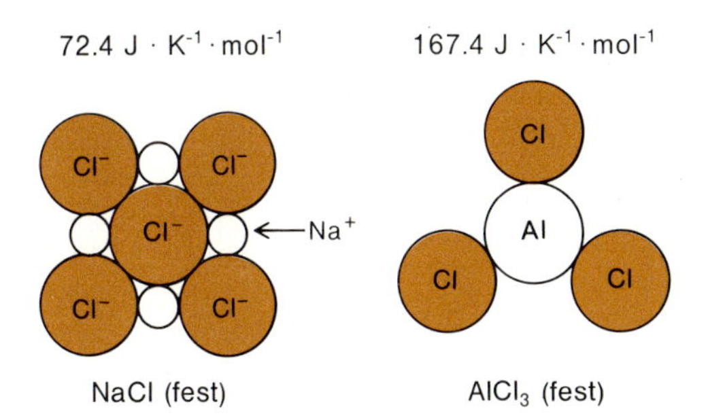

Die Entropie nimmt mit der chemischen Komplexität zu.

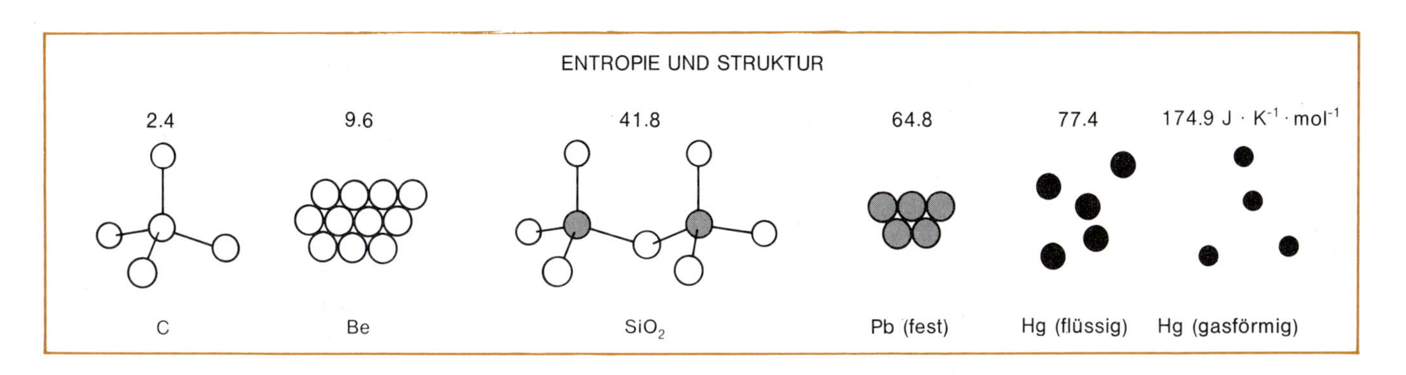

MOLARE ENTROPIEN DER REINEN ELEMENTE

Zur Struktur der Elemente s. Seite 206

					1 H 31.2 (Gase)		2 He 30.1
3 Li 6.7	4 Be 2.3	5 B 1.6	6 C 0.6 / 1.4	7 N 45.8	8 O 49.0	9 F 48.6	10 Ne 34.5
11 Na 12.2	12 Mg 7.8	13 Al 6.8	14 Si 4.5	15 P 10.6 / 7.0	16 S 7.7	17 Cl 53.3	18 Ar 37.0
19 K 15.2	20 Ca 10.0	31 Ga —	32 Ge 10.1	33 As — / 8.4	34 Se — / 10.0	35 Br 36.4	36 Kr 39.2
37 Rb 16.6	38 Sr 13.0	49 In —	50 Sn 10.7 / 12.3	51 Sb — / 10.5	52 Te 11.9	53 I 27.9	54 Xe 40.5
55 Cs 19.8	56 Ba 16.0	81 Tl 15.4	82 Pb 15.5	83 Bi 13.6	84 Po —	85 At —	86 Rn 42.1

Festkörper | Gase

Obwohl sie ausschließlich aus Wärmemessungen gewonnen werden, erfahren wir aus den molaren Standardentropien, wenn wir sie nur zu interpretieren wissen, einiges über die Molekülstruktur. Die allgemeinen Trends der Entropien sind in den Bildern zusammengefaßt, und die Entropien der reinen Elemente, wie man sie normalerweise bei Raumtemperatur findet, sind im Periodensystem oben zusammengestellt. Alle Trends, die aus dieser Tabelle deutlich werden, sollten jetzt verstehbar sein. Obwohl die Entropie ursprünglich nicht mehr war als ein ziemlich abstrakter, aus der Wärmelehre gewonnener Begriff, hat sie inzwischen eine bestimmte und anschauliche Bedeutung: Die Entropie ist ein direktes und quantitatives Maß für die Unordnung.

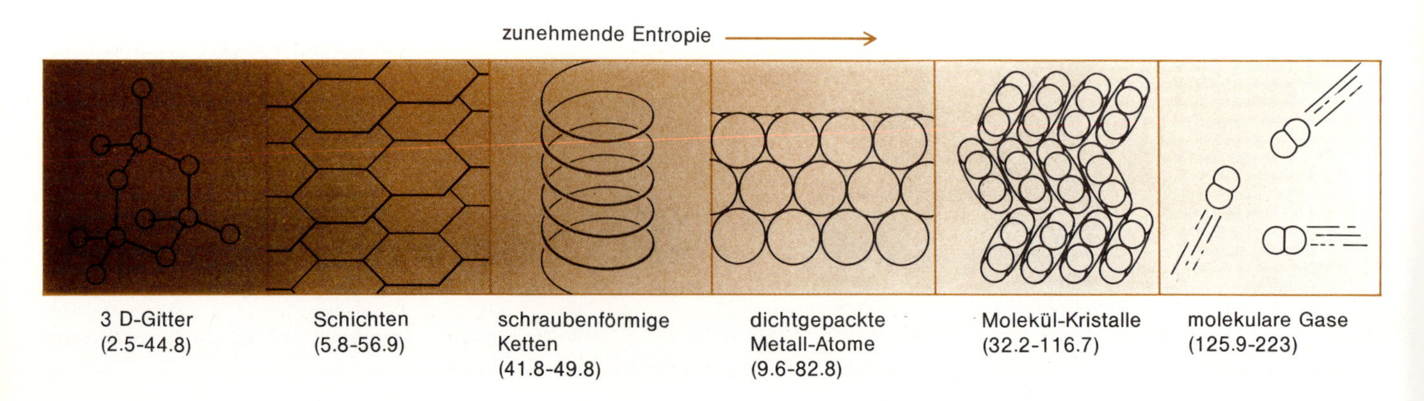

Typische Werte der molaren Entropie für häufig vorkommende Strukturtypen. Die Entropie nimmt von Festkörpern mit dreidimensionalem Gitter (links) zu molekularen Gasen (rechts) zu.

Entropie und chemische Reaktionen

Was haben all diese Überlegungen über physikalische Eigenschaften und Entropien mit Chemie zu tun? Die Entropie ist genau der Faktor, der uns fehlte, als wir erkannt hatten, daß man aus der Energie (oder Enthalpie) allein nichts darüber aussagen kann, ob eine Reaktion spontan abläuft. Wenn die Enthalpie abnimmt (d.h. ΔH negativ ist), so trägt das dazu bei, daß ein Vorgang spontan abläuft, aber für sich reicht eine Enthalpieabnahme nicht aus, den spontanen Ablauf zu garantieren. Zur Spontaneität trägt bei, wenn gleichzeitig H möglichst klein und S möglichst groß werden, d.h. wenn H und $-S$ gleichzeitig minimalisiert werden. Wir können eine neue Funktion definieren, deren Minimalisierung die beiden Forderungen zusammenfaßt. Diese Funktion ist die *Freie Energie G*:*)

$$G = H - TS$$

Aus den Einheiten von $H\,(\mathrm{J \cdot mol^{-1}})$ und $S\,(\mathrm{J \cdot K^{-1} \cdot mol^{-1}})$ folgt notwendigerweise, daß S mit der absoluten Temperatur T multipliziert wird. Für eine Reaktion, bei der sich die Temperatur beim Übergang vom Ausgangszustand zum Endzustand nicht ändert, sind die Änderungen von Enthalpie, Entropie und Freier Energie durch folgende Beziehung miteinander verknüpft:

$$\Delta G = \Delta H - T\Delta S$$

In Worten sagt diese Gleichung aus: Bei konstanter Temperatur ist die Änderung der Freien Energie ΔG gleich der Änderung der Enthalpie minus der Änderung der Entropie, multipliziert mit der absoluten Temperatur, $T\Delta S$. Es läßt sich ziemlich leicht nachvollziehen, daß eine Reaktion dann spontan ist, wenn die *Freie Energie insgesamt* abnimmt, wobei es keine Rolle spielt, was jeweils mit Enthalpie und Entropie für sich allein geschieht. Spontaneität kommt nur durch das Zusammenspiel von H und S zustande, und dieses Zusammenspiel wird durch die Gleichung beschrieben.

Man versteht diese Gleichung leichter, wenn man die auf dem rechten Seitenrand dargestellten Pfeildiagramme zu Rate zieht. Ein Pfeil aufwärts bedeutet eine Zunahme der Freien Energie, der Enthalpie oder der Ordnung, d.h. einen positiven Wert für ΔG, ΔH und $(-T\Delta S)$. In dieser Richtung finden spontane Vorgänge *nicht* statt. Pfeile nach unten dagegen bedeuten Abnahme der Freien Energie und der Enthalpie und eine Zunahme der *Unordnung*. Das entspricht negativen Werten für ΔG, ΔH und $(-T\Delta S)$, und in dieser Richtung finden spontane Vorgänge statt. Der Pfeil, der für ΔG steht, ist die Summe der Pfeile für ΔH und $(-T\Delta S)$. Wenn der ΔG-Pfeil nach unten zeigt, läuft die Reaktion von selber ab.

Es gibt viele Reaktionen, bei denen die Beiträge von Enthalpie und Entropie (Unordnung) zusammenwirken – siehe das Diagramm oben rechts. Bei einer solchen Reaktion wird Wärme freigesetzt und Unordnung erzeugt; beides kennzeichnet eine spontane Reaktion. Beispielen für solche Reaktionen werden wir bald begegnen.

Bei anderen Reaktionen arbeiten Enthalpie und Entropie gegeneinander. Im Beispiel der Skizze rechts unten wird Wärme abgegeben und dadurch die Reaktion begünstigt, aber die Ordnung nimmt zu (der $-T\Delta S$-Pfeil zeigt nach oben), und dadurch wird die Reaktion gehemmt. In diesem Fall überwiegt der Einfluß der Enthalpie, so daß die Reaktion noch spontan abläuft, aber das muß nicht immer so sein. Am Anfang dieses Kapitels haben wir einschlägige Beispiele zitiert, die zeigten, wie trügerisch es ist, Voraussagen über die Spontaneität einer Reaktion nur auf der Basis der Enthalpie zu machen.

Wir wollen jetzt die Änderungen von Enthalpie und Entropie bei der Auflösung von Ammoniumchlorid in Wasser vergleichen. Welcher Effekt überwiegt? Im

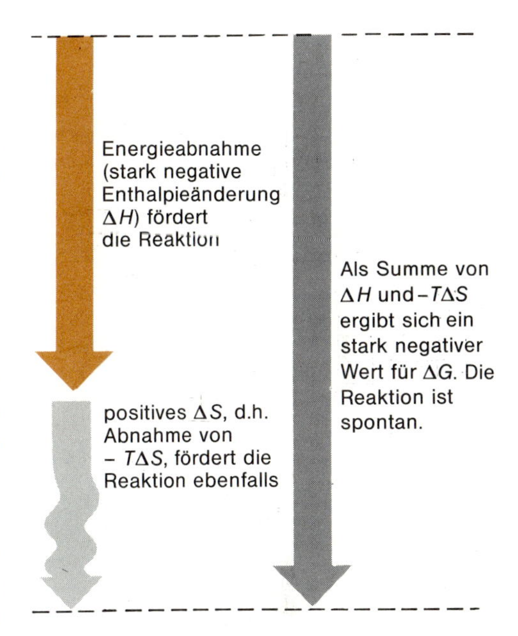

Die Abnahme der Enthalpie und die Zunahme der Unordnung begünstigen eine Reaktion.

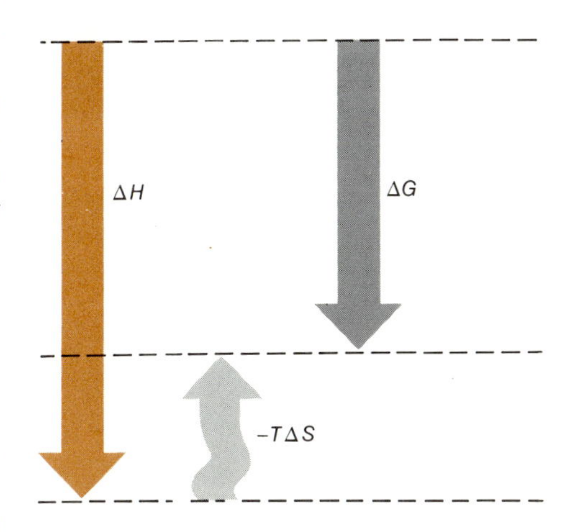

Der Abnahme der Enthalpie (ΔH) kann eine Zunahme der Ordnung entgegenwirken. Die Differenz zwischen ΔH und $-T\Delta S$ ist die Änderung der „Freien“ Energie, ΔG. Die Reaktion ist spontan, aber nicht in dem Maße, wie sich allein aus die Enthalpieänderung ΔH ergäbe.

*) *Anm. der Übers.*: In diesem Buch wird – entsprechend der angelsächsischen Gewohnheit – G stets als Freie *Energie* bezeichnet, obwohl es sich nach unserem Sprachgebrauch um die Freie *Enthalpie* handelt.

12. Kapitel haben wir gelernt, daß Wärme aufgenommen wird: $\Delta H^0 = 15.15$ $kJ \cdot mol^{-1}$. Die Enthalpie allein arbeitet also gegen den Lösungsvorgang. Aber die molare Entropie nimmt von 94.6 auf 168.2 $J \cdot K^{-1} \cdot mol^{-1}$ zu, das ist eine Zunahme der Unordnung pro Mol um 73.6 $J \cdot K^{-1}$. Wenn $\Delta S = +73.6\ J \cdot K^{-1}$, dann ist bei Raumtemperatur oder 298 K:

$$T\Delta S = 298° \cdot (+73.6\ J \cdot K^{-1} \cdot mol^{-1}) = 21\,933\ J \cdot mol^{-1} = 21.9\ kJ \cdot mol^{-1}$$

Jetzt können wir die Änderung der Freien Energie pro Mol berechnen:

$$\Delta G = \Delta H - T\Delta S = +15.15\ kJ - 21.9\ kJ = -6.75\ kJ$$

Standardbildungswärmen (ΔH^0_{298}), Freie Standardbildungsenergien (ΔG^0_{298}) und molare Standardentropien (S^0_{298}).

Substanz	ΔH^0_{298} $kJ \cdot mol^{-1}$	ΔG^0_{298} $kJ \cdot mol^{-1}$	S^0_{298} $J \cdot K^{-1}$
H_2(g)	0	0	130.6
CO_2(g)	−393.5	−394.4	213.6
C_2H_5OH(fl)	−277.7	−174.8	160.7
$C_6H_{12}O_6$(f)	−1260.2	−919.2	288.9
NO_2(g)	+33.8	+51.8	240.5
N_2O_5(f)	−41.8	+133.9	113.4
NH_4^+(aq)	−132.8	−79.5	112.8
NH_4Cl(f)	−315.4	−203.9	94.6
O_2(g)	0	0	205.0
H_2O(fl)	−285.6	−237.2	69.9
Cl_2(g)	0	0	223.0
Cl^-(aq)	−167.4	−131.2	55.2
HCl(g)	−92.4	−95.4	186.7

Die Enthalpie steuert 15.15 kJ gegen die Auflösung von Ammoniumchlorid in Wasser bei, aber die Entropie oder Unordnung bringt rund 22 kJ zugunsten der Auflösung. Per saldo löst sich NH_4Cl mit einem Gesamtgewinn an Freier Energie von 6.75 $kJ \cdot mol^{-1}$. Entscheidend für die Spontaneität chemischer Vorgänge ist nicht, was Enthalpie oder Entropie für sich allein beitragen, sondern was während des Vorgangs mit der Freien Energie passiert. Zum besseren Verständnis der Ergebnisse sollten wir uns trotzdem immer klar machen, daß die Freie Energie zwei Komponenten enthält, *H* und *S*.

Offenbar ist es überflüssig, Tabellen der Freien Energien aufzustellen, wenn man Bildungswärmen und molare Standardentropien nachschlagen kann. Aber die Freien Standardbildungsenergien der Verbindungen aus ihren Elementen sind so nützlich, daß man sie normalerweise in Tabellen des Typs aufnimmt, wie sie links oder in Anhang 2 abgedruckt sind. Wir wollen diese tabellierten Werte auf einige Reaktionen anwenden, um die Eigenschaften der Freien Energie zu illustrieren.

Explosion von H_2 und Cl_2

Beim Arbeiten mit Enthalpien, Entropien und Freien Energien ist es praktisch, erst die Reaktionsgleichung zu formulieren und dann die einzelnen Werte unter jeden Reaktionspartner zu schreiben:

Reaktion:	H_2(g)	+	Cl_2(g)	⟶	2HCl(g)	Gesamtänderung
ΔH^0 in kJ:	0		0		$2 \cdot (-\ 92.4)$	$\Delta H^0 = -184.8$ kJ
S^0 in $J \cdot K^{-1}$:	130.6		223.0		$2 \cdot (+186.7)$	$\Delta S^0 = +\ 19.8\ J \cdot K^{-1}$
ΔG^0 in kJ:	0		0		$2 \cdot (-\ 95.4)$	$\Delta G^0 = -190.8$ kJ

Man beachte, daß die Freien Standardbildungsenergien der Elemente wie ihre Standardbildungswärmen definitionsgemäß null sind, denn die Elemente befinden sich bereits in ihren Standardzuständen. Die Entropien dagegen sind nicht Bildungsentropien aus den Elementen, sondern absolute Maßzahlen für die Unordnung. Deshalb haben Elemente ebenso wie molekulare Verbindungen molare Entropien. Als Probe können wir ausrechnen

$$\Delta G^0 = \Delta H^0 - T\Delta S^0 = (-184.8) - 298° \cdot \left(\frac{+19.8\ J \cdot K^{-1}}{1000\ J \cdot kJ^{-1}}\right)$$

$$\Delta G^0 = -184.8 - 5.9 = -190.7\ kJ$$

Bei der Bildung von HCl nimmt die Enthalpie drastisch ab, und die Entropie oder Unordnung nimmt um einen kleinen Betrag zu. Beide Effekte arbeiten also in die gleiche Richtung: Die größer werdende Unordnung begünstigt die energetisch ohnehin favorisierte Reaktion, und die insgesamt resultierende molare Freie Energie von 191 kJ macht die Reaktion spontan. Die Freie Energie, *die in nutzbringende Arbeit umgewandelt werden kann,* ist größer als man erwarten dürfte, wenn man die Diskussion auf die umgesetzte Wärme beschränkte. Die Reaktion, bei der nur 185 kJ Wärme freigesetzt wird, kann 191 kJ · mol^{-1} für nutzbare Arbeit liefern.

Anstieg und Fall von Energie und Entropie sowie die resultierende Triebkraft der Reaktion sind in dem Pfeildiagramm oben rechts dargestellt. Der lange, abwärts zeigende Pfeil links im Diagramm repräsentiert die 184.8 kJ Enthalpie oder Wärme ($\Delta H = -184.8$ kJ), welche die Reaktion antreiben. Der kürzere Pfeil daneben symbolisiert die Abnahme der Ordnung, die sich in $(-T\Delta S) = -5.9$ kJ ausdrückt. Der lange mit ΔG bezeichnete Pfeil rechts im Diagramm ist die Summe der beiden ersten und repräsentiert die Gesamtabnahme der Freien Energie um 190.7 kJ ($\Delta G = -190.7$ kJ). Die HCl-Bildung ist ein Beispiel dafür, daß Enthalpie und Entropie gemeinsam dazu beitragen, daß eine Reaktion spontan ist.

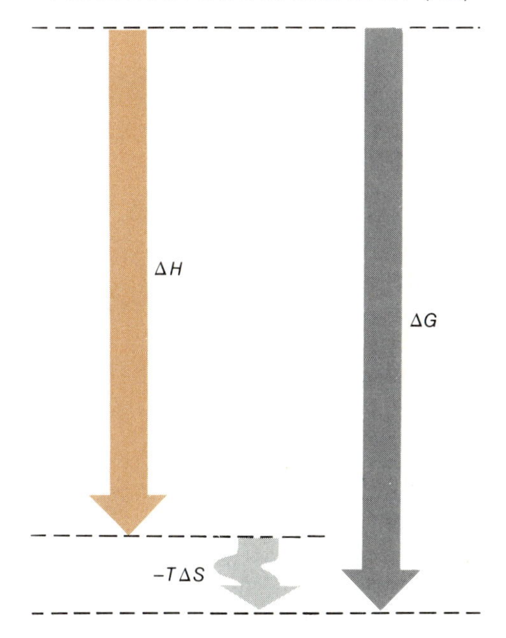

Bei der Bildung von HCl aus H_2 und Cl_2 wirken Enthalpie und Entropie zusammen, so daß die Reaktion spontan ist.

Verbrennung von Ethanol

Als nächstes wollen wir eine Reaktion betrachten, die von Enthalpie und Entropie in gegensätzlicher Weise beeinflußt wird. Ethanol verbrennt in Luft spontan unter Bildung von Wasser.

Reaktion:	$C_2H_5OH(fl)$	$+ 3O_2(g)$	$\longrightarrow 2CO_2(g)$	$+ 3H_2O(fl)$	Gesamtänderung
ΔH^0 in kJ:	−277.7	0	2(−393.5)	3(−285.6)	−1366.1
S^0 in J · K^{-1}:	160.7	3(205.0)	2(213.6)	3(69.9)	− 138.8
ΔG^0 in kJ:	−174.8	0	2(−394.4)	3(−237.2)	−1325.6

Wiederum können wir die Probe machen:

$$\Delta G^0 = \Delta H^0 - T\Delta S^0$$

$$\Delta G^0 = -1366.1 - 298 \cdot \left(\frac{-138.8}{1000}\right) = -1366.1 + 41.2 = -1324.7$$

Bei der Verbrennung von Ethanol zu flüssigem Wasser erhält man Produkte, die um 139 J · K^{-1} höher geordnet sind als die Reaktanden; die Reaktion ist also, was die Entropie betrifft, gehemmt. Die Reaktion ist weniger spontan, denn in den Produkten wird *Ordnung* erzeugt. Von den 1366 kJ, die als Reaktionswärme entstehen, stehen nur 1325 kJ als nutzbare Energie zur Verfügung. 41 kJ sind nicht verfügbar; sie sind der Preis, der für die Erzeugung von Ordnung in den Produkten aufgebracht werden muß. Aus diesem Grund heißt G „Freie" Energie. Sie ist der Teil der freigesetzten Energie, der frei verfügbar für andere Zwecke ist. In unserer Reaktion ist der Betrag der Freien Energie niedriger als der der gesamten freigesetzten Wärme, weil eben die Erzeugung von Ordnung ihren Preis kostet. Bei der explosionsartigen HCl-Bildung war dagegen die Änderung der Freien Energie sogar größer, als nur der freigesetzten Wärmemenge entsprach. Die zusätzliche Energie war Ergebnis der Erzeugung von Unordnung. Entropie kann ebenso wie Enthalpie den Ablauf einer Reaktion vorantreiben oder hemmen.

Das Pfeildiagramm für die Verbrennung von Ethanol ist rechts dargestellt. ΔH^0 ist negativ und deshalb durch einen abwärts gerichteten Pfeil symbolisiert. Da auch ΔS^0 negativ ist, wird $(-T\Delta S^0)$ positiv; das Ergebnis wird durch einen nach oben zeigenden Pfeil repräsentiert, der ΔH^0 entgegengerichtet ist. Der resultierende Pfeil ΔG^0 zeigt wieder nach unten, denn ΔG^0 ist negativ, aber weniger als ΔH^0. Die Ethanol-Verbrennung ist trotzdem eine spontane Reaktion.

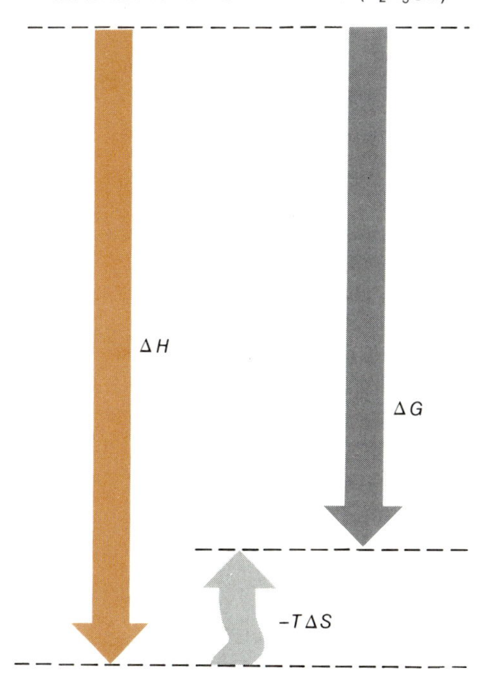

Die Verbrennung von Ethanol zu flüssigem Wasser wird von der Enthalpie begünstigt, doch die Entropie arbeitet dagegen. Wäre Wasserdampf das Reaktionsprodukt, würde die Reaktion auch durch die dann auftretende Entropiezunahme gefördert.

Zersetzung von N_2O_5

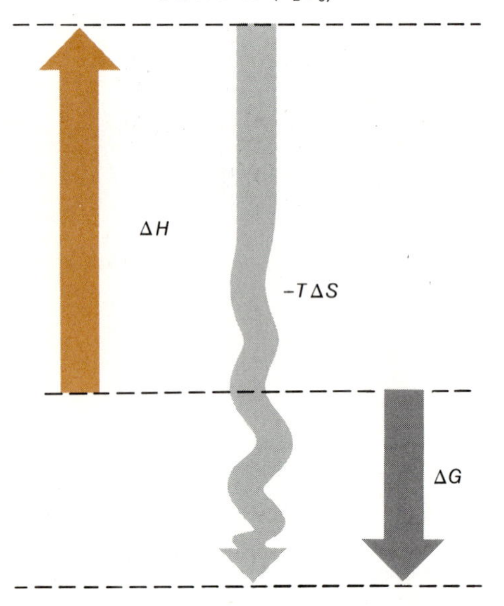

Der Zersetzung von N_2O_5 wirkt entgegen, daß dabei Wärme absorbiert wird, d. h. die Enthalpie nimmt zu. In diesem Falle überwiegt jedoch der Entropieterm -*TΔS*; es wird so viel Unordnung erzeugt, daß die Reaktion schließlich spontan wird.

Als letztes Beispiel wollen wir jenen Ausnahmefall untersuchen, der uns am Anfang dieses Kapitels gezeigt hatte, daß das Prinzip der Energieminimalisierung allein unzulänglich ist:

Reaktion:	$N_2O_5(f)$ ⟶	$2NO_2(g)$	+ $\frac{1}{2}O_2(g)$	Gesamtänderung
ΔH^0 in kJ:	− 41.8	2(+ 33.8)	0	+109.4
S^0 in $J \cdot K^{-1}$:	113.4	2(240.5)	$\frac{1}{2}$(205.0)	+470.1
ΔG^0 in kJ:	+133.9	2(+ 51.8)	0	− 30.3

Der ernorme Entropieanstieg rührt daher, daß kristallines N_2O_5 zu gasförmigen Produkten zersetzt wird. Der Wärmeverbrauch von 109.4 kJ steht dem Ablauf der Reaktion entgegen, aber die Entropiezunahme von

$$-T\Delta S^0 = -298 \left(\frac{+470.1}{1000}\right) = -140.1\,\text{kJ}$$

begünstigt die Reaktion. In diesem speziellen Falle übertrifft der Einfluß der Entropie bei weitem den der Enthalpie, und die Reaktion ist spontan, obwohl sie Wärme verbraucht:

$$\Delta G^0 = 109.4 - 140.1 = -30.4\,\text{kJ}$$

Ein Pfeildiagramm für diese Reaktion ist oben links dargestellt. Der Enthalpiepfeil zeigt nach oben, aber der Entropiepfeil ist nach unten gerichtet und so lang, daß die Summe der beiden ein abwärts gerichteter Pfeil der Freien Energie ist. Die Erzeugung von Unordnung ist in diesem Falle eine so starke Triebkraft, daß die Reaktion stattfindet, obwohl sie zu einem Zustand *höherer* Enthalpie führt, der Umgebung also Wärme entzieht. Daß schmelzende Eiswürfel ein Kühlmittel sind, hat den gleichen Grund.

Freie Energie und lebende Organismen

Aus all dem ergibt sich, daß für die Spontaneität von chemischen Reaktionen eine Abnahme der *Freien* Energie *G* entscheidend ist und nicht einfach eine Abnahme der Gesamtenthalpie *H*. Die letztlich resultierende Freie Energie entspricht der Differenz zwischen der thermischen Energie und derjenigen Energie, die verbraucht wird, um Ordnung zu erzeugen:

ΔG	=	ΔH	−	$T\Delta S$
Freie Energie		Wärme-Energie		Energie, die für Ordnung aufgewendet wird

Bei der Verbrennung von Ethanol werden pro Mol 1366 kJ als Wärme abgegeben, aber nicht alle 1366 kJ·können für die Leistung äußerer Arbeit genutzt werden. Ein Äquivalent von 41 kJ Wärme ist der Preis, der für die Abnahme der Entropie bezahlt werden muß, wenn bei einer Reaktion ein Mol einer Flüssigkeit und drei Mol Gas in drei Mol Flüssigkeit und nur zwei Mol Gas umgewandelt werden. Das Verschwinden von einem Mol Gas ist hinsichtlich der Entropie der kritische Punkt. Würde die gesamte chemische Energie bei der Ethanol-Verbrennung in Wärme verwandelt, würden 1366 kJ abgegeben. Wenn wir die Verbrennung mit einer anderen Reaktion koppeln, die nicht spontan abläuft, und die Triebkraft der Ethanol-Reaktion dazu verwenden, um den zweiten Vorgang ablaufen zu lassen, können wir von den 1366 kJ nur über 1325 kJ als Triebkraft für die zweite Reaktion verfügen. Das ist der Sinn des Ausdrucks „Freie" Energie.

Lebende Organismen sind von gekoppelten Reaktionen abhängig. Sie benutzen energieliefernde Reaktionen, um Verbindungen zu synthetisieren, die viel Freie Energie enthalten, und um viele energetisch ungünstige Reaktionen „bergauf" ablaufen zu lassen. Bei dieser Kopplung von Reaktionen spielen die Enzyme eine Schlüsselrolle. Sie binden die Moleküle von Reaktanden und Produkten selektiv auf ihrer Oberfläche und sorgen dafür, daß die Reaktion „bergauf" und die Reaktion „bergab" gemeinsam in einer Weise stattfinden, daß möglichst wenig Energie als nach außen abgegebene Wärme verschwendet wird.

In allen lebenden Organismen, die Sauerstoff verbrauchen, ist die Verbrennung des Zuckers Glucose die wichtigste energieliefernde Reaktion:

$$C_6H_{12}O_6(f) + 6O_2(g) \longrightarrow 6CO_2(g) + 6H_2O(fl)$$

Aus der Tabelle in Anhang 2 lassen sich die folgenden Daten für die Reaktion entnehmen:

$$\Delta H^0 = -2816\ \text{kJ}$$
$$\Delta S^0 = +181\ \text{J} \cdot \text{K}^{-1} \quad -T\Delta S^0 = -54\ \text{kJ}$$
$$\Delta G^0 = -2870\ \text{kJ}$$

Bei der Verbrennung von Glucose wird also die große Wärmemenge von 2816 kJ abgegeben, was darauf zurückzuführen ist, daß im Laufe der Reaktion viele Bindungen zwischen Sauerstoff und anderen Atomen geknüpft werden. Gleichzeitig wird ein Mol eines festen Stoffs zu sechs Mol einer Flüssigkeit umgesetzt. Also ist auch der Beitrag der Entropie, der Erzeugung von Unordnung, beträchtlich. (Die Gase O_2 und CO_2 haben vergleichbare Entropien.) Die Entropie gibt der Verbrennung von Glucose einen zusätzlichen Schub von 54 kJ.

In lebenden Zellen ist die Verbrennung von Glucose gekoppelt mit dem Syntheseapparat für ein spezielles energiespeicherndes Molekül: Adenosintriphosphat oder ATP (rechts), das wir schon im 10. Kapitel kennengelernt haben. An dieser Kopplung ist ein hochentwickeltes System von Reaktionen beteiligt – Gärung, Citronensäure-Cyclus, Atmungskette –, in dem der Reihe nach über 20 Enzyme tätig werden. Der einzige Zweck dieses komplizierten Stoffwechselsystems ist, daß möglichst viel von den 2870 kJ Freier Energie in Form von ATP-Molekülen gespeichert wird, statt als Wärme verlorenzugehen. Jedes ATP-Molekül, das aus ADP und anorganischem Phosphat (symbolisiert durch P_i) synthetisiert wird, enthält 30.5 $\text{kJ} \cdot \text{mol}^{-1}$ Freie Energie gespeichert, die irgendwann zur Nutzung bereitstehen:

$$\text{ADP} + P_i \longrightarrow \text{ATP} \qquad \Delta G^0 = +30.5\ \text{kJ} \cdot \text{mol}^{-1}$$

Wichtigstes Kennzeichen von ATP ist seine Universalität. Die Energie aller energieerzeugenden Reaktionen in lebenden Organismen wird in ATP gespeichert, und alle energieverbrauchenden Reaktionen beziehen ihren Energiebedarf aus ATP. Erzeugung und letztliche Verwendung jedes in lebenden Organismen umgesetzten Energiebetrags werden auf diese Weise voneinander unabhängig.

Nicht die ganze Freie Energie, die bei der Verbrennung von Glucose freigesetzt wird, kann gespeichert werden. Das beste Ergebnis, das in den drei Milliarden Jahren der Evolution des Lebens auf diesem Planeten erreicht wurde, ist die Synthese von 38 Molekülen ATP je verbranntes Glucose-Molekül:

$$38\text{ADP} + 38P_i \longrightarrow 38\text{ATP} \qquad \Delta G^0 = 38 \cdot (+30.5) = 1160\ \text{kJ}$$

Bei der Gesamtreaktion wird noch genug Freie Energie erzeugt, so daß die Reaktion ausgeprägt spontan abläuft:

$$C_6H_{12}O_6(f) + 38\text{ADP} + 38P_i \longrightarrow 6CO_2(g) + 6H_2O(fl) + 38\text{ATP}$$
$$\Delta G^0 = -2870 + 1160 = -1710\ \text{kJ}$$

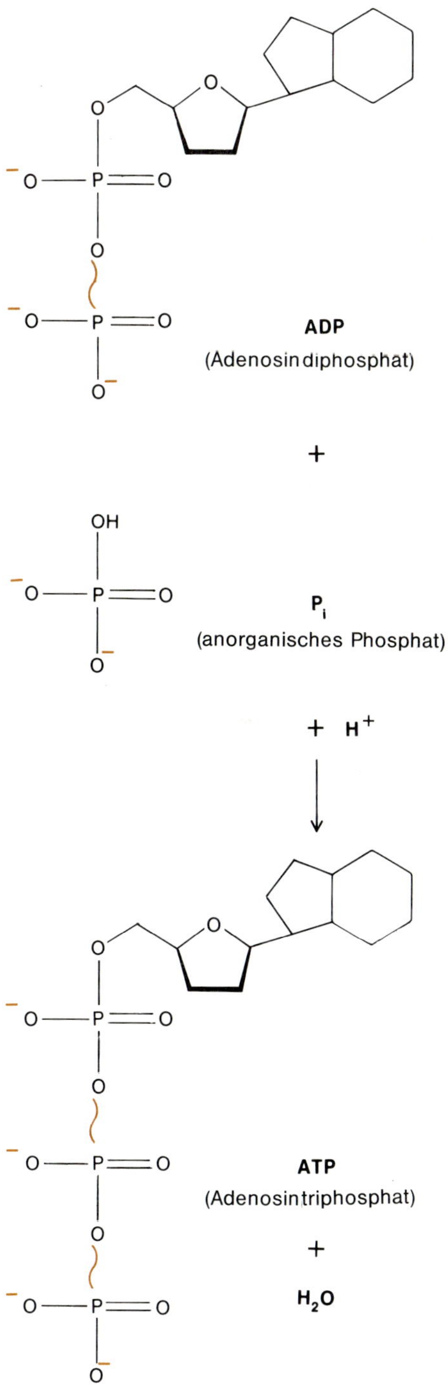

ADP
(Adenosindiphosphat)

+

P_i
(anorganisches Phosphat)

+ H^+

ATP
(Adenosintriphosphat)

+

H_2O

$$\text{ADP} + P_i + H^+ \longrightarrow \text{ATP} + H_2O$$
$$\Delta G = 30.5\ \text{kJ} \cdot \text{mol}^{-1}$$

Bei der Umwandlung von ADP zu ATP werden 30.5 kJ Freie Energie pro Mol gespeichert. Bei der Hydrolyse von ATP zu ADP und anorganischem Phosphat werden 30.5 kJ pro Mol freigesetzt.

VERGÄRUNG DURCH HEFE

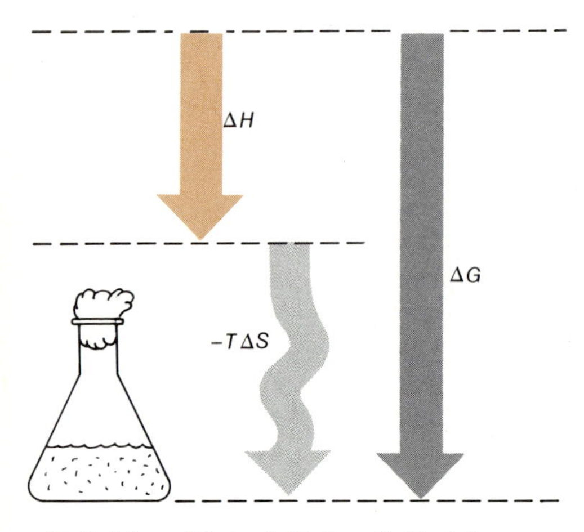

Enthalpie und Entropie fördern die Reaktion.

EINE KUGEL ROLLT BERGAB

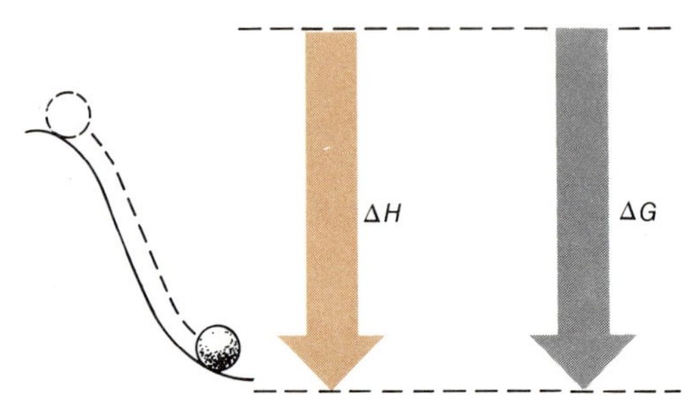

Die Entropie (oder Unordnung) spielt keine Rolle; die Spontaneität des Vorgangs wird allein von der Energie (Enthalpie) bestimmt.

RAUMSCHIFF, IM ALL VERLOREN

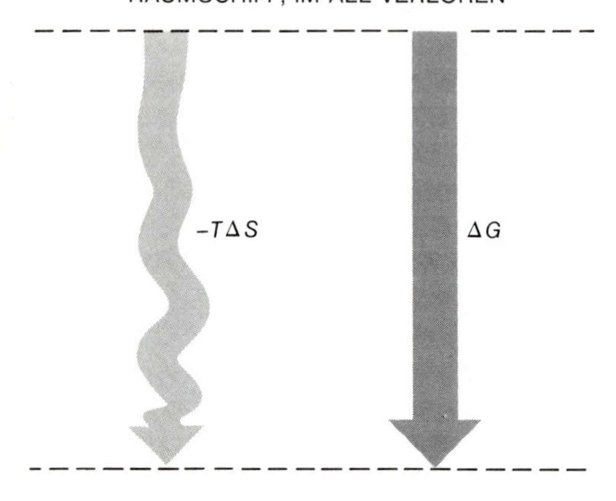

Ein Energieaustausch mit der Umgebung findet nicht statt; Spontaneität wird nach Maßgabe der Entropiezunahme (Zunahme der Unordnung) geregelt.

Es mag nicht besonders gut aussehen, daß nur 1160/2870 oder 40% der aus der Glucose-Reaktion verfügbaren Freien Energie gespeichert werden. Doch die 1710 kJ, die an die Umgebung abgegeben werden, sind nicht wirklich verschwendet. Sie sorgen dafür, daß die Reaktion spontan ist und daß sie nie in die falsche Richtung läuft. Die Situation gleicht der eines Wassermüllers: Er ist zufrieden, aus einem dahinbrausenden Wasserstrom vergleichsweise wenig Energie zum Antrieb seiner Mühle zu gewinnen, wenn er dafür sicher sein kann, daß der Mühlbach nie in die verkehrte Richtung fließt.

Wenn Hefezellen reichlich Sauerstoff zur Verfügung steht, verbrennen sie Glucose gemäß der Reaktionsgleichung, die wir gerade behandelt haben, und sie produzieren dabei Energie. Wenn aber der Sauerstoff knapp wird, macht die Hefe etwas, das wir nicht können: Sie kann ihren Citronensäure-Cyclus und ihre Atmungskette stillegen und dennoch in geringerem Umfang weiter Energie erzeugen, indem sie Glucose zu Ethanol vergärt:

$$C_6H_{12}O_6(f) \longrightarrow 2C_2H_5OH(fl) + 2CO_2(g)$$
$$\Delta H^0 = 82\ kJ$$
$$\Delta S^0 = +458\ J \cdot K^{-1}$$
$$\Delta G^0 = -82 - 298 \cdot 458/1000 = -82 - 136.5 = -218.5\ kJ$$

Der größere Teil (136.5 kJ) der die Reaktion treibenden Freien Energie ist auf die vermehrte Unordnung in den Produkten zurückzuführen, der geringere Teil (82 kJ) auf die freigesetzte Wärme! Im übrigen wird in diesem Gärungsprozeß viel weniger Energie gesammelt: Statt 38 werden nur zwei ATP-Moleküle synthetisiert:

$$2ADP + 2P_i \longrightarrow 2ATP \qquad \Delta G^0 = +61\ kJ$$

Es fehlt nicht mehr viel, daß die ATP-Synthese mehr chemische Energie verbraucht, als durch die Reaktionswärme geliefert wird. Das macht insofern nichts aus, als die Entropie für die Triebkraft einer Reaktion keinen geringeren Wert hat als die Enthalpie. Worauf es ankommt, ist ΔG insgesamt. Das Energiediagramm für die Vergärung von Glucose durch Hefe ist oben links dargestellt. Der Pfeil der Enthalpie und der Pfeil der Entropie zeigen beide nach unten, aber der Entropie-Pfeil ist länger.

Um nun auf das Beispiel der Gravitationsenergie zurückzukommen, d.h. auf den Felsbrocken, der einen Abhang hinunterrollt (links, Mitte): Es handelt sich um einen Spezialfall, bei dem man die Entropieänderung vernachlässigen kann. Ein Hügel mit einem Felsbrocken auf dem Gipfel hat genau den gleichen Grad von Ordnung (oder Entropie) wie ein Hügel mit einem Felsbrocken zu seinen Füßen. Die Beziehung $\Delta G = \Delta H - T\Delta S$ ist immer noch gültig, aber ΔS ist null. In einem solchen Fall ist die Aussage korrekt, daß ein spontaner Vorgang zu einem Zustand niedrigerer Energie führt, aber man darf nicht vergessen, daß es sich um einen Spezialfall eines allgemeineren Gesetzes handelt.

Auf der anderen Seite gibt es Situationen, in denen die Änderung der Enthalpie null ist und die Entropie, repräsentiert durch den Ausdruck $-T\Delta S$, alleinverantwortlich wird. Dies gilt für das Universum als Ganzes oder für jeden seiner Teile, der ein isoliertes System darstellt, das weder Masse noch Energie mit seiner Umgebung austauscht. Eine abgeschlossene Raumkapsel ist ein aktuelles, gar nicht sinnloses Beispiel (unten links). Alles was die Astronauten tun, vermehrt die Unordnung in der Kapsel und vermindert demzufolge die Freie Energie und als Folge davon die Möglichkeiten, andere Dinge zustande zu bringen: $\Delta G = -T\Delta S$. Mit der Raumkapsel und ihrem Inhalt geht's zu Ende, wie mit dem ganzen Universum, nur schneller. Wenn die Kapsel nicht geöffnet und mit neuer Freier Energie versorgt wird, endet sie schließlich samt ihrem ganzen Inhalt bei jenem Zustand hoher Entropie, den wir gemeinhin als Tod bezeichnen.

Entropie und Zeit

Die Physiker plagen sich mit dem Widerspruch, daß offensichtlich in der makroskopischen Welt die Zeit irreversibel in eine Richtung läuft, während andererseits alle Gesetze der Mechanik anscheinend vollkommen umkehrbar sind. Jeder Zusammenstoß, jede Reaktion von Molekülen können ebensogut „vorwärts" oder in der entgegengesetzten Richtung „rückwärts" stattfinden. Wäre es möglich, atomare Vorgänge im molekularen Maßstab zu filmen, gäbe uns der Film allein keinerlei Anhaltspunkt, ob er vorwärts oder rückwärts abgespielt wird (siehe die Zeichnung unten). Wäre der Vorgang in „Vorwärts"-Richtung die Reaktion zwischen H_2- und I_2-Molekülen, bei der HI-Moleküle gebildet werden, dann wäre die Rückreaktion der genau so gut mögliche Zusammenstoß zweier HI-Moleküle, bei dem H_2 und I_2 entstehen. Es gäbe keine Grundlage, eine „positive Richtung" des Zeitflusses auf molekularer Ebene zu definieren. Dies ist das bekannte *Prinzip der Mikroreversibilität* in Physik und Chemie: Wenn auf der Ebene der Moleküle eine Reaktion „vorwärts" möglich ist, dann muß die Reaktion „rückwärts" genausogut möglich sein.

In der makroskopischen Welt ist dagegen die positive Richtung der Zeit kein Problem. Filme, die rückwärts laufen, wirken schon allein deswegen komisch, weil sie dem gesunden Menschenverstand so gründlich zuwiderlaufen. Auf der nächsten Seite oben sieht man eine Serie von Bildern, in denen der einfache Vorgang dargestellt ist, wie Tinte in Wasser gelöst wird. Unten auf der Seite ist die gleiche Bilderserie in umgekehrter Reihenfolge angeordnet. Keiner von uns wird Schwierigkeiten haben festzustellen, daß die Reihenfolge oben richtig, die am Fuß der Seite falsch ist. Aber auf welcher Grundlage treffen wir diese Entscheidung? Diese Grundlage ist unsere tiefverwurzelte, intuitive Erkenntnis, daß aus Ordnung Chaos werden kann, daß aus Chaos aber niemals spontan Ordnung entsteht. Zu Anfang ihrer Laufbahn halten viele Studenten die Entropie für eine abstruse Erfindung – aber in Wirklichkeit kannten wir alle ihre Bedeutung, bevor wir einen Namen für sie hatten.

Ordnung oder regelmäßige Verteilung sind keine Eigenschaften individueller Teilchen, sondern Eigenschaften von Teilchenkollektiven. (Man kann niemandem die regelmäßige Anordnung nur eines Gegenstandes erklären!) Die Gesamtenergie eines Mol Gas-Moleküle beträgt das $6.022 \cdot 10^{23}$fache der mittleren Energie eines

Ein imaginärer Film über Moleküle. Der Film ist chemisch ebenso sinnvoll, wenn man ihn rückwärts statt vorwärts ablaufen läßt.

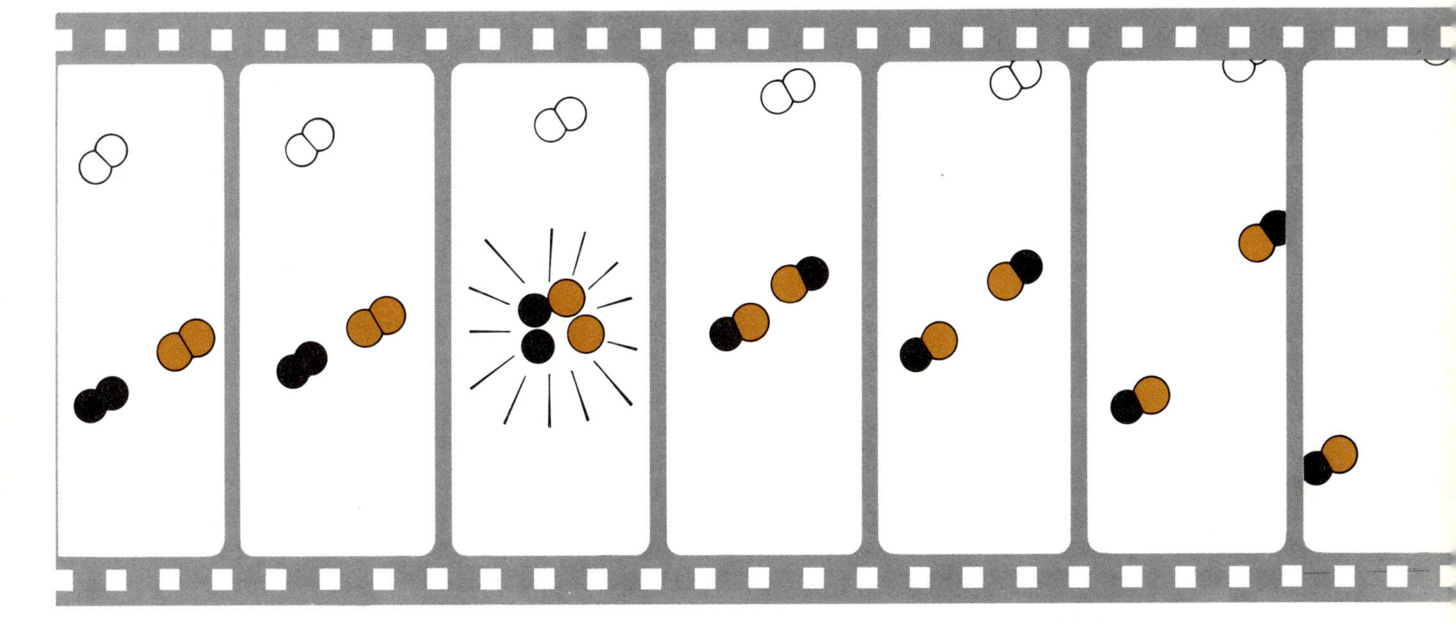

Noch ein Film, in anderem Maßstab. Ein Tropfen Tinte verteilt sich im Wasser und mischt sich völlig.

Läßt man diesen Film rückwärts ablaufen, wehrt sich der gesunde Menschenverstand. Wir erwarten nicht, daß sich ein Tropfen reine Tinte aus einer verdünnten Lösung von Tinte abtrennt und zurück in die Pipette schlüpft. In dieser Sequenz wurde offensichtlich die Zeit umgekehrt.

Moleküls. Wir können auch von der Entropie eines Mol Gas-Moleküle sprechen, aber es ist illegitim, diesen Wert durch $6.022 \cdot 10^{23}$ zu dividieren, um eine „mittlere molekulare Entropie" zu erhalten. Entropie ist mehr als nur die Zahl der vorliegenden Moleküle, multipliziert mit irgendeiner jedem Molekül eigenen Eigenschaft. Die Entropie beschreibt, wie die Teilchen *relativ zueinander angeordnet* sind. Wir gewinnen daraus ein Gefühl für den Fluß der Zeit. Auch wenn die mechanischen Bewegungen jedes Teilchens bezüglich der Zeit reversibel sind: Die stetige Zunahme des „Durcheinanders" einer großen Ansammlung von Teilchen ist nicht reversibel.

Der zweite Hauptsatz der Thermodynamik sagt in der Form, in der wir ihn diskutiert haben, aus, daß in jedem abgeschlossenen Bereich des Raums die Entropie spontan mit der Zeit zunimmt. Der Physiker Arthur Eddington drehte die Logik um, indem er formulierte: „Alle Gesetze der Physik sind auf mikroskopischer Ebene bezüglich der Zeit vollständig reversibel; eine positive oder negative Richtung bezüglich der Zeit ist nicht definiert. Auf makroskopischer Ebene bedeutet *positive* Zeit die Folge von Ereignissen, durch die die Entropie (oder Unordnung) in einem abgeschlossenen System zunimmt." In der Formulierung Eddingtons wird aus dem zweiten Hauptsatz statt einer Aussage über die Entropie eine Definition der positiven Zeit. Aus diesem Grund charakterisiert Eddington die Entropie als „Richtungspfeil der Zeit".

Wie auch immer unsere persönliche Vorstellung vom zweiten Hauptsatz aussieht; er stellt einen wichtigen Zusammenhang her: Im realen Universum haben positive Zeit und zunehmende Entropie immer die gleiche Richtung.

Entropie und Universum

Nichts auf dieser Welt findet statt, wenn kein Gradient da ist: eine Differenz in irgendeiner Eigenschaft zwischen einem Teil des Universums und einem anderen Teil. Der Wärmeinhalt der ganzen Welt könnte nicht in Arbeit umgewandelt werden, wenn überall die gleiche Temperatur herrschte; für eine Dampfmaschine ist nicht nur eine heiße Brennkammer nötig, sondern auch kaltes Wasser, um den Kondensator zu kühlen. Für mechanische Arbeit ist ein Gradient der potentiellen Energie nötig: Das schwerste Gewicht, das man sich vorstellen kann, ist nicht imstande, Arbeit zu verrichten, wenn es keinen Platz gibt, wo es hinfallen kann. Voraussetzung für chemische Arbeit ist, daß Verbindungen hoher Freier Energie da sind, die in Moleküle niedriger Freier Energie zerfallen können, z.B. in CO_2 oder Wasser. Eine andere Möglichkeit, daß chemische Arbeit geleistet wird, ist dann gegeben, wenn an einer Stelle eine Substanz in hoher Konzentration vorliegt, während irgendwo anders Mangel an dieser Substanz herrscht. Die Struktur des Universums – verschiedene Eigenschaften an verschiedenen Orten – ist eine Art von Ordnung. Immer wenn ein realer Vorgang stattfindet, wird etwas von dieser Ordnung beseitigt: Das „Durcheinander" (d.h. die Entropie) des Universums nimmt zu.

Insofern trägt das Universum in sich den Keim seines eigenen Todes. Vom Standpunkt der Freien Energie aus geht es mit dem Universum ständig abwärts. Die einzige Möglichkeit, daß es nicht abwärts geht, ist, daß gar nichts passiert. Immer wenn irgend etwas geschieht, hat dies zur Folge, daß im Universum andere Dinge eine etwas geringere Chance haben zu geschehen. Wenn ein Felsblock einen Abhang hinunterrollt, kann er mit irgendeiner Vorrichtung verbunden werden, die einen Teil seiner Energie speichert, aber wenn man die gespeicherte Energie dazu verwendet, den Brocken wieder hochzuziehen, so reicht sie nicht aus, um den Felsblock wieder ganz nach oben auf den Hügel zu bringen. Verluste dieser Art sind mit der unvermeidlichen Zunahme der Entropie bei jedem realen Vorgang verbunden.

Wenn der letzte Stern ausgebrannt und entweder zu einem weißen Zwerg geschrumpft oder zu einer Supernova explodiert sein wird, wenn die Wärme aus der letzten Wärmequelle verströmt, die letzte energiereiche organische Verbindung zerfallen und das Universum zu einer gleichförmigen Masse kalten Staubes geworden sind, dann ist alles vorbei. Wenn die Gesetze der Thermodynamik, wie wir sie kennen, allgemeingültig sind, dann scheint es keinen Weg zu geben, auf dem das Universum diesem „Entropietod" entkommen könnte. Es wird lange dauern, bis es soweit ist, aber daß es so kommen wird, läßt sich nicht verhindern.

Eine scheinbare Ausnahme von dem Dogma, daß es mit allem abwärts geht, ist das Phänomen des Lebens. Wenn bei spontanen Vorgängen immer Unordnung entsteht, wie kann dann eine hoch organisierte lebende Kreatur überleben? Es wäre ein Trugschluß, wenn wir annähmen, daß das Leben, indem es in so hoch organisiertem Zustand verharrt, den zweiten Hauptsatz der Thermodynamik verletzt und insofern außerhalb der natürlichen Ordnung der Dinge steht. Der Trugschluß liegt darin, daß eine Fassung des zweiten Hauptsatzes, die nur auf *isolierte* Systeme anwendbar ist, auf lebende Organismen übertragen wird, die ganz ausgeprägt *offene* thermodynamische Systeme sind. Um zu überleben, brauchen alle lebende Geschöpfe einen konstanten Zustrom von Verbindungen hoher Freier Energie, und sie müssen ständig Entropie in Form ungeordneter Abfallprodukte loswerden. Diese kontinuierliche Zufuhr von Freier Energie ist unverzichtbar, wenn der hohe Organisationsgrad einer lebenden Zelle aufrechterhalten werden soll. Machte man aus einem lebenden Organismus ein abgeschlossenes System, indem man ihn in einen luftdichten Stahlsarg einsperrte, wäre das Ende bald abzusehen.

Das scheinbare Paradoxon wird in folgender Frage noch einmal erweitert: Wie konnte sich angesichts des zweiten Hauptsatzes ein so hochorganisiertes, d.h. durch niedrige Entropie gekennzeichnetes Phänomen wie das Leben auf der Erde überhaupt entwickeln? Wie können wir weiter behaupten, daß es mit der Erde immer weiter abwärts geht, wenn doch die vergangenen drei Milliarden Jahre Zeuge waren des Fortschritts von einfachen chemischen Verbindungen zu *Homo sapiens* und den Geschöpfen neben ihm? Der Trugschluß ist der gleiche: Die Erde ist ebensowenig wie ein einzelnes Individuum ein abgeschlossenes thermodynamisches System. Die Erde fängt nur einen winzigen Bruchteil (nämlich ungefähr einen Teil von zwei Milliarden) der Energie auf, die von der Sonne ausgestrahlt wird, aber diese Energie reicht aus, um das ganze irdische Uhrwerk am Laufen zu halten. Stirbt die Sonne, so stirbt unsere Erde mit ihr.

Für alle chemischen und physikalischen Vorgänge ist letztlich die treibende Kraft die gleiche: die Freie Energie bzw. die Freie Enthalpie G. Für lokalisierte mechanische Vorgänge kann ΔS vernachlässigt werden, und nur ΔH ist von Bedeutung. Für abgeschlossene Systeme, einschließlich des ganzen Universums, ist ΔH definitionsgemäß null und ΔS wird entscheidend. Dies sind jedoch nur Grenzfälle der allgemein anwendbaren Beziehung $\Delta G = \Delta H - T\Delta S$.

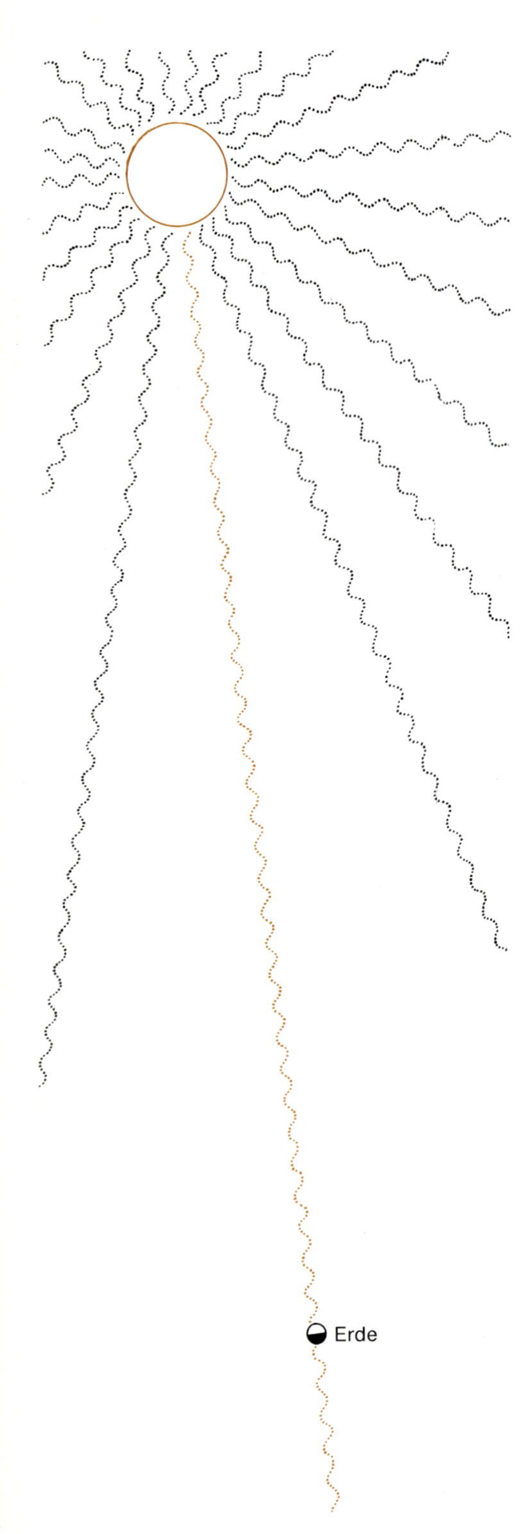

Das thermodynamische System aus Erde und Sonne. All unsere Energie stammt von der Sonne, aber die Erde fängt nur die Hälfte eines milliardstel Teils der solaren Strahlungsenergie auf. Dieser winzige Anteil liefert die thermodynamische Triebkraft für jegliche Aktivität auf der Erde.

Fragen

1. Auf welche Weise lassen sich Energie- (oder Enthalpie-) und Entropie-Betrachtungen auf den Vorgang des Schmelzens von Eis anwenden?
2. Was ist eine spontane (freiwillige) Reaktion? Laufen spontane Reaktionen immer schnell ab?
3. Welchen Einfluß hat ein Katalysator auf eine spontane Reaktion?
4. Was ist eine exotherme Reaktion? Sind spontane Reaktionen immer exotherm?
5. Wie lassen sich Wärme und kinetische Energie bei Festkörpern auf molekularer Ebene interpretieren? In welchem Sinn wird bei der Umwandlung von kinetischer Energie in Wärmeenergie Unordnung erzeugt?
6. Wenn alle anderen Faktoren gleich sind: Wird eine spontane Reaktion begünstigt oder gehemmt, wenn die teilnehmenden Moleküle Wärme aufnehmen?
7. Wird eine spontane Reaktion, wenn alle anderen Faktoren gleich sind, begünstigt oder gehemmt, wenn in den Produkten Ordnung erzeugt wird?
8. Welche Kombination von Wärmeänderung und Entropieänderung entscheidet bei einer spontanen Reaktion, bei der sich beide ändern, ob die Reaktion begünstigt oder erschwert wird?
9. Welche thermodynamische Größe ist das Maß für die Wärmeänderung bei einem Vorgang, der bei konstantem Gesamtdruck abläuft?
10. Welche thermodynamische Größe ist das Maß für den Ordnungsgrad?
11. In welcher Beziehung steht die Entropie zu der Anzahl der verschiedenen mikroskopischen Möglichkeiten, eine bestimmte, makroskopisch zu beobachtende Situation aufzubauen?
12. Warum gibt es mehr mikroskopische Möglichkeiten, aus den gleichen Molekülen ein Gas als einen Festkörper zu „konstruieren"?
13. Wie viele verschiedene Möglichkeiten gibt es, einen perfekten Kristall beim absoluten Nullpunkt aufzubauen? Was entnehmen wir daraus für die Entropie des Festkörpers beim absoluten Nullpunkt? Warum bleibt die Entropie nicht gleich, wenn der Festkörper vom absoluten Nullpunkt um wenige K erwärmt wird?
14. In welcher Richtung ändert sich die Entropie, wenn ein Festkörper schmilzt? Mit Hilfe von Anhang 2 soll ein anderes Beispiel als die im vorliegenden Kapitel erwähnten Fälle herausgesucht werden?
15. In welcher Richtung ändert sich die Entropie, wenn eine Flüssigkeit verdampft?

Es sollen Beispiele herausgesucht werden, die nicht in diesem Kapitel erwähnt sind!

16. In welcher Richtung ändert sich die Entropie, wenn ein fester Stoff in einer Flüssigkeit gelöst wird? Inwiefern besteht ein Unterschied zu dem Vorgang, daß sich ein Gas in einer Flüssigkeit löst?
17. Warum führt die Annäherung der Quantenzustände bei zunehmender Masse eines Moleküls zu höherer Entropie?
18. Warum haben kovalent gebundene Festkörper geringere Entropie als dichtgepackte Metalle?
19. In welchem allgemeinen Sinne kann man Entropie und mechanische Festigkeit eines Festkörpers in Beziehung zueinander setzen? Warum? Welche Beispiele außer den im 13. Kapitel genannten gibt es?
20. Warum nennt man die Differenz zwischen Enthalpieänderung und dem Produkt aus absoluter Temperatur und Entropieänderung „Freie" Energie? Warum paßt der Ausdruck „frei" nicht auf die Energie, die durch die Größe H gemessen wird?
21. Fördert bei der Verbrennung von Ethanol die Enthalpie die Reaktion oder nicht? Fördert die Entropie die Reaktion?
22. Fördert die Enthalpie den Zerfall von N_2O_5 zu NO_2 und O_2? Welcher Beitrag kommt von der Entropie? Ist die Reaktion spontan?
23. Ist bei der Verbrennung von Glucose die abgegebene Wärme gleich der Energie, die für Arbeitsleistung genutzt werden kann? Wenn es einen Unterschied gibt: Warum, und woher rührt er?
24. In welchem Sinne ist in ATP-Molekülen Freie Energie gespeichert? Wie wird die gespeicherte Energie zur späteren Verwendung freigegeben?
25. In welcher Beziehung stehen Entropie und Zeit? Was geschieht mit der Entropie in einem abgeschlossenen System? Wie kann die Beziehung zwischen Entropie und Zeit dazu dienen, eine für den gesunden Menschenverstand akzeptable Definition des „positiven" Zeitflusses zu liefern?
26. Wie erhalten lebende Organismen angesichts der Aussagen über zunehmende Unordnung, denen wir in diesem Kapitel begegnet sind, ihren hohen Ordnungszustand aufrecht?

Probleme

1. Welchen der folgenden Situationen entspricht jeweils höhere Entropie:
   (a) Ein gestapeltes Kartenspiel, oder die gleichen Karten über den Tisch verstreut?
   (b) Ein fertig montiertes Automobil, oder die getrennten Teile, die zur Montage eines Automobils nötig sind?
   (c) Kohlendioxid, Wasser + Mineralien oder der Baum, der daraus hervorgeht?
2. Welcher Zustand der folgenden zusammengehörigen Paare von Zuständen hat jeweils höhere Entropie?
   (a) 1 Mol flüssiges Wasser oder Wasserdampf bei 1 bar Druck und 25 °C?
   (b) Fünf Pfennigstücke auf einer Tischplatte, von denen vier Kopf und eines Zahl zeigen, oder die gleichen Geldstücke, wenn sie dreimal Kopf und zweimal Zahl zeigen?
   (c) 100 g flüssiges H_2O oder 100 g flüssiges D_2O?
   (d) 100 g flüssiges H_2O und 100 g flüssiges D_2O in getrennten Bechern, oder 200 g einer Mischung aus H_2O und D_2O?
   (e) 1 Mol gasförmiges CO_2 oder 1 Mol CO_2, gelöst in Wasser?
3. Welches Vorzeichen hat die Entropieänderung bei folgenden Reaktionen:
   (a) $2CO(g) + O_2(g) \longrightarrow 2CO_2(g)$

(b) $Mg(f) + Cl_2(g) \longrightarrow MgCl_2(f)$
(c) $Al(f) \longrightarrow Al(fl)$
(d) $I_2(f) \longrightarrow I_2(g)$
(e) $CH_4(g) + 2O_2(g) \longrightarrow CO_2(g) + 2H_2O(fl)$

4. Die Entropieänderungen (alle für 298 K) bei folgenden chemischen Reaktionen sollen berechnet werden:
   (a) $Ba(f) + {}^1/_2O_2(g) \longrightarrow BaO(f)$
   (b) $BaCO_3(f) \longrightarrow BaO(f) + CO_2(g)$
   (c) $Br_2(g) \longrightarrow 2Br(g)$
   (d) $H_2(g) + Br_2(fl) \longrightarrow 2HBr(g)$
   Dabei soll das Vorzeichen jeder Entropieänderung qualitativ durch Vergleich der Bewegungsfreiheit (oder Unordnung) der Moleküle von Reaktanden und Produkten erklärt werden.
5. Warum sollte die Entropie bei folgender Reaktion zunehmen:
   $Br_2(fl) + Cl_2(g) \longrightarrow 2BrCl(g)$?
6. Ein Metallstab A ist an einem Ende heiß, am anderen kalt; ein Stab B hat den gleichen absoluten Wärmeinhalt, aber überall die gleiche Temperatur. Welcher Metallstab hat die größere Entropie?
7. Man berechne die Entropieänderung, ΔS^0, für die Reaktion
   $S(f) + O_2(g) \longrightarrow SO_2(g)$.
   Gegeben sind $\Delta G^0 = -300.4\ kJ \cdot mol^{-1}$ sowie die Daten im Anhang 2.
8. Mit den Werten aus Anhang 2 soll auf zwei verschiedenen Wegen ΔS^0 für folgende Reaktion berechnet werden:
   ${}^1/_2H_2(g) + {}^1/_2Cl_2(g) \longrightarrow HCl(g)$
9. Für die Reaktion
   $2Ag(f) + Br_2(fl) \longrightarrow 2AgBr(f)$ (25 °C, 1.013 bar)
   ist $\Delta H^0 = -199\ kJ \cdot mol^{-1}$ und $\Delta G^0 = -191.6\ kJ \cdot mol^{-1}$
   (a) Wie groß ist die Entropieänderung ΔS^0 (in $J \cdot K^{-1}$) bei der Reaktion?
   (b) Was entnehmen wir diesem Wert von ΔS^0 über den relativen Ordnungsgrad in Reaktanden und Produkten?
10. Die Reaktion $2H_2(g) + O_2(g) \longrightarrow 2H_2O(g)$ läuft spontan ab, obwohl die Ordnung im System zunimmt. Wie kann das sein?
11. Wie groß ist die Änderung der Freien Energie (unter Standardbedingungen) bei der Reaktion
    $Fe_2O_3(f) + 3C\ (Graphit) \longrightarrow 2Fe(f) + 3CO(g)$
    Ist diese Reaktion unter Standardbedingungen spontan? Welcher Beitrag (in $kJ \cdot mol^{-1}$) kommt von der Enthalpie, welcher von der Entropie? Man verifiziere an diesem Beispiel die Beziehung $\Delta G^0 = \Delta H^0 - T\Delta S^0$.
12. Wie ändert sich die Freie Energie (bei 25 °C) bei der Reaktion $Cl_2(g) + I_2(g) \longrightarrow 2ICl(g)$? Wie groß sind die Beiträge von Enthalpie und Entropie? Welcher Beitrag ist wichtiger? Ist die Reaktion spontan?
13. Man berechne mit den Werten aus Anhang 2 ΔG^0 (25 °C) für folgende Reaktionen:
    (a) $2NaF(f) + Cl_2(g) \longrightarrow 2NaCl(f) + F_2(g)$
    (b) $PbO_2(f) + 2Zn(f) \longrightarrow Pb(f) + 2ZnO(f)$
14. Unter Berücksichtigung der Antworten auf Problem Nr. 13 kann man jetzt diskutieren: (a) die Wahrscheinlichkeit, gasförmiges F_2 durch Behandlung von NaF mit Cl_2 zu erhalten, und (b) die Brauchbarkeit von Zink zur Reduktion von PbO_2 zum Metall.
15. In welcher Reihenfolge muß man folgende Substanzen nach zunehmender Entropie ordnen:
    $N_2O_4(g)$, Na(f), NaCl(f), $Br_2(fl)$, $Br_2(g)$?
16. Wir betrachten die Reaktion
    $CH_4(g) + 2O_2(g) \longrightarrow CO_2(g) + 2H_2O(fl)$.

(a) Spricht der berechnete ΔG^0-Wert für oder gegen eine spontane Reaktion?

(b) Wie kann man erklären, daß CH_4 und O_2 bei Raumtemperatur unendlich lange nebeneinander existieren können, ohne daß irgendeine Reaktion nachweisbar ist?

17. Wie groß ist die Änderung der Freien Energie, wenn sich Diamant unter Standardbedingungen in Graphit umwandelt? Wie kann man angesichts der Antwort auf diese Frage erklären, warum sich die Diamanten in Brillantringen nicht in Graphitkörner verwandeln?

18. Ammoniak reagiert bei 25 °C mit HCl zu Ammoniumchlorid. Wie groß ist (unter Standardbedingungen) die Änderung der Freien Energie bei dieser Reaktion? Wie groß ist die Änderung der Standardenthalpie? Aus diesen beiden Werten soll die Änderung der Standardentropie berechnet und dieser Wert mit jenem verglichen werden, den man direkt aus den Standardentropien in Anhang 2 erhält. Wie kann man das Vorzeichen der Entropieänderung physikalisch erklären?

19. Wie groß ist die Freie Energie unter Standardbedingungen für die Reaktion von gasförmigem Wasserstoff mit Graphit zu Acetylen:

    $2C\,(\text{Graphit}) + H_2(g) \longrightarrow HC{\equiv}CH(g)$

    Ist die Reaktion spontan? Wie könnte man erreichen, daß die Reaktion ihrem ΔG^0-Wert zum Trotz abläuft?

20. Welche Werte haben Freie Energie, Enthalpie und Entropie bei 25 °C für folgende Reaktion:

    $2Ag(f) + Hg_2Cl_2(fl) \longrightarrow 2AgCl(f) + 2Hg(fl)$

    Ist die Gleichung $\Delta G^0 = \Delta H^0 - T\Delta S^0$ erfüllt? Ist die Reaktion endotherm? Ist sie spontan? Welchen Beitrag leisten Enthalpie und Entropie zur Spontaneität der Reaktion? Welcher Faktor überwiegt? Wie kann man den Entropieeffekt auf molekularer Ebene erklären?

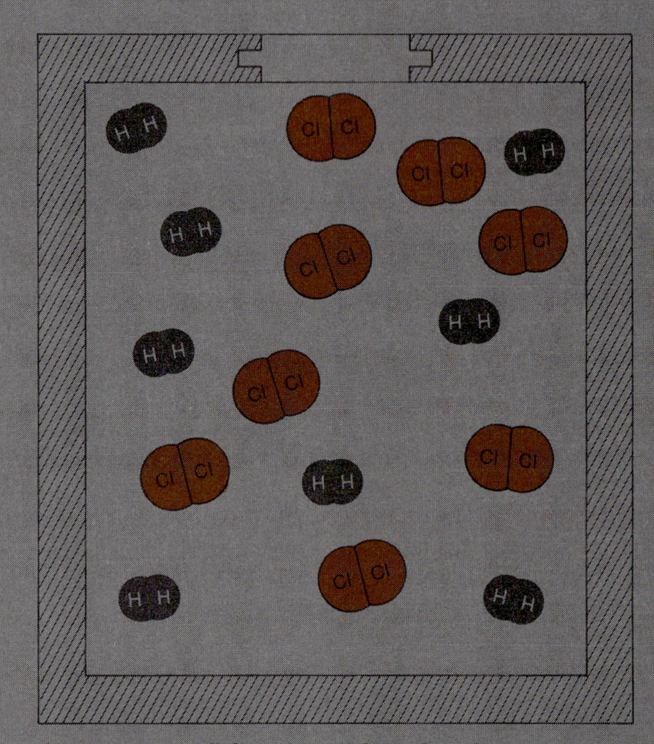

1 Im Wasserstoff-Gas (H_2) und Chlor-Gas (Cl_2) ...

2 ... das dem Licht ausgesetzt wird ...

3 ... wird eine Explosion ausgelöst, nach der es ...

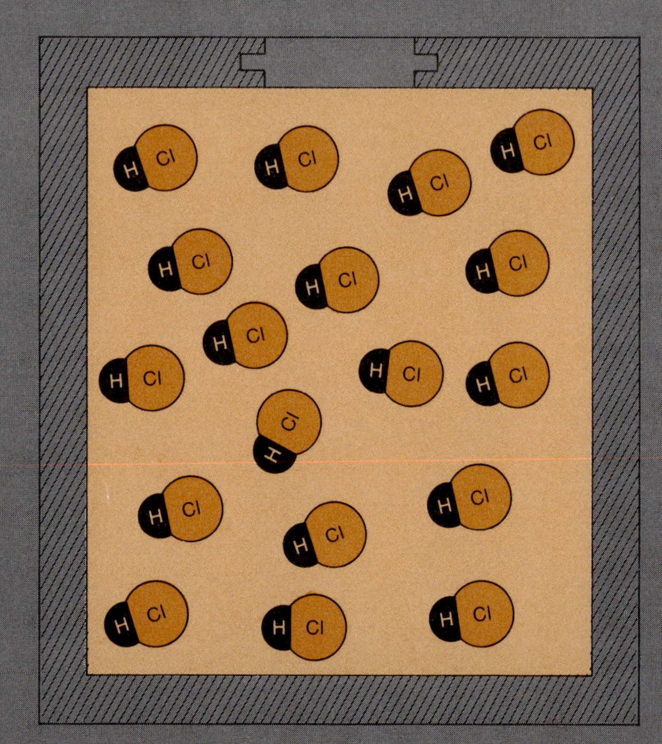

4 ... nur noch Chlorwasserstoff-Moleküle (HCl) gibt.

◀ *Die explosive Reaktion zwischen Wasserstoff- und Chlor-Gas verläuft schnell und praktisch vollständig*

14. Kapitel

Das chemische Gleichgewicht

Im 13. Kapitel haben wir uns die Frage gestellt: Wird eine bestimmte Reaktion irgendwann von selbst ablaufen, wenn wir nur lange genug warten? Die Antwort war, daß jede Reaktion spontan eintreten wird, die zu einer *niedrigeren* Freien Energie führt. Jede Reaktion, die mit einer *Zunahme* der Freien Energie verbunden ist, wird nicht spontan ablaufen; sie wird es nur in der umgekehrten Richtung tun. In diesem und dem folgenden Kapitel kommen wir zu einer schwierigeren, aber praktisch wichtigen Frage: Vorausgesetzt eine bestimmte Reaktion läuft von selbst ab, wie weit wird sie gehen und wird dieser Endpunkt der Reaktion in einer vernünftigen Zeit erreicht? Welche Faktoren bestimmen die *Geschwindigkeiten* chemischer Reaktionen?

Manche chemischen Reaktionen scheinen praktisch vollständig abzulaufen; sie enden bei den Produkten und einer nicht nachweisbaren oder vernachlässigbaren Menge der Ausgangsstoffe. Einige, aber nicht alle dieser Reaktionen sind sehr schnell (z.B. Explosionen). Andere Reaktionen kommen vor dem vollständigen Ablauf zur Ruhe, und es entsteht ein Gemisch aus Ausgangsstoffen und Produkten, nachdem alle sichtbaren chemischen Veränderungen vorüber sind. Noch andere Reaktionen scheinen überhaupt nicht innerhalb einer vernünftigen Zeit abzulaufen, obwohl ihre berechnete Änderung der Freien Energie deutlich negativ ist.

Die HCl-Synthese ist ein Beispiel für die erste Reaktionsart: schnell und anscheinend vollständig (s. gegenüberliegende Seite). Wenn Wasserstoff-Gas und Chlor-Gas in einem Behälter mit einem Fenster gemischt und im Dunkeln gehalten werden, tritt keine Reaktion ein. Licht dagegen löst eine Explosion aus:

$$H_2(g) + Cl_2(g) \longrightarrow 2HCl(g)$$
$$\Delta G^0 = -190.5 \text{ kJ pro zwei Mol HCl}$$

Nach der Explosion sind H_2 und Cl_2 praktisch nicht mehr nachweisbar. Die starke Abnahme der Freien Enthalpie deutet darauf hin, daß die Reaktion spontan abläuft, und die durch Licht ausgelöste Explosion zeigt, daß das tatsächlich der Fall ist. Aber warum läuft die Reaktion nicht im Dunkeln ab? Die Antwort ist: Zwar handelt es sich auch im Dunkeln um eine spontane Reaktion, sie ist aber so *langsam*, daß wir keine Veränderungen bemerken.

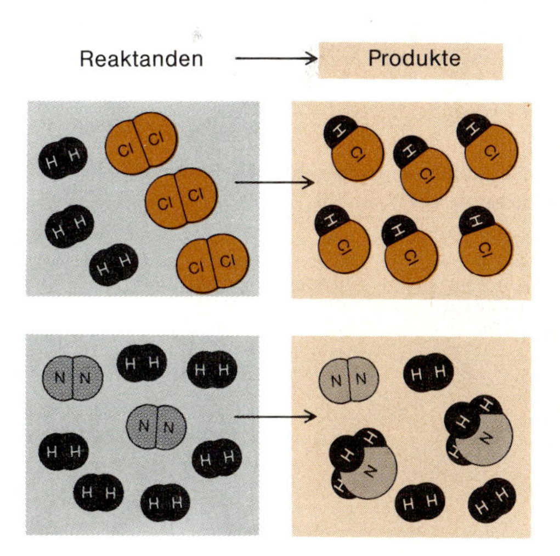

Bei manchen Reaktionen, z.B. der HCl-Bildung, gehen praktisch alle Reaktanden in Produkte über (oben). Bei anderen, z.B. der Bildung von Ammoniak aus H_2 und N_2 bei 450 K, ist das Reaktionsprodukt ein Gemisch, in diesem Beispiel aus den Gasen H_2, N_2 und NH_3.

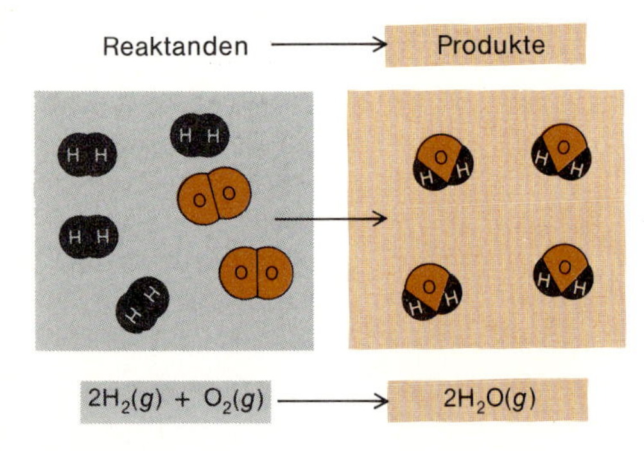

Wenn Wasserstoff und Sauerstoff miteinander reagieren, ist ihre Umwandlung in Wasser praktisch vollständig.

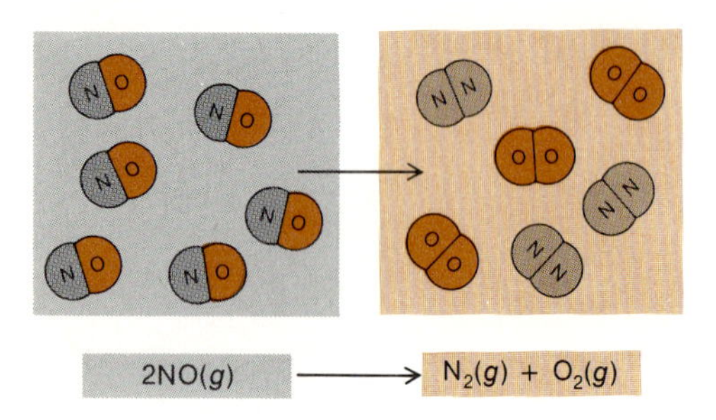

Stickstoffmonoxid zerfällt sehr langsam in N_2 und O_2.

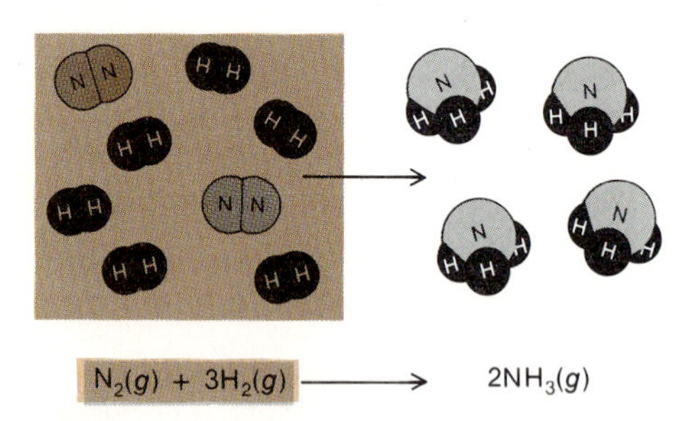

Bei Raumtemperatur entsteht Ammoniak sehr langsam aus N_2 und H_2.

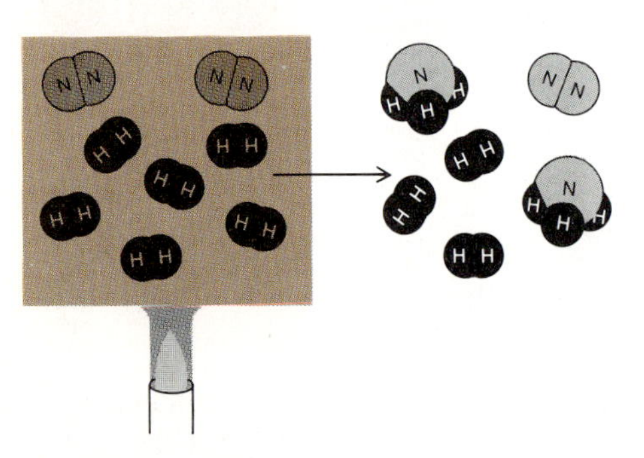

Beim Erhitzen entsteht Ammoniak schneller, aber die Reaktion ist am Gleichgewichtspunkt weniger vollständig, d.h. es liegen weniger NH_3 und mehr N_2 und H_2 vor.

Wasserstoff- und Sauerstoff-Gas verhalten sich ähnlich. Bei der Reaktion

$$2H_2(g) + O_2(g) \longrightarrow 2H_2O(g)$$
$$\Delta G^0 = -457.3 \text{ kJ pro zwei Mol } H_2O$$

nimmt die Freie Energie stark ab; sie ist deshalb spontan. Trotzdem können wir ein Gemisch aus Wasserstoff und Sauerstoff jahrelang aufbewahren, ohne irgendeine Reaktion zu beobachten. Wir müssen aber nur ein brennendes Streichholz in die Mischung bringen, um zu demonstrieren, wie ungeheuer spontan die Reaktion abläuft. Der gleiche Effekt kann durch einen Katalysator wie Platin-Schwarz hervorgerufen werden, eine fein verteilte Form von metallischem Platin mit großer Oberfläche.

Einer der Übeltäter im Kraftfahrzeug-Smog ist Stickoxid, NO. Wenn wir die Freie Enthalpie des Zerfalls von NO berechnen.

$$2NO(g) \longrightarrow N_2(g) + O_2(g)$$
$$\Delta G^0 = -173.2 \text{ kJ pro zwei Mol NO}$$

kommen wir zu dem Schluß, daß die Reaktion spontan ablaufen sollte. Der Zerfall von NO zu den harmlosen Gasen der Atmosphäre sollte recht vollständig sein. Doch jeder Einwohner von Los Angeles kann bezeugen, daß das nur Wunschdenken ist. Die Oxide des Stickstoffs gehören zu den kompliziertesten Komponenten des Smog-Problems. Sie zerfallen nicht mit nennenswerter Geschwindigkeit zu N_2 und O_2, obwohl dieser Zerfall nach thermodynamischen Kriterien stark begünstigt ist. In Analogie zur Wasserreaktion sollte man erwarten, daß ein Katalysator den Zerfall von NO beschleunigt, und das ist tatsächlich der Fall.

Der andere Faktor, mit dem man eine Reaktion beschleunigen kann, ist – wie wir bereits erwähnten – die Temperatur. Eine Temperaturänderung kann mehr erreichen als eine bloße Beschleunigung einer Reaktion; sie kann auch die Art der Produkte beeinflussen. Die Ammoniak-Synthese z.B. ist wichtig, da man mit ihr atmosphärischen Stickstoff fixieren und in Form von Düngemitteln und Sprengstoffen nutzbar machen kann:

$$N_2(g) + 3H_2(g) \longrightarrow 2NH_3(g)$$
$$\Delta G^0 = -33.3 \text{ kJ pro zwei Mol } NH_3$$

Wenn die Reaktion bei Raumtemperatur ausgeführt wird, besteht die entstehende Mischung fast vollständig aus NH_3 mit sehr wenig N_2 und H_2. Ein Nachteil ist, daß die Reaktion extrem langsam abläuft, doch kann sie mit einem Eisen-Mangan-Katalysator beschleunigt werden. Wenn man versucht, den gleichen Effekt durch Temperaturerhöhung zu erreichen, gerät man in Schwierigkeiten, weil bei 450 K das Produkt nicht mehr aus praktisch reinem NH_3 besteht, sondern aus einem Gemisch von N_2, H_2 und NH_3 in etwa gleichen Verhältnissen. Die Änderung der Freien Standardenergie bei dieser Temperatur ist 0. (Der Standardzustand von einer Atmosphäre [1.013 bar] Partialdruck als Ausgangsbedingung für jedes der Gase entspricht in diesem Fall tatsächlich der Gleichgewichtssituation bei 450 K.) Es wird noch schlimmer: Bei 1000 K ist die Änderung der Freien Standardenthalpie + 123.8 kJ (verglichen mit −33.3 kJ bei 298 K), und es entsteht fast kein Ammoniak mehr.

An diesen Beispielen der HCl-, H_2O-, NO- und NH_3-Reaktionen können wir zwei Dinge beobachten:

1. Nicht alle chemischen Reaktionen laufen vollständig ab. Auch nach einer unendlich langen Zeit bleiben manche Systeme Gemische aus Ausgangsstoffen und Produkten.

DER GROSSE HOLZAPFELKRIEG zwischen Mann (M) und Junge (B). Die vollständige Geschichte des Konflikts wird im Text erzählt.

2. Manche Reaktionen, die nach dem Kriterium der Freien Energie freiwillig eintreten sollten, laufen nicht mit meßbarer Geschwindigkeit ab. Manchmal können Katalysatoren oder Wärmezufuhr helfen.

Wir wollen die Ursachen für diese beiden Beobachtungen in diesem und dem folgenden Kapitel erklären; dabei werden wir uns auf zwei Konzepte konzentrieren: das *chemische Gleichgewicht* und die *Geschwindigkeiten* chemischer Reaktionen.

Holzäpfel und das Gleichgewicht

Wir wollen das Konzept des chemischen Gleichgewichts durch eine auf den ersten Blick scheinbar weit hergeholte, aber tatsächlich mathematisch korrekte Analogie einführen. Man stelle sich einen Holzapfelbaum vor, der auf der Grenzlinie zwischen zwei Gärten steht; in dem einen wohnt ein verschrobener alter Mann und in dem anderen ein Vater, der seinem Sohn aufgetragen hat, hinauszugehen und den Garten von Holzäpfeln zu reinigen. Der Junge merkt schnell, daß man die Holzäpfel am einfachsten dadurch los wird, daß man sie in den Nachbargarten wirft. Er tut es und erregt den Zorn des alten Mannes. Jetzt beginnen der Junge und der Mann Holzäpfel hin und her über den Zaun zu werfen, so schnell sie können. Wer wird gewinnen?

Die Schlacht läuft in fünf Phasen ab, wie auf dieser und den nächsten vier Seiten gezeigt ist. Wenn man annimmt, daß der Junge stärker und schneller ist als der alte Mann, könnte man meinen, daß der Konflikt damit endet, daß alle Äpfel auf der

Geschwindigkeit$_B$ ist die Geschwindigkeit, mit der der Junge die Äpfel über den Zaun wirft.

k_B ist die Geschwindigkeit, mit welcher der Junge die Äpfel vom Boden aufsammelt.

c_B ist die Konzentration der Äpfel im Garten des Jungen.

$$\text{Geschwindigkeit}_B = k_B c_B$$

Seite des alten Mannes landen (Phase I und II). Wenn sich auf beiden Seiten des Zauns die gleiche Anzahl von Äpfeln befindet, ist es zwar richtig, daß der Junge die Äpfel schneller über den Zaun werfen wird, als sie der alte Mann zurückwerfen kann. Aber das heißt nur, daß mehr Äpfel auf der Seite des alten Mannes sein werden, die dann leichter zu erreichen sind. Auf der Seite des Jungen werden sie rarer, und der Junge muß mehr herumrennen, um sie aufzuheben. Schließlich wird ein Gleichstand oder ein *Gleichgewicht* erreicht, in dem die gleiche Anzahl Äpfel in beiden Richtungen über den Zaun fliegt. Der alte Mann wirft weniger schnell, hat aber geringere Mühe, Äpfel zu finden (Phase III); der Junge wirft schneller, verliert aber Zeit dadurch, daß er herumrennt und die wenigen Äpfel auf seiner Seite sucht (Phase IV). Das Verhältnis der Äpfel auf den beiden Seiten des Zaunes wird schließlich durch die relative Geschwindigkeit der beiden Kämpfer bestimmt, doch werden *nicht* alle Äpfel auf einer Seite landen (Phase V). Wir können die Geschwindigkeit, mit der der alte Mann die Äpfel wirft, ausdrücken durch

$$\text{Geschwindigkeit}_M = k_M c_M$$

Die Geschwindigkeit wird gemessen in Äpfel pro Sekunde über den Zaun, und c_M ist die Konzentration der Äpfel auf der Seite des Mannes, ausgedrückt in Äpfel pro Quadratmeter Boden. Die Geschwindigkeitskonstante k_M hat die Einheit $m^2 \cdot s^{-1}$:

$$\text{Geschwindigkeit}_M = k_M \cdot c_M$$

$$\frac{\text{Äpfel}}{\text{s}} = \frac{\text{m}^2}{\text{s}} \cdot \frac{\text{Äpfel}}{\text{m}^2}$$

Der Wert von k_M drückt die Behendigkeit des alten Mannes aus und seine Geschwindigkeit, mit der er das Gebiet auf seiner Seite des Zauns unter Kontrolle hat.

Die Geschwindigkeit, mit der der Junge die Äpfel über den Zaun zurückwirft, ist gegeben durch

$$\text{Geschwindigkeit}_B = k_B c_B$$

wobei c_B die Konzentration der Äpfel im Garten des Buben ist und k_B die Geschwindigkeitskonstante oder Behendigkeitskonstante, die angibt, wie schnell der Junge auf seiner Seite des Zauns aufräumt (in $m^2 \cdot s^{-1}$). Da wir angenommen haben, daß der Junge schneller ist als der Mann, ist k_B größer als k_M.

Wenn der Junge seinen Garten völlig von Äpfeln gereinigt hätte, bevor der alte Mann herausgekommen wäre, dann wäre die Geschwindigkeit$_M$ zu Beginn der Schlacht größer gewesen als die Geschwindigkeit$_B$, und es hätte insgesamt einen Strom von Äpfeln auf die Seite des Jungen gegeben. Seine Behendigkeit würde ihm nichts nützen, wenn es keine Äpfel auf seiner Seite gäbe, die er aufheben könnte. Wenn umgekehrt die Schlacht mit der gleichen Konzentration von Äpfeln auf jeder Seite begonnen hätte, dann wäre die Geschwindigkeit$_B$ größer gewesen als die Geschwindigkeit$_M$, weil die Behendigkeitskonstante k_B größer ist als k_M. Wenn beiden die gleiche Anzahl von Äpfeln zur Verfügung steht, ist der Junge immer besser dran als der alte Mann, da er schneller umherrennen kann. In beiden Fällen würde ein neutraler Beobachter zu seiner Überraschung feststellen, daß die Schlacht schließlich in einer Patt-Situation oder in einem Gleichgewicht endete, in

Geschwindigkeit$_M$ ist die Geschwindigkeit, mit welcher der Mann Äpfel über den Zaun wirft.

k_M ist die Geschwindigkeit, mit welcher der Mann Äpfel vom Boden aufsammelt.

c_M ist die Konzentration der Äpfel im Garten des Mannes.

Geschwindigkeit$_M$ = $k_M c_M$

Im Gleichgewicht ist

$$\text{Geschwindigkeit}_M = \text{Geschwindigkeit}_B$$

oder

$$k_M c_M = k_B c_B$$

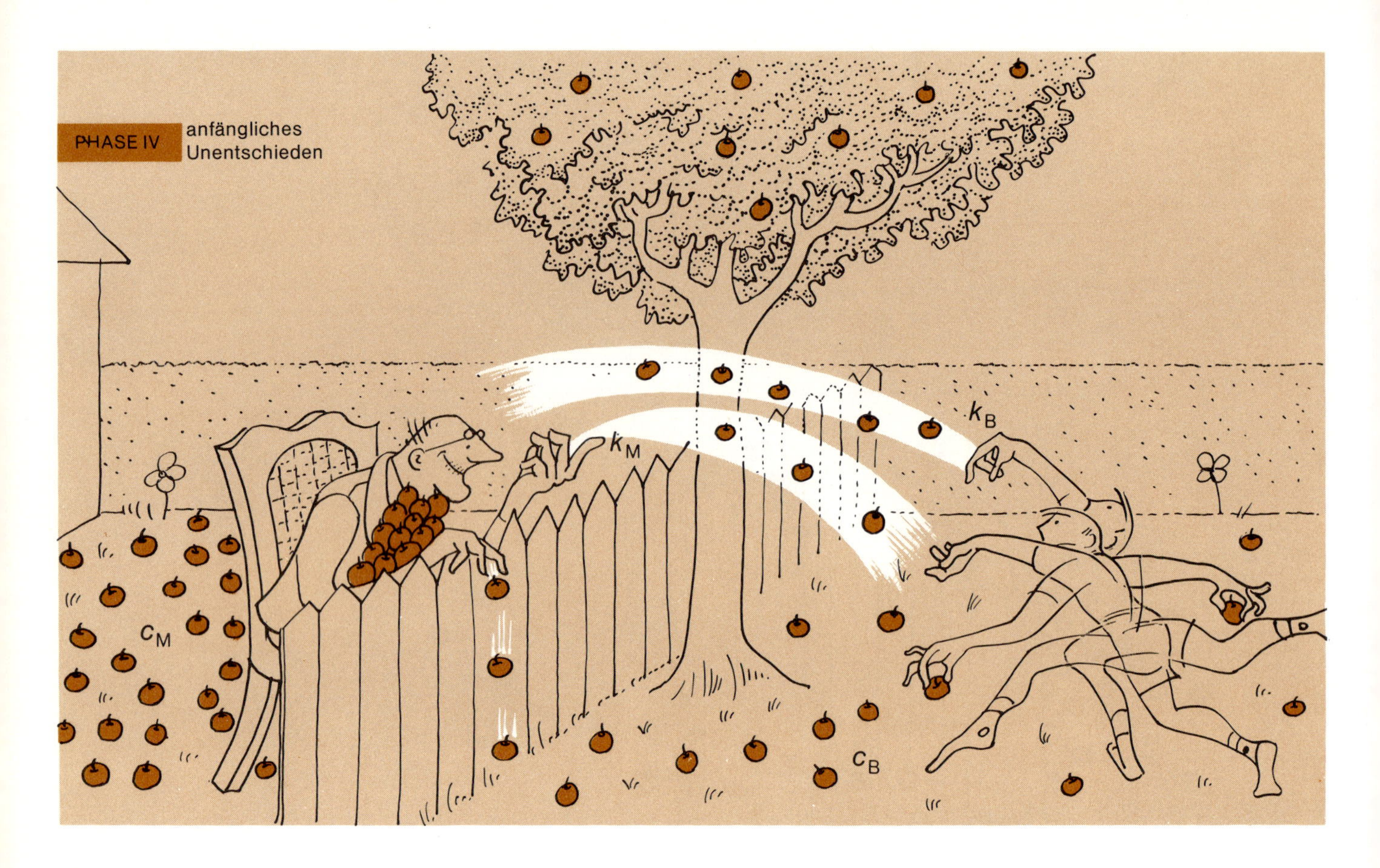

GLEICHGEWICHT Phase IV und V

$$\underbrace{k_M \times c_M}_{\substack{\text{klein} \quad \text{groß} \\ \text{Geschwindigkeit}_M}} = \underbrace{k_B \times c_B}_{\substack{\text{groß} \quad \text{klein} \\ \text{Geschwindigkeit}_B}}$$

oder

$$\frac{k_B}{k_M} = \frac{c_M}{c_B} = K_{eq} = \textbf{Gleichgewichtskonstante}$$

dem $\text{Geschwindigkeit}_M = \text{Geschwindigkeit}_B$ ist, an einem Punkt also, an dem die zusätzlichen Äpfel auf der Seite des alten Mannes gerade die zusätzliche Behendigkeit des Jungen kompensieren. Die Geschwindigkeiten, mit denen Äpfel in beiden Richtungen über den Zaun geworfen würden, wären dieselben:

$$\text{Geschwindigkeit}_M = \text{Geschwindigkeit}_B$$
$$k_M \cdot c_M = k_B \cdot c_B$$

Das Verhältnis der Konzentrationen bei diesem Stillstand oder in diesem stationären Zustand gibt uns die relativen Behendigkeiten des Mannes und des Jungen an:

$$\frac{c_M}{c_B} = \frac{k_B}{k_M}$$

Das Verhältnis der Äpfel in den beiden Gärten wird, wenn die Patt-Situation erreicht ist, unabhängig von den Ausgangsbedingungen immer dasselbe sein – gleichgültig ob zu Beginn alle Äpfel in dem Garten des Jungen oder des Mannes lagen oder zwischen den beiden aufgeteilt waren. Das *Verhältnis* der Äpfel in den beiden Gärten im Zustand des Gleichgewichts wird auch dasselbe sein, unabhängig davon, wie viele Äpfel es gibt – ein Dutzend oder tausend (solange wir Ermüdungserscheinungen ausschließen können). Eine Verdopplung der Zahl der Äpfel in der Schlacht verdoppelt die Geschwindigkeit, mit der der Junge sie finden und werfen kann, doch

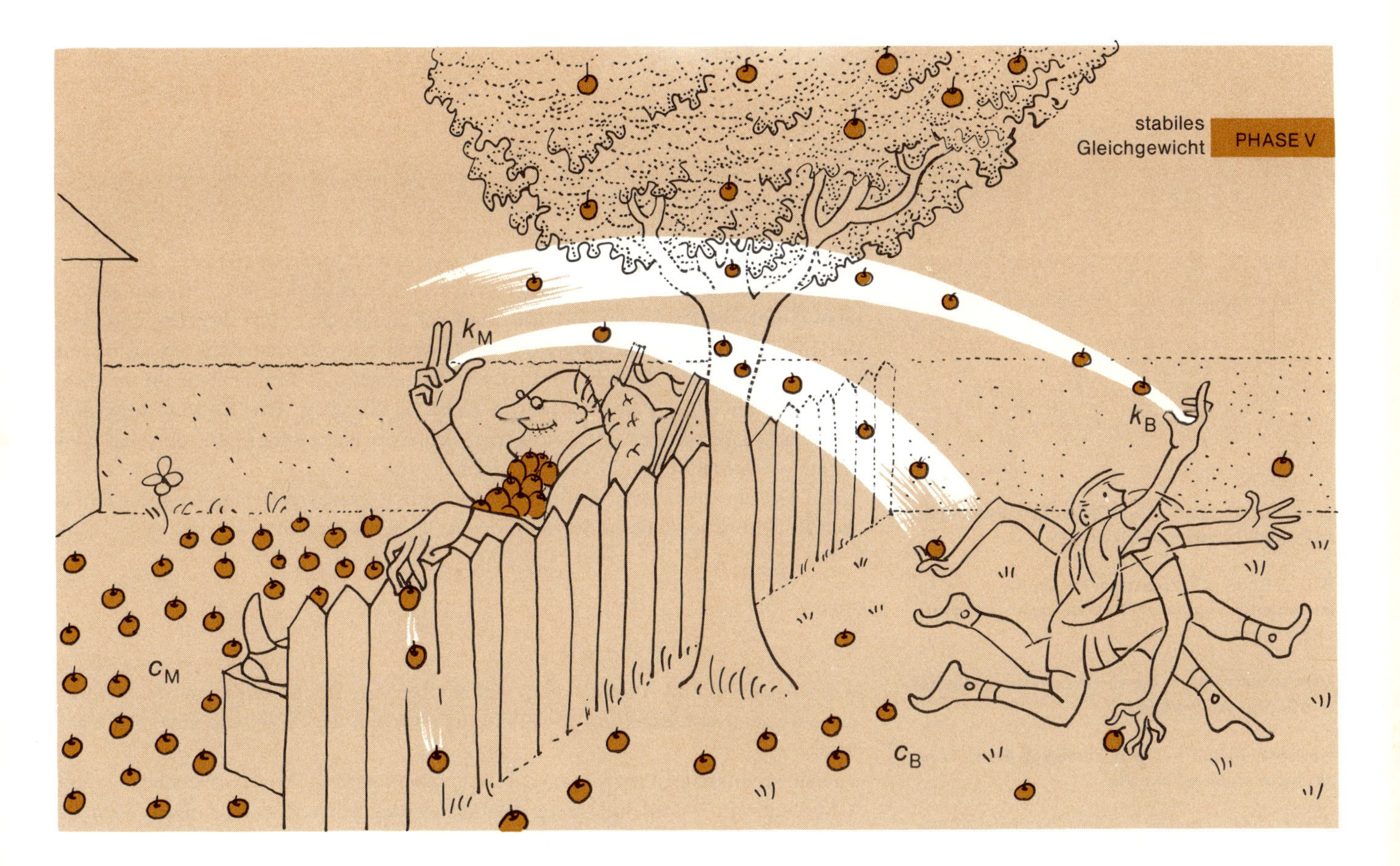

sie verdoppelt auch die Geschwindigkeit, mit der der Mann sie zurückwerfen kann. Die beiden Effekte heben einander im Verhältnis auf.

Ein solches Verhältnis, das unabhängig von den Ausgangsbedingungen und von den absoluten Zahlen ist, wird Gleichgewichtskonstante K_{eq} genannt:

$$K_{eq} = \frac{k_B}{k_M} = \frac{c_M}{c_B}$$

Wenn wir den Wert der Gleichgewichtskonstante kennen, entweder aus vergangenen Schlachten oder durch Kenntnis der Behendigkeitskonstanten k_M und k_B, dann können wir, wenn die Patt-Situation erreicht ist, bestimmen, wie viele Äpfel auf der Seite des alten Mannes sind, indem wir die Äpfel auf der Seite des Jungen zählen und einfache Arithmetik anwenden.

Beispiel. Der Junge säubert sein Gebiet doppelt so schnell wie der alte Mann. In der Patt-Situation liegen im Garten des Jungen drei Äpfel pro Quadratmeter. Wie groß ist die Apfeldichte auf der Seite des alten Mannes?

Lösung. Aus den Bedingungen folgt:

$$K_{eq} = \frac{k_B}{k_M} = 2 \quad \text{und} \quad c_B = 3 \text{ Äpfel} \cdot \text{m}^{-2}$$

$A \rightarrow B$ ist die Hinreaktion, bei der die Reaktanden in Produkte umgewandelt werden.

$B \rightarrow A$ ist die Rückreaktion, bei der die Reaktanden aus den Produkten wieder zurückgebildet werden.

Geschwindigkeit$_h$ = Geschwindigkeit der Hinreaktion in Mol pro Sekunde

Geschwindigkeit$_r$ = Geschwindigkeit der Rückreaktion in Mol pro Sekunde

k_h = Geschwindigkeitskonstante der Hinreaktion von A zu B in Liter pro Sekunde

k_r = Geschwindigkeitskonstante der Rückreaktion von B zu A in Liter pro Sekunde

[A] = Konzentration der Reaktanden in Mol pro Liter

[B] = Konzentration der Produkte in Mol pro Liter

Dann ist

$$2 = \frac{c_M}{3}$$

oder

$$c_M = 6 \text{ Äpfel} \cdot m^{-2}$$

Der alte Mann hat im Gleichgewicht sechs Äpfel pro Quadratmeter auf seiner Seite.

Die Patt-Situation ist ein *Gleichgewicht* zwischen zwei einander entgegen gerichteten Apfelwerf-Prozessen. Offensichtlich hat im Gleichgewicht das Hin- und Herwerfen von Äpfeln nicht aufgehört, doch wenn wir über die Zahl der Äpfel auf beiden Seiten Buch führten, würden wir feststellen, daß sich nichts mehr änderte. Das wird durch die Patt-Situation in Phase V illustriert. Die Konzentration der Äpfel auf beiden Seiten des Zauns wird sich nicht mehr ändern, bis der eine oder der andere Kämpfer ermüdet und langsamer wird.

Die Holzapfel-Analogie ist eine mathematisch korrekte Behandlung der einfachen Reaktion, bei der eine Substanz in eine andere übergeht:

$$A \rightleftharpoons B$$

oder

$$A \longrightarrow B \text{ und } B \longrightarrow A$$

In der Analogie sind A und B die Äpfel auf der Seite des Mannes bzw. des Jungen, und die chemische Reaktion entspricht dem Werfen der Äpfel von einer Seite auf die andere.

Jeder chemische Prozeß ist auf der molekularen Ebene reversibel. Wenn A-Moleküle in B-Moleküle umgewandelt werden können, dann müssen auch B-Moleküle in der Lage sein, in A-Moleküle überzugehen, wenn auch vielleicht mit unterschiedlicher Geschwindigkeit. Wenn k_h und k_r die Geschwindigkeitskonstanten für Hin- bzw. Rückreaktion sind, dann gilt wie in der Holzapfel-Analogie:

Geschwindigkeit der Hinreaktion = Geschwindigkeitskonstante der Hinreaktion · Konzentration der Reaktanden

$$\text{Geschwindigkeit}_h = k_h \cdot [A]$$

Geschwindigkeit der Rückreaktion = Geschwindigkeitskonstante der Rückreaktion · Konzentration der Produkte

$$\text{Geschwindigkeit}_r = k_r \cdot [B]$$

[A] und [B] sind die Konzentrationen der Moleküle A und B. Anstelle der Einheiten Äpfel pro Quadratmeter messen wir die Molekülkonzentrationen in Moleküle pro Kubikzentimeter oder bequemer in Mol pro Liter (1 mol = $6.022 \cdot 10^{23}$ Moleküle und 1 Liter = 1000 cm^3). Wenn man die Gesamtreaktionsgeschwindigkeit in Mol reagierende Substanz pro Sekunde ausdrückt, dann erhalten die Geschwindigkeitskonstanten k_h und k_r die Einheiten Liter pro Sekunde:

$$\text{Geschwindigkeit}_h = k_h \cdot [A]$$

$$\frac{\text{Mol}}{\text{Sekunde}} = \frac{\text{Liter}}{\text{Sekunde}} \cdot \frac{\text{Mol}}{\text{Liter}}$$

Wieder beschreiben die Geschwindigkeitskonstanten, wie schnell die Hin- und Rückreaktionen „das Territorium beherrschen", das die Moleküle einnehmen.

Wenn die Hin- und Rückreaktionen lange genug abgelaufen sind, wird das Verhältnis der Konzentrationen von A und B einen bestimmten Wert annehmen, der nicht von den Ausgangsbedingungen oder der absoluten Zahl der vorhandenen

Moleküle A und B abhängt. Das Gleichgewicht ist erreicht, in dem sich Hin- und Rückreaktionen genau die Waage halten:

$$\text{Geschwindigkeit}_h = \text{Geschwindigkeit}_r$$

$$K_{eq} = \frac{k_a}{k_r} = \frac{[B]}{[A]}$$

Gleichgewicht bedeutet nicht, daß die chemische Aktivität aufgehört hat, sondern nur, daß Hin- und Rückreaktion mit derselben Geschwindigkeit ablaufen, so daß sich die Mengen von Reaktand und Produkt nicht mehr ändern.

Gleichgewicht und Prozesse zweiter Ordnung

Sehr wenige chemische Reaktionen sind spontane Molekül-Zerfallsreaktionen mit einer Kinetik erster Ordnung und einem Gleichgewicht wie in der Holzapfelschlacht. Kinetiken erster Ordnung findet man gewöhnlich in der Radiochemie und beim Zerfall von Atomkernen. Die meisten chemischen Reaktionen treten ein, wenn zwei oder mehr Moleküle oder Ionen miteinander zusammenstoßen, so daß die Reaktionsgeschwindigkeiten gleichzeitig von den Konzentrationen mehrerer Substanzen abhängen. Bei der Wasserstoff-Iod-Reaktion

$$H_2(g) + I_2(g) \rightleftharpoons 2HI(g)$$

muß ein Molekül Wasserstoff mit einem Molekül Iod in Wechselwirkung treten, damit die chemische Reaktion eintreten kann. Wenn die Wechselwirkung eine einfache Kollision zweier Moleküle wäre (wir werden den tatsächlichen Mechanismus im nächsten Kapitel diskutieren), dann sollte eine Verdoppelung der Konzentration von H_2 oder I_2 die Reaktionsgeschwindigkeit verdoppeln, und eine gleichzeitige Verdopplung der Konzentrationen beider Substanzen würde die Anzahl der Kollisionen vervierfachen und damit die Reaktion viermal so schnell machen. Die Geschwindigkeit der Hinreaktion wäre dann gegeben durch

$$\text{Geschwindigkeit}_h = k_h \cdot [H_2] \cdot [I_2]$$

Die Reaktionsgeschwindigkeit hängt von der Anzahl der Zusammenstöße zwischen den reagierenden Molekülen ab. Wenn die Konzentration des Reaktand-Moleküls H_2 verdoppelt und die I_2-Konzentration verdreifacht werden, wird HI sechsmal so schnell entstehen.

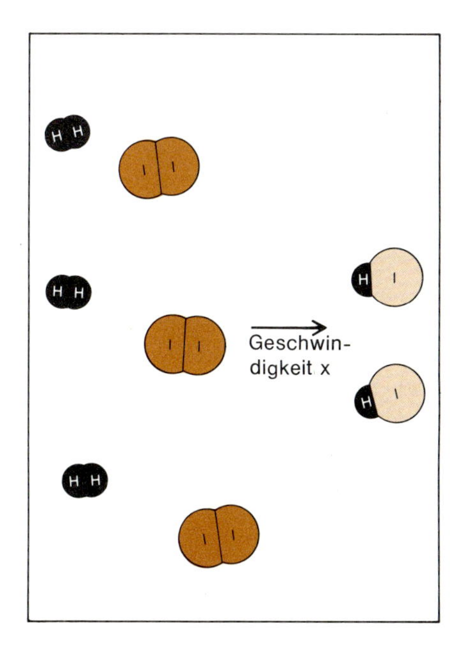

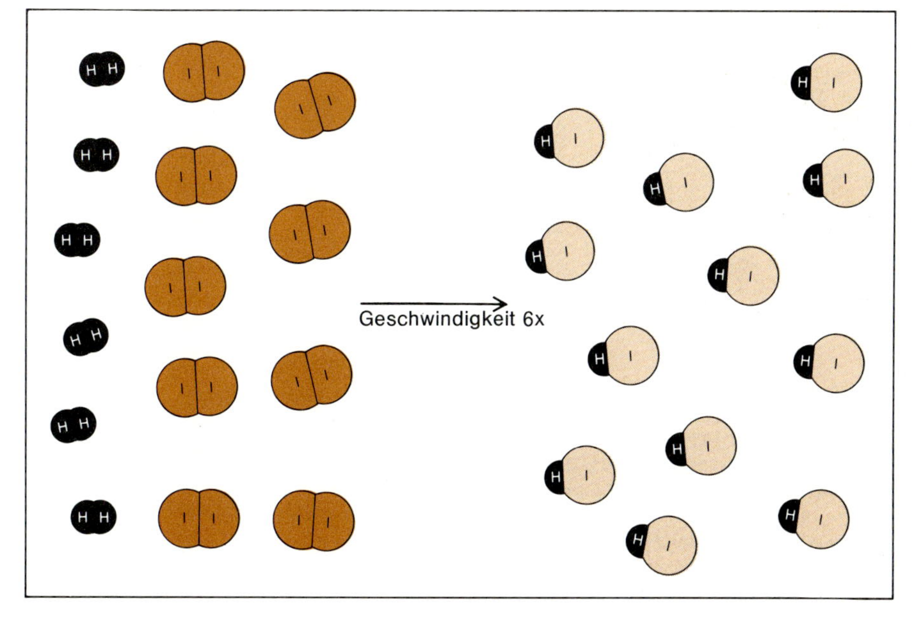

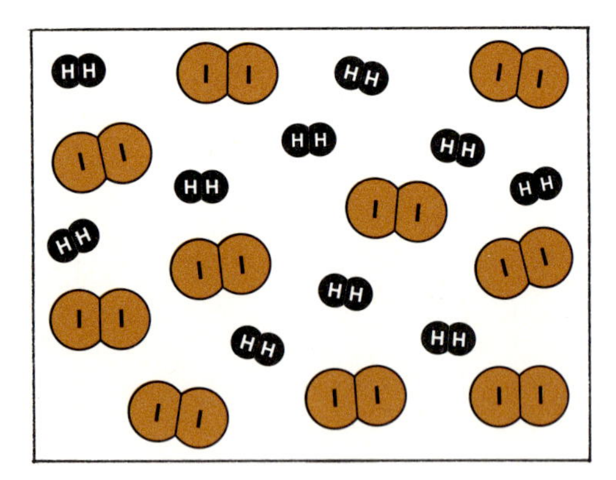

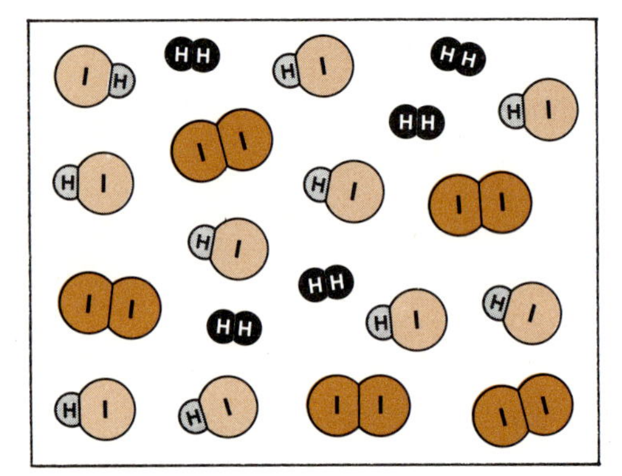

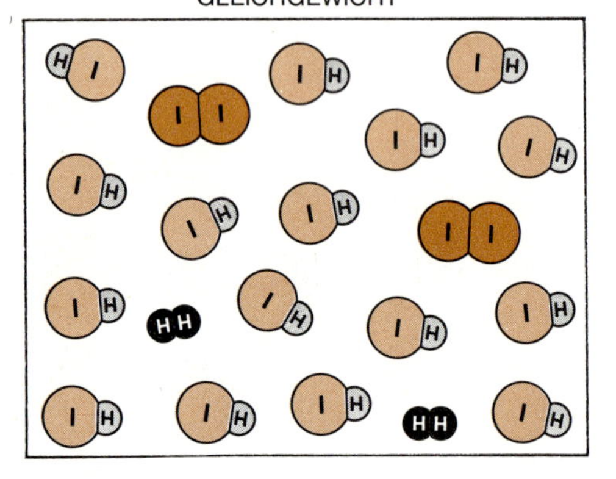

Gleichgewicht zwischen den Molekülen H_2, I_2 und HI. In der obersten Zeichnung befinden sich je ein Mol H_2 und I_2 bei 448 °C in einem 10 l-Gefäß. Nach ein paar Stunden ist aus der Hälfte der H_2- und I_2-Moleküle HI entstanden (Mitte), und die Reaktion geht weiter. Schließlich wird mit 0.22 mol H_2, 0.22 mol I_2 und 1.56 mol HI das Gleichgewicht erreicht (unten). Die Zusammensetzung der Gasmischung ändert sich dann nicht mehr.

Dieser Ausdruck besagt, daß die Geschwindigkeit der Hinreaktion proportional zur Konzentration jedes einzelnen Reaktanden ist; der Proportionalitätsfaktor ist k_h. Wenn die Geschwindigkeit in Mol pro Sekunde gemessen wird und die Konzentrationen in Mol pro Liter, dann hat k_h die Einheit $\text{Liter}^2 \cdot \text{Mol}^{-1} \cdot \text{Sekunde}^{-1}$. Diese etwas seltsame Einheit für k_h bedeutet, daß die Geschwindigkeit einer Molekülsorte, die durch ein vorhandenes Volumen schießt und mit anderen Molekülen kollidiert, ausgedrückt werden kann in Liter pro Sekunde pro Konzentrationseinheit (Mol pro Liter) für diese Molekülsorte.

Die Geschwindigkeitsgleichung für die Wasserstoff-Iod-Reaktion deutet darauf hin, daß die Reaktion bei der Verdoppelung der Wasserstoff-Konzentration und der Verdreifachung der Ioddampf-Konzentration $2 \cdot 3 = 6$mal so schnell ablaufen wird. Wenn die Wasserstoff-Konzentration halbiert wird, aber die Iod-Konzentration verdoppelt, bleibt die Geschwindigkeit unverändert. Obwohl nur halb so viele H_2-Moleküle für die Reaktion zur Verfügung stehen, werden Zusammenstöße jedes einzelnen von ihnen mit I_2-Molekülen doppelt so häufig sein, so daß sich die Wirkungen der beiden Konzentrationsänderungen gerade aufheben. Da die Reaktionsgeschwindigkeit vom Produkt zweier Konzentrationen abhängt, handelt es sich um eine Reaktion zweiter Ordnung.

Schwieriger ist es einzusehen, warum die umgekehrte Reaktion, der Zerfall von HI in H_2 und I_2, ebenfalls ein Prozeß zweiter Ordnung ist mit einer Geschwindigkeit proportional zum Quadrat der HI-Konzentration:

$$2\text{HI} \longrightarrow \text{H}_2 + \text{I}_2$$
$$\text{Geschwindigkeit}_r = k_r \cdot [\text{HI}] \cdot [\text{HI}]$$
$$= k_t \cdot [\text{HI}]^2$$

Ein isoliertes HI-Molekül spaltet sich nicht spontan in H- und I-Atome, die dann nur noch auf andere H- und I-Atome warten, um mit ihnen H_2 und I_2 zu bilden. Um das HI-Molekül zu zerlegen, wäre viel zu viel Energie notwendig; wenn es trotzdem gelänge, würden die hyperreaktiven H- und I-Atome prompt wieder rekombinieren. Die Reaktion läuft nur ab, wenn *zwei* Moleküle HI mit ausreichender Energie kollidieren und ihre Partner austauschen, so daß H_2 und I_2 entstehen können. Die Chance, daß irgendein HI-Molekül innerhalb der nächsten Sekunde reagieren wird, hängt davon ab, wieviel HI-Moleküle vorhanden sind, mit denen es zusammenstoßen kann, also von [HI]. Die Gesamtreaktionsgeschwindigkeit aller HI-Moleküle hängt davon ab, wie viele Moleküle vorhanden sind, und welche Chance jedes von ihnen hat, zu reagieren:

$$\text{Geschwindigkeit}_r = (\text{Anzahl der HI-Moleküle}) \cdot (\text{Reaktionswahrscheinlichkeit pro HI})$$
$$\text{Geschwindigkeit}_r = [\text{HI}] \cdot k_r[\text{HI}]$$
$$\text{Geschwindigkeit}_r = k_r \cdot [\text{HI}] \cdot [\text{HI}]$$
$$= k_r \cdot [\text{HI}]^2$$

Eine Verdoppelung der Konzentration der HI-Moleküle verdoppelt die Anzahl der für Kollisionen zur Verfügung stehenden Moleküle und unabhängig davon die Häufigkeit, mit der jedes von ihnen mit einem Nachbarn kollidiert. Das Ergebnis ist eine Abhängigkeit vom Quadrat der Konzentration, also handelt es sich um eine Reaktion zweiter Ordnung.

Im Gleichgewicht heben sich Synthese und Zerfall von HI gerade auf. Die Geschwindigkeiten der Hin- und Rückreaktion sind gleich:

$$k_h \cdot [\text{H}_2] \cdot [\text{I}_2] = k_r \cdot [\text{HI}]^2$$

$$K_{eq} = \frac{k_h}{k_r} = \frac{[\text{HI}]^2}{[\text{H}_2] \cdot [\text{I}_2]}$$

Diesen Ausdruck für die Gleichgewichtskonstante bezeichnet man als das *Massenwirkungsgesetz* der HI-Reaktion. Es sagt uns, daß unabhängig davon, ob die absoluten Konzentrationen hoch oder niedrig sind, das Verhältnis von Produkten zu Reaktanden im Gleichgewicht dasselbe sein wird. Wenn wir mehr von einer Komponente hinzugeben oder etwas von einer anderen entfernen, werden entweder die Hin- oder die Rückreaktion begünstigt; die einzelnen Konzentrationen passen sich dieser Situation an, und wenn das Gleichgewicht nach der Störung wieder erreicht ist, wird das Verhältnis K_{eq} dasselbe sein wie vorher. K_{eq} hängt von der Temperatur ab, doch bei gegebener Temperatur ist es völlig unabhängig von den einzelnen Konzentrationen der Reaktanden und Produkte.

In den Zeichnungen auf dem linken und rechten Rand wird deutlich, daß die Gleichgewichtsbedingungen dieselben sind, unabhängig davon, von welcher Seite man sich dem Gleichgewicht nähert. Ob man von reinem H_2 und I_2 oder von reinem HI ausgeht, die Reaktion wird schließlich das Gleichgewicht bei demselben Verhältnis von Produkten zu Reaktanden erreichen, das durch K_{eq} gegeben ist.

Der Beweis der Gültigkeit der obigen Diskussion über Kollisionen und Prozesse erster und zweiter Ordnung beruht natürlich auf der Übereinstimmung mit tatsächlichen chemischen Experimenten. Die HI-Reaktion war eines der ersten chemischen Gleichgewichtssysteme, die untersucht wurden. In der Tabelle unten sind einige der von Max Bodenstein 1893 gesammelte Daten zusammengestellt. Bodenstein führte eine Reihe von Experimenten mit unterschiedlichen Mengen von Reaktanden und Produkten aus, ließ die Reaktion das Gleichgewicht erreichen, und bestimmte dann die Konzentrationen von H_2, I_2 und HI in Mol pro Liter. Seine Ergebnisse sind nach heutigem Standard nicht besonders genau. Trotzdem ließ sich mit ihnen demonstrieren, daß das Verhältnis Produkt/Reaktand, $[HI]^2/[H_2] \cdot [I_2]$, konstant ist, während das einfachere Verhältnis $[HI]/[H_2] \cdot [I_2]$ nicht im geringsten konstant bleibt, wenn die Konzentrationen verändert werden.

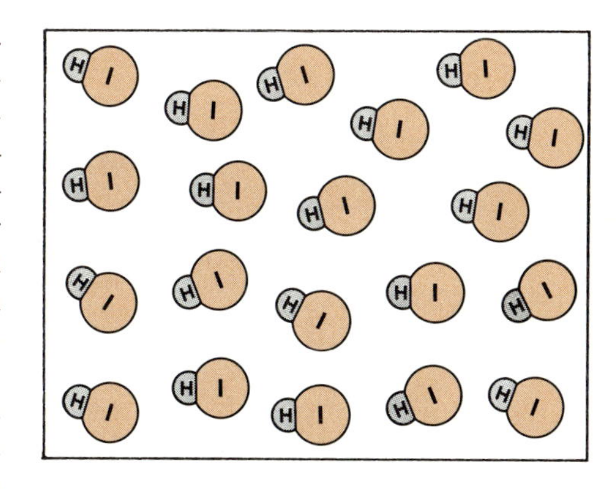

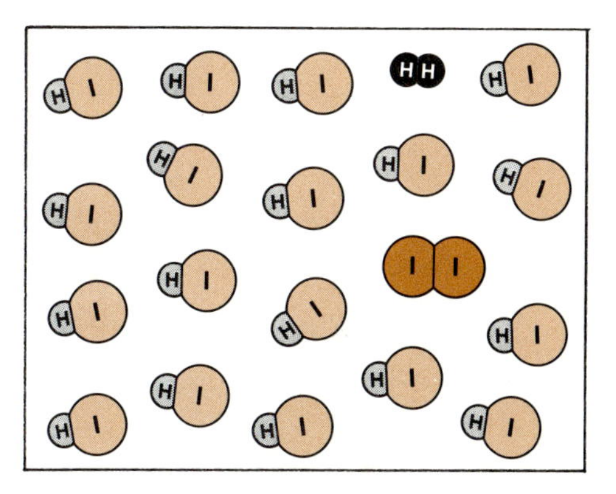

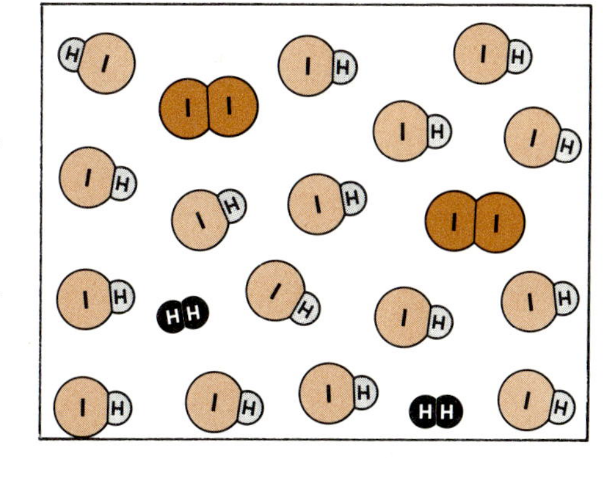

Annäherung an das Gleichgewicht von der anderen Seite. Im obersten Bild ist dasselbe Gefäß mit 2 mol HI gefüllt. Nach einiger Zeit sind meßbare Mengen von H_2 und I_2 vorhanden (Mitte). Wenn das Gleichgewicht erreicht ist, bleibt die Zusammensetzung des Gefäßinhalts konstant; man findet dieselben Gleichgewichtskonzentrationen wie vorher, nämlich je 0.22 mol H_2 und I_2 und 1.56 mol HI. Die Gleichgewichtsbedingungen sind unabhängig davon, aus welcher Richtung man sich dem Gleichgewicht nähert.

Messungen zur HI-Reaktion:
$H_2(g) + I_2(g) \rightleftharpoons 2HI(g)$

gemessene Konzentrationen[1] $[H_2]$	$[I_2]$	$[HI]$	$\frac{[HI]}{[H_2][I_2]}$	$\frac{[HI]^2}{[H_2][I_2]} = K_{eq}$	Abweichung vom durchschnittl. K_{eq}
18.14	0.41	19.38	2.60	50.50	−0.04
10.96	1.89	32.61	1.57	51.34	+0.70
4.57	8.69	46.28	1.16	53.93	+3.39
2.23	23.95	51.30	0.96	49.27	−1.27
0.86	67.90	53.40	0.91	48.83	−1.71
0.65	87.29	52.92	0.93	49.35	−1.19
				6) 303.22	6) 8.20
				50.54	1.34

durchschnittl. $K_{eq} = 50.54$ mittlere Abweich. $= \frac{1.36}{50.54} \cdot 100 = 2.7\%$

1) Alle Messungen wurden bei 448 °C in einem Schwefeldampfbad bei konstanter Temperatur ausgeführt. Konzentrationen in $mol \cdot l^{-1} \cdot 10^3$ (z. B. ist die erste H_2-Konzentration $18.14 \cdot 10^{-3}$ $mol \cdot l^{-1}$).

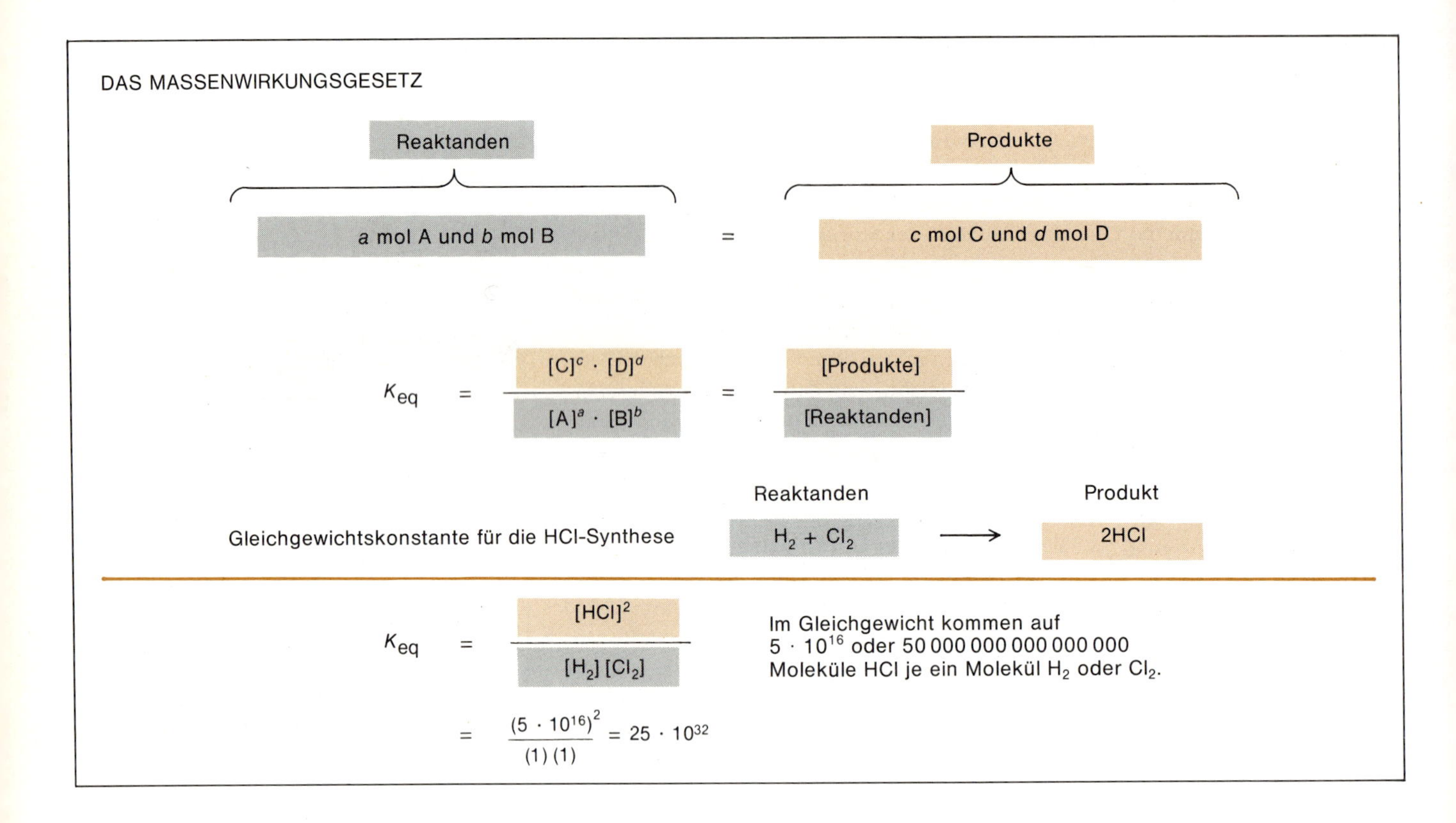

Das Massenwirkungsgesetz

Für eine allgemeine Reaktion, bei der *a* Mol der Substanz A und *b* Mol der Substanz B reagieren und dabei *c* Mol der Substanz C sowie *d* Mol der Substanz D bilden, also

$$aA + bB \rightleftharpoons cC + dD$$

ist die Gleichgewichtskonstante

$$K_{eq} = \frac{[C]^c \cdot [D]^d}{[A]^a \cdot [B]^b}$$

Dies ist das *Massenwirkungsgesetz.*

Konzentrationen können in jeder Einheit gemessen werden, welche die relative Anzahl der Moleküle pro Einheitsvolumen angibt. In Lösungen werden Konzentrationen gewöhnlich als *Molarität* oder Mol pro Liter, c_j, angegeben. Das wird dadurch angedeutet, daß man die Gleichgewichtskonstante durch ein tiefgestelltes großes *C* kennzeichnet: K_C. Gase werden manchmal auch in Mol pro Liter gemessen, doch häufiger gibt man ihre *Molenbrüche* (nach DIN *Stoffmengenanteil* genannt), X_j, oder ihre *Partialdrücke*, p_j, an. (Das tiefgestellte *j* bezieht sich einfach auf jede beliebige Spezies.) Wenn man diese Einheiten verwendet, bezeichnet man die Gleichgewichtskonstanten als K_X oder K_P.

Der Molenbruch X_j der Komponente *j* einer Gasmischung ist gleich der Anzahl der Mol des Gases *j* dividiert durch die Gesamtzahl der Mol aller anwesenden Gase:

$$X_j = \frac{n_j}{n_1 + n_2 + n_3 + n_4 + n_5 + \cdots}$$

In unserer Atmosphäre kommen auf ein O_2-Molekül vier Moleküle N_2; der Molenbruch des Sauerstoffs ist also

$$X_{O_2} = \frac{1}{1+4} = 0.20$$

und der des Stickstoffs

$$X_{N_2} = \frac{4}{1+4} = 0.80$$

Die Summe der Molenbrüche aller Gase in einer Mischung muß natürlich eins sein.

Übung. Welches sind nach der Häufigkeitstabelle im 7. Kapitel die Konzentrationen von H- und He-Atomen im gesamten Universum, ausgedrückt in Molenbrüchen?

Antwort. $X_H = 0.928 \qquad X_{He} = 0.072$

Die andere gebräuchliche Konzentrationseinheit für Gase ist der Partialdruck, p_j. In einem Gasgemisch bewegt sich jedes Gas-Molekül unabhängig, und jedes Gas in der Mischung verhält sich so, als ob es alleine im dem gleichen Volumen wäre. Wenn in einem Gasgemisch von drei Molekülen jeweils eins ein Cl_2-Molekül ist, dann verhält sich das Chlor-Gas so, als ob es alleine das gleiche Volumen einnähme mit derselben Gesamtzahl von Cl_2-Molekülen oder einem Drittel des Gesamtdrukkes. Wenn der Gesamtdruck 1 bar ist, dann ist der Partialdruck des Cl_2-Gases $^1/_3$ bar. In jeder Gasmischung ist der Partialdruck jeder einzelnen Komponente gleich dem Produkt aus ihrem Molenbruch und dem Gesamtdruck P aller Gase:

$$p_j = X_J \cdot P$$

Bei einem Atmosphärendruck von 1 bar hat Sauerstoff-Gas in unserer Atmosphäre den Partialdruck 0.20 bar und Stickstoff-Gas den Partialdruck 0.80 bar. Die Summe der Partialdrücke aller Komponenten in einem Gemisch muß den Gesamtdruck des Gemischs ergeben.

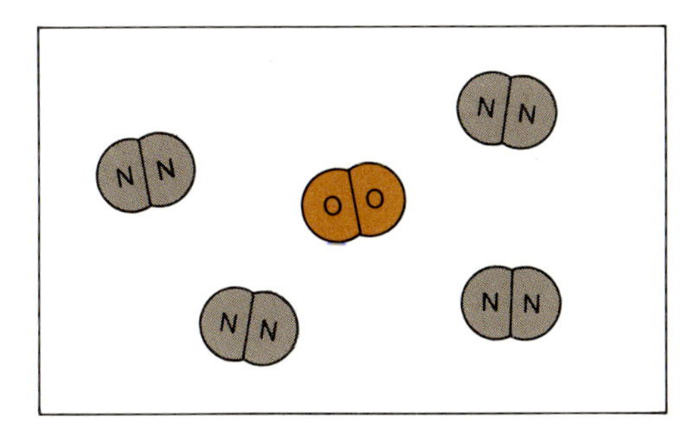

DER PARTIALDRUCK

In unserer Atmosphäre kommen auf jedes O_2-Molekül vier N_2-Moleküle. Also ist der Molenbruch von N_2 0.80 und der von O_2 0.20. Stickstoff-Gas trägt einen Partialdruck von 0.80 bar und Sauerstoff-Gas einen von 0.20 bar zum Gesamtdruck von 1 bar bei.

Beispiele für Gleichgewichtskonstanten

Wenn Gase beteiligt sind, wird die Berechnung von Gleichgewichtskonstanten rasch komplizierter als das zugrunde liegende Konzept, und wir werden im 16. Kapitel Gleichgewichtsberechnungen hauptsächlich an wäßrigen Lösungen diskutieren. Doch sollten wir zuvor einen kurzen Blick auf die Gleichgewichtskonstanten einiger der bisher in diesem Kapitel erwähnten Reaktionen werfen. Dabei werden wir einige Grundregeln über den Umgang mit dem Massenwirkungsgesetz kennenlernen.

HCl-Synthese

Das Massenwirkungsgesetz hat für die HCl-Reaktion die gleiche Form wie für die HI-Synthese:

$$H_2(g) + Cl_2(g) \rightleftharpoons 2HCl(g) \qquad \Delta G^0 = -190.5 \text{ kJ pro zwei mol HCl}$$

$$K_P = \frac{[HCl]^2}{[H_2] \cdot [Cl_2]}$$

Der experimentelle Wert von K_{eq} für diese Reaktion ist $2.5 \cdot 10^{33}$. Man beachte, daß K_{eq} für HCl eine dimensionslose Größe ist, da im Zähler und im Nenner die gleiche Anzahl Terme für die Konzentration stehen. K_{eq} für diese Reaktion hat also denselben Zahlenwert, unabhängig davon, ob man die Konzentrationen in Mol pro Liter, Molenbrüchen, Partialdrücken oder irgendeiner anderen Einheit mißt ($K_{eq} = K_C = K_X = K_P$). Das ist nicht immer so.

Wenn wir von gleichen Konzentrationen an H_2 und Cl_2 ausgehen, dann werden die Konzentrationen dieser beiden Substanzen immer die gleichen bleiben, da sie jeweils zu gleichen Anteilen reagieren: $[Cl_2] = [H_2]$; im Gleichgewicht ist dann:

$$\frac{[HCl]^2}{[H_2]^2} = 25 \cdot 10^{32} \quad \text{oder} \quad \frac{[HCl]}{[H_2]} = 5.0 \cdot 10^{16}$$

Gleichgewichtskonstante für die HCl-Synthese:

$$H_2 + Cl_2 \rightleftarrows 2\,HCl$$

$$K_P = \frac{[HCl]^2}{[H_2] \cdot [Cl_2]} = 2.5 \cdot 10^{33} \text{ (ohne Einheit)}$$

Das sagt uns, daß das Gleichgewicht erst dann erreicht wird, wenn das Verhältnis von HCl zu H_2 (oder Cl_2) auf 50000 Billionen zu 1 angestiegen ist! Es ist also nicht überraschend, daß wir im Gleichgewicht kein H_2 oder Cl_2 in den Produkten entdecken können.

Eine so große Gleichgewichtskonstante weist darauf hin, daß die Reaktion, ausgehend von gleichen Konzentrationen an H_2, Cl_2 und HCl, ausgesprochen spontan ablaufen sollte, da die Reaktion bis zum Gleichgewicht einen weiten Weg zurücklegen muß. Auch der hohe negative Wert für die Änderung der Freien Enthalpie im Standardzustand, $\Delta G^0 = -190.5$ kJ pro zwei mol HCl, deutet auf denselben Sachverhalt hin.

Verbrennung von H_2

Gleichgewichtskonstante für die H_2O-Synthese:

$$2\,H_2 + O_2 \rightleftarrows 2\,H_2O$$

$$K_P = \frac{[H_2O]^2}{[H_2]^2 \cdot [O_2]} = 1.33 \cdot 10^{80} \text{ bar}^{-1}$$

Die Wasserreaktion ist noch extremer. Die Reaktion ist

$$2H_2(g) + O_2(g) \rightleftarrows 2H_2O(g)$$
$$\Delta G^0 = -457.3 \text{ kJ pro zwei mol } H_2O$$

und die Gleichgewichtskonstante hat den Wert

$$K_P = \frac{[H_2O]^2}{[H_2]^2[O_2]} = 1.33 \cdot 10^{80}$$

Selbst ohne Bleistift und Papier können wir sehen, daß im Gleichgewicht nur winzig kleine Mengen von Wasserstoff und Sauerstoff vorliegen können. Die Gleichgewichtsmischung sollte fast reines Wasser sein. Wie der große negative Wert von ΔG^0 andeutet, ist zu erwarten, daß die Hinreaktion freiwillig abläuft.

Im Massenwirkungsgesetz tritt hier, anders als bei HCl, eine unterschiedliche Anzahl von Konzentrationen im Zähler und Nenner auf. Wenn die Konzentrationen als Partialdrücke in bar gemessen werden, denn erhält K_P die Einheit $\text{bar}^2 : \text{bar}^3 = \text{bar}^{-1}$. Wir müssen jetzt vorsichtig sein, denn es war nur der Wert für K_P in diesen Einheiten angegeben:

$$K_P = 1.33 \cdot 10^{80} \text{ bar}^{-1}$$

Wenn wir diesen Zahlenwert benutzten, die Konzentrationen aber in Mol pro Liter ausdrückten, wären die Ergebnisse der Berechnung sinnlos.

Wir hätten die H_2-Verbrennung aufschreiben können als

$$H_2(g) + \tfrac{1}{2}O_2(g) \rightleftarrows H_2O(g)$$
$$\Delta G^0 = -228.6 \text{ kJ pro mol } H_2O$$

In diesem Fall wäre der Ausdruck für die Gleichgewichtskonstante

$$K_P = \frac{[H_2O]}{[H_2] \cdot [O_2]^{1/2}} = 1.17 \cdot 10^{40} \text{ bar}^{-1/2}$$

Wenn wir die Koeffizienten einer chemischen Reaktion halbieren, müssen wir die entsprechende Änderung der Freien Enthalpie der Reaktion halbieren und die Quadratwurzel des Massenwirkungsgesetzes bilden (was gleichbedeutend ist mit einer Halbierung der Exponenten). Wir müssen ebenfalls die Quadratwurzel aus dem Wert der Gleichgewichtskonstanten K_{eq} ziehen. Wenn wir die Koeffizienten einer Reaktion verdoppeln, müssen wir die Änderung der Freien Energie verdoppeln und das Quadrat des Massenwirkungsgesetzes bilden. Immer wenn man Gleichgewichtskonstanten oder Freie Energien verwendet, muß man sorgfältig darauf achten, daß man die chemische Reaktion und die Konzentrationseinheiten kennt, auf die sich der Zahlenwert von K_{eq} bezieht.

Ammoniak-Synthese: unvollständige Reaktionen

Die Ammoniak-Synthese ist weniger extrem als die H_2-Verbrennung:

$$3H_2(g) + N_2(g) \rightleftharpoons 2NH_3(g)$$
$$\Delta G^0 = -33.3 \text{ kJ pro zwei mol } NH_3$$

Die Gleichgewichtskonstante hat keinen so enorm hohen Exponenten wie die Gleichgewichtskonstanten der HCl- und H_2O-Reaktion; sie ist

$$K_P = \frac{[NH_3]^2}{[H_2]^3[N_2]} = 6.53 \cdot 10^5 \text{ bar}^{-2} = 653\,000 \text{ bar}^{-2}$$

Gleichgewichtskonstante für die NH_3-Synthese:
$3\,H_2 + N_2 \rightleftharpoons 2\,NH_3$
$K_P = \frac{[NH_3]^2}{[H_2]^3 \cdot [N_2]} = 653\,000 \text{ bar}^{-2}$
$= 6.53 \cdot 10^5 \text{ bar}^{-2}$

Man beachte, daß der Exponent jedes Konzentrationsausdrucks der Anzahl der Moleküle in der chemischen Reaktion entspricht und daß die Gesamtzahl der Exponenten die Einheit der Gleichgewichtskonstanten K_P bestimmt. Wenn die Konzentrationen in Mol pro Liter und nicht in bar angegeben wären, hätte die Gleichgewichtskonstante K einen anderen Wert.

Die Geschwindigkeiten für Hin- und Rückreaktion werden bereits gleich, wenn noch beträchtliche Mengen von Reaktanden und Produkten vorliegen. In unserer Holzapfel-Analogie würde das für die Ammoniak-Reaktion heißen, daß die beiden Opponenten einander gleichwertiger wären und es im Gleichgewicht nicht zu einer überwältigenden Anhäufung von Äpfeln auf einer Seite des Zaunes käme. Die Ammoniak-Reaktion ist nicht in der Weise „vollständig", wie es die beiden anderen Reaktionen waren.

K_P und K_C

Bei der eben diskutierten Wasser- und Ammoniak-Synthese sind die Molekülzahlen auf der Seite der Reaktanden und der Produkte in der Reaktionsgleichung unterschiedlich, so daß K_{eq} keine dimensionslose Größe ist. Die Umwandlung der Einheiten von bar in Mol pro Liter ist einfach; man bedient sich dabei des idealen Gasgesetzes, $PV = nRT$, das wir im 2. Kapitel diskutiert haben. In diesem Ausdruck ist P der Druck in bar, V das Volumen in Liter, n die Anzahl Mol, T die absolute Temperatur und R die Gaskonstante, ausgedrückt in Liter · bar pro Grad und Mol:

$$R = 0.0831 \text{ l} \cdot \text{bar} \cdot \text{K}^{-1} \cdot \text{mol}^{-1}$$

Für die Komponente j in einem Gasgemsich ist

$$p_j V = n_j RT$$

$$p_j = \frac{n_j}{V} RT = c_j RT$$

wobei p_j der Partialdruck und c_j die Konzentration des Gases j in Mol pro Liter sind.

Gleichgewichtskonstanten, bei denen die Konzentrationen als Partialdrücke in bar ausgedrückt werden, werden mit K_P und Gleichgewichtskonstanten in den Einheiten Mol pro Liter als K_C bezeichnet. Für die eben erwähnte Wasserbildungs-Reaktion können diese Konstanten geschrieben werden

$$K_P = \frac{p^2_{H_2O}}{p^2_{H_2} \cdot p_{O_2}} \quad \text{und} \quad K_C = \frac{c^2_{H_2O}}{c^2_{H_2} \cdot c_{O_2}}$$

Um K_C aus K_P zu erhalten, müssen wir nur für jede Verbindung p_j ersetzen durch c_jRT:

$$K_P = \frac{(c_{H_2O}RT)^2}{(c_{H_2}RT)^2\,(c_{O_2}RT)} = \frac{c^2_{H_2O}}{c^2_{H_2}\,c_{O_2}} \cdot \frac{(RT)^2}{(RT)^2(RT)} = K_C \cdot \frac{1}{RT}$$

$$K_C = K_P RT = 1.33 \cdot 10^{80}\,\text{bar}^{-1} \cdot RT\,\text{bar}\,(\text{mol} \cdot \text{l}^{-1})^{-1}$$

$$K_C = 1.33 \cdot 10^{80} \cdot 0.0831 \cdot 298\ \text{l} \cdot \text{mol}^{-1}$$

$$= 3.29 \cdot 10^{81}\,\text{l} \cdot \text{mol}^{-1}$$

Übung. Welchen Wert hat K_C für die Ammoniak-Reaktion, wenn $K_P = 650\,000$ bar^{-2} ist?

Antwort. $K_C = 402\,000\,000\ \text{l}^2\text{mol}^{-2}$

Nur wenn die Anzahl Mol für Reaktanden und Produkte dieselbe ist, haben K_P und K_C denselben dimensionslosen Zahlenwert. Für chemische Reaktionen zwischen Gasen, bei denen die Anzahl Mol beim Übergang von den Reaktanden zu den Produkten um Δn zunimmt, gilt allgemein

$$K_P = K_C(RT)^{\Delta n}$$

Faktoren, die das Gleichgewicht beeinflussen

Das Gleichgewicht ist eine Balance zwischen entgegengerichteten Reaktionen. Wie empfindlich reagiert diese Balance auf Änderungen der Reaktionsbedingungen? Welche äußeren Störungen können den Gleichgewichtszustand ändern? Das sind praktisch wichtige Fragen, z. B. wenn man versucht, die Ausbeute eines nützlichen Produktes einer Reaktion zu erhöhen.

Die einfachste Art, eine Reaktion zu stören und mehr Produkt zu erhalten, besteht darin, die Produkte so schnell, wie sie gebildet werden, zu entfernen. Das bedeutet, daß man die Reaktion daran hindert, das Gleichgewicht zu erreichen. Immer mehr der Reaktanden reagieren miteinander in dem vergeblichen Bemühen, die Balance zu halten, während die Produkte weggenommen werden. Ammoniak z. B. ist leicht löslich in Wasser, während N_2 und H_2 darin kaum löslich sind. Wenn man also das Reaktionsgemisch mit einem Wasserstrahl wäscht, wird das meiste Ammoniak gelöst und entfernt und unverbrauchtes N_2 und H_2 bleiben zur weiteren Reaktion zurück. Diese Art, das Produkt zu entfernen, ändert die Bedingungen für das Gleichgewicht in Wirklichkeit nicht; sie sorgt nur dafür, daß mehr N_2 und H_2 miteinander reagieren, als der Fall wäre, wenn N_2, H_2 und NH_3 ungestört das Gleichgewicht erreichen könnten. Der gleiche Trick, eine Reaktion am Erreichen

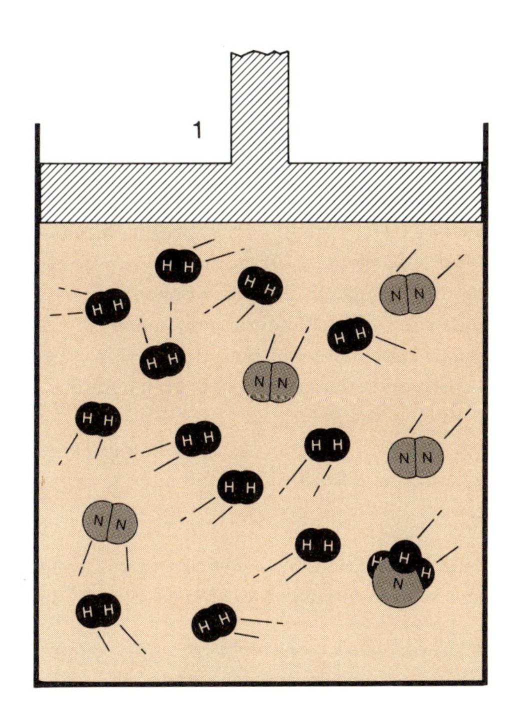

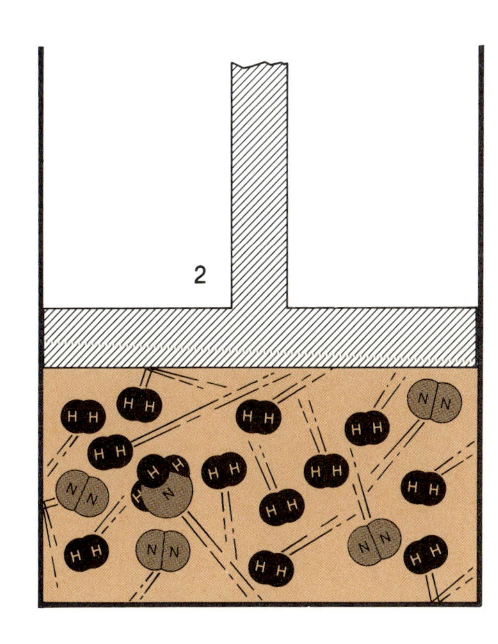

DAS LE CHATELIERSCHE PRINZIP

(1) Im anfänglichen Gleichgewicht liegen 17 Moleküle (Mol) Gas vor: 12 H_2-, 4 N_2- und 1 NH_3-Molekül.

(2) Wenn man das Gas auf ein kleineres Volumen zusammenpreßt, übt man einen Zwang aus, der durch einen höheren Druck angezeigt wird.

(3) Diesem Zwang kann das System ausweichen und seinen Druck vermindern, wenn sich einige der H_2- und N_2-Moleküle zu weiterem NH_3 vereinen, da dadurch die Gesamtzahl der Gasmoleküle verringert wird.

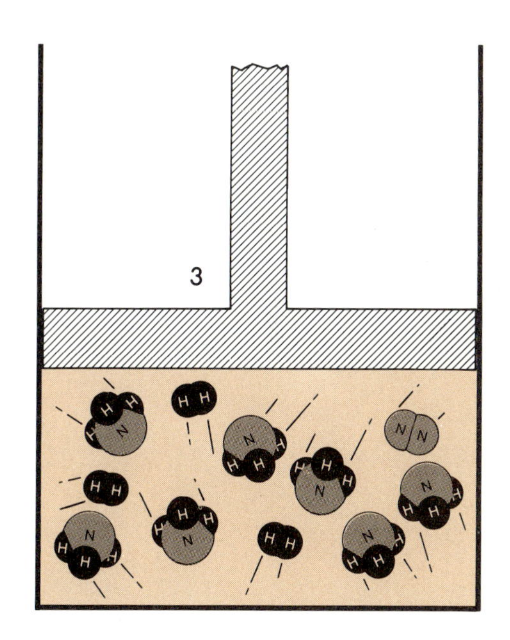

des Gleichgewichts zu hindern, kann angewendet werden, wenn eines der Produkte ein Gas ist, dessen Blasen aus der Reaktionsmischung aufsteigen, oder ein Festkörper, der ausfällt.

Durch Druck kann man die Gleichgewichtsbedingungen jeder Reaktion verschieben, bei der sich die Gesamtmolzahl der Gase ändert. Bei der Ammoniak-Reaktion reagieren drei Mol H_2 und ein Mol N_2 zu zwei Mol Ammoniak. Eine Druckerhöhung verschiebt das Gleichgewicht in Richtung auf die Ammoniakbildung, und eine Druckerniedrigung führt zur Dissoziation von Ammoniak (s. oben). Der Wert der Gleichgewichtskonstante ändert sich dabei nicht,

$$K_P = \frac{[NH_3]^2}{[H_2]^3\,[N_2]} = 650\,000 \text{ bar}^{-2}$$

aber die relativen Mengen von N_2, H_2 und NH_3 ändern sich. Man kann das verstehen, wenn man sich vorstellt, daß der Gesamtdruck auf das Reaktionsgefäß verdoppelt wird, so daß die Partialdrücke jedes der Gase ebenfalls verdoppelt werden. Das Konzentrations- oder Druckverhältnis

$$\frac{[NH_3]^2}{[H_2]^3[N_2]}$$

würde um den Faktor $(2)^2 : [(2)^3 \cdot (2)] = 1/4$ abnehmen und würde kleiner als die Gleichgewichtskonstante K_P werden. Daraufhin müssen weiteres N_2 und H_2 reagieren, um die Störung auszugleichen und das Konzentrationsverhältnis wieder dem Wert von K_P anzugleichen. Druckänderungen haben allerdings keine Wirkung, wenn die Gesamtmolzahl der Gase während der Reaktion unverändert bleibt. Die HCl-Synthese bleibt von einer Zunahme oder Abnahme des äußeren Druckes unbeeinflußt.

Diese Druckeffekte sind ein Beispiel für ein wichtiges allgemeines Prinzip, das, wenn man es begriffen hat, eine Menge Mathematik ersparen kann. Es ist das *Prinzip von Le Chatelier:*

> Wenn man auf ein System im Gleichgewicht einen Zwang ausübt, dann ändern sich die Gleichgewichtsbedingungen so, daß das System dem Zwang ausweicht.

Wenn der Druck erhöht wird, verschiebt sich die Ammoniak-Reaktion in die Richtung, in der die Gesamtmolzahl der Gase abnimmt und der Druck herabgesetzt wird. Wenn wir das Reaktionsgemisch verdünnen, indem wir ein inertes Gas wie Argon hinzufügen, jedoch den Gesamtdruck konstant halten (was bedeutet, daß das Volumen vergrößert werden muß), dann sollte sich nach dem Prinzip von Le Chatelier das Ammoniak-Gleichgewicht in die Richtung verschieben, in der die Gesamtmolzahl der Gase zunimmt. Mehr Ammoniak wir also dissoziieren. Wir können dieselbe Vorhersage aus dem Massenwirkungsgesetz ableiten. Die Verdünnung eines Gleichgewichtsgemischs mit dem gleichen Volumen Argon-Gas bei konstantem Gesamtdruck führt dazu, daß die Partialdrücke von N_2, H_2 und NH_3 jeweils halbiert werden – es ist also genau der gleiche Effekt wie bei der Halbierung des Drucks oder der Verdoppelung des Volumens. Das Konzentrationsverhältnis nimmt um den Faktor 4 zu:

$$\frac{(1/2)^2}{(1/2)^3(1/2)} = 4$$

Es wird also mehr Ammoniak dissoziieren, bis das Konzentrationsverhältnis wieder dem Wert der Gleichgewichtskonstante entspricht: $K_P = 650\,000\ \text{bar}^{-2}$. Nur wenn Reaktanden und Produkte die gleiche Molzahl von Gasen enthalten, bleibt das Gleichgewicht unbeeinflußt von Druckänderungen oder Verdünnungen.

Die Temperatur und die Gleichgewichtskonstante

Eine besonders wichtige Anwendung des Prinzips von Le Chatelier ist die Vorhersage darüber, was passiert, wenn die Temperatur erhöht oder gesenkt wird. In diesem Fall wird sich der numerische Wert von K_{eq} im Gegensatz zum vorigen Beispiel ändern. Chemische Reaktionen kommen durch Kollisionen zwischen Molekülen zustande, und bei höheren Temperaturen bewegen sich Moleküle schneller und kollidieren öfter und mit mehr Effekt. Sowohl die Hin- als auch die Rückreaktion werden durch Temperaturerhöhung beschleunigt und durch Temperaturerniedrigung verlangsamt, aber nicht notwendigerweise gleichermaßen. In unserer Holzapfel-Analogie könnte eine Kältewelle die Aktionen beider Kämpfer verlangsamen, könnte aber den alten Mann härter treffen als den Jungen.

Diese Wirkung läßt sich ohne jede Berechnungen vorhersagen. Wenn man einer chemischen Reaktion Wärme zuführt, um die Temperatur zu erhöhen, dann sollte nach dem Prinzip von Le Chatelier das Gleichgewicht in die Richtung verschoben werden, in der Wärme absorbiert wird, da dadurch etwas von der zugeführten Wärme verbraucht wird. Umgekehrt wird eine wärmeerzeugende oder exotherme Reaktion durch Temperaturerniedrigung begünstigt, weil die Reaktionswärme dem äußeren Wärmeentzug zum Teil entgegenwirkt.

Bei der Ammoniak-Synthese wird Wärme frei:

$$3H_2(g) + N_2(g) \longrightarrow 2NH_3(g)$$
$$\Delta H^0_{298} = -92.5 \text{ kJ pro zwei mol } NH_3$$

Ammoniak-Moleküle absorbieren Wärme, wenn sie dissoziieren. Die Energie, die bei der Bildung von einer N≡N- und drei H–H-Bindungen frei wird, reicht nicht aus, um sechs N–H-Bindungen in zwei Ammoniak-Molekülen zu brechen. Eine Temperaturerhöhung sollte also die Dissoziation begünstigen, weil durch die zusätzliche thermische Energie mehr Moleküle zerlegt werden können (rechts). Das ergeben auch die experimentell bestimmten Werte für K_P der oben formulierten Reaktion.

Temperatur K	ΔG^0_T kJ pro 2 mol NH_3	K_P bar^{-2}	Beschreibung des Gleichgewichtsgemischs
298	−33.3	$6.5 \cdot 10^6$	fast reines NH_3
457	0	0.97	Gemisch aus N_2, H_2 und NH_3
1000	+123.8	$3.3 \cdot 10^{-7}$	praktisch kein NH_3

Das erklärt, warum eine Temperaturerhöhung zur Beschleunigung der Reaktion einen unerwünschten Effekt hat: Sie führt nämlich dazu, daß *weniger* NH_3 im Gleichgewicht vorliegt. Auch ein Katalysator kann helfen, eine Reaktion zu beschleunigen; wie, werden wir im nächsten Kapitel sehen.

Freie Energie und Gleichgewichtskonstante

Bisher haben wir Freie Standardenergien und Gleichgewichtskonstanten so behandelt, als wären sie unabhängige, experimentell bestimmte Größen und völlig voneinander getrennte Kriterien, eine Reaktion zu beurteilen. In Wirklichkeit sind sie nicht unabhängig voneinander; wenn man die eine Größe kennt, kann man die andere berechnen. An der Ammoniak-Reaktion und anderen Beispielen in diesem Kapitel konnte man erkennen, daß ΔG^0 mit zunehmendem K_{eq} immer negativer wird, was darauf hinweist, daß die Spontaneität der Reaktion zunimmt. Das bedeutet, daß im Gleichgewicht ein größerer Überschuß von Produkt über Reaktand vorliegt. Wenn umgekehrt $\Delta G^0 = 0$ ist, wird $K_{eq} = 1.00$, und wenn ΔG^0 positiv wird, fällt der Wert von K_{eq} unter 1.00:

ΔG^0 =	sehr negativ	null	sehr positiv
K_{eq} =	sehr große positive Zahl	1.00	sehr kleine positive Zahl

Das weist auf eine logarithmische Beziehung hin.

AMMONIAK-GLEICHGEWICHT

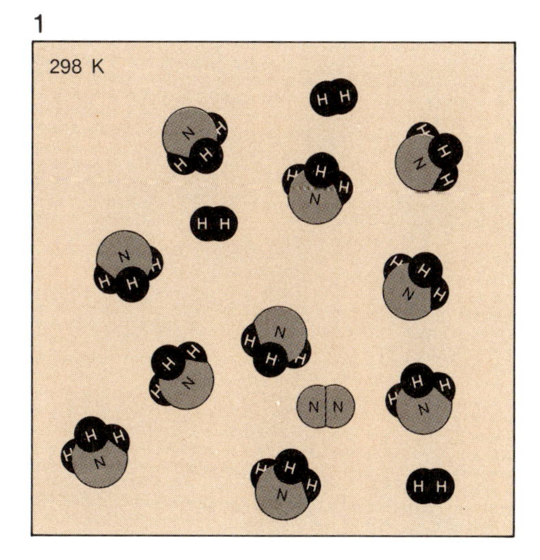

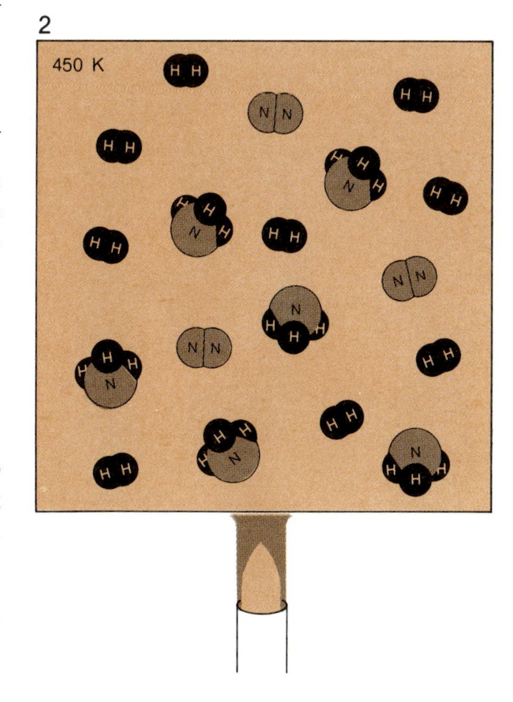

DAS LE CHATELIERSCHE PRINZIP UND DIE TEMPERATUR

(1) Ammoniak-Gleichgewicht bei Raumtemperatur

(2) Dem Temperaturanstieg durch Wärmezufuhr wird durch Dissoziation von NH_3-Molekülen zu N_2 und H_2 entgegengewirkt, weil dabei Wärme verbraucht wird.

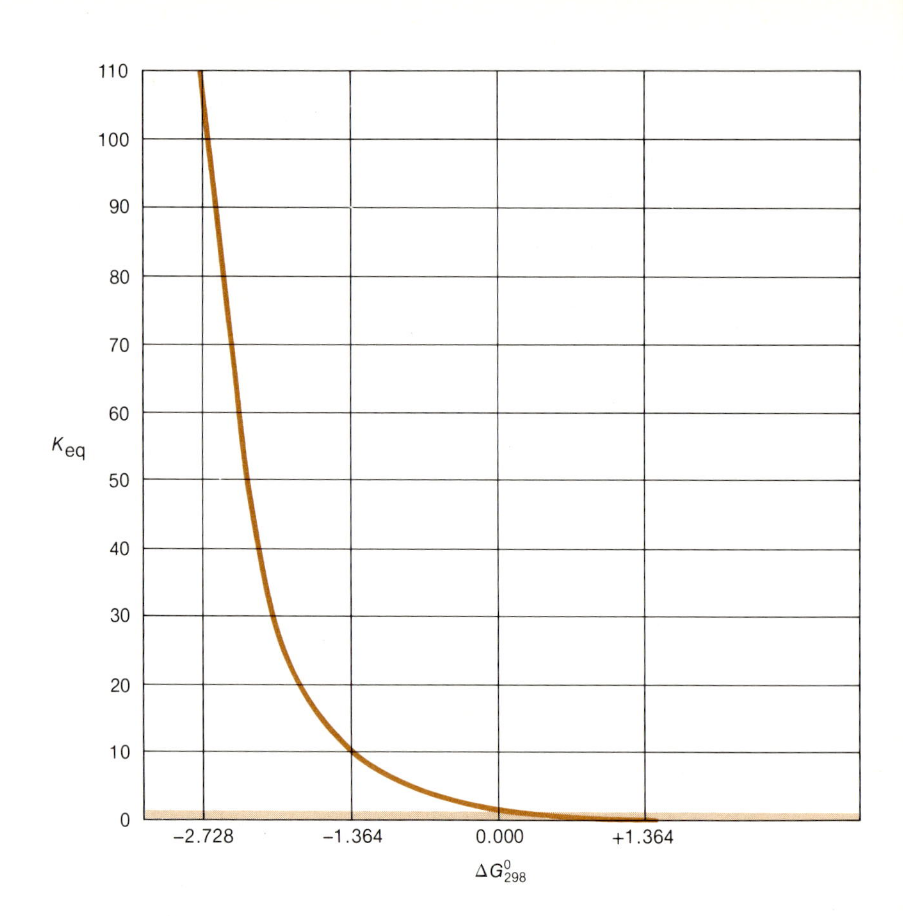

K_{eq} linear gegen $\Delta G°$ aufgetragen. Die Werte $K_{eq} < 1$ (farbiger Bereich) können aus dem Diagramm nicht abgelesen werden, und bei großen K_{eq}-Werten wird der Maßstab schnell überschritten.

Wenn man noch etwas tiefer in die Thermodynamik eindränge, als es dieses Buch tun wird, könnte man leicht zeigen, daß folgende logarithmische Beziehung zwischen ΔG^0 und K_{eq} besteht:

$$\Delta G^0 = -RT \ln K_{eq} \qquad \text{oder} \qquad K_{eq} = e^{-\Delta G^0/RT}$$

In dieser Gleichung ist ln der natürliche Logarithmus und nicht $\log_{10}$ (der Logarithmus zur Basis 10 oder dekadische Logarithmus). R ist die im 2. Kapitel diskutierte Gaskonstante mit einem Zahlenwert von $8.314\,J \cdot K^{-1} mol^{-1}$ oder $0.0831\ l \cdot bar \cdot K^{-1} \cdot mol^{-1}$. Sie entspricht dem Produkt aus der Avogadroschen Zahl und der Boltzmann-Konstante k aus dem 13. Kapitel. Bei ΔG deutet die hochgestellte 0 an, daß die Änderung der Freien Energie in dieser Gleichung der Änderung der *Freien Standardenergie* der Reaktion entspricht – dem Wert also bei der gegebenen Temperatur, wenn alle Gase einen Partialdruck von 1.013 bar haben und alle Komponenten der Lösung bei Konzentrationen von $1\ mol \cdot l^{-1}$ vorliegen. Dagegen ist K_{eq} das Verhältnis von Produkten zu Reaktanden im *Gleichgewicht*, das sich von den Standardbedingungen stark unterscheiden kann. In der Gleichung oben wird die Triebkraft vom Standardzustand zum Gleichgewicht hin verglichen mit dem Verhältnis der Produkte zu den Reaktanden, wenn das Gleichgewicht erreicht ist. Je mehr das Gleichgewicht zu einem Produktüberschuß hin verschoben ist (K_{eq} groß), um so größer ist die anfängliche Triebkraft (ΔG^0 stark negativ), wenn die Reaktion von Standardkonzentrationen ausgeht.

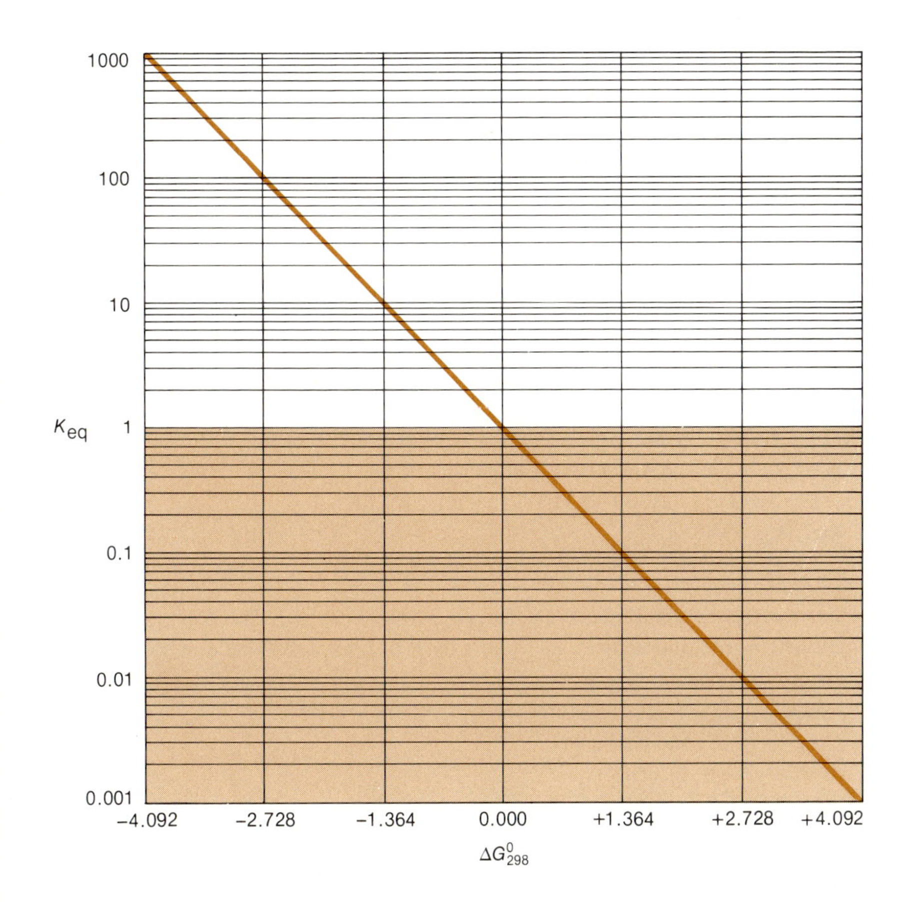

K_{eq} in logarithmischer Darstellung gegen $\Delta G°$ aufgetragen. Der Bereich für große K_{eq}-Werte auf der senkrechten Achse wird zusammengerückt und der Bereich für kleine K_{eq}-Werte gespreizt, so daß beide ablesbar sind. Man beachte die unterschiedliche Ausdehnung der farbigen Bereiche in den beiden Darstellungen.

In praktischen Berechnungen sind dekadische Logarithmen leichter zu handhaben als natürliche Logarithmen. Da $\ln K_{eq} = 2.303 \log_{10} K_{eq}$, folgt

$$\Delta G^0 = -2.303\, RT \log_{10} K_{eq}$$

und

$$K_{eq} = 10^{-\Delta G^0/2.303\, RT}$$

Bei 298 K ist $2.303\, RT = 2.303 \cdot 8.314 \cdot 298$ J = 5706 J = 5.71 kJ; daraus folgt

$$\Delta G^0_{298} = -5.71 \log_{10} K_{eq}$$

und

$$K_{eq} = 10^{-\Delta G^0/5.71}$$

(Man beachte, daß der Faktor 5.71 kJ *nur* für 298 K gilt.)

Diese logarithmische Beziehung zwischen ΔG^0 und K_{eq} ist in den beiden Diagrammen oben auf diesen beiden Seiten dargestellt. Links ist K_{eq} direkt gegen ΔG^0 aufgetragen. Die Variationsbreite für K_{eq} ist so extrem, daß das Diagramm nur in einem begrenzten Bereich lesbar ist. Eine bessere Darstellung ist die auf dieser Seite oben, in der $\log_{10} K_{eq}$ gegen ΔG^0 aufgetragen ist. Wie die Gleichungen vorhersagen, ist dies eine Gerade mit negativer Steigung.

Man kann die Beziehung mit einem der früher diskutierten Beispiele überprüfen. Für die HCl-Reaktion ist $\Delta G^0_{298} = -190.5$ kJ pro 2 mol HCl. Daraus folgt

$$K_{eq} = 10^{-(-190.5/5.71)} = 10^{+33.4} = 10^{0.4} \cdot 10^{33} = 2.5 \cdot 10^{33}$$

Dieser Wert stimmt mit dem oben erwähnten Wert für K_{eq} überein, was so sein muß, weil dieser Wert ursprünglich auf diese Weise erhalten wurde. Für viele Reaktionen mit extrem großen oder kleinen Gleichgewichtskonstanten ist es leichter und genauer, die Änderung der Freien Energie der Reaktion zu messen und die oben erwähnten Gleichungen zu benutzen, als K_{eq} aus Konzentrationsmessungen im Gleichgewicht zu bestimmen.

Für andere Temperaturen als 298 K kann der Faktor 5.71 nicht benutzt werden. Für die Ammoniak-Reaktion bei 1000 K gilt:

$$\begin{aligned}
\Delta G^0_{1000} &= -2.303\, RT \log_{10} K_{eq} \\
+123\,800\ \text{J} &= (-2.303 \cdot 8.314 \cdot 1000 \log_{10} K_{eq})\ \text{J} \\
\log_{10} K_{eq} &= -6.47 \\
K_{eq} &= 10^{-6.47} = 10^{+0.53} \cdot 10^{-7} = 3.4 \cdot 10^{-7}
\end{aligned}$$

Das ist der früher erwähnte Wert für K_{eq}. Man beachte, daß ΔG^0_{1000} in Joule ausgedrückt wurde und nicht in Kilojoule, da R in Joule pro Grad und Mol angegeben ist.

Spontaneität und Gleichgewicht: eine Zusammenfassung

In diesem Kapitel haben wir uns mit zwei der fundamentalsten Konzepte der Chemie befaßt: mit dem freiwilligen Reaktionsablauf und mit dem chemischen Gleichgewicht. Sie sind fundamental, da sie uns Aussagen darüber liefern, wann eine Reaktion die inhärente Tendenz hat abzulaufen (was nicht bedeuten muß, daß sie ohne Hilfe tatsächlich rasch abläuft). Wenn die Hin- und Rückreaktion eines chemischen Prozesses mit derselben Geschwindigkeit ablaufen, entspricht diese Bedingung dem chemischen *Gleichgewicht.* Eine Reaktion, die noch nicht im Gleichgewicht ist, sich aber darauf hin bewegt, ist *spontan.*

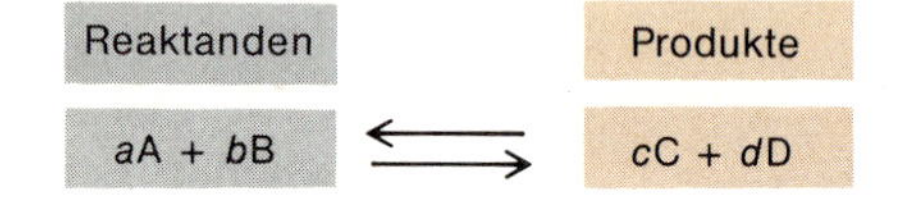

Je höher die Konzentrationen der reagierenden Substanzen sind, um so größer wird ihre Tendenz sein, zu den Produkten zu reagieren. Wenn umgekehrt die Konzentration der Produkte zunimmt, wird die Rückreaktion mehr und mehr gegenüber der Hinreaktion begünstigt. Im Gleichgewicht hat das Verhältnis der Konzentrationen von Produkten zu Reaktanden einen charakteristischen Zahlenwert, der als *Gleichgewichtskonstante* K_{eq} bezeichnet wird. Für eine allgemeine chemische Reaktion

$$aA + bB \rightleftharpoons cC + dD$$

hat das Massenwirkungsgesetz die Form

$$K_{eq} = \frac{[C]^c [D]^d}{[A]^a [B]^b}$$

$$K_{eq} = \frac{[C]^c [D]^d}{[A]^a [B]^b} = \frac{[\text{Produkte}]}{[\text{Reaktanden}]}$$

Konzentrationen in Lösung werden gewöhnlich in Mol pro Liter ausgedrückt, Konzentrationen in Gasen in Molenbrüchen oder Partialdrücken. Die Gleichgewichtskonstanten, ausgedrückt in Partialdrücken oder Mol pro Liter, werden oft als K_P bzw. K_C bezeichnet. Im allgemeinen haben K_P und K_C unterschiedliche Zahlenwerte, doch mit Hilfe des idealen Gasgesetzes läßt sich der eine Wert in den anderen umrechnen.

Das Prinzip von Le Chatelier ist eine wichtige Abkürzung, um vorherzusagen, wie sich ein System im Gleichgewicht verhält. Es besagt, daß ein äußerer Zwang auf ein chemisches System im Gleichgewicht dazu führt, daß das System diesem Zwang ausweicht. Wenn der Zwang eine Druckerhöhung ist, wird sich die Reaktion in die Richtung verschieben, in der die Molzahl der Reaktanden und Produkte abnimmt. Wenn der Zwang eine Verdünnung ist, wird sich das Gleichgewicht so verschieben, daß die Molzahl in der Reaktionsmischung zunimmt. Diese Anpassungen ändern den Zahlenwert von K_{eq} nicht. Wenn allerdings die Temperatur erhöht wird, wird sich die Reaktion in die Richtung verschieben, in der Wärme absorbiert wird, d.h. K_{eq} ändert sich.

Die Gleichgewichtskonstante entspricht dem Verhältnis der Konzentrationen von Produkten zu Reaktanden im Gleichgewicht. Wenn unter bestimmten experimentellen Bedingungen der tatsächliche Wert für

$$\frac{[C]^c\,[D]^d}{[A]^a\,[B]^b}$$

kleiner als K_{eq} ist, ist das Gleichgewicht noch nicht erreicht und wird erst dann erreicht sein, wenn A und B mehr C und D gebildet haben. Wenn umgekehrt der Zahlenwert größer ist als K_{eq}, dann ist die Reaktion jenseits des Gleichgewichts. Das Gleichgewicht wird erst dann erreicht, wenn C und D spontan zu mehr A und B reagiert haben.

Im 10. Kapitel wurde ein negativer Wert für die Änderung der Freien Energie als Kriterium für die Freiwilligkeit des Reaktionsablaufs benutzt. Die Änderung der Freien Standardenergie ΔG^0_{298} ist die Freie Energie einer Reaktion, wenn sich alle Substanzen bei 298 K, alle Gase bei einem Partialdruck von 1.013 bar und alle gelösten Substanzen bei der Konzentration $1\,\mathrm{mol}\cdot\mathrm{l}^{-1}$ befinden. Die Änderung der Freien Standardenergie und die Gleichgewichtskonstante sind durch die Beziehungen verknüpft:

$$\Delta G^0_{298} = -RT \ln K_{eq} \text{ oder } K_{eq} = \mathrm{e}^{-\Delta G^0/RT}$$

Ein großer negativer Wert für die Änderung der Freien Standardenergie einer Reaktion deutet auf einen großen Wert für K_{eq} hin, und ein großer positiver Wert entspricht einem extrem kleinen Wert für K_{eq}. Wenn $\Delta G^0 = 0.000$ ist, dann ist $K_{eq} = 1.000$.

Im 13. Kapitel haben wir die Frage beantwortet, ***wann*** sich eine Reaktion spontan auf das Gleichgewicht zubewegt und wann nicht. Dieses Kapitel befaßte sich mit der Frage, ***wie weit*** eine Reaktion geht, bis sie am Gleichgewicht ankommt, wobei aber noch nichts ausgesagt wurde über die Zeit, die dazu nötig ist. Im nächsten Kapitel werden wir diese abschließende Frage beantworten: ***Wie schnell*** läuft eine chemische Reaktion ab?

Postskriptum: Smog und Gleichgewicht

Die Hauptübeltäter im photochemischen Smog, der das Becken von Los Angeles bedeckt und eine zunehmende Zahl unserer Städte an schlechten Tagen einhüllt, sind unverbrannte Kohlenwasserstoffe und Oxide des Stickstoffs. Auch bei strenger Kontrolle der stationären Verunreinigungsquellen wie in Los Angeles bleibt das Auto ein ernstzunehmender Luftverschmutzer.

Smog beginnt mit Stickoxid (NO), das aus einem Auspuffrohr strömt. NO wird zu braunem Stickstoffdioxid (NO_2) oxidiert.

Durch Stickstoffoxide verursachter Smog beginnt mit Stickoxid, NO, das aus O_2 und N_2 bei hohen Temperaturen in der Verbrennungskammer der Automotoren entsteht:

$$O_2 + N_2 \rightleftharpoons 2NO$$

NO strömt aus dem Auspuff und wird durch atmosphärisches O_2 zu braunem Stickstoffdioxid oxidiert:

$$NO + \tfrac{1}{2}O_2 \rightleftharpoons NO_2$$

NO_2 ist braun, weil es aufgrund seines ungepaarten Elektrons zwei nahe beieinanderliegende Elektronenenergieniveaus hat, wodurch das Molekül fast im gesamten sichtbaren Spektralbereich Licht absorbieren kann. Ein Teil dieser Absorption führt zum Zerfall in NO und atomaren Sauerstoff:

$$NO_2 \xrightarrow{h\nu} NO + O\cdot$$

Das NO kann wieder zu NO_2 zurückoxidiert werden, und das Sauerstoff-Atom kann weiteren Schaden anrichten. Wenn man die beiden vorigen Gleichungen addiert, erkennt man, daß die Oxide des Stickstoffs in Wirklichkeit nur ein Vehikel darstellen, mit dem die Photonen des sichtbaren Lichts Sauerstoff-Moleküle in zwei Atome zerlegen können:

$$O_2 \xrightarrow{h\nu} 2\,O\cdot$$

Freie Sauerstoff-Atome haben eine zerstörerische Wirkung, weil sie sich mit O_2 zu Ozon (O_3) verbinden:

$$O_2 + O\cdot \longrightarrow O_3$$

Ozon ist ein ausgezeichnetes Oxidationsmittel, das organische Substanzen angreift, z.B. Kohlenwasserstoffe in der Atmosphäre, Gummi, Anstrichfarben und Kunststoffe sowie unser Lungengewebe.

Die höchste Temperatur in einem Automobilmotor liegt bei 2300 K, und die Temperatur der Auspuffgase beträgt gewöhnlich 900 K. Unten sind für diese Temperaturen und für Raumtemperatur die Standardenthalpien, die Freien Enthalpien und die Gleichgewichtskonstanten für den Zerfall von NO.

$$2NO \rightleftharpoons N_2 + O_2$$

angegeben.

Temperatur K	ΔH^0_T kJ pro 2 mol NO	ΔG^0_T	K_{eq}
298	−180.6	−173.2	$2.20 \cdot 10^{30}$
900	−180.8	−158.1	$1.50 \cdot 10^{9}$
2300	−180.7	−122.5	605

(Man überprüfe selbst die bemerkenswerte Abnahme von K_{eq} mit zunehmender Temperatur, indem man diese Werte aus den entsprechenden ΔG^0_T-Werten errechnet.) Man beachte, daß die Reaktionswärme wenig temperaturabhängig ist und über einen Temperaturbereich von 2000° innerhalb von 0.25 kJ konstant bleibt. Das ist auch vernünftig, denn die Reaktionswärme rührt hauptsächlich von der Bildung und dem Zerfall chemischer Bindungen, und man braucht fast genausoviel Energie, eine Bindung bei 2300 K zu brechen wie bei 298 K. Wenn man mit der Beziehung

$$\Delta G^0 = \Delta H^0 - T\Delta S^0$$

die Entropieänderung während des Zerfalls von zwei Mol NO bei 298 K, 900 K und 2300 K berechnet, findet man die Werte $\Delta S^0 = -24.9, -25.3$ bzw. $-25.4\ J \cdot K^{-1}$. Weder die Reaktionswärme noch die durch die Reaktion entstehende Unordnung sind stark temperaturabhängig; der größte Beitrag zur Temperaturabhängigkeit der Freien Energie (und damit der Gleichgewichtskonstante K_{eq}) stammt von dem letzten Glied der vorher erwähnten Gleichung. Die Temperatur vergrößert die Bedeutung der Entropieänderung: Die bei einer Reaktion erzeugte Unordnung hat bei hohen Temperaturen mehr Einfluß auf die Freie Energie und die Freiwilligkeit des Reaktionsablaufs als bei niedrigen.

Aus diesen Werten für K_{eq} ergeben sich einige paradoxe Fragestellungen. Im Inneren der Verbrennungskammer werden bei 2300 K bemerkenswerte Mengen NO aus dem N_2 und O_2 der einströmenden Luft gebildet.

Beispiel. Ein 1-Liter-Stahltank enthält im Gleichgewicht bei 2300 K 0.04 mol N_2, 0.01 mol O_2 und eine unbekannte Menge von NO. Wieviel Mol NO sind vorhanden, und welchen Wert hat der Molenbruch von NO?

Lösung. Die Gleichgewichtskonstante für die Reaktion ist

$$K_{eq} = \frac{[N_2]\,[O_2]}{[NO]^2}$$

$$605 = \frac{(0.04)\,(0.01)}{[NO]^2}$$

$$[NO] = 0.00081\ mol \cdot l^{-1}$$

$$\text{Gesamtmolzahl} = 0.04 + 0.01 + 0.0008 = 0.0508$$

$$X_{NO} = \frac{0.0008}{0.0508} = 0.016$$

Die heißen Motorgase bestehen also zu 1.6% (Molprozent) aus NO, was eine beachtliche Menge ist. Wenn wir aber diese Berechnung mit den Werten für Raumtemperatur wiederholen, kommen wir zu der paradoxen Schlußfolgerung, daß NO für die Luftverunreinigung kein Problem sein sollte; das Gleichgewicht liegt bei 298 K weit auf der Seite von N_2 und O_2.

$$K_{eq} = 2.20 \cdot 10^{30}$$

$$[NO] = 5.2 \cdot 10^{-10}\ mol \cdot l^{-1} \text{ in dem Stahltank}$$

Diese NO-Menge wäre überhaupt nicht nachweisbar und ganz unbedeutend.

Wo liegt der Fehler der Analyse? Denn das Oxid NO *ist* offensichtlich ein ernstes Problem beim photochemischen Smog. Es entsteht bei hohen Temperaturen im Innern der Verbrennungskammern, doch warum zerfällt es nicht spontan in N_2 und O_2, wenn die Gase aus dem Auspuff ausströmen und sich dabei abkühlen? Es ist ein Problem der Reaktionsgeschwindigkeiten und nicht des Gleichgewichts. Es ist richtig, daß NO im Gleichgewicht bei 298 K in N_2 und O_2 zerfallen sollte, doch sind die Gase in unserer Atmosphäre weit entfernt vom Gleichgewicht. Die Zerfallsreaktion ist sehr langsam, und NO überlebt lange genug, daß es zu NO_2 oxidiert und in den smogproduzierenden Kreislauf eintreten kann. Reaktionsgeschwindigkeiten sind wichtig, und „wie schnell?" ist oft eine wichtigere Frage als „wie weit?". „Wie schnell?" ist die Frage, die im folgenden Kapitel diskutiert wird.

In photochemischen Kettenreaktionen werden mit Hilfe der Lichtenergie Ozon und noch mehr Stickstoffdioxid gebildet.

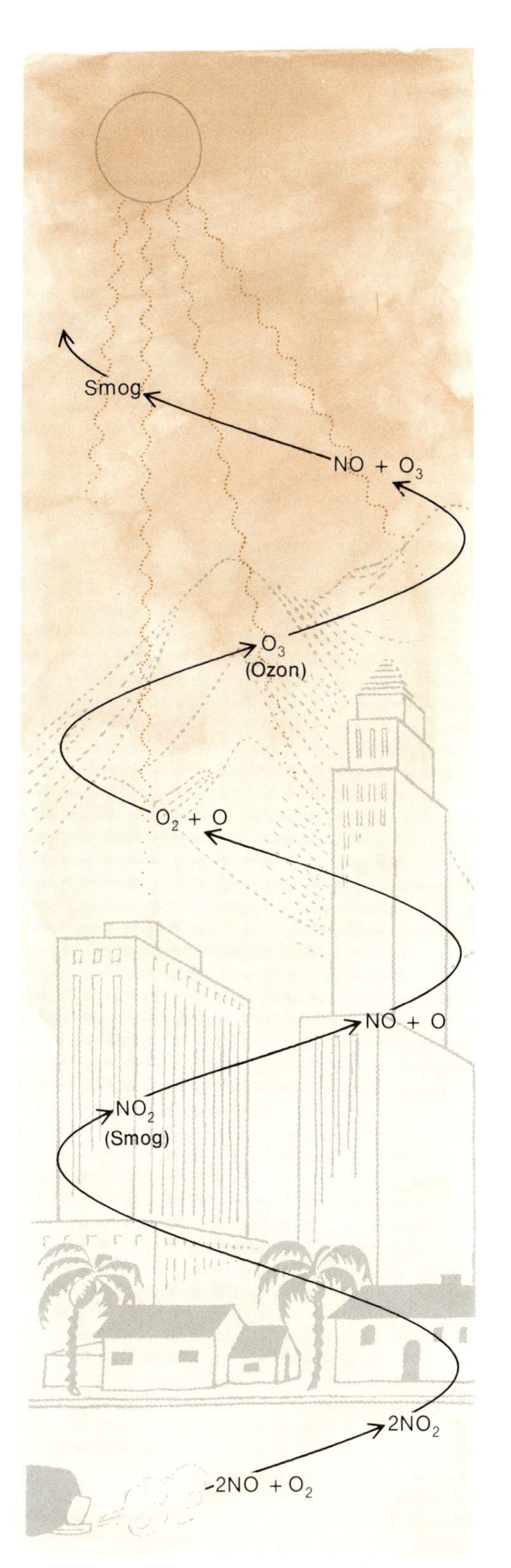

Fragen

1. Was ist der Unterschied zwischen Spontaneität und der Geschwindigkeit einer chemischen Reaktion? Man nenne ein Beispiel für eine spontane, aber langsame chemische Reaktion.
2. Wie kann eine spontane, aber langsame Reaktion beschleunigt werden?
3. Welche Form hat das Massenwirkungsgesetz für die Reaktion $2NO(g) + O_2(g) \rightleftharpoons 2NO_2(g)$? Man erläutere die Exponenten für die Konzentrationsausdrücke.
4. Die Reaktion in Frage 3 könnte man auch schreiben $NO(g) + \frac{1}{2}O_2(g) \rightleftharpoons NO_2(g)$. Welcher Ausdruck gilt für die Gleichgewichtskonstante der in dieser Form geschriebenen Reaktion? Wie hängen die Zahlenwerte von K_{eq} in dieser und der vorigen Frage zusammen?
5. Man schreibe den Ausdruck für die Gleichgewichtskonstante der Reaktion $2NO_2(g) \rightleftharpoons 2NO(g) + O_2(g)$ auf. Man vergleiche den Zahlenwert für diese Gleichgewichtskonstante mit dem in Frage 3.
6. Welche *Einheiten* haben die Gleichgewichtskonstanten in Frage 3, 4 und 5?
7. Warum ist es vernünftig, daß die Geschwindigkeitskonstante für den Prozeß erster Ordnung im Holzapfelkrieg die Einheit $m^2 \cdot s^{-1}$ hat, und warum kann man sie als Behendigkeitskonstante auffassen? Warum ist es genauso vernünftig, daß Geschwindigkeitskonstanten erster Ordnung bei molekularen Prozessen die Einheit $l \cdot s^{-1}$ haben?
8. Welche Bedeutung des Gleichgewichts benutzt man, um die Gleichgewichtskonstante mit den Geschwindigkeitskonstanten für Hin- und Rückreaktion zu verknüpfen?
9. Bedeutet Gleichgewichtszustand, daß sämtliche Aktivität auf molekularer Ebene aufgehört hat? Wenn nicht, was bedeutet Gleichgewicht dann?
10. Welche Definition hat der Molenbruch für ein Gasgemisch? Wenn reines Wasser durch Elektrolyse zersetzt wird und die entstehenden Gase als Gemisch aufgefangen werden, welchen Molenbruch hat jede der Komponenten?
11. Wieso ist es möglich, die gasförmigen Produkte, wie in Frage 10 beschrieben, aufzufangen, wenn doch die Bildung von Wasser aus den Elementen ausgeprägt spontan ist? Befindet sich das Gemisch aus O_2 und H_2 im Gleichgewicht? Wie kann man das Gleichgewicht wiederherstellen, und welche Substanz würde dabei entstehen?
12. Wenn die entstehenden Gase, so wie in Frage 10 beschrieben, in einem Tank aufgefangen werden, der dann verschlossen wird, und in seinem Inneren ein Gesamtdruck von 0.5 bar herrscht, wie hoch ist dann der Partialdruck jedes Gases?
13. Welche Reaktion, ausgehend von Standardbedingungen, ist „spontaner", die Synthese von HCl, NH_3 oder H_2O? Bei welcher Reaktion liegt im Gleichgewicht das meiste Ausgangsmaterial unverändert vor?
14. Was ist der Unterschied zwischen K_C, K_P und K_X? Welche Beziehung besteht zwischen K_C und K_P für die Ammoniak-Synthese, wenn man sie schreibt als $3H_2 + N_2 \rightleftharpoons 2NH_3$?
15. Welche allgemeine Beziehung verknüpft bei Gasen K_C und K_P?
16. Das Daltonsche Gesetz der Partialdrücke sagt uns, daß die Beziehung zwischen dem Partialdruck und dem Molenbruch in einem Gasgemisch durch den Ausdruck $p_j = PX_j$ gegeben ist, in dem P der Gesamtdruck ist? Welcher allgemeine Ausdruck stellt eine Beziehung zwischen K_P und K_X für Gase her?
17. Was ist das Le Chateliersche Prinzip? Was sagt es über den Einfluß einer Erhöhung der Reaktionstemperatur auf eine Gleichgewichtskonstante voraus?
18. Welchen Einfluß hat eine Änderung des Gesamtdruckes nach dem Le Chateliersche Prinzip auf die Gleichgewichtskonzentrationen?

19. Ändert sich der Zahlenwert der Gleichgewichtskonstante K_P mit dem Druck? Ändert sich der Zahlenwert von K_P mit der Temperatur?
20. Wenn eine Reaktion mit einer starken Abnahme der Freien Standardenergie verbunden ist, verläuft die Reaktion dann, ausgehend von Standardbedingungen, spontan? Was heißt Standardbedingungen? Wird die Gleichgewichtskonstante für diese Reaktion groß oder klein sein, und wie hängt sie mit der Änderung der Freien Standardenergie zusammen?
21. Wenn eine Gleichgewichtskonstante sehr viel kleiner als 1.0 ist, was sagt das über die Änderung der Freien Standardenergie aus? Was sagt es uns über die Spontaneität einer Reaktion, wenn man von Standardbedingungen ausgeht?
22. Der Zerfall von NO in Sauerstoff und Stickstoff ist ein stark exothermer Prozeß. Wird bei dem Zerfall Wärme aufgenommen oder abgegeben? Wenn man im Gleichgewicht mehr Zerfallsprodukte haben will, sollte die Reaktion dann bei hohen oder bei niedrigen Temperaturen ausgeführt werden? Wird die Änderung der Freien Standardenergie positiver oder negativer, wenn die Temperatur erhöht wird?
23. Wie können angesichts der Antworten auf Frage 22 bei Raumtemperatur nennenswerte Mengen von NO in einer verschmutzten Atmosphäre auftreten?

Probleme

1. Die Gleichgewichtskonstante für die Reaktion

$$A_2(g) + B_2(g) \underset{k_r}{\overset{k_h}{\rightleftharpoons}} 2AB(g)$$

bei einer gegebenen Temperatur ist $K_P = 2.5 \cdot 10^{-6}$. k_h und k_r sind die Geschwindigkeitskonstanten für die Hin- und Rückreaktion. Wie groß ist der Wert für k_h, wenn die Geschwindigkeitskonstante der Rückreaktion einen Zahlenwert von 149 $bar^{-1} \cdot s^{-1}$ hat?

2. Die Gleichgewichtskonstante für die Reaktion $N_2 + O_2 \rightleftharpoons 2NO$ beträgt bei 2130°C $2.5 \cdot 10^{-3}$. Welche Einheit hat diese Gleichgewichtskonstante? Welchen Wert hat die Gleichgewichtskonstante für die Reaktion $NO \rightleftharpoons \frac{1}{2}O_2 + \frac{1}{2}N_2$?

3. Wird bei der in Problem 2 beschriebenen Synthese von NO Wärme aufgenommen oder abgegeben? (Man benutze Anhang 2.) Befindet sich unter folgenden Bedingungen die beschriebene Gasmenge im Gleichgewicht oder läuft die Hin- oder die Rückreaktion spontan ab?
   (a) Ein 1-Liter-Behälter enthält 0.020 mol NO, 0.010 mol O_2 und 0.020 mol N_2 bei 2130 °C.
   (b) Ein 20-Liter-Behälter enthält bei 2130°C $1 \cdot 10^{-2}$ mol N_2, $1 \cdot 10^{-3}$ mol O^2 und $2 \cdot 10^{-2}$ mol NO.
   (c) Ein 1-Liter-Behälter enthält bei 2500 °C 100 mol N_2, 16 mol O_2 und 0.2 mol NO.

4. Ein 1-Liter-Tank ist bei 448 °C mit 0.10 mol HI, 1.5 mol I_2 und 1.0 mol H_2 gefüllt. Man berechne mit den Werten aus der Tabelle über das HI-Gleichgewicht in diesem Kapitel die Konzentrationen von HI, I_2 und H_2 in dem Tank, nachdem die Komponenten das Gleichgewicht erreicht haben.

5. Bei 25 °C und 20 bar Druck hat die Reaktion $N_2(g) + 3H_2(g) \rightleftharpoons 2NH_3(g)$ eine Standardenthalpieänderung von −92.5 kJ pro mol N_2.
   (a) Wird, wenn man die Temperatur auf 300 °C erhöht und den Druck bei 20 bar festhält, mehr oder weniger Ammoniak im Gleichgewicht vorhanden sein?
   (b) Wird, wenn der Druck auf 30 bar erhöht wird, während die Temperatur bei 25 °C festgehalten wird, mehr oder weniger Ammoniak im Vergleich zu den ursprünglichen Bedingungen vorhanden sein?
   (c) Wird die Stickstoffmenge ab- oder zunehmen, wenn die Hälfte des Ammoniaks entfernt wird und das System wieder zum Gleichgewicht zurückkehrt?
   (d) Welchen Einfluß wird es auf das ursprüngliche Gleichgewichtsgemisch haben, wenn ein Katalysator für die Ammoniaksynthese zugesetzt wird?

6. Ein 1-Liter-Tank enthält 0.095 mol Ammoniak, 1.13 mol Stickstoff-Gas und 1.5 mol Wasserstoff im Gleichgewicht.
   (a) Man berechne K_C für die Reaktion $N_2 + 3H_2 \rightleftharpoons 2NH_3$.
   (b) Man berechne K_C für die Reaktion $NH_3 \rightleftharpoons \frac{1}{2}N_2 + \frac{3}{2}H_2$.
   (c) Welche Beziehung besteht zwischen den Werten von K_C, die in Teil a und b berechnet wurden?
   (d) Man berechne K_P für die Reaktion, wie sie in Teil (a) formuliert ist.

7. K_C für die Reaktion $N_2 + 3H_2 \rightleftharpoons 2NH_3$ ist bei 1000 K 0.00237. Wenn ein 10-Liter-Stahltank bei dieser Temperatur 20 mol N_2 und 30 mol H_2 enthält, wieviel Liter Ammoniak werden vorhanden sein?

8. Wie groß ist die Gleichgewichtskonzentration an Wasserstoff-Gas für die in Problem 7 genannte Reaktion in einem 1000-Liter-Tank bei 1000 K, wenn 6.8 mol Stickstoff und 10.5 mol Ammoniak vorhanden sind? Wieviel Mol Wasserstoff-Gas liegen vor?

9. Die Gleichgewichtskonstante für die Reaktion $PCl_5(g) \rightleftharpoons PCl_3(g) + Cl_2(g)$ ist bei 500 K $K_C = 0.0224$.

(a) Welche Einheit hat dieser K_C-Wert?

(b) Welchen Zahlenwert hat K_P und was ist seine Einheit?

(c) Wieviel Mol Cl_2 werden im Gleichgewicht in einem 100-Liter-Tank bei 500 K vorliegen, wenn 4.3 mol PCl_5 und 132 mol PCl_3 vorhanden sind?

(d) Wird mehr oder weniger Cl_2 im Gleichgewicht vorliegen, wenn der Druck auf den Inhalt des Tankes erhöht wird?

(e) Wird mehr oder weniger Cl_2 vorhanden sein, wenn die Temperatur des Tankes erhöht wird? (Man benutze die Zahlenwerte aus Anhang 2, soweit notwendig.)

10. Die Gleichgewichtskonstante für die Dissoziation von gasförmigen Iod-Molekülen bei 1000 K ist $K_C = 3.76 \cdot 10^{-5}$ für die Reaktion $I_2(g) \rightleftharpoons 2\,I(g)$. Zu Beginn eines Experiments werden 1.00 mol reines I_2 in einen 2.00-Liter-Behälter bei 1000 K gebracht. Wieviel atomares Iod wird vorliegen, wenn der Inhalt das Gleichgewicht erreicht hat?

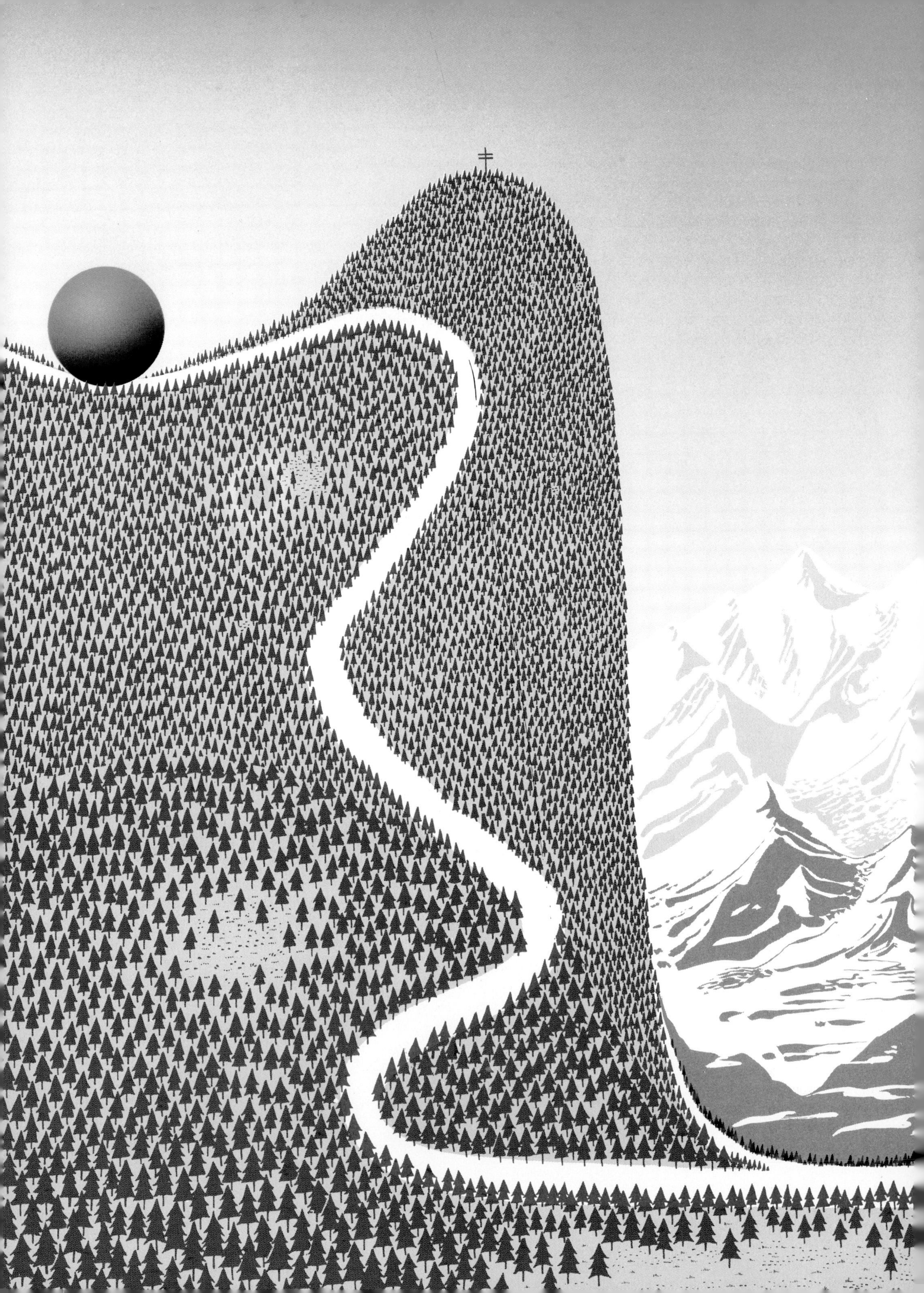

◀ *Eine phantastische Analogie für Aktivierungsenergie-Barriere und katalytische Reaktionswege*

15. Kapitel

Die Geschwindigkeit chemischer Reaktionen

Im 14. Kapitel haben wir die Frage beantwortet, warum gewisse Reaktionen selbst nach beliebig langer Zeit nicht zu 100 Prozent abgelaufen sind und warum eine Mischung von Reaktanden und Produkten zurückbleibt, und trotzdem keinerlei Reaktion mehr wahrnehmbar ist. Der Grund dafür ist die Konkurrenz zwischen der Hin- und der Rückreaktion, und das Gleichgewicht ist der Zustand, in dem sich diese gegenläufigen Prozesse die Waage halten. Wir kommen jetzt zu unserer zweiten Frage: Warum kommen bestimmte Reaktionen, die aufgrund der Werte für ihre Freie Energie spontan ablaufen sollten und die sich weit vom Gleichgewicht befinden, selbst nach Jahren nicht in Gang, während andere mit explosionsartiger Geschwindigkeit ablaufen? Die Zersetzung von NO zu Stickstoff und Sauerstoff ist thermodynamisch spontan – warum gibt es dann einen photochemischen Smog aus Oxiden des Stickstoffs? Wenn bei allen Verbrennungen in Sauerstoff Energie frei wird und die Atmosphäre voll von Sauerstoff ist – warum geht nicht alles, was entflammbar ist, in Flammen auf, wir selbst eingeschlossen? Die Antwort lautet: Diese Zersetzungs- und Verbrennungsreaktionen sind zwar thermodynamisch spontan, aber sie laufen bei Raumtemperatur nur mit allerkleinster Geschwindigkeit ab. Die Geschwindigkeiten chemischer Reaktionen und die Faktoren, die sie beeinflussen, sind Gegenstand dieses Kapitels.

Die Geschwindigkeit einer chemischen Reaktion hängt vom Reaktionsmechanismus ab – dies ist das zentrale Thema, das in diesem Kapitel entwickelt werden soll. Zwei einander begegnende Moleküle müssen zusammenstoßen und ihre Atome zu den Produktmolekülen umordnen. Dabei können Atomanordnungen durchlaufen werden, die einen hohen Energieinhalt haben, und wenn das der Fall ist, läuft die Reaktion langsam ab, denn nicht alle zusammenstoßenden Moleküle haben genug Energie, um die richtige Umordnung zu vollziehen. Das Konzept einer „Aktivierungsenergie"-Barriere einer Reaktion ist auf der Seite gegenüber durch die analoge Situation eines Felsblocks auf einem Berg illustriert. Der Felsen kann den Steilhang des Berges nicht hinunterrollen, ohne erst die Aktivierungsbarriere zu erklimmen, die von einem Kreuz mit zwei Querbalken (dem üblichen Symbol für aktivierte Zwischenzustände) gekrönt ist. Ein Katalysator beschleunigt eine chemische Reaktion, indem er einen anderen Reaktionsweg mit niedriger Aktivierungsenergie eröffnet. Er wird symbolisiert durch den gewundenen Pfad an der Flanke des Berges.

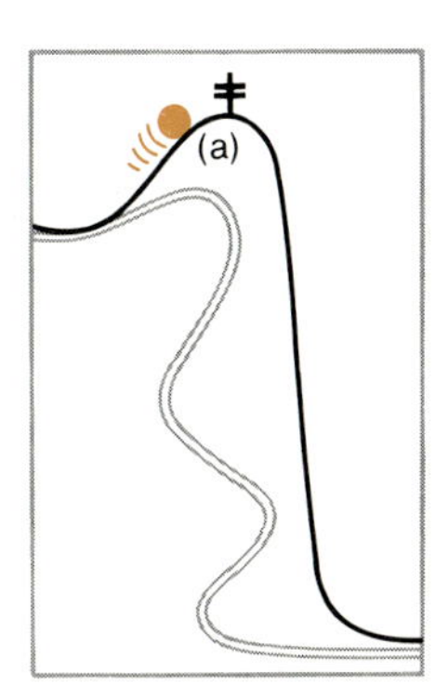

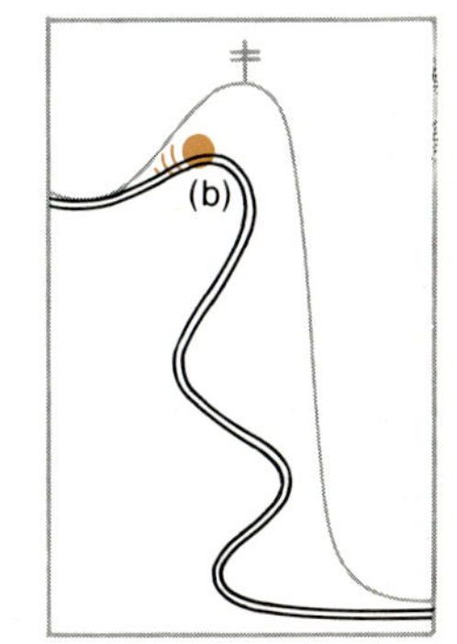

(a) Die Aktivierungsenergie wird durch einen Bergrücken symbolisiert, den ein Felsbrocken überwinden muß, bevor er bergab rollen kann.

(b) Ein Katalysator eröffnet einen alternativen Reaktionsweg mit niedrigerer Aktivierungsenergie-Barriere.

$\frac{dx}{dt}$-DARSTELLUNG EINER KURVENSTEIGUNG

Wir zeichnen eine Kurve, in der *x* irgendwie von *t* abhängt:

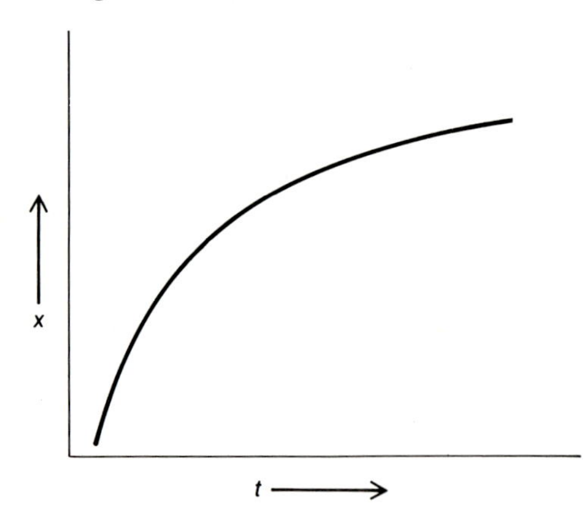

Die mittlere Steigung der Kurve zwischen zwei Punkten 1 und 2 ist $\frac{x_2 - x_1}{t_2 - t_1} = \frac{\Delta x}{\Delta t}$. Dies ist *nicht* die Steigung der Kurve an jedem dazwischenliegenden Punkt P.

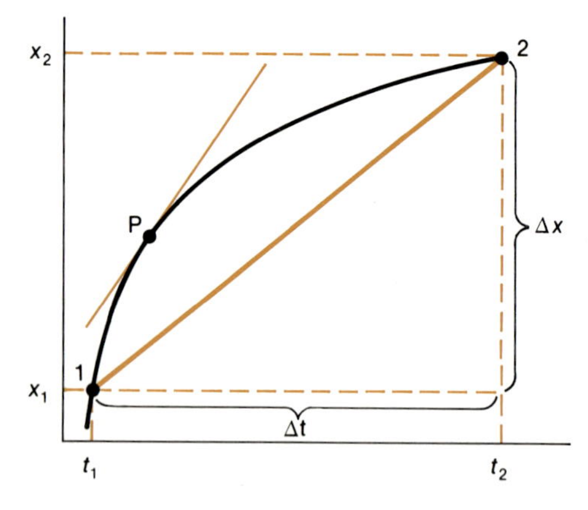

Die Steigung der Kurve am Punkt P ist der Grenzwert von $\Delta x/\Delta t$, wenn die Punkte 1 und 2 von jeder Seite immer näher an P heranrücken. Der Grenzwert der Steigung *am Punkt* P wird dx/dt geschrieben.

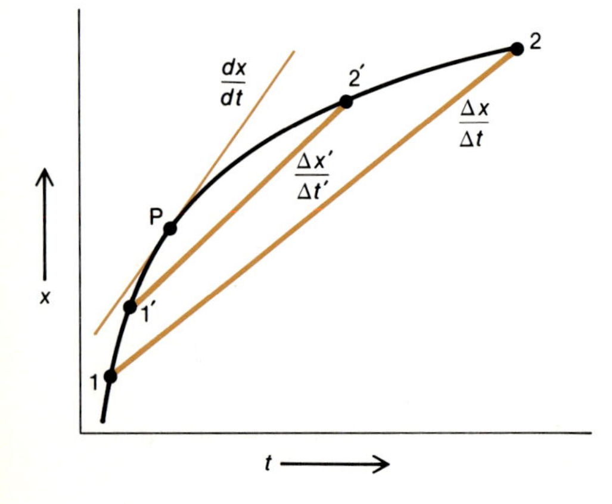

Experimentelle Geschwindigkeitsgesetze

Ein Geschwindigkeitsgesetz ist eine Gleichung, welche die Geschwindigkeit des Verschwindens von Reaktanden oder des Erscheinens von Produkten mit den Konzentrationen der Reaktanden in Beziehung setzt. Der einfachste Reaktionstyp ist die spontane Zersetzung isolierter Moleküle oder Atome, und das bekannteste Beispiel ist der radioaktive Zerfall instabiler Kerne, den wir im 11. Kapitel behandelt haben. Das Geschwindigkeitsgesetz für den Zerfall von Kohlenstoff-14-Kernen lautet:

$$\text{Zerfallsgeschwindigkeit} = \frac{d[^{14}C]}{dt} = -k[^{14}C]$$

Der Ausdruck

$$\frac{d[^{14}C]}{dt}$$

hat die Bedeutung „Veränderung der Kohlenstoff-14-Konzentration mit der Zeit". (Für jede Größe x, deren Wert sich mit der Zeit ändert, bedeutet dx/dt die Geschwindigkeit der Änderung von x.)

Das angegebene Geschwindigkeitsgesetz kann folgendermaßen übersetzt werden: „Die Geschwindigkeit, mit der die Kohlenstoff-14-Atome verschwinden, ist proportional der Zahl der Kohlenstoff-14-Atome pro Volumeneinheit, die bereit zum Zerfall sind." Da jedes Atom mit der gleichen inhärenten Wahrscheinlichkeit innerhalb eines gegebenen Zeitintervalls zerfällt und da die Wahrscheinlichkeit, daß ein bestimmtes Atom zerfällt, unabhängig von der Anwesenheit oder Abwesenheit anderer Atome ist, hätten wir dieses Geschwindigkeitsgesetz schon intuitiv erwartet. Wie im 14. Kapitel bedeutet $[^{14}C]$ die Konzentration von Kohlenstoff-14; k ist die Geschwindigkeitskonstante. Da die Kohlenstoff-14-Konzentration mit der Zeit abnimmt, hat $d[^{14}C]/dt$ einen negativen Wert; auf der rechten Seite der Gleichung muß also ein Minuszeichen stehen. Gewöhnlich bringt man das Minuszeichen auf die linke Seite zum Geschwindigkeitsterm und schreibt die Geschwindigkeitsgleichung so:

$$-\frac{d[^{14}C]}{dt} = k[^{14}C]$$

Im 14. Kapitel haben wir gesehen, daß die Geschwindigkeit der Reaktion zwischen Wasserstoff und Iod von den Konzentrationen an H_2 und I_2 abhängt:

$$H_2 + I_2 \longrightarrow 2HI$$

$$\text{Reaktionsgeschwindigkeit} = -\frac{d[H_2]}{dt} = -\frac{d[I_2]}{dt}$$

$$= +1/2\,\frac{d[HI]}{dt} = k[H_2][I_2]$$

Das einzig Neue an dieser Geschwindigkeitsgleichung ist die dx/dt-Schreibweise. Die Gleichung kann folgendermaßen übersetzt werden: „Die Geschwindigkeiten, mit der H_2 und I_2 verschwinden, sind jeweils halb so groß wie die Geschwindigkeiten, mit der HI entsteht (denn es werden zwei Moleküle HI gebildet), und jede dieser Geschwindigkeiten ist proportional dem Produkt aus H_2- und I_2-Konzentration."

Wenn *x* die Lage eines Gegenstandes bedeutet und *t* die Zeit, dann ist $\Delta x/\Delta t$ die *Durchschnitts*geschwindigkeit während des Zeitintervalls Δt, und dx/dt ist die *Momentan*geschwindigkeit zum Zeitpunkt *t*.

Reaktionsordnung

Die *Ordnung* einer experimentell gewonnenen Geschwindigkeitsgleichung beschreibt, wie die Geschwindigkeit von der Potenz der Konzentrationen abhängt. Die Geschwindigkeit des Kohlenstoff-14-Zerfalls ist der ersten Potenz der ^{14}C-Konzentration proportional, die Reaktion ist deshalb *erster Ordnung*. Die Reaktion zwischen Wasserstoff und Iod hängt ab vom Produkt zweier Konzentrationen; man muß die Exponenten der Konzentrationen zusammenzählen, und deshalb ist die Reaktion insgesamt *zweiter Ordnung*. Man kann sich auch auf die individuellen Reaktanden beziehen und sagt dann, die HI-Reaktion sei erster Ordnung bezüglich der Konzentration von H_2 und ebenso bezüglich der Konzentration von I_2, denn beide Konzentrationen tauchen in der Geschwindigkeitsgleichung in der ersten Potenz auf.

Beispiel. Für die Zersetzung von N_2O_5-Dampf,

$$2N_2O_5(g) \longrightarrow 4NO_2(g) + O_2(g),$$

wurde experimentell folgendes Geschwindigkeitsgesetz beobachtet:

$$-\frac{d[N_2O_5]}{dt} = k[N_2O_5]$$

Welches ist die Reaktionsordnung?

Lösung. Es handelt sich um eine Zersetzungsreaktion erster Ordnung, denn die Geschwindigkeit hängt von der ersten Potenz der N_2O_5-Konzentration ab. Es ist wichtig, daß die Ordnung einer Reaktion eine experimentell bestimmte Größe ist, für die es völlig gleichgültig ist, in welcher Form man die Reaktionsgleichung aufschreibt. Daß wir oben in der Reaktionsgleichung den Faktor 2 vor das N_2O_5 geschrieben haben, hat keineswegs zur Folge, daß die Reaktion jetzt zweiter Ordnung ist. Genausowenig wird die Reaktion erster Ordnung, wenn wir die Reaktionsgleichung so schreiben:

$$N_2O_5(g) \longrightarrow 2NO_2(g) + \tfrac{1}{2}O_2(g)$$

Um die Ordnung einer Reaktion zu bestimmen, bleibt nichts übrig, als wirkliche Experimente zu machen.

Beispiel. Die Reduktion von NO mit H_2,

$$2NO(g) + 2H_2(g) \longrightarrow N_2(g) + 2H_2O(g),$$

hängt, wie das Experiment zeigt, folgendermaßen von den Konzentrationen an NO und H_2 ab:

$$-\frac{d[NO]}{dt} = k[NO]^2[H_2]$$

Die Reaktionsgeschwindigkeit ist also proportional der ersten Potenz der H_2-Konzentration, und nicht proportional $[H_2]^2$, wie man aus der stöchiometrischen Reaktionsgleichung erwarten sollte. Welche Gesamtordnung hat die Reaktion? Welche Ordnung hat die Reaktion in bezug auf die einzelnen Reaktionspartner?

Lösung. Die Reaktion insgesamt ist dritter Ordnung; sie ist zweiter Ordnung bezüglich der NO- und erster Ordnung bezüglich der H_2-Konzentration. Wieder zeigt sich, daß die simple Lösung, die man erwarten sollte, wenn man nur auf die Koeffizienten von NO und H_2 in der stöchiometrischen Reaktionsgleichung sieht, *nicht* mit den experimentellen Ergebnissen übereinstimmt.

Beispiel. Chlor reagiert mit Chloroform unter Bildung von Tetrachlorkohlenstoff und Chlorwasserstoff nach folgender Gleichung:

$$CHCl_3 + Cl_2 \longrightarrow CCl_4 + HCl$$

Experimentell ergibt sich folgendes Geschwindigkeitsgesetz für die HCl-Bildung:

$$\frac{d[HCl]}{dt} = k[CHCl_3][Cl_2]^{1/2}$$

Welche Ordnung hat die Gesamtreaktion? Welche Ordnung hat die Reaktion in bezug auf jeden Reaktanden?

Lösung. Die Reaktion ist erster Ordnung in bezug auf die Chloroform-Konzentration, und sie ist von der Ordnung $^1/_2$ in bezug auf die Konzentration des Chlors. Die Reaktion ist insgesamt von der Ordnung $1^1/_2$. (Man beachte, daß nichts gegen eine gebrochene Ordnung bezüglich der Konzentration eines oder mehrerer Reaktanden spricht.)

Daß die Koeffizienten in der stöchiometrischen Reaktionsgleichung und im Geschwindigkeitsgesetz im allgemeinen nicht übereinstimmen, hat seinen Grund darin, daß der wirkliche Mechanismus der chemischen Reaktion nicht in einem gleichzeitigem Zusammenstoß von so vielen Molekülen besteht, wie man aus den Koeffizienten der Gleichung abzählen kann. Stattdessen baut sich der Gesamtmechanismus der Reaktion aus einer Folge kleinerer Schritte auf. Daß vier oder fünf Teilchen gleichzeitig kollidieren, ist sehr unwahrscheinlich. Es ist viel wahrscheinlicher, daß eine Reaktion, an der vier oder fünf Moleküle beteiligt sind, in einer Serie von Schritten abläuft, wobei zuerst zwei Reaktand-Moleküle unter Bildung einer Zwischenverbindung kollidieren, dann diese Zwischenverbindung mit dem nächsten Reaktand-Molekül zusammenstößt usw. Das aus dem Experiment gewonnene Geschwindigkeitsgesetz ist eine Zusammenfassung all dieser Schritte; es kann von den Konzentrationen der Reaktanden in komplizierter Weise abhängen. Die Betrachtung des experimentellen Geschwindigkeitsgesetzes ist die erste Station bei der Entwirrung eines tatsächlichen Reaktionsmechanismus, aber wir erfahren daraus nicht die ganze Geschichte. Nur für einfache, in einem Schritt ablaufende Reaktionen stimmt die Ordnung des Geschwindigkeitsgesetzes notwendigerweise mit den Koeffizienten der Reaktionsgleichung überein, doch das ist fast ausschließlich für Zersetzungsreaktionen erster Ordnung der Fall sowie für die relativ seltenen Reaktionen zweiter Ordnung, die durch den Zusammenstoß zweier Moleküle gekennzeichnet sind und nicht durch Nebenreaktionen kompliziert werden.

Trotzdem bleiben die Aussagen gültig, die wir im 14. Kapitel über die *Gleichgewichtskonstante* gemacht haben. Die Exponenten im Massenwirkungsgesetz sind dieselben wie die Koeffizienten in der Reaktionsgleichung. Für die HI-Reaktion lautet der Ausdruck für die Gleichgewichtskonstante:

$$K_{eq} = \frac{[HI]^2}{[H_2][I_2]}$$

Für die Reduktion von NO mit H_2 gilt:

$$K_{eq} = \frac{[N_2][H_2O]^2}{[NO]^2[H_2]^2}$$

D.h. K_{eq} hängt vom Quadrat der H_2-Konzentration im Nenner ab. Dieser scheinbare Widerspruch zwischen diesen Ausdrücken für die Gleichgewichtskonstanten und den Geschwindigkeitsgesetzen löst sich auf, wenn wir berücksichtigen, daß alle Komplikationen des Reaktionsmechanismus die Hinreaktion und ihr Geschwindigkeitsgesetz genauso beeinflussen wie die Rückreaktion. Solche Komplikationen kürzen sich gewissermaßen in den Formeln für die Gleichgewichtskonstanten heraus. Das Massenwirkungsgesetz kann demnach allein aus den Reaktionsgleichungen abgeleitet werden, was für die Geschwindigkeitsgesetze leider nicht der Fall ist.

Ein klassisches Beispiel für solche Komplikationen in den Reaktionsgeschwindigkeits-Gleichungen ist die der HI-Bildung analoge Reaktion zwischen Wasserstoff und Brom:

$$H_2 + Br_2 \longrightarrow 2\,HBr$$

Das Massenwirkungsgesetz sieht genauso aus, wie wir es aus dem 14. Kapitel erwartet hätten:

$$K_{eq} = \frac{[HBr]^2}{[H_2]\,[Br_2]}$$

Die *Geschwindigkeit* der Hinreaktion hängt jedoch – wie das Experiment ergibt –, solange noch wenig oder kein HBr gebildet wurde, in folgender Weise von den Konzentrationen an H_2 und Br_2 ab:

$$\frac{d\,[HBr]}{dt} = k\,[H_2]\,[Br_2]^{1/2}$$

Die Geschwindigkeit der HBr-Produktion ist demnach proportional dem Produkt aus der H_2-Konzentration und der *Quadratwurzel* der Br_2-Konzentration. Unter diesen Bedingungen ist die Reaktion insgesamt von der Ordnung 3/2. Nachdem sich größere Mengen an HBr angesammelt haben, findet man folgendes Geschwindigkeitsgesetz:

$$\frac{d\,[HBr]}{dt} = \frac{k'\,[H_2]\,[Br_2]^{1/2}}{k'' + \frac{[HBr]}{[Br_2]}}$$

(Man erkennt, daß dieser Ausdruck in den oben genannten, einfacheren übergeht, wenn das Verhältnis $[HBr]/[Br_2]$ gegen null geht.) Wenn das Geschwindigkeitsgesetz so kompliziert wird, verliert das Konzept der Reaktionsordnung allmählich seinen Sinn.

Ein so komplexes Geschwindigkeitsgesetz tritt auf, weil der wirkliche Reaktionsmechanismus aus einer Folge von nacheinander ablaufenden Schritten besteht. Wir werden uns diese Kettenreaktion später in diesem Kapitel ansehen. Wäre der Mechanismus einfach der Zusammenstoß von H_2- und Br_2-Molekülen, lautete das Geschwindigkeitsgesetz:

$$\frac{d\,[HBr]}{dt} = k\,[H_2]\,[Br_2]$$

Da diese Formel laut Experiment falsch ist, kann auch der einfache Reaktionsmechanismus nicht zutreffen.

RADIOKOHLENSTOFF-DATIERUNG

In unserer Atmosphäre ist die Konzentration von Kohlenstoff-14 konstant; sie ist Ausdruck eines Gleichgewichts zwischen ^{14}C-Synthese durch Neutronen der Höhenstrahlung und spontanem ^{14}C-Zerfall:

$$^{14}_{7}N + ^{1}_{0}n \rightarrow ^{14}_{6}C + ^{1}_{1}p \quad \textbf{(Synthese)}$$

$$^{14}_{6}C \rightarrow ^{14}_{7}N + ^{0}_{-1}e \quad \textbf{(}\beta^-\textbf{-Zerfall)}$$

In lebenden Organismen wird das Gleichgewicht zwischen ihrem ^{14}C-Gehalt und dem der Atmosphäre hauptsächlich über den CO_2-Austausch bei Photosynthese und Atmung aufrechterhalten.

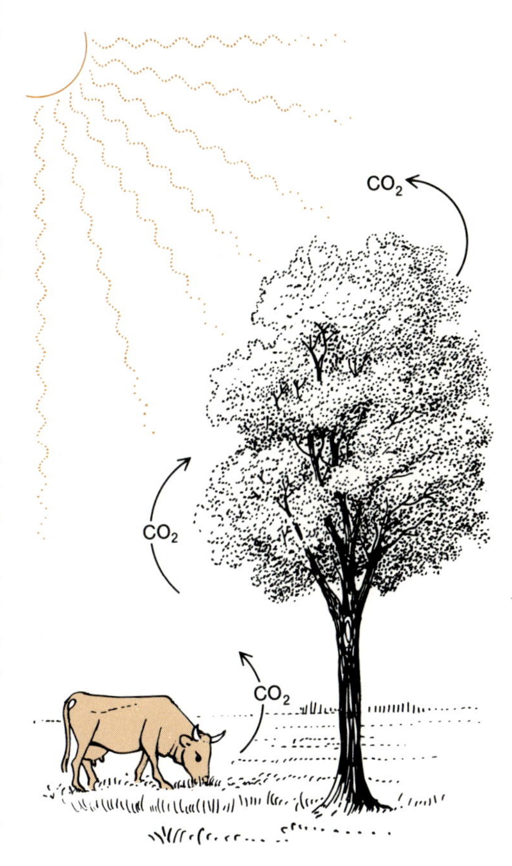

Exponentielle Zerfallsreaktionen 1. Ordnung

Das Geschwindigkeitsgesetz erster Ordnung für den Zerfall von Kohlenstoff-14-Kernen,

$$-\frac{d\,[^{14}C]}{dt} = k\,[^{14}C]$$

ist eine Differentialgleichung. Sie sagt aus, wie die zeitliche Änderung der Konzen-

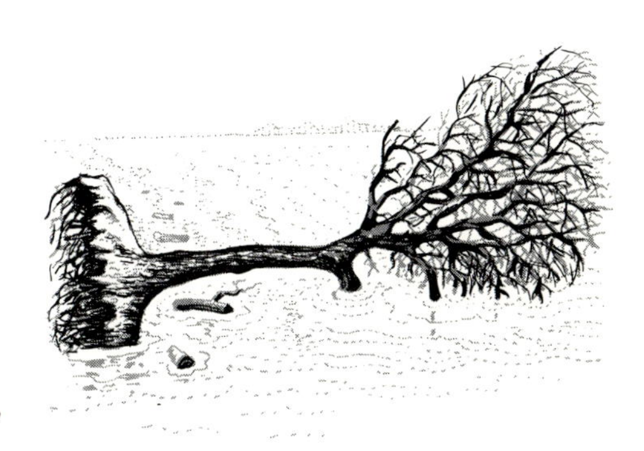

Nach dem Tod hören die Organismen auf, ihren zerfallenden Kohlenstoff-14 aus der Atmosphäre zu ergänzen; der Kohlenstoff-14, den sie zum Zeitpunkt des Todes enthielten, zerfällt langsam.

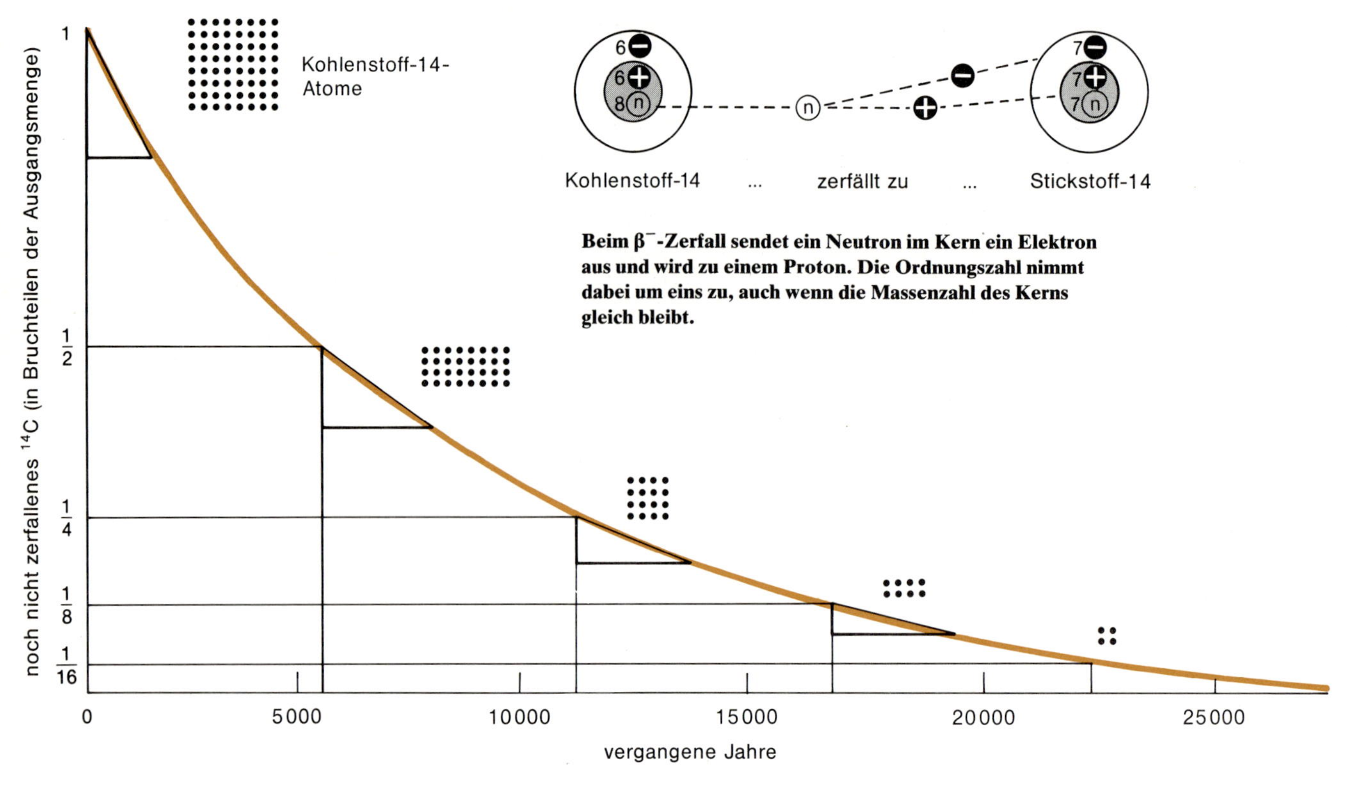

Beim β^--Zerfall sendet ein Neutron im Kern ein Elektron aus und wird zu einem Proton. Die Ordnungszahl nimmt dabei um eins zu, auch wenn die Massenzahl des Kerns gleich bleibt.

Zerfallsgeschwindigkeiten von Kohlenstoff-14. Die Zerfallsgeschwindigkeit hängt von der ^{14}C-*Konzentration* ab und nimmt daher ab, wenn die Zahl der ^{14}C-Kerne, die für potentiellen weiteren Zerfall übrigbleiben, kleiner wird. Die Hälfte einer beliebigen Ausgangsmenge wird in 5570 Jahren zerfallen sein. Die Zerfallsgeschwindigkeit zu jedem Zeitpunkt ist durch die Steigung der Kurve gegeben. Der Kurvenverlauf zeigt, daß die Zerfallsgeschwindigkeit in dem Maße allmählich abnimmt, wie die Zahl der noch übrigen ^{14}C-Kerne kleiner wird.

tration von der Konzentration abhängt. Noch besser wäre eine andere Gleichung, die einfach aussagt, wie sich bei einer Zerfallsreaktion 1. Ordnung die Konzentration mit der Zeit ändert:

$$[^{14}\mathrm{C}] = \text{irgendeine Funktion von } t$$

Mit Hilfe elementarer Regeln der Integralrechnung können wir aus einer Geschwindigkeitsgleichung eine Beziehung zwischen Konzentration und Zeit erhalten. Das allgemeine Verfahren geht über den Rahmen dieses Kapitels hinaus, aber wir wollen das Ergebnis für eine Zerfallsreaktion 1. Ordnung aufschreiben:

$$[^{14}\mathrm{C}] = [^{14}\mathrm{C}]_0 \cdot \mathrm{e}^{-kT}$$

Geht man von einer Anfangskonzentration $[^{14}\mathrm{C}]_0$ zur Zeit $t = 0$ aus, dann hat die Konzentration an Kohlenstoff-14 zu jedem späteren Zeitpunkt t exponentiell entsprechend der oben gezeigten Kurve abgenommen. Eine Eigenschaft des exponentiellen Zerfalls ist: Wenn nach einem bestimmten Zeitintervall die Konzentration auf die Hälfte zurückgegangen ist, dann ist sie nach einem weiteren, gleich großen Zeitabschnitt wieder um die Hälfte, insgesamt also auf ein Viertel des ursprünglichen Wertes gesunken. Nach wiederum der gleichen Zeit beträgt die Konzentration $^1/_8$ des Anfangswertes, dann $^1/_{16}$ usw. Die Zeit, in der eine beliebige Menge Materie durch einen Prozeß 1. Ordnung auf die Hälfte ihrer Anfangskonzentrationen zerfallen ist, nennt man die *Halbwertszeit* des Zerfalls. Je schneller der Zerfall, um so kürzer ist die Halbwertszeit. Für Kohlenstoff-14 beträgt die Halbwertszeit 5570 Jahre. In einem Experiment, in dem man mit 1 Gramm reinem Kohlenstoff-14 begonnen hätte, bliebe nach 5570 Jahren nur noch ein halbes Gramm übrig. Nach 11 140 Jahren fände man noch ein viertel Gramm, nach 16 710 Jahren noch ein achtel. Instabile Kerne haben höchst unterschiedliche Zerfallsgeschwindigkeiten oder Halbwertszeiten: Uran-238 hat eine Halbwertszeit von 4510 000 000 Jahren, während der experimentell kaum zu fassende Polonium-213-Kern nur den 4.2 millionsten Teil einer Sekunde als Halbwertszeit hat. Da die Halbwertszeit, $t_{1/2}$, diejenige Zeit ist, nach der das Konzentrationsverhältnis $[^{14}C]/[^{14}C]_0$ auf den Wert 0.5 gesunken ist, sind Halbwertszeit und Zerfallsgeschwindigkeitskonstante k durch folgenden Ausdruck miteinander verknüpft:

$$0.5 = e^{-kt_{1/2}}$$

$$\ln\tfrac{1}{2} = -kt_{1/2}$$

$$\ln 2 = +kt_{1/2}$$

$$k = \frac{\ln 2}{t_{1/2}} = \frac{0.692}{t_{1/2}}$$

Wenn entweder die Geschwindigkeitskonstante oder die Halbwertszeit bekannt sind, kann die jeweils andere Größe berechnet werden. Normalerweise arbeitet man mit Halbwertszeiten, denn sie haben eine direkte physikalische Bedeutung.

Anhand der exponentiellen Zerfallskurve auf der gegenüberliegenden Seite kann man dem Geschwindigkeitsgesetz einen physikalischen Sinn geben. Die Geschwindigkeit, mit der sich die Konzentration ändert, $d[^{14}C]/dt$, ist einfach die *Steigung* der Zerfallskurve erster Ordnung zu jeder beliebigen Zeit t. Weil Kohlenstoff-14 verschwindet, ist die Steigung negativ. Wenn man an mehrere Punkte der Zerfallskurve Tangenten zeichnet und deren Steigung ermittelt, kann man nachprüfen, daß die Steigung der Kurve zu jeder Zeit t proportional ist der Restkonzentration an Kohlenstoff-14, die auf der senkrechten Achse abgelesen wird. Dies ist in Worten die Aussage des Geschwindigkeitsgesetzes für einen Prozeß erster Ordnung:

$$-\frac{d[^{14}C]}{dt} = k[^{14}C]$$

Reaktionsmechanismen

Bisher haben wir festgestellt, daß die Geschwindigkeiten chemischer Reaktionen von den Konzentrationen der reagierenden Spezies abhängen und daß die Ausdrücke für diese Zusammenhänge oft von komplizierter Gestalt sind, die nicht direkt aus den Koeffizienten der stöchiometrischen Reaktionsgleichung vorhergesagt werden kann (wie es mit dem Ausdruck für die Gleichgewichtskonstante, dem Massenwirkungsgesetz, möglich ist). Grund für diese Komplikationen ist der Reaktionsmechanismus, der eine Reihe von einfachen Reaktionen umfassen kann, an denen ein oder zwei Moleküle beteiligt sind, wobei als Zwischenstufen Komplexe von Atomen auftreten können, die Ausgangspunkte für Folgeschritte sind. Die Geschwindigkeitsgleichung faßt nur den Gesamtprozeß zusammen und sagt nichts darüber aus, was in den Einzelschritten passiert. Wenn wir jedoch eine Folge von hypothetischen Reaktionsschritten formulieren können, welche insgesamt die experimentell beobachtete Geschwindigkeitsgleichung getreu reproduzieren, dann können wir einiges Vertrauen darein setzen, daß unser hypothetischer Mechanismus vom wirklichen Mechanismus nicht weit entfernt ist.

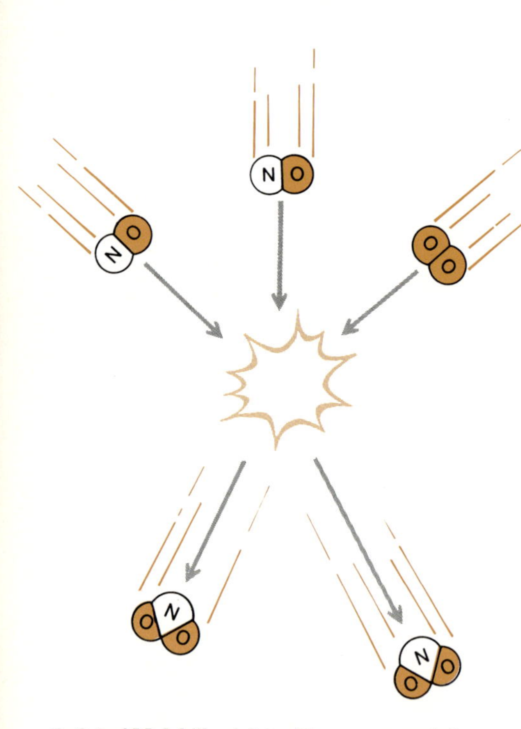

Daß drei Moleküle gleichzeitig zusammenstoßen, ist zwar möglich – doch ein solches Ereignis ist weniger wahrscheinlich als eine Folge von Zusammenstößen je zweier Moleküle, die zu den gleichen Produkten führt.

Moleküle reagieren, wenn sie zusammenstoßen, vorausgesetzt, daß beim Zusammenstoß genügend Energie entsteht, um die Atome auseinanderzureißen, damit sie zu neuen Molekülen arrangiert werden können. Bimolekulare Zusammenstöße (d.h. solche zwischen zwei Molekülen) sind in Gasen nichts Besonderes, doch simultane trimolekulare Stöße sind schon tausendmal seltener, und der gleichzeitige Zusammenstoß von vier Molekülen ist so unwahrscheinlich, daß wir ihn außer Betracht lassen können. Wie also läuft die folgende vielatomige Smog-Reaktion ab?

$$2NO(g) + O_2(g) \longrightarrow 2NO_2(g)$$

Ein denkbarer Reaktionsmechanismus wäre der Zusammenstoß zweier NO-Moleküle, wobei das instabile, aber durchaus existente N_2O_2-Molekül gebildet würde. Darauf könnte entweder die Zersetzung des N_2O_2 zurück zu NO folgen oder sein Zusammenstoß mit einem O_2-Molekül unter Bildung von NO_2:

$2NO \xrightarrow{k_1} N_2O_2$ (k_1 = Geschwindigkeitskonstante der N_2O_2-Bildung)

$N_2O_2 \xrightarrow{k_2} 2NO$ (k_2 = Geschwindigkeitskonstante des N_2O_2-Zerfalls)

$N_2O_2 + O_2 \xrightarrow{k_3} 2NO_2$ (k_3 = Geschwindigkeitskonstante der Reaktion mit O_2)

Dieser Mechanismus ist am Fuß dieser Seite dargestellt. Wenn wir annehmen, daß Bildung und Zerfall von N_2O_2 sehr schnelle Reaktionen sind, verglichen mit dem Stoß zwischen N_2O_2 und O_2, und daß zwischen den beiden ersten Reaktionen Gleichgewicht besteht, dann können wir für diese Reaktionen der Assoziation und Dissoziation die Geschwindigkeitskonstanten k_1 und k_2 im Ausdruck für die Gleichgewichtskonstante zusammenfassen:

$$k_1[NO]^2 = k_2[N_2O_2]$$

$$\frac{k_1}{k_2} = \frac{[N_2O_2]}{[NO]^2} = K_{eq}$$

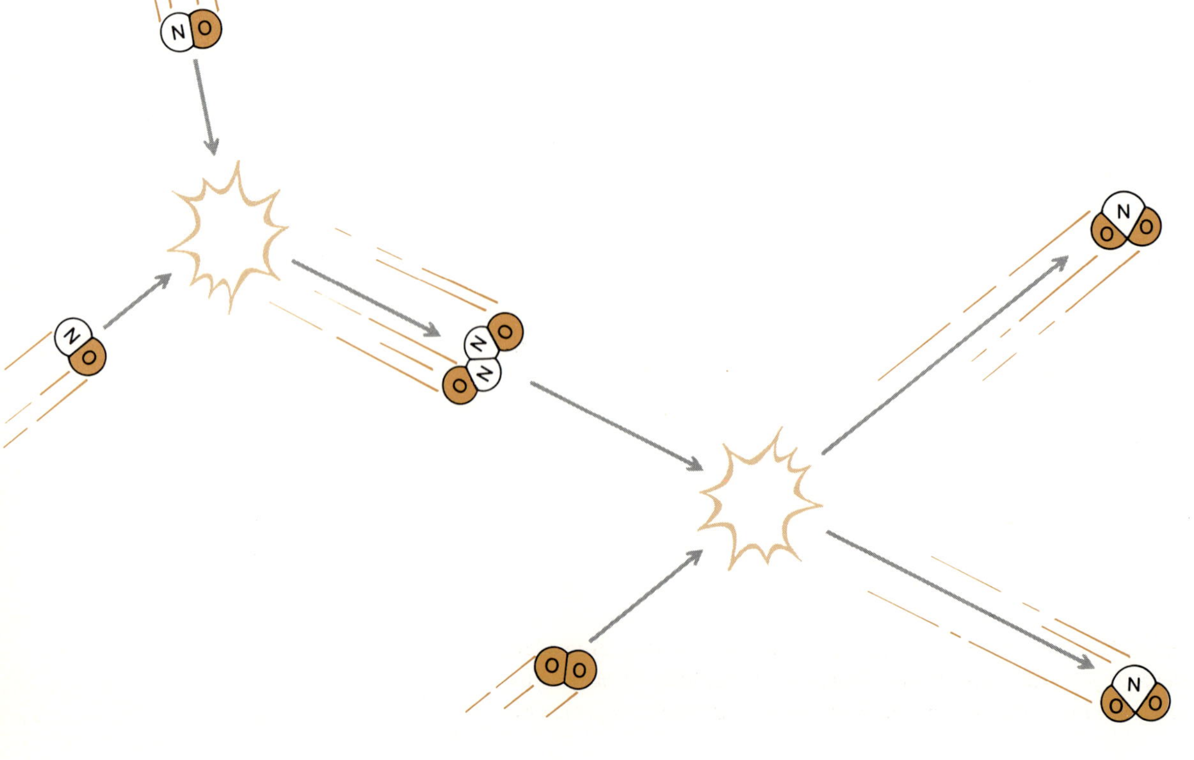

Der langsamere Zusammenstoß von N_2O_2 mit O_2 wird *geschwindigkeitsbestimmender Schritt* genannt, denn die Geschwindigkeit der Gesamtreaktion hängt davon ab, wie schnell der langsamste Schritt abläuft. Wenn unsere Reaktion über einen Zusammenstoß zwischen N_2O_2 und O_2 abläuft, dann sollte die Geschwindigkeit der NO_2-Bildung den Konzentrationen jener beiden Moleküle proportional sein:

$$\frac{d[NO_2]}{dt} = k_3[N_2O_2][O_2]$$

Eine Messung der Konzentration von N_2O_2 wäre schwierig oder unmöglich, denn das Molekül ist ein kurzlebiges Zwischenprodukt der Reaktion. Eine solche Messung ist jedoch zum Glück überflüssig. Der Ausdruck für die Gleichgewichtskonstante, das Massenwirkungsgesetz, stellt nämlich eine Beziehung zwischen den Konzentrationen des N_2O_2 und des Reaktanden NO her:

$$[N_2O_2] = K_{eq}[NO]^2$$

Durch Substitution in die Geschwindigkeitsgleichung erhalten wir:

$$\frac{d[NO_2]}{dt} = k_3 K_{eq}[NO]^2[O_2]$$

$$= k'[NO]^2[O_2]$$

wobei $k' = k_3 \cdot K_{eq}$ ist. Dies ist das gleiche Reaktionsgeschwindigkeitsgesetz, das sich ergäbe, wenn die Reaktion über einen simultanen Zusammenstoß von drei Molekülen, NO, NO und O_2, abliefe, während der von uns vorgeschlagene Mechanismus eine Folge von Stößen zweier Moleküle annimmt. Die Geschwindigkeitsgleichung reicht hier nicht aus, um über den wirklichen Mechanismus einer Reaktion zu entscheiden. In unserem Beispiel müßte man mit Hilfe chemischer Experimente die Gegenwart oder Abwesenheit von Zwischenprodukten wie N_2O_2 nachweisen. Fände man sie, würde dies den vorgeschlagenen Mechanismus stützen; fände man sie nicht, könnte das jedoch auch nicht mehr bedeuten, als daß unsere chemischen Nachweismethoden nicht empfindlich genug wären. Aus solchen Gründen ist in der chemischen Literatur die Zahl der vorgeschlagenen Reaktionsmechanismen viel größer als die Zahl der sicher bestätigten Mechanismen. Wir wollen drei weitere Beispiele für Reaktionsmechanismen daraufhin betrachten, wie sie die experimentell beobachteten Reaktionsgeschwindigkeitsgesetze erklären.

Die Wasserstoff-Iod-Reaktion

Ein Beispiel für einen hartnäckigen Irrtum über einen Reaktionsmechanismus ist die HI-Reaktion, die wir und andere Autoren in Vorlesungen und Büchern oft behandelt hatten, weil sie sich scheinbar so ordentlich benahm. Die Reaktionsgleichung lautet

$$H_2 + I_2 \longrightarrow 2HI$$

und das beobachtete Geschwindigkeitsgesetz sieht so aus:

$$\frac{d[HI]}{dt} = k[H_2][I_2]$$

Fast fünfundsiebzig Jahre lang nahm jedermann an, bei diesem Prozeß stießen einfach ein Wasserstoff-Molekül und ein Iod-Molekül mit genügend Energie zusammen, um die Reaktion in Gang zu bringen. Erst 1967 wurde nachgewiesen, daß

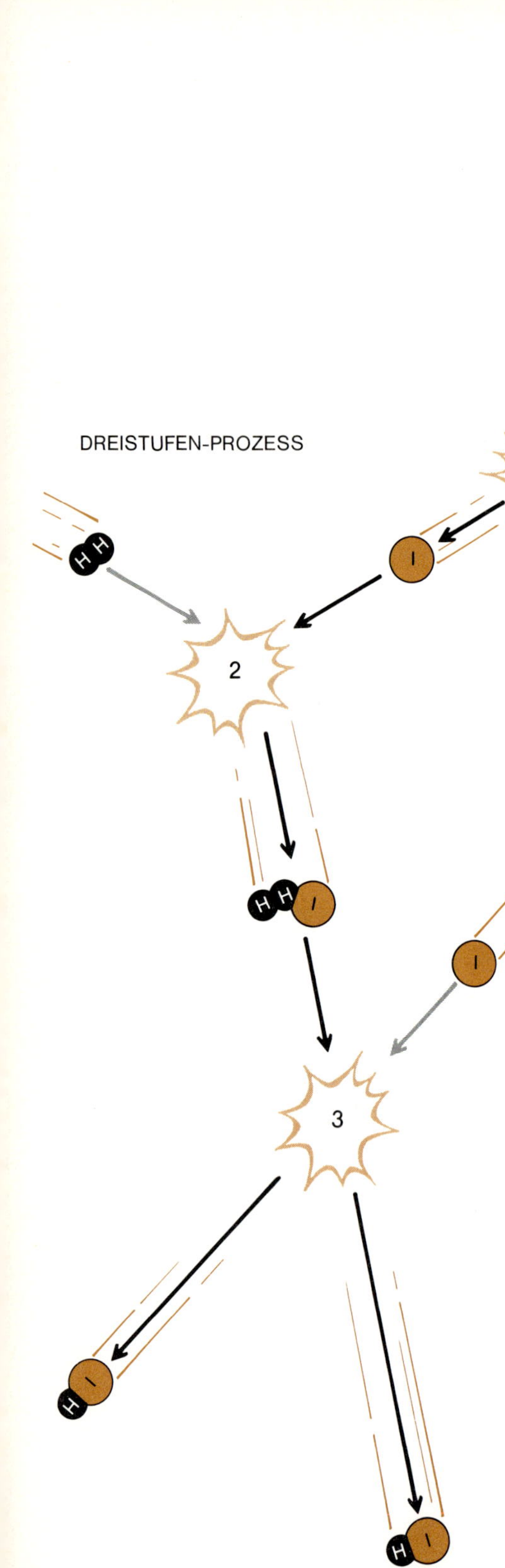

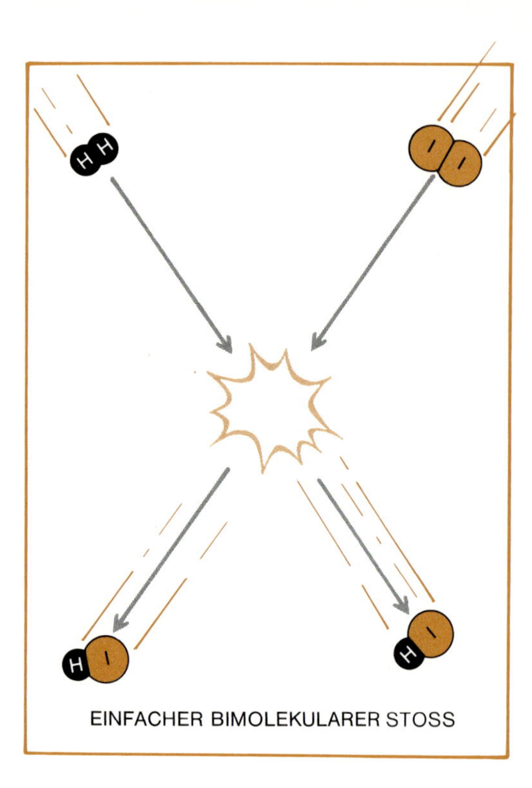

Ein Dreistufen-Prozeß, bei dem Iod-Atome als Zwischenstufe auftreten, kann überraschenderweise im ganzen zum gleichen Ergebnis und zum gleichen Geschwindigkeitsgesetz führen wie ein einfacher bimolekularer Stoß (oben rechts).

der Reaktionsmechanismus in Wirklichkeit mit der reversiblen Dissoziation von I_2-Molekülen in Atome beginnt, worauf die Reaktion dieser Iod-Atome mit H_2 folgt:

$$I_2 \underset{k_2}{\overset{k_1}{\rightleftarrows}} 2I \quad \text{(schnelles Gleichgewicht)}$$

$$H_2 + 2I \xrightarrow{k_3} 2HI \quad \text{(langsam, geschwindigkeitsbestimmender Schritt)}$$

Wie bei der eben diskutierten NO-Reaktion kann man eine Gleichgewichtskonstante für die Dissoziation und Reassoziation von I_2 ableiten:

$$K_{eq} = \frac{k_1}{k_2} = \frac{[I]^2}{[I_2]}$$

Die Geschwindigkeit der Gesamtreaktion wird von ihrem langsamsten Schritt bestimmt, also

$$\frac{d[HI]}{dt} = k_3[H_2][I]^2$$

Wenn man nun mit Hilfe der Gleichgewichtskonstante die Konzentration der intermediären, kurzlebigen I-Atome eliminiert, erhält man genau das gleiche Geschwindigkeitsgesetz wie jenes, das aus der Theorie eines einfachen Zusammenstoßes abgeleitet wurde:

$$[I]^2 = K_{eq}[I_2]$$

$$\frac{d[HI]}{dt} = k_3 K_{eq}[H_2][I_2]$$

$$= k'[H_2][I_2]$$

Wie also soll man entscheiden, welcher Mechanismus richtig ist, der bimolekulare Stoß oder die Dissoziation von I_2 mit anschließender Reaktion der I-Atome?

1967 fand J.H. Sullivan eine geniale Methode, um dies zu entscheiden. Im Gleichgewicht sind bei jeder beliebigen Temperatur die Konzentration der Iod-Moleküle und -Atome durch das Massenwirkungsgesetz verknüpft:

$$[I]^2 = K_{eq}[I_2]$$

Sullivan fand, wie man mit Hilfe des ultravioletten Lichts einer Quecksilberdampflampe die relativen Konzentrationen von I_2 und I ändern kann, indem man nämlich mehr Iod-Moleküle zur Dissoziation veranlaßt:

$$I_2 \xrightarrow{h\nu} 2I$$

Tatsächlich geben die Photonen der UV-Lampe dieser Reaktion einen kräftigen Tritt nach rechts. Sullivan konnte nun die relativen Anteile von I_2 und I beliebig einstellen, indem er einfach den Lichtstrom seiner Lampe regelte. Nun war die Frage: Hängt die Reaktionsgeschwindigkeit von der Konzentration der I_2-Moleküle oder der I-Atome ab? Das Experiment gab die klare Antwort: Die Geschwindigkeit hängt von der Konzentration der I-Atome ab. Die richtige Geschwindigkeitsgleichung unter allen Bedingungen ist:

$$\frac{d[HI]}{dt} = k_3[H_2][I]^2$$

Der einfachere Ausdruck, nach dem es aussieht, als hinge die Reaktionsgeschwindigkeit von der Konzentration der Iod-*Moleküle* in der ersten Potenz ab, gilt nur deshalb, weil ohne die Störung durch UV-Licht sich I_2 und I immer in raschem Gleichgewicht befinden.

Der Sullivan-Mechanismus der HI-Reaktion war insofern überraschend, als er einem Mechanismus den Todesstoß versetzte, der lange Zeit als klassisches Beispiel eines echten bimolekularen Stoßes galt. Nach dem oben angegebenen Mechanismus scheint ein Dreierstoß zwischen einem H_2-Molekül und zwei I-Atomen nötig zu sein, aber auch darum kommt man herum, wenn man ein rasches Gleichgewicht zwischen H_2 und einer weiteren molekularen Zwischenstufe, H_2I, annimmt:

$$I_2 \rightleftharpoons 2I \qquad K_A = \frac{[I]^2}{[I_2]}$$

$$H_2 + I \rightleftharpoons H_2I \qquad K_B = \frac{[H_2I]}{[H_2][I]}$$

$$H_2I + I \xrightarrow{k} 2HI$$ (langsam, geschwindigkeitsbestimmender Schritt)

Dieser Mechanismus ist auf der gegenüberliegenden Seite veranschaulicht. Für die Reaktionsgeschwindigkeit gilt nun:

$$\begin{aligned}\frac{d[HI]}{dt} &= k[H_2I][I]\\ &= kK_B[H_2][I][I]\\ &= kK_BK_A[H_2][I_2]\\ &= k'[H_2][I_2]\end{aligned}$$

Einmal mehr erhält man den gleichen Ausdruck, den man für eine einfache, bimolekulare Reaktion erwartete. Dies bestätigt die Feststellung, daß weder die chemische Gleichung für die Gesamtreaktion noch die korrekte Geschwindigkeitsgleichung für sich ausreichen, um den detaillierten Mechanismus einer Reaktion zu enthüllen.

Reduktion von NO durch H_2

Im Beispiel von Seite 351 haben wir gesehen, daß sich bei der Reaktion von NO mit H_2 ein völlig anderes Geschwindigkeitsgesetz ergibt, als man aus der Reaktionsgleichung allein erwarten müßte:

$$2NO + 2H_2 \rightleftharpoons 2H_2O + N_2$$

$$\frac{d[N_2]}{dt} = k[NO]^2[H_2]$$

Die Reaktion ist nicht zweiter Ordnung bezüglich der H_2-Konzentration, sondern erster Ordnung. Ein Mechanismus, der mit diesem Geschwindigkeitsgesetz übereinstimmt, wäre:

$2NO \underset{k_2}{\overset{k_1}{\rightleftharpoons}} N_2O_2$	(schnelles Gleichgewicht)
$N_2O_2 + H_2 \xrightarrow{k_3} N_2O + H_2O$	(langsam, geschwindigkeitsbestimmender Schritt)
$N_2O + H_2 \xrightarrow{k_4} N_2 + H_2O$	(schnelle Reaktion)

Dieser Mechanismus ist oben veranschaulicht. Wenn alle Reaktionen, mit Ausnahme des durch k_3 beschriebenen Prozesses, sehr schnell sind, dann ergibt sich als Geschwindigkeitsgleichung:

$$\frac{d[N_2O]}{dt} = k_3[N_2O_2][H_2]$$

Mit dem bisher Gelernten sollten wir in der Lage sein, die N_2O_2-Konzentration mit Hilfe der ersten Gleichgewichtsbedingung zu eliminieren und die hier fertig angebebene Geschwindigkeitsgleichung abzuleiten. Die letzte Reaktion (k_4) ist so schnell, daß jedes N_2O-Teilchen, kaum daß es gebildet ist, auch schon beseitigt wird und somit keinen Einfluß auf die Geschwindigkeit der Gesamtreaktion hat. Letztlich wird N_2 so schnell gebildet, wie NO_2 auftritt:

$$\frac{d[N_2]}{dt} = \frac{d[N_2O]}{dt}$$

In einer Folge mehrerer Reaktionen hat die langsamste den größten Einfluß auf die Geschwindigkeit der Gesamtreaktion. Um eine Analogie, die ein bißchen weh tut, zu zitieren: Wenn ein eingeschriebener Brief aus Flensburg an den Bundeskanzler zehn Tage braucht, ist es ziemlich egal, ob man ihn um eins oder um drei auf die Post gibt.

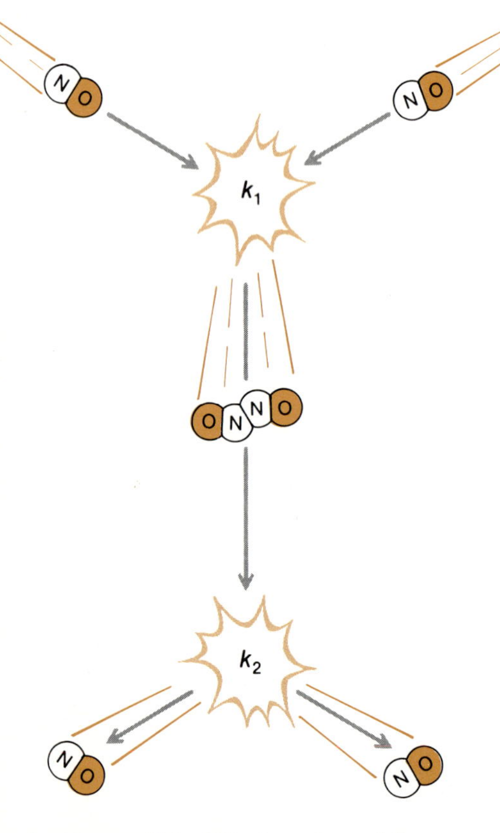

Reaktion von NO mit H_2. Ganz oben auf dieser Seite reagiert ein Teil des NO mit H_2 in drei aufeinanderfolgenden Schritten zu N_2 und H_2O. N_2O_2 ist Zwischenprodukt der Reaktion. Darunter: Ein anderer Teil des NO reagiert ebenfalls zu N_2O_2, das jedoch wieder zu NO zerfällt.

Bildung von HBr

Das ziemlich furchterregende Geschwindigkeitsgesetz für die HBr-Reaktion

$$H_2 + Br_2 \rightleftharpoons 2HBr$$

$$\frac{d[HBr]}{dt} = \frac{k'[H_2][Br_2]^{1/2}}{k'' + [HBr]/[Br_2]}$$

kommt dadurch zustande, daß dem Vorgang in Wirklichkeit eine Kettenreaktion zugrundeliegt, die mit einer Dissoziation der Br_2-Moleküle beginnt, gefolgt von der Reaktion der Atome mit H_2- oder anderen Br_2-Molekülen:

$Br_2 \longrightarrow 2Br$		(Kettenstart)
$Br + H_2 \longrightarrow 2HBr + H$		(langsam, fast geschwindigkeitsbestimmender Schritt)
$H + Br_2 \longrightarrow HBr + Br$		(Kettenfortpflanzung)

Die beiden letzten Gleichungen beschreiben eine Kettenreaktion: In jedem Schritt werden ein Molekül HBr und gleichzeitig ein reaktives Atom für den nächsten Kettenschritt gebildet (s. Zeichnung auf dieser Seite). Es gibt aber auch Reaktionen, die den Kettenprozeß entweder abbrechen oder umkehren:

$2Br \longrightarrow Br_2$	(Kettenabbruch)
$H + HBr \longrightarrow H_2 + Br$	(Umkehrung)

Mit diesen Reaktionen und einem erheblichen Aufwand an Algebra gelangt man folgerichtig, wenn auch mühsam, zu der oben angegebenen Geschwindigkeitsgleichung. Und obwohl die Gleichung so kompliziert aussieht, können wir sie doch im Sinne des HBr-Mechanismus verstehen. Wenn beispielsweise [HBr] zunimmt, wird – da diese Größe im Nenner steht – die Reaktionsgeschwindigkeit kleiner. Die Erklärung dafür ist: In der Kettenumkehr-Reaktion werden mehr HBr-Moleküle in H_2-Moleküle und Br-Atome zurückverwandelt. Bei sehr kleinen HBr-Konzentrationen wird das Verhältnis $[HBr]/[Br_2]$ klein im Vergleich zur Geschwindigkeitskonstante k'', und das Geschwindigkeitsgesetz vereinfacht sich zu einem Ausdruck der Ordnung $1^1/_2$, den wir bereits kennengelernt haben:

$$\text{Reaktionsgeschwindigkeit} = \frac{k'}{k''}[H_2][Br_2]^{1/2}$$

In dieser Kettenreaktion löst ein Br-Atom die Bildung von acht HBr- aus vier H_2- und vier Br_2-Molekülen aus. Im letzten Stoß wird wieder ein Br-Atom gebildet, so daß die Kette sich weiter fortsetzen kann.

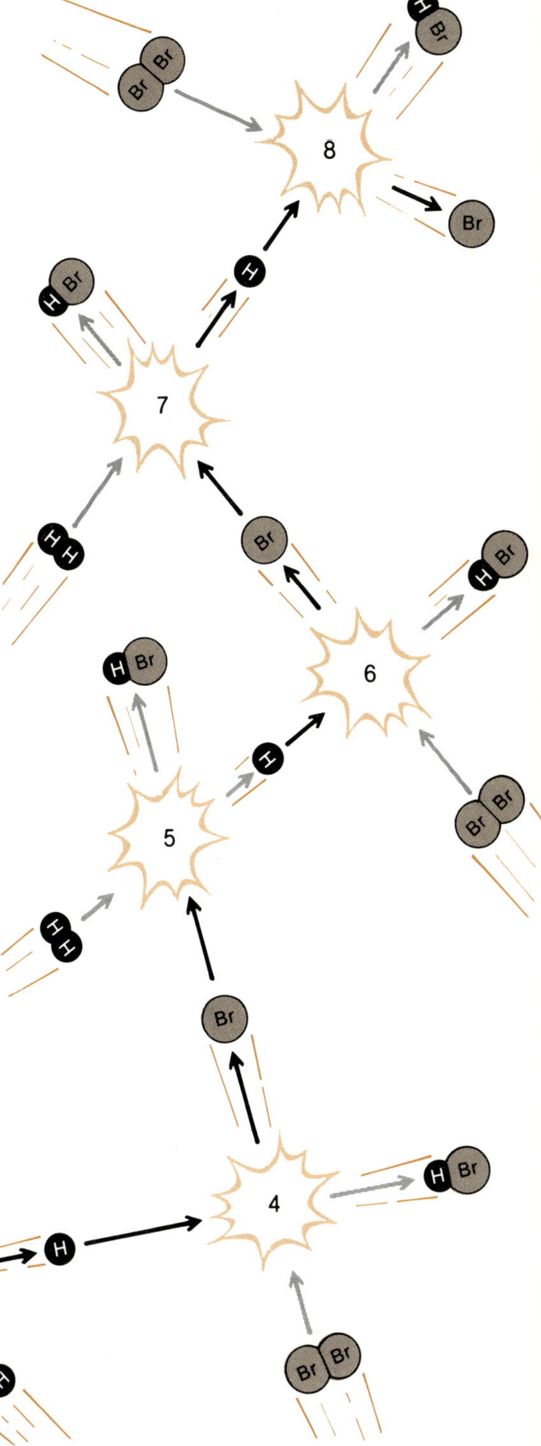

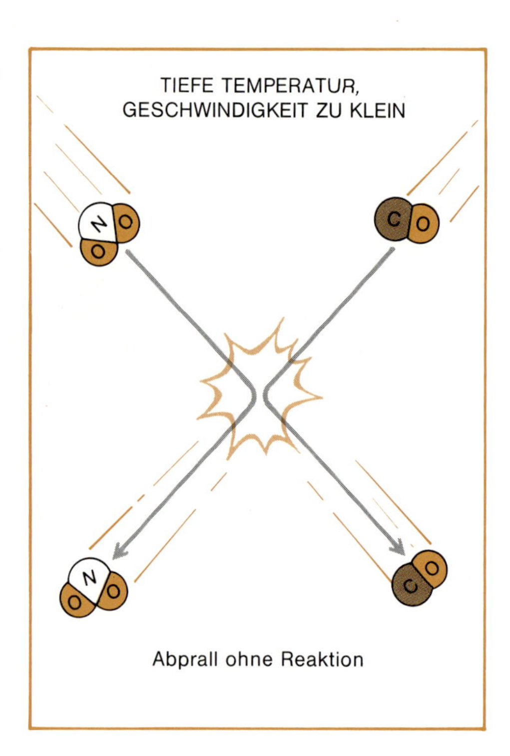

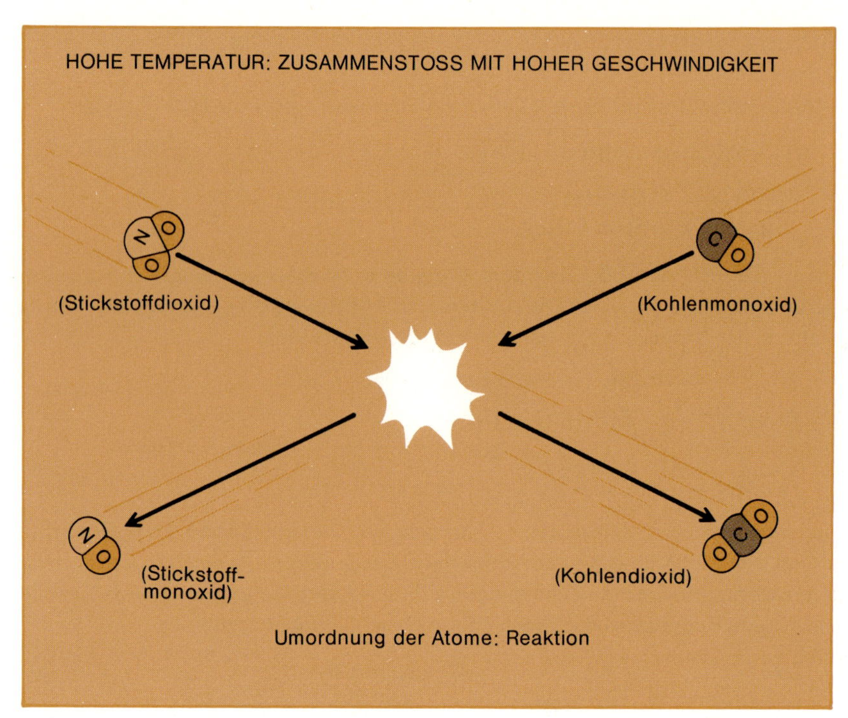

Molekulare Stöße und chemische Reaktionen

An allen Reaktionen, mit Ausnahme des spontanen Zerfalls einzelner Teilchen, sind Stöße zwischen Molekülen beteiligt. Wie wir gerade gesehen haben, sind am Mechanismus einiger Reaktionen, deren stöchiometrische Gesamtgleichung einfach aussieht, komplizierte Kettenprozesse beteiligt, so daß der wirkliche Mechanismus nicht durch einen Blick auf die chemische Reaktionsgleichung vorhergesagt werden kann. Doch auch diese komplexeren Vorgänge bestehen aus aufeinanderfolgenden Schritten, die gewöhnlich simple Zweierstöße sind, und die Folgerungen, die wir jetzt aus bimolekularen Reaktionen ableiten werden, lassen sich auf jeden Einzelschritt anwenden. Für einfache und komplexe Mechanismen gelten die gleichen Grundsätze.

Eine Reaktion, die offenbar durch einen simplen Zweierstoß zustandekommt, ist:

$$NO_2(g) + CO(g) \rightleftharpoons NO(g) + CO_2(g)$$

Die Geschwindigkeitsgleichung der Hinreaktion, in der NO_2- und CO-Moleküle zusammenstoßen und reagieren, kann wie folgt angesetzt werden:

$$\text{Reaktionsgeschwindigkeit} = k[NO_2][CO]$$

Wir wissen, daß wir die Geschwindigkeit der Hinreaktion erhöhen können, wenn wir die Konzentrationen von NO_2 und CO erhöhen. Gibt es auch einen Weg zur Erhöhung der Geschwindigkeitskonstante k?

Der Faktor, der k am offensichtlichsten beeinflußt, ist die Temperatur: k nimmt zu, wenn T steigt. Alle Reaktionen laufen bei höherer Temperatur schneller ab, denn die Moleküle bewegen sich schneller und stoßen häufiger und mit höherem Wirkungsgrad zusammen. Wir könnten k aus einfachen Grundgesetzen *ausrechnen,* wenn wir die Antworten auf zwei Fragen wüßten:

1. Wie häufig stoßen zwei Moleküle bei einer Reaktion zusammen?
2. Wie groß ist die Wahrscheinlichkeit, daß sie im Falle eines Zusammenstoßens reagieren, statt voneinander abzuprallen und ihrer Wege zu gehen, als sei nichts geschehen?

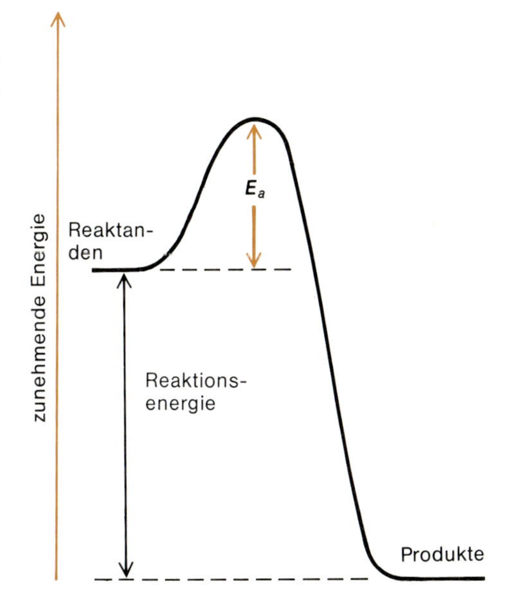

Die Höhe der Aktivierungsenergie-Barriere, E_a, welche die zusammenstoßenden Moleküle überwinden müssen, um miteinander zu reagieren, statt unverändert voneinander abzuprallen, hat keinen unmittelbaren Zusammenhang mit der Energie, die freigesetzt wird, wenn die Reaktion vollständig abläuft.

Die Stoßfrequenz von Gasmolekülen hängt ab von der Anzahl der Moleküle in einem gegebenen Volumen, von ihrer Größe sowie davon, wie schnell sie sich bewegen. Die meßbaren Variablen, die diesen drei Größen entsprechen, sind Konzentration, Molekülmasse und Temperatur. Wenn die Temperatur steigt, bewegen sich die Moleküle schneller, und bei gegebener Temperatur (oder kinetischer Energie) fliegen leichtere Moleküle schneller umher als schwerere. Die kinetische Theorie der Gase liefert uns eine exakte Formel für die Häufigkeit der Zusammenstöße.

Wie groß ist die Wahrscheinlichkeit, daß irgendein Zusammenstoß zu einer chemischen Reaktion führt und nicht zu einem Rückstoß? Das einfachste mögliche Modell der chemischen Reaktivität geht von der Existenz einer Schwellenenergie E_a aus. Wenn die kinetische Energie der beiden zusammenstoßenden Moleküle in Stoßrichtung größer als E_a ist, reagieren sie, und wenn die Stoßenergie kleiner ist als E_a, prallen die Moleküle voneinander ab, ohne zu reagieren (siehe die Zeichnung links oben auf der gegenüberliegenden Seite). Diese Schwellenenergie E_a nennt man *Aktivierungsenergie.* Man kann sie sich vorstellen als eine Hürde, welche die Reaktion überwinden muß, bevor sie ihrem Endzustand zustrebt (rechts).

Aus der üblichen statistischen Energieverteilung in einer Ansammlung von Molekülen ergibt sich der Anteil der Moleküle, der mit einer Energie, die größer oder gleich E_a ist, zusammenstoßen kann zu:

$$f = e^{-E_a/RT}$$

Dieser Anteil steigt mit der Temperatur. Beim absoluten Nullpunkt hat er den Wert

$$f = e^{-E_a/0} = e^{-\infty} = 0$$

Dies ist vernünftig, denn wenn die Moleküle beim absoluten Nullpunkt bewegungslos ruhen, hat keines von ihnen Energie genug für irgendeine Reaktion. Wenn die Temperatur unendlich hoch wird, nähert sich der Bruchteil der reaktionsbereiten Moleküle dem Wert 1, gleichgültig, wie hoch die Aktivierungsenergie E_a ist:

$$f = e^{-E_a/\infty} = e^{-0} = 1$$

Bei jeder endlichen Temperatur ist der Bruchteil der Moleküle, die genug Energie zur Überwindung der Barriere haben und die daher reagieren, um so kleiner, je höher die Aktivierungsenergie ist.

Die einfache Stoßtheorie chemischer Reaktionen sagt aus, daß die Geschwindigkeitskonstante ausgedrückt wird durch

$$k = Ae^{-E_a/RT}$$

wobei A eine aus der Häufigkeit der Stöße („Stoßzahl") abgeleitete Konstante ist. Sie hängt von der Molekülmasse ab, vom Moleküldurchmesser sowie von der Quadratwurzel der Temperatur. Diese Temperaturabhängigkeit der Stoßzahl ist praktisch vernachlässigbar, verglichen mit der exponentiellen Temperaturabhängigkeit des Terms $e^{-E_a/RT}$, der angibt, welcher Bruchteil der zusammenstoßenden Moleküle einen größeren Energieinhalt als E_a hat. Die Stoßtheorie sagt aus, wie sich die experimentelle Geschwindigkeitskonstante mit der Temperatur ändern sollte: Man sollte einen linearen Zusammenhang zwischen dem Logarithmus von k und der reziproken Temperatur, $1/T$, erwarten, wobei die negative Steigung proportional der Aktivierungsenergie E_a wäre:

$$\ln k = \ln A - \frac{E_a}{R}\left(\frac{1}{T}\right)$$

$$\text{Steigung} = -\frac{E_a}{R}$$

Wenn wir k bei verschiedenen Temperaturen messen und $\ln k$ gegen $1/T$ auftragen, erhalten wir ein Arrhenius-Diagramm, wie unten gezeichnet ist. (Diese Art Diagramm hat ihren Namen von dem schwedischen Chemiker, der die zugehörige Theorie entwickelt hat.) Eine solche Darstellung ist das direkteste Mittel, die Aktivierungsenergie einer Reaktion zu ermitteln, und sie zeigt überzeugend die Gültigkeit unserer Vorstellung von der Aktivierungsenergie-Barriere.

Damit die Rückreaktion stattfindet, muß durch Zusammenstoß der Produkt-Moleküle das gleiche, den Reaktionszwischenprodukten entsprechende Energieniveau erreicht werden. Wenn die Produkt-Moleküle stabiler sind als die Reaktand-Moleküle (ΔH^0 negativ), dann wird die Aktivierungsenergie für die Rückreaktion größer sein als für die Hinreaktion. Die Zusammenhänge zwischen den Energien der Reaktanden, des aktivierten Zustands und der Produkte sind in der Zeichnung unten für die Reaktion zwischen NO_2 und CO veranschaulicht. Der aktivierte Zu-

Arrhenius-Diagramm und Aktivierungsenergie E_a

$NO_2 + CO \xrightarrow{k} NO + CO_2$

T in K	k in $l \cdot mol^{-1} \cdot s^{-1}$	$1/T$	$\ln k$
600	0.028	0.00167	−3.58
650	0.22	0.00154	−1.51
700	1.3	0.00143	+0.26
750	6.0	0.00133	+1.79
800	23.0	0.00125	+3.14

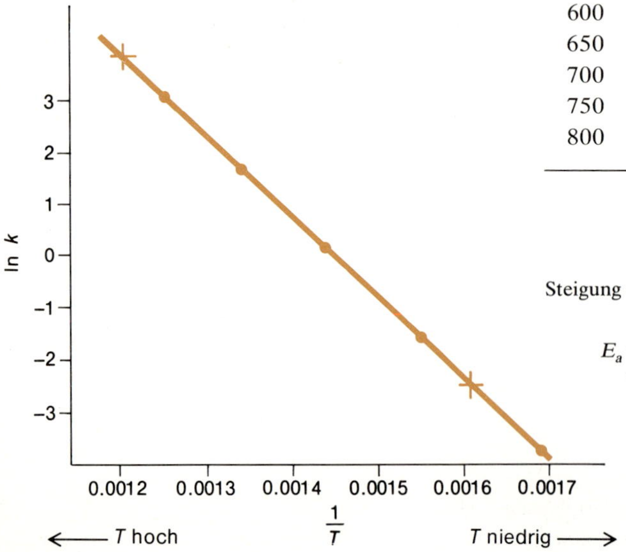

$$\text{Steigung} = \frac{(3.90) - (-2.45)}{0.0012 - 0.0016} = -15900 = -\frac{E_a}{R}$$

$$E_a = 15900\,R = 15900 \cdot 8.314\ \text{J} \cdot \text{mol}^{-1} = 132.2\ \text{kJ} \cdot \text{mol}^{-1}$$

stand, den die Moleküle erreichen müssen, bevor entweder Hin- oder Rückreaktion möglich sind, liegt um 132 kJ · mol^{-1} höher auf der Energie-(Enthalpie-)Skala als die Reaktanden NO_2 und CO; zu den Produkten NO und CO_2 beträgt der energetische Abstand 358 kJ · mol^{-1}. Der Unterschied zwischen den Aktivierungsenergien der Hin- und Rückreaktion ist die thermodynamische Enthalpie der Reaktion ($\Delta H^0 = -226$ kJ · mol^{-1}).

In der *Stoßtheorie* der chemischen Reaktionen ist die Aktivierungsenergie schlicht eine Hürde, welche die zusammenstoßenden Moleküle überwinden müssen, bevor sie reagieren können. Die Theorie des *Übergangszustandes* postuliert darüber hinaus, daß dem aktivierten Zustand eine bestimmte Anordnung der Moleküle entspricht, die sie durchlaufen, daß also dem aktivierten Zustand eine reale physikalische Existenz zukommt, auch wenn er nicht isoliert und in Ruhe untersucht werden kann. Bei der Reaktion zwischen NO_2 und CO ist der aktivierte Zustand oder *aktivierte Komplex* dadurch gekennzeichnet, daß das O-Atom, das übertragen werden soll, vom NO noch nicht ganz freigegeben, vom CO noch nicht vollständig aufgenommen ist. Wenn sich die Moleküle mit ihren Enden nähern, wird der aktivierte Komplex etwa folgendermaßen aussehen:

O=N · · · O · · · C=O

Die Punkte deuten dabei Anziehungen zwischen den Atomen an, doch sind die Abstände länger als bei normalen, kovalenten Bindungen; aus quantenmechanischen Rechnungen geht hervor, daß die Abstände etwa um 30 Prozent größer sind. Der aktivierte Komplex zerfällt, wenn molekulare Schwingungen eine dieser Bindungen aufbrechen, wobei ebensogut wieder die Reaktand- oder die Produkt-Mole-

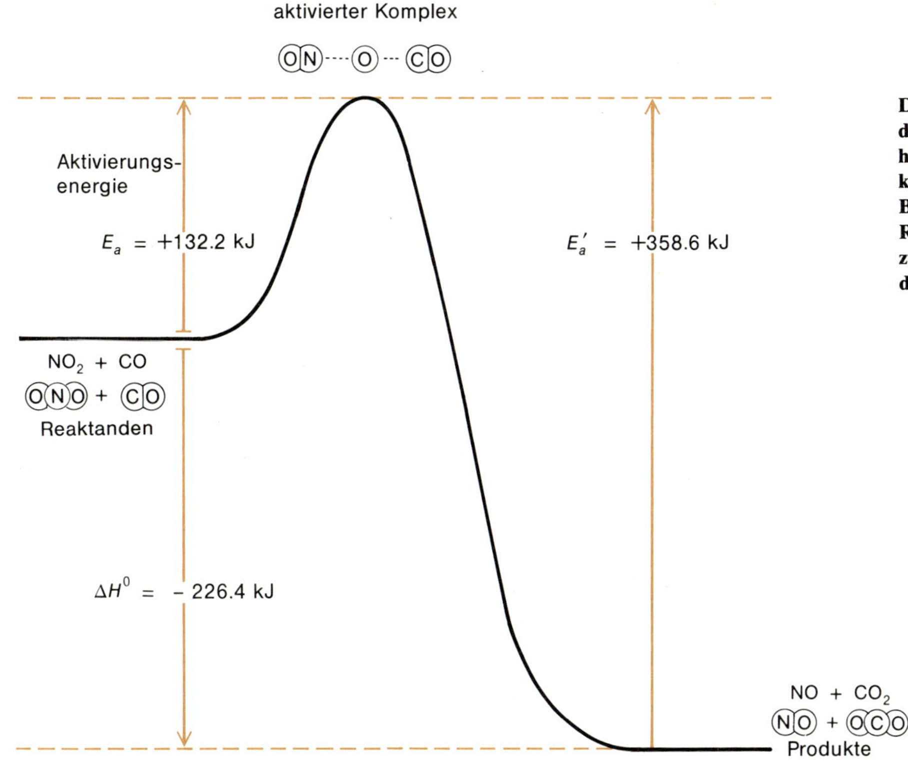

Der aktivierte Komplex oder Übergangszustand der Reaktion liegt energetisch um 132.2 kJ · mol^{-1} höher als die Reaktanden-Moleküle und um 357 kJ · mol^{-1} höher als die Produkt-Moleküle. Diese Barriere muß zum Ablauf der Hin- ebenso wie der Rückreaktion überwunden werden. Die Differenz zwischen diesen beiden Aktivierungsenergien ist die Reaktionswärme ΔH^0 der Reaktion.

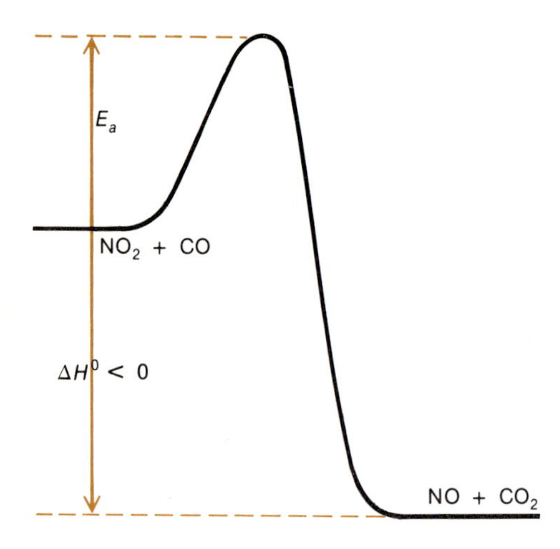

Die Hinreaktion in diesem Beispiel hat eine negative Reaktionswärme ΔH^o und eine kleinere Aktivierungsenergie E_a als die Rückreaktion.

küle entstehen können. In der Theorie des Übergangszustands hängt die Geschwindigkeit der Hinreaktion von der Konzentration des aktivierten Komplexes ab sowie von der Wahrscheinlichkeit, daß er zu den Produkten und nicht zu den Reaktanden zerfällt. Das Bild des aktivierten Zustands als eines Zwischenzustandes der Reaktion wird sich später als praktisch erweisen, auch wenn wir nicht in die Mathematik der Theorie des Übergangszustandes einsteigen. Der aktivierte Komplex ist der Zustand auf dem Gipfel des „Berges" in der Zeichnung auf der vorigen Seite.

Bei der Reaktion zwischen NO_2 und CO, die wir als Beispiel benutzt haben, ist die Aktivierungsenergie der Rückreaktion (E_a = 359 kJ) größer als die der Hinreaktion (E_a = 132 kJ), wie es links noch einmal dargestellt ist. Nach der einfachen Stoßtheorie sind die Geschwindigkeiten der Hin- und Rückreaktion

$$\text{Geschwindigkeit}_h = A_h \cdot e^{-132/RT}[NO_2][CO]$$

$$\text{Geschwindigkeit}_r = A_r \cdot e^{-359/RT}[NO][CO_2]$$

Die Faktoren A_h und A_r sind ungefähr gleich, so daß der größte Teil des Unterschieds zwischen den beiden Geschwindigkeitskonstanten auf die Exponenten, welche die Größe E_a enthalten, zurückzuführen ist. Wenn wir von gleichen Konzentrationen an Reaktanden und Produkten ausgehen, ist die Hinreaktion schneller als die Rückreaktion, denn $e^{-132/RT}$ ist größer als $e^{-359/RT}$. Es sammeln sich also größere Produktmengen an. Gleichgewicht, definiert durch die Situation Geschwindigkeit$_h$ = Geschwindigkeit$_r$, wird erst dann erreicht, wenn der Produktüberschuß groß genug ist, um die – als Konsequenz der kleineren Aktivierungsenergie – größere Geschwindigkeitskonstante der Hinreaktion zu kompensieren. Die Gleichgewichtskonstante, d.h. das Verhältnis von Produkten zu Reaktanden im Gleichgewicht, wird also größer als 1.00 sein. Wenn die Produkte thermodynamisch weniger stabil sind als die Reaktanden (ΔH^0 der Reaktion also positiv ist), dann ist die Geschwindigkeitskonstante der Rückreaktion größer als die der Hinreaktion; Gleichgewicht wird bei einem Überschuß an Reaktanden erreicht, und K_{eq} ist kleiner als 1.00. Beide Situationen sind in den Diagrammen am linken Seitenrand dargestellt.

Beschleunigung einer Reaktion durch Katalyse

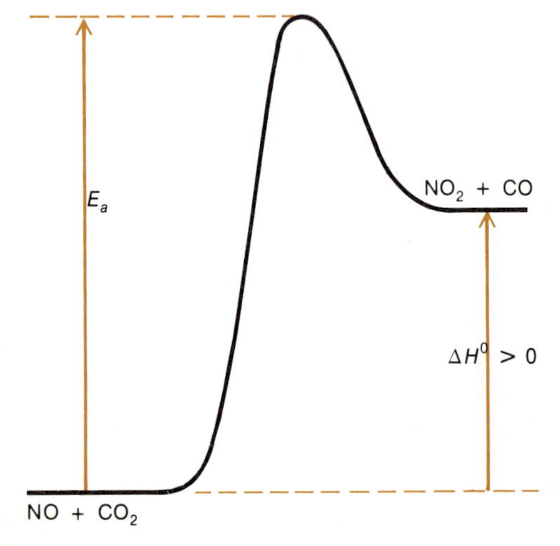

Da die Rückreaktion eine größere Aktivierungsenergie E_a hat, ist sie langsamer als die Hinreaktion. Gleichgewicht wird erst erreicht, wenn ein Überschuß von Produkten über Reaktanden vorliegt.

Es ist immer möglich, eine Geschwindigkeitskonstante zu erhöhen und eine Reaktion zu beschleunigen, indem die Temperatur heraufgesetzt wird. Bei Reaktionen mit einer Aktivierungsenergie von 50 bis 55 kJ · mol^{-1} und Temperaturen in der Gegend von 298 K verdoppelt sich die Geschwindigkeitskonstante jedesmal, wenn die Temperatur um 10 K steigt. (Kann man diese Regel aus dem bisher Gesagten ableiten?) Wir haben jedoch beim NH_3 gesehen, daß dabei Schwierigkeiten auftreten können: Die Rückreaktion kann stärker als die Hinreaktion beschleunigt werden, so daß weniger Reaktionsprodukt gebildet wird. Produkte oder Reaktanden können bei erhöhter Temperatur instabil sein, oder in bestimmten Fällen können auch die äußeren Umstände dagegenstehen, höhere Temperaturen anzuwenden. Man kann beispielsweise kein Streichholz anzünden, um im menschlichen Körper Glucose zu verbrennen, sondern diese Reaktion muß bei ungefähr 37°C zuwege gebracht werden.

Bei Reaktionen dieser Art zeigt sich der Nutzen der Katalyse. Katalysatoren erniedrigen im allgemeinen die Aktivierungsbarriere (E_a) einer Reaktion, so daß die Geschwindigkeitskonstanten größer und die Reaktionen schneller werden. Dies ist in der Zeichnung rechts oben schematisch dargestellt. E_a erniedrigen heißt: einen anderen Reaktionsweg oder Reaktionsmechanismus finden, in welchem die Übergangszustände (aktivierten Komplexe) zu jeder Zeit niedrigere Energieinhalte haben.

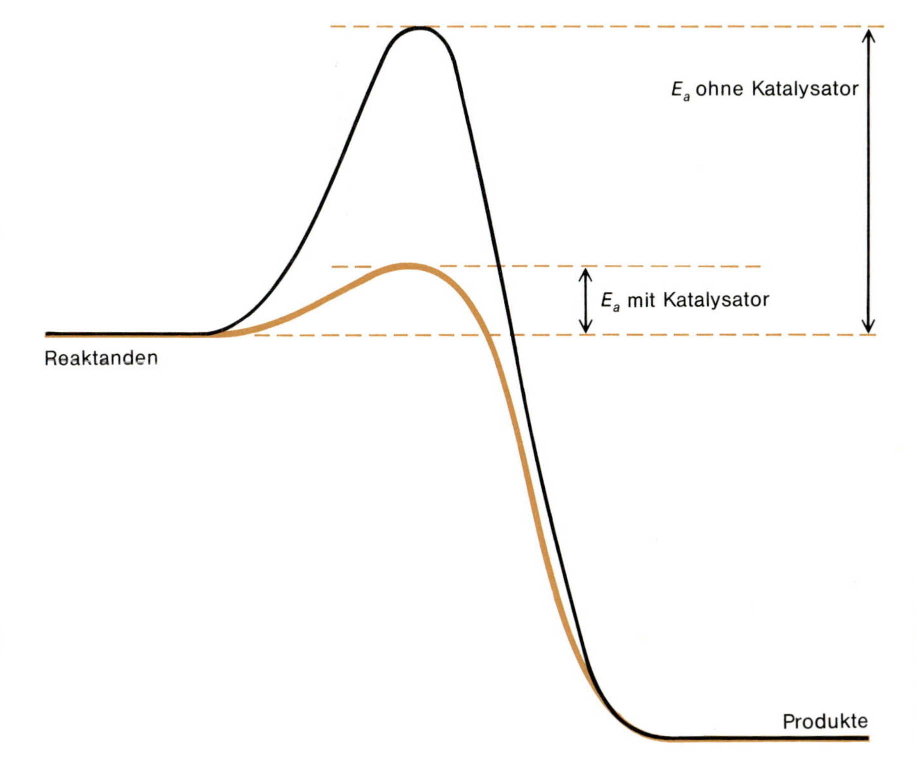

Ein Katalysator beschleunigt eine ohnehin spontane Reaktion, indem er einen alternativen Reaktionsweg mit niedrigerer Aktivierungsenergie E_a eröffnet. Ist die zu überwindende Energiebarriere niedriger, dann hat ein größerer Teil im Prinzip reaktionsfähiger Moleküle tatsächlich genug Energie, um zu reagieren; der Prozeß läuft schneller ab.

Hin- und Rückreaktion werden durch einen Katalysator in gleicher Weise beschleunigt, denn die Erniedrigung von E_a der Hinreaktion bedeutet zwangsläufig auch die Erniedrigung von E_a der Rückreaktion um den gleichen Betrag. Der Katalysator hat keinen Einfluß auf die Gleichgewichtskonstante K_{eq} oder auf den nach Ablauf einer Reaktion erreichten Gleichgewichtszustand; er eröffnet lediglich einen Weg, auf dem eine spontane, aber langsame Reaktion den Gleichgewichtszustand schneller erreichen kann. Wenn eine Reaktion nicht ohnehin thermodynamisch spontan ist, hilft ein Katalysator auch nicht weiter. Die Thermodynamik sagt dem Chemiker nicht, wie er einen Katalysator für eine bestimmte Reaktion finden kann, aber sie sagt ihm, ob es sich lohnt oder nicht lohnt, einen Katalysator überhaupt zu suchen.

Ein einfacher katalytischer Mechanismus

Auf welche Weise eröffnet ein Katalysator einen Reaktionsweg mit niedrigerer Aktivierungsenergie? Obwohl anorganische und metallische Katalysatoren seit Jahrzehnten in der chemischen und petrochemischen Industrie eingesetzt werden, sind wir in der recht merkwürdigen Lage, daß wir die katalytischen Mechanismen bei Enzymen im Detail besser kennen als bei diesen einfachen Katalysatoren. Das liegt hauptsächlich an den röntgenkristallographischen Strukturbestimmungen von Enzym-Molekülen in den letzten Jahren. Immerhin können wir eine einfache Erklärung dafür abgeben, warum Platin, Nickel oder andere reine Metalloberflächen als Beschleuniger für Reaktionen, bei denen Wasserstoff angelagert wird, so wirkungsvoll sind. (Auf biologische Katalysatoren werden wir bei der Besprechung der Enzyme im 24. Kapitel zurückkommen.)

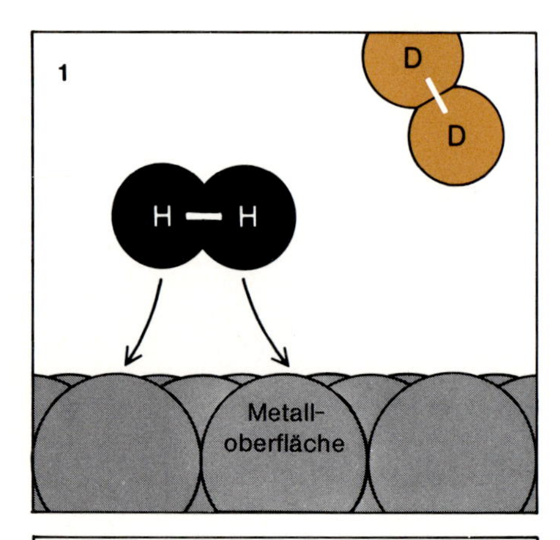

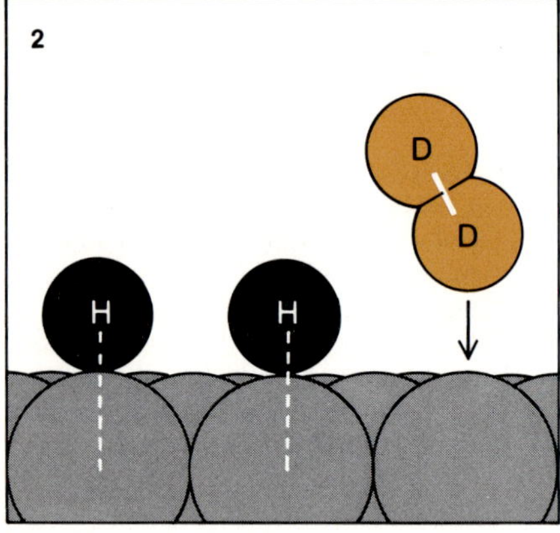

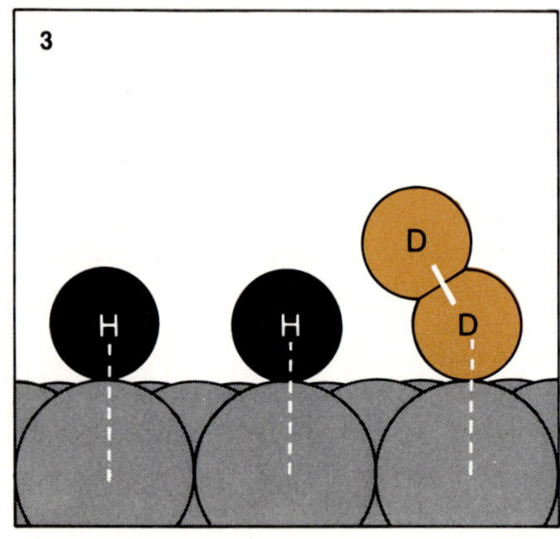

Viele Hydrierungsreaktionen werden durch Metall-Oberflächen katalysiert, z.B. die folgende:

$$H_2 + H_2C{=}CH_2 \longrightarrow H_3C{-}CH_3$$
Ethylen — Ethan

$$2H_2 + CO \longrightarrow H_3C{-}OH$$
Methanol

Es wäre schwierig, diesen Molekülen in der Gasphase genug kinetische Energie mitzugeben, so daß sie beim Zusammenstoß miteinander reagierten. Die Metall-Oberfläche leistet dadurch Hilfestellung, daß sie die H_2-Moleküle adsorbiert und in Wasserstoff-Atome trennt, die sich an Metall-Atome an der Oberfläche binden. Solche reaktiven H-Atome vereinigen sich nun rasch mit anderen Molekülen, die auf die Oberfläche auftreffen. Eine besonders einfache Reaktion mit H_2 ist der Isotopenaustausch mit D_2. In den Bildfeldern links ist der mutmaßliche Ereignisablauf bei der Reaktion

$$H_2 + D_2 \rightleftharpoons 2HD \qquad (D = \text{Deuterium oder } ^2H)$$

dargestellt.

In der ersten Graphik wird ein H_2-Molekül gespalten, während es sich an zwei Metall-Atome der katalytischen Oberfläche bindet. Die zur Dissoziation des H_2-Moleküls nötige Energie wird aus der Bindungsenergie der beiden gebildeten Wasserstoff-Metall-Bindungen gewonnen. Im zweiten Feld nähert sich ein D_2-Molekül der katalytischen Oberfläche, und im dritten Feld bindet sich ein Ende des Moleküls an eine freie Stelle der Oberfläche. Durch die Bildung einer schwachen D-Metall-Bindung wird die D–D-Bindung des Moleküls gelockert und dieses daher anfälliger gegenüber einem Angriff des in unmittelbarer Nachbarschaft gebundenen H-Atoms. In der vierten Graphik teilen sich das H- und das gebundene D-Atom gleichmäßig in das zentrale D-Atom; diese Konfiguration ist analog dem aktivierten Komplex in der unkatalysierten Reaktion. Dieser aktivierte Komplex kann nun gleichgut auf zweierlei Weise zerfallen: einmal, wie in den Feldern 5 und 6 dargestellt, zum anderen zurück zu den Stationen der Felder 3 und 2. In ungefähr der Hälfte der Fälle wird der Weg über die in Bild 5 dargestellte Situation laufen, d.h. die D–D-Bindung wird vollständig getrennt, so daß schließlich – siehe Bild 6 – ein H–D-Molekül freigesetzt wird und ein Deuterium-Atom an der Oberfläche gebunden bleibt.

Die Energie, die freigesetzt wird, wenn zwei H-Atome und ein D_2-Molekül an die katalytische Oberfläche gebunden werden, ist annähernd die gleiche, die nötig ist,

DER „FOLTERBANK"-MECHANISMUS DER KATALYSE AN METALL-OBERFLÄCHEN

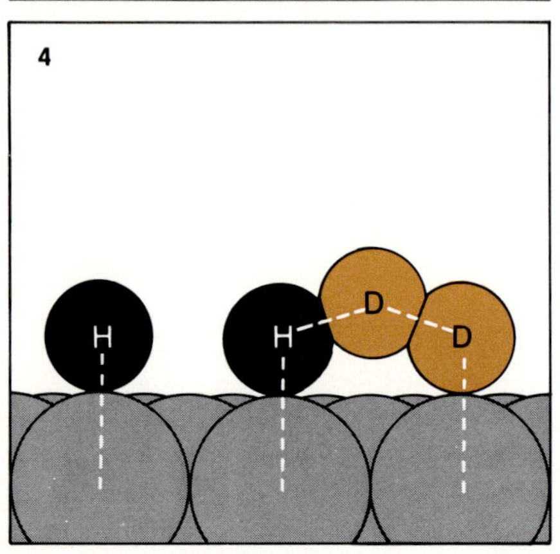

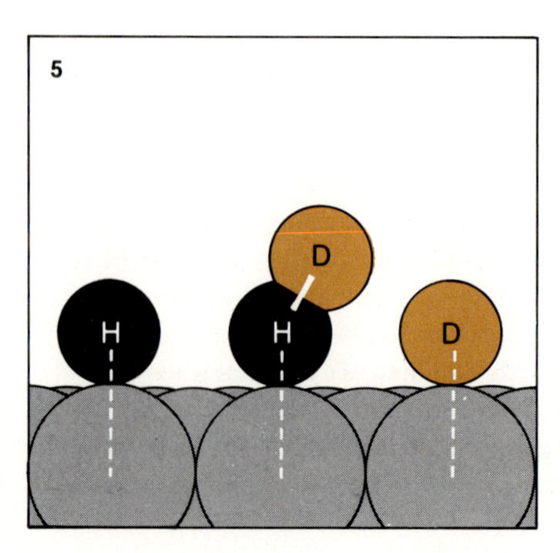

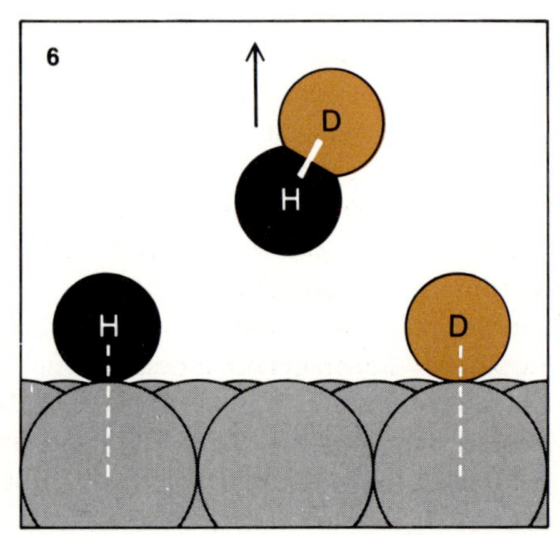

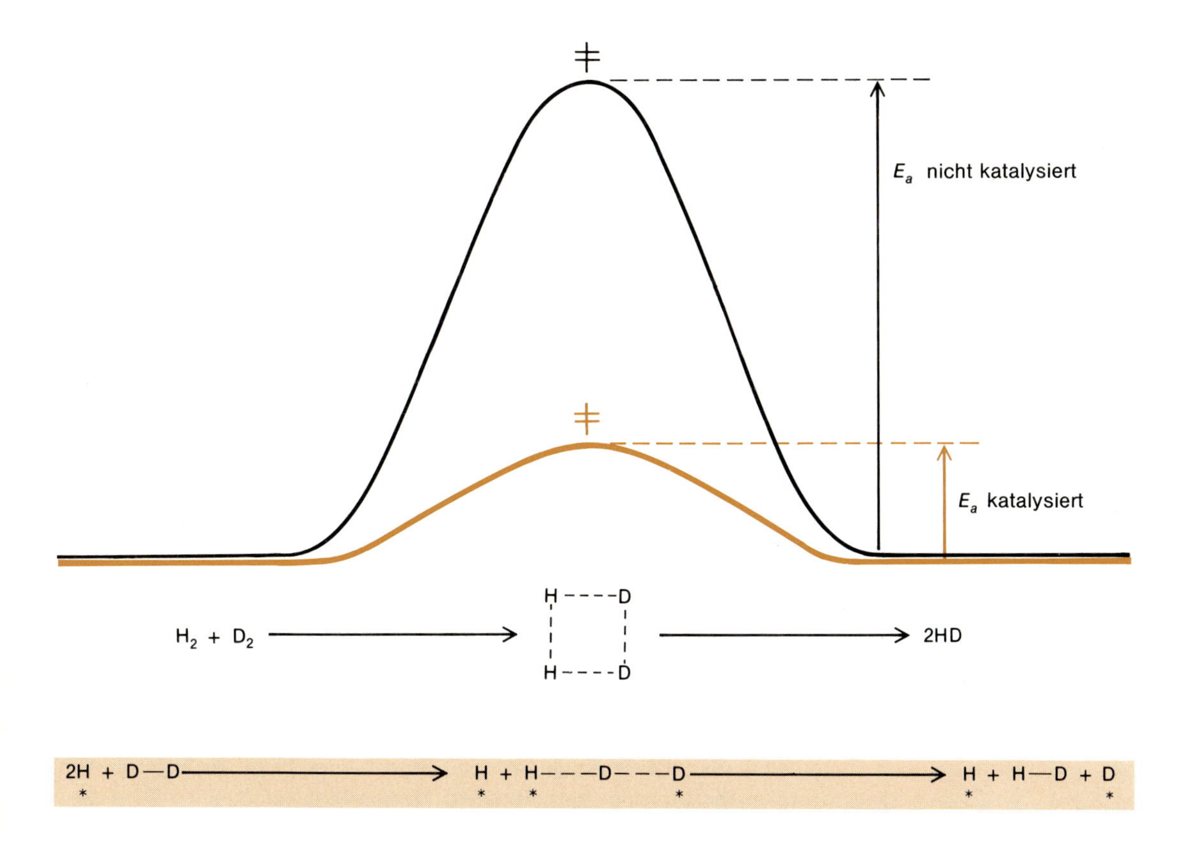

Anfangs- und Endzustand der nicht-katalysierten und der katalysierten Reaktion sind identisch, aber die Übergangszustände sind verschieden. Der aktivierte Komplex der Gasphasenreaktion, ein Cluster aus vier Atomen, hat einen hohen Energieinhalt, während die Aktivierungsenergie, die zu dem gespannten Atomverband auf der Platin-Oberfläche führt, niedriger ist.

um ein H_2-Molekül zu dissoziieren; d.h. zwischen den Situationen im ersten und dritten Feld besteht energetisch kaum ein Unterschied. Der Beitrag des Katalysators besteht darin, daß die Energie des aktivierten Komplexes nicht annähernd so hoch ist wie die des Übergangszustandes in der Gasphase:

H····D
⋮ ⋮
H····D

Die Metall-Atome tragen dazu bei, den Komplex in der richtigen Lage zu halten und zu stabilisieren. Die Aktivierungsbarriere ist daher niedriger und die Reaktion schneller. Die Reaktionsenergie-Profile für die unkatalysierte und die katalysierte Reaktion sind oben dargestellt.

Diese spezielle Art der Katalysatorwirkung könnte man als Folterbank-Mechanismus bezeichnen, denn die Moleküle werden buchstäblich auseinandergezogen und die Bindungen gelockert, so daß sie einem Angriff leichter nachgeben. Die Moleküle, die sich an eine katalytische Oberfläche binden und auf die dort eine Wirkung ausgeübt wird, werden *Substrat*-Moleküle genannt. Eine katalytische Oberfläche, sei es die reine Oberfläche eines fein verteilten Metalls oder Metalloxids oder das „aktive Zentrum" eines Enzym-Moleküls, muß aufgrund ihrer Struktur in der Lage sein, die Substrat-Moleküle einer Reaktion, die sie katalysiert, zu binden, die Reaktion ablaufen zu lassen und schließlich die Produkte freizusetzen. Emil Fischer, ein um die Jahrhundertwende tätiger Enzymchemiker, hat das so ausgedrückt: Ein Katalysator und seine Substrat-Moleküle müssen zusammenpassen wie Schloß und Schlüssel. Wir werden im 24. Kapitel auf dieses Thema zurückkommen und an einigen aktuellen Beispielen lernen, was eine „Schlüssel/Schloß-Beziehung" auf atomarer Ebene bedeutet.

Postskriptum: Katalysatoren und Umwelt

Ein Aspekt des Problems der Umweltverschmutzung ist, daß Stoffe, die in der Atmosphäre oder durch Mikroorganismen spontan abgebaut werden sollten, im Gegenteil in der Umwelt erhalten bleiben und dort Ärger machen. Viel von diesem Ärger haben wir uns selbst zuzuschreiben. Im vorsynthetischen Zeitalter waren die meisten Rohstoffe Naturprodukte, die aus der Umwelt gewonnen wurden. Sie kehrten wieder in die Umwelt zurück, wenn sie ihren Dienst für uns getan hatten. Sie zerfielen, zersetzten sich oder verrotteten, indem sie von der Atmosphäre oxidiert oder von Bakterien verspeist wurden, die sich mit diesen Substanzen als ihren natürlichen Nährstoffen entwickelt hatten.

Mit dem Auftauchen synthetischer Verbindungen änderte sich das Bild, denn manche der künstlichen Verbindungen fließen nicht anstandslos in die Umwelt zurück. Polyaminosäuren (Proteine) können durch Bakterien abgebaut werden, Polyethylen und Polystyrol nicht. Die neuen Materialien sind außerdem widerstandsfähiger gegen spontane Oxidation. Solange ein daraus hergestellter Gegenstand in Gebrauch ist, ist diese Stabilität ein Vorteil; sobald der Gegenstand jedoch ausrangiert wird, wird aus seiner Stabilität eine hohe Hypothek. Was tun? Können wir Mikroorganismen beibringen, Polyethylen oder Siliconkautschuk zu vertilgen?

Eine Firma in USA hat sich damit befaßt, ungefähr dies zu tun. Sie hat für die Behälter von Fertiggetränken wegwerfbare Polystyroldeckel entwickelt, die zur Selbstzerstörung fähig sind. Die Kunststoffmasse der Deckel ist mit einem Katalysator imprägniert, der die Wirkung hat, daß ultraviolettes Licht das Polystyrol in kleinere organische Moleküle zerteilt. Diese kleinen Moleküle können durch Bodenbakterien „metabolisiert“, d.h. in ihrem Stoffwechsel verarbeitet werden. Nach 30tägiger Einwirkung von Sonnenstrahlung beginnt ein weggeworfener Deckel zu zerfallen, nach 150 Tagen bleiben kaum sichtbare Spuren. Wenn wir nur einen Katalysator für all unseren Müll finden könnten!

Doch das Problem ist nicht ganz so einfach. Ein universeller Oxidationskatalysator wäre eine Katastrophe. In einer früheren Epoche der Chemie tauchte als intellektuelles Scheinproblem in der Nachfolge des Steins der Weisen und des Perpetuum mobile das „universelle Lösungsmittel“ auf. (Worin hätte man es aufbewahrt?) Der universelle Katalysator gehört in die gleiche Kategorie. Wenn jemand eine Methode fände, alle spontanen Reaktionen zu schnellen Reaktionen zu machen, würde alle organische Materie auf unserem Planeten, wir selbst eingeschlossen, rasch in Kohlendioxid, Wasser und Stickstoff umgewandelt. Wir können nur deshalb in einer Sauerstoff-Atmosphäre existieren, weil es auch für Oxidationsreaktionen Aktivierungsbarrieren gibt.

Für die Sauberhaltung der Umwelt haben Katalysatoren nur begrenzten Nutzen. Eine Entwicklungslinie für die Reinigung der Autoabgase ist die Nachverbrennung von Kohlenwasserstoffen. Um die Oxide des Stickstoffs zu vernichten, benutzt man Katalysatorbette, die Reaktionen folgenden Typs beschleunigen:

$$2NO(g) \longrightarrow N_2(g) + O_2(g) \qquad \Delta G^0_{298} = -173 \text{ kJ pro 2 mol NO}$$

Dabei gibt es praktische Probleme insofern, als ein Katalysator langer Lebensdauer gefunden werden muß, der nicht zu leicht durch Blei oder andere Bestandteile des handelsüblichen Benzins „vergiftet“ wird. Wir sollten aber, während wir nach dem perfekten Katalysator für den Abbau der Stickoxide suchen, eine andere Reaktion, an der ebenfalls Stickstoff beteiligt ist, im Auge behalten:

$$H_2O(g) + N_2(g) + \tfrac{5}{2}O_2(g) \longrightarrow 2HNO_3(aq)$$

$$\Delta G^0_{298} = +7.4 \text{ kJ pro 2 mol } HNO_3$$

Diese Reaktion ist zwar unter Standardbedingungen (was u.a. 1-molare Salpetersäure als Produkt bedeutet) nicht spontan, aber die Konzentration der Salpetersäure muß nur auf 0.44 mol · l^{-1} fallen, dann wird die Reaktion spontan. Hätte diese Reaktion keine so hohe Aktivierungsenergie, so würden der ganze Wasserdampf, der ganze Sauerstoff und ein beträchtlicher Teil des Stickstoffs aus unserer Atmosphäre herausgeschwemmt, und die Meere würden zu verdünnten Salpetersäure-Lösungen[1)]. Es wäre gut zu wissen, daß der „perfekte Katalysator" für die Smog-Reaktion nicht alle Reaktionen mit Stickstoff katalysiert!

Fragen

1. Was versteht man unter dem Geschwindigkeitsgesetz einer chemischen Reaktion, und in welcher Weise hängt es von den Konzentrationen der beteiligten Stoffe ab?
2. Wenn c die Konzentration eines Stoffes in Mol pro Liter ist, was bedeutet dann dc/dt? Wenn die Substanz Reaktand in einem chemischen Prozeß ist, ist dc/dt dann positiv oder negativ? Welches Vorzeichen hat dc/dt, wenn die betreffende Substanz Produkt einer chemischen Reaktion ist?
3. Wenn P der Luftdruck in einem Autoreifen ist, was bedeutet dann dP/dt, und welches algebraische Vorzeichen hat dieser Ausdruck, wenn der Reifen ein Loch bekommt?
4. Inwiefern kann man erwarten, daß bei einem spontanen Zerfall die Zerfallsgeschwindigkeit von der Reaktandkonzentration in der ersten Potenz abhängt?
5. Welches ist bei den folgenden Reaktionen die Ordnung der Gesamtreaktion, und welches sind die Reaktionsordnungen bezogen auf jeden Reaktanden:

	Reaktion	Experimentell beobachtetes Geschwindigkeitsgesetz
(a)	$N_2O_4 \longrightarrow 2NO_2$	Geschwindigkeit = $k[N_2O_4]$
(b)	$C_2H_4 + H_2 \longrightarrow C_2H_6$	Geschwindigkeit = $k[C_2H_4][H_2]$
(c)	$2N_2O_5 \longrightarrow 4NO_2 + O_2$	Geschwindigkeit = $k[N_2O_5]$
(d)	$2NO + 2H_2 \longrightarrow N_2 + 2H_2O$	Geschwindigkeit = $k[NO]^2[H_2]$
(e)	$CHCl_3 + Cl_2 \longrightarrow CCl_4 + HCl$	Geschwindigkeit = $k[CHCl_3][Cl_2]^{1/2}$
(f)	$2NO_2 + F_2 \longrightarrow 2NO_2F$	Geschwindigkeit = $k[NO_2][F_2]$
(g)	$2NH_3 \xrightarrow[\text{Katalysator}]{\text{Wolfram-}} N_2 + 3H_2$	Geschwindigkeit = $k[NH_3]^0$ = konstant

6. Inwiefern kann der Ausdruck für die Gleichgewichtskonstante (Massenwirkungsgesetz) aus der stöchiometrischen chemischen Reaktionsgleichung hergeleitet werden, der Ausdruck für die Reaktionsgeschwindigkeit aber nicht?
7. Wie lauten die Ausdrücke für die Gleichgewichtskonstanten der Reaktionen von Frage 5?
8. Wie lautet das vollständige Geschwindigkeitsgesetz der HBr-Bildung, die wir im letzten Kapitel diskutiert haben. Warum wird daraus bei niedriger HBr-Konzentration ein Geschwindigkeitsgesetz der Ordnung $1^1/_2$?

1) Durch diese Salpetersäure-Reaktion wird in der Atmosphäre Stickstoff als Nitrat durch Blitzentladungen „fixiert". In einem schweren Gewitter sind wegen der Salpetersäure aus diesem Prozeß die Regentropfen schwach sauer. Von dem jährlich fixierten Nitrat kommen gut die Hälfte aus bakteriellen, gut ein Drittel aus industriellen Prozessen und etwa 10 Prozent aus der atmosphärischen Fixierung bei Gewittern. Letztere spielten für chemische Synthesen eine noch größere Rolle in der Zeit vor der Entwicklung des Lebens, als es noch keine (absichtliche oder unabsichtliche) Konkurrenz durch lebende Wesen gab.

9. Auf welche Weise wird in der oberen Atmosphäre Kohlenstoff-14 gebildet? Auf welche Weise verschwindet Kohlenstoff-14 von unserem Planeten? Wird Kohlenstoff-14 zwischen Atmosphäre und Lebewesen ausgetauscht? Woher kommt der Kohlenstoff-14 im Gewebe lebender Organismen? Wieso bleibt während der Lebenszeit eines Lebewesens das Verhältnis Kohlenstoff-14/Kohlenstoff-12 konstant? Was wird nach dem Tod aus diesem Verhältnis?
10. In welcher Einheit wird die Geschwindigkeitskonstante 1. Ordnung angegeben, wenn die Konzentration in $mol \cdot l^{-1}$ gemessen wird? Die Halbwertszeit von ^{14}C beträgt 5570 Jahre. Welchen Wert hat die Geschwindigkeitskonstante 1. Ordnung?
11. Inwiefern können eine Folge von Zusammenstößen zweier Teilchen und der einstufige Zusammenstoß dreier Teilchen dasselbe Geschwindigkeitsgesetz ergeben? Welches Beispiel dafür liefert das 15. Kapitel?
12. Was ist ein „geschwindigkeitsbestimmender Schritt", und welche Bedeutung hat er für Reaktionsmechanismen?
13. Auf welche Weise zeigte Sullivan, daß der HI-Synthese nicht einfach bimolekulare Zusammenstöße zwischen H_2- und I_2-Molekülen zugrunde liegen? Inwiefern führt das experimentelle Geschwindigkeitsgesetz scheinbar zu dieser Schlußfolgerung?
14. Wie ist es möglich, daß die Geschwindigkeit der NO-Reduktion nur von der H_2-Konzentration in der ersten Potenz abhängt, obwohl doch zwei Moleküle H_2 in die Reaktion eingreifen?
15. Wenn wir das Geschwindigkeitsgesetz für die HBr-Bildung zugrunde legen: Sollte ein Zusatz von überschüssigem HBr zur Reaktionsmischung die Reaktion beschleunigen oder verzögern? Welcher Schritt im Reaktionsmechanismus ist vermutlich für das beobachtete Verhalten verantwortlich?
16. Was ist eine Kettenreaktion? Was versteht man unter den Schritten: Kettenstart, Kettenfortpflanzung und Kettenabbruch? Mit welchem Beispiel aus dem 15. Kapitel läßt sich das illustrieren?
17. Führt in der Stoßtheorie chemischer Reaktionen jeder Zusammenstoß zwischen potentiell reaktiven Molekülen auch zu einer Reaktion? Welche Bedingung muß noch erfüllt sein? In welcher Weise beeinflußt die Temperatur die Situation?
18. Was versteht man unter der Aktivierungsenergie einer Reaktion? Wie wird sie aus experimentell ermittelten Geschwindigkeitskonstanten berechnet?
19. Wenn eine chemische Reaktion Wärme verbraucht, ist dann die Aktivierungsenergie der Rückreaktion größer oder kleiner als die der Hinreaktion? Wie läßt sich dies in einem Energiediagramm veranschaulichen?
20. Die Häufigkeit, mit der Moleküle zusammenstoßen, hängt von der Quadratwurzel der Temperatur ab. Dieser Zusammenhang ist im A-Term des aus der Stoßtheorie abgeleiteten Ausdrucks für die Geschwindigkeitskonstante enthalten:

    $$k = A e^{-E_a/RT}$$

    Welche physikalische Situation wird durch den Ausdruck im Exponenten wiedergegeben? Eine Erhöhung der Temperatur trägt in verschiedener Weise dazu bei, daß die Geschwindigkeitskonstante größer und die Reaktion schneller werden. Worin liegt der wichtigste Beitrag?
21. Was versteht man unter dem aktivierten Komplex oder Übergangszustand einer chemischen Reaktion? In welcher Weise beeinflußt die Energie des aktivierten Komplexes die Reaktionsgeschwindigkeit? Warum sollte die Energie des Übergangszustands in der platinkatalysierten Wasserstoff-Reaktion, wie sie früher in diesem Kapitel beschrieben wurde, niedriger sein als im unkatalysierten Prozeß in der Gasphase?

22. Was macht ein Katalysator mit E_a, wenn er eine Reaktion beschleunigt? Man zeige anhand eines Energiediagramms, daß ein Katalysator, der die Hin-, nicht aber die Rückreaktion beschleunigt, logisch ein Unding wäre.

Probleme

1. Die Halbwertszeit von Kohlenstoff-14 beträgt 5570 Jahre. (a) Man berechne die Geschwindigkeitskonstante 1. Ordnung *k*. (b) Wie viele radioaktive Zerfälle finden je Minute in einer 1 Gramm schweren Probe von reinem Kohlenstoff-14 statt? (c) Bei einem Stück frischem Holz werden 15.3 Zerfälle pro Minute und Gramm Kohlenstoff gemessen. Wieviel Prozent des Kohlenstoffs sind Kohlenstoff-14? (d) Bei einer Holzprobe von einem ägyptischen Mumiensarg werden 9.4 Zerfälle pro Minute und Gramm Kohlenstoff gezählt. Wie alt ist der Mumiensarg? (e) Beim Skelett eines Fisches, der 1960 im Pazifischen Ozean gefangen wurde, beobachtete man 17.2 ^{14}C-Zerfälle pro Minute und Gramm Kohlenstoff. Wie ist das möglich? Welche Bedeutung hat diese Beobachtung für die Archäologie des Pazifiks?
2. Für die Reaktion $2NO + H_2 \longrightarrow N_2O + H_2O$ wurde in einer Versuchsreihe gefunden, daß eine Verdopplung der Anfangskonzentration von NO die anfängliche Reaktionsgeschwindigkeit vervierfacht, während eine Verdopplung der H_2-Anfangskonzentration die anfängliche Reaktionsgeschwindigkeit nur verdoppelt. Wie sieht das Geschwindigkeitsgesetz dieser Reaktion aus?
3. Nach der Methode, die ***Anfangsgeschwindigkeit*** einer Reaktion zu messen, wurde die Reaktion $S_2O_8^{2-} + 2I^- \longrightarrow 2SO_4^{2-} + I_2$ in wäßriger Lösung untersucht. Die Ergebnisse von drei Ansätzen sind in der folgenden Tabelle zusammengestellt:

	Anfangskonzentration $[S_2O_8^{2-}]$ in $mol \cdot l^{-1}$	Anfangskonzentration $[I^-]$ in $mol \cdot l^{-1}$	Anfangsgeschwindigkeit in $mol(I_2) \cdot l^{-1} \cdot min^{-1}$
Experiment A	0.00010	0.010	$0.65 \cdot 10^{-6}$
Experiment B	0.00020	0.010	$1.30 \cdot 10^{-6}$
Experiment C	0.00020	0.005	$0.65 \cdot 10^{-6}$

Wie lautet das Geschwindigkeitsgesetz dieser Reaktion? Welches ist die Reaktionsordnung der Gesamtreaktion?

4. Bei der Gasphasenreaktion $2NO + Cl_2 \longrightarrow 2NOCl$ wurden in drei unabhängigen Experimenten die folgenden Anfangsreaktionsgeschwindigkeiten ermittelt:

	Anfangsdruck p_{NO} mbar	Anfangsdruck p_{Cl_2} mbar	Anfangsgeschwindigkeit $bar \cdot s^{-1}$
Experiment A	380	380	0.0051
Experiment B	760	760	0.040
Experiment C	380	760	0.010

Wie lautet das Geschwindigkeitsgesetz der Reaktion? Welches ist die Reaktionsordnung?

5. tert-Butylbromid reagiert mit Wasser zu tert-Butylalkohol und Bromwasserstoff. Die Brutto-Reaktionsgleichung lautet:

$(CH_3)_3CBr + H_2O \longrightarrow (CH_3)_3COH + HBr$

(a) Wie sähe das Geschwindigkeitsgesetz aus, wenn der Reaktion schlicht bimolekulare Zusammenstöße zugrunde lägen?

(b) Wie sähe das Geschwindigkeitsgesetz bei folgendem Reaktionsmechanismus aus:

$$(CH_3)_3CBr \longrightarrow (CH_3)_3C^+ + Br^- \quad \text{(langsam)}$$
$$(CH_3)_3C^+ + H_2O \longrightarrow (CH_3)_3COH + H^+ \quad \text{(schnell)}$$

(c) Könnte man zwischen diesen Reaktionsmechanismen unterscheiden, wenn die Reaktion in verdünnter wäßriger Lösung abläuft? Warum, oder warum nicht?

6. Für die Zersetzung von Ammoniak nach der Gleichung $2\,NH_3 \longrightarrow N_2 + 3\,H_2$ wurden folgende Werte gemessen:

Zeit in s	0	1	2
$[NH_3]$ in $mol \cdot l^{-1}$	2.000	1.993	1.987

Wenn man die Logarithmen der Konzentrationen gegen die Zeit aufträgt, sollte herauskommen, daß es sich um einen Vorgang 1. Ordnung handelt. Man berechne die Geschwindigkeitskonstante und die Halbwertszeit für den Zerfall von Ammoniak.

7. Der Zerfall von SO_2Cl_2 nach $SO_2Cl_2 \longrightarrow SO_2 + Cl_2$ ist eine Reaktion 1. Ordnung mit der Geschwindigkeitskonstante $k = 2.2 \cdot 10^{-5}\ s^{-1}$ bei 320 °C. Welcher Anteil des anfänglichen SO_2Cl_2 hat sich zersetzt, wenn man 90 Minuten lang auf 320 °C erhitzt hat?

8. Für die Zersetzung von N_2O_5 in Kohlenstofftetrachlorid ergibt sich eine Gerade, wenn man $\ln [N_2O_5]$ gegen die Zeit aufträgt. Die Geschwindigkeitskonstante bei 45 °C ist $k = 6.2 \cdot 10^{-4}\ s^{-1}$. Wie lange dauert es, bis 20% des N_2O_5 zerfallen sind, wenn man von 1 mol N_2O_5 in einem 1-Liter-Kolben ausgeht? Wie groß ist die Halbwertszeit der Zerfallsreaktion?

9. Die folgenden Zahlen geben wieder, wie die Geschwindigkeit des N_2O_5-Zerfalls von der Temperatur abhängt:

T in K	k in s^{-1}
273	$7.87 \cdot 10^{-7}$
298	$3.46 \cdot 10^{-5}$
308	$1.35 \cdot 10^{-4}$
318	$4.98 \cdot 10^{-4}$
328	$1.50 \cdot 10^{-3}$
338	$4.87 \cdot 10^{-3}$

Aus diesen Daten soll ein Arrheniusdiagramm gezeichnet und daraus die Aktivierungsenergie der Reaktion bestimmt werden.

10. Eine Reaktion habe die Aktivierungsenergie $16\ kJ \cdot mol^{-1}$. Welcher Bruchteil $f = e^{-E_a/RT}$ hat bei 0 K, 100 K, 1000 K, 10000 K und 100000 K eine Energie größer oder gleich der Aktivierungsenergie E_a? Was für eine Kurve ergibt sich, wenn man f gegen die Temperatur T aufträgt? Was sagt uns diese Kurve über den Einfluß der Temperatur auf die Reaktionsgeschwindigkeit?

11. Die Geschwindigkeitskonstante für die Reaktion $H_2 + I_2 \longrightarrow 2\,HI$ wurde bei verschiedenen Temperaturen bestimmt:

T in K	k
556	$4.5 \cdot 10^{-5}$
575	$1.4 \cdot 10^{-4}$
629	$2.5 \cdot 10^{-3}$
666	$1.4 \cdot 10^{-2}$
781	1.34

Aus diesen Daten soll die Aktivierungsenergie der Reaktion berechnet werden. Wieso ist es für die Lösung des Problems gleichgültig, in welchen Einheiten k angegeben wird?

12. Aus der Aktivierungsenergie E_a der Reaktion $H_2 + I_2 \longrightarrow 2HI$, die in Problem Nr. 11 berechnet wurde, und den in Anhang 2 zusammengestellten Werten für die Standard-Bildungsenthalpien kann die Aktivierungsenergie für die Rückreaktion $2HI \longrightarrow H_2 + I_2$ errechnet werden. Die Zusammenhänge zwischen den drei Energiewerten sollen in einem Energiediagramm veranschaulicht werden.
13. Man sagt oft, daß sich bei Temperaturen, die nicht allzu weit weg von normaler Raumtemperatur sind, die Reaktionsgeschwindigkeit verdoppelt, wenn die Temperatur um 10 °C zunimmt. Wie groß ist die Aktivierungsenergie einer Reaktion, deren Geschwindigkeit sich zwischen 27 °C und 37 °C genau verdoppelt?
14. Wie groß ist die Aktivierungsenergie einer Reaktion, deren Geschwindigkeit zwischen 20 °C und 30 °C auf das Dreifache zunimmt?
15. Die Aktivierungsenergie des Zerfalls von CH_3I beträgt bei 285 K 180 $kJ \cdot mol^{-1}$. Welcher Bruchteil der Moleküle hat bei 285 K diese oder eine höhere Energie? Wir nehmen einmal an, daß E_a keine Funktion der Temperatur ist (was fast, aber nicht exakt richtig ist). Wie groß ist die prozentuale *Zunahme* des Anteils solcher Moleküle, deren Energie größer als E_a ist, wenn die Temperatur auf 300 K steigt?
16. Bei 45 °C ist die Geschwindigkeitskonstante des Zerfalls von N_2O_5 in Kohlenstofftetrachlorid $6.2 \cdot 10^{-4}\ s^{-1}$. Welchen Wert hat die Reaktionsgeschwindigkeitskonstante bei 200 °C, wenn die Aktivierungsenergie 103.3 $kJ \cdot mol^{-1}$ beträgt?
17. Warum dauert es länger, ein Ei auf dem Gipfel des Mount Wilson (1740 m) zu kochen als in Pasadena (229 m)? (Die Lösung heißt nicht „smog"!)

◀ *Diese Ionen eines Salzkristalls werden durch Wasser-Moleküle in Lösung gebracht*

16. Kapitel

Ionen und Gleichgewicht; Säuren und Basen

Säuren kennen wir als korrosive Agenzien und als Lösungsmittel; sie bringen Verbindungen in Lösung, die in reinem Wasser unlöslich sind. Starke Säuren greifen viele Metalle an und verwandeln sie in lösliche Ionen, wobei Blasen von Wasserstoff-Gas aufsteigen. Säuren lösen Carbonate wie Kalkstein und bestimmte andere Mineralien und anorganische Verbindungen. Die schwächeren Säuren, die man gefahrlos auf die Zunge bringen kann, wie Zitronensäure und Essigsäure, haben einen charakteristischen, scharfen Geschmack, der den Mund zusammenzieht und den wir sofort erkennen und als „sauer" bezeichnen.

Auch Basen sind nützlich zum Auflösen wasserunlöslicher Substanzen, besonders von Ölen, Fetten und anderen organischen Verbindungen. Natriumhydroxid z.B. greift das Hautfett an und verwandelt es in Seife. Deshalb fühlen sich die Lösungen von Haushaltslaugen glitschig an. Wir haben bereits früher gesehen, daß es viele Substanzen gibt, darunter die amphoteren Oxide, die in reinem Wasser unlöslich sind, sich aber sowohl in Säure als auch in Base lösen.

Säuren und Basen sind nicht nur nützliche Lösungsmittel, sondern auch wichtige Katalysatoren. Aufgrund ihrer geringen Größe, hohen Beweglichkeit und ihrer Ladung können H^+- und OH^--Ionen aus Säuren bzw. Basen Verbindungen so angreifen, daß sie leichter und schneller reagieren. Darauf beruht ihre katalytische Wirksamkeit. Wenn eine Substanz einer Reaktion einen schnelleren Reaktionspfad eröffnet und am Ende des Prozesses wieder regeneriert wird, handelt es sich um einen echten Katalysator. Wenn die Katalysatoren in demselben Lösungsmittel wie die Reaktanden und Produkte gelöste Ionen oder Moleküle sind, nennt man sie *homogene Katalysatoren.* Dieser Katalysetyp wird im Postskriptum zu diesem Kapitel diskutiert. Im 15. Kapitel haben wir Beispiele für *heterogene Katalysatoren* kennengelernt, bei denen der Katalysator als getrennte Phase vorlag – als Oberfläche, zu der die gasförmigen oder gelösten Reaktanden diffundieren und von der sich die Produkte ablösen. Das Prinzip beider Katalysearten ist dasselbe: *Ein Katalysator ist eine Substanz, die eine thermodynamisch spontan ablaufende Reaktion beschleunigt, indem sie einen Alternativmechanismus möglich macht, ohne selbst bei der Gesamt-*

HYDRATISIERTE IONEN

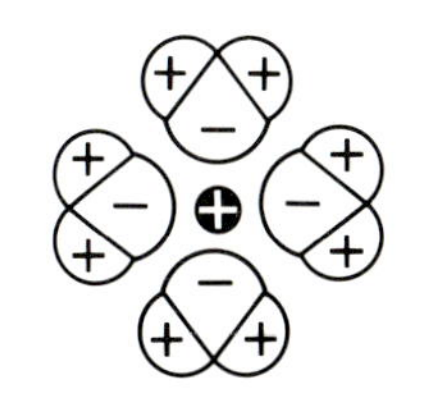

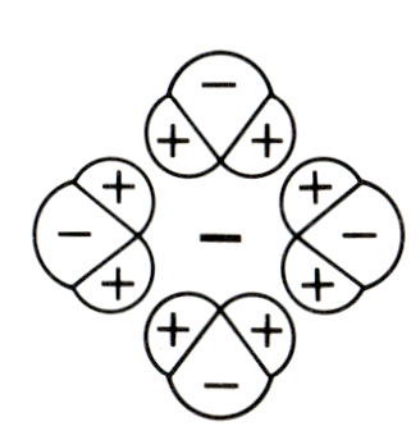

Wenn ein positives Ion hydratisiert ist, ist es von Wasser-Molekülen umgeben, deren negativ geladene Sauerstoff-Atome ihm zugewandt sind. Um ein negatives Ion ordnen sich die positiv geladenen Wasserstoff-Atome der Wasser-Moleküle an.

reaktion verbraucht zu werden. Die Substanz kann an mehreren Schritten des Prozesses teilnehmen, solange sie nur am Ende regeneriert wird. Säuren und Basen sind weit verbreitete homogene Katalysatoren.

Starke Säuren und Basen

Wenn sich Salze in Wasser lösen, werden die Anziehungskräfte im Ionengitter zerstört und durch Anziehungskräfte zwischen einzelnen Ionen und polaren Wasser-Molekülen, von denen sie in einer Hydrathülle umgeben werden, ersetzt (s. die Darstellung zu Beginn des Kapitels). Wie wir im 12. Kapitel gesehen haben, ist die Lösungswärme die Differenz zwischen Hydratationsenergie und Gitterenergie des Kristalls. Außerdem erhöht sich die Unordnung, wenn sich das Salz löst, also nimmt die Entropie zu. Wenn die Kombination von Entropiezunahme und Hydratationswärme ausreicht, um die Kristallgitterenergie zu überwinden, löst sich das Salz auf. Den Gesamtprozeß können wir schreiben als

$$NaCl(f) \longrightarrow Na^+(aq) + Cl^-(aq)$$

Salze wie NaCl sind im Kristall und in wäßriger Lösung zu 100% ionisiert. Das Symbol (aq) soll andeuten, daß jedes Ion hydratisiert, also von einer Hülle aus polaren Wasser-Molekülen umgeben ist, so wie wir es im 5. Kapitel und in der Zeichnung zu Beginn dieses Kapitels gesehen haben. Der Einfachheit halber werden wir das Symbol (aq) in den Gleichungen in diesem Kapitel nicht benutzen, aber man sollte immer daran denken, daß Ionen in wäßriger Lösung stets hydratisiert sind und daß vor allem die Hydratationsenergie dafür verantwortlich ist, daß die Salze sich auflösen. Wenn es keine Hydratationsenergie zum Ausgleich für den Verlust der Anziehungsenergie im Kristall gäbe, dann wäre das Auflösen von NaCl genauso schwierig wie das Verdampfen, das erst bei Temperaturen über 1400°C erreicht werden kann.

Starke Säuren und Basen verhalten sich ähnlich wie Salze. Starke Säuren dissoziieren in Wasser vollständig (unten), wobei ein Proton (Wasserstoff-Ion) frei wird:

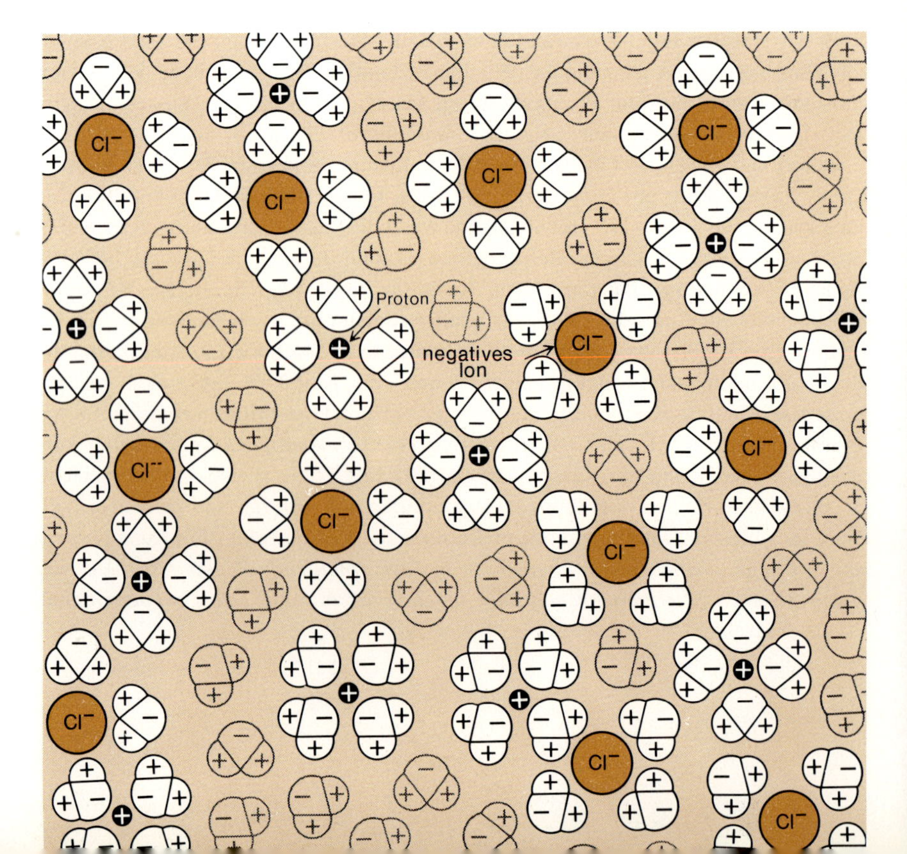

In Wasser gelöster Chlorwasserstoff (HCl) zerfällt in ein positives Wasserstoff-Ion (H^+, das hier durch ein weißes Pluszeichen auf einem schwarzen Punkt dargestellt ist) und ein negatives Chlorid-Ion (Cl^-). Diese geladenen Ionen sind von polaren Wasser-Molekülen umgeben. Da HCl in Wasser vollständig dissoziiert und pro HCl-Molekül ein Proton liefert, ist Salzsäure eine starke Säure.

$HCl \longrightarrow H^+ + Cl^-$ Salzsäure
$HNO_3 \longrightarrow H^+ + NO_3^-$ Salpetersäure
$H_2SO_4 \longrightarrow H^+ + HSO_4^-$ Schwefelsäure
$HClO_4 \longrightarrow H^+ + ClO_4^-$ Perchlorsäure

(Schwefelsäure gibt auch noch ein zweites Proton ab, aber nur unvollständig, so wie eine schwache Säure.) Aus starken Basen werden in wäßriger Lösung Hydroxid-Ionen frei:

$NaOH \longrightarrow Na^+ + OH^-$ Natriumhydroxid
$KOH \longrightarrow K^+ + OH^-$ Kaliumhydroxid

Da diese Verbindungen in Wasser vollständig dissoziieren, entsprechen die Konzentrationen der entstehenden H^+- oder OH^--Ionen der Gesamtkonzentration an Säure bzw. Base. Die Wasserstoffionen-Konzentration in einer $^1/_{10}$-molaren Lösung von Salpetersäure ist $0.10\ mol \cdot l^{-1}$.

Schwache Säuren und Basen

Andere Säuren und Basen sind in Lösung nur unvollständig in Ionen dissoziiert und existieren zum Teil als undissoziierte Moleküle (unten). Gelöster Fluorwasserstoff z.B. liegt als Gleichgewichtsmischung aus HF-Molekülen und hydratisierten H^+- und F^--Ionen vor:

$$HF \rightleftharpoons H^+ + F^-$$

Die Gleichgewichtskonstante für diese Dissoziation wird gewöhnlich als K_s – für Säuredissoziation – bezeichnet und nicht als K_{eq}:

$$K_s = \frac{[H^+][F^-]}{[HF]} = 0.000353\ mol \cdot l^{-1} = 3.53 \cdot 10^{-4}\ mol \cdot l^{-1}$$

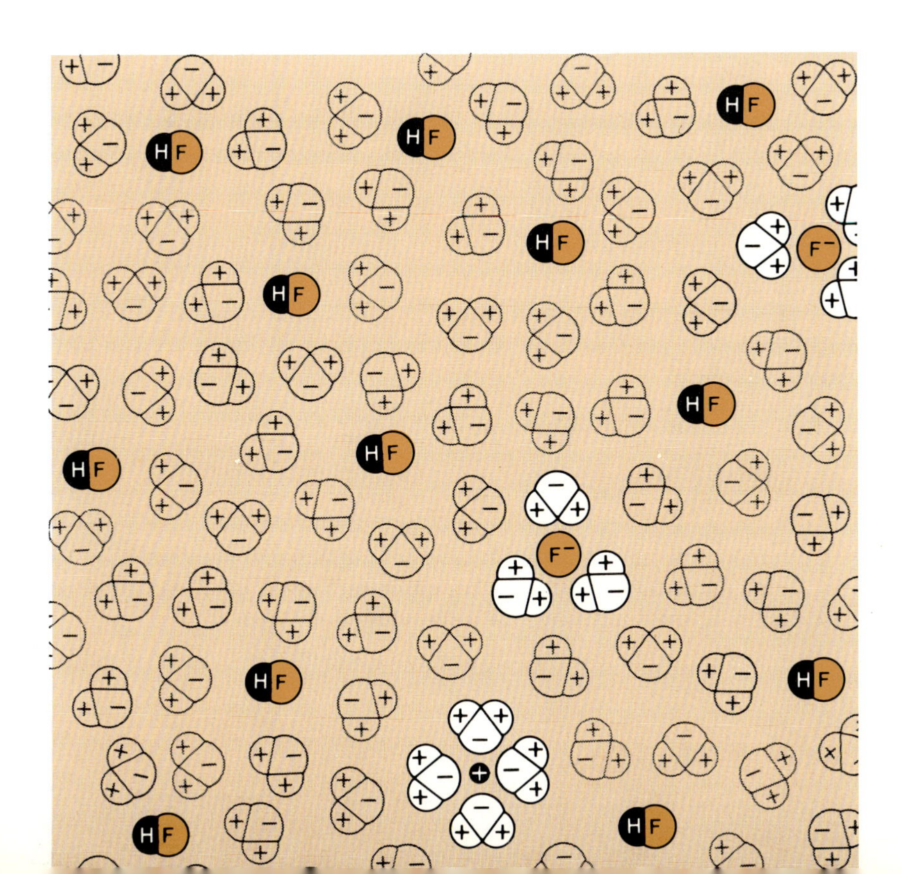

Nur wenige der in Wasser gelösten Fluorwasserstoff-Moleküle dissoziieren in Protonen (H^+, hier durch ein weißes Pluszeichen auf einem schwarzen Punkt dargestellt) und Fluorid-Ionen (F^-). Da HF nur teilweise dissoziiert, ist es eine schwache Säure.

Fluorwasserstoff ist eine anorganische Säure. Essigsäure ist eine organische Säure, verhält sich aber ähnlich:

$$CH_3-\overset{\overset{\displaystyle O}{\|}}{C}-OH \rightleftharpoons CH_3-\overset{\overset{\displaystyle O}{\|}}{C}-O^- + H^+$$

Da Essigsäure so häufig vorkommt, wird sie oft durch HOAc abgekürzt, wobei Ac–

die Gruppe $CH_3-\overset{\overset{\displaystyle O}{\|}}{C}-$ symbolisiert. Die Dissoziation wird dann formuliert als

$$HOAc \rightleftharpoons H^+ + OAc^-$$

Die Gleichgewichtskonstante der Säuredissoziation ist dann

$$K_s = \frac{[H^+][OAc^-]}{[HOAc]} = 1.76 \cdot 10^{-5}\ mol \cdot l^{-1}$$

In solchen Ausdrücken werden die Konzentrationen der Ionen und Moleküle in Lösung in Mol pro Liter Lösung angegeben (auch als Molarität, M, bezeichnet). Die Einheit für K_s ist unmißverständlich und wird gewöhnlich weggelassen.

Blausäure, HCN, ist viel schwächer als jede der Säuren, die wir bisher betrachtet haben. Im Vergleich zu HCl, HF oder Essigsäure dissoziiert sie nur in sehr geringem Ausmaß:

$$HCN \rightleftharpoons H^+ + CN^-$$

$$K_s = \frac{[H^+][CN^-]}{[HCN]} = 0.000000000493 = 4.93 \cdot 10^{-10}\ mol \cdot l^{-1}$$

Ammoniak ist ein Beispiel für eine schwache Base, die mit Wasser zum Ammonium- und Hydroxid-Ionen reagiert, doch ist die Reaktion bei weitem nicht vollständig:

$$NH_3 + H_2O \rightleftharpoons NH_4^+ + OH^-$$

$$K_{eq} = \frac{[NH_4^+][OH^-]}{[NH_3][H_2O]}$$

In dieser Reaktion ist Wasser sowohl Lösungsmittel als auch Reaktand. Bei mäßig verdünnten Ammoniak-Lösungen wird sich die Wasserkonzentration gegenüber reinem Wasser nicht merklich ändern:

$$\frac{1000\ g \cdot l^{-1}}{18.0\ g \cdot mol^{-1}} = 55.5\ mol \cdot l^{-1}$$

Zur Vereinfachung kann man die konstante H_2O-Konzentration von 55.5 mol · l^{-1} auf die linke Seite der Gleichung bringen und mit der Gleichgewichtskonstanten zusammenziehen:

$$K_b = \text{Basen-Dissoziationskonstante} = 55.5\ K_{eq}$$

$$K_b = \frac{[NH_4^+][OH^-]}{[NH_3]} = 1.76 \cdot 10^{-5}\ mol \cdot l^{-1}$$

Dieses Verfahren ist immer dann üblich, wenn eine Wasserkonzentration im Ausdruck für das Säure-Base-Gleichgewicht explizit erscheint. (Daß K_b für Ammoniak und K_s für Essigsäure den gleichen Zahlenwert haben, ist Zufall.)

Berechnungen mit Gleichgewichtskonstanten

In 0.5 molarer Salpetersäure sind die Konzentrationen an H^+- und NO_3^--Ionen jeweils $0.5\ mol \cdot l^{-1}$, da starke Säuren vollständig dissoziiert sind. In 0.5 molarer Essigsäure ist die Dissoziation unvollständig, und die Ionenkonzentrationen sind viel geringer als $0.5\ mol \cdot l^{-1}$. Mit Hilfe der Gleichgewichtsbeziehung für Essigsäure können wir herausfinden, um wieviel sie geringer sind. Die ursprüngliche gesamte Essigsäurekonzentration vor der Dissoziation soll $c_0\ mol \cdot l^{-1}$ sein, und wir nehmen an, daß beim Erreichen des Gleichgewichts $y\ mol \cdot l^{-1}$ der Säure dissoziiert sind. c_0 ist festgelegt durch die Anfangsbedingungen des Experiments, und y ist die Konzentration jedes Ions, denn für jedes Essigsäure-Molekül, das dissoziiert, entstehen ein H^+-Ion und ein OAc^--Ion. Im Gleichgewicht gilt:

$[HOAc] = c_0 - y$ (Anfangs-Säurekonzentration minus dissoziiertem Anteil)

$[H^+] = [OAc^-] = y$ (Dissoziationsprodukte)

$$K_s = \frac{[H^+][OAc^-]}{[HOAc]} = \frac{y \cdot y}{c_0 - y} = \frac{y^2}{c_0 - y} = 1.76 \cdot 10^{-5}$$

Das ist eine in y quadratische Gleichung, die sich mit Hilfe der Quadratformel lösen läßt:

Wenn $ay^2 + by + c = 0$ ist, dann ist

$$y = \frac{-b \pm \sqrt{b^2 - 4ac}}{2a}$$

Man kann die Quadratformel aber umgehen, wenn man etwas chemischen Verstand anwendet. Mit einer so kleinen Dissoziationskonstante wie 0.0000176 ist nur ein sehr kleiner Bruchteil der Essigsäure dissoziiert, d.h. y ist sehr klein. Folglich können wir y im Nenner vernachlässigen, da es von dem sehr viel größeren c_0 subtrahiert wird, und eine einfachere Gleichung lösen:

$$c_0 - y \simeq c_0$$

$$\frac{y^2}{c_0} = 1.76 \cdot 10^{-5} \quad \text{oder} \quad y^2 = 1.76 \cdot 10^{-5} \cdot c_0$$

Bei 0.5 molarer Essigsäure ist $c_0 = 0.50$ und

$$y^2 = 8.8 \cdot 10^{-6}\ mol^2 \cdot l^{-2}$$
$$y = 2.97 \cdot 10^{-3}\ mol \cdot l^{-1} = 0.00297\ mol \cdot l^{-1}$$

Wir können jetzt die Gültigkeit der Näherung überprüfen:

$c_0 - y = 0.50 - 0.00297 \simeq 0.50$ (d.h. die Näherung ist zulässig)

Wenn die Säure stärker dissozierte, so daß y einige Prozent von c_0 wäre, dann wäre diese Näherung nicht erlaubt. Dann müßte man entweder die Quadratformel anwenden oder den mit der Näherung zuerst berechneten y-Wert dazu benutzen, um c_0 zu $c_0 - y$ zu korrigieren, und mit diesem Wert eine zweite Berechnung ausführen, die dann einen besseren y-Wert lieferte (Iterationsverfahren).

Unsere Berechnung ergibt, daß von der Gesamtkonzentration der Essigsäure von $0.50\ mol \cdot l^{-1}$ nur eine so kleine Menge dissoziiert, daß die Acetat- und Wasserstoff-Ionen nur in einer Konzentration von $0.00297\ mol \cdot l^{-1}$ vorliegen. Deshalb wird Essigsäure als schwache Säure klassifiziert. Die prozentuale Dissoziation ist

$$\frac{0.00297\ mol \cdot l^{-1}}{0.50\ mol \cdot l^{-1}} \cdot 100 = 0.59\%$$

Dissoziationskonstanten für einige Säuren[a] bei 25 °C

Säure	HA	A^-	K_s	pK_s
Perchlorsäure	$HClO_4$	ClO_4^-	$\sim 10^{+8}$	~ -8
Permangansäure	$HMnO_4$	MnO_4^-	$\sim 10^{+8}$	~ -8
Chlorsäure	$HClO_3$	ClO_3^-	$\sim 10^{+3}$	~ -3
Salpetersäure	HNO_3	NO_3^-		
Bromwasserstoffsäure	HBr	Br^-		
Salzsäure	HCl	Cl^-		
Schwefelsäure (1)[b]	H_2SO_4	HSO_4^-		
Hydratisiertes Proton oder protoniertes Solvens	H^+ (aq)	H_2O (Solvens)	1.00	0.00
Trichloressigsäure	CCl_3COOH	CCl_3COO^-	$2 \cdot 10^{-1}$	0.70
Oxalsäure (1)	HOOC–COOH	$HOOC{-}COO^-$	$5.9 \cdot 10^{-2}$	1.23
Dichloressigsäure	$CHCl_2COOH$	$CHCl_2COO^-$	$3.32 \cdot 10^{-2}$	1.48
Schweflige Säure (1)	H_2SO_3	HSO_3^-	$1.54 \cdot 10^{-2}$	1.81
Schwefelsäure (2)	HSO_4^-	SO_4^{2-}	$1.20 \cdot 10^{-2}$	1.92
Phosphorsäure (1)	H_3PO_4	$H_2PO_4^-$	$7.52 \cdot 10^{-3}$	2.12
Bromessigsäure	$CH_2BrCOOH$	CH_2BrCOO^-	$2.05 \cdot 10^{-3}$	2.69
Malonsäure (1)	$HOOC{-}CH_2{-}COOH$	$HOOC{-}CH_2{-}COO^-$	$1.49 \cdot 10^{-3}$	2.83
Chloressigsäure	$CH_2ClCOOH$	CH_2ClCOO^-	$1.40 \cdot 10^{-3}$	2.85
Salpetrige Säure	HNO_2	NO_2^-	$4.6 \cdot 10^{-4}$	3.34
Fluorwasserstoffsäure	HF	F^-	$3.53 \cdot 10^{-4}$	3.45
Ameisensäure	HCOOH	$HCOO^-$	$1.77 \cdot 10^{-4}$	3.75
Benzoesäure	C_6H_5COOH	$C_6H_5COO^-$	$6.46 \cdot 10^{-5}$	4.19
Oxalsäure (2)	$HOOC{-}COO^-$	$^-OOC{-}COO^-$	$6.4 \cdot 10^{-5}$	4.19
Essigsäure	CH_3COOH	CH_3COO^-	$1.76 \cdot 10^{-5}$	4.75
Propionsäure	CH_3CH_2COOH	$CH_3CH_2COO^-$	$1.34 \cdot 10^{-5}$	4.87
Malonsäure (2)	$HOO{-}CH_2{-}COO^-$	$^-OOC{-}CH_2{-}COO^-$	$2.03 \cdot 10^{-6}$	5.69
Kohlensäure (1)	$CO_2 + H_2O$	HCO_3^-	$4.3 \cdot 10^{-7}$	6.37
Schweflige Säure (2)	HSO_3^-	SO_3^{2-}	$1.02 \cdot 10^{-7}$	6.91
Schwefelwasserstoff (1)	H_2S	HS^-	$9.1 \cdot 10^{-8}$	7.04
Phosphorsäure (2)	$H_2PO_4^-$	HPO_4^{2-}	$6.23 \cdot 10^{-8}$	7.21
Ammonium-Ion	NH_4^+	NH_3	$5.6 \cdot 10^{-10}$	9.25
Cyanwasserstoffsäure	HCN	CN^-	$4.93 \cdot 10^{-10}$	9.31
Silber-Ion	$Ag^+ + H_2O$	AgOH	$9.1 \cdot 10^{-11}$	10.04
Kohlensäure (2)	HCO_3^-	CO_3^{2-}	$5.61 \cdot 10^{-11}$	10.25
Wasserstoffperoxid	H_2O_2	HO_2^-	$2.4 \cdot 10^{-12}$	11.62
Schwefelwasserstoff (2)	HS^-	S^{2-}	$1.1 \cdot 10^{-12}$	11.96
Phosphorsäure (3)	HPO_4^{2-}	PO_4^{3-}	$2.2 \cdot 10^{-13}$	12.67
Wasser[c]	H_2O	OH^-	$1.8 \cdot 10^{-16}$	15.76

[a] HA ist die Säureform, wobei die Säurestärke in der Tabelle von oben nach unten abnimmt. A^- ist die konjugierte Base, wobei die Basenstärke von oben nach unten in der Tabelle zunimmt. Das Gleichgewicht ist $HA \rightleftharpoons H^+(aq) + A^-(aq)$, und der Ausdruck für die Gleichgewichtskonstante (Massenwirkungsgesetz) lautet

$$K_s = \frac{[H^+][A^-]}{[HA]} \qquad pK_s = -\log_{10} K_s$$

[b] (1) ist eine erste Dissoziations- oder Protonentransfer-Reaktion; (2) ist eine zweite Dissoziation; (3) ist eine dritte Dissoziation.

[c] Dabei ist zu beachten, daß für diesen K_s-Wert des Wassers im Nenner ausdrücklich $[H_2O] = 55.5\ mol \cdot l^{-1}$ eingesetzt wurde, um Konsistenz mit den anderen Werten der Tabelle herzustellen und damit $55.5 \cdot 1.8 \cdot 10^{-16} = 1.0 \cdot 10^{-14} = K_w$ wird.

In der Tabelle links sind die Dissoziationskonstanten für einige der bekannteren schwachen Säuren zusammengestellt. Sie reichen von der erheblich dissoziierenden Trichloressigsäure ($K_s = 0.20$) bis zur extrem schwachen dritten Dissoziationsstufe der Phosphorsäure:

1. $H_3PO_4 \rightleftharpoons H_2PO_4^- + H^+$ $K_s = 7.52 \cdot 10^{-3}$
2. $H_2PO_4^- \rightleftharpoons HPO_4^{2-} + H^+$ $K_s = 6.23 \cdot 10^{-8}$
3. $HPO_4^{2-} \rightleftharpoons PO_4^{3-} + H^+$ $K_s = 2.2 \cdot 10^{-13}$

Die Säuren, die in der Tabelle über der Trichloressigsäure stehen, sind so stark, daß sie in wäßriger Lösung vollständig dissoziieren.

Die Dissoziation des Wassers

Wasser selbst dissoziiert in geringem, aber doch signifikantem Ausmaß:

$$H_2O \rightleftharpoons H^+ + OH^-$$

$$K_{eq} = \frac{[H^+][OH^-]}{[H_2O]}$$

Wie beim Ammoniak kann die Konstante $[H_2O] = 55.5 \text{ mol} \cdot l^{-1}$ mit der Gleichgewichtskonstanten zusammengefaßt werden:

$$K_w = 55.5 \, K_{eq} = [H^+] \cdot [OH^-]$$

wobei K_w das „Ionenprodukt" des Wassers ist. Der Zahlenwert von K_w ändert sich mit der Temperatur:

Bei 0 °C ist $K_w = 0.12 \cdot 10^{-14}$
Bei 25 °C ist $K_w = 1.008 \cdot 10^{-14}$
Bei 40 °C ist $K_w = 2.95 \cdot 10^{-14}$

(Kann man mit diesen Daten und dem Le Chatelierschen Prinzip vorhersagen, ob die Dissoziation des Wassers endotherm oder exotherm ist? Man vergleiche die Vorhersage mit dem ΔH^0-Wert in Anhang 2.) Der Wert für K_w, der normalerweise für Berechnungen benutzt wird, ist

$$K_w = [H^+] \cdot [OH^-] = 1.0 \cdot 10^{-14}$$

Da es sich bei diesem Ionenprodukt um eine Gleichgewichtskonstante handelt, können die Konzentrationen von Hydroxid- und Wasserstoff-Ionen in wäßriger Lösung miteinander in Beziehung gesetzt werden. Wenn wir die Wasserstoffionen-Konzentration durch Zugabe von Säure zu einer Lösung erhöhen, drängen wir die Dissoziation des Wassers zurück. Einige der zugegebenen H^+-Ionen verbinden sich mit OH^--Ionen, und die Hydroxidionen-Konzentrationen nimmt ab, bis das Ionenprodukt wieder den Wert 10^{-14} erreicht hat. Wenn das Gleichgewicht wieder hergestellt ist, werden die Konzentrationen von Wasserstoff- und Hydroxid-Ionen einen anderen Wert haben als vorher, aber der Wert ihres Produktes bleibt derselbe. Ähnlich ist es, wenn wir Hydroxid-Ionen zu einer Lösung geben; sie werden sich mit einigen der ursprünglich vorhandenen H^+-Ionen vereinigen, bis das Ionenprodukt wieder den Wert 10^{-14} angenommen hat. Wenn eine Säure und eine Base gemischt werden, werden sich einige der H^+- und OH^--Ionen zu Wasser vereinen. Das bezeichnet man als *Neutralisation*. Eine Lösung, in der $[H^+]$ und $[OH^-]$ gleich sind, nennt man neutrale Lösung.

$$H_2O \rightleftharpoons H^+ + OH^-$$

$$K_{eq} = \frac{[H^+] \cdot [OH^-]}{[H_2O]}$$

$$[H_2O] = \frac{1000 \text{ g} \cdot l^{-1}}{18 \text{ g} \cdot \text{mol}^{-1}} = 55.5 \text{ mol} \cdot l^{-1}$$

$$K_w = [H_2O] \, K_{eq} = 55.5 \, K_{eq} = [H^+][OH^-]$$

In verdünnten wäßrigen Lösungen liegt die Wasserkonzentration praktisch konstant bei 55.5 mol · l^{-1}. Das Massenwirkungsgesetz kann also durch Einbeziehen der Konzentration $[H_2O]$ in die Gleichgewichtskonstante zum Ionenprodukt K_w vereinfacht werden.

H+
O
H

In reinem Wasser und in jeder neutralen Lösung ist die Konzentration der Hydroxid- und Wasserstoff-Ionen

$$[H^+] = [OH^-] = 10^{-7}\ \text{mol} \cdot l^{-1}$$

Eine einfache Berechnung zeigt uns, wie gering der Bruchteil der Wasser-Moleküle ist, der dissoziiert. Eine Konzentration von $1.0 \cdot 10^{-7}$ mol H^+ pro Liter Wasser bedeutet, daß pro 55.5 mol Wasser $1.0 \cdot 10^{-7}$ mol H_2O dissoziiert sind oder ein Teil von

$$\frac{55.5}{1.0 \cdot 10^{-7}} = 0.56 \cdot 10^{+9}$$

Es sind also ungefähr zwei Wasser-Moleküle von einer Milliarde in H^+- und OH^--Ionen dissoziiert. Die Zeichnung auf der linken Seite zeigt 300 Wasser-Moleküle, und ein 600seitiges Buch, das nur mit solchen Zeichnungen gefüllt wäre, enthielte 180000 Wasser-Moleküle. Ein Bücherwurm müßte im Durchschnitt eine Bibliothek mit 3000 solcher Bücher durchstöbern, um *ein* dissoziiertes Wasser-Molekül zu finden!

In 0.50 molarer Salzsäure, die vollständig dissoziiert ist, sind

$$[H^+] = 0.50\ \text{mol} \cdot l^{-1}$$

$$[OH^-] = \frac{K_w}{[H^+]} = \frac{10^{-14}}{0.50} = 2.0 \cdot 10^{-14}\ \text{mol} \cdot l^{-1}$$

HCl hat die Konzentration der Hydroxid-Ionen fast vollständig zurückgedrängt. Unser unermüdlicher Bücherwurm müßte *fünf Millionen* Bibliotheken mit je 3000 Büchern durchstöbern, um in einer solchen Lösung ein dissoziiertes Wasser-Molekül zu finden!

In 0.50 molarer Essigsäure ist die Situation weniger extrem. In dem Beispiel, das wir bereits früher durchgearbeitet haben, war die Wasserstoffionen-Konzentration $2.97 \cdot 10^{-3}$ mol $\cdot$ l^{-1}; also ist die Hydroxidionen-Konzentration

$$[OH^-] = \frac{K_w}{[H^+]} = \frac{10^{-14}}{(2.97 \cdot 10^{-3})} = 3.36 \cdot 10^{-12}\ \text{mol} \cdot l^{-1}$$

Jetzt müßte unser Bücherwurm nicht mehr fünf Millionen Bibliotheken, sondern nur noch 30000 nach einem dissoziierten Wasser-Molekül durchsuchen.

Die pH-Skala

Konzentrationsangaben in derart extremen Bereichen, die sich über 14 Größenordnungen erstrecken, sind nur schwer zu handhaben. Bei der Diskussion der Entropie im 13. Kapitel fanden wir es bequem, eine sich über einen großen Zahlen-

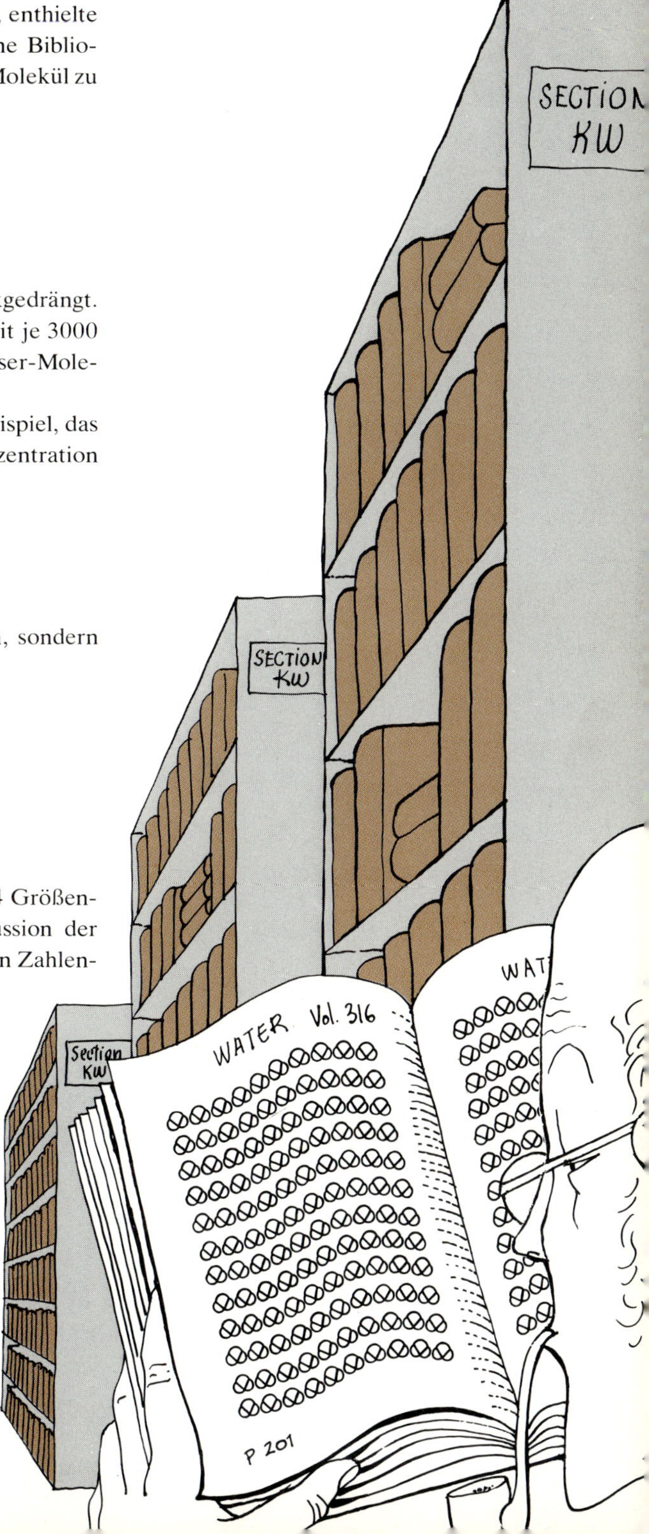

DIE DISSOZIATION DES WASSERS

In reinem Wasser ist $[H^+] = [OH^-] = 10^{-7}$ mol $\cdot$ l^{-1}. Nur ein Molekül von 500 Millionen ist in H^+- und OH^--Ionen dissoziiert. Die gegenüberliegende Seite zeigt 300 Wasser-Moleküle, von denen eins dissoziiert ist. Man müßte durchschnittlich 3000 Bücher vom Umfang dieses Buches, deren Seiten alle mit Wasser-Molekülen bedeckt sind, durchsuchen, um ein dissoziiertes Molekül zu finden.

bereich erstreckende Größe, die Wahrscheinlichkeit, in leichter handhabbare Zahlen zu überführen, indem wir den Logarithmus bildeten:

$$S = k \ln W = 2.303\, k \log_{10} W$$

Im 14. Kapitel haben wir gesehen, daß die Freien Enthalpien im Standardzustand die gleiche Information wie die Gleichgewichtskonstanten enthalten, aber in einer kompakteren logarithmischen Form:

$$\Delta G^0 = -RT \ln K_{eq} = -2.303\, RT \log_{10} K_{eq}$$

Der Wert der logarithmischen Formulierung läßt sich mit dem Stapel aus 10 · 10 · 10 Blöcken links demonstrieren. Der gesamte Stapel enthält 1000 Blöcke. Eine Fläche des Stapels hat 100 Blöcke oder $^1/_{10}$ des Ganzen. Eine Kante enthält 10 Blöcke oder $^1/_{100}$ des Stapels, und ein Eckblock stellt $^1/_{1000}$ des gesamten Stapels dar. Die Bruchteile, die durch den gesamten Stapel, eine Fläche, eine Kante und eine Ecke repräsentiert werden, lassen sich darstellen als 1 (oder 10^0), 10^{-1}, 10^{-2} und 10^{-3}. Wir können diese unterschiedliche Größenordnung auch durch die negativen Exponenten ausdrücken: 0, 1, 2 und 3. Wir können diese Zahlen als pF-Werte bezeichnen, wenn wir pF als den negativen dekadischen Logarithmus 10 des Bruchteils F definieren:

$$\mathrm{pF} = -\log_{10} \mathrm{F}$$

Statt zu sagen, daß ein Eckblock $^1/_{1000}$ des gesamten Stapels ist oder F = 0.001, können wir sagen, daß sich ein Eckblock relativ zu dem gesamten Stapel durch pF = 3 darstellen läßt.

Das ist die Grundlage für die pH-Skala, wobei die Ionen in Lösung die Blöcke in einem Stapel ersetzen. Der pH-Wert einer Lösung ist definiert als der negative dekadische Logarithmus der Wasserstoffionen-Konzentration:

$$\mathrm{pH} = -\log_{10} [\mathrm{H}^+]$$

Analog ist pOH der negative Logarithmus der Hydroxidionen-Konzentration, pOH = $-\log_{10}[\mathrm{OH}^-]$, und p$K$ ist der negative Logarithmus jeder beliebigen Gleichgewichtskonstante, pK = $-\log_{10}$K. In der Tabelle auf Seite 382 sind neben den K_s-Werten auch die pK_s-Werte aufgeführt.

Wir können das Dissoziationsgleichgewicht des Wassers formulieren als $K_w = [\mathrm{H}^+] \cdot [\mathrm{OH}^-] = 10^{-14}$; dann ist p$K_w$ = pH + pOH = 14.00. Das *Produkt* der H^+- und OH^--Ionen-Konzentrationen ist konstant, 10^{-14}, und die *Summe* von pH und pOH ist ebenfalls konstant, nämlich 14. Reines Wasser hat einen pH von 7.00, Säuren haben pH-Werte kleiner als 7 und Basen pH-Werte größer als 7. Die pH-Werte für einige häufiger benutzte Flüssigkeiten sind in der Tabelle auf der nächsten Seite oben zusammengestellt. In unserem früheren Beispiel der 0.50-molaren Essigsäure sind

LOGARITHMISCHE SCHREIBWEISE

Der Würfel besteht aus 10 × 10 × 10 Blöcken. Eine Fläche enthält $^1/_{10}$ des gesamten Würfels, eine Kante $^1/_{100}$ und ein einzelner Block ist $^1/_{1000}$ des gesamten Würfels.

Bruchteil (F)	pF
$1 = 10^0$	0
$\frac{1}{10} = 10^{-1}$	1
$\frac{1}{100} = 10^{-2}$	2
$\frac{1}{1000} = 10^{-3}$	3

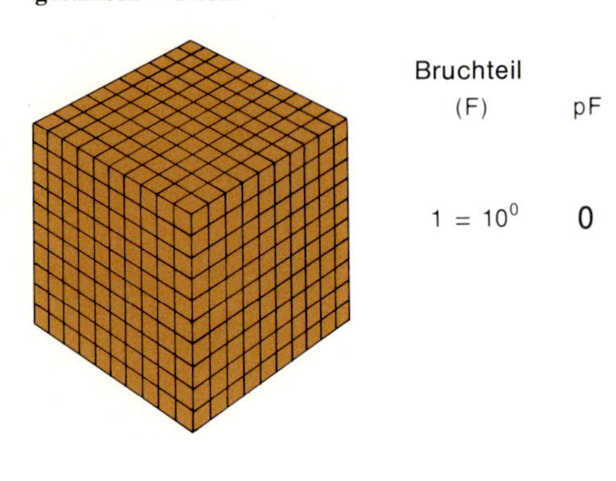

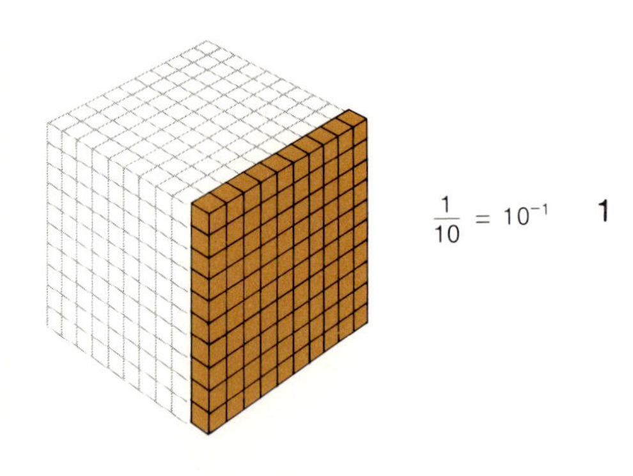

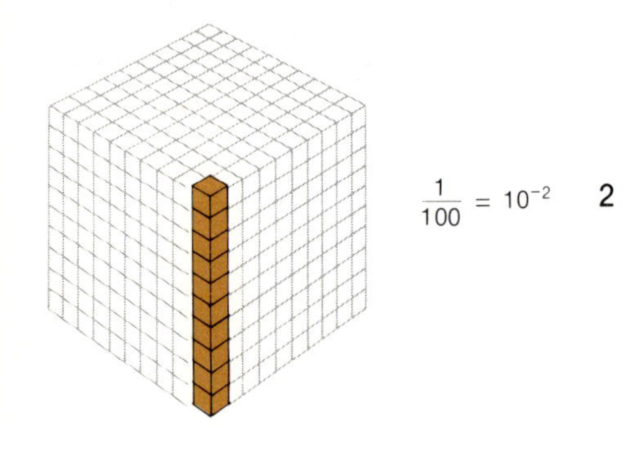

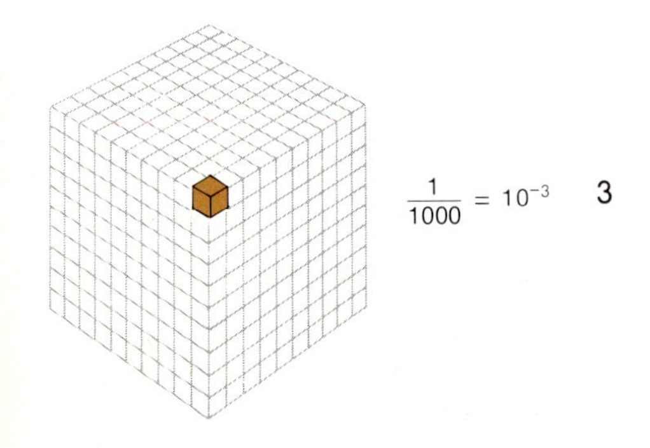

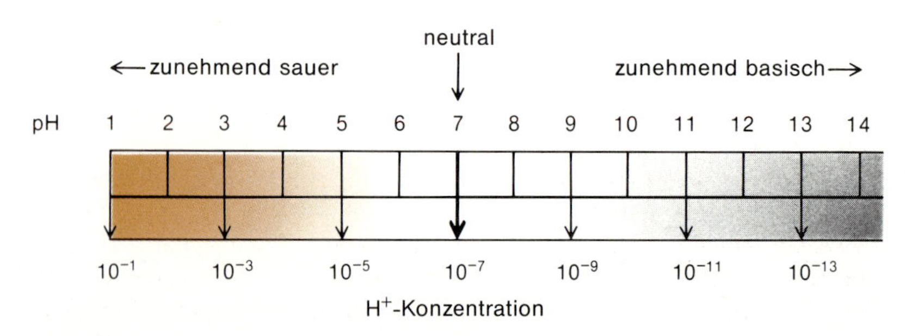

Oben sind die pH-Werte, unten die H^+-Konzentrationen in Mol pro Liter angegeben.

pH-Werte einiger häufig vorkommender Lösungen

Substanz	pH
handelsübliche konzentrierte HCl (37-Gew.-%)	~−1.1
1-molare HCl-Lösung	0.0
Magensaft	1.4
Zitronensaft	2.1
Orangensaft	2.8
Wein	3.5
Tomatensaft	4.1
Bohnenkaffee (schwarz)	5.0
Urin	6.0
Regenwasser	6.5
Milch	6.9
reines Wasser bei 24 °C	7.0
Blut	7.4
Lösung von Backpulver	8.5
Boraxlösung	9.2
Kalkwasser	10.5
Salmiakgeist (zur Verwendung im Haushalt)	11.9
1-molare NaOH-Lösung	14.0
gesättigte NaOH-Lösung	~15.0

$$[H^+] = 2.97 \cdot 10^{-3}\ \text{mol} \cdot l^{-1} \quad \text{und}$$
$$[OH^-] = 3.36 \cdot 10^{-12}\ \text{mol} \cdot l^{-1}$$
$$\text{pH} = -\log_{10}(2.97 \cdot 10^{-3}) = 3.00 - \log_{10}(2.97) = 3.00 - 0.47 = 2.53$$
$$\text{pOH} = \log_{10}(3.36 \cdot 10^{-12}) = 12.00 - \log_{10}(3.36) = 12.00 - 0.53 = 11.47$$

oder direkter: $\text{pOH} = \text{p}K_w - \text{pH} = 14.00 - 2.53 = 11.47$.

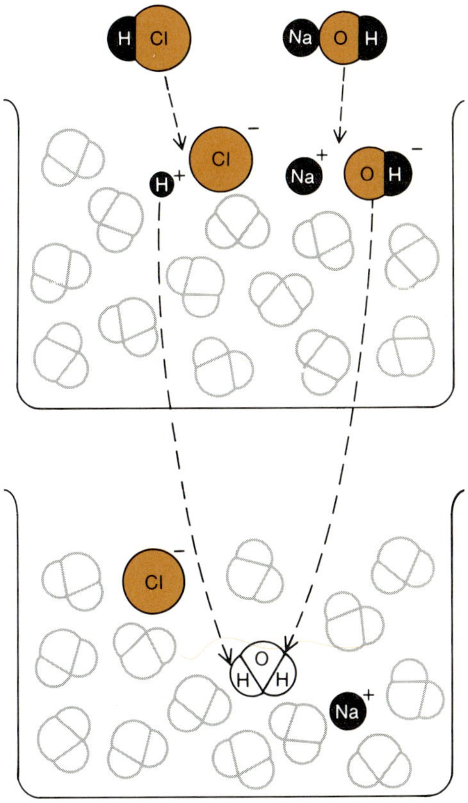

Wenn sich HCl und NaOH in Wasser lösen, dissoziieren sie in H^+-, Cl^-- sowie Na^+- und OH^--Ionen. Die H^+- und OH^--Ionen vereinigen sich bei der Säure-Base-Neutralisierung zu H_2O. Die Cl^-- und Na^+-Ionen nehmen an dieser Reaktion nicht teil.

Neutralisation

Wenn man eine starke Säure zu einer starken Base gibt, wird das Produkt aus Wasserstoff- und Hydroxidionen-Konzentration zuerst hoch sein. Einige dieser Ionen werden sich zu Wasser vereinen, bis das Produkt aus $[H^+]$ und $[OH^-]$ wieder den Wert $10^{-14}\ \text{mol}^2 \cdot l^{-2}$ angenommen hat. Das ist der Vorgang der Neutralisation:

$$H^+ + Cl^- + Na^+ + OH^- \longrightarrow Na^+ + Cl^- + H_2O$$

Man erkennt, daß an der Neutralisation einer Säure und einer Base in Wirklichkeit nur die H^+- und OH^--Ionen beteiligt sind und daß die anderen Ionen, Na^+ und Cl^-, in diesem Fall nur eine passive Rolle spielen.

Von einem Mol einer Säure, die pro Molekül ein H^+-Ion freisetzt, und von einem Mol einer Base, die pro Molekül ein OH^--Ion produziert, sagt man, daß sie ein Neutralisations*äquivalent**) besitzen. Bei H_2SO_4, bei der pro Molekül zwei Protonen frei werden, entspricht ein Mol Säure *zwei* Säure-Base-Äquivalenten. Wenn sich eine Säure und eine Base genau neutralisiert haben, muß die Anzahl der Äquivalente von Säure und Base dieselbe sein, unabhängig davon, wie hoch die Konzentrationen der einzelnen Lösungen sind.

*) Anm. d. Übers.: Der Äquivalent-Begriff, wie er hier benutzt wird, ist durch die neueste offizielle chemische Terminologie nicht mehr gedeckt. DIN 32625 spricht vielmehr von „gedachten" Äquivalent-Teilchen (kurz Äquivalenten), die im Prinzip so behandelt werden, wie vollständige Atome oder Moleküle auch, auf die also beispielsweise der Stoffmengenbegriff anwendbar ist. Man müßte also korrekt z. B. „1 Mol Neutralisationsäquivalente" schreiben. Dies führt jedoch nicht nur zu sprachlich unschönen Formulierungen, auch die Logik, die zu dieser längst noch nicht akzeptierten Reform geführt hat, ist für viele Chemiker nicht recht einsichtig.

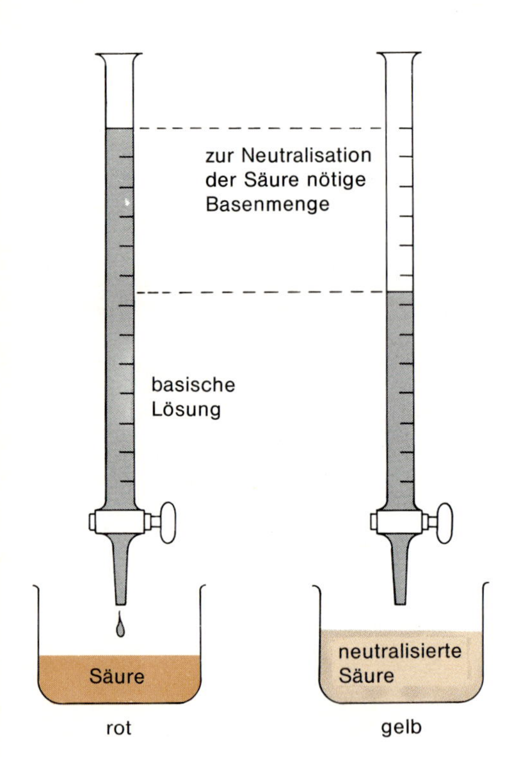

Die saure Lösung in dem Becherglas ist durch einige Tropfen Methylorange-Indikator rot gefärbt. Es wird eine basische Lösung bekannter Stärke aus einer Meßbürette zugegeben, bis der Indikator gerade von Rot nach Gelb umschlägt und dadurch anzeigt, daß die Säure vollständig durch die Base neutralisiert ist. Aus der verbrauchten Menge Base kann die unbekannte Säurekonzentration berechnet werden.

Beispiel. Wieviel Milliliter einer 0.10-molaren NaOH-Lösung braucht man, um 100 Milliliter einer 0.75-molaren HCl-Lösung zu neutralisieren?

Lösung. Die vorliegende HCl-Menge ist

$$0.100\,\mathrm{l} \cdot 0.75\,\mathrm{mol} \cdot \mathrm{l}^{-1} = 0.075\,\mathrm{mol\ HCl}$$

Da jedes Mol HCl bei der vollständigen Dissoziation ein Mol H^+-Ionen liefert, entspricht diese Menge auch 0.075 *Äquivalenten* HCl. Zur Neutralisation wird die gleiche Zahl von Äquivalenten NaOH gebraucht, nämlich 0.075. Da ein Mol NaOH wieder ein Mol OH^--Ionen bei der Dissoziation liefert, entsprechen 0.075 Äquivalente NaOH 0.075 mol OH^--Ionen. Das Volumen von 0.10-molarer NaOH, das diese Menge enthält, ist

$$\frac{0.075\,\mathrm{mol}}{0.10\,\mathrm{mol} \cdot \mathrm{l}^{-1}} = 0.75\,\mathrm{l} \quad \text{oder} \quad 750\,\mathrm{ml}$$

So wie die Einheit ml in vielen Fällen geeigneter ist als die Einheit l, weil damit Dezimalbrüche durch ganze Zahlen ersetzt werden, so ist Millimol (mmol) und Milli-Äquivalent (meq) häufig bequemer als Mol und Äquivalent: 1 mol = 1000 mmol. Das Problem oben läßt sich mit Hilfe von mmol und meq wie folgt lösen:

$$100\,\mathrm{ml} \cdot 0.75\,\mathrm{meq\ HCl\ ml}^{-1} = 75\,\mathrm{meq\ HCl}$$

$$\frac{75\,\mathrm{meq\ NaOH}}{0.10\,\mathrm{meq\ ml}^{-1}} = 750\,\mathrm{ml\ NaOH\text{-}Lösung}$$

Das einfachste Verfahren festzustellen, wieviel einer unbekannten Säure oder Base in einer Lösung enthalten sind, ist es, diese Lösung mit so viel Base oder Säure zu neutralisieren, bis der pH-Wert 7.00 erreicht ist, was sich durch einen Säure-Base-Indikator oder auf andere Weise feststellen läßt. Am Neutralpunkt muß die Anzahl der Äquivalente Säure und Base dieselbe sein. Dieser Neutralisationsprozeß als Mittel zur Messung einer unbekannten Menge einer Säure oder Base wird als *Titration* bezeichnet. Die Probe, deren Säure- oder Basengehalt gemessen werden soll, bringt man gemeinsam mit wenig Säure-Base-Indikator in ein Becherglas und läßt die titrierende Base oder Säure aus einer Meßbürette zulaufen, wie es links dargestellt ist, bis ein Farbwechsel des Säure-Base-Indikators in der Lösung anzeigt, daß Neutralität oder der Endpunkt erreicht ist.

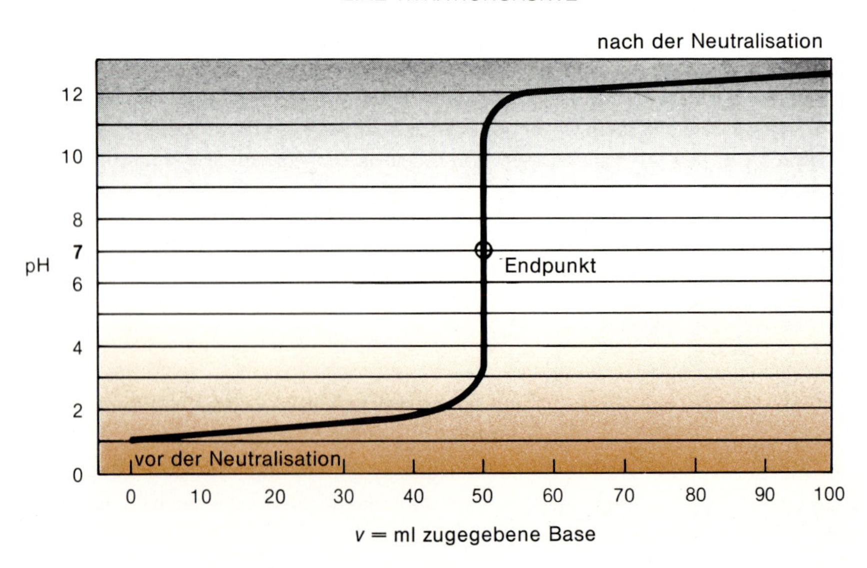

Wenn eine starke Säure wie HCl mit einer starken Base wie NaOH titriert wird, sieht der Gang des pH-Wertes beim Zugeben der Base wie die rechts gezeichnete Kurve aus. Jeder Säure-Base-Indikator, dessen Farbe zwischen pH = 3 und pH = 11 umschlägt, ist für diese Titration geeignet.

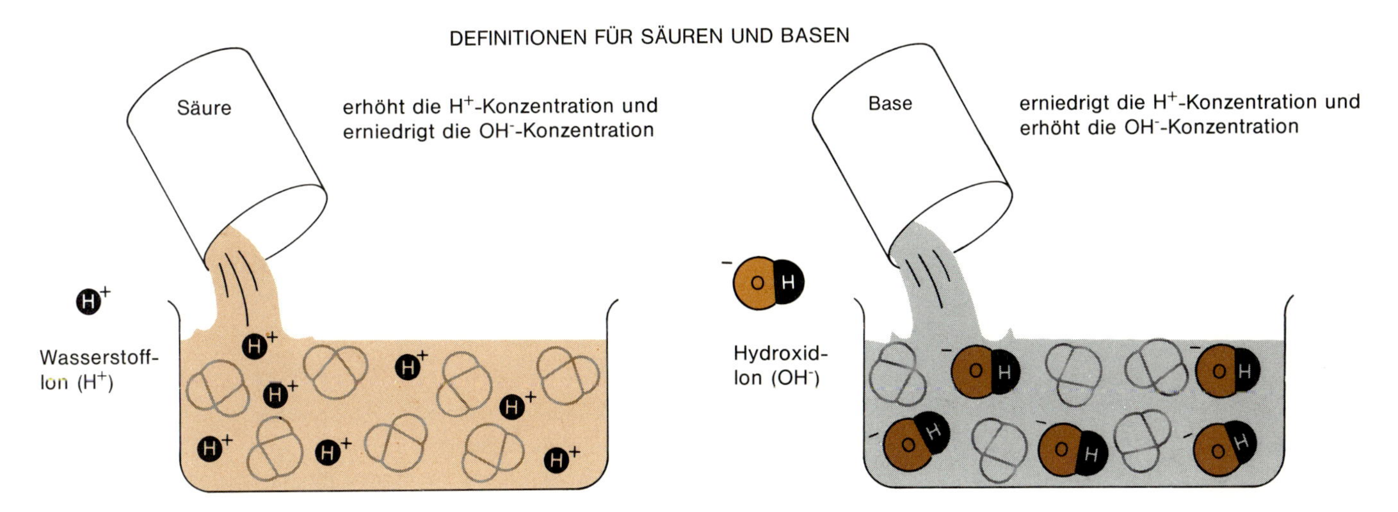

Nach der gebräuchlichsten Definition ist eine Säure eine Substanz, welche die Wasserstoffionen-Konzentration beim Zugeben zu einer wäßrigen Lösung erhöht, und eine Base eine Substanz, welche die Wasserstoffionen-Konzentration verringert und die Hydroxidionen-Konzentration erhöht.

Beispiel. Eine Essigsäure-Lösung unbekannter Konzentration wird mit 0.01-molarer KOH titriert, und man findet, daß 83 ml Base notwendig sind, um die Säure vollständig zu neutralisieren. Wieviel Äquivalent und wieviel Gramm Essigsäure lagen vor?

Lösung. Die Lösung der Base enthält 0.01 meq · ml^{-1}, da aus KOH pro Molekül nur 1 OH^--Ion frei wird. 83 ml der basischen Lösung enthalten

$$83 \text{ ml} \cdot 0{,}01 \text{ meq} \cdot \text{ml}^{-1} = 0.83 \text{ meq Base}$$

Das muß auch gleichzeitig die Anzahl der Äquivalente Säure sein, wenn die Neutralisierung vollständig ist. Da jedes Essigsäure-Molekül 1 H^+ liefert, entsprechen 0.83 meq 0.83 mmol oder $0.83 \cdot 10^{-3}$ mol Essigsäure. Da die Molekülmasse von Essigsäure 60.05 ist, enthält die titrierte Probe

$$60.05 \text{ mg mmol}^{-1} \cdot 0.83 \text{ mmol} = 44.8 \text{ mg Essigsäure}$$

Beispiel. Bei einer Analyse technischer Schwefelsäure wurde eine 5.00-ml-Probe auf einen Liter verdünnt; 20 ml dieser verdünnten Säure wurden mit 0.10-molarer NaOH titriert. Welche Konzentration hatte die Säure ursprünglich, wenn 15.0 ml NaOH-Lösung notwendig sind, um die Säure zu neutralisieren?

Lösung. Verbrauchte Milliäquivalente NaOH:

$$15.0 \text{ ml} \cdot 0.10 \text{ meq} \cdot \text{ml}^{-1} = 1.50 \text{ meq NaOH}$$

Soviel NaOH neutralisiert die gleiche Anzahl Äquivalente H_2SO_4, nämlich 1.50 mmol; doch da jedes Mol H_2SO_4 *zwei* Mol Protonen liefert, entsprechen nur 0.75 mmol Schwefelsäure 1.50 mmol Äquivalent. Die verdünnte Probe enthielt 0.75 mmol in 20 ml oder

$$\frac{0.75 \text{ mmol}}{20 \text{ ml}} = 0.0375 \text{ mmol} \cdot \text{ml}^{-1} \quad \text{oder} \quad \text{mol} \cdot \text{l}^{-1}$$

Die ursprünglich unverdünnte Probe war um einen Faktor $^5/_{1000}$ konzentrierter, hatte also eine Schwefelsäure-Konzentration von

$$0.0375 \text{ mol} \cdot \text{l}^{-1} \cdot \frac{1000}{5} = 7.5 \text{ mol} \cdot \text{l}^{-1}$$

BRØNSTED-LOWRY-SÄUREN UND -BASEN

Nach der Theorie von Brønsted und Lowry ist eine Säure eine Substanz, die in Lösung Protonen freisetzt, und eine Base eine Substanz, die Protonen beseitigt, indem sie sich mit ihnen vereinigt. HCl ist eine starke Säure, da es leicht H^+-Ionen abgibt. Cl^- ist eine schwache Base, da es nur eine geringe Neigung hat, sich mit H^+ zu vereinigen. HCl und Cl^- werden als konjugiertes Säure-Base-Paar bezeichnet.

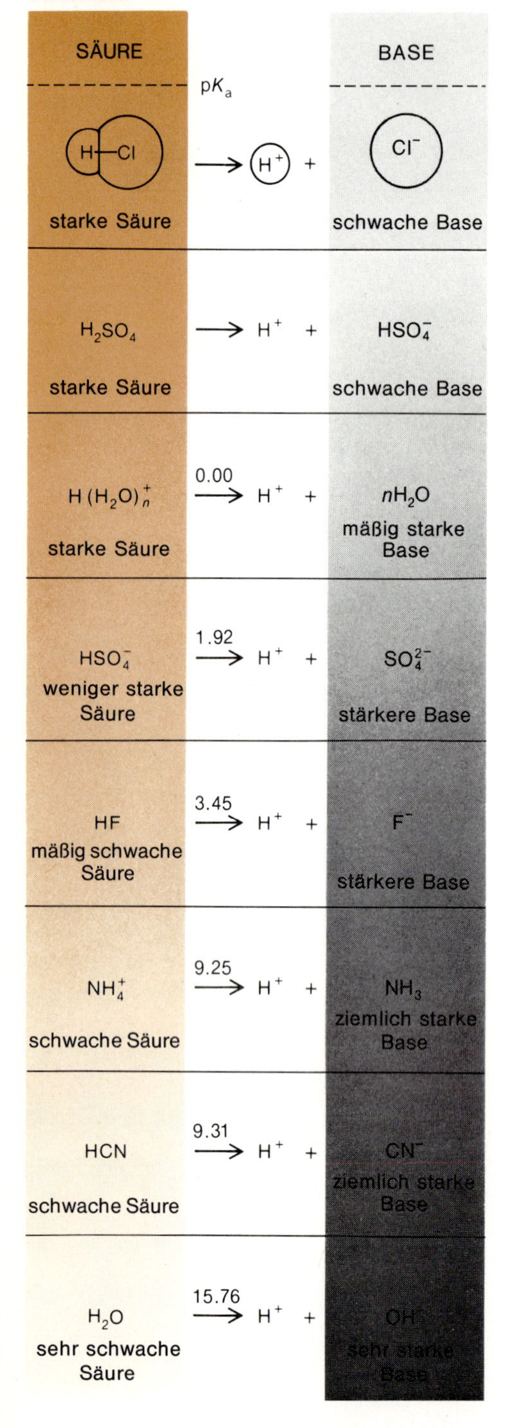

Die Bedeutung von Säuren und Basen

Um die Jahrhundertwende hatte man über Säuren und Basen folgende Ansicht: Eine Säure ist jede Substanz, die bei der Dissoziation in wäßriger Lösung H^+-Ionen liefert, und eine Base jede Substanz, die bei der Dissoziation OH^--Ionen liefert. Diese Definition (sie stammt von Arrhenius) war gut für Kaliumhydroxid, doch wo war das Hydroxid-Ion in Ammoniak, NH_3? Ammoniak liefert, wenn es aufgelöst wird, Hydroxid-Ionen, aber nur, weil Ammoniak einem Wasser-Molekül ein Proton stiehlt:

$$NH_3 + H_2O \rightleftharpoons NH_4^+ + OH^-$$

Man konnte von „Ammoniumhydroxid“, NH_4OH, sprechen, aber es gab keinen Hinweis darauf, daß diese Substanz existiert.

Eine bessere Definition für Säuren und Basen in wäßriger Lösung ist: Eine *Säure* ist jede Substanz, die beim Zugeben zu einer wäßrigen Lösung die Konzentration der Wasserstoff-Ionen erhöht; eine *Base* ist jede Substanz, die beim Zugeben zu einer wäßrigen Lösung die Konzentration der Wasserstoff-Ionen herabsetzt und die Konzentration der Hydroxid-Ionen erhöht. Da $[H^+]$ und $[OH^-]$ durch das Dissoziations-Gleichgewicht des Wassers miteinander verknüpft sind, muß die eine Konzentration abnehmen, wenn die andere zunimmt. Nach dieser Definition sind sowohl NaOH als auch NH_3 Basen, weil sie die Konzentration der Hydroxid-Ionen, $[OH^-]$, heraufsetzen. Beim NaOH stammen die Hydroxid-Ionen aus dem Kristallgitter des Festkörpers und beim NH_3 aus dissoziierenden Wasser-Molekülen, deren Protonen sich mit NH_3 zu NH_4^+ vereinigt haben. Der Effekt ist derselbe.

Dies ist die nützlichste Alltagsdefinition für Säuren und Basen, anwendbar auf wäßrige Lösungen. Die *Brønsted-Lowry*-Theorie geht noch einen Schritt weiter und macht uns von dem Lösungsmittel Wasser unabhängig. Sie kann auch den Unterschied zwischen starken und schwachen Säuren erklären. Nach Brønsted und Lowry ist eine Säure jede Substanz, die in Lösung Protonen freisetzt, und eine Base ist jede Substanz, die sich mit Protonen vereinigt und sie aus der Lösung entfernt. Bei der Dissoziation von HCl z.B., $HCl \rightleftharpoons H^+ + Cl^-$, ist das HCl-Molekül eine Brønsted-Säure, weil es ein Proton liefert, und das Cl^--Ion ist eine Brønsted-Base, weil es sich mit einem Proton verbinden kann. HCl und Cl^- werden *konjugiertes Säure-Base-Paar* genannt (links). Bei der Zwei-Protonen-Dissoziation von Schwefelsäure

$$H_2SO_4 \rightleftharpoons H^+ + HSO_4^- \quad \text{und} \quad HSO_4^- \rightleftharpoons H^+ + SO_4^{2-}$$

ist das Hydrogensulfat-Ion, HSO_4^-, die konjugierte Base der Brønsted-Säure H_2SO_4 und gleichzeitig die konjugierte Säure der Brønsted-Base SO_4^{2-}. Die Begriffe „Säure“ und „Base“ beschreiben in der Brønsted-Lowry-Theorie nicht, was ein Molekül *ist*, sondern eher, was es *tut*.

Bei jedem konjugierten Paar ist die Base schwach (geringe Anziehung für ein Proton), wenn die Säure stark ist (ausgeprägte Tendenz, ein Proton zu verlieren); und wenn die Säure schwach ist (geringe Tendenz, ein Proton zu verlieren), dann ist die Base stark (große Anziehungskraft für ein Proton). Alle konjugierten Basen starker Säuren – Cl^-, ClO_4^-, NO_3^- und HSO_4^- – sind extrem schwache Brønsted-Basen mit geringer Tendenz, Protonen an sich zu ziehen. Wir haben bereits im 5. und 6. Kapitel gesehen, warum das bei den Sauerstoff-Säuren so ist, nämlich, weil ein zentrales elektronegatives Atom Elektronen von der Oberfläche des Ions wegzieht.

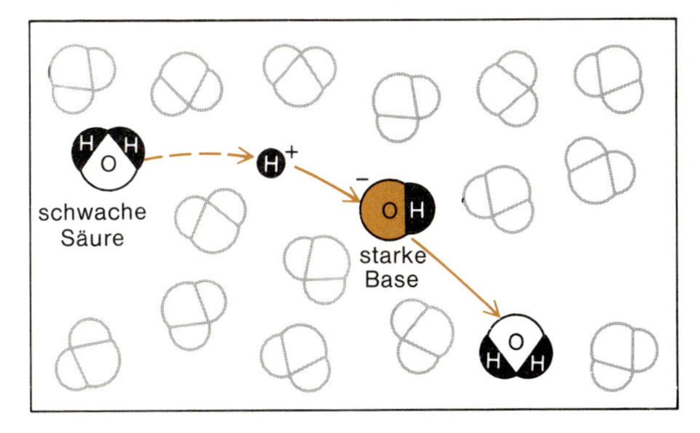

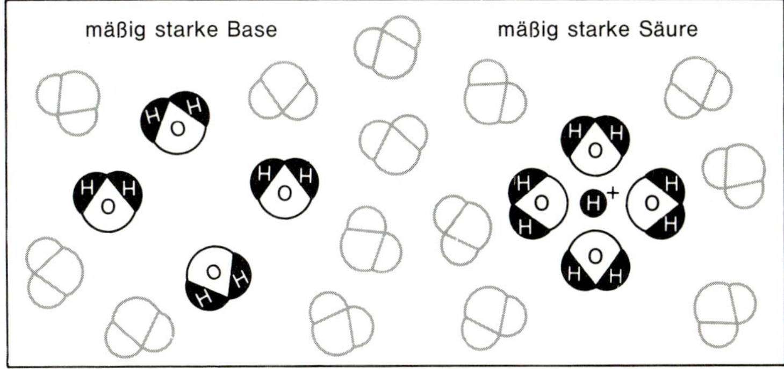

H_2O ist eine schwache Säure und OH^- ist eine starke Base: Nur ein Wasser-Molekül von 10^{-7} ist in neutraler Lösung dissoziiert (links). H_2O ist gleichzeitig eine ziemlich starke Base, die HCl oder HNO_3 Protonen entreißt und hydratisierte Protonen oder „Hydronium-Ionen" bildet (rechts).

Dagegen ist das Cyanid-Ion, CN^-, eine starke Brønsted-Base. Es hat eine große Anziehungskraft für Protonen, und das Gleichgewicht der Reaktion

$$CN^- + H^+ \rightleftharpoons HCN$$

$$K_{eq} = \frac{[HCN]}{[H^+][CN^-]} = \frac{1}{K_s} = 2.02 \cdot 10^9$$

liegt weit auf der rechten Seite. Folglich ist HCN eine sehr schwache Säure.

In den bisher diskutierten Beispielen waren die Säuren stets elektrisch neutral und die Basen geladen. Das muß nicht immer so sein. Ammoniak ist eine Brønsted-Base, und das Ammonium-Ion ist eine Brønsted-Säure, die ein Proton freisetzen kann:

$$NH_4^+ \rightleftharpoons H^+ + NH_3$$

Wir können das Massenwirkungsgesetz für die Säure-Dissoziation in der üblichen Weise formulieren:

$$K_s = \frac{[H^+][NH_3]}{[NH_4^+]}$$

K_s ist mit der oben erwähnten Basen-Dissoziations-Konstanten K_b durch folgende Beziehung verknüpft:

$$K_b = \frac{[NH_4^+][OH^-]}{[NH_3]} = \frac{[NH_4^+][OH^-][H^+]}{[NH_3][H^+]} = \frac{K_w}{K_s}$$

oder

$$K_s = \frac{K_w}{K_b} = \frac{1.00 \cdot 10^{-14}}{1.76 \cdot 10^{-5}} = 5.68 \cdot 10^{-10}$$

Das ist der K_s-Wert für das Ammonium-Ion, der in der Tabelle auf Seite 382 angegeben ist. Man kann sich entweder NH_3 als mäßig starke Base mit einem K_b-Wert von $1.76 \cdot 10^{-5}$ vorstellen oder NH_4^+ als eine sehr schwache Säure mit einem K_s-Wert von $5.68 \cdot 10^{-10}$. Das Ergebnis jeder Berechnung, in der dieses Säure-Base-Gleichgewicht eine Rolle spielt, ist dasselbe, gleichgültig ob man K_s oder K_b benutzt, solange man weiß, was man tut.

Wasser kann sich sowohl als Brønsted-Säure wie auch als Brønsted-Base verhalten. Wenn Wasser dissoziiert, verhält es sich wie eine sehr schwache Brønsted-Säure:

$$H_2O \text{ (schwache Säure)} \rightleftharpoons H^+ + OH^- \text{ (starke Base)}$$

Die ein Proton in Lösung hydratisierenden Wasser-Moleküle können wir als schwache Brønsted-Basen ansehen:

$$H^+ + H_2O \text{ (schwache Base)} \rightleftharpoons H_3O^+ \text{ (starke Säure)}$$

Die Brønsted-Lowry-Theorie hat die Chemie so stark beeinflußt, daß zwei Generationen von Chemikern für die hydratisierte Form von H^+ H_3O^+ geschrieben haben und es als „Hydronium-Ion“ bezeichneten, obwohl der wirkliche Hydratationszustand des Protons nicht bekannt ist und wahrscheinlich mehr wie $H^+(H_2O)_4$ oder $H_9O_4^+$ aussieht.

In wäßriger Lösung verhält sich HCl wie eine starke Säure und dissoziiert fast vollständig in hydratisierte H^+- und Cl^--Ionen.

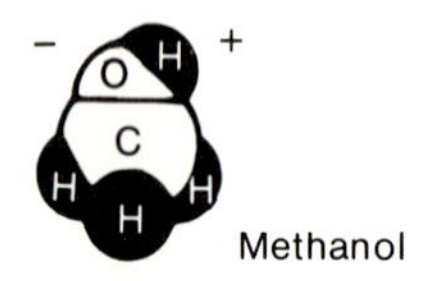

In methanolischer Lösung verhält sich HCl wie eine schwache Säure: Nur ein Bruchteil der HCl-Moleküle dissoziiert und gibt seine Protonen an Lösungsmittel-Moleküle ab.

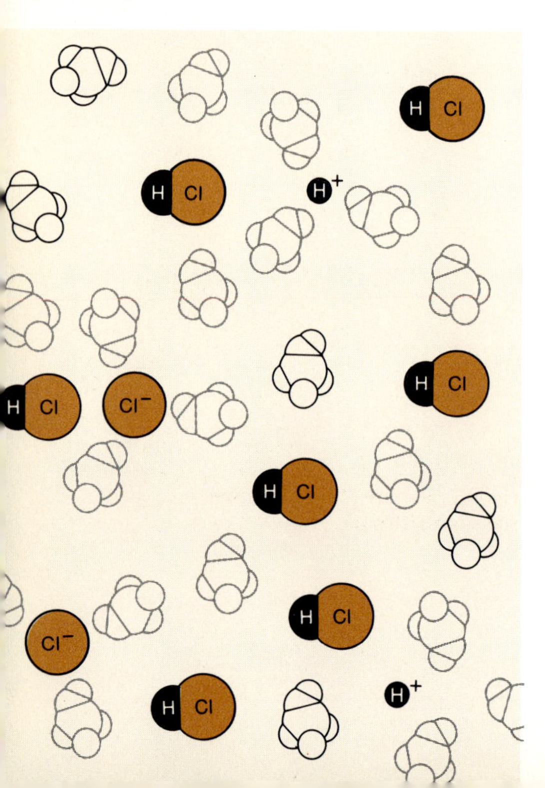

Der Unterschied zwischen starken und schwachen Säuren

Mit der Formulierung von Hydronium-Ionen läßt sich gut erklären, warum Säuren in zwei Klassen eingeteilt werden: starke (vollständige Dissoziation in Wasser) und schwache (unvollständige Dissoziation). Wenn eine Säure HA in H^+ und A^- dissoziiert, konkurrieren zwei Gleichgewichte um das Proton:

$$H^+ + A^- \rightleftharpoons HA \qquad \text{(Bindung von } H^+ \text{ durch das Säure-Anion)}$$
$$H^+ + H_2O \rightleftharpoons H_3O^+ \qquad \text{(Bindung des } H^+ \text{ durch Wasser-Moleküle)}$$

Man kann A^- und H_2O als zwei Brønsted-Basen betrachten, die um das Proton konkurrieren, wobei das H_2O den unfairen Vorteil hat, in großem Überschuß vorzuliegen. Wenn das Säure-Anion, A^-, eine stärkere Brønsted-Base ist als das Wasser-Molekül, wird es Protonen stärker anziehen. Es wird erfolgreich mit den Wasser-Molekülen um die zur Verfügung stehenden Protonen konkurrieren können. Der größte Teil der Säure wird dann als HA und nicht als A^- vorliegen, und wir nennen HA eine schwache Säure.

Wenn dagegen H_2O eine stärkere Brønsted-Base ist als A^-, dann wird die Anziehung der Wasser-Moleküle für Protonen größer sein als die der A^--Ionen. H_2O wird HA Protonen wegnehmen und Hydronium-Ionen (hydratisiertes H^+) bilden. Außerdem wird der große Überschuß an Wasser-Molekülen in einer wäßrigen Lösung das Gleichgewicht

$$H_2O + HA \rightleftharpoons H_3O^+ + A^-$$

weit nach rechts in Richtung auf die dissoziierte Säure verschieben. Bei starken Säuren, wie $HClO_4$, HNO_3, HCl und H_2SO_4 (oder schwachen Brønsted-Basen wie ClO_4^-, NO_3^- Cl^- und HSO_4^-) ist die Übertragung des Protons von der Säure auf H_2O, wie es in der Reaktion oben nach rechts gezeigt ist, praktisch vollständig. Wir bezeichnen sie als *starke Säuren* im Gegensatz zu den schwachen Säuren, die in wäßriger Lösung nur teilweise dissoziieren. Obwohl diese starken Säuren ihre Protonen unterschiedlich stark anziehen, erscheinen sie alle gleich stark, wenn Wasser das Lösungsmittel ist. Das bezeichnet man als *Nivellierungseffekt* des Lösungsmittels. Wenn wir weitergehende Information über die relative Stärke dieser Säuren haben wollen, müssen wir ein anderes Lösungsmittel wählen, das eine weniger starke Anziehungskraft auf die Säure-Protonen ausübt.

Methanol, CH_3OH, zieht Protonen weniger stark an als Wasser. HCl verhält sich in methanolischer Lösung wie eine schwache Säure, denn es ist nur teilweise dissoziiert (links unten). Man kann Dissoziationskonstanten in Methanol oder anderen nichtwäßrigen Lösungsmitteln für Verbindungen messen, die in wäßriger Lösung vollständig dissoziierende starke Säuren sind, und auf diese Weise die in der Tabelle auf Seite 382 angegebene relative Rangordnung der Säure-Stärken aufstellen.

Ob sich eine Säure als starke oder schwache Säure verhält, hängt sowohl von ihr selbst als auch vom Lösungsmittel ab. Da das Fluorid-Ion, F^-, klein ist und dem Proton damit erlaubt, nahe an es heranzukommen und eine starke elektrostatische Anziehung zu spüren, ist dieses Ion eine mäßig starke Brønsted-Base. Obwohl Wasser-Moleküle in großem Überschuß vorhanden sind, ist die Anziehung des F^-

für Protonen so groß, daß HF in wäßriger Lösung nur teilweise dissoziiert. Dagegen sind Cl^--Ionen groß, haben eine diffuse Elektronendichte, und sie gestatten es dem Proton nicht, nahe an sie heranzukommen. Das Ion zieht Protonen weniger stark an und ist eine schwache Brønsted-Base. Jedes Cl^--Ion ist von so vielen Wasser-Molekülen umgeben, daß sie über das Cl^- dominieren und erfolgreich um die zur Verfügung stehenden H^+-Ionen konkurrieren; damit treiben sie das HCl-Molekül prakisch vollständig zur Dissoziation. HCl ist also in Wasser eine starke Säure. In Methanol dagegen haben die Cl^--Ionen in ähnlicher Konzentration keine Schwierigkeit, erfolgreich mit einem Überschuß von CH_3OH-Molekülen um die zur Verfügung stehenden H^+-Ionen zu konkurrieren, da die CH_3OH-Moleküle nur eine sehr geringe Anziehungskraft für H^+ haben. Dagegen ist Perchlorsäure auch in Methanol eine starke Säure, weil das Perchlorat-Ion, ClO_4^-, Protonen weniger stark anzieht, als die Methanol-Moleküle es tun. $HClO_4$ ist die stärkste aller gebräuchlichen Säuren, weil ClO_4^- die schwächste aller Brønsted-Basen ist.

Säuren mit mehreren dissoziierenden Protonen

Schwefelsäure kann zwei Protonen verlieren. Die erste Dissoziation ist die einer starken Säure; sie ist in wäßriger Lösung vollständig:

$$H_2SO_4 \rightleftharpoons H^+ + HSO_4^-$$

Das Hydrogensulfat-Ion, HSO_4^-, verliert ein weiteres positives Ion nicht mehr so leicht, weil es bereits eine negative Ladung trägt. Das Sulfat-Ion ist eine starke Brønsted-Base und konkurriert erfolgreich mit Wasser-Molekülen um das Proton. Deshalb ist HSO_4^- eine schwache Säure mit einer meßbaren Dissoziationskonstanten:

$$HSO_4^- \rightleftharpoons H^+ + SO_4^{2-} \qquad K_{s_2} = 1.20 \cdot 10^{-2} \quad pK_{s_2} = 1.92$$

Phosphorsäure hat drei Protonen mit unterschiedlicher Tendenz zu dissoziieren:

$$H_3PO_4 \rightleftharpoons H^+ + H_2PO_4^- \qquad K_{s_1} = 7.52 \cdot 10^{-3} \qquad pK_{s_1} = 2.12$$
$$H_2PO_4^- \rightleftharpoons H^+ + HPO_4^{2-} \qquad K_{s_2} = 6.23 \cdot 10^{-8} \qquad pK_{s_2} = 7.21$$
$$HPO_4^{2-} \rightleftharpoons H^+ + PO_4^{3-} \qquad K_{s_3} = 2.2 \cdot 10^{-13} \qquad pK_{s_3} = 12.67$$

Die pK_s-Werte sind besonders bequem, denn der pK_s einer Dissoziations-Reaktion ist gerade der pH-Wert, bei dem undissoziierte und dissoziierte Form in gleichen Mengen vorliegen:

$$HA \rightleftharpoons H^+ + A^-$$

$$K_s = \frac{[H^+]\,[A^-]}{[HA]}$$

$$\log_{10} K_s = \log_{10}[H^+] + \log_{10}\frac{[A^-]}{[HA]}$$

$$\log_{10}\frac{[A^-]}{[HA]} = -\log_{10}[H^+] + \log_{10} K_s$$

$$\log_{10}\frac{[A^-]}{[HA]} = pH - pK_s$$

Wenn pH und pK_s für die betreffende Säure exakt gleich sind, dann wird

$$\log_{10}\frac{[A^-]}{[HA]} = 0, \quad \text{und} \quad \frac{[A^-]}{[HA]} = 1,$$

d.h. A^- und HA liegen in gleichen Mengen vor.

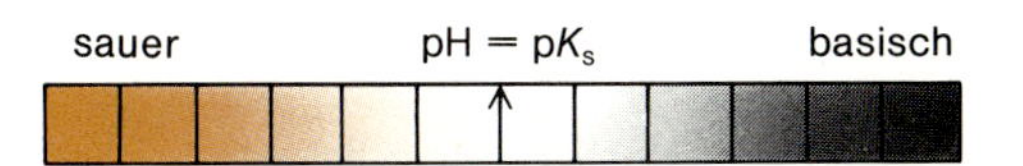

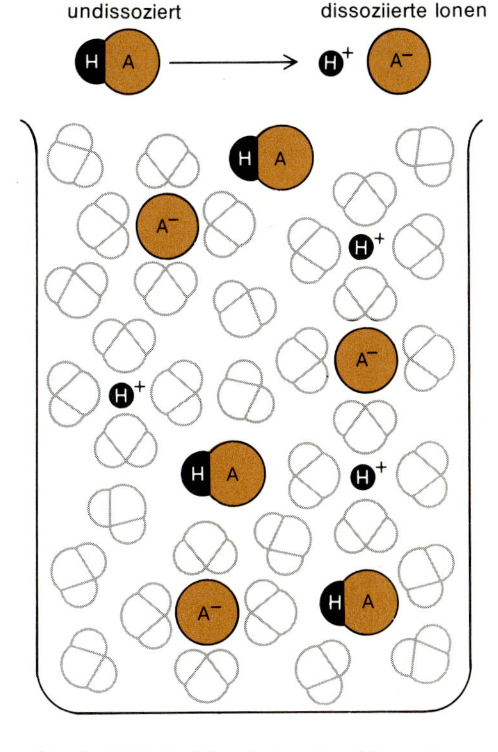

pH und pK_s für die Dissoziation einer Säure oder Base werden identisch, wenn die Konzentrationen der dissoziierten und undissoziierten Spezies einander gleich sind.

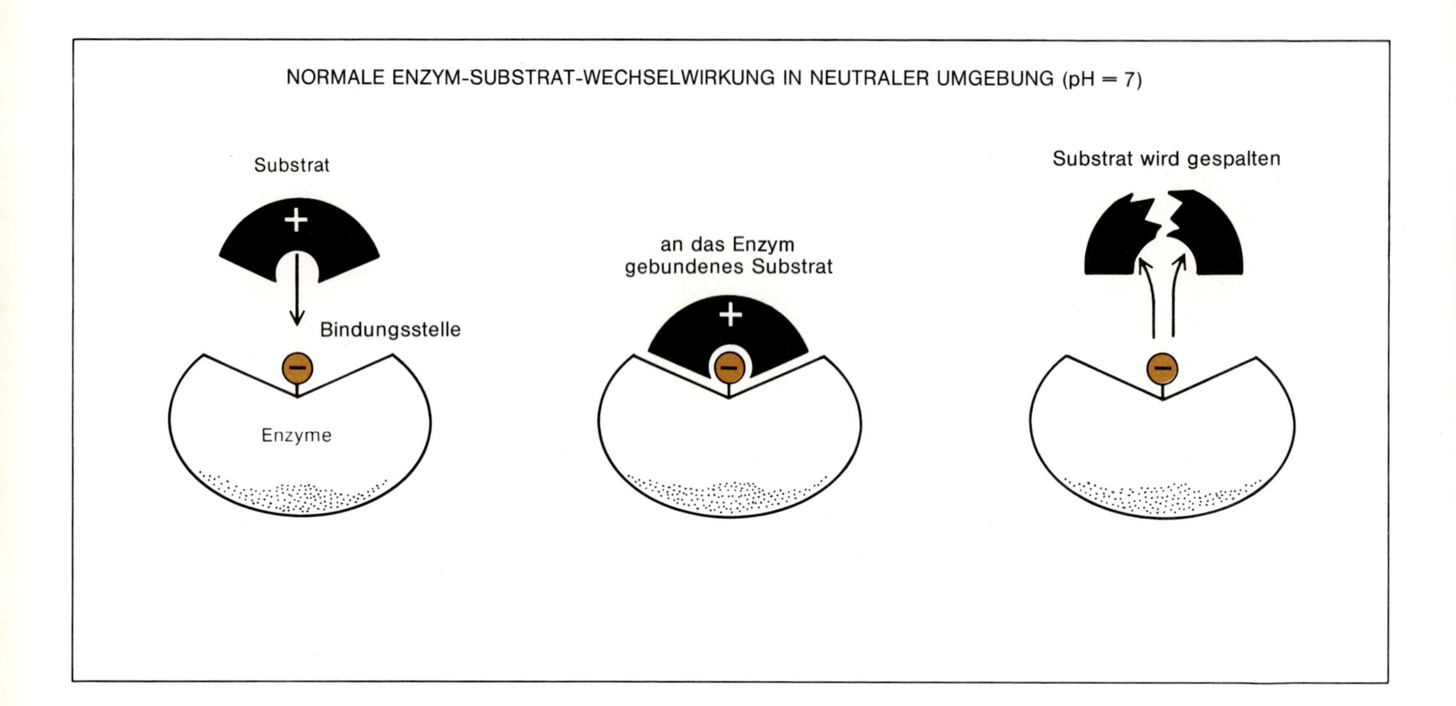

Enzyme binden ein oder mehrere Substrat-Moleküle, wodurch eine chemische Reaktion leichter ablaufen kann, und setzen die Produkte frei. Die Bindung wird durch sterische Anpassung zwischen Enzym und Substrat sowie durch Wasserstoffbrückenbindungen, hydrophobe Wechselwirkungen und elektrostatische Anziehungen erleichtert. Das hier gezeichnete Enzym trägt in seiner Bindungsstelle eine negativ geladene Gruppe, die einen positiv geladenen Bereich im Substrat anzieht.

Wenn der pH-Wert unter den pK_s-Wert absinkt (saurer), dann wird $\log_{10}[A^-]/[HA]$ negativ, das Verhältnis $[A^-]/[HA]$ also kleiner als 1.00, und die undissoziierte Form HA ist begünstigt. Physikalisch bedeutet das: Wenn der pH-Wert durch Zugabe von H^+ gesenkt wird, werden sich überschüssige H^+-Ionen mit A^- vereinen, und es entsteht mehr undissoziierte Säure. Das Dissoziationsgleichgewicht wird nach links verschoben. Wenn dagegen der pH-Wert größer ist als pK_s für die Säure, dann wird $\log_{10}[A^-]/[HA]$ positiv, $[A^-]/HA]$ also größer als 1.0, und A^- ist gegenüber HA begünstigt. Physikalisch bedeutet das wieder: Ein Mangel an H^+-Ionen in basischer Lösung zwingt mehr HA-Moleküle, zu dissoziieren und A^- zu liefern. Das Gleichgewicht verschiebt sich nach rechts. Für jede Einheit, um die sich pH und pK_s unterscheiden, ändert sich das Verhältnis des basischen $[A^-]$ zum sauren [HA] um den Faktor 10.

Wenn wir das beachten und die pK_s-Werte für die drei Dissoziationsstufen der Phosphorsäure betrachten, können wir sagen, daß bei physiologischen pH-Werten um 7.0 in lebenden Organismen das gesamte Phosphat als $H_2PO_4^-$ und HPO_4^{2-} in ungefähr gleichen Mengen vorliegen muß. Da zwischen dem pK_s-Wert einer neutralen Lösung und dem der ersten Dissoziation $H_3PO_4/H_2PO_4^-$ ($pK_{s_1} = 2.12$) fünf pH-Einheiten liegen, ist das Verhältnis von undissoziierter H_3PO_4 zu $H_2PO_4^-$-Ion bei pH = 7 ungefähr 10^{-5} oder 1:100000. Ebenso ist das Verhältnis von HPO_4^{2-} zu PO_4^{3-} bei pH = 7 mehr als 100000:1, da die dritte Dissoziation der Phosphorsäure einen pK_{s_3}-Wert >12 hat. Die relativen Mengen der vier Phosphat-Spezies bei pH = 7 sind ungefähr:

H_3PO_4	$H_2PO_4^-$	HPO_4^{2-}	PO_4^{3-}
weniger als 10^{-5}	1.0	1.0	weniger als 10^{-5}

Wegen der großen Anzahl von Phosphatverbindungen in lebenden Organismen ist das physiologisch wichtig. Adenosintriphosphat (ATP) wurde im 10. Kapitel als Energiespeicher-Molekül diskutiert. Es hat vier Protonen, die dissoziieren können. Die ersten drei Dissoziationen treten bei pK_s-Werten um pH = 2 bis 3 ein, so daß diese drei Dissoziationen in neutraler Lösung praktisch vollständig sind. Die vierte

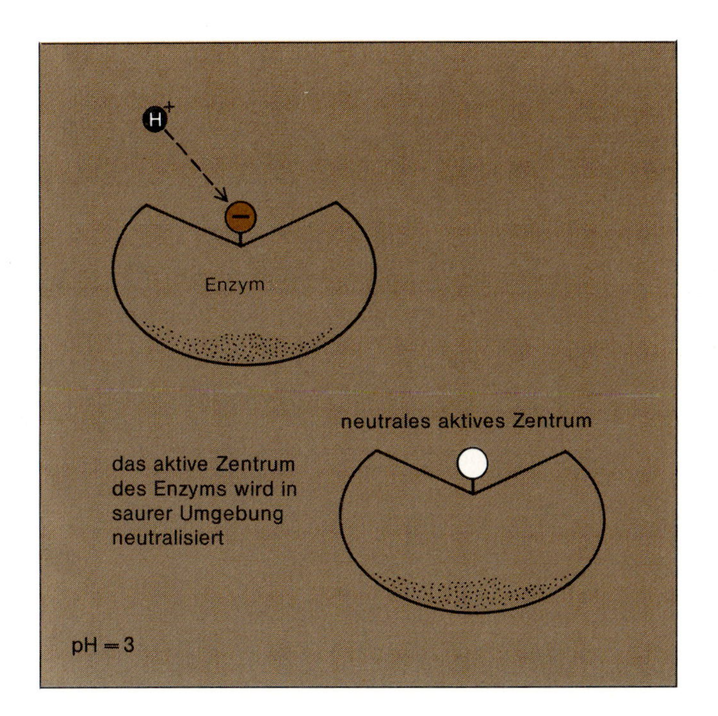

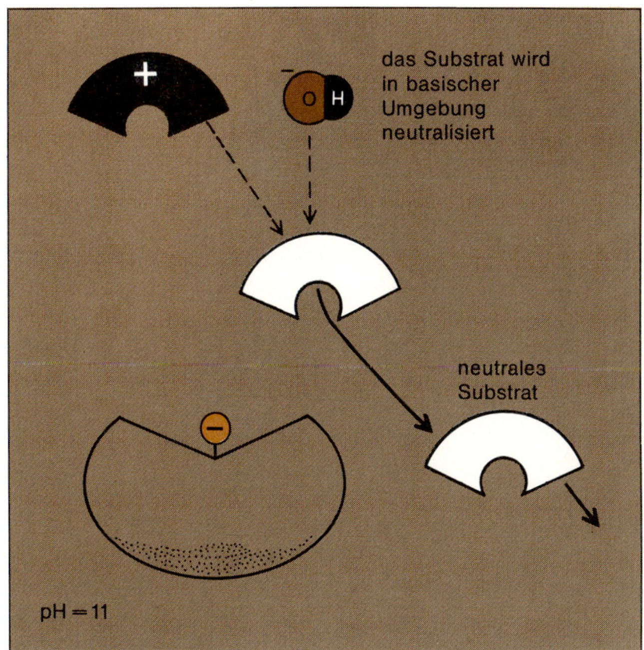

Dissoziation hat einen pK_s-Wert von 6.5, so daß das Verhältnis von ATP^{4-} zu ATP^{3-} bei pH = 7 gleich $10^{0.5} = 3.2:1$ ist.

Die Kontrolle des pH-Wertes ist wichtig für die Enzymaktivität. In dem auf der vorigen Seite begonnenen Beispiel wird die negative Ladung auf dem Enzym durch Säure neutralisiert, und außerdem können Basen die positive Ladung auf dem Substrat neutralisieren. Beides führt zu einer schlechteren Bindung zwischen Enzym und Substrat und verminderter katalytischer Aktivität.

Puffer und pH-Kontrolle

Bei vielen chemischen Reaktionen, besonders in biologischen Systemen, ist es wichtig, den pH-Wert oder die Acidität in bestimmten Grenzen zu halten. Das menschliche Blut wird bei pH = 7.4 ± 0.2 gehalten, und Säuren- oder Basen-Werte außerhalb dieses Bereichs können tödlich sein. (Wer Michael Crichtons Buch „*Andromeda*" gelesen hat, wird sich erinnern, daß der Angelpunkt der Geschichte die Tatsache ist, daß die außerirdische Lebensform im Blutkreislauf der Opfer noch pH-empfindlicher ist als die infizierten Menschen.) Eine pH-Kontrolle ist auch zur Steuerung der Enzym-Aktivität wichtig. Die meisten Enzyme haben einen optimalen pH-Bereich, in dem sie am aktivsten sind; außerhalb dieses Bereichs ist ihre Aktivität stark reduziert. Bei zu hohem oder zu tiefem pH-Wert können saure oder basische Gruppen am Enzym oder an seinen Substrat-Molekülen zusätzlich Protonen aufnehmen oder abgeben, damit die Ladungsverteilung auf der Moleküloberfläche ändern und möglicherweise eine Vereinigung von Enzym und Substrat schwer oder unmöglich machen (s. oben). Auch die meisten technischen Prozesse laufen am besten oder schnellsten bei bestimmten pH-Werten ab. Es ist daher wichtig, ein Verfahren zu haben, um pH-Änderungen minimal zu halten. Das gelingt mit Säure-Base-Puffern.

Ein Puffer ist eine Mischung aus einer schwachen Säure und ihrem Salz oder einer schwachen Base und ihrem Salz, wie z. B.:

1. Essigsäure (HOAc) und Natriumacetat (NaOAc);
2. Kohlensäure (H_2CO_3) und Natriumhydrogencarbonat ($NaHCO_3$);
3. Kaliumdihydrogenphosphat (KH_2PO_4) und Dikaliumhydrogenphosphat (K_2HPO_4);
4. Ammoniak (NH_3) und Ammoniumchlorid (NH_4Cl).

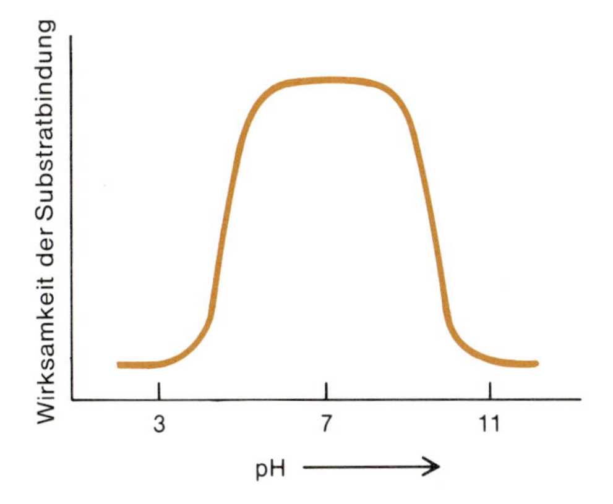

Die meisten Enzyme haben einen optimalen pH-Wert, oft um pH 7, und werden bei niedrigerem oder höherem pH weniger aktiv.

Das Geheimnis der pH-Kontrolle mit Säurepuffern beruht darauf, daß bei Zugabe einer kleinen Menge einer starken Säure zu der Pufferlösung einige der Anionen des Puffersalzes sich mit den hinzugekommenen Protonen zur undissoziierten Säure des Puffers vereinen. Die Änderung des pH-Wertes ist geringer, als wenn die Protonen aus der zugegebenen Säure sich nicht mit den Anionen vereinigt hätten. Ebenso reagiert etwas von der Puffersäure, wenn eine geringe Menge Base zugegeben wird, mit dieser und bildet mehr Puffersalz. Die Reaktionen sind:

bei zugegebener Säure:
H^+ (von außen) + A^- (Puffersalz) $\longrightarrow$ HA
bei zugegebener Base:
OH^- (von außen) + HA (Puffersäure) $\longrightarrow$ $H_2O + A^-$

In dem Beispiel auf der gegenüberliegenden Seite wird die Puffermischung durch fünf undissoziierte HA-Moleküle und fünf A^--Ionen aus dem NaA-Salz symbolisiert. Wenn drei Protonen zu dem Puffer zugegeben werden, werden sie von drei der fünf Protonen neutralisiert, und der pH-Wert der Lösung wird davon wenig beeinflußt:

$$5HA + 5A^- + 3H^+ \longrightarrow 8HA + 2A^-$$

Wenn umgekehrt drei OH^--Ionen zu dieser Puffermischung gegeben werden, wie es rechts außen dargestellt ist, stehlen sie drei der fünf undissoziierten HA-Molekülen die Protonen und werden neutralisiert, wobei drei weitere Wasser-Moleküle entstehen:

$$5HA + 5A^- + 3OH^- \longrightarrow 2HA + 8A^- + 3H_2O$$

Ohne den Puffer hätten die zugegebenen H^+- und OH^--Ionen eine große Änderung des pH-Wertes verursacht. Wenn natürlich *sechs* H^+-Ionen anstelle von drei zugegeben worden wären, wäre die pH-Kontrolle zusammengebrochen. Man nennt das: die *Pufferkapazität* einer Lösung überschreiten. Puffer wurden entwickelt, um geringe Störungen der Acidität zu dämpfen, und die Menge von Puffersäure und Salz muß größer sein als die Menge der störenden Säure oder Base.

Bevor von außen Säure oder Base zugegeben wird, ist der pH-Wert einer Puffermischung aus schwacher Säure und ihrem Salz durch den gleichen Ausdruck gegeben, den wir oben aus der Gleichgewichtskonstanten abgeleitet haben:

$$K_s = \frac{[H^+][A^-]}{[HA]}$$

$$\log_{10} K_s = \log_{10} H^+ + \log_{10} \frac{[A^-]}{[HA]}$$

$$pH = pK_s + \log_{10} \frac{[A^-]}{[HA]}$$

Der pH-Wert der Pufferlösung wird bestimmt durch den pK_s-Wert der im Puffersystem verwendeten Säure und das Verhältnis von basischer Form (Salz, A^-) zu saurer Form (Säure, HA). Bei der Herstellung der Puffermischung kann man davon ausgehen, daß $[A^-]$ gleich der Gesamtkonzentration des Salzes ist und [HA] gleich der Gesamtkonzentration der schwachen Säure. Wenn das Verhältnis von Salz zu Säure 1:1 ist, dann ist der pH-Wert derselbe wie der pK_s-Wert, aber man kann offensichtlich auch jeden andern gewünschten pH-Wert in der Nähe des pK_s-Werts dadurch einstellen, daß man das Verhältnis Salz : Säure in der Pufferlösung ändert.

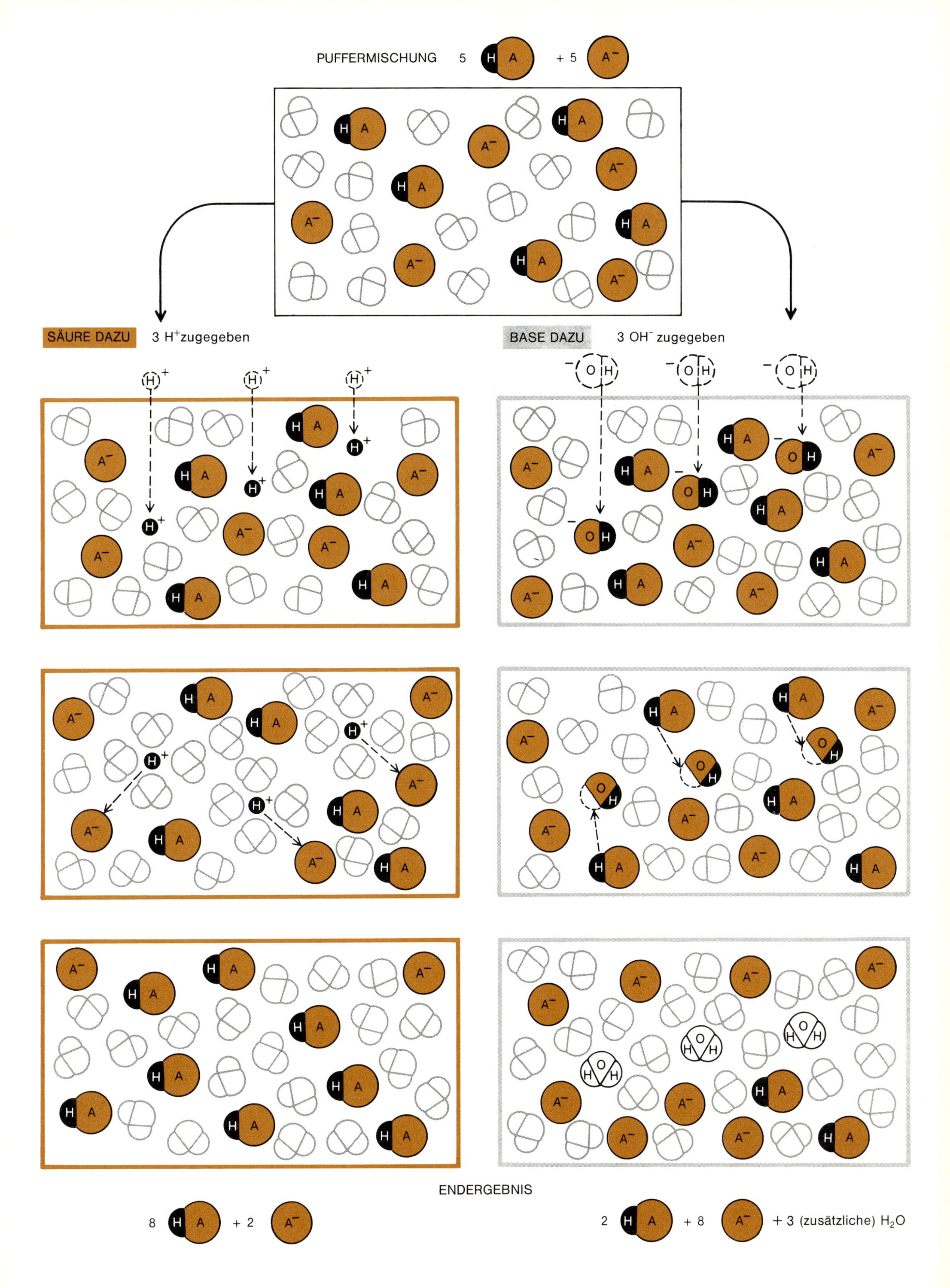

PUFFERMISCHUNG 5 HA + 5 A⁻
SÄURE DAZU
3 H⁺ zugegeben
BASE DAZU
3 OH⁻ zugegeben
ENDERGEBNIS
8 HA + 2 A⁻
2 HA + 8 A⁻ + 3 (zusätzliche) H_2O

Beispiel. Die zweite Dissoziation der Phosphorsäure hat einen pK_s-Wert in der Nähe von 7.0:

$$H_2PO_4^- \rightleftharpoons H^+ + HPO_4^{2-} \qquad pK_{s_2} = 7.21$$

Welches Verhältnis von K_2HPO_4 zu KH_2PO_4 muß man wählen, um eine Lösung mit dem pH-Wert von genau 7.00 zu erhalten?

Lösung.

$$pH = pK_s + \log_{10}\frac{[A^-]}{[HA]}$$

$$7.00 = 7.21 + \log_{10}\frac{[HPO_4^{2-}]}{[H_2PO_4^-]}$$

$$\log_{10}\frac{[HPO_4^{2-}]}{[H_2PO_4^-]} = -0.21$$

$$\frac{[K_2HPO_4]}{[KH_2PO_4]} = \frac{[HPO_4^{2-}]}{[H_2PO_4^-]} = 10^{-0.21} = 10^{0.79} \cdot 10^{-1} = 0.62$$

Eine Phosphatpuffer-Lösung mit dem pH-Wert 7.00 sollte ungefähr zwei Teile K_2HPO_4 und drei Teile KH_2PO_4 enthalten. Das ist vernünftig, denn wir wünschen ja eine Lösung, die etwas saurer ist als der beobachtete pK_s-Wert, und deshalb brauchen wir etwas mehr der sauren Form des Pufferpaars, KH_2PO_4.

Jetzt wollen wir annehmen, daß wir von einem Puffergemisch aus 1.00 mol · l^{-1} KH_2PO_4 und 0.62 mol · l^{-1} K_2HPO_4 ausgehen und zu diesem Puffer 0.01 mol · l^{-1} irgendeiner starken Säure zugeben. Um wieviel wird sich der pH-Wert ändern? Die zugegebene Säure wird mit HPO_4^{2-} reagieren, und dabei wird mehr $H_2PO_4^-$ entstehen, so daß wir in guter Näherung schreiben können:

$$[HPO_4^{2-}]_{neu} = 0.62 - 0.01 = 0.61 \text{ mol} \cdot l^{-1}$$

$$[H_2PO_4^-]_{neu} = 1.00 + 0.01 = 1.01 \text{ mol} \cdot l^{-1}$$

$$pH = 7.21 + \log_{10}\frac{0.61}{1.01} = 7.21 - 0.22 = 6.99$$

Die 0.01-molare Säure hat es nur fertiggebracht, den pH-Wert um 0.01 Einheiten zu senken. Ohne Puffer hätte die Zugabe von 0.01-molarer starker Säure den pH-Wert bis nach 2.00 verschoben, eine pH-Änderung, die dem Übergang von Wasser zu Zitronensaft entspricht. Mit einem Puffer ist die Wirkung der zugegebenen starken Säure vernachlässigbar.

Immer wenn pH-Änderungen unerwünscht sind, treten Puffer in Aktion. Unser Blut wird durch Kohlensäure und Hydrogencarbonat-Ionen gepuffert:

$$H_2CO_3 \rightleftharpoons H^+ + HCO_3^- \qquad pK_{s_1} = 6.37$$

Da der pH-Wert des Blutes ungefähr eine pH-Einheit höher liegt, als dem pK_s-Wert für dieses Gleichgewicht entspricht, muß das Verhältnis von Hydrogencarbonat-Ion zu Kohlensäure ungefähr 10 : 1 sein. Daß im Blut ein Carbonatpuffer und kein Phosphatpuffer benutzt wird, obwohl der pK_{s_2}-Wert des Phosphats näher an 7.4 liegt, beruht offensichtlich darauf, daß CO_2 bereits als Nebenprodukt der Atmung vorhanden ist. Es steht als Puffersubstanz zur Verfügung, ohne daß ein besonderes Nachschubsystem dafür notwendig ist:

$$H_2O + CO_2 \rightleftharpoons H_2CO_3 \rightleftharpoons H^+ + HCO_3^-$$

Die Messung des pH-Wertes: Säure-Base-Indikatoren

Bisher haben wir noch nichts darüber gesagt, wie ein pH-Wert angezeigt und gemessen wird. Säuren haben einen scharfen und Basen einen bitteren Geschmack, aber diese Methode ist weder exakt noch ungefährlich. Basen fühlen sich glitschig an, weil sie die Hautfette unserer Fingerspitzen verseifen, aber Basen auf diese Weise zu identifizieren, kann gefährlich sein, und man muß davor ernsthaft warnen. Empfindliche und bequeme pH-Meter mit Glaselektroden sind die genauesten Geräte zur Messung von pH-Werten. Die am häufigsten angewendeten Detektoren sind jedoch die Farbänderungen von Säure-Base-Indikatoren.

Ein Säure-Base-Indikator ist eine schwache Säure (oder eine schwache Base), die im nicht-ionisierten und im ionisierten Zustand unterschiedlich gefärbt ist. Die meisten Indikatoren sind aromatische Moleküle mit delokalisierten Elektronen, und im 9. Kapitel haben wir den Grund für ihre Farbänderungen kennengelernt. Das Gleichgewicht

$$\mathrm{HIn} \rightleftharpoons \mathrm{H}^+ + \mathrm{In}^-$$

in dem HIn die Säureform einer Indikatorverbindung ist, wird durch überschüssige Säure nach links verschoben und durch überschüssige Base nach rechts. Das Verhältnis von basischer zu saurer Form des Indikators ist mit dem pH-Wert über den bereits bekannten Ausdruck

$$\log_{10}\frac{[\mathrm{In}^-]}{[\mathrm{HIn}]} = \mathrm{pH} - \mathrm{p}K_s$$

verknüpft, in dem $\mathrm{p}K_s$ die Säuredissoziationskonstante für die schwache Indikatorsäure HIn ist. Das Auge ist für Farbänderungen in dem Bereich der Konzentrationsverhältnisse von ungefähr 1 : 10 bis 10 : 1 empfindlich; das bedeutet, daß Farbänderungen eines Indikators in einem Bereich von ungefähr zwei pH-Einheiten sichtbar sind, der um den $\mathrm{p}K_s$-Wert des Indikators zentriert ist. Lackmus-Papier schlägt im Bereich zwischen pH 5 und pH 8 von rot in Säure nach blau in Base um. Phenolphthalein in winzigen Mengen einer zu untersuchenden oder zu titrierenden Lösung zugegeben, ändert im Bereich zwischen pH 8 und pH 10 seine Farbe von farblos (sauer) nach rot (basisch), denn es hat einen $\mathrm{p}K_s$-Wert von ungefähr 9. Andere häufig angewendete Indikatoren, Farbumschläge und nützliche pH-Bereiche sind unten zusammengestellt.

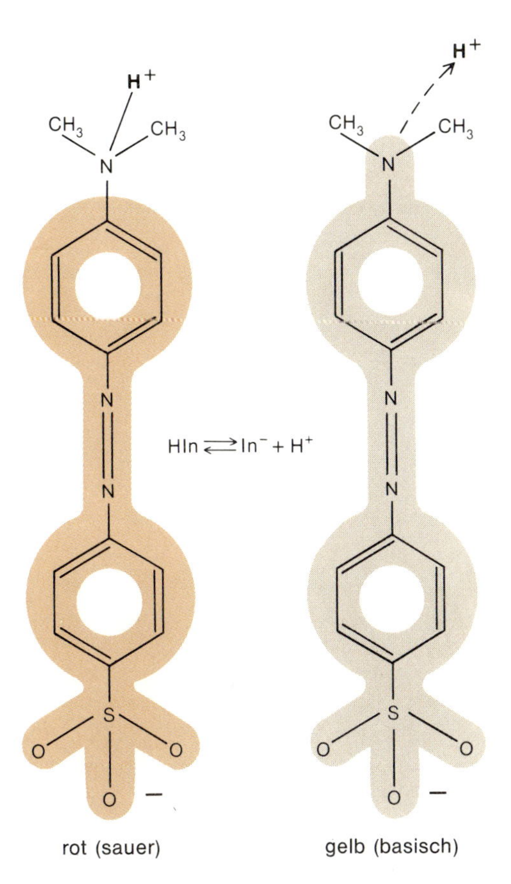

Methylorange ist in Säuren rot und in Basen gelb. Die farbigen Bereiche oben zeigen das unterschiedliche Ausmaß der Delokalisierung der Elektronen in den beiden Formen von Methylorange. Das Ausmaß der Delokalisierung beeinflußt die Wellenlängen des absorbierten Lichts und die in Erscheinung tretende Farbe, wie im 9. Kapitel beschrieben wurde.

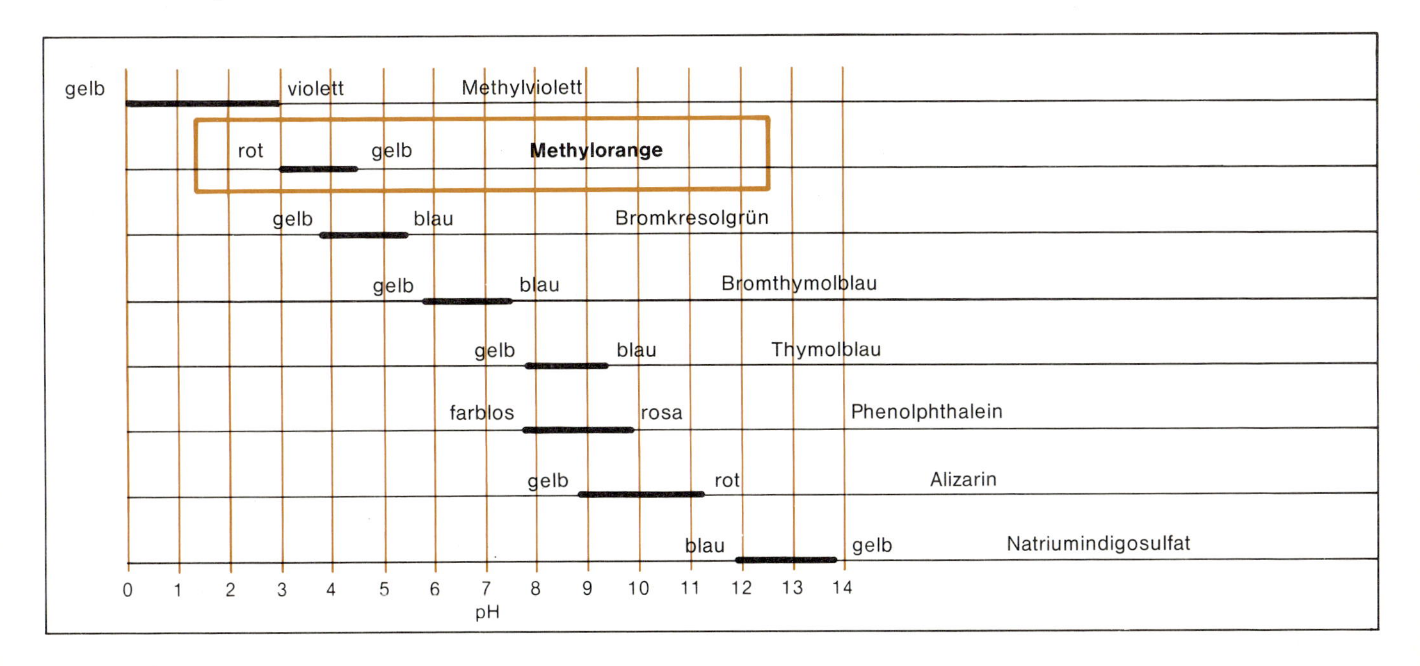

Löslichkeitsgleichgewichte

Das bekannteste Salz, Natriumchlorid, ist so leicht löslich, daß man geneigt ist zu glauben, daß auch alle anderen Salze so leicht löslich seien. Das trifft keineswegs zu: Viele Salze sind ziemlich schwer löslich in Wasser. Die Löslichkeit ist das Ergebnis der Konkurrenz zwischen der gegenseitigen Anziehung der Ionen im Kristall und der Hydratation der gelösten Ionen durch Lösungsmittel-Moleküle. Beide Prozesse sind mit großen Energieänderungen verbunden, und die Löslichkeit hängt von der häufig recht kleinen Differenz zwischen ihnen ab. Es ist schwierig, Kristallgitterenergien und Hydratationsenergien genau genug zu berechnen, um vorhersagen zu können, ob die Differenz zwischen ihnen positiv oder negativ ist. Auch wenn wir die Kräfte kennen, die beim Auflösen eines Salzes am Werke sind, ist es nicht leicht vorherzusagen, ob ein bestimmtes Salz sich lösen wird oder nicht.

Es gibt ein paar vernünftige Prinzipien, die im allgemeinen hilfreich sind. Ein Kristall wird durch elektrostatische Kräfte zwischen entgegengesetzt geladenen Ionen zusammengehalten. Kristalle aus kleinen Ionen, die dicht gepackt werden können, sind im allgemeinen schwerer zu zerstören als Kristalle aus großen Ionen. Folglich sind Fluoride (F^-) und Hydroxide (OH^-) im allgemeinen weniger löslich als Nitrate (NO_3^-) und Perchlorate (ClO_4^-) mit dem gleichen positiven Ion; Chloride (Cl^-) liegen in ihrer Löslichkeit dazwischen. Diese Regel ist für reale Situationen zu einfach, denn kleine Ionen lassen auch die hydratisierenden Wasser-Moleküle näher an sich heran, was die Lösung der Ionen begünstigt. Gewöhnlich überwiegt der Kristallenergie-Faktor, so daß Salze mit kleinen Ionen gewöhnlich (aber nicht immer) relativ unlöslich sind. Aus ähnlichen elektrostatischen Gründen treten hochgeladene Ionen wie Phosphate (PO_4^{3-}) und Carbonate (CO_3^{2-}) im Kristall mit den Kationen in starke Wechselwirkung; sie sind deshalb weniger löslich als die einfach geladenen Nitrate und Perchlorate. Silicate, die das SiO_4^{4-}-Ion enthalten und größere Gerüste bilden, sind notorisch unlöslich, ein Glück für die Entwicklung unseres Planeten.

Wenn sich die realen Salze auch anscheinend leicht in lösliche und kaum lösliche einteilen lassen, sind die Begriffe „löslich" und „unlöslich" tatsächlich doch Ausdrücke für zwei Extremlagen eines Gleichgewichts zwischen einem intakten Salz und den hydratisierten Ionen in Lösung. Silberchlorid ist ein Beispiel für ein nur spärlich lösliches Salz, das sich im Gleichgewicht mit dem Festkörper befindet:

$$AgCl(f) \rightleftharpoons Ag^+ + Cl^-$$

Der normale Ausdruck für die Gleichgewichtskonstante ist

$$K_{eq} = \frac{[Ag^+]\,[Cl^-]}{[AgCl]}$$

Solange festes AgCl in Kontakt mit der Lösung ist, bildet es ein unerschöpfliches Reservoir für mehr Substanz, so daß die wirkliche Konzentration von AgCl unverändert bleibt. Dieser konstante Ausdruck kann ebenso wie die Wasserkonzentration im Nenner der Gleichung für K_w mit der Gleichgewichtskonstante zusammengezogen werden. Die dabei neu gebildete Konstante wird als Löslichkeitsprodukt K_L bezeichnet:

$$K_L = [Ag^+] \cdot [Cl^-]$$

Diese Gleichung sagt uns, daß das Produkt der beiden Ionen-Konzentrationen in Lösung konstant bleibt, solange eine Lösung von Ag^+- und Cl^--Ionen im Gleichgewicht mit festem AgCl steht. Wenn eines der beiden Ionen von außen zugeführt wird, dann wird solange festes AgCl ausfallen, bis das Produkt der Ionen-Konzentrationen wieder den Wert K_L erreicht hat. Wenn eines der Ionen durch eine chemische Reaktion teilweise entfernt wird oder wenn die Lösung verdünnt wird, so daß beide Konzentrationen abnehmen, dann wird sich mehr AgCl lösen, bis das Ionen-Produkt wieder erreicht ist. Löslichkeitsprodukte sind wie alle Gleichgewichtskonstanten temperaturabhängig; normalerweise benutzt man die Werte für 25 °C.

Beispiel. Die Löslichkeit von AgCl in Wasser ist bei 25 °C 0.000013 mol · l^{-1}. Wie groß ist das Löslichkeitsprodukt K_L?

Lösung. Da ein Mol AgCl je ein Mol Ag^+ und Cl^- liefert, ist die Konzentration jedes Ions in einer gesättigten Lösung

$$[Ag^+] = [Cl^-] = 1.3 \cdot 10^{-5} \text{ mol} \cdot l^{-1}$$

Also

$$K_L = [Ag^+] \cdot [Cl^-] = (1.3 \cdot 10^{-5})^2 \text{ mol}^2 \cdot l^{-2}$$

$$K_L = 1.7 \cdot 10^{-10} \text{ mol}^2 \cdot l^{-2}$$

Beispiel. Ist AgCl in einer 0.01-molaren Natriumchlorid-Lösung leichter oder weniger leicht als in reinem Wasser löslich? Wie groß ist seine Löslichkeit?

Lösung. Das Löslichkeitsprodukt sagt uns, daß das Produkt der Konzentrationen von Ag^+ und Cl^- festliegt, ganz gleichgültig, aus welcher Quelle die Ionen stammen. Wenn also x die Löslichkeit von AgCl unter diesen Bedingungen ist, dann werden 0.01 mol Cl^--Ionen pro Liter aus dem NaCl stammen und x mol pro Liter vom AgCl. Die Gesamt-Ionen-Konzentration ist also

$$[Ag^+] = x \text{ mol} \cdot l^{-1}$$

$$[Cl^-] = (0.01 + x) \text{ mol} \cdot l^{-1}$$

Das Löslichkeitsprodukt ist dasselbe wie in dem vorigen Beispiel, also

$$K_L = 1.7 \cdot 10^{-10} = x\,(0.01 + x)$$

Wir können im voraus vermuten, daß die Zugabe von Chlorid-Ionen das AgCl weniger löslich macht, weil das Produkt aus $[Ag^+]$ und $[Cl^-]$ unverändert bleibt, d.h. x wird kleiner als $1.3 \cdot 10^{-5}$ mol · l^{-1} sein. Wenn das zutrifft, können wir x neben 0.01 in der Summe vernachlässigen und dadurch eine quadratische Gleichung vermeiden. Mit dieser Vereinfachung ist

$$0.01\,x = 1.7 \cdot 10^{-10}$$

$$x = 1.7 \cdot 10^{-8} \text{ mol} \cdot l^{-1}$$

Wenn man dieses Ergebnis mit dem des vorigen Beispiels vergleicht, findet man, daß die Löslichkeit von AgCl in 0.01-molarer NaCl-Lösung nur 1/76 der Löslichkeit in reinem Wasser ist.

Diese Verringerung der Löslichkeit eines schwer löslichen Salzes in Gegenwart eines anderen Salzes, das eines der Ionen mit ihm teilt, wird als *Effekt des gemeinsamen Ions* bezeichnet. Wir hätten ihn mit Hilfe des Le Chatelierschen Prinzips vorhersagen können: Wenn auf ein System im Gleichgewicht ein Zwang ausgeübt wird, verschiebt sich das Gleichgewicht so, daß der Zwang teilweise aufgehoben wird. Wenn also in reinem Wasser Ag^+ und Cl^- in den Gleichgewichtskonzentrationen vorliegen und dann mehr Cl^- von einem anderen Salz zugegeben wird, dann werden sich Ag^+ und Cl^- vereinen und als festes AgCl ausfallen, bis das Produkt aus $[Ag^+]$ und $[Cl^-]$ wieder so niedrig ist wie K_L für AgCl.

Löslichkeitsprodukte K_L bei 25 °C

Fluoride		Chromate		Hydroxide (Fortsetzung)	
BaF_2	$2.4 \cdot 10^{-5}$	$SrCrO_4$	$3.6 \cdot 10^{-5}$	$Co(OH)_2$	$2.5 \cdot 10^{-16}$
MgF_2	$8 \cdot 10^{-8}$	Hg_2CrO_4 [a]	$2 \cdot 10^{-9}$	$Ni(OH)_2$	$1.6 \cdot 10^{-16}$
PbF_2	$4 \cdot 10^{-8}$	$BaCrO_4$	$8.5 \cdot 10^{-11}$	$Zn(OH)_2$	$4.5 \cdot 10^{-17}$
SrF_2	$7.9 \cdot 10^{-10}$	Ag_2CrO_4	$1.9 \cdot 10^{-12}$	$Cu(OH)_2$	$1.6 \cdot 10^{-19}$
CaF_2	$3.9 \cdot 10^{-11}$	$PbCrO_4$	$2 \cdot 10^{-16}$	$Hg(OH)_2$	$3 \cdot 10^{-26}$
				$Sn(OH)_2$	$3 \cdot 10^{-27}$
Chloride		Carbonate		$Cr(OH)_3$	$6.7 \cdot 10^{-31}$
$PbCl_2$	$1.6 \cdot 10^{-5}$	$NiCO_3$	$1.4 \cdot 10^{-7}$	$Al(OH)_3$	$5 \cdot 10^{-33}$
$AgCl$	$1.7 \cdot 10^{-10}$	$CaCO_3$	$4.7 \cdot 10^{-9}$	$Fe(OH)_3$	$6 \cdot 10^{-38}$
Hg_2Cl_2 [a]	$1.1 \cdot 10^{-18}$	$BaCO_3$	$1.6 \cdot 10^{-9}$	$Co(OH)_3$	$2.5 \cdot 10^{-43}$
		$SrCO_3$	$7 \cdot 10^{-10}$		
Bromide		$CuCO_3$	$2.5 \cdot 10^{-10}$	Sulfide	
$PbBr_2$	$4.6 \cdot 10^{-6}$	$ZnCO_3$	$2 \cdot 10^{-10}$	MnS	$7 \cdot 10^{-16}$
$AgBr$	$5.0 \cdot 10^{-13}$	$MnCO_3$	$8.8 \cdot 10^{-11}$	FeS	$4 \cdot 10^{-19}$
Hg_2Br_2 [a]	$1.3 \cdot 10^{-22}$	$FeCO_3$	$2.1 \cdot 10^{-11}$	NiS	$3 \cdot 10^{-21}$
		Ag_2CO_3	$8.2 \cdot 10^{-12}$	CoS	$5 \cdot 10^{-22}$
Iodide		$CdCO_3$	$5.2 \cdot 10^{-12}$	ZnS	$2.5 \cdot 10^{-22}$
PbI_2	$8.3 \cdot 10^{-9}$	$PbCO_3$	$1.5 \cdot 10^{-15}$	SnS	$1 \cdot 10^{-26}$
AgI	$8.5 \cdot 10^{-17}$	$MgCO_3$	$1 \cdot 10^{-15}$	CdS	$1.0 \cdot 10^{-28}$
Hg_2I_2 [a]	$4.5 \cdot 10^{-29}$	Hg_2CO_3 [a]	$9.0 \cdot 10^{-15}$	PbS	$7 \cdot 10^{-29}$
				CuS	$8 \cdot 10^{-37}$
Sulfate		Hydroxide		Ag_2S	$5.5 \cdot 10^{-51}$
$CaSO_4$	$2.4 \cdot 10^{-5}$	$Ba(OH)_2$	$5.0 \cdot 10^{-3}$	HgS	$1.6 \cdot 10^{-54}$
Ag_2SO_4	$1.2 \cdot 10^{-5}$	$Sr(OH)_2$	$3.2 \cdot 10^{-4}$	Bi_2S_3	$1.6 \cdot 10^{-72}$
$SrSO_4$	$7.6 \cdot 10^{-7}$	$Ca(OH)_2$	$1.3 \cdot 10^{-6}$		
$PbSO_4$	$1.3 \cdot 10^{-8}$	$AgOH$	$2.0 \cdot 10^{-8}$	Phosphate	
$BaSO_4$	$1.5 \cdot 10^{-9}$	$Mg(OH)_2$	$8.9 \cdot 10^{-12}$	Ag_3PO_4	$1.8 \cdot 10^{-18}$
		$Mn(OH)_2$	$2 \cdot 10^{-13}$	$Sr_3(PO_4)_2$	$1 \cdot 10^{-31}$
		$Cd(OH)_2$	$2.0 \cdot 10^{-14}$	$Ca_3(PO_4)_2$	$1.3 \cdot 10^{-32}$
		$Pb(OH)_2$	$4.2 \cdot 10^{-15}$	$Ba_3(PO_4)_2$	$6 \cdot 10^{-39}$
		$Fe(OH)_2$	$1.8 \cdot 10^{-15}$	$Pb_3(PO_4)_2$	$1 \cdot 10^{-54}$

[a] Als Hg_2^{2+}-Ion. $K_L = [Hg_2^{2+}] \cdot [X^-]^2$

Der Ausdruck für die Löslichkeitskonstante läßt sich für alle wenig löslichen Salze aufschreiben. Salze wie NaCl sind sehr leicht löslich, und ihre K_L-Werte sind praktisch unendlich. Lösliche und schwer lösliche Salze erinnern an starke und schwache Säuren, denn obwohl es theoretisch keine scharfe Grenze zwischen den beiden Kategorien gibt, ist die Einteilung in zwei Gruppen mit unterschiedlichem Verhalten in der Praxis nützlich.

Die Löslichkeitsprodukte für verschiedene Salze sind in der Tabelle oben zusammengestellt. Dabei sollte man daran denken, daß sie aus dem Massenwirkungsgesetz abgeleitet sind; wenn also die Dissoziation eines Mol eines Salzes n Mol eines der Ionen liefert, dann wird die Konzentration dieses Ions im Ausdruck für K_L in der n-ten Potenz erscheinen. Beispiele:

$$CaF_2 \rightleftharpoons Ca^{2+} + 2F^- \qquad K_L = [Ca^{2+}] \cdot [F^-]^2$$

$$Ag_3PO_4 \rightleftharpoons 3Ag^+ + PO_4^{3-} \qquad K_L = [Ag^+]^3 \cdot [PO_4^{3-}]$$

$$Ba_3(PO_4)_2 \rightleftharpoons 3Ba^{2+} + 2PO_4^{3-} \qquad K_L = [Ba^{2+}]^3 \cdot [PO_4^{3-}]^2$$

Beispiel. Das Löslichkeitsprodukt für Aluminiumhydroxid, $Al(OH)_3$, ist $K_L = 5 \cdot 10^{-33}$. Wie groß ist die Löslichkeit von Aluminiumhydroxid in reinem Wasser in $mol \cdot l^{-1}$?

Lösung. Wir nehmen an, daß die Löslichkeit x ist. Die Dissoziationsreaktion ist

$$Al(OH)_3 \rightleftharpoons Al^{3+} + 3OH^-$$

und der Ausdruck für das Löslichkeitsprodukt ist

$$K_L = [Al^{3+}] \cdot [OH^-]^3$$

Die Konzentrationen der beiden Ionen sind also

$$[Al^{3+}] = x \text{ mol} \cdot l^{-1}$$

und

$$[OH^-] = 3x \text{ mol} \cdot l^{-1}$$

also können wir schreiben

$$K_L = x(3x)^3 = 5 \cdot 10^{-33}$$
$$x^4 = 2 \cdot 10^{-34} = 200 \cdot 10^{-36}$$
$$x = 4 \cdot 10^{-9} \text{ mol} \cdot l^{-1}$$

Selten lohnt es sich, Berechnungen des Löslichkeitsprodukts wegen der Ungenauigkeit von K_L mit mehr als zwei Stellen anzugeben. Sie gelten auch eigentlich nur für verdünnte Lösungen, da der Ausdruck für die Gleichgewichtskonstante die unausgesprochene Annahme enthält, daß die Ionen in Lösung nicht miteinander in Wechselwirkung treten und daß ihr Verhalten allein davon abhängt, wie viele von ihnen vorhanden sind.

Postskriptum: Säure-Base-Katalyse

Zu Beginn dieses Kapitels wurde als einer der Gründe für das Interesse an Säuren und Basen angegeben, daß sie häufig als Katalysatoren für chemische Reaktionen verwendet werden. Wir unterscheiden zwischen *heterogener Katalyse,* in der die Substrat-Moleküle an eine katalytische Oberfläche diffundieren, und *homogener Katalyse,* bei der die Katalysatoren in der gleichen Lösung wie die Reaktanden gelöste Ionen sind. H^+ und OH^- gehören zu den besten homogenen Katalysatoren.

Als am Ende des vorigen Jahrhunderts Reaktionsgeschwindigkeiten sorgfältig untersucht wurden, war eine der am besten untersuchten Reaktionen die Hydrolyse (wörtlich „Spaltung durch Wasser") von Ethylacetat in Ethanol und Essigsäure:

$$\underset{\text{Ethylacetat}}{CH_3-\overset{\overset{\displaystyle O}{\|}}{C}-O-C_2H_5} + H_2O \longrightarrow \underset{\text{Essigsäure}}{CH_3-\overset{\overset{\displaystyle O}{\|}}{C}-OH} + \underset{\text{Ethanol}}{HO-C_2H_5}$$

Sie ist typisch für viele andere Hydrolyse-Reaktionen, zu denen auch die Überführung von Fetten in Seifen und die Verdauung von Proteinen gehören. Sie stieß auf allgemeines Interesse, weil ihre Gleichgewichtskonstante nahe bei 1.00 liegt, wo-

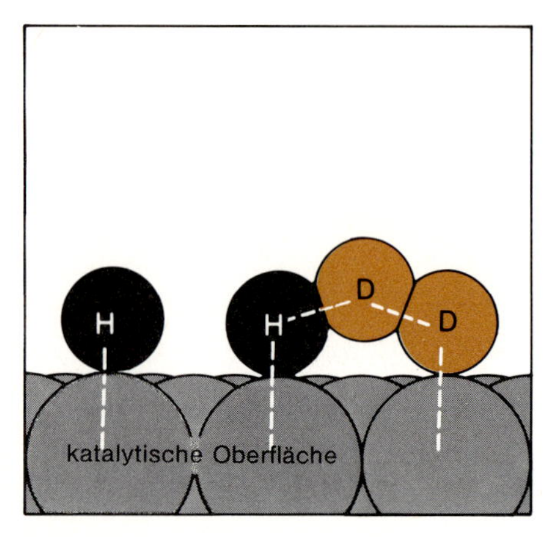

Bei der heterogenen Katalyse werden die Substrat-Moleküle an der Oberfläche des festen Katalysators adsorbiert.

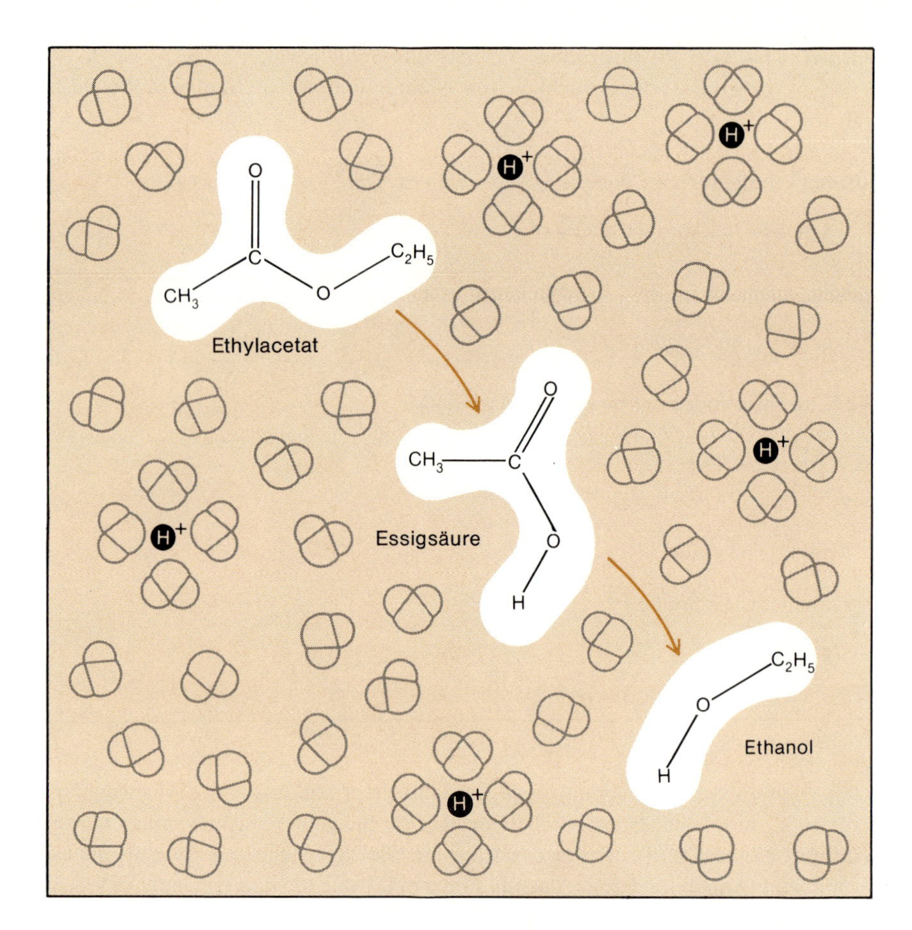

Bei der homogenen Katalyse befinden sich die Substrat-Moleküle und die Katalysator-Moleküle oder -Ionen in derselben Phase, gewöhnlich einer wäßrigen Lösung. Wasserstoff-Ionen, H^+, und Hydroxid-Ionen, OH^-, sind gebräuchliche Katalysatoren für viele chemische Reaktionen in wäßriger Lösung, z.B. für die Hydrolyse eines Ester-Moleküls, die auf der gegenüberliegenden Seite dargestellt ist.

durch die genaue Messung der Konzentrationen der Reaktanden und Produkte im Gleichgewicht einfach ist. Eine andere Attraktion dieser Reaktion ist der dramatische Effekt, den Katalysatoren auf sie haben.

In Abwesenheit eines Katalysators ist die Reaktion langsam; Ethylacetat ist relativ wenig reaktiv in Wasser. Die Zugabe einer kleinen Menge einer starken Säure oder einer starken Base hat eine große Wirkung. Die Hydrolyse-Geschwindigkeit ist, wie zu erwarten, den Konzentrationen an Ethylacetat und Wasser proportional. Doch wenn der Katalysator HCl oder eine ähnlich starke Säure ist, dann ist die Geschwindigkeit auch der Wasserstoffionen-Konzentration proportional. Experimentell wird folgendes Geschwindigkeitsgesetz gefunden:

$$\text{Geschwindigkeit}_h = k_h[H^+][CH_3{-}CO{-}O{-}C_2H_5][H_2O]$$

Eine Verdoppelung der Ethylacetat-Konzentration verdoppelt die Geschwindigkeit der Reaktion, und eine Verdoppelung der Wasserstoffionen-Konzentration tut das gleiche. Durch Herabsetzung des pH-Wertes um eine Einheit (das entspricht einer Zunahme von $[H^+]$ um das Zehnfache) wird die Hydrolyse zehnmal so schnell.

Die Geschwindigkeit ist also von der Konzentration einer Substanz abhängig, die nicht in der Reaktionsgleichung erscheint und nicht im Massenwirkungsgesetz vor-

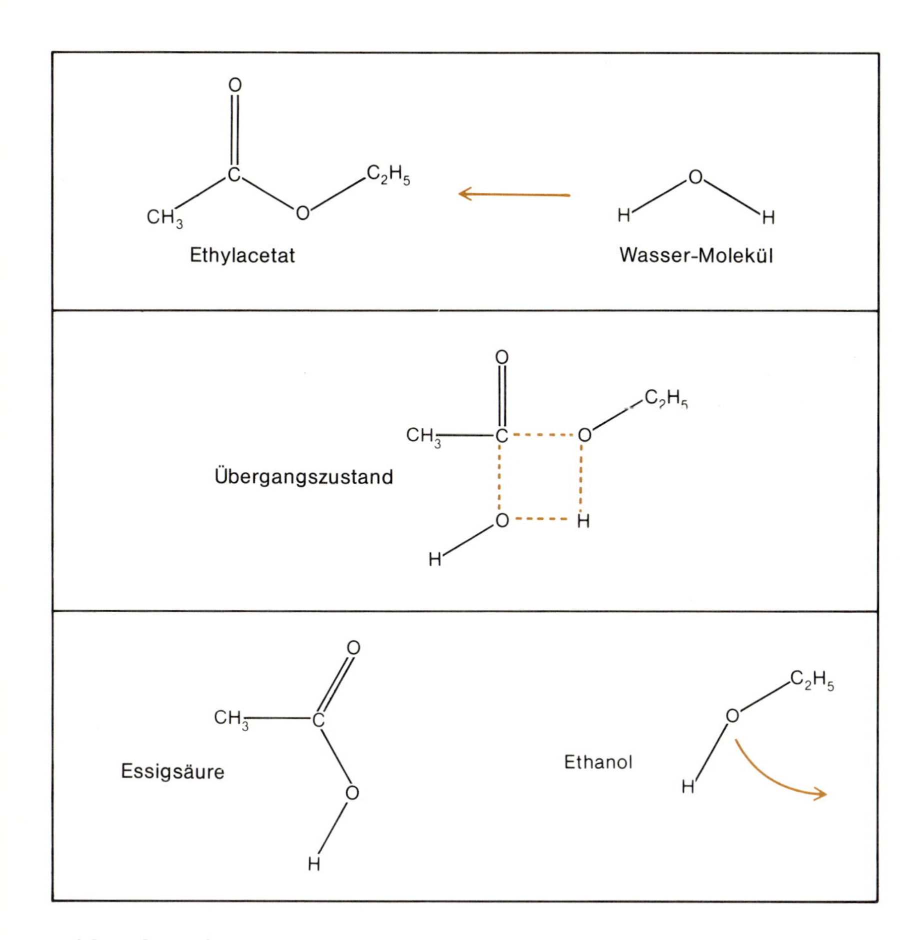

Bei der unkatalysierten Hydrolyse von Ethylacetat durch Wasser-Moleküle in neutraler Lösung würde ein Übergangszustand mit so hoher Energie (Mitte) durchlaufen, daß der Prozeß nur langsam abliefe.

kommt:

$$K_{eq} = \frac{[CH_3-CO-OH]\,[C_2H_5-OH]}{[CH_3-CO-O-C_2H_5]\,[H_2O]}$$

Diese Beziehung weist darauf hin, daß eine Katalyse vorliegt. Man fand, daß auch die Geschwindigkeit der umgekehrten Reaktion, nämlich der Synthese von Ethylacetat aus Ethanol und Essigsäure, der Wasserstoffionen-Konzentration proportional ist:

$$\text{Geschwindigkeit}_r = k_r[H^+]\,[CH_3-CO-OH]\,[C_2H_5-OH]$$

Protonen oder Wasserstoff-Ionen katalysieren also sowohl die Hin- als auch die Rückreaktion im gleichen Ausmaß, und die Protonen-Konzentrationen heben sich im Ausdruck für das Gesamtgleichgewicht auf.

Wie katalysieren Protonen diese Reaktion? Bei dem Prozeß müssen eine C–O-Bindung im Ethylacetat und eine O–H-Bindung im Wasser gelöst und die Bruchstücke auf unterschiedliche Art wieder zusammengesetzt werden (oben). Wir könnten uns vorstellen, daß die Reaktion in reinem Wasser über einen intermediär gebildeten aktivierten Komplex (oben Mitte) abläuft. Dieser aktivierte Komplex oder Übergangszustand wäre ein sehr instabiles Gebilde, und die Reaktion hätte eine hohe Aktivierungsenergie E_a. Eine chemische Reaktion nach diesem Mechanismus wäre extrem langsam.

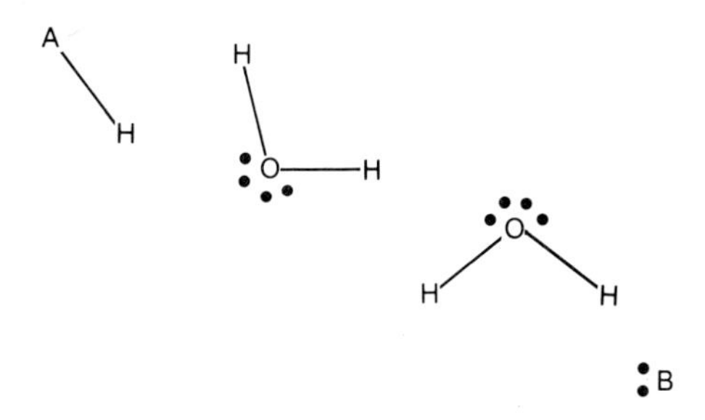

Die Protonenübertragung von einer Substanz zur anderen kann in wäßriger Lösung sehr schnell ablaufen, weil das einzelne Proton nicht selbst von Donor (A—H) zum Empfänger (:B) wandern muß.

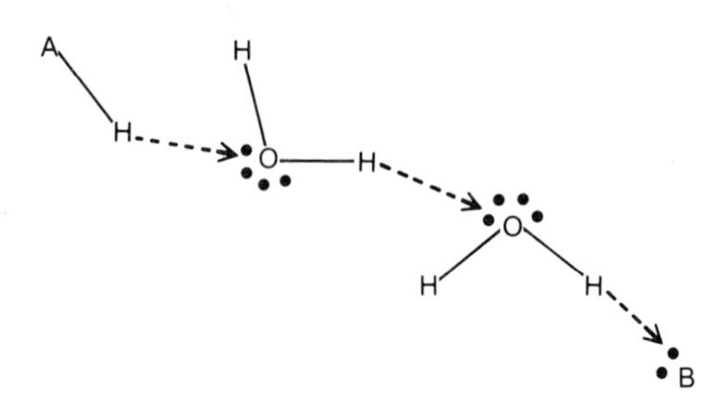

Jedes Molekül muß nur ein Proton zum Nachbar-Molekül weitergeben, so daß eine kaskadenartige Protonenübertragung vom Donor über die H_2O-Moleküle der Lösung zum Empfänger abläuft.

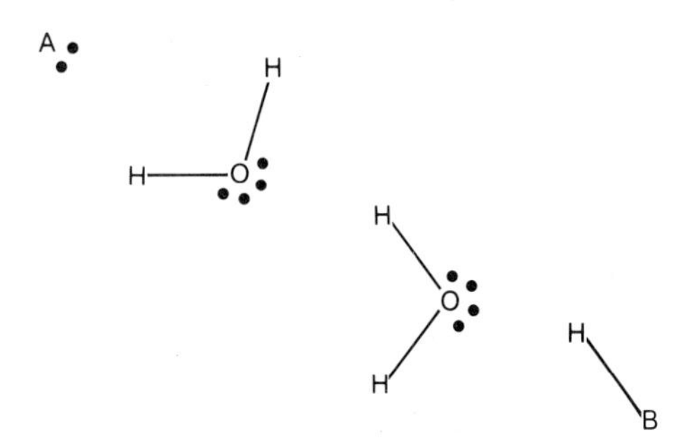

Insgesamt wird ein Proton sehr rasch über eine große Entfernung von A nach B übertragen, obwohl kein einziges Proton mehr als eine kurze Entfernung zurückgelegt hat.

Der tatsächliche Ablauf der protonenkatalysierten Reaktion, wie er von den Chemikern nach jahrelangen Untersuchungen Stück für Stück zusammengesetzt wurde, ist auf der gegenüberliegenden Seite skizziert. Jede C=O-Bindung ist bis zu einem gewissen Grad polarisiert, weil das Sauerstoff-Atom elektronegativer ist als das Kohlenstoff-Atom und die Elektronen der Doppelbindung zu sich herüberzieht. (Die leichte Polarisierung der Ladung ist durch den griechischen Buchstaben delta symbolisiert: δ^+ und δ^-, im Gegensatz zu + und −, wenn volle elektrische Ladungen dargestellt werden sollen.) Mit seinen beiden einsamen Elektronenpaaren und dem leichten Überschuß an negativer Ladung hat der Carbonylsauerstoff eine natürliche Anziehung für Protonen in saurer Lösung. Ein Proton wird vom O-Atom angezogen (a) und nimmt eines der einsamen Elektronenpaare am Sauerstoff in Anspruch, um eine kovalente O—H-Bindung zu bilden (b). Weil dadurch das einsame Elektronenpaar zum H-Atom hin verschoben wird, entsteht eine kleine positive Ladung am Sauerstoff-Atom. Diese positive Ladung übt einen noch größeren Zug auf die Elektronen der Doppelbindung aus, verwandelt sie in eine Einfachbindung und ein weiteres einsames Elektronenpaar am O (c); damit wird die positive Ladung zum Kohlenstoff-Atom hin verschoben.

Das positiv geladene Kohlenstoff-Atom zieht nun seinerseits die ungepaarten Elektronen der Wasser-Moleküle in der Umgebung an. Eines von ihnen kann eine Bindung zum Kohlenstoff-Atom ausbilden (d), womit die positive Ladung zum Sauerstoff-Atom des eintretenden Wasser-Moleküls verschoben wird. Das unter (d) dargestellte Molekül stellt eine kurzlebige Zwischenstufe der Reaktion dar, die nicht isoliert und in Ruhe untersucht werden kann, die aber mit raschen spektroskopischen und magnetischen Resonanzmethoden nachweisbar ist. Von (d) aus kann die Reaktion in mehr als einer Richtung weiterlaufen. Sie kann über die Schritte (c), (b) und (a) wieder umkehren, oder eines der Protonen kann dissoziieren und die positive Ladung mitnehmen. Eine der Möglichkeiten ist eine rasche Protonenübertragung von dem geladenen Sauerstoff zum Sauerstoff der Brücke (e), das jetzt die positive Ladung trägt. Die Substanz (e) könnte jetzt ihrerseits in einer Reihe von Schritten (f) bis (h) zerfallen, die im Grunde Spiegelbilder der Schritte (c) bis (a) sind, nur daß jetzt HOC_2H_5 die Rolle von HOH übernimmt. Stufe (g) ist eine protonierte Essigsäure und kein protoniertes Ethylacetat wie in (b); im letzten Schritt (h) verläßt das Proton das Molekül wieder. Das Proton tritt zu Beginn der Reaktionsfolge in das Molekül ein und wird am Ende wieder freigesetzt; es erleichtert also die Reaktion, wird aber selbst nicht verbraucht.

Wasserstoff-Ionen katalysieren diese Reaktion in zweierlei Weise. Die Bindung eines Protons im Schritt (a) führt eine positive Ladung in das Molekül ein und macht es für den Angriff des Elektronenpaars des Wasser-Moleküls (oder jeder anderen elektronenreichen oder negativ geladenen Spezies) empfänglicher. Andererseits kann sich ein Proton in wäßriger Lösung besser und schneller als jedes andere Ion von einem Teil des Moleküls zu einem anderen bewegen. Die schnelle Verschiebung zwischen den Stufen (d) und (e) ist mit einen Natrium-Ion oder einer anderen Substanz nicht möglich. Daß der Protonen-Transfer in wäßriger Lösung so leicht und so schnell ist, beruht darauf, daß sich Protonen kaskadenartig längs einer Reihe von Wasser-Molekülen, die durch Wasserstoffbrücken verknüpft sind, bewegen können, wobei jedes Proton nur von einem Sauerstoff-Atom zu seinem Nachbarn übergeht, und das Proton, das am Ende der Kaskade herauskommt, ein anderes ist als dasjenige, das in die Kaskade hineinging. Das ist links dargestellt. Bei den Schritten (d) und (e) des Katalyse-Mechanismus braucht nicht dasselbe Proton in Substanz von einem Sauerstoff-Atom zum anderen überzugehen. Es kann auf ein Wasser-Molekül in der Nähe übertragen werden und dieses Molekül veranlassen, eines seiner Protonen auf den Brücken-Sauerstoff zu übertragen. Der Protonen-Transfer in wäßriger Lösung ist schneller und leichter als jede andere Art von Atom-Verschiebung.

SÄUREKATALYSE DER ETHYLACETAT-HYDROLYSE

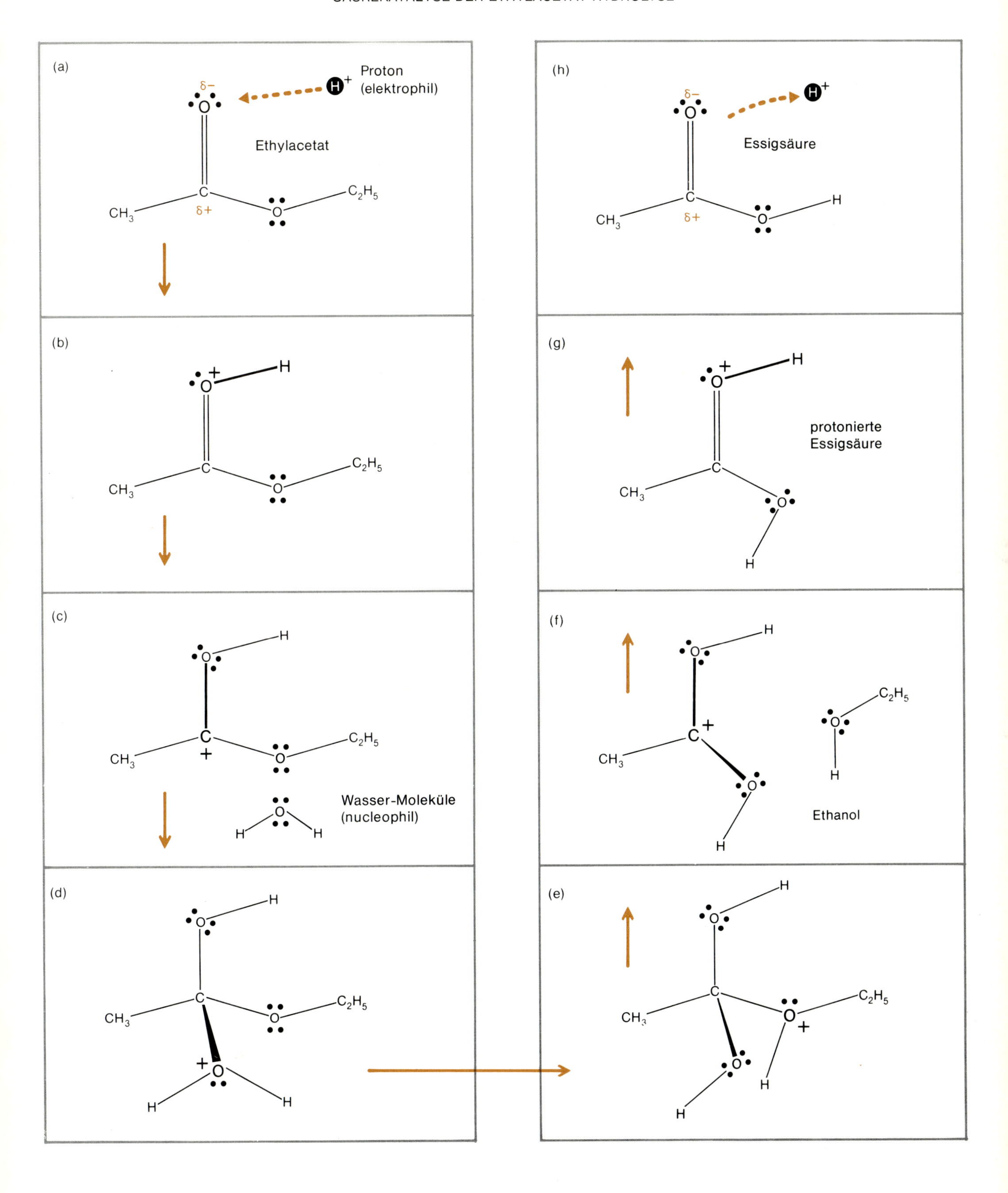

BASENKATALYSE DER ETHYLACETAT-HYDROLYSE

(a)

δ−

Ethyl-
acetat

O

C

δ+

CH_3

O

C_2H_5

O

H

Hydroxid-Ion
(nucleophil)

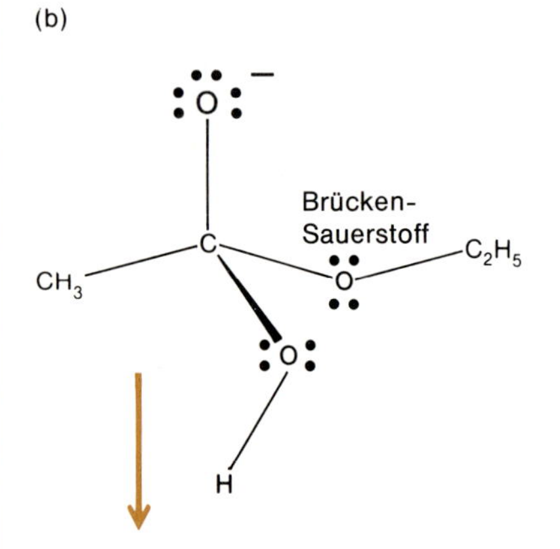

Jede Verbindung, die einsame Elektronenpaare an einem elektronegativen Atom besitzt, kann in saurer Lösung Protonen anziehen. Dazu gehören fast alle Arten von organischen Verbindungen. Ein Proton kann auch von den Elektronen einer Doppelbindung angezogen werden und die Anlagerung von HBr oder einer anderen Substanz an diese Bindung katalysieren:

$$CH_3-\underset{\uparrow \atop H^+}{\overset{H}{\overset{|}{C}}}=\overset{H}{\overset{|}{C}}-CH_3 \longrightarrow CH_3-\underset{H}{\underset{|}{\overset{H}{\overset{|}{C}}}}-\overset{H}{\overset{|}{C}}{}^{+}_{\nwarrow Br^-}-CH_3 \longrightarrow CH_3-\underset{H}{\underset{|}{\overset{H}{\overset{|}{C}}}}-\underset{Br}{\underset{|}{\overset{H}{\overset{|}{C}}}}-CH_3$$

Es gibt nur wenige Reaktionen von Kohlenstoff-Verbindungen, die durch Säure nicht katalysiert werden. Deshalb haben wir auch Salzsäure in unserem Magen, die den Enzymen hilft, Proteine zu verdauen und zu hydrolysieren. Das ist auch der Grund dafür, daß die Säurekatalyse in der chemischen Industrie von der Synthese des Kautschuks und organischer Farbstoffe bis zur Synthese pharmazeutischer Verbindungen so wichtig ist.

Auch Hydroxid-Ionen sind gute Katalysatoren für viele organische Reaktionen. Der Mechanismus für die basen-katalysierte Hydrolyse von Ethylacetat ist links dargestellt. Ein negatives geladenes Hydroxid-Ion wird von dem leicht positiv geladenen Kohlenstoff-Atom einer C=O-Bindung angezogen, und es entsteht eine C−O-Bindung mit der Hydroxylgruppe. Dadurch werden Elektronen der C=O-Bindung zum anderen O-Atom hin verschoben, wodurch dieses eine negative Ladung erhält (b). Dieser Elektronenüberschuß kann wieder zurück zum Hydroxyl-Sauerstoff (a) oder zum Brücken-Sauerstoff (c) verschoben werden. Wenn Elektronen in diese C−O-Brücke hineingedrückt werden, kann sich die $C_2H_5-O^-$-Gruppe ablösen. Der Schritt von (b) nach (c) und der von (b) nach (a) sind identisch, außer daß an ihnen verschiedene C−O-Bindungen beteiligt sind. Wenn sich die $C_2H_5-O^-$-Gruppe entfernt hat, kann sie mit Wasser reagieren und ein Hydroxid-Ion zurückbilden:

$$C_2H_5-O^- + H_2O \longrightarrow C_2H_5-OH + OH^-$$

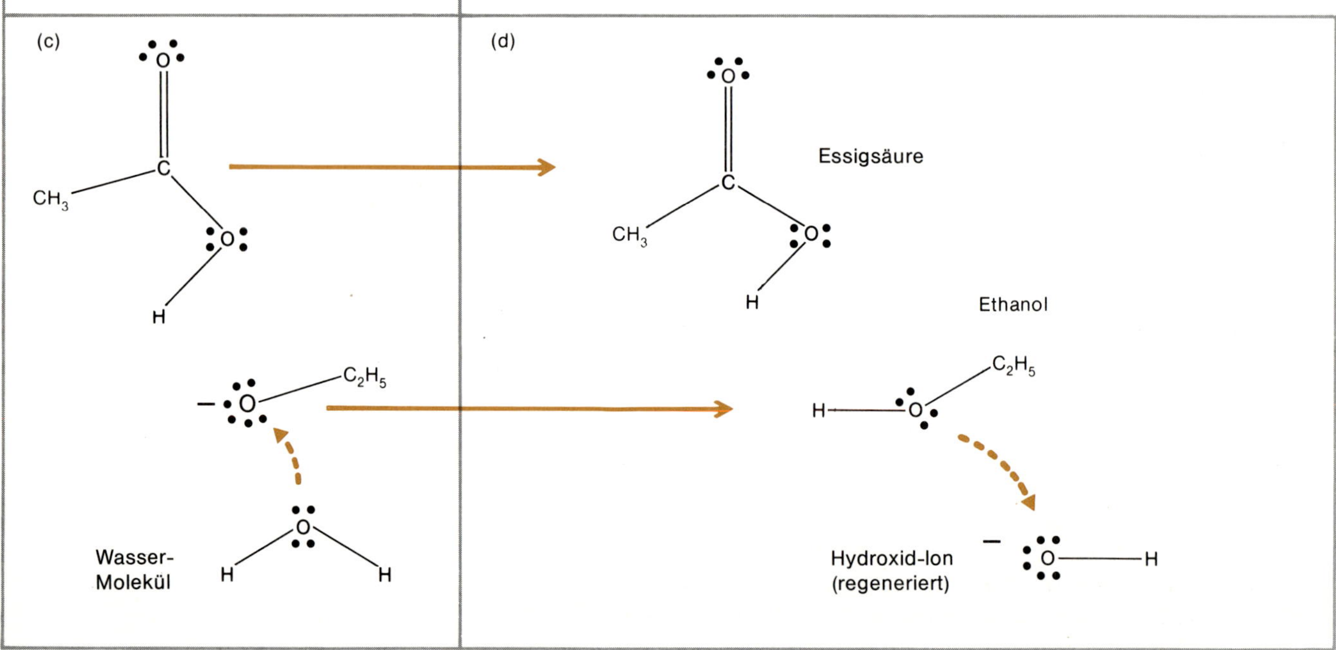

Wie bei der Säurekatalyse ist das OH^--Ion an einem Reaktionsweg niedriger Energie beteiligt, doch wird es am Ende des Prozesses regeneriert.

Säuren und Basen sind wirksame Katalysatoren, weil sie geladene Ionen liefern, die Elektronen im Molekül herumschieben können. Wir werden im 24. Kapitel sehen, daß einige der Katalyse-Mechanismen bei Enzymen den Mechanismen der Säure-Base-Katalyse sehr ähnlich sind.

Fragen

1. Woher stammt die Energie, die die Anziehung zwischen den Ionen überwindet, wenn sich ein Salzkristall löst?
2. Wie unterscheiden sich starke und schwache Säuren? Man nenne je ein Beispiel.
3. Gibt es auch starke und schwache Basen? Wenn ja, welche z. B.?
4. Wie lautet der allgemeine Ausdruck für die Dissoziationskonstante K_s für eine Säure, die bei der Dissoziation ein einzelnes Proton liefert?
5. Wie lautet der Ausdruck für die Basen-Dissoziationskonstante K_b für eine schwache Base?
6. Häufig ist es bequemer, eine Säure-Dissoziationskonstante K_s anstelle von K_b für eine schwache Base zu benutzen. Welches ist die Säureform von NH_3, und wie lautet der Ausdruck für K_s? Man zeige, daß allgemein $K_s \cdot K_b = K_w$ ist.
7. Was versteht man unter Iterationsverfahren und wie kann man sie zur Lösung von Problemen bei Säure-Base-Gleichgewichten benutzen?
8. Warum taucht im Ausdruck für die Gleichgewichtskonstante der Dissoziation von Wasser normalerweise die H_2O-Konzentration nicht im Nenner auf? Wo ist diese Konzentration geblieben? Wie wird die Dissoziationskonstante des Wassers normalerweise genannt? Wie hängt ihr Zahlenwert von der Temperatur ab, und welcher Wert wird gewöhnlich benutzt?
9. Wie kann man das Le Chateliersche Prinzip und die beobachtete Abhängigkeit des Ionen-Produkts von der Temperatur benutzen, um zu entscheiden, ob die Dissoziation des Wassers exotherm ist oder nicht? Man überprüfe die Vorhersage mit der Information in Anhang 2.
10. Wie nennt man den Prozeß, wenn eine Base die Wirkung einer Säure aufhebt? Welche Ionen sind an diesem Prozeß beteiligt und wie treten sie miteinander in Wechselwirkung? Was ist das Produkt?
11. Wie hoch sind die Konzentrationen von H^+- und OH^--Ionen in reinem Wasser? Wie ändern sich diese Konzentrationen, wenn die Lösung sauer wird?
12. Was ist die pH-Skala und warum ist sie zur Angabe der Wasserstoffionen-Konzentration so bequem? Was ist pOH?
13. Welche Beziehung besteht zwischen pH und pOH in wäßriger Lösung? Welchen Wert (Wertebereich) haben sie in saurer, neutraler und basischer Lösung?
14. Was ist bei einer Säure-Base-Neutralisation ein *Äquivalent?* Wieviel Äquivalente hat je ein Mol der folgenden Verbindungen: HCl, KOH, NH_3, H_2CO_3, H_3PO_4, HNO_3?
15. Was ist ein Milliäquivalent? Wieviele Milliäquivalente sind in einem Mol H_2SO_4 enthalten?
16. Wie lauten die Brønsted-Lowry-Definitionen für Säuren und Basen?
17. Nach der traditionellen oder Arrhenius-Definition von Säure und Base ist KOH die Base in einer Kaliumhydroxid-Lösung. Welches ist die Base in einer solchen Lösung nach der Brønsted-Lowry-Theorie? Welches ist die konjugierte Säure zu dieser Brønsted-Base?
18. Was versteht man nach der Brønsted-Lowry-Theorie unter einem konjugierten Säure-Base-Paar? Wenn die Säure stark ist, wird dann die konjugierte Base auch stark sein? Man gebe ein Beispiel.

19. Welche der folgenden Moleküle oder Ionen sind Brønsted-Säuren oder -Basen? Welches ist in jedem Fall die konjugierte Base oder Säure? Welches sind die relativen Stärken jedes Partners in einem konjugierten Paar?

NO_3^-, HBr, NH_3, SO_4^{2-}, H_3PO_4, H_2SO_4, HSO_4^-, NH_4^+, H_2O

20. Wie erklärt die Brønsted-Lowry-Theorie den Unterschied zwischen starker und schwacher Säure? Wieso ist das eine Konkurrenztheorie, und wer sind die Konkurrenten? Worum konkurrieren sie? Wie beeinflußt der große Überschuß an H_2O-Molekülen in wäßriger Lösung die Situation?
21. Man zeige, daß die Konzentrationen von dissoziierten und undissoziierten Spezies gleich sind, wenn der pH-Wert einer Lösung derselbe ist wie der pK_s-Wert eines dissoziierenden gelösten Stoffes.
22. Man zeige, daß undissoziierte Säure und Säure-Anion im Verhältnis 10 : 1 vorliegen, wenn der pH-Wert einer Lösung, die eine Säure enthält, um eine Einheit niedriger ist als der pK_s-Wert der Säure.
23. Was ist ein Puffer? Wieso kann man mit ihm einen pH-Wert kontrollieren oder stabilisieren? Welche Substanzen werden zur Herstellung einer Pufferlösung gemischt?
24. Wenn man Säure zu einer Pufferlösung gibt, was geschieht mit den zusätzlichen Protonen? Was passiert, wenn man eine Base zu einem Puffer gibt?
25. Was bedeutet Pufferkapazität? Was geschieht, wenn die Pufferkapazität überschritten wird?
26. Was ist ein Säure-Base-Indikator? Wieso führt eine pH-Änderung zu einem Farbumschlag der Lösung?
27. Was ist ein Löslichkeitsprodukt? Wie hängt es mit der Gleichgewichtskonstanten für das Auflösen eines festen Salzes zusammen?
28. Welche Faktoren beeinflussen die Löslichkeit eines Salzes in Wasser? Warum machen diese Faktoren eine Vorhersage über Löslichkeiten schwierig?
29. Wie wird die Konzentration der Silber-Ionen beeinflußt, wenn Chlorid-Ionen (z.B. aus NaCl) zu einer gesättigten Silberchlorid-Lösung gegeben werden? Wieso ist die Situation ähnlich wie beim Ionenprodukt für die Wasser-Dissoziation?
30. Wie beschleunigt eine Säure die Hydrolyse von Ethylacetat?
31. Wie unterscheiden sich Säure- und Basen-Katalyse der Hydrolyse von Ethylacetat? In welcher Hinsicht sind sie ähnlich?
32. Warum ist in einer Lösung, die beide Ionen enthält, die Übertragung von H^+ viel schneller als die von Na^+?

Probleme

1. Welchen pH-Wert hat eine 0.01-molare NaOH-Lösung?
2. Welchen pH-Wert hat eine 10^{-10}-molare HCl-Lösung?
3. Welchen pH-Wert hat eine 0.10-molare Essigsäure-Lösung, wenn die Säure zu 1.3% ionisiert ist? Welchen Wert hat K_s für Essigsäure? Man vergleiche diesen Wert mit dem in der Tabelle auf Seite 382.
4. Welchen pH-Wert hat eine 0.10-molare HF-Lösung, wenn die Säure zu 5.75% ionisiert ist? Welchen K_s-Wert hat HF? Man vergleiche diesen Wert mit dem in der Tabelle auf Seite 382.
5. Man berechne mit den Daten in der Tabelle auf Seite 382 die Basen-Dissoziations-Konstante von Ammoniumhydroxid. Liegt in der Lösung wirklich undissoziiertes NH_4OH vor? Wenn nicht, durch welche Reaktion entstehen Ammonium-Ion und OH^-? Welchen pH-Wert hat eine 0.0100-molare Ammoniak-Lösung?
6. In den USA muß auf der Packung eines Reinigungsmittels eine Warnung stehen, wenn der Inhalt in Lösung einen pH-Wert >11 hat, da starke Basen Proteine abbauen. Sollte die Packung auch eine Warnung tragen, wenn ihr Inhalt in Lösung eine H^+-Konzentration von $2.5 \cdot 10^{-12}$ mol · l^{-1} hat?
7. Die Ionisationskonstante für Arsenige Säure ($HAsO_2$) ist $6.0 \cdot 10^{-10}$. Welchen pH-Wert hat eine 0.10-molare Lösung von Arseniger Säure? Welchen pH-Wert hat eine 0.10-molare Lösung von $NaAsO_2$?
8. Eine Ammoniaklösung hat eine Wasserstoffionen-Konzentration von $8.0 \cdot 10^{-9}$ mol · l^{-1}. Welchen pOH-Wert hat diese Lösung?
9. Wie hoch ist die CN^--Ionenkonzentration und der pOH in einer 1.00-molaren wäßrigen Lösung von HCN?
10. Pyridin ist eine organische Base, die mit Wasser folgendermaßen reagiert:

    $$C_5H_5N + H_2O \rightleftharpoons C_5H_5NH^+ + OH^-$$

    Die Basen-Dissoziationskonstante für diese Reaktion ist $K_b = 1.58 \cdot 10^{-8}$. Wie hoch ist die Konzentration der $C_5H_5NH^+$-Ionen in einer ursprünglich 0.10-molaren Pyridinlösung? Welchen pH-Wert hat die Lösung?
11. Wie hoch ist die Gleichgewichtskonzentration von NO_2^--Ionen in einer 0.22-molaren wäßrigen Lösung von Salpetriger Säure? Welchen pH-Wert hat diese Lösung? Zu wieviel Prozent ionisiert HNO_2?
12. Hydrazin ist eine schwache Base, die in Wasser nach der Gleichung

    $$N_2H_4 + H_2O \rightleftharpoons N_2H_5^+ + OH^-$$

    reagiert. Die Gleichgewichtskonstante für diese Dissoziation ist bei 25°C $2.0 \cdot 10^{-6}$. Man formuliere das Massenwirkungsgesetz für diese Reaktion. Wie hoch ist die Konzentration der Hydrazinium-Ionen, $N_2H_5^+$, wenn die ursprüngliche Hydrazinlösung 0.010-molar war? Wie hoch ist der pH-Wert?
13. Welchen pH-Wert hat eine 0.18-molare Ammoniumchlorid-Lösung?
14. Welchen pH-Wert hat eine 0.025-molare Natriumacetat-Lösung?
15. Welchen pH-Wert hat eine 1.0-molare Natriumcyanid-Lösung?
16. Eine Pufferlösung wurde aus einer 0.30-molaren Natriumcyanid-Lösung und 0.03-molarer HCN hergestellt. Welchen pH-Wert hat die Pufferlösung?
17. Welchen pH-Wert hat ein Puffer, der 0.20-molar an Ammoniak und 0.40-molar an Ammoniumchlorid ist?
18. Eine Pufferlösung wurde aus gleichen Volumenteilen 0.10-molarer Essigsäure und 0.10-molarem Natriumacetat hergestellt. Welchen pH-Wert hat dieser Puffer?
19. Welchen pH-Wert hat eine Lösung, die aus gleichen Volumenteilen 0.20-molarer Propionsäure und 0.20-molarem Natriumpropionat hergestellt wurde?

20. Eine Lösung ist 0.10-molar an Ameisensäure und 0.010-molar an Natriumformiat. Welchen pH-Wert hat die Lösung?
21. Welchen pH-Wert hat die entstehende Lösung, wenn 0.010 mol HCl-Gas in einem Liter reinem Wasser gelöst werden? Welchen pH-Wert erhält man, wenn dieselbe Menge HCl stattdessen in einem Liter der Pufferlösung von Problem 19 gelöst wird?
22. Welchen pH-Wert hat eine Lösung, die aus 20 ml einer 0.6-molaren Ammoniak-Lösung und 10 ml einer 1.8-molaren Ammoniumchlorid-Lösung hergestellt wurde? Welchen pH-Wert erhält man, wenn man zu dieser Lösung 1 ml einer 1.0-molaren HCl-Lösung zugibt? Wenn die Pufferlösung aus 0.06-molarem Ammoniak und 0.18-molarem Ammoniumchlorid hergestellt worden wäre, würde dann dieselbe HCl-Lösung den pH-Wert mehr oder weniger als in der ersten Situation ändern? Warum?
23. Novocain (Nvc) ist eine schwache organische Base und reagiert folgendermaßen mit Wasser:

$$Nvc + H_2O \rightleftharpoons NvcH^+ + OH^-$$

Die Basengleichgewichtskonstante für diese Reaktion ist $K_b = 9.0 \cdot 10^{-6}$. Wenn eine 0.010-molare Novocain-Lösung mit Salpetersäure titriert wird: (a) Welchen pH-Wert hat die Novocain-Lösung zu Beginn der Titration, bevor Säure zugegeben wird? (b) Am Endpunkt der Titration verhält sich die Lösung wie eine Lösung von 0.010-molarem $NvcH^+NO_3^-$. Welchen pH-Wert hat diese Lösung? (c) Der Indikator Bromkresolgrün hat einen pK_s-Wert von 5.0. Ist dieser Indikator für die Titration geeignet?
24. Die Löslichkeit von Silberphosphat, Ag_3PO_4, bei 20°C in Wasser ist 0.0065 $g \cdot l^{-1}$. Welches Löslichkeitsprodukt (K_L) hat dieses Salz? Wie hoch ist die Löslichkeit von Silberphosphat in $mol \cdot l^{-1}$ in einer Lösung, die insgesamt 0.10 $mol \cdot l^{-1}$ Ag^+ enthält?

25. Wenn eine Lösung, die 0.16 mol · l^{-1} Pb^{2+}-Ionen enthält, so lange mit Chlorid-Ionen versetzt wird, bis sie 0.10-molar an Chlorid-Ionen ist, dann werden 99.0% des Pb^{2+} als $PbCl_2$ ausgefällt. Wie hoch ist K_L für $PbCl_2$?

Mit den Daten der Tabelle auf Seite 402 lassen sich die folgenden Probleme lösen:

26. Man berechne die Löslichkeit in mol · l^{-1} von MgF_2 in reinem Wasser. Wie groß ist die Löslichkeit in 0.050-molarer NaF-Lösung?
27. Wie hoch ist die Löslichkeit von CoS in reinem Wasser in mol · l^{-1}? Welche Löslichkeit hat CoS in 0.10-molarer Natriumsulfid-Lösung?
28. Wie hoch ist die Konzentration der Silber-Ionen in einer Lösung von Silberchromat in reinem Wasser? In 0.10-molarer Chromat-Lösung?
29. Man berechne die Konzentration der Calcium-Ionen in einer gesättigten Lösung von Calciumfluorid.
30. Eine Lösung ist 0.10-molar an Mg^{2+}, 0.10-molar an NH_3 und 1.0-molar an NH_4Cl. Wird daraus $Mg(OH)_2$ ausfallen?
31. Bei der Ausfällung von Metallsulfiden kann man durch Einstellung der Wasserstoffionen-Konzentration eine selektive Ausfällung erreichen. Bei welchem pH-Wert beginnt ZnS aus einer 0.077-molaren H_2S-Lösung auszufallen, die 0.080-molar an Zn^{2+} ist? (Die notwendigen Daten findet man in den Tabellen für K_s und K_L auf den Seiten 382 und 402.)
32. Wie hoch ist die Löslichkeit von AgOH in einem Puffer bei pH = 13?
33. In einer mit H_2S gesättigten wäßrigen Lösung ist $[H^+]^2 \cdot [S^{2-}] = 1.3 \cdot 10^{-21}$. Man berechne die Löslichkeit von FeS bei pH 9 und pH 2. Man erkläre, wie sich dieses Verhalten für analytische Trennungen ausnutzen läßt!
34. Man berechne die Löslichkeit von $Mg(OH)_2$ in wäßriger Lösung bei pH 2 und bei pH 12. Wieso ist dieses Verhalten für chemische Trennungen nützlich?

◀ *„Wasserfall", eine Lithographie des berühmten holländischen Künstlers M. C. Escher aus dem Jahre 1961 (Sammlung C. V. S. Roosevelt, Washington DC/USA.)*

17. Kapitel

Die treibende Kraft, die das Ganze bewegt: Chemisches und elektrisches Potential

Wenn wir an die Schwerkraft denken und uns vergegenwärtigen, wie ein Strom spontan den Drang hat zu fließen und wie ein Ball dazu neigt, abwärts zu rollen, dann läßt sich das am bequemsten auf die Formel bringen, daß Wasser oder Ball das Bestreben haben, von einem Ort hoher potentieller Energie zu einem Ort niedriger potentieller Energie zu gelangen. Nur dann, wenn ein solcher Abfall des Potentials möglich ist, kann aus dem Vorgang nutzbare Arbeit gewonnen werden – und aus diesem Grund empfinden wir unmittelbar die auf der gegenüberliegenden Seite dargestellte Situation als paradox und absurd. Die Erde übt auf eine Kugel der Masse m die Kraft $F = m \cdot g$ aus, wobei g die Gravitationskonstante bedeutet. Wenn wir die Kugel auf eine Höhe h über das ursprüngliche Niveau heben, führen wir ihr die zusätzliche potentielle Energie $E_p = m \cdot g \cdot h$ zu. Die Kugel kann diese potentielle Energie in kinetische (d.h. Bewegungs-)Energie umwandeln, indem sie bergab bis auf die ursprüngliche Höhe rollt, so wie es auf der nächsten Seite dargestellt ist. Spontane Bewegung findet immer zwischen einem Ort hoher potentieller Energie und einem Ort niedriger potentieller Energie statt.

In derselben Sprache kann man über chemische Reaktionen reden. Im 13. Kapitel haben wir gelernt, daß bei konstanter Temperatur und konstantem Druck eine chemische Reaktion dann spontan ist, wenn sie zu einer Abnahme der Freien Energie G führt. Die Vereinigung von Wasserstoff mit Sauerstoff zu Wasser ist in hohem Maße spontan und kann mit explosionsartiger Geschwindigkeit ablaufen:

$$H_2(g) + \tfrac{1}{2}O_2(g) \longrightarrow H_2O(g) \qquad \Delta G^0 = -228.6 \text{ kJ pro Mol } H_2O$$

Wir können uns diese Reaktion als einen Vorgang vorstellen, in dessen Verlauf die Wasserstoff- und Sauerstoff-Atome sich von einem Zustand hohen chemischen Potentials (H_2- und O_2-Moleküle) zu einem Zustand niedrigeren chemischen Potentials (die Moleküle des Wasserdampfs) begeben. Man kann sich die Freie Energie pro Mol einer Substanz als ihr *Chemisches Potential* vorstellen und eine spontane chemische Reaktion so betrachten, als rollten die Atome ein chemisches „Potentialgefälle" hinab. Die Freie Energie, die bei einem spontanen Vorgang abgegeben wird, ist dann nichts anderes als die Potentialänderung (ΔG pro Mol), multipliziert mit der Substanzmenge (Anzahl Mol), die bei der Reaktion umgesetzt wird.

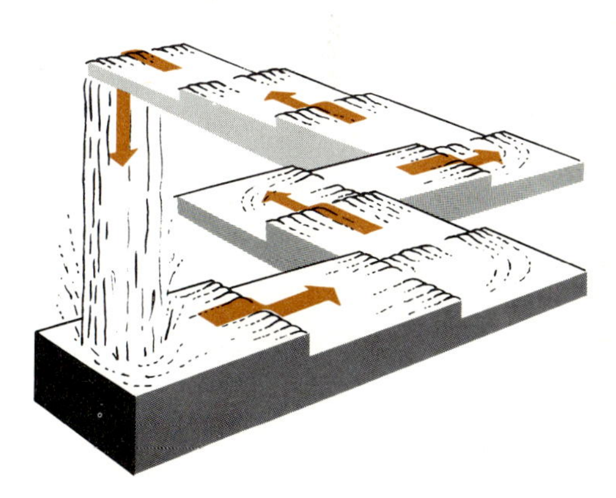

Wasser, welches von einem höheren zu einem niedrigeren Niveau fließt, kann nutzbare Arbeit leisten. Im Bild links hat uns M. C. Escher scheinbar ein Perpetuum mobile vorgeführt, in dem das Wasser einen Wasserfall hinunterstürzt und dabei ein Mühlrad treibt, dann durch einen Kanal abwärts fließt, um sich schließlich am oberen Ende des Wasserfalls wiederzufinden – bereit, weitere Arbeit zu leisten. Oben ist dargestellt, wie die Illusion zustandekommt.

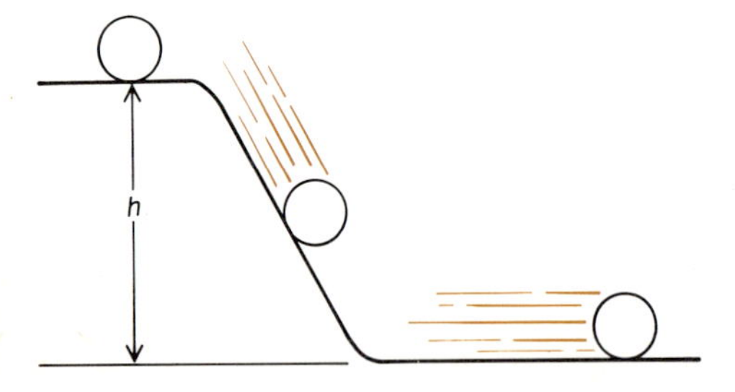

Ein Ball, der einen Hügel der (vertikal gemessenen) Höhe *h* hinabrollt, erhält die kinetische Energie $E = mgh$, wobei *m* die Masse ist, die das Potentialgefälle *gh* durchläuft. Diese kinetische Energie kann dazu dienen, nutzbare Arbeit zu leisten.

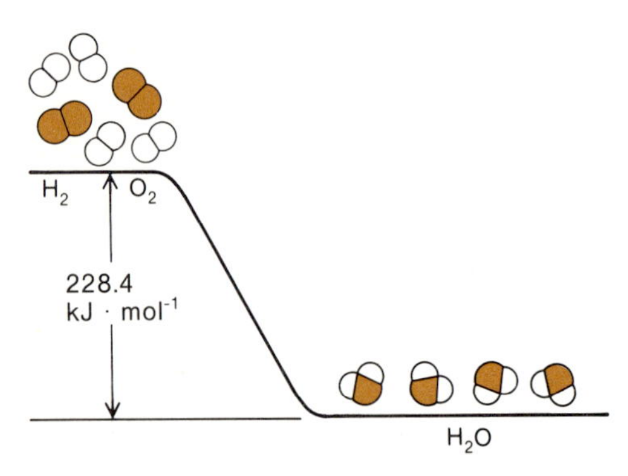

Wenn H_2 und O_2 zu H_2O reagieren, entwickeln sie eine Freie Energie von $n \cdot 228.6$ kJ. *n* ist die Anzahl der gebildetem Mol H_2O; die Freie Energie nimmt um 228.6 kJ · mol^{-1} ab. Diese Freie Energie kann dazu dienen, nutzbare Arbeit zu leisten.

Diese Aussage kann in Form einer Gleichung ausgedrückt werden:

Abgegebene Freie Energie = Potentialänderung · Umsatz (in Mol Reaktanden)

Bei unserer Wasserdampf-Reaktion beträgt die Änderung der Freien Energie pro Mol des gebildeten Wasserdampfs $-228.6\,\text{kJ} \cdot \text{mol}^{-1}$ (H_2O). Um diesen Betrag nimmt das chemische Potential bei der H_2O-Bildung ab. Wenn 50 Mol Wasserdampf gebildet werden, dann ist die insgesamt abgegebene Freie Energie:

$$\Delta G^0 = (-228.6\,\text{kJ} \cdot \text{mol}^{-1})\,(50\,\text{mol}) = -11\,430\,\text{kJ}$$

In der Sprache der Gravitation entspricht das der Energie, die frei wird, wenn 50 Kugeln einen 228.6 kJ hohen Hügel hinunterrollen (links). Die Vorstellung eines irgendwie gearteten Potentials, um zu erklären, warum spontane Vorgänge spontan sind, wird sich im folgenden Kapitel als brauchbar erweisen, wenn wir uns mit Oxidations-Reduktions-Vorgängen und mit Elektrochemie befassen.

Die Freie Energie und die Tendenz, sich seiner Umgebung zu entziehen

Die Freie Energie ist auch ein Maß für die Tendenz von Molekülen, sich ihrer Umgebung zu entziehen. Dies ist in dem Experiment links unten veranschaulicht. Ether und Wasser mischen sich nicht; sie sind ineinander nicht löslich, denn die polaren Wasser-Moleküle können viel stärker miteinander in Wechselwirkung treten, wenn sie sich durch Trennung von den unpolaren Ether-Molekülen in ihre eigene Phase zurückziehen. Wenn wir in einem Kolben Wasser und Ether miteinander schütteln und wieder stehenlassen, dann trennen sich die beiden Flüssigkeiten in zwei Schichten.

Iod-Kristalle sind bis zu einem gewissen Grade sowohl in Ether als auch in Wasser löslich. Wenn wir in die Ether-Phase eine kleine Menge Iod bringen, wandert ein kleiner Teil der violetten Farbe des ethergelösten Iods langsam als braune Färbung in die wäßrige Phase. Wenn wir umgekehrt dem Wasser Iod zufügen, diffundiert ein Teil davon in den Ether. Die Freie Energie pro Mol – das chemische Potential – einer Substanz in einer Mischung hängt von ihrer Konzentration ab: Je höher die Konzentration, desto höher ist das chemische Potential. Das spontane Bestreben der Moleküle, aus Bereichen hoher Konzentration in Bereiche stärkerer Verdünnung zu entweichen, ist ein neues Beispiel für die Tendenz, sich von einem Zustand hohen zu einem Zustand niedrigen Potentials zu begeben. Wenn bei dem Ether-Wasser-Experiment Iod in Wasser gegeben wird, dann ist das chemische Potential des Iods in Ether anfänglich höher als in Wasser, und deshalb wandern Iod-Moleküle aus dem Ether ins Wasser, bis ihr chemisches Potential – ihre Freie Energie pro Mol – in beiden Phasen gleich ist. Wenn diese Bedingung erfüllt ist, dann ändert sich die Freie Energie nicht weiter, wenn ein I_2-Molekül von einer Phase in die andere überwechselt. Für einen solchen Übergang ist $\Delta G = 0$ – es herrscht Gleichgewicht.

Das chemische Potential (oder die molare Freie Energie) bestimmt also, ob eine Substanz von einer chemischen Umgebung in die andere übergeht. Wenn I_2-Moleküle in der Etherschicht konzentriert sind, haben sie eine hohe Freie Energie pro Mol und eine hohe Tendenz, diesem Zustand zu entkommen. Wenn die Tendenz der I_2-Moleküle, sich der wäßrigen Lösung zu entziehen, niedrig ist, weil die Konzentration in Wasser niedrig ist, dann diffundiert Iod aus dem Ether so lange in das Wasser, bis das Bestreben der Moleküle, sich ihrer Umgebung zu entziehen, in beiden Phasen sich die Waage hält. Diese Beziehung zwischen der Freien Energie und dem Bestreben, seiner Umgebung auszuweichen, wird uns speziell das Verständnis der Eigenschaften von Lösungen näherbringen, von denen der erste Teil dieses Kapitels handeln wird.

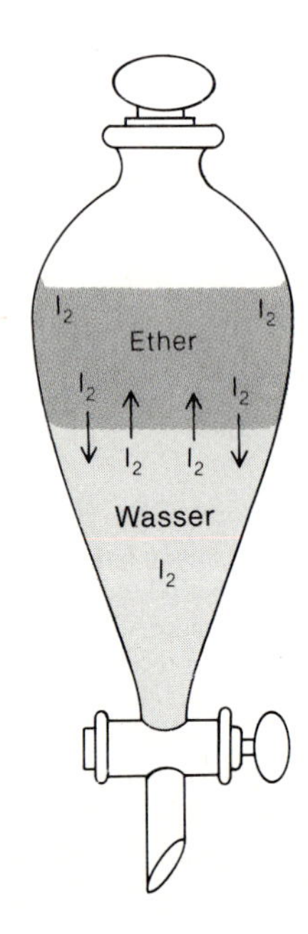

Iod-Moleküle verteilen sich zwischen der Ether- und der Wasserschicht, bis ihre molare Freie Energie oder ihre Tendenz, ihrer Umgebung zu entfliehen, in beiden Schichten gleich ist.

Lösungen und kolligative Phänomene

Flüssigkeiten werden zusammengehalten durch van-der-Waals-Anziehungskräfte, durch Dipolkräfte (sofern die Moleküle polar sind), durch Wasserstoffbrükkenbindungen sowie in geschmolzenen Salzen durch elektrostatische Anziehungskräfte zwischen den Ionen. Wir werden uns hauptsächlich mit molekularen Flüssigkeiten wie Wasser beschäftigen, in denen Wasserstoffbrückenbindungen sowie van-der-Waals- und Dipolkräfte die größte Bedeutung haben.

Nicht alle Moleküle einer Flüssigkeit bewegen sich mit der gleichen Geschwindigkeit. Zwar bewegen sie sich allgemein um so schneller, je höher die Temperatur ist; aber die Moleküle der Flüssigkeit haben keine einheitliche Geschwindigkeit, sondern innerhalb eines bestimmten Bereiches verschiedene Geschwindigkeiten. Wenn Moleküle miteinander zusammenstoßen, nehmen sie Energie auf oder geben sie ab, aber statistisch wird in der Flüssigkeit im ganzen eine Geschwindigkeitsverteilung aufrechterhalten, wie sie unten dargestellt ist. Bei Erhöhung der Temperatur wird einfach das Maximum der Geschwindigkeitsverteilung in Richtung höherer Geschwindigkeiten verschoben.

Bei jeder Temperatur gibt es in einer Flüssigkeit Moleküle, die sich so schnell bewegen, daß sie, wenn sie auf die Grenzfläche Flüssigkeit/Gas stoßen, gar nicht anders können, als in die Gasphase als Dampf überzugehen (rechts). Die meisten Moleküle der Flüssigkeit haben zu wenig Energie; sie werden durch die Anziehung ihrer Nachbarn von der Grenzfläche zurück in die Flüssigkeit gezogen. Die gesamte Freie Energie pro Mol einer Flüssigkeit nimmt zu, wenn die Temperatur erhöht wird; sie kann als durchschnittliche Tendenz der Moleküle, sich der Flüssigkeit zu entziehen, aufgefaßt werden.

Zur gleichen Zeit haben die Moleküle im Dampf über der Flüssigkeit ebenfalls innerhalb bestimmter Grenzen verschiedene Geschwindigkeiten und Energien. Diejenigen Moleküle, die sich langsamer bewegen, können eingefangen werden, wenn sie der Flüssigkeitsoberfläche nahekommen. Die Wahrscheinlichkeit, daß dies passiert, nimmt mit der Zahl der Gasmoleküle zu, die pro Sekunde auf die Oberfläche auftreffen. Diese Wahrscheinlichkeit hängt wiederum ab von der Konzentration oder dem Partialdruck der Moleküle im Dampf über der Flüssigkeit. Je höher der Partialdruck des Dampfs, desto häufiger treffen die Moleküle auf die Flüssigkeitsoberfläche und desto größer ist die Tendenz der verdampften Moleküle, in die Flüssigkeit zurückzukehren.

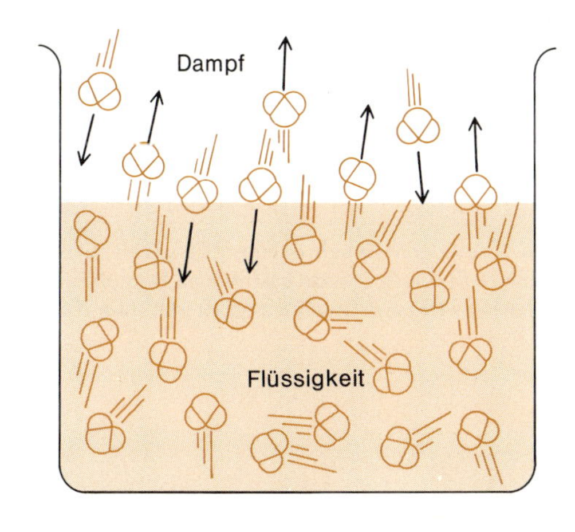

In einer Flüssigkeit ebenso wie im Dampf darüber befinden sich die Moleküle in ständiger Bewegung. Den Druck, bei dem die Rückkehr der Moleküle aus dem Gas in die Flüssigkeit dem Austritt der Moleküle gerade die Waage hält, nennt man den Gleichgewichts-Dampfdruck der Flüssigkeit bei der gegebenen Temperatur.

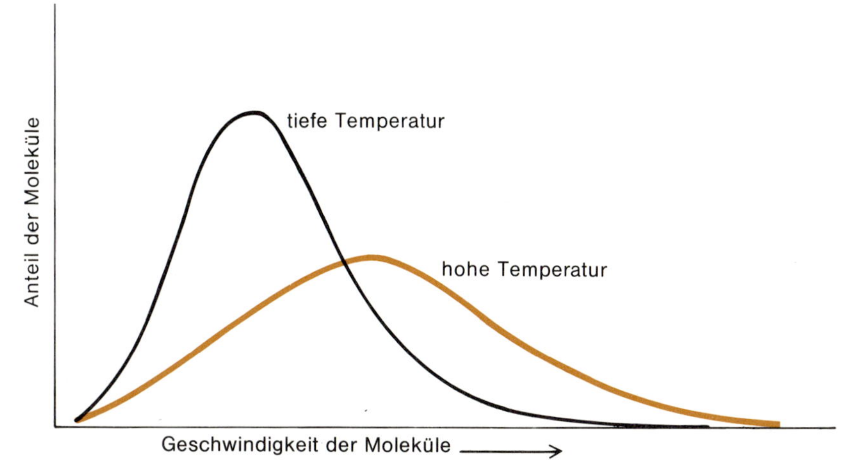

Nicht alle Moleküle eines Gases oder einer Flüssigkeit haben die gleiche Energie oder Geschwindigkeit. Für jede Temperatur gilt eine Geschwindigkeitsverteilung mit einem Maximum, das bei um so höherer Geschwindigkeit liegt, je höher die Temperatur ist.

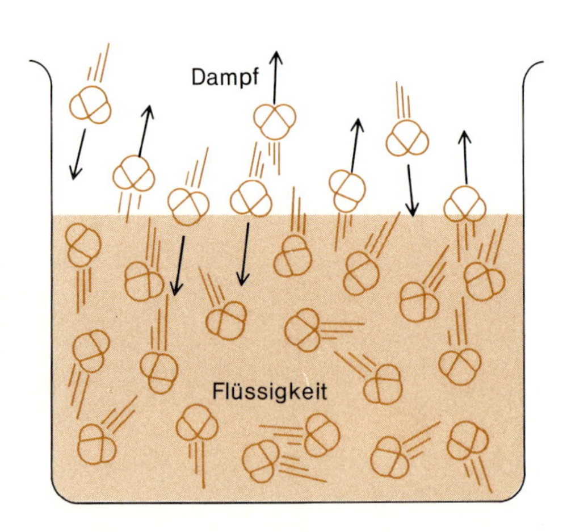

Sind keinerlei Moleküle in einer Flüssigkeit gelöst, dann stellt sich bei einem bestimmten Dampfdruck Gleichgewicht zwischen Flüssigkeit und Dampf ein.

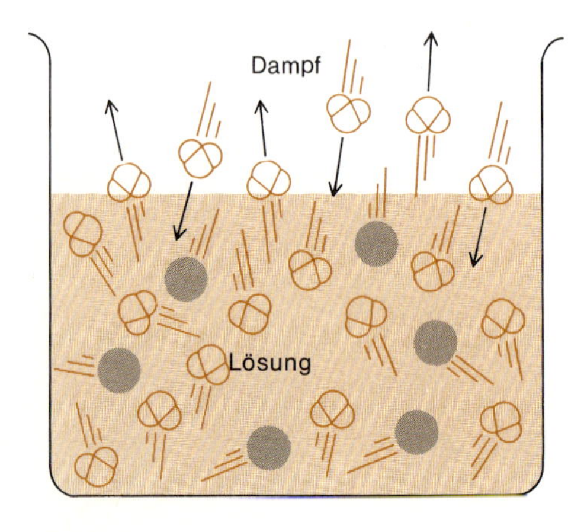

Werden Fremdmoleküle (graue Punkte) in der Flüssigkeit gelöst, dann wird die Geschwindigkeit herabgesetzt, mit der die Lösungsmittel-Moleküle die Flüssigkeit verlassen, und der Dampfdruck beim Gleichgewicht ist niedriger.

Bei jeder Temperatur herrscht Gleichgewicht dann, wenn die Tendenz der Moleküle, sich ihrer Umgebung zu entziehen – d.h. ihre Freie Energie pro Mol – in der Flüssigkeit und im Dampf gleich sind. Wird die Temperatur erhöht, nimmt die Tendenz der Moleküle in der Flüssigkeit zu, dieser zu entfliehen. Es wird also mehr Flüssigkeit verdampfen, bis der Dampfdruck den Punkt erreicht hat, an dem die Tendenz der Moleküle im Dampf, in die Flüssigkeit zurückzukehren, der Tendenz der Moleküle, aus der Flüssigkeit zu verdampfen, die Waage hält. Dieser Gleichgewichtspartialdruck des Dampfs über einer Flüssigkeit heißt der Gleichgewichts-*Dampfdruck* der Substanz.

Der Dampfdruck von Wasser beträgt bei Raumtemperatur (25°C) 0.0317 bar (oder 0.0313 Atmosphären oder 23.8 mm Quecksilbersäule). Bei einem „Atmosphären"-Druck von 1.01303 bar (d.h. 1 Atmosphäre) bedeutet dies, daß wir in einem Quantum Luft, das ruhig über einem See liegt und bei 25°C mit Feuchtigkeit gesättigt ist, 0.0317 bar Wasserdampfdruck finden werden, und daneben 0.9816 bar O_2, N_2 und andere Gase. Wie sich der Gleichgewichtsdampfdruck mit der Temperatur ändert, ist in der Graphik rechts außen dargestellt. Bei 0°C bewegen sich die Moleküle des flüssigen Wassers langsam; ihre Tendenz, aus der flüssigen Phase zu entweichen, ist gering, und der Gleichgewichtsdampfdruck über der Flüssigkeit beträgt nur 0.0051 bar. Bei 50°C steigt er auf 0.1233 bar und bei 100°C erreicht er 1.013 bar (oder 1 Atmosphäre). Damit ist auch der Siedepunkt einer Flüssigkeit definiert als die Temperatur, bei welcher der Dampfdruck dem äußeren Druck gleich wird. Unterhalb des Siedepunktes ist der atmosphärische Druck auf die Flüssigkeitsoberfläche größer als der Druck, den Dampfblasen in der Flüssigkeit entwikkeln könnten, und so wird die Bildung dieser Dampfblasen verhindert. Nur an der Grenzfläche Flüssigkeit/Gas findet eine Verdampfung statt. Am Siedepunkt jedoch wird der Dampfdruck so groß wie der Gesamtdruck über der Flüssigkeitsoberfläche. Innerhalb der Flüssigkeit beginnen sich Dampfblasen ebenso zu formen wie an der Flüssigkeitsoberfläche, und es tritt jene lebhafte Bewegung auf, die wir Sieden nennen.

Welche Änderung des Gleichgewichtsdampfdrucks einer Flüssigkeit sollten wir erwarten, wenn irgendwelche nichtflüchtigen Moleküle oder Ionen in der Flüssigkeit gelöst werden? Anhand der Diagramme links können wir verstehen, was passiert. In reinem, flüssigen Wasser hat jedes Molekül, das die Oberfläche erreicht, abhängig von seiner kinetischen Energie, eine gewisse Chance, in die Dampfphase zu entweichen. Wird ein nichtflüchtiger Stoff wie Zucker in einer Konzentration zugegeben, daß eines von zehn Molekülen der Lösung Zucker anstelle von Wasser ist, dann haben nur 90% der Moleküle, die vorher potentielle Ausreißer waren, die Möglichkeit, aus der Flüssigkeit auszutreten. Im Mittel ist die Tendenz der Wasser-Moleküle eines bestimmten Quantums Lösung, dieser zu entweichen, herabgesetzt, während die Kondensationsgeschwindigkeit nicht beeinflußt wird, weil es im Dampf keine Zucker-Moleküle gibt. Die Kondensation gewinnt die Oberhand über die Verdampfung – mehr Dampf kondensiert. Wenn wieder ein Gleichgewicht Dampf/Flüssigkeit erreicht ist, findet man, daß der Gleichgewichtsdampfdruck nur 90% des ursprünglichen Dampfdrucks beträgt.

Der Molenbruch einer Substanz in einer Mischung von Substanzen, nach DIN Stoffmengenanteil genannt, ist die Menge dieser Substanz (in mol), geteilt durch die Menge aller Substanzen (in mol) in der Mischung:

$$X_j = \frac{n_j}{n_1 + n_2 + n_3 + \cdots} = \text{Molenbruch des Bestandteils j}$$

Wenn ein nicht-flüchtiger Stoff, A, zu einem reinen Lösungsmittel, B, gegeben wird, bis der Molenbruch des Lösungsmittels von eins auf X_B abgenommen hat, dann ist der Dampfdruck nur noch $X_B$mal der Dampfdruck des reinen Lösungsmittels, p_B^0:

$$p_B = X_B p_B^0$$

Dies ist das Raoultsche Gesetz. Die *Erniedrigung* des Dampfdrucks von B ist proportional dem Molenbruch der gelösten Substanz A:

$$\Delta p_B = X_A p_B^0$$

Man kann leicht zeigen, daß dieser Ausdruck aus dem vorangegangenen folgt, wenn man zusätzlich berücksichtigt, daß die Summe der Molenbrüche eins sein muß:

$$X_A + X_B = 1$$

Um welche Substanz es sich speziell bei den gelösten Molekülen handelt, ist für die Erniedrigung des Dampfdrucks nicht wichtig. Die Moleküle spielen nur die Rolle, dafür zu sorgen, daß weniger Lösungsmittel-Moleküle die Oberfläche erreichen, und insofern kommt es nur auf ihre Zahl an. Wenn deshalb z.B. ein Salz in zwei Teilchen (d.h. Ionen) dissoziiert, hat es für die Erniedrigung des Dampfdrucks die doppelte Wirkung. Ein Mol NaCl erniedrigt den Dampfdruck von Wasser um den doppelten Betrag wie ein Mol Glucose, denn aus dem Salz entsteht die doppelte Anzahl von Teilchen in der wäßrigen Lösung.

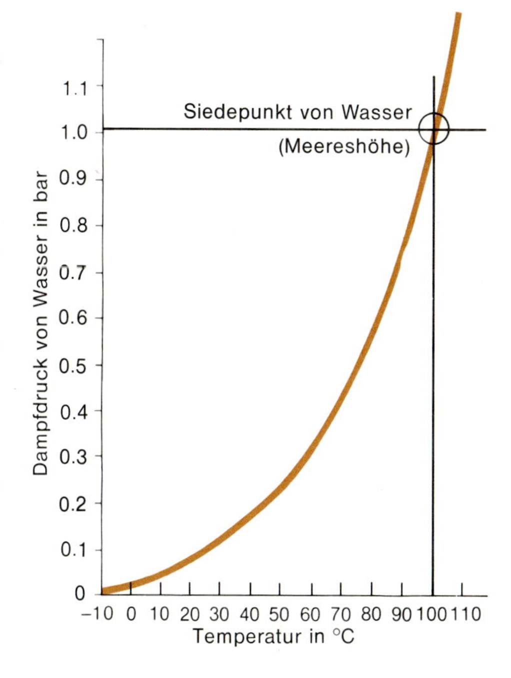

Der Gleichgewichtsdampfdruck von Wasser steigt mit der Temperatur steil an, er erreicht 1.013 bar (1 Atmosphäre) bei 100 °C. Dies ist der normale Siedepunkt des Wassers in Meereshöhe.

Beispiel. Bei 35 °C beträgt der Dampfdruck von Wasser 0.056 bar. Wie hoch ist der Dampfdruck einer wäßrigen Glucose-Lösung, die ein Glucose-Molekül auf 100 Wasser-Moleküle enthält?

Lösung. Die Molenbrüche von Wasser und Glucose sind

$$X_{Glu} = \frac{1}{101} = 0.00990$$

$$X_{H_2O} = \frac{100}{101} = 0.990$$

Der Dampfdruck von Wasser über dieser Lösung beträgt:

$$p_{H_2O} = X_{H_2O} \cdot p_{H_2O}^0 = 0.990 \cdot 0.056 = 0.055 \text{ bar}$$

Bei derart verdünnten Lösungen ist es genauer, stattdessen die Dampfdruckerniedrigung zu berechnen:

$$\Delta p_{H_2O} = X_{Glu} \cdot p_{H_2O}^0 = 0.0099\,(0.056) = 0.0005 \text{ bar}$$

Beispiel: Aus der Tabelle der Elementhäufigkeiten im 8. Kapitel geht hervor, daß Meerwasser als eine Lösung betrachtet werden kann, die 330 NaCl-„Moleküle" auf 33 000 Wasser-Moleküle enthält. Der Dampfdruck von reinem Wasser an einem heißen Sommertag (35 °C) beträgt 0.056 bar. Wie hoch ist der Dampfdruck von Wasser bei dieser Temperatur mitten über dem Ozean?

Lösung. Wir müssen diesmal beim Berechnen der Molenbrüche achtgeben, denn die Lösung enthält jetzt drei Spezies: Wasser-Moleküle sowie Na^+- und Cl^--Ionen. Da wir von einem NaCl pro 100 Wasser-Moleküle ausgegangen sind, ist die relative Molzahl für alle drei Fälle:

$$n_{Na^+} = 1 \qquad n_{Cl^-} = 1 \qquad n_{H_2O} = 100 \qquad n_{total} = 102 \text{ (nicht 101!)}$$

Die Molenbrüche sind

$$X_{Na^+} = \frac{1}{102} = 0.0098$$

$$X_{Cl^-} = \frac{1}{102} = 0.0098$$

$$X_{H_2O} = \frac{100}{102} = 0.980$$

Der Dampfdruck von Meerwasser ist dann:

$$p_{H_2O} = 0.980 \cdot 0.056 = 0.054 \text{ bar}$$

Die gesamte durch die Kombination von Na^+- und Cl^--Ionen verursachte Dampfdruckerniedrigung beträgt:

$$\Delta p_{H_2O} = (0.0098 + 0.0098) \cdot 0.056 = 0.0011 \text{ bar}$$

Die Erniedrigung des Gleichgewichtsdampfdrucks einer Flüssigkeit durch gelöste Ionen oder Moleküle wird manchmal als ***kolligatives Phänomen*** bezeichnet (d.h. als „kollektives", durch Zusammenwirken entstandenes Phänomen), denn die Größe des Effekts hängt ausschließlich von der Gesamtzahl der gelösten Ionen oder Moleküle ab und nicht davon, um was für Teilchen es sich handelt. Es gibt drei weitere kolligative Eigenschaften von Lösungen: Siedepunktserhöhung, Gefrierpunktserniedrigung und osmotischer Druck. In allen vier Fällen wird durch die Anwesenheit gelöster Moleküle oder Ionen die Tendenz der Lösungsmittel-Moleküle, aus der flüssigen Phase zu entweichen, vermindert, und jedesmal muß an Temperatur oder Druck „gedreht" werden, um wieder Gleichgewicht zwischen der Flüssigkeit und der gasförmigen oder festen Phase herzustellen.

Siedepunktserhöhung

Da der Siedepunkt als die Temperatur definiert ist, bei welcher der Dampfdruck die Höhe des atmosphärischen Drucks erreicht, muß offenbar alles, was den Dampfdruck erniedrigt, den Siedepunkt erhöhen. Unter dem Gesichtspunkt der molaren Freien Energie oder der Tendenz der Wasser-Moleküle, sich der flüssigen Phase zu entziehen, hat die Zugabe von Zucker-Molekülen zu kochendem Wasser bei 100°C zur Folge, daß die H_2O-Moleküle verdünnt werden, daß ihre Tendenz, die flüssige Phase zu verlassen, reduziert wird und daß das Wasser zu kochen aufhört. Um die Lösung wieder zum Sieden zu bringen, müssen wir die Temperatur erhöhen, bis die Tendenz der Wasser-Moleküle, die flüssige Phase zu verlassen, so groß ist wie vorher. Wir können eine Formel aufstellen, die aussagt, wie diese Tendenz von Konzentration und Temperatur abhängt, und wir können Ausschau halten, unter welchen Bedingungen die Einflüsse von Konzentration und Temperatur einander die Waage halten. Für verdünnte Lösungen, bei denen Wechselwirkungen zwischen den gelösten Molekülen oder Ionen vernachlässigt werden können, ergibt sich, daß die Erhöhung des Siedepunkts, ΔT_s, proportional ist der Konzentration des Gelösten, ausgedrückt als *Molalität,* d.h. als Anzahl Mol der gelösten Partikel je Kilogramm des reinen Lösungsmittels:

m_A = Molalität von A
= mol A pro Kilogramm reines Lösungsmittel B

$$\Delta T_s = k_s m_A$$

Die Proportionalitätskonstante k_s ändert sich von einem Lösungsmittel zum anderen, ist aber völlig unabhängig von der Natur der gelösten Teilchen A. Der gelöste Stoff übt seine Wirkung ausschließlich kraft der Zahl seiner gelösten Moleküle oder Ionen aus. Wie beim Dampfdruck haben Salze, aus denen beim Lösen mehrere Ionen pro „Molekül" entstehen, einen größeren Effekt als Moleküle, die nicht dissoziieren.

Beispiel. Die molale Konstante der Siedepunktserhöhung beträgt für Wasser k_s = 0.512. Wie hoch liegt die Siedetemperatur (T_s) einer Lösung von 0.10 mol Glucose in 1000 g Wasser?

Lösung.

$$m = \frac{0.10\ \text{mol}}{1\ \text{kg}} = 0.10\ \text{molal}$$

$$\Delta T_s = 0.512 \cdot 0.10 = 0.051\,°\text{C}$$

$$T_s \;= 100 + 0.051 = 100.051\,°\text{C}$$

Der Siedepunkt ist erhöht, aber nur um ein zwanzigstel Grad Celsius.

Beispiel. Welchen Siedepunkt hat eine 0.10-molale Lösung von NaCl?

Lösung. Da aus jedem Mol NaCl zwei Mol Ionen entstehen, ist die effektive Molalität 0.20 Mol Ionen pro 1000 g Wasser. Die Erhöhung des Siedepunktes ist also doppelt so groß wie bei der 0.10-molalen Glucose-Lösung, also 0.10 °C, und der Siedepunkt der Lösung liegt bei 100.10 °C.

Die Bedeutung des Siedepunkts und die Wirkung von Salzen können durch zwei Phänomene aus dem Bereich der Kochkunst illustriert werden. Kochendes Wasser ist ein einfaches Mittel, eine reproduzierbare, konstante Temperatur aufrechtzuerhalten, nämlich auf Meereshöhe (1.013 bar) 100 °C. In großer Höhe ist die Situation etwas anders. Bei 2440 m, etwa im Wintersportort Aspen, Colorado/USA, beträgt der Luftdruck statt 1.013 bar nur 0.747 bar[1)]. Wasser muß nur auf 92 °C erhitzt werden, bis sein Dampfdruck 0.747 bar beträgt und die turbulente Dampfblasenbildung beginnt, die wir Sieden oder Kochen nennen (siehe die Zeichnung unten). Tatsächlich sind 92 °C das Äußerste, was man in Aspen in einem offenen Topf erreichen kann. Führt man mehr Wärme zu, verharrt die Temperatur bei 92 °C, und die Flüssigkeit verkocht einfach schneller. Praktische Konsequenz davon sind u. a. kalter Kaffee und Eier, die ewig brauchen, um hart gekocht zu werden. Das andere

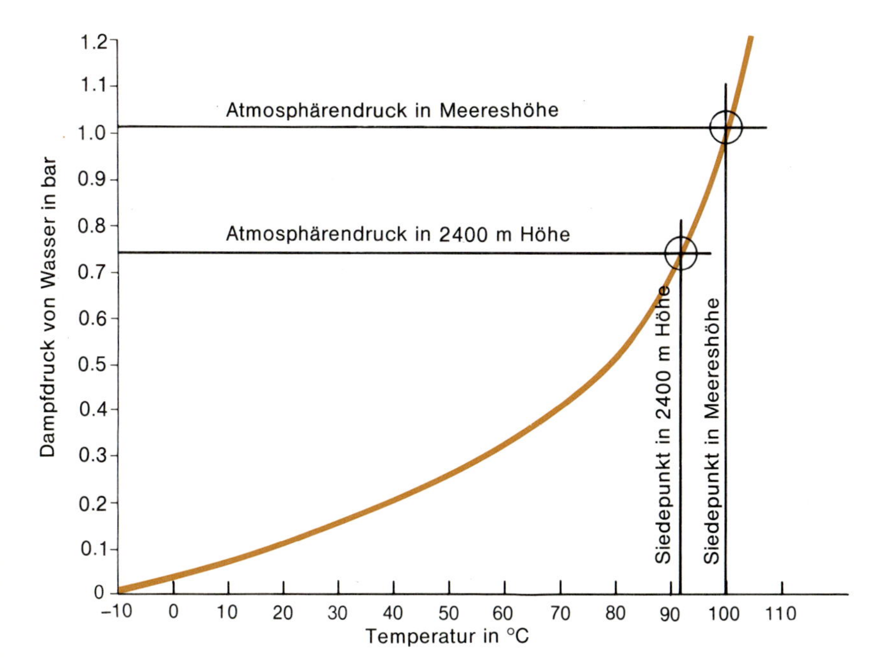

Der Siedepunkt des Wassers beträgt in Meereshöhe 100 °C, in 2400 m Höhe jedoch nur noch 92 °C.

1) Anm. der Übers.: Aus Ehrfurcht vor den SI-Einheiten haben die Übersetzer an dieser Stelle einen in Parenthese gesetzten Einschub des Autors gestrichen und wagen nur, die Übersetzung in einer Fußnote zu verstecken: „Die Daumenregel des U.S. Weather Bureau für die Änderung des Luftdrucks mit der Höhe heißt: ‚ein Inch Quecksilbersäule pro tausend Fuß'."

Extrem: In einem Druckkochtopf, der bis zu einem Gesamtdruck von ca. 4 bar dampfdicht ist, können die Temperatur auf ca. 135 °C erhöht und Kochvorgänge entsprechend beschleunigt werden.

Das zweite Phänomen aus dem Bereich der Kochkunst veranschaulicht den Einfluß von Salzen auf den Siedepunkt. Wenn man einen Topf mit Wasser zum Kochen bringt und dann Salz hinzufügt, hört das Sieden sofort auf. Die zugesetzten Ionen setzen die Tendenz der Wasser-Moleküle herab, ihrer Umgebung zu entfliehen. Erst bei höherer Temperatur erreicht der Dampfdruck wieder den Atmosphärendruck, und das Sieden setzt wieder ein.

Gefrierpunktserniedrigung

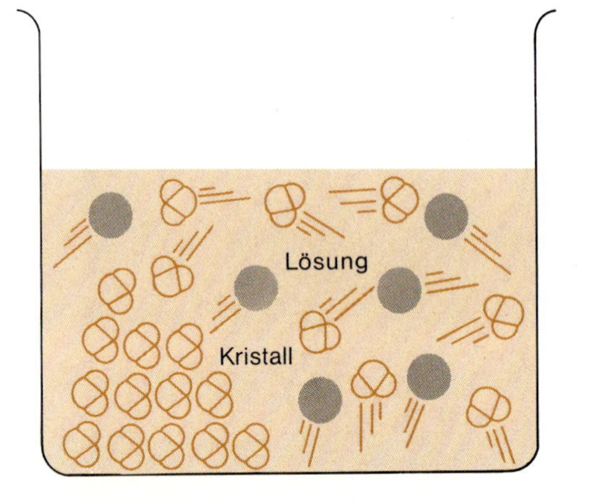

Gelöste Moleküle stören die Kristallisation der Moleküle einer Flüssigkeit, nicht aber das Schmelzen des Kristalls. Daher erniedrigen gelöste Stoffe die Temperatur, bei der die beiden gegenläufigen Prozesse im Gleichgewicht sind, d. h. den Gefrierpunkt der Lösung.

Löst man in einer Flüssigkeit die Moleküle irgendeiner Substanz, dann wird aus Gründen, die aus der Zeichnung links ersichtlich sind, der Gefrierpunkt erniedrigt. Der Gefrierpunkt ist die Temperatur, bei der Gefrieren und Schmelzen einander die Waage halten. Wenn so viel Ionen oder Moleküle gelöst sind, daß nur noch 90 Prozent der Teilchen in der Flüssigkeit Moleküle des eigentlichen Lösungsmittels sind, dann besteht nur noch bei 90 Prozent der Zusammenstöße von Lösungsmittel-Molekülen mit einem Kristall die Chance, daß diese Moleküle sich am Festkörper ansetzen. Die Temperatur muß also erniedrigt werden, um die Tendenz, daß sich Moleküle vom Festkörper losreißen und in die Flüssigkeit übergehen, herabzusetzen, so daß Gefrieren und Schmelzen wieder im Gleichgewicht sind.

In verdünnten Lösungen ist die Erniedrigung des Gefrierpunkts proportional der *Molalität* des Gelösten:

$$T_f = -k_f m_A$$

Beispiel. Die molale Konstante der Gefrierpunktserniedrigung für Wasser beträgt $k_f = 1.86$. Welchen Gefrierpunkt hat eine Lösung, die 0.10 Mol Glucose in 1000 g Wasser enthält?

Lösung.

$$m = \frac{0.10 \text{ mol}}{1 \text{ kg}} = 0.10 \text{ molal}$$

$$T_f = -1.86 \cdot 0.10 = -0.19 °\text{C}$$

Da der Gefrierpunkt von Wasser bei 0 °C liegt, hat die Lösung einen Gefrierpunkt von −0.19 °C.

Beispiel. Welchen Gefrierpunkt hat das Seewasser, dessen Eigenschaften oben in diesem Kapitel beschrieben wurden?

Lösung. Wir hatten angegeben, daß Meerwasser ungefähr ein NaCl auf 100 Wasser-Moleküle enthält, d. h. 1 mol NaCl auf 100 mol H_2O. Da die relative Molekülmasse von Wasser 18.0 beträgt, ist diese Angabe äquivalent den Formulierungen: 1 mol NaCl pro 1800 g Wasser oder 1.0/1.8 = 0.556 mol NaCl pro Kilogramm Wasser. Weil jedes Mol NaCl zwei Mol Ionen ergibt, beträgt die effektive Molalität 2 · 0.556 oder 1.11, und die Gefrierpunktserniedrigung ergibt sich zu:

$$T_f = -1.86 \cdot 1.11 = -2.06 °\text{C}$$

Meerwasser gefriert also bei 2 Grad unter null.

Auf den kolligativen Eigenschaften beruhte einer der ersten Beweise, daß Salze wirklich dissoziieren, sowie eine der ersten Bestimmungsmethoden für die Zahl der gebildeten Ionen. Man könnte sich z.B. vorstellen, daß die Verbindung Kaliumhexacyanoferrat(III), $K_3Fe(CN)_6$, in Lösung wie folgt dissoziiert:

$$K_3Fe(CN)_6 \xrightarrow{?} 3K^+ + Fe^{3+} + 6CN^-$$

Ist das richtig? Eine Bestimmung der Gefrierpunktserniedrigung liefert die Entscheidung:

Beispiel. Wenn 300 mg Kaliumhexacyanoferrat(III) in 10 ml Wasser gelöst werden, fällt der Gefrierpunkt auf −0.68 °C. Wie viele Ionen werden pro Formeleinheit $K_3Fe(CN)_6$ gebildet?

Lösung. Da 1 ml Wasser 1 g wiegt, ist die Stärke unserer Salzlösung äquivalent einer Konzentration von 30 Gramm Salz pro Kilogramm Wasser. Die relative Molekülmasse von Kaliumhexacyanoferrat(III) beträgt 329, und die Molalität ergibt sich deshalb zu:

$$m_A = \frac{30\ \text{g kg}^{-1}}{329\ \text{g} \cdot \text{mol}^{-1}} = 0.0912\ \text{mol} \cdot \text{kg}^{-1}$$

Wenn das Salz in Wasser nicht dissoziierte, betrüge die zu erwartende Gefrierpunktserniedrigung

$$\Delta T_f = -1.86 \cdot 0.0912 = -0.170\,°\text{C}$$

Experimentell beobachtet wird eine viermal so große Gefrierpunktserniedrigung; Kaliumhexacyanoferrat(III) muß also in wäßriger Lösung in vier Ionen dissoziieren. Aus anderen Versuchsergebnissen kennen wir die Lösung:

$$K_3Fe(CN)_6 \longrightarrow 3K^+ + Fe(CN)_6^{3-}$$

Die Kalium-Ionen dissoziieren ab, aber der Hexacyanoferrat(III)-Komplex bleibt als Einheit erhalten. (Welchen Gefrierpunkt hätte die Lösung, wenn Kaliumhexacyanoferrat(III) vollständig in der Weise dissoziierte, wie es in dieser Übung zuerst vorgeschlagen wurde?)

Wenn wir Ethylenglykol als Gefrierschutz für Autokühler verwenden, machen wir uns die Gefrierpunktserniedrigung des Kühlerwassers zunutze. Im Sommer verdampft Ethylenglykol zu schnell, aber mit anderen Zusätzen können wir nicht nur im Winter die Gefrierpunktserniedrigung, sondern auch im Sommer die Siedepunktserhöhung des Kühlerwassers ausnutzen, um bei heißem Wetter sein Überkochen zu verhindern. Wenn wir auf vereiste Gehsteige Salz streuen, erniedrigen Na^+- und Cl^--Ionen den Gefrierpunkt des Wassers, und das Eis schmilzt zu einer konzentrierten Salzlösung. In ähnlicher Weise benutzt man bei der häuslichen Herstellung von Speiseeis einen Brei aus Steinsalz und Eis, der eine tiefere Temperatur hat, als man nur mit Eis und reinem Wasser erreichen könnte. All diese Anwendungen beruhen auf den kolligativen Eigenschaften von in Wasser gelösten Molekülen und Ionen.

Eine weitere wichtige Anwendung ist die Bestimmung der relativen Molekülmassen. Aus der Messung einer Gefrierpunktserniedrigung können wir entnehmen, wie viele Mol eines Stoffs gelöst sind, und wenn wir wissen, wieviel Gramm aufgelöst wurden, läßt sich die relative Molekülmasse leicht berechnen.

Beispiel. Eine gesättigte Lösung von Glutaminsäure (einer Aminosäure) in Wasser enthält 1.50 g Glutaminsäure pro 100 g Wasser. Die Lösung hat einen Gefrierpunkt von −0.189 °C. Wie groß ist die relative Molekülmasse von Glutaminsäure?

Lösung.

$$\Delta T_f = -k_f m_A$$

$$-0.189 = -1.86\ m_A$$

$$m_A = 0.102\ \text{mol} \cdot \text{kg}^{-1}$$

Konstanten für Gefrierpunktserniedrigung und Siedepunktserhöhung einiger häufig verwendeter Lösungsmittel[a)]

Lösungsmittel	T_f (in K)	k_f[b)]	T_s (in K)	k_s[b)]	M
Wasser (H_2O)	273.16	1.86	373.0	+0.52	18.0
Tetrachlorkohlenstoff (CCl_4)	250.5	~30.00	350.0	5.03	154.0
Chloroform ($CHCl_3$)	209.6	4.70	334.4	3.63	119.5
Benzol (C_6H_6)	278.6	5.12	353.3	2.53	78.0
Schwefelkohlenstoff (CS_2)	164.2	3.83	319.4	2.34	76.0
Ether (C_4H_{10})	156.9	1.79	307.8	2.02	74.0
Campher ($C_{10}H_{16}O$)	453.0	40.0			152.2

a) T_f ist der Gefrierpunkt unter Normalbedingungen; k_f die Konstante der molalen Gefrierpunktserniedrigung; T_s ist der Siedepunkt unter Normalbedingungen; k_s die Konstante der molalen Siedepunktserhöhung; M bedeutet die relative Molekülmasse der Substanz.
b) Einheit: K pro mol $\cdot$ kg^{-1} = K $\cdot$ kg $\cdot$ mol^{-1}.

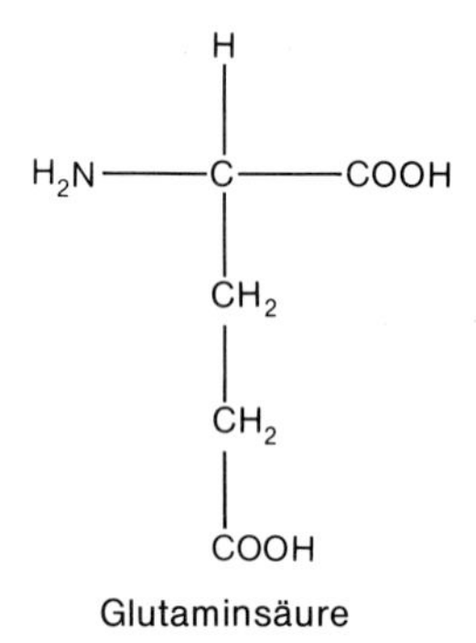

Glutaminsäure

Die Lösung wurde aus 15.0 g Glutaminsäure auf 1 kg Wasser hergestellt, diese 15.0 g sind also äquivalent mit 0.102 mol. Die molare Masse von Glutaminsäure beträgt demnach:

$$M = \frac{15.0\ \text{g} \cdot \text{kg}^{-1}}{0.102\ \text{mol} \cdot \text{kg}^{-1}} = 147\ \text{g} \cdot \text{mol}^{-1}$$

(Links ist die tatsächliche molekulare Struktur von Glutaminsäure dargestellt. Stimmt sie mit der berechneten Molekülmasse überein?)
Bei großen Molekülen ist die Bestimmung der Gefrierpunktserniedrigung leider von begrenztem Wert, denn die Temperaturänderungen sind, selbst in gesättigten Lösungen, zu klein.

Beispiel: Eine Probe von 200 mg Cytochrom c (einem Protein) wird in 10 ml Wasser gelöst. Cytochrom c hat eine relative Molekülmasse von 12400. Welche Gefrierpunktserniedrigung ist zu erwarten?

Lösung. 200 mg pro 10 ml (d. h. 10 g) entsprechen 20 g Protein auf 1 kg Wasser. Das sind, da die Molekülmasse 12400 beträgt, 20/12400 = 0.0016 mol pro Kilogramm Lösungsmittel.
Daraus folgt:

$$\Delta T_f = -1.86\,(0.0016) = -0.003\,°C$$

Diese Temperaturänderung ist für eine genaue Molekülmassenbestimmung eines unbekannten Protein-Moleküls zu klein.

Die Empfindlichkeit der Bestimmung der relativen Molekülmassen kann bis zu einem gewissen Grad dadurch erhöht werden, daß man Lösungsmittel mit größeren k_f- oder k_s-Werten wählt. Einige Möglichkeiten sind in der Tabelle oben zusammengestellt.
Häufig verwendet man die organische Verbindung Campher, weil sie den hohen k_f-Wert von 40.0 hat. Man kann die Empfindlichkeit einer Molekülmassenbestimmung um mehr als das Zwanzigfache erhöhen, wenn man geschmolzenen Campher als Lösungsmittel wählt. Dieses Verfahren funktioniert aber nur, wenn die Verbindung, deren Molekülmasse man wissen möchte, in Campher löslich und außerdem beim Schmelzpunkt von Campher (180 °C) noch stabil ist.

Osmotischer Druck

Die vierte „kolligative“Eigenschaft von Stoffen ist der osmotische Druck, dessen Messung für Molekülmassenbestimmungen nützlich werden kann, wenn die Messung der Gefrierpunktserniedrigung versagt. Viele Membranen haben Poren, die groß genug sind, um bestimmte Moleküle hindurchtreten zu lassen, die aber für andere Moleküle zu klein sind. Solche Membranen nennt man *semipermeabel.* Es gibt solche, die Wasser-Moleküle passieren lassen, nicht aber Ionen oder Salze. Andere Membranen, die größere Poren haben, sind durchlässig für Wasser-Moleküle, Salze und kleine Moleküle, aber nicht für Protein-Moleküle mit Molekülmassen von einigen tausend. Die selektive Durchlässigkeit für Ionen und kleine Moleküle, nicht aber für Proteine, nennt man *Dialyse;* es ist eine gebräuchliche biochemische Trenn- und Reinigungsmethode. Unsere Nieren sind im wesentlichen ein dichtgewebtes Röhrennetz für die Dialyse, durch das Flüssigkeiten, Salze und kleine Abfall-Moleküle ausgeschieden werden, während gleichzeitig dafür gesorgt wird, daß keine Proteine aus den Körperflüssigkeiten verlorengehen. In künstlichen Nieren wird dieser Vorgang der Blutreinigung mit Hilfe von synthetischen Dialyseröhren simuliert, in denen das Blut des Patienten entlang einer Seite der semipermeablen Membranen fließt und Waschflüssigkeit entlang der anderen Seite.

Speziell der osmotische Druck wird auf der Grundlage der Tendenz von Molekülen, ihrer Umgebung zu entkommen, leicht verständlich. In den Zeichnungen am Seitenrand ist dies illustriert: Ein Ende eines mit einer halbdurchlässigen Membran verschlossenen Glasrohrs taucht in ein wassergefülltes Becherglas. Befindet sich auf beiden Seiten der Membran reines Wasser, so ist die Tendenz der Moleküle, auf die andere Seite der Membran überzuwechseln, auf beiden Seiten gleich. Löst man nun irgendwelche Moleküle, die nicht durch die Membran hindurchtreten können, in der Flüssigkeit im Rohr, nicht aber im äußeren Gefäß, dann wird die Tendenz der Wasser-Moleküle im Rohr, durch die Membran nach außen zu dringen, herabgesetzt, wie es in der zweiten Zeichnung rechts dargestellt ist. Während die Wasser-Moleküle mit unverminderter Geschwindigkeit durch die Membran in das Rohr übertreten, ist der Fluß in entgegengesetzter Richtung – vom Rohr in das Becherglas – eingeschränkt, denn nicht jedes Molekül, das die innere Seite der Membran erreicht, ist ein Wasser-Molekül. Wenn von den Molekülen im Rohr nur 90% H_2O sind, dann ist auch der Strom von Wasser-Molekülen nach außen in das Gefäß auf 90 Prozent des ursprünglichen Stroms herabgesetzt. Es fließt mehr Wasser nach innen als nach außen, und im Rohr steigt der Wasserspiegel, wie es das dritte Bild rechts zeigt.

Steigt der Druck im Rohr, so nimmt die Tendenz der Wasser-Moleküle, aus dem Rohrinnern zu entweichen, wieder zu, denn durch ihr Ausströmen durch die Membran hindurch wird der Druck erniedrigt. Zuerst strömte Wasser von außen nach innen, weil die Tendenz der Wasser-Moleküle, auf die andere Seite der Membran zu gelangen, im Inneren geringer war als die der Moleküle des reinen Wassers außen. Durch diesen Zustrom von Wasser wurde im Rohr ein hydrostatischer Druck aufgebaut, der nun wiederum die Tendenz der Wasser-Moleküle, nach außen zu dringen, erhöht. Wenn der Druck hoch genug ist, halten sich die Ströme nach innen und nach außen die Waage; ein neues Gleichgewicht ist erreicht. Der Gleichgewichtsdruck wird als *Osmotischer Druck* bezeichnet. Je mehr Moleküle oder Ionen die Lösung enthält, desto höher muß der osmotische Druck sein, um den nach innen gerichteten Strom von Wasser-Molekülen zu stoppen.

Wie bei der Siedepunktserhöhung, kann man auch beim Problem des osmotischen Drucks Formeln aufstellen, die die Abhängigkeit der molaren Freien Energie der Wasser-Moleküle von Konzentration und Druck in einer Lösung beschreiben, und man findet auf diese Weise, unter welchen Bedingungen sich die beiden entge-

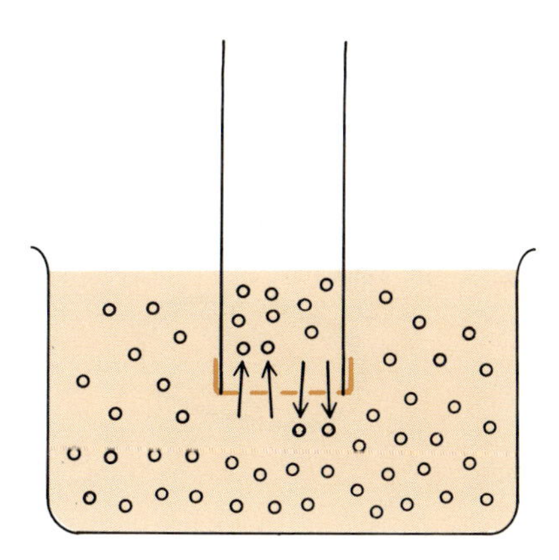

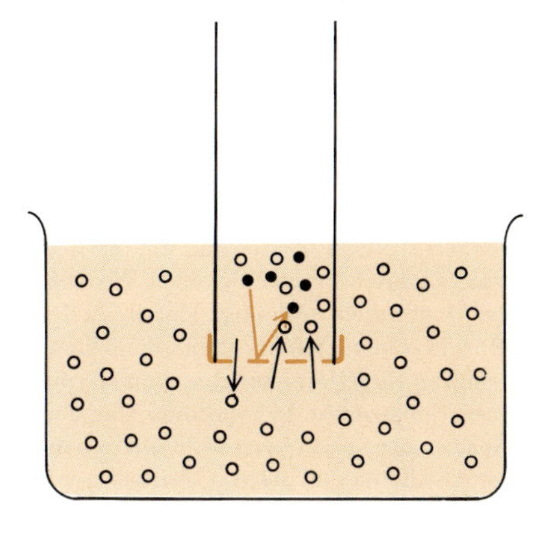

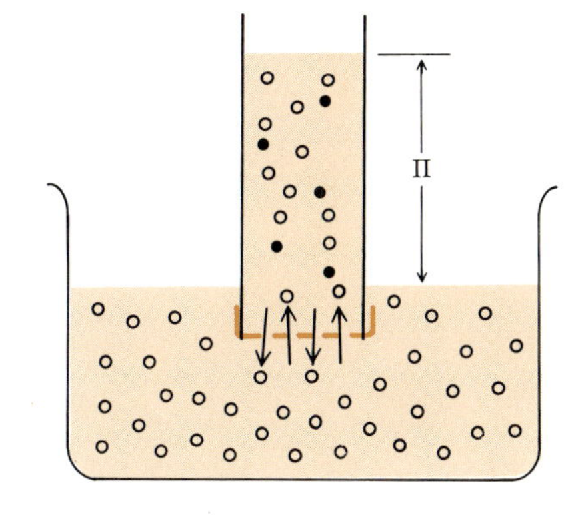

Schlüssel

o Lösungsmittel

• Gelöstes

--- Membran, durchlässig für Lösungsmittel, aber nicht für gelöste Teilchen

Gelöste Moleküle stören den Austritt der Flüssigkeit durch die Membran hindurch aus dem Rohr heraus, aber nicht den umgekehrten Fluß in das Rohr hinein. Das Gleichgewicht wird erst wieder erreicht, d.h. der Nettostrom der Flüssigkeit einwärts hört erst auf, wenn sich innerhalb des Rohres ein osmotischer Druck Π aufgebaut hat.

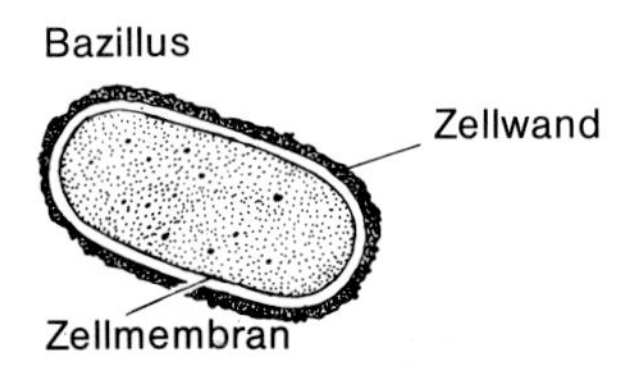

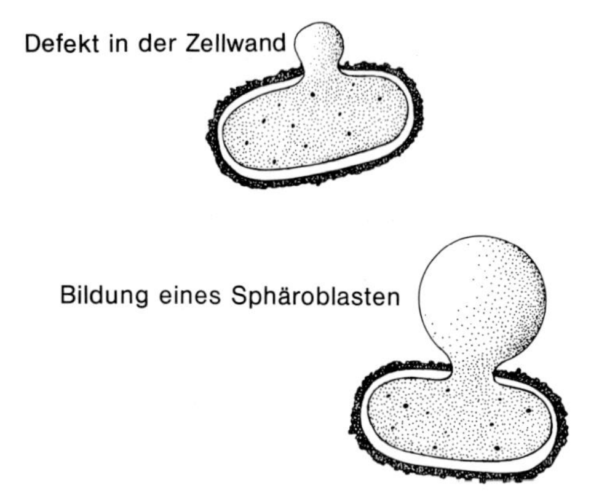

Lebende Zellen stehen unter Belastung durch den osmotischen Druck. Pflanzen und Bakterien schützen sich durch starre Zellwände, die ihre äußeren Membranen umhüllen. Hat die Zellwand eines Bazillus einen Defekt (oben), dann kann die Zellmembran Kugelform annehmen; man spricht von einem Sphäroblast. In hypotoner Umgebung (unten) kann der Sphäroblast nicht überleben, sondern schwillt an und platzt. Ursache ist der osmotische Druck, der sich durch das Eindringen von Wasser-Molekülen aufbaut. (Aus: *Agents of Bacterial Disease,* von Albert S. Klainer und Irving Geis. © 1973, Harper and Row, Hagerstown, MD/USA.)

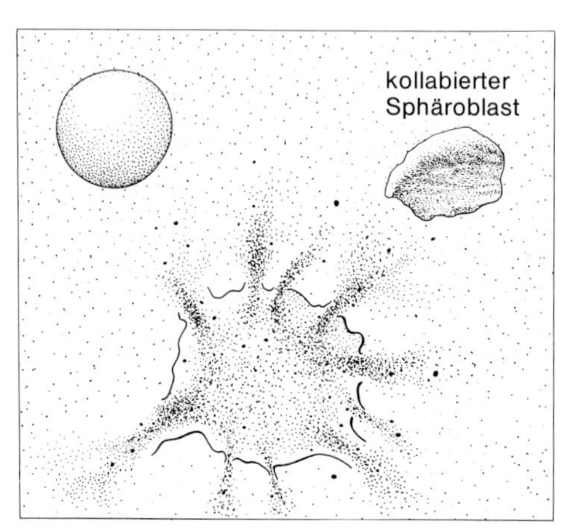

gengesetzten Effekte gerade aufheben. Für verdünnte Lösungen ergibt sich, daß der osmotische Druck, der den Strom von Lösungsmittel-Molekülen durch eine Membran ausgleicht, von der Molarität der gelösten Teilchen auf der Seite der Membran abhängt, auf welcher der Druck aufgewendet werden muß:

$$c_A = \text{Molarität von A} = \text{Mol A pro Liter Lösung}$$

$$\Pi = c_A \cdot R \cdot T = \text{osmotischer Druck}$$

(Π, das große griechische Pi, ist das Symbol für den osmotischen Druck.) Die Molarität einer Lösung ist die Anzahl Mol des gelösten Stoffes *pro Liter Lösung,* während die Molalität die Anzahl Mol des gelösten Stoffes *pro Kilogramm reinen Lösungsmittels* ist. Ist das Lösungsmittel Wasser (Dichte = 1 kg pro Liter) und ist die Lösung verdünnt, so daß die Volumenänderung des Lösungsmittels nach Zugabe des gelösten Stoffes gering ist, dann ist der Unterschied zwischen Molarität und Molalität ebenfalls gering. Werden der osmotische Druck in bar, die Konzentration c_A in Mol pro Liter angegeben, und ist T die absolute Temperatur in Kelvin, dann ist R die Gaskonstante, die uns zuerst im 2. Kapitel begegnet ist: $R = 0.08314\ \text{l} \cdot \text{bar} \cdot \text{K}^{-1} \cdot \text{mol}^{-1}$. (Man beachte die Ähnlichkeit zwischen dem Ausdruck für den osmotischen Druck bei idealen verdünnten Lösungen und dem Gasgesetz für ideale Gase!) Der osmotische Druck hängt empfindlicher von der Konzentration ab als die Gefrierpunktserniedrigung; er eignet sich daher besser zur Molekülmassenbestimmung großer Moleküle.

Beispiel. Eine 200-mg-Probe Cytochrom c wird in 10 ml Wasser gelöst. Die relative Molekülmasse von Cytochrom c beträgt 12400. Wie hoch ist der osmotische Druck in der Lösung, wenn sich das Diffusionsgleichgewicht eingestellt hat?

Lösung. In einer derart verdünnten Lösung kann man Molarität und Molalität gleichsetzen. Es ergibt sich also:

$$\Pi = c_A R T = 0.0016 \cdot 0.08314 \cdot 298 = 0.0396\ \text{bar}$$

Eine Druckänderung von 0.04 bar, das sind 30 mm Quecksilbersäule, ist ohne Schwierigkeit exakt meßbar, so daß sich die Molekülmasse gut bestimmen läßt.

Der osmotische Druck spielt eine wichtige Rolle für lebende Zellen, denn sie sind von einer semipermeablen Zellmembran umgeben, durch die hindurch sie mit der Außenwelt in Kommunikation stehen. Zellen sind so konstruiert, daß sie bei einer ganz bestimmten Salzkonzentration in ihrem Innern funktionieren. Bringt man sie in eine konzentrierte Salzlösung, verlieren sie durch die Membran hindurch Wasser und schrumpfen; werden sie umgekehrt in destilliertes Wasser gebracht, nehmen sie Wasser auf und schwellen an (links). Wird der osmotische Druck im Innern zu groß für die Stabilität der Membran, platzt die Zelle. Pflanzenzellen haben feste Zellwände aus Cellulose, die sie vor einem solchen osmotischen Schock schützen.

Alle vier kolligativen Phänomene lassen sich auf eine gemeinsame Grundlage zurückführen: Damit Gleichgewicht zwischen zwei Phasen existiert, muß die molare Freie Energie – das chemische Potential oder die Tendenz, sich der Umgebung zu entziehen – der Lösungsmittel-Moleküle in beiden Phasen die gleiche sein. Wenn zu einer flüssigen Phase Fremdmoleküle oder -ionen zugefügt werden, nimmt das chemische Potential der Flüssigkeit in dieser Phase ab. Die Tendenz der Moleküle der Flüssigkeit, in eine angrenzende Dampfphase oder feste Phase überzugehen oder durch eine Membran hindurchzutreten, wird geringer. Um das Gleichgewicht wiederherzustellen, müssen Temperatur oder Druck angepaßt werden.

Redox-Reaktionen und elektrochemisches Potential

Bei Oxidationen und Reduktionen werden Elektronen von Molekülen oder Ionen eines Stoffes weggenommen und von Molekülen oder Ionen anderer Substanzen aufgenommen. Wie bei den im vorigen Abschnitt diskutierten Bewegungen ganzer Moleküle, ist auch hier die Freie Energie der Schlüssel zum Verständnis der Elektronenübergänge. Oxidations-Reduktions-(Redox-)Reaktionen sind deshalb von Bedeutung, weil sie prinzipiell die natürlichen (oder biologischen) und künstlichen Energiequellen auf unserem Planeten sind. Aus den im 12. Kapitel behandelten Gründen werden bei der Oxidation von Molekülen durch Abspaltung von Wasserstoff oder Vereinigung mit Sauerstoff normalerweise große Energiemengen freigesetzt. Die Synthese von reduzierten organischen Molekülen (Zuckern) durch die Photosynthese in grünen Pflanzen ist das wichtigste Mittel, mit dem auf unserem Planeten Sonnenenergie eingefangen und gespeichert wird.

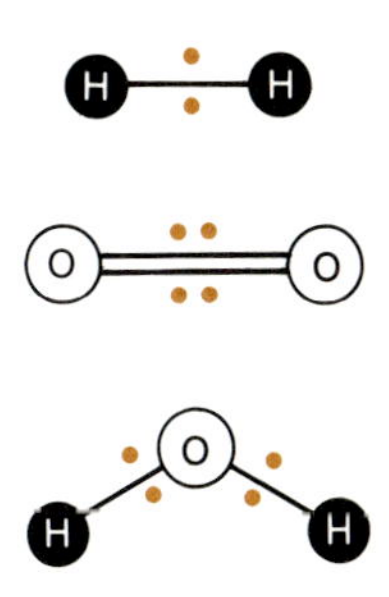

Wenn H_2 und O_2 miteinander zu Wasser reagieren, werden die Elektronen im Endeffekt zu den negativeren Sauerstoff-Atomen verschoben. Wasserstoff wird also oxidiert, Sauerstoff reduziert.

Eine Oxidation besteht entweder aus dem vollständigen Verlust von Elektronen:

$$Cu \longrightarrow Cu^{2+} + 2e^-$$

oder aus der Verschiebung bindender Elektronen auf ein stärker elektronegatives Atom:

$$2H_2 + O_2 \longrightarrow 2H_2O$$

Im ersten Beispiel werden die Elektronen von den Kupfer-Atomen entfernt, so daß positiv geladene Kupfer-Ionen entstehen. Im zweiten Beispiel werden die Elektronen des Wasserstoffs, die ursprünglich zwischen zwei Wasserstoff-Atomen gleichmäßig verteilt waren, teilweise abgegeben, indem sie unsymmetrisch zwischen Wasserstoff- und Sauerstoff-Atomen verteilt werden. Da bei chemischen Reaktionen Elektronen weder entstehen noch verschwinden, muß bei der Oxidation eines Atoms ein anderes reduziert werden. Wenn bei dem oben formulierten Vorgang Wasserstoff oxidiert wird, wird gleichzeitig Sauerstoff reduziert. Die Kupfer-Reaktion ist unvollständig, denn irgendeine Substanz muß gleichzeitig reduziert werden, indem sie die beiden auf der rechten Seite der Gleichung angegebenen Elektronen aufnimmt.

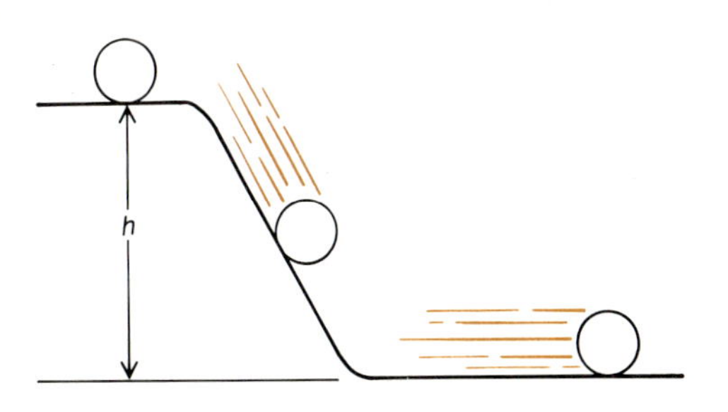

Bei der oben gezeigten Wasser-Synthese wird Wasserstoff oxidiert und Sauerstoff reduziert. Dabei wird Freie Energie abgegeben, denn Sauerstoff ist ein starkes Oxidationsmittel (d.h. er hat eine starke Tendenz, Elektronen an sich zu ziehen), und Wasserstoff ist ein gutes Reduktionsmittel (d.h. er überläßt seine Elektronen leicht irgendwelchen anderen Atomen). Die Änderung der Freien Standardenthalpie bei dieser Reaktion beträgt $\Delta G^0 = -228$ kJ pro Mol des gebildeten Wasserdampfes (rechts). Allgemein wird Freie Energie freigesetzt, wenn eine Substanz, die ihre Elektronen nicht sehr fest gebunden hat, durch ein starkes Oxidationsmittel, das Elektronen sehr stark an sich zieht, oxidiert wird. Ein solcher Vorgang läuft freiwillig ab.

Wie gesagt, werden nicht unbedingt bei jeder Oxidation die Elektronen vollständig abgegeben. Jedoch sind solche Oxidations-Reduktions-Reaktionen besonders interessant, bei denen tatsächlich Elektronen von einer Substanz auf eine andere übergehen. Wenn nämlich Elektronenspender und -empfänger isoliert werden können und dafür gesorgt wird, daß die Elektronen durch einen äußeren Draht oder Stromkreis fließen, kann ein Teil der Freien Energie des Oxidations-Reduktions-Prozesses in Form von nutzbarer Arbeit gewonnen werden. So hat z.B. metallisches Zink eine geringere Affinität für seine äußeren Elektronen als Kupfer. Im Wettbewerb um Elektronen zwischen Cu^{2+} und Zn^{2+} gewinnt das Kupfer. Die Reaktion

$$Zn + Cu^{2+} \longrightarrow Zn^{2+} + Cu \qquad \Delta G^0 = -212\ \text{kJ} \cdot \text{mol}^{-1}$$

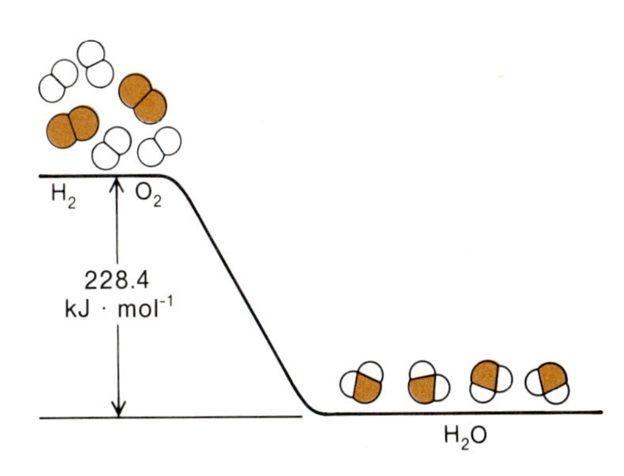

Wenn Elektronen in Richtung eines elektronegativeren Elements, das sie stärker anzieht, verschoben werden, wird Energie freigesetzt. Die Bildung von Wasser ist ein Vorgang „bergab“.

ist in hohem Maße spontan; die Änderung der Freien Standardenthalpie beträgt −212 kJ pro Mol. Wenn wir – wie es unten dargestellt ist – einen Zinkstreifen in eine Kupfersulfat-Lösung tauchen, wird das Zink aufgelöst, während auf seiner Oberfläche eine schwammige Schicht von metallischem Kupfer erscheint; gleichzeitig verbleicht nach und nach die tiefblaue Farbe des Kupfersulfats (das gebildete Zinksulfat ist farblos). Dagegen gibt es keine Reaktion, wenn wir einen Kupferstreifen in einer Zinksulfat-Lösung baden, denn die Rückreaktion ist alles andere als spontan, da ein Berg von +212 kJ Freie Energie pro Mol überwunden werden müßte.

Der spontane Elektronenübergang von Zink auf Kupfer ist trotzdem unnütz, denn die frei werdende Freie Energie wird in Form von Wärme an die Umgebung abgegeben. Es ist genauso, als würde man einen Teelöffel Zucker mit einem Streichholz anzünden und verbrennen, anstatt ihn zu essen und die Freie Oxidationsenergie in nutzbare Muskelarbeit umzuwandeln. Fände man ein Mittel, den Ort der Elektronenabgabe von Zink (Oxidation) vom Ort der Elektronenaufnahme durch Kupfer-Ionen (Reduktion) zu trennen, dann könnten die Elektronen auf ihrem Weg vom einen Ort zum anderen nützliche Arbeit verrichten.

Eine Lösung dieses Problems ist die einfache elektrochemische Zelle, die ganz rechts abgebildet ist. In ihrem linken Teil taucht ein Zinkblock in eine Zinksulfat-Lösung; rechts taucht metallisches Kupfer in eine Kupfersulfat-Lösung. Die beiden Metalle sind durch einen Draht verbunden, und zwischen den beiden Lösungen befindet sich eine poröse Trennwand, durch die zwar Ionen wandern können, ohne daß sich dabei aber die beiden Lösungen im ganzen mischen. Am linken Metallstab, d.h. an der linken *Elektrode,* geben Zink-Atome Elektronen ab und gehen als Zink-

Wenn ein Zinkstab in eine Kupfersulfat-Lösung taucht, wird durch die spontane Reaktion

$$Zn + Cu^{2+} \longrightarrow Zn^{2+} + Cu$$

der Zinkstab aufgelöst, und Atome metallischen Kupfers werden anstelle der Zink-Atome niedergeschlagen.

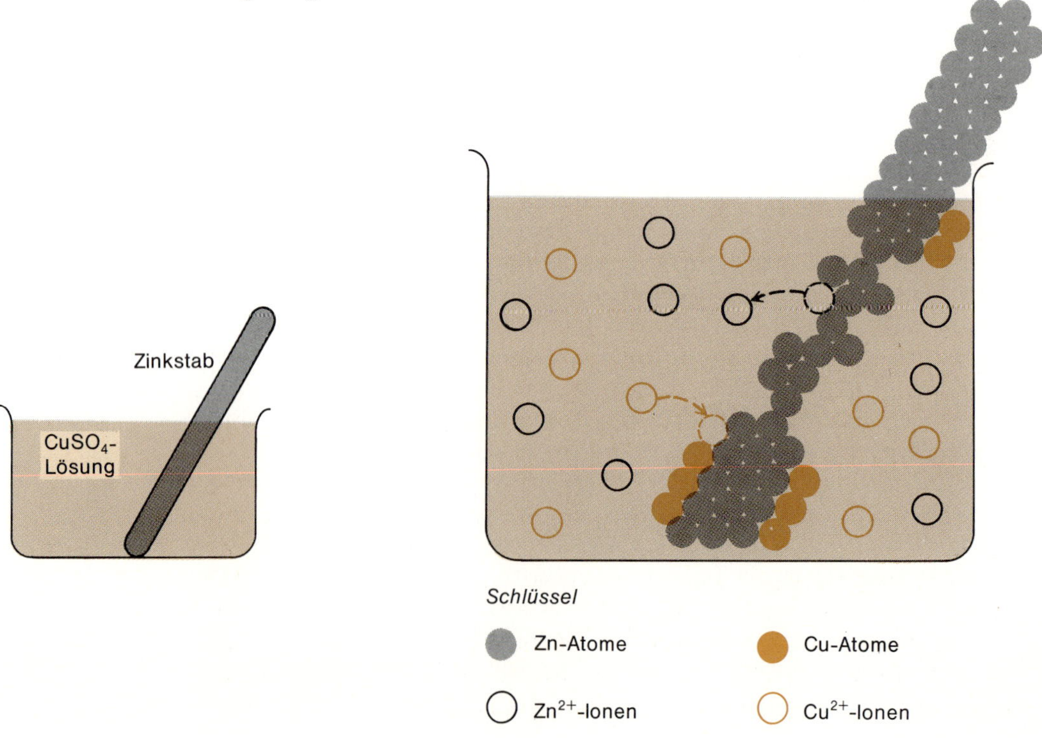

Ionen in Lösung. Die Zink-Elektrode wird langsam verbraucht. An der rechten Kupfer-Elektrode vereinigen sich Kupfer-Ionen aus der Lösung mit Elektronen und schlagen sich an der Elektrode als metallisches Kupfer nieder. Die Masse dieser Elektrode nimmt also im Laufe der Reaktion langsam zu. Die Elektronen, die auf der rechten Seite zur Reduktion der Kupfer-Ionen gebraucht werden, stammen aus der Oxidation von Zink-Atomen auf der linken Seite. Damit das möglich ist, müssen die Elektronen durch den Stromkreis, der durch den äußeren Draht geschlossen ist, wandern. In dem Maße, wie Zink-Ionen in der linken Kammer in Lösung gehen und Kupfer-Ionen aus der rechten Kammer entfernt werden, müssen negativ geladene Sulfat-Ionen durch die poröse Wand von rechts nach links wandern und positiv geladene Zink-Ionen von links nach rechts, damit beide Lösungen elektrisch neutral bleiben. Die beiden Elektroden, der Verbindungsdraht und die Lösungen mit der sie trennenden porösen Wand bilden einen geschlossenen Stromkreis, in dem negative Elektronen von links nach rechts durch den Draht fließen, während gleichzeitig positive und negative Ionen durch die poröse Wand fließen. Der Hauptzweck der halbdurchlässigen Trennwand ist es, Cu^{2+}-Ionen vom direkten Kontakt mit der Zn-Elektrode fernzuhalten. Die positiven Cu^{2+}-Ionen haben an sich keine Tendenz, aufgrund von elektrostatischen Kräften von rechts nach links zu wandern, aber sie könnten durch Konvektion oder andere Mischvorgänge zum Zink gelangen. Dies soll die Trennwand verhindern.

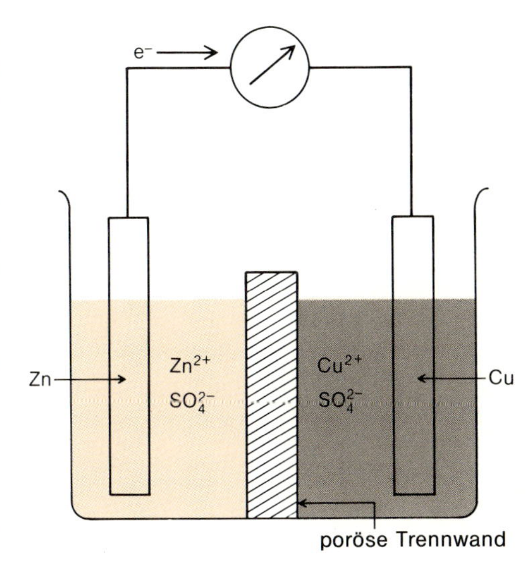

Wenn der Oxidations- und der Reduktionsschritt der Zink/Kupfer-Reaktion in getrennten Abteilungen einer Zelle ablaufen und die Elektronen durch einen äußeren Stromkreis fließen, dann kann aus der Freien Energie der Oxidations-Reduktions-Reaktion nutzbare Arbeit gewonnen werden. Hier sind die beiden Abteilungen der Zelle durch eine poröse Wand getrennt, die verhindert, daß sich die Lösungen mischen, aber den Ionenfluß nicht behindert.

Die Elektrode, an der die Oxidation stattfindet, wird *Anode* genannt; die reduzierende Elektrode heißt *Kathode*. In der Zn/Cu-Zelle ist die Zink-Elektrode die Anode, die Kupfer-Elektrode die Kathode. Negative Ionen nennt man *Anionen*, weil sie in einer elektrochemischen Zelle zur Anode wandern; positive Ionen werden *Kationen* genannt, weil sie zur Kathode wandern. Negativ geladene Sulfat-Anionen wandern beispielsweise von der Kammer mit dem Kupfersulfat durch die poröse Trennwand in die Kammer mit dem Zinksulfat, wo sich die Anode befindet. Die Namen sind durchaus logisch gewählt, denn die Anode (griechisch: ana = aufwärts) ist die Elektrode, an der die Elektronen gleichsam aufsteigen und aus der Zelle fließen. Die Kathode (griechisch: kata = abwärts) ist der Pol der Zelle, an dem die Elektronen zurück in die Zelle fließen. Doch ist die Herkunft der Bezeichnungen auch nicht leichter zu merken, als es die Bezeichnungen selbst sind. Als Gedächtnisstütze kann man sich einprägen, daß *A*node und *O*xidation beide mit Vokalen beginnen, *K*athode und *R*eduktion beide mit Konsonanten. Oder daß *A*node im Alphabet vor *K*athode kommt und *O*xidation vor *R*eduktion. (Beide Eselsbrücken sind nicht sonderlich elegant, aber praktisch.)

Obwohl der in Kupfersulfat-Lösung tauchende Zinkstab und die eben beschriebene Zelle mit zwei getrennten Lösungen physikalisch verschiedene Dinge sind, findet in beiden Fällen die gleiche chemische Reaktion statt:

$$Zn + Cu^{2+} \longrightarrow Zn^{2+} + Cu \qquad \Delta G^0 = -212\,\mathrm{kJ \cdot mol^{-1}}$$

In der Zelle kann jedoch die Freie Energie von über 200 kJ pro Mol für energieverbrauchende Prozesse ausgenutzt werden. Für jedes in der Cu/Zn-Reaktion umgesetzte Mol fließen zwei Mol Elektronen von der Zink-Anode durch den äußeren Stromkreis zur Kupfer-Kathode. Wie wir oben gesehen haben, ist es bei chemischen Reaktionen oder bei Phasenänderungen hilfreich, ein chemisches Potential zu definieren als die Änderung der Freien Energie *pro Mol eines bestimmten Reaktionspartners*. Dieses chemische Potential beschreibt die eigentliche Fähigkeit einer Reaktion, Arbeit zu verrichten; die Arbeit, die tatsächlich geleistet wird, d.h. die freigesetzte Freie Energie, ist das Produkt aus chemischem Potential und der Molzahl einer Substanz, die chemisch umgesetzt wird.

In genau der gleichen Weise können wir das elektrochemische Potential einer Zelle, in der Oxidations-Reduktions-Reaktionen ablaufen, definieren als die Änderung der Freien Energie *pro Mol überführte Elektronen*. Wenn in der Zelle pro umgesetztes Mol n Mol Elektronen überführt werden (in der Zn/Cu-Zelle ist $n = 2$) und wenn F die Ladung eines Mol Elektronen bedeutet, dann ist das elektrochemische Potential gegeben durch

$$\Delta G^0 = -nFE^0$$

Die hochgestellte Null am Symbol für das Potential E^0 hat die gleiche Bedeutung wie bei der Freien Energie: Sie kennzeichnet den Wert des Potentials, wenn alle Reaktanden und Produkte in ihren Standardzuständen vorliegen: 1-molare Konzentration bzw. bei Gasen ein Partialdruck von 1.013 bar. Ferner sind E^0-Werte auf 25 °C oder 298 K bezogen. Die Ladung eines Mol Elektronen, F, wird als *Faraday-Konstante* bezeichnet. Ihr Zahlenwert hängt natürlich von den Einheiten ab, mit denen man rechnet. Im SI-System ist die Einheit der Ladung das Coulomb C (1 Coulomb = 1 Amperesekunde), und der Wert der Faraday-Konstante beträgt $F = 96\,487\ \mathrm{C \cdot mol^{-1}}$. Aus dem System der SI-Einheiten ergibt sich der Zusammenhang 1 J = 1 V · 1 C (V = Volt = Einheit der elektrischen Spannung), also 1 C = 1 J/1 V. Deshalb läßt sich die Faraday-Konstante auch angeben als $F = 96\,487\ \mathrm{J \cdot V^{-1} \cdot mol^{-1}}$ oder $96.487\ \mathrm{kJ \cdot V^{-1} \cdot mol^{-1}}$.

Beispiel. Wie groß ist das elektrochemische Standardpotential der Zn/Cu-Zelle (Daniell-Element)?

Lösung. Da in jedem Reaktionsschritt zwei Elektronen übertragen werden, ist $n = 2$:

$$-212\ \mathrm{kJ \cdot mol^{-1}} = -2 \cdot 96.487\ \mathrm{kJ \cdot V^{-1} \cdot mol^{-1}} \cdot E^0$$

$$E^0 = \frac{-212}{-192.9}\,\mathrm{V} = +1.1\ \mathrm{V}$$

Die Spannung einer elektrochemischen Zelle (Elektromotorische Kraft, EMK) ist ein gängiger Begriff. Sie ist ein Maß für das *Potential* der Zelle, Nutzarbeit zu leisten. Der Betrag der tatsächlich geleisteten Arbeit ist das Produkt aus diesem Potential und der Menge der während der chemischen Reaktion in der Zelle umgesetzten elektrischen Ladung; ebenso wie der Betrag der Arbeit, die einem Wasserfall abgewonnen werden kann, von der Höhe des Wasserfalls abhängt – sie entspricht dem Potential E – sowie von der Wassermenge, die den Wasserfall hinunterfließt – sie entspricht der von den Elektronen getragenen Ladungsmenge $n \cdot F$. Beim Wasserfall und bei der elektrochemischen Zelle ist das Produkt aus Potentialdifferenz und Menge der Teilchen, die diese Potentialdifferenz durchlaufen, gleich der während des Vorganges freigesetzten Freien Energie ΔG.

Die halbdurchlässige Wand zwischen den Lösungen kann in einer besonders einfachen Version der Zn/Cu-Zelle, wie sie links dargestellt ist, wegbleiben: in einem Daniell-Element, das die Schwerkraft ausnutzt. Die dichtere Kupfersulfat-Lösung ist vorsichtig mit der leichteren Zinksulfat-Lösung überschichtet worden. Die Elektroden wurden ebenso vorsichtig in die richtige Position gebracht, und die Kupfer-Elektrode wurde dort, wo sie durch die Zinksulfat-Schicht taucht, elektrisch isoliert. Diese Daniell-Zelle liefert zuverlässig eine Spannung von 1.1 Volt; sie war früher weit verbreitet als stationäre Stromquelle für Telegraphie-Verbindungen und Türklingeln. In einem Fahrzeug wäre sie offensichtlich nutzlos, denn jede Bewegung würde die beiden Lösungen vermischen: Dann könnte das metallische Zink seine Elektronen direkt an Kupfer-Ionen abgeben, d.h. die Elektronen müßten nicht durch den äußeren Draht fließen. Die Zelle würde durch innere Kurzschlüsse zerstört werden, und die Freie Energie ginge als nutzlose Wärme verloren. Wie schon gesagt, soll die poröse Wand zwar die Wanderung von Ionen so weit zulassen, daß sich immer elektrische Neutralität einstellt, ohne daß jedoch durch Mischen der Lösungen die Zelle kurzgeschlossen wird.

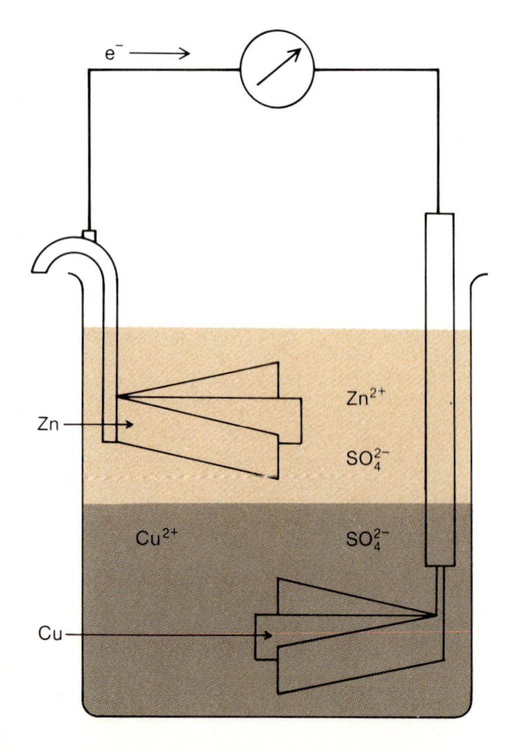

In der Ausführung der Zink/Kupfer-Zelle nach Daniell ist die poröse Trennwand überflüssig, denn wegen ihrer unterschiedlichen Dichte bleiben $ZnSO_4$- und $CuSO_4$-Lösung in zwei Schichten getrennt.

Addition von Zellreaktionen

Auch Nickel gibt seine Elektronen leicht an Kupfer ab; es ist jedoch kein so guter Elektronen-Donor wie Zink. Wenn sich Ni^{2+} und Cu^{2+} um Elektronen streiten, gewinnt Cu^{2+}; im Wettkampf zwischen Zn^{2+} und Ni^{2+} fallen die Elektronen jedoch an die Nickel-Ionen. Folgende Reaktion ist spontan:

$$Ni + Cu^{2+} \longrightarrow Ni^{2+} + Cu \qquad \Delta G^0 = -111.4\ \text{kJ} \cdot \text{mol}^{-1}$$

Baut man eine elektrochemische Zelle auf, in der eine Nickel-Elektrode in Nickelsulfat-Lösung taucht und eine Kupfer-Elektrode in Kupfersulfat-Lösung wie es rechts dargestellt ist, dann wird Nickel zu Ni^{2+}-Ionen oxidiert, während Kupfer-Ionen zu metallischem Kupfer reduziert werden. Elektronen fließen durch den außeren Stromkreis von der Nickel-Anode zur Kupfer-Kathode. Die Zelle hätte folgendes elektrochemische Potential:

$$E^0 = \frac{-\Delta G^0}{nF} = \frac{111.4}{2 \cdot 96.487} = 0.58\ \text{Volt}$$

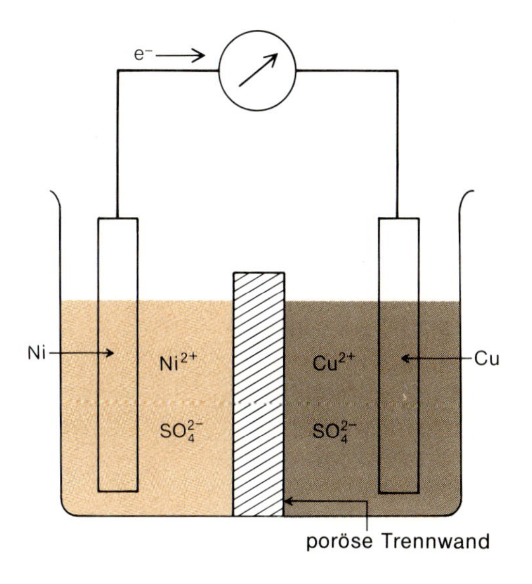

In einer Zelle gleicher Bauart kann ein kleinerer Betrag an Freier Energie aus der Nickel/Kupfer-Reaktion gewonnen werden:

$$\mathbf{Ni + Cu^{2+} \longrightarrow Ni^{2+} + Cu}$$

Verglichen mit dem Daniell-Element, hätte diese Zelle zwischen ihren Elektroden nur einen halb so großen „Elektronendruck", der für die Leistung von Arbeit zur Verfügung stünde.

Die Freien Energien stöchiometrisch korrekter chemischer Reaktionen sind immer additiv. Allein mit den Informationen, die wir bisher über die Zn-Cu- und die Ni-Cu-Zelle besitzen, können wir voraussagen, wie sich eine Zn-Ni-Zelle verhielte. Die Reaktion, die in dieser Zn-Ni-Zelle stattfindet, erhält man, wenn man die Ni-Cu-Reaktion von der Zn-Cu-Reaktion subtrahiert oder, was das gleiche bedeutet, die Rückreaktion der Ni-Cu-Reaktion zur Zn-Cu-Reaktion addiert, wobei das Vorzeichen für die Werte der Freien Energie umgedreht werden muß:

$$\begin{array}{ll}
Zn + Cu^{2+} \longrightarrow Zn^{2+} + Cu & \Delta G^0 = -212.1\ \text{kJ} \cdot \text{mol}^{-1} \\
Ni^{2+} + Cu \longrightarrow Ni + Cu^{2+} & \Delta G^0 = +111.4\ \text{kJ} \cdot \text{mol}^{-1} \\
\hline
Zn + Ni^{2+} \longrightarrow Zn^{2+} + Ni & \Delta G^0 = -100.7\ \text{kJ} \cdot \text{mol}^{-1}
\end{array}$$

Daß die Freie Energie negativ ist, sagt uns, daß die Zn-Ni-Reaktion in der Richtung, wie sie hier formuliert ist, spontan abläuft. Das Potential der Zn-Ni-Zelle kann aus $\Delta G^0 = -n \cdot FE^0$ berechnet werden:

$$E^0 = \frac{-(-100.7)}{2 \cdot 96.487} = +0.52\ \text{Volt}$$

Das positive Vorzeichen des Zellenpotentials bedeutet das gleiche wie das negative Vorzeichen der Freien Energie: Die Reaktion läuft in der angegebenen Richtung spontan ab.

Das Beispiel zeigt uns, daß Zellenspannungen ebenso additiv sind wie Freie Energien. Genau wie wir für die Freien Energien einer Reaktion schreiben können 100.7 kJ + 111.4 kJ = 232.1 kJ, können wir für die entsprechenden Zellenspannungen schreiben: 0.52 V + 0.58 V = 1.10 V. Dieses Beispiel ist besonders einfach, denn in jeder der Reaktionen wird die gleiche Zahl von Elektronen, $n = 2$, übertragen. Zellenpotentiale oder -spannungen stellen jedoch *keine* Energiebeträge dar! Sie sind ein Maß für die Tendenz zu reagieren oder für den „Elektronendruck". Bei den Energiebeträgen, die nach den Gesetzen der Thermodynamik immer additiv sind, wenn Reaktionen addiert werden, handelt es sich immer um Freie Energie $\Delta G = -nFE$. Wenn auch nur der geringste Zweifel besteht, ob in irgendeinem speziellen Fall Spannungswerte additiv sind, rechnet man besser um auf Freie Energien und arbeitet mit ihnen.

Halbreaktionen und Reduktionspotentiale

Im 12. und im 13. Kapitel hatten wir festgestellt, daß es ineffizient und überflüssig ist, die Reaktionswärme oder die Freie Energie für jede einzelne, denkbare chemische Reaktion in eine entsprechende Tabelle aufzunehmen. Da nämlich Reaktionswärmen und Freie Energien additiv sind, genügt es, nur die Reaktionswärmen und Freien Energien für diejenigen Reaktionen zu tabellieren, bei denen die einzelnen Verbindungen aus den Elementen gebildet werden. Die Reaktionswärmen und Freien Energien aller Reaktionen zwischen diesen Verbindungen können durch Kombination dieser Bildungswärmen errechnet werden, wobei die Beiträge der freien Elemente herausfallen.

Ebenso ist es unnötig, die Freien Energien und Zellenpotentiale aller erdenklichen Oxidations/Reduktions-Zellen aufzulisten. Gäbe es nur hundert verschiedene, oxidierbare oder reduzierbare Substanzen, dann könnten diese zu nicht weniger als $100 \cdot 99 = 9900$ verschiedenen elektrochemischen Zellen kombiniert werden. Jeder dieser Zellen entspräche eine spezifische Änderung der Freien Energie und damit eine spezifische Zellenspannung. Man braucht jedoch nur eine Substanz als Bezugssystem auszuwählen und die Freien Energien oder Zellenspannungen für die Reaktionen aller anderen Substanzen mit diesem Standard in eine Tabelle zu schreiben. Die Freie Energie einer Zelle, welche die Bezugssubstanz nicht enthält, kann dann berechnet werden, indem eine der in der Tabelle stehenden Reaktionen von der anderen subtrahiert und die gleiche Subtraktion bei den Freien Energien vollzogen wird. Der Beitrag der Bezugsreaktion fällt heraus. Nehmen wir wieder 100 verschiedene oxidierbare bzw. reduzierbare Substanzen an, müßten wir jetzt nur 99 statt 9900 verschiedene Werte der Freien Energie oder der Zellenspannung dokumentieren, womit wir offenkundig einiges sparen.

Als Bezugs-Halbreaktion hat man die Oxidation von Wasserstoff-Gas zu gelösten Wasserstoff-Ionen gewählt:

$$H_2(g) \longrightarrow 2H^+ + 2e^-$$

Kombiniert man die Zink-, Nickel- und Kupfer-Halbreaktionen einzeln mit der Wasserstoff-Halbreaktion, so erhält man folgende Tabelle:

	ΔG^0 kJ · mol^{-1}	E^0 Volt
$Zn^{2+} + H_2 \longrightarrow Zn + 2H^+$	+147.2	−0.76
$Ni^{2+} + H_2 \longrightarrow Ni + 2H^+$	+ 46.4	−0.23
$Cu^{2+} + H_2 \longrightarrow Cu + 2H^+$	− 64.9	+0.34

Die positiven Vorzeichen der Freien Energien bei den Reaktionen von Zink und Nickel und die negativen Werte ihrer Zellenpotentiale zeigen, daß in der angegebenen Richtung die Reaktionen *nicht* spontan sind. Zink-Ionen werden durch Wasserstoff-Gas nicht spontan reduziert. Dagegen wird metallisches Zink zu Zn^{2+}-Ionen gelöst, wenn es in Säure, d. h. in eine an H^+-Ionen reiche Umgebung, gebracht wird. Gleichzeitig entwickelt sich Wasserstoff:

$$Zn + 2H^+ \longrightarrow Zn^{2+} + H_2 \qquad \Delta G^0 = -147.2 \text{ kJ} \cdot \text{mol}^{-1}$$

Ebensowenig oxidieren Ni^{2+}-Ionen spontan H_2 zu H^+-Ionen, sondern metallisches Nickel löst sich – freilich nicht so leicht wie Zink – in Säure auf, wobei Wasserstoff-Gas entwickelt wird. Kupfer dagegen wird nicht wie Zink und Nickel durch Säure angegriffen; vielmehr ist folgende Reaktion spontan:

$$Cu^{2+} + H_2 \longrightarrow Cu + 2H^+ \qquad \Delta G^0 = -64.9 \text{ kJ} \cdot \text{mol}^{-1}$$

Natürlich kann man keine feste Elektrode aus Wasserstoff-Gas anfertigen, aber im Prinzip das gleiche erreicht man, wenn man einen Wasserstoffstrom über eine Elektrode aus einer inerten, leitfähigen Substanz wie Platin blubbern läßt, wie es unten auf dieser Seite dargestellt ist. Die H_2-Moleküle können an der Platinoberfläche dissoziieren, ihre Elektronen durch die Metallelektrode an den äußeren Stromkreis abgeben und als H^+-Ionen in Lösung gehen. Ähnliche Elektroden können für andere Gase gebaut werden.

Wenn man von Standardzellreaktionen spricht, kann man normalerweise vergessen, daß es sich um Kombinationen mit der Wasserstoff-Halbreaktion handelt. Man tut so, als ob es sich um isolierte Reaktionen der einen Hälfte der Zelle handelte. Man spricht von Halbreaktionen, ihren Freien Energien und den Halbzellenpotentialen, als ob folgenden Reaktionen physikalische Realität zukäme:

	ΔG^0 kJ · mol^{-1}	E^0 Volt
$Zn^{2+} + 2e^- \longrightarrow Zn$	+147.2	−0.76
$Ni^{2+} + 2e^- \longrightarrow Ni$	+ 46.4	−0.23
$2H^+ + 2e^- \longrightarrow H_2$	0.0	0.0
$Cu^{2+} + 2e^- \longrightarrow Cu$	− 64.9	+0.34

Die angegebenen Potentiale sind *Reduktionspotentiale;* sie sind positiv, wenn das Ion leichter reduzierbar ist als H^+-Ionen, und negativ, wenn das Ion schwerer als H^+-Ionen reduziert werden kann. Ein hoher positiver Wert des Reduktionspotentials einer Halbreaktion bedeutet, daß die Substanz bevorzugt in der reduzierten Form vorliegt, wie es unter den angeführten Beispielen beim Kupfer der Fall ist.

Eine Wasserstoffelektrode, die auf der Reaktion

$$H_2 \rightleftarrows 2\,H^+ + e^-$$

basiert, erhält man, wenn man Wasserstoff-Gas über eine Platinelektrode blubbern läßt, die mit fein verteiltem Platinschwarz bedeckt ist. Es katalysiert die Dissoziation und Reassoziation der H_2-Moleküle.

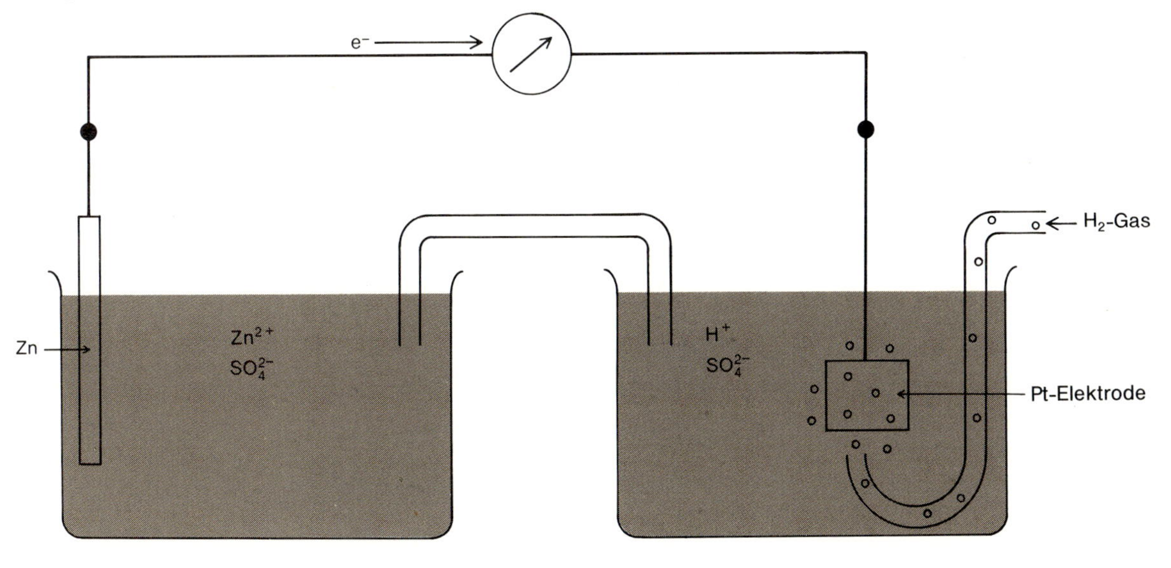

Standard-Reduktionspotentiale in saurer Lösung bei 298 K

Halbreaktion	E^0 in Volt
$F_2 + 2e^- \longrightarrow 2F^-$	2.87
$Ag^{2+} + e^- \longrightarrow Ag^+$	1.99
$H_2O_2 + 2H^+ + 2e^- \longrightarrow 2H_2O$	1.78
$MnO_4^- + 4H^+ + 3e^- \longrightarrow MnO_2 + 2H_2O$	1.68
$PbO_2 + 4H^+ + SO_4^{2-} + 2e^- \longrightarrow PbSO_4 + 2H_2O$	1.69
$MnO_4^- + 8H^+ + 5e^- \longrightarrow Mn^{2+} + 4H_2O$	1.49
$PbO_2 + 4H^+ + 2e^- \longrightarrow Pb^{2+} + 2H_2O$	1.46
$Cl_2 + 2e^- \longrightarrow 2Cl^-$	1.36
$Cr_2O_7^{2-} + 14H^+ + 6e^- \longrightarrow 2Cr^{3+} + 7H_2O$	1.33
$MnO_2 + 4H^+ + 2e^- \longrightarrow Mn^{2+} + 2H_2O$	1.21
$O_2 + 4H^+ + 4e^- \longrightarrow 2H_2O$	1.23
$Br_2(fl) + 2e^- \longrightarrow 2Br^-$	1.06
$AuCl_4^- + 3e^- \longrightarrow Au + 4Cl^-$	0.99
$NO_3^- + 4H^+ + 3e^- \longrightarrow NO + 2H_2O$	0.96
$2Hg^{2+} + 2e^- \longrightarrow Hg_2^{2+}$	0.90
$Ag^+ + e^- \longrightarrow Ag$	0.80
$Hg_2^{2+} + 2e^- \longrightarrow 2Hg$	0.80
$Fe^{3+} + e^- \longrightarrow Fe^{2+}$	0.77
$O_2 + 2H^+ + 2e^- \longrightarrow H_2O_2$	0.68
$MnO_4^- + e^- \longrightarrow MnO_4^{2-}$	0.56
$I_2 + 2e^- \longrightarrow 2I^-$	0.54
$Cu^+ + e^- \longrightarrow Cu$	0.52
$Cu^{2+} + 2e^- \longrightarrow Cu$	0.34
$Hg_2Cl_2 + 2e^- \longrightarrow 2Hg + 2Cl^-$	0.27
$AgCl + e^- \longrightarrow Ag + Cl^-$	0.22
$SO_4^{2-} + 4H^+ + 2e^- \longrightarrow H_2SO_3 + H_2O$	0.20
$Cu^{2+} + e^- \longrightarrow Cu^+$	0.16
$2H^+ + 2e^- \longrightarrow H_2$	0.00
$Pb^{2+} + 2e^- \longrightarrow Pb$	−0.13
$Sn^{2+} + 2e^- \longrightarrow Sn$	−0.14
$Ni^{2+} + 2e^- \longrightarrow Ni$	−0.23
$PbSO_4 + 2e^- \longrightarrow Pb + SO_4^{2-}$	−0.36
$Cd^{2+} + 2e^- \longrightarrow Cd$	−0.40
$Cr^{3+} + e^- \longrightarrow Cr^{2+}$	−0.41
$Fe^{2+} + 2e^- \longrightarrow Fe$	−0.41
$Zn^{2+} + 2e^- \longrightarrow Zn$	−0.76
$Mn^{2+} + 2e^- \longrightarrow Mn$	−1.03
$Al^{3+} + 3e^- \longrightarrow Al$	−1.66
$H_2 + 2e^- \longrightarrow 2H^-$	−2.23
$Mg^{2+} + 2e^- \longrightarrow Mg$	−2.37
$La^{3+} + 3e^- \longrightarrow La$	−2.37
$Na^+ + e^- \longrightarrow Na$	−2.71
$Ca^{2+} + 2e^- \longrightarrow Ca$	−2.76
$Ba^{2+} + 2e^- \longrightarrow Ba$	−2.90
$K^+ + e^- \longrightarrow K$	−2.92
$Li^+ + e^- \longrightarrow Li$	−3.05

Standard-Reduktionspotentiale in basischer Lösung[a] bei 298 K

Halbreaktion	E^0 in Volt
$HO_2^- + H_2O + 2e^- \rightleftharpoons 3OH^-$	0.88
$MnO_4^{2-} + 2H_2O + 2e^- \rightleftharpoons MnO_2 + 4OH^-$	0.60
$O_2 + 4e^- + 2H_2O \rightleftharpoons 4OH^-$	0.40
$Co(NH_3)_6^{3+} + e^- \rightleftharpoons Co(NH_3)_6^{2+}$	0.10
$HgO + H_2O + 2e^- \rightleftharpoons Hg + 2OH^-$	0.10
$MnO_2 + 2H_2O + 2e^- \rightleftharpoons Mn(OH)_2 + 2OH^-$	−0.05
$O_2 + H_2O + 2e^- \rightleftharpoons HO_2^- + OH^-$	−0.08
$Cu(NH_3)_2^+ + e^- \rightleftharpoons Cu + 2NH_3$	−0.12
$Ag(CN)_2^- + e^- \rightleftharpoons Ag + 2CN^-$	−0.31
$Hg(CN)_4^{2-} + 2e^- \rightleftharpoons Hg + 4CN^-$	−0.37
$S + 2e^- \rightleftharpoons S^{2-}$	−0.48
$Pb(OH)_3^- + 2e^- \rightleftharpoons Pb + 3OH^-$	−0.54
$Fe(OH)_3 + e^- \rightleftharpoons Fe(OH)_2 + OH^-$	−0.56
$Cd(OH)_2 + 2e^- \rightleftharpoons Cd + 2OH^-$	−0.81
$SO_4^{2-} + H_2O + 2e^- \rightleftharpoons SO_3^{2-} + 2OH^-$	−0.93
$Zn(NH_3)_4^{2+} + 2e^- \rightleftharpoons Zn + 4NH_3$	−1.03
$Zn(OH)_4^{2-} + 2e^- \rightleftharpoons Zn + 4OH^-$	−1.22
$Mn(OH)_2 + 2e^- \rightleftharpoons Mn + 2OH^-$	−1.55
$Mg(OH)_2 + 2e^- \rightleftharpoons Mg + 2OH^-$	−2.69
$Ca(OH)_2 + 2e^- \rightleftharpoons Ca + 2OH^-$	−3.03

[a] Halbreaktionen, an denen Ionen beteiligt sind, die von Änderungen des pH-Wertes nicht beeinflußt werden (z.B. Na^+/Na), besitzen in saurer oder basischer Lösung das gleiche Potential.

Die Standard-Reduktionspotentiale für verschiedene Halbreaktionen in saurer und basischer Lösung sind in den Tabellen auf der gegenüberliegenden Seite zusammengestellt. In Wirklichkeit sind dies natürlich die Potentiale von unvollständigen elektrochemischen Zellen, bei denen die Elektronen, die auf der linken Seite der Gleichung für jede Halbreaktion eingesetzt sind, durch die Oxidation von H_2 zu H^+-Ionen zur Verfügung gestellt werden. Wenn wir jedoch diese Halbreaktionen dazu benutzen, um das Potential einer realen Zelle zu berechnen, fällt der Beitrag des Wasserstoffs heraus. Ferner ist zu beachten, daß das Potential den „Elektronendruck" *bezogen auf ein Elektron* wiedergibt, ohne Rücksicht darauf, wie viele Elektronen in einer Halbreaktion auftauchen. Die Freie Energie dieser Halbreaktion, die in einer elektrochemischen Zelle mit der Wasserstoff-Halbreaktion gekoppelt ist, ergibt sich durch Multiplikation des Reduktionspotentials mit −96.487 $kJ \cdot V^{-1} \cdot mol^{-1}$ mal der Zahl der Elektronen, die an der Halbreaktion beteiligt sind.

Beispiel. Wie groß sind die Zellenspannung und die Änderung der Freien Energie in einer Zelle, in der folgende Reaktion stattfindet:

$$Al^{3+} + \tfrac{3}{2}H_2 \longrightarrow Al + 3H^+$$

In welcher Richtung läuft die Reaktion spontan ab?

Lösung. Das Reduktionspotential für die Halbreaktion

$$Al^{3+} + 3e^- \longrightarrow Al$$

ergibt sich aus der Tabelle zu −1.66 Volt; dies ist bereits die Zellenspannung, nach der gefragt wurde. Die Freie Energie der Reaktion läßt sich folgendermaßen berechnen:

$$\begin{aligned}\Delta G^0 = -nFE^0 &= -3 \cdot 96.487 \cdot (-1.66)\\ &= +480.5\ kJ \cdot mol^{-1}\end{aligned}$$

Die Reduktion von Al^{3+}-Ionen durch Wasserstoff ist alles andere als spontan, denn die Reaktion hat eine stark positive Freie Standardenergie. Die Reaktion in umgekehrter Richtung, die Auflösung von metallischem Aluminium durch Säure, ist dagegen ausgesprochen spontan:

$$Al + 3H^+ \longrightarrow Al^{3+} + \tfrac{3}{2}H_2 \qquad \Delta G^0 = -480.5\ kJ \cdot mol^{-1}$$

Betrachtet man diesen Wert der Freien Energie, so sollte Aluminium ein hochreaktives Metall sein. Daß es normalerweise ziemlich reaktionsträge erscheint, liegt allein daran, daß das Metall durch eine festhaftende Schicht von Aluminiumoxid geschützt wird.

Aufbau von Zellen aus Halbreaktionen

Mit den Halbzellenpotentialen der vorstehenden Tabellen kann die Spannung jeder beliebigen Zelle berechnet werden, die durch Kombination zweier dieser Halbreaktionen aufgebaut wird. Das Vorgehen ist einfach:

1. Man schreibt die Halbreaktionen, die an jeder Elektrode stattfinden, zunächst beide als Reduktionen auf.
2. Eine der beiden Halbreaktionen wird zur Reduktion an der Kathode erklärt, die andere zur Oxidation an der Anode. Die anodische Halbreaktion wird in entgegengesetzter Richtung geschrieben und das Vorzeichen ihres Potentials umgekehrt. (Bei der Auswahl muß man am Anfang raten, aber wenn man falsch geraten hat, korrigiert sich das Verfahren im 5. Schritt von selbst.)

3. Durch Addition der Kathodenreaktion mit der umgekehrten Anodenreaktion wird die Gesamtreaktion in der Zelle bestimmt. Dazu müssen eventuell eine oder beide Reaktionen mit einem solchen Faktor multipliziert werden, daß die Zahl der Elektronen in beiden Halbreaktionen gleich ist. (Ob man dies richtig gemacht hat, erkennt man daran, daß in der resultierenden Gleichung für die Zellreaktion keine freien Elektronen auftauchen.)
4. Die Zellenspannung der vollständigen Zelle wird durch Addition des Kathodenpotentials und des Anodenpotentials – letzteres mit umgekehrtem Vorzeichen – erhalten. Da beide Halbzellenpotentiale definitionsgemäß auf Einelektronenbasis bezogen sind, sind die Potentiale *nicht* – wie im dritten Schritt – mit der Zahl der Elektronen zu multiplizieren.
5. Wenn die Zellenspannung positives Vorzeichen hat, wurden Anoden- und Kathodenreaktion korrekt zugeordnet. Hat die Zellenspannung negatives Vorzeichen, müssen Anoden- und Kathodenreaktion vertauscht werden. Die Reaktionsgleichung der Zelle muß andersherum geschrieben werden, so daß das Vorzeichen der Zellenspannung positiv wird.

Beispiel. Mit Hilfe der Halbzellenpotentiale soll die Spannung der Zn/Cu-Zelle bestimmt werden sowie die Richtung, in der die Reaktion spontan abläuft.

Lösung. Die als Reduktionen formulierten Halbreaktionen sowie die Tabellenwerte der entsprechenden Reduktionspotentiale lauten:

$$Zn^{2+} + 2e^- \longrightarrow Zn \qquad E^0 = -0.76 \text{ Volt}$$
$$Cu^{2+} + 2e^- \longrightarrow Cu \qquad E^0 = +0.34 \text{ Volt}$$

Wir wollen jetzt absichtlich falsch „raten", indem wir die Kupfer-Halbreaktion zur Oxidation an der Anode deklarieren:

$$Cu \longrightarrow Cu^{2+} + 2e^- \qquad E^0 = -0.34 \text{ Volt}$$

Addiert man dazu die „kathodische" Reaktion des Zinks, ergibt sich:

$$Zn^{2+} + Cu \longrightarrow Zn + Cu^{2+} \qquad E^0 = -1.10 \text{ V}$$

Der negative Wert von E^0 sagt uns sofort, daß die Reaktion in Wirklichkeit spontan in entgegengesetzter Richtung abläuft, so daß Zink die Anode, Kupfer die Kathode ist. Daher lautet die Reaktionsgleichung der Zelle korrekt:

$$Zn + Cu^{2+} \longrightarrow Zn^{2+} + Cu \qquad E^0 = +1.10 \text{ V}$$

In handlicher Kurzform wird eine Zelle als lineares Diagramm dargestellt, in dem von links nach rechts notiert werden:
Anodenmaterial, Ionen der Lösung im Anodenraum, Ionen der Lösung im Kathodenraum, Kathodenmaterial.
Jede Elektrode ist in diesem Diagramm von ihrer Lösung durch einen einfachen senkrechten Strich getrennt; ein senkrechter Doppelstrich bedeutet eine poröse Trennwand oder eine Grenzschicht zwischen zwei Lösungen. Für die Zn/Cu-Zelle sieht dieses lineare Diagramm folgendermaßen aus:

$$Zn|Zn^{2+}||Cu^{2+}|Cu$$

Die Ionenkonzentrationen (meist als Molaritäten, M) können mit angegeben werden:

$$Zn|Zn^{2+}(0.5\text{ M})||Cu^{2+}(0.4\text{ M})|Cu$$

Die Zelle mit einer Zinkelektrode und einer Standard-Wasserstoffelektrode kann schematisch so dargestellt werden:

$$Zn|Zn^{2+}||H^+|H_2, Pt$$

Sulfat- oder andere Anionen werden in solchen Zellendarstellungen nicht berücksichtigt, denn sie spielen im eigentlichen Oxidations-Reduktions-Prozeß keine Rolle; sie sind nur Träger des elektrischen Stroms. Das „Pt" erinnert an das tatsächliche Elektrodenmaterial einer Gaselektrode. Das Schema einer Zelle aus der Wasserstoff- und der Kupfer-Halbzelle sieht so aus:

$$Pt,H_2|H^+||Cu^{2+}|Cu$$

Die Wasserstoff-Halbzelle steht hier links im Schema der Zelle, denn sie bildet jetzt die Anode, an der die Oxidation stattfindet.

Beispiel. In welcher Richtung läuft in einer Zelle mit $Ag|Ag^+$- und $Cu|Cu^{2+}$-Elektrode die Reaktion spontan ab? Wie hoch ist die Zellenspannung? Wie sieht das Schema der Zelle aus?

Lösung. Die beiden Elektrodenreaktionen, als Reduktionen formuliert, lauten:

$$Ag^+ + e^- \longrightarrow Ag \qquad E^0 = +0.80\ V$$
$$Cu^{2+} + 2e^- \longrightarrow Cu \qquad E^0 = +0.34\ V$$

Wenn eine positive Gesamtspannung der Zelle herauskommen soll, muß offensichtlich die Richtung der Kupfer-Halbreaktion und nicht die der Silber-Halbreaktion umgekehrt werden. Kupfer bildet also die Anode der Zelle. Durch Umkehrung seiner Halbreaktion ergibt sich:

$$Cu \longrightarrow Cu^{2+} + 2e^- \qquad E^0 = -0.34\ V$$

Silber- und Kupfer-Halbreaktion können nicht so, wie sie dastehen, addiert werden, denn an der Silberreaktion ist nur ein Elektron beteiligt, während das Kupfer zwei Elektronen zur Verfügung stellt. Wir müssen vor dem Zusammenzählen die Silber-Halbreaktion mit 2 multiplizieren:

$$\begin{array}{llll} 2Ag^+ + 2e^- & \longrightarrow & 2Ag & E^0 = +0.80\ \text{Volt} \\ Cu & \longrightarrow & Cu^{2+} + 2e^- & E^0 = -0.34\ \text{Volt} \\ \hline 2Ag^+ + Cu & \longrightarrow & 2Ag + Cu^{2+} & E^0 = +0.46\ \text{Volt} \end{array}$$

Das Halbzellenpotential der Silber-Reaktion wird *nicht* mit 2 multipliziert, denn die in den Tabellen angegebenen Potentiale sind definitionsgemäß auf Einelektronenbasis bezogen. Das Gesamtpotential der Zelle ist die Summe der beiden Halbzellenpotentiale, wobei das Anodenpotential mit umgekehrtem Vorzeichen eingeht. Daß E^0 mit positivem Vorzeichen herauskommt, zeigt, daß wir Anode und Kathode richtig zugeordnet haben. Das Schema der Zelle sieht folgendermaßen aus:

$$Cu|Cu^{2+}||Ag^+|Ag$$

Daß das Vorgehen, Halbzellen-Potentiale ohne Rücksicht auf die Zahl der an den Reaktionen beteiligten Elektronen zu addieren oder zu subtrahieren, legitim ist, können wir zeigen, indem wir den Ag-Cu-Fall noch einmal durchspielen, diesmal aber mit den Freien Energien rechnen. Man erhält die Freien Energien der Halbreaktionen, indem man jedes Potential mit $-nF$ multipliziert. Für Silber ist $n = 1$, für Kupfer ist $n = 2$:

$$Ag^+ + e^- \longrightarrow Ag \qquad \Delta G^0 = -1 \cdot (96.487)(+0.80) = -77.2\ kJ \cdot mol^{-1}$$

$$Cu \longrightarrow Cu^{2+} + 2e^- \qquad \Delta G^0 = -2 \cdot (96.487)(-0.34) = +65.6\ kJ \cdot mol^{-1}$$

Wir müssen die Silber-Halbreaktion mit 2 multiplizieren, bevor wir sie mit der Kupfer-Halbreaktion kombinieren können. Auch die Freie Energie der Silber-Halbreaktion muß mit 2 multipliziert werden, denn es handelt sich um einen Energiebetrag (nicht um einen „Druck" auf die Elektronen), der bei der Reaktion ausgetauscht wird und daher bei Multiplikationen der Reaktion mit 2 ebenfalls verdoppelt werden muß. Das korrekte Verfahren bei der Kombination der Halbreaktionen und der Freien Energien sieht zusammengefaßt so aus:

$$
\begin{array}{llll}
2Ag^+ + 2e^- & \longrightarrow 2Ag & \Delta G^0 = 2(-77) = & -154\,kJ \\
Cu & \longrightarrow Cu^{2+} + 2e^- & \Delta G^0 = & +66\,kJ \\
\hline
2Ag^+ + Cu & \longrightarrow 2Ag + Cu^{2+} & \Delta G^0 = & -88\,kJ
\end{array}
$$

Wie das negative Vorzeichen der Änderung der Freien Energie zeigt, läuft die Reaktion in der Zelle spontan tatsächlich in der angegebenen Richtung ab. Da gemäß der Reaktionsgleichung jedesmal zwei Elektronen übertragen werden, ergibt sich als Zellenspannung:

$$E^0 = \frac{-(-88)}{2(96.487)} = +0.46 \text{ Volt}$$

Es kommt also genau das gleiche heraus wie bei der direkten Kombination von Halbzellenpotentialen. Nachdem wir dies Beispiel unter Benutzung der Freien Energien durchgearbeitet haben, können wir im folgenden getrost Oxidationsschritte und Reduktionsschritte in Gestalt ihrer Halbzellenpotentiale miteinander kombinieren, ohne befürchten zu müssen, etwas falsch zu machen.

Trockenzellen

Bei den bisher behandelten Zellen wurde immer vorausgesetzt, daß die Elektroden mit den Ionen einer Lösung in Kontakt sind. Die links dargestellte Trockenzelle (oder „Trockenbatterie") ist insofern besonders praktisch, als die Lösungen durch eine feuchte Paste ersetzt sind, die sich in einem dicht verschlossenen Gehäuse befindet. Die Zinkhülle mit der Halbreaktion

$$Zn \longrightarrow Zn^{2+} + 2e^- \qquad E^0 = +0.76 \text{ Volt}$$

bildet die Anode. Die Kathode in der Mitte ist ein Kohlestab, der von einer Paste aus Mangandioxid (MnO_2), Ammoniumchlorid (NH_4Cl) und Wasser umgeben ist. Diese Paste und die Zinkhülle sind nur durch eine poröse Papierschicht voneinander getrennt. Die komplexe Kathodenreaktion kann folgendermaßen wiedergegeben werden:

$$2MnO_2 + 4NH_4^+ + 2e^- \longrightarrow 2Mn^{3+} + 4NH_3 + 4OH^-$$
$$E^0 \simeq +0.75 \text{ Volt}$$

Diese Trockenzelle liefert 0.76 + 0.75, d.h. ca. 1.5 Volt. Ist sie ständig in Betrieb, dann nimmt der Strom allmählich ab, denn am Kohlestab bildet sich gasförmiges Ammoniak und isoliert ihn von seiner Umgebung. Läßt man die Zelle sich erholen, diffundiert das Ammoniak zur Anode und vereinigt sich mit den Zink-Ionen zu Komplex-Ionen $Zn(NH_3)_4^{2+}$. Die Zelle kann dann wieder einen stärkeren Strom liefern. Aus diesem Grund „ermüden" Taschenlampenbatterien, wenn sie dauernd in Betrieb sind, erholen sich aber, wenn sie eine Zeitlang Ruhe haben.

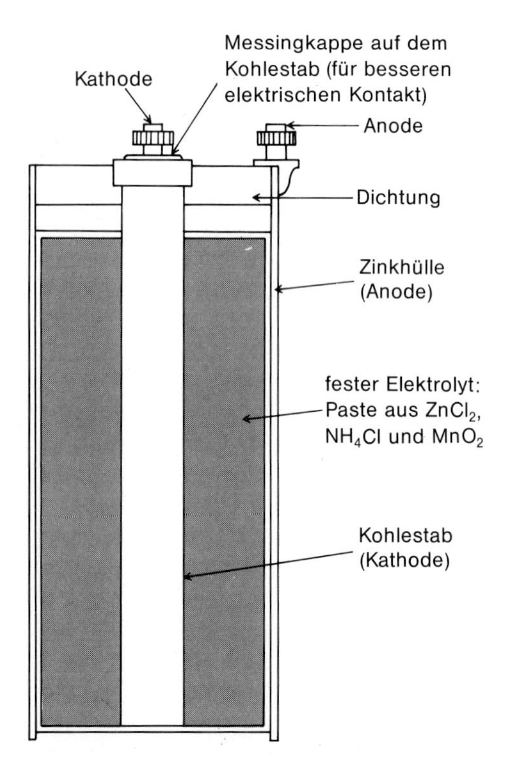

Die bekannte Trockenbatterie liefert zuverlässig 1.5 Volt und enthält keine Flüssigkeiten, die verspritzen könnten. Die Batterie kann jedoch, wenn sie einmal erschöpft ist, nicht wieder aufgeladen werden.

Der Blei-Akkumulator

Entscheidender Nachteil der sonst so nützlichen Trockenbatterie ist, daß sie nicht wieder aufgeladen und von neuem benutzt werden kann, denn die Produkte der Elektrodenreaktionen diffundieren weg, so daß diese Reaktionen nicht einfach dadurch rückgängig gemacht werden können, daß ein externer Ladestrom durch die Zelle geschickt wird. Der rechts dargestellte Bleiakkumulator hat dagegen den Vorzug, daß die Produkte aller Elektrodenreaktionen an den Elektroden hängenbleiben. Schickt man Strom in umgekehrter Richtung durch die Batterie, werden die Reaktionsprodukte in die Reaktanden zurückverwandelt; Energie wird gespeichert, und die Batterie kann von neuem elektrische Energie liefern.

Als Anode dient eine Platte aus schwammartig-porösem Blei, als Kathode eine mit Bleidioxid bedeckte Platte. Beide Elektroden tauchen in die gleiche Lösung von Schwefelsäure. An der Anode wird metallisches Blei zu Pb^{2+}-Ionen oxidiert. Aus diesen Ionen bildet sich sofort unlösliches Bleisulfat, das an der Anode hängenbleibt:

$$Pb + SO_4^{2-} \longrightarrow PbSO_4 + 2e^- \qquad E^0 = 0.36 \text{ Volt}$$

An der Kathode wird Bleidioxid (mit Blei in der Oxidationsstufe +4) zu neuen Pb^{2+}-Ionen reduziert, die an der Kathode ebenfalls in Form von $PbSO_4$ haften bleiben:

$$PbO_2 + 4H^+ + SO_4^{2-} + 2e^- \longrightarrow PbSO_4 + 2H_2O \qquad E^0 = +1.69 \text{ Volt}$$

Somit ist die Gesamtreaktion:

$$Pb + PbO_2 + 2H_2SO_4 \longrightarrow 2PbSO_4 + 2H_2O \qquad E^0 = +2.05 \text{ Volt}$$

In Autobatterien mit 6 oder 12 Volt Spannung sind drei oder sechs solcher Zellen in Serie zusammengeschaltet.

Beim erschöpften Blei-Akkumulator ist der größte Teil des Bleis und des Bleioxids in Bleisulfat umgewandelt, und die flüssige Batteriefüllung ist an Schwefelsäure verarmt. Sie hat deshalb eine geringere Dichte. Auf diese Weise kann die Dichte der Batteriefüllung in der Autowerkstatt als Maß für den Ladungszustand einer Batterie benutzt werden. Schickt man Gleichstrom durch die erschöpfte Batterie, dann fließen Elektronen in die Anode (die ursprünglich Blei war) hinein und bei der Kathode (die ursprünglich PbO_2 war) heraus; d.h. die Halbreaktionen werden in umgekehrte Richtung gezwungen. Bleisulfat wird in metallisches Blei bzw. PbO_2 zurückverwandelt; die Batteriefüllung wird zu einer Schwefelsäure-Lösung höherer Konzentration (d.h. höherer Dichte) aufkonzentriert, und elektrochemische Energie wird zum späteren Gebrauch gespeichert.

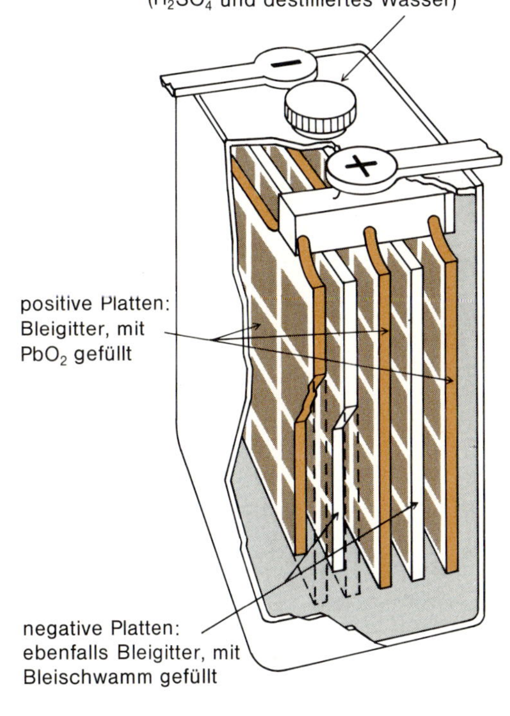

Der Blei-Akkumulator kann nach Erschöpfung wieder aufgeladen werden, denn die Produkte der Oxidation und der Reduktion bleiben am Ort ihres Entstehens. An der Anode wird metallisches Blei in unlösliches $PbSO_4$ verwandelt, und an der Kathode wird aus festem PbO_2 ebenfalls $PbSO_4$. Schickt man einen externen Strom in umgekehrter Richtung durch die Zelle, werden Pb und PbO_2 aus $PbSO_4$ regeneriert und so die Zelle wieder aufgeladen.

Elektrolyse-Zellen

Beim Bleiakkumulator als Energiequelle liefern Oxidations-Reduktions-Reaktionen elektrischen Strom. Wird eine erschöpfte Batterie wieder aufgeladen, dann werden durch eine externe Stromquelle Oxidations-Reduktions-Reaktionen in die Richtung gegen das natürliche Gefälle der Freien Energie erzwungen. Das Prinzip, mit Hilfe von elektrischer Energie energetisch gehemmte Reaktionen in Gang zu bringen, wird in großem Umfang in Elektrolyse-Zellen ausgenutzt. Viele Metalle können aus ihren Erzen (meistens Oxiden oder Sulfiden) gewonnen werden, indem man diese mit Kohlenstoff reduziert. Alkalimetalle, z.B. Natrium, sind jedoch dafür zu reaktiv. Sie können nur durch Elektrolyse gewonnen werden, d.h. in einer Zelle, wie sie auf der nächsten Seite dargestellt ist.

Bei der Elektrolyse von geschmolzenem Natriumchlorid wird die Reduktion, die chemisch nicht zuwege gebracht werden kann, auf elektrochemischem Wege erreicht: Zwei stromdurchflossene Elektroden tauchen in NaCl, das über seinen Schmelzpunkt (801 °C) erhitzt ist. An der einen Elektrode werden Cl^--Ionen zu gasförmigem Cl_2 oxidiert; diese Elektrode ist also die Anode. An der Kathode werden Na^+-Ionen zu metallischem Natrium reduziert. Das Chlor-Gas wird gesammelt und abgeführt. Das Natrium, das bei dieser Temperatur flüssig und leichter als das geschmolzene Salz ist, gelangt an die Oberfläche und wird dort gewonnen. Die Halbreaktionen lauten:

$$\begin{array}{llll} \text{Anode:} & 2Cl^- & \longrightarrow Cl_2 + 2e^- & E^0 = -1.36\ \text{Volt} \\ \text{Kathode:} & 2Na^+ + 2e^- & \longrightarrow 2Na & E^0 = -2.71\ \text{Volt} \\ \hline & 2Na^+ + 2Cl^- & \longrightarrow 2Na + Cl_2 & E^0 = -4.07\ \text{Volt} \end{array}$$

Die angegebenen Elektrodenpotentiale sind nur annähernd gültig, denn sie gelten für verdünnte wäßrige Lösungen und nicht für geschmolzene Salze. Sie zeigen jedenfalls an, daß zwischen den Elektroden der Zelle eine hohe Spannung angelegt werden muß, wenn die Elektrolyse, d.h. die Zersetzung des Salzes, in Gang kommen soll. Zur Gewinnung von Aluminium-Metall aus seinen Erzen (in erster Linie Al_2O_3) ist die Elektrolyse das einzige praktikable Verfahren. Aber auch viele andere Metalle werden in Elektrolyse-Zellen entweder gewonnen oder gereinigt. Wenn z.B. elektrischer Strom zwischen zwei Kupfer-Elektroden fließt, die in eine Kupfersulfat-Lösung tauchen, wird das Kupfer an der Anode zu Cu^{2+}-Ionen oxidiert, während an der Kathode Cu^{2+}-Ionen reduziert werden und sich als metallisches Kupfer niederschlagen (vgl. die Skizze rechts außen). Wenn die Anode ein Block aus verunreinigtem Kupfer ist, schlägt sich an der Kathode reines Kupfer nieder; die Verunreinigungen setzen sich am Boden des Elektrolysetanks ab. In ganz ähnlicher Weise können Metalle elektrolytisch auf jedem Gegenstand niedergeschlagen werden (galvanische Überzüge), der den elektrischen Strom leitet und deshalb als Kathode in einer Elektrolyse-Zelle eingesetzt werden kann.

Natrium-Metall und Chlor-Gas werden durch Elektrolyse von geschmolzenem NaCl technisch hergestellt.

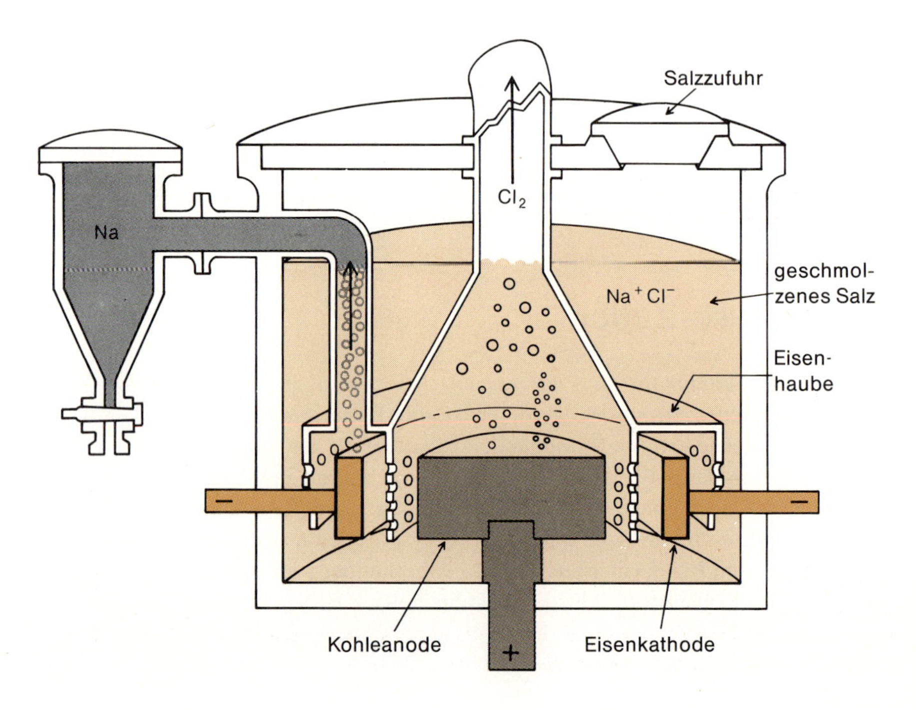

Die Faradayschen Gesetze

Einer der wichtigsten Schritte zu der Erkenntnis, daß die Kräfte zwischen den Atomen elektrischer Natur sind, waren die Elektrolyse-Experimente, die Michael Faraday 1833 machte. In einer Serie von Experimenten untersuchte er die chemischen Umwandlungen, die beim Durchgang von Strom durch Lösungen und Mischungen von chemischen Substanzen stattfinden. Er beobachtete chemische Umsetzungen der Art, wie wir sie im letzten Abschnitt behandelt haben. Seine quantitativen Beobachtungen sind heute als Faradaysche Gesetze bekannt:

1. Die Menge einer chemischen Substanz, die durch die Anoden- oder Kathodenreaktion in einer Elektrolyse-Zelle gebildet wird, ist proportional der durch die Zelle geschickten Strommenge.
2. Die Mengen zweier verschiedener Substanzen, die durch die gleiche Strommenge gebildet werden, sind proportional den molaren Massen, die für diese Substanzen aus chemischen Reaktionen ermittelt werden.[1)]

Wenn beispielsweise eine bestimmte Strommenge, die zur Wasserzersetzung durch eine Elektrolyse-Zelle geschickt wird, 5 g H_2-Gas produziert, dann produziert die doppelte Strommenge 10 g Wasserstoff-Gas. Wenn ferner so viel Strom durch die Zelle geschickt wird, daß an der Kathode 2 g Wasserstoff-Gas entstehen, dann werden an der Anode 16 g Sauerstoff-Gas freigesetzt. Wir erkennen in diesen Quantitäten leicht 1 Mol H_2 und $^1/_2$ Mol O_2, und in diesem Verhältnis vereinigen sich die beiden Gase zu H_2O. Zu Faradays Zeiten waren die in diesen Experimenten gemachten Beobachtungen Meilensteine auf dem Weg zur Begründung der Gesetze, in welchen Verhältnissen die chemischen Substanzen miteinander reagieren. Heute sind es selbstverständliche Konsequenzen der Elektronentheorie der chemischen Bindung.

Wie schon erwähnt, wird 1 Mol Elektronen von einer Elektrode zu anderen überführt, wenn 96487 Coulomb durch eine Zelle geschickt werden; dabei findet die zugehörige chemische Reaktion in entsprechendem Ausmaß statt.

Beispiel. 96487 Coulomb werden durch eine Elektrolyse-Zelle mit geschmolzenem NaCl geschickt. Wieviel Mol (und wieviel Gramm) Na und Cl_2 werden gebildet?

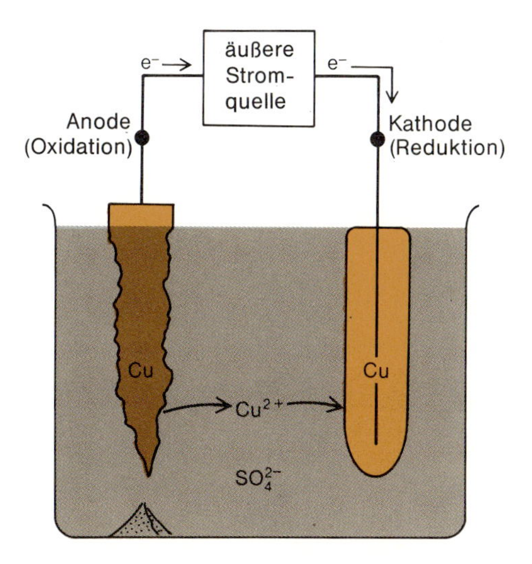

Kupfer kann elektrolytisch gereinigt werden. Dazu werden das Kupfer aus einem Barren des verunreinigten Metalls an der Anode oxidiert und reines Kupfer an der Kathode abgeschieden.

1) Anm. der Übers.: Bei zweifach, dreifach ... geladenen Ionen ist die Strommenge proportional der halben, drittel ... relativen Molekülmasse. Der früher (und vom Autor) dafür gebrauchte Begriff „Äquivalentgewicht“ ist der Einführung des SI-Systems zum Opfer gefallen. Das „Äquivalent“ ist gleichwohl ein praktischer Begriff (vgl. nächste Seite und S. 387).

Lösung. Da 96487 Coulomb einem Mol Elektronen entsprechen und jedes Na^+-Ion von einem Elektron reduziert wird, entsteht 1 Mol metallisches Natrium, das sind 23 g. Da pro Mol Cl^--Ionen ein Mol Elektronen nötig sind, um ein halbes Mol Cl_2-Gas zu erzeugen, entstehen bei diesem Experiment $^1/_2$ Mol oder 35.5 g Cl_2-Gas.

Beispiel. Durch eine mit Kupfersulfat-Lösung gefüllte Elektrolyse-Zelle zur Reinigung („Raffination") von Kupfer werden genau 200000 Coulomb geschickt. Wieviel Kupfer schlägt sich an der Kathode nieder?

Lösung. Die „Molzahl an Elektronen" beträgt

$$\frac{200\,000 \text{ Coulomb}}{96\,487 \text{ Coulomb} \cdot \text{mol}^{-1}} = 2.07 \text{ „mol Elektronen" (oder Faraday)}$$

Bei der Reduktion von gelösten Kupfer-Ionen werden pro Ion zwei Elektronen verbraucht: $Cu^{2+} + 2e^- \longrightarrow Cu$. Je Mol Elektronen wird also ein halbes Mol metallisches Kupfer abgeschieden. Die durch 200000 Coulomb abgeschiedene Menge Kupfer ist daher

$$\frac{2.07}{2} \text{ mol} = 1.035 \text{ mol Kupfer}$$

$$1.035 \text{ mol} \cdot 63.54 \text{ g} \cdot \text{mol}^{-1} = 65.8 \text{ g Kupfer}$$

Bei den Säure-Base-Neutralisationsreaktionen (vgl. 16. Kapitel) wurde für die Substanzmenge, die 1 mol Protonen abgeben oder aufnehmen kann, der Begriff 1 *Äquivalent* einer Säure oder Base eingeführt. Ein Äquivalent zur Neutralisation einer Säure oder Base ist also z.B. 1 mol HCl bzw. NaOH, $^1/_2$ mol H_2SO_4 oder $^1/_3$ mol H_3PO_4. Ganz analog können wir als 1 *Redox-Äquivalent* einer reduzierten oder oxidierten Substanz diejenige Substanzmenge einführen, die 1 mol Elektronen abgibt oder aufnimmt. Im ersten Beispiel dieses Abschnitts entsprechen 1 mol Natrium-Metall und $^1/_2$ mol Cl_2-Gas je einem Redox-Äquivalent. Im zweiten Beispiel entspricht 1 mol Kupfer zwei Redox-Äquivalenten, denn zur Reduktion von Cu^{2+} zu Cu sind 2 mol Elektronen nötig.

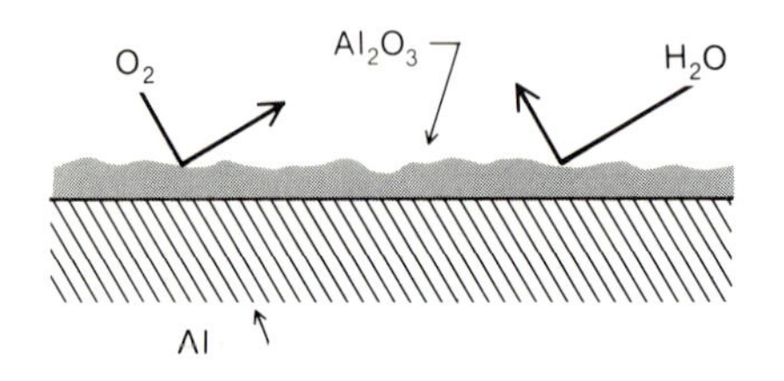

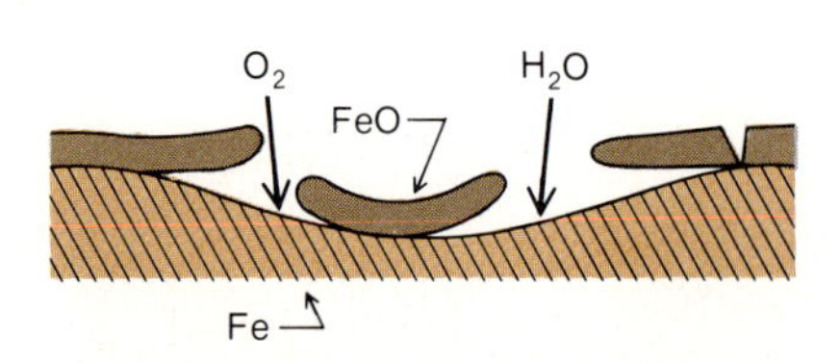

Die Oberfläche von Aluminium ist durch einen festhaftenden Überzug aus Al_2O_3 gegen Korrosion geschützt. Leider haftet Eisenoxid nicht ebensogut auf Eisen, so daß die Metalloberfläche fortwährend dem Angriff von Sauerstoff und Wasser ausgesetzt ist.

Redox-Chemie auf Abwegen: Korrosion

Die Korrosion von Metallen ist eine Oxidation. Eisen kann durch Sauerstoff oder durch eine Säure oxidiert werden, sofern bei ausreichender Feuchtigkeit Ionen-Reaktionen mit genügend hoher Geschwindigkeit ablaufen können:

Oxidation:	$Fe \longrightarrow Fe^{2+} + 2e^-$	$E^0 = +0.41$ Volt
Reduktion:	$\frac{1}{2}O_2 + H_2O + 2e^- \longrightarrow 2OH^-$	$E^0 = +0.40$ Volt
oder	$2H^+ + 2e^- \longrightarrow H_2$	$E^0 = 0.00$ Volt

Wenn Eisen rostet, wird zuerst metallisches Eisen zur Oxidationsstufe +2 oxidiert. Dabei scheiden sich Schuppen von $Fe(OH)_2$ und FeO ab, wobei die letzteren leicht zu Fe(III) oxidiert werden. Aluminium korrodiert im Prinzip noch heftiger,

$$Al \longrightarrow Al^{3+} + 3e^- \qquad E^0 = +1.66 \text{ Volt}$$

aber die entstehende Oxidschicht aus Al_2O_3 haftet, weil sie eine ähnliche Kristallstruktur wie das Metall besitzt, fest an der Metalloberfläche und verhindert die weitere Korrosion (Zeichnung am linken Seitenrand). Die Kristallstrukturen von metallischem Eisen und Eisenoxid sind dagegen gar nicht ähnlich, so daß Oxid und Metall nicht aneinander haften. Das Oxid löst sich ab, kaum daß es gebildet wurde, und legt neues Metall frei, das dem Angriff von Sauerstoff oder Säure ausgesetzt ist. Eine gute Lackschicht haftet besser als FeO, ist aber ebenfalls nicht von Dauer.

Glücklicherweise gibt es eine elektrochemische Lösung für dieses elektrochemische Problem. Eisen rostet oder oxidiert dann nicht, wenn es mit einem reaktiveren Metall überzogen wird, d. h. einem Metall mit stärker negativem Reduktionspotential. Ein möglicher Kandidat wäre Aluminium. Sind Eisen und Aluminium in Kontakt, dann bildet Eisen die Kathode und Aluminium die Anode, wie aus den Reduktionspotentialen hervorgeht:

$$Fe^{2+} + 2e^- \longrightarrow Fe \qquad E^0 = -0.41\ \mathrm{V}$$

$$Al^{3+} + 3e^- \longrightarrow Al \qquad E^0 = -1.66\ \mathrm{V}$$

Ein Aluminiumüberzug sollte also Eisen vor der Oxidation schützen, während das Aluminium selbst durch sein Oxid vor weitergehender Korrosion geschützt ist.

Aber statt aus aluminiumüberzogenem Eisen könnte man genausogut seine Geräte von vornherein aus Aluminium machen, das zudem noch leichter ist. Leider ist Aluminium teuer. Eine billigere Alternative wäre galvanisch verzinktes Eisen. Aus dem Halbzellenpotential von Zink kann man ablesen, daß das Prinzip das gleiche ist. Ein verzinkter Eimer aus Stahlblech ist im wesentlichen nicht deshalb korrosionsbeständig, weil das Eisen vom Zink wie von einem Lackanstrich geschützt wird, sondern weil das Zink das Eisen elektrochemisch vor der Oxidation bewahrt (rechts). Wenn ein verzinkter Eimer einen Kratzer bekommt, wird er trotzdem nicht korrodieren; nur das Zink wird oxidiert. Im Prinzip müßte der eiserne Gegenstand nicht einmal vollständig mit Zink überzogen sein, um vor Korrosion bewahrt zu werden. Das Zink seinerseits ist relativ gut geschützt, denn sobald ein Teil davon oxidiert ist, absorbiert es CO_2 aus der Luft, und es bildet sich eine festhaftende Schicht aus basischem Zinkcarbonat.

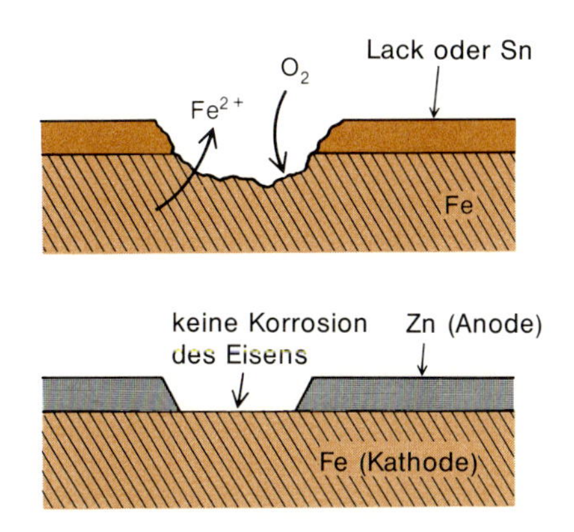

Ein Zinnüberzug schützt Eisen nur auf die gleiche Weise vor Korrosion wie ein Farbanstrich: Es bildet einen mechanischen Schutz gegen O_2 und H_2O. Erhält der Überzug Risse, setzt die Korrosion ein. Ein Zinküberzug bietet zusätzlich einen elektrochemischen Schutz: Eisen hat ein höheres Reduktionspotential und neigt dazu, im reduzierten (metallischen) Zustand zu bleiben, während Zink an seiner Stelle korrodiert.

Anders sieht es bei einer verzinnten Konservendose aus. Das Reduktionspotential von Zinn ist höher als das von Eisen; Zinn neigt also stärker dazu, in der reduzierten, metallischen Form zu bleiben. Wenn eine verzinnte Eisenblechdose angekratzt wird, oxidiert vorzugsweise das Eisen und nicht das Zinn. Elektrochemisch bringt das Verzinnen nichts; das Zinn ist nur ein einem Lackanstrich ähnlicher Schutzüberzug, der allerdings viel besser haftet. Wird die Zinnschicht verletzt, kommt es schnell zur Korrosion.

Freie Energie und Potential

Thema dieses Kapitels waren Freie Energie und Potential als Maß für die Triebkraft eines chemischen Vorgangs. Die Änderung der Freien Energie pro Mol Moleküle oder Elektronen ist der „Druck“ auf diese Moleküle oder Elektronen, sich zu bewegen: Moleküle von einer Phase – fest, flüssig oder gasförmig – in eine andere, Elektronen von einem Atom, Ion oder Molekül auf ein anderes.

Von der Gravitation wurde das wichtige Konzept übernommen, daß die Änderung der Freien Energie bei einem chemischen Vorgang beschrieben werden kann als das Produkt aus einem *Potential* und der Menge des Stoffes, der chemisch verändert wird. Die kinetische Energie, die ein Ball erhält, wenn er einen Hügel der Höhe h hinunterrollt, beträgt $E = mgh$. Dies ist das Produkt aus der Masse m des Balls und dem durch die Schwerkraft gegebenen Potential gh. Die gesamte, bei einer chemischen Reaktion freigesetzte Freie Energie ist das Produkt aus der Energieänderung pro Mol und der Molzahl des reagierenden Stoffes. Die Freie Energie, die beim Elektronenübergang während einer Oxidations-Reduktions-Reaktion freigesetzt wird, ist das Produkt aus der Änderung der Freien Energie pro Mol Elektronen mal der Molzahl der übergehenden Elektronen.

Wenn der Ausgangszustand eines Vorgangs ein höheres Potential hat als der Endzustand, dann ist der Übergang vom Anfangs- zum Endzustand spontan, und die dabei freigesetzte Energie kann zum Betreiben irgendeines anderen Vorgangs benutzt werden. Bergab fließendes Wasser kann ein Mühlrad drehen oder Elektrizität erzeugen. Verbrennendes Dieselöl kann einen Motorkolben schieben oder ein Zimmer heizen. Und Elektronen, die von Zink zu Silber wandern, können zur Übertragung einer telegraphischen Nachricht benutzt werden, oder sie können bewirken, daß die silbernen Verbindungsstege auf der gedruckten Schaltung eines Computers abgeschieden werden. Wenn der Potentialgradient „abgelaufen" ist und zwischen zwei Zuständen keine Potentialdifferenz mehr besteht, dann befindet sich das System im Gleichgewicht. Es gibt für eine Änderung keine Triebkraft mehr, und das System gibt keine Energie oder nutzbare Arbeit ab. Dieser Zustand ist erreicht, wenn alles Wasser den Berg hinuntergelaufen ist, wenn eine Lösung mit dem zugehörigen Festkörper und dem Dampf im Gleichgewicht steht, oder wenn eine Batterie erschöpft ist.

Fragen

1. Was versteht man unter dem Gravitationspotential? Unter dem chemischen Potential? Unter dem elektrischen Potential? In welcher Weise beeinflussen diese Potentiale die Richtung, in der etwas spontan geschieht?
2. Welche Beziehungen bestehen zwischen der Freien Energie, der Tendenz, sich seiner Umgebung zu entziehen, und dem chemischen Potential?
3. Zwischen der Temperatur eines Gases und der Geschwindigkeit, mit der sich seine Moleküle bewegen, besteht ein Zusammenhang. Haben bei gegebener Temperatur alle Moleküle eines Gases die gleiche Geschwindigkeit?
4. In welcher Weise wird das Dampf/Flüssigkeit-Gleichgewicht gestört, wenn man in der Flüssigkeit nichtflüchtige Moleküle löst? Was passiert mit dem Dampfdruck?
5. Was versteht man unter dem Siedepunkt einer Flüssigkeit? Können unterhalb des Siedepunkts Moleküle der flüssigen Substanz verdampfen und in der Dampfphase im Gleichgewicht mit der Flüssigkeit existieren? Welche physikalische Grundlage hat das Phänomen, das wir als Sieden bezeichnen? Warum tritt es bei einer bestimmten Temperatur auf?
6. Warum erhöht sich beim Auflösen einer nichtflüchtigen Substanz in einer Flüssigkeit der Siedepunkt? Anders gefragt: Welchen Einfluß haben Temperatur und gelöste Moleküle auf die Tendenz der Moleküle einer Flüssigkeit, ihre Umgebung zu verlassen?
7. Warum verursacht NaCl eine doppelt so hohe Siedepunktserhöhung von Wasser wie die gleiche Masse (in mol) Methanol?
8. Wie lautet das Raoultsche Gesetz und inwiefern sagt es etwas über die Siedepunktserhöhung aus?
9. Welche molekulare Basis hat die Gefrierpunktserniedrigung? Inwiefern spielt die Tendenz der Moleküle einer Flüssigkeit, ihre Umgebung zu verlassen, eine Rolle? Warum hat eine Änderung der Temperatur Einfluß auf das Gleichgewicht?
10. Wie können die relativen Molekülmassen kleiner Moleküle durch Messung der Gefrierpunktserniedrigung und der Siedepunktserhöhung ermittelt werden? Warum taugen diese Methoden weniger für Makromoleküle?

11. Was versteht man unter dem osmotischen Druck? Welche molekulare Grundlage hat dieses Phänomen? Läßt es sich auf der Grundlage der Tendenz der Moleküle erklären, ihre Umgebung zu verlassen?
12. Auf welche Weise können die relativen Molekülmassen großer Moleküle über die Messung des osmotischen Drucks bestimmt werden?
13. Welcher Unterschied besteht zwischen den Konzentrationsangaben Molarität und Molalität? Warum verschwindet in verdünnten Lösungen der Unterschied nahezu? Warum ist der Unterschied groß bei konzentrierten Lösungen? Warum verschwindet der Unterschied auch in sehr verdünnten Lösungen nicht, wenn es sich um ein anderes Lösungsmittel als Wasser handelt?
14. Müssen bei einer Oxidation notwendigerweise Elektronen entfernt werden? Bei welchem Vorgang ist das z.B. nicht der Fall?
15. Warum spielen solche Oxidationen, bei denen tatsächlich Elektronen entfernt werden, in der Elektrochemie eine besonders wichtige Rolle?
16. Welches ist die Quelle der Freien Energie, die von einer einfachen, elektrochemischen Zink/Kupfer-Zelle erzeugt wird? Warum muß man Zink- und Kupfer-Reaktion physikalisch separieren? Was passiert, wenn man dies nicht tut?
17. Welche Elektrode der Zink/Kupfer-Zelle ist die Anode und welche die Kathode? Welche Halbreaktionen finden an den beiden Elektroden statt? Welche Halbreaktion ist eine Oxidation?
18. Warum verhindert eine Salzbrücke oder eine halbdurchlässige Trennwand einen internen Kurzschluß der Zelle? Warum ist eine solche Trennwand beim Daniell-Element nicht unbedingt nötig?
19. Wie groß ist die Änderung der Freien Enthalpie beim Daniell-Element? Was versteht man unter dem elektrochemischen Standardpotential einer Zelle? In welcher Beziehung steht es zur Änderung der Freien Energie? Welchen Wert hat das Standardpotential des Daniell-Elements?
20. Was ist die Faradaysche Konstante? Welche Beziehung besteht zwischen der Faraday-Konstante und einer bestimmten Zahl von Elektronen? Welche Einheit und welchen Wert hat diese Konstante im SI-System?
21. Inwiefern können Halbzellen-Reaktionen addiert werden? In welchen Fällen können auch ihre Potentiale addiert werden, um das Potential einer anderen Zellen-Reaktion zu berechnen?
22. Was versteht man unter einer Halbreaktion? Wie werden Halbreaktionen zu vollständigen Zellen-Reaktionen kombiniert? Wie werden die entsprechenden Halbzellen-Potentiale kombiniert? Welche Aussage macht das Vorzeichen des Potentials der vollständigen Zelle darüber, ob eine Zellen-Reaktion spontan abläuft oder nicht?
23. Wie kann man eine elektrochemische Zelle in einem linearen Schema darstellen? Wie sieht ein solches Schema für die Daniell-Zelle aus? Wie werden die Konzentrationen der beteiligten Lösungen notiert? Durch welches Zeichen wird die poröse Trennwand symbolisiert?
24. Warum ist eine erschöpfte Trockenzelle prinzipiell nicht wieder aufladbar? Aufgrund welcher Eigenschaften seiner Elektroden ist ein Blei-Akkumulator wieder aufladbar?
25. Warum wird in einer Autowerkstatt der Ladungszustand eines Akkumulators mit Hilfe eines Aräometers, d.h. durch Messung der Dichte der Batterieflüssigkeit, festgestellt? Welche chemische Reaktion in der Zelle ist dafür verantwortlich, daß sich die Dichte der Batterieflüssigkeit ändert?
26. Was versteht man unter Elektrolyse? In welcher Weise bestimmt die Elektrizitätsmenge, die durch eine Elektrolyse-Zelle geschickt wird, das Ausmaß der in der Zelle stattfindenden chemischen Reaktion?
27. Wie lauten die Faradayschen Gesetze bei der Elektrolyse? Wie lassen sie sich auf der Grundlage von Elektronen und chemischen Reaktionen ableiten?

28. Warum „rostet“ Aluminium nicht in der Art, wie Eisen rostet?
29. Wieso schützt ein Zinküberzug einen eisernen Gegenstand besser gegen Korrosion als ein Zinnüberzug oder ein Lackanstrich? Welche nützliche Rolle spielt hier die Elektrochemie?

Probleme

1. Der Dampfdruck von reinem Benzol (C_6H_6) bei 20°C beträgt ca. 0.1 bar, derjenige von Toluol (C_7H_8) 0.03 bar. Wie hoch ist der Dampfdruck einer Lösung, die 10g Benzol und 10g Toluol enthält? Welchen Wert haben die Molenbrüche jeder Komponente im Dampf?
2. Von welcher der folgenden Substanz sollte man erwarten, daß ihre 0.1 molale wäßrige Lösung den niedrigsten Gefrierpunkt hat: HNO_3, NaCl, Glucose, $CuSO_4$, $BaCl_2$?
3. Wenn 20 g NaCl oder 10 g $MgCl_2$ in einer bestimmten Menge Wasser gelöst werden: Welcher der beiden Zusätze sollte – jeweils vollkommene Löslichkeit vorausgesetzt – einen größeren Einfluß auf die kolligativen Eigenschaften der Flüssigkeit haben?
4. Welchen Gefrierpunkt hat eine Lösung von 1 g NaCl in 10 g Wasser? Welchen Gefrierpunkt hat eine Lösung von 1 g $CaCl_2$ in 10 g Wasser? Welches der beiden Salze ist, bezogen auf gleiches Gewicht, das bessere Gefrierschutzmittel?
5. Wenn man beim Siedepunkt von Methan (CH_4) 35.5 g festes Chlor (Cl_2) in 32 g flüssigem Methan löst: Um welchen Betrag wird der Siedepunkt des Methans erniedrigt?
6. Wir bereiten eine Lösung aus 20g einer nichtflüchtigen Substanz mit einer relativen Molekülmasse von 100 und 500g eines Lösungsmittels mit der Molekülmasse 75. Der Siedepunkt des Lösungsmittels erhöht sich von 84.00°C auf 85.00°C. Wie groß ist die Konstante der molalen Siedepunktserhöhung des Lösungsmittels?
7. Wieviel Gramm Methanol müssen zu 10.0 kg Wasser zugesetzt werden, damit der Gefrierpunkt der Lösung auf 263 K erniedrigt wird? Welchen Siedepunkt hat die Lösung?
8. Wir bereiten eine Lösung, indem wir 0.40 g eines unbekannten Kohlenwasserstoffs zu 25.0 g Essigsäure geben. Der Gefrierpunkt der Lösung fällt von 16.60°C (reine Essigsäure) auf 16.15°C. Die molale Konstante der Gefrierpunktserniedrigung beträgt für Essigsäure 3.60 K $\cdot$ mol^{-1}. Wie groß ist die relative Molekülmasse des Kohlenwasserstoffs? Die Analyse dieser Verbindung ergibt, daß sie 93.75% Massenanteil Kohlenstoff und 6.25% Wasserstoff enthält. Wie sieht die Summenformel aus?
9. Benzoesäure hat folgende Zusammensetzung: 68.9% Kohlenstoff, 26.2% Sauerstoff und 4.96% Wasserstoff. 1 Gramm der Säure, in 20g Wasser gelöst, ergibt einen Gefrierpunkt von 272.38 K, während 1 g Säure in 20 g Benzol eine Lösung vom Gefrierpunkt 277.56 K ergibt. Welche scheinbare Summenformel hat Benzoesäure in den beiden Lösungsmitteln? Welche Erklärung gibt es für die beobachteten Phänomene?
10. Aus der Schilddrüse kann ein wichtiges Hormon, Thyroxin, isoliert werden, das die Geschwindigkeit des Stoffwechsels im Körper reguliert. Löst man 0.455 g Thyroxin in 10.0 g Benzol, findet man einen Gefrierpunkt der Lösung von 5.144°C. Reines Benzol gefriert bei 5.444°C. Welche relative Molekülmasse hat Thyroxin?
11. Welchen osmotischen Druck hat bei 17°C eine Lösung, die 17.5 g Rohrzucker ($C_{12}H_{22}O_{11}$) auf 150 ml Lösung enthält?

12. Die pflanzliche Zellwand ist eine osmotische Membran. Kann man damit erklären, daß Kopfsalat in einer salz- und essighaltigen Sauce in wenigen Stunden schlaff zusammenfällt?
13. Eine wäßrige Lösung, die 96 g Amygdalin – eine zuckerähnliche Substanz aus Mandeln – auf 1 l Lösung enthält, hat einen osmostischen Druck von 4.8 bar bei 0 °C. Welche relative Molekülmasse hat Amygdalin?
14. Eine 3-prozentige wäßrige Lösung von Gummi arabicum (einfachste Bruttoformel: $C_{12}H_{22}O_{11}$) hat den osmotischen Druck 0.0275 bar bei 25 °C. Wie groß ist die mittlere Molekülmasse und der mittlere Polymerisationsgrad der gelösten Substanz?
15. Warum platzen rote Blutkörperchen, wenn man sie in destilliertes Wasser bringt?
16. Der osmotische Druck von menschlichem Blut gegenüber Wasser wechselt zwischen ca. 7.3 bar – dieser Wert kann am frühen Morgen beobachtet werden – und 8.1 bar (ein derart hoher Wert tritt nach einem ausgedehnten Essen auf). Die Werte gelten für die normale Bluttemperatur 37 °C. Daraus ergibt sich ein Durchschnittswert für den osmotischen Druck, den wir für die folgende Berechnung zugrunde legen: Welchen Wert hat der Molenbruch der gelösten Stoffe? Wieviel Mol der gelösten Stoffe liegen pro 1000 g Wasser vor?
17. Eine Salzlösung enthält 9 g NaCl pro Liter Wasser? Wie groß ist ungefähr der osmotische Druck bei 37 °C? Man vergleiche das Ergebnis mit dem in Problem 16 angegebenen Wert für den osmotischen Druck von Blut.
18. Zur Gewinnung von Trinkwasser aus salzhaltigem Wasser (vorzugsweise Meerwasser) gibt es das Verfahren der *umgekehrten Osmose*. Es beruht im Prinzip darauf, daß die Lösung unter einen höheren als den osmotischen Druck gesetzt wird. Auf diese Weise wird das Lösungsmittel Wasser gezwungen, in der Richtung Lösung $\longrightarrow$ reines Lösungsmittel zu fließen. Die Konzentrationen der wichtigsten im Meerwasser gelösten Teilchen sind (in Mol pro Kilogramm Meerwasser): $Cl^- = 0.546$; $Na^+ = 0.456$; $Mg^{2+} = 0.053$; $SO_4^{2-} = 0.028$ und $Ca^{2+} = 0.010$. Welcher Druck muß auf Meerwasser, das von einer für Wasser durchlässigen Membran eingeschlossen ist, ausgeübt werden, damit die umgekehrte Osmose in Gang kommt?
19. Wieviel nutzbare Arbeit wird geleistet, wenn ein Mol Zink-Pulver mit einer 1.00-molaren Lösung von $Cu(NO_3)_2$ in einem Kalorimeter bei konstanter Temperatur reagiert: (a) Wieviel nutzbare Arbeit kann entnommen werden, wenn die Reaktion reversibel ausgeführt wird (ΔH^0_{298} der Reaktion ist -215 $kJ \cdot mol^{-1}$)? (b) Welche Wärmemenge wird freigesetzt, wenn die Reaktion reversibel ausgeführt wird?
20. Welche der folgenden Reaktionen laufen unter Standardbedingungen spontan ab:

    (a) $Zn + Mg^{2+} \longrightarrow Zn^{2+} + Mg$
    (b) $Fe + Cl_2 \longrightarrow Fe^{2+} + 2Cl^-$
    (c) $4Ag + O_2 + 4H^+ \longrightarrow 4Ag^+ + 2H_2O$
    (d) $2AgCl \longrightarrow 2Ag + Cl_2$

21. Welches Standardpotential E^0 haben folgende Halbzellen:

    (a) $S^{2-}|CuS(f)|Cu(f)$
    (b) $NH_3(aq), Zn(NH_3)_4^{2+}|Zn(f)$

22. Die folgenden beiden Reaktionen haben die angegebenen Standardpotentiale E^0:

$2Ag + Pt^{2+} \longrightarrow 2Ag^+ + Pt \qquad E^0 = +0.40\ V$
$2Ag + F_2 \longrightarrow 2Ag^+ + 2F^- \qquad E^0 = +2.07\ V$

Wenn man das Potential der Reaktion Pt $\longrightarrow$ Pt^{2+} + $2e^-$ willkürlich gleich null setzt, kann man die Potentiale der folgenden Halbreaktionen berechnen:

(a) Ag $\longrightarrow$ $Ag^+ + e^-$ (b) F^- $\longrightarrow$ $\frac{1}{2}F_2 + e^-$

Welchen Wert haben sie?

23. Die Zelle, in der folgende Halbreaktionen stattfinden, soll in Form des oben eingeführten linearen Diagramms dargestellt werden:

$PbO_2 + 4H^+ + 2e^- \longrightarrow Pb^{2+} + 2H_2O$
$PbSO_4 + 2e^- \longrightarrow Pb + SO_4^{2-}$

(a) Welche Reaktion findet an der Kathode der Zelle statt? In welche Richtung fließen die Elektronen in einem äußeren Stromkreis?
(b) Welchen Wert hat das Standardpotential E^0 der Zelle?

24. Kann man mit den Informationen des letzten Kapitels zeigen, daß Wasserstoffperoxid, H_2O_2, thermodynamisch instabil ist und zu Wasser und Sauerstoff disproportionieren müßte?

25. In der folgenden Tabelle fehlen einige Reduktionspotentiale. Sie sollen mit Hilfe der in den Tabellen dieses Kapitels angegebenen Daten ermittelt werden:

	E^0 in Volt
$MnO_4^- + 8H^+ + 5e^- \longrightarrow Mn^{2+} + 4H_2O$	+1.49
$Au^{3+} + 3e^- \longrightarrow Au(f)$	+1.42
$Cl_2 + 2e^- \longrightarrow 2Cl^-$	?
$AuCl_4^- + 3e^- \longrightarrow Au(f) + 4Cl^-$	?
$4H^+ + NO_3^- + 3e^- \longrightarrow NO + 2H_2O$	?

Wir nehmen jetzt an, daß alle Reaktanden und Produkte in der gleichen Konzentration vorliegen:
(a) Welche der in den genannten Halbreaktionen vorkommende Substanz ist das beste Oxidationsmittel? Welche ist das beste Reduktionsmittel? (b) Wird metallisches Gold durch Permanganat oxidiert? (c) Wird Salpetersäure durch metallisches Gold reduziert? (d) Wird metallisches Gold in Gegenwart von Cl^--Ionen durch Salpetersäure oxidiert? (e) Wird reines Cl_2-Gas in Gegenwart von Wasser durch metallisches Gold reduziert? (f) Wird metallisches Gold durch Chlor oxidiert, wenn Cl^--Ionen anwesend sind? (g) Werden Chlorid-Ionen durch Permanganat oxidiert?

26. In einer elektrochemischen Zelle läuft folgende Reaktion spontan ab:

$3Cu^{2+} + 2Al \longrightarrow 2Al^{3+} + 3Cu$

Welchen qualitativen Einfluß auf das Zellenpotential hätte es, wenn Ethylendiamin zugesetzt würde, ein Ligand, der stabile Komplexe mit Cu^{2+} bildet, nicht aber mit Al^{3+}?

27. Welche Standard-Reduktionspotentiale haben folgende Halbreaktionen?

$MnO_4^- + 8H^+ + 5e^- \longrightarrow Mn^{2+} + 4H_2O$
$Al^{3+} + 3e^- \longrightarrow Al$
$Cl_2 + 2e^- \longrightarrow 2Cl^-$
$Mg^{2+} + 2e^- \longrightarrow Mg$

(a) Welche der beteiligten Spezies ist das stärkste Reduktionsmittel? Das stärkste Oxidationsmittel? (b) Welche Gesamtreaktion läuft tatsächlich in einer Zelle ab, in der das Mg^{2+}/Mg- und das $Cl_2/2Cl^-$-Paar kombiniert sind? (c) Wie sieht das lineare Schema dieser Zelle aus? (d) Welche Elektrode der Zelle ist die Anode, welche die Kathode? (e) Welches Standardpotential E^0 hat die Zelle? (f) Welcher Ausdruck ergibt sich für die Gleichgewichtskonstante der Zellen-Reaktion? Welcher numerische Wert ergibt sich für die Gleichgewichtskonstante bei 25 °C?

28. Welche Standard-Reduktionspotentiale haben die folgenden Halbreaktionen?

$$SO_4^{2-} + 4H^+ + 2e^- \longrightarrow H_2SO_3 + H_2O$$
$$Ag^+ + e^- \longrightarrow Ag$$

(a) Wie sieht für die Gesamtreaktion, die in einer aus diesen Halbreaktionen zusammengesetzten Zelle abläuft, die stöchiometrische Reaktionsgleichung aus? (b) Wie sieht das lineare Schema der Zelle aus? (c) Welches Standardpotential E^0 hat die Zelle? (d) Welchen Wert hat die Gleichgewichtskonstante für die Zellreaktion bei 25 °C?

29. Welche Standard-Reduktionspotentiale haben die folgenden Halbreaktionen:

$$Hg_2^{2+} + 2e^- \longrightarrow 2Hg$$
$$Cu^{2+} + 2e^- \longrightarrow Cu$$

(a) Wie lautet die Reaktionsgleichung der Gesamtreaktion, die in einer aus diesen Halbreaktionen zusammengesetzten Zelle abläuft? (b) Wie sieht das lineare Schema der Zelle aus? Woraus besteht die Anode, aus Hg oder aus Cu? (c) Welches Standardpotential E^0 hat die Zelle? (d) Welchen Wert hat die Gleichgewichtskonstante der Zellreaktion?

30. Wenn man Ag^+- und I^--Ionen in Standard-Konzentrationen mischt, fällt spontan AgI(f) aus. Inwiefern läßt sich das aus den entsprechenden Halbreaktionen vorhersagen? Wie kann man ableiten, daß für AgI das Löslichkeitsprodukt den Wert $K_L = 10^{-16}$ hat?

31. Die Chromverzierungen eines Autos bestehen (wenn nicht aus Kunststoff) aus einem Eisenkern, der erst mit einer dicken Nickelschicht, dann mit einer Chromschicht überzogen ist. Wie müßte man die Metalle in der Reihenfolge zunehmender Oxidierbarkeit anordnen? Welchen Sinn hat der Chromüberzug? Welchen Sinn hat die Nickelschicht?

◀ *Die Größe unserer Sonne liegt in der Mitte zwischen der einer Spiralgalaxie und der Größe eines Menschen. (Photo: The Hale Observatories)*

18. Kapitel

Vom Weltraum zur Welt der Atome: Größenordnungen im Universum

Das erste Kapitel dieses Buches trägt den Titel „Ansicht von einem fernen Universum aus". In den darauffolgenden Kapiteln wanderten wir in unserer Vorstellung von Galaxien und Sternen herab zu Atomen und subatomaren Teilchen. Wir haben gesehen, wie Atome bei sehr hohen Temperaturen im Inneren der Sterne synthetisiert werden, wie sich diese Atome bei viel tieferen Temperaturen zu Molekülen vereinen und zu Flüssigkeiten und Festkörpern kondensieren. Wir haben gesehen, wie Atome aus Elektronen, Neutronen und Protonen aufgebaut sind und auf welche Weise die Struktur der Atome zu einem breiten Spektrum chemischer Eigenschaften und Verhaltensweisen führt. Höhepunkt dieser Betrachtungen war das Periodensystem. Vor allem in den sieben letzten Kapiteln haben wir erfahren, wie diese Atome und Moleküle miteinander reagieren, indem sie ihre chemischen Bindungen auflösen, neue bilden und dabei Energie aufnehmen und wieder abgeben.

Nirgends in dieser chemischen Landschaft sind wir uns selbst oder dem bemerkenswertesten aller chemischen Phänomene, dem *Leben,* begegnet. Leben ist ein besonderes chemisches System, das in unserer Ecke des Universums und möglicherweise auch noch woanders (obwohl wir dafür bis jetzt keinen Beweis haben) aus wenigen Atomarten auf begrenztem Raum und in einem begrenzten Temperaturbereich entstand. „Der Mensch ist das Maß aller Dinge", ist ein oft zitiertes Sprichwort. In Wirklichkeit erstreckt sich das Universum über viele Größenordnungen auf beiden Seiten über den Bereich hinaus, den der Mensch leicht erfassen kann. Eines der Ziele dieses Kapitels ist es, dem Menschen und anderen Lebewesen den ihnen zustehenden Platz im Universum zuzuweisen.

Wenn wir auch nur eine relativ begrenzte Ecke des Universums einnehmen, so ist es doch eine wichtige Ecke, denn wir begegnen in ihr einer neuen Dimension der Materie: der komplexen Organisation. Man nimmt an, daß Sterne grundsätzlich einfach aufgebaut sind. Es gibt zweifellos Temperaturgradienten und Schichten von Materie mit den unterschiedlichen thermonuklearen Reaktionen, denen wir im 8. Kapitel begegnet sind, in den verschiedenen Tiefen. Es kann auch Konvektionszellen und magnetische Feldstrukturen innerhalb einer Schicht geben, aber selbst der größte Stern hat nichts von der organisierten Komplexität, die wir in einem keimenden Samen finden. Auf der extrem anderen Seite stehen die Atome. Auch hier müssen wir schließen – so unvollkommen unsere Kenntnis der subatomaren

Die Größe des Menschen liegt in der Mitte zwischen der Größe der Sonne und der eines Protein-Moleküls.

Struktur heute auch noch sein mag –, daß sie, gemessen an dem keimenden Samen, ebenfalls relativ einfache Objekte sind. Moleküle und besonders Moleküle mit einem Kohlenstoff-Gerüst scheinen notwendig zu sein, um das komplexe System chemischer Reaktionen aufbauen zu können, das einen lebenden Organismus ausmacht. Die nächsten acht Kapitel werden der Untersuchung von Kohlenstoff-Verbindungen gewidmet sein: ihrer Vielfalt, den vielen verschiedenen Eigenschaften, die sie entfalten können, und der Art und Weise, in der sie dem Leben als Rohmaterial dienen. Doch bevor wir den Dschungel der organischen und Biochemie betreten, wollen wir noch einmal einen Blick zurück auf unseren Ausgangspunkt werfen: auf das Universum.

Größenordnungen im Universum

Die kleinsten Objekte auf der Erde, die wir mit dem unbewaffneten Auge sehen können, sind um zwölf Größenordnungen kleiner als die Erde selbst: Um sie auf die Größe der Erde zu bringen, müßte man sie zwölfmal um das Zehnfache oder um den Faktor 1000000000000 linear vergrößern. Damit erreichen wir fast die Grenze unseres Vorstellungsvermögens, denn das entspricht dem Größenbereich, den wir aus direkter Erfahrung kennen.

Doch das Universum ist nicht durch unsere Vorstellungskraft begrenzt. Es erstreckt sich in beiden Richtungen – zum Riesigen wie zum Winzigen – noch einmal um zwölf Größenordnungen. Schon um einen solchen Größenbereich angeben zu können, muß man auf Exponentialfunktionen oder Zehnerpotenzen zurückgreifen, mit denen 1000000000 oder eine Milliarde zu 10^9 und ein Milliardstel oder 0.000000001 zu $1/10^9$ oder 10^{-9} werden. Der Durchmesser der Erde ist 1300000000 cm oder $1.3 \cdot 10^9$ cm und der Durchmesser des beobachtbaren Universums wird auf $1.7 \cdot 10^{28}$ cm geschätzt. Die Größe der Erde verhält sich zu der dieses Universums wie die Größe eines einzelnen kleinen Bakteriums zu dem gesamten Sonnensystem. Auf der extrem anderen Seite ist der Durchmesser eines Atomkerns nur 0.0000000000001 cm oder 10^{-13} cm. Solche riesigen Größenbereiche liegen außerhalb unseres Vorstellungsvermögens.

Auf den übernächsten beiden Seiten ist eine Reihe von Objekten unterschiedlicher Größe zusammengestellt, und zwar ein typisches Objekt für jede Größenordnung – also jede Längenänderung um den Faktor 10 zwischen 10^{+28} cm (dem Durchmesser des Universums) und 10^{-13} cm (dem Durchmesser eines Atomkerns). Das sind die Grenzen der Realität, so wie wir sie kennen. Jedes Objekt ist zehnmal so lang wie das Objekt unter ihm und hundertmal so lang wie das Objekt zwei Plätze unter ihm. Die ersten elf Größenordnungen von 10^{28} bis 10^{18} cm werden durch astronomische Körper außerhalb unseres Sonnensystems repräsentiert: Sterne, Galaxien und Galaxiengruppen. Zwischen dem nächsten Stern und dem am weitesten entfernten Planeten liegt eine Lücke von vier Größenordnungen, das gleicht dem Größenunterschied zwischen einem Fußballstadion und der Münze, die zu Beginn des Spiels hochgeworfen wird. Wir kennen nichts, was in diese Lücke paßt, wenn es auch solche Objekte irgendwo in unserer Galaxie geben muß.

Die nächsten zwölf Größenordnungen von 10^{14} bis 100 cm bringen uns von der Bahn des Pluto und dem Rand des Sonnensystems bis herab zu menschlichen Dimensionen. Fast der gleiche Größenbereich von 100 bis 10^{-9} cm überbrückt die Spanne von der Größe des Menschen bis herab zur Größe eines Atoms. An dieser Stelle gibt es wieder eine Lücke von vier Größenordnungen, welche die Atome von den Atomkernen trennt. Bei diesen Kernen mit einem Durchmesser von 10^{-13} cm ist die untere Grenze unseres bekannten Universums erreicht. Wir können annehmen, daß subatomare Partikel noch kleiner sind, aber wir haben keine Möglichkeit, ihre Größe festzustellen. An der unteren wie an der oberen Grenze verliert sich der Maßstab des Universums in der Theorie.

Die Ausdehnung der uns unmittelbar vertrauten und berührbaren Welt reicht von 10^{10} bis 10^{-2} cm, also vom Mond bis zu den Mikroorganismen. Größere Objekte wie Sterne und Galaxien können wir sehen, aber nicht immer voll begreifen; kleinere Objekte aus der Welt der Moleküle und Atome können wir intellektuell verstehen, aber selten sehen. Wir leben und arbeiten in einem mittleren Größenbereich zwischen diesen äußersten Extremen. Die Ausdehnung eines kleinen Protein-Moleküls verhält sich zu unserer Körpergröße, wie sich unsere Körpergröße zur Ausdehnung der Sonne und die Ausdehnung des gesamten Sonnensystems zu unserer Galaxie verhalten.

Energie im Universum

Wir leben nicht nur in einem mittleren Größenbereich, sondern auch in einem mittleren Energiebereich. Ein lebender Organismus muß genügend Energie haben, damit er in Gang gehalten wird, aber nicht so viel, daß er zerstört wird. Kernspaltungs- und Fusions-Reaktionen sind für eine lebende Zelle nutzlos, weil sie so viel Energie erzeugen, daß die Moleküle und Molekül-Anordnungen, welche die Zelle zum Funktionieren braucht, vollständig zerschmettert würden. Das Hauptproblem bei der kommerziellen Ausnutzung der kontrollierten Kernfusion als Energiequelle ist, daß wir kein Material kennen, das die Temperaturen, die bei der Fusion entstehen, aushält und das zur Herstellung eines Behälters für die Reaktion verwendet werden könnte. Bei den Sternen ist dieses Problem durch einfache physikalische Trennung im Weltraum gelöst.

Lebende chemische Systeme zapfen eine sanftere Energiequelle an, nämlich die Energieänderungen bei der Bildung und Lösung von chemischen Bindungen zwischen Atomen und nicht die Energieänderung bei der Umwandlung von Atomkernen. Solche chemischen Reaktionen haben nichts mit Kernkräften zu tun, sondern kommen nur durch Verschieben von Elektronen außerhalb des Kerns zustande. Die Energien kovalenter Bindungen betragen nur ein Zehnmillionstel der Energien, die bei Kernreaktionen auftreten, und doch sind diese relativ schwachen interatomaren Bindungen stark genug, um die Atome zusammenzuhalten und Strukturen mit einer Komplexität aufzubauen, wie sie auf stellarem oder nuklearem Niveau nicht vorkommen. Wenn wir den rauhen Bedingungen im Sterninneren und bei Kernreaktionen den Rücken kehren, betreten wie die Welt des Moleküls. Große und komplexe Moleküle sind in unserem Universum nicht häufig, aber sie sind essentiell für das Phänomen Leben.

Temperatur

Das Universum jenseits unserer Erde ist ein Untersuchungsgebiet für extreme Temperaturkontraste. Im Zentrum unserer Sonne herrschen 40 Millionen Grad, und bei den Fusionsreaktionen in größeren Sternen, die im 8. Kapitel erwähnt wurden, können zwei Milliarden Grad und mehr erreicht werden. Am anderen Ende der Skala hat die Temperatur wenig Bedeutung in dem fast leeren Weltraum. Wenn wir die Temperatur mit Hilfe der durchschnittlichen kinetischen Energie von Molekülen definieren, was heißt dann Temperatur in einer Region des äußeren Weltraums, die nur ein oder zwei Atome pro Kubikzentimeter enthält? Die Temperatur in einem Vakuum kann aber auch mit Hilfe der Strahlung, die durch es

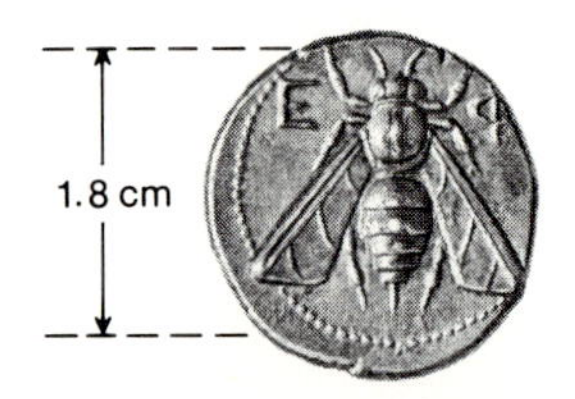

Das gesamte bekannte Universum läßt sich mit 42 Größenordnungen erfassen. Als Maßstab ist hier die Biene (1.8 · 10⁰ cm) in natürlicher Größe abgebildet. Diese alte griechische Münze aus Ephesos hat hier ebenfalls ihre natürliche Größe. (Aus: *Ancient Greek Coins* von G.K. Jenkins, G.P. Putman, 1972)

VOM UNIVERSUM ZUM ATOMKERN IN 42 ZEHNERSCHRITTEN

n	Objekt mit linearer Ausdehnung von 10^n cm
28	Durchmesser des Universums = 17 Milliarden Lichtjahre = $1.6 \cdot 10^{28}$ cm
27	Entfernung der Radiogalaxie 3C-295 = 6 Milliarden Lichtjahre = $5.7 \cdot 10^{27}$ cm
26	Entfernung der Radiogalaxie Cygnus A = 600 Millionen Lichtjahre = $5.7 \cdot 10^{26}$ cm
25	Entfernung zum Zentrum der benachbarten Galaxiengruppe im Sternbild Jungfrau = 40 Millionen Lichtjahre = $3.8 \cdot 10^{25}$ cm
24	Entfernung des Andromeda-Nebels (M31) innerhalb unserer lokalen Galaxiengruppe = 1.8 Millionen Lichtjahre = $1.7 \cdot 10^{24}$ cm
23	Durchmesser unserer Galaxis = 100000 Lichtjahre = 10^{23} cm
22	Entfernung der Sonne vom galaktischen Zentrum = 33000 Lichtjahre = $3.1 \cdot 10^{22}$ cm
21	Dicke unserer Galaxis = 1500 Lichtjahre = $1.4 \cdot 10^{21}$ cm
20	Wahrscheinliche mittlere Entfernung zwischen technischen Zivilisationen in unserer Galaxis (nach von Hoerner, zitiert von Shklovskii und Sagan[1]) = 100 bis 1000 Lichtjahre = 10^{20} bis 20^{21} cm
19	Entfernung der Sonne von der galaktischen Ebene = 30 Lichtjahre = $2.8 \cdot 10^{10}$ cm
18	Entfernung des nächsten Fixsterns = 4 Lichtjahre = $3.8 \cdot 10^{18}$ cm
17	....
16	....
15	....
14	Radius der Plutobahn = 5.9 Milliarden km = $5.9 \cdot 10^{14}$ cm

Mücke 0.18 cm

Hummel 1.8 cm

Der Übergang von einer Größenordnung zur nächsten bedeutet eine Änderung um das Zehnfache oder die Verschiebung des Dezimalpunktes um eine Stelle. Eine Hummel ist so lang wie zehn Mücken; zehn Bienen ergeben die Länge eines kleinen Kaninchens, und ein Mensch ist zehnmal so lang wie ein Kaninchen.

13 Radius der Erdbahn = 150 Millionen km = $1.5 \cdot 10^{13}$ cm
12 Radius der Merkur-Bahn = 58 Millionen km = $5.8 \cdot 10^{12}$ cm
11 Durchmesser unserer Sonne = 1.4 Millionen km = $1.4 \cdot 10^{11}$ cm
10 Abstand der Erde vom Mond = 390 000 km = $3.9 \cdot 10^{10}$ cm
9 Durchmesser der Erde = 13 000 km = $1.3 \cdot 10^{9}$ cm
8 Länge Großbritanniens = 1000 km = 10^{8} cm
7 Breite des Michigan-Sees = 130 km = $1.3 \cdot 10^{7}$ cm
6 Flughöhe eines Düsenflugzeugs = 10 000 m = 10^{6} cm
5 Entfernung vom Kapitol zum Washington-Museum in der amerikanischen Hauptstadt Washington = 2.4 km = $2.4 \cdot 10^{5}$ cm
4 Länge eines Fußballstadions = 110 m = $1.1 \cdot 10^{4}$ cm
3 Länge eines Blauwals = ungefähr 30 m = $3 \cdot 10^{3}$ cm
2 Körpergröße eines Mannes = 1.80 m = 180 cm
1 Kleines Kaninchen = 18 cm
0 Hummel = 1.8 cm
−1 Mücke = 0.18 cm = $1.8 \cdot 10^{-1}$ cm
−2 Länge eines Paramecium = $2.0 \cdot 10^{-2}$ cm
−3 Länge des Segments einer Blaualge = $3.7 \cdot 10^{-3}$ cm
−4 Länge eines *E. coli*-Bakteriums = $2.0 \cdot 10^{-4}$ cm
−5 Dimensionen eines Tabakmosaikvirus-Stäbchens = $(3.0 \cdot 0.18) \cdot 10^{-5}$ cm
−6 Durchmesser eines kugelförmigen Poliovirus = $3 \cdot 10^{-6}$ cm
−7 Durchmesser eines kleinen Enzym-Moleküls = 3000 pm = $3 \cdot 10^{-7}$ cm
−8 Durchmesser eines Kohlenstoff-Atoms = 300 pm = $3 \cdot 10^{-8}$ cm
−9 Radius der Elektronenbahn in einem Wasserstoff-Atom = 53 pm = $5.3 \cdot 10^{-9}$ cm
−10 ....
−11 ....
−12 ....
−13 Durchmesser eines Atom-Kerns = 10^{-13} cm

Schlüssel
1 Lichtjahr = $0.946 \cdot 10^{18}$ cm

1) I. S. Shklovskii und Carl Sagan: Intelligent Life in the Universe. Holden-Day, San Francisco 1966.

hindurchgeht, verglichen mit der Strahlung von einem idealen, nicht-reflektierenden schwarzen Körper meßbarer Temperatur definiert werden. Der interstellare Raum ist mit Mikrowellenstrahlung im Wellenlängenbereich von Millimetern gefüllt, die nach dieser Definition der Temperatur eines schwarzen Körpers von 3 K entspricht. Die Theoretiker haben die Hypothese aufgestellt, daß diese Strahlung der letzte Rest des „Urknalls" ist, mit dem das Universum vor 15 Milliarden Jahren begann.

Die Chemie, die wir auf der Erde kennen, ist auf einen winzigen Abschnitt dieser breiten Temperaturskala begrenzt. Bei zu hohen Temperaturen verlassen die Elektronen die Atome, und die Materie existiert nur noch als ionisiertes Plasma aus Elektronen und Kernen. In Gasen ist die Temperatur hoch genug, daß die Anziehungskräfte zwischen den Molekülen überwunden werden. In Plasmen ist die Temperatur so hoch, daß sogar die Anziehung zwischen Kernen und Elektronen überwunden wird und neutrale Atome nicht mehr existieren können. Man hat Plasmen neben Gasen, Flüssigkeiten und Festkörpern als vierten Aggregatzustand der Materie aufgefaßt. Die Elektronen und Kerne eines Plasmas vereinen sich erst wieder zu Atomen, wenn die Temperatur unter 100 000 °C sinkt. Atome andererseits vereinen sich erst zu Molekülen oder Moleküle zu Flüssigkeiten und Festkörpern, wenn die Temperatur auf wenige 1000 °C fällt. Die empfindlichen Kohlenstoff-Verbindungen, die wir in den folgenden Kapiteln untersuchen werden, zerfallen wenige Dutzend Grad über Normal- oder Raumtemperatur (etwa 300 K). Dagegen kommen die meisten chemischen Reaktionen 100 °C unter Raumtemperatur praktisch zum Stillstand. Wir haben im 15. Kapitel gesehen, daß die Geschwindigkeiten chemischer Reaktionen von ihren Aktivierungsenergien abhängen. Eine Reaktion mit einer mäßigen Aktivierungsenergie von 46.0 $kJ \cdot mol^{-1}$ läuft bei 300 K 10 000mal schneller ab als bei 200 K, auch wenn man annimmt, daß die Reaktion bei der niedrigeren Temperatur ebenfalls ein Stoßprozeß im Gaszustand ist. Wenn Reaktanden und Produkte zu Flüssigkeiten oder Festkörpern kondensieren, dann verläuft der Prozeß bei 200 K noch langsamer. So wie die uns vertraute physikalische Welt in einem Größenbereich zwischen 10^{-2} und 10^{10} cm liegt, so spielt sich die uns vertraute chemische Welt hauptsächlich im Temperaturbereich zwischen 200 und 2000 K ab. In einfachen Bakterien kann Leben bis herab zu 255 oder bis herauf zu 377 K aufrechterhalten werden, aber für den am weitesten entwickelten Organismus, den Menschen, erlischt die Chemie des Lebens wenig unterhalb und kurz oberhalb von 310 K oder 37 °C. Je komplizierter der Apparat, um so begrenzter sind die Bedingungen für seine Funktionsfähigkeit.

377 K

Einige Bakterien sind so gut an die Hitze angepaßt, daß sie in kochendem Wasser heißer Quellen oder Geysire leben können.

310 K

Der Mensch wird sehr unglücklich, wenn seine Körpertemperatur nur um wenige Grad um 37 °C schwankt.

Einige Bakterien können noch 18 °C unter dem Gefrierpunkt des Wassers leben, doch scheint das die untere Temperaturgrenze für Leben zu sein.

Organisation und Komplexität

Zu Beginn dieses Buches haben wir uns auf den Standpunkt eines Neulings im Universum gestellt. Was würde er sehen, und wie würde er es interpretieren? Er würde feststellen, daß die Sterne hauptsächlich aus Wasserstoff und Helium bestehen und daß die schwereren Elemente offensichtlich auf die kälteren Planeten, die einige Sterne umgeben, begrenzt sind. Wenn unser Besucher immer näher herankäme, würde er zuerst die beiden leichtesten Elemente entdecken und dann den Rest der anorganischen Elemente. Doch wenn er nahe genug an die Erde herankäme (und möglicherweise an einige andere Planeten hier und da in der Galaxie), würde er auf eine neuartige chemische Organisation treffen. In einem mittleren Größenbereich und unter milden Temperatur- und Druckverhältnissen existiert eine vielseitige Chemie, deren Grundlage die Kohlenstoff-Atome sind. Diese Atome können mit Hilfe starker C—C-Bindungen Ketten bilden, deren Länge anscheinend keine Grenzen gesetzt sind. Anstelle der Ionen und Elektronen in einem Plasma oder der einzelnen und gepaarten Atome in einem Gas oder der Ionen in kristallinen Anordnungen würde unser Beobachter zu stabilen Einheiten miteinander verknüpfte Gruppen aus zahlreichen Atomen finden: *Moleküle.*

Inmitten dieser molekularen Kohlenstoffchemie und auf ihr basierend würde er hochgeordnete Kollektionen chemischer Reaktionen entdecken, die von der Umgebung durch semipermeable Barrieren isoliert sind. Diese *lebenden* Einheiten zeigen einen Ordnungs- und Organisationsgrad, der bisher nirgends sonst im Universum gefunden wurde, und einen Zustand ungewöhnlich niedriger Entropie. Die Entropie ist, wie wir im 13. Kapitel gesehen haben, ein Maß für den Grad von Unordnung. Zur Aufrechterhaltung dieses Ordnungszustandes oder der niedrigen Entropie müssen spezifische Moleküle produziert werden, deren Synthese thermodynamisch nicht freiwillig abläuft. Die meisten der komplexen Kohlenstoff-Verbindungen, die auf der Erde existieren, wurden von solchen organisierten lebenden chemischen Systemen produziert. Die Freie Energie, die notwendig ist, um diese nicht spontanen Reaktionen „bergauf" zu treiben, stammt von anderen Kohlenstoff-Verbindungen aus der Umgebung. Der größte Teil dieser Energie wird beim Zerfall kohlenstoffhaltiger Moleküle und der Kombination ihrer Atome mit Sauerstoff frei. Diese organisierten Einheiten halten den Zustand niedriger Entropie innerhalb ihrer Grenzen aufrecht, indem sie mehr Entropie außerhalb ihrer Grenzen erzeugen.

Die eigentliche Quelle für die Freie Energie zum Antrieb all dieser chemischen Systeme ist die Sonne. Die lebenden chemischen Systeme benutzen einen winzigen Bruchteil der Sonnenstrahlung (weniger als ein Teil pro Milliarden wird von der Erde aufgefangen), um in abgegrenzten Bereichen des Weltraums auf der Oberfläche unseres Planeten einen vorübergehenden Zustand hoher Ordnung aufrechtzuerhalten. Die Aktivitäten dieser Systeme, die notwendig sind, um sich selbst zu erhalten, Freie Energie zu gewinnen und der Zerstörung zu entgehen, haben den Anschein, als seien sie zielbewußt. Einige dieser lokalisierten chemischen Einheiten scheinen zielbewußter und an die wechselnden Bedingungen anpassungsfähiger zu sein als andere. Ganz gleichgültig, was die Chemie unseres hypothetischen Beobachters von außen sein mag, er würde zweifellos erkennen, daß diese auf Kohlenstoff basierenden chemischen Systeme *leben.*

Wenn wir den Spieß umkehren und unsererseits den Beobachter beobachten, stellt sich die Frage, ob ein solcher fremder Besucher mit einer Chemie existieren könnte, die auf anderen als Kohlenstoff-Atomen basiert. Die Antwort ist wahrscheinlich nein. Doch können wir erst dann eine sinnvolle Antwort auf diese Frage geben, wenn wir mehr über das Verhalten von Kohlenstoff-Verbindungen und von lebenden Systemen wissen. Das ist der Gegenstand der nächsten Kapitel; aber wir können bereits jetzt ein paar allgemeine Beobachtungen über möglicherweise geeignete Rohmaterialien machen.

Außer Größe und Energie (Temperatur) gibt es noch einen anderen wichtigen Maßstab zu Messung des Universums: *Komplexität.* Komplexität ist verbunden mit einer Organisation zwischen Komponenten, mit Struktur, Ordnung und mit niedriger Entropie. Beim Bau immer komplizierterer Maschinen stellen wir fest, daß bestimmte Funktionsfähigkeiten mehr vom Niveau der Komplexität der Maschine als von der Art der Komponenten, aus denen sie gebaut ist, abhängen. Man kann eine Uhr oder eine elementare Rechenmaschine aus Holz, Metall oder Plastik bauen. Die Funktionsfähigkeit der Rechenmaschine wird nicht so sehr durch das Material als durch seine Organisation begrenzt. Eine solche einfache Maschine kann ihre vorgegebenen Operationen nicht ändern oder je nach ihrem Zustand in einem bestimmten Augenblick eine Wahl treffen. Aus komplizierteren Teilen kann man einen Computer bauen. Diese Maschine kann jetzt alles tun, was die einfache Rechenmaschine auch konnte, und darüber hinaus noch viel mehr. Sie kann Daten aufnehmen und ausgeben, kann sich erinnern und kann Rechnungen ausführen, die nicht nur nicht in der Hardware vorprogrammiert waren, sondern auch von den Konstrukteuren *noch nicht einmal vorhergesehen worden waren.* Sie kann aufgrund ihres aktuellen Informationsstandes auswählen und Entscheidungen für zukünftige Aktionen treffen und sogar „lernen", anhand der Ergebnisse vorangegangener Versuche bessere Entscheidungen zu fällen.

Computer mit genau denselben Funktionen können aus ganz verschiedenen Materialien gebaut werden. Sie können mit Vakuumröhren oder Transistoren arbeiten. Ihr Speichersystem kann mit Solenoidschaltern, Quecksilberverzögerungsleitungen, Kathodenstrahlröhren oder als Magnetband-, -trommel oder -kernspeicher konstruiert sein. Der Benutzer des Computers braucht überhaupt nicht zu wissen, wie es in dessen Inneren aussieht. Zwei Computer können dasselbe leisten, aber physikalisch völlig verschiedene Teile enthalten. In der Computerindustrie ist es eine übliche Technik, auf einem bereits existierenden Computer das logische Verhalten einer neuen Maschine zu simulieren, die noch gebaut werden soll, möglicherweise nach einem völlig anderen Konstruktionsprinzip. Der Benutzer eines Computers betrachtet diesen nicht als eine Ansammlung elektronischer Teile, sondern als ein logisches Netzwerk, das von ihm manipuliert werden kann. Die nützlichen Eigenschaften dieses Netzwerks beruhen nicht so sehr auf den Komponenten selbst, als darauf, wie diese angeordnet und miteinander verknüpft sind. Das ist es, was wir mit Komplexität meinen, und in gewisser Weise ist es das, was Entropie mißt.

Unsere Erfahrung mit Computern in den letzten dreißig Jahren hat uns zum Erkennen eines äußerst wichtigen Prinzips geführt: *Das Verhalten und die Eigenschaften jedes organisierten Systems beruhen nicht nur auf seinen Teilen, sondern auch auf der Art, in der sie angeordnet sind.* Das Ganze ist mehr als die Summe seiner Teile. Ein einfaches, aber keineswegs triviales Beispiel ist die Kollektion von 200 schwarzen, weißen und grauen Blöcken, die auf der gegenüberliegenden Seite dargestellt sind. Willkürlich angeordnet haben sie keine Bedeutung, doch dieselben 200 Objekte so angeordnet, wie oben auf der Seite, haben eine Bedeutung und übertragen eine Information. Je komplexer ein System wird, um so mehr hängt sein Verhalten von seinem Organisationszustand ab. Ein Computer kann als ein kindisch einfaches und primitives Modell eines lebenden Organismus betrachtet werden – nicht weil der Computer irgendwie „lebendig" ist, sondern weil er auf einem niederen Niveau die Bedeutung von Integration und Organisation für das Verhalten jedes komplexen Systems illustriert.

Organisation, Kohlenstoff und Leben

Wir können annehmen, daß jedes Lebewesen aus Atomen aufgebaut ist, welche die Fähigkeit haben, hochorganisierte Systeme zu bilden. Trotz der bisherigen Bemerkungen, daß die Art des Materials weniger wichtig ist als seine Anordnung, zeigt es sich, daß einige Materialien einfach ungeeignet sind. Wir können keinen Digital-Computer aus Holz bauen oder aus Metall mit der rohen Metallbearbeitungstechnik von vor hundert Jahren. Charles Babbage, der bereits im 5. Kapitel erwähnt wurde, entwarf 1833 die Prinzipien für einen Lochkarten-Computer mit einem gespeicherten und modifizierbaren Programm, doch war die Technologie seiner Zeit noch ungeeignet, einen solchen Computer zu bauen. Genausowenig können wir uns einen lebenden Organismus vorstellen, der hauptsächlich aus ionischen Verbindungen besteht. Die ungerichteten Kräfte zwischen Ionen sind für die erforderliche Komplexität ungeeignet. Daß wir behaupten können „kein Leben ohne Kohlenstoff",

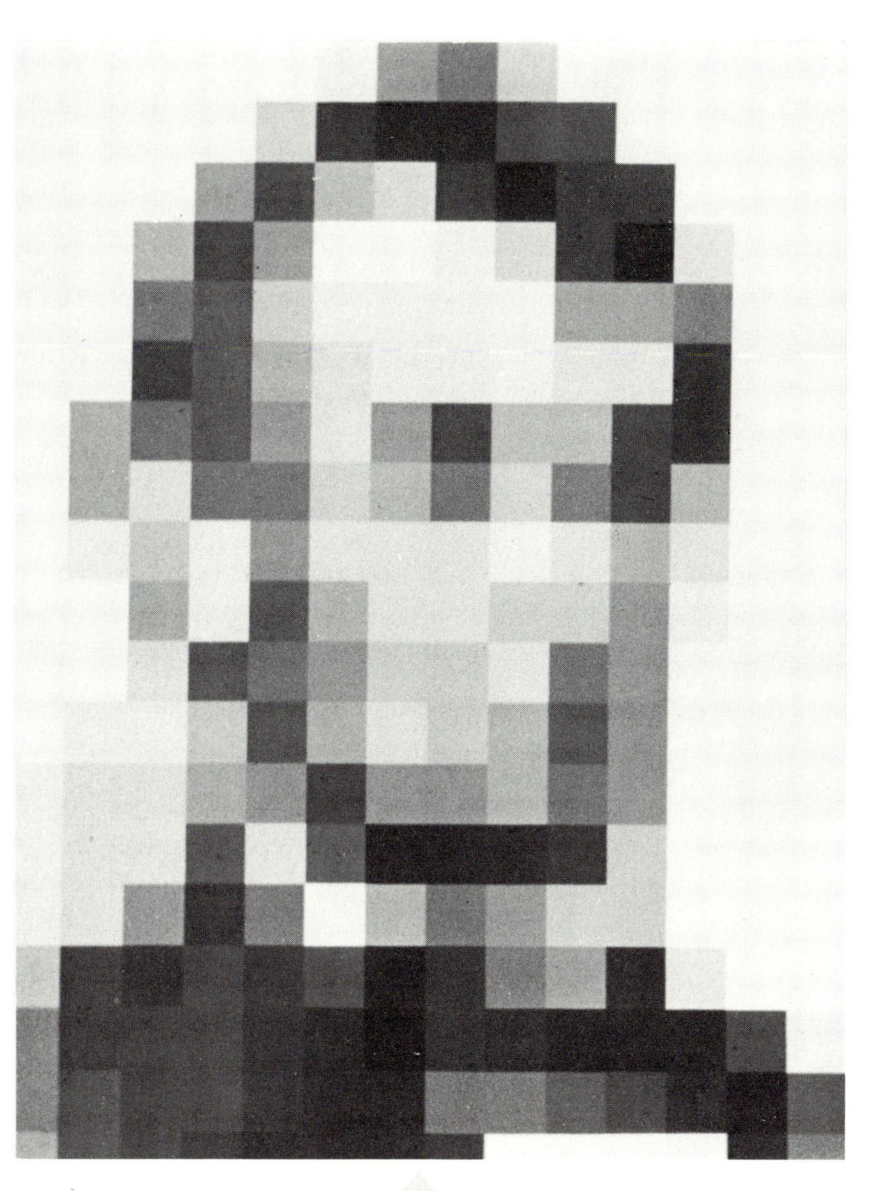

Die Anordnung von Objekten ist oft wichtiger für die Übertragung von Bedeutung und Information als die Art der Objekte selbst. Die hier gezeigte bestimmte Anordnung von 200 schwarzen, weißen und grauen Quadraten liefert den Eindruck eines erkennbaren Portraits. (Zum besseren Erkennen kann man das Buch weiter weg halten.) Dieselben Quadrate unten anders angeordnet übertragen keine Botschaft. Das Ganze ist in diesem Fall offensichtlich mehr als die Summe seiner Teile! (Quelle: Leon A. Harnon und Bell Laboratories)

liegt vor allem daran, daß wir im Periodensystem kein anderes Element finden, das fähig ist, eine so ausgedehnte und vielfältige Molekül-Chemie wie Kohlenstoff aufzubauen. Es gibt gute Gründe dafür, warum das Leben nur in einem begrenzten Größen- und Temperaturbereich gefunden wird: Es ist der Größenbereich der auf Kohlenstoff aufgebauten Makromoleküle und der aus diesen Makromolekülen aufgebauten Einheiten; und es ist der Temperaturbereich, in dem diese Verbindungen relativ stabil sind, aber Reaktionen zwischen den Verbindungen mit vernünftiger Geschwindigkeit ablaufen.

Wir können die Argumente dieses Kapitels zusammenfassen, indem wir feststellen, daß Leben die aufregendste und anspruchsvollste Eigenschaft ist, die Materie haben kann. Es ist ein Verhaltensmuster, das nur komplexe und gut organisierte chemische Systeme zeigen können. Das einzige Element, das eine genügend vielfältige Chemie zum Aufbau solcher Systeme besitzt, scheint Kohlenstoff zu sein, und das Leben, so wie wir es kennen, ist auf Bedingungen beschränkt, unter denen große Kohlenstoff-Verbindungen in einem ausgewogenen Gleichgewicht zwischen Stabilität und Reaktivität existieren können.

Die Größe lebender Organismen ist letztlich an die Länge chemischer Bindungen geknüpft und an die Dimensionen logischer Netzwerke, die aus Molekülen aufgebaut werden können. Organismen kleiner als Bakterien sind zu klein, um alle Eigenschaften des Lebens entfalten zu können. Organismen von Planetengröße sind zu groß und hätten ernste Probleme mit dem Informations- und Materialtransport sowohl intern als auch im Austausch mit der Außenwelt. Schon mit unserer heutigen primitiven Computertechnologie haben wir Maschinen gebaut, bei denen die

Rechenzeit durch die Dauer begrenzt wird, mit der Elektronen durch die Drähte von einem Teil zum anderen fließen. Wir haben diese Schwierigkeit durch Mikroschaltelemente überwunden, aber wir sind noch weit davon entfernt, die Kompaktheit des menschlichen Gehirns zu erreichen. Dieses Muster an Miniaturisierung hat zwölf Milliarden Zellen, von denen jede mit mindestens hundert anderen verbunden ist, die sich alle innerhalb von etwa 1800 cm^3 gefalteter Hirnrinde befinden.

Die Untersuchung des kompliziertesten aller chemischen Phänomene, des lebenden Organismus, muß mit der Untersuchung der Kohlenstoff-Verbindungen beginnen. Das ist Gegenstand der drei nächsten Kapitel.

Fragen

1. Wie ist es zu verstehen, wenn man sagt, daß wir einen mittleren Größenbereich und einen mittleren Temperaturbereich im Universum einnehmen?
2. Warum kann man sich Leben bei Temperaturen von 10000 und 100 K schwer vorstellen?
3. Warum kann man sich einen lebenden Organismus mit einem Durchmesser von 10 nm schwer vorstellen? Welche Nachteile hätte ein lebender Organismus mit einem Durchmesser von 1500 km?
4. Warum ist Komplexität ein wichtiger Aspekt lebender Organismen? Wie ist es zu verstehen, daß bei einer lebenden Zelle das Ganze mehr als die Summe seiner Teile ist?

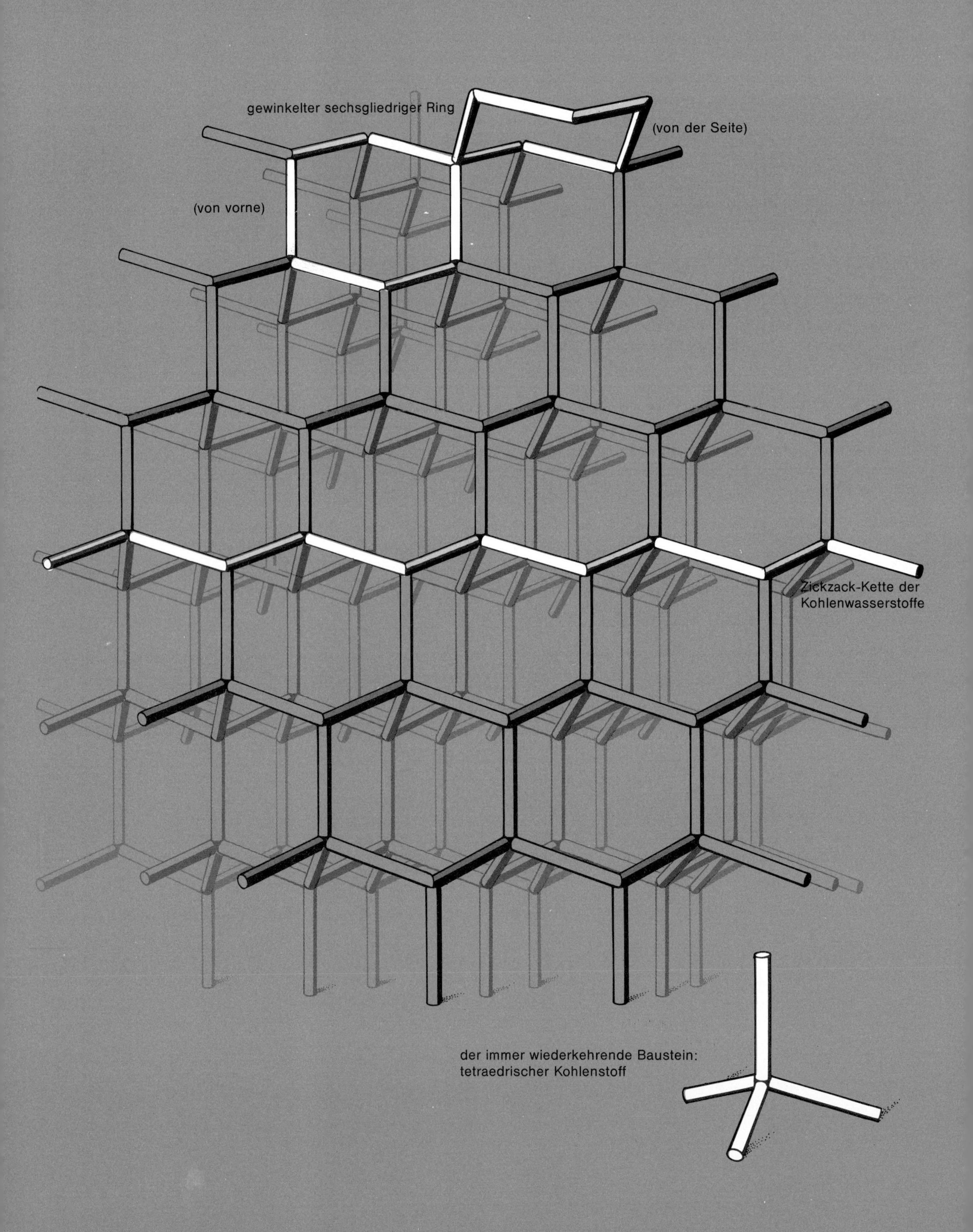
gewinkelter sechsgliedriger Ring
(von der Seite)
(von vorne)
Zickzack-Kette der
Kohlenwasserstoffe
der immer wiederkehrende Baustein:
tetraedrischer Kohlenstoff

◀ *Die tetraedrische Geometrie des Diamants ist das Gerüst aller organischen Moleküle mit Kohlenstoff-Kohlenstoff-Einfachbindungen*

19. Kapitel

Die einfachen Verbindungen des Kohlenstoffs

Die vielen organischen Verbindungen, die in lebenden Organismen vorkommen – Proteine und Aminosäuren, Zucker, organische Säuren und Basen, Fette, Hormone – sind nur deshalb möglich, weil es so viele verschiedene Atome und Atomgruppen gibt, die mit Kohlenstoff-Gerüsten verknüpft werden können. Im nächsten Kapitel werden wir eine Auswahl dieser Verbindungen näher betrachten. Bevor wir das aber tun, müssen wir die Gerüste selbst in Augenschein nehmen. Das vorliegende Kapitel ist den Kohlenwasserstoffen gewidmet – Verbindungen von Kohlenstoff und Wasserstoff. Viele Grundregeln, die wir an diesen Verbindungen kennenlernen werden, lassen sich direkt auf die komplizierteren Verbindungen übertragen.

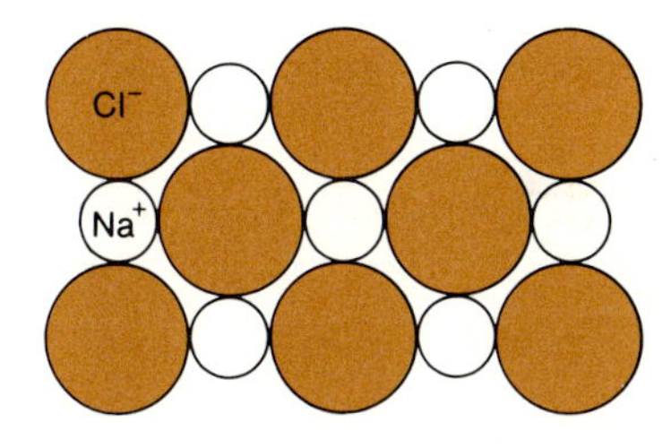

Ionische Bindungen haben keine bestimmte Richtung; die Struktur von Salzkristallen wird also davon bestimmt, wie die kugelförmigen Ionen zusammengepackt werden können.

Die besonderen Eigenschaften, die den Kohlenstoff als Baustein lebender Organismen so geeignet machen, haben ihren Grund in seiner zentralen Stellung im Periodensystem. Im vorigen Kapitel haben wir festgestellt, daß im Universum lebende Wesen hinsichtlich Größe und Temperatur gerade die Mitte einnehmen. Kohlenstoff nimmt die Mittelposition in der zweiten Periode des Periodensystems ein; er hat gerade halb so viele Elektronen, wie nötig sind, um seine äußere Schale ganz aufzufüllen. In chemischen Reaktionen gibt er keine Elektronen ab, noch nimmt er welche auf; er bildet daher keine ionischen Verbindungen. Für seine Rolle als Baustein des Lebens ist das von entscheidender Bedeutung, denn die ungerichteten Kräfte zwischen Ionen sind nicht geeignet, hoch organisierte Moleküle aufzubauen (rechts). Kohlenstoff *teilt* seine vier Elektronen in vier kovalenten Bindungen mit anderen Atomen, die das Gleiche tun. Und weil diese vier bindenden Elektronenpaare immer noch an die Atome gebunden sind, von denen sie stammen, werden diese Atome von den Elektronen als Molekül zusammengehalten. Wenn sich zwischen Kohlenstoff und vier anderen Atomen Bindungen bilden, dann stoßen die vier Elektronenpaare, die das Zentralatom umgeben, einander ab, und dadurch besetzen die vier gebundenen Atome die Ecken eines Tetraeders (sp^3-Hybridisierung). So erhält das Molekül eine definierte geometrische Gestalt (rechts). Die Krönung erlebt das Kohlenstoff-Tetraeder im Kristallgitter des Diamants, das auf der gegenüberliegenden Seite dargestellt ist. Die tetraedrische Anordnung der Kohlenstoff-Atome setzt sich hier endlos fort; Wasserstoff-Atome sind keine vorhanden. Kohlenwasserstoffe, die nur Einfachbindungen zwischen ihren Kohlenstoff-Atomen haben, können als Ausschnitte aus dem dreidimensionalen Diamantgitter aufgefaßt werden.

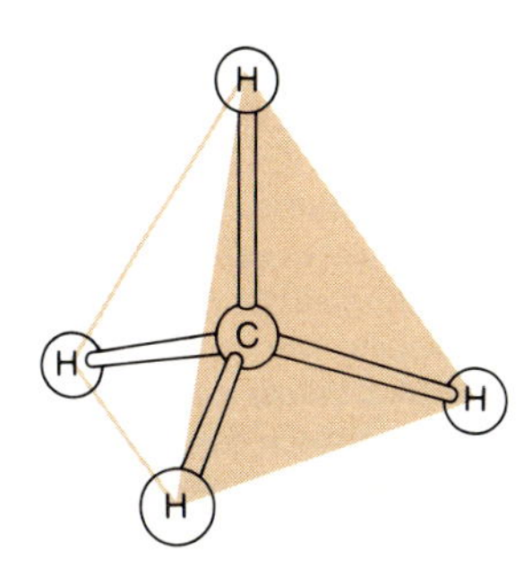

Kovalente Bindungen sind streng gerichtet, deshalb haben kovalent gebundene Moleküle eine charakteristische Geometrie und eine definierte Gestalt.

GESÄTTIGTE KOHLENWASSERSTOFF (ALKANE)

CH_4 — Methan

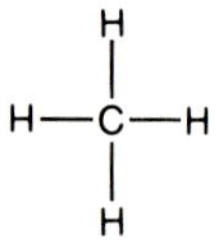

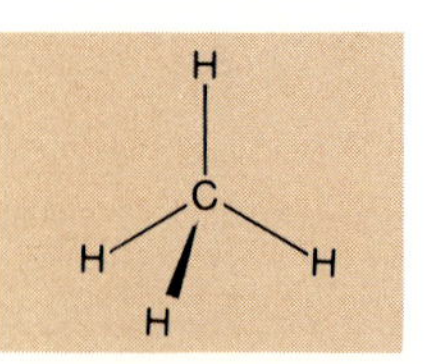

CH_3—CH_3 — C_2H_6 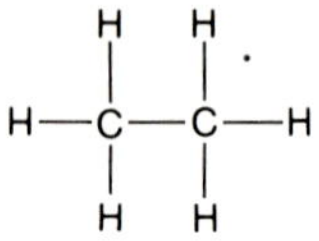 — Ethan

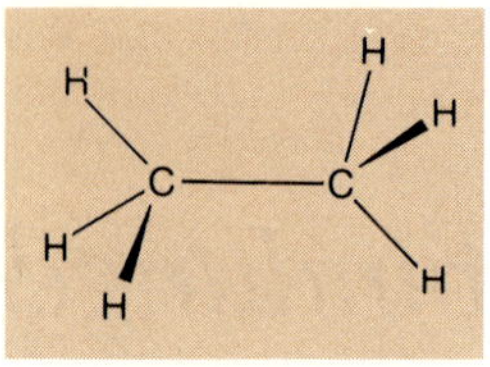

CH_3—CH_2—CH_3 — C_3H_8 — Propan

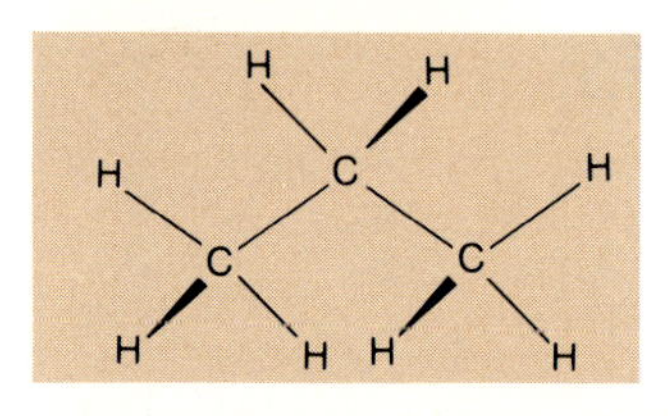

CH_3—CH_2—CH_2—CH_3 — C_4H_{10} — *n*-Butan

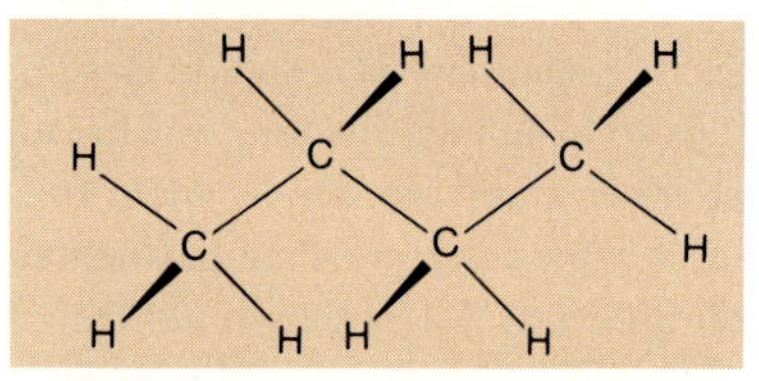

C_5H_{12} — *n*-Pentan

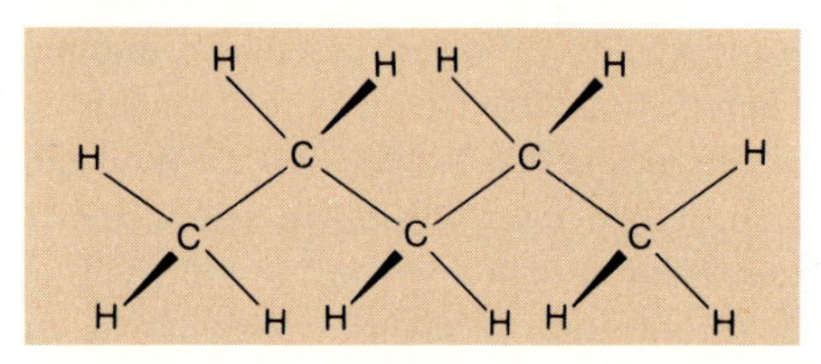

C_6H_{14} — *n*-Hexan

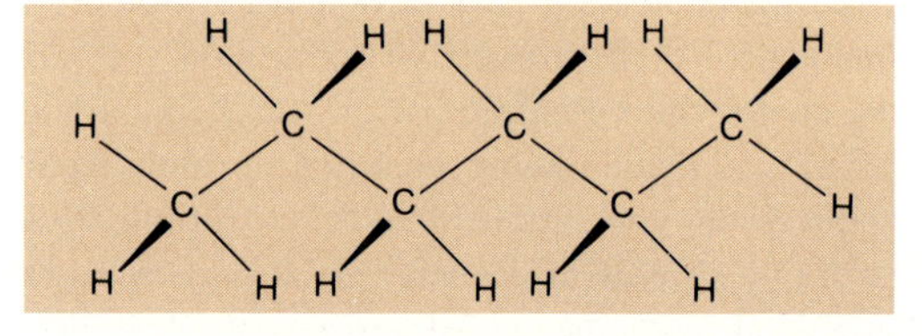

C_7H_{16} — *n*-Heptan

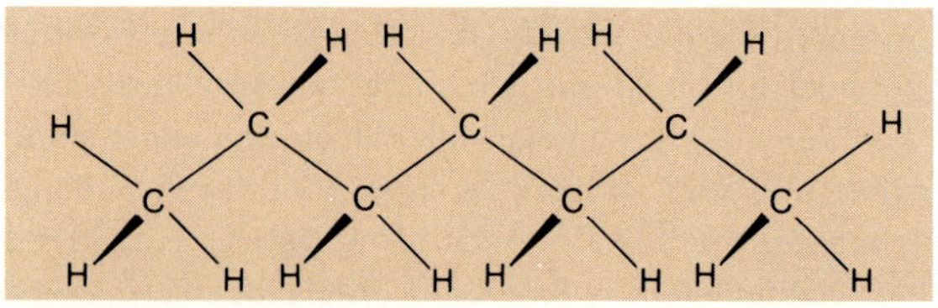

C_8H_{18} — *n*-Octan

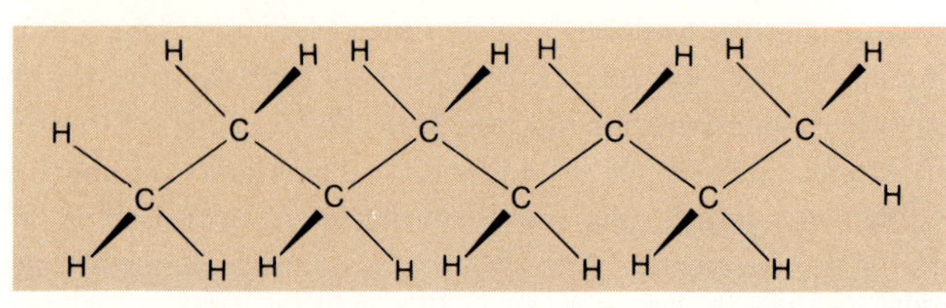

In gesättigten Kohlenwasserstoffen mit Einfachbindungen von jedem Kohlenstoff-Atom zu vier anderen Atomen ist das Gerüst der Kohlenstoffkette ein Ausschnitt aus dem Diamantgitter. Die Bindungswinkel haben den Tetraederwert 109.5°. Die hier dargestellten Beispiele sind alles geradkettige Alkane, doch kann das Kohlenstoffskelett auch verzweigt sein, wie es auf der Seite gegenüber dargestellt ist. Von Pentan an werden die Namen der Alkane gebildet, indem man an die griechischen Präfixe, welche die Zahl der Kohlenstoff-Atome anzeigen, die Nachsilbe „-an“ hängt.

Die einfachsten organischen Moleküle: Kohlenwasserstoffe

Organische Verbindungen befinden sich im allgemeinen im reduzierten Zustand, und aus den im 12. Kapitel angeführten Gründen sind sie deshalb Energiespeicher. Kohlenwasserstoffe sind sogar die am gründlichsten reduzierten Verbindungen überhaupt; sie bestehen nur aus Kohlenstoff- und Wasserstoff-Atomen. Kohlenwasserstoffe mit C–C-Einfachbindungen, die man *gesättigte Kohlenwasserstoffe* oder *Alkane* nennt, kann man sich in Gedanken aufbauen, indem man ein Kohlenstoff-Tetraeder ans andere hängt und freie Bindungen an den Kohlenstoff-Atomen mit Wasserstoff-Atomen besetzt. Es gibt so viele gesättigte Kohlenwasserstoffe, wie es Möglichkeiten gibt, Tetraeder miteinander zu verknüpfen. Die einfachsten Beispiele sind die geradkettigen Alkane, die man durch ein „*n*-" (für „normal") kennzeichnet und deren einfachste Vertreter auf der Seite gegenüber dargestellt sind. Sie haben die traditionellen Namen Methan, Ethan (früher Äthan), Propan und Butan, aber ab Pentan und Hexan werden die Namen aus dem griechischen oder lateinischen Wort für die Zahl der Kohlenstoff-Atome und der Nachsilbe „-an" gebildet; diese Nachsilbe ist für gesättigte Kohlenwasserstoffe reserviert.

Das geradkettige *n*-Octan-Molekül, das ganz unten auf der Seite gegenüber aufgezeichnet ist, repräsentiert nicht die einzige Möglichkeit, ein C_8H_{18}-Molekül zu konstruieren. Eine zweite Möglichkeit ist Isooctan (oben rechts). Diese beiden Moleküle sind *Strukturisomere* des Octans, denn sie enthalten von jeder Atomsorte die gleiche Anzahl, aber in verschiedener Anordnung. Im übrigen ist Isooctan das Octan der „Octan-Skala" beim Benzin. Geradkettiges Octan verbrennt plötzlich, wobei es einen hörbaren Schlag gegen die Zylinderwände eines Motors gibt, den wir als „Klopfen" des Motors kennen. Verzweigtkettige Moleküle verbrennen langsamer und ruhiger. Die Octan-Zahl eines Benzins ist gleich dem Prozentsatz iso-Octan in einer Mischung mit *n*-Heptan, die die gleiche Klopffestigkeit wie das fragliche Benzin besitzt.

Von Pentan gibt es drei Strukturisomere, die alle rechts außen dargestellt sind. Gewöhnlich werden sie als *n*-Pentan, Isopentan und Neopentan bezeichnet, aber wir wollen an diesen Molekülen zeigen, wie organische Verbindungen systematisch benannt werden. „Normal-", „Iso-" (von isomer) und „Neo-" (was eigentlich „neu" bedeutet) mögen für Pentan noch ausreichen, aber beispielsweise für die 75 Strukturisomeren des Decans brauchen wir eine strengere Art der Namensgebung („Nomenklatur").

In der systematischen Nomenklatur wird die längste, zusammenhängende Kohlenstoffkette, die im Molekül ausfindig gemacht werden kann, als „Stammverbindung" gewählt. Welche Gruppen an diesem Stammgerüst hängen, wird durch Vorsilben beschrieben. Die Kohlenstoff-Atome des Gerüsts werden von einem Ende her numeriert. Zum Beispiel enthält die längste Kohlenstoffkette im Isopentan-Molekül vier Kohlenstoff-Atome; in der systematischen Nomenklatur handelt es sich also um ein Butan-Molekül. Vom zweiten Kohlenstoff-Atom der Kette zweigt eine Methyl-Gruppe (CH_3-) ab, und deshalb heißt Isopentan systematisch 2-Methylbutan. Es könnte auch 3-Methylbutan heißen, wenn man mit der Zählung der Kohlenstoff-Atome vom anderen Ende begänne, aber dafür gibt es keinen vernünftigen Grund: Es wird so gezählt, daß der einfachste Name mit den niedrigsten Ziffern herauskommt. Natürlich gibt es weder 1-Methylbutan noch 4-Methylbutan: Beides sind nur andere (sinnlose) Namen für geradkettiges Pentan.

Neopentan wird in der systematischen Nomenklatur als Propan geführt, denn die längste Kohlenstoff-Kette im Molekül enthält drei Atome. Vom zweiten Kohlenstoff-Atom der Kette zweigen zwei Methyl-Gruppen ab, und deshalb heißt das Molekül 2,2-Dimethylpropan.

STRUKTURISOMERE

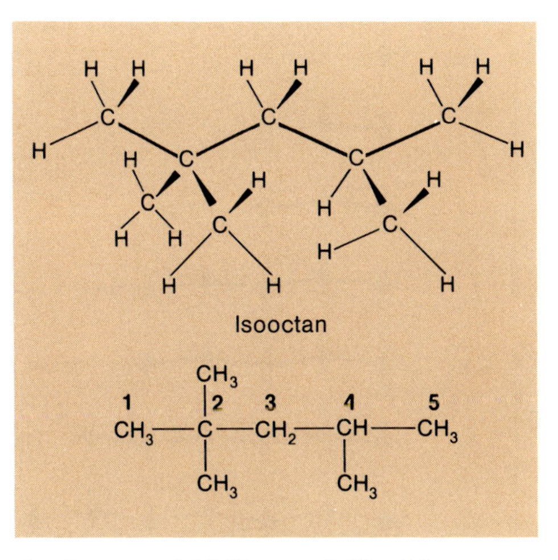

Das Isooctan-Molekül unterscheidet sich vom Molekül des *n*-Octans nur durch die Anordnung der Atome.

Von Pentan gibt es drei Strukturisomere.

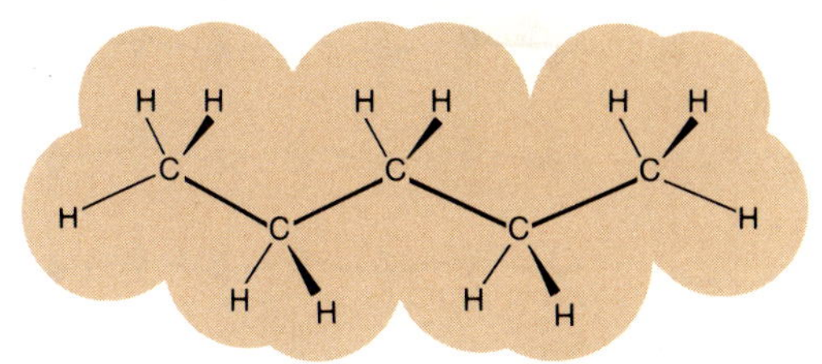

n-Pentan Schmp. -130°C Sdp. 36°C

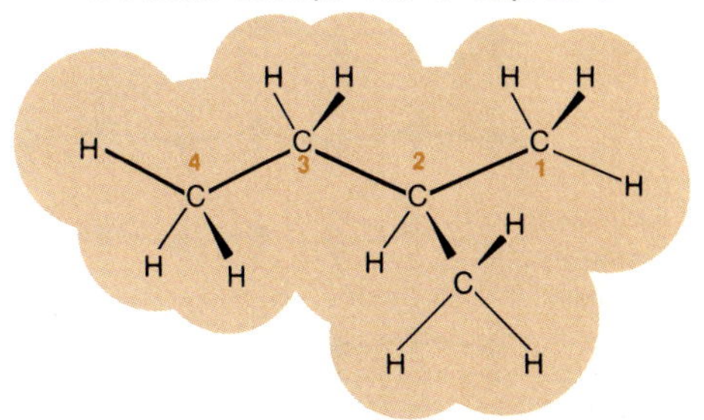

Isopentan Schmp. -160°C Sdp. 28°C

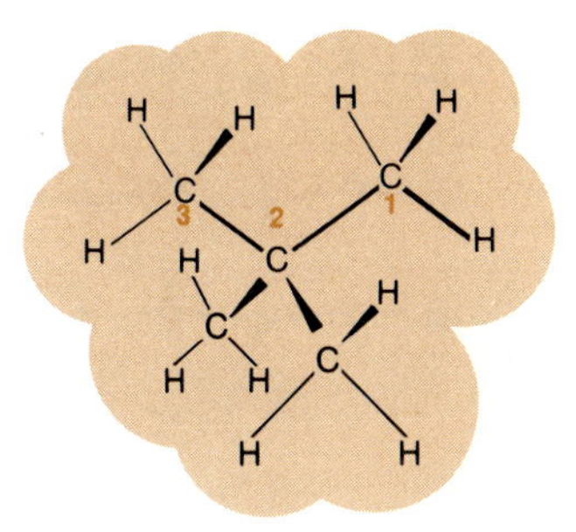

Neopentan Schmp. -17°C Sdp. 10°C

Beispiel. Welchen systematischen Namen hat das auf der vorigen Seite oben gezeigte Isooctan?

Lösung. Nachdem die längste zusammenhängende Kohlenstoff-Kette fünf Atome enthält, lautet der systematische Name 2,2-Dimethyl-4-methylpentan. In diesem Beispiel ist zweifellos der systematische Name schwerfälliger, und deshalb wird im allgemeinen der Name „Isooctan“ benutzt. Für kompliziertere Verbindungen gibt es aber oft keinen „Trivialnamen“, und die systematische Nomenklatur ist der einzige Ausweg.

Die drei isomeren Pentane unterscheiden sich in ihren chemischen und physikalischen Eigenschaften, so z.B. in den Schmelz- und Siedepunkten (siehe vorige Seite). Im Festkörper oder in der Flüssigkeit ziehen sich die Kohlenwasserstoff-

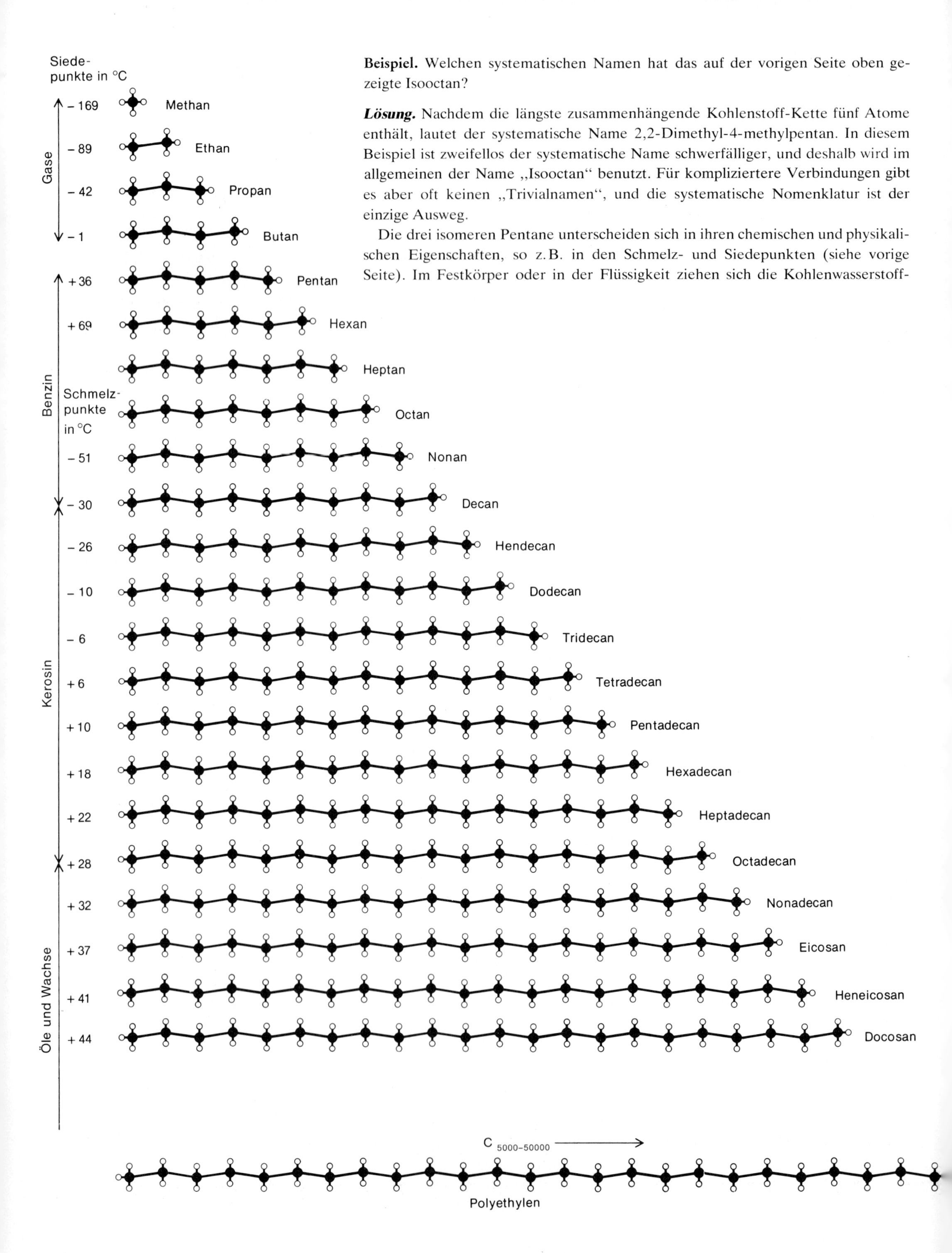

Moleküle gegenseitig durch schwache van-der-Waals-Kräfte an, die von Gestalt und Größe der Moleküle abhängen. Das Molekül des *n*-Pentans hat ungefähr die Gestalt einer Wurst, während das des Neopentans kugelförmig ist. Neopentan-Moleküle können besser in einem Kristallgitter zusammengepackt werden, und mehr Energie ist daher nötig, um den Festkörper zu schmelzen. Neopentan hat also von allen drei Isomeren den höchsten Schmelzpunkt. Dagegen haben in der Flüssigkeit die langen *n*-Pentan-Würste besseren Kontakt untereinander als die Neopentan-Kugeln; die intermolekularen van-der-Waals-Kräfte sind beim *n*-Pentan stärker, und sein Siedepunkt ist von allen drei Isomeren der höchste. Das Verhalten von Isopentan liegt jeweils in der Mitte. Die Zahl der Möglichkeiten, die Atome miteinander zu verbinden, und daher der Isomeren wächst astronomisch mit der Zahl der Kohlenstoff-Atome. Es gibt zwei Butan-Isomere, drei Isomere von Pentan, fünf von Hexan, neun von Heptan, 18 von Octan, 35 von Nonan, 75 von Decan, und von Eicosan, $C_{20}H_{42}$, gibt es 366 319 verschiedene Strukturisomere.

Die kleinsten Kohlenwasserstoffe, Methan (CH_4) bis Butan (C_4H_{10}), sind Gase, die als Brennstoffe für Industrie, Küche und Heizung bekannt sind. Methan wird auch als „Sumpfgas" bezeichnet, denn es gibt Bakterien, die unter den Lebensbedingungen, die in Sümpfen herrschen, Wasserstoff (der aus der Zersetzung organischen Materials durch andere Bakterien stammt) oxidieren und dabei CO_2 als Sauerstoff-Quelle benutzen, wobei Methan und Wasser entstehen:

$$4H_2 + CO_2 \longrightarrow CH_4 + 2H_2O$$

Irrlichter, eine Quelle guter Geschichten von Geistern und anderen übernatürlichen Dingen, sind brennendes Sumpfgas im Moor.

Je größer die Kohlenwasserstoff-Moleküle werden, um so stärker werden auch die zwischen ihnen wirkenden van-der-Waals-Kräfte, und um so höher sind die Temperaturen, bei denen die festen Substanzen schmelzen und die Flüssigkeiten verdampfen. Pentan (C_5H_{12}) bis Heptadecan ($C_{17}H_{36}$) sind bei Raumtemperatur flüssig; Octadecan ($C_{18}H_{38}$) und Kohlenwasserstoffe mit größeren Molekülen sind wachsartige Festkörper (siehe gegenüberliegende Seite). Der Kunststoff Polyethylen, bekannt als widerstandsfähiges, reaktionsträges, flexibles Material für Labor- und Haushaltsgeräte, besteht aus geradkettigen Kohlenwasserstoff-Molekülen mit 5000 bis 50 000 Kohlenstoff-Atomen in der Kette. Polyethylen ist deshalb so strapazierfähig, weil seine Moleküle umeinander gewunden sind und schwer entwirrt und voneinander getrennt werden können.

Riesige Mengen einfacher Kohlenwasserstoffe werden als Brennstoffe und Schmiermittel verbraucht. Erdgas besteht zu 85 Prozent aus Methan. Rohöl ist eine Mischung von Kohlenwasserstoffen, die normalerweise durch Destillation getrennt werden. Die Fraktion mit Verbindungen, die fünf bis zehn Kohlenstoff-Atome enthalten, wird als Autobenzin verkauft; Flugzeugbenzin (Kerosin) enthält C_{10}- bis C_{18}-Verbindungen. Im Heizöl (Dieselöl) enthalten die Moleküle 18 bis 22 Kohlenstoff-Atome, in Paraffinwachsen 20 und mehr. Im Rohöl liegen all diese Verbindungen nebeneinander vor, dazu noch Kohlenwasserstoffe mit ringförmigen Molekülen. Ein großer Teil des Erdöls stammt aus der Zersetzung organischer Materie abgestorbener Lebewesen bei hoher Temperatur und hohem Druck unterhalb der Erdoberfläche. Erdöl ist also wie die Kohle ein „fossiler Brennstoff", und die Vorstellung, der Nachschub von fossilen Brennstoffen könnte aufhören, setzt seit einigen Jahren unsere energieverschlingende Wirtschaft in Verzweiflung. Wir sind dabei, in zweihundert Jahren zu verschwenden, was sich in Hunderten von Millionen Jahren angesammelt hat.

Gesättigte Kohlenwasserstoffe (Alkane) können statt geraden oder verzweigten Ketten ebensogut Ringe bilden (rechts). Offenkettige Alkane – verzweigt oder geradkettig – besitzen die allgemeine Formel C_nH_{2n+2}, wobei *n* die Zahl der Kohlenstoff-Atome bedeutet. In Alkanen mit ringförmiger Molekülstruktur beißt sich

CYCLISCHE ALKANE

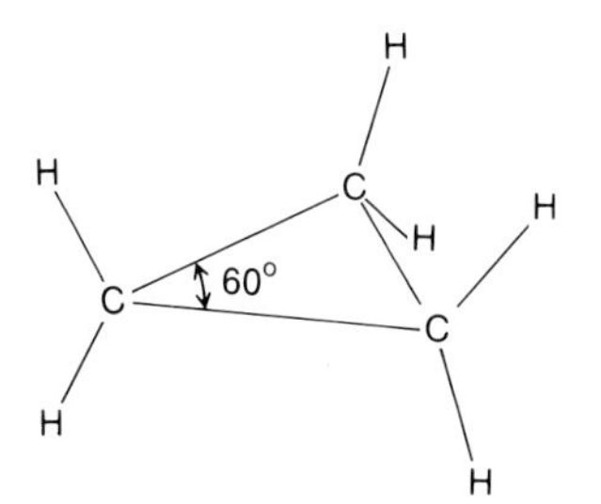

Cyclopropan, C_3H_6, ein gespannter Ring

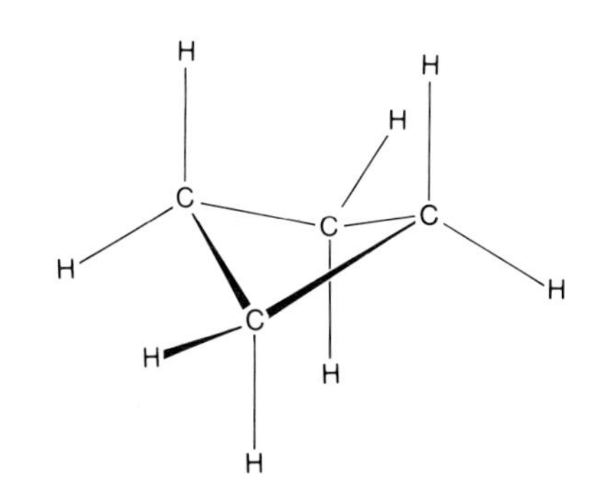

Cyclobutan, C_4H_8, mit niedrigerer Ringspannung

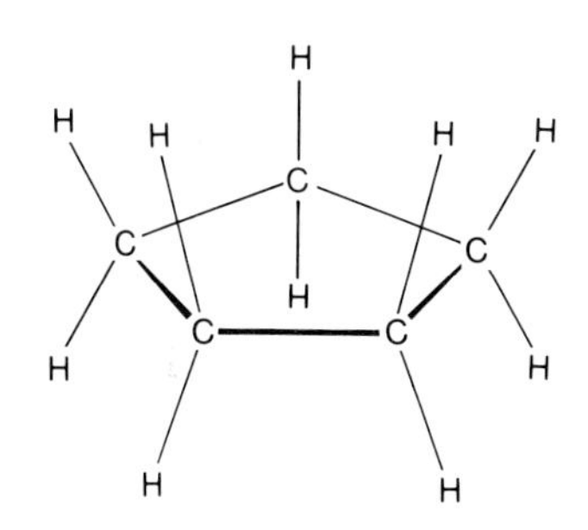

Cyclopentan, C_5H_{10}, ist fast spannungsfrei.

KONFORMATIONEN DES CYCLOHEXANS, C_6H_{12}

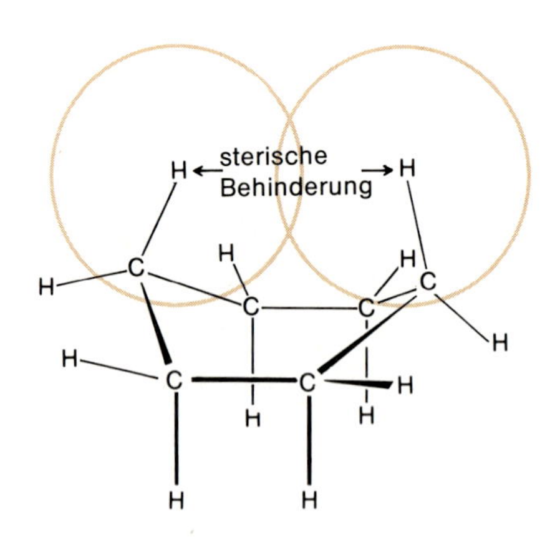

Boot- oder Wannen-Konformation. Die Wasserstoff-Atome an Bug und Heck des Bootes kommen sich sterisch ins Gehege.

H* = axialer Wasserstoff
H = äquatorialer Wasserstoff

Sessel-Konformation. Es gibt keine Ringspannung und keine sterische Hinderung.

die Kohlenstoff-Kette selbst in den Schwanz; die allgemeine Formel lautet C_nH_{2n}. Das kleinste dieser Kohlenwasserstoff-Moleküle, Cyclopropan (C_3H_6), ist gespannt, denn der C–C–C-Winkel beträgt hier 60° – viel weniger als das Optimum von 109.5° einer tetraedrischen Bindung. Die sp^3-Orbitale benachbarter Kohlenstoff-Atome überlappen nur wenig, und die Bindungen sind daher schwach. Cyclobutan (C_4H_8) und Cyclopentan (C_5H_{10}) sind weniger gespannt, und der Cyclohexan-Ring (C_6H_{12}) hat überhaupt keine Spannung. Cyclohexan kann die beiden oben gezeigten Konformationen annehmen: „Sessel" oder „Wanne", von denen die „Sessel"-Form begünstigt ist, weil bei ihr die Molekülenden weiter entfernt sind. Die Sesselform des Cyclohexans ist der Prototyp der sechsgliedrigen Ringe, wie wir sie in Glucose und ähnlichen Zuckern finden, die wir im 21. Kapitel kennenlernen werden.

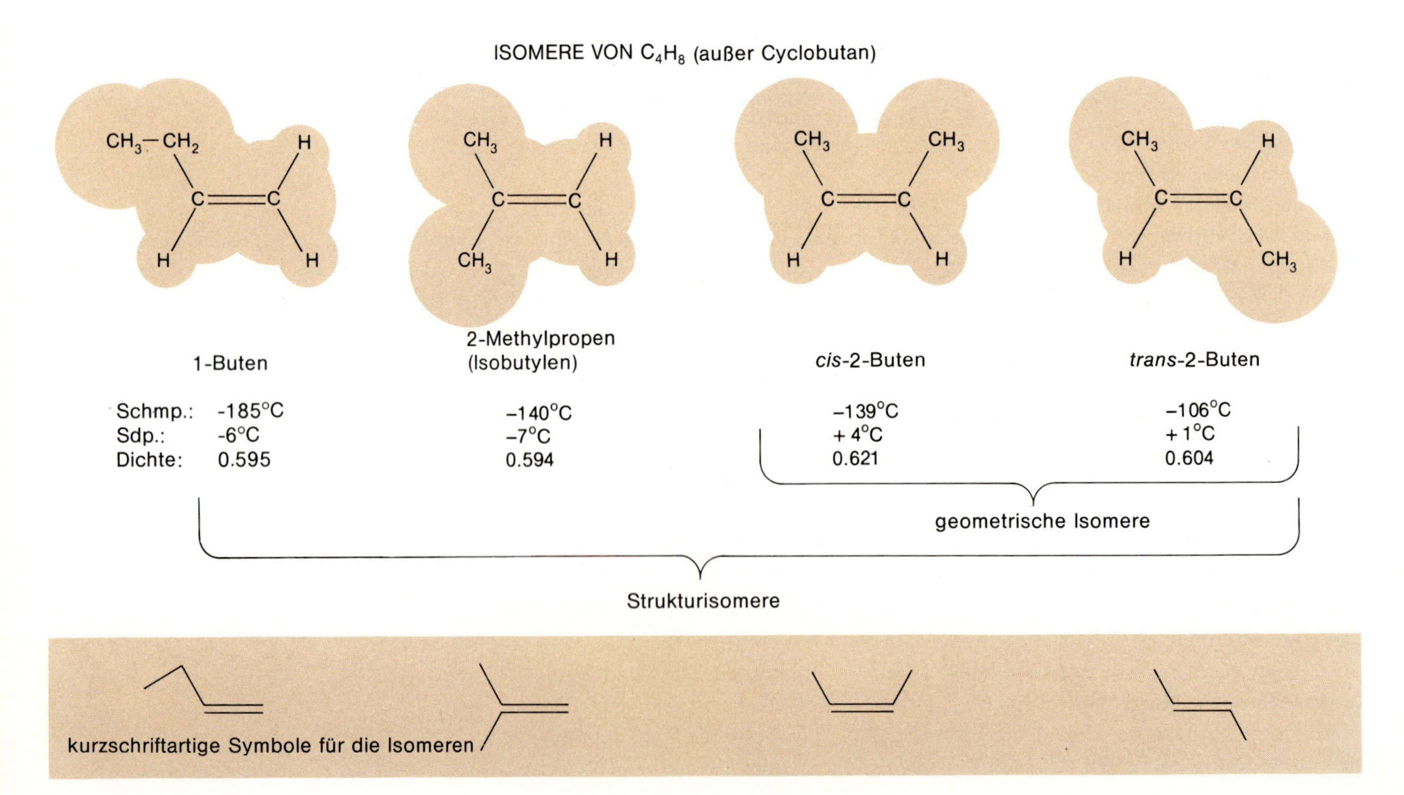

Ungesättigte Kohlenwasserstoffe

Kohlenwasserstoffe mit Doppel- oder Dreifachbindungen zwischen Kohlenstoff-Atomen werden *ungesättigte Kohlenwasserstoffe* genannt; ungesättigt in dem Sinn, daß zusätzliche Wasserstoff-Atome addiert werden können, wenn H_2 mit den Doppel- oder Dreifachbindungen reagiert:

$$\underset{\text{(ungesättigt)}}{\underset{\text{Ethylen}}{H_2C{=}CH_2}} + H_2 \longrightarrow \underset{\text{(gesättigt)}}{\underset{\text{Ethan}}{H_3C{-}CH_3}}$$

Ethan: Einfachbindung, freie Rotation

Um eine Kohlenstoff–Kohlenstoff-Einfachbindung besteht freie Drehbarkeit: Eine Methyl-Gruppe (CH_3-) kann sich wie ein Kreisel um die Einfachbindung drehen, die sie mit einem anderen Atom verbindet. Dagegen kann ein Molekül wie Ethylen, wie wir im 9. Kapitel gesehen haben, nicht um seine Doppelbindung verdreht werden, ohne daß die zweite Bindung der Doppelbindung gelöst wird. Doppelbindungen sind insofern von Bedeutung, als sie die Geometrie biologisch wichtiger Moleküle fixieren und diese versteifen.

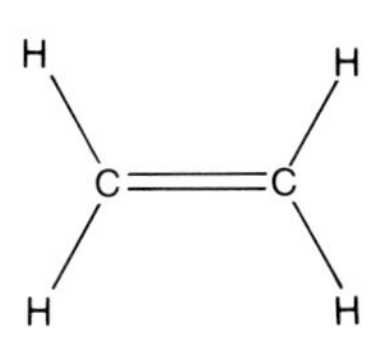

Ethen (Ethylen): Doppelbindung, keine Rotation

Wie schon erwähnt, werden gesättigte Kohlenwasserstoffe *Alkane* genannt und durch die Nachsilbe „-an" gekennzeichnet: Methan, Ethan, Propan, Butan, Pentan, Hexan heißen die Kohlenwasserstoffe mit einem bis sechs Kohlenstoff-Atomen. Ungesättigte Kohlenwasserstoffe mit Doppelbindungen nennt man entsprechend *Alkene;* ihre Namen enden mit der Nachsilbe „-en": Ethen (C_2H_4), Propen (C_3H_6), Buten, Penten, Hexen. Geläufige (wenn auch nicht systematische) Namen für Ethen, Propen und Buten sind auch Ethylen, Propylen und Butylen. Ungesättigte Kohlenwasserstoffe mit Dreifachbindungen heißen *Alkine.* In der systematischen Nomenklatur heißt C_2H_2 Ethin, der gebräuchlichere Name ist jedoch Acetylen. Die einfachsten Alkene und Alkine sind rechts am Rand zusammengestellt, und zwar mit ihrer richtigen Geometrie, die aus der Art ihrer Kohlenstoff–Kohlenstoff-Bindungen folgt.

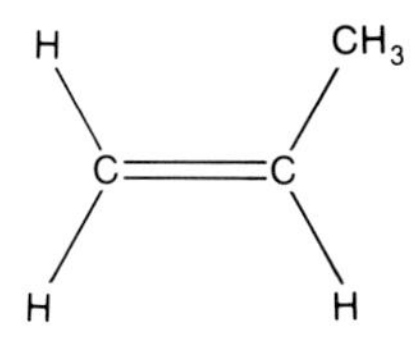

Propen (Propylen): keine Rotation

Beim Buten, C_4H_8, taucht eine neue Art der Isomerie auf. Von diesem Molekül gibt es drei verschiedene Strukturisomere, je nachdem, ob die vier Kohlenstoffe in gerader oder verzweigter Kette angeordnet sind und wo sich die Doppelbindung befindet. Diese Strukturisomeren heißen 1-Buten, 2-Buten (wobei die Zahl die Lage der Doppelbindung kennzeichnet) und Isobutylen oder – systematisch – 1-Methylpropen. 1-Buten, 2-Buten und Isobutylen sind echte Strukturisomere, denn ihre Atome sind in verschiedener Weise miteinander verknüpft.

Ethin (Acetylen): ein gestrecktes (lineares) Molekül

Bei 2-Buten sitzt an jedem der doppelt gebundenen Kohlenstoff-Atome eine Methyl-Gruppe, und diese Methyl-Gruppen können relativ zur Doppelbindung in zweierlei Weise angeordnet sein: auf der gleichen Seite des Moleküls oder diagonal auf der einen und der anderen Seite der Doppelbindung. Aus diesen beiden Möglichkeiten ergeben sich zwei *geometrische Isomere: cis*-2-Buten und *trans*-2-Buten, die auf der Seite gegenüber dargestellt sind. Es handelt sich deshalb um geometrische Isomere und nicht um Strukturisomere, weil die Atome in gleicher Weise miteinander verbunden sind. Um *cis*-2-Buten in *trans*-2-Buten umzuwandeln, müßte man nur einen Augenblick lang die Doppelbindung lösen, das Molekül verdrehen und *dieselbe* Bindung wieder knüpfen. Dagegen kann man vom 2-Buten zu keinem der Strukturisomeren gelangen, indem man eine Bindung öffnet, eine Drehung ausführt und die gleiche Bindung wieder schließt. *Cis-trans*-Isomerie ist immer dann möglich, wenn an jedem Ende einer Doppelbindung zwei verschiedene Gruppen sitzen; *„cis"* bedeutet dabei „auf der gleichen Seite", und *„trans"* bedeutet „einander gegenüber".

Alle Isomeren des Butens haben ähnliche chemische und physikalische Eigenschaften, und die tatsächliche Gestalt der Moleküle ist für ihre Eigenschaften von

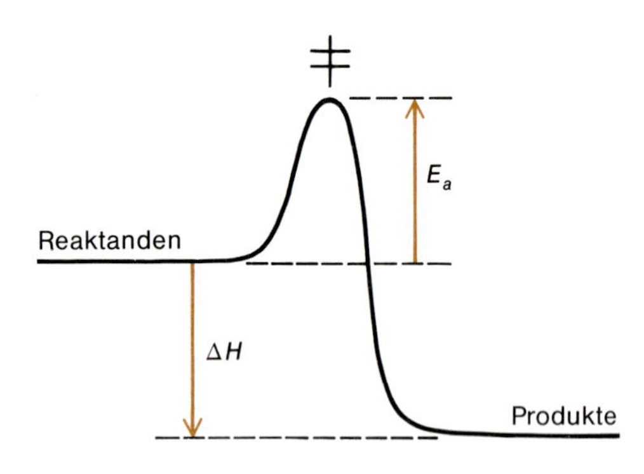

Selbst wenn eine chemische Reaktion im ganzen gesehen energetisch ein Prozeß „bergab“ ist, kann es doch eine Reaktionsbarriere in Form eines energiereichen Zwischenzustands geben, den die Reaktanden durchlaufen müssen. Diese Barriere ist die Aktivierungsenergie E_a. Je höher E_a, um so langsamer läuft die Reaktion ab.

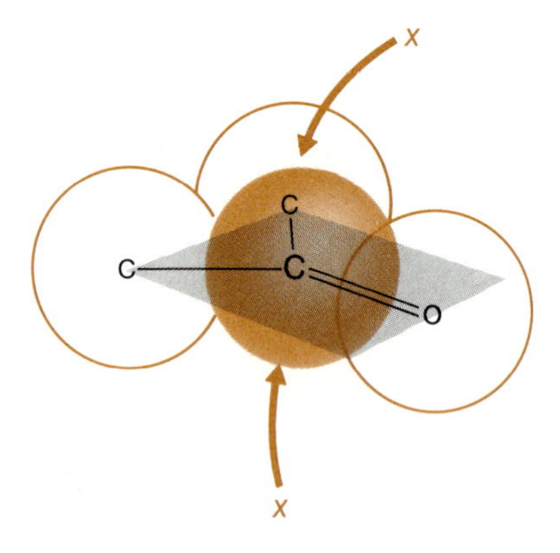

Ein in einer planaren Gruppe doppelt gebundenes Kohlenstoff-Atom ist einem Angriff durch andere Gruppen von oben und unten ausgesetzt. Sterische Hinderung spielt kaum eine Rolle.

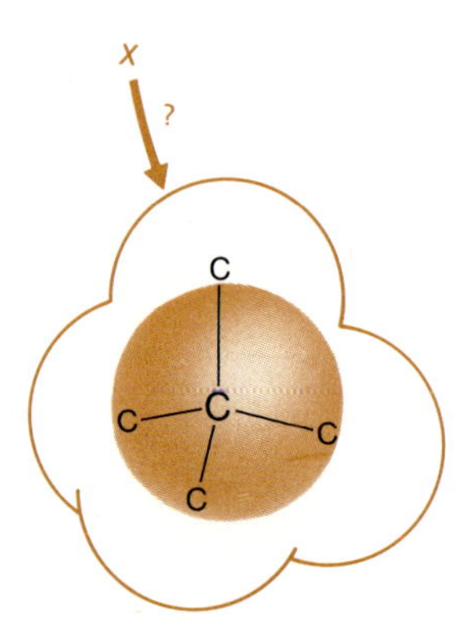

Ein einfach gebundenes Kohlenstoff-Atom ist tetraedrisch von Nachbar-Atomen umgeben und von äußerem Angriff abgeschirmt. Zur Aktivierungsenergie E_a der Reaktion gehört jetzt die Energie, die nötig ist, die schützenden Nachbarn beiseite zu schieben; die Reaktion ist deshalb relativ langsam.

größerer Bedeutung als die Tatsache, ob es sich um geometrische oder Strukturisomere handelt. 1-Buten hat ein „Drehgelenk“ um die Bindung zwischen CH_3CH_2- und C=C, es ist daher ein flexibles Molekül. Es paßt deshalb schlecht in ein rigides Kristallgitter, und der Schmelzpunkt ist mit −185°C sehr niedrig. Die drei anderen Isomeren sind starr: *trans*-2-Buten hat die Form eines dicken Stabs; man kann es gut mit Nachbarmolekülen in ein festes Gitter zusammenpacken; die Verbindung schmilzt daher erst bei −106°C. Die beiden anderen Isomeren haben unregelmäßigere, aber ähnliche Gestalt, ihre Schmelzpunkte liegen im Abstand von nur 1°C bei einer Temperatur dazwischen. Die Siedepunkte werden von der Molekülform weniger stark beeinflußt, weil die Moleküle in einer Flüssigkeit sich mehr oder weniger frei aneinander vorbei bewegen; die Siedepunkte aller vier Isomeren liegen daher maximal nur 11°C auseinander.

Reaktionen von Kohlenwasserstoffen

Viele Oxidationen und andere nützliche chemische Reaktionen sind spontan (d.h. mit einer Abnahme der Freien Energie verbunden) und exotherm (d.h. mit einer Abnahme der Enthalpie verbunden); solche Reaktionen können also als Energiequellen genutzt werden. Viele dieser Reaktionen aber sind extrem langsam. In den Kapiteln 13 bis 15 haben wir uns klar gemacht, daß wir bei chemischen Reaktionen Spontaneität und Geschwindigkeit auseinanderhalten müssen. Spontane Reaktionen laufen letztlich immer ohne äußere Hilfe ab, aber das kann eine Mikrosekunde oder eine Milliarde Jahre dauern. Kohlenwasserstoffe z.B. sollten durch Sauerstoff bei Raumtemperatur spontan oxidiert werden, doch sie reagieren nicht. Man braucht Wärme, um die Reaktion „anzuwerfen“. Wenn am Anfang genug Wärme zugeführt wird, um die Reaktion zu starten, dann reicht die bei der Oxidation abgegebene Wärme aus, um die Reaktion am Laufen zu halten. Wenn einmal gezündet ist, erhält sich ein Verbrennungsvorgang von selbst. Hohe Temperatur ist nötig, um den hohen Berg der Aktivierungsenergie E_a der Reaktion zu überwinden (links oben).

Alkane sind vergleichsweise unreaktiv; der Ausdruck „Paraffine“, wie sie oft genannt werden, bedeutet „wenig Affinität“. Wieso haben Reaktionen gesättigter Kohlenwasserstoffe so hohe Aktivierungsenergien? Worin besteht die Hürde, die bei der Reaktion überwunden werden muß? Nun, ein Kohlenstoff-Atom ist durch die vier Atome, die es tetraedrisch umgeben, gegen jede angreifende Gruppe sehr gut abgeschirmt. Es gibt keine „Breschen“, die einem Angriff offenstünden (links). Dazu kommt, daß Kohlenstoff und Wasserstoff vergleichbare Elektronegativität haben. Die C−H-Bindung ist unpolar, es gibt weder Ladungsüberschuß noch Ladungsmangel am einen oder anderen Atom. Die meisten organischen Reaktionen werden durch elektrophilen oder nucleophilen Angriff eingeleitet (s. Kasten auf der nächsten Seite). Eine schwache positive Ladung an einem Atom lädt zum Angriff durch ein Nucleophil ein (z.B. durch OH^-, Cl^-, NH_3), und eine schwache negative Ladung fördert den elektrophilen Angriff (z.B. durch H^+). In den Kohlenwasserstoffen besitzt der Kohlenstoff weder die eine noch die andere Ladung; angreifende Gruppen haben daher kaum eine Wirkung. Dieser Umstand – und dazu die tetraedrische Abschirmung rund um das Kohlenstoff-Atom – hat zur Folge, daß gesättigte Kohlenwasserstoffe, obwohl thermodynamisch durchaus reaktionsbereit, höchstens langsam reagieren – einfach, weil es keinen „bequemen“ Reaktionsmechanismus gibt.

Die wichtigsten Reaktionen für Kohlenwasserstoffe sind Dehydrierung und Cracken (s.u.), Verbrennung (mit F_2 oder O_2) sowie Halogenierung (vor allem mit Cl und Br). Geht man mit der Temperatur hoch genug, um die Reaktionsschwelle zu überwinden, oder wendet man Katalysatoren an, um diese Schwelle in einem alternativen Mechanismus zu umgehen, dann können durch Entzug von Wasserstoff-Atomen (Dehydrierung) ungesättigte Verbindungen gebildet werden, oder ein langkettiges Molekül kann in kleinere Stücke zerlegt werden (Cracken).

Dehydrierung:

$$CH_3CH_2CH_2CH_3 \xrightarrow[\text{Katalysator}]{\text{Wärme}} CH_3CH_2CH{=}CH_2 + H_2$$

n-Butan 1-Buten

Cracken:

$$CH_3CH_2CH_2CH_3 \xrightarrow[\text{Katalysator}]{\text{Wärme}} CH_3CH{=}CH_2 + CH_4$$

n-Butan Propen Methan

Reaktionen dieser Art sind in der petrochemischen Industrie wichtig, um Schweröl und Kerosin in das besser verkäufliche Leichtbenzin umzuwandeln. Im allgemeinen sind Dehydrierung und Cracken ziemlich unspezifische Reaktionen, deren Ergebnis ein Gemisch von Produkten ist. Die Auswahl des richtigen Katalysators (oft fein verteilte Metalle oder Metalloxide) sowie der richtigen Temperatur und des richtigen Drucks, um die Ausbeute des gewünschten Produkts zu maximieren – das ist die Schwarze Kunst der Petrochemiker.

Verbrennung oder Oxidation durch O_2 oder F_2 sind Angriffe durch stark elektronegative Atome, die zum vollständigen Abbau eines Moleküls führen:

$$CH_3CH_2CH_2CH_3 + 6\tfrac{1}{2}O_2 \longrightarrow 4CO_2 + 5H_2O$$
$$\Delta H^0 = -2879 \text{ kJ pro Mol Butan}$$

$$CH_3CH_2CH_2CH_3 + 13\,F_2 \longrightarrow 4CF_4 + 10HF$$
$$\Delta H^0 = -5280 \text{ kJ pro Mol Butan}$$

Obwohl diese Reaktionen bei Raumtemperatur langsam ablaufen, unterhalten sie sich, einmal in Gang gesetzt, von selbst, denn es wird dabei eine große Wärmemenge freigesetzt.

Mit weniger elektronegativen Elementen wie Chlor findet anstelle der Zerlegung

ELEKTROPHILE UND NUCLEOPHILE

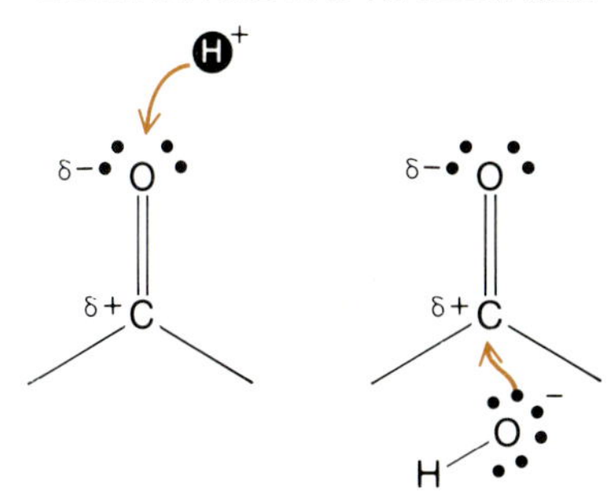

Angriff durch das Elektrophil H^+

Angriff durch das Nucleophil OH^-

ELEKTROPHILE UND NUCLEOPHILE

Bei den meisten chemischen Reaktionen werden Elektronen in die eine oder andere Richtung geschoben, und unter den Gruppen, die ein Molekül angreifen können, haben diejenigen die größte Wirkung, die vom angegriffenen Molekül Elektronen aufnehmen oder Elektronen darauf übertragen können. Protonen, H^+, und andere Gruppen mit Elektronenmangel werden *Elektrophile* („elektronenfreundliche" Gruppen) genannt. Ein Elektrophil wird besonders von solchen Atomen angezogen, die eine schwache negative Ladung oder freie Elektronenpaare tragen, oder auch von den Elektronen einer Doppelbindung. Im Beispiel der im 16. Kapitel behandelten säurekatalysierten Spaltung einer Esterbindung greift das elektrophile Proton den Carbonyl-Sauerstoff an, so daß der Carbonyl-Kohlenstoff eine positive Ladung erhält. Das positive Kohlenstoff-Atom reagiert dann mit dem einsamen Elektronenpaar des Wassers, wodurch gleichzeitig die Esterbindung gespalten wird.

Verbindungen mit einem Überschuß an nicht-bindenden Elektronen sind *Nucleophile* („kernfreundliche" Verbindungen). Im Beispiel der Esterspaltung fungierte das Wasser-Molekül als schwaches Nucleophil. Das basische Hydroxid-Ion wirkt bei der Esterspaltung als viel stärkeres Nucleophil – so stark, daß es ohne den einleitenden Angriff eines Protons (auf den Carbonyl-Sauerstoff) das Carbonyl-Kohlenstoff-Atom attackieren kann. Auch Cl^- und NH_3 sind gute Nucleophile.

BEZIFFERUNG DER KOHLENSTOFF-ATOME

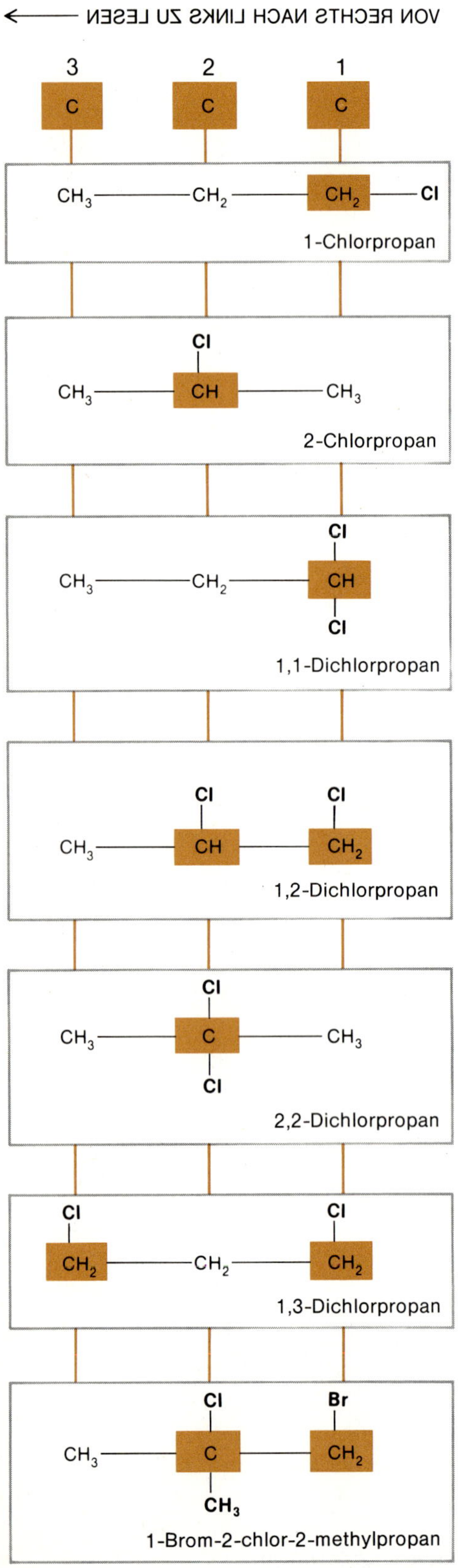

← VON RECHTS NACH LINKS ZU LESEN

3 C — 2 C — 1 C

$CH_3—CH_2—CH_2—Cl$
1-Chlorpropan

$CH_3—CH(Cl)—CH_3$
2-Chlorpropan

$CH_3—CH_2—CH(Cl)_2$
1,1-Dichlorpropan

$CH_3—CH(Cl)—CH_2(Cl)$
1,2-Dichlorpropan

$CH_3—C(Cl)_2—CH_3$
2,2-Dichlorpropan

$(Cl)CH_2—CH_2—CH_2(Cl)$
1,3-Dichlorpropan

$CH_3—C(Cl)(CH_3)—CH_2(Br)$
1-Brom-2-chlor-2-methylpropan

der Kohlenstoff-Kette eine andere Reaktion statt: der einfache Ersatz eines oder mehrerer Wasserstoff-Atome:

$$CH_4 + n\,Cl_2 \xrightarrow[\text{oder Licht}]{\text{Wärme}} \left\{ \begin{array}{l} CH_3Cl \text{ (Chlormethan)} \\ CH_2Cl_2 \text{ (Dichlormethan)} \\ CHCl_3 \text{ (Chloroform)} \\ CCl_4 \text{ (Kohlenstofftetrachlorid} \\ \text{oder Tetrachlorkohlenstoff)} \end{array} \right. + NaCl$$

Auch bei der Chlorierung entsteht gewöhnlich ein Gemisch von Produkten unterschiedlichen Substitutionsgrades. Die verschiedenen Mono- und Dichlorpropane, die bei der Chlorierung von Propan entstehen, sind links zusammengestellt. Daneben werden auch Trichlorpropane und noch höher chlorierte Verbindungen gebildet.

An den Dichlorpropanen läßt sich noch einmal veranschaulichen, wie organische Verbindungen systematisch benannt werden. Die Kohlenstoff-Atome werden der Reihe nach durchnumeriert, nachdem man die längste, unverzweigte, zusammenhängende Kohlenstoff-Kette gefunden hat. Seitenketten und Substituenten werden durch Angabe des Kohlenstoff-Atoms, an welchem sie hängen, identifiziert. Das Monstrum ganz unten links hat z.B. den großartigen systematischen Namen 1-Brom-2-chlor-2-methyl-propan.

Bei gesättigten Kohlenwasserstoffen kennt man wenig andere Reaktionen. Die Halogen-Derivate sind weniger um ihrer selbst willen wichtig, sondern weil sie Bindeglieder zu anderen, nützlicheren Verbindungen darstellen. Die zunächst gebildeten Halogen-Verbindungen können weiterreagieren zu Alkoholen, Säuren, Aminen und anderen Verbindungen, die wir im 20. Kapitel diskutieren werden.

Ungesättigte Kohlenwasserstoffe sind beträchtlich reaktiver als Alkane; sie reagieren, wenn ein Katalysator hilft, schon bei niedrigen Temperaturen. Die Achillesferse der Alkene ist ihre Doppelbindung, und die wichtigste Reaktion der Alkene ist die Addition einer Vielzahl von Reagentien an diese Doppelbindung.

Hydrierung:

$$\underset{\text{1-Buten}}{CH_3CH_2CH{=}CH_2} + H_2 \xrightarrow[\text{Katalysator}]{\text{Pd-}} \underset{n\text{-Butan}}{CH_3CH_2CH_2CH_3}$$

Halogenierung:

$$\underset{\text{1-Buten}}{CH_3CH_2CH{=}CH_2} + Cl_2 \xrightarrow[\text{Lösungsmittel}]{CCl_4 \text{ als}} \underset{\text{1,2-Dichlorbutan}}{CH_3CH_2\overset{\overset{Cl}{|}}{C}H{-}\overset{\overset{Cl}{|}}{C}H_2}$$

Hydratisierung:

$$\underset{\text{Propen}}{CH_3CH{=}CH_2} + H_2O \xrightarrow[\text{Katalysator}]{H_2SO_4 \text{ als}} \underset{\text{2-Propanol (Isopropylalkohol)}}{CH_3{-}\overset{\overset{OH}{|}}{C}H{-}CH_3}$$

Halogenwasserstoffanlagerung:

$$\underset{\text{Propen}}{CH_3CH{=}CH_2} + HCl \longrightarrow \underset{\text{2-Chlorpropan}}{CH_3{-}\overset{\overset{Cl}{|}}{C}H{-}CH_3}$$

$H_2C{=}CH_2$
Ethylen

$-CH_2-CH_2-CH_2-CH_2-CH_2-CH_2-CH_2-$
Polyethylen

$H_2C{=}CH(Cl)$
Vinylchlorid

$-CH_2-CH(Cl)-CH_2-CH(Cl)-CH_2-CH(Cl)-CH_2-$
Polyvinylchlorid (PVC)

$H_2C{=}CH(CN)$
Acrylnitril

$-CH_2-CH(CN)-CH_2-CH(CN)-CH_2-CH(CN)-CH_2-$
Polyacrylnitril

$H_2C{=}CH(C_6H_5)$
Styrol

$-CH_2-CH(C_6H_5)-CH_2-CH(C_6H_5)-CH_2-CH(C_6H_5)-CH_2-$
Polystyrol

Viele nützliche Kunststoffe sind Polymere des Ethylen-Moleküls, aber mit einer charakteristischen Seitenkette pro Ethyleneinheit. In anderen Kunststoffen sind die langen Ketten zur Erhöhung der Festigkeit und Steifigkeit miteinander vernetzt.

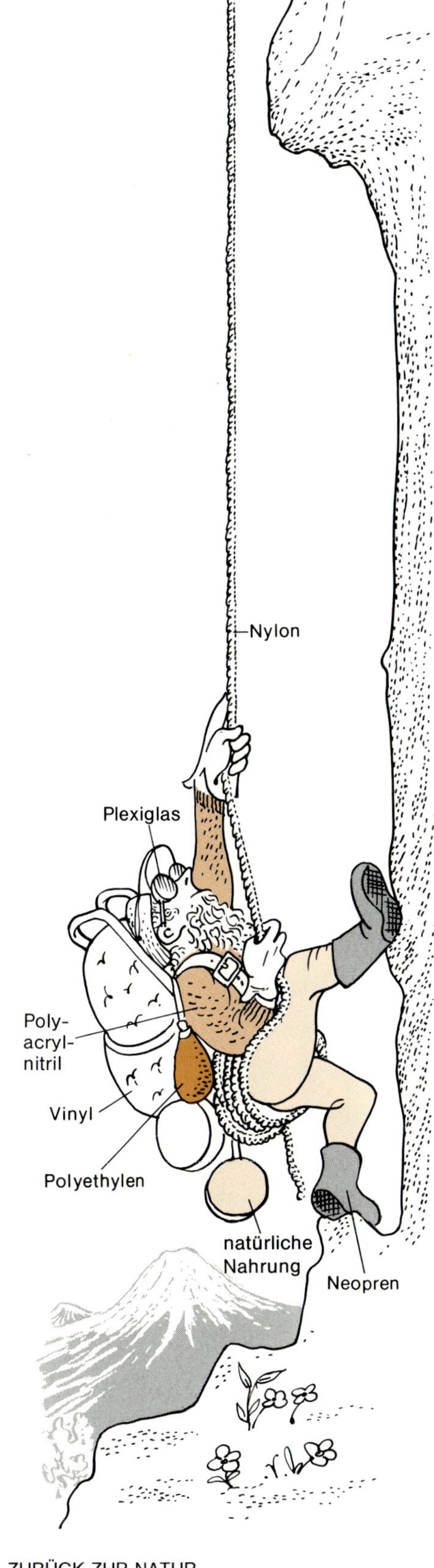

ZURÜCK ZUR NATUR

Wird ein asymmetrischer Reaktionspartner wie HCl oder H_2O addiert, so bildet sich entsprechend diesen Gleichungen nur ein Produkt, z.B. nur 2-Chlorpropan anstelle von 1-Chlorpropan. Das wird verallgemeinert in der Regel von Markownikow: Wird eine Substanz HX an eine Doppelbindung addiert, geht das Wasserstoff-Atom immer an das Kohlenstoff-Atom, das sowieso schon die größere Zahl von Wasserstoff-Atomen besitzt. Die Markownikow-Regel wurde von den Organikern jahrelang benutzt, ohne daß sie eine Begründung gehabt hätten; heute wissen wir, daß dahinter der Reaktionsmechanismus steht, in dem als Zwischenprodukte sogenannte Carbonium-Ionen vorkommen. Uns reicht es, daß die Regel funktioniert, und wir verzichten auf die Details des Reaktionsmechanismus.

Alken-Moleküle reagieren auch mit ihresgleichen; sie „polymerisieren" zu langen Ketten, und diese Reaktion ist für die Herstellung von Kautschuk und Kunststoffen von größter Bedeutung. Wenn z.B. Ethylen polymerisiert, öffnet sich die Doppelbindung, um sich mit „Monomer"-Einheiten (d.h. weiteren Ethylen-Molekülen) zu einer langen, gesättigten Kohlenwasserstoff-Kette zu vereinigen, wie es oben dargestellt ist. Die meisten Kunststoffe müssen in jeder Kette wenigstens 1000 sich wiederholende Monomer-Einheiten enthalten, um die Eigenschaften zu bekommen, die wir als typisch für Kunststoff oder Plastik ansehen. Die Ketten sind gewöhnlich jedoch nicht einheitlich lang, aber der Bereich, in dem die Kettenlänge schwankt, kann durch die Polymerisationsbedingungen gesteuert werden. Das Polyethylen, das man für Laborgeräte benutzt, enthält pro Kette 5000 bis 50000 Kohlenstoff-Atome.

Durch Austausch der Substituenten an der Polyethylenkette lassen sich Polymere mit unterschiedlichsten Eigenschaften synthetisieren. Polyvinylchlorid-Polymere mit bis zu 25000 Monomer-Einheiten werden für Schallplatten und Plastikrohre eingesetzt, aber auch – unter Zusatz von „Weichmachern" – als Kunstleder. Werden alle Wasserstoff-Atome des Polyethylens durch Fluor ersetzt, so erhält man „Teflon®", ein mechanisch und chemisch ungemein widerstandsfähiges Material, das häufig für Laborgeräte verwendet wird. „Dralon®" ist eine bekannte Kunstfaser und Polystyrol ein harter und durchsichtiger Kunststoff, aus dem man sogar Möbel und Wände machen kann. Früher war der Mensch völlig abhängig von natürlichen Polymeren: Cellulose, Wolle, Naturkautschuk. Heute kann man dem feindlichen Leben begegnen, ohne daß man von irgendeinem anderen Naturpolymeren eingehüllt wäre als der eigenen Haut.

Alkene mit zwei Doppelbindungen im Molekül nennt man *Diëne* und vom kleinsten Vertreter, Butadien, gibt es zwei Strukturisomere, die links dargestellt sind. 1,2-Butadien ist ein starres Molekül ohne große Bedeutung. 1,3-Butadien dagegen kann zu Polybutadien polymerisiert werden, dem Grundgerüst einer großen Zahl natürlicher und künstlicher Kautschuke (unten). Naturkautschuk ist das all-*cis*-Polymere von Isopren, einem Methyl-Derivat von 1,3-Butadien. In der Form des Latex aus dem Gummibaum ist Polyisopren weich und nachgiebig; die Polyisopren-Moleküle sind miteinander verwickelt und völlig verknäuelt. Wird das Material gereckt, dann werden die Moleküle weitgehend begradigt und richten sich ungefähr parallel untereinander aus. Die Entropie der Moleküle nimmt ab. Läßt die Spannung nach, entspannen sich die Moleküle zum ursprünglichen, ungeordneten Zustand hoher Entropie. Charles Goodyear entdeckte 1839, daß der Zusatz einer kleinen Menge Schwefel zu heißem Kautschuk diesen steifer und härter macht. Bei dieser „Vulkanisation" entstehen über die Schwefel-Atome Quervernetzungen zwischen benachbarten Polyisopren-Ketten; diese können weniger gut verrutschen und geben äußerem Zug und anderen Deformationen weniger leicht nach. Weichgummi enthält 1 bis 2 Prozent Schwefel, Hartgummi bis zu 35 Prozent. Die Quervernetzung von Polymer-Ketten ist heute eine Standardmethode zur Herstellung harter, mechanisch stabiler Kunststoffe.

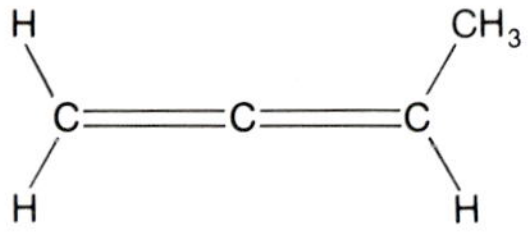

1,2-Butadien

1,2-Butadien (oben) ist ein starres Molekül ohne große praktische Bedeutung. 1,3-Butadien dagegen ist – mit verschiedenen Seitengruppen (unten) – die Basis für natürlichen und synthetischen Kautschuk.

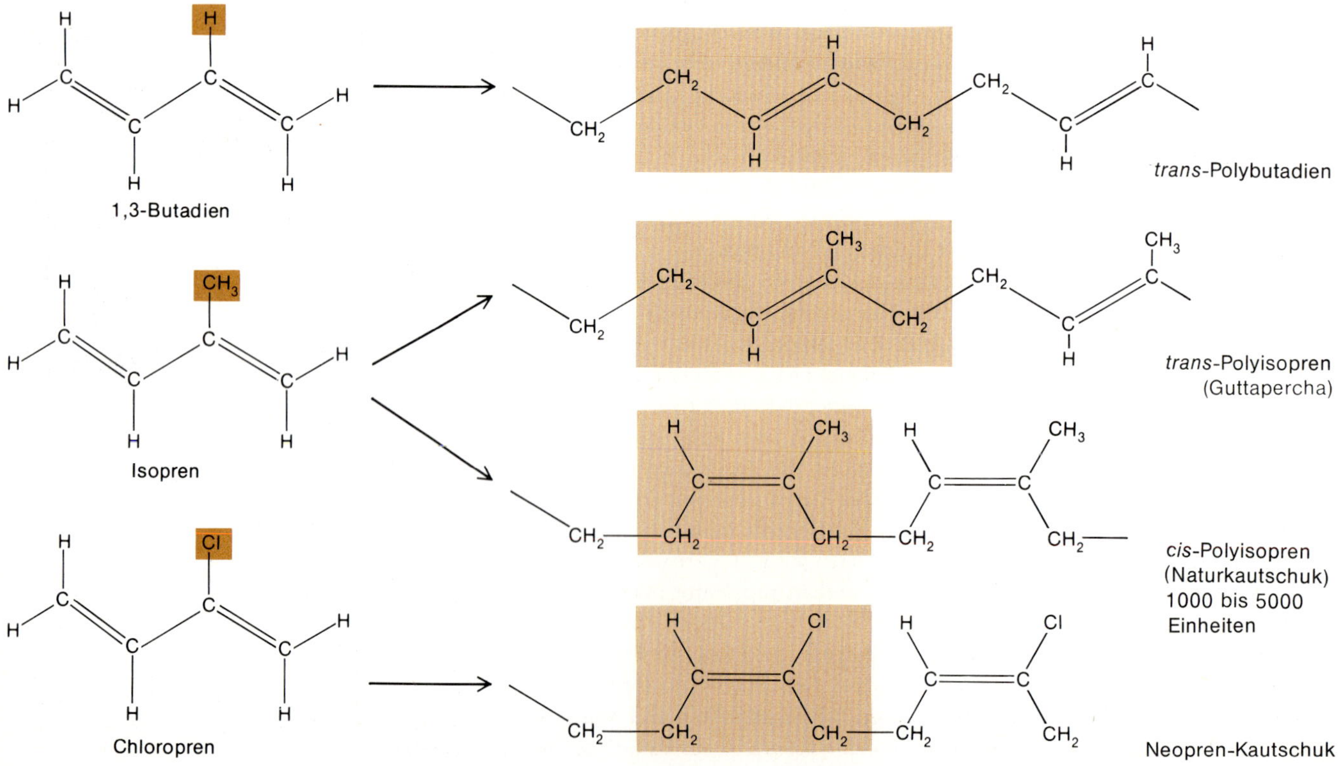

1,3-Butadien

trans-Polybutadien

Isopren

trans-Polyisopren (Guttapercha)

cis-Polyisopren (Naturkautschuk) 1000 bis 5000 Einheiten

Chloropren

Neopren-Kautschuk

Von einigen Pflanzen wird das all-*trans*-Isomere von Polyisopren, das *Guttapercha,* gebildet. Es ist hart und hornartig, nicht gummiähnlich, was daran liegt, daß die regelmäßigen *trans*-Polyisopren-Ketten sich leicht dicht aneinander packen können, so daß im Polymeren kristalline Bereiche entstehen. Das *trans*-Polyisopren des Guttaperchas ist hart und halbkristallin; das *cis*-Polyisopren des Naturkautschuks ist weich und amorph. Der größte Schritt auf dem Weg zu einem brauchbaren Synthesekautschuks war getan, als man eine Methode gefunden hatte, ein reines *cis*-Polymeres aufzubauen. Bei der Polymerisation von Isopren unter gewöhnlichen Laborbedingungen entsteht immer eine Mischung von *cis*- und *trans*-Bindungen. Erst mußten subtilere Methoden der Polymerisation ausgearbeitet werden, bis 1955 eine zuverlässige Methode zur Synthese eines reinen *cis*-Polymeren entwickelt werden konnte.

Konjugation, Aromatizität und Farbe

Wie wir zum erstenmal im 9. Kapitel gesehen haben, ist 1,3-Butadien ein planares Molekül, weil nämlich die Elektronen seiner Doppelbindungen über die gesamte Kette von vier Kohlenstoff-Atomen delokalisiert sind (rechts). Zwar liegen in den konventionellen Formeldarstellungen die Doppelbindungen jeweils zwischen den endständigen Kohlenstoff-Paaren, doch lassen sich auch Resonanzstrukturen zeichnen, in denen die beiden zentralen Kohlenstoff-Atome durch eine Doppelbindung verknüpft sind und das Elektronenpaar der zweiten Doppelbindung entweder einem der äußeren Kohlenstoff-Atome ganz zugeteilt oder zwischen diesen geteilt ist. Mit dieser Schreibweise steht in Einklang, daß eine Verdrillung des Moleküls um die zentrale Kohlenstoff–Kohlenstoff-Bindung ebenso behindert ist wie die Drehung um eine der äußeren Kohlenstoff–Kohlenstoff-Bindungen, weshalb alle zehn Atome des 1,3-Butadiens zwangsläufig in einer Ebene liegen. Ebenso wie im Benzolring drei Elektronenpaare über sechs Kohlenstoff-Atome delokalisiert sind, sind entlang der viergliedrigen Kette des Butadiens zwei Elektronenpaare delokalisiert.

Delokalisierung kann immer dann auftreten, wenn entlang einer Kette von Atomen formale Einfach- und Doppelbindung einander abwechseln, d.h. wenn nach der Bildung aller Einfachbindungen jedem Atom der Kette ein unbeanspruchtes p-Orbital und ein unbeanspruchtes Elektron verbleiben. Moleküle, für die das zutrifft, nennt man *konjugiert.* Die auf der Seite gegenüber dargestellten Polybutadien-Ketten von natürlichem und synthetischem Kautschuk sind nicht konjugiert, weil zwischen zwei Doppelbindungen mehr als eine Einfachbindung liegt. Alle Elektronen und Orbitale der Kohlenstoff-Atome, an die links und rechts in der Kette Einfachbindungen anstoßen, sind in sigma-Bindungen festgelegt; sie wirken als „Isolatoren“, die verhindern, daß die Elektronen der Doppelbindungen zu einem gemeinsamen, delokalisierten „See“ von Elektronen zusammenfließen. Dagegen findet man in vielen biologisch wichtigen Molekülen solche konjugierten Kohlenstoff-Ketten, z.B. bei den auf der nächsten Seite dargestellten Carotinoiden. Die Carotinoide sind Pigmente, die Licht absorbieren und von Bakterien und grünen Pflanzen bei der Photosynthese benutzt werden. β-Carotin enthält elf Doppelbindungen in einer langen, konjugierten Kette. Demzufolge stehen elf Elektronenpaare oder 22 Elektronen für ein delokalisiertes Elektronensystem zur Verfügung. Der delokalisierte Bereich ist in der auf der nächsten Seite wiedergegebenen Darstellung des β-Carotins farbig schattiert. Im Molekül des Spirilloxanthins aus Purpurbakterien gibt es 13 Doppelbindungen und somit 26 delokalisierte Elektronen, das Molekül des Isorenieratins aus grünen Bakterien ist durch ein noch größeres delokalisiertes System gekennzeichnet: 15 Doppelbindungen und 30 delokalisierte Elektronen.

Moleküle dieser Art werden für die Photosynthese genutzt: Sie absorbieren Licht und sammeln Lichtenergie. Wir können hier den im 9. Kapitel erklärten Zusam-

Die wahre Elektronenstruktur von Butadien kann als Hybrid verschiedener Resonanzstrukturen (oben) aufgefaßt werden. Vom Beitrag der letzten drei Strukturen rührt der partielle Doppelbindungscharakter der zentralen Kohlenstoff-Kohlenstoff-Bindung her.

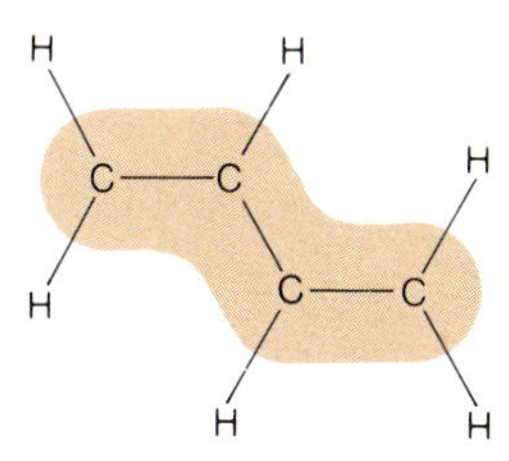

Die Elektronenstruktur des Butadiens kann auch erklärt werden im Sinne einer Delokalisierung der Elektronen in Molekül-Orbitalen, die sich, wie beim Benzol, über das gesamte Kohlenstoffskelett erstrecken. Diese Situation wird als Konjugation bezeichnet. Das Butadien-Molekül ist stabiler, als man ohne Berücksichtigung der Delokalisierung erwarten sollte.

LICHTABSORBIERENDE CAROTIN-PIGMENTE

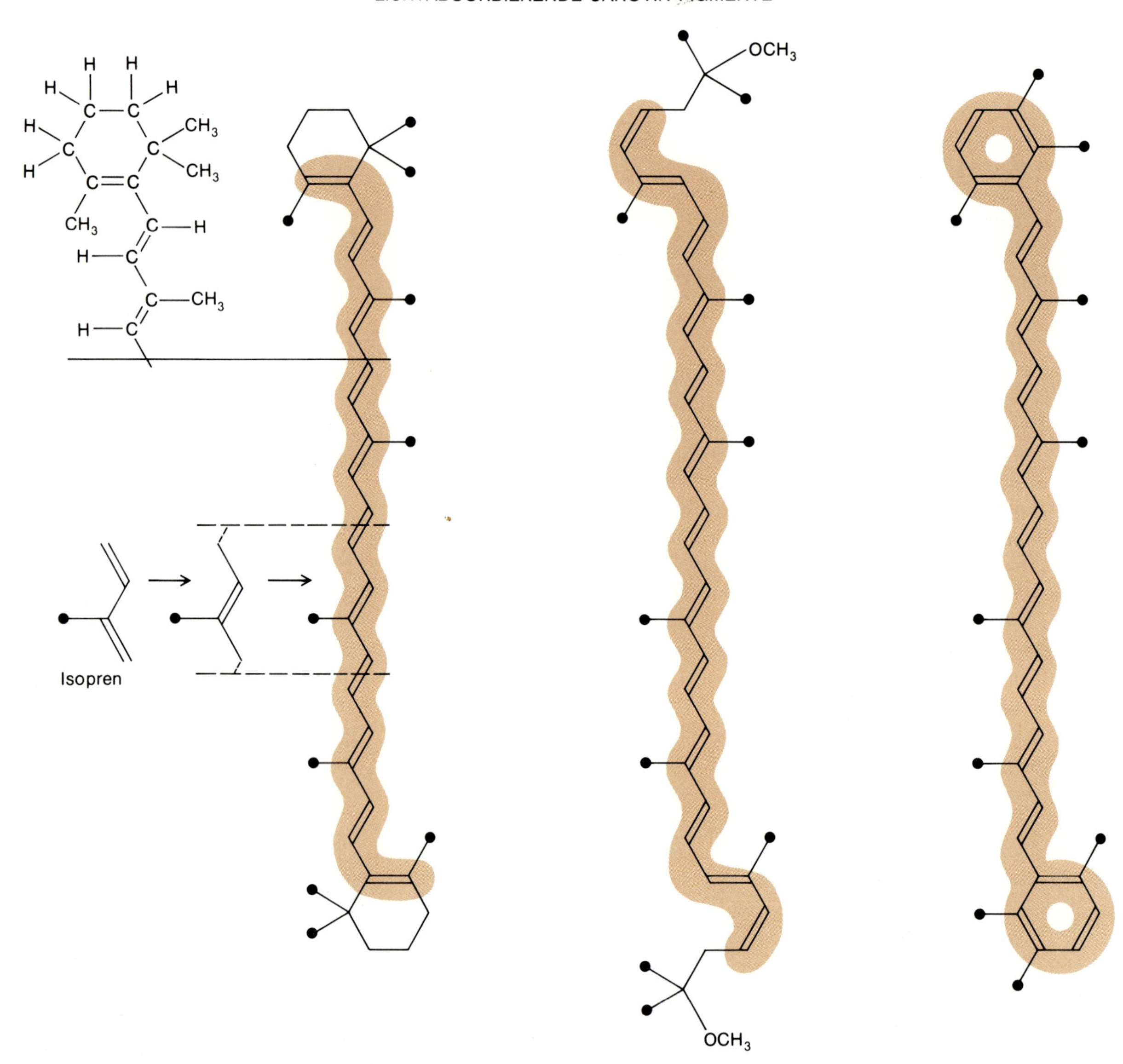

Molekül:	β-Carotin	Spirilloxanthin	Isorenieratin
Konjugation:	11 C═C	13 C═C	15 C═C
absorbierte Farben:	blau	gelb-grün	rot
sichtbare Restfarben:	gelb-orange	purpurn	grün
Vorkommen:	Algen, Pflanzen	Purpurbakterien	grüne Bakterien

Carotinoide mit ausgedehnterem delokalisierten Elektronensystem haben enger beieinanderliegende Energieniveaus. Sie absorbieren Licht längerer Wellenlänge. Auf diese Weise gehen grüne und Purpurbakterien der direkten Konkurrenz untereinander und mit Algen aus dem Wege.

Benzol, C_6H_6

Naphthalin, $C_{10}H_8$

Anthracen, $C_{14}H_{10}$

Phenanthren, $C_{14}H_{10}$

Coronen, $C_{24}H_{12}$

menhang zwischen Ausmaß der Delokalisierung und Wellenlänge des absorbierten Lichts anwenden. Bei β-Carotin, Spirilloxanthin und Isorenieratin wird das delokalisierte Elektronensystem jedesmal um eine Einheit größer: 11, 13 und 15 Elektronenpaare. Die Abstände zwischen den elektronischen Energieniveaus dieser Moleküle werden dabei schrittweise kleiner, wie es die Diagramme unten auf der Seite gegenüber zeigen. Die drei Moleküle absorbieren im blauvioletten, grünen bzw. purpurroten Bereich des sichtbaren Spektrums, und dementsprechend sind die Verbindungen durch das nicht absorbierte Licht gelb-orange, purpurn und grün. β-Carotin kommt in allen grünen Pflanzen vor, wird aber normalerweise vom Chlorophyll überdeckt; es ist verantwortlich für die gelbe Farbe von Karotten, Tomaten und herbstlichen Blättern. Spirilloxanthin und Isorenieratin verleihen purpurnen und grünen photosynthetisierenden Bakterien ihre charakteristische Farbe. Wir werden im 23. Kapitel lernen, daß die Carotine bei der Photosynthese dem Chlorophyll assistieren. Sie absorbieren Licht einer Wellenlänge, das Chlorophyll nicht absorbiert, und übertragen die absorbierte Energie in Form angeregter elektronischer Zustände auf Chlorophyll-Moleküle. Die Carotinoid-Moleküle können in diesem Zusammenhang *„Antennen-Moleküle"* (oder Sensibilisatoren) genannt werden, und durch die unterschiedliche Anzahl von Elektronen in ihren delokalisierten Elektronensystemen werden die Antennen „abgestimmt".

Konjugierte Doppelbindungen und delokalisierte Elektronen gibt es auch in cyclischen Molekülen; das bekannteste Beispiel ist Benzol. Naphthalin (oben) ist durch zwei miteinander vereinigte („kondensierte") Ringe gekennzeichnet; Anthracen und Phenanthren sind Strukturisomere mit verschiedenartiger Anordnung dreier kondensierter Sechsringe, Coronen enthält sieben solcher Ringe, und das Extrem ist eine Graphitschicht: eine „unendliche" Anordnung von Kohlenstoff-Sechsecken. In all diesen Molekülen sind die Elektronen der Doppelbindungen über das ganze Gerüst von Kohlenstoff-Atomen – also auch über die ganze Graphitschicht – delokalisiert. Die Delokalisierung wird manchmal durch (ausgezogene oder punktierte) Kreise innerhalb der Sechsecke angedeutet, wie es oben für Benzol und Naphthalin dargestellt ist. Die Kekulé-Strukturen mit lokalisierten Doppelbindungen sind jedoch leichter zu zeichnen und stiften so lange keine Konfusion, wie man im Kopf behält, daß die Elektronen der Doppelbindungen in Wirklichkeit delokalisiert sind.

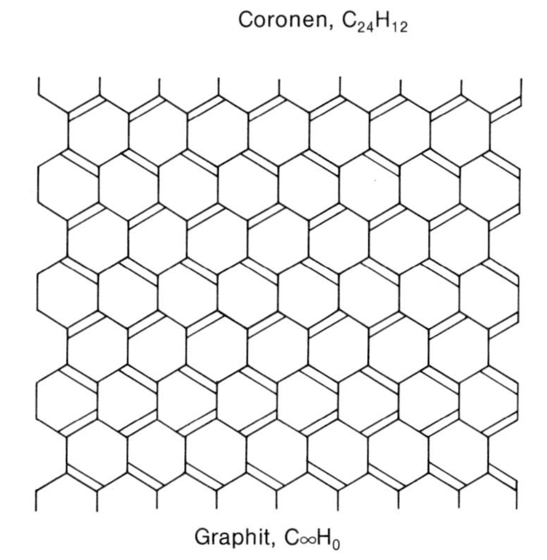

Graphit, $C_{\infty}H_0$

Cyclisch konjugierte Ring-Moleküle, wie das des Benzols, nennt man *aromatische* Moleküle. Es können viele Ringe miteinander vereinigt sein, so daß größere delokalisierte Moleküle entstehen; die Graphitschichten sind dabei der äußerste Grenzfall. Wegen der Lichtabsorption, die mit delokalisierten aromatischen Ringen verbunden ist, sind Moleküle wie die oben dargestellten die Basis für Teerfarbstoffe.

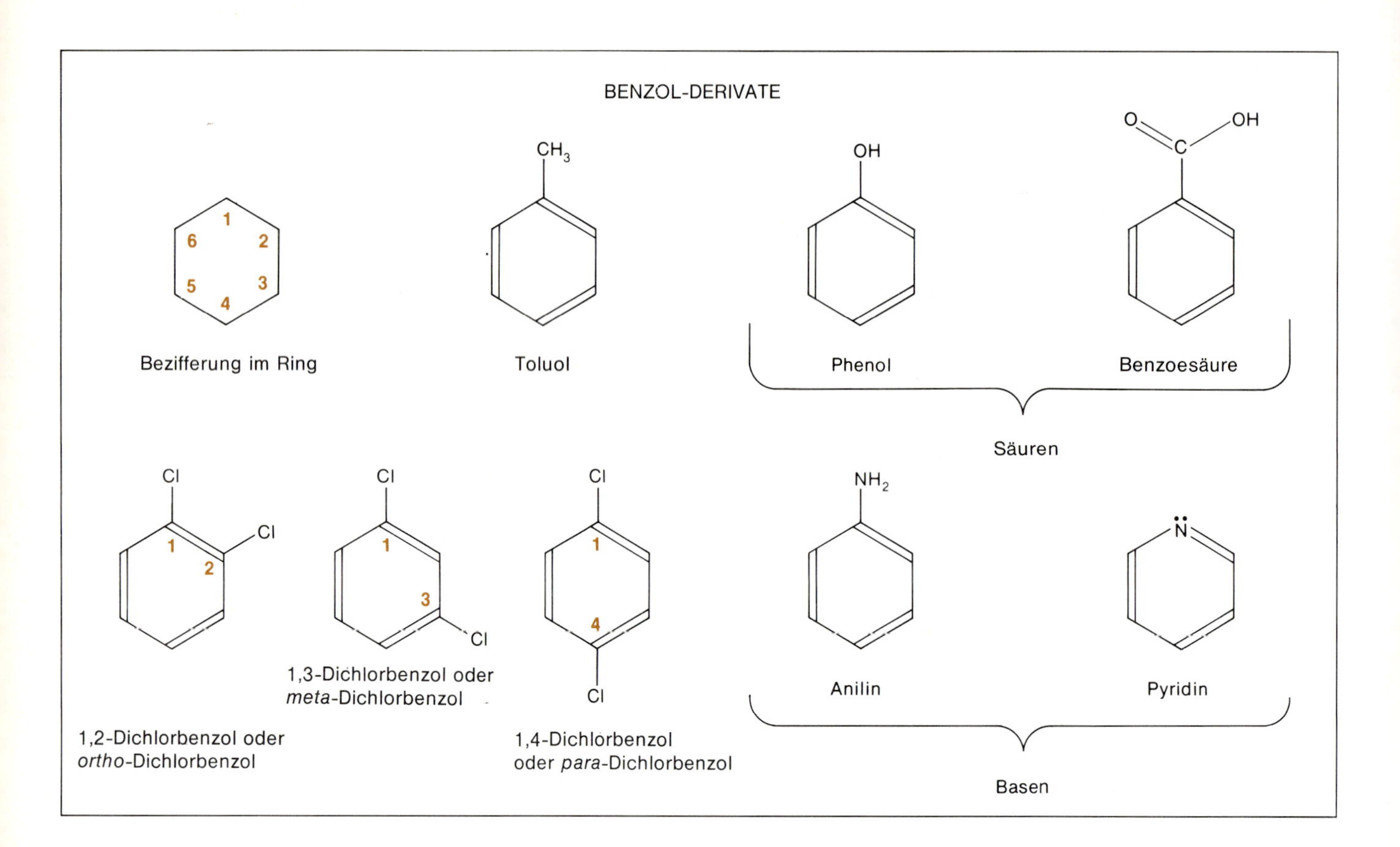

Aromatische Moleküle haben systematische Namen, die von der Substitution an den numerierten Kohlenstoff-Positionen des Rings abgeleitet sind. Die einfachsten Substitutionsprodukte des Benzols, wie z. B. Methylbenzol (Toluol), haben allgemein verwendete Trivialnamen. Mit der Kennzeichnung einer doppelten Substitution als *ortho, meta* und *para* läßt sich bequem der relative Abstand der beiden Seitenketten am Ring beschreiben. Substitutionsprodukte des Benzols können neutral und unpolar sein (z. B. Toluol); sie können saure (Phenol) oder basische (Anilin) Eigenschaften haben.

Wir werden vielen Derivaten dieser aromatischen Verbindungen in späteren Kapiteln begegnen, aber einige der bekanntesten sind schon auf dieser Seite oben vorgestellt. Toluol, Phenol, Anilin und Benzoesäure (gesprochen übrigens Bénzo-e-säure) sind Derivate, bei denen jeweils ein Wasserstoff-Atom am Benzolring durch eine andere Gruppe unterschiedlicher Art substituiert ist. Pyridin repräsentiert eine andere Spielart von Benzolabkömmlingen: Ein Stickstoff-Atom ersetzt eine C−H-Gruppe des Rings, ohne daß die Delokalisierung dadurch gestört würde. Im 10. Kapitel haben wir gesehen, daß Pyridin eine Base ist, denn es kann mit Hilfe des freien Elektronenpaars am Stickstoff ein Proton binden. Ringverbindungen, bei denen mehrere CH-Gruppen des Rings durch Stickstoff ersetzt sind, bilden wichtige Bausteine von Desoxyribonucleinsäure (DNA) und anderen Nucleinsäuren. Der ganz rechts gezeichnete, große Porphyrin-Ring ist die Stammverbindung des Blattfarbstoffs Chlorophyll und des Blutfarbstoffs Häm. Der ganze Ring von 24 Atomen ist ein großes, delokalisiertes System, was zur Folge hat, daß das Molekül sehr gut Lichtenergie absorbieren kann. Porphyrin hat die gleiche Anzahl delokalisierter Doppelbindungen wie β-Carotin, nämlich elf, aber es ist eben ein cyclisches und kein lineares Molekül.

Ringverbindungen mit delokalisierten Elektronen wurden ursprünglich deshalb *aromatisch* genannt, weil viele von ihnen einen ausgeprägten Geruch besitzen. Die Bedeutung von „aromatisch“ wurde seither beträchtlich erweitert; heute bezeichnet man damit – grob gesprochen – alle benzolähnlichen, ringförmigen Moleküle mit delokalisierten Elektronen und geringer chemischer Reaktivität. Nicht-aromatische Kohlenwasserstoffe nennt man *aliphatische* Kohlenwasserstoffe; der Ausdruck bedeutete ursprünglich „fettartig“.

Die wichtigste chemische Reaktion aromatischer Moleküle ist nicht die Addition an die Doppelbindungen, sondern die Substitution an den Ecken des Rings. Einfache aliphatische Moleküle mit nicht-konjugierten (isolierten) Doppelbindungen reagieren schnell mit Brom oder Chlor, wobei gesättigte, zweifach halogenierte Moleküle entstehen:

$$\underset{\text{Propen}}{CH_3{-}CH{=}CH_2} + Br_2 \longrightarrow \underset{\text{1,2-Dibrompropan}}{CH_3{-}\overset{\overset{Br}{|}}{C}H{-}\overset{\overset{Br}{|}}{C}H_2}$$

Wäre die Kekulé-Struktur des Benzols korrekt, müßte man die gleiche, schnelle Halogenierungs-Reaktion erwarten:

$$C_6H_6 + Br_2 \not\longrightarrow C_6H_6Br_2$$

Doch davon kann keine Rede sein. Was passiert, ist eine langsame Reaktion, bei der erst ein, dann ein zweites Brom-Atom Wasserstoff am Ring *substituieren,* wobei die Delokalisierung intakt bleibt:

$$C_6H_6 + Br_2 \xrightarrow[\text{Katalysator}]{FeBr_3\text{-}} C_6H_5Br + HBr$$

$$C_6H_5Br + Br_2 \xrightarrow[\text{Katalysator}]{FeBr_3\text{-}} \underset{\textit{o}\text{-Dibrombenzol}}{C_6H_4Br_2} + \underset{\textit{m}\text{-Dibrombenzol}}{C_6H_4Br_2} + \underset{\textit{p}\text{-Dibrombenzol}}{C_6H_4Br_2} + HBr$$

(*ortho-, meta-* und *para*-Dibrombenzol, mit den Brom-Atomen benachbart, durch ein Kohlenstoff-Atom getrennt oder diametral im Ring gegenüberliegend, sind untereinander strukturisomer.)

Der Grund dafür, daß die Ringdelokalisierung nicht berührt wird, ist natürlich, daß die Delokalisierung dem Molekül 167 $kJ \cdot mol^{-1}$ Bindungsenergie zusätzlich einbringt. Diese Energie oder mindestens ein Teil davon müßte erst von außen zugeführt werden, um die Delokalisierung in einer chemischen Reaktion aufzuheben. Aromatische Moleküle reagieren deshalb langsam – eher wie Alkane als wie Alkene.

Wie bei den geradkettigen Kohlenwasserstoffen sind auch bei den aromatischen Molekülen die Chloride und Bromide die am leichtesten zu synthetisierenden Derivate. Sie sind Ausgangspunkt für die große Vielfalt der organischen Verbindungen, die Gegenstand des nächsten Kapitels sein sollen.

DER PORPHYRIN-RING IST DER GRUNDKÖRPER VON CHLOROPHYLL UND HÄM.

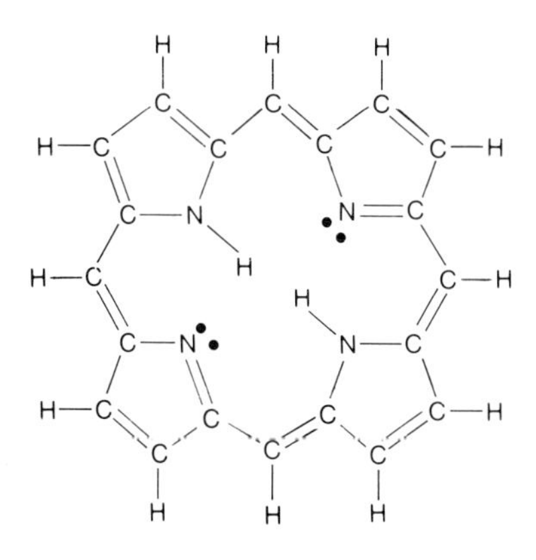

Der vollständige Porphyrin-Ring; alle Einfach- und Doppelbindungen einer ausgewählten Resonanzstruktur sind eingezeichnet.

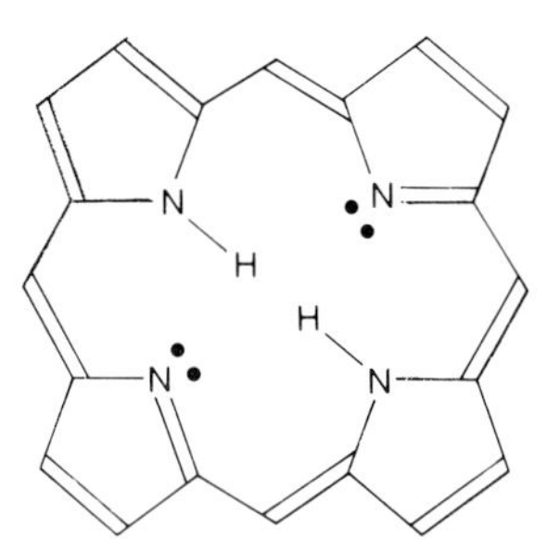

Eine abgekürzte Darstellung derselben Resonanzstruktur, welche die Lage der Einfach- und Doppelbindungen zeigt. In Wirklichkeit sind die Elektronen dieser Doppelbindungen über den ganzen Porphyrin-Ring delokalisiert. Diese Delokalisierung ist von Bedeutung für den Lichteinfang durch Chlorophyll und für die Verschiebung und Übertragung von Elektronen durch die Häm-Gruppe in Hämoglobin und Cytochrom.

Fragen

1. Warum sind ionische Bindungen für die Konstruktion komplizierter Moleküle ungeeignet? Warum eignen sich kovalente Bindungen besser für diesen Zweck?
2. Was versteht man unter Alkanen? Welche Geometrie um das Kohlenstoff-Atom herum kennzeichnet grundsätzlich die Alkan-Moleküle?
3. Was versteht man unter „Normal"-Alkanen? Was für Alkane gibt es sonst noch?
4. In welcher Weise werden die Derivate von Normal-Alkanen benannt? Wie wird das Grundgerüst für die Benennung eines verzweigtkettigen Alkans ausgewählt? Wie wird die Verzweigung im Namen angegeben?
5. Es gibt neun strukturisomere Heptane. Wie sehen die Strukturformeln aus? Warum gibt es keine weiteren Strukturisomeren?
6. Wozu werden Alkane vor allem verwendet? Warum sind Alkane vergleichsweise wenig reaktiv? Wie wird beim fraglichen Verwendungszweck diese Reaktionsträgheit überwunden?
7. Welche Faktoren bestimmen, ob ein Alkan bei Raumtemperatur ein Gas, eine Flüssigkeit oder ein Festkörper ist? Bei welchen Anzahlen von Kohlenstoff-Atomen etwa liegen die Grenzen zwischen diesen Aggregatzuständen?
8. Warum nennt man Cyclopropan und Cyclobutan „gespannte" Moleküle? Wie sehen ungefähr die Molekülorbitale des Cyclopropans aus? Inwiefern erklärt dieses Bild die Spannung im Molekül?
9. Warum ist die „Sessel"-Konformation des Cyclohexans stabiler als die „Wannen"-Konformation?
10. Was ist ein Alken, was ein Alkin?
11. Inwiefern ist bei Alkenen – anders als bei Alkanen – die innere Beweglichkeit des Moleküls eingeschränkt?
12. Wie lautet der systematische Namen für Isobutylen? Welche Bedeutung haben die Ziffern in „1-Buten" und „2-Buten"? Warum gibt es kein 3-Buten?
13. Welcher Unterschied besteht zwischen Strukturisomeren und geometrischen Isomeren? Sind 1-Buten und 2-Buten Strukturisomere oder geometrische Isomere?
14. Sind *cis*-2-Buten und *trans*-2-Buten Strukturisomere oder geometrische Isomere (Zeichnung!)?
15. In welcher Weise bestimmen die Strukturen der Isomeren von C_4H_{10} deren physikalische Eigenschaften?
16. Welche Reaktionen sind typisch für Alkane, welche für Alkene?
17. Warum ist die Aktivierungsenergie E_a für Reaktionen von Alkanen grundsätzlich höher als für Reaktionen von Alkenen?
18. Was versteht man unter Elektrophilen und Nucleophilen? Ist die angreifende Gruppe bei der basenkatalysierten Hydrolyse von Ethylacetat ein Elektrophil oder ein Nucleophil? Wodurch wird bestimmt, welches Ende der Carbonyl-Bindung ($-C{=}O$) von dieser Gruppe angegriffen wird?
19. Was sagt die Regel von Markownikow über die Produkte aus, die bei einer typischen Alken-Reaktion entstehen?
20. Inwiefern ist Ethylen die Basis für eine große Familie von Kunststoffen? Was ist das entsprechende Stamm-Molekül für Kautschuke?
21. Welchen Einfluß haben Quervernetzungen auf die physikalischen Eigenschaften von Kunststoffen und Kautschuken?
22. Wie heißen die *cis*- und *trans*-Isomeren von Polybutadien? In welcher Weise ist ihre Molekülstruktur verantwortlich für die Unterschiede in ihren physikalischen Eigenschaften?
23. Was hat die Entropie mit der Elastizität von Kautschuk zu tun?

24. Was bedeutet bei Kohlenwasserstoff-Molekülen „Konjugation“? Welchen Einfluß hat sie auf die elektronischen Energieniveaus?
25. Was bedeutet Aromatizität; wie hängt sie mit der Konjugation zusammen? Welches ist das bekannteste, kleine, aromatische Molekül?
26. Inwiefern beeinflußt das Ausmaß der Delokalisierung in konjugierten und aromatischen Molekülen die Lichtabsorption dieser Moleküle? In welcher Weise wird dieses Phänomen in lebenden Organismen ausgenutzt? Welches lineare Molekül und welche Ringverbindung werden beispielsweise in grünen Pflanzen als Lichtsammler benutzt?
27. Wie hängt die Größe des delokalisierten Systems solcher Moleküle mit der Wellenlänge des von grünen und Purpurbakterien absorbierten Lichtes zusammen? Inwiefern hängt die Lichtabsorption mit den Namen dieser Bakterien zusammen?
28. Warum ist die Addition eines Moleküls an eine Doppelbindung des Benzols eine unvorteilhafte Reaktion, verglichen mit der Substitution am Ring?

Probleme

1. Welche der folgenden Verbindungen sind identisch?

```
(a)    H  H  H  H          (b)    H  H  Cl H          (c)    H  H  H
       |  |  |  |                 |  |  |  |                 |  |  |
    H—C—C—C—C—H               H—C—C—C—C—H               H—C—C—C—H
       |  |  |  |                 |  |  |  |                 |  |  |
       H  H  H  Cl                H  H  H  H                 H  |  Cl
                                                                |
                                                              H—C—H
                                                                |
                                                                H
```

```
(d)    H  H  H  Cl         (e)    H  H  H  H
       |  |  |  |                 |  |  |  |
    H—C—C—C—C—H              Cl—C—C—C—C—H
       |  |  |  |                 |  |  |  |
       H  H  H  H                 H  H  H  H
```

```
(f)    H  H  H  H          (g)    H  H  H  H  H
       |  |  |  |                 |  |  |  |  |
    H—C—C—C—C—H               H—C—C—C—C—C—Cl
       |  |  |  |                 |  |  |  |  |
       H  Cl H  H                 H  H  H  H  H
```

2. Welche der folgenden Moleküle sind identisch mit n-Heptan (Molekül a)?

```
(a)    H  H  H  H  H  H  H
       |  |  |  |  |  |  |
    H—C—C—C—C—C—C—C—H
       |  |  |  |  |  |  |
       H  H  H  H  H  H  H
```

```
(b)    H  H  H  H              (c)    H  H  H
       |  |  |  |                     |  |  |
    H—C—C—C—C—H                   H—C—C—C—H
       |  |  |  |                     |  |  |
       H  |  H  H                     H  H  |
          |                                 |
          |  H  H                         H—C—H
          |  |  |                           |
       H—C—C—C—H                           |  H  H
          |  |  |                           |  |  |
          H  H  H                         H—C—C—C—H
                                            |  |  |
                                            H  H  H
```

(d) 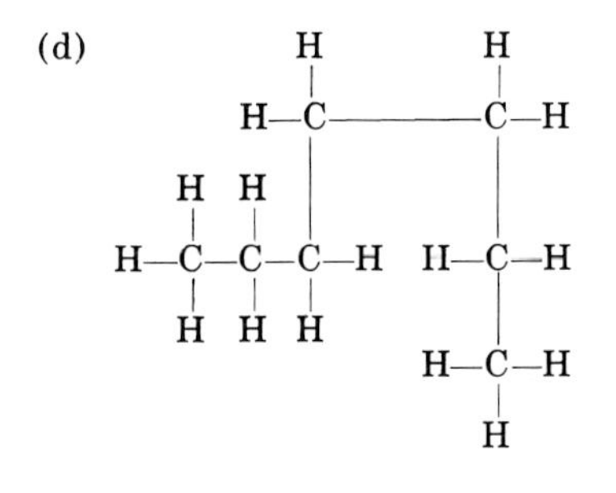 (e) 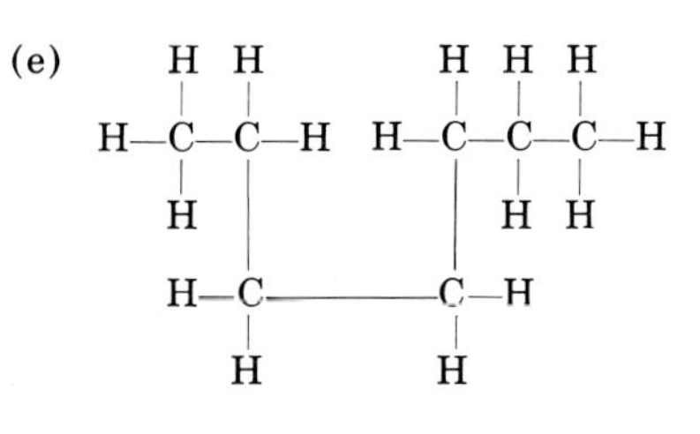 (f) 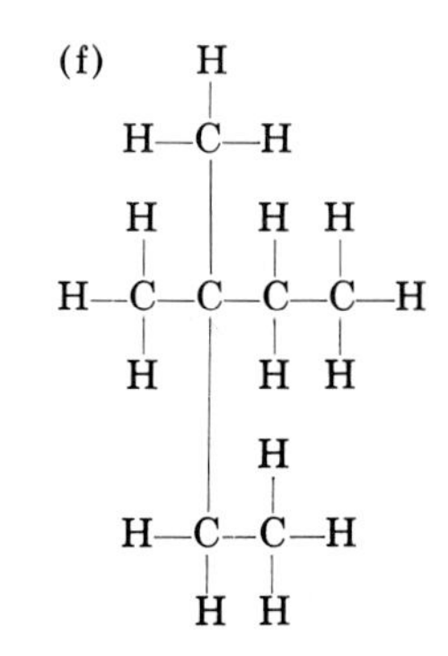

Wie lauten die systematischen Namen aller Moleküle, die nicht mit a identisch sind?

3. Welche Strukturen sind für die Verbindungen mit folgenden Summenformeln möglich?
   (a) C_3H_8 (b) C_3H_4 (c) C_4H_8 (d) C_3H_5Cl
   Wie lauten die systematischen Namen?
4. Welche der folgenden Verbindungen sind untereinander isomer?
   (a) $CH_3CH_2CH_2OH$ (b) $CH_3CHClCH_3$ (c) $CH_3CH_2CH_3$
   (d) $CH_3\overset{\overset{O}{\|}}{C}CH_2CH_3$ (e) $CH_3CH_2CH_2Cl$
5. Welche Strukturen haben die folgenden Moleküle? Wie ist jedes ihrer Kohlenstoff-Atome hybridisiert?
   (a) C_2Cl_4 (b) CBr_4 (c) C_2Cl_2 (d) CH_2Cl_2 (e) C_2F_6
6. Wie lauten die systematischen Namen der folgenden Verbindungen?
   (a) $CH_3CH_2CH{=}CH_2$
   (b) $CH_3CH_2C{\equiv}CH$
   (c) $CH_2{=}CF_2$
   (d) $(CH_3)_2C{=}CHCH_3$
   (e) $CH_3CH{=}CCl_2$
   (f) $CH_2{=}CHCH_2CH_2CH{=}CH_2$
   (g) CH_3, H $\rangle C{=}C\langle$ Cl, CH_3
   (h) $CH_2{=}CH{-}CBr{=}CH{-}CH_3$
   (i) $(CH_3)_2C{=}CHCH_2CH(CH_3)_2$
   (j) $CH_3CHClC{\equiv}CCH_3$
   (k) C_6H_5–CH_3 (Benzolring mit CH_3)
7. Wie sehen die Strukturformeln folgender Verbindungen aus?
   (a) *trans*-2-Hexen
   (b) *cis*-2,3-Dichlor-2-buten
   (c) 1-Methylcyclopenten
   (d) *trans*-1,2-Dibromcyclohexan
   (e) 4-Ethyl-1-octen
   (f) 3-Hexin
   (g) *cis*-Diiodethylen
   (h) 2-Methyl-2-buten
   (i) 2-Brom-1,3-butadien
8. Welche Strukturformeln haben alle möglichen Strukturisomeren von C_5H_{10}? Wie lauten die systematischen Namen für all diese Isomeren?
9. Welches Isomere aus Problem 8
   (a) hat keine geometrischen Isomeren?

(b) enthält keine Doppelbindungen?
(c) hat den höchsten Siedepunkt?
(d) hat geometrische Isomere, enthält aber keine Doppelbindungen?

10. Wie sähen beispielsweise die Strukturformeln aus von
(a) fünf verschiedenen, einfachen Alkanen; (b) fünf verschiedenen, einfachen Alkenen (mit je *einer* Doppelbindung); (c) fünf verschiedenen, einfachen Alkinen (mit je *einer* Dreifachbindung); (d) fünf verschiedenen, einfachen Cycloalkanen (mit je *einem* Ring)?
An diesen Beispielen sollen die allgemeinen Formeln (a) C_nH_{2n+2} (b) C_nH_{2n} (c) C_nH_{2n-2} und (d) C_nH_{2n} verifiziert werden.

11. Eine Verbindung A hat die Formel C_5H_8. (a) Welche Zahl von Ringen kann sie maximal enthalten? (b) Welche Zahl von Doppelbindungen kann sie maximal enthalten? (c) Welche Zahl von Dreifachbindungen kann sie maximal enthalten?
Behandelt man A mit einem Überschuß von Wasserstoff-Gas über einem Nickel-Katalysator, wird pro Mol A ein Mol Wasserstoff absorbiert. (d) Wie lautet die Summenformel des Produkts der Hydrierungsreaktion? (e) Wie viele Ringe enthält A? (f) Wie viele Doppelbindungen enthält A? (g) Wie viele Dreifachbindungen enthält A?

12. Ein Kohlenwasserstoff hat eine relative Molekülmasse von rund 60 und enthält 17.2% Wasserstoff. Wie lautet die Summenformel? Wie viele und welche Strukturisomere gibt es mit dieser Summenformel?

13. Ein Kohlenwasserstoff hat die relative Molekülmasse 56.0 und enthält 85.7% Kohlenstoff. Wie lautet die Summenformel? Welche Struktur- und geometrischen Isomeren gibt es dazu?

14. Wie lauten die Reaktionsgleichungen für die Reaktionen von 1-Penten mit
(a) Br_2 (b) H_2SO_4 (c) HI (d) HOCl (e) H_2 und Ni?
Welche Struktur hat jedes der organischen Reaktionsprodukte?

Valeriansäure
Benzylbutyrat
Capronsäu
Amylvalerat
Methylbutyrat
Amylacetat
Amylbutyrat
Ethylbutyrat
Propionsäure
Butylpropionat
Buttersäure

◀ *Viele angenehme natürliche Gerüche stammen von Estern der Carbonsäuren, deren Geruch nicht so angenehm ist. Einzelheiten s. Seite 497*

20. Kapitel

Die Vielfalt organischer Verbindungen

Wenn sich die Chemie des Kohlenstoffs auf die im 19. Kapitel diskutierten Kohlenwasserstoffe beschränkte, wäre sie von relativ geringem Interesse. Doch was wir bisher untersucht haben, ist nur das Gerüst, an dem sich diese interessante Chemie aufhängen läßt. Kohlenwasserstoffe selbst sind bemerkenswert unreaktiv. Doch wenn man erst einmal die Halogen-Derivate hergestellt hat, dann können diese eine große Vielfalt chemischer Reaktionen eingehen, die zu Verbindungen mit fast allen nur gewünschten Eigenschaften führen. Dieses Kapitel ist eine Einführung in die wichtigsten dieser Verbindungen.

Trotz der Reaktivität der Halogenide behält der Kohlenwasserstoffteil des Moleküls seine Identität. Wenn das $-Cl$ in Ethylchlorid (CH_3CH_2-Cl) durch ein $-OH$ ersetzt wird, wird das Molekül zu Ethylalkohol (CH_3CH_2-OH), das ähnliche Eigenschaften wie andere Alkohole hat. Mit $-COOH$ wird das Molekül eine organische Säure und mit $-NH_2$ eine Base. Da Gruppen wie $-Cl$, $-OH$, $-COOH$ und $-NH_2$ im groben die chemischen Eigenschaften eines Moleküls bestimmen, bezeichnet man sie als *funktionelle Gruppen.*

Die mit den funktionellen Gruppen verknüpften Kohlenwasserstoff-Ketten modifizieren die Eigenschaften der funktionellen Gruppen, wobei ihr chemischer Charakter im wesentlichen erhalten bleibt. Methylalkohol, CH_3OH, ist wasserlöslich, Dodecylalkohol, $CH_3CH_2CH_2CH_2CH_2CH_2CH_2CH_2CH_2CH_2CH_2CH_2-OH$, ist es nicht; doch beide zeigen die chemischen Eigenschaften eines Alkohols. Die mit den funktionellen Gruppen verknüpften Kohlenwasserstoffe werden *Reste* genannt; CH_3- ist der Methylrest, CH_3CH_2- ist der Ethylrest usw. Diese Unterscheidung zwischen Rest und funktionellen Gruppen in der Organischen Chemie ist schon sehr alt, aber immer noch nützlich. Ein Rest wird oft einfach durch R- dargestellt, wie in R$-$OH, der allgemeinen Formel für einen Alkohol. In diesem Kapitel werden wir uns mehrere wichtige funktionelle Gruppen ansehen, zuerst kennenlernen, welche chemischen Eigenschaften diese Gruppen einem Molekül verleihen, und dann, wie diese Eigenschaften durch den Kohlenwasserstoff-Rest, mit dem sie verknüpft sind, modifiziert werden.

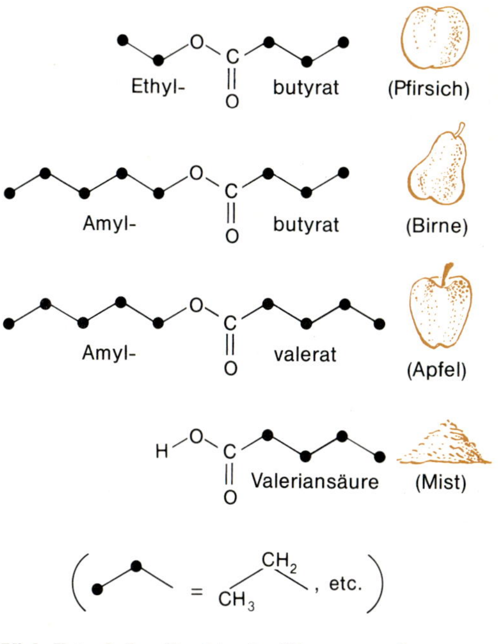

Ethyl- butyrat (Pfirsich)
Amyl- butyrat (Birne)
Amyl- valerat (Apfel)
Valeriansäure (Mist)

Viele Ester haben Frucht- oder Blumengeruch. Amylvalerat riecht wie Äpfel, aber Valeriansäure riecht nach Stallmist. Obwohl die Vorhersage des Geruchs nach der Molekülstruktur noch keine Wissenschaft ist, vermutet man in diesem Fall, daß der Geruchsunterschied hauptsächlich auf der geladenen COO^--Gruppe der Carbonsäure beruht.

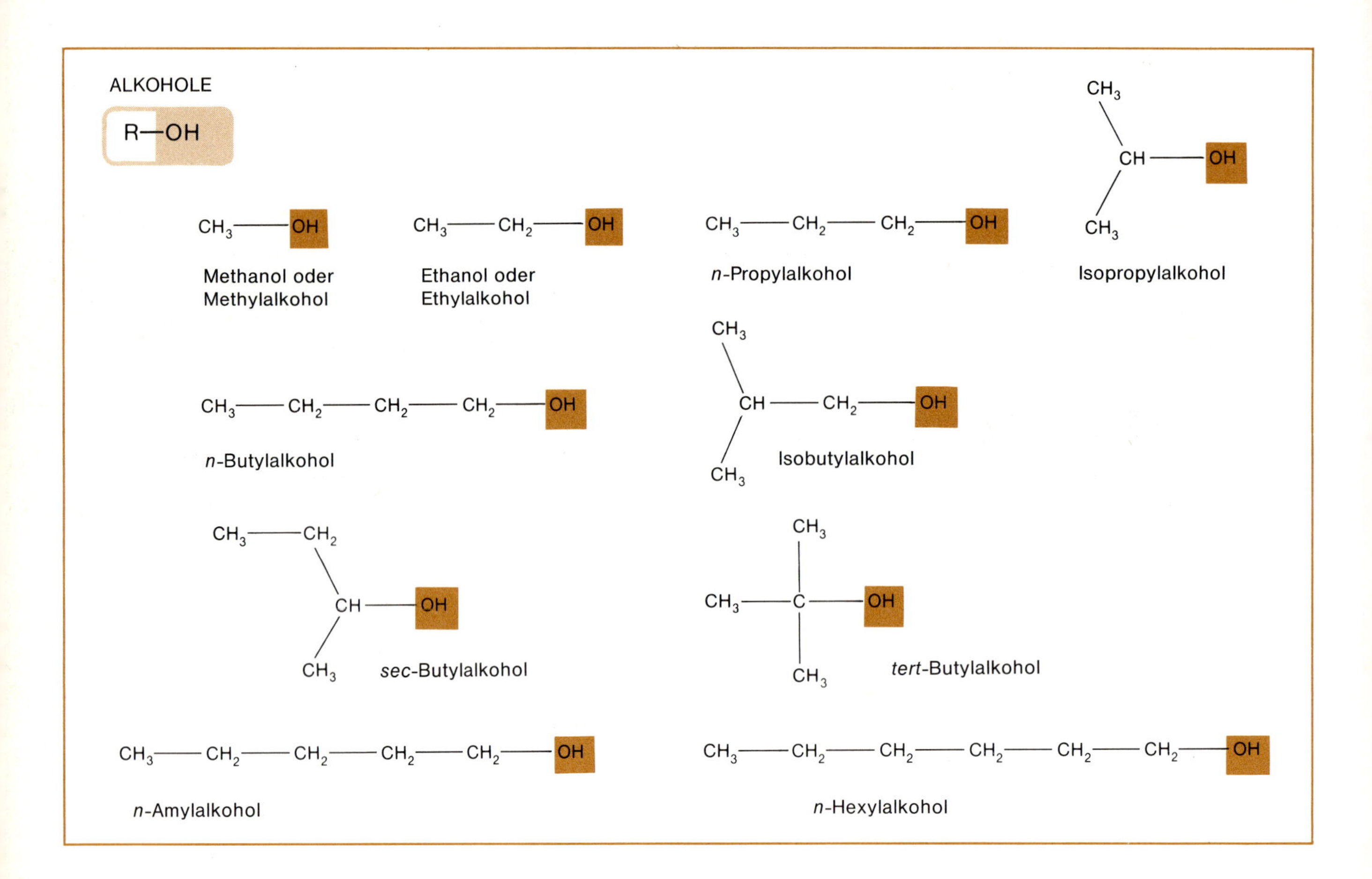

Alkohole, R–OH

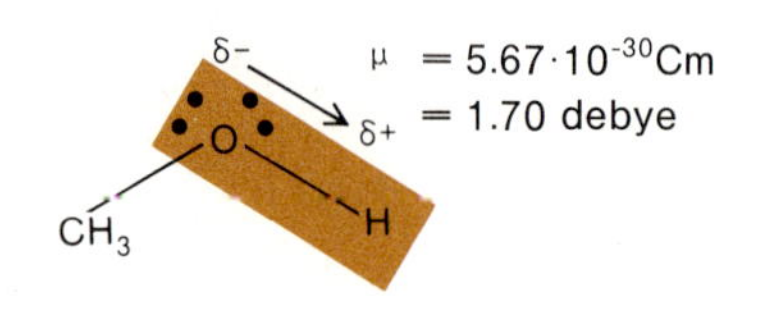

Alkohol	Dipolmoment
Methyl	$5.67 \cdot 10^{-30}$Cm (1.70 D)
Ethyl	$5.63 \cdot 10^{-30}$Cm (1.69 D)
n-Propyl	$5.60 \cdot 10^{-30}$Cm (1.68 D)
Isopropyl	$5.54 \cdot 10^{-30}$Cm (1.66 D)
n-Butyl	$5.54 \cdot 10^{-30}$Cm (1.66 D)

Alkohol-Moleküle haben wie Wasser-Moleküle wegen ihrer polaren OH-Bindungen ein Dipolmoment. Wenn das Verhältnis Kohlenwasserstoff zu -OH im Molekül zunimmt, nimmt das Dipolmoment des Moleküls ab.

Einige der häufigsten Alkohole sind oben zusammengestellt. Die traditionellen Namen Methyl-, Ethyl-, Propyl- und Butylalkohol sind vertraut, aber die Bezeichnung „Amyl"- anstelle von „Pentyl"-alkohol für die Verbindung mit fünf Kohlenstoff-Atomen ist ein historisches Relikt. Vom Hexylalkohol an werden als Präfixe griechische Zahlen benutzt. In der systematischen Nomenklatur werden Alkohole mit einem Namen, der auf „-ol" endet, bezeichnet, also Methanol, Ethanol, Propanol, Butanol, Pentanol, Hexanol und so fort mit dem griechischen Präfix für die Anzahl der Atome in der längsten Kohlenstoff-Kette, die man im Molekül auffinden kann. Die Position der –OH-Gruppe wird durch die Nummer des Kohlenstoff-Atoms, mit dem es verknüpft ist, angegeben. So ist *n*-Propylalkohol (oben) in der systematischen Bezeichnung 1-Propanol und Isopropylalkohol ist 2-Propanol, weil die –OH-Gruppe mit dem zweiten Kohlenstoff-Atom in der Kette verknüpft ist. *n*-Butylalkohol wird zu 1-Butanol und *sec*-Butylalkohol ist 2-Butanol, doch für Isobutyl- und *tert*-Butylalkohol muß eine kürzere als die viergliedrige Kette benutzt werden. Isobutylalkohol hat den systematischen Namen 2-Methyl-1-propanol oder 2-Methylpropanol, und *tert*-Butylalkohol ist 1,1-Dimethylethanol. Bei diesen kleinen Molekülen benutzt man gewöhnlich die Trivialnamen, weil sie einfacher zu schreiben sind. Doch bei mehr als vier oder fünf Kohlenstoff-Atomen lassen sich die systematischen Namen leichter behalten und aus der Molekülstruktur besser ableiten.

Weinherstellung im alten Ägypten auf einer mehr als 3000 Jahre alten Wandmalerei. (Photo von der Ägyptischen Expedition des Metropolitan Museum of Art, New York City)

Alkohole werden eingeteilt in primäre, sekundäre und tertiäre, je nachdem ob das Kohlenstoff-Atom, das die –OH-Gruppe trägt, mit einem, zwei oder drei anderen Kohlenstoff-Atomen verbunden ist. Alle Alkohole auf der gegenüberliegenden Seite sind primär außer Isopropylalkohol und *sec*-Butylalkohol, die sekundär sind, und *tert*-Butylalkohol, der tertiär ist.

Alkohole können synthetisch durch Hydrolyse von Chloriden oder Bromiden der Kohlenwasserstoffe hergestellt werden:

$$R{-}Cl + H_2O \longrightarrow R{-}OH + HCl$$

Da bei dieser Reaktion HCl entsteht, verläuft sie am besten in basischer Lösung, in der die Säure so schnell neutralisiert werden kann, wie sie entsteht. Viele der niederen Alkohole werden von Hefen, Bakterien oder anderen Mikroorganismen als Nebenprodukte ihres energieerzeugenden Metabolismus produziert. Hefen verbrennen Zucker zu CO_2 und Wasser (wie wir es tun), wenn sie genug Sauerstoff zur Verfügung haben; aber unter anaeroben Bedingungen wird dieser Reaktionsweg auf halbem Weg gestoppt, und es entsteht Ethylalkohol als Abfallprodukt. Von der alten Kunst des Brennens hat Ethylalkohol (Ethanol) den Namen „Korn" erhalten, abgeleitet von einer der ältesten und billigsten Alkoholquellen. Die Ägypter z.B. waren große Brauer und Weinhersteller. Die Sumerer, die vor 4000 Jahren in Mesopotamien lebten, hinterließen Berichte über acht verschiedene Biersorten aus Gerste, acht aus Weizen und drei aus gemischtem Getreide – eine größere Vielfalt als dieses Land heute zu bieten hat. Das Brauen zählt mit dem Gerben und dem Färben zu den ältesten Zweigen der chemischen Kunst. Methylalkohol oder Methanol wird auch als „Holzgeist" bezeichnet, weil er durch Erhitzen von Holz unter Luftabschluß hergestellt werden kann. Eine bessere technische Synthese ist

$$CO + 2H_2 \xrightarrow[400\,°C,\ 300\ bar]{ZnO,\ Cr_2O_3} CH_3OH$$

Die nützlichsten Eigenschaften der Alkohole beruhen darauf, daß diese Verbindungen polar, aber nicht ionisiert sind. Das elektronegative Sauerstoff-Atom in Methanol hat einen leichten Überschuß an negativer Ladung, und der weniger elektronegative Wasserstoff trägt eine kleine positive Ladung, was ein Dipolmoment von $5.67 \cdot 10^{-30}$ Cm (1.70 Debye) (links außen) zur Folge hat. Zum Vergleich: Das Wasser-Molekül hat ein Dipolmoment von $6.23 \cdot 10^{-30}$ cm (1.87 D), und Methan hat das Dipolmoment null. Diese Polarität der Alkohole bedeutet, daß

Bierbrauen im alten Ägypten. Die Skulptur (etwa 2400 v. Chr.) zeigt den Brauer, der die Maische durch ein Filter preßt. Gebraut und gebacken wurde gleichzeitig mit den gleichen Rohstoffen – Korn und Hefe. (The Metropolitan Museum of Art, Rogers Fund, 1920)

Trotz ihrer kohlenwasserstoffartigen CH_3-Gruppen lösen sich Methanol-Moleküle wegen der polaren Wechselwirkungen zwischen ihren OH-Gruppen und den Wasser-Molekülen in Wasser.

zumindest die kleineren von ihnen in Wasser löslich sind. Ihre Kohlenwasserstoff-Reste machen sie zu guten Lösungsmitteln für organische Verbindungen, und ihre polaren –OH-Gruppen sind Ursache für ihre Tendenz, sich mit Wasser zu mischen (links). Sie können also organische Moleküle, die sich allein in reinem Wasser nicht lösen, in wäßrige Lösung einführen. So werden sie viel als Lösungsmittel und Reinigungsmittel verwendet, weil Fette und Öle von den Kohlenwasserstoff-Resten gelöst werden und die alkoholische Fettlösung dann mit Wasser ausgewaschen werden kann. Alkohole mit niedriger Molekülmasse sind in Wasser löslich, aber die mit mehr als etwa zehn Kohlenstoff-Atomen mischen sich nicht mehr mit Wasser. Ihre Kohlenwasserstoff-Schwänze sind dann so groß, daß deren Einfluß den der OH-Gruppe übertrifft. Alkohole mit längeren Kohlenwasserstoff-Ketten bilden an einer Luft-Wasser-Grenzschicht einen monomolekularen Oberflächenfilm, wie er unten links dargestellt ist. Diese Eigenschaft langkettiger Moleküle, Filme zu bilden, bei denen die Hälfte des Moleküls innerhalb und die andere Hälfte außerhalb der Lösung ist, wird später bei den Fettsäuren und den biologischen Membranen eine wichtige Rolle spielen.

Die funktionelle Gruppe der Alkohole, –OH, sieht der Hydroxidgruppe einer Base täuschend ähnlich; man könnte meinen, daß sie vom Rest des Moleküls abdissoziiert. Es kann nicht stark genug betont werden, daß dies nicht der Fall ist: Ein Alkohol wird durch kovalente Bindungen fest zusammengehalten und dissoziiert nicht. Das kommt daher, daß das Sauerstoff-Atom und das Kohlenstoff-Atom, an den es im Kohlenwasserstoff-Rest gebunden ist, ungefähr dieselbe Elektronegativität haben. *Wenn* der Kohlenstoff viel weniger elektronegativ wäre als der Sauerstoff, dann würde der Sauerstoff die Bindungselektronen der –OH-Gruppe zu sich herüberziehen, und das Molekül würde wie eine Base ionisieren:

$$H_3C{-}O{-}H \longrightarrow H_3C^+ + :O{-}H^-$$

Analoges geschieht beim NaOH, aber nicht beim CH_3OH. *Wenn* dagegen der Kohlenstoff viel elektronegativer wäre, dann würde der Alkohol Elektronen aus der O–H-Bindung abziehen und ein Proton freisetzen, wie es eine Säure tut:

$$H_3C{-}O{-}H \longrightarrow H_3C{-}O^- + H^+$$

Das passiert beim $O_2N{-}O{-}H$ (Salpetersäure, HNO_3), aber nicht beim $H_3C{-}O{-}H$ (Methanol).

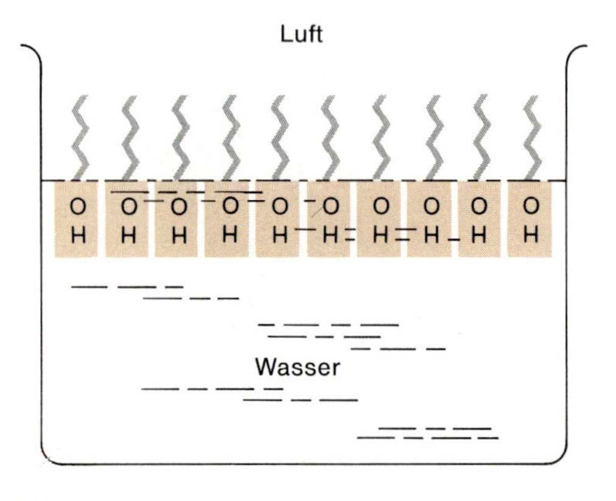

Langkettige Alkohol-Moleküle bilden an der Luft-Wasser-Grenzfläche eine monomolekulare Schicht, wobei ihre OH-Gruppen ins Wasser tauchen und ihre Kohlenwasserstoffschwänze aus dem Wasser herausragen. Dieselbe Struktur findet man in Seifenfilmen, und eine ähnliche Struktur liegt biologischen Membranen zugrunde.

Phenole, aromatische Alkohole

Phenole sind aromatische Verbindungen, bei denen eine OH-Gruppe direkt mit dem aromatischen Ring verknüpft ist. Sie sind Säuren und keine Alkohole, denn das Proton dissoziiert von der OH-Gruppe ab. Die Stammverbindung, Phenol oder Carbolsäure, dissoziiert zum Phenolat- oder Phenoxid-Ion:

$$C_6H_5{-}OH \rightleftharpoons C_6H_5{-}O^- + H^+ \qquad pK_s = 9.89$$

Wie die Dissoziationskonstante oder der pK_s-Wert zeigen, ist Phenol nur eine schwache Säure, vergleichbar mit HCN, aber immerhin sauer. Warum verhalten sich aromatische OH-Verbindungen wie Säuren, während aliphatische oder offenkettige OH-Verbindungen Alkohole sind?

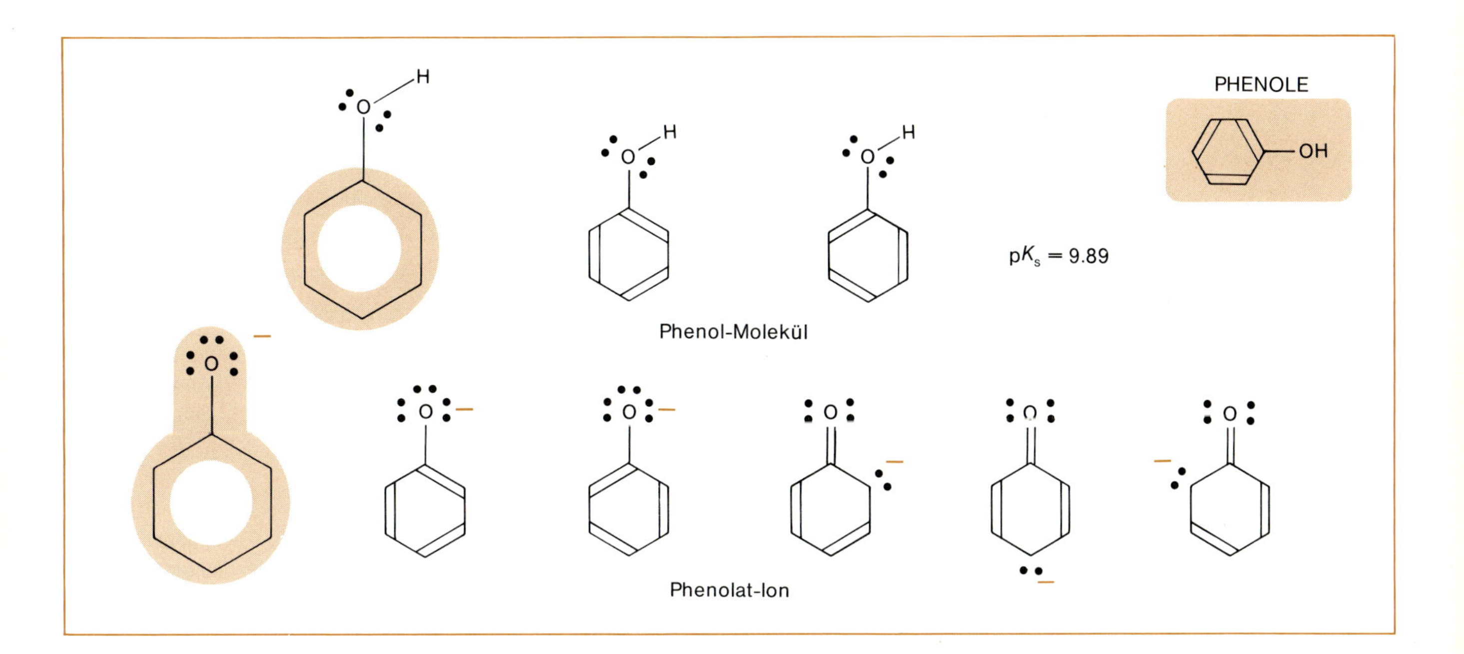

Das delokalisierte System des Phenols umfaßt sechs Atome, und die Struktur kann als Mittelding zwischen zwei Resonanzstrukturen aufgefaßt werden. Im Phenolat-Ion beteiligt sich ein siebtes Atom an der Delokalisierung, und es lassen sich fünf Resonanzstrukturen formulieren. Die sich daraus ergebende zusätzliche Stabilisierung des Ions führt dazu, daß Phenol eine saure Substanz ist.

Die Antwort ist im wesentlichen dieselbe wie bei Salpetersäure und Schwefelsäure, die im 5. und 6. Kapitel diskutiert wurden. Die Elektronen im negativen Ion sind stärker delokalisiert als im undissoziierten Säure-Molekül. Dadurch wird das Ion stabiler als es ohne Delokalisierung wäre. Das erleichtert die Dissoziation und macht das Molekül zu einer stärkeren Säure als sie unter anderen Bedingungen wäre. Im 9. Kapitel haben wir gesehen, daß sich das Ausmaß der Delokalisierung in einem aromatischen Molekül dadurch ermessen läßt, daß man alle denkbaren Resonanzstrukturen für das Molekül aufschreibt und die Atome, die wenigstens in einer Resonanzform durch Doppelbindungen verbunden sind, feststellt. Bei diesem Verfahren behandelt man jedes Resonanz-Modell als eine partielle oder unvollständige Darstellung der tatsächlichen delokalisierten Elektronenstruktur.

Für das undissoziierte Phenol-Molekül können nur zwei Resonanzstrukturen gezeichnet werden; sie entsprechen den beiden Kekulé-Strukturen für Benzol (oben). Das Sauerstoff-Atom hat zwei einsame Elektronenpaare und bildet je eine Bindung zum H und zum C. Keines seiner Elektronen nimmt an der Ringdelokalisierung teil. Wenn dagegen die Elektronen der O—H-Bindung durch Dissoziation von H^+ frei sind, können sie zu einer Doppelbindung mit dem Ring-Kohlenstoffatom verschoben werden. Zusätzlich zu den Kekulé-Strukturen mit negativer Ladung am Sauerstoff können andere Strukturen mit einer C=O-Doppelbindung formuliert werden, wobei die negative Ladung in den Ring verschoben wird. Für das Phenolat-Ion können drei Resonanzstrukturen mehr als für Phenol gezeichnet werden. Nach einer guten Faustregel ist die Delokalisierung um so größer und das Molekül um so stabiler, je mehr Resonanzstrukturen für ein Molekül oder Ion gezeichnet werden können. Das delokalisierte System in einem Phenolat-Ion ist um ein Sauerstoff-Atom und um zwei zusätzliche Elektronen gegenüber dem des undissoziierten Phenols vergrößert. Das Gleichgewicht zwischen Phenol und seinem Ion wird daher so stark zugunsten des Ions verschoben, daß Phenol eine Säure und kein Alkohol ist.

Einige andere einfache phenolische Verbindungen sind zusammen mit ihren pK_s-Werten rechts und auf der nächsten Seite dargestellt. Die *ortho-*, *meta-* und *para*-Isomeren des Kresols, die sich nur in der Position der Substituenten am aromatischen Ring unterscheiden, haben alle ungefähr dieselbe schwache Acidität. Die OH-Gruppe ist nur sauer, wenn sie direkt mit dem aromatischen Ring verbunden

OH

α-Naphthol $pK_s = 9.34$

OH

β-Naphthol $pK_s = 9.51$

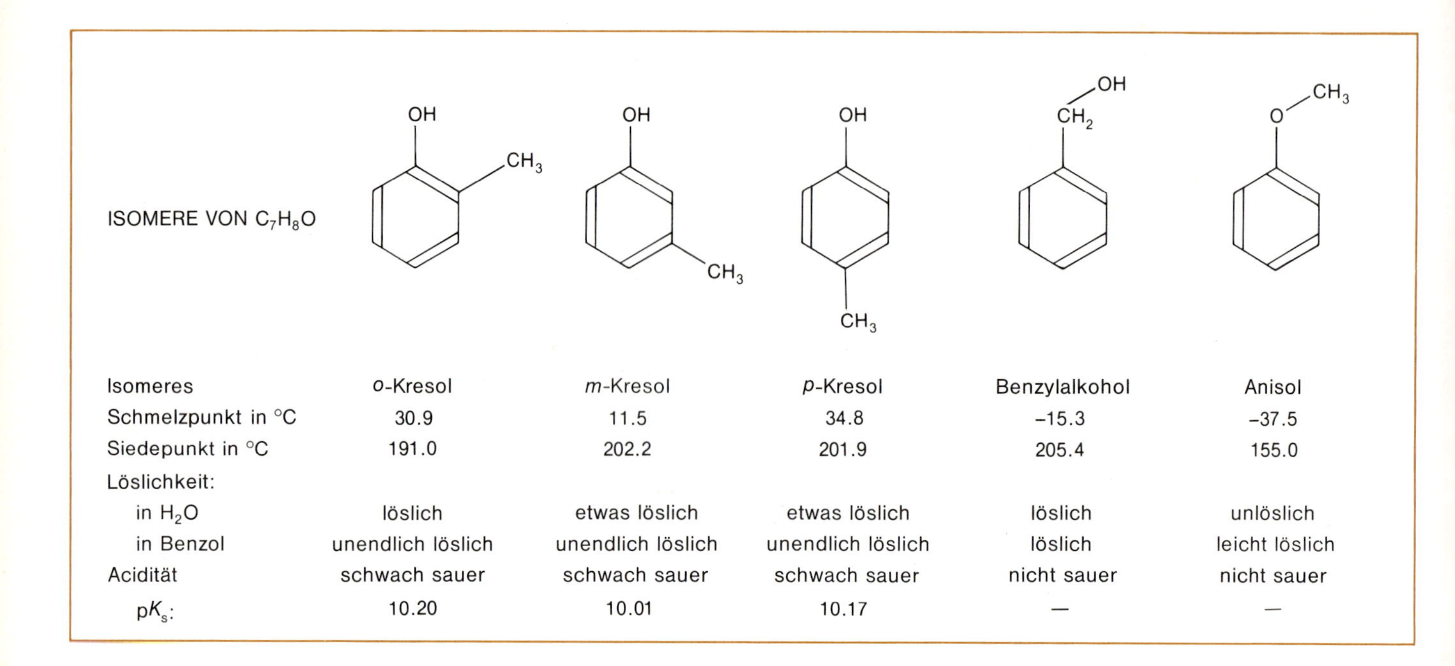

Isomeres	*o*-Kresol	*m*-Kresol	*p*-Kresol	Benzylalkohol	Anisol
Schmelzpunkt in °C	30.9	11.5	34.8	-15.3	-37.5
Siedepunkt in °C	191.0	202.2	201.9	205.4	155.0
Löslichkeit:					
in H_2O	löslich	etwas löslich	etwas löslich	löslich	unlöslich
in Benzol	unendlich löslich	unendlich löslich	unendlich löslich	löslich	leicht löslich
Acidität	schwach sauer	schwach sauer	schwach sauer	nicht sauer	nicht sauer
pK_s:	10.20	10.01	10.17	—	—

Die fünf unterschiedlichen C_7H_8O-Moleküle oben werden als Strukturisomere bezeichnet, da sie dieselbe Art und Anzahl von Atomen enthalten, die aber auf verschiedene Weise miteinander verbunden sind. Die Verknüpfungen haben einen großen Einfluß auf die chemischen Eigenschaften der Moleküle, wie die angegebenen Daten zeigen.

ist. Benzylalkohol ist keine Säure; er ist ein Alkohol, ähnlich wie Ethanol. Die CH_2-Gruppe isoliert die OH-Gruppe wirksam vom Ring und hindert sie daran, sich an dem delokalisierten Elektronensystem zu beteiligen.

Benzylalkohol ist ein Strukturisomeres der drei Kresole, denn er hat die gleiche Summenformel, C_7H_8O, wie sie. Zu den Isomeren mit dieser Summenformel gehören auch Anisol oder Methylphenylether (oben). Ihre Eigenschaften sind sehr unterschiedlich: Die Kresole sind Säuren, die Benzylverbindung ist ein Alkohol, und Anisol ist ein Ether. Die Art, wie die Atome im Molekül verbunden sind, ist entscheidend für die chemischen Eigenschaften des Moleküls. Die Eigenschaften dieser fünf Isomeren sind in der Zusammenstellung oben unter den Strukturformeln angegeben. Alle Moleküle außer Anisol sind polar, weil ein Wasserstoff-Atom mit dem sehr viel stärker elektronegativen Sauerstoff-Atom verbunden ist. Es können sich intermolekulare Wasserstoffbrückenbindungen zwischen dem positiv geladenen Wasserstoff-Atom an einem Molekül und dem negativ geladenen Sauerstoff-Atom an einem Nachbar-Molekül ausbilden. Das führt zur Erhöhung des Siedepunkts und des Schmelzpunkts bei diesen Verbindungen im Vergleich zu Anisol, bei dem zwischen den Molekülen nur van-der-Waals-Kräfte wirksam sind. Der Benzolring macht alle diese Isomeren in Benzol löslich, doch das nicht-polare Anisol unterscheidet sich von den anderen dadurch, daß es in Wasser unlöslich ist. Wie die pK_s-Werte zeigen, zerfallen die Kresole in wäßriger Lösung in Ionen, die anderen Isomeren aber nicht.

ETHER

R—O—R

„Erkennungsschild" für ein Ether-Molekül. So wie Alkohole durch die allgemeine Formel R−OH dargestellt werden können, so lautet die allgemeine Formel für einen Ether R−O−R, wobei die beiden R Kohlenwasserstoff-Reste sind, die nicht unbedingt identisch zu sein brauchen. Methylethylether ist $CH_3-O-CH_2-CH_3$.

Ether, Aldehyde und Ketone

Zwei Moleküle eines Alkohols können unter Abspaltung von Wasser zu einem *Ether* kondensieren:

$$2CH_3-OH \xrightarrow[\text{Wärme}]{H_2SO_4} CH_3-O-CH_3 + H_2O$$

Methanol — Dimethylether

Ether werden nach den Resten auf beiden Seiten des zentralen Sauerstoffs benannt: $CH_3-O-C_2H_5$ ist Methylethylether (links), und Anisol (oben) ist Methylphenylether. Ether sind chemisch wenig reaktiv, aber gute Lösungsmittel für Kohlenwasserstoffe, so daß sie häufig als inerte Lösungsmittel für organische Reaktionen verwendet werden. Ether und Wasser verhalten sich als Lösungsmittel für andere Moleküle gerade entgegengesetzt. Da Ether und Wasser nicht mischbar sind, sind die beiden Lösungsmittel ein nützliches Zweiphasen-Trennungssystem in der Organischen Chemie. Ether sind flüchtig und sieden niedrig, weil in der Flüssigkeit keine Wasserstoffbrückenbindungen ausgebildet werden; ihre Flüchtigkeit macht diese Verbindungen leicht entflammbar und daher gefährlich. Diethylether, $C_2H_5-O-C_2H_5$, ist ein verbreitetes Narkotikum, bei dem die Explosionsgefahr aber sehr groß ist.

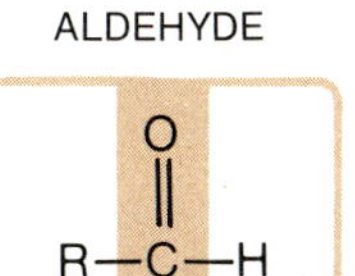

„Erkennungsschild" für einen Aldehyd. R ist ein Kohlenwasserstoff-Rest.

Wenn Alkohole nicht dehydratisiert, sondern oxidiert werden, entstehen *Aldehyde* und *Ketone*. Primäre Alkohole führen zu Aldehyden:

$$CH_3CH_2CH_2CH_2OH + [O] \longrightarrow CH_3CH_2CH_2-\overset{\overset{\displaystyle O}{\|}}{C}-H + H_2O$$

n-Butylalkohol (Butanol) → *n*-Butyraldehyd (Butanal)

$$(CH_3)_2CH-CH_2-OH + [O] \longrightarrow (CH_3)_2CH-\overset{\overset{\displaystyle O}{\|}}{C}-H + H_2O$$

Isobutylalkohol (2-Methyl-1-propanol) → Isobutyraldehyd (2-Methylpropanal)

Der Ausdruck [O] soll ein Oxidationsäquivalent eines Oxidationsmittels wie Kaliumpermanganat, $KMnO_4$, oder Kaliumdichromat, $K_2Cr_2O_7$, darstellen. Die Aldehydgruppe, $-\overset{\overset{\displaystyle O}{\|}}{C}-H$, wird oft als $-CHO$ geschrieben, und ein Aldehyd hat die allgemeine Formel $R-CHO$. Einige der einfachen Aldehyde und die Alkohole, aus denen sie hergestellt werden, sind:

Methylalkohol, CH_3-OH (Methanol) ⟶ Formaldehyd, $H-CHO$ (Methanal)

Ethylalkohol, CH_3CH_2-OH (Ethanol) ⟶ Acetaldehyd, CH_3-CHO (Ethanal)

n-Propylalkohol, $CH_3CH_2CH_2-OH$ (Propanol) ⟶ Propionaldehyd, CH_3CH_2-CHO (Propanal)

Benzylalkohol, $C_6H_5-CH_2-OH$ ⟶ Benzaldehyd, C_6H_5-CHO

In diesen Beispielen ist zuerst der Trivialname der Verbindung angegeben, und der systematische Name erscheint in Klammer darunter. Der systematische Name eines Aldehyds ist identisch mit dem des entsprechenden Alkohols, nur daß die Endung „-ol" zu „-al" wird. Die Trivialnamen der höheren Alkohole sind völlig unsystematisch und leiten sich von den Namen der entsprechenden Carbonsäuren ab, die ihrerseits auf die Quelle zurückgehen, aus der die Säure früher gewonnen wurde. Zum Beispiel heißt Hexanal ($CH_3CH_2CH_2CH_2CH_2CHO$) Capronaldehyd, weil Capronsäure ($CH_3CH_2CH_2CH_2CH_2COOH$) den durchdringenden Geruch von Ziegen (lat. capra) verursacht.

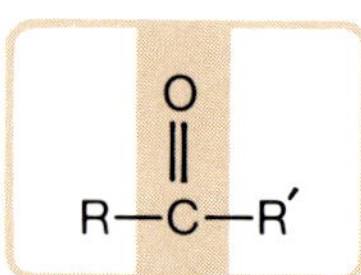

„Erkennungsschild" für ein Keton. R und R′ sind Kohlenwasserstoffreste.

Sekundäre Alkohole werden zu Ketonen und nicht zu Aldehyden oxidiert:

$$\underset{\text{Isopropylalkohol}}{\mathrm{CH_3-\overset{\overset{\displaystyle OH}{|}}{C}H-CH_3}} + [\mathrm{O}] \longrightarrow \underset{\text{Dimethylketon (Aceton)}}{\mathrm{CH_3-\overset{\overset{\displaystyle O}{\|}}{C}-CH_3}}$$

$$\underset{\textit{sec}\text{-Butylalkohol}}{\mathrm{CH_3-\overset{\overset{\displaystyle OH}{|}}{C}H-C_2H_5}} + [\mathrm{O}] \longrightarrow \underset{\text{Methylethylketon}}{\mathrm{CH_3-\overset{\overset{\displaystyle O}{\|}}{C}-C_2H_5}}$$

Tertiäre Alkohole tragen an dem Kohlenstoff-Atom, das mit der OH-Gruppe verbunden ist, kein Wasserstoff-Atom und reagieren mit Oxidationsmitteln nicht, es sei denn, die Oxidationsbedingungen sind so brutal, daß das Molekül vollständig zerstört wird:

$$\underset{\textit{tert}\text{-Butylalkohol}}{\mathrm{CH_3-\underset{\underset{\displaystyle CH_3}{|}}{\overset{\overset{\displaystyle CH_3}{|}}{C}}-OH}} + [\mathrm{O}] \longrightarrow \text{bis zur Zersetzung keine Reaktion}$$

Aldehyde und Ketone haben ähnliche Eigenschaften: Sie sind neutral, aber polar. Wie Ether sind sie gute Lösungsmittel für organische Verbindungen; doch anders als Ether sind sie zumindest teilweise mit Wasser mischbar. Sie ähneln den Ethern darin, daß sie niedrig sieden und flüchtig sind, weil in der Flüssigkeit Wasserstoffbrückenbindungen fehlen, doch sie unterscheiden sich von den Ethern dadurch, daß sie chemisch reaktiv sind. Die polaren und aus dem Molekül herausragenden $\mathrm{-\overset{\overset{O}{\|}}{C}-H}$- und $\mathrm{-\overset{\overset{O}{\|}}{C}}$-Gruppen haben einen leicht negativen Sauerstoff und einen leicht positiven Kohlenstoff, die durch eine Doppelbindung miteinander verknüpft sind und, wie im 19. Kapitel bereits erwähnt wurde, dem Angriff von Elektrophilen und von Nucleophilen ausgesetzt sind (links). Aldehyde und Ketone sind Ausgangsmaterial für viele organische Synthesen.

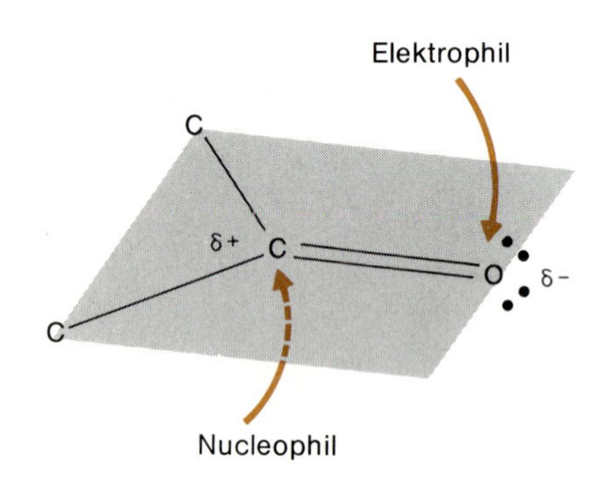

Die C=O-Bindung eines Aldehyds oder Ketons ist auf beiden Seiten dem Angriff durch ein Elektrophil (eine Substanz wie H^+, die von Elektronen angezogen wird) oder ein Nucleophil (eine Substanz wie OH^- oder Cl^-, die von Molekülbereichen mit lokalem Elektronenmangel angezogen werden) ausgesetzt. Aldehyde und Ketone sind also gute Ausgangsverbindungen für chemische Synthesen.

Carbonsäuren, $\mathrm{R-\overset{\overset{O}{\|}}{C}-OH}$

Die Weiteroxidation von Aldehyden führt zu *Carbonsäuren:*

$$\underset{n\text{-Butyraldehyd}}{\mathrm{CH_3CH_2CH_2-\overset{\overset{\displaystyle O}{\|}}{C}-H}} + [\mathrm{O}] \longrightarrow \underset{n\text{-Buttersäure}}{\mathrm{CH_3CH_2CH_2-\overset{\overset{\displaystyle O}{\|}}{C}-OH}}$$

Die vollständige Oxidation von Alkoholen zu Säuren ist einfach und fast unvermeidlich, wenn man die flüchtigen Aldehyde nicht so schnell, wie sie gebildet werden, abdestilliert. Die Carbonsäure-Moleküle sind in der Flüssigkeit durch feste Wasserstoffbrücken miteinander verbunden und haben daher höhere Siedepunkte als die Aldehyde. Die Säuregruppe, $\mathrm{-\overset{\overset{O}{\|}}{C}-OH}$, wird oft als $-\mathrm{COOH}$ geschrieben, und $\mathrm{R-COOH}$ ist die allgemeine Formel für eine Carbonsäure.

Die niederen Carbonsäuren werden wie die entsprechenden Aldehyde bezeichnet:

Formaldehyd, H–CHO	⟶	Ameisensäure, H–COOH (Methansäure)
Acetaldehyd, CH_3–CHO	⟶	Essigsäure, CH_3–COOH (Ethansäure)
Propionaldehyd, C_2H_5–CHO	⟶	Propionsäure, C_2H_5–COOH (Propansäure)
n-Butyraldehyd, C_3H_7–CHO	⟶	n-Buttersäure, C_3H_7–COOH (Butansäure)
Isobutyraldehyd, $(CH_3)_2CH$–CHO	⟶	Isobuttersäure, $(CH_3)_2CH$–COOH (2-Methylpropansäure)

CARBONSÄURE

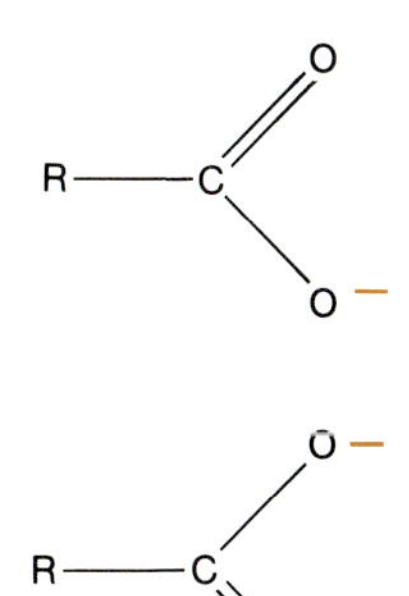

Für das Carboxylat-Ion lassen sich zwei Resonanzstrukturen zeichnen, die sich nur in der Lage der Bindungselektronen und der negativen Ladung unterscheiden. Die wirkliche Bindungsstruktur des Caboxylat-Ions liegt zwischen den beiden hier gezeigten Extremen.

(In jedem Fall ist der systematische Name in Klammern angegeben.) Die längerkettigen Säuren haben historisch bedingte Trivialnamen, die gewöhnlich von der Quelle abgeleitet sind, aus denen die Verbindung ursprünglich gewonnen wurde; die systematischen Namen basieren auf der Länge der Kohlenstoffkette.

Formel	Trivialname	systematischer Name
C_4H_9COOH	Valeriansäure	Pentansäure
$C_5H_{11}COOH$	Capronsäure	Hexansäure
$C_6H_{13}COOH$	Heptansäure	Heptansäure
$C_7H_{15}COOH$	Caprylsäure	Octansäure
$C_{11}H_{23}COOH$	Laurinsäure	Dodecansäure
$C_{15}H_{31}COOH$	Palmitinsäure	Hexadecansäure
$C_{17}H_{35}COOH$	Stearinsäure	Octadecansäure

Ameisensäure ist die hautreizende Verbindung in Ameisen- und Bienengift, und Essigsäure kommt im Essig vor. Propionsäure, die von bestimmten Bakterienstämmen produziert wird, ist für den charakteristischen Geruch und Geschmack des Emmentaler Käses verantwortlich; Buttersäure verursacht den Geruch von ranziger Butter. Capronsäure hat Ziegengeruch, Valeriansäure den Geruch, den wir mit Limburger Käse und Stallmist assoziieren, obwohl sie zuerst aus der Wurzel der Baldrianpflanze und der Sonnenblume extrahiert worden ist. Man hat einmal geglaubt, daß sie als Beruhigungsmittel medizinisch wirksam sei, aber es ist nicht sicher, ob ihre Wirkung physiologischer oder psychologischer Natur ist, d. h. nur auf der Furcht vor der zweiten Dosis beruht.

Da ein Wasserstoff-Atom in einer Carbonsäure an das elektronegative Sauerstoff- und nicht an ein Kohlenstoff-Atom gebunden ist, sind diese Säuren polar und können ausgedehnte Netzwerke aus Wasserstoffbrückenbindungen bilden. Es sind Säuren, weil dieses Proton in wäßriger Lösung dissoziiert (rechts). Die Erklärung für diese leichte Dissoziation ist ähnlich wie die für die Acidität der Phenole: In der undissoziierten Säure ist das Proton an ein Sauerstoff-Atom gebunden, und das Kohlenstoff-Atom ist mit dem zweiten Sauerstoff-Atom durch eine Doppelbindung verknüpft. Im Carboxylat-Ion sind die Elektronen dieser Doppelbindung und das ursprünglich bindende Elektronenpaar zum Proton über die gesamte O–C–O-Gruppe delokalisiert. Diese Delokalisierung stabilisiert das Ion und verschiebt das Gleichgewicht zugunsten der Dissoziation.

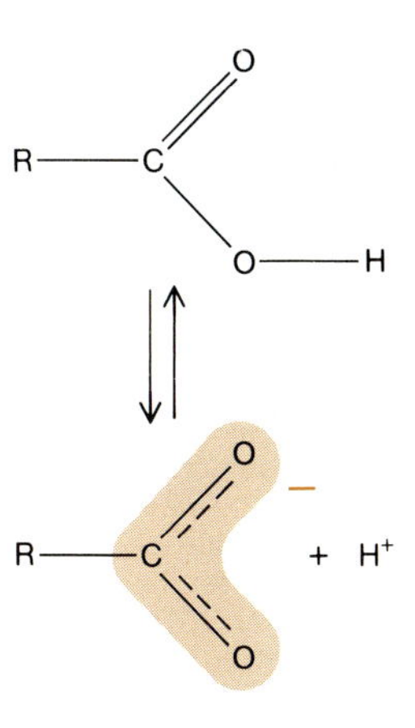

Wenn eine Carbonsäure ionisiert wird, nehmen die beiden C–O-Bindungen im Ion partiellen Doppelbindungscharakter an, und die negative Ladung ist über die ganze Carboxylat-Gruppe delokalisiert. Die zusätzliche Stabilisierung des Ions durch die Delokalisierung macht Carbonsäuren zu stärkeren Säuren, als man sonst erwarten sollte.

Langkettige Carbonsäuren mit zehn bis zwanzig Kohlenstoff-Atomen werden *Fettsäuren* genannt, weil sie aus Fetten gewonnen werden können. Sie sind alle in Wasser unlöslich und bilden an einer Luft-Wasser-Grenzschicht monomolekulare Schichten, so wie es die hochmolekularen Alkohole tun, wobei ihre Carboxylgruppen ins Wasser und ihre Kohlenwasserstoff-Schwänze in die Luft ragen. Die fünf wichtigsten Fettsäuren, die in lebenden Organismen verkommen, sind links dargestellt. Gesättigte Fettsäuren wie Palmitin- und Stearinsäure haben keine Doppelbindungen in ihren Kohlenwasserstoff-Ketten; ungesättigte Fettsäuren wie Öl- und Palmitölsäure haben eine Doppelbindung, mehrfach ungesättigte Säuren zwei oder mehr Doppelbindungen.

Carbonsäuren werden durch Basen neutralisiert und bilden genauso wie anorganische Säuren Salze:

$$\underset{\text{Essigsäure}}{CH_3-\overset{\overset{\displaystyle O}{\|}}{C}-OH} + NaOH \longrightarrow \underset{\text{Natriumacetat}}{CH_3-\overset{\overset{\displaystyle O}{\|}}{C}-O^- Na^+} + H_2O$$

Natriumacetat ist ein wasserlöslicher ionischer Festkörper, der in wäßriger Lösung vollständig in Ionen dissoziiert. Da Essigsäure eine schwache Säure ist, ist eine wäßrige Lösung von Natriumacetat in Wasser leicht basisch. Einige der Acetat-Ionen verbinden sich wieder mit H^+-Ionen aus dem Wasser, und dabei bleibt ein Überschuß an OH^--Ionen zurück:

$$CH_3-COO^- + H_2O \longrightarrow CH_3-COOH + OH^-$$

Die Salze der langkettigen Fettsäuren sind löslicher als die Säuren selbst. *Seifen* sind Salze der Fettsäuren mit zwölf bis achtzehn Kohlenstoff-Atomen, die normalerweise aus tierischen Fetten gewonnen werden. Natriumstearat, $C_{17}H_{35}COO^-Na^+$, ist eine häufig verwendete Seife. In wäßriger Lösung bilden Stearat-Ionen wie Fettsäuren und langkettige Alkohole monomolekulare Schichten an der Luft-Wasser-Grenzfläche, wobei ihre polaren Köpfe ins Wasser und ihre Kohlenwasserstoff-Schwänze in die Luft ragen. Wenn man Luft durch eine Seifenlösung leitet, bilden sich Seifenblasen, deren Haut aus einer Doppelschicht von Seifen-Molekülen besteht, wobei die Kohlenwasserstoff-Schwänze auf beiden Seiten in die Luft ragen und die geladenen Köpfe einander in einer Wasserschicht im Zentrum des Films gegenüberliegen. Die Struktur der Oberflächenfilme und der Blasen ist auf der gegenüberliegenden Seite dargestellt. Das Wasser im Zentrum des Seifenblasenfilms bleibt mit der Gesamtwassermenge darunter in Verbindung. Während dieses Wasser im Zentrum des „Sandwich" langsam nach unten gezogen und der Film immer dünner wird, erscheinen die irisierenden Interferenzfarben, die wir mit Seifenblasen assoziieren. Wenn zuviel Wasser zurückgeflossen ist, zerreißt die elektrostatische Abstoßung zwischen den Molekül-Köpfen auf beiden Seiten der Doppelschicht den Film, und die Blase platzt.

Die Wirksamkeit der Seifen als Reinigungsmittel beruht auf ihrer hydrophoben und gleichzeitig polaren Struktur. In der Lösung entziehen die Seifen-Moleküle ihre Kohlenwasserstoff-Schwänze dem Wasser, indem sie kugelförmige Tropfen oder Micellen bilden, in deren Inneres die Kohlenwasserstoff-Ketten hineinragen und auf deren Oberfläche die negativ geladenen Köpfe liegen (s. gegenüberliegende Seite). Partikel aus Fett, Öl oder Kohlenwasserstoffen können aufgenommen und in das Innere der Seifenmicellen inkorporiert werden, wo diese Partikel von der wäßrigen Umgebung isoliert sind. Die fettbeladenen Seifenmicellen können dann mit Wasser weggespült werden, wobei ihre negativ geladenen Oberflächen dafür sorgen, daß sie voneinander getrennt bleiben.

FETTSÄUREN

Stearinsäure $C_{17}H_{35}COOH$

Ölsäure $C_{17}H_{33}COOH$

Linolsäure $C_{17}H_{31}COOH$

Palmitinsäure $C_{15}H_{31}COOH$

Palmitölsäure $C_{15}H_{29}COOH$

Fettsäuren sind langkettige Carbonsäuren mit 10 bis 20 Kohlenstoff-Atomen. Sie können eine oder mehrere Doppelbindungen in ihren Kohlenwasserstoff-Schwänzen enthalten.

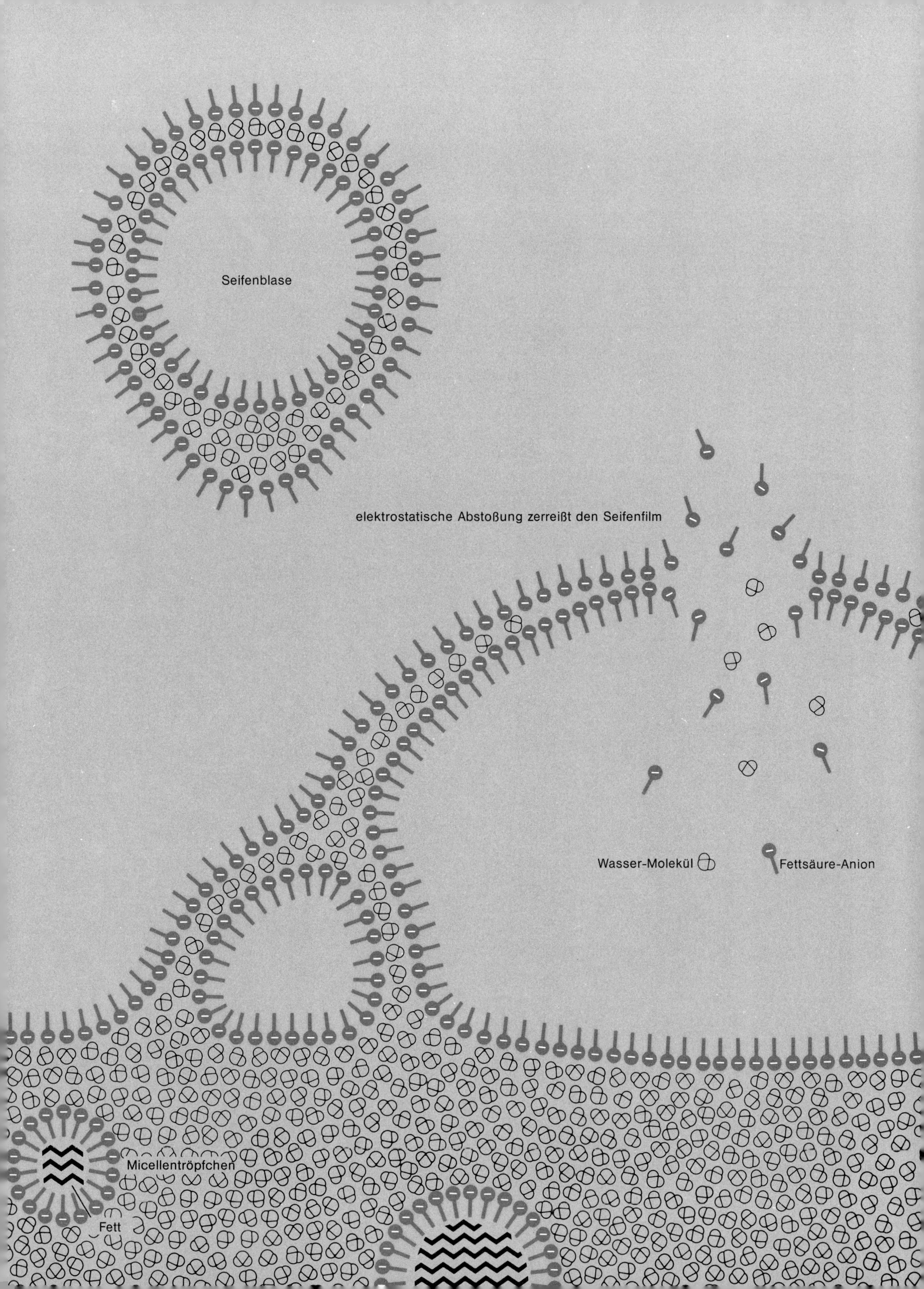
Seifenblase
elektrostatische Abstoßung zerreißt den Seifenfilm
Wasser-Molekül
Fettsäure-Anion
Micellentröpfchen
Fett

ESTER

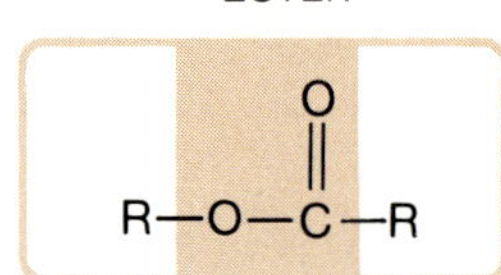

Natürliche Seifen sind Natrium- oder Kaliumsalze von Fettsäuren; in ihnen ist ein Kohlenwasserstoff-Rest mit einer Carboxylgruppe kombiniert. Man kann auch noch andere Moleküle herstellen, in denen ein Kohlenwasserstoff mit Sulfat oder irgendeiner anderen negativ geladenen Gruppe kombiniert ist. Diese künstlichen Detergentien haben viele Eigenschaften der Seifen, und wir wollen sie im nächsten Abschnitt diskutieren.

$C_6H_5-CH_2-O-\overset{\displaystyle O}{\overset{\|}{C}}-CH_3$

Benzylacetat
(Jasmin)

Ester, $R-O-\overset{\displaystyle O}{\overset{\|}{C}}-R$

Ester entstehen durch Wasserabspaltung zwischen einem Alkohol und einer Säure. Diese Wasserabspaltung verläuft unter milderen Bedingungen als die Wasserabspaltung aus zwei Alkohol-Molekülen zu einem Ether; sie ist also bevorzugt. Die Esterbildung oder *Veresterung* wird durch Säure katalysiert und bedarf nur geringer Wärmezufuhr:

$$\underset{\text{Ethylalkohol}}{C_2H_5-OH} + \underset{\text{Essigsäure}}{HO-\overset{\displaystyle O}{\overset{\|}{C}}-CH_3} \longrightarrow \underset{\text{Ethylacetat}}{C_2H_5-O-\overset{\displaystyle O}{\overset{\|}{C}}-CH_3} + H_2O$$

$CH_3CH_2-O-\overset{\displaystyle O}{\overset{\|}{C}}-C_6H_5$

Ethylbenzoat
(Beeren)

Die Esterbildung ähnelt formal dem Prozeß der Säure-Base-Neutralisation, so wie ein Alkohol formal einer Base ähnelt; doch die Ähnlichkeit ist nur oberflächlich. Ein Ester ist ein kovalent gebundenes, nicht in Ionen zerfallendes organisches Molekül und kein ionisiertes Salz. Die Veresterung ist ein besonders gutes Beispiel für eine Reaktion, die nicht vollständig abläuft. Wenn das Gleichgewicht erreicht ist, liegen erhebliche Mengen von Reaktanden und Produkten nebeneinander vor. Aus diesem Grund gehören die Veresterung und der umgekehrte Prozeß, die Esterhydrolyse, zu den Reaktionen, deren Kinetik schon sehr früh untersucht wurde. Wir haben die Ergebnisse einiger dieser Untersuchungen bereits im 15. Kapitel kennengelernt.

$CH_3-O-\overset{\displaystyle O}{\overset{\|}{C}}-C_6H_4(HO)$

Methylsalicylat
(Wintergrün)

Fast alle Ester haben einen angenehmen Geruch, ganz im Gegensatz zum stechenden und ranzigen Geruch der Carbonsäuren. Viele unserer natürlichen und künstlichen Geschmacksstoffe und Parfums sind Ester; einige sind in der Abbildung zu Beginn dieses Kapitels dargestellt. Die Geschmacks- und Geruchsänderungen durch nur geringfügige Änderungen der Molekülstruktur sind bemerkenswert. Zum Beispiel ist Methylbutyrat ($CH_3-O-CO-C_3H_7$) eine Komponente des Apfel- und Ananasaromas, und Ethylbutyrat ($C_2H_5-O-CO-C_3H_7$) trägt zum Aroma von Ananas und Pfirsichen bei. Andere Buttersäureester riechen im allgemeinen nach Ananas, Birnen oder Blumen. Im Gegensatz dazu hat Buttersäure ($HO-CO-C_3H_7$) den stechenden Geruch ranziger Butter. Amylvalerat ($C_5H_{11}-O-CO-C_4H_9$) riecht nach Äpfeln, Valeriansäure ($HO-CO-C_4H_9$) dagegen nach Stallmist. Der Geruch oder Geschmack einer Frucht oder Blume wird durch eine Mischung mehrerer Ester verursacht, von denen jeder einzelne künstlich zu riechen scheint. Ein angenehmes, natürliches Aroma wie das von gutem Wein ist ein kompliziertes Gemisch, das die Chemiker im Labor nicht perfekt nachahmen können. Ester sind wie Ketone polar, wasserlöslich, aber ungeladen. Sie werden häufig als Lösungsmittel für organische Moleküle und zum Verdünnen von Lacken und Anstrichfarben eingesetzt. Ethylacetat ist die Basis für Nagellackentferner und Butylacetat ($C_4H_9-O-CO-CH_3$) für Klebstoffe im Flugzeugmodellbau. Amylacetat ($C_5H_{11}-O-CO-CH_3$) ist ein häufig verwendetes Lösungsmittel für Lacke.

$CH_3CH_2CH_2CH_2CH_2-O-\overset{\displaystyle O}{\overset{\|}{C}}-C_6H_4(HO)$

Amylsalicylat
(Klee)

$C_6H_5-CH_2-O-\overset{\displaystyle O}{\overset{\|}{C}}-C_6H_5$

Benzylbenzoat
(Moschus)

Ester können auch aus Alkoholen und anorganischen Säuren entstehen:

$$\underset{\text{Ethylalkohol}}{C_2H_5OH} + \underset{\text{Salpetersäure}}{HONO_2} \xrightarrow{H^+,\ \text{Wärme}} \underset{\text{Ethylnitrat}}{C_2H_5-O-NO_2} + H_2O$$

$$\underset{\text{Laurylalkohol}}{C_{12}H_{25}OH} + \underset{\text{Schwefelsäure}}{H_2SO_4} \longrightarrow \underset{\text{Laurylsulfat}}{C_{12}H_{25}-O-\overset{\overset{O}{\|}}{\underset{\underset{O}{\|}}{S}}-OH} + H_2O$$

$$\underset{\text{Glycerin}}{\begin{matrix} H_2C-OH \\ | \\ HC-OH \\ | \\ H_2C-OH \end{matrix}} + 3HNO_3 \longrightarrow \underset{\text{Glycerintrinitrat oder Nitroglycerin}}{\begin{matrix} H_2C-O-NO_2 \\ | \\ HC-O-NO_2 \\ | \\ H_2C-O-NO_2 \end{matrix}} + 3H_2O$$

Fette sind Triester aus Fettsäuren und Glycerin:

$$\underset{\text{Stearinsäure}}{3\,C_{17}H_{35}-\overset{\overset{O}{\|}}{C}-OH} + \underset{\text{Glycerin}}{\begin{matrix} HO-CH_2 \\ | \\ HO-CH \\ | \\ HO-CH_2 \end{matrix}} \longrightarrow \underset{\text{Glycerintristearat oder Tristearin}}{\begin{matrix} C_{17}H_{35}-CO-O-CH_2 \\ | \\ C_{17}H_{35}-CO-O-CH \\ | \\ C_{17}H_{35}-CO-O-CH_2 \end{matrix}} + 3H_2O$$

Tristearin ist das häufigste tierische Fett; es dient zur Energiespeicherung, zum Schutz gegen Verletzungen und als Wärmeisolator. Wir werden Tristearin zusammen mit anderen Fetten und verwandten Verbindungen noch einmal im 21. Kapitel diskutieren.

Die Umkehr der Veresterung ist die *Hydrolyse.* Die Hydrolyse eines Esters diente uns im 16. Kapitel als Beispiel für eine säure- oder basenkatalysierte Reaktion. Ohne Hilfe einer Säure oder Base ist die Reaktion langsam, weil es für sie keinen einfachen Reaktionspfad gibt. Bei der Reaktion wird Säure frei

$$\underset{\text{Methylacetat}}{CH_3-O-\overset{\overset{O}{\|}}{C}-CH_3} + H_2O \longrightarrow \underset{\text{Methanol}}{CH_3-OH} + \underset{\text{Essigsäure}}{HO-\overset{\overset{O}{\|}}{C}-CH_3}$$

und daher wird sie durch Base nach rechts verschoben, welche die Säure im Augenblick ihrer Bildung neutralisiert. Die Hydrolyse natürlicher Fette mit einer Base (gewöhnlich NaOH oder KOH) nennt man *Verseifung:*

$$\underset{\text{Tristearin}}{\begin{matrix} C_{17}H_{35}-CO-O-CH_2 \\ | \\ C_{17}H_{35}-CO-O-CH \\ | \\ C_{17}H_{35}-CO-O-CH_2 \end{matrix}} + 3NaOH \longrightarrow \underset{\text{Natriumstearat}}{3C_{17}H_{35}COO^-\ Na^+} + \underset{\text{Glycerin}}{\begin{matrix} HO-CH_2 \\ | \\ HO-CH \\ | \\ HO-CH_2 \end{matrix}}$$

Ein Problem bei natürlichen Seifen ist, daß ihre Calcium- und Magnesiumsalze unlöslich sind. Wenn man Seife zu hartem Wasser gibt, das Ca^{2+} und Mg^{2+} enthält, entsteht ein schmieriger Schaum aus Calcium- und Magnesiumstearat. Man vermeidet ihn, wenn man so viel Seife benutzt, daß alle zweiwertigen Kationen ausgefällt werden und noch genug Seife zum Waschen übrigbleibt. Allerdings ist das eine

Aromastoffe der Gegenstände auf der Photographie zu Beginn dieses Kapitels

Carbonsäuren

$HO-\overset{\overset{O}{\|}}{C}-CH_2-CH_3$
Propionsäure (Schweizer Käse)

$HO-\overset{\overset{O}{\|}}{C}-CH_2-CH_2-CH_3$
Buttersäure (ranzige Butter)

$HO-\overset{\overset{O}{\|}}{C}-CH_2-CH_2-CH_2-CH_3$
Valeriansäure (Stallmist)

$HO-\overset{\overset{O}{\|}}{C}-CH_2-CH_2-CH_2-CH_2-CH_3$
Capronsäure (Ziegen)

Ester

$CH_3-O-\overset{\overset{O}{\|}}{C}-CH_2-CH_2-CH_3$
Methylbutyrat (Ananas)

$CH_3-CH_2-O-\overset{\overset{O}{\|}}{C}-CH_2-CH_2-CH_3$
Ethylbutyrat (Pfirsiche)

$CH_3-CH_2-CH_2-CH_2-CH_2-O-\overset{\overset{O}{\|}}{C}-CH_2-CH_2-CH_3$
Amylbutyrat (Birnen)

$C_6H_5-CH_2-O-\overset{\overset{O}{\|}}{C}-CH_2-CH_2-CH_3$
Benzylbutyrat (Blumen)

$CH_3-CH_2-CH_2-CH_2-CH_2-O-\overset{\overset{O}{\|}}{C}-CH_3$
Amylacetat (Bananen)

$CH_3-CH_2-CH_2-CH_2-O-\overset{\overset{O}{\|}}{C}-CH_2-CH_3$
Butylpropionat (Rum)

$CH_3-CH_2-CH_2-CH_2-CH_2-O-\overset{\overset{O}{\|}}{C}-CH_2-CH_2-CH_2-CH_3$
Amylvalerat (Äpfel)

AMINE

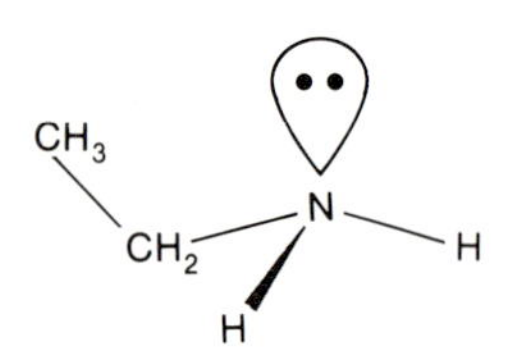

Ethylamin

Ethylammonium-Ion

Diethylammonium-Ion

Triethylammonium-Ion

Tetraethylammonium-Ion

ziemliche Schmiererei und Verschwendung. Eine andere Lösung ist, die zweiwertigen Kationen vorher zu entfernen und sie mit Hilfe des Ionenaustauschers in einem Wasserenthärter durch Na^+ zu ersetzen. Als dritte Möglichkeit kann man künstliche Detergentien benutzen, deren Calcium- und Magnesiumsalze löslich sind. Natriumlaurylsulfat ist ein solches Detergenz:

$$C_{12}H_{25}-SO_4^- \, Na^+ \quad \text{oder} \quad C_{12}H_{25}-O-\overset{\overset{\displaystyle O}{\|}}{\underset{\underset{\displaystyle O}{\|}}{S}}-O^- \, Na^+$$

Die Schwierigkeit bei vielen dieser Verbindungen ist, daß sie nicht biologisch abbaubar sind und letzten Endes zur Verunreinigung unserer Gewässer führen. Die Carbonsäuren sind „natürlich" in dem Sinne, daß sie zahlreichen Bakterien als Nahrung dienen können und letzten Endes zu CO_2 und H_2O abgebaut werden, die in der Umwelt verschwinden. Da die Bakterien aber, bevor der Mensch kam, niemals mit Kohlenwasserstoffsulfaten konfrontiert wurden, haben sie keinen Apparat zum Abbau dieser Verbindungen entwickelt. Sie bleiben unverändert im Wasser und im Boden und führten in der Vergangenheit zu dem monströsen Anblick schaumbedeckter Flüsse. Inzwischen hat man biologisch abbaubare Detergentien entwickelt, die nicht durch Calcium- und Magnesium-Ionen ausgefällt und trotzdem von Bakterien gefressen werden können.

Amine und andere organische Basen

Amine und andere stickstoffhaltige Verbindungen sind die Basen der organischen Welt. Amine stellt man her durch Reaktion von Kohlenwasserstoffchloriden mit Ammoniak, wobei ein oder mehrere Protonen des Ammoniaks durch einen Kohlenwasserstoff-Rest ersetzt werden:

$$\underset{\text{Ethylchlorid}}{C_2H_5Cl} + NH_3 \longrightarrow \underset{\text{Ethylammonium-Ion}}{C_2H_5NH_3^+} + Cl^- \xrightarrow{NaOH} \underset{\text{Ethylamin}}{C_2H_5NH_2} + H_2O + Na^+ + Cl^-$$

$$C_2H_5Cl + C_2H_5NH_2 \longrightarrow \underset{\text{Diethylammonium-Ion}}{(C_2H_5)_2NH_2^+} + Cl^- \xrightarrow{NaOH} \underset{\text{Diethylamin}}{(C_2H_5)_2NH} + H_2O + Na^+ + Cl^-$$

$$C_2H_5Cl + (C_2H_5)_2NH \longrightarrow \underset{\text{Triethylammonium-Ion}}{(C_2H_5)_3NH^+} + Cl^- \xrightarrow{NaOH} \underset{\text{Triethylamin}}{(C_2H_5)_3N} + H_2O + Na^+ + Cl^-$$

$$C_2H_5Cl + (C_2H_5)_3N \longrightarrow \underset{\text{Tetraethylammonium-Ion}}{(C_2H_5)_4N^+} + Cl^-$$

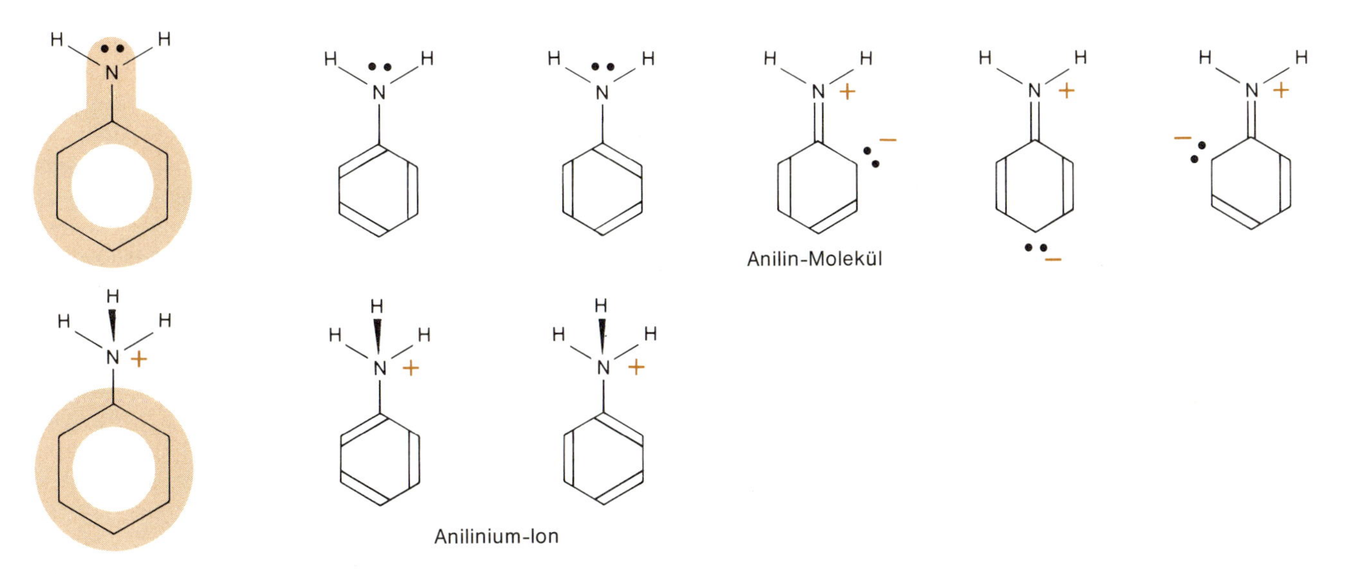

Das Anilin-Molekül gleicht dem Phenolat-Ion insofern, als bei ihm ebenfalls sieben Atome zu einem delokalisierten System gehören und fünf Resonanzstrukturen formuliert werden können, von denen drei eine negative Ladung im aromatischen Ring tragen. Das Anilin-Molekül ist relativ zum Anilinium-Ion stabilisiert, bei dem – wie bei Phenol – nur sechs Atome zum delokalisierten System gehören und für das zwei Resonanzstrukturen formuliert werden können. Anilin nimmt also nur ungern ein Proton auf und ist eine schwache Base.

Amine werden eingeteilt in primäre, sekundäre oder tertiäre, je nach der Zahl der Substituenten (außer Wasserstoff) am Stickstoff. Das Tetraethylammonium-Ion ist ein quartäres Ammonium-Ion, doch ein quartäres Amin-Molekül kann es natürlich nicht geben. Alle diese Amine können ein Proton aufnehmen und ein substituiertes Ammonium-Ion bilden; alle sind ungefähr so starke Basen wie Ammoniak mit einem pK_s-Wert von ungefähr 10. Die sekundären und tertiären Amine sind giftig und haben einen übelkeiterregenden Fischgeruch.

Aromatische OH-Verbindungen sind wegen des Einflusses der über den Ring delokalisierten Elektronen saurer als aliphatische Alkohole, R–OH. Aus dem gleichen Grund sind aromatische Amine schwächere Basen als die aliphatischen Amine, die wir gerade diskutiert haben. Methylamin, CH_3-NH_2, hat eine ähnliche Basenstärke wie Ammoniak; Phenylamin oder Anilin, $C_6H_5-NH_2$, dagegen ist eine schwache Base mit einem pK_s-Wert von nur 4.63. Die Erklärung ist oben skizziert. Was die Formulierung von Resonanzstrukturen betrifft, so ähnelt das unprotonierte Anilin-Molekül dem Phenolat-Ion und das protonierte Anilinium-Ion dem Phenol-Molekül. Alle vier Elektronenpaare um den Stickstoff im Anilinium-Ion sind in sigma-Bindungen zu Wasserstoff oder Kohlenstoff festgelegt, und keines von ihnen kann an der Delokalisierung im aromatischen Ring teilnehmen. Beim Verlust eines Protons vom Anilinium-Ion bleibt ein einsames Elektronenpaar am Stickstoff-Atom zurück, das mit dem aromatischen Ring geteilt werden kann. Wie im Phenolat-Ion wird das delokalisierte System von sechs Atomen und sechs Elektronen auf sieben Atome und acht Elektronen ausgeweitet. Sowohl im Phenol als auch im Anilin begünstigt die zunehmende Delokalisierung die *unprotonierte* Spezies, im einen Fall das Phenolat-Ion und im anderen das neutrale Anilin-Molekül. Phenol verliert leicht ein Proton und bildet das Phenolat-Ion; deshalb ist es eine recht starke Säure. Anilin nimmt nur zögernd ein Proton auf, um das Anilinium-Ion zu bilden, und ist daher eine schwache Base. Wenn eine NH_2-Gruppe an einen alipha-

Anilin
$pK_s = 4.63$

Pyridin
$pK_s = 5.25$

Chinolin
$pK_s = 4.90$

Purin
$pK_s = 8.96$

Pyrimidin
$pK_s \cong 9$

Ein Stickstoff-Atom in einer organischen Base kann sowohl Teil eines aromatischen Rings als auch einer offenen Kette sein. Typische Beispiele sind mit ihren pK_s-Werten hier zusammengestellt.

tischen Rest gebunden ist, dann ist eine solche Stabilisierung durch Delokalisierung nicht möglich. In diesem Fall kann sich leichter ein Proton an das einsame Elektronenpaar des Stickstoffs binden, und deshalb sind aliphatische Amine stärkere Basen. Bei vielen anderen organischen Stickstoffbasen sind Stickstoff-Atome in einen aromatischen Ring inkorporiert. Ein Stickstoff-Atom kann leicht ein Kohlenstoff-Atom in einem aromatischen Ring ersetzen, wobei das einsame Elektronenpaar am Stickstoff den Platz der vierten C−H-Bindung einnimmt. Dieses einsame Elektronenpaar ist dann die Bindungsstelle für das Proton, wenn das Molekül als Base reagiert. Vier dieser organischen Basen sind links dargestellt. Purin und Pyrimidin sind die Stammverbindungen einer Familie von Basen, die in der Biochemie eine große Rolle spielt, besonders in DNA und anderen Nucleinsäuren.

Aminosäuren, $H_2N-\underset{}{\overset{\displaystyle R}{\overset{|}{C}}H}-COOH$

Ein wichtiges Ziel dieses Kapitels war es, langsam zu den Aminosäuren hinzuführen und auf diese Weise den Weg für die Diskussion der Proteine im 22. Kapitel vorzubereiten. Aminosäuren sind bifunktionell, mit einer Aminogruppe, $-NH_2$, am einen Ende des Moleküls und einer Carboxylgruppe, −COOH, am anderen Ende. Die allgemeine Formel für eine Aminosäure ist:

$$H_2N-\underset{\underset{\displaystyle H}{|}}{\overset{\overset{\displaystyle R}{|}}{C}}-COOH$$

Hier ist R eine von vielen Seitengruppen mit sehr unterschiedlichen chemischen Eigenschaften. Der pK_s-Wert der Aminogruppe liegt bei etwa 9.5 und der der Carboxylgruppe ungefähr bei 2.2, so daß bei neutralem pH beide Enden des Moleküls geladen sind:

$$^{+}H_3N-\underset{\underset{\displaystyle H}{|}}{\overset{\overset{\displaystyle R}{|}}{C}}-COO^{-}$$

Diese Form bezeichnet man als *Zwitter-Ion.*

Aminosäuren können unter Abspaltung von H_2O zu Polypeptidketten polymerisieren, wie auf der gegenüberliegenden Seite gezeigt ist. Diese Kette bildet das Rückgrat aller Protein-Moleküle. Wir werden im 22. Kapitel erfahren, wie sich eine Polypeptidkette zu einem dreidimensionalen Protein-Molekül falten kann. Die Reihenfolge der Seitengruppen, hier durch R− symbolisiert, bestimmt, um welches Protein es sich handelt und wie sich die Kette faltet. Zwanzig verschiedene Seitenketten sind im genetischen Apparat der lebenden Organismen codiert; die Reihenfolge oder Sequenz dieser Seitenketten im zukünftigen Protein wird durch die Reihenfolge der Purin- und Pyrimidin-Basen in der DNA-Kette festgelegt. Zu diesen zwanzig genetisch codierten Aminosäuren gehören: Glycin, das nur ein Wasserstoff-Atom als Seitengruppe hat; Valin, das eine Kohlenwasserstoff-Seitenkette hat; Phenylalanin, das einen aromatischen Ring trägt; das polare, aber ungeladene

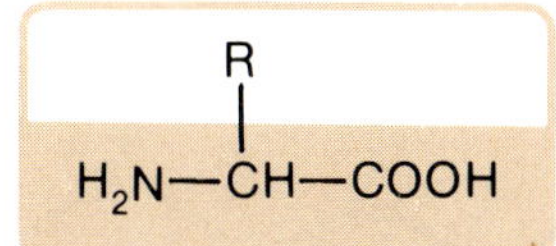

NICHT-IONISIERTE AMINOSÄURE

ZWITTER-ION

Aminosäuren liegen in Lösung als doppelt geladene Zwitter-Ionen vor.

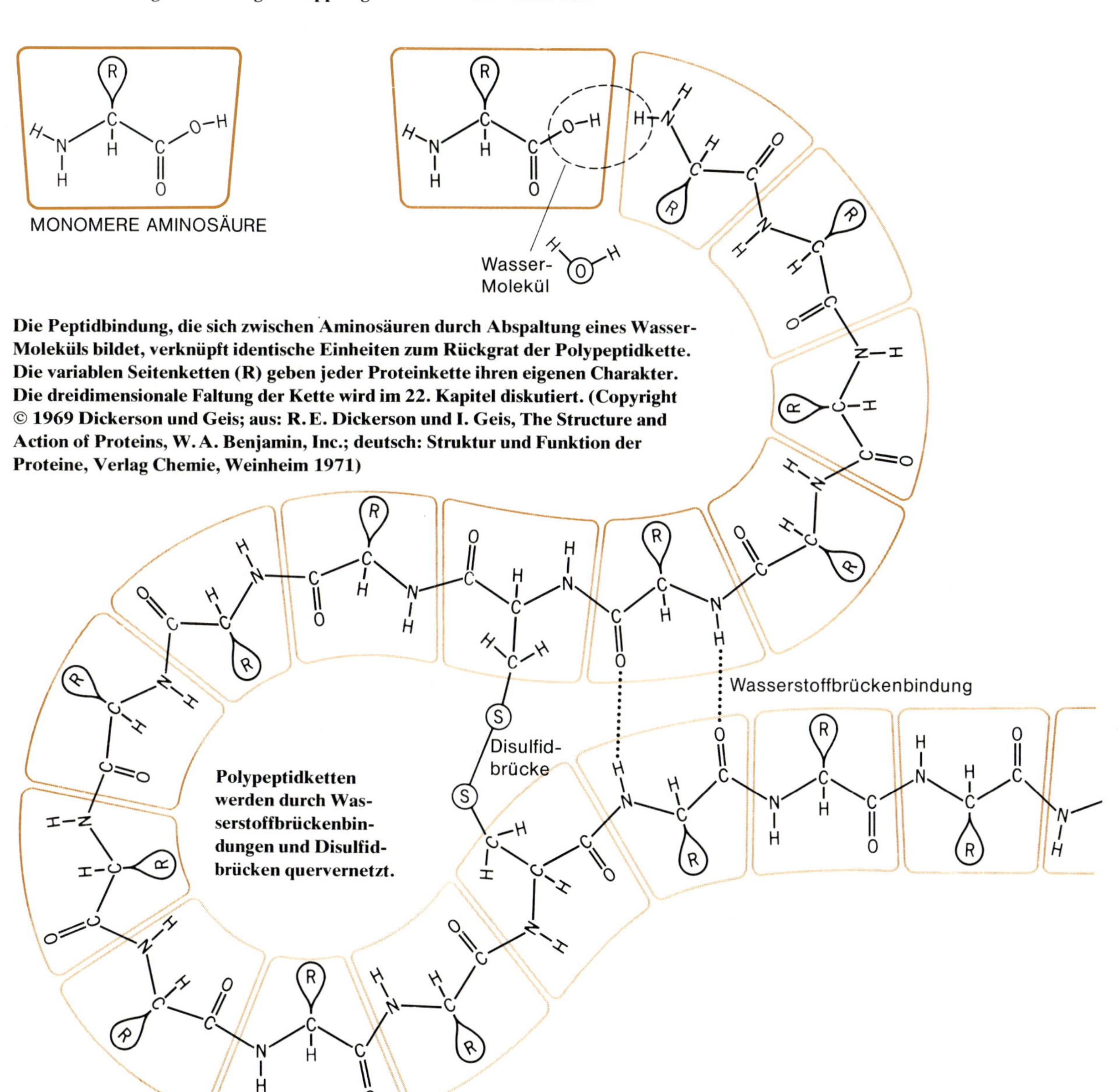

Die Peptidbindung, die sich zwischen Aminosäuren durch Abspaltung eines Wasser-Moleküls bildet, verknüpft identische Einheiten zum Rückgrat der Polypeptidkette. Die variablen Seitenketten (R) geben jeder Proteinkette ihren eigenen Charakter. Die dreidimensionale Faltung der Kette wird im 22. Kapitel diskutiert. (Copyright © 1969 Dickerson und Geis; aus: R.E. Dickerson und I. Geis, The Structure and Action of Proteins, W.A. Benjamin, Inc.; deutsch: Struktur und Funktion der Proteine, Verlag Chemie, Weinheim 1971)

Polypeptidketten werden durch Wasserstoffbrückenbindungen und Disulfidbrücken quervernetzt.

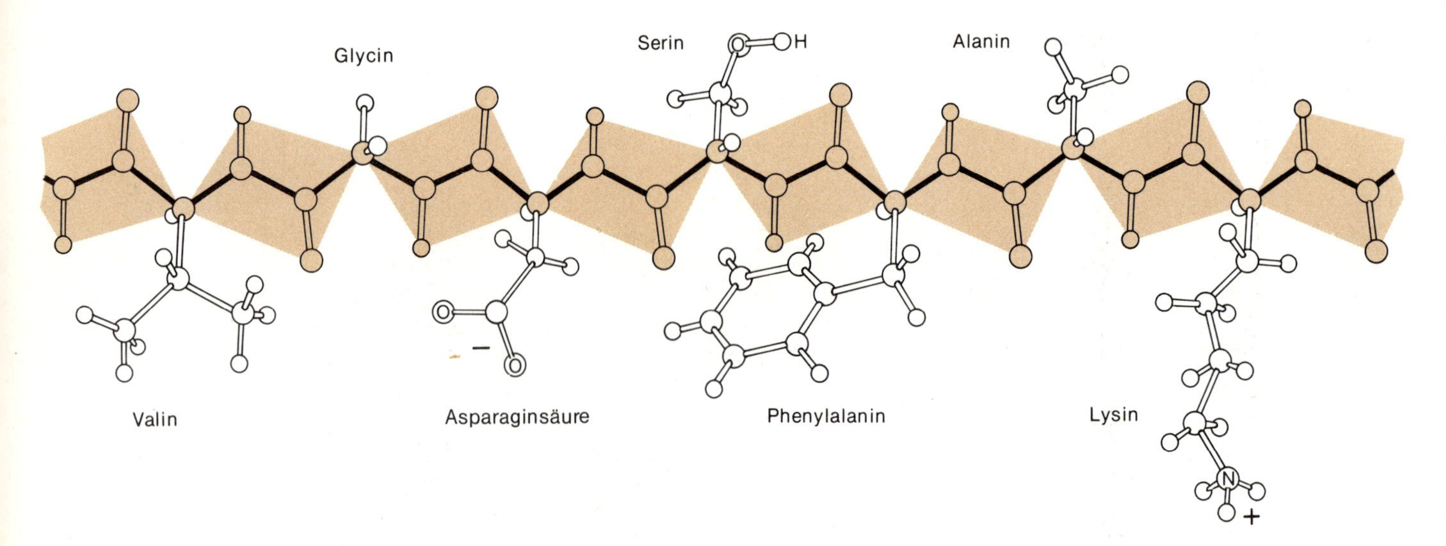

Die verschiedenen Arten von Seitenketten an den Verknüpfungsstellen der Polypeptidkette enthalten die Information für die Faltung der Kette zu einem dreidimensionalen Protein-Molekül. Diese Gruppen können sauer, basisch, polar und unpolar sein.

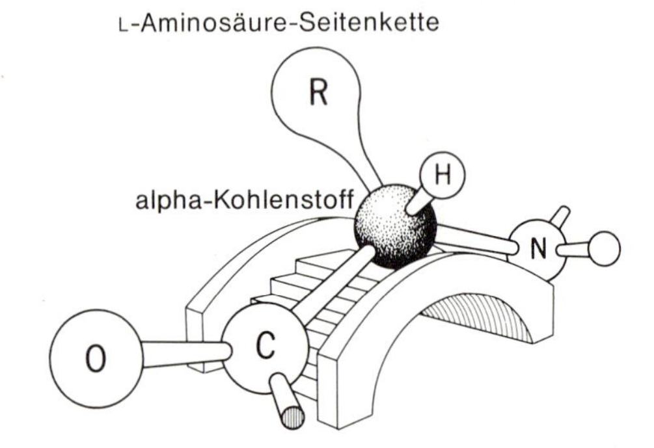

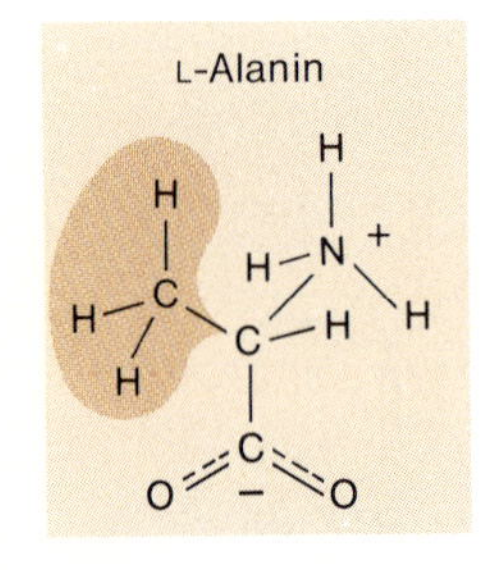

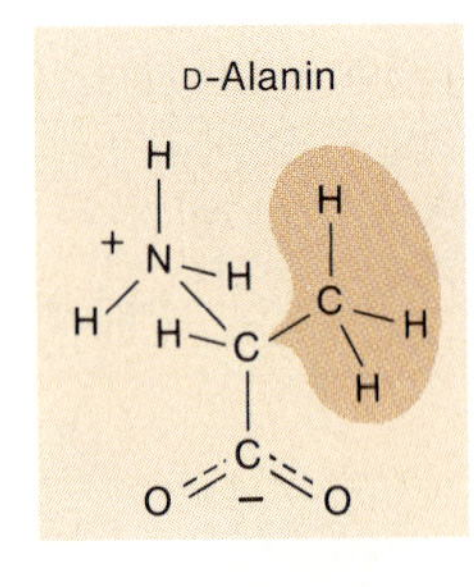

(Oben) Eine Eselsbrücke für die Unterscheidung von L- und D-Aminosäuren. Wenn man über die gewölbte Brücke von CO über C_α nach NH geht, liegt die Seitenkette einer L-Aminosäure links und die der D-Aminosäure rechts. (Unten) Die Strukturen von L-Alanin und D-Alanin. (Copyright © 1969 Dickerson und Geis, aus: R. E. Dickerson und I. Geis, The Structure and Action of Proteins, W. A Benjamin, Inc.; deutsch: Struktur und Funktion der Proteine, Verlag Chemie, Weinhein 1971)

Serin; die negativ geladene Asparaginsäure und das basische Lysin mit einer positiven Ladung. Diese Seitenketten R haben die Strukturen:

$-H$	$-CH(CH_3)_2$	$-CH_2-C_6H_5$	$-CH_2-OH$
Glycin	Valin	Phenylalanin	Serin
$-CH_2-COO^-$		$-CH_2CH_2CH_2CH_2NH_3^+$	
Asparaginsäure		Lysin	

Diese Proben aus dem Aminosäure-Repertoire sind in der Polypeptidkette oben dargestellt. Wir werden später sehen, wie wichtig diese Seitenketten für das chemische Verhalten eines Proteins sein können.

Da das zentrale Kohlenstoff-Atom einer Aminosäure mit vier verschiedenen Gruppen verknüpft ist, nennt man es ein *asymmetrisches Kohlenstoff-Atom* und kennzeichnet es als α-Kohlenstoff-Atom oder C_α. Von Verbindungen mit asymmetrischem C-Atom sind zwei Spiegelbild-Isomere oder Enantiomere möglich wie beim L- und D-Alanin, die links unten einander gegenübergestellt sind. Das L bedeutete ursprünglich „läve" (lat.: links) und D bedeutete „dextere" (lat.: rechts), was sich auf die Drehung des polarisierten Lichtes beim Durchqueren einer Lösung der entsprechenden Moleküle bezog. Heute hat diese Nomenklatur nur noch formale Bedeutung, da ein aus einem L-Molekül synthetisiertes Molekül mit gleicher Konfiguration am asymmetrischen Kohlenstoff-Atom ebenfalls als L-Form bezeichnet wird, auch wenn das neue Molekül polarisiertes Licht in die umgekehrte Richtung dreht. In lebenden Organismen kommen nur L-Aminosäuren vor, mit Ausnahme einiger Zellwandkomponenten in bestimmten Bakterien. Über diese scheinbar willkürliche Asymmetrie der Moleküle in lebenden Organismen zerbrachen sich Pasteur und die ersten Biochemiker den Kopf; wir werden später auf dieses Problem zurückkommen. Die Zeichnung links ist eine gute Gedächtnisstütze für die Struktur der L-Aminosäuren. Man stelle sich vor, daß die Aminosäure eine gewölbte Brücke bildet und daß man sie in Richtung von O nach N überquert (man kann sich das mit dem englischen Wort „ONward“ merken). Dann wird man am höchsten Punkt der Brücke die Seitenkette der L-Aminosäure links von sich haben („läve“) und die einer D-Aminosäure rechts („dextere“).

Die Faltung der Proteine wird eines der Hauptthemen des 22. Kapitels sein; doch das allgemeine Schema erkennen wir bereits in den Zeichnungen unten. Im Hämoglobin des Bluts und in dem nahe verwandten Sauerstoffspeicherprotein Myoglobin falten sich mehrere Bereiche der Polypeptidkette spontan zu einer Schraubenstruktur (Helix), die als α-Helix bezeichnet wird (links unten). Diese stabförmigen α-Helices falten sich dann ihrerseits zu einem dreidimensionalen Molekül, wobei Kettenbereiche ohne Helixstruktur wie „Scharniere“ zwischen den Helixbereichen liegen. Ein Molekül faltet sich dann zur α-Helix, wenn die Kohlenwasserstoff-Seitengruppen längs der Hauptkette so angeordnet sind, daß eine Seite der zylinderförmigen Helix mit Kohlenwasserstoff-Resten und die andere Seite mit polaren und geladenen Resten bedeckt sind. Wenn sich diese Helixbereiche dann spontan wiederum so falten, daß die Kohlenwasserstoff-Seitengruppen im Molekül begraben werden und auf diese Weise von der wäßrigen Umgebung getrennt sind, entsteht die richtige dreidimensionale Struktur.

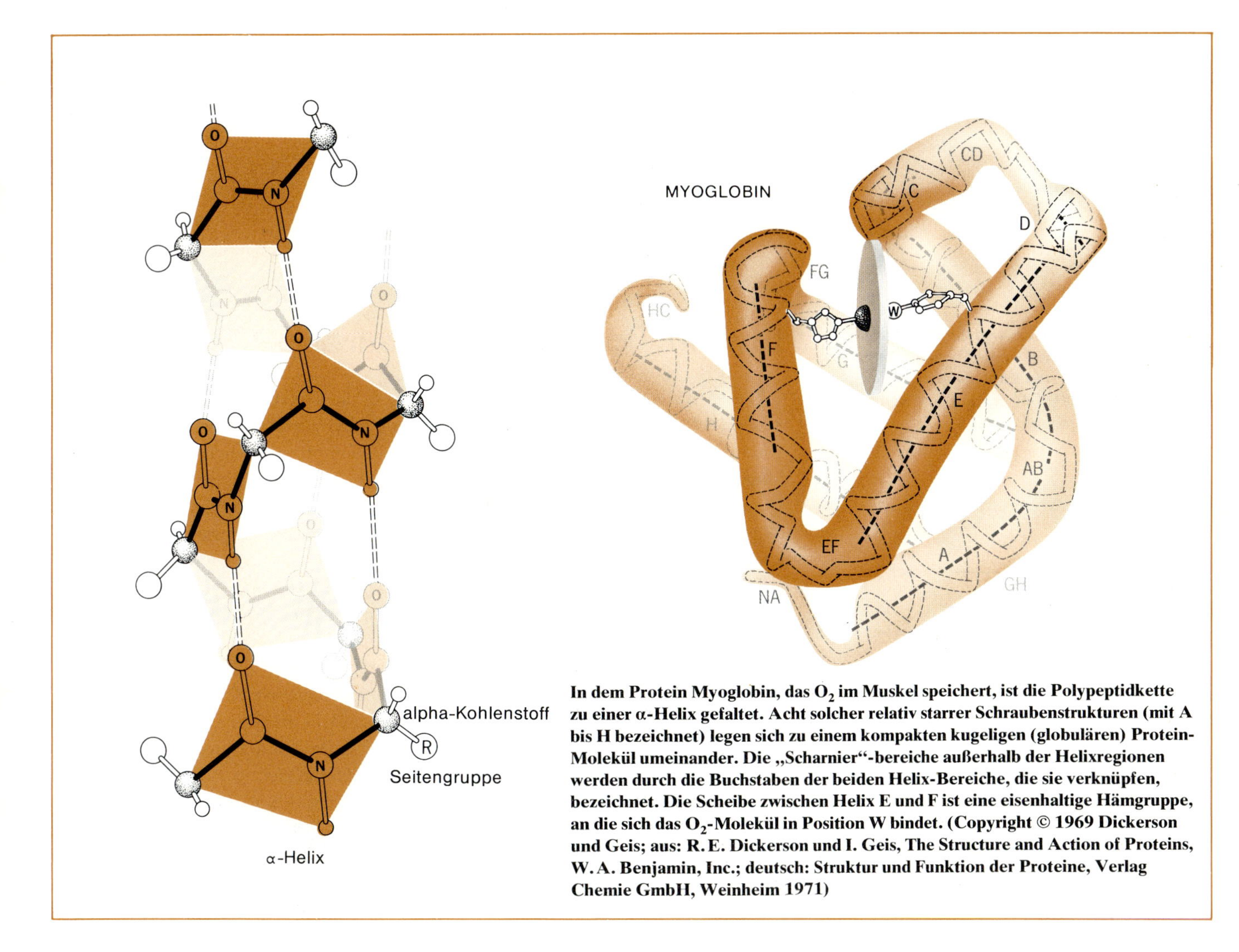

In dem Protein Myoglobin, das O_2 im Muskel speichert, ist die Polypeptidkette zu einer α-Helix gefaltet. Acht solcher relativ starrer Schraubenstrukturen (mit A bis H bezeichnet) legen sich zu einem kompakten kugeligen (globulären) Protein-Molekül umeinander. Die „Scharnier“-bereiche außerhalb der Helixregionen werden durch die Buchstaben der beiden Helix-Bereiche, die sie verknüpfen, bezeichnet. Die Scheibe zwischen Helix E und F ist eine eisenhaltige Hämgruppe, an die sich das O_2-Molekül in Position W bindet. (Copyright © 1969 Dickerson und Geis; aus: R. E. Dickerson und I. Geis, The Structure and Action of Proteins, W. A. Benjamin, Inc.; deutsch: Struktur und Funktion der Proteine, Verlag Chemie GmbH, Weinheim 1971)

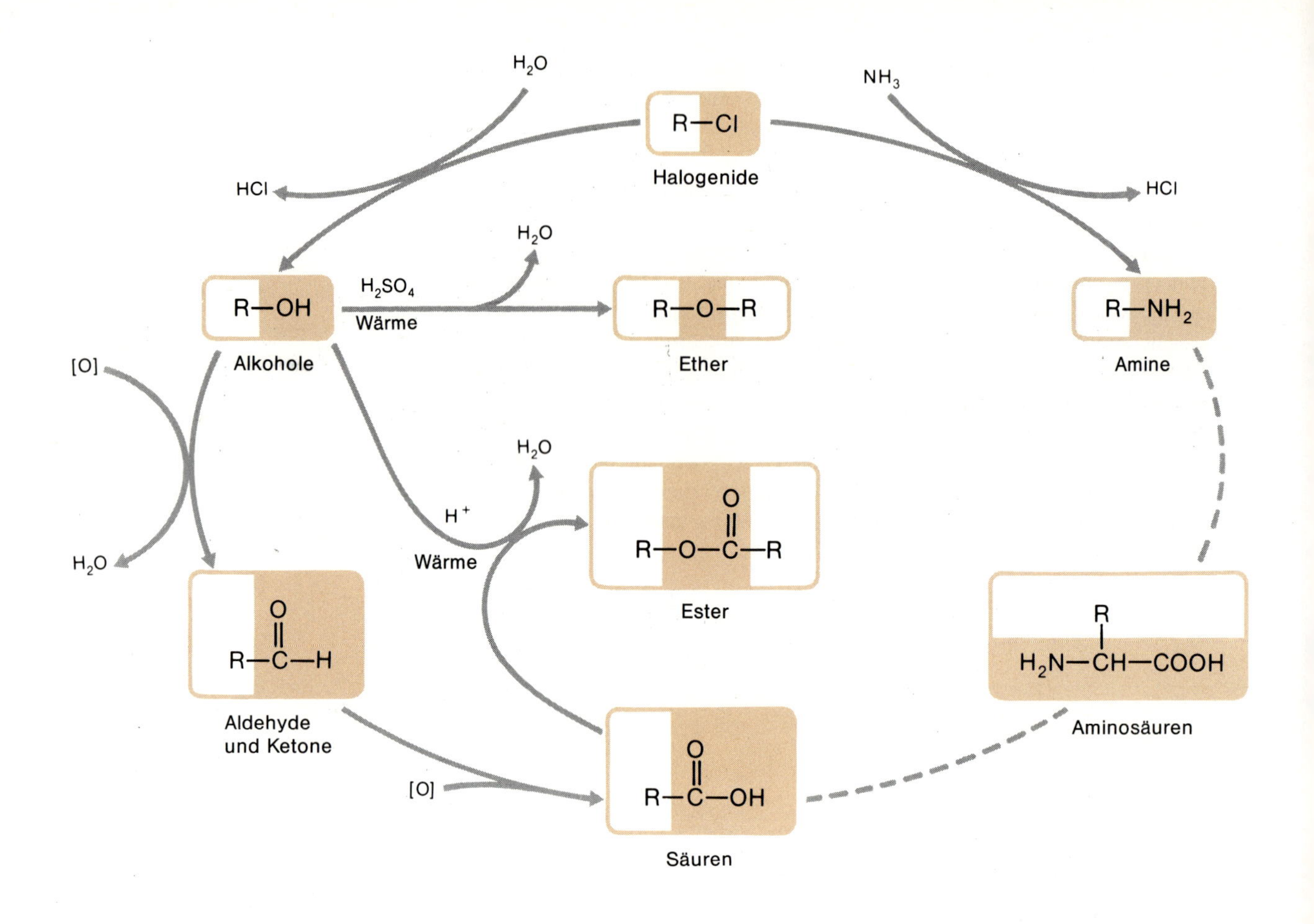

Fließdiagramm für die Klassen der organischen Moleküle, die in diesem Kapitel behandelt werden. Wenn die halogenierten Kohlenwasserstoffe einmal hergestellt sind, bilden sie das Tor zu vielen anderen Verbindungen.

Eine Straßenkarte der Organischen Chemie

Dieses Kapitel war eine kurze Einführung in die Organische Chemie mit vielen neuen Molekültypen. Man sollte sich durch sie nicht verwirren lassen, denn sie sind durch sehr einfache Reaktionen miteinander verknüpft; wenn man diese Verknüpfungen einmal erkannt hat, wird es leichter, die Verbindungen zu behalten. Das Diagramm oben ist eine „Straßenkarte", die darstellt, wie man von einem Verbindungstyp zu einem anderen gelangen kann. Von den vielen Umwandlungsmöglichkeiten sind nur die einfachsten Reaktionen dargestellt. Es ist nicht unsere Absicht, jede Reaktionsmöglichkeit eines Moleküls darzustellen, sondern es soll nur ganz allgemein gezeigt werden, welche Beziehungen zwischen den verschiedenen Verbindungsklassen bestehen.

Der Ausgangspunkt ist ein organisches Halogenid, wie z. B. Ethylchlorid oder Butylbromid. Die Behandlung mit Wasser unter geeigneten Bedingungen führt zu primären, sekundären und tertiären Alkoholen, und die Reaktionen mit Ammoniak zu primären, sekundären und tertiären Aminen. Jeder der Alkohole kann zu einem Ether dehydratisiert werden. Primäre Alkohole lassen sich zu Aldehyden und sekundäre Alkohole zu Ketonen oxidieren, doch tertiäre Alkohole sind immun gegen Oxidationsmittel, es sei denn, dieses ist so stark, daß das Molekül völlig zerstört wird. Aldehyde, nicht aber Ketone, können zu Carbonsäuren weiteroxidiert werden, die ihrerseits mit Alkoholen zu Estern kondensieren können. Aminosäuren sind in gewisser Weise Zwitter aus Carbonsäuren und Aminen, obwohl sie nicht direkt aus diesen beiden Molekülen synthetisiert werden: Am einen Ende des Moleküls sind sie Amine und am anderen Carbonsäuren. Bei der Polymerisation entstehen aus Aminosäuren Proteine, die das Thema des 22. Kapitels sein werden.

Fragen

1. Was sind funktionelle Gruppen in organischen Molekülen? Auf welche Weise bestimmen sie das chemische Verhalten der Moleküle?
2. Wie beeinflußt die Art des Kohlenwasserstoff-Rests das chemische Verhalten eines Moleküls?
3. Wie beeinflußt die Länge der Kohlenwasserstoffkette die Löslichkeit eines Alkohols?
4. Warum sind Alkohole nützliche Lösungsmittel?
5. Was sind primäre, sekundäre und tertiäre Alkohole? Was passiert mit den einzelnen Alkoholtypen bei der Oxidation?
6. Wie werden Alkohole aus halogenierten Kohlenwasserstoffen hergestellt? Wie kann man Alkohole sonst noch gewinnen?
7. Warum nimmt das Dipolmoment eines Alkohol-Moleküls mit zunehmender Molekülmasse ab?
8. Von den drei Verbindungen mit OH-Gruppen – NaOH, CH_3OH und C_6H_5OH – ist eine eine Säure, eine eine Base und eine keines von beiden. Man erkläre diesen Befund anhand der Molekülstruktur und der Bindung.
9. Was sind Strukturisomere? Warum haben die C_7H_8O-Isomeren, die in diesem Kapitel erwähnt wurden, so unterschiedliche chemische und physikalische Eigenschaften?
10. Was ist ein Ether und wie stellt man ihn aus Alkoholen her? Warum ist ein Ether, der aus polaren Alkohol-Molekülen hergestellt wird, nicht polar? Wie beeinflußt das die Lösungsmitteleigenschaften der Ether?
11. Wie stellt man Aldehyde aus Alkoholen her? Wie macht man Ketone?
12. Warum sind Aldehyde und Ketone polar, während Ether nicht polar sind? Warum sind Aldehyde und Ketone chemisch leicht angreifbar?
13. Welche Verbindungen entstehen, wenn Aldehyde oxidiert werden? Können Ketone unter ähnlichen Bedingungen oxidiert werden?
14. Warum ist $CH_3-CO-OH$ eine Säure und CH_3-CH_2-OH nicht? Wie trägt die CO-Gruppe dazu bei, das Molekül sauer zu machen?
15. Wie trägt die Delokalisierung dazu bei, daß eine Carbonsäure saurer wird?
16. Wo befindet sich die negative Ladung nach der Dissoziation einer Carbonsäure?
17. Was ist eine Fettsäure? Sind Fettsäuren wasserlöslich? Warum oder warum nicht? Was passiert, wenn eine Fettsäure mit Wasser gemischt wird?
18. Wie nennt man Alkalisalze von Fettsäuren? Wie wirken solche Salze und wozu verwendet man sie?
19. In welchem Sinne ist ein Fettsäure-Anion eine gesteigerte Form eines langkettigen Alkohol-Moleküls?
20. Welche Struktur hat die Doppelschicht in einem Seifenfilm? Woher kommen die Farben einer Seifenblase? Warum verdickt sich die Blase unten und zerplatzt schließlich? Erscheint der erste Riß des Seifenfilms unten oder oben an der Blase?
21. Wie funktionieren Seifen als Reinigungsmittel?
22. Was ist Veresterung? Wie nennt man die umgekehrte Reaktion?
23. Ist es angenehmer, in einem Laboratorium zu arbeiten, dessen Atmosphäre Carbonsäuren oder Ester enthält? Warum?
24. Welche Beziehung gibt es zwischen Fettsäuren und Fetten? Was ist Verseifung, und welche chemische Substanzen entstehen dabei?

25. Was sind primäre, sekundäre und tertiäre Amine? Sind sie alle sauer, basisch, beides oder keines von beidem?
26. Warum gibt es primäre, sekundäre, tertiäre und quartäre Ammonium-Ionen, aber keine quartären Amine?
27. In welcher Hinsicht ist Anilin dem Phenolat-Ion ähnlich und Phenol dem Anilinium-Ion?
28. Was ist eine Aminosäure? In welcher Hinsicht ist sie eine Säure und in welcher eine Base?
29. Ist eine Aminosäure in wäßriger Lösung geladen? Wenn ja, wo befinden sich die Ladungen?
30. Was versteht man unter einem asymmetrischen Kohlenstoff-Atom in einer Aminosäure? Welche Symmetrie findet man bei den Aminosäuren der meisten Proteine in lebenden Organismen? Warum findet man die andere Symmetrieform nicht? Hätte das Leben auf einem anderen Planeten auch mit der anderen Symmetrieform der Aminosäuren beginnen können?
31. Wie beeinflussen die Seitenketten die Eigenschaften von Aminosäuren? Welche chemischen Eigenschaften kommen bei den Seitenketten der 20 natürlichen Aminosäuren vor?
32. Wie vereinen sich Aminosäuren zu einem Protein-Molekül? Welches Molekül wird bei dem Vereinigungsprozeß frei? Wie nennt man den umgekehrten Vorgang?
33. Wie wird die Reihenfolge oder Sequenz der Aminosäuren längs der Proteinkette festgelegt, bevor das Protein produziert wird?

Probleme

1. Man schreibe alle Strukturformeln für die isomeren Alkohole mit der Summenformel $C_6H_{13}OH$ auf. Man bezeichne jeden von ihnen mit seinem systematischen Namen. Man klassifiziere die Alkohole als primär, sekundär oder tertiär.
2. Man entwerfe ein Schema für die Synthese eines Butanols aus 1-Buten. Welche Zwischenverbindung könnte entstehen? Entsteht 1-Butanol oder 2-Butanol? Nach welchem Prinzip können wir das entscheiden?
3. Wieviel strukturisomere Ether der Formel $C_6H_{14}O$ gibt es? Wie lauten ihre systematischen Namen? Welche anderen Verbindungsarten außer Ethern können die Summenformel $C_6H_{14}O$ haben?
4. Ethanol und Dimethylether sind Isomere der Formel C_2H_6O. Man erkläre anhand der Molekülstrukturen die Unterschiede zwischen den beiden Molekülen in bezug auf Schmelzpunkt, Siedepunkt, Dampfdruck bei Raumtemperatur und Löslichkeit in Wasser?
5. Welche Verbindungen entstehen, wenn man 1-Propanol mit einem mäßig starken Oxidationsmittel behandelt? Das Zwischenprodukt und das Endprodukt dieser Reaktion haben bei Raumtemperatur recht unterschiedliche Dampfdrücke. Wie kann man das anhand der Molekülstrukturen erklären? Wie könnte man diesen Befund zur Wahl der experimentellen Bedingungen ausnützen, unter denen die Ausbeute an Zwischenprodukt oder an Endprodukt besonders groß wird?
6. Welche systematischen Namen haben folgende Substanzen:
   (a) $CH_3CH_2CH_2COOCH_3$
   (b) $CH_3CHOHCH_2CH_2CH_2CH_2CH_3$
   (c) $CH_3CH_2CH_2OCH_2CH_3$
   (d) $CH_3COCH(CH_3)_2$
7. Welches ist die konjugierte Brønsted-Base von Phenol? Ist Anilin eine Brønsted-Säure oder -Base, und welches ist die konjugierte Base oder Säure?
8. Welche konjugierte Base gehört zu Propionsäure? Der pK_s-Wert der Propionsäure ist 4.87. (a) Welchen pH-Wert hat eine 0.1-molare Lösung von Propion-

säure. (b) Welchen pH-Wert hat eine Lösung, die 0.1 mol Propionsäure und 0.1 mol Natriumpropionat enthält. (Nachlesen im 16. Kapitel hilft bei der Lösung des Problems.)

9. Wie lauten die chemischen Gleichungen für folgende Reaktionen: (a) die Hydrolyse von Isopropylacetat; (b) die Reaktion von Essigsäure mit 2-Butanol in Gegenwart von Schwefelsäure; (c) die Reaktion von Methylchlorid mit Ammoniak (es entsteht mehr als ein Produkt).

10. Man ordne die folgenden Substanzen nach steigender Acidität:
    (a) CH_3CH_2OH (d) CH_3COOH
    (b) C_6H_5OH (e) CH_3CH_3
    (c) HOH

11. Man ordne die folgenden Verbindungen nach steigender Löslichkeit in Wasser:
    (a) CH_3CH_2OH (c) $CH_3(CH_2)_6CH_3$
    (b) $CH_3(CH_2)_6CH_2OH$ (d) $HOCH_2CH_2OH$ (1,2-Ethandiol oder Ethylenglykol

12. Wie heißen folgende Substanzen? Zu welcher Gruppe von chemischen Verbindungen gehören sie? Sind (c) und (d) Isomere?
    (a) $C_6H_5OC_2H_5$ (c) $CH_3OCH_2CH_2CH_3$
    (b) $(CH_3)_2CHOCH(CH_3)_2$ (d) $CH_3CH_2CH_2OCH_3$

13. Wie heißen folgende Substanzen? Zu welcher Gruppe von chemischen Verbindungen gehören sie? Sind (c) und (d) Isomere?
    (a) $C_6H_5COOC_2H_5$ (c) $CH_3COOCH_2CH_2CH_3$
    (b) $C_2H_5COOC_6H_5$ (d) $CH_3CH_2CH_2COOCH_3$

14. Welche Strukturformeln haben folgende Verbindungen?
    (a) Natriumpropionat (h) Benzylamin
    (b) *m*-Brombenzoesäure (i) *m*-Bromanilin
    (c) Ethylbenzoat (j) Tetraethylammoniumhydroxid
    (d) Isobutyrylchlorid (l) Asparaginsäure
    (m) Lysin (f) Diethylamin
    (k) Alanin (e) Methylformiat
    (g) Tri-*n*-propylamin

ß-D-GLUCOSE

Im Molekül der ß-D-Glucose blickt das H-Atom in Position 1 nach unten, senkrecht zur Ebene des sechsgliedrigen Rings. Die OH-Gruppe liegt ungefähr in der Ringebene.

CELLULOSE

ß-D-Glucose-Einheiten sind miteinander verbunden und bauen die Kette des Cellulose-Moleküls auf. Die Kette ist praktisch gestreckt, wenn man die Einheiten alternierend um 180° dreht.

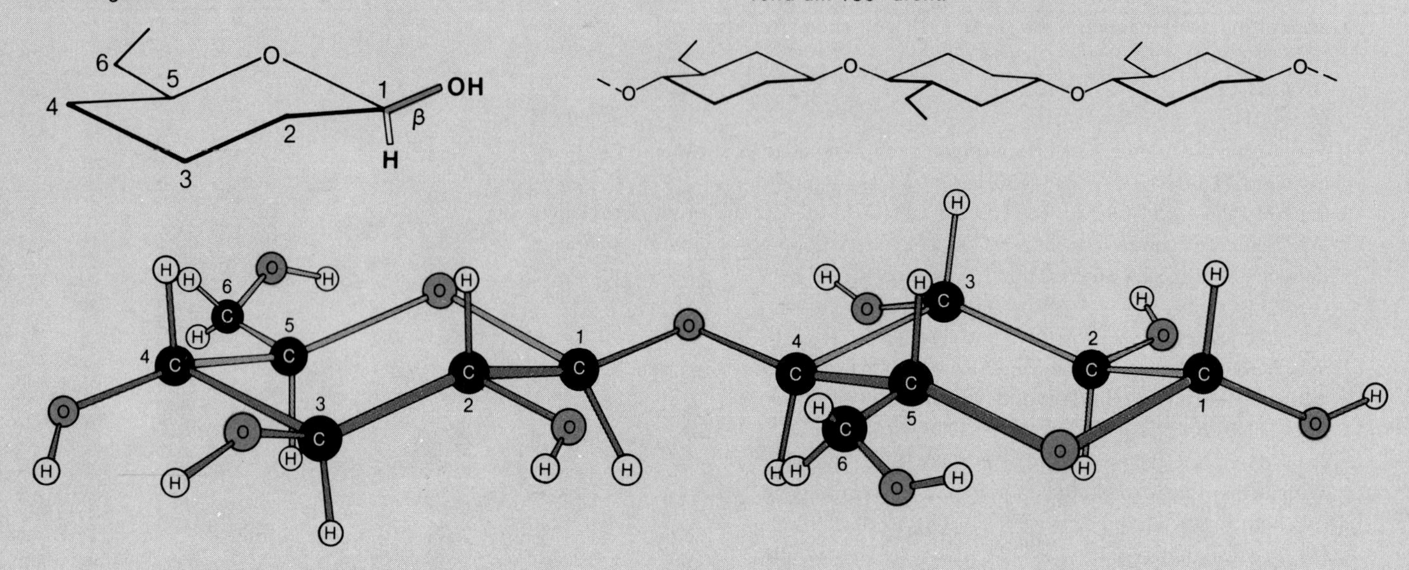

STÄRKE

α-D-Glucose-Einheiten bauen die für Stärke charakteristische Kette auf. Die α-Verknüpfungen, die senkrecht zu den Glucose-Ringen stehen, machen die Ausbildung einer gestreckten Kette wie bei der Cellulose unmöglich.

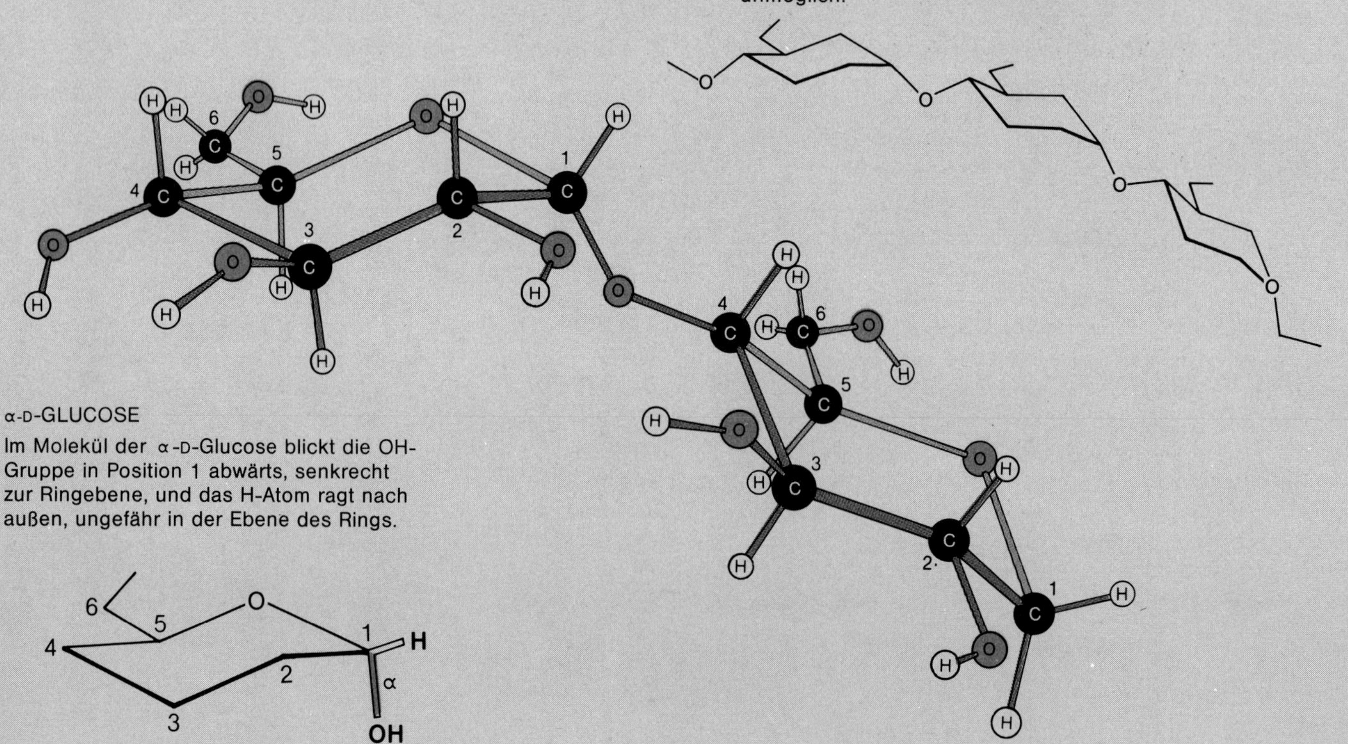

α-D-GLUCOSE

Im Molekül der α-D-Glucose blickt die OH-Gruppe in Position 1 abwärts, senkrecht zur Ringebene, und das H-Atom ragt nach außen, ungefähr in der Ebene des Rings.

◀ *Glucose-Moleküle können in zweierlei Weise miteinander verknüpft werden; in einem Fall wird Cellulose, im anderen Fall Stärke aufgebaut*

21. Kapitel

Lipide und Kohlenhydrate

In den beiden letzten Kapiteln wurde die Vielfalt der Kohlenstoff-Verbindungen herausgestellt. Es mag daher paradox klingen, aber tatsächlich findet sich über die Hälfte des organischen Kohlenstoffs auf unserem Planeten in *einer* Verbindung: Cellulose. Der zweite Sieger, mit großem Vorsprung vor jeder anderen Substanz, ist Stärke. Cellulose und Stärke sind beides Polymere eines einfachen Zuckers mit sechs Kohlenstoff-Atomen: *Glucose* ($C_6H_{12}O_6$), und insofern muß Glucose als das bei weitem erfolgreichste organische Molekül auf unserem Planeten angesehen werden. Wie wir im 23. Kapitel sehen werden, haben auch die wichtigsten, allen lebenden Wesen gemeinsamen Mechanismen der Energieaufnahme und Energiespeicherung das Glucose-Molekül zur Grundlage. Das Leben auf der Erde dreht sich um Glucose.

Cellulose ist so reichlich, weil sie das universelle Baumaterial für die Zellwände von Pflanzen aller Art darstellt – von den Grünalgen bis zu den kalifornischen Mammutbäumen. Das tragende Gerüst der Pflanzen ist polymere Glucose. Die Pflanzen speichern aber auch Energie in Glucose-Polymeren etwas anderer Art: Stärke. Wenn sie aber dasselbe Molekül als Stütz- und als Speicherstoff verwendet, befindet sich die Pflanze im Dilemma von Hänsel und Gretel mit ihrem Lebkuchenhaus: Was kann man essen, was ist Mobiliar? Die Lösung des Problems ist ein geniales Stück aus der chemischen Trickkiste: der Gegensatz von α- und β-Verknüpfung der Glucose-Ringe, der auf der gegenüberliegenden Seite veranschaulicht ist und weiter unten in diesem Kapitel behandelt werden soll.

Auch Tiere benutzen Moleküle der gleichen Familie als Strukturträger und Energiespeicher. Ein Tier speichert seine überschüssige Energie in Form von Fett. Die eng damit verwandten Lipide bilden eine der beiden Komponenten aller Arten biologischer Membranen sowohl von pflanzlichen wie von tierischen Zellen. Die im 20. Kapitel behandelten Seifenfilme aus Fettsäure-Molekülen sind ein überraschend gutes Modell für einfache Membranen, auch wenn dort das Innere nach außen gekehrt ist.

Im vorliegenden Kapitel werden wir zwei große Familien von Kohlenstoff-Verbindungen näher betrachten: *Lipide* – einschließlich Membranbausteinen, Fetten und gewissen Kohlenwasserstoffen – und *Kohlenhydrate,* nämlich Stärke, Cellulose und die einfachen Zucker aus lebenden Organismen.

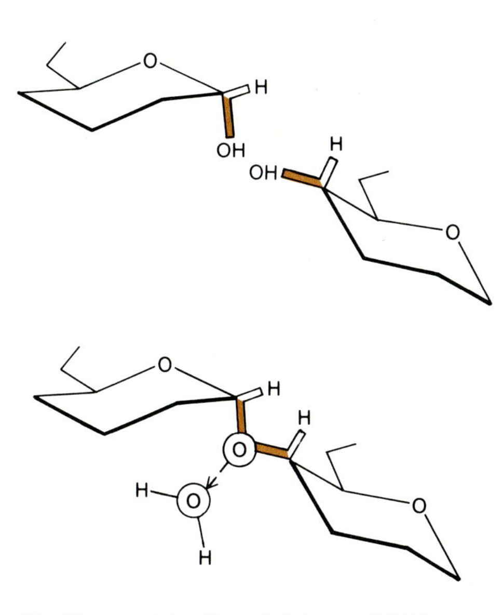

Die Glucose-Moleküle in Cellulose und Stärke werden durch Sauerstoff-Brücken zwischen den Kohlenstoffpositionen 1 und 4 miteinander verknüpft. Bei der Verknüpfungsreaktion wird ein Wasser-Molekül abgespalten.

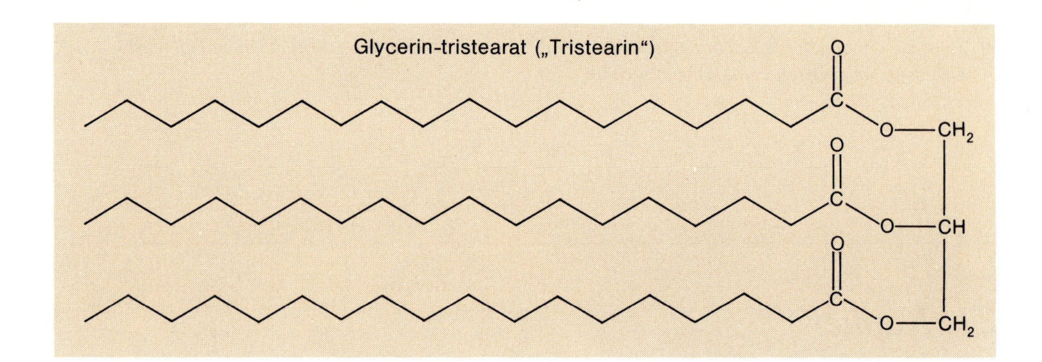

Fette und Lipide

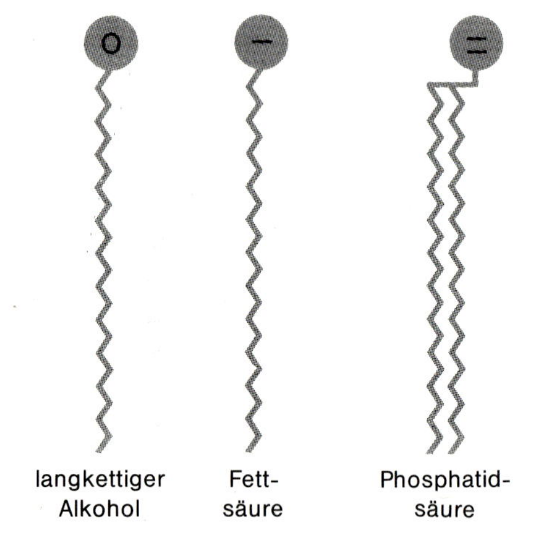

„Lipid" ist ein allgemeiner Ausdruck für jede Art von organischen Molekülen, die mit Hilfe von Ethern, Benzol oder anderen unpolaren Lösungsmitteln aus Zellen extrahiert werden können. Für uns sind Fette und von Fetten abgeleitete Membran-Moleküle die wichtigsten Lipide. Andere Klassen von Lipiden sind Steroide, Terpene sowie verschiedene niedermolekulare Kohlenwasserstoff-Derivate, die als Membran-Komponenten vorkommen, ferner Detergentien, ein paar Hormone, Regulationssubstanzen sowie Sensibilisator-Moleküle zum Lichteinfang. Zu dieser Gruppe gehören auch die Carotinoide, deren Talent zum Auffangen von Licht wir schon kennengelernt haben.

Wie wir im 20. Kapitel gesehen haben, sind Fette Ester des Glycerins mit langkettigen Fettsäuren, deren Kohlenstoff-Ketten 10 bis 20 Glieder enthalten. Tristearin, das am weitesten verbreitete tierische Fett, ist oben dargestellt. Die drei Ketten, die mit einem Glycerin-Molekül verknüpft sind, müssen nicht gleich sein; es sind auch gemischte Fette möglich. Pflanzliche Fette enthalten im allgemeinen kürzere Ketten, und zwar ungesättigte (mit einer C=C-Doppelbindung) oder mehrfach ungesättigte (mit mehreren C=C-Doppelbindungen). Die Doppelbindungen, die fast immer in der *cis*-Konfiguration vorliegen, verursachen Ausbeulungen der Ketten. Die kurzen, verbogenen Ketten passen schlecht in die geordnete Packung eines Festkörpers, und deshalb sind pflanzliche Fette oft ölartige Flüssigkeiten. Dagegen enthalten tierische Fette längere, gesättigte Fettsäure-Komponenten, die gut zusammengepackt werden können, so daß wachsartige Festkörper wie Schmalz und Talg vorliegen. Pflanzliche Öle können durch Hydrierung „gehärtet" werden, d. h. durch Anlagerung von Wasserstoff an die Doppelbindungen mit Hilfe eines Katalysators; dabei entstehen gesättigte Ketten, in denen die Knickstellen begradigt sind.

Wir haben im 20. Kapitel erwähnt, daß ein Alkohol mit einer anorganischen Säure genausogut verestert werden kann wie mit einer Carbonsäure. Ist Glycerin mit zwei Fettsäure-Molekülen verestert und mit einem Molekül Phosphorsäure,

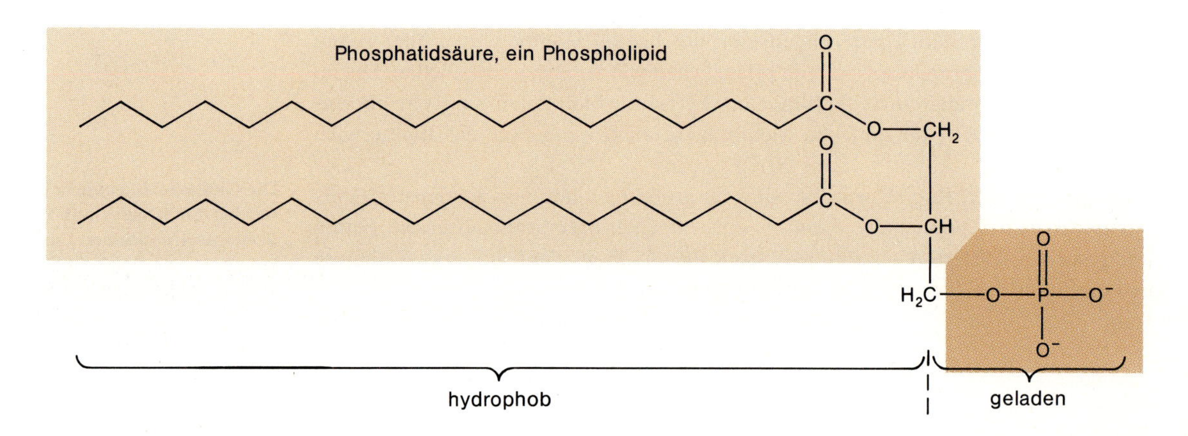

Phosphatidyl-ethanolamin (Cephalin)

hydrophob | polar, nach außen keine Ladung

dann haben wir es mit Phosphatidsäure (unten) zu tun, dem einfachsten *Phospholipid.* Man kann sie als „Super-Fettsäure“ auffassen. Langkettige Alkohole sind zum Teil hydrophob, zum Teil polar, aber ungeladen (außen links), Fettsäuren sind zur Hälfte hydrophob und zur Hälfte negativ geladen, und Phosphatidsäure enthält die Kohlenwasserstoff-Kette zweimal und eine doppelte negative Ladung pro Molekül. Diese Phospholipide sind die Baumaterialien für Membranstrukturen.

Ein Nachteil der Phosphatidsäure ist, daß es sich um ein doppelt negatives Ion (Anion) handelt, dessen negative Ladungen durch benachbarte positive Ionen (Kationen) neutralisiert werden müssen. Unter Beibehaltung des polaren Charakters des Molekül-Kopfes kann dieses Problem dadurch umgangen werden, daß die Phosphat-Gruppe wiederum verestert wird, und zwar mit einem Alkohol, der seinerseits eine positive Ladung trägt. Ein geeigneter Partner ist Ethanolamin, $HO-CH_2CH_2-NH_2$, der bei neutralem pH in ionisierter Form vorliegt: $HO-CH_2CH_2-NH_3^+$. Durch diese zweite Veresterung entsteht Phosphatidylethanolamin oder Cephalin (oben). Das Cephalin-Molekül ist zur Hälfte hydrophob, zur Hälfte aufgrund der Ladungen polar, aber insgesamt elektrisch neutral, da es Ion und Gegen-Ion in sich vereinigt.

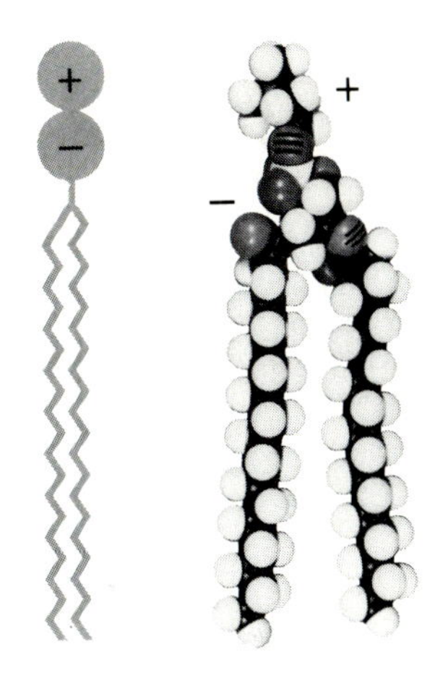

Cephalin hat einen Fehler: Als primäres Amin kann es in basischer Umgebung ein Proton und damit eine positive Ladung verlieren und damit wieder – wie Phosphatidsäure – zu einem negativ geladenen Molekül werden. Für dieses Problem hat die Natur in den tatsächlich vorkommenden Membranen eine geniale Lösung gefunden: Statt Ethanolamin wird ein quartäres Ammonium-Ion verwendet, das nicht durch Deprotonierung seine positive Ladung verlieren kann. Die wichtigste Lipid-Komponente in biologischen Membranen ist demzufolge Phosphatidyl-cholin oder Lecithin (unten). In Lecithin ist die Phosphat-Gruppe mit der quartären Ammoniumverbindung Cholin verestert. Cholin, $HO-CH_2CH_2-\overset{+}{N}(CH_3)_3$, hat, abgesehen von den drei Methylgruppen am Stickstoff, die gleiche Struktur wie Ethanolamin. Lecithin kann seine positive Ladung nicht verlieren und muß daher ein insgesamt neutrales Molekül bleiben. – Die Gestalt des Lecithin-Moleküls wird durch das Modell am rechten Seitenrand veranschaulicht.

Phosphatidyl-cholin (Lecithin)

Gibt man Lecithin in Wasser, so bildet es eine Monoschicht auf der Oberfläche: Die polaren Köpfe tauchen ins Wasser, die unpolaren Schwänze ragen in die Luft.

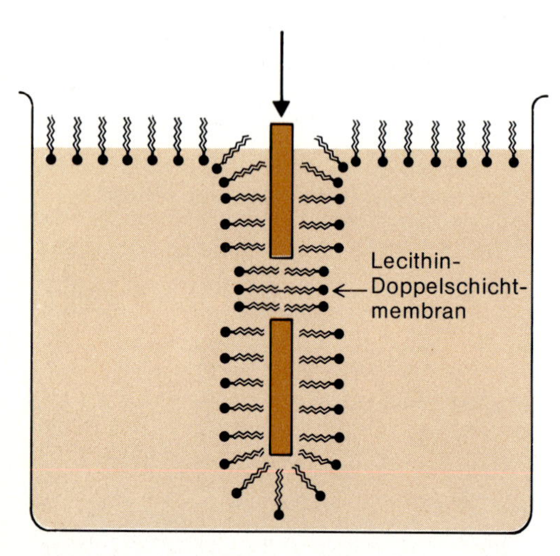

Eine Metallplatte, die man durch die Monoschicht in die Flüssigkeit eintaucht, wird mit einem Film aus einer Schicht Lecithin-Moleküle bedeckt. Wenn die Metallplatte ein Loch hat, dann bildet sich über diesem eine Lipid-Doppelschicht, wie sie oben auf dieser Seite dargestellt ist. Mit dieser Doppelschicht kann man Diffusionsexperimente ausführen.

Eine Doppelschicht aus Lipid-Molekülen. Die polaren Gruppen an den Molekül-„Köpfen" blicken auf beiden Seiten nach außen, und die unpolaren Molekül-„Schwänze" sind versteckt im Innern des Systems angeordnet. Diese Doppelschicht ist die Basis der Modelle für Membranstrukturen.

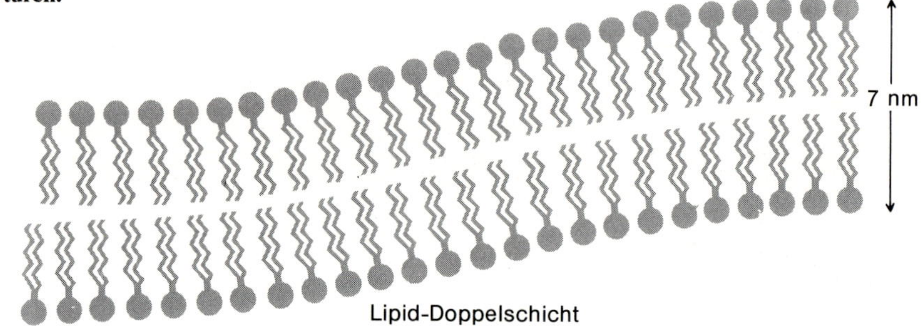

Die Membranstruktur

Suspendiert man Lecithin in heißem Wasser, so bildet es eine Monoschicht auf der Wasseroberfläche, ähnlich wie Seifen oder langkettige Alkohole. Taucht man eine Drahtschleife oder ein dünnes Metallblech mit einem Loch durch diese Schicht in der Weise hindurch, wie es links dargestellt ist, so bildet sich im Innern der Schleife oder des Lochs eine Lipid-Doppelschicht. Im ursprünglichen Film auf der Wasseroberfläche zeigen die polaren Köpfe der Moleküle nach unten und tauchen ins Wasser. Die Kohlenwasserstoff-Schwänze zeigen nach oben in die Luft. Die Lecithin-Doppelschicht, die sich in der Öffnung des Blechs oder der Drahtschleife bildet, hat die oben dargestellte Struktur: Die polaren Köpfe zeigen auf beiden Seiten der Doppelschicht nach außen, und die hydrophoben Ketten treffen sich in der Mitte. Wenn sie aus Ketten der Länge von Stearinsäure-Molekülen aufgebaut wird, hat eine solche Doppelschicht eine Stärke von 7 nm – ungefähr so, wie biologische Membranen. Lecithin-Doppelschichten haben die Struktur umgestülpter Seifenfilme. Beide Male handelt es sich um Doppelschichten aus an einem Ende hydrophoben, am anderen Ende polaren Molekülen. Seifenfilme, die auf beiden Seiten in Kontakt mit Luft sind, setzen dieser ihre hydrophoben Ketten aus, während die polaren Köpfe in eine Wasserschicht im Innern des Films eintauchen. Bei Lipid-Doppelschichten in wäßriger Lösung sind die Moleküle umgekehrt orientiert: der hydrophobe Teil befindet sich im Innern, während die polaren Köpfe nach außen zeigen.

Es gibt zwischen Lecithin-Doppelschichten und biologischen Membranen noch mehr Ähnlichkeiten. Wie Membranen sind die Doppelschichten leicht durchlässig für Wasser, aber nicht für Ionen wie Na^+, K^+ oder Cl^-. Quer durch die Membran ist der elektrische Widerstand wegen der isolierenden Kohlenwasserstoff-Schicht sehr hoch. Von einer Reihe kleiner Antibiotica-Moleküle, z. B. Valinomycin, weiß man, daß sie als Transport-Moleküle („Carrier") fungieren und natürliche Membranen durchlässig für K^+ und andere Ionen machen, die normalerweise nicht durch die Membran wandern können. Die gleichen Carrier-Moleküle transportieren solche Ionen auch durch Lecithin-Doppelschichten. Es scheint also evident, daß Lipid-Doppelschichten das Herz der Membranstruktur darstellen.

Ein Querschnitt durch die Zellmembran eines roten Blutkörperchens ist ganz rechts wiedergegeben. Im elektronenmikroskopischen Bild erkennt man an den Stellen, an denen die Osmium-Anfärbung am stärksten aufgenommen wurde, zwei parallele dunkle Linien mit einem nicht angefärbten Zwischenraum von 2.5 nm. Die gesamte Membranstruktur hat eine Stärke von 9.0 nm. Eine solche Membran besteht zu 60 Prozent aus Protein, zu 40 Prozent aus Lipid; vom Lipid-Anteil ist die

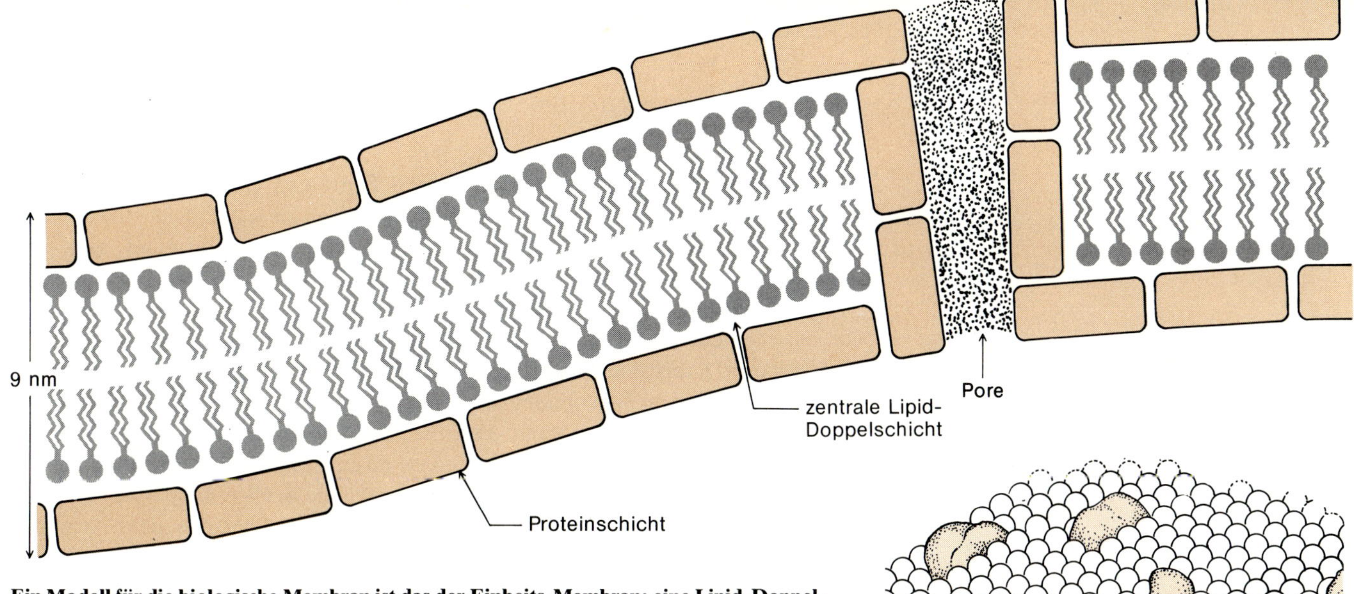

Ein Modell für die biologische Membran ist das der Einheits-Membran: eine Lipid-Doppelschicht, auf beiden Seiten mit Proteinen bedeckt. Dieses einfache Modell muß durch die Annahme von Poren modifiziert werden, damit die experimentell beobachtete Durchlässigkeit der Membran für eine Reihe von Ionen und kleinen Molekülen erklärt werden kann.

Hälfte Cholesterin (siehe Seite 516), die andere Hälfte besteht aus Lecithin, Cephalin und ähnlichen Molekülen.

H. Davson und J. Danielli entwarfen 1935 ein Modell der Membranstruktur, das durch Robertson zum Modell der „Einheitsmembran" verfeinert wurde. Es diente jahrelang als Basis für die Theorien der Membranstruktur. Das Modell der Einheitsmembran ist oben schematisch dargestellt: eine Lipid-Doppelschicht, die auf beiden Seiten mit Protein belegt ist. In diesem Modell ist das Innere der Membran stark hydrophob, die Außenseite ist polar. Die Lipid-Moleküle werden nur durch hydrophobe Wechselwirkungen zusammengehalten; Lipid- und Protein-Moleküle werden durch hydrophobe Kräfte und zusätzliche elektrostatische Anziehungskräfte zusammengehalten, die zwischen den polaren Lipid-Köpfen und Protein-Seitengruppen bestehen. Es wird angenommen, daß zwischen den Molekülen keine kovalenten Bindungen existieren, denn Membranen können leicht durch Lösungsmittel zerlegt und dann zur scheinbar intakten Struktur rekonstituiert werden. Die Abmessungen der Davson-Danielli-Einheitsmembran entsprechen denen, die aus elektronenmikroskopischen Aufnahmen ermittelt wurden.

Das Modell der Einheitsmembran wird als Ausgangspunkt immer noch akzeptiert, im übrigen gilt es aber als zu stark vereinfacht. Ein großer Teil der Proteine muß ganz durch die Lipid-Doppelschicht hindurchreichen und die Membran zusammenhalten, denn der gesamte Lipid-Anteil kann mit Ether aus einer Membran extrahiert werden, und trotzdem bleibt die Doppelschicht-Struktur intakt, wie man an elektronenmikroskopischen Aufnahmen erkennt. Auf der anderen Seite kann die Membran-Oberfläche nicht vollständig mit Proteinen bedeckt sein, denn die Membran wird von dem Enzym Phospholipase angegriffen, welches nur auf Lipide einwirkt. Es gibt außerdem Hinweise, daß biologische Membranen Poren haben, durch die kleine, neutrale Moleküle hindurchtreten können, und daß es eine andere molekulare Maschinerie gibt, um Ionen und Moleküle von einer Seite auf die andere zu schaffen. Ein besseres Bild der mutmaßlichen Membranstruktur als die simple, proteinbedeckte Lipid-Doppelschicht liefert das rechts dargestellte „Kartoffel"-Modell. Nach wie vor ist das schlichte Modell der Einheitsmembran die beste „erste Näherung", wenn man über die wirklichen Membranstrukturen nachdenkt. Das Modell der Einheitsmembran ist der Kinderzeichnung eines Automobils vergleichbar: Diese ist keine genaue Wiedergabe aller Autos, nicht einmal irgendeines Wagens, aber man kann sie als Symbol für den Typus „Auto" betrachten. In dem Maße, wie wir chemisch erwachsener werden, müssen wir auch unser Bild von der Membranstruktur genauer zeichnen.

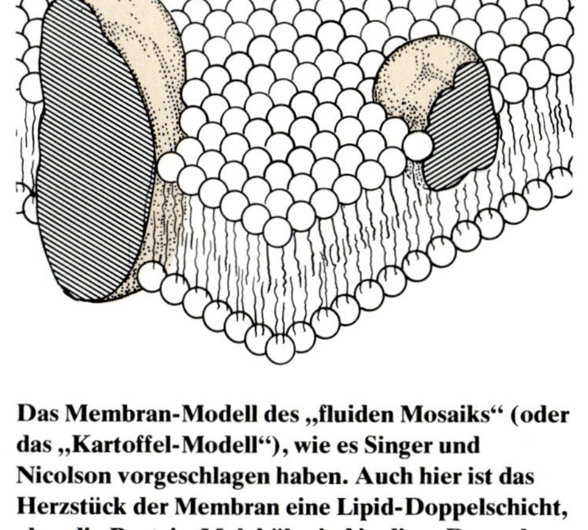

Das Membran-Modell des „fluiden Mosaiks" (oder das „Kartoffel-Modell"), wie es Singer und Nicolson vorgeschlagen haben. Auch hier ist das Herzstück der Membran eine Lipid-Doppelschicht, aber die Protein-Moleküle sind in diese Doppelschicht eingebettet und können bis zu einem gewissen Grade von einem Bereich der Membran zum anderen frei diffundieren. Teile der Lipidoberfläche liegen frei, und ein Teil der Proteine reicht quer durch die ganze Doppelschicht. [Nach S. J. Singer und G. L. Nicolson, Science 175, 723 (1972)]

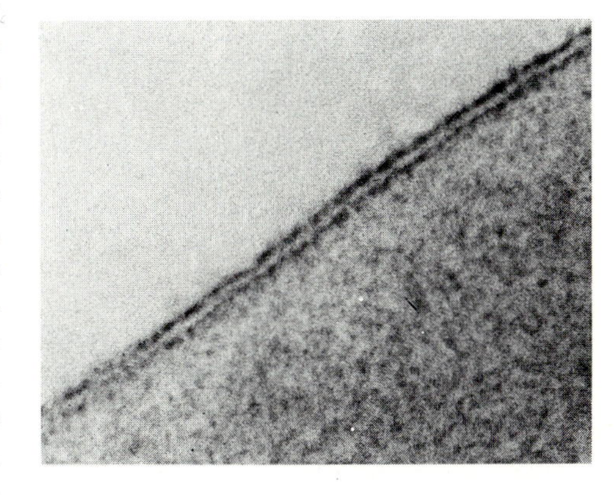

Auf dieser elektronenmikroskopischen Aufnahme ist ein Querschnitt durch die Membran eines roten Blutkörperchens zu erkennen. Die Doppelschicht-Struktur der Membran ist nicht zu übersehen. (Photo: J. David Robertson.)

Andere Lipide

Wachse sind Ester aus sehr langkettigen Fettsäuren (26 bis 34 Kohlenstoff-Atome) und Monohydroxy-Verbindungen. Sie dienen als wasserdichte Schutzüberzüge auf der Außenseite von Blättern und Früchten sowie auf Haut, Pelz oder Federn von Tieren. Sie werden ebenfalls zu den Lipiden gerechnet, denn durch ihre langen Kohlenwasserstoff-Schwänze sind sie unlöslich in Wasser, lösen sich aber in organischen Lösungsmitteln wie Benzol.

Fettsäure-Derivate sind nicht die einzige Art von Lipiden. Terpene sind flüchtige Öle, die in Pflanzen vorkommen und die man sich aus Isopren-Einheiten (C_5H_8, s. unten) aufgebaut denken kann. Terpene, die z. B. aus Geranien, Citrusfrüchten, Lorbeer, Pfefferminze, Nadelhölzern und vielen anderen Quellen extrahiert werden können, sind sehr aromatisch im ursprünglichen Sinne des Worts, aber sie sind nicht unbedingt „aromatisch" in dem speziellen Sinne, den Chemiker dem Ausdruck aufgeprägt haben, wenn sie von delokalisierten Ringverbindungen sprechen. Einige typische Terpene sind unten zusammengestellt; die gestrichelten Linien deuten an, wie jedes Molekül in Teilstücke von Isoprengröße zerlegt werden kann. Das β-Carotin-Molekül und der Phytol-Schwanz des Chlorophyll-Moleküls sind Beispiele für langkettige Terpene.

Vitamin A ist ein Terpenalkohol; der entsprechende Aldehyd heißt *Retinal;* es ist der Auslöser für die Licht-Rezeption in unseren Augen (nächste Seite unten). Bevor ein Photon auf das Retinal-Molekül trifft, ist dieses in *cis*-Konformation an der Doppelbindung in Position 11 an das Protein Opsin gebunden; das ganze ergibt ein Molekül *Rhodopsin.* Trifft Licht auf die Photorezeptoren des Auges, dann wird durch die Energie des Photons die *cis*-Doppelbindung des Retinals in die *trans*-Form umgewandelt. Dieser Vorgang löst in einer Weise, die wir noch nicht völlig

Terpene sind organische Moleküle, die man sich aus Isopren-Einheiten (Isopren = C_5H_8) aufgebaut denken kann; diese Einheiten sind in den angeführten Beispielen durch gestrichelte farbige Linien voneinander abgegrenzt. Zu den Terpenen gehören der Phytol-Schwanz des Chlorophylls, eine Reihe von lichtempfindlichen Pigmenten sowie natürliche Öle und Aromastoffe. Die „Kurzschrift", in der diese organischen Moleküle üblicherweise dargestellt sind, ist beim Isopren selbst erläutert.

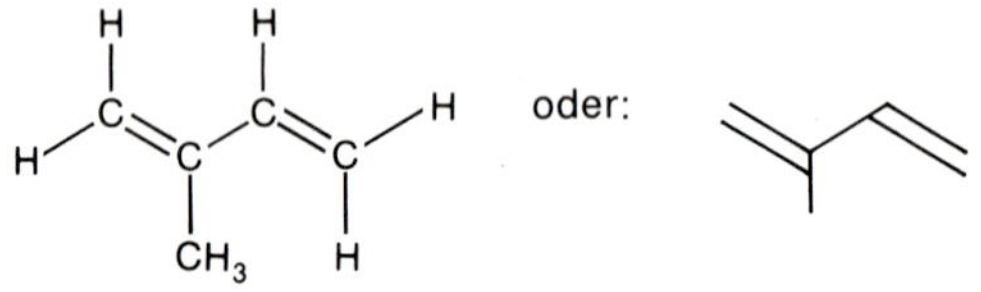

Isopren, C_5H_8

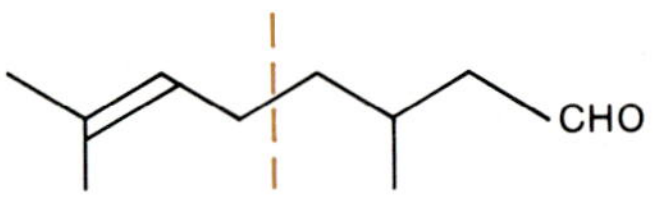

Citronellal

TERPENE

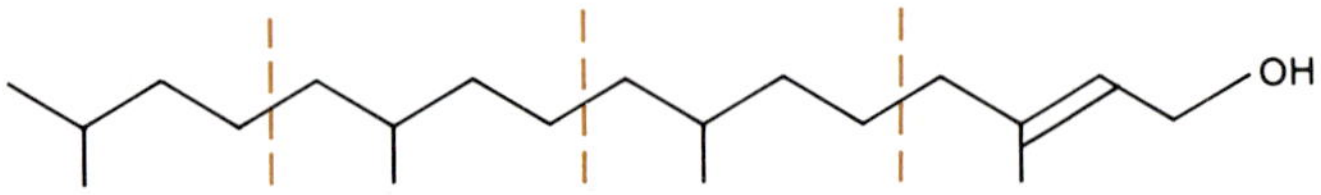

Phytol (Anhängsel am Chlorophyll)

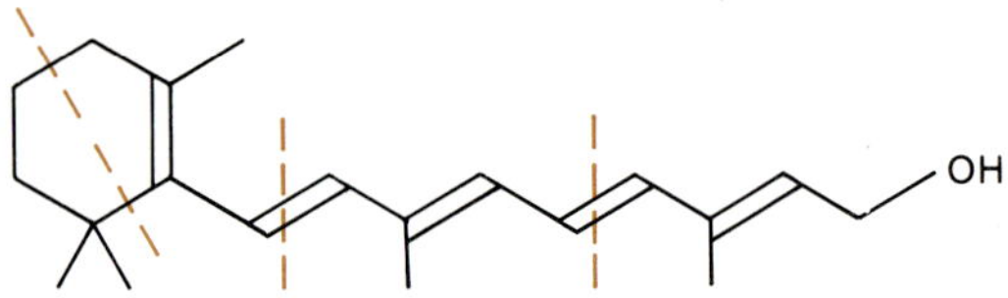

Vitamin A

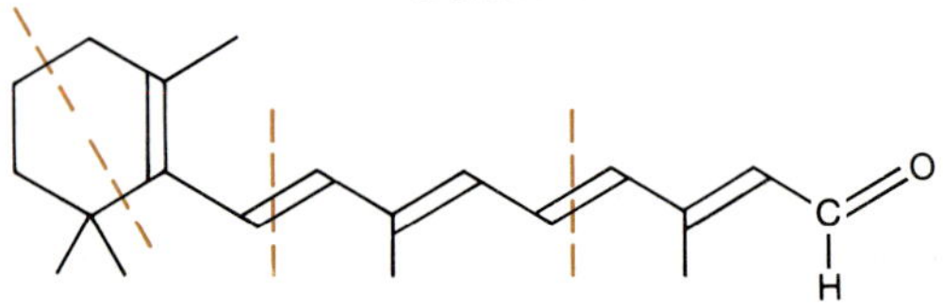

Retinal

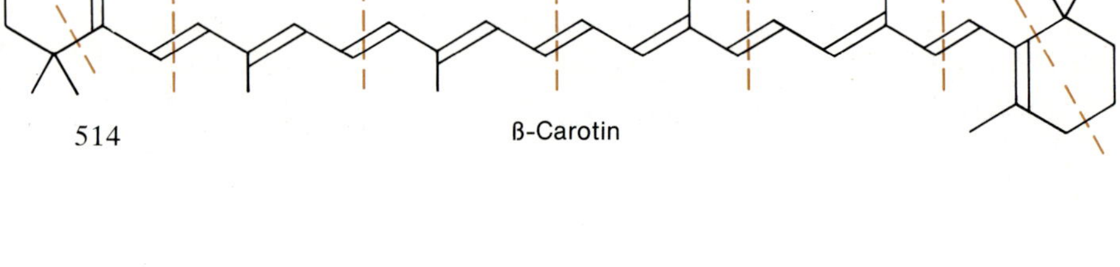

β-Carotin

verstehen, einen Nervenimpuls vom Auge zum Gehirn aus. Rhodopsin mit Retinal in der *trans*-Form ist instabil; es zerfällt in Opsin und Retinal. Nun wird *trans*-Retinal biochemisch in das *cis*-Isomere zurückverwandelt, dieses wieder mit einem Opsin-Molekül verknüpft und so die Falle für ein neues Photon gestellt.

Augen, die mit Hilfe von Linsen und Sehpigmenten Bilder registrieren, sind in der Geschichte des Lebens dreimal unabhängig voneinander entwickelt worden; bei Insekten, bei Tintenfischen und Mollusken sowie bei Wirbeltieren. Nebeneinander betrachtet, erscheinen diese Augen als ein bemerkenswertes Beispiel paralleler Evolution. Nicht nur das allgemeine optische Prinzip ist bei diesen Augen ähnlich; auch die in den Photorezeptoren verwendeten chemischen Verbindungen – Opsin und Retinal – sind die gleichen. Es dürfte schwer zu erklären sein, warum gerade das Retinal-Molekül in drei verschiedenen Fällen als Auslöser für die Lichtrezeption verwendet wurde; aber warum eine *cis-trans*-Isomerisierung einer Doppelbindung Teil der Rezeption sichtbaren Lichts ist, kann man unschwer einsehen: Die Energie, die für eine solche Isomerisierung gebraucht wird, fällt genau in den Energiebereich des sichtbaren Spektrums. Im 12. Kapitel haben wir gesehen, daß die Bindungsenergie einer C=C-Doppelbindung 616 kJ · mol^{-1} beträgt, die einer Einfachbindung 347 kJ · mol^{-1}. Soll eine *cis*-Doppelbindung in die *trans*-Konfiguration verdreht werden, muß ausreichend Energie zugeführt werden, damit für kurze Zeit der Zustand einer Einfachbindung erreicht wird, d.h. 616 – 348 = 268 kJ · mol^{-1}. Diese Energie entspricht der Wellenlänge von Licht im blauen Teil des Spektrums. Es muß in das *cis*-Retinal-Molekül nur wenig Spannung eingeführt werden – und das geschieht durch die Bindung an Opsin –, um die Isomerisierungsenergie auf rund 170 kJ · mol^{-1} zu drücken, so daß die Umwandlung mit allen sichtbaren Wellenlängen bis hin zum Rand des Infraroten möglich wird. Unsere Augen sind so angelegt, daß sie elektromagnetische Strahlung mit einer Energie zwischen ca. 170 (dunkelrot) und ca. 290 (violett) kJ · mol^{-1} registrieren, also mit etwas weniger Energie, als zum Bruch kovalenter Bindungen nötig ist. Eine *cis-trans*-Isomerisierung ist ein unbedenkliches Mittel zur Registrierung von Licht, denn es werden keine Bindungen unwiderruflich gelöst, sondern nur umgelagert. Ultraviolettes Licht dagegen ist schädlich, denn es kann Kohlenstoff–Kohlenstoff-Einfachbindungen aufbrechen. Infrarote Strahlung wiederum kann nicht registriert werden, denn sie hat zu geringe Energie, um den Retinal-„Auslöser“ zu betätigen.

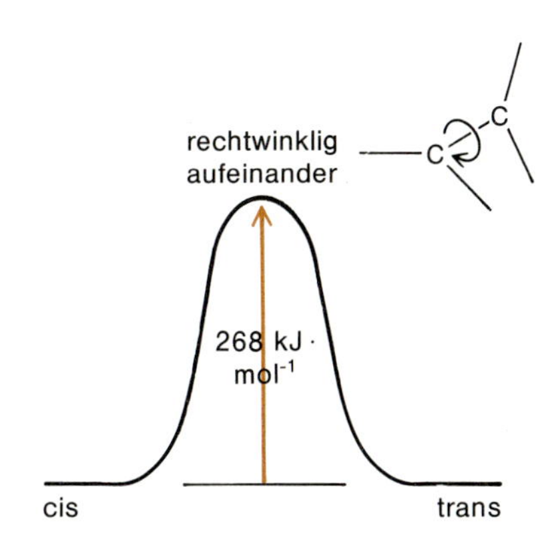

Die Energiebarriere für die *cis-trans*-Isomerisierung einer Doppelbindung (268 kJ · mol^{-1}) entspricht der Energie der Photonen sichtbaren Lichtes. Die Isomerisierung an einer Doppelbindung in *cis*-Retinal (unten) kann aus diesem Grunde als lichtempfindlicher Mechanismus im Auge ausgenutzt werden.

cis-Retinal

Opsin

Licht

Opsin

trans-Retinal

Opsin

trans-Retinal

STEROIDE

Cholesterin
(Membran-Lipid)

Cortison
(Hormon der Nebennierenrinde)

Testosteron
(männliches Sexualhormon)

Grundstruktur der Steroide sind vier „anelierte" Ringe (das sind Ringe, die mindestens zwei C-Atome gemeinsam haben), wie in den obigen Beispielen deutlich wird. Cholesterin ist in manchen Membranen die wichtigste Lipid-Komponente. Andere Steroide dienen als Hormone der Übermittlung chemischer Signale im Körper.

Ein für eine weitere Klasse von Lipiden, den *Steroiden,* typisches Gerüst aus vier Kohlenstoff-Ringen entsteht durch Faltung und internen Ringschluß von bestimmten Terpenketten. Das Steroid Cholesterin (links) ist ein wichtiger Bestandteil vieler Membranen; es macht aber auch Unannehmlichkeiten, wenn es als Fettablagerung in Blutgefäßen auftritt und den Blutkreislauf behindert. Cortison, Testosteron und andere Steroide sind Hormone – chemische „Boten", die in winzigen Mengen an bestimmten Stellen des Körpers freigesetzt werden und wichtige Regulationsvorgänge an weiter entfernten Stellen des Körpers auslösen. Die wichtigste Aufgabe des Cortisons ist die Regulierung des Glucose-Spiegels im Blut durch Umwandlung des Glykogens der Leber (s. Seite 522) in Glucose. Testosteron ist ein männliches Sexualhormon; andere Steroide regeln den Na^+-, Cl^-- und Wasserhaushalt im Körper, steuern die sexuelle Entwicklung, beeinflussen Entzündungen und allergische Reaktionen. Steroid- und Polypeptid-(Protein-)Hormone scheinen in allen Pflanzen und Tieren oberhalb des Einzeller-Niveaus die Botensubstanzen der Regulation zu sein; sie tragen Information über den Zustand einer Gruppe von Zellen zu einer anderen Gruppe von Zellen, die dann entsprechend der Situation reagieren können.

Kohlenhydrate

Unter Kohlenhydraten versteht man Zucker und Zucker-Derivate. Sie haben die allgemeine Summenformel $C_x(H_2O)_y$, wobei x und y ganze Zahlen sind. Diese Zusammensetzung führte ursprünglich zu dem irrigen Eindruck, es handle sich in irgendeiner Weise um „Hydrate des Kohlenstoffs"; daher stammt der noch heute übliche Name. Einfache Zucker, oder Monosaccharide, haben die Zusammensetzung $(CH_2O)_n$, worin n die Werte 3 bis 6, manchmal auch höher, annehmen kann.

Ribose ist eine Pentose, d.h. ein Zucker mit $n = 5$. Ein Derivat der Ribose ist wichtiger Bestandteil des Rückgrats der DNA-Kette, die wir im nächsten Kapitel kennenlernen werden. Das Ribose-Molekül ist auf der Seite gegenüber zweimal dargestellt: in offenkettiger Form und als geschlossener Ring. (Asymmetrische Kohlenstoffe sind durch Sterne gekennzeichnet.) In wäßriger Lösung liegen diese beiden Formen des Moleküls in einem Gleichgewicht vor, in dem die Ringform dominiert. Der Ring kann sich auf zweierlei Weise schließen, was zu zwei verschiedenen Positionen der OH-Gruppe am Kohlenstoff Nr. 1 führt; man spricht von α-D-Ribose oder β-D-Ribose. Löst man eine Probe der reinen α- oder der reinen β-Form auf, so erhält man in jedem Fall nach kurzer Zeit eine 50:50-Mischung von α- und β-Isomeren.

Der am weitesten verbreitete Zucker überhaupt, Glucose, ist eine Hexose mit $n = 6$ und der Summenformel $C_6H_{12}O_6$. Auch bei Glucose besteht in wäßriger Lösung ein Gleichgewicht zwischen einer offenkettigen und einer Ringform. Die Ringform ist auf der Seite gegenüber dargestellt. Das Glucose-Molekül liegt in der Sesselform vor, die wir im 19. Kapitel beim Cyclohexan kennengelernt haben. Alle OH-Gruppen ragen vom Perimeter des Rings nach außen – man spricht von der „äquatorialen" Position –, so daß sie so weit wie möglich voneinander entfernt sind; daher ist diese Anordnung besonders stabil. Bei zwei anderen häufigen Hexosen, Mannose und Galactose, ist je eine OH-Gruppe aus der äquatorialen in die „axiale" Lage gedreht, d.h. sie ragt nach oben oder unten aus der mittleren Ebene des gefalteten Sechsrings heraus.

Die gleichen Atome, die in diesen Hexosen vorliegen, können zu einer Verbindung mit fünfgliedrigem Ring zusammengebaut werden, die immer noch die Zusammensetzung $C_6H_{12}O_6$ hat. Diese Verbindung ist Fructose (oder Fruchtzucker); sie hat eine Ringstruktur ähnlich wie Ribose (rechts), ist aber eine Hexose und

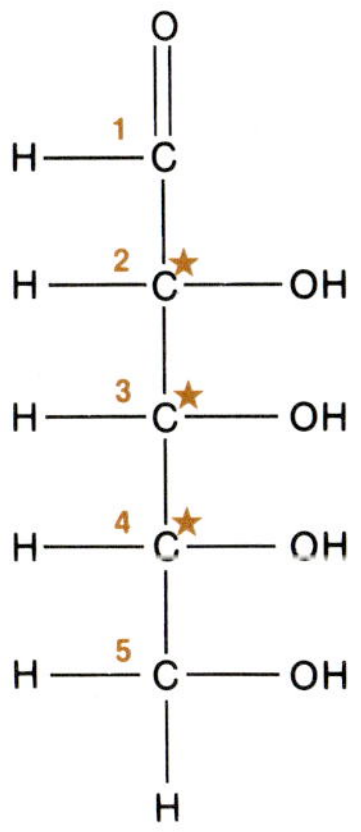

D-Ribose
(offenkettige Form)

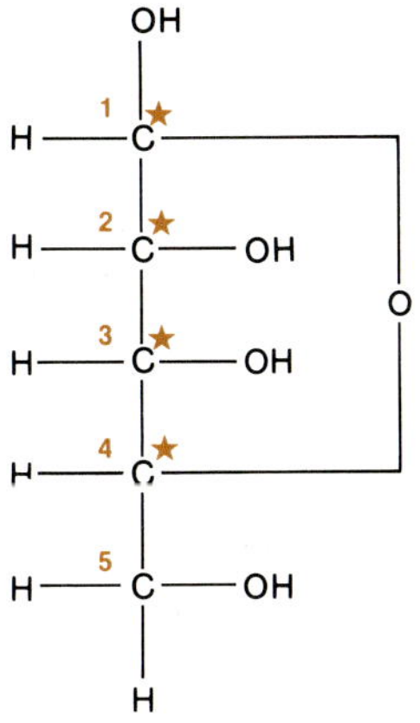

D-Ribose
(cyclische Form, die in
wäßriger Lösung vorliegt)

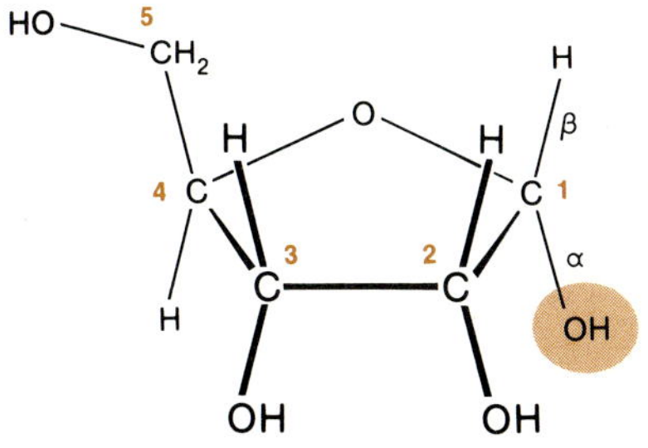

α-D-Ribose

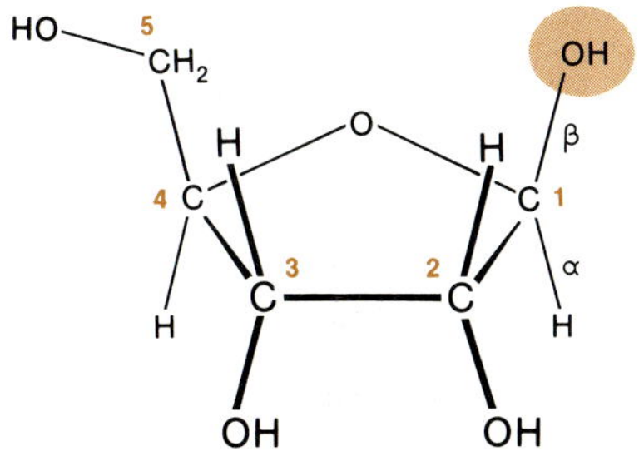

β-D-Ribose

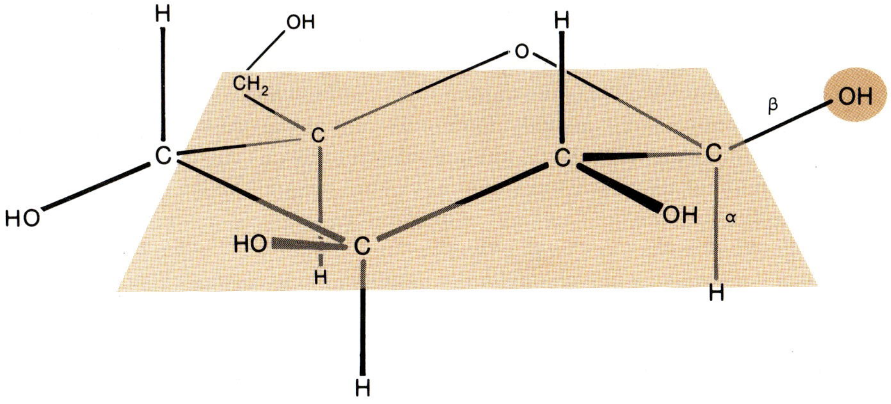

β-D-Glucose (alle OH-Gruppen äquatorial)

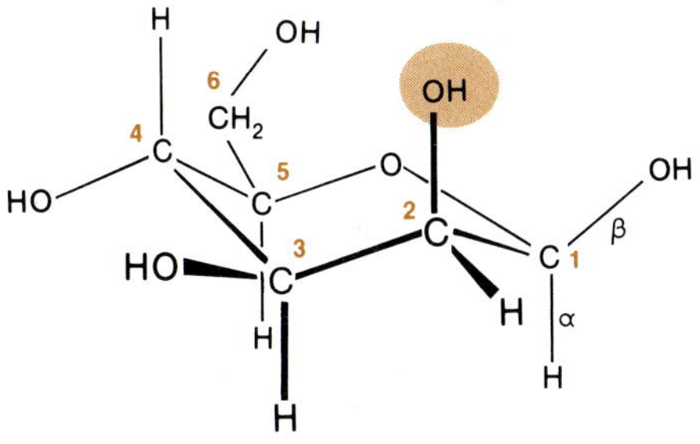

β-D-Mannose (C_2 –OH axial)

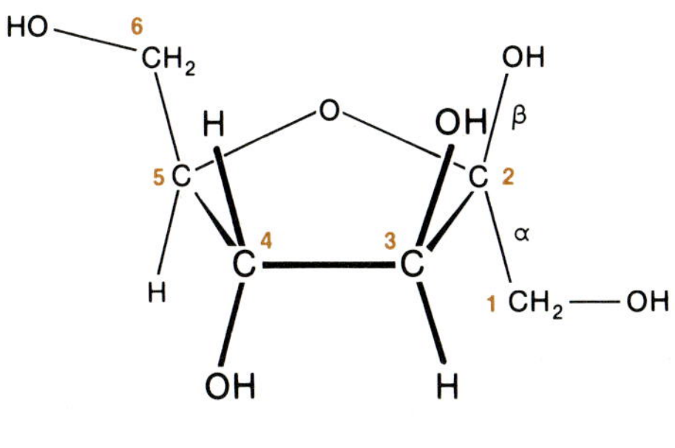

β-D-Fructose

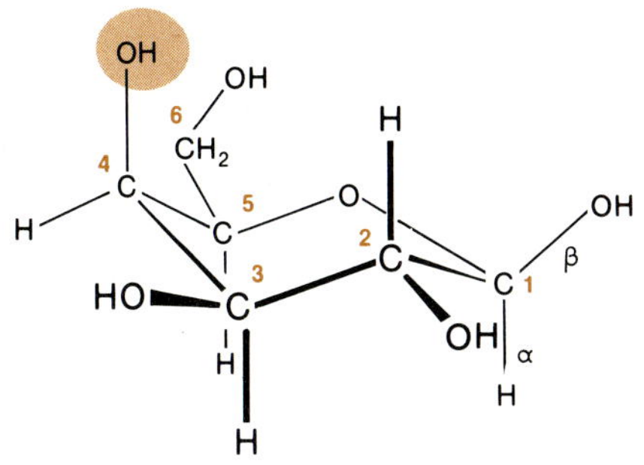

β-D-Galactose (C_4 –OH axial)

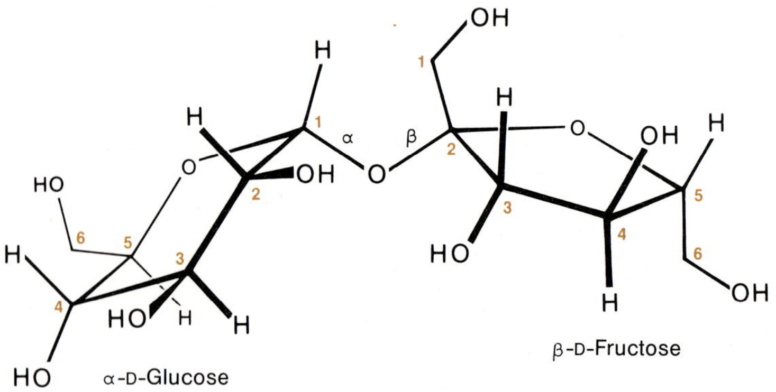

α-D-Glucose

β-D-Fructose

SACCHAROSE (Rohrzucker)

Die vier Skizzen auf dieser Doppelseite zeigen die ähnlichen Konstruktionsmerkmale von Saccharose (Rohrzucker), Lactose (Milchzucker), Maltose und Cellobiose. Alles sind Kombinationen aus zwei monomeren Zuckern. Saccharose ist ein Dimeres aus Glucose (eines Sechsring-Zuckers) und Fructose (eines Fünfring-Zuckers). Lactose (unten) ist ein Dimeres aus Galactose und Glucose, beides Sechsring-Zucker.

keine Pentose. Weintrauben sind eine ergiebige Quelle für Glucose, und deshalb heißt Glucose auch „Traubenzucker". Honig enthält eine Mischung von Glucose und Fructose; er war für Jahrtausende das gängige Süßungsmittel der Menschen, so lange, bis das Zuckerrohr auftauchte. Zuckerrohr und Zuckerrüben enthalten Rohrzucker, ein Disaccharid, das aus Glucose und Fructose besteht, die in der oben gezeigten Weise miteinander verknüpft sind. Zuckerrohr tauchte in Indien und Südostasien um das 5. Jahrhundert v. Chr. auf. Der griechische Geograph Strabo überliefert, einer der Admirale Alexanders des Großen habe von einem indischen „Schilf" berichtet, das „Honig produziert, obgleich es dort keine Bienen gibt". In der westlichen Welt verbreitete sich der Zucker jedoch erst in der Zeit der arabischen Eroberungen des siebten nachchristlichen Jahrhunderts. Etwa zur gleichen Zeit importierten die Chinesen „Steinhonig" aus Indien als Luxusartikel. Doch als billiges Süßungsmittel konnte der Rohrzucker den Honig erst wirklich ersetzen, als im 17. Jahrhundert die großen Zuckerrohrplantagen der Neuen Welt entstanden.

Neben seiner Seltenheit war einer der Gründe, warum der Rohrzucker so langsam akzeptiert wurde, die Tatsache, daß er weniger stark süß schmeckt als Glucose und Fructose. Säuren oder das Enzym Invertase katalysieren die Spaltung der die beiden Monosaccharide verknüpfenden Bindung im Rohrzucker und somit seine Umwandlung in eine äquimolare Mischung von Glucose und Fructose. Der Prozeß ist wichtig in der Zuckerwarenindustrie, die dafür einen eigenen Jargon entwickelt hat. Da die Mischung von Glucose und Fructose in Lösung die Ebene des polarisierten Lichtes in entgegengesetzte Richtung wie Rohrzucker dreht, wird die Rohrzuckerspaltung „Inversion" genannt. Das Enzym heißt „Invertase", und die Produkt-

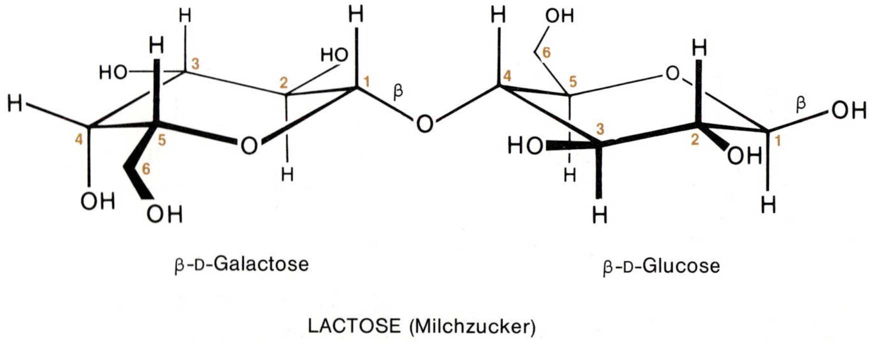

β-D-Galactose

β-D-Glucose

LACTOSE (Milchzucker)

α-D-Glucose α-D-Glucose

MALTOSE (α-1,4-Verknüpfung)

mischung „Invertzucker“. Glucose und Fructose werden in der Zuckerindustrie auch „Dextrose“ und „Lävulose“ genannt – nach der Richtung, in der jede für sich die Ebene des polarisierten Lichtes dreht. Die Technik der Zuckerchemiker ist bei den Bienen auf natürliche Weise vorweggenommen: Honig enthält oft bereits den stärker süßenden „Invertzucker“, denn die Bienen haben ihre eigene Invertase.

Von den anderen weiter verbreiteten Disacchariden ist die Lactose aus Milch ein Dimeres aus Galactose und Glucose (ganz links unten). Maltose entsteht aus partiell abgebauter Stärke (oben) und Cellobiose aus partiell abgebauter Cellulose (unten). An den beiden letztgenannten Disacchariden läßt sich der Unterschied zwischen Stärke und Cellulose veranschaulichen sowie die Art und Weise, wie die Pflanze die beiden Polymeren auseinanderhält. Maltose und Cellobiose sind beides Dimere der D-Glucose, und beide werden formal dadurch gebildet, daß die beiden Monomeren über die Positionen C-1 bzw. C-4 unter Austritt von Wasser kondensiert werden. Der Unterschied ist nur, daß Maltose über die α-Position am Kohlenstoff C-1 verknüpft ist, Cellobiose aber über die β-Position. Maltose ist also ein α-1,4-Dimeres, Cellobiose ein β-1,4-Dimeres. Dies scheint ein kleiner Unterschied zu sein, aber die Glucose-Moleküle werden von Enzymen zusammengefügt, die für extrem genaue Geometrie konstruiert sind. Ein Enzym, das dafür eingerichtet ist, eine α-1,4-Bindung zu knüpfen oder zu lösen, ist nicht imstande, eine β-1,4-Bindung anzugreifen, und vice versa. Es ist wie mit zwei Schlössern, deren jedes seinen eigenen Schlüssel hat. Alle 1,4-Bindungen in Stärke sind α-Bindungen, alle 1,4-Bindungen in Cellulose β-Bindungen. Für den Apparat des Stoffwechsels von Stärke mit ihren α-1,4-Bindungen ist Cellulose eine ebenso fremde und unverwertbare Substanz wie Polyethylen.

Die Glucose-Dimeren Maltose (oben) und Cellobiose (unten) sind dieselben Moleküle wie die, welche am Anfang dieses Kapitels zur Veranschaulichung des Unterschieds zwischen Stärke und Cellulose dienten. Ein Rückblick auf Seite 508 ruft nochmals die subtilen Unterschiede der Geometrie ins Gedächtnis, welche diese grundverschiedenen Moleküle kennzeichnen. Maltose ist ein Abbauprodukt der Stärke mit ihren charakteristischen α-1,4-Verknüpfungen. Cellobiose, die man durch Abbau von Cellulose erhält, hat die für diese Verbindung typische β-1,4-Verknüpfung. (Im Vergleich zu der Illustration, die das Kapitel einleitet, ist das Cellobiose-Molekül auf den Kopf gestellt.)

β-D-Glucose β-D-Glucose

CELLOBIOSE (β-1.4-Verknüpfung)

Polysaccharide: Cellulose und Stärke

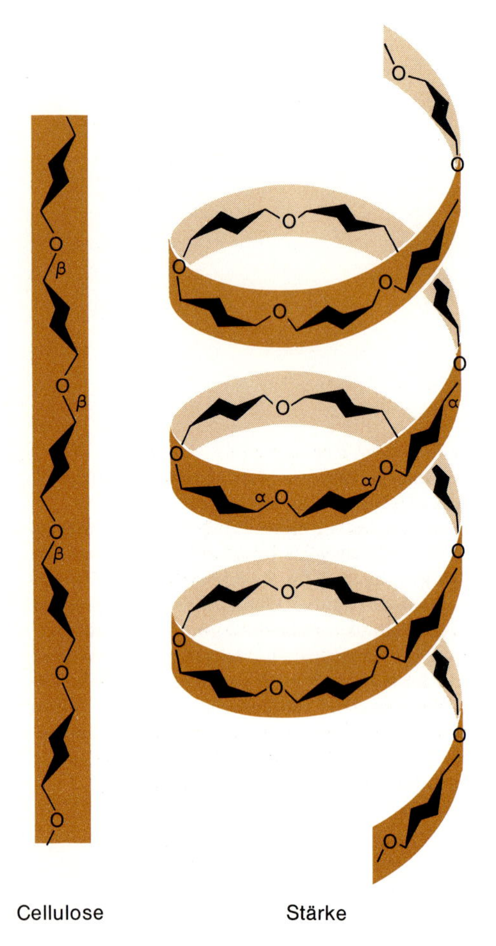

Die Cellulose-Moleküle bilden gerade Ketten mit β-1,4-Verknüpfungen. Die α-1,4-Verknüpfungen der Stärke zwingen die Ketten in eine gebogene Konformation. In Amylose, der unverzweigten Form der Stärke, ist diese Kette schraubenförmig aufgewunden.

Cellulose ist die häufigste organische Verbindung auf unserem Planeten. Cellulose in reinster, natürlicher Form ist Baumwolle, die zu 90 Prozent aus Cellulose besteht. Das Holz der Bäume ist ebenso Cellulose wie die Stützmaterialien von Pflanzenstengeln und Blättern. Die Zellwände aller Algen, außer den Blaualgen, bestehen aus Cellulose (der Name bedeutet ja „Zell-Zucker"). Und obwohl Bakterien und tierische Lebewesen im allgemeinen auf Cellulose als strukturerhaltende Trägersubstanz nicht angewiesen sind, gibt es doch zwei Bakterienarten und einige wenige wirbellose Meerestiere, bei denen die äußere Schutzhülle aus einem celluloseartigen Polymeren besteht.

Cellulose ist ein einfach aufgebautes, geradkettiges β-1,4-Polymeres der Glucose mit 300 bis 3000 Glucose-Einheiten pro Molekül und einer relativen Molekülmasse von 50000 bis 500000. Die Struktur eines Cellulose-Stranges ist links dargestellt. Solche Stränge sind zu Fibrillen gebündelt und zur Erhöhung der Festigkeit durch Wasserstoffbrücken quervernetzt. Die Fibrillen sind bündelweise miteinander verdreht und diese Bündel zu kräftigen Fasern verzwirnt, die als Stützmaterial geeignet sind. In der Seilerei wird die Erfahrung ausgenutzt, daß aus fragilen Fasern feste Taue entstehen, wenn die Fasern zu Fäden, diese zu Schnüren, die Schnüre zu Stricken und die Stricke zu Seilen verdreht werden. Die Natur hat die menschliche Seilerei vor einigen hundert Millionen Jahren vorweggenommen.

Könnten wir die β-1,4-Glucose-Bindung der Cellulose abbauen, eröffneten sich uns fast grenzenlose neue Nahrungsquellen. (Die Schattenseite davon wäre, daß wir wahrscheinlich einem unkontrollierten Wachstum der Erdbevölkerung tatenlos zusehen würden, bis unser Planet wie von Heuschrecken kahlgefressen wäre. *Homo sapiens* hat sich bisher nicht gerade durch Selbstkontrolle ausgezeichnet.) Unsere Verdauungsenzyme können jedoch die Cellulosebindung nicht aufbrechen. Abgesehen von einigen Protozoen und Bakterien, können nur Termiten, einige Schaben, Schnecken sowie wiederkäuende Säugetiere wie Rinder, Schafe, Ziegen und Kamele Cellulose verdauen. Und auch bei den celluloseverwertenden Insekten und Säugetieren funktioniert das nur, weil in ihren Verdauungstrakten Bakterien und Protozoen leben, die mit Hilfe des Enzyms Cellulase die β-1,4-Bindungen „aufbeißen" und auf diese Weise ihre Wirte mit verdaubaren Nährstoffen versorgen. Beim Rind leben diese Mikroorganismen im Pansen, dem ersten von vier Mägen. Dort wandeln Bakterien die Pflanzenfasern in Essig-, Propion- und Buttersäure um. Diese Säuren werden vom Tier durch die Pansenwand als Nährstoffe aufgenommen. Dabei entstehen täglich 60 bis 80 Liter CO_2 und Methan, die durch permanentes Rülpsen ausgestoßen werden müssen. Die Bakterien und Protozoen gedeihen in der warmen Kulturlösung des Pansens im Überfluß, und der Überschuß an diesen Mikroorganismen wird in die folgenden Mägen des Rindes weitergespült, wo sie als weitere ergiebige Nahrungsquelle verdaut werden. So ein Rindvieh ist eine bewunderungswürdig effiziente chemische Fabrik. Wir können die Verdauungstalente der Kuh im Laboratorium mit Hilfe von Säure oder Cellulase nachahmen, aber bislang ist die Methode kein sehr aussichtsreiches Unternehmen. Die Resultate können weder in wirtschaftlicher noch in ästhetischer Hinsicht mit Tafelspitz oder Lendensteak konkurrieren. Kühe sind immer noch billiger als Chemiker.

Mit wenigen Ausnahmen ist für alle Bakterien und Protozoen sowie für ihre Wirte die Stärke die normale Glucose-Quelle. Amylose, die einfachste Form der Stärke, ist ein unverzweigtes α-1,4-Polymeres von 250 bis 300 Glucose-Einheiten pro Molekül (links). Das weiter verbreitete Amylopectin ist gekennzeichnet durch rund 1000 solcher Einheiten in einer verzweigten Kette, wie es auf der gegenüberliegenden Seite dargestellt ist. Die Verzweigung kommt dadurch zustande, daß die α-Position eines C-1-Kohlenstoff-Atoms mit der OH-Gruppe am Kohlenstoff-Atom C-6 eines anderen Glucose-Moleküls durch eine α-1,6-Bindung verknüpft

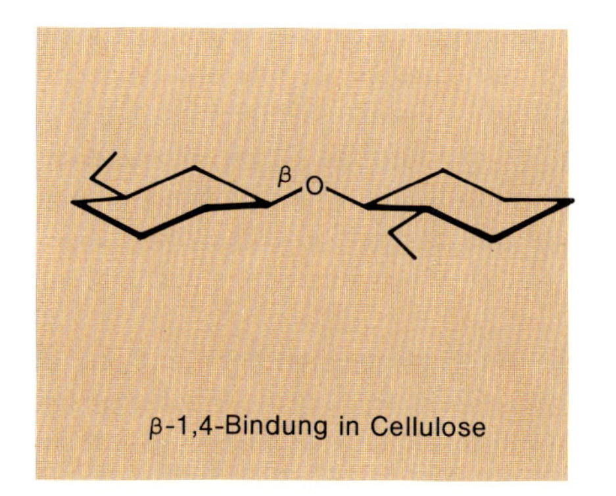

β-1,4-Bindung in Cellulose

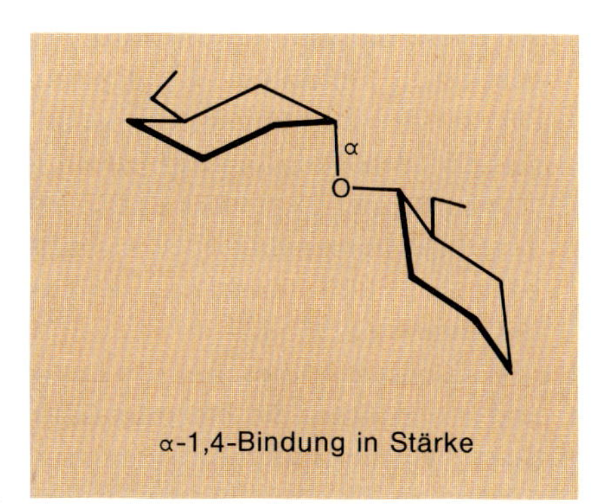

α-1,4-Bindung in Stärke

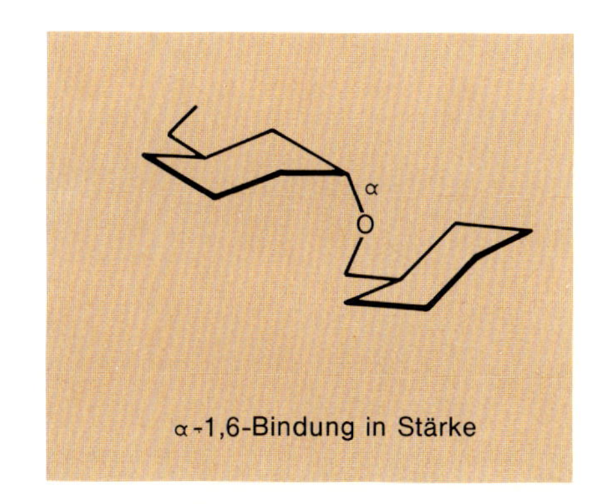

α-1,6-Bindung in Stärke

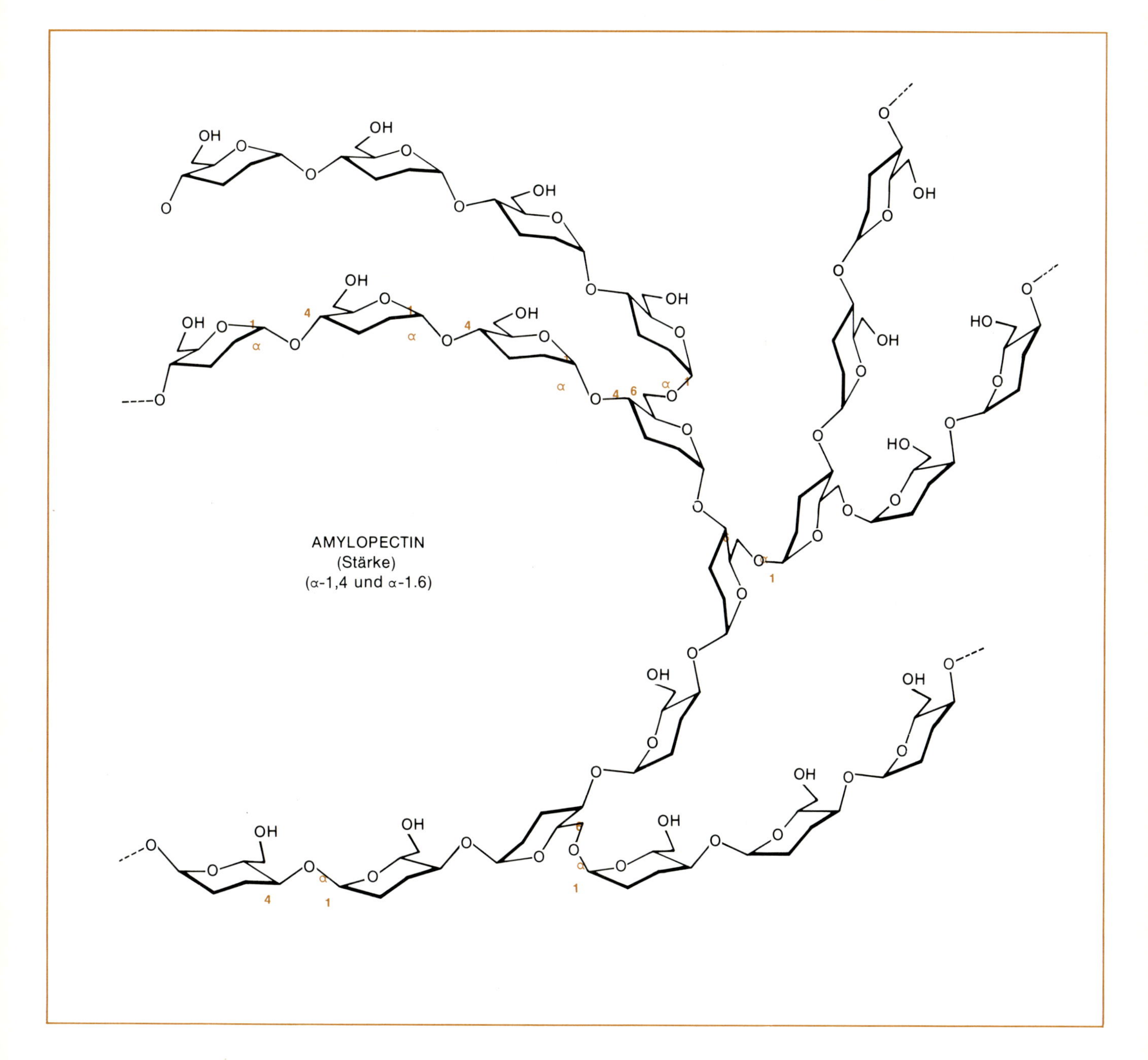

ist. Diese Art der Verknüpfung führt zu den dargestellten, wie verzweigte Äste gebogenen Molekülen. Amylopectin enthält auf ungefähr 20 Glucose-Einheiten eine α-1,6-Verzweigung. Die kleinere Amylose ist bis zu einem gewissen Grade wasserlöslich, Amylopectin jedoch ist unlöslich und insofern für die Pflanzen ein stabilerer Energiespeicher. Das Amylopectin, das wir im Laboratorium aus pflanzlichen Quellen gewinnen, ist wahrscheinlich bereits zu einem gewissen Grade abgebaut; die natürlichen Stärken besitzen ursprünglich Molekülmassen in der Größenordnung von Millionen.

Während uns Menschen das Enzym Cellulase fehlt, haben wir doch im Speichel und in den Säften des Pankreas (Bauchspeicheldrüse) eine Amylase. Wenn man ein Stück Brot eine oder zwei Minuten lang im Mund behält, fängt es langsam an, süß zu schmecken. Die Amylase des Speichels zerlegt die im Brot enthaltene Stärke in eine Mischung von Maltose und Glucose, die durch die Geschmacksknospen unserer Zunge wahrgenommen werden können. Der Rest der Spaltung wird durch Salzsäure im Magensaft besorgt, und das Produkt Glucose wird in den Blutstrom aufgenommen und letztlich der Oxidation zugeführt.

Verbrennungswärmen pro Gramm verschiedener potentieller Brennstoffe (Kurzfassung der Tabelle aus dem 12. Kapitel).

Brennstoff	Verbrennungswärme, $kJ \cdot g^{-1}$
Wasserstoff, $H_2(g)$	142.3
Methan, $CH_4(g)$	55.6
Octan (Benzin), $C_8H_{18}(fl)$	48.1
Stearinsäure, $C_{17}H_{35}COOH(f)$	39.7
Alanin, $H_2N-CH(CH_3)-COOH(f)$	18.4
Glucose, $C_6H_{12}O_6(f)$	15.5

Stärke ist als Energiespeicher deshalb so attraktiv, weil der Eingabe- und der Ausgabemechanismus so einfach sind. Eine einzige chemische Stufe genügt, um Glucose-Moleküle zu Stärke zusammenzufügen; und durch die Spaltung nur einer Art von chemischen Bindungen wird Stärke zu gebrauchsfertiger Glucose zurückverwandelt. Zur Synthese von Fetten ist dagegen ein halbes Dutzend Schritte im Stoffwechsel nötig, und die Zerlegung von Fetten zu gebrauchsfertigen kleinen Molekülen ist ebenso kompliziert. Der große Nachteil von Kohlenhydraten (Stärke) als Energiespeicher ist das niedrige Energie/Masse-Verhältnis. Die Tabelle links, eine Kurzfassung der Tabelle aus dem 12. Kapitel, zeigt die Verbrennungswärme pro Gramm verschiedener Brennstoffe. Wasserstoff ist der ergiebigste Brennstoff; an zweiter Stelle folgen die Kohlenwasserstoffe. Fast gleichwertig ist Stearinsäure, deren Brennwert als repräsentativ für alle Fette angesehen werden kann. Alanin, ein Beispiel für einen Brennstoff aus Proteinen, ist nur noch halb so gut, und Glucose und seine Polymeren sind noch schlechter.

Die Tiere, die ihre Energiereserven mit sich herumtragen müssen, haben die komplizierte Chemie der Fette und Fettsäuren entwickelt, um durch den Betrieb mit einem Brennstoff, der fast so gut ist wie Benzin, Gewicht zu sparen. Die stationären Pflanzen, für die Beweglichkeit und hohes Energie/Masse-Verhältnis keine Vorteile sind, haben sich statt dessen für die einfachere Kohlenhydratchemie entschieden. Doch auch die Tiere machen an einer Stelle von Kohlenhydraten als Energiereservoir Gebrauch: Sie synthetisieren Glykogen (tierische Stärke), eine stärker verzweigte Spielart von Amylopectin mit Verzweigungen alle acht bis zehn Glucose-Einheiten. Glykogen dient in der Leber und im Muskelgewebe als spezieller, schnell zugänglicher Energiespeicher – ein Puffer zwischen dem kurzfristigen Energiebedarf der Tiere und dem langfristigen Energieangebot in den Fetten.

Auf diese Weise nutzen die Tiere die Vorteile beider Energiespeichersysteme, und man findet leicht eine Analogie zwischen dieser Strategie und der Geldwährung. Im 17. Jahrhundert wurde in Europa das Papiergeld eingeführt, um den Gefahren und den Unbequemlichkeiten zu begegnen, die es mit sich bringt, wenn große Mengen Gold- und Silbermünzen von einem Ort zu anderen geschafft werden müssen. Die Italiener entwickelten die Girobank (wörtlich: „Kreislauf"-Bank), um den Kredittransfer von einer Stadt in die andere zu erleichtern, und die Noten der Girobank wurden allmählich als Stellvertreter für die Münzen akzeptiert, die sie repräsentierten. Mit Papierwährung war leichter umzugehen als mit Metall, aber manchmal gab es auch Schwierigkeiten. Es mochte großer Überzeugungskraft und gelegentlicher Preisnachlässe bedurft haben, damit Papiergeld abseits der großen Städte als Zahlungsmittel akzeptiert wurde. Ein niedergelassener Handelsmann (Pflanze) konnte sein ganzes Vermögen in Form von Gold und Silber aufbewahren.

Ein Reisender wechselte den größten Teil seiner Mittel in Banknoten (Fette) um, weil das praktischer war, aber er sorgte dafür, immer kleine Beträge in Münzen für den unmittelbaren Bedarf bei sich zu führen. Glykogen ist das Kleingeld des tierischen Energiebedarfs.

Struktur, Energie, Information

Die beiden Klassen organischer Verbindungen, die wir in diesem Kapitel betrachtet haben, nämlich Lipide und Kohlenhydrate, haben in lebenden Organismen ähnliche Aufgaben. In beiden Klassen gibt es Vertreter, die als wichtige Strukturbildner eine Rolle spielen: Cellulose in Pflanzen, Membranlipide in Pflanzen und Tieren. Vertreter beider Verbindungsklassen werden auch für die Energiespeicherung benutzt: Stärke und Glykogen bei Pflanzen und Tieren, Fette bei Tieren allein. Der Vorteil des hohen Energie/Masse-Verhältnisses der Fette wird zum Teil dadurch aufgehoben, daß das Einbringen und die Wiedergewinnung der Energie aus dem Speicher so kompliziert sind. Fette sind unlöslich in Wasser; vor dem Abbau müssen sie mit Hilfe von Detergentien der Galle, z. B. Cholsäure, suspendiert werden. Anschließend werden sie durch das Enzym Lipase in Glycerin und Fettsäuren gespalten und schließlich zu den Acetat-Einheiten aus zwei Kohlenstoff-Atomen abgebaut, die in die energieerzeugende Maschinerie eingefüttert werden können. Im Gegensatz dazu ist der Abbau von Stärke ein einfacher Vorgang, für den nur Säure und ein einziges Enzym benötigt werden. Aus diesem Grund wird Glykogen von Tieren als rasch zugänglicher Energiespeicher benutzt, obgleich ihr primäres Energiereservoir die Fette sind.

Bis jetzt haben wir uns mit Molekülen befaßt, die zwar Teile der lebenden Organismen sind, aber nicht Träger des Lebens in dem Sinne, wie es nach unserem Gefühl Enzyme und Nucleinsäuren sind. Bei all ihren nützlichen Eigenschaften sind Kohlenhydrate und Lipide „konventionelle" organische Moleküle, die ebenso im Reagenzglas zu Hause sind wie in der Zelle. Ihnen fehlt die Aura der Besonderheit, welche die DNA umgibt. Niemals wurde ernsthaft behauptet, daß Zucker und Fette „lebendig" seien, aber sowohl Proteinen als auch Nucleinsäuren wurde diese Eigenschaft gelegentlich, wenn auch naiv, zugeschrieben.

Der Unterschied, den wir zwischen Kohlenhydraten und Lipiden sowie anderen organischen Molekülen einerseits und Proteinen und Nucleinsäuren andererseits instinktiv erkennen, ist die Tatsache, daß in den Strukturen der letzteren Information niedergelegt ist, und zwar in einem Sinne, der für andere Moleküle nicht gilt. Das Konzept der Information schafft einen qualitativen Unterschied von Proteinen und Nucleinsäuren zu allen anderen Molekülen und begründet ihre Eignung als Basis einer Chemie des Lebens. Welcher Art diese Information ist und wie sie gespeichert wird, ist Gegenstand des nächsten Kapitels.

Fragen

1. Welche Eigenschaften muß ein Molekül haben, um als Lipid klassifiziert zu werden?
2. Welche biologisch wichtige Klasse von Lipiden ist uns im 20. Kapitel begegnet?
3. In welcher Weise ist die Molekülstruktur pflanzlicher Fette dafür verantwortlich, daß sie niedrigere Siedepunkte haben als tierische Fette vergleichbarer Molekülmasse? Wie können solche pflanzlichen Fette „gehärtet" werden?
4. In welcher Beziehung stehen Phospholipide zu Fetten? Wie unterscheiden sie sich? Inwiefern ähneln die Phospholipide den einfachen Fettsäuren?

5. Warum ist Phosphatidyl-ethanolamin zum Aufbau von Membranen besser geeignet als Phosphatidsäure? Warum ist Phosphatidylcholin noch besser? Wie lassen sich die Unterschiede anhand der Strukturformeln erklären?
6. Warum sind die hydrophoben Schwänze der Moleküle in einer Lecithin-Doppelschicht ins Innere der Doppelschicht gerichtet, während in einer Seifenlamelle sich die hydrophoben Schwänze auf den Außenseiten der Doppelschicht befinden? Welche Schlüsse kann man daraus hinsichtlich der Bedeutung der Umgebung für die Ausbildung biologischer Strukturen ziehen?
7. Was ist das Modell der Einheitsmembran? Wo in der Membran befinden sich nach diesem Modell die Lipide, wo die Proteine?
8. Wie unterscheidet sich das Membran-Modell des „fluiden Mosaiks" vom Modell der Einheitsmembran? Welcher Unterschied besteht speziell hinsichtlich der Anordnung der Protein-Moleküle?
9. Woraus muß man schließen, daß einige Protein-Moleküle ganz durch die Membran hindurchragen? Woraus muß man schließen, daß die Lipide zum Teil an der Membranoberfläche offen liegen?
10. Anhand der Strukturformel des Citronellal-Moleküls soll gezeigt werden, wie das Molekül aus zwei Isopren-Molekülen aufgebaut werden kann.
11. Wieviel Isopren-Moleküle brauchte man, um das Molekül von Vitamin A aufzubauen? Anhand eines Strukturdiagramms von Vitamin A soll gezeigt werden, wie die Isopren-Einheiten gebogen und miteinander verknüpft werden, damit das Vitamin A-Molekül entsteht.
12. Die Wirkungsweise des lichtempfindlichen Retinal-Mechanismus des Auges beruht darauf, daß mit Hilfe von Licht (Photonen) Doppelbindungen aufgebrochen werden (d.h. kurzfristig in Einfachbindungen umgewandelt werden). Wir könnten ultraviolettes Licht wahrnehmen, wenn die Lichtrezeptoren mit Hilfe von etwas höherenergetischen Photonen Einfachbindungen mit 330 bis 420 $kJ \cdot mol^{-1}$ Bindungsenergie spalteten. Warum wären derartige Photorezeptoren unpraktisch und gefährlich? Warum ist es unwahrscheinlich, daß lebende Organismen ultraviolett-empfindliche Augen entwickeln könnten?
13. Welche Beziehung besteht zwischen Steroiden und Terpenen? Welche Funktion haben Steroide in lebenden Organismen?
14. Glucose ist eine Hexose (d.h. ein Zucker mit sechs Kohlenstoff-Atomen) mit sechsgliedrigem Ring. Wieso kann Fructose ebenfalls eine Hexose sein, obwohl das Fructose-Molekül einen fünfgliedrigen Ring (wie Ribose, eine Pentose) enthält?
15. Welcher Unterschied besteht zwischen der äquatorialen und der axialen Position einer Gruppe an einem Kohlenstoff-Atom des Glucose-Moleküls? Welche Positionen nehmen die OH-Gruppen der Glucose ein? Wird durch diese Anordnung das Glucose-Molekül stabilisiert oder destabilisiert?
16. Sowohl Mannose als auch Galactose haben, verglichen mit Glucose, je eine OH-Gruppe in einer atypischen Position. Welche OH-Gruppen der Glucose müssen verändert werden, um zu den beiden anderen Hexosen zu gelangen? – Man beachte, daß in Mannose und in Galactose die jeweils veränderte OH-Gruppe auf der gleichen Seite aus dem Molekül herausragt. Die Hexose Allose, bei der eine einzelne, axiale OH-Gruppe (an Kohlenstoff-Atom 3) auf der anderen Seite des Ringes aus dem Molekül herausragt, kommt in der Natur nicht vor, kann jedoch synthetisiert werden. Was könnte der Grund sein, daß Mannose und Galactose natürlich vorkommen, Allose aber nicht? (Man denke an die Enzyme und ihre Arbeitsweise!)
17. Wie unterscheiden sich α-D-Ribose und β-D-Ribose geometrisch? Wie unterscheiden sich α-D-Glucose und β-D-Glucose?

18. Was versteht man unter Invertzucker? Wie lauten die gebräuchlicheren, wissenschaftlichen Namen für Dextrose und Lävulose? Woher stammen die Namen Dextrose und Lävulose?
19. Warum ist Honig süßer als Zucker?
20. Welcher Unterschied besteht zwischen den Verknüpfungen der Glucose-Monomeren in Stärke und Cellulose? Warum können wir die eine verdauen, die andere aber nicht?
21. Warum ist die natürliche Polymerkette der Stärke geknickt und nicht gerade wie die Kette der Cellulose? Auf welche Weise kommen Verzweigungen im Stärke-Molekül zustande? Welche Art der Verknüpfung der Bausteine liegt in den Verzweigungsstellen vor?
22. Mit Hilfe welches Enzyms bauen wir Stärke ab? Welche Organismen haben ein Enzym, um Cellulose abzubauen? Auf welche Weise verdauen Rinder und andere Wiederkäuer Cellulose?
23. Welche Vorteile hat Stärke als energiespeicherndes Molekül? Welche Nachteile hat sie im Vergleich zu den Fetten?

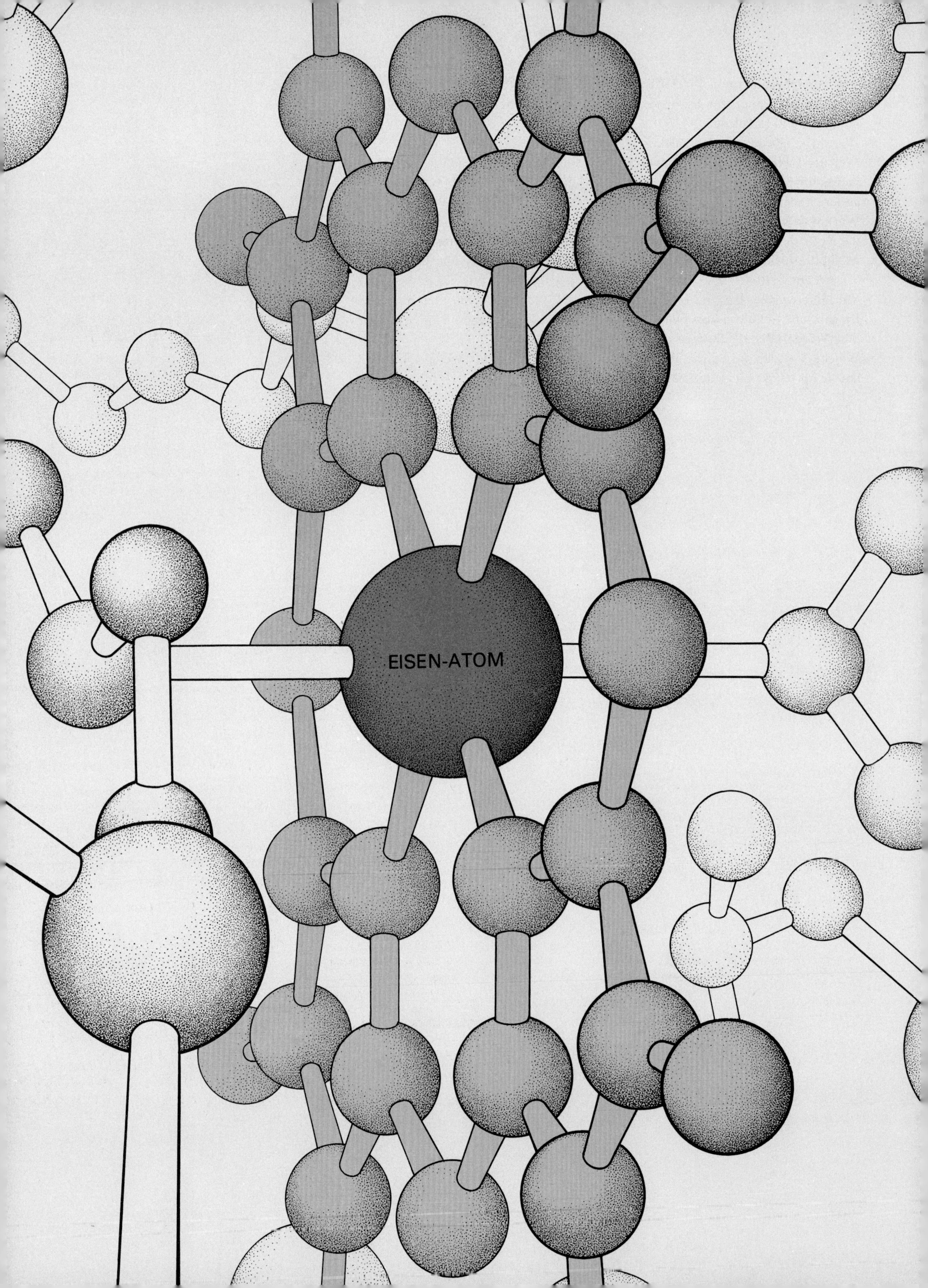
EISEN-ATOM

◀ *Häm-Gruppe des Cytochrom-c-Moleküls mit dem Eisen-Atom im Zentrum (Aus: Scientific American, April 1972. Copyright © 1972 Dickerson und Geis)*

22. Kapitel

Proteine und Nucleinsäuren: Die Informationsträger

Nach einer im Kuriositätenkabinett von Illustrierten oder als Zeitungsfüller immer wieder auftauchenden Geschichte sind alle Elemente des menschlichen Körpers je nach den Preisen auf dem Chemiemarkt nur 2,50 DM, 3,96 DM oder 7,– DM wert.

Das ist ein altes Klischee, bei dem der wesentliche Punkt übersehen wird, der auch den Diamanten wertvoller als Holzkohle macht. Bei jeder Kollektion von Atomen ist es die *Anordnung* der Atome, die so wichtig oder sogar noch wichtiger ist, als die Atome selbst es sind. Die Anordnung von Eisen- und Kohlenstoff-Atomen in der Häm-Gruppe eines Proteins, wie sie auf der gegenüberliegenden Seite dargestellt ist, zeigt wenig Ähnlichkeit mit Eisencarbid, einer anorganischen Verbindung aus den gleichen Elementen.

Eine andere, häufig zu hörende Verallgemeinerung ist die, daß ein Säugetier zu 65% aus Wasser besteht, und daß es sich dabei um eine verdünnte Salzlösung handelt, die dem Meerwasser ähnelt. Nach dieser Ansicht ist ein Säugetier ein Stück Ozean auf Beinen. Diese Haltung ist weniger klischeehaft, denn sie enthält ein Körnchen Wahrheit. Wie wir im 26. Kapitel sehen werden, beruht das Körnchen Wahrheit darauf, daß das Leben tatsächlich im Meer entstand. Doch die Behauptung, daß ein Lebewesen nur „ein mit Meerwasser gefüllter Sack" sei, berücksichtigt nicht, daß die Art des „Sackes" entscheidende Bedeutung hat.

In diesen letzten fünf Kapiteln werden wir uns dem System der kompliziertesten und auf höchst komplexe Weise miteinander verknüpften chemischen Reaktionen zuwenden, das auf unserem Planeten zu finden ist: einem lebenden Organismus. Wir können von „einem lebenden Organismus" stellvertretend für alle Lebensformen sprechen, weil alle Lebewesen auf diesem Planeten aus bemerkenswert ähnlichen chemischen Substanzen zusammengesetzt sind und durch die gleichen chemischen Reaktionen in Gang gehalten werden. Wir unterscheiden uns im Detail, aber im wesentlichen sind wir alle gleich. Diese Ähnlichkeit könnte zum Teil dadurch zustande gekommen sein, daß nur bestimmte Substanzen und Reaktionen als Grundlage für Leben geeignet sind; doch ein anderer Faktor ist sicher auch, daß sich alle Lebensformen auf diesem Planeten mit hoher Wahrscheinlichkeit aus einem oder wenigen primitiven Vorfahren entwickelt haben, die diese besonders günstigen Reaktionen bereits nutzten. In diesem Kapitel befassen wir uns mit den beiden wichtigsten chemischen Substanzen für alle Lebensformen: den Proteinen und den Nucleinsäuren.

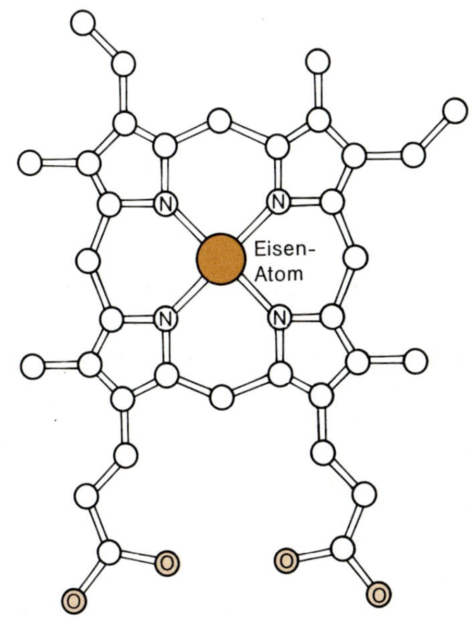

Häm-Gruppe von vorne; die gegenüberliegende Seite zeigt eine Seitenansicht. Eine ähnliche Häm-Gruppe kommt im sauerstoff-transportierenden Protein Hämoglobin vor. (Copyright © 1969 Dickerson und Geis; aus: R. E. Dickerson und I. Geis, The Structure and Action of Proteins, W. A. Benjamin, Inc.; deutsch: Struktur und Funktion der Proteine, Verlag Chemie, Weinheim 1971)

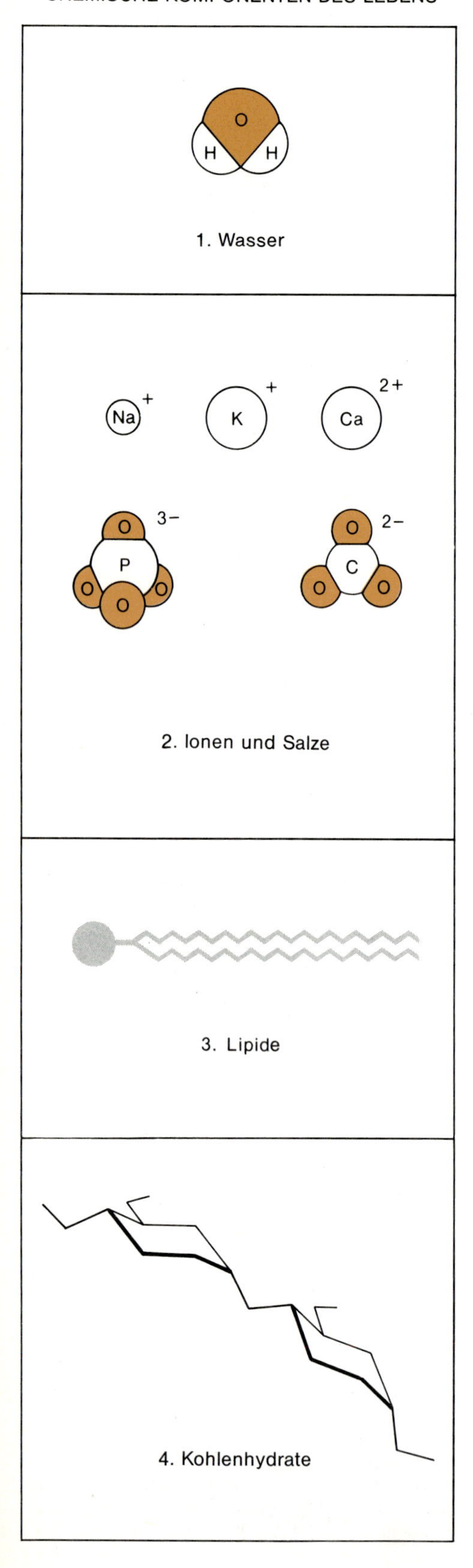

Die Chemie lebender Organismen

Die wichtigsten chemischen Bausteine aller Lebewesen, wo immer sie auf diesem Planeten vorkommen mögen, sind

1. Wasser,
2. Calciumphosphate und -carbonate und andere gelöste Salze,
3. Lipide: Ester des Glycerins mit organischen und anorganischen Säuren sowie Terpene und Steroide,
4. Kohlenhydrate: Polymere aus einfachen Zuckern, wie z. B. Glucose,
5. Proteine: Polymere aus Aminosäuren,
6. Nucleinsäuren: alternierende Polymere aus Zucker und Phosphat mit organischen Stickstoffbasen als Seitenketten.

Zu dieser Liste müßte man noch einige kleine organische Moleküle hinzufügen, die in winzigen Mengen gebraucht werden und oft von außen in Form von Vitaminen aufgenommen werden.

Jede dieser Hauptkomponenten hat eine oder mehrere wohldefinierte Aufgaben. Wasser ist das Lösungsmittel für alle chemischen Reaktionen. Calciumsulfate und -phosphate sind das starre Gerüstmaterial für Knochen, Zähne und Schalen. Proteine und Lipide liefern das dynamischere Baumaterial für Membranen, Bindegewebe, Sehnen und Muskeln. Fette bieten mechanischen Schutz und Wärmeisolierung. Sowohl Proteine als auch Fette haben noch eine zweite Aufgabe: Fette sind der Hauptenergiespeicher der Tiere, und globuläre (kugelförmige) Proteine dienen als Enzyme (Katalysatoren), Regulatoren, Transport-, Erkennungs- und Schutzmoleküle. Kohlenhydrate sind das Baumaterial der Pflanzen; außerdem speichern die Tiere in ihnen die Energie für den unmittelbaren Bedarf; für Pflanzen sind sie sogar der einzige Energiespeicher. Nucleinsäuren haben eine ganz besondere Aufgabe: die Speicherung und Übertragung der genetischen Information. Desoxyribonucleinsäuren (DNA) bilden den permanenten Informationsspeicher im Zellkern, und Ribonucleinsäuren (RNA) sind am Transcriptions- und Translationsapparat beteiligt, der diese Information interpretiert und zur Synthese von Proteinen benutzt. Ein kleiner Vetter der Nucleinsäuren, ATP, ist das zentrale Kurzzeit-Energiespeichermolekül für alle Lebensprozesse.

Die kleinen organischen Moleküle fungieren hauptsächlich als Überträger für Energie (ATP), Elektronen oder Reduktionseinheiten (NADH), chemische Gruppen (andere ATP-ähnliche Moleküle) oder Information (Hormone). Die meisten Vitamine wie Vitamin A, die Vorstufe für Retinal und β-Carotin, sind im wesentlichen synthetische Vorstufen für jene Moleküle, die unser Stoffwechsel nicht mehr selbst herstellen kann. Von den vielen anorganischen Ionen und Metallen in lebenden Organismen ist K^+ das wichtigste Kation in einer Zelle und Na^+ das wichtigste Kation in der extrazellulären Flüssigkeit. Calcium spielt, wie bereits erwähnt wurde, eine Rolle für Knochen, Zähne und Schalen. Andere Metall-Atome, wie z. B. Mg, Mn, Fe, Co, Cu, Zn und Mo, sind wesentlich für die Funktion der Enzyme, mit denen sie bei der Katalyse, der Elektronenübertragung und der Bindung von O_2 oder anderen kleinen Molekülen an Elektronenumordnungen beteiligt sind.

Alle diese chemischen Komponenten sind nur die Bäume; doch was wir wirklich sehen wollen, ist der Wald. Wenn wir sagen, daß ein Säugetier nur aus Wasser, Salzen, Proteinen, Lipiden, Kohlenhydraten, Nucleinsäuren und kleinen organischen Molekülen besteht, wiederholen wir nur eine etwas kompliziertere Version des Klischees, daß ein Mensch aus chemischen Elementen zusammengesetzt ist, die nicht mehr als 3,96 DM wert sind. Was muß zu diesen chemischen Komponenten hinzukommen, oder wie müssen sie angeordnet sein, damit aus ihnen ein lebender

Organismus entsteht? Diese Fragen sind es, mit denen wir uns in den letzten fünf Kapiteln dieses Buches in Wirklichkeit befassen werden.

Welches sind die Kriterien für Leben?

Die fundamentale Aussage der nächsten fünf Kapitel läßt sich einfach zusammenfassen: *Leben ist ein Verhaltensmuster, das chemische Systeme zeigen, wenn sie eine bestimmte Art und ein bestimmtes Niveau von Komplexität erreichen.*

Wie sieht dieses Verhaltensmuster aus, und welche chemische Grundlage hat es? Das ist eine schwierige Frage und eher ein Plan für die Zukunft der gesamten Chemie als ein Entwurf für fünf Kapitel über Biochemie. Wir können bis jetzt noch keine Antworten geben, aber wir können die Gebiete beschreiben, in denen diese Antworten eines Tages gefunden werden. Diese Aussagen können uns helfen zu erkennen, was in dem breiten Gebiet Leben für den Chemiker relevant und der Erklärung durch chemische Methoden zugänglich ist.

Obwohl es uns nicht schwerfällt, zwischen Lebendem und nicht Lebendem zu unterscheiden, ist es schwer, eine hieb- und stichfeste Liste von Kriterien für Leben aufzustellen. Die meisten Lebewesen bewegen sich, reagieren auf Reize, atmen, essen und scheiden aus, wachsen, vermehren sich und sterben schließlich. Leider können wir für alle diese Kriterien offensichtliche Ausnahmen finden. Die meisten Pflanzen bewegen sich nicht, außer bei der Samenausbreitung zur Vermehrung. Obwohl wir bei den meisten Pflanzen Phototropismus und Geotropismus beobachten, also Wachstumsreaktionen auf den Reiz durch Licht und Schwerkraft, reagieren einige niedere Pflanzen nicht sichtbar auf die üblichen Reize. Wundbrandbakterien und viele andere anaerobe Mikroorganismen atmen nicht nur nicht, sondern sie werden durch die bloße Gegenwart von Sauerstoff getötet. Bei Viren beobachten wir weder Atmung, noch essen sie, noch scheiden sie aus, noch wachsen sie. Sie tun fast nichts, als in ihre Wirtszellen einzufallen und diese zu zwingen, mehr Viren herzustellen. Amöben und andere Organismen, die sich durch Knospung oder Teilung vermehren, sterben nicht im wirklichen Sinne des Wortes an Altersschwäche. Nur ein Kriterium gilt universal: Alle lebenden Systeme vermehren sich.

Um die Konfusion noch zu erhöhen, findet man einige der Kriterien unserer Liste auch bei nicht lebenden Objekten. Sanddünen, übersättigte Tonböden und unterspülte steile Meeresküsten reagieren auf mechanische Reize und geraten oft abrupt in Bewegung. Ein Kristall in Lösung wächst, indem er Moleküle oder Ionen aus seiner Umgebung aufnimmt. Wenn er an einer Ecke verletzt wird, wird er selektiv an dieser Ecke mehr Moleküle aufnehmen und sich selbst „heilen“. Sterne werden aus der Materie älterer Sternen geboren; sie wachsen, entwickeln sich durch vorhersagbare Stadien und sterben schließlich. Trotz dieser Phänomene würde niemand behaupten, daß Sanddünen, Kristalle oder Sterne lebendig sind. Bei unserer Definition des Lebens müssen wir noch kritischer sein.

Probeweise kann man Leben wie folgt definieren: *Lebende Organismen sind komplexe, organisierte chemische Systeme, die sich vermehren, wachsen, einen Stoffwechsel haben, ihre Umgebung ausnutzen und sich selbst vor ihr schützen, die sich entwickeln und sich in Reaktion auf langfristige Änderungen der Umgebung selbst ändern.* Jede dieser Eigenschaften muß geprüft werden, um zu sehen, ob unsere Definition des Lebens bestehen kann.

Vermehrung

Dies ist das universelle und essentielle Charakteristikum jedes Lebewesens, denn dadurch setzt sich Leben fort. Die höheren Organismen durchlaufen einen Cyclus von Geburt, sexueller Vermehrung und Tod. Viele niedere Organismen vermehren

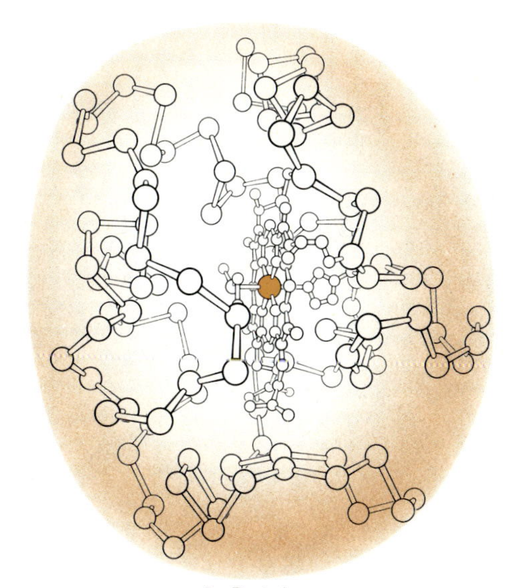

5. Proteine

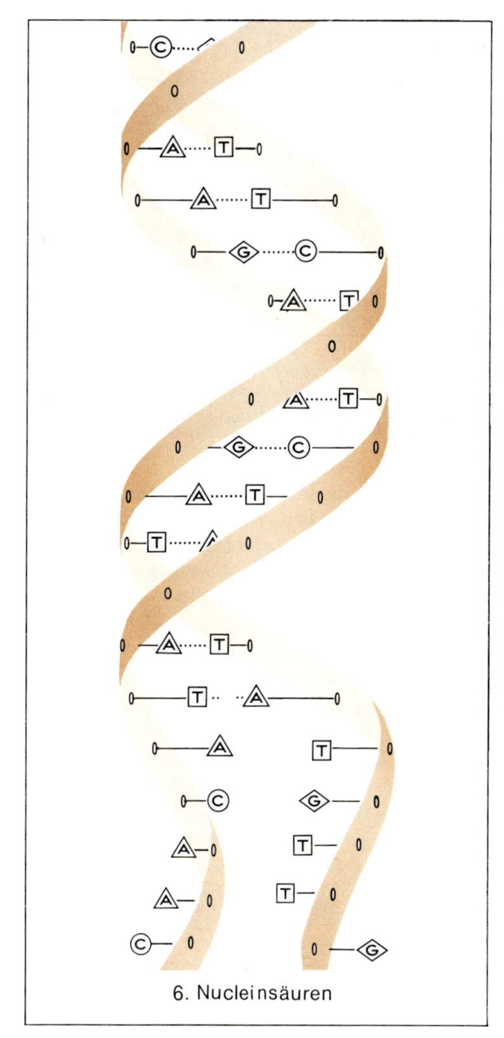

6. Nucleinsäuren

sich durch Teilung, Knospung oder irgendeine andere Art der Unterteilung und erleiden den individuellen Tod nur durch einen Unfall. Auch Viren vermehren sich, jedoch nur mit der Hilfe anderer Organismen. Alle Lebewesen vermehren sich auf irgendeine Weise, und das Leben geht weiter.

Dieses Fortbestehen des Lebens bei der Familie der Organismen oder beim Individuum unterscheidet sich von einem statischen Fortbestehen. Auch Steine und Mineralien bestehen fort, und das Material in ihnen bleibt unverändert. Dagegen behält ein Lebewesen dieselbe Form, während es kontinuierlich Moleküle mit seiner Umgebung austauscht. Seine individuellen Moleküle kommen und gehen, aber seine Struktur und seine Organisation bleiben unverändert. Das Lebewesen behält seine Identität inmitten eines immerwährenden Materieflusses durch es hindurch.

Der Birkenspinner ist ein Fallbeispiel für Evolution. Der Falter kommt in einer hellen und in einer dunklen Varietät vor. In der DNA jeder Varietät ist die Instruktion für Art und Verteilung der Flügelpigmentierungen gespeichert. Auf einem mit Flechten bedeckten Baum sind die hellen Falter fast unsichtbar. In sauberer Luft hat diese Varietät die größere Überlebenschance. (Photo: Dr. H. B. D. Kettlewell)

Wachstum

Im allgemeinen nehmen Größe und Komplexität der Lebewesen zu, wenn sie älter werden. Sie durchlaufen einen geregelten, vorhersagbaren Lebenscyclus oder Lebensplan. Dieser Entwicklungsplan ist nicht das Produkt einfacher physikalischer Kräfte (wie das „Heilen" beschädigter Kristalle), sondern beruht auf programmierter, gespeicherter Information in den DNA-Molekülen. Nicht ein brodelnder Topf oder ein wachsender Kristall sind die passende Analogie für ein Lebewesen, sondern eher ein programmierter Digital-Computer, wenn auch die Computer-Analogie selbst für das einfachste Bakterium geradezu eine grobe Beleidigung ist.

Metabolismus

Lebende Organismen nehmen chemische Substanzen und Freie Energie aus ihrer Umgebung auf und modifizieren beide nach ihren eigenen besonderen Bedürfnissen. Diese Prozesse sind mit chemischen Umwandlungen verbunden: sowohl mit spontanen Abbaureaktionen, bei denen Freie Energie abgegeben wird, als auch mit nicht-spontanen Synthesen, die eine andere Quelle für Freie Energie brauchen. Wenn die Analogie zwischen Zellwachstum und Kristallwachstum gültig wäre, müßte ein Kristall Calciumcarbonat (Kalkstein) in einer Calciumchlorid-Lösung wachsen können, indem er die Chlorid-Ionen um sich herum unbeachtet läßt und mit Hilfe des CO_2 aus der Atmosphäre Carbonat-Ionen herstellt.

Ausnutzung der Umgebung und Schutz vor ihr

Jeder Organismus spielt eine offensive und eine defensive Rolle: Er versucht, das zu bekommen, was er braucht, und sich gleichzeitig selbst vor Gefahren zu schützen, die oft dadurch entstehen, daß seine Nachbarn ebenfalls versuchen zu bekommen, was *sie* brauchen. Es besteht ein beständiger Konkurrenzkampf zwischen Aufbau und Abbau oder Anabolismus und Katabolismus. Eine ungeschützte Lebensform würde schnell zerstört und ihre Materie von den Nachbarn absorbiert. Die elementarste Schutzmaßnahme ist eine Membran als Barriere; tatsächlich gibt es über der Ebene der Viren keine Lebensform ohne eine solche. Die Membran markiert die Grenze zwischen Organismus und Umgebung; sie reguliert den Materialfluß nach außen und nach innen. Die Lebewesen haben noch andere statische Schutzmaßnahmen erfunden, zum Beispiel Zellwände, bakterielle Schleimkapseln, Außenskelette, Schalen, Stacheln, Stacheldrahtzäune und feste Blockhäuser. Bloße Fruchtbarkeit oder die Produktion einer riesigen Anzahl von Nachkommen ist ebenfalls eine statische Schutzmaßnahme. Es spielt keine Rolle, daß junge Stichlinge relativ schutzlose Fische sind, solange viele von ihnen gleichzeitig produziert werden, so daß einige sicher überleben.

Es gibt auch aktivere Schutzformen gegen die Umgebung: Ausweichen, Flucht und aktive Verteidigung. Diese Maßnahmen setzen die Fähigkeit, Gefahren zu erkennen (Sinnesmechanismen) voraus, um geeignete Maßnahmen zu ergreifen (Bewegungsmechanismus). Mit ein wenig Nachdenken erkennt man, daß das Ausbilden einer Schale, das Ausbrüten zahlreicher Nachkommen, das Weglaufen und das Kämpfen vergleichbare Reaktionen auf denselben Reiz sind: Verteidigung gegen eine feindliche Umgebung und Erhaltung der Art, wenn nicht des Individuums.

Die gleichen Sinnes- und Bewegungsmechanismen sind, nachdem sie einmal entwickelt wurden, auch nützlich zum Aufsuchen der notwendigen Substanzen und Lebensräume. Pflanzen wachsen dem Licht entgegen und strecken ihre Wurzeln nach Feuchtigkeit und Nahrung aus. Tiere entdecken Nahrung und bewegen sich, um sie einzusammeln. Alle diese Sinnes- und Bewegungssysteme haben *chemische* Mechanismen. Sie können einfach sein, wie das Aufspüren chemischer Gradienten durch Bakterien und die Bewegung als Reaktion darauf. Sie können auch ziemlich kompliziert sein, wie das Auslöser-Molekül Rhodopsin zur Lichtwahrnehmung und der anschließende Nervenimpuls zu einem Informationsverarbeiter wie dem Gehirn. Alle Lebensformen benutzen aktiv oder passiv ihre Umgebung, und alle Lebensformen bemühen sich so oder so darum, daß sie nicht von der Umgebung benutzt werden.

Auf der rußgeschwärzten Rinde der Bäume in den Industriegebieten Mittelenglands hat die dunkle Varietät des Birkenspinners die größere Überlebenschance. Auch in Populationen des Falters vor der Luftverschmutzung gab es einige dunkle Exemplare, da das Kopieren der DNA beim Übergang von einer Generation zur nächsten unvollkommen ist und sich Variationen einschleichen können. Die dunkle Varietät gewann die Oberhand, als der Mensch die natürliche Umwelt des Falters veränderte. Diese nicht ganz perfekte Reproduktion mit anschließender Selektion ist ein wichtiges Merkmal lebender Organismen. (Photo: Dr. H. B. D. Kettlewell)

Evolution und Veränderung

Dies ist vielleicht von allen Lebensprozessen der subtilste und zur Sicherstellung der Kontinuität des Lebens in der einen oder anderen Form der wirksamste. Die Anpassung an rasche Veränderungen der Umgebung, die im Vergleich mit der Lebensdauer eines Individuums kurz sind, fallen unter die gerade diskutierte Kategorie der Reizauslösung und Reaktion darauf. Doch gibt es noch eine andere Art von Anpassung an umfangreichere Veränderungen, die in zur individuellen Lebensspanne vergleichsweise langen Zeiträumen stattfinden: die *Evolution*. Ohne diesen Mechanismus gäbe es auf unserem Planeten immer noch lediglich kleine, lokalisierte Bereiche geordneter chemischer Systeme, und höheres Leben (eine Terminologie, bei der wir uns selbst auf die Schulter klopfen) existierte nicht. Fortpflanzung kommt durch Kopieren, Wachstum durch Benutzung der in den DNA-Molekülen gespeicherten Information zustande. Dieses Kopieren der Information von einer Generation zur nächsten ist nicht ganz perfekt; es kommen dabei ein paar Fehler oder *Mutationen* vor. Diese Fehler sind das Rohmaterial für die Evolution.

Nur Populationen und nicht Individuen unterliegen der Evolution. Innerhalb einer Population von Einzelorganismen ist die Mehrheit zu einem bestimmten Zeitpunkt gewöhnlich an die herrschenden Bedingungen gut angepaßt. Eine gewisse Minderheit wird genetisch davon abweichen und auf mehr oder weniger erträgliche Weise schlecht angepaßt sein. Wenn sich die Bedingungen ändern, kann diese Variabilität ausreichen, daß ein kleiner, vorher schlecht angepaßter Bruchteil der ursprünglichen Population besser als die Mehrheit mit den neuen Verhältnissen zurechtkommt. Die Population wird sich im Laufe mehrerer Generationen ändern, und die wenigen Begünstigten werden die neue Mehrheit. Das geringe Ausmaß an Maladaptation und Variabilität ist die Versicherungsprämie, die von der Population als Vorsorge für eine Änderung der Umweltbedingungen bezahlt werden muß. Wenn die gesamte Population identisch wäre und alle an die ursprünglichen Verhältnisse gleich gut angepaßt wären, dann wären alle gleich schlecht an neue, veränderte Umweltbedingungen adaptiert, und diese Uniformität könnte tödlich sein.

Der Schlüssel zur Aufrechterhaltung dieser notwendigen Flexibilität ist eine *nicht ganz perfekte* Reproduktion, auf die eine Erprobung an der Umwelt folgt. Variabilität plus natürliche Selektion führen zum Prozeß der Evolution. Dieser Punkt wurde hier so ausführlich erläutert, weil er wahrscheinlich das wichtigste Einzelkriterium des Lebens darstellt. Kein nichtlebendes chemisches System, und sei es noch so komplex, hat die Fähigkeit, auf eine langfristige Herausforderung zu reagieren und sich zu entwickeln. Der Aufbau eines *nicht ganz perfekten* Vererbungsapparats war wahrscheinlich der wichtigste Einzelschritt bei der Entwicklung des Lebens.

Insgesamt können wir also fünf Kennzeichen lebender Systeme feststellen, die sie von allen anderen chemischen Systemen unterscheiden. Außer einem ungewöhnlich hohen chemischen und räumlichen Organisationsgrad sind keine besonderen Eigenschaften nötig. *Es gibt keine besonderen vitalen Prinzipien, sondern nur chemische.* Ein Lebewesen ist ein kompliziertes chemisches System, dessen besondere Eigenschaften auf seiner Komplexität beruhen. In diesem und dem folgenden Kapitel werden wir uns mit der brennendsten Frage der Chemie heute befassen: Was ist die chemische Basis für diese essentiellen Aktivitäten lebender Systeme? Oder kurz: Was ist die molekulare Basis des Lebens?

Moleküle als Informationsträger

Ein Protein ist ein gefaltetes Aminosäure-Polymeres mit spezifischer Aminosäure-Sequenz, manchmal begleitet von Metall-Atomen und kleinen organischen Molekülen. Die Abbildung zu Beginn dieses Kapitels zeigt die Assoziation eines Eisen-Atoms mit einem organischen Ring in der Häm-Gruppe von Cytochrom c, einem kleinen, elektronenübertragenden Protein. In jeder Art von Lebewesen hat jedes einzelne Protein seine eigene, einzigartige Aminosäure-Sequenz, die in der Sequenz der organischen Basen in der DNA als Teil der genetischen „Bibliothek" des Organismus codiert ist. Im Prinzip könnte man anhand der Aminosäure-Sequenz eines Proteins nicht nur das Protein identifizieren, sondern auch bestimmen, aus welcher Spezies es stammt. In diesem Sinne bezeichnen wir Proteine und Nucleinsäuren als „Informationsträger".

Nucleinsäuren sind Informationsträger *par excellence.* DNA gibt von einer Generation zur nächsten die Information weiter, wie Proteine synthetisiert werden sollen und damit auch, wie ein Lebewesen aufgebaut werden soll. Lipide, Kohlenhydrate und alle anderen Moleküle, die wir bisher untersucht haben, sind in diesem Sinne keine Informationsträger. Es gibt einige Fälle, bei denen eine bestimmte Molekülart in Wirbeltieren für einen bestimmten Zweck benutzt wird, und ein anderes Molekül für den gleichen Zweck bei den Wirbellosen; es kann auch vorkommen, daß ein Molekül für eine bestimmte Pflanzenklasse charakteristisch ist. Aber wir sind noch weit davon entfernt, anhand der Inspektion eines Moleküls zu sagen: Dieses Protein stammt aus dem Verdauungsapparat eines Hundes, dieses aus dem Atmungssystem eines Pferdes und jenes aus dem Atmungssystem eines Schimmelpilzes.

Das „zentrale Dogma" der molekularen Biochemie – von den Forschern, die es aufstellten, etwas ironisch so bezeichnet – ist „DNA macht RNA macht Protein". Damit wird kurz gesagt, daß die Information, die in einem Protein-Molekül steckt, von der Messenger-RNA stammt und daß die ursprüngliche Informationsquelle für die RNA die analoge Basensequenz der DNA ist. In der Abbildung auf der gegenüberliegenden Seite fließt die Information von links nach rechts. Man kennt einige Ausnahmen von diesem einfachen Einbahnverkehr der Information, doch wir kön-

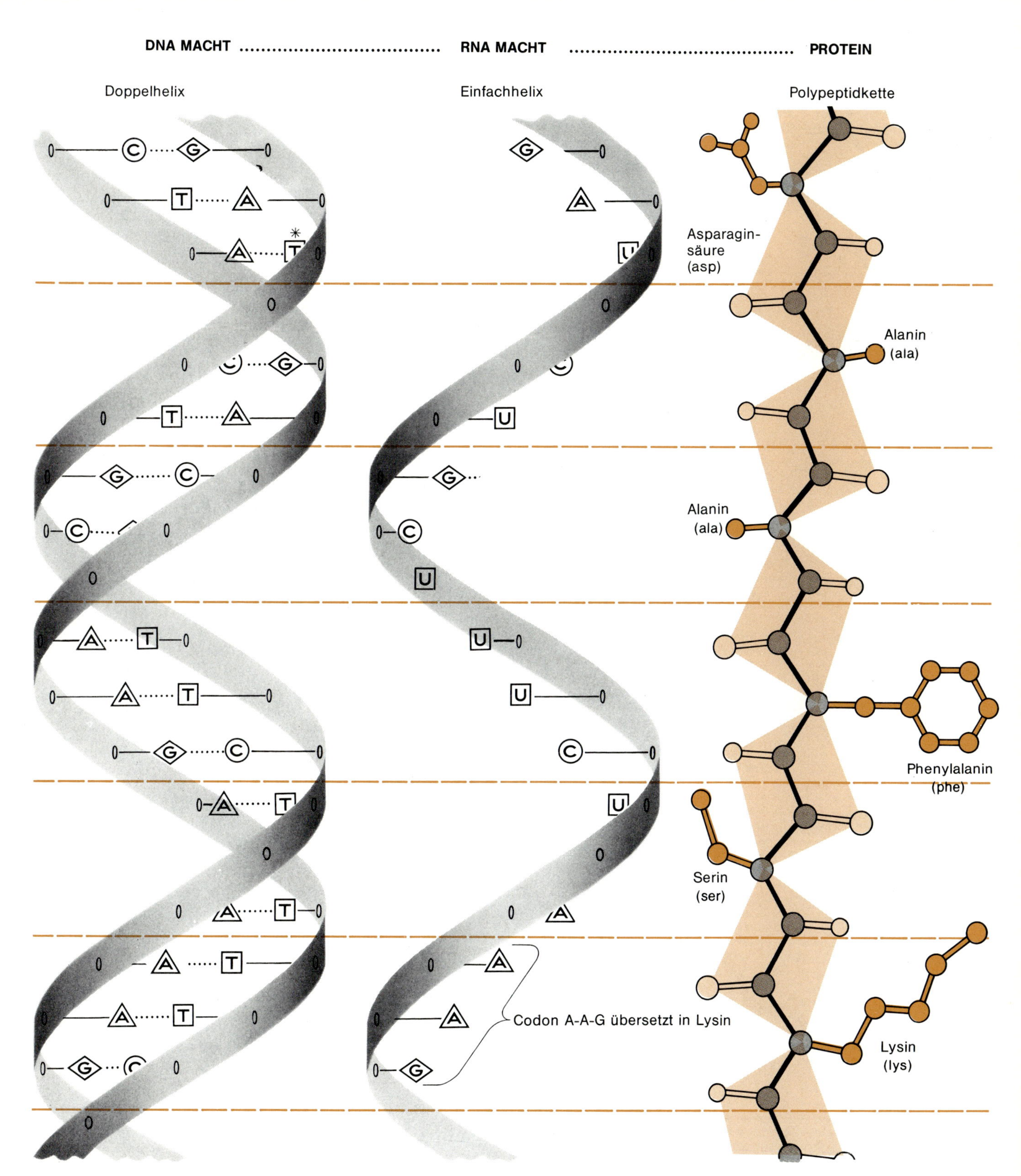

*Thymin T in DNA wird zu Uracil U in RNA.

In der Basenpaarsequenz des DNA-Doppelstrangs ist die Information für die Aminosäuresequenz codiert.

Diese Information wird in die Stränge der Boten-RNA (messenger-RNA) kopiert.

Die Information der messenger-RNA wird schließlich (durch Codons, die aus je drei Buchstaben bestehen) in die Aminosäuresequenz der Proteine übersetzt.

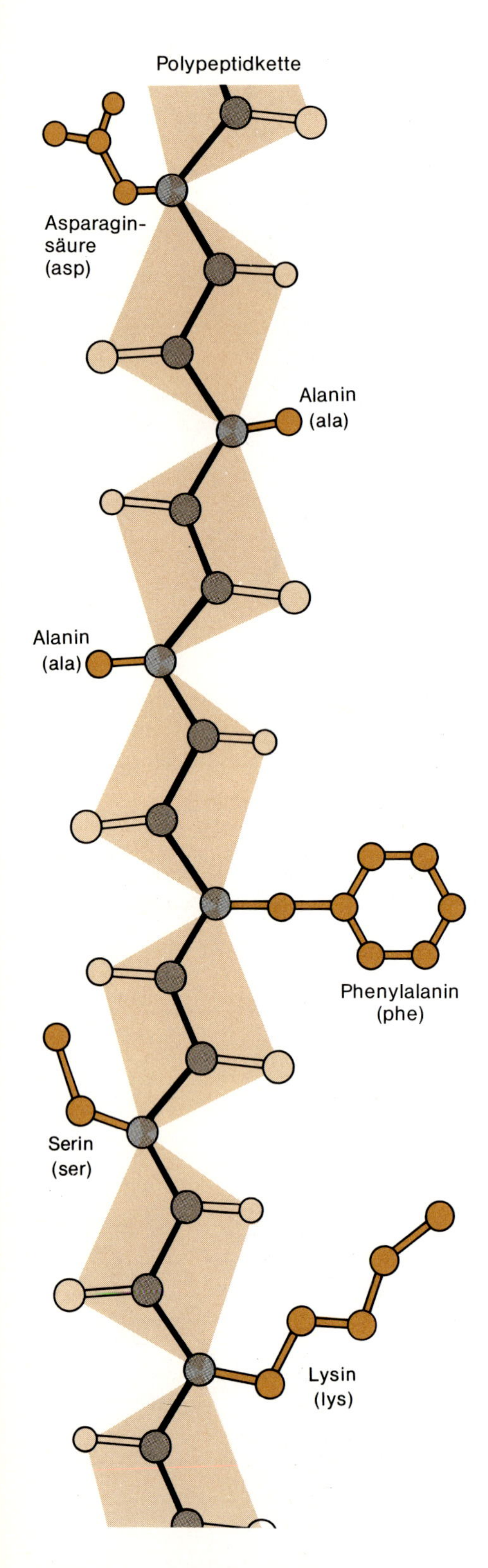

Polypeptid-Rückgrat und -Seitenketten eines Proteins. Mit den Angaben im 20. Kapitel lassen sich die Atome, die nicht Kohlenstoff sind (H, N, O), identifizieren. (Nur die Wasserstoff-Atome der Amidgruppe sind eingezeichnet.)

nen mit Sicherheit sagen: „Nucleinsäuren machen Protein", und hinzufügen: „Protein macht alles andere". Alle chemischen Prozesse in lebenden Organismen stehen unter der Kontrolle von Enzymen, die Protein-Moleküle sind. Lipide, Kohlenhydrate und alle kleinen Moleküle der Zelle sind Produkte enzymatischer Synthesen. Es sind Moleküle „aus zweiter Hand" und gehören in bezug auf die Information zu einer anderen Kategorie. Kohlenhydrate und Lipide bilden die Szenerie im Lebensdrama; Proteine und Nucleinsäuren sind die Darsteller.

Proteine

Wenn irgendeine Molekülklasse als Grundbausteine lebender Organismen betrachtet werden kann, sind es sicher die Proteine. Sie sind von allen Molekülen die vielseitigsten. Bei einigen Proteinen sind die Polypeptidketten, denen wir im 20. Kapitel begegneten, zu dickeren Kabeln und Strängen umeinander gewunden, die dann als Verbindungs-, Stütz- und Strukturelemente benutzt werden. Das sind die *Faserproteine,* die man im Haar, in der Haut, in Krallen, in Muskeln, in Sehnen und in Insektenspinnfäden findet. Bei einer zweiten Klasse von Proteinen, die eine völlig andere Molekül-Architektur hat, sind die Polypeptidketten so miteinander verknäuelt, daß kompakte, ellipsoidförmige Moleküle mit einem Durchmesser von 2.5 bis 20 nm entstehen. Das sind die *globulären Proteine,* deren Aufgabe als chemische Reagenzien es ist, mit anderen Molekülen oder Makromolekülen zu reagieren. Die katalytisch wirkenden Enzyme sind die bekanntesten globulären Proteine, doch gibt es noch andere, die als Sauerstoffüberträger (Hämoglobin), Elektronenüberträger (Cytochrome) und schützende Antikörper (Gammaglobuline) fungieren.

Das Rückgrat eines Proteins besteht aus einer Polypeptidkette, die durch die Verknüpfung von Aminosäuren unter Austritt von Wasser aufgebaut wird, wie wir im 20. Kapitel gesehen haben. Bei den globulären Proteinen sind diese Ketten im allgemeinen 60 bis 600 Aminosäuren lang, und ein Molekül kann mehrere Ketten enthalten. Polypeptide mit weniger als 60 Aminosäuren scheinen zu klein für die Vielseitigkeit zu sein, die von einem globulären Protein verlangt wird, und Ketten mit mehr als 600 Aminosäuren sind in bezug auf die Codierung der Sequenzinformation in der DNA zu kostspielig. Statt dessen ist es einfacher, größere Protein-Moleküle aus mehr als einer Untereinheit aufzubauen. Einige große Proteinkomplexe enthalten mehrere unterschiedliche Untereinheiten und haben Molekülmassen von mehr als einer Million. Doch bei den bekanntesten globulären Proteinen liegen die Molekülmassen zwischen 10000 und 200000.

Die exakte Verteilung der 20 verschiedenen Aminosäuren auf die einzelnen Positionen einer Proteinkette ist primär in der DNA codiert (auf welche Weise werden wir am Ende des Kapitels sehen); allerdings werden einige dieser Aminosäuren gelegentlich nach dem Einbau in die Polypeptidkette chemisch modifiziert. Diese Reihenfolge der Aminosäuren ist aber auch *alles,* was in der DNA codiert wird. Die Art, wie sich die Proteinkette räumlich faltet, die Molekülstruktur, die dabei entsteht, und alle chemischen Eigenschaften des gefalteten Proteins werden allein durch die Aminosäure-Sequenz bestimmt. Es gibt keine magischen Schablonen für eine neue Polypeptidkette und nichts sonst, was dem neuen Protein sagt, wie es sich räumlich falten soll.

Eine Polypeptidkette eines Proteins unterliegt dabei wichtigen internen geometrischen Beschränkungen. Das Kohlenstoff-Atom, das die Aminosäure-Seitenkette trägt, wird als *α-Kohlenstoff-Atom* (C_α) bezeichnet, und das Verbindungsglied zwischen den α-Kohlenstoff-Atomen in der Kette ist die *Peptid-* oder *Amidgruppe:*

```
  O  H
  ‖  |
 -C-N-
```

Wichtig für die Struktur eines Proteins ist die Tatsache, daß alle vier Atome der Amidgruppe und die beiden α-Kohlenstoff-Atome, die sie verbindet, in derselben Ebene liegen müssen. Das ist notwendig, weil die Amidbindung, die ein Kohlenstoff-Atom einer Aminosäure mit dem Stickstoff-Atom der nächsten verbindet, eine partielle Doppelbindung ist. Die Gründe dafür sind rechts dargestellt. Die obere Zeichnung zeigt ein konventionelles Bindungsdiagramm einer Amidgruppe mit einer C–N-Einfachbindung und einer Doppelbindung zwischen C und O. Das Stickstoff-Atom hat ein einsames Elektronenpaar und das Carbonylsauerstoff-Atom zwei. Doch ist das nur eine der denkbaren Resonanzstrukturen für die Amidgruppe. Die mittlere Zeichnung zeigt eine andere, ebenso berechtigte Anordnung, bei der das einsame Elektronenpaar am Stickstoff für eine C–N-Doppelbindung benutzt wird, und ein Elektronenpaar der C=O-Doppelbindung zum Sauerstoff hin verschoben ist. Der Stickstoff hat dann eine positive Ladung, weil er sein einsames Elektronenpaar teilt, und das Sauerstoff-Atom ist negativ, denn es hat jetzt drei einsame Elektronenpaare. Die Bindungslängen, die man für eine C=N-Doppel- und eine C–O-Einfachbindung erwarten sollte, sind angegeben.

Wie bei anderen Resonanzstrukturen, denen wir bisher begegneten, liegt die tatsächliche Struktur irgendwo dazwischen. Die an einer Proteinkette gemessenen Bindungslängen sind in der unteren der drei Zeichnungen angegeben. Der C–O-Abstand liegt in der Nähe des erwarteten Abstands für eine Doppelbindung, doch der C–N-Abstand liegt zwischen den Werten für eine Einfach- und eine Doppelbindung, und zwar etwas näher bei dem Doppelbindungswert. Das einsame Elektronenpaar am Stickstoff wird offensichtlich nur unvollständig mit dem Kohlenstoff geteilt, ebenso wie die Verschiebung des zweiten Elektronenpaars der C=O-Doppelbindung zum Sauerstoff-Atom hin unvollständig ist. Der Sauerstoff erhält also einen leichten Elektronenüberschuß und damit eine partielle negative Ladung. Das am Stickstoff entstehende Elektronendefizit zieht das N–H-Bindungselektronenpaar zum Stickstoff hin, so daß die partielle positive Ladung schließlich am Wasserstoff erscheint, wie dargestellt ist. Das zweite Elektronenpaar der C=O-Doppelbindung und das einsame Elektronenpaar des Stickstoffs sind also über den gesamten O–C–N-Bereich delokalisiert (unten rechts). Diese Delokalisierung gibt der Amidgruppe eine zusätzliche Stabilität von 87.9 kJ · mol^{-1}; das bedeutet, daß man die Gruppe nicht um die C–N-Bindung drehen kann, ohne diese 87.9 kJ pro Mol zum Bruch der partiellen Doppelbindung aufzubringen.

Diese Bindungsstruktur hat zwei wichtige strukturelle Konsequenzen. Die planare Amidgruppe kann als starre Struktureinheit betrachtet werden, deren einzige Freiheitsgrade Drehungen um die Bindungen zu den α-Kohlenstoff-Atomen sind; außerdem tragen das O- und das H-Atom in der Amidebene leicht negative bzw. positive Ladungen, welche die Ausbildung von Wasserstoffbrückenbindungen begünstigen, so daß benachbarte Ketten zusammengehalten werden können. In der oben gezeichneten Amidebene stehen die beiden α-Kohlenstoff-Atome in *trans*-Stellung zueinander, d.h. in gegenüberliegenden Ecken des Rechtecks. Die *cis*-Form, bei der die α-Kohlenstoff-Atome auf der gleichen Seite des Rechtecks stehen, wird in Proteinen fast nie gefunden, wahrscheinlich weil sie zu einem scharfen Knick in der Kette führt und Seitengruppen so nahe zusammenbringt, daß sie zusammenstoßen müssen.

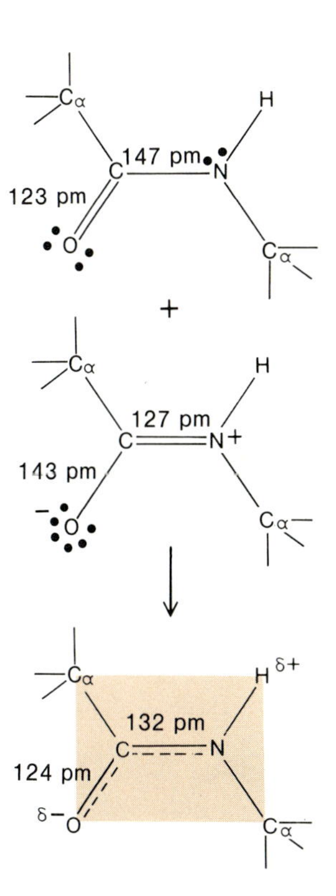

Zwei denkbare Bindungsanordnungen in der Amidebene der Proteine, mit der Doppelbindung von C zu O (oben) oder von C zu N (Mitte). Die tatsächliche Bindungsstruktur liegt zwischen diesen Extremen (unten), wie die gemessenen Bindungslängen zeigen.

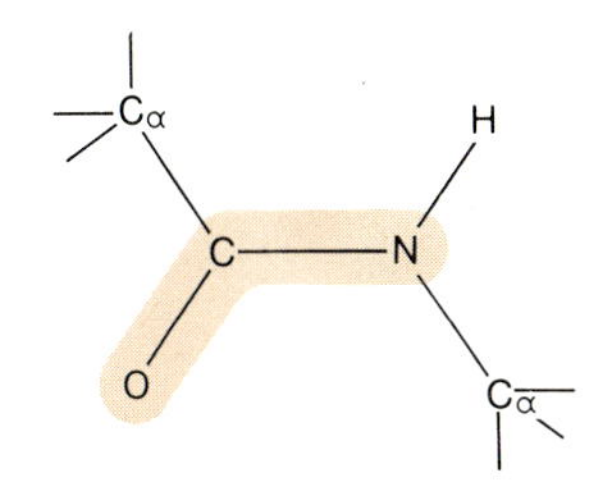

Eine Darstellung der Bindung in der Amidebene mit delokalisierten Molekülorbitalen, in der vier Elektronen über das O-, C- und N-Atom delokalisiert sind.

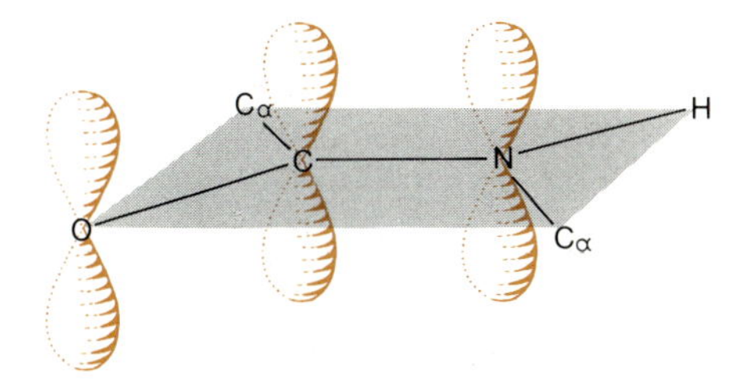

Perspektivische Ansicht der Amidebene mit den drei $2p_z$-Atomorbitalen, die an der delokalisierten Bindung beteiligt sind.

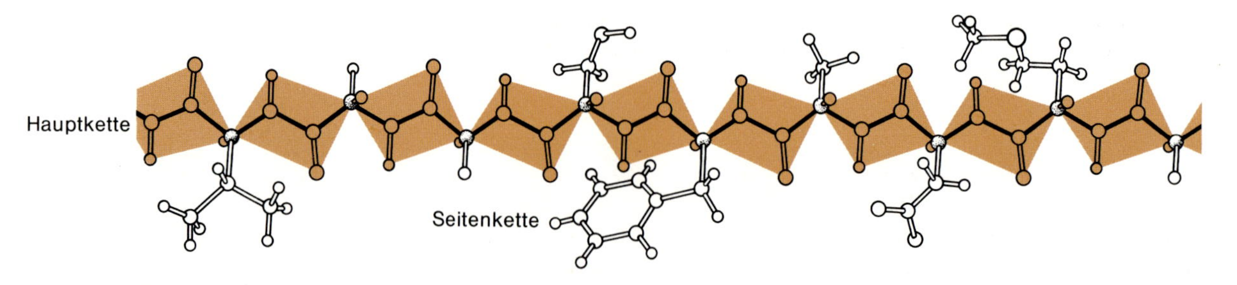

Die Amidbindung (−CO−NH−) ist die sich wiederholende Einheit der Proteinhauptkette; die Seitenketten variieren. In der ausgestreckten Kette, wie sie hier gezeigt ist, ragen die Seitenketten abwechselnd nach oben und nach unten aus der Hauptkette heraus. (Alle Zeichnungen auf dieser und der nächsten Seite aus: R. E. Dickerson und I. Geis, The Structure and Action of Proteins, W. A. Benjamin, Inc.; deutsch: Struktur und Funktion der Proteine, Verlag Chemie, Weinheim 1971. Copyright © 1969 Dickerson und Geis)

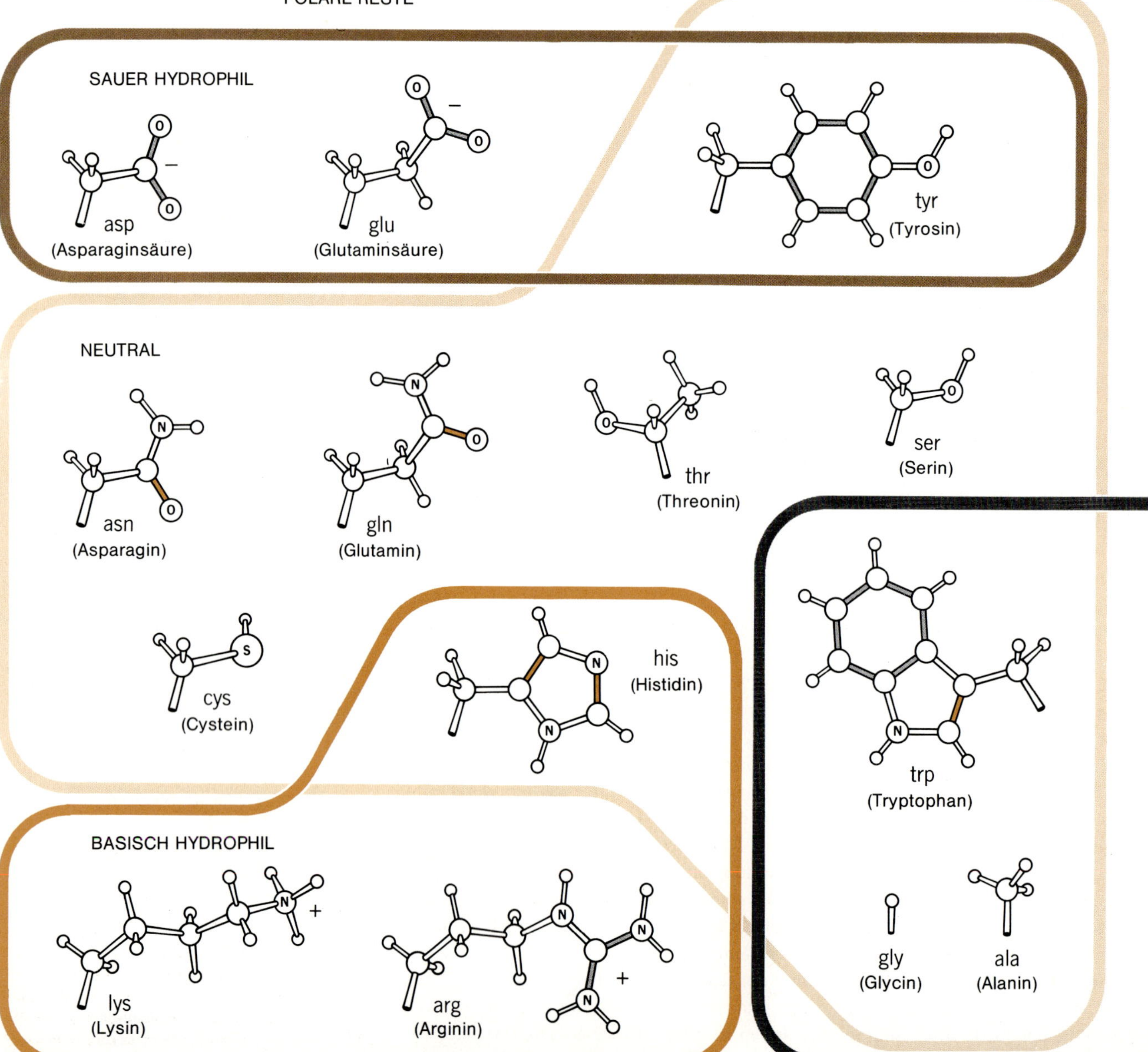

Auf diesen beiden Seiten sind die 20 verschiedenen Aminosäure-Seitenketten, die durch DNA codiert werden – nach ihrem chemischen Verhalten geordnet –, zusammengestellt. Die Polypeptidhauptkette, von der die Seitengruppen abzweigen, ist auf der gegenüberliegenden Seite oben dargestellt. Es ist nicht so wichtig, daß man alle diese verschiedenen Seitenketten im einzelnen im Gedächtnis behält; wichtiger ist es, ihre vielfältigen chemischen Eigenschaften zu erkennen. Die Gruppen auf der gegenüberliegenden Seite sind mehr oder weniger polar, und man findet sie im allgemeinen auf der Außenseite der Proteine im Kontakt mit Wasser. Asparagin- und Glutaminsäure tragen Carboxylgruppen (–COOH) in ihren Seitenketten. Diese sind bei pH 7 ionisiert, so daß durch Asparagin- und Glutaminsäure negative Ladungen auf der Oberfläche eines Protein-Moleküls eingeführt werden. Wie auf der gegenüberliegenden Seite unten dargestellt ist, sind die Seitenketten von Lysin und Arginin Basen, die bei neutralem pH-Wert ein Proton aufnehmen und folglich eine positive Ladung tragen. Die anderen Seitenketten auf der gegenüberliegenden Seite sind polar, aber ungeladen. Sie bevorzugen aus dem gleichen Grund wie Methanol-Moleküle eine wäßrige Umgebung. Sie tragen dazu bei, daß sich eine Proteinkette so faltet, daß diese Reste auf der Außenseite des Moleküls erscheinen.

Die unten gezeichneten Seitenketten sind hydrophob und zwingen die Proteinkette, sich so zu falten, daß diese Reste vom nicht-wäßrigen Inneren des Protein-Moleküls eingehüllt sind. Die Größe dieser Aminosäuren reicht von dem kleinen und kaum hydrophoben Alanin, das nur eine Methylgruppe als Seitenkette hat, bis zum Phenylalanin mit einem sperrigen Benzolring als Seitenkette. Diese unterschiedlich gestalteten Kohlenwasserstoff-Seitenketten kann man sich als dreidimensionale Puzzlesteine vorstellen, aus denen der Kern des Protein-Moleküls aufgebaut ist. Wenn sie im vollständig gefalteten Molekül ineinandergepaßt sind, bleibt wenig oder überhaupt kein leerer Raum zwischen ihnen frei.

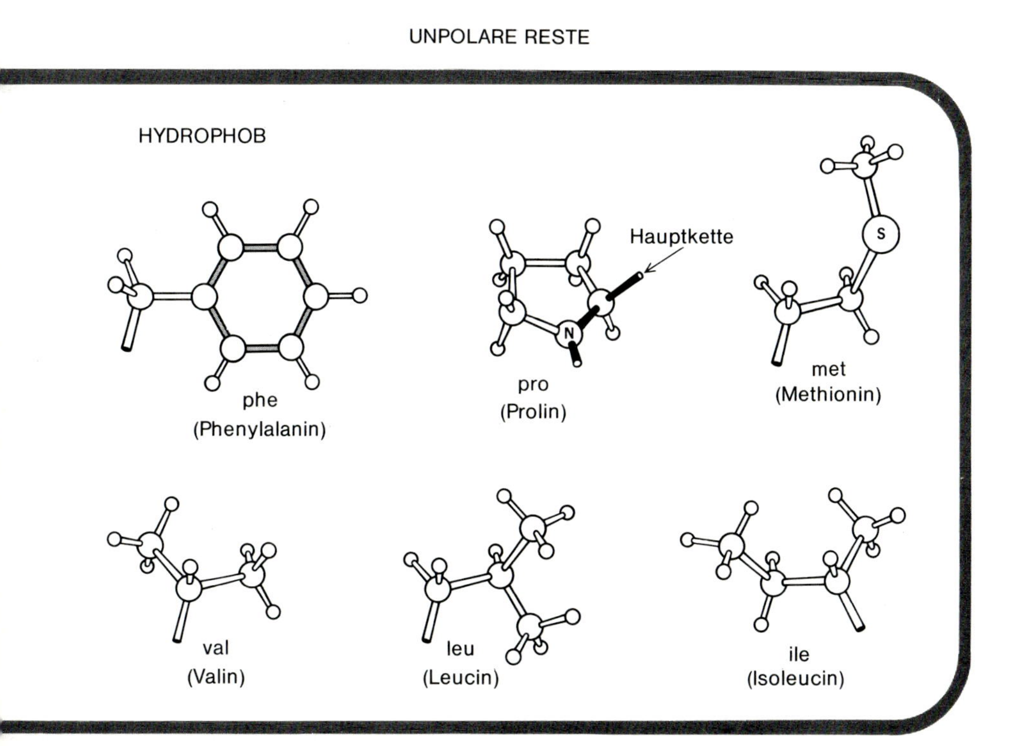

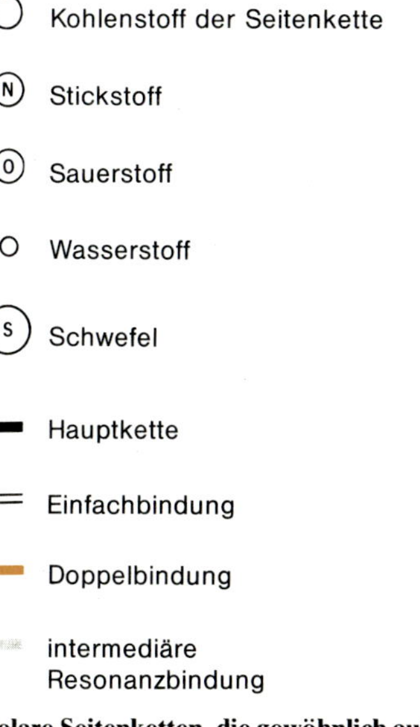

Polare Seitenketten, die gewöhnlich auf der Oberfläche eines Protein-Moleküls vorkommen, sind auf der gegenüberliegenden Seite zusammengestellt. Die auf dieser Seite gezeichneten Seitenketten (unpolar) findet man gewöhnlich im Innern eines Proteins.

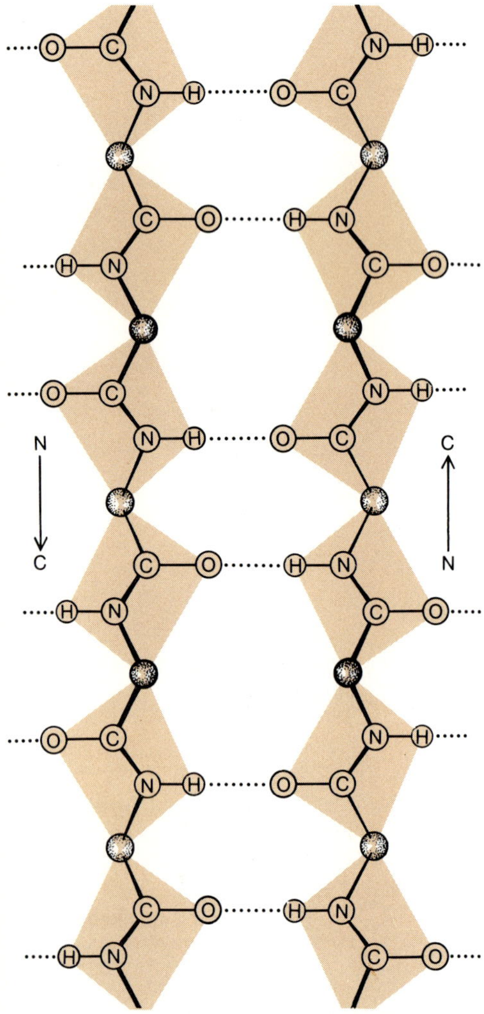

Die Kettenfaltung; Faserproteine

Die schwach negative Ladung an den Sauerstoff-Atomen der Carbonylgruppe (–CO–) und die schwach positive Ladung auf dem Wasserstoff der Amidgruppe (–NH–) sind wichtig für die Art, wie sich eine Proteinkette faltet, da sich zwischen dem O- und dem H-Atom eine Wasserstoffbrücke ausbilden kann, so wie es bei den Wasser-Molekülen im 4. Kapitel beschrieben wurde. Wenn zwei Proteinketten in umgekehrter Richtung parallel zueinander laufen, können sich zwischen ihnen viele Wasserstoffbrückenbindungen wie Leitersprossen ausbilden (links). Auf diese Weise werden z.B. die Proteinketten in Seide, einem Faserprotein, zusammengehalten. Viele Proteinketten sind in einer Schicht dicht aneinandergepackt, wobei benachbarte Ketten jeweils in entgegengesetzte Richtung laufen und durch Wasserstoffbrücken zusammengehalten werden. Diese Schichten sind dann zu einer dreidimensionalen Struktur übereinandergestapelt. In der dreidimensionalen Seidenstruktur gibt es drei verschiedene Arten von chemischen Kräften. Längs der Proteinketten (das entspricht der Richtung der Seidenfasern) sind die Atome durch kovalente Bindungen miteinander verknüpft. Senkrecht dazu sind die Ketten innerhalb einer Schicht durch Wasserstoffbrücken miteinander verbunden. Die Bindungen sind schwächer als kovalente Bindungen (ungefähr 25 kJ · mol^{-1} verglichen mit 335 bis 420 kJ · mol^{-1}), doch sind sie für die Struktur sehr wichtig, da es viele von ihnen gibt. In der dritten Dimension werden die gestapelten Schichten durch schwache van-der-Waals-Kräfte zwischen den Seitenketten, die bei Seide hauptsächlich aus Glycin und Alanin bestehen, zusammengehalten.

Diese Bindungsstruktur verleiht Seide ihre bekannten mechanischen Eigenschaften. Da sich einem Strecken der Seidenfaser die kovalenten Bindungen in den Proteinketten entgegenstemmen, sind Seidenfasern nicht sehr elastisch oder dehnbar. Doch sind sie leicht biegbar oder geschmeidig, da beim Biegen einer Faser nur die Schichten aneinander vorbeigleiten müssen, so wie beim Biegen eines Papierstapels oder eines Telefonbuchs die Blätter. Seidenfasern sind flexibel, aber nicht dehnbar.

Wolle oder Haar haben eine andere Faserprotein-Struktur, in der jede Proteinkette zu einer rechtsgängigen Schraube aufgedreht ist, die man als α-Helix bezeichnet. Jede –NH-Gruppe ist durch eine Wasserstoffbrücke mit einer –CO-Gruppe in einer Nachbarwindung *derselben* Kette verknüpft, ähnlich den senkrechten Stützen bei einer Wendeltreppe. Die α-Helix ist oben links auf der gegenüberliegenden Seite dargestellt. Wegen der charakteristischen Anordnung der Atome in den Wasserstoffbrückenbindungen hat die Helix 3.6 Aminosäuren pro Windung. Es ergibt sich eine relativ starre zylindrische Struktur, bei der die Seitenketten von der Zylinderachse nach außen abstehen.

Die α-Helix ist die Grundstruktur der Klasse von Faserproteine, die man als α-Keratine bezeichnet. Außer Haar und Wolle gehört zu ihr die Haut, Schnäbel, Nägel, Krallen und die meisten äußeren Schutzschichten der Wirbeltiere. Nach den gleichen Prinzipien wie bei einem guten Tau durchlaufen die Fasern in einem menschlichen Haar sieben Organisationsschichten von der Proteinkette bis zum kompletten Haar. Diese Organisation ist auf der gegenüberliegenden Seite dargestellt. Die Proteinkette ist zu einer rechtsgängigen α-Helix gewunden, die durch Wasserstoffbrücken zusammengehalten wird. Drei solcher α-Helices werden dann linksgängig zu einem Dreifachkabel umeinandergewunden, das als Protofibrille bezeichnet wird. Neun dieser Protofibrillen sind dann zu einem Zylinder zusammengefaßt, der zwei weitere umschließt, so daß eine 9+2-Mikrofibrille entsteht; mehrere hundert Mikrofibrillen sind in eine Proteinmatrix eingebettet und bilden eine Makrofibrille. Die Makrofibrillen sind in den Keratin produzierenden Zellen des Haars dicht aneinandergepackt, und auf der letzten Organisationsstufe bilden diese Zellen das Haar selbst, das noch von schützenden Schuppen umgeben ist.

In Seide und anderen Insektenspinnfäden sind antiparallele, ausgestreckte Proteinketten durch Wasserstoffbrückenbindungen zu Schichten verknüpft. Diese Schichten bauen dann eine dreidimensionale Struktur auf. (Diese Zeichnung und die auf der nächsten Seite aus: R. E. Dickerson und I. Geis, The Structure and Action of Proteins, W. A. Benjamin, Inc.; deutsch: Struktur und Funktion der Proteine, Verlag Chemie, Weinheim 1971; Copyright © 1969 Dickerson und Geis)

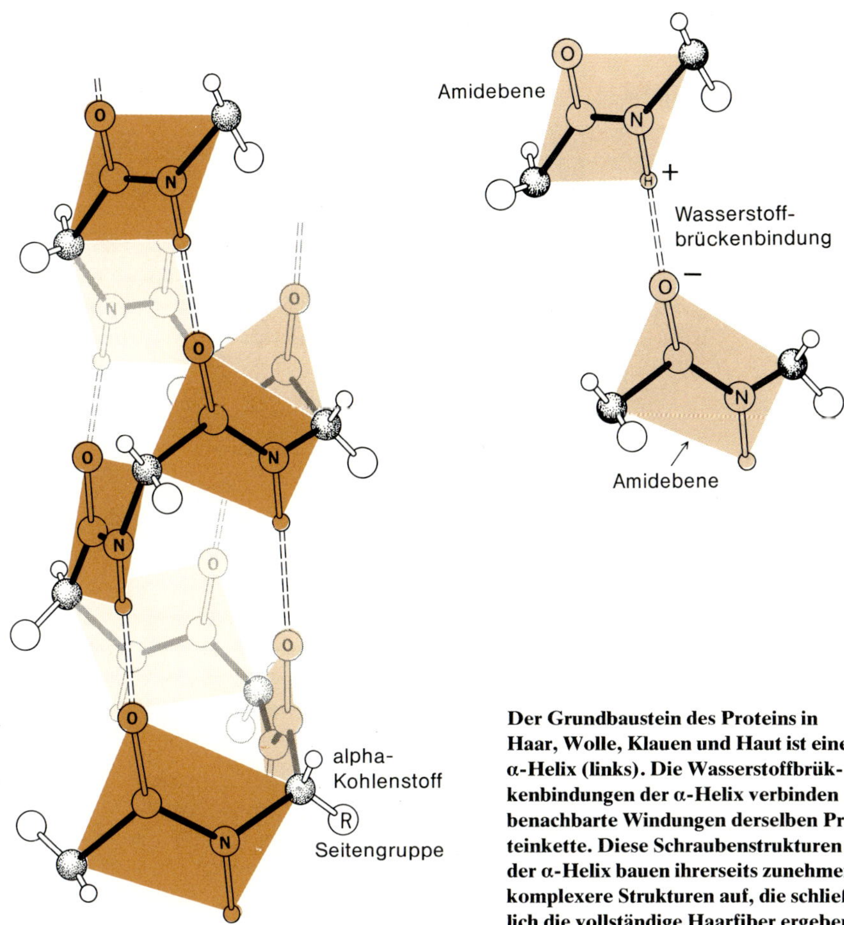

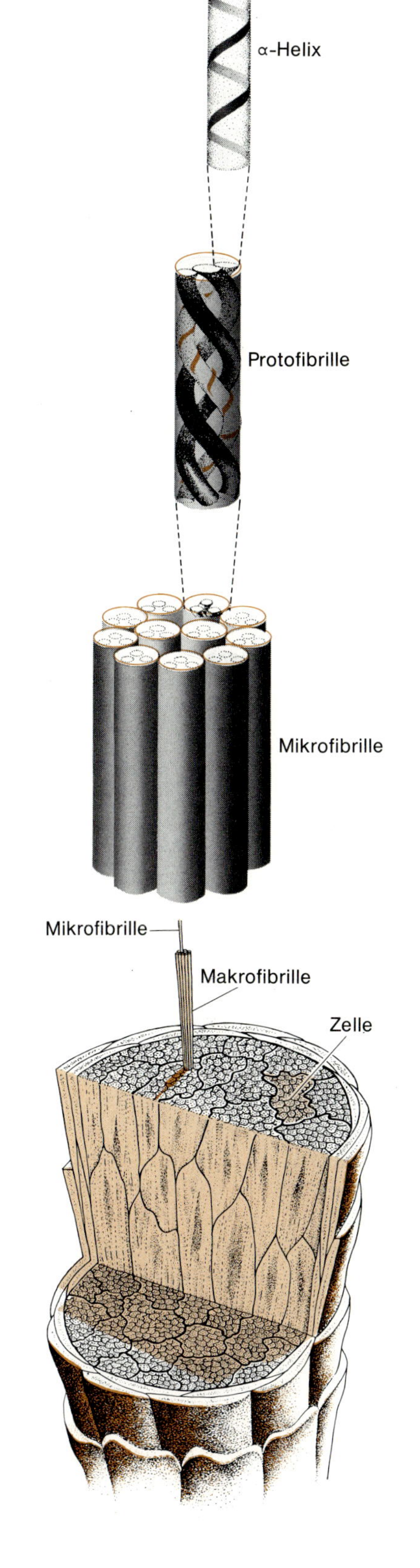

Der Grundbaustein des Proteins in Haar, Wolle, Klauen und Haut ist eine α-Helix (links). Die Wasserstoffbrückenbindungen der α-Helix verbinden benachbarte Windungen derselben Proteinkette. Diese Schraubenstrukturen der α-Helix bauen ihrerseits zunehmend komplexere Strukturen auf, die schließlich die vollständige Haarfiber ergeben (rechts).

Wolle läßt sich viel stärker strecken als Seide, weil beim Ziehen an einer α-Helix nur die relativ schwachen Wasserstoffbrücken gedehnt werden und keine kovalenten Bindungen. Doch gibt es eine Grenze für das Strecken von Wollfasern – nämlich dann, wenn die α-Helices zu geraden Ketten ausgestreckt sind. Wenn man diese Grenze nicht überschreitet, kehren die Fasern zu ihrer ursprünglichen Länge zurück, wenn der Zug nachläßt, wobei sich die Wasserstoffbrückenbindungen wieder ausbilden. Wolle ist also nicht nur dehnbar, sondern sie ist auch elastisch. Ein guter Wollstoff hat einen elastisch federnden Griff, der einem Seidenstoff fehlt. Die Erklärung dafür liefert die unterschiedliche Struktur der beiden Faserproteine.

α-Helix und β-Faltblattstruktur (die Struktur der Seide) sind die beiden häufigsten Strukturen, die man bei Faserproteinen findet. Es gibt noch andere Strukturen, aber das Grundmuster ist immer dasselbe: praktisch endlose Proteinketten durch Wasserstoffbrücken zusammengehalten, die sich entweder zwischen verschiedenen Ketten ausbilden oder zwischen benachbarten Schraubenwindungen derselben Kette. Dieselben Grundstrukturen, α-Helix und β-Faltblatt, findet man auch in den kompakteren globulären Proteinen, deren bekannteste die Enzyme sind.

Die Polypeptidkette in Myoglobin ist zu acht α-Helices gefaltet, die dann zu einem kompakten Molekül zusammengelagert sind. Die numerierten Kugeln sind α-Kohlenstoff-Atome; die Amidbindungen, −CO−NH−, die sie verknüpfen, sind durch gerade Linien dargestellt. Jedes α-Kohlenstoff-Atom trägt eine Seitenkette, die von ihm abzweigt, von denen hier aber nur einige, besonders wichtige gezeigt sind. Die Hämgruppe sitzt in der Tasche zwischen Helix E und F.

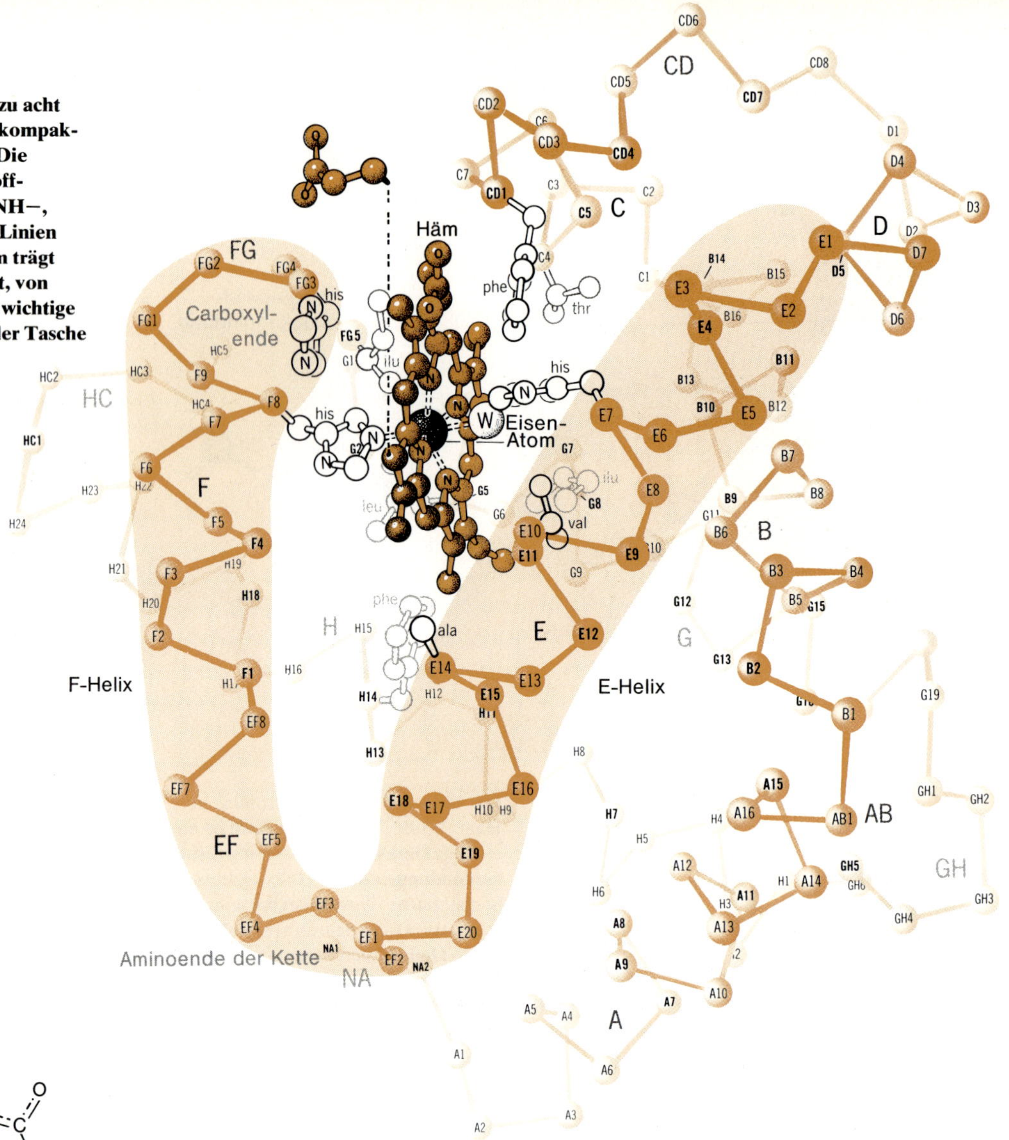

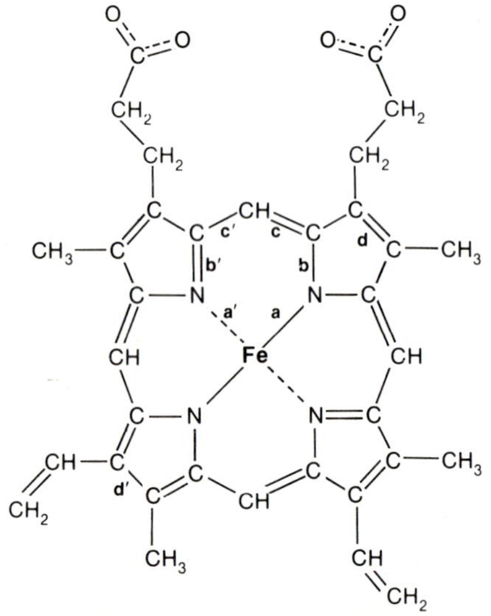

Die Hämgruppe besteht aus einem Eisen-Atom, das von einem flachen Porphyrin-Ring umgeben ist. Das vom Myoglobin gespeicherte O_2-Molekül bindet sich am Eisen in einer Position, die in der oberen Zeichnung mit W bezeichnet ist.

Globuläre Proteine: Myoglobin und Hämoglobin

Enzyme und Katalysatoren sind das Thema des 24. Kapitels. Hier wollen wir die globulären Proteine am Beispiel zweier Moleküle einführen, die andere Funktionen ausüben: Hämoglobin, das den Sauerstoff im Blut von den Lungen zu den Geweben transportiert, und Myoglobin, das den Sauerstoff in Muskelzellen speichert, bis er gebraucht wird. Sowohl Myoglobin als auch Hämoglobin sind Häm-Proteine, bei denen die Proteinkette einen flachen, planaren Eisenporphyrin-Komplex, die sogenannte Häm-Gruppe (links), umschließt. Das Eisen-Atom und der Porphyrin-Ring bilden zusammen ein großes delokalisiertes Elektronensystem, ähnlich wie das Magnesiumporphyrin-System in Chlorophyll. Aufgrund der delokalisierten Elektronen absorbieren sowohl Chlorophyll als auch die Häm-Gruppe Licht im sichtbaren Teil des Spektrums und sind daher leuchtend gefärbt. Chlorophyll ist grün, weil es am roten Ende des Spektrums stark absorbiert; Hämoglobin und Myoglobin absorbieren im gelb-grünen Bereich und haben daher die vom Blut und Rindersteak her bekannte rote Farbe.

Die Art, wie sich die Proteinkette im Myoglobin faltet, ist oben dargestellt. Myoglobin besitzt 153 Aminosäuren in einer zusammenhängenden Kette; es hat eine

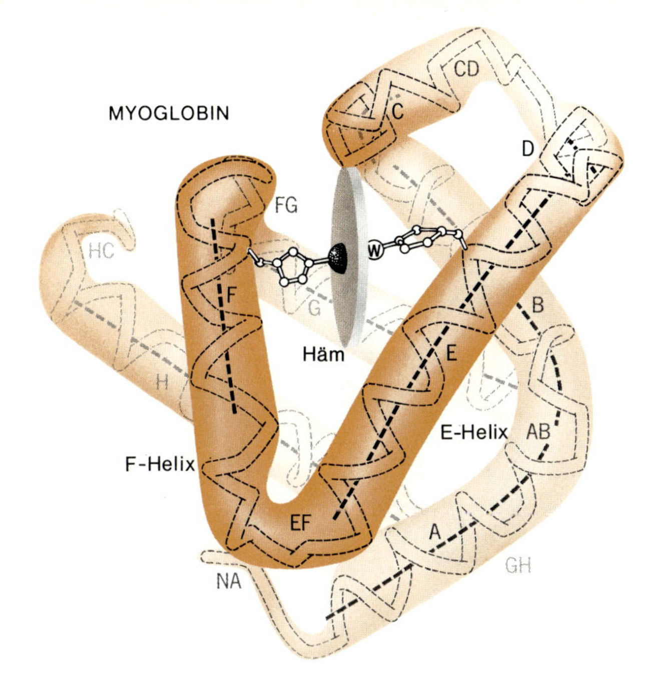

In dieser Darstellung des Myoglobin-Moleküls sind das α-Helixgerüst und die Lage des Häms in einer Tasche hervorgehoben. Aus Helix E und F ragen Histidin-Seitenketten mit fünfgliedrigen Ringen heraus und treten mit dem Eisen der Hämgruppe und dem O_2-Molekül in Wechselwirkung. (Die Darstellungen des Myoglobins auf dieser und der gegenüberliegenden Seite aus: R. E. Dickerson und I. Geis, The Structure and Action of Proteins, W. A. Benjamin, Inc.; deutsch: Struktur und Funktion der Proteine, Verlag Chemie, Weinheim 1971; Copyright © 1969 Dickerson und Geis)

relative Molekülmasse von 17000. Es ist ein verhältnismäßig kleines Protein. Der Übersichtlichkeit halber sind nur die α-Kohlenstoff-Atome der Hauptkette gezeichnet, und die Amidgruppen (−CO−NH−), die sie verbinden, sind durch gerade Linien dargestellt. Die Kette ist in acht Segmenten zur zylindrischen α-Helix gefaltet, die durch die Buchstaben A bis H gekennzeichnet sind. Auf dieser Seite oben ist das Myoglobin-Molekül noch einmal stärker schematisiert gezeichnet. Die Ecken oder Knickpunkte zwischen den Helices werden mit den beiden Buchstaben der Helices, die sie verbinden, bezeichnet – der Knickpunkt AB liegt zwischen den Helices A und B usw. Nur durch solche abrupten Knicke kann eine im wesentlichen lineare Faserstruktur – die α-Helix – in ein globuläres Protein endlicher Dimension eingepaßt werden. Die α-Helix kommt im Myoglobin und anderen globulären Proteinen vor, weil es eine günstige Faltstruktur für eine Proteinkette ist, doch der Preis, der dafür bezahlt werden muß, sind die unregelmäßigen Knicke an verschiedenen Stellen der Kette.

Die Helices E und F bilden eine V-förmigeTasche, die mit hydrophoben Aminosäure-Seitenketten ausgekleidet ist und in der die Häm-Gruppe (links unten) wie eine Münze in der geschlossenen Hand liegt. Eisen bevorzugt normalerweise eine oktaedrische Koordination, d.h. sechs Liganden oder koordinierende Atome sind an den Ecken eines Oktaeders um es herum gruppiert. Bei der Häm-Gruppe werden vier dieser sechs koordinierenden Gruppen durch die Stickstoff-Atome des Porphyrin-Rings gestellt, doch die Positionen oberhalb und unterhalb der Ringebene sind unbesetzt. Im Myoglobin ist die fünfte Position von einem Stickstoff-Atom einer Histidin-Seitenkette in Position F8 der F-Helix besetzt, wie man in der Zeichnung links vom Häm erkennt. Die sechste Oktaederposition ist frei, und an sie bindet sich das O_2-Molekül, wenn Myoglobin Sauerstoff speichert. Die Bindungsstelle für Sauerstoff ist durch eine mit W bezeichnete Kugel in der Myoglobin-Struktur markiert. Ein zweiter fünfgliedriger Ring einer Histidin-Seitenkette ragt aus der Position E7 in der Helix E heraus; er liegt dicht genug, um mit dem gebundenen O_2-Molekül in Wechselwirkung treten zu können, aber nicht dicht genug, um als direkter Ligand des Häm-Eisens dienen zu können.

Bemerkenswert am Myoglobin-Molekül ist, wie die Eigenschaften der Seitenketten in jeder α-Helix dazu beitragen, daß sich die Helices zur korrekten Molekülstruktur falten. Die inneren Oberflächen der α-Helices, mit denen sie sich aneinanderlegen, sind mit hydrophoben Seitenketten wie Valin, Leucin und Phenylalanin

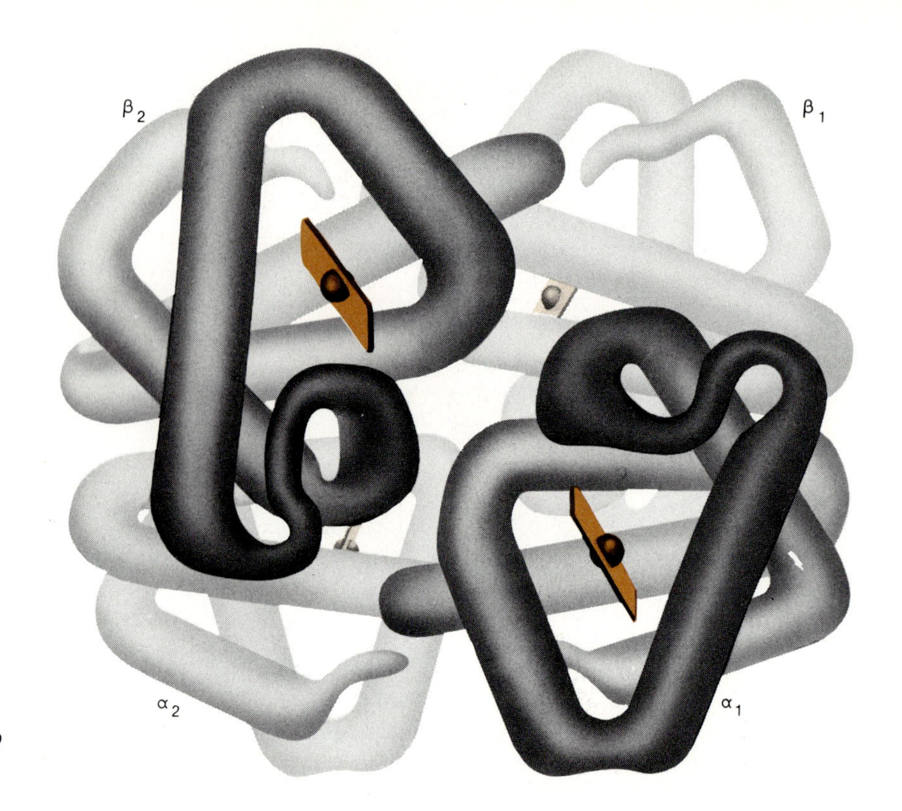

Jede der vier Ketten des Hämoglobin-Moleküls ist wie die des Myoglobins gefaltet und dann zu einer kompakten Einheit zusammengelegt. Die vier Häm-Taschen liegen auf der Moleküloberfläche, wo sie den O_2-Molekülen zur Bindung zugänglich sind. (Aus: R. E. Dickerson und I. Geis, The Structure and Action of Proteins, W. A. Benjamin, Inc.; deutsch: Struktur und Funktion der Proteine, Verlag Chemie, Weinheim 1971; Copyright © 1969 Dickerson und Geis)

bedeckt. Dagegen tragen die Seiten der Helices, die im vollständig gefalteten Molekül der wäßrigen Umgebung ausgesetzt sind, polare Seitenketten: entweder geladene, wie Lysin und Asparaginsäure, oder ungeladene, wie Asparagin und Serin. Wenn wir uns die Aminosäure-Sequenz des Myoglobins betrachten, sehen wir, daß in jeder dritten oder vierten Position der Hauptkette hydrophobe Seitenketten erscheinen. Da die α-Helix 3.6 Reste pro Windung enthält, bedeutet das, daß diese hydrophoben Seitenketten auf der gleichen Seite der Helix zu liegen kommen. Das ist ein Beispiel dafür, wie die lineare Aminosäure-Sequenz eines Proteins bereits die Information für die dreidimensionale Faltung enthält.

Das oben dargestellte Hämoglobin-Molekül besteht eigentlich aus vier zusammengelagerten Myoglobin-Molekülen. Jedes Hämoglobin-Molekül hat vier getrennte Proteinketten: zwei α-Ketten und zwei β-Ketten. Jede dieser Ketten ist genauso gefaltet wie im Myoglobin-Molekül, und die vier Ketten werden dann als vier Untereinheiten zu einem kompakten Molekül zusammengepackt. Wenn das Hämoglobin-Molekül in der Lunge vier O_2-Moleküle aufnimmt, verschieben sich die Untereinheiten ein wenig, so daß die beiden β-Einheiten etwas näher zusammenrücken. Wenn die O_2-Moleküle in den Geweben an das Myoglobin zur Speicherung abgegeben werden, kehren die vier Hämoglobin-Untereinheiten wieder in ihre ursprüngliche Lage zurück. Das Hämoglobin-Molekül arbeitet also wie eine Maschine, die sich öffnet und schließt, wenn sie Sauerstoff aufnimmt oder abgibt. Die Wechselwirkungen zwischen den Untereinheiten haben auch zur Folge, daß die Sauerstoffbindung an Hämoglobin ein Alles-oder-nichts-Vorgang ist. Wenn erst einmal ein O_2-Molekül an eine der vier Häm-Gruppen gebunden ist, wird es durch eine Verschiebung der Untereinheiten viel leichter, die anderen drei O_2-Moleküle aufzunehmen. Wenn umgekehrt erst einmal ein O_2-Molekül an das Gewebe abgegeben ist, verlassen die drei anderen das Protein leichter[1)]. Das macht es für das Hämoglobin-Molekül einfach, sich in der Lunge mit O_2 zu beladen und ihn in den Geweben leicht wieder abzugeben; diese Eigenschaften sind für einen Sauerstoff-Überträger natürlich sehr nützlich.

1) Einer der Wissenschaftler, die sich 1961 den Nobelpreis für die Pionierarbeit der Röntgenstrukturanalyse von Myoglobin und Hämoglobin teilten, M.F. Perutz aus Cambridge, England, hat das als den Matthäus-Effekt bezeichnet: „Denn wer da hat, dem wird mehr gegeben werden, und er wird die Fülle haben; wer aber nicht hat, dem wird auch, was er hat, genommen werden.“ (Matth. 25, 29)

Diese beiden globulären Proteine bestehen fast vollständig aus α-Helices. In anderen Proteinen dieser Art ist die Kette weniger regelmäßig gefaltet, und mehrere fast parallele, gestreckte Ketten können durch Wasserstoffbrücken quervernetzt sein und eine Schicht bilden, die einem Ausschnitt aus der Seidenstruktur gleicht. Eine solche seidenähnliche Schicht bildet oft den inneren Kern eines globulären Proteins, wobei es auf beiden Seiten in α-Helices eingebettet ist, so daß ein kompaktes Molekül entsteht. Wir werden Proteinstrukturen noch einmal im 24. Kapitel diskutieren und drei Enzyme kennenlernen, bei denen die α-Helix-Struktur keine große Rolle spielt.

Nucleotide und Nucleinsäuren

Die bekannteste Funktion der Nucleinsäuren ist die des Trägers der genetischen Information in DNA, doch haben sie auch noch andere Funktionen. Wir haben gesehen, daß Adenosintriphosphat (ATP) ein Speicher chemischer Energie ist. Auf ähnliche Weise übertragen kleine Nucleotide bei Synthesen Energie, Reduktionskraft oder chemische Gruppen.

Fünf organische Stickstoffbasen sind die Grundbausteine für die kleinen Nucleotide und die Nucleinsäuren; ihre Strukturen sind rechts zusammengestellt. Adenin und Guanin sind Derivate der bicyclischen Base Purin, und Cytosin, Thymin und Uracil sind Derivate des Pyrimidins. Sie sind so wichtig, daß sie oft nur durch die Buchstaben A, G, C, T und U charakterisiert werden. Wenn sie in Position C1′ mit β-D-Ribose verbunden sind, wie auf Seite 545 dargestellt, bilden sie *Nucleoside:* Adenosin, Guanosin, Cytidin, Thymidin (mit einem −H anstelle von −OH in Position B2′) und Uridin. (Die Positionszahlen im Zucker werden gewöhnlich mit einem kleinen Strich gekennzeichnet, um eine Verwechslung mit den Positionen in den Ringen der Stickstoffbasen zu vermeiden.) Diese Nucleoside wiederum können mit Phosphat über jede der drei OH-Gruppen im Ribose-Ring Ester bilden: nämlich in den Positionen C2′, C3′ oder C5′. Ein mit Phosphat verestertes Nucleosid wird als Nucleotid bezeichnet. Die Esterbildung in 5′-Stellung ist am häufigsten. Wie auf Seite 545 dargestellt ist, ist das Nucleosid Adenosin mit Phosphat in der 5′-Stellung verestert und bildet so das Nucleotid Adenosin-5′-monophosphat (AMP); dieser Phosphat-Rest wird mit zwei weiteren Phosphatgruppen verknüpft, so daß Adenosin-5′-diphosphat (ADP) und schließlich Adenosin-5′-triphosphat (ATP) entstehen.

Wie bereits im 10. Kapitel erwähnt wurde, ist die Freie Energie der Hydrolyse von ATP zu ADP und anorganischem Phosphat für organische Phosphat-Verbindungen ungewöhnlich hoch; sie liegt bei 30.5 $kJ \cdot mol^{-1}$. Diese Energie muß bereitgestellt werden, um ATP und Wasser aus ADP und Phosphat zu bilden, und diese Energie wird bei der Hydrolyse von ATP wieder frei. Bei der weiteren Hydrolyse von ADP zu AMP und Phosphat wird ein ähnlicher Energiebetrag frei, doch die Hydrolyseenergie von AMP zu Adenosin und Phosphat ist nur noch 14.2 $kJ \cdot mol^{-1}$; dieser Wert ist dem für andere organische Phosphat-Verbindungen ähnlich. Diese ungewöhnlich hohen Hydrolyseenergien, die zum Teil durch die Delokalisierung von Elektronen und zum Teil durch Abstoßungen zwischen negativen Ladungen auf der Polyphosphatgruppe zustande kommen, machen ATP in lebenden Systemen zu einem nützlichen Speicher für chemische Energie. Unabhängig davon, wie ein spezieller Organismus seine chemische Energie erzeugt und welche Verbindungen er für die langfristige Energiespeicherung benutzt, wandelt jeder lebende Organismus chemische Energie zuerst in ATP-Moleküle um und benutzt dieses ATP dann für anschließende Reaktionen. Es liegt nahe anzunehmen, daß die Lebewesen ursprünglich alles ATP aus den Urmeeren „zusammenfegten" und daß sich alle ande-

BASEN DER DNA UND RNA

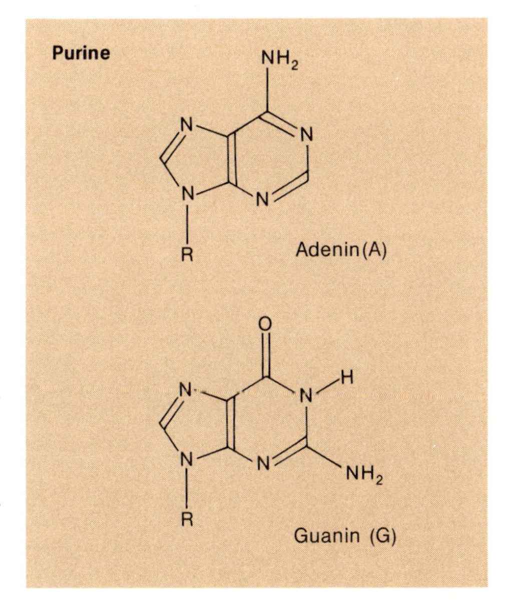

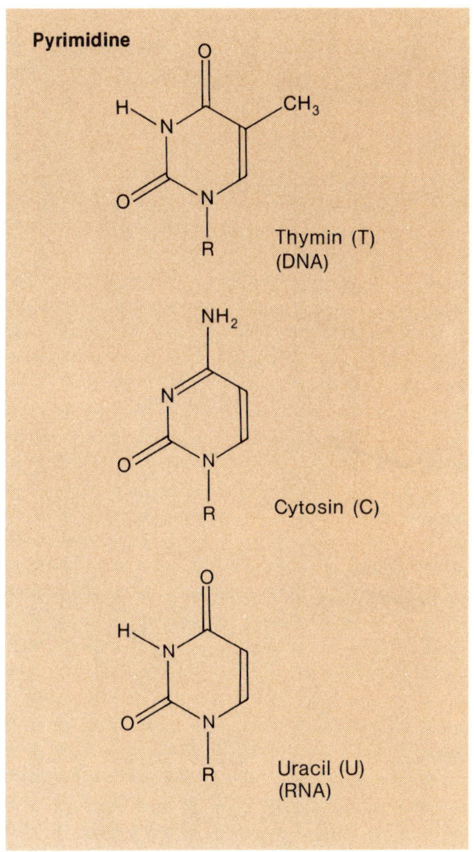

Vier organische Basen tragen die genetische Information der DNA. Die beiden Purine, Adenin und Guanin, haben Doppelringe; die beiden Pyrimidine, Cytosin und Thymin, haben nur einen Ring. In RNA ist Thymin durch Uracil ersetzt, dem die Thymin-Methylgruppe fehlt.

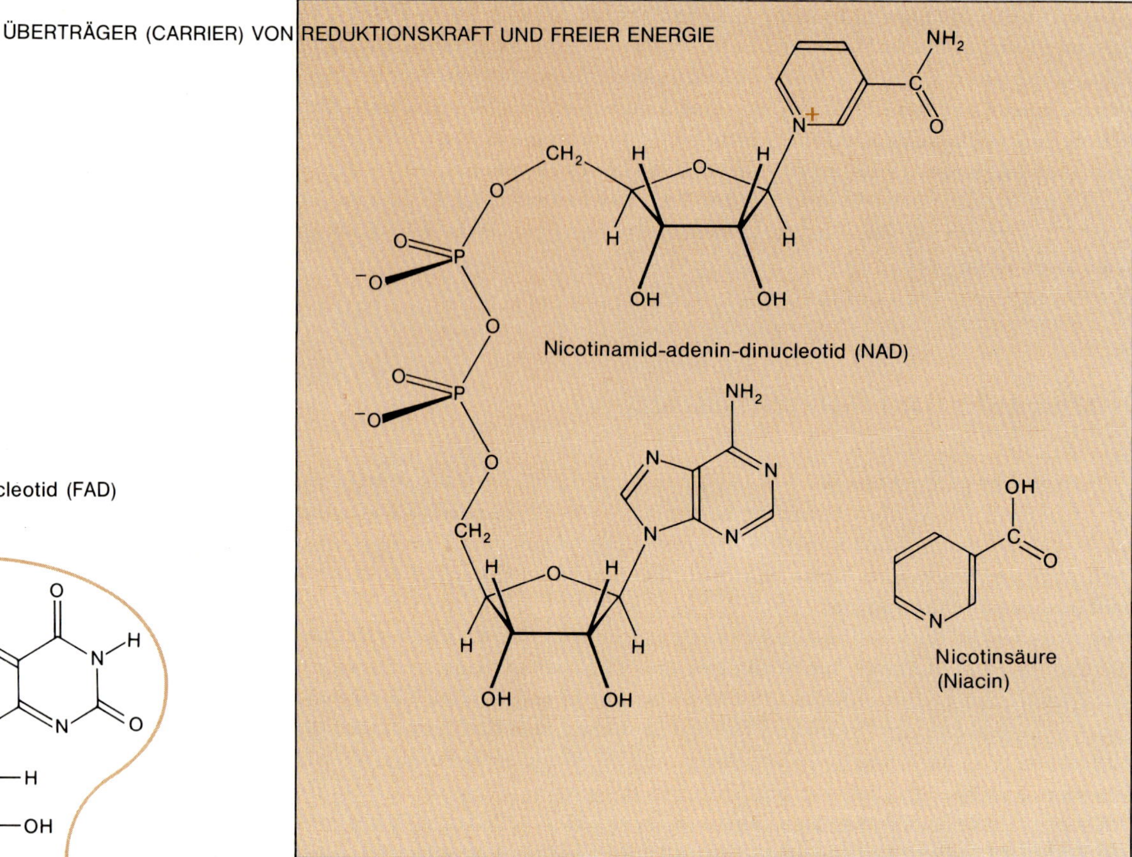

NAD besteht aus zwei Base-Ribose-Phosphat-Einheiten, die über ihre Phosphatgruppen miteinander verknüpft sind. Eine der organischen Basen ist Adenin, und die andere leitet sich von Nicotinsäure oder Niacin ab.

Flavin-adenin-dinucleotid (FAD)

Riboflavin
(ein Vitamin)

Auch FAD besteht aus zwei organischen Basen, verknüpft mit einer Ribose-Phosphat-Einheit. Eine Base ist Adenin, die andere Riboflavin oder Vitamin B_2.

ren Methoden zur Energiesammlung nur als Alternativverfahren für die Herstellung von „künstlichem" ATP entwickelten, als der natürliche Vorrat zu Ende ging.

Die ungewöhnlich hohe Hydrolyseenergie, die ATP zu einem nützlichen Energiespeicher-Molekül macht, findet man auch bei einfachen Polyphosphaten ohne Ribosering und Adenin. Einige Bakterien speichern Energie in Form von Polyphosphaten. Warum plagt sich dann die Natur mit der Komplikation des Adenosin-„Henkels" am Triphosphat ab? Die wahrscheinlichste Antwort darauf ist, daß die Steuerung dieser Reaktionen an der Oberfläche von Enzym-Molekülen abläuft und Adenosin in der Tat ein „Henkel" ist, an dem das Enzym-Molekül ATP erkennt und bindet, so daß die Reaktion ablaufen kann.

Nucleosiddiphosphate sind ebenfalls wichtige Überträger für chemische Energie in Form von Reduktionspotential bei Redoxreaktionen, wie wir im nächsten Kapitel sehen werden. Die Standardkombination besteht aus einem Nucleosiddiphosphat mit einem Molekül, das reduziert oder oxidiert werden kann. Im Nicotinamid-adenindinucleotid, NAD^+ (oben), ist die reduzierbare Gruppe das Amid der Nicotinsäure; im Flavinadenindinucleotid, FAD (links), ist es ein Molekül Riboflavin. Diese zwischen zwei Zuständen hin- und herpendelnden Moleküle sind in Wirklichkeit nur in winzigen Mengen notwendig, weil sie an einer Stelle reduziert und an anderer Stelle wieder oxidiert werden. Ersatz für sie ist nur in dem Maße notwendig, in dem sie versehentlich verlorengehen oder abgebaut werden. Wir haben unsere einstige Fähigkeit, Nicotinsäure und Riboflavin biologisch zu synthetisieren, verloren und sind daher gezwungen, die Rohstoffe für NAD^+ und FAD mit unserer

Aus Adenin und Ribose entsteht ein Nucleosid, in diesem Fall Adenosin. Adenosin verestert mit einem Phosphatrest bildet das Mononucleotid Adenosinmonophosphat (AMP). Veresterung mit mehreren Phosphatgruppen führt, wie hier gezeigt, zum Adenosindiphosphat (ADP) und zum Adenosintriphosphat (ATP).

Adenin

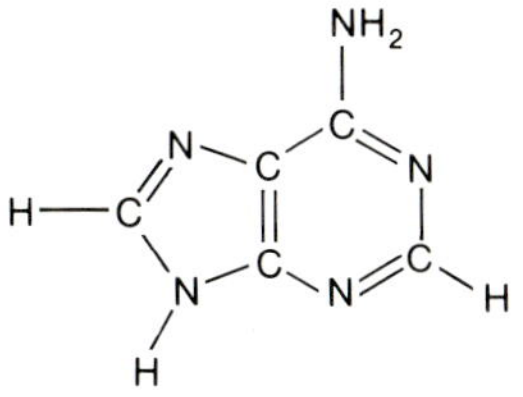

Adenosin

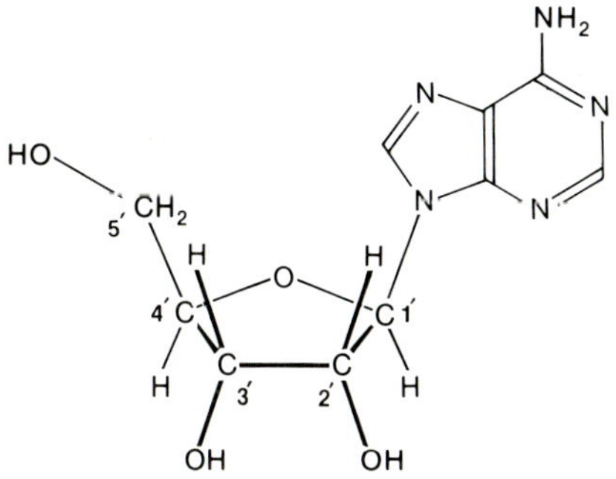

Adenosinmonophosphat (AMP)

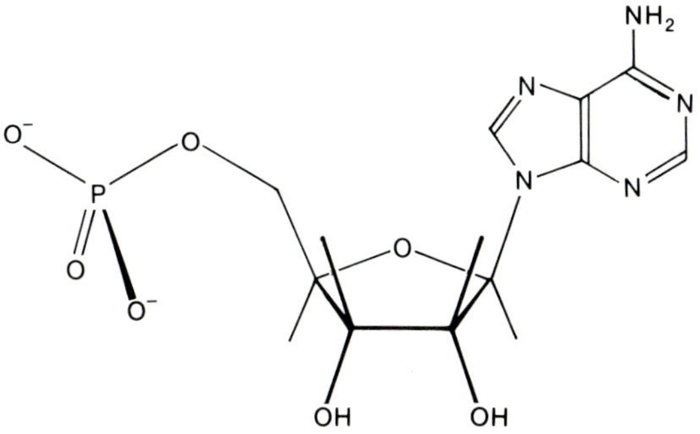

Adenosindiphosphat (ADP)

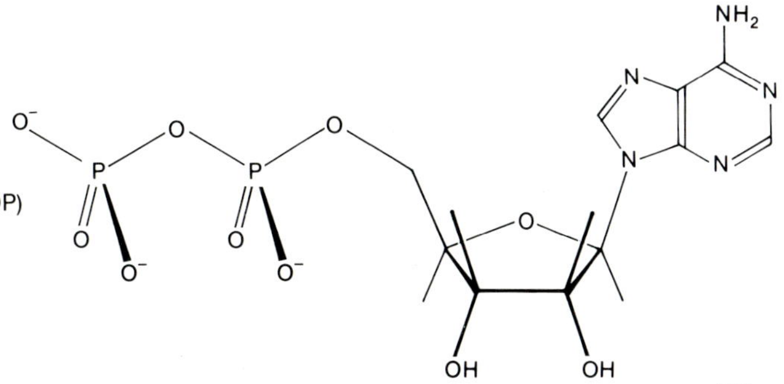

Adenosintriphosphat (ATP)

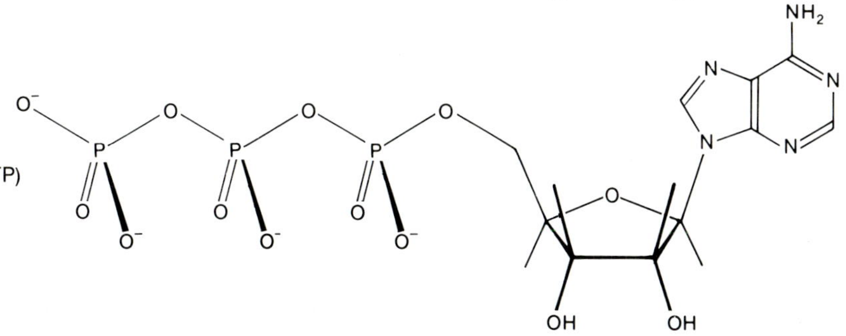

REDUKTION DER DINUCLEOTID-CARRIER

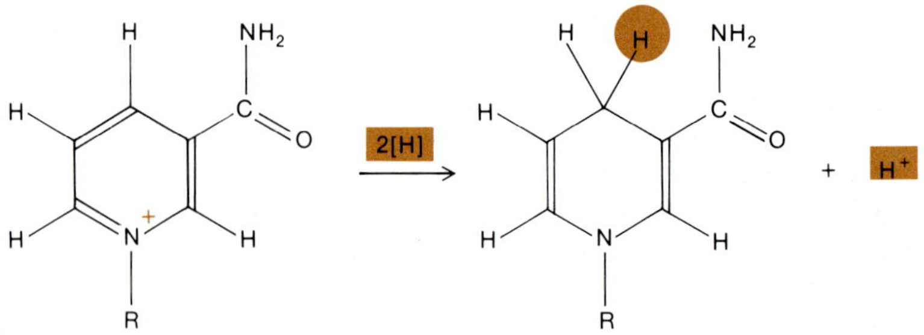

$NAD^+ + 2[H] \longrightarrow NADH + H^+$

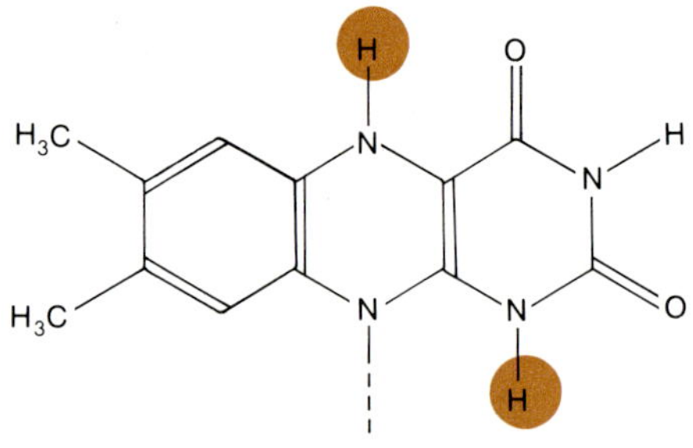

$FAD + 2[H] \longrightarrow FADH_2$

Ein oxidiertes NAD^+-Molekül wird durch zwei Wasserstoff-Atome reduziert, wobei eines von ihnen an den Nicotinamid-Ring gebunden und das Elektron des anderen in das delokalisierte Elektronensystem inkorporiert werden. Ein Proton wird an die Lösung abgegeben. Wenn FAD reduziert wird, werden beide Wasserstoff-Atome an das tricyclische System addiert, wobei eine der Doppelbindungen verschwindet.

Nahrung aufzunehmen. Substanzen wie diese, die nur in winzigen Mengen gebraucht werden, aber trotzdem unbedingt notwendig sind, werden als Vitamine bezeichnet. Vitamin A, der Vorläufer für Retinal, ist ein Beispiel. Riboflavin ist Vitamin B_2 und Nicotinsäure ist Niacin. Niacinmangel beim Menschen verursacht Pellagra, eine Krankheit, die einst bei der armen Landbevölkerung in Teilen Südeuropas und Nordamerikas verbreitet war, aber jetzt praktisch ausgerottet ist.

Wenn NAD^+ reduziert wird, bindet sich ein H-Atom an den Ring, das Elektron des zweiten H kompensiert die positive Ladung, und das Proton geht in Lösung, wie oben dargestellt ist. Wenn FAD reduziert wird, werden zwei Wasserstoff-Atome an zwei Positionen des Flavin-Rings gebunden, wie ebenfalls oben dargestellt ist. In beiden reduzierten Molekülen ist Energie gespeichert, die wieder frei wird, wenn das Überträger-Molekül erneut oxidiert wird. Ebenso wie die Energie, die bei einer Oxidation frei wird, von dem Oxidationsmittel abhängt, so hängt die in reduziertem NADH oder $FADH_2$ gespeicherte Energie von den Substanzen ab, die zu ihrer Reoxidation benutzt werden. Bei der normalen O_2-Atmung werden bei der Oxidation von NADH 220.5 $kJ \cdot mol^{-1}$ Energie frei:

$$NADH + H^+ + \tfrac{1}{2}O_2 \longrightarrow NAD^+ + H_2O \qquad \Delta G' = -220.5\ kJ \cdot mol^{-1}$$

(Der Strich am ΔG weist darauf hin, daß die Änderung der Freien Energie auf physiologische Bedingungen bei pH 7 oder $[H^+] = 10^{-7}\ mol \cdot l^{-1}$ bezogen ist und nicht auf eine H^+-Konzentration von 1 $mol \cdot l^{-1}$.) Wir können uns also vorstellen, daß NADH unter diesen Bedingungen pro Mol 220.5 kJ Freie Energie von der Stelle, an der es reduziert wurde, zu der Stelle, an der es wieder oxidiert wird, überträgt. Ein Mol $FADH_2$ überträgt eine etwas geringere Energie:

$$FADH_2 + \tfrac{1}{2}O_2 \longrightarrow FAD + H_2O \qquad \Delta G' = -151.5\ kJ \cdot mol^{-1}$$

Die Dinucleotide NAD^+ und FAD und das Nucleotid ATP arbeiten beim Energiegewinnungsprozeß in lebenden Zellen wie „kleine" und „große" Eimer für Energie zusammen. Wenn Nahrungsmittel abgebaut werden, werden Energiepakete von 220 kJ durch Reduktion von NAD^+ zu NADH gespeichert oder kleinere Pakete durch Reduktion von FAD zu $FADH_2$. Diese reduzierten Dinucleotide werden unabhängig davon, woher sie stammen, in den allgemeinen Atmungsapparat eingeschleust, der sie wieder oxidiert und ihre Energie in kleineren Paketen auf ATP überträgt: drei ATP pro reoxidiertem NADH-Molekül und zwei ATP pro $FADH_2$. Im Vergleich der Energiespeicherung mit dem Geldumlauf im 21. Kapitel sind die NADH-Moleküle bei den Energiemünzen die Fünfer und die ATP-Moleküle die Pfennige.

Informationsspeicherung: DNA und RNA

Die DNA ist die wichtigste der Nucleinsäuren, weil in ihr letzten Endes alle genetische Information niedergelegt ist. Sie ist ein langkettiges Polymeres aus D-Desoxyribose (rechts), die sich von der D-Ribose dadurch unterscheidet, daß die OH-Gruppe in 2′-Position durch H ersetzt ist. Die Polymerbindung entsteht dadurch, daß eine Phosphatgruppe mit der 5′-Hydroxylgruppe eines Zucker-Moleküls und der 3′-Hydroxylgruppe des nächsten Zucker-Moleküls verestert wird. Das entstehende Polymere hat eine Richtung, die vom 5′-Ende zum 3′-Ende läuft, wie durch den Pfeil rechts angedeutet ist. Ribonucleinsäure ist ein ähnliches Polymeres, doch enthält sie D-Ribose anstelle von D-Desoxyribose.

Sowohl in der DNA als auch in der RNA ist das Kohlenstoff-Atom 1′ jedes Zuckerrings kovalent an eine der vier Purin- oder Pyrimidin-Basen gebunden: A, C, G oder T in DNA und A, C, G oder U in RNA. (T unterscheidet sich von U nur durch eine zusätzliche Methylgruppe im sechsgliedrigen Ring.) Die genetische Information wird durch die Reihenfolge der Basen im DNA- oder RNA-Strang codiert, wobei drei aufeinanderfolgende Basen den Code für eine Aminosäure enthalten. Die Drei-Basen-Sequenz für eine Aminosäure wird als Triplett-*Codon* bezeichnet. Da in jeder der drei Positionen vier verschiedene Basen stehen können, sind $4^3 = 64$ verschiedene Codons denkbar. Da nur 20 Aminosäuren codiert werden müssen, ist das System offensichtlich redundant, wobei dieselbe Aminosäure durch mehr als ein Codon repräsentiert wird. Diese Redundanz ist unumgänglich, da ein System mit zwei Basen-Codons nur $4^2 = 16$ verschiedene Aminosäuren codieren kann. Drei der 64 Codons werden zur „Interpunktion" benutzt: Es sind Stopsignale bei der Synthese der Polypeptidkette. Die anderen 61 Codons repräsentieren die einzelnen Aminosäuren.

In jedem Informationsspeichersystem gibt es die Gefahr, daß die Information fehlerhaft oder verstümmelt wird. Diese Gefahr wird bei der DNA dadurch etwas vermindert, daß die „Botschaft" durch einen zweiten Strang, der in umgekehrter Richtung läuft, geschützt ist, wobei die Basen der beiden Stränge komplementäre Paare bilden. Jede Purin-Base in einem Strang wird ganz spezifisch mit einer Pyrimidin-Base im komplementären Strang gepaart: A nur mit T und G nur mit C. Das Ergebnis ist ein Leiter-Molekül, wie es auf der nächsten Seite dargestellt ist, wobei die beiden senkrechten Balken der Leiter in entgegengesetzter Richtung laufen und Purin-Pyrimidin-Basen die Sprossen bilden. Wegen der spezifischen A–T- und G–C-Basenpaarung enthält jeder Strang genau die gleiche Information, wenn auch in leicht unterschiedlicher Sprache. Das meint man, wenn man sagt, daß die beiden Stränge komplementär sind. Diese Verdoppelung der Information ist eine Schutzmaßnahme, da durch chemische Veränderung oder Strahlung erzeugte falsche Paarungen durch Reparaturenzyme erkannt und korrigiert werden können. Jeder Strang für sich reicht aus, um ein intaktes Duplikat der ursprünglichen DNA herzu-

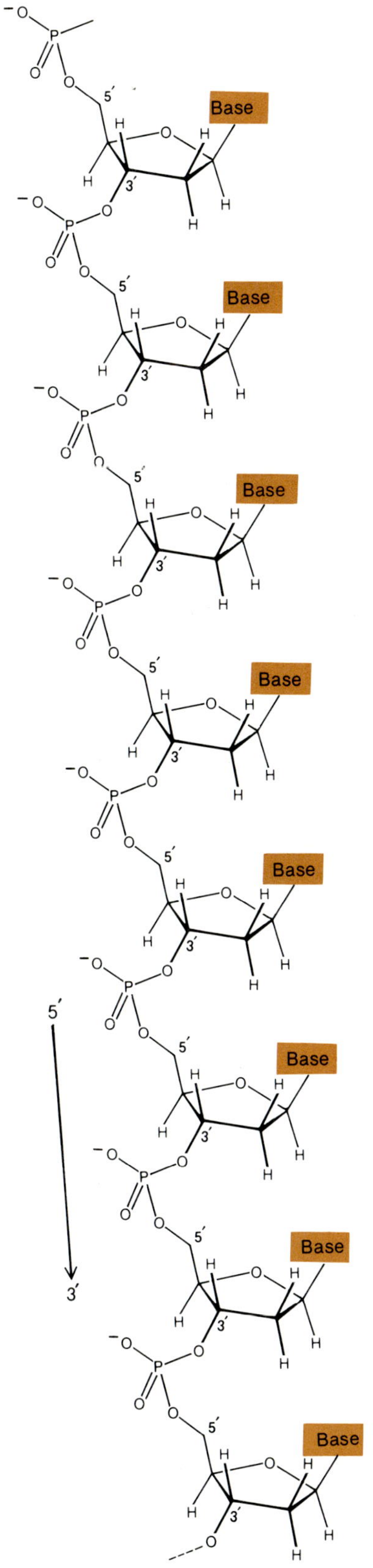

Das Rückgrat der DNA ist ein langes Polymeres aus alternierenden Phosphat- und Desoxyribose-Molekülen, die in Position 3′ und 5′ des Zuckers verestert sind.

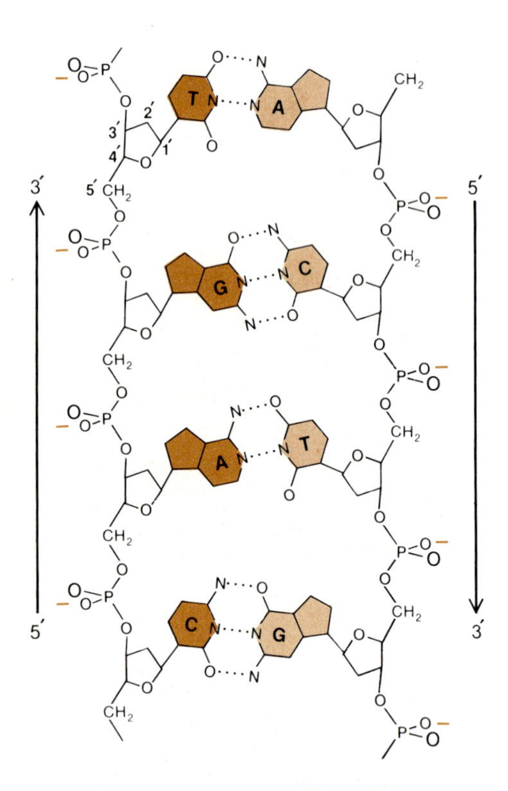

Die vier Basen der DNA – wie rechts dargestellt miteinander gepaart – sind die vier Buchstaben des Alphabets des genetischen Codes. Die gepaarten Basen sind die Sprossen der DNA-Leiter (oben), wobei die Ketten mit ihren 5′- und 3′-Enden auf beiden Seiten der Leiter in entgegengesetzter Richtung laufen.

stellen. (Es gibt primitive Gesellschaften, in denen mit Hilfe von Kerben in Stöcken Buch geführt wird; diese Stöcke werden dann der Länge nach gespalten, wobei eine Hälfte der Schuldner und die andere Hälfte der Gläubiger erhält. Eine Manipulation an einer der Stockhälften wird unmittelbar sichtbar, wenn man die beiden Hälften nebeneinanderhält. Das ist eine gute Analogie zur Informationsspeicherung in doppelsträngiger DNA.)

Worauf die Spezifität der A–T- und G–C-Basenpaarung sowie die Windung der DNA zu einer doppelsträngigen Helix beruht, ist auf diesen beiden Seiten dargestellt. Adenin und Thymin paaren sich dadurch, daß sie zwei Wasserstoffbrücken miteinander ausbilden (unten), wobei jede Base bei der einen Bindung der Wasserstoff-Donor und bei der anderen der Wasserstoff-Acceptor ist. Die Donor-Acceptor-Rollen dieser beiden Bindungen sind bei Guanin und Cytosin umgekehrt; sie bilden noch eine dritte Wasserstoffbrückenbindung aus. Dieser Rollentausch macht sicher, daß Adenin nicht mit Cytosin oder Thymin mit Guanin Paare bilden kann. Zwei Purin-Basen (A und G) sind zu groß, um als Sprosse in die Leiter aus DNA-Doppelsträngen zu passen, wie links gezeigt ist, und zwei Pyrimidin-Basen (C und T) sind zu klein dafür. Folglich sind die einzig möglichen Paarungen zwischen den beiden Strängen A mit T und C mit G.

Die genetische Botschaft wird noch auf andere Weise geschützt. Die doppelsträngige DNA-Leiter ist zu einer Doppelhelix gewunden, wobei das Zuckerphosphat-Rückgrat außen liegt und die Basenpaare wie die Stufen einer Wendeltreppe innen.

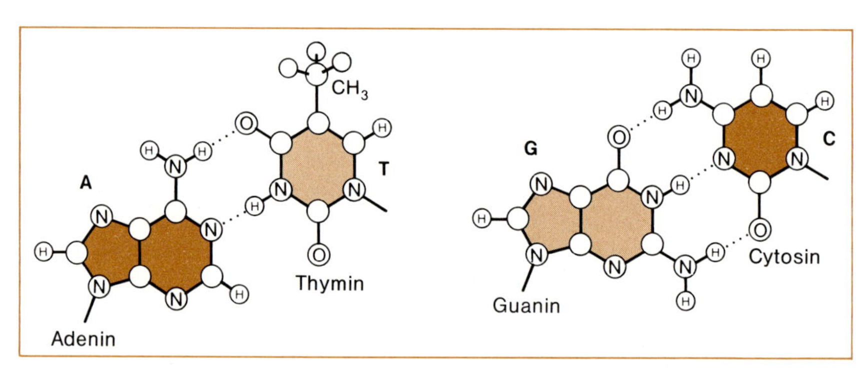

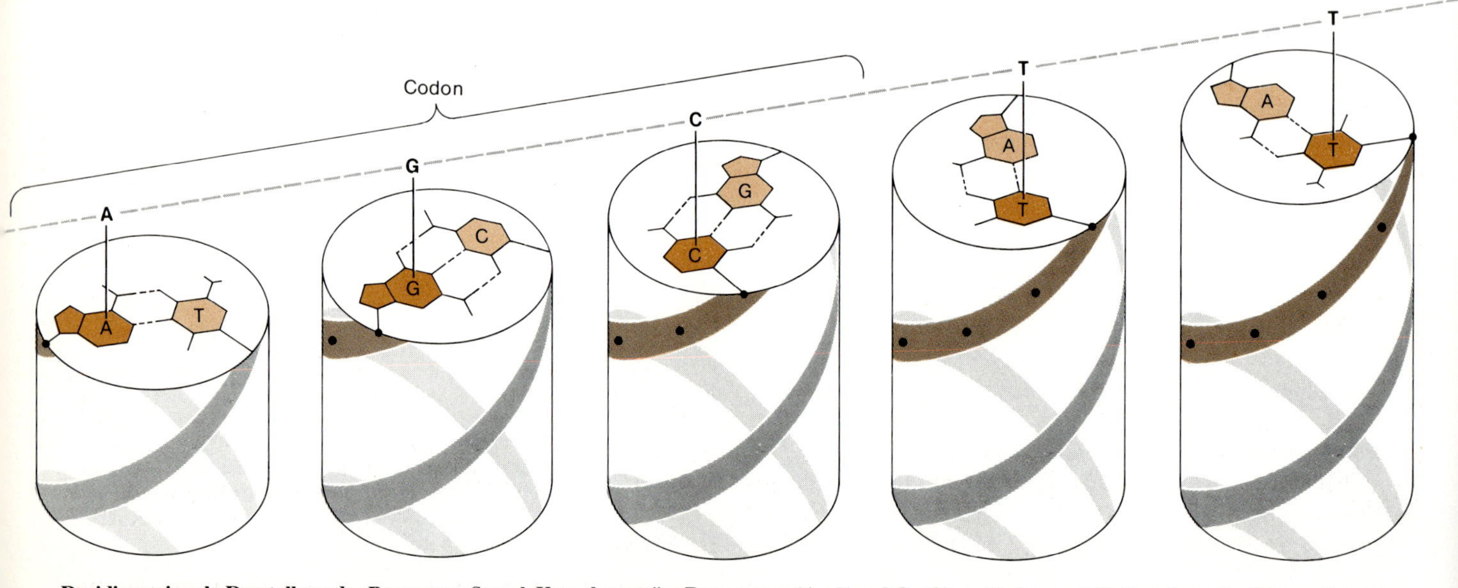

Dreidimensionale Darstellung der Basenpaar-Stapel. Komplementäre Basenpaare (A–T und G–C) verbinden zwei Helixstränge der Desoxyribose. Die zehn oben dargestellten Basenpaare bilden eine vollständige Helixwindung.

Der Aufbau der DNA-Helix ist auf diesen beiden Seiten unten dargestellt und die fertige Helix – aus Kalottenmodellen zusammengebaut – rechts am Rand. Die Doppelhelix ist ein Zylinder mit einem Durchmesser von 2.2 nm, an deren Außenseite eine weite und eine enge Furche spiralig nach oben laufen. Die Basenpaare in benachbarten Stufen der Treppe sind 300 pm voneinander entfernt. Zehn Stufen oder Basenpaare bilden eine komplette Windung der Helix; die sich wiederholende Einheit des Helix-Gerüsts ist also 3 nm lang.

Die genetische Botschaft ist in der DNA in den zu Dreiergruppen zusammengefaßten Basen codiert. Die Sequenz A–G–C (ganz links unten) sagt dem Protein-Syntheseapparat, daß er einen Serinrest an die wachsende Kette anknüpfen muß. Die T–T–G-Sequenz, die darauf folgt, ist das Triplett oder Codon für Leucin, und G–A–C ist das Codon für Asparaginsäure. Auf diese Weise ist die Aminosäure-Sequenz jedes Proteins eines lebenden Organismus in seiner DNA gespeichert.

Auf dieser Basenpaarung beruht auch die Möglichkeit zur DNA-Duplikation während der Zellteilung. Das Eltern-DNA-Molekül trennt sich in Einzelstränge, und verschiedene Nucleosidtriphosphate (Desoxyadenosintriphosphat, dATP; Desoxycytidintriphosphat, dCTP, usw.) werden mit den freiliegenden Basen jedes Stranges gepaart. Die Freie Energie der Triphosphatgruppe dient dazu, diese gepaarten Nucleotide zu einem 5′-3′-Polymeren zu verknüpfen, so daß jeder Eltern-DNA-Strang jetzt mit einem neuen Strang gepaart ist; dieser ist identisch mit demjenigen, von dem sich jeder Elternstrang getrennt hat. Dieser *Replikationsprozeß* ist schema-

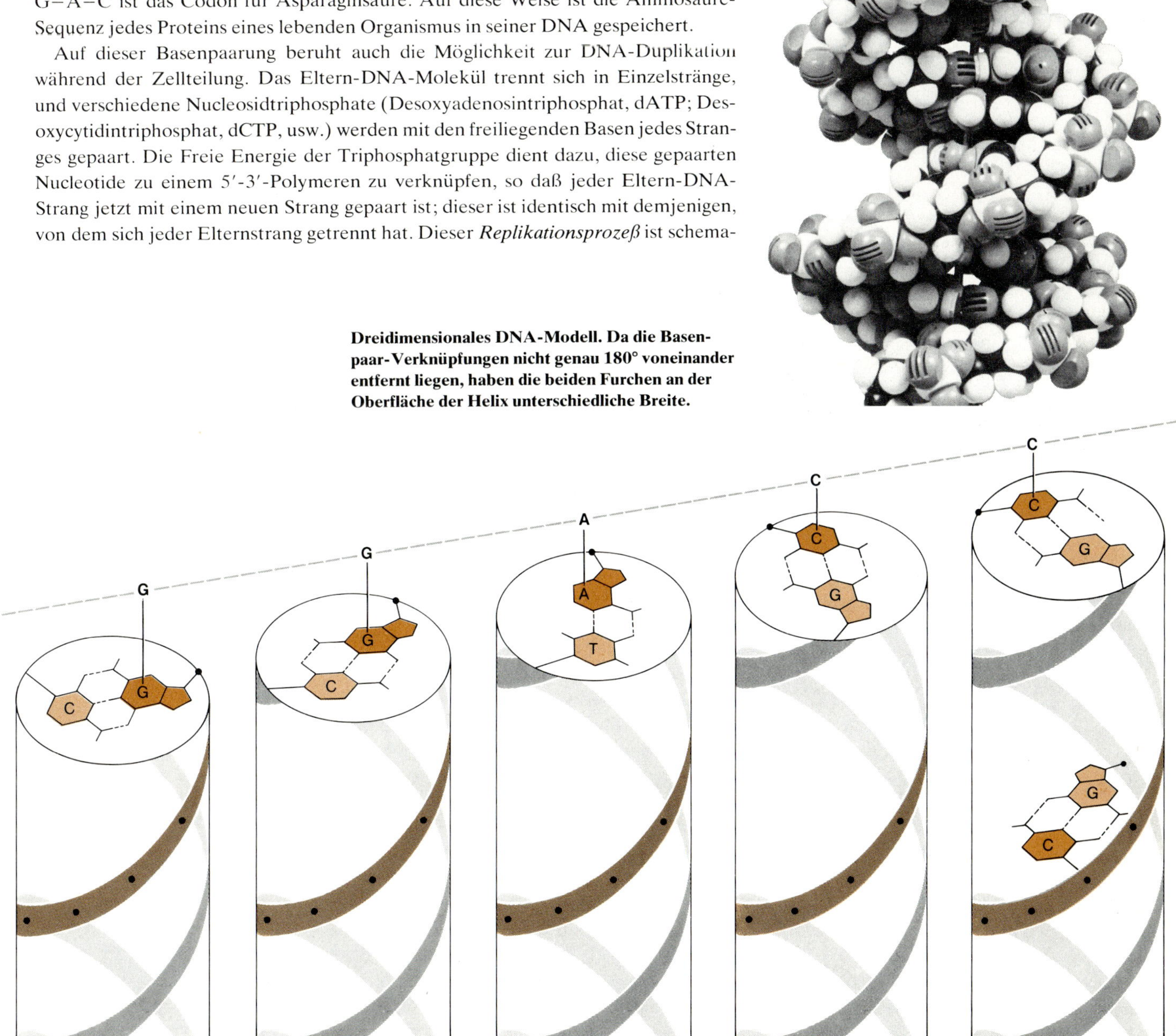

Dreidimensionales DNA-Modell. Da die Basenpaar-Verknüpfungen nicht genau 180° voneinander entfernt liegen, haben die beiden Furchen an der Oberfläche der Helix unterschiedliche Breite.

In der letzten Zeichnung (rechts) wurde ein Basenpaar (C–G) wiederholt, um zu zeigen, wie die beiden Helixstränge zusammengehalten werden. Die Basen des einen Stranges sind in dunklerer Farbe, die des anderen Stranges in hellerer Farbe gezeichnet.

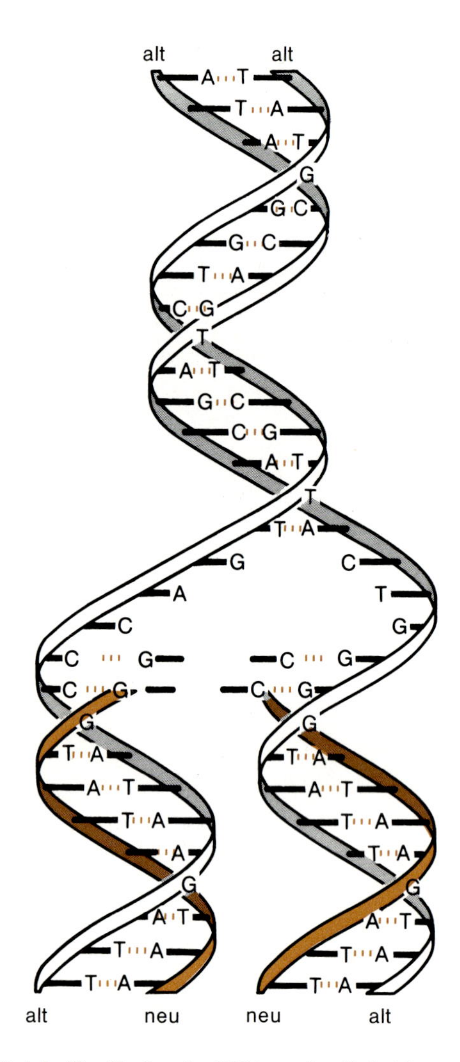

Bei der Replikation der DNA werden die beiden Stränge voneinander getrennt und zu jedem ein neuer Strang aufgebaut. Die Tochtermoleküle sind exakte Kopien der Eltern, und jedes von ihnen enthält einen Elternstrang. (Aus: James D. Watson, Molecular Biology of the Gene, 2. Aufl., W. A. Benjamin, Inc.; Copyright © 1970 J. D. Watson)

tisch links dargestellt. Das Ergebnis sind zwei Tochter-Helices, von denen jede mit der Eltern-Helix in bezug auf Basensequenz und Paarung identisch ist, wobei jeder einen der Elternstränge und einen neu synthetisierten Strang enthält. Die Doppelhelix ist nicht nur zum Schutze da, sie ist auch die Basis für die Vermehrung.

Die DNA aller Organismen oberhalb des Niveaus von Bakterien und Blaualgen bleibt als „Archivmaterial" im Zellkern liegen, während die Proteinsynthese außerhalb des Kerns im Cytoplasma oder der Zellflüssigkeit stattfindet. Die Information wird von der DNA zum Ort der Proteinsynthese durch die treffend Boten-RNA (mRNA von englisch „messenger RNA") genannte Ribonucleinsäure übertragen. Die messenger-RNA enthält eine Kopie der Basensequenz eines der DNA-Stränge mit dem geringfügigen Unterschied, daß Thymin durch Uracil ersetzt ist. Der Kopiervorgang der genetischen Information von DNA auf RNA wird als *Transcription* bezeichnet, und die nachfolgende Synthese spezifischer Proteinketten anhand der Basensequenz der RNA heißt *Translation*. Transcription und Translation sind auf der gegenüberliegenden Seite dargestellt.

Während der Transcription trennen sich die Stränge der DNA-Doppelhelix gebietsweise voneinander, so daß der Strang, der kopiert werden soll, zugänglich wird. Ein Enzym, die RNA-Polymerase, wandert den DNA-Strang entlang und verknüpft komplementäre Nucleosidtriphosphate zu einem messenger-RNA-Strang, der zum ursprünglichen DNA-Strang komplementär ist. Der vollständige mRNA-Strang trennt sich von der DNA und diffundiert aus dem Kern zu den Ribosomen, wo die Translation in eine Polypeptidkette stattfindet. Der Kern gleicht einer Raritätenkammer in einer Bibliothek, aus der die Bücher selbst nicht herausgenommen werden dürfen, aber Photokopien einzelner Teile angefertigt und schließlich außerhalb der Bibliothek vernichtet werden können.

Ribosomen sind Komplexe aus RNA und Proteinen mit einem Durchmesser von 20 nm und einer Gesamtmolekülmasse von 3 600 000. Ihre Aufgabe ist es, die Information einer mRNA abzulesen und sie zur Herstellung einer entsprechenden Polypeptidkette zu verwenden. Mit einem Elektronenmikroskop kann man mehrere Ribosomen auf einem mRNA-Strang erkennen, wie Lokomotiven auf einem Gleis, die ihre Proteinkette hinter sich herziehen. Die Ribosomen haben ein Problem, das die RNA-Polymerase nicht hat: sie müssen von einer Sprache (Nucleinsäure-Sequenz) in eine andere (Aminosäure-Sequenz) übersetzen, wobei sich die Symbole der beiden Sprachen wie 3:1 verhalten. Die Übersetzungseinheiten sind kleine Moleküle aus Transfer-RNA (tRNA). Jede Aminosäure hat eine oder mehrere Arten von tRNA. An einem Ende trägt das tRNA-Molekül ein Anticodon aus drei Basen, das dem Codon für eine Aminosäure komplementär ist, und am anderen Ende eine Bindungsstelle für die betreffende Aminosäure. Das tRNA-Molekül ist also ein Kuppler, der dafür sorgt, daß die richtige Aminosäure an das richtige Triplettcodon angesetzt wird. Jedes tRNA-Molekül hat sein eigenes „Beladungsenzym", das die tRNA mit der Aminosäure verbindet, bevor der Komplex zum Ribosom wandert und in die wachsende Kette eingespeist wird.

Am Ribosom wird die entsprechend beladene tRNA mit einem Triplett-Codon der messenger-RNA gepaart. Die Aminosäure wird mit der wachsenden Kette verknüpft, und das Ribosom wandert auf der mRNA drei Basen weiter, um den Prozeß mit dem nächsten Codon zu wiederholen. Wenn eines der drei Stop-Codons erscheint, löst sich die vollendete Polypeptidkette vom Ribosom ab und faltet sich zum funktionsfähigen Protein-Molekül.

Dies ist in groben Zügen der Mechanismus, durch den die lineare Information einer Polynucleinsäure in die dreidimensionale Information eines Enzym-Moleküls übersetzt wird. Weitere Einzelheiten würden uns in die Molekularbiologie und nicht in die Chemie führen und außerdem bald an die Grenzen unserer derzeitigen Kenntnisse. Die Information der DNA wird manchmal mit der Musik auf einem Magnetband verglichen. Im Prinzip ist die Musik auf dem Band gespeichert, aber

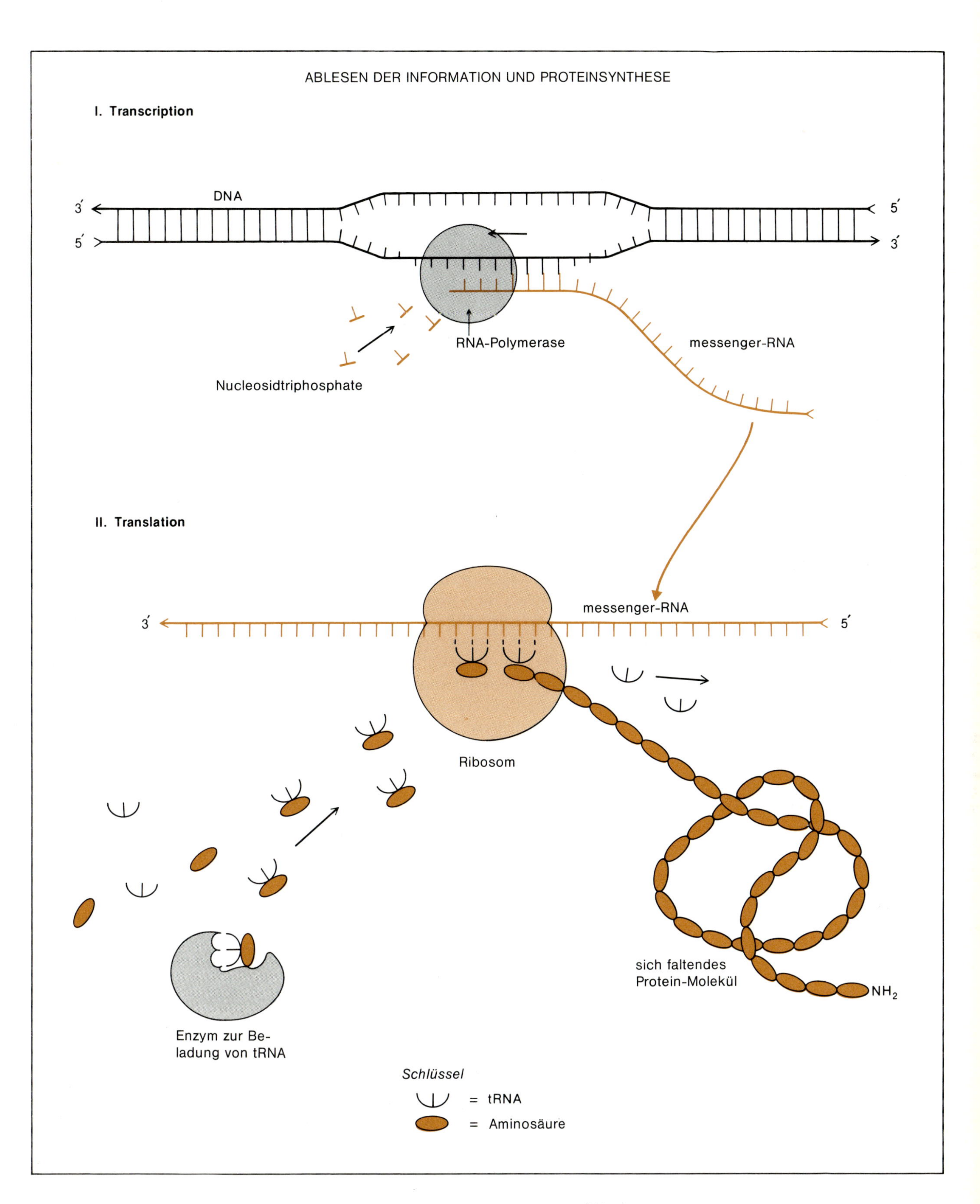
ABLESEN DER INFORMATION UND PROTEINSYNTHESE
I. Transcription
DNA
3´
5´
5´
3´
RNA-Polymerase
messenger-RNA
Nucleosidtriphosphate
II. Translation
messenger-RNA
3´
5´
Ribosom
sich faltendes
Protein-Molekül
NH2
Enzym zur Be-
ladung von tRNA
Schlüssel
= tRNA
= Aminosäure

ohne Abspielgerät ist sie unzugänglich. mRNA, tRNA, Ribosomen und die verschiedenen Beladungs- und Polymerisationsenzyme sind wie das Stereo-Abspielgerät, ohne das die Information nur eine nutzlose Fluktuation in einer Kette wäre.

Fragen

1. In welchem Sinne ist die Anordnung der Atome von spezieller Bedeutung für lebende Organismen? Wie ist sie mit der Entropie verknüpft?
2. Wozu werden Lipide in lebenden Organismen benutzt? Wozu werden Proteine benutzt? Wo in einer Zelle findet man Nucleinsäuren?
3. Was ist ein Vitamin? Muß dieselbe chemische Verbindung für alle lebenden Organismen ein Vitamin sein? Wenn nicht, warum ist sie für einen Organismus ein Vitamin, für einen anderen aber nicht? Welche Funktion der Vitamine wurde in diesem Kapitel erwähnt?
4. Warum ist Wachstum alleine kein ausreichendes Kriterium für Leben? Was ist der Unterschied zwischen dem Wachstum einer Amöbe und dem eines Kupfersulfatkristalls?
5. In welchem Sinne sind das Anziehen eines Mantels und das Wandern von einem Breitengrad zu einem anderen vergleichbare Anpassungen?
6. Wieso sind Wettrennen, Angreifen eines Feindes und übermäßige Vermehrung vergleichbare Anpassungen?
7. Wieso sind ungenaue Reproduktion und Selektion für den Evolutionsprozeß notwendig? Welche Vorteile bietet der Evolutionsprozeß einer Population lebender Organismen, die ein getreuer Kopierprozeß von einer Generation zur nächsten nicht bieten kann? Wieso ist ein geringes Maß an schlechter Anpassung bei einem Teil einer Population günstig?
8. Wie wird die genetische Information in einem lebenden Organismus gespeichert? Welcher Molekültyp wird dazu benutzt?
9. Wie wird diese Information von dem Lebewesen, das sie trägt, benutzt?
10. Welche Instruktionen tragen diese genetischen „Archive"? Wie wird die Information abgelesen?
11. Was ist der Unterschied zwischen Faserproteinen und globulären Proteinen? Welche werden zum Strukturaufbau eingesetzt? Wozu dient die andere Proteinklasse?
12. Wie werden globuläre Proteine aus langen Polypeptidketten konstruiert?
13. Warum gibt es mehrere verschiedene Arten von Aminosäure-Seitenketten in den Proteinen? Welche unterschiedlichen chemischen Eigenschaften haben diese Seitenketten? Warum findet man einige von ihnen häufiger im Inneren von Proteinen und andere auf der Außenseite?
14. Auf welche Weise beeinflußt die Bindungsstruktur der Polypeptidbindung in Proteinen die Art, in der sich Proteine falten?
15. Wie unterstützt die Struktur der Amidbindung die Bildung von Wasserstoffbrückenbindungen?
16. Auf welche Weise tragen Wasserstoffbrückenbindungen zur dreidimensionalen Struktur der Proteine bei?
17. Welches ist die Grundstruktureinheit der Seide? Welches ist die Grundstruktureinheit der Wolle? Findet man dieses Strukturelement auch in globulären Proteinen? Wenn ja, welches Protein ist ein Beispiel dafür?
18. Welche physiologische Rolle haben Hämoglobin und Myoglobin? In welcher Hinsicht ähneln sich die Strukturen dieser beiden Moleküle?
19. Was ist die Hämgruppe? Wie tritt das Eisen-Atom der Hämgruppe mit dem organischen Gerüst in Wechselwirkung?

20. Wie wird die Hämgruppe im Myoglobin-Molekül festgehalten? Welche Bedeutung hat das Häm für die physiologische Rolle des Myoglobins?
21. Wie trägt die Aminosäure-Sequenz des Myoglobins dazu bei, daß sich das Molekül zur richtigen dreidimensionalen Struktur zusammenfaltet?
22. Wie beeinflußt die Wechselwirkung der Untereinheiten im Hämoglobin die Bindung der Sauerstoff-Moleküle?
23. Was ist eine Purinbase? Eine Pyrimidinbase? Welche Purine und Pyrimidine kommen in DNA vor? Welcher Unterschied besteht zwischen DNA und RNA?
24. Was ist ein Nucleosid? Ein Nucleotid? In welchen kommt als Base Adenin vor?
25. Welche Strukturelemente sind AMP, NAD^+ und FAD gemeinsam? Durch welche Struktureigenschaften unterscheiden sich NAD^+ und FAD voneinander und von ATP?
26. Warum schreibt man NAD^+ mit einem Pluszeichen und FAD nicht? Was passiert mit den Wasserstoff-Atomen, wenn jedes dieser Dinucleotide reduziert wird? Wie lauten die Standardabkürzungen für die reduzierten Formen der beiden?
27. Wieviel Freie Energie trägt ein Mol reduziertes NAD^+, wenn letztlich molekularer Sauerstoff das Oxidationsmittel ist? Wieviel Freie Energie trägt reduziertes FAD? Wieviel ATP? Welchen Vorteil bieten verschiedene Energieträger mit unterschiedlichen Kapazitäten?
28. Wenn zur Energieaufnahme aus der Nahrung NAD^+ notwendig ist, warum brauchen wir dann nur winzige Mengen von Niacin (einer Vorstufe von NAD^+) und nicht ähnliche Mengen wie bei anderen Nahrungsmitteln?
29. Was ist Riboflavin und in welcher Beziehung steht es zu den energieübertragenden Molekülen?
30. Wie wird Information in DNA gespeichert? Wie viele Basen der DNA entsprechen jeder Aminosäure eines Proteins?
31. Was meint man, wenn man sagt, die beiden DNA-Stränge seien einander komplementär? Wie wird diese Komplementarität erreicht? Welche Strukturmerkmale der Seitengruppen der beiden DNA-Stränge machen fehlerhaftes Anpassen schwierig (wenn auch nicht unmöglich)?
32. Welche dreidimensionale Struktur hat DNA? Wie folgt diese Struktur aus der Komplementarität der Stränge? Wie schützt diese Struktur die genetische Information?
33. In welcher Beziehung ist DNA das „Archivmaterial" einer Zelle? Auf welches Molekül wird die Information der DNA zuerst transcribiert? Was passiert mit dieser Information danach?

f
c
d
2
b
b
2
e
2
1.
c
b
3
3
a

◀ Joseph Priestley demonstrierte mit diesen Versuchsaufbauten die gegenseitige Abhängigkeit von Tieren und Pflanzen. Er entdeckte, daß eine Maus in einem verschlossenen Glas, aus dem der Sauerstoff abgepumpt war, überleben konnte, wenn zuvor ein Pfefferminzzweig in das Glas gelegt wurde. Dieser Stich findet sich auf dem Frontispiz zu „Observations on Different Kinds of Air" („Beobachtungen über verschiedene Luftarten"), London 1775. (Reproduktion mit Unterstützung der Burndy Library, Norwalk, Connecticut/USA.)

23. Kapitel

Energieumwandlung: Atmung und Photosynthese

Bisher haben wir immer statische Objekte betrachtet: die mannigfaltigen, großen oder kleinen Moleküle, die das Rohmaterial des Lebens sind. Jetzt gehen wir einen Schritt weiter und wenden uns der Untersuchung von *Funktionszusammenhängen* zu. Einer der charakteristischsten, für seine Aufrechterhaltung wesentlichsten Aspekte des Lebens ist das Funktionsmuster des kontinuierlichen Energieflusses. Die Moleküle, die ein lebendiges Wesen aufnimmt, werden meistens eher danach bewertet, welche Energie sie enthalten, als danach, aus welchen Atomen sie bestehen. Wenn der Energiefluß unterbrochen wird, hört das Leben auf. Wir müssen uns mit den beiden wichtigsten Wegen des Energieflusses auseinandersetzen: mit dem Abbau von Glucose, wobei Energie gewonnen wird, die für andere Zwecke zur Verfügung steht (d.h. mit der Atmung), und mit dem „Anzapfen" der Sonnenstrahlung, wobei Glucose zur späteren Verwendung synthetisiert wird (d.h. mit der Photosynthese). Diese beiden Prozesse sind die wichtigsten Motoren des Lebens auf unserem Planeten.

Pflanzen und Tiere verbrennen ihre Nährstoffe durch Reaktion mit Sauerstoff und speichern dabei Energie; gleichzeitig entstehen Kohlendioxid und Wasser. Doch nur Pflanzen können mit Hilfe von Sonnenenergie aus Kohlendioxid und Wasser Zucker aufbauen, wobei Sauerstoff frei wird. Insofern sind die Tiere auf die Pflanzen als primäre Nahrungsquellen und als Rücklieferanten von Sauerstoff an die Atmosphäre angewiesen. Das Verhältnis der Tiere (und Menschen) zu den Pflanzen hat etwas Parasitäres: Wir kommen nicht ohne Pflanzen aus, sie aber sehr gut ohne uns. Joseph Priestley, einer der Entdecker des Sauerstoffs, war einer der ersten, der – etwa zur Zeit der amerikanischen Revolution – die Wechselbeziehung zwischen Pflanzen und Tieren erkannte; eine Auswahl der Geräte, die er benutzte, zeigt die Abbildung auf der Seite gegenüber.

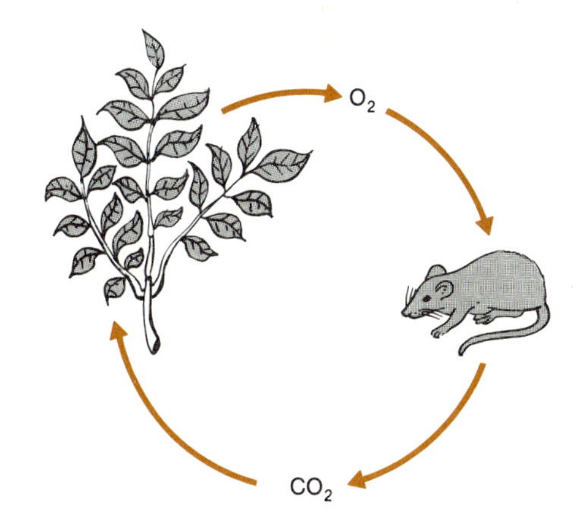

Tiere und Pflanzen verbrennen Glucose mit Sauerstoff zu CO_2 und H_2O. In Pflanzen findet aber auch die Neusynthese von Glucose durch Vereinigung von CO_2 und H_2O statt, wobei freier Sauerstoff in die Atmosphäre abgegeben wird.

Das Kapitel, das auf uns zukommt, wird notwendigerweise kompliziert erscheinen, denn der Apparat, der sich im Laufe der letzten $3^1/_2$ Milliarden Jahre zur Organisation des Energieflusses entwickelt hat, ist nun einmal kompliziert; er hat gewissermaßen viele bewegte Teile. Für uns bleibt es jedoch wichtig, Grundmuster zu erkennen und eher Prinzipien zu verstehen, als Moleküle zu memorieren. Unser Ziel ist nicht, die Struktur von – beispielsweise – Brenztraubensäure auswendig zu lernen, sondern die Organisation des Energieflusses zu durchschauen.

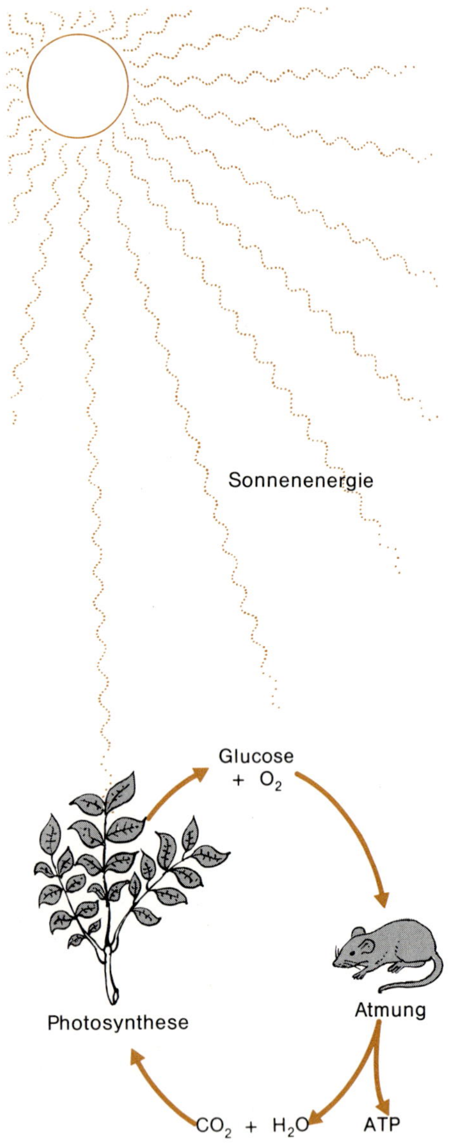

Das gemeinsame Erbe im Metabolismus der Lebewesen

Sonnenenergie

Glucose + O_2

Photosynthese

Atmung

CO_2 + H_2O

ATP

Die Photosynthese der grünen Pflanzen und die Atmung der Pflanzen und Tiere bilden zusammen einen Kreislauf, in dem C-, H- und O-Atome immer anders in Molekülen miteinander verbunden werden, wobei permanent Energie umgeschlagen wird. Dieser Energie-Cyclus wird von der Sonne in Gang gehalten, von welcher die Energie für die Photosynthese der Glucose stammt.

Wir Menschen bedürfen, wie alle anderen lebenden Organismen auch, einer ständig fließenden Quelle chemischer Freier Energie, um das Leben in Gang zu halten. Darum essen wir: Wir nehmen hochgradig geordnete Moleküle auf – niedrig an Entropie, dafür reich an Enthalpie und Freier Energie. Wir scheiden Moleküle geringer Ordnung aus – also Moleküle hoher Entropie, dafür arm an Enthalpie und Freier Energie. Die Quelle letztlich aller Freien Energie für jegliche Aktivität auf der Erde ist die Sonne (links), und der Mechanismus, durch den die Freie Energie der Sonne durch Synthese von Glucose eingefangen wird, ist die Photosynthese.

Die ganze Ernährung der Pflanzen und die halbe der Tiere beruht auf einem Molekül, Glucose ($C_6H_{12}O_6$). Und was noch bemerkenswerter ist: Alles Leben auf dieser Erde bedient sich des gleichen Apparates, um Energie aus Glucose zu gewinnen. Es sind nicht unbedingt immer die gleichen Gesamtvorgänge, aber die gleichen Teilschritte, die gleichen Zwischenprodukte, die gleichen steuernden Enzyme. Nicht jeder Organismus spielt das ganze Stück von vorn bis zum Ende. Manche haben einen Teil des Textes verloren, andere ihn nie ganz besessen. Und dennoch gibt es einen gemeinsamen, nicht weiter reduzierbaren Kern im Stoffwechsel jeglichen Lebens: Wir selbst, Schleimpilze, Mammutbäume, Bakterien – wir alle haben eine gemeinsame Chemie, und vor allem daraus beziehen wir die Überzeugung, daß das Leben sich auf diesem Planeten einmal entwickelt hat und daß alle seine Bewohner miteinander verwandt sind.

Wir werden in diesem Kapitel zuerst den Stoffwechsel der Glucose betrachten: ihren Abbau in kleinere Moleküle ohne Beteiligung von Sauerstoff, ihre wesentlich effektivere Verbrennung mit Sauerstoff (Atmung) und schließlich ihre Neusynthese, wenn anderweitig keine Energie benötigt wird. Wir werden uns dann der Photosynthese zuwenden: den Reaktionen, bei denen Licht eingefangen wird, um energiereiche Moleküle wie ATP oder NADPH herzustellen, und den darauf folgenden „Dunkelreaktionen", bei denen mit Hilfe dieser Moleküle Glucose synthetisiert wird. Beide Wege, die zu Glucose führen, haben Gemeinsamkeiten, die auf einen gemeinsamen Ursprung schließen lassen – diesen Spuren werden wir im 26. Kapitel nachgehen.

Man kann gar nicht genug betonen, daß dieses Kapitel keine Übung im Auswendiglernen sein soll. Wir wollen vielmehr unsere Aufmerksamkeit auf die Wege des Energieflusses lenken, welche die Lebewesen benutzen, um am Leben zu bleiben. Es ist lange nicht so wichtig, sich zu merken, wie die Umwandlung eines Moleküls in ein anderes im einzelnen zu formulieren ist, als zu verstehen, was auf dem Weg vom einen zum anderen Molekül passiert, so daß schließlich Energie frei wird. Wenn man von einer Folge chemischer Reaktionen sagen kann, dahinter sei eine Strategie zu erkennen, so ist es diese Strategie, um die es uns geht. *Wir wollen nicht die Moleküle auswendiglernen, sondern den Zusammenhängen auf die Spur kommen!* Dabei ist es vernünftiger, etwas zu verstehen, zu akzeptieren und zu vergessen, als sich etwas Unverstandenes ins Gedächtnis einzuprägen.

Prokaryonten und Eukaryonten

Die meisten Leute teilen alle Lebewesen in zwei grundsätzliche Kategorien ein: Pflanzen und Tiere. In der Geschichte des Lebens ist aber eine weit ältere und tieferreichende Trennung aufgetreten, mit der verglichen die Unterscheidung zwischen Pflanzen und Tieren eher auf einem Gegensatz im Lebensstil beruht. Es handelt sich um die Unterscheidung zwischen *Prokaryonten* und *Eukaryonten,* d.h.

zwischen Zellen ohne Zellkern und solchen mit Zellkern (ganz rechts). Zu den Prokaryonten („Vor-Kern"-Zellen) gehören Bakterien und Blaualgen. Ihre DNA knäuelt sich innerhalb der Zellflüssigkeit zusammen, aber es gibt darum herum keine definierte Grenzschicht oder Membran. Der metabolische Apparat ist gleichmäßig über die ganze Zelle verteilt: Glucose-Abbau, Energiegewinnung daraus, Photosynthese (sofern vorhanden) sowie alle anderen Stoffwechselvorgänge. Von einer inneren Struktur der Bakterienzelle kann kaum die Rede sein.

Zu den Eukaryonten (die ihren Namen von einem „gut" ausgebildeten Zellkern haben) gehören Grünalgen, Pilze, Protozoen und alle übrigen Pflanzen und Tiere. Bei diesen Organismen ist die DNA in Chromosomen organisiert, und sie ist in einem *Zellkern* eingegrenzt (außer wenn sich die Zelle gerade teilt). Der Abbau der Glucose beginnt mit der Spaltung zu Brenztraubensäure in der Zellflüssigkeit, dem *Cytoplasmu,* während die Atmung, d.h. die Verbrennung mit Sauerstoff, in speziellen Organellen der Zelle, den *Mitochondrien,* stattfindet. In Zellen, die zu Photosynthese in der Lage sind, gibt es dafür ebenfalls spezielle Organellen, die man *Chloroplasten* nennt (siehe rechter Seitenrand). Eukaryonten sind eine jüngere und ausgereiftere Organisationsform lebender Zellen.

Aus Gründen, die im 26. Kapitel erläutert werden, nehmen wir an, daß sich prokaryotisches Leben auf der Erde vor rund 3.5 Milliarden Jahren entwickelt hat. Die leistungsfähigeren und vielseitigeren Eukaryonten wurden vor 2 bis 1.5 Milliarden Jahren „erfunden"; die erste Hälfte des Lebens auf der Erde war also prokaryotischer Natur. Der größte Teil des Lebens, das uns heute umgibt, ist eukaryotisch, und wir sind geneigt, diese Spielart des Lebens als die normale zu betrachten. Das vorliegende Kapitel behandelt in erster Linie die Chemie der Eukaryonten. Dabei ist die Chemie der Bakterien weitaus vielfältiger, und man hat das Gefühl, daß die Eukaryonten sich nur für eines von mehreren Stoffwechselsystemen entschieden haben, die zur Auswahl standen. Die Chemie der Bakterien zu erforschen, kann heißen, eine Art chemischer Archäologie zu betreiben: Viele der faszinierenden Möglichkeiten einer alternativen Chemie des Lebens, die alle von den Eukaryonten aufgegeben wurden, sind in der einen oder anderen Bakterienart erhalten geblieben. Einige dieser alternativen chemischen Abläufe sind von größter Bedeutung; wir werden sie im 26. Kapitel besprechen.

Doch wir können nicht sinnvoll über die bei Bakterien auftretenden Ausnahmefälle sprechen, bevor wir nicht die Chemie der Hauptlinie, d.h. der Eukaryonten, kennen. Im vorliegenden Kapitel wollen wir zwei Fragen stellen:

1. Wie bauen Eukaryonten Glucose und andere Moleküle ab, die reich an Freier Energie sind, und wie speichern sie die gewonnene Energie für ihre eigenen Zwecke?
2. Auf welche Weise zapfen photosynthetisierende Eukaryonten die Sonnenstrahlung an und nutzen sie als Quelle, um Verbindungen, die reich an Freier Energie sind, zu synthetisieren?

Glucose-Stoffwechsel: eine Übersicht

Aus jedem Molekül Glucose, das wir verbrennen, gewinnen wir 2816 kJ Wärme:

$$C_6H_{12}O_6 + 6O_2 \longrightarrow 6CO_2 + 6H_2O(fl) \qquad \Delta H^0 = -2816\ \text{kJ} \cdot \text{mol}^{-1}$$

Die Produkte sind weniger geordnet als die Reaktanden, und wir gewinnen zusätzlich 54 kJ · mol^{-1} Freie Energie aus der Zunahme der Entropie: $-T\Delta S^0 = -54\ \text{kJ} \cdot \text{mol}^{-1}$. Die gesamte bei der Reaktion umgesetzte Freie Energie beträgt also:

$$\Delta G^0 = \Delta H^0 - T\Delta S^0 = -2816 - 54 = -2870\ \text{kJ} \cdot \text{mol}^{-1}$$

Diese Freie Energie steht als potentielle Triebkraft für andere chemische Reaktionen zur Verfügung.

PROKARYONTEN

Bakterien
Blaualgen

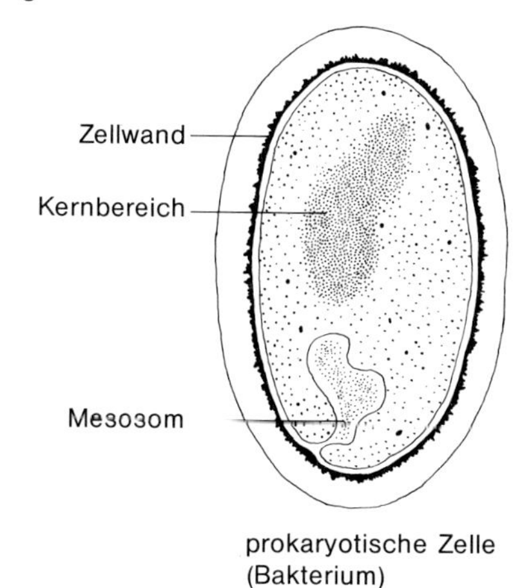

prokaryotische Zelle (Bakterium)

EUKARYONTEN

Grün- und andere Algen
Protozoen
Hefen und Pilze
grüne Pflanzen
Insekten
Wirbeltiere
alle anderen Tiere

Zellwand
Kern
Chloroplast
Vakuole
Mitochondrion

eukaryotische Zelle (grüne Pflanze)

Es gibt nur zwei Grundtypen lebender Zellen: Prokaryonten und Eukaryonten. Die Eukaryonten haben sich später entwickelt; ihre Struktur ist insofern komplexer, als verschiedene biochemische Vorgänge in verschiedenen, voneinander abgegrenzten „Kompartimenten" stattfinden, die als Zellorganellen identifiziert werden können.

Wäre die Verbrennung ein einstufiger Vorgang, so wäre sie eine hoffnungslose Verschwendung. Es gibt keinen wirkungsvollen Mechanismus, 2870 kJ chemische Energie auf einmal so aufzufangen, daß sie für spätere Verwendung verfügbar bleibt. Die Freie Energie muß in kleineren Portionen gespeichert werden. Aus diesem Grund wird Glucose durch eine komplizierte Mühle von biochemischen Reaktionen gedreht und nicht einfach mit einem Streichholz angezündet.

Ein Teil der Problemlösung ist, daß Glucose in einer Reihe von kleinen Schritten abgebaut wird, wobei in jedem Schritt ein kleiner Teil der Freien Energie freigesetzt wird. Ein anderer Trick ist, daß auch die Kopplung der energieliefernden mit der energieverbrauchenden Reaktion in zwei Abschnitten vollzogen wird: Die Freie Energie wird erst in größeren Portionen aufgenommen als die 30.5 $kJ \cdot mol^{-1}$ zur ATP-Synthese, und diese größeren Energiepakete werden dann in einer getrennten Folge chemischer Reaktionen dazu verwendet, mehrere ATP-Moleküle herzustellen. Die Moleküle, mit deren Hilfe diese größeren Energiepakete aufgenommen werden, sind NAD^+ und FAD, die im 22. Kapitel besprochen wurden. Mit Sauerstoff als Oxidationsmittel können einem Mol NADH 220.5 kJ Freie Energie aufgeladen werden, einem Mol $FADH_2$ 151.5 $kJ \cdot mol^{-1}$ – das sind die Beträge an Freier Energie, die bei der Reoxidation der reduzierten Energieträger gewonnen werden:

$$NADH + H^+ + \tfrac{1}{2}O_2 \longrightarrow NAD^+ + H_2O \qquad \Delta G' = -220.5\ kJ \cdot mol^{-1}$$
$$FADH_2 + \tfrac{1}{2}O_2 \longrightarrow FAD + H_2O \qquad \Delta G' = -151.5\ kJ \cdot mol^{-1}$$

Bei der Reoxidation von NADH werden für jedes Mol NADH drei Mol ATP gebildet und damit $3 \cdot 30.5 = 91.5$ kJ Freie Energie gespeichert. Wenn von insgesamt 220.5 kJ ein Anteil von 91.5 kJ gewonnen und gespeichert wird, so bedeutet dies einen Wirkungsgrad der Energiekonversion von rund 42 Prozent, was für biologische Vorgänge ziemlich typisch ist. Bei der Reoxidation von $FADH_2$ werden zwei ATP-Moleküle synthetisiert und $2 \cdot 30.5 = 61$ kJ gespeichert, was einer Energiekonversion von 40 Prozent entspricht.

$$NADH + H^+ + \tfrac{1}{2}O_2 \longrightarrow NAD^+ + H_2O$$
$$\Delta G' = -220.5\ kJ \cdot mol^{-1}$$

$$FADH_2 + \tfrac{1}{2}O_2 \longrightarrow FAD + H_2O$$
$$\Delta G' = -151.5\ kJ \cdot mol^{-1}$$

Nicotinamid-adenin-dinucleotid (NAD) und Flavin-adenin-dinucleotid (FAD) sind Überträger-Moleküle, die Freie Energie aufnehmen können, wenn sie reduziert werden, und diese Energie wieder freisetzen können, wenn sie durch Sauerstoff reoxidiert werden.

Auf der folgenden Seite ist das Gesamtschema der Energiegewinnung in höheren Lebewesen im Überblick dargestellt. Im ersten Schritt wird Glucose zu Brenztraubensäure ($CH_3-CO-COOH$) bzw. deren Anion Pyruvat abgebaut, wobei relativ wenig ATP gebildet wird. (Da die organischen Säuren bei solchen Reaktionsfolgen teilweise in die Anionen dissoziiert sind, benutzt man allgemein wahlweise die Namen der Säure oder des Anions. „Pyruvat" spricht sich leichter als „Brenztraubensäure" und „Lactat" leichter als „Milchsäure". Im folgenden werden beide Formen verwendet.) Wenn das gebildete NADH gleich wieder dazu verwendet wird, Pyruvat in Moleküle wie Lactat ($CH_3-CHOH-COOH$) oder Ethanol (CH_3-CH_2-OH) umzuwandeln, dann kann der Prozeß bereits an dieser Stelle zum Stillstand kommen. Sauerstoff wird nicht benötigt, aber es wird auch relativ wenig Energie gewonnen. Diesen unergiebigen ersten Schritt der Energiegewinnung nennt man *anaerobe* (d.h. ohne Verbrauch von Sauerstoff ablaufende) *Gärung* oder *Glykolyse.* Sie findet z.B. statt, wenn Hefezellen nicht ausreichend mit Sauerstoff versorgt werden, was man sich bei der Herstellung von Wein und Bier zunutze macht. Bei unserer eigenen Version des gleichen anaeroben Prozesses in Muskeln wird Milchsäure statt Alkohol gebildet, und diese Milchsäure verursacht Muskelkrämpfe („Muskelkater"), wenn die Muskeln zu plötzlich ohne ausreichende Sauerstoffversorgung beansprucht werden. Wird Sauerstoff zugeführt, so daß die Milchsäure abgebaut wird, verschwinden die Muskelkrämpfe.

Der zweite Schritt der Reaktionsfolge ist hinsichtlich der Energiegewinnung wesentlich wirkungsvoller. Statt zu Lactat oder Ethanol reduziert zu werden, tritt Pyruvat in den *Citronensäure-Cyclus* ein und wird zu CO_2 abgebaut, während die Wasserstoff-Atome dazu dienen, NAD^+ und FAD zu NADH bzw. $FADH_2$ zu reduzieren. Im Verlauf dieser Reaktionen wird zusätzlich etwas ATP gewonnen. NADH und $FADH_2$ aus dem Citronensäure-Cyclus fließen zusammen mit dem

GLUCOSE-STOFFWECHSEL

(der praktisch universelle Mechanismus der Energiegewinnung)

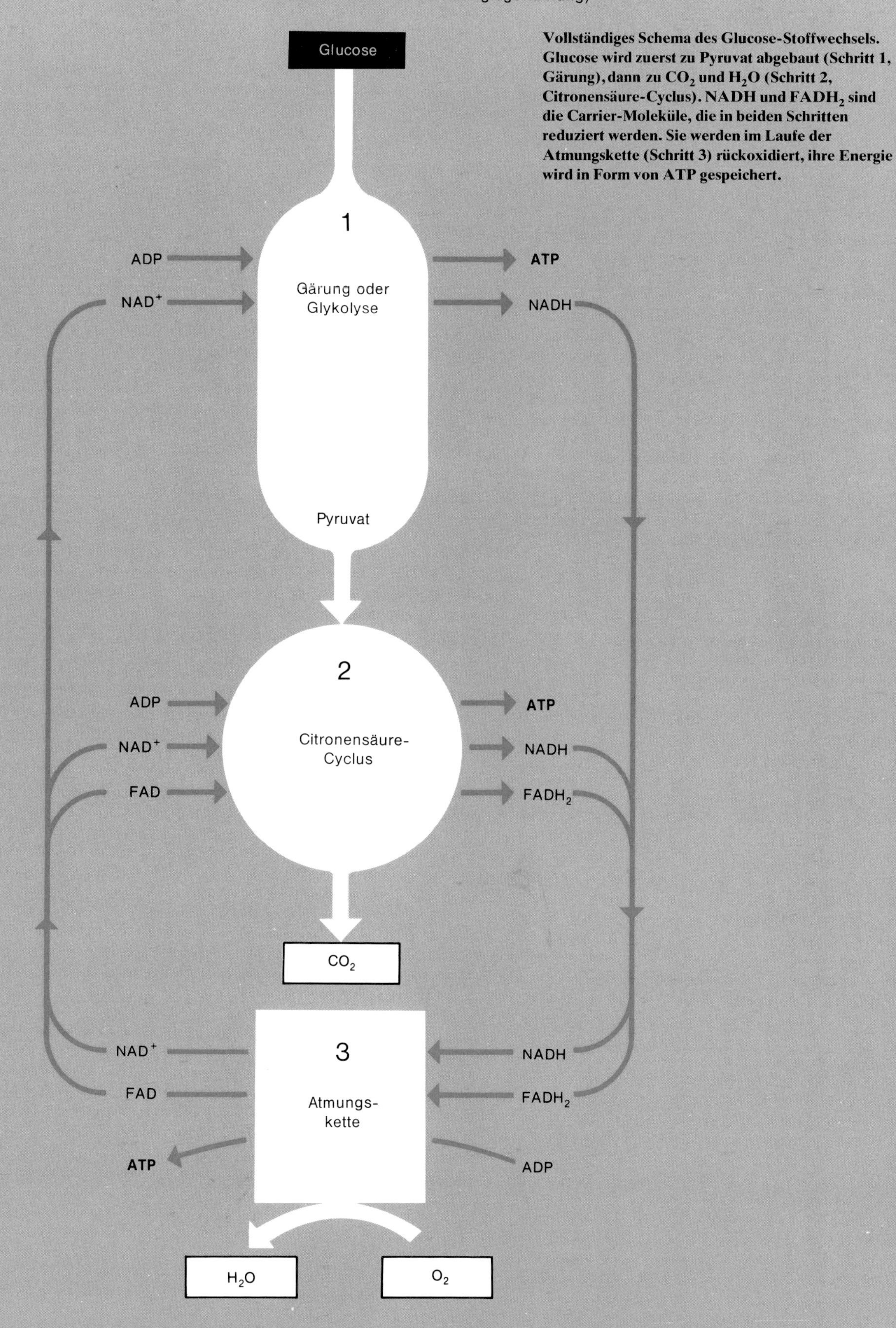

Vollständiges Schema des Glucose-Stoffwechsels. Glucose wird zuerst zu Pyruvat abgebaut (Schritt 1, Gärung), dann zu CO_2 und H_2O (Schritt 2, Citronensäure-Cyclus). NADH und $FADH_2$ sind die Carrier-Moleküle, die in beiden Schritten reduziert werden. Sie werden im Laufe der Atmungskette (Schritt 3) rückoxidiert, ihre Energie wird in Form von ATP gespeichert.

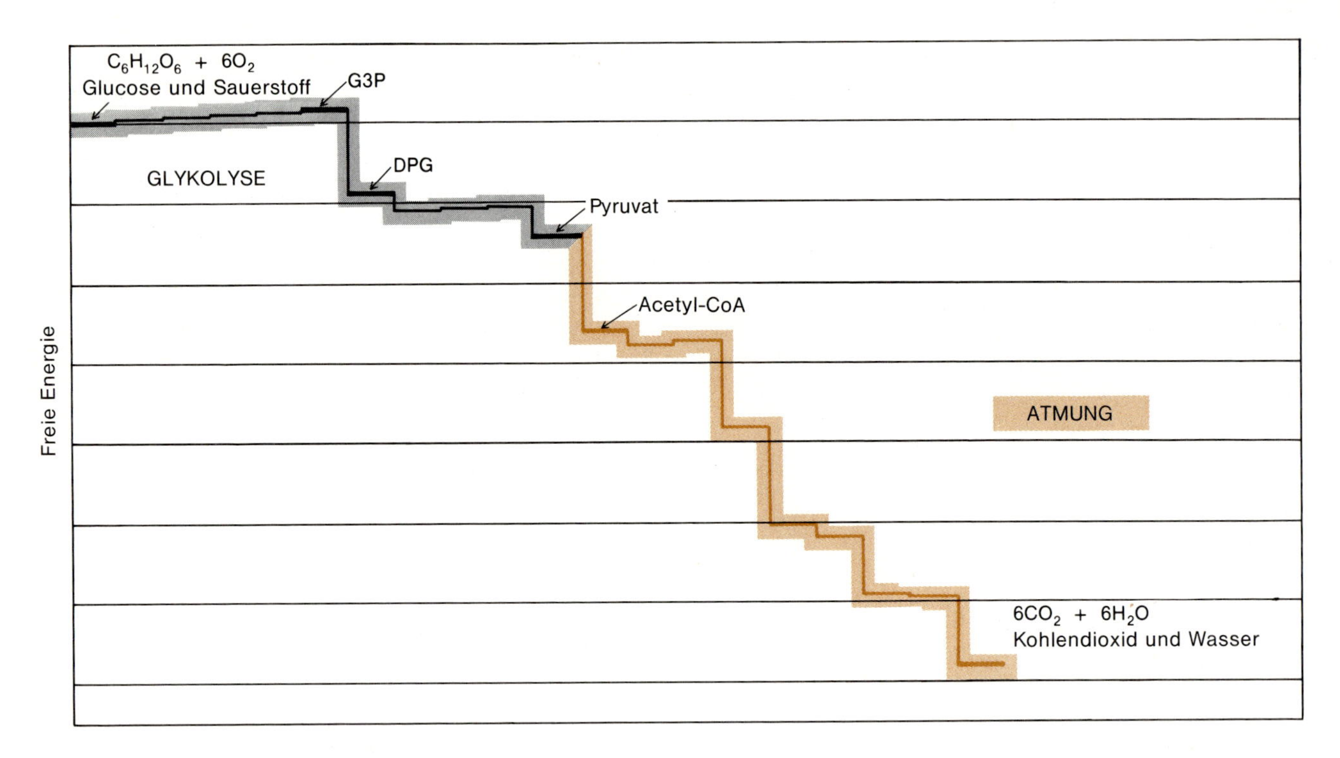

Der Abbau von Glucose zu Pyruvat und weiter zu Kohlendioxid und Wasser geht in einer Reihe von Einzelschritten vor sich, bei denen jedesmal die Freie Energie um einen kleinen Betrag abnimmt. Bei einigen dieser Einzelschritte wird die freigesetzte Freie Energie zur Reduktion von NAD^+ und FAD verwendet oder zur Bildung von ATP aus ADP.

NADH aus der Gärung, das gerade nicht zu irgendeiner Umwandlung von Pyruvat gebraucht wird, in die dritte Abteilung des Prozesses: die *Atmungskette.* Hier werden NADH und $FADH_2$ zu NAD^+ und FAD reoxidiert und zum Ausgangspunkt zurückgeschleust. Die Wasserstoff-Atome werden letztlich unter Bildung von Wasser auf O_2 übertragen, und die gewonnene Freie Energie wird in Form von ATP gespeichert. Der Gesamtprozeß – die Verbrennung von Glucose mit Sauerstoff – ist als Serie von kleinen Schritten angelegt, so daß ein möglichst großer Energiebetrag aus der Reaktion herausgeholt und gespeichert werden kann.

Der sukzessive Abfall der Freien Energie im Laufe der Reaktionsfolge ist oben dargestellt. Die Gesamtreaktion lautet:

$$C_6H_{12}O_6 + 6O_2 \longrightarrow 6CO_2 + 6H_2O \qquad \Delta G' = -2870 \text{ kJ pro Mol Glucose}$$

Kohlendioxid und Wasser sind deshalb 2870 kJ unter dem Energieniveau der Glucose eingezeichnet. Bei der Glykolyse, d.h. der Umwandlung von Glucose in zwei Pyruvat-Moleküle, nimmt die Freie Energie lediglich um 585 kJ ab:

$$\underset{\text{Glucose}}{C_6H_{12}O_6} + 2NAD^+ \longrightarrow \underset{\text{Brenztraubensäure}}{2CH_3{-}CO{-}COOH} + 2NADH + 2H^+$$

$$2NADH + 2H^+ + O_2 \longrightarrow 2NAD^+ + 2H_2O$$

$$C_6H_{12}O_6 + O_2 \longrightarrow 2CH_3{-}CO{-}COOH + 2H_2O$$

$$\Delta G' = -585 \text{ kJ pro Mol Glucose}$$

Der Vorgang ist nur dann anaerob, wenn das entstandene NADH wiederverwendet wird, um Pyruvat (Brenztraubensäure) in Lactat (Milchsäure) oder Ethanol umzuwandeln. Andernfalls ist O_2 nötig, um NADH wieder zu NAD^+ zu oxidieren. Die Glykolyse besteht aus einer Folge von zehn Reaktionen, deren jede durch ein eigenes Enzym gesteuert wird. Es ist dies eine der ältesten Reaktionsfolgen in lebenden Organismen, die allen Formen des Lebens gemeinsam ist. Dabei werden pro Molekül Glucose zwei Moleküle ATP gebildet sowie zwei Moleküle NADH, die schließlich weitere sechs Moleküle ATP erzeugen; insgesamt entstehen also acht Moleküle ATP. Von den 585 kJ Freier Energie, die pro Mol Glucose freigesetzt werden, bleiben 8 · 30.5 = 244 kJ auf dem Weg über ATP verfügbar, d.h. die Energieausbeute beträgt wieder 42 Prozent.

Mehr Energie kann aus Pyruvat gewonnen werden, wenn es im Citronensäure-Cyclus vollständig zu CO_2 abgebaut wird:

$$2CH_3-CO-COOH + 5O_2 \longrightarrow 6CO_2 + 4H_2O \qquad \Delta G' = -2360\ \text{kJ} \cdot \text{mol}^{-1}$$

Der Citronensäure-Cyclus, der ungefähr aus so vielen aufeinanderfolgenden Reaktionen besteht wie die Glykolyse, ist eine neuere Erfindung des Stoffwechsels; wir finden ihn nur in Organismen, die atmen und ihre Nährstoffe vollständig oxidieren. Der Citronensäure-Cyclus ist auch physikalisch von den vorausgehenden Schritten getrennt: Während die Glykolyse im Cytoplasma der Zelle stattfindet, ist der Schauplatz des Citronensäure-Cyclus das Innere der Mitochondrien. Bei diesem Teil des Gesamtvorgangs wird viel mehr Energie gewonnen: Es werden 30 ATP-Moleküle gebildet, also 30 · 30.5 = 915 kJ Freie Energie pro Mol Glucose gespeichert.

Diese Vorgänge laufen ab, wenn reichlich Sauerstoff zur Verfügung steht. Glucose wird im Verlauf der Glykolyse zu Pyruvat zerlegt, und Pyruvat wird im Citronensäure-Cyclus zu CO_2 abgebaut; dabei werden insgesamt für jedes Molekül Glucose 38 Moleküle ATP gebildet. Ist jedoch das Sauerstoffangebot knapp, so wird im menschlichen Muskel unter Verbrauch des gesamten NADH aus der Glykolyse das Pyruvat zu Lactat reduziert:

$$\underset{\text{Brenztraubensäure}}{2CH_3-\overset{\overset{\displaystyle O}{\|}}{C}-COOH} + 2NADH + 2H^+ \longrightarrow \underset{\text{Milchsäure}}{2CH_3-\overset{\overset{\displaystyle OH}{|}}{CH}-COOH} + 2NAD^+$$

Die Umwandlung eines Glucose-Moleküls in zwei Moleküle Milchsäure ist insgesamt keine Oxidation, sondern nur eine Umlagerung und Spaltung:

$$C_6H_{12}O_6 \longrightarrow 2CH_3-CH(OH)-COOH \qquad \Delta G' = -196\ \text{kJ pro Mol Glucose}$$

Dem Diagramm rechts kann man entnehmen, daß aus der Umwandlung von Glucose in Lactat nicht mehr als *zwei* Moleküle ATP erhalten werden, so daß die anaerobe Glykolyse energetisch ein sehr wenig effizienter Prozeß ist. Weinhefe beispielsweise kann 19mal so viel Energie pro Molekül Glucose gewinnen, wenn sie diese vollständig zu CO_2 und H_2O oxidiert statt sie anaerob in Ethylalkohol umzuwandeln. Bei der Weinherstellung wird diese Tatsache ausgenützt, um in einem frühen Stadium der Weinbereitung die Hefezellen zu schnellem Wachstum anzuregen, indem Luft durch die zerquetschten Trauben gepreßt wird*). Unter diesen Umständen wird kein Alkohol gebildet, aber die Hefe vermehrte sich infolge der guten Energieversorgung sehr rasch. Wenn die Hefekolonie groß genug ist, wird die Belüftung eingestellt und der Most im Faß mit einer Schicht Kohlendioxid überlagert, um dem Sauerstoff den Zutritt zu verwehren. Die Hefe hört auf, sich zu vermehren, schaltet den Citronensäure-Cyclus ab und begnügt sich mit der anaeroben Umwandlung von Glucose zu Ethanol, die zwar der Hefe weniger einbringt, um so mehr aber dem Kellereibesitzer.

Bakterien haben eine viel abwechslungsreichere Chemie. Alle fangen mit der Gärung an, und bei einigen hört die Geschichte hier schon auf: Sie bauen Glucose (und einige wenige andere Moleküle) anaerob zu einer Reihe verschiedener Abfallprodukte ab, z.B. zu Ethanol, Milch-, Ameisen-, Essig-, Propion- oder Buttersäure. Andere Bakterien atmen Sauerstoff und scheiden Wasser aus, wie Eukaryonten. Wieder andere können Sulfat oder Nitrat als Oxidationsmittel verwenden. Die Oxidation mit Nitrat (wobei N_2 entsteht) scheint eine jüngere, spezielle Anpassungsleistung einiger Bakterien zu sein, die im übrigen immer, sofern vorhanden, O_2 bevorzugen. Die „Atmung" mit Sulfat (bei der H_2S gebildet wird) könnte hingegen eine unabhängige und sehr alte Nebenlinie der Evolution des Stoffwechsels sein.

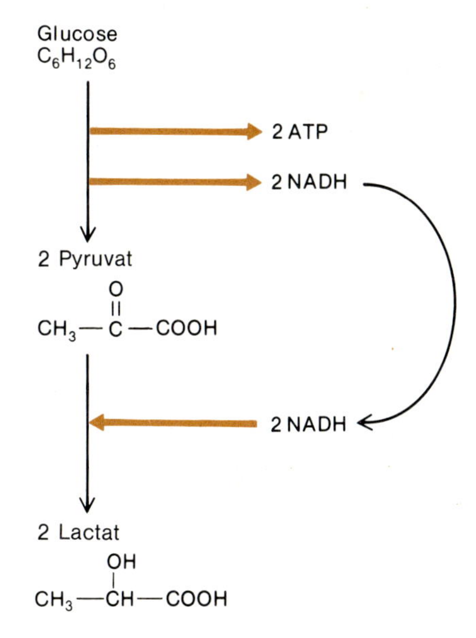

Fehlt Sauerstoff, um NADH über die Atmungskette zu reoxidieren, muß das NADH, das während der Glykolyse gebildet wird, anders eliminiert werden: Es dient zur Rückreduktion von Pyruvat zu Lactat. In diesem Falle wird weniger Energie gewonnen, aber wenigstens vermeidet es der Organismus, NAD^+ als Brennstoff zu verbrauchen. Gibt es andere Möglichkeiten, NADH zu reoxidieren und wieder in den Kreislauf einzuführen, ist der Gewinn an Freier Energie höher.

*) Anm. d. Übers.: Den Übersetzern ist nicht bekannt, daß in Europa bei der Weinbereitung derart verfahren würde.

Glykolyse, der älteste Mechanismus

Mit der allgemeinen Strategie des Glucose-Stoffwechsels im Hinterkopf können wir jetzt den ersten und ältesten Teil des Geschehens, die Glykolyse, genauer betrachten. Auf der Seite gegenüber ist dargestellt, wie der Abbau von Glucose zu Pyruvat in zehn Schritten abläuft, jeder Schritt gesteuert von einem eigenen Enzym. Schauplatz des Geschehens ist das Cytoplasma, die Zellflüssigkeit.

Die ersten fünf Schritte sind nur Vorbereitung, um den Mechanismus anzukurbeln: Ein Molekül Glucose wird in zwei Moleküle Glycerinaldehyd-3-phosphat (G3P) umgewandelt:

$$\underset{\text{Glucose}}{C_6H_{12}O_6} + 2ATP^{4-} \longrightarrow \underset{\text{Glycerinaldehyd-3-phosphat}}{2\ {}^{-}O-\overset{\overset{\displaystyle O^-}{|}}{\underset{\underset{\displaystyle O}{\|}}{P}}-O-CH_2-\overset{\overset{\displaystyle OH}{|}}{CH}-\overset{\overset{\displaystyle O}{\|}}{C}-H} + 2ADP^{3-} + 2H^+$$

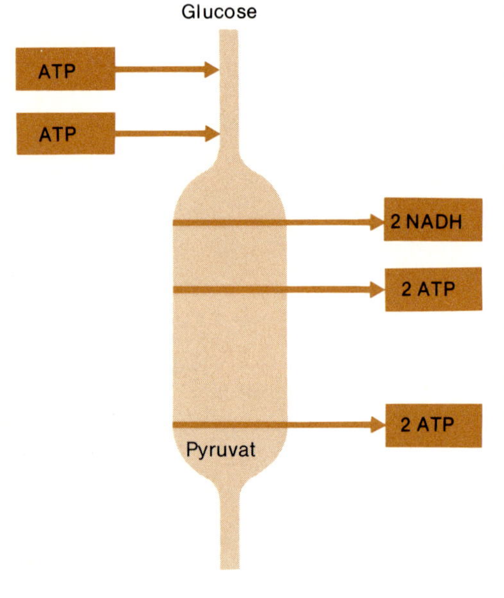

Für die Glykolyse wird die Energie von zwei Mol ATP pro Mol Glucose benötigt, um die Reaktionsfolge zu starten. In den Folgeschritten werden diese beiden Mol ATP rückgebildet, dazu zwei weitere Mol ATP sowie zwei Mol reduziertes NADH.

Die Freie Energie, die ATP in diese Reaktion einbringt, wird in den Phosphat-Bindungen von G3P gespeichert. Die beiden G3P-Moleküle, die aus einem Glucose-Molekül entstehen, befinden sich auf dem Gipfel des auf Seite 560 skizzierten Energiebergs und warten darauf, auf das Niveau von Pyruvat und letztlich von CO_2 und H_2O hinunter zu fallen und dabei ihre Energie loszuwerden. Die Synthese von G3P aus Glucose beginnt mit der Phosphorylierung der Glucose durch ATP. Das Produkt (Glucose-6-phosphat) wird zu Fructose-6-phosphat umgelagert; an dieses Molekül wird mit Hilfe eines weiteren ATP-Moleküls eine zweite Phosphatgruppe angeknüpft. So entsteht Fruchtose-1,6-diphosphat, das in zwei Fragmente gespalten wird; eines davon wird umgelagert, so daß das Ergebnis der Fragmentierung schließlich zwei G3P-Moleküle sind.

In den nächsten fünf Schritten – von G3P zu Pyruvat – wird die in den G3P-Molekülen festgehaltene Energie „flüssig gemacht", indem ATP aus ADP und NADH aus NAD^+ synthetisiert werden:

$$\underset{\text{G3P}}{2\ {}^{-}O-\overset{\overset{\displaystyle O^-}{|}}{\underset{\underset{\displaystyle O}{\|}}{P}}-O-CH_2-\overset{\overset{\displaystyle OH}{|}}{CH}-\overset{\overset{\displaystyle O}{\|}}{C}-H} + 2NAD^+ + 2ADP^{3-} \longrightarrow$$

$$\underset{\text{Brenztraubensäure}}{2CH_3-\overset{\overset{\displaystyle O}{\|}}{C}-\overset{\overset{\displaystyle O}{\|}}{C}-OH} + 2NADH + 2ATP^{4-}$$

Der Schritt, bei dem der größte Betrag an Freier Energie auf einmal frei wird, ist die Umwandlung von G3P in Diphosphoglycerat (DPG); die Energie wird dabei in NADH gespeichert. Diese große Ausbeute an Freier Energie erklärt sich daraus, daß die Reaktion in Wirklichkeit ein verkappter Oxidationsschritt ist, in dem ein Aldehyd in einen Phosphorsäure-Ester umgewandelt wird, der den gleichen Oxidationszustand hat wie eine Carbonsäure. (All diese Aussagen lassen sich aus dem Diagramm auf der gegenüberliegenden Seite ablesen.) In den vier Folgeschritten, die von DPG zum Pyruvat führen, wird weniger Freie Energie freigesetzt; insgesamt werden vier Moleküle ATP gebildet. Zwei von diesen vier Molekülen ersetzen die beiden, die dazu nötig waren, den ganzen Ablauf in Gang zu setzen; die beiden anderen bleiben als „Profit" aus diesen Reaktionen. Insgesamt werden auf dem Weg von Glucose zu Pyruvat zwei Moleküle ATP und zwei Moleküle NADH gewonnen, wobei letztere sechs weiteren ATP äquivalent sind. Pro Mol Glucose, das in den Prozeß eingeschleust wurde, werden also acht Mol ATP erhalten. Pyruvat ist im übrigen keineswegs die Endstation des Energieflusses (vgl. dessen graphische Darstellung auf Seite 560), doch bereits der Energiegewinn aus der Glykolyse bis zu dieser Stufe ist beachtlich.

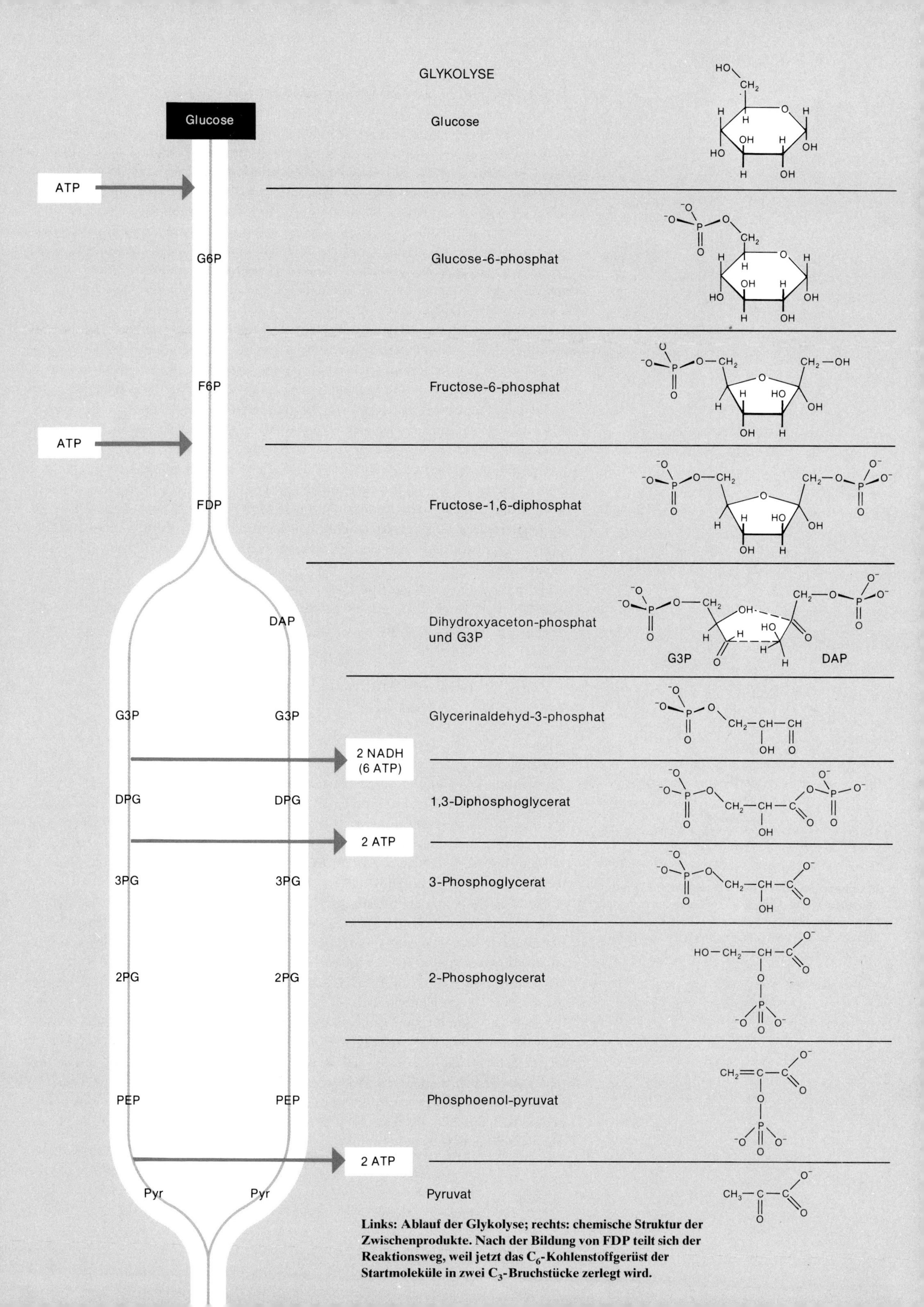

Links: Ablauf der Glykolyse; rechts: chemische Struktur der Zwischenprodukte. Nach der Bildung von FDP teilt sich der Reaktionsweg, weil jetzt das C_6-Kohlenstoffgerüst der Startmoleküle in zwei C_3-Bruchstücke zerlegt wird.

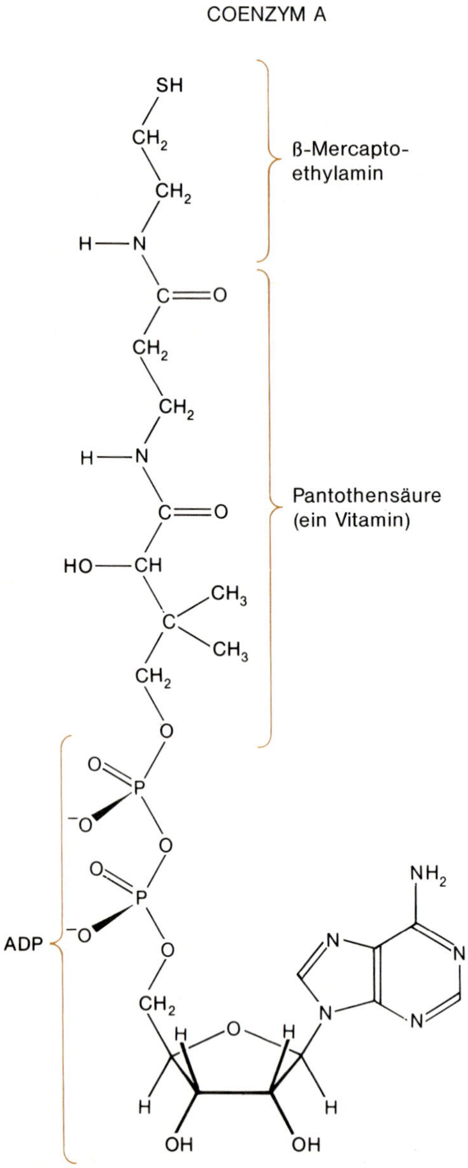

Der Citronensäure-Cyclus

Der Citronensäure-Cyclus ist der Apparat, mit dessen Hilfe Pyruvat zu CO_2 abgebaut wird und Wasserstoff-Atome (sowie Freie Energie) auf energietransportierende oder „Carrier"-Moleküle übertragen werden, die dann in reduzierter Form, nämlich als NADH und $FADH_2$, vorliegen. Solche reduzierten Carrier-Moleküle, die außer aus dem Citronensäure-Cyclus auch aus der Glykolyse stammen können, werden dann in der *Atmungskette* mit O_2 reoxidiert, und mit der dabei gewonnenen Freien Energie werden ATP-Moleküle synthetisiert. Im Citronensäure-Cyclus wird im wesentlichen die durch Pyruvat repräsentierte Energiemenge von 2284 kJ zerlegt in eine Reihe kleinerer Energiepakete von 221 kJ (NADH) oder 151 kJ ($FADH_2$).

Ein Schema des Cyclus ist auf der Seite gegenüber wiedergegeben, und die Stufen, über die der Abfall der Freien Energie verläuft, sind auf Seite 567 aufgezeichnet. Man spricht auch vom Tricarbonsäure-Cyclus oder vom Krebs-Cyclus – nach seinem Entdecker Hans Krebs. Der Cyclus beginnt damit, daß Pyruvat oxidiert wird und dabei in eine aktivierte Form von Acetat übergeht, nämlich in Acetyl-Coenzym A. Durch Anlagerung an Oxalacetat entsteht daraus Citrat, welches anschließend in einer Folge von Schritten wieder zu Oxalacetat abgebaut wird, das zur Anlagerung von weiterem aktivierten Acetat zur Verfügung steht. Im Laufe des Cyclus werden zwei Kohlenstoff-Atome in Form von CO_2 abgegeben, und vier Paare von Wasserstoff-Atomen dienen zur Reduktion von NAD^+ und FAD, wobei Freie Energie gespeichert wird. Diese energieliefernden Schritte, die für das Funktionieren des Cyclus verantwortlich sind, sind im Schema rechts mit den Ziffern 4, 5, 7 und 9 bezeichnet.

Die Verbindung, mit der der Cyclus gespeist wird, Acetyl-Coenzym A, enthält 31.4 kJ · mol^{-1} mehr Energie als gewöhnliche Essigsäure und ist deshalb besser geeignet, den Cyclus zu starten:

$$\underset{\text{Essigsäure}}{CH_3-\overset{\overset{\displaystyle O}{\|}}{C}-OH} + \underset{\text{Coenzym A}}{HS-CoA} \longrightarrow \underset{\text{Acetyl-Coenzym A}}{CH_3-\overset{\overset{\displaystyle O}{\|}}{C}-S-CoA} + H_2O$$

$$\Delta G' = +31.4 \text{ kJ} \cdot \text{mol}^{-1}$$

Die Begründung für einen solchen Aktivierungsschritt ist die gleiche wie für die Aktivierung der Glucose durch Phosphorylierung zu G3P in den ersten Schritten der Glykolyse. Die Struktur von Coenzym A ist links dargestellt. Pantothensäure, ein Bestandteil des Schwanzes von Coenzym A, kann im menschlichen Organismus nicht synthetisiert werden; sie muß als Vitamin mit der Nahrung aufgenommen werden, ebenso wie Niacin, das zur Synthese von NAD^+, und Riboflavin, das zur Synthese von FAD benötigt wird.

Dem Cyclus ist ein Schritt vorgeschaltet, in dem Pyruvat zu Acetyl-Coenzym A umgewandelt wird (Schritt 1 im Diagramm rechts). Es handelt sich um eine Oxidation, bei der drei Dinge auf einmal passieren: Pyruvat wird unter Abgabe von CO_2 zu Acetat oxidiert, ein Teil der bei der Oxidation freiwerdenden Energie wird durch Reduktion von NAD^+ zu NADH langfristig gespeichert, und ein Teil der dabei nicht verbrauchten Energie wird kurzfristig gespeichert, indem Coenzym A (CoA) mit Acetat verknüpft wird. Eine analoge Drei-auf-einen-Streich-Reaktion war die Umwandlung von G3P in DPG bei der Glykolyse. Dort wurde ein Aldehyd zu einem Ester oxidiert, ein Teil der Reaktionsenergie wurde in NADH gespeichert und von der restlichen Energie wiederum ein Teil in einer zweiten Phosphatbindung im Molekül aufgefangen. Ein Trick, der sich einmal im Stoffwechsel bewährt hat, ist zu wertvoll, um nicht mehrmals angewandt zu werden. Wir werden ihn im Citronensäure-Cyclus ein drittes Mal wiederfinden.

COENZYM A

ß-Mercaptoethylamin

Pantothensäure (ein Vitamin)

ADP

In Coenzym A sind Adenosin-diphosphat, Pantothensäure und β-Mercaptoethylamin miteinander kombiniert. Durch Bindung von Essigsäure an dieses Molekül kann kurzfristig chemische Freie Energie gespeichert werden.

DER CITRONENSÄURE-CYCLUS

Dies ist der wichtigste Mechanismus zur Energiegewinnung in den lebenden Organismen. Es ist ein Kreisprozeß zur Umwandlung von Acetyl-Coenzym A in Kohlendioxid, das als Abfallprodukt ausgeschieden wird, und Wasserstoff-Atome, die dazu dienen, die energieübertragenden Moleküle NAD^+ und FAD zu reduzieren.

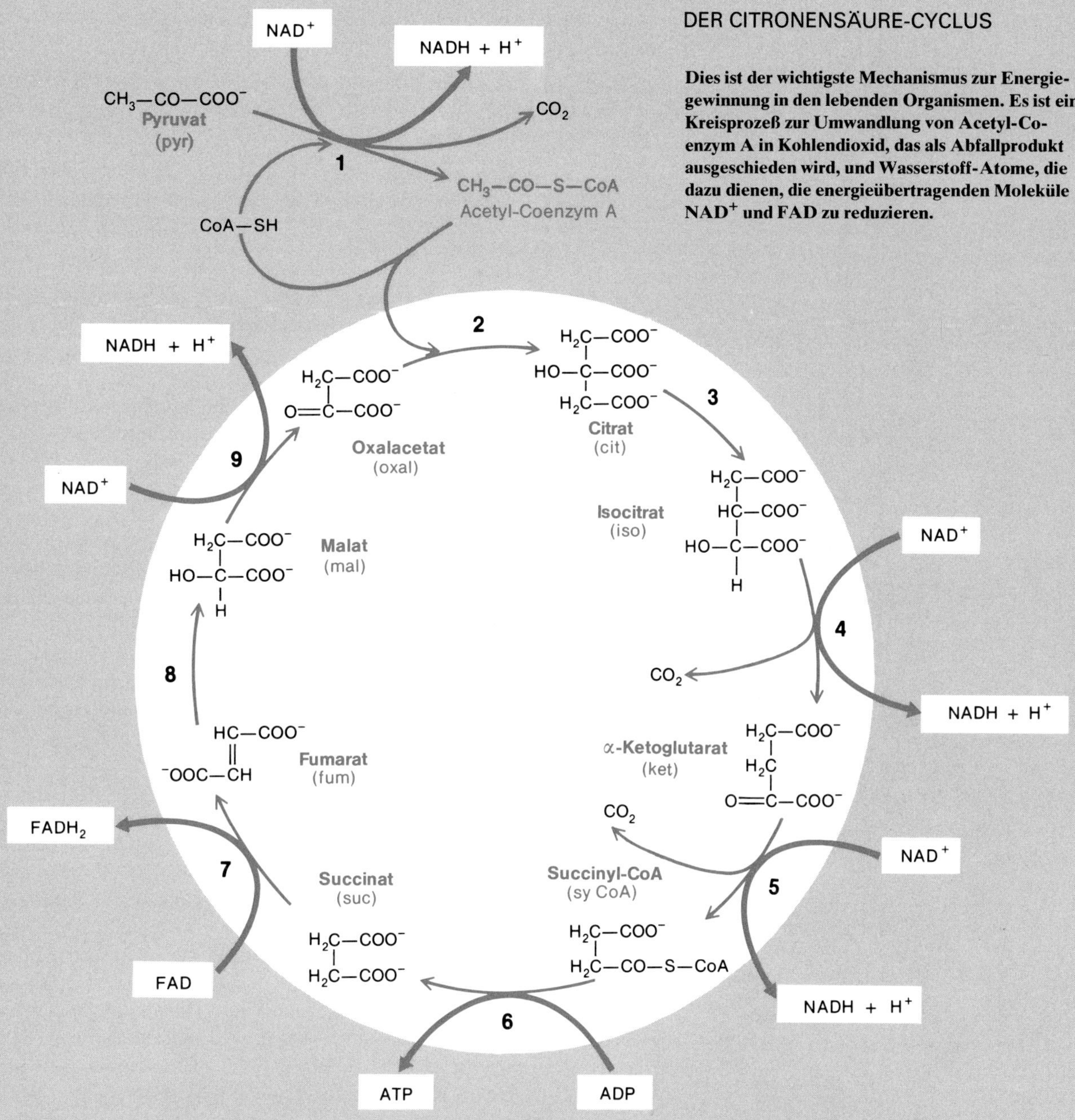

NAD^+
$NADH + H^+$
$CH_3{-}CO{-}COO^-$
Pyruvat
(pyr)
CO_2
1
$CH_3{-}CO{-}S{-}CoA$
Acetyl-Coenzym A
CoA—SH
2
$NADH + H^+$
Oxalacetat
(oxal)
Citrat
(cit)
3
9
NAD^+
Isocitrat
(iso)
Malat
(mal)
NAD^+
4
CO_2
8
$NADH + H^+$
α-Ketoglutarat
(ket)
Fumarat
(fum)
CO_2
$FADH_2$
NAD^+
7
Succinat
(suc)
Succinyl-CoA
(sy CoA)
5
FAD
$NADH + H^+$
6
ATP
ADP

DIE STATIONEN DES CITRONENSÄURE-CYCLUS

1. Pyruvat wird zu Acetat oxidiert. Energie wird einerseits in NADH gespeichert, andererseits durch Kombination von Acetat mit Coenzym A in Acetyl-Coenzym A.
2. Acetyl-Coenzym A wird mit Oxalacetat, einem Glied des Citronensäure-Cyclus zu Citrat vereinigt; Coenzym A wird zur Wiederverwendung frei.
3. Citrat wird zur Vorbereitung für die Folgereaktionen zu Isocitrat umgelagert.
4. Isocitrat wird zu α-Ketoglutarat oxidiert; dabei werden CO_2 freigesetzt und Energie in Form von NADH gespeichert.
5. α-Ketoglutarat wird unter Freisetzung von CO_2 zu Succinat oxidiert. Ein Teil der Energie wird in NADH gespeichert, ein anderer Teil wird kurzfristig durch Bindung von Succinat an Coenzym A festgelegt.
6. Von Succinyl-Coenzym A wird das Coenzym abgespalten; die freiwerdende Energie wird endgültig in ATP gespeichert.
7. Succinat wird zu Fumarat oxidiert; die Energie wird in $FADH_2$ gespeichert.
8. Fumarat wird zu Malat umgelagert.
9. Malat wird zu Oxalacetat oxidiert; die Energie wird als NADH gespeichert. Oxalacetat steht nun für einen neuen Umlauf des Cyclus bereit.

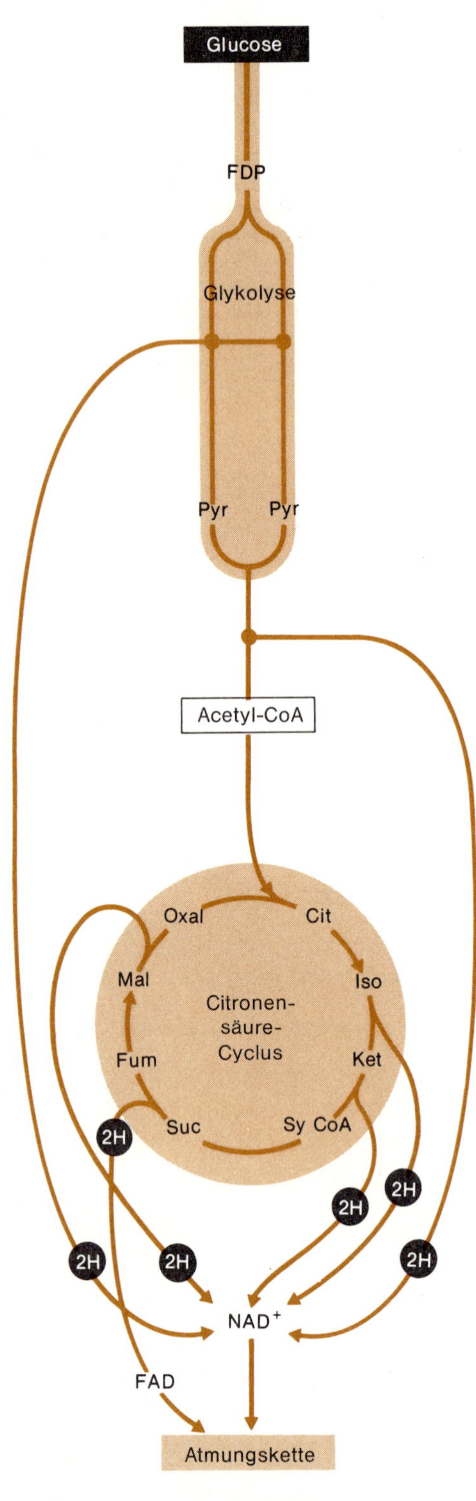

$FADH_2$ aus dem Citronensäure-Cyclus und NADH, ebenfalls aus dem Cyclus sowie aus der Glykolyse, fließen beide in die Atmungskette, um ihre Energie an ATP abzugeben. Dabei werden sie rückoxidiert und wieder in den Kreislauf eingeschleust.

Die kurzfristig im Acetyl-Coenzym A gespeicherte Energie dient dazu, den Citronensäure-Cyclus mit einer Reaktion einzuleiten, bei der aus CoA und Oxalacetat Citrat entsteht. Währenddessen verläßt das Coenzym-Molekül den Schauplatz und sucht sich ein neues Acetat, das es an sich binden kann. Bei der Oxidation von Pyruvat werden insgesamt 285 $kJ \cdot mol^{-1}$ Freie Energie gewonnen. 221 kJ davon werden im gebildeten NADH bis zur Weiterverwendung aufbewahrt, 31.5 kJ werden vorübergehend im Acetyl-CoA-Komplex gespeichert, und 33.5 kJ bleiben als Garantie, daß die Reaktion spontan in die richtige Richtung läuft und nicht zurück:

$$\begin{aligned} &CH_3{-}CO{-}COOH + NAD^+ + CoA{-}SH \\ &\qquad\longrightarrow CH_3{-}CO{-}S{-}CoA + CO_2 + NADH + H^+ \\ &\qquad\qquad \Delta G' = -33.5\ kJ \cdot mol^{-1} \end{aligned}$$

Man versteht die Strategie der Glykolyse und des Citronensäure-Cyclus als Institutionen der Energieumwandlung besser, wenn man das zusammenfassende Fließschema links sowie das Diagramm auf der rechten Seite betrachtet, das den Abfall der Freien Energie zeigt und eine vollständigere Version des Diagramms auf Seite 560 ist. Jede einzelne Zwischenstufe der Glykolyse und des Citronensäure-Cyclus ist jetzt in der richtigen Ordnung als Energiestufe unterhalb des Energieniveaus der Glucose eingezeichnet. Dabei wird deutlich, wie das ganze System in den ersten Schritten von Glucose zu G3P gleichsam Luft holt, und ebenso deutlich werden die bedeutende Abnahme der Freien Energie jedesmal, wenn NADH gebildet wird, und die geringeren Sprünge, wenn im Lauf der Glykolyse Energie in Form von ATP gespeichert wird. Da aus einem Molekül Glucose zwei Moleküle Pyruvat entstehen, ist der Maßstab für alle Schritte rechts von FDP auf zwei Moleküle bezogen. Die Abnahme der Freien Energie um 586 kJ von Glucose (Glu) bis Pyruvat (Pyr) ist vergleichsweise klein gegenüber den viel größeren Schritten zum Acetyl-CoA und schließlich zum Oxalacetat. Die Zahlen an den einzelnen Treppenstufen bedeuten die Freien Energien der jeweiligen Moleküle, bezogen auf Glucose als Ausgangs- und damit Nullpunkt.

Im weiteren Verlauf des Citronensäure-Cyclus wird Citrat zu Isocitrat umgelagert, wobei sich die Freie Energie nur wenig ändert. Isocitrat wird zu α-Ketoglutarat oxidiert, dabei wird ein Kohlenstoff-Atom in Form von CO_2 abgegeben, und die Energie der Oxidationsreaktion wird in NADH gespeichert. Von den 456 kJ freigesetzter Energie (für zwei Isocitrat-Moleküle) werden $2 \cdot 220.5 = 441$ kJ genutzt – ein bemerkenswertes Beispiel für die wirkungsvolle energetische Kopplung zweier Reaktionen. Diese Kopplung ist das wesentliche Verdienst des Enzyms, das die Reaktion steuert. Allein aus der Chemie kann nicht selbstverständlich gefolgert werden, daß jedesmal, wenn ein Isocitrat-Molekül zu α-Ketoglutarat oxidiert wird, auch ein Molekül NAD^+ zu NADH reduziert werden muß: Die Freie Energie der Oxidation von Isocitrat könnte ebensogut ungenutzt als Wärme verströmen. Aufgabe des Enzyms ist es sicherzustellen, daß immer, wenn eine Reaktion bergab läuft, die andere bergauf klettert. Jeder Schritt des Citronensäure-Cyclus wird durch ein eigenes Enzym gesteuert, das die Reaktion katalysiert und gleichzeitig für die korrekte Ankopplung des energiespeichernden Vorgangs sorgt.

Nun wird α-Ketoglutarat zu Succinat (= Anion der Bernsteinsäure) oxidiert. Der Vorgang ähnelt der Oxidation von Pyruvat zu Acetat und der Oxidation von G3P zu DPG. Auch sonst wird das Schema befolgt: Bei der Oxidation von α-Ketoglutarat zu Succinat wird ein Teil der Energie in Form von NADH gespeichert, ein Teil wird kurzfristig festgehalten, indem ein Coenzym A-Komplex mit dem Reaktionsprodukt gebildet wird. Dieses Succinyl-Coenzym A zerfällt im nächsten Schritt, während ATP synthetisiert wird. (Genaugenommen entsteht zuerst Guanosin-triphosphat, GTP, mit dessen Hilfe anschließend ATP aufgebaut wird.)

Mit der Bildung von Succinat sind die beiden Stufen, die am meisten Energie liefern und gleichzeitig CO_2 freisetzen, absolviert, und das ursprünglich sechs Koh-

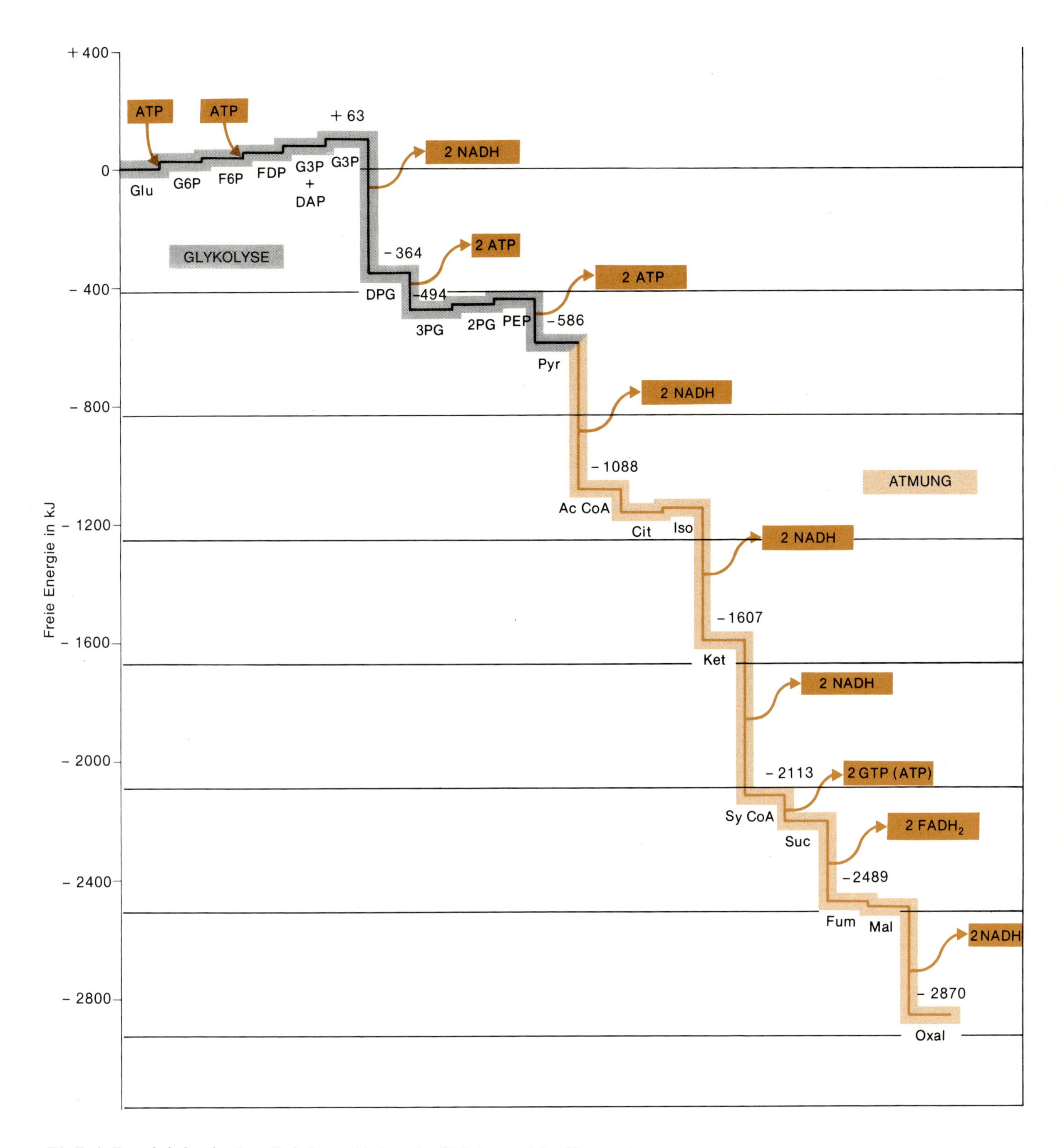

Die Freie Energie jeder einzelnen Zwischenverbindung der Glykolyse und des Citronensäure-Cyclus. Als Nullpunkt dient der Energieinhalt des Ausgangsmaterials Glucose. Alle Stationen sind gekennzeichnet, an denen Energie in Form von ATP aufgenommen wird oder in Form von ATP oder reduzierten Dinucleotiden abgegeben wird. Die Energieabgabe über NADH und $FADH_2$ findet jedesmal bei solchen Schritten statt, die mit einer großen Abnahme der Freien Energie verbunden sind. Nur auf derart behutsame Art kann die riesige Energiemenge von 2870 kJ in kleinere Portionen aufgeteilt und effizient genutzt werden.

DIE ATMUNGSKETTE

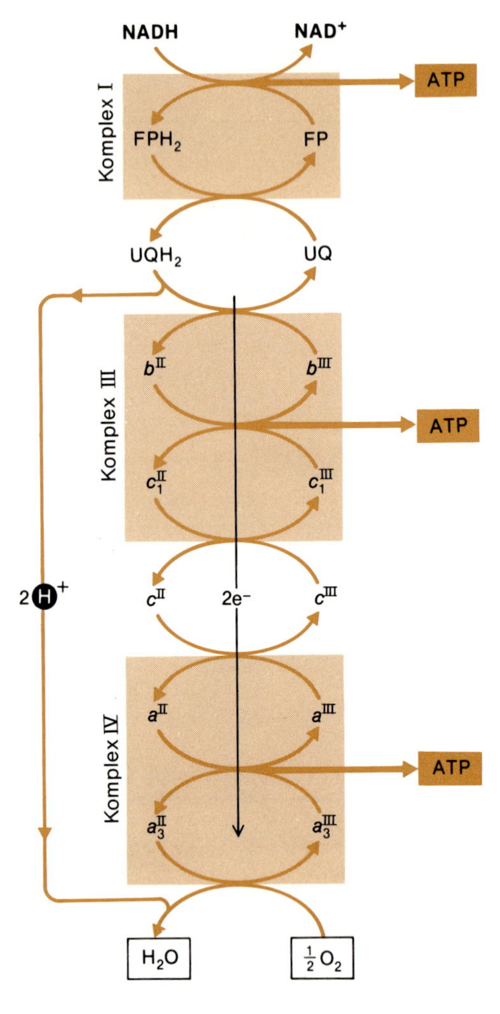

Jedes Glied der Atmungskette wird durch die Verbindung reduziert, die in der Kette vor ihm steht, und durch die ihm folgende Substanz rückoxidiert. Die Startverbindung, die als erste oxidiert werden muß, ist NADH, und das letzte Oxidationsmittel ist molekularer Sauerstoff, O_2. In den frühen Schritten der Kette bestehen die Reduktionen in Übertragungen von H-Atomen, doch ab der Zwischenstufe Ubichinon (UQ) erfordert die Reduktion lediglich den Übergang von Elektronen von einem eisenhaltigen Protein auf das nächste.

lenstoff-Atome umfassende Citrat ist zu einem Molekül mit vier Kohlenstoff-Atomen abgebaut worden. Aber noch ist nicht alle Energie verbraucht. Succinat wird zu Fumarat oxidiert, die Energie wird in $FADH_2$ gespeichert. Es folgt eine Umlagerung von Fumarat zu Malat, und dieses wird schließlich zu Oxalacetat oxidiert, womit noch einmal die Reduktion von NAD^+ gekoppelt ist. Der Kreis schließt sich, indem Oxalacetat wieder mit Acetyl-CoA reagiert und das Karussell seinen Lauf von vorne beginnt.

Was bleibt zu tun? Der Apparat zur Reoxidation von NADH und $FADH_2$ und die Nutzbarmachung der in diesen Molekülen gespeicherten Energie werden Thema des nächsten Abschnitts sein. Vorher wollen wir Bilanz ziehen. Wie sieht die Energiesituation nach der Glykolyse und dem Durchlauf durch den ganzen Citronensäure-Cyclus aus?

Aerobe Glykolyse:	$2\,ATP + 2\,NADH + 0\,FADH_2$
$2\,Pyr \longrightarrow 2\,Acetyl\text{-}CoA$:	$0\,ATP + 2\,NADH + 0\,FADH_2$
2 Umläufe des Cyclus:	$2\,ATP + 6\,NADH + 2\,FADH_2$
Summe:	$4\,ATP + 10\,NADH + 2\,FADH_2$

Dieser Saldo ist $(4 \cdot 1) + (10 \cdot 3) + (2 \cdot 2) = 38$ ATP-Molekülen pro Molekül Glucose äquivalent. Von den insgesamt 2870 kJ, die je Mol Glucose freigesetzt werden, bleiben 1160 kJ gebunden, das entspricht einer Energieausbeute von 40 Prozent. Aber auch die verbleibenden 1710 kJ sind nicht ganz verschwendet. Sie sorgen dafür, daß die Reaktion nach den Gesetzen der Thermodynamik spontan abläuft, und tragen dazu bei, daß die Körpertemperatur aufrechterhalten bleibt:

$$C_6H_{12}O_6 + 6O_2 + 38ADP + 38P_i \longrightarrow 6CO_2 + 6H_2O + 38ATP$$

$$\Delta G' = -1710\,kJ \cdot mol^{-1}$$

Es gibt noch eine Reihe anderer energieliefernder Reaktionsfolgen, die wie die Glykolyse in den Citronensäure-Cyclus einmünden. Wenn Fettsäuren die Energiequelle sind, werden sie zu Acetat (mit zwei Kohlenstoff-Atomen) abgebaut und so in den Cyclus eingespeist. Beim Protein-Stoffwechsel werden manche Aminosäuren in Pyruvat oder Acetat umgewandelt und in dieser Form in den Cyclus geschleust. Der biochemische Apparat, der sich wahrscheinlich entwickelt hat, um die Produkte der Glykolyse optimal zu nutzen, wird also inzwischen für viele andere Zwecke verwendet. Jedes Molekül, das zu Acetat abgebaut werden kann, liefert Nachschub für den Citronensäure-Cyclus und damit Energie für den Organismus.

Atmung: Reoxidation der Energieträger

Die Atmung bildet den Abschluß des Prozesses, der von der Glykolyse eingeleitet und vom Citrat-Cyclus fortgeführt wurde. Die Atmung ist nämlich dazu da, die energieübertragenden Moleküle (Carrier-Moleküle) NADH und $FADH_2$ wieder zu oxidieren. Bisher hatten wir keine Veranlassung, die Reaktionen, mit denen wir uns befaßt haben, „aerob" zu nennen, denn nirgendwo war Sauerstoff beteiligt. Die Oxidationsschritte waren lediglich gekennzeichnet durch die Übertragung von H-Atomen jeweils vom oxidierten Molekül auf ein Carrier-Molekül. Die Atmungskette vermittelt jetzt die Kopplung dieser Reaktionen an die Nutzung des Sauerstoffs.

Noch einmal sind wir mit dem Dilemma konfrontiert, daß mehr Energie zur Verfügung steht (nämlich 220.5 kJ pro NADH), als in einem Schritt übernommen und gespeichert werden kann (30.5 kJ pro ATP). Auch die Lösung dieses Problems ist wieder die gleiche: Abbau der Freien Energie in einer Folge von kleineren Schritten; drei davon sind mit der Synthese von ATP gekoppelt. Sukzessive werden

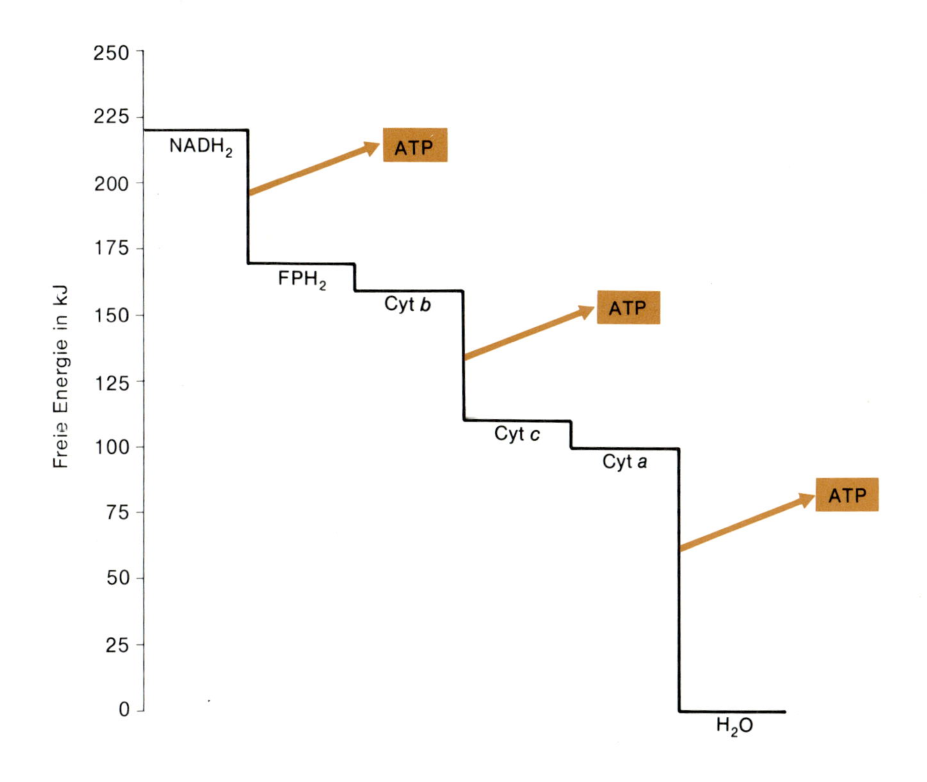

Mit den aufeinanderfolgenden Oxidations-Reduktions-Reaktionen der Atmungskette ist jedesmal eine Abnahme der Freien Energie in kleinen Schritten verbunden. Im größten dieser Schritte werden drei Moleküle ATP synthetisiert.

in diesen Schritten die Glieder der Atmungskette reduziert und reoxidiert, wie es links dargestellt ist. Zu Beginn wird NADH zu NAD^+ oxidiert, während ein Flavoprotein reduziert wird, d.h. ein Enzym, das eine Flavin-Gruppe trägt – ähnlich derjenigen, die wir vom FAD kennen. Dieses Flavoprotein wird reoxidiert, indem es seinerseits Ubichinon reduziert, ein kleines organisches Molekül, das ganz rechts am Seitenrand dargestellt ist. („Ubichinon" bedeutet ungefähr „allgegenwärtiges Chinon"; der Name wurde gewählt, weil das Molekül in allen eukaryotischen Zellen vorkommt.) Ubichinon reduziert nun Cytochrom b, das erste in einer Reihe verwandter Proteine, die (wie die im vorigen Kapitel besprochenen Proteine Myoglobin und Hämoglobin) Eisen in einer Häm-Gruppe gebunden enthalten. In der folgenden Stufenleiter der Cytochrome reduziert b das Cytochrom c_1, c_1 reduziert Cytochrom c, c reduziert Cytochrom a, a reduziert Cytochrom a_3, und am Schluß der Atmungskette reduziert Cytochrom a_3 Sauerstoff zu H_2O.

Ubichinon ist ein kleines Carrier-Molekül mit einem langen, vom Isopren abgeleiteten Schwanz, der verwandt ist mit dem Phytol-Schwanz des Chlorophylls, mit β-Carotin und mit den anderen im 21. Kapitel behandelten Terpen-Derivaten. Der Kopf des Ubichinons aber, der die eigentliche Arbeit macht, ist ein Chinon-Ring, der in seinen *para*-Positionen zwei Wasserstoff-Atome aufnehmen und wieder abgeben kann. Von NADH bis Ubichinon wird bei den Reduktionsschritten Wasserstoff übertragen. Vom Ubichinon ab werden die reduzierenden Wasserstoffe gespalten: einerseits in Protonen, die an die umgebende Lösung abgegeben werden, andererseits in Elektronen, die durch die Cytochrome von einem Häm-Eisen zum nächsten wandern. Jedes Cytochrom-Molekül wird durch seinen Vorgänger zum Zustand mit Fe(II) reduziert und durch seinen Nachfolger in der Kette zur Fe(III)-Stufe reoxidiert.

All diese Reaktionen der Atmungskette finden in den Mitochondrien innerhalb der Zelle statt. Die Komponenten der Atmungskette sind in die innere Mitochondrien-Membran eingebettet und in vier Komplexen organisiert. Komplex I enthält

UBICHINON

CH_3 O O O CH_3 CH_3 2H → CH_3 O OH O CH_3 CH_3 OH

6 bis 10 Isopren-Einheiten pro Kette

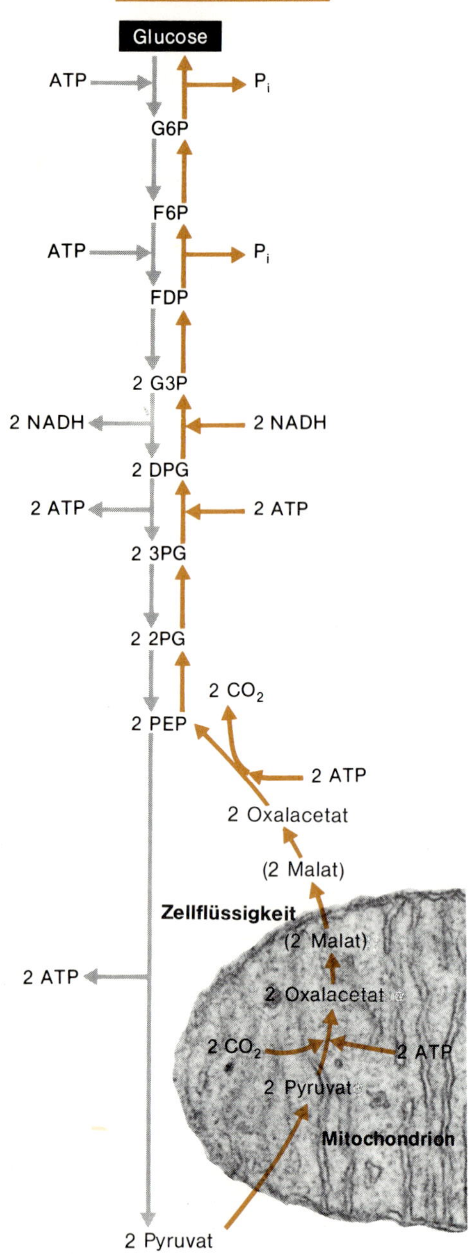

Die Gluconeogenese, d. h. die Umwandlung von überschüssigem Pyruvat in den Energiespeicher Glucose (Pfeile aufwärts), ist fast genau die Umkehrung der Glykolyse (Pfeile abwärts). Immer wenn bei der Glykolyse Energie in Form von NADH oder ATP abgegeben wird, ist für die Gluconeogenese die gleiche Energiemenge nötig, um die Reaktion „bergauf" zu bewerkstelligen. Und jedesmal, wenn beim Start der Glykolyse ATP als Energielieferant gebraucht wird, geht bei der Gluconeogenese ein äquivalenter Energiebetrag verloren, indem anorganisches Phosphat (P_i) abgegeben wird. Der entscheidende, energieverbrauchende Schritt von Pyruvat zu Oxalacetat muß bei der Gluconeogenese im Innern der Mitochondrien stattfinden, wo sich die entsprechenden Enzyme befinden. Um die Mitochondrien-Membran passieren zu können, muß Oxalacetat kurzfristig in Malat umgewandelt werden. Alle Enzyme des Citronensäure-Cyclus befinden sich im Mitochondrion, und die Komponenten der Atmungskette sind eingebettet in die innere Mitochondrien-Membran.

ein Flavoprotein (ein Nichthäm-Eisenprotein unbekannter Funktion) und Phospholipid; er hat eine relative Molekülmasse von ca. 600000. Komplex III (Molekülmasse 270000) enthält die Cytochrome c und c_1, weiteres Nichthäm-Eisenprotein sowie Phospholipide. Komplex IV (Cytochrom-Oxidase) hat eine relative Molekülmasse von 200000, er enthält die Cytochrome a und a_3, Kupfer-Atome und wieder Phospholipide. Die Komplexe stehen paarweise untereinander durch bewegliche Pendelmoleküle in Verbindung: Ubichinon pendelt zwischen den Komplexen I und III, das kleine Cytochrom c-Molekül zwischen den Komplexen III und IV.

Ein etwas vereinfachtes Diagramm der Freien Energie in der Atmungskette ist auf der vorigen Seite aufgezeichnet. Jeder der drei Komplexe ist Schauplatz eines größeren Abfalls der Freien Energie, gekoppelt mit der Synthese je eines ATP-Moleküls. Gesamtergebnis der Kette ist die Reoxidation von NADH mit Hilfe von Sauerstoff und die Synthese dreier ATP-Moleküle mit Hilfe der gewonnenen Energie.

Für jedes Succinat werden nur zwei Moleküle ATP gebildet, denn es greift später in die Kette ein: Bei der Besprechung des Citronensäure-Cyclus wurde gesagt, FAD werde durch Succinat zu $FADH_2$ reduziert. In Wirklichkeit ist FAD an ein Enzym gebunden, d. h. es liegt in Form eines weiteren Flavoproteins an der inneren Mitochondrien-Membran vor. Dieses Flavoprotein bildet zusammen mit Phospholipiden den Komplex II. $FADH_2$ reduziert Ubichinon direkt, ohne daß dabei ATP entstünde; vom Ubichinon ab läuft die Kette wie vorher, aber insgesamt werden pro oxidiertes $FADH_2$ nur zwei ATP-Moleküle gewonnen.

So sieht also die Strategie aus, nach der lebende Organismen organische Verbindungen in Energie umwandeln. Kohlenhydrate werden in Glucose-Monomere zerlegt und diese auf ihre Reise durch Glykolyse und Citronensäure-Cyclus geschickt. Fette und Proteine werden in Acetateinheiten mit zwei Kohlenstoff-Atomen gespalten und diese direkt in den Citronensäure-Cyclus eingespeist. Die Metaboliten, d. h. die im Stoffwechsel auftretenden Moleküle, werden oxidiert, indem Wasserstoff-Atome abgespalten und von NAD^+ und FAD aufgenommen werden. Diese Moleküle können die Wasserstoff-Atome auf Sauerstoff-Atome übertragen und mit Hilfe der freigesetzten Oxidationsenergie ATP synthetisieren.

Bisher haben wir die Maschinerie betrachtet, in der Glucose zu Pyruvat und schließlich zu CO_2 und Wasser abgebaut wird. Immer wenn sich ein Überschuß an Pyruvat angesammelt hat, Energie aber nicht sofort gebraucht wird, kann Pyruvat zu Glucose zurückverwandelt werden, die dann in Form von Glykogen in der Leber gespeichert wird. (Glykogen ist, wie wir im 21. Kapitel gelernt haben, ein verzweigtkettiges, stärkeähnliches Molekül.) Dieser umgekehrte Ablauf wird *Gluconeogenese* genannt, was einfach heißt „Neubildung von Glucose" (links). Der Prozeß ist tatsächlich nahezu äquivalent einer auf den Kopf gestellten Glykolyse (mit Ausnahme von drei der Regulation dienenden Schritten); es treten die gleichen Zwischenverbindungen auf, die gleichen Reaktionen laufen ab, nur in umgekehrter Richtung, und sogar die gleichen Enzyme werden verwendet.

Vom ökonomischen Standpunkt aus ist es nur logisch, daß beim Aufbau der Glucose zum Teil dieselben Zwischenstufen und Enzyme verwendet werden wie beim Abbau der Glucose. Überraschend ist dagegen, daß offenbar ein Teil des Apparates der Gluconeogenese als Ganzes herausgegriffen und für die Zwecke der Dunkelreaktionen bei der Photosynthese adaptiert wurde, obgleich der Ausgangspunkt für die Glucose-Produktion in der Photosynthese das CO_2 ist und nicht Pyruvat. Wir werden weiter unten in diesem Kapitel sehen, daß es Anhaltspunkte gibt, wonach die Atmung sich im Laufe der Evolution aus der Photosynthese entwickelt hat. Es scheint aber auch, daß in die Photosynthese ein Teil der Chemie von Glykolyse und Gluconeogenese übernommen wurde. Diese Anleihen sind Anschauungsmaterial für die Idee, daß in der Evolution niemals etwas wirklich Neues auftaucht. So wie sich Hände und Füße aus Flossen entwickelt haben und Lungen aus Kiemen, so übernahm die Atmung Teile aus der Photosynthese, diese dafür Teile des Glucose-Stoffwechsels.

Die Strategie der Photosynthese

Die Photosynthese ist ein Mechanismus zur Synthese von Glucose aus Kohlendioxid und Wasser mit Hilfe von Lichtenergie. Die Photosynthese ist nicht die einzige Möglichkeit für eine Zelle, Glucose zu synthetisieren, aber es ist die entscheidende Methode insofern, als sie den Weg eröffnet zur Nutzung einer tatsächlich unerschöpflichen Quelle Freier Energie: der Sonne.

Die Gesamtreaktion entspricht einer Umkehrung der Glucose-Oxidation:

$$6CO_2 + 6H_2O \xrightarrow{h\nu} C_6H_{12}O_6 + 6O_2 \qquad \Delta G' = +2870 \text{ kJ pro Mol Glucose}$$

Eine photosynthetisierende Pflanze braucht eine Quelle für Kohlenstoff-Atome (CO_2) und eine Quelle für reduzierende Wasserstoff-Atome (H_2O). Der angegebene Reaktionsweg wird von allen photosynthetisierenden Eukaryonten und Blaualgen befolgt. Einige photosynthetisierende Bakterien verwenden CO_2 als Kohlenstoffquelle, beziehen jedoch den reduzierenden Wasserstoff aus H_2S, aus organischen Molekülen oder direkt in Form von gasförmigem H_2. Andere Bakterien können organische Substanz als Quelle sowohl für C als auch für H ausbeuten. Es gibt aber kein einziges Bakterium, das – wie Blaualgen und höhere Pflanzen – Wasser verbraucht und Sauerstoff freisetzt. Die bakterielle Photosynthese soll später besprochen werden, im Augenblick wollen wir uns auf jene Version der Photosynthese konzentrieren, bei der O_2 frei wird.

Der photosynthetische Apparat kann in zwei Blöcke unterteilt werden, die durch ATP und NADPH (nicht NADH) miteinander verbunden sind, im übrigen aber ziemlich unabhängig voneinander arbeiten. NADPH oder Nicotinamid-adenin-dinucleotid-phosphat ist ein Carrier-Molekül, das bis auf eine zusätzliche Phosphatgruppe mit NADH identisch ist; diese Phosphatgruppe ist mit der Hydroxyl-Gruppe in 2′-Position des Ribose-Rings im Adenosin verestert (rechts). Die zusätzliche Phosphatgruppe dient vielleicht als „Etikett", das letztlich sagt: „Dieses reduzierte Nucleotid gehört zur Photosynthese. Nicht zur Verwendung in der Atmungskette bestimmt!" Im ersten der beiden Blöcke der Photosynthese, den „Dunkelreaktionen", wird Glucose aus CO_2 und einem reduzierenden Agens synthetisiert, d.h. CO_2 wird „fixiert". Diese Reaktionen können sehr gut in Abwesenheit von Licht ablaufen, vorausgesetzt, daß NADPH als reduzierendes Agens und ATP als Energielieferant verfügbar sind. ATP und das reduzierende Agens werden in den „Lichtreaktionen" produziert, die durch das Einfangen von Licht durch Chlorophyll-Moleküle ausgelöst werden und deshalb auch nur in Gegenwart von Licht ablaufen können. An diese Lichtreaktionen denkt man gewöhnlich beim Wort „Photosynthese"; trotzdem scheinen sie eine spätere Zutat zum älteren synthetischen Apparat der Dunkelreaktionen zu sein.

Die Dunkelreaktionen ähneln Teilen der Reaktionswege bei Glykolyse und Gluconeogenese; sie haben mit diesen einige Zwischenstufen und Enzyme gemeinsam. Damit es keine Verwirrung gibt, sind die Prozesse in der Zelle physikalisch voneinander getrennt: Glykolyse und Gluconeogenese finden im Cytoplasma statt, während der Schauplatz der Dunkelreaktionen das Innere der Chloroplasten einer Pflanzenzelle ist. Die Fähigkeit, CO_2 in organischen Molekülen zu fixieren, ist eine

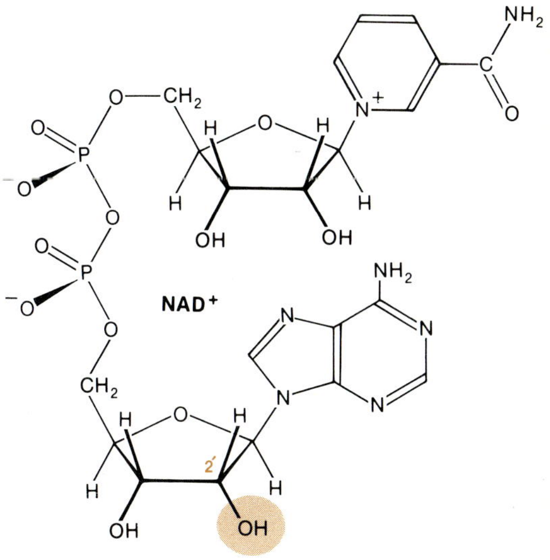

NAD⁺

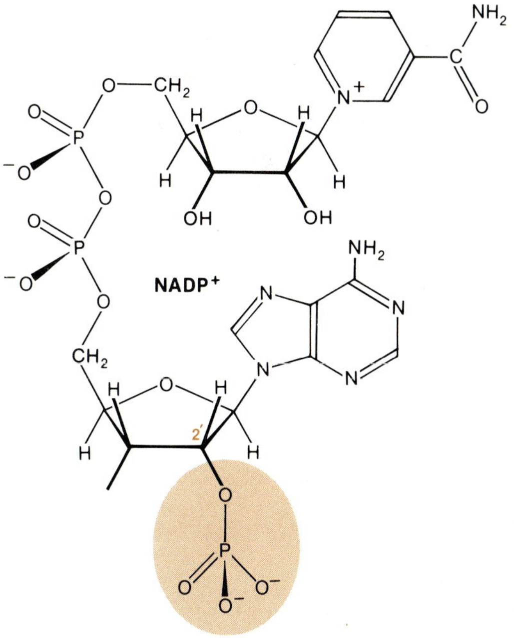

NADP⁺

$NADP^+$ (Nicotinamid-adenin-dinucleotid-phosphat) unterscheidet sich von NAD^+ durch eine zusätzliche Phosphatgruppe in 2′-Position des Ribose-Rings. Eukaryonten bedienen sich des NAD^+ bei der Atmung und des $NADP^+$ bei der Photosynthese, während Bakterien für beide Zwecke NAD^+ benutzen.

der ältesten und universellsten chemischen Fertigkeiten des Lebens. Die drei Reaktionswege von und zur Glucose sind anscheinend Abkömmlinge einer uralten Biochemie des Kohlenstoffs.

Die Dunkelreaktionen können folgendermaßen zusammengefaßt werden:

$6CO_2 + 6H_2O \longrightarrow C_6H_{12}O_6 + 6O_2$		$\Delta G' = +2870$ kJ pro Mol
$12NADPH + 12H^+ + 6O_2 \longrightarrow 12NADP^+ + 12H_2O$		$\Delta G' = -2644$ kJ pro Mol
$18ATP \longrightarrow 18ADP + 18P_i$		$\Delta G' = -544$ kJ pro Mol
$6CO_2 + 12NADPH + 12H^+ + 18\,ATP \longrightarrow C_6H_{12}O_6 + 12NADP^+ + 18ADP + 18P_i + 6H_2O$		$\Delta G' = -318$ kJ pro Mol Glucose

Der Reaktion von CO_2 mit NADPH fehlten an sich 226 kJ zur Spontaneität, aber 18 ATP lassen als zusätzliche Energiequelle den Gesamtprozeß mit 318 kJ $\cdot$ mol^{-1} Freier Energie zu einem spontanen Vorgang werden.

Die Lichtreaktionen stehen genaugenommen nicht in direktem Zusammenhang mit der Synthese von Glucose – außer daß sie eben eine stetig fließende Quelle für ATP und NADPH sind. In den Lichtreaktionen wird Lichtenergie, die entweder von Chlorophyll direkt eingefangen wird oder die von verschiedenen Carotinoiden eingefangen und dann auf Chlorophyll übertragen wird, als Quelle für Freie Energie zur Synthese von ATP und zur Reduktion von $NADP^+$ verwendet. Diese Moleküle versorgen dann die Dunkelreaktionen mit Energie.

Chemosynthetisierende Bakterien haben Wege gefunden, ATP und NADPH über die Oxidation anorganischer Substanzen zu gewinnen. Auf diese Weise können sie in den Dunkelreaktionen Glucose synthetisieren, ohne irgendwie von Licht abhängig zu sein. Einige dieser anorganischen Oxidationsreaktionen sind in der folgenden Tabelle zusammengefaßt:

Energieliefernde Oxidationsreaktionen	Bakterientyp
$2H_2 + O_2 \longrightarrow 2H_2O$	Wasserstoffbakterien
$H_2S \longrightarrow S \longrightarrow S_2O_3^{2-} \longrightarrow SO_4^{2-}$	Farblose Schwefelbakterien
$Fe^{2+} \longrightarrow Fe^{3+}$	Eisenbakterien
$NH_3 \longrightarrow NO_2^- \longrightarrow NO_3^-$	Nitrat, Nitrit-Bakterien

Soweit wir feststellen können, ist die Chemosynthese kein Vorläufer der Photosynthese, sondern eine späte, spezielle Adaptation, die es einer kleinen Zahl von Bakterien ermöglicht, bestimmte, energiereiche Umweltsituationen auszubeuten. Die Chemosynthese in Bakterien zeigt jedoch nachdrücklich, wie locker die Verbindung zwischen den Lichtreaktionen und den Dunkelreaktionen der Photosynthese ist und wie gut die letzteren funktionieren, wenn irgendwelche anderen Quellen für Energie (ATP) und Reduktionsvermögen (NADH oder NADPH) sprudeln.

Die Dunkelreaktionen: Kohlenhydratsynthese

Die Reaktionen, die zur Synthese von Glucose aus CO_2 führen, sind auf der nächsten Seite dargestellt. Das auffallendste Merkmal dieses Reaktionsschemas ist die Tatsache, daß die Schritte von 3PG (3-Phosphoglycerat) bis Glucose geschlossen dem Reaktionsweg der Gluconeogenese entlehnt sind (Seite 570), einschließlich der gleichen Zwischenprodukte, der gleichen Enzyme und der gleichen Stationen, an denen Carrier-Moleküle eingeschleust und Phosphat freigesetzt werden. Hier wurde ein bereits existierendes System von Reaktionen und Enzymen en bloc entlehnt, um an anderer Stelle (innerhalb der Chloroplasten) und zu anderen Zwecken Dienst zu tun.

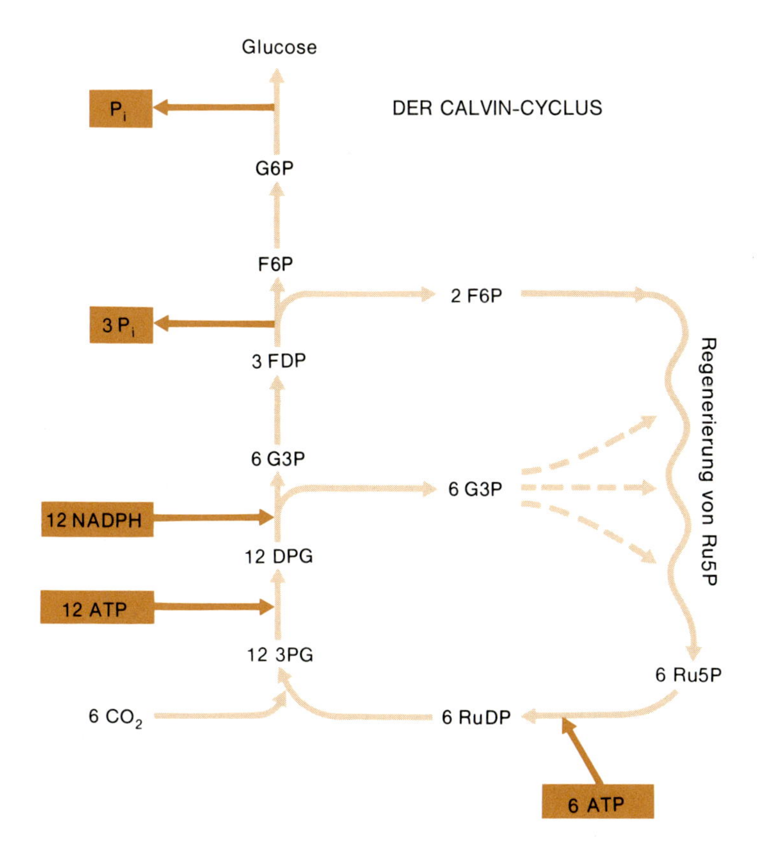

Der Calvin-Cyclus, der Mechanismus, durch den CO_2 bei der Photosynthese in Glucose umgewandelt wird. Der Calvin-Cyclus ist im wesentlichen der umgekehrte Reaktionsablauf der Glykolyse, der aber unter Verwendung eines C_5-Zuckers (Ribulose-1,5-diphosphat, RuDP) zum Kreisprozeß geschlossen ist.

Die Gluconeogenese hat die bescheidene Aufgabe, Glucose aus Pyruvat zu gewinnen. Ausgangspunkt der Photosynthese ist demgegenüber eine Verbindung, die längst nicht so weit reduziert ist, nämlich CO_2. Wie kann eine Reaktionssequenz, als deren Ausgangspunkt ein Molekül mit drei Kohlenstoff-Atomen vorgesehen war, dieser ganz anderen Ausgangssituation – ein Molekül mit nur einem Kohlenstoff-Atom – angepaßt werden? Die Antwort ist so einfach wie elegant: Das CO_2-Molekül wird mit einem C_5-Zucker kombiniert, und das Produkt dieser Vereinigung wird in zwei Hälften gespalten, so daß sich zwei Ausgangsmoleküle mit je drei Kohlenstoff-Atomen ergeben. Dieses Prinzip funktioniert beliebig lange, wenn aus der Glucose-Synthese immer ein Teil der Zwischenprodukte zur Produktion von genug C_5-Zucker abgezweigt wird, um den Prozeß mit neuem CO_2 in Gang zu halten.

Genau dies wurde in den Dunkelreaktionen verwirklicht. Ein Teilstück einer linearen Reaktionsfolge wurde zu einem Zweig eines Reaktionscyclus umfunktioniert, der nach seinem Entdecker Melvin Calvin „Calvin-Cyclus" genannt wird. Der C_5-Zucker, der den Cyclus am Laufen hält, ist Ribulose-1,5-diphosphat (RuDP). RuDP wird mit CO_2 und H_2O kombiniert, und das Ergebnis wird in zwei Hälften gespalten. Was herauskommt, sind zwei Moleküle 3PG, ein Zwischenprodukt der Gluconeogenese.

Wie viele Moleküle, bezogen auf ein Molekül Glucose, jeweils beteiligt sind, geht aus dem Fließschema oben hervor. Zur Produktion *eines* Glucose-Moleküls müssen sechs CO_2-Moleküle mit sechs RuDP-Molekülen zu 12 3PG-Molekülen vereinigt werden. Im Prinzip reichten diese Ausgangsmoleküle zum Aufbau von sechs Glucose-Molekülen aus, aber dann hätten wir keinen cyclischen Prozeß: Der Vorgang käme zum Stillstand, sobald alles RuDP aufgebraucht wäre. Statt dessen werden nur zwei der 3PG-Moleküle ausersehen, ihre Laufbahn als Glucose zu beschließen, während die anderen zehn mit ihren insgesamt 30 Kohlenstoff-Atomen weiter durch den Calvin-Cyclus laufen und schließlich in sechs Moleküle RuDP (mit je fünf

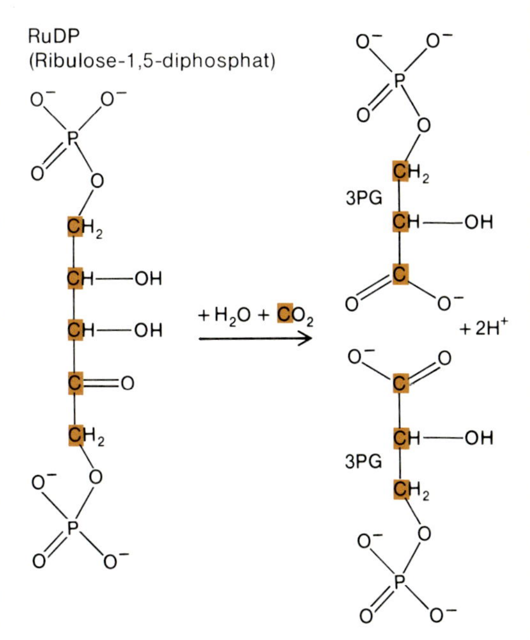

Durch die Vereinigung von RuDP und CO_2 und Spaltung der Kohlenstoff-Kette werden zwei Moleküle eines C_3-Zuckers gebildet. Mit diesen beiden Molekülen beginnt dann eine Reaktionsfolge, die der Umkehrung der Glykolyse entspricht. Es wird Glucose gebildet, gleichzeitig aber ausreichend RuDP, damit der Cyclus von vorne beginnen kann.

Rechts: Absorptionsspektren (sichtbarer Bereich) verschiedener lichtabsorbierender Pigmente, die an der Photosynthese beteiligt sind. Die Wellenlängen sind in Nanometer (1 nm = 10^{-9} m) angegeben. Unten: Zwei dieser Pigmente mit ihren (farbig gedruckten) delokalisierten Elektronensystemen.

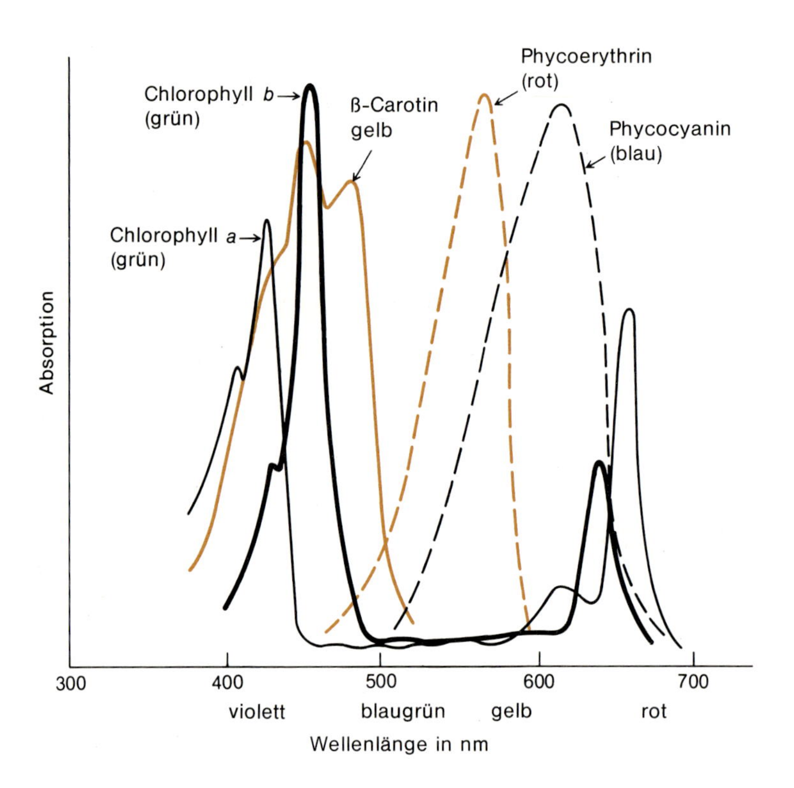

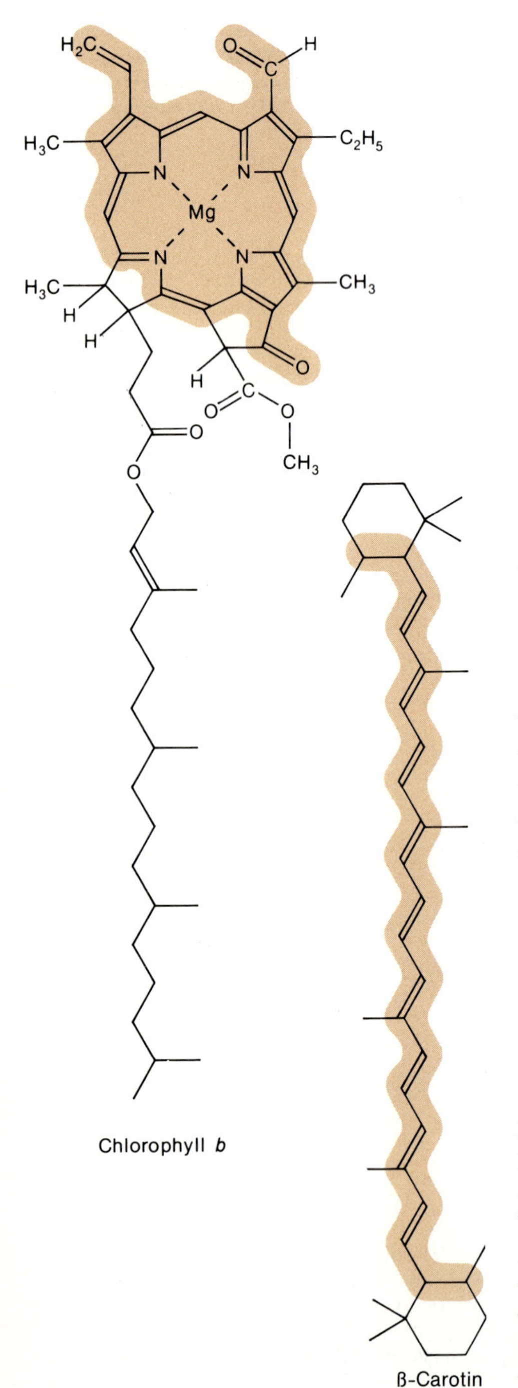

Kohlenstoff-Atomen) umgewandelt werden, die zur erneuten Verwendung zur Verfügung stehen.

Der Calvin-Cyclus als Adaptation der Gluconeogenese ist ein schönes Beispiel für die Raffinesse, die sich aus dem Prinzip von Versuch und Irrtum (trial-and-error) in drei Milliarden Jahren ergeben kann. Zum Abbau der Glucose zu CO_2 ist die ganze, komplexe Chemie des Citronensäure-Cyclus nötig. Bei der Synthese der Glucose aus CO_2 muß kein Citronensäure-Cyclus in umgekehrter Richtung durchlaufen werden. Trickreich wird erstens der Prozeß mit Hilfe des RuDP-Moleküls betrieben und zweitens ein lineares Teilstück der Gluconeogenese in einen Cyclus umkonstruiert. Wenn unsere derzeit gängigen Vorstellungen über die Reihenfolge, in der die verschiedenen Stoffwechselschritte auf der Erde auftauchten, richtig sind, dann war zu der Zeit, als die Gluconeogenese für die Zwecke der Dunkelreaktionen der Photosynthese angepaßt wurde, das Leben noch anaerob, und den Citronensäure-Cyclus gab es noch nicht.

Die Lichtreaktionen: Einfang der Sonnenenergie

Das Herz des Apparates, der dem Einfang des Lichtes dient, ist ein Kollektiv von Molekülen mit delokalisierten Elektronen: Chlorophyll-Moleküle und solche des β-Carotins (links) in grünen Pflanzen, Phycoerythrin und Phytocyanin in Rot- und Blaualgen. Die Absorptionsspektren dieser Pigmente sind oben dargestellt. Die Farben all dieser Verbindungen können anhand der Lichtwellenlängen erklärt werden, die *nicht* absorbiert werden. Chlorophyll a unterscheidet sich von Chlorophyll b dadurch, daß eine CHO-Gruppe in der rechten oberen Ecke des Rings (vgl. Zeichnung am linken Rand) durch eine CH_3-Gruppe ersetzt ist. Durch diesen Austausch ist der Bereich der Delokalisierung um zwei Atome verkleinert. Dadurch wird der Abstand der Energieniveaus vergrößert und das wichtigste Absorptionsmaximum aus dem blauen Bereich in Richtung Violett verschoben (vgl. die Spektren oben). Die Carotine sowie Phycoerythrin und Phycocyanin sind Sensibilisato-

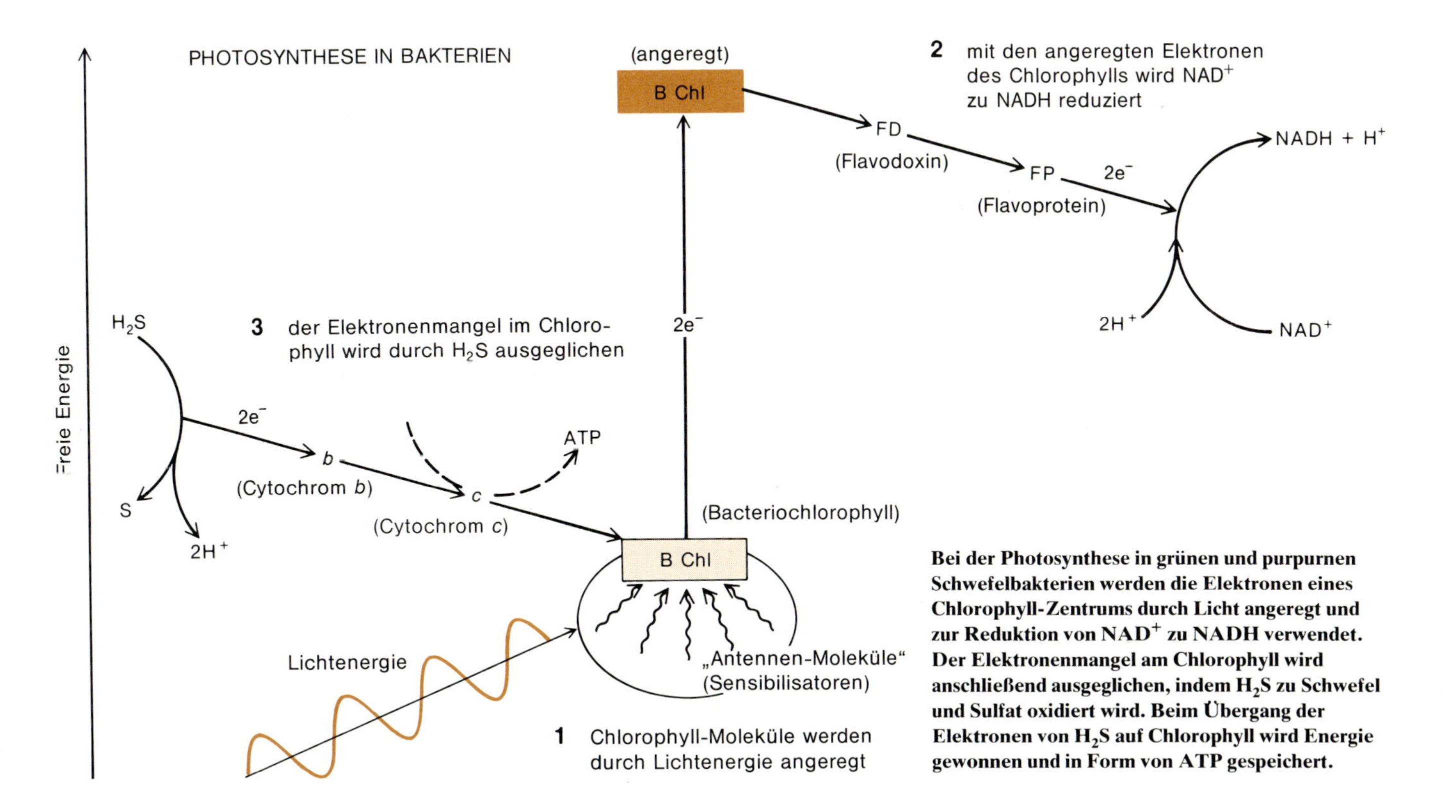

Bei der Photosynthese in grünen und purpurnen Schwefelbakterien werden die Elektronen eines Chlorophyll-Zentrums durch Licht angeregt und zur Reduktion von NAD^+ zu NADH verwendet. Der Elektronenmangel am Chlorophyll wird anschließend ausgeglichen, indem H_2S zu Schwefel und Sulfat oxidiert wird. Beim Übergang der Elektronen von H_2S auf Chlorophyll wird Energie gewonnen und in Form von ATP gespeichert.

ren oder „Antennen-Moleküle", die Licht solcher Wellenlängen einfangen, bei denen die Chlorophylle nicht funktionieren. Die Lichtenergie, die nun in Form elektronischer Anregungsenergie erscheint, wird anschließend von den Sensibilisatoren auf Chlorophyll übertragen.

Die einfachste Version der Photosynthese finden wir in Bakterien, und wie sie in grünen und purpurnen Schwefelbakterien abläuft, ist oben schematisch dargestellt. Die Lichtenergie wird von verschiedenen Sensibilisator-Molekülen absorbiert und auf Bacteriochlorophyll-Moleküle (oben: „BChl") in Form elektronischer Anregungsenergie übertragen. Die Chlorophyll-Moleküle reduzieren mit Hilfe der angeregten Elektronen NAD^+ zu NADH, wobei erst ein Flavodoxin (FD, ein Nichthäm-Eisenprotein) und dann ein Flavoprotein (FP) als Zwischenstationen für die Elektronen fungieren. (Bakterien arbeiten auch bei der Photosynthese mit NADH!) Das Chlorophyll leidet jetzt unter Elektronenmangel, aber dieser Mangel wird durch ein Reduktionsmittel aus der Umgebung, z. B. H_2S, kompensiert. Das Reduktionsmittel H_2S wird erst zu elementarem Schwefel, anschließend weiter zu Sulfat oxidiert. An die umgebende Lösung werden dabei Protonen abgegeben, während Elektronen in eine Elektronentransportkette eingespeist werden, die beim Bacteriochlorophyll-Molekül endet. Glieder dieser Kette sind die Cytochrome b und c sowie weitere Elektronenüberträger, z. B. Chinone. In dieser Hinsicht ähnelt diese Elektronentransportkette jener der Atmung, aber auch noch in anderer (wichtiger) Beziehung: Ein Teil der Energie, die beim Abfall der Elektronen über die Treppe der Freien Energie von H_2S zu Chlorophyll frei wird, wird aufgefangen und zur Synthese von ATP verwendet. So ziehen die photosynthetisierenden Bakterien aus dem Mechanismus zweifachen Nutzen: Einerseits wird Energie in ATP gespeichert, andererseits werden Energie und Reduktionsvermögen gemeinsam in NADH gespeichert.

Diese photosynthetisierenden Bakterien besitzen nicht die Maschinerie der Atmung, um zusätzlich NADH in ATP zu verwandeln. Sie können jedoch das Mengenverhältnis des von ihnen produzierten ATP und NADH durch eine Art „Kurzschluß" der Photosynthese steuern. Der oben skizzierte Ablauf wird als *nicht-cyclische Photophosphorylierung* bezeichnet, denn ADP wird mit Hilfe von Lichtenergie

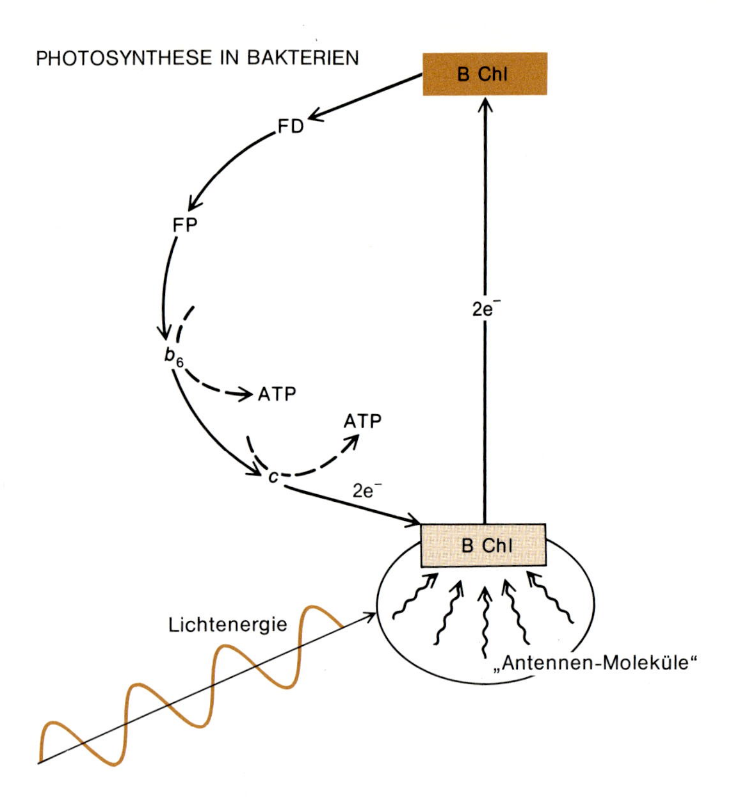

In Purpurbakterien, die ohne Schwefelverbindungen leben, werden die angeregten Elektronen eines Chlorophyll-Zentrums cyclisch durch eine Reihe von Protein-Molekülen geführt, bis sie wieder beim Chlorophyll landen. Auf ihrem Weg durch diesen Cyclus wird ein Teil der Anregungsenergie der Elektronen zur Synthese von ATP verwendet.

zu ATP phosphoryliert, ohne daß Elektronen in den Prozeß zurückgeführt würden. Für die Produktion von NADH wird ständig Reduktionsvermögen gebraucht, und deshalb muß dafür eine kontinuierlich fließende Quelle zur Verfügung stehen. Zur bloßen Energieproduktion können die Bakterien aber auch die Elektronen zurück in den Stromkreis fließen lassen; sie gehen dann auf Cytochrom b_6 über und von da aus auf einen Teil der Glieder der ursprünglichen Kette des Elektronentransports. Dieser Ablauf wird als *cyclische Photophosphorylierung* (siehe Zeichnung oben) bezeichnet. Dazu ist kein H_2S nötig, aber demzufolge wird auch kein NADH produziert. In diesem Prozeß wird offensichtlich an einer Stelle noch einmal zusätzlich ATP synthetisiert, so daß der größere Abfall der Freien Energie vom angeregten zum nicht angeregten Chlorophyll voll ausgenutzt werden kann. In welchem Maße jeweils der nicht-cyclische und der cyclische Prozeß ablaufen, hängt von dem momentanen Bedarf des Bakteriums entweder an Energie allein oder an Reduktionsvermögen für synthetische Aufgaben ab.

Die zweite Klasse photosynthetisierender Bakterien sind die Purpurbakterien, die kein H_2S als Quelle für Reduktionsvermögen brauchen und recht gut mit der cyclischen Photophosphorylierung allein auskommen. Das ist deshalb möglich, weil diese Bakterien eine großartige Erfindung gemacht haben. Sie besitzen einen Citronensäure-Cyclus und einen Atmungsapparat. So können sie als Sauerstoff-Atmer recht gut auch im Dunkeln funktionieren, obwohl sie es bei weitem vorziehen, ihre Energie (ihr ATP) aus der Photosynthese zu beziehen. Wenn sie photosynthetisch leben, benutzen sie für synthetische Aufgaben offenbar NADH aus dem Citronensäure-Cyclus als eine Quelle für Reduktionsvermögen.

Eine andere große Erfindung haben die Blaualgen gemacht und sich dadurch völlig befreit vom Bedarf an H_2S als Reduktionsmittel bei der Photosynthese. Diese Bakterien entwickelten eine Methode, ein sehr schlechtes Reduktionsmittel, nämlich H_2O, durch Aktivierung mit Licht zu einem brauchbaren Reduktionsmittel zu machen. Wasser ist zwar ein schlechtes Reduktionsmittel, aber es ist überall verfügbar. Jeder Organismus, der eine Methode gefunden hat, dem Wasser Elektronen zu

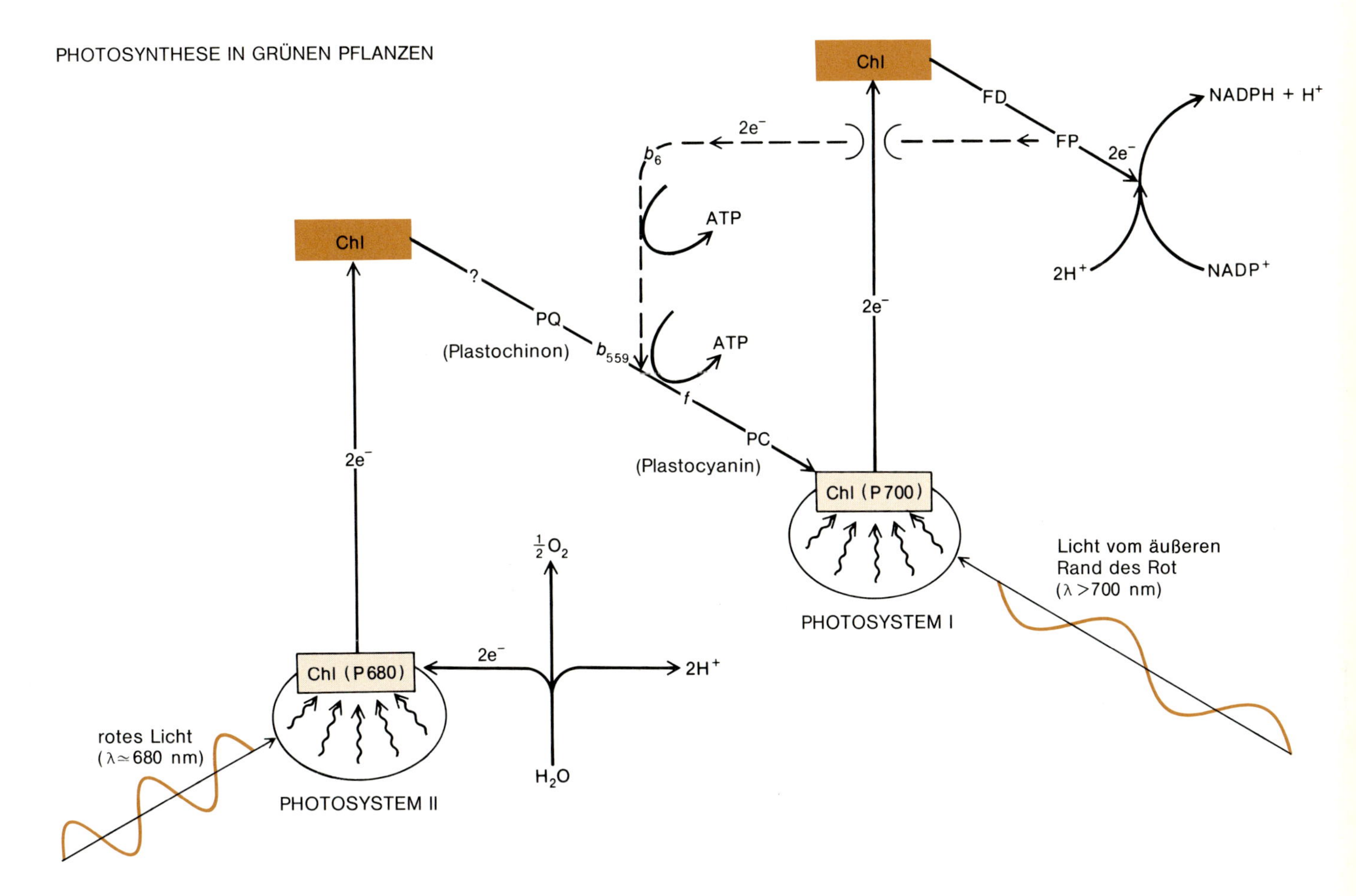

Bei der Photosynthese der grünen Pflanzen wird das Elektronendefizit, das durch Anregung der Elektronen im Photosystem I und die damit verbundene Synthese von NADPH entsteht, durch angeregte Elektronen aus dem Photosystem II ausgeglichen. Dieses wiederum ersetzt seine Elektronen durch Spaltung von Wasser-Molekülen in H^+, e^- und O_2.

entziehen, hat offenkundig einen großen Vorteil vor seinen weniger hoch entwickelten Vettern. Der Schlüssel war die Entwicklung *zweier* Photosysteme, in deren einem Elektronen für die Reduktion von NAD^+ (genaugenommen: $NADP^+$) in der üblichen Weise angeregt werden, während im anderen die Energie bereitgestellt wird, die nötig ist, um Wasser-Molekülen Elektronen zu entziehen, so daß O_2-Gas und Wasserstoff-Ionen übrigbleiben:

$$H_2O \xrightarrow[\text{energie}]{\text{Licht-}} \tfrac{1}{2}O_2 + 2H^+ + 2e^-$$

Im Schema oben sind die beiden Zentren als Photosystem I und II eingezeichnet. Photosystem I, das dem Photosystem der Bakterien entspricht, absorbiert Licht im äußersten Rot bei Wellenlängen von 700 Nanometern und mehr. Sein Chlorophyll wird mit dem Kürzel P700 bezeichnet (für „700 nm-Pigment“). Photosystem II absorbiert Licht etwas kürzerer Wellenlänge (Absorptionsmaximum um 680 nm). Die Lichtenergie wird auch hier dazu verwendet, die Elektronen im entsprechenden Chlorophyll anzuregen. Sie werden dann kaskadenartig eine Elektronentransportkette zum Photosystem I entlanggeschickt, und Photosystem II nimmt Elektronen vom Wasser auf, um das Defizit auszugleichen.

Diese durch zwei Photozentren gekennzeichnete Version der Photosynthese, bei der Wasser verbraucht und Sauerstoff freigesetzt werden, wurde von allen grünen Pflanzen übernommen. Diese Version ist vielseitiger, denn sie versetzt den Organismus in die Lage, mit Hilfe zweier Photonen aus einem schlechten Reduktionsmittel ein gutes zu machen, und der Organismus ist nicht mehr gezwungen, überhaupt ein besseres Reduktionsmittel (wie H_2S) zu suchen. Über die Elektronentransportkette, welche die Photozentren miteinander verbindet, wissen wir mehr als über die

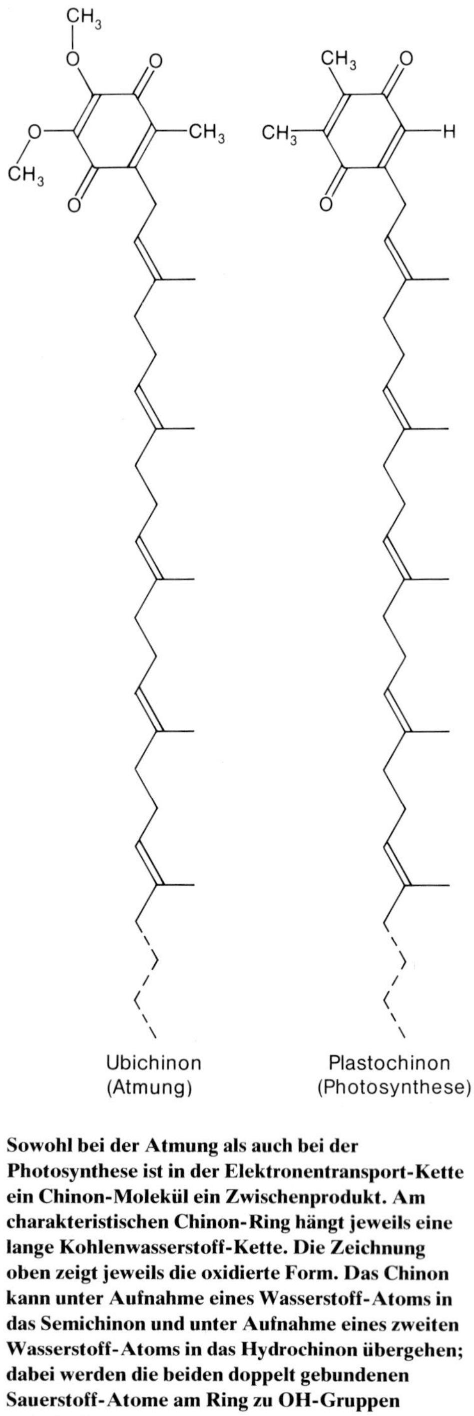

Ubichinon
(Atmung)

Plastochinon
(Photosynthese)

Sowohl bei der Atmung als auch bei der Photosynthese ist in der Elektronentransport-Kette ein Chinon-Molekül ein Zwischenprodukt. Am charakteristischen Chinon-Ring hängt jeweils eine lange Kohlenwasserstoff-Kette. Die Zeichnung oben zeigt jeweils die oxidierte Form. Das Chinon kann unter Aufnahme eines Wasserstoff-Atoms in das Semichinon und unter Aufnahme eines zweiten Wasserstoff-Atoms in das Hydrochinon übergehen; dabei werden die beiden doppelt gebundenen Sauerstoff-Atome am Ring zu OH-Gruppen reduziert.

entsprechende Kette in Bakterien. Eindrucksvoll ist die Ähnlichkeit dieser Kette mit der Atmungskette. Das Molekül, das die Elektronen vom angeregten Photosystem II aufnimmt, könnte ein Flavoprotein sein, analog dem Flavoprotein, das bei der Atmung die Elektronen vom NADH übernimmt. Doch wie immer es aussieht: Dieses Molekül überträgt die Elektronen auf Plastochinon, einen nahen Verwandten des bei der Atmung auftretenden Ubichinons. Von dort wandern die Elektronen auf Cytochrome vom Typ b und c, auf ein Kupferprotein (Plastocyanin) und schließlich zum Photosystem I. (Das Cytochrom f der Photosynthese ist in Wirklichkeit ein Protein vom Typ c. Das „f" kommt vom lateinischen frons = Laub.) Wie gehabt, wird während des Durchgangs der Elektronen durch die Kette ATP erzeugt, es ist jedoch nicht mit Sicherheit bekannt, wieviel ATP. Wie die Schwefelbakterien können auch die grünen Pflanzen einen Teil ihres Photosynthese-Prozesses cyclisch führen, indem die Elektronen von dem Flavoprotein am Ende der Kette zur Mitte der Elektronentransportkette rückübertragen werden; dann wird ATP produziert, aber kein NADPH.

Photosynthetisierende Bakterien atmen nicht (mit Ausnahme der ohne Schwefel funktionierenden Purpurbakterien), so daß es bezüglich der Verwendung des NADH keine Konfusion gibt. In grünen Pflanzen gibt es sowohl Photosynthese als auch Atmung, und es könnte die Möglichkeit bestehen, daß die bei der Photosynthese gebildeten, reduzierten Dinucleotide sofort als Brennstoff für die Atmungskette verbraucht werden, obwohl die beiden Reaktionsketten in zwei verschiedenen Organellen innerhalb der Zelle ablaufen, nämlich in den Chloroplasten und in den Mitochondrien. Diese Möglichkeit mag der Grund dafür sein, daß die Photosynthese der grünen Pflanze mit einem Dinucleotid arbeitet, das durch eine zusätzliche Phosphatgruppe markiert ist, also mit $NADP^+$ (Nicotinamid-adenin-dinucleotid-phosphat) statt mit NAD^+.

Stoffwechsel-Archäologie

Ein besonders eindrucksvoller Aspekt des Apparates zur Energiegewinnung und -speicherung ist seine Universalität. Ein Teil der Vorgänge ist allen Lebewesen gemeinsam, und wir können als Grund vermuten, daß sie uralte Komponenten eines gemeinsamen Erbes im Stoffwechsel miteinander verwandter Organismen sind. Andere Reaktionen und Prozesse finden wir nur beim einen oder anderen Zweig der Familie der Lebewesen. Wenn wir diese Schichten des Metabolismus freilegen und jeweils nach Ähnlichkeiten mit anderen Reaktionen Ausschau halten, können wir vielleicht zu einem Verständnis dafür kommen, wie sich die chemische Maschinerie, die wir heute vor uns sehen, von Anfang an entwickelt hat.

Die ersten lebenden Organismen benutzten mutmaßlich ATP, wie wir aus der Universalität schließen können, die ATP als Molekül für die kurzfristige Energiespeicherung auszeichnet. Wir können uns primitive, einzellige Geschöpfe vorstellen, welche die Glykolyse entwickelten, um zusätzliches ATP zu produzieren, nachdem die natürlichen Vorräte durch Konkurrenz zwischen den Lebewesen ausgebeutet waren. Diese Vorstellung mag stimmen oder nicht; jedenfalls ist sie plausibel. Wie auch immer, die Glykolyse als Methode, die in Glucose gespeicherte Energie zu mobilisieren, erwies sich als so vorteilhaft, daß sie ebenfalls in der Chemie des Lebens fest verankert wurde. Einige Bakterien, z. B. die streng anaeroben Clostridien, kamen nie über dieses Stadium hinaus, und wir sehen noch heute, wie sie in anaeroben Nischen unserer Welt Glucose vergären – abgeschlossen von Sauerstoff-Gas, das tödlich für sie wäre, obwohl es doch der Lebensatem für die meisten Organismen ist.

Die Photosynthese hat hinsichtlich der energiereichen Moleküle mit der Abhängigkeit von der Umgebung Schluß gemacht. Von nun an waren Bakterien, die

Lichtenergie absorbieren konnten, befreit von den Beschränkungen eines Schnorrerdaseins. Sie fingen mit Hilfe von Chlorophyll Licht ein, holten sich aus dem H_2S Wasserstoff, um NADH und ATP zu produzieren, und verwendeten all diese Produkte der Lichtreaktionen dazu, um die Synthese von Glucose als Dunkelreaktion zu betreiben, wobei sie sich einer Reihe von Reaktionen bedienten, die einer umgedrehten Glykolyse ungemein ähnlich waren. Indem sie aber die Gluconeogenese zu einem cyclischen Prozeß umbogen, bei dem ein C_5-Zucker die Rolle eines Carrier-Moleküls spielt, fanden diese Bakterien einen Weg, die Synthese auf der Stufe eines C_1-Moleküls, des CO_2, beginnen zu lassen, und nicht auf der Stufe der C_3-Verbindung Pyruvat, die Ausgangspunkt des älteren Mechanismus war.

Die Blaualgen machten aus dieser Version der Photosynthese – mit Lichtreaktionen, an denen nur ein Photosystem beteiligt ist und bei denen H_2S als guter, aber seltener Elektronendonator fungiert – einen Prozeß, an dem zwei Photosysteme beteiligt sind und dafür ein schlechter, aber außerordentlich verbreiteter Donator in Funktion tritt, nämlich Wasser. Dadurch wurde das Ausmaß an Leben, das unser Planet unterhalten konnte, um ein Vielfaches vergrößert. Man nimmt an, daß der Sauerstoff, der bei dieser Art der Photosynthese freigesetzt wird, den Charakter der Atmosphäre unseres Planeten ein für allemal verändert hat. Wir werden auf diesen wichtigen Punkt im 26. Kapitel zurückkommen, wenn wir den Ursprung des Lebens auf der Erde behandeln.

Nachdem reichlich Sauerstoff in der Atmosphäre zur Verfügung stand, konnte die letzte große Energieverarbeitungsmaschinerie erfunden werden: die Atmung, die bekanntlich Sauerstoff verbraucht. Der Citronensäure-Cyclus wurde zur Produktion von NADH entwickelt – ursprünglich entweder als Speicher von Energie oder von Reduktionsvermögen –, und die Atmungskette wurde entwickelt, um mit Hilfe dieser Moleküle ATP aufzubauen. So entstand schließlich das moderne System der Photosynthese von Glucose und Sauerstoff aus Kohlendioxid und Wasser – wie wir es in grünen Pflanzen finden – und komplementär dazu die Verbrennung von Glucose mit Sauerstoff zurück zu Kohlendioxid und Wasser – wie wir sie in Pflanzen und Tieren vor uns sehen. Man kann sich unseren Planeten als eine gewaltige chemische Maschine vorstellen, deren Zahnräder und Getriebe aus Glucose, Sauerstoff, Kohlendioxid und Wasser bestehen, die Energie aus der Sonnenstrahlung absorbiert und sie in ATP-Molekülen speichert. Damit stellt sie eine immerfließende Treibstoffquelle dar für jenes höchst ungewöhnliche Szenarium chemischer Reaktionen, das wir Leben nennen.

Fragen

1. Wie benutzen Pflanzen Sauerstoff? Wie benutzen Tiere Sauerstoff? In welcher Weise setzen Pflanzen Sauerstoff frei, was entsteht bei diesem Prozeß?
2. Welchen biochemischen Nutzen haben Pflanzen für Tiere, außer als Quelle für energiereiche Nahrungsmittel?
3. Was passierte voraussichtlich mit der Erde und ihrem tierischen Leben, wenn alle Pflanzen verschwänden?
4. Woher beziehen die Pflanzen die Energie, die sie zur Synthese von Glucose brauchen? Was machen sie mit der Glucose?
5. Welcher strukturelle Unterschied besteht zwischen Prokaryonten und Eukaryonten? Welche Form des Lebens hat sich früher entwickelt? Wozu gehören wir?
6. Wo sind die Schauplätze für Atmung und Photosynthese in Prokaryonten und Eukaryonten?

7. Wie können bei der Verbrennung von 1 Mol Glucose 2870 kJ Freie Energie zum Betreiben anderer Prozesse aufgebracht werden, während doch nur 2816 kJ Wärme entwickelt werden? Woher stammen die zusätzlichen 54 kJ?
8. Warum bauen die lebenden Organismen Glucose in kleinen Schritten ab, statt alle 2870 $kJ \cdot mol^{-1}$ auf einmal aufzunehmen?
9. Welcher Anteil der aus einem Mol Glucose verfügbaren kJ wird von sauerstoffatmenden Lebewesen gespeichert und auf welche Weise? Wie viele kJ werden von Hefezellen, die unter anaeroben Bedingungen leben, pro Mol Glucose genutzt?
10. Auf welche Moleküle wird intermediär die Energie übertragen, bevor ATP synthetisiert wird? Was passiert mit diesen Zwischenprodukten? Warum werden sie nicht verbraucht, warum müssen sie nicht ständig ersetzt werden? Welche Verbindungen müssen wir von außen aufnehmen, um diese sogenannten Energie-Carrier aufzubauen? Warum brauchen wir sie nur in ganz kleinen Mengen?
11. In welche drei Hauptabschnitte läßt sich der Glucose-Abbau in aeroben Organismen gliedern? Welches ist das Endprodukt am Ende des ersten Abschnitts? In welcher Weise wird dieses Endprodukt benutzt, um den zweiten Abschnitt einzuleiten, und was ist das Endprodukt dieses zweiten Abschnitts? Auf welche Moleküle wird innerhalb dieser Abschnitte die Energie übertragen? Welches davon kann mehr Energie speichern? Wie heißt der dritte Abschnitt des Glucose-Stoffwechsels, und welche Verbindungen aus den ersten beiden Abschnitten werden dabei regeneriert? Was passiert mit der Energie, die in diesem letzten Abschnitt gespeichert wird?
12. Was bedeutet der Strich in „$\Delta G'$" (der hier statt der hochgestellten Null, wie in „ΔG^0", auftaucht)?
13. Was wird aus dem bei der Glykolyse gebildeten Pyruvat in einem aeroben Organismus, wenn reichlich Sauerstoff verfügbar ist? Was wird aus dem Pyruvat in Hefe, wenn kein Sauerstoff da ist? Bei welcher Betriebsart der Glykolyse wird unter dem Strich mehr Energie gewonnen?
14. Welchen Sinn haben die ersten fünf Schritte der Glykolyse? Warum ist ATP dazu nötig? Sind die Produkte dieser ersten fünf Schritte stabiler oder weniger stabil als die Ausgangsverbindung Glucose?
15. Bei welchen Ereignissen in der zweiten Hälfte der Glykolyse wird Energie erzeugt? Bei welchem wichtigen Oxidationsschritt ist die Ausbeute an Freier Energie am größten? Wie wird die Freie Energie aufgefangen?
16. Was wird aus dem Pyruvat im menschlichen Muskel, wenn zu wenig Sauerstoff zur Verfügung steht? In welcher Weise entstehen dabei Schmerzen, und wie werden diese gelindert?
17. Welche Aufgabe hat der Citronensäure-Cyclus? In welcher Form werden die Produkte der Glykolyse in den Cyclus eingespeist?
18. Welche Elementarschritte einer Strategie oder einer „chemischen Logik" sind folgenden drei Reaktionen gemeinsam: (a) Die Umwandlung von G3P in DPG während der Glykolyse; (b) die Umwandlung von Pyruvat zu Acetyl-Coenzym A; (c) die Umwandlung von α-Ketoglutarat in Succinyl-Coenzym A?
19. Was passiert letztlich mit dem CO_2, das beim Citronensäure-Cyclus freigesetzt wird?
20. Wie viele Äquivalente ATP werden aus einem Mol Glucose im Laufe der ganzen Atmungskette – von der Glykolyse bis zur Reaktion mit Sauerstoff – produziert?
21. Welche Rolle spielt die Atmungskette für die Energiegewinnung? Warum spricht man von einer „Kette"? Was sind Flavoproteine, Chinone und Cytochrome, welche Rolle spielen sie in der Atmungskette? An welcher Stelle und wie oft wird ATP synthetisiert, wenn Elektronen die Kette entlang fließen? Wo

landen die Elektronen schließlich? Was passiert mit NAD^+ und FAD, die mit Hilfe der Kette entstehen?

22. Wo in einer eukaryontischen Zelle sind der Citronensäure-Cyclus und die Komponenten der Atmungskette lokalisiert?
23. Was versteht man unter Gluconeogenese? In welcher Beziehung steht sie zur Glykolyse? Warum ist es von Nutzen, daß deren biochemische Funktionen von der Gluconeogenese übernommen wurden? Inwiefern spricht die Wahrscheinlichkeit dafür, daß Gluconeogenese und Glykolyse entwicklungsgeschichtlich verwandt sind?
24. Worin bestehen die Licht- und Dunkelreaktionen der Photosynthese? In welchem Sinne sind die Vorsilben „Photo-" nicht auf die Dunkelreaktionen, das Anhängsel „-synthese" nicht auf die Lichtreaktionen anwendbar?
25. Welche Gruppe von Reaktionen, Licht- oder Dunkelreaktionen, sind entwicklungsgeschichtlich mit der Gluconeogenese verwandt? Welche Gruppe ist vermutlich älter?
26. In welcher Weise ist die geradlinige Kette von aufeinanderfolgenden Reaktionen, wie wir sie in Gluconeogenese und Glykolyse vorfinden, im Calvin-Cyclus zu einem Kreisprozeß geschlossen? Was leistet der Calvin-Cyclus?
27. Durch welche Reaktionen ersetzen die chemosynthetisierenden Bakterien die Lichtreaktionen der Photosynthese?
28. Was versteht man unter cyclischer und nicht-cyclischer Photophosphorylierung? Welche von beiden ist charakteristischer für die purpurnen Schwefelbakterien? Wie gewinnen die purpurnen Schwefelbakterien NADH; wie gewinnen sie ATP?
29. Wie gewinnen die purpurnen „Nicht-Schwefel"-Bakterien ATP? Von welcher Version der Photophosphorylierung machen sie Gebrauch? Wie gewinnen sie NADH?
30. Aus welchem Grunde könnten Eukaryonten sowohl NADH als auch NADPH entwickelt haben? Wozu die Komplikation, zwei Arten von Energie-Carriern zu haben?
31. Welche Verbesserung der Photosynthese finden wir in grünen Pflanzen, nicht aber in Bakterien? Was benutzen grüne Pflanzen als Quelle für Reduktionsvermögen? Ist diese Substanz normalerweise ein gutes Reduktionsmittel? Was tun die grünen Pflanzen, um ein gutes Reduktionsmittel daraus zu machen?
32. Woher stammt der freie Sauerstoff, den wir heute in der Atmosphäre vorfinden?

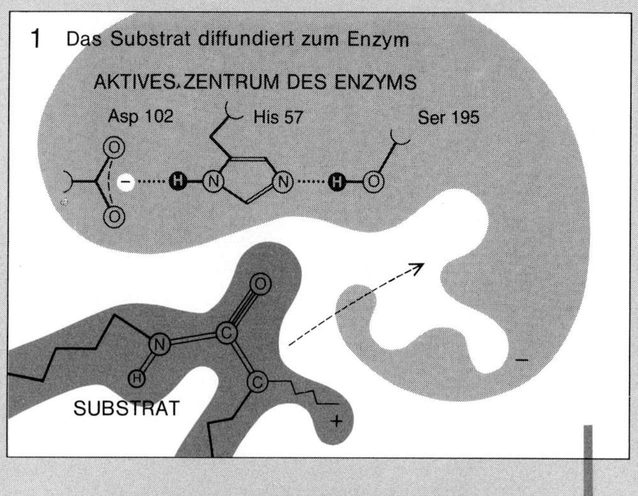
1 Das Substrat diffundiert zum Enzym
AKTIVES ZENTRUM DES ENZYMS
Asp 102
His 57
Ser 195
SUBSTRAT

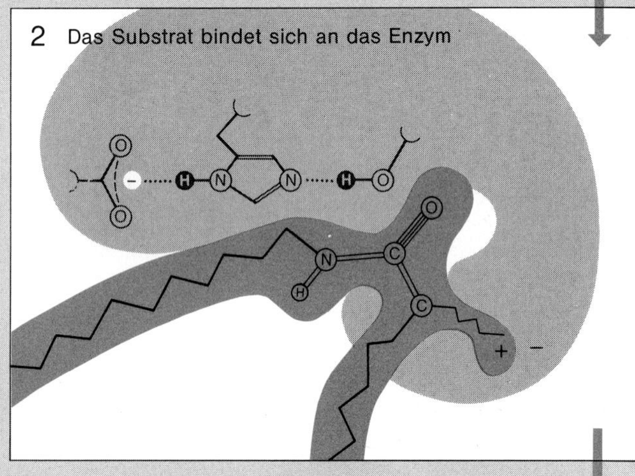
2 Das Substrat bindet sich an das Enzym

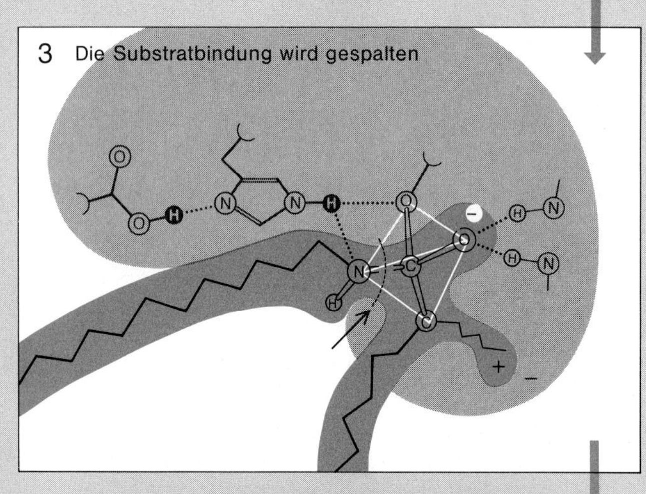
3 Die Substratbindung wird gespalten

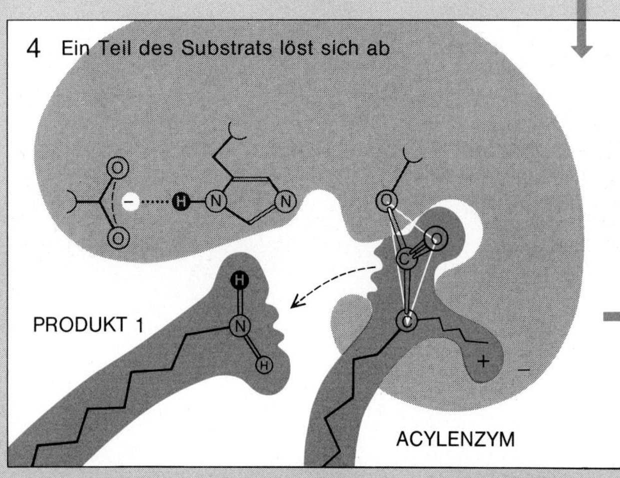
4 Ein Teil des Substrats löst sich ab
PRODUKT 1
ACYLENZYM

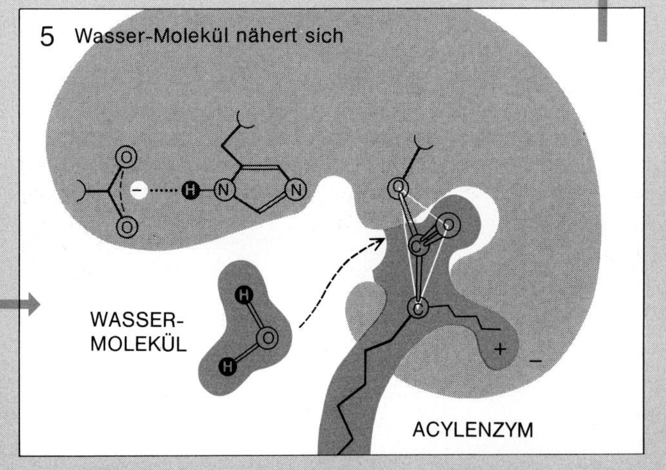
5 Wasser-Molekül nähert sich
WASSER-
MOLEKÜL
ACYLENZYM

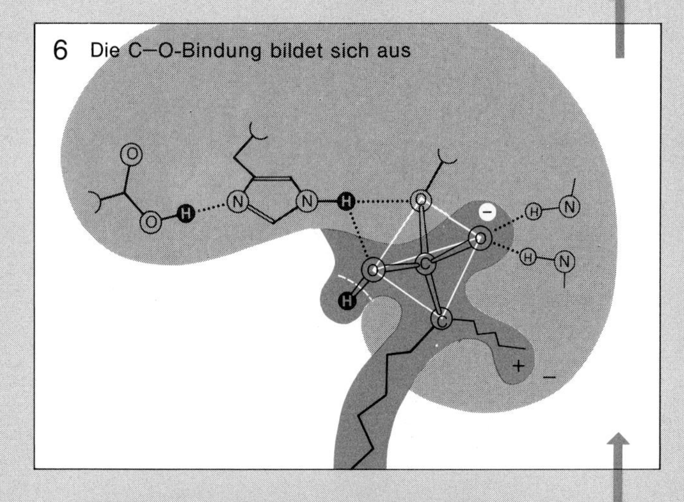
6 Die C—O-Bindung bildet sich aus

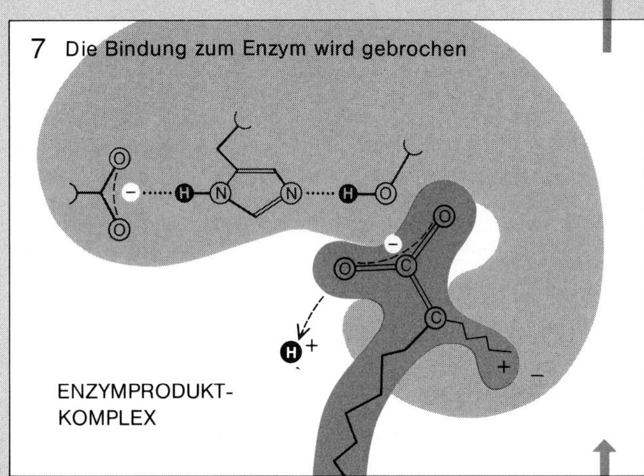
7 Die Bindung zum Enzym wird gebrochen
ENZYMPRODUKT-
KOMPLEX

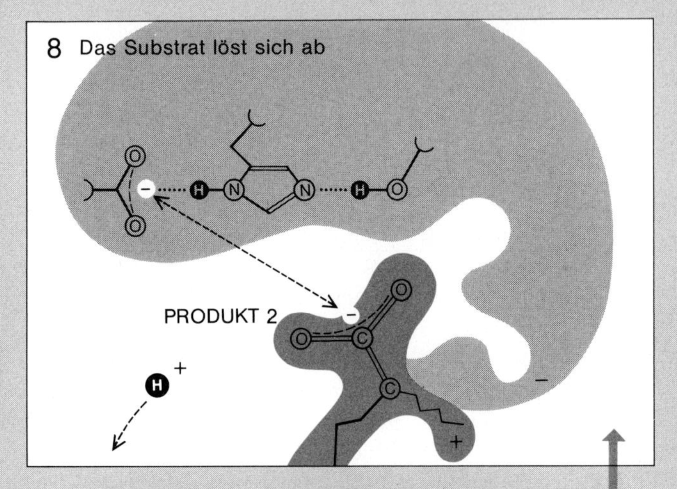
8 Das Substrat löst sich ab
PRODUKT 2

◀ *Katalysemechanismus der Spaltung einer Proteinkette durch das Enzym Trypsin (Zeichnung: I. Geis aus: A Family of Protein-Cutting Proteins, von R. M. Stroud. Scientific American, Juli 1974. Copyright © 1974 Stroud, Dickerson und Geis)*

24. Kapitel

Enzyme und Katalyse

Enzyme sind Protein-Moleküle, die als biologische Katalysatoren wirken. Wie wir im 15. Kapitel gesehen haben, sind Katalysatoren Substanzen, die einer chemischen Reaktion einen einfacheren Weg ebnen und eine spontane, aber langsame Reaktion zu einer schnelleren machen. Sie können nichts in Gang bringen, was nicht auch ohne sie abliefe, wenn nur genügend Zeit zur Verfügung stünde. Sie ändern auch nicht die Gleichgewichtsbedingungen, sondern nur die Geschwindigkeit, mit der das Gleichgewicht erreicht wird. Bei den Reaktionen von H_2 an einer Metalloberfläche (15. Kapitel) half der Platin-Katalysator dem H_2, mit anderen Molekülen zu reagieren, da das H_2-Molekül bei der Bindung an die Metalloberfläche gedehnt und dadurch reaktiver wurde. Bei der durch Protonen katalysierten Hydrolyse von Ethylacetat (16. Kapitel) machte das Proton das Ethylacetat-Molekül empfänglicher für den Angriff des einsamen Elektronenpaars des Wasser-Moleküls, indem es sich an das Carbonyl-Sauerstoffatom anlagerte und dem Carbonyl-Kohlenstoffatom dadurch eine leicht positive Ladung verlieh.

Das Enzym Trypsin schneidet Proteinketten in Stücke und ist an den Verdauungsprozessen im Magen-Darm-Trakt beteiligt. Der Mechanismus, mit dem das gelingt und der auf der gegenüberliegenden Seite dargestellt ist, soll als Beispiel für die Funktion von Enzymen später in diesem Kapitel in Einzelheiten diskutiert werden. In diesem Fall wie bei der Katalyse der Hydrierung und der Ethylacetat-Hydrolyse ist die ursprüngliche Reaktion langsam, weil bei ihr energiereiche Zwischenkomplexe durchlaufen werden müssen. Diese Energiebarriere wird als Aktivierungsenergie E_a bezeichnet und ist in dem Diagramm rechts dargestellt. Auch wenn diese Energie bei der Entstehung der Produkte wieder frei wird, bedeutet der Energieaufwand von mindestens E_a zum Ingangsetzen der Reaktion, daß die Gesamtreaktion langsam ist. Der Katalysator führt die Reaktanden über eine oder mehrere Stufen, von denen keine eine so hohe Aktivierungsenergie wie der ursprüngliche Prozeß hat; folglich ist die katalysierte Reaktion schneller. In diesem Kapitel werden wir uns hauptsächlich damit befassen, wie ein Enzym eine Reaktion beschleunigt, wobei wir Trypsin als Beispiel wählen. Doch werden wir am Ende des Kapitels auch einen Blick auf größere und aus mehreren Untereinheiten bestehende Enzyme werfen.

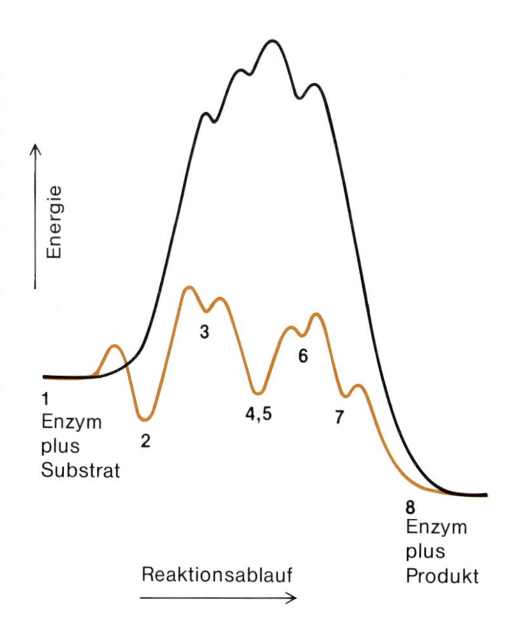

Ein Enzym beschleunigt eine Reaktion, indem es für einen alternativen Reaktionspfad niedriger Energie sorgt. Die schwarze Kurve symbolisiert die Energie der Zwischenstufen bei der unkatalysierten Spaltung einer Proteinkette, bei der die Kette zerlegt wird und H und HO an die Enden addiert werden. Die farbige Kurve gibt den Energieverlauf der katalysierten Reaktion wieder, wobei die Zahlen den einzelnen Schritten auf der gegenüberliegenden Seite entsprechen. Das Acylenzym ist relativ stabil. Die beiden tetraedrischen Zwischenstufen entsprechen Minima bei höherer Energie, doch liegen diese Energien immer noch niedriger als bei der unkatalysierten Reaktion.

SÄUREKATALYSE

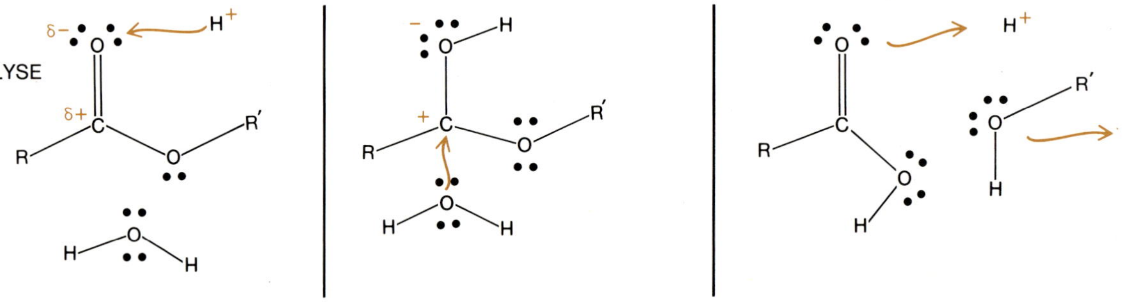

HYDROXIDIONEN-
KATALYSE

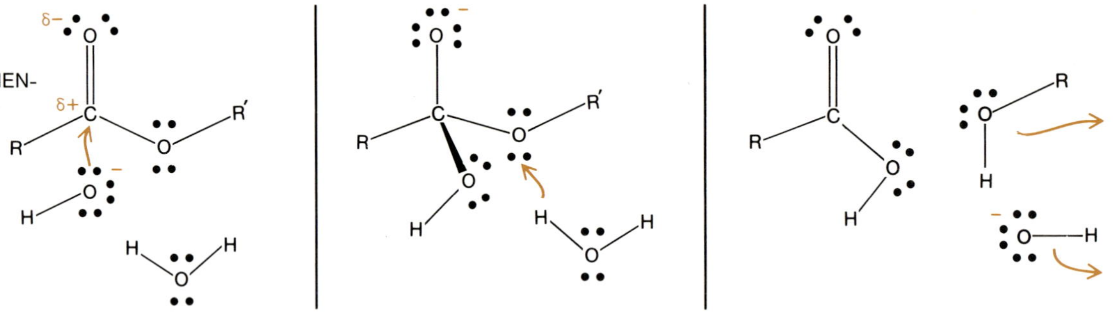

ALLGEMEINE
SÄUREKATALYSE

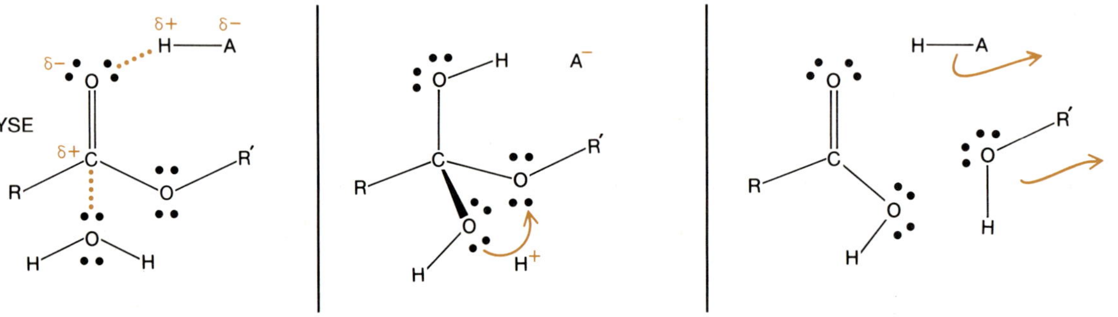

ALLGEMEINE
BASENKATALYSE

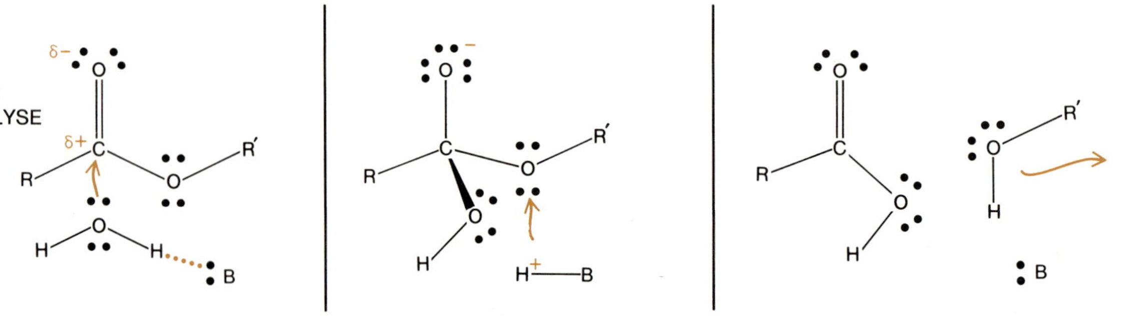

NUCLEOPHILER
ANGRIFF

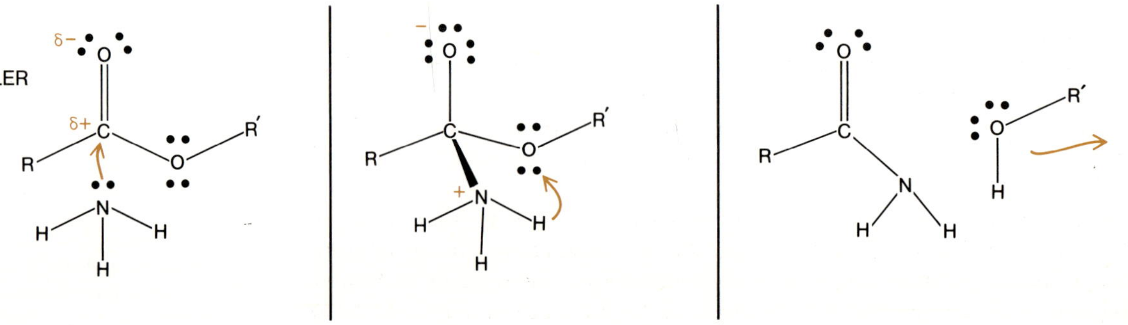

Die Rolle der Enzyme

Die wichtigste Aufgabe eines Katalysators ist es, für eine Reaktion einen alternativen Mechanismus zu eröffnen – einen einfacheren Weg mit einer niedrigeren Aktivierungsenergie. Beide Richtungen einer Reaktion werden gleichermaßen katalysiert, und die Lage des Gleichgewichts am Ende der Reaktion wird nicht verändert. Der Katalysator sorgt nur dafür, daß die Gleichgewichtsbedingungen, welche es auch seien mögen, schneller als in der unkatalysierten Reaktion erreicht werden. Enzyme sind Katalysatoren, doch weil sie auch große Moleküle mit beträchtlicher Oberfläche sind, können sie mehr leisten als eine einfache Säure-Base-Katalyse. Sie können dazu beitragen, daß die Reaktionsteilnehmer so orientiert werden, daß sie leichter miteinander reagieren; sie können zwischen einem möglichen Reaktanden-Molekül und einem anderen unterscheiden; und sie können über einen Kopplungsmechanismus dafür sorgen, daß eine Reaktion von einer anderen Reaktion begleitet wird. Bevor wir eine spezifische Enzym-Familie betrachten, wollen wir jede einzelne dieser Fähigkeiten prüfen.

Enzyme ermöglichen einen einfacheren Mechanismus

Da Bindungen durch Elektronen gebildet werden, handelt es sich bei der Manipulation von Bindungen in Molekülen um das Hin- und Herschieben von Elektronen. Das allgemeine Prinzip aller dieser Prozesse ist, daß Substanzen mit Elektronenmangel (Elektrophile) von lokalen negativen Ladungen oder überschüssigen Elektronen angezogen werden und elektronenreiche Substanzen (Nucleophile) von lokalen positiven Ladungen oder Stellen mit Elektronenmangel. Alle bei Enzymen gefundenen Mechanismen sind aus der Lösungschemie bekannt; die fünf häufigsten Arten des Katalysator-Angriffs sind auf der gegenüberliegenden Seite dargestellt: Protonen-Katalyse, Hydroxidionen-Katalyse, allgemeine Säure- und allgemeine Basen-Katalyse sowie nucleophiler Angriff. Damit Vergleiche möglich sind, wurde für alle Beispiele die Spaltung einer Esterbindung gewählt. Eine Ester-C=O-Gruppe ist ein besonders gutes Beispiel, da das elektronegative Sauerstoff-Atom Elektronen zu sich heranzieht und damit einen lokalen Elektronenüberschuß und eine negative Ladung erhält, während dem Kohlenstoff-Atom Elektronen fehlen und es eine positive Ladung hat. Dieser lokale Überschuß oder Mangel an Ladung wird durch δ^- und δ^+ bezeichnet und auf diese Weise von vollen Elektronenladungen unterschieden.

Bei der Säure-(Protonen-)Katalyse, die im 16. Kapitel diskutiert wurde, wird das Proton von dem Carbonyl-Sauerstoffatom angezogen, und es zieht Ladung von dem Carbonyl-Kohlenstoffatom ab. Das macht den Kohlenstoff empfänglich für einen Angriff durch ein Wasser-Molekül, das ein zu schwaches Nucleophil ist, um ohne diese zusätzliche Polarisierung angreifen zu können. Das Elektrophil H^+ macht also das Kohlenstoff-Atom für den nucleophilen Angriff durch H_2O bereit. (Man vergleiche den abgekürzten Mechanismus auf der gegenüberliegenden Seite mit dem vollständigeren Mechanismus, der im 16. Kapitel formuliert wurde.) Bei der Hydroxidionen-Katalyse (zweite Reihe auf der gegenüberliegenden Seite) ist das OH^--Ion ein so starkes Nucleophil, daß es das Carbonyl-Kohlenstoffatom ohne Hilfe von außen angreifen kann.

Die allgemeine Säurekatalyse (dritte Reihe) gleicht der Protonenkatalyse, abgesehen davon daß die angreifende Gruppe kein dissoziiertes Proton einer starken Säure, sondern ein dissoziierbares Proton einer schwachen Säure ist. Der Effekt ist im wesentlichen derselbe: Die Reaktion und der Angriff durch ein Wasser-Molekül rel. Reaktionsgeschwindigk.

1

230

10 100

53 000

= Bindung mit freier Rotation

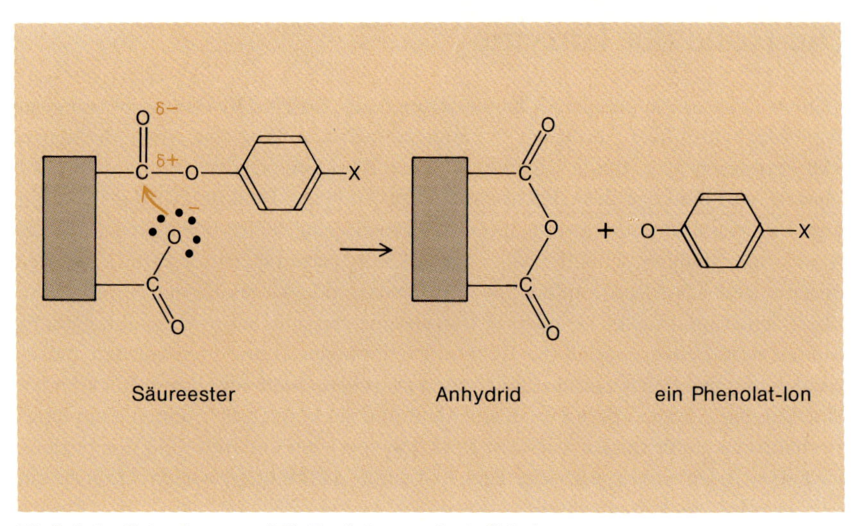

Einfluß der Orientierung auf die Reaktionsgeschwindigkeit

werden erleichtert, und am Ende der Reaktion löst sich das Proton ab und vereinigt sich wieder mit dem Anion der schwachen Säure.

Die allgemeine Basenkatalyse und der direkte nucleophile Angriff sind Variationen desselben Themas. An beiden ist ein starkes Nucleophil beteiligt. Bei der allgemeinen Basenkatalyse entzieht das Nucleophil einem Wasser-Molekül ein Proton, polarisiert das Molekül und hilft ihm auf die gleiche Weise wie das Hydroxid-Ion selbst bei der Hydroxidionen-Katalyse das Kohlenstoff-Atom mit Elektronenmangel anzugreifen. Kurzum: Die Base verwandelt ein H_2O-Molekül in ein reaktiveres OH^--Ion. Beim nucleophilen Angriff tritt die Base direkt mit dem Kohlenstoff-Atom in Wechselwirkung, und das Lösungsmittel spielt keine Rolle dabei. Es ist manchmal schwer zu entscheiden, welcher dieser beiden Mechanismen wirksam ist, da die Kinetik identisch sein kann. Wenn allerdings die Reaktion in D_2O zwei- oder dreimal langsamer verläuft als in H_2O, handelt es sich um eine allgemeine Basenkatalyse; wenn dagegen der Wechsel des Lösungsmittels keinen Einfluß hat, dann muß es sich bei dem Mechanismus um einen direkten nucleophilen Angriff handeln. Einige dieser Mechanismen werden wir bei den Enzymen wiedertreffen, und sie illustrieren die erste Aufgabe der Enzyme, nämlich für eine chemische Reaktion einen alternativen und einfacheren Mechanismus zu schaffen.

Enzyme sorgen für Orientierung

Wenn zwei Reaktanden in Lösung zusammenkommen, ist die Wahrscheinlichkeit gewöhnlich hoch, daß sie nicht so zusammenstoßen, wie es für eine Reaktion günstig wäre. Möglicherweise sind sie nicht so orientiert, daß die reagierenden Gruppen oder Bindungen einander nahe genug kommen können, und daher fliegen sie unverändert wieder auseinander. Wenn es eine Möglichkeit gäbe, die beiden Moleküle festzuhalten und in der günstigsten Weise zusammenzubringen, würde der Prozentsatz der Zusammenstöße, der erfolgreich (reaktiv) wäre, stark zunehmen, und die Gesamtgeschwindigkeit der Reaktion wäre größer. Das ist es, was Enzyme tun.

D. E. Koshland von der Universität von Californien in Berkeley hat Experimente ausgeführt, bei denen eine Säure mit einem Ester zu einem Anhydrid reagiert und bei denen sowohl die Säure als auch der Ester an dasselbe Träger-Molekül gebunden sind, wobei jeweils unterschiedliche sterische Behinderungen auftraten. Er fand eine direkte Korrelation zwischen der Art der Behinderung der beiden reagierenden Gruppen und der Geschwindigkeit, mit der sie reagieren. Die untersuchte Reaktion ist oben dargestellt, und links sind vier Test-Moleküle gezeichnet. Beim

Cyclohexaamylose, ein Modell für Enzymkatalyse und -spezifität

ersten Molekül, einem Monoester der Glutarsäure, liegen zwischen den beiden reagierenden Gruppen vier Einfachbindungs-,,Drehpunkte", die eine Vielzahl verschiedenartiger Orientierungen von Säure und Ester zulassen. Beim entsprechenden Bernsteinsäureester sind es nur drei Drehpunkte, und die Freiheit der beiden reagierenden Gruppen ist folglich stärker eingeschränkt: Die Reaktion läuft 230mal schneller ab. Das Hinzufügen einer Doppelbindung und die Verminderung der Anzahl der frei drehbaren Bindungen auf zwei führt zu einem weiteren Anstieg der Reaktionsgeschwindigkeit um das 44fache. Bringt man die beiden reagierenden Gruppen einander etwas näher, indem man lediglich die Bindungswinkel im Träger-Molekül von 120° auf 109.5 (Tetraederwinkel) verändert, ein ziemlich geringfügiger Eingriff, dann wird die Reaktion noch einmal 5mal schneller. Sie ist jetzt 53 000mal schneller als die ursprüngliche Reaktion des Glutaresters! Diese Experimente zeigen den großen Gewinn durch die richtige Ausrichtung der reagierenden Moleküle zueinander. Günstige Plazierung und Ausrichtung der reagierenden Gruppen ist ein wichtiger Teil der Enzymaktivität.

Ein anderes Beispiel für die Bedeutung der Fixierung und Ausrichtung der Reaktanden finden wir bei dem ,,Pseudoenzym" Cyclohexaamylose, einem cyclischen Hexameren der Glucose. Wie man an dem Photo des Kalottenmodells (oben) erkennt, hat Cyclohexaamylose die Gestalt einer Tonne mit einem inneren Durchmesser von 500 pm, der groß genug ist, daß der Hohlraum einen Benzolring oder eine Phenyl-Gruppe aufnehmen kann. An beiden Rändern der Tonne sitzen mehrere OH-Gruppen aus den Glucoseeinheiten.

Cyclohexaamylose ist ein guter Katalysator für die Hydrolyse des Esters *meta*-Chlorphenylacetat (s. rechts). Die *meta*-Chlorphenyl-Gruppe ist hydrophob und hat gerade die richtige Größe, um bequem in die Hexaglucose-Tonne hineinzupassen. Doch wichtiger als die Art, wie sie in das Molekül hineinschlüpft, ist für die Reaktivität die Tatsache, daß die eine oder andere OH-Gruppe der Glucose in die Nähe der Esterbindung gelangt. Die Spaltung verläuft dann so, wie rechts dargestellt: Eine OH-Gruppe der Glucose agiert als Nucleophil und greift das Carbonyl-Kohlenstoffatom an, wodurch die Bindung zur Phenyl-Gruppe geschwächt wird. Die Acetat-Gruppe wird vom Phenylrest auf die Hydroxyl-Gruppe übertragen, und es entsteht ein *acyliertes* Cyclohexaamylose-Molekül. Dann läuft das gleiche Drama noch einmal ab, wobei jetzt ein Wasser-Molekül das Carbonyl-Kohlenstoffatom angreift, die Acetyl-Gruppe als Essigsäure das Molekül verläßt und die OH-Gruppe der Glucose in ihrem ursprünglichen Zustand wiederhergestellt wird. Die Abdiffusion des *meta*-Chlorphenol-Moleküls von der Cyclohexaamylose beendet die Katalyse.

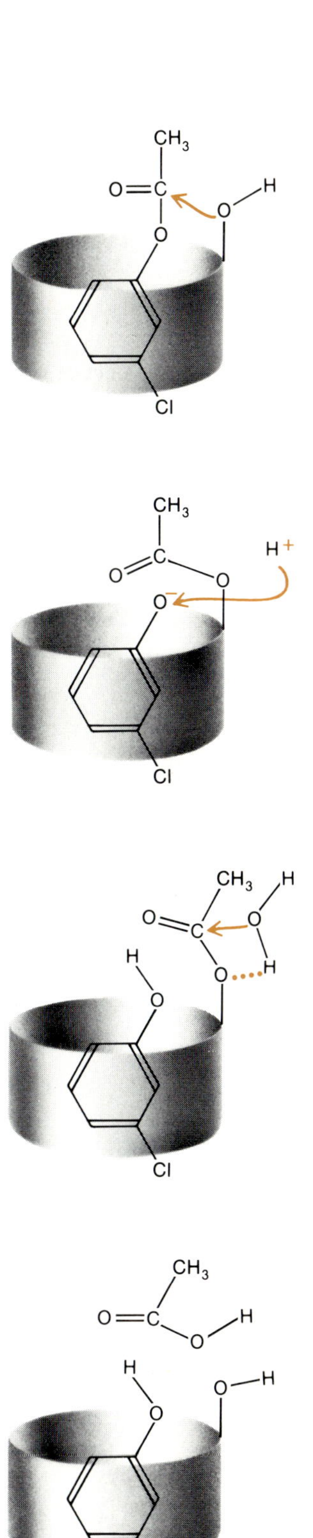

Die Bindung eines Substrat-Moleküls in einer Tasche und die Spaltung einer Bindung beim Angriff einer OH-Gruppe ähneln dem Katalysemechanismus beim Trypsin, der zu Beginn dieses Kapitels dargestellt ist.

Genau denselben Mechanismus werden wir bei den Enzymen Trypsin und Chymotrypsin finden, eine ganz analoge Acylierung des Enzyms und die Bindung einer Seitenkette in einer „Tasche" auf der Enzymoberfläche. Chymotrypsin ist lediglich eine verfeinerte und wirksamere Version der Cyclohexaamylose. Die Katalyse durch Cyclohexaamylose wäre nicht möglich, wenn nicht durch das Eindringen des Chlorphenyl-Rings in die Molekülhöhle die Esterbindung in die Nähe einer Hydroxyl-Gruppe am „Enzym" gebracht worden wäre. Die richtige Orientierung der reagierenden Gruppen ist entscheidend, gleichgültig ob sich die beiden in verschiedenen, miteinander reagierenden Molekülen befinden, oder eines von ihnen auf dem „Enzym" selbst sitzt.

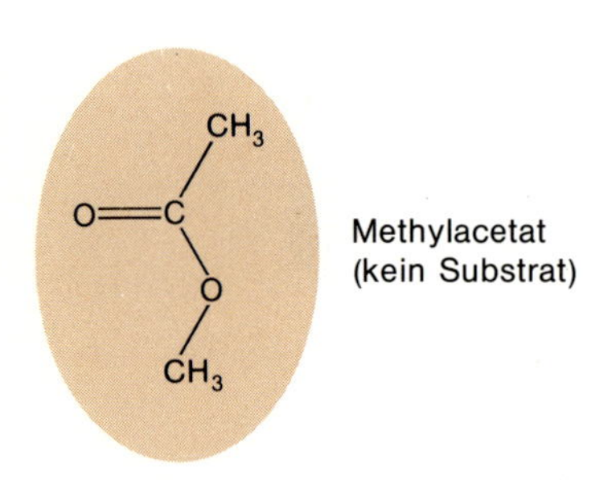

Enzyme sorgen für Spezifität

Das Spezifizieren oder Selektieren unter den vielen Molekülen, die ein Enzym zur Reaktion bringen könnte, ist so sehr eine Eigenschaft eines Enzyms, daß es schwer ist, nicht-enzymatische Beispiele dafür zu finden. Freie H^+-Ionen in Lösung katalysieren ohne Unterschied alle Reaktionen, an denen sie sich beteiligen können. Ein Elektrophil, das an eine geeignet konstruierte Enzymoberfläche gebunden ist, kann bestimmte Reaktionen katalysieren und andere Moleküle vollständig ignorieren, je nachdem ob die reagierenden Moleküle in der richtigen Weise an die Oberfläche des Enzyms gebunden werden können. Ein Molekül, das von einem Enzym umgesetzt wird, wird als das *Substrat* des Enzyms bezeichnet. Das Vorhandensein oder Fehlen eines einzelnen Atoms oder einer einzelnen Ladung kann darüber entscheiden, ob ein Molekül ein gutes Substrat ist oder vom Enzym abgelehnt wird.

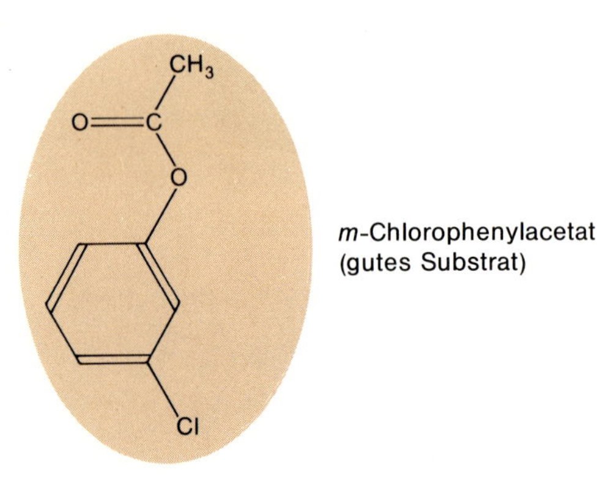

Cyclohexaamylose zeigt eine enzymähnliche Spezifität bei der Auswahl seiner Substrate. *meta*-Chlorphenylacetat ist ein gutes Substrat (links), weil die Chlorphenyl-Gruppe die richtige Größe hat, um in die Molekülhöhle hineinzupassen. Die Methyl-Gruppe von Methylacetat ist zu klein, so daß sich das Molekül nicht lange genug an die Cyclohexaamylose bindet, um gespalten werden zu können. Das α-Naphthylacetat hat ein zu großes Ringsystem und kann in die zentrale Höhle überhaupt nicht eindringen. Wir werden diesem Prinzip der „Spezifitätstasche" beim Trypsin und Chymotrypsin wieder begegnen. Cyclohexaamylose ist ein gutes Analogon für das Enzym Chymotrypsin sowohl in bezug auf den Katalysemechanismus als auch auf die Auswahl der Substrate.

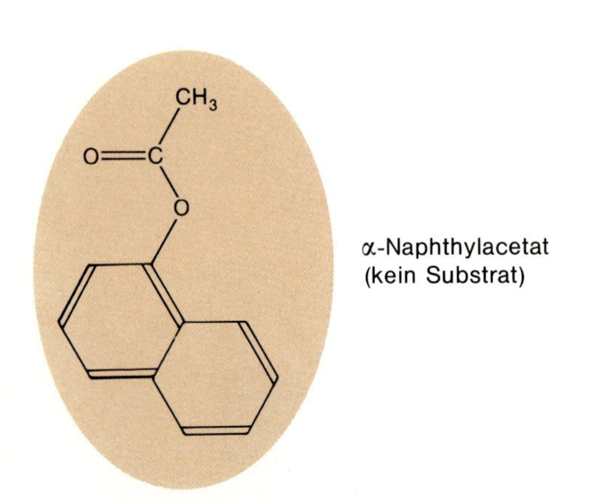

Bei der Cyclohexaamylose beobachtet man eine enzymartige Substratspezifität. Wenn das Substrat zu klein (oben) oder zu groß (unten) ist, paßt es nicht gut in die Tasche und bindet sich nicht lange genug an das Cyclohexaamylose-Molekül, um gespalten zu werden.

Enzymen gelingt eine Kopplung von Reaktionen

Die Kopplung von Reaktionen ist eine absolut notwendige Funktion der Enzyme in lebenden Organismen, weil ohne sie keine Energie gespeichert und die Freie Energie spontaner Reaktionen nicht zum Auslösen nicht-spontaner Prozesse genutzt werden könnte. Die bei einer spontanen Reaktion frei werdende Freie Energie würde nutzlos als Wärme vernichtet.

Als Beispiel wollen wir die Umwandlung der Aminosäure Glutaminsäure (Glu) in Glutamin (Gln) betrachten:

$$^{+}H_3N-\underset{\text{Glutaminsäure}}{\overset{\overset{\displaystyle COO^-}{|}}{CH}}-CH_2-CH_2-COO^- + NH_4^+ \longrightarrow$$

$$^{+}H_3N-\underset{\text{Glutamin}}{\overset{\overset{\displaystyle COO^-}{|}}{CH}}-CH_2-CH_2-CO-NH_2 + H_2O$$

(Der Einfachheit halber wollen wir das Rückgrat der Glutaminsäure, $^{+}H_3N-CH(COO^-)-CH_2-CH_2-$, als R abkürzen.) Dies ist eine nicht-spontane Reaktion mit einer Änderung der Freien Enthalpie von $\Delta G' = +14.6\ kJ \cdot mol^{-1}$ (s. Energiediagramm rechts). Wie kann man sie in Gang bringen?

Die Glutaminsynthese wird durch die simultane Spaltung von ATP ausgelöst, die als „Treibstoff" für den Prozeß dient:

$$\underset{\text{Glutaminsäure}}{R-COO^- + NH_4^+} \longrightarrow \underset{\text{Glutamin}}{R-CO-NH_2 + H_2O} \qquad \Delta G' = +14.6\ kJ \cdot mol^{-1}$$

$$ATP \longrightarrow ADP + P_i \qquad \Delta G' = -30.5\ kJ \cdot mol^{-1}$$

$$\underset{\text{Glutaminsäure}}{R-COO^- + NH_4^+} + ATP \longrightarrow \underset{\text{Glutamin}}{R-CO-NH_2} + H_2O + ADP + P_i \qquad \Delta G' = -15.9\ kJ \cdot mol^{-1}$$

(P_i ist die gebräuchliche biochemische Abkürzung für anorganisches Phosphat, HPO_4^{2-} oder $H_2PO_4^-$.) Die kombinierte Reaktion ist spontan; bei ihr werden $15.9\ kJ \cdot mol^{-1}$ frei. Doch wieso können wir sicher sein, daß die Freie Energie aus dem ATP von der anderen Reaktion genutzt wird? Warum sollte sich ein Molekül ATP immer dann spalten, wenn ein Molekül Glutaminsäure zu Glutamin reagiert? Was verbindet oder koppelt die beiden Prozesse?

Die Kopplung wird von dem Enzym *Glutamin-Synthetase* vollbracht. Es hat auf seiner Oberfläche Bindungsstellen für Glutaminsäure, Ammonium-Ionen und ATP, und es koppelt die Reaktionen durch Übertragung einer Phosphat-Gruppe. Der erste Schritt ist die Übertragung von Phosphat *und Freier Energie* von ATP auf Glutaminsäure:

$$\underset{\text{Glutaminsäure}}{R-COO^-} + ATP \longrightarrow \underset{\text{Glutamylphosphat}}{R-CO-O-PO_3^{2-}} + ADP$$

Glutamylphosphat ist energetisch „aufgeladen", so wie wir es an mehreren Beispielen im 23. Kapitel kennengelernt haben, d.h. es hat eine höhere Freie Energie als das gewöhnliche Glutaminsäure-Molekül (rechts). Es bleibt in Nachbarschaft zu dem Ammonium-Ion am Enzym gebunden. Diese energiereiche Form der Glutaminsäure reagiert dann mit dem Ammonium-Ion, verliert das Phosphat und ersetzt es durch eine Aminogruppe:

$$\underset{\text{Glutamylphosphat}}{R-CO-O-PO_3^{2-}} + NH_4^+ \longrightarrow \underset{\text{Glutamin}}{R-CO-NH_2} + H_2PO_4^-$$

Die Substanz, die Gewinn und Verlust an Freier Energie miteinander verknüpft, ist die Phosphat-Gruppe; ihre korrekte Übertragung wird durch die Bindung aller Reaktanden an die Enzymoberfläche sichergestellt. In Abwesenheit von Glutamin-Synthetase bliebe Glutaminsäure unverändert, ATP würde zu ADP und Phosphat hydrolysiert, und die Temperatur der Lösung würde durch die aus ATP frei werdende Energie geringfügig ansteigen.

Dies sind die vier wichtigsten Aufgaben der Enzyme in biologischen Systemen – das Bereitstellen eines geeigneten *Mechanismus,* das Herbeiführen einer günstigen *Orientierung* der Substrate und enzymatischen Gruppen, die *Auswahl* unter möglichen Substraten und die *Kopplung* energiefreisetzender und energieverbrauchender Reaktionen. Alle diese Aufgaben außer der letzten sollen an der Trypsin-Familie der Verdauungsenzyme illustriert werden.

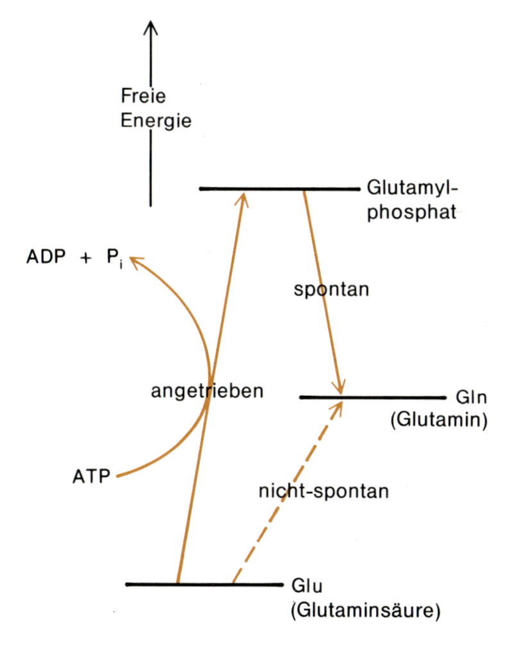

Eine nicht freiwillig ablaufende Reaktion, die Umwandlung von Glutaminsäure in Glutamin, kann durch die Freie Energie aus ATP induziert werden. Das Enzym Glutamin-Synthetase überträgt die Freie Energie gemeinsam mit der Phosphat-Gruppe auf Glutaminsäure und hält Glutamylphosphat dann in der für die Addition des Ammonium-Ions richtigen Orientierung fest.

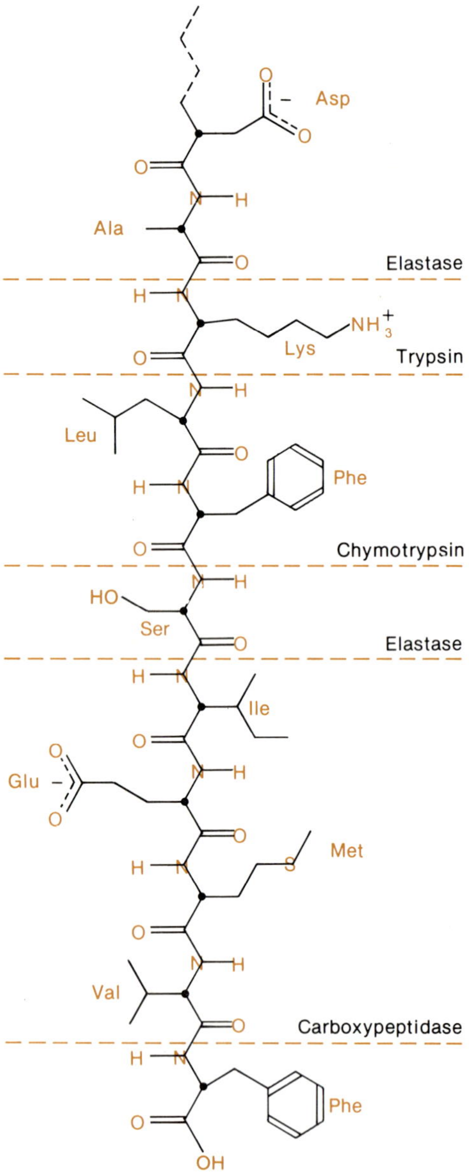

Ein Beispiel: die Trypsin-Familie

Trypsin, Chymotrypsin und Elastase bilden eine Familie von Verdauungsenzymen, deren Aufgabe es ist, Polypeptidketten zu zerlegen. Sie werden im Pankreas als inaktive Zymogene oder Proenzyme synthetisiert, dann in den Verdauungstrakt sekretiert und kurz vor ihrem Einsatz aktiviert. Sie zerschneiden die Polypeptidketten der Nahrungsproteine in der Mitte der Kette, während andere Enzyme immer nur eine Aminosäure vom Carboxylende her abspalten. Gemeinsam verwandeln sie Nahrungsproteine in Aminosäuren, die dann von der Darmwand resorbiert werden.

Die drei Enzyme der Trypsin-Familie arbeiten als arbeitsteiliges Team: Jedes spaltet eine Proteinkette in Nachbarschaft zu einer anderen Art von Aminosäure-Seitenkette. Die drei Arten von Spaltstellen sind in der Peptidkette links angedeutet. Trypsin zerlegt eine Kette hinter der Carbonyl-Gruppe einer basischen Aminosäure, die eine positiv geladene Seitenkette trägt: also Lysin oder Arginin. Chymotrypsin zerschneidet eine Polypeptidkette in Nachbarschaft zu einer sperrigen aromatischen Aminosäure. Elastase unterscheidet nicht so genau bei der Wahl seiner Spaltstelle, doch neigt es dazu, bevorzugt in der Nähe kleiner, ungeladener Seitenketten anzugreifen. Diese Enzym-Familie gehört zu den am gründlichsten untersuchten Enzymen, da ihre Moleküle klein (ungefähr 250 Aminosäuren; relative Molekülmasse 26000), leicht in größeren Mengen zugänglich und relativ stabil sind. Man findet sie im Verdauungstrakt aller Säugetiere und kann sie am leichtesten aus Rindern und Schweinen isolieren. Chymotrypsin wurde noch gründlicher untersucht als Trypsin, weil es weniger dazu neigt, sich im Reagenzglas selbst zu verdauen. Proteinverdauende Enzyme, die ja selbst Proteine sind, neigen zum Selbstmord. Chymotrypsin ist vor der Selbstzerstörung relativ sicher, weil die großen aromatischen Gruppen, die es bevorzugt, gewöhnlich sicher im Inneren des Moleküls verborgen sind, während die positiv geladenen Gruppen, die Trypsin bevorzugt, auf seiner eigenen Oberfläche dem Angriff anderer Trypsin-Moleküle ausgesetzt sind.

Die Tatsache, daß diese Enzyme bei der Verdauung im Team arbeiten, legt nahe, daß sie auf irgendeine Weise miteinander verwandt sind. Das zeigt sich deutlich an ihrer Aminosäure-Sequenz. Die drei Proteinketten sind auf der gegenüberliegenden Seite als Perlenketten dargestellt; jede Kette beginnt mit dem Aminoende und läuft bis zum Carboxylende. Jede Kugel repräsentiert eine Aminosäure, und Positionen, in denen in allen drei Enzymen *dieselbe* Aminosäure erscheint, sind schwarz gezeichnet. Stellen, an denen den Enzymen eine oder mehrere Aminosäuren fehlen, sind durch Striche gekennzeichnet. Die langen Bindungen zwischen nicht benachbarten Aminosäuren stellen kovalente Bindungen zwischen zwei Cysteinresten dar; es handelt sich dabei um *Disulfidbrücken*. Sie spielen eine wichtige Rolle für den Zusammenhalt vieler Proteine, wenn auch Myoglobin und Hämoglobin, die im 22. Kapitel diskutiert wurden, keine solche Brücken enthalten. Nach der Polymeri-

Chymotrypsin, Trypsin und Elastase zerschneiden eine Polypeptidkette jeweils in Nachbarschaft zu verschiedenen Aminosäure-Seitenketten. Chymotrypsin bevorzugt aromatische Ringe, Trypsin positiv geladene Gruppen, und Elastase zerschneidet die Kette am besten in der Nähe von kleinen, unpolaren Seitenketten. Carboxypeptidase spaltet eine Aminosäure nach der anderen vom Carboxylende der Kette ab.

Schematische Darstellung der Aminosäure-Sequenz der drei proteinverdauenden Enzyme. Jeder Kreis und jeder Punkt repräsentieren eine Aminosäure. Aminosäuren, die bei allen drei Enzymen in der gleichen Position erscheinen, sind durch schwarze Punkte dargestellt. Die langen Bindungen zwischen nicht benachbarten Aminosäuren sind Disulfidbrükken. Die drei katalytisch wichtigen Seitenketten sind farbig eingezeichnet. ▶

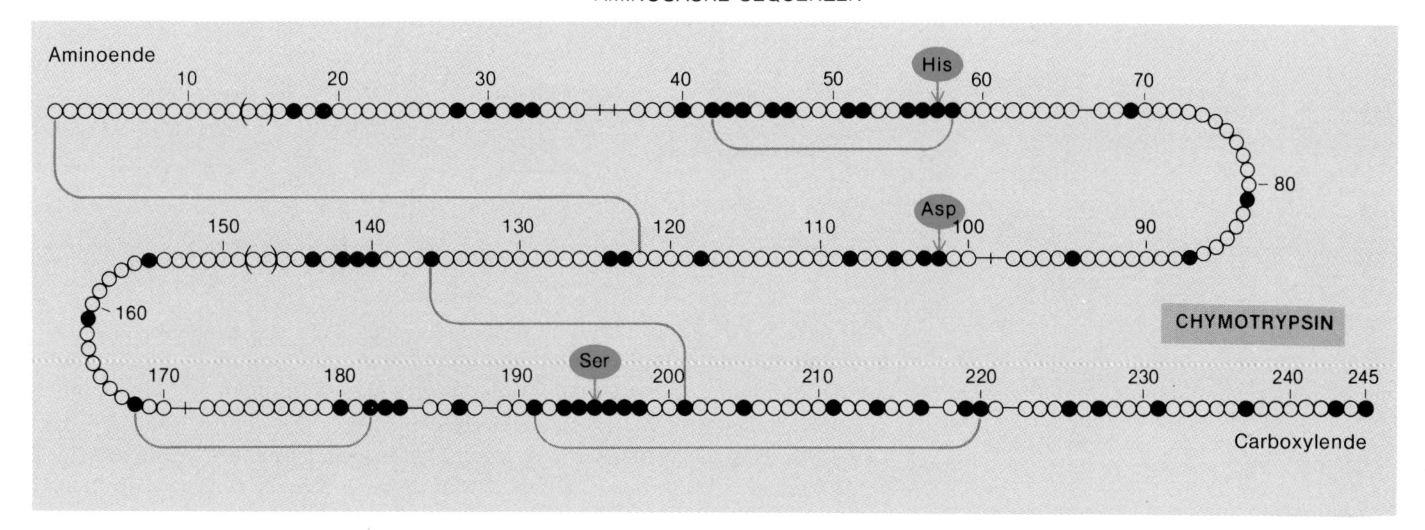
Aminoende
10
20
30
40
50
His
60
70
80
150
140
130
120
110
Asp
100
90
160
CHYMOTRYPSIN
170
180
190
Ser
200
210
220
230
240
245
Carboxylende

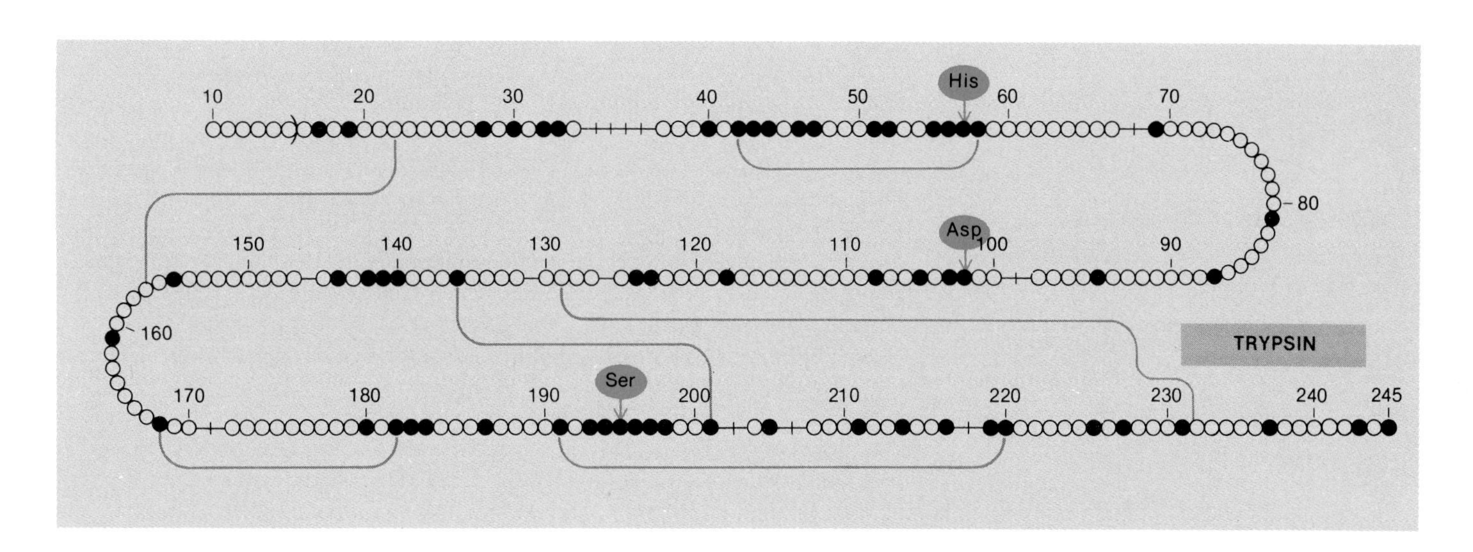
10
20
30
40
50
His
60
70
80
150
140
130
120
110
Asp
100
90
160
TRYPSIN
170
180
190
Ser
200
210
220
230
240
245

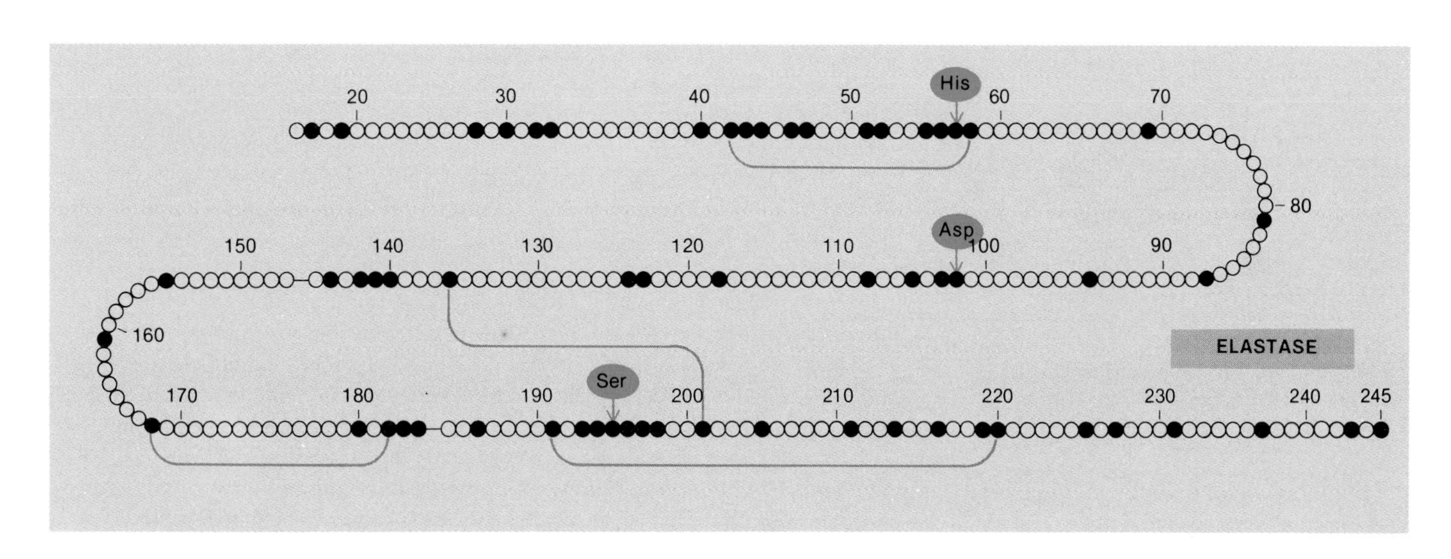
20
30
40
50
His
60
70
80
150
140
130
120
110
Asp
100
90
160
ELASTASE
170
180
190
Ser
200
210
220
230
240
245

sation der Proteinkette an den Ribosomen und ihrer Faltung wird die Brücke durch Wasserstoffabspaltung aus Cysteinresten gebildet:

$$\underset{\text{Cystein}}{\overset{\text{H}}{\text{C}_\alpha}\text{–CH}_2\text{–S–H}}\quad \underset{\text{Cystein}}{\text{H–S–CH}_2\text{–}\underset{\text{H}}{\text{C}_\alpha}}\ \ (\leftarrow \text{Hauptketten} \rightarrow) \longrightarrow \underset{\text{Disulfidbrücke}}{\overset{\text{H}}{\text{C}_\alpha}\text{–CH}_2\text{–S–S–CH}_2\text{–}\underset{\text{H}}{\text{C}_\alpha}} + 2\text{H}$$

Auf diese Weise können weit auseinanderliegende Teile der Proteinkette durch kovalente Bindungen miteinander verknüpft und stabilisiert werden, vorausgesetzt daß die Cysteinreste nach der Faltung der Kette nahe beieinanderliegen.

Bei den ersten beiden dargestellten Ketten handelt es sich in Wirklichkeit um die beiden Proenzyme Chymotrypsinogen und Trypsinogen. Da beide Enzyme Proteine verdauen und wir aus Protein bestehen, wäre es gefährlich, die Enzyme zu früh mit ihrer Operation beginnen zu lassen, da dann die Gefahr besteht, daß sie unser Gewebe angreifen. Die im Pankreas entstehenden Proteine sind inaktiv. Im Darm schützt eine Schleimschicht aus Polysacchariden (polymerisierte Zucker) die Darmwände vor der Verdauung. Eine kleine Menge eines anderen Enzyms löst im Darm die Aktivierung von Trypsinogen zu Trypsin aus, und dieses Trypsin übernimmt dann die Aufgabe, die Aktivierung von Trypsinogen und Chymotrypsinogen zu vollenden. Wenn Chymotrypsinogen aktiviert wird, werden zwei Dipeptide vom Molekül abgespalten (die Reste 14 und 15 sowie 147 und 148), so daß jetzt drei Polypeptidketten vorliegen. Um den Vergleich zu erleichtern, wird normalerweise die Numerierung des Chymotrypsinogens für alle drei Ketten benutzt, so daß die kürzere Trypsinogenkette bei der ersten Aminosäure mit der Nummer 10 beginnt. Trypsinogen wird durch Abspalten der ersten sechs Aminosäuren (10 bis 15) in aktives Trypsin verwandelt.

Die drei Enzyme haben viele Ähnlichkeiten. Obgleich sie unterschiedliche Funktionen haben, tragen sie in 62 der 257 Positionen identische Aminosäuren. Obwohl die Proenzyme verschieden sind, beginnen alle drei aktiven Enzyme ihre Polypeptidkette an der gleichen Stelle (Aminosäurerest 16). Die vier Disulfidbrücken, die in der Elastase voneinander entfernte Teile miteinander verknüpfen, kommen auch in den beiden anderen Enzymen vor, wobei Chymotrypsin außerdem noch eine und Trypsin noch zwei zusätzliche Disulfidbrücken hat. Alle drei Enzyme haben einen Histidin-Rest in Position 57, Asparaginsäure in Position 102 und Serin in Position 195; es sind dies die Hauptakteure bei der Katalyse.

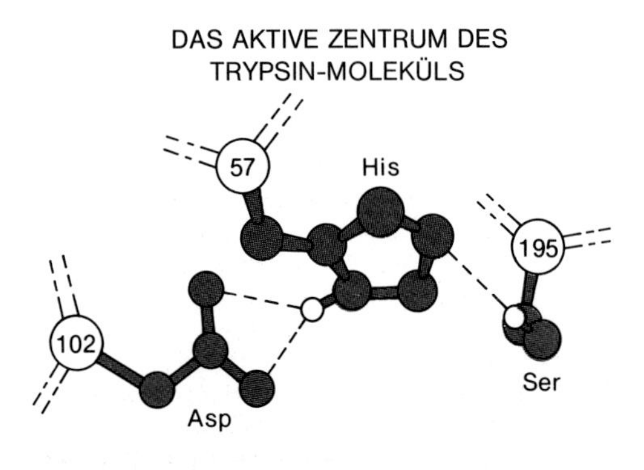

Asparaginsäure 102, Histidin 57 und Serin 195 kommen im aktiven Zentrum von Trypsin, Chymotrypsin und Elastase in der gleichen geometrischen Anordnung vor. Diese chemischen Gruppen sind für die katalytische Spaltung durch den zu Beginn dieses Kapitels dargestellten Mechanismus verantwortlich.

Die Röntgenstrukturanalyse hat ergeben, daß diese drei proteolytischen (d.h. proteinabbauenden) Enzyme dieselbe räumliche Faltung besitzen. Das Strukturgerüst dieser Enzyme ist auf den nächsten drei Seiten dargestellt, wobei die mit Zahlen gekennzeichneten Kugeln α-Kohlenstoff-Atome und die Verbindungsstäbe Amidgruppen, –CO–NH–, darstellen. Nur die Seitenketten von His-57, Asp-102 und Ser-195 im aktiven Zentrum sind gezeichnet sowie einige Disulfidbrücken. Da die drei Ketten auf gleiche Weise gefaltet sind, liegen Positionen, von denen in einem Enzym Disulfidbrücken ausgehen, auch in einem anderen Enzym, das diese Brücke nicht besitzt, nahe beieinander. Jetzt erkennt man auch ein anderes wichtiges Strukturmerkmal, das an der Aminosäure-Sequenz alleine nicht deutlich wurde. Die Kette ist in sich selbst zurückgefaltet, so daß die drei katalytischen Seitenketten (57, 102 und 195) in einer Vertiefung auf der Moleküloberfläche nahe beieinanderliegen. Dies ist das *aktive Zentrum* des Enzyms. Es ist die Stelle, an der die Nahrungsproteinkette gebunden wird, die bei der Verdauung zerlegt werden soll. Wenn man sich die Aktion dieser Enzyme so vorstellt, daß sie die Proteinkette in zwei Teile zerbeißen, dann kann man sich das aktive Zentrum als „Rachen" vorstellen.

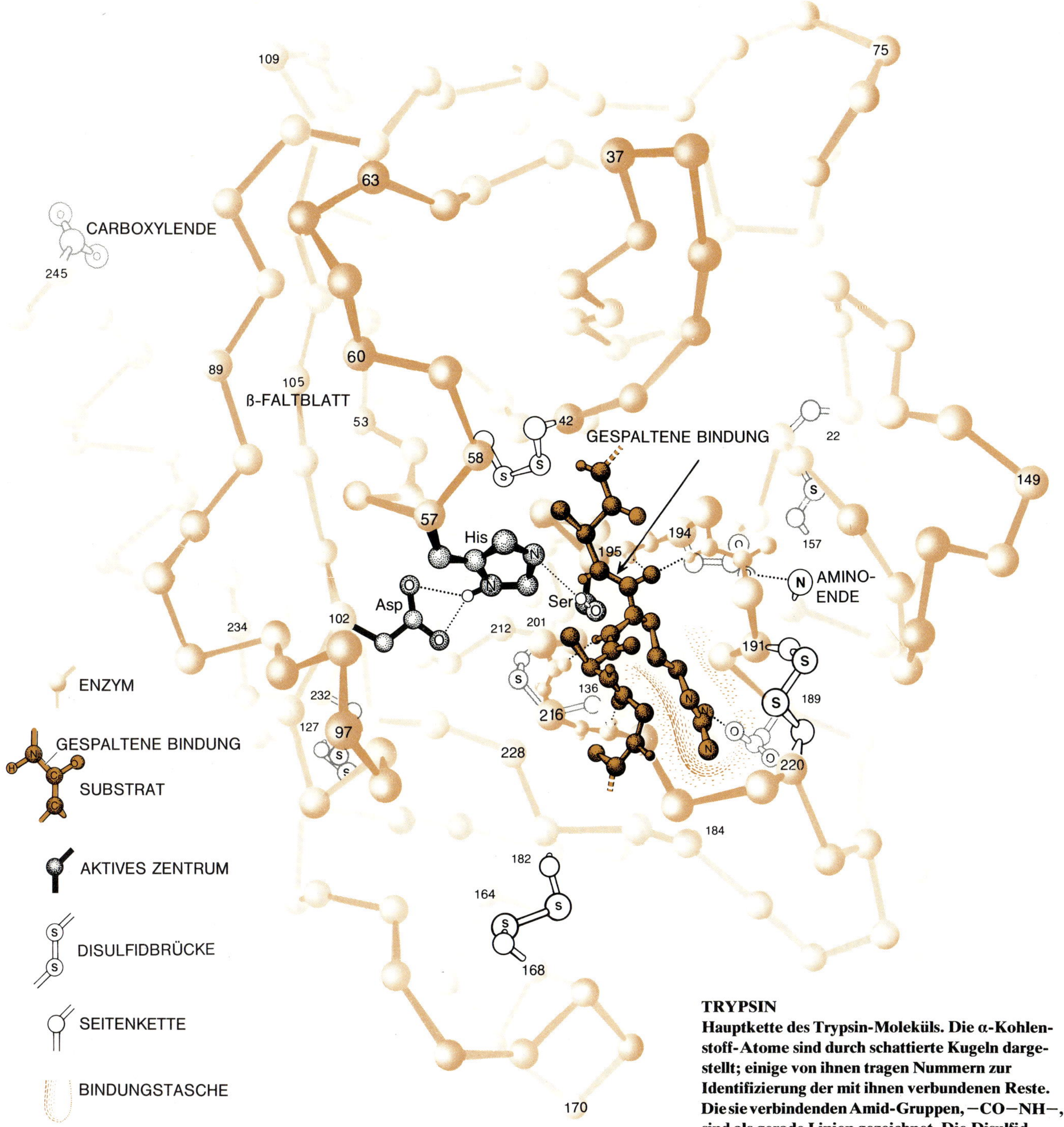

TRYPSIN
Hauptkette des Trypsin-Moleküls. Die α-Kohlenstoff-Atome sind durch schattierte Kugeln dargestellt; einige von ihnen tragen Nummern zur Identifizierung der mit ihnen verbundenen Reste. Die sie verbindenden Amid-Gruppen, —CO—NH—, sind als gerade Linien gezeichnet. Die Disulfidbrücken sind angedeutet, und ein Teil der Polypeptidkette des Substrats erscheint in dunklerer Farbe. Die Molekültasche ist durch Schattierung angedeutet; in ihr liegt ein Argininrest des Substrat-Moleküls. Die katalytisch wichtigen Aminosäurereste Asp, His und Ser befinden sich in ihren Positionen zur Spaltung der durch einen Pfeil markierten Peptidbindung. (Zeichnung: I. Geis, aus: A Family of Protein-Cutting Proteins, von R. M. Stroud, Scientific American, Juli 1974. Copyright © 1974 Stroud, Dickerson und Geis)

Diese drei Proteine enthalten im Gegensatz zu Myoglobin und Hämoglobin nur sehr wenig α-Helixstruktur. Ein kurzes Helix-Stück findet man in der Nähe der Reste 168 bis 170 an der Unterseite des Moleküls, und die Kette endet mit einer Helix bei den Resten 230 bis 245 links hinten. Ein wichtigeres Strukturmerkmal ist das seidenähnliche, verdrillte β-Faltblatt mit nahezu parallel laufenden, gestreckten Ketten. Ein Beispiel sieht man beim Trypsin oben links bei den Ketten, welche die Reste 60, 89, 105 und 53 enthalten. Ein anderes verdrilltes Faltblatt unten rechts im

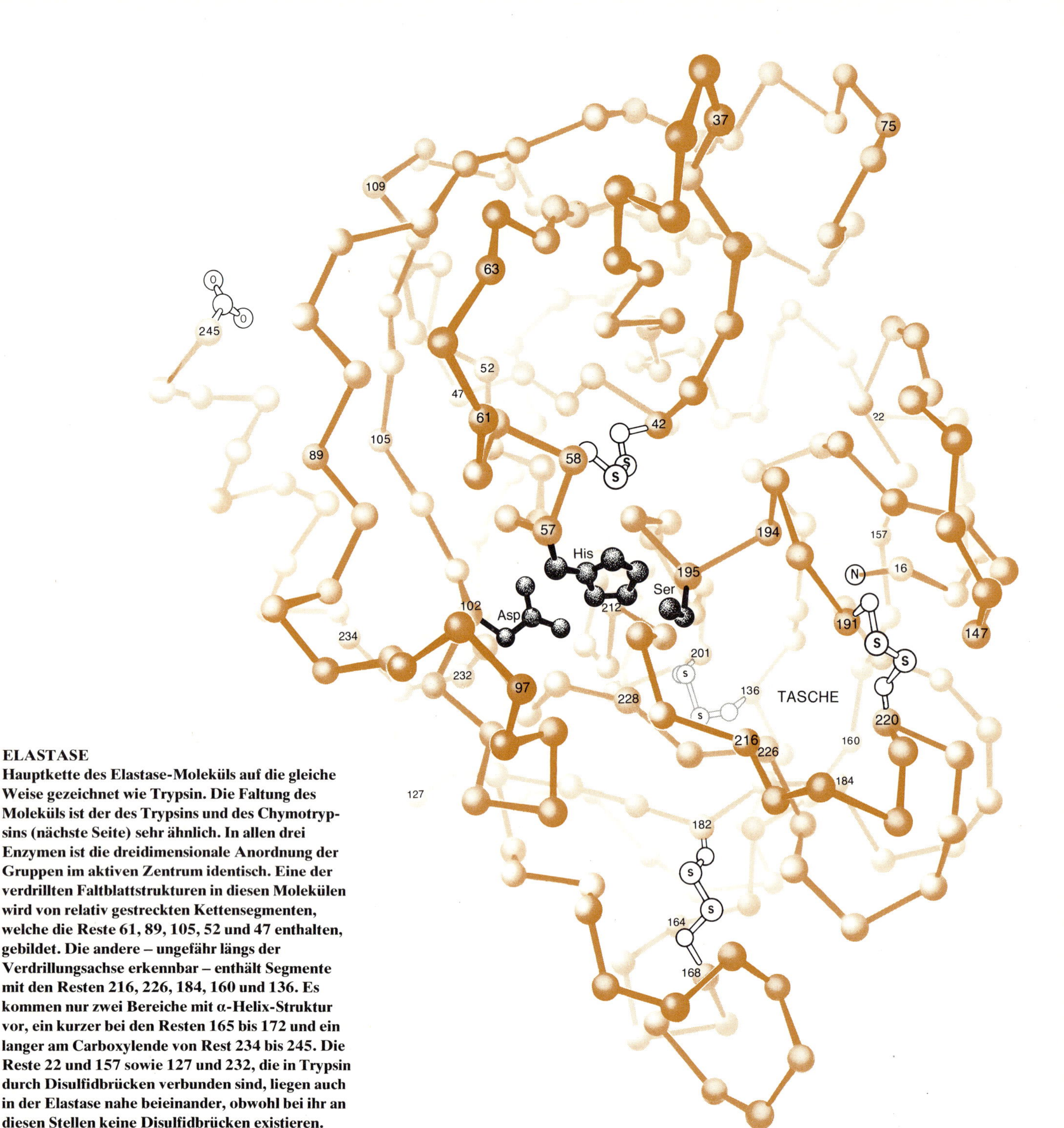

ELASTASE
Hauptkette des Elastase-Moleküls auf die gleiche Weise gezeichnet wie Trypsin. Die Faltung des Moleküls ist der des Trypsins und des Chymotrypsins (nächste Seite) sehr ähnlich. In allen drei Enzymen ist die dreidimensionale Anordnung der Gruppen im aktiven Zentrum identisch. Eine der verdrillten Faltblattstrukturen in diesen Molekülen wird von relativ gestreckten Kettensegmenten, welche die Reste 61, 89, 105, 52 und 47 enthalten, gebildet. Die andere – ungefähr längs der Verdrillungsachse erkennbar – enthält Segmente mit den Resten 216, 226, 184, 160 und 136. Es kommen nur zwei Bereiche mit α-Helix-Struktur vor, ein kurzer bei den Resten 165 bis 172 und ein langer am Carboxylende von Rest 234 bis 245. Die Reste 22 und 157 sowie 127 und 232, die in Trypsin durch Disulfidbrücken verbunden sind, liegen auch in der Elastase nahe beieinander, obwohl bei ihr an diesen Stellen keine Disulfidbrücken existieren.

Molekül ist in dieser Darstellung schwerer zu erkennen. Diese beiden Molekülbereiche mit der Struktur eines verdrillten β-Faltblatts bestimmen die Gestalt des Moleküls, und das aktive Zentrum sitzt in einer Molekül-Furche dazwischen. Wie bei den Globinen ist das Innere dieser Enzyme vollgepackt mit hydrophoben Resten, und die geladenen Seitenketten liegen außen. Die Reihenfolge der verschiedenen Arten von Aminosäuren bestimmt die korrekte dreidimensionale Faltung der Polypeptidkette.

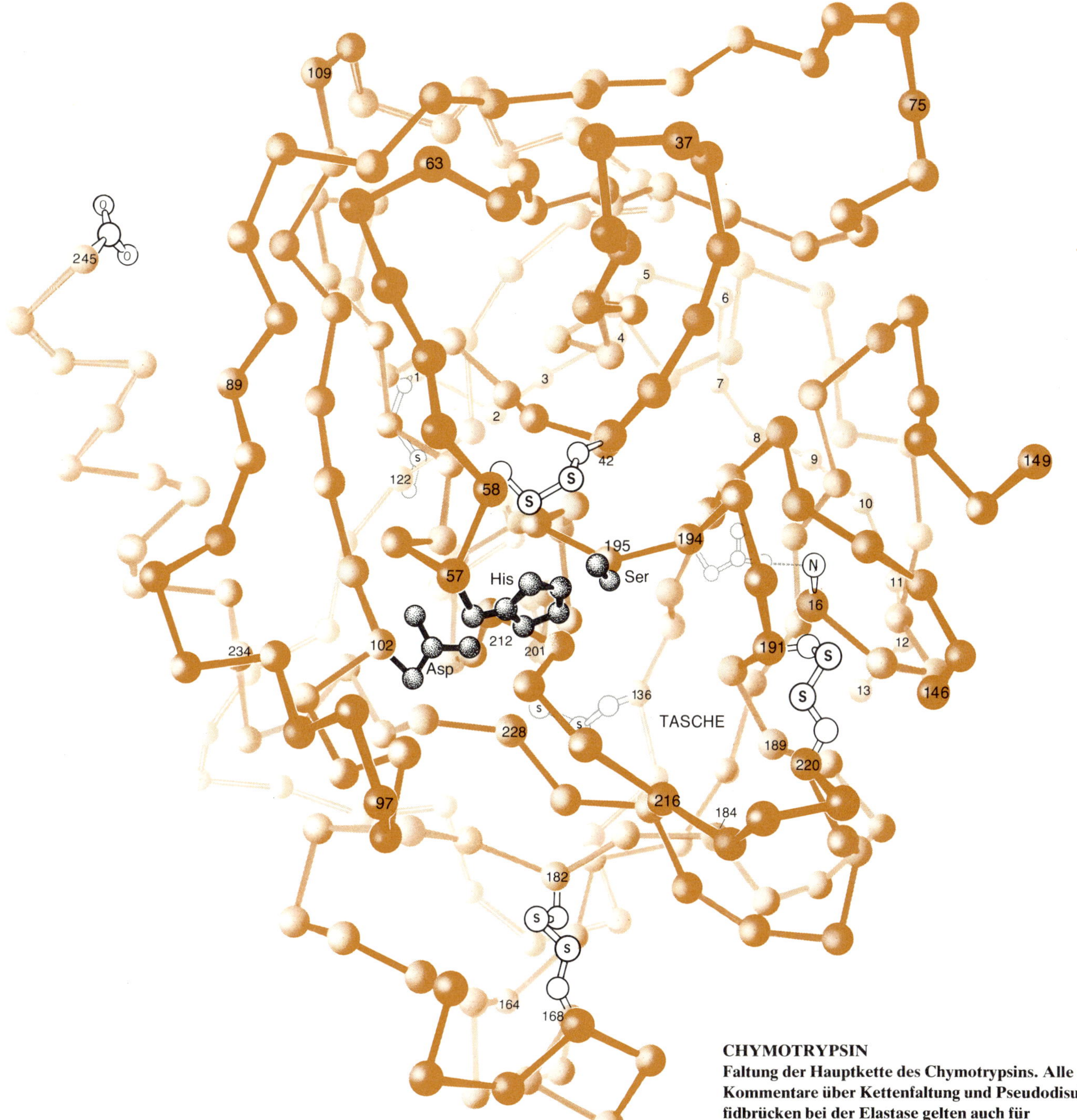

CHYMOTRYPSIN
Faltung der Hauptkette des Chymotrypsins. Alle Kommentare über Kettenfaltung und Pseudodisulfidbrücken bei der Elastase gelten auch für Chymotrypsin. Die abgeschnittenen Kettenenden kommen dadurch zustande, daß die Reste 147 und 148 sowie 14 und 15 bei der Aktivierung von Chymotrypsin enzymatisch von der Vorstufe Chymotrypsinogen abgespalten werden. Bei der Aktivierung des Trypsinogens werden sechs Aminosäurereste vom Aminoende der Kette abgespalten. (Zeichnungen auf diesen beiden Seiten: I. Geis; aus: A Family of Protein-Cutting Proteins, von R.M. Stroud, Scientific American, Juli 1974. Copyright © 1974 Stroud, Dickerson und Geis)

Der Mechanismus der Trypsin-Katalyse

Trypsin, Chymotrypsin und Elastase haben nicht nur die gleiche Grundstruktur, auch der Mechanismus der von ihnen vollbrachten Katalyse ist derselbe. Der Mechanismus, der durch chemische und Röntgenstrukturuntersuchungen aufgeklärt wurde, ist zu Beginn dieses Kapitels dargestellt; er wird außen auf den nächsten beiden Seiten noch einmal wiederholt. Die Proteinkette, die zerlegt werden soll,

Das Enzym spaltet ein Substrat-Molekül (Schritt 1 bis 4, links) ....

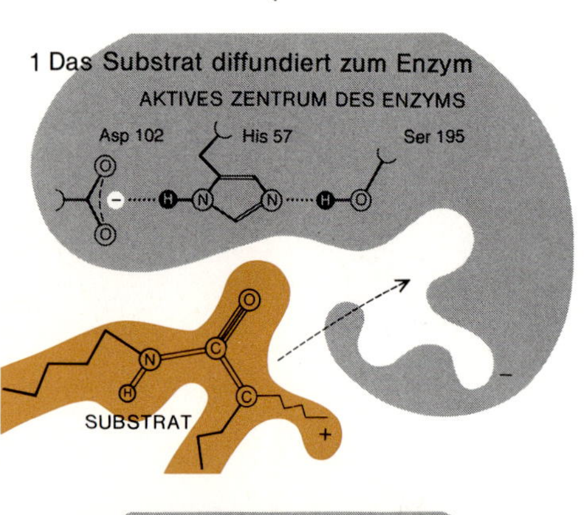

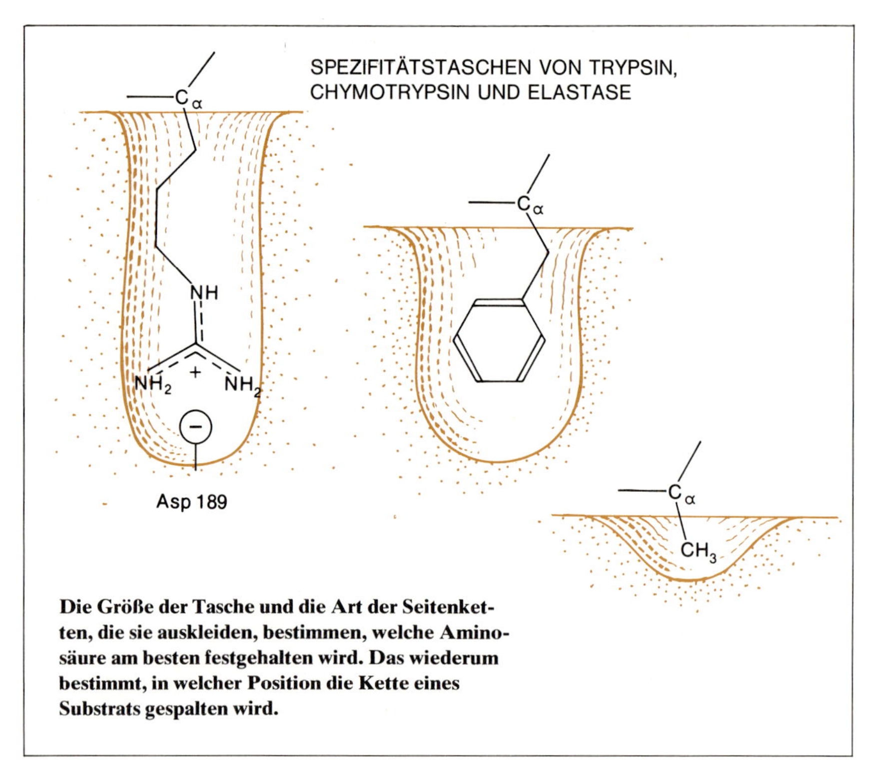

Die Größe der Tasche und die Art der Seitenketten, die sie auskleiden, bestimmen, welche Aminosäure am besten festgehalten wird. Das wiederum bestimmt, in welcher Position die Kette eines Substrats gespalten wird.

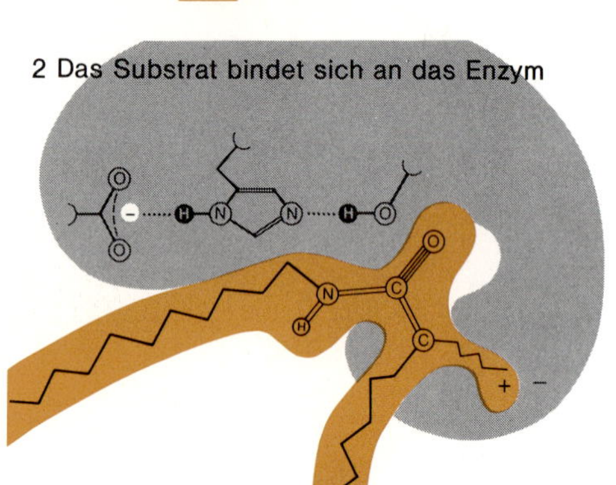

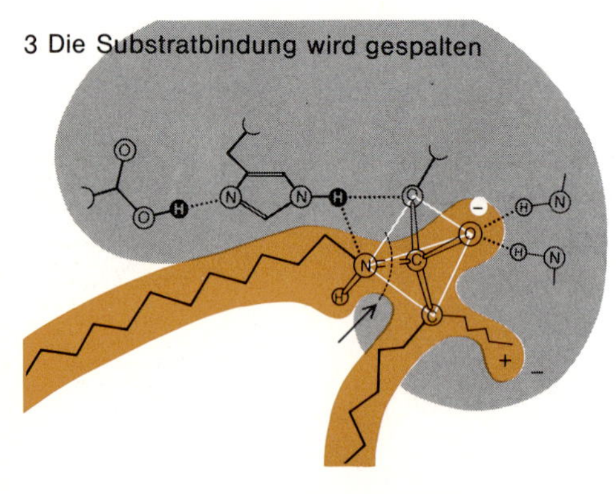

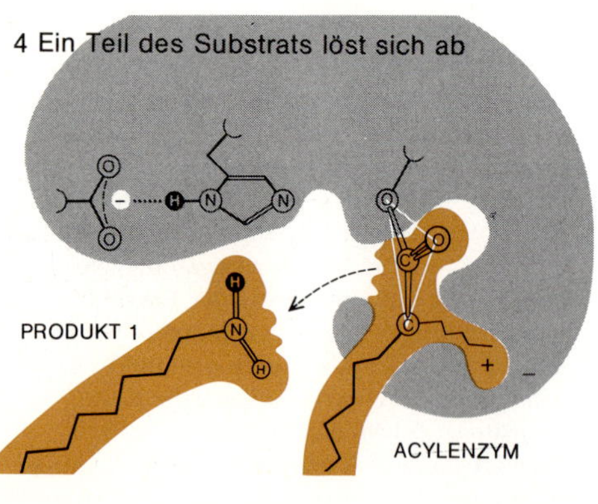

bindet sich an das Enzym-Molekül, wobei ein Teil wie benachbarte Ketten in der Seide antiparallel über Wasserstoffbrücken an die Reste 215 bis 219 gebunden wird. Damit wird die „Opfer"-Kette festgehalten. Die −NH−CO-Bindung am Knick der Substratkette, die zerschnitten werden soll, wird in die Nähe von His 57 und Ser 195 gebracht. Die Seitengruppe der Opferkette, die unmittelbar vor dieser Bindung liegt, taucht in eine Tasche auf der Oberfläche des Enzym-Moleküls ein. Diese Tasche, die von den Ketten 214 bis 220, einer Disulfidbrücke und den Ketten 191 bis 195 begrenzt wird, kann man in den Zeichnungen auf den vorhergehenden drei Seiten erkennen. (Der Rand der Tasche von den Resten 215 bis 219 ist die seidenähnliche antiparallele Bindungsstelle für die Opferkette). Mit der Struktur der Tasche läßt sich die unterschiedliche Spezifität der drei Enzyme für die Bindungen, die zerlegt werden, erklären. Im Trypsin ist diese Tasche tief und trägt an ihrem unteren Ende die negative Ladung der Asparaginsäure 189 (s. Zeichnung oben). Die Tasche ist dafür geschaffen, eine lange, positiv geladene, basische Seitenkette aufzunehmen und festzuhalten: also Lysin oder Arginin. Beim Chymotrypsin ist die entsprechende Tasche weiter und vollständig mit hydrophoben Seitenketten ausgekleidet, so daß sie eine große sperrige aromatische Gruppe besonders leicht aufnehmen kann. Bei der Elastase ist die Tasche durch einen Valin- und einen Threoninrest versperrt, die in Positionen sitzen, in denen die anderen beiden Enzyme nur Glycin tragen, das keine Seitenkette hat. Dadurch ist in der Elastase die Tasche verschlossen, und keine Seitenkette mit nennenswerter Ausdehnung kann sich an die Enzymoberfläche binden.

Der auf diesen beiden Seiten dargestellte Katalysemechanismus entspricht im wesentlichen dem der Cyclohexaamylose. Wenn diese Enzyme auch dazu entwickelt wurden, bei der Verdauung Polypeptidketten zu zerschneiden, so können sie doch auch Ester spalten, weil die Bindungen und die benachbarten CO-Gruppen bei ihnen ähnlich sind. Die ersten vier Schritte, die links von oben nach unten darge-

Das Acylenzym (Schritt 4) zerfällt in einer Reihe von Reaktionsschritten, ...

..... und wird regeneriert (rechts), so daß es ein neues Substrat-Molekül aufnehmen kann.

stellt sind, beschreiben die Bindung der Proteinkette, die Spaltung und die Entfernung der einen Hälfte der Substratkette. Die letzten vier Schritte, die rechts von *unten nach oben* aufeinander folgen, beschreiben die Vereinigung der anderen Hälfte des Substrats mit einer OH-Gruppe eines Wasser-Moleküls und ihr Abspalten von der Enzymoberfläche. Die acht Schritte sind deshalb in dieser Reihenfolge angeordnet worden, um die Reversibilität jeder Enzymreaktion besonders zu betonen. Ein Enzym katalysiert die Rückreaktion genausogut wie die Hinreaktion. Es beschleunigt nur das Erreichen des thermodynamischen Gleichgewichts, ohne die Gleichgewichtsbedingungen zu beeinflussen. Den Ablauf der Rückreaktion kann man verfolgen, wenn man die Reaktionsschritte von rechts oben nach unten und von links unten nach oben liest. Jede Reaktionsfolge auf einem Rand beschreibt denselben chemischen Schritt wie die entsprechende Reaktionsfolge auf dem anderen Rand, aber in umgekehrter Richtung.

In Schritt 1 und 2 der Hinreaktion nähert sich eine Polypeptidkette dem aktiven Zentrum des Enzyms und bindet sich daran, wobei eine passende Seitenkette von der Spezifitätstasche aufgenommen wird. Die drei katalytisch aktiven Gruppen auf dem Enzym, nämlich Asp 102, His 57 und Ser 195, sind durch Wasserstoffbrückenbindungen zu einem „Ladungsrelais"-System verbunden.

Im Schritt 3 reagiert der Stickstoff des Histidins zuerst im Sinne einer allgemeinen Base, indem er das H-Atom des Serins zu sich herüberzieht, und dann im Sinne einer allgemeinen Säure, indem er das H an das einsame Elektronenpaar am Stickstoff der Polypeptidbindung, die gespalten werden soll, abgibt. Der Asparaginsäurerest hilft dem Histidin, das H-Atom anzuziehen, indem es dessen anderes H-Atom von der anderen Seite des Rings wegnimmt. Während die H–O-Bindung des Serins gebrochen wird, bildet sich eine Bindung zwischen dem Serin-O und dem Carbonyl-Kohlenstoffatom in der Polypeptidkette aus. Dieses Kohlenstoff-Atom wird nun tetraedrisch, und die negative Ladung, die zuerst auf Asp 102 saß, wird auf das Carbonyl-Sauerstoffatom des Substrats weitergeleitet. Dieses O wird durch Wasserstoffbrückenbindungen zu den N–H-Gruppen am Enzymgerüst festgehalten. Die tetraedrische Zwischenstufe in Schritt 3 ist kurzlebig und kann nicht isoliert werden, doch gibt es chemische Hinweise auf ihre Existenz.

Das Enzym durchläuft die tetraedrische Zwischenstufe sehr rasch, und wir gelangen zum vierten Schritt. Während das Polypeptid-N das H-Atom vom Histidin aufnimmt, wird die N–C-Bindung geschwächt und schließlich gebrochen. Die eine Hälfte der Polypeptidkette fällt als freies Amin, $R\text{-}NH_2$, vom Enzym ab. Die andere Hälfte bleibt als acylierte Zwischenstufe analog der Zwischenstufe der Cyclohexaamylose-Reaktion kovalent an das Enzym gebunden. Dieser Acylenzym-Komplex ist stabil genug, um isoliert und in speziellen Fällen, bei denen die Weiterreaktion blockiert ist, näher untersucht zu werden.

Die Reaktionsschritte zur Desacylierung des Enzyms und Wiederherstellung seines ursprünglichen Zustandes (5. bis 8. Schritt) entsprechen den ersten vier Schritten, allerdings in umgekehrter Richtung, wobei H_2O die Rolle der fehlenden Halbkette übernimmt. Ein Wasser-Molekül greift im 5. Schritt das Carbonyl-Kohlenstoffatom der Acylgruppe an und gibt ein H-Atom an Histidin 57 ab, so daß wieder eine tetraedrische Zwischenstufe entsteht (6. Schritt). Diese Zwischenstufe zerfällt, wenn das H-Atom vom Histidin zum Serin weitergegeben wird (7. Schritt). Die zweite Hälfte der Polypeptidkette fällt vom Enzym ab (8. Schritt), unterstützt von der Ladungsabstoßung zwischen der Carbonyl-Gruppe und der negativen Ladung, die jetzt wieder auf der Asparaginsäure 102 sitzt. Das Enzym ist in seinem ursprünglichen Zustand wiederhergestellt und bereit, eine neue Polypeptidkette zu binden und zu spalten.

Durch elegante chemische Experimente versuchte man festzustellen, wie wählerisch Chymotrypsin bei der Auswahl seiner Substrate ist. In den meisten dieser Experimente benutzte man Ester, R–CO–O–R′, anstelle von Polypeptidketten,

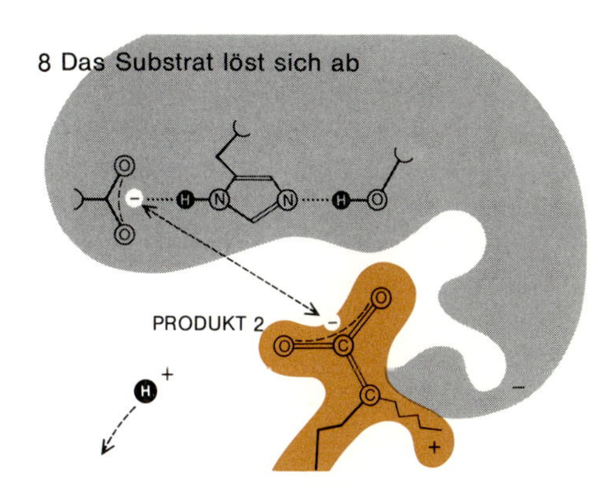

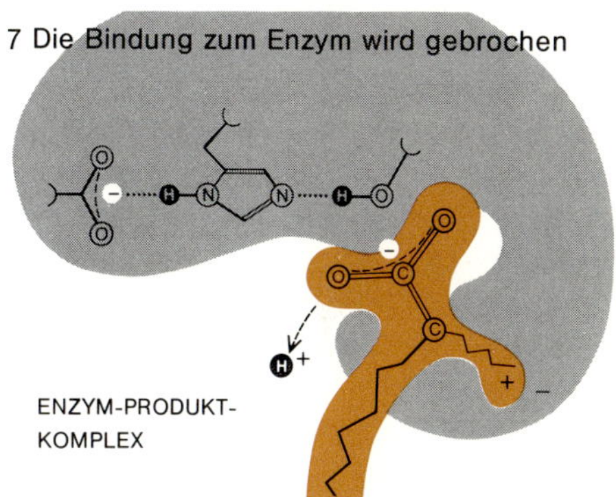

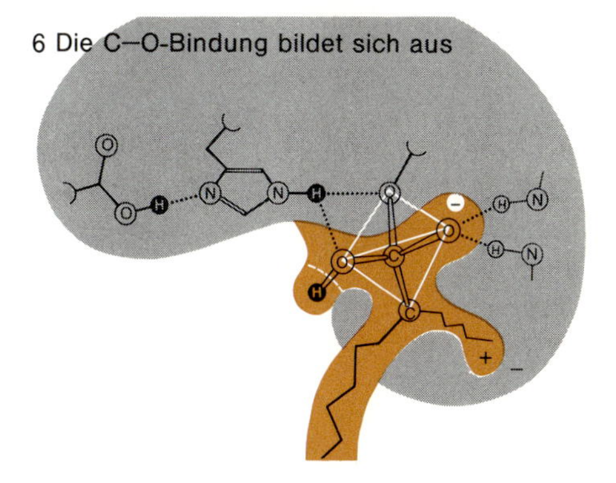

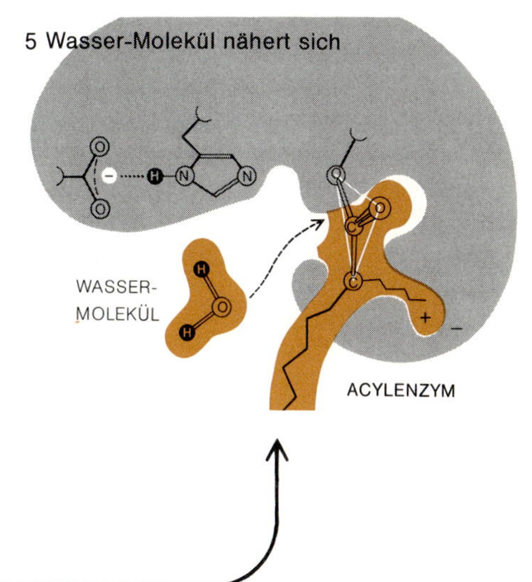

..... welche die Umkehrreaktionen der Schritte 1 bis 4 sind, so daß das Enzym regeneriert wird.

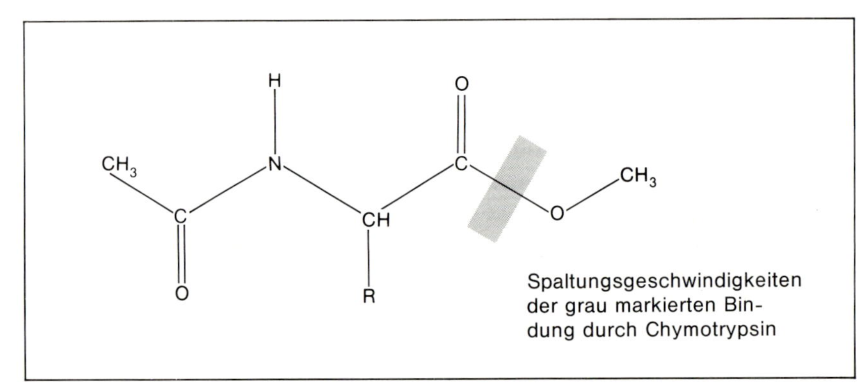

Spaltungsgeschwindigkeiten der grau markierten Bindung durch Chymotrypsin

Die Art der Seitenkette R hat Einfluß auf die Geschwindigkeit, mit der die durch den grauen Balken bezeichnete Bindung gespalten wird.

entsprechende Aminosäure	—R	relative Reaktionsgeschwindigkeit
Gly	$-H$	1
Glu	$-CH_2-CH_2-COO^-$	3.5
S-Methyl-met	$-CH_2-CH_2-S^+(CH_3)_2$	21
Leu	$-CH_2-CH(CH_3)_2$	160 000
Met	$-CH_2-CH_2-S-CH_3$	230 000
Phe	$-CH_2-C_6H_5$	4 200 000
— —	$-CH_2-C_6H_{11}$	8 000 000
Tyr	$-CH_2-C_6H_4-OH$	36 500 000
Trp	$-CH_2-$(Indolyl, N–H)	42 000 000

R–CO–NH–R′, weil die kleineren Moleküle leichter zu handhaben sind. Der Katalysemechanismus ist aber derselbe. Der Estertyp, der auf dieser Seite oben dargestellt ist, $CH_3-CO-NH-CHR-CO-O-CH_3$, ist besonders aufschlußreich, weil der Molekülteil $CH_3-CO-NH$ wie ein Bruchstück der Polypeptidkette aussieht und sogar eine Carbonyl-Gruppe hat, so daß es wie eine Polypeptidkette über eine Wasserstoffbrückenbindung an das Enzymgerüst gebunden werden kann. Die Seitengruppe R paßt in die Spezifitätstasche, und die Esterbindung, –CO–O–, wird genau wie eine Polypeptidbindung gespalten. Wie gut das Molekül als Substrat ist und wie schnell es gespalten wird, hängt davon ab, wie gut die Seitenkette R in die Chymotrypsintasche hineinpaßt.

Typische Ergebnisse sind links außen dargestellt. Wenn das Wasserstoff-Atom einer glycinartigen Seitenkette als Standard betrachtet wird, dann wird Glutaminsäure besser als Glycin gebunden und 3.5mal schneller gespalten. Sogar eine negativ geladene Kette ist offensichtlich besser geeignet, das Substrat-Molekül am Enzym zu fixieren, als überhaupt keine Kette. Die größere S-Methylmethionin-Kette ist trotz ihrer positiven Ladung noch günstiger. Entfernung der Ladung (in Leucin) bringt eine dramatische Verbesserung – bei den relativen Reaktionsgeschwindigkeiten von 21 auf 160000, obwohl die Seitenkette kleiner ist. Methionin ist dem Leucin ähnlich, und der große aromatische Ring des Phenylalanins bringt noch einmal eine 18fache Verbesserung bei der Bindung und der Reaktionsgeschwindigkeit. Eine Cyclohexankette ist zweimal so gut, Tyrosin ist noch viermal besser, und Tryptophan, das von allen die größte Aminosäure-Seitenkette hat, reagiert mit einer Geschwindigkeit, die 42-Millionen-mal größer ist als die der Reaktion mit Glycin. Die Spezifität oder Selektivität des Chymotrypsin-Moleküls umfaßt also bei den Reaktionsgeschwindigkeiten sieben Größenordnungen.

Inhibitoren

Einige Moleküle sind dem echten Enzymsubstrat so ähnlich, daß sie sich an das aktive Zentrum binden können, aber dann keine chemische Reaktion eingehen. Sie sitzen dort fest, blockieren die Stelle und hindern das Enzym an der Reaktion mit echten Substraten. Diese molekularen Neidhämmel werden als *kompetitive Inhibitoren* bezeichnet, da sie mit den echten Substraten um die aktiven Zentren konkur-

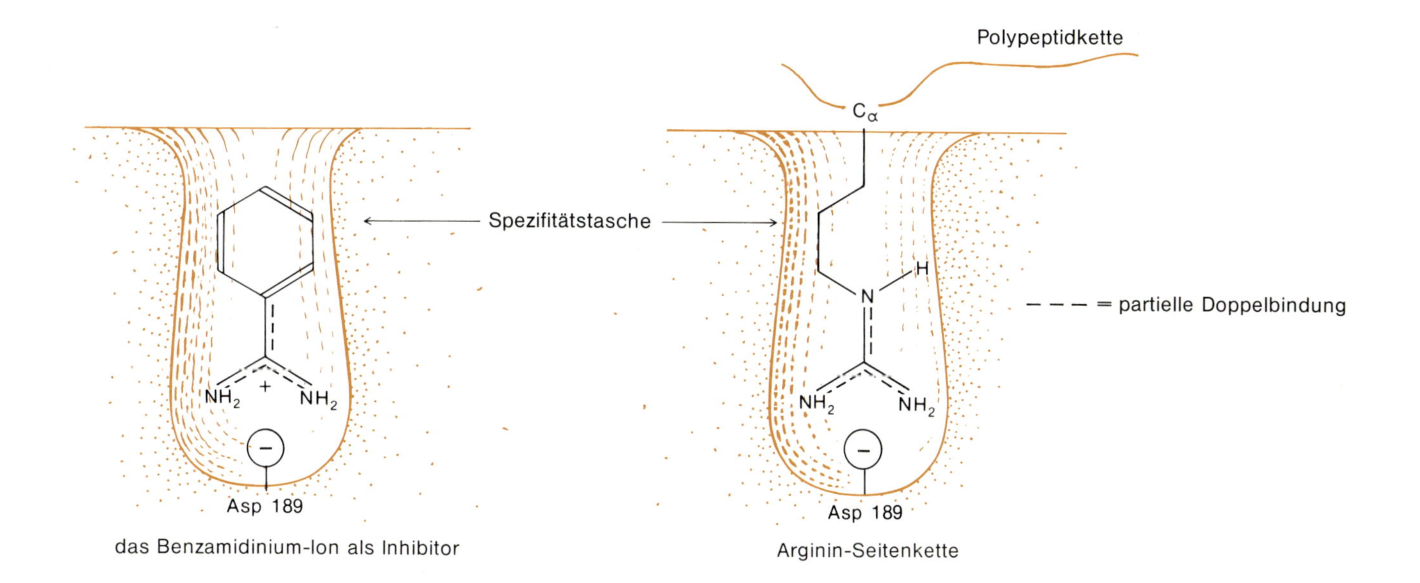

das Benzamidinium-Ion als Inhibitor

Arginin-Seitenkette

rieren. Das Benzamidin (oben) ist ein solcher kompetitiver Inhibitor des Trypsins. Wenn es protoniert ist, hat das Amidinende des Moleküls dieselbe flache, delokalisierte Elektronenstruktur wie die protonierte Arginin-Seitenkette. Für die Spezifitätstasche des Trypsins sieht ein Benzamidinium-Ion wie die äußere Hälfte einer Arginin-Seitenkette aus. Als solche wird es akzeptiert und gebunden. Ein auf diese Weise blockiertes Molekül ist für die weitere Katalyse nutzlos. Man könnte sich vorstellen, daß ein durch Benzamidin blockiertes Trypsin als Elastase reagiert und Ketten mit kleinen Seitengruppen spaltet. Eine sorgfältige Röntgenuntersuchung des blockierten Trypsins hat jedoch gezeigt, daß der Benzamidin-Ring gerade ein wenig zu groß ist und sich dem α-Kohlenstoff-Atom jeder potentiell bindungsfähigen Polypeptidkette in den Weg stellt, selbst wenn die Seitenkette nur das H eines Glycins ist.

Benzamidin ist ein kompetitiver Inhibitor für Trypsin, weil es die Tasche ausfüllen und damit das Enzym an der Bindung eines echten Substrats hindern kann.

Auch für andere Enzyme kennt man zahlreiche kompetitive Inhibitoren. Succinat-Dehydrogenase wandelt im Citronensäure-Cyclus Bernsteinsäure in Fumarsäure um:

$$HOOC{-}CH_2{-}CH_2{-}COOH \longrightarrow \begin{matrix} HOOC & & H \\ & C{=}C & \\ H & & COOH \end{matrix} + 2H$$

Zu den kompetitiven Inhibitoren, die sich an das Enzym Succinat-Dehydrogenase binden können, aber nicht weiter reagieren, gehören Oxalsäure (HOOC−COOH, ohne die beiden trennenden CH_2-Gruppen zwischen den Carboxyl-Gruppen), Malonsäure ($HOOC{-}CH_2{-}COOH$, mit nur einer trennenden CH_2-Gruppe), Glutarsäure ($HOOC{-}CH_2{-}CH_2{-}CH_2{-}COOH$, mit einem zu großen Abstand), Oxalessigsäure ($HOOC{-}CH_2{-}CO{-}COOH$, mit einer falschen polaren Gruppe zwischen den Carboxyl-Gruppen) und sogar Pyrophosphat ($^{2-}O_3P{-}O{-}PO_3^{2-}$). Die Wirkung dieser kompetitiven Inhibitoren ist reversibel, da sie durch einen genügend großen Überschuß des echten Substrats vom Enzym verdrängt werden können.

Irreversible Inhibitoren dagegen ruinieren ein Enzym auf Dauer, indem sie das aktive Zentrum chemisch verändern. Diisopropylfluorphosphat (DFP), dessen Formel auf der nächsten Seite oben gezeigt ist, ist ein irreversibler Inhibitor für Proteasen wie Trypsin, bei denen Serin ein essentieller Bestandteil des aktiven Zentrums ist. Es bindet sich kovalent und irreversibel an Serin 195 und bildet

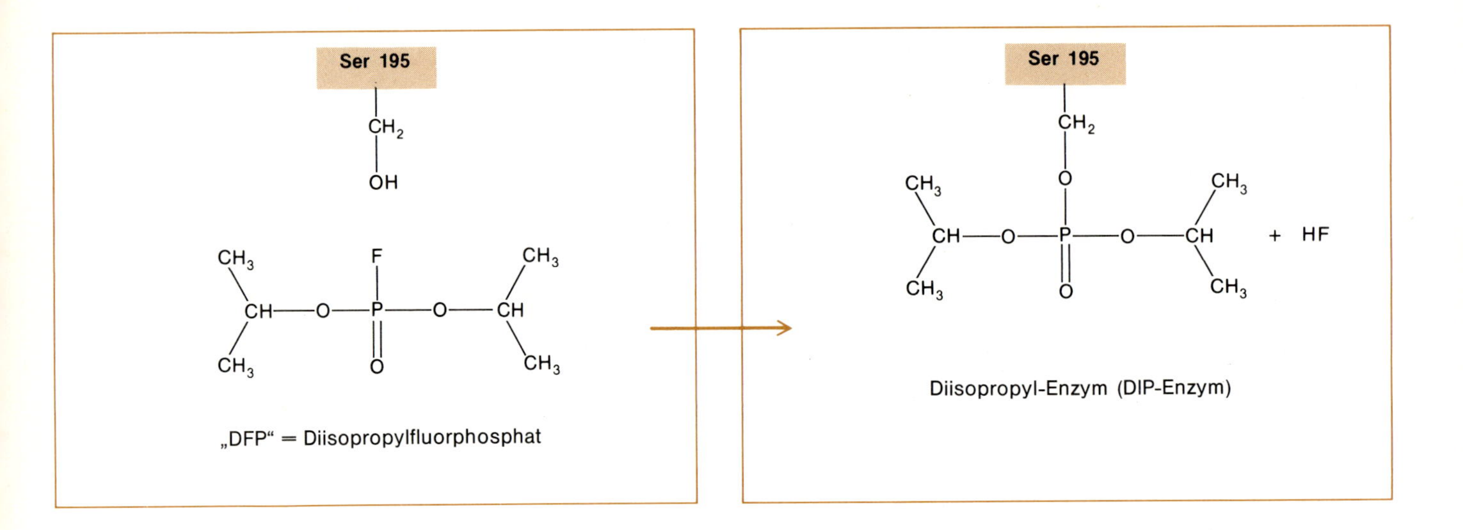

DFP ist ein irreversibler Inhibitor für Trypsin, Chymotrypsin und Elastase. Es bildet eine kovalente Bindung mit der Serin-Seitenkette-195, wodurch eine nachfolgende Katalyse unmöglich wird. Das DIP-Enzym (rechts) ist unwiderruflich zerstört.

Diisopropylserin-195-Trypsin (DIP-Trypsin). DFP ist ein potentes und tödliches Nervengas, weil es das Enzym *Acetylcholinesterase* irreversibel hemmt, das eine essentielle Rolle bei der Weiterleitung von Nervenimpulsen spielt. DFP schaltet alle Nervensignale aus, und das Opfer erstickt, weil es aufhört zu atmen; sein Herz hört auf zu schlagen und das sauerstoffhaltige Blut im Kreis zu pumpen. Viele Organophosphor-Verbindungen sind aus dem gleichen Grund tödliche Nervengase; in den vergangenen Jahren wurde bedauerlich viel Forschungsarbeit auf dem Gebiet dieser Inhibitoren geleistet.

Von den vier Aufgaben eines Enzyms, die am Ende des vorigen Abschnitts diskutiert wurden, finden wir drei bei den proteolytischen Enzymen. Der *Katalysemechanismus,* an dem die drei Aminosäure-Seitenketten Asp 102, His 57 und Ser 195 im aktiven Zentrum beteiligt sind, erleichtert die Hydrolyse einer Polypeptidbindung gegenüber dem einfachen Auseinanderbrechen der Kette in Lösung und der Addition von Wasser an die Molekülenden. Die Wasserstoffbrückenbindung zwischen der Polypeptidkette und dem Enzym und andere auf der Gestalt des aktiven Zentrums beruhende Wechselwirkungen bringen die Peptidbindung in die richtige *Orientierung* in die Nähe von His 57 und Ser 195. Schließlich führen die verschiedenen Spezifitätstaschen auf den drei Enzymen zu einer *Selektivität,* durch die sichergestellt wird, daß jedes Enzym die Proteinkette in Nachbarschaft zu einem bestimmten Typ von Aminosäure spaltet. Die *Kopplung* zweier chemischer Reaktionen findet man bei diesen Verdauungsenzymen nicht, weil sie nur eine einfache Abbaufunktion haben.

Die Entwicklung einer Enzymfamilie

Die Ähnlichkeit zwischen Trypsin, Chymotrypsin und Elastase wird beim Betrachten ihrer Aminosäure-Sequenz deutlich. Am Kettendiagramm auf Seite 591 erkennt man, daß 24% der Aminosäuren in allen drei Proteinen identisch sind, und weitere 44% in zwei der drei Enzyme an der gleichen Stelle vorkommen. Nur in 32% der Positionen hat jedes Enzym eine andere Aminosäure. Vier der Disulfidbrücken kommen in allen drei Molekülen vor. Die Ähnlichkeiten der räumlichen Faltungen sind sogar noch ausgeprägter. Bei diesen Enzymen haben nicht nur die aktiven Zentren identische Struktur, ihre Ketten sind auch in anderen Bereichen des Moleküls identisch gefaltet, die das Polypeptidsubstrat niemals sieht. Die Ähnlichkeiten sind viel größer, als aufgrund der Funktion notwendig wäre. Wie beim Myoglobin und Hämoglobin liegt der Schluß nahe, daß wir hier drei Protein-Moleküle vor uns haben, die heute ähnlich sind, weil sie einen gemeinsamen Protein-Vorfahren haben.

Trypsin, Chymotrypsin und Elastase arbeiten bei der Verdauung von Proteinketten zusammen, indem sie diese an unterschiedlichen Stellen auseinanderschneiden. Sie scheinen sich aus einem gemeinsamen proteinabbauenden Vorläufer-Molekül entwickelt zu haben, das vielleicht weniger spezifisch war und die Arbeit aller drei modernen Enzyme ausführen konnte. Warum haben sich drei Enzyme entwickelt, wo früher eins ausreichte? Die Antwort ist, daß das Vorläufer-Enzym die Substratkette nicht so fest binden durfte, damit es allgemeiner wirken konnte; es war also weniger effizient als die modernen Enzyme. Eine festere Bindung führt zu einer schnelleren Spaltung, doch eine festere Bindung bedeutet auch, daß die Übereinstimmung zwischen Substrat und aktivem Zentrum besser sein muß. Damit wird das Enzym gleichzeitig wählerischer gegenüber den Molekülgestalten, die es als Substrat akzeptiert. Ein Mehrzweck-Molekül, das langsam arbeitet, ist im Hinblick auf die genetische Codierung ökonomischer; doch drei spezialisierte, schnell arbeitende Enzyme sind für die Verdauung von Nahrungsmitteln viel vorteilhafter, und das ist der Grund, warum sie sich schließlich entwickelt haben.

Alle drei Enzyme werden *Serin-Proteasen* genannt, weil eine Serin-Gruppe die Schlüsselrolle bei ihrem Katalysemechanismus spielt. Bei den Wirbeltieren findet man noch andere Serin-Proteasen mit einer Vielfalt von Funktionen. *Thrombin* löst den Blutgerinnungsprozeß aus, indem es ein anderes Protein, Fibrinogen, in Fibrin verwandelt, aus dem geronnenes Blut besteht. Das Blutgerinnsel wird schließlich von *Plasmin,* einer anderen Serin-Protease, gelöst. Die Immunreaktion gegen eine Infektion ist eine Kettenreaktion, an der mehrere trypsinähnliche Enzyme bei der Aktivierung des jeweils nächsten Kettenschritts beteiligt sind. Die Befruchtung eines Eis durch einen Samen wird durch eine *acrosomale Protease* unterstützt, ein Enzym im Spermienkopf, das in Größe, Spezifität und Empfindlichkeit gegenüber Inhibitoren dem Trypsin ähnelt. Alle diese Enzyme lösen irgendeinen wichtigen Vorgang aus, indem sie zur richtigen Zeit ein Stück von einem Protein-Molekül abspalten. In ihrer Spezifität ähneln sie Trypsin, denn auf ihrer Oberfläche findet man vor allem geladene Gruppen und keine hydrophoben Reste, wie sie das Chymotrypsin bevorzugt. Trypsin, ein Verdauungsenzym, ist relativ unempfindlich gegen die Art der Aminosäuren auf beiden Seiten des Lysins oder Arginins in Nachbarschaft zur Bindung, die gespalten wird. Dagegen sind einige dieser Enzyme, die andere Enzyme aktivieren, ziemlich wählerisch bei dem, was sie auseinanderschneiden. Sie lesen die Seitenketten mehrerer Aminosäuren auf beiden Seiten der potentiellen Spaltstelle ab, da sie dafür geschaffen wurden, nur mit bestimmten, hochspezifischen Stellen der Proteine, die sie aktivieren sollen, zu reagieren.

Man findet Serin-Proteasen nicht nur bei Wirbeltieren. Z.B. hilft *Cocoonase* ausgewachsenen Faltern, ihren Kokon zu verlassen. Das Bodenbakterium *Bacillus sorangium* hat eine trypsinähnliche Protease, und in *Streptomyces griseus* findet man eine Protease, von der es zu wenig wäre, sie als trypsinähnlich zu bezeichnen: Es ist Trypsin selbst. Da alle lebenden Organismen aus Protein aufgebaut sind, ist die Fähigkeit, Proteinketten zu zerlegen, eine der notwendigsten und weitverbreitetsten Funktionen. Wenn irgendwo noch keine Serin-Proteasen gefunden wurden, liegt es wahrscheinlich daran, daß noch nicht gründlich genug danach gesucht wurde.

Alle bisher erwähnten Serin-Proteasen scheinen Mitglieder der Trypsin-, Chymotrypsin-, Elastasefamilie zu sein, deren gemeinsame Struktur des aktiven Zentrums und analoge Faltung den gemeinsamen Vorfahren verraten. Es gibt noch eine zweite Familie von Serin-Proteasen, deren bekanntester Vertreter das *Subtilisin* aus

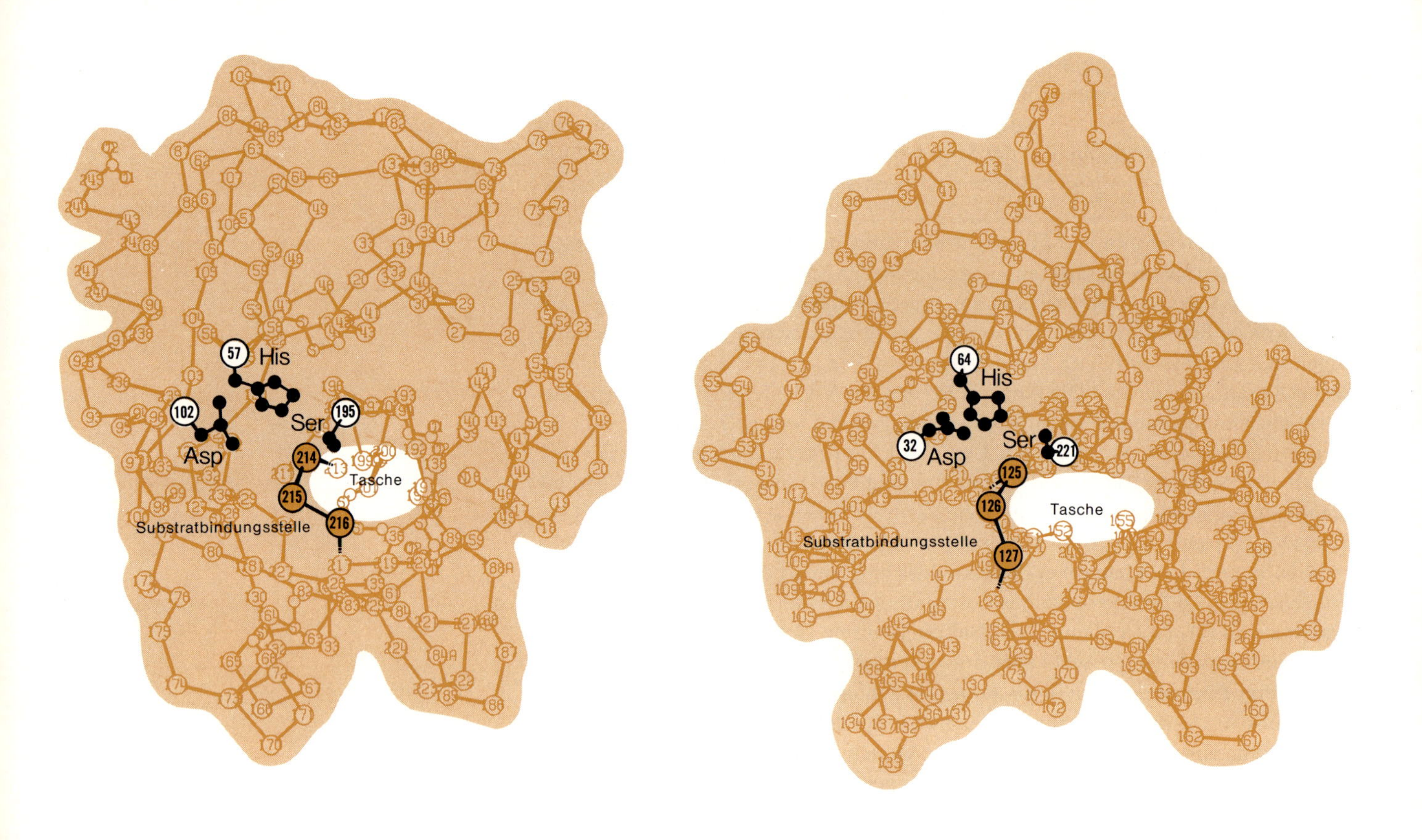

Die aktiven Zentren von Trypsin und von Subtilisin haben die gleiche dreidimensionale Struktur, die durch die Seitenketten Asp, His und Ser – hier schwarz eingezeichnet – bestimmt wird. Sie haben auch die gleiche Tasche (weißes Loch), in welche eine kritische Seitenkette des Substrats hineinpaßt. Die Kette, welche ein Substrat bindet, nimmt in beiden Molekülen eine ähnliche Position ein. Sonst sind die beiden Moleküle völlig verschieden, was darauf hinweist, daß sie nicht auf die gleiche Weise miteinander verwandt sind wie Trypsin, Elastase und Chymotrypsin. Trypsin und Subtilisin sind molekulare Beispiele für die unabhängige, konvergente Evolution einer gleichartigen Funktion, so wie die Flügel bei Vögeln, Fledermäusen und Insekten.

dem Bodenbakterium *Bacillus subtilis* ist. Subtilisin und Trypsin haben vollständig verschiedene Aminosäuresequenzen und sind ganz anders gefaltet, doch ist die Struktur ihres aktiven Zentrums (s. oben) identisch! In beiden aktiven Zentren sitzen Asp, His, Ser; beide haben eine Spezifitätstasche, an deren Rand die Polypeptidkette des Substrats über Wasserstoffbrückenbindungen festgehalten werden kann – und das alles mit der gleichen räumlichen Struktur, obwohl die Reihenfolge der katalytischen Seitenketten in den beiden Enzymen verschieden ist. Im Trypsin ist die Reihenfolge Histidin 57 ··· Asparaginsäure 102 ··· Serin 195 und in Subtilisin Asparaginsäure 32 ··· Histidin 63 ··· Serin 220. Nach der Struktur von Trypsin und Subtilisin können die beiden Enzyme keinen gemeinsamen Vorfahren wie Trypsin, Chymotrypsin und Elastase haben, und doch sind ihre aktiven Zentren gleich. Es handelt sich hier um den eindeutigsten Fall von konvergierender Evolution auf molekularer Ebene. Wenn eine Polypeptidkette durch einen acylierten Serinrest gespalten werden soll, dann scheint diese Anordnung von Aminosäure-Seitenketten die einzige zu sein, die diese Aufgabe ausführen kann. Gleichzeitig haben wir hier einen bemerkenswerten Beleg für die strengen Anforderungen an ein funktionsfähiges aktives Zentrum vor uns. Moderne Proteinfamilien, deren Mitglieder jeweils Nachkommen eines gemeinsamen Vorläufer-Proteins sind, sind auch Myoglobin und Hämoglobin, die Antikörper-Moleküle, die Cytochrome der Photosynthese und der Atmung, die Dehydrogenasen, die bei der Glykolyse und im Citronensäure-Cyclus Wasserstoff auf NAD^+ übertragen, und viele andere durch Enzyme gesteuerte Systeme. Je mehr wir über die Proteinstrukturen erfahren, um so deutlicher erkennen wir die Hinweise darauf, daß sich Moleküle genauso wie Knochenstrukturen oder andere makroskopische Eigenschaften lebender Organismen entwickeln.

Größere Enzyme

Trypsin, Chymotrypsin und Elastase sind Beispiele für kleine und verhältnismäßig einfache Enzyme, die dafür entwickelt wurden, Polypeptidketten zu zerlegen. *Ribonuclease* und *Desoxyribonuclease* verdauen Nucleinsäuren. *Lysozym* findet man in vielen Körpersekreten, wie Tränen und Schweiß, wo es als Schutz gegen eindringende Bakterien dient, indem es die Polysaccharide in deren Zellwänden zerlegt. Dies alles sind kleine, einkettige Enzyme wie Trypsin, die nur aus einer Proteinkette bestehen.

Andere Enzyme, wie die an der Glykolyse und dem Citronensäure-Cyclus beteiligten, sind viel größer und bestehen aus zwei oder mehr Untereinheiten. *Hexokinase,* das Enzym, das zu Beginn der Glykolyse eine Phosphat-Gruppe an Glucose anheftet, so daß Glucose-6-phosphat entsteht, hat zwei identische Untereinheiten, jede mit einem Molekulargewicht von 51 000. *Lactat-Dehydrogenase,* die im menschlichen Muskel Pyruvat in Lactat umwandelt, wenn nicht genug Sauerstoff für die vollständige Oxidation vorhanden ist, enthält vier identische Untereinheiten, jede mit einer Molekülmasse von 36 000, während *Alkohol-Dehydrogenase,* die in Hefe Pyruvat in Alkohol umwandelt, zwei Untereinheiten mit einer Molekülmasse von 41 000 hat. Das sind ganz typische Größen und Strukturen für Enzyme, doch kennt man auch noch größere Systeme. *Pyruvat-Dehydrogenase,* die zu Beginn des Citronensäure-Cyclus Pyruvat in Acetyl-Coenzym A verwandelt, ein Prozeß, bei dem CO_2 abgegeben und NAD^+ zu NADH reduziert werden, ist in Wirklichkeit ein Komplex aus drei verschiedenen Enzymen, von denen jedes aus 10 bis 60 Molekülen besteht und der eine Gesamtmolekülmasse von rund 10 Millionen hat. In diesem Extremfall sind drei Enzyme physikalisch miteinander verbunden, weil sie in einer komplizierten Serie chemischer Reaktionen miteinander kooperieren müssen und das Produkt einer Stufe als Substrat an die nächste Stufe weitergegeben wird. Aus ähnlichen Gründen sind die aufeinanderfolgenden Enzyme in der Atmungskette in Nachbarschaft zueinander auf der inneren Membran eines Mitochondrions angeordnet, so daß die Substanzen, die umgesetzt werden, keine weiten Wege zurücklegen müssen.

Es gibt noch andere und raffiniertere Gründe dafür, daß einige Enzyme aus mehr als einer Untereinheit aufgebaut sind. Wenn das Produkt einer enzymatischen Reaktion dazu neigt, am aktiven Zentrum sitzen zu bleiben und das Enzym für weitere Reaktionen zu blockieren, bezeichnet man das als *Produkthemmung.* Dieser Prozeß ist oft nützlich, da ein Produktüberschuß auf diese Weise das Enzym davon abhalten kann, noch mehr Produkt herzustellen. Doch wenn dieses Produkt das letzte aus einer Serie von einem halben Dutzend Syntheseschritten ist, dann sind die Zwischenstufen verschwendet. Es wäre dann besser gewesen, die Synthese auf der ersten Stufe und nicht auf der letzten zu blockieren.

Als *allosterische Hemmung* bezeichnet man die Erscheinung, daß ein Enzym, das ein bestimmtes Molekül produziert, durch ein ganz anderes Molekül gehemmt werden kann, das sich an eine Stelle, die nicht dem aktiven Zentrum entspricht, bindet. („Allosterie" bedeutet „unterschiedliche Struktur".) In den Fällen, in denen man die Molekülstruktur kennt, findet man das allosterische Regulationszentrum und das Katalysezentrum in verschiedenen Untereinheiten des Enzyms. Das bestuntersuchte allosterische Enzym Aspartat-Transcarbamoylase (ATCase) verknüpft Asparaginsäure und Carbamoylphosphat (rechts) als erste von mehreren chemischen Reaktionen, die letztlich zu Cytidintriphosphat (CTP) führen. ATCase hat 12 Untereinheiten: sechs identische Regulationseinheiten und sechs identische Katalyseeinheiten. Obwohl CTP keine Ähnlichkeit mit dem direkten Produkt der ATCase-Reaktion hat, kann es sich an die Regulationseinheiten binden und dadurch eine Konformationsänderung des Moleküls auslösen, das es „abschaltet"; auf diese Weise wird die weitere Umsetzung von Carbamoylphosphat und Asparaginsäure

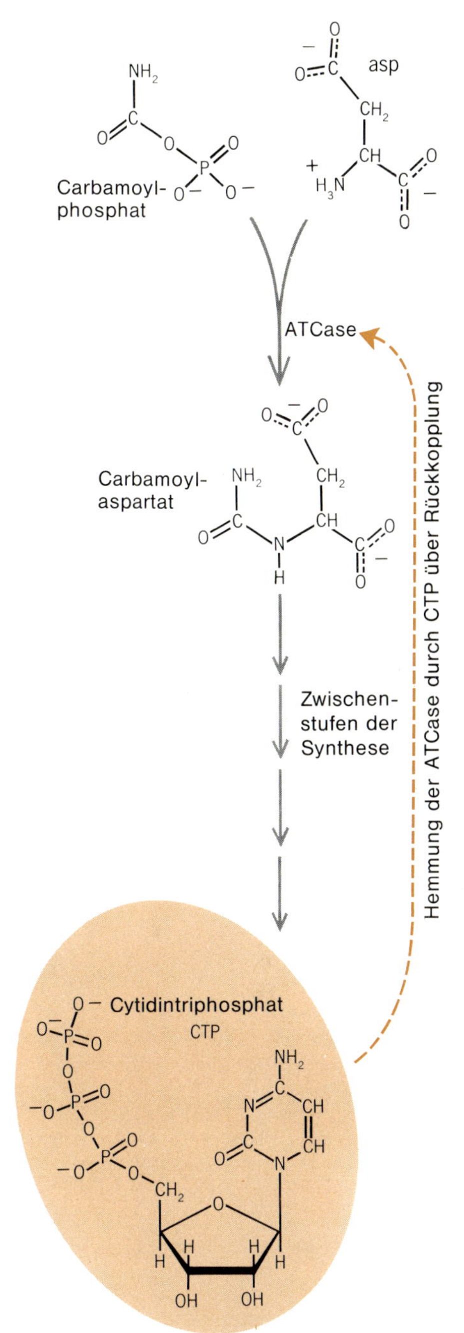

Cytidintriphosphat, das Endprodukt einer vielstufigen Synthesereaktion, ist ein allosterischer Inhibitor für eine frühe Stufe bei seiner Synthese. Diese Hemmung durch Rückkopplung ist wirksam, da sie die Ansammlung von Zwischenverbindungen verhindert, wenn das Endprodukt nicht gebraucht wird. (Aus: R. E. Dickerson und I. Geis, The Structure and Action of Proteins, W. A. Benjamin, Inc.; deutsch: Struktur und Funktion der Proteine, Verlag Chemie 1971; Copyright © 1969 Dickerson und Geis)

verhindert. Der Ingenieur bezeichnet ein solches Verhalten als *Kontrolle durch Rückkopplung.* Es wurde bereits vor Milliarden von Jahren von der Natur erfunden, bevor wir es kopiert haben.

ATP wirkt auf mehreren Stufen der Glykolyse und des Citronensäure-Cyclus als allosterischer Inhibitor; es schaltet das System ab, wenn zuviel ATP vorhanden ist. Citrat ist ein allosterischer Inhibitor für die zweite Stufe bei der Glykolyse, der Umwandlung von Fructose-6-phosphat in Fructosediphosphat, und Oxalacetat ist ein allosterischer Inhibitor für den Schritt vom Succinat zum Fumarat, der drei Schritte vor dem Oxalacetat im Citronensäure-Cyclus liegt. Die allosterische Kontrolle muß nicht immer negativ sein, man kennt auch viele Fälle, in denen die Bindung eines allosterischen Aktivators oder Promotors an die Regulationsstelle eines Enzyms die Aktivität des katalytischen Zentrums *erhöht.* Ein Überschuß an Citrat aktiviert eines der Enzyme, das Acetyl-Coenzym A zur Speicherung in Form von Fettsäuren abzweigt, so daß es zum späteren Gebrauch zur Verfügung steht. Die Gesamtwirkung ist also so, daß der Glykolyse-„Ofen" auf der frühen Stufe des Fructose-6-phosphats „kleingestellt" wird, wenn der Metabolismus zur Energiespeicherung zu schnell läuft und sich zu viel Citrat im Citronensäure-Cyclus anhäuft. Das Endprodukt der Glykolyse wird zur Speicherung in Form von Fettsäuren abgezweigt, statt in den Citronensäure-Cyclus einzufließen. Dieser Prozeß läuft ab, weil Citrat ein allosterischer Inhibitor für ein Enzym und ein allosterischer Aktivator für ein anderes ist. Man kennt noch andere Stellen für Rückkopplung bei der Glykolyse und im Citronensäure-Cyclus, an denen noch andere Moleküle und Zwischenstufen beteiligt sind. Eines der interessantesten heute noch ungelösten Probleme der Proteinstruktur ist die molekulare Grundlage für diese Art von allosterischer Kontrolle.

Fragen

1. Was ist die Aktivierungsenergie einer chemischen Reaktion? In welchem Zusammenhang steht sie mit der Geschwindigkeit der Reaktion? Wie beeinflußt ein Katalysator die Aktivierungsenergie?
2. Wie beeinflußt ein Katalysator die Gleichgewichtsbedingungen eines chemischen Systems? Wie ändert ein Katalysator die Lage des Gleichgewichts, wenn die Reaktion exotherm ist? Wenn sie endotherm ist?
3. Was ist der primäre Angriffspunkt bei der durch Protonen katalysierten Esterhydrolyse? Wie unterscheidet sich die Protonenkatalyse dieser Reaktion von der allgemeinen Säurekatalyse?
4. Welches ist der primäre Angriffspunkt der durch Hydroxid-Ionen katalysierten Esterhydrolyse? Wie unterscheidet sich die Hydroxidionen-Katalyse dieser Reaktion von der allgemeinen Basenkatalyse?
5. Auf welche Weise ähneln sich die allgemeine Basenkatalyse und der nucleophile Angriff, und auf welche Weise unterscheiden sie sich? Wie kann man sie experimentell unterscheiden?
6. Wie beeinflußt die Substratorientierung die Geschwindigkeit einer chemischen Reaktion? Auf welche Weise benutzt ein Enzym diesen Faktor zur Beschleunigung einer Reaktion?
7. In welcher Hinsicht ähnelt der Mechanismus der Spaltung mit Cyclohexaamylose demjenigen mit Trypsin oder Chymotrypsin?
8. Wie kommt die Substratspezifität von Cyclohexaamylose zustande? Welches Proteolyseenzym ähnelt ihm in bezug auf die Spezifität am meisten: Trypsin, Chymotrypsin oder Elastase?
9. Warum ist eine Kopplung von Reaktionen oft wichtig? Wie bringen Enzyme diese Kopplungen zustande? Man erläutere die Zusammenhänge anhand der Glutamin-Synthetasereaktion.

10. Wie vermeidet es unser Körper, von seinen eigenen Verdauungsenzymen – Trypsin, Chymotrypsin und Elastase – verdaut zu werden? Welches dieser drei Enzyme ist am gefährlichsten für Körperproteine? Warum? Wie hängt das mit der Stabilität dieser drei Enzyme in Lösung zusammen?
11. Welche Hinweise gibt es, daß Chymotrypsin und Elastase entwicklungsgeschichtlich mit Trypsin verwandt sind und Subtilisin nicht? In welcher Beziehung ähnelt Subtilisin den anderen drei Enzymen?
12. In welcher Beziehung sind die Strukturen von Trypsin, Chymotrypsin und Elastase miteinander verwandt? Wie unterscheiden sie sich? Wie beeinflussen diese Unterschiede jeweils ihr chemisches Verhalten?
13. Welche Rollen spielen Asparaginsäure 102, Histidin 57 und Serin 195 beim Katalysemechanismus von Trypsin? Welche Rolle spielt der Rand der Spezifitätstasche?
14. Was ist die „tetraedrische Zwischenstufe" bei der Trypsinkatalyse? Man erläutere ihr zweimaliges Auftreten bei der Spaltung und Beseitigung einer Polypeptidkette.
15. Was ist ein Acylenzym? Welche Hälfte der Substratkette ist an das Protein des Acylenzyms gebunden, und wie ist sie gebunden? Welches wäre das Analogon für ein Acylenzym bei der Spaltung eines Esters durch Cyclohexaamylose?
16. Welchen Beitrag Leisten α-Helices zur Trypsinstruktur? Welche Rolle spielen Strukturen, die einem β-Faltblatt ähneln? Wo liegen diese β-faltblatt-ähnlichen Regionen? Wieso liefern die Gegenwart oder Abwesenheit von Disulfidbrücken einen Hinweis darauf, daß die Proteolyse-Enzyme, die in diesem Kapitel diskutiert wurden, entwicklungsgeschichtlich verwandt sind?
17. Was ist der Unterschied zwischen einer kompetitiven und einer irreversiblen Hemmung eines Enzyms? Welcher Hemmstofftyp ähnelt dem echten Enzymsubstrat am meisten?
18. Warum ist Benzamidin ein Inhibitor für Trypsin, und welche Art von Inhibitor ist es? Warum wirkt Benzamidintrypsin nicht als elastaseähnliches Enzym?
19. Was ist DFP, und wie hemmt es Trypsin? Hemmt es auch Elastase? Zu welchem Typ von Inhibitor gehört es?
20. Warum sollte man erwarten, daß die verschiedenen Kontrollenzyme, die man im ganzen Körper findet, in ihrer Aktivität mehr dem Trypsin als dem Chymotrypsin ähneln? Man gebe drei Beispiele.
21. Was ist allosterische Hemmung, und wie unterscheidet sie sich von der einfacheren kompetitiven oder irreversiblen Hemmung? Welchen Vorteil hat die allosterische Hemmung vom Standpunkt eines logischen Kontrollsystems aus?

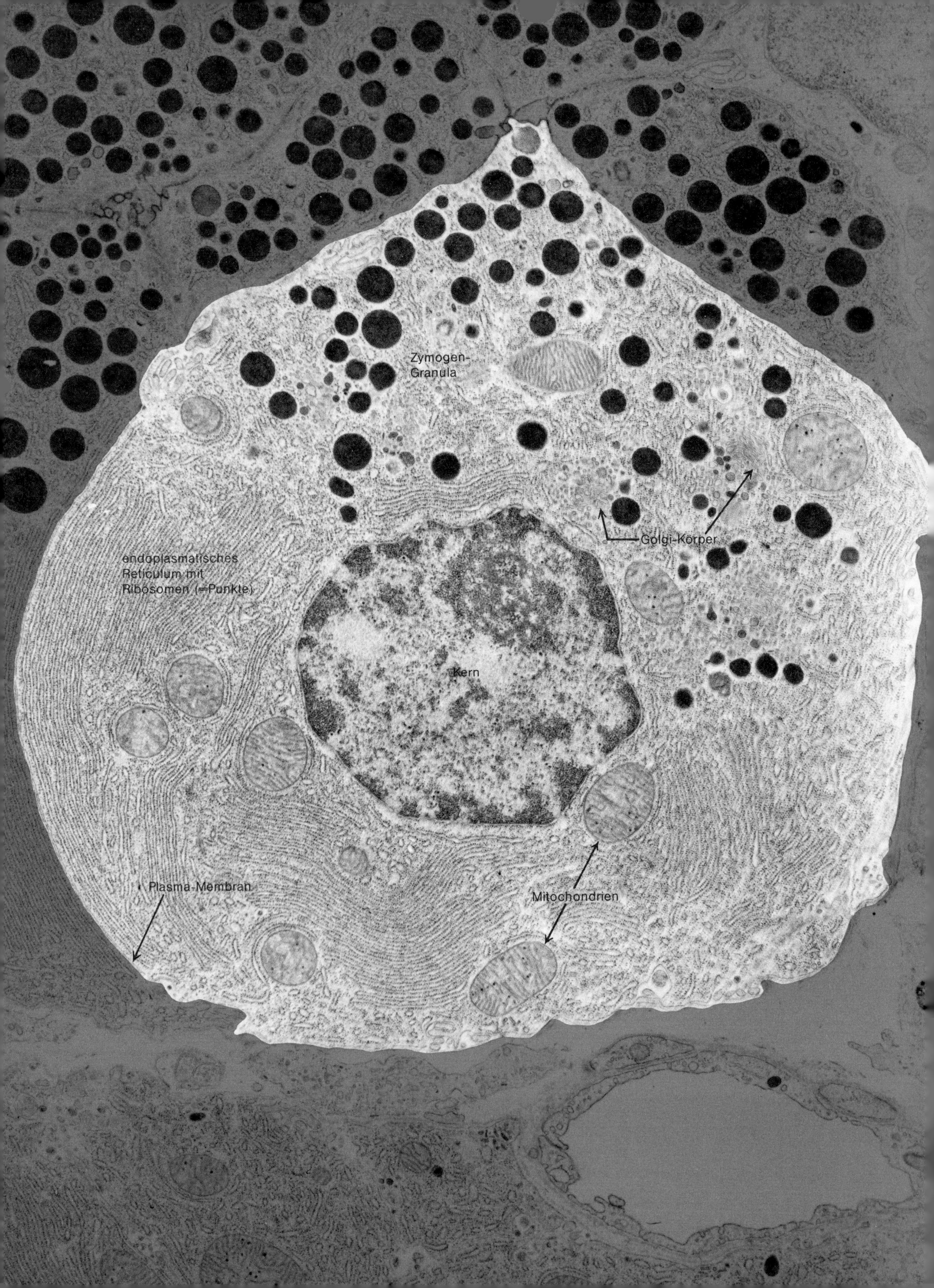

Zymogen-
Granula
Golgi-Körper
endoplasmatisches
Reticulum mit
Ribosomen (=Punkte)
Kern
Plasma-Membran
Mitochondrien

◀ *Diese Zelle des Pankreas (Bauchspeicheldrüse) sezerniert die Verdauungsenzyme Trypsin und Chymotrypsin, die uns im 24. Kapitel begegnet sind. (Aufnahme: Dr. Keith Porter, University of Colorado.)*

25. Kapitel

Chemische Systeme, die sich selbst erhalten: Lebende Zellen

Prokaryotische Zellen (Bakterien) und eine eukaryotische Zelle (weißes Blutkörperchen eines Tieres). Auf dieser mikroskopischen Aufnahme sieht man, wie die Blutzelle ihren Wirt schützt, indem sie die Bakterien auffrißt. (Aus: A.S. Klainer und C.J. Betsch, J. Infectious Deseases 127, 686 (1973); mit Genehmigung von University of Chicago Press. © 1973, University of Chicago.)

Bisher haben wir die Einzelteile des lebenden Organismus betrachtet. Jetzt ist es an der Zeit, die Teile zusammenzusetzen und zu erkennen, wo und wie sie zusammenpassen. Diese Zusammenschau wird in der Chemie oft vernachlässigt. Ein Elektronik-Spezialist, der ein Transistor-Radio dadurch analysiert, daß er es zu Kleinholz macht und den Trümmerhaufen einer Elementaranalyse unterwirft, wird kaum höhere Einsichten erlangen; doch ist das keine allzu übertriebene Parodie auf die Einstellung, die wir die „Küchenmixer"-Schule der Biochemie nennen können. Man kann ein oder zwei der allseits bekannten Lehrbücher der Biochemie sorgfältig durcharbeiten und wird kaum die Andeutung der Struktur einer lebenden Zelle finden, ja noch nicht einmal einen Hinweis darauf, wo die verschiedenen biochemischen Reaktionen in einer Zelle stattfinden. Dabei ist die physikalische Separierung eine der grundlegenden Methoden zur Steuerung der chemischen Reaktionen in einer Zelle. Wenn die ausgeklügelte Struktur einer Zelle, wie sie auf der gegenüberliegenden Seite dargestellt ist, zerstört wird, dann bricht die komplizierte chemische Konstruktion ebenfalls zusammen. Ein Chemiker, der nur die Reaktionen im Auge hat und nicht die Organisation der Zelle, schießt in mancher Hinsicht am Ziel vorbei. Es ist wie mit den Trümmern des Transistor-Radios: Er sieht das Blech, aber er wird niemals die Musik hören.

Lebende Zellen unterscheiden sich in einem wesentlichen Punkt von derart simplen, von Menschenhand gefertigten Apparaten wie z.B. Transistor-Radios: Lebende Zellen haben eine Geschichte. Jede Zelle entwickelte sich aus einer früheren Zelle, die fast – aber nicht ganz – ihren Nachfolgern gleich war. Je weiter man zurückgeht, um so weniger gleichen sich eine moderne Zelle und ihre Vorfahren. Wenn wir den Stammbaum zurückverfolgen, erkennen wir skizzenhaft die Evolution des Lebens und schließlich seine Ursprünge aus leblosen chemischen Systemen. Dies wird unser letzter Triumph als Chemiker sein: den Ablauf dieses Prozesses im Detail zu verstehen. – Das vorliegende Kapitel ist der Rolle von Struktur und Organisation in einer funktionierenden Zelle gewidmet; das letzte Kapitel dreht sich um das Problem des Ursprungs des Lebens.

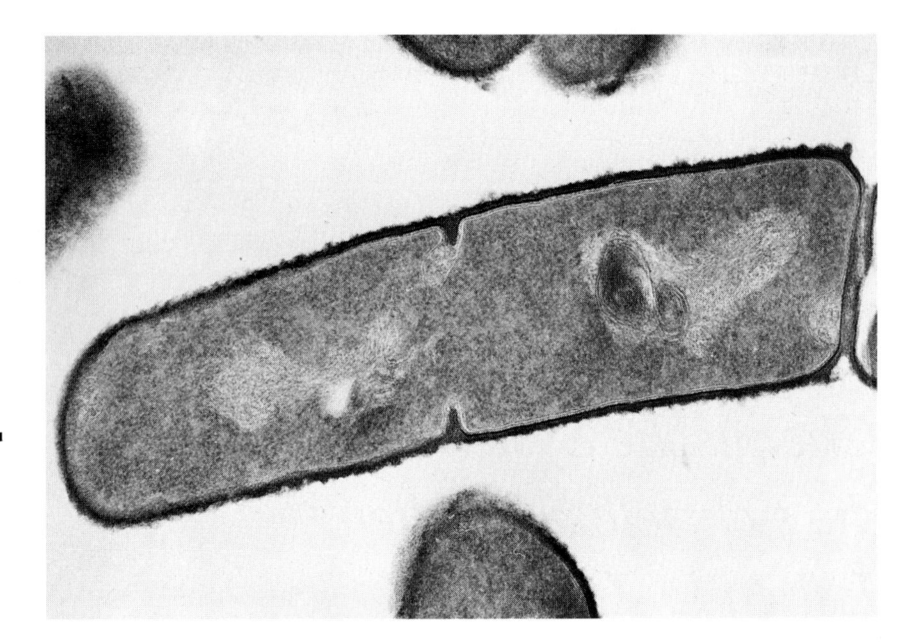

Elektronenmikroskopische Aufnahme des Bakteriums *Bacillus subtilis.* Außerhalb der bakteriellen Zellmembran ist als dunkle Schicht die Zellwand zu erkennen. Dieses im Boden lebende Bakterium sekretiert Subtilisin, das im 24. Kapitel als Verdauungsenzym erwähnt wurde. (Mit Genehmigung von Dinah Abraham, aus: Principles of Microbiology and Immunology, von Bernard D. Davis et al. Harper & Row Publishers, Inc. © 1968.)

Prokaryotische Zellen

Es gibt auf diesem Planeten zwei Grundmuster von lebenden Zellen: prokaryotische und eukaryotische. Prokaryonten sind, wie wir im 23. Kapitel gesehen haben, älter und im Entwurf einfacher; sie werden heutzutage nur noch durch Bakterien und Blaualgen vertreten. Das Grundmuster der Eukaryonten ist moderner, komplizierter; wir finden es in allen anderen Typen lebender Zellen: in grünen, roten und anderen Algen, in Pilzen, Protozoen, höheren Pflanzen und in Tieren. Beide Typen von Zellen erledigen die essentiellen Funktionen, die wir am Anfang des 22. Kapitels skizziert haben: Sie pflanzen sich fort, wachsen, haben einen Stoffwechsel auf Kosten ihrer Umgebung, schützen sich gleichzeitig vor dieser, und als Antwort auf langsame Veränderungen ihrer Umgebung entwickeln sie sich fort, d. h. es findet Evolution statt. Sie mögen sich mit den Angelegenheiten dieser Welt in völlig verschiedener Weise herumschlagen, doch sind sie alle mit den gleichen Herausforderungen konfrontiert, und alle haben sie ähnliche Ziele: den Herausforderungen gut genug standzuhalten, um zu überleben.

Bakterien und Blaualgen haben das schlichteste Organisationsmuster. Sie können dabei stäbchenförmig aussehen (s. oben) oder kugelförmig (s. die Seite vorher) oder schraubenförmig; sie können einzeln oder in Ansammlungen auftreten. Die wesentlichen Eigenschaften einer Bakterienzelle sind ganz rechts schematisch zusammengefaßt. Von solchen allgemeinen Kennzeichen gibt es relativ wenige: Zellmembran oder -wand, Cytoplasma oder Zellflüssigkeit, photosynthetisierende Vesikeln oder Membranen, DNA, Ribosomen für die Proteinbiosynthese, mesosomale Einstülpungen der Zellmembran sowie gelegentlich Geißeln oder Pili (haarartige Strukturen) auf der Außenseite der Zelle. Bakterien sind klein: *Escherichia coli („E. coli")* z. B., ein Bakterium, das in unserem Darm lebt, ist ein an den Enden abgerundeter Zylinder mit einem Durchmesser von ca. 1 Mikrometer (10^{-6} m) und einer Länge von 2 µm ($2 \cdot 10^{-6}$ m). Eine *E. coli*-Zelle wiegt ungefähr $2 \cdot 10^{-12}$ Gramm.

Die *Zellmembran* des Bakteriums hat die lebenswichtige Funktion, das Bakterium von seiner Umgebung abzugrenzen. Ohne derartige Begrenzung wäre eine Zelle als lokale Konzentration von geordneten Molekülen und von Reaktionen unmöglich. Die Membran ist eine ca. 7 Nanometer ($7 \cdot 10^{-9}$ m) dicke Lipid-Protein-

Doppelschicht. Sie ist einfacher gebaut als die Eukaryonten-Membran und sehr ähnlich dem Modell der Einheitsmembran, das im 21. Kapitel vorgestellt wurde. Wasser kann die Membran frei passieren, einfache Ionen jedoch schon nicht mehr, ebensowenig wie geladene Moleküle oder neutrale Moleküle, die größer als das Glycerin-Molekül sind.

Die Membran reguliert den Zelleninhalt: Wasser sowie kleine, neutrale Moleküle können durch freie Diffusion in die Zelle eindringen oder sie verlassen. Bestimmte andere Ionen und Moleküle können durch *passiven Transport* mit Hilfe von Carrier-Molekülen durch die Membran wandern. Dabei machen die Carrier-Moleküle zwar den Durchgang durch die Membran erst möglich, doch ist der passive Transport auch nichts anderes als eine Diffusion entlang einem Konzentrationsgradienten: von der Seite der Membran, auf der das betreffende Molekül oder Ion im Überschuß vorliegt, zu der Seite, auf der daran Mangel herrscht. Demgegenüber gibt es auch einen *aktiven Transport,* bei dem bestimmte Ionen oder Moleküle gegen den Konzentrationsgradienten ins Innere der Zelle oder aus ihr heraus geschafft werden, so daß sie auf der Seite der Membran akkumuliert werden, auf der sie ohnehin im Überschuß vorliegen. Dies ist ein Fluß „bergauf" zu einem Zustand hoher Freier Energie, also thermodynamisch kein spontaner Vorgang. Die Energie zum Betrieb des aktiven Transports wird aus ATP gewonnen. Bei den Eukaryonten werden wir passiven und aktiven Transport genauer betrachten.

Mit wenigen Ausnahmen haben Bakterien eine *Zellwand,* die 10 bis 80 nm stark ist. Die Zellwand bietet mechanischen Schutz, ohne die molekulare Diffusion zu behindern. Sie ist aus einem Glykopeptid aufgebaut, einem Polymeren aus Glucose-Derivaten, das durch kurze Polypeptid-Ketten quervernetzt ist. Häufig ist die Zellwand noch einmal von einem Schutzüberzug umgeben: der *Kapsel.* Es ist eine gallertartige Schicht aus kurzkettigen Zuckerpolymeren.

In der Zellmembran ist das Elektronen-Transportsystem der Atmung lokalisiert. In Bakterien, die atmen können, finden sich die Flavoproteine, Chinone und Cytochrome der Elektronen-Transportkette in der innersten Schicht der Bakterienmembran, und dort befinden sich auch die zur ATP-Synthese nötigen Enzyme. In manchen elektronenmikroskopischen Präparaten sieht man, wie die innere Oberfläche der Membran mit winzigen Kügelchen, die auf Stengeln sitzen, bedeckt ist (rechts unten). Solche Strukturen ähneln den kugeligen Gebilden, wie man sie auf der inneren Membran von Mitochondrien findet (Seite 617) – und wie dort könnten diese sphärischen Strukturen die Schauplätze von Atmung und ATP-Synthese sein. Die Glykolyse findet im Cytoplasma statt, d.h. in der Zellflüssigkeit des Bakteriums. Das gleiche gilt für die Reaktionen des Citronensäure-Cyclus in diesen atmenden Bakterien. Die reduzierten Carrier-Moleküle aus der Glykolyse und dem Citronensäure-Cyclus diffundieren dann zur Zellmembran, wo sie in die Atmungskette einfließen.

Bei Purpurbakterien befinden sich die Pigmente der Photosynthese auf ausgedehnten Einstülpungen der Zellmembran. Diese Einstülpungen sehen manchmal wie kleine, leere Beutel oder Bläschen aus, die manchmal durch hohle Kanäle miteinander verbunden sind, öfter aber erscheinen sie als dichtgestapelte Schichten aus Einheitsmembran. Zu diesen Membranstrukturen der Photosynthese gibt es Entsprechungen in den Blaualgen und den Chloroplasten der Eukaryonten. Die grünen Bakterien haben ihre Photosynthese-Pigmente in völlig anderen, zigarrenförmigen Vesikeln, die gleich unter der äußeren Membran liegen, aber nicht mit ihr verbunden sind. In diesen Vesikeln finden die Lichtreaktionen der Photosynthese statt, Schauplatz der Dunkelreaktionen ist dagegen das Cytoplasma.

Die äußere Zellmembran hat häufig größere Einstülpungen, die man *Mesosomen* nennt und die anscheinend etwas mit der Zellteilung zu tun haben. Die Mesosomen und der photosynthetische Apparat kommen bei solchen Bakterien dem, was wir Organe nennen, am nächsten.

DIE BAKTERIENZELLE

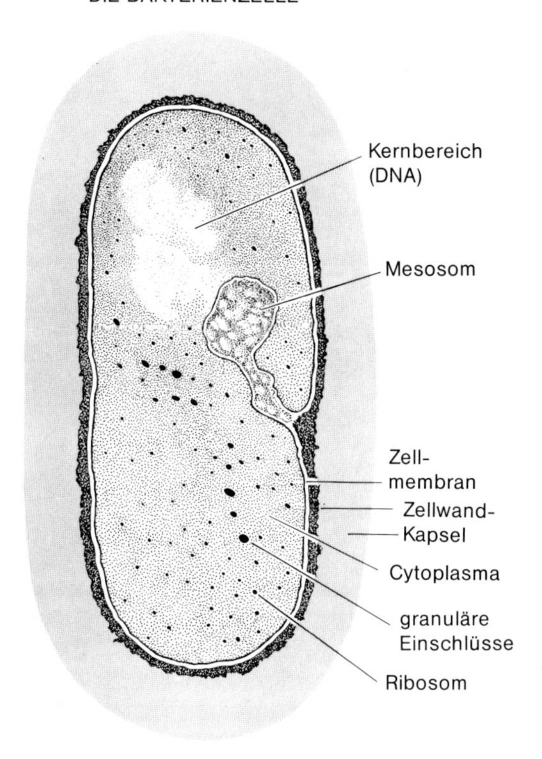

Schemazeichnung einer typischen Bakterienzelle. Relativ wenige Strukturkomponenten sind zu erkennen.

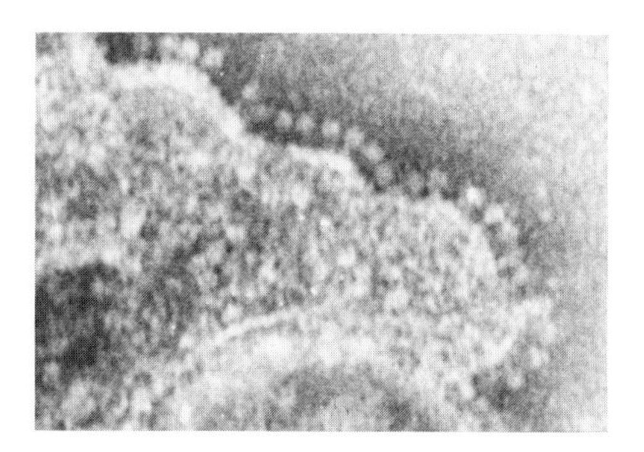

Fragment der Zellmembran eines geborstenen Bakteriums *(Bacillus stearothermophilus).* Die Atmungsenzyme sitzen an der inneren Oberfläche der Membran, die mit kleinen, auf Stengeln sitzenden Kügelchen gespickt ist. Sie ähneln den sphärischen Gebilden, die an der inneren Oberfläche der inneren Membran von Mitochondrien beobachtet wurden. (Aus: Principles of Microbiology and Immunology, von Bernard D. Davis et al. Harper & Row Publishers, Inc. © 1968.)

Das *Cytoplasma* (die Zellflüssigkeit) ist viskos, und jede möglicherweise vorhandene innere Struktur im Sinne von Abgrenzungen verschiedener Bereiche („Kompartimente") wird von dicht gepackten Ribosomen überdeckt. Trotzdem glauben viele Biochemiker, daß es solche Kompartimente gibt. Das Cytoplasma ist eine 20prozentige, wäßrige Proteinlösung, die außerdem Ionen und kleine Moleküle enthält und als Reservoir für die niedermolekularen Metabolite der Zelle dient. Das Cytoplasma enthält ferner die Enzyme für sämtliche Zellreaktionen, mit Ausnahme derer, die an der Atmung und an den Lichtreaktionen der Photosynthese beteiligt sind. Zu diesen Zellreaktionen gehören jene der Glykolyse, der Glucose-Synthese, vieler anderer Biosynthesen sowie der DNA-Replikation und der Transcription.

Das Cytoplasma ist voll von *Ribosomen* – bis zu 15000 Exemplare pro *E. coli*-Zelle. Es sind kugelige Gebilde von 18 nm Durchmesser, die zur Hälfte aus Protein, zur Hälfte aus RNA bestehen. Sie sind aus zwei ungleichen Teilen aufgebaut, deren „Molekülmassen" 1,8 Millionen und 900000 betragen. Diese Ribosomen werden nach ihrem Sedimentationsverhalten in der Ultrazentrifuge als „70 S"-Ribosomen bezeichnet. Die Ribosomen der Eukaryonten sind um 35 Prozent größer und tragen daher die Bezeichnung „80 S"-Ribosomen. Ihr Durchmesser beträgt 20 nm, und sie sind aus zwei Komponenten der Molekülmassen 2.4 Millionen und 1.2 Millionen aufgebaut. Auch Mitochondrien und Chloroplasten eukaryotischer Zellen haben für die Proteinbiosynthese ihre eigenen Ribosomen, aber diese sind kleiner – so groß, wie die von Bakterien. Dies ist einer von vielen offenkundigen Hinweisen, daß eukaryotische Organellen einen uralten, bakteriellen Ursprung haben.

Das Cytoplasma enthält außerdem Körner (Granula) aus Speicherstoffen wie Glykogen (oder Stärke), Lipiden (z. B. Poly-β-hydroxybuttersäure) und Polymetaphosphat (endlose Ketten von miteinander verbundenen Phosphat-Tetraedern). All diese Verbindungen dienen den Bakterien als Energiespeicher.

Chromatin, das genetische Material, ist bei den Bakterien nicht in einem abgegrenzten Kern zusammengeschlossen; die Fasern doppelsträngiger DNA sind in Bündeln zusammengepackt, die im Cytoplasma herumschwimmen. In *E.coli* und in vielen anderen Bakterien liegt die DNA nicht in Form eines offenen Strangs vor, sondern in Form eines endlosen, in sich geschlossenen Ringes. Die Enzyme für die DNA-Replikation und für die Übertragung (Transcription) der Information auf messenger-RNA schwimmen ebenfalls frei im Cytoplasma herum. Hierin liegt der wesentlichste Unterschied zwischen Prokaryonten und Eukaryonten. Bei den Eukaryonten ist die DNA in Chromosomen organisiert und in einem Zellkern durch eine Membran von der Umgebung abgesondert. Solche Strukturen gibt es in Prokaryonten nicht.

Bakterien haben auch ihre speziellen äußeren Strukturen: Geißeln zur Fortbewegung und Pili („Haare"), die bei der sexuellen Vereinigung (und möglicherweise auch bei anderen Anlässen) in Funktion treten. Bakterien sind ziemlich simple Lebensmaschinen, aber sie haben alles, was zum Überleben unbedingt nötig ist, und sie sind ja auch mit dem Überleben inzwischen doppelt so lang zurechtgekommen wie die Eukaryonten. Ihre biochemische Vielfalt und Anpassungsfähigkeit übertrifft die der Eukaryonten bei weitem. Ein Teil dieser Vielfalt mag einerseits widerspiegeln, wie total sich die eukaryotischen Zellen allein in den vorteilhaftesten biochemischen Alternativen breitgemacht haben, zum Teil mag sie auch das Ergebnis spezieller chemischer Anpassungsvorgänge sein, welche die Bakterien später geleistet haben, um in Konkurrenz zu den Eukaryonten zu überleben.

Eukaryotische Zellen

Eukaryonten entwickelten sich in jüngerer Zeit als Prokaryonten, und offensichtlich repräsentieren Eukaryonten einen höheren Grad der Organisation. In der Zelle finden wir eine weitergehende Spezialisierung, und die Chemie der Zelle ist mehr auf Kompartimente verteilt. In der Tabelle unten sind die elf wichtigsten Bestandteile einer eukaryotischen Zelle – gleich ob eine pflanzliche oder tierische Zelle – zusammengefaßt. Die mikroskopische Aufnahme auf Seite 606 zeigt eine typische tierische Zelle – in diesem Fall eine sekretorische Zelle aus der Bauchspeicheldrüse einer Fledermaus. In der Schemazeichnung unten sind die wichtigsten Merkmale namentlich bezeichnet, die wir in der Makroaufnahme vor diesem Kapitel identifizieren können. Die runden, dunklen Objekte, die sogenannten Zymogen-Granula, enthalten Enzyme in einer Form, in der sie aus der Zelle exportiert werden können.

Angesichts dieser strukturellen Komplexität mag es überraschen, daß es tatsächlich von Zelle zu Zelle wenig chemische Unterschiede gibt. Alle Eukaryonten atmen

1. ZELLMEMBRAN – ähnlich der von Bakterien, aber „raffinierter". 2. ZELLWAND – nur bei Pflanzen. 3. CYTOPLASMA – Zellflüssigkeit, ähnlich der von Bakterien. 4. ZELLKERN – enthält die DNA, umgeben von der Kernmembran.	5. ENDOPLASMATISCHES RETICULUM – gefaltete und plattgedrückte Membran im Cytoplasma, auf der die Ribosomen sitzen. 6. RIBOSOMEN – Orte der Proteinsynthese. 7. GOLGI-KÖRPER – Zentren der „Verpackung" der synthetisierten Moleküle.	8. MITOCHONDRIEN – Zentren der Atmung und der ATP-Synthese. 9. CHLOROPLASTEN – photosynthetischer Apparat in grünen Pflanzen. 10. LYSOSOMEN – enthalten abbauende Enzyme. 11. PEROXISOMEN – der Eliminierung von Peroxiden dienende Vesikel.

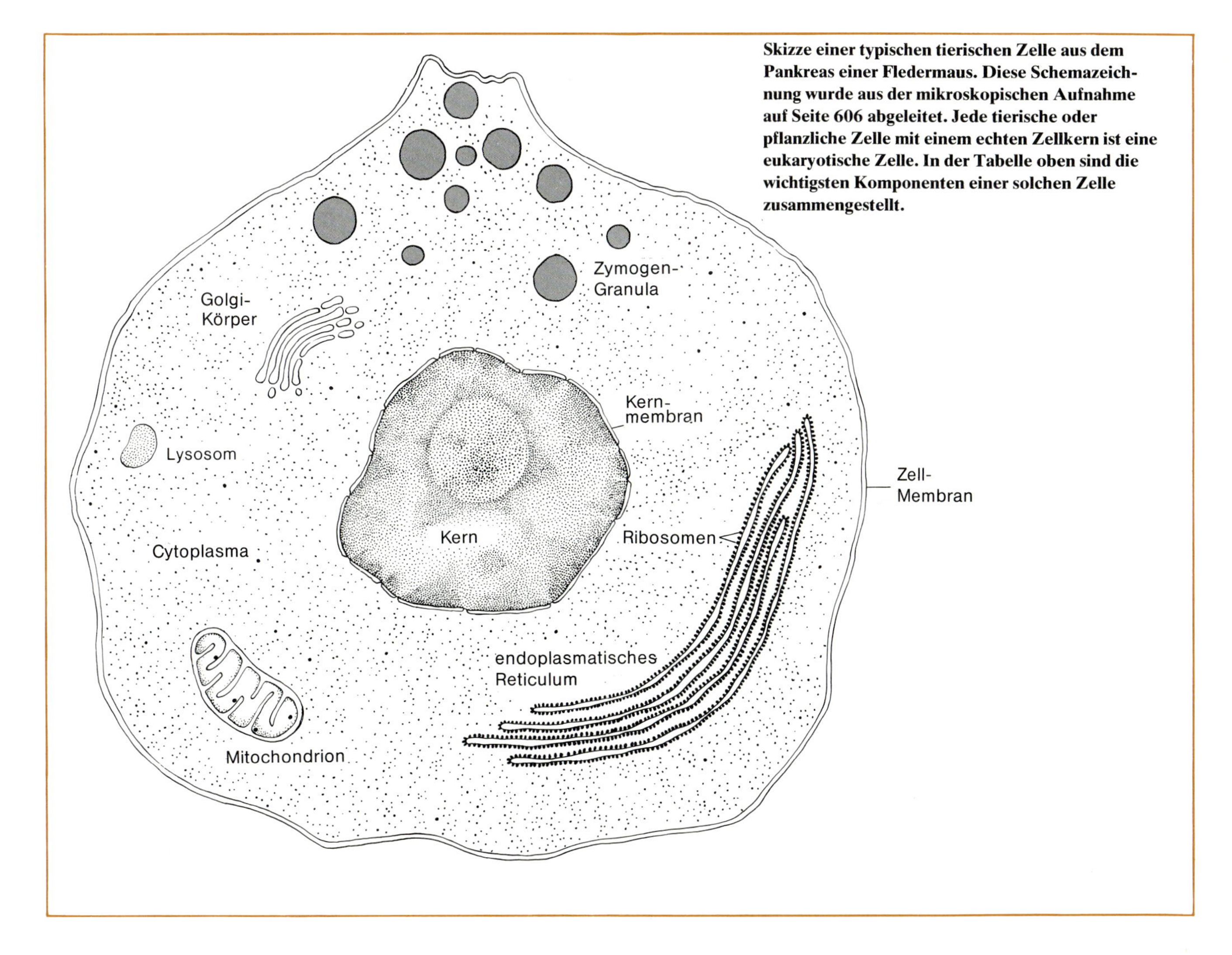

Skizze einer typischen tierischen Zelle aus dem Pankreas einer Fledermaus. Diese Schemazeichnung wurde aus der mikroskopischen Aufnahme auf Seite 606 abgeleitet. Jede tierische oder pflanzliche Zelle mit einem echten Zellkern ist eine eukaryotische Zelle. In der Tabelle oben sind die wichtigsten Komponenten einer solchen Zelle zusammengestellt.

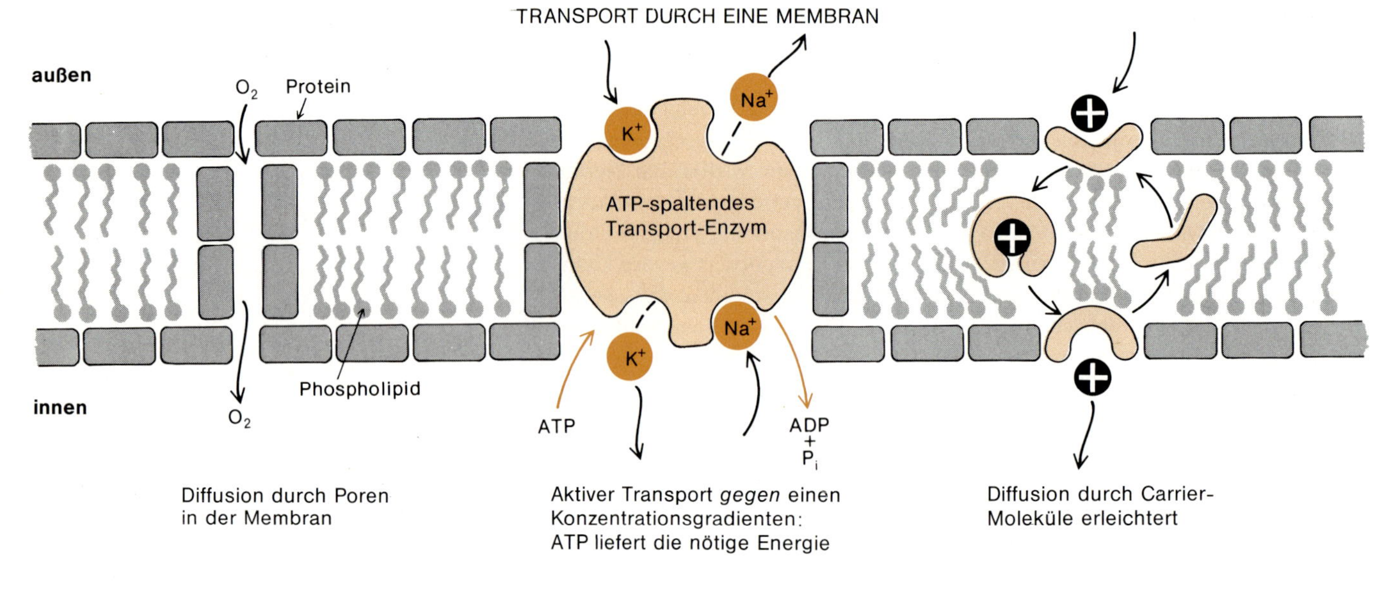

Schlüssel

= Protein

= Phospholipid

Schema des aktiven und passiven Transportes durch eine Membran. Die geschwänzten Kugeln bedeuten Phospholipid-Moleküle, die grauen „Ziegel" Moleküle globulärer Proteine. *Links und rechts:* Passive Diffusion entlang einem Konzentrationsgradienten.

unter O_2-Verbrauch, auch wenn Hefezellen und eine Reihe anderer Eukaryonten bei Sauerstoff-Mangel mit der Glykolyse allein zurechtkommen. Alle Eukaryonten besitzen Mitochondrien und in diesen offensichtlich sehr ähnliche Enzyme für den Citronensäure-Cyclus und die Atmung. In allen photosynthetisierenden Eukaryonten gibt es die beiden Photosysteme I und II, und Reduktionsäquivalente werden durch Zersetzung von Wasser gewonnen, wobei Sauerstoff freigesetzt wird. (Von den Prokaryonten haben nur die Blaualgen ein Photosynthese-System mit zwei Zentren, das mit Wasser als Reduktionsmittel arbeitet.) Die Unterschiede zwischen irgendeinem Prokaryonten und irgendeinem Eukaryonten sind viel größer als die zwischen noch so sehr voneinander verschiedenen Eukaryonten-Zellen, z. B. den Zellen von Pilzen und Primaten oder von Tannenbäumen und Libellen.

Die eukaryotische Zellmembran

Die Zellmembran einer eukaryotischen Zelle ist dicker als die eines Bakteriums: ca. 9 nm. In erster Näherung ist die im 21. Kapitel beschriebene „Einheitsmembran", d.h. eine beiderseits von Proteinen bedeckte Lipid-Doppelschicht, ein brauchbares Modell für die Zellmembran (s. oben). Im 21. Kapitel wurde schon erwähnt, daß einige Proteine sich offensichtlich durch die ganze Membran, d. h. von einer Seite auf die andere erstrecken, während andererseits an manchen Stellen der Membranoberfläche die Lipide freigelegt sein müssen. Die Zellmembran ist eine selektive Schranke, die gewisse Moleküle einwärts und auswärts durchläßt, andere Moleküle hingegen ausschließt. Die freie Durchlässigkeit für H_2O, O_2, CO_2 und andere kleine, ungeladene Moleküle läßt vermuten, daß es in der Membran Poren gibt, wie sie links oben eingezeichnet sind. Aus der Geschwindigkeit, mit der Moleküle verschiedener Größe durch die Membran hindurchtreten, kann man ableiten, daß die Poren einen Durchmesser von etwa 800 pm haben und etwa $^1/_{20}$ Prozent der gesamten Membranoberfläche ausmachen. Die Poren können von manchen Kationen passiert werden, nicht aber von Anionen, was vielleicht bedeutet, daß an den Porenrändern negative Ladungen, z. B. in Form von Carboxylat-Gruppen, sitzen.

Bestimmte Moleküle können nicht durch die Membran wandern, werden aber durch passiven Transport mit Hilfe von Carrier-Molekülen hindurchgeschleust, wie es oben rechts dargestellt ist. Daß ein Carrier beteiligt ist, zeigt uns die Beobachtung, daß wir die Träger mit ihrer Fracht bis zur Sättigung beladen können: Bis zu einem bestimmten Punkt ist die Geschwindigkeit, mit der ein von einem Carrier transportiertes Molekül durch die Membran diffundiert, seiner Konzentration proportional, aber wenn jeder Carrier mit so viel Molekülen beladen ist, wie er tragen kann, hat die Erhöhung der Konzentration der „Fracht"-Moleküle keinen Einfluß mehr auf die Diffusionsgeschwindigkeit. Es gibt ein Modell für derartigen passiven Transport: Gewisse Antibiotica können eine natürliche Membran oder eine künstliche Lipid-Doppelschicht durchlässig für Alkalimetall-Ionen machen. Die Moleküle der meisten dieser Antibiotica enthalten geschlossene Ringe mit vielen –O-Gruppen oder –C=O-Gruppen. Ein Beispiel ist Nonactin (rechts): Dieses Molekül wickelt ein Kalium-Ion regelrecht ein, wobei die Sauerstoff-Atome an das Ion koordiniert und die hydrophoben Gruppen nach außen gerichtet sind. Das Ergebnis ist gerade die Umkehrung des Öltröpfchen-Modells eines Proteins, bei dem das hydrophobe Innere des Proteins von einer polaren Außenschicht umschlossen ist. Die sozusagen umgestülpte Struktur des Antibioticums macht es vermutlich dem Nonactin möglich, zusammen mit einem K^+-Ion durch die Lipid-Doppelschicht der Membran zu diffundieren: Nonactin gibt dem Ion letztlich einen hydrophoben Überzug. Gramicidin kann alle Alkalimetall-Ionen durch eine Membran transportieren, Valinomycin nur K^+, Rb^+ oder Cs^+. Solche Antibiotica sind toxisch, denn sie machen die Zellmembran auch dann für Alkalimetall-Ionen durchlässig, wenn sie „dicht" sein sollte. Die Zellen vergeuden ihr ATP, indem sie K^+ nach innen und Na^+ nach außen pumpen, nur damit anschließend die Ionen mit Hilfe der Carrier-Moleküle wieder in die falsche Richtung sickern.

Speziell diese Antibiotica sind am normalen passiven Ionentransport durch die Zellen nicht beteiligt, aber man kann annehmen, daß sie Modellverbindungen für die wirklichen Carrier sind. Glycerin wird in rote Blutkörperchen, Galactose in *E.coli*-Bakterien mit Hilfe von Carriern eingeschleust, die man als Permeasen bezeichnet. Man rechnet die Permeasen zu den Enzymen, weiß aber wenig von ihnen.

Alle Permeasen und sonstigen Carrier-Moleküle sind nur Hilfsmittel, um den transportierten Molekülen den Weg „abwärts" entlang einem Konzentrationsgradienten zu erleichtern. Noch nützlicher ist die Fähigkeit, Ionen oder Moleküle aus Bereichen, in denen sie nur spärlich verteilt sind, in solche Bereiche zu bringen, in denen sie ohnehin schon konzentriert vorliegen, und so einen Überschuß auf einer Seite der Membran aufzubauen. K^+- und Na^+-Ionen, Phosphate, Zucker und einige Aminosäuren werden durch solche Prozesse des aktiven Transports konzentriert. Der aktive Transport eröffnet einen Weg, Nährstoffe zu sammeln und sie innerhalb der Zelle zum späteren Gebrauch zu speichern. Um irgend etwas gegen einen Konzentrationsgradienten von innen nach außen oder umgekehrt zu transportieren, wird Energie gebraucht; sie wird vom ATP geliefert.

Der bekannteste Mechanismus des aktiven Transports ist die „Natriumpumpe", durch die Na^+-Ionen aus der Zelle hinausgeschafft, K^+-Ionen hereingeholt werden. Für je drei exmittierte Na^+ und zwei einverleibte K^+ wird ein ATP-Molekül verbraucht. Das Enzym, das den Transport vermittelt, ist in die Zellmembran eingebettet. Es nimmt ATP aus dem Zellinneren auf und gibt ADP an das Zellinnere zurück, so daß letztlich nur die Ionen durch die Membran hindurch transportiert werden. Auf der Zeichnung oben auf der Seite gegenüber „sieht man", wie das Transportenzym auf der einen Seite der Membran Ionen einsammelt und sie nach entsprechender Drehung auf der anderen Seite wieder von sich gibt. Natürlich dürfte sich das Enzym kaum im physikalischen Sinne „drehen" – aber im Ergebnis läuft es darauf hinaus.

Die Zellmembran ist Teil des chemisch aktiven Apparates der Zelle; sie regelt die Diffusion nach innen und nach außen und pumpt sogar bestimmte Substanzen aktiv in die eine oder andere Richtung. Im Gegensatz zu Bakterienmembranen spielt die Zellmembran der Eukaryonten keine Rolle in der Atmungskette oder bei der Photosynthese; diese Rolle wird hier von speziellen Organellen übernommen.

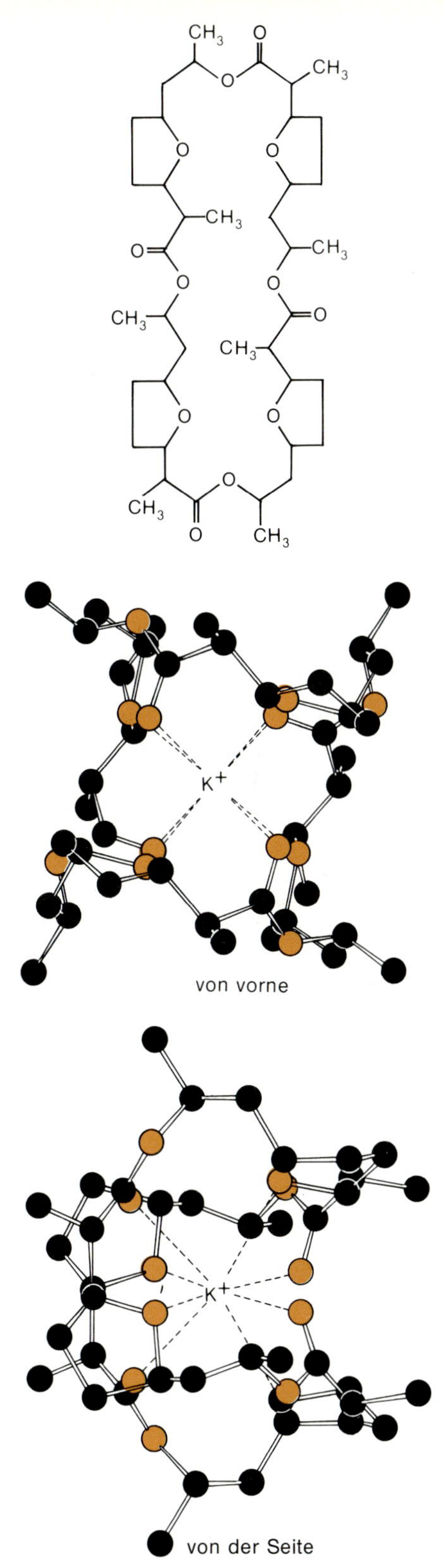

Molekulare Struktur eines Carriers für Kalium-Ionen, des Antibiotikums *Nonactin*. Das Molekül dieses Antibioticums wickelt sich um das Ion herum, das von sechs Sauerstoff-Atomen koordiniert wird. Die äußere Oberfläche des Komplexes ist fettähnlich (hydrophob), so daß er leicht durch die Membran schlüpfen kann. (Quelle: Prof. J. D. Dunitz.)

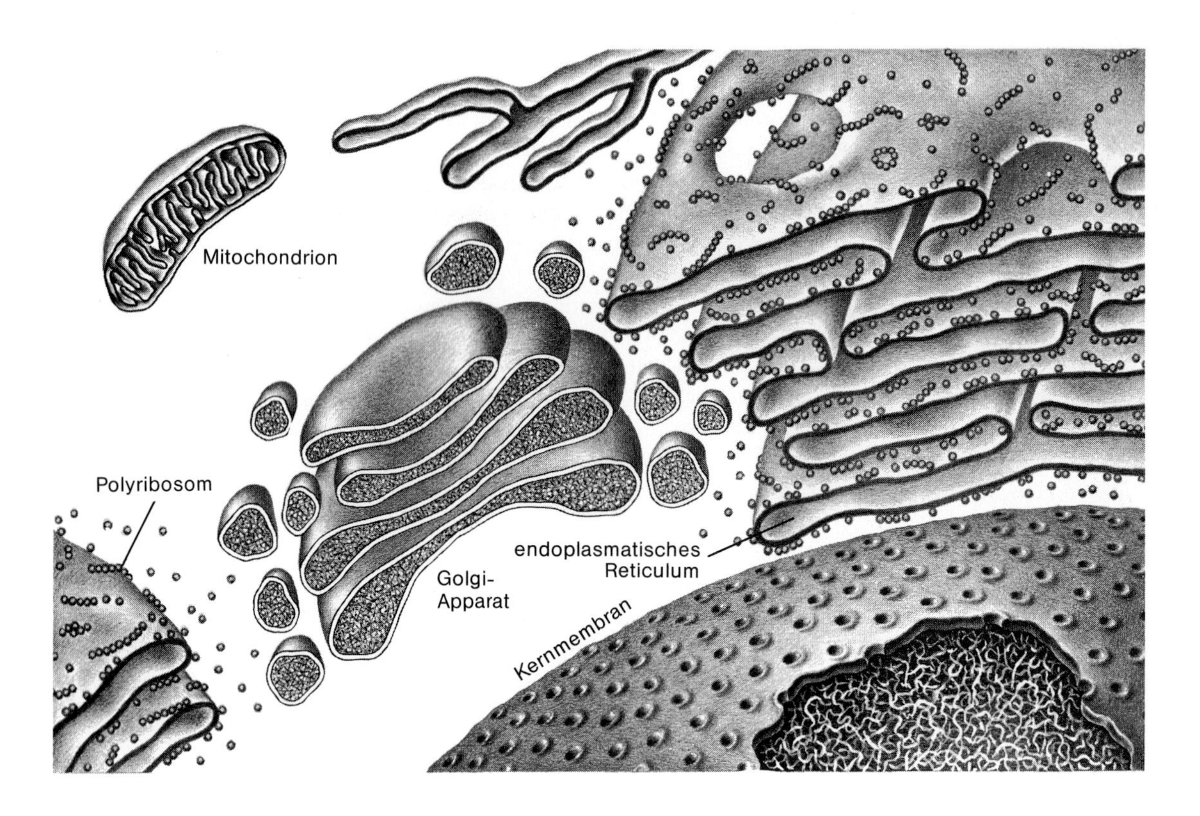

Explosionszeichnung der Organellen, die man in einer typischen tierischen Zelle findet. Die DNA im Zellkern ist umschlossen von einer Doppelschicht-Kernmembran mit Poren. Das endoplasmatische Reticulum (ER) ist in Schichten gefaltet; es trägt Ribosomen nur auf einer Seite. Proteine, die an diesen Ribosomen zusammengebaut wurden, diffundieren zum benachbarten Golgi-Apparat, wo sie gesammelt und für den Export aus der Zelle in Granula verpackt werden. In den Mitochondrien sitzen die ATP-Quellen für die Energie, die das Ganze in Gang hält. (Aus: The Biological World, von A. Nason und R. L. Dehaan; © 1973, John Wiley & Sons, Inc.)

Das Cytoplasma

Das Cytoplasma der Eukaryonten ist – wie das der Bakterien – eine 20prozentige Proteinlösung, die gelöste Ionen, kleine Moleküle und mannigfaltige Enzyme enthält. Im Cytoplasma der eukaryotischen Zellen sind außerdem Zellkern, Mitochondrien und andere Organellen suspendiert. Das Cytoplasma ist eine viskose, bis zu einem beträchtlichen Grad strukturierte Flüssigkeit. Filamente (faserförmige Strukturen) mit einer Dicke von 4 nm und Mikrotubuli (röhrenförmige Strukturen) mit einem Durchmesser von 20 nm, welche die verschiedenen Organellen miteinander verbinden, lassen sich erkennen. Im Cytoplasma finden viele wichtige biochemische Reaktionen statt: Die Glykolyse bis zur Stufe des Pyruvats, die Gluconeogenese von Phosphoenolpyruvat zurück zur Glucose, die Fettsäure-Synthese ausgehend vom Acetyl-Coenzym A, die Biosynthese derjenigen Aminosäuren, welche die Zelle selbst herstellen kann (was von Organismus zu Organismus verschieden ist), die Synthese von Porphyrinen und anderen organischen Molekülen sowie die Beladung von tRNA mit Aminosäuren für die Proteinsynthese.

Der Zellkern

In eukaryotischen Zellen ist die DNA in einem Zellkern eingeschlossen. Dieser wird von einer Doppelschicht-Kernmembran oder Hülle begrenzt, die von Poren durchbrochen ist. Die Schnittzeichnung eines Teils einer Zelle (oben) gibt einen Eindruck von der Struktur des Kerns und seiner Poren. An die DNA sind Histone gebunden, basische Proteine; wahrscheinlich wird u.a. mit ihrer Hilfe geregelt, welche der in verschiedenen Teilen der DNA enthaltene Information abgerufen und welche unterdrückt wird. Die DNA ist weiter in den *Chromosomen* organisiert.

Während der Zellteilung wird die DNA in einem komplizierten Ablauf kopiert, worauf hier nicht eingegangen werden kann; die Enzyme für die Replikation der DNA und für die Bildung der messenger-RNA finden sich innerhalb des Kerns. Andere spezialisierte Organellen wie der Nucleolus (Kernkörperchen) und die Zentriolen, die sich außerhalb des Kerns befinden, sind essentielle Bestandteile des reproduktiven Prozesses, betreffen uns aber nicht unmittelbar bei der Diskussion der Zelle als organisiertes System chemischer Reaktionen.

Das endoplasmatische Reticulum und die Ribosomen

Das endoplasmatische Reticulum (ER) ist ein dicht gefalteter Stapel aus Einheitsmembranen; oft sieht es so aus, als sei es in konzentrischen Schichten um den Zellkern herumgewickelt. Wie man der Zeichnung auf der gegenüberliegenden Seite entnehmen kann, haben die Membranen des ER eine „Innenseite" und eine „Außenseite" sowie eine enorme Oberfläche. Eine Seite dieser gefalteten ER-Membranen – nämlich diejenige, die dem Cytoplasma zugewandt ist – ist regelrecht übersät mit Ribosomen für die Proteinbiosynthese. Weitere Ribosomen schwimmen im Cytoplasma frei herum. Wenn auch die Einzelheiten kaum auf einer einzigen mikroskopischen Aufnahme zu erkennen sind, haben doch Serien von Schnitten durch die Zelle gezeigt, daß das gefaltete ER tatsächlich kontinuierlich in die äußere Zellmembran übergeht. Es ist also in Wirklichkeit eine gefaltete Membran, die ein Labyrinth von tiefen Höhlungen innerhalb des Zellkörpers umschließt. Die ribosomenfreie Seite des ER ist topologisch verbunden mit der Außenseite der Zellmembran, und die mit Ribosomen besetzte Seite ist allenthalben in Kontakt mit dem Cytoplasma. Das ER ist ferner mit der Kernmembran und den Golgi-Körpern verbunden. Es bietet also Zugangskanäle von der Zelloberfläche bis tief ins Zellinnere und damit gleichzeitig Ausgänge für kleine, in der Zelle produzierte Moleküle.

Außer für die Proteinsynthese ist die innere Oberfläche des ER auch der Ort, an dem Fettsäuren zu Fetten (zur Speicherung in Fett-Globuli im Cytoplasma) verestert werden, an dem Phospholipide und Cholesterin als Membranbausteine synthetisiert werden und an dem Zucker zu Mucopolysacchariden polymerisiert werden, welche in den Raum zwischen den Zellen ausgeschieden werden.

Der Golgi-Apparat

Der Golgi-Apparat ist ein weiterer Stapel von gefalteten Membranen. Zeitweise hängen diese Membranen direkt mit dem ER und somit letztlich mit der Zelloberfläche zusammen. Die Rolle des Golgi-Apparates ist nicht genau bekannt, aber eine seiner Funktionen, die man kennt, ist die Sammlung von Proteinen, Fetten, Polysacchariden und anderen Molekülen, die am ER synthetisiert wurden, und ihre Verpackung in kugelförmige Vesikeln, die in der Zelle gespeichert oder nach außen abgegeben werden können. Die sekretorische Zelle des Pankreas, deren Portrait am Anfang dieses Kapitels steht, synthetisiert an ihrem ER die Vorläufer von Trypsin und Chymotrypsin und sekretiert mit Hilfe ihres Golgi-Apparates diese „Proenzyme" in den Ausgang der Bauchspeicheldrüse, von wo sie in den Verdauungstrakt gelangen und zu den eigentlichen Enzymen aktiviert werden (s. Zeichnung auf der nächsten Seite). Der Golgi-Apparat ist eine „Laderampe" für neu synthetisierte Moleküle, er hat aber wahrscheinlich noch andere Aufgaben.

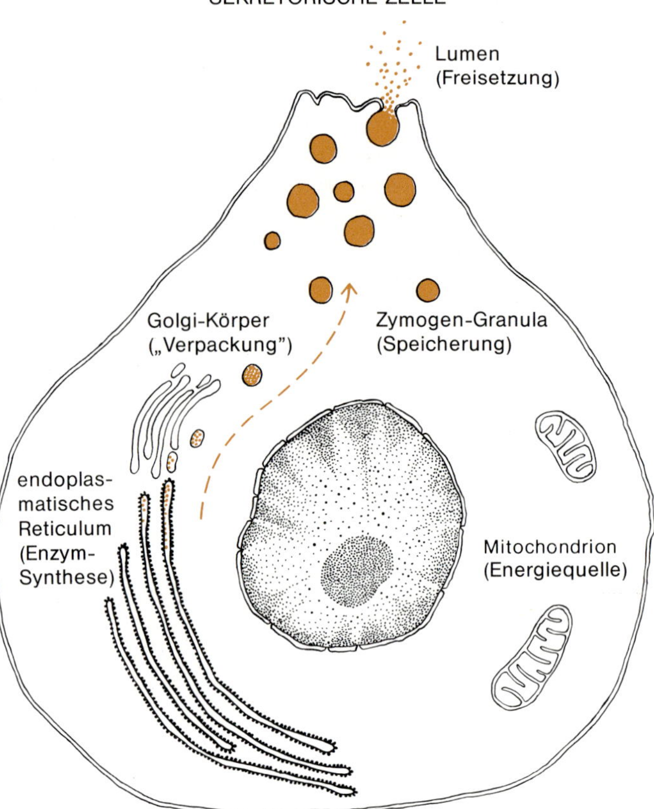

Fließschema der Moleküle in einer sekretorischen Zelle wie z. B. der Pankreas-Zelle von Seite 611. An den Ribosomen des endoplasmatischen Reticulums werden Vorläufer-Moleküle von Enzymen synthetisiert und im Golgi-Apparat konzentriert und zusammengepackt. Sie werden in den Zymogen-Granula gespeichert, bis sie von der Zelle sekretiert werden. Die Vorläufer-Moleküle werden erst im Darmtrakt, wo die Verdauungsenzyme gebraucht werden, zu diesen aktiviert. Rechts ist eine einzelne Pankreas-Zelle dargestellt, unten eine säulenförmige Anordnung mehrerer Zellen.

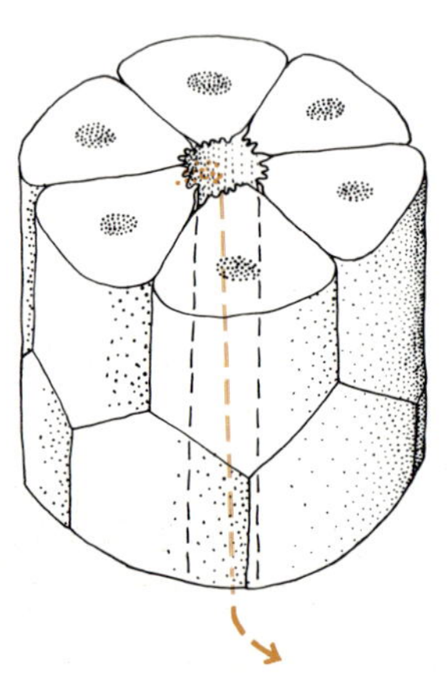

Sekretorische Zellen aus dem Pankreas, die in zylindrischer Anordnung zusammengestapelt sind. Die sekretierten Enzyme erreichen durch die zentrale Röhre dieses Gebildes den Darm.

Die Mitochondrien

Zellmembran, endoplasmatisches Reticulum, Golgi-Apparat und Kernmembran bilden zusammen ein topologisch miteinander verbundenes Membransystem mit außerordentlich großer Oberfläche. Verbindungen zwischen diesen Organellen werden gebildet oder unterbrochen, wenn ihre Membranen sich teilen oder vereinigen oder Vesikeln abschnüren. Insgesamt bilden sie ein integriertes Ganzes mit einem „Innen" und einem „Außen". Die Innenseite der Zellmembran, die mit Ribosomen besetzte Oberfläche des ER, die Außenfläche des Golgi-Apparates, die Hülle des Kerns und sogar – wegen der Poren – das Kerninnere: all das gehört topologisch zum „Innen" und ist mindestens zeitweise miteinander verbunden. Im Gegensatz dazu befinden sich die äußere Zelloberfläche, die ribosomenfreie Seite des ER, der innere Bereich des Golgi-Apparates und der Raum zwischen den beiden Schichten der Kernhülle „außen" – in dem Sinne, daß all diese Bereiche keinen Zugang zum Cytoplasma haben.

In diesem Sinne topologisch „außerhalb" der Zelle ist eine weitere Organelle, obwohl sie mitten im Cytoplasma schwimmt: das *Mitochondrion,* das in der elektronenmikroskopischen Aufnahme ganz rechts oben zu sehen ist. Mitochondrien sind die Schauplätze des Citronensäure-Cyclus, der Atmung und der ATP-Synthese. In einer typischen Leberzelle der Ratte finden sich über tausend Mitochondrien. Ihre Größe und Form variieren stark von Zelle zu Zelle und von Organismus zu Organismus, aber typische Dimensionen sind 0.5 mal 2 μm – d. h. ungefähr die Größe eines Bakteriums. „Außerhalb" der Zelle sind sie insofern, als sie vollständig von einer glatten, der Zellmembran ähnlichen Außenmembran umgeben sind, die sie völlig vom Cytoplasma trennt. In dem von dieser äußeren Membran umschlossenen Raum befindet sich eine stark gewundene und gefaltete innere Membran, deren Ausläufer weit ins Herz des Mitochondrions reichen. Wenn das Mitochondrion so groß wäre wie ein „kleines" Bierglas, hätte seine innere Membran ungefähr die Fläche von *acht* 2 m mal 2 m großen Tischtüchern – in der Tat ein eindrucksvolles Faltkunststück! Die tiefen Einfaltungen der inneren Membran, die *Cristae* genannt werden, ähneln dem ER der Zelle und könnten auch ähnliche Funktionen ausüben: Vergrößerung der Oberfläche und Eröffnung eines Zugangs ins Innere. Eine halbflüssige, gelatinöse *Matrix* füllt das Innere der inneren Membran; sie enthält zu 50 Prozent Protein.

Ungefähr 25 Prozent des Proteins der inneren Membran wird von den Flavoproteinen, Cytochromen und Enzymen der Atmungskette und ATP-Synthese gebildet; die anderen 75% sind Strukturprotein, an das Lipide assoziiert sind. Die innere Membran ähnelt eher einer Bakterienmembran als derjenigen einer eukaryotischen Zelle, und zwar sowohl hinsichtlich der chemischen Zusammensetzung wie auch hinsichtlich Dicke und Struktur. Auf elektronenmikroskopischen Aufnahmen vergleichbarer Präparate von Bakterienmembranen (Seite 609) und von inneren Mitochondrienmembranen (rechts unten) erkennt man die gleichen, auf Stengeln sitzenden Kügelchen. Man hat die Vermutung ausgesprochen, daß am Fuß der Stengel die Atmungskette der Mitochondrien lokalisiert ist, während die kugeligen Partikel der Ort der Kopplung an die ATP-Synthese sind. Die Enzyme des Citronensäure-Cyclus schwimmen frei in der Matrix, so wie die Glykolyse-Enzyme im Cytoplasma.

Zelle und Mitochondrien teilen sich die Reaktionen des Glucose-Stoffwechsels. (Da die Mitochondrien sich topologisch „außerhalb" der Zelle befinden, ist es gerechtfertigt, von gleichsam getrennten Partikeln zu sprechen.) Der Abbau von Glucose zu Pyruvat über den Reaktionsweg der Glykolyse findet im Cytoplasma der Zelle statt. Beim anaeroben Stoffwechsel der Hefe wird Pyruvat zu Ethanol reduziert, NADH wird nicht gebildet, und die Geschichte ist schon zu Ende. Auch in menschlichen Muskeln, die an Sauerstoffmangel leiden, findet der gleiche Ablauf statt, nur mit Lactat als Endprodukt.

Ist aber ausreichend Sauerstoff vorhanden, diffundiert das Pyruvat durch die beiden Membranschichten hindurch in die mitochondriale Matrix und fließt in den Citronensäure-Cyclus ein. Die Enzyme dieses Cyclus sind allesamt in der Matrix gelöst – mit drei Ausnahmen: die Dehydrogenasen für Succinat, Pyruvat und α-Ketoglutarat. Succinat-Dehydrogenase ist das einzige Enzym, das Wasserstoff-Atome auf FAD statt auf NAD^+ überträgt (vgl. das Schema des Citronensäure-Cyclus auf Seite 565). Das Molekül der Succinat-Dehydrogenase muß in die innere Mitochondrienmembran eingebettet sein, unmittelbar neben den Cytochromen und Enzymen der Atmungskette, denn das Carrier-Molekül $FADH_2$ ist permanent an das Enzym gebunden und kann nicht, wie NADH, von einer Stelle zur anderen diffundieren. Pyruvat- und α-Ketoglutarat-Dehydrogenase sind beides große Multienzym-Komplexe mit Molekülmassen in der Größenordnung von Millionen; sie sind in ähnlicher Weise in die innere Mitochondrienmembran eingebettet. Die anderen Enzyme des Citronensäure-Cyclus treiben frei in der Matrix. Das durch den Cyclus produzierte NADH diffundiert zur Oberfläche der inneren Membran, wo es – wie auch $FADH_2$ – durch die Atmungskette reoxidiert wird. Sauerstoff wird zu H_2O reduziert, ADP wird zu ATP phosphoryliert; beide Vorgänge finden an der Oberfläche der inneren Membran statt.

Die innere Membran isoliert das Mitochondrion chemisch von der Zelle, in der es sich befindet. Die äußere Membran ist für die meisten Moleküle niederer Molekülmasse durchlässig. Durch die innere Membran können nur Wasser, kleine, neutrale Moleküle und kurzkettige Fettsäuren wandern. Sie ist undurchlässig für Kationen und Anionen, für die meisten Aminosäuren, für Rohrzucker und die meisten ande-

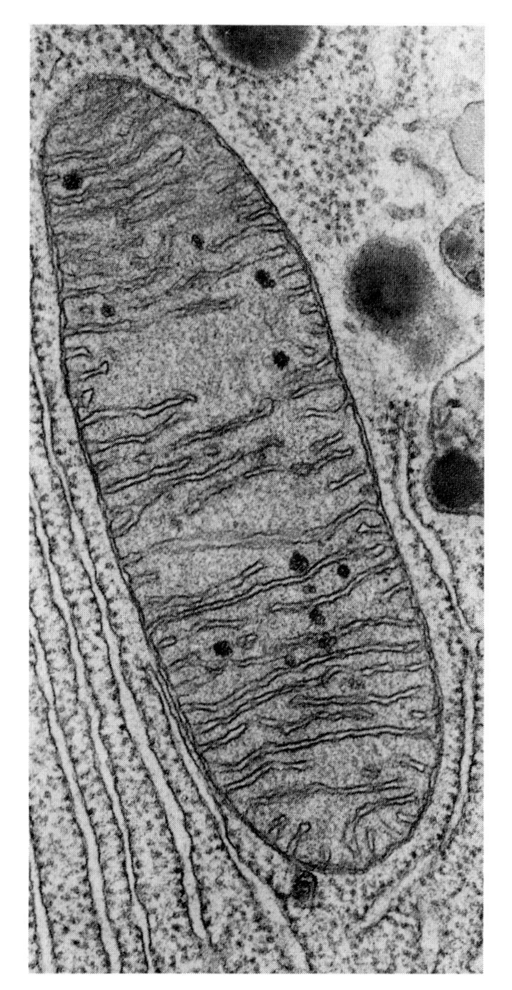

Querschnitt eines Mitochondrions aus einer sekretorischen Zelle des Pankreas. Die innere Membran ist hin und her gefaltet zu „Cristae", die in diesem Querschnitt wie Finger aussehen. An dieser inneren Membran finden sich die Atmungsenzyme; die meisten Enzyme des Citronensäure-Cyclus befinden sich frei in Lösung im Inneren des Mitochondrions. (Aufnahme: K. R. Porter.)

Innere Mitochondrienmembran, an der man auf Stielen sitzende Kügelchen erkennt, ähnlich jenen, die man auf der Innenseite mancher Präparate von Bakterien-Membranen sieht. Zeugnisse dieser Art stützten die Hypothese, daß sich Mitochondrien aus atmenden Bakterien entwickelt haben könnten, die symbiotisch in einer größeren Wirtszelle lebten. (Aufnahme: Prof. Walther Stoeckenius.)

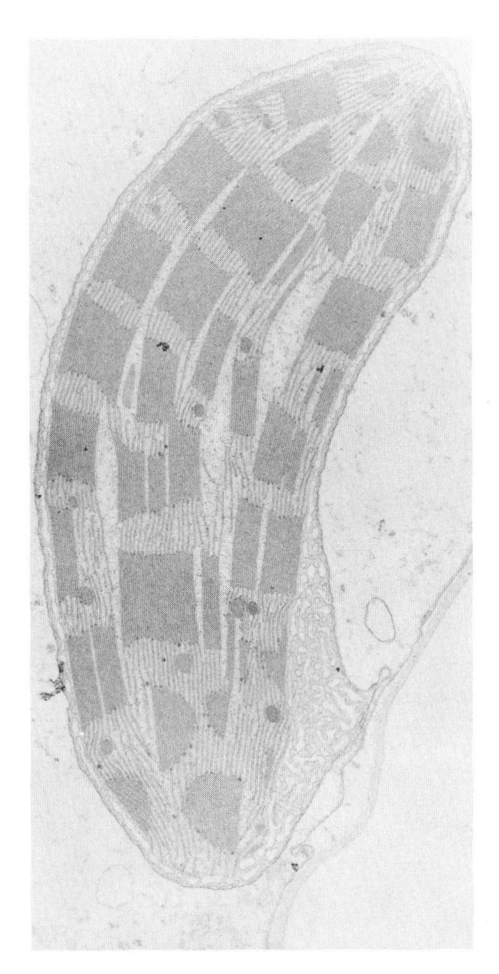

Elektronenmikroskopische Aufnahme eines Chloroplasten aus Mais. Man erkennt die in Grana gestapelten Thylakoid-Scheiben. (Aufnahme: Dr. L. K. Shumway, Genetics Program und Department of Botany, Washington State University.)

ren Zucker, für Coenzym A und dessen Ester mit Acetat und Succinat, für ADP, ATP, NAD^+ und NADH. Ein Teil dieser Moleküle wird mit Hilfe von Carrier-Molekülen oder Permeasen in die eine oder andere Richtung transportiert. Beispielsweise gibt es eine Permease, die ADP und ATP durch die Membran hindurch zum Wechselkurs 1 : 1 gegeneinander austauscht. Andere Transport-Moleküle schleppen Fettsäure-Coenzym A-Komplexe, Phosphat, das Hydroxid-Ion, Citrat, Isocitrat, Succinat und Malat – aber kein Oxalacetat. Diese Undurchlässigkeit der inneren Membran für Oxalacetat ist der Grund, warum Oxalacetat während der Gluconeogenese erst in Malat umgewandelt und dann wieder rückgebildet wird (vgl. Seite 570).

Wenn die innere Mitochondrienmembran undurchlässig für NAD^+ und NADH ist, dann scheint es rätselhaft, wie das im Cytoplasma im Verlauf der Glykolyse produzierte NADH jemals auf die Seite der Atmungskette gelangen kann, wo es reoxidiert und mit Hilfe seiner Energie ATP synthetisiert werden kann. Das NADH aus der Glykolyse dringt auch überhaupt nicht in das Mitochondrion ein, sondern überträgt seine Freie Energie auf ein anderes Molekül, das dann wie eine Fähre die Membran durchquert. Allerdings kennen wir die Identität der Fähre nicht. Am wahrscheinlichsten ist ein Mechanismus, in dem das als „Fähre" dienende Molekül außerhalb des Mitochondrions durch NADH reduziert wird, ins Innere diffundiert und dann reoxidiert wird, während gleichzeitig FAD zu $FADH_2$ reduziert wird. Da in der Atmungskette pro $FADH_2$ nur zwei ATP produziert werden, bedeutete dies einen Verlust – sozusagen ein Fährgeld – von einem der drei ATP-Äquivalente, die von der Glykolyse außerhalb der Mitochondrien in jedem NADH bereitgestellt werden. Wäre dieser Mechanismus richtig, verminderte sich die aus einem Glucose-Molekül insgesamt gebildete Zahl von ATP-Molekülen von 38 auf 36 – aber der Einfachheit halber werden wir bei 38 Molekülen bleiben. Diese Unsicherheit ist nicht nur ein Zeichen dafür, wie wenig wir über manche Aspekte der Zellchemie wissen, sie verdeutlicht auch noch einmal, wie sehr das Mitochondrion wirklich „außerhalb" der Zelle ist.

Die Mitochondrien haben auch ihren eigenen, begrenzten, genetischen Apparat: DNA, Enzyme wie Polymerasen und Transcriptasen, um DNA zu vermehren bzw. die Information auf messenger-RNA umzukopieren, sowie Ribosomen für die Proteinsynthese. Die Mitochondrien-DNA ist klein und ringförmig – wie die DNA von Bakterien. Die Polymerasen sind ganz verschieden von jenen des Zellkerns, und die Ribosomen ähneln eher denen von Bakterien als den Ribosomen des Zell-Cytoplasmas. Im Mitochondrion kann Information auf messenger-RNA transcribiert werden, und auch Proteinsynthese findet statt. Bis vor wenigen Jahren glaubte man, daß die einzigen Proteine, für welche die mitochondriale DNA codiert, einige der Strukturproteine der inneren Membran und der Cristae wären. Später wurden weitere Proteine gefunden, darunter einige der an der Atmungskette beteiligten Enzym-Polypeptide. Aber die meisten Atmungsenzyme sowie alle Enzyme des Citronensäure-Cyclus und der ATP-Synthese werden von der DNA des Zellkerns codiert, im Cytoplasma synthetisiert und diffundieren erst dann in die Mitochondrien.

Mitochondrien haben ein halbautonomes Eigendasein. Wie sie aufgebaut sind – nicht unbedingt aber was sie enthalten – ist unabhängig von Informationen aus dem Zellkern. Bei der Zellteilung entstehen die Mitochondrien der Tochterzelle durch Teilung der Mitochondrien der Mutterzelle. Bei der sexuellen Fortpflanzung werden die Mitochondrien vom Ei der Mutter mitgebracht; später teilen sie sich und nehmen an Zahl zu. Gewöhnlich findet man die Mitochondrien an den Stellen der Zelle, wo Energie gebraucht wird (an den Myofibrillen der Muskelzellen z. B. oder im Bereich sekretorischer Aktivität, zu der ATP nötig ist) oder an Stellen, an denen gespeicherte Energie bereit steht (in der Nähe von Fettkügelchen im Cytoplasma). In Leberzellen können sich die Mitochondrien innerhalb des Cytoplasmas frei bewegen; es sind keine ortsgebundenen, statischen Organellen.

Eine alte, vor wenigen Jahren aber wieder zum Leben erweckte Hypothese besagt, daß die Mitochondrien der Zelle hochspezialisierte Überbleibsel von atmenden Bakterien sind, die früher einmal in symbiotischer Beziehung mit größeren, zellkernhaltigen Zellen lebten, die unfähig zum Atmen waren. Die Zelle des Gastgebers lieferte ihr eigenes Abfallprodukt, Pyruvat, als Nahrung an den Gast, der es verwertete und dafür einen Teil seines überschüssigen ATP an den Wirt zurücklieferte. Wirtszelle und Gastbakterium standen in ähnlicher Funktionsbeziehung wie die Kuh und die celluloseabbauenden Bakterien in ihrem Pansen. Mit der Zeit wurden Wirt und Gast zunehmend abhängig voneinander, und viele genetische Funktionen, die ursprünglich beim Gast selbst lagen, wurden auf den Zellkern des Gastgebers übertragen. Im Besitze einer eigenen, bakterienähnlichen inneren Membran und völlig verpackt in der äußeren Membran, die jener des Wirts ähnelt, befindet sich ein Mitochondrion tatsächlich außerhalb der eukaryotischen Zelle, obwohl es physikalisch von ihr eingeschlossen ist. – Als diese Theorie vor vielen Jahren aufkam, hatte sie als Basis nur die allgemeine Ähnlichkeit von Mitochondrien und Bakterien, und sie wurde aus Mangel an Beweisen nicht ernst genommen. In jüngster Zeit zusammengetragene Beweise, die z.B. die bakterielle und die mitochondriale Membran betreffen, ferner die DNA, die Polymerasen, die Ribosomen und die Wachstumshemmung durch Antibiotica, haben der alten Theorie nicht nur Respekt verschafft, sondern darüber hinaus ihre Richtigkeit wahrscheinlich gemacht. Auf ähnlichen Wegen kam die Forschung auch zu der Vermutung, daß die Chloroplasten der Photosynthese vermutlich Relikte einstmals symbiotisch lebender Blaualgen sind.

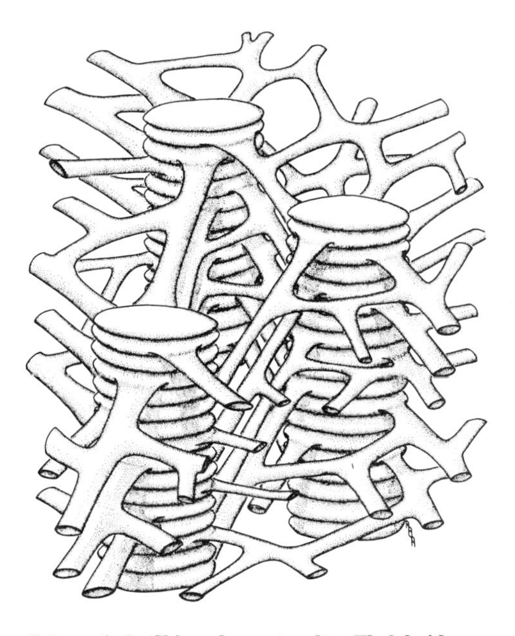

Schematische Skizze der gestapelten Thylakoid-Scheiben in den Grana mit den sie verbindenden Tubuli. Die Lichtreaktionen des Chlorophylls finden in den Membranen der Grana statt, und auch die Enzyme des Elektronentransports sind in diesen Membranen lokalisiert. Die Dunkelreaktionen, die zur Synthese von Glucose führen, finden in der Lösung innerhalb der Thylakoid-Scheiben statt. (Quelle: Dr. T.E. Weier.)

Die Chloroplasten

In den Chloroplasten (ganz links) spielt sich die Photosynthese der Eukaryonten ab. In photosynthetisierenden Purpurbakterien befinden sich die das Licht einfangenden Pigmente in taschenartigen Falten oder Vesikeln in der äußeren Membran. In Blaualgen sind diese Vesikeln vergrößert, abgeflacht und gestapelt, wobei benachbarte Vesikeln gelegentlich miteinander verbunden oder verschmolzen sind. In den Chloroplasten setzt sich diese Strukturentwicklung fort. Die individuellen Vesikeln, die man *Thylakoide* nennt, sind wie Geldstücke zu sogenannten Grana gestapelt, und zwischen einem Granum und dem nächsten gibt es eine große Zahl von Verbindungen in Form von hohlen Membranschläuchen (rechts). Wachstum und Entwicklung der Grana werden durch Licht angeregt – ebenso wie bei den photosynthetisierenden Vesikeln der Bakterien.

Die Lichtreaktionen der Photosynthese laufen in den Pigmentzentren vom Typ I und II in der Thylakoidmembran ab, und ebenso ist die Elektronentransport-Kette von Photosystem II auf Photosystem I und von dort auf NAD^+ in der Oberfläche der Thylakoidmembran lokalisiert. Schauplatz der Dunkelreaktionen der Kohlenhydrat-Synthese ist dagegen die Chloroplastenmatrix zwischen den Grana. Diese Organisation hat Ähnlichkeiten mit der von Mitochondrien und Bakterien: Glucoseabbau oder -synthese in der Matrix im Innern der Organelle, Elektronentransport-Ketten – Flavoproteine, Chinone, Cytochrome, Kupfer-Proteine – an der inneren Oberfläche der umgebenden Membran.

Chloroplasten sind in ähnlicher Weise wie die Mitochondrien innerhalb einer eukaryotischen Zelle halbautonom. Sie besitzen ebenfalls DNA, Replikationsenzyme sowie kleine Ribosomen, doch ist nicht klar, welche Proteine von der Chloroplasten-DNA codiert werden. Wie die Mitochondrien werden auch die Chloroplasten von der Zelle nicht *de novo* aufgebaut, sondern sie reproduzieren sich innerhalb der Zelle durch Teilung selbst. Aufgrund einer sie umgebenden äußeren Membran liegen auch die Chloroplasten topologisch „außerhalb“ der Zelle, und man vermutet, wie gesagt, daß sie ursprünglich aus symbiotisch lebenden Blaualgen entstanden sind.

Lysosomen und Peroxisomen

Lysosomen sind kleine Zellvesikeln, die proteinabbauende Enzyme, Nucleinsäuren und Polysaccharide enthalten. Die Lysosomen separieren diese gefährlichen Enzyme vom Rest der Zelle, so daß sie ihre Funktion als Verdauungs-Enzyme ausüben können, ohne ihrem Wirt Schaden zuzufügen. Eine weiße Blutzelle, deren Aufgabe das Ausräumen fremder Bakterien ist, absorbiert den Eindringling und verdaut ihn mit den hydrolytischen Enzymen in den Lysosomen. Beim Tod einer Zelle innerhalb eines vielzelligen Organismus zerlegen und verdauen die Lysosomen den Inhalt der toten Zelle. Man hat sie „Selbstmord-Vesikeln“ genannt und sie mit den Cyanid-Kapseln verglichen, die man aus Spionageromanen kennt, aber dabei werden unfairerweise die abbauenden und verdauenden Funktionen verkannt, welche die Lysosomen im Leben einer Zelle erfüllen.

Mysteriöser ist die Rolle der Peroxisomen. Sie enthalten das Enzym *Katalase,* das möglicherweise eines der ältesten Häm-Proteine ist, ein Vorläufer oder wenigstens Ahne der Cytochrome und Globine. Katalase ist eines der größten Enzyme aus nur einer Proteinkette; es enthält in seiner einzigen Kette über 500 Aminosäuren sowie eine Häm-Gruppe. Seine einzige bekannte Rolle ist die Zersetzung von Wasserstoffperoxid mit oder ohne Freisetzung von Sauerstoff:

$$2\,H_2O_2 \rightarrow 2\,H_2O + O_2 \quad \text{oder} \quad H_2O_2 + H_2R \rightarrow 2\,H_2O + R$$

In der rechts formulierten Reaktion, bei der kein Sauerstoff entwickelt wird, bedeutet H_2R eine beliebige, oxidierbare organische Verbindung.

Angesichts der allgemeinen Unsicherheit über den Zweck der Peroxisomen verdient eine phantasievolle Theorie Beachtung, wonach der Ursprung von Peroxisomen und Katalase in einem alten Verteidigungssystem primitiver Anaerobier *gegen* atmosphärischen Sauerstoff zu suchen ist. Viele lebenswichtige Reaktionen der Zelle enden bei reduzierten Flavoproteinen, die dann anaerob zurückoxidiert werden. Spuren von Sauerstoff in der Umgebung eines Anaerobiers können solche Prozesse vollständig durcheinanderbringen, indem sie die Flavoproteine direkt reoxidieren, wobei Wasserstoffperoxid gebildet wird:

$$FPH_2 + O_2 \rightarrow FP + H_2O_2$$

Alle Peroxide sind reaktive und gefährliche Oxidationsmittel, die zum Schutz der Zelle entfernt werden müssen. Das Enzym Katalase könnte dazu entwickelt worden sein, diesen Schutz mit Hilfe entbehrlicher organischer Moleküle (H_2R) zu erreichen, die als Reduktionsmittel wirken:

$$H_2O_2 + H_2R \xrightarrow{\text{Katalase}} 2H_2O + R$$

Katalase ist eines der effizientesten und „schnellsten“ Enzyme, das wir kennen. Ein Molekül dieses Enzyms zerstört pro Sekunde 10 Millionen H_2O_2-Moleküle. Vergleichbare Umsatzgeschwindigkeiten („turnover“) haben noch die verschiedenen Kinasen des Citronensäure-Cyclus, von denen jedes Enzym-Molekül immerhin tausend Substrat-Moleküle pro Sekunde umsetzt. Die „turnover“-Zahl von Chymotrypsin beträgt 300 Moleküle pro Sekunde, während Succinat-Dehydrogenase in einer Sekunde nur 20 Bernsteinsäure-Moleküle dehydriert. Als Katalysator für die Zersetzung von H_2O_2 arbeitet Katalase 10 Millionen mal so schnell wie eine einfache Häm-Gruppe und 10 Milliarden mal so schnell wie das Eisen(III)-Ion. Die Katalase erfüllt nur eine kleine Aufgabe, diese aber mit absoluter Perfektion.

Gemäß der oben zitierten Hypothese wurden Reaktionen von organischen Verbindungen mit O_2 ursprünglich nicht dazu entwickelt, Energie aus diesen Substraten zu gewinnen, sondern als Detoxifikations-Mechanismen, um die schädlichen Wirkungen des Sauerstoffs auszuschalten. Die Nutzbarmachung der bei der Reaktion mit Sauerstoff freigesetzten Energie kam nach dieser einleuchtenden Theorie erst später. Die Peroxisomen enthalten auch rudimentäre Stoffwechsel-Cyclen, bei denen Flavoproteine reduziert werden; sie könnten die spärlichen Überreste von kurzgeschlossenen Atmungsmechanismen sein. Die Peroxisomen könnten Relikte eines primitiven Atmungssystems sein, das von der Zelle aufgegeben wurde, als sie in symbiotische Beziehung mit den bakteriellen Vorläufern der Mitochondrien trat. Nach dieser Theorie sind diese metabolischen Relikte in den Peroxisomen heute auf die einzige Funktion reduziert, welche die Mitochondrien nicht besser können: Peroxide unschädlich zu machen.

Die Strategie einer eukaryotischen Zelle

Eine eukaryotische Zelle ist ein ausgeklügelt organisiertes, chemisches System. Im vorliegenden Kapitel haben wir immer darauf geachtet, wo die verschiedenen chemischen Reaktionen stattfinden; und dies alles ist auf der folgenden Seite zusammengefaßt. Die einzelnen chemischen Reaktionen sowie die Netzwerke von miteinander in Zusammenhang stehenden Reaktionen werden von Enzymen gesteuert und von einer Reihe verschiedener Einflüsse reguliert:

1. Von den Konzentrationen der Reaktanden und Produkte;
2. von der Verfügbarkeit der Enzyme, die eine Reaktion die Oberhand über eine andere gewinnen lassen und so die Weiche stellen, welchen Reaktionsweg der Löwenanteil einer bestimmten Menge Ausgangsmaterial einschlägt;
3. von der Verfügbarkeit von ausreichend ATP, um eine energetisch ungünstige Reaktion trotzdem möglich zu machen;
4. von der unmittelbaren Hemmung eines Enzyms durch die Produkte der von ihm katalysierten Reaktion;
5. von einer indirekten Regulation eines allosterischen Enzyms durch Rückkopplung („feedback“); sie kann positiv oder negativ sein und wird durch ein Molekül ausgeübt, das in einem späteren Schritt der Reaktionssequenz auftritt;
6. von der physikalischen Abgrenzung der Enzyme eines bestimmten Prozesses im einen oder anderen Teil der Zelle;
7. von der Steuerung des Austauschs von Metaboliten und Ionen zwischen verschiedenen Teilen der Zelle mit Hilfe von selektiv permeablen Membranen.

Demnach hat die Struktur der Zelle einen großen Einfluß auf die Chemie, die sich in ihr abspielt.

Prokaryonten sind einfacher strukturiert, ihre Chemie ist aber vielfältiger als die der Eukaryonten. Die primitiven Bakterien beziehen ihre Energie aus den vergleichsweise simplen Abläufen der Glykolyse. Eine Reihe von Bakterien hat zusätzlich die Atmung entwickelt, mit Sulfat, Sauerstoff oder Nitrat als Oxidationsmittel. Andere Bakterien haben dazu die Photosynthese erfunden, mit H_2S, H_2 oder organischen Molekülen als Reduktionsmittel. Aus diesen verschiedenen Möglichkeiten haben sich die Blaualgen die Sauerstoff-Atmung ausgesucht und ein Photosynthese-System mit zwei Zentren entwickelt, bei dem Wasser als Quelle für reduzierende Elektronen dient. Nach einer plausiblen Arbeitshypothese begann die Evolution der eukaryotischen Zellen ursprünglich mit einer symbiotischen Gemeinschaft aus

Die Schauplätze der lebenswichtigen chemischen Reaktionen in der eukaryotischen Zelle

Vorgang	Schauplatz in der Zelle
Weitergabe der genetischen Information und Proteinsynthese	
DNA-Replikation	Zellkern
Histon-Synthese	Zellkern
Proteinsynthese (außer Histone):	
Umkopieren der Information auf mRNA	Zellkern
Biosynthese der nicht-essentiellen Aminosäuren	Cytoplasma
Aktivierung der Aminosäuren und ihre Verknüpfung mit tRNA	Cytoplasma
Polykondensation der Aminosäuren zu Proteinketten	Ribosomen
„Verpacken" der Enzyme für Speicherung und Export	Golgi-Körper
Produktion von Triebkraft (in Form von ATP) für diese Reaktionen	Mitochondrien
Energiegewinnung	
Kohlenhydrat-Stoffwechsel	
Glykolyse bis Pyruvat	Cytoplasma
Pyruvat bis Acetyl-Coenzym A	innere Membran der Mitochondrien
Citronensäure-Cyclus	Matrix der Mitochondrien
(außer α-Ketoglutarat-DH und Succinat-DH)	(innere Membran der Mitochondrien)
Atmungskette und ATP-Synthese	innere Membran der Mitochondrien
Fettsäureoxidation	
Hydrolyse von Fett-Globuli zu Fettsäuren	Cytoplasma
Aktivierung der Fettsäuren mit Coenzym A	äußere Membran der Mitochondrien
Abbau der Fettsäuren zu Acetyl-Coenzym A	Matrix der Mitochondrien
(Verwertung von Überschüssen: wie Kohlenhydrate)	
Aminosäure-Stoffwechsel	
Hydrolyse von Proteinen zu Aminosäuren	außerhalb der Zelle
verschiedenartige Umwandlungen von Aminosäuren	Cytoplasma und Mitochondrien
Energiespeicherung	
Gluconeogenese	
Startschritte bis Phosphoenolpyruvat (PEP)	Matrix der Mitochondrien
Phosphoenolpyruvat bis Glucose	Cytoplasma
Synthese von Fetten und Lipiden	
Fettsäure-Synthese aus Acetyl-Coenzym A	Cytoplasma
Veresterung von Fettsäuren zu Fetten	Endoplasmatisches Reticulum
Photosynthese	
Lichtreaktionen: Einfang von Sonnenenergie	Grana der Chloroplasten
Dunkelreaktionen: Synthese von Glucose	Chloroplasten-Matrix
Abgrenzung und Schutz	
Biosynthese von Phospholipiden und Cholesterin	Endoplasmatisches Reticulum
Mucopolysaccharid-Synthese	Endoplasmatisches Reticulum
Selektive Aufnahme und Abgabe von Molekülen	Zellmembran
Zerstörung von Peroxiden	Peroxisomen
Saure und enzymatische Hydrolyse von Proteinen, Nucleinsäuren und Polysacchariden	Lysosomen
Andere Prozesse	
Schwefel-Metabolismus	Endoplasmatisches Reticulum
Porphyrin-Biosynthese für Chlorophyll und Häm	Cytoplasma

größeren, zellkernhaltigen, nicht photosynthetisierenden und vermutlich auch nicht atmenden Wirtszellen und kleinen, zur Atmung fähigen Bakterien, welche so zu den Vorfahren der Mitochondrien wurden. Die Photosynthese der Eukaryonten hat sich vermutlich aus einer symbiotischen Beziehung zwischen alten, kern- und mitochondrienhaltigen, eukaryotischen Zellen einerseits und Blaualgen andererseits entwickelt. Die Spuren des alten Kohlenhydrat-Stoffwechsels haben sich in den Dunkelreaktionen der Chloroplasten erhalten, und Reste eines genetischen Apparates finden wir sowohl in Chloroplasten als auch in Mitochondrien. Mit der „Erfindung" der eukaryotischen Zelle vor 1.2 bis 1.4 Milliarden Jahren war der Weg frei für die Evolution großer, vielzelliger Organismen.

Fragen

1. Welcher prinzipielle, strukturelle Unterschied besteht zwischen Prokaryonten und Eukaryonten? Welche Arten von Lebewesen sind für jeden Zelltyp repräsentativ?
2. Sind Bakterien Prokaryonten oder Eukaryonten? In welcher Form liegt DNA in einer Bakterienzelle vor?
3. Wie unterscheiden sich bakterielle Zellwand, Kapsel und äußere Membran? Welche der drei Komponenten ist für die Regelung von Einlaß und Austritt von Molekülen und Ionen am wichtigsten?
4. Welcher Unterschied besteht zwischen aktivem und passivem Transport quer durch eine Membran? Welcher dieser beiden Prozesse kann zur Akkumulation eines Überschusses einer Substanz auf einer Seite der Membran führen? Welcher Prozeß bedarf einer äußeren Energiequelle? Woher stammt die Energie?
5. In welchem Teil einer Bakterienzelle findet die Glykolyse statt? Wo sind in atmenden Bakterien die Enzyme der Atmungskette lokalisiert?
6. In welchem Teil einer eukaryotischen Zelle findet die Glykolyse statt? Wo sind die Enzyme des Citronensäure-Cyclus lokalisiert? Wie erreichen die Produkte der Glykolyse diese Enzyme? Wo befinden sich die Atmungs-Enzyme?
7. In welchem Teil photosynthetisierender Bakterien finden die Lichtreaktionen der Photosynthese statt? Wo sitzen die Enzyme der Dunkelreaktionen?
8. In welchen unterschiedlichen Bereichen spielt sich die Photosynthese in den Zellen grüner und purpurner Schwefelbakterien ab?
9. Welche biochemische Funktion haben die Ribosomen von Bakterien und Eukaryonten? Welchen davon sind die Ribosomen von Mitochondrien ähnlicher?
10. Welche Arten von eukaryotischen Zellen haben Zellwände? Welchen Zweck haben diese?
11. In welcher Form ist die DNA eukaryotischer Zellen verpackt?
12. In welcher Weise unterstützen bestimmte Antibiotica-Moleküle den Transport von Ionen durch die Zellmembran? Ist dieser Vorgang ein Beispiel für aktiven oder passiven Transport?
13. Was versteht man unter der Natriumpumpe von Zellen? Auf welche Weise baut sie einen Überschuß an Natrium-Ionen auf? Handelt es sich um aktiven oder passiven Transport?
14. Was ist das „endoplasmatische Reticulum" und wie ist es mit den Ribosomen assoziiert? Welche chemischen Vorgänge laufen am endoplasmatischen Reticulum ab?
15. In welchem Sinne befindet sich die ribosomenfreie Seite des endoplasmatischen Reticulums „außerhalb" der Zelle? In welchem Sinne befindet sich ein Mitochondrion „außerhalb" der Zelle, obwohl es doch im physikalischen Sinne ringsum von ihr umschlossen wird?
16. Was ist ein Golgi-Körper? Was hat er für eine biochemische Funktion?

17. Wie viele Membranen hat ein Mitochondrion? Wie viele Mitochondrien gibt es normalerweise in einer typischen eukaryotischen Zelle?
18. Welche biochemischen Reaktionen, die mit Energie zu tun haben, finden in einem Mitochondrion statt?
19. Manche der Enzyme, die für die Reaktionen von Frage 18 nötig sind, schwimmen frei in der Mitochondrien-Matrix, andere sind in die innere Oberfläche der Mitochondrienmembran eingelagert. Welche Enzyme sind wo?
20. Inwiefern ähneln Mitochondrien Bakterien? Woher könnte eine solche Ähnlichkeit rühren?
21. Welches Produkt der Glykolyse diffundiert durch die Membran der Mitochondrien und dient dann als „Brennstoff" für den Citronensäure-Cyclus?
22. Können alle Zwischenprodukte der Glykolyse die Mitochondrienmembran passieren? Warum wäre das, wenn es so wäre, von Nachteil?
23. Wie gelangt NADH, das bei der Glykolyse gebildet wurde, zum Schauplatz der Atmungskette im Innern eines Mitochondrions, wenn doch die Mitochondrienmembran für NADH undurchlässig ist?

24. Welche Leistungsgrenzen hat der genetische Apparat der Mitochondrien? Welche Proteine machen sie selbst?
25. Was versteht man unter den Thylakoiden und Grana der Chloroplasten grüner Pflanzen?
26. Wo in diesen beiden Strukturen – Thylakoide und Grana – sind die Schauplätze von Licht- und Dunkelreaktionen der Photosynthese?
27. Befinden sich Chloroplasten in dem oben bei den Mitochondrien diskutierten Sinne „innerhalb" oder „außerhalb" der Zelle? Welchen symbiotischen Ursprung vermutet man für die Chloroplasten?
28. Was versteht man unter Lysosomen? Welche biochemischen Reaktionen sind typisch für sie?
29. Was versteht man unter Peroxisomen? Welches uralte Enzym enthalten sie? Welche Funktion übt dieses Enzym heute aus? In welchem Sinne haben sich die Vorfahren der Peroxisomen durch das Auftreten der Mitochondrien überlebt?

26. Kapitel

Der Ursprung des Lebens auf der Erde

◀ *Vortitel: „Der zweite Tag der Schöpfung", ein Holzschnitt aus dem Jahre 1925 von dem Holländer M. C. Escher, zeigt eine stürmische, wasserbedeckte Erde aus der Ära, als sich das Leben entwickelte. (Photo: National Gallery of Art, Washington, D. C.; Stifung C. V. S. Roosevelt)*

Primaten sind von Natur aus neugierig, und diese Neugierde ist beim *Homo sapiens* am höchsten entwickelt. Die Frage „Woher sind wir gekommen?" war eines der dringendsten Anliegen, seit der Mensch Fragen stellen kann. In der einen oder anderen Form ist diese Frage die Wurzel der meisten Religionen.

Solange die Tiere und die übrigen Kreaturen der Erde nur als Automaten betrachtet wurden, so wie Descartes sie charakterisierte, oder als untergeordnete Kreaturen, die nur zu unserem Nutzen dasein sollten, beschränkte sich die Frage nach dem Ursprung allein auf den Menschen. Doch als wir allmählich unsere Mitkreaturen verstehen lernten und unsere biologische und biochemische Verwandtschaft mit ihnen erkannten, hat sich die Frage erweitert und verallgemeinert zu: „Woher stammt das Leben?"

Im Prinzip gibt es zwei Möglichkeiten: eine besondere Schöpfung oder die spontane Entstehung. Die besondere Schöpfung entsprach lange der Überzeugung der Theologen. Die spontane Entstehung dagegen galt viele Jahrhunderte lang als rationale Ansicht. Jeder praktische Beobachter der Welt um sich herum wußte, daß sich Leben spontan aus unbelebter Materie durch die Wirkung von Wärme, Licht, Feuchtigkeit und (nachdem sie entdeckt worden war) Elektrizität entwickelt. Maden entstehen aus verfaulendem Fleisch und Läuse aus schweißgetränkten Kleidern. Käfer entwickeln sich aus verrottendem Holz und Pferdebremsen durch Umwandlung von Stallmist.

Es ist schwer, eine so gründlich ausgerottete Vorstellung wie die spontane Entstehung des Lebens heute darzustellen, ohne ein Lächeln der Zuhörer zu ernten. Wenn jemals eine allgemein akzeptierte Vorstellung durch sorgfältige Experimente als Altweibermärchen entlarvt worden ist, dann war es die Vorstellung von der spontanen Entstehung des Lebens. Francisco Redi zeigte vor mehr als dreihundert Jahren, daß sich in Fleisch, das durch ein Tuch vor eierlegenden Fliegen geschützt wurde, niemals Maden entwickeln. Andere, die ihm folgten, zeigten, daß in gekochter Fleischbrühe, die gegen Verunreinigungen aus der Luft abgeschirmt wurde, keine Mikroorganismen entstehen. Die Vorstellung von der spontanen Entstehung des Lebens war aber nur schwer auszurotten; ihre Anhänger behaupteten, daß die Lebenskräfte empfindlich seien und durch Kochen zerstört werden. Die frühen Experimente waren noch nicht raffiniert genug und schlugen gerade oft genug fehl, um die Kontroverse am Leben zu halten. Die Abneigung, die Lehre von der spontanen Lebensentstehung aufzugeben, war kein Beispiel für hartnäckigen Aberglauben, sondern für den Eigensinn derjenigen, die sich als Verteidiger der rationalen Schule und der einzigen Alternative zur göttlichen Willkür betrachteten.

Die Verteidiger hatten unrecht. Louis Pasteur besiegelte 1861 das Schicksal der spontanen Lebensentstehung durch eine Reihe sorgfältiger Experimente. Er zeigte eindeutig, daß Mikroorganismen durch die Luft getragen werden, und daß sie in zuvor sterilisierter Brühe nur wachsen, wenn die Brühe durch Luft oder ähnliche Quellen verunreinigt wird. „Alles Leben entsteht aus Leben", wurde eines der feststehenden und unveränderlichen biologischen Dogmen. Das führte zu einem Dilemma, das als das Henne-und-Ei-Paradoxon bezeichnet wird. Was war zuerst da, die Henne oder das Ei? Wenn alle Eier nur von Hühnern stammen und alle Hühner nur aus Eiern, dann muß es irgendwann einmal zuerst ein Huhn oder zuerst ein Ei gegeben haben. Das erfordert einen Schöpfer, einen himmlischen Uhrmacher, der die gesamte Lebensmaschinerie in Bewegung setzte und dann zurücktrat und den Dingen ihren „natürlichen Lauf" ließ. Die Lebensvorgänge und die Mechanismen des Lebens waren von da an fruchtbare Forschungsgebiete, aber der *Ursprung* des Lebens war kein legitimes Objekt wissenschaftlicher Untersuchungen. Offensichtlich hatte Pasteur die einzige Theorie über den Ursprung des Lebens widerlegt, die durch wissenschaftliche Untersuchungen überhaupt überprüft werden konnte.

Während Pasteur die letzte Erde über dem Grab der spontanen Lebensentstehung feststampfte, wurde eine andere, außerordentlich wichtige Vorstellung der

Biologie entwickelt – eine, die erst fast einhundert Jahre später Einfluß auf die Chemie haben sollte. Es war die *Evolutionstheorie,* wie sie von Charles Darwin, Alfred Wallace und dem sehr geschickten Propagandisten Thomas Huxley aufgestellt wurde. Die Reproduktion ist bei allen Lebewesen niemals perfekt. Bei den Nachkommen zeigen sich Variationen, die ihnen unterschiedliche Fähigkeiten verleihen, mit den Herausforderungen einer bestimmten Umgebung fertig zu werden. Die Umgebung übt eine selektive Kraft auf die Population der Nachkommen aus: Die am besten Angepaßten überleben am zahlreichsten und produzieren neue Nachkommen. Die Merkmale, die in einer bestimmten Umgebung das Überleben erleichtern, werden also erhalten. Während sich die Anpassung an eine bestimmte Umgebung verbessert und sich die Umgebung allmählich auf dem Planeten ändert, ändern sich auch die Organismen, passen sich an und entwickeln sich.

Das ist der Schlüssel zu dem Paradoxon von Henne und Ei. Wenn wir die Evolution der Hühner und Eier weit genug zurückverfolgten, würden wir nicht ein erstes Ei finden. Statt dessen würden wir allmählich feststellen, daß wir keine Hühner mehr betrachten, sondern gefiederte Reptilien. Wenn wir die Linie weiter zurückverfolgten, würden wir Amphibien sehen, Knochenfische, Knorpelfische und Wirbellose. Wenn man den Weg weit genug zurückverfolgt, gelangt man zu einzelligem Leben. Doch woher kam dieses einzellige Leben? Ist ein Bakterium-und-Sporen-Paradoxon weniger frustrierend als das Henne-und-Ei-Paradoxon? Wenn wir noch nicht geistig müde sind und unsere Neugier noch nicht erschöpft ist, müssen wir schließlich fragen: „Woher stammt das früheste einzellige Leben?" Bei diesen einfachen Organismen wird das Problem sowohl ein chemisches als auch ein biologisches.

Die Frage nach dem Ursprung des Lebens wurde von den Wissenschaftlern ein dreiviertel Jahrhundert lang nach Pasteur geflissentlich übergangen, mit zwei Ausnahmen: A. I. Oparin in Rußland und J. P. S. Haldane in England. Die Endgültigkeit der Pasteurschen Experimente ließ die chemische Untersuchung der Entwicklung des Lebens aus nichtlebenden Chemikalien nicht respektabel erscheinen. Das vorliegende Kapitel befaßt sich mit dem Wiedererwachen des Konzepts der spontanen Entstehung des Lebens in einer neuen, begrenzten und wissenschaftlich nachprüfbaren Form. Wir behaupten heute nicht, daß es immer noch passiert, dafür hat Pasteur gesorgt. Doch wir glauben, daß Leben auf diesem Planeten einmal spontan entstanden ist und daß es dann selbst die Bedingungen zerstört hat, unter denen es noch einmal passieren könnte.

Biochemisches Erbgut des Lebens

Es gibt keinen fossilen Citronensäure-Cyclus oder fossile Glykolyse-Enzyme, die untersucht werden könnten, und es wird sie nie mehr geben. Ausgangspunkt zum Verständnis der chemischen Evolution müssen die Reaktionen sein, die in den heutigen Organismen ablaufen. Eukaryonten können Energie durch sauerstoffverbrauchende Atmung gewinnen, und die photosynthetisierenden Organismen gewinnen Reduktionskraft aus Wasser und setzen dabei Sauerstoff frei. Diese Einförmigkeit im Metabolismus fehlt bei den älteren Prokaryonten. Einige Bakterien atmen mit O_2; doch andere können auch Nitrat als Oxidationsmittel benutzen, wenn kein O_2 zur Verfügung steht. Da an beiden Prozessen dieselben Enzyme beteiligt sind und O_2 immer den Vorzug erhält, ist die Nitratatmung möglicherweise eine relativ neue, spezielle Anpassung, die zur Aufklärung der Evolution des Lebens wenig beiträgt.

Die in Abwässern lebenden Bakterien *Desulfovibrio* atmen und gewinnen Energie aus ihrer Nahrung mit Hilfe von Sulfat als Oxidationsmittel und geben dabei H_2S ab, das zum Gestank der Abwässer beiträgt. An der Elektronentransportkette der Sulfatatmung sind verschiedene Enzyme beteiligt, und diese Art der Atmung scheint eine völlig unabhängige Lösung für das Problem zu sein, mehr Energie aus Nahrungsmitteln zu gewinnen, indem man sie mit einem Oxidationsmittel kombiniert. Sulfat ist kein so gutes Oxidationsmittel wie O_2, doch ist es akzeptabel. Sulfatveratmende Bakterien sind strikte Anaerobier, die durch die bloße Gegenwart von O_2 vergiftet werden. Sie sind auf faulende Abwässer oder andere Mikroumgebungen begrenzt, die reduzierend wirken. Es könnten „lebende Fossilien" sein aus einer Zeit, in der auf unserem Planeten wenig oder kein atmosphärischer Sauerstoff vorkam.

Andere Bakterien, wie die Clostridien, die in Fleisch und Wunden leben können und dadurch Botulismus oder Wundbrand verursachen, atmen überhaupt nicht. Sie gewinnen ihre gesamte Energie durch anaerobe Gärung (Glykolyse), wobei als Abfallprodukte Lactat, Acetat, Ethanol, Butyrat, Propionat oder andere kleine organische Moleküle entstehen. Sie sind alle obligate Anaerobier, auf die freier Sauerstoff tödlich wirkt. (Deshalb entwickelt sich Botulismus nur in abgeschlossenen, aber unzureichend sterilisierten Konserven und deshalb kann man durch Sauerstoffzufuhr in Wunden den Wundbrand verhindern.) Die Fähigkeit, zu atmen und Nahrungsmittel zu oxidieren, ist ein besonderes Talent, das nicht alle Lebensformen besitzen, aber die Glykolyse ist universell. Glykolyse verbunden mit Energiespeicherung in Form von ATP scheint unabdingbar für alles Leben zu sein.

Diejenigen Organismen, die über die Glykolyse nicht hinausgekommen sind, können die Gegenwart von gasförmigem O_2 nicht tolerieren. Im Gegensatz dazu haben diejenigen Bakterien, die in Gegenwart von Sauerstoff leben können, mit wenigen Ausnahmen auch gelernt, ihn zur Atmung zu benutzen. Er ist eine zu gute Quelle für zusätzliche Energie, als daß er unbeachtet bleiben könnte. Diese Tatsachen weisen darauf hin, daß Leben mit vergärenden, einzelligen Organismen begann, zu einer Zeit, als kein freier Sauerstoff in der Atmosphäre existierte.

Das eukaryotische System der Zweizentren-Photosynthese, bei der ATP und NADPH entstehen, Wasser verbraucht und O_2 freigesetzt werden, wird auch von den Blaualgen, aber nicht von den Bakterien benutzt. Purpurbakterien, die keine Schwefelbakterien sind, vermeiden die Benutzung eines Reduktionsmittels, indem sie dieselben Elektronen immer wieder in einer cyclischen Photophosphorylierung im Kreis führen; sie brauchen dann aber einen Citronensäure-Cyclus zur Produktion von Reduktionskraft in Form von NADH (nicht NADPH). Sie besitzen auch eine Atmungskette und können beim aeroben Wachsen im Dunkeln ihre Energie aus Glykolyse, Citronensäure-Cyclus und O_2-Atmung gewinnen, so wie auch wir es tun. Sie sind unter den Bakterien einzigartig, da sie Photosynthese und Atmung miteinander verbinden, und scheinen in bezug auf den Stoffwechsel auf halbem Weg zu den Blaualgen und Eukaryonten zu liegen.

Die purpurnen und grünen Schwefelbakterien sind weniger vielseitig. Sie sind von einer nichtcyclischen Photophosphorylierung zur Produktion sowohl von ATP als auch NADH abhängig. Dazu brauchen sie eine Quelle für Reduktionsäquivalente; da ihnen das Photosystem II fehlt, benutzen sie H_2S oder H_2, beides wesentlich stärkere Reduktionsmittel als H_2O. Diese Schwefelbakterien sind obligate Anaerobier, die durch eine Sauerstoffatmosphäre vergiftet werden. Wieder gibt es biochemische Hinweise dafür, daß das frühe Leben unter Bedingungen entstand, unter denen es keinen freien Sauerstoff gab, dagegen Wasserstoff und Schwefelwasserstoff vorgelegen haben können.

Die *Chemoautotrophen* sind eine spezielle Klasse von Bakterien, die wie die photosynthetisierenden Bakterien Kohlenhydrate synthetisieren können; sie gewinnen die dazu nötige Energie aber aus anorganischen Reaktionen und nicht von der

Sonne. Einige von ihnen gewinnen Energie durch Oxidation von Ammoniak zu Nitrit oder Nitrat, andere wandeln H_2S in elementaren Schwefel, Thiosulfat oder Sulfat um, und wieder andere oxidieren Fe(II) zu Fe(III). Man könnte denken, daß die chemische Synthese, die anorganische Reaktionen zur Energiegewinnung benutzt, ein älterer Mechanismus als die Photosynthese ist. Das ist aber unwahrscheinlich, da alle chemoautotrophen Bakterien gut entwickelte Atmungsketten haben und O_2 als Oxidationsmittel benutzen. Es ist wahrscheinlicher, daß diese Chemoautotrophen speziell angepaßte Formen sind, die eine zur Sonnenstrahlung alternative Energiequelle für ihre Kohlenhydratsynthese gefunden haben. Auf der Suche nach dem Ursprung des Lebens können sie unbeachtet bleiben.

Bedingungen für das Erscheinen von Leben

Die wichtigste Schlußfolgerung, die aus dem Vergleich, wie Bakterien und höhere Lebensformen Energie gewinnen, gezogen werden kann, ist, daß alle Lebewesen einen gemeinsamen Gärungsmetabolismus haben, der auf einen gemeinsamen Entwicklungsursprung hinweist. Die verschiedenen Typen von Atmung und Photo- oder Chemosynthese, die zur Glykolyse hinzukamen, haben diese grundsätzliche Einheitlichkeit nicht verdeckt.

Die Oxidation mit O_2 liefert viel mehr Energie als die Gärung allein, und wäre Sauerstoff zugegen gewesen, als sich das Leben entwickelte, wäre er sicher genutzt worden. In diesem Fall wäre die O_2-Atmung allen Lebensformen gemeinsam, so wie es die Gärung ist. Doch das ist nicht der Fall, was uns zu einer zweiten Schlußfolgerung führt: Das Leben hat sich aus weniger komplexen, nichtlebenden chemischen Systemen entwickelt zu einer Zeit, als die Atmosphäre reduzierende und nicht oxidierende Eigenschaften hatte. Andere Befunde führen zu derselben Schlußfolgerung. Die Atmosphären der anderen Planeten sind im allgemeinen reduzierend, wie wir später im Abschnitt über die geologischen Befunde sehen werden. Alte Mineralienlager auf unserem Planeten weisen ebenfalls darauf hin, daß sie in Kontakt mit einer reduzierenden Atmosphäre entstanden sind. Organische Verbindungen selbst sind in einer O_2-Atmosphäre instabil und autoxidierbar. Heute wird organische Materie durch die Wirkung lebender Organismen ständig neu produziert. Wenn alles Leben morgen enden würde, würde O_2 wieder die Herrschaft über die organische Materie auf unserem Planeten gewinnen, und der Prozeß würde erst dann zur Ruhe kommen, wenn kein freier Sauerstoff mehr vorhanden wäre. Es ist undenkbar, daß große Mengen organischer Substanzen lange genug unoxidiert geblieben wären, so daß sich Leben aus ihnen hätte entwickeln können, wenn sie ständig dem O_2 der Atmosphäre ausgesetzt gewesen wären.

Wenn die ursprüngliche Atmosphäre reduzierend war, warum ist sie heute oxidierend? Eine Quelle für O_2 ist die Photodissoziation von Wasserdampf durch ultraviolettes Licht in der oberen Atmosphäre, wobei die leichten Wasserstoff-Atome aus dem Gravitationsfeld der Erde entweichen. Das allein könnte zu einer Sauerstoffkonzentration von etwa 0.1% des gegenwärtigen Niveaus führen. Die Hauptquelle für Sauerstoff in der Atmosphäre ist heute die Photosynthese der grünen Pflanzen, und sie hat wahrscheinlich auch die Planetenatmosphäre vom reduzierenden zum oxidierenden Zustand verändert. Das Leben hat sich unter reduzierenden Bedingungen entwickelt, unter denen organische Moleküle über lange Zeiträume stabil waren; doch dasselbe Leben war später für die Umwandlung der ursprünglichen Atmosphäre zu ihrer heutigen Zusammensetzung verantwortlich.

Die Oparin-Haldane-Theorie für den Ursprung des Lebens

Der erste Wissenschaftler nach Pasteur, der sich ernsthaft mit den Fragen nach dem Ursprung des Lebens auseinandersetzte, war der russische Biologe A.I. Oparin. Er präsentierte seine Vorstellungen 1922 vor der Botanischen Gesellschaft in Moskau. Sie wurden zwei Jahre später veröffentlicht, nicht in einem wissenschaftlichen Journal, sondern als Monographie. Die Arbeit geriet in Vergessenheit und hatte auf seine Zeitgenossen keinen Einfluß. Sie wurde erst 1967 ins Englische übersetzt. Erst als Oparin seinen Pionierartikel 1936 zu einem Buch erweiterte und dieses Buch aus dem Russischen übersetzt wurde, begannen seine Ideen, Aufmerksamkeit außerhalb seines Heimatlandes zu erregen. Der englische Biologe J.B.S. Haldane begann Überlegungen anzustellen, die in dieselbe Richtung gingen, obwohl er niemals Oparins Schriften gelesen hatte. Haldane publizierte in einem achtseitigen Artikel im „Rationalist Annual" für das Jahr 1929 eine vollständige Synopsis einer Theorie über den Ursprung des Lebens.

Die Vorstellungen dieser beiden Männer waren einfach, elegant und fast identisch. Nach ihrer Theorie entwickelte sich das Leben im Ozean in einer Periode, in der die Atmosphäre reduzierend war – sie enthielt H_2, H_2O, NH_3, CH_4 und CO_2, aber kein freies O_2. Organische Verbindungen wurden auf nicht-biologische Weise durch die Energie der Ultraviolettstrahlung synthetisiert, die in Abwesenheit einer Ozonschicht in die oberen Schichten des Ozeans eindringen konnte. Diese organischen Moleküle waren in Abwesenheit von freiem O_2, der sie hätte oxidieren können, stabil und reicherten sich in einer warmen, verdünnten Brühe an, die den Spitznamen „Haldane-Suppe" erhielt. Der erste lebende Organismus war wenig mehr als ein paar chemische Reaktionen, eingehüllt in einen Film oder eine Membran, um sie vor der Verdünnung und der Zerstörung zu schützen. Diese Organellen adsorbierten Chemikalien, wuchsen, teilten sich und gewannen Energie durch Vergärung der in ihrer Umgebung vorhandenen organischen Moleküle. Schließlich tauchte die Photosynthese als alternative Energiequelle auf, als die natürlichen Nahrungsmittel knapp wurden. Der bei der Photosynthese frei werdende Sauerstoff hatte die Nebenwirkung, die ultraviolette Strahlung durch eine Ozonschicht in der oberen Atmosphäre abzuschirmen, und schließlich wandelte sich die Atmosphäre von einer reduzierenden zu einer oxidierenden. Der freie Sauerstoff führte zur Entwicklung der Atmung und dem modernen eukaryotischen Metabolismus.

Diese Oparin-Haldane-Theorie umfaßte bereits alle Vorstellungen, die auch heute noch gelten. Das war besonders bemerkenswert, weil 1929 praktisch nichts von den biochemischen Fakten bekannt war, die wir in den vorigen Kapiteln diskutiert haben. Die Chemie der Glykolyse, der Atmung, der Photosynthese war unbekannt, abgesehen von den Summengleichungen. Enzyme waren ein Geheimnis, und man wußte noch nicht einmal, daß es sich bei ihnen um Proteine handelt. Der genetische Apparat war unbekannt – die Wissenschaftler hielten sowohl Proteine als auch Nucleinsäuren als Träger der genetischen Information für wahrscheinlich. Die Oparin-Haldane-Theorie war eine exakte Extrapolation über die Grenzen der chemischen Erkenntnisse jener Zeit hinaus, was zweifellos zu ihrer Nichtbeachtung beitrug. Es spricht für die Theorie der beiden Männer, daß vieles von dem, was wir seither gelernt haben, die Lücken in ihren Hypothesen ausgefüllt hat.

Welche stichhaltigen Beweise haben wir heute für die Theorie der Entstehung des Lebens? Zuerst ist da das Gebiet der vergleichenden Biochemie, so wie wir es bereits diskutiert haben. Je mehr wir lernen, um so sinnvoller werden die Vorstellungen von Oparin und Haldane. Außerdem haben wir geologische Beweise aus der Erdgeschichte, wozu Hinweise auf eine reduzierende Uratmosphäre und Fossilreste primitiver Organismen gehören. Diese Fossilien erlauben es uns, die verschiedenen biochemischen Schritte bei der Entwicklung des Lebens zu datieren. Schließlich haben Laborexperimente gezeigt, daß die nichtbiologische Synthese der Moleküle des Lebens sowie die Bildung einfacher organisierter chemischer Systeme möglich sind. Diese Überlegungen können die Theorien über das, was tatsächlich vor Milliarden Jahren passierte, nicht beweisen, aber sie können sie plausibel machen.

Geologische Befunde

Welche geologischen Hinweise gibt es dafür, daß die Erde ursprünglich eine reduzierende Atmosphäre hatte? Die im 8. Kapitel angegebene Elementzusammensetzung des Universums stützt diese Vorstellung, vor allem wegen des ungeheuren Überschusses an Wasserstoff. Die Atmosphären anderer Planeten, besonders der großen, deren Gravitationsfeld den Verlust ihrer frühen Atmosphäre verhindert hat, sind hauptsächlich aus H_2, He, CH_4, CO, CO_2, N_2, NH_3 und H_2O zusammengesetzt und enthalten keinen freien Sauerstoff.

Die Erde als ganzes besteht hauptsächlich aus Metallsilicaten. Diese Silicate enthalten 90 Volumenprozent Sauerstoff, doch ist dieser Sauerstoff in dem Mineralgerüst festgelegt. Das Eisen in den Mineralien kann als Barometer für den Oxidationszustand seiner Umgebung dienen. Die bekannten roten und orangen oxidierten Fe(III)-Verbindungen des Sandes reichen nur hauttief in die Erde. Kurz unter der Oberfläche verschwinden diese Farben, und es erscheinen die grünen und schwarzen reduzierten Fe(II)-Verbindungen. Die oxidierten Mineralien bilden also eine dünne Oberflächenschicht, die einer für Planeten ungewöhnlichen O_2-haltigen Atmosphäre ausgesetzt ist. Leben hat die Oberfläche unseres Planeten „rosten“ lassen, hat aber sein Inneres wenig beeinflußt.

Von alten Sedimentgesteinen können wir etwas über die Bedingungen, unter denen sie abgelagert wurden, erfahren. Gesteine, die im Erdinnern kristallisierten und dann an die Oberfläche geschleudert wurden, können uns nur wenig über die Atmosphäre der damaligen Zeit sagen. Dagegen behalten Sedimentgesteine, die während eines langen Kontaktes mit der Atmosphäre durch Verwitterung älterer Mineralien entstanden sind, Spuren dieser Atmosphäre. Wenn diese Atmosphäre oxidierend gewesen wäre, dann müßten diese Sedimente wenigstens zum Teil oxidiert worden sein; wenn sie reduzierend war, sollten die Sedimente reduziert geblieben sein. Die gegenwärtigen Sande bestehen hauptsächlich aus Quarz und anderen Formen von SiO_2. Die meisten anderen Mineralien in den Gesteinen, die zu Sand verwitterten, sind oxidiert worden. Ihre oxidierten Metallkationen wurden ausgewaschen und schließlich an anderer Stelle als Tonmineralien abgelagert. Das Ergebnis ist, daß Sedimentgesteine, die unter oxidierenden Bedingungen abgelagert wurden, aus drei Haupttypen bestehen: Silicatsanden, Tonmineralien und Carbonatablagerungen (aus Schalen mariner Lebewesen). Die Sedimentgesteine, die während der vergangenen 500 Millionen und mehr Jahre abgelagert wurden, gehören zu diesen Typen. Alles weist darauf hin, daß während ihrer ursprünglichen Verwitterungszeit oxidierende Bedingungen herrschten.

Die Verwitterung verläuft anders in einer reduzierenden Atmosphäre. Quarz ist dann immer noch ein Hauptbestandteil des Sedimentmaterials. Die anderen Mineralien, die Metalle in niedrigeren Oxidationszuständen enthalten, sind weniger löslich und werden nicht vollständig ausgewaschen. Unter den reduzierten Eisenmineralien in solchen Sanden findet man Pyrit ($Fe^{II}S_2$), Siderit ($Fe^{II}CO_3$) und Magnetit (Fe_3O_4 oder $Fe^{II}O \cdot Fe_2^{III}O_3$). Es kommen auch noch andere Metalloxide und Sulfide in niedrigen Oxidationszuständen vor. Alte Sedimente aus dem Präkambrium, die Sande mit solchen reduzierten Mineralien enthalten, wurden in Kanada, Brasilien und Südafrika gefunden. Diese Ablagerungen wurden intensiv untersucht, weil die

Präkambrisches Tierfossil aus den Lagerstätten der Ediacara Hills in Australien, ungefähr 600 bis 800 Millionen Jahre alt. Obwohl es vage an eine kleine Qualle erinnert (Durchmesser 2 cm), hat es keine uns bekannten lebenden Verwandten. (Photo: M. F. Glaessner, Universität Adelaide, Süd-Australien)

reduzierten Substanzen oft elementares Gold und Uranerz einschließen. Geologen haben daraus geschlossen, daß es sich um die Reste alter Sedimentlager handelt, die unter reduzierenden atmosphärischen Bedingungen abgelagert wurden. Mit der Radioisotopenmethode wurde das Alter dieser verschiedenen Lager zu 1.8 bis 3.0 Milliarden Jahre bestimmt. Die Erde ist 4.5 Milliarden Jahre alt. Sie hatte also während der ersten 2.5 Milliarden Jahre ihrer Existenz wie die anderen Planeten eine reduzierende Atmosphäre.

Zusätzliche Hinweise stammen aus den Lagerstätten von Bändereisenerz mit gemischten Oxidationszuständen, die man in Minnesota, Finnland, Rußland, Südafrika, Indien und Australien findet. Man glaubt, daß diese Lagerstätten unter reduzierenden Bedingungen entstanden sind; allerdings ist der Beweis dafür nicht ganz so schlüssig. Sie sind 1.8 bis 2.5 Milliarden Jahre alt. Im Gegensatz dazu wurde für das Alter der Rotschichten („Red Beds") des vollständig oxidierten Hämatits (Fe_2O_3) niemals mehr als 1.4 Milliarden Jahre angesetzt.

Aus der Untersuchung dieser Eisenablagerungen schließt man, daß die Atmosphäre vor 1.8 Milliarden Jahren und früher vorherrschend reduzierend war, in den vergangenen 1.4 Milliarden Jahren dagegen oxidierend und sich in der Zeitspanne dazwischen der allmähliche Übergang vollzog. Das heißt nicht, daß der Sauerstoff plötzlich vor 1.8 Milliarden Jahren in der Atmosphäre erschien oder daß die wasserverbrauchende Photosynthese erst dann erfunden wurde. Die Photosynthese im kleinen Maßstab erschien wahrscheinlich bereits fast eine Milliarde Jahre früher. Es ist schwer zu berechnen, wie schnell sich O_2 in der Atmosphäre anreicherte oder wie hoch die O_2-Konzentration sein mußte, bevor sie anfing, den Oxidationszustand von Eisenmineralien in Sedimenten zu beeinflussen. Alles, was wir sagen können, ist, daß zu der Zeit, als dieser Prozeß begann, die O_2-Konzentration erheblich gewesen sein muß.

Die Bühne war also frei für eine Oparin-Haldane-Evolution des Lebens in einer reduzierenden Atmosphäre. Doch sind die Schauspieler wirklich auf das Stichwort hin erschienen? Dazu müssen wir uns den Befunden an Fossilien zuwenden.

Präkambrische Fossilien

Noch vor wenigen Jahren wurde der Ausdruck „präkambrische Fossilien“ fast als contradictio in adiecto betrachtet. Vom Beginn des Kambriums an, vor etwa 600 Millionen Jahren, gibt es eine wahre Explosion von Fossilfunden. Jede wichtigste Form des modernen tierischen Lebens war zu Beginn des Kambriums vorhanden, mit Ausnahme der Wirbeltiere. Die Geologen definieren und identifizieren den Beginn des Kambriums geradezu durch dieses plötzliche Anschwellen der Fossilfunde. Für die Zeit davor schrumpfen die Fossilfunde schnell fast auf Null zusammen. Man kennt Quallen und andere marine wirbellose Tiere ohne Hartteile aus der Zeit vor 900 bis 600 Millionen Jahren aus Ablagerungen in Australien und an einigen anderen Stellen (oben links). Die Schwierigkeit ist, daß diese Lebewesen keine Hartteile besitzen. Sie werden daher als Fossilien nicht so leicht überliefert wie schalentragende Formen. Zum Teil beruht die kambrische Explosion nicht auf einer plötzlichen Entfaltung des Lebens, sondern eher auf einer plötzlichen Zunahme harter und schützender Materialien wie Schalen und Panzer. Was auch immer der Grund dafür gewesen ist, noch vor wenigen Jahren glaubten die meisten Paläontologen, daß man aus den Fossilien, die aus der Zeit vor dieser kambrischen Populationsexplosion stammten, wenig entnehmen könnte.

Der Umschwung kam erst, als wir lernten, wie und wo wir nach fossilen Mikroorganismen suchen mußten. Elso Barghoorn und seine Mitarbeiter haben polierte Dünnschliffe von silicatreichen Hornsteinen aus den Gunflint-Schiefern Nord-Minnesotas und Südkanadas untersucht. Mit Hilfe von optischen und Elektronenmikroskopen haben sie eine reiche Kollektion fossiler Bakterien, Blaualgen, Pilze und anderer Mikroorganismen, von denen es keine rezenten Verwandten gibt, gefunden. Zwei Beipiele sind unten abgebildet. Ihre Assoziation mit Ablagerungen von

Präkambrische Fossilien aus den Gunflint-Schiefern an der Grenze zwischen Minnesota und Ontario (USA/Kanada), ungefähr 1.9 Milliarden Jahre alt. Links: Algenkolonie, die den heute lebenden Blaualgen *Rivularia* ähneln und daher als *Paläorivularia ontarica* bezeichnet werden. Die Kolonie hat einen Durchmesser von 60 µm. Rechts: Verdrillte Röhrenfilamente, die einigen heute lebenden Blaualgen ähneln. (Photo: E.S. Barghoorn)

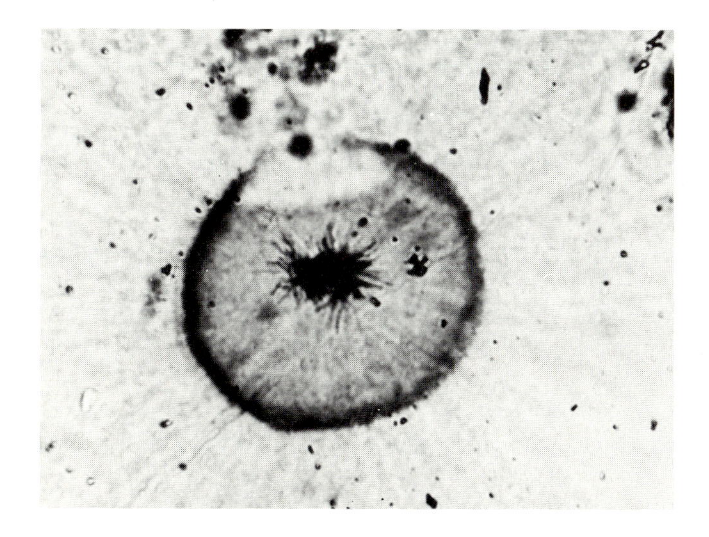

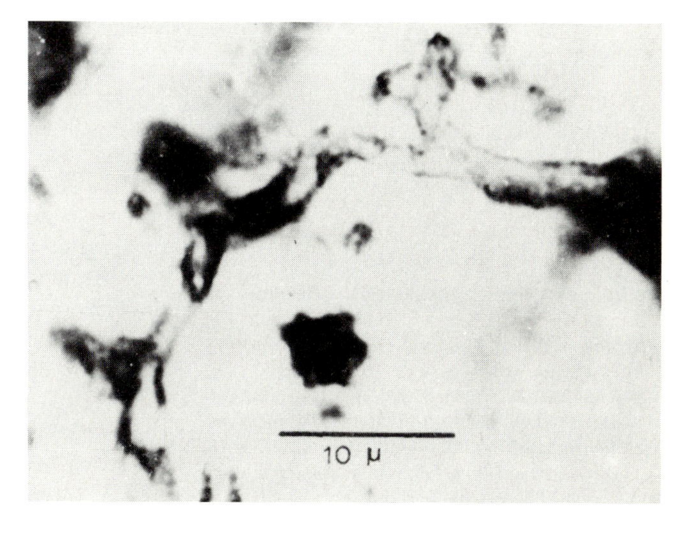

Der älteste erkennbare fossile Organismus, ein stäbchenförmiges Bakterium, das *Eobacterium isolatum* („solitäres Bakterium der Morgendämmerung“) genannt wird. Dieses Exemplar wurde in den Fig-Tree-Schichten Südafrikas gefunden und ist 3.1 Milliarden Jahre alt. Das Bakterium wurde beim Präparieren von seinem Platz bewegt und ist oben sichtbar; darunter sein Abdruck. Die schwarzweiße Kalibriermarke ist 1 Mikrometer (10^{-6} m) lang. (Photo: E. S. Barghoorn und J. W. Schopf)

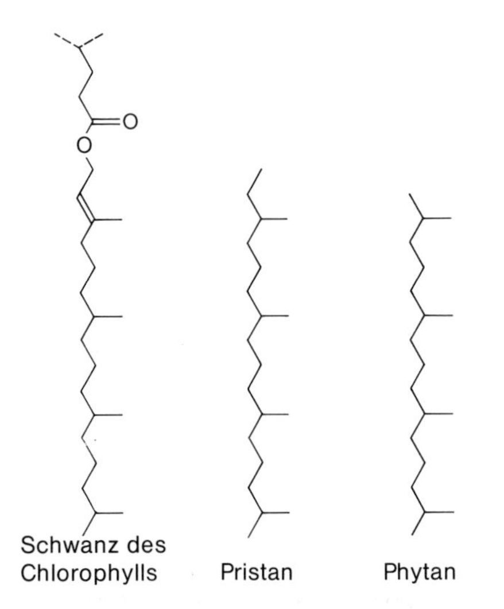

Phytan und Pristan sind langkettige Kohlenwasserstoffe mit einer Anordnung der Methylseiten-Gruppen (gerade Striche nach rechts), die nahelegt, daß die Moleküle Abbauprodukte des Phytolrestes im Chlorophyll-Molekül sind. Phytan und Pristan in Ablagerungen fossiler Organismen könnten also ein Hinweis auf Photosynthese sein.

Bändereisenerz bedeutet, daß diese Hornsteine wahrscheinlich unter reduzierenden Bedingungen abgelagert wurden; Radioisotopenmethoden datieren ihr Alter auf 1.8 bis 2.1 Milliarden Jahre. Die Gunflint-Schiefer enthalten auch Pristan und Phytan, deren Strukturen links unten dargestellt sind. Diese organischen Verbindungen treten als Abbauprodukte des Chlorophylls auf und sind möglicherweise ein Hinweis auf Photosynthese.

Andere Ablagerungen mit Mikrofossilien aus Australien, Rhodesien und Südafrika, die etwa 2.7 Milliarden Jahre alt sind, enthalten offensichtlich fossile Reste von Bakterien und Blaualgen. Die ältesten Sedimente mit echten Mikrofossilien sind die Fig-Tree-Schichten aus Transvaal und die Onverwacht-Sedimente aus Swaziland, beide in Südafrika. Die Fig-Tree-Schichten, die 3.1 Milliarden Jahre alt sind, enthalten fossile Bakterien vom links abgebildeten Typ, kugelförmige Gebilde (Sphäroide), die Blaualgen gleichen, organische Filamentstrukturen und komplexe Kohlenwasserstoffe, u.a. Pristan und Phytan. Die Onverwacht-Sedimente sind mehr als 3.2 Milliarden Jahre alt. Es sind kohlenstoffreiche Hornsteine, die Sphäroide und Filamente möglicherweise biologischen Ursprungs enthalten.

Um unzweifelhafte Hinweise auf Photosynthese zu finden, darf man nicht mehr als 1.6 Milliarden Jahre zurückgehen, zu Kalkablagerungen, die identisch sind mit denjenigen, die heutzutage in heißen Quellen von Blaualgen produziert werden. Diese Ablagerungen, sogenannte Stromatolithe (rechts oben), sind weit über die Welt verbreitet. Einige in Rhodesien sind bis zu 2.7 Milliarden Jahre alt. Die 1.6 Milliarden Jahre alten Stromatolithe in der Westsahara sind insofern ungewöhnlich, als sie abwechselnde Schichten aus $CaCO_3$ und $Fe(OH)_3$ enthalten, als ob sie von Kolonien photosynthetisierender Blaualgen und O_2-veratmender, eisenhaltiger Bakterien produziert worden wären. Der von den Algen abgegebene Sauerstoff wäre dann von den Bakterien benutzt worden, die unter diesen Umständen nicht auf signifikante Sauerstoffmengen in der Atmosphäre angewiesen gewesen wären. Es ist wahrscheinlich, daß eine solche gegenseitige Hilfe oder Symbiose zu der Zeit üblich war, wobei atmende Lebewesen in der Nähe von photosynthetisierenden lebten, deren Sauerstoff sie aufnahmen, so wie heute noch Bakterien in gemischten Kolonien in Abwässern und Sümpfen leben, wobei eine Art auf die Abfallprodukte der anderen Arten als Nahrung oder Rohstoff angewiesen ist. Es ist nicht anzunehmen, daß die Entwicklung der Sauerstoffatmung so lang warten mußte, bis sich die Atmosphäre vollständig zu einer oxidierenden umgewandelt hatte.

Es ist eindeutig, daß vor drei Milliarden Jahren Organismen, die Bakterien und Blaualgen ähnelte, existiert haben; es ist wahrscheinlich, daß einige dieser Organismen photosynthetisierend waren und Sauerstoff freisetzten. Möglicherweise hat es weit mehr als eine Milliarde Jahre gedauert, bis durch photosynthetisierende Lebensformen so viel O_2 in die Atmosphäre entlassen wurde, daß diese ihren Charakter geändert hat. Jedenfalls waren vor 1.6 Milliarden Jahren die sauerstoff-freisetzende Photosynthese und die sauerstoff-verbrauchende Atmung in vollem Gange. Es ist ermutigend, daß die Datierung der Stromatolithe aus der Sahara gerade mitten in die Periode der atmosphärischen Umwandlung fällt, deren Zeitraum nach den Oxidationszuständen der Eisenablagerungen festgelegt wurde. Außerdem ist es bemerkenswert, daß uns die südafrikanischen Gesteine aus Transvaal und Swaziland sagen, daß weniger als 1.5 Milliarden Jahre vergingen zwischen der Gestaltwerdung der Erde und der Entwicklung des Lebens auf der Ebene der Bakterien. Ein Hinweis darauf, wie schwer der nächste Schritt – die Entwicklung der Eukaryonten – war, ist die Tatsache, daß der zweite Schritt genauso viel Zeit wie die Entstehung des Planeten und die Evolution der Bakterien brauchte!

Die ersten aus Fossilien gewonnenen Hinweise auf Zellen mit Kernen und der inneren Struktur von Eukaryonten stammen von Dolomitgestein aus Beck Springs in Californien. Dieses Gestein ist 1.4 bis 1.2 Milliarden Jahre alt (rechts unten). Von diesem Zeitpunkt an werden die Befunde immer sicherer. Die Umwandlung zu einer oxidierenden Atmosphäre, die Entwicklung ausreichender Mengen an O_2-veratmenden Prokaryonten, die als Fossilien überliefert sind, und die Entwicklung der eukaryotischen Zellen, das alles fand vor 1.8 bis 1.3 Milliarden Jahren statt.

Die entscheidenden Daten für die Evolution des Lebens, wie sie aus geologischen Befunden und Fossilien abgeleitet werden können, lassen sich wie folgt zusammenfassen:

Vor 4.5 Milliarden Jahren: Der Planet bildet sich.
Vor 3.2 Milliarden Jahren: Das Leben befindet sich bereits auf der Ebene einfacher Bakterien, einige von ihnen wahrscheinlich photosynthetisierend; die Atmosphäre ist noch reduzierend.
Vor 2.0 Milliarden Jahren: Reiche Mikrofauna aus prokaryotischem Leben, sowohl Bakterien als auch Blaualgen; Photosynthese kommt vor.
Vor 1.8 bis 1.4 Milliarden Jahren: Allmähliche Umwandlung der reduzierenden zur oxidierenden Atmosphäre, nachweisbar durch ihre Wirkung auf Eisen in Sedimentablagerungen; Kolonien von sauerstoff-produzierenden und sauerstoff-verbrauchenden Mikroorganismen.
Vor 1.4 bis 1.2 Milliarden Jahren: Erster Hinweis auf die Existenz eukaryotischer Zellen.

Im Zusammenhang mit dieser Chronologie ist es interessant, die Aminosäuresequenzen eines Proteins, das in vielen Lebensformen vorkommt, zu vergleichen, um eine ungefähre Vorstellung davon zu bekommen, wie weit die Verwandtschaft dieser Lebensformen auseinanderliegt und wie lange es her ist, daß sich die Entwicklungen ihrer Vorfahren voneinander getrennt haben. Man hat die Sequenzen des Cytochrom c der Atmungskette aus mehr als 67 eukaryotischen Arten miteinander verglichen, unter ihnen Wirbeltiere, Insekten, Mikroorganismen und höhere Pflanzen. Die Untersuchung der Geschwindigkeit, mit der sich die Cytochrome in den verschiedenen Abstammungslinien änderten, legen nahe, daß sich Pflanzen und Tiere vor ungefähr 1.2 Milliarden Jahren voneinander getrennt haben, was hervorragend mit den Befunden aus frühen eukaryotischen Fossilien übereinstimmt.

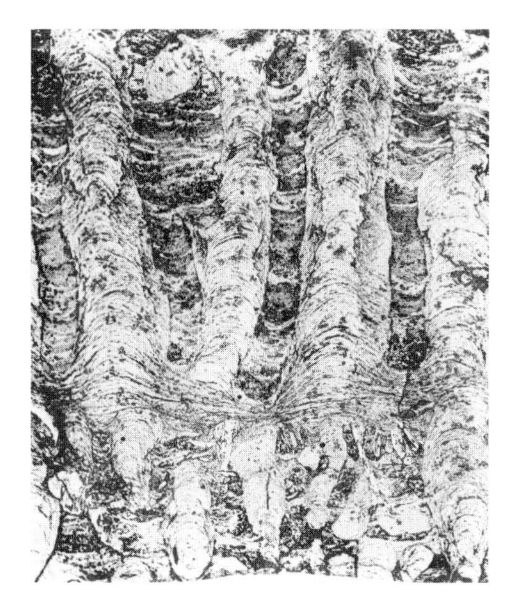

Stromatolithenablagerungen mit abwechselnden Calciumcarbonat- und Eisen(III)-hydroxid-Schichten, die in einer 1,6 Milliarden Jahre alten Lagerstätte in der West-Sahara gefunden wurden. Durch Vergleich mit heutigen Stromatolithenablagerungen nimmt man an, daß sie durch eine Assoziation zwischen Kolonien photosynthetisierender Blaualgen und eisen-metabolisierender Bakterien zu einer Zeit entstanden sind, als die Sahara ein flaches Meer war. (Photo: N. Menchikoff)

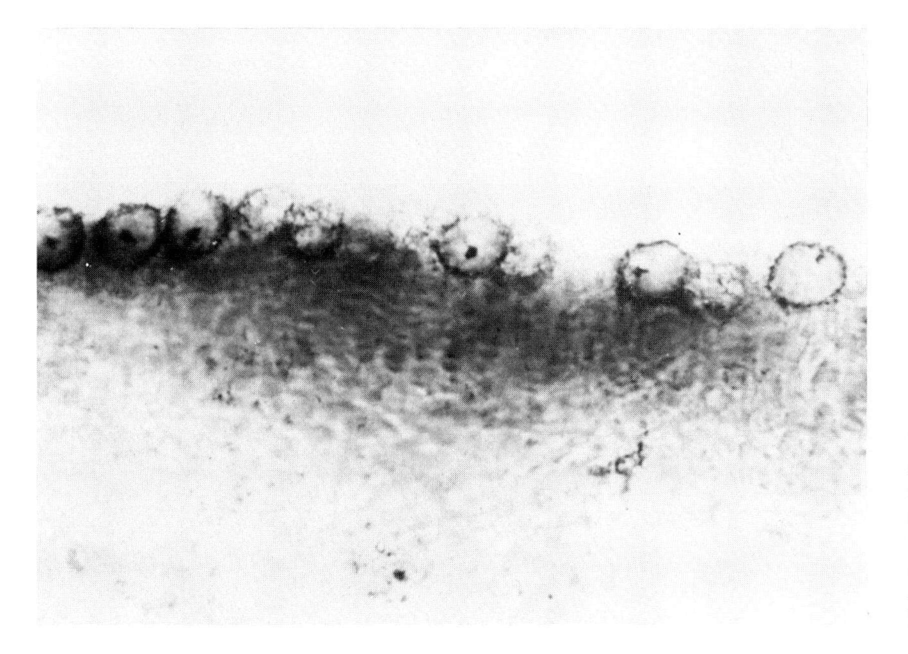

Die ältesten identifizierten fossilen Eukaryonten sind diese kugelförmigen Zellen, die in 1,2 bis 1,4 Milliarden Jahre alten Stromatolithenablagerungen in Beck Springs, Kalifornien, gefunden wurden. Die Zellen haben einen Durchmesser von 14 bis 18 µm (1 µm = 10^{-6} m) und ähneln grünen Algen. Die dunklen Punkte in den Zellen hält man für die Zellkerne. (Photo: Gerald Licari)

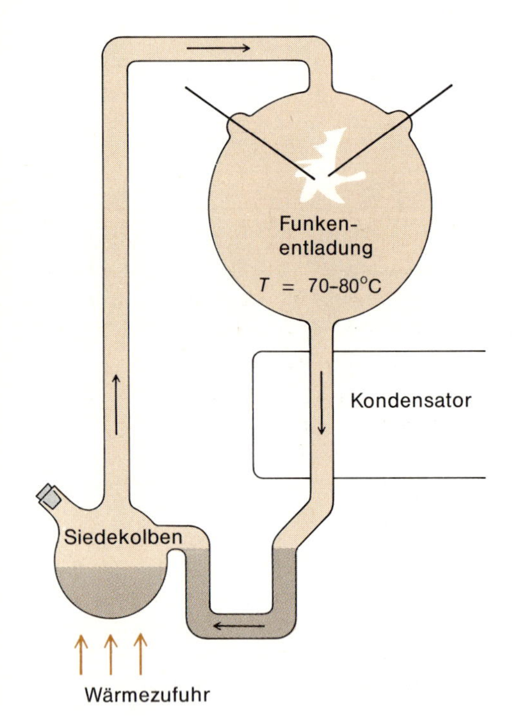

Die Millersche Apparatur zur Untersuchung der Synthese organischer und möglicherweise präbiotischer Moleküle durch Funkenentladung in Gasgemischen. Der wichtigste Teil der Apparatur ist die Funkenstrecke. Siedekolben und Kühler dienen nur dazu, einen Gaskreislauf zu erzeugen. Nach einer Woche Gaszirkulation enthält die ursprüngliche Mischung aus Ammoniak, Wasserstoff, Methan und Wasser einfache organische Moleküle, darunter einige Aminosäuren. (Quelle: Stanley I. Miller)

Die Laborbefunde

Ein Aspekt der Oparin-Haldane-Theorie, der bisher vernachlässigt wurde, ist der allererste Anfang des Lebens. Ist es vernünftig anzunehmen, daß sich die organischen Verbindungen, die als Vorläufer des Lebens notwendig waren, unter natürlichen und abiotischen Bedingungen in einer reduzierenden Atmosphäre gebildet haben? Woher kam die Energie dazu? Experimente zur Beantwortung dieser Fragen lassen sich im Laboratorium ausführen.

Die ersten derartigen Simulationsexperimente wurden von Harold Urey und seinem Studenten Stanley Miller 1953 angestellt. 1952 hatte Urey in seinem Buch *„Die Planeten"* einen Überblick über die atmosphärische Chemie der Planeten gegeben und auf den durchweg reduzierenden Charakter ihrer Atmosphären hingewiesen. Miller beschloß zu untersuchen, ob in einem Gemisch dieser reduzierenden Gase durch einen Entladungsfunken in Analogie zu einem Blitz biologische Moleküle entstehen können. Seine Apparatur, die links dargestellt ist, bestand aus einem vollständig geschlossenen System, in dem Gase an einer Funkenentladung vorbeiströmten; die kondensierten Gase wurden durch Erhitzen wieder in den Kreislauf zurückgeführt. Die untersuchten Gase waren Mischungen aus Methan, Ammoniak, Wasser, Wasserstoff und anderen reduzierenden Molekülen.

Die Ergebnisse eines typischen Experiments, ausgehend von H_2, H_2O, NH_3 und CH_4, sind in dem Diagramm unten dargestellt. Der Ammoniakgehalt nimmt im Laufe des Experiments stetig ab. Während der ersten 25 Stunden wird die Hauptmenge Ammoniak und Methan zu HCN und Aldehyden umgewandelt, und eine langsame Aminosäuresynthese setzt ein. Während der nächsten hundert Stunden erreichen HCN und die Aldehyde einen stationären Zustand, indem sie durch Weiterreaktionen genauso schnell verbraucht werden, wie sie entstehen. Die Hauptprodukte aus diesen Verbindungen sind Aminosäuren. Sie entstehen wahrscheinlich durch eine Strecker-Synthese (nächste Seite unten), bei der Ammoniumcyanid mit Aldehyden zu Aminosäurenitrilen reagiert und diese Nitrile in Wasser zu Aminosäuren hydrolysiert werden. Nach 125 Stunden beginnen die Konzentrationen an

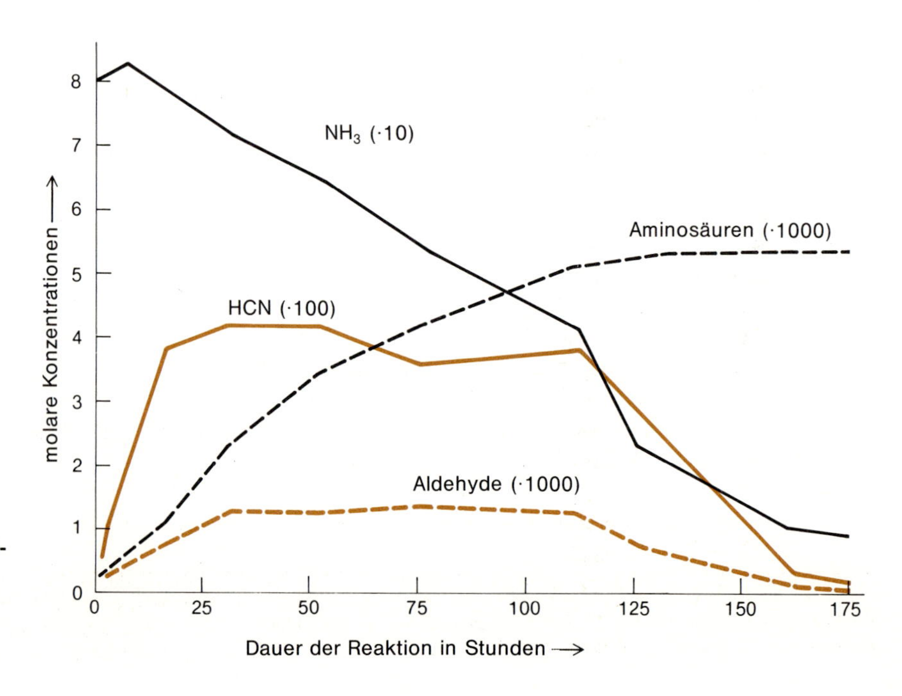

Ergebnisse eines typischen Ansatzes mit dem Millerschen Apparat. Während die Ammoniakkonzentration abnimmt, reichern sich zunächst Blausäure und Aldehyde an und verschwinden dann wieder, wenn sie ihrerseits zu Aminosäuren reagieren.

HCN und Aldehyd abzunehmen, nachdem der Vorrat an Ammoniak und Methan verbraucht ist. Die Aminosäurekonzentration bleibt konstant, wobei einfache Aminosäuren in kurze Peptide eingebaut werden.

Es folgten viele ähnliche Experimente von Miller und anderen sowohl mit elektrischen Entladungen als auch mit Ultraviolettstrahlen. Die Zusammensetzungen der Gasmischungen wurden variiert und auf H_2S, CO und CO_2 ausgeweitet. Fast alle Ausgangsmischungen, die Verbindungen mit Stickstoff und Kohlenstoff enthielten, führten zu Aminosäuren, *solange kein freier Sauerstoff vorlag*. Es scheint, als ob die spontane Bildung von Aminosäuren durch Blitz und Ultraviolettstrahlung auf der Erde in einer reduzierenden Atmosphäre praktisch unvermeidbar, aber in einer oxidierenden Atmosphäre unmöglich war. Die ersten Produkte bei diesen Experimenten waren gewöhnlich Blausäure (HCN), Dicyan (NC−CN), Cyanacetylen (H−C≡C−C≡N), Formaldehyd (HCHO), Acetaldehyd (CH_3CHO) und Propionaldehyd (CH_3CH_2CHO). Diese Produkte reagierten dann zu verschiedenen Nitrilen (R−CN), die anschließend in wäßriger Lösung hydrolysiert wurden:

$$\underset{\text{Acetonitril}}{CH_3{-}CN} + 2H_2O \longrightarrow \underset{\text{Essigsäure}}{CH_3{-}COOH} + NH_3$$

Es entstanden Mischungen aus Ameisensäure, Essigsäure, Propionsäure, Milchsäure, Bernsteinsäure und anderen organischen Säuren; Glycin, Alanin, Asparaginsäure, Glutaminsäure und anderen biologischen und nichtbiologischen Aminosäuren; Harnstoff, Methylharnstoff und verschiedenen anderen kleinen Molekülen. Keines dieser synthetisierten Moleküle war optisch aktiv; sie alle bestanden aus Mischungen der gleichen Mengen der D- und L-Isomeren. Wie bereits früher erwähnt wurde, ist die optische Aktivität, die wir bei biologischen Molekülen heute beobachten, das Ergebnis des Auswahlvermögens der Enzyme in lebenden Organismen.

Sogar durch Wärme können präbiotische Reaktionen in Gang gesetzt werden. Bei erhöhter Temperatur entstehen in wäßrigen Lösungen von Formaldehyd (HCHO) und Hydroxylamin ($HO{-}NH_2$) Aminosäuren und kurze Polymere. In

STRECKER-SYNTHESE

$$NH_3 + HCN \longrightarrow NH_4CN$$

$$NH_4CN + \underset{\text{Aldehyd}}{R{-}\overset{\overset{\displaystyle O}{\|}}{C}{-}H} \longrightarrow \underset{\text{Aminosäurenitril}}{H_2N{-}\overset{\overset{\displaystyle R}{|}}{CH}{-}CN} + H_2O$$

$$\underset{\text{Aminosäurenitril}}{H_2N{-}\overset{\overset{\displaystyle R}{|}}{CH}{-}CN} + 2H_2O \xrightarrow{\text{Hydrolyse}} \underset{\text{Aminosäure}}{H_2N{-}\overset{\overset{\displaystyle R}{|}}{CH}{-}COOH} + NH_3$$

Strecker-Synthese von Aminosäuren aus Ammoniak, Blausäure und Aldehyden. Zuerst entsteht Ammoniumcyanid, das dann mit Aldehyden zu Aminosäurenitrilen reagiert. In Wasser hydrolysieren die Nitrile zu Aminosäuren, deren Seitenketten von den ursprünglich vorhandenen Aldehyden bestimmt werden.

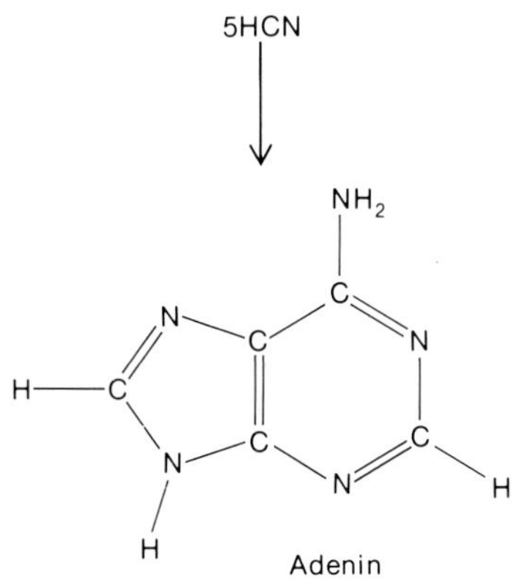

Adenin, $C_5H_5N_5$, kann als pentamere Blausäure, HCN, betrachtet werden.

HCN-Lösungen, die mehrere Tage lang auf 90°C erhitzt werden, entsteht Adenin, wie links gezeigt ist. Vielleicht ist die Tatsache, daß Adenin ein einfaches Pentameres des HCN ist und so leicht abiotisch gebildet wird, der Grund dafür, daß es in dem Energiespeicher-Molekül ATP bevorzugt vor Guanin, Cytosin, Thymin oder Uracil benutzt wird.

Vergleichbare Experimente zeigten, daß es auch Synthesewege zu Purinen, Pyrimidinen und Kohlenhydraten gibt. Mit der Gegenwart von Ultraviolettstrahlung, elektrischer Entladung und anderen Energiequellen auf der ursprünglichen Erde in einer reduzierenden Atmosphäre kann man annehmen, daß die Entstehung von Aminosäuren, Purinen, Pyrimidinen, Ribose und Desoxyribose und sogar Nucleosiden und Nucleotiden unvermeidbar war. Zumindest die Bausteine des Lebens standen auf der ursprünglichen Erde zur Verfügung. Die „Haldane-Suppe" oder „Ursuppe" gab es wirklich.

Die Probleme der organisierten Zellen

Bisher haben wir ein gewaltiges Problem ausgeklammert. Wie gelangen wir von der Ursuppe auch nur zum einfachsten Gärungsbakterium? Von den Aminosäuren, Zuckern und Nucleosiden zu einfachen Zellen vom Fig-Tree-Typ ist es ein langer, langer Schritt, und es ist dieser Schritt, über den wir am wenigsten wissen. Angesichts der kurzen Zeitspanne zwischen der Entstehung des Planeten bis zur Entwicklung dieser einfachen Protozellen könnte man schließen, daß dieses Problem einfacher sein muß, als wir glauben. Die gleiche Zeitspanne liegt zwischen Protozellen und Eukaryonten, und wir glauben, daß wir eine gute Vorstellung davon haben, wie diese Entwicklung vonstatten ging. Die Schwierigkeit ist, daß wir für diesen letzteren Prozeß in den Mikrofossilien und lebenden Nachfahren sichtbare Zeugen haben, aber von der Evolution der Protozellen ist nichts überliefert.

Die Lückenhaftigkeit der fossilen Überlieferung läßt so manche Frage der Evolution unbeantwortet. Das Überleben auf diesem Planeten basiert auf Effizienz, und es gibt keine Museen für erfolglose Arten. Selbst bei den Bakterien haben wir nicht für die gesamte Vorläuferchemie Beispiele, sondern nur einzelne Nachkommen von solchen, die in abgelegenen Winkeln zurechtkamen, in denen ihre „fortschrittlicheren" eukaryotischen Konkurrenten nicht überleben konnten. Wir sollten die heutigen Bakterien nicht als repräsentativ für die Vorfahren der Hauptentwicklungslinien ansehen, sondern eher als „Außenseiter". Doch immerhin können wir den Verlauf der Entwicklung von den Protozellen der Fig-Tree-Schichten zu den ersten Eukaryonten untersuchen. Aus der Zeit davor haben wir überhaupt nichts in Händen. Wir wissen etwas über den Anfang des Planeten und wie diese erste Phase mit der Entwicklung des Lebens endete. Die Lücke dazwischen muß durch Phantasie – gezügelt durch Laborexperimente – ausgefüllt werden.

Die chemischen Probleme, die überwunden werden müssen, sind zahlreich. Wie haben sich die Polymeren aus Proteinen, Nucleinsäuren und Lipiden in einer wäßrigen Umgebung gebildet, wo doch bei der Polymerbildung Wasser entfernt werden muß und der Prozeß thermodynamisch nicht freiwillig abläuft? Wie wurden die ersten Reaktionssysteme von ihrer Umgebung isoliert, so daß sie der tödlichen Verdünnung und dem Kannibalismus durch konkurrierende Systeme entgehen konnten? Wie wurden die chemischen Reaktionen einer Protozelle in einen kohärenten und effizienten „Stoffwechsel" integriert, der die Überlebenschancen erhöhte? Und schließlich, wenn alles das erreicht war, wie gelang es der erfolgreichen Protozelle, ihre Gewinne zu erhalten und sie weiterzugeben? Das sind die nächsten Fragen, die wir versuchen müssen zu beantworten.

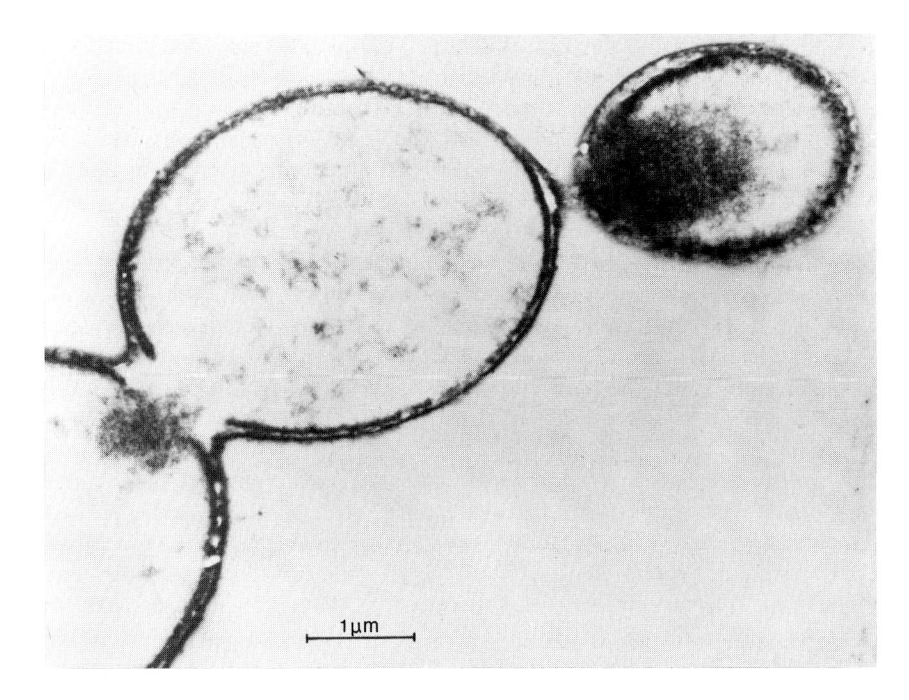

Künstliche, proteinartige Polypeptide können in heißem Wasser Mikrosphären bilden, die von einer Doppelschicht umhüllt sind, ähnlich den Membranen der Mikroorganismen. Der waagerechte Meßstrich ist 1 µm (10^{-6} m) lang. Die Mikrosphären demonstrieren den Einfluß physikalischer Kräfte auf die Gestalt einfacher Lebewesen. (Photo: Sidney Fox)

Polymere und Mikrosphären

Nach der Stufe der Ursuppe taucht das Problem auf, wie sich Protein-Polymere in verdünnter wäßriger Lösung bilden konnten, da es sich doch bei der Polymerisation um eine Dehydratisierung oder Wasserabspaltung handelt. Das Gleichgewicht begünstigt stark die Spaltung und nicht die Polymerisation. Sidney Fox hat gefunden, daß *trockene* Aminosäuren Polymere mit Molekülmassen bis zu 300 000 bilden, wenn man sie auf 160 bis 210 °C erhitzt, vorausgesetzt, daß die Mischung Asparaginsäure und Glutaminsäure enthält. Die Sequenzen dieser „thermischen Proteinoide" sind nicht völlig willkürlich, sondern es erscheint eine gewisse interne Ordnung. Diese Polymeren entfalten eine begrenzte katalytische Aktivität, die wahrscheinlich auf den geladenen Seitenketten ihrer sauren und basischen Aminosäuren beruht. Sie katalysieren ganz gut den Zerfall von Glucose. Es ist wichtig, nicht zu viel in diese katalytische Aktivität hineinzulesen, denn schon allein Protonen und Platin-Atome sind Katalysatoren. Es wäre überraschend, wenn ein Polymeres mit einer solchen Vielfalt an Seitenketten *keine* katalytische Aktivität für irgendeine Reaktion hätte. Trotzdem waren wohl einige dieser schwach katalytisch wirksamen Polypeptide mit oder ohne Metall-Ionen die Vorfahren der viel wirksameren und selektiveren Enzymkatalysatoren von heute.

Diese thermischen Proteinoide haben noch eine andere interessante Eigenschaft: Wenn ein heißes Proteinoidgemisch mit Wasser oder Salzlösung gewaschen wird, bilden sich ziemlich gleichmäßige Mikrosphären mit einem Durchmesser von ungefähr 2 µm, wie sie das Photo oben zeigt. Es sind kleine Kügelchen aus Proteinoidpolymer-Lösung, die von einem semipermeablen Proteinoidfilm umhüllt sind, der bereits einige physikalische Eigenschaften einfacher Zellmembranen hat. Die Tröpfchen schrumpfen und schwellen in Salzlösungen unterschiedlicher Konzentration. Sie wachsen auf Kosten der gelösten Proteinoide, und man hat beobachtet, daß sie wie Hefezellen durch Knospung „Tochterzellen" bilden. Durch $MgCl_2$ oder einen pH-Wechsel läßt sich ihre Teilung induzieren. Der umhüllende Film ist eine Doppelschicht, die Seifenfilmen oder künstlichen und natürlichen Membranen gleicht.

Fox postulierte, daß sich Proteinoide zuerst an heißen, trockenen, vulkanischen Schlackekegeln bildeten und dann durch Regen in die Ozeane ausgewaschen wurden, wo sie Tröpfchen bildeten, aus denen dann die ersten isolierten chemischen Systeme entstanden, die schließlich zu Protozellen führten. Diese wenn auch geniale Idee wird von vielen Wissenschaftlern nicht akzeptiert und höchstens als interessante Hypothese betrachtet. Was demonstriert wurde, ist, daß Membranbildung, Schwellung, Knospung und Teilung durch physikalisch-chemische Kräfte zustande kommen können und nicht notwendigerweise an lebende Organismen gebunden sind. Eine Schwäche der Theorie ist, daß zur Polymerisation trockene Hitze nötig ist. Man kann sich so hohe Konzentrationen trockener Aminosäuren auf dem frühen Planeten nur schwer vorstellen. Es ist schwer, Roastbeef aus einer Ursuppe zu machen.

Es wurden verschiedene Mechanismen dafür vorgeschlagen, wie Aminosäuren zur spontanen Polymerisation gebracht werden können, auch in wäßrigem Milieu. Gewöhnlich werden bei diesen Mechanismen Moleküle mit hoher Freier Energie als Zwischenstufe postuliert und diese Freie Energie dann zur Verknüpfung der Aminosäuren im Polymerisationsprozeß benutzt. Diese Mechanismen entsprechen der Beladung von Molekülen mit Phosphat-Gruppen oder Coenzymen, die wir bei der Glykolyse und dem Citronensäure-Cyclus kennengelernt haben. Wenn auch das Problem der natürlichen Bildung von Proteinketten auf abiotischem Weg noch nicht vollständig gelöst ist, halten wir es doch für möglich, daß es lösbar ist. Unabhängig davon, wie ein frühes Proteinoid-Polymeres entstanden ist, bleiben die Foxschen Mikrosphären-Experimente auch ohne Hypothese der vulkanischen Schlackekegel relevant als denkbare Möglichkeit zur Erzeugung isolierter, umschlossener Bereiche wäßriger Lösung für die weitere Evolution.

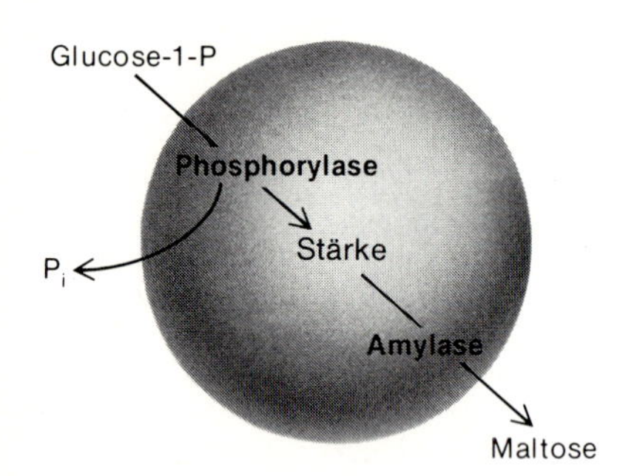

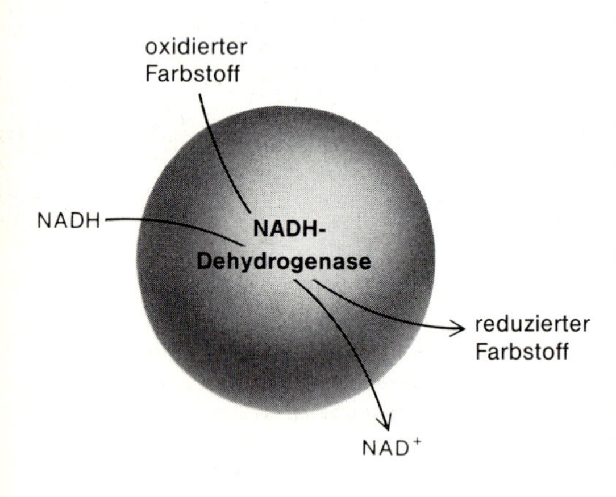

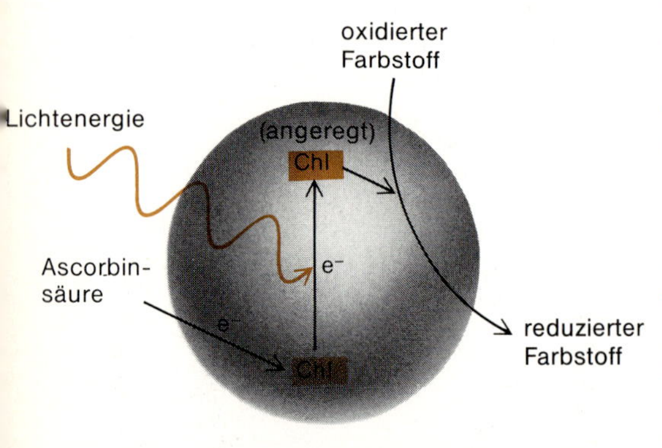

Chemische Substanzen können in und aus Coazervattröpfchen diffundieren, und Enzyme in den Tropfen können Reaktionen ausführen, die solche in lebenden Organismen simulieren. Einzelheiten s. Text.

Coacervat-Tropfen und „Protobionten"

Oparin in Rußland hatte ähnliche Ziele wie Fox, nämlich herauszufinden, wie isolierte und begrenzte Lösungsbereiche als potentielle Zentren für die Entwicklung des Lebens auf natürliche Weise entstehen können. Wenn eine konzentrierte Lösung von Polypeptiden, Nucleinsäuren, Polysacchariden oder fast jedes anderen Polymeren sanft geschüttelt wird, trennt sie sich in zwei Phasen unterschiedlicher Polymerkonzentration. Es bilden sich konzentrierte Tröpfchen in einer verdünnteren Lösung. Diese *Coacervat-Tropfen*[1] haben typischerweise einen Durchmesser von 20 µm und können 5 bis 50% Polymeres enthalten, je nachdem wie sie entstanden sind. Um sie herum ist eine Haut oder Membran, die im Mikroskop sichtbar ist. Coacervat-Tropfen entstehen wie Mikrosphären aufgrund physikalisch-chemischer Kräfte und haben keine direkte Verbindung mit dem Leben.

Wenn Substanzen mit geringerer Molekülmasse zu einer Lösung von Coacervat-Tropfen gegeben werden, verteilen sie sich ungleichmäßig zwischen den Tropfen und der umgebenden Lösung, je nach Löslichkeit in den beiden Polymerphasen. Coacervate haben die Tendenz, einige Moleküle in ihrem Inneren zu konzentrieren, eine Fähigkeit, welche die primitivste aller Protozellen haben müßte. Dieses Verhalten der Coacervate zeigt, wie frühe Protozellen eine von ihrer Umgebung verschiedene Zusammensetzung erreichen und ein gewisses Maß an chemischer Unabhängigkeit entwickeln konnten.

---

1) Anm. der Übersetzer: Coacervate entstehen nicht wie Mikrosphären durch Abtrennen einer mit Wasser nicht mischbaren Phase, sondern durch das Zusammenfließen dehydratisierter Kolloidteilchen: Ein hydrophiles Kolloid „raubt" die Solvathülle eines gelösten Polymeren. Die Moleküle des letzteren bilden dann die Tröpfchen des Coacervates.

Lipid-Moleküle bilden spontan an einer Luft-Wasser-Grenzfläche monomolekulare Schichten, bei denen die hydrophoben Schwänze in die Luft ragen und die polaren Köpfe ins Wasser eintauchen. Durch Wellenbewegungen können Tröpfchen mit Membranen aus Lipiddoppelschichten entstehen, die den Membranen einfacher Zellen ähneln. Bei diesen kugeligen Tröpfchen (unten) sind die hydrophoben Schwänze ins Innere der Doppelschichtmembran gerichtet. [Zeichnung oben nach dem Holzschnitt „Große Welle" von Katsushika Hokusai (1760–1849)]

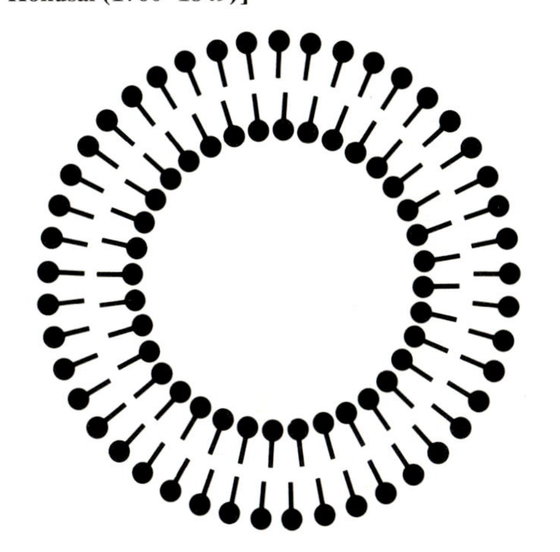

Noch interessanter sind Coacervate mit Enzymen im Innern. Sie können Substrat-Moleküle aus der Lösung absorbieren, chemische Reaktionen katalysieren und die Produkte nach außen diffundieren lassen. Wenn man Coacervate, die das Enzym Phosphorylase enthalten, herstellt und Glucose-1-phosphat in die umgebende Lösung gibt, werden diese beladenen Glucose-Moleküle in die Coacervat-Tröpfchen diffundieren und dort zu Stärke polymerisieren (links außen oben). Wenn die Coacervate auch noch das Enzym Amylase enthalten, dann wird die von dem ersten Enzym produzierte Stärke wieder in die Disaccharid-Moleküle der Maltose zerlegt, die wieder in die umgebende Lösung diffundieren. Coacervate mit diesen beiden Enzymen sind also Miniaturfabriken zur Umwandlung von Glucose-1-phosphat in Maltose, wobei die Energie der Phosphatbindung in den Ausgangsmolekülen benutzt wird. In einem anderen Experiment wurden Coacervate hergestellt, die NADH-Dehydrogenase aus Mitochondrien, das Flavoprotein-Enzym, das am Anfang der Atmungskette steht, enthielten. Diese Tröpfchen konnten NADH und einen reduzierbaren Farbstoff aus der Lösung absorbieren, die Farbstoff-Moleküle reduzieren und den Farbstoff und NAD^+ wieder in die Lösung abgeben (links außen Mitte).

In dem spektakulärsten Modellexperiment ließ man Coacervat-Tröpfchen, die Chlorophyll enthielten, Ascorbinsäure und einen oxidierten Farbstoff absorbieren, der durch Ascorbinsäure allein nicht spontan reduziert werden kann. Wenn man die Tröpfchen im Dunkeln hält, passiert nichts; aber wenn man sie mit Licht bestrahlt, wird der Farbstoff reduziert. Ganz ähnlich wie bei der Einzentren-Photosynthese in Bakterien absorbierten die Chlorophyll-Moleküle Lichtenergie und benutzten ihre angeregten Elektronen dazu, die Farbstoff-Moleküle zu reduzieren. Ascorbinsäure spielte nur die Rolle von H_2S in der Elektronenübertragungskette, indem es die Elektronen zur Verfügung stellte, die das Elektronendefizit in den Chlorophyll-Molekülen ausgleichen. Bei der Reduktion wurde die gesamte Freie Energie erhöht, wobei der Energiezuwachs aus dem absorbierten Licht stammte.

Alles das sind natürlich nur Modelle und nichts weiter. Sie zeigen, was geschehen sein könnte und was nicht unmöglich ist. Oparin hat aufgrund seiner Coacervatexperimente ein Evolutionsschema für Protozellen oder „Protobionten" aufgestellt. Er schlägt vor, daß in Seen oder Teichen mit beachtlichen Konzentrationen an Polymeren Coacervat-Tröpfchen durch natürliche Wellenbewegung entstanden sind, wie auf der vorigen Seite für eine lipidartige Substanz dargestellt ist. Im allgemeinen wird sich die Zusammensetzung dieser Tröpfchen von derjenigen der umgebenden Lösung unterschieden haben. Diese „Mikroumwelten" konnten sich zu geschlossenen Systemen chemischer Reaktionen entwickeln, die energiereiche Verbindungen aus ihrer Umgebung absorbierten (wie im Experiment mit dem Glucose-1-phosphat), um mit ihnen Reaktionen zum Schutz vor der Umgebung oder notwendige Synthesen auszuführen. Die Absorption von Licht für Synthesezwecke wie in dem Experiment mit Chlorophyll und Ascorbinsäure könnte zuerst auf dieser präbiologischen Stufe stattgefunden haben. In diesem begrenzten Sinne könnte „Photosynthese" dem Leben vorausgegangen sein.

Die Experimente von Fox und Oparin mit Mikrosphären und Coacervaten legen ein Modell nahe, wie sich lebende Organismen entwickelt haben könnten. Die erste Stufe auf dem Weg zum Leben könnten stabile, sich selbst erhaltende, geschlossene chemische Systeme wie diese gewesen sein – die wuchsen und sich vielleicht durch einfache Spaltung oder Teilung in kleinere Tröpfchen fortpflanzten, welche die gleichen chemischen Fähigkeiten und das gleiche Wachstumspotential hatten. Die Reaktionen in diesen Protobionten könnten durch schwache natürliche Katalysatoren wirksam gesteuert worden sein, die ebenfalls von den Protobionten hergestellt und bei der Teilung an jedes Tochterfragment weitergegeben wurden.

Das wäre die Ära der chemischen Evolution gewesen, in der die Fähigkeit, chemische Substanzen zu finden oder zu synthetisieren, die für den Fortbestand des Tropfens notwendig waren, und die Fähigkeit, das eigene Material vor dem Kannibalismus der Nachbarsysteme zu schützen, die Erfolgskriterien waren. Die Entwicklung einer wirksamen äußeren Membran, die kontrollieren konnte, was in den Protobionten hineinkam und was hinausging, wäre eine starke Überlebenshilfe gewesen, desgleichen ein aktives Transportsystem, das bestimmte Substanzen im Innern der Membran konzentrieren konnte. Die Fähigkeit, Reaktionen schnell ausführen zu können und auf eine Größe anzuwachsen, bei welcher der tropfenförmige Protobiont in viele unabhängige Tochtertropfen zerfiel, wäre ebenfalls zum Überleben einer bestimmten Art von Protobionten vorteilhaft gewesen. Enzyme oder ihre einfacheren katalytischen Vorläufer hätten einem Tröpfchen daher einen großen Überlebensvorteil gegeben.

Die zweite Stufe in der Entwicklung einer lebenden Zelle wäre dann durch die Fähigkeit charakterisiert gewesen, auf die Tochterfragmente bei der Teilung nicht je ein Muster jeder katalytischen Substanz zu übertragen, sondern lediglich die *Instruktionen,* mit denen diese Präenzyme aus einfacheren Molekülen hergestellt werden können. Das wäre der Beginn der vererbbaren Informationsspeicherung und der Evolution durch genetische Variation und natürliche Selektion gewesen. Es ist bequem, an diesem Punkt die Grenze zwischen „Präleben" und Leben zu ziehen. Dieses ursprüngliche Informationsspeicherungssystem muß viel einfacher als der heutige DNA-RNA-Protein-Apparat gewesen sein, doch sind sicher alle Spuren von ihm zerstört worden, als verbesserte Systeme die Oberhand gewannen.

Das Drama Leben

Wir können alles, was in diesem Kapitel über die Evolution des Lebens gesagt wurde, und einige frühere Bemerkungen über die Entstehung des Planeten in einer Folge von 14 Szenen zusammenfassen, ein Drehbuch für einen Teil des kosmischen Dramas, wie er von unserem Planeten aus gesehen wurde. Wenn es uns diese Art der Darstellung auch gestattet, die Abfolge der Ereignisse in einfachen, faktischen Sätzen zu beschreiben, ohne ständig die Begriffe „vielleicht“ und „sehr wahrscheinlich“ zu wiederholen, muß man doch immer daran denken, daß dies im besten Fall eine Theorie ist, ein in sich konsistenter Satz von Hypothesen, um das, was geschah, zu erklären. Einige der Behauptungen stehen auf sehr festem Boden, aber andere sind nicht mehr als Hypothesen für eine zukünftige Forschung, bei der wesentliche Beiträge von Chemikern stammen werden.

1. Das Universum begann vor ungefähr 20 Milliarden Jahren und unsere Galaxis, die Milchstraße, vor etwa 13 bis 15 Milliarden Jahren. Unsere Sonne ist in dieser Galaxis ein Stern der zweiten Generation, der sich aus den an schweren Elementen reichen Bruchstücken früherer Sterne bildete. Während sich der neue Stern durch allmähliche Aufnahme von Materie aus einer Staubwolke bildete, begannen sich Materieverdichtungen in der Rotationsebene der abgeflachten Staubwolke zu Protoplaneten aufzubauen, die sich um die Sonne bewegten. Eines dieser Aggregate wurde unsere Erde.
2. Die junge Erde war zu klein, um eine vielleicht vorhandene ursprüngliche Atmosphäre zu halten, und was übrigblieb, war eine Gesteinskugel ohne Atmosphäre, die hauptsächlich aus Elementen wie Silicium, Sauerstoff und Metallen bestand, die nichtflüchtige Verbindungen bilden. Die bei der Kompression und dem natürlichen radioaktiven Zerfall freiwerdende Wärme ließ das Innere des Planeten schmelzen, was zu den heute existierenden Schichtungen unterschiedlicher Dichte führte: Eisen-Nickel-Kern, Olivin-Mantel und eine Rinde aus leichteren Silicaten und anderen Mineralien.
3. Durch vulkanische Entgasung aus dem Inneren entstand eine neue Atmosphäre des Planeten, die aus reduzierten Verbindungen bestand: H_2, CH_4, N_2, NH_3, H_2O und H_2S. Ohne den heutigen Ozongürtel in großer Höhe konnte die Ultraviolettstrahlung der Sonne bis zur Oberfläche der Erde vordringen. Diese Strahlung, Blitzentladungen, vulkanische Hitze und natürliche Radioaktivität stellten Energiequellen für spontane Reaktionen der atmosphärischen Gase zu komplexeren Molekülen dar: HCN und Aldehyde, Nitrile, organische Säuren und Basen, einfache Kohlenhydrate und Aminosäuren. Diese wurden durch den Regen in die Ozeane gespült, wo sie langsam eine dünne „Haldane-Suppe“ (Ursuppe) aufbauten, die in einer reduzierenden Atmosphäre lange Zeit stabil war.
4. In dieser Suppe entwickelte sich das Leben möglicherweise über die Zwischenstufe lokalisierter, aber sich nicht reproduzierender chemischer Systeme, die durch einfache Membranbarrieren geschützt waren. Aus den Polymeren mit zufälliger Aminosäurezusammensetzung entwickelten sich katalytische Proteine oder rohe Enzyme, die manchmal mit Metall-Ionen und organischen Molekülen assoziiert waren. Die Energie für chemische Synthesen wurde durch den Abbau von Polyphosphaten und später von Molekülen wie ATP bereitgestellt, die ebenfalls ursprünglich auf nichtbiologischem Weg entstanden waren. Durch den Konkurrenzkampf wurde der natürliche Vorrat an vielen notwendigen Substanzen in der Umwelt erschöpft, die erfolgreicheren „Protobionten“ entwickelten die Fähigkeit, diese Substanzen aus reichlicher vorhandenen Molekülen zu synthetisieren. Solche primitiven chemischen Systeme, die auch einen Vervielfältigungsapparat für diese gesamte Chemie in den Tochtersystemen entwickelten, überschritten die Schwelle zu dem, was wir als Leben definieren. Das primitive

Informationsübertragungssystem braucht wenig Ähnlichkeit mit dem komplizierten DNA-RNA-Ribosomen-System von heute zu haben, doch muß seine Funktion im Prinzip dieselbe gewesen sein.

5. Als der natürliche Vorrat an Polyphosphaten und ATP zur Neige ging, entwickelten einige Protozellen die Glykolyse zum Abbau organischer Moleküle und zum Einsparen von Energie durch selbstgemachtes ATP. Diese Form des Stoffwechsels wurde so vorteilhaft, daß nur diejenigen Organismen, die sie besaßen, bis heute überlebten. Es entwickelten sich Glykolyse und Gluconeogenese, wobei die notwendigen Enzyme frei in der Zellflüssigkeit schwammen. Die Stufe der Gärungsbakterien war erreicht. Auch mit diesen Stoffwechselfähigkeiten war das Leben auf dem Planeten noch durch den Vorrat an nichtbiologisch gebildeten organischen Molekülen als Energiequelle strikt limitiert.
6. Angesichts des beständigen Konkurrenzkampfes um die begrenzten Mengen an organischen Substanzen entdeckten bestimmte Bakterien (wenn wir sie jetzt so nennen können) Wege, ihre Überlebenschance dadurch zu erhöhen, daß sie Metallporphyrine und ähnliche delokalisierte Ringmoleküle zur Absorption von Sonnenenergie benutzten. Vielleicht wurde die absorbierte Energie zuerst nur als Wärme zur gleichmäßigen Beschleunigung aller Reaktionen benutzt. Später wurde die elektronische Anregung der Chlorophyll-Moleküle mit der Produktion von ATP und NADH gekoppelt. Zwei der besten zur Verfügung stehenden Reduktionsmittel, H_2 und H_2S, wurden als Vorrat für Reduktionsäquivalente zur Herstellung von NADH benutzt. Kohlenhydrate wurden aus ATP, NADH und atmosphärischem O_2 synthetisiert, indem einige Reaktionen der Gluconeogenese in den Calvin-Cyclus umgewandelt wurden. Die Stufe der heutigen grünen und purpurfarbigen Schwefelbakterien war erreicht.
7. Sulfat, eine Substanz, die gewiß nicht in großen Mengen auf der ursprünglichen Erde vorkam, entstand als Abfallprodukt bei der bakteriellen Photosynthese. Die Vorfahren von *Desulfovibrio* entwickelten die Fähigkeit, etwas mehr Energie aus ihrer Nahrung herauszupressen, indem sie diese mit Sulfat oxidierten. Kolonien aus grünen Schwefelbakterien und sulfatveratmenden Bakterien könnten in Symbiose existiert haben, so wie sie es manchmal noch heute tun, wobei oxidierte und reduzierte Schwefelverbindungen hinüber- und herübertransportiert wurden und die Sonne als allgemeine Energiequelle diente. Die Atmung war erfunden, wenn auch nicht der Atmungstyp, der den Planeten in späteren Jahren dominieren sollte.
8. Die langsame Entwicklung eines Citronensäure-Cyclus als alternative Quelle für NADH befreite die Purpurschwefelbakterien allmählich von ihrer Abhängigkeit von H_2S und der nichtcyclischen Photosynthese. Die Vorfahren der Nichtschwefel-Purpurbakterien entstanden, deren Bedarf an energielieferndem ATP hauptsächlich durch cyclische Photophosphorylierung gedeckt wurde.
9. Nahe Verwandte dieser photosynthetisierenden Bakterien fanden einen Weg, mit Hilfe eines zweiten Chlorophyll-Photosystems zwei Photonen Licht zu absorbieren, während vorher nur eines absorbiert worden war, und die zusätzliche Energie zu benutzen, aus H_2O ein brauchbares Reduktionsmittel zu machen. Auf diese Weise konnten sie das seltene Reduktionsmittel H_2S aufgeben und es gegen das viel häufigere H_2O eintauschen. Mit diesen Vorfahren der Blaualgen war die Photosynthese der grünen Pflanzen geboren. Diese Stufe könnte vor etwa drei Milliarden Jahren erreicht worden sein.
10. Sauerstoff begann sich lokal um die photosynthetisierenden Organismen anzureichern. Sie und die Nichtschwefel-Purpurbakterien lernten Sauerstoff und NADH aus ihrem Citronensäure-Cyclus gemeinsam zu benutzen, um viel mehr Energie zu gewinnen als je vorher. Die Sequenz Glykolyse, Citronensäure-Cyclus, Atmung, die uns von den heutigen Eukaryonten her vertraut ist, war vollständig. Wie heute machten Blaualgen und die Nichtschwefel-Purpurbakte-

rien relativ wenig Gebrauch von der Atmung und gewannen ihr ATP hauptsächlich durch Photosynthese, doch die Möglichkeit zu atmen, war vorhanden. Für die Sauerstoffatmung brauchten vielleicht nur lokale Konzentrationen an freiem O_2 vorhanden zu sein, so wie bei der früheren Sulfatatmung nur lokale Sulfatkonzentrationen um grüne und purpurne Schwefelbakterien notwendig waren.

11. Die große Effizienz der wasserspaltenden Photosynthese führte zu einer Explosion des Lebens auf dem Planeten, und das ist offenbar die Ursache dafür, daß wir die ältesten Fossilien in den Fig-Tree-Schichten finden. Während die Sauerstoffatmung noch von untergeordneter Bedeutung war, reicherte sich überschüssiges O_2 allmählich in der Atmosphäre an und wandelte sie langsam vom reduzierenden zum oxidierenden Zustand um. Diese Entwicklung hatte für die zukünftige Entwicklung des Lebens drei wichtige Konsequenzen. Eine Ozonschicht in der höheren Atmosphäre war ein Riegel für die kürzerwelligen Ultraviolettstrahlen, womit eine Quelle für die nichtbiologische Synthese organischer Moleküle, die als Nahrung für lebende Organismen dienten, versiegte. Freier Sauerstoff in der Atmosphäre beschleunigte den Abbau dieser organischen Moleküle, die bereits synthetisiert waren, mit dem Ergebnis, daß von da an organische Verbindungen fast ausschließlich mit lebenden Organismen assoziiert waren. Schließlich, nachdem die tödliche Ultraviolettstrahlung abgeschirmt war, konnte das Leben aus den unteren Tiefen in die oberen zehn Meter der Ozeane und schließlich auf das Land selbst vordringen.
12. Mit zunehmendem Sauerstoffgehalt der Atmosphäre gewann die Atmung an Bedeutung. Aus den photosynthetisierenden Nichtschwefel-Purpurbakterien entwickelten sich durch Verlust der Fähigkeit zur Photosynthese sauerstoffveratmende Bakterien. Diese Erklärung für den Ursprung der Atmung könnte die bemerkenswerte Ähnlichkeit der Elektronentransportketten bei der Photosynthese und der Sauerstoffatmung erklären und ihre geringe Ähnlichkeit mit den Prozessen bei der Sulfatatmung in *Desulfovibrio.* Sie könnte außerdem erklären, warum die Molekülstrukturen von Cytochrom c in atmenden Eukaryonten und in atmenden photosynthetisierenden Bakterien fast identisch sind.
13. Eukaryonten entwickelten sich aus Prokaryonten durch symbiontische Beziehung zwischen einem nichtatmenden Gast, atmenden Bakterien, welche die Vorfahren der Mitochondrien waren, und photosynthetisierenden Blaualgen, die mit der Zeit zu Chloroplasten degenerierten („Endosymbionten-Theorie“). Dieser Schritt war möglicherweise vor ungefähr 1.6 Milliarden Jahren abgeschlossen, wie sich aus den Fossilablagerungen in Beck Springs ableiten läßt.
14. In dem Intervall zwischen der Entwicklung der ersten Eukaryonten und dem Anfang des Kambriums trennten sich Pflanzen und Tiere voneinander, entwikkelten sich vielzellige Wirbellose und entstanden die meisten Entwicklungslinien, die später zu den Hauptklassen der heute lebenden Organismen führten. Wir bewegen uns weg von der chemischen Evolution und der Vorgeschichte hin zu den bekannten Fossilfunden.

Das ist das Bild des Lebens auf der Erde, soweit wir es bisher entwickeln konnten. Ob das Leben auf anderen Planeten die gleiche Chemie hätte, ist eine Frage, die wir nicht beantworten können. Wir nehmen an, daß sie ebenfalls auf Kohlenstoff und Wasser gegründet sein müßte, aber ob Nucleinsäuren als genetisches Material unvermeidlich sind und Proteine als Baumaterial und Katalysatoren, ist mehr, als wir vorhersagen können. Das wirkliche Verstehen der Grenzen chemischer Systeme und ihrer Organisation in Lebewesen steht erst am Anfang.

Fragen

1. In welcher Hinsicht wurde die spontane Lebensentstehung als Erklärung für den Ursprung des Lebens auf der Erde diskreditiert und in welcher Hinsicht ist es immer noch die am meisten akzeptierte Theorie?
2. Wenn die spontane Lebensentstehung als Ursprung des Lebens abgelehnt wird, welche andere Erklärung gibt es dann?
3. Warum wird es durch die Entwicklung des Lebens auf diesem Planeten zu einem bestimmten Zeitpunkt unwahrscheinlich, daß sich Leben jemals wieder unabhängig auf der Erde entwickelt? Was war falsch an dem mittelalterlichen Bild der spontanen Lebensentstehung?
4. Welcher Teil des Energiegewinnungsapparats der Eukaryonten ist ein allgemeines Erbe aller Lebensformen? Man nenne ein Bakterium, das seine gesamte Energie auf diese Weise produziert.
5. Welche Arten von Atmung außer der Sauerstoffatmung findet man bei Bakterien? Welche Art ist wahrscheinlich mit der Sauerstoffatmung verwandt, und welche ist nach der Entwicklungsgeschichte ganz anders?
6. *A priori* gibt es keinen Grund dafür, warum fast alle Bakterien, die molekularen Sauerstoff nicht als Oxidationsmittel benutzen, in Gegenwart von Sauerstoff vergiftet werden, doch läßt sich dieser Tatbestand anhand der Entwicklung des Bakterienmetabolismus verstehen. Warum ist es einsehbar, daß die Beobachtungen, daß ein Organismus Sauerstoff nicht braucht und gleichzeitig seine Gegenwart nicht verträgt, miteinander zusammenhängen?
7. Wie unterscheidet sich die Photosynthese in Bakterien von der in grünen Pflanzen? Welche ist der Photosynthese der Blaualgen am ähnlichsten?
8. Welche Hinweise gibt es im Bakterienmetabolismus dafür, daß sich Leben in einer sauerstoff-freien, reduzierenden Umgebung entwickelt hat?
9. Welche geologischen Befunde sprechen dafür, daß auf der frühen Erde eine reduzierende Atmosphäre herrschte? Wann ungefähr hat sie sich aufgrund der geologischen Befunde zu einer oxidierenden Atmosphäre umgewandelt?
10. Was sind Chemoautotrophe und warum ist es unwahrscheinlich, daß es sich bei ihnen um Vertreter eines sehr primitiven und alten Metabolismus handelt?
11. Wie beeinflußt atmosphärisches O_2 die spontane Synthese organischer Moleküle durch nichtbiologische Prozesse, die während der Entwicklung des Lebens stattgefunden haben muß?
12. Wieso ist es durch die Gegenwart atmosphärischen Sauerstoffs unwahrscheinlich, daß sich organische Moleküle ein zweites Mal zu lebenden Organismen entwickeln, wenn alles Leben auf der Erde schnell ausgelöscht würde?
13. Was ist die Hauptquelle für organische Verbindungen auf der heutigen Erde?
14. Wie können organische Verbindungen in einer Sauerstoffatmosphäre existieren, wenn die Oxidation all dieser Verbindungen thermodynamisch begünstigt ist?
15. Was ist die „Haldane-Suppe" (Ursuppe) und welche Beziehung hat sie zum Problem des Ursprungs des Lebens?
16. Wie stellt man sich heute vor, daß die organischen Moleküle in der Ursuppe entstanden sind?
17. Warum wird aufgrund von Fossilfunden das Verhältnis von Quallen zu Organismen wie Muscheln, Schnecken und dergleichen, die zu einer bestimmten Zeit lebten, immer zu niedrig abgeschätzt? Inwiefern ist dieser Zusammenhang relevant für das Problem des Mangels an präkambrischen Fossilien?
18. Was sind Pristan und Phytan, und warum betrachtet man ihr Vorkommen als einen Beleg für Photosynthese?
19. Welches ist der älteste aus Fossilien gewonnene Befund für bakterienähnliche Organismen? Wo werden diese Fossilien gefunden und wie alt sind sie?

20. Welches ist der älteste Fossilfund für Eukaryonten? Wo wurde er gefunden und wie alt ist er?
21. Was sind Stromatolithe? Welche Organismen bauen sie wahrscheinlich auf? Wieso ist das Vorkommen von Stromatolithen ein Hinweis auf eine vorläufige Art von Photosynthese? Wie alt sind die ältesten Stromatolithformationen?
22. Welche Argumente bewogen Stanley Miller, Wasserstoff, Methan, Ammoniak und Wasser als Komponenten einer „primitiven Atmosphäre" zu wählen? Welche Energiequelle wurde benutzt, um chemische Umwandlungen auszulösen? Welchem natürlichen Phänomen entspricht sie? Welche Verbindungen entstanden im Lauf der Reaktion?
23. Was ist die Strecker-Synthese und wie führt sie zur Bildung von Aminosäuren? Was bestimmt die Art der Aminosäureseitenkette R?
24. Was sind Mikrosphären und Coacervate, und in welchem Zusammenhang stehen sie mit dem Problem der Entwicklung des Lebens? Warum ist eine Isolierung von der Umgebung für jeden lebenden Organismus vorteilhaft?
25. Wie ahmten Oparins Experimente mit Coacervaten einige der metabolischen Aktivitäten lebender Organismen nach?
26. Welchen Vorteil hat die wasserspaltende Photosynthese für die Organismen, die dazu fähig sind, im Vergleich mit der H_2S-verbrauchenden Photosynthese, wo doch Wasser im Vergleich zu H_2S ein schlechtes Reduktionsmittel ist?
27. Welche radikale Veränderung der Umgebung der nicht-photosynthetisierenden Organismen wurde durch die wasserspaltenden photosynthetisierenden Organismen herbeigeführt? Wie führte das im Laufe der Zeit zu einem viel effizienteren Mittel, Freie Energie aus organischen Molekülen zu gewinnen?

Anhang 1

Wichtige physikalische Konstanten und Umrechnungsfaktoren

Physikalische Konstanten

Atomare Masseneinheit	1 u	$= 1.66053 \cdot 10^{-24}$ g (^{12}C = exakt 12)
Avogadrosche Konstante	N	$= 6.022169 \cdot 10^{23}$ mol^{-1}
Bohrscher Radius	a_0	= 52.918 pm
Boltzmann-Konstante	k	$= 1.38062 \cdot 10^{-23}$ J K^{-1} Molekül^{-1}
Ruhemasse des Elektrons	m_e	$= 0.0005486$ u $= 9.1095 \cdot 10^{-28}$ g
Ladung des Elektrons	e	$= 4.80325 \cdot 10^{-10}$ esu (cm$^{3/2}$ g$^{1/2}$ s^{-1})
	e	$= 1.6021 \cdot 10^{-19}$ C (Coulomb)
Faraday-Konstante	F	$= Ne = 96487$ C mol^{-1}
Gaskonstante	R	$= Nk = 8.3143$ J $\cdot$ K^{-1} $\cdot$ mol^{-1}
	R	$= 0.083137$ l $\cdot$ bar $\cdot$ K^{-1} $\cdot$ mol^{-1}
Ruhemasse des Neutrons	m_n	$= 1.008665$ u $= 1.67492 \cdot 10^{-24}$ g
Plancksche Konstante	h	$= 6.6262 \cdot 10^{-34}$ J s
Proton plus Elektron	$m_p + m_e$	= 1.007862 u
Ruhemasse des Protons	m_p	$= 1.007277$ u $= 1.67261 \cdot 10^{-24}$ g
Lichtgeschwindigkeit	c	$= 2.9979 \cdot 10^{10}$ cm $\cdot$ s^{-1}

Umrechnungsfaktoren

1 J = 1 Ws = 1 kg m^2/s^2

1 J = 0.2390 cal

1 J = $6.2420 \cdot 10^{18}$ eV

1 eV = $1.6022 \cdot 10^{-19}$ J

1 Volt Coulomb = 1 Joule

1 eV Molekül^{-1} = 8065 cm^{-1}

1 bar = 10^5 Pa = 0.98692 atm

1 atomare Energieeinheit = 27.21 eV · Molekül^{-1}
= 2626.34 kJ · mol^{-1}
= 219 470 cm^{-1}
1 atomare Masseneinheit ≙ 931.481 · 10^{6} eV Energie
= 931.481 MeV
2.303 RT = 5.6317 kJ · mol^{-1} = 1.346 kcal · mol^{-1} bei 298 K

Internationales System der Maßeinheiten (SI)

1960 hat das Internationale Bureau der Maße und Gewichte das Internationale System der Maßeinheiten (SI) aufgestellt, um die Kommunikation unter den Wissenschaftlern aller Länder zu vereinfachen.

Das Internationale System hat sieben Basiseinheiten: Meter (m), Kilogramm (kg), Sekunde (s), Ampère (A), Kelvin (K), Mol (mol) und Candela (cd). Zusätzliche Einheiten sind Radiant (rad) für den ebenen Winkel und Steradiant (sr) für den Raumwinkel. Alle anderen SI-Einheiten werden von diesen Basiseinheiten abgeleitet. In der Tabelle unten sind Beispiele zusammengestellt. Näheres findet man z. B. in: Deutscher Normenausschuß. Normen für Größen und Einheiten in Naturwissenschaft und Technik. DIN-Taschenbuch 22. Beuth, Berlin.

Physikalische Größe	SI-Einheit (Symbol)	Umrechnungsfaktoren
Länge	Meter (m)	1 Ångström (Å) = 10^{-10} m
Volumen	Kubikmeter (m^3)	1 Liter (l) = 10^{-3} m^3
Masse	Kilogramm (kg)	1 atomare Masseneinheit (u) = 1.66053 · 10^{-27} kg 1 Gramm (g) = 10^{-3} kg
Zeit	Sekunde (s)	1 Tag (d) = 86 400 s 1 Stunde (h) = 3600 s 1 Minute (min) = 60 s
Frequenz	Hertz (Hz = s^{-1})	
Kraft	Newton (N = m · kg · s^{-2})	1 Dyn (dyn) = 10^{-5} N
Druck	Pascal (Pa = N · m^{-2})	1 atm = 101 325 Pa 1 torr = 101 325/760 Pa
Energie	Joule (J = N · m)	1 erg = 10^{-7} J 1 cal (thermochemisch) = 4.184 J 1 Elektronenvolt (eV) = 1.60219 · 10^{-14} J
Stromstärke	Ampère (A)	
Elektrizitätsmenge	Coulomb (C = A · s)	e = 1.60219 · 10^{-19} C
thermodynamische Temperatur, T	Kelvin (K)	ersetzt °K; Celsiustemperatur t(°C) = T(K) − 273.15 K
Substanzmenge	Mol (mol)	
Konzentration	Mol pro Kubikmeter (mol · m^{-3})	1 mol · l^{-1} = 10^3 mol · m^{-3}

Anhang 2

Standardenthalpien, Freie Bildungsenergien und Standardentropien (nach dem 3. Hauptsatz) bei 298 K

In der Tabelle unten sind die Standardenthalpien (ΔH^0) und die Freien Energien der Bildung von Verbindungen aus ihren Elementen in deren Standardzuständen sowie die thermodynamischen Entropien (S^0) der Verbindungen (alle bei 298 K) zusammengestellt. Der Zustand der Verbindungen wird gekennzeichnet durch (g) = gasförmig, (fl) = flüssig, (f) = fest oder (aq) = wäßrige Lösung. Gelegentlich ist die Kristallform eines Festkörpers angegeben. Die Verbindungen sind nach der Gruppennummer ihres wichtigsten Elements geordnet, wobei Metalle vor Nichtmetallen rangieren und O und H als am wenigsten wichtig angesehen werden.

Die Tabelle ist eine verkürzte Version einer vollständigeren Aufstellung in R.E. Dickerson, *Molecular Thermodynamics,* W.A. Benjamin, Menlo Park, CA/USA 1969. Andere geeignete Tabellen findet man in *Chemical Rubber Company Handbook of Chemistry and Physics* und in *Lange's Handbook of Chemistry.*

	Substanz	ΔH^0_{298} $kJ \cdot mol^{-1}$	ΔG^0_{298} $kJ \cdot mol^{-1}$	S^0_{298} $J \cdot K^{-1} \cdot mol^{-1}$
	H(g)	217.94	203.24	114.61
	H^+(aq)	0.0	0.0	0.0
	H_2(g)	0.0	0.0	130.59
IA	Li(g)	155.10	122.13	138.67
	Li(f)	0.0	0.0	28.03
	Li^+(aq)	−278.46	−293.80	14.2
	LiF(f)	−612.1	−584.1	35.86
	LiCl(f)	−408.77	−383.7	(55.2)
	LiBr(f)	−350.28	−339.74	(69.0)
	Na(g)	108.70	78.12	153.62
	Na(f)	0.0	0.0	51.0
	Na^+(aq)	−239.66	−261.87	60.2
	Na_2O(f)	−415.9	−376.5	72.8

	Substanz	ΔH^0_{298} kJ · mol^{-1}	ΔG^0_{298} kJ · mol^{-1}	S^0_{298} J · K^{-1} · mol^{-1}
	NaOH(aq)	−469.6	−419.15	49.79
	NaF(f)	−569.0	−541	58.6
	NaCl(f)	−411.00	−384.03	72.4
	NaBr(f)	−359.95	−357.7	–
	NaI(f)	−288.03	−237.2	–
	Na_2CO_3(f)	−1130.9	−1047.7	136
	K(g)	89.99	61.17	160.23
	K(f)	0.0	0.0	63.6
	K^+(aq)	−251.21	−282.25	102.5
	Rb(g)	85.81	55.86	169.99
	Rb(f)	0.0	0.0	69.5
	Rb^+(aq)	−246.4	−282.21	124.3
	Cs(g)	78.78	51.21	175.49
	Cs(f)	0.0	0.0	82.8
	Cs^+(aq)	−247.7	−282.04	133.1
II A	Be(g)	320.62	282.84	136.17
	Be(f)	0.0	0.0	9.54
	Be^{2+}(aq)	−389	−356.5	–
	Mg(g)	150.2	115.5	148.55
	Mg(f)	0.0	0.0	32.51
	Mg^{2+}(aq)	−461.96	−456.01	−118
	MgO(f)	−601.83	−569.57	26.8
	$MgCl_2$(f)	−641.83	−592.33	89.5
	$MgCl_2 \cdot 6H_2O$(f)	−2499.61	−2115.64	366.1
	Ca(g)	192.63	158.91	154.77
	Ca(f)	0.0	0.0	41.63
	Ca^{2+}(aq)	−542.96	−553.04	−55.2
	$CaCO_3$(f, Calcit)	−1206.87	−1128.76	92.9
	$CaCO_3$(f, Aragonit)	−1207.04	−1127.71	88.7
	Sr(g)	164.0	110.0	164.54
	Sr(f)	0.0	0.0	54.4
	Sr^{2+}(aq)	−545.51	−557.3	−39.3
	Ba(g)	175.56	144.77	170.28
	Ba(f)	0.0	0.0	67
	Ba^{2+}(aq)	−538.36	−560.7	12.6
	BaO(f)	−558.1	−528.4	70.3
	$BaCO_3$(f)	−1218.8	−1338.9	112.1
VII B	Mn(f)	0.0	0.0	31.76
	Mn^{2+}(aq)	−218.8	−223.4	−83.7
	MnO_2(f)	−520.9	−466.1	53.1
VIII	Fe(g)	404.51	358.82	180.37
	Fe(f)	0.0	0.0	27.15
	Fe^{2+}(aq)	−87.9	−84.94	−113.4
	Fe^{3+}(aq)	−47.7	−10.59	−293.3
	Fe_2O_3(f, Hämatit)	−822.2	−741	89.9
	Fe_3O_4(f, Magnetit)	−1120.9	−1014.2	146.4
	Ni(f)	0.0	0.0	30.1

	Substanz	ΔH^0_{298} $kJ \cdot mol^{-1}$	ΔG^0_{298} $kJ \cdot mol^{-1}$	S^0_{298} $J \cdot K^{-1} \cdot mol^{-1}$
	Ni^{2+} (f)	−64	−46.4	−159.4
IB	Cu(g)	341.08	301.42	116.29
	Cu(f)	0.0	0.0	33.30
	Cu^{+} (aq)	(51.9)	50.2	(−26.4)
	Cu^{2+} (aq)	64.39	64.98	−98.7
	$CuSO_4$(f)	−769.86	−661.9	113.4
	Ag(g)	289.2	250.37	172.89
	Ag(f)	0.0	0.0	42.70
	AgCl(f)	−127.03	−109.72	96.11
	$AgNO_2$(f)	−44.37	19.85	128.11
	$AgNO_3$(f)	−123.14	−32.17	140.92
IIB	Zn(f)	0.0	0.0	41.63
	Zn^{2+} (aq)	−152.42	−147.19	−106.48
	Hg(g)	60.84	31.76	174.89
	Hg(fl)	0.0	0.0	47.4
	$HgCl_2$(f)	−230.1	−185.8	(144.3)
	Hg_2Cl_2(f)	−264.93	−210.66	195.8
IIIA	B(g)	406.7	362.8	153.34
	B(f)	0.0	0.0	6.53
	Al(g)	313.8	273.2	164.44
	Al(f)	0.0	0.0	28.32
	Al^{3+} (aq)	−524.7	−481.2	−313.4
	$AlCl_3$(f)	−695.4	−636.8	167.4
IVA	C(g)	718.38	672.98	157.99
	C(f, Diamant)	1.89	2.87	2.44
	C(f, Graphit)	0.0	0.0	5.69
	CO(g)	−110.52	−137.27	197.91
	CO_2(g)	−393.51	−394.38	213.6
	CO_2(aq)	−412.92	−386.23	121.34
	CH_4(g)	−74.85	−50.79	186.19
	CF_4(g)	−933.0	−888.4	261.5
	CCl_4(g)	100.42	58.24	310.12
	C_2H_2(g)	226.75	209.2	200.82
	C_2H_4(g)	52.28	68.12	219.45
	C_2H_6(g)	−84.67	−32.89	229.5
	C_3H_6(g) Cyclopropan	53.30	104.39	237.44
	C_3H_8(g)	−103.85	−23.47	269.91
	C_4H_8(g) Cyclobutan	26.65	110.04	265.39
	n-C_4H_{10}(g)	−124.73	−15.69	310.0
	i-C_4H_{10}(g)	−131.59	−17.99	294.64
	C_5H_{10}(g) Cyclopentan	−77.24	38.62	292.88
	C_6H_6(g)	82.93	129.66	269.20
	C_6H_6(fl)	49.03	124.5	172.8

	Substanz	ΔH^0_{298} kJ · mol^{-1}	ΔG^0_{298} kJ · mol^{-1}	S^0_{298} J · K^{-1} · mol^{-1}
	C_6H_{12}(g) Cyclohexan	−123.14	31.76	298.24
	n-C_8H_{18}(g)	−208.45	16.4	466.73
	n-C_8H_{18}(fl)	−249.95	6.49	360.79
	HCOOH(g)	−362.63	−335.72	251.04
	HCOOH(fl)	−409.2	−346.0	128.95
	HCOOH(aq)	−410.0	−356.1	163.6
	$HCOO^-$(aq)	−410.0	−334.7	91.6
	H_2CO_3(aq)	−698.7	−623.42	191.2
	HCO_3^-(aq)	−691.11	−587.06	95.0
	CO_3^{2-}(aq)	−676.26	−528.10	−53.1
	CH_3COOH(fl)	−487.0	−392.5	159.8
	CH_3COOH(aq)	−488.45	−399.61	–
	CH_3COO^-(aq)	−488.87	−372.46	–
	HCHO(g)	−115.9	−109.6	218.7
	HCHO(aq)	–	−129.7	–
	CH_3OH(g)	−201.25	−161.92	273.7
	CH_3OH(fl)	−238.64	−166.31	126.8
	CH_3OH(aq)	−245.89	−175.23	132.34
	CH_3OCH_3(g)	−184.05	−112.93	276.06
	C_2H_5OH(g)	−235.43	−168.62	282.0
	C_2H_5OH(fl)	−277.63	−174.77	160.7
	CH_3CHO(g)	−166.36	−133.72	265.7
	CH_3CHO(aq)	−208.70	–	–
	$C_6H_{12}O_6$(f) Glucose	−1260.2	−919.2	288.86
	$C_{18}H_{36}O_2$(f) Stearinsäure	−948.9	–	–
	Si(g)	368.36	323.88	167.86
	Si(f)	0.0	0.0	18.70
	SiO_2(f, Quarz)	−859.4	−805.0	41.84
	Ge(g)	328.19	290.79	167.80
	Ge(f)	0.0	0.0	42.43
	Sn(g)	301	268	168.39
	Sn(f, grau)	2.5	4.6	44.8
	Sn(f, weiß)	0.0	0.0	51.5
	Pb(g)	193.89	160.96	175.27
	Pb(f)	0.0	0.0	64.89
	Pb^{2+}(aq)	1.63	−24.31	21.3
	$PbSO_4$(f)	−918.39	−811.24	147.3
	PbO_2(f)	−276.65	−218.99	76.6
VA	N(g)	472.65	455.51	153.19
	N_2(g)	0.0	0.0	191.49
	NO(g)	90.37	86.69	210.62
	NO_2(g)	33.85	51.84	240.45
	NO_2^-(aq)	−106.3	−34.52	125.1
	NO_3^-(aq)	−206.57	−110.58	146.4
	N_2O(g)	81.55	103.59	219.99
	N_2O_4(g)	9.66	98.29	304.30

	Substanz	ΔH^0_{298} kJ · mol^{-1}	ΔG^0_{298} kJ · mol^{-1}	S^0_{298} J · K^{-1} · mol^{-1}
	N_2O_4(g)	9.66	98.29	304.30
	N_2O_5(f)	−41.8	134	113.4
	HNO_3(fl)	−173.22	−79.91	155.60
	HNO_3(aq)	−206.56	−110.50	146.4
	NH_3(g)	−46.19	−16.64	192.50
	NH_3(aq)	−80.83	−26.61	110.0
	NH_4^+(aq)	−132.80	−79.50	112.84
	NH_4Cl(f)	−315.39	−203.89	94.6
	$(NH_4)_2SO_4$(f)	−1179.30	−900.35	220.29
	$(NH_2)_2CO$(f)	−333.17	−197.15	104.6
	$(NH_2)_2CO$(aq)	−319.24	−203.84	173.84
	P(g)	314.55	279.11	163.09
	P(f, weiß)	0.0	0.0	44.4
	P(f, rot)	−18.4	−13.8	(29.3)
	P_4(g)	54.89	24.35	279.91
	PCl_3(g)	−306.35	−286.27	311.67
	PCl_5(g)	−398.94	−324.55	352.7
	As(g)	253.72	212.30	174.1
	As(f, grau, Metall)	0.0	0.0	35.14
	As_4(g)	149.4	105.4	289
VI A	O(g)	247.52	230.09	160.95
	O_2(g)	0.0	0.0	205.03
	O_3(g)	142.3	163.43	237.7
	OH^-(aq)	−229.94	−157.30	−10.54
	H_2O(g)	−241.82	−228.59	188.72
	H_2O(fl)	−285.84	−237.19	69.94
	S(g)	222.80	182.30	167.72
	S(f, rhombisch)	0.0	0.0	31.88
	S(f, monoklin)	0.29	0.09	32.55
	S^{2-}(aq)	41.8	83.7	–
	SO_4^{2-}(aq)	−907.51	−742.0	17.2
	H_2S(g)	−20.15	−33.02	205.64
	H_2S(aq)	−39.3	−27.36	122.2
VII B	F(g)	76.6	59.4	158.64
	F^-(aq)	−329.11	−276.48	−9.6
	F_2(g)	0.0	0.0	203.3
	HF(g)	−268.6	−270.7	173.51
	Cl(g)	121.39	105.40	155.09
	Cl^-(aq)	−167.46	−131.17	55.2
	Cl_2(g)	0.0	0.0	222.95
	HCl(g)	−92.31	−95.27	186.68
	HCl(aq)	−167.46	−131.17	55.2
	Br(g)	111.75	82.38	174.91
	Br^-(aq)	−120.92	−102.82	80.71
	Br_2(g)	30.71	3.14	245.35
	Br_2(fl)	0.0	0.0	152.3
	HBr(g)	−36.23	−53.22	198.48
	I(g)	106.62	70.15	180.68

	Substanz	ΔH^0_{298} kJ · mol^{-1}	ΔG^0_{298} kJ · mol^{-1}	S^0_{298} J · K^{-1} · mol^{-1}
	I^-(aq)	−55.94	−51.67	109.37
	I_2(g)	62.24	19.37	260.58
	I_2(f)	0.0	0.0	116.7
	I_2(aq)	20.9	16.43	–
	HI(g)	25.9	1.3	206.33
	ICl(g)	17.6	−5.52	247.36
	IBr(g)	40.79	3.81	258.6
0	He(g)	0.0	0.0	126.06
	Ne(g)	0.0	0.0	144.14
	Ar(g)	0.0	0.0	154.72
	Kr(g)	0.0	0.0	163.97
	Xe(g)	0.0	0.0	169.58
	Rn(g)	0.0	0.0	176.15

Antworten und Lösungen zu den Fragen und Problemen

1. Kapitel

Fragen

1. Die Moleküle von Flüssigkeiten und Festkörpern sind zusammengepackt, während sich die Moleküle eines Gases unabhängig voneinander durch den sonst leeren Raum bewegen. Flüssigkeiten und Festkörper sind relativ wenig komprimierbar; das Volumen, das einem Molekül im Gaszustand zur Verfügung steht, kann dagegen leicht verändert werden.
2. Die Moleküle in einem Kristall sind in einer regelmäßigen Struktur aneinandergepackt, wogegen die Moleküle in einer Flüssigkeit genug Energie haben, um sich aneinander vorbei und durcheinander zu bewegen. Derart passen sie sich fließend der Form ihres Behältnisses an.
3. Flüssigkeiten füllen ihren Behälter von unten nach oben; die Moleküle passen sich der Behälterform an, bleiben aber miteinander in Kontakt. Die Moleküle eines Gases haben genug Energie, um sich unabhängig voneinander durch den ganzen Raum des Behälters zu bewegen.
4. Durch van-der-Waals-Anziehungen (schwache Kräfte, die nur über kurze Entfernungen wirken) sind die Moleküle in einem Festkörper oder in einer Flüssigkeit genügend „klebrig", um aneinander zu haften. In einem Gas haben die Moleküle genug kinetische Energie (Bewegungsenergie), um diese schwache Anziehung zu überwinden.
5. Wasserstoff und Helium.
6. Wasserstoff und Helium sind so leicht, daß sie sich in großen Mengen der Gravitationsanziehung der Erde entziehen konnten, vor allem als die Temperatur der Erdoberfläche höher war als heute.

Keine Probleme

2. Kapitel

Fragen

1. Die Vergrößerung ist $2 \cdot 10^8$- oder 200millionenfach. Die Atome hätten Durchmesser von wenigen Zentimetern. Kerne hätten Durchmesser von etwa 0.00002 cm.
2. Neutronen sind schwerer. Elektronen haben eine höhere Ladung. Die Elektronen um den Kern kompensieren seine Ladung. Die Protonen sitzen im Kern und die Elektronen in einer Wolke um den Kern.
3. Wasserstoff-Kerne haben ein Proton und Helium-Kerne zwei. H hat ein Elektron, He zwei.
4. Die unterschiedliche Anzahl von Neutronen im Kern. Die Variationen nennt man Isotope.
5. Alle C-Atome haben sechs Protonen und sechs Elektronen. C-13 hat 13 Kernteilchen: sechs Protonen und sieben Neutronen.
6. Die Anzahl der Protonen. Sie bestimmt die Anzahl der Elektronen in einem neutralen Atom, und es sind die Elektronen, von denen das chemische Verhalten abhängt.
7. Zwei H-Atome werden durch ein Elektronenpaar zusammengehalten, das sich die beiden Atome in einer Bindung teilen. Das zweite Elektronenpaar in He_2 würde die Atome auseinanderziehen und die Bindung aufheben.
8. Durch das Näherkommen können die Atome ein Elektronenpaar miteinander teilen. Eine zu starke Annäherung führt zur gegenseitigen Abstoßung der Kerne.
9. Die Molekülmasse ist die *Summe* der Atommassen aller Atome im Molekül.
10. Ein Mol ist die Menge einer Substanz mit der Masse in g, die numerisch mit der Molekülmasse übereinstimmt. Ein Mol = $6.022 \cdot 10^{23}$ Moleküle. Das Molkonzept ist nützlich, weil man mit seiner Hilfe Atome oder Moleküle durch Wiegen abzählen kann.
11. In allen Fällen $6.022 \cdot 10^{23}$ Moleküle.
12. Der Druck entsteht durch die Kollision der sich bewegenden Moleküle des Gases mit den Wänden des Gefäßes.

Probleme

1. $6.942\ g \cdot mol^{-1}$
2. $37\ g \cdot mol^{-1}$
3. $32.04\ g \cdot mol^{-1}$
4. Methanol: $32.04\ g \cdot mol^{-1}$; Wasser: $18.016\ g \cdot mol^{-1}$. – Methanol hat die größere Masse pro Mol. – Molvolumen ($32.2\ l \cdot mol^{-1}$) und Anzahl der Moleküle ($6.022 \cdot 10^{23}$ Moleküle $\cdot\ mol^{-1}$) sind gleich.
5. $12.04 \cdot 10^{23}$ Atome O pro Mol O_2. – 2 mol O-Atome pro Mol O_2-Moleküle.
6. 66.6 g Sauerstoff. – 4.16 mol Sauerstoff-Atome

7. 46.1 g · mol^{-1}. – 71.9 Gewichtsprozent Ethanol
8. 0.38 mol Ethanol auf 1 mol Wasser
9. 8180000 mol H_2-Gas. – 16500 kg H_2
10. 235700 kg Luft. – 219200 kg Tragfähigkeit
11. Ebensoviel Mol: 8180000 mol He = 32700 kg He. – Tragfähigkeit: 203000 kg.
12. Nur diese beiden Gase sind chemisch ausreichend reaktionsträge und haben niedrigere relative Molekülmasse und damit niedrigere Dichte als N_2 und O_2.
13. Schrumpfung um 5%
14. Keine Änderung der Tragfähigkeit mit der Temperatur, denn die relative Dichte aller Gase ändert sich im gleichen Verhältnis.
15. 0.0217 mol
16. 46.1 g · mol^{-1}
17. Ethanol, C_2H_5OH

3. Kapitel

Fragen

1. Jedes Atom von Lithium bis Neon hat ein Proton mehr in seinem Kern und ein Außenelektron mehr als sein Vorgänger.
2. Die Elektronen müssen die zweite Schale besetzen, die vom Kern weiter entfernt ist.
3. Die zunehmende Kernladung zieht die Elektronen der zweiten Schale stärker an.
4. Li und Be sind Metalle, die anderen Nichtmetalle. Bei Metallen ist die zweite Schale fast leer.
5. Acht Elektronen. – Neon. – Helium. – Reaktionsträgheit.
6. Li, Be, B und C sind fest. N, O, F und Ne sind Gase.
7. N_2, O_2 und F_2 sind zweiatomig. Ne ist ein einatomiges Gas.
8. Der kovalente Radius gibt den Abstand zwischen den Zentren solcher Atome an, die durch Elektronenpaar-Bindungen zusammengehalten werden. Der Packungsradius gibt an, wie nahe sich Atome kommen können, bis sie einander berühren, ohne aneinander gebunden zu werden. Der Packungsradius ist ungefähr doppelt so groß wie der kovalente Radius.
9. „Ionisierung" bedeutet, daß ein Atom Elektronen gewinnt oder verliert und dabei in ein negatives oder positives Ion übergeht. Li verliert leicht ein Elektron, Be zwei Elektronen, B drei. Diese Zahlen entsprechen den jeweiligen Gesamtzahlen von Elektronen außerhalb der vollständig gefüllten ersten Schale.
10. Die Energie, die nötig wäre, die Elektronen vom Kohlenstoff-Kern abzuziehen, ist zu groß. – Ladung +4. – C-Atome *teilen* sich Elektronen mit anderen Atomen.
11. Fluor nimmt ein Elektron auf, um seine zweite Schale zu vervollständigen. – Sauerstoff nimmt zwei Elektronen auf. – Neon.
12. Die Ionisierungsenergie ist diejenige Energie, die aufgenommen wird, wenn ein neutrales Atom oder ein positives Ion ein Elektron verlieren. Die Elektronenaffinität ist die Energie, die abgegeben wird, wenn ein neutrales Atom ein zusätzliches Elektron aufnimmt. In beiden Fällen wird bei Aufnahme eines Elektrons Energie abgegeben, bei Abgabe eines Elektrons Energie von außen aufgenommen. Sowohl wenn Li^+ durch Aufnahme eines Elektrons zu Li^0 wird, als auch, wenn Li^0 durch Aufnahme eines Elektrons zu Li^- wird, wird Energie frei.
13. Die Kalorie ist die „alte" Einheit der Energie, definiert als die Wärme-(d.h. Energie-)Menge, die nötig ist, ein Gramm Wasser von 14.5 auf 15.5 Grad Celsius zu erwärmen. Das Joule (ausgesprochen – je nachdem, auf welche Quelle man sich bezieht – entweder dschuul oder dschaul) ist die Einheit der Energie im SI-System: 1 Joule = 1 Newton · 1 Meter, oder J = N · m. Der Umrechnungsfaktor von cal in J beträgt 4.184: 1 cal = 4.184 J. Ein Kilojoule sind 1000 Joule.
14. 8000 kJ sind, grob gerechnet, 2000 kcal, die 1 l Wasser um 2000°C, also 80 l Wasser um ca. 25°C erwärmen.
15. Elektronen in der ersten Schale halten sich näher am Kern auf und sind deshalb fester gebunden.
16. Die Kernladung, welche die Elektronen der zweiten Schale anzieht, nimmt zu.
17. Um in die innere Elektronenschale von Kohlenstoff einzubrechen, ist, nachdem die vier Außenelektronen entfernt sind, mehr Energie nötig.
18. Bei der metallischen Bindung teilen sich alle Atome des Festkörpers in die Elektronen. Eine O–H-Bindung beruht darauf, daß sich nur zwei Atome in die Elektronen teilen.
19. Die Anziehung von Kohlenstoff-Atomen auf Elektronen ist zu stark, als daß C^{4+}-Ionen gebildet werden könnten, aber sie ist andererseits nicht stark genug, als daß C^{4-}-Ionen zustande kommen könnten. Stattdessen: Teilung der Elektronen zwischen den beiden Bindungspartnern.
20. Li stellt pro Atom weniger Elektronen zur Verfügung, die das Metall zusammenhalten.
21. Wegen der größeren Kernladung ist die Anziehung auf Elektronen in der zweiten Schale stärker. Bei Ne ist die zweite Schale voll; die Anziehung auf weitere Elektronen, die in der dritten Schale untergebracht werden müßten, ist nicht der Rede wert.
22. Kovalente Bindungen, in denen die Elektronen geteilt werden, sind typisch zwischen Atomen vergleichbarer Elektronegativität. Ionenbindungen treten auf, wenn sich die Elektronegativitäten der Bindung stark unterscheiden. C–N ist eine kovalente Bindung; Li–O ist eine Ionenbindung.

Probleme

1. 114 pm
2. 143 pm und 103 pm
3. 153 pm

4. Kapitel

Fragen

1. Die Energie ist im F_2-Molekül niedriger. Bei der Bildung von F_2 wird Energie frei.
2. Die Tetraedergeometrie beruht auf der Abstoßung der vier Elektronenpaare, die als Bindungselektronenpaare oder als einsame Elektronenpaare vorliegen können.
3. Da die Abstoßung der einsamen Elektronenpaare stärker ist als die der Bindungselektronenpaare.
4. Van-der-Waals-Kräfte. – Methan hat eine größere Molekküloberfläche als Wasserstoff.
5. Kohlenstoff, Stickstoff und Sauerstoff. – Die Bindungslängen nehmen ab und die Bindungsenergien zu, wenn die Bindungsordnung zunimmt.
6. Partielle Doppelbindungen.
7. Es handelt sich bei Benzol-Molekülen um hexagonale Ringe, in denen die Elektronen über partielle Doppelbindungen delokalisiert sind.
8. Van-der-Waals-Kräfte zwischen den Benzol-Molekülen bzw. zwischen den Graphitschichten. Sie gestatten, daß die Schichten leicht aneinander vorbeigleiten können. Die Kohlenwasserstoff-Moleküle werden ebenfalls durch van-der-Waals-Kräfte zusammengehalten.
9. In ihnen sind die vier Einfachbindungen ebenfalls tetraedrisch um jedes C-Atom angeordnet.
10. Diamant hat eine dreidimensionale kovalente Struktur; Graphit enthält zweidimensionale Schichten.
11. Weil die Elektronegativitäts*unterschiede* zwischen den an den Bindungen beteiligten Atome größer werden. Der ionische Charakter der Bindung nimmt zu, und gleichzeitig das Dipolmoment.
12. Die symmetrische Anordnung der vier C–H-Bindungen würde zur Aufhebung jedes inhärenten Dipolmoments führen.
13. In konjugierten Molekülen wechseln Einfach- und Doppelbindungen längs einer Kohlenstoff-Kette miteinander ab, und die Elektronen sind über die ganze Kette delokalisiert. – Man bezeichnet sie als aromatische Moleküle.
14. Im Graphit liegen delokalisierte, bewegliche Elektronen vor, während im Diamant alle Elektronen in lokalisierten Elektronenpaarbindungen festliegen.
15. N_2 enthält eine Dreifachbindung.
16. Wasserstoffbrückenbindungen.
17. Durch die offene Käfigstruktur der Wasserstoffbrückenbindungen im Eis ist dieses weniger dicht als die Flüssigkeit. Im NH_3 (nur ein einsames Elektronenpaar am N als Acceptor für eine Wasserstoffbrückenbindung) und im HF (nur ein H pro Molekül für eine Wasserstoffbrückenbindung) gibt es für den Aufbau einer offenen Käfigstruktur im Festkörper zu wenige Wasserstoffbrückenbindungen.
18. Nur van-der-Waals-Kräfte. – Schwache van-der-Waals-Kräfte und stärkere polare Anziehungskräfte zwischen den Dipolmomenten der Moleküle. – Elektrostatische Anziehungskräfte zwischen den Dipolen der Wasser-Moleküle und den Ladungen der Li^+- und F^--Ionen.
19. Wasser und Ethanol sind beides polare Moleküle, und ihre Dipole ziehen einander an. Ethan ist nicht-polar. Wasser wäre für Octanol ein schlechteres Lösungsmittel, da in diesem Molekül

eine nicht-polare Kohlenwasserstoff-Kette gegenüber der polaren OH-Gruppe vorherrscht.
20. Das Ion oder Molekül umgeben sich wegen der polaren Wechselwirkungen mit Wasser-Molekülen.
21. NH_3 nimmt aus den Wasser-Molekülen H^+-Ionen auf, und es bleiben OH^--Ionen zurück. Man nennt eine solche Substanz Base.
22. HF dissoziiert in H^+- und F^--Ionen. Diese Substanz nennt man Säure.
23. HF dissoziiert nur zum Teil, LiF dagegen vollständig.
24. Wasser-Moleküle dissoziieren auch in reinem Wasser teilweise in H^+- und OH^--Ionen. Die Konzentrationen der beiden Ionen sind gleich.
25. Säuren färben Lackmuspapier rot; Basen färben es blau. Man bezeichnet solche Farbstoffe als Säure-Basen-Indikatoren.

Probleme

1. $11.04 \cdot 10^{-30}$ Cm (3.31 Debye)
2. 18 Prozent Ionencharakter. – Weniger ionisch als HF. – Cl weniger elektronegativ als F.
3. $5.07 \cdot 10^{-30}$ Cm (1.52 Debye)
4. $\mu = 2 \cdot 1.52 \cos 52.5° = 1.85$ Debye $= 6.17 \cdot 10^{-30}$ Cm
5. $4.37 \cdot 10^{-30}$ Cm (1.31 Debye)
6. S. Gleichung (c) auf dem Rand von Seite 57.

5. Kapitel

Fragen

1. Die Bindung in LiF ist stärker polar, denn der Unterschied in den Elektronegativitäten der Atome ist größer.
2. Van-der-Waals-Anziehung zwischen den HF-Molekülen (H und F werden im Molekül durch eine nicht übermäßig polare Bindung zusammengehalten). Ionische Anziehungskräfte zwischen Li^+ und F^--Ionen, die nicht paarweise in diskreten Molekülen auftreten.
3. Damit LiF sieden kann, müssen Elektronenpaare, die an den F^--Ionen lokalisiert sind, in eine kovalente Bindung mit Li^+, bei der sich die Atome in die Elektronen teilen, verschoben werden. Dazu ist Energie von außen nötig: Die Temperatur muß erhöht werden. In flüssigem HF ist die Bindung von vornherein kovalent.
4. Beim Schmelzen von LiF müssen starke elektrostatische Kräfte im Kristall zwischen Li^+ und F^- überwunden werden. Festes HF wird nur durch schwache van-der-Waals-Anziehungskräfte und durch Wasserstoffbrücken zwischen den Atomen zusammengehalten.
5. HF ist dem Benzol insofern ähnlicher, als wie bei diesem hauptsächlich van-der-Waals-Anziehungskräfte zwischen den Molekülen herrschen.
6. HF-Moleküle liegen im Festkörper, in der Flüssigkeit und im Gas vor; LiF-Moleküle nur im Gas.
7. Salze.
8. Nein. – Ja. – Im LiF sind wandernde Ionen Träger des Stroms, in Metallen wandernde Elektronen.
9. Sie hydratisieren die Ionen und zerlegen so den Kristall. – Ja. – Wandernde Ionen.
10. H^+- und OH^--Ionen vereinigen sich zu H_2O-Molekülen. Entfernung von H^+ bedeutet Abnahme des sauren Charakters, Entfernung von OH^- Abnahme des basischen Charakters einer Lösung.
11. Freie Na^+-Ionen bleiben in Lösung. – Festes NaCl (Kochsalz) bleibt übrig.
12. Salpetersäure dissoziiert in wäßriger Lösung vollständig, Kohlensäure dissoziiert teilweise, Borsäure praktisch überhaupt nicht.
13. Ein stärker elektronegatives Zentralatom zieht die Elektronen von den OH-Bindungen ab und fördert daher die Freisetzung von H^+-Ionen.
14. BeO ist in reinem Wasser unlöslich, doch sowohl in einer Base löslich (wie ein saures Oxid) als auch in einer Säure (wie ein basisches Oxid). – Ionische Kräfte, die jedoch einen beträchtlichen kovalenten Anteil haben.
15. Protonen vereinigen sich mit O^{2-}-Ionen und bilden OH^--Ionen. Hydroxid-Ionen treten mit Be^{2+}-Ionen in starke Wechselwirkung.
16. $Be^{2+}(aq)$ oder $Be(H_2O)_4^{2+}$. – $Be(OH)_4^{2-}$. – Die hydratisierenden Wasser-Moleküle verlieren eines nach dem anderen ein Proton und werden zu Hydroxid-Ionen.
17. Die Elektronegativität des Fluors ist zu groß, als daß es Elektronenpaare mit Sauerstoff teilen könnte. Fluor vereinnahmt die Elektronen vollständig und wird zum F^--Ion.
18. Ein kristalliner Festkörper ist gekennzeichnet durch eine regelmäßige Anordnung der Atome, ein Glas durch ein ungeordnetes Durcheinander von Borat- und Silicat-Gruppen, die über einzelne Sauerstoff-Atome zu verzweigten Ketten miteinander verknüpft sind. – B_2O_3 bildet ein Glas. – Gläser erweichen langsam und haben niedrigere Schmelztemperaturen.
19. Beim CO_2 sind alle Elektronen am Zentralatom in zwei Doppelbindungen festgelegt; die Abstoßung zwischen den Elektronenpaaren erzwingt einen Bindungswinkel von 180°. In H_2O gibt es einsame Elektronenpaare, die für H–O–H zu einer vom Tetraeder abgeleiteten Geometrie führen.
20. Null.
21. Vgl. Randzeichnung auf Seite 83. Im realen Ion sind alle drei C–O-Bindungen gleich.
22. Nein: Tetraedrische Geometrie an jedem N-Atom wie in Ethan, jedoch nur zwei Elektronenpaar-Bindungen zu H-Atomen, dazu ein freies Elektronenpaar. Also pyramidale Geometrie an jedem N-Atom und freie Drehbarkeit um die N–N-Bindung.
23. Tetraederwinkel, 109.5°.
24. Elektrostatische Anziehungskräfte. – Zusätzliche Stabilisierung wegen Elektronendelokalisierung. Elektronen sind gewissermaßen ein „Kitt" für die Metall-Ionen.
25. Wenn ein Metall verformt wird, gleiten die Metall-Ionen aneinander vorbei, denn die Art ihrer Nachbarn ändert sich nicht. Salze zerspringen, denn wenn eine Ionenschicht gegen die benachbarte verschoben wird, geraten gleichnamig geladene Ionen übereinander, und es treten starke Abstoßungskräfte auf.
26. Der elektrische Strom wird durch delokalisierte Elektronen fortgeleitet. Die thermische Energie wird durch bewegliche Elektronen fortgeleitet. – Viele eng benachbarte elektronische Energieniveaus, die sich aus der Delokalisierung ergeben, erlauben die Absorption und Reemission fast aller Wellenlängen des sichtbaren Lichts. In Diamant gibt es keine delokalisierten Elektronen und keine eng beieinander liegenden Energieniveaus.
27. Ammoniak-Moleküle sind wie Wasser-Moleküle polar. Die N-Atome der NH_3-Moleküle werden zu den Na^+-Ionen hingezogen, die H-Atome zu den Cl^--Ionen: Solvatation der Ionen, ähnlich der auf den Seiten 72 und 73 unten dargestellten Hydratation. – Solvatation von Methanol-Molekülen in Ammoniak, ähnlich der auf Seite 62 dargestellten Hydratation in Wasser.
28. Auf einem sonnenferneren Planeten, weil die Temperatur tiefer sein müßte.
29. Auf Wasserstoffbrücken beruhende Käfigstruktur; festes Eis hat eine geringere Dichte als flüssiges Wasser und schwimmt auf diesem. Schwimmendes Eis verursacht in den Ozeanen Konvektionsströme, die zur Durchmischung gelöster Substanzen führen. Festes Ammoniak sinkt in der Flüssigkeit; es bildet sich ein gleichförmiger Temperaturgradient aus, es gibt keine Konvektion und somit keine Durchmischung.

Probleme

1. LiOH: 23.95 $g \cdot mol^{-1}$; HF: 20.01 $g \cdot mol^{-1}$
2. 1 mol HF pro mol LiOH
3. 4.176 mol oder 83.55 g HF
4. 4.176 mol, d.h. 108.3 g LiF
5. 4.176 mol oder 75.3 g H_2O. Gleiche Gesamtmasse vor und nach der Reaktion
6. $N_2O_4 + 2\,N_2H_4 \rightarrow 3\,N_2 + 4\,H_2O$
7. N_2O_4: 92.01 $g \cdot mol^{-1}$; N_2H_4: 32.05 $g \cdot mol^{-1}$. 2 mol N_2H_4 je 1 mol N_2O_4
8. 10.87 mol N_2H_4, 348 g N_2H_4. – 456 g N_2 und 392 g H_2O. – Gleiche Gesamtmasse von Ausgangsstoffen und Produkten.
9. $V = 23.54$ Å^3 $= 23.5 \cdot 10^6$ pm^3. – Zwei Eisen-Atome pro Einheitswürfel
10. $11.77 \cdot 10^6$ $pm^3 \cdot atom^{-1}$. – $8.5 \cdot 10^{22}$ $atom \cdot cm^{-3}$
11. 0.141 $mol \cdot cm^{-3}$
12. $6.028 \cdot 10^{23}$ $atom \cdot mol^{-1}$
13. 2.23 NaCl pro 100 pm^3. – $0.223 \cdot 10^{23}$ NaCl pro cm^3
14. 58.44 $g \cdot mol^{-1}$. – 0.037 $mol \cdot cm^{-3}$
15. $6.27 \cdot 10^{23}$ $atom \cdot mol^{-1}$

6. Kapitel

Fragen

1. Sie sind sich ähnlich in bezug auf die Elektronen der äußeren Schale, deren Anzahl jeweils gleich ist. Sie unterscheiden sich von den Elementen der zweiten Periode dadurch, daß deren Elektronen weniger stark vom Kern angezogen werden, da sie weiter außen liegen. Die Eigenschaften der Elemente der dritten Periode sind denen der zweiten Periode prinzipiell ähnlich, doch sind die Elemente weniger elektronegativ.
2. Im Al sind die drei äußeren Elektronen weiter vom Kern entfernt als in B und deshalb weniger fest gebunden.
3. Größer, da sich der Ionenradius auf den Zustand, bei dem zwei Elektronen fehlen, bezieht, während sich der metallische Radius auf den Zustand bezieht, in dem Elektronen mit anderen Atomen im Metall geteilt werden.
4. Kleiner, da sich der Ionenradius auf den Zustand bezieht, in dem zwei Elektronen aufgenommen wurden.
5. Im Silicium wirkt auf die äußeren Elektronen eine zusätzliche Ladung (+4 in Si, +3 in B); andererseits ist die Anziehung der Elektronen durch den Kern wegen des größeren Abstandes schwächer. Im Al findet man ebenfalls diese schwächere Anziehung aufgrund des größeren Abstands, die aber nicht durch eine zusätzliche Kernladung kompensiert wird.
6. Na^+ hat eine größere Kernladung, so daß alle Elektronen stärker nach innen gezogen werden.
7. Im Na sind die Elektronen weiter vom Kern entfernt als im Li und werden deshalb weniger fest gehalten. Im Na gibt es nur halb soviel Bindungselektronen wie im Mg.
8. P-Atome sind kleiner. – Ja, Li bis B.
9. Ein Aluminiumoxid-Überzug haftet auf der Metalloberfläche. – Nein.
10. MgO und Li_2O sind basische Oxide, BeO ist ebenso wie Al_2O_3 amphoter.
11. Eine tetraedrische Anordnung. – Eine oktaedrische Anordnung. – $Al(OH)_6^{3-}$.
12. $Al(H_2O)_6^{3+}$. – $Al(OH)_6^{3-}$. – $Al(OH)_3(H_2O)_3$ trägt keine Ladungen, welche die Komplexe sonst am Aggregieren hindern; deshalb fällt es aus. – BeO, das Verhalten nennt man amphoter.
13. Die Carbonat-Ionen vereinen sich mit H^+-Ionen aus Wasser-Molekülen und dabei bleiben OH^--Ionen zurück. Der Prozeß wird als Hydrolyse bezeichnet.
14. Die HCO_3^--Ionen ziehen die Protonen von Wasser-Molekülen weniger stark an als die CO_3^{2-}-Ionen.
15. Ungefähr gleiche Mengen von H_2CO_3 und HCO_3^- und wenig CO_3^{2-}.
16. Die Lösung ist neutral. Weder Na^+ noch NO_3^- ziehen OH^-- oder H^+-Ionen stark genug an, um Wasser-Moleküle auseinanderzureißen.
17. SiO_2 ist ein dreidimensionaler Festkörper mit Einfachbindungen. CO_2 besteht aus diskreten Molekülen mit Doppelbindungen.
18. Jeweils zwei Si teilen sich ein O.
19. Olivin besteht aus diskreten SiO_4^{4-}-Tetraedern. Im Quarz gehören alle Sauerstoff-Atome in den Tetraederecken jeweils zwei Tetraedern gemeinsam an. – Ketten, Ringe, Leitern und Schichten.
20. Metall-Kationen.
21. Der Erdmantel hat eine höhere Dichte, da er dichter gepackt ist und schwerere Metall-Kationen enthält.
22. Leiterstruktur im Asbest. – Zweidimensionale Silicatschichten in Glimmer. – Dreidimensionales Silicatgerüst in Quarz. – Asbest ist zäh und faserig, Glimmer spaltet leicht in Blättchen, und Quarz ist sehr hart.
23. Sie haben große Oberflächen zur Adsorption anderer Substanzen und enthalten Metall-Kationen, die katalytisch aktiv sein können.
24. S. Seite 110.
25. Sie haben große Oberflächen.
26. In Quarz sind die Silicat-Tetraeder regelmäßig angeordnet, in Glas unregelmäßig. Die regelmäßige Struktur des Quarz ist härter und zerbricht nicht so leicht wegen der vollständigen Verknüpfung der Atome in drei Dimensionen.
27. Feldspate haben eine offenere Struktur und sind nicht so dicht wie Olivin.
28. N und O sind so klein, daß sie mit ihresgleichen Mehrfachbindungen ausbilden können.
29. Die Koordinationszahlen an C und N sind 3, an P, S und Cl 4. Phosphorsäure ist schwächer als Salpetersäure, da das größere Phosphor-Atom die Elektronen der O–H-Bindungen nicht so stark zu sich heran- und weg vom O zieht wie das kleinere Stickstoff-Atom. Schwefelsäure ist in bezug auf ihre Stärke der Salpetersäure ähnlicher.
30. Die Phosphorsäure. Sie ist eine nur teilweise dissoziierende, schwache Säure.
31. Vergleichbare Elektronegativität zwischen einem Element und dem Element schräg rechts unter ihm. Li ist dem Mg ähnlicher als dem Na. BeO und Al_2O_3 sind beide amphoter. Salpetersäure ist der Schwefelsäure ähnlicher als der Phosphorsäure.
32. Die Zahl der Sauerstoff-Atome nimmt zu, die aufgrund ihrer Elektronegativität die Elektronen der O–H-Bindung zu sich herüberziehen.
33. Das Cl^--Ion ist größer als das F^--Ion, und das Proton kann nicht so nahe an es herankommen, wird also im HCl weniger stark festgehalten als im HF.
34. H_2S ist die stärkere Säure, da das größere S-Atom die H-Atome weniger stark festhält als das O-Atom. HCl ist die stärkere Säure, weil das elektronegativere Cl die Elektronen vom H wegzieht.
35. Na wird oxidiert und Cl reduziert. – Abgabe bzw. Aufnahme von Elektronen.
36. Na wird oxidiert und H aus dem Wasser reduziert.
37. H wird oxidiert und O aus der Luft reduziert.
38. Elektronenverschiebung von oder zu Atomen anstelle von Elektronenabgabe und -aufnahme.
39. O_2 aus der Luft wird reduziert.
40. 0 im Metall; +1 in allen anderen Beispielen.
41. 0 in F_2; −1 in allen anderen Beispielen.
42. 0 in H_2; +1 in HF; −1 in LiH.
43. Null. −3.
44. Eine, die leicht reduziert wird. O_2 ist ein gutes Oxidationsmittel.
45. S. Seite 118 unten.
46. S. Kasten auf Seite 120.
47. Die Oxidationszahlen sind 0, −2 und −1. Die höchste Oxidationszahl ist 0, die niedrigste −2.
48. Die maximale Oxidationszahl entspricht meistens dem Verlust der gesamten Außenelektronen. Die minimalen Oxidationszahlen entsprechen oft dem vollständigen Auffüllen einer äußeren Schale.
49. Sie sind zu stark negativ, um alle Außenelektronen verlieren zu können oder auch nur alle an Bindungen zu beteiligen.
50. Die Oxidationszahlen des Stickstoffs sind: +1 (N_2O), +2 (NO), +4 (NO_2) und +5 (N_2O_5). – In Ammoniak, NH_3.
51. N wird oxidiert. Sauerstoff wird reduziert.
52. Li wird reduziert und F oxidiert.

Probleme

1. Lewis-Struktur:

```
       ..  -
      :O:
  - ..  ..  .. -
   :O:Si:O:
    ..  ..  ..
      :O:
       ..  -
```

Das Sauerstoff-Atom hat sich an einem zusätzlichen Elektron beteiligt, um seine Achterschale zu ergänzen.
2. (a) 117 pm + 66 pm = 183 pm
(b) 41 pm + 140 pm = 181 pm
3. OZ = +4
4. Je zwei Tetraeder teilen sich an einer Ecke ein Sauerstoff-Atom. – $MgCaAl(Si_2O_7)$. – Die andere Formel käme auf zuviel positive Ladungen.
5. Zur Vermeidung von gebrochenen Indices bei den Kationen.
6. $Si_4O_{11}^{6-}$. – 1½ positive Ladungen pro Silicium. – $CaMg_2Si_4O_{11}$
7. Quarz mit seinen kovalenten Bindungen in allen drei Dimensionen ist recht hart; Jade kann parallel zu bestimmten Ebenen leicht gespalten werden.
8. H: +1; C: −4
9. Metall: 0; BeO: +2
10. 0; 0; +2; +4; 0 (Kohlenstoff und Schwefel haben gleiche Elektronegativität)
11. C: +4; O: −2; H: +1. – Summe: −1
12. +4; −2; +2; +2; Summe: 0. – Summe im Tetraeder: −4; entspricht der Ladung des Tetraeders
13. $Al(OH)_6^{3-}$; Al: +3; O: −2; H: +1. – Summe: −3 = Ladung des Ions.
14. Salpetrige Säure: +3; Salpetersäure: +5. – Phosphorige Säure: +3; – Phosphorsäure +5. – Schweflige Säure: +4; Schwefelsäure: +6. – Sauerstoffsäuren des Chlors: +1, +3, +5 und +7. – Je höher der Oxidationszustand, um so stärker die Sauerstoffsäure.
15. Hydrazin: −2; Distickstofftetroxid: +4

7. Kapitel

Fragen

1. Das Atom sollte Energie abstrahlen; das Elektron sollte sich in den Kern „hineinschrauben".
2. Das Elektron müßte wegen der elektrostatischen Anziehung in den Kern stürzen.
3. Die Wellenlänge einer Welle ist der Abstand zwischen aufeinanderfolgenden Wellenmaxima. Die Frequenz einer Welle ist die Zahl der Wellenmaxima pro Zeiteinheit, angegeben z.B. als Schwingungen pro Sekunde. Die Wellenlänge (cm pro Schwingung) multipliziert mit der Frequenz (Schwingungen pro Sekunde) ergibt die Geschwindigkeit der Welle (cm pro Sekunde).
4. Die Wellenlänge beträgt 670 nm, die Frequenz $4.5 \cdot 10^{14}$ Hz (Schwingungen pro Sekunde). – Indigo oder blauviolett. – Seine Frequenz ist im Verhältnis 3:2 höher.
5. Blauviolettes Licht enthält mehr Energie pro Photon als rotes Licht. Die Energie ist im Verhältnis 3:2 höher.
6. VHF-Wellen haben eine höhere Frequenz als normale Radiowellen, UHF-Wellen eine noch höhere. Kurzwellen haben eine kürzere Wellenlänge als die Wellen des klassischen Mittelwellen-Bandes.
7. UV-Strahlung ist schädlicher als sichtbares Licht, denn UV-Strahlung kann Bindungen in Molekülen aufbrechen. Röntgenstrahlen mit ihren energiereicheren Photonen sind noch gefährlicher.
8. Kleinere erste Ionisierungsenergie.
9. Die Elektronen treten in den äußeren Stromkreis ein und kehren schließlich aus diesem wieder in das Cäsium-Metall zurück.
10. Die Spannung ändert sich nicht, der Strom wird verdoppelt.
11. Die Spannung nimmt zu, der Strom bleibt unverändert.
12. Das Licht wird gedeutet als Strom von Teilchen, deren Energie proportional ihrer Frequenz ist. Zunehmende Intensität bedeutet zunehmende Teilchenzahl, nicht zunehmende Energie der Teilchen.
13. Beugung und andere optische Phänomene.
14. Die fundamentalen Einheiten des Lichts werden Lichtquanten oder Photonen genannt. Licht verhält sich manchmal wie eine Welle, manchmal wie ein Teilchenstrom, ist aber, streng genommen, weder das eine noch das andere. „Welle" und „Teilchen" sind Namen für makroskopische Phänomene, die auf atomarem Niveau nicht angemessen anwendbar sind.
15. Um die Plancksche Konstante: $h = 6.6262 \cdot 10^{-3}$ J · s.
16. Beugung von Elektronen- oder Neutronenstrahlen.
17. Wenn die Geschwindigkeit verdoppelt wird, vervierfachen sich Energie und Frequenz.
18. Der Neutronenstrahl hat höhere Energie und Frequenz, der Elektronenstrahl hat demnach die größere Wellenlänge, und zwar im Verhältnis der Massen von Neutron und Elektron.
19. Bohr stellte einfach fest: „Das Atom fällt nicht zusammen" – und prüfte die Voraussagen seines Postulats am Experiment.
20. Nach Bohr sind nur solche Elektronenwellen erlaubt, die stehenden Wellen entlang des Umfangs der Umlaufbahn entsprechen. (Genau genommen bezogen sich Bohrs Stabilitätsbedingungen auf den Drehimpuls und sahen viel willkürlicher aus; das Ergebnis war jedoch die Forderung stehender de-Broglie-Wellen.) Für die Energie bedeutet diese Einschränkung: Nur bestimmte, diskrete Werte sind möglich.
21. Als Nullpunkt der Energie wird der Zustand: gerade ionisiertes Atom + Elektronen gewählt. Das nicht-ionisierte Atom ist stabiler als dieser Zustand; es hat also geringere Energie.
22. Die Welle hebt sich selber auf. Es gibt keine stehende Welle und somit keine stabile Umlaufbahn.
23. Für Wellenlängen und Energien sind nur bestimmte, diskrete Werte zugelassen; Zwischenwerte sind nicht möglich. Der Geiger verkürzt mit seinen Fingern die Saiten und erschließt dadurch neue Mengen erlaubter, d.h. stehender Wellen.
24. Das Elektron geht in einen höheren Quantenzustand. – Das Spektrum heißt „Absorptionsspektrum".
25. Das Elektron fällt in einen niedrigeren Quantenzustand. $\Delta E = h\nu$, wobei ΔE den Unterschied zwischen den Energieniveaus bedeutet.
26. Im Ultravioletten. – Im Sichtbaren. – Im Infraroten.
27. Das Spektrum verschiebt sich zu kürzeren Wellenlängen („Blauverschiebung"). – Das Spektrum verschiebt sich zu größeren Wellenlängen („Rotverschiebung").
28. Die Beziehung von Hubble sagt aus: $d = vt$; dabei bedeuten d die Entfernung und v die relative Geschwindigkeit. $d = 0$ gilt für die Zeit $t = 0$. – Vgl. Problem Nr. 17.

Probleme

1. 600 Meilen pro Stunde, d.h. 966 km pro Stunde
2. Vgl. Problem Nr. 1
3. Rot; $4.55 \cdot 10^{14}\ s^{-1}$
4. $3.01 \cdot 10^{-19}$ J · photon^{-1}. – $1.81 \cdot 10^5$ J · mol^{-1} = 181 kJ · mol^{-1}
5. $Nh = 39.9 \cdot 10^{-14}$ kJ · mol^{-1} s. – E = 181 kJ · mol^{-1}
6. $Nhc = 119.63 \cdot 10^{-6}$ kJ · m · mol^{-1}

$$E = \frac{Nhc}{\lambda} = 0.181 \cdot 10^3\ \mathrm{J \cdot mol^{-1}} = 181\ \mathrm{kJ \cdot mol^{-1}}$$

7. Nein
8. 498 kJ · mol^{-1}. – Ja. – Weil sie biologische Moleküle zerstören und damit Bakterien töten können.
9. Maximale Wellenlänge
10. 1. Ionisierungsenergie für Lithium: 519 kJ · mol^{-1}. – 513 nm
11. Nein. – UV-Strahlen mit $\lambda > 310$ nm
12. 193 kJ · mol^{-1}
13. 0.212 nm. – $E_2 = -327.6$ kJ · mol^{-1}. – $E_3 = -145.6$ kJ · mol^{-1}
14. 182 kJ · mol^{-1}. – 657 nm. – Im sichtbaren Bereich (rot-orange)
15. Wellenlängen (in nm): 657, 487, 435, 411, 397, 365
16. 19.5 Milliarden Jahre

8. Kapitel

Fragen

1. Wahrscheinlichkeitswolken oder Orbitale.
2. Die Dichte des Orbitals ist an jedem Punkt im Raum proportional zur Wahrscheinlichkeit, ein Elektron an dieser Stelle zu finden.
3. Man braucht die Quantenzahlen n, l und m.
4. l ist null oder eine ganze Zahl kleiner als n.
5. m ist eine ganze Zahl von $-l$ bis $+l$.
6. Die Hauptquantenzahl n.
7. Die Nebenquantenzahl l.
8. Die Orientierung im Magnetfeld oder im elektrischen Feld.
9. S. Seite 146.
10. S. Seite 146.
11. Alle drei p-Orbitale haben die gleiche Energie. Alle fünf d-Orbitale haben die gleiche Energie, die etwas höher als die der p-Orbitale ist.
12. Die Energie nimmt zu in der Reihenfolge: s < p < d < f.
13. Die Anzahl steigt mit n^2.
14. 1s < 2s < 2p < 3s < 3p < 4s < 3d < 4p < 5s < 4d < 5p < 6s < 4f < 5d < 6p < 7s < 5f < 6d < 7p. Die Struktur des Systems ergibt sich aus dieser Reihenfolge (s. Seite 155).
15. Ein Atomorbital kann zwei Elektronen aufnehmen. – Der Spin.
16. Zwei Elektronen im gleichen Atomorbital stoßen einander ab.
17. Zwei Elektronen in einem p_x-Orbital nehmen denselben Raum ein. Durch die Elektronenabstoßung wird der Zustand begünstigt, in dem jedes der drei p-Orbitale zuerst mit einem Elektron besetzt ist.
18. Die s- und p-Orbitale. – Die d-Orbitale. – Die f-Orbitale.
19. Die alternativen Bezeichnungen sind Seltene Erden oder Lanthanoide. – Actinoide.
20. Da sie die gleiche Anzahl von Elektronen in der äußeren, unvollständig gefüllten Schale haben.
21. Eine vollständig gefüllte äußere Elektronenschale. – Sie sind inert, da sie nicht die Tendenz haben, Elektronen aufzunehmen oder abzugeben.
22. S. Seite 169.
23. Helium-Atome sind leichter als die Wasserstoff-Atome, aus denen sie bei der Fusion entstehen. Die fehlende Masse wird in Energie umgewandelt, die nach außen abgegeben wird.
24. Im Innern der Sterne.
25. C entsteht durch Fusion von He-Atomen; Li, Be und B werden durch Sekundärprozesse (abseits der Hauptlinie der Fusionsreaktionen) gebildet.

26. Durch Fusionsreaktionen. – S. Seite 160–161.
27. Da die Fusion von Elementen jenseits des Eisens Energie verbraucht und nicht freisetzt.
28. Elemente mit ungeraden Ordnungszahlen entstehen durch sekundäre Prozesse.
29. Je größer ein Stern ist, um so heißer kann sein Inneres werden und um so weiter kann die Fusionssynthese gehen. Sterne, bei denen der Fusionsprozeß nicht bis zum Fe kommt, werden zu weißen Zwergen, und Sterne, bei denen der Fusionsprozeß über das Fe hinausgeht, werden zu Supernovae.
30. Durch Helium-Fusion bis C und O.
31. Sie stammen aus Synthesen in Sternen der ersten Generation. – Nein.
32. Wegen seiner geringen Masse konnte es das Gravitationsfeld der Erde verlassen.
33. N bildet weniger nichtflüchtige Verbindungen als O.
34. C und N bauen biologische Makromoleküle auf.

Probleme

1. F: $1s^2 2s^2 2p^5$ F^-: $1s^2 2s^2 2p^6$
2. Schwefel; Selen; Tellur
O: $1s^2 2s^2 2p^4$
S: $1s^2 2s^2 2p^6 3s^2 3p^4$
Se: $1s^2 2s^2 2p^6 3s^2 3p^6 3d^{10} 4s^2 4p^4$
Te: $1s^2 2s^2 2p^6 3s^2 3p^6 3d^{10} 4s^2 4p^6 4d^{10} 5s^2 5p^4$
Gleiche Struktur der äußeren Elektronenschale: s^2p^4. – Die Ordnungszahlen 8, 16, 34, 52. – Metallischer. – Die äußeren Elektronen werden immer weniger fest gehalten.

3.	Grundzustände:	1. Anregungszustände:
P:	$1s^2 2s^2 2p^6 3s^2 3p^3$	$1s^2 2s^2 2p^6 3s^1 3p^4$
K^+:	$1s^2 2s^2 2p^6 3s^2 3p^6$	$1s^2 2s^2 2p^6 3s^2 3p^5 4s^1$
Mg^{2+}:	$1s^2 2s^2 2p^6$	$1s^2 2s^2 2p^5 3s^1$

4. Ca^{2+}, K^+, S^{2-}, Ar^0
$1s^2 2s^2 2p^6 3s^2 3p^6$
neutrale Atome:
Ca: $1s^2 2s^2 2p^6 3s^2 3p^6 4s^2$
K: $1s^2 2s^2 2p^6 3s^2 3p^6 4s^1$
S: $1s^2 2s^2 2p^6 3s^2 3p^4$
5. (a) Grundzustand von Cl
(b) Unmöglich ($3s^3$)
(c) Angeregter Zustand von Ne
(d) Grundzustand von Na
6. (a) Neutral; angeregt
(b) Negatives Ion; Grundzustand
(c) Neutral; Grundzustand
(d) Neutral; unmöglich (2d)
(e) Neutral; unmöglich ($2p^7$)
(f) Positives Ion; angeregt
(g) Negatives Ion; angeregt
(h) Positives Ion; unmöglich (1p)
(i) Neutral; Grundzustand
(j) Positives Ion; Grundzustand
7. Erwartet: $1s^2 2s^2 2p^6 3s^2 3p^6 3d^4 4s^2$
beobachtet: $1s^2 2s^2 2p^6 3s^2 3p^6 3d^5 4s^1$
Halbgefüllte d-Orbitale sind besonders stabil.

9. Kapitel

Fragen

1. Ebenso viele MOs wie AOs
2. Wir benutzen das Modell der lokalisierten Bindungen; es ist anschaulicher und vereinfacht die Berechnungen. – Gültig für Methan; versagt bei Benzol.
3. Wenn bindende MOs mit Elektronen besetzt sind, werden die Moleküle zusammengehalten. Wenn antibindende MOs mit Elektronen besetzt sind, werden die Moleküle instabiler. – Ein antibindendes MO muß nur weniger stabil sein als die AOs, aus denen es konstruiert ist. Andere bindende MOs können höhere absolute Energie besitzen als ein antibindendes MO.
4. Jedes MO kann zwei Elektronen mit entgegengesetztem Spin aufnehmen. – Gilt auch für AOs.
5. Die ersten beiden Elektronen gehen in bindende MOs, das dritte und vierte in antibindende MOs. – $1/2$, 1, $1/2$, 0.
6. Vgl. Tabelle auf Seite 174.
7. Elektronen in bindenden MOs halten sich längere Zeit zwischen den gebundenen Atomen auf, ziehen deren Kerne an und schirmen sie voneinander ab. Elektronen in antibindenden MOs werden aus dem Bereich zwischen den Kernen abgezogen, so daß die Kerne voll die wechselseitige Abstoßung ihrer Ladungen zu spüren bekommen.
8. Die AOs müssen sich räumlich nahe kommen, vergleichbare Energie sowie die gleiche Symmetrie bezüglich der Bindungsachse haben.
9. σ-MOs sind symmetrisch bezüglich einer Drehung um die Bindungsachse; π-MOs wechseln bei einer Drehung um 180° um die Bindungsachse das Vorzeichen.
10. Die Bindungsenergie entspricht dem Energiegewinn eines Elektronenpaars in einem bindenden MO gegenüber zwei Elektronen, die in nicht miteinander kombinierten AOs separiert sind. Die Bindungsenergie für ein Elektronenpaar ist, grob gesagt, doppelt so groß wie die Energiedifferenz zwischen den AOs und dem bindenden MO (vgl. Diagramm auf Seite 173).
11. Vgl. Tabelle auf Seite 179.
12. Be_2 und Ne_2 haben ebenso viele bindende wie antibindende Elektronen und sind deshalb instabile Moleküle. Li_2, B_2 und C_2 existieren nur bei hohen Temperaturen in der Gasphase. Bei 298 K ist Li ein Metall, B und C sind kovalent gebundene Festkörper. N_2, O_2 und F_2 sind bei Raumtemperatur zweiatomige Moleküle.
13. B_2 und O_2 haben zwei ungepaarte Elektronen, denn zwei Elektronen verteilen sich auf zwei Orbitale gleicher Energie. Wenn die Energie zweier Orbitale gleich ist, sorgt die Abstoßung zwischen den Elektronen dafür, daß sie nicht im gleichen Orbital bleiben. Das Elektronenpaar-Modell nach Lewis versagt bei der Voraussage ungepaarter Elektronen.
14. Vgl. Tabelle auf Seite 179.
15. AOs treten nur dann in Wechselwirkung, wenn sie vergleichbare Energie besitzen sowie die gleiche Symmetrie bezüglich der Bindungsachse zwischen den Kernen. Für das Beispiel HF vgl. Seite 180 oben.
16. H–F̤̈:
Nach der MO-Theorie sitzen die drei einsamen Elektronenpaare in den AOs 2s, $2p_x$ und $2p_y$ des Fluors. Das $2p_z$-Orbital des Fluors wird für die Bindung verwendet, wenn man die H–F-Bindungsrichtung zur z-Achse erklärt.
17. Zum bindenden MO. – Das bindende Elektronenpaar befindet sich näher am stärker elektronegativen F-Atom (polare Bindung!).
18. Die Energiezustände lassen sich grob lokalisieren, wenn man von einem gemeinsamen Nullpunkt aus den Ionisierungsenergien entsprechende Strecken nach unten aufträgt.
19. Das bindende MO ist in diesem Fall identisch mit dem AO des stärker elektronegativen Atoms, was bedeutet, daß das bindende Elektronenpaar sich vollständig an diesem Atom aufhält.
20. Vgl. Randzeichnung auf Seite 182. – Bindungswinkel 90°.
21. Vgl. Zeichnung unten auf Seite 184. – Bindungswinkel 109.5°. – Wirklicher Bindungswinkel 105°.
22. Stärkere Abstoßung durch die einsamen Elektronenpaare; das gleiche sagt die VSEPR-Theorie.
23. Sigma-Symmetrie. – Antibindende AOs werden fast nie besetzt.
24. Wegen der Abstoßung zwischen den Wasserstoff-Atomen an den verschiedenen C-Atomen.
25. Vgl. Randzeichnung auf Seite 185, rechts unten. – Bindungswinkel 109.5°.
26. Vgl. Zeichnung auf Seite 185 oben. – Bindungswinkel 120°. – Tatsächlicher Bindungswinkel 117° wegen der stärkeren Abstoßung durch die Elektronen der Doppelbindung.
27. Im sp^2-Modell wird die Doppelbindung in eine Einfachbindung verwandelt, im sp^3-Modell völlig zerstört. Das sp^2-Modell ist realistischer.
28. Vgl. Zeichnung Seite 186, oben.
29. Vgl. Zeichnung Seiten 186–187, unten.
30. Vgl. Randzeichnung Seite 187, rechts. Die Bindungsenergien nehmen mit der Bindungsordnung zu.
31. Vgl. Seiten 188–189. – sp^2-Hybridisierung an den C-Atomen.
32. Nach Aufbau des σ-Skeletts verbleiben sechs 2p-AOs und sechs noch nicht verwendete Elektronen. – Vgl. Diagramm auf Seite 189. – Die Elektronen im Benzol sind über mehr als zwei Atome delokalisiert.
33. Im Kekulé-Modell werden je zwei 2p-AOs an benachbarten Atomen gepaart, so daß drei Doppelbindungen entstehen.
34. Im Dewar-Modell werden zwei 2p-AOs in diametral gegenüberliegenden Positionen am Ring gepaart.
35. Vgl. Seite 189.
36. Vgl. Seite 189.
37. MOs werden nicht auf Atompaare beschränkt. – Delokalisierung. – Die Energieniveaus werden abgesenkt. – Sauerstoffsäuren wie Kohlen-, Salpeter-, Phosphor- und Schwefelsäure.

38. Resonanzstrukturen. – Nein.
39. Resonanzstrukturen können sich nur durch die Anordnung der Elektronen unterscheiden, alle Atomkerne müssen die gleiche Lage einnehmen. Wenn alle anderen Faktoren gleich sind, ist ein Molekül um so stabiler, je mehr Resonanzstrukturen davon gezeichnet werden können.
40. Vgl. Randzeichnung auf Seite 190. – Es werden neun σ-Bindungen gebildet; dazu dienen die neun bindenden MOs, die aus 18 AOs entstehen; die MOs werden mit 18 Elektronen besetzt. – An jedem C-Atom sp^2-Hybridisierung.
41. Ein $2p_z$-AO und ein unbenutztes Elektron an jedem der vier C-Atome. – Vgl. Randzeichnung auf Seite 190.
42. Vgl. Seite 190.
43. Wenn die Delokalisierung zunimmt, werden die Energieniveaus gesenkt und rücken enger zusammen. Der Absorptionsbereich im Spektrum verschiebt sich vom Ultravioletten ins Sichtbare; die Verbindungen werden farbig.
44. Wir sehen die Farben, die den Wellenlängen entsprechen, die vom Molekül *nicht* absorbiert werden.
45. Wegen der erweiterten Delokalisierung im Phenolat-Ion. – Sowohl das Phenol-Molekül als auch das Phenolat-Ion absorbieren im Ultravioletten.
46. Beim Alizarin erstreckt sich die Delokalisierung über so viele Atome, daß die Absorption von Molekül und Ion in den sichtbaren Bereich des Spektrums fällt.
47. Pflanzen absorbieren Energie für die Photosynthese und benutzen das Sonnenlicht als Signal, um der Sonne entgegenzuwachsen. Tiere nutzen die Absorption von Licht, um über den Gesichtssinn Informationen zu sammeln.
48. Die Ozonschicht hält schädliche ultraviolette Strahlung ab.
49. Vgl. Seite 195.

Probleme

1. (a) S. Rand auf Seite 172
(b) S. untere Zeichnungen auf Seite 176
(c) Unmöglich
(d) S. obere Zeichnungen auf Seite 176
(e) S. Seite 180 unten
(f) Unmöglich
2. Das antibindende MO hat einen Knoten mehr als das bindende MO. – Die relativen Energien nehmen mit zunehmender Knotenzahl zu.
3. $\psi^2_{x(\theta)} = \sin^2\theta$; $\psi^2_{y(\theta)} = \cos^2\theta$
4. $\psi^2_{x(\theta)} + \psi^2_{y(\theta)} = \sin^2\theta + \cos^2\theta = 1$
5. $812\ \mathrm{kJ \cdot mol^{-1}}$
6. S. Rand auf Seite 187. N ist elektronegativer als C und zieht die Elektronen stärker an (kleineres Atom, größere Kernladung). – In Acetylen und in HCN sind die N-Atome nicht benachbart. – Die einsamen Elektronenpaare befinden sich an den entgegengesetzten Enden der Bindungsachse.
7. Im Text gezeigte Struktur:

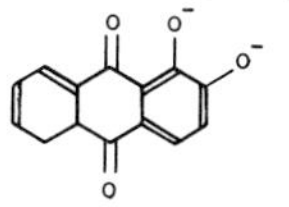

O^- in 9,10-Stellung:

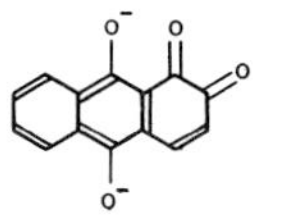

8. O^- in 1,10-Stellung:

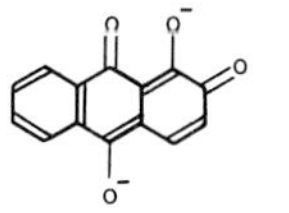

O^- in 2,9-Stellung:

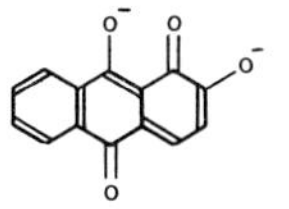

O^- in 1,9- oder 2,10-Stellung ist unmöglich.
9. Strukturen mit negativer Ladung an einem O und einem C:

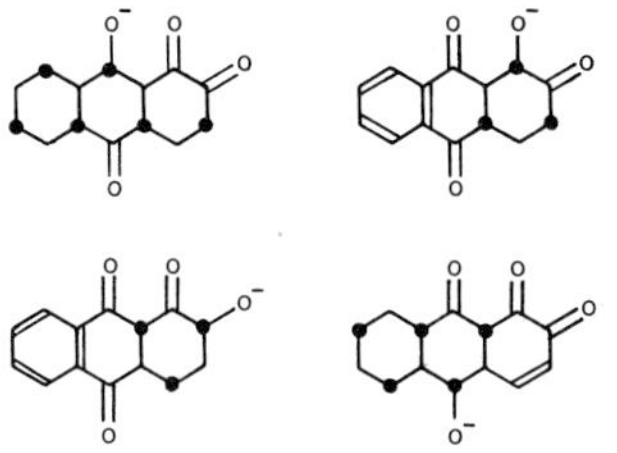

Es lassen sich auch Resonanzstrukturen zeichnen, bei denen die zweite negative Ladung an einem der mit Punkten markierten Kohlenstoff-Atome erscheint.

Strukturen mit negativen Ladungen an zwei C-Atomen:

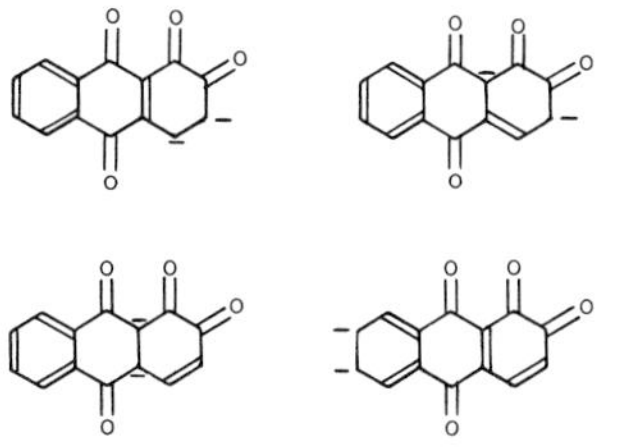

und acht Strukturen, bei denen die negativen Ladungen auf jeweils zwei benachbarten oder gegenüberliegenden Atomen im linken Ring sitzen.
10. Die negativ geladenen Atome müssen durch eine gerade Anzahl von Kohlenstoff-Atomen getrennt sein. Negativ geladene Atome können nicht an Doppelbindungen sitzen, während nichtgeladene Atome dort sitzen müssen, so daß ungeladene Atome paarweise vorkommen müssen. Beispiel: $^-O{-}C{=}C{-}C{=}C{-}C^-$.

10. Kapitel

Fragen

1. Da sich bei ihnen von einem Element zum nächsten nur die Elektronenbesetzung in der relativ versteckten d-Schale und nicht in einer exponierten äußeren Elektronenschale ändert. Bei den inneren Übergangsmetallen ändert sich die Elektronenbesetzung der noch versteckteren f-Schale.
2. Hauptgruppenelemente: Gruppennummer ist ein Hinweis auf die Zahl der Elektronen in der äußeren, unvollständig gefüllten Elektronenschale. Übergangselemente: keine Beziehung vorhanden.
3. Sowohl metallische als auch kovalente Bindungen kommen durch Elektronen zustande, die zwischen zwei oder mehr Atome geteilt werden.
4. Metallische und kovalente Radien beziehen sich auf gemeinsame Elektronenpaare, ionische Radien auf Atome, die Elektronen aufgenommen oder abgegeben haben (Elektronenübertragung), van-der-Waals-Radien auf benachbarte Atome, die keine Elektronen miteinander teilen.
5. Wegen der zunehmenden Kernladung.
6. Weil die Zahl der Elektronenschalen zunimmt.
7. Die Elektronegativität nimmt mit zunehmender Atomgröße ab und mit zunehmender Kernladung zu. Je kleiner die Atome sind, um so näher sind die Elektronen dem Kern und um so fester werden sie gebunden.
8. Durch eine Unterbrechung des stetigen Gangs der Eigenschaften zwischen Gruppe II A und III A.
9. S. Tabellen auf Seite 204–205 unten.
10. S. Rand, Seite 207. Die dichteste Kugelpakkung ist kompakter.
11. Raumzentrierte Struktur: 8 nächste Nachbarn; dichteste Kugelpackung: 12 nächste Nachbarn.
12. Hochtemperaturform ist die voluminösere, raumzentrierte Struktur.
13. Die kompaktere dichteste Kugelpackung mit der größeren Zahl von Bindungselektronen.
14. Eine Zunahme des Kugelradius sollte keinen Einfluß haben.
15. Eine allotrope Modifikation ist eine alternative Festkörperstruktur. Elemente an der Nahtstelle zwischen Metallen und Nichtmetallen im Periodensystem tendieren dazu, in metallischen und nicht-metallischen, allotropen Modifikationen vorzukommen.
16. Diamant besteht aus einem dreidimensionalen Gitter, in dem alle Elektronen lokalisiert sind; Graphit besteht aus übereinander gestapelten, zweidimensionalen Schichten, in denen es delokalisierte Elektronen gibt. Graphit ist metallischer, Diamant ist härter wegen seiner dreidimensionalen Bindungsstruktur.
17. Nichtmetallisches graues Zinn mit Diamantstruktur und metallisches weißes Zinn mit dichtester Kugelpackung. – C, Si, Ge und Sn bilden alle eine nicht-metallische allotrope Modifikation mit Diamantstruktur.

18. N_2: drei Bindungen zu einem Nachbaratom (Dreifachbindung); P_4: drei Einfachbindungen zu drei Nachbaratomen. P ist zu groß für Dreifachbindungen.
19. Das kleine O-Atom bildet eine Doppelbindung mit einem anderen O-Atom. Das größere S-Atom bildet zwei Einfachbindungen mit zwei Nachbaratomen in einem Ring.
20. Nicht-metallische Se_8-Ringe und Se-Helices (Schrauben) mit entlang der Schraubenachse delokalisierten Elektronen. Te bildet ebenfalls Ketten.
21. Stärkere Delokalisierung = dichtere Energieniveaus = Absorption im sichtbaren und nicht im ultravioletten Spektralbereich.
22. Starke Bindungen im Festkörper = hoher Schmelzpunkt. – Weil zwischen den S_8-Ringen nur van-der-Waals-Bindungen bestehen und im Diamantgitter kovalente Bindungen vorliegen.
23. Weil die Metalle in der Gruppe II A doppelt soviele Bindungselektronen haben wie die Metalle in der Gruppe I A.
24. Weil die Atome größer werden, können die Elektronen nicht so nahe herankommen, und die Bindung ist schwächer.
25. N und O sind klein genug für Doppel- oder Dreifachbindungen und bilden daher zweiatomige Moleküle und keine Festkörper mit Käfigstruktur.
26. Die Atome ziehen einander nicht an. – Van-der-Waals-Kräfte.
27. Weil die höhere Kernladung die Elektronen stärker anzieht.
28. Na und K werden beim Fusionsprozeß, der zum Fe führt, in Sekundärreaktionen gebildet (s. Seite 160–166), während Rb und Cs Post-Fe-Elemente sind. Li liegt außerhalb der Hauptrichtung der Synthese, die vom He zum C springt.
29. Sie sind zu reaktiv. – Man findet sie als einfach positiv geladene Ionen in Salzen und Mineralien. – Die Metalle werden hauptsächlich durch elektrolytische Reduktion hergestellt.
30. Elektrolyse ist die Zerlegung chemischer Substanzen durch den elektrischen Strom. – Es entstehen metallisches K und gasförmiges Cl_2. – K wird reduziert und Cl oxidiert.
31. Die Elemente der zweiten Hauptgruppe kommen in Salzen und Mineralien als zweifach positiv geladene Ionen vor. – Die Metalle gewinnt man durch elektrolytische Reduktion oder durch Reduktion mit Alkalimetallen.
32. Die maximale Oxidationszahl, die dem Verlust aller äußeren s- und d-Elektronen entspricht. – Bei den Elementen von Fe bis Zn sind die Oxidationszustände +2 und +3 am häufigsten, die dem Verlust der s-Elektronen und keinem oder einem d-Elektron entsprechen.
33. In späteren Serien sind höhere Oxidationszustände häufiger, da die größeren Atome die Elektronen weniger fest halten.
34. Höhere Oxidationszustände sind eher an kovalenten Bindungen beteiligt, bei denen ja nur Elektronen geteilt werden müssen, während der vollständige Verlust von Elektronen (Ionenbindung) in niedrigen Oxidationszuständen häufiger ist.
35. Mit zunehmender Kernladung nehmen die Atomradien zunächst ab, während die Elektronen nach und nach einzeln die fünf d-Orbitale besetzen. Wenn dann zwei Elektronen dasselbe d-Orbital besetzen, kommt es zur Abstoßung zwischen den Elektronen und damit vorübergehend zur Zunahme der Atomradien.
36. Als Lanthanoiden-Kontraktion bezeichnet man die zusätzliche Abnahme der Atomgrößen durch die zunehmende Kernladung während des Auffüllens der f-Orbitale in der Lanthanoiden-Reihe.
37. Ein Ligand ist meistens eine chemische Gruppe, die durch ein einsames Elektronenpaar des Liganden mit einem Metall-Ion verknüpft ist. – Kovalente Bindung.
38. Die Koordinationszahl ist sechs. Die Anordnung wird oktaedrisch genannt.
39. Ein Elektronenpaar, mit dem sie sich an das zentrale Metall-Ion binden können.
40. Es besitzt sechs Elektronenpaare zur Ligandbindung und wickelt sich auf diese Weise um das Metall-Ion.
41. Valinomycin umgibt das Ion mit einer nichtpolaren Hülle und hilft ihm auf diese Weise, durch die Membran zu schlüpfen.
42. Die auf die oktaedrischen Liganden gerichteten d-Orbitale haben höhere Energie als die zwischen die Liganden gerichteten Orbitale (s. Seite 221).
43. S. Seite 221, unten rechts. Der entscheidende Faktor ist der Energieunterschied zwischen t- und e-Niveaus.
44. Eine konzentriertere Ladung an einem Liganden führt zu einer größeren Kristallfeldaufspaltung als eine diffuse Ladung. CN^- verursacht eine größere Aufspaltung als NH_3, das wiederum in dieser Hinsicht wirksamer ist als Cl^-.
45. Je größer die Aufspaltung, um so kürzer ist die Wellenlänge des absorbierten Lichts.
46. Der Austausch von CN^- durch Cl^- vermindert den Unterschied zwischen den Energieniveaus und ist in dieser Hinsicht vergleichbar mit der Vergrößerung des Ausmaßes der Delokalisierung in einem aromatischen Ring.
47. Häm und Chlorophyll.
48. Sie haben ähnliche Kristallgitter: In beiden Fällen ist es das Diamantgitter. Im Borazol, $B_3N_3H_6$, wechseln jeweils B und N im sechsgliedrigen Ring miteinander ab.
49. Halbleiter sind Substanzen, die zwar keine Leiter sind, aber durch Anlegen eines schwachen elektrischen Feldes zu Leitern werden. In der vierten Hauptgruppe (IV A) ist Kohlenstoff (Diamant) ein Isolator, Silicium und Germanium sind Halbleiter, Zinn und Blei Leiter.
50. Das überzählige Elektron an jedem P-Atom wird zum Elektrizitätsträger.
51. Die Wanderung der Elektronen-„Löcher“ – jeweils eins pro Al-Atom, das ein Si-Atom ersetzt – führt zur Leitung des Stroms.
52. Bei Halbleitern nimmt die Leitfähigkeit mit steigender Temperatur zu, da die thermische Energie die Elektronen und Löcher beweglicher macht. Bei Metallen nimmt die Leitfähigkeit mit steigender Temperatur ab, da die thermischen Schwingungen der positiven Ionen den Elektronenfluß behindern.
53. Ein p-n-Übergang ist die Kontaktfläche zwischen „p-Silicium“, in dem Si-Atome hin und wieder durch Al-Atome ersetzt sind und das pro Al ein Elektronenloch enthält, und „n-Silicium“, in dem P-Atome einige Si-Atome ersetzen und das pro P ein zusätzliches Elektron enthält.
54. S. Zeichnungen auf Seite 226.
55. NH_3, denn die OH^--Ionen dieser Base werden aus Wasser-Molekülen frei, wenn es ein Proton bindet und zu NH_4^+ wird.
56. −3.
57. Von 0 zu +5.
58. Von +5 zu 0.
59. Von 0 zu −3.
60. Als Brennstoff bei der Verbrennung mit O_2 zu Nitrat, wobei Energie gewonnen wird. Die Oxidationszahl des Stickstoffs verändert sich dabei von −3 zu +5.
61. Tone halten Ammonium-Ionen wegen ihrer positiven Ladung fest. Nitrat kann frei durch den Boden wandern.
62. Eine zu starke Anreicherung von Nährstoffen, die zu übermäßigem Wachstum der sich davon ernährenden Population und zum Ersticken führt.
63. S. Seite 230–231.
64. Die Abstoßung zwischen den negativen Ladungen im Polyphosphatschwanz von ATP führt dazu, daß die Spaltung dieses Moleküls in ADP und Phosphat ein energieliefernder Prozeß ist. Die Spaltung von ADP in AMP und Phosphat liefert ebenfalls noch mehr Energie, aber AMP hat eine normale Hydrolyseenergie, denn seine negative Ladung auf einer einzelnen Phosphat-Gruppe ist klein.
65. Arsen ahmt in einigen Verbindungen Phosphor nach.
66. Weil sich dann die Details der Drucktypen schärfer ausprägen. – Wasser.
67. Nitrat und Sulfat. – Einige Bakterien.
68. H_2S und organische Moleküle. – Einige Bakterien.
69. Durch die Photosynthese der grünen Pflanzen.
70. Sauerstoff-Gas.
71. Die Lichtenergie verwandelt das halbleitende Selen in einen Leiter, wobei die Elektronen in Richtung der schraubenförmigen Ketten fließen.
72. S. Abbildung auf Seite 233.
73. Weil es das am wenigsten elektronegative Edelgas ist und O und F die elektronegativsten Elemente sind.

Keine Probleme

11. Kapitel

Fragen

1. Erhaltungssätze sagen aus, daß sich beim Ablauf chemischer oder physikalischer Vorgänge bestimmte Quantitäten oder Qualitäten nicht än-

dern. Sie sind nützlich, wenn man eine Reaktion genau verfolgen und korrekt durch eine Reaktionsgleichung darstellen möchte.

2. (c), (f), (h), (l). – Praktisch bleiben Energie und Masse jede für sich erhalten; genau genommen gilt dies jedoch nur für ihre Summe.

3. Alle Elektronen, die von irgendwelchen Atomen aufgenommen werden, müssen von anderen Atomen geliefert werden.

4. Die Atommassen sind unabhängig davon, wie sich Atome zu Molekülen zusammenfügen.

5. Gewicht ist die Kraft, die auf eine Masse ausgeübt wird durch Gravitationsanziehung der Erde oder eines anderen Planeten, auf dem sich der betreffende Körper befindet. – Das Gewicht änderte sich, die Masse nicht. – Auf dem Mond ist das Gewicht kleiner als auf der Erde.

6. Wir wiegen die Probe und dividieren durch die relative Atom- oder Molekülmasse der Substanz.

7. Erhaltung der Masse.

8. Sauerstoff wird reduziert. – Chlor wird reduziert. – Sauerstoff ist stärker elektronegativ, er wird also reduziert; Chlor wird zum Oxidationszustand +1 oxidiert.

9. H(+1), O(−2); C(+4), O(−2); C(+4), Cl(−1); Cl(+1), O(−2).

10. C(−4), H(+1). – Weil der Unterschied in den Elektronegativitäten so klein ist, daß die Elektronenpaare praktisch gleichmäßig verteilt sind.

11. Na(+1), Br(−1); Cl(−1), Br(+1). – Ja für NaBr, nein für ClBr. – Elektronen werden im Salz NaBr vom Na auf das Br übertragen. Im zweiatomigen ClBr-Molekül wird das Elektronenpaar etwas näher zum Cl hingezogen.

12. K(+1), Mn(+7), O(−2); Mn(+4), O(−2); Mn(+2), S(+6), O(−2). – Mangan wird oxidiert.

13. K(+1), Cr(+6); K(+1), Cr(+6); Cr(+2). – Reduziert.

14. Bei der Methode der Oxidationszahlen geht man von der Änderung der Oxidationszahlen aus, um die Mengenverhältnisse von Oxidations- und Reduktionsmittel festzulegen. Bei der Methode der Halbreaktionen werden stattdessen die Elektronen gezählt, die jeweils übrigbleiben, wenn die Halbreaktionen hinsichtlich der Zahl der beteiligten Atome ausgeglichen wurden.

15. Anzahl der Atome jeder Sorte (d.h. Masse), Oxidationszahl sowie Gesamtladung. Bei der Methode der Halbreaktionen wird die Oxidationszahl (d.h. die Erhaltung der Elektronenzahl) zuletzt betrachtet.

16. Wegen der wechselseitigen Umwandelbarkeit von Masse und Energie muß der Satz von der Erhaltung ihrer Summe eingeführt werden.

17. Die in chemischen Reaktionen umgesetzten Energien sind zehnmillionenmal kleiner als die bei Kernreaktionen umgesetzten.

18. Die verlorengegangene Masse wird in Energie umgewandelt und an die Umgebung abgegeben. Wenn der Kern wieder zerlegt werden soll, muß die Energie wieder zugeführt werden, damit daraus wieder Masse werden kann.

19. Masseverlust nimmt von H bis Fe zu, danach ab. Fe ist besonders stabil.

20. Bei der Kernverschmelzung wird Energie frei, denn bei der Fusion zu Atomen mit höherem Massendefekt pro Nukleon geht mehr Masse (d.h. Energie) verloren. – Bei Elementen mit höherer Ordnungszahl wird bei der Kernspaltung Energie frei.

21. Gesamtzahl der Nukleonen (Protonen und Neutronen) und Gesamtladung der Partikel (einschließlich Elektronen). – Nukleonenzahl als hochgestellte, Ladung als tiefgestellte Zahl vor dem Elementsymbol.

22. Den Bereich, in dem das Verhältnis Protonen zu Neutronen zu stabilen Kernen führt.

23. Durch Emission von Positronen oder Einfang von Elektronen. – Die Masse bleibt gleich, die Ladung nimmt um eine Einheit ab. – Durch einen Schritt in der Diagonalen nach rechts unten.

24. β-Zerfall. Die Masse bleibt gleich, die Ladung nimmt um eine Einheit zu. – Durch einen Schritt in der Diagonalen nach links oben.

25. Durch Emission von α-Teilchen. – Zwei Schritte nach unten, zwei Schritte links im p-n-Diagramm.

26. Weiterer Zerfall, bis ein stabiler Kern erreicht ist.

27. Die Zeit, die vergeht, bis die Hälfte einer beliebigen Ausgangsmenge zerfallen ist. – Nach vier Halbwertszeiten ist nur noch $^1/_{16}$ der ursprünglichen Menge vorhanden. – Ganz verschwindet sie, streng genommen, nie.

28. Man mißt das heutige Isotopenverhältnis und vergleicht es mit dem normalen Isotopenverhältnis für lebende, CO_2-verbrauchende Organismen. Daraus kann man die Zeit zwischen Lebensende und heute berechnen (vgl. S. 259).

Probleme

1. (a) $2NaOH + CO_2 \rightarrow Na_2CO_3 + H_2O$
(b) $6NH_3 + Fe_2(SO_4)_3 + 6H_2O \rightarrow 3(NH_4)_2SO_4 + 2Fe(OH)_3$
(c) $Mg(OH)_2 + 2HCl \rightarrow MgCl_2 + 2H_2O$
(d) $Mg(OH)_2 + H_2SO_4 \rightarrow MgSO_4 + 2H_2O$
(e) $2NaHCO_3 \rightarrow Na_2CO_3 + H_2CO_3$
(f) $Ca_3(PO_4)_2 + 3H_2SO_4 \rightarrow 3CaSO_4 + 2H_3PO_4$
Erhaltung der Masse oder der Anzahl der Atome

2. (a) $2KClO_3 \rightarrow 2KCl + 3O_2$
(b) Zwei Mol
(c) 66.7 mol
(d) 1.22 mol O_2; 39.2 g O_2

3. (a) $3Fe + 2O_2 \rightarrow Fe_3O_4$
(b) $^2/_3$ mol O_2
(c) 21.3 g O_2
(d) Nein, weil dazu 0.067 mol O_2 nötig sind.

4. (a) HNO_3: +1 (H), +5 (N), −2 (O)
(b) KOH: +1 (K), −2 (O), +1 (H)
(c) K_2O: +1 (K), −2 (O)
(d) NH_3: −3 (N), +1 (H)
(e) $KMnO_4$: +1 (K), +7 (Mn), −2 (O)
(f) MnO_4^-: +7 (Mn), −2 (O)
(g) Cu_2O: +1 (Cu), −2 (O)
(h) CuO: +2 (Cu), −2 (O)
(i) Fe_3O_4 oder $FeO \cdot Fe_2O_3$: +2 und +3 (Fe), −2 (O)
(j) FeS_2: +4 (Fe), −2 (S)

5. (a) +3 (Al), +4 (Si), −2 (O), −1 (F)
(b) +2 (Pb), −2 (S)
(c) 0
(d) +1 (Na), +3 (B), −2 (O), +1 (H)
(e) −3 (N), +1 (H), +3 (N), −2 (O)
(f) +4 (Si), −2 (O)
(g) +2 (Ca), +3 (Al), +4 (Si), −2 (O)
(h) +1 (H), −1 (F)
(i) +1 (Li), −1 (H)
(j) +2 (O), −1 (F)

6.

		oxidiert	reduziert
(a)	$MnO_2 + 2Cl^- + 4H^+ \rightarrow Mn^{2+} + Cl_2 + 2H_2O$	Cl	Mn
(b)	$2NaCl + 3SO_3 \rightarrow Cl_2 + SO_2 + Na_2S_2O_7$	Cl	S
(c)	$KBrO_3 + 6KI + 3H_2SO_4 \rightarrow KBr + 3K_2SO_4 + 3I_2 + 3H_2O$	I	Br
(d)	$Sb_2S_3 + 28HNO_3 \rightarrow Sb_2O_5 + 3H_2SO_4 + 28NO_2 + 11H_2O$	Sb, S	N
(e)	$2KI + 2H_2SO_4 \rightarrow I_2 + K_2SO_4 + SO_2 + 2H_2O$	I	S
(f)	$Na_2CrO_2 + 2NaClO \rightarrow Na_2CrO_4 + 2NaCl$	Cr	Cl
(g)	$3N_2O_4 + BrO_3^- + 3H_2O \rightarrow 6NO_3^- + 6H^+ + Br^-$	N	Br
(h)	$S_2O_4^{2-} + Ag_2O + H_2O \rightarrow 2SO_3^{2-} + 2Ag + 2H^+$	S	Ag
(i)	$6NaBiO_3 + 4MnO_2 + 10H_2SO_4 \rightarrow 3Bi_2(SO_4)_3 + 4NaMnO_4 + Na_2SO_4 + 10H_2O$	Mn	Bi
(j)	$3SnSO_4 + K_2Cr_2O_7 + 7H_2SO_4 \rightarrow 3Sn(SO_4)_2 + Cr_2(SO_4)_3 + K_2SO_4 + 7H_2O$	Sn	Cr
(k)	$5H_2O_2 + 2KMnO_4 + 3H_2SO_4 \rightarrow 5O_2 + 2MnSO_4 + K_2SO_4 + 8H_2O$	O	Mn
(l)	$3As_2S_5 + 20KClO_3 + 24H_2O \rightarrow 6H_3AsO_4 + 20KCl + 15H_2SO_4$	S	Cl
(m)	$2NaIO_3 + 2NaHSO_3 + 3Na_2SO_3 \rightarrow 5Na_2SO_4 + I_2 + H_2O$	S	I

7. (a)–(m). – Die gleichen Antworten wie bei 6(a) bis (m).

8. (a) $C_7H_{16} + 11O_2 \rightarrow 7CO_2 + 8H_2O$
(b) $C_7H_{16} + 7^1/_2O_2 \rightarrow 7CO + 8H_2O$
(c) $C_7H_{16} + O_2 \rightarrow C_7H_{12} + 2H_2O$

9. 0.00856 u $Nukleon^{-1}$; 7.98 MeV für O
0.00946 u $Nukleon^{-1}$; 8.81 MeV für Fe

10. $3\,^4_2He \rightarrow \,^{12}_6C$
Ladung und Anzahl der Nukleonen müssen erhalten bleiben.

11. Der Massenverlust ist 0.0078 u (Masse des ^4_2He s. Seite 251). Es wird eine Energie von 7.26 MeV abgegeben.

12. Der Masseverlust ist 0.0177 u oder 16.5 MeV.

13. (Isotopenmassen s. Handbücher.) – Es werden 0.0067 u oder 6.24 MeV abgegeben.

14. Blei-208 oder $^{208}_{82}Pb$

15. Bismut-209 oder $^{209}_{83}Bi$

12. Kapitel

Fragen

1. Man läßt ein Gewicht im Gravitationsfeld fallen. – Ein sich bewegendes Objekt zieht ein Gewicht mit Hilfe eines Flaschenzugs nach oben.
2. Durch Anwendung von Arbeit zum Hochheben von Gewichten. – Das Wasser in einem Becken oberhalb der Wassermühle hat potentielle Energie. – Das strömende Wasser hält ein Wasserrad in Bewegung, das zur Leistung mechanischer Arbeit verwendet werden kann. – Wärme entsteht bei der Reibung.
3. Ein Beispiel ist der Automotor, Reibung wandelt Arbeit in Wärme um.
4. Das betrachtete System verliert Wärme, also ist seine Wärmeänderung negativ.
5. *H* berücksichtigt Arbeit, die an der oder durch die Atmosphäre der Umgebung verrichtet wird. – Enthalpie.
6. In einem Behälter konstanten Volumens.
7. Die Energie, die bei der Bildung einer Substanz aus den Elementen im Standardzustand umgesetzt wird.
8. Bei der Bildung einer Flüssigkeit wird mehr Energie frei (die Verdampfungswärme) als bei der Bildung eines Gases.
9. Die Moleküle in flüssigem Wasser werden durch Wasserstoffbrückenbindungen zusammengehalten.
10. Die Reaktionswärmen lassen sich in gleicher Weise wie stöchiometrische Gleichungen addieren. Wir brauchen nur Reaktionswärmen eines begrenzten Satzes von chemischen Reaktionen, aus denen alle anderen Reaktionen durch geeignete Kombinationen erhalten werden können. Er ist eine Folge des ersten Hauptsatzes der Thermodynamik und der Tatsache, daß die Enthalpie eine Zustandsfunktion ist.
11. Da sie eine höhere Verbrennungswärme pro Gramm haben. Pflanzen sind nicht frei beweglich, und das Gewicht des Energiespeicherungsmaterials ist nur von untergeordneter Bedeutung für sie.
12. Fluor wäre für Verbrennungen doppelt so gut wie Sauerstoff, doch ist es auf unserem Planeten (und im gesamten Universum) zu selten.
13. Es wird Energie frei, wenn sich Elektronenpaare zu den elektronegativeren O-Atomen hin verschieben.
14. Mit dem Heßschen Wärmesatz oder dem ersten Hauptsatz der Thermodynamik. Man sucht einen Satz von Reaktionen mit ihren Bildungswärmen (oder Umkehrungen davon), die bei der Addition die gesuchte Reaktion ergeben. Man addiert die Bildungswärmen auf die gleiche Weise und erhält so die gesuchte Reaktionswärme.
15. Gitterenergie und Hydratationsenergie der Ionen. Dic Hydratationsenergie begünstigt das Auflösen, die Gitterenergie behindert es.
16. Das Löslichkeitsverhalten wird von einer geringen Differenz zwischen zwei großen Zahlenwerten bestimmt.
17. Die Bindungsenergie ist diejenige Energie, die aufgewendet werden muß, um zwei an einer Bindung beteiligte Atome voneinander zu trennen. Um die Standardbildungswärmen zu erhalten, müssen die Bindungsenergien eines Produktmoleküls um die Energien korrigiert werden, die dazu nötig sind, die Elemente in ihren Standardzuständen in Atome zu zerlegen.
18. Das Bindungsmodell berücksichtigt die Resonanz oder Delokalisierung der Ringelektronen nicht.
19. Auch bei ihr muß die Delokalisierung in den Produktmolekülen CO_2 berücksichtigt werden.

Probleme

1. (a) $H_2(g) + \frac{1}{2}O_2(g) \rightarrow H_2O(g)$ oder $2H_2(g) + O_2(g) \rightarrow 2H_2O(g)$
Es wird Wärme abgegeben.
(b) $\Delta H^0 = -285.85$ kJ · mol^{-1}
2. (a) $CH_3CHO(g) + 2\frac{1}{2}O_2(g) \rightarrow 2CO_2(g) + 2H_2O(fl)$
(b) −1166.5 kJ pro Mol CH_3CHO; −583.25 kJ pro Mol H_2O; −466.5 kJ pro Mol O_2.
(c) 26.5 kJ pro Gramm
3. (a) $4.85 \cdot 10^{13}$ kJ Wärme (oder Energie) werden frei.
(b) 11.6 Megatonnen TNT
4. (a) $(NH_2)_2CO(f) + 1\frac{1}{2}O_2(g) \rightarrow CO_2(g) + N_2(g) + 2H_2O(fl)$
(b) 421.3 kJ pro Mol O_2
(c) −333.0 kJ
5. 90.4 kJ · mol^{-1} NO
6. $\Delta H^0 = -15.4$ kJ · mol^{-1}
7. (a) $CH_3OH(fl) + 1\frac{1}{2}O_2(g) \rightarrow CO_2(g) + 2H_2O(fl)$
(b) $\Delta H^0 = -726.6$ kJ
8. (a) $C_8H_{18}(fl) + 12\frac{1}{2}O_2(g) \rightarrow 8CO_2(g) + 9H_2O(fl)$
$\Delta H^0 = -5470.7$ kJ
(b) $C_8H_{18}(fl) + 8\frac{1}{2}O_2(g) \rightarrow 8CO(g) + 9H_2O(fl)$
$\Delta H^0 = -3206.7$ kJ
(c) $8CO(g) + 4O_2(g) \rightarrow 8CO_2(g)$
$\Delta H^0 = -2264.0$ kJ
Sowohl für die Gleichungen als auch für die Energien gilt, daß die Summe (b) plus (c) gleich (a) ist. Erster Hauptsatz der Thermodynamik oder Heßscher Wärmesatz.
9. (a) $\Delta H^0 = -1367.3$ kJ · mol^{-1} Ethanol
(b) $\Delta H^0 = -2815.8$ kJ · mol^{-1} Glucose
(c) 29.7 kJ · g^{-1} Ethanol; 15.6 kJ · g^{-1} Glucose; Gin
(d) $\Delta H^0 = -81.2$ kJ · mol^{-1} Glucose; bei der Verbrennung entsteht viel mehr Wärmeenergie.
10. (a) $\Delta H^0 = 50.5$ kJ
(b) $N_2H_4(fl) + O_2(g) \rightarrow N_2(g) + 2H_2O(fl)$
$\Delta H^0 = -622.2$ kJ · mol^{-1} Hydrazin
11. (a) $2N_2H_4(fl) + N_2O_4(g) \rightarrow 3N_2(g) + 4H_2O(fl)$
(b) $\Delta H^0 = -626.8$ kJ · mol^{-1} Hydrazin
(c) 4.60 kJ weniger Wärme mit O_2
12. (a) $\Delta H^0 = +131.3$ kJ · mol^{-1} C
(b) $CO(g) + H_2(g) + O_2(g) \rightarrow CO_2(g) + H_2O(fl)$
$\Delta H^0 = -568.9$ kJ
(c) 1163 kJ
13. (a) 20 Liter O_2; 40 Liter CO; 80 Liter N_2; 120 Liter Gas
(b) −112.7 kJ
14. Die Bindungsenergie-Tabellen sind nicht vollständig genug, Anhang 2 verwenden.
(a) −134.7 kJ
(b) −189.9 kJ
(c) −945.6 kJ
(d) −389.9 kJ
15. $\Delta H^0 = -188.7$ kJ · mol^{-1}
16. (a) +93.6 kJ
(b) +51.4 kJ. Die Differenz ist die Verdampfungsenergie des Ethanols.
(c) +45.6 kJ. Der Unterschied beträgt rund 6 kJ.
(d) Eine C−C- und eine O−H-Bindung in den Reaktanden werden durch eine C−O- und eine C−H-Bindung in den Produkten ersetzt. C−C- und C−O-Bindung haben vergleichbare Stärke, doch die O−H-Bindung ist um 50 kJ stabiler als eine C−H-Bindung, so daß diese zusätzliche Energie von außen zugeführt werden muß.
17. Aus Bindungsenergien: −173 kJ;
aus Freien Standardenergien: −166 kJ
18. (a) Aus Bindungsenergien: −60.7 kJ (Diagramm s.u.);
(b) aus den Daten in Anhang 2: +53.3 kJ
Der Unterschied von 114 kJ wird durch die gespannten Bindungen in den Cyclopropan-Molekülen verursacht.
19.

Molekül:	C_3H_6	C_4H_8	C_5H_{10}	C_6H_{12}
ΔH^0 (ber.)	−60.5	−80.7	−100.8	−121.0 kJ
ΔH^0 (beob.)	+53.3	+26.7	− 77.2	−123.1 kJ

Die Übereinstimmung zwischen berechneten und gemessenen Werten nimmt mit abnehmender Spannung in den größeren Ringen zu.
20. (a) berechnet: −481 kJ; gemessen: −285 kJ; Differenz: 196 kJ. Die Bindungsmodelle können nicht sehr gut sein.

zu 18. (a)

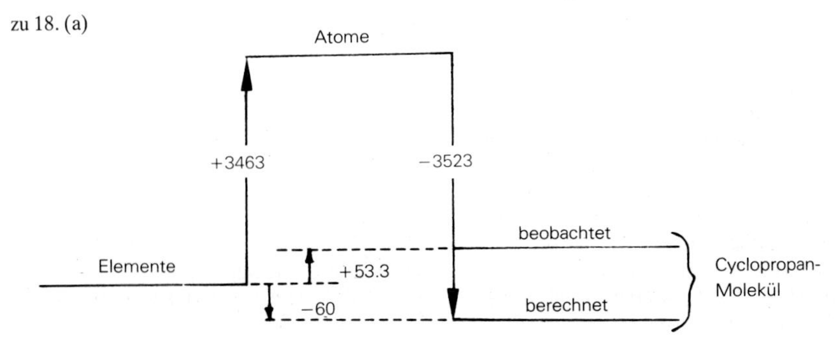

(b) Einfachste Möglichkeit sind die Bildungswärmen von CO und CO_2 aus den Elementen.

Molekül:	CO	CO_2
ΔH^0 (ber.):	+238.0	−242.7 kJ
ΔH^0 (beob.):	−110.5	−393.7 kJ

Die Annahme, daß in den Molekülen eine Doppelbindung vorliegt, entspricht in beiden Fällen nur wenig den tatsächlichen Verhältnissen; beim CO trifft sie aber noch weniger zu als beim CO_2.

13. Kapitel

Fragen

1. Beim Gefrieren wird Energie gewonnen, beim Schmelzen nimmt die Entropie zu.
2. Eine spontane Reaktion läuft, wenn man ihr Zeit läßt, von sich aus ohne äußeres Zutun ab. Das kann beliebig lange dauern.
3. Er beschleunigt die Reaktion, bis das Gleichgewicht erreicht ist.
4. Bei einer exothermen Reaktion wird Wärme frei. – Nein.
5. Wärme ist die unkoordinierte Schwingung oder Bewegung der Moleküle eines Festkörpers. Kinetische Energie ist die koordinierte Bewegung aller Moleküle in eine Richtung. Bei der Umwandlung von koordinierter zu unkoordinierter Bewegung nimmt die Unordnung zu.
6. Gehemmt.
7. Gehemmt.
8. Die Differenz zwischen Wärmeänderung und der mit der absoluten Temperatur multiplizierten Entropieänderung: Reaktion spontan, wenn $\Delta G = \Delta H - T\Delta S$ negativ.
9. Enthalpie, *H*.
10. Entropie, *S*.
11. $S = k \cdot \ln W$.
12. Die „Vorschriften" über die Anordnung der Moleküle in einem Gas sind nicht sehr streng.
13. Nur eine Möglichkeit. – Entropie beim absoluten Nullpunkt gleich null. Jede Schwingung der Moleküle bedeutet: Entropie größer null.
14. Entropie nimmt zu.
15. Entropie nimmt zu.
16. Entropie nimmt zu. Wenn ein Gas gelöst wird, nimmt die Entropie ab, denn die höhere Entropie des Gases geht verloren.
17. Weil es mehr Möglichkeiten gibt, die Moleküle bei gleichbleibender Gesamtenergie auf die verfügbaren Energiezustände zu verteilen. *W* ist größer.
18. Kovalente Struktur ist starrer und höher geordnet.
19. Festere Festkörper haben im allgemeinen niedrigere Entropie.
20. Weil damit die Energie angegeben wird, die verfügbar für die Leistung von Nutzarbeit ist, wogegen ein Teil der Enthalpie oder abgegebenen Wärme nicht als chemische Triebkraft für Arbeitsleistung verfügbar ist, wenn die Entropie abnimmt (d. h. die Ordnung zunimmt).
21. Enthalpie fördert die Reaktion, Entropieänderung hemmt die Verbrennung.
22. Enthalpie hemmt, Entropie fördert die Zersetzung von Distickstoffpentoxid. Entropie überwiegt, die Reaktion ist spontan.
23. Es können 54.4 kJ Freie Energie mehr für Arbeitsleistung genutzt werden, als von der Enthalpieabnahme allein herrühren. Der zusätzliche „Schub" rührt von der Entropie, denn durch die Reaktion wird Unordnung erzeugt.
24. Bei der Hydrolyse von ATP zu ADP und Phosphat nimmt die Freie Energie ab. Zur ATP-Synthese wird dementsprechend Freie Energie von einer äußeren Quelle benötigt. ATP „speichert" also diese Freie Energie, bis es selbst wieder hydrolysiert wird.
25. In der Richtung der „positiven Zeit" laufen die spontanen Vorgänge ab, die zu höherer Entropie führen. Bei allen realen Vorgängen in einem abgeschlossenen System nimmt die Entropie zu.
26. Lebende Organismen nehmen mit ihrer Nahrung Freie Energie auf und benutzen sie, um einen Zustand niedriger Entropie aufrechtzuerhalten.

Probleme

1. (a) Karten über den Tisch verstreut
(b) Die getrennten Teile
(c) CO_2, H_2O und Mineralien
2. (a) 1 mol Wasserdampf
(b) Dreimal Kopf und zweimal Zahl
(c) D_2O
(d) 200 g der flüssigen Mischung
(e) Gasförmiges CO_2
3. (a) nimmt ab
(b) Nimmt ab
(c) Nimmt zu
(d) Nimmt zu
(e) Nimmt zu
4.

	Entropieänderung:	Begründung:
(a)	$-99.2\ J \cdot K^{-1}$	Verschwinden von gasförmigem O_2
(b)	$+172.0\ J \cdot K^{-1}$	Bildung von CO_2-Gas
(c)	$+104.6\ J \cdot K^{-1}$	Verdoppelung der Gasmenge durch Dissoziation
(d)	$+113.8\ J \cdot K^{-1}$	Verdoppelung der Gasmenge durch die Reaktion

5. Es entstehen 2 mol Gas, und es verschwindet je ein Mol Gas und ein Mol Flüssigkeit.
6. Stab B hat die höhere Entropie.
7. $\Delta S^0 = +11.7\ J \cdot K^{-1}$. (Die Enthalpiedaten für SO_2 fehlen im Anhang, können aber einem Handbuch entnommen werden.)
8. (a) $\Delta S° = 186.7 - \frac{1}{2}(130.6) - \frac{1}{2}(222.9) = +9.9\ J \cdot K^{-1}$

$$\Delta S° = \frac{\Delta H° - \Delta G°}{T} = \frac{-92312 + 95265}{298} = +9.9\ J \cdot K^{-1}$$

9. (a) $\Delta S^0 = -25.3\ J \cdot K^{-1}$
(b) Die Produkte haben eine höhere Ordnung als die Reaktanden.
10. Die Enthalpie fällt so stark ab, daß sie die Reaktion beherrscht.
11. $\Delta G^0 = +329.2$ kJ aus Anhang 2. Die Reaktion läuft nicht freiwillig ab.
$\Delta H^0 = +490.5$ kJ, sehr hinderlich für die Reaktion.
$\Delta S^0 = +541.0\ J \cdot K^{-1}$ und $T\Delta S^0 = +161.2$ kJ begünstigen die Reaktion.
$\Delta G^0 = \Delta H^0 - T\Delta S^0 = +490.5 - 161.2 = +329.3$ kJ
12. $\Delta G^0 = -30.5$ kJ
$\Delta H^0 = -27.1$ kJ
$\Delta S^0 = +11.2\ J \cdot K^{-1}$ und $T/\Delta S^0 = +3.3$ kJ
Sowohl Enthalpie als auch Entropie begünstigen den freiwilligen Reaktionsablauf, wobei die Enthalpie quantitativ mehr ins Gewicht fällt.
13. (a) $\Delta G^0 = +313.9$ kJ
(b) $\Delta G^0 = -409.1$ kJ (Man entnehme den Wert für ZnO einem Handbuch.)
14. (a) F_2 als Produkt ist unwahrscheinlich, da die Reaktion keinesfalls freiwillig abläuft.
(b) Zink ist ein gutes Reduktionsmittel für PbO_2.
15. Na(f), NaCl(f), Br_2(fl), Br_2(g), N_2O_4(g)
16. (a) Ja; $\Delta G^0 = -818.0$ kJ
(b) Die Reaktion ist thermodynamisch spontan, aber ihre Geschwindigkeit ist klein.
17. $\Delta G^0 = -2.87$ kJ. Die Umwandlungsgeschwindigkeit von Diamant in Graphit ist extrem klein, da es keinen geeigneten Umwandlungsmechanismus ohne hohe Energiebarriere für die Reaktion gibt.
18. $\Delta G^0 = -92.0$ kJ; $\Delta H^0 = -176.9$ kJ; ΔS^0 (ber.) $= -284.9\ J \cdot K^{-1}$; ΔS^0 (Tabelle) $= -284.5\ J \cdot K^{-1}$. Bei der Bildung eines kristallinen Festkörpers aus zwei gasförmigen Reaktanden nimmt die Entropie stark ab.
19. $\Delta G^0 = +209.2$ kJ. Die Reaktion ist überhaupt nicht spontan. – Entfernen der Produkte. Überschuß an Reaktanden zugeben und eventuell durch Temperaturänderung.
20. $\Delta G^0 = -8.8$ kJ; $\Delta H^0 = +10.9$ kJ; $\Delta S^0 = +65.8\ J \cdot K^{-1}$.
Prüfung der Gleichung: $\Delta G^0 = +10.9 - 19.6 = 8.7$ kJ. Die Reaktion ist endotherm, aber spontan. Die Enthalpiezunahme steht dem freiwilligen Ablauf entgegen, doch die große Entropiezunahme begünstigt ihn. Die Entropie dominiert. Die große Entropiezunahme wird dadurch verursacht, daß aus festen Reaktanden ein flüssiges Produkt entsteht.

14. Kapitel

Fragen

1. Spontane Reaktionen können langsam oder schnell ablaufen. Die Reaktion von Luft mit Benzin bei Raumtemperatur verläuft spontan, aber langsam.
2. Durch Erhitzen oder Katalyse.
3. $K_{eq} = [NO_2]^2/[NO]^2[O_2]$
4. $K_{eq} = [NO_2]/[NO]\,[O_2]^{1/2}$. Jeder Exponent ist halb so groß wie der entsprechende in Frage 3.
5. $K_{eq} = [NO]^2[O_2]/[NO_2]^2$. Die Werte sind einander reziprok.

6. Frage 3: (Konzentrationseinheiten)$^{-1}$.
Frage 4: (Konzentrationseinheiten)$^{-1/2}$.
Frage 5: (Konzentrationseinheiten)$^{+1}$.
7. k ist ein Maß für die „Beherrschung" des Territoriums im Holzapfelkrieg und in molekularen Lösungen.
8. Im Gleichgewicht laufen Hin- und Rückreaktion mit der gleichen Geschwindigkeit ab.
9. Nein, es bedeutet nur, daß bei gleicher Geschwindigkeit von Hin- und Rückreaktion kein Gesamtumsatz festzustellen ist.
10. Molzahl eines Gases dividiert durch die Summe der Molzahl aller Komponenten in dem Gasgemisch. Werte der Molenbrüche: $^2/_3$ für Wasserstoff, $^1/_3$ für Sauerstoff.
11. Die Reaktion ist langsam. Das Gemisch ist nicht im Gleichgewicht. Durch Erhitzen oder Katalyse wird die Reaktion, bei der Wasser entsteht, beschleunigt und das Gleichgewicht in vernünftiger Zeit erreicht.
12. $p_{H_2} = 0.333$ bar; $p_{O_2} = 0.1667$ bar.
13. Die Synthese von H_2O. – Bei der NH_3-Synthese.
14. K_P, K_C und K_X haben die gleiche mathematische Form, doch sind die Konzentrationen als Partialdruck, in mol pro l bzw. als Molenbruch ausgedrückt. Für die Ammoniakreaktion gilt $K_P = K_C \cdot (RT)^{-2}$.
15. Allgemein gilt: $K_P = K_C \cdot (RT)^{\Delta n}$.
16. Allgemein gilt: $K_P = K_X \cdot (P)^{\Delta n}$, wobei P = Gesamtdruck.
17. Wenn auf ein System im Gleichgewicht ein Zwang ausgeübt wird, ändern sich die Bedingungen so, daß der Zwang gemildert wird. Reaktionen, bei denen Wärme erzeugt wird, werden durch Temperaturerhöhung behindert, und die Gleichgewichtskonstante wird kleiner.
18. Reaktionen, bei denen sich die Molzahl der Gase erhöht, werden durch Druckerhöhung behindert.
19. Nein. – Ja.
20. Ja, sie läuft spontan ab. Alle Reaktanden und Produkte sind in ihrem Standardzustand, d. h. alle Gase bei einem Partialdruck von 1 atm (= 1.013 bar). Die Gleichgewichtskonstante wird groß sein. $\Delta G^0 = -RT \ln K_{eq}$.
21. Sie wird dann groß und positiv sein. – Die Reaktion läuft nicht spontan ab.
22. Bei dem Zerfall wird Wärme frei. Die Reaktion sollte bei niedriger Temperatur ausgeführt werden. – Sie wird negativer.
23. Wenn bei niedriger Geschwindigkeit das Gleichgewicht nicht erreicht wird.

Probleme

1. $k_h = 3.73 \cdot 10^{-4}\ \text{bar}^{-1} \cdot \text{s}^{-1}$
2. K_{eq} ist dimensionslos. $K_P = 20$
3. Wärme wird aufgenommen.
(a) Rückreaktion spontan
(b) Rückreaktion spontan
(c) Hinreaktion (schwach) spontan. Die Reaktion ist endotherm und läuft daher bei höherer Temperatur leichter ab (Le Chateliersches Prinzip). K_{eq} ist bei 2500°C größer als bei 2130°C, wo die Konstante einen Wert von 0.0025 hat. Bei 2500°C ist das Verhältnis von Produkten zu Reaktanden also kleiner als K_{eq}, und die Hinreaktion verläuft freiwillig.
4. $[HI] = 1.874\ \text{mol} \cdot \text{l}^{-1}$; $[H_2] = 0.113\ \text{mol} \cdot \text{l}^{-1}$; $[I_2] = 0.613\ \text{mol} \cdot \text{l}^{-1}$
5. (a) Weniger Ammoniak; negative Reaktionsenthalpie bedeutet, daß die Reaktion bei niedrigerer Temperatur und nicht bei höherer begünstigt ist.
(b) Mehr Ammoniak; da bei der Ammoniaksynthese das Gesamtvolumen abnimmt.
(c) Die Stickstoffmenge nimmt ab, da die Reaktion weiterläuft.
(d) Er bleibt ohne Einfluß, wenn sich die Mischung im Gleichgewicht befindet.
6. (a) $K_C = 0.00237 = 2.37 \cdot 10^{-3}\ \text{mol}^{-2} \cdot \text{l}^2$
(b) $K_C = 20.6\ \text{mol} \cdot \text{l}^{-1}$
(c) Das Verhältnis entspricht der reziproken Quadratwurzel.
(d) $K_P = K_C/(RT)^2 = 3.86 \cdot 10^{-6}\ \text{bar}^{-2}$
7. 3.58 mol Ammoniak oder 0.67 Liter (aus Molenbruch mal 10 Liter)
8. 8.81 mol $\cdot$ l^{-1}; 88.1 mol
9. (a) mol $\cdot$ l^{-1}
(b) 0.931 bar
(c) 0.0731 mol Cl_2
(d) Nach Le Chateliers Prinzip wird weniger Cl_2 vorliegen.
(e) Es wird mehr Cl_2 vorliegen, da die Hinreaktion Wärme verbraucht.
10. $8.65 \cdot 10^{-3}$ mol Iod-Atome.

15. Kapitel

Fragen

1. Das Geschwindigkeitsgesetz stellt eine Beziehung her zwischen der Geschwindigkeit, mit der bei einer Reaktion eine Substanz entsteht oder verschwindet, und den Konzentrationen der vorliegenden Reaktanden. Wie diese Konzentrationsabhängigkeit genau aussieht, hängt vom Reaktionsmechanismus ab und ist nicht unbedingt allein aus der Gleichung für die Gesamtreaktion ablesbar.
2. Geschwindigkeit der Konzentrationsänderung mit der Zeit. – Vorzeichen negativ für Reaktanden, positiv für Produkte.
3. Geschwindigkeit der Druckänderung mit der Zeit. – Negativ.
4. Unter der Voraussetzung, daß für jedes Atom oder Molekül die gleiche Wahrscheinlichkeit besteht, in einem bestimmten Zeitintervall zu zerfallen, sollte die Zerfallsgeschwindigkeit proportional der Zahl der Atome (bzw. Moleküle) sein, die zerfallen können.
5. (a) Erste Ordnung.
(b) Erste Ordnung für jeden Reaktanden, zweite Ordnung für Gesamtreaktion.
(c) Erste Ordnung.
(d) Zweite Ordnung bezüglich NO, erste Ordnung bezüglich H_2, dritte Ordnung für Gesamtreaktion.
(e) Erste Ordnung bezüglich $CHCl_3$, Ordnung $^1/_2$ bezüglich Cl_2, Ordnung $1^1/_2$ bezogen auf Gesamtreaktion.
(f) Erste Ordnung bezogen auf jeden Reaktanden, zweite Ordnung für Gesamtreaktion.
(g) Nullte Ordnung.
6. Geschwindigkeitsgesetze für Hin- und Rückreaktion hängen von den detaillierten Reaktionsmechanismen ab. Für das Massenwirkungsgesetz, d. h. den Ausdruck für die Gleichgewichtskonstante der Gesamtreaktion, heben sich die Einflüsse des Reaktionsmechanismus auf; die Gleichgewichtskonstante beruht allein auf der Stöchiometrie der Gesamtreaktion.
7.

(a) $K_{eq} = \dfrac{[NO_2]^2}{[N_2O_4]}$

(b) $K_{eq} = \dfrac{[C_2H_6]}{[C_2H_4]\,[H_2]}$

(c) $K_{eq} = \dfrac{[NO_2]^4\,[O_2]}{[N_2O_5]^2}$

(d) $K_{eq} = \dfrac{[N_2]\,[H_2O]^2}{[NO]^2\,[H_2]^2}$

(e) $K_{eq} = \dfrac{[CCl_4]\,[HCl]}{[CHCl_3]\,[Cl_2]}$

(f) $K_{eq} = \dfrac{[NO_2F]^2}{[NO_2]^2\,[F_2]}$

(g) $K_{eq} = \dfrac{[N_2]\,[H_2]^3}{[NH_3]^2}$

8. Vgl. Seite 361.
9. In der oberen Atmosphäre durch Neutronen-Bombardement von Stickstoff-14. – Durch β-Zerfall zurück zu Stickstoff-14. – Ja, durch CO_2-Fixierung bei der Photosynthese der Pflanzen. – Tiere fressen Pflanzen. – Durch kontinuierlichen Austausch wird ein Gleichgewicht zwischen atmosphärischem CO_2 und organischer Materie in Pflanzen und Tieren aufrechterhalten. – Nach dem Tod eines Organismus wird kein weiterer Kohlenstoff-14 aufgenommen: Durch den radioaktiven Zerfall nimmt die ^{14}C-Konzentration ab.
10. In Zeiteinheiten^{-1}. – $k = 0.000124$ Jahre^{-1}.
11. Vgl. Seite 356.
12. Der langsamste Schritt in einer Folge von mehreren bestimmt deren Geschwindigkeit, denn die Geschwindigkeit, mit der der Gesamtvorgang abläuft, kann nicht höher sein als die des langsamsten Teilschritts.
13. Vgl. Seite 359.
14. Im geschwindigkeitsbestimmenden Schritt stößt ein N_2O_2-Molekül mit nur einem H_2-Molekül zusammen.
15. Zusatz von HBr verlangsamt die Reaktion, denn durch Kombination von HBr-Molekülen mit H-Atomen werden H_2 und Br gebildet, d. h. die Gesamtreaktion umgekehrt.
16. Eine Folge von Zwischenschritten, wobei die Produkte eines Kettenschrittes einen oder mehrere weitere Kettenschritte auslösen – ein Vorgang, der sich immer wiederholt, wobei dauernd Produkt gebildet wird. Der HBr-Mechanismus ist ein charakteristisches Beispiel.

17. Nein. – Die Energie beim Zusammenstoß muß die Schwelle der Aktivierungsenergie E_a übersteigen. – Bei steigender Temperatur hat ein größerer Bruchteil der zusammenstoßenden Moleküle eine Energie gleich der oder größer als die Aktivierungsenergie.

18. Die Energie, die zwei zusammenstoßende Moleküle haben müssen, um miteinander zu reagieren statt unverändert voneinander abzuprallen. – Mit Hilfe eines Arrhenius-Diagramms, wie auf Seite 364 dargestellt.

19. Kleiner. – Energiediagramm links unten auf Seite 366.

20. Für die Reaktion muß eine Aktivierungsenergie-Barriere überwunden werden. – Bei höherer Temperatur bewegen sich die Moleküle mit höherer Geschwindigkeit. Dadurch erhöhen sich die Stoßhäufigkeit (Abhängigkeit von $\sqrt{t}$ im A-Term) sowie die Energie der Moleküle beim Zusammenstoß (Exponentialterm). Der zweite Einfluß ist für die Temperaturabhängigkeit der Geschwindigkeitskonstante von größerer Bedeutung.

21. Eine beim Übergang von Reaktanden zu Produkten zwischendurch auftretende Anordnung der Atome. Je höher die Energie des aktivierten Komplexes, um so langsamer ist die Reaktion (ebenso wie in der einfachen Stoßtheorie). – In einem Mechanismus, bei dem die Bindungen schrittweise aufbrechen, haben alle Zwischenzustände niedrigere Energie als der vieratomige Übergangszustand der Gasreaktion.

22. Ein Katalysator erniedrigt E_a, indem er einen Alternativmechanismus eröffnet. – Energiediagramm s. Seite 369.

Probleme

1. (a) $1.24 \cdot 10^{-4}$ Jahre^{-1}
(b) $1.02 \cdot 10^{13}$ Zerfälle min^{-1}g^{-1}
(c) $1.5 \cdot 10^{-12}$ Prozent des Kohlenstoffs ist Kohlenstoff-14.
(d) 3929 Jahre
(e) Durch Kontamination der natürlichen Radioaktivität durch Kernwaffenexplosionen. Sie kann bedeuten, daß die Radiokohlenstoff-Datierung in Zukunft unmöglich wird.

2. Geschwindigkeit = $k[NO]^2[H_2]$

3. Geschwindigkeit = $k[S_2O_8^{2-}][I^-]$. Eine Reaktion zweiter Ordnung.

4. Geschwindigkeit = $k[NO]^2[Cl_2]$. Eine Reaktion dritter Ordnung.

5. Zur Vereinfachung soll $(CH_3)_3C-$ als R– symbolisiert werden. Dann ist
(a) Geschwindigkeit = $k[RBr][H_2O]$
(b) Geschwindigkeit = $k[RBr]$
(c) Man könnte die Mechanismen in verdünnter wäßriger Lösung nicht unterscheiden, da $[H_2O]$ in (a) praktisch konstant wäre.

6. $k = 0.00334\ s^{-1}$; $t_{1/2} = 208$ s

7. 0.112 hat sich zersetzt.

8. 360 s oder 6 min; $t_{1/2} = 1118$ s

9. $E_a = 102.9$ kJ · mol^{-1}

10. $T = 0$ 100 1000 10000 100000 °C
$f = 0$ $1.8 \cdot 10^{-9}$ 0.13 0.82 0.98

Die Reaktionsgeschwindigkeit nimmt mit steigender Temperatur rasch zu.

11. $E_a = 159$ kJ · mol^{-1}

12. $E_a = 159 + 10.5 = 169.5$ kJ

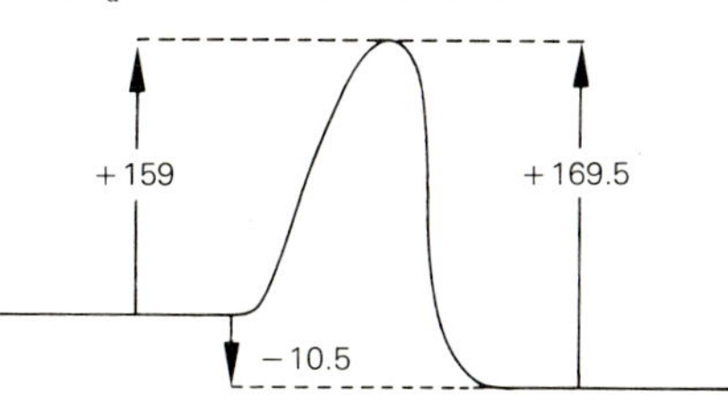

13. $E_a = 53.6$ kJ

14. $E_a = 81.2$ kJ

15. Bei 285 K ist $f = 1.05 \cdot 10^{-33}$. Bei 300 K ist $f = 47.0 \cdot 10^{-33}$. Der Anteil der Moleküle mit einer Energie, die gleich oder größer als die Aktivierungsenergie ist, nimmt 47fach zu.

16. $k = 227\ s^{-1}$

17. Das Wasser siedet auf dem Mount Wilson bei niedrigerer Temperatur.

16. Kapitel

Fragen

1. Von der Hydratation der Ionen in Lösung.

2. Starke Säuren dissoziieren vollständig, schwache Säuren nicht. Beispiele sind HCl und Essigsäure.

3. Natriumhydroxid ist eine starke und Ammoniak eine schwache Base.

4. $$K_s = \frac{[H^+] \cdot [A^-]}{[HA]}$$

5. $$K_b = \frac{[BH^+] \cdot [OH^-]}{[B]}$$

6. Bei Ammoniak ist NH_4^+ die Säureform und NH_3 die Basenform.

$$K_s K_b = \left(\frac{[H^+] \cdot [NH_3]}{[NH_4^+]}\right) \left(\frac{[NH_4^+] \cdot [OH^-]}{[NH_3]}\right) = $$
$$= [H^+] \cdot [OH^-] = K_w$$

7. Als Iterationsverfahren bezeichnet man die Methode der sukzessiven Annäherung, mit der man zunächst eine ungefähre Lösung für einen komplizierten Ausdruck bestimmt, und diese erste angenäherte Lösung dann zur Bestimmung einer besseren Lösung benutzt. Z.B. läßt sich die Gleichung $x^2/(A-x) = B$ auf diese Weise lösen, wenn x klein im Vergleich zu A ist. Dabei wird x neben A im Nenner zunächst vernachlässigt, und die einfache Gleichung $x^2 = AB$ liefert die erste angenäherte Lösung x_1. Die zweite Näherung erhält man durch Lösung der Gleichung $x^2 = (A - x_1) B$. Dieses Verfahren kann mit den verbesserten Werten x_2, x_3 ... wiederholt werden, bis die Werte von x konvergieren oder sich nicht mehr ändern. Dieses Verfahren ist oft einfacher als die Lösung einer quadratischen Gleichung.

8. Die Wasserkonzentration bleibt praktisch konstant und wird mit K_{eq} zusammengefaßt. K_{eq} für die Wasserdissoziation wird als Ionenprodukt K_w des Wassers bezeichnet. K_w nimmt mit steigender Temperatur zu; sein Wert bei 25 °C ist ungefähr 10^{-14}.

9. Nach dem Le Chatelierschen Prinzip wird bei der Dissoziation des Wassers Energie verbraucht, da die Dissoziation durch steigende Temperatur begünstigt wird. Anhang 2 gibt für die Dissoziation des Wassers $\Delta H^0 = +55.9$ kJ · mol^{-1} an.

10. Neutralisation. – H^+- und OH^--Ionen vereinen sich zu Wasser-Molekülen.

11. Jeweils 10^{-7} mol · l^{-1}. In saurer Lösung nimmt die Wasserstoffionen-Konzentration zu und die Hydroxidionen-Konzentration ab.

12. pH = $-\log[H^+]$. Der Konzentrationsbereich hat nicht so extreme Zahlenwerte, wenn er als pH-Wert und nicht als Wasserstoffionen-Konzentration angegeben wird. pOH = $-\log[OH^-]$.

13. pH + pOH = 14. – Neutrale Lösung: pH = pOH = 7. – Saure Lösung: pH kleiner als 7. Basische Lösung: pH größer als 7.

14. Ein Mol Äquivalent einer Säure oder Base ist diejenige Menge, die in Lösung ein Mol H^+- bzw. OH^--Ionen liefert. – Ein Äquivalent pro Mol HCl, KOH, NH_3 und HNO_3. – Zwei Äquivalent pro Mol H_2CO_3 und drei Äquivalent pro Mol H_3PO_4.

15. Ein Milliäquivalent ist 0.001 Äquivalent. Ein Mol H_2SO_4 enthält 2000 Milliäquivalent.

16. Eine Brønsted-Lowry-Säure ist jede Substanz, die in Lösung Protonen liefert; eine Brønsted-Lowry-Base ist jede Substanz, die Protonen aus einer Lösung entfernt, indem sie sie bindet.

17. OH^- ist eine Base. H_2O ist die konjugierte Säure.

18. Ein Paar von Substanzen, von dem eine ein dissoziierbares Proton hat und die andere nicht. Zu einer starken Säure (leichter Protonenverlust) gehört eine schwache konjugierte Base (geringe Anziehung für Protonen).

19. HNO_3 starke Säure;
NO_3^- schwache Base.
HBr starke Säure;
Br^- schwache Base.
H_2SO_4 starke Säure;
HSO_4^- schwache Base.
H_3O^+ mäßig starke Säure;
H_2O mäßig schwache Base.
H_3PO_4 mäßig starke Säure;
$H_2PO_4^-$ mäßig schwache Base.
HSO_4^- mäßig starke Säure;
SO_4^{2-} mäßig schwache Base.
NH_4^+ mäßig schwache Säure;
NH_3 mäßig starke Base.
H_2O schwache Säure;
OH^- starke Base.

20. Starke Säuren dissoziieren in wäßriger Lösung vollständig, weil ihre konjugierten Basen Protonen weniger stark anziehen, als es die Wasser-Moleküle des Lösungsmittels tun. Die Konkurrenz der Wasser-Moleküle um die Protonen der Säure wird durch den gewaltigen Überschuß der Wasser-Moleküle in wäßriger Lösung unterstützt.

21. S. Seite 396 unten.
22. S. Seite 396 unten.
23. Ein Puffer besteht aus einem Substanzpaar – einer schwachen Säure und ihrem Salz oder einer schwachen Base und ihrem Salz –, das den ursprünglichen pH-Wert einer Lösung bei Zugabe kleiner Mengen von Säure oder Base konstant hält, indem es die eine der Puffersubstanzen in die andere umwandelt.
24. Bei einem Puffer, der aus einer schwachen Säure und ihrem Salz besteht, führt die Zugabe von Säure dazu, daß sich die zugegebenen Protonen mit dem Anion des Puffersalzes zu undissoziierter Puffersäure vereinen. Bei Zugabe von Base dissoziiert ein Teil der Puffersäure und neutralisiert sie.
25. Die maximale Säure- oder Basenmenge, die ein Puffer bewältigen kann, ohne erschöpft zu sein. Wenn die Pufferkapazität überschritten ist, läßt sich der pH-Wert nicht mehr unter Kontrolle halten.
26. Eine Substanz, die ihre Farbe mit einer Änderung des pH-Werts verändert, da bei ihr die undissoziierte und die dissoziierte Form sichtbares Licht unterschiedlich absorbieren.
27. Das Produkt der Konzentration aller Ionen, die bei der Dissoziation eines Salzes entstehen, jeweils potenziert mit dem Wert der Anzahl der einzelnen Ionen, die aus einem Molekül Salz entstehen. Das Löslichkeitsprodukt entspricht der Gleichgewichtskonstante der Dissoziation, wobei allerdings der konstante Wert für die Konzentration des undissoziierten Salzes im Nenner auf die linke Seite gebracht und mit der Gleichgewichtskonstante zusammengezogen wird.
28. Die Gitterenergie des Kristalls und die Hydratationsenergie der Ionen in Lösung. Beide Energiewerte sind groß und ihre experimentelle Bestimmung mit großen Unsicherheiten behaftet; die Löslichkeit hängt von der geringen Differenz zwischen beiden ab und ist deshalb schwer vorauszusagen.
29. Die Löslichkeit der Silber-Ionen wird herabgesetzt. – Die Zugabe von OH^- setzt die Konzentration von H^+ herab und umgekehrt.
30. Sie ermöglicht einen alternativen Reaktionsmechanismus mit geringeren Aktivierungsschwellen und wirkt als Katalysator. Sie tut dies, indem sie das negativ geladene Sauerstoff-Atom der Carbonyl-Gruppe angreift.
31. Bei der Säurekatalyse werden das Carbonyl-Sauerstoffatom durch H^+ und bei der Basenkatalyse das Carbonyl-Kohlenstoffatom durch OH^- angegriffen. Beide beruhen auf einer Wechselwirkung zwischen Ladungen, und bei beiden sind die Aktivierungsenergien niedriger als normal.
32. Protonen können sich längs einer Reihe von Wasser-Molekülen kaskadenartig fortbewegen, wobei das auf der einen Seite der Reihe eintretende Proton ein anderes ist als das auf der anderen Seite austretende. Andere positive und negative Ionen müssen selbst von einem Ort zum anderen diffundieren, was ein langsamerer Prozeß ist.

Probleme

1. pH 12
2. pH 7
3. pH 2.9; $K_s = 1.71 \cdot 10^{-5}$
4. pH = 2.24; $K_s = 3.51 \cdot 10^{-4}$
5. $K_b = 1.79 \cdot 10^{-5}$; nein; $NH_3 + H_2O \rightarrow NH_4^+ + OH^-$; pH = 10.63
6. Ja, pH 11.6
7. pH 5.11; pH 11.11
8. pOH 5.90
9. $[CN^-] = 2.22 \cdot 10^{-5}$; pOH = 9.35
10. $[C_5H_5NH^+] = 3.97 \cdot 10^{-5}$ mol · l^{-1}; pH 9.60
11. $[NO_2^-] = 0.00983$ mol · l^{-1}; pH 2.01; 4.7% ionisiert
12. $K_b = \frac{[N_5H_5^+][OH^-]}{[N_2H_4]}$

$[N_2H_5^+] = 1.41 \cdot 10^{-4}$ mol · l^{-1}; pH 10.15
13. pH 5.00
14. pH 8.58
15. pH 11.65
16. pH 9.31
17. pH 8.95
18. pH 4.75
19. pH 4.87
20. pH 2.75
21. pH 2.0; pH 4.78
22. pH 9.07; pH 9.01; größere pH-Änderung, da die Grenze der Pufferkapazität erreicht ist.
23. (a) pH 10.47
(b) pH 5.48
(c) ja
24. $K_L = 1.57 \cdot 10^{-18}$; Löslichkeit = $1.57 \cdot 10^{-15}$ mol · l^{-1}
25. $K_L = 1.6 \cdot 10^{-5}$
26. Löslichkeiten: $2.7 \cdot 10^{-3}$ mol · l^{-1} und $3.2 \cdot 10^{-5}$ mol · l^{-1}
27. Löslichkeiten: $2.2 \cdot 10^{-11}$ mol · l^{-1} und $5 \cdot 10^{-21}$ mol · l^{-1}
28. Löslichkeiten: $7.8 \cdot 10^{-5}$ mol · l^{-1} und $2.2 \cdot 10^{-6}$ mol · l^{-1}
29. Löslichkeit: $2.14 \cdot 10^{-4}$ mol · l^{-1}
30. $[Mg^{2+}][OH^-]^2 = 3.2 \cdot 10^{-13} < K_L$. Keine Ausfällung
31. pH – 0.20 oder $[H^+] = 1.6$ mol · l^{-1}
32. Löslichkeit: $2.0 \cdot 10^{-7}$ mol · l^{-1}
33. Löslichkeiten: $3.1 \cdot 10^{-16}$ mol · l^{-1} und 0.031 mol · l^{-1}
34. Löslichkeiten: $8.9 \cdot 10^{+12}$ mol · l^{-1} und $8.9 \cdot 10^{-8}$ mol · l^{-1}

17. Kapitel

Fragen

1. Das Gravitationspotential ist die Tendenz eines massebesitzenden Gegenstands, sich dem Zentrum der Erde zu nähern. Das chemische Potential ist die Tendenz der Reaktanden, sich in die Produkte umzuwandeln. Das elektrische Potential ist die Tendenz einer Ladung, sich in einem elektrostatischen Feld von einer Stelle zu einer anderen zu bewegen. Alle drei Tendenzen beschreiben spontane Vorgänge, d.h. solche, die ohne äußeres Zutun ablaufen.
2. Die Freie Enthalpie ist die zuständige Funktion des chemischen Potentials, wenn Temperatur und Druck konstant sind. Sie ist auch aufzufassen als Maß für die Tendenz einer Substanz, sich ihrer Umgebung zu entziehen – entweder durch Diffusion von einer Phase in eine andere oder durch Reaktion.
3. Nein. Es gibt immer eine Geschwindigkeitsverteilung um einen Mittelwert.
4. Durch den gelösten Stoff wird die Verdampfung gestört und daher der Dampfdruck erniedrigt.
5. Der Siedepunkt ist diejenige Temperatur, bei der sich – bei einem Partialdruck von 1.013 bar (1 Atmosphäre) – Flüssigkeit und Dampf im Gleichgewicht befinden. Dampf kann auch bei niedrigerer Temperatur mit der Flüssigkeit im Gleichgewicht stehen – dann ist aber auch der Gleichgewichtsdampfdruck niedriger. – Sobald der Gleichgewichtsdampfdruck den Atmosphärendruck erreicht (beim Siedepunkt), können Dampfblasen, die sich im Inneren der Flüssigkeit gebildet haben, an der Oberfläche zerplatzen, und man beobachtet das Phänomen des Siedens.
6. Zugabe einer nichtflüchtigen Substanz erniedrigt die Tendenz des Lösungsmittels, die flüssige Phase zu verlassen, weil die Konzentration der Lösungsmittel-Moleküle herabgesetzt wird. Temperaturerhöhung hat den entgegengesetzten Effekt, d.h. Erhöhung der Temperatur über den Siedepunkt der reinen Flüssigkeit hinaus gleicht die Verdünnung durch gelöste Moleküle aus.
7. Aus 1 mol NaCl entstehen 2 mol Ionen.
8. Vgl. Seite 419.
9. Auflösung einer Substanz erniedrigt die Tendenz der Lösungsmittel-Moleküle, in die feste Phase auszuweichen, da die Konzentration der Lösungsmittel-Moleküle herabgesetzt wird. Der umgekehrte Vorgang – der Zerfall des Festkörpers – wird nicht beeinflußt. Doch wird die Tendenz der Moleküle, von der festen in die flüssige Phase zu entweichen, durch Temperaturerniedrigung herabgesetzt, so daß das Gleichgewicht wieder hergestellt wird.
10. Durch Wägung bestimmt man, wieviel Gramm einer Substanz vorliegen; durch Bestimmung der Gefrierpunktserniedrigung oder der Siedepunktserhöhung erfährt man, wieviel Mol Partikel vorliegen. Der Quotient ergibt Gramm pro Mol Teilchen, d.h. die relative Molekülmasse. Bei makromolekularen Substanzen kommen auf ein Gramm so wenig Moleküle, daß die Temperaturänderungen zu klein sind, als daß sie vernünftig gemessen werden könnten.
11. Der osmotische Druck ist der Druck, der angelegt werden muß, um Lösungsmittel-Moleküle daran zu hindern, durch eine semipermeable Membran von der Seite, auf der sich reines Lösungsmittel befindet, auf die Seite überzutreten, wo das Lösungsmittel durch Fremdmoleküle verdünnt ist. – Wird eine Substanz gelöst, so wird die Tendenz der Lösungsmittel-Moleküle, ihre Umgebung zu verlassen, herabgesetzt, während die Tendenz der Lösungsmittel-Moleküle, die Phase

des reinen Lösungsmittels zu verlassen, nicht beeinflußt wird. Dies hat insgesamt zur Folge, daß Lösungsmittel-Moleküle in den Bereich fließen, wo Fremdmoleküle gelöst sind, wenn nicht Druck angelegt wird, um diesem Fluß entgegenzuwirken.

12. Durch Messung des osmotischen Drucks wird die Molarität bestimmt. Weiß man, wieviel Gramm gelöst sind, kann man die relative Molekülmasse berechnen.

13. Molarität = Mol pro Liter Lösung. Molalität = Mol pro Kilogramm Lösungsmittel. Für reines Wasser mit der Dichte 1 ist 1 kg Lösungsmittel gleich 1 l Lösungsmittel. Für verdünnte Lösungen ist die Änderung des Volumens durch Auflösen einer Substanz vernachlässigbar: Aus 1 l Lösungsmittel entsteht praktisch 1 l Lösung. Nur unter diesen Voraussetzungen haben Molarität und Molalität praktisch den gleichen Wert.

14. Nein. Für eine Oxidation genügt die Verschiebung der Elektronen hin zu einem stärker elektronegativen Element.

15. Weil dann die Oxidations- und die Reduktionshalbreaktion separiert werden können, so daß die übertragenen Elektronen auf dem Weg von einem Reaktionsort zum anderen nutzbare Arbeit leisten können.

16. Oxidation von Zn und Reduktion von Cu^{2+}. – Arbeit kann nicht gewonnen werden, wenn die Elektronen nicht durch einen äußeren Stromkreis fließen: Wenn Zn und Cu^{2+} in direktem Kontakt stehen, gehen die Elektronen direkt über; es gibt keinen Stromfluß, also keine nutzbare Arbeit. Die Freie Energie geht als Wärme verloren.

17. Anode: Zink, Kathode: Kupfer. – Oxidation: $Zn \rightarrow Zn^{2+} + 2e^-$, Reduktion: $Cu^{2+} + 2e^- \rightarrow Cu$.

18. Die Salzbrücke verhindert, daß sich die Lösungen mischen, und dadurch „Kurzschluß" zwischen einer Lösung und der falschen Elektrode entsteht. Im Daniell-Element hält die Schwerkraft aufgrund des Dichteunterschieds die Lösungen getrennt.

19. $\Delta G^0 = -212.13\ \text{kJ} \cdot \text{mol}^{-1}$

$\Delta G^0 = -n \cdot F \cdot E^0$

$E^0 = +1.10\ \text{V}$

20. Die Faraday-Konstante ist die Ladung eines Mols Elektronen. – Ihr Wert im SI-System: $96487\ \text{Coulomb} \cdot \text{mol}^{-1}$.

21. Wenn sich durch Addition oder Subtraktion von zwei Halbreaktionen eine Zellen-Reaktion ergibt, in der Elektronen nicht explizit auftreten, dann können die Halbzellenpotentiale in derselben Weise zum Gesamtpotential der Zelle addiert oder subtrahiert werden. Im Zweifelsfall ist es immer sicherer, mit den Freien Energien der Halbzellen-Reaktionen zu rechnen. Den Zusammenhang mit den Potentialen gibt die Beziehung $\Delta G^0 = -n \cdot F \cdot E^0$.

22. Eine unvollständige Zellen-Reaktion, d.h. nur eine Oxidation oder nur eine Reduktion, wobei der Elektronenverlust oder -gewinn durch explizites Ausschreiben der entsprechenden Zahl von Elektronen auf der anderen Seite der Gleichung kompensiert werden. – Wenn Halbreaktionen derart voneinander subtrahiert werden, daß die Elektronen auf beiden Seiten der Gleichung herausfallen, dann können die Halbzellen-Potentiale ebenso subtrahiert werden, wobei sich die Potentiale der entsprechenden vollständigen Zellen ergeben. – Positives Zellenpotential bedeutet spontane chemische Reaktion, entsprechend negativer Freier Energie.

23. Vgl. Seite 436. $Zn/Zn^{2+}|(x\text{M})||Cu^{2+}(y\text{M})|Cu$. x und y bedeuten dabei die Molaritäten (bezogen auf die gelösten Ionen) der Lösungen. Die poröse Trennwand wird durch das Zeichen $||$ symbolisiert.

24. Die Reaktionsprodukte diffundieren vom Ort ihrer Entstehung weg; die Zellen-Reaktion kann nicht umgekehrt werden. Im Bleiakkumulator bleibt das gebildete Bleisulfat an Ort und Stelle, um beim Wiederaufladen wieder zu Blei- bzw. Bleidioxid zurückverwandelt zu werden.

25. Im Verlauf der Entladung werden durch die Ausscheidung von $PbSO_4$ die Schwefelsäure-Konzentration und damit die Dichte der Batterieflüssigkeit erniedrigt.

26. Als Elektrolyse bezeichnet man die Zersetzung von chemischen Substanzen durch hindurchfließenden elektrischen Strom. Wenn zur Umwandlung eines Moleküls oder Ions n Elektronen nötig sind, dann werden n Faraday zur Umwandlung von 1 mol Substanz benötigt.

27. Vgl. Seite 441.

28. Der sich bildende Überzug aus Aluminiumoxid haftet fest auf der Metalloberfläche und verhindert deren weitere Oxidation. Eisenoxid haftet nicht auf metallischem Eisen.

29. Zink wird leichter als Eisen oxidiert; es bietet elektrochemischen Schutz, und nicht nur mechanischen.

Probleme

1. $P_V = 50.6\ \text{mm}$; $X_{C_6H_6} = 0.54$; $X_{C_7H_8} = 0.46$
2. $BaCl_2$
3. 20 g NaCl
4. $T_f = -6.36\,°C$ (NaCl) oder $-5.03\,°C$ ($CaCl_2$). NaCl ist besser.
5. Der Dampfdruck wird um 20% erniedrigt.
6. $k_S = 2.5\ \text{K} \cdot \text{mol}^{-1}$
7. 1724 g Methanol; 102.75 °C
8. $128\ \text{g} \cdot \text{mol}^{-1}$; $C_{10}H_8$ (Naphthalin)
9. $C_7H_6O_2$ in Wasser; $C_{14}H_{12}O_4$ in Benzol. Tatsächliche Formel für Benzoesäure: C_6H_5COOH oder $C_7H_6O_2$. Benzoesäure-Moleküle paaren sich offensichtlich zu Dimeren beim Auflösen in Benzol.
10. $776\ \text{g} \cdot \text{mol}^{-1}$
11. 8.22 bar
12. Ionen und Moleküle von Salz und Essigsäure außerhalb der Salatzellen verursachen das Ausströmen von Wasser-Molekülen aus den Zellen. Die teilweise entleerten Zellen lassen das Salatblatt zusammenfallen.
13. $454\ \text{g} \cdot \text{mol}^{-1}$
14. $27000\ \text{g} \cdot \text{mol}^{-1}$. Ungefähr 79 Monomer-Einheiten pro Polymer.
15. Die höhere Salzkonzentration in den roten Blutkörperchen führt zu einem Einströmen von Wasser-Molekülen in die Zellen. Wenn die maximale Wandstärke durch den osmotischen Druck überschritten wird, dauert das Einströmen an, bis die Zellen platzen.
16. $X_{gel} = 0.0054$; 0.30 mol gelöste Stoffe pro 1000 g Wasser.
17. 7.93 bar, das ist ähnlich wie in der Lösung zum vorigen Problem.
18. 29.3 bar bei 25 °C
19. $\Delta G^0 = -212.2\ \text{kJ} \cdot \text{mol}^{-1}$ (Standardbedingungen). Wenn die Reaktion reversibel ausgeführt wird oder unter Gleichgewichtsbedingungen, dann ist $\Delta G = 0$. Es wird keine nutzbare Arbeit gewonnen. Die Reaktionswärme der reversiblen Reaktion wäre immer noch $\Delta H^0 = -215.1\ \text{kJ} \cdot \text{mol}^{-1}$, da die Enthalpie nicht von der Konzentration abhängt.
20. (b) und (c) laufen spontan ab.
21. (a) Daten fehlen in der Tabelle, man findet sie in einem Handbuch.
(b) -1.03 V
22. (a) $+0.40$ V
(b) -1.67 V
23. $Pb|PbSO_4|PbO_2$
(a) Die PbO_2-Reaktion findet an der Kathode statt (Reduktion). Elektronen fließen über den äußeren Stromkreis vom Pb zum PbO_2 oder von der Anode zur Kathode.
(b) $+1.82$ V
24. Für die Reaktion: $2H_2O_2 \rightarrow 2H_2O + O_2$ ergibt sich aus der Tabelle auf Seite 434 $E^0 = +1.10$ V. Man könnte auch die Freien Energien aus Anhang 2 verwenden.
25. Fehlende Reduktionspotentiale: $+1.36$ V, $+0.99$ V, 0.96 V
(a) MnO_4^- ist das beste Oxidationsmittel und NO das beste Reduktionsmittel.
(b) ja
(c) nein
(d) nein
(e) nein
(f) ja
(g) ja
26. Das Potential wird erniedrigt.
27. Potentiale: $+1.49$ V; -1.66 V; $+1.36$ V; -2.37 V
(a) Mg ist das stärkste Reduktionsmittel und MnO_4^- das stärkste Oxidationsmittel.
(b) $Mg + Cl_2 \rightarrow Mg^{2+} + 2Cl^-$
(c) $Mg|Mg^{2+}||Cl^-|Cl_2$
(d) Mg ist die Anode, und Cl_2 ist die Kathode.
(e) $+3.73$ V
(f) $K_{eq} = \dfrac{[Mg^{2+}][Cl^-]^2}{[Mg][Cl_2]}$

$\Delta G^0 = -2(96.5)(+3.73) = +719.9\ \text{kJ}$

$K_{eq} = 10^{126}$
28. Potentiale: $+0.20$ V und 0.80 V
(a) $2Ag^+ + H_2SO_3 + H_2O$
$\rightarrow 2Ag + 4H^+ + SO_4^-$
(b) $H_2SO_3|SO_4^{2-}||Ag^+|Ag$
(c) $+0.60$ V
(d) $\Delta G^0 = -115.9\ \text{kJ}$; $K_{eq} = 2 \cdot 10^{20}$
29. Potentiale: $+0.80$ V und $+0.34$ V
(a) $Hg_2^{2+} + Cu \rightarrow 2Hg + Cu^{2+}$
(b) $Cu|Cu^{2+}||Hg_2^{2+}|Hg$; Anode ist Cu

(c) +0.46 V
(d) $\Delta G^0 = -88.7$ kJ; $K_{eq} = 3.6 \cdot 10^{15}$

30.

$$\begin{array}{llll} \mathrm{Ag} \rightarrow & \mathrm{Ag^+ + e^-} & E^0 = -0.80\,\mathrm{V} & \text{(Tabelle auf Seite 434)} \\ \mathrm{AgI + e^-} \rightarrow & \mathrm{Ag} + \mathrm{I^-} & E^0 = -0.152\,\mathrm{V} & \text{(Handbuch)} \\ \hline \mathrm{AgI} \rightarrow & \mathrm{Ag^+ + I^-} & E^0 = -0.952\,\mathrm{V} & \end{array}$$

$\Delta G^0 = -1\,(96.5)\,(-0.952) = +91.7$
$K_{eq} = 7.9 \cdot 10^{-17}$

31. Cr > Fe > Ni. Die Nickelschicht bietet dem Eisen mechanischen Schutz; die Chromschicht ist ein elektrochemischer Schutz gegen Korrosion und liefert eine attraktive Oberfläche.

5.

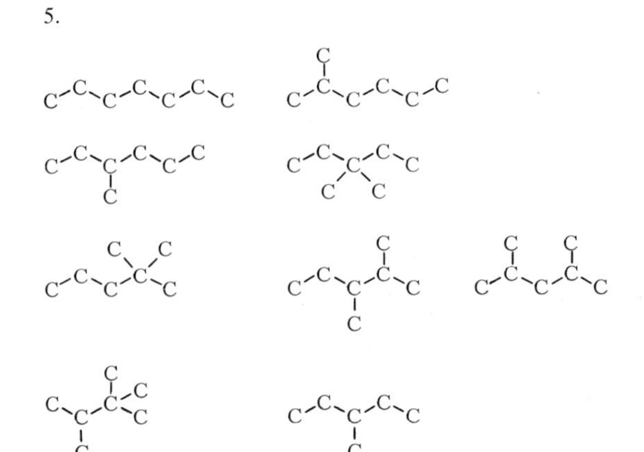

18. Kapitel

Fragen

1. Wir sind ungefähr um so viel größer als ein Atomkern, wie die Abstände zwischen den Sternen größer sind als wir. Die Temperatur, bei der wir leben, ist hoch genug, daß Moleküle chemisch reagieren, aber nicht so hoch, daß sie nicht mehr existieren können.
2. Bei 10000 K sind Moleküle aus Kohlenstoff und ähnlichen Elementen nicht mehr stabil. Bei 100 K sind die Moleküle zwar stabil, aber fast völlig unreaktiv.
3. Ein Organismus mit einem Durchmesser von 10 nm könnte nicht komplex genug sein, um die für Leben typischen Verhaltensweisen zu zeigen. Ein Organismus mit einem Durchmesser von 1500 km hätte interne Probleme mit der Kommunikation und dem Stofftransport.
4. Komplexe Strukturen sind für komplexe Verhaltensweisen notwendig. Die Organisation der Komponenten ist für die Verhaltensmöglichkeiten genauso wichtig wie die Art der Komponenten.

Keine Probleme

19. Kapitel

Fragen

1. Ionische Anziehungskräfte haben – anders als kovalente Bindungen – keine charakteristische Geometrie oder Vorzugsrichtung und sind daher für den Aufbau dreidimensionaler Gebilde ungeeignet.
2. Alkane sind gesättigte Kohlenwasserstoffe mit tetraedrischer sp^3-Geometrie an den Kohlenstoff-Atomen.
3. Unverzweigte. – Verzweigte.
4. Vgl. Seite 465.
6. Als Brennstoffe. – C–H-Bindung nicht polar, C-Atome durch die tetraedrisch angeordneten Bindungspartner eingehüllt und daher vor Angriff geschützt. – Durch „Zündung", d.h. Temperaturerhöhung.
7. Molekülgröße und van-der-Waals-Kräfte. – Bis vier Kohlenstoff-Atome Gase, bis ca. 20 Kohlenstoff-Atome Flüssigkeiten, darüber hinaus wachsartige Festkörper.
8. Bindungswinkel zu klein.
9. Beim Sessel keine Störung der einander gegenüberliegenden Wasserstoff-Atome wie bei denen am „Bug" und „Heck" des Moleküls in Boot-(Wannen)-Konformation.
10. Kohlenwasserstoffe, die Doppel- bzw. Dreifachbindungen enthalten.
11. Rotation um die Doppelbindung unmöglich.
12. 1-Methylpropen. – Ziffer des Kohlenstoff-Atoms, von dem die Doppelbindung ausgeht. 3-Buten und 1-Buten sind, wie sich bei entsprechender Anordnung zeigt, identisch.
13. Bei Strukturisomeren sind die Atome unterschiedlich miteinander verknüpft. Bei geometrischen Isomeren ist die Zahl der Bindungen jeder Art zwischen den Atomen gleich, aber die relative Orientierung dieser Bindung zueinander ist an einigen Atomen verschieden. – Strukturisomere.
14. Geometrische Isomere.
15. Wegen der Flexibilität von *n*-Butan lassen sich die Moleküle im festen *n*-Butan weniger gut zusammenpacken, daher ist der Schmelzpunkt niedriger. Andererseits sind die van-der-Waals-Kontakte zwischen den benachbarten (geradkettigen) Molekülen von *n*-Butan stärker, deshalb ist der Siedepunkt höher.
16. Alkane: Verbrennung, Halogenierung, Dehydrierung (Aufhebung der Sättigung), Crakkung. – Alkene: Hydrierung (Sättigung), Halogenierung, Wasseranlagerung (Hydratisierung), Anlagerung von Halogenwasserstoffen.
17. Die C-Atome von Alkanen sind wegen der tetraedrischen Anordnung der gebundenen Atome abgeschirmt.
18. Elektrophile sind Gruppen, die von Elektronen angezogen werden; Nucleophile sind elektronenreiche Gruppen, die von Gruppen oder Regionen mit Elektronenmangel angezogen werden. OH^- ist ein Nucleophil, das den Carbonyl-Kohlenstoff mit einer positiven Partialladung angreift.
19. Wenn HX an eine Doppelbindung angelagert wird, geht das H an das Kohlenstoff-Atom, an das bereits die größere Zahl von Wasserstoff-Atomen gebunden ist.
20. Polymerisation durch Öffnung der Doppelbindung. – 1,3-Butadien.
21. Versteifung der räumlichen Struktur.
22. Kautschuk und Guttapercha. – Kautschuk mit *cis*-Struktur ist gummielastisch, Guttapercha mit *trans*-Bindungen und regelmäßigerem Aufbau ist härter.
23. Entropiezunahme beim Zusammenziehen des gereckten Kautschuks fördert die Entspannung, ist also Ursache der Elastizität.
24. Alternierende Einfach- und Doppelbindungen in einer Kohlenstoff-Kette mit delokalisierten Elektronen. Die elektronischen Energieniveaus werden abgesenkt.
25. Aromatizität heißt Konjugation in Ringmolekülen. – Benzol.
26. Je größer das delokalisierte System, um so enger liegen die elektronischen Energieniveaus beieinander. Wenn sie so eng aneinanderrücken, daß der Energieabstand der Absorption von sichtbarem Licht entspricht, heißt das, daß die betreffende Substanz farbig ist. Lebende Organismen benutzen solche Moleküle, um beim Sehvorgang Licht zu registrieren und bei der Photosynthese Licht einzufangen. – Carotin und Chlorophyll.
27. Vgl. Seite 476.
28. Weil bei der Addition an den Ring die Delokalisierung aufgehoben wird, wobei Energie verbraucht wird. Bei der Substitution bleibt die Delokalisierung erhalten.

Probleme

1. a = d = e
   b = f
2. a = c = d = e
   b = 3-Methylhexan
   f = 3,3-Dimethylpentan

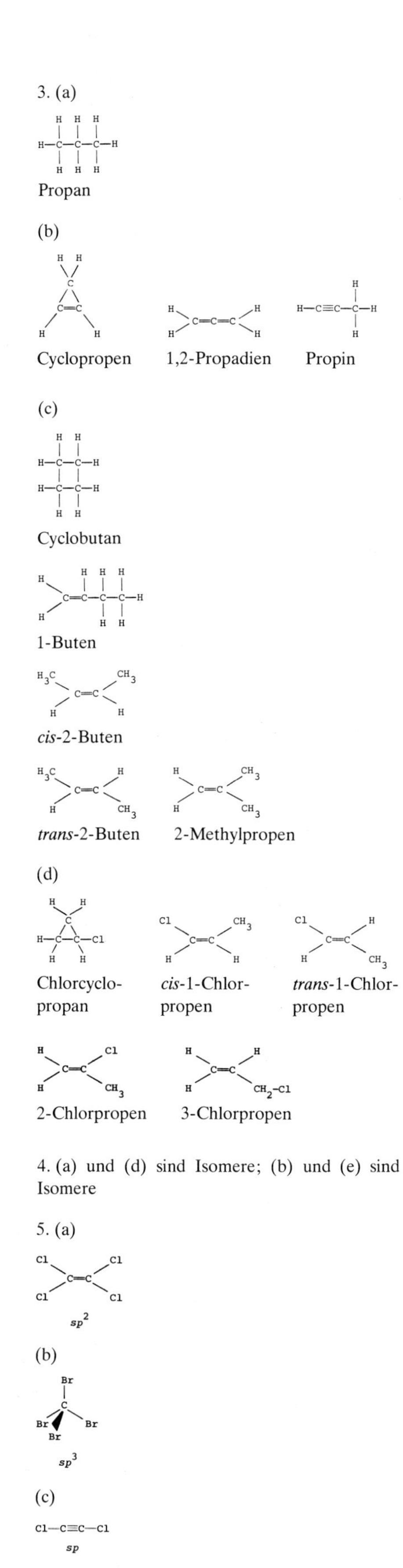

3. (a)

Propan

(b)

Cyclopropen 1,2-Propadien Propin

(c)

Cyclobutan

1-Buten

cis-2-Buten

trans-2-Buten 2-Methylpropen

(d)

Chlorcyclopropan *cis*-1-Chlorpropen *trans*-1-Chlorpropen

2-Chlorpropen 3-Chlorpropen

4. (a) und (d) sind Isomere; (b) und (e) sind Isomere

5. (a)

sp^2

(b)

sp^3

(c)

sp

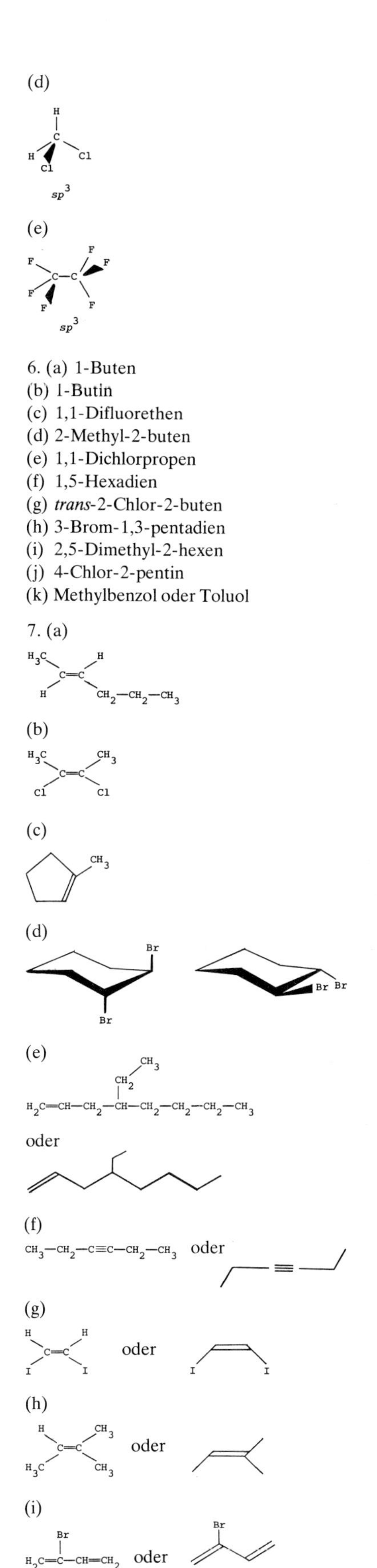

(d)

sp^3

(e)

sp^3

6. (a) 1-Buten
(b) 1-Butin
(c) 1,1-Difluorethen
(d) 2-Methyl-2-buten
(e) 1,1-Dichlorpropen
(f) 1,5-Hexadien
(g) *trans*-2-Chlor-2-buten
(h) 3-Brom-1,3-pentadien
(i) 2,5-Dimethyl-2-hexen
(j) 4-Chlor-2-pentin
(k) Methylbenzol oder Toluol

7. (a)

(b)

(c)

(d)

(e)

oder

(f)

$CH_3-CH_2-C\equiv C-CH_2-CH_3$ oder

(g)

oder

(h)

oder

(i)

oder

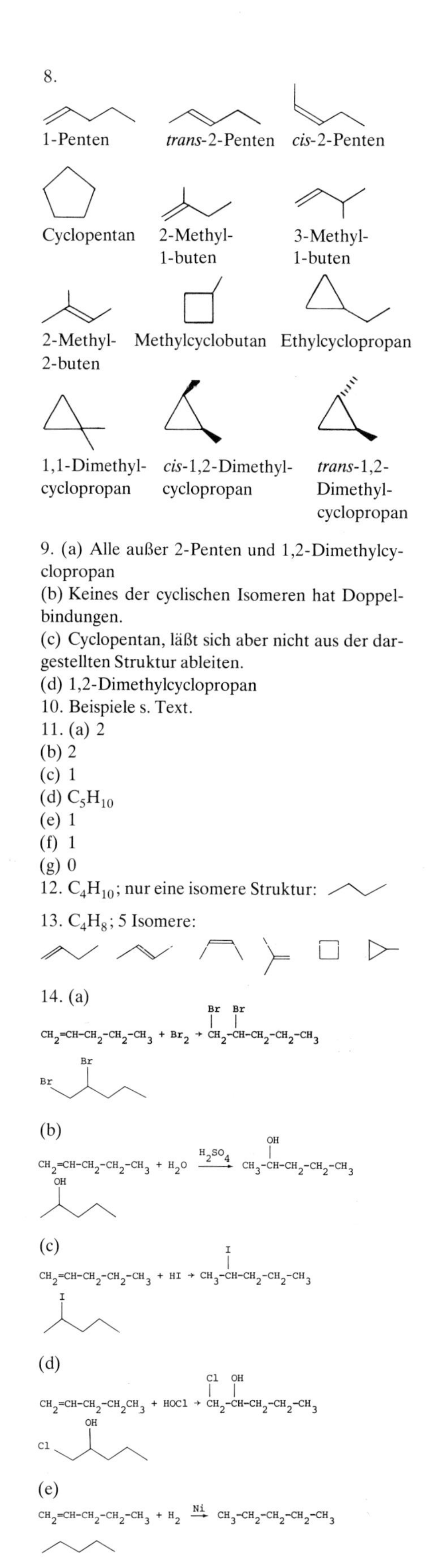

8.

1-Penten *trans*-2-Penten *cis*-2-Penten

Cyclopentan 2-Methyl-1-buten 3-Methyl-1-buten

2-Methyl-2-buten Methylcyclobutan Ethylcyclopropan

1,1-Dimethylcyclopropan *cis*-1,2-Dimethylcyclopropan *trans*-1,2-Dimethylcyclopropan

9. (a) Alle außer 2-Penten und 1,2-Dimethylcyclopropan
(b) Keines der cyclischen Isomeren hat Doppelbindungen.
(c) Cyclopentan, läßt sich aber nicht aus der dargestellten Struktur ableiten.
(d) 1,2-Dimethylcyclopropan

10. Beispiele s. Text.

11. (a) 2
(b) 2
(c) 1
(d) C_5H_{10}
(e) 1
(f) 1
(g) 0

12. C_4H_{10}; nur eine isomere Struktur:

13. C_4H_8; 5 Isomere:

14. (a)

$CH_2{=}CH{-}CH_2{-}CH_2{-}CH_3 + Br_2 \rightarrow CH_2Br{-}CHBr{-}CH_2{-}CH_2{-}CH_3$

(b)

$CH_2{=}CH{-}CH_2{-}CH_2{-}CH_3 + H_2O \xrightarrow{H_2SO_4} CH_3{-}CH(OH){-}CH_2{-}CH_2{-}CH_3$

(c)

$CH_2{=}CH{-}CH_2{-}CH_2{-}CH_3 + HI \rightarrow CH_3{-}CHI{-}CH_2{-}CH_2{-}CH_3$

(d)

$CH_2{=}CH{-}CH_2{-}CH_2CH_3 + HOCl \rightarrow CH_2Cl{-}CH(OH){-}CH_2{-}CH_2{-}CH_3$

(e)

$CH_2{=}CH{-}CH_2{-}CH_2{-}CH_3 + H_2 \xrightarrow{Ni} CH_3{-}CH_2{-}CH_2{-}CH_2{-}CH_3$

20. Kapitel

Fragen

1. Charakteristische Gruppen, die Kohlenwasserstoff-Ketten, mit denen sie verknüpft sind, charakterische chemische Eigenschaften verleihen. Die Eigenschaften werden zwar auch durch Größe und Gestalt der Kohlenwasserstoff-Kette beeinflußt, aber im wesentlichen von den funktionellen Gruppen bestimmt.
2. Längere Kohlenwasserstoff-Gruppen machen die Moleküle weniger polar und setzen ihre Fähigkeit, mit Wasser oder anderen polaren Molekülen in Wechselwirkung zu treten, herab. Sie erhöhen die Mischbarkeit der Moleküle mit anderen Kohlenwasserstoffen.
3. Eine längere Kette setzt die Wasserlöslichkeit herab.
4. Die OH-Gruppen der Alkohole sind polar und ihre Kohlenwasserstoff-Ketten sind unpolar, so daß die Löslichkeit für beide Molekül-Arten – polar und unpolar – gefördert wird.
5. Alkohole, deren OH-Gruppen mit Kohlenstoff-Atomen verbunden sind, die selbst mit 1, 2 bzw. 3 anderen Kohlenstoff-Atomen verbunden sind. Primäre Alkohole werden zu Aldehyden und anschließend zu Carbonsäuren oxidiert. Sekundäre Alkohole werden zu Ketonen oxidiert. Tertiäre Alkohole lassen sich nur unter Zerstörung des ganzen Moleküls oxidieren.
6. Durch Behandlung der halogenierten Kohlenwasserstoffe mit OH^-. Biologisch durch Gärung oder durch trockenes Erhitzen von Holz.
7. Die polare Bindung zwischen O und H wird zunehmend durch die unpolare Kohlenwasserstoff-Kette dominiert, wenn diese Kette länger wird.
8. Die Elektronegativitätsdifferenz zwischen Na und O führt dazu, daß NaOH in Na^+- und OH^--Ionen dissoziiert. Die ungefähr vergleichbare Elektronegativität von C, O und H in Methanol sorgt dafür, daß sich die Atome die Elektronen teilen und nicht aufnehmen oder abgeben. Die Delokalisierung in Phenol stabilisiert das dissoziierte Ion und macht Phenol zur Säure.
9. Strukturisomere sind Moleküle, die aus gleichartigen Atomen jeweils in der gleichen Anzahl aufgebaut sind, bei denen diese Atome aber auf verschiedene Weise mit unterschiedlichen Nachbaratomen verknüpft sind. Die Art und Weise, auf welche die Atome miteinander über Bindungen unterschiedlicher Polarität miteinander verbunden sind, bestimmt das chemische Verhalten der Moleküle.
10. Ether: R–O–R. Ether gewinnt man durch Wasserabspaltung (Dehydratation) aus Alkoholen. – Weil die Elektronegativitätsdifferenz zwischen C und O nicht groß genug ist. – Ether sind schlechte Lösungsmittel für polare Moleküle und gute Lösungsmittel für unpolare Moleküle.
11. Sowohl Aldehyde als auch Ketone gewinnt man durch Oxidation von Alkoholen.
12. Aldehyde und Ketone haben eine polare Carbonylbindung (C=O). Die negative und positive Partialladung auf dem O bzw. dem C erleichtern den Angriff.
13. Es entstehen Carbonsäuren. – Nein, nur unter Zerstörung des Moleküls.
14. Die Resonanz oder Delokalisierung stabilisiert das Carboxylat-Ion, während keine Delokalisierung in dem Ion möglich ist, das entsteht, wenn ein Proton von einem Ethanol-Molekül entfernt wird. Die CO-Gruppe ist an der Delokalisierung beteiligt.
15. Durch die Delokalisierung wird die Energie des Anions herabgesetzt und das Gleichgewicht in Richtung auf die Dissoziation hin verschoben.
16. Über die ganze Carboxylat-Gruppe verteilt und nicht nur an einem O.
17. Eine Fettsäure ist eine langkettige Carbonsäure. – Nein, ihre Kohlenwasserstoff-Schwänze sind zu lang. Sie bilden eine monomolekulare Schicht an der Oberfläche, wobei die Carboxyl-Gruppen ins Wasser tauchen und die Kohlenwasserstoff-Schwänze in die Luft ragen.
18. Seifen. – Seifen umhüllen Fette in Micellen, wobei die Carboxyl-Gruppen der Seifen-Moleküle die Oberfläche zum Wasser hin besetzen und ihre Kohlenwasserstoff-Schwänze im Fett im Innern der Micelle gelöst sind. Die negativen Ladungen der Carboxylat-Gruppen sorgen dafür, daß die Micellen voneinander getrennt in Wasser suspendiert bleiben.
19. Bei beiden ist ein polarer Kopf mit einem unpolaren Kohlenwasserstoff-Schwanz kombiniert, doch trägt der polare Kopf des Säure-Anions eine negative Ladung.
20. Die Kohlenwasserstoff-Schwänze ragen von der Doppelschicht nach außen und befinden sich in Kontakt mit der Luft. Die Carboxylat-Gruppen sind im Innern des Films in der Wasserschicht gelöst. – Es handelt sich um Interferenzfarben, die bei der Passage von Licht durch den dünnen Film entstehen. – Die Schwerkraft zieht das Wasser aus dem Zentrum der Doppelschicht nach unten zur Unterseite der Blase. Die Blase zerreißt oben (s. Seite 495).
21. S. Antwort auf Frage 18.
22. Als Veresterung bezeichnet man die Reaktion eines Alkohols mit einer Säure zu einem Ester und Wasser. Die Rückreaktion nennt man Hydrolyse.
23. Ester, denn sie haben einen angenehmeren Geruch.
24. Fette sind Ester des Glycerins mit Fettsäuren. Als Verseifung bezeichnet man die Hydrolyse von Fetten mit Alkalihydroxiden zu Seife und Glycerin.
25. Amine mit 1, 2 bzw. 3 Kohlenwasserstoff-Resten am Stickstoff. Alle sind starke Basen.
26. In Aminen sind nur drei Substituenten mit dem Stickstoff verbunden. Die Verknüpfung mit einer vierten Gruppe führt zu einem Ammonium-Ion.
27. Sowohl Anilin als auch das Phenolat-Ion sind durch Addition eines siebten Atoms an das delokalisierte System des sechsgliedrigen Rings stabilisiert. Diese Delokalisierung wird zerstört, wenn ein Proton so addiert wird, daß das Anilinium-Ion bzw. das Phenol-Molekül entstehen.
28. Eine Aminosäure trägt am zentralen Kohlenstoff-Atom sowohl eine Amino-Gruppe (basisch) als auch eine Carboxyl-Gruppe (sauer) sowie außerdem ein Wasserstoff-Atom und eine variable Seitenkette.
29. Beide polaren Gruppen einer Aminosäure sind geladen: $-NH_3^+$ und $-COO^-$.
30. Ein Kohlenstoff-Atom, das mit vier verschiedenen Substituenten verknüpft ist, kann in zwei spiegelbildlichen Anordnungen vorkommen und wird als asymmetrisches Kohlenstoff-Atom bezeichnet. In höheren Lebensformen werden nur L-Aminosäuren gefunden. Die spiegelbildlichen D-Aminosäuren sind chemisch äquivalent, doch können Enzyme, die für die eine Form entwickelt wurden, die andere nicht umsetzen. D-Aminosäuren hätten sehr wohl die Grundlage für Leben auf einem anderen Planeten sein können.
31. Seitenketten können Kohlenwasserstoffe, Alkohole, Säuren, Basen oder andere Klassen organischer Moleküle sein.
32. Die Amino-Gruppe einer Aminosäure wird mit der Carboxyl-Gruppe der nächsten verknüpft, wobei Wasser abgespalten wird. Die Hydrolyse ist der umgekehrte Prozeß der Kondensation.
33. Als Basensequenzen von DNA im Zellkern.

Probleme

1. *Primäre Alkohole:*

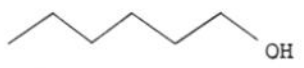

1-Hexanol

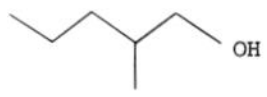

2-Methyl-1-pentanol

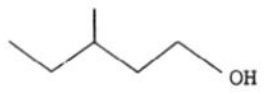

3-Methyl-1-pentanol

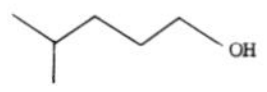

4-Methyl-1-pentanol

2,2-Dimethyl-1-butanol

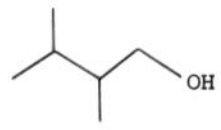

2,3-Dimethyl-1-butanol

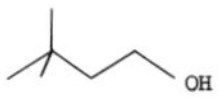

3,3-Dimethyl-1-butanol

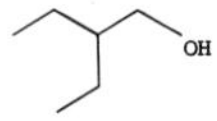

2-Ethyl-1-butanol

Sekundäre Alkohole:

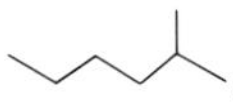

2-Hexanol

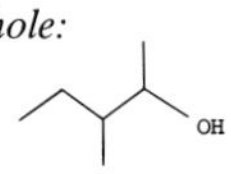

3-Methyl-2-pentanol

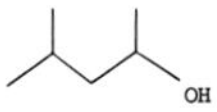

4-Methyl-2-pentanol

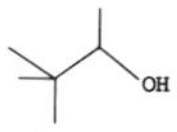

3,3-Dimethyl-2-butanol

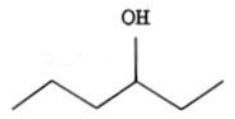

3-Hexanol

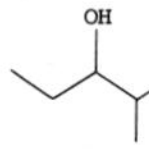

2-Methyl-3-pentanol

Tertiäre Alkohole:

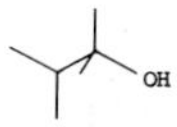

2,3-Dimethyl-2-butanol

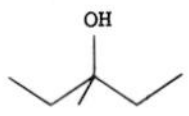

3-Methyl-3-pentanol

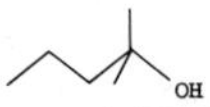

2-Methyl-2-pentanol

2.

$$CH_3\text{-}CH_2\text{-}CH{=}CH_2 + H_2O \xrightarrow{H_2SO_4} CH_3\text{-}CH_2\text{-}CH(OH)\text{-}CH_3$$

1-Buten 2-Butanol

Regel von Markownikow

3.

Dipropylether

(1-Methylethyl)-ethylether

Di-1-methylethyl-ether

Butylethylether

(1-Methylpropyl)-ethylether

(2-Methylpropyl)-ethylether

(1,1-Dimethylpropyl)-methylether

(1,2-Dimethylpropyl)-methylether

(2,2-Dimethylpropyl)-methylether

(1-Methylbutyl)-methylether

(2-Methylbutyl)-methylether

(3-Methylbutyl)-methylether

Pentylmethylether

Andere mögliche Isomere: Alkohole (s. Problem 1). Aldehyde, Ketone und Carbonsäuren sind unmöglich wegen der Zahl der H-Atome.

4. Ethanol ist wegen seiner O–H-Bindung polar; Dimethylether ist unpolar. Die Polarität erhöht die Anziehung zwischen den Molekülen und dadurch wird der Dampfdruck herabgesetzt, und Schmelz- und Siedepunkte steigen an. Die Polarität erhöht auch die Wechselwirkungen mit den Wasser-Molekülen und die Löslichkeit.

5. Propionaldehyd ohne intermolekulare Wasserstoffbrückenbindungen und hohem Dampfdruck sowie Propionsäure mit Wasserstoffbrückenbindungen und niedrigerem Dampfdruck. Die Ausbeute an Propionaldehyd wird erhöht, wenn man die Reaktion unter reduziertem Druck ausführt, so daß der Aldehyd abgezogen wird, bevor er weiter zur Propionsäure oxidiert werden kann.

6. (a) Methylbutyrat (oder Buttersäuremethylester)
(b) 2-Heptanol
(c) Ethylpropylether
(d) (1-Methylethyl)-methyl-keton

7. Die konjugierte Base des Phenols ist das Phenolat-Ion, $C_6H_5O^-$. Anilin ist eine Brønsted-Base und das Anilinium-Ion die konjugierte Säure dazu.

8. Die konjugierte Base der Propionsäure, $C_2H_5\text{–}COOH$, ist das Propionat-Ion, $C_2H_5\text{–}COO^-$.
(a) pH 2.94
(b) pH 4.87

9. (a) $CH_3\text{–}COO\text{–}CH(CH_3)_2 + H_2O \rightarrow CH_3\text{–}COOH + HO\text{–}CH(CH_3)_2$
(b) $CH_3COOH + CH_3CH_2CH(CH_3)\text{–}OH \rightarrow CH_3CH_2CH(CH_3)\text{–}O\text{–}CO\text{–}CH_3 + H_2O$
(c) $CH_3Cl + NH_3 \rightarrow CH_3NH_2 + HCl$
$2CH_3Cl + NH_3 \rightarrow CH_3\text{–}NH\text{–}CH_3 + 2HCl$
$3CH_3Cl + NH_3 \rightarrow (CH_3)_3N + 3HCl$

10. (e) < (a) < (c) < (b) < (d)

11. (c) < (b) < (a) < (d)

12. (a) Benzylethylether
(b) Di-2-methylpropylether oder Diisobutylether
(c) Methylpropylether
(d) Methylpropylether (dasselbe Molekül wie (c), kein Isomeres)

13. (a) Ethylbezoat (oder Benzoesäureethylester)
(b) Benzylpropionat (oder Propionsäurebenzylester)
(c) *n*-Propylacetat (oder Essigsäure-*n*-propylester)
(d) Methyl-*n*-butyrat (oder Buttersäuremethylester)
Die Substanzen sind Ester. (c) und (d) sind Isomere.

14.

(a) $CH_3CH_2\text{–}C(=O)\text{–}O^-\ Na^+$

(b) Br–C_6H_4–C(=O)–OH

(c) C_6H_5–C(=O)–O–C_2H_5

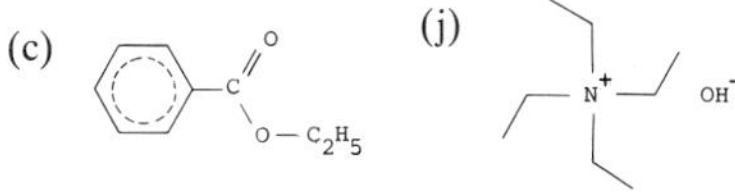

(d) $(CH_3)_2CH$–C(=O)–Cl

(e) H–C(=O)–O–CH_3

(f) $(C_2H_5)_2NH$

(g) $(C_3H_7)_3N$

(h) C_6H_5–C(=O)–NH_2

(i) Br–C_6H_4–NH_2

(j) $(C_2H_5)_4N^+\ OH^-$

(k) $H_2N\text{—}CH(CH_3)\text{—}COOH$

(l) $H_2N\text{—}CH(CH_2\text{—}COOH)\text{—}COOH$

(m) $H_2N\text{—}CH(CH_2\text{—}CH_2\text{—}CH_2\text{—}CH_2\text{—}NH_2)\text{—}COOH$

21. Kapitel

Fragen

1. Löslichkeit in unpolaren Lösungsmitteln.

2. Fette.

3. Wegen der Doppelbindungen in den ungesättigten Kohlenwasserstoff-Ketten der pflanzlichen Fette sind die Ketten abgeknickt; ihre geordnete Aneinanderlagerung im Festkörper ist erschwert, der Schmelzpunkt liegt niedriger. – Härtung durch Absättigung (Hydrierung), d.h. Entfernung der Doppelbindungen.

4. Phospholipide sind Ester des Glycerins mit zwei Fettsäuren und einer Phosphorsäure. Fette sind Ester des Glycerins mit drei Fettsäuren. – Phospholipide haben wie Fettsäuren einen hydrophoben Schwanz und einen polaren, negativ geladenen Kopf.

5. Phosphatidyl-ethanolamin (Cephalin) ist nach außen ungeladen, wenn die NH_2-Gruppe protoniert ist. – Phosphatidyl-cholin (Lecithin) kann nicht protoniert werden, da es ein quartares Stickstoff-Atom enthält. – Vgl. Seite 511.

6. Die polaren Köpfe suchen den Kontakt zur wäßrigen Phase, die unpolaren Schwänze sondern sich vom Wasser ab.

7. Eine Lipid-Doppelschicht im Innern wird außen auf beiden Seiten von Proteinen bedeckt.

8. Die Proteine sind in der Lipid-Doppelschicht gelöst, entweder nur auf einer Seite der Schicht oder quer durch sie hindurchragend. Die Lipid-Doppelschicht ist nicht vollständig von Protein bedeckt.

9. Es gibt Membranen, bei denen die Lipide weggelöst werden können, ohne daß der Zusammenhalt der Membran verlorengeht. – Phospholipase kann die Membran-Lipide angreifen, d.h. ein Teil der Lipide muß frei zugänglich sein.

10. Vgl. Seite 514.

11. Vier Moleküle. – Vgl. Seite 514.

12. Durch Spaltung von Einfachbindungen würden die Moleküle unwiderruflich auseinandergerissen. UV-Rezeptoren würden sich daher beim Vollzug ihrer Aufgabe selbst zerstören.

13. Vgl. Seite 516. – Sie sind Bestandteile der Lipid-Membranen und fungieren als Hormone.

14. Fructose hat zwei Seitenketten, die ein Kohlenstoff-Atom enthalten; Glucose hat nur eine.

15. Äquatoriale Gruppen liegen annähernd in der Ebene des Hexose-Rings, axiale Gruppen senkrecht darüber oder darunter. – In axialer Lage kommen die Gruppen einander näher. – In β-D-Glucose haben alle OH-Gruppen äquatoriale Lage, was die stabilste Anordnung ist.

16. Mannose: C-2-OH axial; Galactose: C-4-OH axial. – Wenn die Stelle des Moleküls, an der die Allose ihre axiale OH-Gruppe trägt, durch diese Gruppe versperrt ist, kann eine Hexose nicht mehr an die Enzymoberfläche gebunden werden; Allose kann dann nicht mehr vom Enzym verarbeitet werden, während Mannose und Galactose akzeptiert werden.

17. In der Orientierung der OH-Gruppe in Position C-1. – Vgl. Seite 517.

18. Invertzucker ist eine äquimolare Mischung von Glucose (Dextrose) und Fructose (Lävulose). Die Namen „Dextrose" und „Lävulose" beziehen sich auf die Drehung der Ebene des polarisierten Lichts nach rechts bzw. links.

19. Glucose und Fructose wirken auf die Geschmacksknospen stärker als ihr „Dimeres", Saccharose (Rohrzucker).

20. β-1,4-Bindungen in Cellulose. – α-1,4-Bin-

dungen sowie Verzweigungen über α-1,6-Bindungen in Stärke. – Stärkeverdauende Enzyme können mit einer β-1,4-Bindung nichts anfangen.
21. Die α-1,4-Bindung ist zwangsläufig geknickt. – Verzweigungen durch α-1,6-Bindungen.
22. Amylase. – Einige Bakterienarten; sie leben in den Verdauungstrakten von Termiten und Wiederkäuern.
23. Rascher Aufbau und Abbau in wenigen Schritten. – Geringere Energieausbeute pro Gramm bei der Verbrennung.

Keine Probleme

22. Kapitel

Fragen

1. Für komplexe Verhaltensweisen sind komplexe logische Netzwerke notwendig, wie die Konstruktion von Computern zeigt. – Die Entropie muß niedrig sein.
2. Lipide dienen zum Aufbau von Membranen, zur Isolierung und zum mechanischen Schutz, zur Energiespeicherung, zur Informationsübertragung (als Hormone). – Proteine: Faserproteine dienen zum Aufbau von Strukturelementen, globuläre Proteine als Enzyme, Transport-Moleküle und für andere Zwecke. – Die Nucleinsäuren im Kern dienen zur Speicherung von genetischer Information.
3. Ein Vitamin ist ein kleines organisches Molekül, das der Organismus in geringen Mengen braucht, aber nicht selbst synthetisieren kann. Für verschiedene Organismen wirken unterschiedliche Moleküle als Vitamine. – Niacin in NAD und Riboflavin in FAD.
4. Eine Amöbe verwandelt aus der Umgebung aufgenommene Substanzen, um zu wachsen. Ein Kristall wächst durch einfaches Anlagern von Molekülen oder Ionen, die in der Umgebung vorhanden sind.
5. Beides sind Mittel, um die Temperatur der Umgebung erträglich zu machen.
6. Sie dienen alle dem Überleben bis zur nächsten Generation.
7. Ungenaue Reproduktion ist eine Quelle für genetische Variabilität, aus der durch Selektion die besten Kombinationen für die vorliegenden Umweltbedingungen ausgewählt werden. Wenn es die Variabilität bei der Reproduktion nicht gäbe, dann könnte eine perfekte .Adaption an eine bestimmte Kombination von Umweltbedingungen tödlich für eine andere Kombination von Umweltbedingungen sein.
8. Als DNA im Zellkern.
9. DNA-Sequenzen werden in Sequenzen der Boten-RNA übersetzt, die dann zur Synthese der Proteinketten mit den richtigen Aminosäuresequenzen für die gewünschte Faltung und Funktion dienen.
10. Die Instruktionen für die Sequenzen der Aminosäuren in den Proteinen. – Sie werden mit Hilfe von Boten-RNA abgelesen.
11. Faserproteine bestehen aus gestreckten Ketten und dienen als Strukturmaterial. Globuläre Proteine sind kompakte Moleküle, die als Enzyme oder Transportsystem für Sauerstoff, kleine Moleküle etc. dienen.
12. Die Ketten müssen zu kompakten Molekülen gefaltet werden.
13. Saure, basische und polare, aber ungeladene Moleküle befinden sich außen im Kontakt mit der wäßrigen Umgebung. Hydrophobe, unpolare Moleküle falten sich bei einem globulären Protein-Molekül nach innen. Einige Aminosäure-Seitenketten können Metalle binden, sich an Wasserstoffbrücken-Bindungen beteiligen oder zwischen zwei Ketten kovalente Bindungen ausbilden.
14. Die polare Anordnung der Amid-Bindung und die Ladungen an O und H haben einen starken Einfluß auf die Kettenfaltung.
15. Die überschüssige positive Ladung am H-Atom der Amid-Gruppe begünstigt die Ausbildung einer Wasserstoffbrücken-Bindung zum Sauerstoff-Atom der Amid-Gruppe mit seiner lokalen negativen Ladung.
16. Wasserstoffbrücken-Bindungen halten die Polypeptidketten in Schrauben (Helices) oder Schichten (Faltblattstruktur) zusammen. Sie sind die Quervernetzungen der gefalteten Kette.
17. Seide: Faltblätter aus gestreckten Ketten. Wolle: α-Helices. Beide Strukturen kommen auch in globulären Proteinen vor. Die α-Helix bildet die Grundstruktur im Hämoglobin.
18. Sauerstofftransport im Blut. – Sauerstoffspeicherung im Gewebe. – Eine Hämoglobin-Untereinheit ist wie das Myoglobin-Molekül gefaltet.
19. Eine Häm-Gruppe ist ein flacher organischer Ring mit vier Pyrrol-Stickstoffatomen, die ein Metall-Atom wie Eisen koordinieren können (s. Seite 540).
20. Das Häm sitzt in einer hydrophoben Tasche, und eine Histidin-Seitenkette bindet mit dem einsamen Elektronenpaar eines seiner Stickstoff-Atome das Eisen-Atom des Häms. Auf der gegenüberliegenden Seite des Häms bindet sich der Sauerstoff an das Eisen.
21. Der Wechsel zwischen hydrophoben und polaren Seitenketten alle drei bis vier Seitenketten entlang der Kette führt zu α-Helices mit einer polaren und einer unpolaren Seite. Die unpolaren Seiten lagern sich zu dem kompakten Molekül zusammen.
22. Verschiebungen der Untereinheiten, nachdem ein O_2 gebunden ist, erleichtern es den drei Untereinheiten, O_2 zu binden, wodurch die Sauerstoff-Bindung zu einem Alles-oder-nichts-Prozeß wird.
23. S. Seite 548–549.
24. S. Seite 545.
25. Adenin, Ribose und Phosphat. – Durch das Vorliegen von Nicotinamid und Riboflavin in NAD^+ bzw. FAD.
26. NAD^+ trägt eine positive Ladung, während FAD ungeladen ist (s. Seite 544).
27. 220.5 kJ $\cdot$ mol^{-1}; 151.5 kJ $\cdot$ mol^{-1}; 30.5 kJ $\cdot$ mol^{-1}. – Das Verteilen der Energie zunächst auf mittelgroße, dann auf kleine Pakete zur Speicherung.
28. NAD^+ wird im Kreis geführt.
29. Riboflavin ist ein zum Aufbau von FAD notwendiges Vitamin (Struktur s. Seite 544).
30. Als Sequenz der Pyrimidin- und Purinbasen. – Drei Basen codieren jeweils eine Aminosäure.
31. Daß sich bei den Basen A nur mit T, G nur mit C paart. – Die Wasserstoffbrücken-Bindungen erlauben nur die richtigen Paarungen (innerhalb einer geringen Fehlergrenze).
32. DNA ist eine doppelsträngige Helix (Schraube) (s. Seite 548–549).
33. DNA dient als permanenter Speicher der Information für die Proteinsynthese. Die Information wird nach dem Bedarf abgelesen und auf RNA-Stränge übertragen. Diese dirigieren die Proteinsynthese.

Keine Probleme

23. Kapitel

Fragen

1. Atmung, d.h. Oxidation von Nahrungsstoffen zu CO_2 und H_2O. – Tiere atmen ebenfalls. – Bei der Photosynthese wird Wasserstoff aus H_2O mit CO_2 zu Glucose vereinigt; dabei wird Sauerstoff freigesetzt.
2. Pflanzen geben O_2 an die Atmosphäre ab.
3. Der atmosphärische Sauerstoff würde verbraucht; alles Leben verginge.
4. Aus der Sonne. – Glucose wird in Form von Stärke zur späteren Verwendung gespeichert.
5. Prokaryonten haben weder Zellkern, Mitochondrien, Chloroplasten noch irgendwelche anderen Zellorganellen. – Prokaryonten sind älter. – Zu den Eukaryonten.
6. Prokaryonten: Innere Oberfläche der Zellmembran und Zellflüssigkeit. – Eukaryonten: Atmung in den Mitochondrien, Photosynthese in den Chloroplasten.
7. Die zusätzlichen 54 kJ Triebkraft rühren von der Erzeugung von Unordnung in den Produkten her, d.h. von der Entropiezunahme.
8. Dieser Weg ist effizienter; weniger chemische Energie geht als Wärme verloren.
9. $38 \cdot 30.5$ kJ $= 1159$ kJ werden in Form von 38 mol ATP gespeichert. – Bei Hefezellen: $2 \cdot 30.5 = 61$ kJ.
10. NAD^+ und FAD. – Sie werden reoxidiert und in den Kreislauf zurückgeführt. – Wegen der Vitamine. – Riboflavin oder Vitamin B_2 für FAD, Niacin für NAD^+. Vitamine werden nur gebraucht, um Carrier, die beiläufig abgebaut wurden und verloren gingen, zu ersetzen.
11. Glykolyse, Citronensäure-Cyclus und Atmungskette. – Erstes Endprodukt: Pyruvat. Es wird zu Acetyl-Coenzym A umgewandelt, in dieser Form in den Citronensäure-Cyclus eingeschleust und zu CO_2 und „H“, den wir in den reduzierten Carriern wiederfinden, abgebaut. – NADH hat mehr Energie aufgenommen als

$FADH_2$. Beide Carrier werden in der Atmungskette regeneriert. Die Energie wird schließlich in ATP-Molekülen gespeichert.
12. Der Strich bedeutet, daß der Standard-Zustand für das H^+-Ion nicht auf die Konzentration $1\ mol \cdot l^{-1}$ (pH = 0), sondern auf $10^{-7}\ mol \cdot l^{-1}$ (pH = 7) bezogen ist.
13. Pyruvat wird in Form von Acetyl-CoA in den Citronensäure-Cyclus eingeschleust. – Ohne Sauerstoff: wird zu Lactat. – Bei der Version mit Sauerstoff.
14. Umbau der Hexose zu zwei Triosen und deren Verknüpfung mit Phosphat. – Weniger stabil (höherer Energieinhalt).
15. Oxidation der energiegeladenen C_3-Moleküle. – Oxidation eines Aldehyds (Glycerinaldehyd-3-phosphat) zu einer Säure (1,3-Diphosphoglycerat). – Ein Teil der Energie wird vorübergehend festgehalten, indem ein Ester mit einem zweiten Phosphat gebildet wird; mehr Energie wird durch Reduktion von NAD^+ gespeichert.
16. Umwandlung zu Lactat, dessen Acidität Krämpfe und Schmerzen verursacht. Diese werden durch Versorgung mit Sauerstoff gemildert, weil auf diese Weise Lactat (in Form von Pyruvat) im Citronensäure-Cyclus verarbeitet werden kann.
17. Abbau von Acetat zu CO_2 und Reduktion der Carrier-Moleküle mit „H". – In Form von Acetyl-Coenzym A, das aus Pyruvat gebildet wird.
18. In allen drei Reaktionen tauchen die gleichen drei Elementarschritte auf: (a) Eine Oxidation, bei der Energie frei wird, (b) die Speicherung eines Teils dieser Energie in Form von NADH, (c) die vorübergehende Speicherung eines weiteren Teils der Oxidationsenergie durch Verknüpfung des Oxidationsprodukts in energiereicher Bindung mit einem Hilfsmolekül: Phosphat bei der G3P-Reaktion, Coenzym A bei der Pyruvat- und α-Ketoglutarat-Reaktion. In jedem Fall wird Energie im darauffolgenden Schritt freigesetzt, wenn das Hilfsmolekül abgespalten wird.
19. Es wird an die Umwelt abgegeben.
20. 38 mol ATP pro mol Glucose.
21. Reoxidation der Carrier-Moleküle in einer Sequenz von Stoffwechsel-Reaktionen. – Flavoproteine: Proteine mit Flavin-Gruppen, die reduziert und oxidiert werden können. – Chinone: Kleine organische Moleküle, die wie Flavine reduziert und oxidiert werden können (s. Seite 569). – Cytochrome: Proteine mit Häm-Gruppen, deren Eisen-Atome oxidiert und reduziert werden können. – Flavoproteine übertragen Elektronen auf Chinone, welche sie auf eine Serie von Cytochromen weiterleiten. ATP wird an drei Stellen der Atmungskette synthetisiert: beim ersten Flavoprotein, beim Cytochrom b und beim Cytochrom a am Ende der Kette. – Am Schluß reduzieren die Elektronen O_2 zu H_2O. NAD^+ und FAD werden in die Glykolyse und den Citronensäure-Cyclus zurückgeführt.
22. In den Mitochondrien.
23. Gluconeogenese ist die Resynthese von Glucose aus überschüssigem Pyruvat. Sie verwendet mehrfach Reaktionen der Glykolyse in umgekehrter Richtung. Auf diese Weise kann der Stoffwechsel ausbalanciert werden: Ausgangsmaterial wird rückgebildet, wenn sich zuviel Produkt anhäuft. – Die große Ähnlichkeit der einzelnen Schritte und der Abfolge der Schritte legt nahe, daß die eine Reaktionsfolge für den anderen Zweck adaptiert wurde.
24. Lichtreaktionen: Synthese von ATP und NADH. – Dunkelreaktionen: Umwandlung von CO_2 und „H" aus NADH in Glucose, wobei die Freie Energie aus NADH und ATP benutzt wird. – Für die CO_2-Fixierung wird kein Licht gebraucht; in den Lichtreaktionen werden keine organischen Substanzen synthetisiert.
25. Die Gluconeogenese ähnelt den Dunkelreaktionen. – Dunkelreaktionen vermutlich älter.
26. Ein Teil des Fructose-diphosphat wird zur Synthese von Ribulose-diphosphat abgezweigt, das sich mit CO_2 verbinden kann und so den Ausgangspunkt bildet für die Produktion von mehr Fructose-diphosphat bzw. Glucose. – Vgl. Schema auf Seite 573.
27. Durch anorganische Reaktionen, bei denen Energie in Form von ATP gebildet wird.
28. Nicht-cyclisch. Synthese von NADH und von ATP; dabei wird eine externe Quelle von Reduktionsvermögen gebraucht. – Cyclisch: Nur Synthese von ATP, kein externer Lieferant von Reduktionsvermögen nötig. – Purpurbakterien gewinnen NADH und ATP aus der nichtcyclischen Photosynthese.
29. Durch cyclische Photophosphorylierung. – Eine Quelle für NADH ist der Citronensäure-Cyclus.
30. Vielleicht zur Differenzierung verschiedener reduzierter Carrier, die unterschiedlichen Zwekken dienen: einerseits zur Energiegewinnung, andererseits zur chemischen Synthese.
31. Entwicklung eines zweiten Photosystems und der Fähigkeit, Wasser als Reduktionsmittel zu nutzen. Wasser ist an sich ein sehr mäßiges Reduktionsmittel, aber die Kombination Wasser + Photon erzeugt Reduktionsleistung.
32. Bei der Photosynthese durch grüne Pflanzen wird O_2 freigesetzt.

Keine Probleme

24. Kapitel

Fragen

1. Die Energiebarriere, die von einer Zwischenstufe der Reaktion überwunden werden muß. Je höher diese Barriere ist, um so langsamer läuft die Reaktion ab. Ein Katalysator eröffnet einen alternativen Reaktionsweg mit einer niedrigeren Energiebarriere.
2. Er hat unter allen in der Frage angeführten Bedingungen keinen Einfluß auf die Lage des Gleichgewichts. Der Katalysator beschleunigt nur das *Erreichen* des Gleichgewichts.
3. Das Sauerstoff-Atom der Carbonyl-Gruppe. – Das angreifende Proton ist frei und muß nicht aus einer teilweise dissoziierenden schwachen Säure abgespalten werden.
4. Das Kohlenstoff-Atom der Carbonyl-Gruppe. – Das Hydroxid-Ion ist frei und muß nicht erst durch Reaktion einer Base mit einem H_2O-Molekül gebildet werden.
5. Bei der allgemeinen Basenkatalyse erzeugt die Base aus Wasser-Molekülen OH^--Ionen, und OH^- greift den Kohlenstoff der Carbonyl-Gruppe an. Beim nucleophilen Angriff greifen Base oder Nucleophil den Kohlenstoff der Carbonyl-Gruppe direkt an. Der Übergang von H_2O zu D_2O beeinflußt nur die allgemeine Basenkatalyse.
6. Die Fixierung des Substrats in einer günstigen Orientierung beschleunigt die Reaktion. Ein Enzym hält ein Substrat in einer günstigen Orientierung fest.
7. Das Nucleophil greift den Carbonyl-Kohlenstoff der Bindung, die gebrochen werden soll, an. Es entsteht eine Zwischenstufe mit kovalenten Bindungen, aus der durch Addition eines Wasser-Moleküls das Produkt freigesetzt wird (vgl. Seite 587 und 582).
8. Dadurch daß nur die Seitenkette mit der richtigen Größe in die Molekülhöhle paßt. – Es ähnelt am meisten dem Chymotrypsin, da es wie dieses die aromatische Seitenkette bevorzugt.
9. Da die Produkte einer Reaktion als Ausgangsstoffe für die nächste gebraucht werden, oder die bei einer Reaktion frei werdende Energie für den Ablauf einer Folgereaktion notwendig ist.
10. Die Verdauungsenzyme entstehen zunächst als inaktive Enzymvorstufen in der Bauchspeicheldrüse (Pankreas); erst im Verdauungstrakt werden sie zu aktiven Enzymen. Die Darmwand ist durch eine Kohlenhydrat- oder Polysaccharid-Schleimschicht geschützt. – Trypsin ist das gefährlichste Verdauungsenzym, da es Polypeptidketten in Nachbarschaft zu geladenen Seitenketten spaltet, die meistens auf der Oberfläche der Protein-Moleküle sitzen. Trypsin verdaut sich in Lösung selbst; Chymotrypsin und Elastase sind stabil.
11. Die dreidimensionale Faltung und die Aminosäuresequenzen von Trypsin und Chymotrypsin sind einander ähnlich, unterscheiden sich aber von denen des Subtilisins. – Nur in bezug auf das aktive Zentrum.
12. In bezug auf Aminosäuresequenz, Faltung und Struktur des aktiven Zentrums mit der katalytisch wirkenden Anordnung von Asparaginsäure, Histidin und Serin. – Sie unterscheiden sich in Einzelheiten der Struktur der Spezifitätstasche, dem Vorhandensein oder Fehlen von negativ geladenen Gruppen.
13. Asp-102 bindet das Proton von His-57, während dieses das Proton von Ser-195 aufnimmt und zur Spaltung der einen Hälfte des Substrats weiterreicht. Ser-195 bindet die andere Hälfte des Substrats durch eine kovalente Bindung, bis das Produkt durch Addition eines Wasser-Moleküls freigesetzt wird.
14. Eine Zwischenstufe mit tetraedrischer Bin-

dungsanordnung um den Carbonyl-Kohlenstoff des Substrats (s. Schritt 3 und 6 auf Seite 582).
15. Eine Enzym-Zwischenstufe, bei der eine Hälfte des Substrats an Serin gebunden ist (s. Schritt 4 auf Seite 582). – Die Carboxyl-Gruppe ist über eine kovalente Bindung zum O an Serin gebunden. – Das Äquivalent bei der Cyclohexaamylose-Reaktion findet man in der zweiten Zeichnung von oben auf dem Rand von Seite 587.
16. In der Struktur kommen zwei Helix-Bereiche vor: eine kurze Helix unten und eine lange Helix am Carboxyl-Ende. Zwei gebogene β-Faltblattbereiche bilden das Zentrum des Moleküls (Lage der β-Faltblätter im Molekülzentrum s. Seite 593–595). – Gleiche Positionen der Disulfidbrücken und sogar starke Annäherung zweier Ketten im Protein ohne Disulfidbrücke an einer Stelle, an der bei den anderen der drei Proteine Disulfidbrücken vorkommen.
17. Der kompetitive Inhibitor bindet sich reversibel an das aktive Zentrum und konkurriert dabei mit dem echten Substrat. Der irreversible Inhibitor bindet sich permanent an das aktive Zentrum und blockiert es. Der kompetitive Inhibitor ist dem Substrat am ähnlichsten.
18. Benzamidin ist ein der Arginin-Seitenkette ähnlicher kompetitiver Inhibitor (s. Seite 599). Die Benzamidin-Gruppe ist so groß, daß sie aus der Tasche herausragt und selbst die Bindung des Glycinrests blockiert.
19. Diisopropylfluorphosphat (Seite 600). – Durch kovalente Bindung zu Ser-195. – Irreversibler Inhibitor, der auch Elastase und Chymotrypsin hemmt.
20. Trypsin spaltet andere globuläre Proteine besser, weil es bevorzugt in Nachbarschaft zu Gruppen spaltet, die normalerweise auf der Oberfläche des globulären Proteins liegen. – Thrombin, Plasmin, acrosomale Protease u. a.
21. Bei der allosterischen Hemmung wird eine katalysierte Reaktion dadurch gehemmt, daß ein Molekül, das weder den Reaktanden noch den Produkten der betreffenden Reaktion ähnelt, gebunden wird. Die Bindung dieses Moleküls an einer Stelle beeinflußt die katalytische Aktivität an einer anderen Stelle des Enzyms. An allen bekannten Fällen von allosterischer Hemmung sind Untereinheiten beteiligt. Das erwähnte Molekül bindet sich nicht direkt an das katalytische Zentrum. Es handelt sich um eine Steuerung durch Rückkopplung, bei der frühe Stufen einer vielstufigen Synthese verlangsamt werden und auf diese Weise die verschwenderische Anreicherung von Zwischenprodukten vermieden wird.

Keine Probleme

25. Kapitel

Fragen

1. Eukaryonten besitzen spezielle Zellorganellen: Kerne als DNA-Speicher, Mitochondrien für die Atmung, Chloroplasten für die Photosynthese usw.; Prokaryonten haben nichts dergleichen. – Zu den Prokaryonten gehören Bakterien und Blaualgen; die anderen Formen des Lebens sind Eukaryonten.
2. Bakterien sind Prokaryonten; ihre DNA schwimmt gebündelt, aber ohne in einem Zellkern abgegrenzt zu sein, frei in der Zellflüssigkeit umher.
3. Die Zellmembran ist eine proteinhaltige Lipid-Doppelschicht, welche den Zellinhalt umschließt. Die Zellwand ist eine starre Glykopeptidschicht an der Außenseite der Membran, und die Kapsel ist eine klebrige Kohlenhydratschicht noch weiter außen (s. Seite 609). – Für die Regelung am wichtigsten ist die Membran.
4. Passiver Transport folgt einem Konzentrationsgradienten; aktiver Transport ist einem Gradienten entgegengerichtet und kann Überschuß einer Substanz auf einer Seite der Membran erzeugen. Der aktive Transport benötigt Energie von außen, gewöhnlich in Form von ATP.
5. Beide in der Zellflüssigkeit.
6. In der Zellflüssigkeit. – In den Mitochondrien. – Diffusion von Pyruvat durch die Mitochondrien-Membran. – In der inneren Mitochondrien-Membran.
7. In den Membranen der Grana der Chloroplasten. – In der Flüssigkeit zwischen den Grana in den Chloroplasten.
8. Grüne Schwefelbakterien besitzen „Chlorobium-Vesikel" – zigarrenförmige Vesikel unterhalb der Zellmembran. Purpurne Schwefelbakterien besitzen entweder durch Einfaltung entstandene Vesikel oder Tubuli oder gestapelte Lamellen, die den Grana der Chloroplasten ähneln.
9. Proteinsynthese. – Ribosomen von Eukaryonten sind größer; Ribosomen von Mitochondrien sind klein wie die von Bakterien.
10. Pflanzenzellen. – Zellwände dienen der mechanischen Stabilisierung.
11. Organisiert in Chromosomen, „verpackt" im Zellkern.
12. Sie machen es möglich, daß Ionen passiv durch die Membran diffundieren.
13. Mechanismus zum Aufbau eines Überschusses von Natrium-Ionen außerhalb der Zelle: ein Beispiel für aktiven Transport.
14. Das endoplasmatische Reticulum ist eine dicht gefaltete und übereinander geschichtete Membran, an deren einer Seite die Ribosomen sitzen. – Vgl. Tabelle auf Seite 622.
15. Diese Seite des endoplasmatischen Reticulums und die Außenseite der Zelle sind topologisch miteinander insofern verbunden, als es keinen Weg von jedem der beiden Bereiche ins Cytoplasma der Zelle gibt, bei dem nicht die Membran durchquert werden müßte. – Entsprechend ist das Innere der Mitochondrien von der Zellflüssigkeit durch eine Membran separiert.
16. Der Golgi-Komplex ist ein durch Faltung entstandenes Membran-System, das an der „Verpackung" der Proteine für die Sekretion nach außen beteiligt ist.
17. Zwei Membranen. – Einige wenige bis tausende.
18. Citronensäure-Cyclus und Atmungskette.
19. Die Enzyme des Citronensäure-Cyclus sind in der Mitochondrien-Matrix gelöst, mit Ausnahme von Succinat-Dehydrogenase sowie Pyruvat- und α-Ketoglutarat-Dehydrogenase, die an die innere Mitochondrienmembran gebunden sind. Die Atmungsketten-Enzyme sind in die gleiche Membran eingebettet.
20. Größe, Ribosomen, Membranstruktur und weitere Eigenschaften. – Ursprung in einer Symbiose, die zu totaler Abhängigkeit entartete.
21. Pyruvat.
22. Nein. – Unkontrolliertes „Durchsickern" muß verhindert werden.
23. NADH reduziert ein als „Fähre" dienendes Molekül, das die Membran überwinden kann und das dann Reduktionsvermögen auf die innere Elektronentransport-Kette übertragen kann.
24. Mitochondrien haben eine gewisse Ausstattung an DNA sowie eigene Ribosomen. Die DNA enthält mindestens die Information für ein paar Strukturproteine und ein paar Untereinheiten von Enzymen.
25. Thylakoide sind scheibenförmige Vesikeln, die in den Grana im Innern der Chloroplasten dicht gestapelt sind. – Vgl. Seite 619.
26. Lichtreaktionen in den Thylakoid-Membranen; Dunkelreaktionen in der fluiden Matrix zwischen den Grana.
27. Außerhalb. – Blaualgen.
28. Lysosomen sind Vesikel, die eine Reihe von Verdauungs-Enzymen enthalten; sie bauen Zellbestandteile und geschädigte Zellen ab.
29. Peroxisomen sind Vesikel, die das Enzym Katalase enthalten; sie haben heute die Funktion, Peroxide unschädlich zu machen. – Möglicherweise sind sie Träger der Reste eines überlebten Atmungssystems.

Keine Probleme

26. Kapitel

Fragen

1. Das Erscheinen neuer Lebensformen heute beruht nicht auf spontaner Lebensentstehung, doch ist die wahrscheinlichste Erklärung für den Ursprung und die Evolution des Lebens auf unserem Planeten in früher Zeit die spontane Entstehung.
2. Eine besondere Schöpfung.
3. Die oxidierende Atmosphäre, eine Folge der Photosynthese der grünen Pflanzen, läßt es nicht zu, daß sich organische Materie über einen langen Zeitraum ansammelt, so daß Leben noch einmal entstehen könnte.
4. Die Glycolyse. – Clostridien.
5. Sulfat- und Nitratatmung. Die Sulfatatmung ist etwas ganz anderes als die Sauerstoffatmung; die Nitratatmung ähnelt der Atmung mit O_2.
6. Die Gegenwart von O_2 ist für anaerobe Bakterien schädlich, wenn sie keinen Schutzmechanismus entwickelt haben, durch den seine zerstöreri-

sche oxidierende Wirkung auf organische Moleküle möglichst weitgehend ausgeschaltet wird. Die Komplexität eines Systems zur Nutzung von O_2 ist nicht viel größer als diejenige eines Systems zu seiner Entgiftung, so daß diejenigen Organismen, die gelernt haben, mit O_2 zu leben, auch lernten, ihn zu ihrem Vorteil zu nutzen.
7. An der Photosynthese in grünen Pflanzen und in der von Blaualgen sind zwei Photosysteme beteiligt.
8. Die Unmöglichkeit, daß sich große Mengen organischer Materie in einer oxidierenden Atmosphäre ansammeln, und der anaerobe Charakter der am weitesten verbreiteten Stoffwechselreaktionen, z. B. der Glycolyse.
9. Die Theorien zur Planetenentwicklung und der Oxidationszustand primitiver Eisenlager. – Vor etwa 1.8 bis 1.4 Milliarden Jahren.
10. Chemoautotrophe sind Bakterien, die anorganische Reaktionen als Energiequelle nutzen. Alle Chemoautotrophen sind gleichzeitig O_2-Atmer, was es unwahrscheinlich macht, daß es sich bei ihnen um Vertreter eines primitiven Metabolismus handelt.
11. O_2 oxidiert organische Moleküle zu CO_2, H_2O und Oxiden des Stickstoffs.
12. Die primitiven chemischen Systeme als Vorstufen des Lebens würden durch Oxidation zerstört werden, bevor sich ihre Komplexität zur Stufe des Lebens entwickeln könnte.
13. Reaktionen lebender Organismen, vor allem von Pflanzen.
14. Sie werden immer wieder durch Synthese in lebenden Organismen nachgeliefert.
15. Die „Haldane-Suppe“ (Ursuppe) ist ein salopper Ausdruck für die Anreicherung organischer Materie in primitiven Ozeanen. Man nimmt an, daß sich das Leben aus solchen Substanzen entwickelt hat.
16. Durch chemische Reaktionen mit Hilfe von Energiequellen wie Sonnenstrahlung, vulkanische Wärmeenergie, elektrische Entladungen und natürliche Radioaktivität.
17. Quallen hinterlassen keine Fossilien.
18. Langkettige Kohlenwasserstoffe (s. Seite 636), bei denen es sich wahrscheinlich um Abbauprodukte des langkettigen Restes im Chlorophyll-Molekül handelt.
19. Die wahrscheinlich bakteriellen Fossilien in den 3.1 Milliarden Jahre alten Fig-Tree-Schichten in Südafrika.
20. Die wahrscheinlich eukaryotischen Fossilien aus Beck Springs in Kalifornien, die 1.2 bis 1.4 Milliarden Jahre alt sind.
21. Stromatolithe sind knollige oder schalige Kalk- und Eisenoxidniederschläge, die von symbiotischen Kolonien aus Blaualgen und eisenmetabolisierenden Bakterien abgelagert wurden. Sie sind 2.7 Milliarden Jahre alt.
22. Ureys Hypothese, daß die Planeten bei ihrer Entstehung eine reduzierende Atmosphäre haben. – Funkenentladungen. Sie entsprechen natürlichen Blitzen. – Aldehyde, andere organische Moleküle und Aminosäuren.
23. S. Seite 639.
24. S. Seite 641–644. Die Isolierung vom umgebenden Ozean gestattet die Konzentrierung einiger chemischer Substanzen gegenüber anderen.
25. S. Seite 642.
26. Wasser kommt viel häufiger vor als Schwefelwasserstoff.
27. Sie schufen eine oxidierende Atmosphäre. Darin konnten sich Atmung, d. h. die Oxidation von organischen Molekülen zu CO_2 und Wasser, entwickeln.

Keine Probleme

Register